神经科学

NEUROSCIENCE

神经科学

NEUROSCIENCE

第4版·下卷

主　　编　韩济生

副 主 编　蒲慕明　饶　毅

编　　委（按篇排序）

徐　涛　舒友生　段树民

叶玉如　饶　毅　张　旭

陈道奋　陈宜张　蒲慕明

贺　林　韩济生　吴朝晖

主编助理　王晓民　王　韵　梅　竹

北京大学医学出版社

SHENJING KEXUE

图书在版编目（CIP）数据

神经科学：上下卷 / 韩济生主编．—4 版．—北京：北京大学医学出版社，2022.10（2025.2 重印）
ISBN 978-7-5659-2725-6

Ⅰ.①神…　Ⅱ.①韩…　Ⅲ.①神经科学　Ⅳ.① Q189

中国版本图书馆 CIP 数据核字（2022）第 165851 号

神经科学（第 4 版）

主　　编：韩济生
出版发行：北京大学医学出版社
地　　址：（100191）北京市海淀区学院路 38 号　北京大学医学部院内
电　　话：发行部 010-82802230；图书邮购 010-82802495
网　　址：http://www.pumpress.com.cn
E-mail：booksale@bjmu.edu.cn
印　　刷：北京信彩瑞禾印刷厂
经　　销：新华书店
责任编辑：陈　奋　袁朝阳　安　林　　**责任校对：**靳新强　　**责任印制：**李　啸
开　　本：889 mm×1194 mm　1/16　　**印张：**113.5　　**字数：**3670 千字
版　　次：2022 年 10 月第 4 版　2025 年 2 月第 2 次印刷
书　　号：ISBN 978-7-5659-2725-6
定　　价：680.00 元（上下卷）

本书由

北京大学医学出版基金资助出版

编者名单

编　者（以姓名笔画为序）

丁　鼐　浙江大学生物医学工程与仪器科学学院
于玉国　复旦大学智能复杂体系基础理论与关键技术实验室
于龙川　北京大学生命科学学院
万　有　北京大学神经科学研究所
马　健　清华大学生命科学学院
马　通　复旦大学脑科学转化研究院
马　德　浙江大学计算机科学与技术学院
马玉乾　中国科学技术大学生命科学与医学部
王　伟　中国科学院脑科学与智能技术卓越创新中心（神经科学研究所）
王　强　美国堪萨斯城密苏里大学医学院
王　颖　青岛大学神经精神疾病研究院
王　韵　北京大学神经科学研究所
王　蕾　中国人民解放军国防科技大学计算机学院
王以政　中国人民解放军军事科学院军事医学研究院
王玉平　首都医科大学宣武医院
王玉田　加拿大英属哥伦比亚大学脑研究中心
王立平　中国科学院脑科学与智能技术卓越创新中心（神经科学研究所）
王克威　青岛大学药学院
王佐仁　中国科学院脑科学与智能技术卓越创新中心（神经科学研究所）
王拥军　首都医科大学附属北京天坛医院
王昌河　西安交通大学生命科学与技术学院
王建枝　华中科技大学同济医学院
王晓民　首都医科大学
王晓群　中国科学院生物物理研究所
王继先　上海交通大学医学院附属瑞金医院
王继军　上海市精神卫生中心
王菲菲　复旦大学基础医学院
王梦阳　首都医科大学三博脑科医院
王跃明　浙江大学求是高等研究院
戈鹉平　北京脑科学与类脑研究中心
牛建钦　中国人民解放军陆军军医大学基础医学院
甘文标　深圳湾实验室神经疾病研究所
叶　冰　美国密歇根大学生命科学研究院
叶玉如　香港科技大学
田　波　华中科技大学同济医学院
邢国刚　北京大学神经科学研究所
戎伟芳　上海交通大学基础医学院
毕国强　中国科学技术大学生命科学学院
师咏勇　上海交通大学 Bio-X 研究院

朱　兵　中国中医科学院针灸研究所
朱景宁　南京大学生命科学学院
乔　梁　首都医科大学宣武医院
刘　琦　复旦大学芯片与系统前沿技术研究院
刘　超　北京师范大学心理学部
刘青松　美国威斯康星医学院药理毒理系
刘国法　美国托莱多大学自然科学与数学学院
闫致强　深圳湾实验室分子生理学研究所
孙　宁　华中科技大学同济医学院
孙坚原　中国科学院深圳先进技术研究院
孙衍刚　中国科学院脑科学与智能技术卓越创新中心（神经科学研究所）
纪如荣　美国杜克大学医学中心
杜久林　中国科学院脑科学与智能技术卓越创新中心（神经科学研究所）
李　磊　上海科技大学生命科学与技术学院
李　乾　上海交通大学医学院
李　武　北京师范大学认知神经科学与学习国家重点实验室
李天富　首都医科大学三博脑科医院
李云庆　中国人民解放军空军军医大学基础医学院
李玉兰　浙江大学医学院
李至浩　深圳大学心理学院
李旭辉　西安交通大学前沿科学技术研究院
李远清　华南理工大学自动化科学与工程学院
李松挺　上海交通大学自然科学研究院/数学科学学院
李昌林　广东省智能科学与技术研究院
李勇杰　香港大学深圳医院
李晓明　浙江大学医学院
李路明　清华大学神经调控国家工程研究中心
杨　锋　首都医科大学附属北京天坛医院
杨天明　中国科学院脑科学与智能技术卓越创新中心（神经科学研究所）
肖　岚　中国人民解放军陆军军医大学基础医学院
肖　林　华南师范大学脑科学与康复医学研究院
肖百龙　清华大学药学院
吴建永　美国乔治城大学医学院
吴政星　华中科技大学生命科学与技术学院
吴海涛　中国人民解放军军事科学院军事医学研究院
吴朝晖　浙江大学
时松海　清华大学生命科学学院
邱　俭　美国俄勒冈健康与科学大学化学生理学和生物化学系
何　生　中国科学院生物物理研究所
何　苗　复旦大学脑科学研究院
谷　岩　浙江大学医学院
汪小京　美国纽约大学神经科学中心
宋红军　美国约翰·霍普金斯大学医学院细胞工程中心
张　旭　广东省智能科学与技术研究院
张　哲　中国科学院脑科学与智能技术卓越创新中心（神经科学研究所）
张　嵘　北京大学神经科学研究所

张　遐　青岛大学神经精神疾病研究院

张玉秋　复旦大学脑科学研究院

张旺明　南方医科大学珠江医院神经外科中心

张楚珺　中国科学院脑科学与智能技术卓越创新中心（神经科学研究所）

陈　军　中国人民解放军空军军医大学第二附属医院

陈　彪　首都医科大学宣武医院

陈宜张　中国人民解放军海军军医大学

陈道奋　美国国立卫生研究院神经疾病和脑卒中研究所

陈聚涛　中国科学技术大学生命科学与医学部

林龙年　华东师范大学脑功能基因组学研究所

卓　敏　加拿大多伦多大学医学院生理系

明国莉　美国宾夕法尼亚大学 Perelman 医学院

罗　非　中国科学院心理研究所

罗振革　上海科技大学生命科学与技术学院

周　专　北京大学分子医学研究所

周栋焯　上海交通大学自然科学研究院 / 数学科学学院

周福民　美国田纳西大学医学中心

郑　平　复旦大学脑科学研究院

郑滨海　美国加利福尼亚大学圣地亚哥分校医学院

赵志奇　复旦大学脑科学研究院

胡小平　美国加利福尼亚大学河滨分校生物工程学院

胡新天　中国科学院昆明动物研究所

钟伟民　美国耶鲁大学分子、细胞与发育生物系

段树民　浙江大学

禹永春　复旦大学脑科学研究院

饶　毅　北京大学　首都医科大学　北京脑科学中心

施　静　华中科技大学同济医学院

施路平　清华大学类脑计算研究中心

姚小玲　上海交通大学医学院附属瑞金医院

贺　光　上海交通大学 Bio-X 研究院

贺　林　上海交通大学

秦　松　复旦大学基础医学院

袁　凯　北京大学第六医院

袁文俊　中国人民解放军海军军医大学生理学教研室

贾建平　首都医科大学宣武医院

夏　昆　南华大学

顾　勇　中国科学院脑科学与智能技术卓越创新中心（神经科学研究所）

柴人杰　东南大学生命健康高等研究院

钱　卓　华东师范大学脑功能基因组学研究所

倪　鑫　中南大学湘雅医院

徐　林　中国科学院昆明动物研究所

徐　波　中国科学院自动化研究所

徐　涛　中国科学院生物物理研究所

徐　敏　中国科学院脑科学与智能技术卓越创新中心（神经科学研究所）

徐　雁　中国医学科学院北京协和医院神经科

徐一峰　上海市精神卫生中心

徐广银　苏州大学苏州医学院
徐天乐　上海交通大学基础医学院
徐华敏　青岛大学基础医学院
徐富强　中国科学院深圳先进技术研究院
殷东敏　华东师范大学脑功能基因组学研究所
高永静　南通大学特种医学研究院/疼痛医学研究院
高志华　浙江大学医学院
郭　辉　中南大学生命科学学院
栾国明　首都医科大学三博脑科医院
唐北沙　中南大学湘雅医院
唐华锦　浙江大学计算机科学与技术学院
陶长路　中国科学院深圳先进技术研究院
陶乐天　北京大学生命科学学院
黄铁军　北京大学人工智能研究院
黄智慧　杭州师范大学药学院
梅　林　美国凯斯西储大学医学院
梅　峰　中国人民解放军陆军军医大学基础医学院
曹淑霞　浙江大学医学院附属邵逸夫医院
崔　翯　中国科学院脑科学与智能技术卓越创新中心（神经科学研究所）
崔丽英　中国医学科学院北京协和医院神经科
崔彩莲　北京大学神经科学研究所
康新江　西南医科大学心血管医学研究所
章晓辉　北京师范大学认知神经科学与学习国家重点实验室
彭　勃　复旦大学脑科学转化研究院
蒋　毅　中国科学院心理研究所
韩　华　中国科学院自动化研究所
韩世辉　北京大学心理与认知科学学院
韩济生　北京大学神经科学研究所
傅小兰　中国科学院心理研究所
舒友生　复旦大学脑科学转化研究院
鲁　白　清华大学药学院
鲁朋哲　美国加利福尼亚大学圣地亚哥分校医学院
谢　青　上海交通大学医学院附属瑞金医院
谢俊霞　青岛大学
蒲慕明　中国科学院脑科学与智能技术卓越创新中心（神经科学研究所）
路长林　中国人民解放军海军军医大学神经科学研究所
鲍　岚　中国科学院分子细胞科学卓越创新中心（生物化学与细胞生物学研究所）
蔡时青　中国科学院脑科学与智能技术卓越创新中心（神经科学研究所）
蔡景霞　中国科学院昆明动物研究所
翟海峰　北京大学中国药物依赖性研究所
樊碧发　中日友好医院疼痛科
潘　纲　浙江大学计算机科学与技术学院
薛　天　中国科学技术大学生命科学与医学部

主 编 简 介

韩济生，中国科学院院士，北京大学博雅讲习教授（神经生物学），北京大学神经科学研究所名誉所长。从1965年开始从中枢神经化学角度研究针刺镇痛原理，研制出“韩氏穴位神经刺激仪（HANS）”，用于治疗急慢性疼痛、海洛因成瘾、不孕不育和孤独症。研究获美国国立卫生研究院（NIH）RO1科研基金（1987—2000）及重点基金（2003—2008）。任中国自然科学基金委及科技部“973计划”（针麻原理研究）首席科学家，在国内外杂志及专著上发表论文500余篇，SCI引用1万余次。主编《神经科学》（第1～4版）（1993、1999、2008、2022）。培养博士88名，博士后18名，进修医师100余名。获国家自然科学奖二等奖和三等奖，国家科学技术进步奖二等奖和三等奖，获何梁何利科技进步奖（1995）、北京大学首届“蔡元培奖”（2006）、吴阶平医学奖（2011）、国际疼痛学会（IASP）荣誉会员（2012）、国际针灸联合会科技特殊贡献天圣铜人奖（2017）、谢赫·扎耶德国际传统医学奖针灸金奖（2022）。1979年以来应邀到27个国家或地区100余所大学演讲207次。创建北京神经科学会（1987）和中国疼痛学会（1989），曾任世界卫生组织（WHO）科学顾问（1994—2001），美国国立卫生研究院（NIH）学术顾问（1991—1993），瑞典隆德皇家学院国际院士（1987—）。任中华医学会疼痛学分会与中国医师协会疼痛医师分会创始主任委员及终身名誉主任委员，《中国疼痛医学杂志》创始主编及名誉主编；《生理科学进展》杂志名誉主编；国际标准化机构（ISO）第249技术委员会项目负责人之一，负责制定电针仪国际标准。

第 4 版前言

教科书是学科发展的关键环节和重要基础。《神经科学》从第 1 版开始，历经 30 年，经过群策群力，不仅长期坚持再版，而且越来越好。人生难得有几个 30 年，能够为世界生命科学的皇冠学科在中国落地、生根、发芽和成长做些事情，实为我们的大幸。本书第 4 版即将与读者见面，我内心无比喜悦。我相信，《神经科学》的全体作者都希望广大读者能从这本读物中获益。

本书力图反映高度综合和交叉的神经科学的全貌。近 30 年来，在多学科概念和技术推动下，神经科学的研究更加深化，与组学、心理认知、人工智能、物理学、化学、信息和材料学等领域有更广泛的交叉，并延伸进入大众的文化和语言中。为反映学科的变化，本书的内容也有相应的变化。与 2009 年出版的第 3 版相比，全书结构从 9 篇增加至 12 篇，篇幅从 61 章增加至 88 章。第 3 版的“神经系统细胞生物学”篇中有“神经胶质细胞”一章。由于近年来这一领域发展较快，现将其拓展为一个篇，仍由段树民教授主持编写。第 3 版“高级神经活动”篇中由汪小京教授执笔的“理论神经科学”一章，鉴于该领域发展极为迅速，本书特设“类脑智能”一篇，由吴朝晖教授主持编写，反映了脑科学与计算电子工程学相结合的新兴领域。近年来，医学界通过多种物理刺激直接作用于脑中枢或外周神经，用以治疗各种神经系统疾病，效果良好，第 4 版特增设“神经调控”一篇，由我主持编写。

本书的作者团队也反映出我国神经科学力量蓬勃发展的过程。全书作者由第 3 版的 107 位增加至 174 位，他们都来自世界各地重要的神经科学研究单位。关于各篇构成的主要内涵、编写思路和重点，在每篇起始均有 1000 字左右的引言概述，期望给读者以启迪。

无论从世界还是中国对神经科学的重视，还是交叉学科对神经科学的日益渗透和推动来看，神经科学都站在科学研究的前沿，并有着其他学科难以想象的旺盛持久的生命力。本书既反映技术的重要性，也反映理论的重要性。正如徐涛教授在本书第一篇的引言中所述，只有研究方法的突破，才能看到更多更新的现象，继而总结出更高更深的理论。当前，中国神经科学界已经超越了从事辅助性研究的阶段，到了创制全新仪器、产出一流研究成果的新时期，这是一个巨大的飞跃。也有观点认为神经科学终将从重资料积累的时代，迈入高度依赖想象力和建立新理论体系的时代。希望本书的定期再版能薪火相传、不负众望，继续做好神经科学学科发展的推手！

作为本书的集稿人，我深知，繁重而高质量的写作任务是从各位原已饱和的日程中挤压时间、精力来完成的，我愿在此对全体作者以及特邀审稿人表达衷心的感谢！我特别要对蒲慕明教授和饶毅教授两位副主编表达诚挚的谢意！他们的远见卓识和巨大付出是无可取代的。两年来，王晓民教授和王韵教授自始至终给予了非常及时的多方位的巨大帮助。梅竹博士通过大量细致的联络工作，或将成为百余位作者的终身好友！而北京大学医学出版社同仁们 30 年来一以贯之的细致负责的工作态度，已经令我陶醉其中，难以忘怀！

韩济生

二〇二二年三月三十一日

第 3 版前言

本书第 1 版系《神经科学纲要》，出版于 1993 年。问世后受到读者好评，先后获得国家教委科技著作特等奖（1995）、卫生部十年来科技书刊一等奖（1996）和国家科技进步三等奖（1998）。

我国神经科学创始人之一的张香桐教授为本书第 1 版写的序中提出了三点意见和希望：一是“把它称为《纲要》，似乎也未免过于谦虚了一些”。二是“在未来的年代里，继续出版”。三是“逐渐增加我国神经科学工作者自己的研究成果在世界神经科学知识宝库中的分量”。我们按照这些建议一一加以落实。

首先是书名。从第 1 版的《神经科学纲要》改为第 2 版的《神经科学原理》，一是表明内容比“纲要”更为详尽，二是以介绍神经科学的基础理论为主。在编写第 3 版时，我们考虑到神经科学的基础和临床两个方面不能偏废，着力加强了与临床有关的部分，这也符合当今科学技术发展的总趋势。因此将第 3 版的书名改为《神经科学》。

其次是将此书作为一个书系不断再版。在 1993 年、1999 年两版基础上，2008 年推出第 3 版。全体编者深信，在我国神经科学队伍不断壮大的现实下，本书必将在中华大地继续展现其旺盛的生命力。

最后是在书中更多体现我国神经科学工作者的贡献。为此我们在全世界范围内邀请卓越的华人神经科学工作者参加本书的编写队伍。蒲慕明教授和饶毅教授在国际神经科学领域有广泛联系，熟知海外华裔神经科学家的发展情况，两位教授加盟作为副主编，更有助于使华裔神经科学工作者的科研成果能在本书中得到充分反应。

在结构和内容上，第 3 版与前两版相比做了一些调整。把第 2 版的“神经元的结构与功能”和“神经元通讯”两篇合并成一篇，称为“神经系统的细胞生物学”；并对“中枢神经系统的发育与可塑性”一篇的内容加以大幅度扩展。“神经系统高级功能”一篇是神经科学与认知科学的结合点，“神经系统疾病的基础研究”则是神经科学与神经内、外科和精神科的结合点，这两篇都得到了重点加强。调整之后，使本书在神经科学基础知识及其与实际联系方面更好地反映出当代神经科学发展的热点。在方法学方面，新增了光学成像和行为学方法的内容，旨在及时反映无创的脑功能成像与行为结合的最新进展。在不少章节的内容及参考文献中，力求体现出我国神经科学发展的进步与特色。

增加海外学者参与编写工作后，不可避免地增加了再版的难度，包括稿件的及时收集、文字的编辑加工等，在各方面共同努力下这些困难都一一得到了克服，保证了本书的及时出版，并使其继续保持了较高水平的“可读性”。

在本版编辑过程中，主编助理万有、罗非两位教授付出了巨大努力。在编辑后期，特别是在双色图的设计制作以及修饰方面，刘清华副教授协助万有教授进行了大量工作。北京大学医学出版社领导和韩忠刚、刘燕两位编辑，以及早期张彩虹编辑，都为本书的出版倾注了极大精力，在此一并表示最诚挚的感谢！

衷心希望广大读者对本书中的缺点和问题提出批评和建议，以便再版时改正。

韩济生

二〇〇八年八月八日

第 2 版前言

《神经科学纲要》1993 年出版以来，得到了广大读者的肯定，曾荣获 1995 年国家教委优秀学术著作特等奖、1997 年卫生部科技图书一等奖、1998 年国家科技进步三等奖。这是对全体作者和出版工作者的极大鼓励。正如我在第 1 版序言中所述“1993 年出书之日，也即着手准备改版之时”。5 年来，每位作者就本人所写章节的内容不断思考和积累新资料，按预定计划于 1998 年交出第 2 版书稿，使本书第 2 版得以在 1999 年如期出版发行。

1993—1998 年这 5 年正是国际学术界对脑科学予以高度重视的 5 年，美国国会关于将 20 世纪最后 10 年确定为“脑的十年”（The decade of brain）的决定取得了世界范围的响应，我国也将脑功能研究列为“八五”期间基础研究“攀登计划”的项目之一，予以重点支持。在神经科学蓬勃发展的热潮中，初版 5000 册《神经科学纲要》无疑起到了推波助澜的作用。

正如我国神经科学界元老张香桐教授为本书第 1 版所写的序言中所说：“当然，我们现在出版的这部书不是‘手册’，不论从哪个方面讲，都不能与德国的或美国的‘手册’一类书籍相比。但是，如果把它称为‘纲要’，似乎也未免过于谦虚了些。因为它具有一定的广度和深度，肯定不仅只是一个大‘纲’，也不仅只是列举了一些‘要’点”。根据张先生的中肯评论，许多作者和读者来信建议本书改名为“神经科学原理”。经征求 60 余位作者的同意，从本版起书名做以上更改，当然，这一更名也使我们感到肩头的责任更重，压力更大。

为了适应 5 年来神经科学的发展，特别是分子生物学与神经科学相结合而带来的巨大进展，本版各章内容都做了较大幅度的调整，每章参考书目的篇数从 10 篇增至 20 篇以内，总篇幅也做了适当的增加（20%）。在 10 篇的总架构不变的情况下，增加了 5 章（受体，转运体，大脑联合皮质与功能一侧化，计算神经科学，神经系统疾病细胞治疗和基因治疗的基础研究），取消或合并了 4 章（神经元的生存环境与神经元一章合并，中枢神经递质的神经通路分散到各相应神经递质专章中讨论，神经系统再生与移植合并为一章，老年痴呆与锥体外系疾病合并为神经系统变性病）。因此总章数增加了一章（由 68 章增加为 69 章）。

特别要指出的是本书的作者群体在保持相对稳定的基础上，增加了年轻血液，全部 82 位作者中 45 岁以下的占 26%，他们都是活跃在科研教学第一线的中坚力量。此次在老一代科学家帮助下初试锋芒，在下一版中必将构成本书作者群体的主力部队。

如同在第 1 版时一样，我的助手罗非博士和北京医科大学出版社的王凤廷责任编辑在第 2 版的编审工作中付出了很多时间和精力。没有他们的帮助，本书将不可能在这样短的时间内如期出版。

我代表全书作者衷心期望广大读者能一如既往对本书从形式到内容提出宝贵意见，这种帮助是至为重要的、极其可贵的，预致最诚挚的谢意！

韩济生

一九九八年三月

第 1 版序 1

最近一二十年间，神经科学在各发达国家，尤其在美国，有了极为迅速的发展。这一方面是反映自然科学本身发展的必然趋势。神经系统，特别是高等动物和人的脑是自然界最复杂的一种系统。在二十世纪的头六七十年间，物理学、化学和分子生物学等基础学科以及从它们引申出来的各种技术科学相继取得了长足的进步。有了这个基础后，脑这个自然界最复杂的系统自然地成为越来越多的研究者的注意对象。众所周知，近年来有许多在物理学、化学或分子生物学的研究中已经作出重要贡献的科学家转而研究神经系统。另一方面，神经科学的大发展也是反映人类社会继续发展和生存的需要。人类社会发展到今天，人有巨大的创造力，又有极大的破坏力，在许多方面对人类前途的最大威胁来自人自己。人类越来越需要学会更明智地控制自己的活动。这要求人对自己有更多的了解。人的脑是主司人的行为的，因此，了解人在自然科学意义上基本上就是了解人的脑。如何更好地保证脑的健康发育，如何更有效地增进脑的正常功能和防治脑的各种病变，在现今社会成为日益迫切需要神经科学加以研究解决的问题。

在我国，在生理科学中，神经生理学有其较受重视的历史传统。这对于在我国促进神经科学的发展是一个有利因素。我国神经科学与一些发达国家的神经科学相比，在发展深度和广度上存在着很大差距。怎样逐步地较快地缩短这个差距，是摆在我国神经科学界面前的一个严重课题。这里显然有密切相关的两个方面的问题，即教学方面和研究方面，以目前情况论，两者都大有改进、提高和新开拓的余地。我们要做的工作很多，有的可由个人或小的集体分头去做，有的则需要许多人合作进行。韩济生教授组织 69 位神经科学家合作编写《神经科学纲要》，是我国神经科学界的一件大事，这样一部相当全面地介绍神经科学的各个重要领域的教科书和参考书的出版，在我国填补了一个空白，可以预期，它将对我国神经科学的发展起到有力的促进作用。

冯德培

一九九二年七月九日于上海

第 1 版序 2

这本一百多万字的巨著，是以韩济生教授为首的六十余位神经科学专家呕心沥血共同努力的结果，从最初孕育出书之念开始，至付梓之日为止，所需时间，统共不过年余。在这期间，把各地专家组织在一起，草拟出编写大纲，分别征求意见，取得一致同意，并争取到各方支持、经济补助以及出版厂家的优惠条件等，其任务之艰巨是令人望而生畏的。但由于韩教授为祖国神经科学事业而献身的精神和过人的精力，使他居然创造出了这一奇迹，实足令人钦佩。

据约略估计，全世界关于神经科学的专业期刊，为数当在百种以上，每年发表的研究报告和综述文章，层见叠出，与日俱增。新技术的发现，新概念的产生和新知识的积累，正在以惊人的速度向前发展。从事神经研究的人们不禁产生一种共同的感觉，即：抱怨自己总是赶不上时代前进的步伐。从事培养青年的教师们也深感教学材料的匮乏，找不到一本真正及时的、最新的、可靠的、适用的神经科学教科书。目前，我国虽然也有不少较好的供大专院校使用的课本，但由于科学发展速度如此之快，而写一本教科书，往往需要较长时间才能出版。尤其是在我国目前经济匮乏，“出书难”的情况下，从写成一本书到出版问世，往往需要很长时间。再加以一本教科书在写成后还需要得到政府部门的审查批准，才能广泛发行，供学校采用。这样，又要花费很长时间。所以过去曾有人估计过：一项在实验室诞生的新知识，往往需要至少十年，才能进入教科书，在课堂上正式讲授。即使是在现今信息技术异常发达的时代，一项新知识的诞生、发展和成熟、直至为人们所普遍接受，也往往需要很长时间。在这漫长的时间里，即从实验室到教室这一过程中，有一个重要环节，那就是：一项新发现或新知识，必须有人去进行搜集、筛选、跨学科的联系贯通，和学术上的评价，才能最后被确认为颠扑不破的真理，有资格进入教科书内。要做到这一点是一项十分艰巨的任务。它要求编著者们在学术上具有真正的远见卓识和判断能力，在某一专业上是一个当代权威。

严格地说：现在编写的这本“神经科学纲要”，不能算教科书，而只能算是一本教师们使用的教学参考资料。它起到为教科书编写所需要的新知识进行搜集、筛选、联系、评价的作用。科学的发展是无止境的，而个人的寿命与精力却极为有限。要想完成如此巨大的教学使命，显然不是任何个人所能为力的；必然依靠集体力量才行。关于这个道理很早就有人注意到了。只要你到图书馆书库里去转一转，就会发现：21 世纪初就已开始出现的德国式的 Handbuch 往往是由多数作者围绕着某一个专题进行广泛而深入的阐述，并且连续出版达数十年之久，执笔者往往是有关学科的权威人物，而且是跨时代的，跨国界的。每卷的长度甚至超过千页，卷序亦连续不断，自成系统。成为传布科学知识的重要宝库。当然，出这样卷帙浩繁的《手册》是困难的，有时可能也是不现实的。但是这种精神和做法，甚至在现代仍然是被肯定的。举例来说，美国生理学会主编的 *Handbook of Physiology*，就是在这种精神影响之下进行编辑的。在该书的序言里就曾明确到这一点。这套书关于神经生理学部分，在 1957 年初次出版，迄今已有三十余年的历史，连续出版了十余巨册，参加写作的神经科学专家逾百人，在学术界产生了巨大影响。

当然，我们现在出版的这部书不是“手册”，不论从哪个方面讲，都不能与德国的或美国的“手册”一类书籍相比，但是，如果把它称为“纲要”，似乎也未免过于谦虚了些。因为它具有一定的广度和深度，肯定不仅只是一个大“纲”，也不仅只是列举了一些“要”点。书内各章的执笔者，在某一专业领域内都是名家，他们除搜集、筛选、评价现有的关于神经科学上的知识之外，有些人还介绍了我国其他学者及其本人的学术贡献，叙述详尽，评论得当。甚至有些篇章的作者对某些有争议的问题，明确地阐述了自己的独到见解，使读者耳目一新，有拨云雾而见青天之感。

笔者诚恳地希望：这个“纲要”也能像欧美各国出版的“手册”一类书籍一样，随着我国神经科学研究的发展，在未来的年代里，继续出版，并逐渐增加我国神经科学工作者自己的研究成果在世界神经科学知识宝库中的分量。科学知识是全世界人类的共同财富，也是由世界各国科学家共同创造的。我们必须分担我们自己应尽的职责。是为序。

张香桐

一九九二年五月于上海

目　录

上卷

第1篇　神经系统的现代研究方法

第2篇　神经元、突触与微环路

第3篇 胶质细胞

第4篇 神经递质及受体

第 5 篇 神经系统的发育与可塑性

第6篇 感觉系统

下卷

第7篇 运动系统

第8篇 自主神经与神经内分泌调节

第 9 篇 高级神经功能

第 10 篇 脑重大疾病

第 11 篇 神经调控

第12篇 类脑智能

第 7 篇　运动系统

陈道奋

运动和感觉是动物赖以生存和繁衍的两大基本生理功能，也是行为的基础。其中，运动能力是动物有别于植物的最根本特征之一。低等原生动物的感觉运动能力使其可获取食物和逃避敌害。随着动物的进化，应对复杂环境的适应和生存所需，运动功能不断得到发展和完善。高等动物和人的运动能力已经达到很复杂的水平。钢琴家和微雕艺人对手指运动的精确控制，舞蹈和杂技演员对肢体和躯干肌肉的完美操纵，都足以令人击节惊叹。

与感觉不同，运动显而易见，能直接被观察。肢体运动由众多肌肉在中枢神经系统控制下，根据自身和环境的感觉输入信息，将严密组构和彼此协调的收缩力作用于骨骼系统和其他肌体软组织而完成。成年人体内有大约 206 块骨骼，组构成不同的关节，肢体运动靠大约 15 万脊髓运动神经元支配约 640 块肌肉的收缩完成。为了使人体能产生无数简单或复杂、快速或精细的各类动作，中枢神经系统必须按行为所需而对这些遍布肢体各个部位的肌肉活动进行整合调控。相当复杂的时空神经计算要决定 640 块肌肉中哪几块、何时、何顺序、多久、多大强度及其变化等收缩参数和变量来完成动作。

根据复杂性和对中枢神经随意控制的依赖程度，人体运动可大略分为四类。其中最简单的是单调而固定的、由感觉刺激引发的反射活动；最复杂的是完全由中枢神经引发的、有目的性的随意运动。介于这两者之间，即反射和随意特性皆有，分别是体姿动作（如前庭脊髓反射）和节律性运动（如行走，奔跑，咀嚼等）。

与控制运动关系最密切的神经结构组成脑的运动系统，其任务是将感觉神经系统在脑内形成的对外部世界的内在映像相关的神经信号再翻转整合，来产生和控制对环境做出的复杂行为反应。但这种感觉运动转化的神经过程并非是个简单的镜像翻转，因为最终要完成的准确且具目的性的运动行为还必须依赖由一系列在时空上被严格控制组构的肌肉收缩活动作用于相对应的骨骼结构上。在高等的灵长类，尤其在人类，进化过程使感觉输入本身的内在物理特性与其对动物所赋予的行为上的凸显性（salience）已愈加解离。进化过程不仅使人脑天生就具备潜在的学习和记忆能力，而且能靠神经网络进一步适应地调控得以增强，从而能备有一系列从以往经历，尤其是纠错过程中所得的经验和技能，使其能根据不同行动的选择来预测相应的结果，思考或采用新的策略，为所求的目的寻求新的解决方法。精细的随意运动更需要经过反复练习才能被熟练掌握和准确操作，复杂运动的计划、控制、学习、适应和掌握都需要依靠感觉信息不断的反馈，还常受到注意力、主观动机和情绪等方面的影响。运动的控制和脑的感觉系统及与动机、学习、记忆等高级认知功能相关的神经结构都有密切的关系。因此，读者应尽量参阅综合本书其他篇章的内容，因为从脑和行为之间关系的角度来看，按传统的学科归类分成“感觉”“认知”和“运动”等篇章已日显局限。同样，“运动篇”按相关的中枢神经结构而分成“脊髓”“脑干”“大脑”“小脑”和“基底神经节”等章也不足以充分体现在系统神经水平上对脑的感觉运动转化和整合功能的日益深入的理解。

第 1 章 运动系统引论

陈道奋

第一节 具有不同行为特征和神经基础的运动形式

最简单、最基本的反射运动通常由特殊的感觉刺激引起，且根据受控制的骨骼肌肉结构而有固定的运动模式或轨迹。它的最大特点是一般不受意识的控制，一旦有刺激，即“自动地”产生反射。由于其神经回路所牵涉的神经元数量较少，反射都能在瞬间内完成。而且，反射运动的强弱可因刺激大小而异，但反应时间不变。反射运动是神经系统最基本功能之一，即使是意识丧失或高级神经中枢受损的患者，也保留许多基本的反射运动。因此，在临床医学中，对某些基本反射运动的测试常作为神经科常规检查的一部分。在特殊情况下，有些反射可因意识活动的影响而被改变，甚至不再产生。例如，经过努力练习，人可以在一定程度上学会克制打喷嚏反射。

相比之下，随意运动最为复杂，通常是为了达到某种目的、达成某个目标而有意识进行的运动。它可以是对感觉刺激的反应，也可因主观意愿而产生，且往往带有客观的前提背景。与反射运动不同，这类运动的方向、轨迹、速度、时程等都能被随意选择，并可在运动执行过程中被任意改变。和反射运动相比，随意运动一般需较长的时间完成，时长根据复杂程度而定，常常包括对运动执行的计划或选择（动或不动、何时动、如何动等）过程。另外，参与控制随意运动或对它有影响的神经结构广泛分布于中枢神经系统的各部位。绝大多数较复杂的随意运动形成于动物的早期发育过程，且不少需要经过反复练习才能逐渐完善和熟练掌握。在做一项已熟练掌握的随意运动时，不再需要思考具体动作步骤如何进行，即可下意识地顺利完成运动。一般认为，这是因为运动的复杂细节已被编成“运动程序”（motor program），以相关神经网络和神经活动的形式被储存起来，就像电脑调用编好的程序一样，“运动程序”可以随时被调用来控制完成复杂的随意运动。

节律和体姿两类运动的特性介于最简单的反射运动和最复杂的随意运动之间，两者的特点兼而有之。例如呼吸、咀嚼、行走等节律性运动往往能随意启动和中止，但一旦开始，就不再需要意识的参与，而能自动单调重复地进行。而人的体姿运动依赖多种感觉输入和相关的中枢长短反射通路，尤其是前庭脊髓反射，加上必要时有意识的调整或协调，能使直立的躯体在地心引力的作用下能保持平衡和所需朝向。大多数这类运动在进行过程中能不断被感觉信息所调制。动物日常运动行为中往往同时掺杂着几种运动形式，比如当执行某种随意运动时，可能会引发某种反射，或需要启动节律或体姿运动来补偿因执行随意运动而对躯体其他部位造成的失稳影响。

第二节 控制运动的主要神经结构

与控制运动有直接关系的各个神经结构通常合称为脑的运动系统（motor system），人脑的运动系统涉及脊髓、脑干、间脑、小脑，以及皮层和一些深部结构。从形态组织上看，运动系统与感觉系统都具同一特点，即中枢神经的组构呈现分级的形式。19 世纪末，英国神经科学家 John Hughlings

Jackson根据对癫痫病症的研究，首先提出脊椎动物的运动控制是分级进行的，即较低级的中枢控制较“原始”且“自动”的运动，而较高级的中枢控制有目的且复杂的运动。同时，高级中枢可控制较低级的中枢。这种早期的分级控制概念对后人进一步了解脑的功能有很大影响。从这个基本概念出发，脑的运动系统可看成主要由三个水平的神经结构组成，从低级到高级分别是脊髓、脑干的下行系统和大脑皮层的运动区（图7-3-2）。这是传统神经科学教科书讲授中枢运动神经系统的基本篇章格局。这样的划分看似人为，但不仅基本上符合目前我们对运动系统形态和功能的认知，也具备一定的神经胚胎发育学以及细胞组织学依据（参见神经发育章）。这也是本版的“运动篇”在章节安排上仍承袭了第3版格局的原因，尽管在内容篇幅上有前面所提到的局限。

按该传统的概念，三个水平之间首先是彼此有等级但各有分工的关系。低级中枢也能产生较复杂的运动输出信号，使肌肉有组织地被兴奋而产生反射，而高级中枢则主要发出更为总体水平的运动指令，不需太顾及处理各肌肉活动如何协调的细节问题。外周的感觉传入对各级水平的结构都能产生影响，而高级中枢（如大脑皮层）也可以通过下行通路对上行的感觉传入在各级中继站的传递进行调控。愈来愈多的研究表明，运动中枢的三个水平并非以严格的等级顺序串联。从各自独特的功能上看，三个水平甚至是并行地组织在一起的，即除了能依次调控下级中枢外，高级中枢可以直接控制最低一级的运动神经元。例如，大脑皮层运动区既可通过脑干兴奋脊髓神经元，还可以通过皮层脊髓束直接兴奋脊髓的运动神经元和中间神经元。这种串行和并行通路、直接和间接途径的重复安排，除为运动控制的实现提供更为灵活多样的选择以外，还对神经系统受损后动物行为功能的恢复和代偿有重要临床意义。

中枢上下各水平间串并联通路共存的神经网络按层级联系的形式，不仅体现在运动系统的输出，也同样体现在感觉系统的输入（参见“感觉篇”）。而且，感觉和运动两个系统共享在中枢各个水平保持严密的躯体表征的特点。愈来愈多的实验表明，这两个系统在中枢的各个水平彼此相互联系。控制相邻躯体部位的神经元在运动系统的神经结构中常常是相邻的，运动系统的各个神经结构中控制同一躯体部位的部分也常常相互联系。例如，大脑皮层主运动区的控制手运动区和辅助运动区控制手运动区及脑干、脊髓中控制手运动的部分互相密切联系。

脊髓：处于中枢最“低”水平的脊髓既是外界感觉输入的首站，也是运动输出至肌肉的最后共同通道。脊髓的中间神经元网络是各类传入冲动与高级中枢的下行冲动得以互相整合的所在。在同一类中间神经元上可以有多种下行的和传入的冲动互相汇聚，同一类中间神经元可能中介多种不同的反射。各类中间神经元之间又有复杂的相互联系。因此，近年来依靠分子基因手段而得以飞速发展的神经系统细胞分子标记手段，不仅为研究脊髓水平上各类感觉输入和运动输出之间的联系提供了有效的手段，也打破感觉和运动在概念上的人为界限，使脊髓成为非常适合探讨比较整体和综合的脑和行为研究课题的神经网络基质。第7-2章用了较多篇幅介绍了与肌肉和运动单位的各种特性相关的脊髓形态以及生理学概念和特征，为理解神经系统对运动的主要效应器肌张力控制的主要神经生理学因素建立基础。

脑干：这被认为是中枢神经系统“承上启下”的特殊部位，也是神经形态组构由脊髓典型的中间灰质、外侧纤维束的形态构造向前脑的灰质皮层和其他特征性核团形态构造转变的关键部位。脑干的神经组织容量虽不大，但有一些重要的与运动控制相关的神经核团：它们接受来自皮层下行的感觉运动调控指令，作为大脑皮层间接对脊髓进行控制的中介；它们也能通过脑干下行通路影响脊髓的中间神经元，也有少数可直接影响脊髓的运动神经元。脑干对动物行为控制的重要性被早期实验观察揭示，与较高级中枢的联系被切断时（例如在中脑水平被横断的去大脑动物），动物仍可以有某些调整姿势的能力和翻正反射，而在较低一些水平被横断的脊髓动物则基本不具备那种能力。从脑干下行的还有含各类特殊神经递质或调制因子的通路：从脑干的蓝斑核和桥延脑网状结构的一些神经元发出的蓝斑脊髓系统和从脑干中缝核群发出的中缝脊髓系统。前者是肾上腺素能的，后者则是5-羟色胺能的。两者均终止于整个脊髓的中间区和运动神经元核，可以调制脊髓神经元的兴奋性。中缝脊髓系统也投射至脊髓背角浅层，调制痛觉和其他感觉信息的传递（详细内容请参见相关篇章）。脑干也是大多数颅神经的中枢核团所在部位。这些核团与网状结构和其他神经结构一起，还直接参与控制和协调眼动、发声、咀嚼、吞咽、呼吸以及面部表情和言语表达等不同类型的运动。脑干网状结构和前庭核与控制眼球运动有尤其密切的关系。根据第7-3章的合作作者对该领域所具备的独特科研专业经历和洞察力，该章也用较大的篇幅以眼动和前庭眼动反射为例深入讨论了脑干在眼动控制中的作用。

大脑皮层运动区：大脑皮层运动区目前被普遍认为处于运动控制的最高水平。如前所强调，感觉和运动功能的整合贯穿于整个中枢神经系统，在皮层水平的整合与更为高级和复杂的认知功能密切相关。本篇第 7-4 章的介绍重点是哺乳动物，尤其是灵长类的皮层运动区，因为这些皮层区不仅有神经元通过脑干的下行系统间接影响脊髓，更有皮层脊髓束直接投射至脊髓，甚至以单突触或双突触形式与脊髓运动神经元联系。这种神经网络的形态特征使得位于“高”层级别的皮层神经元与“低级”的运动输出端在功能上离得非常“近”。各皮层运动亚区有各自的躯体表征，其中主运动皮层的躯体表征更为复杂，尤其是上肢、手和嘴部的表征。这些皮层运动亚区形态上似乎都由类似的、几乎显得“单调”的细胞层构筑，但都有其独特复杂的功能布局和输出、输入特征，参与不同方面的运动控制。第 7-4 章对皮层运动区结构和功能的入门性介绍，目的不仅是要传授通过研究（皮层运动区估计是研究历史最悠久的脑结构）迄今所得的已知，还有要强调我们所面临的更多的未知。皮层功能，尤其是在人脑，被认为很大程度受进化和发育等动物行为因素的影响。我们能否期待对皮层的功能有一个统合理论性的认知，还需要几代人在基础科研的努力来验证。读者应尽量参阅本书其他有关篇章，尤其是系统神经和发育神经等相关内容，以加深体会理解和思考。

小脑和基底神经节：除上述三个水平的结构，即脊髓、脑干和大脑皮层运动区外，小脑和基底神经节在传统概念中也被认为对运动调控起着重要作用，尽管被长期认为是较为辅助的调控作用。其实，Peter Strick 在半个世纪前就在综合了灵长类动物的形态和生理学实验结果后强调，大脑、小脑和基底神经节对运动控制的贡献，应该以它们之间所形成的神经环路和相关的神经活动为研究焦点。这些年的研究，使这个环路的概念又得以扩展，包括了丘脑核等前脑或中脑相关神经结构。此外，近年来的研究也已表明，它们各自的中枢神经系统功能已不再局限于我们原来所了解的。第 7-6 章从分子细胞水平非常详细地描述了基底神经节的宏观和微观组构，以及各亚水平结构的输出和输入关系。从其复杂的神经联系以及丰富多样的神经递质种类和亚受体种类，我们不仅能了解到该结构对运动调控参与的程度，也更能理解该结构对运动以外，尤其是脑的认知功能，所起的调控作用。同样，第 7-5 章全面系统地介绍了我们目前对小脑参与运动控制的认知。近年来的研究确实表明，小脑对运动的调控并不仅限于传统认为的功能，即比较下行的运动指令与实际产生的运动后提供反馈信息，以提高运动的精确程度，也不只限于运动学习方面的作用。从目前系统神经科学基础研究角度看，小脑的研究正成为最“热门”的领域之一。Marr 和 Albus 半个世纪前有关小脑的理论仍然不断地激励着新一代对脑的高级智能功能着迷的神经科学家。近年来的动物实验，尤其是光遗传学在啮齿类动物行为神经生理学实验中的广泛应用，使我们对传统的中枢神经运动系统结构（脊髓、脑干、大脑皮层运动区、小脑和基底神经节）以外的一些结构参与运动调控的作用有了新的认识。它们既可通过突触联系，也可通过释放神经递质调控，来参与感觉运动的整合、认知的决策过程，或影响最后运动的输出（请参阅相关篇章）。

第三节　运动控制的主要研究方法

研究中枢神经系统的运动控制功能虽显得相对容易，但实际上非常困难。容易在于运动的出现较易被研究者观察，运动的轨迹也不难被跟踪记录和定量分析。相比之下，感觉就较难被研究者客观地观察和测量，比如对痛觉的定量只能主要依赖受试者的主观感觉。但除在行为上易被观察外，运动控制的神经机制研究有相当大的难度。首先，即便是类似非常简单的用手指点触鼻子的动作，都很难确定脑中到底有哪些神经结构是调控该动作所必需。其次，即便知道所参与调控的神经结构，要从控制原理上搞清它们之间在功能上的相互关系，以及在运动的发起、编程、调控和执行等过程中各自所起的独特作用，目前仍是运动神经生理学，或者说系统神经科学，所面临的巨大挑战之一。

早期对脑的运动功能的认识主要来自治疗脑创伤、脑卒中或癫痫患者的临床知识的积累。实际上，对临床特殊病例的观察和研究目前在运动控制的研究中仍占很重要的地位。19世纪神经病学家用损毁或切除脑组织的手段，观察损毁后动物行为的变化，以研究和确定中枢神经结构和运动功能的关系。这类研究为了解脑的运动功能形态解剖奠定了基础。第二次世界大战后先进电子技术的应用，使研究者能运用电生理学研究方法刺激实验动物的神经结构，记录其放电活动，并观察放电活动与运动的相关联系。计算机的普及应用又使科学家能采用一系列的实验和分析手段，诸如峰电位触发平均技术和神经群体上的动力系统分析等，在研究清醒动物运动时探索和确定神经细胞的放电活动与运动的相关功能性联系。

本篇各章中所阐述的实验结果，相当部分是通过上述这些研究手段获得的。近十多年来，随着计算机算力的快速提升，神经科学研究包括对运动的神经控制的研究手段不断得到更新。脑影像学技术的发展和应用为运动控制的研究打开了许多新局面。脑影像学技术不仅可帮助人们更好地了解正常人或患者在进行特定动作时神经系统各结构间复杂的功能关系，还可观察他们在想象或计划做特定动作时脑内神经结构的活动。另外，在已知的运动系统功能的基础上，计算神经科学家根据实验数据构建与运动控制相关的模拟计算模型，并结合运动学分析（分析位移和轨迹，描述肢体运动的线性和角位移速度及加速度等特征）和动力学分析（体内和体外造成运动的力），以及机器人人工智能控制等方法，为深入研究人体运动控制的神经机制提供了有效的工具。

20世纪中期运动神经生理研究迅速进展的原因之一，是当时才新兴起来的生物工程学科的学者们的加盟。他们的重要贡献是不仅带来了新的研究手段和测量方法，还有新的思路。从控制的工程学角度看，运动控制的神经过程可以借用现有的控制原理而概念化。比如快速屈肘运动属比较简单的运动，类似弹道运动。而弹道控制（ballistic control）是控制方式中最简单的一种（参见图7-1-1A；即不具备反馈环路的情况下）：当所预期的结果被输入控制器，并且将这一要求转化为相应的命令递送到效应器后，效应器根据命令产生实际结果。人体运动系统的主要效应器是肌肉和其他与其相连的结构如骨骼和结缔组织等。在这一控制系统里，由于不具备来自运动的反馈信息，控制的精度取决于控制器对效应器的了解程度；控制器越了解效应器对于每个命令做出反应的方式，其控制结果也越好。由于对每一个预期结果都需要一个相应的程序来把它转化为合适的命令，这种控制需要一个类似于数据库的机构来储存这些不同的程序以应对不同的需要。这种控制方式也称前馈控制，即神经系统事先根据上述各种已得到的感觉信息尽可能精确地计算出下行的运动指令，待运动开始后便不再依靠反馈信息。日常生活中的投掷运动便是这类控制的最好例子。篮球运动员根据篮筐的方向、距离和自己的姿势用一定的力量将篮球沿一定的方向投出后，就再也不能对球施加任何影响。乒乓球运动员接对方打来的球时也是如此，他必须依靠视觉信息（如对

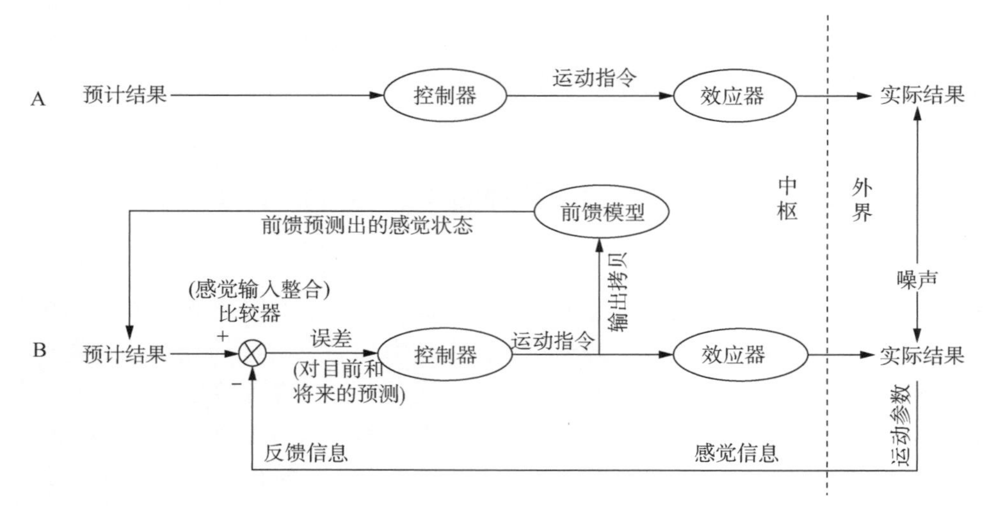

图7-1-1 图**A**为弹道前馈控制模型示意图。整个图**B**所示为最优反馈控制模型（optimal feedback control）；如果不具备输出拷贝通过前馈模型的那一分支，便是直接反馈控制模型（direct feedback control）。参见第7-3章图7-7-20所示的内部反馈控制模型。（参阅参考文献中的综述2）

方击球的姿势）预测来球的轨迹和性质（上旋或下旋球等），再根据本体感受器和其他感受器提供的自身状态（姿势、肌张力）的信息和准备如何反击的战略（打直线、打斜线、打回头等），快速计算出需发出的下行运动指令，然后迅速击球。一旦击球后就来不及再改变动作。足球守门员接罚点球的情况也很类似。因此，运动员通过苦练而达到熟练的过程，就是为不同的预期结果准备好一系列相应的运动程序的过程。

弹道控制虽然在概念上很简单，却极易受噪声的干扰。噪声是指任何能造成运动的实际结果与预期结果不同的不可预测的因素。对于投篮来说，噪声可以是外部的，如场地风速、风向的改变；也可以是内部的，如疲劳或注意力集中程度等。因为这些因素中很多是无法预测的，所以即使发出同样的命令，每次运动的结果也不会完全相同。影响运动控制的另一个重要因素是加在系统上的负荷。同样的运动，由于负荷的不同，控制器发出的命令也应不同。总之，弹道控制并不是最佳的控制方式。但在无法得到反馈信号的情况下，中枢运动控制系统只能选择弹道控制的方式。

实际上，中枢神经系统对多数运动尤其是精确运动的控制，不仅在运动发起前需要各种感觉信息，如上述的弹道运动那样，而且在运动发起后仍需要不断地接收和整合处理所得到的感觉信息。感觉反馈信息可以到达控制运动的中枢的各个结构。在运动执行过程中，如果由于负载改变和遇到意外障碍等外界因素，或者由于所编的运动程序不尽正确，使运动偏离预定轨迹和预定目标时，神经系统又可根据不断反馈至中枢的感觉信息及时纠正偏差，使运动达到既定目标，这在工程学上被称为反馈控制（图 7-1-1B 和图 7-3-20）。例如，当要搬抬物体时，中枢会根据视觉信息和以往经验预估物体的重量，发出适当的肌肉收缩命令。如果估计错误，则或抬不起物体，或用力过大而失去身体平衡，此时肌肉的本体感觉等输入会很快向中枢提供负荷估计误差的信息，以便及时纠正。

直接反馈控制（direct feedback control）的模式与弹道控制的模式不同（参见图 7-1-1B，但不具备前馈模型那一分支），预期首先被送到一个被称为比较器的地方，与从感觉系统送来的实际运动结果（也称为实时结果）反馈信号进行实时比较，两者之间的差异信号（即误差，error）被作为控制器的输入信号。控制器根据误差来产生修正后的命令，通过效应器产生新的结果，以缩小误差。这一新的结果又通过反馈回路送回比较器并与预期结果进行新一轮的比较，产生新的误差信号，如此反复迭代使误差最小化。如果还以篮球运动为例的话，这种控制方式相当于在眼睛的注视下，用手把球直接放进手臂能伸到的篮筐里。若无时间限制，几乎人人都可做到百投百中。

直接反馈控制方式的最大优点是它几乎不受噪声的干扰。如果有预想不到的因素干扰了正常的命令与结果之间的关系，干扰因素马上会得到修正，因为控制器可根据干扰引起的新误差立即修改相应的命令。除了可靠（能修正噪声干扰）外，直接反馈控制还有另一个优点：简单。因为它的每一时刻的命令是根据每一时刻的误差信号而产生的，所以不需要凭经验进行预测，也不需要庞大的程序库存放针对不同的情况和运动的运动程序。直接反馈控制虽然看起来近乎完美，但也有弱点：它的控制精度取决于有关实时结果的反馈信息能否及时地送到比较器。由于信息的传入和加工需要相当长的时间，所以直接反馈控制只适用于缓慢的运动或维持姿势。例如，第 7-3 章中提到的平稳视跟踪运动所需的视觉反馈需要 300 毫秒左右的时间才开始起作用，但有时快速的运动如快速扫视却在 150 ～ 200 毫秒内即可完成。因此，学者们提出了其他反馈控制模式，如“脑干”章中图 7-3-20 所示的内部反馈控制模型（internal feedback control）便是在眼动神经生理学研究的理论和实验上都得以探讨较深而全面的一例。图 7-1-1B 所示的则是更为新颖的最优反馈控制模型（optimal feedback control）。在此模型中，支配肌肉活动的运动指令不仅被传送给肌肉，也通过前馈模型对整个肢体系统的估测来预计肢体运动学方面的下一步状态（位置和速度等）。这个预计结果被送往一个感觉输入整合的比较器。比较器同时也接收根据前一个运动指令所做的运动而产生的，稍有延迟且带噪声的感觉信息。为了对该延缓的反馈信息加以补偿，比较器将两者加以整合，且根据受噪声影响的程度和来自肢体感觉信息的精准度而调节比较器的增益，以准确地将下一步运动指令所需的估计参数提供给控制器。

反馈控制模式为感觉运动神经生理学研究的实验设计和分析提供了严谨的概念框架。比如在感觉反馈信息中，视觉信息对运动的精确控制最为重要。如果没有视觉参与，日常生活中的有目的运动很少可轻而易举地完成，尤其是精细运动，更需视觉输入的准确引导。当本体感觉传入因病变而丧失时，视觉反馈对运动控制更是必不可少。粗纤维感觉神经疾病（large-fiber sensory neuropathy）患者因传递本体感觉信息和触觉信息的粗传入纤维变性退化，腱反射（tendon reflex）消失，触觉也受损，只是痛温觉仍然保留。在没有视觉帮助的情况下，患者不能感知自己肢体的位置或关节的移动。这些患者所具有的特殊病理改变，为研究本体感受性传入在运动和姿势的反馈控制及前馈控制中所起的作用提供了良好的机会。该类患者在闭眼时不能较长时间地将肢体维持于一定的姿势。如令其手臂前伸并维持此姿势时，数秒钟后手臂即偏离原来的位置，但患者睁眼时则能维持姿势的稳定。这显然是因为神经系统必须依靠来自肌肉、关节等处的本体感受性传入来维持姿势的稳定，而视觉可以补偿本体感觉的缺失。这类患者在看不见自己的手的条件下做指向靶标的快速运动时，运动的方向和幅度都出现很大的偏差。如让患者在快速运动前看见自己的手，只在运动时挡住其视线，则误差大为减少，说明部分误差是因为前馈控制不正确所致。由于患者不能从本体感受性传入感知肢体的位置和肌肉情况，难以计算出切合实际的正确运动指令，所以不能实现正确的前馈控制。在运动开始前看见手的位置有助于为前馈控制进行正确编程，所以能减少误差的发生。总之，运动的正确计划需要感觉信息。获得充分的感觉信息是运动的反馈控制和前馈控制的前提。

具有工程背景的神经科学研究者的加盟不仅增强了定量性的科研能力，也为运动的神经控制研究，不论是人体还是动物实验，开创了新的探究理论框架和相应的创新实验手段和平台。比如 Reza Shadmehr 和 Sandro Mussa-Ivaldi 于 20 世纪 70 年代一起在麻省理工学院 Emilio Bizzi 的实验室时，合作建立了利用机器人力臂而实现的力场干预（force-field perturbation）的实验范式。它为探究有关运动控制的内在模型（internal model）提供了有效的实验手段，也为运动控制的人体实验开辟了一个接一个崭新的概念框架，包括运动的适应性学习、感觉性预测运动误差、运动记忆等一些非常重要的机制性概念框架。同样，第 7-3 章中详述的眼动系统研究，也在很大程度上受益于 20 世纪 60 年代工程技术和概念的引入。可用于测量眼动的感应式磁场传感器，对人眼和动物实验研究者来说似乎是如虎添翼。其与当时清醒猴单细胞电生理记录技术的结合，使眼动神经科学研究得到了前所未有的进展。其中 David Robinson 以控制工程为指导的运算模型也为该实验研究提供了概念性框架。从神经运算和控制的角度，眼动系统被视为比肢体系统更为简单：更少的自由度和更简单的神经动态系统，加上眼眶中的眼球几乎不具备质量（near-zero mass）。因此，灵长类的眼动生理学的基础研究为肢体运动的神经生理学机制性基础研究起了相当大的榜样和推动作用。第 7-4 章中介绍的"脑机接口"也是个很好的研究手段和方法的例子。自 2003 年将微电极阵列作为脑机接口第一次实验性植入患者运动皮质以来，该技术已被更多的临床试验和人体实验研究所采用。根据第一线研究人员的看法，脑机接口中"技术含量"最高的成分，目前恐怕基本上还是依赖所采用的运算模型和其机器学习算法来帮助解码神经元群体活动的能力。尽管研究人员还不能完全理解这些神经活动的具体含义，但靠机器学习的过程能较容易地辨认出活动模式，并将它们与使用者的动作意图联系起来。如果能记录到神经信号，再知道相应的使用者当时的动作意图，计算模型便能在两者间建立起一个可行的"联络图"。因此，正如第 7-4 章"运动皮层和脑机接口"中所强调指出，对大脑控制随意运动缺乏在原理和机制上的理解，是人脑运动控制研究和脑机接口研发两个领域发展所共同遇到的瓶颈。"脑机接口"技术对于人脑运动控制研究的开创性价值是提供了一个具有伦理性的观测人脑神经活动的机会窗口和有效手段，不论是用以刺激记录，或是构建两者兼备的体外人工"神经"环路，都有助于深入探究人脑随意运动控制等高级认知功能。

21 世纪初研发出的光遗传学方法给系统神经科学探索神经环路和网络因果关系的联系带来了颠覆性的新手段。近些年新的研究结果层出不穷，技术也在被不断更新和改造。今后的十多年，我们会面临新发现和新知识的新一轮快速增长。新的研究手段和技术使研究者的焦点转移到更为整体和综合的课题，比如在动物实验中将运动、感觉和其他认知方面的数据尽量综合采样和分析，以探研脑和行为的关系。因此，与整个系统神经学或行为神经学一样，运动控制的神经科学研究目前最缺乏的是概念性的原理和框架，缺乏具有扎实基础和前提的工作假说。研究者不仅要根据目前研究领域所面对的知识鸿沟去寻找有意义的、具有填补鸿沟潜力的科研问题，还应从动物的行为和生命的角度提问和思考。比如探索神经发育和运动行为的关系，或者利用对不同种的灵长类动物作功能性比较神经解剖学研究来专门探究感觉运动皮层与动物的手部功能和手指动作的精巧程度相关的进化过程。这些富有想象力的创新科研方向是进一步深入研究运动的神经控制所需的多样化视角。

（感谢陈韵和崔翯的细致校对和修改建议。）

参考文献

综述

1. Dickinson MH，Farley CT，Full RJ，et al. How animals move：An integrative view，*Science*，2000，288：100-106.
2. Diedrichsen J，Shadmehr R & Ivry RB. The coordination of movement：the optimal feedback control and beyond. *Trends Cogn. Sci.* 2010，14：31-39.
3. Heckman CJ and Enoka RM. Motor unit. *Compr Physiol.* 2012，2：2629-2682.
4. Krubitzer L. In search of a unifying theory of complex brain evolution. *Ann N Y Acad Sci.* 2009，1156：44-67.
5. Mendoza G & Merchant H. Motor system evolution and the emergence of high cognitive functions，*Prog. Neurobiol*，2014，122：79-93.
6. Pearson KG Role of sensory feedback in the control of stance duration in walking cats. *Brain Res Rev*，2008，57：222-227.
7. Porter R，Lemon R. Corticospinal Function and Voluntary Movement. Oxford：Clarendon，1993.
8. Riehle A，Vaadia E. eds. Motor cortex in voluntary movements：A distributed system for distributed functions. London：CRC Press，2005.
9. Rothwell J. Control of human voluntary movement，2nd ed. London：Chapman & Hill，1994.
10. Schwartz，AB. Movement：How the brain communicates with the world. *Cell*，2016，164：1122-1134.
11. Shaikh AG & Zee，DS. Eye movement research in the twenty-first century—a window to the brain，mind，and more. *The Cerebellum*，2018，17：252-258.
12. Shadmehr，R. & Krakauer，JW. A computational neuro-anatomy for motor control. Exp Brain Res. 2008 185：359-381
13. Shadmehr R，Smith MA，Krakauer JW. Error correction，sensory prediction，and adaptation in motor control. Annu Rev Neurosci. 2010，33：89-108.
14. Sherrington CS. Integrative actions of the nervous system. New Haven，CT：Yale Univ. Press，1906.
15. Sobinov AR & Bensmaia SJ. The neural mechanisms of manual dexterity. *Nature Reviews Neuroscience*，2021，22：741-757.

原始文献

1. Ejaz N，Hamada M & Diedrichsen J. Hand use predicts the structure of representations in sensorimotor cortex. *Nature Neuroscience*，2015，18：1034-1040.
2. Gatto G，Bourane S，Ren X，et al. A functional topographic map for spinal sensorimotor reflexes. *Neuron*，2020，109：91-104.
3. Hagan MA，Pesaran B. Modulation of inhibitory communication coordinates looking and reaching. *Nature*，2022，604，708-713.
4. Kording KP，Tenenbaum JB，Shadmehr R. The dynamics of memory as a consequence of optimal adaptation to a changing body. *Nature Neuroscience*，2007，10：779-786.
5. Lockhart DB，Ting LH. Optimal sensorimotor transformations for balance. *Nat. Neurosci*，2007，10：1329-1336.
6. Mathis A. et al. DeepLabCut：markerless pose estimation of user-defined body parts with deep learning. *Nat. Neurosci.* 2018，21：1281-1289.
7. Mendelsohn AI，Dasen JS，Jessell TM. Divergent hox coding and evasion of retinoid signaling specifies motor neurons innervating digit muscles. *Neuron.* 2017，93：792-805.
8. Paixao S，Loschek L，Gaitanos L，et al. Identification of spinal neurons contributing to the dorsal column projection mediating fine touch and corrective motor movements. *Neuron.* 2019，104：749-764.
9. Robinson DA，Oculomotor unit behavior in the monkeys，*J. Neurophysiology*，1970，33：393-404.
10. Shadmehr R，Mussa-Ivaldi FA. Adaptive representation of dynamic during leaning of a motor task. *J Neuroscience*，1994，14：3208-3224.
11. Todorov E，Jordan MI. Optimal feedback control as a theory of motor coordination. *Nature Neuroscience*. 2002，5：1226-1235.
12. Yang Q，Logan D，Giszter SF. Motor primitives are determined in early development and are then robustly conserved into adulthood. *PNAS*，2019，116：12025-12034.
13. Yan，Y.，Antolin，N.，Zhou，L. et al. Macrophages excite muscle spindles with glutamate to bolster locomotion. Nature. 2025，637：699-727.
14. Zhang Y，Narayan S，Geiman E，et al. V3 spinal neurons establish a robust and balanced locomotor rhythm during walking. *Neuron*，2008，60：84-96.
15. Ziskind-Conhaim L & Hochman S. Diversity of molecularly defined spinal interneurons engaged in mammalian locomotor pattern generation. *J Neurophysiol*，2017，118：2956-2974.

第2章 肌肉、外周感受器和脊髓的神经组构和运动功能

陈道奋

哺乳动物的运动是肌肉产生的张力和地球对肢体的引力在骨骼或软组织上相互作用的结果。中枢神经系统所处理的相当一部分错综复杂的信息与控制机体骨骼肌的收缩和张力有关。一块块的骨骼肌被视为众多的单个器官，由各类组织包括肌肉纤维、结缔软组织、输入和输出神经束、血管和血液等构成。神经支配下严密调控产生的合适的肌张力和肌长度变化，使动物得以维持各种体姿或完成更为精巧细致的肢臂、指趾和面嘴部动作。肌张力和肌长度的变化又取决于肌肉的起始长度、肌长度变化速度和外界对肢体运动的阻力。肌肉器官不仅有产生运动的功能，也行使感觉的职能。肌肉收缩的同时，本体感觉感受器肌梭（muscles spindle）和 Golgi 腱器官（Golgi tendon organ）将所获得的无数的肌肉长度和张力的信息及时、又有严格的相对肢体部位定位性地传入中枢神经系统，而后者转而又通过调节肌梭的敏感性，来调控本体感觉信息的传入。本体感觉的信息传入中枢神经系统的各个层次，不论是在脊髓和脑干对反射运动行为的控制整合协调，还是在皮质对自主运动的控制，以及在肢体对空间位置的感知，都起着重要的作用。因此，肌肉器官可以被视为哺乳动物感觉运动整合协调最基本的、也是最重要的外周器官。

第一节　肌小节是运动的动力之源

骨骼肌由上千条长度为几十至数百毫米、直径为几十微米的圆柱状且多核的肌细胞（也称为肌纤维）组成。肌纤维内的可收缩成分是纵向排列的许多直径约 1 μm 的肌原纤维（myofibrils）。每一根肌原纤维则由许多长度为数微米的肌小节（sarcomere）串接组成。肌小节内含纵向的、相间平行排列的粗肌丝和细肌丝，细丝的一端与肌小节间的带状结构 Z 盘（Z-disc）系固相连，另一端游离；而粗丝不被固定（图 7-2-1）。肌纤维内还有包绕在每一条肌原纤维周围的复杂的膜性囊管状的肌管系统（横管系统 transverse tubular system 和肌浆网 sarcoplasmic reticulum），作为 Ca^{2+} 贮存、释放和重摄取的重要结构。

一、肌动蛋白和肌球蛋白间横桥连接的构型变化产生粗丝和细丝的相互滑动

肌肉是一种生物分子发动机：肌纤维收缩张力很大程度是靠肌动蛋白（actin，也称肌纤蛋白）和肌球蛋白（myosin，也称肌凝蛋白）之间的相互作用而产生。数百个肌球蛋白分子组成粗丝；而细丝

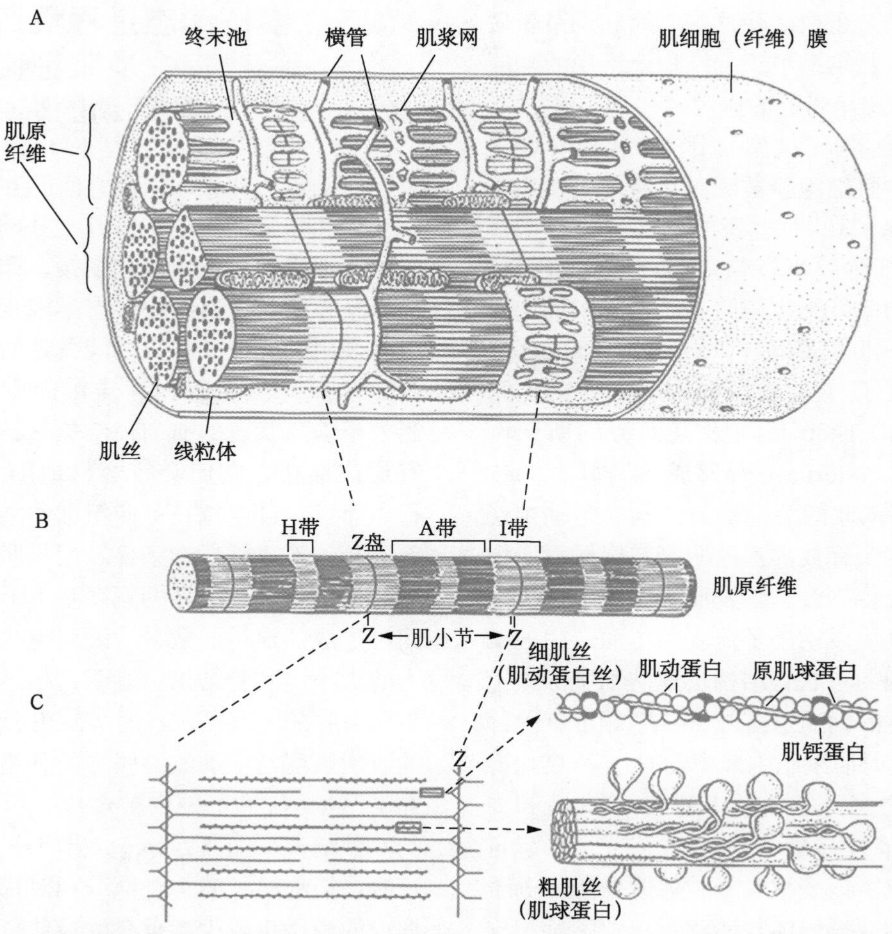

图 7-2-1　肌纤维（**A**）的细胞膜内含许多根肌原纤维，每根由几千条肌小节（**B**）串联组成。肌小节是肌肉最基本的功能单位，它具备产生肌肉张力所需的所有的蛋白。细肌丝的一端系固在 Z 盘上，而粗肌丝则占据肌小节的中间位置（**C**）。这样的组织排列形式便是早期用结合 X 光衍射和电子显微镜研究方法所观察到的骨骼肌纤维呈现明暗交替结构的形态基础。根据对最明亮段只含细肌丝，而最深暗段同时含细的和粗的肌丝的假设，加上最明亮段在肌肉收缩时变狭窄而非明亮区段的总宽度相对保持不变的实验观察结果，英国科学家 Andrew F. Huxley 和 Hugh E. Huxley（无亲缘关系）在 20 世纪 50 年代推断出解释骨骼肌收缩机制的肌丝滑动学说（sliding filament hypothesis）（引自 Kandel ER，Schwartz JH，Jessell TM. eds. Principles of Neural Science. 3rd. ed. Elsevier，1991.）

则由肌动蛋白、原肌球蛋白（tropomyosin）和肌钙蛋白（troponin）组合而成，主体为肌动蛋白。每个肌球蛋白分子由卷曲螺旋蛋白结构形成成对的球状头部，且具备一个能与三磷腺苷（ATP）结合的位点，使球状头部在与细丝肌动蛋白的相应位点可逆性结合形成横桥（crossbridge）时能激活所需的ATP酶。球状头部可随蛋白分子的可逆性构型变化而形成约60度的摆动，分别呈垂直翘起或倾斜下弯两种状态。通过横桥的作用，肌球蛋白头部与细丝间可形成5～10 nm的相互牵拉移动，导致两头的细丝同时往粗丝的中位方向滑行，进而造成整条肌原纤维的缩短（也即X光衍射中明亮段变狭窄的过程，见图7-2-1 B&C）。每根粗丝被六根细丝围绕，使每个球状头部与细丝能充分地接触，可以产生最大限度的牵拉互动。肌动蛋白和肌球蛋白是收缩蛋白，而原肌球蛋白和肌钙蛋白则是对肌丝滑行起着调节作用的调节蛋白。除这些收缩和调节蛋白外，肌肉内还有一些结缔组织起结构上维稳或功能上促进牵拉力度传递至骨骼的作用。

粗细肌丝间蛋白分子构型的滑动变化需要Ca^{2+}参与，此过程是在肌细胞膜被刺激兴奋产生动作电位后，细胞内释放Ca^{2+}而触发的。这个将以动作电位为特征的肌细胞膜兴奋与以胞内肌蛋白粗细丝间滑行为特征的肌纤维收缩两者联系起来的中介过程，称为兴奋-收缩耦联（excitation-contraction coupling）。钙离子是主要的耦联因子，而由横管（transverse tubules，T-tubules）及其两旁的肌浆网终末池（terminal cisterna）所形成的三联管结构（triad thribble）是耦联的关键形态结构。运动神经末梢在神经肌肉接头释放的乙酰胆碱与突触后肌细胞膜上的胆碱能受体结合，引发肌细胞膜电位去极化并使钠通道打开。以钠离子流入为主而产生的动作电位通过肌细胞的三联管结构迅速向细胞深处扩散，使终末池膜上的钙通道打开，Ca^{2+}顺浓度差释放到肌细胞内，此时肌细胞胞浆中的Ca^{2+}浓度比静息时增高100倍之多。细肌丝上对Ca^{2+}有亲和力的肌钙蛋白C亚单位与足够的Ca^{2+}结合，引起自身分子构型的变化。该变化又导致原肌球蛋白分子构型的变化，它的双螺旋体与肌动蛋白双螺旋结构的结合位置错位，结果使肌动蛋白上能与肌球蛋白头部结合成横桥的位点暴露出来。横桥一形成便激活横桥上的ATP酶，在Mg^{2+}参与下，ATP分解而释放能量，引发横桥构型变化而向粗丝中位方向倾斜摆动，牵引细肌丝由两侧向粗肌丝中央滑行。一旦横桥构型角度发生变化，横桥上ATP的结合位点便被暴露，可让新的ATP即刻与该位点结合，继而使肌球蛋白头部脱离肌动蛋白，并恢复到原来垂直翘起的状态。紧接着，肌球蛋白头部又开始与下一个肌动蛋白的位点结合形成横桥，循环上述的结合、摆动、解离过程。由此，细肌丝被不断地往粗肌丝中央方向牵拉，粗肌丝和细肌丝之间的重叠增加，从而肌小节缩短。横桥摆动的循环过程也依赖Ca^{2+}。当引起肌肉收缩的刺激终止后，终末池膜上的钙泵重摄取Ca^{2+}回池内，导致肌细胞内Ca^{2+}浓度降低。此时，肌钙蛋白不再与Ca^{2+}结合而与原肌球蛋白相继恢复到原来构型，肌动蛋白上可与肌球蛋白头部结合成横桥且相互作用的位点重新被遮盖，肌丝以各自内在的弹性或受外界牵张力而回到原来位置，使肌肉呈舒张状态。

二、横桥动态过程受肌肉长度和收缩速率，及肌细胞内钙浓度和ATP酶活动的影响和调控

肌动蛋白和肌球蛋白之间的互相移动是肌肉长度变化和张力产生的主要分子基础，而粗肌丝与细肌丝间形成的机械性互相衔接，即横桥，是决定肌肉松紧程度的主要结构形态学因素。肌肉被牵拉时所表现出的长度和张力之间关系的特性体现了肌动蛋白与肌球蛋白间相互作用的机制（图7-2-2A）。当处于静息状态的肌肉被牵拉时，因粗细肌丝间没有形成横桥，它们会较容易地随牵拉而做被动滑行。而且，过度拉长可使粗细丝之间几乎没有重叠而不具备形成横桥的条件。而当肌肉受刺激主动收缩时，由于重叠部分的宽度基本上决定了粗细肌丝间可形成的横桥的数量，因此也决定了能产生的张力的大小。实验结果也表明，相互衔接的横桥数量与肌肉收缩力成正比。图7-2-2B所示的呈钟形曲线的肌肉长度与主动收缩张力的关系，标示了肌小节在1～4 μm的范围内被牵拉时粗细丝间相互重叠的6种情况（图7-2-2A）。当肌小节非常短或非常长时，粗细肌丝间重叠部分相对都比较窄短，所以形成的横桥也较少。重叠的最佳范围是当肌小节长度为2.2 μm左右，这时肌肉能产生的主动收缩张力也最大。当处在曲线左边上升部分时，肌肉就像一根弹簧，主动收缩张力随肌肉长度增加而增加。这种收缩蛋白所具有的弹簧似的特性，加上与其并联或串联的结缔组织的弹性成分，赋予肌肉在此运

作范围内以相当明显的弹性。相比之下，在曲线右侧的下降部分，因不具备形成横桥的条件，主动收缩张力与肌肉长度成反比，这对神经系统调控肌肉主动张力造成不利。此时，被牵拉的结缔组织会产生较大的回弹力而使被动张力增加，以阻止肌肉被进一步（过度）牵拉（图 7-2-2B）。脊髓牵张反射（stretch reflex）系统同时也会对此做出相应的反应（见后）。以上关系表明，当肌肉被兴奋时，肌小节所能产生的张力会因其起始长度的变化而不同；在神经输出信号等同的情况下，运动过程中某块肌肉所表现的收缩力度上的变化，基本上是因为肌小节处于不同的运作长度所造成的。

肌肉收缩张力的大小依赖于形成的横桥的数量，后者则主要取决于起始长度和肌纤维内钙离子浓度这两个结构形态学和生物化学因素。如上所述，形成横桥的结合点的暴露和由横桥摆动所造成的粗细肌丝间的牵拉，都是需要钙离子的步骤，因此肌肉收缩张力也受肌细胞的胞内瞬时钙离子浓度

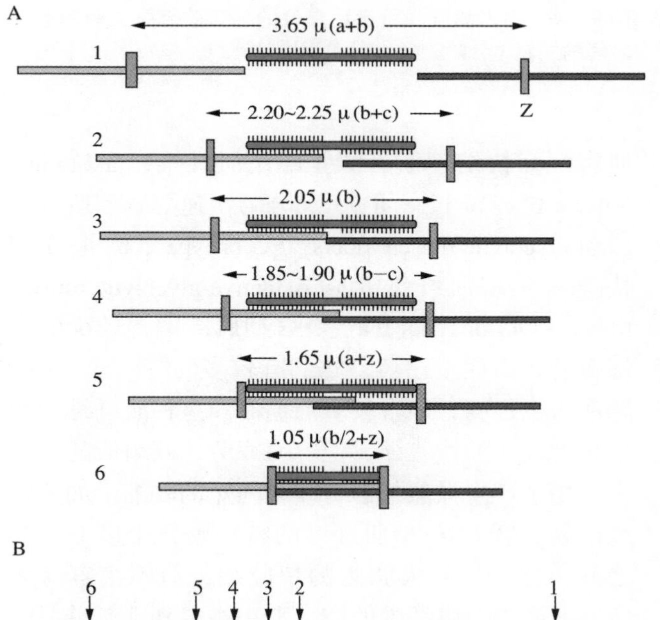

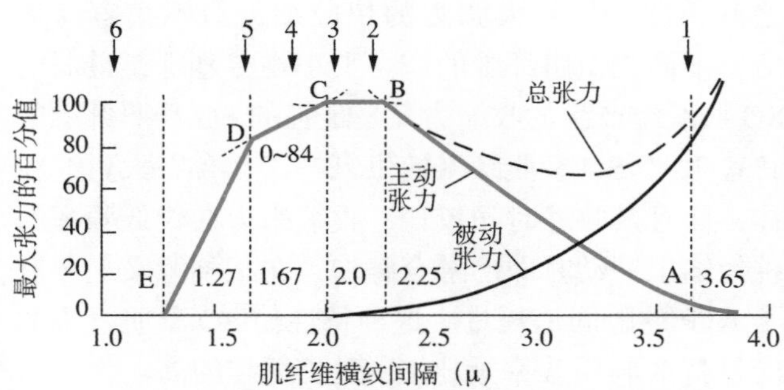

图 7-2-2　单根蛙肌纤维张力和肌纤维横纹间隔长度（肌小节长度）的关系

A 表示在不同肌小节长度时粗细肌丝之间的相对位置关系，在不同肌小节长度（1 ～ 6）时收缩产生的张力由 **B** 中的各箭头（1 ～ 6）指示（引自参考文献中的原始文献 4）

的影响。整块肌肉或单根肌纤维受到一个短促刺激后产生动作电位所引发的机械性收缩为单收缩（single twitch）。每个单收缩的最快速度很大程度上取决于 Ca^{2+} 从终末池中被释放到肌细胞内、再与肌钙蛋白结合的速度。对单根肌纤维来说，其所能达到的最快收缩速度取决于也局限于横桥能完成“结合 / 脱离”的顶峰速度。如果令肌肉受到一连串的刺激，且加快刺激的频率使每个刺激的间隔短于单收缩持续的时间，随着频率的增加，原来在低频率时一连串不连续的单收缩便出现融合现象（图 7-2-3 A-C）。接连持续的动作电位使胞浆内维持高钙离子浓度，因而肌肉不能完全舒张，便呈强直收缩现象

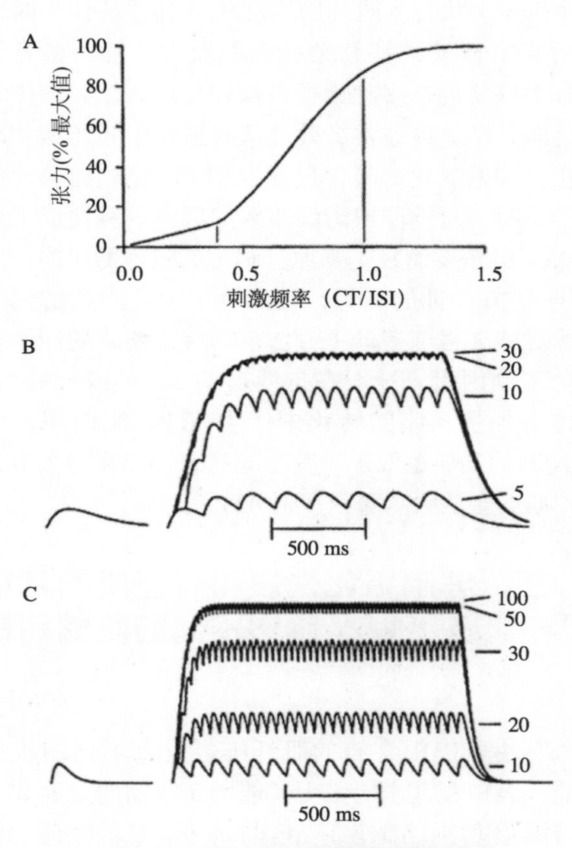

图 7-2-3　肌肉张力随刺激频率而变

（**A**）刺激频率与张力的关系几乎呈 S 形。纵坐标为均一化后最大张力值的百分比，横坐标是以 CT/ISI 表示的将具不同收缩速度的运动单位均一化后的刺激频率（CT 为收缩时间，即单收缩时达到最大张力所需的时间；ISI 为刺激间隔，即刺激引起的动作电位之间的间隔）。因为慢收缩型（S 型）、快速收缩抗疲劳型（FR 型）和快速收缩易疲劳型（FF 型）运动单位的收缩时间不同（对比 B 和 C 的左下角的单收缩曲线），特定频率刺激所产生的张力也会不同。（**B**）S 型运动单位在四种不同频率（见图右方数字）刺激下产生的张力。如图所示，20 Hz 时便达到其最大张力，刺激频率增加到 30 Hz 并未使张力继续增加。（**C**）FF 型运动单位在五种不同频率刺激下产生的张力。因其单收缩时间较短，较高的刺激频率仍可产生更大的张力。图 B 和 C 中的张力都按最大值做均一化处理（Fuglevand AJ，Winter DA，Patla AE. Models of recruitment and rate coding organization in motor-unit pools. J Neurophysiol，1993，70：2470-2488.）

(tetanus)。这也解释了单收缩的顶峰张力幅度总要比强直收缩时的最大张力要小的原因。人体运动时的肌肉收缩某种程度上都属于强直收缩，由运动神经传出冲动的频率控制强直收缩的张力强度和持续时间。

横桥连接的构型变化需要消耗ATP，尤其是横桥从结合状态转向脱离状态时需要分解ATP，所以肌球蛋白的ATP酶的活动也与肌纤维的最大缩短速度有直接关系。在持续收缩时，肌纤维所耗ATP的50%～80%用于收缩时横桥的“结/脱”循环，20%～30%消耗于将细胞内钙离子泵回终末池内。当缺乏足够的ATP时，肌肉被锁定于一种僵直(rigor)状态。肌细胞内和机体其他部位平时贮存的ATP仅够维持约数秒钟的肌肉收缩，但有许多各类基质通过多种途径可被转化成ATP。在供氧充足时，ATP可非常有效地从线粒体中脂肪酸和碳水化合物的氧化磷酸化过程中产生。剧烈运动而供氧不足时，对糖原或磷酸肌酸的厌氧分解便成了产生ATP的重要途径。糖原分解可为强烈的肌肉收缩提供约30秒钟的能量，且产生不少乳酸类的代谢产物。持久强烈运动1～2小时后，糖原的储量会成为限制因素。一般在持续运动20～40分钟后，机体将加快从脂肪转化中产生ATP。肌肉用以生产ATP的基质也取决于其生理状态，如在持久节食后，肌肉会从氨基酸中产生ATP。

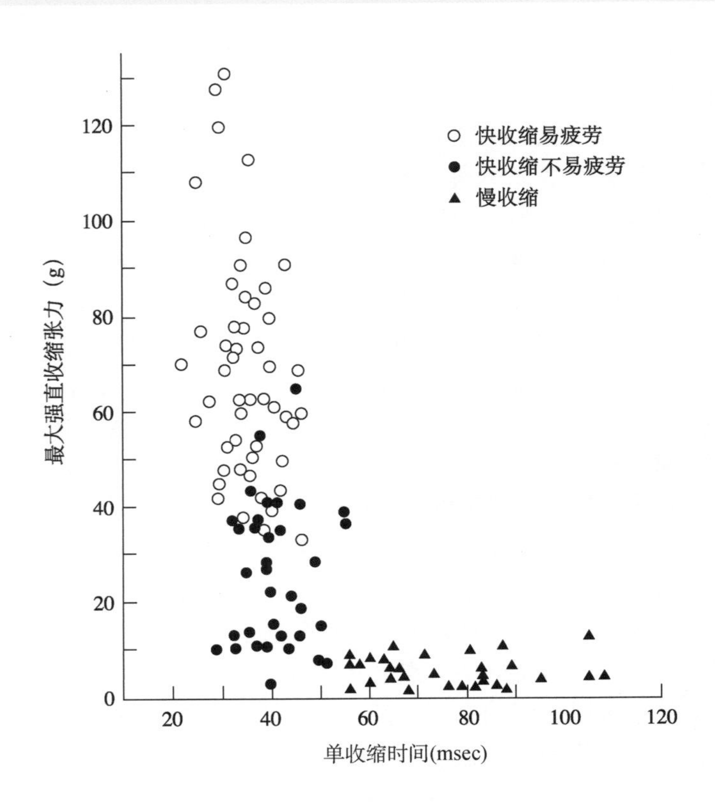

图7-2-4 **猫内侧腓肠肌运动单位的强直收缩张力与单收缩时间的关系**（引自参考文献中的原始文献2）

三、细胞组化性质和骨骼肌肉几何关系赋予肌肉不同的收缩和机械特性

一块肌肉中含有的肌纤维可具有不同的机械性能，表现在其产生张力的能力、收缩的速度和耐疲劳的程度等。即使在长度与张力关系的特性上相同，它们仍可在张力与收缩频率以及张力与收缩速度的关系、对牵拉的反应、收缩时所需能量的提供方式等方面各异，且这种差异并非是随机的。按这些特性的不同，骨骼肌纤维可基本上分为三类(图7-2-4)：①慢缩型肌纤维(即慢肌纤维，slow oxidative muscle fiber，SO or type Ⅰ)，内含大量的肌红蛋白，有丰富的血液供应，但肌浆网终末池数相对较少。由于它们的ATP分解速度较低，限制了横桥脱离的速度，因此收缩和舒张的速度也受到影响。慢肌纤维被直接刺激后产生低张力的慢收缩，但非常耐疲劳。其主要分布于维持直立姿势的肌肉。②快缩型肌纤维(即快肌纤维，fast-twitch muscle fiber or type Ⅱ)，又分为快速酵解型肌纤维(fast glycolytic muscle fibers，FG or type Ⅱb/Ⅱx)和快速氧化型肌纤维(fast oxidative-glycolytic muscle fiber，FOG or type Ⅱa)。FG型肌纤维含较少的毛细血管，因而呈白色。它们有较多的终末池，ATP酶活力也很高，还含较多的糖原。这种肌纤维能产生张力较大的快收缩，但容易疲劳，其组成的肌肉主要用于产生强烈的但持续时间短的收缩，如奔跑或跳跃。③FOG型肌纤维的特性则介于以上两者之间，即产生较大张力的快收缩，但不太容易疲劳。不同类型肌纤维的产力大小相差悬殊，最弱的SO肌纤维产生的收缩力只是最强的FG型肌纤维的1%。由于SO型肌纤维的供氧丰富，含有大量线粒体，而且其收缩时间较长，收缩张力在较低频率的神经输出冲动时即已融合叠加，在某种意义上限制了ATP的瞬间消耗量。这种特性使SO型肌纤维的能量持久利用效率远比FG型肌纤维的高。大多数哺乳动物的肌肉都包括一种以上的肌纤维类型的组合，例如比目鱼肌(soleus)和腓肠肌都是踝关节的伸肌，但前者含较多SO型肌纤维，在站立中起主要作用；而后者则含较多的快肌纤维，在快跑和

起跳中起重要作用。此外，对慢性神经疾病患者的活检实验表明，呈痉挛的肌肉的肌小节长度比正常的明显增长几倍。

骨骼肌的大体解剖和组织形态学研究还表明，肌小节产生的张力有相当一部分向其周围维持排列的非收缩性结缔组织横向传递。此外，每块肌肉在骨骼上的附着点或面，继而造成的与（单或多）关节的相对位置和空间等肌张力的几何矢量关系，以及肌腱和与其紧密相连的韧带在骨骼上具体附着的点或面，都能决定该肌肉的力矩属性、运作范围和收缩速度等特性。由于肌肉的收缩只能对所附着的骨骼产生牵拉力，所以每一个关节的活动都需要两块以上、能产生不同方向力矩的肌肉协调完成，其中主动肌（agonistic muscle）、协同肌（synergistic muscle）、稳定肌（stabilizer muscle）和拮抗肌（antagonist muscle）等各自起不同的作用。人体的 600 多块肌肉都各自与两头所附着和作用的关节有独特的力矩关系，因此，每一块肌肉的形态功能特征将会与其所行使的特定动物行为有相互影响的密切关系。为了准确地完成具体动作，尤其是牵涉到多关节的复杂动作，中枢神经系统不仅必须调动一群合适的肌肉组合参与，而且也要以合适而精准的相应强度和时空矢量启动它们的活动。

第二节　运动单位是运动输出的最小功能单位

现代神经生理学创始人，英国科学家 Charles Sherrington 首先在 1925 年提出运动单位（motor unit）的概念。简单地按形态定义，运动单位是指一个运动神经元与其所支配的所有肌纤维。从功能上看，运动单位也可被视为一个将运动神经元所接收到的神经信号转换成肌肉机械输出的转换器。运动单位是运动最后输出通路的最小功能单位。每一个运动神经元所支配的肌纤维数目从数根至 2000 根不等。支配一块肌肉的所有运动神经元组成运动神经元池（motoneuron pool）或运动神经核（motor nucleus）。一般主要参与大幅度运动且具有强收缩力的肌肉的运动神经元所支配的肌纤维数量较多，而参与精细运动的肌肉的运动神经元所支配的肌纤维数目较少。

一、运动单位的神经元的活动决定肌纤维的类型

一个运动神经元所支配的肌纤维总是属于同一种类型。运动单位的收缩张力大小、快慢，和抗疲劳等特性，分别与其所含的肌纤维的特性一致；据此，运动单位总体也分成三类：慢收缩型（slow-twitch，S），快速收缩易疲劳型（fast-twitch fatigable，FF），和介于其间的快速收缩抗疲劳型（fast-twitch resistant，FR）。α 运动神经元（alpha motor neuron，AMN）的形态与其支配的肌纤维类型也相对应：在三类运动单位中，FF 型运动单位中的运动神经元是轴突传导速度快的大运动神经元，S 型运动单位中则是轴突传导速度慢的小运动神经元，而具有中等轴突传导速度、大小中等的运动神经元则与 FOG 型肌纤维组成 FR 型运动单位。事实上，肌纤维的类型取决于支配它们的运动神经元及其放电活动模式。早期在观察外周运动神经受损后侧枝发芽的实验中发现，当失去神经支配的肌纤维重新得到与原先类型不同的运动神经元的轴突再生侧枝支配时，它们会改变原本具备的生化和生理特性，其代谢和收缩特征将逐渐转变至与重新支配的运动神经元所对应的肌纤维相一致。这个转变过程估计同时受生长因子和放电活动的影响（见第五篇）。长期受训的运动员的某些部位的肌纤维组成往往与运动专项有关。如马拉松长跑运动员的肌肉中含相当高的抗疲劳肌纤维类型，这可能既与训练有关，也与遗传因素有关。若让不常锻炼的受试者接受一段时期的耐力训练，他们的肌纤维中的氧化酶水平会明显地增高。最直接和有效改变肌纤维组成的方法可能是对外周运动神经的慢性电刺激。连续的低频率电刺激（2.5 ～ 10 Hz）能使肌纤维逐渐转变为以 S 型为主，这种转变常从氧化酶浓度增加等代谢水平上的变化开始，然后出现单收缩特性和钙离子贮存释放和重摄取等方面的变化，最后收缩蛋白的特性也发生变化。

二、运动神经元的募集和放电频率决定肌肉收缩的张力

肌肉收缩张力的增加依赖于运动神经元池活动的两种方式：①募集更多的运动神经元使更多的肌纤维收缩而增加张力（空间或数量募集，spatial recruitment）；②提高所募集到的运动神经元的放电频率以维持甚至融合单收缩产生的张力（时间或频率募集，temporal recruitment）。增加张力时，更多的运动神经元逐渐被兴奋，以支配最弱小肌纤维的运动神经元先被激活；而当减小张力时，运动神经元参与数减少，且一般由支配最强大肌纤维的运动神经元先停止活动。募集的顺序与决定运动单元个体大小的几个因素有关，包括运动神经元胞体的大小、轴突直径的粗细和传导速度，及被支配的肌纤维能产生的张力。运动神经元的放电行为由其胞体和树突的细胞膜上离子通道的相互作用决定。理论上，突触传入较易在小运动神经元上达到动作电位的阈值而使其产生动作电位，这是因为细胞的总电导取决于漏流离子通道（leak channel）的相对密度，即与细胞膜的面积呈正相关，所以小运动神经元的传导率相对较小，其达到阈值电位所需的突触电流也相对较小。因此，如动作电位阈值和其他细胞膜特性相同，小神经细胞总会比大神经细胞先被激活。一旦超越动作电位阈值，运动神经元的放电频率即与其突触输入强度呈正相关。

实验表明，神经元的内在特性和所接收到的突触输入强度决定了其被募集的顺序，被募集后，神经元的放电频率随兴奋性突触输入的增加而提高。肌张力改变时不同运动单位被先后募集的一般规律是 Elwood Henneman 等在去大脑猫的实验中观察到的。他们发现，当牵拉股三头肌增加肌梭传入时，支配股三头肌的运动神经元池内不同运动神经元按大小顺序被募集：小的运动神经元首先被兴奋，较大的运动神经元依次被募集，更大的运动神经元则最后才被募集；当牵拉逐渐减小时，大神经元最先停止活动，而小的神经元则最后停止放电。由此，Henneman 等提出了主导运动神经元池活动规律的“大小原则”（size principle），即运动神经元的大小与运动神经元的兴奋阈值相对应：小运动神经元的兴奋阈值低，大运动神经元的兴奋阈值高。因此，当一个运动神经元池开始活动，产生从弱到强的肌肉收缩时，小运动神经元总是首先被募集，稍大的运动神经元再按大小被依次募集。如前所述，不同大小的运动神经元支配不同类型的运动单位，小运动神经元的活动所引起的肌肉收缩张力较小，收缩速度较慢，但不易疲劳（S 型运动单位）；而大运动神经元活动时引起的肌肉收缩张力大，速度快（FF 型运动单位）。当运动神经元池的兴奋性传入逐渐增强时，运动神经元按照其兴奋阈值的大小被募集，产生从弱到强、从慢到快的肌肉活动。这种募集方式保证了在肌肉收缩过程中，产生的肌张力将平稳地增加或减少。然而，运动神经元随突触传入的增大或减小按大小顺序活动的“大小原则”并不是绝对的。在人和猫，由刺激皮肤感觉神经而引起的一些突触传入会抑制小运动神经元而兴奋大运动神经元，从而改变募集次序。因为运动神经元的内在特性一般相对较稳定，这种改变估计是由于突触传入的分布和其在募集过程中的变化不同。此外，兴奋性和抑制性中间神经元都能被皮肤感觉传入激活，它们对运动神经元池中各类神经元的支配及其相对强度会各有不同。

运动神经元细胞膜的性质和突触传入的大小决定运动神经元的放电频率。运动神经元的放电频率–电流关系（f-I curve）的斜率一般为 1 ～ 3 次 /nA。一个运动神经元刚被募集时．它的放电频率一般为 6 ～ 12 Hz，这种放电频率所产生的肌肉收缩张力只是强直收缩张力的 10% ～ 20%，因此运动神经元放电频率的改变对决定肌肉收缩张力有重要作用。例如，当人的伸指总肌收缩时，每个运动单位刚被募集时的放电频率都在 8 Hz 左右，随后放电频率增加至刚募集时的 2 ～ 3 倍，产生的肌力也明显增加。另外，由于阈值较高的运动神经元产生的肌张力较大，肌肉主要靠增加已被募集的高阈值运动神经元的放电频率来产生所需的较大的张力。

三、下行通路调控运动神经元池输入–输出关系

整个运动神经元池的输出与它所接受的突触输入的关系，即神经元池系统的增益，受池内众神经元兴奋阈值的范围和差异的影响，且通常是不固定的。突触输入一般有两种主要类型：通过各种离子型受体门控通道的突触输入基本上用来驱动运动神经元，而通过代谢型受体起作用的神经调节性输入则靠改变树突的兴奋性来决定运动神经元的增益和兴奋阈值。前者大都来自大脑皮质和脑干的下行投射，以及外周感觉传入，尽管并非对所有的运动神

经元有均一而等同的效应，它们基本上对神经元被募集的规律没有明显影响。代谢型受体一般位于胞体和树突上，其突触前末梢含 5- 羟色胺或去甲肾上腺素，往往起源于脑干，下行后与运动神经元构成单突触联系。这些突触的作用基本上是通过胞内 G 蛋白偶联受体来促进持久性内向电流（persistent inward current，PIC）。这种电流往往由小部分非失活的电压门控的钠或钙离子通道活动形成（例如约 3% 的钠通道），但足以造成 10 ～ 20 mV 的膜电位去极化，对运动神经元的兴奋性有重要的影响。近来的实验证明，这种持久去极化只有当代谢型受体被激活时才较明显。运动神经元池的单胺能纤维的活动通过 G 蛋白偶联受体促进主要分布在树突上的持久性内向电流活动。当单胺能纤维的活动较弱时，离子型受体门控通道短暂的开放可引起细胞膜同样短暂但低于阈值的去极化，稍强的单胺能纤维活动则不仅会使同样强度的通道开放引发神经元的动作电位，而且放电活动常能在刺激停止后继续维持。这是因为细胞一旦被兴奋激活后，持久性内向电流会形成一种持续的平台电位（plateau potentials），使神经元在没有额外的兴奋性突触输入的情况下继续维持超越阈值的电位活动（图 7-2-5）。“自我维持”的放电活动能维持数分钟，也可被短暂的抑制性输入所中断。神经元的这种在静息和持久放电两状态间转换的“开 / 关”行为被称为“双稳态”。动物实验表明，运动神经元几乎都有双稳态特性，但在小运动神经元中更明显。根据持久性内向电流的离子通道主要分布在树突上的观察结果，一般认为，它们从功能上能帮助放大和延长兴奋性突触输入效应，从而使小运动神经元放电形式形成滞后持久的效果，起到高度抗疲劳的作用。

单胺能纤维的输入不仅可通过影响持久性内向电流改变运动神经元的兴奋阈值，也可调节输入输出关系的增益。对每个运动单位来说，其运动神经元的输入（突触电流）和输出（放电频率）的关系可与肌肉的输入（兴奋输入的放电频率）和输出（肌纤维收缩张力）的关系相合并而得到运动单位的输入（突触电流）和输出（肌纤维收缩张力）的关系。如图 7-2-6C 中的三条曲线所示，运动单位的张力-电流关系随其大小（因而有不同的兴奋阈值）而变。如将一个运动神经元池内所有的运动单位的作用总和相加，则可得到运动神经元池的总突触输入和其所控制的肌肉产生的总收缩张力间的转换关系（图 7-2-6D）。这种呈 S 型曲线的转换关系表明，在运动神经元池接受较低的有效突触电流时（即处在 S 型曲线的左下部），随电流增加的张力变化相对较小，因为此时主要在募集更多的运动单位，且先被募集的都是产生弱收缩张力的小运动单位。在

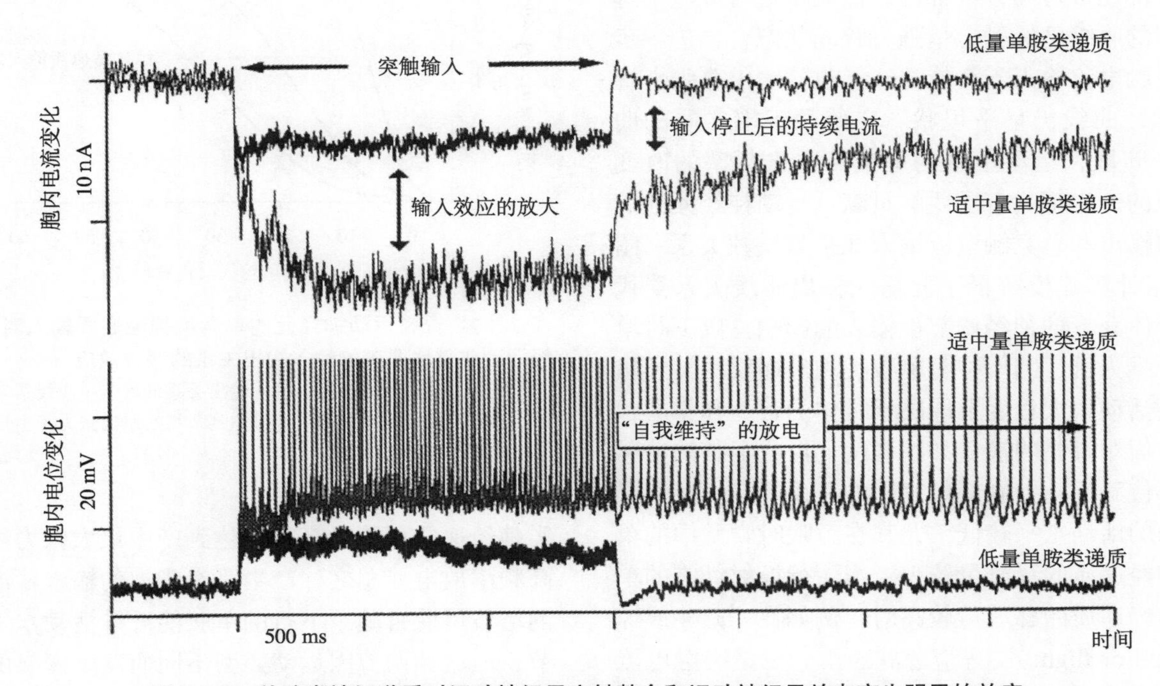

图 7-2-5　**单胺类神经递质对运动神经元突触整合和运动神经元放电产生明显的效应**

这些效应包括：在单胺类递质影响下，接受突触输入时内向电流被放大；突触输入终止后放电活动仍继续维持（见图下部分所示“自我维持”的放电）。“自我维持”的放电是由在突触输入终止后仍存在的持续内向的尾部电流造成（引自 Heckman CJ，Enoka RM. Physiology of the Motor Neuron and the Motor Unit. Clinical Neurophysiology of Motor Neuron Diseases. //Eisen，ed. Handbook of Neurophysiology，2004：119）

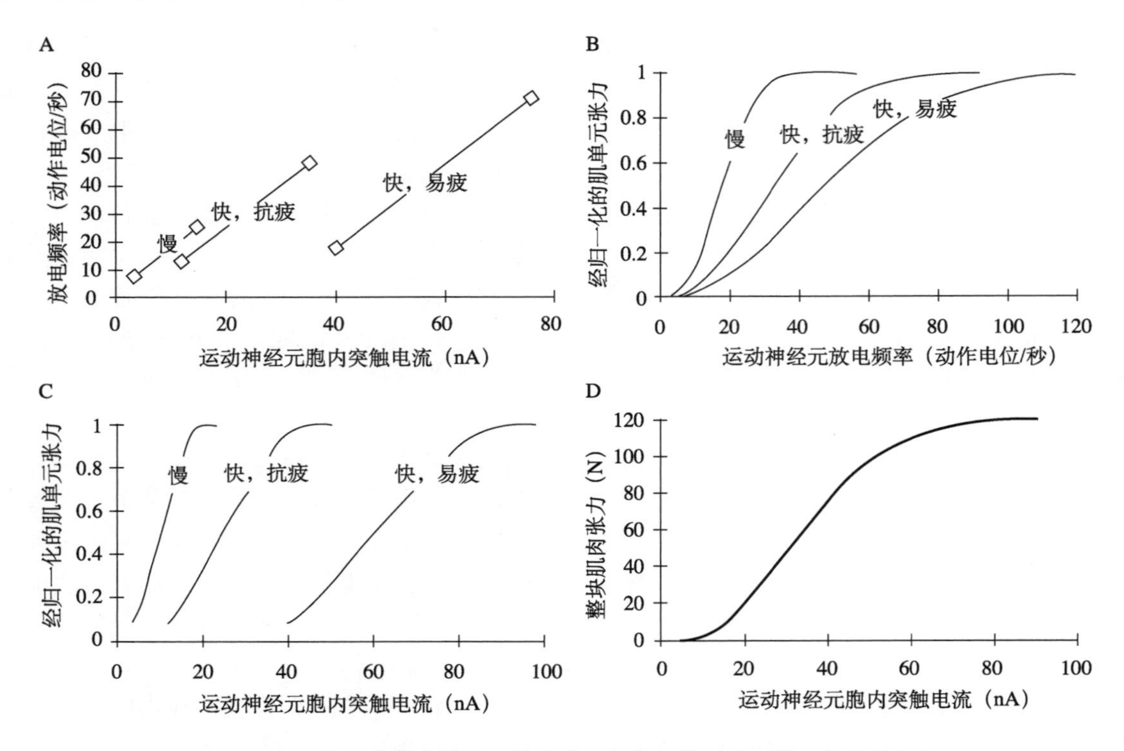

图 7-2-6 **一块肌肉的全部运动单位总和的输入输出关系的计算模拟结果**

A. 运动神经元的输入输出（突触电流-放电频率）关系；**B.** 肌纤维的输入输出（频率-张力）关系；**C.** 运动单位的输入输出（突触电流-张力）关系；**D.** 全部运动单位总和的输入输出（突触电流-张力）关系（引自参考文献中的原始文献 6）

运动神经元池所接受的有效突触电流接近最高时（即处在S型曲线的右上部），池中几乎所有的运动单位都已被募集，且都已以高频率进行放电。这时肌肉的收缩已经融合呈强直收缩状态，再进一步增加突触电流输入不会使神经元池的输出总张力继续增加，曲线仍呈平坦状。在此两极端之间的曲线的中间段，运动单位的募集和放电频率的改变对张力的产生都具有重要的贡献，运动神经元池的总张力输出和总突触电流输入几乎呈线性关系。图7-2-7用计算建模解释了此输入输出曲线关系受代谢型受体介导的神经调节性输入的影响。以下行单胺能纤维为例，脑干中含单胺类神经递质的神经核的放电活动很大程度上取决于机体的行为和觉醒状态。它们对脊髓的输入某种程度上形成了脑的情感控制部位和运动控制部位之间的联系。在一般情况下它们的活动水平较低，尤其在睡眠时脊髓中的单胺类神经递质的释放量较少。当下行投射纤维的单胺类神经递质的释放量较高时，例如在“搏斗或惊逃（fight or flight）”等应急状态下，少量突触电流输入即可使运动神经元池产生机体应急所需的最大肌肉收缩张力。而且，FF型运动单位可能只在单胺

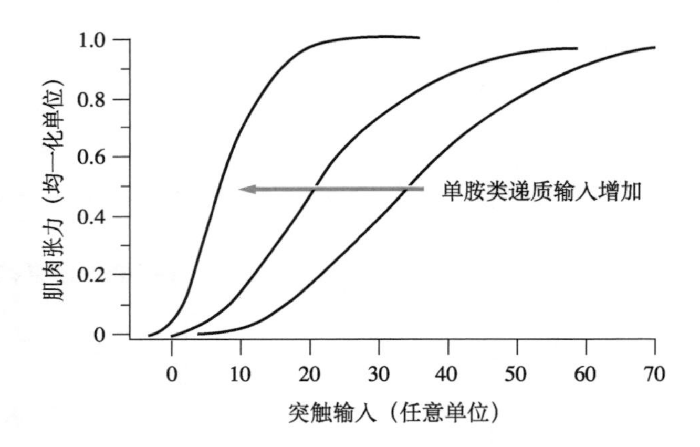

图 7-2-7 **脊髓运动神经元的单胺类神经递质输入对运动神经元池或整块肌肉的输入输出关系的假设效应**

当单胺类递质输入增加时，输入输出关系的增益（曲线斜率）也增加，意味着较少的突触输入即可达到所需的肌肉张力（引自参考文献中的综述 8）

类神经递质释放量高时能达到产生最大张力所需的高频率放电。总之，产生肌肉张力的输入输出系统的增益可受自脑干下行的单胺能纤维活动水平的调节，但这种调节因运动类型不同而发生变异的程度目前并不清楚。

第三节　外周感觉传入与脊髓神经元的直接联系是反射活动的基础

中枢神经系统利用众多感受器的传入信息保证参与运动的肌肉活动的准确性。Sherrington 认识到脊髓感觉输入与肌肉收缩的密切关系后，在 20 世纪初提出了神经反射弧的概念。脊髓反射是指在脊髓水平机体对刺激外周感受器所产生的反应，其反射通路由初级传入纤维、中间神经元和运动神经元组成。Liddell 和 Sherrington 在去大脑强直动物发现，骨骼肌受到外力牵拉伸长时，会引起受牵拉肌肉的收缩，并证明这种收缩并非起源于肌肉本身，而是反射性的。他们将这种因牵拉而引起的肌肉收缩反应称为牵张反射。牵张反射阻止受牵拉的肌肉被继续拉长，有两种形式：一种为位相性牵张反射（即 phasic stretch reflex），特点是时程较短和产生的肌力较大，典型的例子有叩击股四头肌肌腱引起的膝跳反射（knee jerk reflex）；另一种是紧张性牵张反射（即肌紧张，tonic stretch reflex），即肌肉在受到持续的牵拉时产生持续而较平稳的收缩。紧张性牵张反射是产生肌紧张（muscle tonus）的基础，在维持躯体姿势中起重要作用。外周感觉反馈信号的主要来源之一是肌肉牵张感受器所提供的关于肌肉长度、张力及其变化的信息。骨骼肌有两种牵张感受器，即肌梭和腱器官（表 7-2-1）。

一、肌梭感受肌长度，腱器官感受肌张力

肌梭呈梭形，位于肌纤维之间，由多条细的梭内肌纤维（intrafusal fiber）集合而成（图 7-2-8A&B）。因此，普通的骨骼肌纤维又可称为梭外肌纤维（extrafusal fiber），以与肌梭内的梭内肌纤维相区别。梭内肌纤维按照其细胞核在纤维内的分布可分成两类：一类称为核袋纤维（nuclear bag fiber），有许多细胞核集合在纤维的中央部。核袋纤维又可分为动态型和静态型核袋纤维；另一类较细而短的纤维称为核链纤维（nuclear chain fiber），它的许多细胞核成链状排列。一个典型的肌梭内有 2 根核袋纤维，4 ～ 5 根核链纤维。肌梭内有两种感受器，即初级感受末梢和次级感受末梢，前者的传入纤维属Ⅰa 类纤维，后者的传入纤维则属Ⅱ类纤维。初级感受末梢同时支配两类核袋纤维及核链纤维，而次级感受末梢则只支配静态型核袋纤维及核链纤维（图 7-2-8D）。由于这两者在形态上的不同，初级感受末梢又被称为环状螺旋末梢（annulospiral terminal），次级感受末梢又被称为花样末梢（flower spray terminal）。梭内肌纤维接受 γ 运动神经元（gamma motor neuron）的轴突支配。

肌梭感受器有独特的传入放电特征。当肌肉被拉长并维持在新的长度时，肌肉长度的变化呈现两个时相：动态相和静态相。在动态相中肌肉长度随时间而变，在静态相中肌肉长度维持在被拉长的新的长度。初级感受末梢和次级感受末梢对牵拉的静态相的反应是相似的，对动态相的反应则不同（图 7-2-9）。

在动态相，肌肉的长度不断变化，初级感受末梢的放电频率也显著增加，这种动态反应（dynamic response）和牵拉的速度密切相关，速度越快，放

表 7-2-1　肌肉感觉传入纤维的分类

类型	感受器	轴突	感受刺激
Ⅰa	肌梭初级末梢	12 ～ 20 mm，有髓鞘	肌长度及其变化速率
Ⅰb	Golgi 腱器官	12 ～ 20 mm，有髓鞘	肌张力
Ⅱ	肌梭次级末梢	6 ～ 12 mm，有髓鞘	肌长度（静息状态）
	非肌梭末梢	6 ～ 12 mm，有髓鞘	深压觉
Ⅲ	自由末梢	2 ～ 6 mm，有髓鞘	疼痛、化学刺激、温度（对体育锻炼的生理反应有重要作用）
Ⅳ	自由末梢	0.5 ～ 2 mm，无髓鞘	疼痛、化学刺激和温度觉

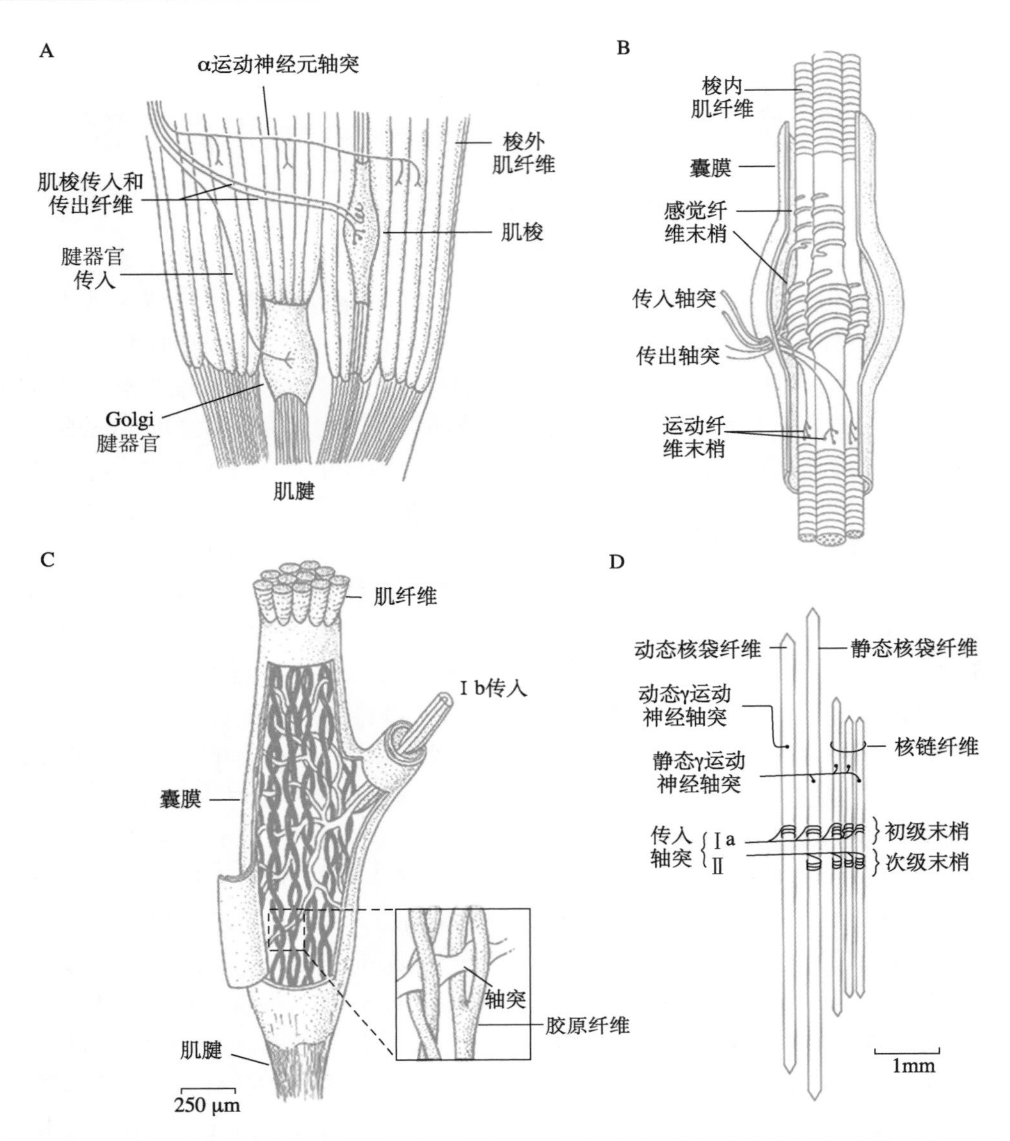

图 7-2-8 肌梭和 Golgi 腱器官都是骨骼肌中的包囊状结构（**A**）。骨骼肌的梭外肌纤维为主要收缩纤维，受直径较粗的 α 运动神经元轴突支配。肌梭形如纺锤体，中间大两端细，与梭外肌纤维平行（**A**），由多条细的梭内肌纤维集合而成（**B**），它们同时受感觉传入和运动传出纤维的支配（**B** 和 **D**）。Golgi 腱器官位于肌肉与肌腱交接部（**A** 和 **C**），由Ⅰb类传入纤维支配。在肌肉收缩腱器官被牵张时，传入轴突被胶原纤维压缩而使其放电频率增高（A 引自 Hulliger M. The mammalian muscle spindle and its central control. Rev Physiol Biochem Pharmacol，1984，101：1-110. B 引自 Boyd IA. The isolated mammalian muscle spindle. Trends in Neurosciences，1980，3：258-265. C 引自 Swett JE，Schoultz TW. Mechanical transduction in the Golgi tendon organ：a hypothesis. Arch Italian Biol，1975，113：374-382）

电频率也越高。而当肌肉处于静态相时，初级感受末梢的放电明显减少，但仍维持于一定水平（静态反应）。肌肉恢复原来长度时，放电完全停止。这些现象说明初级感受末梢既能检测肌肉的长度，又能检测肌肉长度变化的速率。次级感受末梢在牵拉的动态相放电逐渐增加，但并不明显；在牵拉的静态相放电仍维持于较高水平，当肌肉恢复至原来长度时，放电也逐渐停止。因此，次级感受末梢主要对肌肉的静态变化起反应，也即主要检测肌肉的长度。这两类感受器对动态牵拉的反应不同，是由于它们所支配的两类梭内肌纤维的不同组织结构所赋予的机械特性不同。动态型核袋纤维的中央部较富于弹性且黏性低，当肌肉被牵拉时，中央部分迅速被拉长，而两极的部分因有较大的黏性，只能被慢慢地被拉长，随后当两极部分也被拉长时，中央部分因有较大的弹性而开始回弹。因此，终止于动态型核袋纤维的感受末梢当纤维的中央部分被迅速拉长时产生一阵高频放电，在中央部分因回弹而恢复原状时放电停止。而静态型核袋纤维的机械特性与核链纤维相似，各个部分的机械特性较为均一，因此支

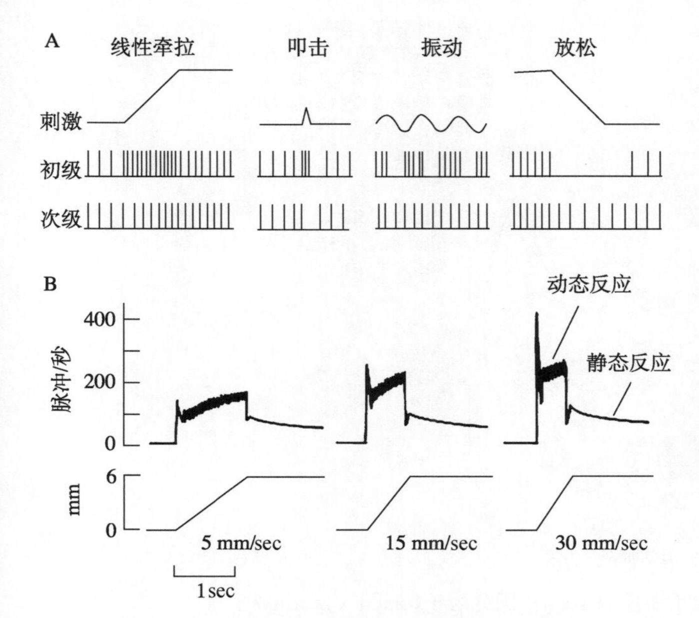

图 7-2-9　**肌梭中初级和次级感受末梢具不同的放电特征**

A. 在一定范围内，当肌肉被牵拉或松弛时，初级和次级末梢的持续放电频率反映当时的肌肉长度。另外，初级末梢还在牵拉的动态相产生一短串高频率的放电，在松弛时有一短暂的放电静止状态，因而初级末梢对瞬时变化的刺激，如叩击或振动肌肉等非常敏感。**B.** 初级末梢对牵拉的速度非常敏感，其动态相的放电随快速的牵拉达到较高的频率。初级末梢对非常小的牵拉也很敏感，在牵拉开始时其瞬间放电频率增加（引自 Kandel ER，Schwartz JH，Jessell TM. eds. Principles of Neural Science. 3rd. ed. Elsevier，1991，基于 Matthews PBC 的早期文章）

配纤维的感受末梢的放电随纤维的长度而变化。由于初级感受末梢既终止于核袋纤维又终止于核链纤维，而次级感受末梢只支配核链纤维和静态型核袋纤维，所以，初级感受末梢对牵拉肌肉的反应包括动态和静态反应，次级感受末梢则只产生静态反应。

Golgi 腱器官长 0.5 ～ 1.0 mm，直径约为 0.1 mm，是一包囊状结构（图 7-2-8A&C），多位于肌肉与肌腱交接部，由Ⅰb 类传入纤维支配。在包囊中，来自肌腱的胶原纤维分成许多细丝组成辫状结构，Ⅰb 类纤维进入腱器官包囊后脱去髓鞘并分成许多末梢，缠绕在这一辫状结构上。牵拉肌腱使胶原纤维变直从而压迫Ⅰb 纤维的末梢，引起末梢放电。腱器官与肌梭有明显不同的反应特性。小幅度的被动牵拉即可使肌梭的放电明显增多，而引起腱器官放电则需要幅度较大的牵拉。当肌肉主动收缩时，腱器官的放电增多，而肌梭的放电减少或停止。这种反应的区别是由于这两种感受器和梭外肌纤维的相互关系不同（图 7-2-8A）。肌梭与梭外肌纤维“并联”，所以梭外肌纤维收缩时梭内肌纤维变得松弛，肌梭便减少放电；而腱器官与梭外肌纤维“串联”，肌肉主动收缩时，腱器官受到牵拉而放电增加。腱器官对肌肉主动收缩所产生的牵拉是异常敏感的，近来的实验表明，兴奋单根 α 运动纤维即足以使腱器官的放电增加。在被动牵拉肌肉时，因为腱器官内的胶原纤维比和它串联的梭外肌纤维的弹性差，大部分的长度改变发生在梭外肌纤维，腱器官的胶原纤维不会产生较大的机械变形，所以腱器官对被动牵拉不太敏感。而肌梭则和梭外肌纤维并联，被动牵拉时梭内肌纤维被拉长，因此肌梭对被动牵拉十分敏感。肌梭与腱器官对肌肉被动牵拉和主动收缩产生不同的放电反应，说明它们所传递的信息是不同的。肌梭是一个检测肌肉“长度”和“长度变化的速度”的器官，而腱器官则主要检测肌肉的“张力”。

此外，外周感觉还包括关节和皮肤的感觉传入。目前对关节感受器的了解尚很局限，一般认为关节感受器反映极限的关节活动范围，只在关节极端伸屈状态下才被激活，对关节起保护作用。皮肤感受器可分为机械感受器、温度感受器和伤害性感受器三大类，分别感受触、压、两点分辨，冷、温、热和痛等信息。这些信息对运动均有直接或间接的调节作用，是机体与外界环境相互作用的主要媒介。对皮肤感受器及其传入纤维特征的详尽描述，请见“感觉系统”篇。

二、感觉传入纤维在脊髓中的特征性投射及突触联系是反射行为多样化的基础

初级传入纤维进入脊髓背根后很快分成上升支和下降支，这些上升支和下降支在背柱中上行或下行途中，发出许多侧支进入脊髓灰质。现已知道，几乎每根进入脊髓的初级传入纤维都既向高级中枢投射传导感觉信息，又与脊髓灰质的神经元发生突触联系。这些与脊髓灰质的神经元所形成的联系是脊髓反射活动传入部分的组构基础。

肌肉Ⅰa 类传入纤维：在所有的初级传入纤维中，对Ⅰa 类传入纤维在脊髓中的投射的研究最为详尽。进入脊髓背柱的Ⅰa 类传入纤维发出许多侧支进入脊髓灰质，它们的末梢主要终止于灰质的第Ⅴ～Ⅵ层、第Ⅶ层和第Ⅸ层，与这三个部位的神经元形成兴奋性的突触联系（图 7-2-10）。20 世纪 50 年代初期，John Eccles 首先用细胞内微电极记录技术研究了脊髓腹角内的各种神经元回路。与细胞外

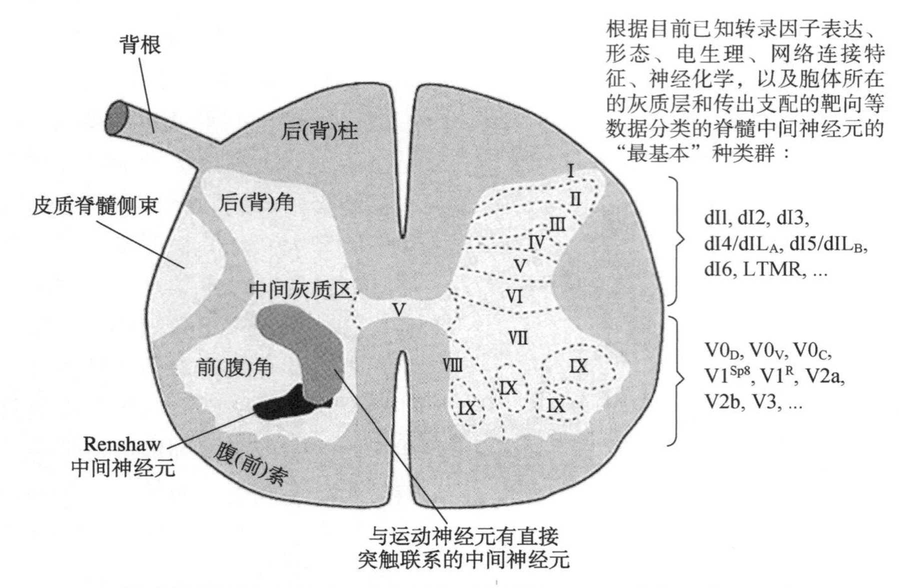

图 7-2-10 **脊髓横切面的示意图，其右侧显示灰质的 Rexed 氏分层（Rexed's laminae）**

采用多变量鉴别分类方式，根据分子细胞学（转录因子表达）、形态学、电生理学、神经解剖学（突触联系）和神经化学（受体类），并按胞体所在的脊髓灰质位置和传出支配的靶向，脊髓灰质中的中间神经元目前被分成以 dI 和 V 标注系列的两大基本类型。分别位于背角和腹角的这两大群体（图中所列根据的是 2020 年之前发表的工作）都有许多被最新实验结果确定的基本亚型，它们相互之间不免有一定的重叠，今后的实验结果可能会发现更多的亚型，也很可能会有更为全面而准确的分类法。LTMR-RZ：low-threshold mechanoreceptor recipient zone

记录神经元放电活动的技术不同，细胞内记录技术不仅可记录到未超过放电阈值的兴奋性反应，还能观察到抑制性的反应。该技术的运用对详细分析中间神经元网络，尤其是发现和阐明抑制性中间神经元在脊髓中的功能起了关键作用。Eccles 首次观察到，电刺激肌肉Ⅰa类传入纤维能在支配同一肌肉（即同名肌，homonymous muscle）和协同肌的 α 运动神经元引起单突触的兴奋性突触后电位（excitatory postsynaptic potentials，EPSPs）。通过对同时记录到的刺激后脊髓背部电位或传入神经干脉冲波（cord dorsum potentials or afferent volleys）与 EPSP 的反应时间差的分析（图 7-2-11），证实了Ⅰa类传入纤维与运动神经元存在单突触的联系。利用 20 世纪 60 年代末因电脑技术的应用而发展起来的锋电位触发叠加平均（spike-triggered averaging，STA）技术，Mendell 和 Henneman 进一步研究了每根Ⅰa类传入纤维发生单突触联系的运动神经元数量，并最先观察了单根Ⅰa类传入纤维在脊髓运动神经元所引起的反应及其特征。研究表明，单根Ⅰa类传入纤维与运动神经元的单突触联系相当广泛，例如来自猫内侧腓肠肌的单根Ⅰa类纤维可与支配该肌肉的所有的 300 个运动神经元发生直接联系。一般而言，来自某一肌肉的单根Ⅰa类传入纤维可与支配同名肌的 80% ～ 100% 的运动神经元发生直接联系，与支配协同肌的运动神经元的直接联系的比例约为 60%。单根Ⅰa类纤维的冲动在同名肌的运动神经元上引起的单突触 EPSP 的平均振幅为 100 μV，在协同肌运动神经元上引起的 EPSP 的平均振幅为 70 μV。

用辣根过氧化物酶（horseradish peroxidase，HRP）细胞内和轴突内染色技术，A.G. Brown 等进一步研究了单根Ⅰa类传入纤维与运动神经元形成的突触联系的形态学特征。他们的结果表明，单根Ⅰa类纤维可与一个运动神经元形成 2 ～ 6 个突触，这些突触成群地终止在运动神经元的树突上和胞体上，一般只有 10% ～ 15% 的Ⅰa类纤维终止在运动神经元的胞体和靠近胞体的树突上；其余的则终止于离胞体较远的树突上，但与胞体的距离不超过 600 μm。这些结果为解释单根Ⅰa类纤维的冲动在运动神经元上引起的 EPSP 的时程的变化范围提供了形态学基础。

Ⅰa类传入纤维除了与脊髓灰质第Ⅸ层的运动神经元发生直接的突触联系外，还与脊髓灰质第Ⅶ层的中间神经元发生突触联系（图 7-2-12A）。Eccles 等观察到，刺激Ⅰa类传入纤维，除在同名肌和协同肌运动神经元引起单突触传递的 EPSP 外，还同时在拮抗肌的运动神经元上引起一个双突触传递的抑制性突触后电位（inhibitory postsynaptic potentials，IPSPs）。这种Ⅰa类传入在兴奋同名肌和协同肌的同时又抑制拮抗肌的现象，称为交互抑

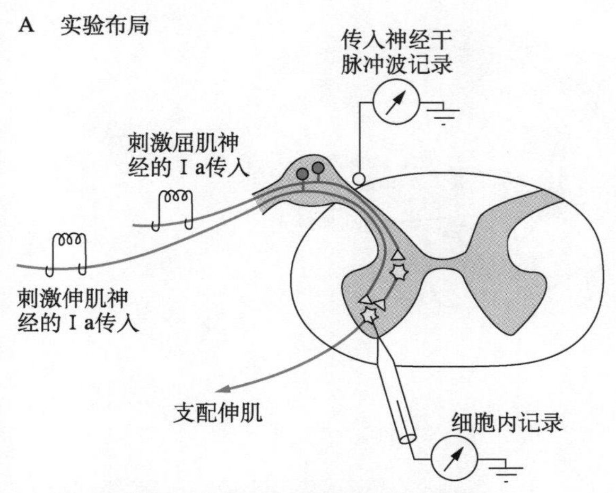

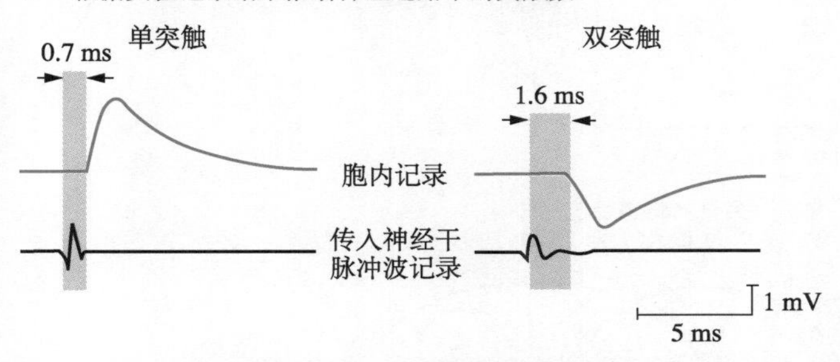

图 7-2-11　神经元的细胞内记录技术可用于推定反射通路中所包含的突触数

A. 将玻璃微电极插入脊髓伸肌运动神经元细胞内，记录刺激屈肌或伸肌传入纤维引起的膜电位反应，同时记录刺激诱发的传入神经干的动作电位，以计算神经传导速度并推断所包含的突触延搁；**B.** 反射通路中包含的突触数目的判定。左图：刺激伸肌Ⅰa 传入纤维所诱发的传入神经干电位与伸肌运动神经元 EPSP 之间的时间间隔为 0.7 ms，大约相当于一个突触延搁所需的时间。因此，牵张反射被认为是单突触反射。右图：刺激屈肌Ⅰa 传入纤维所诱发的传入神经干电位与伸肌运动神经元 IPSP 间的时间间隔为 1.6 ms，大约相当于两个突触延搁所需的时间，由此可推测屈肌Ⅰa 传入对伸肌运动神经元的抑制为双突触通路（引自 Kandel ER，Schwartz JH，Jessell TM. eds. Principles of Neural Science. 3rd. ed. Elsevier，1991.）

制（reciprocal inhibition）。由于这种 IPSP 是双突触的，因此它是Ⅰa 类传入兴奋了某些抑制性中间神经元而引起的，这些中间神经元被称为Ⅰa 交互抑制中间神经元。现已知道，Ⅰa 交互抑制中间神经元位于脊髓灰质的第Ⅶ层，它们接受来自Ⅰa 类传入的单突触联系，其轴突投射至本节段或邻近节段的第Ⅸ层运动神经元。

Ⅰa 类纤维在脊髓灰质的第三个终止区域是灰质的第Ⅴ和Ⅵ层。在这一区域，Ⅰa 类传入纤维与不同类型的中间神经元发生联系，其中有的中间神经元也接受其他感觉传入的投射，有的接受来自高级中枢的下行投射。

肌肉Ⅰb 类传入纤维：Ⅰb 类传入纤维与Ⅰa 类传入纤维在脊髓灰质的投射的最主要的不同，在于前者缺乏至第Ⅸ层的投射。这个解剖学的观察与生理学的发现是一致的，即所有的Ⅰb 传入在运动神经元上引起的反应都是通过一个或几个中间神经元的兴奋而产生的。Ⅰb 类纤维在脊髓灰质的主要投射区为第Ⅴ、第Ⅵ层及第Ⅶ层。如上所述，位于第Ⅴ、第Ⅵ层的某些中间神经元也接受Ⅰa 类纤维的传入，因此，在这些中间神经元上发生Ⅰa、Ⅰb 类及其他传入的会聚。

由于Ⅰb 类传入纤维兴奋所需的阈刺激强度与Ⅰa 类的非常接近，因此用电刺激方法来研究纯Ⅰb 类传入对运动神经元的作用较为困难。Eccles 等采用逐渐增强电刺激强度的方法，观察在运动神经元所引起的突触后电位的变化，以推测Ⅰb 类纤维与运动神经元的突触联系，他们认为至少有一个中间神经元位于从Ⅰb 类传入纤维至运动神经元的通路中。当锋电位触发叠加平均技术被以后的研究采用后，或以高频振动肌腱提高Ⅰa 类传入纤维的兴奋阈值，再用低强度电流刺激肌神经以选择性地兴奋Ⅰb 类纤维的实验方法，已直接观察到了Ⅰb 类传入纤维在运动神经元上所引起的双突触的 IPSP。Ⅰb 类传入纤维在运动神经元上引起的反应具有交互支配的特征：刺激伸肌的Ⅰb 类传入在伸肌运动神经元引起双突触或多突触的 IPSP，而在屈肌运动神经元上则引起潜伏期长短类似的 EPSP。刺激屈肌的Ⅰb 类传入在屈肌运动神经元引起 IPSP，而在伸肌运动神经元产生 EPSP（图 7-2-12C）。但屈肌的Ⅰb 类传入引起的反应较小。与Ⅰa 类传入和运动神经元的联系相比，Ⅰb 类纤维与运动神经元的联系更为广泛，交互支配的形式也较为松散。例如，来自前肢某块肌肉的Ⅰb 类传入纤维的冲动可以在支配前肢各肌肉的运动神经元上引起反应，而且与许多伸肌或屈肌运动神经元的突触联系不遵循交互支配的原则。

肌肉Ⅱ类传入纤维：Ⅱ类传入纤维包含了肌梭感受器的次级传入纤维。此类传入纤维主要终止于脊髓灰质的第Ⅳ～Ⅵ层以及第Ⅸ层。Ⅱ类传入纤维投射至灰质第Ⅸ层的事实提示：肌肉Ⅱ类传入纤维可与运动神经元发生单突触的联系。用锋电位触发叠加平均技术，观察到单根肌肉Ⅱ类传入纤维可与 50% 左右的同名肌运动神经元发生单突触联系，但只能在 20% 的协同肌运动神经元产生单突触的 EPSP，单根Ⅱ类传入在运动神经元上引起的单突触的 EPSP 振幅较小，平均为 24 μV。

虽然Ⅱ类传入纤维可以与运动神经元发生单突触联系，但大部分的Ⅱ类传入纤维仍终止在灰质

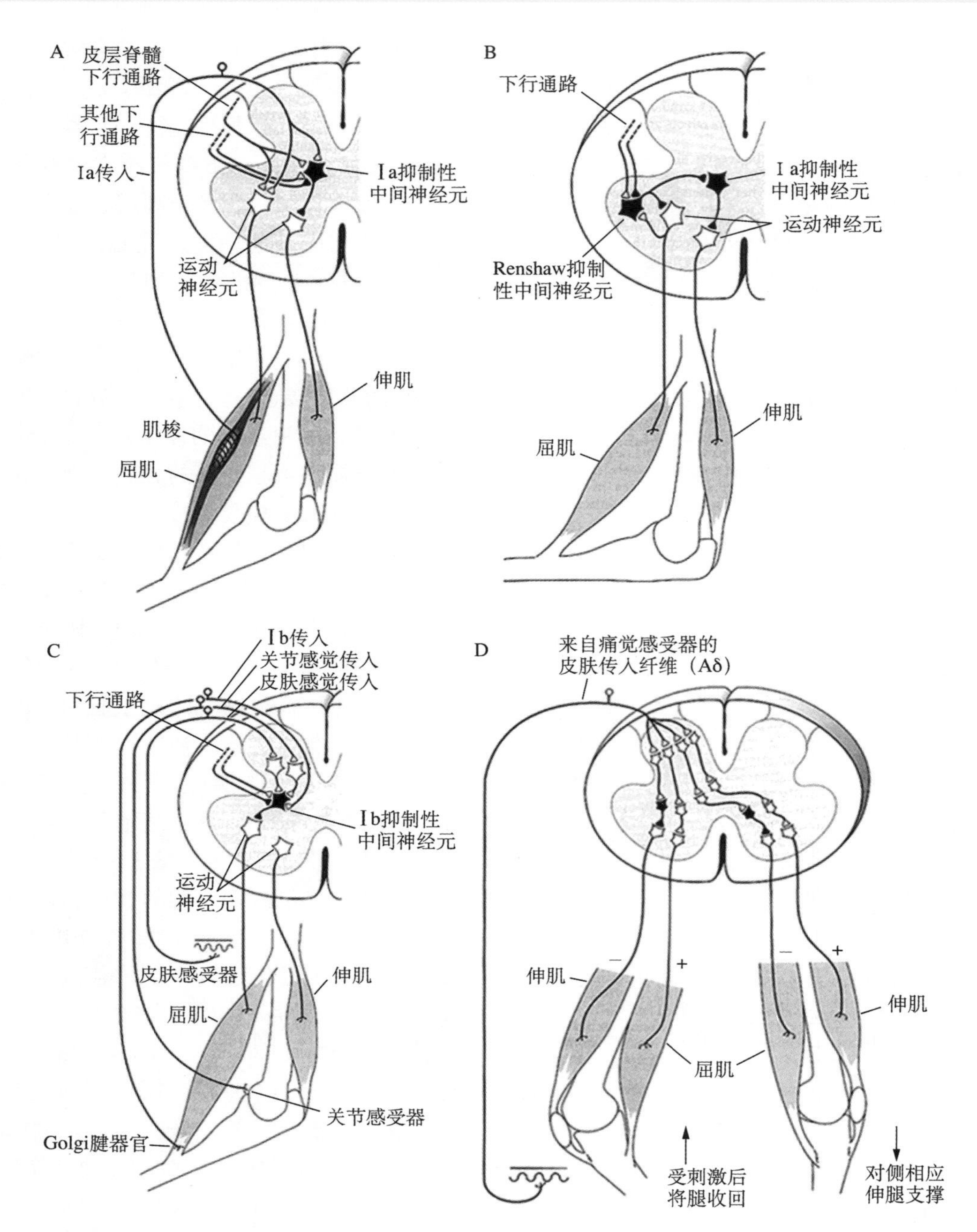

图 7-2-12 单突触的位相性牵张反射（**A**）的感受器为肌梭，它的传入纤维Ⅰa类传入纤维与支配同名肌和协同肌的 α 运动神经元发生单突触联系。以膝跳反射为例，叩击股四头肌肌腱会在股四头肌的起点和止点之间引起很短促的肌肉的牵张，从而同步地兴奋肌梭的初级感受末梢。Ⅰa 传入冲动同步地进入脊髓，单突触地兴奋支配股四头肌的 α 运动神经元，使这些神经元产生同步的放电，导致股四头肌反射性地短促收缩。抑制性中间神经元在协调不同的反射活动中起特殊作用。**A.** Ⅰa 抑制性中间神经元介导牵张反射传入引起的交互抑制，它们接受皮质脊髓下行通路和其他下行通路的支配，使高位中枢的指令得以同时协调作用于同一关节的相互拮抗的肌肉的活动。当传入的平衡偏向于较多地抑制Ⅰa 抑制性中间神经元时，交互抑制将被减弱，使相互拮抗的两组肌肉同时收缩，以保持关节的稳固。**B.** Renshaw 细胞介导运动神经元的返回性抑制，它们被运动神经元的轴突侧枝激活，然后返回去抑制该运动神经元。这一负反馈系统调节运动神经元的兴奋性，并稳定其放电频率。Renshaw 细胞还发出侧枝抑制支配协同肌的运动神经元（未绘入此图中）和Ⅰa 抑制性中间神经元，因此下行通路可通过 Renshaw 细胞调节作用于同一关节的所有运动神经元的兴奋性。**C.** Ⅰb 抑制性中间神经元和脊髓其他神经元所组成的调节肌张力的神经元回路。它接受从腱器官、肌梭（图中未示）、关节和皮肤感受器的传入，以及下行通路的影响。由Ⅰb 传入引发的反射活动能被到达Ⅰb 抑制性中间神经元的多种信息所调节，且受动物的行为状态的影响。**D.** 屈曲反射使受到刺激的肢体屈曲，同时使对侧肢体伸展。刺激皮肤的传入，如来自痛觉感受器的 Aδ（delta）纤维，会兴奋同侧屈肌而抑制同侧伸肌，同时在对侧产生相反的效应，即交叉伸肌反射。皮肤感觉传入分布于脊髓的多个节段，因而其反射涉及与两侧肢体所有关节相关肌肉的收缩。图示仅为单个脊髓节段的通路（引自 Kandel ER，Schwartz JH，Jessell TM. eds. Principles of Neural Science. 3rd. ed. Elsevier，1991.）

的第Ⅳ～Ⅵ层，再通过中间神经元与运动神经元发生联系。Ⅱ类传入纤维在伸肌和屈肌运动神经元上引起的反应具有交互支配的特征，且因不同的实验动物制备而有不同。例如，刺激麻醉猫后肢Ⅱ类纤维，可在其屈肌运动神经元引起双突触的EPSP，在伸肌运动神经元引起多突触的IPSP。在去大脑猫（decerebrate cat，在中脑上丘与下丘之间横断脑），通常不能观察到Ⅱ类传入纤维在屈肌运动神经元上引起的EPSP，当在脑桥处再次横断后，Ⅱ类纤维在屈肌运动神经元上所引起的反应又重新出现，但反应常常由EPSP转变成IPSP。在脊髓猫（spinalized cat），Ⅱ类传入纤维在屈肌运动神经元产生的反应是IPSP，而在伸肌运动神经元则引起EPSP。这些结果较有说服力地证明，在脊髓平行地存在着从Ⅱ类传入纤维至运动神经元的不同的通路，Ⅱ类传入纤维的冲动可以兴奋不同的中间神经元群，从而在屈肌和伸肌运动神经元产生不同形式的反应。损毁脑的不同区域后，屈肌和伸肌运动神经元对肌肉Ⅱ类纤维的反应发生改变，说明Ⅱ类传入纤维的反射通路接受来自高级中枢的下行控制。

Ⅲ类和Ⅳ类传入纤维：研究单根Ⅲ类传入纤维在脊髓的投射具一定的难度，因为这需要具备能选择性地兴奋Ⅲ类传入纤维的方法。因此，对这类传入纤维在脊髓的投射及其突触联系的了解还甚少。已有的资料说明，Ⅲ类传入与肌肉Ⅱ类传入纤维在运动神经元所引起的反应特征相似。因此，这两类传入可能会聚在同一类中间神经元上。兴奋Ⅳ类传入纤维在屈肌运动神经元引起多突触的EPSP，而在伸肌运动神经元上则引起多突触的IPSP，与Ⅱ、Ⅲ类传入纤维所组成的反射通路类似。

皮肤传入纤维：电刺激后肢皮神经中的A类纤维，在运动神经元引起与刺激Ⅱ类传入所产生的相似的反应，即在屈肌运动神经元引起多突触的EPSP，而在伸肌运动神经元则引起多突触的IPSP，这与屈反射（或屈肌反射，flexion or flexor reflex）和对侧伸肌反射（crossed extensor reflex）是一致的（图7-2-12D），也与神经解剖学的结果相符，即皮肤A类传入纤维的末梢主要终止于灰质的第Ⅲ～Ⅶ层。实验表明，来自猫前肢低阈值皮肤传入（Aα）纤维的冲动，在前肢运动神经元引起的反应的潜伏期很短，因此，最短的皮肤反射通路可能是一条双突触通路。此通路中的中间神经元，位于颈髓第7、第8节段灰质的第Ⅴ、第Ⅵ及第Ⅶ层的背侧部。它们接受来自皮肤传入纤维的单突触投射，其轴突经外侧索下行并终止于前肢运动神经元核，与前肢运动神经元发生兴奋性或抑制性的单突触联系。在猫的后肢，也观察到皮肤传入可以在后肢运动神经元引起双突触的反应。

由于皮肤传入和肌肉Ⅱ、Ⅲ及Ⅳ类传入纤维所引起的主要同侧反射作用是兴奋屈肌运动神经元和抑制伸肌运动神经元（图7-2-12D），Eccles和Lundberg认为这些传入可能组成共同的反射通路，并将这些传入纤维统称为屈反射传入（flexor reflex afferents，FRAs）。屈反射是一种保护性的反射，使机体能躲避外来的伤害。屈反射传入纤维通过的中间神经元往往也被内在的参与控制行走运动（locomotion）的神经网络所共用。屈反射传入所引起的反应形式一般较固定，但随着刺激强度增加，反应的强度和范围也随之变化。除了在同侧的屈反射效应，有一些屈反射通路的中间神经元的轴突还通过前连合（anterior commissure）投射到脊髓对侧背角，通过对侧背角的中间神经元兴奋对侧伸肌运动神经元，并抑制对侧屈肌运动神经元。由此，来自一侧肢体的屈反射传入能引起同侧肢体回缩和对侧肢体伸直。这种对侧肢体的伸直反应称为交叉伸展反射（crossed extension reflex）或对侧伸肌反射（crossed-extensor reflex），其意义在于支持动物的身体姿势以免跌倒。

第四节　脊髓神经网络是整合和协调脊髓反射的组构基础

20世纪初，Sherrington根据犬类动物实验结果描述了连接脊髓不同节段且在反射活动中起重要但不同作用的脊髓细胞。之后，David Llyod一系列经典的电生理工作又对一些被统称为脊髓固有神经元（propriospinal neurons）的脊髓细胞在脊髓的颈部和腰部间的相互投射联系提供了实验证据。20世纪50年代，Bror Rexed使用经典解剖组织学手段对猫脊髓神经元的细胞大小和形状做了系统且详细的研究，提出了细胞形态多样化，以及脊髓灰质背角和腹角按形态组构分多个层区的概念（图7-2-10 rexed laminae）。此后的研究不断发现与这些灰质层区相对应的各类脊髓功能。总的来说，脊髓的神经元主要有两大类：投射神经元（projection neuron）和脊髓中间神经元（spinal interneuron）。前者的胞体位于脊髓但轴突投射到脊髓以外的中枢部位或外周。后者的胞体和投射范围都局限于脊髓内，但在神经元特性和回路连接上涵盖广泛类型。它们包括①在脊髓内向上或向下投射的长短各异的脊髓固有神经元；和②分布于同侧脊髓，或投射至对侧脊髓（组成连合纤维 commissural fiber）的脊髓中间神经元。

一、脊髓中间神经元在反射整合和协调中的重要作用

从脊髓反射通路角度看，位于传入纤维和运动神经元之间的中间神经元是脊髓灰质中数量最多的神经元。一方面，来自初级传入和下行通路的纤维绝大部分都首先“汇聚”到达中间神经元，经过整合再影响运动神经元，只有很少部分直接终止于运动神经元。另一方面，传入神经元通过轴突侧枝与大量神经元构成突触联系，这种情况称为“扩散”。例如屈肌反射产生的肢体回缩在脊髓涉及广泛的扩散投射，其中包括中间神经元，这使得刺激局部皮肤的少量感觉传入足以引起广泛分布的肌肉收缩，从而产生协调的运动反应。又如前文所述，单根Ⅰa 传入纤维与几乎所有的同名肌运动神经元构成直接的兴奋性突触，这种广泛的扩散有效地放大了单根Ⅰa 纤维的传入信息，在其同名肌运动神经元池产生强烈的兴奋性影响。因此这种由各类兴奋性或抑制性中间神经元的“汇聚”和“扩散”神经回路形成的网络结构在脊髓各类反射的控制中起特别重要的作用。

如前所述，Ⅰa 交互抑制中间神经元主要接受来自同名肌和协同肌的Ⅰa 类传入纤维的单突触兴奋性传入，其轴突与支配拮抗肌的运动神经元形成抑制性突触，是交互抑制的神经基础。它的主要功能是防止拮抗肌同时收缩，以协调反射活动。交互抑制不但对反射活动有意义，而且对自主运动同样有重要意义。在运动过程中拮抗肌的舒张会增强运动功效和速度，因为主动肌的收缩此时不受拮抗肌的抵抗。Ⅰa 抑制神经元不仅在节段性被动牵张反射中起调节作用，也同样参与协调肌肉收缩以完成随意运动。Elzbieta Jankowska 等的工作发现，来自猴大脑皮质的皮质脊髓束纤维，有侧支与Ⅰa 类交互抑制中间神经元形成单突触联系（图 7-2-12A）。这样，当高位中枢向特定的运动神经元群发出下行运动指令时，同时通过Ⅰa 交互抑制中间神经元抑制拮抗肌群的运动神经元，从而达到协调收缩的效果而使运动得以顺利进行。除协调收缩外，主动肌与拮抗肌的同时收缩也具有重要意义，尤其在精确和稳定地控制关节活动上。例如，肘关节屈肌与伸肌的共同收缩对用手接球前瞬间的肘关节稳定提供了保证。Ⅰa 抑制中间神经元同时受到来自主要下行通路的抑制性和兴奋性支配（见图 7-2-12A 中下行抑制性突触与Ⅰa 交互抑制中间神经元的联系），通过改变兴奋与抑制的平衡，脊髓以上中枢即可减少交互抑制，增强共同收缩，从而控制关节的稳定度以适应运动活动的需求。Ⅰa 交互抑制中间神经元还受来自屈肌反射传入的兴奋性影响，以及来自 Renshaw 细胞和投射至同名肌和协同肌运动神经元的Ⅰa 交互抑制中间神经元轴突侧枝的抑制性影响。

Ⅰb 抑制性中间神经元位于脊髓灰质第Ⅵ、Ⅶ层靠内侧的中间带（intermediate zone），它们接受来自 Golgi 腱器官的Ⅰb 类传入纤维的冲动，发出轴突与支配同名肌和协同肌的运动神经元形成双突触或三突触的抑制（自身抑制）性突触联系，组成调节肌张力的负反馈系统（图 7-2-12C）。当肌肉张力超过阈值时，Ⅰb 的传入冲动兴奋Ⅰb 抑制性中间神经元，导致运动神经元被抑制，使肌张力不会进一步升高。但当肌肉因疲劳等原因导致收缩减弱、张力降低时，Ⅰb 传入纤维的放电将减少，使Ⅰb 抑制性中间神经元的兴奋性下降，对运动神经元的抑制减弱，从而肌张力增大，补偿肌肉疲劳。腱器官最初被认为只具有保护作用，防止过度收缩对肌肉的伤害，这是因为它们被误认为只有在肌张力极高的条件下才发放冲动。但现在已知，它们能够传递肌张力的微小变化的信号，从而对中枢神经系统提供关于肌收缩状态的精确信息。来自腱器官、皮肤感受器和关节感受器的传入信息在中间神经元整合后抑制运动神经元，使脊髓能对肌张力进行精确控制以完成复杂的动作。例如，当握持一轻薄易碎的物品时，来自感受器的综合信息激活Ⅰb 抑制性中间神经元，从而降低肌肉收缩的强度，完成适宜强度的握持动作。然而，Ⅰb 抑制性中间神经元的传入是复杂的，它另外也接收来自肌梭Ⅰa 纤维、皮肤的低阈刺激传入纤维和各种下行传导系统的兴奋性和抑制性信息（图 7-2-12C）。此外，Ⅰb 抑制性中间神经元与作用于不同关节的肌肉运动神经元形成广泛的突触联系。因此，来自腱器官的传入经中间神经元在脊髓形成广泛联系，并

成为调节整个肢体脊髓反射网络的一个组成部分。Lundberg 等发现，Ⅰb 抑制性中间神经元还接收肌肉Ⅰa 类传入、低阈值皮肤传入和关节传入的综合信息，其作用可能是当运动肢体碰到障碍时，来自皮肤和关节的传入可以兴奋Ⅰb 中间神经元以抑制对应的运动神经元，从而使肌张力降低而避开障碍。

20 世纪 40 年代初，Birdsey Renshaw 发现：刺激脊髓腹根产生的沿运动神经元轴突逆行传导的冲动可以使运动神经元兴奋性降低，造成返回性抑制（recurrent inhibition）。之后的实验证明，返回性抑制是由于运动神经元轴突侧枝的放电兴奋了一种特殊的脊髓抑制性中间神经元（即 Renshaw 抑制性中间神经元或 Renshaw 细胞），其转而抑制运动神经元而引起的（图 7-2-12B）。Renshaw 细胞位于脊髓灰质腹角的第Ⅶ层内，在腹角运动神经元核的腹内侧区。它主要接受来自同名肌和协同肌运动神经元轴突侧支的兴奋性传入。如图 7-2-13C 所示，电刺激运动神经元时所引起的 Renshaw 细胞的放电是一长串很具特征性的高频放电。Renshaw 细胞的轴突与运动神经元形成抑制性突触。用锋电位触发叠加平均技术观察到的单个 Renshaw 细胞的放电在运动神经元引起的单突触 IPSP，提供了 Renshaw 细胞与运动神经元之间有单突触联系的直接证据（图 7-2-13A & B）。一个 Renshaw 细胞往往与几个运动神经元池发生抑制性突触联系，包括那些引起 Renshaw 细胞兴奋的运动神经元池。可见，它们与运动神经元间的突触联系组成了一个负反馈回路，其功能是稳定和调节运动神经元的放电频率。当运动神经元的放电增加时，通过 Renshaw 细胞的反馈使运动神经元的放电频率降低，反之则增加，因此可以使运动神经元的放电频率趋向稳定（图 7-2-13C & D）。Renshaw 细胞还发出轴突侧支抑制Ⅰa 交互抑制中间神经元，因此当 Renshaw 细胞兴奋时，不仅可抑制同名肌、协同肌运动神经元，而且可在拮抗肌运动神经元产生去抑制（disinhibition），以调节与拮抗肌交互抑制的强度。Renshaw 细胞还接受许多高级中枢（如红核、皮质脊髓束等）的下行控制（图 7-2-12B），并对与特定功能有关的运动神经元和Ⅰa 抑制性中间神经元实施选择性的抑制影响。因此，高位中枢通过控制 Renshaw 细胞的兴奋性，可以调节运动神经元的活动。

直到 20 世纪末，我们对脊髓中间神经元的了解基本上来自类似以上所述的一系列经典的对神经通路的电生理实验和分析，即利用各类输入来解析功能上的突触联系特性，加上传统的组织形态和超微结构研究进行确认和归类。近十多年来，利用嗜神经病毒的跨突触追踪成为研究分析多突触神经通路的得力工具。这一新手段的采用使研究者不仅辨识了很多与运动、感觉，甚至自主神经系统神经网络密切相关的脊髓中间神经元群体，而且还能探察中间神经元之间突触联系的可塑性变化。而更具革命性的分子和基因生物学技术手段，也为研究脊髓

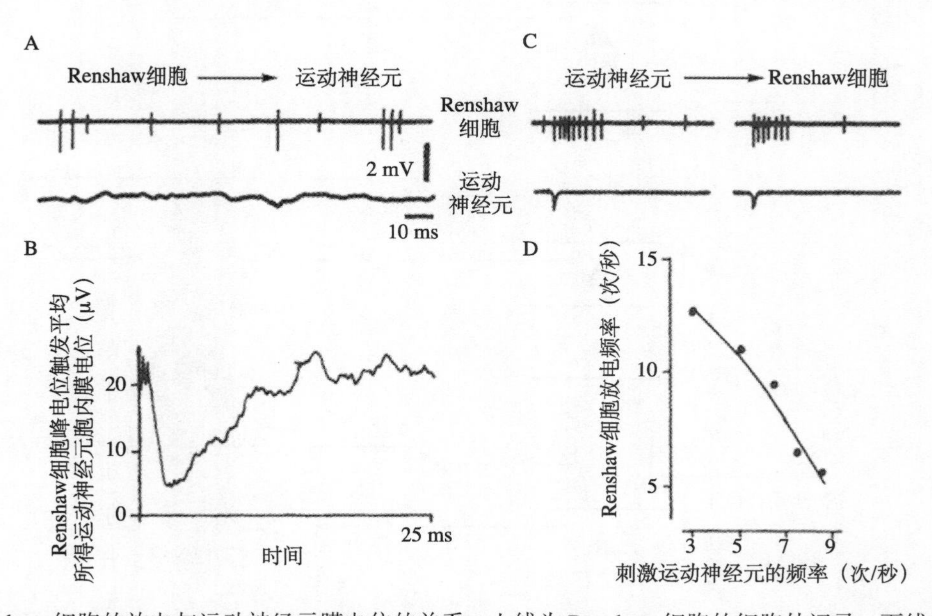

图 7-2-13　**A.** Renshaw 细胞的放电与运动神经元膜电位的关系。上线为 Renshaw 细胞的细胞外记录，下线为运动神经元的细胞内记录。**B.** 用 Renshaw 细胞的动作电位触发叠加运动神经元的膜电位后所显示的单个 Renshaw 细胞的放电在运动神经元所引起的单突触 IPSP。**C.** 细胞内刺激 α 运动神经元（下线）所引起的 Renshaw 细胞的放电（上线），刺激频率为 85 Hz。**D.** 刺激运动神经元的频率与 Renshaw 细胞放电频率之间的关系

神经发育过程，即脊髓神经网络中运动神经元和中间神经元的发育起源、相互联系和网络形成的过程，提供了前所未有的，能严格探究因果关系的洞察机会。根据目前的结果，脊髓中间神经元可按形态、内在电生理特性、神经环路连接特征、神经化学性质和胞体在脊髓灰质中的位置等归结成许多基本类型（图 7-2-10）。例如一系列各种类的动物实验表明，V1 中间神经元（V1 interneurons）属一群进化上比较古老保守的，同侧投射的抑制性中间神经元。按形态、电生理和功能分析结果，V1 中间神经元由许多细胞种类组成，包括 Renshaw 细胞和Ⅰa 抑制性中间神经元。特异性地损毁或抑制 V1 中间神经元的活动会减缓节律性行走运动的速度、造成过度的屈肌反射。其他实验结果也显示，位于腹角的数个中间神经元亚型（V0，V1，V2，V3）与控制行走运动的速度、节律性、双侧交替性和肢体的伸屈运动都有密切的关系。随着更多的分子和基因手段能被用于鉴别和标定，我们不仅可更为精确地以细胞分子学特性确定脊髓中间神经元亚型，还可进一步了解它们在脊髓局部连接和接受长距离投射的神经网络中所起的相对作用。

二、感觉传入反馈和中枢下行运动指令对脊髓反射通路的影响和调节

运动可激活肌肉、关节和皮肤的感受器，这些由自身运动激发的感觉传入早期被 Sherrington 称为本体感觉（proprioception）传入。本体感觉传入形式各异，对完成运动必不可少。例如肺牵张感受器能在肺扩张吸气时产生本体信息，使吸气转向呼气。另外，行走运动时各步态时相之间的节律性自动交替过渡，也很大程度上受到本体感觉传入的调控。对于感觉神经病变的患者，他们在伸臂运动中表现异常而且不能精确地控制肢体的位置，这是因为本体感觉缺失后神经系统不能对肢体复杂的物理性质进行正确的补偿。实际上，本体传入的基本作用，就是在主动的运动中作为反馈通路的一部分（图 7-2-12A）调节运动输出以适应躯体和肢体的生物力学状态，保证运动的协调进行，并提供一种补偿机制以纠正运动输出存在的偏差。例如，肌肉受到缓慢牵拉时，肌梭放电增加，肌肉收缩且缩短；但肌肉缩短又导致肌梭放电减少（图 7-2-14B），肌肉收缩减弱使其能保持在已被牵拉的长度。这种紧

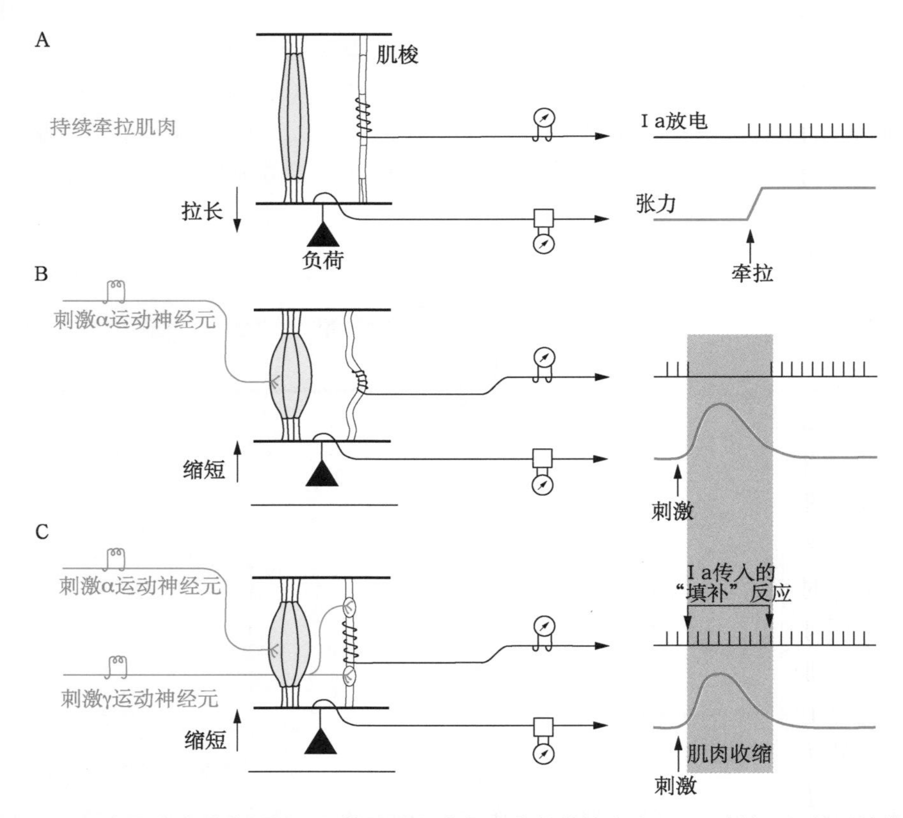

图 7-2-14 **在肌肉主动收缩时，肌梭感受肌肉长度变化的能力由 γ 运动神经元的活动维持**

A. 肌肉被持续拉长时引发Ⅰa 传入纤维稳定的放电；**B.** 刺激 α 运动神经元时，Ⅰa 传入纤维的持续放电出现一特征性的暂停，这是由于肌梭因梭外肌纤维收缩变短而过于松弛，使初级感受末梢失去敏感性；**C.** 如果 γ 运动神经元也同时被兴奋，则在梭外肌纤维收缩时梭内肌纤维也同时收缩变短，初级末梢的兴奋性得以维持而可继续向中枢发送肌肉长度的信息

张性牵张反射将肌肉长度维持在一个目标水平。牵张反射是负反馈，因为它最终导致肢体能在达到运动目标后维持稳定状态。

如前所述，肌梭的梭内肌纤维由 γ 运动神经元支配，γ 运动输出纤维终止于梭内肌纤维的两极（图 7-2-8B&D），而梭内肌纤维的收缩成分也主要分布于此。当 γ 运动纤维兴奋时，两极收缩，赤道即受到牵拉，终止于赤道部位的初级及次级感受末梢的放电就会增加。因此，γ 运动神经元对肌梭的传出支配可调节肌梭对牵拉的敏感度与感觉传入放电（图 7-2-14C）。根据其对牵拉引起的肌梭传入纤维的动态和静态反应的影响，γ 运动神经元也可分成动态型和静态型两种。动态型 γ 运动神经元主要支配动态型核袋纤维，静态型则主要支配静态型核袋纤维及核链纤维。图 7-2-15 显示了兴奋 γ 运动纤维对肌梭初级传入末梢放电的影响：刺激静态型 γ 运动纤维，可使初级感受末梢的静态反应明显增加，但对动态反应影响不大；刺激动态型 γ 运动纤维时，则可使初级传入末梢的动态反应明显增加。这是由于初级感受末梢支配核袋和核链纤维，因此其活动可受两类 γ 运动神经元的控制。同理，次级感受末梢只受静态型 γ 运动神经元的影响。

从肌肉张力的角度看，γ 运动神经元的一个重要功能是使肌梭感受器在肌肉收缩时仍保持较高的敏感性，始终能为中枢的调控提供感觉输入的反馈信息。当梭外肌纤维主动收缩时，梭内肌纤维如不同时收缩，肌梭的传入放电就会减少甚至停止，肌梭就不能向中枢提供关于肌肉长度的信息（图 7-2-14B）。但实际上这种情况不会发生。动物实验表明，当 α 运动神经元活动时，γ 运动神经元也被激活，这种 α 和 γ 运动神经元在运动时同时兴奋的现象，称为 α-γ 共同激活（alpha-gamma coactivation）。这样，在梭外肌纤维收缩期间，由于 γ 运动神经元的活动引起梭内肌纤维的同时收缩，肌梭的传入放电可以维持在一定水平（图 7-2-14C）。在主动运动过程中，下行指令同时作用于 α 和 γ 运动神经元，从而可预先确定肌肉收缩的目标水平。α 运动神经元的放电频率决定肌肉的收缩长度，而 γ 运动神经元的放电则决定了梭内肌纤维的相应缩短程度。如果整块肌肉的缩短程度低于某一行为的要求，例如当缩短时所受阻力超过了预计的阻力时，相对较高的 γ 运动神经元的放电可使梭内肌纤维受到较强的牵拉，导致肌梭放电增加而使梭外肌纤维的收缩增强，从而得以克服阻力。相反，如果肌肉收缩比预计的要短，则肌梭放电减弱，从而使梭外肌纤维收缩相应减弱。由此可见，脊髓反射并非是独立的，而是根据感觉反馈信息和中枢指令的性质而相应地发挥重要的增强和辅助作用。Ake Vollbo 等从人体实验记录中得到了 α-γ 共同激活的间接证据（图 7-2-16）。他在受试者做手指运动时，记录来自手指肌肌梭的单根 Ⅰa 类传入纤维的放电。结果发现，肌梭在肌肉静止时并不放电，但当肌肉

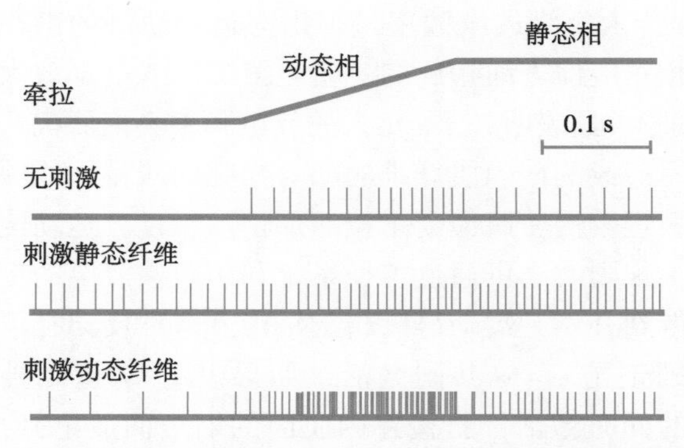

图 7-2-15　刺激动态和静态 γ 运动神经元对初级感受末梢的放电有不同的影响

图中单根动态和静态 γ 运动纤维分别受到的电刺激频率为 70 Hz

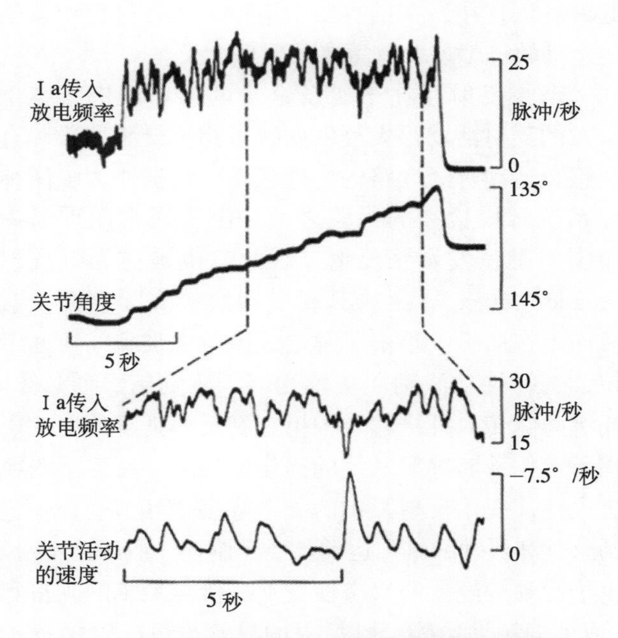

图 7-2-16　随意运动时 γ 运动神经元被同时激活

当受试者做较慢的屈指运动时，所记录的单根肌梭 Ⅰa 传入纤维的放电不但不随肌肉缩短而减少，反而明显增加，提示 α 和 γ 运动神经元被同时激活。而且，肌梭 Ⅰa 传入纤维的放电活动镜相对应（即方向相反）地反映了运动过程中速度的变化（见下部分放大的记录）。运动速度的不规则波动可被神经系统利用肌梭放电的变化来补偿，以使运动趋于平稳。这种反馈补偿的基础是 α-γ 共同激活。如果没有 γ 运动神经元的同时激活，肌梭将因肌肉的缩短而松弛，肌梭 Ⅰa 传入纤维的放电将减少或停止（引自参考文献中的综述 15）

收缩时肌梭开始放电，且与肌电活动同时开始或稍晚。在肌肉持续收缩时，尽管肌肉长度在缩短，但肌梭的放电活动并不停止而仍维持在一定的水平（见图 7-2-16 上部两记录），这说明梭内肌纤维与梭外肌纤维在同时缩短，唯一的解释就是 γ 运动神经元与 α 运动神经元是被同步激活的。进一步的实验中，受试者按要求做缓慢的匀速手指运动时，其运动轨迹会因为难以维持恒定的速度而呈现微小的波动，反映肌肉的缩短时快时慢。而所记录到的Ⅰa 传入纤维放电频率呈现出与运动轨迹的微小波动相对应但方向相反的变化（图 7-2-16 下部放大的记录）。这表明，Ⅰa 传入的放电频率会因肌肉快速缩短造成的梭内肌纤维的相对松弛而减慢，或因肌肉缩短较慢使肌梭受牵拉而加快。于是，运动速度的不规则波动可通过神经系统利用肌梭放电的变化而得到补偿，运动得以趋于平稳。这种反馈补偿的基础正是 α-γ 共同激活，如果没有 γ 运动神经元的同时激活，肌梭将因肌肉的缩短而放电减少，肌梭Ⅰa 传入纤维的放电将减少或停止，结果使中枢瞬间失去该肌纤维的长短状况信息而“失联”或“失控”。由此可见，α-γ 共同激活通过牵张反射起着补偿作用，帮助克服中枢指令执行过程中发生的运动轨迹偏差，有重要的生理意义。

牵张反射存在于遍及全身的多组肌肉，鉴于引发的反射活动很大程度反映了相关脊髓节段和有关感觉运动神经通路的生理状态，它被作为临床神经系统常规检查的手段之一。由于通常用反射锤敲击肌腱诱发牵张反射，因此它也被称为腱反射（tendon reflex），尽管其感受器肌梭实际存在于肌腹而不在肌腱。敲击肌腱造成该肌肉被瞬间快速牵拉，选择性地激动肌梭感受器，感觉信息通过Ⅰa 初级感觉传入纤维输入中枢。腱反射强度的变化可用于定位诊断神经系统的损伤或疾病。反射减弱或丧失往往提示反射弧中的一个或多个环节受损：包括感觉和运动纤维、运动神经元胞体，或肌肉本身。由于运动神经元的兴奋性受下行传导系统的兴奋和（或）抑制性影响，腱反射的异常也可反映中枢神经系统的损伤和病变。腱反射亢进往往提示脊髓运动神经元以上水平的损伤。实验和临床检验中也采用电刺激外周混合神经诱发 Hoffmann 反射（即 H-反射）的方法。H-反射与牵张反射的反射弧相同，只是绕过了感受器而直接兴奋了Ⅰa 传入纤维（图 7-2-17A），作为实验手段，有非入侵性和便于定量的优点。另外，由于电刺激施加于神经干，所以 H-反射可同时出现于该神经干支配的多块肌肉。

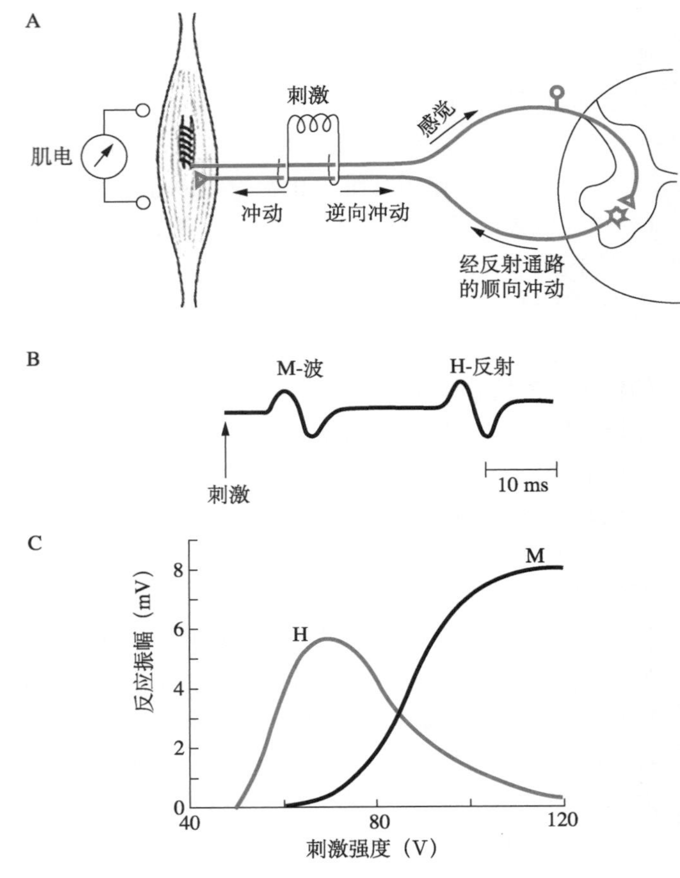

图 7-2-17 **A.** H-反射由直接电刺激混合神经中来自肌梭初级末梢的传入纤维所引起，刺激引起的传入冲动单突触地兴奋 α 运动神经元而导致肌肉兴奋，可通过肌电图加以检测。很低的刺激强度可诱发纯 H-反射，因为Ⅰa 传入纤维的阈值低于其他任何神经纤维。**B.** 电刺激强度增加时，运动神经元的轴突也被激活，在肌电图上可见到比 H-反射更早出现的 M 波，这就是运动神经元轴突直接兴奋的结果。**C.** H-反射的幅度随刺激强度的进一步增加而逐渐减小，这是因为Ⅰa 兴奋引起的反射性运动神经元轴突动作电位与直接电刺激引起的运动神经元逆行动作电位相互碰撞所致。在刺激强度很高时，只能见到 M 波，H-反射被逆行动作电位完全阻断（引自参考文献中的综述 14）

利用上述实验手段测试脊髓反射通路的研究结果表明，中枢能根据外周感觉输入所提供的与行为相关的反馈信息调节感觉纤维的突触传递特性，以适应功能上的需要。无论是肌梭传入引起的牵张反射，还是皮肤传入引起的屈反射，都受到一定程度的控制和调节，这种调节主要表现在包括行走在内的一些节律性运动中。例如，比目鱼肌的牵张反射的反射强度在行走运动的摆动相（swing phase）受到强烈抑制，甚至被完全抑制，而在支撑相（stance phase）则有所增强。人以及狗的实验结果表明，源于伸肌肌梭感受器的传入冲动是摆动相比目鱼肌牵张反射受抑制的重要机制。被动牵拉膝关节和髋关节的伸肌可导致实验刺激引发的比目鱼肌 H- 反射受到强烈抑制，其被抑制程度与伸肌被牵拉的幅度和速度呈正比。进一步实验表明，由膝关节伸肌被牵拉的幅度和牵拉速度决定的“牵张率”是决定比目鱼肌牵张反射受到抑制的重要因素；随着牵张率的增高，H- 反射的幅度呈指数型下降。这种对牵张反射的抑制被认为是通过突触前抑制实现的，即膝关节和髋关节伸肌的肌梭传入导致踝关节跖屈肌肌梭传入纤维与比目鱼肌运动神经元间的突触传递受到突触前抑制（presynaptic inhibition，见下）。比目鱼肌作为主要的踝关节跖屈肌之一，在我们踮脚的时候起到作用，且提供了很大一部分走路脚跟着地时所需要的稳定性。因此，其反射强度在行走运动的摆动相和支撑相受到的不同调节，为我们认识感觉传入冲动调节感觉纤维突触传递的功能意义提供了实验证据。这不仅对了解本体传入调节运动输出有重要意义，而且对认识其他感觉传入，特别是痛觉的调节也有重要的启发（参见“痛觉”章）。

另一个相关的例子是脊休克（spinal shock）现象。当动物的脊髓被横断后，断面以下的一切反射活动立即丧失，这种现象称为脊休克。脊休克并不是由于横断刺激本身所造成的，因为在产生脊休克的动物恢复反射活动后，在断面以下再作一次横断，并不出现休克现象。事实上，反射活动的丧失是由于横断脊髓突然撤去了来自高位中枢的下行易化作用。脊休克的现象可以充分说明，脊髓反射通路的正常活动有赖于高级中枢的下行调控。这些调控可以发生在反射通路的各个环节。首先，下行控制可以以突触前抑制的形式发生在初级传入纤维的末梢上。初级传入纤维末梢可以接受另一轴突末梢的支配，这种轴-轴突触已被证明是突触前抑制的形态学基础。引起突触前抑制的纤维来自脊髓灰质背角内的中间神经元的轴突分支，这些分支的神经冲动使初级传入纤维末梢去极化（primary afferent depolarization，PAD），产生突触前抑制。高位中枢的下行纤维可以投射于这类中间神经元，从而引起 PAD。动物实验表明，刺激感觉运动皮质或红核，可在肌肉Ⅰb 类和皮肤传入纤维的末梢引起 PAD；刺激前庭核和网状脊髓束可以在肌肉Ⅰa 类、Ⅰb 类及皮肤传入纤维末梢引起较大的 PAD，但刺激皮质脊髓束或红核只在Ⅰa 类纤维上产生较小的 PAD。通过突触前抑制的方式，高位中枢可以控制初级传入纤维的活动，影响反射的进行，这与上述的感觉传入冲动对传入纤维兴奋性的调节相似。

如上所述，下行调控更多地汇聚在反射通路中的中间神经元水平。由于大多数反射通路是多突触通路，高位中枢对脊髓反射的最主要和最普遍的调控途径是通过影响中间神经元。Lundberg 和 Jankowska 及其同事们对高位中枢对中间神经元的下行控制进行了详尽的研究，尤其对不同来源的传入在Ⅰa 交互抑制中间神经元的会聚。Ⅰa 交互抑制中间神经元接受来自同侧的外侧前庭脊髓束的兴奋性单突触投射，而来自同侧的皮质脊髓束、红核脊髓束及对侧的外侧前庭脊髓束纤维则与之发生双突触或多突触的联系。这些下行通路的活动控制Ⅰa 交互抑制中间神经元的兴奋性。最近的实验还表明，下行通路对接受不同肌肉传入的脊髓中间神经元具有特性不同的兴奋或抑制作用。另外，Ⅰa 交互抑制中间神经元还接受来自其他脊髓中间神经元的支配，例如 Renshaw 细胞、皮肤传入通路中的中间神经元、脊髓固有神经元等。因此，来自本节段和邻近节段其他中间神经元的传入、外周感觉传入与下行控制指令，在到达运动神经元之前在Ⅰa 交互抑制中间神经元进行复杂的整合。

下行调控还可以直接作用于运动神经元上。猫和灵长类的实验结果显示，网状脊髓束和前庭脊髓束纤维与运动神经元有兴奋性直接突触联系。在灵长类，与运动神经元有兴奋性直接突触联系的还有皮质脊髓束和红核脊髓束。前庭脊髓束和网状脊髓束纤维还能单突触地抑制运动神经元，只是这两束下行纤维在运动神经元上产生的单突触突触后电位相对较小。例如，单根前庭脊髓束纤维在颈运动神经元所引起的单突触 EPSP 的平均振幅小于 40 μV，IPSP 的最大振幅也不超过 80 μV。因此，尽管与运动神经元有直接突触联系，这些下行纤维的冲动通常不足以引起运动神经元的放电，而需要时间和空间上被整合才能使突触后的运动神经元达到放电阈值。灵长类的形态实验还显示，皮质脊髓束来自躯体感觉区 3a 的下行轴突和前庭脊髓束纤维的轴突与 γ 运动神经元有直接突触联系。皮质 3a 区是脊髓Ⅰa 中间神经元上行投射至皮质的主要目的地。因此，高位中枢的下行通路可以直接控制 α 和 γ 运动神经元的活动，在反射通路的最后输出环节上实行对脊髓反射的调控。

第五节 脊髓的运动控制功能和受损后的影响

一、高位中枢与脊髓神经网络间的调控神经环路

人和猕猴（cercopithecidae）是脊椎动物中仅有的在皮质脊髓运动神经元（corticomotoneuronal，CM）与脊髓腹角的运动神经元之间具有单突触联系的种系。即便如此，如上所述（也参见第7-4章），这些直接的突触联系也占少数，皮质脊髓束的大多数下行投射纤维终止于脊髓灰质中间带，与众多中间神经元形成突触联系，且整合感觉传入等信息后才输出至运动神经元。因此，在极大多数脊椎动物，皮质向脊髓下行投射的运动控制，基本上是通过与无数的皮质下结构和脊髓节间神经环路的接力完成。实验表明，猫等四肢行走动物的皮质脊髓投射神经元与脊髓运动神经元没有单突触联系，所有的运动指令都需通过与脊髓反射活动共享的脊髓中间神经元群。其中，前后（或上下）肢的协调性反射与节间反射（intersegmental reflex）或长潜伏期牵张反射共享神经反馈环路，有赖于脊髓固有神经元的参与。这些中间神经元的胞体位于脊髓灰质中间带，其轴突在外侧索上行或下行，终止于邻近或较远节段的中间神经元或运动神经元。脊髓固有神经元接受来自外周的感觉传入，如肌肉Ⅰb、Ⅱ、Ⅲ类传入和皮肤传入以及高位中枢的下行控制。四肢行走动物的脊髓与高级中枢断离后，常可呈现一定程度的爬行动作，说明正常动物的行走可能也部分地使用节间反射的神经回路。

对脊髓固有神经元的研究中，最为显著的结果来自瑞典科学家Anders Lundberg领导的实验室在20世纪70年代开拓的对猫脊髓颈段C3～C4部位的脊髓固有神经元的一系列极为经典的实验。他们的结果表明，这些颇具特性的脊髓中间神经元接受对侧皮质脊髓束纤维的单突触联系，在猫的运动皮质对前肢精确运动的控制中起着双突触的输出作用。当时的年轻学者Bror Alstermark从一开始就参与了此课题的研究，并在接下来的几十年间用各种严谨的实验手段完成了一系列相关课题的研究。他和Tadashi Isa证明了，猴颈部C3～C4的脊髓固有神经元也能起到将部分运动皮质的控制指令传送给上肢运动神经元的中转站作用。类似的C3～C4通路也被采用非侵入性研究手段的人体实验结果间接地确认。灵长类动物中，皮质脊髓神经元与运动神经元的单突触联系被普遍认为与手的精细动作有关；以脊髓颈膨大和腰膨大部位的脊髓固有神经元为中转站的双突触运动输出，在这些动物的整体运动控制中的相对作用和贡献，还有待更深入的探究。

动物实验和运算模型的结果都提示，脑对行为的控制由无数的神经环路参与完成。对反射活动来说，涉及肢体的反射往往由同时作用于脊髓和脊髓以上结构的多个通路介导。如图7-2-18A所示的人体实验结果表明，突然牵拉拇指屈肌可导致两个反射性运动输出成分。第一个反应成分M1由肌梭传入兴奋脊髓运动神经元的单突触牵张反射所产生。第二个反应成分M2也应该属于反射的结果，因为它的潜伏期短于常规能记录到的随意运动所需的反应时间（reaction time）。几乎在所有的肢体肌肉都能观察到诱发的M2反应。在患有Klippel-Feil综合征的受试者上所做的实验表明，远端肢体肌肉中的M2反应的反射通路涉及运动皮质（图7-2-18A&B）。这类患者的皮质下行神经元的投射纤维到达脊髓后发出分支与两侧肢体的同名运动神经元形成突触，当受试者做单侧手指的主动运动时，对侧手的手指也会同时做同样的动作。但是，牵拉一侧手的手指肌肉可在同侧诱发M1和M2反应，在对侧却只能引起同样潜伏期的M2反应而无M1反应。对侧的M2反应的反射通路被认为是经过大脑皮质的，这种由运动皮质介导的反射称为长环路反射（long-loop reflex）。一般认为，长环路反射对调节远端肢体肌肉的活动具有特别重要的意义，因为远端肌肉的功能往往需要皮质的精确调节（参见图7-4-9和该章相关叙述）。

二、脊髓神经网络具备走步基本模式的功能组构

根据人类学家的说法，我们的祖先在近四百万年前就已经开始直立行走。但人类对脑和行走运动彼此如何演化的过程目前还远远不够了解。英国生

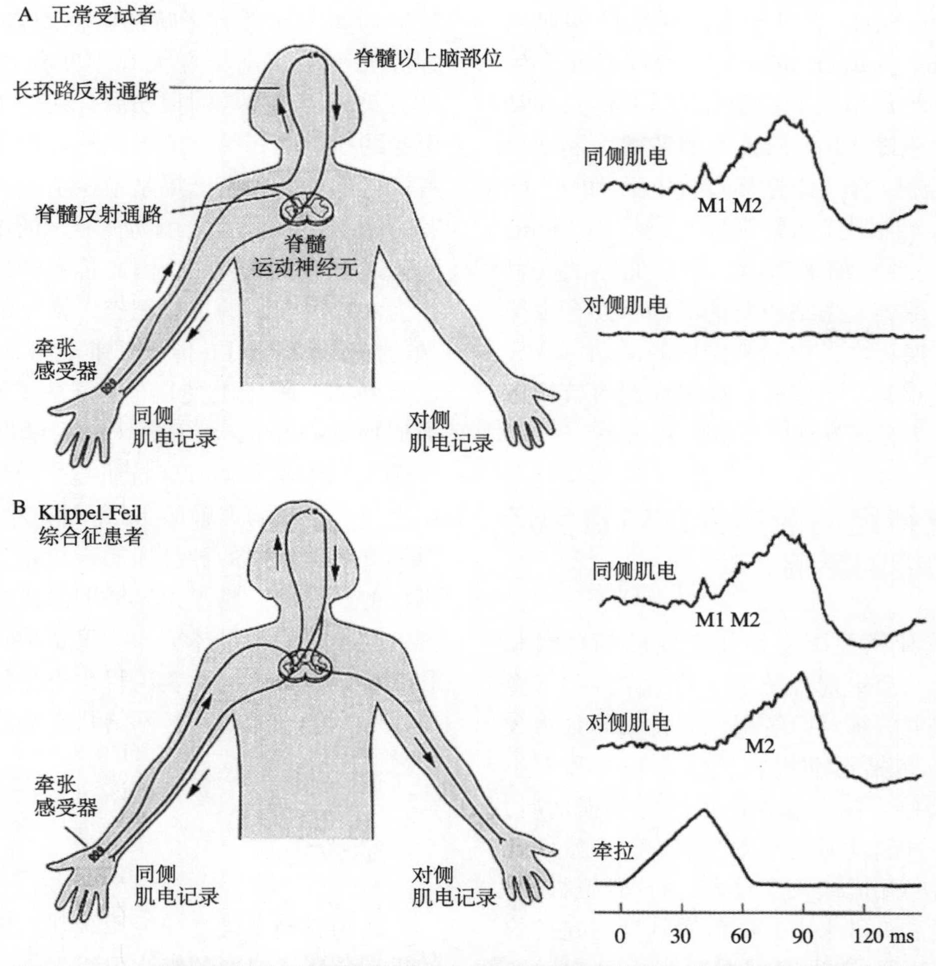

图 7-2-18　感觉传入通过脊髓反射通路和途经脊髓以上结构的长环路反射通路产生反射

A. 短暂而快速牵拉健康受试者的拇指肌诱发短潜伏期的 M1 反应和长潜伏期 M2 反应。M2 反应是感觉传入信号经运动皮质的传递而产生。**B**. 在 Klippel-Feil 综合征患者中，M2 反应不但出现于同侧，而且也出现于对侧相应的拇指肌肉，这是由于长环路反射通路通过运动皮质的下行纤维下行，至脊髓后经轴突分枝投射到双侧的运动神经元（引自 Kandel ER，Schwartz JH，Jessell TM. eds. Principles of Neural Science. 3rd. ed. Elsevier，1991.）

理学家 T. Graham Brown 在一百多年前提出脊髓神经网络对行走运动具有独特控制功能的见解。他采用了当时最先进的电影摄像技术，对去大脑手术后的脊髓动物做了一系列系统的行为观察和影像记录（参见 7-3 章）。结果显示，在没有感觉输入的状况下，这些动物的脊髓仍具备产生非常基本的四肢交替走步动作的内在能力。Brown 进而提出，脊髓两侧的伸屈反射活动能各自被组构成单侧的行走中心，而两侧的活动能彼此抑制形成交替且有节律性的行走运动。20 世纪 60 和 70 年代的现代电生理学实验手段，使神经科学家能更深入地探究由脊髓中间神经元组成的功能性神经网络所产生的、简单而尚不完善的（primitive）内在节律性运动，以及它们控制肌肉实现动物漫步、奔走等节律性行走运动的输出指令。一系列的实验显示，这些指令的产生有赖于脊髓中间神经元的细胞膜特性和细胞间的突触联系和相互作用，而无须来自前脑的下行指令或外周的感觉传入。这种可产生内在的中枢节律性运动模式指令的中间神经元网络因而被称为“中枢模式发生器”（central pattern generator，CPG），它能独立地产生两侧肢体交替运动的神经信号。在通常情况下，CPG 也受来自大脑和脑干的中枢控制和外周感觉传入的调节，以适应不断变化的外界环境，而且 CPG 本身也会因行走的经历而有可塑性的适应变化。另一方面，它也能够调节感觉刺激引起的脊髓反射，使之适合节律性运动功能的需要。Pearson 和 Collins 的实验显示，CPG 的功能活动可转而改变反射通路的传递特性和效率。他们观察到伸肌的Ⅰb 传入对伸肌运动神经元的突触影响会发生从抑制性到兴奋性的转换。这种转换只发生于节律性移步（stepping）放电活动中。在脊髓猫的实验显示，在节律性移步放电活动时，电刺激后肢的足伸肌跖肌（plantaris）的Ⅰb传入纤维使伸肌内侧腓肠肌（media gastrocnemius）运动神经元产生兴奋反应，则移步放电活动的节律受Ⅰb传入冲动的调节，即发生跟随Ⅰb传入冲动的节律跟随现象（entrainment）。在没有节律性移步放电活动时，同样的Ⅰb刺激将会抑制任何紧张性兴奋活动（tonic excitation）。这一观察结果揭示，中枢通路的突触传递可以根据中枢神经网络当时的活动状态产生抑制或兴奋反应，换言之，中间神经元的活动可开放或关闭，增强或减弱，某些神经反射通路对节律性移步放电活动的功能调节有极为重要的意义。

三、中枢神经阻断或损伤对脊髓运动功能的影响

因脑疾病或神经系统损伤而造成的脑至脊髓的下行通路阻断，会呈现各类不同的临床症状。脊髓损伤是一种常见的神经系统损伤，常常导致永久性损伤和残疾，包括运动损害、感觉丧失和大小便、性功能的失控。在完全性横贯性脊髓损伤后，损伤端以下所有脊髓反射均减弱或消失，即发生脊休克。在此之后的几周或几个月内，脊髓反射逐渐恢复并常常远超过正常水平，即过渡到反射亢进的慢性症状。脊髓反射亢进表现在肌张力异常增高（hypertonia）：轻触皮肤之类的微小刺激即可引起整个肢体的强烈回缩。目前脊休克和随后的脊反射亢进的产生机制还不完全清楚。根据上一节所提到的，目前对脊休克可能的神经机制假说与突然失去来自脑的下行易化作用有关。脊休克后的反射亢进则可能与以下因素有关：去支配后的超敏状态、突触后受体数量增加及传入末梢的侧支再生。与人类相比，其他动物脊休克的时间和恢复的时间显著较短，灵长类一般短于一周，狗和猫仅为数小时。这一现象可能反映了人类脊髓对脑的下行支配有更强的依赖性，可能与站立行走需要更复杂的控制有关。

另一常见的中枢神经疾病引起的肌张力亢进形式是肌痉挛（spasticity），其特点为腱反射亢进和肌肉对被动牵张的抵抗阻力增强，而且抵抗阻力还会随牵拉速率的增加而增强。当肌肉维持在被牵张拉长的位置不变时，反射性收缩往往随之减弱，但在有些患者，反射性肌收缩可持续存在。由此可见，肌张力亢进有位相性和紧张性两种成分，它们可以同时存在，也可以单独存在。肌痉挛的病理生理机制至今并不完全清楚。可能的病理机制不仅与反射通路和对其有影响的中枢因素，包括γ运动神经元、α运动神经元和中间神经元兴奋性的增加有关，也似乎与因损伤后长期处于慢性临床状态引起的肌肉和相关结缔组织特性的变化有关。不管具体机制如何，其结果是牵拉引起的感觉传入，尤其是从Ⅰa传入至α运动神经元的单突触反射通路的传递被显著地易化，因此传入神经通路往往也被作为治疗肌痉挛的重要靶点，常见的对策是加强突触前抑制来降低Ⅰa传入纤维至α运动神经元的传递。例如，临床上使用γ-氨基丁酸（GABA）的类似物Baclofen，将其泵入患者的脊椎管内以激活$GABA_B$受体。Baclofen抗肌痉挛药理作用的可能机制之一，是减弱突触前Ⅰa纤维末梢的钙离子内流，以使反射通路中的神经递质释放减少，从而降低牵张反射。因此，肌张力异常增强或减弱作为运动系统各类损伤的常见体征，不仅是神经疾病临床诊断和治疗必不可少的检验项目，也是神经康复过程中监察中枢感觉运动神经网络状态恢复进展的检测指标之一。

结束语

肌肉骨骼系统是神经系统与人体外界相互作用的机械装置。肌肉的细胞组织生物化学特性决定了其机械性能，在动物行为中按功能被协调的肌肉活动是神经系统高度组织控制的结果。肌肉的感觉传入向中枢提供有关肌肉长度、张力及其变化等对运动控制十分重要的信息。同时，中枢神经系统通过对肌梭的支配调节传入的敏感性。反射是外周感受器刺激所引起的协调的非自主的运动反应。不论是单突触或多突触反射，都是传入冲动进入脊髓后最终兴奋运动神经元而引起，其中不少反射需经过兴奋性或抑制性中间神经元复杂的整合。脊髓运动神经元和中间神经元的电生理和形态学特性在脊髓反射的控制中起十分重要的作用。一些反射帮助机体避开潜在的伤害，另一些则自动地适应运动模式以维持或促成目标行为。反射通路中的多组中间神经元还参与产生复杂的运动，如行走，或参与传递来自大脑的运动指令。另外，某些反射活动成分，特别是在涉及四肢的反射中，是由脊髓以上结构介导的。传入信号在脊髓或脊髓以上结构的汇聚，为将反射活动完美地整合于中枢产生的运动指令中提供了生理学基础。由于来自大脑的下行通路持续地调节脊髓反射通路，中枢神经系统的损伤常导致明显

的反射强度变化，这种变化的模式对诊断神经系统疾病具有一定临床意义，也有对疗效和康复进展检测的价值。

（感谢陈韵的细致校对和修改建议。）

参考文献

综述

1. Alstermark B，Isa T. Circuits for skilled reaching and grasping. *Annual Review of Neuroscience*，2012，35：559-578.
2. Balddissera F，Hultborn H，Illert M. Integration in spinal neuronal systems. In：Brookhart JM，Mountcastle VB，Brooks VB，Geiger SR（eds）. *Handbook of Physiology：The Nervous System*，1981：509-595. Bethesda，MD：American Physiological Society.
3. Drew T，Marigold DS. Taking the next step：cortical contributions to the control of locomotion. *Curr Opin Neurobiol*，2015，33C：25-33.
4. Fetz EE，Perlmutter SI，Prut Y. Functions of spinal interneurons during movement. *Current Opin Neurobiology*，2000，10：699-707.
5. Goulding M. Circuits controlling vertebrate locomotion：moving in a new direction. *Nat. Rev. Neurosci*，2009，10：507-518.
6. Huxley AF. Mechanics and models of the myosin motor. *Philos Trans Royal Soc Lond B Bio Sci*，2000，355：433-440.
7. Kiehn O. Decoding the organization of spinal circuits that control locomotion. *Nat. Rev. Neurosci*，2016，17：224-238.
8. Heckman CJ，Lee RH and Brownstone RM. Hyperexcitability of motoneuron dendrites and their neuromodulatory control during motor behavior. *Trends Neurosci*，2003，26：688-695.
9. Henneman E，Mendell LM. Functional organization of motoneuron pool and its inputs. In：Brook VB，ed. *Handbook of Physiology*，Section 1：The Nervous system，Vol II. Motor Control，Part 1. Bethesda，MD：American Physiological Society，1981：423-507.
10. Jankowska E. Interneuronal relay in spinal pathways from proprioceptors. *Prog Neurobiol*，1992，38：335-378.
11. Liber RL，Ward SR. Skeletal muscle design to meet functional demands. *Philo Trans Royal Soc Lond B Biol Sci*，2011，366：1466-1476.
12. Matthews PBC. The human stretch reflexes and the motor cortex. *Trends Neurosci*，1991，14：87-90.
13. Nielson JR. Human spinal motor control. *Annu Rev Neurosci*，2016，39：81-101.
14. Prochazka，A，Clarac，F，Loeb，GE，Rothwell，JC，Wolpaw，JR. What do reflex and voluntary mean? Modern views on an ancient debate. Exp Brain Res，2000，130：417-432.
15. Reschechtko，S，& Pruszynski，JA，Stretch reflexes. Current Biology，2020，30：R1025-R1030.
16. Schieppati M. The Hoffman reflex：a means of assessing spinal reflex excitability and its descending control in man. *Prog Neurobiol*，1987，28：345-376.
17. Vallbo AB. Basic patterns of muscle spindle discharge in man. In：Taylor A，Prochazka A（eds）. *Muscle Receptors and Movement*，1981：263-275. London：Macmillan.
18. Wolpaw JR. Spinal cord plasticity in acquisition and maintenance of motor skills. *Acta Physiol*（Oxford），2007，189：155-159.

原始文献

1. Appenteng K，Prochazka A. Tendon organ firing during active muscle lengthening in normal cats. *J Physiol*（Lond），1984，353：81-92.
2. Burke RE，Levine DN，Tsairis P，et al. Physiological types and histochemical profiles in motor units of the cat gastrocnemius. *J Physiol*，1973，234：723-748.
3. Crago A，Houk JC，Rymer WZ. Sampling of total muscle force by tendon organs. *J Neurophysiol*，1982，47：1069-1083.
4. Gordon A，Huxley A and Julian F. The variation in isometric tension with sarcomere length in vertebrate muscle fibres. *J Physiol*，1966，184：170-192.
5. Hagbarth KE，Kunesch EJ. Nordin M，et al. Gamma loop contributing to maximal voluntary contractions in man. J Physiol（Lond），1986，380：575-591.
6. Heckman CJ and Binder MD. Computer simulation of the steady-state input-output function of the cat medial gastrocnemius motoneuron pool. *J Neurophysiol*，1991，65：952-967.
7. Henneman E，Somjen G，Carpenter DO. Functional significance of cell size in spinal motoneurons. *J Neurophysiol*，1965，28：560-580.
8. Hunt CC，Kuffler SW. Stretch receptor discharges during muscle contraction. *J Physiol*（Lond），1951，113：298-315.
9. Liddell EGT，Sherrington C. Reflexes in response to stretch（myotatic reflexes）. *Proc R Soc Lond B Biol Sci*，1924，96：212-242.
10. Mendell LM，Henneman. Terminals of single I fibers：location，density，and distribution within a pool of 300 homonymous motoneurons. *J Neurophysiol*，1971，34：171-181.
11. Pearson KG，Collins DF. Reversal of the influence of group Ib afferents from plantaris on activity during locomotor activity. *J Neurophysiol*，1993，70：1009-1017.
12. Renshaw B. Influence of discharge of motoneurons upon excitation of neighboring motoneurons. *J Neurophysiol*，1941，4：167-183.
13. Wilson JM. Hartley R. Maxwell DJ，et al. Conditional rhythmicity of ventral spinal interneurons defined by expression of the Hb9 homeodomain protein. *J Neurosci*，2005，25：5710-5719.
14. Zhang J，Lanuza GM，Britz O，et al. V1 and v2b interneurons secure the alternating flexor-extensor motor activity mice require for limbed locomotion. *Neuron*，2014，82：138-150.

第3章 脑干运动控制

顾　勇　胡新天　陈道奋

人体之所以能在地球引力的作用下保持直立和平稳，行走和运动，主要依赖中枢神经系统对相应骨骼、关节、肌肉和肌腱的控制和协调。人体直立姿势神经控制的最显著特点是其高度的自控性，即我们平时对自然行走的运动控制基本不需要特别思考，比如年轻人边行走边看手机，在许多场景下，人体也能及时做出应急反应，比如我们在寒冬季节行走在结冰的街面上。而在年老神经系统退变性衰弱时，原来所具备的行走自控能力会也相对减弱。在参与运动控制的神经系统中，脑干处于一个非常关键的位置，在脊髓和大脑之间发挥着“承上启下”的作用，协调与体内平衡和生存密切相关的基本神经反射和简单行为。大脑发出的与运动启动、执行，和制止相关的信息，大都要汇聚到脑干，然后这些运动指令再被传送到脊髓和外周运动器官。需要指出的是，脑干并不是简单的传递信息的中继站，相反脑干本身也具相当程度的神经计算和调控能力。

自然体姿高度自动化的神经控制很大程度上由脑干完成。除皮质脊髓束以外，其他对脊髓中间神经元和运动神经元有运动控制影响的下行通路都起源于脑干。在高等哺乳动物中，最重要的有起源于脑干网状结构和前庭核的下行投射。“运动总论”一章中提到，20 世纪神经科学的重大进展之一是用脑结构切除和损伤的手段来确定和研究中枢神经的功能。其中最早的应用便是对体姿控制的研究。用实验手段切除前脑包括部分脑干的动物只具备少数简单且固定模式的肢体伸屈或节律性双侧交互伸缩运动。但如果切除部位只包括大脑等高级中枢，脑干保持完好，则动物仍具备诸如站立、行走和姿势控制等基本整合活动的能力（图 7-3-1）。网状结构和前庭系统，与其他控制感觉运动转换的结构如脊髓、皮质、基底节和小脑等有密切的联系：脑干接收来自这些区域的输入，并整合这些信息。最新研

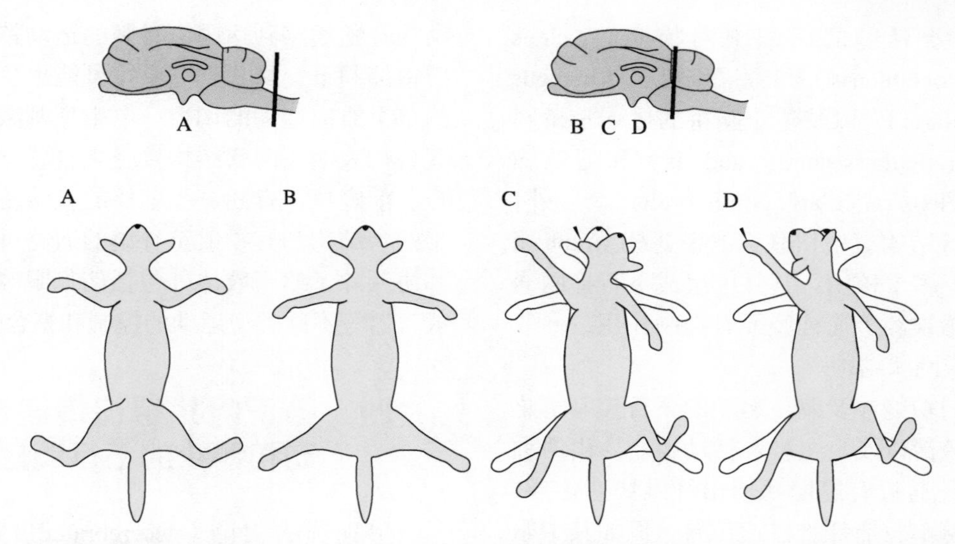

图 7-3-1　图示英国生理学家 Charles Scott Sherrington 早期做的观察猫脑切除手术后体姿变化的经典实验结果
切除部位由图中脑纵向切面上的直线所示。**A.** 一旦将脊髓上部的脑结构与脊髓切断时，实验猫的卧姿即呈柔弱松弛状态；**B.** 当脑切除水平在脑桥部位时（见右侧的脑纵向切面图中直线），实验猫即呈现四肢伸展的"僵直"体姿。如果继而在其耳朵（**C**）或前爪（**D**）给第一个碰触刺激，便会使"僵直"的实验猫做出相应的调整其头部和四肢姿势的反应

发的神经病毒示踪手段和光遗传学技术，为在细胞解剖水平上更精确详细地解析这些下行通路的特征和整合功能开辟了新的科研途径。本章重点介绍网状结构和前庭系统这两个重要的脑干神经结构系统对躯体姿势和眼球运动控制的神经机制。

第一节　网状结构是控制躯干运动和姿势的重要中枢

一、脑干的特征性神经组构是功能整合的形态基础

从神经整合的角度看，脑干的神经组构与脊髓的有三个主要不同特征。第一，贯穿于脊髓外侧的传入和传出神经纤维束在途经脑干时都汇集到其中间部位。几乎所有的感觉输入，包括外周的躯体感觉，听觉和前庭输入，以及内脏器官输入，都会经过脑干网状结构（参见有关篇章）。第二，在此基础上，与小脑有关的传导纤维，以及锥体和外锥体系纤维的输入，在脑干的腹部形成几个与运动下行或感觉运动整合调控系统密切相关的神经结构，其中包括大脑脚、黑质、红核、脑桥核、小脑脚、锥体束、和下橄榄核等。第三，脊髓在神经发育的后期由躯体的节段化而相应形成重复的梯状节段性结构。而脑干受胚胎早期菱形脑的影响，发育成熟后的神经组构不具节段性特征。

各种具备不同神经递质能的神经元分布于脑干错综复杂的网状组构，其突触联系是整合功能的网络基础。其中单胺类的调控功能或更为关键。脑干的大多数结构和系统都有单胺类能神经递质或具备其受体的神经元；而且，单胺类能神经递质的神经元共享类同的细胞水平生理特性。单胺类能神经递质的影响自上而下相当广泛，其调节功能除了下至脊髓各节段的运动神经元和其他各类中间神经元的细胞活动，还包括对内脏器官和呼吸的节律性运动、前脑的动机与奖赏系统，及觉醒、痛感等系统的神经活动（参见有关篇章）。

二、传出和传入通路在脑干网状结构内形成广泛神经突触联系

脑干网状结构（reticular Formation）是指位于中脑、脑桥和延髓中央部的神经细胞和神经纤维相互混杂形成一个密集的区域。其中某些神经细胞的局部分布相对整个区域更加密集化，从而形成界线并不十分明确的，可贯穿脑干上下，呈柱状的"核团"区域，这些核团有些与运动控

制有关，如位于延髓的巨细胞网状核（nucleus reticularis gigantocellularis）和旁巨细胞核（nucleus paragigantocellularis），以及位于脑桥的尾端脑桥网状核（nucleus reticularis pontis caudalis）和嘴端脑桥网状核（nucleus reticularis pontis oralis）。另外，在结构上与网状结构有密切联系的中缝核（rapheal nuclei），包括了多个核团，其纤维组成下行抑制通路，对脊髓交感神经节前神经元有抑制作用，一般也将其归入脑干网状结构。

网状结构的功能涉及躯干运动的下行控制、感觉中继、上行激活以及自主神经活动控制，由两种纤维介导，一种通过有髓网状传出纤维快速传导，另一种通过无髓单胺能纤维慢速传导。例如其中躯干运动的下行控制就是通过有髓网状脊髓纤维快速传导至脊髓中的运动神经元核团。有些网状结构神经元有长的上行支和下行支，可分别投射至丘脑和脊髓。因此，一个网状结构细胞通过其在各个平面的侧支可以和中枢各层次的大量的神经元发生联系。这是网状结构整合的结构基础。

三、运动控制的下行通路在脑干部位功能概念上的内侧和外侧系统

荷兰神经科学家 Henricus Kuypers 等用神经解剖通路染色技术在去大脑动物上跟踪起源于脑干运动相关区域的下行投射纤维，并根据手术后所观察到的动物行为，提出了功能和解剖相对应的内侧和外侧运动控制下行系统的概念。内侧下行系统包括网状脊髓束、前庭脊髓束、顶盖脊髓束等。此类通路主要终止于脊髓腹角的腹内侧区，紧靠支配躯干肌和近端肢体肌的运动神经元核团。在实验动物损毁内侧延髓区、阻断内侧下行系统的纤维后，可影响动物抗引力肌和姿势控制肌的功能和肌肉的协同性，从而使动物不能产生翻正反射，但并不影响肢体远端肌肉的功能。外侧下行系统则包括皮质脊髓束和红核脊髓束。红核脊髓束对脊髓屈肌运动神经元产生兴奋作用，并对伸肌运动神经元起抑制作用。相比某些低等哺乳动物，高等哺乳动物的红核含有较少的巨细胞和至脊髓的投射。外侧下行系统主要终止于脊髓灰质背外侧区（图 7-3-10）。该区与支配肢体远端肌肉的运动神经元核团相邻。损毁外侧下行系统可以引起肢体远端肌肉控制失调，但对由躯干和肢体近端肌肉所完成的姿势反射影响很小。

因此，不交叉的下行运动指令可经皮质、网状结构脊髓通路到达同侧脊髓的运动神经元。在高级中枢控制下，网状脊髓系统可能也参与对相对独立的单个肌肉运动的调控。电生理刺激和记录的实验观察均表明，网状结构接受来自感觉运动皮质、上丘、前庭核、脊髓、小脑核的直接传入。因此，脑干网状结构和其投射至脊髓的通路可能还直接参与和协调除了躯干肢体外包括诸如眼球、呼吸、发声或言语等不同类型运动的控制和整合作用。

四、脑干网状结构传递走步运动启动和停止的下行调控信息

早期猫去大脑（decerebrated）实验为探索鉴定脊髓以上对走步功能有调控作用的脑结构起了很大的作用。20 世纪 60、70 年代，前苏联科学家 Mark Shik、Grigori Orlovsky 和 Fidor Severin 在莫斯科用此实验模型做了一系列开创性的工作。他们发现这类实验动物仍具有自发的肢体动作和支持身体进行协调的机械样步态的能力。电刺激去大脑猫的中脑区域可诱发动物在电动走步机上做踏步运动，且刺激强度可影响其走步快慢节律，以致很强的刺激可引起跳步。此区域被称为中脑走步控制区（midbrain locomotor region，MLR），其中包括脚桥核（pedunculo pontine nucleus，PPN）和楔形核（cuneiform nucleus，CnF）。此结构在进化过程中，从部分两栖类一直被保留到灵长类，对调节走步运动的速度起关键作用。不过，形态跟踪实验表明中脑走步控制区及其周围的神经元轴突并不直接投射到脊髓，而是要通过中转后间接启动脊髓协调走步运动的中枢模式发生器（CPG）。确实，电刺激去大脑后的实验猫能诱发走步运动的脑干结构还有例如下丘脑走步控制区（subthalamic locomotor region）、脑桥走步控制区（pontine locomotor region）和贯穿于后脑桥和延脑、近中线的内侧网状结构内的区域。

一系列运用光遗传学手段的近期啮齿类工作表明，中脑走步控制区至少有三类含鲜明独特的神经化学递质的神经元：彼此相互混合分布的兴奋性谷氨酸能和抑制性 γ- 氨基丁酸能（GABA），以及仅局限于脚桥核内的乙酰胆碱能。光遗传生理的行为实验进一步证明，谷氨酸能神经元接受来自脑干其他核团的突触输入，其中基底神经节对脚桥核的影响很大，而对楔形核的则很小。相比之下，后者受到更多来自其他中脑结构诸如导水管周围灰质

（PAG）和上丘（SC）的突触支配（图 7-3-2）。在 MLR 的抑制性 γ- 氨基丁酸能神经元主要被内侧杏仁核、上丘和背中缝核等与受恐吓而静止不动有关的神经结构所支配。

这些不同部位、不同递质能的神经元活动对走步运动的影响也不同。脚桥核的谷氨酸能神经元活动有明显的"驱动"功能，其中位于楔形核的神经元能调控慢步、快步、奔走和跳跃的整个速度范围的行为；位于脚桥核的神经元只有在高强度刺激时才能启动慢步运动。而刺激脚桥核内的乙酰胆碱能神经元则无启动走步的效果。此外，引发走步行为不仅取决于激活不同部位和种类的神经元，其效果还取决于动物的行为状态：在动物静止时刺激 MLR 谷氨酸能神经元激发肌肉收缩，屈肌比伸肌受到更强的影响；而刺激脚桥核内的乙酰胆碱能神经元则主要引发较慢的伸肌活动。

近期的啮齿类实验还表明中脑走步控制区能通过内侧网状结构中转，其轴突沿双侧腹纤维索下行，在脊髓主要与中间神经元，较少与运动神经元，形成突触联系。此外，外侧旁巨细胞网状核（lateral paragigantocelluler nucleus）也能将 MLR 引发的走步运动信息通过其轴突经脊髓腹外侧下传。该核内谷氨酸能神经元接受中脑走步控制区的输入，尤其是来自楔形核的，且能被刺激 MLR 而兴奋；而激活该核内的 GABA 抑制性神经元后能使正在进行的走步运动停止。刺激 MLR 所诱发的走步运动也会被阻断脊髓腹外侧纤维索而受到影响。因此，脑干神经结构不仅具备启动走步运动的功能，而且还通过网状脊髓束中的谷氨酸能神经元下行轴突调控其快慢节律。其中经楔形核的较集中通路更偏于启动快跑，可能与动物快速逃避行为有关；而通过 γ- 氨基丁酸能神经元下行对走步运动的抑制性影响则比较扩散地分布于脊髓。除了具备下行调控走步运动的功能，中脑走步控制区还有上行纤维投射至基底前脑部位（basal forebrain），在不影响走步运动的条件下，调控视觉皮质的感觉信息。最新的啮齿类工作显示，中脑走步控制区由听觉信号触发的运动启动指令可经丘脑传至运动皮质形成调控环路（图 7-3-2；参见 7-4 章）。

如前所述，脑内尤其是源于脑干神经核团的生物胺类（biogenic amines）如去甲肾上腺素能和 5 羟色胺能下行投射纤维对脊髓的走步神经网络中的神经元活动的幅度和节律也有相对的调控作用。Kuypers 在 20 世纪 70、80 年代，曾因这些神经递质的多样化特殊生理效应，而将脑干的这些神经核团（coeruleus，subcoeruleus，raphe magnus，raphe pallidus and obscurus ＋ M.R.F. 等），看成是将脑控制情绪和控制运动两大功能相互联系整合的重要结构。当然，正常走步运动的神经控制也需要大脑皮质的参与。其中大量来自视觉系统的感觉信息对引导有目的、平稳且准确、有应变能力的走步运动非常关键。这些感觉信息被传送到大脑运动皮质，使其在感觉运动协调和准确的运动控制中发挥主要的作用（图 7-3-2）。

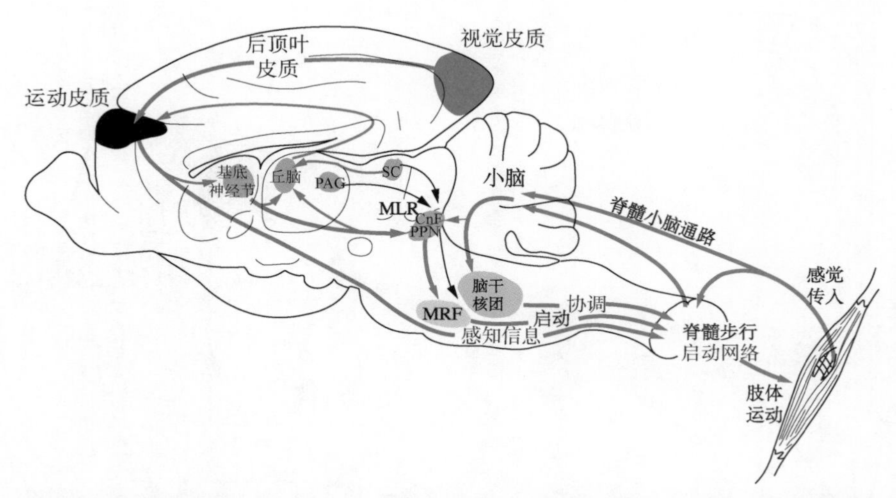

图 7-3-2　脑干和大脑运动皮质发出启动走步运动的下行神经信号，并随动物的应急或生存行为的需要而进一步调节走步运动

脊髓走步控制系统被中脑走步控制区（MLR）的信号启动。该信号经过在内侧网状结构（MRF）内的神经元中转后下行。小脑通过脊髓小脑传入通路从外周感受器和脊髓中枢模式发生器接受信号，并通过脑干神经核团的活动来调节走步运动的形式。脑干走步运动区不仅经丘脑与运动皮质有上行联系，还受到由其他中枢感知系统，包括视听觉和通过运动皮质的视动信息，以及经基底神经节的运动皮质下行通路的调节。啮齿类的实验表明；运动皮质控制的通路更与动物探索行为的走步运动有关；当动物受惊动而逃离时，中脑走步运动区受到更多来自其他中脑结构诸如导水管周围灰质（PAG）和上丘（SC）的突触支配

第二节 前庭系统为控制躯体运动和姿势提供重要的头部运动方向信息

一、前庭器官感受头部的活动和转向

外周内耳前庭器官分为两部分：半规管系统和耳石系统，分别负责不同的功能。半规管系统包括六条半圆形的封闭管道，左右内耳各三条，分别分布在三个正交的平面上，从而检测三个平面上发生的头部的转动速度。耳石系统由四个小空腔组成，左右内耳各两个，称为小囊（saccule）和小室（utricle），其功能为检测头部相对于地球引力方向的倾斜程度和头部的线性加速度（图 7-3-3）。半规管和耳石系统对头部运动物理刺激的响应都激活一种带纤毛的感觉细胞。这些带纤毛的感受器称为毛细胞（hair cell，图 7-3-4），根据其形态可分为两类：一类为烧瓶状（flask-like），占大多数（90%），一类为圆柱状（cylinder-like），占少数（10%）。两类细胞的细胞膜感觉上皮（epithelium）表面都有类似的纤毛，纤毛又分为两种：一根比较粗但柔软的动纤毛（kinocilium），和 60 ～ 100 根较细但坚韧的静纤毛（stereocilia）。动纤毛处于细胞感觉上皮表面的边缘部位。静纤毛有不同的长度，最长的分布在动纤毛的附近。静纤毛和动纤毛组成的这种不对称结构决定了毛细胞的极化方向：朝动纤毛方向的弯曲造成细胞兴奋，这是因为弯曲造成的形变直接改变了毛细胞膜的离子通透性，引起内淋巴液中高浓度的钾离子（K^{+}）内流，由此产生的电流又进一步引发钙离子（Ca^{2+}）内流，引起兴奋性递质释放。这一过程是神经系统将运动产生的机械能转换成电能的关键步骤（mechanicoelectrical transduction），与视觉系统视网膜的光电能转换（visual phototransduction）不同，机械能转换的过程非常快，只要几个毫秒（millisecond）就可以完成，从而允许前庭系统可以快速感知头部的运动变化。与朝动纤毛方向弯曲造成的结果相反，远离动纤毛方向的弯曲则造成毛细胞的抑制（图 7-3-5），这种兴奋-抑制的双相机制可以增强毛细胞编码运动刺激的敏感性。两类毛细胞中，激活烧瓶状细胞通常产生不规则（irregular）发放的电脉冲序列，适合编码头部运动频率变化较大的刺激，因此为姿势维持和自身运动等相关功能提供了信息。而激活圆柱状细胞通常产生规则（regular）发放的电脉冲序列，这类细胞可能更适合编码相对于与地球重力轴方向的倾斜程度，也在前庭眼动反射中起着重要作用。

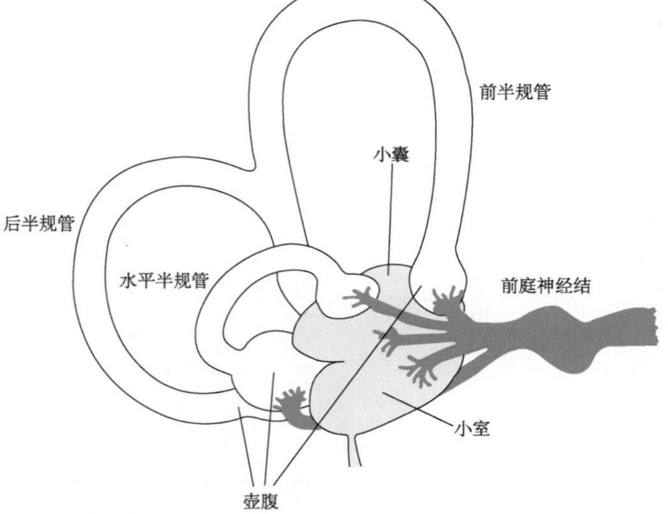

前半规管
小囊
后半规管
水平半规管
前庭神经结
小室
壶腹

图 7-3-3 **前庭系统的解剖结构模式图**

半规管系统中三条半规管所处的平面相互垂直，分别检测三个平面的头部旋转速度。耳石系统中的小囊和小室检测头部线性加速度运动和倾斜位置

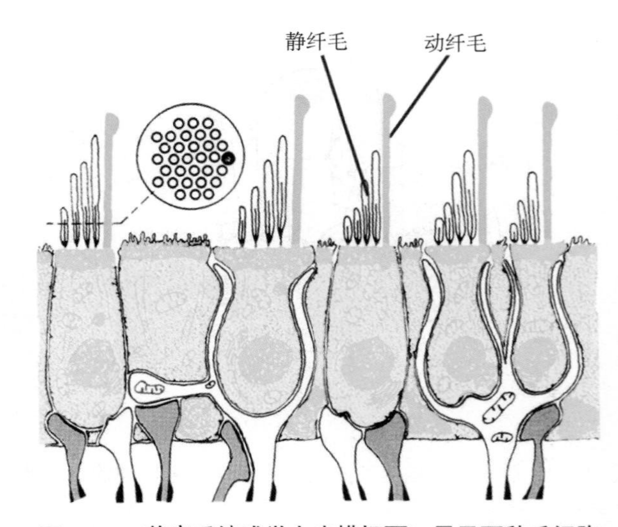

图 7-3-4 **前庭系统感觉上皮横切面，显示两种毛细胞**

左上侧的嵌入水平切面显示一个典型的纤毛水平排列状态。每个细胞顶部有纤毛束，越靠近动纤毛的静纤毛则长度越长

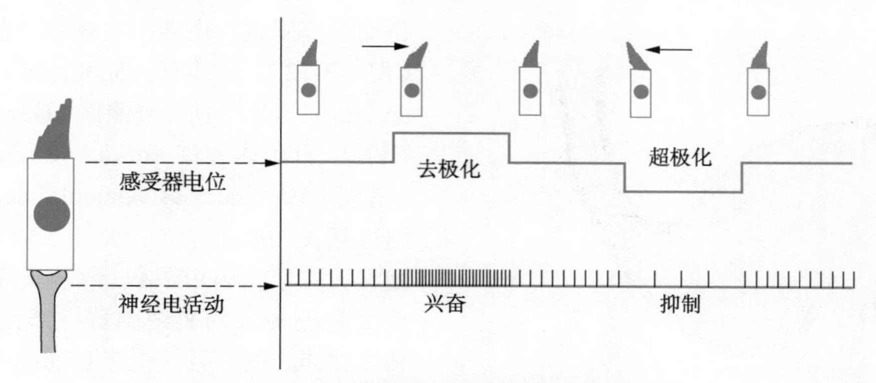

图 7-3-5　**毛细胞把物理刺激转化为神经信号**

毛细胞膜电位取决于纤毛束弯曲的方向，偏向动纤毛引起去极化从而引起传入神经放电频率的增加；相反，偏离动纤毛引起细胞超极化，减少放电频率

耳石系统（otolith organ）的小囊和小室是两个中空的小腔，其感受器毛细胞分布在小腔内一个称为斑点的特殊区域内。从毛细胞伸出的纤毛嵌埋在胶质体物质里。这些胶质体上黏附着大量由钙和碳酸盐组成的类似方解石晶体结构的耳石。当头部相对于重力轴发生倾斜时，这些物质由于惯性作用相对于斑点移动，牵拉嵌埋在其中的纤毛而使其弯曲，从而激活毛细胞，进而改变前庭传入神经的发放频率。同样，当头部做线性加速运动时，由于耳石的惯性，嵌在其中的纤毛也会受到弯折而造成传入神经活动的改变。耳石系统同时对头部相对重力轴发生倾斜和在水平方向上发生线性加速度的响应给大脑带来了一个问题：仅仅根据从耳石系统传入神经所获得的信息，大脑并无法区分出头部的位移究竟是由哪两种不同运动状态所造成的。实际在日常生活中，大脑通常并不刻意去区分这两种刺激，在两者同时发生的情况下，大脑通常感知的是两者的矢量和（图 7-3-6）。大脑这么做的目的可能是因为耳石系统的主要功能是为中枢姿势控制系统提供信息，而从姿势控制的角度来说，两者的矢量和才是重要的。但是在有必要时，神经系统比如小脑和大脑皮质还是可综合半规管的感觉传入来进一步区分以上两种不同的运动状态，例如在航空的场景中，为了避免躯体重力错觉（somatogravic illusion）引起的飞行事故，正确区分机体倾斜还是水平方向上的加速就很重要。

在半规管系统中，每个半规管由一条充有内淋巴液（endolymph）的封闭管道组成。沿管道有一处膨大，称为壶腹（ampulla）。壶腹内部有一凸起称为嵴（crista）。嵴上覆盖着毛细胞。它们的纤毛也嵌埋在胶质体物质里，称为壶腹帽（cupula）（图 7-3-7）。壶腹帽形成一个瓣状结构，它能随着管内液体的流动而前后摆动，造成纤毛的弯曲而激活毛细胞，改变传入神经的活动。当头部转动时，半规管内的内淋巴液由于惯性，会滞后于头部运动，从而推动壶腹帽，造成纤毛的弯曲。与耳石器系统输出头部位移加速度信号不同，由于半规管内淋巴液在直径较细的管内有较高的黏滞性，大大降低了它们的机械反应速度，起到了积分器的作用，使得系统的输出信号从头部旋转的加速度信号变为近似速度的信号。

每侧前庭器官的三条半规管分布在三个互相垂直的平面上（图 7-3-8）。当人体头部处于自然直立状态时，水平半规管（horizontal canal）平面与地面夹角约 30°，并与前半规管（anterior canal）和后半规管（posterior canal）相互垂直，后两者与头部矢状面成 45° 角。因此，半规管系统可检测围绕三维空间内任何坐标轴的头部转动。双侧半规管采用兴

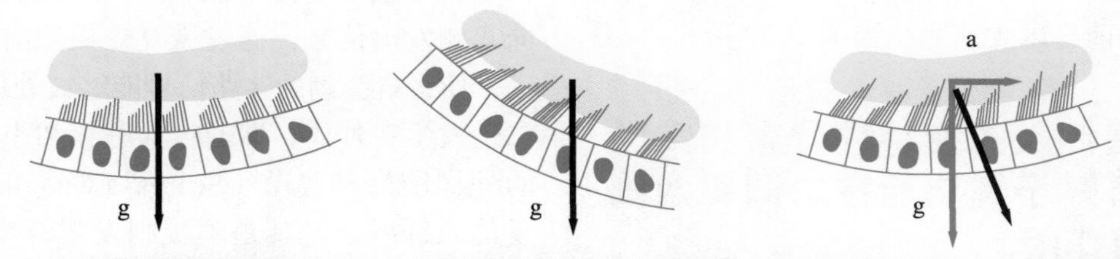

图 7-3-6　**耳石感受器在静止状态（左边）、头部倾斜状态（中间）和水平直线加速状态（右边）的反应模式图**

仅从耳石感受器毛细胞所受到的刺激并不能区别出后两种不同的运动状态（引自 Carpenter RHS. Neurophysiology，4th Edition，Arnold，London，2003：151.）

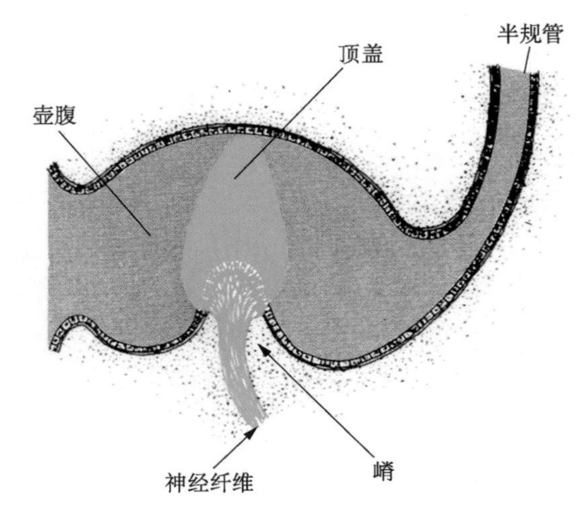

图 7-3-7 **半规管壶腹部结构示意图**
显示壶腹帽、壶腹嵴、毛细胞以及支配它们的感觉传入神经

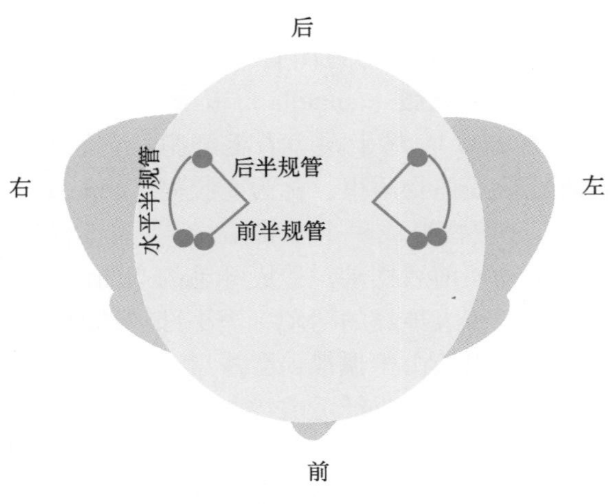

图 7-3-8 **头部俯视图**
显示半规管的位置

奋-抑制拮抗的机制来编码头部的旋转，例如当头部转向左侧时，左侧水平半规管兴奋，造成左侧前庭神经发放增加，同时，右侧水平半规管抑制，神经传入减少。这些发放的增加和减少与头部转动的速度成正比。

半规管和耳石系统的毛细胞检测到的信息经前庭神经传入，到达两个中枢区域：大部分终止于前庭复合核（vestibular nuclear complex，VNc），少部分终止于小脑的前庭区（前庭小脑）。

二、前庭传入的独特性分布和突触联系赋予其功能性协调和双侧交互作用

前庭复合核位于脑干第四脑室底部，延脑和脑桥交界部附近，由四个主核和一些小的细胞群组成（图 7-3-12）。主核有：前庭上核（superior vestibular nucleus，NVS）、前庭外侧核（lateral vestibular nucleus，NVL）、前庭内侧核（medial vestibular nucleus，NVM）和前庭降核（nucleus vestibular descendens，NVD）。附近相关的细胞群是：位于 NVD 尾端外侧的 X 细胞群；位于 NVD 尾端、薄核头端和楔核之间，且接受脊髓传入的 Z 细胞群：部位稍上些，在 NVL 和绳状体之间，且接受来自前庭初级感觉传入和小脑绒球叶投射的 Y 细胞群。来自内耳迷路不同感受器的传入在前庭核内的终止区域基本上不同，比如半规管传入主要终止于 NVS、NVM 和 NVD 的头端及 NVL 的内部，而耳石系统的传入主要终止于 NVL 和 NVD。因此，在前庭的传出纤维中，外前庭脊髓束（lateral vestibular spinal tract，LVST）通常与传递耳石囊斑信号有关，而内前庭脊髓束（medial vestibular spinal tract，MVST）通常与传递半规管信号有关。

前庭核神经元通常只对单根半规管神经纤维的传入有单突触反应，具有一定的选择性。但对于耳石系统的传入，单个前庭核神经元通常接收多突触的传入会聚，因此虽然单个耳石传入纤维对头部运动方向的调谐呈现典型的余弦函数（Cosine function），中枢前庭核神经元往往并不符合标准余弦函数调谐的特点。此外，部分前庭核神经元还会同时接受半规管和耳石系统的汇聚性输入，以一种权重线性加和的方式整合信号，因此可能可以编码头部或机体在空间中的曲线运动轨迹，并且这种性质一直延伸到大脑皮质。

所有单突触的前庭初级传入均为兴奋性，但半规管传入所激活的二级前庭神经元的轴突可经过前庭联合纤维投射到对侧引起抑制（图 7-3-9）。这种双侧交互的神经连接网络赋予前庭感觉系统很好的适应功能。一侧迷路受损可引起感觉传入的不平衡而造成典型的躯体姿势异常，但此种异常可以在一段时间后就可以被几乎完全补偿。补偿有两种可能机制，一是发生在中枢，健侧迷路的自发活动可以向双侧发出信号，通过恢复受损侧前庭核的自发活动，使来自健侧的迷路信号能够被处理和中继传递；二是发生在外周，即通过前庭核和小脑投向受损侧的外周前庭神经节（Scarpa's Ganglia），调制和恢复传入纤维，尤其是不规则发放纤维的自发活动。因此，迷路传入和前庭核之间的双侧交互作用是迷路功能补偿的基础。

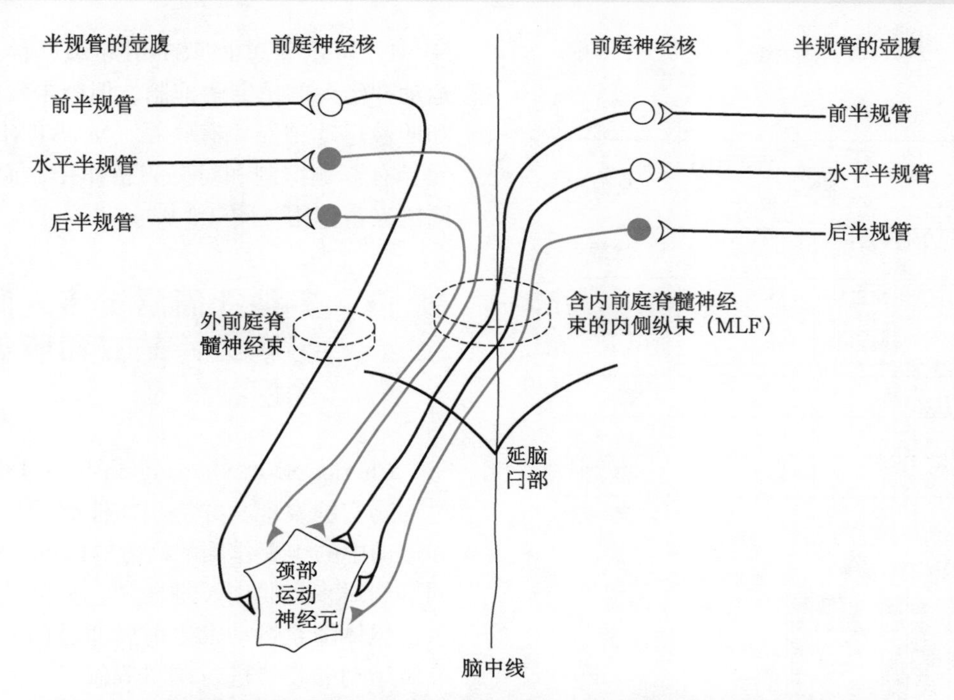

图 7-3-9　**来自同侧和对侧半规管壶腹的感觉传入与颈背部伸肌运动神经元的联系**
白色末梢为兴奋性神经元，蓝色末梢为抑制性神经元

三、中枢前庭神经核与其他感觉和运动结构有复杂的传入和输出关系

前庭核神经元接受中枢许多其他区域的传入。由脊髓上行的躯体感觉传入可直接至前庭核，也可经小脑和网状结构再传至前庭核；另外，来自皮质、视中枢、Cajal 中介核的下行冲动也可到达前庭核，而且可以和传入至前庭核的其他神经结构联系。这些联系不少与此章下文要详述的眼动和前庭眼反射的调节有关，例如 NVS 和 NVM 神经元可以对头部角加速度起反应，也可以对某种眼球运动（如快速眼动）起反应。由于躯体传入和迷路传入在 NVL 的 VST 神经元的会聚，使躯体活动也能影响和改变前庭脊髓反射。

前庭核和小脑关系密切（参见本书第 7-5 章），尤其是古小脑，又称前庭小脑，包括绒球、小结、蚓垂诸结构。除前庭核之外，中枢结构中也只有前庭小脑和小脑顶核还接受初级前庭的传入。这些结构也接受来自前庭核的前庭二级传入，其输出可再返回投射至前庭核。此外，小脑前叶也有至 NVL 的投射。所以，由脊髓上行经小脑到达前庭核的躯体性传入能对 LVST 神经元起调控作用。实验表明，小脑完整的去大脑猫在电踏车上能被诱发类似正常的走步活动，但如果再将小脑切除，使小脑至 LVST 神经元的调控性抑制（经过浦肯野细胞）和兴奋（经过顶核）消失，实验动物便丧失了产生肢体活动正常模式的能力。

四、前庭脊髓束包括两组在结构和功能上有重要差异的下行投射

前庭核与运动神经元核团的联系在结构和功能上有其特点：投射至眼外肌运动核的前庭纤维来自 NVS 和 NVM，而投射至脊髓的则来自 NVL、NVM 和 NVD。前庭核至脊髓的两组下行投射，即外侧前庭脊髓束（LVST）和内侧前庭脊髓束（MVST），在结构和功能上也各有特点（图 7-3-10）。LVST 起源于 NVL，在脊髓内侧下行。有些纤维终止于颈脊髓，其余纤维则到达脊髓其他的各个平面，直至骶部。某些终止于脊髓较尾端的纤维在脊髓较高平面也发出轴突侧支，因此 LVST 可以同时作用于脊髓不同平面。LVST 在 NVL 内有某种程度的点对点对应投射关系。NVL 背侧的神经元投射至脊髓尾端，腹侧的神经元投射至脊髓较高平面。LVST 轴突终止于脊髓的腹角，对所有靶细胞均产生兴奋性作用。MVST 起源于 NVM、NVD 和 NVL，其纤维为双侧下行，在颈脊髓平面以下节段纤维数目减少，少数可达胸脊髓。部分 MVST 纤维为兴奋性，其余则为抑制性：它们均终止于脊髓腹角。除了 VST

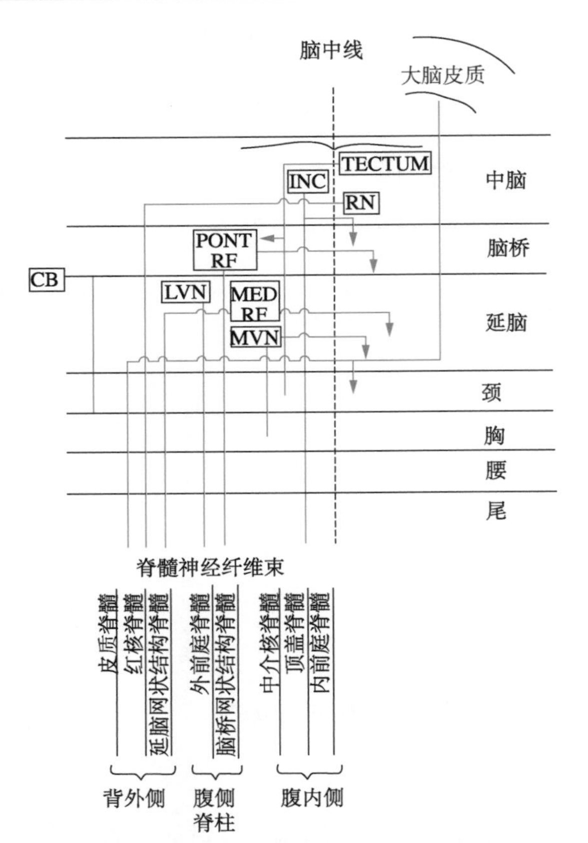

图 7-3-10 **脑干和大脑皮质投射到单侧脊髓的下行通路总结示意图**

主要通路（交叉的或不交叉的）由左侧直线所示；纤维较少的双侧"次要"通路由右侧带箭头的线所示。TECTUM. 中脑顶盖部；INC. Cajal 中介核；RN. 红核（人脑基本不具备此结构）；PONTRF. 脑桥网状结构；CB. 小脑深部核团；MEDRF. 延脑网状结构；LVN. 外前庭神经核（Deiter's）；MVN. 内前庭神经核。大多数纤维束投射到脊髓的最尾部（引自 Patton，et al. Textbook of Physiology，Vol.1，21st Ed.，W. B. Saunders Company，1989）

外，前庭核还有至眼动相关神经核团、网状结构、小脑绒球叶和小脑前叶蚓部的传出投射。来自前庭的自然刺激可经多突触联系激活网状结构，前庭核与网状结构的相互联系非常广泛。而且，电刺激迷路所激活的多为网状脊髓束（RST）神经元，表明 RST 也是迷路至脊髓的重要中继站，将前庭信息投射至脊髓所有平面。

刺激 LVST 会引起伸肌收缩增强。刺激 NVL 可在分布于颈、背、前后肢的伸肌运动神经元引起兴奋性突触后电位（EPSPs），其中有些为单突触，而后肢伸肌运动神经元的 EPSP 主要为多突触。在引起伸肌运动神经元单突触 EPSP 的同时，常可发现同样刺激对屈肌运动神经元产生双突触的交互性抑制。LVST 与后肢运动神经元的多突触联系使它可以通过中间神经元脊髓节段性反射进行调节，引起拮抗肌间的交互抑制和对侧伸肌反射。刺激 NVM，可以通过 MVST 引起颈部伸肌和背部肌肉运动神经元的单突触抑制，但尚未发现 MVST 轴突和四肢运动神经元有联系。MVST 对脊髓运动神经元具有双侧抑制和对侧兴奋作用，而 LVST 则只有同侧兴奋作用（图 7-3-9）。

五、多种外周感觉传入同时协调和影响维持站立和躯体姿势的运动控制

Charles Scott Sherrington 早在 1895—1898 年通过动物实验发现，并提出本体感受反射在维持站立和运动中的生理作用的概念。Lewis Nashner 和他的同事们对来自肌肉、腱器官、关节及有关组织的信息在躯体随意运动发生前后通过前馈调节和反馈调节对运动和姿势进行调整等做了一系列的工作。在下肢短潜伏期牵张反射中，走步和跑步主要由Ⅰa 类传入的突触前抑制所调制，γ 运动纤维的影响可能较小。用 H 反射办法测试表明，牵张反射的作用可能涉及在步态的特定时相对地面的不规则性进行补偿。而运用对受试者躯体的前、后移位性干扰并结合测试肌电图（EMG）的研究方法，得知肌肉Ⅱ类传入与自脊髓以上下行的不同类型的感觉传入在共同的脊髓中间神经元会聚，为站立和步态时的干扰性移位提供经多突触反射的双腿协同肌代偿性激活。参与稳定躯体姿势的本体感受反射功能也依靠对抗地引力的接触反应力、关节和肌肉的压力或负荷感受器在躯体摆动时对身体重心相对于足部垂直投射的变化发出信号。这类感受器传入与其他系统，尤其是耳石感受器的传入，是否相互作用或如何作用目前尚不清楚。

Vilhem Magnus 早年在研究前庭系统在步态和姿势稳定中的作用开展了一些经典工作。前庭系统，通过前庭脊髓反射在对外来性扰动的代偿作用，和前庭感受器在稳定躯体晃动时的重要性获得相当认可。不过，在代偿情况下，本体感受反射与前庭脊髓反射之间相互作用的控制眼动的动眼神经核大小和动态关系还不清楚。当其他传入来源减少时，视觉对运动的前馈控制以及姿势调节很重要，此时视觉的作用主要是确定躯体的定位朝向和稳定身体的低频晃动。当不同的感觉传入有冲突时，视觉信息能使个体对新环境快速适应以维持姿势。从体姿的神经调控角度上看，这涉及中枢对各种传入信息的权衡（weighting）和调整，包括同时兼顾躯

体结构形式（body schema）与外界环境之间的动态关系，使内在表征模型（internal model），如小脑（Masao Ito，见第四节前庭-眼动反射部分）为中枢对运动的调控，尤其是前瞻性和自动性体姿运动，提供运算所需的，更为全面的预测值。近年来采用的虚拟现实技术（virtual reality）为此类研究提供了新的实验干预手段。

第三节　脑干是控制眼肌及眼球运动的重要中枢

脑干网状结构和前庭核有关结构与控制眼球运动有密切关系。经典的前庭眼动反射（vestibular ocular reflex，VOR）是由前庭神经节、前庭神经至前庭核，再由内侧纵束至眼外肌运动核而完成的。很大程度上受益于实验猴的使用，近四十多年来神经科学家对脑的眼球运动控制和前庭眼动反射的神经机制的研究获得较大的进展，尤其对脑干的一些相关的神经结构所起的生理作用有了较深的了解。因此，本章用相对较大的篇幅详细地介绍这方面内容。

一、眼球和眼肌的独特形态结构为眼动的神经控制提供了结构基础

眼球的运动可以看作它在眼眶内围绕一个固定点的转动。这些转动又可分为水平、垂直和旋转（torsional）三种。水平转动又有两个方向：向鼻侧方向的为内收（adduction），向颞侧方向的为外展（abduction）。垂直转动也分为提升（elevation，向上运动）和压低（depression，向下运动）两种。旋转转动指的是以视线方向为轴的转动，也分为两个方向：内旋（intorsion），指的是将角膜的上部旋向鼻侧；外旋（extorsion），指的是将角膜的上部旋向颞侧。旋转转动不改变视线方向，但能改变视野在视网膜上的成像角度，它的功能可能是保持我们视觉的稳定性。

眼球的这些转动是由六块眼肌的协同作用来实现的（图 7-3-11），其中四块称为直肌（rectus）。它们分别是：内直肌（medial rectus）、外直肌（lateral rectus）、上直肌（superior rectus）和下直肌（inferior rectus）。余下两块为斜肌（oblique）：上斜肌（superior oblique）和下斜肌（inferior oblique）。所有直肌都始于眼窝后的深部中心，向前伸展，各自在上下左右绕过眼球中纬线（equator）后，插入巩膜（眼球外膜，sclera）。两条斜肌则从眼眶中前部接近眼球，在中纬线的后部插入巩膜。上斜肌是经眼眶滑车骨（trochlea）变向后才与眼球相连。就肌肉收缩与所造成的眼球运动来说，内直肌和外直肌是最简单的：内直肌收缩，眼球内收；外直肌收缩，眼球外展。其余四块肌肉要复杂一些，根据眼球位置的不同，它们中的每一块都可造成眼球垂直转动或旋转转动。几乎是“永不停息”的动眼肌与“脊髓”章描述的骨骼肌相比，结构和功能都有其

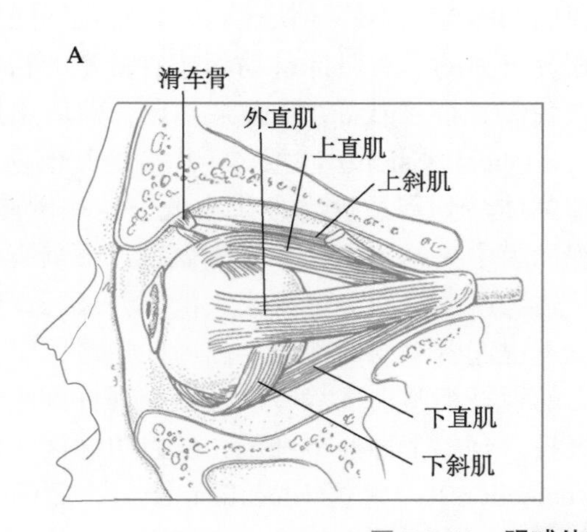

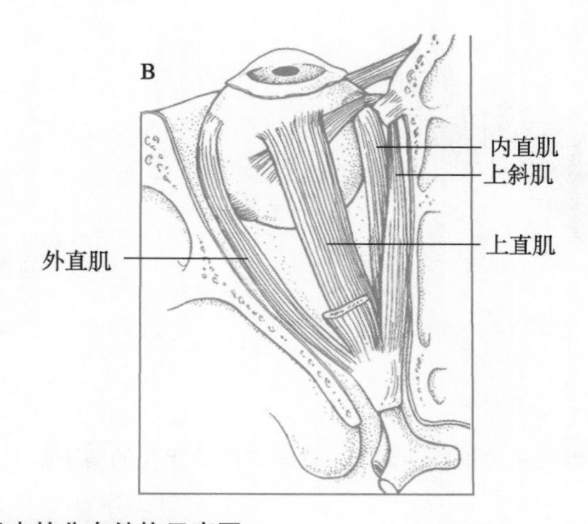

图 7-3-11　**眼球外部肌肉的分布结构示意图**

A. 去掉眼窝壁后的左眼侧面观。直肌插入到眼球中纬线的前面。斜肌插入到中纬线的后面。上斜肌在它插入之前穿过眼眶滑车骨。**B.** 去除眼眶顶部的左眼上面观。上直肌跨过上斜肌，并在它的前面插入眼球（引自 Kandel ER，Schwartz JH，Jessell TM. eds. Principles of Neural Science. New York：McGraw-Hill，2000：786）

特征：它们主要由慢收缩，抗疲劳，且只具有局部兴奋性动作电位的肌纤维组成；另外，大多数动物种类的动眼肌基本上不具备经典的本体感受器。即便有，也显得发育不健全。而哺乳动物动眼肌的肌腱处则具有一种感觉运动的形态和功能归类目前尚不明确，但很可能起本体感受作用的栅栏状神经末梢（palisade endings）。

然而，动眼肌并不会自动收缩和放松来驱动眼球，而是在脑神经的精确支配下活动。十二对脑神经中的外展神经（Ⅵ）、滑车神经（Ⅳ）和动眼神经（Ⅲ）与眼肌支配密切相关，它们起源于脑干上的三个运动神经核。外直肌受同侧外展神经（Ⅵ）支配，其神经核——外展核（abducence nucleus）位于脑桥的第四脑室底部。上斜肌则受滑车神经（Ⅳ）支配，它的神经核——滑车核（trochlea nucleus）位于中脑下丘的腹侧部。余下的四块肌肉受起源于动眼神经核（oculomotor nucleus，位于中脑上丘的腹侧部）的动眼神经（Ⅲ）支配（图7-3-12）。在动眼神经核内，支配四块肌肉的运动神经元

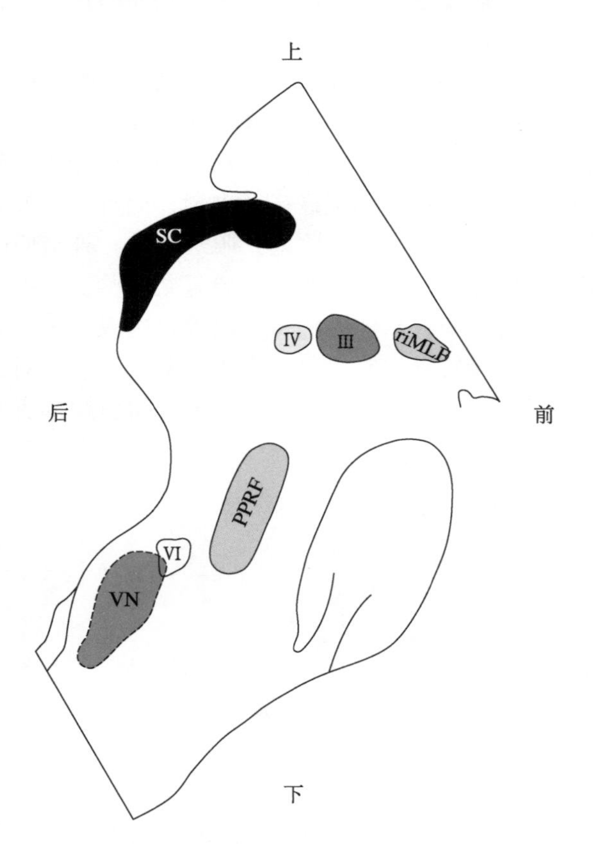

图 7-3-12 **猴脑干的矢状切面图，显示与眼动相关的脑干结构的位置**

Ⅲ. 动眼神经核；Ⅳ. 滑车神经核；Ⅵ. 外展神经核；riMLF. 内侧纵束头端间质核；SC. 上丘；VN. 前庭核。PPRF. 旁中央脑桥网状结构（引 自 Cronly-Dillon JR. eds. Vision and visual dysfunction. London：Macmillan Press，1991，8：200. 略有改动）

形成不同的亚核，它们的轴突共同组成动眼神经传向外周，到达外周后再分开进入相应的肌肉。

二、眼球运动有不同的形式和功能

根据目的和功能的不同，眼球运动有许多种。下面就将最为常见的五种进行介绍。

视线转移运动：当观察周围世界时，我们不断将视线从视野中的一个点迅速移到另一个点。视线的这种移动是靠眼球的高速转动来实现的。这种高速转动称为快速扫视（saccade），其频率正常情况下为每秒3次左右，即每小时可达10 000多次。如果以一天清醒17小时计算，那么每天总的快速扫视次数近19万次。快速扫视不仅次数多而且速度高。正常人的眼球转动峰值速度可达500～700度/秒（度在这里代表眼球转动的角度）。而猴的更高，甚至可达900度/秒。为什么需要这么高的扫视频率和速度呢?

快速扫视的高频特性是由灵长类及双眼位于头前部的肉食性动物（如猫）的眼视网膜的特殊构造决定的。在此类动物的视网膜中央黄斑（fovea）区域内，视觉感受细胞密度在整个视网膜上最高，而且以对颜色敏感的视锥细胞为主。视锥细胞密度在黄斑的边缘区逐渐减少，同时光敏感度高的视杆细胞逐渐占据优势。与此相对应，视网膜的空间分辨率（即眼睛能分辨的最小细节）以黄斑区为最高。它随着离黄斑距离的增加而逐渐降低。据测算，在整个视网膜所感受的视觉信息中，我们只对其大约万分之一部分有真正清楚的分辨能力，而对出现在视野中其他部分的图像之所以没有感到模糊是因为我们的眼球在不停地快速转动，将视网膜中央有清晰分辨力的小黄斑部移动到想看清楚的目标上。如果我们凝视（gaze）前方某一点，然后用周边视力（peripheral vision）注意位于周围的其他物体，便能即刻体验到周边视野分辨力低下这一缺陷。因此，视网膜中央的黄斑区在物体识别方面具有优势。虽然边缘区的空间分辨率大大低于黄斑区，但它在视觉上也起着重要的作用。因为在边缘区以光敏感度高的视杆细胞占优势，而且多个视杆细胞倾向于汇聚投射到一个神经节细胞，所以边缘区在物体觉察（detection）及定位（localization）方面的功能超过黄斑区。当一被视物体进入视野，边缘区首先探定它的方位，然后将信息送到大脑。如果有必要，眼动系统将以快速扫视的方式将黄斑区移到这一方

位，对物体进行判断识别。这一巧妙的设计使我们的视觉系统在视觉敏感性和空间分辨率两方面得到了很好的统一。因为每天周围都有许多的物体需要去分辨、去识别，所以眼动系统需要不停地做快速扫视运动。

快速扫视的高速特性则是由视觉感受细胞的低时间分辨率决定的。眼球静止时，物体在视网膜上的成像是不动的。视觉系统的空间分辨率取决于眼睛光学系统成像的质量、视网膜视觉感受细胞的密度以及中枢神经通路的连接方式。当眼球运动时，视网膜上的成像就不再静止了。因为物体在视网膜上的成像总是向眼球运动的相反方向运动。当图像滑过视网膜时，上面每个光感受细胞感受到的是光线不断的明暗变化。这时候视网膜的细胞活动模式（activity pattern）能否忠实地反映物体在视网膜上的成像就不仅取决于上面提到的几个因素了，它还取决于每个感受细胞能否忠实地随着光线的明暗变化而变化，也就是它的时间分辨率的高低。实验表明，视觉感受细胞在这方面的能力是相当弱的。当给被试者呈现频率高于 80 Hz 的闪光刺激时，被试者就分辨不出单个的闪光了，看到的只是连续的一片白色。因此，为了让感受细胞有充分的时间提取信息，眼球与被视物体的相对移动就不能太快。但是，即使是很缓慢的移动，也会影响视觉系统的空间分辨率。例如，如果眼球以每秒 1 度的速度缓慢转动，也就是花 1 分半钟从左看到右（如头部保持不动，眼球大约可转动 90 度），这时视觉系统的空间频率的分辨率就会下降到相当于 200 度近视眼的水平。实际上，快速扫视时，眼球的转动接近生理极限的速度（猴：900 度 / 秒）。这看似矛盾的现象其实具备重要的生物学意义。当一个对生存可能有价值的物体（如食物和被猎物）或可能有危害的情况（如敌人）出现时，动物就需要将其视网膜成像尽快移到黄斑区进行辨认，以便正确应对。如果反应太慢，就可能失去食物或失去逃跑的机会，将给个体的生存造成威胁。既然非常慢的眼动过程都不足以保证视觉系统看清物体，那就干脆尽量缩短运动时间，以最高的速度来完成从一个被凝视点“跳”到下一个被凝视点的视线转移运动。快速扫视正是采取了这一策略。常见的快速扫视从开始到结束一般只需 20 ～ 30 毫秒。

因此，眼动系统快速扫视所具备的高速运动特性有效克服了视网膜视觉感受细胞分布不均一的措施，而其高速特性则有效地克服了视网膜视觉感受细胞的时间分辨率低所造成的局限。

快速扫视运动是日常生活中我们转移视线的主要方式，它能满足视觉系统的大部分需要。在特殊情况下，我们还需要另外两种视线转移方式来保证视觉系统的正常工作：

1. 平稳跟踪（smooth pursuit） 如果感兴趣的物体在相对于周围环境进行运动（如一辆行驶的汽车），为了保证它的视网膜成像始终处在高分辨率的黄斑区，眼球就必须以同样的速度运动。这种运动称为平稳跟踪。其最大速度可达 100 度 / 秒。

2. 汇聚和发散眼动（vergence） 当双眼位于头前部的动物注视一个物体时，物体在视网膜上的成像就同时落在两眼的黄斑区。这样做有两个优点：一是通过综合从两眼获得的信息，可以提高觉察率（detection）。这一功能在暗环境下尤为重要。更重要的是，由于两眼处在面部的左右两边，它们相对被观察的同一物体的角度就有所不同，因此两眼视网膜成像就有一定的差异（retinal disparity）。这一差异是三维立体视觉的基础，中枢神经系统据此可获得有关被注视物体的深度或距离信息。为能使被观察物体的成像始终处于两眼黄斑区，当观察离我们近的物体时，双眼就要向鼻侧转动，称为双眼汇聚（convergence）；而观察离我们远的物体时，双眼就要向颞侧转动，称为双眼发散（divergence）。在汇聚和发散运动中，两只眼睛的运动方向是相反的，称为非联合眼动（disconjugated eye movement）。而在其他的眼动中，如已提到的快速扫视、平稳跟踪，以及将要提到的前庭眼动反射、视动性眼动反射，双眼的运动方向是一致的，称为联合眼动（conjugated eye movement）。

3. 视线保持运动 上面介绍的三种眼动的目的都是将视线转移到周围环境中的不同被视物体或被视点上，然后保持视线稳定。眼球若不动视线也就能保持稳定，但这种情形只有在我们的身体和头部相对于环境都静止的条件下才成立。日常生活中的大多数实际情况并非如此：即使周围物体不动，身体相对于环境的任何运动（如乘车、走动、头部的转动等）都会造成周围环境在视网膜上的成像在视网膜上发生滑动（retinal slip）。下面介绍两种当身体与环境有相对移动时能保持视线不变的眼球运动。

当周围环境的成像在视网膜上发生整体滑动时，由于视觉感受细胞的时间分辨率本身就很低，视网膜成像滑动会使其更加下降，在视觉上表现为周围物体变得模糊不清。对此，生物学最简单直接的解决方法是：利用视觉系统中广泛存在的方向和速度选择性神经元（direction and velocity selective neuron）提取周围环境在视网膜上成像滑动的速度信息，然后将这一信息通过眼动系统转化为相应眼肌的活动，使得眼球跟着成像走，从而保证了成像与视网膜的相对静止。这种由于整个视野移动而引起的眼球跟随运动称为视动性眼动反射（optokinetic reflex，或 optokinesis 现象）。由于它在视线保持中具有良好的效果，所以广泛存在于从螃蟹到人类的各类生物体中。

由视野移动诱发的眼动虽然能有效地解决视网膜图像滑动问题，但是它有一个很大的缺陷：反应时间太长。从视网膜图像滑动发生到眼睛做出反应至少需 60 毫秒。这主要是由视觉系统信号处理缓慢造成的。在正常情况下，造成视网膜成像的整体滑动并不只是由于视野的移动，大部分还是因为视者本身头部的转动而引起的。在这种情况下，眼动系统可充分利用位于内耳的前庭半规管系统提供的头部转动速度的准确信号，使眼球向头部运动的相反方向等速转动，从而达到保持视网膜图像稳定的目的。这种视线保持运动称为前庭眼反射（VOR）。它的潜伏期只有 15 毫秒，比视动性眼动反射的 60 毫秒潜伏期要快许多倍。它的有效性可用下面的简单测试来证实：左或右上臂前伸后将示指向上伸直并做快速但小幅度的左右晃动，观察示指。然后保持示指不动，以相近的速度转动头，再观察示指。比较这两种情况下手指的清晰程度，不难发现：后者由于 VOR 补偿了头部的运动，稳定了手指在视网膜上的成像，因此手指看起来要清晰得多。

总之，眼球运动可分为两大类：视线转移运动和视线保持运动。前者包括快速扫视、平稳跟踪和汇聚发散，后者包括视动性眼动反射和前庭眼动反射。在所有这些眼动中，以快速扫视和前庭眼动反射最为常见、最为重要，其控制机制也研究得最为清楚。在本章的下面部分，我们将以它们作为视线转移运动和视线保持运动的代表来介绍不同眼动控制机制。其中，快速扫视将在本节的剩余部分介绍，而 VOR 将在第四节介绍。

三、快速扫视是高度刻板的眼球运动

为了对眼球运动进行有效的研究，首先必须实现对该运动的精确测量。眼球运动测量方法有多种。目前被认为最精确的仍是 Robinson 在 20 世纪 60 年代发明的磁场线圈测量法。此方法的基本原理是：在一定角度范围内，一个处于均匀磁场中的线圈所产生的感应电流强度与通过它的磁通量的变化率成正比，即在一定范围内与线圈在磁场中角度的变化成正比。如果给眼球绕上一个金属线圈，并将被试者置于一个均匀磁场内，根据线圈上的感应电流强度及变化就可推算出眼球在磁场中的转动速度及其空间朝向。另一种方法是：将一束视觉感受不到的红外光照射到眼球上，然后用红外摄像将眼球瞳孔的运动过程拍摄下来，再对所记录的瞳孔运动图像进行分析，从而获得眼球运动的参数。随着红外摄像技术的提高，近年来这种非侵入性方法得到了越来越广泛的应用。

无论用哪种测量方法，为了让被试者根据实验要求产生一定方向和幅度的快速眼动，快速扫视研究一般采取下述实验程式。首先，为了不让眼动测量受到头部运动的干扰，实验者一般通过某种方式将被试者的头部固定在一定位置上（对人而言，可让被试者将下巴放在一个支撑托上或者咬住一个被固定的牙杆）。然后，在被试者前面的均匀灰色背景上呈现一个亮点。这一亮点根据实验的不同要求，以不同的方向和步长在背景上跳动，被试者的任务是用视线跟踪这个不断移动的亮点（即目标）。这样，就能产生所需的眼球运动了。图 7-3-13 显示的是一组以此方法得到的快速扫视运动。这里目标沿水平方向以步长为 2° ～ 50° 方式跳动。上图表示的是在水平快速扫视过程中眼球位置随时间的变化，向上的偏斜表明所进行的是向右的快速扫视运动。下图显示的是上图中不同运动所对应的速度曲线。幅度小的眼动对应低速度曲线，幅度大的眼动对应高速度曲线。随着眼动幅度（amplitude）的增加，其运动时间（duration）和峰值速度（peak velocity）也相应增加（表现为速度曲线的宽度越来越宽，高度越来越高），直到其峰值速度达到饱和值（该被试者大约为 500 度 / 秒）。在此之后，眼动幅度的增加只能由运动时间的延长来实现。

正常情况下，大部分类型的眼动是不能随意产生的。例如我们不能平稳跟踪一个想象中的移动目标，或根据口头命令发动一个平稳跟踪运动。也就是说，为了产生平稳跟踪运动，我们需要一个真实的被视移动目标。快速扫视是所有眼动中唯一可以不依赖外部环境而自主产生的眼球运动。例如，我们可以快速扫视一个记忆中或想象中的目标。但即便如此，这个运动一经启动，它的进程就不再受意

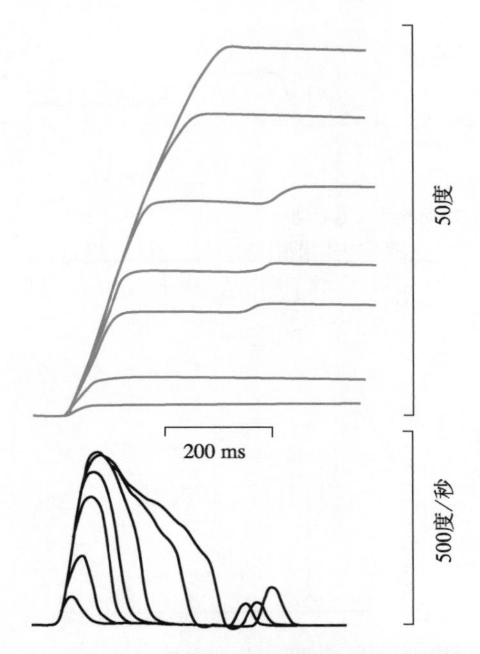

图 7-3-13　**采用磁场线圈记录到左眼向不同目标进行的一组快速扫视运动**

目标距离分别为 2、5、15、20、30、40 和 50 度。上图，在快速扫视过程中眼球位置随时间的变化。向上的偏斜表明所进行的是向右的快速扫视运动。下图，相应的眼动速度曲线（引自 Cronly-Dillon JR. eds. Vision and visual dysfunction. London：Macmillan Press，1991，18：95）

志控制。换句话说，快速扫视的幅度和方向可受意志控制，而它运动的时间和速度是不能人为控制的。虽然不受意志控制，但它的运动时间和速度参数并不是杂乱无章的。相反，快速扫视是高度刻板的运动（stereotyped movement）。它的幅度、运动时间以及峰值速度之间存在着高度的相关性。图 7-3-14 显示，快速扫视的幅度与其运动时间存在很强的线性关系。这一关系可用下述公式来描述：

$$D = D_0 + d \times A \qquad (1)$$

其中 D 代表运动时间，A 代表运动幅度，d 为

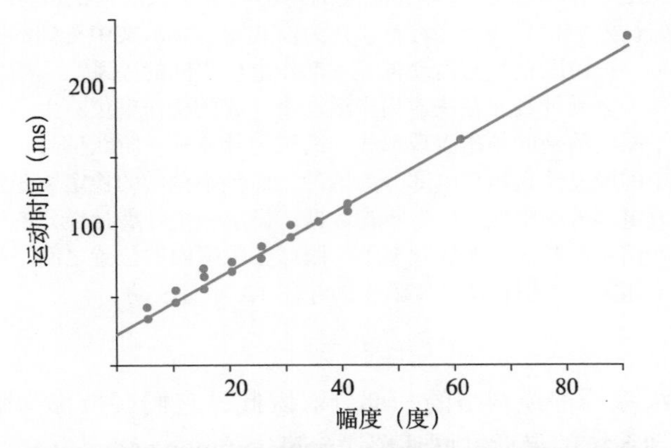

图 7-3-14　**快速扫视幅度与运动时间之间的线性函数关系**

（引自 Carpenter RHS. London：Pion Ltd.，1988：71. 略有改动）

常数，D_0 是 y 截距。公式表明，快速扫视的幅度越大，其运动时间也越长，两者呈正相关线性关系。

根据幅度与运动时间的关系，便可导出平均速度（MV）与运动幅度（A）之间的关系：

$$\begin{aligned} MV &= A/D \\ &= A/(D_0 + d \times A) \\ &= A \times MV_m/(A_{50} + A) \qquad (2) \end{aligned}$$

其中，$A = D/d$ 是一常数，它对应于平均速度达到其最大值的一半时所对应的幅度。$MV_m = 1/d$ 也是一常数，它是平均速度的渐进饱和值。此公式表明，在幅度很小时（即 A 远小于 A_{50}），平均速度随幅度 A 线性增加；在幅度很大时（即 A 远大于 A_{50}），平均速度趋近于饱和值 MV_m，不再随着幅度的增加而增加。图 7-3-15 曲线 MV 显示这一公式与实验数据非常相符。

与平均速度 MV 不同，峰值速度（PV）与运动幅度（A）之间没有数学上的相关性。不过实验数据表明，在很大的运动幅度范围内，PV 与 MV 有很高的相关性，即 $pm = PV/MV$ 是一常数。这一关系也可从图 7-3-15 中 PV 与 MV 曲线的相似性上观察到。将这一关系代入等式（2），就得到：

$$PV = A \times PV_m/(A_{50} + A) \qquad (3)$$

等式里的 $PV_m = pm \times MV_m$，代表峰值速度的渐近饱和值，也是一个常数。从图 7-3-15 曲线 PV 可看出，与平均速度 MV 相似，公式（3）与实验

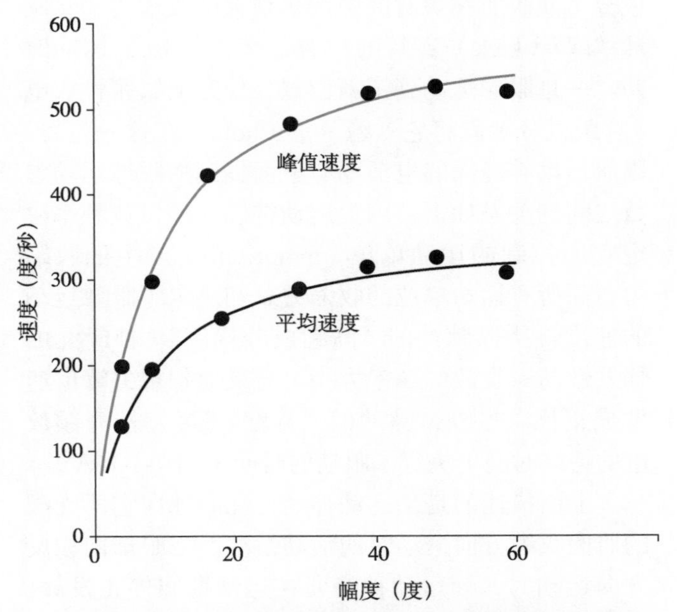

图 7-3-15　**水平快速扫视的峰值速度、平均速度与运动幅度之间的函数关系**

图中两条实线为根据实验数据按公式（2）和（3）计算出的理论值（引自 Cronly-Dillon JR. eds. Vision and visual dysfunction. London：Macmillan Press，1991，8：99. 略有改动）

数据也相当一致。从本质上来说，（3）只是一个经验性的公式，但它却对大范围内的峰值速度（PV）与运动幅度（A）之间的关系作出了非常精确的描述。

四、快速眼动控制信号的产生有其神经形态和生理学基础

通过微电极技术可以直接记录到神经元在快速扫视时，直接支配眼肌的运动神经元的电活动由两部分组成：首先是一组很短暂的爆发性高频放电（burst），称为眼动控制信号中的脉冲（pulse）成分，接着是一组频率稍低的稳定紧张性放电（tonic），称为阶跃（step，图 7-3-16B）成分。图 7-3-16C 显示，眼球在眼眶里的位置与运动神经元的稳定紧张性放电频率（阶跃成分）之间有很高的相关性。换句话说，阶跃的“高度”决定了眼球在眼眶内的位置，也就决定了视线的位置。因此，理论上说，要控制眼球位置，只要控制眼动神经元的阶跃信号就行了。但在眼球和眼眶之间，除了肌肉组织外，还有结缔和脂肪组织。它们一起形成了一个阻尼很强的系统。如果只向肌肉输入一个阶跃信号，那么，从运动开始到眼球达到新位置需要 500 多毫秒，而事实上常见的快速扫视从开始到结束一般只需 20 ～ 30 毫秒（图 7-3-17）。这是因为运动神经元发出的爆发性高频发放（控制信号中的脉冲成分）使眼肌在短时间内产生很大的收缩力，将眼球“踢”（kick）到新的位置，大大缩短了运动时间。一旦眼球运动到了新位置，稳定的紧张性放电（阶跃成分）就将它“稳”定（hold）在这一位置。眼肌运动神经元的电活动与上面提到的眼球运动参数之间的关系如下：因为运动神经元的发放频率决定它所控制的运动单位（motor unit）产生的收缩力，而所有运动单位的收缩力总和决定了眼球运动的速度，所以脉冲的“高频成分幅度”（神经元的爆发性高频发放的频率大小）与快速扫视的峰值速度成正比。另外，脉冲的“宽度”（爆发性高频放电的持续时间）决定了眼动的时间（图 7-3-16A）。

上面描述的是某运动神经元在眼球向它所支配的肌肉收缩方向运动时的活动情况。当眼球向相反方向运动时，该运动神经元在运动期间停止发放。运动停止后，它的紧张性发放恢复到与新的眼球位置相适应的水平（图 7-3-16A 中 D3 的右部）。

这些眼球运动神经元不仅参与快速扫视，还是控制其他各种形式的眼动，如前庭眼动反射、平稳

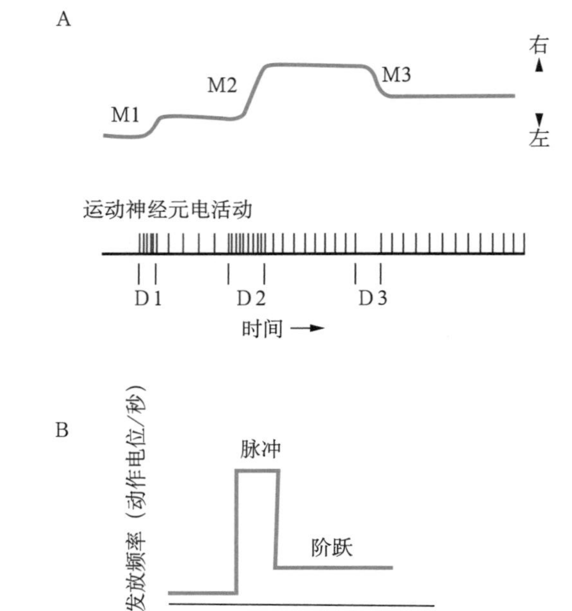

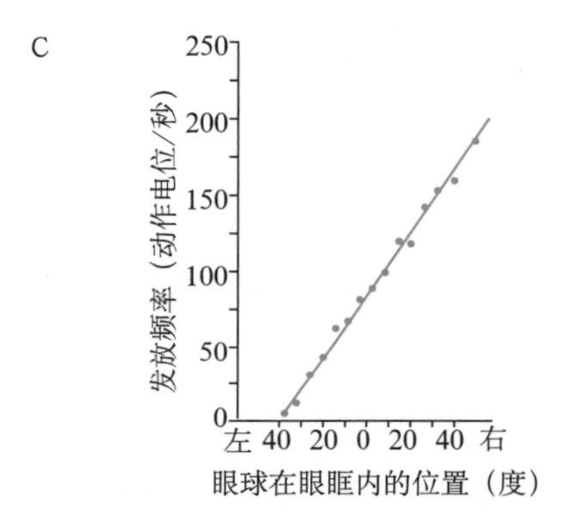

图 7-3-16 A 为模式图。上图显示水平快速扫视过程中眼球位置随时间的变化，M1、M2、M3 为三个不同的快速扫视。向上的偏斜表明所进行的是向右的快速扫视运动；向下的偏斜表明所进行的是向左的快速扫视运动。下图显示一个外展核运动神经元在快速扫视运动中发出的控制信号。从 A 可看出高频爆发性发放（脉冲）的持续时间和运动时间（D1、D2、D3）成正比。即长时间的运动对应于长时间的高频爆发性发放信号。反之亦然。B 为模式图，显示文中提到的脉冲——阶跃信号与运动神经元动作电位之间的关系。下图为一个运动神经元在快速扫视运动中发放的动作电位。上图是下图电活动的频率表现形式，简称为脉冲——阶跃信号。其中的爆发性高频放电部分为脉冲，而频率稍低的稳定紧张性放电部分为阶跃。C 为实验数据，显示一个外展神经元的阶跃信号的高度（发放频率）与眼球在眼眶内的位置之间呈高度相关性（引自参考文献中的综述 12. 略有改动）

跟踪等神经网络的一部分。因此，它们又被称为眼动系统的最后共同通路（final common pathway）。

总之，直接支配肌肉的运动神经元的快速扫视

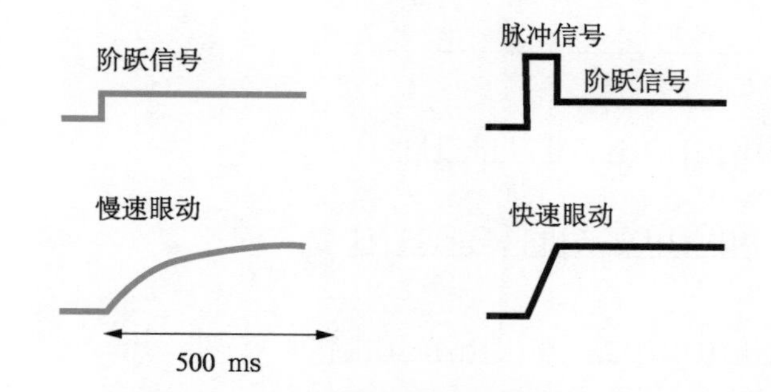

图 7-3-17　**模式图显示不同的控制信号产生不同的眼球运动**
左：阶跃信号仅产生一个眼球的缓慢运动；右：阶跃—脉冲信号产生一个快速扫视

运动由脉冲式发放和阶跃式发放两部分组成，因此又称为脉冲—阶跃信号。阶跃式发放的频率决定眼球在眼眶内的位置；脉冲式发放的频率决定快速扫视的峰值速度，其宽度决定了眼动的运动时间。这一机制使得眼球可以尽快地从一个目标移到下一个目标并稳定在那里。下面接着介绍这一精巧控制信号机制的输入来源和形成过程。

一个快速扫视有两个重要的基本参数：方向和幅度。例如，右上方 45 度、幅度 20 度就定义了一个斜向上、运动幅度大小为 20 度的快速扫视。快速扫视的高级控制中枢结构之一的上丘（superior colliculus，SC）（请参看下面内容），编码的就是这两个参数。处于上丘与运动神经元之间的脑干网状结构中间神经元必须把这一抽象的方向和幅度参数转化为各个运动神经元所需要的脉冲—阶跃信号。由于这是一个斜向运动，所以它包含了水平和垂直两个分量。中间神经元必须把它的水平分量转换并送到水平运动相关的直肌（外直肌和内直肌）。这一过程是由旁中央脑桥网状结构（paramedian pontine reticular formation，PPRF）和延髓前部的神经元完成的（图 7-3-12）。而它的垂直分量则是由位于中脑的内侧纵束头端间质核（rostral interstitial nucleus of the medial longitudinal fasciculus，riMLF）完成转换后送到相关眼动肌肉（图 7-3-12）。下面以水平分量为例来说明运动神经元脉冲—阶跃信号的形成机制。

快速扫视运动信号中的脉冲式发放部分是由一种称为短前导爆发性放电神经元（short lead burst neurons，SLBN）产生的。它有两簇，分别位于脑桥两侧的 PPRF 和延髓前部区域内。具体说，它们分布在控制外直肌的外展核的前部、后部和腹部。与运动神经元的长时性紧张性发放不同，平时这些 SLBN 相对静止，没有动作电位活动。当眼球做快速扫视（例如一个向右 10 度的水平快速扫视）之前的 10 毫秒左右，同侧（在此即右侧）SLBN 会产生一组脉冲式的发放（图 7-3-18A，图 7-3-19）。它和上面所述的运动神经元发放中的脉冲发放部分很相似：它的频率与眼动的峰值速度成正比（图 7-3-18C），发放时间与运动时间成正比；它们的曲线的外形也相似。所不同的是，SLBN 的发放比运动神经元要早一点。这些性质提示 SLBN 很可能向运动神经元提供了脉冲式信号。进一步的解剖学研究表明，SLBN 中的一部分确实与运动神经元形成单突触联系。

根据功能的不同，SLBN 可进一步分为两种：主要位于外展核前部和腹部的兴奋性 SLBN，简称为 EBN（excitatory burst neuron），以及主要位于外展核后部的抑制性 SLBN，即 IBN（inhibitory burst neuron）。尽管 EBN 和 IBN 的功能不同，但它们的神经电信号是很相似的。EBN 产生的兴奋性脉冲信号投射到脑干同侧外展核的运动神经元和核间神经元。在此影响下，运动神经元产生脉冲式发放，进一步引起同侧眼球的外直肌收缩，使受其直接控制的同侧眼球外展；而外展核的核间神经元接收兴奋性传入信号后，通过它们与对侧动眼神经核中运动

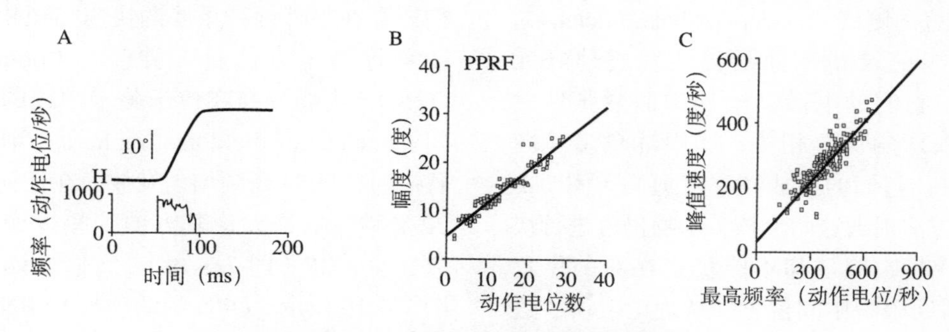

图 7-3-18　**来自一个 EBN 的实验数据**
A. 一个水平右向快速扫视过程中的眼球位置随时间的变化以及在右侧旁中央脑桥网状结构（PPRF）与此运动相关的一个兴奋性短前导暴发放电神经元（EBN）的放电频率；**B.** 这一 EBN 在每次运动中发放的动作电位总数与相应的运动幅度呈高度的线性相关；**C.** 同一 EBN 每次发放的最高频率与相应的峰值速度的线性关系（引自参考文献中的综述 12. 略有改动）

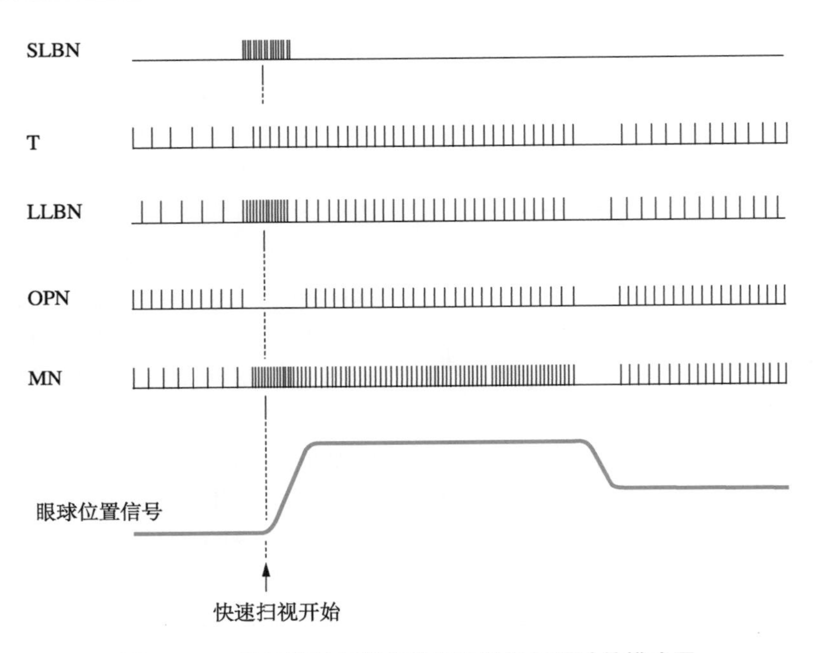

图 7-3-19 脑干快速扫视运动相关神经元活动的模式图
SLBN. 短前导暴发放电神经元；T. 紧张性发放神经元；OPN. 全方位暂停神经元；LLBN. 长前导爆发放电神经元；MN. 运动神经元

神经元之间的兴奋性连接，将这一脉冲信号传递到对侧，引起对侧眼球的内直肌收缩，使对侧眼球内收。这样，通过外展核中的运动神经元和核间神经元的协同作用，引起了同侧眼外直肌和对侧眼内直肌的协同收缩，最终实现快速扫视的联合眼动。

而 IBN 的功能是确保快速扫视的联合眼动的协同性：一侧眼的外直肌收缩时，对侧眼的外直肌就要舒张；对侧眼的内直肌收缩时，同侧眼的内直肌就要舒张。IBN 通过向对侧外展核发出抑制性投射，抑制对侧外展核中的运动神经元活动，造成对侧眼的外直肌舒张；同时 IBN 也通过抑制对侧外展核中的核间神经元而抑制同侧动眼神经核中的运动神经元，造成同侧眼的内直肌舒张。

快速扫视运动神经元信号中的第二部分，即阶跃部分，则可能来自舌下神经前置核（propositus hypoglossi）和前庭内侧核（medial vestibular nucleus）。在这两个核里能记录到一种紧张性发放神经元（tonic neuron）。它们的电活动呈均匀的紧张性发放，其频率与眼球的位置相关：当眼球愈多地向一侧“外展”时，它们的发放频率就愈高（图 7-3-19）。如用化学方法损毁这两个核，动物仍可进行快速扫视，但完成后，眼球却不能稳定在新的位置上，而会慢慢滑回眼眶中间位置。从理论上讲，这正是失去阶跃信号后应该观察到的现象。那么将眼球稳定在新位置上所需的紧张性神经元的阶跃信号从何而来？

有证据表明，阶跃信号可能是由一个被称为神经积分器（neural integrator，NI）的结构对 SLBN 脉冲信号进行积分的结果。上面提到，SLBN 的脉冲发放频率编码的是快速扫视的速度信号。从物理学可知，速度的积分就是位移，也就是紧张性神经元所需的阶跃信号。而在一定频率范围内，每个 SLBN 脉冲式发放中所包含的动作电位总数与脉冲信号所包含的面积（即脉冲信号的积分）成正比。因此，如果神经积分器能累加 SLBN 信号中的动作电位总数，就可获得所需的阶跃信号。同时，实验数据也证明：每个 SLBN 脉冲式发放中所包含的动作电位总数与它所对应的快速扫视的运动幅度大小相关（图 7-3-18B），进一步提示积分器可通过累加动作电位总数获得阶跃信号这一假设的合理性。

除了 SLBN 和紧张性神经元外，在中脑网状结构还存在另外两种重要的快速扫视相关神经元。第一种称为全方位暂停神经元（omnipause neuron，OPN），主要分布在位于脑干中线的中缝背侧部核团（nucleus of the dorsal raphe）。当眼球处于注视状态时，OPN 高频均匀发放。在任何快速扫视之前 20 毫秒左右，无论其方向和幅度如何，OPN 的发放完全停止（图 7-3-19）。它们也因此而得名。如图 7-3-19 所示，OPN 的活动与 SLBN 的活动刚好形成时间上的互补。因为 OPN 停止发放的时间和快速扫视的运动时间高度相关，加上 OPN 可能发出直接抑制性投射到上面提到的 SLBN，所以在眼睛处于注视状态时，均匀高频发放的 OPN 能将 SLBN 在功能上从快速扫视神经回路里分离出去。这样，OPN 实际上起到了脑干快速扫视神经回路总开关的作用，能防止由于内部噪声造成系统不稳定而产生不需要的干扰性快速扫视。

第二种称为长前导爆发放电神经元（long lead burst neurons，LLBN）。它们混杂在 SLB 中间，实际上是多种不同神经元的集合。其共同特点是往往在快速扫视前几十毫秒甚至几百毫秒就已经产生一组低频发放，并因此而得名。而在快速扫视即将发生时，低频发放转为高频发放（图 7-3-19）。它们在快速扫视中的可能功能将在下面讨论。

从以上讨论可看出，SLBN 的脉冲式发放活动在脑干快速扫视运动信号产生回路中起着关键性的作用。因为阶跃信号可以通过对 SLBN 的脉冲发放信号积分而得到，所以有了脉冲信号也就有了阶跃信号。将脉冲和阶跃信号在运动神经元直接相加就可得到运动神经元所需的脉冲阶跃信号。那么，脉冲信号又是怎么产生的呢？很明显，OPN 停止发放是 SLBN 脉冲信号产生的必要条件。又是什么控制 OPN 停止发放的时间呢？ Robinson 提出的著名的内部反馈控制（internal feedback controller）模型（图 7-3-20）对上述问题做出了精确定量的回答。事实上，这一精巧的模型是在中枢水平上对运动控制解释得最成功的模型之一。在本书“运动总论”一章，我们已简要介绍了两种常见的运动控制方式：弹道控制（图 7-1-1）和直接反馈控制（图 7-1-2）。为了更好地理解 Robinson 模型的生理意义，在此进一步介绍一下内部反馈控制模型的特征（图 7-3-20）。

根据控制理论，为了实现快速扫视运动的精确性，可以用输出端直接视觉反馈方式来控制快速扫视。整个控制将按下述过程进行：根据视网膜误差，即视网膜上目标成像与黄斑的距离，系统形成预期结果输入控制器。控制器发出命令使眼球尽快转动（参见图 7-1-2），直到目标落在黄斑区，视网膜送出的反馈信号与预期结果的差异为零，控制器不再产生命令，运动停止。看起来简单易行，但实际上是行不通的。因为快速扫视的速度非常快，通常 20 ～ 40 毫秒就已经结束，而正常情况下的视觉控制需要反馈信号。常规的选择是延迟（目标的位置信息从视网膜传到中枢所需要的时间）为 40 ～ 60 毫秒，大大超过运动时间。也就是说，如果以外部的视觉反馈信号来控制快速扫视的话，在延迟这段时间内运动还在继续，从而使实际运动幅度大大超过所需的幅度（over-shoot）。因此，快速扫视一定是采取了另外的控制方式。为此，Robinson 提出了内部反馈控制模型（internal feedback control），既保留了直接反馈控制简单可靠的特点，同时又解决了感觉反馈信号延迟造成运动幅度过大的问题。其基本原理是：如果由于某些原因（如感觉延迟），控制系统不能及时准确地获得有关当前运动结果的信息，那么它就根据过去的经验来预测一个运动命令会产生什么样的结果（图 7-3-20），然后将这一结果反馈到比较器与预期结果进行比较而产生误差信号。为了能预测一个命令产生的结果，中枢首先根据经验建立一个效应器样本（model of the plant），然后将控制器发出命令的副本（efferent copy）输入效应器样本。样本根据命令副本产生一个预测（或估计）结果（predicted result）。比较器通过比较预期结果与预测结果来获得一个估计误差（estimate of error）信号。控制器利用这一估计值产生下一步的命令，直到两者之差为零。因为这一整个估计过程是在中枢“内部”进行的，估计的误差信号可在很短的时间内获得，不存在直接反馈控制中延时过长的问题。

显然，效应器样本的好坏在内部反馈控制中起

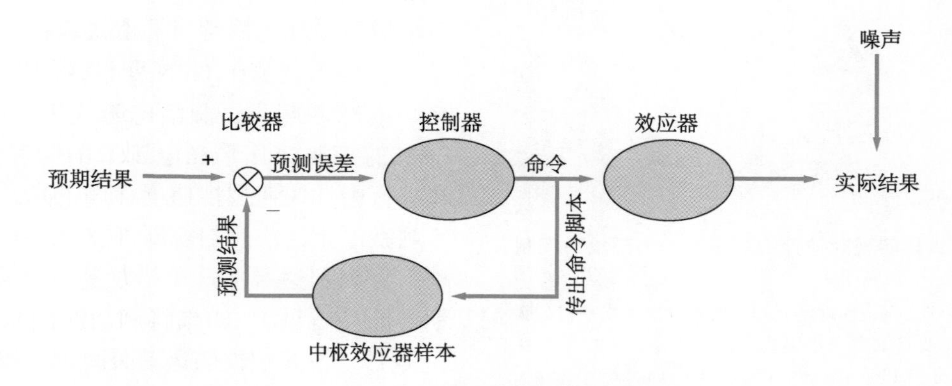

图 7-3-20 内部反馈控制模型示意图

着关键性的作用。如果样本的估值与实际结果很相近，那么控制就准确；反之，则出现误差。眼动系统的两个特点使得它很适合这种控制：第一，相对于其他的运动，如手臂等肢体运动，眼球的运动方式比较简单。它可近似为一个球体在六块肌肉牵引下的旋转运动。第二，眼球的重量基本保持不变，这意味着这一运动系统的负荷是稳定的，使得效应器模型的预测工作大大简化。这些特点使得中枢内效应器样本能很好地预测眼球对各个快速扫视命令的反应，从而保证内部反馈控制的准确性。有证据表明，快速扫视系统确实运用了这一机制（见下文）。

图7-3-21是实现上述内部反馈控制机制的可能神经回路。根据视网膜误差，上级神经结构（如SC）发出兴奋性输入提供预期眼球在眼眶中的位置（desired eye position，Ed）信号。它中止于LLBN，在这里与从神经积分器（NI）中抑制性的紧张性神经元传来的当前眼球位置估计（estimated current eye position，“-e”）信号进行相减（比较）。两者的差异就是运动误差（motor error，me）。运动误差使

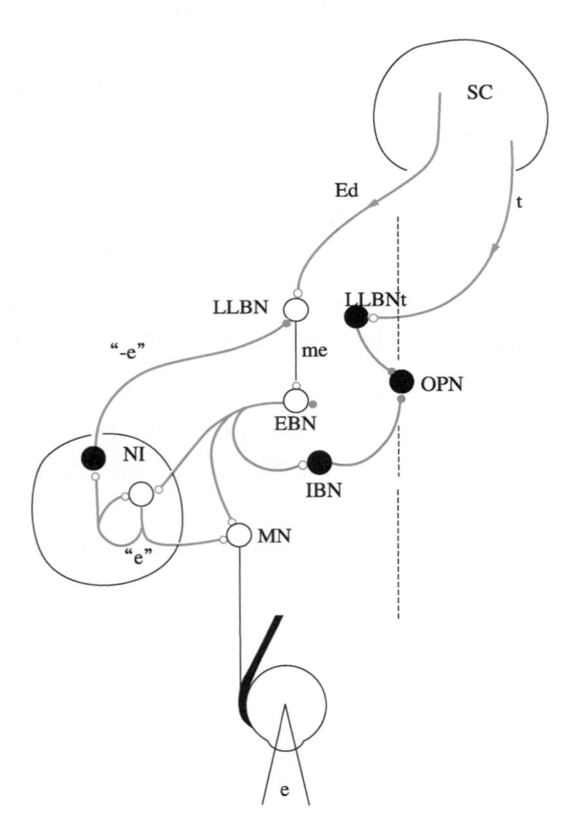

图7-3-21　脑干内具体实现对快速扫视运动的内部反馈控制的可能神经回路

垂直虚线表示脑干中线。兴奋性神经元和它的轴突末梢用空白圆圈表示，抑制性神经元及其轴突末梢以实心圆圈表示。工作原理详解见正文（引自Cronly-Dillon JR. eds. Vision and visual dysfunction. London：Macmillan Press，1991，210：95.略有改动）

得EBN高频发放。因此，在这个回路里，LLBN起到比较器的作用。当前眼球位置估计信号（“-e”）是积分器（NI）通过对EBN产生的脉冲信号积分而来，随着EBN的发放，“-e”逐渐增大，me逐渐减小，最后为零，EBN停止发放。同时，EBN发出的脉冲式发放信号与NI中兴奋性的紧张性神经元发出的阶跃信号在运动神经元（MN）上直接相加，形成所需的脉冲—阶跃运动控制信号。

在这一回路中，另一个重要元素为全方位暂停神经元（OPN）。在注视情况下，它的紧张性发放抑制了EBN和IBN的活动，这样，即使由于系统内部噪声偶尔造成me值大于零也不能触发快速扫视，造成眼睛偏离注视目标。当中枢触发快速扫视时，SC同时向脑干送出两个信号。一是上面提到的Ed，另一个是触发信号（triggering signal，t）。它激活中脑网状结构中的抑制性LLBN，进而短暂地停止OPN的紧张性发放，解除OPN对EBN的抑制，并使EBN在me的驱动下产生高频发放。EBN反过来又通过IBN抑制OPN的发放，从而延长了OPN的静息时间，直到运动结束，EBN停止发放，OPN才恢复紧张性发放。这正好解释了前面所提到的OPN的活动与SLBN的活动刚好形成时间上的互补这一实验现象。

尽管Robinson模型中包含了相当多的推测成分，而且它关于SC的输出指令为预期眼球在眼眶中的位置这一推测已被挑战，但它还是为我们提供了一幅脑干各种不同神经元如何协同作用而产生快速扫视运动的清晰图像，是眼动控制研究中的一个重要里程碑。虽然后人根据新的实验结果对它进行了许多修正（见下文）和发展，但它的基本核心——局部反馈理论和OPN对EBN的抑制的假说，并没有被动摇。正是这一精华部分后来得到了很多实验结果的支持，其中最有力的证据来自一个对OPN脑区进行电刺激的实验。在此实验中，当眼球开始向一个短暂呈现的视觉目标做快速扫视时，实验者通过一个插入到脑干OPN聚集区的微电极给其一组高频电脉冲刺激，激活电极周围的OPN，造成对EBN的抑制。几乎在电刺激的同时，可观察到正在进行中的快速扫视速度显著下降，甚至停止。一旦刺激停止，快速扫视即刻重新开始继续原来的运动，直到到达目标区（尽管这时目标呈现已结束，不再能被看见）。如果将刺激时间从5毫秒增加到40毫秒，快速扫视的运动时间也会相应增加，但它的幅度却没有变化。这正是Robinson模型中内部

反馈控制神经环路所预测的结果。如果没有反馈控制，快速扫视的幅度应显著减小。同时，这些结果也证明 OPN 对 EBN 有很强的抑制作用。

五、快速扫视控制中多种感觉传入在上丘受到整合

Robinson 模型中的神经回路又称为脑干网状结构快速眼动产生回路。一般认为它受到两个上级结构的平行控制。除了上面已提到的 SC 外，前额叶眼动区（frontal eye field，FEF）也发出直接控制信号到这一回路。实验表明，单独损毁 SC 或 FEF，动物仍然能产生快速扫视运动；但如果同时损毁两者，动物将永久失去快速扫视的能力。这些结果清楚地显示了脑高级中枢对这一脑干回路的双重控制。但进一步测试表明这一双重控制并不完全等同。SC 可能在简单的、由感觉信号直接触发的反射性快速扫视中起着重要作用；而 FEF 则在复杂的、与高级认知功能相关的快速扫视中扮演重要角色。

解剖学研究表明，哺乳动物的 SC 由七个纤维或细胞层交替变换组成。根据生理学、行为学和解剖学的研究结果，这七层又可分为在功能和连接（connection）上都不同的浅层（superficial）和深层（deep）两个亚单位，其中浅层由表浅的三层组成，余下四层为深层（图 7-3-22）。

浅层的神经元只对视觉刺激起反应。它们的感受野与视网膜有一一对应的关系，在 SC 上形成一个系统的视网膜代表区（retinotopic representation），对呈现在对侧视野中的视觉刺激起反应。这些神经元一般对刺激物的颜色、形状和方位（orientation）无选择性，只对它在视野中的位置有选择性。部分 SC 浅层神经元对物体运动的方向也有选择性。与

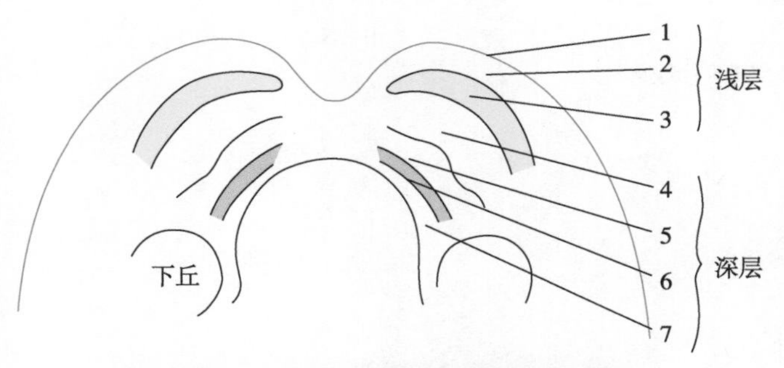

图 7-3-22 猴上丘交替的纤维层和细胞层

图中显示的是上丘冠状切面。图右边部分标明的七层被分成两部分，其中三层称为浅层，另外四层称为深层（引自 Wurtz RH and Albano JE. Visual-motor function of the primate superior colliculus. Ann Rev Neurosci. 1980，3：189-226. 略有改动）

其视觉反应功能相对应，浅层主要接受来自视网膜、初级视皮质和次级视皮质的传入投射。同时，它的传出纤维也主要投射到外膝体视觉相关核团，以及初、次级视觉皮质和一些高级联合皮质区。浅层神经元的性质和纤维连接情况似乎表明它可能参与空间信息的加工处理。

SC 深层的神经元主要参与运动控制。除了接受来自 FEF 的大量投射外，它们也接受来自中枢其他运动相关结构的投射，如大脑皮质前额叶辅助眼动区（frontal supplementary eye field）、前额叶运动区（frontal motor cortex）、小脑、基底神经节以及位于中脑的黑质等。除了运动信息，深层 SC 神经元还接受来自大脑皮质和皮质下结构的视觉、听觉和触觉信息。前额叶联合皮质、顶叶联合皮质也向其发出投射。SC 的眼动控制功能是通过下行投射到对侧的 PPRF（水平快速扫视）以及通过上行投射到对侧的 riMLF（垂直快速扫视）的通路来实现的。SC 的下行投射与 PPRF 区的 LLBN 形成单突触联系，但与附近的 SLBN 没有直接的联系。换言之，SC 很可能是通过 LLBN 与脑干快速眼动产生回路联系的。深层 SC 的特征性输入、输出方式提示它可能是一个重要的感觉运动整合中枢，接受来自其他脑区的视觉、听觉、触觉、运动及其他信息，整合处理后发出运动命令到下级运动中枢，完成包括快速扫视在内的朝向反射运动（orienting response）。相关的生理学研究为这一假设提供了大量有力的证据。下面对此进行介绍。

神经系统的指令是以动作电位的形式在神经回路里传导的。因此，可通过电刺激方式对要研究的运动控制结构输入一组特定频率的电脉冲来模拟作为运动指令的动作电位，然后通过观察动物在这一人工指令下所表现的行为反应来研究这一系统的机制。电刺激猴的一侧 SC 造成双眼协同地向对侧快速扫视，而并不产生其他形式的眼球运动，如平稳跟踪、汇聚和发散眼动等。这一电刺激诱发的快速扫视与自然产生的快速扫视在行为上非常相似。阈上刺激时，快速扫视的潜伏期为 20 ～ 30 毫秒。电刺激的阈值随着电极的深度而改变：在浅层可高达 800 μA，而在进入深层后可突然降低到小于 20 μA。这进一步证明了这两层 SC 结构在功能上的差异。刺激产生的快速扫视的方向和幅度由电极在 SC 上的位置决定，而在一定范围内与电刺激的参数（强度和频率）无关（图 7-3-23A）。同时，在某一位点刺激产生的快速扫视的方向、幅度也基本不受眼球

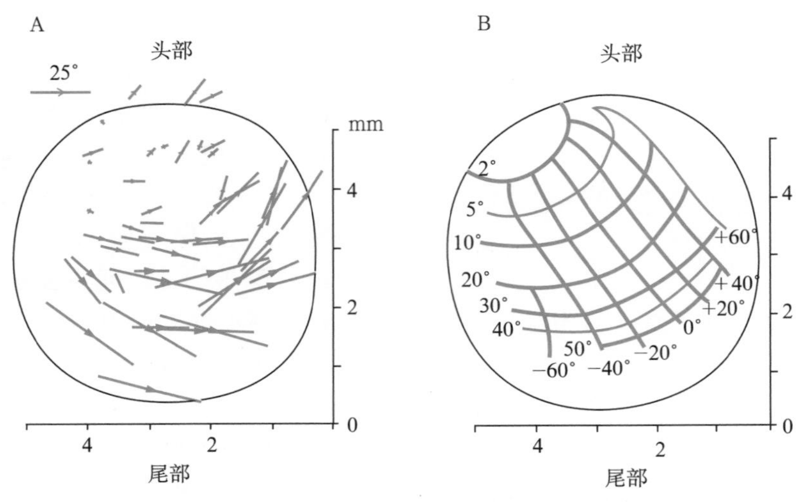

图 7-3-23 **一侧 SC 编码所有向对侧快速扫视的矢量运动图**

电刺激恒河猴一侧上丘诱发快速扫视的方向和幅度（即矢量）图。**A.** 为恒河猴左侧上丘的背面观。箭头显示刺激不同位点产生的快速扫视眼动的方向和幅度。**B.** 是 A 的平滑线。等幅线（2° ～ 50° ）是从中间到外侧，而等方向线（60° ～ 60° ）是从前往后的（引自参考文献中的原始文献 14）

在眼眶内初始位置的影响。因此，如果将刺激一侧 SC 不同位点的结果综合起来，就可得到一幅向对侧快速扫视的矢量（即运动方向和幅度的结合）运动图（图 7-3-23B）。合并两侧 SC 的矢量运动图就可得到整个视野所有可能产生的快速扫视运动的矢量图。

考虑到电刺激诱发的 SC 神经元活动模式（pattern）与其在自然状态下的活动模式之间可能存在着较大差异（例如，两种情况下参与活动的神经元群体的大小和活动频率等都可能不同），为了进一步证明电刺激实验结果在自然状态下的有效性，就有必要观察 SC 深层神经元在自然状态下产生快速扫视过程中的活动情况。实验表明，在动物跟踪目标进行快速扫视时，许多深层 SC 神经元在运动发生前有高频脉冲式发放，有时可高达 1000 Hz。它们的发放具有选择性：一定的神经元只对一定方向和幅度的快速扫视有发放活动；而且，和电刺激实验结果相似，发放的程度不受眼球在眼眶内初始位置的影响。这些快速扫视的终点在视野里形成一个连续的区域。借用视觉研究中感受野的概念，我们称之为这一运动神经元的运动野（motor field）（图 7-3-24）。

SC 中这些快速扫视相关神经元又可分为三类：

1. 快速扫视相关爆发放电神经元（saccade related burst neuron，SRBN）（图 7-3-24） 这类神经元的共同特点是：不对任何感觉刺激起反应，在快速扫视前 18 ～ 20 毫秒产生一组高频发放，其中一部分神经元在高频发放前还产生一组低频前导性发放。

2. 视觉运动神经元（visuomotor neuron，VMN）（图 7-3-25） 它们在对视觉目标做快速扫视时，除了在快速扫视前产生高频发放以外，也对作为扫视目标的视觉刺激物起视觉反应，其潜伏期一般为 40 ～ 50 毫秒。因此，它们有一个视觉感受野和一个

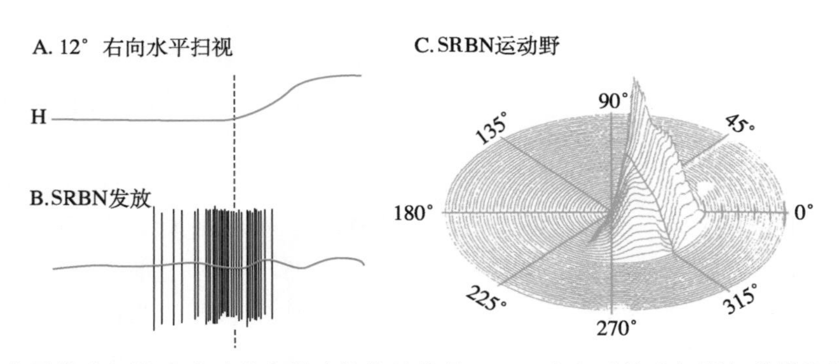

图 7-3-24 **A.** 一个右向水平快速扫视运动过程中眼球的位置信号；**B.** 一个上丘快速扫视相关爆发放电神经元（SRBN）在 A 运动中的发放；**C.** 这一 SRBN 的运动野（引自 Sparks DL and Jay MF. The functional organization of the primate superior colliculus：A motor perspective. Progress in Brain Res.，1986，64：235-241. 略有改动）

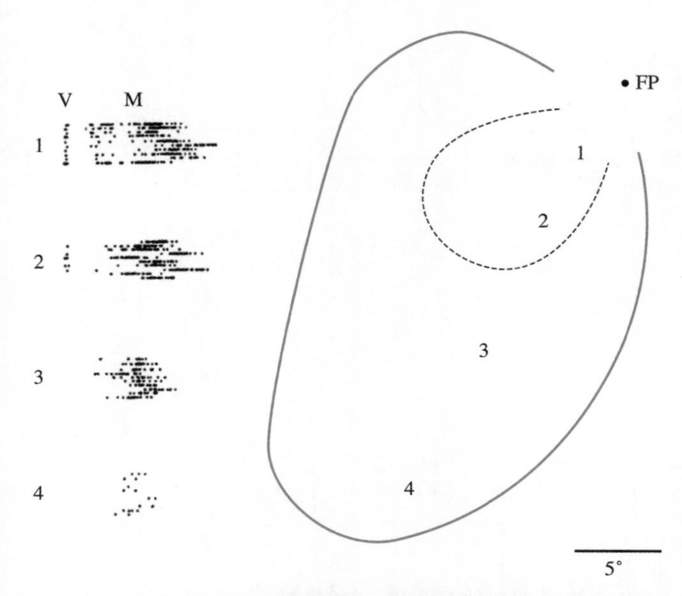

图 7-3-25 一个上丘视觉运动神经元的视觉感受野（虚线表示其边界）和运动野（实线表示其边界）其视觉感受野比运动野小

图左边显示眼球由注视点向目标 1 ～ 4 运动之前该神经元的电活动。目标 1 和 2 同时处于视感受野和运动野之内，神经元首先产生一个视觉相关发放（V），然后才产生运动相关发放（M）。当目标 3 和 4 出了视感受野外，但仍在运动野之内时，神经元便只产生运动相关的发放［引自 Wurtz RH and Goldberg ME. Activity of Superior Colliculus in Behaving Monkey. Ⅲ. Cells Discharging Before Ege Movements. J. Neurophysiol. 1972，35（4）：575. 略有改动］

运动野。两者在空间上重合，但常常并不一样大小。

3. 视觉触发性运动神经元（visually triggered movement neuron，VTMN） 这是一类比较奇特的神经元，它们只在视觉刺激引起的快速扫视前发放，而对自发性的（spontaneous）快速扫视无反应。它们当中的一部分对视觉刺激起反应，具有视觉感受野。

这些深层 SC 快速扫视相关运动神经元按一定规律分布在 SC 上。控制小幅度快速扫视的神经元分布在 SC 的前部（anterior），控制大幅度的在后部（posterior）；控制向上扫视的在内侧（medial），向下的在外侧（lateral）。这一分布形式与上面提到的通过电刺激得到的矢量运动图有很好的一致性，说明 Robinson 电刺激实验对 SC 运动神经元的组织分布形式的描述是符合实际的。

除了编码快速扫视的方向和幅度外，有证据表明：深层 SC 神经元，特别是 SRBN，在快速扫视的触发中也有重要功能。首先，SRBN 发出纤维到对侧 PPRF 区，与那里的 LLBN 形成单突触联系，是 SC 下行通路的主要构成者。其次，在自然情况下，SRBN 的发放总是伴随着相应的快速扫视；有快速扫视，必定有前导的 SRBN 发放。如果我们调整视觉目标的持续时间，使得同一视觉刺激有时诱发、有时不诱发快速扫视，那么，在产生快速扫视时必定有 SRBN 的高频发放。在不产生快速扫视时，大多数情况下 SRBN 没有发放。即使偶尔有发放，也是频率很低的短暂活动。

从图 7-3-25 可看出，深层 SC 运动相关神经元对落在其运动野中心的快速扫视发放最强，同时，它也对这一中心周围相当大范围内的不同幅度和方向的快速扫视有发放，只是强度随偏离中心的距离增大而减弱。因为一个神经元对许多快速扫视有发放，那么任何一个快速扫视就是一群神经元同时活动的结果。换言之，一个快速扫视的产生是由一大群 SC 输出神经元向下级回路发出命令的综合结果。测算表明，这群神经元在 SC 上形成一个直径为 3 mm 的圆形区域，占 SC 表面积的一半以上。那么，这一大群神经元中的每一个又是怎样影响快速扫视的呢？研究者们提出了两种模型：①矢量加和（vector summation）。在这一模型里，每个神经元的活动可看成一个具有一定方向和幅度的矢量，其方向由它在 SC 运动图上的位置决定，幅度由它的发放强度以及它与下级眼动回路的突触连接强度决定。整群神经元的总输出为这些小矢量的矢量和。②矢量平均（vector average）。在这里，每个神经元的活动仍可看成一个与 A 模型里相似的矢量，只是总输出由这些单个矢量的矢量平均来决定。目前，后一模型得到了来自不同实验结果的支持，而前者还没有任何实验证据的支持。例如，如果同时电刺激 SC 矢量运动图上的两点，诱发的快速扫视是两点各自代表矢量的平均，非两者的相加。如果用药物可逆性地抑制上面提到的活动区中心部的神经元，剩余环状活动区仍可产生准确的快速扫视。这一结果符合矢量平均模型的预测。而矢量加和模型则预测这一操作将产生短幅扫视（undershoot）（扫视的幅度比要求的要小），因为抑制使得许多重要的矢量不能参与加和，总输出相应减小。

最后一点，这些 SC 的研究结果也对上面提到的 Robinson 模型提出了挑战。图 7-3-26A 是 Robinson 原始模型的模式图。它要求的输入信号是预期（或期望）眼球在眼眶中的位置（desired eye position，Ed），这样就可以和从积分器反馈回来的当前眼球位置相比较而产生运动误差，造成 EBN 发放。因此，这一模型又称为位置模型（position model）。但电刺激和单细胞记录实验表明，SC 运动神经元

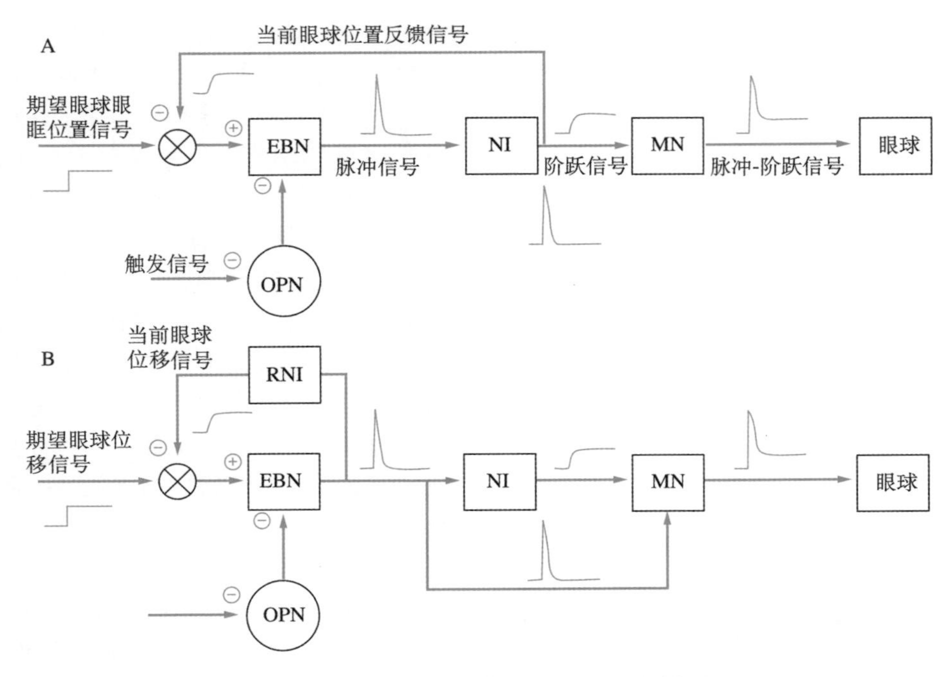

图 7-3-26 **产生快速扫视的位置和位移模型**

A. 位置模型。EBN. 兴奋性短前导暴发放电神经元；MN. 运动神经元；NI. 神经积分器；OPN. 全方位暂停神经元。**B**. 位移模型。RNI. 可重置的积分器（引自参考文献中的综述 12）

编码的是快速扫视的方向和幅度，也即预期（或期望）眼球位移（desired eye displacement，DD）信号，而不是原始模型里要求的预期眼球眼眶位置的信号。因此，现在大部分快速扫视模型对此都作了修改，使得脑干快速扫视回路能够以预期眼球位移信号为输入信号（图 7-3-26B）。在这个新模型里，增加了一个称为可重置的积分器（resettable neural integrator，RNI）对 EBN 的输出进行积分，得到当前眼球位移信号。这一信号被送到比较器与预期眼球位移信号比较，产生运动误差，造成 EBN 发放。每次快速扫视之后，RNI 被置零，为积分下一次的当前眼球位移做好准备。

总之，快速扫视是高度刻板的运动。仅用它的幅度、运动时间以及峰值速度这三个参数，就可对快速扫视这一行为做出很精确的定量描述。深层 SC 接受来自其他脑区的视觉、听觉、触觉、运动及其他信息，整合处理后发出编码快速扫视方向和幅度的运动命令到位于脑干的脑干网状结构快速眼动产生回路。这一回路采用内部反馈控制的原理产生快速扫视运动的指令，然后通过不同脑神经送到相关肌肉，产生所需快速扫视。

第四节 前庭眼反射使视网膜的视觉信息图像在头部转动时保持稳定

根据功能上的不同，可将前庭眼反射（VOR）分为三类：①旋转性 VOR（rotational VOR）：对头部在水平面上围绕重力轴发生的转动（yaw）进行补偿，主要从水平半规管接受头部转动信息，与注视点距离无关；②平移性 VOR（translational VOR）：对线性加速的头部运动造成的眼动进行补偿，主要从前庭的耳石器官接受头部加速运动信息，与注视点距离相关，注视距离越近，补偿越大，注视距离越远，补偿越小；③扭转反射（torsion VOR）：补偿头部在垂直平面上围绕前后轴方向发生的倾斜（tilt）造成的视网膜滑动，主要从耳石器官接受头部倾斜程度的信息。在日常生活中的视觉稳定功能里，旋转性 VOR 起着主要作用，研究也最详细。下面主要介绍它的神经控制回路。

一、前庭眼反射的控制回路包括两侧脑干神经核团协调双眼视线的维持运动

前庭复合体的外侧核和内侧核接受来自同侧半规管的前庭神经传入投射后，将处理过的头部转动速度信息传送到同侧和对侧脑干前部的相关神经核团，控制眼球运动。比如当头部转向左侧时，前庭眼动反射将造成右眼外直肌和左眼内直肌的收缩，同时造成左眼外直肌和右眼内直肌的舒张，结果是双眼以头部运动的速率向相反方向运动，保持视网膜上的图像不变（图 7-3-27）。

图 7-3-27 显示的是从左侧水平半规管到两眼各块直肌的最短通路。从初级传入神经元算起，一共包括三级神经元，所以又称为三神经元反射弧（three neuron arc）。在此回路中，左侧前庭神经节发出的初级纤维将半规管毛细胞检测到的头部向左转动的速度信号传入前庭外侧核和内侧核。左外侧核发出次级兴奋性信号经过动眼神经核到达并控制左眼内直肌。同时，左侧动眼神经核还接受来自右侧外展核核间神经元的兴奋性投射。这两束投射共同造成左眼内直肌收缩。右外展核核间神经元的兴奋则来自左侧前庭内侧核的跨中线兴奋性投射。这一投射也同时兴奋右侧外展核的运动神经元，后者造成右眼外直肌的收缩（图 7-3-27A）。内侧核在发出兴奋性投射到外展核的同时，也发出抑制性投射到同侧外展核的运动神经元和跨中线兴奋对侧动眼神经核的核间神经元（图 7-3-27B），造成左侧外直肌和右侧内直肌舒张。四块直肌间的这些协同性活动使得两眼球向右协同转动。

半规管系统探测的是头部旋转的加速度信号，但输出的是速度信号，因此三神经元反射弧传导的是头部的运动速度信号，使眼球以头部转动的速率向相反的方向运动。在没有其他信号比如视觉的情

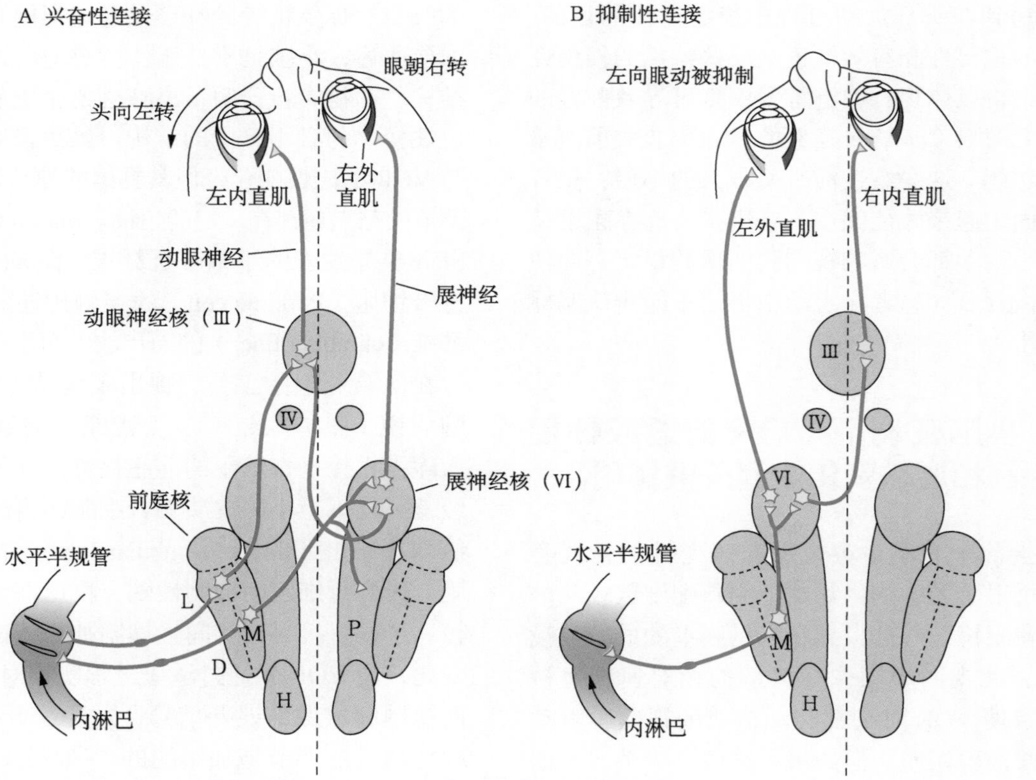

图 7-3-27　**水平前庭眼反射神经回路**

头部的左向转动兴奋了水平半规管，接着引起与右向眼动相关的神经元兴奋。**A.** 以来自左侧水平半规管的感觉传入及其神经回路为例：一部分第二级神经元位于前庭内侧核（M）；它的轴突跨越了中线，兴奋了右侧的外展神经核（Ⅵ）和舌下神经前置核（P）。在右侧外展神经核（Ⅵ）中有两种神经元：投射到右侧外直肌的运动神经元以及核间神经元。核间神经元的轴突跨越中线，上行到左侧动眼核去兴奋投射到左侧内直肌的运动神经元。另外一部分第二级神经元位于外侧前庭核（L）。它的轴突沿同侧上行并兴奋左侧动眼神经核（Ⅲ）的运动神经元。插图同时也显示了上前庭核（S）和下行前庭核、滑车神经（Ⅳ）以及舌下神经前置核（H）。**B.** 在头部左向转动过程中，左向眼球运动被来自左侧水平半规管的感觉纤维抑制了。这些传入纤维兴奋了位于前庭内侧核内的神经元，而它们又抑制了左侧外展核运动神经元和核间神经元，从而降低了控制左外侧和右内侧直肌的运动神经元的兴奋性（引自 Kandel ER，Schwartz JH，Jessell TM. eds. Principles of Neural Science. New York：McGraw-Hill，2000：811）

况下，一旦头部停止转动，或在一些旋转装置上达到匀速运动，半规管本身将不再被激活，眼球由于缺乏将它固定在新眼眶位置的信号，理论上将会迅速返回起始位置，但实际上这个过程会通过中枢系统中一种速度存储（velocity storage）的机制而被延长十秒钟以上，即缓慢恢复到起始位置，前庭核神经元的反应也会相应持续更久。速度存储机制使得大脑可以增强对低频头部或机体旋转时的VOR反应。因此，三神经元反射弧只是整个VOR回路的一部分。像上面提到的快速扫视控制回路一样，VOR回路通过对速度信号积分而获得位移信号，而且这一加工过程也是在快速扫视回路中提到的舌下神经前置核和前庭内侧核完成的。

前庭眼反射对机体在环境中运动时稳定视网膜图像上有重要作用。这一系统通过半规管系统获得头部转动的速度信号，经过前庭复合体及舌下神经前置核的处理，送到相应的动眼神经核团，使得眼球以头部转动的速率向相反的方向运动并稳定在新的位置，达到在头部运动过程中稳定视线的目的。这一系统的重要性和有效性也从一些特殊的损伤性疾病实例中得以体现：如链霉素中毒可导致前庭的感受器—毛细胞（hair cell）死亡，进而丧失前庭系统的感觉功能。这会给生活带来很大的不便：患者必须把头固定起来才能阅读；否则，头部在正常情况下的微小运动都会影响视网膜图像的稳定。即使得到一定恢复后，患者在走动中仍然不能辨认路标或识别面孔。

二、小脑在调节VOR的适应性控制和增益变化中起关键作用

日常生活中有不少突发但非病变性的情况会使前庭眼反射受到影响，如戴上刚新配度数较深的近视或老花眼镜，外部世界在视网膜上的成像被镜片放大后，此视网膜图像与头部的相对速度也被放大，以致使VOR对头部转动造成的视网膜滑动的眼动补偿产生误差。但如果眼镜戴了一个多星期后，因VOR反射环路增益适当地被增强，VOR又逐渐能有效地稳定视网膜图像。这种适应性变化是反射通路中突触传递效应，即神经传递增益值受到调整的结果，从而能使反射在不需反馈输入的条件下做出经调整后的适当反应。因此，VOR是一种具有适应能力的反射，使我们在头部转动中有视觉刺激变化时，仍能根据新行为的要求自动保持视网膜图像稳定。这种适应能力具有可塑性，能将所适应的状态保持下来。动物实验表明，如果将因视觉输入与前庭输入之间存在"偏差"而正处在VOR适应过程中的动物移至暗室（"去除"视觉输入），或者如果将在明亮室内动物的头部在空间上相对维持固定（"去除"半规管输入），适应所达到的新增益值会保持在该水平，因为这两种输入在维持视网膜图像稳定中的"偏差"是VOR反射通路适应性变化的驱动力，缺一不可。而且，一旦VOR适应达到新的增益值，就不会自动退回到原先的增益值，而只能通过一个再适应的行为过程返回到原来的水平。所以，如果新配的眼镜片与原有的镜片度数相差很大，每次在新旧眼镜间的换戴都会有一个VOR可塑性适应调整新增益值的过程。

与其他部位的骨骼肌不同，眼外肌缺乏本体感受器，因此不具备牵张反射；而且，迷路不能检测眼球位置。因此VOR是一种开环反射环路。VOR从何处得到它调控增益所需的误差信号，且使增益的改变能提供精确的补偿以稳定视网膜上的成像？如前所述，小脑是维持躯体姿势适应性控制的重要结构。动物实验证明，小脑也是完成前庭眼反射适应性变化的必不可少的结构。虽然普遍认为小脑参与VOR适应性变化，但其具体的神经机制，尤其是调节的靶点还存在一定的争议。Masao Ito根据David Marr早先发表的小脑平行纤维（parallel fiber）与浦肯野细胞（Purkinje cell）的突触传递效率可随攀缘纤维（climbing fiber）的同步放电而增强的推论，通过在实验兔上的工作，提出了调节VOR增益的小脑假说（图7-3-28）。其要点是：前庭初级感觉输入除了直接兴奋脑干的前庭核神经元外，还有输入经苔藓纤维至小脑皮质颗粒细胞，再经平行纤维至绒球小结叶（flocculo-nodular lobe）中的浦肯野细胞。浦肯野细胞的抑制性轴突再返回至脑干的前庭核。这些直接兴奋和间接抑制神经传递的相对强度变化，使VOR能通过适应过程实现对增益的调节。而视网膜成像的误差信号通过攀缘纤维传入小脑，起对增益的调节施加影响的"训导"（teaching）作用。其他学者的一系列实验也证明：不同动物小脑损毁的结果都使VOR适应性增益调节消失或减弱；视网膜视觉传入确实可经副视束（accessory optic tract，AOT），及其相应的中继视束核（nucleus of the optic tract，NOT）、上丘、下橄榄核，再经攀缘纤维传入小脑绒球叶，尽管视网膜成像滑动的信息也经苔藓纤维和平行纤维传入小脑绒球叶（图7-3-28）；

同时刺激相关的苔藓纤维和攀缘纤维能通过长时程抑制（long-term depression，LTD）的机制影响平行纤维与浦肯野细胞间的突触传递效率。LTD 在小脑参与 VOR 以及其他运动学习中的作用在本书第 7-5 章中有更详细的介绍。

然而，Frederick Miles 和 Stephen Lisberger 在清醒猴上却观察到用 Ito 的假说所不能解释的实验结果：浦肯野细胞的放电只在 VOR 适应的过程中有变化，且变化的方向与预计的相反；适应完后，放电活动又回到原来的水平，因而似乎在小脑没有保留下适应后被调节的结果。因此，他们认为 VOR 适应性增益变化的被调节部位不在小脑绒球，而在脑干前庭神经核。小脑绒球叶的作用只是报告 VOR 的误差信号。是浦肯野细胞的抑制性轴突，而不是攀缘纤维，起了对增益的调节施加影响的“训导”作用。按 Miles 和 Lisberger 的解释（ML 假说），头相对于空间转动的前庭信号以及眼球相对于头转动的运动指令拷贝信号都通过苔藓纤维输入小脑。在正常情况下，如果头部转动时凝视的方向被 VOR 正确合适地保持空间稳定的话，这两个信号的强度应该等同，但方向相反，在浦肯野细胞处汇聚整合中相互取消（参见图 7-3-28 中对视觉系统眼动和视网膜总和信息输入至小脑的注解）。因此，作为小脑的输出，浦肯野细胞就不必有“训导”指令的发放活动。但若刚戴上新配镜片头转动时 VOR 的增益不合适，使反射不足以稳住视网膜成像，前文所述的视觉平稳跟踪功能便会参与加强眼球的转动控制，结果不仅造成所需的更大幅度的眼动，同时也使输入到小脑绒球叶的运动指令拷贝信号比相对的前庭信号有所增强。这两种信号在浦肯野细胞上相互抵消后剩下的“差值”便是代表前庭眼反射表现欠佳的误差信号。浦肯野细胞正是用该误差信号来“训导”脑干中继的前庭神经元，调节其传递增益，使 VOR 功能恢复正常。

有实验证据支持这一假说，研究发现，小脑绒球叶和接受绒球抑制性传入的脑干前庭核神经元在增益调节过程中都起重要作用，但 VOR 的适应性变化后的记忆部位可能主要在前庭核神经元。VOR 增益的视觉调制机制是小脑在运动学习中起特殊作用的一个典型例子。它不仅为研究中枢神经系统的学习、记忆的细胞机制提供了一种合适的模型，也为临床眼震电图中不能抑制视线固定（failure of fixation suppression，FFS）的机制提供了解释。利用视觉刺激来观察能否对前庭眼反射有抑制影响，可以诊断上述小脑通路的完整性。

与 VOR 这个前庭控制眼动的开环反射系统相比，前庭参与引发头部反射性运动的前庭脊髓反射（vestibulo spinal reflex，VSR）时，内耳迷路能探

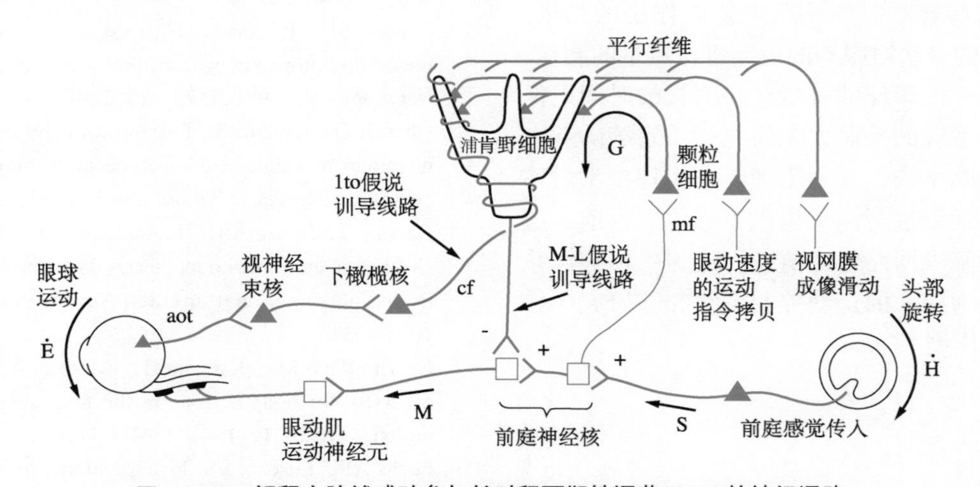

图 7-3-28　解释小脑绒球叶参与长时程可塑性调节 VOR 的神经通路

根据此模型的说法，视网膜视觉传入经副视束（aot）到视束核（NOT）中继，再由下橄榄核的攀缘纤维（cf）传入小脑绒球叶。另外，视网膜成像的视觉信号也能与眼动速度的运动指令拷贝和前庭二级传入一起经苔藓纤维（mf）和平行纤维传入小脑绒球叶。严格地讲，视觉系统对头部相对于空间的运动的总“估计”应是眼球相对头部的运动与空间图像相对于视网膜的运动两者之和。这两个相加值由图右侧两条平行分开的信息，即“眼动速度的运动指令拷贝”和“视网膜成像滑动”，象征视觉系统通过苔藓纤维给小脑绒球叶的输入。Ito 和 M-L 两假说的主要分歧在何处为 VOR 适应性调节的“训导线”以及哪个部位是主要的被适应神经结构。Ito 认为攀缘纤维可“训导”平行纤维与浦肯野细胞间的突触传递效率，进而影响浦肯野细胞的输出（G）来调节 VOR 的增益。M-L 假说则认为 VOR 适应性增益变化的被调节部位在脑干前庭神经核，小脑绒球叶的作用只是报告 VOR 的偏差信号；浦肯野细胞的抑制性轴突起了对增益调节施加影响的“训导”作用。正常情况下，［E/H］= 1（注：字母上加点代表速度）；感觉输入（S）与运动输出（M）之间的前庭核是最终受增益变化调节的部位（根据 Ito M. Neural design of the cerebellar motor control system. Brain Res，1922，40（1）：81-84. 和 Patton，et al. Textbook of Physiology. Vol.1，21st Ed. W. B. Saunders Company，1989. 修改）

测因体姿变化而产生的头部运动，因此VSR是一个闭环反射系统，并不需要前庭小脑起检测偏差信号的作用。对VSR闭环系统的校正是由脊髓小脑束经小脑前叶完成的。电生理实验证明：绒球叶的浦肯野细胞只对投射至眼外肌运动核的前庭神经元起抑制作用，而前叶的浦肯野细胞则能对前庭脊髓束（VST）神经元起抑制作用。此种对前庭脊髓束神经元的抑制作用可以对迷路诱发的活动起调控作用。大脑和小脑都被去除的实验猫可以出现强烈的角弓反张，但单独去大脑的动物并无此反应（参见图7-1-2）。此种角弓反张是一种紧张性前庭反射，可因迷路破坏而消失。小脑切除解除了对前庭核的抑制性影响，从而产生这种紧张性前庭反射。

总之，眼动系统和视觉系统的关系密不可分：一方面，眼动系统控制眼球的位置朝向，决定了视觉系统在什么时候能看到什么；另一方面，眼动系统只有一个目的——为视觉系统服务，即在恰当的时间将视线移到环境中重要的地方或物体上（视线转移），并保持在那里（视线保持）。这种视线转移和保持的要求起源于我们视觉系统的构造和性质。在本章节中，我们以快速扫视和前庭眼反射为代表对这两种不同的眼动控制系统进行了介绍，可以发现眼动系统具有以下特点：①眼球的行为简单：它的运动可看作一个球体围绕着眼眶内一个固定点的转动，并且这些转动是六块肌肉协同作用的结果；②有精确有效的方法对眼球的运动进行定量的测量；③系统的负荷——眼球的重量在相当长的时间内保持一定，使得系统的控制大大简化；④系统的基本控制回路位于脑干内，为利用神经电生理技术对不同的神经元电活动进行测量提供了方便。目前，这一控制系统的基本回路已经清楚，成为中枢神经系统中研究得最为深入的运动控制系统和脑研究中一个不可多得的模型。

参考文献

综述

1. Drew T，Prentice S，Schepens B. Cortical and brain stem control of locomotion. // Mori S，Stuart DG，Weisendanger，eds. *In Progress in Brain Research*. New York：Elsevier，2004：251-262.
2. Fuchs AF，Kaneko CR，Scudder CA. Brainstem control of saccadic eye movements. *Annual Review of Neuroscience*，1985，8：307-337.
3. Goldberg ME，Wilson VJ，Cullen KE，et al. The vestibular system：A sixth sense. New York：Oxford Univ. Press，2012.
4. Guitton D. Control of saccadic eye and gaze movements by the superior colliculus and basal ganglia. // Carpenter RHS，Cronly-Dillon JR，Macmillan，eds. *Eye movements*. London：Macmillan Press Ltd.，1991：244-267.
5. Ito M. Historical review of the significance of the cerebellum and the role of Purkinje cells in motor learning. *Ann N Y Acad Sci*，2002，978：273-288.
6. Kuypers HG. Anatomy of descending pathways. In：*Handbook of Physiology*. Sect. I. The Nervous System. Vol. II. Motor Control. Bethesda，MD：Am Physiol Soc，1981：597-666.
7. Leigh RJ，Zee DS. The Neurobiology of eye movements，5th ed. New York：Oxford Univ. Press，2015.
8. Miles FA，Lisberger SG. Plasticity in the vestibule-ocular reflex：A new hypothesis. *Annu Rev Neurosci*，1981，4：273-299.
9. Moschovakis AK，Scudder CA，Highstein SM. The microscopic anatomy and physiology of the mammalian saccadic system. *Prog Neurobiol*，1996，50：133-254.
10. Orlovsky GN，Deliagina T，and Grillner S. Neuronal control of locomotion：From Mollusc to man. Oxford University Press，1999.
11. Scudder CA，Kaneko CR，Fuchs AF. The brainstem burst generator for saccadic eye movements：a modern synthesis. *Exp Brain Res*，2002，1424：439-462.
12. Sparks DL. The brainstem control of saccadic eye movements. *Nat Rev Neurosci*，2002，312：952-964.

原始文献

1. Caggiano V，Leiras R，Go?i-Erro H，et al. Midbrain circuits that set locomotor speed and gait selection. *Nature*，2018，553：455-460.
2. Cannon SC，Robinson DA. Loss of the neural integrator of the oculomotor system from brainstem lesions in monkey. *J Neurophysiol*，1987，575：1383-409.
3. Cheron G，Godaux E. Disabling of the oculomotor neural integrator by kainic acid injections in the prepositus-vestibular complex of the cat. *J Physiol Lond*，1987，394：267-290.
4. Dautan D，Souza AS，Huerta-Ocampo I，et al. Segregated cholinergic transmission modulates dopamine neurons integrated in distinct functional circuits. *Nat. Neurosci*，2016，19：1025-1033.
5. Ferreira-Pinto MJ，Kanodia H，Falasconi A，et al. Functional diversity for body actions in the mesencephalic locomotor region. *Cell*. 2021，184：4564-4578.
6. Fuchs AF，Luschei ES. Firing patterns of abducens neurons of alert monkeys in relationship to horizontal eye movement. *J Neurophysiol*，1970，33：382-392.
7. Hanes DP，Wurtz RH. Interaction of the frontal eye field and superior colliculus for saccade generation. *J Neurophysiol*，2001，85：804-815.
8. Henn V，Cohen B. Coding of information about rapid eye movements in the pontine reticular formation of alert monkeys. *Brain Res*，1976，108：307-325.
9. Josset N，Roussel M，Lemieux M，et al. Distinct contributions of mesencephalic locomotor region nuclei to locomotor

control in the freely behaving mouse. *Curr Biol*，2018，28：884-901.

10. Keller EL，McPeek RM，Salz T. Evidence against direct connections to PPRF EBNs from SC in the monkey. *J Neurophysiol*，2000，843：1303-13.
11. Lee C，Rohrer WH，Sparks D. Population coding of saccadic eye movements by neurons in the superior colliculus. *Nature*，1988，332：357-360.
12. Luschei ES，Fuchs AF. Activity of brain stem neurons during eye movements of alert monkeys. *J Neurophysiol*，1972，35：445-461.
13. Moschovakis AK，Karabelas AB，Highstein SM. Structure-function relationships in the primate superior colliculus. Ⅱ. Morphological identity of presaccadic neurons. *J Neurophysiol*，1988，601：263-302.
14. Robinson DA. Eye movements evoked by collicular stimulation in the alert monkey. *Vision Res*，1972，1211：1795-808.
15. Roseberry TK，Lee AM，Lalive AL，et al. Cell-type-specific control of brainstem locomotor circuits by basal ganglia. *Cell*，2016，164：526-537.
16. Sparks DL，Rohrer WH，Zhang Y. The role of the superior colliculus in saccade initiation：a study of express saccades and the gap effect. *Vision Res*，2000，4020：2763-77.
17. Takakusaki K，Kohyama J，Matsuyama K. Medullary reticulospinal tract mediating a generalized motor inhibition in cats：Ⅲ. Functional organization of spinal interneurons in the lower lumbar segments. *Neuroscience*，2003，121：731-746.
18. Xiao C，Cho JR，Zhou C，et al. Cholinergic mesopontine signals govern locomotion and reward through dissociable midbrain pathways. *Neuron*，2016，90：333-347.

第 4 章 大脑皮质和随意运动的控制

崔 翾 陈道奋

大脑皮质是哺乳动物择优进化中扩增最为明显的脑部位。高等哺乳动物在适应复杂环境的生存过程中，在遗传本能的基础上不断学习，掌握和积累生存技能与应对策略。整合和认知能力的持续提升，是脑功能与适应性行为相互作用并彼此依赖的演化结果。这一切都与大脑皮质的发达程度及其调控能力密不可分。从结构和功能关系来看，皮质对运动的控制，在进化和发育上可看成是脊髓和脑干对运动控制的自然延伸。尤其是对于需要经运动学习后掌握的随意的技能，位于脊髓和脑干的一系列反射性调控神经网络提供了多种多样的基本功能模式，而具有更高层次调控功能的中枢神经结构，包括运动皮质（motor cortex）以及基底神经节和小脑等皮质下结构参与的环路，形成了统筹、整合、操控所需的更为广泛和复杂的神经控制网络。也正是高级中枢网络这种可按特定需求而加以协调修饰的多功能整合能力，使得以脊髓和脑干的反射活动为基础的非随意运动不至于在其稳定性和可靠性上受到破坏，而是具备相当实用的可塑性和应变能力。不同于由感觉输入引发、单调的反射运动，随意运动（voluntary movement）有目的性、出自意愿，且取决于前提或背景。尤其对人来说，常常会对所做的这种随意动作伴有类似个人自由意志下“自我拥属”的意识。皮质和前脑其他部位形成的高级中枢根据随意运动的目的提供运动策划，并按外界环境的特征将运动的计划和执行过程具体化。感觉传入信息最终在大脑各皮质区被处理而上升为与运动相关的行为的认知。这些有关外界环境的信息与脑部其他区域有关动机和意愿的信息通过以大脑皮质运动区为主要环节的神经环路和网络的汇总，经由这些神经网络的动态计算，按照机体对环境反应的需要和意愿实现随意运动的计划、发起、引导和学习等复杂的高级调控。

第一节　大脑运动皮质在随意运动的计划、发起和调控中起关键主导作用

一、大脑主运动皮质是最早被研究的神经结构之一

大脑皮质被认为是神经系统等级最高、功能最复杂的高级中枢，而人类对皮质功能的最早的认知来自对电刺激皮质“引发”肢体运动的观察。1870年德国医生 Gustav Fritsch 和 Eduard Hitzig 用电刺激狗的大脑皮质，观察到皮质对侧躯体的运动，而且刺激皮质的不同区域引起不同部位肌肉的收缩。该实验支持了更早些时期的分别由法国学者 Paul Broca 和英国学者 John Hughlings Jackson 基于临床观察后所提出的皮质的运动功能和其在皮质表面分布的假说。后来的实验发现，刺激猴的大脑皮质中央前回（precentral gyrus）最容易引发运动。由此，这一区域被称为主运动皮质（或称初级运动皮质，primary motor cortex，M1）。主运动皮质因此被普遍认为是神经科学史上第一个从功能上被研究而定义的脑区；加上其又是实验上更容易接近的中枢脑结构，因此可能也是被研究得最多的脑区之一。除电刺激以及各类经典的细胞形态和纤维跟踪外，早期常用的实验方法还包括手术切割或损毁部分皮质后观察动物运动行为的变化，以确定特定皮质区域与具体运动功能的相关性或必要性。较为传统，但又在不断更新的、针对运动相关神经活动的研究手段还包括脑电图技术，微电极技术，以及各种脑功能成像技术等（参见有关篇章）。多种动物上的大量实验研究表明，主运动皮质在哺乳类的精细运动控制中起到了普遍的关键作用，这种功能上的高度保守使其成为跨物种广谱留存的脑结构之一。近些年，利用分子生物学技术构建的实验动物模型和采用光遗传学手段实现的神经元电活动调控技术等方法为研究脑的结构和神经网络与功能的关系带来革命性进展，也使我们对皮质神经元之间、以及它们与其他脑部位或动物行为之间的相互关系的研究不再仅仅停留在相关性的探索上，而是能探究特定的因果关系及其相互的充要条件，从而构建从基因到神经细胞、从神经环路到行为的连续的研究尺度和范式。尽管运动皮质已被频繁研究，但从系统神经生理学的角度看，当前学界对其工作原理仍缺乏清晰的理解。本章的阐述重点在于回顾我们对运动皮质的认识及其演变，以帮助读者领略运动控制神经原理的探索历程，并启发对今后可能发展方向的思考。

二、运动皮质区域布局，及其特征各异的运动控制

哺乳动物前肢的伸手和抓握运动，尤其是灵长类手指的精细运动，是在摆弄环境中各类特定物体的适应性动作中，通过与相应更为发达的皮质神经环路对日趋复杂的认知和行为的调控相互作用而演化产生的。一系列哺乳动物实验表明，随意运动过程中相关的神经活动不仅可在大脑皮质不同区域被同时记录到，而且还显示出各异的表征（representation），包括各肢体部位的功能表征区在皮质的排布，以及对神经环路调控肢体在三维空间中产生功能性动作可能需要的参数的计算及编码等。从功能调控的角度考虑，中枢的时空性协调需要明确的内容包括：是否需要运动？运动的目标是什么？如何完成运动？何时输出运动？还有如何发出运动执行指令并随时对正在进行的运动加以修正和调整？在整个运动生成过程中，信息的流向一般是：感觉信息输入为始，汇总后上升到认知，接着选择合适的动作，最后付诸执行。各类动物和人的实验表明，在此过程的每一时刻，许多相互连接着的皮质区域以及相关皮质下结构的神经元会出现时空重叠又特征各异的运动相关神经活动。从理论神经科学中串联和并联的神经网络模式角度看，大脑皮质运动调控的一系列实验探究提供了不少两者兼备的实例。

根据感觉运动整合信息在皮质各区的神经活动模式和基本流向，以及大脑皮质的主要解剖形态特征，目前认为，灵长类除主运动皮质区外至少还有四个功能分明的位于更前部的次运动皮质区。当然，皮质的功能性分区毕竟是人为的经验性归类，同时，由于实验动物和研究手段的区别，尤其是在采

取现代分子生物学技术所做的细胞和环路与行为之间的关系分析中，以及分类的角度和标准的不同，这些功能分区仍在不断更新。本章以简要的篇幅和较传统的图示说明各运动皮质分区部位，旨在为更深入的了解提供基本的指引。这些位于主运动皮质前方（anterior）的次运动皮质区属于Brodmann 6区，分别为：靠近外侧的分为背部和腹部的前运动皮质区（dorsal premotor area and ventral premotor area，PMd and PMv）、靠近内侧中线的辅助运动区（supplementary motor area，SMA）和居于中线稍前部位且埋在皮质扣带沟内的扣带运动皮质区（cingulate motor area）。其中，外侧前运动区与口面部和手部运动有关，大部分神经元在目的性动作如抓握或摆弄物件时放电；而辅助运动区则被认为与选择和准备合适的随意运动，或需要两侧协调配合的双手运动有关。它们不仅与皮质下的脑干结构有紧密的连接，而且有直接投向不同节段脊髓灰质的神经纤维。辅助运动区还被认为负责把各类信息中转至位于中央前回（4区）的主运动皮质区，以执行被选定且准备好的随意运动。灵长类动物中，上述的运动区与后顶叶联合皮质（Brodmann 5区和7区）有相互的投射，形成额顶网络（frontoparietal network），从而使得后顶叶中的视觉信息可用于主导对依赖手眼协调的目标指向性运动的编程和对随意运动的空间调控。

第二节 运动皮质的细胞类型、神经网络结构、功能表征布局和输出输入特征

一、主运动皮质内按躯体部位排列的神经组构布局具有动态可塑性

主运动皮质区作为最早被探究的人体神经结构，对其的一系列损毁和刺激实验为建立神经科学最初的概念性框架起到了关键作用。尤其是随着电刺激手段在精度上日益改善，研究者能够优化数据采样，发掘新的变量和分析思路，修正实验假说，从而对原先的概念性框架不断修改、更新甚至重建。在早期欧洲和加拿大蒙特利尔学者们的开创性工作的基础上，利用20世纪40年代战后新一代电生理实验仪器，美国神经生理学家Clinton Woolsey更为系统和详细地观察记录了电刺激皮质所引发的运动，进而初步确定了皮质运动区的范围。他们用多种哺乳类动物比较研究后证明，主运动皮质区是按躯体部位排列组构的，从而提出主运动皮质区对各动物肢体部位运动的控制影响按它们的相互连接关系在皮质相邻排列。相同的结果在接受脑外科手术的清醒患者的实验中也得到证实。图7-4-1和图7-4-2分别为人和猕猴、猩猩的主运动皮质区内躯体各部位肌肉代表区分布的示意图。在4区内侧近中线部位是下肢代表区，向外侧依次为躯干、前臂、手指，最靠近外侧沟处为面部和舌代表区。运动代表区分布的有序性和特征性非常类似位于中央沟后部的躯体感觉代表区，身体各部位的运动代表区大小不同，参与精细或复杂运动的身体部位如手指和面部的代表区远大于其他部位的代表区（图7-4-2）。

主运动皮质区内躯体部位代表区的这种分布特征，在早期还不具备脑电图或神经成像技术时，曾经为解释临床上局灶性癫痫发作时所观察到的症状扩布的形式和规律提供了帮助而作为诊断的基础。John Hughlings Jackson当时观察和描述这类患者抽搐发作的典型次序是从面部、拇指或示指开始，然后扩展到手、上臂及身体其余部分，最后扩布到腿和足部。他正确地推断出这是由于局部癫痫灶引起的异常活动沿大脑运动皮质区相邻部位扩展的结果。1884年，Jackson曾和他的同事们根据一个患者在面、舌、手部的局部性抽搐发作症状，准确诊断出在患者颅内有关的运动皮质区域存在病灶。他们又根据当时对猴大脑皮质运动代表区的实验结果，从颅外准确地判定了病灶的位置，最后在该部位打开颅骨后顺利地切除了患者如核桃般大小的脑肿瘤。

尽管早期实验确定了主运动皮质是电刺激可引起运动的主要皮质区，但随后的实验也发现，电刺激清醒患者中央前回所能引发的运动与患者的随意运动有很大的不同，基本上属于简单而刻板的运动，而且电刺激并不能引发受试者的主观运动意图。此外，如果受试者在执行随意运动时，刺激其

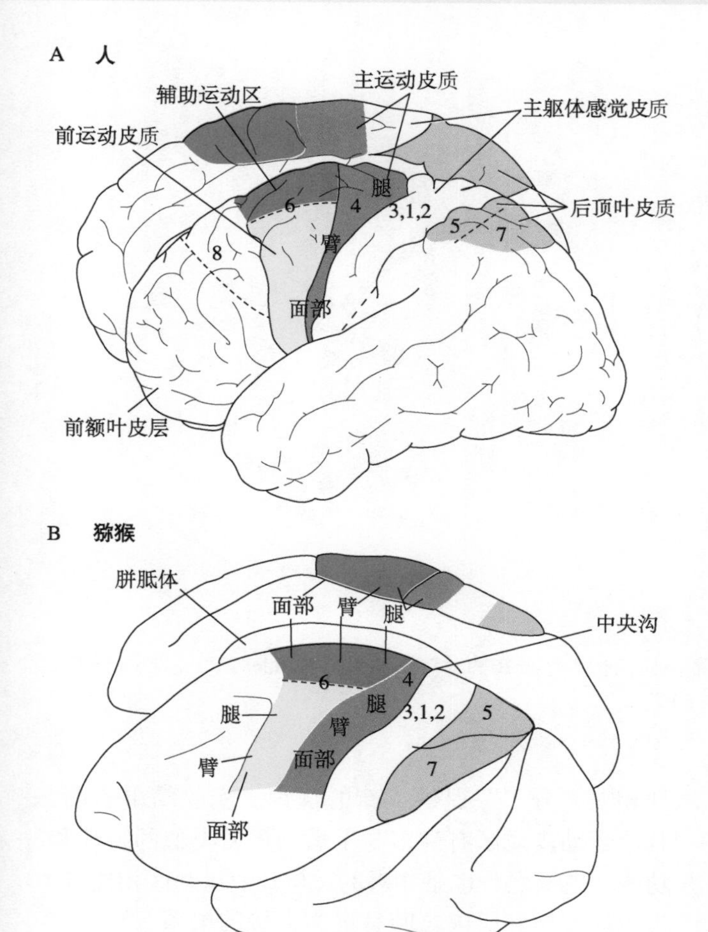

图 7-4-1　人和猕猴的主运动皮质区和次运动皮质区，以及初级感觉皮质区和后顶叶区在大脑表面的相对位置的示意图
运动皮质区大部分属 Brodmann 4 区和 6 区。前者是可细分成脸、手臂、和腿部代表区的主运动皮质区。后者包括位于皮质外侧的背部和腹部前运动皮质区、位于皮质内侧表面的辅助运动区，以及位于中线稍前的皮质扣带沟内的扣带运动皮质区（未示）（修改自 Kandel ER，Schwartz JH，Jessell TM，Principles of Neural Science，3rd ed. Elsevier，1991）

他一些皮质位点会使正在活动的肌肉舒张而导致运动中断。这些结果为当时主张主运动皮质比较接近运动系统的执行输出端的说法提供了实验依据。

除非采用极其微弱的电流（如＜ 10 μA），电刺激主运动皮质表面引起的运动通常是许多肌肉配合收缩的结果。早期学者们对运动皮质所代表的是运动还是肌肉有不同的看法：前者认为运动皮质区只需向下级中枢（脑干、脊髓）发出进行某种运动的指令，并不直接具体地控制肌肉的收缩；后者则认为运动皮质神经元可以控制个别肌肉的活动。张香桐、Theodore Ruch 和 Arthur Ward 在麻醉猴的后肢肌肉上观察重复电刺激主运动皮质不同部位所产生的反应，发现刺激一个较广的皮质区域均可使同一块肌肉收缩，这个局部区域可看成是该肌肉的皮质代表区。而由于在此代表区中能引起该肌肉收缩的电刺激的阈值范围十分局限，另外，各肌肉的代表区相互重叠，所以刺激一个位点通常可引起数块肌肉同时收缩。只有当以较弱的电流刺激肌肉皮质代表区的低阈值位点时才可引起一块肌肉的单独收缩。因此，一方面，各肌肉的代表区在主运动皮质的相互重叠表明局部区域的兴奋能代表相关部位的运动；另一方面，主运动皮质的局部微小区域也具备影响单块肌肉的能力（图 7-4-5）。

20 世纪中期，更为精密的电生理仪器设备让 Hiroshi Asanuma 得以用钨丝微电极插入麻醉猫的运动皮质深部，并用很微弱的瞬间电流进行皮质内微刺激（intracortical microstimulation，ICMS），使电刺激因减小了电流扩散而能更为精确地激活少数皮质神经元以引发单块肌肉的收缩。他们的实验发现，引起一块肌肉收缩的有效皮质刺激点集中在一个与皮质表面垂直的柱状区域内，类似于躯体感觉皮质及视觉皮质中的皮质柱状组构相。之后，Michael Graziano 将这种微刺激方法改良为成串刺激（a train of stimulation）并应用在清醒或半清醒猴的实验中。当把成串刺激长度延续十几倍到 500 毫秒时，刺激主运动皮质可使坐着的猴做出各类复杂的多关节的前臂和手部运动。此外，当临时在猴的手腕增加负载量时，74% 的试次中刺激所引发的运动能使猴做出相应的补偿反应，将瞬时添加负载的手部举到原先设定的目标高度。大约一半的皮质刺激位点的实验结果显示，引发的动作中的某一关节运动的变异会被其他关节的相应变化所补偿，从而将上肢末端的手部稳定于空间中的特定区域。这些实验结果似乎表明，在动物不受麻醉影响的条件下，至少部分皮质电刺激引发的运动是通过比较高层次的、有应变能力的神经网络而产生。更为详细的灵长类动物实验结果表明，支配上肢各肌肉的皮质脊髓运动神经元在贯穿主运动皮质区内外侧的前臂代表区内有着广泛的、相互混合重叠的分布。拇指、示指运动和上臂肌肉收缩时在主运动皮质内各有两个激活区，分别位于 4 区的前部和后部。面部、手、手臂和腿运动时，在主运动皮质中的激活区的中心位置虽然和传统的躯体定位组织的排列相符，但相邻身体部位运动时的激活区彼此却有高度的重叠，如拇指、示指、中指、无名指和腕部的代表区互相有 40% ～ 70% 的重叠，而且单个手指运动时出现好几个激活区。各躯体部位的皮质代表区

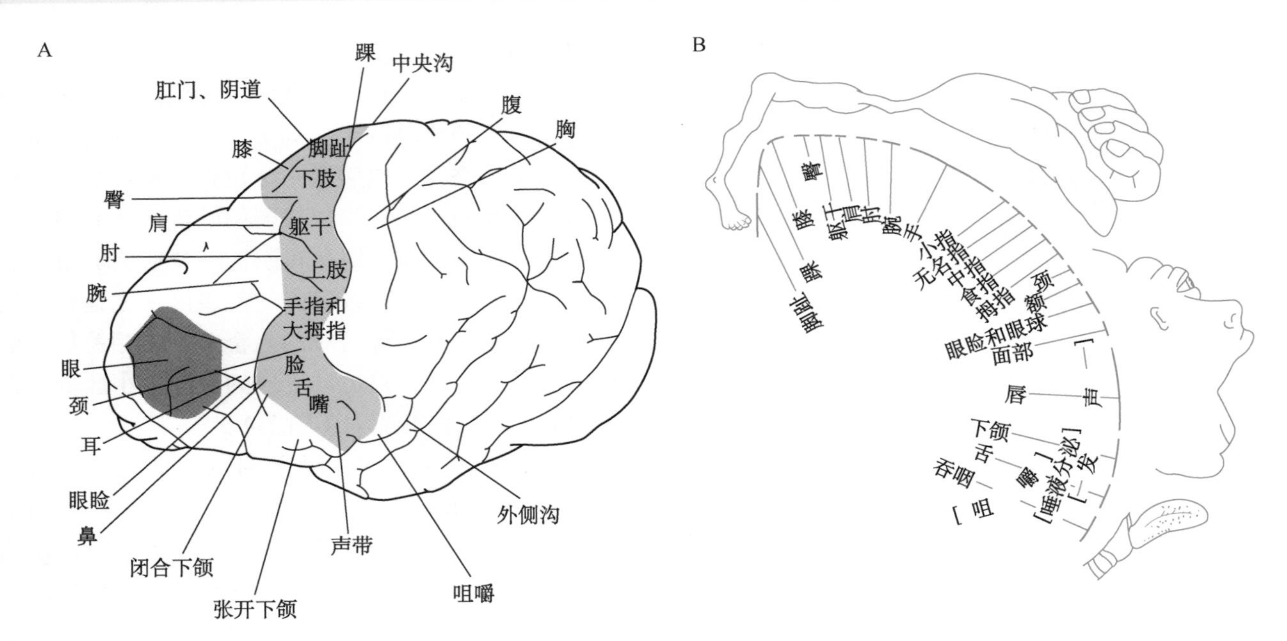

图 7-4-2 猩猩（**A**）和人（**B**）的大脑主运动皮质区内躯体各部位肌肉代表区分布的示意图（引自 Kandel ER，Schwartz JH，Jessell TM，ed. Principles of Neural Science，3rd ed. Elsevier，1991）

的布局与躯体部位、肌肉或运动种类既有相对的特异对应性，也具相对且动态的变化性。它们彼此的位置和大小不仅与哺乳类动物进化和个体神经发育有关（见相关章节），更会受运动技能的学习和练习等动物行为的影响而改变，或因周围皮质或其他神经部位的损伤而引发可塑性变化（见下文）。

尽管皮质电刺激方法所引发的是动物非随意的简单肌肉活动，而且需要逐个将皮质刺激位点的反应加以汇总后才能做出合理的功能解释，但因刺激强度和模式（脉冲波宽、个数和时长等）都较容易控制和定量刻画而仍被广泛采用。长串皮质内微电流刺激（long-train ICMS）目前仍是对皮质区域间神经网络功能性联系在各类动物中做比较研究时采用的一个相对标准的、可互比的实验手段。运用此技术的一系列系统的早期实验，支持了对主运动皮质区按躯体部位排列的功能组构的概念上的认知，为脑科学的基础研究和临床应用奠定了关键性的基础。这些渐进的认知，不仅为新的研究思路和手段提供了前提和方向，也靠新概念性框架或新的实验技术和手段，不断塑造现有的知识体系。

由于早期对大脑运动皮质区的确定和划分主要依赖形态学、损毁或电刺激方法，所以研究焦点主要放在与肌肉收缩有比较直接关系、且损毁后对运动的影响最明显的中央前回4区的主运动皮质。后来，从清醒猴实验和其他研究方法得到的结果，为大脑皮质对复杂运动的控制功能在皮质各区的分布和相对“分工”提供了新的认识。实验结果表明，其他运动皮质区有许多与主运动皮质类似的特征和功能，主次之分也是相对的：与其他运动区相比较，主运动皮质和肌肉之间有更为直接的关系，对运动的执行显得更为重要。运动皮质的比较形态和生理学的一系列研究表明，躯体部位代表区的分布反映了动物独特的行为特征。例如灵长类与啮齿类动物之间最为明显的区别之一在于前肢手趾部运动：后者不仅只有很小的皮质部位有前趾部代表区，而且电刺激很难激发单趾的运动；相比之下，前者的手部运动代表区在皮质所占的比例明显增大，到了恒河猴，其手指和手腕代表区还扩大到占据了皮质后顶叶相当大的区域，同时也具备了相当丰富的皮质额叶和顶叶间的神经网络联系（frontoparietal networks，见 Baldwin et al，2018）。刺激灵长类主运动皮质激发与脊髓运动神经元单突触联系引起更局部且明确、而相对简单的运动，刺激阈值也相对更低。尽管啮齿类的次级运动皮质（secondary motor cortex，M2）也有较广泛的支配手趾部肌肉的皮质脊髓纤维投射，但大多要相隔两个以上的突触，相关的功能也比较复杂，较强电流和较长时程的电刺激可引起一些形式单一、但较为复杂的运动。虽然灵长类的辅助运动区和前运动皮质也是按躯体定位组织的，但刺激辅助运动区常引起复杂且较持久的运动，如肢体或躯干的朝向反应或打开手掌和握拳等，有时还可引起身体两侧的运动；刺激前运动皮质则较少引起运动，所引起的运动常牵涉肢体近侧肌肉的收缩。

近些年分子基因和光基因技术、嗜神经病毒神经环路示踪技术、清醒灵长类动物电生理记录技术以及对单个细胞的全基因组检测技术等的发展，不仅让我们能更系统而详细地了解皮质神经元的种类和分布，以及它们相互联系的神经网络，也不时带来颠覆性的新发现。Peter Strick 实验室多年来的探索，将嗜神经病毒成功地应用于中枢神经系统跨突触示踪，分别在鼠和猴中发现与内脏器官有密切突触联系的皮质功能分区。猴的主运动皮质和内侧前运动皮质皆呈现内脏运动的器官表征。这不仅证实运动皮质与四种运动形式的控制（参见“运动引论”章）都有密切的关系，而且还为皮质通过调控自主神经系统（autonomic nervous system）来维持体内环境相对动态平衡的可能机制特性开创了崭新的研究机会。同样，近些年在脑外科手术前患者清醒时的“机会窗”或在脑机接口的临床实验，也让我们对主运动皮质传统的躯体部位排列及其他更复杂的高层次的认知等功能的神经组构布局和动态可塑性的认知有了新的进展。Krishna Shenoy，Jaimie Henderson 和 Leigh R. Hochberg 等多学科实验组的合作，用脑机接口技术对四肢瘫痪患者的中央沟前回呈“把手”状的地标性手部代表区的系统研究，不仅在人脑运动皮质再次显示躯体部位代表排列并非像传统认为的那般有界有序，而且还发现该“把手”状手部区神经元活动的编码特征具备相当复杂的全身性的综合躯体功能组构信息。这种皮质局部手部代表区与四肢运动具有综合神经编码的特性，为深入研究运动皮质活动编码的神经机制和改善脑机接口应用的有效性，都具有很大的意义。

二、主运动皮质具有长轴突的投射性大锥体神经元

运动皮质灰质的结构分层与感觉皮质的主要区别在于总体上缺乏明显的颗粒细胞层（即第Ⅳ层），所以运动皮质也被称为无颗粒细胞皮质（agranular cortex；位于扣带回的运动区例外）。但是运动皮质具异常丰富的第Ⅴ层，尤其是在食肉类和灵长类动物上。运动皮质神经元基本上归为两大类：占大多数的锥体细胞和剩下约 20% 的属于皮质中间神经元（cortical interneuron）的非锥体细胞。非锥体细胞包括星形细胞、篮状细胞和颗粒细胞，基本都属于抑制性神经元。分布各层中的锥体细胞有不同的轴突投射。图 7-4-3 所示为运动皮质兴奋性谷

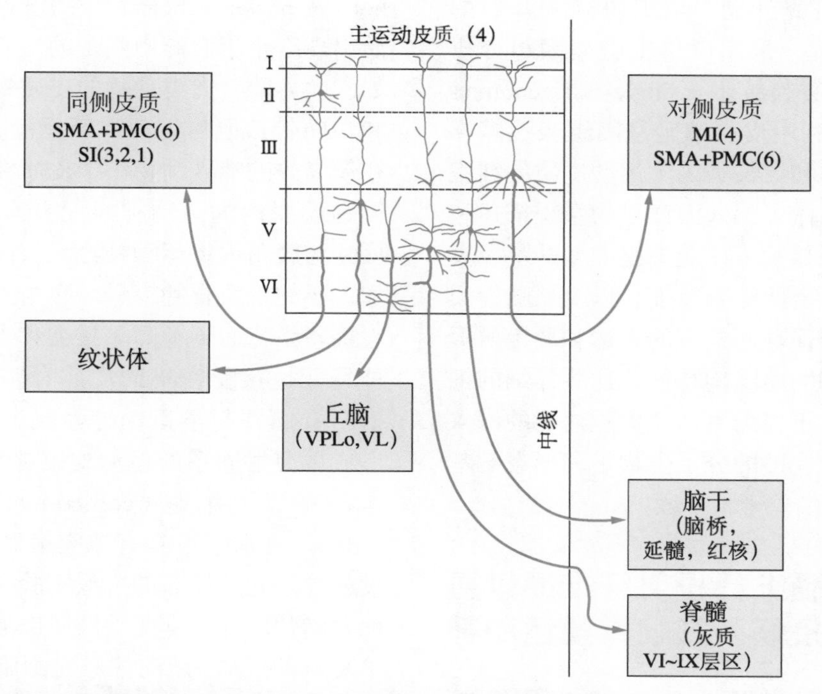

图 7-4-3　**图示锥体细胞的特征是具有向皮质表层延伸的顶树突，其轴突离开运动皮质到其他皮质或皮质下结构，所以它是主要的传出神经元**

神经元轴突投射至同侧半球其他结构或越过中线投射至对侧结构，括号内数字代表 Brodmann 皮质区号。MI. 主运动皮质；SI. 主躯体感觉皮质；VPLo. 腹后外侧核吻部；VL. 丘脑腹外侧核；SMA. 辅助运动区；PMC. 前运动皮质（引自 Jones EG，Peters A. eds. Cerebral cortex：Further aspects of cortical function，including hippocampus. vol 5，New York：Plenum Press. 1986：113-184.）

氨酸能锥体神经元轴突投射的概括性示意简图。在第Ⅱ、Ⅲ层中的锥体细胞投射至其他皮质区，位置较浅的细胞投射至同侧皮质（如辅助运动区、前运动皮质、中央沟后的感觉皮质），较深的则经胼胝体投射至对侧皮质。大多数向皮质下结构的投射起源于第Ⅴ层的锥体细胞，终于基底神经节、丘脑或下行至脑干和脊髓。投射至脊髓的皮质脊髓神经元（corticospinal neuron）分布在第Ⅴ层的深部。在灵长类，这些具有往皮质浅层延伸的、标志性的茂盛直根状顶树突系统的大个皮质锥体神经元被称为Betz细胞。其中，较浅的第Ⅴ层锥体细胞投射至间脑纹状体，而较深的第Ⅴ层锥体细胞则投射至红核、脑桥和延髓。第Ⅵ层的锥体细胞投射至丘脑，它们也有上行轴突侧支与皮质其他各层的细胞形成突触连接（图7-4-3）。

尽管抑制性中间神经元只占皮质神经元总数的20%左右，但它们在细胞形态、在皮质各层的分布、所表达的特异性分子标记、相互间及与锥体神经元间的突触联系形式和放电活动形式等方面呈现出高度的多样性。初步的动物实验显示它们具有突触间的各种调控机制，比如在运动学习中活动的特定时相被募集和启动，参与对锥体细胞兴奋性的调控或对其树突棘做双向适应性的可塑修饰等。

近年来在“脑研究计划”组织协调下开展的大规模团队合作研究，采用以单细胞基因组分析为手段的分子细胞实验技术（single-cell genomics technologies），充分利用皮质细胞基因组表达多样化的特征，对啮齿类和灵长类的主运动皮质的细胞类型和输出输入联系做了深入而详尽的系统描述和计算分析。最新结果显示了皮质细胞类型的基因表达和调控在分子水平上的综合特征，以及从啮齿类到灵长类在种系上被保存而共有的表达和调控所形成的区域空间分布和回路组构特征。这些详细的细胞和网络特征数据，不仅为主运动皮质功能的深入研究奠定了较为系统完整的分子生物学和形态学基础，也提供了新一代实验干预手段。

三、皮质脊髓下行投射纤维通过直接和间接联系影响脊髓运动神经元

大脑皮质在很大程度上通过皮质脊髓束（corticospinal tract）和皮质延髓束（corticobulbar tract）下传信息来控制运动。皮质脊髓束支配脊髓运动神经元，后者通过脊神经控制躯体肌肉的活动。皮质延髓束则一部分终止于延髓的脑神经运动核团（cranial nerve nuclei），控制颌面部肌肉的活动。它们一起经间脑内囊下行到中脑腹侧，分散地穿过脑桥，而皮质脊髓束会继续下行，在延髓集合并在表面形成隆起的锥体结构。皮质脊髓束因大部分纤维经延髓锥体（pyramids）交叉至对侧而被称为锥体束，该解剖学特征则被称为锥体交叉（decussation of pyramid）。这些纤维继续下行至延髓和脊髓交界处，约3/4的纤维交叉至对侧而在脊髓的背外侧束下行，称为外侧皮质脊髓束（或皮质脊髓侧束，lateral corticospinal tract），另1/4纤维不交叉而在脊髓腹侧下行，称为腹侧皮质脊髓束（或皮质脊髓前束，anterior corticospinal tract）。外侧皮质脊髓束主要终止于脊髓腹角（或称前角，ventral horn or anterior horn）外侧的运动神经元和中间带（intermediate zone）内的中间神经元，腹侧皮质脊髓束则主要投射至支配躯干中线肌肉和肢体近侧肌肉的双侧脊髓腹角内侧的运动神经元和中间区内侧的中间神经元。

在种系发生上，皮质脊髓束在哺乳动物中才开始出现，而且起初主要控制传入神经核团。如刺猬的皮质脊髓束只终止于脊髓背角（或称后角，dorsal horn or posterior horn）。在比较高等的动物中，开始出现终止于脊髓中间带的皮质脊髓束的末梢。例如，大多数食肉类动物的皮质脊髓束只终止于背角和中间带，但与运动神经元没有直接的突触联系。在较高等的哺乳动物中，皮质脊髓束开始与控制肢体远端肌肉的运动神经元有直接联系，以后再扩展到与腹角内侧运动神经元核团也有直接联系。例如，猴的皮质脊髓束只与腹角外侧的运动神经元有直接联系，而到了高等猿类和人，腹角内侧的运动神经元也接受密集的皮质脊髓束的末梢支配。投射至脊髓并与下运动神经元（lower motor neuron）形成单突触联系的运动皮质神经元被另称为皮质-运动神经元细胞（cortico-motoneuronal cells，CM cells），有别于不具有单突触联系的其他皮质脊髓投射神经元。最新的猕猴实验结果表明，下行投射到脊髓颈段并与支配上肢肌肉的下运动神经元形成单突触的皮质-运动神经元细胞的轴突几乎全部来自对侧的主运动皮质手臂代表区，而相比之下，来自主运动皮质下肢代表区的皮质-脊髓神经元有大约10%的同侧投射。这进一步提示，除了能“绕过”中枢的其余机构而与控制肌肉的脊髓运动神经

元形成直接联系的皮质调控能力，投射上的脑半球优势倾向可能在高等灵长类对控制肢体远端肌肉的活动，特别是手指的精巧活动中，起重要作用。

人类的皮质脊髓束约一百万根纤维中近 60% 起源于中央沟以前的皮质（约 30% 起源于 4 区皮质，30% 来自 6 区皮质的前运动皮质和辅助运动区），其余 40% 则来自中央沟后部的顶叶皮质，其中有不少以两个突触与支配手的脊髓运动神经元联系，被认为与运动的空间感知和协调有关。因此，皮质脊髓束中的相当一部分纤维并非起源于运动皮质。起源于中央沟以后皮质区的皮质-脊髓神经元较多终止在脊髓的背侧部，可能主要与传入信息的调控有关，而部分位于感觉皮质 3a 区的皮质-脊髓神经元可能与脊髓的 γ 运动神经元形成单突触联系来调节肌梭传入的敏感性。几乎所有的皮质-脊髓神经元都位于运动皮质的第Ⅴ层，大多数皮质-脊髓纤维是传导速度较慢的细纤维，其中约 90% 的纤维的直径在 4 μm 以下且约有一半纤维是无髓鞘纤维，起源于 Betz 细胞的粗纤维只占 3% 左右。

为了解皮质脊髓束纤维对脊髓运动神经元影响的突触神经生理学特性，Charles Phillips 领导的实验室电刺激狒狒的主运动皮质，同时在脊髓运动神经元细胞内记录由刺激诱发的突触后电位。这一系列在 20 世纪 50—60 年代完成的电生理研究，其中包括当时正在牛津进修的吴建屏参与完成的高难度活体微电极细胞内记录突触后膜电位的开创性实验。他们将皮质-脊髓神经元对支配各类肌肉的脊髓运动神经元的直接的兴奋性影响的程度做了系统的记录分析。发现刺激运动皮质在支配肢体远端肌肉的运动神经元上产生的兴奋性突触后电位（excitatory postsynaptic potentials，EPSPs）比在支配肢体近侧肌肉的运动神经元上所产生的大得多（图 7-4-4A）。另外，与肌梭感觉传入Ⅰa 纤维对 α 运动神经元直接的兴奋性输入不同，皮质刺激引发的单突触 EPSPs 随刺激重复频率的增加而呈现易化效应（facilitation）。图 7-4-4B 所示的记录表明重复刺激（200 次 / 秒）Ⅰa 传入能使连续诱发的 EPSPs 产生简单的叠加效应，而用同样频率刺激运动皮质则可连续诱发出逐渐递增的 EPSPs（比较图中Ⅰa 和 CM 的记录）。这种随重复刺激的递增并非是简单的叠加，它们不可能是由于连续刺激诱发了更多投射至脊髓的皮质神经元的活动，因为在脊髓背表面同时记到的下行神经脉冲波幅度（记录方法参见图 7-2-11）并没有随重复刺激而有变化；也不会是由于重复刺激募集了更多的兴奋性脊髓中间神经元，因为 EPSPs 只有幅度的增加，而没有潜伏期和形状上的变化。因此，这种皮质对脊髓运动神经元单突触 EPSPs 的特殊易化效应被认为可增强运动起始时高频神经放电活动的有效性。

实验表明，对一个脊髓运动神经元有直接兴奋性影响的皮质-脊髓神经元群，分布在 2 ～ 10 平方毫米大小的形状不规则的皮质区域内。与支配不同肌肉的脊髓运动神经元有直接联系的皮质-脊髓神经元在皮质的分布是互相重叠的，与单个运动

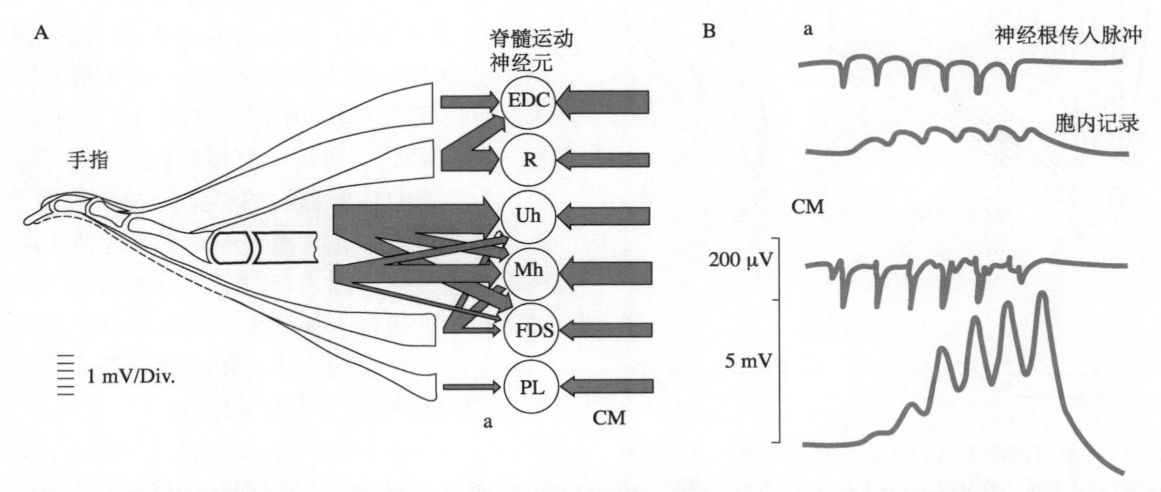

图 7-4-4　刺激肌梭感觉传入Ⅰa 纤维和大脑皮质 CM 细胞在脊髓前肢运动神经元引发的单突触 EPSPs 的比较

图 A 为不同类脊髓运动神经元接受的总突触输入。箭头的粗细代表最大 EPSPs 的相对幅度。EDC. 指总伸肌；R. 其余的腕部背屈肌；Uh. 尺神经支配的手内肌；Mh. 正中神经支配的手内肌；FDS. 指浅屈肌；PL. 掌长肌。（图 A 引自 Clough JFM，Kernell D，Phillips CG. The distribution of monosynaptic excitation from the pyramidal tract and from primary spindle afferents to motoneurones of the baboon's hand and forearm. J Physiol（Lond）. 1968，198：145-166；吴建屏对此课题有关键性的贡献，但因当时特殊原因而未能在发表的文章上署名。图 B 引自 Phillips CG，Porter R. The pyramidal projection to motoneurones of some muscle groups of the baboon's forearm. Prog Brain Res，1964，12：222-245）

神经元有联系的皮质-脊髓神经元可以分布于互相分开的皮质区域中，但其下行轴突汇聚一起（图7-4-5B）。另一方面，Eberhard Fetz 和 Paul Cheney 的实验发现，一个皮质-脊髓神经元的放电常同时以单突触影响好几个分别支配不同肌肉的运动神经元，只是这种“分散性”在支配手指肌肉的运动神经元中比较少见，如此较专一的直接突触联系也许对手指精细运动的控制有利。形态学实验也证实，皮质-脊髓神经元的一根下行轴突在脊髓中可有许多分支，终止于支配不同肌肉的运动神经元中（图7-4-6）。

皮质-脊髓神经元除与运动神经元有直接突触联系外，还可以经过上颈段脊髓中的脊髓固有神经元（propriospinal neurons）间接地影响位于颈膨大（cervical enlargement）中的支配前臂肌肉的运动神经元。另一条间接通路是经过Ⅰa 抑制性中间神经元施加对运动神经元的抑制性间接影响。运动皮质也可以通过位于脑干的神经核团间接地控制脊髓运动神经元，在主运动皮质、前运动皮质和辅助运动皮质，均有神经元投射至脑干的网状脊髓神经元及其他下行神经元而间接影响脊髓运动神经元（见第7-3章）。

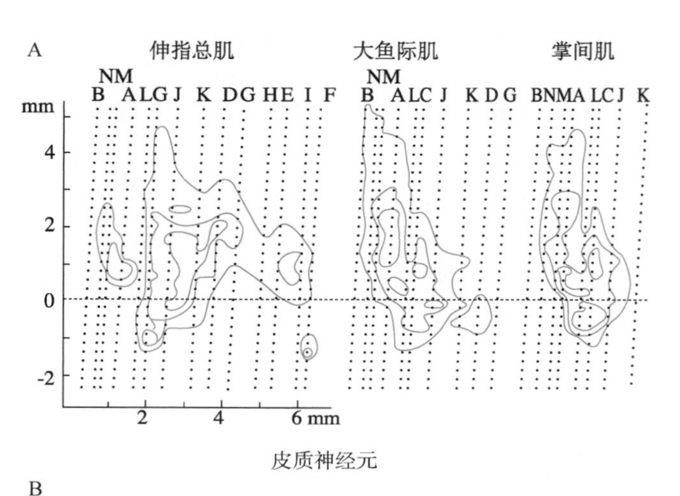

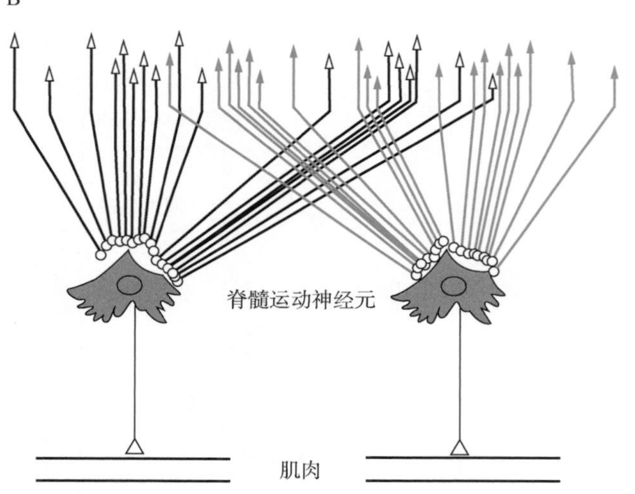

图7-4-5 **A.** 排列着的小点代表在运动皮质表面的电刺激位点；曲线围绕的区域为在不同肌肉上能记录到刺激诱发肌电反应的等阈值区。**B.** 图A所示的实验结果表明，皮质给支配肌肉的脊髓运动神经元的输入来自主运动皮质较宽广的区域，且皮质给某块肌肉提供输入的区域与给身体同一部位的另一块肌肉提供输入的区域有相当的重叠（引自 Zigmond et al. eds. Fundamental Neuroscience，Academic Press，1999.）

四、运动皮质接收来自外周和皮质下结构的躯体感觉传入并与其他皮质部位互相联系

大脑运动皮质能精准无误地控制全身的运动，必须依赖和整合各部位的躯体感觉传入。常规的牙科麻醉术的止痛措施就是一个很好的例子。由于唇齿部的感觉神经通过三叉神经输入，而对该部位的运动支配则经面神经输出，因此针对三叉神经感觉分支的局麻可以有效地达到去感觉的止痛作用，而不影响中枢通过面神经的运动输出控制。但是，即便是最熟练的吹口哨能手在局麻被解除后的相当一段时间都不能靠随意运动有效地控制唇部吹出口哨声。临床上还有更多类似的例子，尤其是周围神经病变的患者，比如进行性神经性腓骨肌萎缩症（Charcot-Marie-Tooth disease、C-M-T，又称腓骨肌萎缩症、恰克-马利-杜斯症）。这些患者呈现的症状常常与小脑疾病中的感觉共济失调（sensory ataxia）非常类似，他们的运动紊乱往往因视觉对环境感觉输入的弥补而减轻。这些例子都表明感觉输入对维持我们运动的敏捷和准确的重要程度。

大脑运动皮质接收直接或间接的、多方面的、甚至包括来自内脏器官的感觉传入。显然，从躯体运动的角度看，尤为重要的是来自躯体不同部位肌肉的感觉传入，因为在时空上协调它们的收缩是运动学控制的关键。如果皮质运动区的“小人”躯体拓扑图的表征组构方式能便于肢体各个部位在运动学上动态地形成特征运动模式（类似无数的动态CPGs，central pattern generators），快速在线反馈控制便能更有效地得以实现。尽管这还只是个假说，但类似的运动皮质控制过程无疑要依赖各类相关的感觉传入，包括目前已知的从皮质下投射上来的外周感觉以及经小脑和基底神经节苍白球的传入。

投射至主运动皮质的躯体感觉输入主要来自

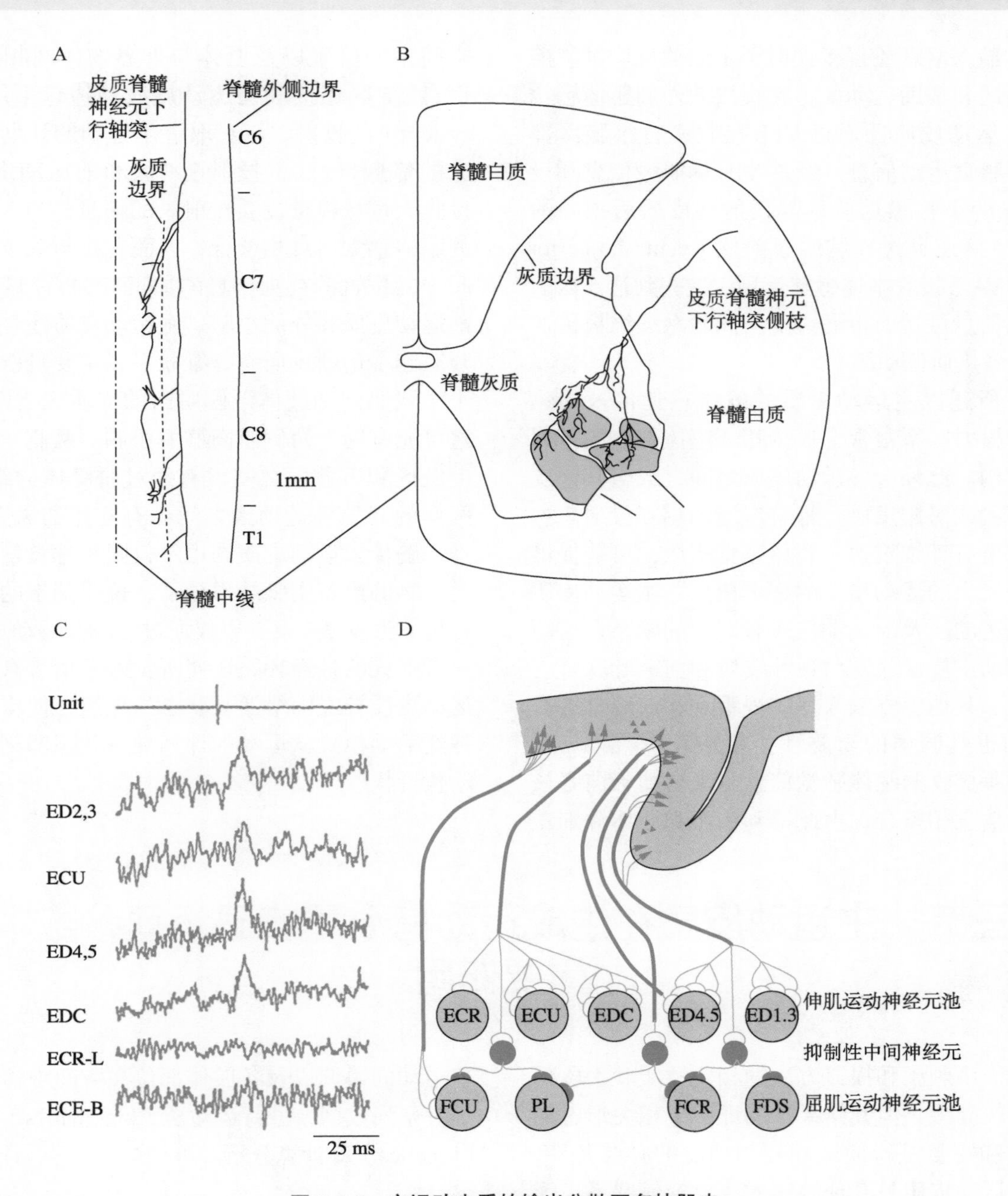

图 7-4-6　**主运动皮质的输出分散至多块肌肉**

A. Shinoda 等的经典形态学实验跟踪被标记的单个皮质-脊髓神经元的轴突末梢在脊髓灰质中的分布。这些末梢不仅在脊髓特定节段分布于支配不同肌肉的脊髓运动神经元池中（见 **B** 中所示四个前臂肌肉运动神经元池），还可分布于脊髓几个不同的节段（见 A 中 C6 至 T1）。**C**. Fetz 和 Cheney 在清醒做运动操作的猴的运动皮质上对所记录的单个皮质神经元和多块前臂肌肉进行的峰电位触发肌电平均分析（spike-triggered averaging of rectified EMG activity，STA of EMG）。图示为经 7051 个峰电位触发后所叠加出的肌电记录，其中四道记录中显示具有固定潜伏期的易化效应，表明该皮质神经元对相应的脊髓运动神经元有单突触兴奋作用。**D**. 单个皮质-脊髓神经元的输出常分散至多块肌肉，直接至脊髓运动神经元池或经过脊髓中间神经元。ED2，3. 示指和中指伸指肌；ECU. 尺侧腕伸肌；ED4，5. 无名和小指伸指肌；EDC. 指总伸肌；ECR-L. 长桡侧腕伸肌；ECR-B. 短桡侧腕伸肌；ECU. 尺侧腕伸肌；FCU. 尺侧腕屈肌；PL. 掌长肌；FCR. 桡侧腕屈肌；FDS. 指浅屈肌

主体感皮质（S1），只是这些投射联系随感觉输入特性和肢体代表部位而在区域分布和上行投射通路上各具特征。外周神经中本体感觉、触觉和振动觉类的感觉输入一般由有髓鞘、直径较粗的输入神经纤维经背根进入脊髓。它们经脊髓背柱上行，中转后，到达丘脑的腹后侧核（ventral posterior nucleus，VP）。腹后侧核对 S1 的 3b-1 分区具相当稠密的投射联系。相比之下，源自肌梭的感觉传入则经过丘脑的腹外侧核（ventral lateral nucleus，VLp）和腹后侧核上部（ventral posterior superior nucleus，VPs）到达躯体感觉皮质的 3a-2 分区。除了至感觉皮质的投射联系外，生理实验还显示 VLp 中的肌肉和

关节感觉输入信息还直接投射至主运动皮质区、前运动皮质区和辅助运动区。除直接的外周躯体感觉传入外，运动皮质还通过 VLp 接收来自小脑深部核的躯体感觉运动信息。经过 VPs 的肌梭信息和投射到 VLp 的小脑感觉信息都投射到皮质后顶叶的5区，而5区还通过丘脑的腹前核（ventral anterior nucleus，VA）接收本体感觉信息，这些到达5区的感觉传入信息可转而再通过皮质间联系纤维被传送至前面的各皮质运动区。

以上所述以主运动皮质的躯体感觉传入为焦点，这些投射联系常常会保持相邻躯体部位的排列方式而组构。此外，各运动皮质之间，或与其他皮质区，同侧或对侧皮质，都有广泛的相互投射。主运动皮质也有纤维投射至躯体感觉皮质，可能提供了关于所发出的运动指令的副本信息。主运动皮质还与辅助运动区及前运动皮质有双向的联系，这两个次级运动皮质区又受后顶叶皮质和前额叶联合皮质的影响。其他感觉输入，如视听觉和前庭觉等对运动控制也具同样的重要性（参见第7-3章）。后顶叶5区所接收的躯体感觉信息与来自脑干前庭核团的传入信息相整合，由此得到头颅和肢体分别在空间中的位置以及躯体与外界物体间相互关系的信息。5区还接收前运动皮质和边缘系统（limbic system）的投射，以获取关于运动的计划和动机状态的信息。5区也投射至7区和前运动皮质。7区接收大量从视觉皮质投射来的信息，与5区投射来的躯体感觉信息相整合，因而主要与关于物体在空间中的位置的视觉信息的加工有关。7区也投射至前运动皮质和外侧小脑。主运动皮质还经过胼胝体与对侧主运动皮质有纤维联系，主要是双侧控制躯干中线肌肉和肢体近侧肌肉的皮质区之间的联系，这可能有助于两侧肌肉群的协调。两侧运动皮质的上肢区和下肢区之间没有经过胼胝体的纤维联系。两侧的其他各运动区之间也有互相的联系。另外，经丘脑传入运动皮质的也不仅限于感觉信息。啮齿类动物的最新实验结果显示，位于脑干的中脑行走中枢（参见7-3章）不仅通过丘脑与运动皮质相连，三者形成的神经环路还使听觉触发信号有效地启动运动皮质神经网络活动状态的重组，使皮质的动态神经活动模式从运动的计划准备状态即刻转换到运动执行状态。

第三节 主运动皮质在生成运动指令和编码运动参数中起重要作用

早期采用刺激和损毁方法的相关性实验手段尽管相对比较局限，但其结果帮助证明了相关形态结构的存在和完整是行使运动控制功能的必要条件，也表明了运动皮质与其他脑区的主要突触联系。为进一步确定和解释主运动皮质参与随意运动的发起和控制作用的机制，Edward Evarts 在20世纪60年代率先将动物的比较“自然”（naturalistic）的行为引入电生理的实验设计和条件，在受过操作式条件反射方法训练的清醒猴上记录运动皮质单个神经元的放电活动。经过训练的实验猴能学会根据一定的“条件”信号，“反射性”地但又“随意性”地做指定的“操作”动作。通过此时所观察记录到的猴运动皮质单个神经元的放电活动、肌肉电活动以及肢体动作，实验者便可分析皮质神经元的活动与运动之间功能性的关系。尤其能对与自发的或操作式条件反射性的运动相关的一系列行为的时空参数，包括运动的起止和快慢、运动肌肉的收缩产力、多关节运动的协调以及各肢体部位在空间中移动的轨迹等一系列数据，进行运动学（kinematics）和动力学（kinetics）等计算分析。

一、运动控制指令由神经元群体活动来编码运动学和动力学参数

主运动皮质神经元的活动到底编码了运动的哪些特征参数？是与较简单的产生运动所需的肌力有关（kinetics）？还是与较复杂的运动肢体的位置、速度和运动方向有关（kinematics）？为了回答这些问题，Evarts 训练猴学会握住手柄做屈腕和伸腕动作后，在手柄加上可调节不同负载的装置，使猴必须相应产生不同的肌力才能屈腕或伸腕而将手柄移动同样的距离。如果主运动皮质神经元的活动确实与肢体位置等运动学参数有关，则其放电频率将不因肢体移动时所需克服的负载的大小而改变。反

之，则放电频率将取决于负载的大小等动力学信息。实验结果显示，大多数主运动皮质神经元的放电频率和肌力的大小有关。例如，与屈腕有关的皮质神经元的放电频率随屈腕时负载的增加而增高。如果改变负载的方向，使负载有利于屈腕动作而对抗伸腕，从而使屈腕成为被动动作时，皮质屈腕神经元便停止放电。

为了进一步证明运动皮质神经元的活动与运动时肌力的产生之间的直接功能性的突触关系，Fetz 和 Cheney 在清醒猴上同时记录了单个皮质神经元放电和许多块支配手腕运动的前臂肌肉的放电。他们基于神经肌肉接头是传递安全而牢靠的特殊“突触”而推断，如果所记录的单个皮质神经元与支配前臂某肌肉的脊髓运动神经元确有直接突触联系，皮质神经元放电和该前臂肌肉放电之间的因果关系便应该能用“锋电位触发平均（spike-triggered averaging，STA）”方法检测出来。20 世纪 70 年代后期小型计算机的应用使他们得以采用信号叠加的实验方法。果然，当他们将猴做动作时记到的皮质神经元的放电与同时记下的每块肌肉肌电分别作“触发平均”后，便计测出一些与脊髓运动神经元可能有直接突触联系的运动皮质神经元。实验结果表明，这些皮质神经元不仅可易化肢体肌肉的肌电活动，而且它们的放电频率与所需产生或维持的肌力相关。

主运动皮质输出神经元的放电和肌力大小之间的关系不是一成不变的。一般地说，皮质-脊髓神经元的放电与需要精细控制的腕和手指的运动有密切关系，而与快速、动作幅度大但不需要精细控制的运动的关系相对较不密切。在猴被要求用拇指和示指捏一个换能器并能较准确地维持在一定压力时，有的皮质神经元会有较高频率的放电；但当猴被要求用五个手指用力握住一根棒时这些神经元却不放电。这些现象和损毁运动皮质的实验结果一样，都提示主运动皮质神经元对控制手指的精细运动特别重要。

为了进一步探索运动学方面，尤其是对运动方向的编码特征参数，Apostolos Georgopoulos 实验室训练实验猴学会做上肢多关节伸屈的操作运动：抓握着位于胸前的操作杆，然后通过整个上肢手臂的伸屈运动，按指令将握着的操作杆从同一个中心点向位于同一平面的外围八个目标移动（目标之间间隔 45°）。结果表明主运动皮质的不同神经元在猴推杆时的放电活动与手动方向有关：每个任务运动相关的神经元似乎都有一个偏好方向（preferred direction，PD），沿该方向移动时神经元的发放频率最高。随着运动方向逐渐偏离该偏好方向，发放频率也逐渐降低。当操作杆向偏好方向的相反方向移动时神经元发放率降至最低。如此，在动物手握操作杆做移动运动时，只要手动所朝向的目标位于偏好方向及其两侧一个较大弧度范围内，则特定的神经元便会有不同程度的放电活动（图 7-4-7A）。当将每个运动方向与相应记录到的放电频率作图，便能得到运动方向的调谐曲线（图 7-4-7C），从而使这两者的关系得以用余弦函数（cosine function）来描述。实验结果显示，单个神经元放电的方向范围一般较宽，其调谐曲线还不能准确地判定运动的方向。当系统地记录许多个神经元在操作杆向八个方向移动时各自的放电频率后，统计计算可得出此群神经元中的每个神经元在八个运动方向上的矢量贡献，然后再计算出群体的矢量总和（图 7-4-7B）。他们的分析结果表明，从主运动皮质神经群体（neural population）在八个运动方向所计算出的放电活动群体总和矢量能反映意向运动方向，基本上与操作杆被动物移动的实际运动方向相吻合。这些实验说明，运动的方向不仅能从个别神经元的活动估计出，而且能从一群神经元的活动更准确地运算出。早期 Donald Humphrey 的经典实验就已显示，若干随意运动的参数可由运动皮质内神经元群体的活动所决定。例如，当在主运动皮质记录数个在运动时同时放电的神经元活动时，如将每个神经元的放电值进行适当的加权处理后再相加，这数个神经元的放电的平均值变量往往比其中任何一个神经元的放电更接近肌力变化的时程、速度和肢体位置变化的轨迹与位置。所记录的神经元数越多，其加权总和所得的群体放电活动与实验动物所做运动的机械参数变化就越相符。

将皮质神经元群体活动作为实验记录和数据解析的主要实验对象，并以此建立概念性框架，这被普遍认为是系统神经科学上范式转换性的进展。应该强调，这很大程度上也是受益于 20 世纪 80 年代计算机在神经生理学实验室的普及性运用：大规模集成电路和神经界面技术的飞跃式进步使系统神经生理学家们能较稳定地同时记录和分析更多神经元活动。其结果是，神经电生理学传统的单细胞记录和微刺激手段被配备上现代超微电子和精密机械工艺，加上生物医学工程的新理论和运算方法，能一跃转化为颇具创新概念的脑机接口（brain-machine

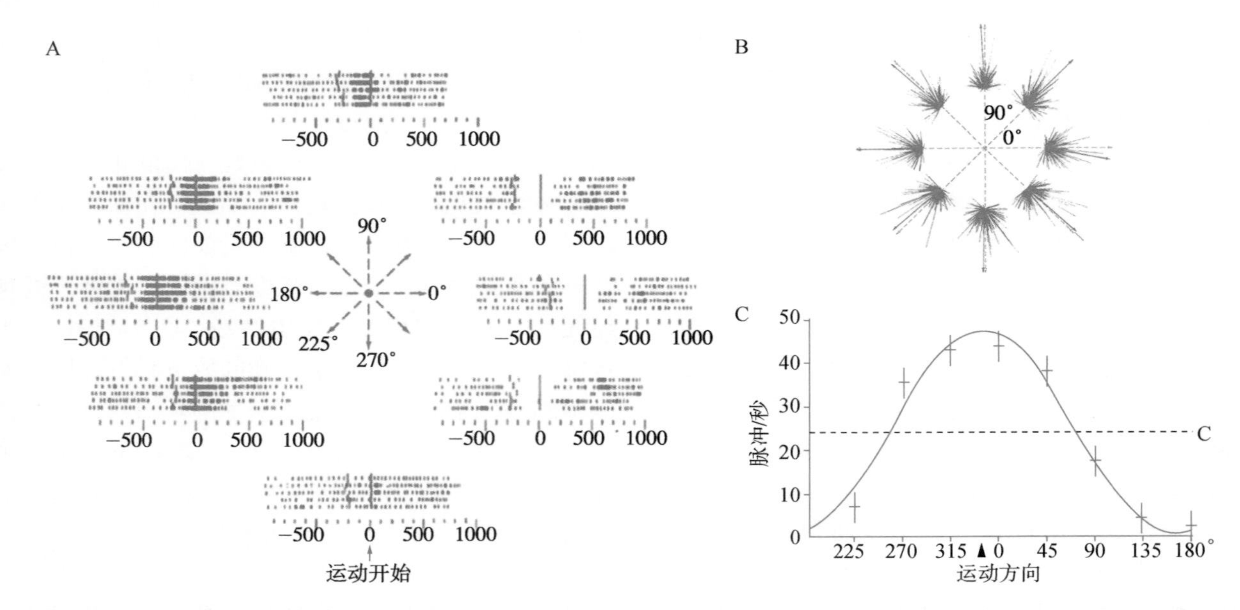

图 7-4-7 单个主运动皮质神经元随不同运动方向的放电一般呈现较广的范围，但从神经元群体活动的矢量总和所得到的运动方向，基本上和实际的运动方向相吻合

图 **A** 为已受训的实验猴在做前臂运动前和开始运动后从某个主运动皮质神经元记录的放电活动。每次手臂的伸屈运动从同一个中心点向位于同一平面的外围八个指令目标移动（见图中箭头）。所示的八组栅格状排列的单细胞神经元放电活动都按“运动开始”那一刻时间对齐。每组有五次重复动作的记录，以统计确定与重复前臂运动相关的神经活动；每条记录中的各小点即单个神经元动作电位。该神经元的放电记录表明，当前臂在 90° ～225° 范围内运动时神经元明显放电，即左上是其偏好的运动方向。许多放电活动与运动相关的单个神经元都具这种偏好“倾向”。当将重复记录的该神经元在整个运动时间段的放电频率叠加平均后，就能把运动方向与相应的放电频率用调谐曲线或运算公式来显示。图 **C** 便是由神经元对应八个运动方向的平均放电频率所得出的余弦调谐曲线。而根据所记录的众多单个神经元数据，在向任一指定方向运动时，方向倾向性不同的皮质神经元也会都有放电活动。图 **B** 所示为八个方向的神经元群体活动。根据每一方向各神经元放电活动矢量计算所得的群体矢量总和所代表的方向（直线箭头）基本上接近于实际的运动方向（断续线箭头）。图 **C**：当将每个运动方向与相应记录到的放电频率作图，便能得到运动方向的调谐曲线（修改自：Georgopoulos，AP. Neural integration of movement：role of motor cortex in reaching. FASEB J，1988，2：2849-2857.）

interface，BMI）技术，神经工程专业也几乎同时应运而生（见 Box 2）。三十多年前皮质生理科学家所奢望的、能同时采样并记录成百或上千的单个神经元放电和大量运动行为参数、而且可对数据做实时分析处理等一系列复杂的实验方法和分析手段，如今不仅在技术上成为可能，而且已日趋成熟到能不失时机地被应用到各类临床研究课题中。最新的无线遥测技术更为脑机接口在帮助神经瘫痪患者克服运动障碍的临床实际应用上提供了可观的前景。

Box 1 运动指令生成的动态系统观点

鉴于运动皮质神经元的组构方式并不像感觉皮质那样呈现较明显的功能柱形式，因此对相同类型的传入刺激不具备相对较明显局部聚集的特征。相反，单个神经元可能以不同的方式参与整合肌肉活动，表明主运动皮质功能上调控参数的编码可能远比传统的通过电刺激所得的运动皮质基于“小人”躯体拓扑图的表征方式要复杂。神经元活动可能对应高维度的肌肉特征，且随着发育和经验的变化，尤其是学习过程而呈现高度的动态适应性。神经生理学研究也表明，猕猴在执行不同速度和距离的伸手运动中单个神经元的方向调谐特性展现出偏移、翻转和随时空的频率振荡和分布等传统参数表征观点难以解释的、且在计算方法上具无数维空间自由度的复杂性。为了克服表征观点目前在探索和表达潜在参数中所面临的困难，斯坦福大学 Shenoy 团队近十多年努力创建了一种基于神经元群体活动的动态系统观点。此观点把神经元的群体发放率 r（t）视为一个在既有规则的调控下随时间演化的动态系统状态。它将系统的活动 r（t）通过广义的泛函 G 映射到运动输出 z（t）中：

$$z(t) = G[r(t)]$$

这种方法对群体神经元活动降维后建模，通过线性变换，用状态空间的方法来体现神经元活动的结构特征，从而描述神经元活动的演化。如图 7-4 Box.1 左所示，在这个神经元活动张成的多维状态空间中，每一条轨迹对应的就是一个单独试次中神经元活动的演化路线。通过运动准备，神经动力系统的

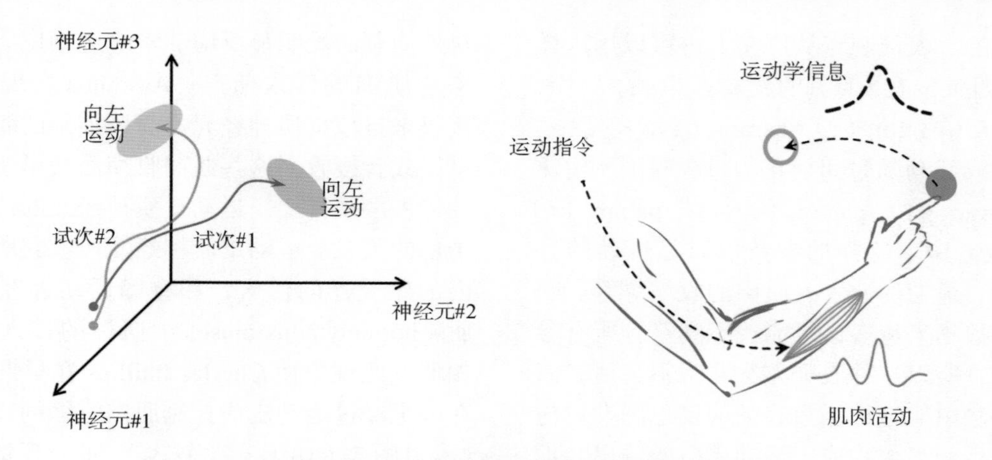

图 7-4Box.1　神经元发放率在状态空间中的动态演化

用三个神经元的发放率各表示一个坐标轴，可在三维空间中绘制三个神经元活动模式对应状态的演化过程。对于每个可能的运动，假设存在一个局部最优的状态子空间（optimal subspace），即在运动开始时其中的状态将以最小的反应时间产生所需的结果。不同的运动将具有不同的最优子空间。运动准备的目标就是优化发放率，以使其位于所需运动的最优子空间内。对于不同的试次，此过程可能以不同的速率、不同的路径和不同的起点进行。动态系统观点和表征观点最重要的差别在于，与其去考虑哪些运动参数构成了运动皮质的输出，不如从生成式的动态系统角度看待运动皮质：如何产生输出？这样，运动皮质就是一个把上游运动指令转化成运动执行的引擎。这在认识上是变革性的，因为表征观点是从描述运动结果的角度看待运动皮质，而动态系统观点则转换到追溯运动成因的角度（引自 Wang T，Chen Y，Cui H. From parametric representation to dynamical system：Shifting views of the motor cortex in motor control. Neurosci. Bull，2022，38：796-808.）。

初始状态（initial state）落在最有利于后续运动开始的区域，随后继续演化直至产生目标运动。

动态系统观点能够解释很多传统表征观点难以解释的实验结果，例如神经发放在时间上振荡。尽管单神经元的活动非常复杂多相，但神经群体的活动在低维空间仍然保持了一种旋转结构，并且这种振荡成分的幅值和相位都和准备阶段的状态相关，但是振荡的方向和运动参数不相关。这表明运动皮质的群体活动反映了神经动力学系统的演化过程。这种神经群体体现出的振荡模式支持了运动皮质在运动执行期间随意运动的观点，为解释复杂多相的单个神经元活动如何共同合作产生运动提供了一种新思路。

另外，动态系统观点认为运动准备中神经活动在高维空间中的明显聚拢反映了向最优准备子空间汇集的趋势。执行准备好的动作时运动皮质近似一个自治系统，绝大部分的群体状态沿着一条固定的曲线演化，说明类似的运动执行过程中神经活动到肌肉活动的指令生成相似。运动准备活动的作用是设置一个位于最优的状态子空间（optimal subspace）中的初始状态（initial state）以生成后续精准协调的肌肉时序收缩模式。近年来的研究进一步指出，每个运动的准备应该都存在一个最优的状态子空间，它最有利于产生运动。从这个初始状态开始，每次运动从开始到完成都对应一条神经活动状态空间上的轨迹（图 7-4 Box.1）。

动态系统观点还可以解释：同一个神经元在不同时期的发放对输出功能可能会产生完全不同的影响，而使不同种类的计算可以在同一神经活动空间的不同维度中共存。高维的神经活动状态可以被投射到互相正交的运动准备子空间和运动执行子空间，在前者的投影主要在运动准备期间有活动，而在后者的投影则是在运动开始后发生明显活动变化。此外，对于不同的运动类别，神经活动也倾向于占据不同的维度。而且，当学习新的力场任务时，运动皮质群体动力学分析发现除了存在与学习行为相关的神经活动维度之外，还存在与运动学习记忆相关但与行为无关的维度，它们可能起到运动记忆指针目录的作用，辅助快速恢复已习得的运动技能。运动皮质的这种动态系统特点即高度冗余的任务特异神经子空间，可以使运动皮质灵活地生成各种响应模式，以保证不同运动功能的力度和抗干扰性。

尽管近年来类似的研究结果提供了更多支持动态系统观点的实验证据，但目前它还不是机制上的分析，即从神经实现机制的层面上解释和预测运动控制的完整过程，而更多被看成是一种指导框架。作为基于神经群体活动的数学抽象，动态系统和神经流形（neural manifold）理论与运动控制的生理过程之间仍缺乏直接的机制性联系。实际上，表征观点和动态系统观点并不互相矛盾。只是，前者用来得到皮质输出所控制的参数，后者用来展示皮质输出是如何产生的。表征观点从广义上讲可以用这样的公式表达神经元 n 在 t 时刻的发放 r_n（t）：

$$r_n(t) = f_n(param_1(t), param_2(t), \cdots)$$

也就是将神经元活动随时间变化的过程映射到由任意多个参数 $param_1$（t），$param_2$（t），…，$param_k$（t）来决定的函数 f_n 中。这样的参数可以是运动的方向、起始位置、最初的速度、肌肉的收缩等等。问题是，随着参数越来越多，可能找不到符合所有参数特征的函数。所以这种表征方法非常不灵活。而动态系统的方法由对这种函数表征的反思阐发：与其去考虑哪些运动参数构成了运动皮质的输出，不如从生成式的动态系统角度看待运动皮质——运动皮质如何产生输出？

总之，作为运动控制的核心组成部分，运动皮质所呈现的躯体定位图似乎并非与特定肌肉或身体部位运动一一对应的精确固定的静态表征，其各个局部脑区在神经活动上也并非严格的序列化连接。而且，越来越多的探索脑和行为关系的实验表明，运动皮质并不仅仅表征运动参数。运动皮质的各个部分互相关联，紧密合作，在神经群体的尺度上将运动意图转化为精准的运动指令，同时保留相当的看似冗余的结构以备灵活应对各种意外情形。整个运动皮质可被看成是一种动态计算图，其内部组构与皮质下结构包括脊髓输出通路形成的神经环路将有关运动意愿的中枢信号和有关肢体实时状态的感觉反馈整合，协调，转换为最终的运动输出指令。

二、运动皮质神经元依赖反馈信息和神经环路完成适应性运动技能学习和调控

随意运动的精确控制并非只限于一个随意的意念或源自某脑部位的特殊指令，而很可能是许多个神经环路共同活动的结果，包括长反馈（long-loop feedback）或短反馈（short-loop feedback）的神经环路。中枢产生的任何指令信号需要与从外周传入的感觉反馈信号保持平衡，有关运动实际执行情况的信息可通过各种感觉传入途径到达运动皮质神经元。大多数运动皮质神经元也有外周感受野。在清醒猴运动皮质，有的神经元可被关节移动兴奋，有的对皮肤的触觉刺激或摩擦体毛产生反应，有的则同时接收皮肤和深部感觉的传入。一些神经元还对视觉或听觉刺激起反应。但也有 1/3 左右的神经元对外周刺激无明显反应。不少运动皮质神经元接收来自肌肉的传入信息。Asanuma 发现，它们一般接收来自该皮质神经元本身所控制的肌肉的传入信息，或者接收因这些肌肉收缩而被影响到的皮肤区的传入。换言之，运动皮质神经元的传入和传出有密切的关系。运动皮质神经元接收它所控制的肌肉内的感受器的传入，和脊髓运动神经元接收同名肌（homonymous muscle）肌梭的传入的情况十分相似，此现象使 Charles Phillips 在早期提出可能存在一个经过运动皮质控制肌肉收缩的长反馈的假说（参见图 7-2-18 和有关叙述）。此长反馈通路的生理作用被认为可能类似较短的牵张反射，但以不同的时程和机制，帮助运动中的肢体克服运动过程中发生的意外障碍。例如，当运动由于负载增加而滞后时，肌梭的初级末梢的传入放电增加，这不仅将通过脊髓引起牵张反射（脊髓环路），而且同时将感觉信号传入皮质，使运动皮质神经元的放电增加，从而再下行经脊髓运动神经元反射性地增强肌肉收缩（皮质环路），以对付增加的负载（图 7-4-8）。不少实验结果支持 Phillips 的假说。例如，当给做前臂运动的受试者一个意外的能牵张肌肉的负载，从受牵拉的肌肉上便能记录到一系列特征性的肌电反应。潜伏期在 25 ～ 30 毫秒的肌电 M1 反应代表“脊髓环路”。在 50 ～ 90 毫秒的常见的肌电 M2 反应则被认为是代表通过“皮质环路”引起的牵张反射。这种反射性的放电活动在清醒猴的运动皮质神经元单细胞记录实验中确实被观察到。当实验猴手握操作杆在两个目标区之间移动时，如果突然意外地给操作杆施加短暂的与运动方向相反的对抗力，经过一个潜伏期后运动皮质神经元会产生短促的高频放电。这一放电活动的潜伏期虽不长，但出现在肌电 M1 反应之后。按推算，很可能是皮质神经元对肌梭传入的反应，这和 Phillips 假说所推断的是

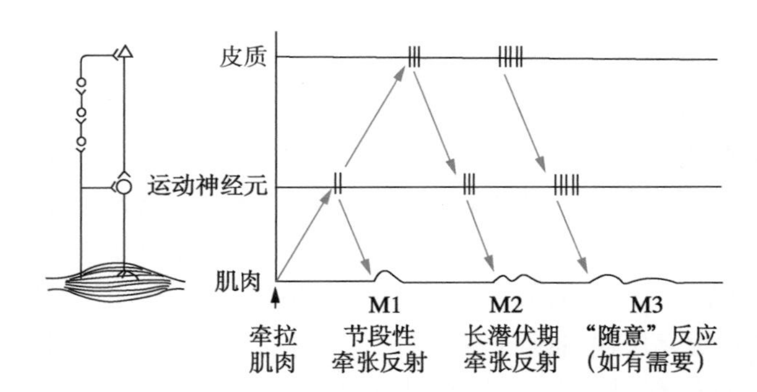

图 7-4-8 根据经过运动皮质环路的长反馈和只经过脊髓环路的短反馈神经通路和可能的机制解释牵拉肌肉后所诱发的肌电反应

一致的。脊髓环路短、快的反应只能补偿一部分增加的负载，运动皮质神经元随后再产生的时程较长的反应可以继续克服增加的负载。人体实验中如果要求受试者做好准备去抵抗在操作杆上所施加的与运动方向相反的短暂对抗力，记录到的肌电活动中往往还可观察到一个潜伏期更长的 M3 反应，它被解释为起源于皮质的随意性（非反射性）肌肉收缩信号（图 7-4-8）。也就是说，运动控制的起源可能不是中心化的，而是去中心化的、分布式的，并由这些分布式的动力源汇聚推动神经网络生成最终的运动控制指令。

三、主运动皮质对手部运动控制的独特作用，及其损毁后的运动障碍

传统的运动皮质“小人”躯体映射图中，尤其是在人脑（图 7-4-2），手部代表区占据了异常大的部分。如果按电刺激引发手指活动的检测，人的主运动皮质估计约有 20% 与代表手部有关（在控制优势侧手的脑半球更为明显），尽管人的手部重量和表面积分别只占全身的 0.6% 和 2%。此外，不仅主运动皮质，在其他几个运动皮质区稍高强度的电刺激也能引发手部活动。因此，对主运动皮质运动参数表征的生理学机制的探索研究很大程度上得益于一系列猕猴伸抓运动的实验。灵长类脑结构形态和相应的动物前肢使用的系统性行为观察的比较研究（参见 Leah Krubitzer 的一系列工作），从环境适应性结构和功能的变异和演化上，为运动皮质与手部和前肢的相互作用提供了难能可贵的洞察角度。

当然，主运动皮质对手部运动明显的重要性最早来自传统的临床观察。人的主运动皮质被损毁后会产生短期和长期的运动障碍。短期内会引起损毁部分所控制的肌肉的软瘫。但 1 ～ 2 周后肌肉的张力会部分恢复，且常常可做些近侧关节的运动，不过这时受累肢体会逐渐呈现过度增强的牵张反射，而表现出肌强直（spasticity）现象。以肢体远侧肌肉，特别是腕和手指的伸肌的强直最为严重和持久。其中一个突出症状是手指单独活动的能力丧失，屈曲手指时只能五指一起动作。这种手指的精巧运动功能的丧失基本上很难恢复。当单侧锥体束损伤后，其对侧肢体的肌肉便不能被精确地控制，肢体远侧肌肉所受的影响最严重。这种情况下，虽然受损者尽很大努力可以做一些随意运动，如伸出肢体或握住物件，但用手进行精细运动的能力却几乎完全丧失。

近几年在猴的实验中发现，主运动皮质的手和腕部代表区被损毁后会在前运动皮质的手和腕部代表区产生相当明显的皮质神经结构的可塑性重组变化。在数月内，随着受累侧手和前臂运动功能的逐渐恢复，由电刺激所确定的前运动皮质手和腕部代表区不仅增大，由刺激引发出的肌肉反应的特征和分布形式也呈现多样化。进一步的形态学实验发现，主运动皮质被损毁后，在损伤区周围会发生轴突侧芽再生而使它与前运动皮质区和更远的主躯体感觉皮质（1 和 2 区）之间增生出许多损伤所引起的、新的皮质与皮质间的联系。这说明成年中枢神经系统具备一种特殊的损伤后神经通路重新接线的能力，在运动功能的恢复中起作用。

相比之下，损毁主运动皮质以外的其他运动区（前运动皮质、辅助运动区、后顶叶皮质区和背侧前额叶区）引起更为复杂的运动行为障碍，似乎主要影响为运动的顺利执行而制订正确策略的能力。例如，当猴的一侧辅助运动区和前运动皮质被损毁后，猴便不会用受累侧的前臂绕过挡在前面的透明塑料板，再通过侧面的洞去获取眼前的食物。相反，猴总是试图直接从正面去取食物，尽管其前臂一再因撞上透明塑料板而受阻。这种运动功能缺损与人的前额叶联络皮质或后顶叶皮质受损时引起的失用症（apraxia）相似。这种患者能正常进行简单的运动，但丧失了做那些需要有严格肌肉收缩顺序的较复杂动作的能力，例如刷牙和梳头等。

Box 2　运动皮质与脑机接口

脑机接口（brain-machine interface，BMI）是 20 世纪 80 年代感觉和运动系统神经生理学与电子电机工程技术在神经假肢（neural prosthesis）的研发领域互动的新兴科技方向。人工耳蜗首先成为感觉系统“神经假肢”的成功应用，脑深部刺激术（deep brain stimulation，DBS）对帕金森病的明显疗效使其被临床普遍采用，而以运动皮质解码算法来控制机械上臂则是运动系统神经假肢的最前沿课题。如上所述，从神经元记录的角度，皮质脑机接口技术的概念框架雏形主要源于少数几个以清醒猕猴为模式动物的感觉运动系统神经生理学实验室。这些以探索性基础神经科学为目的的几代学者与医学工程学同行的不断互动合作的创新努力，使该技术领域的应用性逐步提高和改善。不论是对脑的研

究，还是脑机接口技术的临床应用，灵长类神经生理学的实验方法和手段将仍然是今后必不可少的高价值科研主力。

清醒猴皮质神经记录实验手段的（神经生理学）目的是利用动物执行受实验条件制约的自然行为动作，使研究者探索运动皮质相关的代表自主意愿（volition）的运动指令。几十年的研究基本上以假设皮质神经活动与运动参数（方向，速度，加速度，张力等）存在相应的映射关系的表征模型为基础。尽管远非完整，所积累的实验结果显示这种编码关系具可靠的相关性，其中群体向量算法不仅为运动皮质神经元如何以群体活动为运动方向编码提供了创新的思路（图 7-4 Box2.A），而且也为研发多通道微电极同时记录技术的积极需求提供了更充分的理由。技术上的进展和对多维运动方向解码编码的运算能力使研究者从清醒猴实验基础上过渡到临床患者试验阶段，完成了关键的概念验证性工作。近年来提出的动态系统观点（Box1）和皮质神经解码算法能利用皮质神经元活动更可靠地预测运动意愿和控制参数，进一步增强了"脑机接口"的实用性。

由于缺乏对皮质生理机制的根本性理解，建立在表征模型基础上的神经解码策略只能概念上择以简化，按解码指令的运动输出也相当缓慢而不够流畅，使人工假肢的实用功能仍显得比较局限。猕猴的基础实验表明：①运动皮质神经元活动高度复杂动态化，与运动参数之间并非遵循静态固定的映射关系；②整套运动程序通过复杂皮质网络经动态演化基本上按前馈方式生成，即高等动物的单元运动启动之前整个程序往往事先被规划好而不一定依赖反馈信号执行；③运动执行通过包括脊髓环路在内的多层次生成式网络来实现，皮质记录到的神经信号本质上是一种更为高层次的指令。神经信号通过皮质下结构，包括直至脊髓内的复杂神经环路，才能调动支配作用于关节的多块肌肉协调收缩来产生肢体运动。在对神经行为大数据集合进行深度分析的基础上建立和训练以多层次生成网络为基础的新型神经控制模型和解码算法，并最终达到利用神经信号快速生成整套运动程序实现自主式、灵活性的假肢控制（图 7-4 Box.2B），依赖于对运动皮质神经生理机制有更深刻的认识和理解。而目前这种原理上理解的缺乏，是人脑运动控制和脑机接口研发两个领域发展所共同遇到的瓶颈。

更深入的研究将继续突显使用脑机接口方法与清醒猕猴行为实验相结合的研究手段，对探索灵长类基础神经机制课题的独特价值。脑机接口技术也使得在伦理学原则指导下利用此实验手段对自愿人体受试者的运动皮质开展更深入的人脑神经生理学和临床干预研发成为可能。运动皮质的脑机接口临床实验已经为探索人脑认知和运动学习等高层次功能的基础课题提供了前所未有的机会。而这些机会性探索和所得的研究结果又使神经科学家们转而萌发出可在实验猕猴上更深入开展机制性研究的新概念框架。近些年这两者间的协同性、互补性的研究，使我们对灵长类运动皮质对手的控制、语音发声、皮质可塑性以及运动学习和记忆存储等功能有了全新的认识和理解。人工耳蜗成功应用的主要原因，是被功能性取代的感觉器官的生理机制已基本

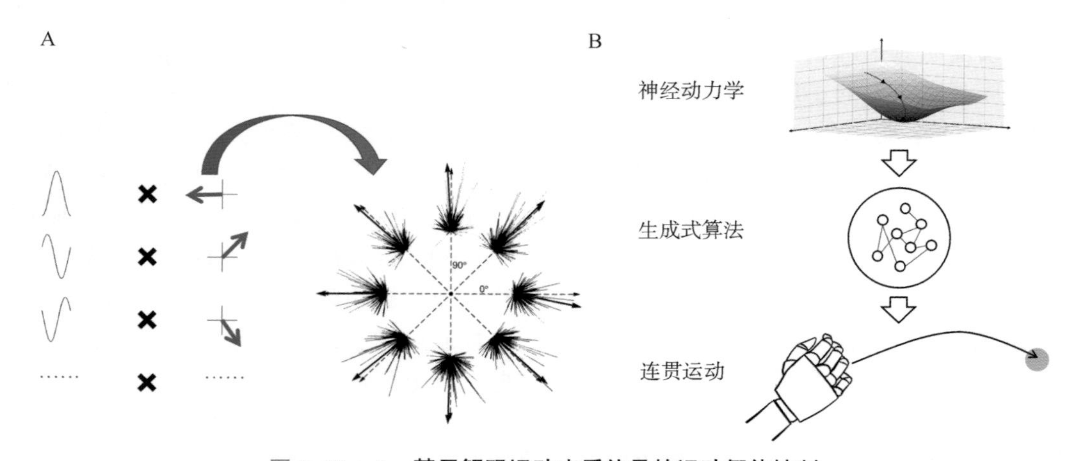

图 7-4Box.2 基于解码运动皮质信号的运动假体控制

A，群体向量解码算法：它通过对许多同时记录的神经元即时发放率与偏好方向取向量和以解码当时的运动方向，进而通过小步迭代不断改变运动方向来控制外界目标；**B**，生成式解码算法：它模拟神经活动通过自身动态演化生成一整套运动程序实现快速控制外界效应器（引自 Wang T，Chen Y，Cui H. From parametric representation to dynamical system：Shifting views of the motor cortex in motor control. Neurosci. Bull，2022，38：796-808.）

被研究清楚；而脑深部刺激术在临床的普遍应用，是因为它对减缓神经疾病症状的明显疗效，尽管目前对其生理机制尚不清楚。相比之下，人脑的运动皮质远非如此简单，因此脑机接口应用无疑将是个复杂而渐进的过程，一个界限并非分明的基础研究与实际应用双向动态转化的过程，一个需要几代神经科学家协同多种专业同行包括英雄般的自愿受试者们长期不懈努力的、漫长的探索过程。

第四节　后顶叶和前运动皮质与高层次运动功能

感知运动行为涌现于多脑区神经元的群体活动。尽管对随意运动指令的萌生部位和过程尚不确定，目前较普遍的共识是主运动皮质在指令执行中起主导作用，其过程必然依赖于与其他皮质及皮质下脑区的协同。如上所述，主运动皮质与相关脑结构的传入和传出的密切关系，是大脑皮质参与控制运动所依赖的动态神经环路基础。以上肢运动为例，在伸手运动以及许多相关的实验范式中，都能观察到运动相关脑区早在运动实际开始前几百毫秒就已经产生了和运动参数高度相关的信号。这意味着，在最初的运动意愿产生后，神经系统经历了复杂的运动准备的过程。正是在这个过程中，运动相关脑区，包括皮质或皮质下水平相连形成的无数神经环路，将感知觉信号转化成了运动执行相关的信号。这样一种层层转化、层层具体化的动态变化过程，使得大脑能充分利用有限的资源，应求随选地（on-demand）、高效实时地、将感觉信息转化成运动输出。不过，感觉信号转化成运动意愿到产生运动指令的中枢过程在时空上并非是个严格的按部就班的序列处理关系。运动相关皮质之间存在许多互相连接的结构，呈现一种“犬牙交错”的纠缠关系，解剖结构上和功能活动上皆更多地呈现一种互相关联、并行处理的组构和运作。这些串并混用和互相关联的环路结构为层级化的动态过程提供了更大的灵活性、不断修正的机会和冗余容错的功能。

如上所述，运动意图到运动指令的功能性宏观转化，从逻辑上呈现出从抽象到具体的梯度层级性特征。近年来 Strick 等的研究证明，在灵长类上，除了主运动皮质，脊髓还接受来自前运动皮质和后顶叶皮质的大量投射。各运动相关皮质都通过皮质脊髓束和脊髓相连，其中主运动皮质的连接占大约 40%，且大部分投射至脊髓灰质前角区，甚至直接与运动神经元形成突触，而其他运动相关皮质则主要经过脊髓中的中间神经元调制前角运动神经元。在辅助运动区、前运动皮质和后顶叶皮质，神经元的活动主要与抽象复杂运动的编程、运动的准备和将感觉信息转化成运动执行中所参照的时空坐标有关。

一、后顶叶皮质整合多种感觉形成运动意图

为了在复杂的动态环境中及时地产生合适的行为，大脑必须首先有效地整合感觉信息并产生运动意图。后顶叶皮质在汇总多种信息而控制运动的过程中起着重要的作用。此皮质区接收大量来自视觉皮质和体感区的纤维投射。猴的后顶叶皮质包括 5 区和 7 区，在人则还包括 39 区和 40 区。通常左侧后顶叶皮质主要与语言文字信息的加工有关，而右侧后顶叶皮质则与空间位置信息的加工有关。与其他哺乳类动物不同，灵长类的运动皮质与顶叶具特征性的密切联系，后顶叶皮质直接参与前肢运动的控制。后顶叶皮质受损后，患者不能获知关于自身一侧躯体的触觉或视觉信息，这种现象称为单侧忽略（lateral neglect）。他们会否认一侧的肢体是自己的，并对这侧肢体完全不加理会。同时，对于物体空间位置的判断也发生错误。虽然感觉是正常的，但病人不能依赖触摸来辨别放在手中的形状复杂的物体或画出物体的三维图形。由于不能利用对侧躯体的信息（包括视觉信息），他们不能得出正确的空间坐标，动作不能依照正确的坐标进行。例如在画一只钟时，他们会将所有数字都画在一边，而且并不意识到这是错的。后顶叶皮质神经元的活动常受到动物注意力集中程度的影响。

很长一段历史时期，后顶叶皮质一直被认为是高级感知联合区。来自人、猴和啮齿类的大量证据显示，感觉和反馈环路都汇聚于此，这里的神经元整合多种信息输入，构建出带有主观偏好的认知地图，并和额叶皮质交互生成前馈预测来影响行为，即注意假说。神经内科的研究发现：后顶叶脑损伤的病人没有单纯的感知或运动障碍，但不能有

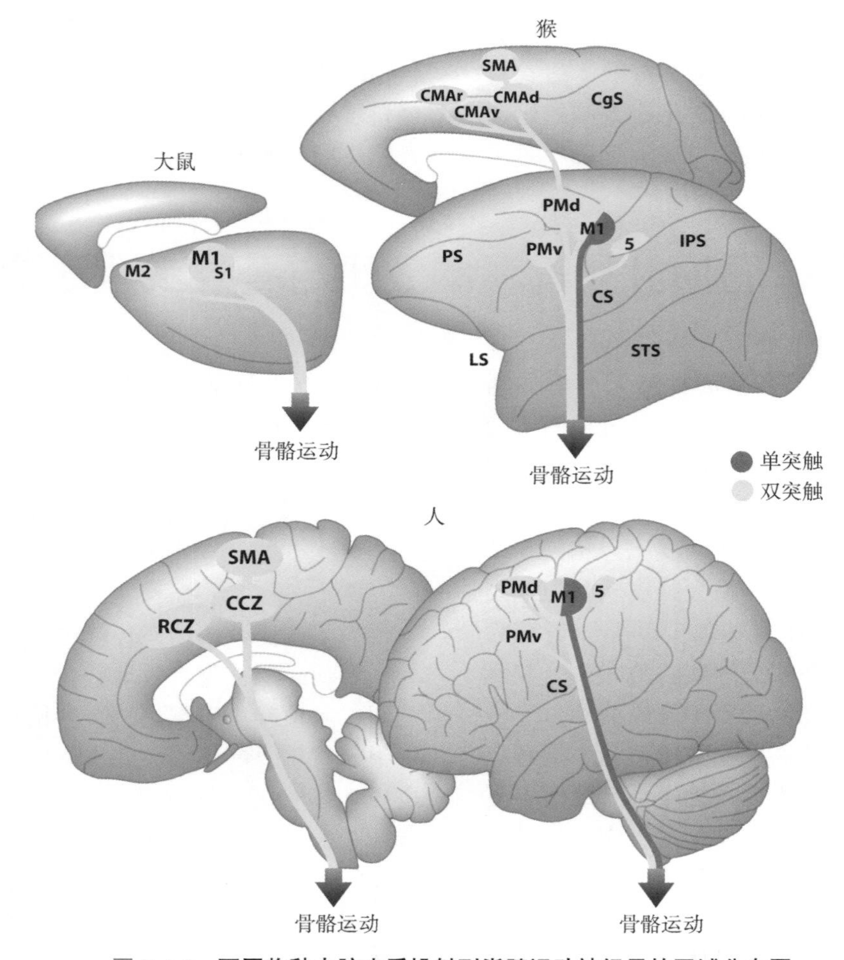

图 7-4-9 **不同物种大脑皮质投射到脊髓运动神经元的区域分布图**

其中深色代表到脊髓神经元的直接投射，而浅色代表通过脊髓中间神经元的间接投射（引自 Strick PL，Dum RP，and Rathelot JA. The cortical motor areas and the emergence of motor skill：A neuroanatomical perspective. Annual Review of Neuroscience，2021，44：425-447.）

效地使用自己的感觉信息去引导精确行为。而且，直接电刺激后顶叶皮质，病人会报告产生强烈的运动意图。这体现出后顶叶皮质在感知整合和运动生成过程中的必要性。

近三十年非人灵长类的电生理研究表明，后顶叶包含多个功能亚区且各亚区之间在感觉输入（视觉或体感）或运动输出之间存在明显差异，甚至可能参与不同阶段的感觉运动转化。为了清楚地揭示后顶叶神经元是编码了高度处理后的感觉信息还是抽象层次的运动意图，科学家们进行了大量研究。其中，主要关注的亚区有顶内沟外侧区（the lateral intraparietal area，LIP）、顶叶伸手区（parietal reach region，PRR）、5d 区（dorsal area 5）和顶内沟前侧区（anterior intraparietal area，AIP）等。位于顶叶沟内的 LIP 是这段时期的研究热点，它的神经元在延迟眼动（delayed saccade）任务中从目标出现到眼动结束一直持续发放。它们的发放率受到任务奖励大小的明显影响，因此也被认为反映了注意调制。不过用红绿目标训练猕猴交替完成延迟眼动和延迟伸手运动（delayed reach）时发现 LIP 在延迟伸手时发放明显减弱；但相邻的 PRR 刚好相反，在延迟手动时发放更强。后来实验结果证明了，即使在感觉刺激完全相同的情况下，后顶叶皮质神经元还是编码了自主选择的运动意图。目前，抽象运动意图最先形成于后顶叶皮质已经成为主流观点，后顶叶皮质也被普遍认为是皮质运动控制网络的重要部分。

与运动皮质产生的驱动肌肉的运动程序不同，后顶叶皮质编码的运动意图是高度抽象的。以伸手运动为例，后顶叶神经元活动往往只与目标等运动学参数相关，而基本不受肌力大小等动力学参数影响。更为有趣的是，运动目标是在以眼为中心的视觉坐标系中表征的。猴子注视定点时手从同一位置出发点按不同位置时，如果保持注视点不变，则不管伸手运动起始点如何变化，PRR 神经元的发放模式基本保持不变。反之，如果伸手运动起始点保持不变但改变注视点的位置，则该神经元的发放模式随注视点的平移发生改变。这种在感觉坐标系中对未来运动的表征很可能反映了在随意运动中对未来视觉结果的前向预测。

二、辅助运动区在运动的编程、运动顺序的学习掌握及运动控制的许多方面起重要作用

在大脑半球的内侧，依照突触联系和生理特性，分布有前辅助运动区（pre-supplementary motor area，Pre-SMA）、辅助运动区（supplementary motor area，SMA）和辅助眼区（supplementary eye field，SEF）。实验显示，前辅助运动区和较高层次的运动控制有关，而辅助运动区则和相对简单的运动任务有关。有实验证明，令受试者完成用四个手指按照不同的组合次序按键的任务时，在学习过程中只有受试者的前辅助运动区被激活，而在学会后的执行过程中则只有辅助运动区被激活。早期 Roland 等研究者所做的实验就已经表明辅助运动区与部署运动的顺序有关。他们让受试者用手做复杂程度不同的各种运动，同时记录观察脑的局部血流。当受试者做简单的运动时，对侧主运动皮质和躯体感觉区血流量显著增加。当受试者做将拇指依次接触其余四指的复杂动作时，除上述皮质区外，辅助运动区的脑血流量也增加。更有意义的是，当令受试者不做任何实际动作，只是默想这套动作的手指运动次序时，则只有辅助运动区的血流量是增加的。其他脑损毁的动物实验结果也表明，辅助运动区是选择正确的运动策略所必需的。在缺乏感觉线索提示的情况下，辅助运动区受损的猴会失去选择适宜运动的能力，而且这些动物的双手协调动作的能力也受到影响，提示辅助运动区也参与对躯体双侧运动的协调和控制。

其他实验证明，辅助运动区也在简单的运动中起作用。而且，辅助运动区确实在多种操作动作的准备阶段就开始活动，即它和运动的准备有关。在人进行随意运动前 800 ～ 1000 ms，在颅顶（vertex）处即出现一负相的持续电位，称为准备电位（readiness potential）。一般认为，准备电位反映了运动的准备过程。这一运动的准备时间的长短与即将进行的运动的复杂性及精确程度有关。在受试者需根据事先确定的刺激做出事先确定的反应的实验中，反应时间（潜伏期）较短。如果受试者需根据不同的刺激

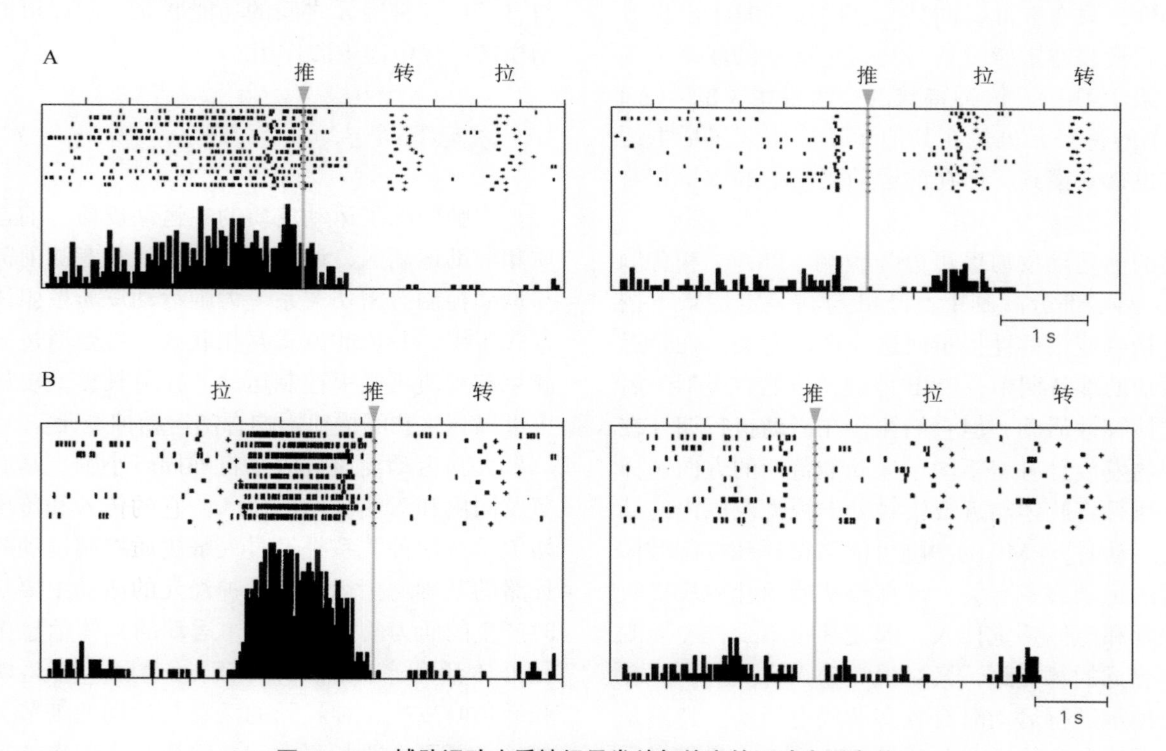

图 7-4-10　辅助运动皮质神经元发放与特定的运动序列有关

当猴握住手柄根据记忆完成由推、拉和旋转组合的序列运动时，在准备期，图 **A** 中神经元只有在推-转-拉序列之前才有较强的放电，而在推-拉-转序列前则没有，尽管两者第一个运动相同。图 **B** 中的神经元在完成序列运动过程中只有在推的动作前且后面紧跟的是旋转动作时才有强放电（引自 Jun T. Sequential organization of multiple movements：Involvement of cortical motor areas. Annual Review of Neuroscience. 2001，24：631-651.）

做出不同的反应，则反应时间就较长。在这种情况下，选择的可能性越多，反应时间就越长，即中枢需要更多的时间从各种可能性中做出正确的选择。

猕猴上的神经生理学研究也表明辅助运动区的神经元编码了复杂的序列运动。如 Jun Tanji 等训练猕猴完成由推、拉和旋转手柄组成的序列运动时发现，某些神经元只有在执行某个运动序列过程中的特定动作前才会有明显的发放。如图 7-4-10B 所示，同样在准备完成推手柄动作之前，只有在后续动作是旋转手柄时，该辅助运动区神经元才会有强烈的发放。

三、前运动皮质对运动的选择和感觉运动转化起作用

前运动皮质（premotor cortex，PM）主要接收后顶叶皮质的投射，发出大量纤维至内侧下行系统（特别是网状脊髓系统）在脑干的起源部位，它也有纤维投射至控制躯干中轴及近侧肌肉的脊髓灰质部。和辅助运动区一样，前运动皮质在运动的准备中也起一定作用。不少前运动皮质神经元会在猴准备做某一特定动作时放电。这种放电往往有方向特异性，只有猴准备向某一方向运动时才出现放电，即它代表特定感觉信号与特定运动的联系（一种“联系学习”）。这种特殊的“预备相关的”（set related）的神经元虽然在其他运动皮质区包括主运动皮质也被观察到，但在前运动皮质中的数量相对更多。

猴的前运动皮质区可分为腹侧（PMv）和背侧（PMd）两个部分。其中，PMd 与在一定情景下按抽象性指令或条件性提示而选择运动有关。在延迟伸手运动的准备期中，PMd 神经元虽然有类似于后顶叶的持续性活动，但它们往往在运动执行期存在更强烈的发放且有着不同于运动准备期的方向选择性。在执行将肢体靠近或接触处于视觉范围内的某物体的运动时，PMv 的功能可能与选择和控制肢体的合适的运动方式有关。该部位从后顶叶皮质接收大量视觉和躯体感觉传入，因此其中不少神经元既有躯体感觉的感受野，又对视觉输入有反应，且在按视觉提示进行运动时有较多的放电活动。特别是完成与手势有关的抓取运动时，PMv 中大量神经元呈现强烈的选择性发放。

四、后顶叶与前运动皮质中的镜像神经元

近年来大量研究表明后顶叶与运动皮质中存在很多镜像神经元（mirror neuron），它们不仅在自身产生特定运动时有选择性发放，还在想象自身运动或观察到他人的类似运动时有明显的发放。这类神经元最早由 Rizzolatti 等在与抓取运动有关的腹侧前运动皮质 PMv 和后顶叶顶内沟前侧区 AIP 中发现。如图 7-4-11 所示，这些神经元的活动特点是：不仅在猴亲手抓取食物时有明显发放（图 7-4-11A），还在猴观察到其他猴（图 7-4-11B）甚至实验者（图 7-4-11C）抓取食物时有明显发放。后来，镜像神经元还在主运动皮质等其他运动相关皮质内相继被发现，能触发它们的方法的共同特征是有主体本身能够完成的具有明显目的性的动作。认知神经科学家提出假说认为，镜像神经元对于理解他人和协作行为都非常重要，某些心理或精神疾患症状（如孤独症）可能与缺乏镜像神经元的活动有关。近年来，人们发现，镜像神经元不仅包括与高级运动计划相关的神经元，还涉及某些直接投射到脊髓的运动神经元。因为它们在运动观察中的激活可能直接改变与脊髓运动神经元之间的功能联系，所以可能在运动模仿过程中起重要作用。

结束语

大脑中除了运动皮质的主运动皮质、前运动皮质和辅助运动区，还有后顶叶皮质和背侧前额叶也与运动控制有密切关系。大脑运动皮质按躯体定位方式组织，并依此方式互相联系，主要通过皮质脊髓束和皮质延髓束控制运动。在灵长类上皮质脊髓束可以直接和间接地影响脊髓运动神经元。

大脑运动皮质接收来自外周、小脑、基底神经节及同侧和对侧皮质的传入。它的传入和传出有密切关系，这种关系是经过大脑皮质控制运动的反馈环路的基础。主运动皮质神经元的活动主要与运动时产生的肌力的大小有关。运动的具体信息由神经元群体活动来编码。在辅助运动区、前运动皮质和后顶叶皮质，神经元的活动与运动的细节关联相对较小，而主要与感觉运动转换和高层次的运动计划和准备有关。当然，各个皮质区域之间的层级关系并非严格固定，其中多个脑区在灵长类上都有向脊髓的直接投射。同时，传统上被认为和运动关系

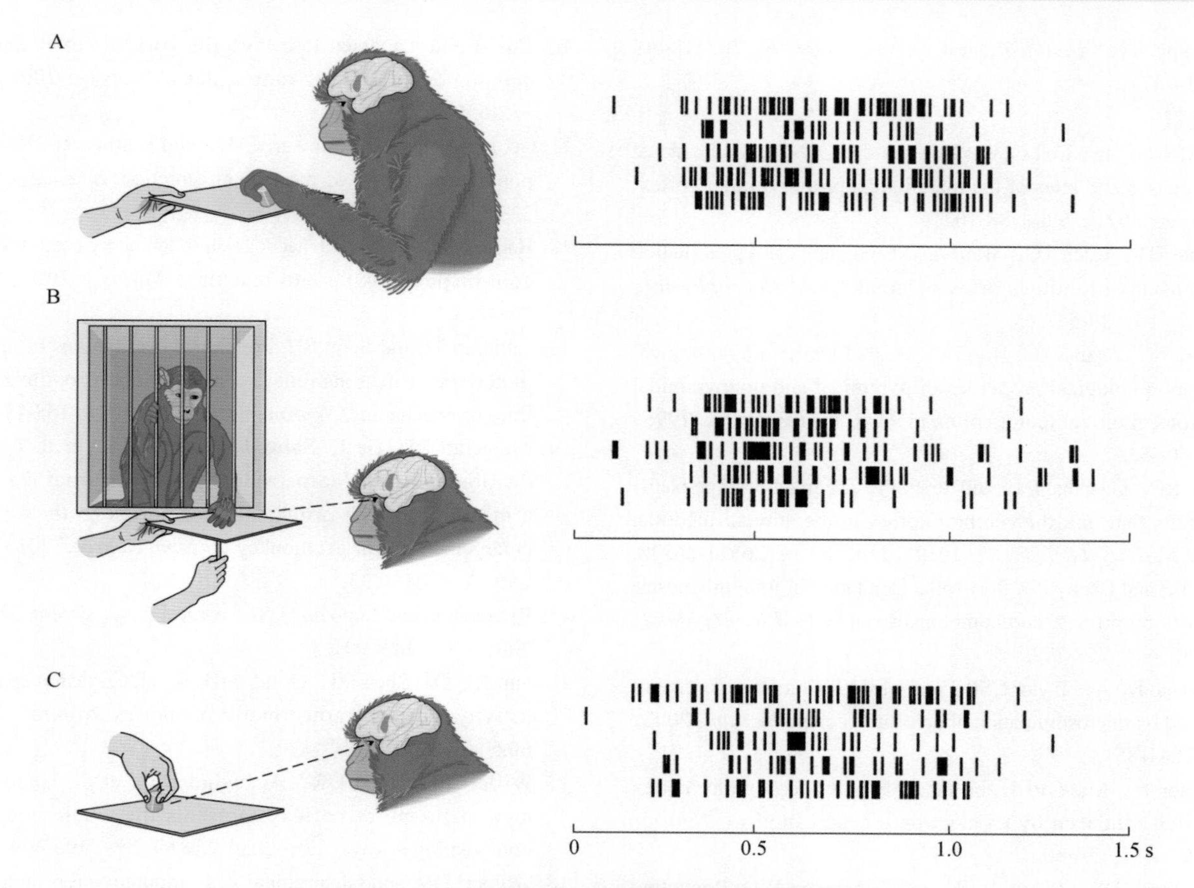

图 7-4-11　**前运动皮质中镜像神经元的发放模式**

不管是猴自己抓取（**A**），还是看到别的猴（**B**）或者实验者（**C**）去抓取食物时，该神经元都有较强的放电（引自 Rizzolatti G，Fadiga L，Gallese V，et al. Premotor cortex and the recognition of motor actions. Brain Res Cogn Brain Res，1996，3（2）：131-141.）

最紧密的主运动皮质神经元也被发现编码了大量感觉和认知相关信息，它们的高度可塑性和动态演化被认为是运动学习和运动指令程序生成的神经基础。

致谢：感谢陈韵和杜玲丽同学完成本章最后的校对和排版工作，和王建军教授的修改建议。

参考文献

综述

1. Andersen RA and Cui H. Intention，action planning，and decision making in parietal-frontal circuits. *Neuron*，2009，63：568-583.
2. Fetz EE. Are movement parameters recognizably coded in the activity of single neurons? *Behavioral and Brian Sciences*，1992，15：679-690.
3. Isa T. Dexterous hand movements and their recovery after central nervous system injury. *Annual Review Neuroscience*，2019，42：315-335.
4. Harris KD and Shepherd G. The neocortical circuit：themes and variations. *Nature Neuroscience*，2015，18（2）：170-181.
5. Kuypers H. Anatomy of the descending pathways. In：Brooks，V.，Ed.，*The Nervous System*，*Handbook of Physiology*，Vol. 2，Baltimore：Williams and Wilkins，1981：597-666.
6. Lemon R. Recent advances in our understanding of the primate corticospinal system. F1000Research，2019，8（F1000 Faculty Rev）：274.
7. Omrani M，Kaufman MT，Hatsopoulos NG，et al. Perspectives on classical controversies about the motor cortex. J Neurophysiol，2017，118：1828-1848.
8. Rothwell J. Control of human voluntary movement，2nd ed. London：Chapman & Hill，1994.
9. Schwartz AB. Movement：How the brain communicates with the world. *Cell*，2016，164（6）：1122-1135.
10. Scott SH and Kalasa JF，Voluntary movement：Motor cortices. In：Kandel ER，Koaster JD，Mack SH，et al，eds. *Principles of Neural Science*. 6th Ed，New York：McGraw-Hill，2021：815-859.
11. Shenoy KV and Yu BM. Brain-machine interfaces. In：Kandel ER，Koaster JD，Mack SH，et al，eds. *Principles of Neural science*. 6th Ed，New York：McGraw-Hill，2021：953-973.
12. Strick PL，Dum RP，and Rathelot JA. The cortical motor areas and the emergence of motor skill：A neuroanatomical

perspective. *Annual Review of Neuroscience*，2021，44：425-447.

原始文献

1. BRAIN Initiative Cell Census Network（BICCN）. A multimodal cell census and atlas of the mammalian primary motor cortex. *Nature*，2021，598：88-1021.
2. Chang HT，Ruch TC，Ward AA. Topographical representation of muscles in motor cortex of monkeys. *J Neurophysiol*，1947，10：39-56.
3. Chen W，Zhang JJ，Hu GY，et al. Electro- physiological and morphological properties of pyramidal and nonpyramidal neurons in the cat motor cortex in vitro. *Neuroscience*，1996，73：39-55.
4. Dum RP，Levinthal DJ，and Strick PL. The mind-body problem：Circuits that link the cerebral cortex to the adrenal medulla. *Proc Natl Acad Sci U S A*，2019，116（52）：26321-26328.
5. Fetz EE and Cheny PD. Post-spike facilitation of forelimb muscle activity by primate corticomotoneuronal cells. *J Neurophysiol*，1980，44：751-772.
6. Graziano MSA，Taylor CSR，and Moor T. Complex movements evoked by microstimulation of precentral cortex. *Neuron*，2002，34：841-851.
7. Jackson A，Mavoori J. and Fetz EE. Long-term motor cortex plasticity induced by an electronic neural implant. *Nature*，2006，444：56-60.
8. Humphrey DR，Schmidt EM and Thompson WD. Predicting measures of motor performance from multiple spike trains. *Science*，1970，170：758-762.
9. Churchland MM，Cunningham JP，Kaufman MT，et al. Neural population dynamics during reaching. *Nature*，2012，487（7405）：51-56.
10. Cui H and Andersen RA. Posterior parietal cortex encodes autonomously selected motor plans. *Neuron*，2007，56：552-559.
11. Georgopoulos AP，Schwartz AB，and Kettner RE. Neuronal population coding of movement direction. *Science*，1986，233（4771）：1416-1419.
12. Hagan MA，Pesaran B. Modulation of inhibitory communication coordinates looking and reaching. *Nature*，2022，604：708-713.
13. Lillicrap TP and Scott SH. Preference distributions of primary motor cortex neurons reflect control solutions optimized for limb biomechanics. *Neuron*，2013，77（1）：168-179.
14. Morecraft RJ，Ge J，Stilwell-Morecraft KS，et al. Terminal distribution of the corticospinal projection from the hand/arm region of the primary motor cortex to the cervical enlargement in rhesus monkey. *J Comp Neurol*，2013，521（18）：4205-4235.
15. Rizzolatti G and Luppino G. The cortical motor system. *Neuron*，2001，31：889-901.
16. Sun X，O' Shea DJ，Golub MD，et al. Cortical preparatory activity indexes learned motor memories. *Nature*，2022，602：274-279.
17. Willett FR，Deo DR，Avansino DT，et al. Hand knob area of premotor cortex represents the whole body in a compositional way. *Cell*，2020，181（2）：396-409.
18. Wolpert DM and Ghahramani Z. Computational principles of movement neuroscience. *Nature Neuroscience*，2000，3：1212-1217.
19. Oby ER，Degenhart AD，Grigsby EM，et al. Dynamical constraints on neural population activity. Nature Neuroscience，2025，28（2）：383-393.

第5章 小 脑

朱景宁

小脑（cerebellum）是中枢神经系统最大的运动结构，其独特且高度规律的环路组构和传入传出联系赋予其维持躯体平衡、调节肌肉张力和协调随意运动的功能。小脑并不直接发起运动和指挥肌肉的活动，而是作为一个皮质下的运动调节中枢配合大脑皮质完成这些运动机能。因此，小脑病变并不会像大脑皮质受损那样造成瘫痪，也不会妨碍运动的发起和执行，但会导致运动缓慢、笨拙和不协调。小脑与运动有关的另一个重要功能是其在技巧性运动的获得和建立过程中所发挥的运动学习（motor learning）作用。小脑可以通过其学习能力重塑运动控制的内部模型（internal model），从而适应外部世界的变化，进而提升运动表现。

另一方面，越来越多的证据表明，小脑除了具有调节运动的躯体功能（somatic function）之外，还具有调节内脏活动和奖赏认知等的非躯体功能（nonsomatic function），在机体的躯体-非躯体反应整合（somatic-nonsomatic integration）中发挥重要作用。

第一节　根据外形和结构特征可将小脑分成三个前后向的叶和三个内外侧的纵区

小脑由外层的灰质（即小脑皮质，cerebellar cortex）、内部的白质和位于白质深部的小脑核团（cerebellar nuclei）组成。小脑核团由顶核（fastigial nucleus，又称为内侧核）、间位核（interposed/interpositus nucleus）和齿状核（dentate nucleus，又称为外侧核）构成，其中间位核又可分为球状核（globose nucleus，后间位核）和栓状核（emboliform nucleus，前间位核），齿状核可分为喙内侧部（rostromedial portion）和尾外侧部（caudolateral portion）。小脑的传入纤维主要来自前庭、脊髓、延髓和大脑皮质等处，与小脑核团和小脑皮质中的神经元形成突触联系；也有一些传入纤维来自中缝核、蓝斑核和下丘脑。小脑皮质的传出纤维，即浦肯野细胞（Purkinje cell）的轴突，除一部分直接投射至脑干前庭核外，大多数投射到小脑核团（称为皮质-核团投射，corticonuclear projection）；而小脑核团神经元轴突组成的离核纤维（nucleofugal fibers）构成小脑的最终传出，直接或间接地投射到众多脑区，主要到达大脑皮质运动区、脑干的运动核团和间脑。所有的小脑传入和传出纤维均经过三对小脑脚（cerebellar peduncles）——小脑上脚（结合臂）、小脑中脚（脑桥臂）和小脑下脚（绳状体）进出小脑。

一、根据表面形态学特征可将小脑划分为前后向的三个叶

小脑表面存在的大量横向窄沟，将小脑表面分成许多平行、狭长的叶片（folia，即小脑回）。少数沟较深，成为裂，将小脑横向地分成若干个小叶（lobule）。以这些小脑裂中两条最深的裂——原裂和后外侧裂为界线，又可将小脑由前至后分成三个主要的叶（lobe）——前叶（anterior lobe）、后叶（posterior lobe）和绒球小结叶（flocculonodular lobe）。小脑的每个小叶都有其解剖学命名，甚为繁杂，故小脑神经生物学家多使用简便的 Larsell 氏命名法来区分这些小叶（图 7-5-1）。Larsell 氏命名法将小脑小叶在蚓部的各个部分从小舌到小结依次用罗马数字 Ⅰ～Ⅹ来表示，对各小叶相应的半球部则以在罗马数字前加上一个大写的英文字母 H 来表示。例如，将与第Ⅵ小叶（蚓部山坡）对应的半球部简单小叶表示为 HⅥ。Larsell 氏命名法的优点是便于描述不同动物小脑的相应部位，以及表明小脑蚓部和半球部的相互对应关系。

二、根据皮质-核团投射规律可将小脑划分为内外侧的三个纵区

根据小脑皮质浦肯野细胞轴突投射到小脑核团（皮质-核团投射）的规律，可将小脑自内侧向外侧，纵向地分为三个纵区——内侧区（medial zone）、中间区（intermediate zone）和外侧区（lateral zone）（图 7-5-1）。内侧区（蚓部）皮质的浦肯野细胞主要投射到顶核，部分投射到前庭外侧核；中间区（蚓旁部）和外侧区（小脑半球）的浦肯野细胞则分别投射到间位核和齿状核。而小脑体之外绒球小结叶的浦肯野细胞，不经任何一个小脑核团直接投射到前庭核，故可将前庭核视为小脑的移行核团。虽然在小脑表面并无明显的区分这种纵区组构（longitudinal-zonal organization）或矢状区组构（sagittal-zonal organization）的解剖学标志，但由于小脑的三个纵区除了表现出各具规律的皮质-核团投射之外，它们在系统发生以及与其他脑区之间的神经连接上也有着各自特定的规律，故与前述的横向小叶组构相比，按纵区组构的原理更容易理解小脑不同部位之间的功能差异。因而，从功能的角度来说，这是一种更好的小脑分区方法。一般地说，小脑内侧区经顶核与内侧下行系统相连接，控制了躯体近端（体轴）肌肉装置的活动；中间区经间位核连接外侧下行系统，主要调节躯体远端（肢体）肌肉的活动；而外侧区通过齿状核与大脑皮质运动区和前运动区相联系，参与随意运动的计划和编程。

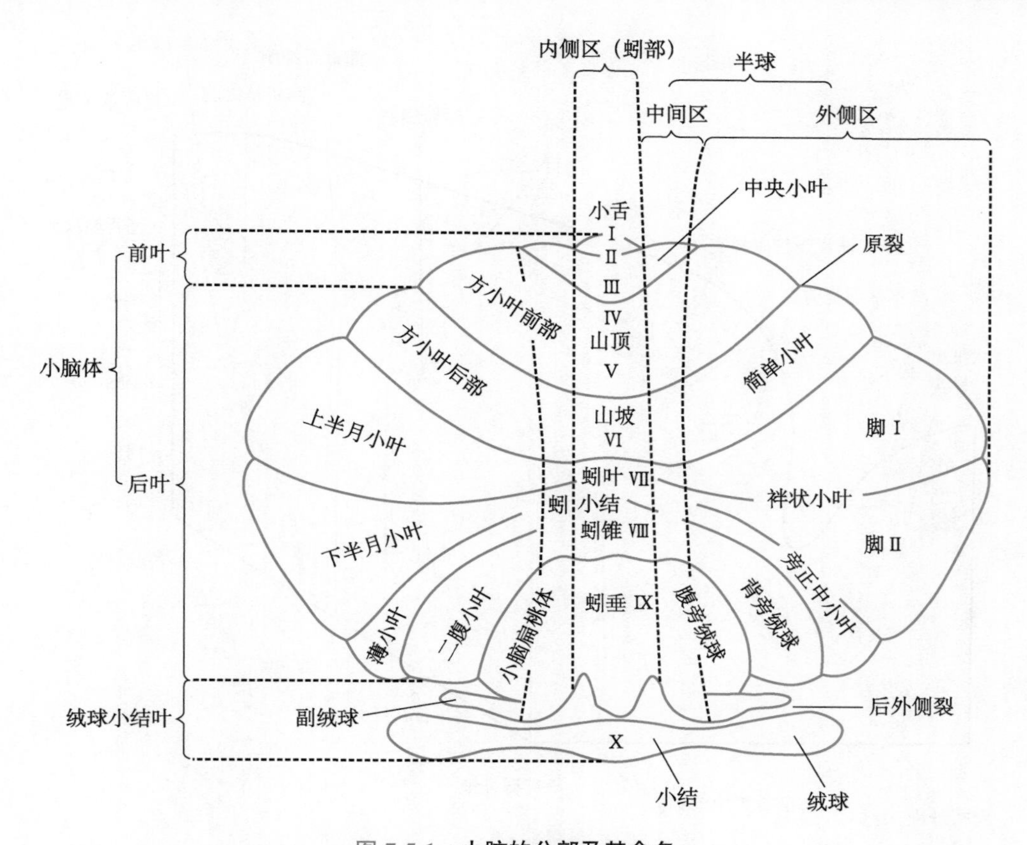

图 7-5-1 **小脑的分部及其命名**

左侧为人小脑半球小叶结构的命名，右侧为哺乳动物的命名；罗马数字为 Larsell 氏命名

第二节 小脑神经元环路的组成及其活动具有高度的规律性

一、浦肯野细胞是小脑皮质神经元环路的主神经元和唯一的传出神经元

与大脑皮质相比，小脑皮质的结构和神经元环路的组成相对地简单但却高度地规律。在每个小脑叶片中，神经元的排列方式惊人地一致，使得整个小脑皮质神经元环路的组成都是一样的（图 7-5-2、图 7-5-3）。全部小脑皮质都是三层结构，由表及里分别为分子层、浦肯野细胞层和颗粒层，其中含有苔状纤维（mossy fiber）、爬行纤维（climbing fiber）和念珠状纤维（beaded fiber）三类传入纤维，以及浦肯野细胞、颗粒细胞（granule cell）、篮状细胞（basket cell）、星状细胞（stellate cell）、高尔基细胞（Golgi cell）、单极刷状细胞（unipolar brush cell）和卢加罗细胞（Lugaro cell）七种神经元。

典型的小脑皮质神经元环路由五种神经元构成（图 7-5-3）：浦肯野细胞、颗粒细胞、篮状细胞、星状细胞和高尔基细胞。浦肯野细胞是小脑皮质的主神经元（principal neuron），使用 γ-氨基丁酸（γ-aminobutyric acid，GABA）作为神经递质，它们的轴突构成了小脑皮质的唯一传出路径，投射到小脑核团和前庭核，对其所支配的神经元发挥强烈的抑制作用。其余的神经元和单极刷状细胞、卢加罗细胞都是小脑皮质神经元环路中的中间神经元（interneuron）。其中，颗粒细胞和单极刷状细胞是兴奋性神经元，它们的轴突末梢释放递质谷氨酸；而篮状细胞、星状细胞、高尔基细胞和卢加罗细胞为抑制性神经元，它们的轴突末梢释放递质 GABA（其中高尔基细胞和卢加罗细胞还可能释放甘氨酸）。在小脑的传入纤维中，苔状纤维和爬行纤维均使用兴奋性氨基酸谷氨酸为递质，爬行纤维还可能同时使用促肾上腺皮质激素释放因子（corticotropin releasing factor，CRF），对突触后神经元发挥兴奋作用。念珠状纤维包括了 5-羟色胺能纤维、去甲肾上腺素能纤维、组胺能纤维和促食欲

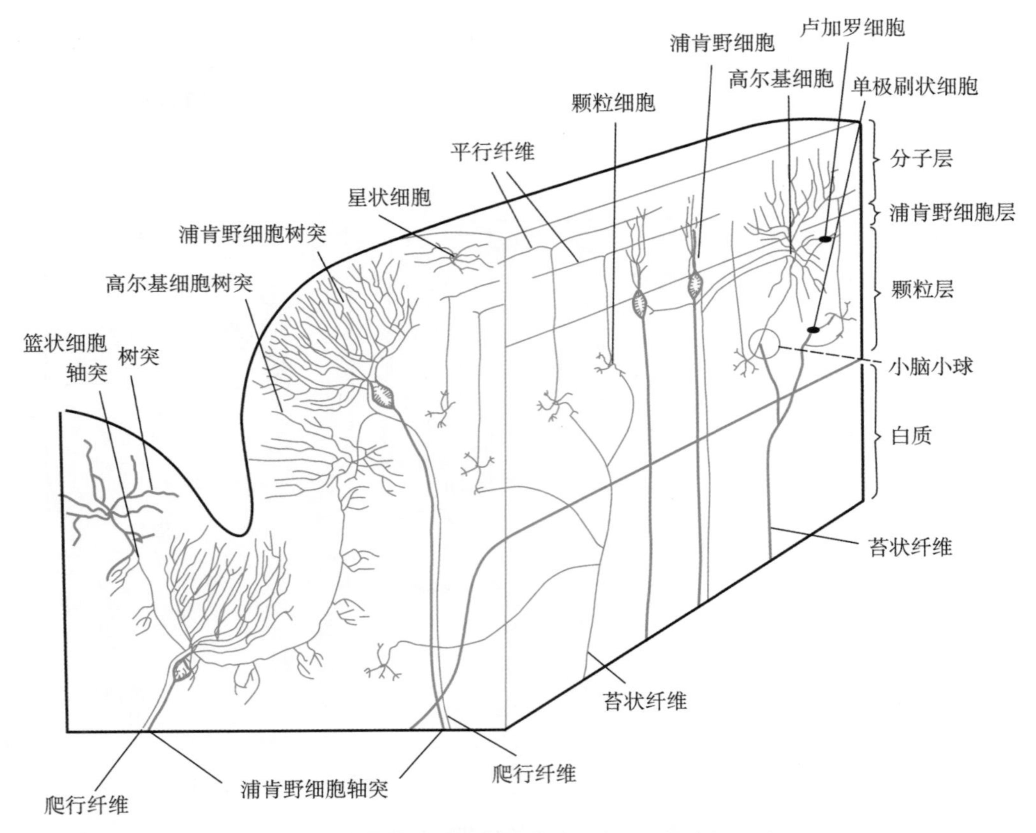

图 7-5-2 小脑皮质的组织结构及神经元间的相互关系

左侧为小脑的矢状切面，右侧为横切面（根据 Carpenter MB. *Core Text of Neuroanatomy*. 3rd ed. Baltimore，Williams & Wilkins，1985：200 重绘，有改动）

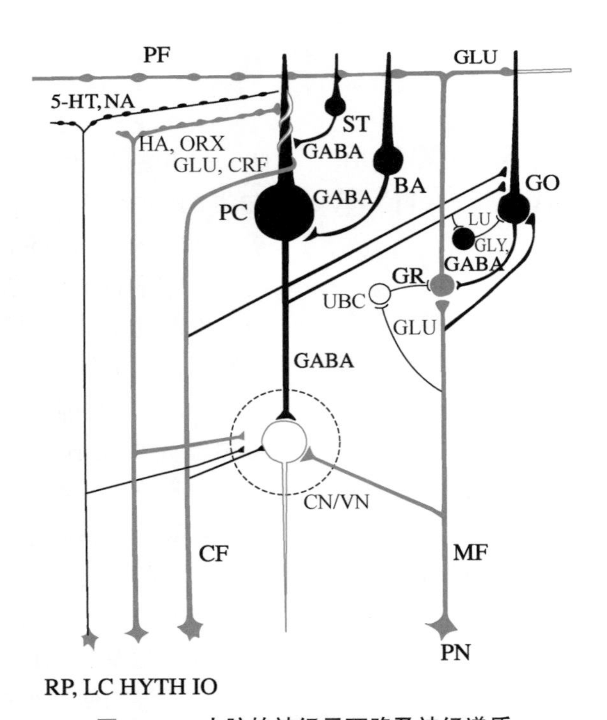

图 7-5-3 小脑的神经元环路及神经递质

BA. 篮状细胞；CF. 爬行纤维；CN/VN. 小脑核团或前庭核神经元；CRF. 促肾上腺皮质激素释放因子；GABA. γ-氨基丁酸；GLU. 谷氨酸；GLY. 甘氨酸；GO. 高尔基细胞；GR. 颗粒细胞；HA. 组胺；5-HT. 5-羟色胺；HYTH. 下丘脑；IO. 下橄榄核；LC. 蓝斑核；LU. 卢加罗细胞；MF. 苔状纤维；NA. 去甲肾上腺素；ORX. 促食欲素；PC. 浦肯野细胞；PF. 平行纤维；PN. 发出苔状纤维的小脑前核神经元；RP. 中缝核；ST. 星状细胞；UBC. 单极刷状细胞。空心示兴奋性支配，黑色示抑制性支配，灰色示既有兴奋性支配又有抑制性支配（根据 Ito M. *The Cerebellum and Neural Control*. New York，Raven Press，1984：12 重绘，有改动）

素能纤维等胺能和肽能纤维，它们分别通过释放5-羟色胺（5-hydroxytryptamine，5-HT）、去甲肾上腺素（noradrenaline，NA）、组胺（histamine）和促食欲素（orexin）等对小脑皮质和小脑核团神经元发挥抑制性或兴奋性影响。从图7-5-3可见，小脑的传入纤维和中间神经元均以浦肯野细胞为中心构成了完成小脑皮质感觉运动整合功能的神经元环路。由于整个小脑皮质都是由这种单一型式的神经元环路内外侧地纵向重复组装而成，因而虽然输入到小脑不同部位的神经信号不尽相同，但这些不同来源和不同性质的神经信号都受到类似的神经过程加工和处理。

二、苔状纤维和爬行纤维构成了小脑皮质的两个结构和功能各不相同的传入系统

大多数小脑传入纤维以苔状纤维和爬行纤维的形式进入小脑，支配小脑皮质和小脑核团的神经元，从而影响这些神经元（特别是小脑皮质主神经元浦肯野细胞）的活动。苔状纤维是小脑的主要传入系统，它们起源于中枢神经系统的许多部位，如脊髓、前庭核和脑干中的一些中继核团（脑桥核、外侧网状核、三叉神经核等），并以苔藓样末梢终止于颗粒层，与颗粒细胞形成兴奋性突触联系。苔状纤维的球状轴突末梢与颗粒细胞的树突末梢、高尔基细胞的轴突末梢，以及单极刷状细胞的树突和轴突末梢形成突触复合体，称为小脑小球（cerebellar glomerulus）。颗粒细胞是小脑皮质中最主要的兴奋性中间神经元，也是全脑最小但却是数量最多的神经元，它的轴突上行到分子层后分叉并沿小脑叶片的长轴方向向两侧伸展，形成5～10 mm长的平行纤维（parallel fiber）。平行纤维穿行于与其伸展方向成直角的一个个浦肯野细胞的扇状树突丛中，与浦肯野细胞树突远端的末梢分枝形成兴奋性突触（图7-5-2，图7-5-3）。据估算，一根苔状纤维可以与400～600个颗粒细胞接触，每根平行纤维又可联系250～750个浦肯野细胞；而对每个浦肯野细胞来说，则可接受大约200 000根平行纤维的输入。这里既有发散，又有会聚，结果是一根苔状纤维的传入可以影响一片相当大范围的浦肯野细胞活动，而要引起一个浦肯野细胞的兴奋则需要相当多的平行纤维传入，通过时间总和和空间总和的共同作用造成一个足够大的兴奋性突触后电位才行。

与苔状纤维不同，爬行纤维仅起源于延髓的下橄榄核（inferior olivary nucleus），它们上升到分子层后脱去髓鞘，并形成数根纤细的扇样分枝缠绕到浦肯野细胞的胞体和近端树突上。每一根爬行纤维可联系1～10个浦肯野细胞，但每个浦肯野细胞只接受一根爬行纤维的传入（图7-5-2，图7-5-3）。爬行纤维的分枝在沿着浦肯野细胞的树突“爬行”而上的过程中，与浦肯野细胞的树突形成多个突触，这种独特的多点式突触连接方式使得其与浦肯野细胞之间的突触成为中枢神经系统中最强有力的兴奋性突触。因此，一次爬行纤维的传入即可引起浦肯野细胞一个足够大的兴奋性突触后电位，使浦肯野细胞产生一次全或无的兴奋，这与苔状纤维-颗粒细胞-平行纤维传入系统对浦肯野细胞的兴奋作用是显著不同的。但近期亦有研究表明，爬行纤维传入也可因突触前和突触后调控而具有等级性。

根据浦肯野细胞对苔状纤维和爬行纤维传入的不同放电反应，可以区别这两种传入纤维对浦肯野细胞活动的影响。苔状纤维的传入经平行纤维接转激活浦肯野细胞，使浦肯野细胞产生简单锋电位（simple spike），这是一种与其他大多数中枢神经元的动作电位没有什么差别的钠依赖性动作电位；而爬行纤维的传入却使浦肯野细胞产生一种与众不同的动作电位，称为复杂锋电位（complex spike）。复杂锋电位因其波形复杂而得名，由一个大的初发去极化锋电位和一个随之出现的持续25 ms～1 s的去极化平台，以及叠加在去极化平台上的2～6个瞬间频率可高达500 Hz的爆发性次发小波所组成（图7-5-4）。与简单锋电位的发生机制不同，复杂锋电位是由于爬行纤维的兴奋性传入使整个浦肯野细胞产生强烈的去极化，不仅激活电压门控钠离子通道导致胞体爆发钠动作电位，而且激活电压门控钙离子通道，进而引起遍及整个树突树的钙动作电位。可见，浦肯野细胞存在产生钠动作电位和钙动作电位两种不同的兴奋机制，钠动作电位产生在胞体上，而钙动作电位却发生在树突上，这是浦肯野细胞所具有的一个独特而有趣的生理现象。已经证明，简单锋电位和复杂锋电位均可传导到浦肯野细胞轴突的末梢，触发轴突末梢释放递质GABA，进而引起浦肯野细胞的靶细胞——小脑核团神经元或前庭核神经元的抑制性突触后电位和紧张性放电活动的抑制。图7-5-5以下橄榄核-小脑皮质-小脑核团环路为例，说明了浦肯野细胞对小脑核团神经元的这种强烈的“抑制性雕刻作用（inhibitory

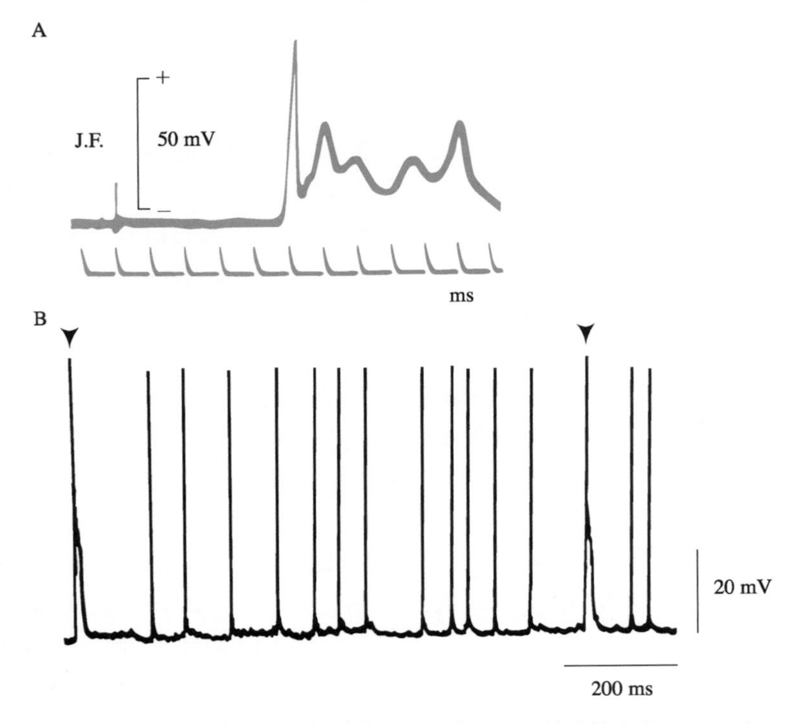

图 7-5-4 **浦肯野细胞的复杂锋电位和简单锋电位**

A. 顶核旁（J.F.）刺激下橄榄核-小脑纤维引起的浦肯野细胞复杂锋电位反应（引自 Stein JF. *An Introduction to Neurophysiology*. Oxford，Blackwell Scientific Publications，1982：260）；**B**. 浦肯野细胞的自发复杂锋电位和简单锋电位，倒三角形标示复杂锋电位，其余动作电位为简单锋电位（引自 Shepherd GM. *The Synaptic Organization of the Brain*. 4th ed. New York，Oxford University Press，1998：278）。A 和 B 分别为快扫描和慢扫描的细胞内记录

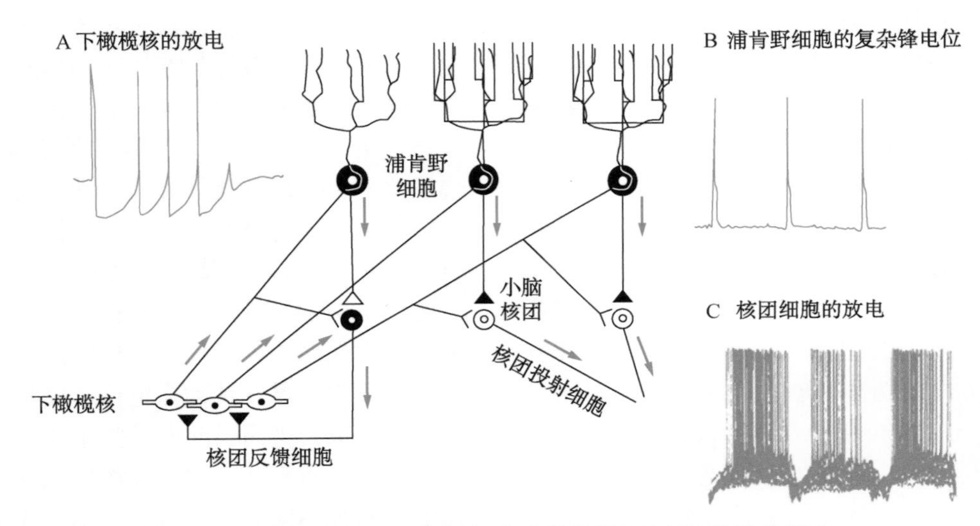

图 7-5-5 **下橄榄核-小脑皮质-小脑核团闭合神经环路及其活动**

下橄榄核细胞的节律性活动（**A**）经爬行纤维传入小脑皮质和小脑核团，引起小脑皮质浦肯野细胞的复杂锋电位（**B**），以及小脑核团中投射细胞和反馈细胞的兴奋性突触后电位；浦肯野细胞则对核团细胞发挥强烈的抑制作用，使后者产生强大的抑制性突触后电位，并有效地中止它的紧张性放电活动（**C**）。由于下橄榄核细胞和浦肯野细胞对小脑核团细胞的兴奋性和抑制性交替作用，使核团细胞也产生节律性放电活动，并经离核纤维传出小脑。图中下橄榄核细胞和小脑核团中的投射细胞是兴奋性的（空心），浦肯野细胞和核团中对下橄榄核的反馈细胞为抑制性的（黑色）（引自 Shepherd GM. *The Synaptic Organization of the Brain*. 4th ed. New York，Oxford University Press，1998：287）

sculpturing）”；类似的情况也发生在苔状纤维-颗粒细胞（平行纤维）-浦肯野细胞-小脑核团环路中。

苔状纤维和爬行纤维之间巨大的形态学差异和它们对浦肯野细胞的不同作用强烈地提示它们可能向小脑传递了不同的信息，因而在小脑的功能活动中发挥不同的作用。在自然行为状态下，苔状纤维

的发放频率较高，使浦肯野细胞产生 50 ～ 150 次 /s 的高频简单锋电位发放，这样的发放频率使得浦肯野细胞可以在较大的频率范围内对输入信号的变化做出相应的放电增加或减少反应。相反地，发出爬行纤维的下橄榄核神经元却呈低频而不规则的活动，仅使浦肯野细胞产生 0.5 ～ 2.0 次 / 秒的复杂锋电位发放。随意运动或感觉刺激可以提高或降低浦肯野细胞的简单锋电位发放频率，表明苔状纤维向小脑或浦肯野细胞适时地提供外周本体感觉和皮肤感觉的强度和时间编码信息，包括运动的位置、方向、速度、力量和距离等运动学和动力学参数，与机体的运动执行过程直接相关。但是，同样的感觉或运动刺激并不能显著地增加复杂锋电位的发放频率，提示爬行纤维传入的信息不大可能反映运动或感觉刺激的强度和时间特征，似乎不直接参与运动的适时调控过程（图 7-5-6）。

但是，损毁爬行纤维的起源核团下橄榄核却可使动物产生与损毁小脑类似的共济失调（ataxia；来源于希腊语，意为混乱和无次序）等症状，提示该传入系统在小脑调节运动的机能活动中也起重要的作用。关于爬行纤维的作用有多种假说，但对其在运动调控中的作用而言，目前比较流行观点的有如下三种：

1. 爬行纤维编码运动的误差信息（error signal） 爬行纤维传入并不编码运动方向和速度信息，而是向小脑提供运动执行过程中实际的躯体运动状态与中枢运动指令之间的误差信息，让小脑知道进行中的运动与运动指令间的偏差。一些实验有力地支持这种假说，例如：Ebner 和 Bloedel（1981）发现，爬行纤维的传入可以短时程地调节浦肯野细胞对苔状纤维传入的反应能力，表现为一次复杂锋电位发放之后的 200 ～ 300 ms 中，浦肯野细胞的简单锋电位发放显著地增多或减少。既然浦肯野细胞是小脑皮质的唯一传出，那么浦肯野细胞的这种简单锋电位发放变化必然会相应地改变其靶细胞小脑核团神经元的活动（参见图 7-5-5）。这就是说：爬行纤维向小脑传递的运动执行误差信息，必将由于其对浦肯野细胞的这种调节作用而改变小脑核团的最终输出，从而改变进行中的运动。Kim 等（1988）在猫行走运动（locomotion）的同时记录小脑皮质浦肯野细胞的复杂锋电位和简单锋电位活动、前肢的肌电活动以及前肢的运动轨迹，证明当猫的行走步伐

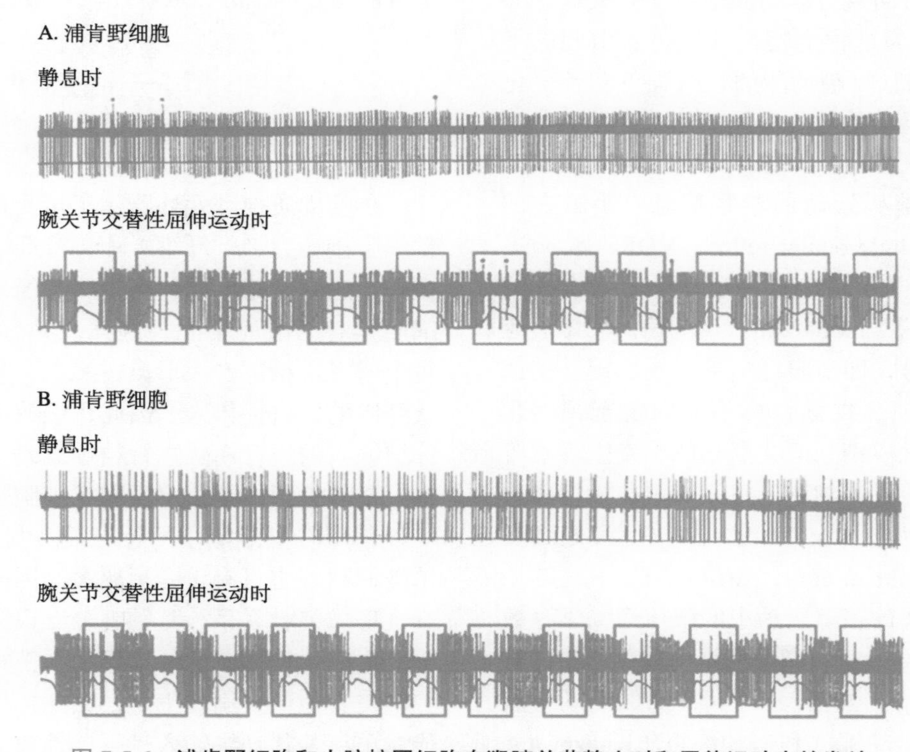

图 7-5-6 **浦肯野细胞和小脑核团细胞在猴腕关节静止时和屈伸运动中的发放**

A. 在没有腕关节屈伸运动的静止状态下，猴小脑皮质浦肯野细胞呈现高频的紧张性简单锋电位发放和低频的不规则性复杂锋电位（由神经元放电记录上方的小点指出）发放；当动物做交替性腕关节屈伸运动时，浦肯野细胞的简单锋电位发放随关节的屈伸交替运动出现周期性变化，而复杂锋电位依然保持低频的不规则发放。**B**. 小脑核团细胞在动物腕关节静止和屈伸运动时的放电。图中所示的四组曲线均由神经元放电记录（上线）和腕关节运动轨迹记录（下线）组成，A 和 B 第二组曲线中的方框指示腕关节每一次屈伸运动的周期（引自 Purves D，Augustine GJ，Fitzpatrick D et al. *Neuroscience*. 3rd ed. Sunderland，MA，Sinauer Associates，Inc. Publishers，2004：446）

受到干扰时，浦肯野细胞的复杂锋电位发放显著地增多；并且，与此相应地，浦肯野细胞的简单锋电位发放频率、前肢的肌电活动和运动轨迹也发生了变化。类似地，在猴子做上肢多关节转向追踪动作时，复杂锋电位发放往往在上肢改变运动方向时增多（Wang et al，1987），因为在这个时刻运动误差最容易发生。另一项实验（Gilbert & Thach，1977）也支持这一观点：当猴子学着做一个新的上肢腕关节屈伸动作时，由爬行纤维传入引起的浦肯野细胞复杂锋电位放电明显增多；随着动作被逐渐地完善，复杂锋电位的发放也随之减少；而在动物掌握了这个新的动作之后，复杂锋电位发放就恢复到正常水平。对此实验结果一个顺理成章的解释显然是：在动物学会了一个新的动作之后，实际的运动轨迹更加符合中枢运动指令的要求，运动的误差信号也就相应地减少。值得注意的是，由爬行纤维传入所引起的复杂锋电位可以导致平行纤维-浦肯野细胞突触传递效率的长时程（数分钟到数小时）降低，即浦肯野细胞对苔状纤维-颗粒细胞-平行纤维传入的反应能力长时程下降，这一现象被称为长时程压抑（long-term depression，LTD）。由于运动误差信息不仅对运动的执行而且对运动的学习十分关键，Ito（1991，1993）认为这种由爬行纤维传入引起的平行纤维-浦肯野细胞突触功能的长时程可塑性变化可能构成了小脑运动学习的神经基础（详见本章第四节）。

2. 爬行纤维编码运动的参数信息 小脑在前庭-眼反射（vestibulo-ocular reflex，VOR；参阅第7-3章和本章第4节）适应这一运动学习中发挥关键作用。而视滑脱（retinal slip）是驱动VOR适应最主要的误差信号，即当眼球运动与头部旋转的速度或幅度不匹配时，视觉目标不能固定于视网膜中央而导致的视觉模糊。但在黑暗中不发生视滑脱时，小脑绒球叶浦肯野细胞的复杂锋电位（即爬行纤维的活动）依然参与VOR旋转中头部和眼球运动的调节（Winkelman et al，2014）。此外，复杂锋电位还可编码眼球跟踪运动中的眼球运动学参数（Kobayashi et al，1998），调谐三维前庭刺激中的方向（Yakusheva et al，2010），并调节抓取运动中肢体的运动方向、运动幅度和运动终点（Kitazawa et al，1998）。

3. 爬行纤维编码运动的时间信息 由于下橄榄核神经元具有自我激活的内在膜特性，神经元的兴奋又可通过树突上的缝隙连接进行电耦合性传递，因而许多下橄榄核神经元可以作为一个整体产生同步的节律性放电活动。Llinás（1990）认为下橄榄核神经元这种同步的节律性放电活动可以通过爬行纤维传入小脑皮质，经浦肯野细胞对小脑核团神经元的突触传递作用使小脑核团神经元也发生同步的节律性放电活动，从而使得下橄榄核-小脑系统可能作为一个中枢时钟样装置（central clock-like device）对肌肉的舒缩活动或运动起到定时（timing）作用（参见图7-5-5）。然而，这一学说难以解释的现象是，下橄榄核神经元的活动及其对小脑浦肯野细胞的传入无论在静息还是运动时都是随机的，而非像时钟的走时那样规则（图7-5-4，图7-5-6）。

也有观点认为，爬行纤维很可能采用多路复用（multiplexing）的模式工作。例如，在抓取运动中，早期出现的复杂锋电位表征运动的参数信息，而晚期出现的复杂锋电位则表征运动的误差信息（Kitazawa et al，1998）。而在非人灵长类手动执行伪随机追踪任务时，爬行纤维无论对于手的位置、速度和加速度等丰富的运动学参数还是对于位置误差的反馈信号均具有很强的调制作用（Streng et al，2017）。因此，爬行纤维在小脑机能活动中的作用很可能是多样化的，或者还没有被完全了解。

三、中间神经元调制小脑皮质神经元环路的活动

小脑皮质神经元环路除了接受苔状纤维（经颗粒细胞接转为平行纤维）和爬行纤维的兴奋性传入之外，还受到其局部环路中间神经元的调制。颗粒细胞是谷氨酸能中间神经元，具有4～5个树突，每个树突末梢都膨大形成树突爪，分别接受不同苔状纤维的兴奋性传入。因此，颗粒细胞可能对苔状纤维输入的组合模式进行精细编码，进而经平行纤维兴奋浦肯野细胞。单极刷状细胞是颗粒层中的另一种小型谷氨酸能中间神经元。与颗粒细胞不同，单极刷状细胞只有1个短树突，因而只与1根苔状纤维形成突触联系，其轴突分支也只局限于颗粒层中，形成一种非典型的皮质内在苔状纤维联系颗粒细胞与其他单极刷状细胞。因此，单极刷状细胞可能对单根苔状纤维输入进行前馈放大，进而经颗粒细胞及其平行纤维调制浦肯野细胞的活动。与其他类型小脑皮质神经元形成鲜明对比的是，单极刷状细胞并非均匀分布于小脑小叶中，其在蚓部和绒球小结叶中密度最高，而在皮质外侧区则十分罕见，

提示其可能与调节身体、头部和眼睛位置的感觉运动整合密切相关。

篮状细胞、星状细胞、高尔基细胞和卢加罗细胞则是小脑皮质神经元环路中的抑制性中间神经元。其中，篮状细胞和星状细胞接受平行纤维的兴奋性传入，它们的轴突向平行纤维两侧展开，分别与位于平行纤维两侧的浦肯野细胞轴突始段和树突形成抑制性突触联系。这样，当一排浦肯野细胞被一束平行纤维所兴奋，并形成一条与叶片长轴平行的兴奋区（on-beam）时，被平行纤维所兴奋的篮状细胞和星状细胞则抑制了这一束平行纤维两侧的浦肯野细胞，从而在该浦肯野细胞的兴奋区外侧又形成两条浦肯野细胞的抑制区（off-beam）。篮状细胞和星状细胞的这种前馈性周围抑制功能，使得浦肯野细胞对经苔状纤维-颗粒细胞-平行纤维传入冲击的兴奋反应在空间上被局限起来，称为空间聚焦作用（spatial focusing）。高尔基细胞也接受平行纤维的兴奋性传入，但它抑制的是颗粒细胞，这是一个类似于脊髓闰绍细胞（Renshaw cell）作用的简单负反馈环路。通过这个负反馈环路的活动，将减弱或去除颗粒细胞-平行纤维对浦肯野细胞的兴奋性传入，限制浦肯野细胞的进一步激活，起了时间聚焦作用（temporal focusing）。卢加罗细胞则是小脑皮质中主要的感觉中间神经元，其胞体位于颗粒层，呈纺锤形，两端伸出较粗的主树突，沿浦肯野细胞层和颗粒层的交界行走，可联系水平方向上的5～15个浦肯野细胞，提取和整合来自浦肯野细胞轴突侧枝的信息，并将这些信息通过其旁矢状面轴突和横向分支传递给小脑分子层和颗粒层中的星状细胞、篮状细胞和高尔基细胞。由于1个卢加罗细胞可联系约150个高尔基细胞，因而可以将高尔基细胞从个体节律模式转换为同步放电模式，进而可能同步不同微带（microzone）中浦肯野细胞簇的活动。显然，这些抑制性中间神经元对小脑皮质兴奋状态的空间和时间聚焦作用以及同步对于肌肉运动在空间和时间上的协调有重要意义。

四、小脑皮质和小脑核团共同完成小脑的感觉运动整合功能

由于浦肯野细胞是小脑皮质唯一的传出神经元，因而它的放电活动或轴突上传导的动作电位，就代表了小脑皮质神经元环路对经苔状纤维和爬行纤维传入的各种感觉和运动信息整合处理后的结果，亦即代表了小脑皮质的输出。但是，苔状纤维和爬行纤维在进入小脑之后，首先发出侧枝到达小脑核团，兴奋小脑核团神经元，这构成了小脑感觉运动整合的初级小脑环路（primary cerebellar circuit）。显然，初级小脑环路的输出活动可被浦肯野细胞对小脑核团神经元的强烈抑制作用所调制（图7-5-5）。另一方面，由于浦肯野细胞本身也接受苔状纤维和爬行纤维的兴奋性传入，并受到小脑皮质中抑制性中间神经元的调制，因而就整个小脑而言，其信息整合活动的过程和最终结果是：到达小脑皮质的全部的感觉和运动传入信息被小脑皮质神经元环路整合成浦肯野细胞的抑制性输出，由其对小脑核团神经元的紧张性放电活动进行抑制性雕刻并调制成特定型式的动作电位序列（图7-5-5），再由小脑核团神经元轴突将此小脑的最终整合信息传出到中枢其他运动结构（大脑皮质和脑干的运动核团），改变这些中枢运动结构神经元的活动，从而间接地调节骨骼肌的收缩活动，实现小脑的运动调控功能。需要指出的是，由于小脑核团既接受来自小脑外的苔状纤维和爬行纤维兴奋性传入，也接受来自小脑皮质浦肯野细胞的抑制性传入，而且浦肯野细胞的数量远远多于核团细胞（一个核团细胞要接受约200个浦肯野细胞的传入），这种不同来源和不同性质的传入在核团细胞会聚的现象，说明在小脑核团中必然有复杂的突触整合活动发生。因而，我们不能简单地把小脑核团视为小脑皮质输出信号的中继站，它们实际上与小脑皮质一道，共同完成了小脑所承担的感觉运动整合任务。

五、胺能和肽能念珠状纤维构成第三类小脑传入并广泛调节小脑皮质和小脑核团神经元的活动

除了用经典的Golgi染色法揭示的苔状纤维和爬行纤维两大传入系统之外，免疫荧光组织化学研究揭示小脑还接受来自脑干中缝核群的5-HT能纤维和蓝斑核的NA能纤维，以及来自下丘脑结节乳头核的组胺能纤维和穹窿周区/外侧区的促食欲素能纤维等的直接传入投射（图7-5-3）。这些传入纤维通过小脑脚进入小脑，到达小脑皮质和小脑核团，在进入小脑皮质之后又不断地分支，稀疏地弥散于分子层、浦肯野细胞层和颗粒层三个亚层中。由于这些纤维有着不同于苔状纤维和爬行纤维的形态学特征，常被称为第三类小脑传入。它们的轴突

末梢上不仅存在大量的曲张体，还可与浦肯野细胞、皮质中间神经元和小脑核团神经元形成直接联系，因而可通过突触性化学传递和非突触性化学传递两种机制调制靶神经元活动。刺激中缝核和蓝斑核，或向小脑皮质微电泳注入5-HT和NA，均可调制浦肯野细胞的自发放电活动：刺激蓝斑可以加强浦肯野细胞对苔状纤维和爬行纤维传入的反应，而刺激中缝则压抑浦肯野细胞对苔状纤维和爬行纤维传入的反应（Schweighofer et al，2004）。另外，向小脑脑片灌流组胺或促食欲素以及刺激下丘脑中组胺能或促食欲素能神经元均可以兴奋小脑核团神经元和/或浦肯野细胞，向小脑核团内微量注射组胺或促食欲素可以提高动物的运动协调和平衡能力（Li et al，2014）。一些临床神经病学研究揭示，小脑5-HT代谢紊乱的患者可出现共济失调症状，用5-HT前体5-羟基色氨酸或5-HT_{1A}受体激动剂丁螺环酮（buspirone）治疗均可有效改善患者的症状（Trouillas et al，1996），提示这些胺能和肽能传入纤维在小脑正常机能活动中有重要作用。根据念珠状纤维与苔状纤维和爬行纤维显著不同的起源、形态学和化学特征，以及小脑中胺类和肽类神经递质的受体多为促代谢型受体的特点，一般认为念珠状纤维可能不承担向小脑传递某种特异性运动相关信息的任务，而是通过纤维末梢所释放的5-HT、NA、组胺或促食欲素对小脑皮质和小脑核团神经元的膜电位起调节作用，改变这些神经元的兴奋性水平以及它们对苔状纤维和爬行纤维传入的反应敏感性，乃至整个微带的运作模式，从而增强或减弱小脑对其靶核团的兴奋性输出以满足行为执行的需要。

六、微带是小脑皮质的基本功能单位

精细的解剖学和生理学研究证明，在纵区组构的基础上，可以更精细地将小脑划分成若干个纵带或矢状带（sagittal band）（图7-5-7A）。例如，啮齿类动物的小脑被分成八个纵带，其中A、X、B三个纵带相当于纵区组构的内侧区，C1～C3三个纵带相当于中间区，D1、Y、D2三个纵带相当于外侧区。刺激或损毁不同的纵带，对运动行为产生不同的影响。值得注意的是，不仅纵带的皮质-核团投射有一定的定位投射关系（图7-5-7B），而且每条纵带都是由来自下橄榄核一定部位的爬行纤维所支配的（图7-5-7C）。此外，苔状纤维的传入支配也有类似于爬行纤维的定位投射规律。

另一方面，近期的分子生物学研究揭示，小脑皮质的纵带还可以被一些分子标记区分。例如，zebrin II是糖酵解途径中的一种酶——醛缩酶C（aldolase C）的同工酶，选择性地表达于脊椎动物

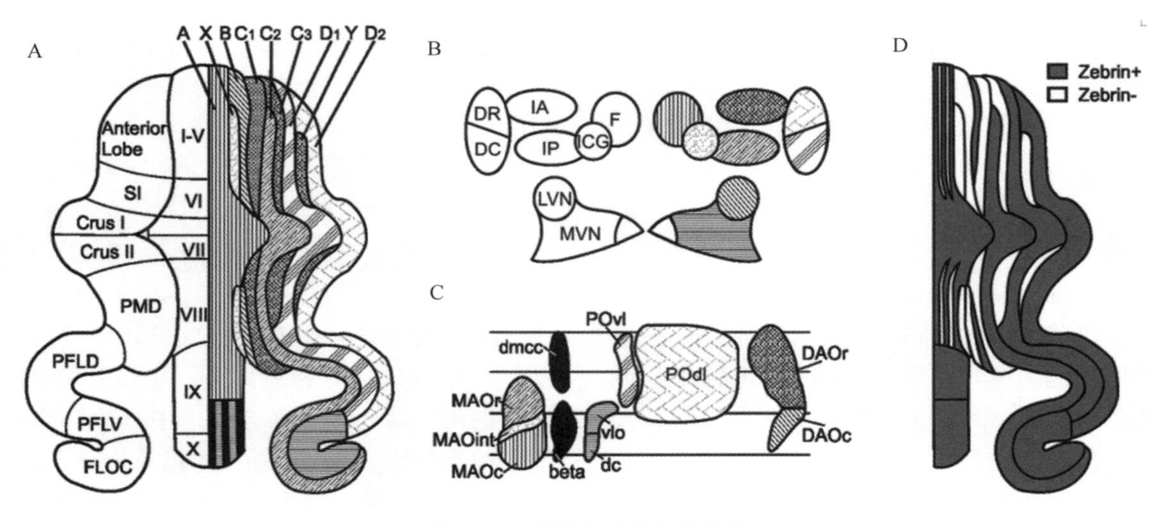

图7-5-7 小脑皮质的矢状纵带

A. 大鼠小脑的纵带结构。Anterior lobe. 前叶；FLOC. 绒球；PFLD. 背旁绒球；PFLV. 腹旁绒球；PMD. 旁正中小叶；SI. 简单小叶。**B.** 小脑核团和前庭核团的不同亚核接受不同纵带的浦肯野细胞投射。DR. 齿状核喙侧部；DC. 齿状核尾侧部；F. 顶核；IA. 前间位核；ICG. 间质细胞组；IP. 后间位核；LVN. 前庭外侧核；MVN. 前庭内侧核。**C.** 下橄榄核不同亚核发出的爬行纤维支配小脑皮质的不同纵区。beta. 下橄榄β核；DAOr/c. 下橄榄背侧副核喙侧/尾侧亚核；MAOr/int/c. 下橄榄内侧副核喙侧/中间/尾侧亚核；dc. 下橄榄背帽；dmcc. 下橄榄背内侧细胞柱；POdl. 下橄榄主核背侧板；POvl. 下橄榄主核腹侧板；vlo. 下橄榄腹外侧突。**D.** Zebrin阳性和阴性浦肯野细胞的分布与纵带的分布相一致（根据Voogd J. What we do not know about cerebellar systems neuroscience. Frontiers in Systems Neuroscience，2014，8：227重绘，有改动）

小脑浦肯野细胞，并在不同细胞亚群中呈差异性表达。表达 zebrin II 的浦肯野细胞聚集成簇形成喙尾向的条带，与缺乏 zebrin II 表达的纵向条带呈交错分布。值得注意的是，zebrin II 在小脑皮质的分布模式与纵带的分布模式明显相关（图 7-5-7D），因此 zebrin II 条带可以作为小脑皮质纵带的边界标记。除了 zebrin II 之外，还有其他一些与谷氨酸能神经传递和突触后第二信使系统有关的分子在小脑皮质也具有特定的表达模式。其中，兴奋性氨基酸转运体 4（EAAT4）和磷脂酶 Cbeta3（PLC β 3）的表达模式与 zebrin II 相同，而 PLC β 4 等分子的表达模式则与 zebrin II 完全互补。这些分子在浦肯野细胞中差异性表达的一个生理学结果是，平行纤维 -zebrin 阴性浦肯野细胞突触上形成的 LTD 较平行纤维 -zebrin 阳性浦肯野细胞突触上的 LTD 更为显著，且 zebrin 阴性浦肯野细胞的简单锋电位的基础发放频率也更高。与之相反，长时程增强（long-term potentiation，LTP）则更有可能发生在 zebrin 阳性纵带中的平行纤维-浦肯野细胞突触上，且 zebrin 阳性浦肯野细胞的简单锋电位的发放频率也相对较低。从传入联系上来看，zebrin 阴性纵带接受来自初级运动皮质的投射，而 zebrin 阳性纵带区域则联系了大脑皮质的广泛区域。

进一步地，每条纵带又由若干个宽 0.1 ～ 0.2 mm，长数 mm 的微带（microzone）所组成。在每一个微带中大约有 500 个浦肯野细胞，它们接受来自特定起源部位的爬行纤维和苔状纤维传入，它们的轴突也以相互不重叠的严格定位关系投射到小脑核团中特定的神经元上去（图 7-5-8）。由于小脑皮质没有像大脑皮质那样的连合纤维和联络纤维，小脑左右两半球之间以及同一半球中的不同部位之间并不能彼此“交谈”或交换信息，因而这些微带显然是各自独立地完成其特定的功能活动的。目前认为，这些微带相当于大脑皮质中的柱状结构，是小脑皮质的基本功能单位。如前所述，既然各个微带中的基本神经元环路具有一样的细胞构筑特征和环路活动规律，那么小脑的不同部位是怎样利用这些构筑方式上高度一致的神经元环路去实现各自不同的功能呢？根据 Bloedel（1992）提出的动态选择假说（dynamic selection hypothesis），不同微带之间或不同小脑部位之间功能差异的实现，关键就取决于各自特定的爬行纤维和苔状纤维传入。随着现代神经科学工具对传统认识的小脑皮质均一化环路的进一步区分，将有助于确定小脑皮质基因表达和生理表型的区域差异是如何在小脑神经元环路的信息处理中发挥不同的功能的。

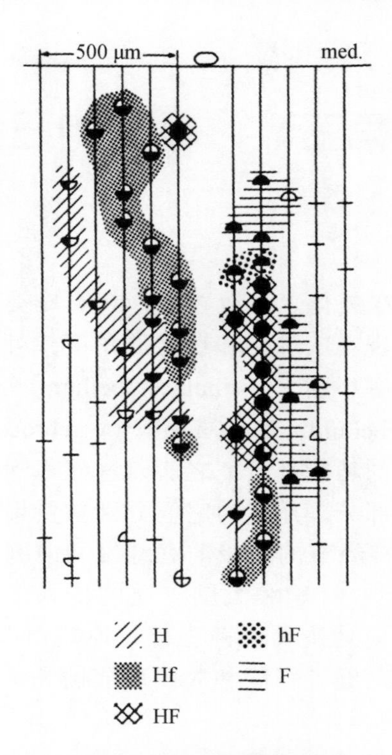

图 7-5-8 **小脑皮质的微带**

猫小脑内侧区（蚓部）第 V 小叶皮质 B 纵带中的微带结构，显示对刺激前肢尺神经和后肢坐骨神经有反应的浦肯野细胞在 B 纵带中的分布情况。图中的纵线表示微电极在 B 纵带中由内侧（med.）向外侧 11 次穿刺的轨迹。纵线上的圆圈、半圆或线条表示对刺激有反应的细胞所处的位置，注意对特定外周传入有反应的细胞彼此相邻并形成宽约 100 ～ 200 μm 的微带，其中的大多数细胞接受前肢和后肢的会聚性输入。F 和 f. 被前肢神经刺激激活的短潜伏期和长潜伏期反应带；H 和 h. 被后肢神经刺激激活的短潜伏期和长潜伏期反应带（引自 Brooks VB. *The Neural Basis of Motor Control*. New York，Oxford University Press，1986：281）

第三节 小脑的三个功能部分具有不同的神经连接、进化起源和功能

小脑在进化上十分古老，在圆口类的七鳃鳗中就已出现。从进化和功能的角度，可以将小脑划分成前庭小脑（vestibulocerebellum）、脊髓小脑（spinocerebellum）和皮质小脑（cerebrocerebellum）三个主要的功能部分。之所以这样称呼小脑的这三个功能部分，是因为它们分别主要接受前庭系统（前庭神经节的初级前庭纤维和前庭核的次级前庭纤维）、脊髓和大脑皮质的传入，而它们的传出也相应地主要经前庭核、顶核/间位核和齿状核调控前庭、脊髓和大脑皮质的相关功能（图7-5-9）。表7-5-1归纳了它们的主要传入、传出联系和功能。另外，由于在脊椎动物的进化过程中，这三个功能部分分别随前庭系统、脊髓和大脑皮质的发展而先后出现，故又分别被称为古小脑（archicerebellum）、旧小脑（paleocerebellum）和新小脑（neocerebellum）。小脑皮质在脊椎动物进化中较为保守，但小脑核团这一小脑的最终整合和输出结构在不同物种中数量各异：无颌类没有小脑核团，软骨鱼类和两栖类有一对，爬行类有两对，而哺乳类则有三对。近期一项对鸡、小鼠和人

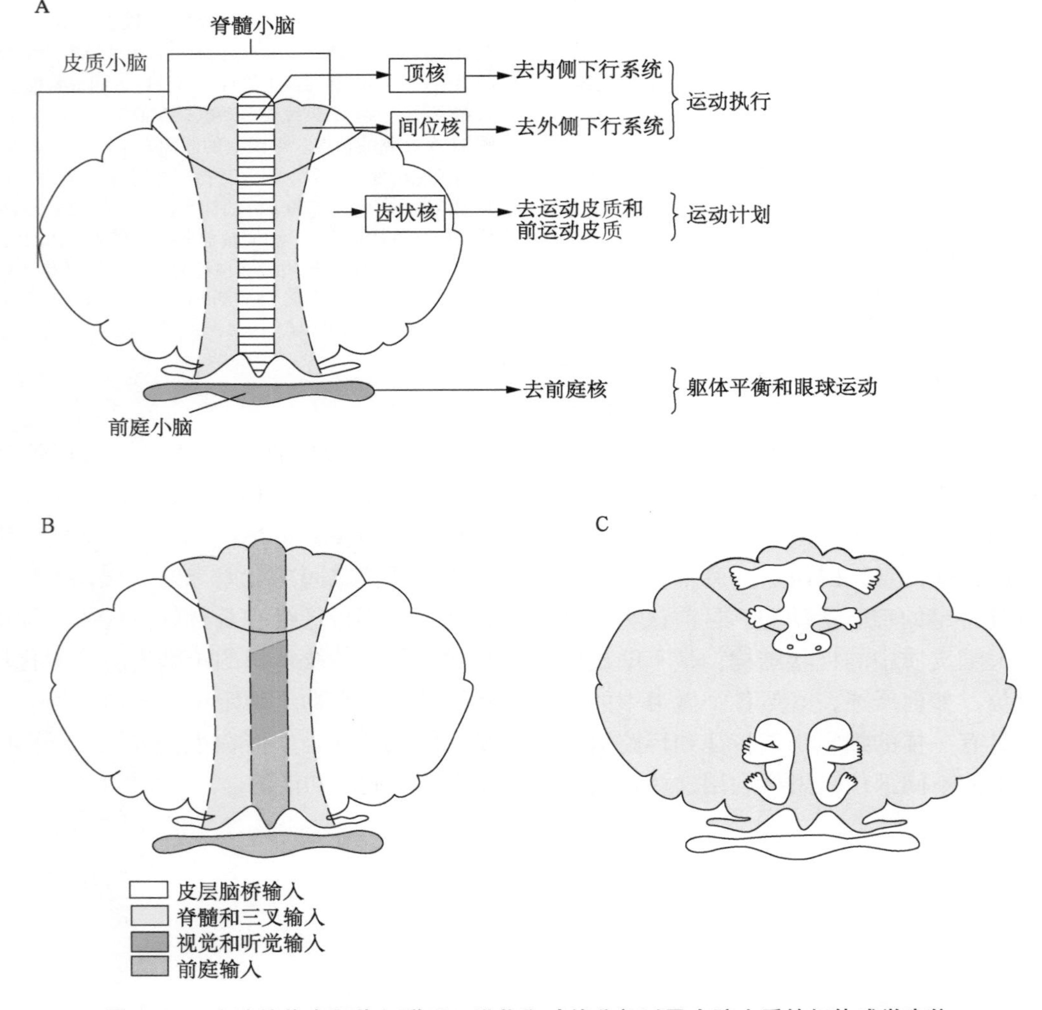

图7-5-9 小脑的传出和传入联系、进化和功能分部以及小脑皮质的躯体感觉定位

A. 小脑的传出、进化和功能分部；**B.** 小脑的传入；**C.** 小脑皮质的躯体感觉定位图（根据Kandel ER，Schwartz JH，Jessell TM. *Principles of Neural Science*. 3rd ed. New York，Elsevier，1991：633和634重绘，有改动）

表 7-5-1　小脑各功能区的传入、传出联系及功能

功能区	解剖学分区	传入起源	小脑核团	传出终点	功能
前庭小脑	绒球小结叶	前庭	前庭外侧核	腹内侧下行系统：躯干肌运动神经元	姿势，前庭反射
脊髓小脑	内侧区（蚓部）	前庭、脊髓（躯体近端、头面部）、视觉、听觉	顶核	腹内侧下行系统：前庭核、网状结构、运动皮质的躯干代表区	躯干和肢体近端的运动控制，运动的适时管理
脊髓小脑	半球的中间区	脊髓（躯体远端部位）	间位核	外侧下行系统：红核大细胞部、运动皮质远端躯体代表区	肢体远端的运动控制，运动的适时管理
皮质小脑	半球的外侧区	大脑皮质	齿状核	整合区：运动皮质远端肢体代表区、前运动皮质；红核小细胞部	运动的发起、计划和定时

类小脑核团的单细胞细胞核 RNA 测序和空间转录组分析，并结合了全脑和脊髓投射示踪的研究表明（Kebschull et al，2020），小脑核团中具有一类非常保守的细胞类型集合，包括了三类抑制性神经元和两类兴奋性神经元，构成了小脑核团组构和进化的基本单元。该原型小脑核单元随着小脑的进化被反复复制，并伴随兴奋性神经元的转录组分化和投射模式的改变，提示小脑很可能是采用了对整个细胞类型集合的复制和分化策略来进化的。

一、前庭小脑调节躯体的平衡和眼球的运动

前庭小脑主要由小脑体之外的绒球小结叶构成。此外，靠近绒球小结叶的蚓垂等处也接受前庭系统的传入（图 7-5-9A 和 B）。到达前庭小脑的传入纤维分初级和次级两类。初级前庭传入纤维起源自两侧半规管和耳石器，是所有小脑传入纤维中唯一不经中转而直接到达小脑皮质的外周神经节纤维；次级前庭传入纤维则是起源于前庭核的间接投射。这些前庭传入纤维向小脑传递了头部位置变化和头部相对于重力作用方向的信息。同时，前庭小脑也接受经脑桥核接转的外侧膝状体、上丘和纹状皮质等处的视觉传入。

前庭小脑的浦肯野细胞通过轴突末梢释放 GABA 对前庭外侧核和前庭内侧核神经元发挥抑制作用。通过前庭外侧核和前庭脊髓束，前庭小脑可以调节脊髓中那些支配体轴和肢体近端伸肌的运动神经元的兴奋性活动，因而对维持躯体的姿势和平衡发挥重要作用。另一方面，前庭小脑到达前庭内侧核的纤维可进一步通过内侧纵束连接眼外肌运动核，因而前庭小脑的另一个重要功能是控制眼球的运动和协调头部运动时眼球为保持视像而进行的凝视（gaze）。

绒球小结叶的病变将导致明显的平衡紊乱，患者出现倾倒、共济失调步态（ataxic gait）和代偿性的宽基步（wide-based stance）等症状。另外，患者还可能出现自发性眼球震颤（spontaneous nystagmus）现象。造成这些病症的原因，是由于前庭小脑的损伤使患者无法利用前庭信息来协调躯体的站立、行走和眼球运动。前庭小脑的损伤并不影响四肢的运动，因为当病人躺下或得到扶持时，四肢仍然能够完好地执行随意运动和完成姿势反射运动。

二、脊髓小脑利用感觉反馈信息控制肌肉的张力并适时地调节进行中的运动

脊髓小脑纵贯小脑体的前叶和后叶的正中部分，包括内侧区和中间区两个纵区。这两个纵区的传入主要来自脊髓；它们的传出，内侧区经顶核、中间区经间位核到达脑干和运动皮质，分别控制了起源于脑干和皮质的内侧和外侧下行系统，对进行中的肢体运动起重要的适时调节作用（图 7-5-9）。

躯体感觉信息经直接和间接的脊髓小脑通路到达小脑。直接脊髓小脑通路中的背侧脊髓小脑束神经元起源于脊髓背角的 Clarke 柱，接受肌梭、腱器官、关节和皮肤感受器的传入，而腹侧脊髓小脑束神经元主要起源于含有大量中间神经元的脊髓第Ⅶ层外侧。利用猫走步机行走模型的实验揭示，切断动物脊髓背根，脊髓中背侧脊髓小脑束神经元的放电停止，而腹侧脊髓小脑束神经元依然可被猫的行走运动所调制，这一结果表明前者向小脑提供与运动相关的肢体位置、肌肉活动状态和皮肤感觉的

信息，而后者向小脑提供脊髓中间神经元活动的信息，这些中间神经元参与了低位中枢行走节律的生成。在间接通路中最重要的是脊髓-橄榄-小脑通路，该通路最终以爬行纤维的形式进入小脑，为小脑提供了与直接脊髓小脑通路不同的信息，如运动执行的误差信息等。此外，脊髓小脑还接受视觉、听觉和前庭信息的传入。所有这些传入均具有躯体-小脑皮质定位特征，图7-5-9C是这种躯体定位关系的描图，其中第一幅躯体感觉定位图主要位于小脑前叶，呈倒置状，即前叶可被躯体四肢的皮肤、关节和肌肉感受器的传入激活，前叶下方的简单小叶则接受头面部的躯体感觉传入；第二幅图主要位于小脑后叶的旁正中小叶，不倒置。另外，听觉和视觉传入主要定位于后叶的蚓部（图7-5-9B）。与大脑皮质相比，小脑的躯体感觉定位是相当粗糙的，这与传递躯体感觉信息的主要通道苔状纤维的发散和众多平行纤维对同一个浦肯野细胞的会聚有关，这种发散和会聚使得高度精细的定位变得不可能。事实上，由于小脑仅仅是一个皮质下的运动调节中枢，也不参与意识性感觉的形成，所以它并不需要像大脑皮质那样十分精确的感觉定位。除外周传入之外，脊髓小脑还接受经脑桥接转的大脑皮质感觉区和运动区的传入信息。刺激大脑皮质并在小脑皮质作记录，也可以获得大脑皮质-小脑皮质联系的定位图，这幅图的定位关系与上述的躯体感觉定位图是重合的。这一重要的现象说明在运动执行的过程中，脊髓小脑一方面接受来自发起随意运动的皮质运动区的传入信息，另一方面也可获得执行这些运动所牵涉的头、颈、躯干和四肢等部位的感觉反馈信息，是中枢内反馈（internal feedback）信息和外周外反馈（external feedback）信息的会聚部位。类似地，后叶蚓部的视觉和听觉代表区也接受来自皮质视区和听区的传入信息；整个蚓部还接受初级和次级前庭纤维的输入。

脊髓小脑是小脑三个功能部分中唯一与下行运动系统有众多联系的功能部分。但是，刺激脊髓小脑部皮质不能引起肌肉的收缩活动，因而不能在小脑皮质上描绘出像大脑皮质运动区那样的反映躯体运动的代表区。这固然与浦肯野细胞是一个抑制性神经元有关，但更重要的原因是小脑并不直接与脊髓运动神经元相连接，而是通过对脊髓下行系统的起始部位——脑干和大脑皮质运动区神经元的调节作用而影响肌肉的运动。脊髓小脑中的顶核投射到前庭外侧核和延髓网状结构，也经丘脑腹外侧核上行投射到大脑皮质运动区（初级运动皮质）。这样，小脑内侧区通过顶核的下行和上行投射，控制了发出腹内侧下行系统（前庭脊髓束、网状脊髓束和腹侧皮质脊髓束）的中枢部位，经腹内侧下行系统控制体轴、头颈部和躯体近侧的肌肉。间位核的离核纤维主要到达对侧红核大细胞部，另一些纤维经红核投射到丘脑腹外侧核，终止于大脑皮质运动区（初级运动皮质）四肢代表区中的神经元上。因而，小脑皮质的中间区和间位核通过对红核和运动皮质活动的调节，经红核脊髓束和外侧皮质脊髓束构成的背外侧下行系统控制躯体远端和肢体的肌肉装置。应当注意的是，小脑-前庭-脊髓系统主要影响脊髓伸肌运动神经元的活动，而小脑-红核-脊髓系统则影响屈肌运动神经元的活动。

脊髓小脑的主要功能在于利用外周感觉反馈信息控制肌肉的张力和调节进行中的运动，配合大脑皮质对随意运动进行适时的管理。要做到这一点，脊髓小脑必须及时地获取、并适时地利用来自大脑皮质的内反馈信息和来自外周的肢体运动外反馈信息。事实上，脊髓小脑的中间区是大脑皮质和脊髓传入投射发生重叠的部位，例如，在该区的小脑前叶部上肢代表区中的神经元接受来自初级运动皮质和上肢的会聚性输入（图7-5-9），这就为脊髓小脑对来自大脑皮质的传入信号和来自上肢的运动相关信号进行比较提供了可能。现在认为，在大脑皮质运动区向脊髓发出运动指令（motor command）的同时，也通过锥体束的侧枝向脊髓小脑送去了有关运动执行具体内容的运动指令副本——传出拷贝（efference copy），这一内反馈过程的完成涉及皮质-脑桥-小脑、皮质-网状-小脑和皮质-橄榄-小脑等通路。另一方面，由运动指令所发动的随意运动也激活了外周皮肤、肌肉和关节感受器，它们的传入冲动经脊髓-小脑通路到达脊髓小脑，使脊髓小脑获得了大量有关运动执行情况的躯体和本体感觉的外反馈信息。小脑的作用在于将这些内、外反馈信息进行比较和整合，察觉运动执行情况与运动指令之间的误差，发出校正信号向上经丘脑外侧核到达大脑皮质运动区，修正皮质运动区的活动，使其符合当时运动的实际情况；向下经红核脊髓束和网状脊髓束等通路间接地调节外周肌肉装置的活动，纠正运动的偏差，使运动按中枢运动指令预定的目标和轨道正确地执行（图7-5-10）。一些实验支持上述学说，例如，Thach（1978）的经典实验揭示，虽然猴小脑间位核神经元与大脑运动皮质神

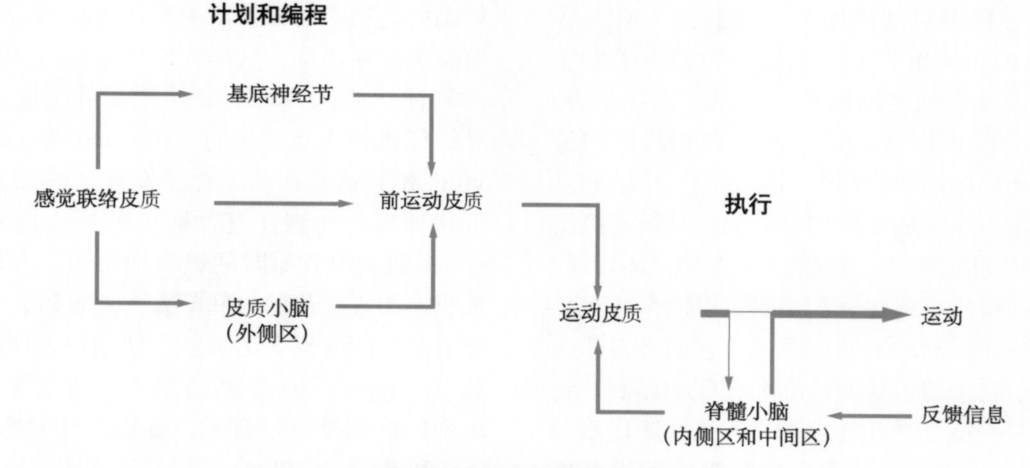

图 7-5-10 小脑在随意运动的发起和执行中的作用

（根据 Kandel ER，Schwartz JH，Jessell TM. *Principles of Neural Science*. 3rd ed. New York，Elsevier，1991：642 重绘，有改动）

经元在动物执行腕关节屈伸运动的过程中都发生放电活动变化，但间位核神经元的放电变化是在运动皮质神经元的放电变化之后才开始发生，这一延迟表明小脑中间区并不介入运动的发起，而是参与运动的适时管理。需要强调的是，感觉信息的反馈对于脊髓小脑的运动调节功能有至关重要的作用。早已知道，切断脊髓背根传入纤维，动物的一些反射性运动不能很好地进行；脊髓背根受损的病人动作笨拙和出现感觉性共济失调，这些动物实验结果和人类病理现象说明外周感觉信息的传入在运动的协调中有重要作用。对脊髓小脑受损的病人来说，由于他们不能通过脊髓小脑有效地利用外反馈信息来协调运动，运动会变得笨拙而不准确，出现共济失调、辨距不良（dysmetria）和震颤（tremor）等现象。例如，具小脑性震颤的病人将其食指指向一个预定的目标（如自己的鼻子）时，会一次又一次地超出目标，而后又过度地补偿，以致在预定目标周围出现所谓“寻的行为（hunting behavior）”。这种出现在动作末了的终末性震颤（terminal tremor）或意向性震颤（intention tremor）现象就是负反馈控制系统失灵的一个典型表现。临床上还观察到，慢性酒精中毒常引起小脑前叶的局限性皮质退化，其主要病变区域在躯体感觉定位图中的躯干区和腿区（图 7-5-9C），故这一病变所引起的症状常涉及腿的运动，使患者出现宽基步和共济失调。与前述的前庭小脑受损时的表现不同，脊髓小脑受损所致的共济失调，其下肢的运动在病人得到扶持时并不能改善，是一种更为严重的运动功能紊乱。

脊髓小脑的受损也造成肌张力减退（hypotonia），表明在正常情况下脊髓小脑也有调节肌张力的功能。这种调节作用是通过前庭-脊髓、红核-脊髓和网状-脊髓等下行系统对脊髓 α 和 / 或 γ-运动神经元的兴奋性作用实现的。虽然可以将肌张力减退一般地定义为肌肉对牵拉所造成的被动性运动的阻力下降，但重要的是，适宜的肌紧张是一切反射性运动和随意性运动的基础，因而造成肌紧张改变的小脑损伤必将影响到各种类型的肌肉活动。

三、皮质小脑参与随意运动的发起和计划，并可能为运动定时

皮质小脑即小脑的外侧区。与前庭小脑和脊髓小脑不同，皮质小脑不接受外周感觉的输入，它的输入来自大脑皮质的广大区域，包括感觉区、运动区、运动前区和感觉联络区（图 7-5-9）。从这些脑区传入皮质小脑的纤维均经脑桥核接转到达对侧齿状核并以苔状纤维的形式发散到对侧小脑半球的皮质。皮质小脑的传出纤维从齿状核发出，经对侧丘脑腹外侧核回到大脑皮质运动区和运动前区。另外，也有部分齿状核纤维投射到红核小细胞部，但这些红核小细胞部神经元并不参与形成红核脊髓束，而是发出纤维形成红核橄榄束到达下橄榄核，下橄榄神经元进一步以爬行纤维的形式进入对侧小脑，形成一个反馈环路。由于红核小细胞部也接受大脑皮质前运动区的传入，因此有人根据脑成像研究结果提出前运动皮质-小脑-红核-小脑环路在运动的内心演练（mental rehearsal）和运动学习中发挥作用。

皮质小脑被认为与大脑皮质感觉联络区、运动前区以及基底神经节一道参与了随意运动的计划和运动程序的编制过程。图 7-5-10 是关于小脑在随

意运动发生过程中可能作用的一种假说（Allen & Tsukahara，1974），也表示了与随意运动有关的主要中枢结构以及它们之间的相互关系。现在认为，一个随意运动的产生包括运动的计划和程序的编制，以及运动程序的执行两个不同阶段。小脑和基底神经节均作为从大脑皮质到脊髓的运动信息流主通道上的两个侧环参与了随意运动的发起和管理。就小脑而言，皮质小脑和脊髓小脑是以两个相对独立的功能部分在运动的不同阶段发挥它们各自的作用的。皮质小脑参与运动的计划和程序的编制，它与基底神经节一道接受并处理来自感觉联络皮质的运动意念信息，编制运动指令并将生成的运动指令交给前运动皮质和运动皮质去执行；脊髓小脑则如前所述的那样，利用外周感觉反馈信息对运动进行适时的管理。这一学说得到一些实验的支持。Thach（1978）发现猴小脑齿状核和间位核的细胞在动物进行腕关节屈伸运动时均有相应的放电变化，但齿状核细胞的放电变化不仅发生在间位核之前，而且也发生在运动起始之前，而当动物执行较为复杂的连续性动作时，齿状核细胞则往往显示出比间位核细胞更为复杂的放电模式。Hore 等（1984，1986）利用冷却探针（cooling probe）冷冻猴的齿状核以可逆性地阻滞该核团的功能后，发现齿状核的失活虽然不能阻止动物上肢运动的发生，也不能改变动物大脑皮质运动区中运动相关神经元的发放模式，但却可使运动皮质中那些运动相关神经元的放电活动和动物上肢运动的发起都延迟 100 至数百 ms。同时，猴经训练后已经形成的快速而熟练的动作丧失，代之以缓慢而不精确的运动。这些实验结果说明，齿状核所提供的信息对于触发运动皮质的活动并发起运动是重要的。临床的资料与上述的实验结果是一致的，小脑外侧区的损伤除了引起患者远侧肢体的肌张力下降和共济失调之外，一个重要的症状就是运动起始的延缓。

关于运动调节的另一个重要问题是，在运动的过程中中枢神经系统必须对肌肉发出时间上十分精确的运动指令，使肌肉按照运动的需要依次有序地发生舒缩活动，这样才能使运动协调地进行。目前一种学说认为，小脑外侧部可能作为一个中枢时钟样机构为运动定时（Ivry and Spencer，2004）。Villis 和 Hore（1980）曾经发现，冷冻失活猴小脑齿状核后，动物在进行肘关节快速运动时主动肌（二头肌）的收缩时间显著地延长，而对抗肌（三头肌）的收缩起始时间却大大地推迟，这种肌肉舒缩活动时间安排上的混乱，使动物表现出运动范围过度（hypermetria）和为纠正运动范围过度而随之出现的终末性震颤现象。在以人为对象的实验中，Ivry 和 Keele（1989）要求受试者跟随频率为 2 次 /s 的节奏性音响做简单的手指叩击动作，在受试者形成与音响同步的叩击节律后，中止音响并要求受试者依然以按照音响频率所建立起来的节奏继续进行手指叩击动作。结果发现，虽然小脑外侧区受损的病人在有音响提示的时候，可以像正常受试者一样建立与音响频率一致的节奏性手指叩击动作，但他们在音响停止以后却不能像正常受试者那样，继续以按照音响频率建立起来的节奏做手指叩击动作，叩击的速度和节奏出现紊乱。Ivry 和 Keele 进一步证明，小脑内侧部的损伤仅影响到患者手指叩击运动的精确性，而小脑外侧部的损伤则影响到患者对时间间隔和移动物体速度的判断。更一般地说，小脑外侧部损伤患者所表现出来的运动定时障碍可能与他们小脑受损后出现的时间知觉障碍有关，因为这些小脑患者不能发现荧光屏上一个移动目标的速度变化，也不能判断两个长短不一声响的孰长孰短。需要指出的是，对于小脑外侧部是否具有运动定时功能还有一些不同看法。关键的问题在于：小脑核团（包括皮质小脑部的齿状核）神经元的放电并不表现出时钟样周期性发放的特征；而且，皮质小脑的运动定时作用学说与前面所述下橄榄核-小脑环路活动的运动定时作用学说（Llinás，1990）之间是否有某种内在的联系也不清楚。

第四节 小脑具有运动学习功能

简单地说，运动学习就是学做一种新的动作。早就知道，由小脑局部损伤所引起的运动失调具有高度代偿性恢复的可能，这一现象提示小脑神经元环路具有通过学习而重建其功能活动的能力，即所谓的适应性学习功能。小脑究竟是否具有学习功能一直是人们颇感兴趣的问题，因为如果小脑具有学习功能，那么通过小脑的学习就可使机体的运动在情况发生变化的时候做出相应的调整和适应，也可使一些复杂的运动在重复的操作或训练过程中逐渐地熟练起来而富有技巧性。

一、小脑通过学习建立运动控制的内部模型

在20世纪六、七十年代之交，三位神经科学家David Marr（1969），Masao Ito（1970）和James Albus（1971）先后建立了基于小脑神经元环路的计算模型，模型计算的结果提示小脑很可能具有学习能力。考虑到小脑的矢状纵带、微带和神经元环路构筑特征，可将其视为一个许多模块化单元的集合，而每一单元都构成了一个嵌入运动控制系统的神经计算机器。一般而言，大多数机器学习算法的主要目标可分为两类：分类和回归。Marr和Albus认为模式识别任务是小脑学习的目标，因此将其视为分类问题，最终输出离散的变量；而Ito将控制任务作为小脑学习的目标，因此将其视为回归问题，最终输出连续的变量。在过去的五十年中，Ito提出的小脑学习控制和回归模型拟合了包括眼动控制的适应和视觉指导的手臂伸及任务等大量实验证据，具有令人满意的稳健性。

现代控制理论开辟的新领域——“自适应控制（adaptive control）”和“基于模型的控制（model-based control）”，进一步启发了基于内部模型（internal model）的小脑自适应神经控制思想的萌芽。目前认为，小脑中可能具有两种联系前馈控制系统的内部模型（图7-5-11）：正演模型（forward model）和反演模型（inverse model）。正演模型预测运动实际执行时的感觉结果，即达成运动预期或目标时的感觉输入。因此，正演模型可利用传入的下行运动指令的“传出拷贝”或“推论放电”（corollary discharge）预测肢体未来运动时的状态，而该感觉预测与外周实际感觉反馈间的差异则提供了一种感觉预测误差（sensory prediction error，如VOR中的视滑脱），可以作为误差信号通过爬行纤维来训练小脑内部模型（即学习）。因而，正演模型可作为内部反馈控制的基本要素，绕过外部世界的长环路感觉反馈，从而避免了反馈延迟、提高了控制性能。另一方面，反演模型则计算需要什么运动指令来产生特定的动作，以达到预期的感觉结果。在该模型中，实际运动轨迹与预测轨迹间的差异被转换为大脑感觉运动皮质生成的反馈运动指令，作为运动指令误差（motor command error）通过爬行纤维

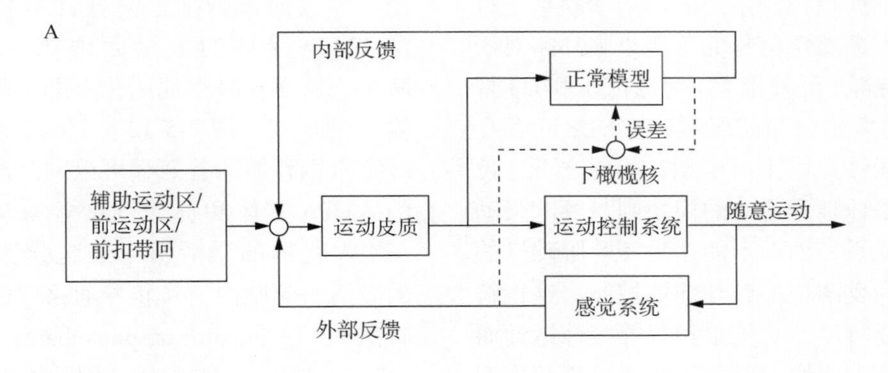

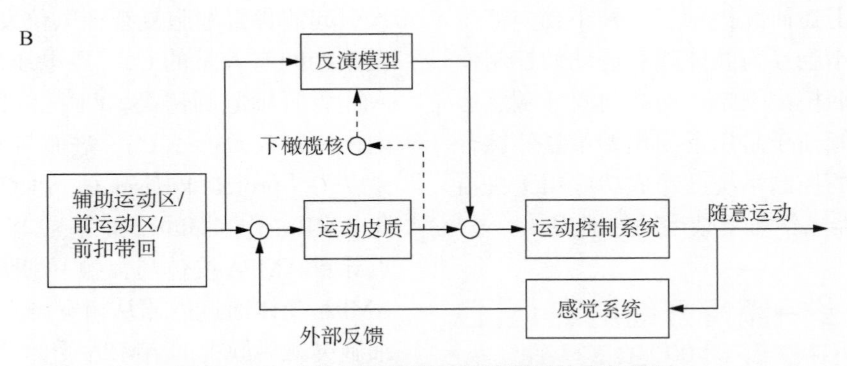

图7-5-11 小脑运动控制与运动学习的内部模型

A. 正演模型；**B**. 反演模型（引自Ito M. Bases and implications of learning in the cerebellum-adaptive control and internal model mechanism. Prog Brain Res. 2005，148：95.）

来训练小脑内部模型。因此，反演模型输出的运动指令就可以作为理想的前馈控制来精确调控运动，从而绕开了运动皮质的编码过程，实现运动的自适应控制。这两种小脑内部模型的本质区别在于小脑的输出信号所表征的是感觉（运动学参数）还是运动（动力学参数）信息。

近年来的实验证据表明，小脑不同微带可能分别采用正演模型或反演模型作为运动学习的策略。例如，小脑 HV-HVI 小叶中间区和外侧区的浦肯野细胞编码手臂的位置与伸及运动的方向和速度（Roitman et al，2005），但 HV-HVI 小叶中间区还存在另一组独立的浦肯野细胞直接编码上臂肌肉的活动（Yamamoto et al，2007），这提示该小脑皮质区域不仅存在正演内部模型，而且存在反演内部模型，这些小脑模块中的正演模型和反演模型同时在上臂的运动学习中发挥作用。然而，需要注意的是，小脑核团和前庭核团而非浦肯野细胞才是小脑神经元环路的最终输出，它们的输出信号所表征的感觉 / 运动特性才决定了小脑各模块中内部模型的本质。例如，刺激间位核的特定区域可以直接引起眼轮匝肌收缩，导致眨眼反应，表明该间位核区域所在的小脑模块可能为眨眼反射提供了反演模型（McCormick and Thompson，1984）。此外，这两种模型还可以从小脑模块控制系统的解剖学联系上得到区分。提供内反馈感觉信号的皮质小脑环路对于正演模型的小脑模块至关重要。小脑 C1 和 C3 带（图 7-5-7A）中的微带就与初级运动皮质之间存在环路联系，因此能够提供正演模型；相比之下，位于小脑半球参与眼球随意运动的模块则与额叶眼动区之间没有环路联系，因而不能作为额叶眼动区的正演模型而是作为反演模型参与前馈控制，这也符合眼球运动的功能特性，对于眼扫视等眼球运动而言，它们的速度非常之快，以致无法通过正演模型的内反馈来控制。上述研究提示了一种小脑内部模型有趣的分化，即小脑参与肢体随意运动的控制模块更倾向于采用正演模型策略，而参与眼球随意运动的控制模块则更倾向于采用反演模型策略。结合了正演和反演模型的控制系统已经成功应用于机器人的开发，赋予机器人学习复杂运动的能力。

二、平行纤维-浦肯野细胞的 LTD 是运动记忆获得的神经基础

虽然 Marr、Ito 和 Albus 提出的数学模型不尽相同，但他们都推测小脑学习的机制可能是由于爬行纤维传入长时程地改变了浦肯野细胞对苔状纤维传入的反应。他们都强调平行纤维-浦肯野细胞突触的功能具有可塑性，而爬行纤维传入的异突触作用（heterosynaptic interaction，参见图 7-5-3）是导致平行纤维-浦肯野细胞突触功能改变，进而赋予小脑神经环路以学习能力的原因。在小脑学习理论提出 10 年以后，Ito 等（1982）在小脑浦肯野细胞上获得了突触可塑性变化的生理学证据。他们发现，用 4 次 /s 的连续电脉冲同时刺激爬行纤维和苔状纤维可以长时程地减弱浦肯野细胞对苔状纤维传入的反应，表现为浦肯野细胞对于苔状纤维刺激所诱发的简单锋电位的发放减少或兴奋性突触后电位的幅度减小。由于这种现象可以持续 1 小时或更久，故被称为 LTD。随后，不同作者在小脑脑片上的大量实验进一步证实，同时刺激爬行纤维和平行纤维也可以在浦肯野细胞上获得 LTD。因此，如果爬行纤维在运动中能够提供适当的误差信号，小脑就可能通过 LTD 等突触学习机制，获得和建立基于小脑神经元环路的内部模型，并对其不断完善和更新。

目前对小脑 LTD 产生机制比较一致的看法是：爬行纤维和平行纤维的同时激活，分别引起浦肯野细胞内两条不同信号转导途径的激活和相互作用，导致浦肯野细胞突触后膜上的促离子型谷氨酸 AMPA 受体的数量因内化（internalization）而减少，从而长时程地弱化了细胞对平行纤维兴奋性输入的反应（图 7-5-12）。在这一机制中：①平行纤维末梢释放的谷氨酸可以同时激活浦肯野细胞上的 AMPA 受体和促代谢型谷氨酸受体（mGluR），AMPA 受体的激活引起细胞膜去极化，而 mGluR 的激活引起胞内信号转导通路中的第二信使物质三磷酸肌醇（inositol trisphosphate，IP_3）和甘油二酯（diacylglycerol，DAG）的生成；②爬行纤维的传入引起浦肯野细胞复杂锋电位发放，在复杂锋电位发放期间有大量的 Ca^{2+} 经电压敏感性 Ca^{2+} 通道进入浦肯野细胞的树突。Ca^{2+} 和 IP_3 可进一步引起胞内钙库释放 Ca^{2+}，Ca^{2+} 进而与 DAG 一道激活蛋白激酶 C（protein kinases C，PKC），后者通过磷酸化 AMPA 受体 GluR2 亚基羧基端的丝氨酸 880 位点导致 AMPA 受体与突触下细胞骨架解离。解离的 AMPA 受体通过内化从树突棘上清除，导致浦肯野细胞突触后膜上的 AMPA 受体数量减少，最终使得细胞对平行纤维兴奋性传入的反应减小，发生 LTD。此外，除了上述产生 LTD 的一般机制，GluR δ 2 受

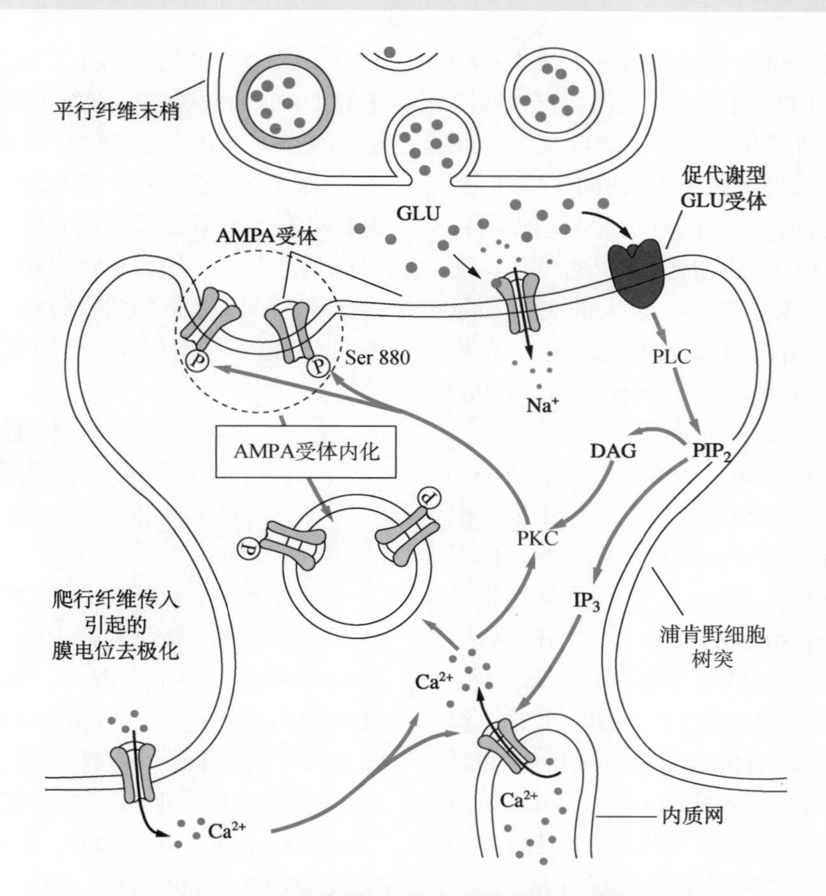

图 7-5-12 **小脑平行纤维–浦肯野细胞 LTD 的发生机制**

DAG. 甘油二酯；GLU. 谷氨酸；IP_3. 三磷酸肌醇；PIP_2. 磷脂酰肌醇 4，5- 二磷酸；PKC. 蛋白激酶 C；PLC. 磷脂酶 C；Ser. 丝氨酸（根据 Purves D，Augustine GJ，Fitzpatrick D et al. *Neuroscience*. 3rd ed. Sunderland，MA，Sinauer Associates，Inc. Publishers，2004：596 重绘，有改动）

体、一氧化氮（NO）、环磷酸鸟苷依赖的蛋白激酶（PKG）、内源性大麻素、CRF、短瞬时受体电位通道 3 和 NMDA 受体等其他一些分子，也可能对平行纤维–浦肯野细胞突触 LTD 的诱导有易化或允许作用。

在行为水平上给予 Marr-Albus-Ito 理论以支持并说明小脑具有运动学习功能的典型例子，是 Ito 等对于小脑在 VOR 中作用的研究。VOR 是当头向一侧转动时，因前庭受到刺激而引起眼球向另一侧等速运动的一种补偿性反射，该反射可以使眼睛在头转动的过程中稳定地注视一个固定的视觉目标。前庭小脑的绒球叶参与了 VOR 的控制，而且有意义的是，VOR 具有可塑性。如果给受试的人或猴戴上一副特殊的眼镜以人为地减小受试者 / 动物的视场，开始时，如果受试者 / 动物的头向一侧（左或右）转动，两个眼球虽然可以像没戴眼镜时那样朝头运动方向的另一侧运动，但由于正常的 VOR 增益与减小了的视场不匹配，两个眼球会因运动过度而分别撞击到同侧眼窝的鼻侧和对侧眼窝的颞侧边际；经过一段时间的适应，受试者 / 动物两个眼球的运动幅度会逐渐地减小，并且在头终止运动时停止在眼窝中适当的位置上，以使其所注视目标的视像在头运动过程当中始终稳定地保持在视网膜中央部，从而获得清晰的视觉。这一实验结果说明，受试者的 VOR 对变化了的视场发生了适应，即反射的增益因视场的减小而相应地减小。切除小脑绒球叶或连接绒球叶的爬行纤维通路，VOR 的这种可塑性变化就不再发生，可见 VOR 的这种适应是习得性的，而且与小脑有关。Ito 等进一步发现，当眼球因运动过度或不足，而发生视滑脱时，小脑绒球叶上参与 VOR 控制的浦肯野细胞会出现大量的复杂锋电位发放。这些来自视网膜并经爬行纤维传入小脑绒球叶的视觉误差信息，显然与保持视觉清晰有关。Ito（1982）为解释小脑在 VOR 中的作用提出的绒球假说（flocculus hypothesis）认为，VOR 的适应性变化是由于在适应过程中大量与视觉相关的爬行纤维传入对小脑绒球叶上浦肯野细胞的冲击导致了平行纤维–浦肯野细胞突触上 LTD 的发展，从而减弱了浦肯野细胞对参与错误运动执行的苔状纤维传入反应的缘故。Nagao 和 Ito（1991）的研究为LTD与VOR适应之间的相关性提供了线索：由于小脑中的NO参与LTD的形成，他们将可以吸收NO的血红蛋白注射到猴和兔小脑绒球叶皮质与硬脑膜之间的空隙中，结果阻断了VOR的适应现象，但却不影响眼球的运动；而当脑脊液的流动逐渐将血红蛋白洗去之后，VOR的适应现象又可恢复。随后，在浦肯野细胞特异性PKG-1缺失的突变小鼠（Feil et al，2003）和浦肯野细胞中过表达假底物PKC抑制剂的转基因小鼠（de Zeeuw et al，1998）中也均观察到VOR适应的阻断现象。

眨眼条件反射（eyeblink conditioning，EBC）是哺乳动物联合型学习的经典范式之一。该范式中动物需要学习的任务很简单，即建立起中性条件刺激（conditioned stimulus，CS）与引起眨眼的非条件刺激（unconditioned stimulus，US）之间的联系。听觉、视觉或躯体感觉刺激通常被用作CS，而向角膜吹气或电击眶周则被作为US。EBC可分为追踪眨眼条件反射（trace eyeblink conditioning）和延迟眨眼条件反射（delay eyeblink conditioning）两种范式，两者的CS均出现在US之前，但前者的CS与US之间有一个无刺激期（追踪间隔），而后者的CS与US相连、重叠并同时结束。在训练初期，动物仅能被US诱导出反射性的非条件反应（unconditioned response，UR）。经过数百次的配对训练，动物逐渐能被CS诱导出先于US出现的条件反应（conditioned response，CR）。随着训练次数增加，CS和US之间联系的紧密程度不断增强，CR的幅度显著增加，持续时间也显著延长。近几十年来的大量研究表明，EBC建立的关键脑区是小脑，且与小脑皮质LTD有着非常密切的关系。具体证据有：①损毁小脑皮质前叶或向HVI小叶注射AMPA受体阻断剂CNQX可以阻断EBC的习得；②浦肯野细胞发生退行性病变的小鼠建立EBC的能力低下；③向小脑皮质注射介导LTD形成的关键蛋白PKC的抑制剂，可以破坏CR表达的时间模式；④小脑皮质平行纤维-浦肯野细胞突触LTD形成严重受损的GluRδ2基因敲除小鼠、Scn8α钠通道敲除小鼠、蛋白质酪氨酸磷酸酶PTPMEG敲除小鼠和Ca^{2+}/钙调蛋白依赖性蛋白激酶CaMKIV敲除小鼠建立EBC的能力低下，且CR表达的时间模式被扰乱。根据Marr-Albus数学模型，CS和US信号必须同时传递至小脑皮质，才能介导小脑皮质产生与EBC建立有关的突触可塑性变化。损毁脑桥核或背侧副橄榄核（dorsal accessory inferior olive，DAO）可完全阻止CR的获得，而将对脑桥核和DAO的微刺激分别作为CS和US时，则可以习得可靠的CR。这些研究提示，CS信号和US信号分别是经苔状纤维和爬行纤维传入小脑的，而爬行纤维在这一条件反射的建立过程中充当了“教师（teacher）”的作用，通过突触可塑性机制塑造小脑内部模型，从而指导浦肯野细胞如何对苔状纤维传入的CS信号做出相应的眨眼反应。

三、小脑皮质和小脑核团中广泛分布的协同可塑性是运动记忆巩固和存储的神经基础

事实上，平行纤维-浦肯野细胞突触LTD只是小脑皮质众多突触可塑性中的一种。随着对小脑神经元环路研究的不断深入，小脑皮质环路中许多突触被相继发现具有可塑性［LTD和（或）LTP］，包括了爬行纤维-浦肯野细胞突触（Hansel and Linden，2000）、平行纤维-篮状/星状细胞突触（Jorntell and Ekerot，2002，2003）、苔状纤维-颗粒细胞突触（Maffei et al，2003）等。这些不同突触的可塑性机制不尽相同，提示它们可能在小脑学习的不同环节发挥作用。如前所述，zebrin阳性纵带和阴性纵带中的LTP和LTD很大程度上取决于其所在下橄榄-小脑模块中浦肯野细胞的内在特性，分别控制VOR和眨眼条件反射等。又如，特异性敲除小鼠小脑颗粒细胞中编码K^{+}-Cl^{-}同向转运体的KCC2基因，会使颗粒细胞膜电位轻微去极化，兴奋性提高，从而影响与颗粒细胞相关的突触可塑性和VOR学习记忆巩固缺陷。而向小脑绒球叶颗粒层注射α7nAchR受体的激动剂，或具有$Nr2a^{-/-}$、$Nr2a^{\Delta C/\Delta C}$、A6-ΔKcc2、A6-ΔCacna1a等基因突变的小鼠，均可表现为苔状纤维-颗粒细胞突触LTP受损，以及连续性运动学习任务中的记忆巩固障碍。

此外，小脑核团也具有突触可塑性，与小脑皮质构成小脑的双重记忆系统。当浦肯野细胞对小脑核团的抑制性输出与来自初级小脑环路的高频苔状纤维输入结合时，可加强苔状纤维-小脑核团突触传递的效能（Pugh and Raman，2006），并上调苔状纤维-小脑核团突触的数量（Kleim et al，2002；Weeks et al，2007），这表明浦肯野细胞的输出信号可以作为“教师”指导苔状纤维-小脑核团突触发生可塑性变化。这些复杂多样、分布广泛的突触可塑性，以及小脑的双重记忆系统，共同构成了小脑

运动学习的神经基础。

需要注意的是，运动学习中发生的可塑性变化往往并不停留在其最初形成的突触上，而是会随着学习的进程和时间发生转移。小脑的运动学习过程最初依赖于小脑皮质的可塑性，然后逐渐转移到其他部位以实现记忆的巩固和长期存储（Herzfeld et al，2020；Jang et al，2020），这类似于陈述性记忆在获取阶段依赖于海马，但随后初始记忆会通过海马-大脑皮质的相互作用，逐渐巩固并转移到大脑皮质而成为长期记忆。有证据表明，失活小脑皮质可以阻断刚刚建立的 VOR 和 EBC，但不会阻断前一天运动学习的表达。在学习和记忆的获取阶段，爬行纤维表征的误差信号发挥重要作用，只要运动中的误差信号引起爬行纤维响应，浦肯野细胞的简单锋电位发放就会受到抑制。例如，在平滑追踪眼动学习时，单个爬行纤维的激活就可以引起运动学习的发生（Yang and Lisberger，2013）；而在 VOR 和眼扫视运动学习中，浦肯野细胞简单锋电位的抑制都与爬行纤维的传入信号有关（Herzfeld et al，2018）。在记忆的巩固和存储阶段，浦肯野细胞在其靶区（小脑核团和前庭核团）中触发的可塑性变化是将运动学习的记忆痕迹（engram）从小脑皮质转移到下游脑区的潜在机制。大量实验证据表明，小脑核团和前庭核团的可塑性参与运动学习。在离体脑片上可以观察到，VOR 的运动学习过程伴随着前庭核团突触强度的改变（Jang et al，2020）；而将前庭刺激与浦肯野细胞的光遗传学激活进行配对，则可诱发 VOR 眼动的适应性变化（Nguyen-Vu et al，2013）。在 EBC 和眼动适应性学习过程中，浦肯野细胞的简单锋电位发放序列在小脑核团，特别是前间位核介导的记忆巩固中发挥重要作用（Attwell et al，2002）。

第五节 小脑也具有调节内脏活动和奖赏认知等非躯体功能

以往对小脑功能的传统观念是囿于其作为一个皮质下的运动调节中枢配合皮质完善躯体运动。然而，近十余年来的神经解剖学、神经生理学、行为学和脑功能成像研究，以及对小脑占位性病变患者的临床研究极大地拓展了我们对小脑功能的认识。20 世纪九十年代，Haines 等报告了两个小脑占位性病变患者出现躯体-内脏并发性功能失调（simultaneous somatic and visceral dysfunction）的病例。除了血肿压迫小脑前叶皮质、顶核、栓状核或齿状核之外，这两个小脑患者都没有中枢神经系统其他部位的病变，也没有颅内压增高或小脑和脑干位移等现象。但是，这两个患者在出现躯体运动症状的同时，均表现出明显的自主性功能紊乱现象，如心搏减慢、面部皮肤潮红和发热。值得注意的是，面部潮红和发热仅仅发生在患者进行随意运动而出现意向性震颤时，在震颤发生之前和之后却无表现；而且，当患者的运动症状因治疗得到改善时，他们的自主性功能紊乱也随之消失。这两个临床例证很好地说明，小脑功能的紊乱在引起躯体运动功能失调的同时，也可能伴随有自主性功能的紊乱。顶核升压反应（fastigial pressor response）、小脑皮质损毁后的摄食行为改变与营养利用障碍，及小脑认知情感综合征（cerebellar cognitive affective syndrome）这些意料之外的实验和临床发现提示：小脑可能不仅作为一个皮质下运动调节中枢参与机体的感觉-运动整合，还作为中枢躯体-非躯体反应整合过程中的一个重要结点，参与机体非躯体性活动（包括了内脏活动和脑的高级功能两个方面）的调节，构成机体产生协调躯体-非躯体反应整合行为中不可或缺的一环。

近十余年来神经解剖学研究的一个重大进展，是揭示了小脑与下丘脑之间存在着双向、直接的纤维联系——小脑-下丘脑投射（cerebello-hypothalamic projections）和下丘脑-小脑投射（hypothalamocerebellar projections），这两个投射构成了小脑-下丘脑神经环路（Haines et al，1997；Zhu et al，2006）。由于下丘脑是调节内脏活动的高级中枢，并与某些行为反应和情绪活动密切相关，因而小脑与下丘脑之间的神经环路很可能为小脑参与内脏活动乃至奖赏认知的调节提供了结构基础（图 7-5-13）。除了下丘脑以外，小脑还与中枢神经系统中其他一些参与非躯体性功能调控的核团 / 脑区间存在直接和（或）间接的单 / 双向纤维联系。这些核团和脑区包括有：与内脏活动密切相关的孤束核（nucleus tractus solitarii，NTS）、背侧迷走神经运动核（dorsal motor vagalnucleus）、疑核（nucleus ambiguus）和脊髓内脏核团（spinal visceral nuclei）等，以及与奖赏、情绪和认知等高级功能相关的腹

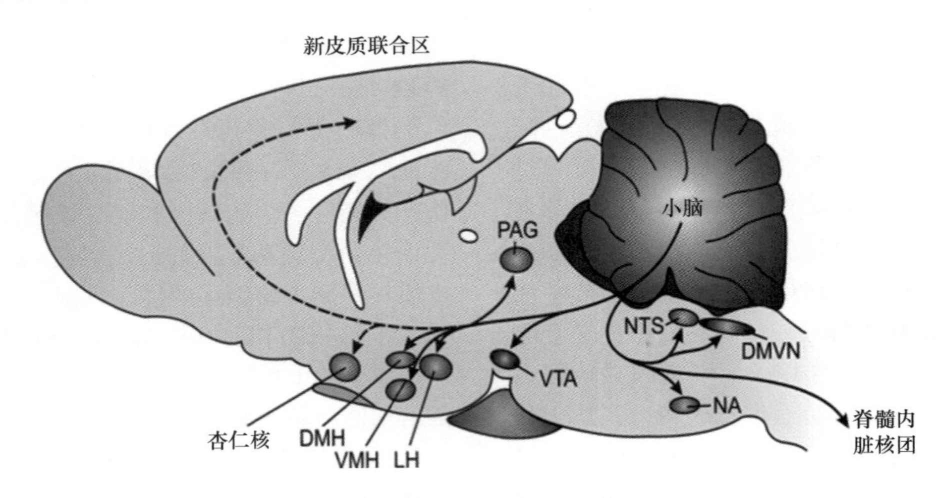

图 7-5-13 **小脑参与非躯体运动功能的神经环路**

小脑向下投射至脑干和脊髓中与内脏活动密切相关的 NTS、NA、DMVN 和脊髓内脏核团，参与内脏功能的调节；向上投射至导水管周围灰质、杏仁核和新皮质联合区，参与情绪情感和其他高级认知功能的调节；投射至 LH、DMH、VMH 的小脑-下丘脑神经环路则参与胃肠活动和摄食调控；而小脑向 VTA 的直接投射参与了奖赏和社交行为。DMH. 下丘脑背内侧核；DMVN. 背侧迷走神经运动核；LH. 下丘脑外侧区；NA. 疑核；NTS. 孤束核；PAG. 导水管周围灰质；VMN. 下丘脑腹内侧核；VTA. 腹侧被盖区

侧被盖区（ventral tegmental area，VTA）、杏仁核、导水管周围灰质、边缘系统和新皮质联合区等（图 7-5-13）。

近期的一系列电生理工作发现，电刺激猫或大鼠小脑的 FN 和 IN 可影响下丘脑外侧区（lateral hypothalamus，LH）、腹内侧核（ventromedial hypothalamic nucleus，VMN）和背内侧核（dorsomedial hypothalamic nucleus，DMN）神经元的电活动，而这些下丘脑核团 / 脑区均与胃肠活动和摄食调控密切相关。有意义的是，在接受小脑顶核和间位核传入的 LH、VMN 和 DMN 神经元中，血糖 / 葡萄糖敏感神经元占多。由于下丘脑中的血糖 / 葡萄糖敏感神经元对动物摄食活动的调节（发起和终止）起重要的作用，而 LH 中的非葡萄糖敏感神经元又与动物的找水和觅食动机的形成有关，因而上述结果提示小脑可以通过小脑-下丘脑投射影响下丘脑中血糖 / 葡萄糖敏感神经元和非血糖 / 葡萄糖敏感神经元的活动，从而参与动物摄食行为的调节和摄食动机的形成。除此以外，对大鼠的研究进一步表明，小脑 FN 和 IN 的传入可与外周胃迷走神经传入、瘦素（leptin）和缩胆囊素（cholecystokinin，CCK）等摄食相关信号在同一下丘脑血糖 / 葡萄糖敏感神经元上会聚并整合。已经知道，胃迷走神经是肠神经-脑轴中主要的神经解剖学基础，它可将摄食相关的多种胃肠道负反馈信号传入 NTS 和下丘脑以降低食量；而瘦素作为 *ob* 基因编码的一种白色脂肪组织分泌的激素，是机体摄食调节与能量代谢平衡中极其重要的调控因子；CCK 则是目前已知的饱食效应最强的脑肠肽。因此，这一会聚进一步说明小脑可以通过小脑-下丘脑投射直接参与摄食调控并在机体的躯体-非躯体反应整合中发挥作用。随着神经影像学和脑功能成像技术的发展，小脑参与摄食活动调节的推测在人受试者上得到了进一步的证实：摄入葡萄糖、静脉注射高张生理盐水和饥饿除引起下丘脑等脑区的激活外，还伴随有小脑某些部位的激活（Liu et al，2000；Parsons et al，2000；Schmahmann，2000），由于这些激活均不含吞咽动作所诱发的成分，因而提示小脑与摄食和摄水有关。

顶核升压反应是小脑参与内脏活动调节的另一个重要证据。电刺激小脑顶核可有效地升高动脉血压，表现为对顶核施以一持续的串脉冲刺激之后 1 ～ 2 秒内，动物的动脉血压旋即升高；这一反应随刺激的持续而延续，刺激终止，动脉血压即逐步回落（Reis and Golanov，1997）。研究表明，顶核升压反应是一个神经环路的募集性反应，顶核的持续性串脉冲刺激是引起动脉血压升高的基本条件，而短暂的双脉冲刺激则不能诱发该反应的发生（Zhang et al，2003）。现在认为：引起升压反应的神经元集中在顶核的喙端腹外侧部，而动脉血压的升高是交感节前神经元的选择性激活导致外周阻力增高的结果。新近的研究揭示，电刺激小脑间位核可引起下丘脑室旁核中压力感受性反射敏感神经元（baroreflex-sensitive neuron）和渗透压敏感神经元

（osmoresponsive neuron）放电活动的变化，提示除了小脑-脑干通路之外，小脑对心血管活动的调节还含有小脑-下丘脑通路介导的成分，并且小脑也参与了机体渗透压平衡的调节（Wen et al，2004）。

至于情感和认知，Reiman 等（1997）发现，当人受试者被动地观看能够带来快乐、悲伤或厌恶情绪的影像时，其双侧小脑半球外侧部 H Ⅵ小叶与其他和情感表达密切相关的中枢结构被一同激活。这些结构包括了下丘脑、杏仁核、海马、枕颞顶皮质和前侧颞叶皮质。此外，许多其他研究也揭示了感觉、情感、注意和认知活动中与运动无关的小脑激活。临床上还在自闭症（autism）患儿中观察到表现一致的小脑浦肯野细胞、顶核、球状核和栓状核异常，而自闭症儿童通常患有语言、注意、认知和社交方面的严重发育缺陷。大量对小脑占位性病变患者的临床观察还表明，小脑损伤并不总是仅仅出现共济失调等运动症状，通常还伴有执行能力、视空间认识能力和语言能力的缺陷，以及感情迟钝、抑郁、行为失抑制和精神症状等情感障碍，称之为小脑认知情感综合征。这些神经心理与情感疾病很可能是小脑与大脑皮质联合区、旁边缘区及下丘脑间联系离析的结果。有意思的是，一些下丘脑神经元有投射同时到达小脑和杏仁核，而杏仁核在情感行为中发挥重要作用。事实上，下丘脑不仅是负责情感经历与表达的 Papez 神经环路（还包括有丘脑前核、扣带回和海马）中的重要组分之一，还是中枢神经系统中联系高位大脑皮质与低位脑干和脊髓间的重要结构。因此，尽管小脑-下丘脑神经环路在脑的高级整合功能中的确切作用还有待进一步证实，但是可以肯定，该环路至少间接地参与了小脑的情感和认知活动。此外，一项最新的研究发现，在小鼠的小脑中还存在直接投射到 VTA 的谷氨酸能神经元（Carta et al，2019）。激活该小脑 -VTA 神经通路，可以引起小鼠的奖赏行为，并增加小鼠在三箱社交实验中的社交时间。另一方面，小脑 -VTA 通路在小鼠社交过程中显著激活。临床 fMRI 证据也表明，在成瘾行为和社交认知中伴随着小脑的激活。以上证据提示小脑可能通过投射到 VTA 的通路参与奖赏和社交行为。另一项研究表明（Wagner et al，2017），小脑皮质的颗粒细胞可以表征有关奖赏预期的信息：某些颗粒细胞倾向于响应奖赏或奖赏遗漏信号（reward omission），而另一些颗粒细胞则编码奖赏预期信号。小脑颗粒细胞对奖赏信号的响应，极大地丰富了浦肯野细胞可获得的背景信息，对小脑的认知加工具有重要意义。

实际上，小脑对摄食和心血管等内脏功能以及情感和认知等高级功能的调节，是脑的躯体-非躯体反应整合活动的重要组成部分。这是容易理解的，因为在机体的运动过程当中，必然伴随着内脏活动和情绪情感等非躯体功能状态的调整，以配合躯体运动功能的完成；反之，内脏活动和情绪情感等非躯体功能状态也会制约躯体运动功能的实施。而小脑参与的内脏功能和奖赏认知等高级功能调节，以及它在躯体运动调节中所发挥的感觉-运动整合作用，有利于机体产生一个协调的躯体-非躯体整合反应，以适应内外环境的变化。因此，目前获得的小脑非躯体功能资料，不仅有助于我们全面地认识小脑的功能，而且有助于深入地了解机体的躯体-非躯体反应整合机制，并对某些因小脑病变所引起的躯体-非躯体并发性功能失调的发病机理做出更为合理的解释。

本章总结

1. 小脑是皮质下一个重要的运动调节中枢，它不直接发起运动，但通过对其他中枢运动结构的调节作用配合皮质完善躯体运动。

2. 虽然可以按照表面的解剖学标志将小脑横向地划分成三个主要的叶和若干个小叶，但从功能的角度来看，小脑是以纵区组构来工作的。纵区、纵带乃至微带的传入（爬行纤维和苔状纤维）和传出（皮质-核团投射）均具有特定的定位投射关系。微带被认为是小脑皮质的基本功能单位。不同小脑部位之间的功能差异取决于各自特定的爬行纤维和苔状纤维传入。

3. 小脑皮质神经元环路的组成及其活动具有高度的规律性。到达小脑皮质的苔状纤维、爬行纤维以及小脑皮质中的局部中间神经元以浦肯野细胞为核心构成小脑皮质的神经元环路。浦肯野细胞是小脑皮质中的主神经元和小脑皮质的唯一传出神经元，而小脑离核纤维所传出的神经信息是初级小脑环路和小脑皮质神经元环路共同活动的结果。

4. 小脑的三个功能部分具有不同的神经连接、进化起源和功能。前庭小脑控制躯体的平衡和眼球的运动；脊髓小脑利用感觉反馈信息控制肌肉的张力和适时地调节运动的执行；皮质小脑参与随意运动的发起、计划和编程，并且可能为运动定时。

5. 小脑具有运动学习功能。

6. 除了具有调节机体运动的躯体功能之外，小脑还具有调节内脏活动和奖赏认知等非躯体功能，在机体的躯体–非躯体反应整合中发挥重要作用。

参考文献

综述

1. Clark RE，Martin SJ. *Behavioral Neuroscience of Learning and Memory*，Springer International Publishing，2018.
2. De Zeeuw CI，Lisberger SG，Raymond JL. Diversity and dynamism in the cerebellum. *Nat Neurosci*，2020.
3. De Zeeuw CI. Bidirectional learning in upbound and downbound microzones of the cerebellum. *Nat Rev Neurosci*，2021，22：92-110.
4. Gao Z，van Beugen BJ，De Zeeuw CI. Distributed synergistic plasticity and cerebellar learning. *Nat Rev Neurosci*，2012，13：619-635.
5. Ito M. *The Cerebellum and Neural Control*. New York：Raven Press，1984.
6. Ito M. *The Cerebellum*：*Brain for an Implicit Self*. Upper Saddle River：Pearson Education，Inc. 2012.
7. Kandel ER，Schwartz JH，Jessell TM，Siegelbaum SA，Hudspeth. *Principles of Neural Science*，6th ed，New York：McGraw-Hill Companies，2021.
8. Manto M，Gruol DL，Schmahmann JD，Koibuchi N，Sillitoe R. *Handbook of the Cerebellum and Cerebellar Disorders*，2nd ed，Springer International Publishing，2021.
9. Popa LS，Streng ML，Ebner TJ. Purkinje cell representations of behavior：diary of a busy neuron. *Neuroscientist*，2019，25：241-257.
10. Zhang XY，Wang JJ，Zhu JN. Cerebellar fastigial nucleus：from anatomic construction to physiological functions. *Cerebellum Ataxias*，2016，3：9.
11. Zhu JN，Wang JJ. The cerebellum in feeding control：possible function and mechanism. *Cell Mol Neurobiol*，2008，28：469-478.
12. Zhu JN，Yung WH，Chan YS，et al. The cerebellar-hypothalamic circuits：potential pathways underlying cerebellar involvement in somatic-visceral integration. *Brain Res Rev*，2006，52：93-106.

原始文献

1. Albus JS. A theory of cerebellar function. *Math Biosci*，1971，10：25-61.
2. Carta I，Chen CH，Schott AL，et al. Cerebellar modulation of the reward circuitry and social behavior. *Science*，2019，363：eaav0581.
3. Gao Z，Davis C，Thomas AM，et al. A cortico-cerebellar loop for motor planning. *Nature*，2018，563：113-116.
4. Herzfeld DJ，Kojima Y，Soetedjo R，et al. Encoding of action by the Purkinje cells of the cerebellum. *Nature*，2015，526：439-442.
5. Hewitt AL，Popa LS，Ebner TJ. Changes in Purkinje cell simple spike encoding of reach kinematics during adaption to a mechanical perturbation. *J Neurosci*，2015，35：1106-1124.
6. Kakegawa W，Katoh A，Narumi S，et al. Optogenetic control of synaptic AMPA receptor endocytosis reveals roles of LTD in motor learning. *Neuron*，2018，99：985-998.
7. Kebschull JM，Richman EB，Ringach N，et al. Cerebellar nuclei evolved by repeatedly duplicating a conserved cell-type set. *Science*，2020，370：eabd5059.
8. Lin Q，Manley J，Helmreich M，et al. Cerebellar neurodynamics predict decision timing and outcome on the single-trial level. *Cell*，2020，180：536-551.
9. Marr D. A theory of cerebellar cortex. *J Physiol*（*Lond*），1969，202：437-470.
10. Person AL，Raman IM. Purkinje neuron synchrony elicits time-locked spiking in the cerebellar nuclei. *Nature*，2011，481：502-505.
11. Popa LS，Hewitt AL，Ebner TJ. Predictive and feedback performance errors are signaled in the simple spike discharge of individual Purkinje cells. *J Neurosci*，2012，32：15345-15358.
12. Streng ML，Popa LS，Ebner TJ. Modulation of sensory prediction error in Purkinje cells during visual feedback manipulations. *Nat Commun*，2018，9：1099.
13. Tsai PT，Hull C，Chu Y，et al. Autistic-like behaviour and cerebellar dysfunction in Purkinje cell Tsc1 mutant mice. *Nature*，2012，488：647-651.
14. Wagner MJ，Kim TH，Kadmon J，et al. Shared cortex-cerebellum dynamics in the execution and learning of a motor task. *Cell*，2019，177：669-682.
15. Wagner MJ，Kim TH，Savall J，et al. Cerebellar granule cells encode the expectation of reward. *Nature*，2017，544：96-100.
16. Wang Y，Chen ZP，Zhuang QX，et al. Role of Corticotropin-Releasing Factor in Cerebellar Motor Control and Ataxia. *Curr Biol*，2017，27：2661-2669.
17. Zhang J，Li B，Yu L，et al. A role for orexin in central vestibular motor control. *Neuron*，2001，69：793-804.
18. Zhou L，Yang D，Wang DJ，et al. Numb deficiency in cerebellar Purkinje cells impairs synaptic expression of metabotropic glutamate receptor and motor coordination. *Proc Natl Acad Sci U S A*，2015，112：15474-15479.

第 6 章　基底神经节及其运动功能

周福民　张旺明

第一节　引　言

基底神经节指位于大脑深部的一组相互连接的皮质下核群，临床病理和动物研究表明它们不仅是正常运动功能所必需的，而且对于正常的认知和行为也非常重要。其结构或功能异常能导致或参与一些常见的严重神经精神疾病（如帕金森病和精神分裂症）的发病机理，因此基底神经节是现代神经科学研究的一个重要领域。但是基底神经节这个名字是一个不精确的解剖学术语，特别是用中文翻译名表达后，因为在英语中，该术语是“the basal ganglia（BG）”，请注意“ganglia”是复数形式，这重要的信息在中文术语中丢失掉了。另外，“基底”指它们位于大脑的底部或下部，但“神经节”是一个误称，因为“神经节”通常用于外周神经系统，“神经核”则用于中枢神经系统。所以基底神经核群是一个更准确的解剖学术语，特别是用中文表达。但是由于传统和大量的科学文献使用“基底神经节”一词，我们不需要更改名称。当然，如果科学家开始使用“基底神经核”或“基底神经核群”一词，那是应该允许的，因为它的变化很小，仍然简洁，且更准确。

本章的目的是提供一个概论，描述基底神经节解剖学、生理学和功能方面最重要的知识。读者可以在本章末尾列出的文献中找到更详细的专业信息与知识。由于版权限制，本章以作者自己已发表和未发表的原创图像和数据作为插图-这些是与该领域已建立的知识一致的高质量图像和数据。

第二节 基底神经节的组成核群：细胞构筑与神经生理学特征

在包括人类在内的灵长类动物中，如图7-6-1A所示，基于它们的解剖联系和功能，基底神经节的组成部分通常包括以下灰质团块：尾状核（caudate nucleus）、壳核（putamen），苍白球外侧部（globus pallidus external segment，GPe），苍白球内侧部（globus pallidus internal segment，GPi），丘脑底核（subthalamic nucleus，STN）、黑质致密部（substantia pars compacta，SNc），黑质网状体部（substantia nigra pars reticulata，SNr），及伏隔核（nucleus accumbens，NAc）。伏隔核通常被认为是纹状体的腹侧延伸，因此被称为腹侧纹状体。脚桥被盖核（pedunculopontine nucleus，PPN，在图7-6-14中显示）有时也被认为是基底神经节的一个组成部分，但本章将不讨论。根据它们神经元形态学，神经化学和功能的相似性，尾状核和壳核合称纹状体（striatum），成为基底神经节的最大核团。根据

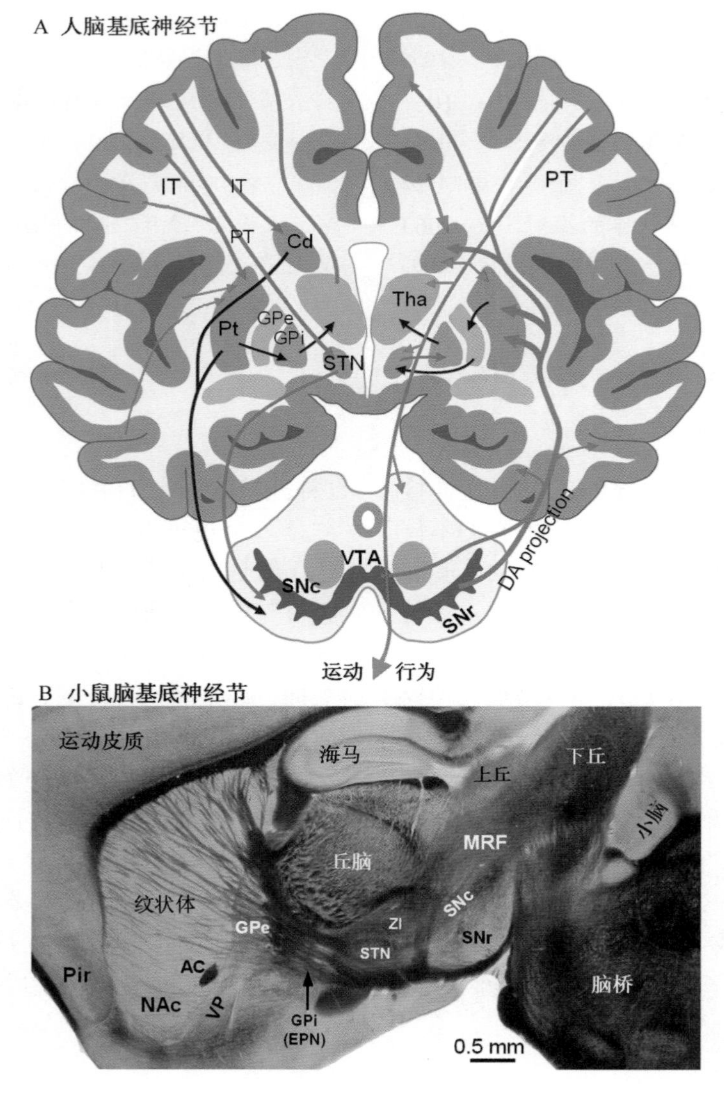

图7-6-1 基底神经节的组成核群

A. 人脑简化示意图，显示基底神经节的主要核团，和大脑皮质→基底神经节→丘脑→皮质回路的主要组成部分。为了清晰起见，未以解剖学上精确的比例绘制此图。**B.** 小鼠新鲜脑矢状切面显示纹状体的纹状外观和基底神经节的主要核团。周福民图像作品和数据。AC. 前连合；Cd. 尾状核；Pir. 梨状皮质；MRF. 中脑网状结构；Tha. 丘脑；VP. 腹侧苍白球；VTA. 中脑腹侧被盖区；ZI. 未定带

它们外观相似性，苍白球和壳核常被合称豆状核（lentiform nucleus）。苍白球在种系发生上出现较早，故称为旧纹状体。尾状核和壳核出现较晚，结构上相近，因此有时被称为新纹状体，它也被称为背侧纹状体，以区别于 NAc，所以同一个结构有 3 个名字：纹状体、新纹状体或背侧纹状体。尾状核是呈弓状的细胞团，膨大的前部为头，位于背侧丘脑的前端，尾状核体贴靠背侧丘脑的背外侧缘，尾部细长，弯行向前伸入颞叶，末端接连杏仁核簇。苍白球内侧部和黑质网状部有相似的解剖和功能特性，同为基底神经节的输出核。

啮齿类动物（通常指小鼠和大鼠，最常用的实验动物）的基底神经节的解剖和功能与灵长类动物相似（图 7-6-1B），尽管有一些差异，但不是根本性差异。例如，在啮齿类动物中，穿过纹状体的轴突纤维束相对较小，并不将纹状体分成尾状核和壳状核，因此纹状体是一个连续的结构，但是前内侧纹状体区域在解剖联系和功能上类似于灵长类动物的尾状核。此外，啮齿类动物没有严格的苍白球内侧部，同源核（称为脚内核，entopeduncular nucleus，EPN）与 GPe 分离并嵌入内囊的纤维束中，但其解剖学连接和功能与灵长类动物中的 GPi 相似，是基底神经节的一个输出核。另一个基底神经节的输出核是 SNr。本章中将重点讨论 SNr，因为文献数据较 GPi 多，理解较 GPi 好。

一、纹状体的细胞构筑与神经生理学特性

纹状体是一个大而显眼的大脑皮质下核团。大脑皮质的轴突束穿过纹状体，在新鲜组织中产生纹状外观，因故得名（图 7-6-1）。从细胞学上来看，纹状体神经元由有棘投射神经元和无棘中间神经元组成。

（一）中型多棘神经元：纹状体的输出神经元

1. 解剖和形态特性　使用经典的高尔基（Golgi）染色方法进行的解剖形态学研究表明，在人脑和其他哺乳动物的大脑，纹状体中 90% 以上的神经元为中等大小（胞体直径约 15um），并且具有非常丰富的树突棘，因此称为中型多棘神经元（medium spiny neuron，MSN 或 MSNs）（图 7-6-2）。因此 MSNs 是纹状体中数量上最多的，也是功能上最重要的神经元。其余的 10% 神经元是无棘中间神经元。这些 MSNs 的解剖形态学性质已通过细胞内记录和染色得到证实。在 MSN 中转基因表达 1 型多巴胺受体（type 1 dopamine receptor，D1R）或 2 型多巴胺受体（type 2 dopamine receptor，D2R）标记的荧光蛋白的新研究也进一步证实这些经典的结果。此外，尽管在其他大脑区域中存在有棘神经元（例如皮质锥体神经元），但是纹状体 MSN 的树突棘更加丰富。超微结构研究表明，MSN 树突棘是与

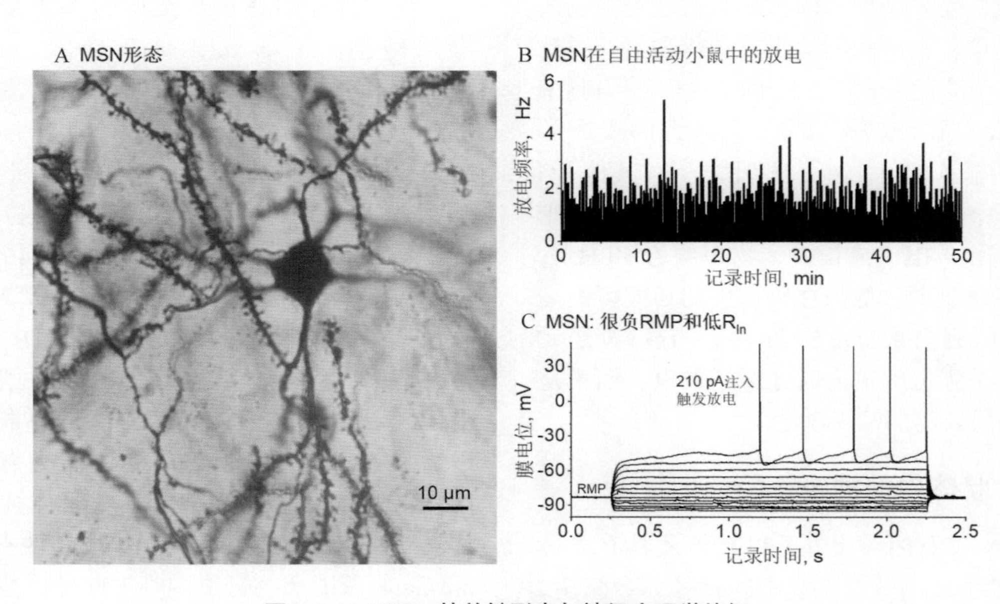

图 7-6-2　**MSNs 的关键形态与神经生理学特征**

A. 一个典型的高尔基染色的 MSN，注意许多树突棘；**B.** 在清醒的动物中的一个 MSN 细胞外记录低频动作电位发放；**C.** 体外全细胞记录的 MSN 低膜兴奋性。RMP. 静息膜电位（周福民的数据）

传入轴突形成突触的地方，每个MSN都从大量皮质神经元以及丘脑神经元接收会聚的输入。解剖示踪数据和神经生理学研究已经确定，MSNs是纹状体的输出神经元，投射到纹状体外靶点。

根据其分子特征和投射靶区，纹状体MSN分为两种类型：大约50%的MSNs表达高水平的多巴胺D1受体（D1R），并直接投射到GPi和SNr（BG的两个输出核），形成直接通路（direct pathway），因此被称为dMSN或D1-MSN；剩下的约50%的MSNs则表达高水平的多巴胺D2受体（D2R），并投射到GPe，形成间接途径（indirect pathway），因此被称为iMSN或D2-MSN（图7-6-1，5B，13B，14）。神经化学和神经药理学研究已经确定，所有MSNs均使用抑制性γ-氨基丁酸（γ-amino butyric acid，GABA）作为其主要神经递质。因此，MSN输出可抑制GPe，GPi/SNr中的目标神经元，且这些目标神经元大多数也使用GABA作为神经递质，从而产生去抑制性回路。这一点将在下面更深入地讨论。

2. 细胞神经生理学特性 低内在膜兴奋性是MSN神经生理学的一个关键特征。由于活跃在静息状态下钾（K）电流，尤其是经典的内向整流Kir2.1/3电流，在消除兴奋性突触输入后，MSN的静息膜电位（RMP）通常在－80 mV左右（图7-6-2C）。它们的全细胞输入电阻（R_{In}）也很低，膜充电时间常数很短，从而限制了突触输入总和的机会。因此MSN具有较低的膜固有兴奋性，不产生自主动作电位，需要会聚和同步的兴奋性突触输入来激发动作电位。在清醒的啮齿类动物和灵长类动物（包括人）中的记录表明，MSN的平均放电频率约为1～2 Hz（图7-6-2B，C），在强大的皮质和丘脑谷氨酸能输入时才放电；相比之下，其他BG核中的神经元（例如GPe，GPi，SNr和STN）则能连续自发高频放电（灵长类动物中约为50 Hz），而无须任何突触驱动。低内在兴奋性的功能可能是MSNs只有在收到由来自皮质和（或）丘脑神经元的、和行为相关强大的输入时才激活放电，而不是由噪声或无关紧要的弱输入激活。

（二）纹状体中间神经元

除了MSN投射神经元外，纹状体还具有多种类型的中间神经元。尽管这些中间神经元数量少，少于纹状体神经元总数的10%，但它们对纹状体的功能至关重要，必不可少。最重要的纹状体中间神经元是胆碱能中间神经元和GABA能中间神经元。它们的共同特点是没有或有少许树突棘，均为非投射神经元，与中型多棘神经元形成鲜明的对比。

1. 胆碱能中间神经元（AChIN，或大型无棘神经元） 在纹状体中，这些神经元是无棘突的，明显大于任何其他神经元，因此很容易识别。由于它们的细胞体大，最初被错误地认为是纹状体的输出神经元。现在我们知道这些大的神经元实际上是中间神经元，而不是投射神经元。ACh细胞体直径可达40 μm左右。它们表达ACh合成酶胆碱乙酰基转移酶（ChAT），含乙酰胆碱，用乙酰胆碱作为神经递质。这些胆碱能神经元在纹状体神经元总数中只占很小的一部分（＜5%），但是，这些ACh神经元具有丰富的轴突分枝，因此它们在纹状体中形成丰富稠密的ACh轴突网络（图7-6-3A-C）。就像DA轴突网络，纹状体中的ACh轴突网络比大脑其他地方的密度更高（图7-6-3）。估计在10 μm半径的球体中，ACh和DA轴突末端的密度分别高达400。胆碱能突触主要形成在远端树突和树突棘颈上。

这些ACh中间神经元的主要神经生理学特征是在清醒的动物和脑切片中以大约5 Hz的频率连续自发放电（图7-6-3D）。由于这个原因，纹状体ACh中间神经元也被称为连续放电神经元（tonically active neuron，TAN；MSN也被称为phasiclly active neuron，PAN）。纹状体胆碱能神经元的这种连续自发动作电位放电提供了连续的ACh源，从而激活纹状体中丰富的ACh受体。

纹状体中表达多种类型的ACh受体，尤其是毒蕈碱型（muscarinic）ACh受体（mAChR）。原位杂交和免疫染色研究表明，MSN主要表达兴奋性Gq/11-耦联的M1mAChR和抑制性Gi/o-耦联的M4 mAChR。免疫染色和超微结构研究表明，M1 mAChR通常位于MSN上的突触后位点，包括接受皮质谷氨酸能输入的棘突上。M4 mAChR主要表达在D1-MSNs。在D1-MSN中，M4mRNA的含量是D2-MSN中的5倍。M4和D1受体一起表达，但D1受体激活会增加cAMP的形成，而M4受体激活会减少cAMP的形成。这些相反的作用可以微调MSN的活性。M1受体同时表达在D1-和D2-MSNs。因此，mAChR在纹状体神经元中的表达具有一定的选择性，但是该选择性不高，给使用mACh胆碱能药物造成困难。此外，ACh还可能激活DA轴突末端的烟碱型（nicotinic）nAChR，并促进DA释放。

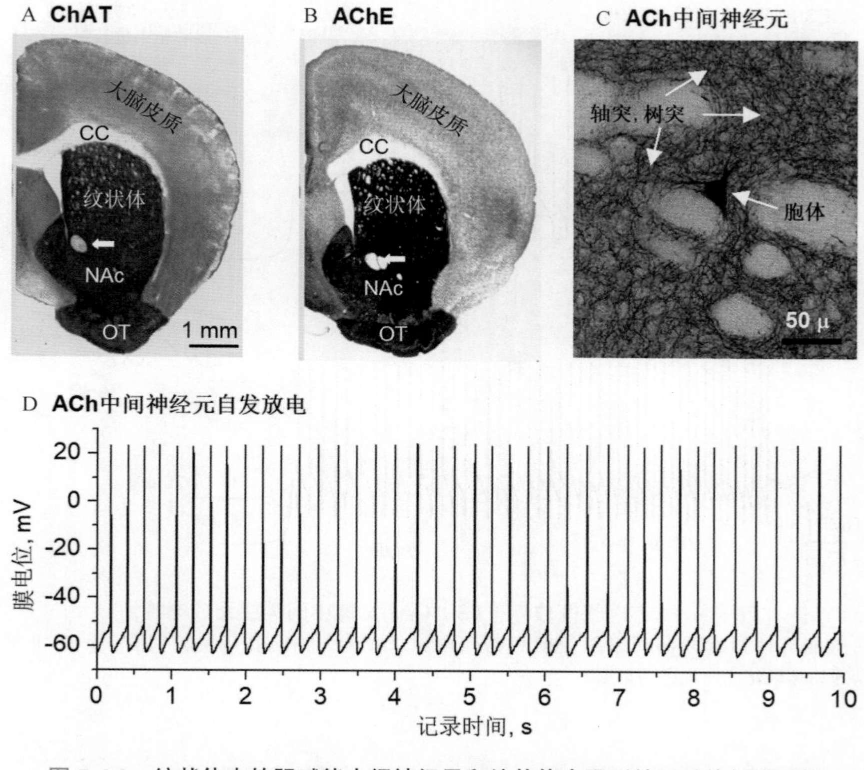

图 7-6-3 纹状体中的胆碱能中间神经元和纹状体中强烈的胆碱能纤维网络

A，**B**. 纹状体中强烈的 ChAT 抗体染色以及 AChE 组织化学染色。AChE. 乙酰胆碱酯酶，降解 ACh。箭头，前连合。**C**. ChAT 抗体染色显示出密集的胆碱能纤维和 1 个胆碱能中间神经元。**D**. ACh 中间神经元能在没有外部刺激情况下自发放电。CC. 胼胝体，OT. 嗅结节。周福民的数据

2. PV- 快速放电中间神经元（PV-GABAergic fast spiking interneuron） 这是纹状体 GABA 中间神经的经典类型。这些神经元含小白蛋白（parvalbumin，PV）的中型细胞体（15 ～ 20 μm），比 MSN 稍大，有 5 ～ 8 个弯曲的树突，次级树突围绕在胞体周围；串珠状的轴突短，轴突分支形成密集的丛，此类神经元含 GABA 和 PV。这些中间神经元具有特征性的动作电位发射特性（图 7-6-4）：在低刺激强度下，它们以“口吃样”模式发出动作电位。在较高的刺激强度下，动作电位发射变得流利；所有这些动作电位的宽度很短，大约是 MSN 和 ACh 中间神经元的 1/2；每一个动作电位之后，都有一个快速的后超极化的深峰（fAHP）（图 7-6-4B）。这些神经元能够在较长的时间内以持续高频率发射快速动作电位，因此持续和强烈地抑制其目标神经元。

3. 其他类型中间神经元 纹状体还有其他种类型中间神经元，比如，含生长抑素（SOM）、神经肽 Y（NPY）和一氧化氮合成酶（NOS）的 GABA 中间神经元，它们是低阈值动作电位中间神经元（low threshold spiking interneuron），含 calretinin 的 GABA 中间神经元，表达 TH 的 GABA 中间神经元（TH-expressing interneuron），和表达 5-HT3 受体的 GABA 中间神经元。这些都是中型无棘神经元，它们的功能仍有待确定（Tepper et al，2018）。

二、苍白球的细胞构筑与神经生理学特征

苍白球是基底神经节的另一个关键结构。在新鲜组织中，由于大量轴突纤维（包括纹状体投射至苍白球轴突），它显得颜色苍白，故名（图 7-6-5A）。苍白球位于豆状核的内侧部，借外侧髓板与外侧的壳核分隔。苍白球通过内侧髓板可进一步分为内侧部和外侧部，外侧部体积大、细胞稀疏，内侧部体积小、细胞密集，其内的细胞总数多于外侧部。高尔基染色观察到苍白球神经元胞体呈大椭圆形或多角形，树突长而粗，树突棘较少。沿长树突的长轴有丰富的传入末梢包绕在周围。

大多数 GPe 神经元是 GABA 能投射神经元，主要投射部位是其他基底神经节核（STN，GPi，SNr，也投射回到纹状体），提供强大的突触抑制。另外 GPe 有少量的 GABA 能中间神经元和胆碱能

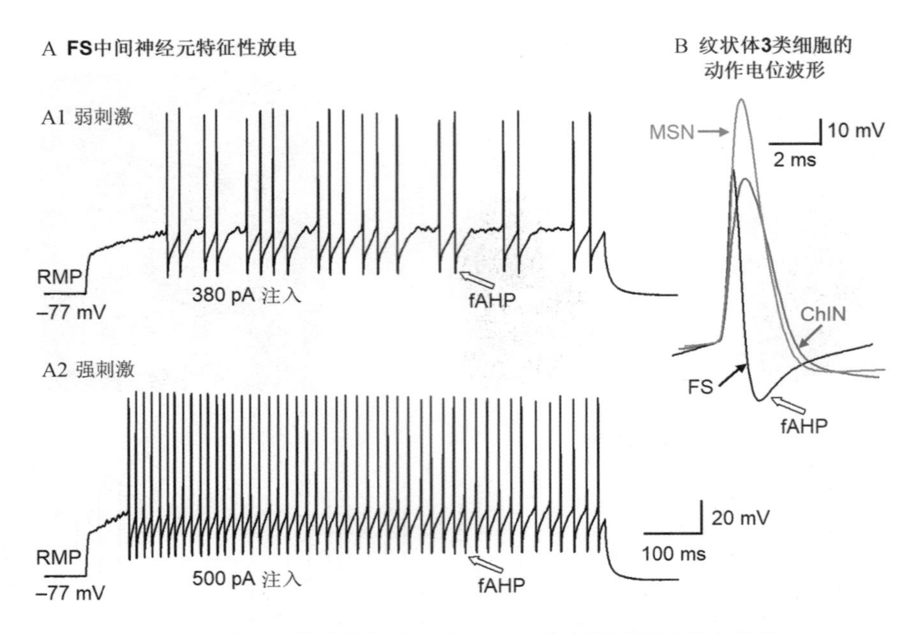

图 7-6-4 **PV- 快速放电（FS）GABA 能中间神经元放电特性**

A. 在强刺激下，这类细胞能够以持续的高频发射短时程动作电位。**B.** 这类细胞动作电位时程短。RMP. 静息膜电位；fAHP（fast afterhyperpolarization）. 快速后超极化。周福民的数据

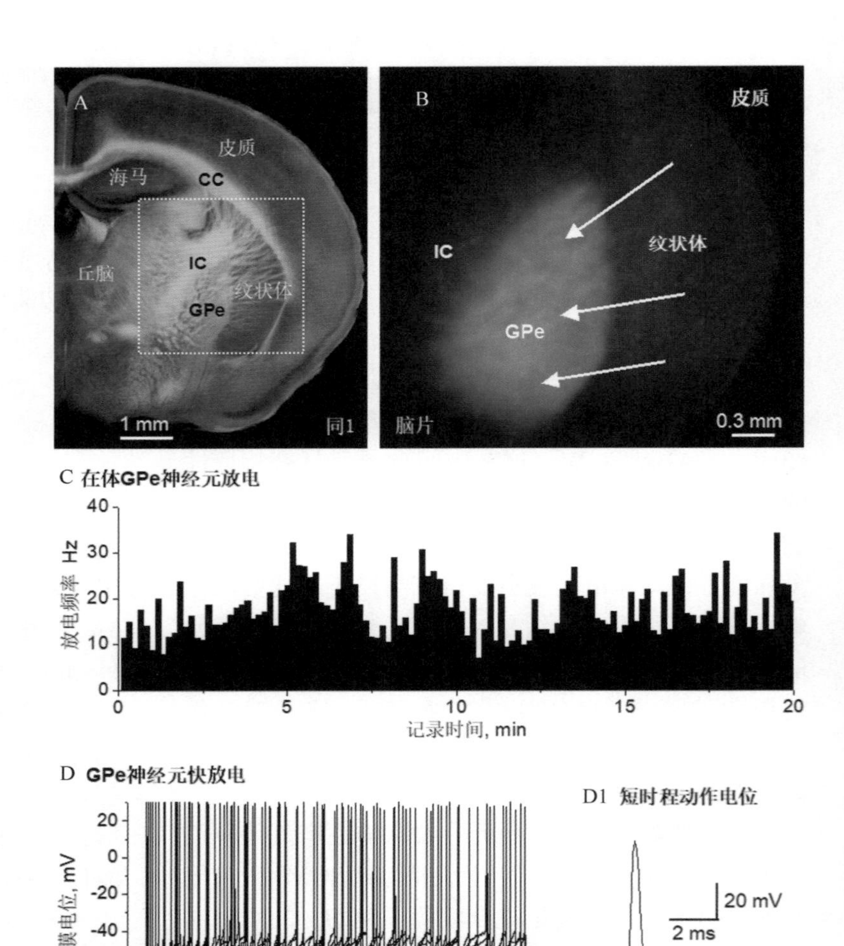

图 7-6-5 **苍白球的解剖学与神经生理学特征**

A. GPe 接受大量的神经纤维，因此显得苍白（小鼠大脑）；**B.** 纹状体→GPe 轴突纤维描绘 GPe 轮廓；**C.** 清醒小鼠大脑中 GPe 神经元的自发活动（引自参考文献中的原始文献 1）；**D.** 在脑片中 GPe 神经元能够快速放电［动作电位窄，具有较深的 fAHP，频率适应性衰退很少，引自 Wei W，Li L，Yu G，et al. Supersensitive presynaptic dopamine DZ receptor inhibition of the striatopallidal projection in nigrostriatal dopamine-deficient mice. J Neurophysiol，2013，110（9）：2203-2216］。IC. 内囊；CC. 胼胝体 . A 和 B 为周福民的图像数据

神经元，但其功能重要性尚未确定。GPe 神经元受到抑制性纹状体 D2-MSN 的密集支配，D2-MSN 投射至 GPe 的轴突末端非常密集，以致荧光标记的 D2-MSN 投射至 GPe 的轴突末端为 GPe 提供了准确的轮廓和分界（图 7-6-5B）。

苍白球的细胞神经生理学特征

GPe 神经元（大多数为 GABA 能投射神经元）的关键神经生理学特征是它们在清醒的啮齿动物和灵长类动物（包括人）中的不规则自发高频放电，频率范围为 15 ～ 100 Hz（放电频率在灵长类动物中较高，在啮齿动物中相对较低）（图 7-6-5C）。在脑切片中阻断突触输入后，大多数 GPe 神经元仍然会自发高频放电。神经生理学研究已经确定 GPe 神经元自主动作电位由电压依赖性持续钠电流（I_{NaP}）触发，该电流在动作电位阈值以下激活，从而使 GPe 神经元去极化至动作电位阈值，并触发电压依赖性快速 NaV 通道（I_{NaT}）介导的动作电位。超极化激活的阳离子电流（HCN）在这里也通过使神经元从深度超极化中去极化来发挥作用。GPe 神经元还具有强大的 Kv 通道（尤其是 Kv3 型），可迅速使膜重新极化并允许 I_{NaT} 通道从失活中恢复。因此，大多数 GPe 神经元能够激发高频短时程动作电位（图 7-6-5D）。但是目前我们不理解为什么 GPe 神经元需要自发地高频率放电，特别是在灵长类动物中放电频率约为 50 Hz，鉴于动作电位发放会消耗能量，并且 GPe 轴突末端释放可能耗尽。当然，一定有目前尚不为我们所知很好的理由。

GPe 是 BG 运动神经回路的一个关键枢纽。BG 输出神经元接受从抑制运动的超直接和间接通路（STN）和促进运动的直接通路（纹状体）接受输入。所以，通过 BG 核之间的复杂相互作用，大脑皮质刺激后，BG 的 STN，GPe 和 GPi/SNr（BG 输出神经元）显示三相兴奋→抑制→兴奋的反应，调节和促进运动。在清醒的动物中的神经生理学记录表明至少有一些部分 GPe 神经元在运动过程中会增加其动作电位发放，这与 GPe 抑制 STN，从而抑制 GPi/SNr，去抑制 / 兴奋丘脑的经典模型一致。

三、丘脑底核的细胞构筑与神经生理学特征

丘脑底核（subthalamic nucleus，STN）位于丘脑腹侧，位于大脑脚和内囊连接的背内侧，下丘脑的外侧，未定带的腹侧，呈杏仁状（图 7-6-6）。STN 细胞体中等大小，直径 15 ～ 20 μm。STN 神经元的一个关键特性是所有 STN 神经元均为谷氨酸能。STN 作为基底神经节的一个重要结构，是苍白球传出和黑质网状部传入之间的中继站。所以 STN 是基底神经节传出投射间接回路的一部分，对基底神经节的主要传出具有调控作用。最近的研究证明 STN 不仅仅是苍白球外侧部传出的一个中继站，它与基底神经节的主要结构，如苍白球、脚桥核、黑质、脚桥被盖核和尾壳核之间均有往返纤维联系。此外 STN 还向丘脑腹侧核、背内侧丘脑和脑干网状结构投射。丘脑底核的传入投射纤维主要来自大脑皮质的谷氨酸能纤维、脚桥被盖核的胆碱能纤维、苍白球外侧部的 GABA 纤维和黑质致密部（SNc）的 DA 纤维。

丘脑底核的一个关键特性是所有神经元均为谷氨酸能，这与 BG 其他核纹状体，GPe，GPi 和 SNr 形成鲜明对比，在这些 BG 核中，大多数神经元都是 GABA 能的。STN 神经元的另一个关键特性是 STN 神经元能自发放电，无须突触驱动。在清醒的灵长类动物中 STN 的自发放电约为 40 ～ 50 Hz，在清醒的啮齿动物中 STN 的自发动作电位约为 20 Hz。在细胞水平，这种自发放电是由细胞膜内在离子通道的组合介导的（无须突触输入），阈值下电压依赖性 I_{NaP} 电流在－ 65 mV 开始激活，使神经元往 Na 平衡电位（0 mV 或更高的正值）去极化，最终激活强大的快速的 I_{NaT} 电流，触发 Na 动作电位。动作电位去极化激活了 Kv3 通道和钙 CaV 通道，从而激活了依赖于 Ca 的 SKCa 通道，从而导致细胞膜复极化和 I_{NaT} 通道从失活中恢复。此外超极化激活阳离子通道（HCN）则能通过阻止细胞膜深度超极化来促进自发放电。

丘脑底核神经元的自发放电及使用谷氨酸作为神经递质为激发其目标神经元提供了坚实的基础。解剖学和生理学上最明确的 STN 兴奋性输出是对邻近的 SNr GABA 神经元的投射（图 7-6-6）。解剖学研究表明，在啮齿动物和灵长类动物中，STN 中的谷氨酸能神经元投射到 SNr，与 SNr GABA 神经元形成兴奋性、不对称突触。轴突示踪研究表明，形成不对称突触的 STN 投射至 SNr 的轴突和形成对称突触的纹状体投射至 SNr 的轴突会聚到相同的 SNr GABA 投射神经元上。

神经生理学研究表明，STN 神经元激活会在 SNrGABA 神经元中诱导兴奋性突触后电流（EPSC）

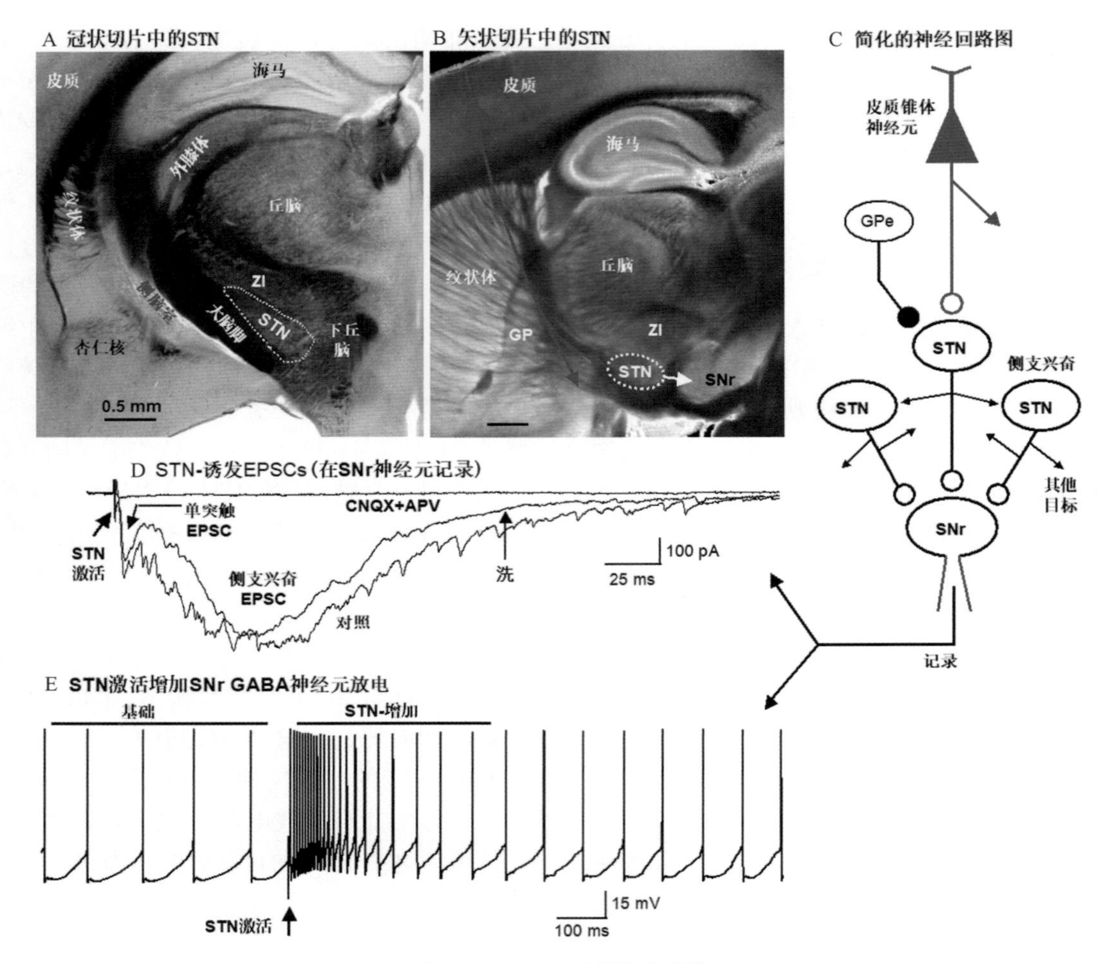

图 7-6-6 **STN 解剖及生理学**

A. STN 在小鼠大脑冠状切面；**B.** STN 在小鼠大脑矢状切面；**C.** 简化的神经回路图。**C**,**D.** 显示 STN 能接受大脑皮质信息输入（超直接通路），然后激活 SNr GABA 神经元。CPd. 大脑脚；HY. 下丘脑。A-C，周福民的数据，D、E 引自参考文献中的原始文献 5

或电位（EPSP）。通过局部注射 $GABA_A$ 阻断剂荷包牡丹碱（bicuculline）来激发 STN 神经元活性会增加 SNr 的代谢。此外，STN 神经元能支配邻近的 STN 神经元，引起反复兴奋神经网络（图 7-6-6C）。因此，外部兴奋性输入（例如皮质输入）在 STN 中被放大，从而在 GPi/SNr 神经元（也在 GPe 神经元）中产生强大的兴奋，在 SNrGABA 神经元中产生回响性 EPSC，增加放电，甚至爆发式（bursting）放电（图 7-6-6E，F）。因此，STN 神经元起源兴奋可能驱动 SNrGABA 神经元放电。大脑皮质激活 STN 神经元后，STN 可以激发 GPe 神经元，增加 GPe 神经元的放电。这些具有病理生理学意义。确实，在 PD 患者和动物模型的电生理记录表明，STN 神经元有过度爆发式和振荡放电。STN 损毁和功能抑制可减少大鼠 PD 模型中 SNrGABA 神经元的振荡放电使放电模式正常化，进一步证明了 STN 对 SNrGABA 神经元活性的重要影响。上面描述的 GPi/SNr 中强大的 STN 起源的兴奋可能有助于停止行为。这可能是为什么 STN 成为缓解 PD 和 PD 治疗引起的运动症状的最常用和最有效的深部脑刺激（DBS）部位的关键机制（虽然尚未完全理解确立，刺激频率很高的 DBS 实际上引起去极化阻滞而使 STN 失活）。

四、黑质的细胞构筑与细胞神经生理学特征

（一）黑质的细胞构筑

黑质是中脑最大的神经核团，位于中脑腹侧部，贯穿中脑的全长，向上延伸到间脑的尾侧部，吻侧端向丘脑腹侧延伸，紧邻丘脑底核的尾侧和大脑脚的背内侧。从中脑的横切面上看，黑质呈半月形（图 7-6-7A）。在灵长类动物的大脑中，特别是

在人脑中，由于（dopamine，DA）神经元细胞体中存在神经黑色素（neuromelanin），黑质具有自然的暗色，称为黑质；但是在小鼠和大鼠的大脑多巴胺神经元细胞体中却没有神经黑色素，尽管该结构仍称为黑质。在灵长类动物和啮齿动物中，黑质被分为背侧细胞密集的 SNc 和腹侧细胞稀疏的 SNr（图 7-6-7）。

现已确定 SNc 的主要神经元为慢速放电的 DA 投射神经元（DA 神经元投射及 DA 受体将在下面的第 3 节中介绍），SNr 的主要的神经元是快速放电的 GABA 投射神经元并将在这里讨论。组织化学研究表明，大多数 SNr 神经元表达谷氨酸脱羧酶并使用 GABA 作为其神经递质，而大多数 SNrGABA 神经元表达小白蛋白（PV）。SNr 还包含散布的 DA 神经元（图 7-6-7），与 SNc 中的 DA 神经元细胞特性类似。SNr 还有一些胆碱能神经元和谷氨酸能神经元，但其解剖学和功能细节尚不清楚。

（二）黑质两类的神经生理学特征

1. 黑质投射神经元的基本神经生理特征　SNr GABA 神经元的显著神经生理特征是其持续的高频放电（图 7-6-8A）。这些神经元在清醒的啮齿动物中以 25 ～ 50 Hz 的频率发射短时程的动作电位（细胞内记录的动作电位宽度约为 1 ms），清醒的灵长类动物为 75 Hz 左右。这种持续的高频放电类似于 GPe 和 GPi 中的 GABA 能神经元。相比之下，黑质 DA 神经元的放电频率低（通常为 1 ～ 4 Hz），持续时间较长（细胞内记录的动作电位宽度为 2.5 ms）（图 7-6-8A）。体外电生理记录，细胞内标记和免疫组织化学清楚地表明，SNr GABA 神经元在 12 Hz 左右自发放电，而 DA 神经元在 2 Hz 左右自发放电。体外较低的放电频率部分是由于较低的记录温度（30℃）。此外，与 DA 神经元相比，SNr GABA 神经元的动作电位具有更大的负阈值，更大的振幅，更快的上升速率，并且在动作电位频率和高度方面几乎没有适应性衰退。动作电位波形的这些差异表明在黑质 GABA 神经元和 DA 神经元中产生动作电位的离子通道表达与功能的差异。

2. 黑质 GABA 能神经元中的电压激活钠（NaV）电流比 DA 神经元中的强　电压门控钠通道转变为慢速门控模式并长时间保持开放时，会产生 I_{NaP}。全细胞 I_{NaP} 在－ 50 mV 附近不会失活，因此产生了一种持续去极化，增强神经元自主放电。在 SNr GABA 神经元，对河豚毒素（TTX）敏感的 I_{NaP} 在－ 65 ～－ 60 mV 处开始激活，并在－ 40 mV 处达到峰值，表明 I_{NaP} 在达到－ 65 ～－ 60 mV 时可以使细胞去极化，驱动 SNrGABA 神经元的自发放电。I_{NaP} 在 DA 神经元中较小，是 DA 神经元放电频率低的一个原因。

当因 I_{NaP} 和其他电流引起的亚阈值去极化激活足够量的 I_{NaT} 时，将触发动作电位的再生快速上升阶段，激发动作电位。GABA 神经元中的动作电位

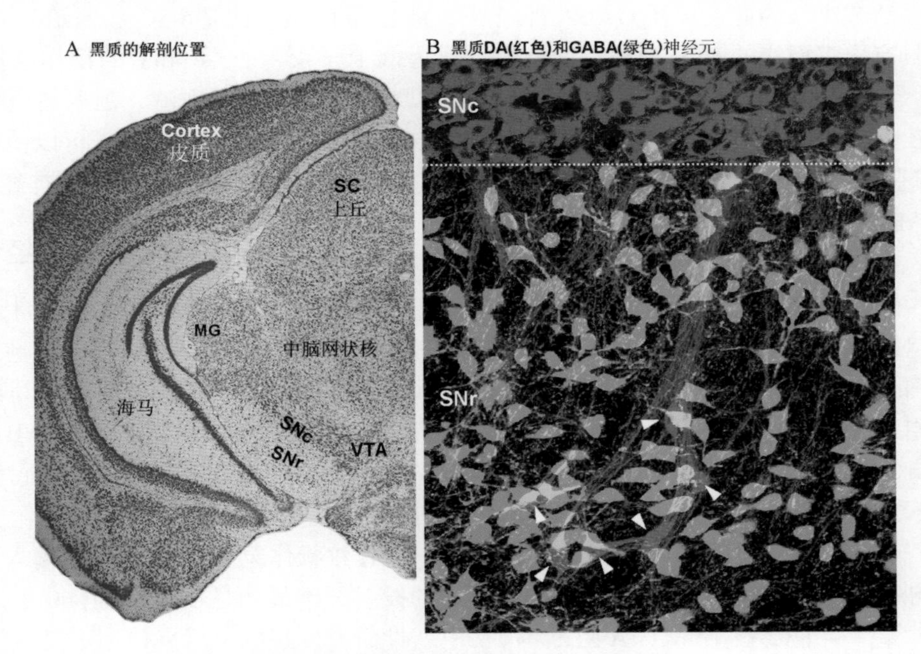

图 7-6-7　**黑质的多巴胺和 GABA 神经元**

A. 黑质位于腹侧中脑，有两个组成部分：SNc 和 SNr；**B.** 黑质有两种主要类型的神经元：TH 染色的 DA 神经元（红色），GAD 染色的 GABA 神经元（绿色）。（周福民的图像数据）

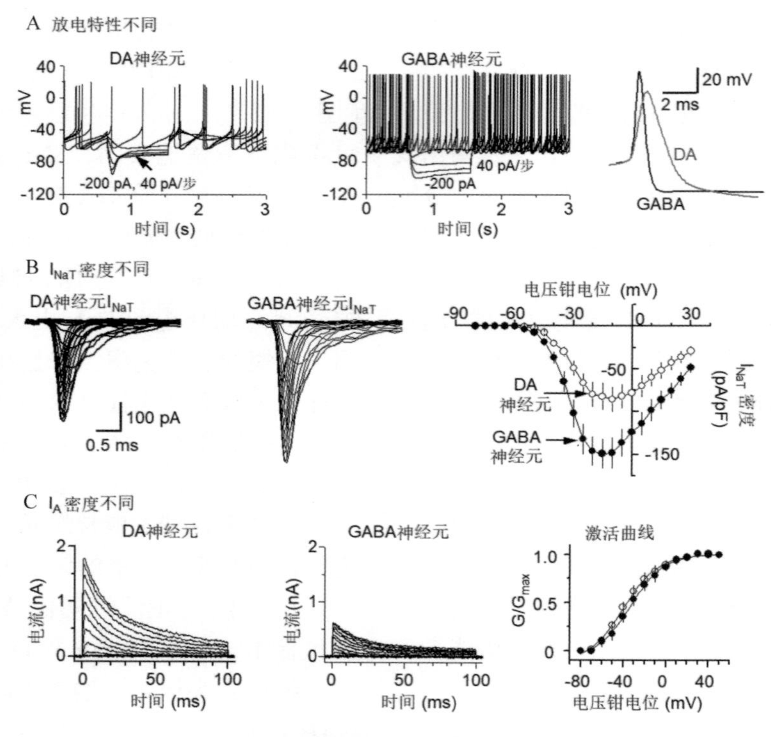

图 7-6-8 **黑质两类细胞的神经生理学特征**

A. DA 和 GABA 神经元具有不同的放电特性，注意 DA 神经元中强大的超极化激活的阳离子电流；**B**. GABA 神经元具有更强大的快 I_{NaT}；**C**. DA 神经元表达强大的阈下激活的 I_A 型 Kv 电流，但它们的电压依赖性激活特性相似（周福民的数据，引自参考文献中的原始文献 3）

阈值往往比 DA 神经元中的负电位高几个 mV，动作电位幅度比 DA 神经元中大 10 mV（图 7-6-8）。这是因为 GABA 神经元的 I_{NaT} 密度高于 DA 神经元（图 7-6-8）。此外，与 DA 神经元相比，GABA 神经元的 I_{NaT} 从失活恢复得更快，从而导致 GABA 神经元 I_{NaT} 的累积失活减少。因此，黑质 GABA 神经元比 DA 神经元具有更多而快的 NaV 通道，能持续高频放电。

3. 黑质 GABA 能神经元中 Kv3 电流强，DA 神经元中 I_A 电流强 对免疫组织化学鉴定的黑质 DA 神经元和 GABA 神经元的分子分析发现，与 DA 神经元相比，GABA 神经元表达更多的 Kv3.1 和 Kv3.4mRNA，它们可以形成快速激活，缓慢失活 Kv3 电流，并对 1mMTEA 敏感。相比之下，DA 神经元表达更多的 Kv4.2 和 Kv4.3mRNA，它们可能形成对 TEA 相对不敏感的 I_A 型通道。电压钳位数据显示，SNrGABA 神经元表达了一个突出的 1mMTEA 敏感 Kv3 快电流，该电流在－30 mV 附近开始激活，高于动作电位阈值，激活很快，但是失活缓慢，能够迅速使细胞复极化，从而使 Nav 通道从失活中恢复；当 Kv3 被 1mMTEA 阻断时，GABA 神经元就失去高频放电能力。因此持续高频动作电位，需要 Kv3 电流（由于其快速激活和缓慢失活动力学）。GPe 和 STN 神经元有类似的 Kv3，参见以上 GPe 和 STN 部分。

此外，生理数据表明 DA 神经元表达非常高的亚阈激活和瞬时 I_A 型电流（可能是由 Kv4.2 和 Kv4.3 通道介导）。相比之下，GABA 神经元表达少量 I_A 型电流（图 7-6-8C）。I_A 在－65 mV 时激活，远低于－45～－40 mV 的动作电位阈值，并且可以对抗去极化离子电流，延迟甚至阻止其达到动作电位阈值。因此，强大的 I_A 可以使 DA 神经元的放电率较低，弱 I_A 有助于 GABA 神经元高频发电。

（三）SNr GABA 投射神经元的突触输入

SNr GABA 能神经元接收来自纹状体，苍白球和丘脑下核的会聚突触输入，影响 SNrGABA 神经元的放电强度和模式，进而影响其输出。这里我们将重点描述来自纹状体快速的 GABA 能输入。来自 STN 的兴奋性输入已经在“丘脑底核的细胞构筑与神经生理学特征”一节中描述。

1. 纹状体至 SNr GABA 能输入 纹状体至 SNr 的投射纤维最初是在 20 世纪 60 年代通过神经毁损变性研究发现的。后来使用更灵敏的示踪技术，对纹状体的输出和输入轴突纤维进行了广泛的研究。现在很清楚，纹状体至 SNr 输入是 SNr GABA 神经元的解剖学上最突出的输入。此外，已经确认确定纹状体中表达 DAD1 受体（D1R）的 D1-MSNs 向 SNr 强烈投射。在完整动物的电生理记录表明，纹状体的输入抑制了 SNrGABA 神经元。最近使用光遗传学技术进行的研究也确认这个结论。在矢状脑切片中的研究则提供了纹状体→ SNr 投射对 SNr GABA 神经元的抑制作用的详细的细胞和突触方面数据。证据表明纹状体→ SNr 突触可以受到几种机制的调节，比如，纹状体→ SNr 的轴突末端表达很多 D1Rs（耦合到 $G_{s/olf}$ 蛋白），其激活能增加 GABA 的释放；纹状体→ SNr 的轴突末端也表达很多大麻素 CB1 受体（耦合到 $G_{i/o}$ 蛋白），它的激活能减少 GABA 释放。

2. GPe → SNr 的 GABA 输入　GPe GABA 轴突优先在 SNr GABA 神经元细胞体和近端树突上形成较大的对称突触，表明 GPe 输入可能会强烈影响 SNr GABA 神经元的活性。尽管通过实验证明该想法因分别激活纹状体→ SNr 和 GPe → SNr 轴突的困难而变得复杂。数据表明可以在矢状脑切片中通过低强度或最小强度的电刺激单独激活 GPe → SNr 途径。使用这种方法，现已经证明，甚至单个 GPe 神经元的激活也会在 SNr GABA 神经元中引起很大的 IPSC。因此 GPe → SNr 投射可能与直接和间接通路一起调节 BG 输出信号并因此调节行为。

3. 5- 羟色胺（5-HT）输入　SNr 收到密集的 5-HT 神经支配（起源于中缝核的 5-HT 神经元）（图 7-6-9A）。5-HT 神经元以 1 ～ 2 Hz 的频率自发放电，导致 5-HT 释放并激活 5-HT 受体。与密集的 5-HT 神经支配相匹配，SNr 在纹状体→ SNr 轴突末端和 STN → SNr 轴突末端上表达具有较高水平的

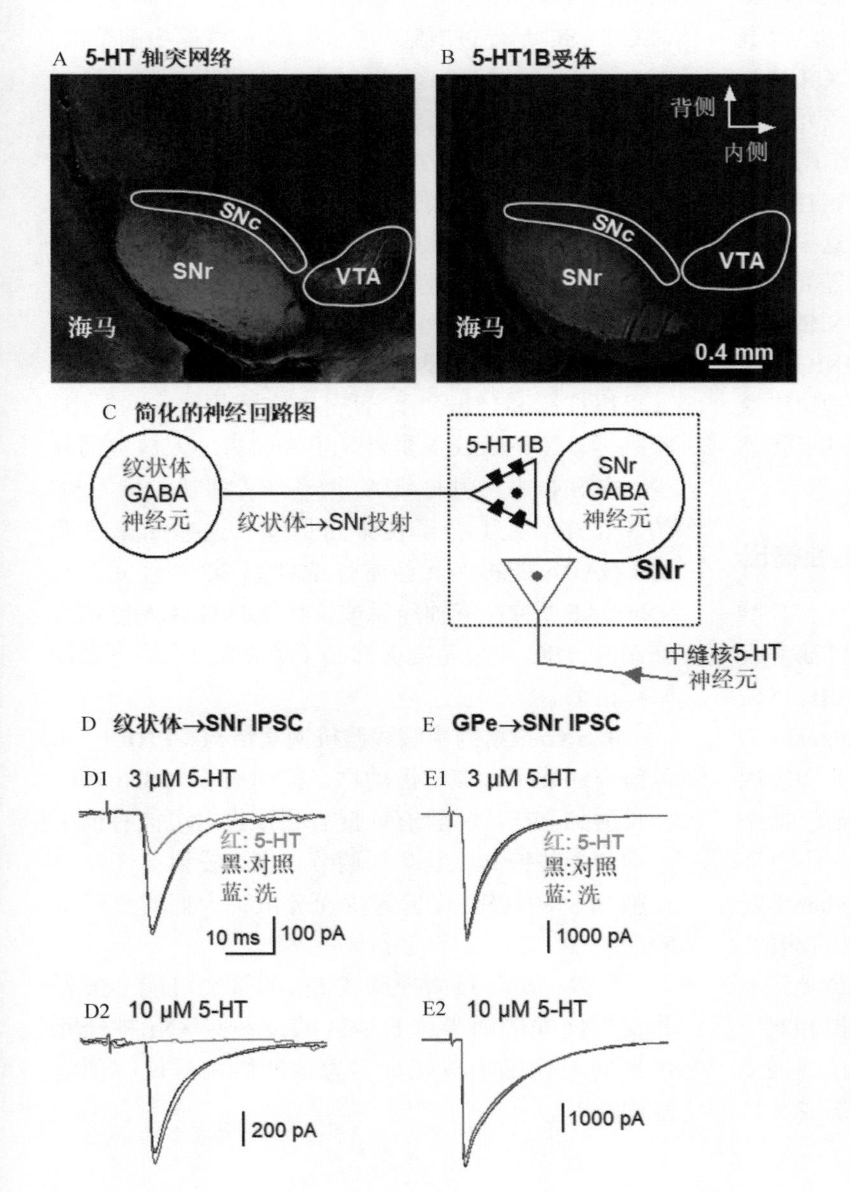

图 7-6-9　5-HT1B 受体激活减少纹状体→ SNr GABA 释放

A，B. SNr 中强烈的 5-HT 神经支配（A）和 5-HT1B 受体表达（B）；**C.** 神经回路图；**D.** 5-HT1B 激活减少纹状体→ SNr IPSC；**E.** 5-HT1B 激活不减少 GPe → SNr IPSC（周福民的数据，引自参考文献中的原始文献 4）

5-HT1B受体（5-HT1BRs）（图7-6-9B）。5-HT1BR通常与Gi/o蛋白偶联并具有抑制作用。因此，存在5-HT抑制纹状体→SNrGABA输入和STN→SNr谷氨酸输入到SNrGABA神经元的解剖学基础。

确实，神经生理学记录表明5-HT和5-HT1B激动剂可通过减少SNr中突触前谷氨酸的释放以及减少STN内的振荡兴奋来降低STN谷氨酸能传递。由于源自STN的突触输入是对SNr的主要兴奋性驱动力，因此减少谷氨酸能的STN→SNr传递自然会减少SNr GABA神经元的兴奋，例如爆发（bursting）放电。另一方面，突触前5-HT1BRs也减少了纹状体向SNr神经元的GABA输入（图7-6-9D），可能增加了SNr神经元的活性。这作用有选择性：5-HT不影响GPe→SNr IPSCs（图7-6-9E），这是因为5-HT1B受体表达的选择性。

此外，SNrGABA神经元表达高水平的5-HT2C受体（5-HT2CR）。5-HT2CR偶联Gq/11，通常具有兴奋性。研究表明5-HT通过激活5-HT2CR诱导线性内向电流来强烈激发SNr GABA神经元。显然，5-HT系统对SNr的突触前和突触后作用具有一个共同的目标：将SNr GABA神经元稳定在其基础自主高频激发状态。换句话说，5-HT在这里发挥了稳态作用：5-HT2CR帮助SNr GABA神经元维持其基础高频放电，防止其放电太慢。而STN轴突末端上的5-HT1BR阻止谷氨酸能输入触发SNrGABA神经元的过多放电。最后，纹状体→SNr轴突末端上的5-HT1BR阻止了纹状体GABA输入过于强烈地抑制了SNr GABA神经元的放电。

（四）SNr GABA投射神经元的突触输出

1. 黑质SNr→丘脑投射抑制丘脑神经元 丘脑是SNr投射的最主要目标。顺行和逆行示踪研究表明，在啮齿动物、猫、狗以及灵长类动物中，SNr投射到丘脑的主要目标是腹前（ventral anterior）、内背（mediodorsal）、腹外（ventral lateral）和腹内侧核（ventromedial nuclei）。其他丘脑靶点包括中央旁（paracentral）、束旁（parafascicular）、中央外侧（central lateral）和中央内侧（central median）丘脑核。丘脑核中的绝大多数神经元是谷氨酸能的，尤其是在啮齿动物中，但SNr GABA投射神经元也能支配网状丘脑的GABA能神经元。在大鼠和猴子中进行的超微结构研究已经确定，SNr→丘脑轴突在丘脑→皮质神经元的近端树突和胞体上形成大且密集的，包含GABA囊泡的对称型突触。

神经生理学研究表明，在啮齿动物中，SNr→丘脑神经元的激活对腹内侧和束旁丘脑核神经元的突触活性产生短暂的单潜伏突触抑制作用，而通过局部注射GABA激动剂麝香酚对这些SNr→丘脑神经元的抑制作用则增加了这些丘脑神经元的放电。在猫的细胞内研究中，SNr内刺激在腹前，腹外和腹内侧丘脑核的神经元中引起单突触IPSP，并抑制了这些神经元的自发放电。在清醒的猴子中，SNr刺激通过单突触机制强烈抑制丘脑皮质神经元。这些结果表明，SNr→丘脑投射经常性抑制丘脑神经元。局部注射GABA激动剂抑制SNr神经元活性会诱导躯体多个部位的运动，甚至肌张力和运动障碍，证明了SNr的功能重要性。

2. 黑质SNr→上丘投射抑制上丘神经元 示踪研究已经确定，SNr投射的第二个主要目标是上丘（SC）。SC是促进眼睛和头部运动的背侧中脑结构。在SC中，黑质GABA投射既影响投射至脑干凝视中心的谷氨酸能神经元，也影响局部GABA能中神经元，以诱导SC神经元的简单抑制和复杂反应。实验和临床证据强烈表明，SNrGABA神经能的活动以及SNr→SC投射在控制眼球和头部运动中起着重要作用。在细胞水平上，SNrGABA神经元的实验性激活或抑制可以减少或增加SC神经元的放电，提供了神经生理学证据，表明SNr GABA神经元可以抑制SC神经元。此外，在清醒的猫和猴中，眼跳运动（saccade）常常先于SNr神经元放电的减少；向SNr中注射$GABA_A$激动剂（抑制SNr→SC的SNr神经元）会干扰眼睛运动。这些结果表明SNr GABA能神经元经常性地抑制SC神经元，当SNr GABA神经能神经元被纹状体的GABA能信号抑制时，SC神经元被去抑制（被释放），最终触发眼球运动。

3. SNr投射到中脑和脑桥网状结构（PRF） 示踪研究还确定，在啮齿动物，猫和猴子中SNr神经元投射到PRF。尽管有证据表明该投射可能有助于运动和姿势控制以及睡眠调节，但该投射比SNr→丘脑和SNr→SC投射为少而分散，人们对其了解较少。

此外，SNr投向丘脑或SC的轴突可能会散发侧支投向同侧脑半球其他区域，一些SNr神经元也投向对侧脑半球靶标，为运动协调提供解剖学基础。

第三节　基底神经节的突触传入

一、大脑皮质对纹状体的突触投射

示踪研究表明，大脑皮质将部分投射轴突发送到纹状体，形成一个巨大的轴突投射系统（图 7-6-10），其神经纤维末梢释放兴奋性神经递质谷氨酸，从而控制和兴奋纹状体 MSNs 和中间神经元（图 7-6-10）。纹状体接受来自不同功能与解剖结构的皮质区的纤维，不同皮质区投射到纹状体的纤维排列具有一定的空间定位关系：额叶皮质发出纤维至尾状核头的前部和壳核的联合前部，顶叶皮质发出纤维至尾状核体和壳核的联合后部，枕叶皮质投射至纹状体的最后部，部分投射存在重叠。所以大体来说，纹状体可相应分为感觉运动、辅助运动及边缘纹状体。感觉运动纹状体包括壳核联合后部的背外侧区，壳核联合前的背外侧边缘以及尾状核的外侧部分主要接收来自运动、前运动、辅助运动、扣带运动皮质区及躯体感觉皮质的传入纤维。联合纹状体主要位于尾状核的头部（除了外侧部、背内侧及腹侧）、尾状核体部的中份及尾状核的尾部，以及壳核联合前和壳核联合后部的腹内侧部。这部分纹状体接受来自辅助皮质区，如前额叶、颞叶、顶后和枕前皮质以及视区前、辅助视区的传入纤维。边缘（或腹侧）纹状体主要占尾状核的背内侧边缘至腹侧部分，包括隔核，以及前联合壳核的腹内侧，这部分纹状体接受来自扣带回或扣带旁回皮质区的传入纤维，包括海马、边缘前及边缘下皮质，以及皮质下杏仁核复合体。

大脑皮质发出纤维至纹状体的投射神经元是锥体神经元，绝大多数位于皮质的第 5 层，少数位于皮质的第 6 层和 2/3 层。根据终端投射的大脑区域，大脑皮质投射神经元分为锥体束（pyramidal tract，PT）组和端脑内（intratelencephalic，IT）组。IT 组锥体神经元多数位于大脑皮质的第 5 层浅层（layer 5a），少数位于大脑皮质的第 2/3 层，投射至端脑

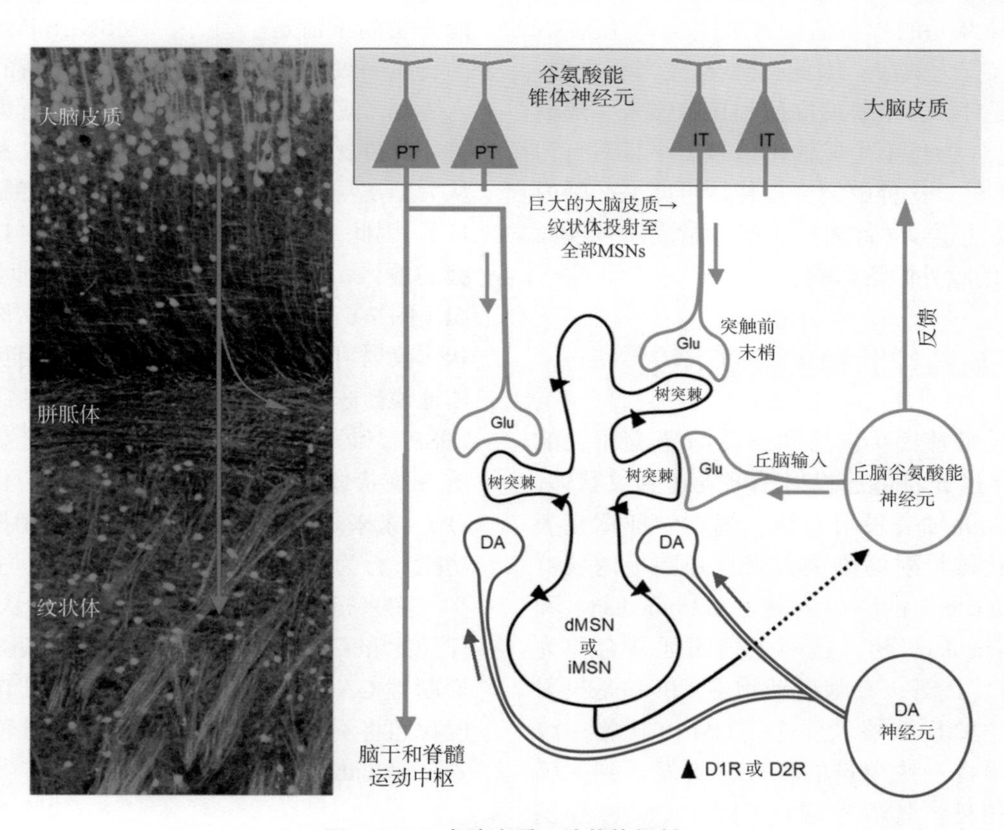

图 7-6-10　**大脑皮质→纹状体投射**

左：YFP- 标记的皮质第 5 层锥体神经元将轴突发送到纹状体；**右**：示意图显示皮质锥体神经元将轴突发送至 MSN，还显示了丘脑轴突和 DA 轴突。周福民的图像数据及作品。IT. 端脑内锥体神经元；PT. 锥体束锥体神经元

内；PT组锥体神经元大多数位于大脑皮质的第5层深层（layer 5b），少数位于皮质的第6层，投射纤维形成锥体束到脑干和脊髓；近期研究表明PT组锥体神经元投射纤维也将轴突分支发送至纹状体、STN（大脑皮质→STN投射，形成超直接通路，请参见下文）及其他基底神经节核、丘脑和脑干结构，最新数据表明IT和PT组投射锥体神经元都有轴突分枝投射到纹状体。

同样重要的是，详细的定量解剖学研究表明，每个皮质投射神经元向单个目标MSN提供仅少量突触，对低输入电阻低MSN只有很小的影响。所以，许多大脑皮质→纹状体投射神经元需要同步放电才能有效地激活纹状体MSN。的确，详细的解剖学数据显示每个MSN可能从多个皮质区域的许多皮质投射神经元接收会聚的突触输入，每个皮质神经元也会发散地突触到许多MSN上。这些数据表明，MSN接收来自运动、体感和其他皮质区域中大量皮质神经元的会聚性输入的输入，仅当这些来自大脑皮质和（或）丘脑的会聚兴奋性输入信号同时到达或在约10 ms（MSN膜时间常数）的短时间窗口内到达时，MSN才会产生动作电位和输出投射信号，相对较少的皮质→纹状体同步活动或大量皮质→纹状体神经元的异步活动可能不会产生MSN输出，也没有行为效应。因此，MSN充当积分器，仅允许强大且对行为重要的皮质和丘脑输入生成输出信号，阻止（通过不生成输出信号）小且对行为无关紧要的信号。这种解剖生理特性可能是一种内在机制，可防止运动/行为被一些少量皮质神经元和少量MSN的意外激活影响。

二、丘脑对纹状体的突触投射

大多数丘脑核团（包括和运动与感觉相关的丘脑核）的神经元将部分投射轴突发送到纹状体，形成一个巨大的轴突投射系统。解剖学证据也表明丘脑→纹状体投射纤维主要来自丘脑板内核群（intralaminar nuclei）的中央内侧（centromedian）和束旁（parafascicular）核，这两个核团通常合称为CM/Pf复合体。此外，在啮齿动物中，Pf核是投射到纹状体的主要丘脑核。且这些CM/Pf丘脑→纹状体投射纤维将一些少量的轴突分支发送到大脑皮质。与此相反，其他丘脑核（即非CM/Pf丘脑核）的神经元将少量轴突送至纹状体，更多轴突送至大脑皮质。在灵长类动物中，绝大多数丘脑神经元是谷氨酸能和兴奋性的，只有少数GABA能抑制神经元。在啮齿类动物中，丘脑只有谷氨酸能和兴奋性神经元，没有GABA能抑制性神经元。显示自然进化的巨大力量，邻近的网状丘脑（reticular thalamus）仅包含GABA能抑制性神经元，给丘脑提供突触抑制。

使用丘脑轴突特异性突触囊泡谷氨酸转运蛋白vGluT2和大脑皮质轴突特异性突触囊泡谷氨酸转运蛋白vGluT1标记，电子显微镜超微结构研究表明丘脑→纹状体投射纤维轴突支配直接通路D1-MSNs、间接通路D2-MSNs、胆碱能中间神经元及GABA中间神经元，大脑皮质→纹状体投射纤维也支配这些纹状体的D1-MSNs、D2-MSNs、胆碱能中间神经元及GABA中间神经元，丘脑→纹状体投射对脑功能的影响尚不清楚。在啮齿动物和灵长类动物纹状体中，95%皮质→纹状体突触在树突棘上，5%在树突柄。丘脑→纹状体突触分布则有明显的不同：在灵长类动物，丘脑→纹状体突触只有60%纹状体突触在树突棘上；在啮齿动物，丘脑→纹状体突触80%纹状体突触在树突棘上，这些差异的功能意义尚不清楚。另外，dMSN比iMSN具有更多的皮质→纹状体和丘脑→纹状体兴奋的谷氨酸能输入突触，这可能与dMSN激发促进行为这一事实有关。此外，电生理记录表明，dMSN和iMSN各自从大脑皮质和丘脑接受谷氨酸能突触输入（图7-6-11）。因此，dMSN和iMSN都会同时接收皮质和丘脑的输入，同时具有会聚和发散的回路或突触组织（图7-6-11）。但在神经元回路水平，丘脑→纹状体投射可以与皮质→纹状体投射相互作用，更具体地说，丘脑对纹状体的影响（通过丘脑→纹状体EPSP）和大脑皮质对纹状体的影响（通过大脑皮质→纹状体EPSP）可以增强彼此的作用（图7-6-11）。未来研究需要阐明这种促进作用如何影响大脑功能，行为和认知。

除兴奋性突触输入外，MSN还从GABA能中神经元和GPe GABA能神经元及邻近MSN处接收抑制性GABA能突触输入，从而调节MSN活动。但我们将不在本章中讨论这些抑制性输入（请参阅Tepper et al，2018）。

A 皮质输入和丘脑输入会聚到纹状体 MSNs

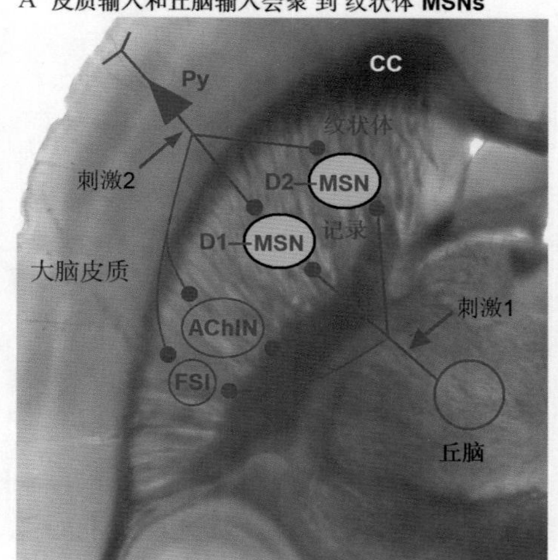

B 丘脑和皮质输入协同触发MSN放电

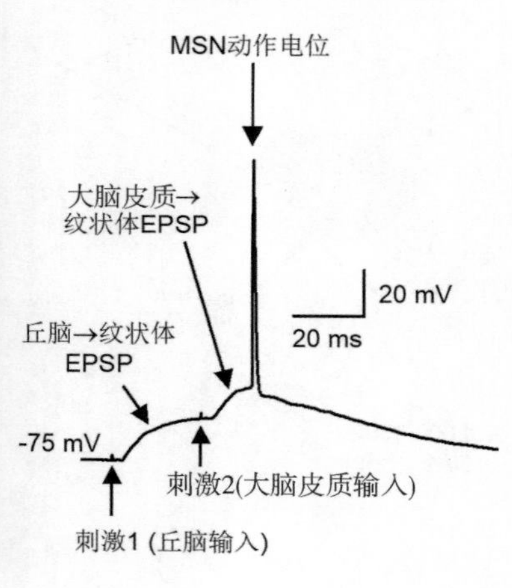

图 7-6-11　**皮质输入和丘脑输入在纹状体中的相互作用**

A. 示意图显示纹状体神经元接受的会聚和发散的皮质和丘脑输入。**B.** 皮质输入（EPSP）和丘脑输入（EPSP）可以直接在 MSN 中相加总和，互相易化。CC. 胼胝体（周福民的数据）

第四节　多巴胺能神经元对纹状体的投射

多巴胺（dopamine，DA）由食物中氨基酸的酪氨酸合成。在 20 世纪 50 年代后期，Carlsson 等瑞典科学家开创性的研究发现 DA 大量存在于基底神经节中并起着重要的运动功能调节作用。在 20 世纪 60 年代初期，使用甲醛荧光方法，他们绘制了最重要的 DA 细胞群及其主要投射图。这些原创性发现已被更敏感的免疫组织化学方法证实，扩展和完善。

在基底节发现 DA 后不久，DA 被提议参与运动控制和 PD。这项提议在 20 世纪 60 年代得到了迅速的支持，因为有证据表明 DA 神经元在 PD 中丧失。这些发现之后，采用左旋多巴（L-dopa），一种直接的 DA 前体，进行的 DA 替代疗法迅速成为 PD 的标准治疗方法。几乎同时，有人提出 DA 系统可能参与精神分裂症的病理生理。到 20 世纪 70 年代中期，人们发现抗精神病药是 DA D2 类受体的抑制剂。这些发现将大脑 DA 系统确立为精神分裂症病理生理变化的一个重要部位，并成为治疗的关键靶点。

一、黑质 DA 能神经元以及黑质→纹状体 DA 投射

在哺乳动物中，主要的 DA 细胞群位于中脑黑质致密部（SNc，A9 组）和腹侧被盖区（VTA，A10 组）（图 7-6-12）。中脑 DA 区域的每一侧在小鼠中约有 12 000 个 DA 神经元，在大鼠中约有 22 000 个，在猴子中约有 240 000 个，在年轻人中约有 500 000 个。SNc 和 VTA 的 DA 神经元投射到许多靶标（图 7-6-12），但最密集地支配了整个纹状体包括背侧和腹侧纹状体，形成了强大的中脑→纹状体 DA 投射系统，DA 神经元的轴突在纹状体中反复分叉，最终形成一个非常密集的 DA 轴突网络（图 7-6-12B）。VTA 和 SNc 的一小部分的 DA 神经元也投射到边缘和皮质区域（如杏仁核，内嗅皮质和前额叶皮质），形成中脑皮质 DA 投射系统。

二、D1 受体和 D2 受体在 MSN 中强烈但分开表达

分子克隆和药理研究已经确定了 G 蛋白偶联的 5 种 DA 受体亚型。D1 和 D5 亚型显示经典的 D1 类的药理和生理特性，通常与 $G_{s/olf}$ 偶联并激活腺苷酸环化酶。D2、D3 和 D4 亚型显示经典的 D2 类的药理和生理特性，通常 $G_{i/o}$ 偶联并抑制腺苷酸环化酶（图 7-6-13）。这两个经典途径是纹状体中最重要的多巴胺信号传导机制。

在啮齿动物和灵长类动物，强烈的多巴胺能神经支配是纹状体的一个特征（图 7-6-12）。另一个

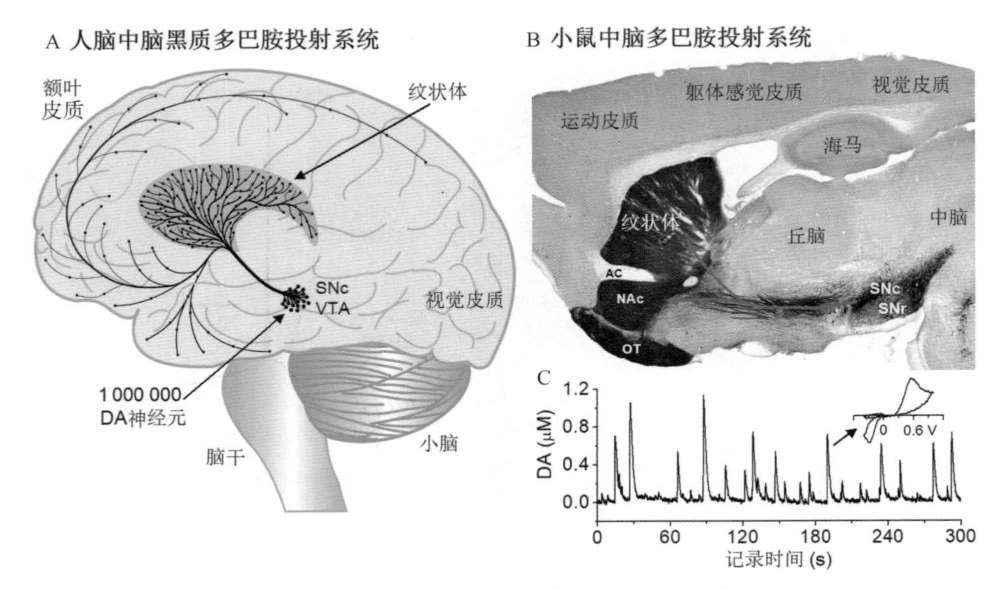

图 7-6-12 **中脑黑质纹状体多巴胺投射系统**

A. 人脑黑质多巴胺神经元和黑质纹状体多巴胺投射示意图；**B**. TH 染色显示强大黑质纹状体多巴胺投射（小鼠）；**C**. 在碳纤维微电极上通过快速循环伏安法检测到的纹状体中的自发 DA 释放。AC. 前连合；NAc. 伏隔核；OT. 嗅结节；VTA. 腹侧被盖区。（周福民的图像数据及作品）

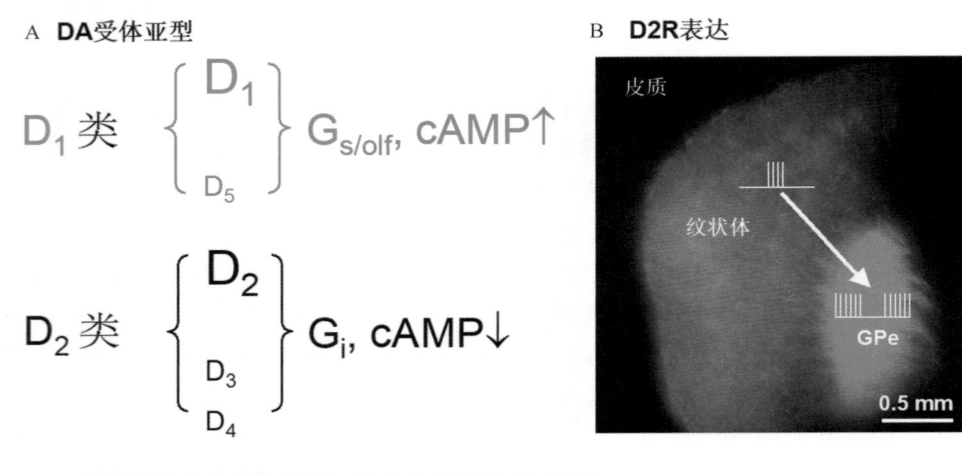

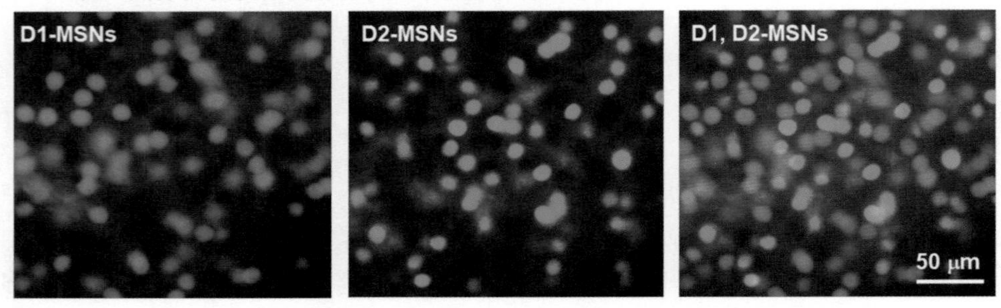

图 7-6-13 **D1 和 D2 受体在 MSN 中强烈但分开表达**

A. DA 受体亚型及其主要信号传导机制；**B**. D2R 在纹状体中的向 GPe 投射的 MSN 中强烈而有选择性地表达；**C**. D1R 和 D2R 严格分离在 2 种不同类型的 MSN 中。在纹状体中，D1R 和 D2R 是主要的 DA 受体（周福民的图像数据）

特征是高度表达的多巴胺 D1 和 D2 受体。mRNA 原位杂交，受体放射性配体结合和受体免疫染色研究已经确定在哺乳动物动物（包括人类），在整个纹状体中，D1R 和 D2R 表达水平非常高（图 7-6-5B，13）。第三特征是 D1R 和 D2R 表达奇迹般地分开（当然，这不是奇迹，而是大自然或进化的产物）。在啮齿动物和灵长类动物，D1R 表达于纹状体→ SNr 中棘投射神经元和它们的轴突末端（故名

D1-MSN）；D2R 表达于纹状体→ GPe 中棘投射神经元和它们的轴突末端（故名 D2-MSN）。在啮齿动物和灵长类动物，包括人类中，SNc 和 VTA 中的 DA 神经元都强烈表达 D2R。这些 D2R 激活能够开放 G 蛋白激活的内向整流（Girk）K^+通道，从而抑制 DA 神经元，是抑制性自受体。D2R 也表达在 DA 神经元轴突末端，它们在激活时会抑制递质释放。

与 D1 和 D2 受体相比，D3、D4 和 D5 受体水平表达较低。D3 和 D4 受体通常使用与 D2 受体相同的信号传导途径，导致相似的细胞效应。D5 受体在纹状体胆碱能中间神经元和 PV-GABAergic 快速放电中间神经元中诱导去极化和兴奋。

三、D1R 和 D2R 的分开表达是 DA 系统在纹状体中正常运行所必需

因为 D1R 激活增加细胞内 cAMP 水平，而 D2R 激活降低细胞内 cAMP 水平，这两类受体在两个独立的神经元群体中表达是纹状体 DA 如所需；如果它们在同一神经元中表达，DA 将通过激活同一 MSN 中互相对抗的 D1R 和 D2R 来产生自身对抗，很难想象大脑神经元会做这种明显是矛盾的操作。与此相反，隔离的 D1R 和 D2R 能够选择性和独立地调节两种类型的 MSN 和相关神经回路的 DA，这对于这些神经回路的功能是有利的，可以介导纹状体中强烈的 DA 信号传导，这对 DA 的深刻行为效应（包括强大的运动刺激）至关重要。很容易想象 D1R 和 D2R 在 MSN 共表达（曾经是一种新颖、流行 20 年的理论）将导致神经元，神经回路和大脑的功能混乱（因此，大文章新理论不一定正确．可靠的数据最重要）。

通过作用于不同类型的 DA 受体，DA 调节膜离子通道、神经递质受体和神经递质释放，进而来影响神经元活动。通常，D1 型受体的激活趋向于增加神经元的兴奋性，该作用促进运动和行为。在 PD 中，DA 丢失，但 D1R 功能性被上调，因此这些功能亢进的 D1R 可以促进左旋多巴治疗 PD 的临床效果。

同样基于 D2R 的一般特性，iMSN 中 D2R 的激活可能会降低突触兴奋和内在兴奋性。因此，在 PD 条件下，D2R 介导的对 iMSNs 的 DA 抑制作用丧失了，因此 iMSNs 变得比正常情况下更易兴奋和活跃，如最近的人类数据所示对 PD 的运动抑制。D2R 激活可以直接降低 iMSN 轴突末端的 GABA 输出（图 7-6-6B），这种效果能促进行为。另外，在 PD 或 DA 耗尽的条件下，D2R 功能被上调，并且可以有助于 L-dopa 和 D2R 激动剂的抗 PD 治疗作用。

超微结构研究表明，dMSN 和 iMSN 树突 / 树突棘中谷氨酸能突触的突触后膜附近表达高水平的 D1R 或 D2R，表明 D1 或 D2R 的激动作用可能影响皮质和丘脑的输入：D1R 激活可能会增强 D1-MSN 中 NMDA 型和 AMPA 型谷氨酸受体介导的突触电流，从而增强谷氨酸输入；而 D2R 激活可能会抑制 NMDAR 和 AMPAR 谷氨酸受体介导的突触电流，从而抑制谷氨酸输入。由于 MSN 不能自主产生动作电位，要依靠强大的兴奋性谷氨酸能输入来触发动作电位，因此 D1R 介导的增强和 D2R 介导的对皮质和丘脑谷氨酸能输入的抑制会在正常情况下极大地影响 MSN 的动作电位输出。在 PD 多巴胺能治疗期间，这些作用可能更强，因为在 DA 耗尽的 PD 纹状体中，D1R 和 D2R 的功能性被上调。

第五节　基底神经节突触传出通路

在接收并分析处理了来自大脑皮质和丘脑的神经信息后，基底神经节在 GPi 和 SNr 中产生输出信号，其形式为释放到目标神经元上的神经递质。如上所述，来自 SNr 的主要突触输出是 GABA。GPi 在功能上与 SNr 类似。根据主要的输入-输出信息流，已确定了三个解剖生理通路，以帮助我们理解和描述基底神经核的结构和功能，尽管这些人为分开通路实际上是自然互连的并且具有重叠的成分，并且一些解剖连接未涵盖在其中，如 GPe → SNr 投射，但是这三种通路的概念对于组织我们目前对基底神经核的知识和理解仍然很有用。

一、直接通路

如图 7-6-14 所示，大脑皮质运动和体感区以及其他皮质区域的锥体神经元轴突分支投射到纹状体

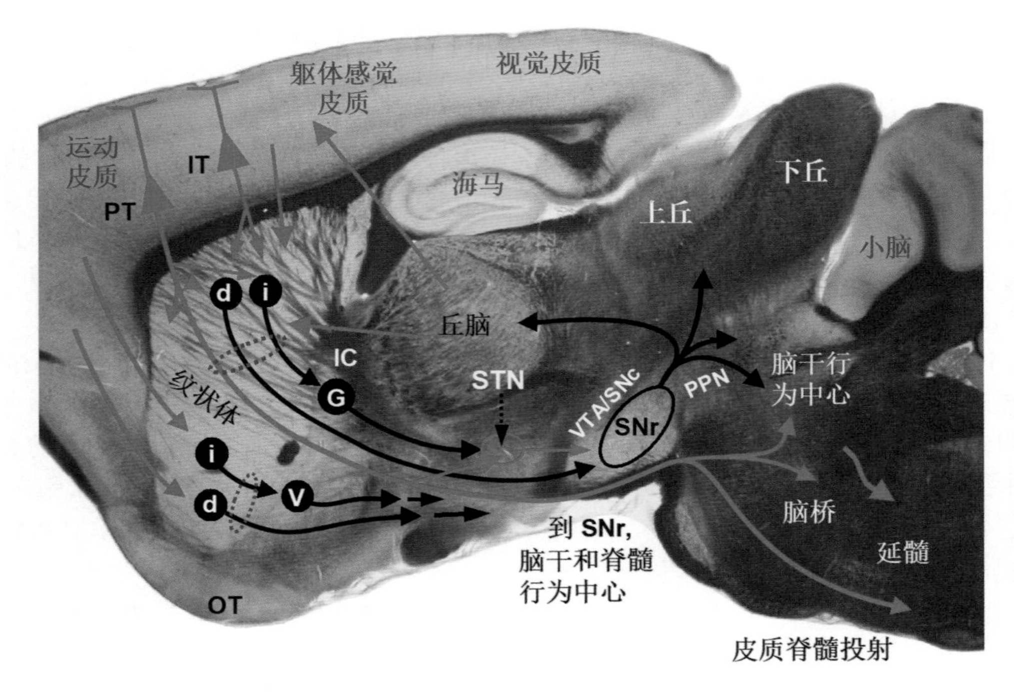

图 7-6-14 基底神经节突触传出

直接通路：大脑皮质→ D1-MSN（dMSN）→ GPi/SNr；间接通路：大脑皮质→ D2-MSN（iMSN）→ GPe → STN → GPi/SNr。d，dMSN；i，iMSN；G，GPe；OT，嗅结节；PPN，脚桥被盖核；V，腹侧苍白球；IT，端脑内（intratelencephalic）组锥体神经元；PT. 锥体束（pyramidal tract）组锥体神经元（周福民的图像数据）

D1-MSN 和 D2-MSN。在整合了大脑皮质和丘脑的兴奋性突触输入，纹状体自身和 GPe 的抑制性输入以及必不可少的 DA 输入后，D1-MSN 投射并突触到 GPi/SNr GABA 投射神经元，从而抑制了这些自发放电的抑制性基底神经核输出神经元，从而去抑制或兴奋了它们在丘脑脑干中的靶神经元中，构成大脑皮质（glutamatergic）→ D1-MSN（GABAergic）→ GPi/SNr（GABAergic）→丘脑 / 脑干直接通路（图 7-6-14）。“直接”是指 D1-MSN 直接投射到 BG 输出核 GPi/SNr 这一事实。大量证据表明，D1-MSN 的激活放电及由此产生的直接通路神经元活动的改变可促进运动和行为功能。DA 增加 D1-MSN 的 GABA 输出，因此有利于运动和行为。

二、间接通路

在整合了来自大脑皮质区域和丘脑的兴奋性输入以及纹状体本身和 GPe 的抑制性输入以及 DA 输入后，D2-MSNs 投射并突触到 GPeGABA 投射神经元上，从而抑制了这些自发放电活跃的抑制性神经元（图 7-6-15C）。GPe 投射神经元投射并突触到 STN 神经元上，从而构成 D2-MSN（GABAergic）→ GPe（GABAergic）→ STN（glutamatergic）→ GPi/SNr（GABAergic）→丘脑 / 脑干间接通路（图 7-6-15）。“间接”是指 D2-MSN 间接（通过 STN）投射到基底神经节输出核 GPi/SNr。D2-MSN 激活可去抑制或激发 STN 神经元，增加 GPi/SNrGABA 神经元输出，从而抑制丘脑神经元和脑干神经元，从而导致运动和行为抑制。因此，D2-MSN 的激活放电会抑制运动，而 D2-MSN 的抑制则作用相反，能增加运动和行为。DA 和 D2 类激动剂减少 D2-MSN 的 GABA 输出（图 7-6-15），有利于运动和行为；因此，D2-MSN 的活动在空间和时间上得到协调，从而使得 D2-MSN 输出的增加或减少有助于运动和行为。

三、超直接通路

解剖和神经生理学证据表明，除了接收通过纹状体和 GPe 处理和传递的大脑皮质信息外，STN 还直接从大脑皮质接收兴奋性输入（图 7-6-16，另参见图 7-7-6）。因此，大脑皮质（glutamatergic）→ STN（glutamatergic）→ GPi/SNr（GABAergic）途径称为超直接通路。示踪研究表明，STN 的大脑皮质输入来源是锥体束锥体（PT）神经元。这些 PT 神经元（其主要轴突到达脊髓）向基底神经节，丘脑和

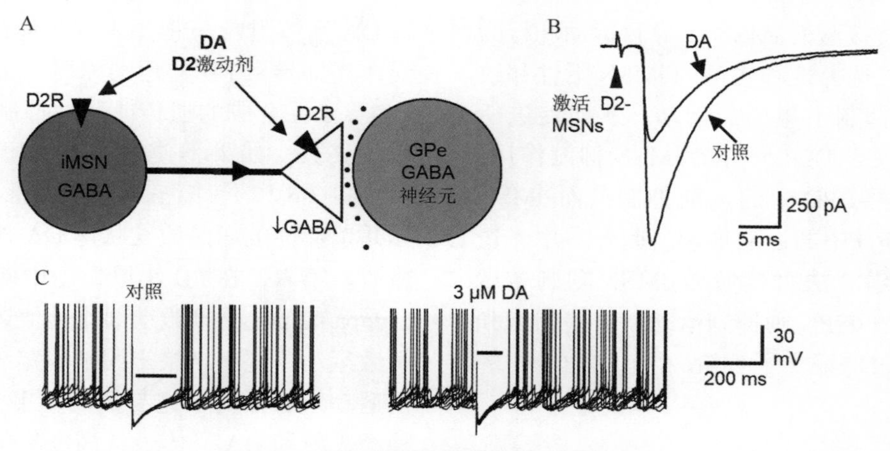

图 7-6-15　**间接通路的细胞突触生理**

A. iMSN（D2-MSN）→ GPe 神经回路图；**B.** D2 受体激活抑制 D2-MSN GABA 释放；**C.** DA 降低纹状体对 GPe 神经元的抑制作用，有助于运动功能和行为。［周福民的数据，引自 Wei W，Li L，Yu G，et al. Supersensitive presynaptic dopamine DZ receptor inhibition of the striatopallidal projection in nigrostriatal dopamine-deficient mice. J Neurophysiol，2013，110（9）：2203-2216.］

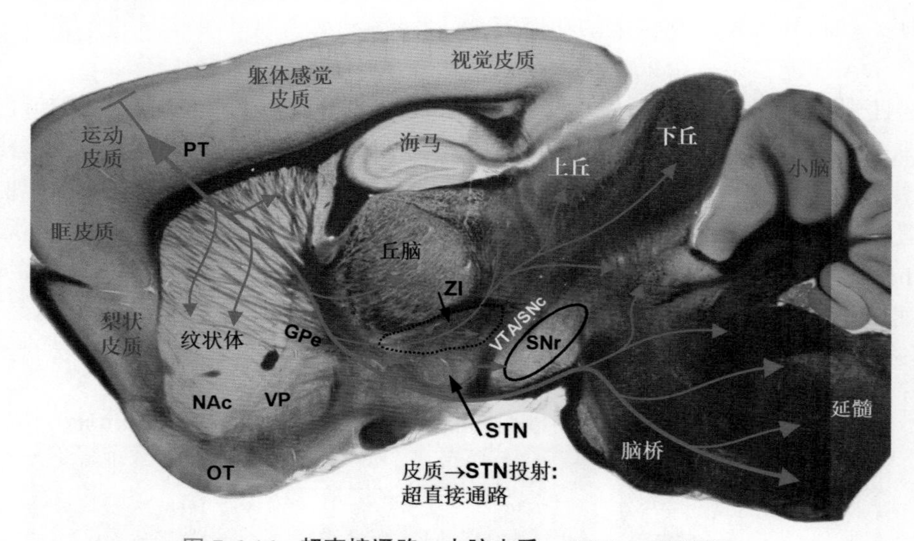

图 7-6-16　**超直接通路：大脑皮质→ STN → GPi/SNr**

皮质激活和控制 STN，而兴奋性谷氨酸能 STN 神经元激活的一个关键功能是抑制和终止运动和行为，促进动物的整体行为和生存。VP，腹侧苍白球；ZI，未定带。其他缩写与图 7-6-14 相同（周福民的图像数据）

脑干释放出相当广泛的轴突侧支。由于 STN 神经元使用谷氨酸作为其神经递质，因此 STN 神经元的激活会增加 GPi/SNrGABA 投射神经元的抑制性输出，导致丘脑和脑干中靶神经元的抑制，从而抑制运动和行为。因此，超直接通路可以起到重要的止动功能，为正常运动和行为所需。

第六节　基底神经节对运动的调节

一、动物和人运动功能需要中型多棘神经元（MSN）

当纹状体失去其正常功能时，MSN 对运动功能的至关重要性能得到明确证明，例如，亨廷顿氏病中过多的异常舞蹈样运动是由于 MSN，尤其是 iMSN 的丧失。与这些临床病理数据一致，iMSN 的实验性失活或消融（ablation）会增加运动活动。有证据表明，对 iMSN 的选择性抑制能促进运动和行为，这是 DA 正常功能，也是 L-dopa 和 D2 样激动剂 ropinirole 和 pramipexole 各自为缓解 PD 运动不足症状的细胞机制。用光遗传学或化学遗传学方法非选择性地直接激活 iMSN 则导致运动和行为抑制。相比之下，选择性和协调的 iMSN 活性和纹状体的输出可以抑制不想要的运动，从而促进所需的运动；由于缺乏 D2R 介导的 iMSN 抑制作用，iMSN 过度活跃导致 PD 中的运动抑制，而 dMSN 活性不足也导致 PD 中的运动抑制。此外，用光遗传学或化学遗传学方法直接激活 dMSN 则刺激运动，而抑制或消融 dSPN 则抑制运动。这些临床和实验数据令人信服地证实了 MSN 在运动功能中的关键作用。

二、运动功能调节依赖纹状体中的DA 功能

大量证据表明，动物和人类的正常运动功能绝对需要纹状体中的 DA 功能。第一个证据是，在人类，DA 神经元变性退化会导致 PD 运动缺失，而左旋多巴（L-dopa）可有效治疗 PD 运动缺失。第二，在人类意外 DA 神经元毒素 1- 甲基 -4- 苯基 -1,2,3,6- 四氢吡啶（1-methyl-4-phenyl-1,2,3,6-tetrahydropyridine，MPTP）中毒，破坏黑质纹状体 DA 系统，迅速产生 PD 样运动缺陷，左旋多巴治疗能有效缓解之（图 7-6-17）。第三，在猴子中将 DA 受体阻断药物注入纹状体以阻断纹状体 DA 受体立即导致 PD 样运动障碍。第四，在啮齿类动物中，DA 合成的遗传或药理抑制会迅速导致运动功能丧失，如果不使用左旋多巴治疗，动物会死亡（图 7-6-17）。第五，将 DA 毒素注入双边纹状体并选择性破坏黑质纹状体 DA 神经元会导致运动障碍。第六，在 PD 小鼠模型中向纹状体显微注射 L-dopa 或 DA 直接激动剂比其他运动区域更有效地刺激运动。这些结果牢固地确定了纹状体 DA 功能是运动所必需的，这与解剖学事实相一致，即 DA 神经投射和 DA 受体表达高度集中在纹状体中（图 7-6-12）。

三、基底神经节直接和间接通路协同促进运动功能

尽管为了了解它们各自的神经生理功能，我们将 MSNs 和相关的 BG 核分离或分组为直接和间接通路，这两个基于 MSNs 的途径加上超直接通路很可能会协同工作（协调一致）以帮助产生我们人类以及动物都享受的复杂而又优美的运动功能。问题是：这些通路如何协同工作？这是一个重要的重要问题，目前尚没有明确的答案。经典理论认为，对

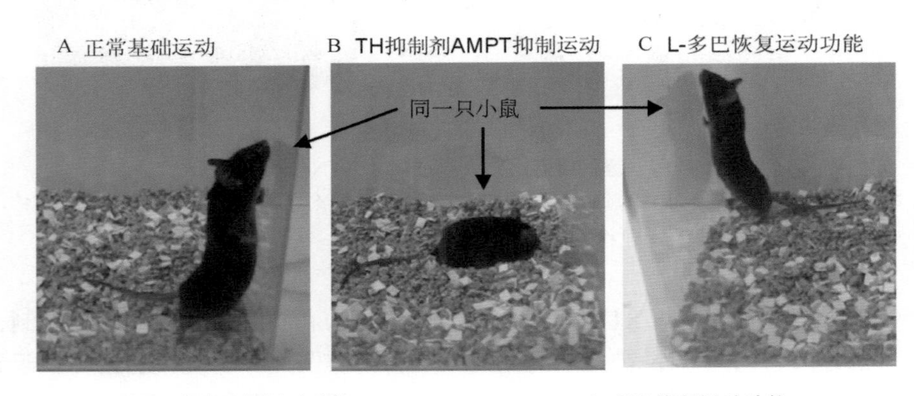

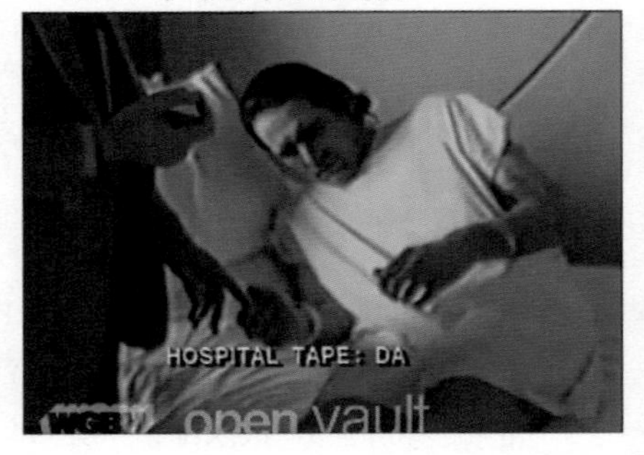

图 7-6-17 **DA 具有强大的运动刺激作用**

DA 的完全缺失导致运动功能缺失：**A**，**B**，**C**. TH 抑制剂 α- 甲基-对-酪氨酸（AMPT）抑制 DA 合成导致运动功能丧失；**D**，**E**. MPTP 意外中毒导致 DA 缺失，引起运动障碍，L- 多巴能逆转运动功能缺失；**A-C**，周福民的图像数据；**D**、**E**. 来自公共领域视频的静止图像。Langston 和他的同事们已经发表了这些 MPTP 患者数据，参见参考文献中的综述 4

于特定运动，一组 D1-MSN 会通过直接通路，然后通过脑干和丘脑皮质（躯体感觉和运动区域）激活，以驱动和促进该特定运动。同时，一组 D2-MSN 也通过间接通路激活，从而抑制干扰性运动。但尚不知道大脑如何选择和激活那组 D2-MSN 以抑制对抗性运动，而不抑制所需的运动。最近的一些研究表明 D1-MSN 和 D2-MSN 可以同时激活而促进运动，但是对这些新数据的解释尚不完全的清楚。

从功能的角度，我们可以用行为神经药理学方法评估直接和间接通路的协同作用。该方法产生了重要的数据，证明了这两种通路之间的功能性有益相互作用。例如，在 PD 小鼠中，D1R 激动剂或 D2R 激动剂进行单独的局部纹状体微注射都会刺激运动活动，但是当 D1R 激动剂和 D2R 激动剂一起显微注射时，运动刺激会更强（大于个体效应之总和），表明两种通路之间的协同作用（图 7-6-18）。两种独立通路之间的协同作用显然是自然的：大脑经历复杂的神经发生神经回路发育过程，以建立具有不同的解剖连接和神经递质受体表达的直接和间接通路（例如，兴奋性增加 cAMP 的 D1R 和抑制性减少 cAMP 的 M4 mAChR 在 D1-MSN 中共表达，抑制性的 D2R 和兴奋性增加 cAMP 的腺苷 A2a 受体在 D2-MSN 中共表达）；这在功能上必须具有至关重要的好处：基于 D1-MSN 的直接通路和基于 D2-MSN 的间接通路之间的协同作用可能就是这样一个的重要益处。

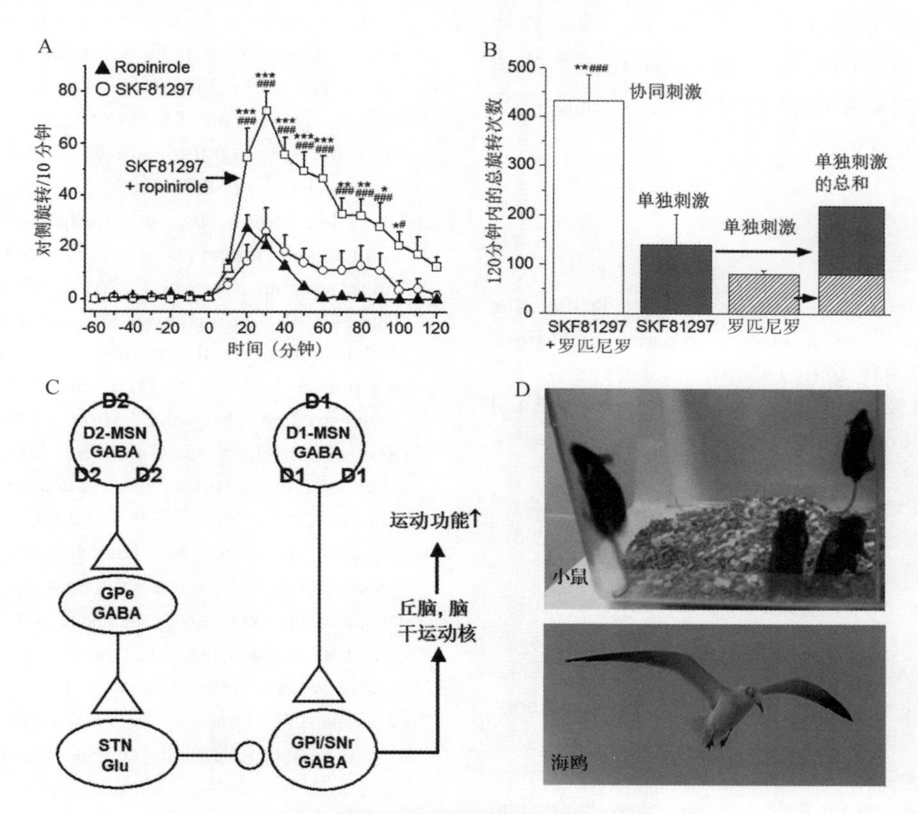

图 7-6-18　**直接和间接通路协同作用促进运动功能**

A. 分别在 PD 小鼠纹状体中注射 D1 激动剂 SKF81297 和 D2 激动剂罗匹尼罗以及这两种药物的混合物后 2 小时内刺激运动时效曲线；**B.** 每个采样点累积数据；**C.** D1 和 D2 通路协同刺激运动的神经回路和受体机制；**D.** 基底神经节的功能结构以及 D1-MSN 和 D2-MSN 通路协同作用在鸟类和哺乳动物包括啮齿动物和灵长类动物中相似，对动物的生存非常重要。A，B，引自参考文献中的原始文献 20。C，D. 周福民的数据及摄影作品

第七节　总　结

基底神经节是一组在解剖和功能上相互连接的大脑皮质下核群。纹状体中充满了大量低频放电、GABA 能多树突棘的投射神经元（MSN）；GPe、GPi 和 SNr 的投射神经元也是 GABA 能的，但它们都高频放电。非常不同的是，STN 投射神经元是高频放电的谷氨酸能神经元。起源大脑皮质的和运动

及行为相关的信息传输到纹状体，这些大脑皮质输入与丘脑输入以及局部纹状体输入和多巴胺输入在MSN相整合，整合后的信号通过直接通路和间接通路以及丘脑反馈到大脑皮质，强烈地促进运动和行为脑功能。适当的纹状体多巴胺水平和多巴胺受体活性对于纹状体神经回路的正常运行是绝对必需的。正常基底神经节功能的丧失可导致严重脑部疾病，如DA丧失引起帕金森病中严重的运动功能丧失，D2-MSN丧失引起的亨廷顿氏病的过度和异常运动，精神分裂症（最常见和最严重的精神疾病）与纹状体多巴胺活动过多密切有关。显然，正常的大脑功能需要基底神经节，尤其是纹状体的MSN以及分开表达的D1受体和D2受体正常活性。进一步研究基底神经节的分子、离子通道、细胞和神经回路机理将提高我们对这些神经核团在正常脑功能及神经和精神疾病中的作用的理解，并有助于开发新的更有效的治疗。

参考文献

综述

1. Carlsson A. Treatment of Parkinson's with L-DOPA. The early discovery phase，and a comment on current problems. *J Neural Transm*，2002，109：777-787.
2. Hikosaka O，Takikawa Y，Kawagoe R. Role of the basal ganglia in the control of purposive saccadic eye movements. *Physiol Rev*，2000，80：953-978.
3. Hornykiewicz O. Chemical neuroanatomy of the basal ganglia—normal and in Parkinson's disease. *J Chem Neuroanat*，2001，22：3-12.
4. Langston JW. The MPTP Story. *J Parkinsons Dis*，2017，7（s1）：S11-S22.
5. McCutcheon RA，Abi-Dargham A，Howes OD. Schizophrenia，dopamine and the striatum：from biology to symptoms. *Trends Neurosci*，2019，42（3）：205-220.
6. Moran SP，Maksymetz J，Conn PJ. Targeting muscarinic acetylcholine receptors for the treatment of psychiatric and neurological disorders. *Trends Pharmacol Sci*，2019，40（12）：1006-1020.
7. Smith Y，Raju DV，Pare JF，et al. The thalamostriatal system：a highly specific network of the basal ganglia circuitry. *Trends Neurosci*，2004，27（9）：520-527.
8. Steiner H and Tseng KY（Eds.）*Handbook of basal ganglia structure and function*. 2nd edition. San Diego：Academic Press，Elsevier，2017.
9. Tepper JM，Koós T，Ibanez-Sandoval O，et al. Heterogeneity and diversity of striatal GABAergic interneurons：update 2018. *Front Neuroanat*，2018，12：91.

原始文献

1. Bouabid S，Zhou FM. Cyclic AMP-producing chemogenetic activation of indirect pathway striatal projection neurons and the downstream effects on the globus pallidus and subthalamic nucleus in freely moving mice. *J Neurochem*，2018，145（6）：436-448.
2. Cebrián C，Parent A，Prensa L. Patterns of axonal branching of neurons of the substantia nigra pars reticulata and pars lateralis in the rat. *J Comp Neurol*，2005，492（3）：349-369.
3. Ding S，Wei W，Zhou FM. Molecular and functional differences in voltage-activated sodium currents between GABA projection neurons and dopamine neurons in the substantia nigra. *J Neurophysiol*，2011，106（6）：3019-3034.
4. Ding S，Li L，Zhou FM. Robust presynaptic serotonin 5-HT（1B）receptor inhibition of the striatonigral output and its sensitization by chronic fluoxetine treatment. *J Neurophysiol*，2015，113（9）：3397-3409.
5. Ding S，Li L，Zhou FM. Presynaptic serotonergic gating of the subthalamonigral glutamatergic projection. *J Neurosci*，2013，33（11）：4875-4885.
6. Doig NM，Moss J，Bolam JP. Cortical and thalamic innervation of direct and indirect pathway medium-sized spiny neurons in mouse striatum. *J Neurosci*，2010，30：14610-1468.
7. Durieux PF，Schiffmann SN，de Kerchove d'Exaerde A. Differential regulation of motor control and response to dopaminergic drugs by D1R and D2R neurons in distinct dorsal striatum subregions. *EMBO J*，2012，31：640-653.
8. Economo MN，Viswanathan S，Tasic B，et al. Distinct descending motor cortex pathways and their roles in movement. *Nature*，2018，563（7729）：79-84.
9. Glass M，Dragunow M，Faull RL. The pattern of neurodegeneration in Huntington's disease：a comparative study of cannabinoid，dopamine，adenosine and GABA（A）receptor alterations in the human basal ganglia in Huntington's disease. *Neuroscience*，2000，97：505-519.
10. Hardman CD，Henderson JM，Finkelstein DI，et al. Comparison of the basal ganglia in rats，marmosets，macaques，baboons，and humans：volume and neuronal number for the output，internal relay，and striatal modulating nuclei. *J Comp Neurol*，2002，445：238-255.
11. Hintiryan H，Foster NN，Bowman I，et al. The mouse cortico-striatal projectome. Nat Neurosci，2016，19（8）：1100-1114.
12. Hurd YL，Suzuki M，Sedvall GC. D1 and D2 dopamine receptor mRNA expression in whole hemisphere sections of the human brain. *J Chem Neuroanat*，2001，22：127-137.
13. Kehnemouyi YM，Wilkins KB，Anidi CM，et al. Modulation of beta bursts in subthalamic sensorimotor circuits predicts improvement in bradykinesia. *Brain*，2021，144：473-486.
14. Kemp JM，Powell TP. The structure of the caudate nucleus of the cat：light and electron microscopy. *Philos Trans R Soc Lond B Biol Sci*，1971，262：383-401.

15. Kita T，Kita H. The subthalamic nucleus is one of multiple innervation sites for long-range corticofugal axons：a single-axon tracing study in the rat. *J Neurosci*，2012，32（17）：5990-5999.
16. Kita H，Kita T. Cortical stimulation evokes abnormal responses in the dopamine-depleted rat basal ganglia. *J Neurosci*，2011，31（28）：10311-10322.
17. Peters AJ，Fabre JMJ，Steinmetz NA，et al. Striatal activity topographically reflects cortical activity. *Nature*，2021，591（7850）：420-425.
18. Sano H，Chiken S，Hikida T，et al. Signals through the striatopallidal indirect pathway stop movements by phasic excitation in the substantia nigra. *J Neurosci*，2013，33（17）：7583-7594.
19. Singh A，Mewes K，Gross RE，et al. Human striatal recordings reveal abnormal discharge of projection neurons in Parkinson's disease. *Proc Natl Acad Sci USA*，2016，113（34）：9629-9634.
20. Wang Y，Zhou FM. Striatal but not extrastriatal dopamine receptors are critical to dopaminergic motor stimulation. *Front Pharmacol*，2017，8：935.
21. Zheng T，Wilson CJ. Corticostriatal combinatorics：the implications of corticostriatal axonal arborizations. *J Neurophysiol*，2002，87：1007-1017.

第 8 篇　自主神经与神经内分泌调节

陈宜张

维持内环境稳定是机体在不断变化的环境下（包括免疫原入侵）得以生存和适应的根本需要，这些活动主要是在脑内通过神经及体液调节来实现的，这些也就是本篇前 3 章的内容。本篇第 4 章则是神经和体液调节过程中都会遇到的神经元水平的调制活动或过程。

中枢神经系统通过两条主要的渠道来控制全身的代谢及功能活动。一条是自主神经的渠道。在中枢神经系统内部，从下丘脑开始到脑干，有一系列专门化程度不同的管理自主神经活动的中枢，从脑干直到骶部脊髓发出的交感和副交感神经支配着全身有关器官，这是一条快速反应的通道。另一条是神经内分泌的渠道，下丘脑控制垂体前、后叶，通过它们影响各内分泌腺及相关器官，控制全身的内分泌活动及代谢活动，这是一条慢而持久的渠道。另外，免疫系统本身是一个调节系统，但它既接受整体神经内分泌的调节，又可以对神经系统进行反向调节。

反馈调节是生命系统活动中的一个普遍现象，在神经体液调节系统中也不例外。在中枢神经内不同层次之间，在激素与下丘脑、垂体之间，激素和递质的释放与抑制释放之间，都存在着反馈调节。所谓内环境稳定绝非一成不变的恒定，而是在一定节律性波动基础上的相对恒定，在本篇所讨论的调节系统中，节律性波动也是经常出现的：昼夜节律、小时节律、神经放电的节律性波动，等等。

机体可以在接受各种刺激之后发动、调整它的自主神经或神经内分泌反应。刺激可以大致分为两类：第一类是机体的感觉器官能感受到的，如光、声、电、机械、化学刺激，这一类刺激所引起的神经内分泌反应是人们能意识到的。第二类刺激是机体的器官及神经末梢所不敏感的，如病毒的入侵、异己细胞包括肿瘤细胞的浸润，但它们可以被免疫细胞所感受，然后免疫细胞产生多种细胞因子，而许多细胞因子是可以被神经系统所辨认的，因为神经细胞上也有细胞因子受体。这样，免疫系统就有效地把第二类刺激与机体的整体活动联系了起来。可以说，自主神经系统、神经内分泌及免疫调节系统是机体内部一个完整的体系。

《神经科学》（第 3 版）问世后的 10 多年来，各个领域的研究都有很大进展，在“脑与机体内环境稳定”领域，结构生物学、光遗传学、化学遗传学等理论和技术的进展带来了特别大的影响，使得原来许多在神经回路、整体脑活动水平的问题，得以在细胞、分子水平得到进一步解释。我们在这些方面引用了不少新材料，做了力所能及的努力。

第 1 章 自主神经系统

戎伟芳　袁文俊

自主神经系统（autonomic nervous system）是感受内环境状态和调控内脏功能活动的神经系统，包括交感神经系统（sympathetic nervous system，SNS）、副交感神经系统（parasympathetic nervous system，PNS）、内脏感觉神经和肠神经系统（enteric nervous system，ENS）四个部分。由于自主神经系统控制生殖、营养代谢和内环境稳态等生物体普遍具有的基本生命活动，而这些过程往往不被自身察觉，故以往被称为植物神经系统（vegetative nervous system）。传统上，人们在讨论自主神经系统时，通常是指支配内脏活动的交感和副交感传出神经，即内脏运动神经。实际上，自主神经系统还包括感受内脏功能活动或内环境状态的传入神经，即内脏感觉神经。因此，与躯体神经系统相似，自主神经系统同样由感觉和运动神经以及中枢所构成，通过反射等形式来调节内脏功能从而维持内环境稳态。自主神经的高级中枢位于下丘脑和边缘系统，它们在整合各种情感活动或躯体行为，如焦虑和抑郁、战斗或逃跑（fight or flight）等生理反应中发挥着重要作用。Cannon（1932）提到的 *The Wisdow of The Body*（“身体智慧”）即指自主神经系统的功能。

第一节　外周自主神经系统的构成

交感和副交感传出神经的基本结构模式是由节前神经元和节后神经元组成的运动通路，前者胞体位于中枢神经系统内，后者胞体位于交感和副交感神经节内。自主神经的传入纤维通常与传出神经伴行，将内脏信息传递至脊髓或脑干，引起自主神经反射。肠神经系统是消化道管壁固有的神经系统，与外来的交感和副交感神经存在双向联系。

自主神经系统的效应器是指血管和内脏平滑肌、心肌、腺体及免疫细胞等，而非骨骼肌。交感和副交感神经系统对多数器官组织的效应是相反或相拮抗的，例如交感神经增强而副交感神经抑制心脏的活动；但在少数器官组织，两者的效应又是协同的，例如交感神经促进唾液腺的腺泡分泌富含蛋白成分的唾液，而副交感神经促进唾液腺的导管分泌液体。但是，并非所有内脏结构都接受交感和副交感神经的双重支配。如皮肤立毛肌、汗腺以及机体大多数血管只接受交感神经支配，仅少部分血管接受副交感神经支配；副交感神经支配头部和胸腔、腹腔、盆腔脏器，但不支配体壁。

一、交感神经系统

外周交感神经起源于胸腰段脊髓（图 8-1-1），交感节前神经元（sympathetic preganglionic neurons，SPNs）集中在胸腰段脊髓灰质的中间外侧细胞柱（intermediolateral cell column，IMLC）及中央管（central canal）周围。节前神经元轴突多数为细而有髓的 B 类纤维，也有无髓鞘的 C 类纤维。交感节前纤维出脊髓前根经白交通支（white rami）进入相同节段的椎旁神经节（paravertebral ganglion），在此有部分节前纤维换神经元，有些节前纤维在交感链内上行或下行，在邻近或远处椎旁神经节内换神经元，还有一部分节前纤维加入内脏神经（splanchnic nerves），在椎前神经节换神经元。

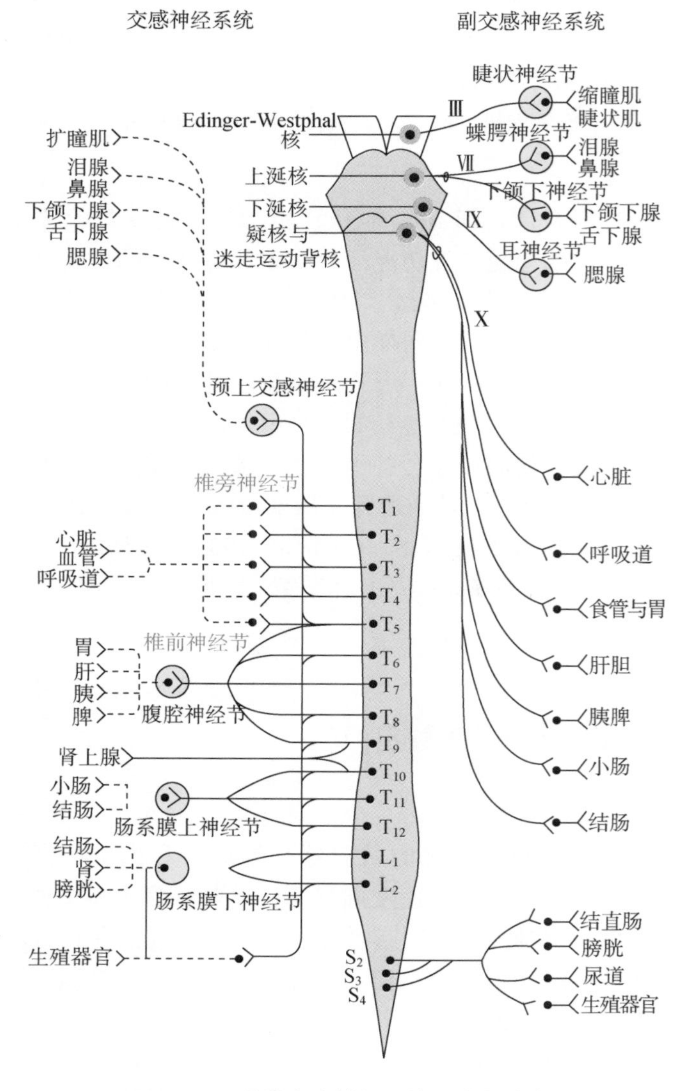

图 8-1-1 外周自主神经系统组成和分布

椎旁神经节的节后神经元轴突常经灰交通支（gray rami）加入脊神经。31 对脊神经中都有交感节后纤维，它们绝大多数为无髓鞘的 C 类纤维，随脊神经的分支支配效应器，如竖毛肌、血管、汗腺、肌肉和关节。内脏神经中的节前纤维大部分在椎前神经节换神经元，部分节前纤维终止于肾上腺髓质细胞。

交感链也称为交感干（sympathetic trunk），是由椎旁神经节与节前和节后纤维所组成，从颈椎一直延伸到尾椎。交感节前神经元仅位于胸腰段脊髓，但交感节后神经元则随脊神经支配全身各节段。在发育过程中有些节段神经节相融合，因此椎旁神经节的数目比脊髓节段数目少。例如，颈上交感神经节是 C_1 ～ C_4 神经节的融合；颈中交感神经节是 C_5 和 C_6 神经节的融合；颈下交感神经节是 C_7 和 C_8 神经节的融合；在人体的大多数个体，颈下交感神经节又与 T_1 神经节相融合，成为星状神经节。颈上神经节发出节后纤维支配头颈部；颈中和星状神经节的节后纤维支配心脏、肺和支气管。

支配腹腔脏器的节前纤维多数在椎前神经节（prevertebral ganglion）换神经元，包括腹腔神经节（celiac ganglion）、肠系膜上神经节（superior mesenteric ganglion）和肠系膜下神经节（inferior mesenteric ganglion）等。

交感神经节的神经元主要是去甲肾上腺素（noradrenaline，NA）能神经元，仅有极少部分胆碱能节后神经元。研究表明，80% ～ 95% 的交感神经节细胞能被儿茶酚胺生物合成的限速酶酪氨酸羟化酶（tyrosine hydroxylase，TH）阳性染色，或呈儿茶酚胺荧光阳性。在交感神经节内，还存在一类所谓的小强荧光（small intensely fluorescent，SIF）神经元，这类细胞含有多巴胺（dopamine，DA）、肾上腺素或 5- 羟色胺等递质，可能是抑制性中间神经元。

肾上腺皮质主要受下丘脑–垂体–肾上腺皮质轴（HPA 轴）调节，而肾上腺髓质主要受交感节前神经元调控，后者堪称是特化的交感神经节，因而有人提出了交感–肾上腺轴（sympathoadrenal axis）的概念。肾上腺皮质和髓质都能对应激和代谢失常作出应答。在应激过程中血浆皮质激素和儿茶酚胺水平增高，糖皮质激素对儿茶酚胺的生物学效应具有“允许作用”，这种协调反应表明边缘系统和下丘脑联合发挥作用，以完成神经体液调节。肾上腺两部分相互依赖的特性在发育早期便已形成：向肾上腺髓质迁移的成交感神经细胞需要皮质组织来支持它们从神经元向嗜铬细胞的转变。在成年期，肾上腺皮质对于维持肾上腺素的水平是非常关键的，因为肾上腺素合成的关键酶——苯乙醇胺-N-甲基转移酶（PNMT）的诱导依赖于局部糖皮质激素的水平。肾上腺髓质嗜铬细胞因“铬盐”染色呈棕色而得名，它们并不发育为具有突起的神经元，而是发挥内分泌功能，释放肾上腺素、NA、多巴胺和神经肽到血液。

二、副交感神经系统

外周副交感神经起源于神经轴的两端，即脑干和骶髓（图 8-1-1）。

中脑的 Edinger-Westphal 核发出副交感纤维加入第Ⅲ对脑神经，沿该神经的外周部到睫状神经节，节后纤维构成睫状短神经，支配虹膜瞳孔括约肌和睫状肌，负责眼的近反射和瞳孔的调节。

位于脑桥和延髓交界处附近的涎核发出的副交感节前纤维加入第Ⅶ和第Ⅸ对脑神经。其中，上涎核发出的纤维离开面神经，形成岩大神经到达翼腭神经节，节后纤维经上颌神经支配泪腺等组织；另一部分副交感节前纤维经鼓索加入舌神经，至下颌下神经节换神经元，节后纤维支配舌下腺和下颌下腺。发自翼腭神经节和下颌下神经节的节后纤维也支配鼻窦、腭和鼻咽部黏膜的腺体和血管。下涎核发出的副交感节前纤维，一部分经舌咽神经（脑神经Ⅸ）到达耳神经节，后者发出节后纤维经耳颞神经到达腮腺，另一部分在颈静脉孔处从舌咽神经发出分支，加入鼓室丛，形成岩小浅神经，再沿三叉神经的第三分支经卵圆孔出颅到达耳神经节。

延髓的迷走运动背核（nucleus motor vagus，NMV）和疑核（nucleus ambiguous）是迷走神经节前神经元胞体所在，发出的节前纤维构成迷走神经干，其分支支配几乎所有胸腔和腹腔脏器。迷走节后神经元通常位于脏器内或脏器附近，如心内神经节、气管浆膜层的气管旁神经节（paratracheal ganglia）以及肠神经系统的肌间和黏膜下神经节。因此，迷走神经节前纤维很长而节后纤维很短。

从第二、三、四骶髓节段中间外侧细胞柱发出的副交感节前纤维通过盆神经到达盆腔神经节，节后纤维支配盆腔内的脏器。有趣的是，盆腔神经节可能是混合神经节，同时含有副交感和交感神经元，目前还不清楚这两种神经元之间有何联系。

三、内脏传入神经

内脏的初级传入神经（visceral primary afferents）通常与交感和副交感传出神经相伴行。终止于胸腰段和骶段脊髓背角的传入纤维被称为脊髓传入神经（spinal afferents），而迷走神经干及其分支中的感觉纤维终止于脑干，被称为迷走传入神经（vagal afferents）。脊髓传入神经的胞体位于脊髓背根神经节（dorsal root ganglion），迷走和舌咽神经中的感觉纤维胞体位于结状神经节（nodose ganglion）和颈静脉神经节（jugular ganglion）。在外周自主神经，如迷走神经干、大内脏神经（greater splanchnic nerve）和肾神经中，内脏传入纤维与内脏运动纤维的比例约为 9∶1。内脏传入神经感受内脏的各种信息（如肺的充胀、肠道内的压力、肠道内容物的性质、膀胱的充盈、内脏炎症等）和内环境的状态（如体温、血压、细胞外液容量、血氧含量等），它们也被称为内感受器（interoceptors）或内环境状态的感受器（homeostasis receptors）。平时，内脏传入纤维就向中枢传递大量内脏和内环境的信息，但通常达不到引起知觉（perception）的水平，这些传入信息可引起内脏–内脏反射和内脏–躯体反射，对维持内环境稳定具有重要意义。

内脏传入神经按其适宜刺激，分为机械敏感纤维（mechanically-sensitive fibers，也称 mechanoreceptors）、化学敏感纤维（chemical-sensitive fibers，也称 chemoreceptors）或温度敏感纤维（thermal-sensitive fibers，也称 thermoreceptors）等。机械敏感内脏传入神经又被区分为低阈值（low threshold，LT）、高阈值（high threshold，HT）和 wide dynamic range（WDR）纤维。通常认为低阈值和 WDR 机械敏感纤维传递生理性的内脏信息，如血容量、血压、胃肠道和膀胱充盈等，引起生理性反射，如动脉压力感受器反射、排尿和排便反射等。高阈值的机械敏感纤维以及化学敏感纤维可能主要传递内脏的伤害性刺激信息，如空腔脏器的过度充胀、梗阻性收缩、缺血或炎症，在内脏痛中发挥作用。还有一类内脏传入神经在正常情况下没有神经冲动发放且对机械刺激没有反应，只有在内脏器官缺血或炎症等情况下才被敏化，变得对机械刺激敏感，这类内脏传入神经被称为沉默纤维（silent fibers），这类纤维也参与内脏痛的发生。对于消化道来说，迷走传入神经通常是低阈值的机械敏感纤维，也有一些化学敏感纤维，传递饱感和肠道内营养物质的信息等；而脊髓传入神经通常是高阈值或WDR纤维，主要参与痛觉感受。对于盆腔脏器如膀胱，盆神经中的机械敏感纤维主要是低阈值和WDR纤维，传递膀胱生理性充盈的信息，而腹下神经（hypogastric nerve）含有较多的高阈值机械敏感纤维，与膀胱过度充盈时的伤害性感受有关。

脊髓传入神经经背根进入脊髓后角，末梢广泛分布于后角浅层、Ⅴ和Ⅹ层，它们不仅激活局部中间神经元参与反射弧，而且激活投射神经元，经脊髓丘脑束上行，将信息传递至岛叶、额叶皮质和前扣带回等部位。迷走传入神经以及舌咽神经中的传入纤维终止于延髓孤束核（nucleus tractus solitarius，NTS）等核团。NTS神经元与脑干网状结构的中间神经元相联系，这些中间神经元再投射到调节内脏功能的自主神经核团、中枢，如迷走运动背核、疑核、延髓腹外侧区、下丘脑等部位。

内脏传入纤维含有多种神经肽，如降钙素基因相关肽（calcitonin gene-related peptide，CGRP）、血管紧张素Ⅱ、精氨酸血管升压素、铃蟾肽、促胆囊素、甘丙肽、P物质、脑啡肽、催产素、生长抑素和VIP等。与躯体初级传入神经相似，许多内脏传入神经在中枢端释放兴奋性氨基酸（谷氨酸）。

四、肠神经系统

肠神经系统（ENS）位于自食管至直肠的整个消化道管壁内，大约包含1亿个神经元，不亚于整个脊髓内神经元的数目。自里向外，消化道管壁分为黏膜层、黏膜下层、肌层（含环行肌层和纵行肌层）及浆膜层，肠神经系统是由分布于黏膜下层以及两层平滑肌间的神经网络所构成，分别称为黏膜下神经丛和肌间神经丛。黏膜下神经丛调节离子和水的跨肠上皮转运、腺体分泌和黏膜血流，而肌间神经丛在发动和协调消化道各种形式的运动中发挥了主要作用。同时，黏膜下丛与肌间丛之间也有相互的纤维联系，其意义可能是协调两个神经丛的活动。

黏膜下和肌间神经丛都是由感觉神经元、中间神经元和运动神经元所组成的神经网络，以局部反射的形式调节肠道运动、分泌和血液供应。ENS中的感觉神经元被称为固有初级传入神经元（intrinsic primary afferent neurons，IPANs），与中间神经元和运动神经元相比，其胞体相对较大，含有CGRP和乙酰胆碱等递质，能够感受肠内容物对肠壁的机械和化学刺激，将这些信息传递给中间神经元，也可能直接影响运动神经元的活动。ENS的中间神经元有多种类型，有些含有兴奋性神经递质，如乙酰胆碱和5-HT等，有些含抑制性神经递质，如脑啡肽*和GABA等，按其轴突走向可分为上行中间神经元（ascending interneurons，向刺激部位后方的运动神经元投射）和下行中间神经元（descending interneurons，向刺激部位前方的运动神经元投射），协调受刺激部位后方和前方平滑肌的舒缩活动。ENS的运动神经元分为兴奋性运动神经元和抑制性运动神经元，兴奋性运动神经元主要以ACh和P物质为递质，刺激平滑肌收缩和腺体分泌；抑制性运动神经元主要以一氧化氮（NO）、血管活性肠肽（vasoactive intestinal peptide，VIP）和三磷腺苷（ATP）为递质，抑制平滑肌收缩和腺体分泌。值得指出的是，胆碱能神经元和氮能神经元两者占ENS神经元总数的90%以上，但这并不表示ENS中的绝大部分神经元都是运动神经元。

ENS是一个半自治（semi-autonomous）的神经系统，在没有外来神经活动的情况下，ENS网络也能发动和协调离体肠道的运动。但在体内，ENS与外来的自主神经之间存在双向联系。ENS的运动神经元接受副交感节前纤维的支配，因而也是副交感神经的节后神经元。交感节后纤维释放的NA既能直接作用于消化道的效应细胞，也可能通过ENS而间接地抑制消化管运动、黏膜血流量和腺体分泌。ENS的IPANs与脊髓和迷走传入神经末梢之间存在着类似突触联系，而肌间神经丛的一些IPANs还可能投射到交感神经节而参与反馈调节，它们被称为离小肠（intestinofugal）神经元。交感与副交感神

---

* 脑啡肽是一种神经肽，严格来说，它并非神经递质，但在自主神经系统相关文献中，神经肽经常被列入递质一类。

经及其中枢、内脏传入神经以及肠神经系统共同构成了肠–脑神经轴（gut-brain neural axis）。与消化道的肠神经系统相似，还有一些器官如心脏和气道内也存在有一些神经节，它们不仅是副交感传出的神经节，而且也构成局部环路，对这些器官的功能发挥调节作用。

第二节　自主神经系统的中枢结构

自主神经系统的中枢结构沿神经轴分布（图 8-1-2），从高级到低级包括岛叶皮质、前扣带回、杏仁核、终纹床核、下丘脑、中脑导水管周围灰质（periaqueductal gray，PAG）、臂旁核（parabrachial nuclei，PBN）、NTS、延髓腹外侧区（ventrolateral medulla，VLM）、尾端中缝核和脊髓。这些中枢结构之间有相互连接，接受内脏和内环境状态的信息，并能直接或间接发出运动指令，经交感和副交感传出神经调节内脏功能，维持内环境稳态。以下简述自主神经中枢各部分的结构和功能。

一、前脑

岛叶皮质是主要的内脏感觉皮质。前岛叶为主要味觉区，后岛叶为一般内脏感觉传入区。岛叶皮质在功能与解剖结构上与 NTS 和 PBN 有特定的相互连接，NTS 和 PBN 投射至丘脑腹后内侧核的小细胞亚群，后者将来自迷走神经及其他脑神经的内脏传入信息传递至岛叶。后背侧岛叶是接受痛觉、温度觉及来自脊髓第 I 层内脏感觉信息的主要皮质，这些信息经脊髓丘脑束上传至丘脑腹内侧核再到岛叶。后岛叶投射至前岛叶，后者参与内脏传入信息与情感认知的整合。

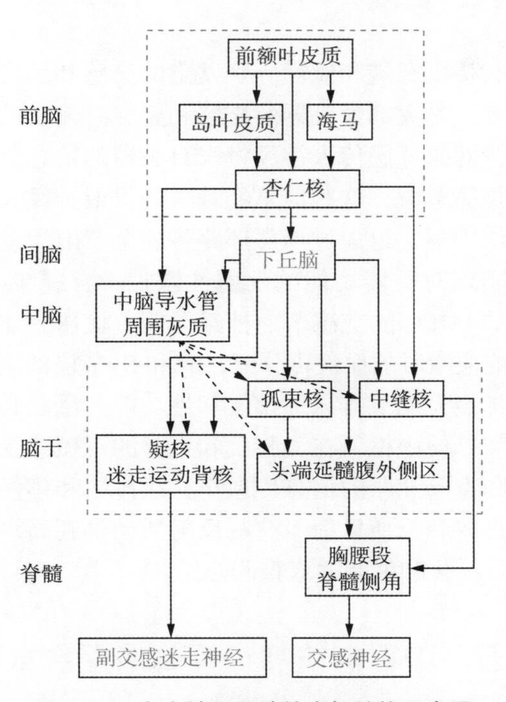

图 8-1-2　自主神经系统的中枢结构示意图

内脏传入信息也被间接地传递至扣带回、前额皮质和杏仁核，这些结构之间存在复杂的相互联系。前扣带回（anterior cingulate cortex，ACC）主要参与情绪的加工整合，中扣带回（midcingulate cortex，MCC）参与意识行为的发动、动机及执行过程，杏仁核在情绪反应中具有关键作用。它们与自主神经中枢有广泛的神经联系，例如，杏仁中央核投射到下丘脑、PAG 和脑干自主神经区；刺激前扣带回可引起血压降低。前扣带回、岛叶和杏仁核是所谓“显著网络”（salient network）的主要结构，这一网络可能参与感受内外环境状态、整合情绪和感觉刺激和发动适应性行为以及自主神经与内分泌反应。

二、下丘脑

下丘脑是自主神经系统的关键中枢，是交感和副交感传出神经的上位神经元所在。在机体面临内外环境的应激刺激时，下丘脑发动与行为相关的特殊形式的自主神经和内分泌反应。下丘脑的室旁核（PVN）、外侧下丘脑的背内侧核（DMN）和穹隆周区是下行支配脑干和脊髓中自主神经节前神经元的主要核团。这些核团接受来自“显著网络”（岛叶和杏仁核）的信息，发出指令调节交感和副交感传出神经活动。研究发现，PVN、下丘脑外侧区、弓状核和视交叉后区有神经元支配副交感和交感节前神经元。PVN 调控内环境应激刺激（如疼痛、低血糖和炎症等）引起的自主神经反应，其背侧、腹侧和后外侧部小细胞亚核有神经元投射到脊髓，其神经递质主要为催产素和血管升压素（vasopressin，VP），有些神经元含有强啡肽或脑啡肽。外侧下丘脑的DMN参与社交应激和冷刺激引起的自主神经和体温调节反应。外侧下丘脑的腹内侧核特别是穹隆周围也有神经元投射到脑干和脊髓，其中含有hypocretin/orexin和黑色素的细胞，它们在与唤醒和奖赏等行为相关的自主神经反应中发挥作用。位于腹内侧核水平的弓状核神经元向外侧分布至腹内侧核的腹侧区域（视交叉后区，retrochiasmatic area），其中有表达阿片促黑皮质素前体（proopiomelanocortin，POMC）基因的神经元，参与食欲和生殖功能调节。

三、脑干

脑干的许多核团都参与自主神经活动的调控。中脑导水管周围灰质（periaqueductal grey matter，PAG）接受杏仁核、视前区和脊髓后角的多种传入信息，整合应激引起的自主神经、运动和抗伤害性反应，并参与排尿反射的调控。PAG分为数个纵向柱，各有特定的传入、传出及功能。外侧PAG投射到延髓腹外侧区，参与非阿片依赖的镇痛和交感兴奋性反应；腹外侧PAG投射到延髓中缝核，参与阿片依赖的镇痛和交感抑制性反应。

位于脑桥背外侧部的臂旁核（PBN）接受来自脊髓后角第Ⅰ层的脊髓-臂旁束所传导的伤害性感受器、温度和肌肉感受器的传入信息和NTS传递的内脏传入信息。PBN投射到下丘脑、杏仁核和丘脑，参与味觉、唾液分泌、消化道活动、心血管活动、呼吸、渗透压和温度调节。此区域包括Kölliker-Fuse核团，即脑桥呼吸神经元群，调节延髓呼吸神经元和心血管神经元的活动。背侧脑桥还包含Barrington核，是脑桥排尿中枢（pontine micturition center）所在。它支配控制膀胱、肠和性器官的骶髓副交感节前神经元，以及支配盆底和外括约肌的Onuf核运动神经元。排尿时，此核对协调膀胱逼尿肌收缩和外括约肌舒张起关键作用。

位于延髓背内侧部的NTS是一般内脏感觉和味觉传入的第一个接替站。NTS由几个具有特定传入、传出信息的亚核组成，味觉传入信息在NTS头端中转，消化道信息在NTS的中间内侧部分传递，心血管和呼吸系统传入信息在NTS的尾部传递。NTS将初级传入信息投射到延髓网状结构，介导压力感受性反射、化学感受性反射及心肺和胃肠反射，还上行投射到PBN、PAG、杏仁核、内侧视前核、室旁核、背内侧核和下丘脑外侧核、穹隆下器官和内侧眶额皮质等部位。后缘区（area postrema）是化学感受区，与其他自主神经中枢核团有广泛联系。此区长期被认为是呕吐的“化学触发区”（chemical trigger zone），并含有许多与心血管体液调节有关的受体，如血管紧张素Ⅱ、VP、钠尿肽和GLP-1的受体以及钙敏感受体等。

头端延髓腹外侧区（rostral ventrolateral medulla，RVLM）对应于脑干C1（肾上腺素能）区，参与心血管功能的自主神经调节。该部位的谷氨酸和肾上腺素能神经元下行投射至脊髓IMLC的交感节前神经元，这些RVLM神经元也被称为前交感神经元（pre-sympathetic neurons），其兴奋性水平对于心脏和血管的交感神经传出活动起主要作用。尾端延髓腹外侧区（caudal ventrolateral medulla，CVLM）对应于A1（去甲肾上腺素能）区，接受来自NTS的投射，参与动脉压力和化学感受器反射。位于延髓腹侧浅表部位的中枢化学感受区含有对脑脊液中P_{CO_2}增加和pH降低敏感的神经元，参与中枢性化学感受-交感反应。延髓腹内侧区（ventromedial medulla）包含尾端中缝核团（中缝大核、苍白核等）及其邻近网状结构，在痛觉的下行调控中发挥重要作用。尾端中缝核团还接受来自下丘脑的传入，并下行投射到支配棕色脂肪组织和皮肤血管的脊髓交感节前神经元，参与产热和散热的调节。

四、脊髓

胸腰段脊髓和骶髓分别发出的交感和副交感节前纤维，是大部分脏器的交感和副交感输出的主要来源，同时脊髓传入神经将来自脏器的信息传递至脊髓相应节段，这些信息经背角的投射神经元上传至高位中枢，也通过局部环路传递至节前运动神经元，实现对脏器功能的反射性调控。脊髓T_1至L_2节段的IMLC的交感节前神经元调节血压、体温及运动或应激时的血液再分配，S_2和S_4节段的副交感节前神经元调节排尿、排便和性功能。骶髓是初级排尿和排便中枢所在，膀胱和直肠的机械感受器将膀胱和直肠充胀的信息传递至初级排尿和排便中枢引起排尿和排便反射。这些反射活动受到高级中枢的下行易化和抑制的双重调控。

五、中枢自主神经控制的整合水平

从上文中不难看出，中枢神经系统对外周自主神经功能的调控具有等级性。

延髓和脊髓是自主神经系统的初级中枢，通过反射的形式调节内脏功能，维持内环境的稳态。例如，动脉压力感受器、动脉化学感受器和心肺容量感受器传入信息经 NTS 中转，增强或抑制延髓交感兴奋性神经元（RVLM 的前交感神经元）或迷走节前神经元的活动，从而反射性调节心脏收缩力、心率和血管张力；肺牵张感受器和动脉化学感受器传入信息经 NTS 中转，增强或抑制脑桥和延髓的呼吸神经元的活动，反射性调节自主呼吸的频率和幅度；膀胱充盈的信息经盆神经中的机械敏感纤维传入骶髓，引起排尿反射。这些初级中枢又受到更高级中枢的调节，使得内脏功能与机体的高级功能如随意运动、情感和认知以及应激反应等相适应。脑桥和中脑在整合疼痛和生理性应激刺激时的自主神经反应中发挥重要作用，其中，PBN 是内脏和躯体传入信息的一个整合部位，中脑 PAG 接受来自前脑的输入，整合与疼痛、情绪和特定行为相关的自主神经反应，如刺激背外侧 PAG 可引起与“战斗-防御”行为相适应的交感兴奋性反应，而刺激腹外侧 PAG 则引起与“装死”行为相适应的交感抑制性反应。前脑的岛叶、扣带回、前额叶、杏仁复合体及下丘脑构成一个功能单位，对内外环境各种刺激信息的性质进行评定，通过下行投射启动和调节与情感及行为相关的自主神经和内分泌反应。

第三节　自主神经-效应器传递

一、自主神经-效应器接头

与躯体运动神经对骨骼肌的支配有所不同，自主神经的末梢与效应细胞之间并不形成典型的化学性突触（接头）。自主神经轴突进入内脏和血管组织后，发出多个分枝，这些分枝的末端部分每隔 5 ～ 10 μm 发生“膨胀”，形成串珠状结构。膨胀的部分称为曲张体（varicosity），内含分泌囊泡，这些分泌囊泡具有胞吐作用所需的蛋白 synaptobrevin 和 SNAP25，而曲张体膜上具有高浓度的 syntaxin。当神经冲动传至曲张体附近的细胞膜时，引起局部钙内流，分泌囊泡中的递质通过胞吐作用被释放出来，扩散到邻近的效应细胞，发挥调节效应。在不同组织，曲张体与效应细胞之间的间隙（接头间隙）宽度不同，小至 10 nm，大至 2 μm。接头间隙中的递质也可以反馈作用于曲张体而改变它们进一步释放递质的能力，曲张体还能通过再摄取的过程清除接头间隙中的递质。在血管中，自主神经末梢只分布于中膜平滑肌层的外侧，这种分布特征有利于支配血管的神经和体液因子如内皮舒张因子、收缩因子对血管平滑肌发挥双重调节。

二、自主神经的递质与受体

交感和副交感节前纤维都以乙酰胆碱（ACh）为递质，但交感和副交感节后纤维的递质不同，分别是去甲肾上腺素（NA）与 ACh（表 8-1-1）。

在 20 世纪上半叶，Dale、Loewi 和 von Euler 等的一系列实验证明了外周自主神经-效应器接头的信号传递主要依赖两种化学物质——ACh 和去甲肾上腺素（NA）。交感神经节后纤维的递质是去甲肾上腺素（NA），仅极少数交感节后神经纤维（支

表 8-1-1　自主神经系统的神经递质

递质	乙酰胆碱（ACh）	去甲肾上腺素（NA）	肾上腺素（A）
释放部位	1. 交感 / 副交感节前纤维 2. 副交感节后纤维 3. 支配汗腺和骨骼肌血管的交感节后纤维	1. 大多数交感节后纤维 2. 肾上腺髓质	肾上腺髓质
受体	毒蕈碱样受体（mAChRs） 烟碱型受体（nAChRs）	α_1、α_2、β_1、β_3	α_1、α_2、β_1、β_2、β_3
灭活机制	胆碱酯酶	1. 末梢重摄取 2. 单胺氧化酶 3. 儿茶酚 -O- 甲基转移酶（肝）	儿茶酚 -O- 甲基转移酶（肝）

配骨骼肌血管和汗腺）以ACh为递质，而副交感节后纤维的递质是ACh，交感和副交感节后纤维也分别被称为肾上腺素能纤维（adrenergic fibers）和胆碱能纤维（cholinergic fibers）。但是，1963年前后的一系列实验，特别是Burnstock等对消化道的自主神经-平滑肌接头电位的研究，确立了非胆碱能-非肾上腺素能（non-cholinergic non-adrenergic，NANC）传递的存在。介导NANC传递的递质包括三磷腺苷（ATP）、一氧化氮（NO）、多巴胺（DA）、5-HT和多种神经肽如VIP和P物质等，它们多数是作为共递质（co-transmitter）与ACh或NA一起释放出来。以下简述这些递质及其受体。

（一）乙酰胆碱及其受体

1. 乙酰胆碱的合成与释放 ACh合成的关键步骤是胆碱乙酰基转移酶（choline acetyltransferase，ChAT）将乙酰基从乙酰辅酶A转移至胆碱。当胆碱能纤维的冲动传至末梢时，可在曲张体部位触发末梢的钙内流，继而使分泌囊泡中的ACh释放到接头间隙。ACh与效应细胞上的受体结合，并很快被胆碱酯酶（cholinesterase）水解为胆碱和乙酸。因此ACh的作用短暂、不连续且局限。在胆碱酯酶作用下生成的胆碱被对胆碱有高亲和力的胆碱摄取系统CHT1摄取，用来重新合成ACh。胆碱能神经传递可在以下几个环节被干预：①抑制胆碱的转运和摄取（如密胆碱）；②抑制胆碱乙酰基转移酶；③促进递质释放，如胆碱和黑寡妇蛛蛛毒（latrotoxin）；④抑制递质释放，如肉毒杆菌毒素；⑤抑制ACh在囊泡内储存，如vesamicol；⑥抑制胆碱酯酶，如毒扁豆碱和新斯的明；⑦激动或阻断ACh受体。

2. 胆碱能受体 ACh主要作用于两类受体，分别为烟碱型胆碱能受体（nicotinic acetylcholine receptors，nAChRs，也称N受体）和毒蕈碱型胆碱受体（muscarinic acetylcholine receptors，mAChRs，也称M受体）。前者是配体门控离子通道超家族成员，后者是G蛋白偶联受体（G protein-coupled receptors，GPCRs）超家族成员。

（1）M受体：M受体至少有五种亚型：M1、M2、M3、M4、M5。M1、M3和M5受体通过$G_{q/11}$与磷脂酶C偶联，M2和M4则通过Gi/Go与腺苷酸环化酶偶联。这些受体在中枢神经系统有广泛的分布，且M5主要存在于中脑多巴胺能神经元和脑血管。在外周组织，M1受体分布于腺体、输精管和自主神经节，M2受体分布于心、肺、消化道和子宫等的平滑肌以及交感神经节，M3分布于腺体和平滑肌组织，M4分布于气道。M2和M3受体在外周自主神经-效应器传递中发挥主要作用，M2受体介导毒蕈碱样激动剂诱导的心率过缓、震颤及低温，M3受体参与外分泌腺分泌、平滑肌收缩、瞳孔扩大、摄食和体重增加。

ACh本身几乎不能用于临床，因为口服后被快速水解，静脉给药后被迅速代谢。但抗水解的多种同源化合物，如醋甲胆碱、氯贝胆碱等可用于临床。也有天然的毒蕈碱样激动剂，如毒蕈碱、槟榔碱和毛果芸香碱。氯贝胆碱刺激胃肠道蠕动和分泌。氯贝胆碱也可用于治疗非生理性障碍（如前列腺增生）造成的尿潴留。极少数有遗传性冠状动脉痉挛的患者，大剂量使用氯贝胆碱可引起心肌缺血。毛果芸香碱较氯贝胆碱更普遍用于刺激唾液分泌，也用于各种眼科治疗，广泛用于治疗开角性青光眼，但有增加汗腺分泌、哮喘恶化、恶心、低血压和心动过缓等副作用。

临床上，毒蕈碱型受体拮抗剂阿托品用于迷走神经活性过强（如血管迷走神经性晕厥）时加快心率，也可用来散瞳，现在广泛用于麻醉前准备。

（2）N受体：N受体分布于交感与副交感神经节、肾上腺髓质、骨骼肌神经肌肉接头和中枢神经系统。nAChR是由多个（一般是5个）亚单位围成的离子孔道。目前已克隆出16种nAChR亚单位基因，即$\alpha_1\sim\alpha_9$、$\beta_1\sim\beta_4$、γ、δ和ε。交感和副交感神经节的nAChR通常含有α_3、α_5、β_2、β_4或α_7亚单位，其亚单位组成及药理学特性与神经-骨骼肌接头处的nAChR（含有α_1、β_1、γ或ε以及δ亚单位）有显著差异。六烃季铵（hexamethonium）是常用的神经节nAChR阻断剂，能阻断交感和副交感节前纤维向节后神经元的传递，过去曾被用于降低血压。

nAChR与多种疾病有关，肌肉型nAChR抗体引起自身免疫性重症肌无力，nAChR突变（α、β、δ或ε）可以引起某些先天性重症肌无力。近来研究发现自主神经功能障碍的患者体内有针对nAChR或某些亚单位的抗体。巨膀胱-小结肠-肠蠕动不良综合征伴有nAChR α_3亚单位表达缺失，染色体显性遗传性夜间额叶癫痫伴有α_4或β_2亚单位的突变，神经退行性病变如帕金森病、阿尔茨海默病则伴有神经元nAChR的减少。此外，nAChR也参与对尼古丁、酒精的成瘾。

（二）去甲肾上腺素及其受体

1. 去甲肾上腺素（noradrenaline，NA） 的合成和释放以酪氨酸作为底物，酪氨酸在神经元胞体和轴突内经酪氨酸羟化酶作用转化成多巴，在多巴脱羧酶催化下形成DA，DA被转运到神经末梢的囊泡内，经多巴胺-β-羟化酶作用生成NA。在肾上腺髓质细胞内，NA在PNMT的催化下生成肾上腺素（adrenaline，A）。在交感神经末梢的曲张体，NA进入分泌囊泡，囊泡中含有丰富的ATP（ATP：NA＝4：1）与嗜铬颗粒蛋白，NA通过Ca^{2+}依赖的胞裂外排方式释放。接头间隙的NA可被曲张体膜上的单胺转运体重摄取，继之进入囊泡，这是NA的主要失活方式。少量未能进入囊泡的NA被线粒体外侧面所含的单胺氧化酶代谢。进入循环的NA可被非神经组织摄取。

2. 肾上腺素能受体 交感节后肾上腺素能纤维释放NA作用于肾上腺素能受体（adrenergic receptors，ARs）而发挥作用。ARs分为两类，即α受体（α-ARs）和β受体（β-ARs）。α-ARs又可分为α_1-AR和α_2-AR两种亚型，α_1-AR有α_{1A}、α_{1B}和α_{1D}三种亚型，而α_2-AR有α_{2A}、α_{2B}和α_{2C}三种亚型；β-ARs可分为β_1-AR、β_2-AR和β_3-AR三种亚型。

（1）α_1-AR：α_1-AR通过$G_{q/11}$与磷脂酶C（PLC）偶联，PLC水解磷脂酰肌醇产生IP3和DG，引起钙库内钙释放；此外，α_1-AR还可增加电压依赖性和非电压依赖性Ca^{2+}通道的Ca^{2+}内流来升高胞内Ca^{2+}水平，增加花生四烯酸的释放和增强磷脂酶D、丝裂原激活蛋白激酶和Rho激酶的激活。α_1-AR在介导小动脉血管收缩方面起关键作用。临床试验提示α_{1A}-AR是血压的重要调节子，而对交感性直立性低血压患者的研究表明α_{1B}-AR可能是人类血管阻力的主要调节子。此外，α_{1B}-AR的表达在高血压症状明显的中老年人是增加的，因此，α_{1A}-AR和α_{1B}-AR参与了人类血压的调控。关于大鼠和基因敲除小鼠的研究表明，α_{1D}亚型在血压调节中也有作用。基因工程动物模型的研究表明通过不同的α_1亚型对血管张力的交感调节很复杂，可能涉及它们的收缩作用、蛋白表达或者两者兼有的交互调节。例如，α_{1A}-AR的失活可引起基础血压小幅下降，还可减弱α_1-激动剂、去氧肾上腺素引起的升压反应。α_{1D}-AR的失活也可部分减弱血管收缩应答，但对基础血压却没有影响。鉴于在转基因小鼠体内α_{1B}-AR的过度表达并未引起全身动脉压升高，加之该亚型受体的失活仅仅轻度减弱去氧肾上腺素的升压反应，而对基础血压没有明显影响，提示α_{1A}-AR和α_{1D}-AR是血管收缩的介导者，而不是α_{1B}-AR。然而，去氧肾上腺素对缺乏α_{1A}和α_{1B}，或α_{1B}和α_{1D}受体的小鼠的升压反应均显著减弱，因此在特定的条件下，α_{1B}亚型对小动脉张力的交感调节具有重要作用。α_{1B}-AR对外周血管阻力的作用和这些在动物模型上的发现是否与人类的血管阻力和血压的调节相一致还需要进一步的研究。

（2）α_2-AR：α_2-AR有α_{2A}（人类10号染色体），α_{2B}（人类2号染色体）和α_{2C}（人类4号染色体）三种亚型，为三种独立的无内含子的基因所编码。α_2-AR通过$G_{I/O}$抑制腺苷酸环化酶的活性，降低胞内cAMP水平；此外，α_2-AR的下游信号还包括激活K^+通道，抑制或激活钙通道以及激活磷脂酶A2、磷脂酶C和钠-氢交换等。

α_2-AR是一种突触前（或接头前）受体，其激活可抑制中枢和外周神经元以及肾上腺髓质细胞释放儿茶酚胺，是交感神经系统的一种负反馈调节机制。

（3）β-AR：β肾上腺素能受体有β_1、β_2和β_3R三种亚型，它们都通过Gs激活鸟苷酸环化酶，提高细胞内cAMP浓度。此外，β-AR还可能与其他一些信号蛋白如EBP50（ezrin-radixin-moesin-binding phosphoprotein-50）、钠-氢交换调节因子以及CNrasGEF等相互作用。β_1-AR主要分布于心脏、脂肪组织和肾，其主要的生理效应是提高心率和促进肾素释放；β_2-AR在体内多种组织都有分布，如血管和内脏平滑肌、支气管、肝和骨骼肌，其主要生理效应是引起血管舒张、支气管扩张、消化道运动减弱和抑制胰岛素分泌；β_3-AR主要分布于脂肪组织，其激活可促进脂肪分解代谢，增强产热。

很多GPCRs在持续暴露于激动剂之后功能会减弱，这称为脱敏作用。脱敏作用作为一种适应性反应是细胞整合多种信号传入所必需的，而且对维持内稳态具有十分重要的作用。受体在重复暴露于激动剂后的失效在临床上称为快速脱敏，β_2-AR就是这种受体的代表。快速脱敏发生在暴露于激动剂后几秒到几分钟内，是由β-AR激酶和环磷酸腺苷依赖蛋白激酶A（PKA）引起的β_2-AR磷酸化所致。只有那些被激活的受体会被β-AR激酶磷酸化，磷酸化的受体随后与β-arrestin结合，受体与G_S部分解偶联。PKA介导的脱敏作用不需受体处于活化状态，而是通过一种异源性脱敏的机制。激动剂可以引起 β_1-AR 的功能性脱敏，可能也是 β-AR 激酶和 PKA 使受体磷酸化而引起的。激动剂引起的 β_3-AR 短期脱敏作用高度依赖细胞类型，但比其他两种亚型的程度要小。

长期暴露在激动剂下，很多 GPCRs（包括 3 种 β-AR 亚型）会表现出更为广泛的功能性脱敏作用，这是由于受体表达减少所致。受体表达下调的机制包括受体转录减少、mRNA 降解增加以及受体蛋白降解增加。

（三）嘌呤类递质与嘌呤受体

1. 嘌呤类递质（purinergic transmitters） Burnstock 等在 20 世纪 60—70 年代的一系列实验中发现交感或副交感神经向肠道、泌尿道和输精管等平滑肌的传递有既非肾上腺素能又非胆碱能（NANC）的成分，并且证明介导 NANC 传递的递质是与 NA 或 ACh 一起释放出来的 ATP，由此，Burnstock 提出了“共传递”（co-transmission）、嘌呤受体（purinergic receptors）以及嘌呤能传递（purinergic transmission）的概念。这些概念最初受到很多质疑，很多人不相信作为细胞主要能量物质的 ATP 还会被用于细胞间的信号传递。直到分子克隆技术的广泛应用，多种嘌呤受体被鉴定出来，这些概念才逐步被科学界广为接受。

目前已知 ATP 是细胞间通讯的重要分子。细胞受到非损伤性刺激时可以囊泡分泌的形式释放 ATP，例如自主神经的冲动传至末梢曲张体部位时引起 ATP 囊泡释放；另外损伤的细胞也将胞浆内大量 ATP 释放到组织间隙。释放到细胞外的 ATP 可作用于效应细胞上的嘌呤受体发挥调节效应。此外，组织间隙中存在大量的外核苷酶（ecto-nucleotidase），可将 ATP 迅速降解为 ADP、AMP 和腺苷。这些 ATP 水解产物也都能与效应细胞上相应的嘌呤受体结合而发挥兴奋性或抑制性调节效应。腺苷在组织中的半衰期很短，这是因为它既可被腺苷脱氨酶迅速灭活（代谢为无活性的次黄苷），也能被快速地转运回细胞内。

ATP 是外周和 CNS 大多数神经元类型中存在的共递质。在外周，嘌呤能共传递可见于交感神经（与 NA 和 NPY 一起）、副交感神经（与 ACh 一起）、感觉神经（与 CGRP 和 P 物质一起）以及肠神经（与 NO 和 VIP 一起）；在 CNS，嘌呤能共传递存在于含谷氨酸、DA、NA、GABA 和 5- 羟色胺的中枢神经元亚群中。从神经释放的 ATP 可作用于突触（接头）后，也可作为一种突触（接头）前调质（经常通过腺苷）。

2. 嘌呤受体（purinergic receptors） 嘌呤类递质通过激活 P2 和 P1 受体发挥效应。P2 受体分为促离子型 P2X 受体和促代谢型 P2Y 受体，已经分子克隆出 7 个 P2X 受体亚单位（$P2X_{1\sim7}$），天然的 P2X 受体是四聚体，可以是四个相同亚单位构成的同聚体，如 P2X1、P2X2 受体等，也可以是两种不同亚单位构成的异聚体，如 P2X2/3 受体等。P2Y 有 8 个亚型（$P2Y_{1,\ 2,\ 4,\ 6,\ 11,\ 12,\ 13,\ 14}$）。P1 受体是腺苷受体，有 A_1、A_{2A}、A_{2B} 和 A_3 四种亚型。

P2X 受体是 ATP 门控的非选择性阳离子通道，P2Y 和 P1 受体都属于 G 蛋白偶联受体，它们在体内分布非常广泛且有各自特点。就外周自主神经及其效应组织来说，比较突出的是，P2X1 受体在血管和内脏平滑肌广泛分布，P2X2 和 P2X3 在躯体和内脏伤害性感受神经元及末梢丰富表达；一些 P2Y 亚型如 P2Y1 在内脏平滑肌丰富表达；P1（腺苷）受体在自主神经节及其效应组织广泛表达。自主神经末梢释放的 ATP 既可直接结合效应细胞上的 P2X 或 P2Y 受体，其降解产物 ADP、AMP 和腺苷也能激活 P2Y 或 P1 受体（A_1、A_{2A}、A_{2B} 和 A_3）；同时，嘌呤递质也能激活接头前（突触前）嘌呤受体，从而发挥多样化的效应。

血管平滑肌上含有丰富的 P2X1 受体，这些受体位于与交感节后纤维末梢的曲张体相对应的平滑肌细胞接头后膜上。ATP 作为 NA 能交感节后纤维的共递质，激活 P2X1 受体引起血管收缩，ATP 与 NA 的比例与种属、年龄、血管种类与大小和神经发放的频率等有关。血管平滑肌也表达多种 P2Y 受体亚型，介导血管舒张或收缩效应。

在消化道的 NANC 能传递中，嘌呤和 NO 是两种主要的共递质，P2Y1 受体介导刺激交感和肠神经引起的平滑肌舒张。目前尚不能肯定神经末梢释放的嘌呤分子是哪种。Burnstock 等认为是 ATP 或 ADP，但也有研究提示可能是两种嘌呤衍生物 β-NAD 和 ADP-ribose，这两种嘌呤衍生物都能与 P2Y1 结合。在膀胱、输精管等组织，ATP 是胆碱能副交感节后纤维的共递质，通过 P2X1 受体引起平滑肌收缩。

交感神经支配的靶器官中存在腺苷 A_1 受体，A_1 受体的激活引起腺苷酸环化酶的抑制，这一作用与 β-AR 激动剂相反。例如，腺苷可对抗 β-AR

激动剂介导的心动过速和脂肪分解，这种现象称为“抗肾上腺素能”作用，其机制尚不清楚。研究表明，腺苷在异丙肾上腺素诱导的心动过速期间比基础状态或者阿托品诱导的心动过速期间降低心率更为有效。

在中枢和外周，腺苷能通过突触前 A_1 受体抑制神经递质释放。在臂部注射茶碱以阻断前臂腺苷受体，可以增强交感介导的前臂血管收缩，表明内源性腺苷可以抑制人体内去甲肾上腺素能神经传递。研究表明，腺苷可抑制交感神经节突触前 ACh 的释放。

腺苷作为中枢神经系统内的一种神经调质主要通过 A_1 和 A_2 受体起作用。腺苷的中枢作用是通过复杂机制抑制交感张力。通过微注射将腺苷注入 NTS 可以产生剂量相关的降压、心率减慢和肾交感神经活动减少的效应。这些作用可能是通过，或至少是部分通过 A_{2A} 受体介导的。NTS 是动脉压力感受器传入的第一级突触部位，在此部位，腺苷可能促进谷氨酸释放，或者减少抑制性神经递质 GABA 的释放，从而对 NTS 的神经元起兴奋作用。腺苷在 NTS 内的兴奋作用能被 NOS 抑制剂 N_G- 硝基 -L- 精氨酸甲基酯（L-NAME）抑制，表明在 NTS 腺苷和 NO 存在相互作用。NTS 微注射腺苷受体拮抗剂可阻断动脉压力感受器反射，说明内源性腺苷在中枢心血管调节中发挥作用。RVLM 中存在 A_1 和 A_2 受体，可能直接或者通过抑制 GABA 释放间接地调节神经元活动。

（四）一氧化氮

一氧化氮（nitric oxide，NO）也是自主神经系统的一种重要的共递质，它是一种自由基并具有潜在毒性。NO 由精氨酸在一氧化氮合酶（nitric oxide synthase，NOS）的催化下生成。NOS 有三种主要亚型，分别是神经型 NOS（nNOS）、内皮型 NOS（eNOS）和可诱导型 NOS（iNOS）。氮能神经传递的基本过程如下。

动作电位期间，细胞内 Ca^{2+} 浓度增加，进而引起钙调蛋白与 nNOS 结合并激活 nNOS。nNOS 激活后将 L- 精氨酸转化为瓜氨酸和 NO。NO 不能被储存，而是通过弥散到达接头后靶点。一旦 NO 进入接头后平滑肌细胞，与可溶性鸟苷酸环化酶（soluble guanylyl cyclase，sGC）的亚铁血红素区结合后可以激活此酶，从而增加环磷酸鸟苷（cGMP）的水平，引起平滑肌松弛。细胞内的磷酸二酯酶可降解 cGMP，从而终止 NO 引起的平滑肌舒张效应。磷酸二酯酶抑制剂如西地那非等能够减缓 cGMP 降解，从而增强氮能神经传递所引起的血管平滑肌舒张效应，这是西地那非（Viagra）等用于治疗勃起障碍的原理。NO 的半衰期很短，而且一旦动作电位的生理刺激结束，神经内 Ca^{2+} 恢复到静息时的水平，NO 合成终止。因此，自主神经内合成的 NO 不会达到毒性水平。

外周自主神经系统丰富表达 nNOS，包括交感和副交感节前和节后神经元，节前神经元的 NO 可抑制神经节内的兴奋传递。在节后神经元，NO 作为共递质作用于效应细胞。功能研究已经证明氮能神经传递遍及心血管、呼吸及消化系统。在人类，NO 增强迷走神经对心脏的调节，也是支配阴茎血管的胆碱能副交感纤维的一种重要的共递质，介导阴茎勃起。糖尿病患者阴茎组织的氮能神经传递减弱，可能与其发生阳痿有关。在脑血管，NO 和 ACh 作为共递质调节平滑肌舒缩活动。肠神经系统内，NO 是抑制性运动神经元的重要递质，介导消化道平滑肌舒张，在括约肌作用特别显著。肠神经系统中 nNOS 活性降低或氮能神经传递受损，可能与食管失弛缓症、先天性便秘、胃食管功能及肛门括约肌紊乱等消化道动力障碍有关。

（五）肽类递质

多种肽类递质也参与自主神经–效应器的传递，包括 VIP、CGRP、P 物质、阿片肽、垂体腺苷酸环化酶激活肽（pituitary adenylate cyclase activating polypeptide，PACAP）、NPY 和 YY 肽等，它们常常作为共递质和经典递质与其他 NANC 递质共同起作用。

在神经元胞体的内质网内合成神经肽的大分子前体，经 NH_2 末端信号肽的快速切割形成所谓肽原，后者穿过高尔基复合体并定位于致密中心囊泡内，在此期间，肽原被修饰而产生终产物。许多支配内脏的副交感节后纤维表达 VIP 和 PACAP，这些肽可以促进神经介导的分泌（如胰腺）和血管舒张。支配血管的交感节后纤维常表达 NPY，NPY 可作用于接头前抑制 NA 释放。在肠神经系统，缓激肽和 P 物质是胆碱能兴奋性运动神经元的共递质，而 VIP 是抑制性运动神经元的递质之一，与 NO（可能还有 ATP）共同抑制平滑肌的收缩。初级传入神经的 P 物质和 CGRP，可介导这些神经兴奋所引起的外周效应（称为轴突反射，axon reflex），参与神经源性炎症反应（neurogenic inflammation）。

（六）多巴胺及其受体

多巴胺（DA）是一种儿茶酚胺，DA能神经元以酪氨酸为底物，在酪氨酸羟化酶（TH）催化下生成L-DOPA，后者在多巴脱羧酶的催化下生成DA。DA也是去甲肾上腺素和肾上腺素生物合成的一个中间产物，可从交感节后纤维溢出（spill over）或被肾上腺髓质细胞释放入血。此外，外周组织的多种细胞如血管内皮细胞、消化道上皮细胞、胰腺β细胞和肾小管上皮细胞也能产生DA。DA在调节随意运动、情感和认知等方面十分重要。在自主神经的中枢结构，特别是在下丘脑-垂体轴，DA也发挥重要的调节作用。在外周自主神经系统及其效应组织，DA是一种重要的调质。

DA受体是G蛋白偶联受体，有5种亚型（D1～D5），分为两类，即D1样（D1-like）受体和D2样（D2-like）受体。D1样受体包括D1和D5，通过Gs激活腺苷酸环化酶，提高细胞内cAMP浓度和PKA活性；D2样受体包括D2、D3和D4，与Gi/o偶联，抑制腺苷酸环化酶，降低细胞内cAMP浓度。此外，D1与D2以及D2与D5形成的二聚体则与Gq偶联，激活PLC-IP3/DAG-钙信号通路；D2受体还通过$G_{\beta/\gamma}$激活G蛋白调节的内向整流钾通道（G protein-regulated inwardly rectifying K^+ channel，GIRK），引起神经元超极化；D1和D2受体还可与β-arrestin偶联。

D1～D5在CNS和外周组织中都有分布，其中D1和D2分布最为广泛，且表达量较高。D1广泛分布于心肌和血管。临床上，小剂量［0.5～5 μg/（kg·min），也被称为肾剂量，renal dose］静脉滴注DA可激活肾、冠脉等脏器血管的D1受体，提高这些脏器的血流量；中等剂量DA［10 μg/（kg·min）］可激活心肌D1和β_1-AR，提高心率和心输出量；而高剂量DA［＞10 μg/（kg·min）］可激活α-AR，引起血管收缩，从而提高血压，因此DA被用于休克的治疗。心脏中D4受体的水平相对较高，比脑内高10倍，但它的作用还不清楚。肾的交感神经末梢可释放DA，但是肾组织中的内源性DA主要来自近端肾小管上皮细胞，这些细胞以L-DOPA（可能是酪氨酸在肝代谢产生）为底物，在芳香族氨基酸脱羧酶的催化下产生DA，DA可以自分泌/旁分泌的形式作用于导管细胞和其他细胞。肾组织表达DA受体的各种亚型，D1激活可抑制Na^+-K^+ ATPase和Na^+/H^+交换体的活性，从而减少肾小管水钠重吸收。胰腺β细胞表达D1和D2，其激活分别促进和抑制胰岛素的释放。交感神经节和神经末梢的D2样受体抑制NA释放。肠神经系统也表达DA受体的各个亚型，研究发现表明D2是ENS中发挥生理作用的主要亚型，其激活可抑制消化道动力，临床上使用的多潘立酮可能主要是通过拮抗D2而产生促胃肠动力效应的。

第四节 自主神经系统的功能

神经调节对于机体内环境稳态起关键作用。躯体神经系统主要感知外环境变化和发动相应的躯体运动行为反应，并通过高级中枢的整合引起相应的自主神经和内脏运动反应，从而减少外环境刺激对机体内环境的影响；与躯体神经系统有所不同，自主神经系统直接感受内环境状态的变化，通过改变交感和副交感输出调节内脏和内分泌及免疫系统功能，从而纠正内环境状态的变化和维持内环境的稳态（图8-1-3）。

一、交感和副交感传出神经的拮抗和协同效应

与躯体运动神经显著不同，交感和副交感传出神经平时就保持了一定频率的冲动发放，被称为交感或副交感张力（sympathetic or parasympathetic tone）或交感、副交感紧张性活动。交感、副交感紧张性活动起源于自主神经的基本中枢——脑干，高位中枢或者内脏传入神经反射，是以提高或降低交感、副交感张力的方式调节效应器官的功能。

大部分脏器都接受交感和副交感传出纤维的双

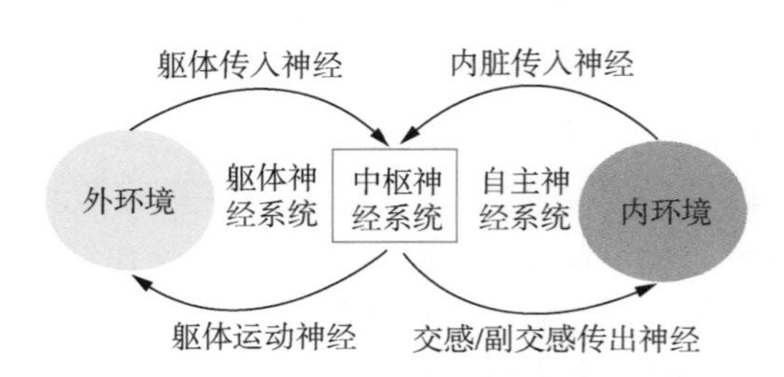

图8-1-3 躯体和自主神经系统与机体内环境稳态调控

重支配，而两者所引起的效应往往相反（相拮抗，antagonistic）。例如，交感传出活动引起瞳孔括约肌舒张、气道平滑肌舒张、心泵功能增强、阻力血管收缩、消化道运动和消化液分泌抑制，而副交感输出则引起瞳孔缩小、气道平滑肌收缩、心率减慢和消化功能增强。但在一些器官组织，交感和副交感输出又发挥协同（synergistic）效应。例如，副交感输出引起阴茎和阴蒂勃起，而交感输出引起射精和阴道收缩，交感和副交感输出以协同的方式调控性行为和生殖功能。又如，在唾液分泌的调节中，交感输出引起唾液腺腺泡分泌少量黏稠的、富含蛋白的原始唾液，而副交感输出引起唾液腺导管分泌大量稀薄的唾液。交感和副交感输出的拮抗和协同效应还体现在交感和副交感神经末梢之间可能交互影响。例如，心迷走神经释放的 ACh 可作用于心交感神经末梢，抑制交感递质释放；更有趣的是，同时刺激心脏迷走和心脏交感神经引起的心率升高程度要超过单纯刺激心脏交感神经。

交感和副交感输出的相对强度决定了内脏的功能状态，内环境稳态依赖于交感和副交感输出的平衡。在平时，如餐后、情绪放松而环境舒适的情况下，副交感输出相对占优势，此时心搏呼吸平缓，消化系统血供丰富而功能活跃，细胞合成代谢旺盛，有利于组织修复和机体生长发育。而在各种应激或应急情况下交感输出增加，下丘脑-垂体-肾上腺轴动员，此时心泵功能增强，动脉血压升高，瞳孔散大，气道舒张，自主呼吸加快，分解代谢增强，血液再分配至脑、心和骨骼肌等器官，有利于“战斗”或“逃跑”。因此，有人把副交感神经系统的功能归结为在平时促进能量储存、生长和繁衍，把交感神经系统的功能归结为在危机时提高机体的生机。

以下以心血管、免疫和代谢稳态的调控为例，强调自主神经系统在机体内稳态调节中扮演关键角色。

二、自主神经与心血管功能稳态

长期以来，自主神经对心脏和血管功能稳态的调控作用是一个十分活跃的研究领域。心血管系统最主要的功能是维持一定的动脉压，从而为全身组织提供足够的动脉灌注压。动脉血压取决于有效循环血量、血管阻力和心输出量。心脏和血管的多种感受器能感受动脉压力和循环血量的波动，这些信息经内脏传入神经中转到自主神经中枢，通过改变交感和副交感输出，代偿性地调节心率、心肌收缩力以及阻力血管和静脉的张力，从而实现对心脏和血管功能以及器官血流量稳态的快速调控。同时，机体还通过肾素-血管紧张素-醛固酮系统（RAS）和血管加压素调节循环血量，这一效应起效缓慢而作用持久（图 8-1-4）。

自主神经功能障碍参与心血管疾病的发生与发展。糖尿病早期就可出现自主神经病变（diabetic autonomic neuropathy），特别是心脏的副交感神经支配异常，这可能是由于迷走神经纤维较长的缘故。自主神经病变对糖尿病的预后有显著影响，一项涵盖 15 个糖尿病临床研究的荟萃分析（meta-analysis）发现，自主神经病变可使糖尿病死亡率升高 3 倍以上。原发性自主神经功能障碍还见于诸多种疾病，如单纯性自主神经障碍（pure autonomic failure）、特发性体位性低血压、帕金森病以及多系统萎缩等，其特征性临床表现是站立性低血压和心动过速。

心脏的疾病如心肌梗死、心力衰竭和心肌病等，也可引起继发性自主神经功能障碍，并进而影响心血管疾病的进展。急性心梗可能直接引起心脏自主神经的缺血损伤；此外，心梗也可导致心脏自主神经功能改变，如交感激活而副交感抑制，以维持心肌收缩力和心输出量。交感和副交感输出长期失衡的后果是大量儿茶酚胺溢出，并继而加重心肌病变和诱发心律失常，形成一种恶性循环。

前面所提到的“显著网络”可通过向自主神经中枢的投射改变交感和副交感的输出，从而影响心脏和血管功能的稳态（图 8-1-4）。

三、自主神经与免疫稳态

病原入侵或创伤都可危及机体内环境稳态。受

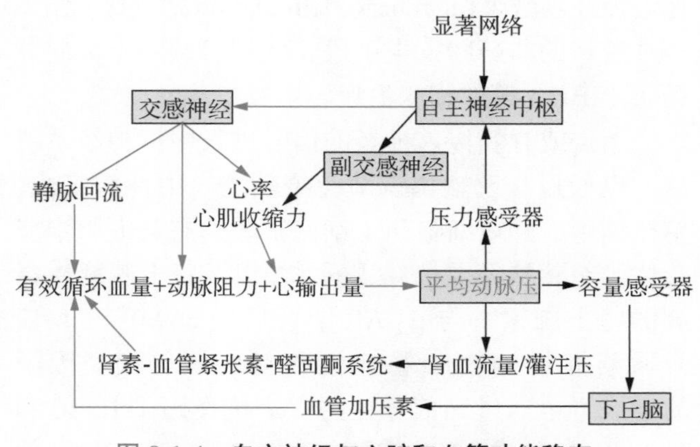

图 8-1-4　自主神经与心脏和血管功能稳态

感染和创伤组织的免疫炎症反应是机体应对感染和创伤的重要方式，但过度的免疫炎症反应也会造成组织损伤和延迟创伤修复。神经和免疫细胞都能感受侵入机体的病原生物以及组织损伤和炎症刺激，神经对刺激的反应特点是速度快，可以在数毫秒内对刺激做出反应，而免疫细胞的反应则相对较慢。神经对免疫的调控可以极大地提高免疫系统对病原刺激的反应速度。研究发现神经和免疫细胞之间存在双向的相互作用。这不仅体现在免疫器官都有丰富的自主神经支配，以及中枢神经系统、外周神经节和肠神经丛都有大量的免疫细胞，而且，外周组织中的免疫细胞与传出和传入神经末梢之间也有密切的联系。一些免疫细胞上表达多种自主神经递质受体，而神经末梢也表达很多免疫释放的细胞因子的受体。

神经免疫调控是一种进化上保守的防御策略，线虫就采用神经-免疫信号机制来防御致病菌。在哺乳动物，自主神经系统通过反射的方式快速地调节免疫。在外周组织，伤害性感受神经元可感受局部的组织损伤刺激，一方面可以通过轴突反射的形式在末梢释放P物质、CGRP和ATP等递质，调节局部免疫细胞和血管反应，另一方面还通过特定的神经环路改变交感和副交感神经输出以及HPA轴激素释放，从而影响局部组织免疫细胞或相关免疫器官的功能。

Tracey等首先报道的“胆碱能抗炎反射”（cholinergic anti-inflammatory reflex）环路是自主神经调控免疫稳态的一个典型例子。在这一反射环路中，迷走传入神经将肠道炎症刺激的信息传递至中枢，经延髓孤束核中转，激活迷走节前神经元，迷走节后纤维（肠道肌间神经节的胆碱能运动神经元）释放的ACh与巨噬细胞上的α_7nAChR结合，减少TNF-α、IL-1β和IL-6等促炎因子的生成和释放。迷走神经刺激（vagal nerve stimulation，VNS）作为一种潜在的非药物抗炎手段，已被尝试用于炎症性肠病（IBD）等的临床治疗。

迷走或脊髓传入神经的信号进入中枢神经系统后，也通过交感输出调节免疫功能。中性粒细胞、单核细胞、巨噬细胞和T细胞都表达有肾上腺素能受体。交感神经末梢释放的NA以及肾上腺髓质释放的肾上腺素，与β_2-AR结合后经cAMP-PKA信号通路抑制NF-κB核转位和TNF-α等促炎因子的生成，也通过钙信号通路促进抗炎因子IL-10和TGF-β的生成。NA作用于ChAT阳性T细胞的β_2-AR可使这些细胞释放ACh，发挥胆碱能抗炎效应。但是交感递质作用于免疫细胞的α-AR可增加TNF-α等促炎因子的释放。

感染、创伤和炎症等信号经迷走或脊髓传入神经进入中枢，也激活HPA轴，糖皮质激素具有很强的免疫抑制效应。

值得指出的是，自主神经对免疫的调控是由中枢神经系统特定的环路整合的，前面所提到的包含下丘脑、岛叶和杏仁核等在内的“显著网络”可视为神经-免疫调控的最高级中枢，这就不难理解，长期的情绪和认知异常如焦虑和抑郁等可显著影响机体免疫，从而参与免疫相关疾病的发生和发展。

四、自主神经与代谢稳态

代谢稳态是能量摄入与能量消耗的动态平衡。作为自主神经系统和本能行为的高级中枢，下丘脑整合来自外周的信息，是产生饱感或饥饿感的神经环路的重要节点，它调控摄食行为，并通过向脑干自主神经核团的下行投射调控合成和分解代谢，维持代谢稳态。

（一）下丘脑是调控食欲和进食行为的关键中枢

下丘脑的室旁核、外侧部、腹内侧核、弓状核（arcuate nucleus）和不定带（zona incerta）等结构与代谢稳态的调控关系十分密切。近年来，很多学者采用光遗传和化学遗传等技术开展实验，调控进食行为（feeding behavior）的神经环路正逐步被解析。

下丘脑弓状核和延髓孤束核是来自外周的“饱信号”（satiety signal）与饥饿信号（hunger signal）向中枢传递的重要节点。弓状核被认为是位于血脑屏障之外，能够直接接受来自肠道、脂肪组织和肝脏等代谢器官的化学因子的刺激，而孤束核是迷走传入神经的中继站。研究表明，下丘脑弓状核有两类功能相反的神经元：一类是阿片促黑皮质素前体（proopiomelanocortin，POMC）神经元，激活时可以抑制进食；另一类是刺鼠相关肽（AgRP）神经元，激活时可以促进进食。孤束核的POMC神经元可被迷走传入神经激活，其效应是抑制食欲和减少进食量。

下丘脑内瘦素信号在进食和能量代谢的调控中发挥重要作用。瘦素（leptin）是一种由脂肪细胞分泌的由 167 个氨基酸组成的蛋白质，瘦素受体是单次跨膜蛋白，目前已鉴定了 6 种瘦素受体异构体，命名为 Ob-Ra 至 Ob-Rf，其中 Ob-Re 缺乏跨膜区，是可溶性形式。Ob-Rb 编码完整受体，包括长的细胞内区域，被称为长异构体（long isoform）；其余异构体的胞内域均较短，被称为短异构体。只有长异构体受体（ObRb）能激活下游 JAK-STAT 信号通路。下丘脑弓状核、腹内侧下丘脑、室旁核和背内侧下丘脑都表达 ObRb。弓状核注射瘦素后，动物进食减少而分解代谢加强；而弓状核损毁后再向中枢注射瘦素，则不影响进食和交感神经活动，因此认为弓状核是循环瘦素的第一级中枢靶点，而接受弓状核神经元投射的室旁核和外侧下丘脑的神经元是循环瘦素的第二级神经元。研究表明，瘦素能抑制弓状核 AgRP 神经元而兴奋 POMC 神经元，从而降低食欲和减少进食。

（二）下丘脑通过自主神经调节外周组织的能量代谢

如上所述，下丘脑弓状核整合饱和饥饿信号，通过特定的环路调控进食行为，并通过自主神经调节脂肪和肝等组织的能量代谢。此外，下丘脑视前区 / 下丘脑前部（preoptic area/anterior hypothalamus，PO/AH）则整合内外环境温度的信息和引起行为性体温调节反应，也通过交感、副交感输出调节产热和散热的过程。

体内有两种脂肪组织，一是白色脂肪组织（white adipose tissue，WAT），其主要功能为储存甘油三酯和游离脂肪酸；二是棕色脂肪组织（brown adipose tissue，BAT），其功能是以非寒战性产热（non-shivering thermogenesis）的方式，分解葡萄糖和脂肪，释放热能。WAT 和 BAT 都有丰富的交感运动神经支配，据报道，小鼠 90% 的脂肪细胞周围都有交感运动神经末梢，但很难检测到副交感传出神经支配。用光遗传的方法激活小鼠 WAT 中的交感神经，可以显著提高脂肪分解，减少脂肪沉积，和促进 WAT 棕色化；相反，损毁 WAT 的交感传出神经，则阻断脂肪分解、促进脂肪细胞增殖和增大脂肪组织体积。交感神经末梢释放的去甲肾上腺素通过脂肪细胞上的 β-AR 发挥上述效应，β_1-AR、β_2-AR 或 β_3-AR 敲除的小鼠在高脂饲养条件下都呈现显著的肥胖表型。

WAT 和 BAT 都能释放一些因子作用于中枢或外周，瘦素无疑是其中最引人注目的。血液中瘦素的含量与脂肪组织体积成正比；瘦素作用于下丘脑弓状核，抑制食欲、减少进食和通过自主神经增强外周组织分解代谢；而瘦素或其受体基因的缺陷均导致肥胖。这些资料均表明瘦素在脂肪代谢稳态调节中发挥重要作用，而下丘脑和自主神经是瘦素发挥效应的结构基础。

肝是十分重要的代谢器官，其功能受交感和副交感（迷走）传出神经的双重调节。在餐后，肝将血液中的葡萄糖以肝糖原的形式储存，而在餐前，肝通过分解糖原和通过糖异生作用生成和释放葡萄糖，从而维持血糖水平。交感神经兴奋可促进肝内糖异生和糖原分解，而迷走传出活动则促进糖原合成和抑制糖异生。研究还发现，肝迷走传出活动会影响肝脏以及其他器官对胰岛素的敏感性。

总的来说，在正常情况下，交感传出活动促进外周组织的分解代谢。然而，令人困惑的是，肥胖症患者却常常呈现交感神经过度活动（sympathetic hyperactivity），其机制和意义仍有待阐明。

第五节 中枢自主神经功能失调

中枢自主神经网络任一部位的异常均可导致自主神经功能衰竭或亢进综合征，前者主要表现为直立性低血压、无汗症、胃肠运动减少、神经性膀胱功能障碍以及霍纳综合征（Horner syndrome）等；后者可致心律失常、高血压、体温过高或过低、多汗症、心肌损伤和神经性肺水肿等。以下简述中枢神经系统病变中常见的自主神经功能障碍。

一、脑损伤或脑疾病引起的自主神经功能异常

1. 卒中 岛叶、前扣带回等部位卒中可发生心律失常，严重者可猝死。右大脑半球卒中更多地引起室上性心动过速，左大脑半球卒中则出现室性心动过速。一侧岛叶梗死可致对侧脸部和手臂出汗增多。单侧或双侧扣带回梗死可出现大小便失禁、心

动过速，甚至猝死。

2. 癫痫 始于杏仁核、前扣带回或其他边缘-旁边缘区的癫痫可引起某些自主神经症状，易误诊为靶器官的原发性功能障碍。这些症状可在皮质脑电图出现典型的癫痫样放电之前就发生。最常见的症状是心律失常，尤其是发作性窦性心动过速，也可能发生房颤、房性或室性期前收缩、室上性或室性心动过速以及室颤。发作性心动过缓较少见，主要由左侧颞叶或颞叶前部癫痫引起，还可能发生窦性停搏或窦房传导阻滞。颞叶边缘系统癫痫可有散瞳症、面部潮红、苍白、出汗、颤抖和立毛等症状。单侧立毛性癫痫提示为同侧颞叶癫痫。晕厥可为癫痫的首发症状。

3. 下丘脑功能失调 下丘脑或其邻接部位病变可产生复杂的自主神经功能失调症状，通常与内分泌、渴觉、热量平衡或性功能的紊乱有关。温度调节失常是下丘脑病变的重要临床表现。Wernicke氏脑病可出现体温过低，原因可有脑部损伤、间脑中部血肿、多系统硬化或甲苯中毒等。脑胼胝体发育不全（Shapiroz综合征）或第三脑室损伤，可出现偶发性多汗并伴低体温。支配下丘脑及上位脑干的后大脑动脉区域梗死，可引起躯体同侧霍纳综合征和对侧多汗，称自主神经性半身不遂。

4. 阵发性交感神经大发作（"间脑癫痫"） 急性间脑损伤可破坏下丘脑对交感神经功能的调控，产生高血压、心动过速、体温升高或降低、出汗、皮肤血管舒张、瞳孔散大、过度换气、颤抖及肌张力增加等症状。1929年Penfield首次描述了这种间脑自主神经功能亢进综合征，常见于闭合性颅脑伤、急性脑水肿、蛛网膜下腔出血或第三脑室的大块损伤。

颅内较大病变时，可产生急性交感-肾上腺兴奋、心肌缺血、严重心律失常及神经性肺水肿。

5. 致死性家族性失眠症 致死性家族性失眠症是一种常染色体显性朊病毒病，与朊病毒蛋白基因的一个点突变有关，其特征性脑病理改变是丘脑前腹核和背内侧核的萎缩，主要症状有渐进性顽固失眠、交感神经功能亢进（表现为发热、多汗、心动过速和高血压）以及昼夜内分泌功能失调。

6. 脑干自主神经功失调 脑桥和延髓的NTS、迷走运动背核、疑核、中间内侧网状结构和延髓腹外侧部等参与调控紧张性和反射性心血管舒缩及呼吸功能。这些核团缺血、炎症、肿瘤或退行性病变可产生严重的心血管和呼吸功能紊乱，包括交感神经过度兴奋、压力反射减退、站立性低血压、晕厥以及睡眠性呼吸暂停。交感神经兴奋反映低氧敏感的RVLM神经元受到刺激，这些神经元能兴奋交感节前神经元。压力感受性反射功能丧失反映压力感受器传入第一级接替站NTS的双侧损害，症状类似于偶发性急性高血压或嗜铬细胞瘤患者，血压很不稳定。站立性低血压和晕厥可能涉及延髓腹外侧下行交感兴奋性投射有肿瘤或血管损伤。中枢性肺换气不足和睡眠性呼吸暂停可能涉及延髓腹侧和背侧的呼吸性神经元群及其向高位颈髓下行投射的病变。

椎动脉和基底动脉暂时性缺血发作可能伴随阵发性高血压。双侧性脑桥或延髓卒中可能产生持续的心动过速、阵发性心动过缓、站立性低血压、呼吸心跳停止、Ondine呼吸障碍、发热、全身性多汗、呕吐、打嗝、吞咽困难、食管蠕动停止、胃排空障碍以及尿潴留。延髓外侧梗死（Wallenberg综合征）可产生霍纳综合征，有时还会产生严重的心动过缓、仰卧性低血压、急性高血压或中枢性肺换气不足。

7. 颅后窝肿瘤 颅后窝肿瘤，如小脑星型细胞瘤、成血管细胞瘤、脑桥小脑角肿瘤以及脑干神经胶质瘤，早期可有站立性低血压、突发性高血压或难治性呕吐。

延髓空洞症可能影响NTS或其与延髓腹外侧部心迷走和血管运动神经元的连接，并引起站立性低血压、心迷走功能失调、血压波动加剧和中枢性肺通气不足，增加猝死的风险。

8. 炎症、中毒和代谢紊乱 脊髓灰质炎、脑干脑炎或多发性硬化症累及延髓腹外侧部或NTS时可引起高血压、呼吸停止或神经性肺水肿。双侧NTS病变可引发严重的高血压称Leigh综合征。

二、脊髓损伤和病变引起的自主神经功能异常

T_5水平以上的脊髓损伤可发生严重的心血管、体温调节、膀胱和性功能调节失常。

多发性硬化患者可能并发神经性膀胱，伴有逼尿肌-括约肌协同失调、神经性肠道功能和性功能障碍、异常发汗和亚临床型心血管指标异常，如深呼吸的心率反应减弱和交感缩血管效应减弱等。

脊髓空洞症形成的颈髓瘘管或Chiari Ⅰ型畸形可使自主神经中枢到脊髓IMLC的下行传导通路中断，出现霍纳综合征，晚期也可能影响排尿和排便。

破伤风可使交感和副交感节前神经元的去抑制及脑干自主神经核团受损，引起严重的交感和副交感功能亢进症状。副交感功能亢进可产生窦性停搏、流涎及支气管分泌物增多；交感功能亢进引起心动过速等心律失常、不稳定性高血压、发热及大量出汗。

参考文献

综述

1. Saper CB. The central autonomic nervous system: conscious visceral perception and autonomic pattern generation. *Annu. Rev. Neurosci*, 2002, 25: 433-469.
2. Glebova NO, Ginty DD. Growth and survival signals controlling sympathetic nervous system development. *Annu. Rev. Neurosic*, 2005, 28: 191-222.
3. Kirstein SL, Insel PA. Autonomic nervous system pharmacogenomics: a progress report. *Pharmacol Rev*, 2004, 56: 31-52.
4. Alkadhi KA, Alzoubi KH, Aleisa AM. Plasticity of synaptic transmission in autonomic ganglia. *Prog Neurobiol*, 2005, 75, 83-108.
5. Gotti C and Clementi F. Neuronal nicotinic receptors: from structure to pathology. *Prog Neurobiol*, 2004, 74: 363-396.
6. Hogg RC, Raggenbass M, Bertrand D. Nicotinic acetylcholine receptors: from structure to brain function. *Rev Physiol Biochem Pharmacol*, 2003, 147: 1-46.
7. Robertson D. Primer on the autonomic nervous system. California: Elsevier Academic Press, 2004.
8. Zigmond MJ, Bloom FE, Landis SC, et al. Fundamental neuroscience. San Diego: Academic Press, 1999.
9. Purves D, Augustine GJ, Fitzpatrick D, et al. Neuroscience. Sunderland: Sinauer Associates Inc, 1997.
10. Guyton AC, Hall JE. Textbook of Medical Physiology. 11th edition. Pennsylvania: Elsevier Inc, 2006.
11. Berne RM, Levy MN, Koeppen BM, et al. Physiology. 5th edition. Missouri: Elsevier Inc, 2004.
12. Purves D, Lichtman JW. Principles of neural development. Sunderland: Sinauer Associates Inc, 1985.
13. Sanes JR. Roles of extracellular matrix in neural development. Annual review of physiology, 1983, 45: 581-600.
14. 韩济生．神经科学原理．3 版．北京：北京大学医学出版社，2009.
15. 陈宜张，路长林．神经发育分子生物学．武汉：湖北科学技术出版社，2002.

原始文献

1. Romagnano MA, Hamill RW. Spinal sympathetic pathway: an enkephalin ladder. Science, 1984 Aug 17, 225 (4663): 737-739.
2. Bouret SG, Draper SJ, Simerly RB.Trophic action of leptin on hypothalamic neurons that regulate feeding. Science, 2004 Apr 2, 304 (5667): 108-110.
3. Burnstock G. Autonomic innervation and transmission. Br Med Bull, 1979 Sep, 35 (3): 255-262.
4. Brede M, Wiesmann F, Jahns R, et al. Feedback inhibition of catecholamine release by two different alpha2-adrenoceptor subtypes prevents progression of heart failure. Circulation, 2002 Nov 5, 106 (19): 2491-2496.
5. Kuruvilla R, Zweifel LS, Glebova NO, et al. A neurotrophin signaling cascade coordinates sympathetic neuron development through differential control of TrkA trafficking and retrograde signaling. Cell, 2004 Jul 23, 118 (2): 243-255.
6. Hadaya J, Ardell JL. Autonomic Modulation for Cardiovascular Disease. Front Physiol, 2020 Dec 22, 11: 617459.
7. Lefcort F. Development of the Autonomic Nervous System: Clinical Implications. Semin Neurol, 2020 Oct, 40 (5): 473-484.
8. da Silva AA, do Carmo JM, Hall JE. CNS Regulation of Glucose Homeostasis: Role of the Leptin-Melanocortin System. Curr Diab Rep, 2020 May 26, 20 (7): 29.
9. Fung C, Vanden Berghe P. Functional circuits and signal processing in the enteric nervous system. Cell Mol Life Sci, 2020 Nov, 77 (22): 4505-4522.
10. Gibbons CH. Basics of autonomic nervous system function. Handb Clin Neurol, 2019, 160: 407-418.
11. Brinkman DJ, Ten Hove AS, Vervoordeldonk MJ, et al. Neuroimmune Interactions in the Gut and Their Significance for Intestinal Immunity. Cells, 2019 Jul 2, 8 (7): 670.
12. Grassi G, Biffi A, Seravalle G, et al. Sympathetic Neural Overdrive in the Obese and Overweight State. Hypertension, 2019 Aug, 74 (2): 349-358.
13. Goldberger JJ, Arora R, Buckley U, Shivkumar K. Autonomic Nervous System Dysfunction: JACC Focus Seminar. J Am Coll Cardiol, 2019 Mar 19, 73 (10): 1189-1206.
14. Kabata H, Artis D. Neuro-immune crosstalk and allergic inflammation. J Clin Invest, 2019 Mar 4, 129 (4), 1475-1482.
15. Guilherme A, Henriques F, Bedard AH, et al. Molecular pathways linking adipose innervation to insulin action in obesity and diabetes mellitus. Nat Rev Endocrinol, 2019 Apr, 15 (4): 207-225.

第2章 神经内分泌与稳态

邱 俭 倪 鑫 肖 林

第一节 神经体液整合作用

神经体液整合作用是高等动物维持内环境稳态所必需。稳态（homeostasis）一词作为重要的生理学概念和术语，最先由美国生理学家 Cannon 于 1926 年提出，其基本含义是指机体通过调节作用，使得各个器官、系统协调活动，共同维持内环境的相对稳定状态，例如体温、盐离子浓度等在一定范围内的波动。内环境调节的概念最早由法国生理学家 Claud Bernard 于 1846 年提出，他认为“内环境稳定是有机体得以自由和独立存在的前提”。随后，Sherrington 于 1906 年提出了神经整合的概念，他认为在具有神经系统的动物，神经系统的显著而独特的作用就是整合（integration）。而 Bernard 所讲的内环境，其最高的表达和管理形式，就是神经系统。从而，他把神经整合与机体保持内环境稳态联系起来。应当指出，即使在 1906 年，Sherrington 也认为整合作用不仅限于神经，化学因素也很重要。当时，胃泌素刚被发现，Sherrington 认为胃泌素就起化学整合作用。然后有大量科学事实确认，内分泌系统确实在维持内环境稳定中发挥着极其重要的作用，也即体液调节（humoral regulation）。神经内分泌（neuroendocrine）一词最先由 Scharrer 夫妇于 1945 年根据一些神经细胞具有合成释放激素的内分泌功能这一现象而提出。过去几十年的神经内分泌研究进展丰富和深化了神经-体液调节的含义。

一、下丘脑是神经内分泌的高级整合中枢

（一）下丘脑的解剖位置

下丘脑（hypothalamus）在机体稳态的维持中占有极其重要的地位。下丘脑在脑内的位置、其自身结构及与周边结构的联系，既保证了它对全身内分泌器官的直接和间接控制，也决定了其神经内分泌的中枢地位。

下丘脑是间脑的一部分，为间脑的基底结构，位于丘脑的腹侧，被第三脑室分为左右两个部分。下丘脑的喙侧界为终板（lamina terminalis），尾侧界为假想的通过乳头体（mammillary bodies）后缘到后联合的平面。下丘脑中部有一灰质隆起，称灰结节（tuber cinereum），它向垂体伸出部称为漏斗（infundibulum）。漏斗部与腺垂体漏斗部合称为正中隆起（median eminence，ME），或垂体柄。下丘脑内含许多灰质团块，可大致分为前、中、后三组核群（图 8-2-1），从内、外侧看，下丘脑的灰质团块可分为纵行的三条带：外侧区、内侧区和靠近脑室的室周区，下丘脑室周区的神经元直接与神经内分泌调节有关，其他各区则仅有间接关系，每个核团分别发挥着不同的调控功能（表 8-2-1）。

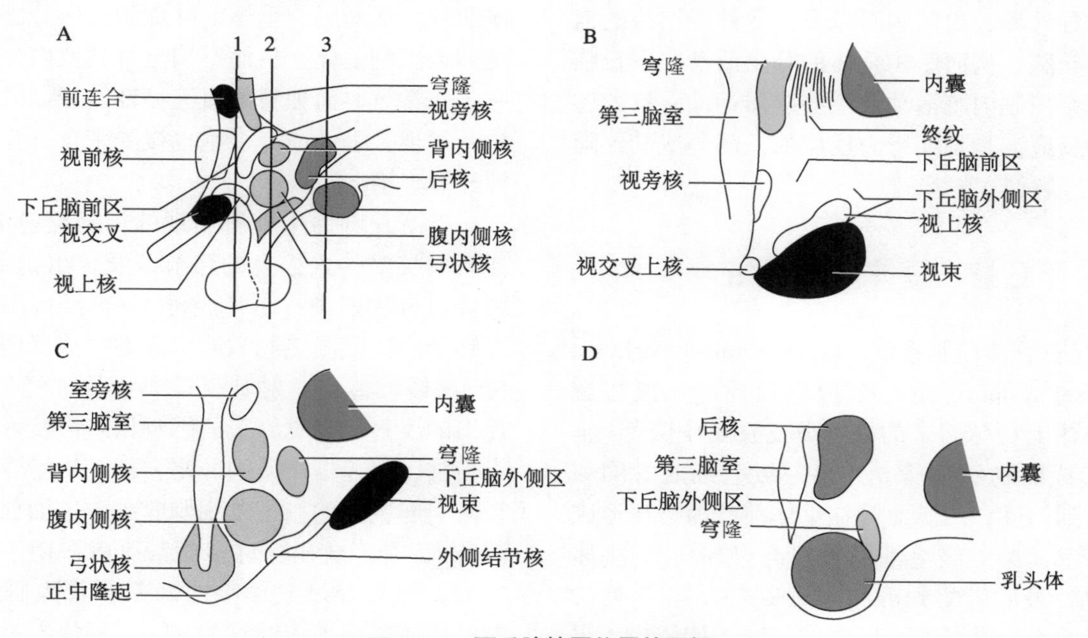

图 8-2-1　**下丘脑核团位置的图解**

A. 矢状切面；**B**、**C**、**D.** 分别按 A 的 1、2、3 处的冠状切面［引自 Everitt BJ，Hokfelt T. Neuroendocrine anatomy of th hypothalamus. Acta Neurochirurgica，1990（Suppl），47：5.］

表 8-2-1　**下丘脑的分区及功能**

区	带	核团	功能
前（视上区）	视前	视前核	体温调节
	内侧	内侧视前核	体温调节，水平衡（渴），睡眠，交配、攻击和养育行为，调节促性腺激素从腺垂体释放，包含性别二态性核
		视上核	水平衡、渗透压、血压、哺乳和分娩
		室旁核	能量平衡（饱腹感）、水平衡（渴）、协调神经内分泌、自主功能、应激
		下丘脑前核	体温调节（散热，如喘气和发汗）
		视交叉上核	昼夜节律
	外侧	外侧核	睡眠-觉醒、水平衡（渴）、应激、摄食、奖赏和动机行为
中（结节区）	内侧	背内侧核	血压、心率、产热和能量消耗
		腹内侧核	控制摄食、机体代谢、攻击和性行为
		弓状核	能量平衡、生殖、生长激素的内分泌控制和催乳素的释放
	外侧	外侧核	睡眠-觉醒、摄食、水平衡（渴）、应激、奖赏和动机行为
		外侧结节核	
后（乳头区）	内侧	乳头体核（部分）	记忆
		后核	体温调节（保温如发抖）、血压调节、瞳孔扩张
	外侧	外侧核	睡眠-觉醒、摄食、水平衡（渴）、应激、奖赏和动机行为
		结节乳头体核	唤醒（觉醒）、能量平衡、学习记忆

（二）下丘脑与其他脑区的联系

下丘脑与其他脑区有着广泛的联系。内侧前脑束、中央被盖束以及室周（纤维）系统、背侧纵束把下丘脑与脑干核群联系起来；穹隆、终纹/髓纹等把下丘脑与海马、隔、杏仁等联系起来。这些联系多属双向的（图 8-2-2A 和 B）。下丘脑的传入联系保证各种外界、内部刺激以及其他神经结构的信息到达下丘脑，从而影响垂体的分泌活动；下丘脑的传出联系控制内脏活动及某些躯体运动，有的还参与行为反应，是某些行为反应的一部分或其伴随反应的神经解剖学的基础。

二、下丘脑-垂体门脉系统

下丘脑-垂体门脉系统（hypothalamic-hypophysial portal vessel system）是一个独特的神经血液接触面。由垂体上动脉而来的血管分支在正中隆起-垂体柄处形成的初级血管丛（第一级毛细血管网），然后汇集到门脉；门脉血管在垂体前叶内再次形成次级血管丛（第二级毛细血管网），与前叶的垂体细胞接触，最后汇集到静脉（图 8-2-3A）。该处的毛细血管网不再具备血脑屏障的紧密连接结构，很多较大分子物质可以自由通过血管内皮细胞缝隙，实现血液与细胞间液之间的物质交换。下丘脑-垂体门脉系统的这一循环特点，也即动脉-毛细血管-门脉-毛细管网-静脉的特殊血管构架，显然不同于机体其他部位的普通动脉-毛细血管-静脉结构。这一特殊解剖结构正是为了保证到达正中隆起的下丘脑神经元轴突末梢与血液有紧密接触，形成充分的神经-血液接触面，以利于该末梢在此处释放的神经激素和递质进入血液并通过局部循环迅速到达垂体前叶，从而影响垂体前叶细胞的内分泌功能。这是神经影响垂体，从而影响全身其他内分泌器官的一条非常重要而独特的血液循环路径。另外，我国学者发现，垂体前叶细胞也接受来自下丘脑的肽能神经的直接支配。

以下丘脑为中枢所实现的神经反射活动很多，如就其接受传入信息的环节以及传出指令的方式，则可以分为四类：①神经传入-神经传出：如由体表感受器接受温热刺激后引起的寒战反应。②神经传入-体液传出：射乳就是典型的神经传入-体液传出的反射。吸吮乳头的感觉信息沿传入神经传入下丘脑，引起催产素的分泌，催产素沿着体液的路径，引起乳腺的肌上皮细胞收缩，进而射乳。③体液传入-神经传出：许多激素可以作用于下丘脑神经元，然后经过它影响边缘系统及大脑皮质的功能，从而影响个体的行为。④体液传入-体液传出：各内分泌器官分泌的激素如甲状腺激素、性激素、肾上腺皮质激素等，经血液循环作用于下丘脑，影

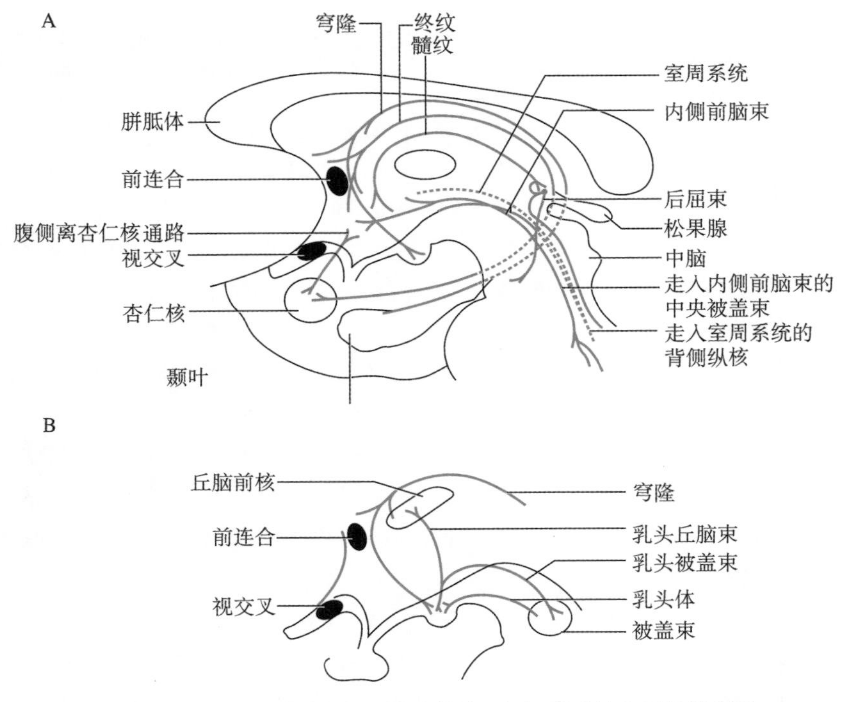

图 8-2-2 与下丘脑（A）及乳头体（B）相联系的主要纤维通路

［引自 Everitt BJ，Hökfelt T. Neuroendocrine anatomy of th hypothalamus. Acta Neurochirurgica，1990（Suppl），47：8.］

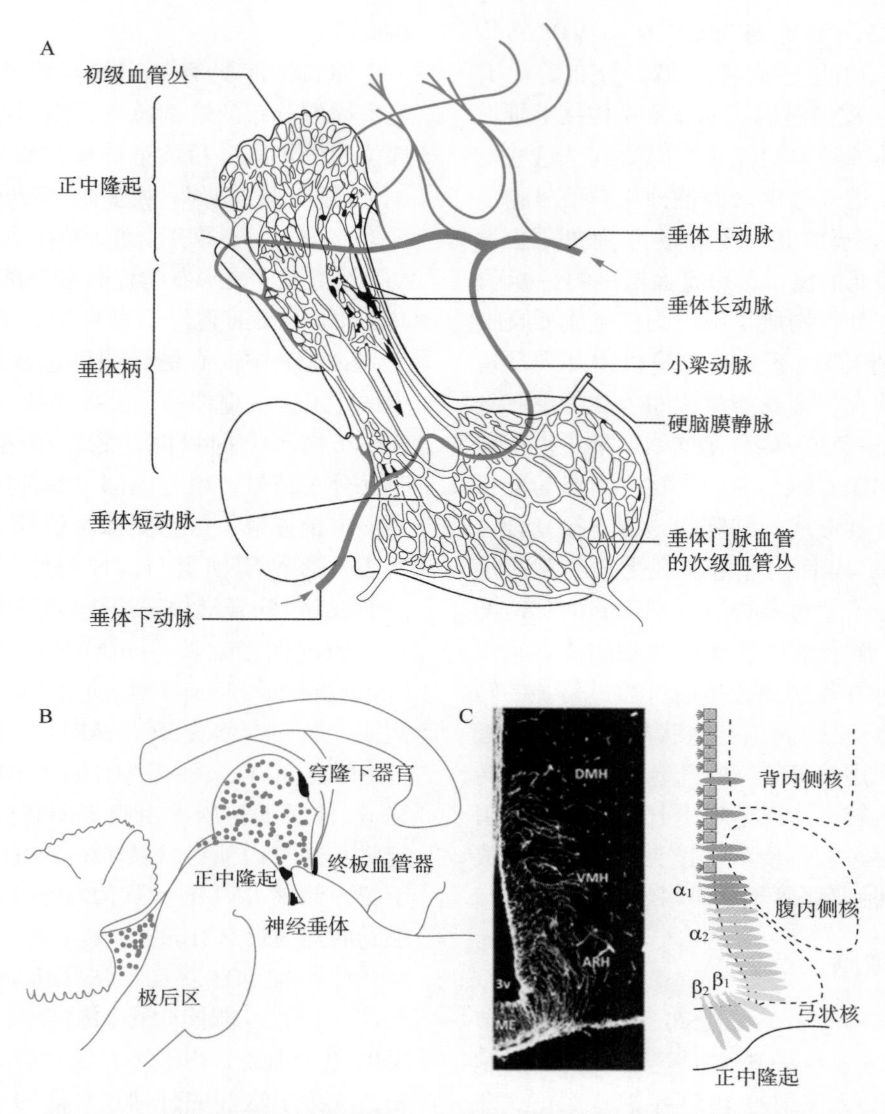

图 8-2-3　下丘脑-垂体门脉系统（A）以及室周器官（B）和伸长细胞（C）

A. 正中隆起、漏斗柄及腺垂体的血液供应。**B.** 围脑室分布的室周器官：穹隆下器官、终板血管器、神经垂体、极后区。**C.** 伸长细胞：左侧为波形蛋白染色（白色）显示伸长细胞伸向相应下丘脑实质区的长突起。右侧显示从第三脑室底部到腹侧壁依次分布着 β_2、β_1、α_2、α_1 四种亚型伸长细胞。（A 引自 Everitt BJ，Hökfelt T. Acta Neurochirurgica，1990；B 引自 Patton MD，et al，eds. Textbook of Physiology. 21st ed. Philadelphia：Saunders，1989：1218；C 引自 Langlet F，Tanycyte Gene Expression Dynamics in the Regulation of Energy Homeostasis. Frontiers in Endocrinology，2019，10.）

响其分泌释放激素或释放抑制激素的神经元或其突触前环节，从而引起各种相应的下丘脑激素分泌的改变，即反馈调节。

三、室周器官是血液活性物质作用到神经系统的窗口

（一）室周器官

脑实质组织与血液之间存在血-脑屏障（blood brain barrier，BBB），与脑脊液之间存在着脑-脑脊液屏障。一些大分子物质、非脂溶性物质、带电荷的分子很难进入并作用到脑实质。这为保护脑免受外来化学和生物因子的侵袭提供了必要条件，但也给需要进入脑组织引起神经反应的有用信使物质的转入带来不便。

室周器官（circumventricular organs，CVOs）是位于第三、第四脑室周围特定部位的一些特殊分化结构（图 8-2-3B），主要包括：正中隆起、极后区（area postrema，AP）、终板血管器（organum vasculosum lamina terminalis，OVLT）、穹隆下器官（subfornical organ，SFO）、连合下器（subcommissural organ）等，有些学者将覆盖脑室上皮的神经垂

体、松果体、脉络丛等也列为CVOs。CVOs结构缺乏功能性BBB和脑-脑脊液屏障，分布着由有孔（fenestrated）上皮细胞构成的非紧密连接毛细血管。因此，其中的神经末梢能直接感受到从这些毛细血管内皮细胞孔道穿透出来的各种化学信号物质（如葡萄糖、生长素释放肽、瘦素等），是外周血源性分子作用到神经元的窗口，也是血液-神经-脑脊液三种信息的交汇处，构成了脑内的信息物质交换的"特区"。使得它们在下丘脑感受机体外周环境信号变化，调节饮食、全身能量代谢等功能中起到独特作用，在神经-免疫-内分泌网络调节中占重要地位。在正中隆起等CVOs中，依靠一类名为伸长细胞的胶质细胞及其形成的细胞间紧密连接复合体构筑成血-脑屏障，从而防止经有孔上皮细胞渗透出来的血液循环分子通过脑脊液达到大脑的其他部位。在CVOs中，脑脊液中的多肽类物质能直接作用于神经元，但也有些肽或者蛋白可通过传统的转运体越过BBB转运至脑内。有些肽与BBB内皮细胞的相应受体起作用，可能影响跨越内皮细胞的转运过程，如氨基酸转运、离子通道开闭的效率，引起不同种类的内吞过程，使紧密接头变宽松，释放一些介质如内皮细胞舒张因子从而调节微循环等。

（二）伸长细胞

伸长细胞（tanycytes）是分布于下丘脑结节区第三脑室周围的一种特殊类型室管膜胶质细胞（ependymoglia cell）。该细胞1954年被首次正式命名，但实际上早在1909年即已被Cajal所描述。伸长细胞的胞体排列构成了相应部位第三脑室的底部和腹侧侧壁，并向腹侧或外侧伸出细长的突起。它们表达波形蛋白（vimentin）、巢蛋白（nestin）、Sox2等神经干/前体细胞的特异标志物，具有一定的干细胞性质；也表达纤维酸性蛋白（GFAP）和兴奋性氨基酸转运体（EAAT）等星形胶质细胞标志物，被认为是胚胎期放射状胶质细胞在成体的存留痕迹。

伸长细胞具有相当的异质性，根据其在第三脑室周围分布的解剖位置、细胞形态以及突起终止部位等的不同，目前把伸长细胞分为β_2、β_1、α_2、α_1四种亚型，前两种为单纤毛形态，后两种为双纤毛，均不同于具有成簇运动纤毛、能推动脑脊液流动、呈立方上皮形态的普通室管膜细胞（图8-2-3C）。其中β_2伸长细胞位于最腹侧的第三脑室底部，其突起在ME中向腹侧延伸可达软脑膜表面，与ME中的下丘脑-垂体-门脉系统的有孔毛细血管（无BBB）周围空间接触，能直接感受前者渗出的血源性分子信号；也与该部位的神经内分泌的分泌性轴突末梢接触，可感受神经信号。伸长细胞胞体膜上表达多种闭锁蛋白构成细胞间紧密连接环，从而形成脑-脑脊液屏障。β_1伸长细胞位于ME与下丘脑腹内侧弓状核（vmARH）交界区的漏斗隐窝（infundibular recess）处，也即第三脑室侧壁的最腹侧段。其突起终止于vmARH，接触的血管既有具备BBB，也有来源于ME的无BBB毛细血管。α_2和α_1伸长细胞依次由腹侧向背侧排列，前者的突起终止于背内侧弓状核（dmARH），后者突起终止于腹内侧核（VMH）及背内侧核（DMH），两者接触到的均为带BBB的血管。

伸长细胞在解剖上居于大脑中特殊的"战略要冲"位置，能同时接触脑脊液、有孔毛细血管、BBB毛细血管，以及下丘脑神经元的分泌性轴突末梢，成为了这些成分相互对话的平台枢纽。另一方面，其自身的细胞结构形态又具有高度可塑性，并且表达有多种因子、受体和酶类基因，使其在实现下丘脑对机体生殖、饮食、能量代谢等基本生理过程的中枢调控中起到多方面的重要作用。①感受监测机体的代谢状态；②动态调节血-脑屏障与血-脑脊液屏障结构及其间的物质交换；③作为激素、循环信号和代谢分子到达下丘脑神经元的运输体；④神经分泌活动的调节者。

第二节　从神经分泌到肽能神经元

一、神经分泌现象的发现

早在20世纪20年代末德国学者Ernst Scharrer和Berta Scharrer观察到鱼类下丘脑大细胞神经元（直径＞20 μm）内含有分泌颗粒。1932年我国著名神经生理学家朱鹤年，在哺乳类动物美洲负鼠的下丘脑，也观察到了神经大细胞内的分泌颗粒，并在他的硕士学位论文里进行了描述。根据这些现象，Scharrer夫妇提出，这些神经元可释放化学物质，而这些物质还可能直接进入垂体后叶的毛细血管内，他们把这种现象称为神经分泌（neurosecretion）。但在当时由于方法学不够完善，这种观点是相当激进的，未被接受和重视。因为当时公认的是，称为激素的化学信使物质是由腺体释放入血液。1949 年 Bargmann 发明了一种方法，可以用一种染胰岛内分泌细胞的 Gomori 方法来显示下丘脑神经分泌大细胞，方使神经分泌现象得到肯定。

神经分泌最早是专指下丘脑视上核（supraoptic nucleus，SON）和室旁核（paraventricular nucleus，PVN）大神经细胞专有的分泌现象，这些细胞被称为大细胞神经分泌神经元（magnocellular neurosecretory neurons）。随着组织化学、电镜、药理、生物化学等多种技术的应用，发现神经分泌现象不仅限于大细胞神经元，在室旁核、室周核和弓状核等核团中的一些体积较小的神经元也具有分泌功能，它们被称为小细胞神经分泌神经元（parvocellular neurosecretory neurons）。至此，这些小细胞也被列入神经分泌细胞中。20 世纪 70 年代，下丘脑控制垂体释放的激素相继得到分离、纯化和鉴定，还建立了特异性较强的放射免疫测定和免疫细胞化学技术，使得人们对神经分泌物的定位、分布及功能有了清晰的认识。这些物质都属肽类，故称为神经肽。它们由于分布的不同，可起调质或激素的作用。人们以肽能神经元表示能分泌神经肽的神经细胞。

调控内分泌功能的下丘脑肽能神经元可以分为两类：一类是其轴突投射到神经垂体，即经典的大细胞分泌神经元；另一类是其神经纤维投射到正中隆起，其末梢在那里与垂体门脉血液接触，它们多数属于小细胞分泌神经元，能够调控垂体前叶的功能。这两类下丘脑肽能神经元可以视为神经对内分泌功能调节的“最后公路”。

二、下丘脑大细胞分泌神经元分泌垂体后叶激素

人们早在 19 世纪末就已知道垂体后叶提取物有促进子宫收缩和升高血压两种活性，也即含有两种最为重要的垂体后叶激素：催产素（oxytocin，OXT）和血管升压素（vasopressin，VP）。由于 VP 具有抗利尿活性，故又称为抗利尿激素（antidiuretic hormone，ADH）。1954 年 Du Vigneaud 确定了 VP 和 OXT 的化学结构，均为九肽（图 8-2-4 A），且两者仅有第 3 和第 8 两个位点上的氨基酸差异。除猪以外，目前已知的所有其他哺乳类动物 VP 均含 8- 精氨酸，因此又称为精氨酸血管升压素（arginine vasopressin，AVP），猪 VP 的第 8 位点为赖氨酸。

OXT 和 AVP 由下丘脑 PVN 和 SON 的大细胞

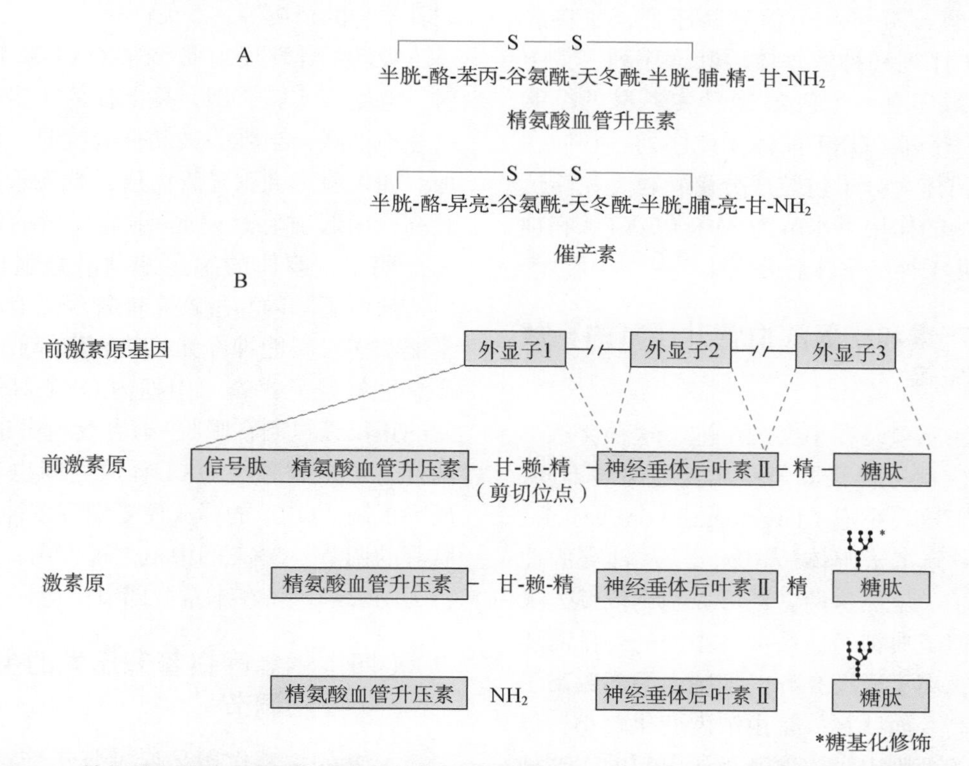

图 8-2-4 **精氨酸血管升压素和催产素的氨基酸序列及结构（A）和人 AVP 基因和前体的结构（B）**
（改编自 Bichet DG. Endocrinology：Basic and clinical principles. PM Conn and S Melmed eds. p225.）

分泌神经元合成，分泌物沿下丘脑-垂体束，通过轴浆运输到达垂体后叶的远端末梢，然后在那里释放进入体循环血液，到达其靶器官发挥生理效应。

（一）催产素及精氨酸血管升压素的生物合成

作为神经肽类物质，OXT 和 AVP 的生物合成不同于经典的神经递质：神经递质的合成过程一般在神经末梢完成，但神经肽的合成部位在核周部。它们首先由其基因转录成 mRNA，在胞体的粗面内质网被翻译成大分子的前体蛋白，然后在高尔基器内包装为分泌颗粒，通过轴浆运输转到神经末梢，在运输的过程中经酶切、修饰等加工成有活性的神经肽。分泌颗粒暂存于轴突分泌末梢形成膨大部，这就是在光学显微镜下也可被观察到的 Herring 体。

在未阐明 OXT 和 AVP 的前体分子之前，已知道在分泌颗粒内除 OXT（或 AVP）外，还含有分子量在 10 000 左右的神经垂体后叶素，后者是前者的载体蛋白（carrier protein）。其中，OXT 与神经垂体后叶素Ⅰ结合，AVP 与神经垂体后叶素Ⅱ结合。事实上，OXT 与神经垂体后叶素Ⅰ来源于同一基因，而 AVP 则与神经垂体后叶素Ⅱ来源于同一基因（图 8-2-4B），且两个基因十分相似，均含有 3 个外显子，转录为 mRNA 后翻译产生分子量为 80 000 的前体蛋白。前体蛋白的 N 端有一个信号肽序列，紧接着为 AVP 或 OXT 序列和神经垂体后叶素序列，其中 AVP 前体的 C 端还有一个包含 39 个氨基酸的糖肽（glycopeptide）序列，OXT 前体无此序列。它们在胞体内形成的前体大分子包装成分泌颗粒，在转运的过程中，在酶的作用下水解为 AVP（OXT）和神经垂体后叶素Ⅱ（神经垂体后叶素Ⅰ）。

（二）催产素和精氨酸血管升压素的释放与降解

经典神经递质包装在小突触小泡，这种突触小泡优先定位于突触；神经肽与经典神经递质不同，它存储在大致密核心小泡（large dense core vesicle，LDCV）中，多分布于胞体-树突，以及轴突的曲张体和神经末梢。虽然这两者都可以用钙依赖方式作外排释放，但经典神经递质突触小泡的外排需要突触前膜附近钙离子通道介导的细胞内局部钙离子浓度的急剧升高，而肽释放是由浓度变化较小，但变化范围更广的细胞内钙浓度升高所引起的。这种细胞内钙浓度变化可以通过高频刺激神经的方法达到。这样，低频刺激引起突触前膜局限区域的钙浓度升高，触发经典神经递质释放；而更弥散的细胞内钙浓度升高有利于肽释放。含神经肽的 LDCV，可以在神经元的所有部分释放，包括树突和胞体。SON 和 PVN 的大细胞分泌神经元充满着 LDCV，而它们的树突代表了整个细胞总体积的 85%，因此树突含有大量的 OXT 和 AVP。与突触前释放一样，树突释放也依赖于细胞内钙浓度升高，这种浓度升高是由于细胞内钙储库的动员，后者可以通过细胞内第二信使介导，而无需动作电位的直接增多。细胞内钙储库在胞体和树突均广泛存在，而在神经轴突末梢则常常缺如，故后者高度依赖于电冲动到达末梢时引起的细胞膜钙离子通道的开放。释放在脑脊液中的 OXT 和 AVP 随后被清除消失，其半衰期为 20 min，中枢释放的肽被脑组织里面的氨基肽酶降解或由脑脊液进入大循环中。

（三）催产素的生理作用及分泌调节

OXT 最为人熟知的生理作用是其促子宫平滑肌收缩和促乳腺导管及上皮细胞泌乳的作用，即它的“缩宫”和“射乳”两大功能，这是其经典的外周激素样作用。从 20 世纪 70 年代开始，人们注意到 OXT 还可以调节垂体前叶激素的释放，促进脐动脉、脐静脉收缩，参与痛觉和行为活动的调制，影响其本身的释放等。

吸吮-射乳反射是调节 OXT 释放最重要的反射。电生理实验表明，视上核的一些神经元平时放电并不活跃，当乳头被幼仔吸吮时，放电会急剧增加。如果检测乳腺导管内压，发现管内压也随之而升高，引起射乳。吸吮-射乳反射的中枢途径尚未完全明了，躯体的感觉冲动沿脊髓丘脑束传入中枢，激活了脑内与催产素能神经元有联系的肾上腺素能和多巴胺能神经元，使它们释放增加，导致催产素能神经元兴奋。中枢内 OXT 对催产素能神经元的正反馈机制在吸吮-射乳反射中也起重要作用。同样，子宫收缩与 OXT 释放之间也具有典型的正反馈机制。OXT 的释放还受到许多神经递质、神经肽等的调节。OXT 的中枢生理作用，尤其是对社会行为的影响，将在本章第四节中详述。

（四）精氨酸血管升压素的生理作用及分泌调节

AVP 的主要作用是促进肾小管对水的重吸收，减少尿液的排出（抗利尿），从而调节体液容量和渗透压的平衡（图 8-2-5）。只要极微量的 AVP 就可使体内保持充足的水分。在生理状态下，血液中的 AVP 的含量很低，几乎没有使血管收缩而致血压升高的作用，在大量失血后，垂体分泌大量的 AVP 作用于血管平滑肌上的 V_{1A} 受体而使动脉血管收缩。AVP 还可与垂体前叶 V_{1B} 受体结合，而增强促肾上腺皮质激素的作用。AVP 促进肾小管水重吸收则主要是通过 V_2 受体介导的水通道调节实现。

目前在哺乳类动物中已经发现了 13 种水通道蛋白（aquaporins，AQPs），分别命名为 AQP1 ～ AQP13。肾是水通道亚型分布最多的器官，主要有 APQ1 ～ APQ6。其中 APQ2 对 AVP 的调节最为敏感。APQ2 表达于集合管的主细胞中，静息条件下主要存在于顶质膜下的细胞内囊泡中。在 AVP 的作用下，APQ2 重新分布到顶质膜，并产生对水的通透性。AVP 与肾小管细胞管周侧质膜上的 V_2 受体结合，激活腺苷酸环化酶，使细胞内 cAMP 生成增多，通过 cAMP-PKA 通路，磷酸化 APQ2 细胞内 C 末端 256 位的丝氨酸，促使 APQ2 向管腔侧膜移动。APQ2 不仅受到 AVP 的急性调节，长期的 AVP 作用还可使 APQ2 的基因表达增加，APQ2 基因的增强子包含 cAMP 反应元件。

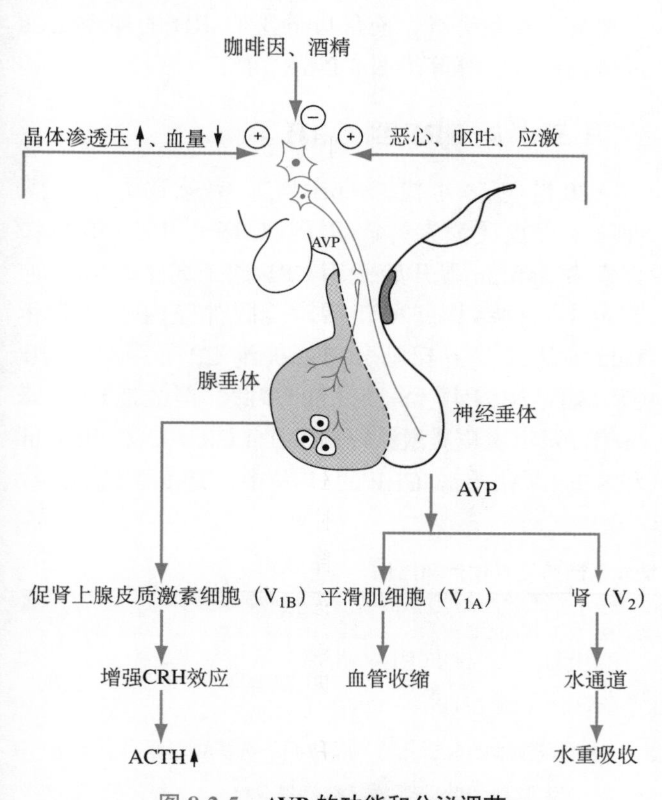

图 8-2-5　**AVP 的功能和分泌调节**

V_{1A}、V_{1B}、V_2 为 AVP 受体亚型（引自 Nussey SS & Whitehead SA. Endocrinology：An integrated approach.BIOS Scientific Publishers Ltd，1999.）

AVP 也有除调节水平衡以外的多种中枢作用，尤其是它参与了社会行为的调节，与多种精神疾病关系密切，如有研究发现自闭症儿童脑脊液中的 AVP 浓度显著低于正常对照。此外，AVP 还被发现具有镇痛作用，视上核在脑内节律性的 AVP 释放则跟机体的昼夜节律有关。

血浆渗透压变化是影响 AVP 释放的主要因素。人血浆正常渗透压约为 280 mOsm/L。当渗透压升高 5 ～ 10 mOsm/L 时，即可引起血浆 AVP 的升高。当血容量发生剧烈变化，如失血达 10% 以上时，可明显促进 AVP 的释放，这时位于血压比较低的心房、腔静脉、肺血管处的容量感受器起重要作用，而颈动脉窦和主动脉弓的高压感受器不起主要作用。此外，心理性应激、疼痛和一些药物也可引起 AVP 的释放，而酒精会抑制 AVP 释放。

（五）催产素能神经元及精氨酸血管升压素能神经元系统

产生 OXT 和 AVP 的催产素能神经元和精氨酸血管升压素能神经元胞体主要分布在 PVN 和 SON，多为大细胞，也分布于 PVN 和 SON 之间的较小副核。PVN 和 SON 大细胞分泌神经元的轴突主要投射到脑垂体后叶并在该处释放分泌物。同时，它们也形成中枢内其他脑区的神经元投射支配。在人类和啮齿动物中，大细胞分泌神经元可投射到包括中央杏仁核（CeA）、伏隔核（nucleus accumbens，NAc）、孤束核、脊髓中间内侧核和迷走运动背核等靶部位。PVN 的小细胞也可产生 AVP 和 OXT，视交叉上核的小细胞可分泌 AVP。这些小细胞分泌神经元在脑内也有广泛的神经投射。在啮齿动物中，它们向中枢投射到嗅觉系统、前额皮质、边缘系统、内嗅皮质、CeA 和内侧杏仁核（MeA）、终纹床核（BNST）、海马、外侧隔（LS）和脊髓。这与灵长类动物的小细胞投射区（包括 LS、MeA 和腹侧海马）相对应。此外，有几个下丘脑外区也表达 OXT 和 AVP。啮齿动物的 MeA、BNST、蓝斑、孤束核和背角表达 AVP，且在很大程度上与 OXT 表达相重叠。与啮齿动物类似，人类大脑中的蓝斑、背侧延髓和脊髓也表达 OXT 和 AVP。在以上的投射支配通路中，它们被神经末梢分泌后，作用到被支配神经元所表达的相应受体而产生相应生物学效应。这是 OXT 和 AVP 除作为激素发挥经典的外周调控功能外，也以神经肽 / 神经调质的身份发挥中枢调控功能（如影响社会和认知行为）的物质和结构基础。当然，这些肽能神经元也接受来自多个脑区的传入支配，并受到外周激素信号的调节。

三、下丘脑通过垂体门脉调控垂体前叶的功能

垂体门脉血管系统的发现解决了下丘脑控制垂体前叶的途径问题，接下来要回答的两个极为重要的问题则是：①下丘脑分泌了哪些能够促进或抑制垂体前叶分泌各种激素的物质；②下丘脑内的哪些区域（核团）是参与控制前叶的。

（一）下丘脑小细胞分泌神经元分泌释放激素及释放抑制激素

早在 20 世纪 50 年代，英国著名的神经解剖学家和生理学家 Harris 就提出，下丘脑产生激素或者“释放因子”，通过垂体门脉系统，影响到垂体前叶的分泌功能，从此开启了搜寻促垂体激素的工作。1969 年，Guillemin 和 Schally 先后阐明促甲状腺激素释放激素（TRH）的结构，确认其是一个三肽物质。此后，他们又先后确定了黄体生成素释放激素（LHRH）、生长抑素（somatostatin，SST）、生长激素释放激素（GHRH）的化学结构，而 Vale 等则确定了促肾上腺皮质激素释放激素（corticotropin-releasing hormone，CRH）的化学结构，这些激素都是肽类物质。Guillemin 和 Schally 因为在该领域的贡献而获得了 1979 年诺贝尔生理学或医学奖。与他们两位同获此殊荣的还有 Yallow，她因创立了放射免疫分析法，而大大促进了神经肽的研究进展。

目前已知的下丘脑促激素释放激素和释放抑制激素如表 8-2-2 所列。LHRH 既能促进 LH 的分泌，又能促进尿促卵泡素（FSH）的分泌，所以也可称之为促性腺激素释放激素（gonadotripin releasing hormone，GnRH）。泌乳素的分泌受到下丘脑分泌的多巴胺的抑制、也受到催产素和泌乳素释放肽（PrRP）的刺激。因此，多巴胺是唯一的非肽类下丘脑激素且起主要作用，而 PrRP 主要在脑内发挥作用。

（二）下丘脑的促垂体区

20 世纪 60 年代初，Halasz 提出下丘脑促垂体区（hypophysio-trophic area，HTA）的概念。他在实验中发现，如果把切下的垂体移植到同体的另一部位，则垂体前叶将逐渐萎缩而消失，但若把切下的垂体移植到下丘脑的某些部位（但不是任何部位）时，则垂体可以保持长期存活。这些下丘脑区被称为 HTA，其解剖位置在下丘脑的腹内侧部，有时也称为内侧基底下丘脑（medial basal hypothalamus，MBH），主要包括弓状核、腹内侧核、正中隆起等部位。

自从释放激素和释放抑制激素的化学结构被鉴定后，人们对下丘脑促垂体区的认识也深刻了。利用 TRH、GnRH、SST、GHRH、CRH 等的特异性抗血清，应用免疫细胞化学技术证实了下丘脑促垂体区的确是分泌释放激素和释放抑制激素的主要集中场所。但也有些新的补充，如分泌 CRH 神经元主要集中在室旁核，有部分分泌 GnRH 的神经元在内侧视前区，等等（图 8-2-6A、B）。

（三）从 CRF 到 CRH

20 世纪 50 年代，Harris 实验室就致力于寻找促肾上腺皮质激素释放因子（CRF）。1955 年加拿大学者 Saffran 就开始使用 CRF 这个名字，但未能鉴定出它的结构。26 年后，美国神经内分泌学家 Vale 等从绵羊下丘脑分离、提纯 CRF，并鉴定出 CRF 的结构为 41 个氨基酸的多肽。至此把 CRF 又称为促肾上腺皮质激素释放激素（CRH）。Guillemin 和 Schally 在追索 CRF 的过程中，还分别鉴定了

表 8-2-2 主要的下丘脑释放（抑制）激素及其作用和结构

激素	作用	结构
促甲状腺激素释放激素（TRH）	TSH、PRL ↑	封闭的三肽（pGlu-His-pro-NH_2）
促性腺激素释放激素（GnRH）	FSH、LH ↑	封闭的十肽（pGlu-···-Gly-NH_2）
生长抑素（SST）	GH ↓	14 个氨基酸的肽，第 3 与第 14 个氨基酸之间有二硫键
促肾上腺皮质激素释放激素（CRH）	ACTH ↑	41 个氨基酸的肽，其羧基端酰氨化
生长激素释放激素（GHRH）	GH ↑	44 个氨基酸的肽，其羧基端酰氨化
多巴胺（DA）	PR ↑	儿茶酚胺

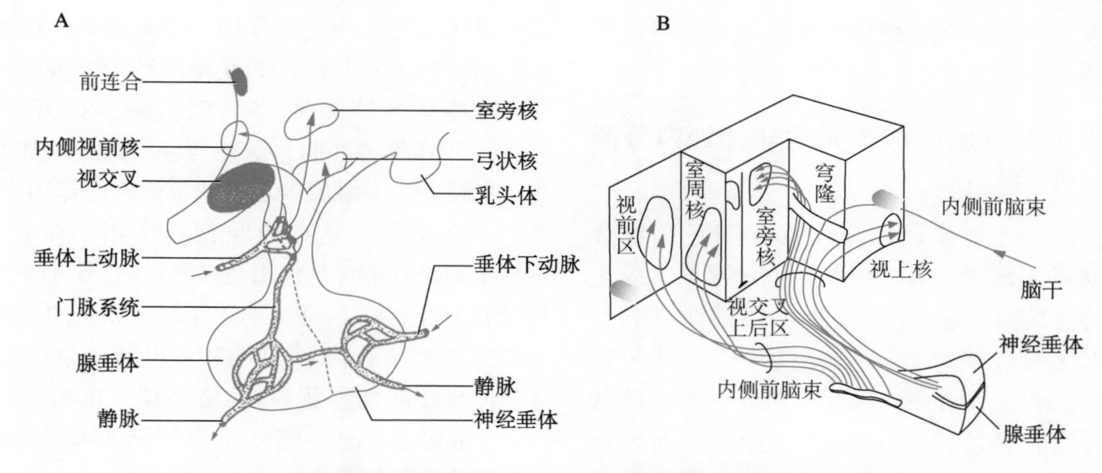

图 8-2-6　小细胞分泌神经元系统（A）及神经分泌轴突所走的途径（B）

A. 内侧视前区（含 GnRH），室周核（含 SST），室旁核（含 CRH、TRH）及弓状核（含 GHRH、DA、GABA）的神经元送其轴突至正中隆起部位的门脉血管，神经分泌即在此发生。**B.** 大细胞及小细胞分泌神经元轴突往往绕过穹隆，会聚于视交叉上后区，最后到达正中隆起及漏斗柄（引自 Everitt BJ，Hokfelt T. Neuroendocrine anatomy of th hypothalamus. Acta Neurochirurgica，1990（Suppl），47：11.）

TRH、GnRH、SST 等下丘脑激素，尤其还发现了另外两个重要的肽：神经降压素和 P 物质。

下丘脑的 CRH 神经元主要集中在室旁核的小细胞，这些细胞的纤维主要投射到正中隆起，通过垂体门脉系统调节 ACTH 的释放。在 CRH 未鉴定之前，损毁切割等实验认为管理 ACTH 的神经元在内侧基底下丘脑（MBH），但后来发现 MBH 损毁如果没有彻底切割达到颅底，下丘脑管理 ACTH 的功能就不会完全丧失，而损坏室旁核（PVH）则应激反应完全消失。后来应用 CRF1-41 抗血清作免疫细胞化学定位研究才揭示 CRH 免疫阳性神经元胞体集中在室旁核，而它们的轴突在走向正中隆起时却有一个绕弯（图 8-2-6）。所以当 MBH 损毁不彻底时，ACTH 的反应还会发生。

除了室旁核外，CRH 神经元的胞体还分布于室周核、视交叉上核、弓状核、视前核等下丘脑核团。在中枢神经系统的其他部位如新皮质、杏仁核、终纹床核、海马及脑干与自主神经系统调节有关的核团也有 CRH 神经元的分布。CRH 还可表达于外周组织如胃肠道、肾上腺、免疫器官和妊娠时的胎盘等。CRH 的作用非常广泛，已远远地超出了促进垂体前叶 ACTH 分泌的功能，它还可参与应激行为、心血管活动、免疫反应和妊娠等过程。

（四）下丘脑释放激素和释放抑制激素的受体

随着重组 DNA 技术在神经科学中的应用，下丘脑释放激素和释放抑制激素乃至多数神经肽的受体都已克隆成功。TRH、GnRH、SST、CRH、GRH 等受体都是 G 蛋白偶联的受体。除了心房肽以外，多数神经肽的受体也是 G 蛋白偶联受体。这与一些蛋白类激素如胰岛素、生长激素和泌乳素受体有所不同，它们属于酪氨酸激酶或者间接具有酪氨酸激酶活性的受体，它们激活后具有酪氨酸激酶的活性，通过磷酸化其下游的底物而引起细胞内各种反应。而心房肽受体本身具有鸟苷酸环化酶的活性，其被激活后，使细胞内 cGMP 水平升高。G 蛋白偶联受体的共同特征是受体蛋白的肽链形成 7 个跨膜区，N 端在细胞外，C 端在细胞内。N 端常有糖基化的修饰。C 端和第 5 和第 6 个跨膜区段的胞内环是受体与 G 蛋白结合部位。不同类型的 G 蛋白的效应器可能不同，所以可产生不同的第二信使或跨膜信号转导。由于与不同类型的 G 蛋白偶联，这些受体激活后，可导致不同的细胞内信号转导通路的激活。

同一下丘脑释放激素或释放抑制激素的受体可有不同的亚型，这些亚型可能是不同的基因产物。如 SST 受体至少有 5 种：sstr1 ～ sstr5，它们由不同的基因所编码。而同一亚型的受体可能有不同变异体（variant）。如二种 CRH 受体亚型都有各自的变异体，CRHR1 有 CRHR1α、CRHR1β、CRHR1γ 和 CRHR1c；CRHR2 有 CRHR2α、CRHR2β。同一受体在不同的细胞可与不同的 G 蛋白偶联，即使在同一细胞也可与多种类型 G 蛋白偶联，而激活多个细胞内信号转导通路，如 CRHR1α 既可与 Gs 蛋白偶联，也可偶联于 Gq、Go 等，可激活 cAMP-

PKA、PKC、MAPK 等多种信号通路。这使得这类激素作用既复杂又多样。

（五）下丘脑肽能神经元的非神经内分泌作用

自从 20 世纪 70 年代鉴定了多种下丘脑释放激素和释放抑制激素，并确定了它们的多肽本质之后，神经肽的研究受到了巨大推动，特别是 1975 年阿片肽的发现，使神经肽的研究达到了炙手可热的程度。许多神经肽在下丘脑均有分布，下丘脑肽能神经元所分泌的肽类可分为以下几类：①神经垂体激素，即 OXT 和 AVP；②下丘脑释放激素和释放抑制激素，已如前述；③阿片肽，包括 β- 内啡肽、甲脑啡肽、亮脑啡肽、强啡肽等；④脑肠肽如胃泌素、胆囊收缩素、胃动素、胰高血糖素等；⑤其他，如 P 物质、神经降压素、神经肽 Y 等。

前已述及，AVP、OXT 及 CRH 在脑内有着较广泛的分布和投射。此外，TRH 在中枢神经系统内也有广泛的分布，其功能意义显然不仅是促进促甲状腺激素的分泌；GnRH 有从视前区到中脑腹侧被盖区的投射；SST 有从下丘脑到黑质、蓝斑的投射。其他几类神经肽的分布和投射更为广泛与复杂。部分下丘脑小细胞肽能神经元发出向脊髓的投射，可以直接影响脊髓交感神经节前神经元的活动。现在已有证据表明，由血量变化所引起的心血管活动的变化中，下丘脑小细胞肽能神经元–脊髓投射起着重要的作用。这些神经肽的作用都属于神经递质或神经调质的作用。研究表明，神经肽还常常和经典递质共存，如蓝斑神经元内去甲肾上腺素与神经肽 Y 的共存；5-HT 神经元内还存在着 P 物质、TRH 等神经肽，这些与递质共存的神经肽往往在突触前、突触后等水平调节递质的作用。

神经肽还具有神经营养作用。在各类肽中，ACTH/MSH 的该种作用是最明显的，其他还有 CRH、TRH、SP、SST、PACAP 等。神经肽的营养作用往往与其他生长因子如 NGF、甾体激素的作用相融合；与胶质细胞及 N-CAM 所提供的机械性导向暗示（guidance cue）相融合；与靶细胞所释放的营养因子的作用相融合。

四、神经递质对神经内分泌活动的调节

当下丘脑有关脑区的神经递质含量发生变化时，可以改变大细胞分泌神经元及小细胞分泌神经元的活动，从而改变垂体内分泌活动。但在生理或实验情况下，这些递质因何而变化，则情况甚为复杂，从已知的实例中归纳有四种方式：①间接经过与下丘脑神经内分泌神经元发生突触联系的神经元而起作用；②直接通过神经内分泌神经元上的轴–体突触或轴–树突触而起作用；③作用于神经内分泌神经元上的轴–轴突触而起作用；④递质直接进入垂体门脉血液而作用于垂体内分泌细胞。

第三节 脑是激素作用的靶器官

神经内分泌的调节包括两个方面：一是脑对全身内分泌器官的控制；二是脑反过来作为被调控者，接受内分泌激素的调控。对于许多激素来讲，脑是它们十分重要的靶器官。

早在 20 世纪 70 年代，对用放射性同位素标记的雌激素、孕激素、睾酮等甾体激素进行了放射性自显影结合位点的研究，发现脑内有特定的区域可富集上述激素，在下丘脑内均发现有富集点的分布。20 世纪 80 年代末以来，随着甾体激素受体化学结构的陆续阐明，以及相应抗体的制备，其在脑内的分布得到了免疫细胞化学等方法的确证。甾体激素受体在脑内分布的事实，足以说明脑是激素作用的靶器官。

激素对脑的作用，最常见的例子莫过于甲状腺素。甲状腺激素可以促进幼年动物脑的发育与成熟，其功能低下可引起克汀病。在成年动物，甲状腺激素对神经系统的主要作用则在于易化儿茶酚胺的效应，表现为交感神经系统效应的亢进。此外，甾体激素对脑的发育、分化，以及个体的行为也有重大影响。

与此同时，肽能神经元所分泌的神经肽作为神经递质或者神经调质也深度参与了自主神经功能以及行为活动等的调节。

一、脑的性别特征由性激素所决定

众所周知，在生殖相关的个体和社会行为如求偶、配偶维系、交配、生子和养育后代等各个情境中，雌性和雄性的行为表现往往完全不同。由于行为依赖于神经系统的结构和功能，据此，有观点认为脑是一个具有性别特征的器官。典型的例子是一些鸣禽类：只有雄性会发出有节奏的鸣叫，而雌性则不会。这是因为只有雄性脑内才具备与鸣叫相关的大型核团。另外，人们推测大脑雌雄差异的一个简单原因就是雌性和雄性的身体具有客观差异。每种性别特异性的身体部分需要特异性的神经系统去控制它们，例如雄鼠有一种支持阴茎的特殊肌肉，在雄鼠脊髓中就有一小群神经元支配这些肌肉，而雌性鼠则缺乏这些肌肉和相应的神经元。不同性别的身体结构不同，因此感觉和运动神经元的分布也有不同。

（一）中枢神经系统的性别二态性

不同性别脑结构和功能的不同被称为性别二态性（sexual dimorphism）。鸣禽类动物如金丝雀，雄性和雌性发音中枢的结构有着显著不同。鸣叫的器官受舌下神经运动核支配，脑内还有管理鸣叫的核，包括纹状体、古纹状体大核、旁嗅核等，这些核团在雄性均大于雌性的相应核团。到目前为止，在大鼠和小鼠的视前区发现两个性别二态性核团。一个是前腹侧室周核（AVPV）（图 8-2-7A），雌性的 AVPV 比雄性的大且含有更多的神经元，特别是含有更多的吻肽（Kisspeptin）神经元，这些神经元在雌性鼠的卵巢激素正反馈中起关键作用以诱导排卵。另一个是视前区性别二态性核（sexually dimorphic nucleus of preoptic area，SDN-POA）。在啮齿类动物，雄鼠该核的体积比雌性大 5 ～ 8 倍（图 8-2-7B），神经元的数目也多数倍。新生的雄鼠如果受到阉割，则 SDN-POA 的体积可减小 50%。雄性大鼠的 SDN-POA 可能与配偶偏爱（partner preference）和性唤起（sexual arousal）有关。

人类的视前区也有性别二态性。已知有 4 个被称为下丘脑前部间质核（interstitial nuclei of the anterior hypothalamus，INAH）的神经元群（图 8-2-7C），有人观察到男性的 INAH-3 是女性的 2 倍。而 1991 年美国 Salk 研究所的 Le Vay 发现，同性恋男性的 INAH-3 大小与女性相似，只有非同性恋男性的一半，提示了这个核团可能与性取向有关。INAH-3 似乎类似于大鼠的 SDN-POA，但其是否真正具有性别二态性目前还有较大的争议。另外，在下丘脑之外也发现了一些结构可能具有性别二态性：有研究报道男性胼胝体的横切面积比女性大，而女性胼胝体的压部则比男性大，并更接近球形。

虽然已经发现动物和人类脑的一些结构有着性别二态性，但其意义尚不完全清楚，对这些性别二态性核的生理功能有待做进一步的研究。

（二）认知的性别二态性

人类在认知方面存在性别差异，这个思想可追溯到几千年前。现代研究表明，女性在完成词语任务方面优于男性。大约从 11 岁开始，女孩在理解和写作测试中的表现比男性稍好，这也许反映了两性脑发育的速率不同。在查阅地图、迷宫训练、数学推理等测试上，男性表现具有优势，在空间测试中男性的优势更加明显。这里需要指出的是，不是所有的实验都表现有差异，同性别个体间的差异远远大于性别间的平均差异。

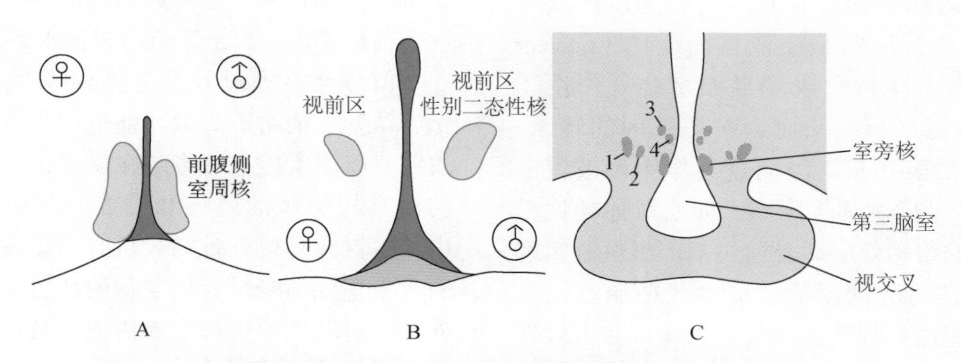

图 8-2-7　**大鼠视前区（A 和 B）及人类的视前区的性别二态性核（C）**

A. 前腹侧室周核（AVPV）在体积上表现出雌性偏大的性别差异。与雄性相比，雌性在 AVPV 中也拥有更多的吻肽神经元。**B.** 视前区性别二态性核在体积上表现出雄性偏大的性别差异。**C.** 1，2，3，4 为下丘脑前部间质核（A、B 引自 Tsukahara S，Morishita M. Sexually dimorphic formation of the preoptic area and the bed nucleus of the stria terminalis by neuroestrogens. Front Neurosci. 2020，14：797. C 引自 Bear M，Connors BW，Paradiso MA. Neuroscience：Exploring the brain. 2nd ed，2004.）

（三）性激素通过组构和激活效应而影响神经系统的性别特性

研究显示，在个体早期的发育中，性激素可以改变神经系统的结构，影响脑内神经环路，使脑具备本性别的特征。Phoenix 等把这种作用称为组构（organization）效应。鸣禽类发音中枢的性分化是性激素组构效应的一个典型例子：用睾酮、二氢睾酮处理新生的雌禽，则可使发音中枢的纹状体、古纹状体大核明显增大。哺乳类也可以找到上述组构效应的实例：在孕 16 天到出生后 10 天之间一直接受大剂量雄激素暴露的雌鼠，其 SDN-POA 体积可增大到与雄鼠的大小相似。成年去性腺鼠接受大剂量的性激素而恢复雄或雌的性行为，但不能改变 SDN-POA 的体积。

性激素通过组构效应使胚胎或新生儿脑组织产生不可逆转的变化，并使其在性成熟时产生性别固有的行为。但是为了使成熟的动物完整地体现性功能，在性活动时期又需要性激素对神经系统提供激活效应（activational effect）。例如一些雄性鸣禽的睾酮在春天达到峰值，它可使发音中枢的相关核团继续长大，并表现出求偶期间特有的长时间持续鸣叫。

二、甾体激素通过基因组和非基因组作用广泛地影响脑功能

甾体激素在神经系统中的作用途径，从分子机制上可分为经典的基因组作用（genomic effects）和快速的非基因组作用（nongenomic effects）。

基因组作用顾名思义涉及基因的表达调控，其作用相对缓慢，常常需要数小时乃至更长的潜伏期，作用持续时间也长。其基本过程为甾体激素透过细胞膜，结合位于胞质或核内受体（nuclear receptor），后者发生构象改变继而结合并作用于 DNA 分子的特定区域，从而影响靶基因的转录，改变相应蛋白的表达量。因此这类作用可被蛋白翻译和 RNA 转录抑制剂等阻断。如前所述的性激素对神经系统的组构效应即是通过基因组机制实现的，性激素对性行为的激活效应也往往通过该机制。例如，搂抱这一蛙类的性行为表现，在去势蛙接受二氢睾酮暴露后可以得到易化，其作用点在下丘脑和脊髓两个部位，且雄激素的这种易化作用潜伏期较长，并可被蛋白抑制剂放线菌酮所阻断，说明正是通过基因组机制起作用。

激素对下丘脑-垂体的反馈作用中，有许多是通过各种神经结构，如海马、杏仁核、特别是下丘脑，然后再影响到各种释放激素的分泌，这是脑作为激素靶器官的又一些实例。以糖皮质激素为例，它对 CRH 分泌的反馈抑制作用有三个时间域，即快速反应、中间反应和延迟反应，其潜伏期均需要数小时以上，提示这些作用是经过基因组机制的。体外实验也证实糖皮质激素可通过其经典的胞质受体抑制 *crh* 基因转录。

除了性激素外，其他甾体激素如糖皮质激素也能影响和改变胚胎期神经系统的结构、脑内神经环路，从而影响其成年后的行为，甚至导致疾病。在过去的十余年流行病学研究表明，孕期过多地接触糖皮质激素是小于胎龄儿（small for gestational age，SGA）发生的重要原因，而 SGA 在成年后高血压、糖尿病、神经精神疾患的发病率远远高于出生体重正常的胎儿。动物实验也显示，孕期接触糖皮质激素可以使子代成年后下丘脑-垂体-肾上腺（HPA）轴对应激产生过强反应、学习记忆能力下降、焦虑易感等。妊娠期间，母体处于应激状态，也可导致类似的效应。由此看来胚胎期过早或过多地接触糖皮质激素对脑以及其他组织产生永久的影响，并留下了“烙印”，重新编排成年期 HPA 轴反应、神经系统的高级功能，甚至疾病等。糖皮质激素的这种作用被称为印记（imprinting）和编程（programming）作用。糖皮质激素对神经系统的印记和编程作用可能是因为改变了脑的结构，其中受影响最显著的是海马。在恒河猴上的实验发现，孕期注射地塞米松，其子代海马内锥体细胞和苔藓纤维数目显著地减少且海马结构比正常减小约 10%。糖皮质激素对行为和 HPA 轴的编程作用，除通过影响海马结构外，也可通过影响脑内神经递质的浓度、各种受体、离子通道的表达水平而实现。

甾体激素通过经典基因组作用对脑的学习记忆、认知、情绪等高级功能也产生重要影响。研究表明，雌激素能显著影响在学习记忆中起重要作用的海马树突棘的诱导和形成。在动情周期的 5 天中，雌鼠海马树突棘的数目有明显波动，当雌激素的水平达到高峰时，树突棘的数目也达到高峰。此外，注射雌二醇也可增加树突棘数目，且新的树突棘似乎含有更多的 NMDA 受体，这可能与其增强海马 LTP 的作用有关。

对糖皮质激素在脑认知中所起的作用，学界一直以来存有争议：一种观点认为它是认知过程所

必需的因素；相反，也有证据提示其对认知功能可以造成损害。糖皮质激素既可与糖皮质激素受体（GR）结合，也可与盐皮质激素受体（MR）结合。糖皮质激素与 MR 的亲和力甚至高于 GR，是 GR 的 10 倍。因此低浓度的糖皮质激素首先与 MR 结合，高浓度糖皮质激素再与 GR 结合。在一些脑区如海马，这两种受体均有分布。用 Morris 水迷宫测试大鼠学习记忆功能时发现，MR 似乎是与获取新信息或任务有关，而 GR 似乎与学习的巩固过程有关。但 MR 与 GR 在学习记忆中的作用与测试的任务内容密切相关。在一些测试任务中，糖皮质激素是加强学习记忆，而在另一个测试实验则表现为对学习记忆有损害作用，这可能是因为 MR 和 GR 在不同学习任务中作用的阶段不同。糖皮质激素对认知的作用还可能与 MR 和 GR 两者的水平及其与配体的结合率有关。在无糖皮质激素作用时（肾上腺摘除）以及高浓度的糖皮质激素将 GR 和 MR 均占有时，均可损害认知功能。因此，de Kloet 等提出了 GR、MR 介导作用的平衡学说，如果这两种受体平衡作用被打破，可能导致功能紊乱和认知障碍发生。

除了经典基因组作用外，糖皮质激素等甾体激素对神经细胞还有在时间上快速，并对转录和翻译抑制剂不敏感的作用，被称为非基因组作用，详见第 8 篇第 4 章。

第四节　神经内分泌反应与其他神经反应及行为的整合

机体任何一个有意义的反应都不是孤立进行的，神经内分泌反应也不例外。通常神经内分泌反应与机体的自主神经反应是伴随的，它往往是整个机体行为反应的一部分。早在 20 世纪 20 年代，Bard 发现，切去前脑及丘脑但保留下丘脑的猫会表现“假怒”，轻轻地触动它，它会露齿、发出嘶嘶声、伸爪、竖毛；同时伴有心率加快、血压升高、肾上腺分泌增多。如果把下丘脑切去，则“假怒”现象消失；但刺激中脑中央灰质等部位，还是可以引起一些零星的“假怒”表现，不过不像保留下丘脑“假怒”那样完整。“假怒”现象被看成是情绪反应的一个原型。根据许多临床病理资料以及神经解剖学的知识，Papez 提出了情绪环路学说，他认为，属于这一环路任何一处损害的人均可能出现情绪障碍。这个环路包括以下结构：海马—穹隆—乳头体—丘脑—扣带回—海马。后来其他作者又增补了环路中的新环节，但所有结构都属于下丘脑与边缘系统的范围内，而这些脑结构正是与自主神经功能和神经内分泌调节有关的。神经内分泌反应与其他神经反应及行为的整合是一个广泛的命题，下面所述仅是几个重要的或近年来进展较多的话题。

一、应激反应与战斗或逃跑反应

Bernard 认为，外环境变化时，机体通过适应（adaptation）以求稳定其内环境（milieu interieur）。应激学说认为，应激源（stressor）作用于机体引起应激反应（stress response），这是机体受到各种过强或有害刺激后产生的可使其增强抵抗力和适应性的非特异性反应。以垂体-肾上腺活动的增强为其主要特征。Cannon 发展了 Bernard 的理论，提出了稳态的概念。他和 dela Paz 发现：让猫受到惊吓，处于“紧急”（emergency）状态时，肾上腺释放大量的肾上腺素进入血液。Cannon 称此为“战斗”或“逃跑”反应，认为交感神经-肾上腺髓质系统在维持稳态中起重要作用。不难看出，Selye 的应激反应与 Cannon 的战斗或逃跑反应事实上是一个事物的两个方面。因此应激反应是机体受到强烈刺激后发生的，以交感-肾上腺髓质及垂体-肾上腺皮质的功能增强为主要特征的非特异性适应反应。

应激源可以大致分为两类。一类是系统性或者生理应激源如注射细胞因子、盐负荷、失血、肾上腺切除、饥饿等；另一类是神经源性、情绪性或心理性应激。在人类，特别重要的是社会-心理因素引起的心理应激（psychic stress）。对个体生存的认识上的威胁、个人的需要得不到满足以及客观要求和本人能力之间的不平衡等均可成为心理应激的原因。20 世纪 60 年代以前，应激的研究对象主要是躯体应激，如运动、创伤等；而 70 年代以来，研究的重点越来越转向心理应激。不同的应激源传入中枢的路径不同。系统性或生理性应激源中从内脏而来的传入要经过孤束核或脑干其他核团，然后再传入下丘脑；血液中的化学物质变化的应激源则先通过室周器官，再传入脑干、下丘脑。而神经源性、心理性应激源的传入通路除上述外，还要增加躯体感觉的传入，以及来自认知、情感等中枢的传入。

从近几十年的大量研究可以充分看出，应激反应是一个十分复杂的反应。在激素方面，几乎牵动了体内多数的重要激素。因此，虽然应激激素最早是指肾上腺素和肾上腺皮质激素，但很快 CRH 和 ACTH 也被增列进去，随着研究进展，应激激素的名单也不断扩充：生长激素、泌乳素、阿片肽、血管升压素、催产素、胰高血糖素等。在中枢调节方面，CRH 的释放受到多因素的调节。反馈抑制 ACTH 的过程是多时间域、多环节的。在交感-肾上腺髓质与垂体-肾上腺皮质两个系统之间，又是相互影响、相互协调的。

二、能量平衡与下丘脑神经回路

下丘脑是机体能量平衡的调控中枢。机体的体重和脂肪含量往往会在一段时间内保持相对稳定，这是由于被称为能量稳态的生物过程通过下丘脑精确协调了能量的摄入和消耗而实现的，从而使体内的脂肪储存保持稳定。在能量过剩或正能量平衡状态（例如，过度喂食导致短期体重增加时），下丘脑会抑制食物摄入欲望、刺激能量消耗和脂肪动员利用，从而限制体重的进一步增加。相反，在负能量平衡状态（例如，长期禁食或热量限制导致体重减轻时），下丘脑会增加食物摄入量欲望，同时减少能量消耗和脂肪动员，促进脂肪储存恢复，限制体重的进一步减轻。总之，下丘脑能感知和整合有关长期能量存储和短期能量动员的各种激素，整合自主神经和营养的信号，对能量动态平衡进行调节，从而在能量稳态中发挥着中枢调控的关键作用。

（一）瘦素与下丘脑摄食调节

近年来的研究发现，能量储备组织——脂肪可与下丘脑的摄食中枢之间通过一些神经内分泌反应发生交叉对话，以调节摄食行为和能量代谢的稳定。

1. 摄食调节的负反馈激素 有两种激素可为脑提供能量存储相关的负反馈：胰岛素（insulin）和瘦素（leptin），前者由胰岛 β 细胞分泌，后者主要由脂肪细胞分泌，且循环中的含量与体内脂肪储存量成正比例增加。在负能量平衡的情况下，例如禁食和（或）体重不断减轻，血浆胰岛素和瘦素水平降低。此外，瘦素和胰岛素按其血浆水平的比例进入中枢神经系统，它们作用于调节能量摄入和能量消耗的关键脑区域的受体。脑内瘦素或胰岛素增加会通过各自神经元受体信号通路，最终降低食欲并导致体重减轻。反之，激素缺乏时或它们的相应通路活性受到抑制，出现食欲亢进和肥胖。然而，瘦素作为肥胖相关信号，似乎起主要作用。

2. 瘦素的发现 体脂与摄食行为之间的相互联系提示了在脂肪组织和脑之间一定存在某种信息交流。20 世纪 50 年代，Ingalls 的研究发现一种品系的遗传性肥胖小鼠是由一个特定基因突变而引起的，遂将此基因命名为肥胖基因（obese gene，*ob* gene）。这个品系的小鼠也命名为 *ob/ob* 小鼠。后来 Coleman 等推测，由 *ob* 基因编码的蛋白质是一种激素，该激素能告知脑有关机体全身脂肪的储备状态。随后的研究集中在由 *ob* 基因编码的蛋白质上。1994 年 Rockefeller 大学 Jeffrey Friedman 领导的实验小组最终分离出这种蛋白，并将其命名为瘦素。瘦素的受体在脑区广泛分布，尤其富集于下丘脑弓状核与腹内侧核。通过作用于这些受体，瘦素发挥其抑制摄食和产生饱腹感的作用，由此调节体重。

（二）调节能量平衡的下丘脑神经回路

作为控制能量稳态的关键区域，下丘脑不同区域的损毁可显示出对食物摄入和体重的严重干扰（食欲亢进和肥胖，或食物摄入减少和体重减轻，取决于下丘脑损毁的特定区域），而对相同脑区域进行电刺激引起神经元兴奋后则产生与损毁相反的效果。这些开创性研究引起了关于不同下丘脑区域在控制能量平衡中的作用可验证的假设，早期的神经科学技术缺乏分析机制的特异性、精确度以及时间可控性。近年来，新的神经科学技术迅速发展（详见第 1 篇），使人们对调节进食的神经回路有了更深入的了解（图 8-2-8）。这些进展包括将小鼠遗传学与光遗传学（optogenetics）和化学遗传学（例如，由设计药物专一激活设计受体，designer receptors exclusively activated by designer drugs，DREADDs）技术相结合。光遗传学和化学遗传学是分别利用光和药物，在清醒且自由生活小鼠，激活或抑制特定种类神经元的活动。此外，利用纤维光度法（fiber photometry）可对如何调节这些神经元进行更深入的了解，该系统使用遗传编码的钙指示剂来记录自由活动的动物中遗传定义的神经元亚群的活性。最近，有几个研究小组应用单细胞核糖核酸测序（single cell RNA sequencing）对下丘脑核团的分子确定的神经元亚型进行分类，并结合 RNA 荧光原位杂交（RNA fluorescent in situ hybridization，

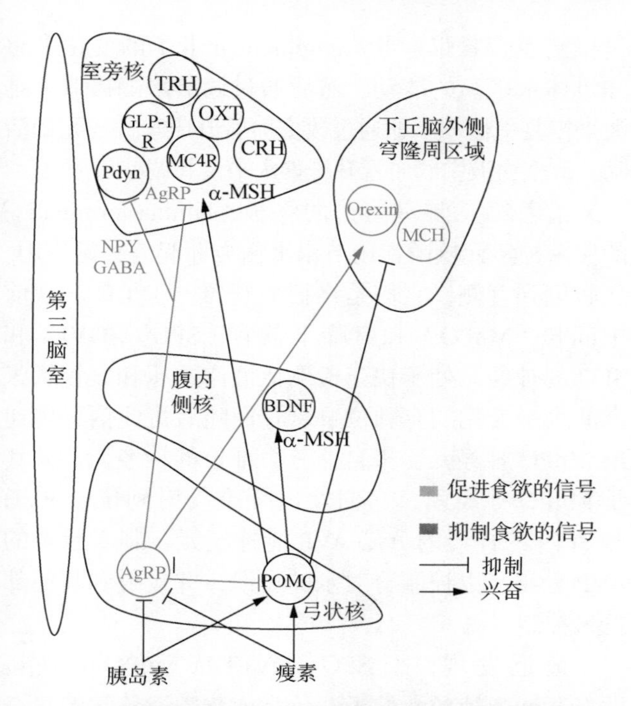

图 8-2-8　**瘦素和胰岛素在下丘脑调节能量平衡的神经回路**
AgRP，刺鼠基因相关蛋白；POMC，阿黑皮质素原；NPY，神经肽 Y；GABA，γ 氨基丁酸；α-MSH，α- 黑色素细胞刺激素；MC4R，促黑激素受体亚型 4；BDNF，脑源性神经生长因子；Pdyn，前强啡肽；GLP-1R，胰高血糖素样肽 -1 受体；TRH，促甲状腺激素释放激素；OXT，催产素；CRH，促肾上腺皮质激素释放激素；Orexin，食欲素；MCH，黑色素浓集素

FISH）技术，为分子确定的神经元亚型进行定位。同时结合活性标记物的成像，研究了不同行为中多种神经元亚型的活性。活性标记物可以是即早基因（immediate early genes）（如 *cFos*），也可以是钙指示剂（如 GCaMP6）。这里重点介绍几个在能量平衡调节中起关键作用的下丘脑核团。

1. 弓状核　弓状核（arcuate nucleus of the hypothalamus，ARH）位于第三脑室底部和正中隆起附近，其有两个截然不同的神经元群体，它们对激素和营养相关的信号作出响应，对食物摄入和能量消耗产生相反的作用。一个是表达阿黑皮素原（proopiomelanocortin，POMC）的神经元群体。POMC 前体肽分解成为黑色素细胞刺激素（分泌 α、β 和 γ-MSH）、促肾上腺皮质激素（ACTH）和 β- 内啡肽。在人类和动物，α-MSH 和 β-MSH 作用在促黑激素受体亚型 3 和 4（MC3R/MC4R），这些受体在 ARH，LH，DMH 和 PVH 特别丰富。α-MSH 从轴突末梢释放后，可结合并激活 VMH 和 PVH 下游的促黑激素受体（MC3R/MC4R），抑制食物摄入并增加能量消耗，从而促进体重减轻。另一个是与 ARH 中 POMC 神经元相邻的表达刺鼠基因相关蛋白（agouti gene-related peptide，AgRP）神经元群体。它共表达神经肽 Y（NPY）、AgRP 以及抑制性神经递质 γ- 氨基丁酸（GABA）（称为 NPY/AgRP 神经元）。NPY 通过其 Y1 和 Y5 受体迅速（数分钟内）增加食物摄入。共分泌的 AgRP 是 MC3R/MC4R 的反向激动剂，可通过直接与 α-MSH 竞争结合而降低黑皮质素信号传导。与 POMC 神经元受到瘦素和胰岛素兴奋不同，NPY/AgRP 神经元则受到瘦素和胰岛素抑制，并被生长素释放肽（ghrelin）激活。另外，NPY/AgRP 神经元还直接通过释放 GABA 来抑制 POMC 神经元。最近的光遗传学研究表明，NPY 和 GABA 均介导了与 NPY/AgRP 神经元激活相关的快速食物摄入，而 AgRP 作用于促黑激素受体则与食物摄取的缓慢持续增加有关。与 NPY 和 GABA 快速作用对应，弓状核有一群表达囊泡谷氨酸转运体 2（vesicular glutamate transporter 2，VGLUT 2）的谷氨酸能神经元的激活可快速引起饱腹感，它作用于 PVH 的 MC4R 神经元，这一作用同时得到 POMC 神经元释放的 α-MSH 加强。

2. 室旁核　损毁 ARH 投射到的双侧室旁核（PVH）会引起食欲亢进和肥胖，而对该脑区的电刺激会抑制食物摄入。此外，PVH 中 NPY/AgRP 末梢的激活模仿了 ARH 中细胞体激活所观察到的进食。这种作用归因于 NPY/AgRP GABA 对 PVH 神经元的抑制作用，因为 PVH 神经元的化学遗传学激活反过来会减少食物摄入并减弱上游 NPY/AgRP 神经元激活的食欲亢进的影响，提示 PVH 神经元的生理作用是作为 ARH 神经元的下游起作用来限制食物摄入和体重增加。PVH 不仅从 NPY/AgRP 和 POMC 神经元中接受密集的神经支配，而且还含有密集的 MC3R/MC4R 神经元群体。将 MC4R 激动剂直接注射到脑内 PVN 中可减少食物摄入，在 MC4R 敲除小鼠的 PVN 中选择性地重新表达 MC4R 使其食欲亢进恢复正常化。另外，由 PVH 神经元表达的多个不同的神经肽也可能参与了能量平衡的调节。最近的研究表明胰高血糖素样肽 1 受体神经元（GLP-1R）以及不表达 MC4R 的前强啡肽（Pdyn）神经元和 MC4R 神经元一样在体重的长期调节中起关键作用。

3. 腹内侧核　早期的研究发现位于 ARH 背外侧的腹内侧核（VMH）的损毁会导致食欲亢进和肥胖。相反，对 VMH 的电刺激会减少食物摄入（研究人员因此将 VMH 描述为脑的“饱中枢”）。由于

VMH 表达瘦素受体，并且瘦素激活该脑区域的神经元，因此 VMH 成为介导瘦素抑制食欲作用的关键大脑区域。在 VMH 中，表达脑源性神经营养因子（brain-derived neurotrophic factor，BDNF）的神经元也与能量平衡调节有关。BDNF 神经元被瘦素激活，并受营养状态和来自黑皮质素信号传导的输入调节，因为在 MC4R 缺失小鼠和禁食期间 BDNF 的 VMH 表达显著降低，此与减少的黑皮质素信号传导有关（由于 NPY/AgRP 激活和 POMC 神经元抑制的联合作用）。而且，破坏 BDNF 信号传导而导致功能丧失的突变也可引起人和小鼠的严重肥胖。

4. 下丘脑外侧 与 VMH 的“饱中枢”相反，下丘脑外侧（LH）传统上被称为“饥饿中枢”，因为 LH 的损毁会导致严重的食欲低下和体重减轻，而电刺激会增加食物摄入和食物奖赏。在 LH 中，至少有两个不同的神经元群体促进进食，一个群体表达神经肽黑色素浓集素（melanin-concentrating hormone，MCH），另一个表达食欲素（orexin）（也称为下丘脑泌素，hypocretin）。这两个神经元群体都是促进食欲的，因为中枢给予 MCH 或食欲肽可驱动进食。POMC 神经元与 NPY/AgRP 神经元与下丘脑外侧核都有直接的纤维联系，但它们的作用相反。POMC 神经元作用于 LH 抑制摄食行为，而 NPY/AgRP 神经元则促进摄食行为。尽管缺乏 MCH 的小鼠表现为食欲低下和体重减轻，但食欲素和 MCH 除在能量稳态和摄食行为中的作用外，这些神经元还涉及除进食外多种行为。例如，下丘脑外侧的 MCH 和 orexin 神经元群体在睡眠-觉醒周期的不同阶段被激活，脑内食欲素缺乏或食欲素受体功能的缺失，可能导致发作性嗜睡病（narcolepsy），这是一种以昼夜节律紊乱和白天突然入睡为特征的睡眠障碍，这表明食欲素信号传导在睡眠和进食中均起作用。

三、血管紧张素通过穹隆下器官参与的水和钠平衡调节回路

钠离子是体液如血浆和脑脊液的主要阳离子，是渗透压的主要决定者。体液中的钠离子在脑中不断被检测并维持在正常生理范围内。中枢的体液状况检测是通过穹隆下器官感知来介导的。

（一）水平衡和渴

大脑首先通过检测血液渗透压的变化，其次通过检测血管紧张素Ⅱ（angiotensin Ⅱ）的变化来感知机体水平衡的波动。然后通过调节水的摄取和排泄来恢复平衡——即通过改变血管升压素神经元的活动，改变血液中的血管升压素水平，并调节口渴。

沿着第三脑室前壁的终板（lamina terminalis）的三个神经元核团在调节水平衡方面起着关键作用。从腹侧到背侧，它们是终板血管器（OVLT）、视前中间核（MnPO）和穹隆下器官（SFO）。OVLT 和 SFO 的神经元处于快速检测血液渗透压和血管紧张素Ⅱ水平变化的有利位置，它们随后将此信息传递给 MnPO 神经元。来自这三个部位的神经元，尤其是 MnPO 神经元，它们发出纤维投射到位于 PVH 和 SON 的神经内分泌 AVP 能神经元，刺激后者的 AVP 分泌，以控制肾对水的排泄，并投射到其他部位来控制口渴。

最近发现，对 SFO、OVLT 或 MnPO 中兴奋性谷氨酸能神经元的光遗传学或化学遗传学的兴奋性刺激，能够非常迅速地驱动强烈的吞饮。兴奋的 SFO 和 OVLT 神经元将渗透压信息传递给 MnPO 神经元，由这些 MnPO 神经元在很大程度上负责引起口渴。MnPO 下游的引起口渴的神经元分布于室旁核、外侧下丘脑或丘脑室旁核（paraventricular thalamus）。研究还表明，激活促进口渴的神经元会产生一种厌恶状态，终止这种“坏感觉”是干渴的主要动机。另外，除了受系统性渗透性调控外，渗透压激活的解渴神经元和血管升压素神经元，很像促进饥饿的 AgRP 神经元，还迅速受到预测水平衡变化的前馈（feed-forward）线索的调控。如同饥饿小鼠接触到食物，AgRP 神经元活动在数秒内快速下降。脱水小鼠接触到水，数秒内 SFO、MnPO 解渴神经元和血管升压素神经元活性也快速下降。相反，摄取高渗透压的食物，解渴神经元和血管升压素神经元活性在血液渗透压增加之前可快速增加。

（二）钠平衡和盐食欲

由于钠离子与神经元和肌肉兴奋性相关，所以钠对生存至关重要。当钠缺乏时，有效的循环血量下降，肾产生肾素，血管紧张素Ⅱ水平增加，以及肾上腺分泌醛固酮。血管紧张素Ⅱ和醛固酮，在脑和肾协同工作，减少钠排泄和刺激盐食欲。

导致盐食欲的机制尚未知，但有两种神经元参与其中：一种是 SFO 神经元，另一种是孤束核（NTS）中的醛固酮察觉神经元。醛固酮察觉神经元表达 11- 羟基类固醇脱氢酶 2（HSD2），此酶可

防止糖皮质激素激活盐皮质激素受体。通过跟踪 c-fos 的表达，发现这些 NTS^{HSD2} 神经元的活动，可反映钠的缺乏。

最近发现 SFO 神经元（特别是表达血管紧张素Ⅱ受体的 SFO 神经元）促进盐食欲，它们通过投射到终纹床核的腹外侧区（vlBNST）来刺激盐食欲。通过光遗传学或化学遗传学兴奋性刺激 NTS^{HSD2} 神经元可引起盐食欲，而抑制或去除这些神经元会降低盐食欲。NTS^{HSD2} 神经元，如 SFO 神经元，也通过投射到 vlBNST 来调节盐食欲。由此 NTS^{HSD2} 神经元协同血管紧张素Ⅱ可能作用于 SFO 神经元快速诱导盐食欲。因此，SFO 血管紧张素Ⅱ察觉神经元和 NTS 醛固酮察觉神经元会聚在 vlBNST 神经元上，为长期血管紧张素Ⅱ - 醛固酮的盐食欲的"协同假说"提供了回路基础。

四、催产素与动物社会行为

从 1970 年代晚期开始，药理学研究揭示 OXT 不仅在分娩和喂奶时起作用，而且可以协调一系列母性行为变化，这些行为对于后代的生存是必需的。从那时开始逐渐认识到，OXT 系统与社会认知、社会学习和记忆、社会奖赏、依恋形成、性行为、父母照料和攻击行为有关。

北美大草原田鼠（prairie voles；*Microtus ochrogaster*）已成为研究 OXT 和 AVP 在配对结合（pair-bonding）等社会行为中作用的重要动物模型。这种田鼠是一种高度社会化的、一夫一妻制的啮齿动物，它表现出持久的配对结合。对配对结合的现象，即对特定伴侣的选择性偏好，只能在 ±4% 的哺乳动物物种中发现。结对的大草原田鼠通常会表现出对不熟悉的同类（conspecfics）选择性的攻击；双亲照顾，包括父性行为（paternal behavior）和照顾非亲生（alloparental）幼崽的行为；避免乱伦；家庭群体内成年个体之间的生殖抑制。

有证据显示脑中 OXT 和 AVP 在配对结合中均具重要作用，特别是在雌性大草原田鼠中。发现某些脑区 OXTR 和 AVPR 的表达呈现出物种依赖性差异，这构成了一夫一妻制的神经解剖学基础。与相对无社会、非一夫一妻制的田鼠物种（如山区田鼠）相比，雌性和雄性大草原田鼠的伏隔核和尾核-壳核的 OXTR 密度更高，此外，AVPR 亚型 V1AR 在内侧杏仁核、腹侧苍白球和背内侧丘脑的表达也处于更高水平。这就提示，OXTR 和 AVPR 在上述脑区的表达差异，很可能是社会亲密和亲和行为（affiliative behavior）物种差异的重要进化机制。研究发现，在没有事先交配的雌性大草原田鼠脑室给予 OXT 可诱导伴侣偏好（partner preference）形成，而在雌性或雄性大草原田鼠伏隔核给予 OXTR 拮抗剂则会阻碍交配诱导的伴侣偏好形成。另一方面，通过腺相关病毒介导的 RNA 干扰技术发现，局部干扰雌性大草原田鼠伏隔核 OXTR 表达可以显著减少其照顾非亲生幼崽的行为并阻碍伴侣偏好形成；反之，利用病毒载体过表达 OXTR，则可以加速其伴侣偏好形成。而且，同样脑区的 AVPR 过表达还可以使本来为非一夫一妻制的雄性山区田鼠表现出类似一夫一妻制的伴侣偏好形成。大量关于大草原田鼠雌性和雄性配对结合行为中 OXT 和 AVP 及其受体的作用研究表明，OXT 对于雌性配对结合至关重要，并在雄性的配对结合中也起着关键作用；而 AVP 则对雄性照顾非亲生幼崽行为和伴侣偏好至关重要。

值得注意的是，上述与伴侣偏好和配对结合行为密切相关的脑区，也就是高表达 OXTR 和 AVPR 的脑区，正好也是大脑的奖赏中枢所在。一些事实表明，交配、亲和以及伴侣偏好与奖赏有关，且 OXT 有助于条件性奖赏的学习，这对进一步解释动物一夫一妻制等社会行为的内在神经机制具有重要提示。

总之，对大草原田鼠有关社会一夫一妻制生殖策略、社会亲密的中断、社会隔离和社会性缓冲（social buffering）等行为的研究，有助于对人类社会交往的研究。研究大草原田鼠社会行为的神经生物学，可以进一步了解人类社会亲和、心理障碍的变化以及对健康的总体影响。

第五节　内环境稳态与节律性活动

内环境稳态的维持需要一定形式的节律性活动。内环境稳态实际上是指机体的功能在一定范围的波动平衡，但并非完全一成不变。事实上机体内部的神经活动时刻在波动着，下丘脑-垂体-靶腺轴内的反馈调节就最好地说明了这一点。

按时程长短来分，机体内的活动节律有：年

(circannual)节律、月节律(circalunar)、昼夜(circadian)节律，以及周期短于 24 h 的超短(ultradian)节律，如近小时(circhoral)节律。

一、视交叉上核、松果腺与神经内分泌节律

(一)视交叉上核

视交叉上核(suprachiasmatic nucleus，SCN)是下丘脑前部的一对小细胞神经核团，位于视交叉上方。小鼠 SCN 含有约 2 万个神经元。切除仓鼠双侧 SCN 可以消除饮水、运动、进食和血液肾上腺皮质激素水平等的昼夜节律性变动。给仓鼠移植一个新的 SCN 可以在 2 ～ 4 周内恢复节律。说明 SCN 是一个具有节律起步功能的起搏器。SCN 能够与光照同步运转，它的神经结构基础是视网膜–下丘脑束。此束发源于视网膜一组特异的神经节细胞，其轴突在视束中行走，直接终止于 SCN。此外，SCN 神经元与松果腺可分别同步化现在已知广泛分布在脑和身体其他部位细胞中的时钟，深刻地影响新陈代谢和与生殖相关的季节性节律。

在原位显微手术分离后或离体下丘脑脑片的 SCN 中，SCN 神经元的电生理活动依然能保持昼夜节律，说明 SCN 包含一种内在的时钟振荡机制。单个 SCN 神经元具有独立的电生理节律，白天具有更高频率的活动，白天活动增加与膜电位去极化有关，夜间膜电位超极化则使活动降低。SCN 包含几种神经元群，可表达不同的神经肽，特别是血管活性肠肽(VIP)和胃泌素释放肽(GRP)分布在 SCN 核心部神经元中，它们接收视网膜的神经输入。SCN 壳部的 AVP 神经元，具有更强烈的节律性并向大脑投射，SCN 神经元还表达 GABA 和时钟基因(clock genes)，这些时钟基因表达的昼夜节律变动是时钟功能所必需的。

1971 年，Konopka 和 Benzer 在果蝇中发现 *period* 基因突变会改变生物钟，其后的一系列研究表明，昼夜节律在单细胞中存在，由蛋白质本身的功能及它们与之相互作用形成反馈，即在多种物种中发现，昼夜节律实际上是一种基于时钟基因表达的分子循环。1997 年 Takahashi 等克隆了小鼠的 *clock* 基因，并证实蛋白质 Clock 为转录因子。其功能是与 Bmal1 形成异源二聚体，以驱动周期(*per*)基因的表达，而 Per 蛋白反过来自动抑制 *per* 基因的转录，形成负反馈环路；隐色基因(*cry*)也很重要，且像 *per* 一样被调节。这些蛋白质通过 E- 盒增强子元件作用于靶基因：Clock/Bmal1 激活，而 Per/Cry 抑制靶基因表达。这些相互作用每天缓慢地发展：在早晨 Clock/Bmal1 激活 *per* 和 *cry* 基因转录，产生 Per/Cry 蛋白，后者和 Clock/Bmal1 作用相反，使 *per/cry* 基因转录减少，这些蛋白质最后降解。然后新的振荡反馈周期又开始。体外用生物发光和荧光标记这些蛋白质，这些 SCN 节律活动波可被观察到，整个循环大约需要 24 h，是一个生理性昼夜节律。

(二)松果腺

松果腺(pineal gland)，也称松果体，位置靠近第三脑室顶，它与丘脑髓纹、缰三角、缰联合等构成上丘脑。松果腺受来自颈上交感神经节后纤维的神经输入，交感神经末梢分泌的去甲肾上腺素作用于松果腺细胞上的 β 受体。松果腺产生的物质主要是褪黑素(melatonin)。褪黑素分泌在黑夜时增多，而光照下减少，切断支配松果腺的交感神经或用药物阻断 β 受体后，光照就不再引起褪黑素的降低。

褪黑素可对抗性腺激素的作用。仓鼠在长日光照时有生殖能力，在短日光照(光照周期少于 12 h)时由于褪黑素的变化，可引起雄性动物睾丸退化，雌性动物动情周期中止。去除松果腺或颈上交感神经节能阻止这种退化。褪黑素的这一功能在成年鼠至少部分是直接通过中枢的，因为向垂体门脉血液中灌注褪黑素没有效应。除影响生殖外，褪黑素还作用于下丘脑 SCN，可能调节 SCN 的节律。实验证明，SCN 神经元上有褪黑素的受体，褪黑激素通过开放钾通道引起神经元的超激化产生抑制作用。此外，褪黑素还能抑制肾上腺皮质、甲状腺、胰岛等内分泌腺的分泌。

光照影响下丘脑及松果腺的内分泌功能，主要与视网膜通路有关。SCN 接受视网膜的传入影响后，它的传出可投射到下丘脑的室周区、结节区和前区，这些都是下丘脑控制垂体活动的重要脑区。由下丘脑发出的下行投射可能从室旁核出发到达脊髓侧柱的交感节前神经元。

二、下丘脑–垂体–肾上腺轴节律

(一)下丘脑–垂体–肾上腺(HPA)轴和视交叉上核

到 20 世纪 60 年代，经典的损毁研究揭示了通过不同的视觉通路，昼夜节律和季节性节律对行为

和神经内分泌功能（尤其对松果腺的）产生影响至关重要。视网膜信息可输入到视交叉上核（SCN），影响 HPA 轴明显的日间节律，用电解质损毁 SCN 可抑制大鼠肾上腺糖皮质激素含量日间的高峰。夜行动物的糖皮质激素分泌高峰发生在天黑前，而人类则是在早晨，因此，夜行和日间活动的物种，HPA 的活动存在着 180° 相位差异。但这不是 SCN 神经元活性的相位差异的结果，因为在光照期间，它们的活性一直都较高，而是与 SCN 输出的不同连接有关。因此，SCN 神经元，特别是 SCN 外壳中的 AVP 神经元，投射到下丘脑，间接作用于 PVN 的神经内分泌小细胞 CRH 能神经元，并在光照期间活跃活动，为 HPA 轴功能中的昼夜节律提供了基础：在夜行物种，SCN 血管升压素能神经元的作用是间接通过 GABA 能神经元抑制 CRH 神经元，而在日行物种，则是通过谷氨酸能神经元间接兴奋 CRH 能神经元。

（二）HPA 轴超短节律

对不同时间 ACTH 和糖皮质激素循环浓度变化的精细分辨揭示其分泌方式为超短节律，以近 60 min 间隔产生分泌高峰；糖皮质激素浓度的每个峰值之前先出现 ACTH 分泌的高峰，以驱动前者。ACTH 和糖皮质分泌的日间节律叠加在超短模式上，因此，对于夜间大鼠，由于在光照期末的 CRH 增加，以及此时 ACTH 的分泌，超短节律峰值的幅度最大。然而，超短模式不涉及 SCN 或 CRH 分泌的变化，虽然需要基础的 CRH 分泌驱动。相反，超短节律的产生是由于 ACTH 对肾上腺糖皮质激素合成前馈作用，以及糖皮质激素对垂体前叶促肾上腺皮质细胞的负反馈作用的延迟。

（三）糖皮质激素脉冲释放的意义

垂体-肾上腺皮质超短节律的功能意义有个两方面：一方面，在超短节律高峰的初期对紧张刺激的敏感性较高，在峰值后降低，这提供了过滤轻微刺激的机制；另一方面，糖皮质激素水平的超短节律性变化不仅在脑且在外周都可检测到，通过糖皮质激素受体（GR）而不是盐皮质激素受体（MR）介导，这个节律性变化会影响糖皮质激素对基因表达作用的分子动力学。在垂体前叶，超短节律的糖皮质激素高峰之后出现瞬间的 GR 波，短暂结合特定基因的调控元件，进而增加基因的瞬间表达，并产生新合成的 mRNA；有些基因（例如，垂体前叶的 *pomc*）则被抑制。在海马中，GR 激活 / 失活跟随糖皮质激素的超短节律周期变化，但在前额叶皮质，超短节律的糖皮质激素脉冲对基因表达的影响比垂体前叶更为持久。

三、生殖神经内分泌节律

（一）促性腺激素释放激素（GnRH）神经元

GnRH 神经元属下丘脑神经元，它充当哺乳动物调节生殖神经回路的最终输出途径。GnRH 神经元有一个独特的发育起源——产生于嗅觉基板，它们迁移到视前区。这些神经元分布很分散，大多数神经元长距离投射到正中隆起。在那里以脉冲式方式释放 GnRH 进入垂体门脉系统。在小鼠和大鼠，GnRH 的投射有一个有趣的特点，它们既接受突触传入，又可产生动作电位，冲动可传递到正中隆起的突触末梢。对于这个具有轴突和树突功能结构的尾侧突起，Herbison 称其为树轴突起（dendron）。

（二）下丘脑弓状核的脉冲发生器与 GnRH 的脉冲式释放

以短的间隔多次抽取血液样品测定羊和猴的血液中的 LH 以及垂体门脉血中的 GnRH，发现 LH 和 GnRH 呈时间一致、近小时地节律性波动。还有，同时多单位记录雌性猕猴弓状核的动作电位的同步发放并测定 GnRH 的浓度，发现弓状核这些动作电位与 GnRH 和 LH 的脉动呈时间一致的波动。Knobil（1981）称弓状核的这些神经元为“脉冲发生器”。后来有人提出，下丘脑弓状核吻肽（kisspeptin）神经元负责“脉冲发生器”活动，针对这些神经元的多单位记录也支持了这一假设。

（三）吻肽神经元作为 GnRH 脉冲发生器

在 2003 年发现男性和女性低促性腺激素性腺功能减退症（没有青春期，中枢起源的不孕不育）与 GPR54 突变的功能缺失有关后，大家开始意识到非 GnRH 神经元参与了 GnRH 节律形成。GnRH 神经元表达 GPR54，即吻肽受体（KISS1R）。由视前区和弓状核的吻肽神经元产生吻肽，分别作用于 GnRH 神经元胞体及其远端突起，强烈地兴奋 GnRH 神经元和刺激 GnRH 分泌（图 8-2-9）。

弓状核 Kiss1 神经元除表达吻肽（kisspeptin）外，也表达神经激肽 B（neurokinin B）和强啡

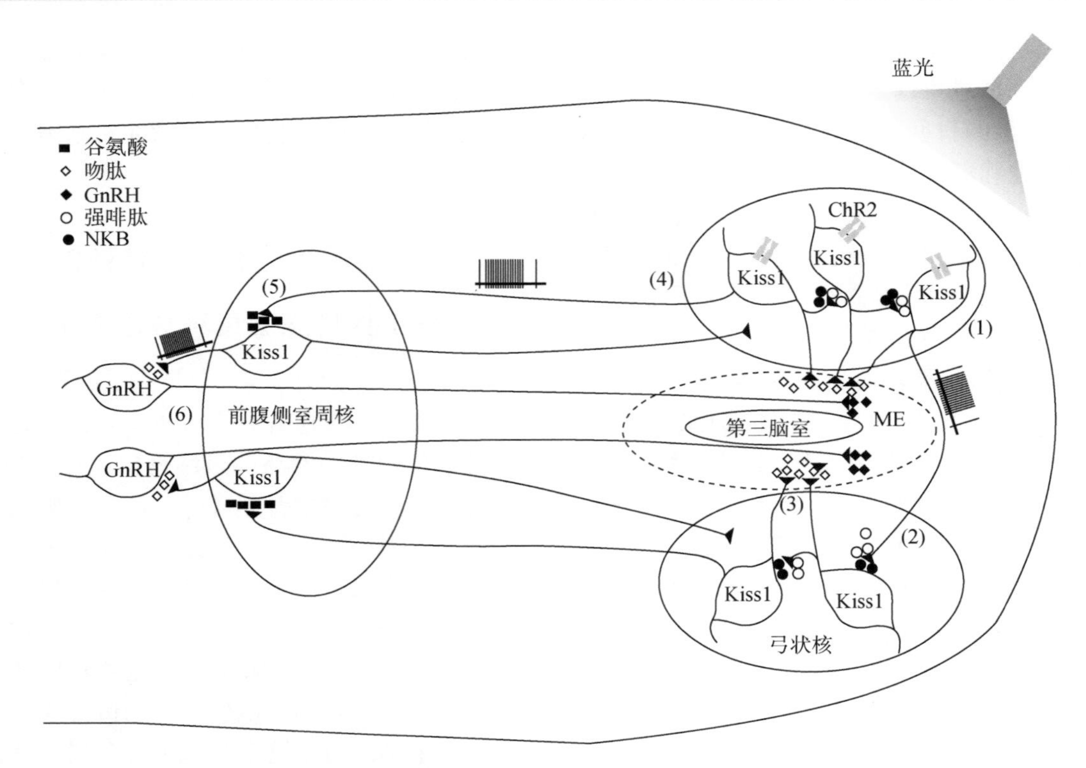

图 8-2-9 连接吻肽和促性腺激素释放激素（GnRH）神经元的回路

Kiss1 神经元分布在弓状核和前腹侧室周核（AVPV），并与视前区内的 GnRH 神经元的突触连接形成回路。①表达通道视紫红质 2（ChR2）的弓状核 Kiss1 神经元接受高频蓝光刺激兴奋相邻神经元。②对侧 Kiss1 神经元，这些神经元受到释放的 Dyn（抑制）和 NKB（兴奋）调制；因此，KNDy 神经元可以协调的方式兴奋。③吻肽释放到正中隆起（ME）可以通过作用于 GnRH 神经元的长突起（树轴突起）促进 GnRH 释放。④弓状核 KNDy 神经元还可投射到 AVPV Kiss1 神经元。⑤当 KNDy 神经元被刺激时，反过来，它们通过谷氨酸（Glu）释放兴奋 AVPV Kiss1 神经元。⑥ Kiss1 神经元的跨突触兴奋释放吻肽投射到 GnRH 神经元，再由 GnRH 神经元投射到正中隆起。由此 GnRH 释放到下丘脑-垂体门脉血管刺激垂体前叶 LH 和 FSH 释放（引自参考文献中的原始文献 11）

肽（dynorphin），因此弓状核 Kiss1 神经元也称为 KNDy 神经元。根据 KNDy 神经元的发现提出了与 GnRH 神经元的局部相互作用模型，由此产生 GnRH 脉冲，从而导致 LH 脉冲。与 GnRH 神经元不同，Kiss1 神经元表达雌激素受体，因此雌激素可通过弓状核 KNDy 神经元产生负反馈，通过视前区 Kiss1 神经元产生正反馈对 GnRH 神经元进行反馈调节。KNDy 神经元已经满足作为 GnRH 脉冲发生器关键作用的标准：在小鼠体内，表达通道视紫红质 2（ChR2）的弓状核 Kiss1 神经元的高频光遗传学兴奋性刺激会产生 LH 的脉动释放；在体外，在小鼠脑切片中，使用上述技术，高频光遗传学刺激可兴奋 KNDy 神经元，显示同步活动并引起 GnRH 神经元兴奋（图 8-2-9）。

LH 及 GnRH 的这种脉冲式分泌有很重要的意义。因为激素作用于相应的受体才能发挥作用。如果激素的血浆浓度不是脉冲式变化而始终恒定的，则受体被配体占领后，将有可能失敏。在 GnRH 的作用方面，事实确实如此。同样量的 GnRH，以脉冲方式给予，则可促使垂体细胞分泌大量的 LH 及 FSH；如以平稳的方式给予，则垂体仅分泌少量的 LH 及 FSH。

第六节 总 结

维持内环境稳态是机体在不断变化的外环境下得以生存的基本前提，这一过程依赖神经-体液调节得以实现。下丘脑通过它对神经内分泌功能的控制参与全身神经-体液调节，并且起十分重要的作用。下丘脑通过神经垂体，直接控制血管升压素与催产素的分泌；通过释放激素再影响垂体前叶的各种激素，从而调节全身的代谢。神经对内分泌功能的控制与影响仅是神经内分泌活动的一个方面。另一方面是激素对神经系统的反作用，这种作用既可以是影响神经系统的结构，也可以是影响神经元的代谢，还可以是快速地改变神经元的兴奋性；既有基因组机制，也有非基因组机制。内环境稳态并非一成不变，而是在一定形式的节律活动的基础上的相对稳定，可以表现出短期如昼夜的、近小时的节律，也可以是长期节律，如季节性的节律。从血管紧张素的中枢效应以及应激时的全身反应中可以看出，神经内分泌活动不是孤立进行的，它往往与自主神经活动和行为变化相伴随。

参考文献

综述

1. De Kloet ER，Vreugdenhil E，Oitzl MS，et al. Brain corticosteroid receptor balance in health and disease. *Endocrine Rev*，1998，19：269-301.
2. Buijs FN，León-Mercado L，Guzmán-Ruiz M，et al. The circadian system：A regulatory feedback network of periphery and brain. *Physiology*，2016，31：170-181.
3. 陈宜张 . 脑研究的前沿与展望 . 上海：上海科学技术出版社，2018：536-582.
4. Evans JA. Collective timekeeping among cells of the master circadian clock. *Journal of Endocrinology*，2016，230：R27-R49.
5. Gizowski C，Bourque CW. The neural basis of homeostatic and anticipatory thirst. *Nat Rev Nephrol*，2018，14：11-25.
6. Hastings MH，Brancaccio M，Maywood ES. Circadian pacemaking in cells and circuits of the suprachiasmatic nucleus. *Journal of Neuroendocrinology*，2014，26：2-10.
7. Harvey JRM，Plante AE，Meredith AL. Ion channels controlling circadian rhythms in suprachiasmatic nucleus excitability. *Physiol Rev*，2020，100：1415-1454.
8. Hines M. Neuroscience and sex/gender：Looking back and forward. *J Neurosci*，2020，40：37-43.
9. Jurek B，Neumann ID. The oxytocin receptor：From intracellular signaling to behavior. *Physiol Rev*，2018，98：1805-1908.
10. Lowell BB. New neuroscience of homeostasis and drives for food，water，and salt. *N Engl J Med*，2019，380：459-471.
11. Muglia LJ，Jacobson L，Weninger SC，et al. The physiology of corticotrophin-releasing hormone deficiency in mice. *Peptides*，2001，22：725-731.
12. Prevot V，Dehouck B，Sharif A，et al. The versatile tanycyte：hypothalamic integrator of reproduction and energy metabolism. *Endocr Rev*，2018，39：333-368.
13. Russell JA. Fifty years of advances in neuroendocrinology. *Brain Neurosci Adv*，2018，2：1-20.

原始文献

1. Aponte Y，Atasoy D，Sternson SM. AGRP neurons are sufficient to orchestrate feeding behavior rapidly and without training. *Nat Neurosci*，2011，14：351-355.
2. Augustine V，Gokce SK，Lee S，et al. Hierarchical neural architecture underlying thirst regulation. *Nature*，2018，555：204-209.
3. Clarkson J，Han SY，Piet R，et al. Definition of the hypothalamic GnRH pulse generator in mice. *Proc Natl Acad Sci USA*，2017，114：E10216-E10223.
4. Fenselau H，Campbell JN，Verstegen AM，et al. A rapidly acting glutamatergic ARC → PVH satiety circuit postsynaptically regulated by α-MSH. *Nat Neurosci*，2017，20：42-51.
5. Gekakis N，Staknis D Nguyen HB，et al. Role of the CLOCK protein in the mammalian circadian mechanism. *Science*，1998，280：1564-1568.
6. Geerling JC，Engeland WC，Kawata M，et al. Aldosterone target neurons in the nucleus tractus solitarius drive sodium appetite. *J Neurosci*，2006，26：411-417.
7. Herde MK，Iremonger KJ，Constantin S，et al. GnRH neurons elaborate a long-range projection with shared axonal and dendritic functions. *J Neurosci*，2013，33：12689-12697.
8. Li C，Navarrete J，Liang-Guallpa J，et al. Defined paraventricular hypothalamic populations exhibit differential responses to food contingent on caloric state. *Cell Metab*，2019，29：681-694.
9. Li MM，Madara JC，Steger JS，et al. The paraventricular hypothalamus regulates satiety and prevents obesity via two genetically distinct circuits. *Neuron*，2019，102：653-667.
10. Matsuda T，Hiyama TY，Niimura F，et al. Distinct neural mechanisms for the control of thirst and salt appetite in the subfornical organ. *Nat Neurosci*，2017，20：230-241.
11. Qiu J，Nestor CC，Zhang C，et al. High-frequency stimulation-induced peptide release synchronizes arcuate kisspeptin neurons and excites GnRH neurons. *Elife*，2016，5：e16246.
12. Moffitt JR，Bambah-Mukku D，Eichhorn SW，et al. Molecular，spatial，and functional single-cell profiling of the hypothalamic preoptic region. *Science*，2018，362：eaau5324.
13. Rankin J，Walker JJ，Windle R，et al. Characterizing dynamic interactions between ultradian glucocorticoid rhythmicity and acute stress using the phase response curve. *Public Library of Science One*，2012，7：e30978.
14. Windle RJ，Wood SA，Shanks N，et al. Ultradian rhythm of basal corticosterone release in the female rat：Dynamic interaction with the response to acute stress. *Endocrinology*，1998，139：443-450.
15. Xu S，Yang H，Menon V，et al. Behavioral state coding by molecularly defined paraventricular hypothalamic cell type ensembles. *Science*，2020，370：eabb2494.

第3章 神经免疫调节

王 颖 徐华敏 张 遐

神经系统和免疫系统是机体两大重要的调节系统，其相互作用对不同条件下稳态的维持起着决定性作用。尽管精神、情绪等神经系统活动影响免疫功能的临床现象早已为人们所熟知，但由于缺乏明确的实验依据并未引起科学界普遍关注。直至20世纪70年代，美国学者Ader和Cohen在大鼠上取得了明确的条件性免疫反应结果，证实了免疫系统接受神经系统调控的观点。20世纪80年代初，Blalock和Smith正式提出神经-内分泌-免疫网络的概念。从此，神经系统与免疫系统间的关系探讨进入了一个新的阶段。目前这方面的研究已经发展成为一门独立的交叉学科——神经免疫学（neuroimmunology）等。本章将探讨中枢神经系统（大脑和脊髓）与免疫系统的器官组织和细胞之间双向的相互作用：一方面，神经系统可以通过神经内分泌或自主性神经支配等途径释放内分泌激素或神经递质作用于免疫系统；另一方面，外周免疫活动的信息同样可由神经或体液途径传入中枢神经系统并对其机能状态产生影响。

第一节 神经免疫调节的途径

神经免疫调节的基础是在神经系统和免疫系统之间进行信号传播的结构通路或途径。而目前神经系统调节外周免疫系统活动的主要途径包括：①神经内分泌途径；②自主性神经途径；③外周感觉神经途径。每一条途径都可以通过其特有的方式在神经系统和免疫系统之间传递独特的信息。

一、神经内分泌对免疫系统的调节

中枢神经系统可以通过神经内分泌途径对免疫系统进行广泛调控。20世纪80年代，Blalock和Smith正式提出了“神经-内分泌-免疫”网络的概念。之后，随着技术方法的进步和新的学说理论的问世，神经、内分泌和免疫系统间的关系探讨进入了一个新的阶段，神经免疫内分泌学渐趋成型。神经内分泌系统的中枢调节器是下丘脑，其调节的神经内分泌途径主要包括下丘脑-神经垂体系统和下丘脑-垂体门脉系统。下丘脑-神经垂体系统中下丘脑的神经分泌细胞合成激素，随后激素被储存到垂体后叶，并被直接分泌到血液中。该系统负责分泌催产素和精氨酸加压素，这两种激素都与免疫活动有关。催产素可抑制促炎性细胞因子并促进伤口愈合，在产后可能尤为重要。精氨酸加压素在败血症时可发挥抗炎作用，且炎性细胞因子可激活产生精氨酸加压素的神经元，表明下丘脑-神经垂体系统可以对免疫系统活动的变化作出反应。下丘脑-垂体门脉系统分泌下丘脑激素（如促肾上腺皮质激素释放激素）到达垂体前叶并刺激相关垂体激素（如促肾上腺皮质激素）的释放，垂体激素随后被释放到血液中，最终到达目标器官（如肾上腺）诱导效应激素（如皮质醇）的释放，进而调节多种生理过程，并广泛调节免疫功能。下丘脑-垂体门脉系统共包括 5 个主轴：①下丘脑-垂体-肾上腺轴，负责糖皮质激素的释放；②下丘脑-垂体-甲状腺轴，负责甲状腺激素的释放；③下丘脑-垂体-性腺轴，负责性激素的释放；④下丘脑-垂体-生长激素轴，负责生长激素和胰岛素样生长因子 -1 的释放；⑤下丘脑-垂体-催乳素轴，负责催乳素的释放。

下丘脑-垂体-肾上腺轴（hypothalamus-pituitary-adrenal axis，HPA 轴）是神经内分泌途径调控免疫系统的主要通路。刺激下丘脑可通过释放促肾上腺皮质激素释放激素（corticotropin releasing hormone，CRH）引起垂体前叶释放促肾上腺皮质激素（adrenocorticotropic hormone，ACTH），ACTH 进而激活肾上腺皮质促进皮质醇（cortisol，也称为糖皮质激素）的释放，发挥免疫抑制功能。糖皮质激素几乎对所有免疫细胞都有抑制作用，包括淋巴细胞、巨噬细胞、中性粒细胞、肥大细胞等，因此临床上广泛使用糖皮质激素抑制各类免疫反应。因此，当机体受到内外环境刺激时通过 HPA 轴的作用使血液中肾上腺糖皮质激素的浓度上升，对免疫功能产生抑制作用，是应激抑制免疫功能的主要途径之一（图 8-3-1）。

另外，近年来更为人们注意的是神经内分泌途径中非垂体-肾上腺轴对免疫功能的调节。很多实验证明，在切除肾上腺后，应激所引起的某些免疫功能的变化依然存在，说明还存在其他的神经内分泌调节机制。例如，在调节性发育的下丘脑-垂体-性腺轴中，促性腺激素释放激素和性类固醇（如睾酮）参与免疫系统的编程，这种联系在使免疫系统适应性成熟过程中的许多生理和行为变化方面尤其重要。一般来说，睾酮有免疫抑制作用，而雌激素有免疫增强作用。因此，女性表现出抗体分泌增加，不易受病毒感染，但女性更容易患自身免疫性疾病。另一个例子是下丘脑-垂体-甲状腺轴，其代谢活动增强可能与免疫激活有关。甲状腺激素诱导淋巴细胞增殖，而甲状腺切除术抑制免疫反应，甲状腺功能减退的患者更容易发生感染。另外，下丘脑-垂体-催乳素轴可通过释放催乳素与一些免疫细胞因子发生协同作用，促进淋巴细胞增殖，直接或间接促进 B 淋巴细胞分泌 IgG。因此，不同内分泌激素的释放使复杂的生理过程和免疫活动彼此沟通。值得注意的是，下丘脑-神经垂体系统对免疫功能的调节作用近年来也获得了大量关注。有证据表明应激时

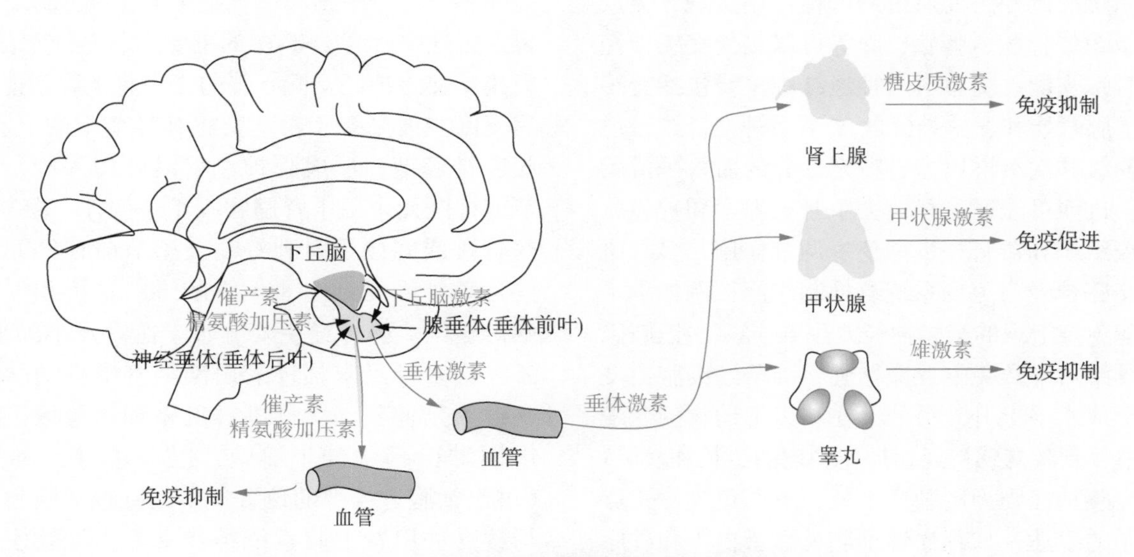

图 8-3-1　神经内分泌途径对免疫系统的调节

神经内分泌途径主要包括下丘脑-神经垂体系统和下丘脑-垂体门脉系统。下丘脑-神经垂体系统中下丘脑的神经分泌细胞合成激素，随后激素被储存到垂体后叶，并被直接分泌到血液中。下丘脑-垂体门脉系统分泌下丘脑激素到达垂体前叶并刺激相关垂体激素的释放，垂体激素随后被释放到血液中，最终到达目标器官诱导效应激素的释放，进而调节多种生理过程及免疫功能

下丘脑大细胞性内分泌神经元合成并经神经垂体释放入血液中的催产素水平增加，且发挥相应的免疫调节作用。例如，2021 年浙江大学段树民和高志华团队首次利用示踪病毒从神经垂体逆向追踪至下丘脑，特异性标记大细胞性内分泌神经元，并结合全脑成像技术对下丘脑-神经垂体系统的结构进行了高分辨率的三维重建，同时利用光 / 化学遗传学技术解析了下丘脑内分泌神经元的功能和机制，为未来神经内分泌途径调节免疫系统的研究提供了新的技术策略和思路。

二、自主神经对免疫系统的调节

在过去 10 年中，关于自主神经途径调节免疫系统的研究越来越多。自主神经系统包括交感神经和副交感神经。但免疫器官主要接受交感神经的直接支配，而缺乏副交感神经的直接支配。

（一）交感神经对免疫系统的调节

交感神经在功能上包括全身性作用和局部作用。交感神经的全身性作用是通过交感神经纤维到达肾上腺髓质促进肾上腺嗜铬细胞分泌肾上腺素和去甲肾上腺素，进而直接分泌到血液中传递到整个机体。交感神经的局部性作用是向机体的组织提供有针对性的神经支配，一个组织的交感神经纤维可以独立于其他组织的纤维被激活并局部释放去甲肾上腺素，进而发挥组织特异性的调控。而交感神经对免疫系统的调控主要通过局部性作用实现。免疫器官和组织如骨髓、胸腺、脾等可以接受交感神经纤维的直接支配。交感节后神经纤维主要包括交感去甲肾上腺素能和交感神经肽 Y 节后神经纤维，他们支配初级和次级淋巴器官特定部分的血管平滑肌和实质，进而可能通过释放去甲肾上腺素和神经肽调控免疫组织和器官，发挥免疫调节作用。多数研究认为交感神经对免疫系统有抑制作用，例如手术切除支配免疫组织的交感神经或用 6- 羟基多巴胺破坏交感纤维可导致免疫反应增强，绵羊红细胞免疫后抗体形成水平上升。另外，在啮齿类动物的乳腺癌模型中，刺激交感神经会加速肿瘤的生长和发展；而切除交感神经则抑制肿瘤生长，下调免疫检查点蛋白分子的表达，如程序性细胞死亡蛋白 1 和程序性死亡配体 -1。研究表明交感神经的免疫调节作用主要由肾上腺素能受体所介导，大多数免疫细胞表达一种或多种肾上腺素能受体，其中 β_2- 肾上腺素能受体分布最广，且主要参与介导交感神经对免疫功能的调节（图 8-3-2）。

1. 胸腺 胸腺既是中枢免疫器官，也是内分泌器官，被认为是神经免疫调节的轴心部分。支配胸腺的交感神经纤维来源于交感神经链中颈上神经节和星状神经节的节后神经元，其交感节前神经元位于脊柱 T_1 ～ T_7 节的中间外侧核，继续向上追踪直接或间接投射到脊髓交感节前神经元的交感前运动神经元则主要位于延髓、脑桥和下丘脑等脑内核团。神经节后交感神经纤维以神经束通过胸腺被囊或随血管进入胸腺，主要在皮质、皮质髓质交界处形成神经丛，终止于各种细胞周围，髓质中较少。外皮质是未成熟的胸腺细胞聚集发育的部位，具有最密集的交感神经丛。深部皮质，尤其是皮质髓质交界处，是胸腺细胞从胸腺迁移的重要区域，也有丰富的交感神经支配，主要沿血管分布。特异性免疫细胞化学方法证实，在胸腺被膜、被膜下区和结缔组织隔膜均可看到去甲肾上腺素能阳性的神经纤维，且这些神经纤维大部分位于血管周围，还有一小部分沿着胸腺结缔组织隔分布，不与血管并行。在超微结构水平发现，去甲肾上腺素能纤维靠近胸腺细胞、肥大细胞、成纤维细胞和嗜酸性粒细胞，这些细胞可能是交感神经递质去甲肾上腺素的作用靶点。

2. 脾 脾是一个重要的次级淋巴器官，主要包含位于白髓中的淋巴细胞和位于红髓中的髓系细胞，如单核细胞、巨噬细胞和树突状细胞。脾是炎症和感染过程中招募单核细胞的主要来源，也是内毒素血症中血清 TNF-α 的主要来源。研究表明，脾只接受交感神经支配。脾的去甲肾上腺素能神经节后支配主要来源于椎前交感神经节中的上肠系膜 / 腹腔神经节，形成脾神经后沿脾门入脾，其交感节前神经元来源于脊髓胸段 T_1 ～ T_{12}，继续向上追踪直接或间接投射到脊髓交感节前神经元的交感前运动神经元则主要位于脑干、脑桥和下丘脑等脑内核团。脾神经主要分布于血管及小梁平滑肌，还有许多神经末梢进入白髓随着中央动脉及其分支继续延伸到动脉周围淋巴鞘和边缘区。脾动脉周围淋巴鞘中的 T 细胞，以及边缘区和边缘窦（淋巴细胞进入脾的位置）中的巨噬细胞和 B 细胞均接受去甲肾上腺素能神经支配。红髓中的神经纤维则比较分散。

3. 淋巴结 关于淋巴结神经支配来源的详细神经解剖学研究目前还非常有限。淋巴结接受来自节后神经元的交感神经输入，且不同淋巴结的交感神经支配与其所在的位置有关。例如颌下淋巴结受同侧颈上神经节尾端的支配。

4. 骨髓 骨髓既是造血器官，也是重要的中枢免疫器官。骨髓含有强大分化潜力的多能干细胞，其可分化为髓样干细胞和淋巴干细胞。骨髓中的淋巴干细胞分化成B细胞，进入胸腺的淋巴干细胞发育、分化为成熟的T细胞，之后B细胞和T细胞迁移至外周淋巴器官，在抗原刺激下分化为效应淋巴细胞，发挥免疫作用。与其他免疫器官一样，骨髓主要接受交感神经支配。关于骨髓神经支配来源的神经解剖学研究较少，部分原因是由于接受交感和感觉神经支配的矿化骨和骨髓之间接触过于密切。尽管区分骨和骨髓神经支配的技术很难，Denes等

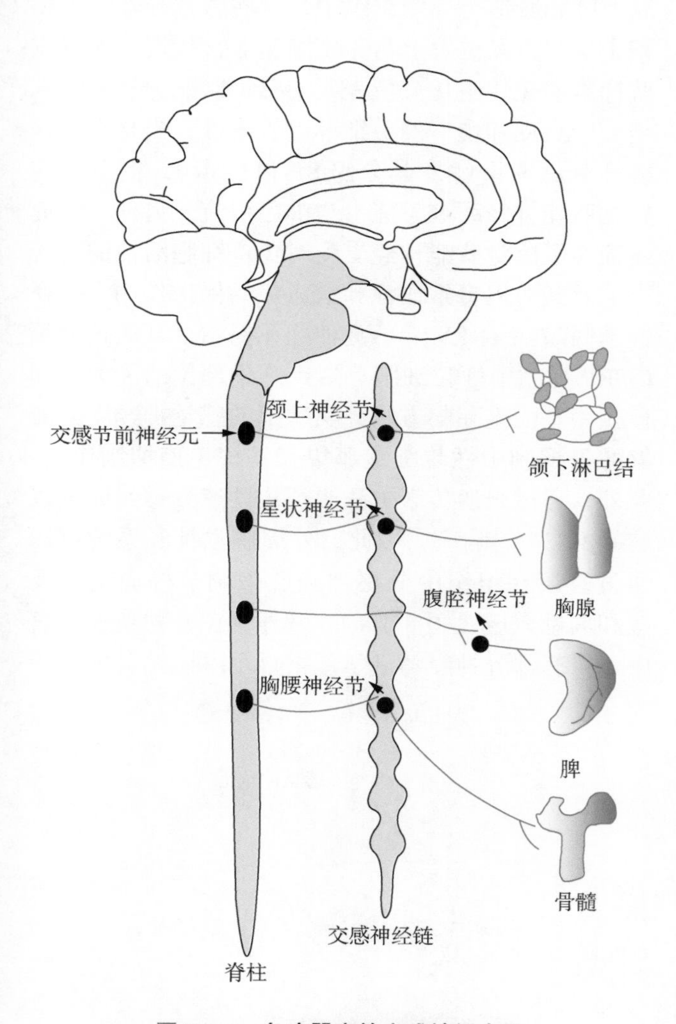

图 8-3-2 免疫器官的交感神经支配

支配胸腺的交感神经纤维来源于交感神经链中颈上神经节和星状神经节的节后神经元，其交感节前神经元位于脊柱 T_1 ～ T_7 节的中间外侧核；支配脾的交感神经纤维来源于椎前交感神经节中的上肠系膜/腹腔神经节，其交感节前神经元来源于脊髓胸段 T_1 ～ T_{12}；颌下淋巴结受同侧颈上神经节尾端的支配；股骨骨髓接受胸腰椎旁交感神经节的支配，其交感神经节前神经元位于脊髓 T_8 ～ L_1 节

首次成功进行了骨髓神经支配来源的神经解剖学研究，他们证实股骨骨髓接受胸腰椎旁交感神经节和 T_8 ～ L_1 脊髓交感神经节前神经元的支配，且其前运动交感神经元位于脑干、脑桥和下丘脑等脑内核团。一般认为，支配骨髓的神经纤维伴骨动脉经营养孔进入骨髓腔，随血管丛到达骨髓深处，最后终止于血细胞和淋巴细胞。

（二）副交感神经对免疫系统的调节

21世纪初，Kevin Tracey发现电刺激颈部迷走神经能抑制脂多糖诱导的炎症反应，且该作用由乙酰胆碱激活脾巨噬细胞上的 α_7 烟碱型乙酰胆碱受体所介导，首次提示副交感神经对免疫系统的调节作用，并引入了胆碱能抗炎通路的概念。早期研究认为乙酰胆碱是由支配免疫器官或组织的副交感神经所释放，但后来研究猜测乙酰胆碱是由脾内的胆碱能T细胞而非副交感神经的胆碱能神经细胞所释放。且随着技术的发展和进步，越来越多的研究提出副交感神经对多数免疫器官或组织不存在直接支配。虽然有神经解剖学研究在骨髓对胆碱乙酰转移酶（乙酰胆碱合成酶）以及囊泡乙酰胆碱转运体（神经末梢分泌囊泡中负责转运乙酰胆碱进入囊泡储存的蛋白质）进行免疫染色鉴定确定了胆碱能纤维的存在，并通过跨神经元追踪实验在骶髓中发现了其相应的节前神经元，但其副交感神经节的定位尚未明确，且研究认为骨髓的胆碱能神经支配似乎主要参与调节骨动力学，而免疫调节作用还是主要依赖于支配骨髓的交感神经。

尽管副交感神经对免疫器官和组织不存在直接支配，大量研究依然显示干预副交感神经也会对免疫系统产生调节作用，但其作用机制目前还需要进一步研究。最初的假设认为迷走神经效应是通过交感神经介导的，即迷走神经的分支为支配脾脏的交感神经元提供节前胆碱能输入。基于大鼠神经解剖示踪实验和选择性神经切断实验，这一假设得到了大量的实验支持。例如有研究通过切断膈下迷走神经的分支来探究减轻脂多糖诱发炎症反应的通路，结果发现切断腹支无明显效果，但切断腹腔总支可消除迷走神经的抗炎反应，提出迷走神经刺激可能通过在腹腔总支走行的胆碱能节前迷走神经直接激活腹腔神经节中的交感神经元，进而节后交感神经纤维到达脾脏介导抗炎反应。且后续实验也发现节后交感神经纤维到达脾后通过释放去甲肾上腺素激活胆碱能T细胞上的 β_2- 肾上腺素能受体，引起乙

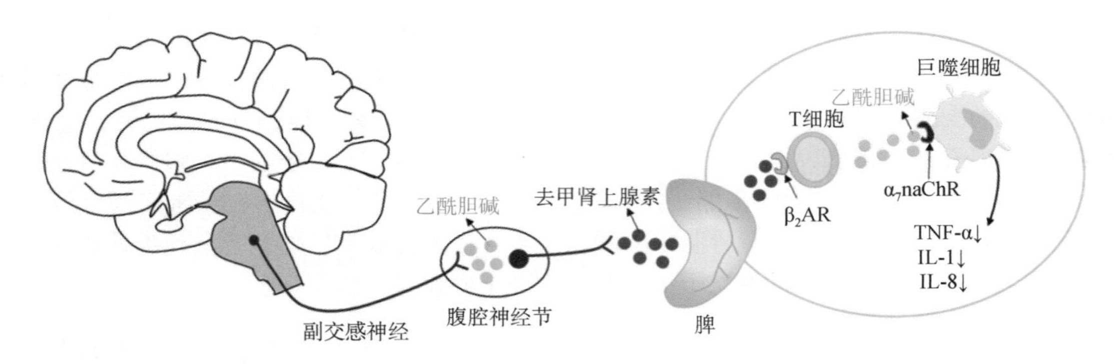

图 8-3-3 **胆碱能抗炎通路的机制假设**

迷走神经的分支为支配脾的交感神经元提供节前胆碱能输入，节后交感神经纤维到达脾后通过释放去甲肾上腺素激活胆碱能 T 细胞上的 β_2-肾上腺素能受体，引起乙酰胆碱的释放，进而乙酰胆碱激活脾脏巨噬细胞上的 α_7 烟碱型乙酰胆碱受体，诱发初级抗炎反应。β_2AR，β_2-肾上腺素能受体；α_7nAChR，α_7 烟碱型乙酰胆碱受体

酰胆碱的释放，进而乙酰胆碱激活脾巨噬细胞上的 α_7 烟碱型乙酰胆碱受体，诱发初级抗炎反应（图 8-3-3）。另外，副交感神经在肠道免疫中也发挥着重要作用。在肠道炎症过程中，迷走神经传入弧将信息传递到脑内并激活中枢神经系统，随后中枢神经系统激活迷走神经传出弧，并激活与之直接接触的肠肌间神经元。肠神经元的激活可以诱导乙酰胆碱和其他免疫调节神经递质的释放，从而控制肠道炎症和恢复肠道免疫稳态。迷走神经刺激可用于治疗自身免疫性疾病，这是一种已经在临床上测试过的治疗类风湿关节炎的方法，因此解析迷走神经调节网络的机制可能具有重要的临床意义，未来值得进一步研究。

三、外周感觉神经对免疫系统的调节

外周感觉神经也为神经免疫调节提供了一条途径。虽然外周感觉神经主要向大脑传递信息，但它们也能局部释放神经肽。在神经免疫调节中，伤害性感觉神经是迄今为止研究最为广泛的。众多研究指出伤害性感觉神经除了向中枢传递痛觉信息外，也参与调节炎症反应。伤害性感觉神经被有害刺激刺激后，特别是热、化学物质、炎症相关因子和细菌衍生分子，其神经末梢能够分泌神经肽 P 物质（substance P，SP）、降钙素基因相关肽（calcitonin gene-related peptide，CGPR）、血管活性肠肽（vasoactive intestinal peptide，VIP）、生长抑素（somatostatin，SST）等，以此来调节固有免疫细胞和获得性免疫细胞的功能。伤害性感觉神经纤维被认为能够与免疫细胞进行免疫通讯，尤其是在皮肤、肺和肠道等屏障组织中，这些感觉神经纤维特别丰富，且在位置上与免疫细胞非常接近。大鼠皮肤标本的免疫组化分析表明，感觉肽能神经纤维末梢位于真皮和皮下的毛细淋巴管附近，当暴露于伤害性刺激时会触发其分泌 SP 和 CGRP，提示这些感觉肽能神经纤维可能参与淋巴引流。另外，研究还证实了感觉肽能神经支配对免疫细胞活性的直接影响及其对内毒素血症和败血症的保护作用。选择性基因敲除 TRPV1$^+$感觉神经元揭示了其通过分泌 CGRP 抑制中性粒细胞募集到感染部位的能力。同样应用基因敲除的方法证实肺部的感觉神经支配能够通过抑制中性粒细胞募集来发挥免疫抑制作用。此外，通过光遗传学方法激活皮肤感觉神经元可以诱导 IL-17 的响应。因此，外周感觉神经系统可以通过直接在组织中分泌神经肽来调节外周免疫反应和局部效应（图 8-3-4）。另外，在各种免疫器官中，只有部分神经解剖学证据显示淋巴结可能接受

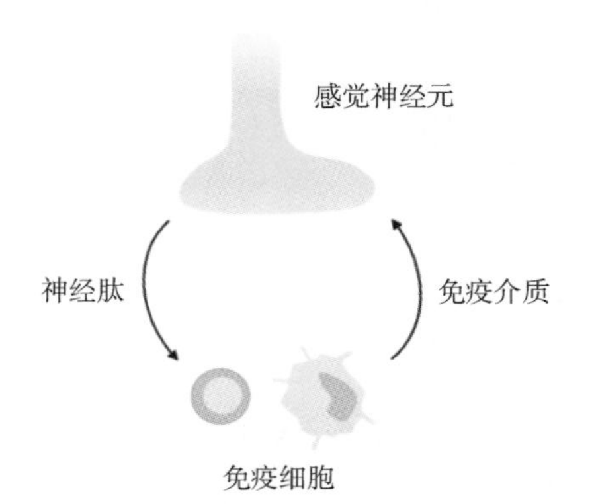

图 8-3-4 **外周感觉神经通路的免疫调节作用**

外周感觉神经纤维能够通过局部释放神经肽来调节固有免疫细胞和获得性免疫细胞的功能，而免疫细胞通过释放免疫介质向外周感觉神经元提供免疫信息

感觉神经输入，但骨髓、胸腺和脾未发现感觉神经输入的直接证据。研究表明，豚鼠的气管支气管淋巴结接受 $C_3 \sim C_8$ 颈背根神经节感觉神经元的支配，虽然还需相关神经解剖学研究进一步证实，但这些结果表明局部淋巴结可能接受感觉输入，且反映了淋巴结可能从身体的特定区域（皮肤、肌肉、黏膜等接受广泛感觉输入支配的区域）收集和处理淋巴细胞的功能。

第二节　神经递质和内分泌激素及其受体的免疫调节作用

神经系统通过释放神经递质或内分泌激素与免疫细胞上相应的受体结合实现免疫调节作用。其中神经递质主要通过神经末梢释放后作用于局部免疫细胞，而神经内分泌激素则通过血液传递作用于免疫细胞。运用药理学方法、放射受体分析、放射自显影和受体分子生物学等技术，已在免疫细胞膜上或胞内发现众多激素、神经肽和神经递质的特异性受体，且对神经递质和内分泌激素的免疫调节作用进行了相关研究。

一、神经递质及其受体的免疫调节作用

（一）儿茶酚胺类递质及其受体

儿茶酚胺是一种含有儿茶酚和胺基的神经类物质，主要包括多巴胺、肾上腺素和去甲肾上腺素，通过多巴胺能受体或肾上腺素能受体结合发挥作用。支配淋巴器官的交感神经主要释放去甲肾上腺素。从支配淋巴器官的神经末梢释放的去甲肾上腺素通过作用于肾上腺素能受体影响各种免疫细胞的功能。研究表明去甲肾上腺素的释放无论是在体内还是体外都是胞外钙离子浓度依赖和频率依赖性的，而且能够被钠离子通道阻断剂河豚毒素阻断，提示其来源于神经末梢释放。大多数的超微结构研究表明支配淋巴器官的去甲肾上腺素能神经纤维与免疫细胞等靶细胞之间没有经典的突触结构，去甲肾上腺素主要通过曲张体介导的非定向突触传递作用于免疫细胞上的肾上腺素能受体。肾上腺素能受体是G蛋白偶联受体，广泛分布于多种免疫细胞，根据其对去甲肾上腺素的不同反应情况可分为α和β两型，并可再分为 α_1、α_2 和 β_1、β_2、β_3 型。免疫细胞上主要表达的是 β_2 肾上腺素能受体亚型，包括巨噬细胞、中性粒细胞、树突状细胞、T细胞、B细胞以及肥大细胞等。β_2 肾上腺素能受体在免疫细胞上表达的数量是可变的，随细胞状态、成熟或活化而变化。固有免疫细胞除了表达 β_2 肾上腺素能受体外，还被报道表达 α_1 和 α_2 型肾上腺素能受体，例如，单核细胞上表达有 α_1 型肾上腺素能受体；人多形核白细胞和巨噬细胞上有 α_2 受体的存在。

早在1985年便有研究表明，在体外和体内实验中刺激去甲肾上腺素释放或刺激 β_2 肾上腺素能受体能够改变免疫细胞功能。虽然多数研究表明去甲肾上腺素主要发挥免疫抑制作用，但在某些情况下也可以发挥促免疫作用。例如有研究通过体外收集脾和淋巴结的巨噬细胞发现，去甲肾上腺素可以通过作用于 β_2 肾上腺素能受体显著抑制脂多糖刺激引起的TNF-α的产生和分泌，发挥免疫抑制作用；而相反也有研究发现去甲肾上腺素可以通过作用于单核细胞和巨噬细胞上的α肾上腺素能受体促进TNF-α和其他促炎因子的合成，发挥促免疫作用。而在体内实验中发现，应激或中枢炎症刺激引起的交感神经系统激活主要发挥抑制脾巨噬细胞功能的作用，表明 β_2 肾上腺素能受体介导的免疫抑制作用在影响脾巨噬细胞功能的机制中占主导地位。研究认为去甲肾上腺素对免疫系统的不同调节作用可能是与暴露于去甲肾上腺素能信号的持续时间、强度（浓度）、与其他因素（如神经肽）的相互作用以及不同免疫细胞亚群和不同免疫环境中肾上腺素能受体的功能不同有关。但总的来说，激活交感神经系统释放去甲肾上腺素在固有免疫系统中发挥有效的免疫抑制功能，且主要通过作用于免疫细胞上的 β_2 肾上腺素能受体引起细胞内cAMP水平的升高和蛋白激酶A的激活，进而抑制NF-κB核转运并抑制TNF-α及其他促炎因子的合成，提示了其在基因表达水平调节细胞活性的潜力。

（二）乙酰胆碱及其受体

如前所述，在胆碱能抗炎通路中，乙酰胆碱作用于乙酰胆碱受体发挥抗炎作用。乙酰胆碱受体主

要包括毒蕈碱型受体（M型受体）和烟碱型受体（N型受体）。有大量证据表明免疫细胞既表达毒蕈碱型受体也表达烟碱型受体，并介导相应的神经免疫调节作用。

烟碱型乙酰胆碱受体是配体门控的阳离子通道，由五个相互作用的亚基组成五聚体，按结构分为α、β、γ、δ和ε亚基。α亚基有10个变体（$\alpha_1 \sim \alpha_{10}$），烟碱样激动剂的大部分配体结合位点都定位在这个亚基上。剩下的亚基包括4个β亚基（$\beta_1 \sim \beta_4$）和γ、δ、ε亚基各一个。在烟碱型乙酰胆碱受体上占据两个配体结合位点是实现最佳通道开放所必需的，因此至少需要两个α亚基。当两个配体结合位点被乙酰胆碱、尼古丁或其他烟碱激动剂占据时，这些通道就会打开，形成直径约8 Å的亲水通道，允许Na^+和Ca^{2+}流入。神经元表达的α_7烟碱型乙酰胆碱受体具有比其他烟碱受体高得多的Ca^{2+}通透性，虽然巨噬细胞上表达的α_7烟碱型乙酰胆碱受体的通道功能受到的关注较少，但烟碱配体的刺激确实会在这些细胞中引起小的Ca^{2+}瞬变。乙酰胆碱和尼古丁是非选择性的完全激动剂，能够激活所有烟碱型受体。而胆碱作为乙酰胆碱的代谢物和合成底物，是α_7烟碱型乙酰胆碱受体的选择性激动剂。大多数胆碱能抗炎机制的研究都集中在烟碱激动剂抑制巨噬细胞合成和释放炎性细胞因子的能力上。研究表明烟碱激动剂可对巨噬细胞和巨噬细胞系来源的促炎因子的合成和释放产生浓度依赖性的抑制，如IL-1β、TNF-α、IL-6和HMGB1，但通常不会影响IL-10等抗炎因子，这种作用可被非选择性和α_7烟碱型乙酰胆碱受体选择性拮抗剂阻断。然而介导α_7烟碱型乙酰胆碱受体抗炎作用的细胞内信号通路目前尚不清楚，部分研究发现α_7烟碱型乙酰胆碱受体的激活可以通过抑制NF-κB启动子的活性来减少巨噬细胞中炎性细胞因子的合成和释放，但该通路仍需进一步验证明确。

除烟碱型受体外，毒蕈碱型受体也介导了重要的免疫调节作用。毒蕈碱型乙酰胆碱受体是G蛋白偶联受体，有$M_1 \sim M_5$五种亚型，其中M_1、M_3和M_5亚型偶联到$G_{q/11}$可引起胞内Ca^{2+}增加介导细胞激活，而M_2和M_4亚型偶联到$G_{i/o}$可引起腺苷酸环化酶抑制进而介导细胞抑制。以上五种毒蕈碱型受体亚型均被发现表达于免疫细胞，包括T淋巴细胞、B淋巴细胞、树突状细胞、巨噬细胞和单核细胞等。研究表明，M_1和（或）M_5型乙酰胆碱受体参与调节促炎因子的产生，从而调节从IgM到IgG的抗体类别转化，但不参与抗体反应的初始生成。另外，将胆碱能激动剂卡巴胆碱加入人外周血T细胞悬液后，活性E花环形成细胞明显增多，而M型受体拮抗剂阿托品可完全抑制该效应。且卡巴胆碱能增强细胞毒性T淋巴细胞杀伤肿瘤细胞的作用，M型受体拮抗剂也可阻断此作用。

（三）肽类神经递质及其受体

近年来大量工作表明，许多肽类神经递质在神经免疫调节中发挥着至关重要的作用。肽类神经递质主要由中枢和外周神经系统产生。在外周，肽类神经递质主要通过外周感觉神经末梢释放，包括P物质、血管活性肠肽、生长抑素、降钙素基因相关肽、阿片样肽等。另外也可由支配免疫器官和组织的交感神经末梢释放，如神经肽Y。且研究显示肽类神经递质的受体常见于免疫细胞上，介导肽类神经递质的免疫调节作用。

1. 阿片样肽（opioid peptide） 是1975年发现的第一种肽类神经递质，也是全面参与神经免疫调节的重要因素，被称为神经免疫肽，主要包括内啡肽、脑啡肽和强啡肽等。最近研究发现在外周除周围神经系统产生阿片肽外，免疫细胞本身也能释放阿片肽，且免疫细胞膜上表达阿片受体。大量实验证明，阿片肽几乎作用于所有免疫活性细胞，在免疫调节中发挥重要作用，包括对淋巴细胞转化、T淋巴细胞玫瑰花环反应，自然杀伤细胞的活性、巨噬细胞功能、干扰素的产生等都有调节作用，且这些作用能够被阿片受体阻断剂纳洛酮阻断。但同时许多研究表明，阿片肽在不同浓度及不同功能状态、不同条件下对免疫功能的作用可能不同，即发挥增强或抑制的双向调节功能，未来值得更进一步的探讨。

2. P物质（substance P，SP） 属于速激肽家族，主要通过与1型神经激肽受体（neurokinin-1 receptor，NK1R，也称P物质受体）结合发挥免疫促进作用，如促进T细胞的增殖并增强巨噬细胞的杀菌能力。SP被报道主要参与肠道炎症，且炎症可引起NK1R的激活和上调，SP和NK1R结合可以激活结肠上皮细胞的促炎信号通路。而阻断或敲除NK1R能够抑制由人艰难梭菌毒素A和三硝基苯磺酸引起的肠道炎症。炎症过程中NK1R的表达主要受NF-κB的调节，例如在脾的T细胞中，NF-κB介导IL-12和IL-18诱导的NK1R的转录。

3. 降钙素基因相关肽（calcitonin gene-related

peptide，CGPR） 是感觉神经元 C 纤维主要的神经递质，但同时也存在于其他感觉神经纤维中。CGRP 肽能神经纤维广泛存在于骨髓、胸腺、脾、淋巴结、皮肤、肺、肠道等器官，CGRP 受体为降钙素受体样受体也表达于多种免疫细胞，如 T 和 B 淋巴细胞、巨噬细胞、肥大细胞和树突状细胞等。当伤害性刺激引起辣椒素受体 TRPV1 激活时，CGRP 肽能神经元被激活引起 CGRP 的释放，发挥免疫调节作用。研究表明 CGRP 主要发挥抗炎作用，如抑制巨噬细胞和树突状细胞的抗原呈递作用，抑制脂多糖诱导的 TNF-α 和 IL-12 的产生，抑制 T 淋巴细胞增殖和 B 淋巴细胞分化。另外，CGRP 能够增强抗炎性 Th2 型免疫反应，增加 IL-4 的产生，但抑制促炎性 Th1 相关因子干扰素 γ 和 IL-2 的产生。

4. 生长抑素　是一种抑制性神经肽，在免疫器官主要由交感神经和肽能感觉神经末梢释放。同时免疫细胞也合成 SOM 并通过自分泌和旁分泌方式发挥免疫调节作用。SOM 受体属于 G 蛋白偶联受体，有 5 种亚型，分别为 sst1 ～ sst5。研究表明 SOM 能够降低淋巴细胞活性，减少细胞因子分泌，影响 T 细胞和 B 细胞的分化和功能，抑制自然杀伤细胞活性，发挥免疫抑制作用和抗炎作用。

5. 血管活性肠肽（vasoactive intestinal peptide，VIP） 属于胰高血糖素 / 促胰液素家族，主要由肽能神经纤维末梢释放，部分免疫细胞也被发现能够产生和释放 VIP。VIP 主要有两种高亲和力的 G 蛋白偶联受体，第一种是 VPAC1 受体，表达于胸腺细胞和巨噬细胞；第二种是 VPAC2 受体，表达于啮齿类淋巴细胞和鼠骨髓造血干细胞。在绝大多数的淋巴器官、呼吸道和胃肠道均发现富含分泌 VIP 的肽能神经纤维，VIP 的免疫学作用可见于所有的淋巴器官和所有的淋巴细胞亚群。VIP 在固有免疫和适应性免疫中主要发挥抗炎作用。在固有免疫中，VIP 能够抑制巨噬细胞和树突状细胞释放促炎因子和趋化因子，减少抗原呈递细胞上共刺激分子的表达，尤其是 CD80 和 CD86，进而减少对抗原特异性 $CD4^+$T 细胞的刺激。在适应性免疫中，VIP 能够促进抗炎性 Th2 型免疫反应，减少促炎性 Th1 型免疫反应。

6. 神经肽 Y（neuropeptide Y，NPY）　由交感神经末梢释放，并通过作用于 Y 受体发挥其免疫活性。Y 受体主要包括 Y1、Y2、Y4 和 Y5 亚型，表达于各种免疫细胞，如树突状细胞、单核细胞、巨噬细胞、粒细胞以及 T 和 B 淋巴细胞等。另外，部分免疫细胞本身也可产生并释放 NPY，因此 NPY 也可作为一种旁分泌或自分泌免疫介质。NPY 的促免疫作用主要包括调节免疫细胞运输、激活抗原呈递细胞功能、辅助 T 细胞分化、T 细胞功能负性调节、细胞因子分泌、吞噬和活性氧生成等。

二、内分泌激素及其受体的免疫调节作用

在大多数情况下，糖皮质激素、促肾上腺皮质激素、雄激素等内分泌激素可通过相应受体产生免疫抑制效应，而生长激素、催乳素、甲状腺激素等则增强免疫应答。

（一）糖皮质激素及其受体

糖皮质激素（glucocorticoid，GC）是肾上腺皮质激素的一种，属于皮质类固醇激素，在下丘脑-垂体-肾上腺轴的调节下从肾上腺释放入血。GC 几乎对所有免疫细胞都有抑制作用，包括淋巴细胞、巨噬细胞、中性粒细胞、肥大细胞等。糖皮质激素受体（glucocorticoid receptor，GR）广泛分布于多种淋巴组织及器官，存在于免疫细胞的胞浆及核内。GR 在免疫细胞中的表达有较大的性别差异，如雌鼠胸腺细胞内 GR 浓度低于雄鼠。另外，抗原刺激可上调 GR 浓度，而抗炎药物地塞米松则使其下调，脂多糖可促进 GR 在小鼠巨噬细胞的表达。Selye 等于 1936 年首先观察到肾上腺皮质提取物可导致大鼠胸腺萎缩，其后更多研究证明 GC 可通过多种途径影响免疫系统功能：①影响胚胎期免疫系统的发育，如小鼠胚胎胸腺在 GC 作用下，其淋巴细胞表达 Thy1.2 抗原增加，而高浓度的 GC 可杀伤淋巴细胞；②影响淋巴细胞的生成和骨髓造血功能，如减少骨髓中成熟 B 细胞数目，提高骨髓中巨噬细胞及粒细胞的集落形成率；③抑制单核细胞转变成巨噬细胞，并抑制巨噬细胞的抗原呈递功能，减少其引发的免疫应答；④一般剂量可抑制初次免疫应答，大剂量则溶解淋巴细胞；⑤抗炎作用，减少中性粒细胞等炎症细胞的积聚和炎性渗出。另外，在应激时通过下丘脑-垂体-肾上腺轴的作用，提高血中糖皮质激素的浓度，对免疫功能产生抑制作用，是应激抑制免疫功能的主要途径之一。

（二）促肾上腺皮质激素及其受体

促肾上腺皮质激素（ACTH）属于黑皮质素，

是腺垂体分泌的微量多肽激素。ACTH对免疫系统的调节主要通过两条途径，其一是通过下丘脑-垂体-肾上腺轴刺激GC的分泌而间接引起免疫抑制，其二是借助其在免疫细胞上的特异性受体直接影响免疫功能。ACTH受体也称为黑皮素受体（melanocortin receptor，MCR），是G蛋白偶联受体，分为MC1R～MC5R共5种亚型。在GC依赖的抗炎途径中，ACTH主要是通过激活肾上腺皮质上的MC2R诱导GC的快速合成，进而发挥免疫抑制作用。另外，研究发现ACTH纯制剂可引起胸腺萎缩和脾萎缩，同时伴淋巴细胞减少，而去除肾上腺后此效应仍然存在。这种非GC依赖的免疫抑制作用主要是由免疫细胞上表达的MC3R所介导，MC3R广泛表达于巨噬细胞、肥大细胞、中性粒细胞、淋巴细胞等多种免疫细胞中。

（三）雄激素及其受体

雄激素（androgen）属于类固醇激素，主要包括睾酮、双氢睾酮、脱氢表雄酮和雄烯二酮等。对男性而言，睾丸是产生睾酮的主要器官，而脱氢表雄酮和雄烯二酮主要来源于肾上腺皮质；而女性体内的雄激素主要由肾上腺皮质产生，也有少部分由卵巢产生。雄激素受体编码于X染色体上，是雄性表型发育和表达所需的信号转导蛋白和转录因子，同时通过调节许多基因的转录来调节免疫功能。目前研究表明，雄激素及其受体主要在固有免疫和适应性免疫中发挥免疫抑制作用：①睾酮可减少人泪腺中IgA的产生，这一作用为雄激素所独有；②对于中性粒细胞，雄激素虽然能够直接促进中性粒细胞的分化和存活，例如缺乏雄激素的前列腺癌患者在用雄激素替代疗法或双氢睾酮治疗之前表现出中性粒细胞减少症，但在功能上，雄激素能够抑制成熟中性粒细胞的抗菌活性且抑制其促炎因子的产生；③单核细胞和巨噬细胞都表达经典型和非经典型雄激素受体，且研究发现性腺切除术可促进雄性小鼠巨噬细胞TLR4的表达增加从而增强感染过程中的促炎反应，提示雄激素发挥免疫抑制作用的机制可能是限制髓系细胞对病原体的反应；④许多研究发现低睾酮和高B细胞数之间有很强的相关性，而男性的高睾酮水平与疫苗接种后的抗体反应差相关，且雄性小鼠的性腺切除术可以促进骨髓中B细胞淋巴细胞增殖，而睾酮治疗能逆转这种现象，该结果表明雄激素抑制B细胞生成；⑤雄激素能够直接影响淋巴细胞的发育，在睾酮的作用下胸腺的重量和体积均减少，而睾酮缺乏的男性会出现胸腺增大的现象，用双氢睾酮治疗后胸腺大小恢复正常，且雄激素可能通过抑制未成熟胸腺细胞增殖并加速其凋亡限制$CD4^+CD8^+$和$CD4^+CD8^-$胸腺细胞的数量，增加$CD4^-CD8^+$胸腺细胞的数量，并限制周围T细胞的总数。

（四）生长激素及其受体

人的生长激素（growth hormone，GH）是由191个氨基酸残基组成的蛋白质类激素，不同种属的GH结构和活性有较大的差异。GH是腺垂体激素中极重要的免疫调节因子，既可借助GH受体直接影响免疫细胞的功能，也可通过诱导胰岛素生长因子（insulin-like growth factor，IGF）的生成间接作用于免疫细胞。GH可影响免疫系统的各个环节，其中胸腺为其主要的靶器官。GH可促进正常人T细胞集落的形成，并刺激淋巴细胞的增殖。大鼠去垂体后表现为胸腺和淋巴结的增殖反应减弱，抗体合成锐减，给予GH则可逆转去垂体后的免疫功能降低。

（五）甲状腺素及其受体

甲状腺激素（thyroid hormones）包括甲状腺素（T_4）和三碘甲状腺原氨酸（T_3）。在下丘脑-垂体-甲状腺轴中，甲状腺分泌的甲状腺激素的主要形式是T_4，而T_3主要通过T_4脱碘形成，但通常认为T_3是甲状腺激素的活性形式。甲状腺受体（thyroid receptor，TR）属于甾体受体家族，有TRα和TRβ两种类型。甲状腺激素对体液免疫和细胞免疫均有促进作用，能促进T细胞活化，增加腹腔渗出细胞数量。新生及年轻大鼠去除甲状腺后，将引起外周血淋巴细胞数目降低，抗绵羊红细胞的抗体反应下降。在小鼠及人，甲状腺激素均促进淋巴细胞对丝裂原的增殖反应，并有明显的剂量依赖关系。一般来说，甲状腺功能亢进和功能低下都会影响免疫系统。甲亢会促进免疫反应、抗体生成、细胞迁移、淋巴细胞增殖和活性氧生成，但是会降低促炎标志物、抗氧化酶及其活性。甲状腺功能减退则会对以上免疫功能产生完全相反的影响。

（六）催乳素及其受体

催乳素（prolactin）是一种由垂体前叶腺分泌的蛋白质激素，存在于所有脊椎动物体内，具有免疫促进作用。催乳素不仅促进乳腺发育和泌乳，还能提高乳腺中分泌 IgA 的细胞数目，母乳中催乳素浓度与婴儿血浆 IgG 及 T 淋巴细胞数目成正相关，说明母乳喂养具有重要的免疫刺激作用。催乳素受体属于造血细胞因子受体超家族，可在 T 细胞、B 细胞、自然杀伤细胞等免疫细胞膜上广泛表达。催乳素与催乳素受体结合发挥相应的免疫调节作用，如增加包括 IgG 和 IgM 在内的抗体形成，从而促进细胞和体液免疫；促进胸腺组织的增生，诱导胚胎期胸腺细胞表达 Thy-1 抗原及 T 细胞抗原；与 IL-2 协同刺激 T 细胞的克隆增殖；激活巨噬细胞；激活自然杀伤细胞等。

第三节　神经活动对免疫功能的影响

一、神经系统不同脑区对免疫功能的调控

了解神经系统对免疫功能的调节，首先要确定与这种调节相关的大脑中枢，并明确其影响免疫功能的神经机制。20 世纪 50 年代以后，随着中枢损毁方法和脑局部电刺激在神经生理学研究中的应用，发现某些中枢神经核团或区域参与了对机体免疫功能的调节。在模型动物测定免疫反应指标如抗体产生、干扰素水平、细胞免疫活性、胸腺和脊髓功能、过敏反应等，发现中枢损毁或脑局部电刺激可改变外周血中单核细胞吞噬能力及循环血中抗体浓度等。但损毁和电刺激实验有许多弊端：首先，有些核团如下丘脑核团体积很小，很难损毁得非常精确；其次，同一核团中常常包含了许多不同类型的神经元，无法进行细胞特异性的损毁或电刺激；最后，许多脑区还有丰富的过路纤维且相互交织，核团损毁或电刺激时无法排除这些过路纤维的作用。近年来光遗传学技术的发展突破了这一瓶颈，实现了对不同脑区无组织损伤、细胞特异性且实时的调控，越来越多的研究开始应用该技术深入解析神经免疫调节的环路细胞分子机制。

1. 下丘脑　下丘脑在解剖学和功能上都与垂体密切相关，在神经内分泌免疫调节途径中发挥着重要作用。下丘脑是由多个核团组成，每个核团负责不同的生理功能并存在相互的神经支配。因此，不同下丘脑核团对免疫反应可能存在不同的作用。有报道下丘脑前部损毁可导致有核脾细胞和胸腺细胞数量减少，有丝分裂原 ConA 诱导的 T 细胞增殖反应下降，自然杀伤细胞活性下降。由于上述变化大都是暂时性的，有些作用还可被垂体切除所逆转，因而提示这些作用可能是由神经内分泌机制介导的。另外，对幼年大鼠下丘脑后部损毁可导致成年后体液免疫反应的继发性降低。室旁核和下丘脑外侧核的损伤会影响循环中免疫细胞的数量，且下丘脑外侧核损伤影响外周血自然杀伤细胞的细胞毒性。而通过电刺激干预下丘脑神经元活动发现，刺激下丘脑背内侧核能增强迟发性变态反应和促进抗体生成，刺激下丘脑后区也有类似效应，但刺激下丘脑腹内侧核不能引起免疫反应的改变。随着光遗传学技术的发展，近年来陆续有报道通过光遗传学技术进一步解析下丘脑调节免疫功能的环路细胞机制。例如，斯坦福研究人员发现光遗传学特异性激活下丘脑室旁核的促肾上腺皮质激素释放激素神经元可导致广泛的免疫细胞重分布，以及固有免疫和适应性免疫功能的广泛抑制。

2. 脑干　脑干自下而上主要分为延髓、脑桥和中脑三部分。以往研究表明其活动变化会导致免疫反应的改变，例如 Masek 等发现损毁延髓尾侧网状结构和尾侧脑桥会抑制迟发性过敏反应，而损毁前内侧网状结构和中缝核能增强这种反应。值得注意的是，脑干中的蓝斑作为调节交感神经的核团之一，被认为与自主神经途径的神经免疫调节密切相关。Hall 等报道，损毁小鼠的蓝斑会抑制造血干细胞集落形成单元的形成。Jankovil 等进一步发现，电损毁蓝斑后，大鼠的体液免疫和细胞免疫反应均降低。化学方法杀死大鼠脑干蓝斑神经元会导致脂多糖诱导的脾细胞产生的细胞因子减少。且大鼠蓝斑神经元的损毁抑制了实验性变态反应性脑脊髓炎临床症状的发展。此外，Kadlecova 等发现特异性损毁臂旁核可导致胸腺细胞增殖反应的减弱。这些核团处于脑干自主神经核团如孤束核-下丘脑-边缘前脑环路的连接之间，它们可能参与了与自主神经系统有关的传入、传出信息的处理，并且影响那些与神经内分泌有关的下丘脑和边缘结构环路。因此，与自主神经调节相关的脑区活性在功能上能够

影响外周免疫，并且为神经免疫调节提供了有价值的影响。然而，值得注意的是这些脑区对免疫系统的任何作用都可能涉及其他中枢神经环路的间接作用，并且可能会因免疫和心理环境的不同而有所不同。因为脑干许多神经核群都和网状结构发生纤维联系，所以很难确定参与调节这些免疫反应的神经元类型。但有证据表明，脑干单胺能系统参与对免疫反应的调节，包括网状结构外侧核群的儿茶酚胺能神经元以及中缝核群的5-羟色胺能神经元胞体，这两个单胺能系统参与调节许多内脏和神经内分泌活动，并且与情感和认知过程有关。且网状结构/中缝核的损毁，既会影响向下丘脑和边缘系统的单胺能上行传入，也影响向自主神经节前神经元的单胺能下行投射。另外，延髓前腹外侧区C1神经元主要支配交感和副交感节前神经元，光遗传学激活延髓前腹外侧区C1神经元可通过调节T细胞反应来保护小鼠免受缺血再灌注损伤。

3. 边缘前脑 损毁边缘前脑的核团也会影响免疫功能，且通常是增强作用。Roszman等发现损毁背侧海马或杏仁复合体会导致脾细胞和胸腺细胞数目一过性增加，对有丝分裂原ConA的T细胞增殖反应增强。另有研究发现，损毁海马对体液免疫的影响因损毁的区域和（或）破坏的纤维联系不同而有所不同。小范围地损毁其他一些脑区如扣带皮质、杏仁中央核和基底内侧核，会导致细胞免疫反应的改变。Wetmore等发现，化学性损毁外侧隔区后，自然杀伤细胞活性增强，抗体生成反应下降，脾巨噬细胞分泌TNF-α减弱，T细胞对ConA的淋巴细胞增殖反应增强。这些研究中损毁的边缘结构与下丘脑之间存在广泛的联系，因此有可能是通过调节神经内分泌和自主神经的传出活动，改变了外周的免疫反应。

4. 大脑皮质 早就有人提出大脑皮质能够调节免疫反应。大脑皮质参与对心理社会因素和应激的反应以及对外部世界的认知，将精神心理事件与免疫功能的改变联系了起来。研究发现，大面积损毁小鼠左侧的大脑半球，会导致T细胞数目和反应性的下降，自然杀伤细胞活性下降，而对B细胞和巨噬细胞没有影响。右侧大脑皮质通过调节左侧大脑皮质发出的传出信号，似乎起到相反的作用。尽管这些损毁破坏的范围很大，涉及的机制、通路以及化学递质都不明确，但这些资料仍然有很大价值。值得指出的是，大脑皮质，尤其是额叶、扣带回和颞叶，与边缘前脑、下丘脑、脑干内脏性核团甚至脊髓自主神经节前神经元都有直接的联系，皮质/边缘前脑/下丘脑/脑干自主神经核可能作为一个整体的环路，通过调节神经内分泌传出途径和自主神经传出途径，发挥免疫调节作用。

二、情绪和应激导致的免疫系统变化

当今社会变化迅速，人们的心理和生活经常受到各种环境因素的剧烈冲击，精神心理因素对免疫功能的影响日益受到人们的重视。精神因素影响疾病发生、发展的观察在西方可追溯到古罗马时代，中国传统医学典籍中也有记载。例如过度悲伤者的淋巴细胞对有丝分裂原的反应减弱；配偶或亲人的亡故可使T细胞对植物血凝素的转化反应和自然杀伤细胞活性受到抑制，这些人的免疫抑制是其恶性肿瘤高发病率的原因之一。1919年，Ishigami发现在慢性结核病患者，情感挫折可明显削弱机体对结核杆菌的吞噬能力，并提出情绪性应激可导致免疫抑制。1936年，Selye分析了一系列伤害性刺激对机体的影响，发现如缺氧、冷冻、感染、失血、中毒和情绪紧张等均可引起肾上腺皮质肥大，胸腺萎缩，外周血中淋巴细胞减少等变化，他将这群症候称为“应激”，并确定这些变化系由肾上腺皮质激素分泌过多所致，由此证明了内分泌系统对免疫系统的影响。

应激是机体处于不利的内外环境条件下所作的一系列反应，应用应激刺激可以从定性、定量、定位等不同方面研究神经、内分泌与免疫功能的关系，是目前研究神经免疫调节的一种常用方法。体内主要免疫器官如骨髓、脾和淋巴结等都受交感神经的直接支配。研究发现当机体处在急性应激状态时，应激刺激被中枢神经接收、加工和整合后传递到下丘脑，使交感神经-肾上腺髓质轴被激活，释放大量儿茶酚胺递质，从而影响外周免疫功能，如去甲肾上腺素能抑制脾内巨噬细胞的抗菌免疫。当应激源作用强烈或持久时，下丘脑-垂体-肾上腺轴激活，促进肾上腺皮质醇的合成与分泌，后者会降低免疫细胞对抗炎反馈的敏感性，并促进骨髓造血偏向单核与髓系造血，减弱淋巴系造血。此外，皮质醇水平升高，直接影响胸腺内T细胞的发育和功能，降低适应性免疫。因此，情绪和应激可能通过HPA轴与交感神经系统的长期激活，触发外周免疫细胞发育与功能改变，直接影响机体的免疫功能，改变疾病的病理生理。例如每天电刺激小鼠以使其处于精神紧张状态，一段时间后其胸腺缩小，淋巴细胞数减少，脾的重量减轻；连续电休克后，动物外周血淋巴细胞数减少，植物血凝素介导的淋转率降低。但值得注意的是，一般认为短暂而不太强烈的应激不影响或略增强免疫功能，长期较强烈的应激才会导致严重的内环境紊乱，造成免疫功能抑制。

此外，研究显示睡眠有助于淋巴回流，清除脑内的代谢废物和免疫因子，维持脑内微环境稳态。情绪障碍常伴有睡眠障碍，可能破坏内稳态，扰乱免疫系统的正常功能。段树民院士团队发现了睡眠调控的关键核团，并利用光遗传学激活促睡眠核团，使焦虑样小鼠进入睡眠后，能显著抵抗焦虑障碍的发生和发展，并降低应激诱发的外周血皮质酮升高，提示通过调控睡眠可能提供一种干预焦虑障碍及其引发的一系列内分泌与免疫改变的有效手段。

三、条件反射对免疫功能的影响

根据巴甫洛夫经典条件反射模式，将某一中性刺激与一些能够引起机体免疫反应的刺激（又称非条件刺激）相结合，经强化后，在非条件刺激完全不存在的情况下单独给予该中性刺激，仍然出现近似于或大于单独非条件刺激的免疫学效应；或该中性刺激与少于先前剂量的非条件刺激结合再现时，也取得等于或优于非条件刺激全量的免疫学效应。此时该中性刺激被称为条件刺激，整个反应过程称为免疫性条件反射。

20世纪初，有研究发现可针对免疫应答建立起经典式条件反射。至1975年，美国Ader和Cohen以大鼠为实验对象，以饲饮糖精水的味觉刺激作为条件刺激，以腹腔注射免疫抑制药物环磷酰胺为非条件性刺激。同时给大鼠上述两种刺激，经过一段时间后，再单独给予条件性刺激可引起明显的免疫抑制，表现为T细胞依赖性抗绵羊红细胞抗体合成减少，而对照组均无此反应，说明已建立起能改变免疫应答的行为式条件反射。这篇报道在当时产生了较大影响，随后类似的研究结果被相继报道。另外也有建立免疫增强条件反射模型的报道，例如Poly I：C有增强自然杀伤细胞活性的作用，以Poly I：C作为非条件刺激时，不论条件刺激是樟脑、糖精水或是氯化锂，都可以形成条件性免疫增强反应。经典式条件反射可改变免疫反应，说明免疫系统接受神经系统高级中枢的调节。这一事实得到反复证实，并已成为心理神经免疫学的重要研究领域。条件刺激引起免疫功能改变的机制尚不清楚，但目前有两种学说解释免疫性条件反射的机制。其一是脑内关联性学习模式，该学说认为非条件性刺激和条件性刺激作为两个相关信号，可激活两种神经通路，并且在两个中枢神经环路间建立和强化相关的联系。此后单独给予条件性刺激时，这两个环路均被激活，由此引发针对免疫系统的选择性信号，即对免疫应答产生调节作用。其二是免疫系统内部的关联性学习模式，其核心内容是将条件性刺激的关联性学习过程定位于免疫系统内部。当抗原或药物刺激淋巴细胞时，某些淋巴细胞对由此生成的辅助信号的敏感性增强，同时中枢神经系统对条件刺激发生反应，引起外周激素或递质的释放增多。这样，激活的淋巴细胞可同时对两套信号发生反应，并有定型化免疫应答的记忆功能。当单独用条件性刺激时，可引起相应的神经源性输出信号，产生对这些免疫识记细胞的重复刺激信息，导致此类细胞激活，引发定型化免疫应答。

四、神经反射环路对免疫系统的调控

近年来神经免疫通讯的研究进展表明，神经反射在免疫和炎症的神经控制中起着重要作用，这些反射可能发挥抗炎保护作用，但也可能会导致免疫紊乱和有害炎症。在调节免疫的神经反射回路中，脊髓和迷走神经的感觉神经元外周轴突终末激活时产生的动作电位从外周向中心传入，然后从中心传出到同一轴突的其他终末，由此引起的肽和其他物质的释放能够调节免疫活动。例如，致病菌金黄色葡萄球菌能够通过释放N-甲酰肽和成孔毒素α-溶血素直接激活小鼠后爪的感觉神经元并介导疼痛感，随后感觉神经元以逆时针方向释放降钙素基因相关肽、甘丙肽和生长抑素，它们与中性粒细胞、单核细胞和巨噬细胞上表达的受体相互作用，抑制金黄色葡萄球菌诱导的固有免疫激活。对Nav1.8伤害感受器的基因敲除可消除与金黄色葡萄球菌感染相关的疼痛，并增加局部炎症、组织中TNF水平和淋巴结病变，表明痛觉感受器具有强效抗炎功能。金黄色葡萄球菌是伤口和外科感染的主要原因，进一步深入了解伤害感受器轴突反射调节免疫反应对这种病原体的治疗意义重大。轴突反射介导的神经免疫调节是哮喘和其他疾病中“神经源性炎症”的重要组成部分。在卵清蛋白诱导的过敏性炎症和支气管过敏感性的小鼠模型中，辣椒素激活肺伤害感受器后刺激血管活性肠肽和其他神经肽的释放，并增加免疫细胞浸润。沉默伤害感受器或基因敲除 Nav1.8 伤害感受器可降低免疫细胞浸润和支气管过敏感性。另外，炎症循环中的一个重要介质是 IL-5，这种细胞因子能够直接激活肺伤害感受器并导致血管活性肠肽的释放，进而作用于 ILC2 和 $CD4^+$ T 细胞，导致细胞因子生成和炎症增加。局部特异性药理学沉默神经感受器中 TRP 介导的信号能够阻断该反射性神经免疫调节并消除炎症。以上结果揭示了神经反射环路在调节肺适应性免疫反应中的重要性和机制，且选择性阻断这种反射性调控可能是治疗过敏性气道炎症的一种新方法。因此，关于神经反射调控免疫的研究对未来开发以神经网络为靶点的炎症性疾病治疗方法具有重要临床意义。

第四节　免疫系统对神经系统的影响

近年来，临床发现免疫异常疾病时常伴有精神症状，如自身免疫性疾病红斑狼疮亦伴发精神分裂症精神病或癫痫，而在对相关的免疫失调进行治疗后症状消失。因此认为免疫系统可以通过产生免疫信息物质传递入脑并作用于神经系统，且这种作用并不总是负面的：虽然一方面可能对神经退行性疾病、自闭症等神经发育障碍和精神分裂症等精神疾病的发生和发病机制起到促进作用，但另一方面也可能对正常脑发育和创伤后恢复起着必不可少的保护作用。这些令人惊喜的发现使神经免疫学走到了生物医学研究重点的前沿位置，也期待随着更加深入的研究，未来能够为神经系统疾病的预防和治疗提供新的突破口。

一、免疫信息向脑的传入途径

（一）体液性细胞因子传递途径

免疫细胞因子多属于蛋白质一类的大分子物质，很难通过弥散自动进入脑内。有实验表明脑内有一些室周器官缺乏血-脑屏障，如延髓最后区、终板血管区、穹隆下器官等，因而细胞因子可自由地进出这些脑区，且有证据表明细胞因子可以通过刺激室周器附近的核团再间接作用于其他脑部。另外，在应激状态下中枢某些部位的血-脑屏障可以一过性开放，帮助免疫细胞因子进入中枢。

（二）免疫细胞穿过脑膜进入脑脊液

在健康的中枢神经系统中通常找不到血源性免疫细胞，一般是由组织内的小胶质细胞以及脑膜和血管周围的巨噬细胞提供免疫监视，并产生固有免疫介质，这些固有免疫反应是神经退行性疾病的共同特征。然而，免疫细胞在神经炎症等病理条件下能够进入脑膜，继而进入中枢神经系统实质，促进神经退行性疾病的发展。因此了解免疫细胞进入和离开脑膜的途径以及促使它们保留在脑膜中的原因是非常重要的。目前认为免疫细胞可能通过脑膜血管或脉络丛这两种途径进入脑膜。第一种是脉络丛途径，在脑室的一定部位，软脑膜及其上的血管与脑室室管膜上皮共同构成脉络组织，脉络组织的血管反复分支成丛，连同其表面的软脑膜和室管膜上皮一起突入脑室而形成脉络丛，是产生脑脊液的结构。由于脉络丛上皮细胞的作用是通过过滤血液产生脑脊液，因此脉络丛高度血管化，允许许多免疫细胞存在。脉络丛中的血管内皮细胞是有窗孔的，具有一定的通透性，这一点与中枢神经系统其他的内皮细胞不同。为了进入脑膜，供应脉络丛的血管中的免疫细胞需要穿过血管内皮屏障，然后穿过脉络丛室管膜上皮细胞屏障和紧密的缝隙连接，最后进入脑脊液。第二种是脑膜血管途径，若免疫细胞想要通过脑膜血管进入脑脊液则必须穿过血-脑膜屏障。血-脑膜屏障和血-脑屏障不同，其缺乏血-脑屏障的一些组成部分，例如星形胶质细胞终足，因此可以使免疫细胞更容易穿过（图 8-3-5）。近期有研究表明，脑膜血管招募 T 细胞进入脑膜间隙。虽然脑膜中 T 细胞的活化和分离可能是其进入实质所必需的，但是从脑膜间隙 / 脑脊液进入实质的路径还不清楚。在神经炎症条件下，脑膜免疫细胞产生和诱导的趋化因子的梯度可能是导致免疫细胞穿过血-脑膜屏障的原因之一。

（三）免疫感受性信息的神经传递途径

在机体的免疫应答过程中，免疫感受性信息可能经迷走神经传递至脑，调控神经系统的功能，并对免疫反应进行反馈调节。在一些免疫激发状态，

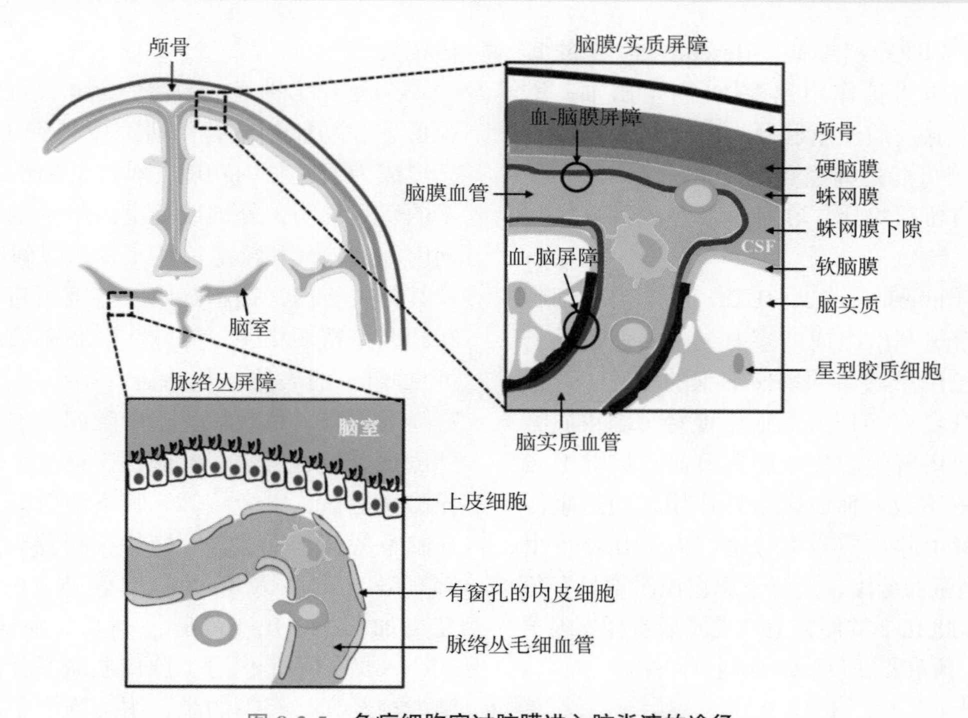

图 8-3-5　**免疫细胞穿过脑膜进入脑脊液的途径**

目前认为免疫细胞可能通过脑膜血管或脉络丛这两种途径进入脑膜。CSF，脑脊液

如脂多糖腹腔内或全身注射时，发热等中枢介导的反应要早于血液中细胞因子浓度的升高，且这些中枢介导的病理性反应可由膈下切断迷走神经所阻遏，仅用体液性细胞因子传递途径不能解释上述现象。大量的实验通过观察预先切断迷走神经对免疫激发状态时中枢介导的反应的影响，如发热、全身性痛觉过敏、室旁核 Fos 表达、中枢 IL-1β 表达、下丘脑去甲肾上腺素耗竭、血中皮质醇浓度以及细胞因子诱发的条件性味觉厌恶反应等，证明迷走神经在免疫信息向神经信号的转换和传递中起重要作用。

（四）脑内免疫细胞

神经胶质细胞可视为脑内特化的免疫细胞并行使一定的免疫功能，在中枢神经系统疾病中发挥着重要作用，目前对神经胶质细胞免疫学的研究已取得较大进展。和免疫相关的神经胶质细胞主要包括星形胶质细胞和小胶质细胞，其特征如下。

1. 星形胶质细胞　可分泌众多活性成分，如 IL-1、IL-6、TNF-α、白三烯、碱性成纤维细胞生长因子、TGF-β1、备解素 B 等。这些成分为免疫介质或炎症介质，可参与脑内的免疫生理及病理反应；表达细胞间黏附分子、纤连蛋白、层粘连蛋白和神经细胞黏着分子等；星形胶质细胞增殖加速与脑受损后的瘢痕形成及多发性硬化的硬化斑均有密切关系。

2. 小胶质细胞　分泌细胞因子及其他活性成分，如 IL-6、IL-1β、TNF-α、巨噬细胞集落刺激因子和载脂蛋白 E 等；在巨噬细胞集落刺激因子、粒细胞巨噬系统刺激因子、IFN-γ、IL-1 等细胞因子作用下，可发生增殖反应或获得抗原呈递细胞功能，超氧离子和一氧化氮生成及 IL-6 等分泌增加，而 IL-4 可降低一氧化氮生成；具有吞噬能力，并在一定条件下引起神经元损伤，其机制与超氧离子及一氧化氮生成有关；当 MHC Ⅱ类分子表达时获得抗原呈递功能。研究报道在帕金森病及老年性痴呆症的病灶中有人类白细胞 DR 抗原阳性小胶质细胞的分布。

二、免疫系统对神经内分泌系统的影响

免疫细胞在被激活后可以产生多种多样的因子（包括淋巴因子和单核因子），除了对自身的活动进行调节并作出相应的反应，还被证实可以直接作用于神经内分泌系统影响其激素分泌。

白细胞介素 -1（interleukin-1，IL-1）是主要由巨噬细胞产生的一种多肽，不仅在免疫系统内部有调节作用，还对中枢神经系统具有调节作用。IL-1 有两种不同的分子形式，一种是 IL-1α，由 159 个氨基酸组成，另一种称为 IL-1β，含 153 个氨基酸，

两者由不同的基因分别编码。Besedovsky 等的实验表明，IL-1 可以直接作用到垂体-肾上腺轴，增加血液中促肾上腺皮质激素和肾上腺皮质激素的水平，提示 IL-1 很可能是神经和免疫系统之间的一种重要传递物质或桥梁物质，在神经和免疫系统之间进行调节。

白介素 -2（interleukin-2，IL-2）是 T 辅助细胞产生的由 133 个氨基酸组成的多肽，主要促进杀伤性 T 细胞及淋巴因子激活的杀伤细胞的增殖。近来发现临床应用 IL-2 时可以升高血中促肾上腺皮质激素含量，并使血中肾上腺皮质激素升高。因此 IL-2 具有促肾上腺皮质激素释放因子样作用，通过垂体肾上腺轴促进肾上腺皮质激素分泌。由于 IL-2 可由病毒、毒素等刺激而分泌，而肾上腺皮质激素具有免疫抑制作用，因此 IL-2 的促肾上腺皮质激素释放因子样作用可能是一条重要的负反馈性调节回路。

三、免疫系统对神经元活动的影响

大量电生理研究表明，外周免疫反应能够影响中枢特定部位神经元的电活动。在此方面，前苏联学者 Korneva 做了大量出色的工作。他们发现，在免疫反应的不同阶段，下丘脑神经元活动的放电频谱会出现复杂的变化，且先于抗体的检出。Besedovsky 等最早在动物麻醉状态下观察到免疫反应和下丘脑神经放电变化之间的关系。他们发现用绵羊红细胞免疫的动物，第 1 天无抗体生成，下丘脑神经元放电也无变化，但在第 5 天，即抗体生成的高峰期，下丘脑腹内侧核放电频率增加了数倍，前下丘脑和视前区的放电频率也显著增高，而弓状核、前乳头体背侧核、室旁核、视前区、下丘脑前区、下丘脑后区和丘脑连合核的放电无变化。给自由活动的动物带上记录电极，在清醒状态下研究抗原刺激后下丘脑的电活动，与麻醉状态下的记录有所不同。Saphier 等证明，在初次抗体生成高峰期（绵羊红细胞免疫后第 5 天），视前区 / 下丘脑前区神经元放电增加；免疫接种后的前 3 天，室旁核神经元放电频率减弱，而在第 6 天增加。再次免疫应答过程中，视前区 / 下丘脑前区神经元的放电变化较初次免疫应答时减弱。作者认为这可能反映了初次和再次免疫应答过程中细胞因子的分泌存在差异。进一步研究发现，用环孢素 A 或环磷酰胺抑制外周免疫反应后，中枢的放电变化也相应消失，提示这种下丘脑电活动变化与外周免疫反应的强弱密切相关。

c-fos 作为神经元激活的标志，近年来在神经系统形态和功能相结合的研究中得到了广泛的应用，已经成为研究脑内功能性神经环路的有利工具。大量的研究证明，外周或脑室内给予细胞因子可引起脑内许多脑区和特定神经元表达即刻早期基因 c-fos 及其相关蛋白，提示脑内一些核团与免疫信息的感知和调控密切相关。静脉注射脂多糖后在许多脑区可见 c-fos 的表达，包括血管终板器 / 内侧视前区、穹隆下器官、弓状核、正中隆起、中央杏仁核、背外侧顶盖核、蓝斑、臂旁核、最后区、孤束核、下丘脑视上核、室旁核等。脑室注射 IL-1α 后，在下丘脑室旁核、视上核、弓状核和乳头体上核等部位有 c-fos mRNA 及其蛋白的表达。Ericsson 等的研究更加明确，IL-1 静脉注射后，室旁核表达 c-fos mRNA 的细胞是促肾上腺皮质激素释放激素和催产素能神经元。有趣的是，用细胞因子或内毒素作为免疫刺激，激活的中枢神经通路与以往其他躯体性应激原激活的神经通路比较有许多类似之处，都有脑干单胺能核团、自主神经核团、下丘脑等参与，提示中枢神经系统对各种形式的应激可能存在共同的反应模式。

人类的功能性磁共振成像研究也可以对免疫系统影响的潜在相关脑区进行一些深入研究。研究表明，在外周急性和慢性炎症过程中，大脑特定区域会被激活。通过对以往研究的荟萃分析揭示了在外周炎症过程中，杏仁核、海马、下丘脑、纹状体、脑岛、脑干、中脑、前额叶和颞叶皮质的活动变化，表明大脑对外周免疫系统的变化很敏感，但功能磁共振成像研究并不能确定大脑活动和免疫活动之间的因果关系。因此，对免疫调节相关大脑区域的深入解析一般来自对特定脑损伤患者的免疫分析和动物实验研究，在这些研究中可以监测靶向损伤和调控特定脑区后的免疫变化。另外，随着近年来钙成像技术的发展，特异性监测炎症过程中受到影响的特定脑区的特定细胞类型已经可以实现，期待未来可以结合多种技术手段进一步探索外周免疫系统调节神经元活动的机制。

四、免疫系统在神经行为学中的作用

研究发现缺乏 T 淋巴细胞的小鼠表现出认知功能障碍，且给予移植成熟的 T 细胞能够改善其认知功能。随着进一步研究，人们对学习记忆所需的免疫细胞群（主要是 $CD4^+$ T 细胞）有了更深入的了解并对其抗原特异性和发挥作用的位置提供了一些初步的见解，但对于正常认知所需的 T 细胞抗原特异性目前尚无定论。有研究表明，OTII 小鼠（约 90% 的 T 细胞对卵清蛋白具有抗原特异性）表现出认知功能障碍，而给它们注射 MOG- 反应性 T 细胞（中枢神经系统蛋白抗原特异性 T 细胞）可以改善认知功能，提示促认知 T 细胞具有自身免疫性。研究认为 T 细胞很可能是通过包裹脑膜的脑膜间隙发挥其神经保护作用。例如，在经历认知任务或暴露于压力的小鼠中，脑膜 T 细胞表现出表型和活性的变化。此外，用靶向 VLA-4 整合素的抗体对小鼠进行处理可减弱其免疫细胞（主要是 T 细胞和单核细胞）跨越血脑屏障和血脑膜屏障的迁移能力，导致认知障碍。且引流中枢神经系统的颈深部淋巴结的清除能够导致脑膜 T 细胞（以及脑膜髓样细胞）发生紊乱，并与学习记忆受损有关。然而这些发现仅仅提示了脑膜 T 细胞与认知功能之间的相关性，未来还需进一步研究其机制。

五、免疫系统对中枢神经系统疾病的影响

最先引起人们注意的一个经典案例是多发性硬化，这是一个中枢神经脱髓鞘疾病，也是一个自身免疫性疾病，其病理特征是 T 淋巴细胞和其他免疫因子攻击破坏脑和脊髓中包绕神经的保护性髓鞘，导致空间多发性和时间多发性的中枢神经系统白质炎性脱髓鞘病变。最初多发性硬化的发生被认为与 $CD4^+$T 细胞有关，其可以与髓鞘中的蛋白质发生反应，尤其是髓鞘碱性蛋白、蛋白脂质蛋白和髓鞘少突胶质细胞糖蛋白。随着研究的深入，发现除了 $CD4^+$T 细胞，$CD8^+$T 细胞、B 细胞、中性粒细胞、自然杀伤细胞、单核细胞和巨噬细胞也参与多发性硬化的病理机制。关于多发性硬化的研究为中枢神经系统和免疫系统之间的相互作用打开了新的视角并得到许多突破性的发现。

许多神经退行性疾病也与免疫系统有关。例如在阿尔茨海默病中，吞噬细胞被认为在疾病的发展过程中扮演着重要角色，但目前还未确定吞噬细胞的类型，更确切地说，究竟是小胶质细胞还是血液单核细胞来源的巨噬细胞发挥作用目前还不清楚。另外外周 T 淋巴细胞在阿尔茨海默病中发挥着一定的保护作用，研究发现，当阿尔茨海默病易感小鼠缺乏适应性免疫系统时会更快地发展成阿尔茨海默病，而增强效应 T 细胞的功能能够使小鼠模型中阿尔茨海默病的发展进程减慢。虽然关于免疫系统介导的神经保护机制目前还未解析清楚，但是越来越多的证据表明外周巨噬细胞和 T 细胞以及中枢小胶质细胞在多种神经系统疾病中也可能扮演着保护作用。

六、免疫系统在中枢神经系统损伤中的作用

中枢神经系统的急性损伤，例如脊髓挫伤或者视神经挤压性损伤，会导致全身免疫反应的变化，变化最明显的部位是颈深部淋巴结、脑膜间隙（包括脑脊液）和损伤部位。损伤部位的固有免疫应答要早于适应性免疫，在固有免疫反应中，受损的中枢神经系统会迅速释放警报素（alarmins），如白细胞介素 -33（IL-33）、三磷腺苷和 HMGB1，进而激活胶质细胞并招募粒细胞和单核细胞到达损伤部位。IL-33 对单核细胞的募集特别重要，而缺乏报警素或单核细胞的小鼠其损伤程度更重。与其他器官相比，中枢神经系统的 IL-33 表达量更高，但其原因目前并不清楚。很有可能仅仅是因为 IL-33 在中枢神经系统还有其他未知的作用，或者在中枢神经系统损伤过程中，IL-33 介导了免疫细胞募集的一种机制，对抗入侵已暴露神经组织的病原体并帮助伤口愈合。这种机制也适用于治愈中枢神经系统的无菌损伤。在感染过程中，固有免疫会引起病原体特异的适应性免疫，而适应性免疫又会反过来进一步调节固有免疫，在感染清除后使其从一种抗致病性作用转变为一种组织修复作用。之后适应性免疫通过抑制效应 T 细胞和保留少数记忆克隆进行自我调节，这些少数的记忆克隆在之后暴露于同一感染时可以被简单且快速地重新激活。类似的情况也会发生在中枢神经系统损伤的免疫反应中，但对损伤做出反应的 T 细胞的抗原特异性目前并不清楚。T 细胞反应可能对中枢神经系统内的抗原具有特异性，但在实验中发现 T 细胞也能通过一种非 T 细胞受体依赖的方式被激活。如果中枢神经系统抗原进入引流淋巴结引起这种方式的激活，T 细胞可能会对这些自身抗原产生反应。由于中枢神经系统内这种假定的耐受机制的失败可能导致自身免疫性疾病（如多发性硬化）的发生，因此识别和理解这些机制至关重要。在大多数中枢神经系统损伤的实验动

物模型中，T 细胞对损伤的自发反应的净结果是神经保护性的。然而，不受控制的自身免疫性 T 细胞反应可能导致破坏性的结果。因此，损伤后免疫反应的调节至关重要。

参考文献

综述

1. 鞠躬 . 神经生物学 . 北京：人民卫生出版社，2004.
2. Schiller M，Ben-Shaanan TL，Rolls A. Neuronal regulation of immunity：why，how，and where? *Nat Rev Immunol*，2020.
3. Fujii T，Mashimo M，Moriwaki Y，et al. Expression and function of the cholinergic system in immune cells. *Front Immunol*，2017，8：1085.
4. Hoover DB. Cholinergic modulation of the immune system presents new approaches for treating inflammation. *PharmacolTher*，2017，179：1-16.
5. Matteoli G，Boeckxstaens GE. The vagal innervation of the gut and immune homeostasis. *Gut*，2013，62（8）：1214-1222.
6. Olofsson PS，Rosas-Ballina M，Levine YA，et al. Rethinking inflammation：neural circuits in the regulation of immunity. *Immunol Rev*，2012，248（1）：188-204.
7. Kovats S. Estrogen receptors regulate innate immune cells and signaling pathways. *Cell Immunol*，2015，294（2）：63-69.
8. Steinman L. Elaborate interactions between the immune and nervous systems. *Nat Immunol*，2004，5：575-581.
9. Tracey KJ. Reflex control of immunity. *Nat Rev Immunol*，2009，9（6）：418-428.
10. Veiga-Fernandes H，Artis D. Neuronal-immune system cross-talk in homeostasis. *Science*，2018，359（6383）：1465-1466.
11. Kipnis J. Multifaceted interactions between adaptive immunity and the central nervous system. *Science*，2016，353（6301）：766-771.
12. Chavan SS，Pavlov VA，Tracey KJ. Mechanisms and therapeutic relevance of neuro-immune communication. *Immunity*，2017，46（6）：927-942.
13. Kipnis J，Filiano AJ. Neuroimmunology in 2017：The central nervous system：privileged by immune connections. *Nat Rev Immunol*，2018，18（2）：83-84.
14. Tracey KJ. The inflammatory reflex. *Nature*，2002，420（6917）：853-859.
15. Nance DM，Sanders VM. Autonomic innervation and regulation of the immune system（1987-2007）. *Brain BehavImmun*，2007，21（6）：736-745.
16. GubbelsBupp MR，Jorgensen TN. Androgen-induced immunosuppression. *Front Immunol*，2018，9：794.
17. Quatrini L，Vivier E，Ugolini S. Neuroendocrine regulation of innate lymphoid cells. *Immunol Rev*，2018，286（1）：120-136.
18. Steinhoff MS，Mentzer B，Geppetti P，et al. Tachykinins and their receptors：contributions to physiological control and the mechanisms of disease. *Physiol Rev*，2014，94（1）：265-301.

原始文献

1. Zhang B，Qiu L，Xiao W，et al. Reconstruction of the hypothalamo-neurohypophysial system and functional dissection of magnocellular oxytocin neurons in the brain. *Neuron*，2020.
2. Han Y，Shi YF，Xi W，et al. Selective activation of cholinergic basal forebrain neurons induces immediate sleep-wake transitions. *Curr Biol*，2014，24：693-698.
3. Ader R，Cohen N. Behaviorally conditioned immunosuppression. *Psychosom Med*，1975，37（4）：333-340.
4. Reardon C，Duncan GS，Brüstle A，et al. Lymphocyte-derived Ach regulates local innate but not adaptive immunity. *PNAS*，2013，110（4）：1410-1415.
5. Rosas-Ballina M，Olofsson PS，Ochani M，et al. Acetylcholine-synthesizing T cells relay neural signals in a vagus nerve circuit. *Science*，2011，334（6052）：98-101.
6. AI-Shalan HAM，Hu D，Nicholls PK，et al. Immunofluorescent characterization of innervation and nerve-immune cell neighborhood in mouse thymus. *Cell Tissue Res*，2019，378（2）：239-254.
7. Ding X，Wang H，Qian X et al. Panicle-shaped sympathetic architecture in the spleen parenchyma modulates antibacterial innate immunity. *Cell Rep*，2019，27（13）：3799-3807 e3793.

第4章 神经元调制

陈宜张

本章所讨论的神经元调制（neuronomodulation）意指引起神经元兴奋性变化的机制或事件，主要指体内活性物质通过相应受体（接受位点）外源性地对神经元兴奋性的调制。按照是否发生离子通道的共价型修饰，神经元调制可以分为间接和直接两种。作为脑功能的基石之一，神经元调制有着重要的理论和实际意义。

第一节 神经元与神经元调制

一、神经元调制

一般来说，神经元传导和突触传递是脑功能活动的基石。但是，任何一次传导或传递过程都是在神经元的一定兴奋性基础上进行的，所以，神经元调制（内源性、外源性）也必然会影响传导和传递，由此可见神经元调制的重要性，把它视作为脑功能活动的基石之一也不过分，它当然也是神经科学领域一个十分重要的科学问题。

完整的神经元调制可以有内源性（神经元本身活动引起的）或外源性（神经元以外因素引起的）之分，但本文所讨论的主要是外源性神经元调制，即指神经元接受外界影响而改变其兴奋性状态的事件或过程。从字义上理解，神经元调制可以是神经元不同活动形式的调制，例如代谢过程的调制，但因为神经元是一个可兴奋细胞，所以兴奋性的调制是最重要和最具特征性的；从内涵上看，神经元可以因各种化学或物理因素（电、机械、热等）的影响而被调制，但迄今所知，化学因素的影响是最普遍而重要的。所以，本文所讨论的神经元调制主要集中在化学因素引起的对神经元兴奋性的调制。

二、神经递质的调制作用

神经元调制这一概念的提出大致上是由 1979 年 Kupfermann 的“神经递质的调制作用（modulation of neurotransmission）”和神经调质（neuromodulator）等命题引发的，当时的重点围绕着递质和突触。

1979 年的论文对突触传递的调制作了分析，讨论了当时一些非传统的突触作用，提出了突触活动受调制的三种情况（图 8-4-1）及“调制性递质”的称呼。往后的教科书与神经科学文献，也大致保持与上述相同的看法，相应地出现了神经调质（neuromodulator）的术语。

三、神经元兴奋性的细胞周围调制与神经元调制

笔者在 2016 年的一次学术讨论会上提出“神经元兴奋性的细胞周围调制”的看法，这个看法摆脱了活性物质作用于突触范围的局限，而把视野放在神经元的周围空间，注意到对神经元兴奋性的一般性调制。当时主要是基于 1995 年以来发现的突触外 $GABA_A$ 受体的张力性抑制及其影响，以及较早前就知道的某些甾体激素的快速、非基因组作用所引起的神经元兴奋性变化（图 8-4-2）。

图 8-4-2 所述神经元兴奋性的细胞周围调制的三种方式都会在后文提及，包括：① $GABA_A$ 受体所介导的张力性抑制。这是由于突触外区（细胞周围）的 $GABA_A$ 受体接受突触区溢出的神经递质而产生的，但实际情况可能更复杂些，还涉及局部递质转运蛋白的功能。②实验灌输给予糖皮质激素和

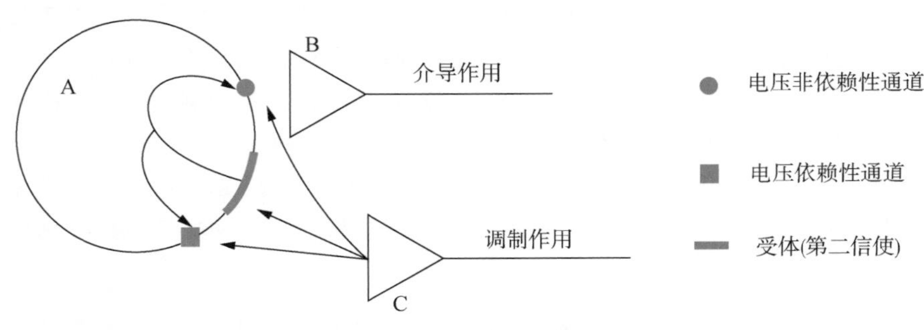

图 8-4-1 突触作用的模式图

A. 代表一个电兴奋元素（神经元树突、胞体、突触前终末或肌肉细胞）。B. 代表一个通常的（实现突触作用的）突触终末，突触终末释放的递质与电压不依赖通道相关联的受体-离子通道（●）相互作用。C. 代表一个调制性终末，它也释放神经递质（调制性递质），调制性递质可以通过改变电压不依赖受体-离子通道而改变递质的效应，其作用方式可以是改变与该通道相关联的受体（▬），也可以是改变起突触作用递质的细胞外浓度。调制性递质作用的另一种方式是改变调控离子流动的电压依赖通道（■）的活性，如参与锋电位产生的，参与细胞内源性起步点（pacemaker）的，或者是肌肉的突触前神经末梢，参与神经递质释放的。这个调制性作用可以通过细胞外受体起作用，也可以通过特异受体从而改变细胞内信使的浓度而起作用（引自参考文献中的综述 9）

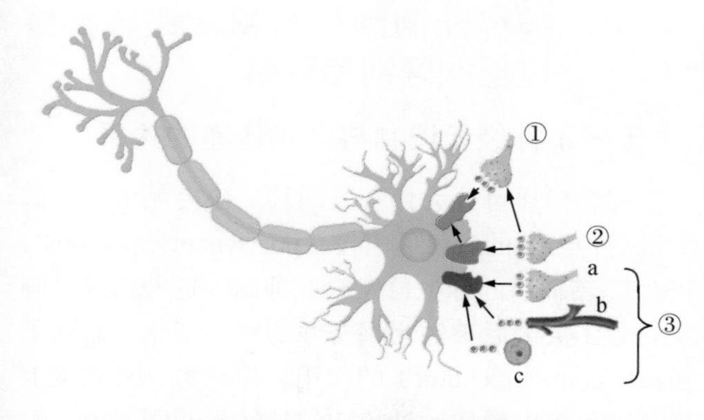

图 8-4-2　突触传递、突触调制和神经元周围调制

突触传递（①）可以被邻近突触前末梢释放的神经递质（②）所调制。神经元兴奋性的细胞周围调制（③）可以通过三种方式产生：a. 邻近突触神经递质的溢出（spillover）；b. 来自血液循环的激素；c. 邻近细胞的旁分泌（引自参考文献中的综述 13）

雌激素。③邻近细胞以旁分泌方式产生的神经活性甾体。

现在，本文作者又将其扩展为“神经元调制”的看法，此看法的含义比细胞周围调制所指的范围更广泛些。具体来说，神经元调制总是以膜电位变化的一定形式出现，所以它也应该包括电压门控离子通道接受化学物质的作用而发生的调制性变化。另外，神经元传导受调制也可以视作一种神经元调制，如树突逆向动作电位的调制，实际上就是 $GABA_A$ 受体所介导的张力性抑制在树突的表现；又如，后文要提到的神经递质或调质引起的慢电位，实际上也可以看作一种神经元调制，不过它具有明确的电位形式而已。

按照神经元质膜上极化状态变化范围的不同，神经元调制可以是局限性（local）的或全局性（global）的。全局性神经元调制即神经元兴奋性的细胞周围调制，如下文将会提及的嗅球颗粒细胞的张力性抑制就属于这一类；而 $5\text{-}HT_{1A}$ 受体介导的轴突始段抑制属于局限性神经元调制。

四、神经元的电兴奋性和化学兴奋性

神经元可以被电刺激、化学刺激所兴奋，这是因为它分别具有电兴奋性和化学兴奋性，这是所有神经元都有的共性。量度神经元兴奋性的唯一指标是神经元膜电位的高、低。神经元膜电位的维持或变化（去极化、超极化），取决于质膜上的离子通道或生电泵（electrogenic pump）的活性，但对一般神经元而言，生电泵的作用相对不重要。所以，所谓神经元调制，就归结为离子通道如何被调制的问题。

神经元生存于体液环境中，体液环境中所含化学活性物质（配基、激动剂）浓度的变化对神经元的冲击时刻都在发生。神经元调制之所以能够发生，其基础就是因为整个神经元质膜上有这样一类分子、受体，它既是离子通道，又对配基敏感。这类分子主要有两种，这两种情况都和受体有关：①受体门控离子通道（receptor-gated channel）；②具有化学敏感性的电压门控离子通道。前者是化学突触传递的基础，突触后神经元上突触区的受体门控离子通道负责实现此重要功能；后者则是神经元接受化学性调制的极广泛而重要的基础。

神经元的电兴奋性是神经元兴奋发生和传播的基础，非常重要。在特定情况下，神经元周围的电场会剧烈变动，并影响神经元的兴奋性。其实，某些特定神经元也可以被其他物理性变量所兴奋，如机械力、温度、渗透压等，但这些终究仅是特定神经元的行为，而且通过它们发生的调制情况，现在知道的也不够多。所以这些都不是我们今天讨论的重点。

五、配基与受体结合的正构性和别位性作用

谈到配基（激动剂）对受体的作用，就离不开正构性（orthosteric）和别位性（allosteric，异构性）这两种作用方式。这个问题一开始是从酶学研究提出来的，受体也是如此。酶或受体的活性被调制有两种情况：①正构性调制，是指一个活性分子，它与配基相竞争，由此所引起的调制是竞争性调制，或正构性调制。②别位性调制，是指一个活性分子通过对酶或受体上非配体结合位点的作用，使得酶或受体分子构象发生变化，从而改变其活性，所以也称为变构性调制。起增强作用的称为正性别位性调制（positive allosteric modulation，PAM），起减弱作用的称为负性别位性调制（negative allosteric modulation，NAM）。在我们讨论的对象中，如果对象是受体，它可以有竞争性和别位性调制，这不成问题。不过，电压门控离子通道的情况与受体不同，它本身并无配基可言；而事实又表明，它也具有化学敏感性，可以有受体（结合）位点，这个受体位点可以接受活性分子的作用，从而对离子孔的导通发挥影响，这就属于别位性调制的性质了。许

多神经毒素的作用都属于别位性调制。

更进一步，两个以上受体位点之间还可以有相互作用。

六、直接和间接神经元调制

根据定义，神经元调制就是膜电位的受调制。神经元质膜上形成或改变膜电位的离子通道有两种：电压门控离子通道，配基门控离子通道。这两种离子通道活性的改变，都可以引起膜电位的改变，去极化为兴奋性变化，超极化为抑制性变化。但引起去极化或超极化不外乎两种途径：直接的和间接的。

直接神经元调制（direct neuronomodulation）是指经由离子通道被直接调制而引起的事件。这其中，一是由于配基直接作用于配基门控离子通道，如下面将要讨论的 $GABA_A$ 受体。二是由于活性物质作用于具有化学敏感性的电压门控离子通道的接受位点，如下面将要讨论的毒物毒素作用于电压门控钠通道。

间接神经元调制（indirect neuronomodulation）的主要方式是指由于活性物质激活了代谢型受体，通过相关细胞内过程（最常见的是蛋白激酶的作用），改变了细胞膜上受调节离子通道的共价键性质，从而引起离子通道活性改变、膜电位改变（详见本章第四、第五节）；也可以通过蛋白-蛋白相互作用而起作用。

在哺乳动物脑内，许多递质（调质）受体和全部神经肽受体都属于代谢型受体。代谢型受体主要包括 G 蛋白偶联受体（GPCR）和受体酪氨酸激酶（TRK）两类，其中调节离子通道的主要为 GPCR。神经递质的 GPCR 家族包含以下受体：α- 及 β- 肾上腺素受体、多巴氨受体、蕈毒碱样 ACh（mACh）受体、$GABA_B$ 受体、代谢型谷氨酸、代谢型 5-HT 受体等。GPCR 激活一系列信号转导分子，典型的情况是，信号转导分子可以产生能弥散的第二信使激活下游酶分子，再通过酶的作用而磷酸化靶分子，即离子通道；或动员细胞内钙来到胞液。在某些事例，G 蛋白或第二信使可以直接作用于离子通道。另外，酪氨酸激酶受体的胞浆区含有蛋白激酶域，它可以使一系列蛋白磷酸化，其中也包括离子通道。

七、神经元调制与容积传递等神经过程的区别和联系

（一）神经元调制与突触传递的关系

突触传递可分为快和慢两种。快突触传递引起突触后神经元的突触后电位（postsynaptic potential，PSP），转而引起锋电位发放或抑制。这种情况，确实引起了突触后神经元兴奋性的剧烈变化，起到了通讯（communication）的作用。但从另一种意义上说，这也可以看作一种特殊的神经元调制现象。慢突触传递伴随有慢突触后电位（slow PSP），还有晚慢突触后电位（late slow PSP），它们都经由代谢型受体介导，而且一般缺少相应的突触结构。所以实际上也可看作一种局域性的神经元调制。

（二）神经元调制与容积传递的关系

两者是一件事的两个方面：容积传递（volume transmission）主要关注神经元间的信息传递，而神经元调制则主要关注神经元的兴奋性变化。但有时则不一定，如总体性的神经元兴奋性调制，就很难说是一种传递活动。

（三）神经元调制与整体脑功能调制系统的关系

就脑的整体功能而言，基础脑科学文献上有“脑调制系统（brain modulatory system）”“脑功能调制”这样的命题。神经元调制与这两者的关系如何？回答是：两者都有以神经元调制作为其基础在内，但并非等同。

（四）神经元调制与临床的“神经调制”的关系

临床的“神经调制”（neuromodulation）是指应用化学的（药物、受体激动剂或拮抗剂）或物理的（电刺激为主）措施，帮助病人解除、减少由疾病所引起的痛苦和不适。这些临床治疗的原理和基础都在脑功能的三个基石，但它们本身仅是指脑功能得到了调制，由于调制而减轻了患者的痛苦。

八、神经元调制的生物学和临床意义

神经元调制的重要意义在于，内源性生物活性分子浓度改变而导致的神经元调制，对于脑的生

理、疾病发生的解释，具有重要意义；外源性给予生物活性分子而导致神经元调制的情况，例如在实验条件下投予试剂或临床投送药物，药物或试剂分子浓度发生改变，因此导致了神经元调制，这对于实验研究和临床治疗中给予药物的解释和评价，都非常重要。

第二节　突触外区 $GABA_A$ 受体介导的张力性抑制及神经甾体

突触外区 $GABA_A$ 受体介导的张力性抑制是神经元调制的一个重要内容，它属于直接神经元调制的范畴。自从知道了通过 $GABA_A$ 受体的张力性抑制以及神经甾体的独特作用以来，对张力性抑制发生的机制和有关临床用药等各方面的研究都有很大进展。

一、$GABA_A$ 受体介导的张力性抑制的发现、产生机制及特点

（一）$GABA_A$ 受体介导的张力性电导（抑制）的发现

1995 年发现了 $GABA_A$ 受体介导的张力性电导（张力性抑制）。当时，研究人员在离体大鼠小脑颗粒细胞的电压钳记录条件下，实验性给予 $GABA_A$ 受体拮抗剂荷苞牡丹碱，发现除自发突触电流被阻断外，还可以看到“背景”电流噪声明显减少。这表明 $GABA_A$ 受体有持久激活，这就是张力性电导。它可能是由于突触部位释放的 GABA 作用于突触外区受体，也可能是由于 GABA 的非量子释放。从实验结果看，这种荷苞牡丹碱敏感的背景电流可以归之于张力性 GABA 释放，而且是非量子性质的。当时虽还无法排除 GABA 来自受损伤神经元，但根据这样一个事实，凡接受抑制性输入的细胞（根据 IPSCs 的出现来判断），其“背景”电流都比较明显，这与 GABA 来自神经元末梢的溢出是相符合的。

（二）$GABA_A$ 受体介导的张力性抑制的产生机制

现已明确，从突触间隙“溢出”的 GABA 可以激活突触外区 $GABA_A$ 受体。所谓突触外区受体包括两方面：①突触前受体；②同一神经元或邻近神经元末梢上的 $GABA_A$ 受体。总的看法是，细胞外间隙低浓度 GABA 可以导致突触外区 $GABA_A$ 受体的持久、“张力性”激活，其特点是，它在时间上与位相性突触事件是相分离的（图 8-4-3）。

实验中为了鉴定 $GABA_A$ 受体的张力性抑制，往往需要根据 $GABA_A$ 受体张力性激活的药理学特征来加以确定。例如，对利尿剂呋塞米（furosemide）的敏感性，含 6 亚单位（突触外区）的比含 1 单位的 $GABA_A$ 受体（突触区）要高 100 倍。另外，对突触区和非突触区 $GABA_A$ 受体显示明显不同作用的唯一激动剂是 THIP［4,5,6,7- 四氯异噻唑（5,4-c）吡啶 -3- 醇］或称加波沙朵（gaboxadol），对含 $\alpha_4\beta_3\gamma_2$ 的受体而言，它是部分激动剂；而对含 $\alpha_4\beta_3\delta$ 的受体，它是全或’超级’激动剂，其作用甚至强于 GABA。

二、介导张力性电导的 $GABA_A$ 受体亚单位的激活特点

（一）$GABA_A$ 受体的亚电位组成

$GABA_A$ 受体是半胱氨酸–环配基–门控（cysteine-loop ligand-gated）离子通道家族的一员，它是五聚体亚单位的组合物，其中心形成离子通道。有 19 种 $GABA_A$ 受体亚单位（$\alpha_{1\sim6}$、$\beta_{1\sim3}$、$\gamma_{1\sim3}$、δ、ε、θ、π 及 $\rho_{1\sim3}$），这些都已从哺乳动物中枢神经系统得到克隆。更多变异可以来自交互剪切。通过重组技术重新装配这种不同亚单位的蛋白质，可以导致无数潜在的分子异源性 $GABA_A$ 受体亚型。

体内介导张力性电流的 $GABA_A$ 受体主要有两个类型：一是含 δ 亚单位的，二是含 α5βγ2 亚单位的。张力性电流的产生与受体的突触外区分布及亚单位的组成都有关。

（二）含 δ 亚单位的 $GABA_A$ 受体

早先已经知道，成熟小脑颗粒细胞突触外区有含 $\alpha_6\beta\delta$ 亚单位的 $GABA_A$ 受体。以后知道这种 $GABA_A$ 受体，不论是在离体或在体实验，都介导张力性抑制，而通常突触部位的那种含 γ_2 亚单位的 $GABA_A$ 受体则参与通常的突触传递。由含 $\alpha_4\beta\delta$ 亚单位的 $GABA_A$ 受体介导的张力性电导，后来在

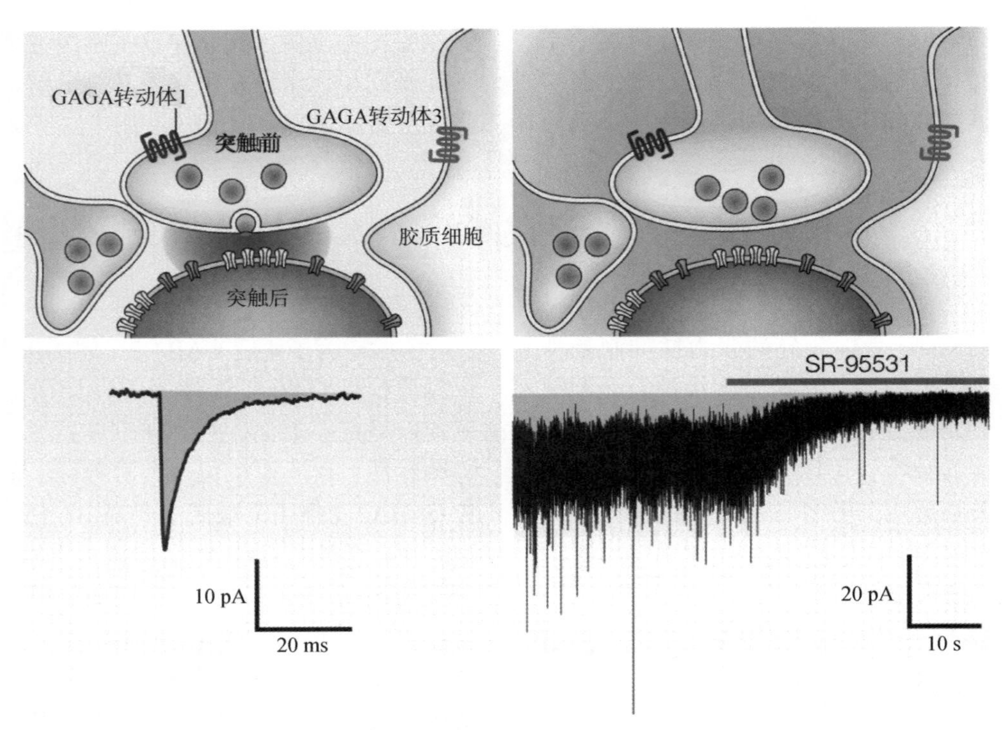

图 8-4-3 **突触外区 $GABA_A$ 受体介导的张力性抑制**

左图，位相性抑制：GABA 能神经末梢的 GABA 分子包装在突触小泡内。一旦从小泡释放后，GABA 快速弥散越过突触间隙，占据突触区 $GABA_A$ 受体。由此而形成短暂的突触后电导变化（向下曲线），其特征波形是快速上升、缓慢衰减。右图，张力性抑制：细胞周围低浓度的静息 GABA 水平能够激活高亲和力的突触外区 $GABA_A$ 受体，使其产生一个持久性电导（图中灰色阴影），图内上、下划动的细线条是邻近部位传过来的突触电活动（注意时间标尺与左图不同）。当给予 GABAA 受体拮抗剂 SR95531 后，灰色阴影几乎消失，表示张力性抑制被阻断。神经元的胞体、树突接受来自于谷氨酸能及 GABA 能神经末梢的经常性突触输入冲击。星状胶质细胞紧密地穿插在这些神经元间，它可以感受释放的神经递质，也可以调制递质在细胞外间隙的浓度水平。GABA 能神经末梢的突触小泡释放 GABA，以及其他来源的、非小泡释放 GABA，这些释放与 GABA 的摄取相互作用决定了细胞周围间隙的 GABA 浓度。脑内细胞外间隙中的 GABA 浓度的维持，涉及以下因素：突触小泡 GABA 的释放水平，细胞转运蛋白（GAT1、GAT-3、BGT-1）的化学计量关系，以及其他形式的非小泡 GABA 释放。最终，正是这个细胞周围的 GABA 浓度水平，它导致突触外区 $GABA_A$ 受体的激活，产生张力性抑制；所谓突触外区，可以是胞体、树突，甚至可以是轴突质膜（改编自参考文献中的综述 4）

其他脑区也有报道，包括齿状回颗粒细胞、丘脑转运神经元、新大脑皮质 2/3 层的锥体细胞以及纹状体的中等树突棘神经元等。此外，张力性电导也存在于常春藤细胞 / 神经胶质型（neuorgliaform）细胞*，在这里，张力性电导可能由持久激活突触外区含 $\alpha_1\beta\delta$ 亚单位的 $GABA_A$ 受体产生。

（三）产生张力性电导的其他类型的 $GABA_A$ 受体

除含 δ 亚单位的 $GABA_A$ 受体（δ-$GABA_A$ 受体）外，在成熟动物的某些脑区，其他类型的 $GABA_A$ 受体也能产生张力性电导，最值得注意的是含 $\alpha_5\beta\gamma_2$ 亚单位的 α_5-$GABA_A$ 受体，此电导调节海马 CA1 区、CA3 区锥体神经元以及大脑皮质第 V 层神经元的兴奋性。仅由 α、β 亚单位组成的高亲和力 $GABA_A$ 受体也是一个可能性。还有其他 $GABA_A$ 受体，即使在没有激动剂时这些受体也可以打开，这在某些未成熟神经元已有所报告。由于神经元突触区和突触外区质膜有大量含 γ_2 $GABA_A$ 受体，所以也有可能，当细胞周围 GABA 浓度高的时候，具更低亲和力的 $GABA_A$ 受体也可能贡献给稳态电导。然而现在已经认识到，在许多脑区，在生理情况下，高亲和力的 $GABA_A$ 受体群体，如 δ-$GABA_A$ 受体、α_5-$GABA_A$ 受体，它们占优势地负责产生张力性电导。

（四）含不同亚单位 $GABA_A$ 受体的药理学特征

如同 $GABA_A$ 受体的生物物理学特点是由其亚单位组成所决定的那样，其药理学特征（亲和力）也是如此。经常被引用的例子是 α 亚单位的

* 常春藤细胞指脑内一类轴突形状异常密集曲折的神经元，它是一种反应缓慢型神经元。

作用，它规定了受体对于苯二氮的亲和力，而苯二氮是 $GABA_A$ 受体的别位调节物。由 α_1、α_2、α_3、α_5 亚单位，同时还有两个 β 和一个 γ_2 亚单位组成的这种受体，对地西泮（diazepam）有高亲和力，而苯二氮䓬是经典的苯二氮激动剂。含有 α1 亚单位的受体也对咪唑并吡啶唑吡坦（imidazopyridine zolpidem）有高亲和力。把 α 亚单位改为 α_4 或 α_6，就取消了对苯二氮和唑吡坦的敏感度，用 δ、ε 或 π 亚单位取代 γ_2 亚单位也一样。在五聚体里面亚单位的位置也是关键性的，例如苯二氮敏感性受到与 γ_2 亚单位邻近的 α 亚单位类型的影响。

三、$GABA_A$ 受体的竞争性和非竞争性拮抗剂

为了实验性地研究 $GABA_A$ 受体的张力性和位相性抑制，有几种竞争性和非竞争性 $GABA_A$ 受体拮抗剂很有用。所谓非竞争性拮抗作用就是经过 $GABA_A$ 受体的别位调节作用。这些拮抗剂之所以有这样或那样的作用，不仅由于它们对产生张力性和位相性电流的受体亲和力有差别，也因为它们的激活依赖于受体与 GABA 的亲和力和受体激活的条件。所有 $GABA_A$ 受体介导的电导都可以被高浓度的荷包牡丹碱、木防己苦毒素、SR-95531 所阻断。$GABA_A$ 受体的少数拮抗剂则显示明显的亚单位选择性，如利尿剂呋塞米对含 α_6 亚单位比之对含 α_1 亚单位的受体有 1000 倍高的选择性，因此曾被用来测定小脑颗粒细胞突触和突触外区含 α_6 受体的作用。前面已经提到，激动剂加波沙朵（gaboxadol，THIP）的激动条件也很有特色。

$GABA_A$ 受体介导的张力性抑制似乎也对在临床应用的不同调制物质高度敏感，如内源性神经甾体、静脉和吸入麻醉剂、某些亲精神性（nootropic）物质及酒精等。在实验条件下令神经甾体作用于含 δ 亚单位的 $GABA_A$ 受体，可以选择性地增强 GABA 反应性，低浓度的别去氧皮质酮（THDOC）可明显地增加齿状回和小脑颗粒细胞的张力性电导，而不修饰位相性电流。

上述这些非竞争性 $GABA_A$ 受体拮抗作用即属于别位性调制作用。

四、张力性抑制的功能意义

一个明显的事实是，张力性抑制降低了神经元的兴奋性。张力性抑制产生于在时间上随机分散受体的激活，这些受体分布在整个神经元表面（以潜在的，不均匀的形式分布）。位相性和张力性抑制的区别提示，它们在调控神经元网络活动方面会有深刻差异。$GABA_A$ 受体张力性激活的一个直截了当的结果是持续地增加神经元的输入电导。它影响了注射电流入细胞引起电压反应所需的强度及时程，增加了随距离而发生的电压下降。所以，对某个兴奋性输入（也即 EPSC）来讲，EPSP 的幅度将会降低，时程将会缩短，而可能发生信号整合的时、空窗将会缩短。总的来说，张力性抑制使得动作电位的产生变得更不容易。

以前在研究神经元兴奋性时对“张力性抑制”问题考虑得很少，但这种张力性抑制在调节意识状态时的重要性从以下事实就看出来了，特别是当把神经甾体的因素也考虑进去的时候。事实是，突触外区 $GABA_A$ 受体被认为是各种神经活性物质作用的关键靶标，这些神经活性物质包括麻醉剂、促睡眠药物、神经甾体、酒精。突触外区 $GABA_A$ 受体对神经甾体的敏感性可以解释这些受体在应激时、卵巢周期性活动变化时，以及怀孕时和心情（mood）失调时的重要性。还有，与一些疾病有关的神经网络动力学的破坏，如精神分裂症、癫痫、帕金森病，也可能涉及 $GABA_A$ 受体介导的张力性电导的变化。因此，突触外区 $GABA_A$ 受体可能提供靶点，用来治疗这些疾病；而且它还有增强认知，帮助卒中后脑功能恢复等的潜在可能性。

下文将会提及，在体内，张力性抑制可以是比较大范围而笼统的，如嗅球颗粒细胞的张力性抑制；也可以是比较明确指定其作用范围的，如张力性抑制对树突逆向动作电位的传导的阻滞。

五、对神经元 $GABA_A$ 受体作别位性调节的神经甾体

先讲讲竞争性及别位性两种调节。受体拮抗剂或激动剂的作用是竞争性（正构性）的。但是，体内很重要的神经甾体（neurosteroids），或包括天然和人工合成神经甾体两者在内的神经活性甾体（neuroactive steroids），它们的作用是通过别位性来调节的。随着近 10 ～ 20 年来结构生物学研究的进展，神经元膜受体的别位性调节越来越受重视。另外，因为神经甾体可以内源性地由局部神经元或神经胶质产生，所以这种作用属于旁分泌性质。

(一)哺乳动物神经甾体的内源性合成

神经甾体可以在神经元和胶质细胞中新合成，或由外周甾体生成器官生成其前体，经由循环中带来的前体代谢物在神经组织中产生神经甾体。根据实验，胶质细胞神经甾体生成通路的过程如下：胆固醇通过甾体生成急性调节蛋白（StAR）及外周苯二氮䓬受体（PBAR）的作用被线粒体摄入。孕烯醇酮（Pregnenolone）通过细胞色素酶P450侧链分裂（P450scc）形成。以后光面内质网中的代谢通过黄体酮和5α-二氢黄体酮（5α-DHP），导致形成别异烯醇酮（3α，5α-THP）。

(二)人工合成的外源性神经甾体及其临床应用

由于内源性神经甾体不能满足临床治疗的需要，所以人工合成神经活性甾体模拟物（图8-4-4）的研究工作就开展起来了，活性甾体模拟物也可用于药理学研究。

人工合成神经甾体对于位相性的突触区受体的和张力性的突触外区受体的作用是有区别的，这一点，在选择治疗药物时很重要。当前，重要的人工合成活性甾体模拟物有加奈索龙（ganaxolone）、阿法沙龙（alphaxolone）等。上述模拟物的作用与内源性神经甾体相同，都具有增强$GABA_A$受体的作用，可用作镇静剂、抗痉挛药（anticonvulsant）、麻醉剂或抗焦虑药（anxiolytic）。另有米那索龙（minaxolone），它具有诱导突触外区$GABA_A$受体电流的作用。

六、改变$GABA_A$受体张力性电导的药理学策略

现在已经发展出许多临床相关药物，它们通过一系列直接和间接靶标，改变神经元的张力性电导，从而达到治疗目的（表8-4-1）。

七、嗅球颗粒细胞的张力性抑制

实验研究表明，在嗅球抑制性神经回路中，由$GABA_A$受体介导的张力性抑制是调节颗粒细胞兴奋性的重要力量，它对于抑制颗粒细胞的贡献，甚至大于位相性抑制。这种抑制可以覆盖颗粒细胞表面很大的范围，形成神经元细胞周围调制。

八、$GABA_A$受体介导的张力性抑制阻滞树突逆向动作电位的传导

神经元树突上可以出现逆向动作电位（back propagating action potential，BAP），它的重要功能是把神经元胞体的信息向树突远侧传送。实验显示，CA1区锥体细胞树突逆向动作电位的传送受α_5-$GABA_A$受体介导的张力性抑制的调制，但仅在青春期神经元如此，青春期前的神经元无此反应。这就是说，树突传导（神经传导）是可以受调制的。

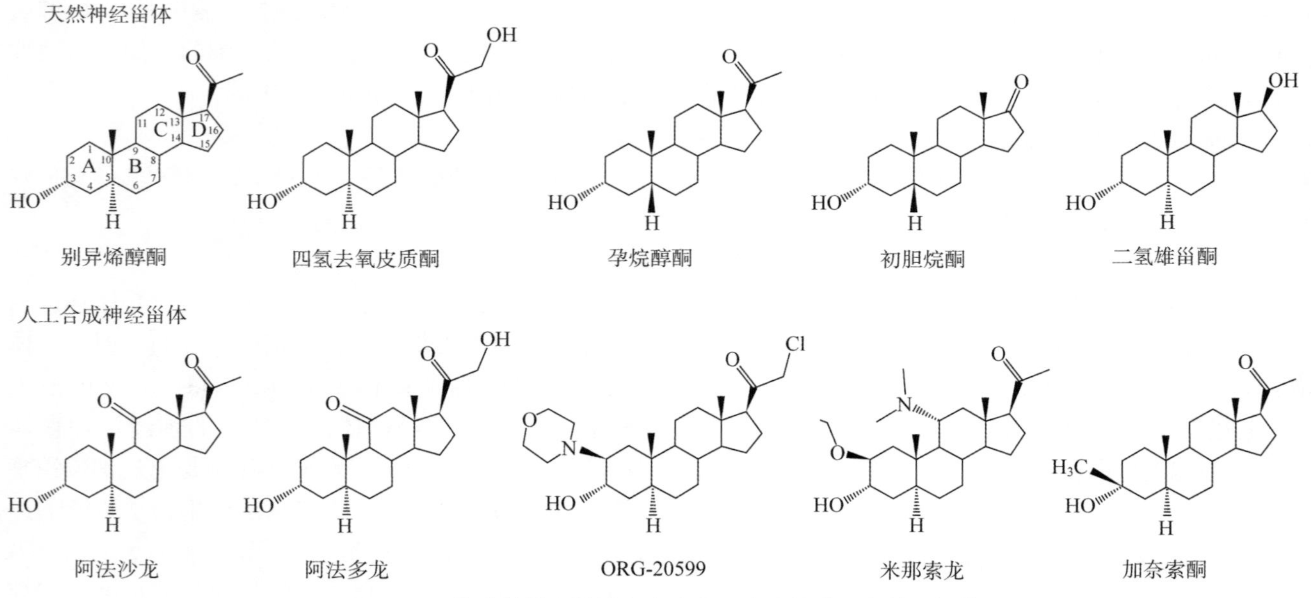

图8-4-4 代表性的天然（上）和人工合成的（下）神经甾体
（改编自参考文献中的综述1）

表 8-4-1　可以改变脑内张力性抑制的部分药物

药物（商品名）	作用机制	药物的当前应用
Gabapentin 加巴喷丁（Fanatrex、Gabarone、Gralise、Neurontin）	本来认为是模拟 GABA 的，但现在其作用机制不清。可能是增强 GABA 合成，这可以解释为什么它可以使脑内细胞周围 GABA 水平升高	成年和老年人的部分性癫痫发作（partial seizure）；酒精戒断，作为睡眠异常的复合治疗
ViGabatrin 氨己烯酸（Sabril）	不可逆地阻断 GABA 转氨酶作用，干扰 GABA 分解代谢，因此增加细胞周围 GABA 水平	难治疗性的复杂部分性癫痫发作及婴儿痉挛。由于在某些成年人和孩童会引起视野丢失，故不适宜应用
Tiagabine 噻加宾（Gabitril）	阻断神经末梢 GABA 转运蛋白（优先是 GAT1），导致细胞周围 GABA 水平增加	部分性癫痫发作；全身性焦虑疾病 / 惊恐疾病
PreGabalin 普加巴林（Lyrica）	增强谷氨酸脱羧酶（GAD）活性，导致 GABA 合成增加，因此增加细胞周围的 GABA 水平	部分性癫痫发作带有或不带有继发性全身发作；糖尿病，治疗后神经痛、纤维性肌痛、全身性焦虑疾病等的神经病理性疼痛
Gaboxadol 加波沙朵	δ-$GABA_A$ 受体的选择性正构性激动剂 *，导致特异性张力性电导的增强	睡眠增强剂，但由于风险-获益比差，已从临床三期试验撤下来
L-655，708	α5-$GABA_A$ 受体的高亲和力负性别位性调制物 *，会诱导张力性电导	认知增强剂，但不认为可以用于人类，因为它有引起焦虑的特点
Ganaxolone 加奈索酮	多数 $GABA_A$ 受体的正性别位性调制物 *，对 δ-$GABA_A$ 受体有较大效力，导致选择性增加张力性电导	月经癫痫
Alphaxalone 阿法沙龙（Althesin、saffan）	多数 $GABA_A$ 受体的正性别位性调制物 *，对 δ-$GABA_A$ 受体有较大效力，导致选择性增加张力性电导	应用于监护患者的麻醉和镇静剂。由于其载体引起并发症，现已从临床应用中撤下来。重新命名为 Saffan，现广泛地在兽医外科中用作麻醉剂
Propofol 异丙酚（diprivan）	多数 $GABA_A$ 受体的正性别位性调制物 *，包括 α5 及 δ-$GABA_A$ 受体，导致增强的张力性电导	广泛用作静脉麻醉剂

* 负性（正性）别位性调制物：通过别位性机制减弱（增强）受体活性
引自参考文献中的综述 1

第三节　电压门控离子通道的化学敏感性与直接神经元调制

种种事实表明，电压门控离子通道可以被一些化学物质所调制，这属于直接神经元调制。电压门控离子通道的“本职”是负责神经元的电兴奋性。但作为一个生物大分子，它也具有化学敏感性（与其他分子相结合），如较早以来就知道 NaV 有河豚毒素（TTX）敏感、不敏感之分。这就是说，离子通道上也有受体位点，可以接受化学物质的作用，从而阻断通道或发挥别位性调节作用，使其在调制神经元兴奋性方面有所作为。电压门控离子通道在脑内广泛分布，它又具有化学敏感性，因此，它的受调制必然会影响整体脑功能，如全身麻醉、精神神经异常等。

电压门控离子通道调制物的作用途径可以粗略地分为两类：堵塞离子孔，别位性调节。前者如离子通道可以被某些局部麻醉剂所阻断（block），后者如它可被某些毒液毒素所调制。现在看来，离子孔被其他活性分子物理性阻塞，固然并非不可能，但怎样才算阻塞，仍然是一个可以讨论的问题。别位性调节则是一个更复杂的问题。

电压门控离子通道主要有电压门控钠通道（NaV）、电压门控钾通道（KV）、电压门控钙通道（CaV）三种，但 CaV 的主要作用是允许细胞外的 Ca 内流，从而影响细胞内过程，而不是简单的引起膜电位改变，所以本节着重讨论经由 NaV、KV 的直接神经元调制。

一、电压门控离子通道的化学敏感性与通道上受体位点的别位效应

由于最近 10～20 年来结构生物学研究的进展，

电压门控离子通道的许多受体位点的具体细节被陆续阐明或接近阐明。受体位点接受细胞外液中活性物质（配基）的作用，从而改变离子的跨膜流动，改变神经元的兴奋性，这是一种直接神经元调制；而且，这些作用往往属于别位性调制，令人关注的是，别位性调节是如何进行的，因为电压门控本身就是一个十分复杂的过程，包括电压感知、从感知向离子孔的传送、离子通道本身的状态（激活、失活）等。所以别位性调制也一定是丰富多彩的。

近年来发现了许多与电压门控离子通道的化学敏感性有关的新事实，引人注目的内容有：①多种动物毒液毒素对离子通道的作用机制；②人工合成抗癫痫药瑞替加滨（retigabine，RTG）是 KCNQ2-5 钾通道的正性（打开通道）调制物；③神经递质 GABA 可以直接激活电压门控钾通道 KCNQ2-5；④吸入性全身麻醉剂七氟烷及乙醇对神经元作用机制的新认识。

二、电压门控钠通道上的神经毒素结合位点

NaV 上的神经毒素结合位点早就引起研究者们的兴趣。NaV 参与神经、心脏、肌肉动作电位的产生，大量生物毒素通过改变 NaV 的性质而发挥其毒素效应。这些毒素包括：杂环胍、河豚毒素、蛤蚌毒素、脂溶性多环化合物、藜芦定、乌头碱、蛙毒素、木藜芦毒素；还有从蝎毒液、海葵刺丝囊提取的小分子碱性多肽毒素。

现已明确，许多毒液毒素及许多人工合成药物的作用，都是通过影响 NaV 而实现的，这不难理解，只要电压门控离子通道上有接受位点，它就有可能被活性物质所调制。

作为电压敏感分子的 NaV，它能够接受许多化学因子的影响，如各种毒素。NaV 上那些与毒素等活性物质结合的位点被称为神经毒素受体（结合）位点（neurotoxin receptor site）。神经毒素受体位点不仅能接受天然神经毒素，也可以接受人工合成的衍生物；从化学成分看，接受的可以是极性小分子毒素，也可以是肽类毒液毒素。根据毒素作用的药理学特征，NaV 上可以分辨出多个神经毒素受体位点，比较公认的至少有 6 个。可以在 NaV 通道的三维结构图上标示出来。

位点 1，它可以与非肽类毒素或肽类毒素结合，前者如河鲀毒素（TTX），贝类毒素（saxitoxin），后者如 μ- 芋螺毒素（μ-conotoxins）。这些位点位于 NaV 离子通道孔及通道孔的选择性滤过环的细胞外端。位点 1 的作用可能是直接阻挡钠离子进入离子孔。

位点 2，它可以与一群脂溶性毒素相结合，如蛙毒素（batrachotoxin）、藜芦定（veratridine）、乌头碱（aconotine）、antillatoxin、hoiamides 及木藜芦毒素（grayanotoxin）。这些毒素的作用是当钠通道处于开放状态时与之结合，因此使通道处于持续激活状态。根据蛙毒素的实验结果，其结合部位在 NaV 的 D1 和 D4 域的跨膜段 S6。

位点 3，它可以与肽类毒素 a- 蝎毒（a-scorpion）和海葵强心苷毒素（sea anemone anthopleurin toxins）相结合，毒素的作用是减慢钠通道从开放转向失活的速度，作用位点在 D4 域电压感知器细胞外端的 S3 到 S4 环之间。

位点 4，它可以与 b- 蝎毒素相结合，其位点在钠通道 D2 域电压感知器细胞外侧的 S3-S4 环。这些毒素的作用是门控调节器，使激活阈倾向于更负的膜电位，即比较容易激活。与此相反，最近有实验表明，几种蜘蛛毒（如 ProTx-Ⅱ、HwTx-Ⅳ）和一种蜈蚣毒，它们的作用也在这个位点，但作用与之相反，使钠通道不容易激活。

位点 5，它可以与亲脂性聚醚海洋毒素——双鞭甲藻毒素（brevetoxin）和雪卡鱼毒素（ciguatoxins）相结合，其作用为抑制钠通道开放，使激活向超极化方向偏移。实验表明，双鞭甲藻毒素结合于 D1 域的离子孔：S5 环和 D4 域的 S6 环。

位点 6，它可以与 δ- 芋螺毒素（δ-conotoxins）相结合，其作用是减慢钠通道的失活。毒素可能结合于 D4 域的电压感知器，靠近位点 3。

三、几种毒液毒素对电压敏感钠通道的作用

（一）芋螺毒素

芋螺毒素（CTX）有 μ-CTX 与 δ-CTX 两种。μ-CTX 在 NaV 分子的结合位点与 δ-CTX 的可能有所不同。

（二）蜘蛛毒液毒素的半胱氨酸结肽

蜘蛛毒液所含的成分有 4 类：①小分子化合物；②抗菌肽（仅见于几个蜘蛛科）；③肽类神经毒；④蛋白和酶。

蜘蛛毒液毒素中的半胱氨酸结肽（cysteine knot

peptides）是一大类分子，它们显示其独特的药理学特征，能够调制膜蛋白。NaV 可以接受它的作用而开放或关闭通道，其作用位点远离通道孔。由于这些作用，它可以调制痛反应，使肌肉麻痹，导致心搏骤停，阴茎持续勃起及麻木。虽然上述调制作用都属于有害的，但亚单位选择性蜘蛛毒肽可以有好的临床效果，如可用于治疗慢性痛、癫痫。

（三）多肽蝎毒素及东亚钳蝎毒毒素

东亚钳蝎（Buthus martensi Karsch，BmK）毒液含有包括 BmK I 和 BmK IT2 等多种成分。

多肽蝎毒素能够辨认兴奋性膜上的通道及受体。事实上，影响 NaV 的长链多肽蝎毒素是蝎毒毒素中对人体起危害作用的主要成分。长链神经肽蝎毒素根据其结合位点不同可分为 α、β 两类：α 毒素（BmK I）和 β 毒素（BmK IT2）。

BmK I 结合于 NaV 的位点 3，它通过抑制通道失活而导致其过度刺激，它是主要致死成分。在大鼠实验中，它引起动物的痛觉过敏和自发痛。BmK IT2 结合于位点 4，它通过抑制通道的峰值电流并使电压依赖激活移动到更加负值的去极化，从而导致神经元兴奋性的抑制，在动物实验上它表现为阻遏动物疼痛行为。注意这两种相反作用的毒素成分可并存于同一毒液中。

但 BmK I 和 BmK IT2 还可以对神经元 NaV 有联合作用。用全细胞记录方法记录 ND7-23 细胞的膜电流。与 BmK I 或 BmK IT2 单独应用相比较，两者联合应用时，锋值钠电流（INa）较大，半激活电压更负；与对照相比，两者联合应用可以明显延长失活的时间常数。

以上说明，NaV 的位点 3 和位点 4 之间可以有别位性作用之间的相互作用。

四、瑞替加滨通过电压门控钾通道 KCNQ 的神经元调制

KCNQ 是一种 KV，它负责 M- 电流的产生，具有化学敏感性，能够接受药物瑞替加滨的作用。瑞替加滨（retigabine，RTG），在美国命名为 ezogabine（EZG），所以常被简称为 RTG/EZG，它是一个人工合成的抗癫痫药。

（一）电压门控钾通道 KCNQ

KV 可分为四类：①缓慢激活钾通道；② Ca^{2+} 激活钾通道；③ A- 型钾通道；④ M- 型钾通道。KCNQ 属于④类。

KCNQ 是一个调节神经元兴奋性的主要 KV，其作用是让正（钾）离子向细胞外流。M- 型钾通道的激活特点是：仅需偏离静息电位较小的去极化即可被激活，但激活所需的时间很长，需数十秒；它的显著特征是，它可以被神经递质（乙酰胆碱）所关闭。这些电压门控通道在静息状态下处于部分开放状态。经 M- 型钾通道产生的电流称为 M- 电流。

电压门控 M- 型钾通道（KCNQ，Kv7）在神经系统内到处都有表达，它能够影响神经元静息膜电位，神经元放电－频率适应（SFA），爆发性发放，形成超兴奋状态。在脊椎动物神经系统，与其他已知 KV 一样，KCNQ 分子是 α- 亚单位的四聚体，每个亚单位都含有 6 个跨膜段（S），包括电压敏感域（VSD，S1-4）和离子孔模块。M- 电流主要由 KCNQ2 和 KCNQ3 亚单位产生，通常是 KCNQ2/3 异聚体，也有同聚体；KCNQ4 和 KCNQ5 也可以产生 M- 电流，例如海马的后超极化是 KCNQ5 产生的。由于 KCNQ2/3 通道的上述特点：受体调节、非失活性、在相对超极化的条件下开放，所以它们很适宜于调节神经元兴奋性。

M- 型钾通道功能可以被 GPCR 所调制。KCNQ K 通道（Kv7，“M-type”）和经典瞬间受体电位通道蛋白（TRPC 通道）都接受来自 Gq/11- 蛋白－介导信号的调制。

（二）瑞替加滨 /EZG 是 KCNQ2-5 钾通道的一个正性调制物

RTG/EZG 的药理学作用开始是在 NG108-15 神经母细胞瘤细胞（源自人类神经细胞）及小鼠大脑皮质神经元上发现的，当时发现低浓度 RTG/EZG（≥ 0.1 μM）可以增强这些细胞的 K^+电流。实验还表明，RTG/EZG 的这个药理学作用是对 K^+通道特异的。后来的研究（离体药理学、结构生物学建模、定向突变）证实其作用在 KCNQ2-5 K^+通道。

RTG/EZG 研究的进展表现在两个方面：一是对 K^+通道实体的了解增加了，二是从癫痫治疗的实际出发，提出了一个假说，即药物的抗惊厥作用可能是由于它对离子通道的直接作用，从而降低了神经元的兴奋性。以后，各个独立实验室的报告都提示，RTG/EZG 对 KCNQ2-5 通道具有选择性作用。按照半最大有效浓度（EC50）排列，其次序为：KCNQ3 ＞ KCNQ2/3 ＝ KCNQ3/5 ＞ KCNQ2 ＞

KCNQ4 = KCNQ5。所以，根据脑内异聚体 KCNQ 的实际情况，RTG/EZG 药理学作用的分子机理被确定为作用于异聚体 KCNQ2/3 和 KCNQ3/5，从而发挥其抗惊厥作用。

（三）钾通道 KCNQ2-5（Kv7.2-7.5）的别位性调制作用

瑞替加滨是神经元钾通道 KCNQ2-5（Kv7.2-7.5）的一个别位性调制物。离体药理学实验表明，RTG/EZG 对 KCNQ2-5 的作用最强，特别是 KCNQ2/3。RTG 的作用机制是，它结合于靠近通道门控部位附近的一个疏水性口袋，可以使 KCNQ2-5 稳定于开放状态。心肌的 KCNQ1 通道缺少这一位点，所以 RTG 对心肌没有作用。RTG 对正常静息状态下 KCNQ 通道就起作用，所以使得细胞趋向于超极化，稳定其兴奋性。RTG/EZG 增加了静息状态下神经元的开放着的 KCNQ 通道的数量；也可以使神经元膜去极化后的复极更快、更强，时间更持久。所以说，RTG/EZG 放大了脑内的抑制过程。这一作用被解释为 RTG/EZG 具有抗惊厥作用的原因。

五、GABA 及其代谢产物对钾通道 KCNQ 的直接作用

GABA 虽然是一个神经递质，但它也是神经细胞的代谢产物。前面已经介绍，它可以作用于突触外区 $GABA_A$ 受体，引起张力性抑制。现在我们在这里又介绍，它竟然还可以直接作用于电压门控离子通道。神经元的兴奋性和它的代谢产物之间的关系，真是值得好好注意的。

早先知道，KCNQ2-5 亚单位配置有一个含色氨酸（在人类，W265）的高亲和力药物（抗痉挛药）结合位点，近来发现这个结合位点能被内源性配基 GABA 所激活。

（一）内源性配基 GABA 可以激活钾通道 KCNQ

KCNQ2-5 亚单位的抗痉挛药结合位点，已经存在了 5 亿年以上，但其功能还不很清楚。现在，研究者们应用种系发生分析、静电位制图、计算机模拟、电生理、放射配基结合等多种方法，发现此抗痉挛药结合位点可以接受内源性物质，包括 GABA，其作用过程是通过 KCNQ3-W265 从而直接激活 KCNQ5 和 KCNQ3。其他内源性物质还有 β- 羟基丁酸（BHB）、γ- 氨基 β- 羟基丁酸（GABOB），这些物质可以竞争性地、有区别地移动 KCNQ3 激活的电压依赖性。

以下都是崭新的发现：KCNQ2-5 通道含有 GABA 结合位点，GABA 结合于 KCNQ3-W265 从而激活 KCNQ2/3 通道（内源性神经元 M- 通道）；GABA 能够对抗 KCNQ2/3 通道的蕈毒碱抑制；GABA 同型物可以竞争 KCNQ3-W265 的结合。

这些结果展示了一种新的范例，即电压门控通道可直接被神经递质激活，说明神经元能够感知细胞周围的神经递质 / 代谢物的化学景观，从而调节通道活性和神经元兴奋性。

（二）GABA 与异聚体 KCNQ2/3 通道的结合

如果从化学结构方面考虑 GABA 与 KCNQ2/3 的结合，人们将会看到，瑞替加滨有一个负性静电表面电位，其部位靠近羰基氧原子；而 GABA 也同样有这个靠近羰基氧原子的负性静电表面电位，但谷氨酸就没有。计算机模拟研究预测，与瑞替加滨相似，GABA 也可结合于 KCNQ3-W265；因为 GABA 不能通过细胞膜，而 KCNQ3-W265 的位置恰在离子孔的裂缝，这里是 GABA 可以到达的。

（三）GABA 激活异聚体 KCNQ2/3 通道的重要意义

GABA 激活异聚体 KCNQ2/3 通道的特点本身就说明了它的重要意义。异聚体 KCNQ2/3 通道是产生 M- 电流的主要部件，而 GABA 激活又有这样的特点，即当更负的膜电位时，其作用最明显，这一特点使得 GABA 具有强的压制效应，也更显示 KCNQ 通道在控制膜电位中的重要性。

六、电压门控钾通道上的七氟烷和乙醇作用位点

近来的报道显示，Kv1 通道和 K-Shaw2 通道可能是吸入性全身麻醉剂七氟烷的一个作用位点。另外，从 BK（钙和电压–门控，大电导钾通道）胞液尾域（cytosolic tail domain）鉴定到一个分立的乙醇–感知区。

（一）吸入性全身麻醉剂七氟烷的作用位点

从 KV 实验引出了 3 个机制性结论。第一，全

身麻醉剂七氟烷对 Kv1.2 通道的正性调制依赖于 S4-S5 链接器的单个氨基酸（G329）。G329 赋予七氟烷以戏剧性的正性调制作用。第二，根据 KV 通道的不同特异相互作用，胞浆内 T1 域可能是七氟烷正性调制 K-Shaw2 的另一个作用部位。第三，分子模型研究提示，正性调制来源于位点 1 ～ 3 离子孔域，S4-S5 链接器之间的别位性相互作用，而 S4-S5 链接器是参与门控激活的关键性运动部位。这些相互作用可能有利于其开放。还有，结合于位点 4 可能帮助通道稳定于开放状态。

以上这些机制可作为解释为什么 Kv1 通道在全身麻醉过程中起作用的一个框架。

（二）在 BK 通道的胞液尾域鉴定到一个分立的乙醇感知区

近来的研究表明，乙醇可以修饰跨膜（TM）离子通道蛋白（包括钾通道）的功能而改变神经元兴奋性。在 BK（slo1）通道的胞液尾域鉴定到一个分立的乙醇-感知区。这个 Ca^{2+}感知尾域 -CTD（Ca^{2+}-sensing tail domain）包括两个 Ca^{2+}感知的 K^+电导调节区域，这个 CTD 可能是赋予电压门控 K^+（KV）以必需的能力，使它能够感知中毒剂量的乙醇。

七、hanatoxin 毒素对电压敏感通道调制的多样性

hanatoxin 毒素的作用是靶向 KV 的 S1-S4 电压敏感域，并调制它们的门控特征。有研究认为，hanatoxin 毒素对 Kv2.1 的作用是与其 S1-S4 域相互作用，使之稳定于关闭状态，阻止其开放。但另有实验研究表明，hanatoxin 毒素对摇晃者（shaker）Kv 通道的作用与上述不同，在这里是把电导-电压关系移向更负的电压，使通道在去极化时更容易开放。

以上提出了同一毒素对不同 Kv 通道的不同作用。

第四节　通过代谢型受体的间接神经元调制

笔者认为，通过神经递质代谢型受体引发的神经元慢电位也可以视作一种神经元调制。这是因为，一个事物可以从不同角度去审视，通过代谢型受体引发的神经元慢电位既可以看作为两个细胞间的信息交往（communication），也可以视为一个细胞对另一个细胞的兴奋性调制。

按照定义，这些都是间接调制。神经递质、神经调质、神经肽的代谢型受体在神经元上的分布具有多种模式，有的分布在突触区，有的在突触外区；不同脑区的分布也并非一律；受体通过的第二信使的途径也并非一律。所有这些，都使得通过代谢型受体对神经元兴奋性的调制呈现丰富的多样性。

一、通过神经递质代谢型受体产生的神经元慢电位

代谢型受体通过第二信使的作用，使电压门控离子通道或配基门控离子通道的共价键结构发生改变，从而实现其调制作用。在特定实验条件下给以神经递质时，靶神经元上可以记录到慢电位。这里虽然形态上并无相应的突触前、后的突触结构，但类比于自主性神经节的慢突触后电位，这种慢电位往往也被称为慢突触后电位。实际上，这就是传统的调制性突触作用。在作者看来，也可以把这些慢电位视作一种神经元调制，因为神经元的兴奋性确实发生了改变。

代谢型受体能够调制神经元兴奋性是因为它可以调节各种离子通道，如静息通道、电压门控通道、Ca^{2+}内向流通道，以及配基门控通道等。神经递质通过 G- 蛋白偶联受体而引发的靶神经元电变化的慢电位主要有两种类型：①由快递质（氨基酸类及其他）作用于相应的代谢型受体而引起的慢电位，它往往被称为慢突触后电位，以示与快递质引起的快突触电位相区别；②由慢递质（非氨基酸类，调质）而引起的慢电位，这类慢电位往往也称为突触后电位，由于它没有相应的快突触后电位，所以无须“慢”字；在这里，实际上并没有与之相应的突触结构。虽然这两种慢电位都被称为“突触后电位”，其实它们所实现的突触传递功能并不十分明显，反倒是，它们具有十分明显的神经元调制功能。

通过代谢型受体调制神经元兴奋性的实例非常多，下面仅列举几个。

二、mACh受体引发的慢突触后电位

（一）自主神经节的慢突触后电位

神经递质作用于靶神经元，可以引发它的慢电位变化，自主神经节的慢突触后电位就属于这一类。离子通道调节的直接和间接的區分，在自主性神经节突触传递中最明显不过地表现出来了。刺激节前神经引起神经末梢释放ACh，ACh可以直接打开突触后神经元的nACh受体-通道，引起一个快速EPSP，这是直接调节。但快速EPSP过后可随之以一个慢EPSP，慢EPSP的发生需要100 ms，可以持续几秒钟，这是间接调节。这个慢EPSP是由代谢型mACh受体介导的，mACh受体关闭了缓慢整流K^+通道，减少了K^+外流，因此引起去极化。这个通道称为蕈毒碱（m型）-敏感K^+通道。也就是前面提到过的电压门控M-型钾通道（KCNQ，Kv7）。

交感神经和副交感神经节内的节后神经元接受节前神经元的输入。但定量超微结构分析表明，神经节内神经元上的突触分布，既稀少，又随机。典型的情况是，只有1%～2%的神经元膜表面有突触，其余部分都被Schwann细胞的突起所覆盖。某些突触显然缺少为一般快递质释放所需的许多蛋白，因此很可能它们并不参与通常的神经节传递。更重要的是，神经节内的多数节前终扣并不与任何神经元形成突触接触。但这些终扣很可能是参与慢传递过程的，而这种过程也并不一定需要有一个通常的突触结构。由于自主性神经节所处的位置，它所产生的慢电位，转统上仍称之为突触后电位。

（二）哺乳动物脑内mACh受体介导的慢突触后电位

前述是自主神经节的情况，在哺乳动物脑内，由神经递质引起的慢电位变化要复杂得多。电压门控M-型钾通道（KCNQ，Kv7）在哺乳动物脑内到处都有表达，它能够影响神经元静息膜电位，神经元放电-频率适应（SFA），爆发性发放，形成超兴奋状态。实验发现，海马齿状回颗粒细胞（DGGCs）和海马CA1神经元的信号传送机制有所不同。DGGCs展现M1R增强M-电流，而不是遏制，这是由于促进了PIP2合成，同时伴有PIP2-门控的G-蛋白偶联内向整流K-电流的增加。缺损含KCNQ2的M-通道，则去除M1R-诱导的M-电流增强。但CA1神经元不同，它的M电流是被遏制的，这与外周神经节的情况相似，这是由于PIP2的减少。由此可见乙酰胆碱在海马神经元作用的多样性与细胞特异性。

其他神经递质也有类似情况，例如mGluR诱导的脑内慢电位，可以是兴奋性的，也可以是抑制性的。

（三）M5-mACh受体可以接受别位性调节

脑内mACh受体作用的多样性还应当考虑它的别位性调节。因为有实验表明，mACh受体上有别位性调节位点。

三、脑内单胺类神经递质受体激活所引发的靶神经元膜电位变化

（一）去甲肾上腺素引起的α_2 IPSCs和多巴胺引起的D2-IPSCs

去甲肾上腺素或多巴胺都可以引起靶神经元膜电位变化，这两种反应都通过GPCR产生，往往被称为突触后电位，而不称为慢突触后电位，因为去甲肾上腺素和多巴胺都没有相应的快突触后电位。这种称呼是习惯使然，因为这里并没有突触存在。通过代谢型受体引起的突触后电位，按照其所处位置及条件的不同，会有不同的反应形式。实验引起的α_2 IPSCs和D2-IPSCs型式的不同，就最好地说明了这一点。这两者都没有引起突触传递，逻辑上，去甲肾上腺素或多巴胺只能称之为神经调质。所以，这种膜电位变化既可以看作为神经元之间的信息传递，也可以看作对靶神经元的神经元调制。这里提到的肾上腺素受体，多巴胺受体，和5-HT_{1A}受体，他们作用的最后途经都是通过细胞内第二信使实现的，所以都可以归入间接神经元调制的范畴。

（二）5-HT_{1A}自家受体激活而产生的突触后电位

实验发现，中缝背核（DRN）的5-HT神经元分泌的神经递质5-HT可以在DRN的5-HT神经元上引发5-HT_{1A}-IPSCs，它由内向整流钾通道（GIRKs）实现，其作用时间可达1秒以内，会减弱5-HT的释放，很明显，这是一种自家受体的激活。这种减弱作用既表现在DRN的局部5-HT神经元，也表现在5-HT投射神经元。

四、脊髓内 5-HT$_{1A}$ 受体激活而导致的运动神经元轴突始段的抑制

这是一个经过 5-HT$_{1A}$ 受体激活而调制（抑制）运动神经元轴突始段的实例。龟类的实验研究发现，5-HT$_{1A}$ 受体可以介导中缝核–脊髓传导束对脊髓运动神经元始段的抑制。

上述抑制的生理意义如何？有学者认为可以解释人体疲劳后的运动功能降低。在临床研究中，应用测定人体运动神经元活动水平，即应用测定 F 波及颈延髓运动诱发电位的方法以检查运动神经元的兴奋性；同时服用 5-HT$_{1A}$ 受体部分激动剂丁螺环酮（buspirone），以观察 5-HT$_{1A}$ 受体活动增加对运动功能的影响。试验结果显示，服用丁螺环酮后，人体运动神经元兴奋性降低。

五、突触外区代谢型受体与可能的间接神经元调制

神经递质代谢型受体在哺乳类脑内的突触外区分布十分广泛。应当指出，这里的“突触”实际上是指经典氨基酸类递质。从总体看，突触外区代谢型受体对于脑功能的重要性如何，还有待阐明。因为哺乳动物脑内并无与代谢型受体相关联的突触，所以这些代谢型受体所介导的主要功能可能就是神经元的间接调制。

六、通过神经肽受体的间接神经元调制

神经肽在哺乳动物脑内广泛分布，它能调节感觉和情绪，某些神经肽如 P 物质和脑啡肽，可以调制痛觉，它们优先定位于神经系统的与感知痛觉有关的脑区；另一些神经肽调制与应激有关的复杂行为，如促肾上腺皮质素释放激素（CRH）、促肾上腺皮质素（ACTH）、β- 内啡肽。

但这些描述都是就神经肽对整体脑功能的层面而言的。从神经元水平看，从分子机制看，神经肽的功能都是通过其相应受体而实现的，而神经肽受体都是代谢型受体，因此，它的功能应该都是对神经元的调制。但是，神经肽有没有直接神经元调制功能？如本章第三节所述，蜘蛛毒液毒素的半胱氨酸结肽可以直接调制 NaV。所以，从别位性调制的角度看，这个可能性不应该完全被忽视。

第五节　甾体激素的快速、非基因组作用及细胞因子与神经元调制

甾体激素和细胞因子都是存在于体液中的活性物质。本文所讲的激素主要指甾体激素，一般来说，甾体激素通过基因组机制起作用。但甾体激素还可以有另一种，不依赖于细胞核基因组，而是通过细胞质膜上的受体而起的作用，一般都是快速的，这被称为快速、非基因组机制。激素来自血液循环，在神经元的细胞周围起作用，所以这类调制属于细胞周围调制。甾体激素对神经元的快速非基因组作用表现为神经元质膜的去极化或超极化，早在 1980 年代就有报告，糖皮质激素和雌激素等对哺乳动物神经元的超极化作用。但由于其受体机制不明，这种调制是直接的，还是间接的，当时并不清楚。近来有报告称，黄体酮及雌激素对嗅球神经元兴奋性的快速作用是经过 GPCR 的；而且黄体酮影响神经元兴奋性的途径不止一个，这反映了甾体激素影响神经元兴奋性的多元性与复杂性。近来有报道，细胞因子可以直接影响神经元的兴奋性，如白介素 1。

一、糖皮质激素、雌激素对哺乳动物神经元的超极化作用

这里主要讨论的是甾体激素对神经元膜电位的快速（非基因组）作用。但甾体激素对神经元的快速作用不仅限于对神经元兴奋性的影响，在这些方面，它的信号传递机制及受体实体有不少报道，本文未予收入。

（一）糖皮质激素的作用

1980 年代作者等在实验中发现，糖皮质激素（皮质酮，化合物 B，corticosterone；皮质醇，化合物 F，cortisol）对离体灌流的交感神经节神经元有快速超极化作用；而且 F-BSA（与牛血清白蛋白结合的 F），也能够起超极化作用。因为 F-BSA 是不能透过细胞膜的，因此认为，糖皮质激素的作用在细胞膜的外侧面。

作者等还观察到，体外制备的神经元质膜制备可以与皮质酮、皮质醇相结合，其结合特征与经典的糖皮质激素细胞内受体相接近。据此作者等应用免疫胶体金电镜技术做实验，发现在电镜下可以看到神经元突触外区质膜上有糖皮质激素细胞内受体样抗原活性的胶体金颗粒。提示该受体可以接受来自血液循环中的糖皮质激素。

最近，在黏附类GPCR家族中鉴定了糖皮质激素的高亲和力膜受体GPR97，并解析了的人源性GPR97-糖皮质激素复合物的晶体结构。但这个结构与引起神经元超极化的糖皮质激素膜受体是否是同一分子，还不清楚。

（二）雌激素的作用

1980年代也有研究发现，雌激素对下丘脑神经元有快速超极化作用。实验表明，用微电极记录神经元细胞内膜电位的方法，当施加10^{-10} M的17-β-雌二醇（E2）于下丘脑弓状核，腹内侧核等部位时，可引起这些部位28个神经元中的11个发生超极化反应；但10^{-8} M的雌酮（estrone）无此作用。根据细胞内注射普施安黄（procion yellow）用以显示、辨别神经元的形态，判明均为小细胞神经元。

以上实验都没有指出其信号传递机制及受体实体。

二、小鼠嗅感受器神经元上黄体酮和雌激素膜受体介导的神经调制作用

（一）黄体酮和雌激素的膜受体

雌激素的膜受体是Gpr30。在神经系统内，黄体酮是一种神经甾体，在神经组织中其最重要的代谢产物是别异烯醇酮（allopregnanolone，AP）。对黄体酮膜受体的研究由来已久。经典的黄体酮受体通过基因组而起作用。但黄体酮膜受体则通过非基因组机制起作用。目前已发现有两类黄体酮膜受体（mPRs），一是Paqr5-9，二是b5-样甾体结合蛋白家族，包括黄体酮膜受体膜成分-1（Progesterone receptor membrane component-1，PGRMC1），PGRMC2，neudesin，和neuferricin。所有mPRs都属于GPCR。2000年在下丘脑发现了蛋白25-Dx。后来知道，所谓PGRMC1就是25-Dx。

（二）黄体酮和雌激素膜受体介导的神经元调制作用

基于小鼠嗅上皮（olfactory epithelium，OE）及嗅感受器神经元（olfactory receptor neurons，ORNs）的RNA-转录组分析，人们发现了几个黄体酮膜受体和雌激素膜受体Gpr30，而且这些受体都可以通过GPCR起快速非基因组作用。有关实验证实了这一看法，即甾体激素能够快速调制ORNs的嗅活动。

ORNs中有属于GPCRs的高表达的非嗅觉性mPRs，这提示，黄体酮可以通过它们调制对嗅觉刺激的反应。虽然以前有很多报告提到，当血液中卵巢激素浓度变动时，嗅觉敏感性会发生变化，但缺少此现象的直接神经元反应方面的材料。新近的研究用ORNs潜没式电嗅图及全细胞膜片钳方法得以首次证明，黄体酮可以在1分钟内减少ORNs的嗅反应。同时还发现雌激素也可通过类似机制有类似作用。该项研究还在ORNs纤毛上发现了类似mPRs的蛋白，这可以解释黄体酮和雌激素的快速调制作用的受体是什么，同时也说明E2也有通过Gq-耦合GPCR途径而实现的细胞膜介导效应。

支持上述雌激素和黄体酮新作用的具体实验内容有：① OE中基于RNA-转录组测序资料的甾体激素受体的表达类型。② OE中黄体酮和雌激素受体蛋白的定位。③黄体酮以剂量依赖方式减少OE中的嗅反应，应用1 μM黄体酮4分钟后，标准的嗅反应峰值即降低，黄体酮洗脱后即恢复。④黄体酮可以降低单个神经元ORNs的嗅诱发电流，黄体酮作用时间为1秒钟。⑤用药理学方法鉴定OE中内源性黄体酮受体，发现黄体酮及RU-486均能降低嗅反应。⑥ 17-β-雌二醇也能降低OE中的嗅反应及单个神经元ORNs的嗅诱发电流。⑦黄体酮和17-β-雌二醇都能降低嗅刺激引起的细胞内cAMP水平，用雌激素膜受体Gpr30特异拮抗剂G15后，17-β-雌二醇引起的cAMP消失。这个实验结果支持如下看法，即17-β17-β-雌二醇引发的快速cAMP反应是通过Gpr30的。⑧潜没式电嗅图实验还显示，17-β-雌二醇引发的嗅反应降低可以显著地被G15所削弱。

根据以上电生理学及cAMP检测结果可以看出，黄体酮和17-β-雌二醇可以快速地调制成年动物ORNs的嗅反应。我们知道，这两者的基因组机制作用需要以小时计的时间；而快速、非基因组作用仅需要以秒、分计的时间，而且是通过第二信使的。

三、黄体酮快速神经元调制作用的其他机制

实现黄体酮的快速神经元调制作用的，可能还有其他机制。例如：①经过 nACh 受体；②影响细胞外钙内流。

（一）黄体酮对非洲爪蟾表达的 nACh 受体的抑制作用

非洲爪蟾表达的 nACh 受体由 α_4 和 $n\alpha_1$ 两个亚单位组成。实验发现，应用生理浓度的黄体酮就可以抑制 nACh 受体的功能，并表现出如下特点：黄体酮的作用位点在 nACh 受体的细胞外一侧，可见黄体酮的作用并非对细胞膜双脂层的扰乱，或由于激活了第二信使；黄体酮的作用不需要激动剂的存在，是电压依赖的，不改变受体的脱敏，可见黄体酮的作用不是通道阻断剂；黄体酮也不是 nACh 受体的竞争性抑制剂，但可以与 ACh 结合位点有相互作用，且与通道的通透性无关。本文作者认为，这里黄体酮的作用很可能就是一种别位效应。

（二）治疗剂量的黄体酮可以抑制细胞外钙内流

黄体酮可以保护兴奋性毒时的细胞内钙过多，但其机制不清楚。实验发现，治疗剂量的黄体酮对于培养纹状体神经元的去极化诱导的兴奋性毒有保护作用。实验采用钙离子成像，电生理学技术，并测定了活动依赖基因表达等方法，发现黄体酮可以阻断钙通过钙通道的内流，从而影响转录因子 NFAT 和 CREB 的信号转导。黄体酮的作用是特异的，但可能不经过传统的核受体，而且是作用于神经元细胞膜的外侧面。黄体酮并不影响 AMPA 或 NMDA 受体的信号转导。看来，黄体酮对细胞钙信号转导的影响是一项值得关注的事件。

四、细胞因子与神经元调制

神经元并非细胞因子的传统靶细胞，但有资料表明，细胞因子可能影响神经元的离子通道活动，从而影响神经元的兴奋性。白介素 -1（interleukin-1，IL-1）就是一个很好的例子。有报告称，IL-1β 可能有这样的作用，即它影响神经元的 Ih（即去极化，超极化-激活阳离子电流），而 IL-1β 在新生儿发作所致癫痫的发生中重要；相同作者也报告新生儿发作所致癫痫后其 Ih 有明显变化。另有报告称，对表达 IL-1R3（IL-1 受体 3）和 IL-1RAcPb（IL-1 受体辅助蛋白）的神经元施加 IL-1β，可以快速激活 Akt 激酶（蛋白激酶 B，PKB），转而引起电压门控钾电流的增加。

第六节　神经元调制的其他话题

神经元调制的其他话题主要涉及与神经元兴奋性改变有关的状态和分子。话题可能很多，但本节仅讨论有限的几项：神经元的张力性兴奋，神经元的上态与下态，传统医学中调制离子通道的活性物质。上述这些问题，虽然目前其功能意义还不十分清楚，但神经元兴奋性问题事关脑功能的基础，故上述问题很可能是有潜在重要性的。

一、张力性兴奋

本章第二节介绍了张力性抑制，有些报道认为 NMDA 受体可以介导张力性兴奋，但尚无定论。

在离体大鼠海马脑薄片实验中证实了细胞周围谷氨酸介导的张力性小电流（当膜电位为＋40 mV 时为 53.99±6.48 pA）的存在，其电压依赖性及药理学特征均符合于 NMDA 受体（NMDARs）的特点，这种情况几乎在海马 CA1 区及脑下脚区的所有锥体细胞都可以记录到。还有一些间接资料显示，在离体海马 CA3 区，胆碱能诱导的脑电波 γ 振荡的频率可以被中间神经元上 NMDA 受体的激活所增加。这样，把 NMDA 受体的激活和中间神经元上的张力性兴奋与张力性抑制之间的平衡联系起来了。

目前所报道的张力性兴奋，主要限于海马神经元，其他脑区是否也存在张力性兴奋？除 NMDA 受体外，有没有以及还有哪些受体或离子通道参与了张力性兴奋？都有待阐明。

二、神经元的上态与下态

大脑皮质和纹状体多刺神经元的兴奋性可处于两种状态："上态（up state）"和"下态"（down state）。

在没有去极化输入条件下，大脑皮质神经元可以自发地在两个阈下电位状态之间变动，一个是偏于超极化的"下态"，另一个是偏于去极化的"上态"。处于上态的神经元是活跃的，能够发放动作电位；处于下态的神经元是不活跃的，这种神经元的输入阻抗高于处于上态的神经元。

活体新纹状体多刺神经元细胞内记录也表明，它的自发活性可以在两种选择性膜电位之间转换：一种是比较偏向于更为极化的状态，称为下态，不同神经元大约为－61 mV 到－94 mV；另一种比较偏向于更为去极化的状态，称为"上态"，不同神经元大约为－71 mV 到－40 mV。

目前所报道的神经元的上态和下态，限于大脑皮质及新纹状体神经元，其他脑区的神经元有没有上态和下态；它们的形成机制，以及它们在神经元调制中所处地位如何，都不清楚。

三、传统医学中调制离子通道的活性物质

有报道表明，有些传统草药中的活性物质可以调制许多离子通道的活性。例如：①三七参苷 R1（NTR1）是田七（panax notoginseng）所含的主要皂角苷。有实验发现，NTR1 可能通过抑制电压门控 K1 电流，从而降低锋电位阈值，增加海马 CA1 区锥体神经元的兴奋性。②G 甲基醚（geissoschizine methyl ether，GM）是从钩藤（uncaria rhynchophyll，UR）中分离出来的一个吲哚生物碱，传统医学把它用于治疗癫痫。有实验表明，GM 可以抑制多种神经元离子通道：电压门控钠通道（NaV），电压门控钙通道（CaV），延迟整流钾电流（Ik），烟碱型乙酰胆碱受体（nACh），其 IC50 值均在 1.3 ～ 13.3 μM 范围。但 GM 对电压门控瞬间外向钾电流（A）及 4 种配基门控离子通道（GABA、NMDA、AMPA/KA 受体）的作用不明显。

传统草药中有一些可能作用于脑和神经的所谓"张力性"物质。如能在细胞及分子水平上阐明其作用机制，对于药物应用，乃至开发新药，都会有重要意义。

* **致谢**：邱俭、肖林、李会良、胡春、倪鑫等教授曾对本文初稿提出宝贵意见，敬致谢忱！

参考文献

综述

1. Brickley SG，Mody I. Extrasynaptic $GABA_A$ receptors：Their function in the CNS and Implications for disease. *Neuron*，2012，73：23-34.
2. Cardoso FC，Lewis RJ. Structure-function and therapeutic potential of spider venom-derived cysteine knot peptides targeting sodium channels. *Front Pharmacol*，2019，10：366.
3. Courtney NA，Ford CP. The timing of DA-and NA-mediated transmission reflects differences in the extent of spillover and pooling. *J Neurosci*，2014，34（22）：7645-7656.
4. Farrant M，Nusser Z. Variations on an inhibitory theme phasic and tonic activation of GABAA receptors. *NR Neurosci*，2005，6：215-220.
5. Feng Y-J，Feng Q，Tao J，et al. Allosteric interactions between receptor site 3 and 4 of voltage-gated sodium channels a novel perspective for the underlying mechanism of scorpion sting. *J Venom Anim Toxins Incl Trop Dis*，2015，21：42.
6. Gunthorpe MJ，Large CH，Sankar R. The mechanism of action of retigabine（ezogabine），a first-in-class K^+ channel opener for the treatment of epilepsy. *Epilepsia*，2012，53（3）：412.
7. Kandel ER，Schwartz JH，Jessell TM et al. *Principles of neural science*. 5th Edition. McGraw-Hill Companies，Inc，New York，2013.
8. Kupfermann I. Modulatory actions of neurotransmitters. *Ann. Rev. Neurosci*，1979，2：447-465.
9. Matthew C，Samba RD. Neurosteroid interactions with synaptic and extrasynaptic GABAa receptors. *Psychopharmacology*（Berl），2013，230（2）10：1007.
10. Reddy DS，Estes WA. Clinical potential of neurosteroids for CNS disorders. *Trends Pharmacol Sci*，2016，37（7）：543-561.
11. Saharan K，Chapman ML，Marron BE，et al. Recent progress in sodium channel modulators for pain. *Bioorganic & Medicinal Chemistry Letters*，2014，24：3690-3699.
12. Vail G，Roepke TA. Membrane-initiated estrogen signaling via Gq-coupled GPCR in the central nervous system. *Steroids*，2019，142：77-83.
13. 陈宜张．神经元兴奋性的细胞周围调制．生理学报，2016，68（4）：385-390.

原始文献

1. Bukiya AN，Kuntamallappanavar G，Edwards J. An alcohol-sensing site in the calcium-and voltage-gated，large conductance potassium（BK）channel. *Proc. Nati. Acad. Sci. USA*，2014，111（25）：9313-9318.
2. Carver CM，Shapiro MS. Gq-coupled muscarinic enhancement of KCNQ23 and activation of TRPC in multimodal control of excitability in granule cells. *J Neurosci*，2019，39（9）：1566-1587.

3. Chen YZ，Hua SY，Wang CA，et al. An electrophysiological study on the membrane receptor-mediated action of glucocorticoids in mammalian neurons. *Neuroendocrinol*，1991，53 Suppl 1：25.
4. Groen MR，Paulsen O，Pérez-Garci E，et al. Development of dendritic tonic GABAergic inhibition regulates excitability andplasticity in CA1 pyramidal neurons. *J Neurophysiol*，2014，112：287-299.
5. Kanageswaran N，Nagel M，Scholz P，et al. Modulatory effects of sex steroids progesterone and estradiol on odorant evoked responses in olfactory receptor neurons. *PLoS One*，2016，11（8）：e0159640.
6. Kaneda M，Farrant M，Cull-Candy SG. Whole-cell and single-channel currents activated by GABA and glycine in granule cells of the rat cerebellum. *J Physiol*，1995，485（Pt 2）：419-435.
7. Labarrera C，London M，Angelo K. Tonic inhibition sets the state of excitability in olfactory bulb granule cells. *J Physiol*，2013，591（7）：1841-1850.
8. Luoma JI，Kelley BG，Mermelstein PG. Progesterone inhibition of voltage-gated calcium channels is a neuroprotective mechanism against excitotoxicity. *Steroids*. 2011，76（9）：845-855.
9. Manville RW，Papanikolaou M，Abbott GW. Direct neurotransmitter activation of voltage-gated potassium channels. *Nat Commun*，2018，9（1）：1847.
10. Qian J，Zhu L，Lia Q，et al. Interleukin-1R3 mediates interleukin-1-induced potassium current increase through fast activation of Akt kinase. *Proc. Nati. Acad. Sci. USA*，2012，109（30）：12189-12194.
11. Valera S，Ballivet M，Bertrand D. Progesterone modulates a neuronal nicotinic acetylcholine receptor. *Proc. Nati. Acad. Sci. USA*，1992，89：9949-9953.
12. Xie Z，Tian X，Zheng Y. Antiepileptic geissoschizine methyl ether is an inhibitor of multiple neuronal channels. *Acta Pharmacol Sin*. 2020，41（5）：629-637.
13. Yan S，Li Z，Li H. Notoginsenoside R1 increases neuronal excitability and ameliorates synaptic and memory dysfunction following amyloid elevation. *Sci Rep*，2014：46352.
14. Ping YQ，Mao CY，Xiao P，et al. Structures of the glucocorticoid-bound adhesion receptor GPR97-Go complex. *Nature*，2021，589（7843）.

第 9 篇　高级神经功能

蒲慕明

随着生物系统的演化，神经元的多样性和神经网络的复杂性不断增加，伴随而生的神经功能，尤其是复杂的认知功能，有助于动物在复杂环境中的存活和发展。所有动物都有一些基础神经功能，如简单的反射行为和本能行为。但是，基础与高级神经功能之间很难有一个明确的分界。本篇所涉及的各种功能，从学习、记忆到语言、意识，究竟在演化过程中何时出现或有多大可能出现，是一个有意思的问题，值得从演化的角度来做比较研究。对神经系统的理解，一般着重在某类神经系统中理解结构与功能的关系。事实上，从演化的角度来探索分子、细胞和环路结构的出现所带来的各种新功能，将是完全理解神经系统必要的一步。套用 T. Dobzhansky 的话，我们可以说："只有从演化的角度才能真正理解神经系统的功能。" 目前神经科学使用各种模式动物进行研究，通常的理由是神经系统具有演化保守性，在一种模式动物中所获得的神经机制的理解可类推到其他动物甚至人类。过去一个世纪的神经科学研究，的确说明了神经系统元件的分子和细胞机制——从动作电位的产生、突触的结构和功能、到微环路的组成——具有高度的演化保守性。但是，演化过程中神经网络的复杂化所产生的功能多样性，尤其是灵长类特有的高级认知功能，是本世纪神经科学更重要的课题。因此，在相同实验范式下研究各种模式动物的认知行为，着重不同类型动物之间认知行为差异性产生的神经机制，将会带来有特殊意义的发现。

神经科学在过去半个世纪里，对神经系统元件的分子和细胞层面的理解，有了长足的进展。相对而言，对系统神经科学和高级神经功能的理解，进展比较缓慢。本篇描述了许多针对注意、抉择、动机、奖赏、睡眠、共情、语言、意识等的实验范式，以及已经获得的大量与这些功能相关的神经环路和工作机制的信息。但多年来，由于实验技术的限制，无法观测和调控特定神经元集群的电活动，要从相关性研究迈向因果性研究的理解，困难重重。十余年前，出现了使用光遗传学方法来观测和调控神经元活动的技术，大力推动了小鼠神经环路与脑功能的因果性研究。在更适合研究高级神经功能的非人灵长类动物模型（如猕猴和狨猴），光遗传学方法的应用也逐渐有些探索。但是，由于非人灵长类的遗传学工具极为缺乏，其神经元的数量和网络的复杂性也远高于小鼠，要广泛应用光遗传学方法，如观测和调控多脑区、不同类型神经元集群的电活动，仍有待时日。

本篇以学习和记忆为起始章，是有其特殊意义的。学习和记忆是神经系统可塑性最明显的表征，也是许多大脑的认知功能不可或缺的基础特性。神经系统的结构，从神经细胞的分子表达谱、神经元兴奋性、突触传递效率、到神经环路的结构，都可在内在和外来环境因素的影响下，改变到一个更适应动物需求的新结构态，产生新功能。值得一提的，是我国老一辈科学家冯德培和张香桐两位先生在神经可塑性领域都有开创性的贡献。冯德培于1941年首先发现突触可塑性——神经肌肉突触的突触电位可在高频刺激后有短暂的增强现象。张香桐在1952年首先提出树突棘的结构可控制突触传递的效率，是神经科学界探索突触结构动态性的开始。两位前辈科学家是我国新一代神经科学家学习的典范。

第 1 章　学习与记忆

林龙年　钱　卓

第一节　人类记忆研究简史

学习和记忆是大脑最重要的功能之一。它之所以如此重要，是因为在某种程度上，我们每个人的自我意识和对外界环境的认知，都取决于我们大脑的所学和所记。人类大脑的记忆不仅仅是一个单纯的信息贮存系统，它把我们每个人丰富而又繁杂的经历完整地组织在一起，使我们在芸芸众生中成为一个独一无二的个体；而一旦像老年痴呆症患者那样丧失记忆，我们也将失去自我，从而失去与这个缤纷世界联系的纽带。另一方面，学习和记忆的作用还不仅仅体现在个体身上，对整个人类社会而言，正是依靠每个人类成员的学习记忆能力，人类才能以代代相传的方式积累我们的文化和知识，从而推动人类社会的进步。

从简单的科学定义来说，学习是指个体对新知识的获得过程，而记忆是指对这种获得知识的保持和再现。对大脑学习记忆奥妙的探索，始终激励着一代又一代的神经科学家。在过去的 100 多年里，不论是在突触的分子水平上，还是在神经编码的系统水平上，人类对学习记忆的认识都经历了一次又一次的飞跃，取得了众多重要成果。虽说学习记忆的有关概念最早可以追溯到亚里士多德的时代，而对学习记忆功能原理的研究也始终一直在开展，但只是到了近 50 年，科学家才开始真正揭示这一大脑复杂认知功能的一些具体的神经解剖基础、细胞水平机制和神经编码原理。

对大多数神经科学家而言，19 世纪末西班牙科学家雷蒙・卡哈尔（Santiago Ramon Y Cajal）对神经系统的开创性研究工作，是记忆研究进入细胞水平的一个开端。在卡哈尔的经典研究中，基于对神经元间突触联接的仔细观察，他提出：神经元间突触联接点的修饰可能是大脑记忆的解剖学基础。那么，我们又应当怎样去寻找和研究这种突触联接的改变呢？这一看似简单的问题，正是现代神经科学记忆研究的核心所在。

一、拉什利的寻找“记忆痕迹”实验

1916年，美国普林斯顿大学教授拉什利·卡尔·斯宾塞（Lashley Karl Spencer），为了寻找和定位大脑中的“记忆痕迹（Engram）”，设计并开展了一系列的动物实验研究。他先训练大鼠学会穿越迷宫来获取食物，然后手术切除大鼠大脑皮质的不同区域，20多天后，待手术后的大鼠身体恢复，再重新测试这些大鼠对穿越迷宫行为的记忆能力。结果显示，实验大鼠的穿越迷宫行为记忆随着其大脑皮质组织的切除量而成正比例地下降，但始终不会完全消失，他也没发现大鼠的迷宫记忆能力和其大脑皮质特定脑区间的关联性，有关迷宫的记忆痕迹似乎弥散分布在大鼠的整个大脑皮质。根据这一系列“记忆痕迹”搜寻的实验结果，拉什利认为：任何一个具体记忆的痕迹，可能都要涉及大脑皮质的广泛区域，而并非储存在皮质的固定脑区。他推测，大脑皮质的各个部分对记忆的储存有着同等的贡献，这就是他著名的“等势原理”。难道我们人类的记忆，真的像拉什利实验大鼠的迷宫记忆一样，弥散分布在整个大脑皮质上？

二、潘菲尔德的研究

20世纪50年代中期，加拿大神经外科医生怀尔德·格雷夫斯·潘菲尔德（Wilder Graves Penfield）由于在神经外科手术中需移除癫痫患者的脑组织病灶，而又要尽可能地不损伤关键部位的脑组织，因此采用电刺激患者大脑皮质表面的方法，来判断该脑区的功能，以确保一旦该脑区被切除，不会对患者的感觉、运动和语言等重要认知功能产生不良影响，结果却意外获得了一些出人意料的发现。由于大脑皮质没有痛感受器的分布，因此手术时只需在患者的头皮实施一些局部麻醉，而患者在整个手术过程中可始终保持清醒状态。他的一些患者在手术过程中报告，当电刺激他们颞叶的某些区域时，他们能听到某种声音和音乐，或者看到某个图像，以及一些其他的精神感知（图9-1-1），而刺激其他脑区时则不会出现这种现象。这种由电刺激引起的精神性感觉体验往往带有梦的色彩，暗示了这种由电刺激皮质而体验到的精神感知很可能是大脑对过去经验记忆的一种再现。

进一步研究揭示，电刺激大脑边缘系统的特定区域，例如颞叶内侧的海马和杏仁核，也能够引起一些经验性的反应。这一系列引人注目的报道，首次提示颞叶系统可能在学习记忆中起着非常重要的作用。现在我们知道，记忆在脑内的处理过程发生在大脑的多个区域，远远超出了单纯颞叶系统的范畴。众多的深入研究也进一步揭示，记忆在脑内的存储既是分散的，又有一定的定位区域。换言之，脑内不存在单一区域的记忆中心，但脑内不同区域的一些特定的神经环路构成了几种不同记忆编码的神经环路。

三、颞叶与失忆症

几乎在潘菲尔德发现颞叶与记忆功能相关的同时，加拿大蒙特利尔神经科学研究院的布伦达·米尔纳（Brenda Milner）遇到一个叫Henry Gustav Molaison（H.M.）的患者。H.M.因严重的癫痫接受了双侧颞叶（包括内侧颞叶皮质、杏仁核和2/3的海马）切除手术，手术明显减轻了他的癫痫症状，但却使他丧失了某些记忆的能力。例如，他虽然能认识他自己幼年时的照片，而且也记得他幼年时期

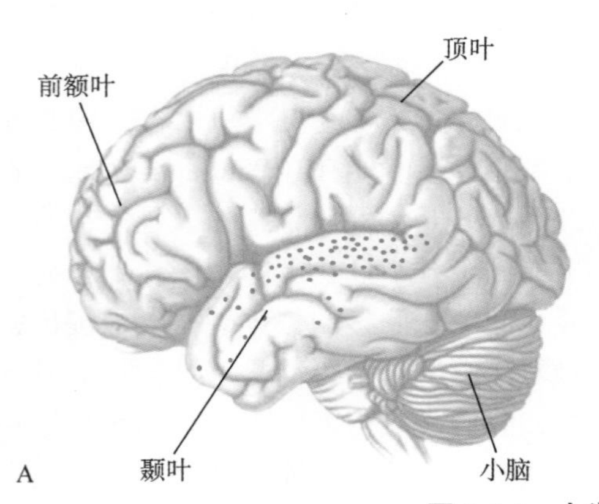

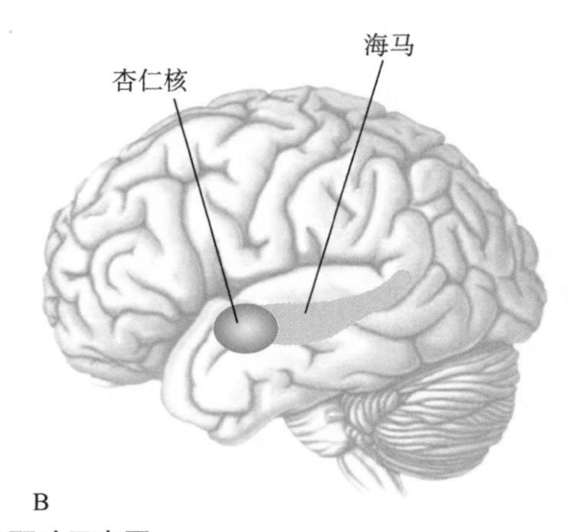

图9-1-1 **人类大脑颞叶示意图**

A. 黑点标记的解剖位点代表在彭菲尔德患者的大脑颞叶区域内电刺激引起反应的位点；**B.** 颞叶内侧海马和杏仁核的位置

发生过的一些事件，但他却无法回忆起手术前一段时间发生的一些重要社会事件和人物。这种无法回忆起手术前一段时间所发生事件的失忆症（amnesia）称为逆行性遗忘（retrograde amnesia）症。

但在H.M.这个病例中，更为显著的特点是手术也同时造成了他更严重的顺行性遗忘（anterograde amnesia），即H.M.再也无法对手术后发生的事件、地点以及遇到的人形成新的记忆。例如，虽然米尔纳医生在H.M.手术后的40年里经常为他做检查，但H.M始终无法认出她。H.M.的顺行性遗忘非常严重，以致他虽然手术后仍天天照镜子，但后来却不能认出镜子中的自己，因为他不能对自己随岁月变化的面容形成新的记忆，脑子里只有自己手术前的容貌记忆。这一系列现象说明颞叶在把新的记忆转变成长时记忆（long-term memory）的过程中有着非常重要的作用，而这一过程通常被称为记忆的巩固。

有意思的是，H.M.短时记忆（short-term memory）的能力并没有受到影响。例如，只要他在测试时不被干扰，就可以记住一串六位数的数字并保持几分钟。此外，H.M.的感知-运动学习记忆能力也表现正常，例如，他虽然对每天重复的学习训练过程毫无记忆，但仍可以学会镜像画画（看着镜中他自己的手来画画），并随着练习次数的增加而越来越熟练。由此可以推断，H.M.学习和保持新的运动技巧，以及程序性操作的能力并没有受到影响。

H.M.是人类第一个将特定形式的记忆障碍与大脑的某个特定区域联系起来的病例。此后，许多选择性颞叶损毁的患者，特别是海马损毁的患者，都表现出了与H.M.类似的失忆症。例如，失忆症患者R.B.，同样也是由于他的海马CA1区域被毁，从而丧失了对人、地点和事件形成新记忆的能力。同时R.B.也丧失了手术前一段时间他所经历的公共和私人事件的记忆。对这些临床病例的研究表明，海马系统在新记忆的形成过程中有着举足轻重的作用。

第二节　记忆的分类

一、陈述性记忆和程序性记忆

根据大脑特定区域受损的遗忘症患者所表现出的选择性记忆功能缺失，可以将记忆分为两大类：陈述性记忆（declarative memory）和程序性记忆（procedural memory）。陈述性记忆也被称为外显记忆，是指对地点、事件、事实和人的记忆。这类记忆依赖于颞叶系统，回想时要求有清醒的回忆，这类记忆的形成和遗忘都较容易。陈述性记忆又可进一步分为情景记忆（episodic memory）和语义记忆（semantic memory）。情景记忆指对事件的内容及发生的时间、地点等信息的记忆，它是我们日常生活中一种主要的记忆类型。语义记忆是指对生活中无法归于特定场景的事实和知识的记忆，当人们在学习这些事实和知识的时候，不必记住发生的时间和地点。语义记忆一般可通过单次或重复的经验而形成，它是一种对经验的抽象概括，而且可以导致概念和分类的产生。海马受损会导致患者学习新的事实、概念、词汇和知识的能力严重下降。

程序性记忆也叫非陈述性记忆或内隐记忆，它有多种形式，主要包括感知觉-运动技巧，程序和规则的学习等，这种记忆不依赖于颞叶系统。例如，上一节中讲述的病例H.M.虽然永远不能记住触觉迷宫中转角的正确顺序，但经过80次训练之后，他可以减少完成这一作业所需要的时间。事实上，这些颞叶损毁的患者还保留一些其他的学习记忆能力，如经典的条件反射（如瞬膜条件反射）、习惯化、敏感化、启动效应和认知活动能力等。目前，至少在人类，对参与程序性记忆的脑区还不太清楚，但对啮齿类动物的一些损毁实验研究表明，纹状体可能参与了某些程序性记忆的形成过程。

二、短时记忆和长时记忆

将记忆分成陈述性记忆和非陈述性记忆是基于颞叶记忆功能的解剖学基础，记忆通常还可以按时间来划分。短时记忆是指保持时间几秒到几小时的记忆，而长时记忆则是指保持时间在数周、数月以至数年以上的记忆。对记忆以时间分类的基础主要是基于对各种脑外伤造成的失忆症的研究。这些研究发现，新近形成的记忆（短时记忆）易受干扰。例如，假如一个人遇到了车祸，他往往容易由于头部创伤而昏迷，在他恢复知觉之后，很可能不记得导致车祸的原因，甚至车祸本身。同样，一个接受电惊厥治疗的精神病患者往往无法记住惊厥之前发生的事情。然而这种治疗不会对以前形成的记忆（长时记忆）造成影响。这些现象导致这样一种观点的产生，即认为记忆最初形成的时候是处于一种不稳定的状态，之后通过记忆巩固（Memory consolidation）的方式，逐渐转化为一种稳定的状态。因此，脑内可能存在两个相互作用的记忆系统，即短时记忆系统和长时记忆系统，在短时记忆系统中信息保存的时间较短，记忆的容量有限；而在长时记忆系统中信息保存的时间较长，记忆的容量几乎无限。新的信息首先进入短时记忆系统，然后再通过某种方式转移到长时记忆系统中去。在 H.M. 和 R.B. 这两个病例中，他们表现出新的长时记忆的形成受到了严重的损害，而以往建立的长时记忆和短时记忆的功能则未受到影响。这些临床的研究与动物的损毁实验均表明，海马对短时记忆转化为长时记忆有着至关重要的作用。

第三节 学习记忆的分子机制

一、赫布规则与突触可塑性

通过了解记忆的分类及确定特定脑区在记忆信息处理过程中的重要作用，可能会产生如下疑问：记忆是如何形成并贮存在这些脑区的？正如前面所述，关于突触传递效率可以改变的观点最早可以追溯到 100 多年前的卡哈尔时代，他的研究显示神经元网络通过特定的节点彼此相互联系，查尔斯·斯科特·谢灵顿（Charles Scott Sherrington）将这种节点称之为突触。也是卡哈尔最先提出：脑内突触的物理结构的修饰，可能是大脑记忆存储的细胞机制。

1949 年，加拿大心理学家唐纳德·赫布（Donald O. Hebb）在进一步思考学习记忆可能的分子和细胞机制后，提出了一个简单而又意义深远的观点来解释记忆具体在脑内是如何存储的。根据赫布的假设："神经细胞 A 的轴突重复或持续地兴奋细胞 B，在这两个细胞或其中一个细胞上就会发生某种生长和代谢过程的变化，使得细胞 A 对细胞 B 激活的效率有所增加。"

这段话就是众所周知的赫布规则（Hebb's rule）。它的精髓是：记忆形成依赖于神经元活动的协同性，当两个彼此有联系的神经元同时兴奋的时候，它们之间的突触联接将得到加强，这就是大脑记忆的神经基础。

为了了解大脑是不是通过这种"协同探测"的方式来修饰突触的传递效率，以达到存储信息的目的，我们需要知道真实的脑中是否存在这种现象？以及通过什么方式，在大脑什么部位去检测出这种突触的改变。由于米尔纳的先驱性工作，已知海马及其邻近结构对事实、人物及事件的记忆形成具有重要作用，海马成为了学习记忆神经机制研究的重点脑区。1973 年 Tim Bliss 和 Terje Lomo 在实验中发现，家兔海马的前穿质-齿状回通路，在一串高频刺激之后会表现出突触反应的增强。当时，他们通过测量该突触的兴奋性突触后电位（excitatory postsynaptic potential，EPSP）的幅度和斜率来观察突触传递效率的改变。他们同时注意到，这种突触传递的增强在离体实验中可维持数小时，而在在体实验中可维持几天到数周，他们把这一现象称为突触传递的长时程增强（Long-term potentiation，LTP）。其后的大量研究表明，高频刺激海马结构内的任意通路，包括 CA3-CA1 的谢弗尔侧支通路（Schaffer-collateral）都可以诱导出 LTP（图 9-1-2）。事实上 LTP 现象存在于许多脑区，包括新皮质、杏仁核和纹状体等，此外，LTP 的发生也有几种不同的形式。

我国杰出的神经生物学家冯德培先生，早在 LTP 现象发现 30 多年前的 20 世纪 40 年代（1941 年），在神经肌肉接头的终板电位研究中也曾观察到强直后强化现象（post-tetanic potentiation）。他发现在给予神经肌肉标本每秒数十次的强直刺激后，同样强度的单个刺激原来只能诱发小的终板电位，现在却能产生大的终板电位。他的这一实验结果与 LTP 现象非常相似，可视为突触可塑性（synaptic plasticity）研究的先驱性实验工作。

进一步的研究表明，在海马 CA1 区所诱导的 LTP 具有以下四个特征：①时间特异性；②协同性；③联合性；④输入特异性。时间特异性是指突触效率的加强需要突触前神经元的兴奋在突触后神经元

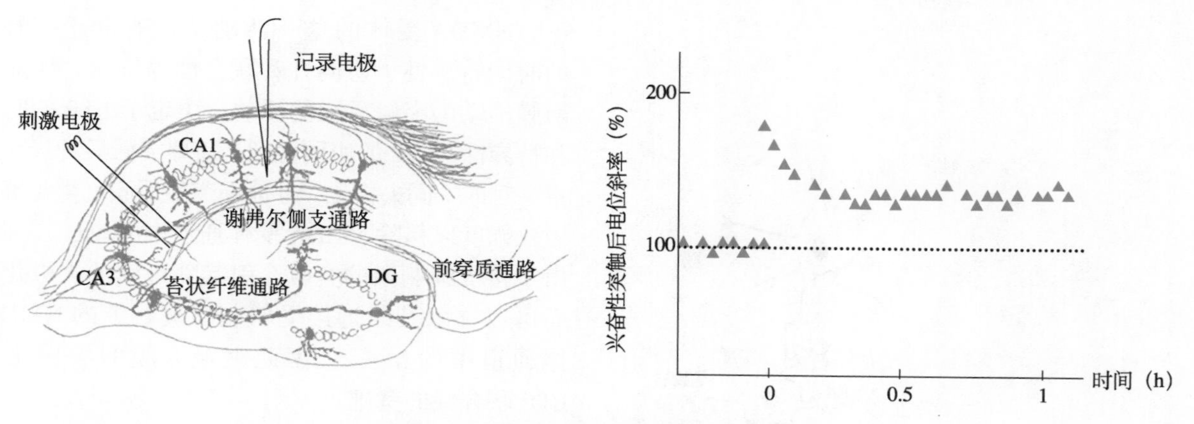

图 9-1-2　海马的主要通路和突触可塑性

海马内三条主要的突触联接通路（左图）。第一条被称为前穿质通路（perforant-path），负责将内嗅皮质的信息传递到齿状回（DG）的颗粒细胞。第二条为苔状纤维通路（mossy-fiber），从齿状回颗粒细胞投射到 CA3 的锥体细胞。第三条是从 CA3 锥体细胞到 CA1 锥体细胞的谢弗尔侧支通路（Schaffer-collateral）。这条通路也是离体研究的主要对象，在刺激 CA3 轴突束的同时，测量 CA1 锥体细胞的兴奋性突触后电位（EPSP），发现高频刺激谢弗尔侧支通路，能够诱导 CA3-CA1 突触传递效率的长时程增强（LTP）。这种长时程增强在离体状态下能维持几小时（右图），而体内状态下则能维持几天到数周

兴奋之前。这种时序上的要求类似于联合型巴甫洛夫条件反射的时序特征，即条件反射要成功建立的话，条件刺激（如铃声）必须先于非条件刺激（如食物）给予。协同性是指需要大量突触的同时兴奋，以引起突触后神经元的去极化来诱导 LTP，仅仅激活一个突触一般无法在脑内引起突触后神经元的兴奋。由于突触在脑内的状态存在很大的变异，因此诱导 LTP 的阈值也不是固定不变的，通常需要不同强度和模式组合的强直刺激。联合性是指用强刺激激活突触的同时，可以在同一个突触后细胞上邻近该突触、且又新近接受过弱刺激的突触上易化 LTP 的诱导。最后，LTP 的输入特异性是指这种增强仅仅出现在接受刺激的突触上，而不会出现在同一神经元上没有接受刺激的突触上。这一特性非常重要，因为它保证了突触联接改变的特异性。

二、NMDA 受体和突触可塑性的诱导

为了研究突触可塑性的分子机制，科学家们在海马上展开了一系列深入的研究工作。海马的 CA1 区是一个受到广泛研究的脑区，因为 CA1 区不但对记忆的形成有关键作用，而且 CA1 区在结构上的规则分层也为电生理的记录提供了良好的实验素材。研究发现在 Schaffer 侧支通路的 CA3 到 CA1 突触处诱导 LTP，需要突触后 NMDA 受体的激活。随后一系列的研究显示，NMDA 受体可能是探测神经元突触前、后活动协同性的主要分子开关。

那么 NMDA 受体是通过何种机制来完成这种协同性探测（Coincidence detection）的？ NMDA 受体是位于突触后膜上的一个蛋白质通道（图 9-1-3），电刺激突触前神经元可导致谷氨酸递质的释放，谷氨酸可与突触后膜上的两类谷氨酸受体：AMPA 受体和 NMDA 受体相结合。其中的 NMDA 受体同时也是一种 Ca^{2+}通道，但在正常膜电位水平时，由于 Mg^{2+}结合在该通道上，从而阻断了 NMDA 受体的 Ca^{2+}通道作用，所以当谷氨酸单独与 NMDA 受体结合时，不足以激活这一蛋白质通道。而突触后膜上的 AMPA 受体则可直接结合谷氨酸而被激活，引起 Na^{+}内流，从而使突触后膜上的兴奋性突触后电位（EPSP）持续升高。由于 Mg^{2+}与 NMDA 受体的结合具有电压依赖性，当 AMPA 受体激活引起的膜电位去极化达到一定水平时，可移除 Mg^{2+}对 NMDA 受体通道的阻断作用，此时 NMDA 受体再与谷氨酸相结合就会激活 NMDA 受体通道。因此，NMDA 受体通道的开放不但具有配体依赖性（与谷氨酸结合），而且具有电压依赖性（突触后神经元去极化至一定程度）。NMDA 受体通道开放后，不仅可以允许 Na^{+}和 K^{+}通过，而且可以允许 Ca^{2+}通过。树突棘内 Ca^{2+}内流可以激活某些蛋白激酶，从而引发下游的一系列生化反应（图 9-1-3）。现在认为，这一系列的生化反应会导致突触后膜的 AMPA 受体上膜，最终可对突触的联接强度加以修饰，因此 NMDA 受体是诱导突触可塑性的门控开关。

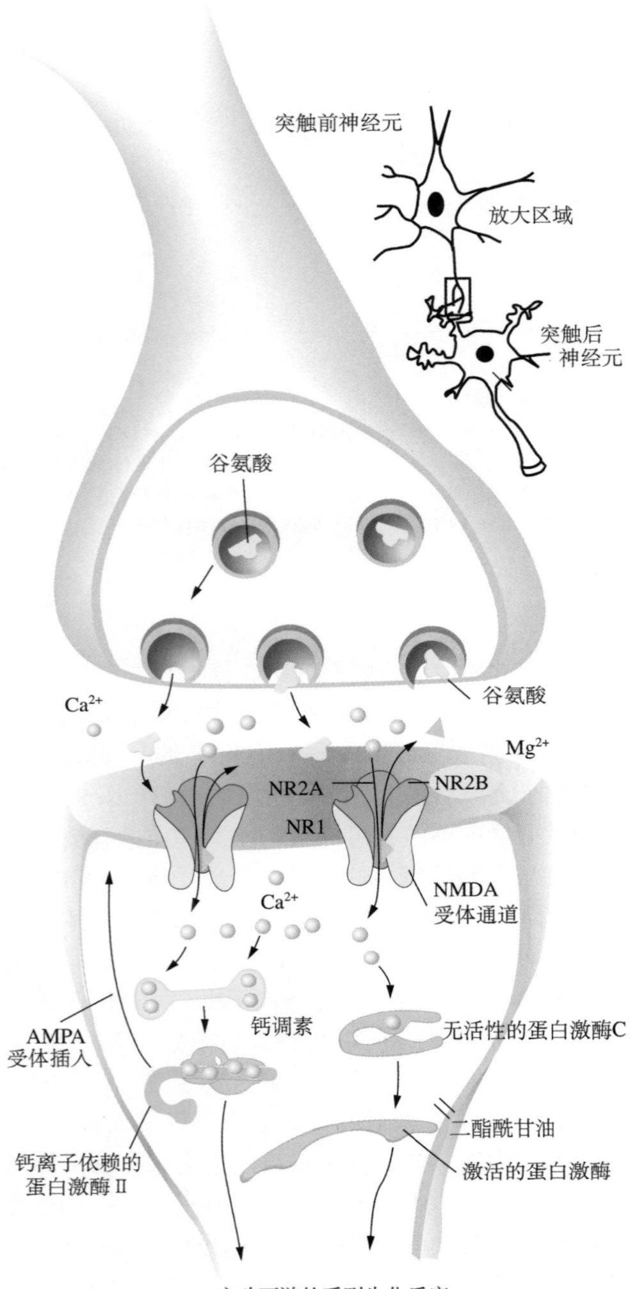

图 9-1-3 突触前、后神经元的突触联接示意图

突触前神经元释放的谷氨酸能够激活突触后膜上的 AMPA 受体和 NMDA 受体。AMPA 受体维持基础的突触传递，NMDA 受体则调控突触传递的有效性。如果 NMDA 受体监测到突触前神经元（谷氨酸的释放和结合）和突触后神经元（突触后膜足量的去极化引起镁离子离开 NMDA 受体通道的结合位点）的共激活，则诱导产生突触传递的增强。当这样的共激活发生的时候，NMDA 受体被激活，通道打开，钠离子和钙离子内流，钾离子外流。钙离子内流可激活一系列生化反应通路，最终使突触的联接得到增强。一般认为，一些能直接结合在 NMDA 受体 2B 亚单位上的激酶负责有效地检测和放大信号

NMDA 受体的这一活动特性有助于解释 LTP 的时间特异性、协同性和联合性等特点。伴随突触前膜活动的突触后膜的活动，决定了 LTP 的时序性和特异性。LTP 的协同性则是需要突触后神经元上大量突触的协同去极化，才能在突触后膜产生足够的去极化幅度以移除 NMDA 受体通道中的 Mg^{2+}。此外，由于接受强刺激的突触会引起邻近膜的去极化，从而可以移除其附近接受弱刺激突触上的 NMDA 受体通道中的 Mg^{2+}，因此突触后膜的去极化也是 LTP 联合性的基础。

三、突触可塑性维持的分子机制

LTP 被诱导出来后，又是怎样维持的呢？LTP 的现代模型把 LTP 过程分为早期长时程增强（early-phase LTP）和晚期长时程增强（late-phase LTP）。其中 Ca^{2+}/ 钙调蛋白依赖的蛋白激酶Ⅱ（CaMKⅡ）在调节 LTP 的早期表达中起着关键性的作用[9]。Ca^{2+} 通过 NMDA 受体的进入可促进 Ca^{2+}/ 钙调蛋白与 CaMKⅡ的结合，而这种结合又进一步引起了 α-CaMKⅡ通过与突触膜上 NMDA 受体的 NM2B 亚单位的 C 末端结合，并向突触后膜的致密带（postsynaptic density，PSD）迁移（图 9-1-3）。用 Thr^{286} 标记的 α-CaMKⅡ的自主磷酸化研究表明，α-CaMKⅡ可进一步加强 Ca 离子 / 钙调蛋白与 CaMKⅡ的亲和力，并可延长 CaMKⅡ与致密带的结合。一般认为致密带上激活的 CaMKⅡ是突触增强的一个原因，这可能是由于它能触发在突触上插入 AMPA 受体和提高单个通道的传导性所致。另外，其他几种蛋白激酶，如蛋白激酶 C（protein kinase C，PKC）和促分裂素原活化蛋白激酶（mitogen-activated protein kinase，MAPK）也可能参与了 LTP 的早期表达。通常认为这种蛋白激酶磷酸化依赖性的突触增强可使 LTP 维持 1～3 个小时，因此，这段时期也被称为早期 LTP。

3 小时之后的突触长时程增强称为晚期长时程增强，蛋白激酶 A（protein kinase A，PKA）和胞外信号调节激酶（extracellular signal regulated kinase，ERK）通路可能参与它的维持过程，并且需要有基因的转录和蛋白质的合成。有观点认为，核酸转录因子 CREB（cAMP-response element binding protein）的磷酸化是引起基因表达的一个关键调控因子。虽然这一观点已被写入几本主要的教科书，但近年来的一系列重要实验对这一观点提出了挑战。首先，最初

的“转录需求实验”无法在一些独立的研究中被重复；其次，采用精细的区域特异性敲除技术，对海马 CREB 基因进行特异性敲除后，这种小鼠仍然具有正常的海马晚期 LTP 的表达，并能够正常完成海马依赖性的学习任务。这一系列实验结果对 CREB 作为调控哺乳动物脑内 LTP 的关键分子的作用提出了质疑，因此这一观点还有待进一步研究来修改与完善。

四、其他形式的突触可塑性：长时程压抑和非 NMDA 依赖的长时程增强

突触除了能以 LTP 的方式增强其传递效率外，同时也能通过特定的方式降低其传递效率。如用低频（～1 Hz）信号刺激海马 Schaffer 侧支通路 15 分钟，就可以降低由该侧支介导的 CA3 到 CA1 的突触反应的 EPSP，这种压抑突触传递效率的突触可塑性也至少可持续 1 小时以上，这种现象被称为长时程压抑（Long-term depression LTD）。与海马 CA1 区典型的 LTP 类似，LTD 的诱导也需要 NMDA 受体的激活。药理学研究表明，与 LTP 的表达相反，在 LTD 的表达中不需要 α-CaMKⅡ的激活，而需要另一种 Ca^{2+}/ 钙调蛋白依赖性的磷酸化酶。非常有意思的是，虽然 LTP 和 LTD 的诱导都需要 NMDA 受体的激活和 Ca^{2+}内流，但实验表明不同水平的 Ca^{2+}内流可以决定哪条信号通路被激活。强直刺激可引起高水平的 Ca^{2+}内流，从而导致 CaMKⅡ介导的反应被激活；而低频刺激引起低水平的 Ca^{2+}浓度升高，则会启动蛋白质磷酸化酶引起的下游反应。

现在已知在其他脑区的突触上，低频刺激也可引起非 NMDA 受体依赖性的 LTD。事实上，在 Masao Ito 及其同事对 LTD 的首次报道中已经观察到小脑神经元在低频刺激之后突触传递减弱的现象。在小脑皮质的浦肯野细胞主要接受两条通路的传入，来自下橄榄核和脑干的攀援纤维和来自小脑颗粒细胞的平行纤维。有趣的是，单根攀援纤维可以在浦肯野细胞上形成数以百计的兴奋性突触，而单根平行纤维只形成一个突触（但单个浦肯野细胞可接受至少 100 000 根平行纤维的传入）。Masao Ito 及其同事发现低频刺激攀援纤维和平行纤维可导致平行纤维和浦肯野细胞的突触的传导性减弱，现在已经知道这种小脑 LTD 的诱导需要激活代谢型谷氨酸受体（metabotropic glutamate receptors，mGluR），这种谷氨酸受体与 G 蛋白偶联，激活磷酸化酶 C 来诱导产生第二信使二酯酰甘油（DAG）。

与非 NMDA 受体依赖性的 LTD 类似，脑内至少有两种 LTP 也是不依赖于 NMDA 受体的。一种存在于海马 CA1 区的 Schaffer 侧支通路和视皮质的一些通路上，用极高频刺激（200 ～ 250 Hz）可缓慢诱导出这种突触长时程增强，通常在高频刺激后 20 ～ 30 分钟后才能产生。这种长时程增强依赖于电压门控 Ca^{2+}通道的激活（voltage-gated Ca^{2+} channel，VGCC），因此这种可塑性也称为电压门控 Ca^{2+}通道依赖性 LTP（VGCC-LTP）。

另一种非 NMDA 受体依赖性的 LTP 存在于齿状回的颗粒细胞到 CA3 锥体细胞的苔状纤维通路上，这种 LTP 被称为苔状纤维 -CA3 LTP，引起突触前细胞神经递质释放的 PKA 参与了这种 LTP，但对这种 LTP 的诱导机制仍不太明了。

除了以上叙述的几种例外情况，NMDA 受体依赖性的突触可塑性（LTP 和 LTD）在中枢神经系统突触可塑性中占主导地位。大多数研究 LTP 的实验者都认同，阻断 NMDA 受体可对 LTP 和 LTD 的诱导产生影响，从而确立了 NMDA 受体在突触可塑性中的重要作用，这与对 LTP 下游分子的阻断研究得出的下游通路多样性的研究结果形成了鲜明的对比。从某种意义上来说这并不难理解，因为实验程序的一个轻微的改变（如短时强直、长时强直、重复性强直、theta- 簇状刺激及脑片的孵育温度等）经常能导致不同波形、幅度和衰退时间的 LTP，这反映出不同的刺激模式激活了不同的下游分子通路。

此外，由于树突棘是大脑皮质绝大多数（> 90%）兴奋性突触的突触后位点，因此，我国老一辈的神经科学家张香桐先生在 20 世纪 50 年代（1952 年）就提出：树突棘可作为调节突触传递效率的主要结构。近 20 年发展起来的双光子显微镜技术，则为在体条件下观察追踪同一树突棘在学习记忆过程中的变化规律提供了可能。甘文标等发现虽然大脑皮质的部分树突棘可长期保持稳定，但也有树突棘可快速形成和消失，表现出瞬时的动态变化与可塑性，而长时记忆的形成与这种树突棘的动态变化与可塑性具有很强的正相关性。我国科学家杨杨等也发现听觉恐惧记忆的形成能特异性地引起听皮质中部分树突棘的显著增加。进一步，对一个树突棘施加高频刺激可诱导其体积增大，从而引发其结构

LTP，一系列的实验证据表明树突棘的形成或增大通常预示着突触联接的增强，而树突棘的缩小或消失则意味着突触联接的削弱。

五、赫布规则与学习记忆关联的实验证据

NMDA受体是脑内具有协同探测功能的独特受体，在突触水平它是记忆形成关键分子的理想候选者。20世纪90年代中期，钱卓等开创了条件性基因敲除技术，对于赫布规则在学习记忆中的作用进行了重要的实验论证。这个实验选择性地敲除小鼠海马CA1区兴奋性锥体细胞的NMDA受体的核心亚单位NR1基因，从而使这些神经元的NMDA受体丧失其功能。这种条件性基因敲除技术也称为第二代敲除技术，它可以避免发育过程中的异常反应，以及全身组织基因敲除造成的组织非特异性。使用这种脑区特异性敲除技术得到的小鼠，其海马CA1区NMDA受体功能在发育成熟后才选择性缺失。这些敲除小鼠在CA3-CA1突触上缺少NMDA受体依赖的LTP和LTD，并且在各种海马依赖的空间与非空间任务中，动物的学习与记忆能力均明显下降。这一系列实验强有力地证明了NMDA受体在控制海马依赖性学习记忆形成过程中的重要作用。有趣的是，若将这些特异性敲除的小鼠每天放在丰富环境中，则可以部分弥补它们学习记忆能力的缺陷。稍后的研究表明，丰富的生活环境，使CA1区特异性敲除小鼠脑内上百个基因的表达发生显著变化，小鼠脑内的树突棘数量也明显增加。不过，值得注意的是，整个前脑NMDA受体敲除引起的学习记忆障碍，并不能被丰富环境刺激所补偿，表明丰富环境的补偿作用是通过皮质的NMDA受体调节机制而实现的。

尽管CA1区特异性基因敲除的实验显示了NMDA受体在学习记忆中所起的重要角色，但仍没有直接证明NMDA受体其突触同步探测性在记忆形成中的作用。就像所有的功能损伤研究一样，CA1区特异性基因敲除的实验，由于整个NMDA受体在突触上的缺失，可能引起突触结构的某种变化，从而导致并非由NMDA受体同步探测功能丧失而引起的记忆损伤。

为了进一步证明赫布“协同探测特性”规则对学习记忆的直接作用，科学家们分析研究了NMDA受体的分子构成。在分子水平，NMDA受体是一个四聚体复合物，由一个NR亚单位和几个NR2或NR3等亚单位构成（图9-1-3）。其中NR1是核心成分，它的缺失会导致NMDA受体功能的完全丧失，比如CA1区特异性NR1敲除小鼠，其CA1区域神经元的NMDA受体就不能正常工作，动物表现出学习记忆功能损伤。但是，正常NMDA受体还需要NR1与其他亚单位的结合，因为其他亚单位决定并调节了NMDA受体的协同探测特征，比如通道门控和Mg^{2+}依赖性等特性。

在NR2亚单位中，NR2A和NR2B特别重要，它们是与NR1结合并在皮质和海马这两个与学习记忆息息相关的脑区形成离子通道的主要亚单位，同时，两者都具有很强的Mg^{2+}依赖性，从而使得NMDA受体具备了同步探测功能。而NR2C和NR2D的Mg^{2+}依赖性很低，因此其同步探测功能也相当有限，它们主要在小脑的颗粒细胞和中脑的中间神经元中表达。除此之外，NMDA受体复合物还包含一些其他能精确调节其离子通道属性的调制位点，比如说某些神经类固醇可以选择性地加强含NR2A和NR2B的NMDA受体，而抑制含NR2C和NR2D的NMDA受体。

有关研究表明：从鸟类、啮齿类到灵长类，年轻动物NMDA受体的通道开放时间均大于老年动物NMDA受体的开放时间。这是由于在幼年到成年的转变过程中，皮质和海马中的NMDA受体的分子组成发生了变化：与NR1组合的NR2亚单位，逐渐由NR2B变为NR2A。因为NR2B可以延长NMDA受体通道的开放时间，而NR2A则会缩短其开放时间，使得成年大脑内的NMDA受体的同步探测时间窗口变的相对狭窄，这也就解释了为什么成年动物的学习记忆能力通常比幼年动物要差一些。因此，科学家们提出如果把NR2B基因通过遗传工程技术在成年动物前脑内实现高表达（图9-1-4），可望弥补NR2B在成年个体表达量的自然衰减，从而增强成年动物的学习记忆能力（Tsien，2000）。

基于上述理论推测，钱卓和他的同事们在1999年通过基因遗传工程技术，增强了小鼠前脑内NMDA受体的协同探测特性，研制出了学习记忆能力超强的“聪明鼠”。这种转基因动物与普通的成年动物大脑相比，其皮质和海马的NMDA受体通道的开放时间变长，保持了幼年NMDA受体的属性，使得它们能更好地探测突触激活的同步性，形成更紧密的突触联系。在六种不同的行为学测试中，这些

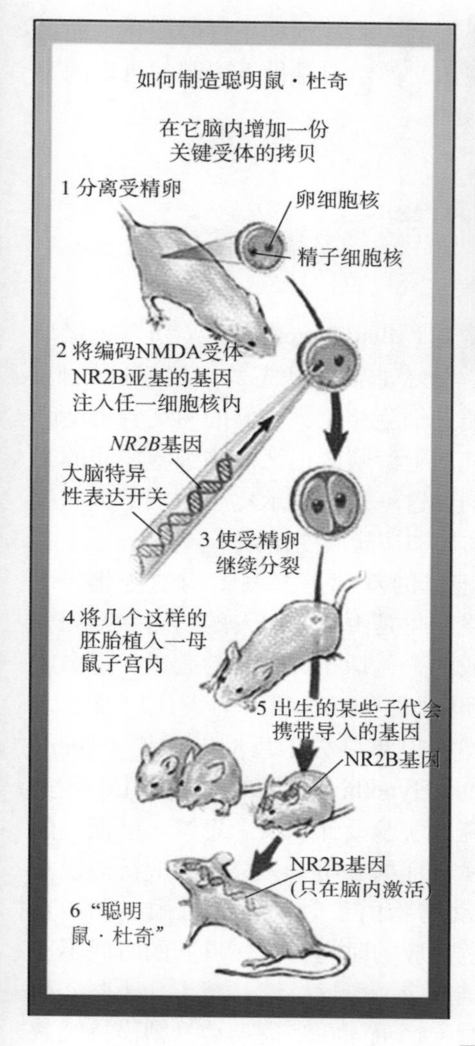

对"聪明鼠·杜奇"进行新颖物体识别测试

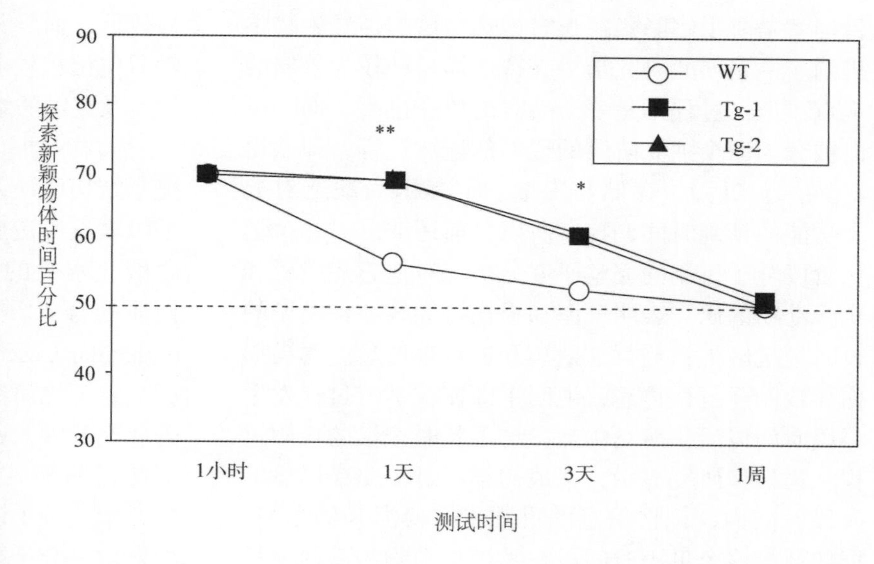

图 9-1-4　通过转基因技术研制的"聪明鼠"

通过基因遗传工程技术研制的聪明鼠·杜奇在进行新颖物体识别任务测试。这个实验使研究者能够测量动物对于旧玩具（左边橙色）和新玩具（右边红色）的注意时间量，以此作为衡量动物记忆的一个指标。如果小鼠记得旧玩具曾被玩过，它将会用更多的时间来探索新玩具。图中显示转基因的 NR2B 小鼠对玩具的记忆能够维持至少 3 天，而野生型只能维持一天。在另外的实验中，转基因小鼠也显示出更好的学习记忆能力（引自参考文献中的综述 9）

NR2B 转基因小鼠较同窝出生的野生型小鼠均表现出更好的学习记忆能力（图 9-1-4）。

其他的研究小组也独立地通过 KIF-17 的过量表达来增加 NR2B 在突触上的表达量，KIF-17 是 NR2B 的上游调控因子，是一种将 NR2B 蛋白从胞体转运到树突的驱动蛋白，这种突变小鼠也同样表现出了学习记忆能力的增强。这类"聪明鼠"实验，阐明了 NMDA 受体的协同性探测功能是大脑学习记忆的关键所在，也证明了赫布规则的正确性。同时也显示了性成熟起始阶段 NR2A 与 NR2B 的比例变化是成年动物记忆能力衰减的基因基础之一。

六、实验性长时程增强与记忆功能的分离

目前人工诱导的 LTP 与学习记忆功能之间的关系仍然存在些许争议。大量的基因敲除研究都发现，基因模式动物在海马 LTP 上表现出相关降低，其学习记忆能力也会有相关下降，但是这种单纯的相关性却常有例外。比如，在缺失 *PSD-95* 基因的突变小鼠中，海马 LTP 表现为增强，但在水迷宫实验中，突变小鼠的行为能力却表现为下降。对 A 型谷氨酸受体（GluR-A 或 GluR1）敲除的小鼠，其 LTP 表现为削弱，但是在寻找隐藏平台的水迷宫实验中，动物的学习记忆行为却正常。所以，目前对

于LTP和记忆形成关系的分析，尚不能给研究者提供一个非常明确的唯一答案。这是因为对于LTP现象的研究主要依赖于脑片上的人工诱导，这样的度量方法不仅难于控制实验规则和条件的变化，而且也不大可能反映由自然学习条件下引起的真实的突触机制的特征。

第四节 记忆巩固的分子机制

一、海马在记忆巩固中的作用

自记忆研究开展以来，研究人员的一个主要目标就是要了解隐藏在长时记忆背后的神经生物学机制。一系列的研究结果支持这样一种较为普遍的观点：记忆过程不是一个瞬时的单一过程，而是可以被分为四个独立阶段的逐渐的连续过程，即获得（学习）、巩固、存储与提取。但是因为缺乏对分子功能的精确时间调控，所以目前还缺乏对每个记忆阶段分子机制的完整研究分析。对遗忘症患者和实验动物的研究表明，海马损伤可导致两种类型的长时记忆缺失：顺行性遗忘和逆行性遗忘。海马损伤导致的逆行性遗忘，说明了即使在学习过程发生一段时间以后，海马仍然参与了长时记忆的巩固过程。损伤型研究显示，在最初学习过程完成以后的一段时间内，记忆信息的巩固仍需要海马的参与，据估计，这个巩固时间段在啮齿类动物约需两个星期，在猴等非人灵长类约为4周，而在人类则可能更长。

现在的观点认为，情景记忆最初在海马中进行短暂储存，随后皮质网络中的相关记忆环路突触联接通过依赖于海马的记忆巩固过程而逐渐增强，进而在皮质形成长时记忆。但美国麻省理工学院利根川进（Susumu Tonegawa）团队的研究却发现，内侧前额叶皮质（medial prefrontal cortex，mPFC）脑区中的记忆痕迹细胞在情景式条件性恐惧记忆的训练阶段就已经产生，有意思的是，在训练后的第一天将动物放回到原先的恐惧环境中，mPFC脑区中的这些记忆痕迹细胞则不会激活，而在训练后的第二周，再将动物放回到原先的恐惧环境中，mPFC脑区中的这些记忆痕迹细胞则被激活。若是在训练后的第1天或第2周，在另一中性空间环境中人为激活mPFC脑区中的这些恐惧记忆痕迹细胞，都会引起恐惧记忆的表达，使小鼠产生恐惧僵直行为。这一现象说明，在记忆习得过程中，皮质中的记忆痕迹细胞就已经形成，但其处于非活动状态，可以通过人为激活它们引起对该记忆的提取，这种现象称为沉默记忆痕迹（silent engrams）。对沉默记忆痕迹的研究发现，处于非活动状态的记忆痕迹细胞，与正常的记忆痕迹细胞相比，它们的树突棘密度明显较低，而且其与上游脑区记忆痕迹细胞之间的突触后电位也较弱。这一现象提示皮质的记忆巩固过程涉及突触的结构和功能的变化

大脑长时记忆的基础是突触结构的变化，而突触结构的最终变化是由学习引发的脑内一系列分子级联反应造成的，包括相关受体的激活，蛋白质磷酸化水平的瞬时改变，新基因的表达以及新蛋白质的合成。这种“单一分子反应链假说（Single molecular Cascade Hypothesis）”在过去的几十年里指导着记忆研究的实验设计和概念思维。然而，随着研究的深入，有证据表明单一分子反应链假说并不能说明哺乳动物脑内长时记忆的巩固机制。首先，单一分子链反应的时间与记忆巩固的时间不匹配，单一分子链反应一般仅持续几至十几小时，而海马参与的长时记忆巩固在啮齿类动物则需持续数个星期。其次，尽管蛋白质合成抑制剂似乎可以阻碍长时记忆的形成，但有报道，在过后的几个星期内，动物却出现了自发的记忆恢复，因此说明蛋白质合成抑制剂会影响脑组织的整体状态。而且，生物体内的任何蛋白分子都会随着新陈代谢而被取代，如在小鼠脑中，突触上的NMDA受体在5天内就会被代谢掉，这种由新陈代谢所引起的突触受体更新将不可避免地给突触的生理功效带来影响，使得已经建立的记忆突触痕迹变得不稳定。综上所述，突触蛋白新陈代谢的更新给记忆巩固提出了一个关键问题：由于突触结构分子动态变化的存在，学习引起的突触结构变化又是如何在长时间内保持稳定从而实现记忆的巩固与储存？

二、突触再激活强化——记忆巩固的细胞水平机制

运用第三代基因敲除技术，研究者对这一问题进行了考察。第三代基因敲除技术主要通过可诱

导的、可逆的，并且具有大脑区域特异性的方式来操控特定的基因功能。通过这一技术，研究人员能够在自由活动的小鼠海马 CA1 区，选择性地控制 NMDA 受体的开放和关闭。对这种基因小鼠的研究发现，不仅最初的学习过程需要 NMDA 受体的活动，训练后的几个星期也需要 NMDA 受体的重复参与。这一结果揭示了记忆的巩固是个连续的过程，并且需要 NMDA 受体一轮一轮的重复激活（图 9-1-5A）。NMDA 受体在学习后的这种重复激活，可能使那些由初学过程引起的突触变化得以被重复加强，因此这种突触再激活强化（synaptic reentry reinforcement，SRR）的分子重激活过程有可能是新记忆巩固的一个重要机制。

通过进一步的计算机模拟分析显示，海马作为一个可稳定地重复加强记忆痕迹的结构，在记忆巩固阶段可以作为“协同性的再生源”来向皮质提供联合输入，以驱动不同模块相关皮质神经元的同步再激活（图 9-1-5B）。事实上，动物实验数据也显示，海马的活动可引起大脑皮质的再激活。而大脑皮质的重复活动又可再激活皮质的 NMDA 受体，这样贮存于皮质的记忆痕迹将得到加强。一旦皮质的记忆痕迹通过皮质的 SRR 得到充分巩固和稳定就会进入永久记忆状态，这时海马就失去了其作用。当 SRR 缺失时，海马的记忆痕迹由于突触分子的更新而不能稳定，因此也不能驱动相关皮质神经元的同时再激活，从而也阻断了来自不同感觉皮质的记忆巩固和整合。

研究发现，记忆的巩固除了需要 NMDA 受体的再激活，也依赖于 CaMKⅡ的再激活。CaMKⅡ是 NMDA 受体的细胞内信号传导分子。利用可诱导的蛋白质敲除技术，科学家们发现，CaMKⅡ在学习后第一个星期内若其活力在高、低两种不同水平间的转换，会严重破坏长时记忆的巩固。换句话说，记忆的巩固需要 CaMKⅡ的活力维持在与学习过程中同一水平上。有趣的是，学习后的第二、第三、第四个星期 CaMKⅡ表达水平的相似改变则不再影响记忆的巩固。这说明了记忆的巩固有一个重要的时间窗，这个时期需要 NMDA 受体和 CaMKⅡ的再激活。

尽管最初提出 SRR 是用来描述长时记忆痕迹的巩固，但是最近有证据表明脑内长期记忆的存贮也需要相似的过程。这提示了大脑很可能利用 SRR

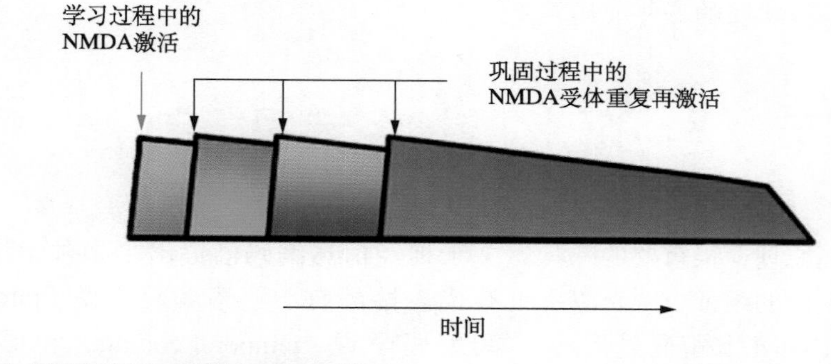

A. 突触水平记忆巩固的SRR加工过程

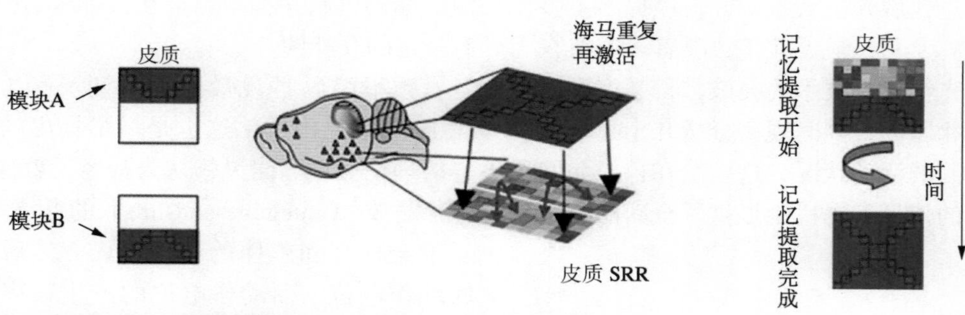

B. 系统水平记忆巩固的SRR加工过程

图 9-1-5　**长时记忆巩固的突触再激活强化模型**

A. 在记忆巩固阶段，海马 NMDA 受体的重复再激活使得原先在学习阶段被改变的突触联接得以重新强化，分子的重激活强化了在学习过程中涉及的神经元之间的突触链接。**B.** 海马的重复再激活也可能触发分属不同感觉模块的皮质神经元共激活，从而强化皮质神经元突触之间的联接，这种联接主要存在于皮质模块 **A** 和 **B** 之间或单个模块内部。一旦记忆被巩固，适当的线索就能够直接提取出储存在皮质各模块之间的记忆

来克服蛋白质代谢更新所引起的突触漂移，从而动态地维持脑内神经网络的长期稳定。

三、海马无用记忆的清除——成熟大脑新生神经元的作用

当长时记忆在皮质稳定储存后，留在海马的记忆痕迹又发生了什么变化？据估计海马的信息存储能力是有限的，比如，对啮齿类动物来说，其海马CA3 区域有 200 000 ～ 300 000 个锥体细胞，CA1 区域有 300 000 ～ 400 000 个锥体细胞，DG 区域有 700 000 ～ 1 000 000 个颗粒细胞。可以想象，随着时间的推移，海马中的记忆痕迹将不断累积，使得整个海马系统的信息负荷不断增加，最终会使得海马的信息存储达到饱和而丧失其功能。那么，海马是如何解决信息负荷超载这一问题的呢？

可能的答案意外地来自对老年性痴呆基因 *presenilin-1* 的实验研究。*presenilin-1* 基因突变可以导致家族性早老性痴呆症，这种早老性痴呆症患者在 30 岁时就表现出严重的记忆缺失和痴呆。最近的研究显示，前脑特异性敲除 *presenilin-1* 基因，可以导致海马齿状回神经元新生出现缺陷。成年动物的神经元新生是指在嗅球和海马齿状回的一些前体细胞不断增殖，发育成新神经元的现象。大脑的这种能力也是当代神经科学所要探索的奥秘之一，因为脑内几乎所有的神经元在出生后都停止了分化，但是在大脑这两个区域的一些细胞即使在成年后也保持有神经元新生的能力。尽管从啮齿类到猴子以至人类，很多哺乳类动物都保留有这种现象，但目前仍然不清楚成年大脑神经元新生的真正功能意义。

对前脑特异性敲除 *presenilin-1* 基因小鼠的深入研究显示，海马齿状回神经元新生能力的下降与海马过时记忆痕迹清除能力的降低有明显相关。这个发现说明，当长时记忆在皮质被巩固后，海马里相关过时记忆痕迹的清除需要成年海马齿状回新生神经元的参与，因为在局部神经元网络结构中，新生神经元的增加和移除可以逐渐破坏神经网络的稳定性，而海马齿状回的这种成年神经元新生正好可以促使记忆痕迹逐渐清除。有意思的是，这些海马新生神经元的寿命并不长，在啮齿类动物中一般为 3 周左右，这正好与海马依赖性记忆的巩固所需时间相吻合。正因如此，海马结构的神经元数量虽然有限，却可以不断地腾出空间来容纳新的记忆。

第五节 学习记忆的神经编码机制

要理解大脑学习记忆的功能原理，很重要的一点就是要了解外在事物信息在脑内的表征方式，以及这些表征信息在脑内的编码、加工和解码过程。自从发现神经动作电位以来，围绕神经动作电位以何种方式编码信息，展开了大量研究，也提出了多种神经编码学说。尤其是最近几年，随着多通道在体记录技术和荧光钙成像技术的突破，科学家可以在自由活动的动物脑内，同时观察分析几十、上百乃至上千个神经元的活动状况，这就给在神经元网络水平分析大脑的信息编码机制提供了全新的方法和手段。

一、神经编码学说

对当今神经科学研究来说，揭示神经元信息编码原理仍是一项巨大的挑战。在以往的研究中，关于神经信息编码已提出了多种学说，其中比较有代表性的有：频率编码学说（rate coding）、时间编码学说（temporal coding）和群体编码学说（population coding）。其实从某些方面来说，这些学说的编码机制并不是完全互相排斥的，它们之间具有一定的互补性。

频率编码学说最先是由谢灵顿（Sherrington）在 1906 年提出的，这也是最早提出的有关神经编码的理论假设。谢灵顿认为神经元就像是一种“整合 - 发放”（integrate-and-fire）的装置，每个神经元整合树突和胞体的各种输入，然后产生脉冲式的动作电位，而动作电位的产生频率则与神经元所接受的输入信息有关。这一观点在 1926 年被埃德加 · 阿德里安（Edgar Adrian）的实验所进一步证实，他分离出了蛙皮肤感觉传入的单根神经纤维，并记录其动作电位，发现每一根神经纤维只对

一种特殊类型的刺激有反应（如压力、温度或者损伤等），而且其动作电位脉冲的发放频率与刺激强度呈正相关性。约翰·卡鲁·埃克尔斯（Sir John Carew Eccles）等 1957 年在脊髓的工作为这一理论提供了进一步的证据，他们发现所有终止于脊髓的感觉传入纤维的放电频率都依赖于所施加刺激的强度。1996 年，Eyal Seidermann 等在猴子的躯体感觉皮质也同样记录到了频率编码的神经元。类似的频率编码规律现象也发现在大脑运动皮质的运动神经元。这些实验结果显示，从简单的外周神经到高等动物大脑的高级皮质，都存在着这种类似的神经元频率编码机制。

按照频率编码模型，每个神经元通过改变自身产生动作电位的频率来编码信息，动作电位频率的变化对应着输入刺激的某种变化。这不可避免地引起了人们的疑问，因为基于逻辑推论，仅仅依靠单个神经元的放电频率变化似乎不足以携带足够多的信息量。另外，频率编码学说是否适用于所有神经结构？这也存在着较大的疑问。从这一学说的发展史来看，它最主要的实验证据来源于对外周神经的观察，而外周神经系统与脊髓、海马和皮质等中枢神经系统在结构上存在着巨大差异。在外周神经系统中，感觉信息的传递基本上是以一种平行的方式进行的。相反，在中枢神经系统内，神经元之间存在着大量的汇聚、扩散和循环连接，形成了一个多层次的神经网络；同时，在这种多层次的网络中还包含有更复杂的前馈和反馈的连接，因此，它比外周神经系统的单一并行系统要复杂得多，这也使得其信息编码和处理的方式更趋复杂。这样，单纯的单神经元频率编码理论在解释中枢的复杂神经编码机制方面就碰到了一系列问题。

当频率编码学说在解释中枢神经编码机制上遇到障碍的时候，von der Malsburg 提出了时间编码学说。von der Malsburg 认为，一个具有不同特性的刺激可由不同神经元的同时兴奋来编码。这些神经元的同步发放不仅与刺激有关，还与脑内区域脑电的伽马振荡（gamma oscillation）相位有关，在不同相位的放电可以编码不同的信息。1995 年，Eilon Vaadia 等通过实验进一步提出，在时间编码的过程中可以不需要频率编码，他们在猕猴的前额叶同时记录了两个神经元的放电活动，并对猴子进行行为训练，结果发现随着猴子对训练行为的日益熟练，这两个神经元的放电相关性有明显增加，但放电频率则基本没变。同样的现象也被 Gyoergy Buzsaki 在海马神经元观察到。一般认为，时间编码比频率编码能携带更复杂的信息。

另一种比较有影响的编码学说是群体编码理论（population coding），这一学说认为，中枢神经系统中的信息编码与处理，在很大程度上是通过大量神经细胞构成的神经元群体的协同活动来完成的。在功能相关的神经元群体中，神经元兴奋活动的相关性非常重要，虽然单个神经元的活动各有其特点，但当给予相关刺激时，群体中的每个神经元通过某种相关性活动，与群体中的其他神经元相互协调，以群体神经元的动态活动和相互关系来实现对信息的编码和处理。群体中的一个神经元并不仅仅参与单一功能的编码，而可以随着刺激输入的不同，与不同的神经元群体组合，以实现对不同信息的加工编码。已有一些研究为群体编码学说提供了实验证据，如 Apostolos Georgopoulos 及其同事运用场向量技术（population vector technique）对运动皮质的群体神经元编码进行了分析，他们计算了运动皮质中一组神经元的方向矢量，然后由这些单个矢量再计算得到这组神经元的群体矢量，结果显示这样计算得到的群体矢量与实验对象的运动轨迹能很好地吻合。运用这一方法也能很好地解读猴颞叶脸细胞的群体编码。

群体编码最重要的特性在于它对信息的编码分布于群体中的多个神经元上，因此其中单个神经元的损伤不会对整体编码过程产生太大的影响。由于日益认识到群体编码在神经信息处理过程中的重要性，神经科学家正由早期专注对单个神经元活动的研究，而逐步转向对神经元群体活动的研究。

二、记忆痕迹细胞与恐惧记忆编码

1904 年，德国科学家理查德·西蒙（Richard Semon）首次用“记忆痕迹（engram）”一词来描述记忆信息在大脑中的表征与储存。他认为个体的一段经历可以激活脑内相对应的一群细胞亚群，它们通过一系列化学和物理变化，从而联接组成对这段经历的记忆痕迹，后续这一细胞亚群的重新激活，就会引发个体对这段经历的记忆。美国心理学家拉什利根据西蒙提出的这一记忆痕迹理论，率先尝试在啮齿类动物大脑中搜寻迷宫记忆的记忆痕迹。由于未能在大鼠大脑中找到与迷宫记忆相对应的明确脑区，拉什利认为记忆痕迹可能广泛分布于大脑皮质。但这一观点被随后的实验观察所挑战，加拿大神经外科医生潘菲尔德发现情景记忆可能存在于大脑的某个特定脑区——颞叶。自那以后，研究者们不断利用损毁、电生理以及功能性磁共振成像等技术手段，在大脑中定位不同类型记忆储存的脑区，但却始终未能在实验中，观察到大脑中的记忆痕迹细胞。直到近十年，随着基因操控技术、光遗传学技术和在体电生理技术的进步，结合即早基因（immediate early genes，IEGs）的特性，科学家们实现了在恐惧记忆建立和提取过程中，对脑内相关恐惧记忆痕迹（fear engram）的细胞水平的标记和操控。

支持记忆痕迹细胞存在的实验证据主要来自以下四方面的研究：一是观察性实验，即在动物实验中观察到恐惧记忆的建立过程和提取过程激活的是同一细胞群体；二是功能缺失实验，通过消除或抑制与恐惧记忆相关的记忆痕迹细胞后，会影响恐惧记忆提取（memory retrieval）的行为表现；三是功能获得实验，在缺乏外界感觉线索条件下，人为激活恐惧记忆建立过程中的记忆痕迹细胞，可以引起恐惧记忆的提取，引发恐惧行为；四是模拟实验，也即虚假记忆的植入，人为地将一段动物个体从未发生过的恐惧经历，通过操控相关恐惧记忆痕迹细胞引入啮齿类动物大脑中，使个体产生与该恐惧记忆相关的行为表现。

海马是参与情景性条件恐惧记忆形成的重要脑区，2012年，美国麻省理工学院利根川进（Susumu Tonegawa）团队将可诱导性转基因技术和光遗传学技术相结合，通过在*c-fos-tTA*转基因小鼠的海马齿状回中注射AAV-TRE-ChR2-EYFP病毒，将c-fos启动子与四环素反式激活剂（tTA）偶联，使光敏感通道（channel rhodopsin 2，ChR2）选择性地表达在c-Fos激活的海马齿状回神经元上，从而实现了对恐惧记忆建立过程中，被激活海马齿状回细胞亚群的光敏感通道标记。海马齿状回脑区的这组被标记的恐惧记忆相关细胞亚群，因为已被转上了光敏感通道，所以随时可被光照所重新激活。实验者们随后观察到，只要通过海马齿状回的植入光纤给予光刺激，激活这组被标记的恐惧记忆相关细胞亚群，这些实验小鼠就会出现全身僵直的恐惧行为反应，而不管它们身在何处。这一实验结果第一次证明激活动物脑内某种特定记忆的记忆痕迹细胞，就足以引起与该记忆相关的行为表达。

2013年，利根川进团队通过对小鼠脑内相关记忆痕迹细胞的操控，进一步实现了在小鼠大脑植入虚假的恐惧记忆。他们先将小鼠置于一房间A中，让它们自由活动。此时，小鼠会产生对房间A的情景记忆，而记录这些记忆的海马CA1区和DG区的记忆痕迹细胞则被表达的光敏感通道所标记。第二天，将这些小鼠放在房间B里进行电击恐惧实验，并在给予小鼠足底电击的同时，用光照激活DG区昨天编码房间A记忆的神经元。第三天，再将这些小鼠重新放回房间A中。虽然它们在此环境中并未受到过任何电击，但有意思的是，这些实验鼠们都一致表现出了僵直的恐惧行为。而当它们被置于另一房间C时，这些小鼠则不会表现出恐惧行为。这一实验结果提示，小鼠脑内形成了虚假的恐惧记忆，认为它们曾经在房间A中遭受过恐惧电击。研究者还发现，在小鼠回忆起这一虚假记忆时，杏仁核中的神经活动也会立即上升到与真实恐惧记忆时一样的水平。这说明无论记忆是真实或者虚假，大脑回忆这些记忆的神经机制具有相同性。有意思的是，操控海马CA1区的记忆痕迹细胞却不能像DG区一样创造出虚假的恐惧记忆，说明在情景记忆编码过程中，海马的不同区域可能发挥着不同的作用。

目前，大多数关于记忆痕迹的研究都是在某个特定的脑区中进行，但这并不意味着某种记忆痕迹只局限于某个特定脑区中。西蒙在提出“记忆痕迹”概念时，就曾用“记忆痕迹集合”（engram complex）来表达：脑内有关某个特定记忆的全部记忆痕迹是由多种成分组成的。事实上，研究已发现，某个特定记忆的记忆痕迹确实在大脑中是多点分布的。为此形成了“记忆痕迹细胞集合”（engram cell ensembles）的概念，即某种特定的记忆，需通过大脑不同区域的所有记忆痕迹细胞的集合，来完成记忆信息的表征和储存。那么分布在不同脑区中的记忆痕迹细胞对于一段特定记忆有着怎样的作用？近年来，许多在环路水平的记忆痕迹研究，揭示了不同脑区记忆痕迹细胞对于整体记忆表征和存储的各自重要作用。

在听觉线索式条件性恐惧记忆中，Norman M Weinberger发现听觉皮质中的记忆痕迹细胞可能表征引起恐惧反应的听觉信息；在此基础上，Ingrid Ehrlich研究认为海马中的记忆痕迹细胞可能表征这一记忆的场景；而将声音刺激、场景以及足部电击进行联合的记忆，则储存于杏仁核的记忆痕迹细胞。对于情景式条件性恐惧记忆，研究发现海马（DG、CA3、CA1）中的记忆痕迹细胞可能表征这个特定环境的空间信息，杏仁核中的记忆痕迹细胞则用来表征恐惧信息的效价，而皮质中的记忆痕迹细胞则表征着感觉信息。这些发现说明，在构成某种特定记忆的所有记忆痕迹细胞集合中，其中每一种对应于该记忆的不同成分，它们共同构成了该记忆在大脑中记忆痕迹细胞的集合。

近年发展起来的记忆痕迹细胞标记和操纵技术，实现了在不同条件下对特定记忆的操控，为探索记忆在大脑中的编码、提取和巩固机制，提供了研究的新方法和新思路。

三、海马位置细胞与空间记忆编码

海马作为参与学习记忆功能的皮质下最重要脑区，在空间记忆（spatial memory）和情景记忆（episodic memory）中有着重要的作用。1971年，John O'Keefe发现在大鼠海马中的某些神经元，其活动具有位置选择性。把动物置于某一熟悉的限定大小的区域内，当动物经过该区域的某些地方时，这些神经元的放电频率会明显增加，而在该区域的其他地方，这些神经元则很少甚至没有放电，O'Keefe把这类神经元命名为位置细胞（Place cells）。进一步的研究表明，这些神经元是海马中的锥体细胞，其放电呈现复杂的簇状放电（complex brust）特征。一般当大鼠进入一新环境几分钟后，海马位置细胞的位置野就可形成，一个海马位置细胞的位置野只覆盖环境中的部分区域，推测所有位置细胞的位置野可以覆盖环境中的所有区域，其中不同位置细胞的位置野有重叠现象，从而在动物脑中形成对这一环境的完整和稳定的空间记忆表征。而且当动物所处的熟悉环境发生部分改变，或让动物在同一环境执行不同任务时，位置细胞的位置野会发生重构现象（remapping），这种位置野的重构作用，有利于动物形成对环境敏感的情景式记忆，海马位置细胞的发现，引发了对空间记忆神经编码机制研究的极大兴趣，O'Keefe也因这一发现而获得了2014年的诺贝尔生理学或医学奖。

随着对海马位置细胞研究的深入，位置细胞的一些重要编码特性被逐步揭示，如：位置细胞除了通过在位置野内放电频率的高低来对空间位置信息进行频率编码（rate encoding）外，还可以通过与局部场电位（LFP）间的相位进动（phase precession）来实现对空间位置信息的时间编码（temporal encoding）（图9-1-6）；在慢波睡眠时期，先前建立的多个位置细胞间的放电序列会重演（replay），即这些位置细胞会按清醒时的放电先后顺序被重新依次激活，据认为这一现象与空间记忆的巩固有关。

研究位置细胞需要动物在空间环境中进行自由活动，因此多采用神经元活动胞外记录的方法。但胞外记录技术只能检测到神经元发放动作电位的状况，而位置细胞的一些胞内基础特性，如细胞的静息膜电位、动作电位的阈值、阈下的膜电位波动，以及对于那些在空间环境中很少甚至不放电的“沉

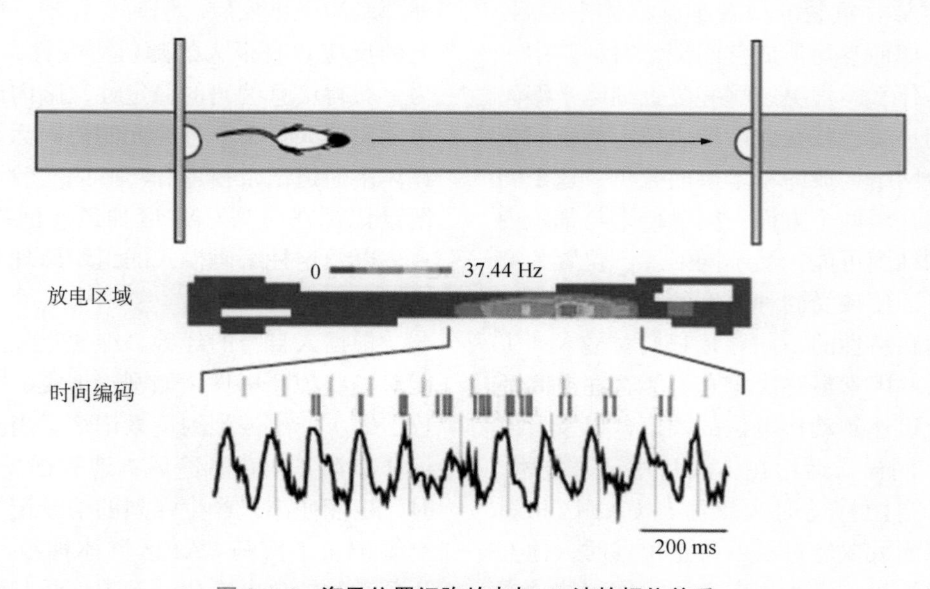

图9-1-6 海马位置细胞放电与θ波的相位关系

上图显示大鼠在两端交替放有食物的线性轨道中来回运动。中图为大鼠在线性轨道中多次来回运动后得到的一个海马位置细胞的位置野图，颜色表示放电频率。下土显示在大鼠一次线性运动过程中，该位置细胞的放电序列与脑电θ节律。上短线标记θ节律的周期（0～360°），中线为位置细胞的簇状放电，穿过θ脑电波的长线标记每个θ波的270°处，可见随着大鼠经过位置野的不同部位，位置细胞的簇状放电相对于θ波的相位有个相对移动（引自参考文献中的原始文献15）

默”细胞，胞外记录技术则无法获得相关信息。近些年，随着在体膜片钳技术以及虚拟现实技术的应用，对海马位置细胞进行胞内记录成为了可能。David 等通过在虚拟现实条件下，胞内记录头部固定小鼠海马的细胞活动，为直接研究位置细胞的突触传入以及内在细胞特性开辟了新手段，并由此获得了一些对位置细胞放电活动的深入了解。

他们发现当小鼠经过胞内记录到的位置细胞的位置野时，该细胞的膜电位在产生动作电位前就开始逐渐升高，并在小鼠离开该位置野时恢复至静息水平，且动作电位的发放始终锁相于细胞膜电位 θ 节律振荡的波峰位置，这提示胞外记录时观察到的位置细胞相位进动现象，可能是由于经过位置野时，膜电位 θ 节律的相位相较于场电位 θ 节律发生偏移所致。确实，进一步的分析表明，在小鼠经过位置野时，除了膜电位振荡的幅度增加外，其 θ 节律振荡的频率也会增加，使其相位逐渐领先于场电位 θ 节律振荡的相位，从而产生相位进动现象。而在位置野外，位置细胞膜电位的 θ 节律振荡又恢复到与场电位 θ 节律相同的频率。这一研究证实，在动物经过位置细胞的位置野时，该位置细胞膜电位水平会升高，同时伴随着膜电位 θ 节律振荡的频率增加，表明位置细胞膜电位的动态变化与其频率编码和时间编码的特性有着密切的联系。

对于任意一个动物探索过的空间环境，其脑中都有一群位置细胞来编码该空间环境，不同的空间环境由不同但有部分重叠的位置细胞群体来编码。因此在理解海马如何参与形成空间记忆时，其中一个关键问题：是什么因素决定哪些位置细胞来编码一个给定的空间环境，并在此后形成稳定的空间位置表征？从神经网络构成的基本层面分析，这个问题的答案可能存在于两个方面：突触传入与细胞内在特性。不同的细胞可能接受不同强度、位置的突触传入，抑或是即使接受同种强度的突触输入，不同的细胞因为内在特性的不同导致它们对输入产生的反应不同，这些因素最终决定它们能否在空间环境中足够去极化以达到动作电位的阈值，以及形成稳定的位置野。同样，运用在体膜片钳记录技术，Lee 等胞内记录自由移动时大鼠海马 CA1 区相对沉默的细胞，每当大鼠经过某一特定位置时，他们向该沉默细胞内注入一微小正向电流，使用这种方法，沉默细胞表现出类似位置细胞特性的放电以及阈下膜电位振荡。这一结果表明空间环境中相对沉默的细胞可能同样接受突触前位置信息的传入，而其相对较低的膜电位水平使得位置信息输入无法到达胞体。

海马的位置细胞主要分布在海马的 CA1 和 CA3 区域，但同为位置细胞，CA1 和 CA3 的位置细胞的特性有所不同。有证据显示，在同一环境中 CA1 区位置细胞的位置野小于 CA3 区域的位置细胞。Lee 等还报道，在熟悉的环境中，当部分环境因素发生改变时，CA1 区位置细胞的位置野会发生重构，其位置野中央区会发生移动，而 CA3 区的位置细胞的位置野中央区在相同条件下并不发生移动；而在新奇的环境中，CA3 区的位置细胞的位置野中央区才会发生移动，这提示海马的不同亚区在空间信息的处理过程中可能具有不同的作用。有观点认为，CA1 区的神经元可对内嗅皮质来的当前信息和 CA3 网络中的已保存信息进行比较，其作用是探测环境中的新异事物；而 CA3 区的神经元在当前信息与已往信息不同时才能被激活，去编码新的环境信息。

四、海马神经元网络与情景记忆编码

记忆编码研究的核心问题之一，就是要了解记忆信息在大脑神经网络水平的实时编码原理。大量研究显示，大脑中的海马结构尤其是海马的 CA1 区，是形成情景记忆的关键区域，并在实验中观察到单个的海马神经元就能对空间信息、嗅觉信息等外部刺激做出反应。但研究发现，单个神经元水平上的反应具有很大的随机可变性，因此人们推测，为了获得信息编码的稳定性，脑内记忆信息的编码可能需要大量单个神经元的协同活动。运用最新的在体多通道记录技术和巧妙的实验设计，科学家对情景记忆在海马 CA1 区神经元网络的实时编码模式，以及这种编码模式的组织原理和内在机制展开了深入研究。

根据人自身的经验，即便只经历一次，大脑也能对一些惊吓事件（如剧烈地震、坐过山车、鲨鱼攻击等）产生强烈的情景记忆。当给予小鼠一系列惊吓刺激（如背后冷风、地震摇晃、自由跌落等）时，也能使小鼠产生强烈的情景记忆。林龙年和钱卓等记录了海马 CA1 区群体神经元在小鼠遭受惊吓刺激时的放电变化，发现惊吓刺激能够改变海马 CA1 区神经元的放电模式，且这种改变与惊吓事件的特性及发生环境密切相关。比如，当分别给予小鼠背部凉风、自由跌落、地震摇晃等单次惊吓刺激后，尽管在同时记录到的 260 个 CA1 神经元中有相当一部分不对任何一种惊吓起反应，但仍有相当部分神经元的放电频率发生了动态变化（图 9-1-7）。基于神经元反应持续时间的长短，可以把惊吓刺激引起的神经元放电频率的动态变化分成四种主要模式：短时增加、短时降低、长时增加和长时降低，其中短时变化持续的时间一般不超过 250 ms，而长时变化最多可持续 40 s 以上。

进一步对神经元反应的选择性研究显示，有的 CA1 神经元对所有三种惊吓刺激都有反应，而另外一些神经元只对某一种惊吓刺激有反应。更重要的是，还有一些 CA1 神经元对两种不同类型的刺激都有反应，这反映了海马具有对不同皮质输入的信息进行整合的功能。这种神经元反应的选择特异性提示，海马 CA1 区可能在神经网络水平上以神经元集群的不同活动模式来编码惊吓事件的。那么，这些神经元集群的网络编码模式究竟是什么？这些编码模式怎样才能用数学方法来加以描述呢？

为了直观地研究隐藏在同时记录到的数百个神经元活动背后的相关的神经网络编码模式，运用统计学中的模式识别法（multiple-discriminant analysis，MDA）对这些神经元放电活动进行处理，发现这些神经元的放电活动在低维空间形成了明显的集群式编码模式。进一步运用分级聚类算法发现，在海马

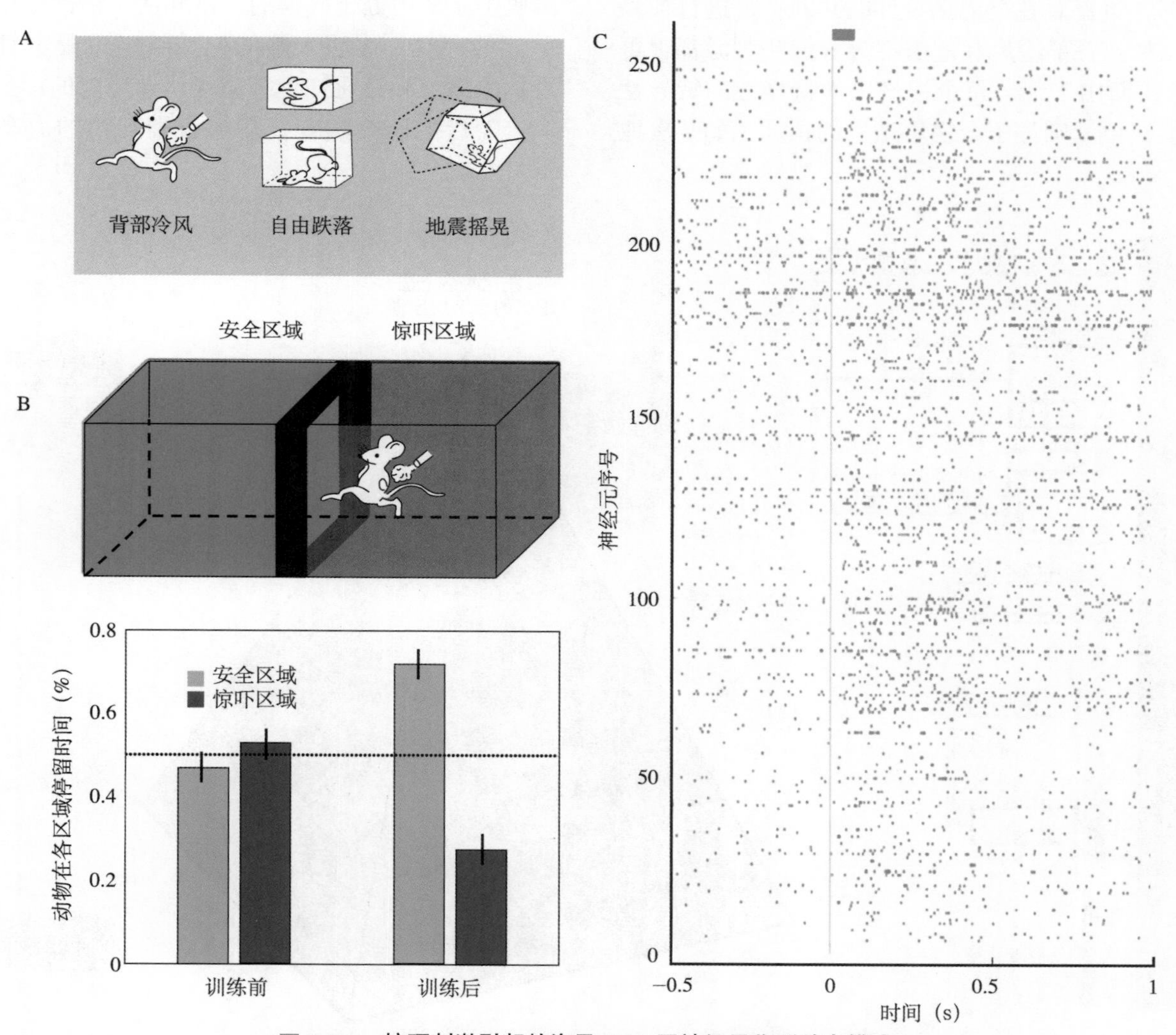

图 9-1-7　惊吓刺激引起的海马 CA1 区神经元集群放电模式

小鼠海马 CA1 区域记录到的 260 个神经元在小鼠遭遇惊吓刺激过程中的放电变化。**A**. 三种惊吓刺激行为模式，分别是背部冷风、自由跌落和地震摇晃。**B**. 小鼠对惊吓刺激事件的记忆可以用位置条件反射行为模式进行检测。在进行惊吓刺激训练前，小鼠停留在安全区域和惊吓刺激区域的时间基本相等，但在训练 3 小时后的记忆保持测试中，小鼠停留在安全区域的时间明显多于在刺激区域的时间（图中训练后蓝柱对应的时间值为 130.1±5.8 秒，整段时间总共为 180 秒，$P < 0.0005$，数据为 14 只小鼠的平均值）。**C**. 小鼠海马 CA1 区域 260 个神经元在小鼠遭遇自由跌落惊吓刺激前后的放电序列图，时间为刺激前 1 秒及刺激后 2 秒（红线标记处为 $t = 0$）。X 轴为时间（单位：秒）；Y 轴为同时记录到的神经元数（260 个）。放电序列图中红线上方的黑棒标记为惊吓刺激持续的时间。从图中可见虽然有许多神经元对惊吓刺激没有反应，但仍有相当部分神经元的放电频率发生了动态变化［引自 Lin L，Osan R，Tsien JZ. Organizing principles of realtime memory encoding：neural clique assemblies and universal neural codes. *Trends in Neurosciences*. 2006，29（1）：46-57.］

CA1 区存在具有相似反应特性的各种神经元组，它们称之为神经元簇。这些神经元簇针对不同的刺激显示出放电频率的变化，有的神经元簇对所有三种类型的惊吓刺激都有反应，有的神经元簇对单一类型的惊吓刺激有反应，有的是对其中两种惊吓刺激有反应。

通过对海马情景记忆神经元群体编码的研究，研究者揭示了大脑记忆编码的一个基本原理，即海马神经元网络在编码任一情景记忆时，总是通过对其记忆编码单元进行“金字塔”式的排列组合来完成的。在神经元网络编码“金字塔”式的结构中，广谱和次广谱性记忆编码单元一般位于金字塔结构的底部，负责对各类记忆事件的共同特征进行抽象提取（如：背部冷风和地震摇晃等惊吓刺激都很可怕等）；而用于编码每个记忆事件特异性的特异性记忆编码单元则位于金字塔结构的顶部（如某次地震摇晃刺激的时间、地点等）（图 9-1-8）。

有关海马情景记忆的一系列研究工作，可总结出神经元网络水平大脑记忆编码的一些基本特征：①大脑记忆系统通过分类分级的方式来组织记忆编码单元；②记忆编码单元通过排列组合所形成的编码金字塔结构，表明大脑在对外部事件的记忆编码过程中，对事件进行了选择性的特征抽提和记录，这种信息编码方式有别于照相机和摄像机的被动的全盘记录方式；③通过大脑记忆编码单元的排列组合，神经元网络可以产生几乎无数组的金字塔式编码组合，从而在记忆容量上，满足了大脑编码动物个体一生所经历的无数个情景事件的要求；④记忆编码金字塔中处于底部的广谱和次广谱性记忆编码单元的存在，表明大脑的记忆编码过程本身伴随着抽象概念和泛化知识等高级认知功能的产生。

随后的研究发现，在啮齿类动物的海马确实

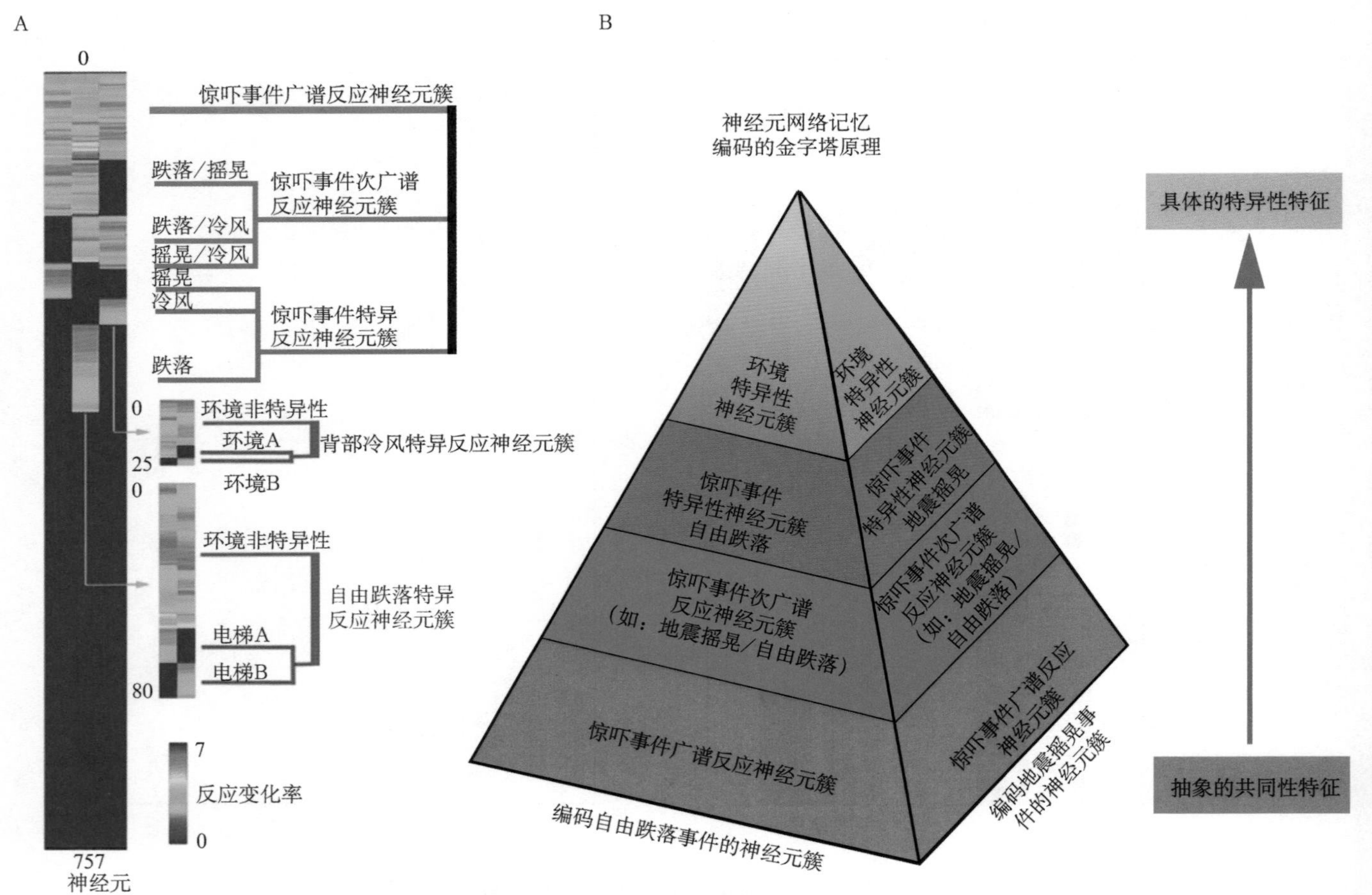

图 9-1-8 **神经元群体编码记忆的分类和分级组织**

从4只小鼠757个CA1区神经元对于不同类型的惊吓刺激反应的多重聚类分析得到7个主要的神经元簇（**A**）。记忆的编码单元以分类分级的方式来组织（**B**），通过一系列神经元簇的不同组合可以编码任一特定的惊吓事件，这些神经元簇包括惊吓刺激广谱反应神经元簇、惊吓刺激次广谱反应神经元簇，特异惊吓刺激神经元簇和特定环境中发生的特异惊吓刺激神经元簇。在这个特征金字塔的编码结构中，代表最一般、最抽象的特征的神经元簇在金字塔的底部，它形成惊吓事件编码的基石。金字塔的第二层由对次级一般特征反应的神经元簇组成，这些次级一般特征反应的神经元簇是神经元簇集合的子集。沿着这一编码特征金字塔结构向上移，神经元簇变得更加特异性，金字塔顶部的神经元簇编码最特异、最高度分离的特征。在这里，神经元簇中神经元的数目不一定相对于在特征金字塔所处的位置［引自 Lin L，Osan R，Tsien JZ. Organizing principles of realtime memory encoding：neural clique assemblies and universal neural codes. *Trends in Neurosciences*. 2006，29（1）：46-57.］

存在编码概念相关信息的神经元，比如小鼠海马的“窝”概念细胞。这些“窝”概念细胞对窝的反应，具有反映“概念”信息编码的能力，即这些编码“窝”概念的海马细胞不仅对自己日常睡觉的熟悉“窝”有反应，而且能够对各种不同形状（圆的、方的、三角的）和材料（纸板的、塑料的、金属的、棉花的）制作的，小鼠以前从未见过的新“窝”，也作出正确的放电变化（图9-1-9）。

进一步的研究还显示，“窝”概念脑细胞的特异放电反应是通过小鼠对该物体的功能探索过程中形成的，也即只要有一个舒适、安全，大小合适的休息空间，“窝细胞”都可以把它当做可以睡觉的“窝”，而不在乎这个“窝”的形状、材料和颜色等属性。这一研究揭示，这种大脑神经元基于对物体可提供功能所进行的抽提、泛化过程，有可能正是大脑对日常生活中各类物体抽象概念形成的神经编码机制。

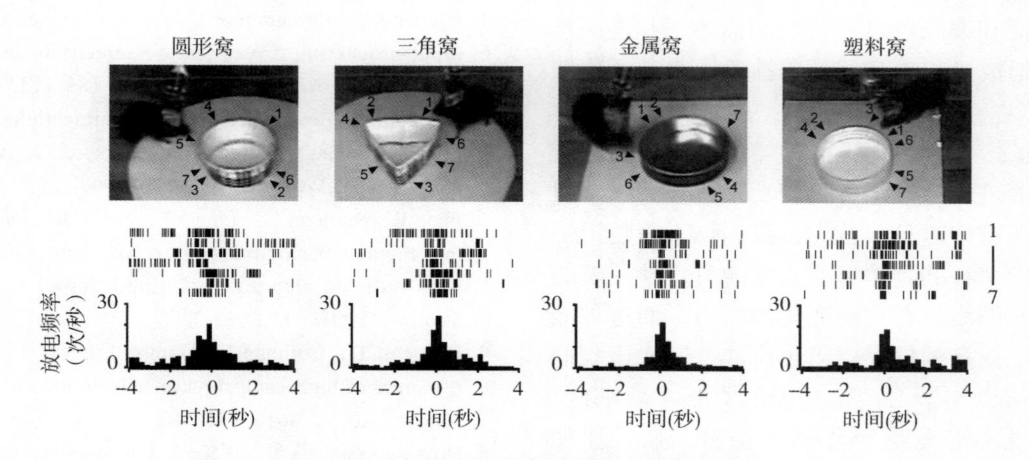

图9-1-9 小鼠海马CA1区的“窝”概念编码神经元

海马CA1区的这类神经元对不同质地和形状制作的“窝”均有很好的反应，显示出概念编码的特征［引自Lin L，Chen G，Kuang H，et al. Neural encoding of the concept of Nest in the mouse brain. Proc Natl Acad Sci，U S A：2007，104（14）：6066-6071.］

第六节 总 结

以上的介绍说明，在过去的一百多年里，科学家在探索学习记忆的分子、细胞和神经编码机制方面都已经取得了长足进步。现在我们已经知道，在记忆类型上，根据是否需要颞叶海马系统的参与，记忆有陈述性记忆和程序性记忆之分，它们分别对应着需有意回忆参与的外显记忆和不需要意识或有意回忆介入的内隐记忆。而从记忆保持的时间长短上来看，记忆又可分为短时记忆和长时记忆，而海马系统在短时记忆转化为长时记忆的过程中起着不可或缺的关键作用。

在学习记忆的分子机制上，科学家们首先从理论上揭示了突触可塑性是大脑这个由860亿神经元构成的超复杂神经网络实现学习记忆功能的关键，其理论观点的精髓是赫布规则，即记忆形成依赖于神经元活动的协同性，当两个彼此有联系的神经元同时兴奋的时候，它们之间的突触联接将得到加强，这构成了大脑神经网络赖以实现学习记忆功能的神经基础。而近40年的神经科学实验研究，则发现并证实了NMDA受体是突触可塑性的最重要分子开关，它通过探测突触前后神经元的活动协同性，来启动突触传递效率的修饰过程，由此导致突触传递的长时程增强或抑制（LTP和LTD），从而实现对大脑学习记忆神经网络的调控。

在记忆的巩固机制上，一系列的实验研究揭示了海马结构在其中的关键作用。现在的观点认为，情景记忆最初在海马结构中进行短暂的储存，随后通过依赖于海马的皮质记忆巩固过程，最终在皮质神经网络中形成长时记忆。当长时记忆在皮质被巩固后，海马结构中相关过时的记忆痕迹必须得以清除，而这一过程则需要成年海马齿状回新生神经元的参与。

依赖于基因操控技术、光遗传学技术和在体

电生理技术的发展，近年来在大脑神经网络对记忆信息的编码、表征机制上，也获得了一系列重要进展。其中，在小鼠海马、皮质等脑区，通过对恐惧记忆痕迹细胞的标记和操控来实现恐惧记忆的人为提取，是这一领域近十年来的最重要发现。而20世纪70年代发现的海马位置细胞，则揭示了海马神经元网络是如何表征和编码情景记忆中的位置信息的。在记忆信息的群体神经元编码水平，记忆编码单元及特征编码金字塔（feature-encoding pyramid）的发现，使得科学家们对记忆在神经元网络水平的表征和编码可以进行数学描述，并进一步揭示了记忆形成过程本身伴随着抽象概念和泛化知识的产生。

目前，虽然在学习记忆的神经机制研究上已获得了诸多重要进展，但距离我们真正解开大脑学习记忆的奥秘仍有待时日。首先，我们仍不清楚记忆信息在大脑中储存的具体形式，突触可塑性反映的是大脑神经元网络具有动态变化的能力，而这种能力只是为记忆信息的储存提供了可能。其次，我们虽然大致了解参与学习记忆功能的大脑主要脑区，但仍缺乏对大脑记忆环路结构的细致了解，比如我们知道海马在记忆形成过程中有着至关重要的作用，但我们并不了解，一个海马CA1区的锥体神经元可以和多少个上游脑区的神经元形成突触联接，也不清楚它可以控制多少个下游脑区的神经元，即我们缺乏对大脑记忆功能环路细节结构的了解，这方面的知识有赖于介观脑图谱的研究工作。不过可以预见，随着脑科学新研究技术的不断涌现，学习记忆研究领域一定会有更多激动人心的新发现。

参考文献

综述

1. Bear MF，Abraham WC. Long-term depression in hippocampus. *Annu Rev Neurosci*，1996（19）：437-462.
2. Bliss TV，Collingridge GL. A synaptic model of memory：long-term potentiation in the hippocampus. *Nature*，1993（361）：31-39.
3. Josselyn SA，Tonegawa S. Memory engrams：Recalling the past and imagining the future. *Science*，2020，3670（6473）：eaaw4325.
4. Long MA，Lee AK. Intracellular recording in behaving animals. *Curr Opin Neurobiol*，2012，（22）：34-44.
5. Nicoll RA，Malenka RC. Expression mechanisms underlying NMDA receptor-dependent long-term potentiation. *Ann N Y Acad Sci*，1999（868）：515-525.
6. Schmidt-Hieber C，Nolan MF. Synaptic integrative mechanisms for spatial cognition. *Nat Neurosci*，2017（20）：1483-1492.
7. Squire ER，Kandel ER. *Memory：From Mind to Molecules*. Roberts and Company Publishers，2008.
8. Tonegawa S，Morrissey MD，Kitamura T. The role of engram cells in the systems consolidation of memory. *Nat Rev Neurosci*，2018，19：485-498.
9. Tsien，JZ. *Building a brainer mouse*. Scientific American，2000，282：62-68.
10. Wittenberg，GM，Tsien JZ. An emerging molecular and cellular framework for memory processing by the hippocampus. *Trends in Neurosciences*，2002，25：501-505.

原始文献

1. Bittner KC，Grienberger C，Vaidya SP，et al. Conjunctive input processing drives feature selectivity in hippocampal CA1 neurons. *Nat Neurosci*，2015，18：1133-42.
2. Epsztein J，Brecht M，Lee AK. Intracellular determinants of hippocampal CA1 place and silent cell activity in a novel environment. *Neuron*，2011，70：109-120.
3. Feng R，Rampon C，Tang YP，et al. Deficient neurogenesis in forebrain-specific presenilin-1 knockout mice is associated with reduced clearance of hippocampal memory traces. *Neuron*，2001，32：911-926.
4. Harvey CD，Collman F，Dombeck DA，et al. Intracellular dynamics of hippocampal place cells during virtual navigation. *Nature*，2009，461：941-946.
5. Huxter J，Burgess N，O'Keefe J. Independent rate and temporal coding in the hippocampal pyramidal cells. *Nature*，2003，425：828-832.
6. Kitamura T，Ogawa SK，Roy DS，et al. Engrams and circuits crucial for systems consolidation of a memory. *Science*，2017，356：73-78.
7. Lee D，Lin BJ，Lee AK. Hippocampal place fields emerge upon single-cell manipulation of excitability during behavior. *Science*，2012，337：849-853.
8. Lee I，Rao G，Knierim JJ. A double dissociation between hippocampal subfields：Differential time course of CA3 and CA1 place cells for processing changed environment. *Neuron*，2004，42：803-815.
9. Lin L，Osan R，Shoham S，et al. Identification of network-level coding units for real-time representation of episodic experiences in the hippocampus. *Proc Natl Acad Sci USA*，2005，102：6125-6130.
10. Liu X，Ramirez S，Pang PT，et al. Optogenetic stimulation of a hippocampal engram activates fear memory recall. *Nature*，2012，484：381-385.
11. Migaud M，Charlesworth P，Dempster M，et al. Enhanced long-term potentiation and impaired learning in mice with mutant postsynaptic density-95 protein. *Nature*，1998，396：433-439.
12. Nguyen PV，Abel T，Kandel ER. Requirement of a critical period of transcription for induction of a late phase of LTP. *Science*，1994，265：1104-1107.
13. O'Keefe J，Dostrovsky J. The hippocampus as a spatial map. Preliminary evidence from unit activity in the freely moving

rat. *Brain Res*，1971，34：171-175.

14. O'Keefe J，Recce ML. Phase relationship between hippocampal place units and the EEG theta rhythm. *Hippocampus*，1993，3：317-330.
15. Ramirez S，Liu X，Lin PA，et al. Creating a false memory in the hippocampus. *Science*，2013，341：387-391.
16. Scoville WB，Milner B. Loss of recent memory after bilateral hippocampal lesions. *J. Neurol. Neurosurg. Psychiatry*，1957，20：11-21.
17. Tang Y，Shimizu E，Dube GR，et al. Genetic enhancement of learning and memory in mice. *Nature*，1999，401：63-69.
18. Tsien JZ，Herta PT，Tonegawa S. The essential role of hippocampal CA1 NMDA receptor-dependent synaptic plasticity in spatial memory. *Cell*，1996，87：1327-1338.
19. Wilson MA，McNaughton BL. Dynamics of the hippocampal ensemble code for space. *Science*，1993，261：1055-1058.
20. Zamanillo D，Sprengel R，Hvalby O，et al. Importance of AMPA receptor for hippocampal synaptic plasticity but not for spatial learning. *Science*，1999，284：1805-1811.

第 2 章　注意与抉择

李　武　杨天明

在我们的日常活动中，每时每刻都有大量信息需要大脑来分析和处理。除了加工由各种感觉器官输入的感觉信息以外，大脑还要控制躯体的各种运动。此外，大脑本身复杂的思维活动也要产生大量的内部信息。生活的经验和常识告诉我们，一心不能二用。这说明在任何时候大脑对信息处理的能力是有限的。巨大的信息量与有限的信息处理能力之间的矛盾决定了大脑需要集中资源去处理眼前重要的信息。那么，大脑是如何根据行为的需要来选择性地加工信息的？此外，根据当前对外界刺激的感知和以往获得的经验，我们往往需要根据行为目的做出分析、判断和选择，并且采取一定的行动。每个人每天都要做出各种大大小小的选择和决定。大脑是如何根据各种外部输入和内部存储的信息作出决定的？以上这些问题属于注意（attention）与抉择（decision making）的范畴，是大脑的高级认知功能。可以说，注意影响着所有信息在大脑中的加工过程，而抉择过程所产生的决定影响着我们的各种行为。

由于视觉系统是感觉系统中最为复杂、接收信息量最大、而且了解比较透彻的，因而，本章将主要以猴和人的视觉为模型，在第一节中介绍大脑是如何运用选择性注意这一机制来有效地处理与行为有关的感觉信息。在第二节中，我们将介绍产生和控制注意的神经网络。最后，在第三节中，我们介绍参与选择决定的皮质区域及其在抉择中的重要作用。

第一节　注意对信息加工过程的调控

美国心理学家 William James 在《心理学原理》（1890）一书中是这样描述注意的：“每个人都知道注意是什么。那是若干可能同时存在的客体（objects）或思路之中的一个以清晰的形式占据了思想。意识的集中和专注是其本质。这意味着为了有效地处理某些事情而放弃对某些事情的处理。”更明白地说，注意就是以牺牲对大量信息的处理为代价，从而使得大脑能够集中资源来选择性地加工部分信息。在本章的这一节中，我们通过介绍注意的不同类型、注意对知觉的影响以及注意对神经元反应的调节作用，来阐明注意这一重要认知功能的作用和机制。

一、注意的类型和行为表现

当需要把注意转向某一目标时，我们可以通过转动身体、头部或眼去注视并且注意该目标。这种注意通常被称为外显的注意（overt attention）。然而，我们也可以有意识地把注意转向某一目标，而不用移动身体或是眼。这称为隐蔽的注意（covert attention）。由于不需要其他额外的反应动作，隐蔽的注意是一种快速而且隐蔽地把注意力转向重要目标的反应机制，同时也提供了可以同时注意不止一个目标的能力。比如说，篮球运动员在准备传球时，其视线可以停留在某个队员的身上，但是，其注意力却可以隐蔽地分布于周围的其他队员，然后出其不意地把球传给其中的某个人。隐蔽的注意是研究视觉注意的通用模型，因为在该情况下，影响神经元活动的因素可以减少到注意的对象或者是注意的状态本身。

根据不同的行为目的，注意的对象可以有不同的类型。例如，注意可以转移和集中到某一特定的空间位置，称为空间注意（spatial attention）。此外，注意还可以集中在某一特定的物体目标，称为基于客体的注意（object-based attention）；也可以集中于物体的某一特征，比如衣服的颜色、质地或者款式，这称为基于特征的注意（feature-based attention）。在研究中，通过精心设计的实验，可以把不同类型的注意区分开来。然而，在自然的情况下，多种类型的注意往往是结合在一起的。

除了注意的表现形式多种多样以外，注意的起因也可以不同。我们能够根据自己的目的，主动分配注意去处理某些信息，这称为内源性注意（endogenous attention），或者是自主的注意（voluntary attention）。此外，意外的、新奇的、有潜在危险的、特别显著的或者是非常熟悉的刺激，也可以吸引或转移我们的注意，称为外源性注意（exogenous attention）或是非自主的注意（involuntary attention）。比如说，在屋里聚精会神阅读时，突然有人敲门或叫自己的名字，我们的注意会被不自主地吸引过去。

以上的注意形式都是把注意集中于某一特定的对象，统称为选择性注意（selective attention），也是通常所指的注意。然而，在某些情况下，大脑会处于一种持续的警惕状态，不一定有具体的注意对象。这也可以认为是一种注意的形式，称为警觉性注意（vigilant attention），或者是持续性注意（sustained attention）。例如，去机场接一个朋友，当大量旅客涌出来的时候，我们除了会把视觉注意快速地在人群中转移以外，还会处于一种高度的警觉状态，以防错过要接的客人。再例如，在交通繁忙的公路上，司机需要随时保持警觉（但不一定有特定的注意对象），这样可以有效避免事故的发生。选择性地转移注意和持续地维持警觉状态是大脑注意系统中不同子系统的功能（详见本章第二节）。

二、选择性注意与感知觉加工

在一定程度上可以认为，对感觉信息的加工是由相应的感觉系统通过“硬件”来完成的，不同的感觉神经元负责处理不同的刺激属性。例如，本书中有关视觉中枢机制的章节中介绍过，不同视皮质神经元对不同的图形特征具有选择性或调谐特性，从而可以编码不同的图像信息，如线段的朝向，物体的颜色、运动方向和速度等。感觉神经元的这种基本反应特性在很大程度上不受注意等高级认知功能的影响，无论是在清醒还是麻醉状态下，它们的基本调谐特性没有明显的差别。这种单纯由外部感觉刺激驱动的加工过程称为自下而上（bottom-up）的加工。然而，大脑对感觉刺激加工的目的是使外界信息能够进入我们的知觉，从而为我们的抉择等行为提供参考，并且把某些重要的信息暂时地、或者是长期地保存在记忆中。那么，是什么因素决定着感觉传入能够最终进入我们的知觉？为了从感性上有所认识，我们下面举个例子。

在图9-2-1A中，有一条线段与背景线段之间存在着明显的朝向特征差异（feature contrast），会自动从背景中突显出来，即产生知觉上的显著性（perceptual saliency），从而引起我们不自主的视觉注意和感知（类似例子还有绿叶中的鲜花等）。这是一个主要由刺激驱动的、自下而上的过程。在图

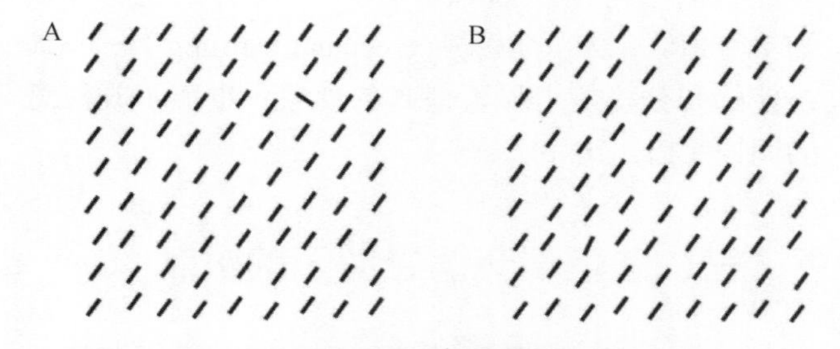

图9-2-1　视觉刺激的显著性与注意

A. 图中的一条线段与背景线段正交，类似这种显著的特征差异会吸引我们不自主的注意。**B.** 图中的一条线段与背景的朝向差异较小，需要自主地注意搜索才能发现和确认目标（在左下，其视觉显著性远不如**A**中的情形）

9-2-1B中，也有一条线段的朝向与背景线段不同，但是差异较小。为了发现这一隐藏目标，我们需要主动调用注意功能去搜索。这是一个由目的驱动的、需要自上而下（top-down）的注意调控因素参与的过程。

在这个例子中，我们的注意力集中在寻找一个与背景不一致的目标。如果现在问：不要去查看原图，两幅图的背景是否完全相同以及图中是否还有其他的隐藏目标？大部分人无法确定，只有带着新的目的去注意观察之后，我们才会感知到两幅图的背景差异细节，并确定没有其他的隐藏目标。这说明了两个现象：第一，大脑对感觉信息处理的能力是有限的，在某一时刻只能加工有限的信息，因此，真正能够进入我们意识的信息也是有限的。可以说，我们对感觉传入信息中的大部分内容是视而不见、听而不闻的。第二，为了能够有意识地感知某些传入信息，选择性注意是必要的环节。事实上，对视知觉的研究揭示了许多有趣的视而不见的现象（Macknik 和 Martinez-Conde，2015）。比如，由于没有留意观察，我们往往感知不到视觉场景中发生的很大变化，称为“变化盲”（change blindness；视频例子见 https://www2.psych.ubc.ca/ ~ rensink/flicker）（Simons and Rensink，2005）。此外，如果注意完全被某一目标吸引，我们可能会感知不到视觉景物中其他本来是显而易见的目标，产生诸如“疏忽盲”（inattentional blindness）和“注意瞬脱”（attentional blink）的现象。各种视而不见的现象是认知神经科学的一个热门话题，对其深入研究有助于我们认识注意与知觉和意识的关系（Kim and Blake，2005）。

注意在多个方面对我们的感知和认知起着重要作用。视觉特征整合或特征绑定（feature integration；feature binding），也即把属于同一物体的各种不同特征组合起来，以形成对该物体完整的感知，往往需要注意的参与（Treisman，1999）。另外，与各种认知学习相似，知觉学习（perceptual learning）——训练使感知分辨能力显著提高的现象，也离不开注意的调控（Li，2016）。

三、注意调节信息加工的机制

注意之所以能够影响我们的知觉，是因为该认知功能可以调节感觉中枢对信息的加工过程。要了解这种调节作用的神经机制，我们需要先回顾一下感觉信息处理的过程和神经回路。以视觉为例（详见有关视觉系统的章节），图像信息由视神经中上百万的轴突纤维携带着离开视网膜，投射到丘脑的外膝体，然后中转传递到位于大脑枕叶的初级视觉皮质（即V1区）。之后，视觉信号沿着两条主要通路分级传递到其他高级视皮质进行加工。其中的背侧通路（dorsal pathway）经由V1、V2、V3和MT等视觉区域，最后投射到顶叶皮质（parietal cortex）。该通路主要负责编码和表征物体的空间位置关系和运动信息。另外一条视觉通路，即腹侧通路（ventral pathway），经由V1、V2和V4区投射到下颞叶皮质（inferior temporal cortex，IT区）。该通路与物体的识别加工有关。沿着视觉通路自下而上的加工过程是由外部视觉刺激所驱动的。然而，视觉信息的加工流程不是单向的，从低级向高级的投射通路都伴随着从高级到低级的反馈回路，使得高级皮质的活动可以调控低级皮质的加工过程。逆着视觉通路自上而下（top-down）的调节可以由行为目的所驱动。选择性注意就是一个重要的自上而下的调控机制。

注意调节感觉信息加工的机制曾经是认知心理学研究的范畴，有过不少理论，比如，注意对感觉输入的选择是在信息加工的早期还是后期，即早期选择理论（early selection）和后期选择理论（late selection）。英国心理学家 Donald Broadbent（1958）通过研究人对左右耳道同时传入的不同声音的感知，提出了“过滤器理论”（filter theory）。该理论认为，注意对听觉的影响发生在信息加工的早期阶段，因为选择性地注意一侧耳道可以有效地滤除从另外一侧耳道传入的信息。然而，随后的研究发现，听觉注意没有如此简单。比如，未被注意的一侧耳道传入的声音中如果包含了受试者的名字（非常熟悉和显著的刺激），受试者则能够明确地感知。最为广泛接受的理论是 Anne Treisman（1960）提出的“衰减器理论”（attenuator theory）。该理论认为，注意的选择包含早期和后期两个阶段。早期选择仅仅是减弱而不是完全阻断没有被注意的信息，而后期选择则与信息的最后识别有关。关于空间注意还有一种广为接受的“聚光灯理论”（spotlight metaphor），把空间注意比作大脑内部的一盏聚光灯。位于注意聚光范围之内的刺激可以被有效地处理，并且注意的“聚光灯”可以在视野范围内任意移动。

现代实验技术的发展使得直接研究注意的神经机制成为可能。我们不仅可以利用大脑结构与人比较接近的猕猴模型，在不同的任务情景下，研究神经元的反应特性，而且还可以通过无损的磁共振成像和其他脑成像技术，来直接研究人脑各个区域在处理不同任务时的活动。从 20 世纪 80 年代开始，注意调节视皮质神经元反应的现象不断在两条视觉通路的各个脑区被揭示。这种自上而下的调节作用甚至延伸到了皮质以下的外膝体（Moore and Zirnsak，2017）。

正如注意可以有不同类型，通过精心的实验设计，可以把注意对神经元反应的调节作用区分为不同的类型，比如内源和外源（Wang et al，2015）、基于空间位置（Moran and Desimone，1985）、基于物体目标（Baldauf and Desimone，2014；O'Craven et al，1999）、或者是基于物体的特征（Bichot et al，2019；Treue and Martinez，1999）。

概括地说，注意通过调节各级中枢神经元的活动来影响我们的感知和认知功能。对于注意调节视皮质神经元活动的机制，可以归纳为以下三种。

（一）增益调控机制

视皮质神经元的反应强度与视觉刺激的亮度对比度（luminance contrast）之间往往存在 S- 形变化关系，称为神经元的对比度响应曲线（图 9-2-2A）。在该曲线变化最明显的动态范围内（dynamic range），增加视觉刺激的对比度会导致神经元的反应增强。有研究表明，相比于非注意的条件，当视觉刺激被注意时，在腹侧通路的 V4 区和背侧通路的 MT 区中，细胞的对比度响应曲线会向低对比度方向平移（图 9-2-2A）。因而，对于相同对比度的刺激，其在被注意的条件下可以引发细胞更强的反应；或者说，为了引发细胞相同强度的反应，注意条件下的低对比度刺激相当于非注意条件下的较高对比度刺激。这一调控机制被称为“对比度增益模型”（contrast gain model）（见综述 Reynolds and Chelazzi，2004）。由此可以推测，对于同样的物理刺激，在注意的情况下，其主观感觉上的明暗对比度应该会高于没有被注意的情况。一项心理物理学研究通过巧妙的实验证明了这一推测：与不被注意时相比，注意确实可以使低对比度刺激的表观（apparent contrast）对比度提高近一倍（Carrasco et al，2004）。

注意的增益调节机制可以改变细胞的兴奋性，但是不会影响细胞对简单刺激特征的选择性。以 MT 区为例，该区神经元对运动刺激的方向敏感。把神经元的放电频率与刺激的运动方向为变量作图，可以得到一条近似高斯分布形状的曲线，称为运动方向调谐曲线（motion-direction tuning curve）。引起细胞反应最大的运动方向称为最佳方向（optimal/preferred direction）；而与最佳方向相反的运动方向则称为零方向（null direction），细胞对沿着零方向运动的刺激反应最弱。有研究表明，猴子 MT 神经元的方向调谐曲线受空间注意和特征注意的双重

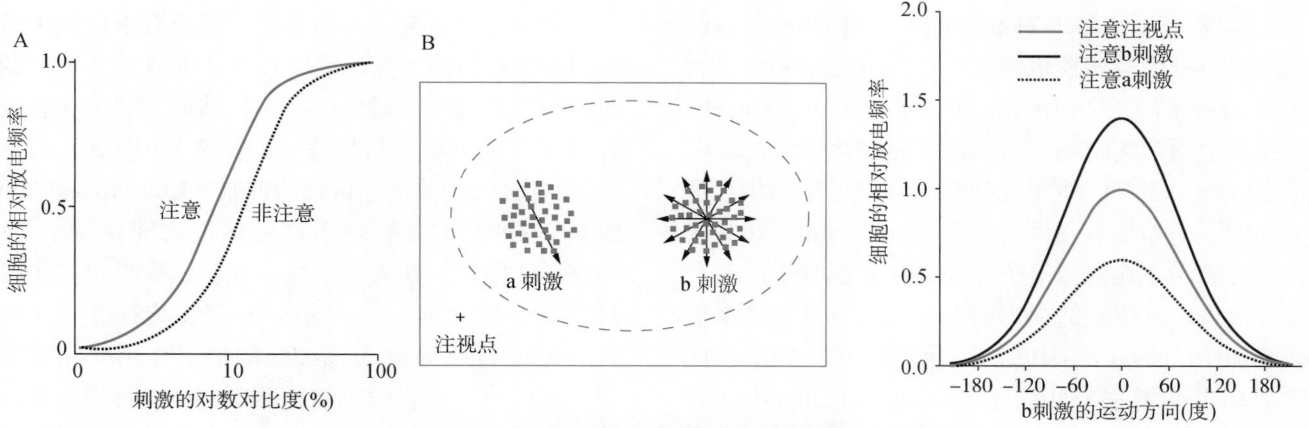

图 9-2-2 注意调节视皮质神经元反应的增益控制机制

A. 对比度增益模型。相比于不被注意的条件，当视觉刺激被注意时，神经元的对比度响应曲线会向左侧平移。**B.** 注意对 MT 神经元方向调谐曲线的影响。左图：虚线椭圆代表一个 MT 神经元的感受野。两组点阵表示实验中用于刺激的两组运动光点。左边一组刺激光点（a 刺激）的运动方向（箭头所指）始终是沿着细胞反应最弱的零方向。通过改变右边一组刺激（b 刺激）的运动方向（360° 范围内），可以获得细胞反应与刺激运动方向的关系曲线，即运动方向调谐曲线（见右图）。在记录细胞放电的过程中，猴子的眼睛始终注视着左下角的注视点，而注意则根据事先的提示可以集中于不同的目标。右图：从同一个 MT 神经元用同样一组刺激（见左图）记录到的三条运动方向调谐曲线。中间一条曲线是当注意维持在感受野以外的注视点时测定的；上下两条曲线分别是当猴子的注意集中在 b 刺激和 a 刺激的运动方向时测定的。对同样的刺激，根据动物所注意的位置和刺激的不同，MT 细胞反应的幅度也明显不同。但是，细胞对运动刺激的选择性（最佳方向和调谐带宽）不受注意状态的影响（B 改编自参考文献中的原始文献 17）

调节（Treue and Martinez，1999）。但是，在不同的注意条件下，细胞反应的差别仅仅是局限于反应的幅度，而细胞对运动方向的选择性本身则不受注意的影响（图9-2-2B）。具体来说，如果把在不同注意状态下测定的调谐曲线归一化，使不同曲线的峰值处于同一水平，那么，这些曲线几乎可以完全重叠在一起。这表明，细胞对运动方向调谐的最佳参数（最佳运动方向）以及调谐的带宽（调谐曲线半高处的宽度）不受注意的影响。所以说，注意对神经元调谐曲线的影响是倍乘式的增益控制（multiplicative gain）。通过比较图中的三条调谐曲线看到，选择性注意的影响不仅可以使单个细胞的反应倍乘式地增加，而且也可以使细胞的反应倍乘式地减弱，这取决于注意是集中于两个不同刺激中的哪一个。对于这一现象，在下面介绍注意的另外一种作用机制时再进行详细解释。

注意通过倍乘式的增益调控机制来调节神经元反应的现象，在腹侧通路中的V4区也有报道（McAdams and Maunsell，1999）。V4神经元对光栅条纹的朝向具有选择性。该区神经元的朝向调谐曲线的幅度受注意的倍乘调节，而调谐的最佳朝向和带宽则不受影响，也即细胞的朝向选择性在不同的注意条件下没有变化。

注意的增益调节机制非常复杂，除了在MT和V4区看到的对比度增益和倍增式调控之外，有研究报道，注意对V1细胞的影响主要是一种加和式的增益调控机制（additive gain），特别是当刺激的对比度较高时（Thiele et al，2009）。有研究还发现，注意以何种增益调控机制发挥作用取决于刺激以及注意范围的大小（Herrmann et al，2010）。此外，注意某个视觉刺激除了可以使细胞对该刺激的反应增强以外，还可以使邻近细胞的放电更加同步，这也起到了增加信号强度的作用（Fries et al，2001）。在没有刺激存在的情况下，如果注意视野中的某个位置，表征该位置的视皮质神经元的自发放电水平会增加（Luck et al，1997）；脑成像观察到的视皮质活动也会增强（见综述Kastner and Ungerleider，2000）。在没有外部刺激驱动时，这种空间注意引起神经元基线活动上移的现象，可能直接反映了自上而下的注意调控信号。其可能的生理学意义在于，对于那些感受野位于被注意位置处的神经元，空间注意可以使它们的敏感性增加，有利于加工随后出现在该处的刺激。

（二）有偏向性的竞争机制

自然景物中往往同时存在着很多视觉刺激。在这种情况下，选择性地加工与行为有关的刺激尤为重要。为了理解在多个刺激同时存在的情况下，选择性注意是如何进行调节的，我们需要先了解一下视觉刺激本身之间是如何相互作用的。

从自下而上的加工角度来说，我们之所以能够感知某个外界的刺激，是因为该刺激能够引起感觉皮质的兴奋活动，也即获得皮质的表征（cortical representation）。然而，当有多个刺激同时存在时，它们之间会彼此竞争皮质的表征、抑制神经元的反应，这种现象普遍存在于各级视觉中枢。在竞争过程中，某些视觉刺激由于具有特殊性（如图9-2-1A中与背景存在显著特征差异的线段），能够获得比其他刺激多的皮质表征，因而具有显著性、容易被感知。但是，如前所述，视觉的加工和形成不仅取决于自下而上的信息输入（包括不同刺激之间的相互作用），而且受自上而下的注意调节。选择性地注意某个不显著的目标（如图9-2-1B中隐藏的目标线段），可以增加该目标在皮质的表征，从而在与其他刺激的竞争中获得足够的表征，进入知觉。所以，某一视觉刺激在知觉上的显著性除了受图形元素之间相互作用的影响以外，还取决于选择性注意的调节作用。注意调节神经元反应的这种有偏向性的竞争机理（biased competition model）得到了电生理实验证据的支持。

初级视皮质神经元的感受野是所有视皮质中最小的。细胞对位于其感受野以内、并且处于最佳朝向的小线段能产生最强的反应。然而，如果在感受野周围添加很多平行线段（如图9-2-1中所示的背景），神经元的放电会被强烈抑制（Knierim and Van Essen，1992），这反映了许多线段之间在竞争V1的表征。但是，如果位于某一细胞感受野中的线段与背景线段之间有一夹角，即存在特征差异（图9-2-1A），那么背景对该细胞的抑制作用会随夹角增大而减小（垂直时抑制作用最弱）；而背景线段之间由于不存在朝向特征差异，它们对其他细胞的抑制作用总是很强，这会导致“与众不同”的线段赢得最多的神经表征而凸显出来。特别的是，如果被试者（猴子）的注意集中在该目标上，那么细胞对其反应会进一步增强，使其在V1获得更多的表征（Yan et al，2018）。这些结果提示，实验过程中引入多个刺激之间的竞争，可以更为有效地揭示注意的调节作用。

在高级视觉皮质，神经元的感受野比 V1 的要大得多，若干个视觉刺激可以同时落在同一个细胞的感受野以内，因而刺激之间的竞争以及注意的调节作用更容易被观察到（Luck et al，1997）。再回到前面提到的注意调节 MT 神经元反应的例子（图 9-2-2B）。当猴子的注意力集中于感受野以外的注视点时，细胞的反应强度主要由感受野内的两组刺激决定，可以认为是纯感觉性的反应（中间一条调谐曲线）。由于一组刺激（a 刺激）的运动方向始终是沿着细胞最不敏感的方向（零方向），因而，细胞的纯感觉反应主要是受另外一组刺激（b 刺激）的运动方向所调制：当 b 刺激的运动方向也沿零方向时，细胞没有反应；而当 b 刺激的运动方向是该细胞的最佳方向时反应最强。然而，在视觉刺激呈现的过程中，如果注意不是集中在感受野以外的注视点，而是集中于感受野内的 b 刺激，调谐曲线的幅度明显增强（最上面一条曲线）；如果注意是集中于沿零方向运动的 a 刺激，调谐曲线的幅度则大大下降，甚至明显低于在没有注意时的纯感觉反应。也就是说，和没有注意时相比，注意不仅可以增强，而且也可以抑制细胞的反应，这取决于被注意的刺激特征（在这儿为运动方向）与细胞对该刺激特征的选择性的关系：注意细胞本身就偏好的刺激导致细胞反应倍乘式地增加，而注意细胞不敏感的刺激特征则导致细胞反应倍乘式地减弱。事实上，该研究还发现，即便注意是集中于位于感受野以外的运动刺激的方向，注意也能够以类似的机制调节 MT 细胞对感受野内的运动刺激的反应。这表明，注意的这种调节作用有基于刺激特征的成分：无论被注意的刺激是在感受野以内还是以外，被注意的刺激特征（运动方向）对细胞的反应都起着调节作用。然而，如果被注意的刺激是位于某个细胞的感受野内，那么由于特征注意叠加了空间注意的影响，该细胞的反应受注意的调节作用就更加明显。考虑到 MT 中有很多的神经元，而且不同神经元有不同的运动方向选择性，因而，一个细胞的零方向可以是其他细胞的最佳方向，反之亦然。于是，根据以上的结果可以推理：对某一组运动刺激的注意可以导致所有对该刺激运动方向敏感的细胞的反应增强，同时也可以导致所有对该刺激运动方向不敏感的细胞的反应减弱。其结果是，在不同的刺激之间，某个刺激由于受到了注意的“偏袒”，在竞争中获得比其他刺激多的皮质表征；而其他的刺激则会被抑制。这种有偏向性的竞争机制进一步得到了脑成像研究的支持（Kastner and Ungerleider，2000）：多幅图片同时呈现会抑制腹侧通路中各个视皮质区域的活动；而选择性地注意其中一幅图片可以抵消多组刺激之间的抑制。

（三）任务依赖的调节机制

前面介绍的注意调节神经元活动的两种机制，即增益控制机制和有偏向性的竞争机制，都是表现在细胞兴奋性的改变。这可以解释为什么注意某个视觉目标时，视觉系统对该目标的检测（detection）能力会增强。但是，单纯细胞放电活动的增加很难解释，为什么注意可以使我们能够有效地处理各种视觉分辨（discrimination）任务，也即把特征上有细微差别的刺激属性区分开来（如细微的颜色差异、线条微小的朝向变化等）。

后继的研究表明，自上而下的调控信号中还包含了特异于任务（task-specific）的信号（见综述 Gilbert and Li，2013）。例如，V1 神经元可以根据具体分辨任务的需要，动态地改变它们对复杂图形特征的选择性（Li et al，2004）。这可以认为是注意对信息加工进行精细调节的机制。对于位于同一视野位置处的同样一组刺激图形，猴子经过训练以后，可以根据不同的提示，注意图形中不同的特征，从而完成不同的分辨任务（图 9-2-3）。实验发现，尽管注意的空间位置相同，刺激的图形也相同，但是在不同的视觉分辨任务中，同一个 V1 细胞对同样刺激特征的调谐特性却明显地不同。当该刺激特征与分辨任务毫无关系时，细胞的反应通常不会明显地被该刺激特征所调制，也即细胞对与分辨任务无关的刺激特征不敏感。与此相反，当该刺激特征与分辨任务直接相关时，细胞的反应会被该刺激特征强烈地调制。这种调制作用不是简单地改变细胞的放电频率，而是使细胞的反应中更多地携带了与分辨任务有关的刺激特征的信息，从而有利于分辨任务的执行。这一研究表明，自上而下的注意信号可以根据知觉任务的需要，动态地改变神经元对刺激特征的选择性。这种调节作用不同于前面所提到的倍乘式的增益控制机制，因为如果仅仅是增益调节，细胞对刺激特征的选择性不会发生改变（图 9-2-2B）。这种依赖于具体任务或行为的调节机制得到了最新研究的进一步支持（Ruff and Cohen，2019）。

来自人类被试的脑成像证据也表明，负责客体

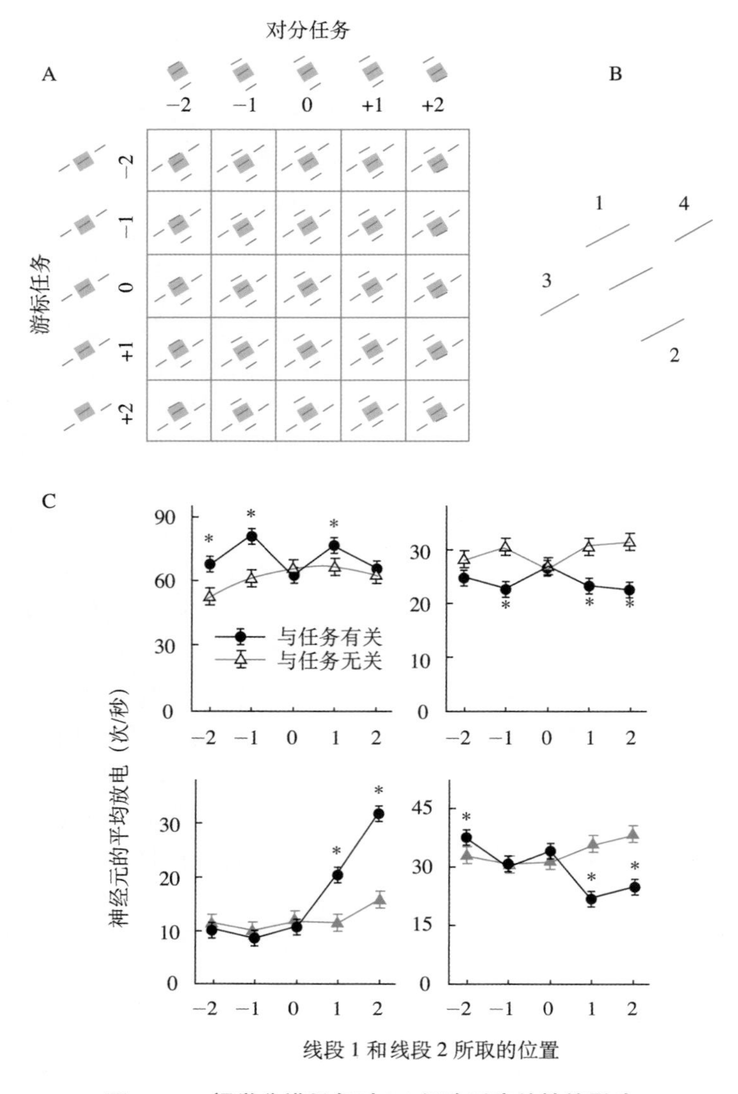

图 9-2-3　视觉分辨任务对 V1 细胞反应特性的影响

A. 一组由 5 条线段按照不同位置关系组成的图形（虚线方格内）。为了显示实验中某一刺激图形与细胞感受野的相对位置和大小关系，我们用灰色方块来表示感受野。**B**. 将图 **A** 中位于第二行、第二列的图形单独取出来作为例子。中央线段的位置始终固定在感受野的中心，并且处于细胞的最佳朝向。该中央线段的两侧和两端各有两条平行线段（图中用 1 ～ 4 标记）。两侧线段 1 和 2 的位置可以任意取 5 个固定位置中的一个（见图 **A** 顶部的插图），从而改变两侧线段与中央线段之间的距离关系；两端线段 3 和 4 是共轴的，并且它们的位置也可以任意取 5 个固定位置中的一个（见图 **A** 左边的插图），从而改变两端线段与中央线段之间的位置关系。由于两侧和两端的线段各有 5 种可能的位置，因而可以组合产生 5×5 个不同的图形（图 **A**）。在实验过程中，每个试次（trial）都随机地从这 25 个刺激图形中任意抽取一个。对于任何一个刺激图形（如图 **B** 的例子），猴子根据提示，可以完成两种不同的分辨任务中的一种。其中的一种任务是，判断中央线段是更靠近线段 1 还是线段 2，称为对分任务（bisection task）。另外一种任务是，判断中央线段是偏离线段 3 和 4 的哪一侧，称为游标任务（vernier task）。值得注意的是，在对分任务中，线段 1、2 是与任务有关的，而线段 3、4 则是与任务无关的；相反，在游标任务中，线段 1、2 与任务无关，而线段 3、4 与任务有关。因而，我们可以在与分辨任务有关（被注意）和无关（不被注意）的条件下，来比较细胞对某一刺激特征（线段 1、2 与中央线段的距离关系，或者是线段 3、4 与中央线段的位置关系）的调谐特性，从而揭示分辨任务本身对细胞反应特性的影响。**C**. 细胞反应与线段 1、2 位置的关系曲线。四幅图分别显示四个 V1 细胞的例子。横坐标代表图 **A** 顶部插图所示的线段 1、2 的五种位置关系。可以看出，细胞的反应曲线在对分任务中（实线）和在游标任务中（虚线）明显不同。在游标任务中，线段 1、2 与任务无关，其位置的变化对细胞的反应影响很小，曲线比较扁平。相反，在对分任务中，线段 1、2 与任务相关，其位置的变化显著地调制着细胞的反应。这种调制作用可以是兴奋性或是抑制性的，并且可以是单侧或是双侧的。细胞反应与线段 3、4 的位置关系也表现出类似的任务依赖性。运用信息理论的定量分析表明，和与分辨任务无关时相比，当刺激特征与分辨任务相关时，细胞反应中携带有更多的与分辨任务有关的信息量（改编自参考文献中的原始文献 8）

加工和识别的高级脑区对物体特征的选择性受到注意的调控；此外，从这些脑区输出的视觉信号中还携带了具体的任务信息（Harel et al，2014）。

四、注意与其他认知功能的相互作用

前面我们仅仅是强调选择性注意对感觉信息加工的调节作用。然而，值得一提的是，注意与大脑的其他认知功能（如学习和记忆）之间存在着密切的相互作用。一方面，注意可以促进各种记忆的形成；另一方面，过去的记忆或经验可以引导当前注意的分配。具体以知觉学习为例，在强化训练过程中，某些反复出现、并且与行为密切相关的刺激特征可以导致细胞对它们的选择性增加，从而使得感觉系统对这些刺激特征的分辨能力显著提高（例如影像科医生能够识别 X 线片中细微的异样，调音师可以分辨极小的音调变化等）。这种知觉学习的过程需要注意的控制，单纯被动地接受刺激不会产生学习的效果。反过来，对某一任务的训练可以导致大脑对该任务的执行逐渐趋于自动化，从而减少所需的注意负荷。例如图 9-2-1B 中的例子：没有经过训练的被试需要一定时间才能找到与背景朝向差异很小的目标，但是强化训练之后，检测能力和检测速度都会大幅度提高。训练导致熟能生巧、自动化加工的机制在 V1 就能体现（Yan et al，2014；Yan et al，2018）。

第二节　大脑的注意控制网络

在上面一节中，我们主要以注意对视觉信息加工的影响为例，详细介绍了注意所产生的调节信号是如何对神经信息加工过程进行调控的。在这一节中，我们将介绍大脑中的注意信号是由哪些结构所产生和控制的。

从本书前面的章节中我们知道，对各种感觉信息的加工过程依赖于解剖上相互独立的、不同的感觉系统和皮质区域。然而，对不同感觉皮质的活动进行调节的注意信号却有着共同的起源，来自大脑的注意系统（attentional system）或注意网络（attentional networks）。现有证据表明，注意系统在解剖上是独立于任何感觉信息处理系统的。它由功能上有分工、但是又相互联系的网络或子系统组成。一般所说的注意系统主要是指与感觉信息选择有关的网络，它本身由在功能和解剖上部分分离的网络所组成。然而广义地说，注意系统的功能除了负责对感觉信息进行选择以外，还包括维持大脑的警惕状态，也包括与注意控制有关的一些执行功能（executive function）。因此，有的学者将整个注意系统划分为包括选择性注意网络在内的三个主要的网络（Fernandez-Duque and Posner，2001；Petersen and Posner，2012；Posner and Petersen，1990），即定向网络、警觉网络和执行网络。下面我们来介绍这些网络的功能和与其对应的神经解剖结构。

一、定向网络与注意对象的选择

定向网络（orienting network）的功能是对目标进行选择，可以说，是狭义概念上的注意系统，或者说是选择性注意网络。它与各种类型的选择性注意都有关系，包括隐蔽和外显的注意、外源和内源性注意、基于空间和特征的注意等。目前认为，对感觉信息加工进行调节的注意信号就是由该网络产生的。大量对脑损伤患者的行为观察以及脑成像和电生理的实验研究表明，对感觉信息进行选择的大脑结构包括顶叶皮质（parietal cortex）和额叶皮质（frontal cortex）中的某些区域（统称为额顶网络，frontoparietal networks），以及皮质以下的结构，特别是上丘（superior colliculus）和丘脑枕核（pulvinar）（Fernandez-Duque and Posner，2001；Halassa and Kastner，2017；Kastner and Ungerleider，2000；Reynolds and Chelazzi，2004）。定向网络的功能受基底前脑（basal forebrain）胆碱能系统释放的乙酰胆碱（acetylcholine）调节。

心理物理的研究表明（见综述 Fernandez-Duque et al，2001），定向网络对某一刺激的选择过程可以划分为三个步骤：注意与先前目标的脱离（disengagement），注意的移动（movement），以及注意与新刺激目标的锁定（engagement）。这三个步骤是由不同的大脑结构来控制的。顶叶皮质负责将注意与先前的目标脱离开；上丘的作用是将注意移动到新的目标；而丘脑枕核跟注意与新目标的锁定有关。至于注意转移的始发信号则认为是由前额叶皮质产生的（见下面的执行控制网络部分）。

定向网络的功能障碍在临床症状上有不同的表现形式，这与定向网络（特别是顶叶皮质）受损的程度有关。其中的一种症状是对视觉空间的忽视（neglect）。对于单侧（特别是右侧）顶叶皮质严重受损的患者，虽然他们的初级视觉系统是正常的，但是，他们会完全忽略位于损伤大脑半球对侧视野中的物体。例如，让右侧大脑受损的患者临摹一个物体时，他们只画物体的右半部分。由于对侧忽视（contralateral neglect）的症状主要出现在右侧脑损伤的患者中，因而一种观点认为，右侧的定向网络可以支配双侧的视野，而左侧的定向网络仅仅支配对侧（也即右侧）的视野。如果是双侧顶叶皮质严重受损，患者会出现所谓的Balint综合征（Balint syndrome），其症状非常复杂：如不能把视线从一个物体移开；只能感知正在被注视的物体而看不到周围存在的其他物体；不同物体的特征绑定混乱产生错觉；空间认知障碍等。对侧忽视和Balint综合征是定向网络受损的极端表现。如果只是单侧大脑受损，而且损伤的程度不是十分严重，患者对单独出现在任何一侧视野中的物体的感知能力可以是正常的。但是，如果有两个物体同时各自出现在左右视野中，患者的注意力由于完全被与损伤大脑半球同侧的物体吸引，因而只能感知该侧的物体而不能感知对侧的物体。这一现象被称为视觉消失（visual extinction）。如果单侧大脑的定向网络只是轻微受损，患者的表现症状仅仅是有困难把注意从同侧视野中的目标脱离开来，因而需要明显较长的时间把注意转移到对侧的视野。

对感觉刺激进行选择的额顶网络可以进一步划分为背侧和腹侧两个子网络（Asplund et al，2010；Corbetta and Shulman，2002）。背侧额顶网络包括内顶叶皮质（intraparietal cortex）和上额叶皮质（superior frontal cortex），主要负责自主（即内源性、目的驱动）的注意选择；腹侧额顶网络包括颞顶联合区（temporoparietal cortex）和下额叶皮质（inferior frontal cortex），主要位于右侧大脑半球，负责非自主（即外源性、刺激驱动）的注意选择。其中下额叶联合区（inferior frontal junction，IFJ）也是外源和内源性注意交汇和相互作用的区域（Asplund et al，2010）。

越来越多的证据表明，背侧额顶网络中的前额叶眼区（frontal eye field，FEF）在自上而下的空间注意信号产生中起着关键作用（Schafer and Moore，2011）。用微电流刺激FEF内不同位置处的神经元，会产生类似于注意在不同视野位置转移的增益调控效果（Ekstrom et al，2008；Moore and Armstrong，2003）。而基于特征的注意信号则是由前额叶的腹侧弓前区（ventral prearcuate region，VPA）介导的，这些信号传至FEF，导致注意转移到视觉特征对应的视野位置（Bichot et al，2016；Bichot et al，2019）。

除了额顶联合皮质网络，皮质下的丘脑枕核在选择性注意（包括外显和隐蔽的注意）调控中也发挥着重要的协调作用。当注意与先前目标脱离和转移时，相关信号从外侧内顶叶传至丘脑枕，此时视觉加工会受到抑制；而当注意与新目标锁定（engagement）时，信号从丘脑枕传至内顶叶皮质和FEF，此时视觉加工会被加强（Fiebelkorn et al，2019）。这种双向作用受θ节律性神经振荡（3～8 Hz）的调控，并且与感知能力在精细时间尺度上表现出来的波动相吻合，反映了在注意和视觉搜索过程中大脑调用认知资源对环境进行采样的节律性调控机制（Fiebelkorn and Kastner，2019）。除了参与选择性注意调控之外，丘脑枕对于维持各个视皮质的正常工作状态也至关重要（Saalmann et al，2012；Zhou et al，2016）。

二、警觉网络与大脑的警惕状态

警觉网络（vigilance network）的功能是产生和维持大脑的警惕状态。大脑进入警惕性的注意状态可以是内源的，即由某种行为动机支配；也可以是外源的，即受到某种外界示警信号的刺激。警觉网络主要包括位于右侧大脑半球的背外侧前额叶皮质（dorsolateral prefrontal cortex）和下顶叶皮质（inferior parietal cortex）（Robertson et al，2004）。警觉功能主要受脑干蓝斑（locus coeruleus）释放的去甲肾上腺素能神经元的调节。这提示，警觉性注意与由脑干网状结构（reticular formation）所控制的大脑激动（arousal）状态有一定联系。大脑右半球的背外侧前额叶区主要参与产生和维持内源的警惕状态，而下顶叶皮质则与内源和外源的警惕注意有关。

警觉网络和前面介绍的定向网络都主要位于右侧大脑半球，在解剖上有一定的重叠。因而，右侧顶叶受损的病人不只是在注意转移方面有障碍，而且在较长时间内维持警惕状态也有困难。但是，从认知的角度来说，这两个网络的功能是不同的，而且有不同的神经递质介入（Fernandez-Duque and Posner，2001）。

三、执行控制网络的协调作用

执行网络（executive network）所负责的一系列高级功能统称为大脑的执行功能（executive function），包括抑制习惯性反应、解决冲突、检测错误、分配注意资源、切换任务、筹划行动方案等。与执行功能有关的区域主要包括：背外侧前额叶皮质（dorsolateral prefrontal cortex，DLPFC）和眶额叶皮质（orbitofrontal cortex，OFC）；位于大脑半球内侧的前扣带皮质（anterior cingulate cortex，ACC）；位于额叶的辅助运动区（supplementary motor area）；皮质下的基底神经节（basal ganglia）和丘脑等。在这些脑区中，前额叶在执行控制（executive control）中起着尤为重要的作用，很多前额叶功能受损的情形，如衰老、创伤、卒中、痴呆、精神分裂、注意缺陷多动障碍（attention deficit and hyperactivity disorder，ADHD，俗称"多动症"）等都伴有执行功能的缺陷。

执行功能的范围非常广泛，它们协同控制着大脑的各种认知过程（cognitive process）。在此我们只提及和注意有密切关系的几个功能，比如对冲突的处理、对错误的检测和对习惯反应的抑制等。以经典的Stroop效应为例（图9-2-4）。对于用不同颜色印刷的汉字，我们可以选择性地注意汉字本身或者是它们的颜色。由于多年的学习和使用经验，把汉字和其发音联系起来（即汉字命名任务）是我们的习惯反应，因而对于代表各种颜色的汉字（蓝、绿、红等），无论用什么颜色印刷，我们都能快速读出它们。当任务切换为快速说出这些字的印刷色时（即颜色命名任务），如果印刷色与汉字代表的颜色一致，任务比较容易，表现在注意负荷较小；但是如果不一致，则颜色命名任务会变难，因为我们需要集中注意努力去抑制近乎自动化加工的汉字命名任务。此外，为了既保证任务处理的速度又兼顾正确性，大脑需要随时监测任务执行的结果。如果连续正确，我们会加快速度；然而一旦发现出错，我们就会放慢处理速度。在监测任务执行结果的过程中，大脑需要保持警惕状态。由此可见，处理一个看似简单的Stroop任务即需要选择性注意的控制，也需要一系列执行功能的配合，此外还需要维持警惕状态。这表明，执行网络和其他两个注意网络（定向网络和警觉网络）之间存在着密切联系。大量研究表明，背侧前扣带皮质参与了冲突的处理和错误的监测，因而该区与加工Stroop一类的任务有密切的关系。此外，对额叶损伤病人的研究表明，执行网络或是警觉网络受损都会导致对Stroop任务执行的困难。

目前，对于不同类型的自上而下调节信号的产生过程还缺乏深入了解。一种推测的理论模型是，前额叶皮质负责产生反映着当前行为目标的执行控制信号。该信号到达上顶叶皮质，引起上顶叶皮质瞬时的兴奋活动。这种瞬时的兴奋起到了开关信号的作用，引起包括内顶叶皮质在内的区域的持续兴奋，从而产生带偏向性的注意信号。这种选择性的注意信号逆着感觉信息传入的通路传播，调节外界传入信息在感觉皮质的加工过程。

四、注意系统与工作记忆和眼动系统的协同

大脑的许多认知功能之间往往存在着相互联系，而且与这些功能对应的解剖结构也有一定程度的重叠。本章所介绍的注意系统与工作记忆（working memory）和眼动控制系统三者之间就有明显的重叠性。

工作记忆是指大脑能够以在线（online）的方式暂时存储和使用某些与当前任务处理有关的临时信息。就选择性地注意和处理某一空间位置或刺激特征而言，有关空间位置或刺激特征的信息需要暂

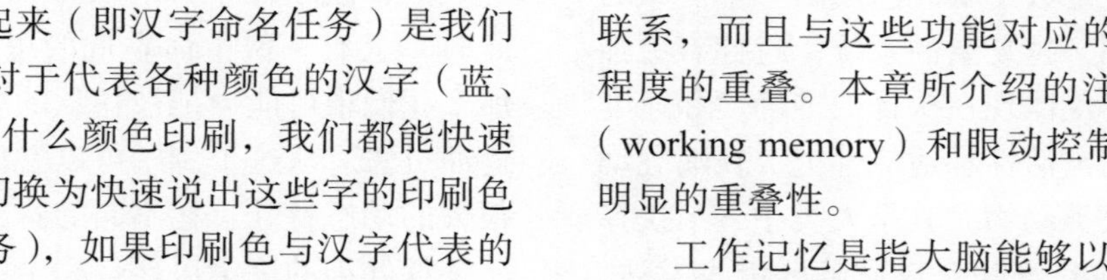

蓝 绿 红 黄 蓝 红 绿 蓝 黄 红

黄 蓝 绿 红 黄 绿 蓝 黄 红 绿

图9-2-4 **Stroop效应**

两行汉字中，上边一行字的印刷颜色和字本身所代表的颜色名字不一致，而下面一行则相符。我们可以快速地读出每一行汉字，而且感觉上两行之间没有太大的难易差别。但是，如果任务是快速地顺序说出每一行汉字的印刷颜色，上边一行要明显困难得多

时存储在大脑中。fMRI、电生理以及损毁实验的证据表明，大脑的前额叶与工作记忆有关。具体地说，腹侧的前额叶皮质与物体特征的工作记忆有关，而背侧的前额叶皮质则与空间位置的工作记忆有关，二者被认为是前面提到的视觉腹侧通路和背侧通路在额叶的延伸（Wilson et al，1993）。除了与工作记忆有关以外，前面已经介绍过，前额叶也是大脑注意系统的一个核心组成部分。特别的是，FEF神经元在协调工作记忆与选择性注意之间的相互作用中起重要重要（Merrikhi et al，2017）。

转移注意既可以用隐蔽的方式，也可以通过眼动。在日常生活中，我们更多是通过快速眼动（saccadic eye movement），把重要目标成像于视网膜上分辨率最高的中央凹，以便仔细观察。大脑皮质中与眼动控制有关的区域包括外侧内顶叶皮质（lateral intraparietal cortex，LIP）和前额叶的FEF。而如前所述，这些区域也与选择性注意有密切的关系。此外，上丘是皮质下的眼动控制中枢，而上丘的一些神经元也与隐蔽的注意转移有关。关于注意转移曾经有过一种普遍接受的理论，即“运动前理论”（premotor theory），认为注意的转移是由控制快速眼动的神经网络所介导的，隐蔽的注意转移只是快速眼动执行之前的一个步骤。然而，越来越多的证据表明，虽然快速眼动和隐蔽的注意转移共享了LIP、FEF和上丘等脑区，但是背后的神经环路机制是分离的（见综述 Smith and Schenk，2012）。

除了与注意转移和眼动控制有关以外，LIP和FEF的神经元也具有工作记忆的功能。这些结果表明，注意、工作记忆和眼动控制网络三者在选择性地加工视觉刺激方面都起着重要的协同作用，有部分重叠的神经基础。

除了参与注意的产生和控制以外，在下面一节中我们将看到，前额叶和顶叶的皮质区域在抉择过程中也有重要的作用。

第三节 抉择的神经机制

简单来说，抉择（decision making）是指在不同的选项之间，通过收集和分析相关信息和证据来作出决定和选择的过程。即使在较简单的生物中，抉择也并非是直接把感知觉系统和运动输出系统简单地相连，而是通过一个中间层来进行计算和介导。这个中间层可以是几个神经元，一群神经元，一个脑区，甚至是数个脑区组成的一个复杂的网络。我们可以看到，越复杂的系统，越拥有更强大的抉择能力。这不仅体现在抉择的准确度和速度上，更体现在抉择的灵活性和适应性上。在哺乳动物中，特别是在灵长类动物尤其是人类中，与抉择相关的前额叶和后顶叶等联合皮质脑区极为发达，令人类最终在进化中取得优势。

有的抉择相对比较简单，比如在交通灯变黄时是加速还是减速；而有的抉择过程则没有那么容易，比如给有疑难杂症的垂危患者制订治疗方案，或者是面对与命运和前途有关的抉择时。然而，在各种各样的抉择过程中，大脑往往以类似的方式进行计算并作出最后选择。这个计算过程中，对各种信息的整合以及对各个选项所牵涉的得失的评估判断是两个极为重要的因素。以开车接近变黄的交通灯为例，我们需要根据感觉系统对车速和距离的估计，同时结合记忆中交通信号由黄变红所需要的时间，来判断能否在信号灯变红之前穿过路口，从而决定需要加速通过还是减速在路口停下。假如情况稍微复杂一点：此时旁边有一辆巡逻的警车已经减速停下来。那么，除了对感觉信息的综合判断以外，如果考虑到有可能会被警察盯上罚款，我们可能会自觉减速，把车停下来。假如情况再稍微复杂一些：此时车上有一位生命垂危的患者需要立即送医院，那么我们很可能会把被罚款的可能性抛到一边，加速冲过去。从这个例子可以看出，抉择的过程具有很大的动态特性，在不同的背景情况下，我们对同一事件处理的决定可能会完全不同。最终会产生什么样的决定取决于对外部和内部信息的整合。外部的信息包括各种感觉刺激的输入；而内部的信息可以是过去的经验、对各种选择主观价值的估计以及抉择者的情绪因素等。

在本节中，我们先介绍相对简单的基于感知觉的抉择机制研究。日常生活中，我们经常需要对感知觉系统所收到的输入信息进行判断并做出反应。因此，感知觉抉择也常常被称为感知觉运动转换（sensory-motor transformation）。感知觉抉择中的重要一环是输入信息的加工处理。对此，我们会简要解释信号检测理论和漂移扩散模型等抉择研究中常用的理论框架。这些模型不仅能够解释动物和人的行为，并且也能很好地描述大脑中一些抉择相关脑区的神经元的反应。接下来，我们将介绍基于奖励和价值的抉择。我们将介绍价值信息是如何在大脑中被表征、计算最后转化为抉择。我们还将提及目前将经济学、心理学和神经科学融合在一起来研究大脑抉择机制所取得的进展，以及由此而诞生的一个新的交叉学科领域“神经经济学”（neuroeconomics）。最后，我们将简要介绍一些神经网络建模的工作，在这些工作中，人们运用一个基于真实神经元特性的回馈神经网络（recurrent neural network）来模拟大脑的抉择过程。这些工作与实验相辅相成，能够共同帮助我们理解抉择的神经机制。

一、知觉抉择与信号检测理论

最简单的抉择可以说是知觉抉择（perceptual decision making），这是一个对感觉信息刺激的具体特征作出判断和选择的过程。比如从两个点亮的灯泡中选择较为明亮的一个，两辆运动的汽车中判断哪一辆速度较快，或者是两个音符中哪一个音阶更高。知觉抉择基于感觉信息，因此依赖于感觉神经系统对感觉信息的编码。当感觉信息强度较大，噪音较小的时候，感觉系统可以向下游的抉择相关脑区传递完整的信息，大脑依此作出的抉择的准确度就会很高。相反，如果感觉信息带有很大的噪音或者其他不确定信息，大脑的抉择的准确度就会较差。因此，感觉系统对信息的编码能力很大程度上约束了大脑的抉择能力，对感觉系统神经元信息编码的研究能够帮助我们了解大脑的知觉抉择能力。

工程上常用的信号检测理论（signal detection theory，SDT）在神经科学中被用来研究大脑感觉系统对信息的编码能力及其对抉择的贡献（Green and Swets，1966）。在信号检测理论中，一个系统的输出可以用概率分布来描述（图 9-2-5A）。在最为简单的情况下，当输入中仅仅包含噪音时，系统的输出呈一个高斯分布；而当输入中除了噪音之外还包含需要检测的信号时，系统的输出则为一个均值较大的高斯分布。这两个分布之间的差异决定了系统对信号的检测能力。我们可以任意设定一个阈值作为抉择的标准。在一个试次中，如果系统的输出值大于该阈值，则我们判断输入中包含信号，反之则判断为纯噪音。这样，根据输入的真实情况与系统的判断结果，我们可以得到四种结果：当输入包含信号的情况下，如果我们判断正确，称之为击中（hit），如果判断错误则称之为漏报（miss）；当输入不包含信号的情况下，如果我们判断正确，称之为正确拒绝（correct rejection），判断错误则称之为虚报（false alarm）。这四种情况发生的概率可以根据我们设定的阈值两侧，两条高斯曲线下的面积来估算（图 9-2-5A）。当信号分布与噪音分布差异较大、重叠很少的时候，系统可以在击中和正确拒绝两个指标上均取得很好的表现。然而，当信号与噪音的分布存在相当的重叠的时候，我们无法通过调节阈值来同时获取较好的击中和正确拒绝的指标。如果阈值设置较小，系统击中的概率增大，但是虚

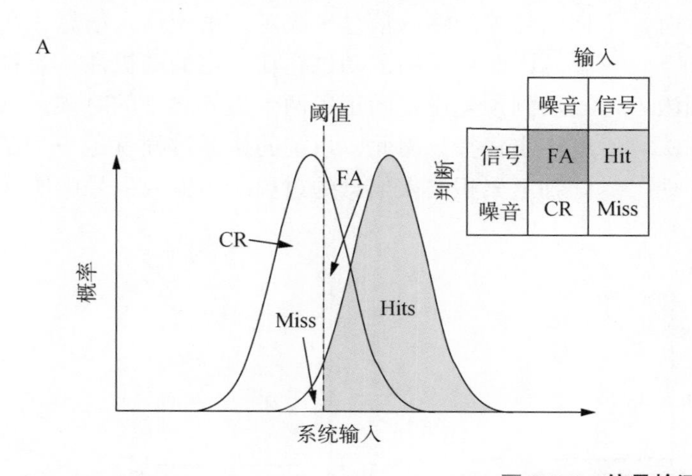

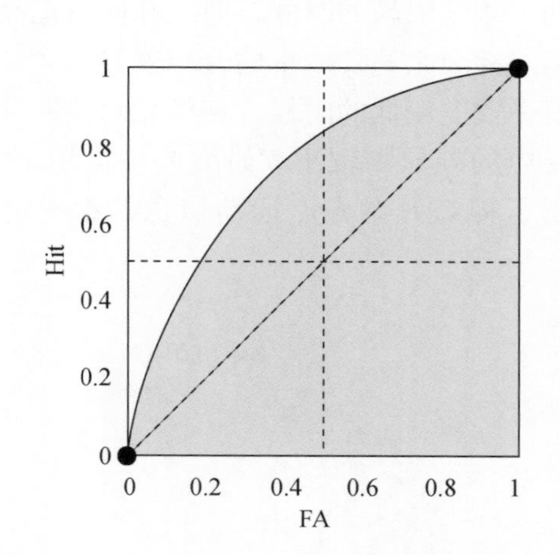

图 9-2-5　信号检测理论

A. 黑线和蓝线分别代表在纯噪音输入条件下和在有信号输入的条件下系统输入的概率分布。根据所选定的阈值，系统的判断结果可以有四种：击中（hit），漏报（miss），虚报（FA，false alarm）和正确拒绝（CR，correct rejection）。击中和虚报的概率分别是图中浅蓝色和灰色阴影的面积。**B.** ROC（Receiver Operating Characteristic）分析。对系统在不同阈值设定下击中和虚报概率之间的关系进行作图所得到的曲线即为 ROC 曲线。曲线下阴影的面积常用来衡量系统对信号的编码能力

报的概率也随之增加。理想的阈值的设定，应该综合考虑正确判断所能得到的收益以及错误判断所带来的损失。如果我们对一个系统在不同阈值情况下击中和虚报的概率进行作图，所获得的曲线被称之为ROC(Receiver Operating Characteristic)曲线（图9-2-5B）。当信号与噪音的分布差别很大，信号质量较好时，系统在很低的虚报条件下即能取得较好的击中性能，ROC曲线离对角线很远，系统可以很好地区分信号与噪音。而当信号与噪音分布差异很小甚至基本重合时，ROC曲线与对角线非常接近，系统的性能也就比较差。因此，ROC曲线下的面积作为一个指标，可以用来衡量一个系统对信号的编码和检测能力。这个指标与信号和噪音下系统输出分布的差异大小相关，而与具体的阈值设定无关。

在20世纪90年代末的一项研究中（图9-2-6），斯坦福大学的Newsome研究团队训练猕猴去判断一个随机点阵的运动方向（Britten et al，1992）。点阵中有一定比例的光点运动方向一致，一起向左或者向右运动，而其余的光点则作为噪音进行随机方向运动。猕猴需要对其中一致的光点的左右运动方向进行判断。当运动光点的一致度达到50%以上的时候，猕猴的判断几乎达到了100%的正确率。而随着光点运动一致度的降低（即信号中的噪音增加），猕猴的判断准确率也会降低。当一致度降为0，输入信息为纯噪音的情况下，猕猴的判断也跌至50%的随机水平。在猕猴进行任务的同时，研究者在大脑的MT脑区记录了神经元的活动。MT神经元编码了视觉输入的运动信息。在每个试次中，运动光点会激发MT神经元引起一定的反应。光点运动一致度较高的时候，向左和向右运动的光点所引起的神经元的发放率的分布差异很大，而在光点运动一致度较低的时候，神经元对向左和向右刺激的反应的差异则较小。研究人员运用了ROC方法分析了神经元对光点运动信息的编码能力，发现MT神经元的信息编码能力与猕猴的判断准确度存在很大的相关性。在后续的研究中，研究人员还发现，如果在猕猴观看刺激的同时，在MT区注入微小的电流人为地增加神经元的反应，还可以改变猕猴的抉择（Salzman et al，1990）。这些实验证实了感觉神经元对知觉信息的编码是知觉抉择的基础。

二、知觉抉择的漂移扩散模型

抉择需要花费时间。一个简单的抉择可以很快作出，而复杂困难的抉择则需要花费较多的时间。以前面提到的随机光点运动方向判断任务为例，当允许猕猴自由决定其作出抉择的时间的时候，其行为反应时（response time）与光点的一致性相关。当随机光点运动一致性高，信号噪音小的时候，猕猴抉择的反应时较短，准确率较高。相反，当光点一致性较差、噪音较大的时候，猕猴的反应时较长而准确率也较差。信号检测理论建立了研究大脑对感知觉信息编码的理论框架，很好地解释了大脑对模糊感知觉信息进行判断的准确度。然而，在抉择的时间维度上，信号检测理论则无能为力。

为了解释抉择的时间维度，Ratcliff提出了漂移扩散模型（drift diffusion model，DDM）（见综述Ratcliff et al，2016）。在这个模型中，我们借用物理学中的一维布朗运动来描述抉择的过程。一个典型的布朗运动的例子是在悬液中受到水分子撞击而随机运动的小颗粒。在漂移扩散模型中（图9-2-7），抉择的过程就像是一个在一维空间运动的粒子，它从0点出发，在单位时间内运动的距离和正负方向由外界的输入信息来决定。由于输入信息存在噪音，因此粒子的运动也存在一定的随机性。当粒子运动到预先设定的正负两个边界之一的时候，系统就作出抉择。因此，系统的抉择过程就是一个在时间轴上累积输入信息的过程。当输入信号中所含的

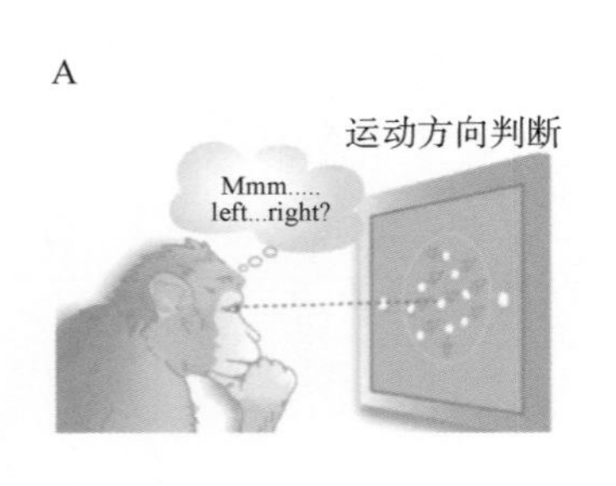

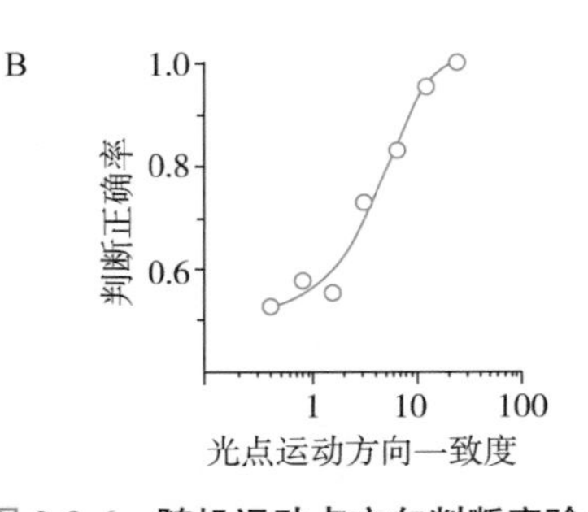

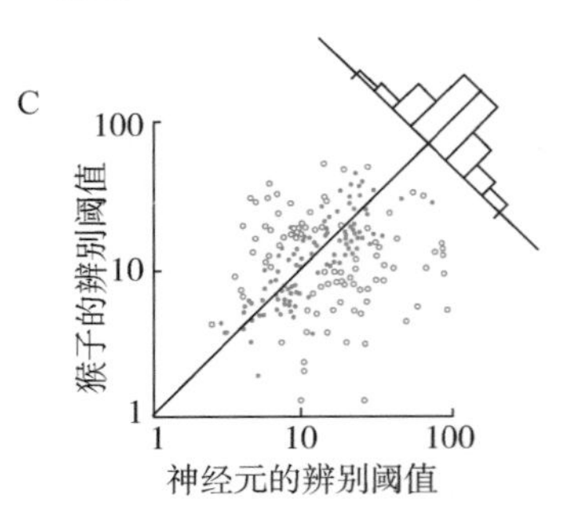

图9-2-6 随机运动点方向判断实验

A. 猕猴观看随机点阵判断其中一致运动的点的运动方向。B. 猕猴判断的正确率随着运动点的一致度的增加而增加。C. 猕猴判断的行为阈值与MT神经元的阈值存在相关性（图B、C引自参考文献中的原始文献4）

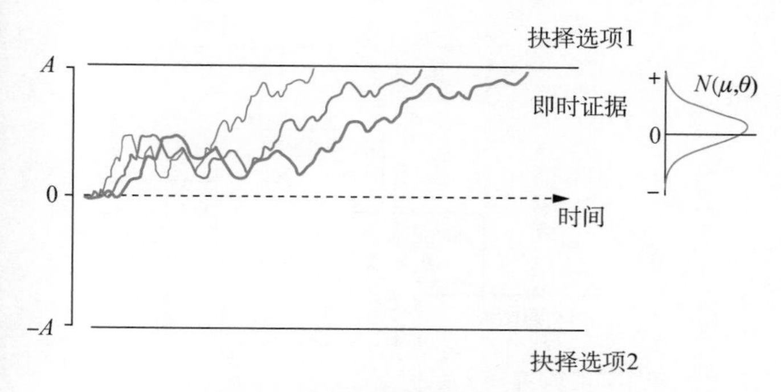

图 9-2-7　**漂移扩散模型（DDM）**

在这个模型中，抉择过程由一个粒子在一维方向（纵轴）做随机漂移来描述。单位时间内的漂移距离由当下时间内所接收到的即时证据（momentary evidence）来决定。证据较强时，扩散的速度较快（细线）；证据较弱的时候，扩散的速度较慢（粗线）。当粒子漂移到上下两个预设的阈值边界之一的时候，抉择即被做出

噪音比较小时，证据较为一致，粒子向一个方向迅速漂移，信息可以很快累积到达阈值，系统的反应时就较快。而当噪音比较大的时候，前后的证据常常矛盾，各个时间点上的输入往往由于噪音相互抵消，粒子在 0 点附近反复震荡，系统就需要花费更多的时间才能累积足够的信息达到阈值，反应就会较慢。由 DDM 模型推导出的数学公式可以很好地拟合动物和人的许多抉择行为（见综述 Shadlen and Kiani，2013），因此这一模型在抉择研究中得到了广泛的应用。

为了研究大脑中神经环路的抉择过程是否与 DDM 模型相吻合，Shadlen 团队在猕猴进行随机点运动方向判断任务的时候，对外侧内顶叶皮质（lateral intraparietal cortex，LIP）的神经元活动进行了记录（图 9-2-8）（Roitman and Shadlen，2002）。这个脑区的神经元与快速眼动（saccade）控制有关。在实验中，猕猴通过往左或者往右的快速眼动来报告它们对光点运动左右方向的判断，因此记录 LIP 神经元的活动可以告诉我们大脑在抉择过程中如何确定眼睛移动的方向。研究发现，负责向左移动眼睛的 LIP 神经元在猕猴观看往左运动的光点的时候会变得越来越兴奋，即放电频率随着时间逐渐爬升。更重要的是，神经元发放频率的爬升速度与光点的运动一致性密切相关。当光点较为一致地向左运动的时候，输入信号噪音较小，LIP 神经元的发放频率也迅速爬升到阈值水平，猕猴随即用眼动来报告抉择结果。而当光点的一致性较差，信号噪音较大的时候，这些神经元则用了更多的时间进行证据累积。在神经元的发放率最终达到阈值的时候，猕猴做出了反应。因此，LIP 神经元的反应活性与 DDM 中粒子的漂移扩散规律非常相似，很好地表征了猕猴在抉择过程中对光点运动信息的累积过程，能够同时解释猕猴抉择的正确率和反应时。

三、顺序概率比检验

在 DDM 模型中，我们用一个粒子的布朗运动来表征信息的累积。运动距离的方向和大小代表了所累积信息的多少。那么这个信息的具体含义是什么呢?

在第二次世界大战期间，美国统计学家 Abraham Walds 提出了顺序概率比（Sequential Probability Ratio Test，SPRT）的统计检验方法，用于解决在两个选项之间根据一系列的证据进行抉择的问题。每一条证据都带有一定的不确定性，它们与正确答案的关系可以用两个条件概率来描述。这两个条件概率被称作似然值（likelihood），分别是在正确答案为其中一个选项的情况下观察到该证据的概率与在正确答案为另一个选项的情况下观察到同样证据的概率。显然，如果前者较大，这条证据更支持该选项，反之则更支持另一个选项。我们可以运用单条证据进行抉择，但是运用更多的证据则有希望得到更准确的判断。SPRT 指出，如果计算每条证据所对应的两个似然值比值的对数，并对其进行累积达到一个事先指定的阈值，我们就能够在该阈值所对应的准确度的前提下最快地作出抉择。这两个似然值比值的对数被称为对数似然率（log likelihood ratio，logLR），是我们量化证据的方法，这个值在一些文献中也被称作证据权重（weight of evidence，WOE）。而 SPRT 计算过程中的证据累积过程，也可以很好地对应于 DDM，为 DDM 提供了一个统计学的解释。

在前面提到的运动点方向辨别任务中，运动点刺激所对应的证据权重不仅依赖于其自身的信号与噪音，也依赖于视觉系统在运动信息处理过程中额外引入的噪音，因此难以直接计算。Yang 及其合作者采用了一个概率推理的任务，直接训练猕猴通过一组概率性证据来进行抉择判断。他们的工作发现，LIP 等抉择关键脑区的神经元在抉择过程中计算和表征了证据权重，并对其进行累积（Yang and Shadlen，2007；Kira et al，2015）。大脑在抉择过程中进行的计算符合 SPRT 的统计检验方法。

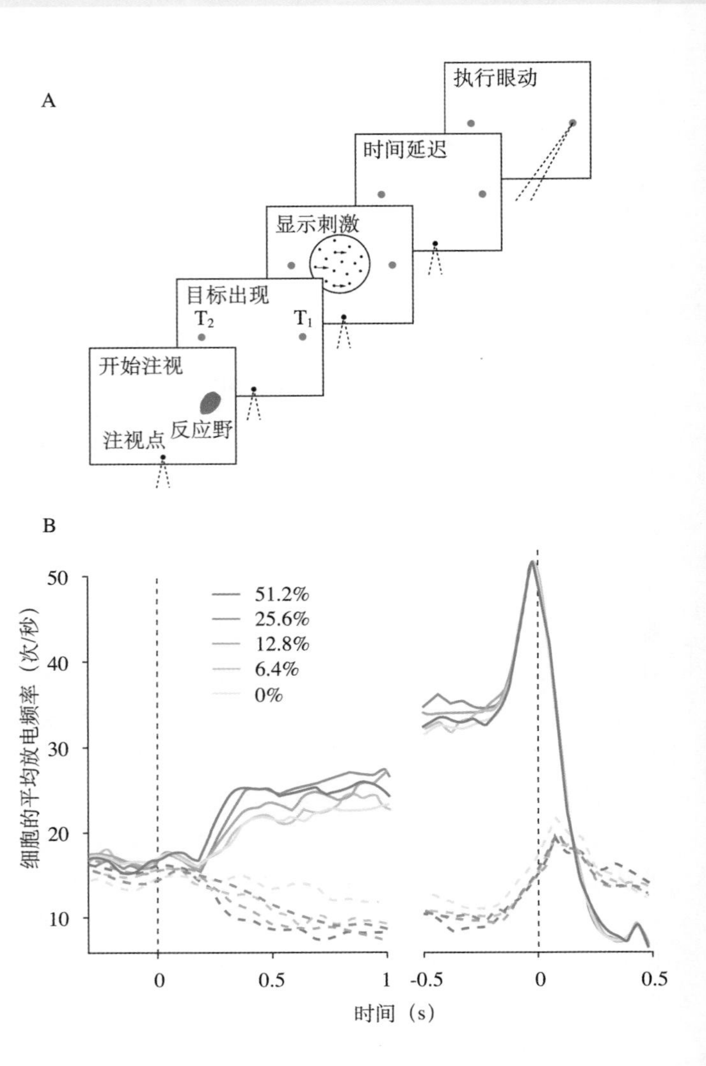

图 9-2-8 外侧内顶叶皮质（LIP）神经元的活动携带了知觉决定的信号

A. 知觉任务的示意图。图中显示一个试次（trial）的完整时间过程。在猴子开始注视一个注视点之后，两个供猴子选择的目标（T_1、T_2）呈现在屏幕上。随后随机运动点出现在屏幕中央（圆圈仅为示意，不真正出现）。其中一定比例的光点（比如 25.6%）一致地沿着两个可能方向中的一个运动（向左或向右），该比例称为“运动一致度”（motion coherence）；而其他剩余的光点则随机地改变位置。猕猴需要保持注视并且判断一致运动的点的运动方向，并通过快速眼动把视线从原来的注视点移向与随机点运动方向一致的选择目标（向右的运动对应于右边的选择目标 T_1，而向左的运动对应于左边的目标 T_2）。猴子选择正确则会获得一滴果汁作为奖励。通过增加或减少一致运动点的比例，该任务的难度相应降低或提高。当运动一致度为 0 时，所有的光点都随机方向移动，刺激没有携带任何信号。此时，猕猴只能随机地猜测两个选择目标中的一个。灰色区域代表被记录的 LIP 神经元的反应野（response field）。LIP 的反应野由猕猴眼睛注视点移动的方向来定义：当猕猴注视点往反应野内的选择目标移动时，神经元的发放变高。在实验中，两个供选择的目标之一（比如 T_1）位于被记录的 LIP 神经元的反应野中（图 **A** 中的阴影区），而另外一个目标（T_2）则位于对侧视野中。**B.** 在猕猴执行随机运动点方向选择的过程中记录到的 LIP 神经元的放电频率随时间变化的关系。每条曲线均为很多神经元反应的平均叠加结果。左图中的时刻 0 代表随机运动点刺激图形呈现在屏幕上的时刻。右图中的时刻 0 代表猴子快速眼动开始的时刻。根据猴子最后选择两个目标中的哪一个，可以将细胞的反应分成两组，分别用实线和虚线表示。实线代表猴子选择位于反应野中的目标 T_1，而虚线为选择位于反应野以外的目标 T_2。不同灰度的曲线代表不同的运动一致度。可以看出：① LIP 神经元的反应表征了猕猴的抉择过程。在刺激呈现以后和快速眼动开始之前，如果猕猴决定选择位于神经元反应野中的目标，细胞的反应逐渐增加（实线）；如果决定选择反应野另一侧的目标，细胞的反应则逐渐减弱（虚线）。②当运动一致度很强（比如 51.2%），运动信号很强，噪音较小时，LIP 神经元反应的爬升或下降的速度很快。相反，当运动一致度很弱（比如 6.4% 甚至 0 时），运动方向不明显，信号噪音很大，神经元反应的变化明显相对缓慢（改编自参考文献中的原始文献 10）

四、累积到阈值可能是大脑认知过程的普遍机制

DDM 并非唯一的抉择模型。研究者们还提出了另外一些相关的模型，这些模型的共同之处在于运用了一个累积到阈值（accumulation to bound）的随机过程来对抉择进行建模，它们之间的差异包括信息的累积是否存在泄露，或者是否随时间存在一些非线性的变化，以及阈值的具体设定等（见综述 Shadlen and Kiani，2013）。

LIP 神经元的发放在抉择过程中体现了这种累积到阈值的过程。研究人员在随后更广泛的研究中发现，LIP 并非唯一存在这种反应模式的脑区。在与眼动相关的抉择任务中，存在一个包括背外侧前额叶（dorsolateral prefrontal cortex，DLPFC）、额叶眼动区（frontal eye field，FEF）、LIP、基底核（basal ganglia）、上丘（superior colliculus，SC）等复杂的神经环路，环路中的各个脑区中都存在与信息累积相关的神经元（见综述 Shadlen and Kiani，2013）。而与手动相关的脑区，包括间内顶叶（medial intraparietal cortex，MIP）等，则反映了由手动来作出的抉择中的信息累积过程。基于累积到阈值的各种模型也在知觉抉择之外的认知研究中被充分运用，包括概率推理、时间判断、价值抉择、记忆提取等。例如，在一项对人的抉择行为研究中，被试观看图片，根据记忆中的价值信息进行抉择。被试抉择的准确度和反应时可以很好地用 DDM 模型进行拟合，同时被试海马的 BOLD 信号在抉择过程中随时间增加，反映了记忆信号的累积过程。海马受损的被试相对健康人做出的抉择较为混乱，反应时也更长。

因此，累积到阈值可能是大脑许多认知过程中所运用到的一个通用计算过程，同时大脑中可能存在一个分布式的抉择系统，而并非由单一的中枢进行抉择。

五、基于价值的抉择

与知觉抉择不同，基于价值的抉择中，价值的计算是最重要的。一个例子是在商店挑选商品，我们会基于商品的用途、性能、质量、外形、价格等各个因素去考虑一件商品的价值，并在不同的商品之间进行比较和选择。

俗话说萝卜青菜各有所爱，价值抉择与知觉抉择的另一个不同之处在于，价值计算的过程存在主观性，与个体的喜好、状态等密切相关。同样的物品对每个人的价值都有不同；而对于同一个人，同样的食物的价值在吃饱和饥饿时也会不一样。因此价值计算的过程不仅仅是一个输入信息的提取过程，而且需要结合个体的各种因素。

研究发现，眶额叶（orbitofrontal cortex，OFC）是大脑皮质中进行价值表征和计算的关键脑区（见综述 Padoa-Schioppa and Conen，2017），位于前额叶的腹侧（眼眶之上）。在动物研究中发现，眶额叶神经元不仅会对食物、饮水等奖励产生反应，而且对与这些奖励相关的视觉刺激也能作出反应。例如，如果我们总是在给猕猴呈现一张风景图片之后给予猕猴食物奖励，猕猴就会学习到这种图片与食物之间的关联。原来对这张图片没有反应的眶额叶神经元也会开始对图片产生反应。有趣的是，如果猕猴已经吃饱，图片所关联的食物对猕猴已经没有价值时，眶额叶神经元的反应会变弱，在相应的测试中猕猴也会较少选择这张图片。在另一个实验中，研究人员发现眶额叶受损的猕猴会在吃饱了之后继续选择已经失去价值的图片（Rudebeck et al，2013）。因此，眶额叶不仅编码了图片与食物等奖励之间的关联，而且这种编码反映了个体的生理状态，并被用于价值抉择。

眶额叶对价值的编码还反映了个体的偏好。在华盛顿大学的 Padoa-Schioppa 团队所进行的一系列实验中，猕猴在两组视觉刺激之间进行抉择（见综述 Padoa-Schioppa and Conen，2017）。每组视觉刺激包括一定数量的几何图形（图 9-2-9），图形的颜色代表了选择这组刺激所带来的奖励的种类，而图形的数目则代表奖励的大小。例如三个蓝色方块代表了三滴苹果汁，而四个黄色方块则代表了四滴橙汁。研究者发现，猕猴可以在不同数量和不同种类的果汁奖励之间进行抉择，而每只猴子则有自己的偏好。比如一只猴子可能更喜欢苹果汁，当两组视觉刺激分别对应两滴苹果汁和四滴橙汁的时候，它会放弃较多的橙汁，而去选择享用苹果汁。在这个抉择过程中，眶额叶神经元的活动也编码了这种偏好：相对于代表四滴橙汁的视觉刺激，这些神经元对能带来两滴苹果汁的视觉刺激的反应更为强烈。

价值抉择可以在物理差异非常大的选项之间进行。比如看电影和吃饭，这两种娱乐活动从给我们带来的感觉体验到它们所涉及的物理刺激都有很大的差异，然而我们却依然可以在这两者之间进行抉择。一种被称之为通用货币的理论认为，我们在进行价值抉择的时候，会首先将选项的价值转化为一个以所谓的“通用货币”为单位的量，然后再在不同的选项之间进行比较和选择。这就类似我们用货币来为性质完全不同的商品或者服务进行定价，从而建立起不同商品或服务之间的价值比较关系。而眶额叶则被认为可能是大脑中进行这一通用货币

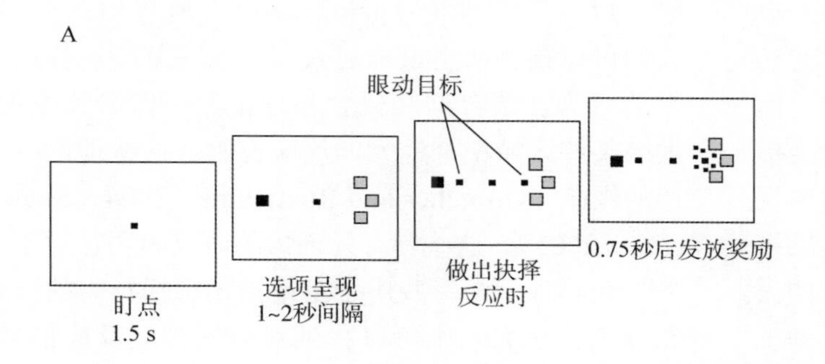

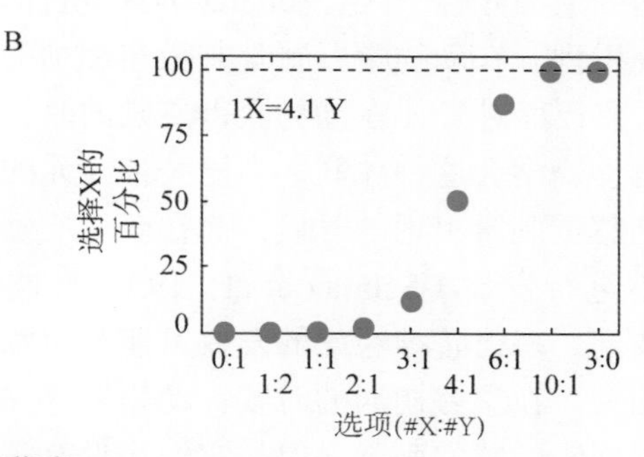

图 9-2-9　价值抉择研究的行为学范式

A. 猕猴在左右两个选项中通过眼动来选择不同数目和类型的果汁。图形数目代表了果汁的滴数，颜色代表了果汁的类型。**B.** 以一次实验结果为例，猕猴在两种不同的果汁 X 与 Y 之间进行抉择。猕猴在多数情况下选择果汁 X，除非 Y 的数目远多于 X 的时候，猕猴会选择 Y。拟合这些数据点可以知道，对这只猕猴来说，1 滴果汁 X 的价值等同于 4.1 滴果汁 Y 的价值（改编自 Padoa-Schioppa C，Assad JA. Neurons in the orbitofrontal cortex encode economic value. Nature，2006，441：223-226.）

计算过程的中枢脑区（见综述 Padoa-Schioppa and Conen，2017）。

价值抉择不仅依赖于价值的计算，在价值计算的同时，价值信息需要被转化为相应的动作，这些动作最终帮助动物和人来获取奖励。眶额叶不直接与运动皮质相连接，其神经元的活动也很少反映了运动信息。因此，在前额叶的其他子区存在一个从价值到动作的信息转化过程。源于眶额叶的价值信息经过腹外侧前额叶（VLPFC）和背外侧前额叶（DLPFC）的加工，最终转化为动作信息被执行（Cai and Padoa-Schioppa，2014）。与知觉抉择相仿，在价值到动作信息的转化过程中，也可能存在着信息累积的过程，可以在这些脑区的神经元观察到发放率的爬升（Lin et al，2020）。

六、基于价值的强化学习

动物和人在日常生活中不断通过学习来了解什么东西是好的，什么东西对自己是有害的。在这个学习过程中，大脑对物理刺激和奖励信息进行关联，学习外界刺激所对应的价值。同时，同一个物品或同样的刺激的价值不是一成不变的。食物可能会随着时间腐烂变质；一个同伴可能从朋友变成敌人而需要进行防范；一片荒芜的土地可能因为一场好雨而变得草木茂盛。动物需要随时学习和调整物理刺激与价值之间的关联才能更好地适应多变的环境。

大脑中的奖赏环路与这种价值相关的学习有密切关系。这一环路包括眶额叶、基底核、杏仁核、扣带回等。而多巴胺则是串联奖赏环路各脑区的一个关键。源自于中脑腹侧被盖区（ventral tegmental area，VTA）和基底核黑质紧密区（Substantia Negra pars compacta）的多巴胺神经元投射到包括眶额叶在内的前额叶各子区。Schultz 等所进行的一项经典研究发现，在动物学习感觉刺激与奖励的关联的初期，多巴胺神经元在动物获得奖励的时候发放。而随着动物学会这种关联，多巴胺神经元的发放会提前到感觉刺激出现的时候，而在获得奖励的时候反而不进行发放（Schultz et al，1997）。这个结果提示我们，多巴胺神经元的发放可能与奖励的预期误差相关。在学习初期的时候，动物尽管先接收到了提示奖励的感觉刺激，但是它们还没有学习到这个刺激与奖励的关系，因此在奖励真正到来的时候，动物没有正确地预计到。多巴胺神经元的发放就编码了这一正向的奖励预计误差。而在学习完成后，动物在提示奖励的感觉刺激出现的时候就能够预计到未来能够获得奖励，因此未来获得奖励的时候，真实的奖励与预计没有误差，多巴胺神经元就不再兴奋。这表明由多巴胺神经元编码的奖励误差信号可以帮助大脑学习刺激与奖励之间的关系。而多巴胺系统的异常也是诸多与奖励相关的精神类疾病的根源，包括物质滥用、成瘾、抑郁等。

动物基于奖励和惩罚的学习可以很好由强化学习模型来进行描述（Sutton and Barto，2018）。强化学习的基本原理正是基于奖励的预期误差。当系统对奖励的预期存在偏差的时候，会调整其策略，加强能够获得正向奖励误差的策略或行为，而削弱产生负向奖励误差的行为。强化学习也已在人工智能和机器学习中得到了广泛运用。

七、神经经济学

要彻底揭示抉择的神经机制，我们需要了解抉择的过程与哪些大脑区域有关，以及这些区域在抉择中起着什么样的作用。此外，我们还需要了解大脑是遵循什么样的规律来权衡利弊从而做出某一选择决定的。经济学、心理学和神经科学的融合产生了一个新的、跨学科的研究领域，称为神经经济学（neuroeconomics）。其宗旨在于提出一套通用的理论来完整地解释抉择的过程以及人类和动物的各种行为，也即最终回答这样的问题：一个决定或行为是如何产生的？为什么会产生这样的决定或行为？经济学和心理学提供了丰富的理论工具和数学模型来描述选择决定的规律，而神经生物学则提供了认识这些规律背后的神经机制的手段。这种跨学科的理论和实验的结合已经取得了令人鼓舞的成果。比如，根据经济学中主观效用（subjective utility）的概念以及博弈理论（game theory）所提出的规律，人们可以预测或定量描述人和动物在某些选择过程中的行为。结合这些概念和理论，一些研究发现，大脑某些区域中神经元的反应也服从这些理论所描述的规律（Glimcher and Rustichini，2004；Sugrue et al，2005）。这些具有开创性的研究表明，对于经济学和心理学中一些用于定量描述选择行为的概念和理论，在大脑中可以找到对应的神经反应信号。因而，随着神经经济学的发展，这些不同学科从不同角度对抉择过程的解释将最终被统一，形成一套完整的关于抉择机制的理论。

八、抉择的计算神经模型

对于抉择神经机制的实验研究已经产生了丰盛的成果，帮助我们了解大脑的哪些脑区编码了抉择相关的变量，解释了抉择的准确度和反应时。而在计算模型方面的工作，则帮助我们理解一个神经网络如何产生类似 DDM 所描述的行为，能够累积信息并进行抉择。

Wang Xiao-Jing 团队的一系列工作表明（详见本书第 9 篇第 9 章），一个基于兴奋性和抑制性的回馈式神经网络模型能够很好地复现在 LIP 中的实验发现（Wang，2002）。在这个网络模型中，神经元有兴奋性和抑制性之分。兴奋性神经元在突触后产生一个小的去极化电流，升高膜电位。如果突触后神经元接受到足够大的兴奋性输入，其所产生的膜电位的变化达到阈值即会产生动作电位。否则，其膜电位会逐步衰减至静息电位。抑制性神经元则会在下游神经元产生一个反向的电流，降低膜电位，抑制动作电位的发放。以随机点方向判断任务为例，这个网络模型接受两组来自感觉神经元的输入，分别对应于向左运动的信号与向右运动的信号。这两组输入分别传送到两组对应的兴奋性神经元，输入的强度与运动点的一致度成正比。同时，这些兴奋性神经元之间存在着反馈连接，这种反馈连接与网络内信息的维持和累积密切相关。同时，这两组神经元共同投射到一群抑制性神经元。这群抑制性神经元相应地投射回这两组兴奋性神经元，并对它们的活性产生抑制。通过这些抑制性神经元，累积向左运动信息的神经元与累积向右运动信息的神经元相互竞争，相互抑制。对应于抉择的两个选项，整个网络存在两个稳态，或称吸引子（attractor）。当网络达到其中的一个吸引子的时候，网络的抉择就被确定下来。这一类网络也被称为吸引子网络（attractor network）。

在进行抉择任务的时候，网络如何达到稳态与输入的信号强度相关。当随机点的运动一致性较高时，相应方向的感觉输入较大，而相反方向的输入则较弱。网络内对应方向的神经元的反应迅速爬升，并通过抑制神经元抑制另一方向的神经元活动，网络在较短时间内达到稳态。相反，如果随机点的运动一致性较低，两个方向的感觉输入比较接近，网络则需要更长的时间进入稳态并做出抉择。在输入的信号为零的状态下，网络的抉择由噪音决定。网络内兴奋性神经元在抉择过程中的发放与实验中获得的 LIP 神经元的发放特性极为相似。

真实的大脑中存在着一个复杂的神经环路进行抉择相关的计算，然而，基于吸引子的网络模型通过一个相对简单的神经网络结构，可以帮助我们理解，类似 DDM 的信息累积和抉择过程是如何通过神经元之间的正向和负向反馈竞争来实现的。

第四节　总　结

大脑依赖于注意这一认知功能来解决有限的信息处理能力和巨大的信息量之间的矛盾。早在一个多世纪以前，心理学者就已经认识到注意在信息加工中的这种重要作用，但是，对其神经机制的了解则经历了漫长的历程。归功于现代实验技术的发展，目前，我们对注意调节感觉信息加工的神经机制已经有了相当的了解。自上而下的注意调节信号通过选择性地增强和抑制神经元的反应，以及动态地改变它们的反应特性，保证了与行为相关的重要信息在大脑中得到优先和有效的加工和表征。

对感觉信息加工进行调节的注意信号是由感觉系统之外的高级联合皮质区域产生的，包括前额叶和顶叶的一些区域以及皮质以下的一些结构。不同区域在注意的产生和控制中起着不同的作用；同时，它们彼此之间又有着密切的相互协作，形成一个注意调控的网络。除了与注意调控有关以外，这些大脑区域中的某些区域还参与了其他的功能，比如工作记忆和眼动控制。此外，这些区域中的一些也参与了抉择。抉择是介于知觉和行为之间的一个过程。一个决定的产生依赖于一系列的子过程，其中包括对感觉信息的整合、对各种选择的主观价值的权衡及情绪因素的影响等。这些子过程主要涉及额叶和顶叶的区域，而这些区域也是大脑奖赏和情绪加工系统的一部分，同时，有的脑区还参与了执行控制功能，对各种认知过程进行全局调控和监测。在研究抉择的神经机制的过程中，一些学者尝试着结合运用经济学和心理学中有关抉择行为规律的概念和数学理论，取得了突破，促成了神经经济学的出现。

目前神经科学的研究主要是基于还原论的方法，分别着眼于某一认知功能的某一方面或子过程，并将某一认知功能越分越细，比如注意到底有多少种形式，这些形式是否各自有其对应的调控脑区和功能模块，以及在群体和单个神经元层面上都有哪些相关表现（neural correlates）。虽然这种基于还原论的思路有其重要意义，但是，逆向综合的思路也很重要。在本章中我们看到，额叶和顶叶的某一区域可以参与多种认知和执行功能；反过来，某一功能往往有多个区域同时参加。这表明，这些区域及其功能之间有着密切的联系。要彻底了解大脑智能产生的机制，需要综合考虑不同脑区和认知功能之间的复杂交互和协同作用。

形成完整的理论来解释注意、抉择乃至整个大脑的智能是一项无比艰巨的任务，有赖于多学科之间的交叉和多技术手段的融合。近些年来，随着计算机算力的极大提升，基于深度人工神经网络（deep artificial neural networks）或深度学习（deep learning）构架的人工智能（artificial intelligence）得到了飞速发展和广泛应用，但同时也遇到了若干瓶颈（Serre，2019）。这些人工神经网络在构架上类似于灵长类视觉系统的多层级结构，能够对训练过的图像类别进行分类和识别。此外，受到大脑注意等高级认知功能的启发，在加入类似于注意的选择性加工算法后，人工神经网络的效率可以显著提升。然而，诸如大样本依赖、迁移泛化能力弱、抗噪性差等瓶颈问题亟待解决；而且在高不确定性环境下，如何类似人脑进行灵活推理和抉择，也是新一代通用人工智能亟待解决的问题。开发基于注意和抉择等大脑高级认知功能原理的算法，极有可能为突破这些瓶颈带来启发和重大突破。反过来，对于深度学习这一黑箱的进一步开发和算法改进，也可以促进我们对大脑神经计算原理的理解。随着脑科学计划在世界范围的兴起和推进，理解人脑智能的产生并实现类人的机器智能不再是可望而不可及的梦想。

参考文献

综述

1. Fiebelkorn IC，Kastner S. A rhythmic theory of attention. *Trends Cogn Sci*，2019，23（2）：87-101.
2. Gilbert CD，Li W. Top-down influences on visual processing. *Nat Rev Neurosci*，2013，14（5）：350-363.
3. Glimcher PW，Rustichini A. Neuroeconomics：The consilience of brain and decision. *Science*，2004，306（5695）：447-452.
4. Macknik SL，Martinez-Conde S. Pay attention. *Scientific American MIND*，2015，26：21-23.
5. Moore T，Zirnsak M. Neural mechanisms of selective visual attention. *Annu Rev Psychol*，2017，68：47-72.
6. Padoa-Schioppa C，Conen KE. Orbitofrontal cortex：a neural circuit for economic decisions. *Neuron*，2017，96（4）：736-754.
7. Petersen SE，Posner MI. The attention system of the human brain：20 years after. *Annu Rev Neurosci*，2012，35：73-89.
8. Ratcliff R，Smith PL，Brown SD，et al. Diffusion decision model：current issues and history. *Trends Cogn Sci.*，2016，20（4）：260-281.
9. Serre T. Deep learning：The good，the bad，and the ugly. *Annu Rev Vis Sci*，2019，5：399-426.
10. Shadlen MN，Kiani R. Decision making as a window on cognition. *Neuron*，2013，80（3）：791-806.

原始文献

1. Asplund CL，Todd JJ，Snyder AP，et al. A central role for the lateral prefrontal cortex in goal-directed and stimulus-driven attention. *Nat Neurosci*，2010，13（4）：507-512.
2. Baldauf D，Desimone R. Neural mechanisms of object-based attention. *Science*，2014，344（6182）：424-427.
3. Bichot NP，Xu R，Ghadooshahy A，et al. The role of prefrontal cortex in the control of feature attention in area V4. *Nat Commun*，2019，10（1）：5727.
4. Britten KH，Shadlen MN，Newsome WT，et al. The analysis of visual motion：a comparison of neuronal and psychophysical performance. *J Neurosci*，1992，12（12）：4745-4765.
5. Green DM，Swets JA. *Signal detection theory and psychophysics*. Vol. 1. Wiley New York，1966.
6. Herrmann K，Montaser-Kouhsari L，Carrasco M，et al. When size matters：Attention affects performance by contrast or response gain. *Nat Neurosci*，2010，13（12）：1554-1149.
7. Kira S，Yang T，Shadlen MN. A neural implementation of Wald's sequential probability ratio test. *Neuron*,2015,85(4)：861-873.
8. Li W，Piëch V，Gilbert CD. Perceptual learning and top-down influences in primary visual cortex. *Nat Neurosci*，2004，7（6）：651-657.
9. Lin Z，Nie C，Zhang Y，et al. Evidence accumulation for value computation in the prefrontal cortex during decision making. *Proc Natl Acad Sci*，2020，117（48）：30728-30737.
10. Roitman JD，Shadlen MN. Response of neurons in the lateral intraparietal area during a combined visual discrimination reaction time task. *J Neurosci*，2002，22（21）：9475-9489.
11. Rudebeck PH，Saunders RC，Prescott AT，et al. Prefrontal mechanisms of behavioral flexibility，emotion regulation and value updating. *Nat Neurosci*，2013，16（8）：1140-

1145.

12. Ruff DA，Cohen MR. Simultaneous multi-area recordings suggest that attention improves performance by reshaping stimulus representations. *Nat Neurosci*，2019，22（10）：1669-1676.
13. Salzman CD，Britten KH，Newsome WT. Cortical microstimulation influences perceptual judgements of motion direction. *Nature*，1990，346（6280）：174-177.
14. Schafer RJ，Moore T. Selective attention from voluntary control of neurons in prefrontal cortex. *Science*，2011，332（6037）：1568-1571.
15. Schultz W，Dayan P，Montague PR. A neural substrate of prediction and reward. *Science*，1997，275（5306）：1593-1599.
16. Sutton RS，Barto AG. *Reinforcement learning*：*an introduction*. The MIT Press，2018.
17. Treue S，Martinez TJC. Feature-based attention influences motion processing gain in macaque visual cortex. *Nature*，1999，399（6736）：575-579.
18. Wang XJ. Probabilistic decision making by slow reverberation in cortical circuits. *Neuron*，2002，36（5）：955-968.
19. Yin Y，Li Z，Wu L. Bottom-up saliency and top-down learning in the primary visual cortex of monkeys. *Proc Natl Acad Sci USA*，2018，115（41）：10499-10504.
20. Yang T，Shadlen MN. Probabilistic reasoning by neurons. *Nature*，2007，447（7148）：1075-1080.

第3章 动机与奖赏

刘青松　翟海峰　袁　凯

动机（motivation）是行为的驱动力。动机大体可分为三种：社会动机、刺激动机与生物动机。社会动机包括对名利、权力及成就感等的追求；刺激动机包括好奇心、探求欲等；生物动机包括饥、渴及其他生理需要。外在与内在因素均可通过影响机体的内在感受来驱动并完成某种行为，这种受内在驱动力支配的行为称为动机行为（motivated behavior）。目前了解比较深入的是一些基本的生物动机行为，如摄食、饮水等。这类动机行为的目的是纠正某种偏差来满足机体的需求，如摄食是为了补充能量。在需求尚未得到满足时机体会处于驱动状态，如饥饿、口渴等；在需求得到满足时驱动力便会随之降低、消失。以下的内容只讨论生物动机。

动机行为的总体功能是帮助动物适应环境、趋利避害，以保证个体生存或种系生存。它在种系发生的过程中有悠久的历史。动机行为的萌芽可在地球最早期的生物形态-细菌中观察到。大肠杆菌已有复杂的基因调控机制促使它们趋近营养物（如葡萄糖）并远离刺激物与毒素。环境的各种变化与刺激均可通过影响机体的内在感受从而驱动行为。饥饿、口渴、不安全感、性冲动等正面感受会促使个体趋利，去获取食物、饮水、领地、异性；恐惧感等负面感受则会促使个体避害，做出防卫性反应。

虽然某些动机行为的目的是获得补给或纠正偏差，但是另有一些动机行为如性活动则是为了获得奖赏（reward）。广义上讲，上述正面感受的满足与负面感受的消除均可视为奖赏。奖赏通常表现为快感（pleasure），获得奖赏是多种动机行为最直接的驱动力。人与动物常常面临众多的行为选择，能否带来奖赏及奖赏的大小将决定行为的方向性和次序性，使行为成为有目标导向的行为（goal-directed behavior）。例如，将秀丽隐杆线虫（*C. elegans*）体内与奖赏有关的4～8个关键多巴胺神经元失活后，虽然它们摄食的能力未受影响，但对平日喜好的食物如细菌不再感兴趣，甚至会饿死。因此奖赏对动物的个体生存至关重要。进食、性行为和母性行为等对个体生存和种族延续具有重要的生物学意义，为确保这类行为的完成，大自然赋予它们以很高的奖赏效应。

奖赏通过三种方式来驱动动机行为：①兴奋情绪并降低行为的唤醒水平，启动趋向奖赏物的运动；②建立奖赏物与环境因素之间的关联，使个体学会适应环境并培养获得奖赏物的能力；③巩固奖赏物与环境因素之间的关联，强化已经减弱或消失的刺激特性，使获得奖赏物的效率提高。这里以动物获取食物为例来说明上述过程。动物因饥饿而产生寻找食物的冲动。在某一环境（如森林中）找到美味食物后，就会试图再次回到原来环境中寻找该类食物。动物首先认识食物本身的气味和形态，重复几次找到食物后便认识到食物与提供该食物的植物的气味、形态以及周围的景观如瀑布、林地等之间的联系。食物的气味以及与食物相关的环境等都清楚地预示食物的存在。随着找到食物的次数增加，动物对与食物相关的各种情境认识得越来越清楚详细，找到食物的效率也就会越来越高。

自然奖赏物（natural rewards）应具备两种属性。一是激励属性（incentive properties），指的是感觉系统所能感受的物理属性，如味道、颜色、形状、温度等；另一个是成就属性（achievement properties），指的是该奖赏物能满足机体内在的生理需要。两方面在维持奖赏效应上相互协同，产生快感或积极情绪（positive emotion）。例如缺乏热量的食物（如糖精）不如甜味食品（如蔗糖）的奖赏作用强；但如果食物的热量相同，而甜味不同也产生不同的奖赏效应，甜味高的食物奖赏效应强。

不同种类动物对同一奖赏有类似的反应。在人类、灵长类及啮齿类动物中，甜味（如蔗糖水）可产生喜爱的面部表情（如伸舌头、舔嘴唇、微笑等），而苦味（如奎宁）则引出不喜欢的面部表情（图 9-3-1）。比较人类婴儿与十一种猿和猴子的面部表情发现灵长类动物有类似的喜爱与不喜爱的表达方式，说明情感和快感在不同种动物间有类似的神经生物学基础。动物和人的这些客观反应为研究奖赏的机制提供了重要的切入点。但喜欢或快感等都是主观感觉，在动物实验中不易或不能测量。如果某种刺激诱导动物某种行为的反复出现，即引发动物的行为强化（reinforcement），就可以认为该种刺激具有奖赏效应。在实验中可以训练动物自主操作如压杆（lever press）来获得食物或药物，通过观察动物的努力程度可以探知该食物或药物是否具有奖赏效应。

各种天然具有奖赏效应的行为如进食、性活动等，均能通过感觉传入来激活脑内的多巴胺系统，导致脑内多巴胺浓度升高；该系统的激活会产生强烈的快感。某些化学药物如可卡因、苯丙胺、吗啡、烟碱可直接作用于该奖赏系统，产生很强的欣快感（euphoria），因而被脑误以为是更有价值的奖赏。长期使用这些药物会使脑内奖赏系统作出适应性改变，导致对药物的极度渴求（craving）和强迫性用药（compulsive drug-taking），进而诱发成瘾（addiction）。本章将首先讨论与个体生存有关的摄食、性活动等动机行为的神经生物学机制，然后讨论脑内的奖赏系统以及自然奖赏物和成瘾药物是怎样作用于该系统的。

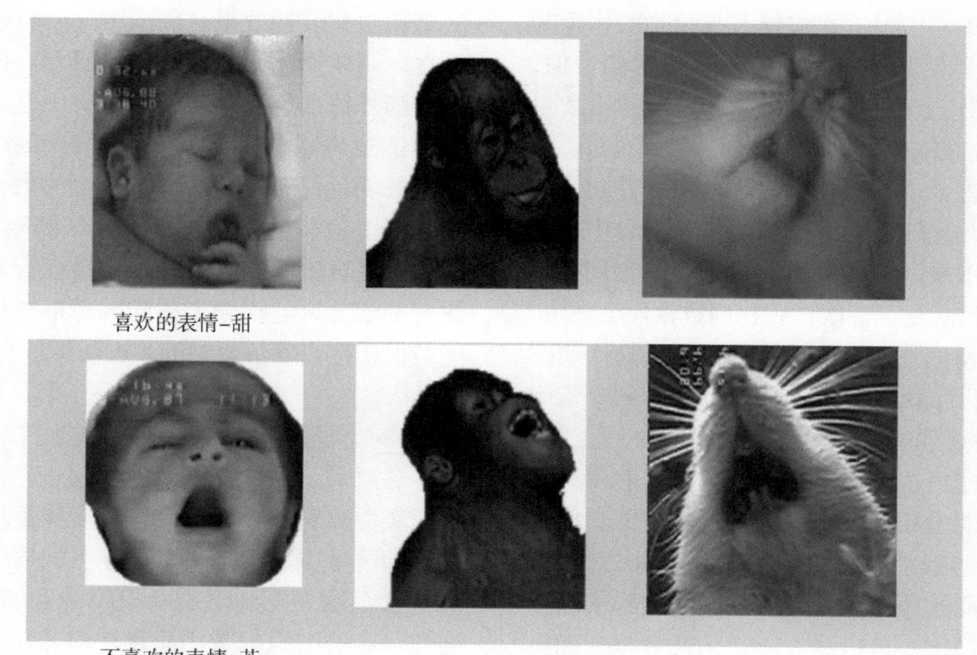

图 9-3-1　在相同刺激下，人与猩猩、大鼠会产生相同的表情

上图，甜味的蔗糖引起喜欢（liking）的表情；下图，苦味的奎宁引起不喜欢（disliking）的表情［改自 Kelley and Berridge，The neuroscience of natural rewards：Relevance to addictive drugs. The Journal of Neuroscience，22：3306-3311，2002. Copyright（2002）Society for Neuroscience］

第一节 摄食、能量平衡与肥胖

一、能量代谢的平衡

众所周知，短期缺氧即导致脑细胞的损伤或死亡。其实脑细胞对血液中葡萄糖的浓度也很敏感。血液中葡萄糖浓度过低的状态持续几分钟，意识便会丧失；如果葡萄糖浓度仍不能恢复，脑细胞将会受到不可逆性损伤。由于葡萄糖是由食物供给，所以摄食行为（feeding behavior）的调节对机体的生存至关重要。氧气的来源通常不受限制，但食物的来源却有不确定性，所以相对于获取氧气而言，动物进化出更为复杂的行为来获取食物。食物中的营养成分被吸收后转化为能量以满足机体的即时需要，还有一部分被转换成能量储备以备将来需要。

食物中的营养成分被吸收进入血液后，经肝转化为葡萄糖、脂肪酸或酮体提供能量，剩余的转化为糖原储存于肝与骨骼肌，或者转化为甘油三酯储存于脂肪组织。在饥饿时，糖原和甘油三酯可转化为葡萄糖以提供能量。糖原储存容量有限，而甘油三酯储存容量几乎没有限制，所以脂肪组织是体内最重要的能量仓库。当能量的摄入等于消耗时，体重和体内脂肪含量会维持在正常水平；否则便会肥胖或消瘦。在正常情况下，成年人与动物的体重与体内脂肪含量会长期保持在一个相对稳定的数值，其波动通常不超过其基础值5%。当大鼠的摄食量受到限制时，它们的体重将会降低；当限制解除后，大鼠的摄食量将会增加，体重也逐渐增加并超过限食前的水平，并且随后又恢复到如正常进食生长发育所应达到的水平。当大鼠被迫多吃高脂食物时它们变得肥胖，但恢复正常饮食后它们摄食便会减少，直到体重恢复到正常发育应达到的水平。这说明体内存在着完善的自稳态（homeostasis）调节机制来维持体重的相对稳定与能量代谢的动态平衡。

根据能量守恒定律，体重的稳定意味着摄入的能量与消耗的能量相等。摄入大于消耗，能量储存就会增加，脂肪组织及体重也就增加；反之亦然。尽管食物所含能量差别很大，成年人与动物的体重仍能长期保持稳定，这提示着能量消耗会根据能量摄入量的变化而变化。一般认为体重主要由能量的摄入量（摄食）决定，但事实上能量消耗对体重也有十分重要的影响。总的能量消耗包括机体基础活动（维持体温等）与体育锻炼所消耗的能量。后者所消耗的能量通常只占总体耗能的很小一部分，体重的增加主要由基础活动耗能的降低所引起。肥胖是由于体内脂肪过多，但通常认为根本原因是控制食欲和进餐后饱胀感的脑回路调节异常。这个事实使得减肥对于许多肥胖的人来说尤其困难。因此，了解调节食物摄入和新陈代谢的中枢神经机制对于制定有效的策略来解决这一严重的健康问题至关重要。

二、下丘脑与摄食行为

上述实验表明动物可以根据体重来调节摄食行为。早在19世纪，根据脑干对呼吸运动调节的观察，Sherrington便提出外周信号可能通过血循环作用于脑来调节摄食行为。有人进一步认为肠源性激素可能是脑对摄食行为调控的信使。20世纪40～50年代，通过局部损毁及电刺激实验，人们认识到下丘脑是摄食行为与能量代谢平衡的调节中心。1942年，Hetherington和Ranson发现，损毁下丘脑腹内侧核会导致暴食和肥胖，而损毁下丘脑外侧核则导致厌食、消瘦，甚至死亡。电刺激这些脑区则产生相反的效果：刺激下丘脑腹内侧区会抑制摄食，刺激下丘脑外侧区促进摄食。据此他们认为下丘脑外侧区为摄食（或饥饿）中枢，而下丘脑腹内侧区则为饱感中枢。随后和近年来的研究证明，摄食及能量代谢平衡的调节中枢的确在下丘脑，但上述双中枢学说的有关定位并不准确。目前认为下丘脑感受饥饿与饱信号并控制摄食行为并没有清晰的解剖学分区。损毁上述脑区对摄食行为的调节可能与损伤传入以及相关的多巴胺纤维有关。

三、脂源性激素对摄食行为的控制

实验表明，当脂肪储备增多体重增加时小鼠摄食会随之减少，而当手术去除大块皮下脂肪后，小鼠摄食会增加，余下脂肪组织的脂肪贮备也增加。这提示脂肪组织与脑之间存在沟通和联系，脂肪组织可能分泌激素随血液循环到达脑组织来控制摄食行为。这一设想被连体鼠实验所证实。两只小鼠可通过手术连在一起，有部分血液循环相通。当其中一只小鼠被迫过度摄食或损毁其下丘脑腹内侧核导致过度摄食时，另一只小鼠则摄食减少，体重减轻。说明超重小鼠可能产生导致摄食减少的某种激素，经由血循环来调节正常小鼠的摄食行为。

Coleman 等（1960）发现有一种品系的小鼠摄食过度，并伴有病态性的肥胖（体重是正常小鼠的 3 倍，脂肪含量则是其 5 倍）。经研究认为，肥胖是由该鼠种某一个基因发生突变引起的，但当时对该基因的定位及序列并不清楚。他们将该基因命名为 *ob* 基因（ob 为英文 obese 的缩写，意思是肥胖），这个品系的小鼠被称为 *ob/ob* 小鼠。尽管该小鼠食欲过旺会导致肥胖，但即使给予不足以维持瘦鼠正常体重的饮食，也会导致纯合子小鼠体重增加并过多脂肪沉积。推测 *ob* 基因所编码的激素蛋白是“告诉”下丘脑体内脂肪储备正常的信使。由于缺少该激素，下丘脑便受“蒙蔽”，误认为脂肪储备不够，导致过度摄食来增加脂肪储备。另外，*ob/ob* 小鼠还表现出低代谢，低体温，短暂性高血糖，葡萄糖耐受不良和血浆胰岛素升高。当把正常小鼠与 *ob/ob* 小鼠通过手术连结成连体鼠后，*ob/ob* 小鼠的摄食减少，肥胖明显减轻。这一实验证明正常小鼠确实存在一种 *ob* 基因编码的激素蛋白，该激素蛋白经由血循环作用于 *ob/ob* 小鼠的下丘脑，控制该小鼠的摄食行为和体重。

四、瘦素与摄食行为调节

1994 年，有关 *ob* 基因及其编码的蛋白的研究取得了突破性进展。Friedman 及其同事成功地克隆了 *ob* 基因并鉴定出 *ob* 基因所编码的蛋白为瘦素（Leptin，从拉丁文 leptos 而来，意思是“瘦”）。小鼠瘦素是含 145 个氨基酸的蛋白，具有分泌蛋白的特性，是一种肽激素。瘦素的氨基酸序列在不同种动物有很高的同源性，如人与小鼠瘦素有 84% 的氨基酸序列同源。瘦素主要由白色脂肪细胞（脂肪储存细胞）合成并分泌到血液循环，其他组织如胃肠黏膜、骨骼肌、胎盘、骨髓、垂体也分泌少量瘦素。瘦素的分泌量与脂肪组织的体积成正比。当脂肪组织增多时，瘦素分泌便随之增多，血循环中瘦素的浓度增加，人或动物摄食被抑制，导致能量消耗增加，体重减轻；反之亦然。瘦素基因突变的表现型与自然突变的 *ob/ob* 小鼠一致，摄食过度并有病态性的肥胖。当给正常及 *ob/ob* 小鼠注射瘦素后，它们的体重均会下降。当连续给 *ob/ob* 小鼠注射瘦素，有的小鼠的体重竟减轻近一倍之多。因 *ob* 基因突变而缺乏瘦素的罕见人类为病态肥胖且体温过低；可以通过外源施用瘦素来使这些个体的体重和体温正常化。瘦素的功能不只限于调节脂肪代谢与体重平衡，它还促进生殖系统的发育与性成熟，对心肾功能及骨形成也有影响。因此瘦素是一种功能复杂的激素。

五、瘦素受体及瘦素的作用机制

瘦素发现后不久，编码瘦素受体（Ob-R）的基因也被克隆。瘦素受体直接由糖尿病基因（*db*）编码，通过选择性拼接产生六种异构体。其中只有一种长型（long form）异构体有完全的受体功能，与瘦素结合后能激活细胞内信号转导系统。突变实验表明 *Ob-R* 基因突变的表现型与 *ob/ob* 小鼠一样，但注射瘦素不能减轻它们的体重。将 *db/db* 小鼠的循环系统与正常小鼠的循环系统连接起来，不仅不能纠正糖尿病和低血糖症，还导致正常或 *ob/ob* 伴侣的消瘦和死亡。与 *ob/ob* 小鼠相反，*db/db* 小鼠产生循环信号，但缺乏功能性瘦素受体。

在小鼠中，位于同一染色体上的编码瘦素受体（Ob-R）的基因与糖尿病基因（*db*）相邻。目前有证据表明，糖尿病基因（*db*）直接编码瘦素受体蛋白。在糖尿病 *db/db* 小鼠，瘦素受体的一部分氨基酸序列被剪切，因而失去活性并导致肥胖。这也许可以解释为什么 2 型糖尿病患者（对胰岛素不敏感）通常比较肥胖，而在肥胖人群中糖尿病的发病率较高。

瘦素受体主要分布于下丘脑腹内侧、第三脑室底部的弓状核、下丘脑背内侧核及腹内侧核。瘦素受体分布在两类特异的弓状核神经元表面。一类神经元合成阿黑皮素原（pro-opiomelanocortin，POMC），另一类神经元合成神经肽 Y（neuropeptide Y，NPY）以及刺豚鼠相关肽（agouti-related peptide，AgRP）。瘦素激活 POMC 神经元表面的瘦素受体，刺激 POMC 神经元的轴突末梢分泌促黑素细胞素（melanocyte-stimulating hormone，MSH）。αMSH 进而激活下丘脑外侧区神经元表面黑素皮质素受体 4（melanocortin receptor 4，MC4R）并抑制摄食。POMC 神经元的激活会抑制食物摄入并促进能量消耗，而 POMC 神经元的损伤会导致肥胖。POMC 基因缺陷的小鼠肥胖和摄食亢进。

MC4R 在脑内分布十分广泛，在大脑皮质、脑干、下丘脑、脊髓均有分布。αMSH是MC4R内源性的激动剂。αMSH还可随血循环到达垂体，促使垂体分泌促甲状腺素（thyroid-stimulating hormone，TSH），进而作用于甲状腺促进甲状腺素的分泌，从而提高整个机体细胞的代谢率，使能量消耗增多。弓状核黑素皮质素系统（melanocortin system）在能量平衡的调节中起着至关重要的作用。瘦素也同时激活弓状核NPY及AgRP神经元表面的瘦素受体，抑制NPY与AgRP的合成与释放。NPY神经元投射到下丘脑其他控制摄食的脑区，NPY的释放能促进摄食；与POMC神经元相反，AgRP神经元对促进进食至关重要。过度表达AgRP的转基因小鼠会肥胖，而脑室注射AgRP会增加食物摄入和体重增加。而成年小鼠AgRP神经元的损毁会导致食欲丧失及消瘦，甚至由于饥饿而导致死亡。AgRP是MC4R的内源性拮抗剂，可以拮抗aMSH的效应。NPY及AgRP对弓状核黑色皮质素系统有持续性、紧张性的抑制作用。因此瘦素可通过直接激活黑色皮质素系统或降低NPY/AgRP对该系统的抑制来减少能量的摄入和增加能量的消耗（图9-3-2）。这些信号分子的相互作用将脂肪在体重中的比例控制在正常范围。

需要指出的是，尽管弓状核神经元表面的瘦素受体对能量平衡的调节十分重要，但它并不是瘦素作用的唯一途径。当用基因敲除的办法去除POMC神经元表面的瘦素受体后，小鼠只有轻度肥胖，恢复弓状核瘦素受体的表达也只能部分地减轻过度摄食。

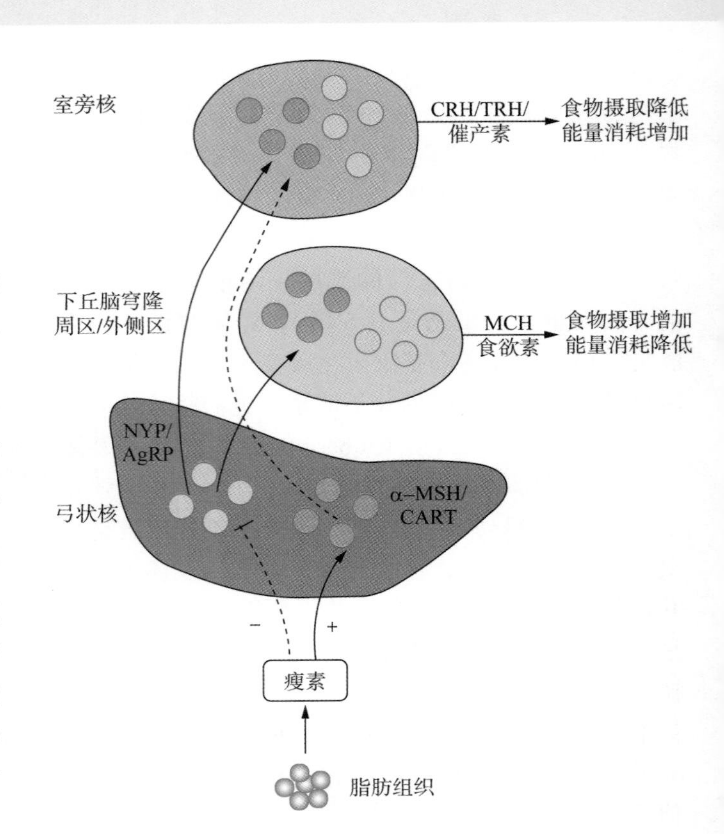

图9-3-2 **瘦素对两组弓状神经元有相反的影响**

瘦素抑制释放神经肽Y（NPY）和刺豚鼠相关肽（AGRP）的细胞，但刺激释放促黑素细胞素αMSH。激活释放NPY和AGRP的弓状神经元增加了食物摄入和脂肪储存，同时降低了能量消耗。激活弓状神经元释放αMSH及CART，减少食物摄入和脂肪储存，同时增加能量消耗。弓状神经元投射到下丘脑的多个区域。室旁核（PVN）是参与能量平衡的多种信号的汇聚区。这个核内的神经元合成几种减少食物摄入的肽，包括促肾上腺皮质激素释放激素（CRH）、促甲状腺素释放激素（TRH）和催产素（OXY）。穹隆周区（PFA）和下丘脑外侧区（LHA）含有合成食欲素（orexins）和黑色素浓缩激素（MCH）的神经元，MCH是刺激食物摄入的肽

六、摄食行为的短期调节

如前所述瘦素可根据体内脂肪含量来调节食物的摄取量，但它对体重和能量代谢平衡的调节是长期的。血循环中瘦素的浓度在进食后并不增加，瘦素也不能使进食终止。实验提示，体内还存在一些短期、迅速的调节机制来控制摄食行为。大脑可以通过由化学信号调节的神经活动来调节食欲和饱腹感。这些化学信号通过储存在脂肪组织中进而分泌到循环系统中。例如，在进食前由胃分泌的Ghrelin多肽，是饥饿的信号。进食后血循环中葡萄糖、胰岛素、胆囊收缩素（cholecystokinin，CCK）浓度的升高均可产生饱感使摄食停止（图9-3-3）。

1. 胃舒张 当食物进入胃之后，胃壁的舒张是引起饱感的十分强烈的传入信号。胃壁分布着能感受牵张刺激的传入神经纤维；这些神经纤维汇聚之后经迷走神经上传到延髓的孤束核。孤束核可能是调节摄食和能量代谢的初级整合中心。

2. 胆囊收缩素 CCK是存在于脑和肠道的小分子多肽。食物特别是蛋白质和脂肪的分解产物可刺激小肠CCK的分泌。动物实验表明，CCK可能主要作用于孤束核的POMC神经元，激活黑素皮质素第四受体产生饱感并抑制摄食。POMC神经元主要分布于下丘脑弓状核，但在脑干也有分布。黑素皮质素系统不仅可感受、整合由脂肪组织分泌的信使如瘦素来长期调控脂肪代谢，还可接受并充当饱感信号，调节即时摄食行为。

3. 胰岛素 胰岛素由胰岛β细胞分泌。虽然葡萄糖可被神经元直接利用，但体内其他细胞均需胰岛素的参与才能将葡萄糖转移入细胞。血液中葡萄糖浓度的升高可直接刺激胰岛素的分泌。胰岛素也

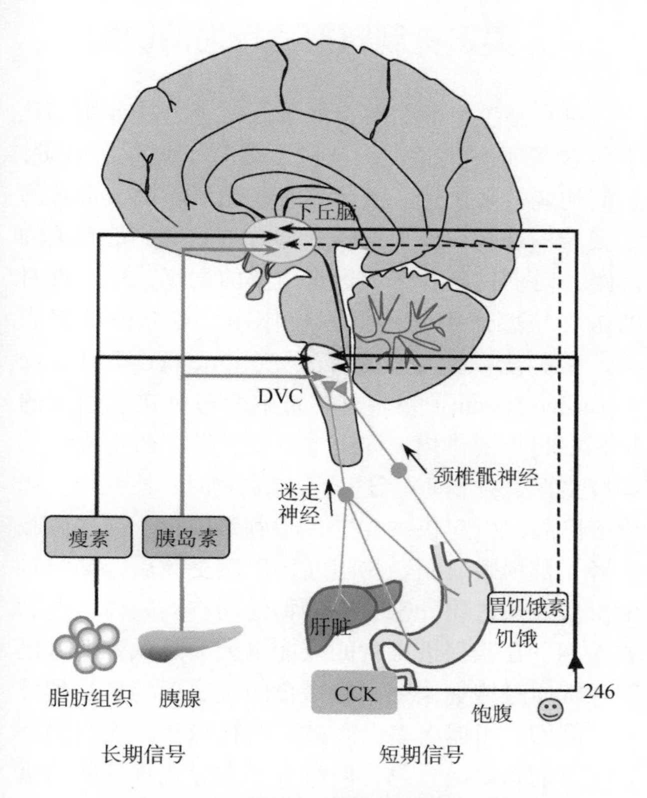

图 9-3-3　**短期和长期能量平衡的维持**

短期信号：进餐时，来自肠道的胆囊收缩素（CCK）刺激迷走神经的感觉纤维，从而增强饱腹感，CCK 也分泌到血液中。迷走神经感觉纤维以及收集肠道和口腔感觉信息的交感神经纤维聚集在背迷走神经复合体中。该复合体是脑干尾部的一组结构，其中包括孤束核、延髓后区及迷走神经背侧运动核。进餐前，胃壁上的 Ghrelin 释放达到高峰，向大脑神经元提供血源性信号。CCK 促进饱腹感，而 Ghrelin 促进进食。长期信号：瘦素和胰岛素告知大脑脂肪存储的状态。瘦素在储脂细胞中产生，而胰岛素在胰腺中产生。两种激素都由下丘脑弓状核中的受体以及背迷走神经复合体中的受体感知。瘦素和胰岛素可减少食物摄入并增加能量消耗

是一种饱信号，但它不是通过刺激迷走神经，而是直接作用于下丘脑的弓状核及腹内侧核，通过刺激 POMC 神经元并激活黑素皮质素第四受体来抑制摄食。体内脂肪储备的增加可降低下丘脑对胰岛素的敏感度，而瘦素又可通过降低体内脂肪的储备来提高对胰岛素的敏感度。

七、肥胖

（一）肥胖是一种中枢神经系统疾病

当体重指数［body-mass index（BMI）＝体重（kg）/ 身高（m）^{2}］超过 25 时便为超重，超过 30 便为肥胖（obesity）。一个很流行的观念是如果肥胖者能少吃多锻炼便不会肥胖。早在两千年前，古希腊医学家希波克拉底（Hippocrates）便给肥胖者开出了一张“药方”：“一日一餐不洗澡，睡硬板床裸身跑”（“Eat only once a day and take no baths and sleep on a hard bed and walk naked as long as possible”）。两千年来人们对肥胖的观念并没有多少改变；肥胖似乎是缺乏意志力、不能克制食欲造成的。近年来的研究表明，这种观点完全不正确。肥胖不是个人的选择，更不是由于个人性格的缺陷而造成的，肥胖是一种疾病。肥胖症的根源在于脑，是一种中枢神经系统疾病。

人类体重可长时间保持在恒定水平，成年人体重的变化通常在 5 ～ 10 kg。当通过节食或者手术去除大块皮下脂肪使体重降低后，人的饥饿感会增强，余下的脂肪组织的脂肪贮备会增加，体重最终会恢复到原来水平。主观意志虽可通过大脑皮质来抑制摄食冲动，但摄食减少只能暂时降低体重。给先天肥胖的小鼠与正常小鼠同样的食物，并不能使前者肥胖明显减轻，提示肥胖小鼠的能量消耗低于正常小鼠。肥胖症患者的能量消耗有可能低于常人，这也部分地解释了为什么节食并不能很有效地减肥。尽管如此，通过适当节食和锻炼大多数人仍可将体重减少 3 ～ 5 kg 并能长时间维持，这对健康是十分有益的。但节食和锻炼不能长时间、大幅度地减轻体重，特别是对肥胖程度较重者。

体重虽受遗传与环境因素的双重影响，但决定性的因素是遗传因素。遗传因素对体重与身高的影响大体相当。那些有利于储存脂肪、保存能量的基因能够帮助人与动物度过食物缺乏的难关，因而具有遗传学上的优势而得以保存下来。当食物供应不受限制时，环境因素的变化便将遗传因素的作用表现出来，例如肥胖者在已脱贫地区人群中的比例比一般人群要高。脂肪贮存可能有多种并行的冗余机制，目的是使个体的生存不会因为其中某一机制受阻而产致命影响；因此机体有增加脂肪贮存的倾向。这也说明肥胖症为什么会成为 21 世纪的流行病。另外，肥胖症还常常伴随着其他疾病，如糖尿病、高血压和心血管疾病，从而会显著地降低人类的寿命，成为人类健康的杀手。还由于其显著的外在特征，肥胖症常使患者倍感羞辱。正确的公共卫生教育可使肥胖症患者愿意寻求治疗，而公众也不会对他（她）们有所歧视。

（二）瘦素与肥胖症

在瘦素发现之始，医药界对于用瘦素来治疗肥胖症寄予了很高的期望。显而易见，肥胖症有可

能是由瘦素分泌不足造成的。注射瘦素对治疗有瘦素基因缺陷的人和小鼠的肥胖有良好的效果，说明瘦素的确是调节体重与能量代谢的重要激素。但遗憾的是，瘦素虽然能显著降低正常人的体重，却对大多数肥胖症患者没有明显疗效。和肥胖的 *ob/ob* 小鼠不同，肥胖症患者通常并不缺乏瘦素。相反，由于体内脂肪的蓄积，他（她）们血液中瘦素的水平常常偏高，但瘦素水平的增高并未能减少摄食与减轻体重。对瘦素不敏感或者说对之产生抗药性（resistance）是大多数肥胖症的主要原因。这与2型糖尿病患者对胰岛素产生抗药性有相似之处。肥胖患者对瘦素产生抗药性的原因尚不清楚，推测可能有以下几点原因。首先，瘦素需通过血脑屏障才能到达下丘脑的弓状核，如果瘦素不能顺畅地通过血脑屏障，则不能抵达脑内瘦素受体分布区，使患者表现出对瘦素的抗药性。其次，瘦素受体激活后的信号转导系统被抑制也会使肥胖患者对瘦素产生抗药性。例如黑素皮质素第四受体（MC4R）缺乏或异常也会对瘦素产生抗药性。MC4R 的编码基因突变是人类先天性肥胖最常见的原因之一，约有4% 的儿童肥胖症是由 MC4R 异常造成的。另外，机体对瘦素的敏感度还受环境因素影响。虽然给小鼠吃正常食物时小鼠对瘦素很敏感，但给小鼠吃美味的高脂饮食后，有的小鼠对瘦素产生抗药性。原因可能是由于脂肪贮存增加降低了下丘脑对瘦素的敏感性。目前，肥胖症还缺乏理想的治疗方法，对瘦素抗药性机制的进一步研究可望能带来治疗学上的突破。能量消耗对体重的重要影响意味着还可以通过增加能耗来降低体重。临床上曾用增加能量消耗的药物如甲状腺素、二硝基苯酚来减肥，减肥效果显著但毒副作用太大，现已不用。交感神经系统对能量消耗也有重要影响，瘦素也可提高交感神经系统的兴奋性。当小鼠的3个 β 肾上腺素受体的基因被敲除后，小鼠能量的消耗降低并严重肥胖。激活交感神经系统的药物可望减轻体重。总之，增加能量的消耗也是十分有用的减肥策略。

八、奖赏机制对摄食行为的影响

摄食是生存的需要，能带来快感。这种快感几乎包含了所有感觉——味觉、嗅觉、视觉、触觉，它们均能带来快感。摄食同时还能消除饥饿带来的紧张与不舒服。摄食可刺激脑内与动机奖赏有关的环路，对食物色香味和进食快感的记忆，可对现时的进食快感产生强烈的强化作用。有充分证据表明，中脑皮质边缘多巴胺系统（mesocorticolimbic dopamine system）在多种奖赏效应包括摄食引起的快感中起重要作用（详见本章第三节“药物成瘾与动机奖赏”一节）。当进食美味食物时，该系统会释放多巴胺，引起快感并进一步刺激摄食。当多巴胺神经元被损毁或用药物阻断多巴胺受体后，动物自由摄食及通过压杆来获取食物的动作均减少，电刺激外侧下丘脑促进摄食的效能也大大降低。但多巴胺系统通过增加快感刺激摄食的说法近年来受到挑战。例如，当体内多巴胺被药物耗竭后，大鼠仍愿意吃以前喜欢的食物，但没有了去寻找食物的动机行为，这与前面提到的秀丽线虫类似。刺激大鼠外侧下丘脑多巴胺纤维，大鼠对食物的渴求增加，但食物带来的快感（表观为舔嘴唇）并没有增加。这说明多巴胺可能并不引起快感，而更可能代表动机本身。

脑内与奖赏有关的环路也会因过度摄食而作出适应性改变，使摄食行为失去自主控制，这和药物成瘾的机制有类似之处。脑成像显示，过度肥胖与药物成瘾病人纹状体内 D2 多巴胺受体的密度有类似的降低。肥胖患者 D2 多巴胺受体的密度与体重指数成反比，说明多巴胺系统与过度摄食有关。

综上所述，有两种主要因素调控摄食行为。一种是急性、短期因素来调节每次的摄食量；另一种是慢性、长期因素来调节体重。前者包括食物进入消化系统刺激胃肠激素及胰岛素的分泌，并通过内脏传入神经，上达脑干与下丘脑，引起饱感并抑制摄食，快感及饥饿感则可促进摄食；后者包括由脂肪细胞分泌瘦素来调节体内的能量储备以保持体重的稳定。

第二节 配偶依恋及性活动

一、配偶依恋

在历史记录里，大多是诗人、画家和音乐家描述浪漫的爱情，似乎没有科学家的事，甚至担心科学的一丝不苟会破坏这种令人陶醉的人类经验的魅力。爱情的生物学目的是选择配偶与生儿育女，然而近年来神经生物学家对爱情的生物学机制给出了有趣的诠释。浪漫的爱情所激活的脑区与成瘾药物激活的脑区是一致的，都能激活大脑奖赏系统导致多巴胺的释放。功能性磁共振脑成像（fMRI）研究也为恋爱的奖赏效应提供了有力的证据。当人看到爱恋对象的相片时，显示出的脑活动方式与给予有强烈奖赏效应的可卡因时显示的活动方式非常相似，如腹侧被盖区和纹状体的活动增强。相反的是，调节社交警觉性和谨慎性的大脑区域包括几个皮质区域和杏仁核的活动就会减少，这也许可以解释为什么爱情是“盲目”的。人类对浪漫爱情的体验激活了脑中有助于加强与性伴侣联系的区域，促进了交配的排他性，加强了在养育后代方面的合作。无论是诗人笔下的天长地久，还是磁共振脑成像下的惊鸿一瞥，爱情给能体验到它的人们带来了深刻的感受。

浪漫的爱情以及母爱所带来的亲密联系还依赖于两种肽类激素——催产素和加压素的分泌。草原田鼠（prairie voles）终身只与单个伴侣有亲密联系，这种配偶依恋（pair bonding）是研究爱情专一性良好的动物模型。相反，与草原田鼠密切相关的物种山地田鼠（*Microtus montanus*）则有多个伴侣。事实证明，伴侣选择和偏好的差异与伏隔核、尾壳核和腹侧苍白球中催产素和血管加压素受体分布的差异相匹配，并且上述脑区都富含多巴胺，在奖赏强化和成瘾行为中发挥重要的作用。研究显示，血管加压素和多巴胺都会影响草原田鼠的单一配偶选择。当血管加压素拮抗剂注入雄性草原田鼠腹侧苍白球时，一夫一妻制被打破；当多巴胺拮抗剂注入雌性草原田鼠伏隔核时，交配和配对不再局限于对单一伴侣。提示脑内神经递质会影响配偶依恋及交配的排他性。

二、性活动的神经调节

性活动是与生殖紧密联系在一起的动机行为，对种族生存和延续至关重要。性活动包括性动机（性欲望）与交配两种成分，受三种因素调节：激素、外部的刺激和经验。早期发育阶段的经验对于人及灵长类动物的正常性活动来说是必需的。经验影响外部刺激的动机性质，动物根据不同经验选择性地回应各种性刺激，产生不同的生理过程。这里主要讨论性活动的神经调节与激素调节以及性的奖赏效应。

感觉器官接受的外部刺激影响性动机和交配行为。对多种动物来说，异性气味是唤醒性动机的信号，可以唤醒性欲望，并为性活动做准备。与异性的接触可以诱发处于发情期雌性动物的脊柱前凸反射（lordosis），并在交配行为中提供必要的信息反馈。无论人和动物，异性的存在或与性活动有关的场景所产生的视觉刺激可以有效地起到性唤醒的作用。这些感官刺激所带来的信息需要通过中枢神经系统来加工处理。

性行为所涉及的脑神经解剖基础包括三个层面。第一层面为脑干-脊髓交配反射系统，包括交配反射产生的神经网络和相关的运动单元，负责脊柱前凸反射等基本的性行为。第二层面为前脑交配模式产生系统，包括犁鼻器、副嗅球、终纹床核、内侧杏仁核、前下丘脑的内侧视前区以及腹内侧核。这一系统负责管理两性的交配行为反应。内侧视前区控制雄性的交配模式，腹内侧核控制雌性动物的脊柱前凸反射。前下丘脑与哺乳动物的发情周期相关，已经证明破坏前下丘脑细胞的可以导致雌性发情期缺失，或者抑制雄性的性行为。第三层面为边缘-纹状体-皮质唤醒系统，主要包括伏隔核、基底外侧杏仁核。破坏这两个神经核团后，性欲望显著降低，但对交配反射没有影响。调节性活动的神经通路在雄性和雌性动物中是相同的。比如通过调整一些生理过程，如改变激素水平，雄性动物可以产生雌性动物的性反射，雌性动物也可以产生雄性动物特有的抓爬（mounting）行为。

三、性活动的激素调节

对于大多数种类的动物，脑还可通过神经内分泌来控制并且管理性活动。性活动受三种激素控制：促性腺激素释放激素（GnRH）、促性腺激素和性激素。三种激素通过生物反馈机制相互调节（图 9-3-4）。GnRH 由下丘脑神经内分泌细胞合成，由下丘脑内侧基底部控制基础水平的释放，由下丘脑视前区控制其波动性变化。GnRH 通过垂体门脉系统（pituitary portal system）输送到脑垂体，促进垂体的分泌两种促性腺激素——促卵泡激素（FSH）

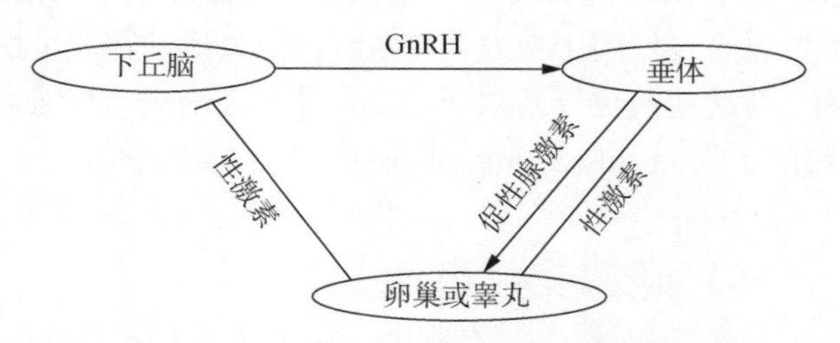

图 9-3-4　下丘脑-垂体-性腺间的性激素调节

和黄体生成激素（LH）。LH和FSH由垂体直接释放到血液中，作用于性腺并调节性激素的生成。在雌性动物中，LH作用于卵巢，其波动性变化可以控制排卵周期及雌激素和黄体酮的分泌。LH在雄性动物血液中的含量较为稳定，可与FSH协同作用于睾丸，控制睾酮的释放及精子的生成。而无论是雌性还是雄性动物，GnRH的分泌又会受到性激素的负反馈调节。当损毁下丘脑、垂体或性腺后，上述激素水平下降，导致性欲望也显著降低或消失。

在大多数动物中，性激素通过改变性刺激阈值来影响性动机。对于非灵长类动物来说，性行为只在一定水平的性激素作用下才能在环境刺激下发生。雌性动物的性激素水平有着周期性变化，伴随产生的是一定的性感受周期。大多数雌性动物只有在发情期才对性行为感兴趣。虽然雌性灵长类动物性行为不限于月经周期的某一段时间，但在排卵期对激素高度敏感。雄性性行为依赖于血循环中的睾酮的水平，一般来说雄性动物的性激素水平较为恒定，可维持持续的性欲望。性活动是性激素和脑相互作用的结果。在损害下丘脑后，可以阻断动物的发情周期。此时，即使人为地提高性激素水平，也无法恢复雄性和雌性的性行为。说明这一区域存在对血液性激素水平敏感的受体。然而破坏腹内侧下丘脑（VMH）也可以阻断雌性动物的发情期和雄性动物的交配行为，但是性激素替代治疗可以成功地恢复失去的功能，提示在一定性激素水平下，VMH参与性行为的表达。

催乳素（Prolactin）、催产素（Oxytocin）和加压素（vasopressin）也参与了性活动的调节。催乳素由垂体前部的催乳激素细胞（lactotroph）分泌，主要控制雌性动物乳汁的分泌，在雄性动物中负责控制射精。催产素由脑垂体后叶释放，参与诱导性行为和调节性行为饱和度（satiety）。在雌性动物中，催产素在受精后的生殖中作用于分娩时子宫内膜的平滑肌，也参与母性行为和乳汁分泌。加压素主要参与一些典型的雄性行为，如攻击、气味标记（scent marking）和求偶等。研究表明，催产素和加压素是伴侣关系（pair bonding）形成的重要调节因素。

四、性奖赏

性奖赏的处理依赖于中脑皮质边缘多巴胺系统（mesocorticolimbic dopamine system），包括腹侧背盖区（ventral tegmental area，VTA）内的多巴胺神经元以及从VTA到伏隔核（nucleus accumbens，NAc）、前额叶皮质（prefrontal cortex）和其他脑区的多巴胺能神经投射。在啮齿类动物中，交配可以产生奖赏效应。如雄性和雌性田鼠都喜欢在他们交配过的小盒子中停留更长时间（条件性位置偏爱）。一系列的研究表明，交配行为及性接触（如接吻）能够刺激腹侧被盖区，导致前额叶皮质和伏隔核内多巴胺增加。交配诱导的条件性位置偏爱依赖于伏隔核多巴胺受体的激活。伏隔核局部注射多巴胺受体拮抗剂氟哌啶醇（haloperidol）可以阻断交配诱导的偏爱行为。正电子发射断层扫描技术（PET）显示，在男人射精期间腹侧被盖区和纹状体表现出强烈的活动，与阿片类药物成瘾者中海洛因冲击（heroin rush）唤起的活动模式高度相似。这些研究表明，性活动是具有奖赏效应的动机行为。

第三节 药物成瘾与动机奖赏

前面几节提到的动机行为如摄食、性活动及保持代谢平衡等，均是为了维持机体的良好状态或种系延续。有些化学物质或药物虽然没有内在的生理功能，但可以直接作用于脑内奖赏系统，使人或动物产生快感。持续用药可导致对药物的渴求（craving）与强迫性用药（compulsive drug taking），产生药物成瘾。

一、脑内奖赏系统

Olds和Milner（1954）发现电刺激某些脑区可产生强烈的奖赏效应。他们将刺激电极埋藏在大鼠特定脑区并训练动物压杆来电刺激该区。他们发现，当将电极埋在下丘脑侧区或伏隔核时，大鼠可以连续以每小时几千次压杆来电刺激这些脑区，且可延续数天，甚至会不躲避电击、不吃不喝直至耗竭而亡，说明电刺激这些脑区能产生快感并导致强迫行为与成瘾。当将电极埋在另外一些脑区大鼠则不会自我电刺激。Olds和Milner的实验表明脑内存在有功能高度分化、与奖赏直接相关的奖赏系统。自我电刺激特定脑区成为鉴定脑内奖赏通路的重要手段。随后的实验表明多个脑区与奖赏有关（详见后文）。自然奖赏如进食及性活动均可通过声音、气味或触觉来刺激感觉器官并激活脑内奖赏系统而引起快感。但电刺激脑内奖赏系统则不经过感觉器官而直接引起快感，说明自我电刺激是一种非感觉性奖赏（unsensed incentive）。小鼠VTA多巴胺能神经元表达光敏感蛋白通道（channel rhodopsin-2，ChR2）后，小鼠很快学会通过压杆来连续自我光刺激多巴胺能神经元，说明VTA多巴胺神经元兴奋会产生强化效应。大部分小鼠在面临电击时仍然选择自我光刺激，产生成瘾行为。另一种非感觉性刺激是在20世纪80年代初发展起来的颅内自身给药技术。该技术通过将微管埋藏在特定脑区并训练动物自我注射来确定某一药物有无强化效应。与电刺激相比，自我光刺激有细胞类型及化学递质特异性，颅内自身给药具有神经化学特异性。这三种技术相互补充，被广泛用来鉴定脑内奖赏通路的解剖学和神经化学性质。电刺激光刺激和脑内给药可以直接激活奖赏通路，无须通过感觉通路中的突触传递，不会因为延迟而降低观察到的奖赏效应，是研究脑内奖赏通路的重要手段。成瘾药物由于可以直接激活脑内奖赏通路，所以也是一种非感觉性奖赏。多种动物如大鼠、猴及人类也会自我注射成瘾性药物，导致成瘾。虽然成瘾药物与自然奖赏均通过作用于脑内奖赏系统引起快感，但两者至少有两点重要区别。第一，成瘾药物对该系统的刺激作用通常更强烈、直接，因而有竞争优势。第二，自然奖赏如进食及性活动为个体存活及种族繁衍所必须，而成瘾药物的奖赏效应和生物学需求完全脱节。

二、中脑皮质边缘多巴胺系统

中脑皮质边缘多巴胺系统（mesocorticolimbic dopamine system）与奖赏及药物成瘾有十分密切的关系。该系统包括VTA多巴胺神经元的两条主要投射通路：一条由VTA投射到伏隔核（nucleus accumbens，NAc）及纹状体，称为中脑边缘多巴胺系统（mesolimbic dopamine system），另外一条由VTA投射到前额叶皮质（prefrontal cortex），称为中脑皮质多巴胺系统（mesocortical dopamine system）。两条投射通路合称中脑皮质边缘多巴胺系统。当把电极埋藏在大鼠脑内VTA或NAc并训练大鼠学会自身电刺激后，大鼠通常选择电刺激该区而不选择食物或性行为，说明电刺激该区具有很强的奖赏效应。多巴胺受体阻断剂可抑制大鼠的自身电刺激，说明电刺激该区引起的奖赏效应与多巴胺释放有关。

如图9-3-5所示，由VTA投射的多巴胺能神经纤维经内侧前脑束（MFB）投射到NAc、杏仁核、海马、扣带回和前额叶皮质、嗅结节和终纹间隙（interstitials stria terminalis）背侧部分。还有一些多巴胺纤维向前延伸至嗅前核和嗅球。VTA内除多巴胺神经元外，还含有GABA及乙酰胆碱（ACh）能神经元，不仅接受来自NAc、纹状体腹侧部、下丘脑和视前区的g-氨基丁酸（GABA）能神经元支配，还接受来自被盖核脑桥脚部（pedunculo-pontine

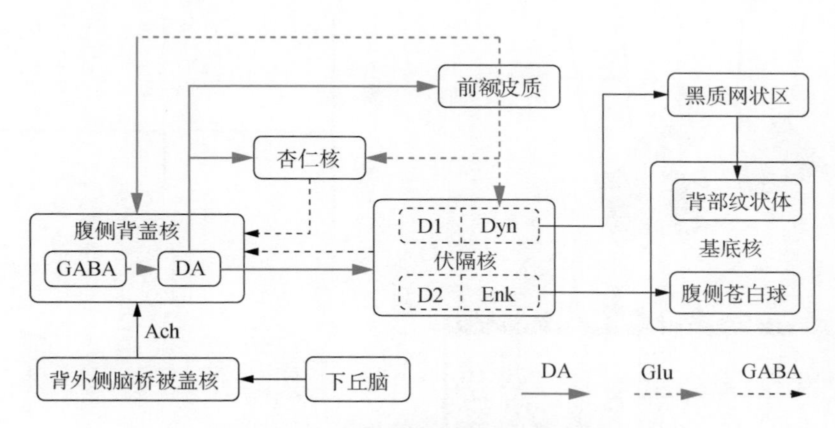

图9-3-5　奖赏神经回路中的信号调节

NAc内的神经元主要是GABA能和胆碱能神经元，可划分为内核区（core）和外壳区（shell）。外壳区与奖赏效应的产生有关，而内核区与奖赏记忆有关。VTA的多巴胺传出神经与NAc中GABA中等多脊神经元（medium spiny neuron）树突脊柄（Shaft）部形成突触。中等多脊神经元表达D1和D2型多巴胺受体。D1受体多分布于VTA多巴胺能神经终末与NAc胞体或树突形成的突触后膜，并与强啡呔、P物质共表达，相应神经元投射至黑质网状区（zona reticulata of the substantia nigra，SNR）。D2受体主要存在于NAc神经元或位于皮质、海马和杏仁核的传入神经末梢，并与脑啡肽共表达，相应神经元投射到腹侧苍白球（vental pallidum，VP）。NAc还接受前额叶皮质、海马、杏仁核和背内侧丘脑来的谷氨酸能神经传入。NAc中的多巴胺可以抑制NAc的输出神经元

tegmental nucleus，PPTN）和脑桥被盖核背外侧部（latero-dorsal pontine tegmental nucleus，LPTN）的ACh神经传入。电刺激侧下丘脑产生的奖赏效应就是激活由VTA传向PPTN的神经投射的结果。从内侧前额叶皮质（mPFC）来的谷氨酸（glutamate，Glu）能神经元投射到VTA和PPTN。电刺激mPFC导致谷氨酸在VTA中释放增加，进而导致NAc中的多巴胺释放增加，产生奖赏效应。

三、多巴胺神经元对奖赏信号的反应

Schultz等系统地研究了中脑多巴胺神经元对奖赏信号的反应。他们用细胞外微电极记录清醒猴子的单个多巴胺神经元放电，并观察奖赏刺激和厌恶性刺激（aversive stimuli）对放电频率的影响。VTA（A10）及内侧黑质（A9）的多巴胺能神经元对奖赏刺激均有较强的反应。大约75%的多巴胺神经元在发现隐藏的食物或接受果汁时出现位相型（phasic）放电频率增加。放电频率的增加通常出现在刺激后50～110 ms，持续时间常短于200 ms（图9-3-6）。多巴胺神经元能区分奖赏和非奖赏刺激，但不能区分奖赏物的性质；无论是食物还是果汁，放电反应都很类似。只有很小一部分多巴胺神经元对厌恶性刺激（将高渗盐水滴到嘴里、用气流吹手等）有反应。奖赏刺激与厌恶性刺激均能够吸引注意力，但多巴胺神经元对它们的反应不同，说明多巴胺神经元对奖赏本身而不是对显著性刺激起反应。

多巴胺能神经元还参与对奖赏的学习，表现为它们对奖赏刺激的反应可建立起巴甫洛夫式的条件反射。当把声音或灯光信号与原始奖赏刺激（果汁）反复配对（pairing）之后，单独的条件刺激（视觉或听觉信号）亦可引起多巴胺神经元的位相型放电频率增加。所以多巴胺不仅对奖赏本身，对奖赏出现的预期也产生反应。这种对原始奖赏及与奖赏配对的条件刺激的反应，随配对训练次数的增加而逐渐改变。在训练之初，多巴胺神经元只对原始奖赏有反应；在训练中期，多巴胺神经元对奖赏及条件刺激均有反应；在训练完成后（条件刺激与原始奖赏的联系已牢固建立），多巴胺神经元只对条件刺激有反应（图9-3-7）。这似乎表明多巴胺神经元对奖赏的反应可转移到与奖赏有关的条件刺激身上。

当猴子通过学习获知某种任务与奖赏之间的必然联系后，即可以预测奖赏的出现之后，多巴胺神经元对该奖赏不再反应。当奖赏比预期更好或在预期时间之外出现时，多巴胺神经元放电频率增加；当期待的奖赏没能在预知的时间出现时，多巴胺神经元放电减少或停止（图9-3-7）。这说明机体内有内在的时钟来精确预测奖赏出现的时间。以上观察表明，多巴胺神经元并不是不加区分的对所有奖赏起反应，而是对实际奖赏与期待奖赏之间的差别起反应。当奖赏比期望更好或在预期时间之外出现时多巴胺神经元对奖赏有正反应；当奖赏与期望相符时多巴胺神经元对奖赏无反应；当奖赏比期望更差或在预期时间不出现时多巴胺神经元出现负反应。

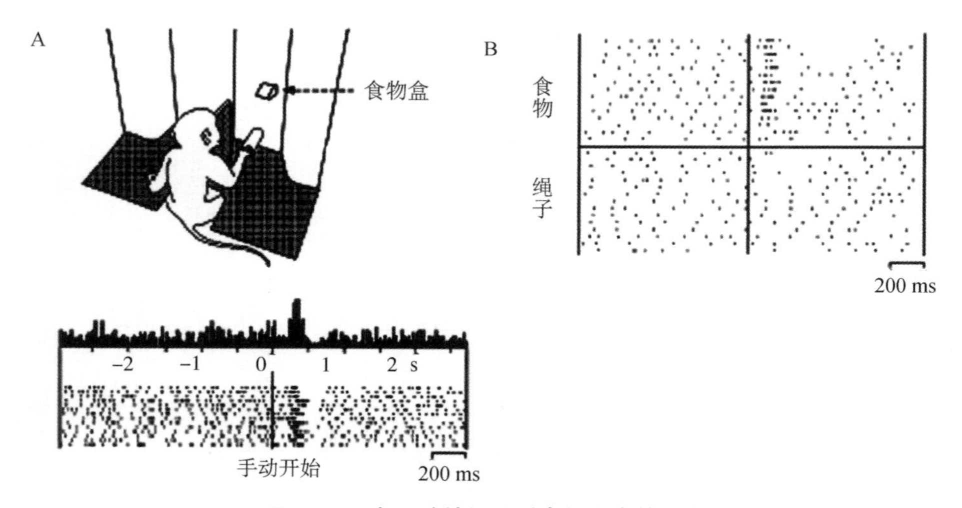

图9-3-6 多巴胺神经元对食物奖赏的反应

A. 上图显示猴子手经通道伸进食物盒可摸到小块苹果或绳子，同时触动"手动开始"的时标。猴子看不到食物盒的内容物。下图显示多巴胺神经元放电的平均直方图与实时图，每一小点代表一次放电。多巴胺神经元在手摸到食物时出现位相型放电频率增加。**B.** 多巴胺神经元在手摸到食物时放电频率增加，但在摸到绳子时放电频率无明显变化（引自 Schultz W. Reward signaling by dopamine neurons. *Neuroscientist*. 2001, 7: 295.）

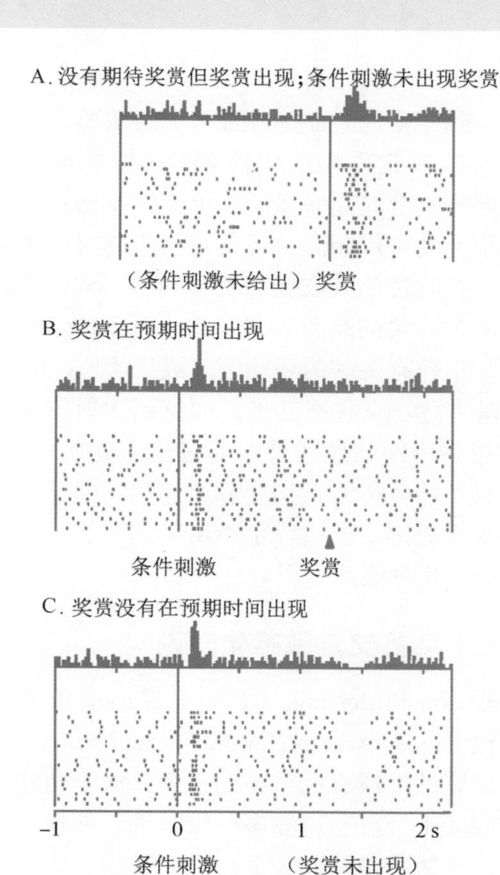

图 9-3-7　**多巴胺神经元是预测误差检测器**

A. 一滴果汁作为原始奖赏引起多巴胺神经元放电频率增加。因条件刺激（灯光或声音信号）未给出，该奖赏未被预测。**B.** 当奖赏在预期时间出现时，条件刺激使多巴胺神经元放电频率增加，奖赏本身不改变放电频率。**C.** 当奖赏在预期时间没有出现时，条件刺激引起放电频率增加，未出现的奖赏则导致放电频率减少（引自 Schultz W. Reward signaling by dopamine neurons. *Neuroscientist*. 2001，7：297.）

多巴胺神经元的这一反应特征可归纳为一个简单的公式：多巴胺神经元的反应＝发生的奖赏–预期的奖赏。据此，Schultz（2002）认为，多巴胺神经元是预测奖赏误差检测器（prediction error detector）。

单个多巴胺神经元对奖赏的反应是人类追求奖赏的缩影。目标导向的动机行为的驱动力是获得奖赏。当奖赏变得习以为常或达不到预期时，动机行为的驱动需要超过预期的奖赏。药物成瘾者觅药及用药的驱动力便是追求“超过预期”的奖赏。

四、成瘾药物的作用位点

虽然成瘾药物最初的作用位点不同，但大多数成瘾药物均可刺激中脑皮质边缘多巴胺系统。可卡因及苯丙胺抑制多巴胺转运体（dopamine transporter），造成多巴胺再摄取受阻；烟碱兴奋腹侧被盖区多巴胺神经元，促进多巴胺的释放；吗啡则选择性抑制腹侧被盖区 GABA 能中间神经元，通过去抑制（disinhibition）来间接兴奋多巴胺神经元（图 9-3-8）。这些药物均可通过抑制多巴胺降解或增加多巴胺释放来提高伏隔核中多巴胺的浓度。自然奖赏如食物、性行为等也是通过作用于中脑皮质边缘多巴胺系统诱发奖赏效应，但成瘾药物对该系统的刺激作用通常比自然奖赏更强，更持久。

随着持续使用药物，中脑皮质边缘多巴胺系统会做出适应性的改变。目前认为，多巴胺系统的适应性改变以及与奖赏有关的心理功能的改变，是成瘾形成的重要原因。有关成瘾形成的分子与细胞生物学机制请参见药物成瘾专章。本节讨论的是有关成瘾起因的心理生理学机制。

五、药物成瘾的心理生理学机制

药物成瘾有三个主要特征。第一个特征是对药物的极度渴求（craving）与强迫性用药（compulsive drug taking）。成瘾者不惜一切代价去寻找并使用成瘾药物。大鼠、小鼠及灵长类动物也对人类使用的药物表现出成瘾行为。第二个特征是容易复发（relapse）。即使在药物停掉很长时间后，对药物的渴求也没有忘记。当遇到应激或与过去类似的用药环境时，成瘾者对药物的渴望又死灰复燃。成瘾的第三个特征是虽然从药物中获得的欣快感越来越弱，但对药物的渴求却越来越强。任何成瘾成因理论都需要能够同时解释这三个现象。目前有以下几个主要学说来解释成瘾的起因。

（一）欣快感和戒断学说

提及成瘾的起因，很容易想到最初用药是为了得到欣快感，但随着持续用药，体内会产生适应性

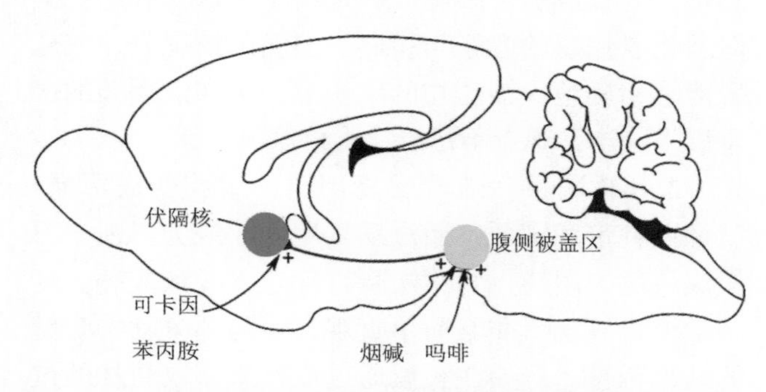

图 9-3-8　**成瘾药物的主要作用位点是腹侧被盖区→伏隔核的多巴胺通路**

可卡因及苯丙胺抑制多巴胺转运体，使多巴胺再摄取受阻。吗啡与烟碱兴奋腹侧被盖区多巴胺神经元，促进多巴胺的释放

的改变并导致耐受及依赖，当停止用药后会出现非常痛苦的戒断症状。这些现象可能的解释是，成瘾药物激活中脑边缘多巴胺系统引起欣快感；持续用药可使该系统的功能下调产生耐受；突然停药使得该系统功能进一步下调，引起戒断症状。欣快感和戒断学说认为成瘾是为了获取用药的欣快感与避免戒断的痛苦。

尽管如此，上述理论不能够很好地解释成瘾的根本原因，即何以会出现对药物的强烈渴求及强迫觅药行为。长期用药后欣快感减少甚至消失，而成瘾者对药物的渴求却越来越强。戒断症状会在戒断成功后完全消失，但病人的“心瘾”仍在，仍有复发的倾向。另外，有一些医疗用药如三环类抗抑郁药（丙咪嗪）在停药后也会出现戒断症状，但病人却不会因非医疗目的而自己服用（不成瘾）。

（二）异常学习学说

该学说认为成瘾是由异常学习（aberrant learning）所建立的一种顽固的刺激——反应习惯。中脑皮质边缘多巴胺系统不仅与奖赏本身有密切关系，而且还积极参与奖赏的学习。在反复用药的过程中，药物与欣快感之间的因果联系通过学习而牢固建立。这种联系大体分为以下三类：第一是行动与结果（action-outcome，A-O）的联系，第二是刺激与反应（stimulus-response，S-R）的联系，这两类联系使得用药者明白药物与奖赏的关系；第三是刺激与刺激（stimulus-stimulus，S-S）的联系，这类联系使用药者明白药物与周围环境中某些线索（cue）的关系。

1. A-O 联系 异常学习可以扭曲用药者对药物的记忆、感受和期待，使他们对药物的后果变得极其乐观。过去用药产生的欣快感会栩栩如生，无法忘记并导致成瘾。因此成瘾是由于在认知和记忆上对药物欣快感的夸张与扭曲。但实际情况是，成瘾者能够精确地预知药物的欣快感，也知道用药的严重后果。这种观点不足以让人信服。

2. S-R 联系 随着反复用药，用药变成习惯，就像系鞋带和刷牙，通过反复用药而成为习惯。习惯成自然，用药行为无法自行停止，导致成瘾。这一学说在概念上非常简单直观，也与部分动物实验的结果相符。例如在大鼠通过压杆来获取药物的过程中，同一杆被压来压去，久而久之形成顽固的习惯。但该学说不能很好地解释为什么成瘾者总是强迫用药。然而习惯无论多顽固，通常不会变成为强迫行为。

3. S-S 联系 前面提到的猴子的实验表明，当一个不具有奖赏作用的中性刺激（灯光或声音刺激）与原始奖赏建立联系后，该中性刺激也变成具有奖赏价值的条件刺激。香蕉对从未吃过的人是中性刺激，对吃过的人则变为奖赏刺激。成瘾药物可促进与奖赏有关的刺激与刺激之间联系的学习。成瘾者把与用药有关联的环境因素或线索（contextual cues）和药物效应联系起来，如见到注射器和针头就会联想到用药的欣快感。通过这类联系性学习，与用药有关的各种线索均会刺激用药，这是停药后复发的重要原因。但这仍很难说明为什么只有成瘾药物才会有这种联系出现。

（三）动机奖赏敏感化学说

Robinson 和 Berridge（1993）提出动机奖赏系统敏感化（incentive-motivational sensitization）学说来解释成瘾的形成机制。他们认为，成瘾药物能持续性地改变中脑皮质边缘多巴胺系统，使得该系统对药物及药物有关的刺激变得高度敏感，这一过程称为神经敏感化（neural sensitization）；神经敏感化的结果是所有与药物有关的因素在心理上被赋予激励显著性（incentive salience），使得药物变得越来越具有吸引力。

Robinson 和 Berridge 用“想要”（wanting）与“喜欢”（liking）来区分奖赏的两个侧面。表面上看，“想要”是接受奖赏之前的心态即奖赏的驱动力，而“喜欢”是接受奖赏之后的心态即欣快感。但 Robinson 和 Berridge 也认为“想要”与“喜欢”均可发生在奖赏之前并均可成为获得奖赏的驱动力，而且负责“想要”与负责“喜欢”的神经系统是独立的。在动物实验中，他们用口服蔗糖水代表“喜欢”性刺激，注射苯丙胺代表“想要”性刺激。结果发现重复使用苯丙胺只对负责“想要”的神经系统有敏感化作用。前面提到的欣快感及戒断学说认为成瘾是由于对欣快感的不懈追求。按照这一学说，“想要”是因为“喜欢”，越“喜欢”便越“想要”。与此形成鲜明对照的是，Robinson 和 Berridge 认为“想要”不等于“喜欢”，成瘾并不能使与“喜欢”或欣快感有关的神经系统敏感化，而只是使与“想要”有关的神经系统敏感化，导致越来越“想要”，进而渴求（craving），在行为上表现为强迫性的觅药和用药。成瘾可能更多地关乎渴望本身，而非所渴求的东西。渴求是成瘾的根本原因。该学说似乎能够解释为什么成瘾者对药物产生耐受与依赖后，用药产生的欣快感越来越少，而他（她）们对药物的渴求却越来越强烈。重复用药会长久甚至终生保持与“想要”有关的神经系统的敏感化。这可以解释为什么“心瘾”难除，即在长期戒断药物后患者仍有复发的倾向。虽然该学说影响甚广，但敏感化确切的生理机制、即什么细胞或分子变化导致神经敏感化尚不清楚。给大鼠重复注射可卡因可易化 VTA 多巴胺神经元的长时程增强（long-term potentiation，LTP），使得与可卡因有关的刺激更容易改变 VTA 多巴胺神经元的兴奋性突触传递。这一易化作用有可能是动机奖赏系统敏感化的机制之一。

（四）额叶功能异常学说

成瘾者不仅对药物有病理性的渴求，而且在寻找药物过程中表现出非理性行为。成瘾者不惜一切代价，牺牲家庭、工作、健康、甚至冒着生命危险去寻找并使用成瘾药物。虽然成瘾者知道药物的严重后果并在主观上想戒断，但“想要”的冲动仍会克服理性行为，导致用药。大脑额叶皮质负责决定的形成以及对行为后果的判断，额叶-纹状体投射对控制情感与行为十分重要。有报道表明，可卡因及苯丙胺成瘾者额叶皮质血流及葡萄糖代谢有明显改变。对多种药物成瘾的患者前额叶皮质的体积减小。额叶皮质功能异常削弱了判断力，使成瘾者更加不能有效地抑制强迫觅药及用药等非理性行为。

上述有关成瘾形成机制的四种主要学说并非互相排斥，例如刺激-刺激联系的学习能够帮助动机奖赏系统敏感化的形成。每种学说只是部分地解释了成瘾的起因，每种起因确切的细胞与分子生物学机制目前尚不十分清楚。例如，仍然不知道何种变化能让“心瘾”的记忆如此长久。目前对药物成瘾的治疗尚无十分有效的手段。有的治疗着眼于避免药物到达药物作用位点，这种治疗并不能减少病人对药物的极度渴求。另有替代治疗也只是缓解症状，让对一种药物的成瘾转变为对另一种“不易成瘾”药物的成瘾。还有一些非药物性的治疗康复手段，但病人仍有复用药物的倾向。随着人们对成瘾机制的日益深入，有望发现更为有效的治疗方法。

第四节 总 结

本章讨论了动机行为包括摄食、性活动及药物成瘾的神经生物学机制。动机行为受整个中枢神经系统的控制，但下丘脑在其中起着十分重要的作用。下丘脑内有一些功能特殊分化的神经元，能感受到机体的内在需求如饥饿、饥渴等，并通过调节激素分泌以及自主神经系统来启动动机行为，满足机体的需求。

但是动机行为并非都是为了满足机体的需求，影响动机行为的另一个重要因素是奖赏。对人类来说奖赏表现为欣快感，对动物来说表现为强化效应，即动物主动反复地重复该行为。体内与欣快感有关的奖赏系统涉及多个脑区，但主要是中脑皮质边缘多巴胺系统。自然奖赏如食物、性行为等均作用于该系统，促使多巴胺释放。但该奖赏系统能被成瘾药物更直接、更有效地激活，这也是多种药物成瘾的原因之一。在现代社会成瘾不只局限于药物，还包括行为成瘾，例如强迫性购物、不受控制地赌博、暴饮暴食、手机成瘾、性瘾及网络成瘾。成瘾者不顾后果完全沉浸在这些对个体有害却无法停止的行为中。尽管动物实验对成瘾神经生物学机制的研究取得了长足的进展，但目前对成瘾的治疗手段仍然十分缺乏。对于阿片类药物成瘾，阿片受体激动剂丁丙诺啡和美沙酮用于阿片类药物替代疗法，阿片类药物受体拮抗剂纳曲酮和纳洛酮主要用于急性用药过量，而 α_2- 肾上腺素能受体激动剂洛氟丁定用于缓解戒断症状。但是这些药物效果不足，阿片药物滥用导致过量死亡的人数持续增加，成瘾问题并没有得到很好的解决。

深部脑刺激（deep brain stimulation，DBS）已经被应用于多种神经和精神疾病的治疗。丘脑底核的深部脑刺激在缓解帕金森病的运动功能障碍及原发性震颤方面具有显著的功效。研究人员目前正在进行深入的研究以期将深部脑刺激应用于包括成瘾在内的许多其他疾病。在许多药物成瘾的动物模型中，几个不同大脑区域的深部脑刺激在减少药物成瘾方面取得了令人鼓舞的功效，尽管对人类成瘾有效性的证据仍主要限于个别病例报告。然而，深部脑刺激的主要局限性是它的侵入性，这使得它通常不适用于非神经外科手术候选者或潜在获益不大的患者。相比之下，非侵入性神经活动控制技术包括经颅磁刺激（transcranial magnetic stimulation，TMS）和经颅直流或交流电刺激（transcranial direct or alternating current stimulation，tDCS/tACS）已用于成瘾的治疗，例如背外侧前额叶皮质的经颅直流电刺激可减少对成瘾药物的渴求。与深部脑刺激相似，经颅磁刺激和电刺激可以控制刺激的频率、模式和幅度来适应不同的临床需求。希望这些新颖治疗方法在不久的将来能够改善成瘾治疗所面临的困境。

致谢：感谢北京大学陆林教授对本章做出的重要贡献。感谢山西医科大学乔健天教授、北京大学中国药物依赖性研究所刘艳丽博士提出宝贵意见。

参考文献

专著及综述

1. Bear MF，Connors BW，Paradiso MA. *Neuroscience：exploring the brain*. 4th ed. Baltimore：Williams & Wilkins，2016.
2. Friedman JM. Modern science versus the stigma of obesity. *Nat Med*. 2004，10（6）：563-569.
3. Kandel ER，Schwartz JH，Jessell TM，et al. *Principles of neural science*. 5th ed. New York：McGraw-Hill Health Professions Division，2013.
4. Munzberg H，Myers MG，Jr. Molecular and anatomical determinants of central leptin resistance. *Nat Neurosci*. 2005，8（5）：566-570.
5. Nestler EJ. Cellular basis of memory for addiction. *Dialogues Clin Neurosci*，2013，15（4）：431-443.
6. Robinson TE，Berridge KC. Addiction. *Annu Rev Psychol*，2003，54：25-53.
7. Schultz W. Dopamine reward prediction-error signaling：a two-component response. *Nat Rev Neurosci*，2016，17（3）：183-195.
8. Walum H，Young LJ. The neural mechanisms and circuitry of the pair bond. *Nature reviews*，2018，19（11）：643-654.
9. Wang TR，Moosa S，Dallapiazza RF，et al. Deep brain stimulation for the treatment of drug addiction. *Neurosurg Focus*，2018，45：E11.
10. Yang Y，Xu Y. The central melanocortin system and human obesity. *J Mol Cell Biol*，2021，12（10）：785-797.

原始文献

1. Fan W，Boston BA，Kesterson RA，et al. Role of melanocortinergic neurons in feeding and the agouti obesity syndrome. *Nature*，1997，385（6612）：165-168.
2. Gonçalves-Ferreira A，do Couto FS，Rainha Campos A，et al. Deep brain stimulation for refractory cocaine dependence. *Biol Psychiatry*，2016，79（11）：e87-e89.
3. Hollerman JR，Schultz W. Dopamine neurons report an error in the temporal prediction of reward during learning. *Nat Neurosci*，1998，1（4）：304-309.
4. Liu QS，Pu L，Poo MM. Repeated cocaine exposure in vivo facilitates LTP induction in midbrain dopamine neurons. *Nature*，2005，437（7061）：1027-1031.
5. Liu X，Zhao X，Liu T，et al. The effects of repetitive transcranial magnetic stimulation on cue-induced craving in male patients with heroin use disorder. *EBioMedicine*，2020，56：102-809.
6. Lu L，Hope BT，Dempsey J，et al. Central amygdala ERK signaling pathway is critical to incubation of cocaine craving. *Nat Neurosci*，2005，8（2）：212-219.
7. Ollmann MM，Wilson BD，Yang YK，et al. Antagonism of central melanocortin receptors in vitro and in vivo by agouti-related protein. *Science*，1997，278（5335）：135-138.
8. Pascoli V，Hiver A，Van Zessen R，et al. Stochastic synaptic plasticity underlying compulsion in a model of addiction. *Nature*，2018，564（7736）：366-371.
9. Ross HE，Cole CD，Smith Y，et al. Characterization of the oxytocin system regulating affiliative behavior in female prairie voles. *Neuroscience*，2009，162（4）：892-903.
10. Smart JL，Tolle V，Low MJ. Glucocorticoids exacerbate obesity and insulin resistance in neuron-specific proopiomelanocortin-deficient mice. *The Journal of clinical investigation*，2006，116（2）：495-505.
11. Winslow JT，Hastings N，Carter CS，et al. A role for central vasopressin in pair bonding in monogamous prairie voles. *Nature*，1993，365（6446）：545-548.
12. Yaswen L，Diehl N，Brennan MB，et al. Obesity in the mouse model of pro-opiomelanocortin deficiency responds to peripheral melanocortin. *Nat Med*，1999，5（9）：1066-1070.
13. Young LJ，Lim MM，Gingrich B，et al. Cellular mechanisms of social attachment. *Hormones and behavior*，2001，40（2）：133-138.
14. Zhang Y，Proenca R，Maffei M，et al. Positional cloning of the mouse obese gene and its human homologue. *Nature*. 1994，372（6505）：425-432.

第 4 章　情绪与认知

蒋　毅　刘　超　傅小兰

第一节　情绪概论

一、情绪的性质和功能

人非草木，孰能无情？情绪（emotion）是一种与特定生理活动模式联系在一起的积极或消极的体验，反映了主体与客观刺激和周围环境之间的关系。无论是人类还是动物，当受到的刺激或所处的环境有利于自身生存和发展时，都会产生积极的情绪（如吃到美味的食物时感到愉悦），反之则产生消极的情绪（如遇到危险的毒蛇时感到恐惧）。

情绪是短暂但强烈的体验，具有较大的情景性、激动性和暂时性；心境（mood）是强度低但相对持久且非特异的体验；激情（intense emotion）是一种强烈的、爆发性的、为时短促的体验；感情（feeling）是人类的社会性高级情感，包括道德感（moral feeling）、理智感（rational feeling）和美感（aesthetic feeling）等；偏好（preference）是潜藏在人内心的一种非直观的情感和倾向。人的上述体验也统称为情感（affect）。

情绪包括主观体验（subjective experience）、行为反应（behavioral response）和生理反应（physiological response）三个成分。人的情绪可分为基本情绪（basic emotion）和复合情绪（complex emotion）。基本情绪是人与动物共有的，在发生上有着共同的原型或模式，如喜、怒、哀、乐、忧、愤、憎等。复合情绪是由基本情绪的不同组合派生出来的。

情绪具有适应功能、动机功能、组织功能和信号功能。首先，情绪是有机体适应生存和发展的一种重要方式。其次，情绪是动机系统的一个基本成分，对于生理内驱力（drive）具有放大信号的作用，成为驱使人们行为的强大动力。再次，情绪是一个独立的心理过程，为有机体当时和以后的活动提供了有利或不利的背景，从而直接影响其活动的效率或方向。最后，情绪在人际间传递信息和沟通思想，其行为反应（即表情，emotional expression）是思想的信号（如微笑、点头等），也是言语交流的重要补充（如手势、语调等），构成社会化的媒介。表情的交流比言语的交流要早得多。在前言语阶段，婴儿与成人相互交流的唯一手段就是表情。情绪的适应功能也正是通过信号交流作用来实现的。

二、情绪的心理学理论

心理学家研究情绪体验和生理活动之间的联系，阐释情绪的起因。情绪的詹姆斯-兰格理论（James-Lange theory）认为，一个刺激引起生理反应，这种生理反应引起一种情绪体验，即每种独特的情绪体验都是特定的生理反应模式的结果而非原因。情绪的坎农-巴德理论（Cannon-Bard theory）认为，一个刺激同时引发了独立的特殊生理状态和大脑中的情绪体验。情绪二因素理论（two-factor theory）则认为，情绪是基于对生理反应的原因的推理，即一个刺激引起无差异的生理反应，人们对生理反应进行推理，这种推理引发了情绪体验。也就是说，当你面对某个你认为会吓着你的东西而出现生理反应时，你会把这种反应标记为恐惧；但是如果你面对某个你认为会使你高兴的东西而产生完全相同的躯体反应时，你可能会把这种反应标记为兴奋。但是，研究发现一些生理反应似乎是独特对应于一种单一情绪的，例如，自主神经系统的副交感神经分支（负责放慢和镇定，而非加快和兴奋）的某些活动模式似乎只和亲社会情绪（如同情）有关。

情绪的心理建构（psychological construction）理论认为，情绪并非由固定的机制产生，而是源自即时的、持续调整的建构过程，是机体反应及其概念体系共同生成的。基于心理建构理论，个体的情绪体验是在核心情感（core affect）的基础上，融合了情感表征、身体知觉、对象知觉、评价观念和行为冲动等形成的整体体验。情绪的社会建构（social construction）理论认为，情绪是文化而不是个体内部心理状态的表现形式，情绪是社会关系的产物，由社会文化因素构建并受到个体的社会角色和所处社会情境的约束。情绪的心理和行为成分与其社会意义和功能一同演化，情绪的意义及其独特性来源于情绪在某一社会情境下的功能意义。概念行动理论（conceptual act theory）进而认为，自然世界中的物理变化（如个体身体内部产生的变化；外部世界的变化，如其他人面部肌肉动作、身体动作和物理环境等）在接收者使用情绪概念知识将其归类为情绪（如愤怒、恐惧等）时，才会变为真实的（Barrett，2014）。

情绪的评价理论一般认为情绪涉及两种类型的评价。初级评价是个体有意或无意地将一个事件评价为与目标有关，当事件对目标起促进作用时体验到正性情绪，当事件对目标起阻碍作用时就体验到负性情绪；而次级评价与应对潜力相关，如是否可以制订计划以及计划会有多成功等（Oatley et al，2018）。

罗尔斯（Rolls，2018）的情绪理论明确提出，情绪是由奖赏物和惩罚物即工具性强化物（instrumental reinforcers）诱发的一种状态；情绪使基因能够限定行为的目标而非限定行为本身；情绪由认知过程构成，需要认知加工（不论是有意识的还是无意识的）来确定环境刺激或事件是否是工具性强化物；而在没有外部感觉输入和认知加工的情况下产生的情绪状态则是心境。

研究者对于情绪结构也持有不同的理论观点。范畴取向的情绪理论认为，情绪是个体在进化过程中发展出来的对刺激的适应反应，情绪是由几种相对独立的基本情绪、情绪状态以及多种复合情绪构成的。维度取向的情绪理论则认为，情绪是连续体，在几个基本维度上高度相关。情绪的维度主要指情绪的动力性、激动性、强度和紧张度等，每个维度都存在两种对立的状态，具有两极性。

三、情绪的主观体验

情绪的主观体验是个体对不同情绪状态的自我感受。每种情绪都有其独特的主观体验。虽然情绪体验很难描述，人们并不总能说出某种情绪体验是什么感觉，但通常可以说出一种体验和另一种体验有多相似（如“和愤怒相比，爱更像是高兴”）。通过让人们评价很多种情绪体验的相似性，心理学家使用多维尺度技术绘制出一张图，并确定了情绪体验的两个主要维度：效价（valence，正性-负性）和唤醒度（arousal，高-低），如图 9-4-1 所示。研究表明，所有情绪体验都可以用它们在这张二维图上独一无二的坐标来描述（Yik et al，2011）。

PAD 情绪量表测查情绪的三个维度：P 表示愉悦度（pleasure-displeasure），A 表示激活度（arousal-nonariusal），D 表示优势度（dominance-submissiven-

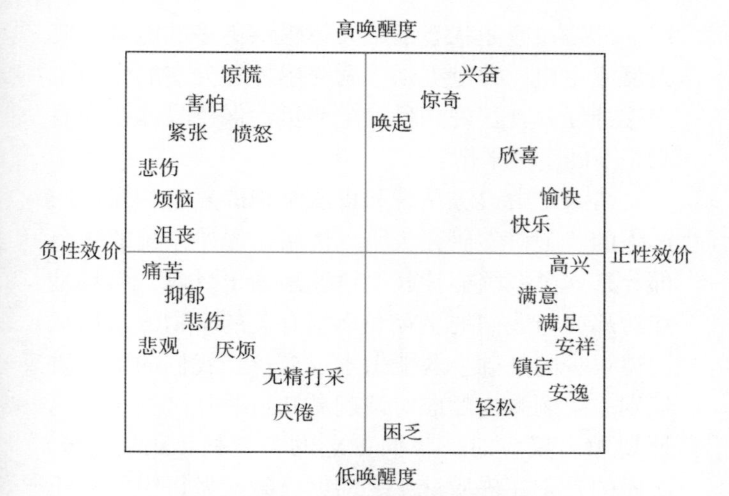

图 9-4-1 情绪的两个维度

正如城市能用它们的经度和纬度定位一样，情绪也能用它们的唤醒度和效价来定位［改编自 Schacter D，Gilbert D，Wegner D，et al. Psychology（3rd ed.）. New York，NY：Worth Publishers，2014］

ess）。PAD 组成的三维情绪空间可以比较充分地表达和量化人类情感，是情感计算研究的基础。

基本情绪的评价以自我报告为主，包括单项测量和多项测量。单项测量要求被测试者对某种情绪构成的体验进行分级，这种分级既可能是程度的划分，也可能是某种具体的情绪；可以是单项回答（如“你感觉愉快吗”），也可以是双项回答（如从“愤怒”到“根本不愤怒”），选项通常为五点、七点或九点的 Likert 式计分。多项测量包括大量形容情绪状态的词汇，其中一类测量要求被测试者在符合自己当时感受的情绪词前画钩，另一类要求被测试者对自己当时某种情绪的程度进行评定。常见的多项测量工具包括多重情绪形容词量表（Multiple Affect Adjective Check List）和基本情绪量表（Basic Emotion Scale）。

人们的日常情绪体验可能是非常复杂多变的。例如，人在说谎时所伴随的主观体验有可能是恐惧、焦虑、紧张，或者是羞愧、内疚，或者是洋洋得意、暗自窃喜；既可能有做贼心虚的惊恐不安，同时也可能有眼看谎言得逞的欣喜若狂。对复合情绪进行评价，可以采用问卷自评、情景模拟、形容词核查等技术或启动实验等范式。

四、情绪的行为反应

情绪往往会伴随着某种外部行为反应，即表情。表情是一种情绪状态的可观察的信号，主要包括面部表情、姿态表情和语调表情。

面部表情是一种十分常见的、外化在脸上的情绪表现，是人类表达情绪和解读情绪的重要线索。人脸面部下方有 43 块肌肉，可以有超过 1000 种独特的组合，能以惊人的微妙和特异性的程度来传达情绪状态的信息。保罗·埃克曼（Paul Ekman）和华莱士·弗里斯（Wallace Friesen）于 1978 年发布面部动作编码系统（Facial Action Coding System），将人类面部肌肉运动进行分类，确定了 46 种运动单元（action unit，AU），各有一个数字编码和一个名字。研究表明，这些运动单元的组合与特定的情绪状态有确切的关系。例如，当我们高兴时，颧大肌（使我们嘴角上扬的肌肉）和眼轮匝肌（卷曲我们外眼角的肌肉）会产生一个独特的面部表情（AU6 和 AU12），即出现了“微笑”。

查尔斯·达尔文（Charles Darwin）于 1872 年出版《人类和动物的表情》，不仅推测了表情的进化意义，还提出了普遍性假设（universality hypothesis），认为表情对每个人来说具有相同的含义。研究表明，至少有六种表情（愤怒、厌恶、恐惧、高兴、悲伤和惊奇）具有普遍性。但即使全人类对很多面部表情的情绪含义有相当普遍的共识，这个共识却可能并非那么完美。

姿态表情是除了面部以外身体其他部位的表情动作。这种身体语言（body language）蕴藏着人的情感、态度等多种信息。例如，欣喜若狂时手舞足蹈，无可奈何时耸肩摇头，悔恨交加时捶胸顿足。人们不仅能够通过身体语言来表达自己，也能够通过观察身体语言来推测他人的心理活动，如点头表示肯定，搓手表示焦虑不安，顿足表示生气恼怒，等等。研究发现，观察者能根据一个人走路的节奏、甚至简单碰一下手臂来判断其情绪状态（Dael et al，2012）。

语调表情通过言语的韵律（prosody of speech）来表达情绪。我们的情绪状态会改变我们说话的方式，从语调和变音到音量和音长，以及说话时的语气和停顿，都在向对方传递着情绪信息。人在紧张时，其声带会像是失去了弹性似的，声音变得干涩，呼吸也会变得局促，说话显得有些上气不接下气。研究发现，听者只根据声音线索就能推断出说话者的情绪状态，且准确率高于随机水平。有研究者甚至认为，一个人说话时给人的印象，肢体动作占 55%，语调占 38%，内容只占 7%。

五、情绪的生理反应

情绪往往伴随着复杂的心理和生理变化，对个体的认知和行为产生重要影响。任何一种情绪的产生都会同时伴随脑部的中枢神经生理反应，以及全身外周神经、内分泌系统等的变化。通常伴随情绪发生的这种生理反应不易受人的主观意志控制，所以成为测量情绪的相对客观的指标。多导生理记录仪已经被广泛地应用到与情绪相关的研究中，用来记录对情感变化敏感的各项生理指标的变化情况。

情绪的神经生理反应一部分与中枢神经的活动有关，另一部分与外周神经的活动有关。从中枢神经传出到内脏的神经，主要支配内脏各器官的肌肉、腺体的活动，称为自主神经系统。我们通常能够感受到自己的情绪所带来的身体变化，诸如面红心跳、手心出汗、呼吸局促、口干舌燥，这是自主神经系统在起作用。

自主神经系统有交感神经和副交感神经两个分支。交感神经的兴奋保证了人体在应激、紧张状态时的生理需要，主要表现为：能加速心搏频率和增强心搏力量，提高动脉血压；抑制胃肠的运动，降低胃肠蠕动的频率，减弱蠕动的力量，减少唾液腺分泌，导致唾液黏稠；使细支气管扩张，有利于通气，引起汗腺分泌，扩大瞳孔；等等。除此之外，交感神经兴奋还会促进肾上腺素与去甲肾上腺素的分泌，而这两种激素的作用与交感神经的作用相同，都是在应激状态下给人体提供更多的能量，使人反应更快、力量更强。副交感神经分支的作用与交感神经分支正好相反，主要负责保持身体在安静状态下的生理平衡。

情绪是由边缘系统和皮质结构的复杂相互作用产生的。脑科学研究表明，情绪是原始系统的一个部分，这个系统能让我们迅速地做出反应，而且是在对那些与我们的生存和幸福有关的事物的信息掌握得很少的基础上就能做出反应。当我们的新皮质识别一个刺激、考虑对该刺激知道些什么、小心地计划做出反应时，我们古老的杏仁核（amygdala）所做的是它在皮质进化之前就已经能做得很好的任务：它瞬间就对我们环境中的物体和事件的重要性做出了判断，而且在必要的时候，让我们的心脏和腿准备好脱离险境。

情感神经科学（affective neuroscience）是研究情绪的神经机制的一门学科，注重识别大脑中对人类情绪起作用的特定部位，并将神经科学的原理与各种心理学应用相结合。情感神经科学的研究发现，在中脑、边缘系统和基底神经节之间存在四条情绪的传导环路，分别调节期待、恐惧、愤怒和惊恐。研究发现，当脑干系统被激活时会产生类似固定动作模式的行为（如逃脱、逃跑和恐惧行为），进而推测存在一组“自然范畴”的基本情绪（如寻求、狂怒、恐惧、欲望、关心、恐慌/悲痛和嬉戏）（Panksepp，2011）。

第二节 情绪与知觉注意

感知觉是个体认知外部世界和内在状态的窗口。因此，对于情绪与认知的关系，一个自然而然的假设是情绪可通过影响感知觉来塑造认知过程。与此假设一致，大量研究的确发现，情绪对感知觉存在广泛且跨模态（如视觉、听觉、嗅觉、痛觉、时间知觉）的调节作用。这一调节作用往往表现为对情绪相关的感知觉信号的放大，即知觉增强效应。在这种知觉增强效应的基础上，情绪进一步深刻地改变了个体认知外部世界和内在状态的方式，尤其是影响注意（attention）系统的指向和分配，并因此产生情绪介导的注意优势效应。本节将介绍情绪对不同模态感知觉加工的调控，并概述情绪介导的注意优势效应。

一、视-听觉

视、听觉（audio-visual perception）是个体认知外部世界的主要感觉通道。情绪信息往往通过视、听觉通道前馈传递至大脑的情绪中枢，继而诱发丰富的情绪反应（和体验）；相对应的是，高级情绪中枢的神经活动也会沿着情绪系统与感觉皮质间的多级反馈连接（LeDoux，2000）来影响初级感知觉皮质的神经活动，并深刻塑造调节个体的视-听觉感知。

相较于中性刺激，带有情绪信息的刺激对于个体而言具有更强的生存和进化意义。研究发现，人们对于特定的视觉和听觉刺激存在着与生俱来的、非条件化的情绪加工，这可能与这些刺激所携带的生存和进化信息紧密相关：强光、噪音、天敌的声音等带有威胁信号的刺激，往往能够诱发负性的情绪响应；而暗示配偶、食物等资源接近的信号则能诱发正性的情绪响应。相关研究发现，情绪刺激在视、听觉的初级知觉阶段就已经具有了更强的优势。情绪面孔在双眼竞争中相比中性面孔感知时间更长、加快刺激的响应速度、提升感知敏锐度、增加物体感知大小（充斥恐怖物体的圆圈会被知觉得更大）等。情绪韵律可以诱发听觉皮质更强的激活，这一模式即便在注意被同时呈现的另一干扰刺激吸引时也会出现。此外，情绪信息还可以跨模态地对认知加工产生影响。相较于中性旋律，出现在左耳或右耳的情绪旋律能帮助人们在视觉上更快地探测到出现在同侧的点，这一影响在视觉加工早期就发生了，具体表现为事件相关电位 P1 成分幅度的升高。这说明，情绪信息对于知觉的调节从早期感觉加工阶段就已经开始产生影响。

fMRI 研究也发现，早期的初级视、听觉皮质能够将丰富的感觉信息直接投射给负责对情绪响应和分类的脑区，如杏仁核。而杏仁核又能够通过与前额叶脑区（眶额皮质、前额叶皮质）的连接，对情绪信息和知觉信息进行整合，对低级感觉皮质进行反馈投射，使得传向额顶叶注意区域的信号发生偏移，从而加强对情绪刺激的神经表征（Brosch et al，2013）。这种情绪系统与感觉系统之间的双向联系对个体的生存十分重要，它可以使得情绪相关信息得到自动检测。一旦被检测到，这一信息便成为关注、评估和引导行动的重点。这一快速而敏锐的对于情绪信息的加工通路，可以帮助个体及时调整当前生理和心理状态，以恰当应对环境中的奖赏和威胁刺激。

内生性情绪刺激对于个体而言具有极强的生存和进化意义，然而，直接研究这类刺激可能会因为其在低水平物理特征上（如颜色、形状、大小）的较大差异，而无法纯粹地提取出情绪本身对知觉的调节。为了排除这一干扰，研究者往往会采用条件化联结学习范式，即将原本中性的刺激转变为情绪刺激（如通过将光栅与负性电击进行联结学习，使前者成为条件化恐惧刺激），研究习得性情绪信息如何影响初级视听皮质的神经活动。研究发现，情绪可以显著增强视觉神经活动，这种神经增强效应可发生在视觉加工的早期（C1 成分）、中期（P1 成分）和晚期（LPP 成分）阶段，并提高早期（60 ～ 90 ms）视觉加工过程中 beta-gamma 频段（18 ～ 35 Hz）的能量。在听觉通道内，初级听觉皮质也表现出类似的神经增强效应，并且发生时间可能比视觉通道更早（Miskovic and Keil，2012）。

二、嗅觉

嗅觉（olfaction）作为生物进化史上最古老的感官之一，对动物的觅食、躲避危险、个体间交流至关重要。嗅觉与情绪在种系发生进程中存在紧密的亲缘关系，在解剖结构上也高度重叠。嗅觉产生与情绪加工的脑机制密不可分：气味分子与鼻黏膜中的嗅觉受体结合后，转换为神经电冲动信号汇聚到嗅球。而后通过嗅束投射到包括嗅前核、梨状皮质、内嗅皮质、嗅结节和杏仁核的初级嗅皮质，继而传递到眶额皮质、脑岛、下丘脑、海马、背内侧丘脑以及更多的杏仁核子核团，进而产生嗅觉；其中，杏仁核、海马、眶额皮质和脑岛都是加工情绪的主要结构。而临床证据则表明，嗅觉损伤的个体更可能表现出抑郁的症状。

除了进化与解剖上，嗅觉和情绪间千丝万缕的联系也在行为反应和脑成像研究中被不断佐证（周雯和冯果，2012）。首先，情绪能够提高嗅觉分辨能力。嗅觉系统可以在接触刺激的最早期就对情绪做出显著反应，嗅觉感受器细胞的活动已经能够被厌恶条件反射所调节。同时，在知觉上不可分的一对气味分子，可以通过与恐惧形成差异化联结，显著增加梨状皮质（piriform cortex）对该刺激的激活强度，并帮助个体在知觉上将它们分开。其次，个体不同的情绪状态影响其嗅知觉。利用积极、消极或中性的图片诱发被试对应的情绪状态发现：负性情绪状态下被试嗅觉敏感性降低，并将中性气味知觉为更强且更不愉悦；而正性情绪则使得被试将中性气味知觉为更愉悦；焦虑状态则使得被试延长了对中性气味的探测时间，降低了其感知愉悦度，伴随着更强的嗅觉皮质和情绪相关脑区的激活，以及更强的嗅皮质和杏仁核的连接。

另外，一系列研究发现人体天然的体味和其成分也携带情绪信息，并能够在意识下影响情绪知觉和社会知觉：个体恐惧状态下的汗液会使得个体对模糊面部表情知觉为更恐惧，且在认知任务中反应更慢更准确；人体汗液中的类固醇能够影响个体对生物运动视觉刺激的情绪和性别知觉。同时，人体天然的体味和其成分会激活如眶额皮质、下丘脑等情绪相关脑区。

三、疼痛知觉

疼痛知觉（pain perception）是体内重要的危险预警系统，通过疼痛带来的痛苦促使个体远离疼痛风险因素，保护自己。从组成成分来看，疼痛包含四种紧密联系的成分：伤害性感受成分，感觉—辨别成分（疼痛强度），情绪情感成分（疼痛不愉快度）和认知—行为成分。由于情绪情感（尤其是负性情绪）是疼痛感知的必备要素，情绪系统便很自然参与疼痛加工。

对疼痛的恐惧是加剧疼痛知觉最主要的情绪因素。从概念上讲，疼痛恐惧（pain-related fear）指对疼痛自身以及与之相关的伤病和躯体活动等的恐惧。从状态-特质的维度上，疼痛恐惧不是依情境变化的状态性情绪反应，而是一种稳定存在的特质性信念和行为方式。从疼痛体验和应对行为上看，高疼痛恐惧者具有在预期或面对疼痛时表现出更高恐惧水平并更加回避疼痛情境的趋势。研究者据此提出认知-行为性的恐惧-回避模型（Fear-Avoidance Model，FA）。早期的FA模型强调疼痛恐惧打破疼痛的情绪性成分和感受性成分间的同步性，从而导致过度疼痛感知（exaggerated pain perception），长期维持下去则可能发展为慢性疼痛。后来的FA模型引入与疼痛恐惧密切相关的疼痛灾难化和疼痛警觉性的作用，强调它们共同维持“越恐惧越回避”的恶性循环，加剧疼痛感知并导致心理和身体层面的功能丧失（Vlaeyen and Linton，2000）。

在慢性疼痛群体中，疼痛恐惧在患者自身的疼痛强度、功能损伤程度、症状持续时间、症状好转比例、疼痛任务表现等多指标上表现出对疼痛感知的敏感化。同样，在一般人群中，恐惧对疼痛感知的敏感化也有大量实证支持：高疼痛恐惧者在健康人中依然普遍存在，他们更回避有可能带来疼痛的身体运动和社交活动，并将同样的刺激体验得更痛。

四、情绪与时间知觉

时间知觉（time perception）是一种特殊的意识体验。与视 / 听 / 嗅 / 痛等其他知觉相比，时间知觉缺乏特异于时间流逝的感受器。因此，时间知觉是大脑结合内在状态和各通道感知觉信号建构出来的主观表征，易于受到机体内-外状态的调节。其中，情绪是影响时间知觉的关键因素。俗话说“快乐的时光总是那么短暂；而痛苦的日子却绵延仄长”，这形象地说明了情绪对时间知觉的重要影响。与此一致，以Droit-Volet实验室为代表的大量研究表明情绪性刺激相比中性刺激被知觉为持续更久（即，时距延长效应），且负性情绪相较正性情绪又能进一步延长时间知觉。

起搏器——累加器模型（pacemaker-accumulator models）是解释时间知觉的主流认知模型。该模型认为人脑内有一个起搏器源源不断地发送脉冲，脉冲经过转换开关到达累加器，累加器得到的脉冲总数表征时间长短（Gibbon，1984）。在该模型框架内，情绪对时间知觉的影响主要发生在起搏器和转换开关阶段，分别对应情绪对机体唤醒度和注意系统的调节（图9-4-2A）。情绪通过提高唤醒度加

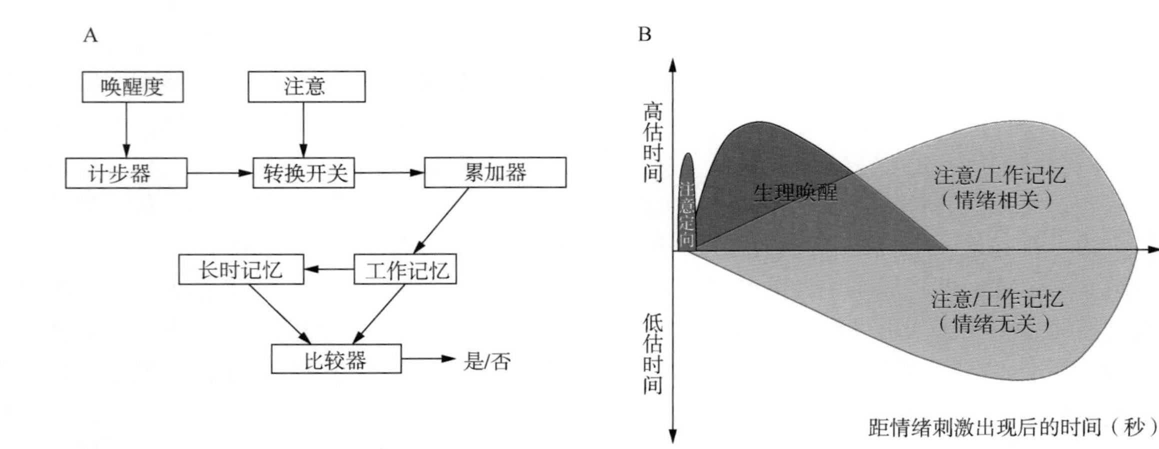

图9-4-2 **情绪影响时间知觉的认知机制和时间表**

A. 情绪通过唤醒度和注意影响时间知觉的认知机制。**B.** 情绪通过唤醒度（蓝色）和注意（绿色）影响时间知觉的方式和进程。（改编自参考文献中的综述6）

快起搏器计时的速率，并通过吸引更多注意使脉冲更多地从起搏器输送到累加器中，从而延长时间知觉。如图所示（图 9-4-2B），情绪依赖唤醒度影响时间知觉的关系是单向的——情绪相比中性刺激总是提高唤醒度并因此延长时间知觉。然而，情绪依赖注意机制影响时间的作用却是双向的，并分为早期和晚期两阶段。在早期阶段，情绪刺激自动捕获注意从而倾向于延长时间知觉。但在晚期阶段，自上而下的注意操纵可能使注意指向情绪刺激从而延长时间知觉，也可能使注意离开情绪刺激从而缩短时间知觉（Lake et al，2016）。

五、情绪与注意

情绪和注意的关系是情绪与认知研究的一个重要领域。传统观点认为早期情绪加工由一套生物固有的机制驱动，自动地诱导注意指向生物显著性（biological significance）更强的情绪刺激。因此，这个体现情绪优势效应的早期加工过程又被称为内驱的或者自然选择性的注意（“motivated”or“natural selected attention”）。与此观点一致的事实是，高唤醒度的情绪性刺激具有注意捕获的优势，探测速度更快，能够更持久地占用注意资源，诱发更强的早期注意定向，并（如前文所述）在视觉、听觉、嗅觉、疼痛知觉和时间知觉等多种感知觉模态内诱发行为和神经增强效应。此外，这种情绪优势效应的生物性还体现在性吸引力中。例如，高唤醒度情绪图片在无意识条件下所诱导的注意定向效应依赖于个人的性取向：尤其是在男性群体中，异性恋者的空间注意更多地被不可见的女性图片吸引，而同性恋者则更多地被不可见的男性图片吸引。

上述情绪加工自动化的观点受到情绪与注意互相竞争观点的挑战。竞争观点认为，情绪和注意加工之间存在着对认知资源的竞争，情绪加工依赖注意才能进行。研究者发现情绪中枢杏仁核对面孔加工的情绪效应依赖注意，当任务要求自上而下地忽略面孔刺激时，杏仁核反应在不同情绪间没有差异；只有当面孔被注意时，杏仁核的 BOLD 活动才能显著区分不同情绪面孔。在注意条件下，杏仁核可以通过较为复杂的腹内侧前额叶（VMPFC）-背外侧前额叶（DLPFC）等皮质网络调节认知目标，从而将注意资源引向情绪信息的表征，使其得到更充分的认知加工。

实际上，自动化观点和注意竞争观点之间的矛盾是情绪信息在皮质下和皮质上双通路并行加工的体现，并在时程上表现为早期加工和晚期加工的分离（杜忆，等，2013）：在早期，皮质下通路自下而上地加工生物显著性强的情绪信息，并继而引导个体产生自然选择性的情绪优势效应；在晚期，杏仁核受到皮质注意网络自上而下的调控，从而对情绪刺激进行精细化加工。在这个阶段，广泛且丰富的皮质加工过程需要消耗认知资源，因此，会与同时进行的其他注意过程形成竞争。当认知资源充裕时，负性情绪的加工优势不明显，这是因为机体可以调节资源分配从而使正性刺激也得到充分加工；但当认知资源匮乏时，高唤醒度的负性情绪就可以刺激凭借其对认知 / 注意资源的优先占用能力表现出负性情绪优势效应。

第三节　情绪与学习记忆

一、情绪与学习

1. 情绪学习的基本研究范式　情绪学习的基本范式为巴普洛夫条件反射（pavlovian conditioning），该范式通常包含条件刺激（conditioned stimulus）和非条件刺激（unconditioned stimulus），其中条件刺激是原本在情绪上为中性的刺激，如光栅、短音等，非条件刺激则是本身就能引起情绪的刺激，如不愉快的噪音、电刺激等。实验过程中，研究者在条件刺激呈现之后紧接呈现非条件刺激，多次重复，使人类或动物被试建立起二者的联结，从而对条件刺激亦产生情绪反应。同时，情绪学习能否建立也取决于条件刺激与非条件刺激之间的时间间隔（图 9-4-3）。

动物模型为情绪学习的神经机制的研究提供了大量证据（Byrne et al，2008）。由于恐惧情绪条件反射容易建立且能长久保持，因此其在研究中的应用更为广泛。情绪学习的动物研究中还有两类常见任务：一是主动回避（active avoidance），在这类任务中，动物需要主动表现出某些实验者定义的反应以避免惩罚；二是被动回避（passive avoidance），让动物习得特定区域与电击惩罚的联系，随后观察

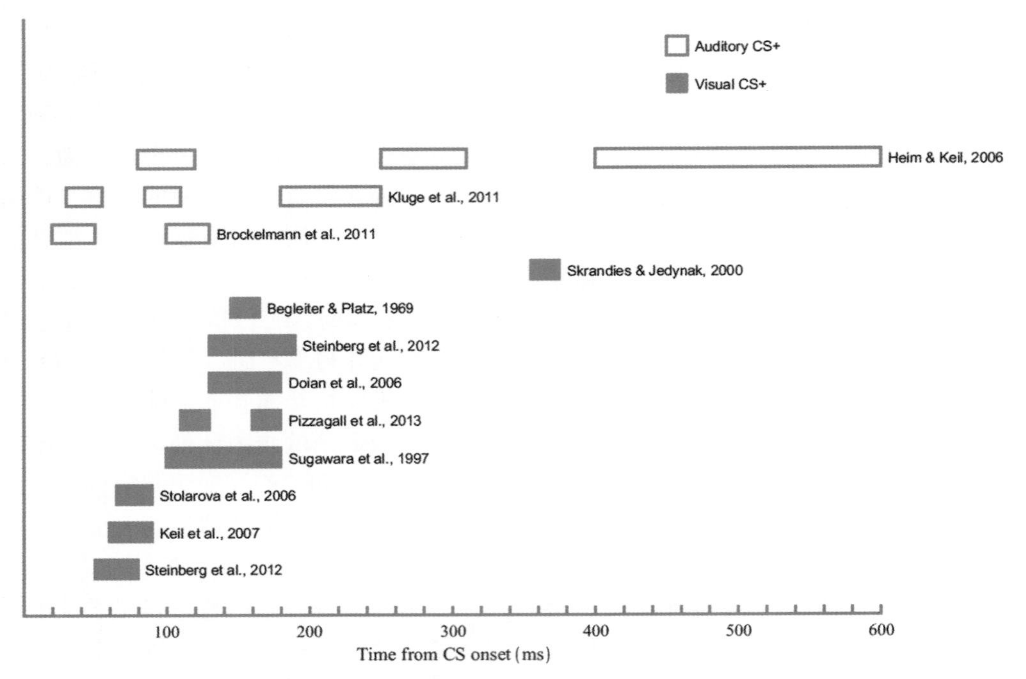

图 9-4-3 **情绪学习能够形成时条件刺激与非条件刺激的时间间隔**

X 轴表示条件刺激与非条件刺激间隔的时间窗（改编自参考文献中的综述 8）

它们是否能避免进入惩罚区域。此外，当恐惧联结已被习得后，即使条件-非条件刺激的联结关系消失，原本建立起的记忆痕迹也并不会消失，而是重新在脑中建立起条件-无关刺激的联系，并且会与原有的条件-非条件记忆痕迹竞争，该过程被称为消退学习（extinction learning）；原有的条件-非条件联结在消退学习过后的一段时间里，若突然施加的非条件刺激或新环境所诱发，都可能再次出现，该过程称为消退式复现（extinction renewal）（Bouton，2004）。目前认为消退学习和消退式复现是自动化的过程，不需要意识参与（Hartley and Phelps，2010）。

2. 杏仁核在情绪学习中的重要作用 杏仁核接受来自所有感觉系统的刺激。动物模型研究中发现，杏仁核在情绪学习的获得和保持中起着关键作用（Todd et al，2020）。情绪学习会使动物杏仁核中的神经元对条件刺激的反应迅速发生变化。有研究者分别记录了猴子杏仁核内对正性和负性情绪刺激产生兴奋的神经元活动，发现随着猴子学习特定视觉刺激与情绪效价的联结，与该效价所对应神经元对视觉刺激的放电频率也会逐渐上升，而此时若突然逆转与视觉刺激相关的情绪刺激，如从负性刺激变为正性刺激，猴子杏仁核内神经元的放电模式可以在逆转后的几个试次内就迅速发生转变。该证据有力说明了杏仁核与情绪学习的因果关系。大鼠的杏仁核在情绪学习中表现出长时程增强效应（long term potentiation，LTP），而采用 NMDA 受体拮抗剂或消除杏仁核 LTP 的基因可破坏大鼠的恐惧条件反射。与动物研究的结果相一致，充分的证据也揭示了人类杏仁核在恐惧条件反射中的重要作用。健康人的 fMRI 实验揭示了杏仁核对恐惧相关的视觉或听觉条件刺激的激活，而杏仁核病变的患者无法建立条件刺激的恐惧条件反射。因此，恐惧情绪学习的神经机制在不同哺乳动物物种中表现出同源性。

杏仁核与海马共同构成情绪学习的脑网络（Todd et al，2020）。杏仁侧核（lateral amygdala）接受来自丘脑内膝状体（medial geniculate thalamus）的直接输入，在条件反射形成的过程之中，杏仁侧核的神经元放电对条件刺激的反应发生变化，且这种变化稍早于条件反射的形成，因此被认为引导学习过程的发生。杏仁基底核（basal nucleus）及基底副核（accessory basal nucleus）也接受外部感觉刺激，特别是从腹侧海马区来的输入。当学习过程完成后，基底副核向杏仁中央核的输入导致一系列与情绪状态相关的生理和行为反应发生。杏仁基底核及基底副核的毁损可以破坏这种情境性条件反射，而杏仁中央核被毁损后，即使是在惊恐条件反射已经形成的情况下，动物也不再表现出对条件刺激的生理反应。此外，腹内侧前额叶、背外侧前额叶在消退学习过程中可以通过抑制杏仁核活动对情绪学习的网络起调控作用。

需要指出的是，虽然对杏仁核的研究大多是通过负性刺激进行的，但杏仁核也参与正性情绪学习过程。不同类型的任务中均发现杏仁核的神经元可对不同类型的奖励刺激做出反应。然而，杏仁核损伤通常不会影响奖励学习，这表明正性情绪学习可能也受到其他不涉及杏仁核的神经通路支持。

3. 内隐情绪学习　研究者早期便发现情绪信息可以通过内隐方式学习，即使情绪刺激在意识下呈现，人们依然可以将情绪与共同呈现的其他刺激联结。如 Morris 等（1998）发现，如果向被试呈现 40 ms 愤怒面孔并立即用中性面孔掩蔽，此时被试无法看到愤怒面孔，但依然可以形成愤怒情绪和条件刺激的条件反射，并可引起杏仁核激活。最近，有研究者提出了解释内隐情绪学习的新框架，该框架认为形成内隐情绪学习包含三个重要加工能力：第一，在离散的时间尺度上分别对非条件刺激效价和唤起度等方面的评估；第二，在离散的时间尺度上分别将条件刺激与非条件刺激相联结；第三，在连续的时间尺度上评价条件刺激-非条件刺激匹配出现的概率，进而习得二者之间的关联。该框架强调了非条件刺激出现概率的内部表征模型在内隐情绪中扮演着重要作用，为内隐情绪学习的研究提供了新的思路。

二、情绪与短时记忆

诸多研究表明情绪对短时记忆加工起着调节作用。Baddeley（2012）专门提出工作记忆系统中存在一个“愉悦检测系统”（hedonic detector system）负责感知情绪，从而调节工作记忆中的信息的加工和存储。对于情绪状态对短时记忆加工的影响，当前研究者主要从情绪的效价维度出发展开探索，并发现情绪状态对包含不同类型信息的短时记忆加工影响并不一致。具体来说，正性情绪能够提高言语短时记忆绩效，并能使工作记忆执行控制能力显著提升，但对空间短时记忆的绩效有破坏作用。而负性情绪则破坏言语短时记忆和工作记忆执行控制能力，但使空间短时记忆绩效得到提升。此外，有研究发现，虽然负性情绪会使视觉客体短时记忆容量下降，但却能够使其记忆精度上升，这提示了负性情绪的功能性，即负性情绪使个体将当前情境解释为充满危险的情景，从而促使自身提高警觉性，并进而采用更细节、精确的方式加工当下信息，以便做出最优的决策与行动。

目前情绪刺激短时记忆加工的研究主要采用情绪面孔刺激。与中性刺激相比，情绪性刺激在短时记忆加工时可以获得更多认知资源，从而得到更好的加工，该效应在记忆负荷较高时更为明显。这种变化主要源于情绪面孔在记忆保持阶段会竞争到更多用以维持的资源。此外，存储于短时记忆中的威胁性情绪面孔比中性面孔更能促进对于面孔的无意识加工。此外，面孔情绪的短时记忆加工能力存在较大个体差异，也受面孔身份信息调节。

三、情绪与长时记忆

1. 情绪增强记忆现象　情绪信号在社交行为、生存进化中扮演着重要的角色，从很多方面影响着人们认知加工的方式，长时记忆也是其中的一个重要方面。众多既往研究表明，相比于中性信息，情绪性信息能够产生更好的记忆效果（Levine and Pizarro，2004），在人们的印象中留下浓墨重彩的一笔，这种现象被称为“情绪增强记忆”（Emotion-enhanced Memory，EEM）。研究者们已经在使用各种刺激类型（包括图片、影视、音频、文字等）、各种提取任务（包括再认、自由回忆、线索回忆等）的研究中观测到了情绪增强记忆的现象。

情绪性信息通常通过唤醒度（刺激程度）与效价（愉悦程度）两个维度影响记忆，而两者的潜在机制有所不同。其中，高唤醒度刺激的加工是一个相对自动化的过程，即使在注意分散的状态下对其进行编码，记忆增强效应依旧发生；而仅效价刺激则更需要意识控制的精细化加工，在缺乏注意的情况下，其记忆优势则大大减少。这与 ERP 的发现总体上是一致的，即唤醒的加工速度比效价更快，高唤醒刺激会在 400 ～ 600 ms 于中心顶叶电极带来与随后记忆提取高度相关的波动，如同一种早期“警报系统”。神经影像学的研究进一步为这种分离提供了证据，即高唤醒度刺激的记忆效果与编码阶段杏仁核的参与以及杏仁核与海马体活动间的相关性有关；相比之下，仅具有情绪效价而唤醒度不高的刺激则涉及前额叶、海马的额外参与，这些脑区同时也负责中性信息的加工（Kensinger and Kark，2018）。

2. 不同情绪效价对记忆影响的差异性　目前，本领域更多研究将上述探索进一步展开，聚焦于发现不同效价（消极/积极）的情绪对记忆不同的影响及神经机制。多数结果显示，消极刺激比积极刺激带来更大的记忆增强，且其往往具有更高的准确性且更为生动，而积极刺激的记忆则与熟悉感有关；有研究者将这类现象归纳为“消极情绪效价增强复述模型”（Negative Emotional Valence Enhances Recapitulation，NEVER）（Bowen et al，2017）。实际上，消极信息所具有的格外强烈的记忆优势，与其在各个阶段的神经机制是密不可分的。不乏fMRI研究的阐述，在对消极刺激的成功编码过程中，相比于积极与中性刺激，腹侧视觉加工区域（如梭状回）会出现更强、更广泛的激活，这些感觉区域的活跃常与细节性记忆紧密相连。同时，杏仁核与众多感觉皮质的连接性也会增强，如与腹侧枕颞叶皮质（VOTC）、左额下回与左枕中回等，而当面临积极刺激编码时，杏仁核与左额下回、左枕中回的连接性反而减弱了。这种杏仁核与枕叶连接性的差异，也一定程度上解释了为何消极记忆具有如此强的感知生动性；此外，枕中回与梭状回、梭状回与海马连接的增强，也仅出现于消极情绪加工过程。在延迟阶段，包括睡眠过程中，大脑也对消极刺激进行着优先选择性的巩固；而最后在记忆的提取阶段，消极刺激会再度引起更强的腹侧视加工区域激活，这无疑为消极刺激带来更深刻的“编码-提取重叠”（encoding-to-retrieval overlap），如双侧梭状回、左下颞回、枕中回、右颞极。前人研究指出，大脑在提取状态与编码状态越类似，成功检索的可能性越大。同时，消极记忆的成功提取也会展现出多种边缘系统脑区活动的增强，如杏仁核（主要表现为基底外侧核与中央内核的连接性提升）、眶额叶皮质与海马旁回等，这一过程使得人们在检索记忆的时候可以宛若精神旅行一般，对过去所发生的消极事件进行“再体验”。相比之下，对积极效价信息的成功编码则与顶部和中部额叶有关。通过这些与前额叶（PFC）部分大范围活跃的区域可以看出，积极刺激加工更多与前侧位置的处理有关。而积极刺激的编码-提取重叠区域主要位于枕中回。一些使用MEG、ERP技术展开的实验结果也显示，在提取阶段，愉悦图片主要在早期（350～450 ms）于额叶区域产生较强的新-旧效应，而不愉悦图片主要在晚期（500 ms后）于顶颞叶产生该效应；研究者指出，这为积极情绪的再认由熟悉度介导，而消极情绪的再认由回忆介导提供了神经水平的证据。此外，在中期的时间窗口中，愉悦图片只会在左颞叶表现出该效应，而不愉悦的图片刺激会在左右颞叶区域都表现出新-旧效应，这被认为支持了传统的“偏侧化半球”假说。

综上所述，无论在记忆编码抑或提取阶段的时间窗内，消极刺激与积极刺激的加工机制都有所差异。消极刺激会在完整的记忆过程中引起腹侧视觉加工皮质更广泛的激活，同时由视觉皮质与边缘系统形成多重连接性组合的神经网络提供支撑；而积极刺激引发的视觉皮质活跃性相对较弱，主要与额叶等区域的加工有关。

3. 情绪对不同时间尺度长时记忆影响的特点 在实验室环境中，测量长时记忆的方式多为经历30分钟或更短的延迟巩固阶段，而实际上，在经过更长的延迟阶段（数天、周、月等），与中性刺激相比，情绪化刺激都有着更平缓的记忆下滑曲线。在情绪刺激的长时巩固中，杏仁核发挥着重要作用，主要是通过肾上腺素、去甲肾上腺素能、胆碱能和阿片样肽系统及其相互作用实现的；电生理研究显示，杏仁核活动可以诱发长时程增强——海马突触可塑性的改变。此外，尽管海马是杏仁核调节记忆存储的明确目标，但同时也有多个不同脑区接受杏仁核的投射，而非与海马孤立地调节情绪记忆的持久性。

不仅延迟时间长短会影响信息被存储的可能性，延迟过程中是否包含高质量睡眠也很关键。大量的研究表明，如果编码与提取间隔包括一段睡眠时间，特别是在编码后立即进入睡眠，则可以进一步增强情绪记忆的优势。在神经水平上，睡眠已被证明可促进杏仁核、海马、PFC和众多感觉区域的可塑性。而其中，快速眼动睡眠（rapid eye movement sleep，REM）与慢波睡眠（slow wave sleep，SWS）这两种睡眠阶段都在对情绪的选择性巩固中扮演着积极的作用。

此外，自传体记忆作为一种独特的长时记忆，对于人们的人格发展、随时间推移保持自我连贯感来说弥足重要。对顺行性失忆者大脑特征的研究表明，内侧颞叶是创建和检索自传体记忆的关键脑区；同时，自传检索过程中激活的特定皮质区域，与最初加工该事件过程中参与的皮质区域有很强的重叠。在众多的人生经历中，并非所有事件都在记忆中保持同样的比重，那些与自我强烈相关的、高唤醒的情绪事件永远是自传体记忆中浓墨重彩的一笔。根据神经影像学分析，只有在提取与自身关系密切的回忆时，两个回路（一条由左侧海马连接到内侧前额叶，另一条从内侧前额皮质连接到右侧杏仁核）才是同步的。另一方面，相比于中性来说，人们在回溯情绪性自传体回忆能够体会到更强的主观生动性与信心，即使这同时也增添了错误记忆被认可的可能性。其中，对于大多数人而言，当遇到线索词时，积极的回忆比消极的回忆更容易被联想，并且在回忆积极事件时更容易身处“原始视角”，而在回忆消极往事时站在“旁观者视角”。这是因为大多数人具有积极的自我图示，因此积极的经历可以被更容易地融入一个人的自我概念中；这也能解释“重塑记忆”的现象——我们所记住的过去经历与行为比实际上更加正向，这可以使我们保持积极的自我意思、建立积极的社会关系。而处于自我否定状态、心境障碍的人们，则会出现相反的情况，他们将更容易回忆消极的自传体记忆。神经水平的研究显示，海马，杏仁核和附近皮质的损害会减少情绪性（特别是消极）自传体记忆的数量，以及提取期间主观评价的情绪强度和生动度，这种效应在患有右前外侧颞叶损伤的患者中尤为明显，可见这些脑区对于自传体记忆的检索与再体验具有重要作用。

第四节　情绪与思维决策

情绪渗透于日常生活中的方方面面，是帮助我们适应不断变化的环境的重要因素。那么情绪又是如何帮助我们适应环境的呢？当遇见危险时，恐惧的情绪会使我们迅速逃离，而遇到对我们有益的事情时，快乐的情绪又会使我们趋近。情绪可以是做出决策的原因，比如当人感到焦虑或悲伤时可能更倾向于吃甜食；也可以是决策的结果，决策正确会使我们感到快乐，做出错误的决策又会使我们懊恼。决策归根结底是对不同选择的价值的评估，而情绪在某种程度上也是价值评估的一部分。同时，情绪也可能会驱动“非理性选择”，从而影响决策。因此，情绪对于决策的影响是复杂且多方面的。

要想理解情绪具体如何影响决策，单靠行为研究和内省法是无法做到的，还需要了解其背后的神经机制。因此，本章将分别介绍情绪唤起对决策的影响、相关脑区损伤对情绪反应及决策的影响及情绪调节（emotion regulation）对决策的影响这三方面的研究，揭露情绪的不同成分影响决策的方式，以及相关脑区。

一、情绪唤起对决策行为及脑区的影响

我们应该如何定义情绪？情绪又有哪些成分能够影响决策行为呢？一般来说，情感（affect）是一个概念集。它包含了心境、情绪等多个成分。其中，心境描述的是持久不易变的主观体验，即悲伤、喜悦等感受。它常常会在很长一段时间内一直保持，不一定与特定事件相关。与之相反，应激（stress）往往伴随着一系列生理唤醒，如心跳加速，体内皮质醇（cortisol）水平升高等，并不以主观体验为特征，也很难判定其效价是积极或消极。情绪则同时包含了主观体验、表情、生理唤醒等一系列短暂、易变且离散的反应。下面我们将分别介绍，研究者们如何操控这三个变量，且当人们的心境、应激和情绪处于不同状态时，其决策行为及相关脑区的激活水平会发生怎样的变化。

1. 心境诱发　一般来说，研究者们常用情绪化的视频、音乐、图片来使被试处于特定情绪的心境之中。比如喜剧短片用于唤起快乐的心境，而关于自然的纪录片则通常用于唤起对照组的中性情绪。另一类方法是让被试回忆自己过去的带有特定情绪色彩的经历，沉浸于情绪化的场景等。结束之后让被试对自己当前的情绪状态做一个主观报告，若其报告的情绪正是研究者期望的，则让其做一些决策任务，如道德困境、经济风险决策、博弈游戏等。然后记录其行为及大脑活动。

（1）愤怒：在日常生活中，愤怒往往与冲动行为或破坏性行为紧密相关。有研究发现，愤怒状态下的男性确实会倾向于做出风险大、收益大的经济决策。例如，相比于控制组，他们更愿意在赌博任务中下重注。女性的决策行为转变却与愤怒无关。女性仅会在感到厌恶时采取更加保守的策略。

另外，愤怒还被发现与公平感有关。相比于被影片唤起了快乐情绪的被试，被唤起了愤怒情绪的被试若是在随后进行的最后通牒博弈（ultimatum game）中扮演接受者（receivers）的角色，则很难接受不公平的报价。同时，当他们在独裁者博弈（dictator game）中扮演提议者（proposers）的角色时，也更少做出不公平的提议。

（2）悲伤：与公平相关的心境还有悲伤。研究表明，在悲伤的情绪中接受不公平的报价会导致前脑岛（anterior insular）以及前扣带回（anterior cingulate gyrus）的活动。悲伤的被试也表现出在处理奖励的区域的敏感性降低，例如腹侧纹状体（ventral striatum）。这些结果表明，情绪诱导可以改变某些大脑区域（如脑岛）对决策选项的反应方式。

另一个有趣的研究表明，处于悲伤心境的人似乎更可能认为自己处于一个不利的状况下，并试图通过减少自身的收益来改善这种状况。比如在评价一件商品的购买价格时（作为买家），他们愿意以较高的价格买进商品；而在评估商品的卖出价格时（作为卖家），他们却给出了更低的售价。

2. 应激 应激的大小往往决定了生理及心理上的唤醒程度。我们很难评定其情绪效价，因为无论好事还是坏事都可能给我们带来应激。比如结婚前夕的紧张，还有遭受挫折时的痛苦，都会让我们感受到应激。然而，越是在感到应激的时候，人们往往越需要尽快做出决策从而减轻应激。因此，许多决策都需要在应激条件下做出。那么应激具体是如何影响决策的呢?

目前最常用的诱发应激状态的方式包括生理唤醒、认知需求和社会评价威胁。生理唤醒的一个常见程序是冷加压试验（cold-pressor task，CPT），被试的一只手必须浸入冰水中3分钟（甚至更长时间）。该测试通常在决策任务开始前约15分钟进行。CPT的一个最新改进是在原有基础上加上了社会评价环节，即研究人员在CPT过程中假装通过在被试的面前放置相机来分析其面部表情。与原来的CPT相比，这种改良后的CPT能引起更强的应激反应。特里尔社会应激测试（Trier Social Stress Test，TSST）是另一种常见的应激诱导任务，它结合了社会评价威胁和认知需求。该任务通常在决策任务之前进行，持续约15分钟。被试必须在由主试组成的委员会面前发表公开演讲，委员会将会表现得非常冷淡和保守。之后，被试必须尽可能快速准确地完成一项算术任务。

研究表明，即使应激源与决策无关，应激也会影响之后的选择。例如，遭受应激的人在面对潜在收益时更加保守，而在面对潜在损失时则变得更加冒险。也有研究者认为，由于应激会在收益和损失的情况下夸大被试既定的决策倾向，所以决策将会变得更加自动化或习惯化。

一项针对啮齿动物的研究支持了应激会使决策趋于习惯化这一说法。Dias-Ferreira及其同事使用贬值任务研究慢性应激如何影响目标导向行为（goal-directed actions）和习惯性行为的表达时发现，没有遭受应激的大鼠在饱食状态下不再寻求食物奖励，即表现出目标导向行为。相反，长期处于应激状态下的大鼠即使在饱食状态下也会持续寻求食物，即习惯性反应（habitual responses）。目标导向行为取决于前额叶皮质（prefrontal cortex，PFC）和皮质皮质回路，而习惯性反应则更多地取决于纹状体。当研究者检查应激对大鼠的大脑皮质的影响时，确实发现了内侧PFC和背内侧纹状体神经元萎缩以及背外侧纹状体肥大的证据。这些结果表明，应激可能通过削弱PFC功能并增强与习惯相关的纹状体回路功能使得决策行为受到影响（图9-4-4）（Dias-Ferreira et al，2009）。

之后的一项针对人类被试的研究也证明了应激会降低PFC活动。在应激状态下，人们的额上回（superior frontal gyrus）和中央旁回（paracentral gyrus）的激活显著增加，背外侧前额叶区域的活动却显著降低（Gathmann et al，2014）。

另外，性别也是重要的调节变量。应激对于男性和女性的决策行为的影响不一致。研究表明，男性会比女性做出更冒险的决定，且男性对CPT的反应比女性高。在一项后续的功能磁共振成像（fMRI）研究中发现，男性在应激下表现出更多的冲动性，且做出决定的速度比女性更快（没有应激时则没有性别差异）。处于应激状态下的男性在做出决策时其脑岛和壳核（putamen）的激活更高，而女性则表现出相反的规律。

3. 情绪启动 情绪启动（emotion priming）主要是指阈下情绪的启动，即在被试没有意识到的情况下使其出现短暂而强烈的情绪唤醒。这类研究一般会让被试在无意识条件下接受高唤醒的刺激或情景，比如使用从国际情绪图片系统（International Affective Picture System，IAPS）中抽取的图片，或语音、词语等，随后进行决策任务。有时研究者也会使用自编材料，然而这类材料在应用前需先经过评定，确认其唤起相关情绪有效才能使用。

快乐的情绪能使人变得更加友善，对同样的饮料做出更高的评价，并愿意为之付出更高的价格，

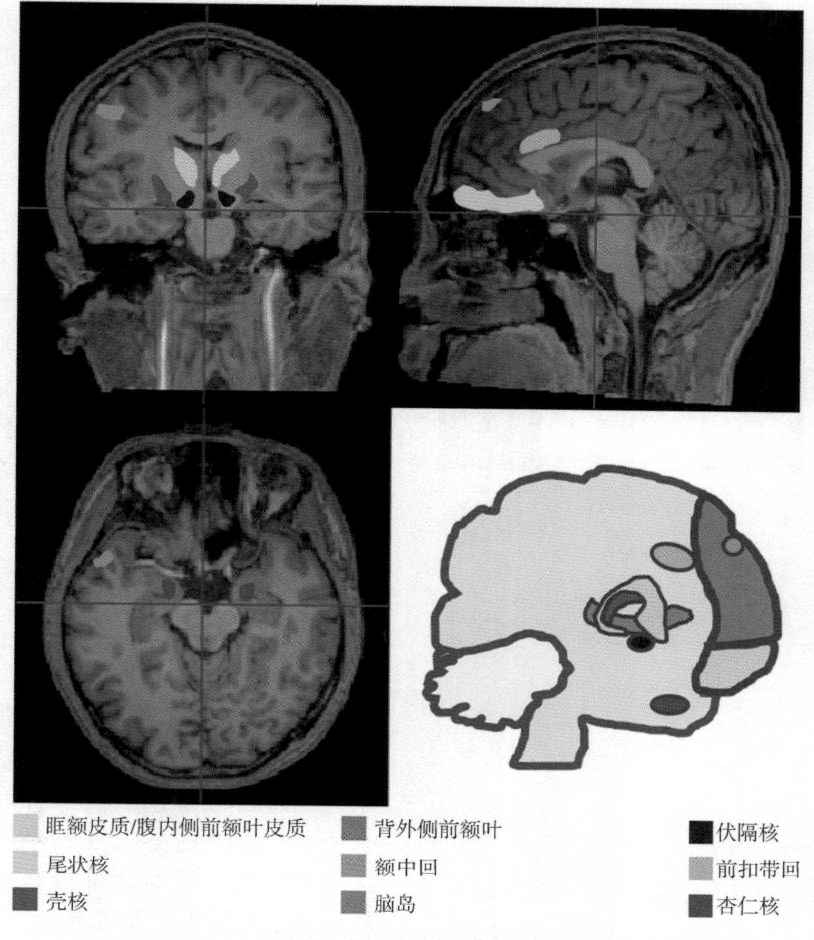

图 9-4-4　**大脑中负责决策的对应激敏感的关键区域**

而愤怒的情绪则会导致相反的结果（Wilson and Gilbert，2005）。同时，如图 9-4-5 所示，人们会在经历正性情绪启动之后对中性面孔表示出更多的喜爱，而在经历负性情绪启动后对中性面孔做出更低的评价。

二、情绪相关的脑区损伤对决策的影响

仅在操纵情绪，让人们做出决策的过程中观察活动程度有所变化的脑区，无法说明这些脑区一定与情绪状态下的决策行为有密切关联。因此研究者们观察了一些相关脑区受损的患者在情绪、决策任务中的表现是否与常人不同。

1. 眶额皮质　研究表明，眶额皮质（orbitofrontal cortex，OFC）未受损伤的健康被试在做出风险决策之前会出现皮肤电（skin conductance response）信号的波动。此后不久，他们开始出现规避风险的行为。然而，OFC 受损的患者既没有产生预期的唤醒反应（皮肤电），也没有做出规避风险的行为。为了解释这一结果，Bechara 和 Damasio 及其同事提出了躯体标记假说（somatic marker hypothesis）。该假设认为，预期的唤醒反应是选择价值的一种身体信号，并且这种身体信号有助于使被试远离风险较高的选择，然而眶额皮质受损的患者则失去了这一反应。

2. 前额叶皮质　另一项研究检查了患有腹内侧前额叶皮质（ventromedial prefrontal cortex，vmPFC）损伤（包括 OFC）的患者和健康对照组在道德决策过程中的皮肤电。在个人道德困境中，当被试不得不选择是否对功利性结果（utilitarian outcome）采取应受谴责的行动（例如，将某人杀死以拯救五个人）时，vmPFC 损坏的患者表现出的功利性远比健康对照组强。此外，与对照组相比，他们在做出选择时也没有表现出皮肤电反应。由此表明，vmPFC 受损患者在做出功利性判断时，其相应的生理反应也比较弱，而健康人的生理反应越大，做出的功利性选择越少（Cushman et al，2012）。因此，与某些

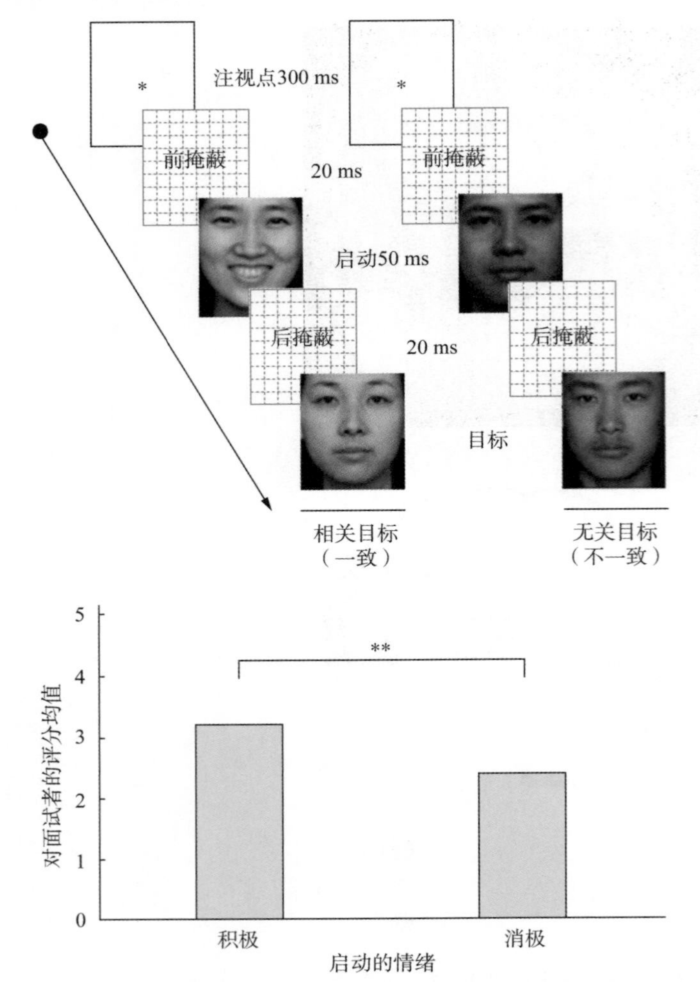

图 9-4-5 **人们在积极情绪面孔启动后对中性情绪面孔的喜爱程度较高**

行为相关的情绪生理反应可能会影响道德决策，而vmPFC可能是介导这些情绪生理反应的重要区域。

三、情绪调节与决策

情绪调节是通过一系列复杂的过程调节个体所体验到的情绪，调整它们何时被体验，以及它们如何被表达。比如高考放榜时一个考生发现他能考上自己理想的学校，他体验到的情绪是快乐，而他随后发现身边与自己一起看榜的好朋友却落榜了。此时他可以通过情绪调节暂时压住自己的快乐情绪，不让它过于明显地被表达，从而适应当时的情景。那么当我们使用合适的策略调整自己的情绪后，决策行为是否会出现相应的改变呢？

目前有两种常用的情绪调节策略。第一种是重新评价（reappraisal），即改变对情绪刺激的解释，使其不那么消极。第二种策略是疏远（distancing），即改变主体体验情境的视角，使之从一个超然而遥远的观察者的角度来审视当前情景。这两种策略对于改善愤怒、抑郁等负面情绪都很有帮助。

1. 重新评价 一项使用了重新评价策略的fMRI研究发现，当人们想象与自己互动的玩家有更多的消极意图时（上调情绪反应，如想象对方是在恶意侵占你的利益），他们对于不公平提议的拒绝率会增加；而在想象对方有更多的积极意图时（下调情绪反应，如想象对方是在不得已的情况下做出对你不利的决策），人们对于不公平提议的拒绝率会降低。此外，人们对不公平提议的主观情感反应和部分脑区的活动也会随调节策略的不同而发生变化。例如，在重新评价过程中，后脑岛在下调情绪反应时激活较少，上调情绪反应时激活较多。

2. 疏远 使用疏远策略时，我们需要不断提醒自己看到或听到的内容不是真实情景。这种策略同样能够有效减少负面情绪的体验，并导致了随后的冒险行为减少，且在此过程中，背外侧、腹外侧前额叶皮质和扣带皮质的激活增加。

虽然这两种策略都可以起到减少负面情绪的作用，然而它们对于情绪的效价及唤醒水平的影响却有所不同。研究表明，随着不公平程度的降低，相比于对照组，重新评价策略减少了人们的负性情绪，对于唤醒水平却没有显著影响；疏远策略减少负性情绪的程度不如重新评价策略，却显著降低了唤醒水平。此外，这两种策略影响决策行为的方式也有所不同。图9-4-6中提议从1到5对应着提议的公平程度逐渐增加，1到3是不公平的提议，

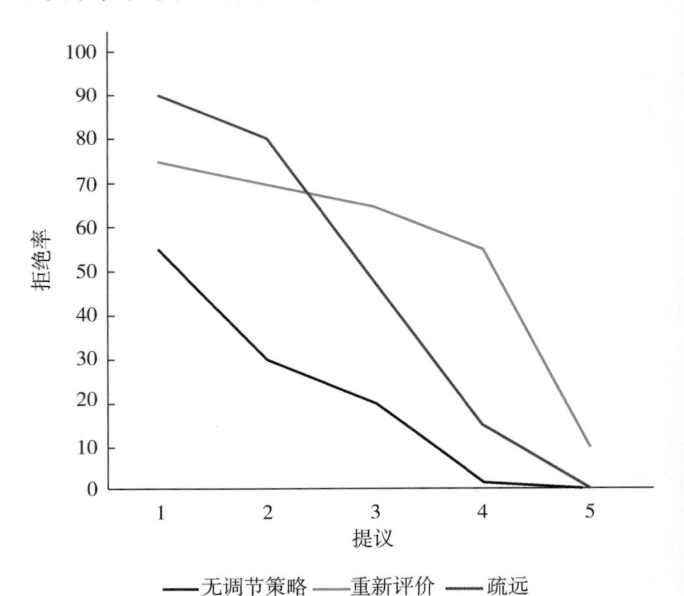

图 9-4-6 **提议的公平程度与被试拒绝率之间的关系，随着公平程度的增加拒绝率逐渐降低。不同的情绪调节策略也会对被试的拒绝率变化曲线有不同的影响**

4 和 5 是较公平的提议。如图 9-4-6 所示，两种策略都可以降低对于极度不公平提议的拒绝率（提议 1、2）。相比于对照组，重新评价策略会更大程度的降低参与者对不公平提议的拒绝率，而疏远策略则会增加对于公平提议的拒绝率（提议 3 到 5）。最后，在使用两种策略时，生理唤醒（如皮肤电）均有所增强（Grecucci et al，2020）。

四、小结

1. 情绪是一个概念集，它包含了心境、情感等多个成分。每一个成分都可用不同的方法操纵，且其变化都会对决策产生不同的影响。

2. 在探讨情绪的不同成分对决策的影响的研究中，有一些脑区普遍出现了不同程度的激活，如脑岛、扣带回、纹状体、前额叶等。

3. 性别可能是情绪影响决策的一个重要调节变量。

4. 对于脑损伤患者的研究再次表明，PFC 可能是介导情绪生理反应及决策的重要区域。

5. 在某种程度上，情绪会影响主观价值的评估。情绪调节策略可通过改变情感从而改变价值评估，进而影响决策。

第五节　情绪与社会认知

在经典科幻小说《星球大战》中，作者描绘了一个能够说多种语言、存储海量信息的机器人 C-3PO，然而它却并不能完全理解人类同事的“古怪”行为——谈恋爱、讲笑话。许多文学作品中也都有类似的描写，这似乎表明情感使我们成为“人”。事实上，情感并非人类独有，它有着漫长的进化史：情绪帮助生命个体把注意更多地集中在对生存至关重要的刺激上，并且能够进行危险预警，使个体做出快速反应，为“战”或“逃”做准备。而“人之所以为人”的真正原因可能正是我们能够有意识地反思自己的情感，并通过我们的语言和文化在社会中分享。

在最近的神经科学研究中，情绪和社会认知神经科学已然成为热门课题，社会和情绪是不可分割的两部分，绝大部分情绪在社会互动产生，同时这些情绪又会影响社会互动过程，具有重要的社会适应意义和社会价值。

一、社会交互中的情绪

社会交互即社会中自我与他人互动的过程。个体经历的大部分情绪都是在社会互动中产生的，这类情绪被称为社会情绪。与基本情绪不同，社会情绪的产生还涉及个体对自我的认知、对事件的背景及可能产生的结果的评估，以及对事件中他人情绪、心理状态的认知。脑成像研究发现，相比于其他情绪，社会情绪还另外激活了前额叶皮质、眶额皮质和颞上沟（STS）等脑区，这些区域与思维、推理及认知调节等高级认知活动有关（图 9-4-7）。而眶额皮质和邻近的腹内侧前额皮质受损的病人通

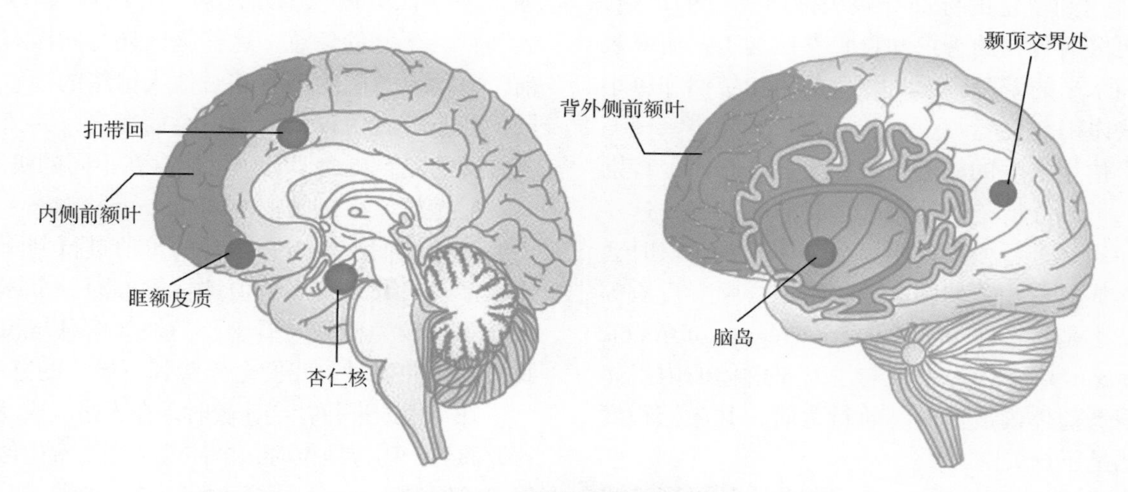

图 9-4-7　**情绪相关脑区示意图**

常表现出不适当的社会行为，并且出现一定程度的社会情绪障碍，包括同理心、尴尬、内疚（guilt）情绪的减少，对情绪刺激的皮肤电导反应水平降低（Moll et al，2008）。

可以根据不同的标准将社会情绪分为不同类别，比如是自我关注的（如骄傲等），还是他人关注的（如怜悯等）。不同的社会情绪具有不同的功能，并且可能与不同种类的行为相关联。例如，怜悯和同情可能引发利他行为，而自我批评的情绪（内疚、羞耻、尴尬）可能会保护自己免受伤害。

1. 自我意识情绪 自我意识情绪（self-conscious emotions），是依赖于自我意识发展的一类情绪，对于自我意识情绪的研究受到归因理论的推动。这类情绪与害怕、愤怒等基本情绪有所区别，通常涉及对自己行为的反应和自我评价，即自我认知过程。自我意识情绪包括积极（如骄傲、自豪）和消极（如内疚、羞耻）两方面（Sznycer D，2019）。

（1）羞耻和内疚：羞耻（shame）、内疚都是不愉快的情绪感受，两者有许多共同点，首先，引起这些情绪的情境是相似的，并且都存在低头、目光回避等身体表现。研究发现，羞耻和内疚的神经机制很大程度是重叠的，二者都会激活负责情绪的脑岛及自我参照（self-reference effect）信息加工相关的背内侧前额叶等脑区。羞耻和内疚都具有重要的社会适应功能：有眼动研究发现，与受害者的目光接触更容易唤醒内疚情绪；最近的研究发现，羞耻虽然可能会导致个体对他人表达更多的愤怒，但当他人贬低引起个人羞耻情绪的事件时，个人就会控制自己对他人的愤怒。

羞耻和内疚也存在差别，通常认为羞耻是由于个体在意因自身行为带来自我形象损害，或自身的行为没有达到设定的标准导致失败所产生的情绪，它包含更多对自我的否定和自我参照加工，研究表明，更高水平的羞耻倾向与更薄的后扣带回和更小的杏仁核体积有关。

内疚情绪产生的核心是共情（empathy），特别是疼痛共情。共情是对他人心理状态的共鸣，这一概念将在后文进行详细说明。当个体感到内疚时会激活与疼痛共情相关的脑岛、扣带回、眶额皮质等脑区，特别是扣带回中部（anterior region of middle cingulate cortex，aMCC）参与了基于群体的内疚体验，在观看群体内成员的越轨行为时，其激活程度与内疚感呈正相关。

（2）自豪：自豪（pride）是因为个体做了某些事而得到好的评价，自我的积极方面得到肯定时产生的情绪。在身体表达上通常是笔直地站着或坐着，头轻微后仰，这与内疚和羞耻的身体表现恰好相反。与内疚、羞耻相比，自豪是令人感到较为愉快的自我意识情绪，这种内在的情绪奖励可以促使人们坚持成本高但具有社会价值的行为，并且在不同文化背景下具有跨文化一致性：自豪引起的行为、身体表现代表着个人价值的提升，传达出个体在竞争中的优势。

2. 共情 前面探讨的自我意识情绪似乎是对自我的一种感知，但实际上，对他人的认知也参与到这些情绪中。对他人心理状态的认知被称作共情。共情是一个非常现代的词语，直到一百多年前才被提出。它来自德语 einfühlung，意为“设身处地”。对于共情产生的机制，研究者提出了模仿理论，即我们通过替代性地在自己身上产生他人当前的状态来理解他人的行为、情绪及精神状态，比如当看到他人露出愤怒的表情，我们的大脑会通过“模仿”他人的表情，了解到此人现在心情不佳。一些关于共情的功能磁共振成像研究也发现，“情绪的模仿”由脑岛等脑区介导，而不仅通过基于动作的镜像神经元系统，这可能与脑岛的基本功能——处理身体感觉信息密切相关，例如，恶心和疼痛的感觉都与脑岛有关，而观察他人的痛苦也会持续激活脑岛（Bernhardt and Singer，2012）。

一些研究者还提出了心理理论（Theory of Mind）来解释大脑对他人行为意图进行表征。心理理论比模仿更为复杂，使用错误信念任务（false-belief task）等范式和脑成像技术，研究者发现颞顶联合区（temporo parietal junction，TPJ）、颞极和内侧前额叶是心理理论的主要神经基础，这些脑区主要加工一些社会概念（如光荣、勇敢等），以及有关人和社会事件的信息，这些脑区还与归因有关。目前，对他人意图的理解和对他人情绪的理解是否相同仍然是存在争议的问题。总而言之，共情是一个多方面的复杂概念，其中可能存在不同的机制。

3. 嫉妒 社会比较（social comparison）是指我们通过比较而不是事物本身的价值进行判断，社会比较涉及自我评价、价值评估等方面。个体通常对自我具有较为积极的概念，当外部信息与积极的自我概念相冲突时，我们会体验到不愉快的感受。

在与他人进行社会比较时，在人格、成就和财产等方面处于劣势地位时，个体就会产生希望他人丧失优势的嫉妒（envy）情绪，嫉妒是一种敌对情绪，常会引发攻击、冲突行为，并且在不同文化背景下的人都有类似的经历。它对个人的心理健康、生活满意度以及道德行为有重要影响。嫉妒是多种负性情绪的复杂综合，研究发现，嫉妒涉及多个脑区，包括参与情绪调节的腹侧、背外侧前额叶，反映自我概念和冲突控制的扣带回、腹内侧前额叶、额下回等，如腹内侧前额叶损伤的病人无法识别嫉妒情绪。

4. 后悔　错误的选择或错失机会通常会引起后悔（regret）的情绪。类似后悔这样的社会情绪涉及反事实思维（counterfactual thinking），即“如果……就……”，这是一种因果和可能性的思考。与单纯的失望情绪不同，后悔是一种和责任感密切相关的社会情绪，它对行为决策有重要影响，人们在决策时会努力避免这种不愉快的情绪。研究发现，眶额皮质受损的患者无法体验后悔情绪，也不能从这些情绪经验中吸取教训，这表明眶额皮质可能通过参与反事实思维来调节情绪体验。

二、情绪与道德

道德是社会生活的重要部分，是社会中个体衡量“善”与“恶”，“对”与“错”的标准和尺度，其中最重要的问题是道德判断。道德中关于情绪的研究大致可分为影响道德判断的情绪加工，以及道德判断可能引发的情绪。

1. 道德判断中的情绪加工　这源于道德判断中的“情理之争”——人们是通过理性推理还是情绪直觉来判断一件事是否是道德的？以康德为代表的理性主义者认为人是理性的、功利的，在面对特定事件时，人会理智地推理、分析，进行道德判断，而另一派研究者认为道德判断源于情感，一个重要证据就是道德失声（moral dumbfounding）现象——我们能肯定地判断某种行为是不道德的，却不能说明理由。

Greene（2001）使用 fMRI 扫描个体进行道德两难判断时的大脑，结果发现个人道德困境会激活情绪加工和社会认知相关的脑区，包括杏仁核、后扣带回、内侧前额叶，而非个人道德困境在认知加工相关脑区，如背外侧前额叶，有更强的激活（图 9-4-8），这意味着进行道德判断时，情绪相关脑区和认知加工相关脑区出现了相互竞争的激活模式，由此他提出道德判断的情绪-认知双加工理论模型。该模型认为道德判断既包含情绪性的加工，也包含分析、推理等认知加工，认知与情绪是道德判断中难以分离的两个重要过程，有意识的认知推理过程和情绪启动的直觉过程共同作用促成了道德判断，特别是情绪因素在道德判断中具有重要影响。

最近的研究发现，理解行为者的意图和共情对于道德判断至关重要。例如，关系到个人权利的道德判断，激活了与情绪处理、共情、心理理论、推理相关的脑区（Moll et al，2008）。心理理论脑网络中的颞顶联合区也参与了道德判断，在功能磁共振成像中使用多体素模式分析表明，颞顶交界处在考虑道德问题时区分了故意伤害和意外伤害。

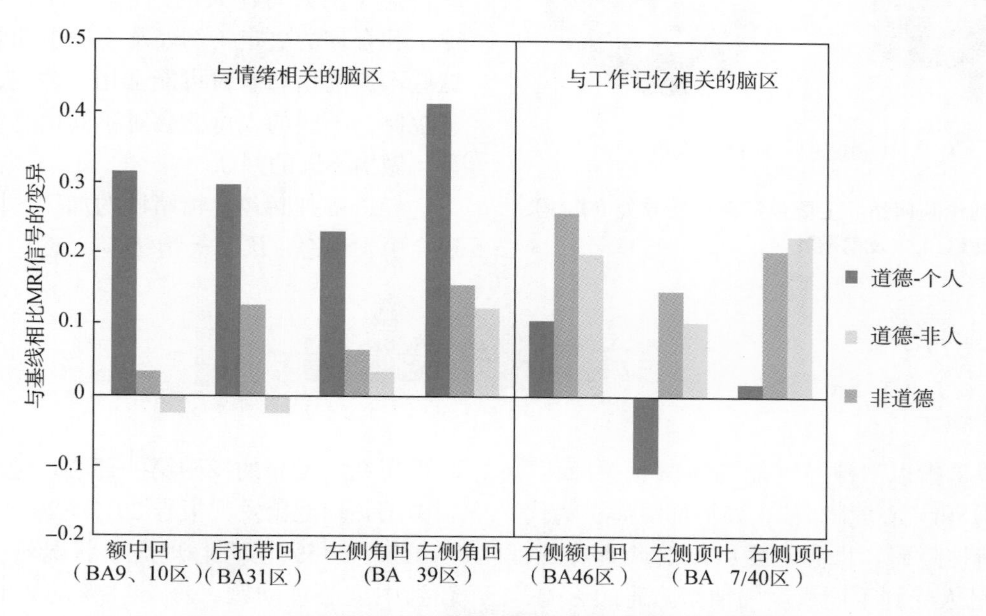

图 9-4-8　个体在判断不同类型道德问题时的脑区激活情况

左侧给出的是情绪相关脑区，右侧给出的是工作记忆相关脑区

2. 由道德判断引发的情绪

（1）道德厌恶：在社会语境中也常使用“厌恶”一词，通常用于表达对违反社会道德惯例行为的反对。道德厌恶不一定与特定触发事件相关，可能基于对个人或群体的特征感知。研究发现道德厌恶也会引起脑岛的活动。以不公平厌恶为例，实证研究表明个体对公平有“天生”的偏好，而对不公平，不论是不利不公平还是有利不公平都存在“本能”的厌恶。面对不利不公平和有利不公平时，个体行为和神经机制都存在差异：有利不公平厌恶可能源于预期到的因违反规范带来的内疚感受，这与社会心理化（mentalization）过程相关，前脑岛、背内侧前额叶均参与其中；不利不公平厌恶主要与躯体感觉、情绪和冲突处理相关，涉及脑区包括左脑岛后部、杏仁核和扣带回背侧（图 9-4-9）。特别是在脑岛中，脑岛前部主要参与有利不公平厌恶，后部主要参与不利不公平厌恶的加工。此外，脑岛和杏仁核、扣带回之间结构和功能上的连接能调节对不公平提议的情绪反应。这些结果表明脑岛可能支持基本厌恶反应和道德之间的联系。

（2）感激：感激（gratitude）情绪也是一种重要的道德情绪，它对于维持合作、互惠有着重要意义。fMRI 研究结果发现，感恩情绪涉及关于道德认知（MPFC，ACC）、奖赏（VMPFC）、心理理论（DMPFC）和基本情绪（脑岛）等脑区的活动。他人有意的帮助能够激活受益者与奖赏相关的脑区（VMPFC、尾状核等），这些脑区的激活程度与感激程度呈正相关，并且感激时，脑岛对疼痛的反应有所降低，扣带回在将感激转化为互惠行为中起着中介作用。

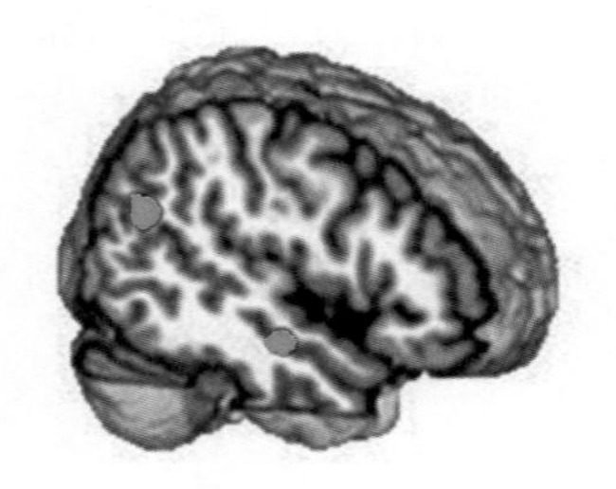

图 9-4-9 心理理论脑网络。主要包括颞顶交界处（TPJ）、内侧前额叶（MPFC）以及前颞叶

此外，有研究发现，个体对助人者利他决策的评估和对风险、不确定因素的评估具有相同的脑机制，二者都涉及恐惧、焦虑相关的脑区（如眶额皮质、前脑岛）。为了使个体能够在不确定环境下监控现实与预期的冲突，推断助人者的意图，与之有关的背内侧前额叶、前扣带回背侧也有激活。这些发现表明社会不确定感在感激中的关键作用（Fox et al，2015）。

三、小结

1. 社会情绪在社会互动中产生，它涉及自我认知、他人认知以及对触发事件的评估。

2. 社会情绪可根据不同标准分为不同类别，如自我关注的和他人关注的，不同的社会情绪产生机制不同，其社会功能也不同。

3. 共情是一个复杂的心理过程，它帮助个体理解他人，更好地进行社会适应和社会交互。脑岛参与了疼痛共情。

4. 道德判断受不同来源的信息支撑，包括情绪反应（例如对他人的同情）、社会规范（例如法律）和合理的决定（例如基于成本和收益的比较）。这些不同的信息有时可能会相互冲突，因此需要意志控制，不同的人可能会对不同信息给予不同的权重，做出不同的判断。

5. 道德判断包含情绪性的加工，同时道德判断还会引发愤怒、厌恶等情绪。

第六节 情绪障碍

情绪障碍是指以“神经官能与应激相关障碍”（如焦虑障碍）和“心境障碍”（如抑郁障碍）为代表的情感性精神障碍。世界卫生组织的调查发现，全球有近 10 亿人受到不同程度的情绪障碍的影响，每 8 个人中就有一个人存在心理问题。中国科学院心理研究所发布的我国第一部心理健康蓝皮书《中国国民心理健康发展报告 2017—2018》显示：我国有 11% ～ 15% 的人心理健康状况较差，可能具有轻到中度心理问题；2% ～ 3% 的人心理健康状况差，可能具有中度到重度的心理问题。

情绪障碍具有高发病率、高复发率和较高自杀率等特点。早期创伤、重大生活事件、基因遗传等都与其发生相关。其中，神经系统方面的缺陷是情绪障碍发生的重要神经基础。对此进行探讨，能为情绪障碍的诊断和治疗提供重要参考。

一、焦虑障碍及其神经机制

适当的焦虑对于人们的生活是有益的，但是，当个体长期暴露在突发、急促、被重复触发的应激源下时，所产生的慢性适应不良可能会逐渐发展为焦虑症（anxiety disorder）。它是最为常见的情绪障碍之一，约 28% 的人曾患焦虑症，具体症状表现为，无法休息、易疲倦、易激惹、难以专注、肌肉紧张、头脑空白等。当这样的症状达到了影响生活、家庭、工作的地步时，则可能会导致内稳态系统失衡、躯体疾病、睡眠干扰、抑郁等。

焦虑症包括广泛性焦虑症（generalized anxiety disorder，GAD）、社交恐惧症、惊恐发作、创伤后应激障碍（posttraumatic stress disorder，PTSD）、强迫症（obsessive compulsive disorder，OCD）和特定的恐惧症（phobia）等。广泛性焦虑症表现为对于很多事件或日常活动的难以控制、过度的忧虑；而其他的恐惧症则是在特定情境下的过度焦虑，举例而言，社交焦虑即对于一种或多种社会场景持续的恐惧。

焦虑症的原因是多样的，对于同样的应激性事件，一些人会愈发适应，而另一些人则会越来越敏感，这与个体特质相关。相较于常人，焦虑症患者的外向性水平偏低，而神经质水平偏高，并且会表现出对于负性情绪刺激的更多关注。在经典的视觉注意范式，如情绪 Stroop、点探测、视觉搜索中，焦虑组都表现出比控制组更强的对含有威胁意义刺激的关注。ERP 研究发现，在对威胁刺激加工时，焦虑组在反映注意效应的 P2 指标和反映情绪深加工的 P3、LPP 指标上都具有更大振幅，这说明焦虑组对负性刺激进行了更深层次的加工。此外，研究者还发现，顶枕部的 P1 波峰能够调节焦虑组的负性偏向；fMRI 研究也发现，在处理威胁刺激时，焦虑组视觉皮质、梭状回、丘脑的激活更强（Duval et al，2015）。这说明，焦虑症患者在感觉水平上就已经对负性刺激产生了加工偏差。

焦虑症患者常常表现出对事物的过度担心和思虑。大脑中与情绪产生、加工、调节相关神经通路的异常是其神经基础。其中，杏仁核、纹状体、脑岛、背侧前扣带回与情绪的产生和加工有关，而内侧前额叶、海马等与情绪的调控相关。研究发现，无论在静息态或任务态下，焦虑症患者负责情绪产生和加工的杏仁核、脑岛的激活水平都更高；而负责情绪调控、抑制的内侧前额叶激活水平都更低。在对焦虑症患者进行了干预之后，其腹外侧前额叶的活动会上升。这说明，焦虑症患者的情绪产生能力更强，但是对情绪进行控制的能力却更弱。

焦虑症会导致一定程度上大脑神经元的萎缩。研究发现，更小的杏仁核、脑岛、背前侧扣带回、内侧前额叶皮质、海马等脑区的体积、密度与焦虑症的严重程度相关，这可以解释相关脑区在情绪加工时的异常激活。此外，焦虑症患者的情绪加工脑区和情绪调节脑区间钩状纤维束的容量也会缩小。这说明，焦虑症患者脑区间的功能连接也存在异常。相关的功能连接分析发现，杏仁核与内侧前额叶间的功能连接强度在 GAD、SAD、PTSD 的患者中会下降。在进行治疗后，这一连接强度便会上升。不过，相关脑区容量、功能连接与焦虑症的相关程度在不同类型的焦虑症中可能是有差异的，不同研究得出的结论也莫衷一是。也有研究发现，焦虑症患者整体灰质容量会下降，并且整体的脑网络，如默认模式（default mode）网络、中央执行（central executive）网络，都存在着一定缺陷。此外，焦虑症患者的内分泌激素，如血清素、去甲肾上腺素、皮质醇，也存在异常，并且这些异常可以通过影响杏仁核、前额叶、蓝斑等脑区来影响患者的自主反应机制。

二、抑郁症及其神经机制

抑郁症（depression）是较常见的一种情绪障碍，且具有较高的死亡风险。约 50% 的自杀都与抑郁相关。尽管治疗手段正在逐渐发展，但仍有 60% 的抑郁症患者受到复发的困扰。它是第二大导致慢性疾病的因素，与糖尿病、心脏病、卒中等疾病的风险增加相关。

抑郁症主要包括两种类型：重性抑郁症（major depression disorder，MDD）和双相抑郁症（bipolar disorder，BD）。重性抑郁是以抑郁的心境体验为中心的一种心境障碍，主要症状表现为兴趣消失、精力不足、睡眠和食欲失调、认知行为功能损伤、人际关系紊乱、植物人症状等。此外，如果伴随有躁狂发作，即一段时间内异常而持续的情绪高涨和精力旺盛、睡眠减少、意识飘忽、无节制的活动等，则可能为双相抑郁。相较双相抑郁，重性抑郁的发病率更高，且女性的患病风险更高。

抑郁症患者会表现出不同方面的认知异常，如难以集中和保持注意、负性的注意偏差、消极的记忆编码和提取偏差、过多的反刍思维和概括化、更多消极的自我归因。这一消极的认知模式与自上而下的认知控制相关脑区（如前额叶皮质、扣带回、顶叶皮质）的损害相关；同时，也与自下而上的认知过程相关脑区（如杏仁核、海马、丘脑、尾状核、壳核）的激活异常相关（Disner et al，2011）。研究发现，抑郁患者的杏仁核、海马、壳核和尾状核对负性刺激存在持续而增强的激活，而其伏核、尾状核对正性刺激的激活则会削弱。这一激活上的差异会导致抑郁症患者对负性刺激更多关注和加工，而对正性刺激的加工则变少。此外，来自更为高级的皮质（如扣带回、前额叶皮质）对于较低级脑区（如杏仁核）调节作用的改变也与抑郁症的负性认知偏向相关。具体而言，抑郁症患者在抑制负性刺激时的脑区活动，如喙侧扣带回活动增强，腹外侧前额叶、背外侧前额叶、顶上回活动削弱，都呈现出与正常人相反的模式。其次，在对快乐事件进行回忆时，抑郁患者的腹内侧前额叶激活下降；而在对消极事件进行回忆时，这一激活会增强。此外，海马、海马旁回、后侧扣带回、眶额叶皮质、前额叶皮质、尾状核、枕叶区等脑区的容量都与抑郁症状有关。抑郁症患者的齿状回体积显著小于正常人，并且这一体积的减小与患病时长成负相关。在使用TMS长期作用于背侧前额叶后，患者的持续性注意不足和抑郁症状可以得到改善。总的来说，特异性脑区活动和容量的异常可以为抑郁患者表现出的负性认知图式提供解释，换而言之，抑郁患者可能需要付出更多的认知努力来对积极刺激进行认知加工。

此外，抑郁症会导致元认知能力的下降。在反映执行功能，即认知刷新、控制和抑制的任务中，如Stroop、n-back、威斯康星测验上，抑郁患者的表现会更差，这可能与区域性大脑容量的改变相关。抑郁症患者前额叶灰质体积显著小于正常人，且这一体积的缩小与执行功能神经测验得分呈显著正相关。在衡量脑区活动的低频率振荡振幅（fALFF）指标上，重性抑郁患者的左侧额叶脑回的fALFF显著小于正常对照组。这一指标与执行功能测验分数呈显著正相关（Zhang et al，2011），而执行功能水平可以显著预测抑郁症患者一年后的抑郁程度。与正常人相比，抑郁组可能需要投入更多认知资源来维持同等的行为表现，这可能会导致抑郁症的复发，给患者的康复带来不利影响。

抑郁症患者的功能性脑环路也存在异常。研究发现，抑郁症患者的情绪网络（affective network，AN）、默认模式网络（default mode network，DMN）会表现出连接增强；奖赏网络（reward network，RN）、认知控制网络（cognitive control network，CCN）则会表现出连接削弱。其中，DMN（即楔叶、后侧扣带皮质、内侧前额叶皮质、下顶叶皮质连接）的连接增强与抑郁患者的自我中心、消极反刍相关；AN（即眶额皮质、前扣带回、边缘系统连接）的增强则与患者持续的悲伤、烦躁心境相关；RN（即额叶-纹状体连接）的削弱与患者的快感缺失、兴趣缺乏相关；CCN（即背外侧前额叶、前扣带回和顶叶的连接）则与患者自上而下认知控制的受损相关。抑郁症患者脑区的损害还会导致主要的神经生理学的应答系统失调，如下丘脑-垂体-肾上腺轴（HPA轴）、免疫系统、自主神经系统，比如海马的萎缩会导致其对HPA轴的抑制作用的削弱，从而导致HPA轴的过度活跃。此外，促肾上腺皮质激素的过度释放、糖皮质激素的拮抗以及炎症反应的增强均与抑郁症状相关，且与抑郁症的自杀率呈显著相关。

三、情绪障碍的遗传基础

遗传因素对焦虑症和抑郁症具有不可忽视的影响。不过这一效应受到性别的调节，遗传影响在女性中更为显著。其中，焦虑症中基因的贡献约占50%，并且不同的焦虑症共享着相似的遗传基础。抑郁症的遗传率则占30%～40%不等。基因研究发现，抑郁症与15个区域的17个位点的基因相关，这说明，抑郁症更多地受到多个位点小影响基因的共同作用。

与情绪障碍较为相关的基因系统是五羟色胺系统基因、多巴胺系统基因和神经营养因子基因。个体携带的低活性多巴胺等位基因（即易感等位基因，如*COMT*、*DAT1*、*DRD1*、*DRD2*和*DRD3*）数量越多，其抑郁水平越高。此外，采用GWAS-多基因遗传得分方法（GWAS-PS）的研究发现，位于

9 号染色体上的 BDNF 受体基因 *NTRK2* 与各类焦虑症的患病风险呈显著相关。然而，目前的基因研究对于情绪障碍的解释率仍旧十分有限。Border 等（2019）评估了 18 种主要的抑郁症候选基因（例如 *SLC6A5*、*BDNF*、*COMT* 和 *HTR2A*），但并没有发现太多证据支持（Border et al，2019）。

环境与基因间的交互可以为情绪障碍的遗传基础提供更多证据。应激、创伤等从怀孕时就可以增加焦虑症的风险，患有焦虑症的母亲会出现与糖皮质激素受体相关的基因 *NR3C1* 的 DNA 甲基化改变，导致该基因更多地表达。应激性生活事件会对患有抑郁症的个体产生不良影响，而这一影响会被位于 HPA 轴上的基因（*FKBP5*、*CRH*、*CRHR1*）所调节（Normann and Buttenschøn，2019）。类似的研究也发现，早期不良经历对于 BDNF 有着长久的影响，而这一效应会被 *BDNF Val66 Met* 基因和 *5-HTTLPR* 基因所调节。

第七节　总　结

情绪对认知的作用和影响是深刻的，它不仅能够影响知觉注意、学习记忆等较为基础的认知过程，也能够对社会认知、思维决策等较为高级的心理认知活动产生调节。这一作用涉及复杂而广泛的神经通路和脑网络，相关神经活动的异常往往会导致认知功能的损害和情绪障碍的出现。

情绪能够重塑各个通道对外部世界的敏感性，还能够通过注意调配我们在多通道间进行认知加工的资源权重。已有研究集中于视–听觉、嗅觉、疼痛知觉和时间知觉，而对情绪调节其他模态（如触觉、内脏感觉）的作用及机制尚且缺乏。在神经机制层面，已有研究比较系统地建立了皮质下快反应通路和皮质上慢反应通路的双通路加工模型。普遍的观点认为，皮质下通路的自动化水平较高，但也有研究提出注意和意识等高级认知因素对该通路可能具有调节作用，这挑战了传统观点，为我们理解情绪提供了新异的视角。不过，该双加工模型在人脑内的证据较少，还有待积累。此外，对于主观情绪体验的产生以及可能涉及的意识产生的过程仍需后续研究的探索。另一方面，对情绪信息的学习与记忆，以及个体情绪对记忆的影响，都是研究者早已开始关注且目前仍不断发展的研究领域。情绪学习，尤其是负性情绪学习的认知与神经机制已在人类与动物中均得到广泛研究，并建立起以杏仁核功能为核心的认知神经模型。目前该领域的研究正在向两个方面发展，一是探讨正性情绪学习的认知神经机制，二是探讨情绪学习对初级感觉皮质的塑造作用。情绪对记忆的影响较为复杂，通常认为情绪性信息会促进记忆，而具体来说，不同效价的情绪对记忆又有着不同的影响规律和机制。另外，记忆本身就包含了多种时间尺度和类型，目前所发现的情绪对记忆的影响特点也针对不同的记忆类型而各有不同。未来研究仍具有极大空间，以发掘更为系统与普适的情绪影响记忆的认知神经机制。

情绪也和社会认知、思维决策等高级的认知过程紧密地联系在一起。在社会认知方面，情绪具有重要的社会适应作用，许多情绪在个体与社会的交互中产生。同时，社会情绪也深刻影响着人在社会中的认知和行为。目前，随着神经模型对社会与情绪认知的表征越来越复杂，更多的研究者开始关注社会情绪相关的脑网络激活，而不局限于特定的离散脑区的活动。社会认知和道德是人类社会哲学的核心，特别是对道德方面，千百年来哲学家、伦理学家对其争论不休。神经科学为我们理解社会认知、道德判断提供了新的视角，它不仅能帮助我们更深刻地理解社会这一庞大的系统，理解人际关系的运作，并且能够从社会应用方面帮助我们认识和改善群体偏见、歧视和犯罪等社会问题。在情绪与思维决策的关系上，情绪的几个主要成分的不同水平会导致不同的决策结果，并且一些与情绪相关的脑区受损的患者在面对风险决策时也表现出不同的反应。当人们有效调控自己的情绪后也会出现决策结果的改变。由此可知，情绪确实会影响人们的主观价值评估。然而，这三个方面中都存在着许多悬而未决的问题。例如，大多数决策任务都涉及与情绪有关的多个认知过程，因此未来需要考察情绪如何影响决策的不同方面；前额叶皮质涉及多个经济与情感过程，然而其内部是否存在具有精确功能的子区域尚待进一步研究；许多研究表明，情绪的适应灵活性可能会导致决策倾向的灵活性，这一猜测尚需进一步证据的支持。

情绪障碍对人们的身心健康有重大危害，情绪障碍患者会表现出认知下降、忧思过度、睡眠进食异常、易激惹、易疲累等心理和生理上的焦虑、抑郁症状。情绪障碍发生的机制是多样的，一方面，大脑中边缘系统、前额叶等负责情绪加工的脑区激活及功能连接的异常，会导致负性认知偏差、认知能力下降和情绪产生与调控的异常。另一方面，激素的异常分泌也会通过影响自主神经系统反应而导致生理上的焦虑、抑郁症状。此外，个体的遗传因素及其与环境事件的交互作用对于情绪障碍的产生和发生也具有重要的影响。目前，对于情绪障碍的干预和治疗仍缺乏有效的手段。关注情绪障碍的神经机制，能够从更为基础的角度为临床的干预和调控提供更多参考，具有重要的应用价值。此外，情绪障碍的起因和表现往往因人而异。未来研究更多地从个体特性及特殊经历的角度出发，更具针对性地对情绪障碍的干预提出建议。

致谢：袁甜、鲁溪芊、范晨暄、张西磊、王莉协助整理部分资料。

参考文献

综述

1. Bernhardt BC，Singer T. The neural basis of empathy. *Annual Review of Neuroscience*，2012，35：1-23.
2. Barrett LF. The conceptual act theory：A précis. *Emotion Review*，2014，6：292-297.
3. Disner SG，Beevers CG，Haigh AP，et al. Neural mechanisms of the cognitive model of depression. *Nature Reviews Neuroscience*，2011，12（8）：467-477.
4. Duval ER，Javanbakht A，Liberzon I. Neural circuits in anxiety and stress disorders：a focused review. *Therapeutics and Clinical Risk Management*，2015，11：115-126.
5. Kensinger E，Kark S. Emotion and Memory. In Stevens' *Handbook of Experimental Psychology and Cognitive Neuroscience*，J.T. Wixted（Ed.）. New York NY：Wiley. 2018.
6. Lake JI，LaBar KS，Meck WH. Emotional modulation of interval timing and time perception. *Neuroscience Biobehavioral Review*，2016，64：403-420.
7. Levine L，Pizarro D. Emotion and memory research：A grumpy overview. *Social Cognition*，2004，22：530-554.
8. Miskovic V，Keil A. Acquired fears reflected in cortical sensory processing：a review of electrophysiological studies of human classical conditioning. *Psychophysiology*，2012，49（9），1230-1241.
9. Moll J，Oliveira-Souza R，Zahn R，et al. *The cognitive neuroscience of moral emotions*. In W. Sinnott-Armstrong（Ed.），*Moral Psychology*，*Vol. 3*，*The neuroscience of morality*：*Emotion*，*brain disorders*，*and development*. MIT Press，2008：1-17.
10. Normann C，Buttenschøn HN. Gene-environment interactions between HPA-axis genes and stressful life events in depression：Asystematic review. *Acta Neuropsychiatrica*，2019，31（4）：186-192.
11. Oatley K，Keltner D，Jenkins JM. *Understanding Emotions*（4th ed.）. Hoboken，NJ：Wiley-Blackwell，2018.
12. Panksepp J. The basic emotional circuits of mammalian brains：Do animals have affective lives? *Neuroscience and Biobehavioral Reviews*，2011，35：1791-1804.
13. Rolls ET. *The brain*，*emotion*，*and depression*. Oxford：Oxford University Press，2018.
14. Sznycer D. Forms and functions of the self-conscious emotions. *Trends in Cognitive Sciences*，2019，23（2）：143-157.
15. Todd RM，Miskovic V，Chikazoe J，et al. Emotional objectivity：Neural representations of emotions and their interaction with cognition. *Annual Review of Psychology*，2020，71（1）：25-48.
16. Wilson TD，Gilbert DT. Affective forecasting：Knowing what to want. *Current Directions in Psychological Science*，2005，14（3）：131-134.
17. 杜忆，吴玺宏，李量 . 杏仁核对感觉刺激的情绪性加工：自动化过程和注意调控过程的整合 . 心理科学进展，2013，21（6）：1020-1027.
18. 周雯，冯果 . 嗅知觉及其与情绪系统的交互 . 心理科学进展，2012，20（1）：2-9.

原始文献

1. Border R，Johnson EC，Evans LM. No support for historical candidate gene or candidate gene-by-interaction hypotheses for major depression across multiple large samples. *American Journal of Psychiatry*，2019，176（5）：376-387.
2. Bowen H，Kark S，Kensinger E. NEVER forget：negative emotional valence enhances recapitulation. *Psychonomic Bulletin & Review*，2018，25：870-891.
3. Cushman F，Murray D，Gordon-McKeon S，et al. Judgment before principle：engagement of the frontoparietal control network in condemning harms of omission. *Social Cognitive and Affective Neuroscience*，2012，7（8）：888-895.
4. Dael N，Mortillaro M，Scherer KR. Emotion expression in body action and posture. *Emotion*，2012，12：1085-1101.
5. Dias-Ferreira E，Sousa JC，Melo I，et al. Chronic stress causes frontostriatal reorganization and affects decision-making. *Science*，2009，325（5940）：621-625.
6. Fox GR，Kaplan J，Damasio H，et al. Neural correlates of gratitude. *Frontiers in Psychology*，2015，6：1491.
7. Gathmann B，Schulte FP，Maderwald S，et al. Stress and decision making：neural correlates of the interaction between stress，executive functions，and decision making under risk. *Experimental Brain Research*，2014，232（3）：957-973.

8. Grecucci A，Giorgetta C，Lorandini S，et al. Changing decisions by changing emotions：Behavioral and physiological evidence of two emotion regulation strategies. *Journal of Neuroscience，Psychology，and Economics*，2020，13（3）：178.

9. Greene JD，Sommerville RB，Nystrom LE，et al. An fMRI investigation of emotional engagement in moral judgment. *Science*，2001，293（5537）：2105-2108.

10. Vlaeyen J，Linton SJ. Fear-avoidance and its consequences in chronic musculoskeletal pain：a state of the art. *Pain*，2000，85（3）：317-332.

11. Yik M，Russell JA，Steiger JH. A 12-point circumplex structure of core affect. *Emotion*，2011，11：705-731.

12. Zhang J，Wang J，Wu Q，et al. Disrupted brain connectivity networks in drug-naive，first-episode major depressive disorder. *Biological Psychiatry*，2011，70（4）：334-342.

第 5 章　睡眠与觉醒

徐　敏　张　哲　张楚珺

晚上入睡，早上醒来，这是我们再熟悉不过的生活日常。在此过程中，躯体外周与中枢系统发生了哪些变化？睡眠与觉醒如何发生，受何调控？我们又为什么需要睡眠？在本章中，我们将一一探讨这些有趣的问题。我们将首先描述睡眠–觉醒周期的基本特征，然后分三个方面介绍睡眠–觉醒行为的调控机制，并讨论睡眠的主要生物学功能。最后，我们将简述睡眠相关疾病的神经机制，并展望睡眠研究的未来。

第一节　睡眠–觉醒行为概述

一、睡眠的定义与分期

睡眠是动物界普遍存在的一种生理现象。广义的睡眠行为应符合以下标准：①睡眠过程可逆，能够快速转为觉醒状态（区别于昏迷等无法快速恢复意识的状态）；②睡眠时机体对外界刺激的阈值升高、反应降低；③睡眠行为受到稳态控制（睡眠缺失可导致之后的补偿性睡眠）；④睡眠行为受到生物节律控制。按照这个标准，演化中相对低等的动物，甚至包括没有中枢神经系统的水母，也存在睡眠或者类似睡眠的现象。

我们对睡眠行为的理解目前主要基于对哺乳动物睡眠的研究。区分哺乳动物不同睡眠–觉醒状态的核心指标是脑电图（electroencephalogram，EEG）。EEG 中的脑电信号主要源于垂直于大脑皮质分布的锥体神经元（pyramidal neuron），是大量神经元兴奋性和抑制性突触后电位的总和。按照脑电频谱特征的不同（表 9-5-1），睡眠–觉醒周期可以分为觉醒期、快速眼动（rapid eye movement，REM）睡眠和非快速眼动（non-rapid eye movement，NREM）睡眠。其中，人类的 NREM 睡眠又可以被细分为 N1、N2、N3 期。

健康人入睡时一般先进入 NREM 睡眠，但新生儿可由觉醒直接进入 REM 期。一个典型的睡眠周期首先从觉醒状态进入 N1 期，此时人逐渐丧失对周围环境的注意力，可有缓慢眼动，心率、体温开始下降。N1 期脑电以低幅混合频率波为主，后

表 9-5-1　健康成人睡眠–觉醒过程中脑电图波形特征

脑电频段	频率（Hz）	常见行为状态
delta（δ）	0 ～ 4	N3 期深睡眠或昏迷
theta（θ）	4 ～ 8	觉醒期注意力集中或 N2 期浅睡眠
alpha（α）	8 ～ 13	觉醒期闭眼
beta（β）	13 ～ 30	脑活动活跃期
gamma（γ）	30 ～ 120	活跃觉醒期

根据频率的不同，通常可将脑电分为 delta（δ）、theta（θ）、alpha（α）、beta（β）及 gamma（γ）5 个频率渐增的频段

期可出现顶尖波（vertex sharp waves，单或双峰的高幅负向尖波，常间断散发、短时阵发或规则间隔连续发放）。数分钟后进入 N2 期，此时全身肌张力降低，几乎无眼球运动，可出现 K 复合波（K-complexes，一个高幅负向波后接一个低幅正向波，100 ～ 400 μV，持续时间大于 0.5 s）、睡眠梭形波（sleep spindles，波幅先渐增后渐减，12 ～ 15 Hz，成串出现，每个持续 0.5 ～ 1 s）等特征波形。此后进入 N3 期深度睡眠，肌张力进一步低下，开始出现中高幅度 δ 波，且 δ 波比例逐渐增多，波幅渐增，不易被唤醒。深睡眠结束后，再次转回 N2 及 N1 期，而后进入 REM 睡眠。REM 期特征是肌张力消失（muscle atonia），但高频眼动阵发，肢体远端的肌肉和面部表情肌可有短暂肌电活动（transient muscle activity，TMA）。脑电以低幅混合频率波为主，可出现三角形锯齿波（sawtooth waves，类似锯齿状，2 ～ 6 Hz，常出现在阵发性快速眼动波之前）。脑桥、外侧膝状体和枕叶皮质出现短促的电位波动，称之为 PGO 波（ponto-geniculo-occipital waves）。REM 期间呼吸、心率、体温调控不规律。各睡眠分期的电生理特征如图 9-5-1 所示。REM 睡眠后又开始下一个浅睡-深睡-浅睡 -REM 循环。一个典型的睡眠周期时长约为 90 min，每晚循环约 3 ～ 5 次（图 9-5-2）。

健康成人的 N3 期睡眠多出现在前半夜，而 REM 睡眠在后半夜时间更长、密度更高。整夜总睡眠时间（total sleep time，TST）中，觉醒时间占比＜ 5%，N1 期时长占 5% ～ 10%，N2 期占 50% ～ 60%，N3 期占 15% ～ 20%，REM 期占 20% ～ 25%。睡眠时长和睡眠结构随年龄增加而变化。一般而言，TST 随年龄的增大而减少。婴儿期 REM 睡眠占比多达 80%，此后 REM 期、N3 期减少，N2 期增多，75 岁后 N3 期基本消失。

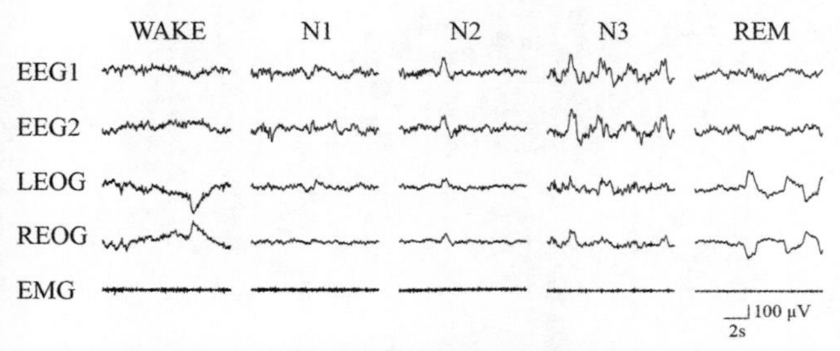

图 9-5-1　健康成人不同睡眠-觉醒时期脑电、眼电、下颌肌电示意图

WAKE，觉醒期；N1、N2、N3，非快速眼动睡眠的 1、2、3 期；REM，快速眼动睡眠；EEG，脑电图；LEOG，左眼眼电图；REOG，右眼眼电图；EMG，（下颌）肌电图

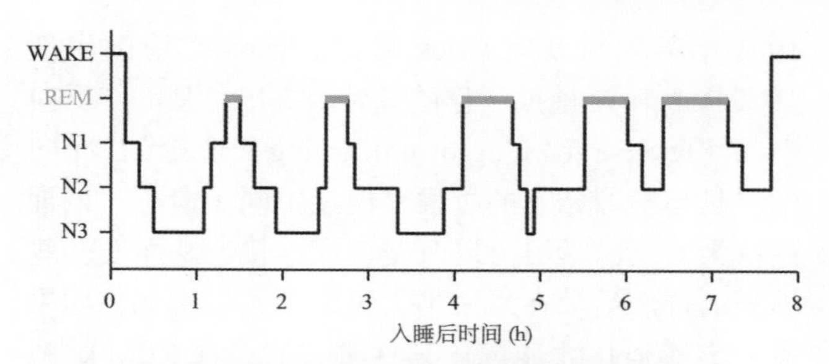

图 9-5-2　健康成人整夜睡眠结构示意图

WAKE，觉醒期；REM，快速眼动睡眠；N1、N2、N3，非快速眼动睡眠的 1、2、3 期

二、梦

梦是一种在睡眠过程中常见而有趣的生理现象。关于梦，有两个最基本的科学问题。第一，梦是如何产生的？第二，梦的生物学功能是什么？换句话说，做梦到底是有重要功能的主动过程，抑或仅仅是睡眠行为的一个副产物？目前我们对这些问题研究较少，主要原因是缺乏可用于神经生物学研究的动物模型。实际上，我们并不能确切地知道动物是否会做梦或是否在做梦。此外，梦境无法客观外显，内容光怪陆离且容易遗忘，这也极大地限制了人们对梦的理解。

1953 年，REM 睡眠的发现者，美国芝加哥大学的 Aserinsky 与 Kleitman 通过唤醒并询问处于不同睡眠阶段的志愿者，发现与从 NREM 期醒来的实验组相比，从 REM 期醒来的实验组中有更多人报告自己“做了梦”。据此，研究人员推测多数梦境发生在 REM 期。后人将唤醒被试后询问的内容由“是否做了梦”改为“苏醒之前脑海中出现了什么”并大量重复试验，发现 REM 睡眠与 NREM 睡眠都能产生梦境，且两种梦常常难以区分。

在做梦者主观回忆及描述的基础上，许多研究还结合了脑电记录、功能磁共振成像等客观评估。不同的研究和推测方法也催生了多种有关梦形成机制的假说。例如，美国精神病学家 Hobson 和 McCarley 于 1977 年首次提出了“活化-合成模型”（the activation-synthesis model），认为梦是前脑对脑干随机输出的反应，是大脑试图理解 REM 期间随机神经活动的副产物：大脑日常功能的维持需要一定的刺激，在睡眠状态下，虽然外部刺激减少，但是大脑仍然存在大量的自发活动。梦境就是认知系统对这些大脑自发活动进行解释并根据个体自身经历和体验赋予它一定的意义。

关于梦的生物学功能亦有多种假说。例如，

1983 年英国科学家 Crick 和 Mitchison 在德国生理学家 Robert W 前期工作的基础上提出了梦的“反向学习（reverse learning or unlearning）理论”。反向学习是与学习相反的过程，但又不同于遗忘。该理论认为，反向学习可以改变皮质连接，从而使一些不当的神经活动在未来不太可能发生。例如，如果需要突触强化才能记住某件事，那么在 REM 睡眠或者梦中，反向学习就会削弱突触，从而减少不必要的神经连接。反向学习通过主动删减无效信息，保证我们的皮质或大脑容量不至于在演化过程中随着信息处理量的增加而不断增加。该模型建议，人们或许不应该试图记住自己的梦，因为回忆梦境可能会使原本应该被抹除的无用信息得到保留。

也有学者认为梦与睡眠期记忆巩固相关，Born 等学者则认为，在睡眠过程中，大脑对白天收集的信息进行分类整理、压缩和归档，有用的记忆得以巩固，无用的记忆则被删除，而梦是上述生理过程的副产物，甚至还有可能主动参与了这一过程。这些假说或将有助于早日揭开梦的神秘面纱。

第二节　睡眠-觉醒行为的生理调控

关于睡眠-觉醒调控机制的研究主要可概括为以下 3 个方面：①解析控制睡眠-觉醒行为的脑区和神经环路；②以双进程调控模型（two-process model）为理论指导，研究睡眠-觉醒行为的稳态调控和节律调控；③通过遗传学手段研究影响睡眠-觉醒行为的基因。这些研究从不同角度出发，采用不同实验工具和方法，具有一定的独立性，但本质上都是在研究相同的科学问题，最终共同揭示睡眠-觉醒行为的调控机制。

一、睡眠-觉醒的发生系统

睡眠-觉醒的起始与维持是由众多核团和神经环路参与并相互协调控制的生理过程。近年研究发现了睡眠-觉醒周期中特定模式的神经活动、相关核团及它们的相互连接，逐步揭示了睡眠-觉醒行为发生的神经环路机制。

（一）觉醒发生系统

20 世纪初，奥地利神经学家 von Economo 在对病毒性脑炎患者进行尸检时发现，下丘脑后侧核团的病变可导致觉醒障碍。比利时神经生理学家 Bremer 在猫上进行了系统的脑横断（brain transection）研究，进一步确定了调控觉醒的脑区。当横断延髓尾端与脊髓之间时，上位离断脑（encéphale isolé）仍表现出正常的睡眠-觉醒周期；而当在上、下丘（superior colliculus and inferior colliculus）之间横断中脑（midbrain）时，上位离断前脑（cerveau isolé）则呈现出类似长期昏睡无法觉醒的状态。这提示中脑区域对于维持觉醒可能是必要的。1949 年，意大利神经生理学家 Moruzzi 和美国神经科学家 Magoun 共同发现，激活脑干的“网状结构”可以引起脑电去同步化，使动物从麻醉状态快速转变为类似觉醒的状态；而损毁“网状结构”则使猫长期昏睡，由此提出“上行网状激活系统”（ascending reticular activating system，ARAS）的概念。上行网状激活系统接受躯体和内脏的感觉输入，形成网状纤维束并支配中枢神经系统各个区域，对于维持觉醒至关重要（图 9-5-3）。进一步研究发现，ARAS 内核团在解剖结构上主要可分为背侧和腹侧两个分支。

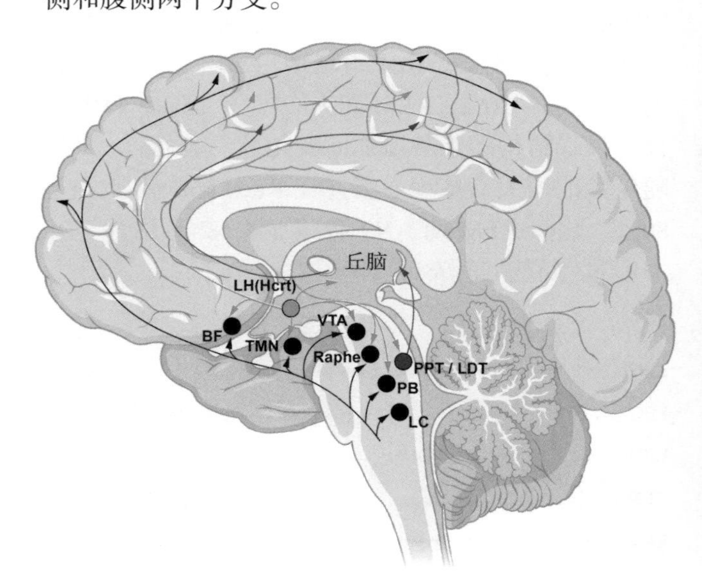

图 9-5-3　觉醒发生系统

LC，蓝斑核；PB，臂旁核；Raphe，中缝核；VTA，腹侧被盖区；TMN，结节乳头状核；BF，基底前脑；LH（Hcrt），外侧下丘脑的下丘脑泌素能神经元；PPT/LDT，脑干脑桥脚 / 背外侧被盖区；Thalamus，丘脑

1. 背侧分支　ARAS 背侧分支主要起源于脑干脑桥脚 / 背外侧被盖区（pedunculopontine tegmental nuclei/laterodorsal tegmental，PPT/LDT）的胆碱能神经元，投射到丘脑和基底前脑，而后激活大脑皮质。

PPT/LDT 位于脑桥和中脑交界处，是上行网状激活系统的关键脑区。该区域包含胆碱能、γ- 氨基丁酸（gamma-aminobutyric acid，GABA）能和谷氨酸能等不同类型的神经元，其中胆碱能神经元的放电频率在觉醒时达到最高，在 REM 睡眠时也较高，而在 NREM 睡眠时最低。研究表明，化学遗传学（chemogenetics）方法选择性激活 PPT 胆碱能神经元，可以强烈抑制 NREM 期脑电的慢波活动；光遗传学（optogenetics）方法激活 PPT 或 LDT 区域的胆碱能神经元可引起 NREM 睡眠显著减少；化学遗传激活 PPT 中谷氨酸能神经元可导致 NREM 睡眠时间显著减少。

丘脑（thalamus）包含众多核团，是上行网状激活系统的重要组成部分，在感知、注意力及高级认知方面均具有重要功能。丘脑功能的完整性对于维持觉醒状态不可或缺。研究表明，丘脑室旁核（paraventricular nucleus，PVT）、中央内侧核（central medial thalamus，CMT）、丘脑腹内侧核（ventromedial thalamic nucleus，VMT）等核团可能直接参与睡眠-觉醒周期中大脑皮质神经元活动的调控，促进睡眠向觉醒的转换。其中，PVT 的部分谷氨酸能神经元在觉醒时放电频率较高，睡眠时减弱。而 CMT 和 VMT 神经元的放电频率在觉醒和 REM 睡眠时较高，而在 NREM 睡眠时较低。光遗传或者化学遗传方法操控 PVT 特定亚区谷氨酸能神经元活动可改变睡眠-觉醒状态；PVT- 伏隔核（nucleus accumbens，NAc）环路参与了觉醒相关行为的调控；但近期研究表明，PVT 不同亚区及其不同投射对于情绪、压力等多种觉醒期的行为活动有相反的调控作用，PVT 调控觉醒行为相关的神经环路有待进一步解析。光遗传激活 CMT 能快速诱发觉醒，即使在麻醉动物上也能诱发类似觉醒状态的去同步化脑电活动。考虑到上述丘脑非特异性核团并非都接受来自 PPT/LDT 的投射，丘脑很可能不仅是 ARAS 的中继站，还可能主动参与了觉醒行为的调控。

2. 腹侧分支　ARAS 腹侧分支包含了脑干及下丘脑的多种单胺能神经元，该分支不经过丘脑，而是通过下丘脑、基底前脑到达皮质。

蓝斑核（locus coeruleus，LC）位于脑桥前背部第四脑室底，是前脑去甲肾上腺素（norepinephrine，NE）的主要来源。与 PPT/LDT 的胆碱能神经元不同，LC 的 NE 能神经元在全脑投射广泛，除腹侧分支的相关脑区外，还可投射至大脑皮质、丘脑、脊髓等。LC 神经元的放电频率在觉醒时最高，在 NREM 睡眠时显著降低，而在 REM 睡眠时则基本处于静息状态。LC 的 NE 能神经元在动物承受外界压力或接收新刺激的情况下尤为活跃，其放电与机体的兴奋状态呈正相关。应激（stress）可刺激 LC 神经元合成并分泌 NE，增强前额叶的认知功能，提高注意力和警戒水平。同时，下丘脑-垂体-肾上腺轴（the hypothalamic-pituitary-adrenal axis，HPA axis）得到激活，进而兴奋交感神经并抑制副交感神经，进一步调动机体进入强兴奋、高觉醒状态，以更好地应对外界刺激。解剖学及电生理学特征提示，LC 可以整合外界刺激并对维持觉醒状态起到重要作用。光遗传激活 LC 的 NE 能神经元可将小鼠从睡眠中迅速唤醒；光遗传抑制则减少觉醒时长，促进 NREM 睡眠；损毁 LC 则导致动物觉醒时间显著降低。

臂旁核（parabrachial nucleus，PB）位于脑桥，主要接受体温、内脏、疼痛、瘙痒等感觉输入，并传递到前脑。PB 被小脑的输出纤维束分割成内侧（the internal lateral subdivision of PB，PBil）和外侧（the external lateral subdivision of PB，PBel）两个部分，其中 PBil 的谷氨酸能神经元主要投射到基底前脑，而 PBel 的谷氨酸能神经元则广泛投射到外侧下丘脑、基底前脑和杏仁核等脑区。研究表明，PB 对睡眠-觉醒的调节至关重要。PB 区域的损伤会导致动物和人类出现昏迷或持续的植物人状态；损毁 PBil 神经元会减少觉醒并增加脑电慢波活动。此外，近年研究发现小鼠 PBel 的谷氨酸能神经元可被高浓度二氧化碳激活；光遗传激活该类神经元可增加觉醒，而光遗传抑制则能阻止高浓度二氧化碳引起的觉醒。PBel 因此被认为可能与睡眠呼吸障碍患者夜间间歇性高碳酸血症引起的睡眠片段化症状有关。

中缝背核（dorsal raphe nucleus，DRN）位于脑干中缝附近，是前脑 5- 羟色胺（5-HT，又名血清素，serotonin）和多巴胺（dopamine，DA）的主要来源。该核团与大脑的多个区域都有相互投射，包括丘脑、杏仁核和前额叶皮质等。DRN 的 5-HT 能神经元在觉醒时，尤其是在一些有节奏的行为（如梳理、进食等）中，放电活动最为剧烈，而在

NREM 睡眠时放电较少，REM 睡眠时不活跃。研究发现，采用不同模式的光遗传刺激激活 DRN 的 5-HT 能神经元可双向调节睡眠–觉醒行为。持续光刺激（tonic stimulation）可促进小鼠睡眠；而簇状光刺激（burst stimulation）可显著增加觉醒。这可能与 5-HT 能神经元在睡眠–觉醒周期不同状态下放电模式不同有关。此外，大部分 5-HT 能神经元还可释放谷氨酸，提示其促觉醒功能可能部分由释放的谷氨酸介导。DRN 的 5-HT 能神经元还参与情绪、奖赏等行为的调控，而这些功能是否与其促觉醒效应相关仍有待进一步研究。

在 DRN 附近腹侧导水管周围灰质（ventral periaqueductal gray，vPAG）有一小群 DA 能神经元也参与觉醒的调控。研究发现，这些神经元在觉醒时活动最高，睡眠时较低，并且在睡眠到觉醒状态的转换时活动显著上调。研究发现，损伤这些神经元后，觉醒总时长减少约 20%；化学遗传抑制这些神经元，则可显著促进 NREM 睡眠。这群 DA 能神经元可能通过感知外界环境刺激来调节睡眠–觉醒状态，在促觉醒过程中起到了关键作用。

腹侧被盖区（ventral tegmental area，VTA）位于中脑靠近黑质（substantia nigra，SN）和红核（red nucleus）的区域。VTA 主要投射靶区有伏隔核、前额叶皮质（prefrontal cortex，PFC）、海马（hippocampus）等多个核团。VTA 主要有 DA 能、谷氨酸能以及 GABA 能 3 种类型的神经元。其中，VTA 的 DA 能神经元对奖赏、社交等一系列行为具有重要的调控作用，但其促觉醒功能一直备受争议。与 NE 能、5-HT 能等单胺类神经元特有的“觉醒”放电模式不同，DA 能神经元在觉醒期并没有呈现较高的活动水平。觉醒时细胞外 DA 水平存在小幅升高，但这可能源于多巴胺转运体（dopamine transporter，DAT）活性的变化。有趣的是，光遗传激活 VTA 的 DA 能神经元可以迅速诱发觉醒，还可促进筑巢行为；而抑制这类神经元，即使动物面对食物或潜在伴侣等高动机条件时，仍可显著抑制觉醒。化学遗传激活 VTA 谷氨酸能神经元也引起觉醒时间显著增长，损毁该类神经元则导致觉醒能力受损。VTA 谷氨酸能神经元的促觉醒功能可能通过兴奋 VTA 内部的 DA 能神经元而实现。此外，VTA 的 GABA 能神经元也可能通过抑制 VTA 内的 DA 能与谷氨酸能神经元参与睡眠–觉醒调控。

结节乳头状核（tuberomammillary nucleus，TMN）位于下丘脑后部，是大脑中组胺（histamine）的主要来源。TMN 接受来自下丘脑腹外侧视前区（ventrolateral preoptic area，VLPO）的输入，同时广泛投射到大脑皮质、丘脑和其他促觉醒区域。TMN 神经元的放电活动在觉醒时最高，NREM 睡眠时减弱，在 REM 睡眠时则基本处于静息状态。脑内的组胺浓度在觉醒期也远高于睡眠时期。组胺 H_1 受体阻断剂有明显的促眠作用，可显著增加睡眠时长；化学遗传激活 TMN 的组胺能神经元导致觉醒水平和运动能力增加。特异性敲除 TMN 组胺能神经元的 GABA 受体，使得组胺能神经元更易兴奋，导致小鼠觉醒时间增长，睡眠潜伏期显著增长。

基底前脑（basal forebrain，BF）是大脑半球前端内侧和腹侧的一组结构。BF 区域包含胆碱能、GABA 能、谷氨酸能等不同类型的神经元，皆可直接支配大脑皮质；它们之间也存在复杂的相互投射，通过局部微环路彼此影响，从而实现对大脑皮质的调控。BF 胆碱能神经元既能促进皮质的快速觉醒，又参与了注意力、记忆、感觉加工和大脑可塑性等重要功能。BF 胆碱能神经元和谷氨酸能神经元在觉醒和 REM 期活跃，在 NREM 期活动减弱；少部分 GABA 能神经元则在睡眠期较为活跃。光遗传选择性激活 BF 胆碱能或谷氨酸能神经元可显著促进觉醒。最近研究表明，BF 谷氨酸能神经元对睡眠压力的积累有重要调控作用。

3. 其他通路 除经典的背侧和腹侧分支外，还有一条通路包含外侧下丘脑（lateral hypothalamus，LH）的下丘脑泌素（hypocretin，Hcrt，又名食欲素 orexin）阳性神经元，对调节觉醒也起到了重要作用。LH 中的 Hcrt 神经元投射到上述几乎所有觉醒核团。光遗传激活这类神经元可引起极为显著的增强觉醒、抑制睡眠效果。下丘脑泌素激活 hypocretin-1R 和 hypocretin-2R 受体后可持续兴奋下游神经元长达数分钟。在 TMN 及 LC 等区域给予 Hcrt 可明显延长觉醒时长。临床研究发现，Hcrt 的缺失会造成严重的发作性睡病，觉醒时长显著缩短，出现从觉醒到 REM 睡眠状态的骤变，表现为突发的困意及猝倒现象。以上研究表明，Hcrt 系统对于觉醒的维持以及睡眠–觉醒的正常转换至关重要。

以往研究表明，背侧和腹侧通路独立地参与了觉醒的维持。随着研究的深入，人们逐渐认识到背侧分支和腹侧分支在解剖学上并不完全独立，二者间存在相互投射，形成了一个上行觉醒网络（ascending arousal network）。目前认为，觉醒信号从脑干、中脑、下丘脑等区域经由基底前脑、丘脑上行传至大脑皮质。值得注意的是，许多参与调控觉醒的脑区同时也参与其他多种行为的调控，例如，单胺能核团对注意力、情绪、奖赏、运动等行为也颇为关键。上行激活系统的核团在结构上相互连接，存在共同的上下游核团，很可能协同完成了觉醒的起始与维持。

（二）睡眠发生系统

长久以来，人们普遍认为大脑在睡眠时处于静息状态。随着电生理记录等技术的发展与应用，人们逐渐发现睡眠过程中大脑并未停止活动，而是处于高度有序的活跃状态。大量研究表明，睡眠不是觉醒状态的被动终结，而是源自中枢神经系统的主动调控。觉醒、NREM 睡眠和 REM 睡眠三种状态的转换是多脑区相互作用、动态平衡的结果。近年来，许多工作相继发现特异调控 NREM 睡眠和 REM 睡眠的脑区及神经环路（图 9-5-4），揭示了不同睡眠阶段起始与维持的神经机制。

1. 非快速眼动睡眠发生脑区　奥地利神经学家 von Economo 于 1930 年观察到失眠的病毒性脑炎患者普遍存在下丘脑视前区和基底前脑病变，提示这些脑区可能与睡眠发生高度相关。目前认为，参与调控 NREM 睡眠的脑区主要分布在下丘脑、丘脑、中脑、脑干等，其中下丘脑视前区的腹外侧区（VLPO）对 NREM 睡眠尤为关键。

VLPO 和正中视前核（median preoptic nucleus，MnPO）均位于下丘脑前部视前区附近。电生理记录发现 VLPO 和 MnPO 区域存在睡眠期活跃神经元。VLPO 神经元在觉醒到睡眠转换过程中放电频率增加，而 MnPO 神经元则在睡眠起始前放电频率就有所增加，提示 VLPO 可能参与了睡眠维持，而 MnPO 可能介导了睡眠起始。进一步研究发现，损毁 VLPO 区域会导致脑电 δ 波减少 60% ～ 70%，NREM 时长减少约 50%，且 NREM 时长与残留的 VLPO 神经元数量呈正相关。

VLPO 和 MnPO 主要包含抑制性神经递质 γ-氨基丁酸和甘丙肽（galanin）阳性神经元。这些神经元接受来自 TMN、LDT、PPT、LC、DRN 和 LH 等觉醒发生核团的输入，VLPO 同时也投射到这些脑区。在睡眠-觉醒周期中，VLPO 神经元的活动可以抑制 TMN、DRN、LC 等神经元从而促进睡眠。相反，TMN、DRN、LC 等脑区神经元的活动也可抑制 VLPO 神经元从而促进觉醒。2005 年，美国神经学家 Saper 等提出了睡眠-觉醒状态的“跷跷板”转换模型（flip-flop switch model of sleep-wake regulation）。他认为，VLPO 与其他觉醒核团间的相互抑制形成了类似跷跷板的双稳态反馈环路，从而使睡眠和觉醒两种状态交替出现且转换迅速，避免了中间状态的产生。该模型为进一步研究维持睡眠和觉醒状态稳定的神经机制提供了重要理论指导。

除 VLPO 外，NREM 睡眠发生系统还涉及基底前脑、丘脑、基底神经节、中央杏仁核、未定带、中脑、脑干、皮质等众多脑区。

BF 脑区部分 GABA 能神经元表达生长激素抑制素（somatostatin），且在 NREM 睡眠期较为活跃。这些神经元可直接抑制 BF 脑区促觉醒神经元（如胆碱能神经元和谷氨酸能神经元）来促进 NREM 睡眠。光遗传激活这些 GABA 能神经元可促进 NREM 睡眠。

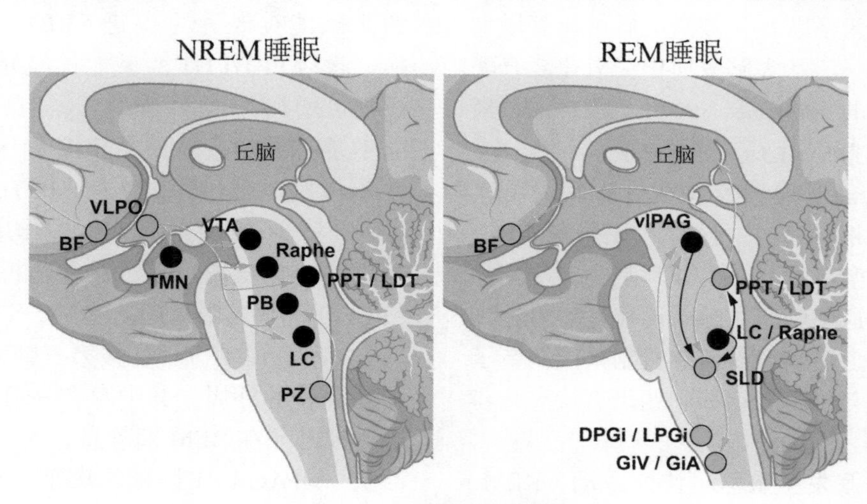

图 9-5-4　**睡眠发生系统**

BF，基底前脑；VLPO，下丘脑视前区的腹外侧区；TMN，结节乳头状核；VTA，腹侧被盖区；Raphe，中缝核；PPT/LDT，脑干脑桥脚 / 背外侧被盖区；PB，臂旁核；LC，蓝斑核；PZ，侧颜区；Thalamus，丘脑；vlPAG，腹外侧导水管周围灰质；SLD，蓝斑下核；DPGi/LPGi，延髓背侧 / 外侧巨细胞旁核；GiV/GiA，延髓巨细胞网状核的腹侧 /alpha 区

丘脑网状核（thalamic reticular nucleus，TRN）是包绕丘脑背侧部和前侧部的贝壳状核团，主要由GABA能抑制性神经元构成。TRN既接受上行觉醒网络的输入，又接受大脑皮质的兴奋性投射。TRN可筛选传递至皮质的感觉信息，在丘脑–皮质环路中起到“信息门控”作用。TRN细胞的活动与大脑皮质前额叶脑区的纺锤波出现频率呈正相关；光遗传激活TRN后纺锤波增加，NREM睡眠时间延长，提示TRN对NREM睡眠，尤其是睡眠纺锤波具有调控作用。

基底神经节（basal ganglia，BG）由纹状体（striatum）、苍白球（globus pallidus，GP）、丘脑底核（subthalamic nucleus，STN）和黑质等核团组成，被认为在睡眠–觉醒过程中起到重要的整合作用。BG是帕金森病（Parkinson’s disease，PD）的主要病变核团，大部分PD患者存在睡眠障碍，提示BG可能参与了睡眠–觉醒的调控。近年研究发现，激活腹侧纹状体或背侧纹状体的腺苷$A_{2A}R$阳性神经元均可促进NREM睡眠；激活黑质致密部（substantia nigra pars reticulata，SNr）的GABA能神经元和STN的部分谷氨酸神经元也可以促进NREM睡眠。

近年研究还发现某些位于其他脑区的特定神经元也参与了NREM睡眠的调控，例如侧颜区（parafacial zone，PZ）的GABA能神经元，大脑未定带（zona incerta，ZI）的Lhx6阳性神经元，中脑导水管周围灰质（periaqueductal gray，PAG）的部分GABA神经元和谷氨酸能神经元，杏仁核的神经紧张素（neurotensin，NTS）阳性神经元等。这些神经元在睡眠期较为活跃，且被激活后可显著增加NREM睡眠。此外，激活大脑皮质中一氧化氮合酶（neuronal nitric oxide synthase，nNOS）阳性的神经元也可增加NREM睡眠时长。

综上所述，目前发现调控NREM睡眠的脑区数量较多，且分布相对离散，它们之间的解剖连接与功能联系尚不完全清楚。NREM睡眠为何受到如此多脑区的影响？这些脑区在睡眠调控过程中分别扮演了什么角色？上述脑区以何种机制共同调节了NREM睡眠的启动与维持？这些问题仍有待进一步研究。

2. 快速眼动睡眠发生脑区 快速眼动（REM）睡眠期间脑电图与觉醒期高度相似，呈现高频低幅、去同步化的脑电特征，但常见肌张力降低，因而也被称作异相睡眠（paradoxical sleep，PS）。20世纪60年代，法国神经生物学家Jouvet在猫上进行了一系列脑干横切研究。在脑桥尾侧端横断后，REM期脑电相对正常但肌张力未见降低；在前脑和中脑之间横断后，REM期肌张力消失但脑电活动异常；在中脑和脑桥之间横断后，REM期脑电异常和肌张力降低现象也不再出现，表明大脑无法进入REM睡眠。Jouvet的研究提示，REM睡眠的关键调控脑区可能位于脑干中脑与脑桥交界处。1975年，美国科学家Hobson和McCarley提出，REM睡眠的起始与维持是由PPT/LDT的胆碱能REM活跃（REM-on）神经元和单胺能REM抑制（REM-off）神经元相互作用所调控的。

蓝斑下核（sublaterodorsal nucleus，SLD）位于背外侧被盖区和蓝斑核尾部的腹侧。SLD神经元在REM睡眠期活跃；药理学技术激活SLD可显著促进REM睡眠；损毁该区域则减少REM睡眠。SLD谷氨酸能神经元是启动REM睡眠的关键。在REM睡眠期间，SLD的REM-on神经元抑制腹外侧导水管周围灰质（ventrolateral periaqueductal gray，vlPAG）和侧脑桥盖层（lateral pontine tegmentum，LPT）的REM-off神经元，而在觉醒和NREM睡眠期间，SLD REM-on神经元又会被vlPAG/LPT的REM-off神经元所抑制。这种动态相互作用也可被其他脑区的多种神经元所调节（如PPT/LDT的胆碱能神经元等）。

PPT/LDT脑区的胆碱能神经元也参与调节REM睡眠。研究表明，在猫和啮齿类动物脑桥背侧灌注胆碱受体激动剂可增加REM睡眠；而损毁PPT/LDT则显著减少REM睡眠；光遗传激活PPT/LDT的胆碱能神经元可促进NREM到REM睡眠的转换。激活PPT/LDT胆碱能神经元到SLD神经元的投射可增加REM睡眠时长，但这种胆碱能输入可能不是必要的，因为在SLD脑区阻断胆碱能信号并不改变REM睡眠时长。PPT/LDT的胆碱能神经元不仅对REM睡眠有促进作用，还可以引起脑电去同步化快波出现，诱发脑桥–膝状体–枕叶波（PGO）和快速眼球运动。

vlPAG/LPT位于连接第三脑室与第四脑室的中脑导水管的外周，其中存在一群REM-off神经元，这些神经元在REM期静息，而在觉醒和NREM期活跃。vlPAG/LPT区域的病变或药物导致的失活可增加REM睡眠；化学遗传激活或抑制vlPAG/LPT区域的GABA能神经元则会相应地减少或增加REM睡眠。vlPAG/LPT的REM-off神经元通过GABA能抑制性投射支配 SLD，抑制 REM 睡眠，由此，vlPAG/LPT 与 SLD 之间形成相互抑制的 REM 睡眠调节环路，类似于上文中觉醒 -NREM 睡眠的"跷跷板"调控模型。此外，LC 和 DRN 也存在 REM-off 神经元，通过释放去甲肾上腺素抑制 SLD 的 REM-on 神经元，从而防止觉醒向 REM 的直接过渡。

上述 REM 睡眠的研究主要集中于脑干。然而，近期研究发现视前区、侧下丘脑和后侧下丘脑也存在特定类型的神经元参与了 REM 睡眠的启动与维持。例如，位于后侧下丘脑的黑色素浓集素（melanin-concentrating hormone，MCH）阳性神经元在 REM 睡眠时活跃。这些神经元投射到背侧被盖下核等 REM 调控区域。激活 MCH 神经元可增加 REM 睡眠，损毁该类型神经元则减少 REM 睡眠。

值得一提的是，许多对 REM 睡眠的研究也部分揭示了 REM 期肌张力降低的神经机制。SLD 局部病变或谷氨酸信号缺失的动物在睡眠中常表现出一种类似于 REM 睡眠的特殊状态。在此期间，脑电具有 REM 期特征，但肌肉无法松弛，动物出现抽搐、跳跃甚至更复杂的运动行为。这提示 SLD 谷氨酸能神经元可能介导了 REM 睡眠期肌张力降低现象。在 REM 期，SLD 可能通过直接抑制脊髓内运动神经元或通过激活下游腹内侧延髓神经元间接抑制脊髓内运动神经元，引起肌张力消失。

脑干的腹内侧延髓神经元对 REM 睡眠期肌张力降低至关重要。这些神经元接受 SLD 的输入，并投射到脊髓和脑干运动神经元。研究发现，腹内侧延髓的甘氨酸（glycine）能神经元和 GABA 能神经元在 REM 睡眠中十分活跃。这些神经元对 REM 睡眠的发生也具有调控作用——激活这些神经元可大幅增加 REM 睡眠时间，而抑制这些神经元则减少 REM 睡眠时间。

在本节中，我们重点介绍了脑干、下丘脑等环路对于睡眠-觉醒的调控及其作用机制，介绍了这些环路如何自下而上地影响皮质活动。总的来说，觉醒、NREM 睡眠和 REM 睡眠受到各自发生系统的调控，既是三种相对独立的稳定状态，又能在一定条件下互相转化。这三种状态的维持和转化依赖于多脑区不同神经元之间的相互作用。这些神经元通过整合内外刺激，进而发挥各自作用，组成了一个复杂的睡眠-觉醒调控网络。

近十年来，调控睡眠-觉醒神经环路方面的研究取得了极大进展，但仍有许多重要问题尚未解决——不同脑区如何在睡眠状态转换时相互作用？皮质活动对睡眠调控是否存在自上而下的影响？毫秒尺度的神经元活动如何维持长时程的睡眠或觉醒状态？这些问题都有待进一步探索研究。

二、睡眠-觉醒的双进程调控

目前，广为接受的睡眠-觉醒调控理论主要基于瑞士科学家 Borbély 于 1982 年提出的双进程调控模型（two-process model）（图 9-5-5）。该模型指出，睡眠稳态（sleep-wake homeostasis，process S）和昼夜节律（circadian rhythm，process C）这两个进程相互作用，共同调控了睡眠的时间及深度。

（一）睡眠稳态调控

睡眠稳态描述了睡眠与觉醒之间的动态平衡，反映了睡眠压力（sleep pressure）对睡眠-觉醒周期的调控。睡眠压力亦作睡眠驱动力（sleep drive）或睡眠负债（sleep debt），可由 NREM 期脑电慢波活动的能量大小表征。睡眠压力随着觉醒时间的延长逐渐增加，随着睡眠的进行又逐渐减小。睡眠剥夺后常见睡眠深度增加且时间延长，这种补偿性睡眠（sleep rebound）也是睡眠稳态调控的一种体现。值得一提的是，选择性剥夺 REM 睡眠会导致后续睡眠中的 REM 睡眠补偿性增加，提示 REM 睡眠可能存在独立的稳态调控机制。

睡眠-觉醒周期的稳态特征提示，觉醒期间促睡眠物质（即睡眠稳态因子，homeostatic sleep factors）的积累造成机体睡眠压力升高，最终导致了觉醒到睡眠的转换。因此，阐明促睡眠物质的生物学本质及其作用机制是理解睡眠-觉醒调控的重要基础。

在寻找促睡眠物质的早期实验中，Ishimori 等人发现在脑室中灌注取自睡眠剥夺动物的脑脊液可诱发睡眠。这类研究提示，长时间的觉醒可导致促

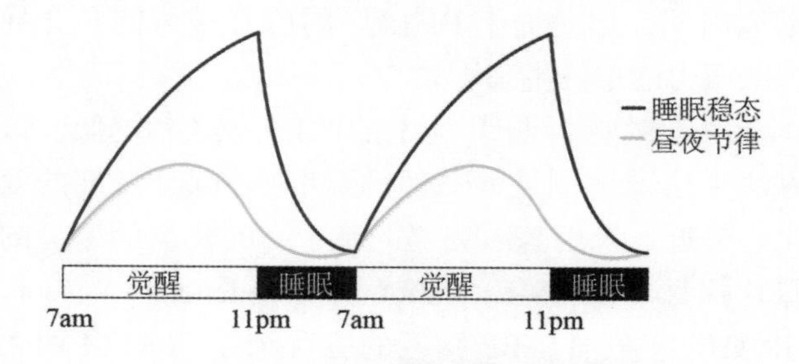

图 9-5-5　双进程调控模型示意图

睡眠稳态（process S）是指睡眠压力随觉醒时间的延长而逐渐增加，随睡眠时间的延长而降低的过程。昼夜节律（process C）则是指体内生物钟对身体内部生理过程和警觉水平的调节

睡眠物质在脑脊液中积累，由此开启了对促睡眠物质分离鉴定的系列研究。一般认为，介导睡眠稳态调控的促睡眠物质应满足以下3个条件：①促睡眠物质在大脑中的浓度应随着睡眠压力的升高而增加；②人为提高促睡眠物质在脑中的浓度可诱发睡眠；③促睡眠物质可作用于调控睡眠–觉醒的脑区和神经元。按照以上标准，目前发现的促睡眠物质主要包括腺苷（adenosine，Ado）、前列腺素D2（prostaglandin D2，PGD2）、细胞因子（cytokines）和一氧化氮（nitric oxide，NO）等。

1. 腺苷 腺苷是嘌呤代谢的重要产物，可由能量分子三磷腺苷（adenosine triphosphate，ATP）或者信号分子环磷腺苷（cyclic adenosine monophosphate，cAMP）降解生成，与细胞能量代谢、胞内信号转导等活动密切相关。细胞外的腺苷主要有两个来源：一是ATP释放后的胞外降解；二是由转运体介导的胞内腺苷释放。脑内的腺苷受体以A_1型（A_1R）和A_{2A}型（$A_{2A}R$）两种G蛋白偶联受体（G protein-coupled receptor，GPCR）为主。A_1R在脑内广泛分布，主要与Gi偶联，激活后可降低cAMP水平；$A_{2A}R$主要分布在纹状体，与Gs偶连，激活后可升高cAMP水平。

腺苷的促睡眠作用最先经药理学实验发现。脑内灌注ATP或腺苷均可快速诱导动物睡眠。A_1R的激动剂可减少觉醒、增加睡眠，而咖啡因、茶碱等腺苷受体拮抗剂则可增加觉醒。微透析技术测得多个脑区的腺苷浓度在觉醒期较高，在NREM期较低；更为重要的是，当动物处于长时间觉醒时，基底前脑（BF）和皮质中的腺苷浓度随觉醒时间的延长而增加，在随后的睡眠中又逐渐降低，这与睡眠稳态模型中睡眠压力在睡眠–觉醒周期中的变化模式一致。Porkka-Heiskanen等发现，采用药理学方法升高后侧BF脑区的腺苷浓度可以增加NREM睡眠，而升高丘脑等脑区的腺苷浓度并不影响睡眠–觉醒周期，据此提出BF脑区的腺苷很可能是介导睡眠压力的重要生理因素。

由于微透析测量技术的时间分辨率较低，该方法无法准确测量REM睡眠期胞外腺苷浓度的变化。最近，采用基因编码的基于GPCR激活原理的腺苷探针（GPCR-activation-based adenosine sensor，$GRAB_{Ado}$）发现，BF脑区的腺苷浓度在REM期大幅升高，甚至高于觉醒期。进一步研究发现，BF脑区胞外腺苷浓度的变化与神经活动高度相关，并且神经活动的变化提前于腺苷浓度的变化。光遗传技术激活BF脑区不同类型神经元，发现谷氨酸能（而非乙酰胆碱能）神经元的活动可能是控制睡眠–觉醒周期中胞外腺苷浓度升高的重要因素。

腺苷及相关信号通路的激活与细胞的代谢活动密切相关。觉醒状态机体的总代谢活动升高，而胞外腺苷可能作为神经放电等广义细胞代谢活动升高的负反馈信号，参与维持代谢活动的稳态。

2. 前列腺素D2 前列腺素是花生四烯酸经环氧合酶（Cyclooxygenase，COX）途径生成的一种脂质信号分子，脑内最丰富的前列腺素是PGD2。PGD2符合促睡眠物质的所有标准：脑脊液中PGD2的浓度随觉醒时间的延长而升高；脑内灌注PGD2可模仿长时间觉醒的促睡眠作用，增加NREM睡眠。PGD2由脂钙蛋白型前列腺素D合酶（lipocalin-type prostaglandin D synthase，L-PGDS）合成，主要经前列腺素1型受体（DP_1R，一种与Gs偶连的GPCR）介导促睡眠作用。DP_1R的拮抗剂可减少睡眠时间。在敲除L-PGDS或DP_1R的小鼠脑内灌注PGD2不产生促睡眠作用；睡眠剥夺后，这些小鼠也无补偿性睡眠表现，睡眠稳态受损。脑内PGD2可由多个途径产生，目前认为，起促眠作用的PGD2主要由软脑膜（leptomeninges）内的细胞产生。PGD2主要通过上调LPO脑区的腺苷浓度，激活该脑区$A_{2A}R$阳性的神经元，从而增加NREM睡眠。

3. 蛋白磷酸化 既往的促睡眠物质研究主要集中于特定的分子，近来有研究表明，细胞内的生化反应过程也可能介导了睡眠的稳态调控。Funato等通过随机突变方法发现，携带蛋白激酶SIK3（salt-inducible kinase 3）基因功能获得性突变（gain of function mutations）（*Sik3*^{Slp}）的小鼠（*Sleepy*）具有较高的睡眠压力，睡眠时间大幅度增加。

鉴于*Sik3*^{Slp}突变可导致胞内蛋白过度磷酸化，该研究提示蛋白磷酸化水平的升高可能介导了睡眠压力。在后续研究中，通过系统地比较觉醒和睡眠期间蛋白磷化水平的差异，发现觉醒期间的磷酸化水平显著升高，并且通过药理学方法改变蛋白磷酸化水平可调节小鼠的睡眠压力。因此，细胞内蛋白磷酸化水平的升高也可能是介导睡眠压力的重要途径。这种蛋白磷酸化水平伴随睡眠–觉醒周期变化的现象同样也存在于神经元的突触水平。

上述睡眠稳态调控通常指全脑范围的生理现象，然而最近有研究发现，觉醒期间局部脑区神经活动的升高，可以选择性地引起该脑区在后续睡眠中脑电慢波活动增加。该现象表明，睡眠稳态调控不一定是全脑范围内同步统一的现象，也可以反映在局部脑区中。这种局部脑区的睡眠稳态调控通常被认为与觉醒期间该脑区参与的学习活动有关。

（二）昼夜节律调控

睡眠的昼夜节律调控主要由体内的生物钟控制。生物钟是生物在漫长的演化过程中对地球昼夜光照周期适应的结果。生物钟协调了机体众多周期性生理活动。睡眠-觉醒行为作为演化保守的一个重要生理现象，也受到生物钟密切调控。

生物钟是生物体内核心钟基因（core clock genes）主导的一套计时系统。20 世纪 70 年代，美国加州理工学院的 Benzer 等最早揭示生物钟受到基因控制。通过在果蝇上进行随机突变正向遗传研究，他们筛选出多个节律异常突变体，并将相关基因命名为 *Period*（*Per*）。这些节律异常突变体主要包括 3 种：节律周期延长为 28 h 的 Per^{long}，缩短为 19 h 的 Per^{short}，以及节律周期丧失的 Per^{0}。1984 年，美国布兰迪斯大学的 Hall 和 Rosbash 团队在果蝇上成功地克隆了 *Per* 基因，这也是第一个被克隆的生物钟基因。

1994 年，美国西北大学的 Takahashi 在小鼠上发现哺乳动物第一个生物钟基因 *Clock*，并于 1997 年成功克隆了该基因。目前已知的哺乳动物核心生物钟基因主要包括 *Clock*、*Bmal1*、*Per1*、*Per2*、*Per3*、*Cry1*、*Cry2*。其中，CLOCK 是一种转录因子，CLOCK 和 BMAL1 形成的复合体可以启动 *Per* 和 *Cry* 等周期性表达基因的转录。节律基因的翻译产物 PER 和 CRY 可形成二聚体 PER：CRY 复合物，进入细胞核抑制 CLOCK：BMAL1 复合体的活性，即通过负反馈抑制节律基因的转录。最终，PER 和 CRY 蛋白下降到相对低的水平，CLOCK：BMAL1 复合物再次结合 DNA 并起始相关基因的转录，由此开启新的节律周期。这种核心钟基因转录翻译负反馈环（transcription-translation feedback loop，TTFL）是生物钟分子机制的关键（图 9-5-6）。鉴于在生物节律分子机制方面的杰出工作，Jeffrey C. Hall、Michael Rosbash 和 Michael W. Young 共同获得了 2017 年诺贝尔生理学或医学奖。

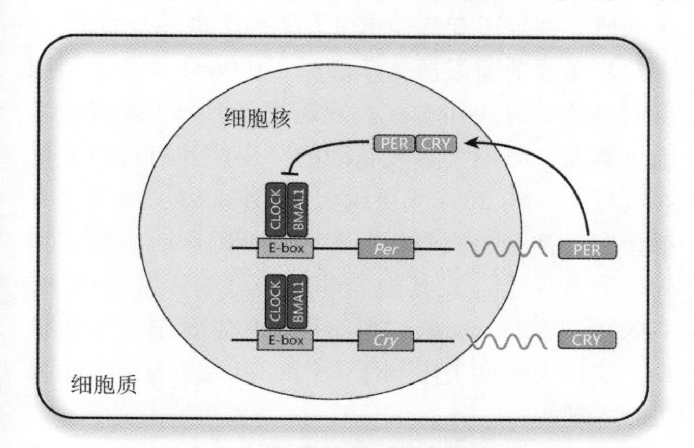

图 9-5-6　核心钟基因转录翻译负反馈环

PER，Period 蛋白；CRY，Cryptochrome 蛋白，又名隐花色素蛋白；*Per*，*Period* 基因；*Cry*，*Cryptochrome* 基因；E-box，增强子盒；CLOCK，Circadian Locomotor Output Cycles Kaput 蛋白；BMAL1，Brain and Muscle ARNT-like Protein 1 蛋白

节律基因在全身几乎所有组织器官的细胞中都有表达。其中，下丘脑视交叉上核（suprachiasmatic nuclei，SCN）是哺乳动物生物节律的主时钟（master clock），SCN 协调了体内其他组织生物钟的震荡周期。SCN 主要由位于核心的血管活性肠肽（vasoactive intestinal peptide，VIP）能神经元和周边的精氨酸血管加压素（arginine vasopressin，AVP）能神经元组成。体外培养的 SCN 组织或分离的单个 SCN 神经元也可保持周期性的震荡活动。SCN 的主要输入来自视网膜光敏感神经节细胞（intrinsically photosensitive retinal ganglion cells，ipRGCs；又被称为 melanopsin-containing retinal ganglion cells）介导的环境光照信号。光照刺激可改变 SCN 的节律震荡周期，从而影响外周组织生物钟以及机体整体的生物节律。

SCN 控制外周组织生物钟周期及机体生理活动的主要途径之一是通过突触联系调控下丘脑室旁核（paraventricular nucleus of hypothalamus，PVN）的神经活动进而影响神经内分泌。与睡眠-觉醒调控密切相关的激素主要包括皮质醇（cortisol）、褪黑素（melatonin）等。皮质醇是肾上腺分泌的糖皮质激素，对机体代谢具有较强的促进作用。皮质醇的分泌受到下丘脑-垂体-肾上腺轴的调控，在体内的浓度变化具有明显的昼夜节律，清晨时浓度最高。褪黑素由间脑顶部的松果体（pineal body）分泌，也具有明显的昼夜节律，在夜间分泌活跃。除调控激素分泌外，SCN 也可以通过控制体温变化来间接调控机体的生理活动。

生物节律系统的主要作用是同步机体的生理活动周期与外界环境因素的周期。这些环境因素被称为授时因子（zeitgebers），其中又以光照刺激最为重要。值得注意的是，由于 SCN 可以通过节律基因的转录翻译反馈机制维持主时钟自身的节律震荡，在缺少外界授时因子情况下，SCN 仍可维持机体活动的节律。举例而言，如果将小鼠置于全黑的环境中，在自身生物钟的控制下，小鼠仍将表现出规律的活动模式。然而，机体自身生物钟周期通常并不是严格的24 h。因此，在缺少外界光照刺激时，动物的节律周期会出现漂移。除光照刺激外，授时因子还包括温度、进食行为、社交活动以及药物因素等。

综上所述，睡眠-觉醒行为的昼夜节律调控主要由机体的生物钟控制。光照、进食等影响生物钟周期的外界因素，或者节律基因突变等机体自身生物钟的异常均可影响正常的睡眠-觉醒周期。

（三）影响睡眠-觉醒周期的基因

睡眠行为也受到基因控制。20世纪30年代的研究表明，同卵双胞胎比异卵双胞胎在某些睡眠表型上有更高的一致性，提示睡眠可能具有遗传基础。近年来，采用突变筛选（mutagenesis screening）、数量性状位点分析（quantitative trait locus mapping，QTL mapping）、全外显子组测序（whole exome sequencing，WES）、全基因组关联研究（genome wide association study，GWAS）等遗传学方法的睡眠研究，在果蝇、小鼠以及人上发现了一系列调控睡眠时长、睡眠完整性（sleep consolidation or sleep stability）、睡眠节律（sleep timing）和睡眠稳态的基因。总体而言，这些基因按功能大致可分为7类：神经肽、神经递质受体、离子通道、转录因子、突触蛋白、激酶、代谢和胞内信号通路分子。需要指出的是，睡眠-觉醒行为受到生物节律的密切调控，因此生物节律相关基因的突变也会改变睡眠行为（例如，*Per2*基因的特定突变可导致睡眠时相提前）。由于篇幅有限，本节不再讨论这类节律基因。

1. 果蝇的睡眠遗传学研究 果蝇具备大部分哺乳动物睡眠的基本特征，且基因组冗余少，随机突变或野生近交更易产生显著表型，因而适用于睡眠的正向遗传学（forward genetics）。

在果蝇上采用随机突变筛选发现的第一个显著影响睡眠的基因是*Shaker*。该基因编码了电压门控钾通道的α亚基，可影响快速失活的瞬时钾电流，在膜电位复极化和神经递质释放的过程中起重要调控作用。*Shaker*基因的突变（*minisleep*，*mns*）造成钾通道活性减弱，降低背侧扇形体（dorsal fan-shaped body，dFB）神经元的兴奋性，从而促进觉醒，减少睡眠时间。携带*mns*或其他*Shaker*功能丢失突变（loss-of-function mutations）的果蝇每天只睡2～4 h，学习记忆功能受损，寿命缩短，但节律及稳态调控表现相对正常。哺乳动物中，与*Shaker*最接近的同源基因是*Kv1.2*（*KCNA2*）。该基因缺失突变的小鼠睡眠减少，但表型远不及*Shaker*突变的果蝇显著。这可能是因为果蝇中编码电压门控钾通道α亚基的基因仅有*Shaker*，而哺乳动物中至少有16个类似基因。

电压门控钾通道的β亚基Hyperkinetic（HK）包含一个氧化还原酶域，线粒体氧化呼吸链的产物烟酰胺腺嘌呤二核苷酸磷酸（nicotinamide adenine dinucleotide phosphate，NADPH）可与该位点结合，增加dFB神经元的兴奋性，从而促进睡眠。*HK*基因的功能丢失突变也可引起果蝇睡眠时间减少，但较*Shaker*突变引起的变化更小。近年研究发现，编码电压门控钾通道Shab的基因功能丢失突变，以及编码非电压门控钾通道Sandman的*CG8713*基因功能上调突变亦可减少果蝇的睡眠时间。

在果蝇上采用随机突变筛选还发现了一个显著影响睡眠的基因*Sleepless*。该基因编码了一种锚定蛋白，在哺乳动物中没有明显的同源基因。携带*Sleepless*突变基因的果蝇每天只睡约2 h，且睡眠剥夺后未见补偿性睡眠。进一步研究发现，*Sleepless*突变果蝇的*Shaker*表达水平较低，表明*Sleepless*的短睡眠表型在一定程度上可能由*Shaker*介导。

运用多种遗传学研究技术，研究者近年来发现了调控果蝇睡眠的更多基因，不断推进人们对睡眠调控机制的深入理解。需要指出的是，以果蝇为模式生物的相关研究主要采用运动指标来衡量睡眠，这与哺乳动物上基于脑电的睡眠判断标准相比具有一定的局限性。因此，基于果蝇等低等模式生物的睡眠研究结果还有待在小鼠等模型上进一步验证。

2. 小鼠的睡眠遗传学研究 1996年至今，运用反向遗传学方法在小鼠上发现了多个影响睡眠的基因。然而，其中大多数基因的突变往往对总睡眠量影响较小（约20%或更少）。此外，离子通道、突触蛋白、神经递质等相关基因突变除影响睡眠表型外，通常还会造成其他非睡眠表型的异常。例如，突触蛋白基因*Shank3*缺陷小鼠也被用作自闭症模型。这很大程度上限制了人们对相关基因调控睡眠机制的理解。

Funato等运用随机突变的正向遗传学方法筛查了8000多只小鼠，发现其中2个具有睡眠特异表型：*Sleepy*和*Dreamless*。*Sleepy*小鼠节律正常，但NREM睡眠显著增加，平均每天约15 h（比对照组长 3.5 h 以上），睡眠剥夺后有更强烈的补偿性睡眠。基因组测序显示，*Sleepy* 小鼠的单核苷酸突变导致编码一种蛋白激酶的 *Sik3* 基因第 13 个外显子缺失，增强了 SIK3 蛋白激酶的活性，使胞内蛋白磷酸化水平异常升高。此外，*Sik3* 的突变也会影响果蝇和线虫的睡眠行为，这表明该基因在演化上具有保守功能。

Dreamless 小鼠 REM 睡眠总时间减少 44%，且每段 REM 的时长更短。此外，*Dreamless* 小鼠的节律也有所改变——当处于持续黑暗环境时，该小鼠的活动水平在活跃期和休息期之间的差异显著缩小。*Dreamless* 小鼠的突变位点位于 *Nalcn* 基因。该基因编码一种钠离子漏电流通道，曾被认为参与调控果蝇神经元兴奋性的昼夜变化。*Nalcn* 突变导致 REM-off 区神经活动异常升高，这可能是突变小鼠 REM 睡眠碎片化的原因。

在小鼠上应用 QTL 分析也发现了一些与睡眠期脑电特征相关的位点。例如，小鼠 13 号染色体上包含 200 多个基因的 QTL 位点——Dps1 解释了睡眠剥夺后“NREM 期 δ 波活动增加”这一性状 49% 的遗传变异。后续研究发现，可由神经元活动诱导的即刻早期基因 *Homer1a* 可能是 Dps1 内的候选基因——*Homer1a* 的表达在睡眠剥夺后出现显著上调；δ 波活动增加最多的小鼠品系中，皮质的 HOMER1A 表达水平更高；*Homer1a* 上游调控区存在单核苷酸多态性；海马和皮质区域的 *Homer1a* 驱使突触后致密区（post-synaptic density，PSD）蛋白在睡眠期表达水平下降，从而减弱突触连接，维持突触稳态。

3. 人类睡眠遗传学研究　人群中睡眠时长的差异，特别是家族性自然短睡眠（familial natural short sleep，FNSS）的存在，很大程度上支持了睡眠行为的基因调控假说。自然短睡眠（NSS）这一睡眠特征是指成年后每天睡眠时间为 4 ～ 6 h，且白天不需要额外睡眠，不感到困倦，认知表现正常，昼夜节律稳定。FNSS 个体似乎是高效的睡眠者，能够在较短时间内执行睡眠的必要功能，并对睡眠剥夺表现出更高的弹性。

美国加州大学旧金山分校的 Fu-Ptček 实验室从多个 FNSS 家系出发，发现了 *DEC2*（一种转录抑制因子）、*ADRB1*（肾上腺素受体 β1 型）、*NPSR1*（神经肽 S 受体 1 型）、*GRM1*（代谢型谷氨酸受体 1 型）共 4 个人类短睡基因。在不同的 FNSS 家系研究中，携带上述基因突变的 FNSS 个体每晚睡眠时间较普通成年人短 2 ～ 4 h。相关基因突变导入小鼠后可导致类似的短睡表型，但是程度较人类更小（小鼠睡眠缩短 0.5 ～ 1.2 h）。*DEC2* 的 *P384R* 突变可降低 DEC2 的抑制活性，可能通过上调 hypocretin 的表达以减少睡眠。*ADRB1* 的 *A187V* 突变降低 ADRB1 蛋白稳定性，导致受体下游 cAMP 通路激活减少。*NPSR1* 的 *Y206H* 突变使该受体活性上升，对其激动剂 Neuropeptide S 更加敏感。*GRM1* 的 *mGluR1-S458A* 和 *mGluR1b-R889W* 突变导致该受体功能下调，削弱胞内下游信号。有趣的是，*ADRB1*、*NPSR1*、*GRM1* 都编码了 GPCR，虽然这些突变所引起的下游信号通路变化并不一致，但似乎都造成特定核团神经活动的增强，可能由此导致了觉醒驱动力增加和短睡表型。此外，*ADRB1* 和 *NPSR1* 突变小鼠在 NREM 睡眠早期都有更高的 δ 波，且更快下降到正常水平。这表明 FNSS 突变小鼠或可更快地释放睡眠压力，使个体能更高效地睡眠。

此外，导致特定遗传疾病的基因突变也可能引起睡眠–觉醒行为的改变。例如，天使综合征（angelman syndrome）的致病基因 *ube3a*（编码泛素蛋白连接酶）突变可引起脑电活动和睡眠的异常。值得注意的是，由于发病机制的复杂性，人们尚不清楚这些病态睡眠表型与致病基因之间的确切关系——睡眠异常既有可能是相关基因突变特异调控的结果，也有可能是疾病的副产物。此外，利用 GWAS 等人类遗传学手段的睡眠基因研究也得出一些有趣的发现，但多数基因位点的效应量极少，且通常缺乏直接的实验证据来支持其因果联系。

在过去的二十年里，借助不同的动物模型与遗传学方法，人们逐渐明确了睡眠性状存在较强的遗传调控，揭示了不同基因对睡眠的不同影响，且其调控睡眠的机制涉及离子通道、神经肽及其受体、突触蛋白和转录因子等广泛的生物学过程。这些发现为最终揭示睡眠–觉醒调控机制提供了重要的分子证据及遗传线索，也为更有效的睡眠障碍治疗奠定了坚实的基础。

第三节 睡眠的生理功能

睡眠行为在演化中的保守性从侧面反映了睡眠功能的重要性。然而，科学家们尚未明确睡眠行为的核心功能。概括地说，关于睡眠功能的多种假说主要认为，睡眠可以促进生长发育、维持代谢平衡、促进学习记忆。

REM 和 NREM 睡眠都可以促进生长发育。包括人在内的哺乳动物在发育早期的睡眠以 REM 睡眠为主，提示 REM 睡眠可能对大脑发育起到了重要作用。研究发现，发育早期选择性地剥夺 REM 睡眠可影响大脑皮质的神经可塑性，这在一定程度上支持了上述假说。睡眠可促进生长发育的另一证据在于，对于机体生长、细胞增殖和分化具有重要刺激作用的生长激素（growth hormone）主要在 NREM 睡眠期分泌。

睡眠通过多种途径参与维持代谢平衡。首先，动作电位的产生与传播（尤其是放电后膜内外离子平衡的恢复）、神经递质的释放和回收等神经活动需要消耗大量能量。这些耗能过程对细胞维持能量代谢平衡带来了挑战。睡眠期神经活动的下降可减少能量消耗，为代谢稳态的恢复提供了一个时机。其次，睡眠期间许多基因的表达发生了上调。这些基因多与蛋白合成、突触传递、细胞修复等相关，提示睡眠可能有助于修复觉醒期细胞代谢累积的损伤。最后，睡眠还可能有利于细胞代谢废物的排出。大脑的细胞间隙在睡眠中有较大幅度增加，促进了细胞间液与脑脊液之间的交换；而 NREM 期脑脊液动力学及血流动力学也表现出与大脑慢波活动相关的动态变化，进一步有利于细胞代谢废物的排出。

睡眠有利于记忆巩固（memory consolidation），尤其有助于不稳定的短期记忆向长期记忆的转化。学习记忆的行为学实验表明，陈述性记忆（declarative memory）和运动记忆在睡眠后都会得到加强。越来越多的证据表明，睡眠中的脑电活动（特别是慢波活动）参与调节了运动和知觉程序记忆的巩固。美国麻省理工学院的 Wilson 等发现，大鼠在探索迷宫的过程中，海马区的位置细胞（place cell）会呈现出规律的顺序放电模式。而在探索之后的睡眠中，也可以记录到类似的放电活动。Wilson 等推测，后者可能是觉醒期间神经活动的重新激活（reactivations）或回放（replays），并据此提出睡眠期学习相关神经活动的回放可能是睡眠记忆巩固的神经基础。

美国威斯康星大学的 Tononi 等提出了睡眠记忆巩固机制的另一个假说，称为突触稳态理论（synaptic homeostasis hypothesis，SHY）。突触稳态理论认为，大脑的学习过程导致我们需要睡眠，因为睡眠有助于维护神经突触的可塑性。在觉醒期间，包括感觉信息输入在内的广义学习活动主要造成突触联系的增强，导致细胞对能量和突触蛋白等供应的需求增加，并容易引起突触可塑性空间的减小，因而降低后续学习能力。而在睡眠过程中，大脑自发神经活动使突触联系恢复正常，重建细胞能量和突触蛋白供应稳态。该假说得到了分子层面、突触超微结构层面、电生理层面等一系列实验证据的支持。例如，有研究通过扫描电镜重构技术测量了觉醒和睡眠期突触接触面积大小，发现睡眠期突触接触面积总体缩小，在一定程度上反映了突触连接强度存在整体下调。这种下调一方面可削弱觉醒期学习活动造成的突触增强，为后续突触可塑性提供空间；另一方面也可以增加学习相关突触传递的信噪比，从而使记忆得到巩固。另有研究发现，即刻早期基因 *Homer1a* 的表达及胞内定位在觉醒和睡眠期间存在较大差异，这种差异可能介导了上述突触稳态的变化。

睡眠巩固记忆的研究主要强调 NREM 睡眠的作用，尤其强调对应深度睡眠的慢波睡眠（即人类睡眠 N3 期）的作用。REM 睡眠对记忆巩固的作用尚存争议。有研究表明，小鼠 REM 期的 θ 震荡有利于记忆巩固；但也有研究支持，小鼠 REM 期的神经活动可能介导了记忆的遗忘。然而，一些临床证据并不支持 REM 睡眠在记忆巩固中发挥了关键作用：提高脑内 5-HT 水平的抗抑郁药，或脑干某些部位的病变，均可能导致 REM 睡眠大幅度减少甚至消失，但通常不引起患者学习记忆能力的显著下降。

总而言之，睡眠对发育、代谢、记忆等诸多生理功能和机体内稳态的维持都起到重要作用，但睡眠行为的核心功能还没有定论。

第四节 睡眠-觉醒相关疾病

睡眠障碍是指一系列睡眠质量、睡眠节律或睡眠时长异常的疾病，并可影响患者白天的工作和生活。依照现行的《国际睡眠障碍分类》(*the international classification of sleep disorders-third edition*，ICSD-3)，睡眠障碍主要分为失眠、睡眠相关呼吸障碍、中枢性睡眠增多、昼夜节律睡眠-觉醒障碍、异态睡眠、睡眠相关运动障碍、其他睡眠障碍共 7 类。目前，睡眠障碍临床诊断及评估的依据主要包括临床表现、多导睡眠监测(polysomnogram，PSG)等客观检查以及匹兹堡睡眠质量指数量表(Pittsburgh sleep quality index，PSQI)等主观评估量表。治疗方法主要包括药物、手术、持续正压通气、心理和行为治疗等。

在多种睡眠障碍中，目前对于发作性睡病(narcolepsy)的病因及发病机制认识较为深入。发作性睡病是一种中枢性睡眠增多障碍，常表现为白天突然过度思睡、无力甚至猝倒，夜间出现入睡幻觉、睡眠瘫痪、睡眠紊乱等。1877 年，德国精神科医生 Westphal 首次报告了发作性睡病，描述了兴奋情绪所诱发的肌肉无力与嗜睡发作的关联。1998 年，de Lecea 和 Sakurai 各自独立发现了一对下丘脑泌素(hypocretin-1 和 2)，亦称食欲素(orexin-A 和 -B)。此后多项研究发现，合成下丘脑泌素或其受体的基因突变，以及下丘脑中表达下丘脑泌素神经元数量的减少均可引起发作性睡病。

发作性睡病大多无家族聚集性，部分病例与 H1N1 等病毒感染史高度相关。目前，临床上根据是否缺乏下丘脑泌素及是否伴有猝倒将发作性睡病分为 2 个亚型。最近研究发现，下丘脑泌素缺乏的 1 型发作性睡病(narcolepsy type 1，NT1)患者体内 $CD8^+$细胞毒性 T 细胞产生了针对下丘脑泌素能神经元的自身免疫抗体，表明部分 NT1 可能是 T 细胞介导的自身免疫疾病。

近年来，对快速眼动睡眠期行为紊乱(REM behavior disorder，RBD)的研究也取得了一些进展。RBD 是一种 REM 期异态睡眠，以在 REM 睡眠期出现与梦境相关的异常发声和(或)肢体活动为特征，可出现梦中尖叫、咒骂或暴力行为。在多种中枢神经系统病变情况下，可能出现脑桥蓝斑下核(SLD)复合体功能失常，造成 REM 期间脊髓运动神经元无法被正常抑制，从而引发 RBD。大量临床研究表明，自发性 RBD 可能是帕金森病等 α-突触核蛋白(alpha-synuclein)神经变性疾病的一种前驱综合征。

总体而言，睡眠-觉醒过程主要由中枢神经系统调控，也受其他多器官、多系统的影响。因此，睡眠-觉醒相关的表型改变既可能是独立存在的睡眠障碍表现，也可能是其他精神疾病或躯体疾病的原发、伴发或继发症状。阿尔茨海默病、帕金森病等多种神经退行性疾病，以及焦虑、抑郁等精神疾病常伴有失眠等睡眠-觉醒异常症状。睡眠障碍还可以是其他疾病的病因或危险因素，可能导致或加剧躯体疾病或精神症状，例如，睡眠呼吸障碍可能导致机体代谢紊乱、心脑血管疾病风险增加等。临床睡眠障碍及其他睡眠-觉醒相关疾病的发病率正在逐渐上升，带来日益沉重的医疗和社会负担，但多数疾病的病因及发病机制尚未明确，仍有待进一步探究。

第五节 总 结

在本章节中，我们介绍了有关睡眠-觉醒发生系统与调控机制的主流观点。在发生系统方面，睡眠-觉醒的转换和维持受到大脑神经活动的控制。觉醒主要由脑干、下丘脑、基底前脑等网状激活系统核团维持；而睡眠则受到多脑区(尤其是 LPO/BF 脑区)的分布式调控。在调控机制方面，我们介绍了睡眠-觉醒调控的双进程模型——睡眠的稳态调控和节律调控，以及影响睡眠-觉醒的遗传因素。我们还讨论了睡眠的生理功能与病理异常。在睡眠的多种功能中，我们着重介绍了睡眠期记忆巩固及相关神经机制的研究。最后，我们以发作性睡病及 RBD 为例，简述了睡眠-觉醒周期相关疾病的神经机制。

不可否认，目前我们在睡眠调控和功能等研究领域取得了一些进展，但距离最终回答“我们为什么需要睡眠”这一核心问题依然道阻且长。睡眠调控研究的首要任务是阐明睡眠稳态的调控机制，即明确觉醒期间睡眠压力升高的生物学基础，继而进一步揭示控制睡眠的核心脑区、环路和神经网络。睡眠功能研究的任务则在于深入理解睡眠的核心生物学作用。作为如此普遍存在的生理现象，睡眠行为很可能具有对于不同物种而言都必须具备的共同功能。多项研究提示，睡眠的核心功能可能是维护广义的“代谢稳态”，调整觉醒导致的“代谢稳态失衡”。也有学者认为，睡眠行为最初可能是为了满足某一特定需求，但在演化过程中，睡眠状态可能被其他的生理过程所利用，最后成为一系列功能的集合。其中，某些功能的重要性甚至超越了睡眠行为的最初目的。对睡眠功能的理解或许也可以从睡眠稳态调控机制的研究中获得启发。

此外，睡眠障碍作为越来越常见的一类疾病，严重影响患者正常的工作和生活，也带来沉重的医疗及社会负担。深入理解睡眠-觉醒调控机制一方面可以为睡眠障碍的治疗提供指导方案，另一方面还可能有助于在未来实现更加灵活的睡眠时间管理。人们或将大幅提高睡眠的效率和质量，缩短每日所需的睡眠时间。

睡眠研究是神经科学经典且重要的主题。囿于研究工具和方法的不足，睡眠神经生物学研究一度困难重重，进展缓慢。总体而言，我们目前对睡眠依然所知甚少，睡眠研究任重而道远。得益于近年研究手段的革新，睡眠研究领域也迎来了一个宝贵的时机。我们可以采用分子遗传学、神经细胞分型、大规模电生理记录、钙成像等光学记录、基于光遗传或化学遗传的特异神经操控等技术手段，在分子、细胞、环路、系统等不同层面对睡眠-觉醒进行高通量、高精度的深入探究。睡眠科学的广阔天地大有可为。相信在不远的将来，睡眠研究进展将不断涌现，我们终将逐步揭晓睡眠的奥秘。

参考文献

综述

1. Brown RE，Basheer R，Mckenna JT，et al. Control of sleep and wakefulness. *Physiological Reviews*，2012，92（3）：1087-1187.
2. Cirelli C. The genetic and molecular regulation of sleep：from fruit flies to humans. *Nature Reviews Neuroscience*，2009，10：549-560.
3. Diekelmann S，Born J. The memory function of sleep. *Nature Reviews. Neuroscience*，2010，11（2）：114-126.
4. Hobson JA，Pace-Schott EF，Stickgold R. Dreaming and the brain：Toward a cognitive neuroscience of conscious states. *The Behavioral and Brain Sciences*，2000，23（6）：793-842.
5. Ko CH，Takahashi JS. Molecular components of the mammalian circadian clock. *Human Molecular Genetics*，2006，15（suppl_2）：R271-R277.
6. Huang Z，Urade Y，Hayaishi O. The role of adenosine in the regulation of sleep. *Current Topics in Medicinal Chemistry*，2011，11（8）：1047-1057.
7. Saper CB，Scammell TE，Lu J. Hypothalamic regulation of sleep and circadian rhythms. *Nature*，2005，437（7063）：1257-1263.
8. Scammell TE，Arrigoni E，Lipton JO. Neural circuitry of wakefulness and sleep. *Neuron*，2017，93（4）：747-765.
9. Tononi G，Cirelli C. Sleep and the price of plasticity：from synaptic and cellular homeostasis to memory consolidation and integration. *Neuron*，2014，81（1）：12-34.
10. Webb JM，Fu YH. Recent advances in sleep genetics. *Current Opinion In Neurobiology*，2021，69：19-24.
11. Liu D，Dan Y. A motor theory of sleep-wake control：arousal-action circuit. *Annual Review of Neuroscience*，2019，42：27-46.
12. 赵忠新 . 睡眠医学 . 北京：人民卫生出版社，2016.

原始文献

1. Borbély AA. A two process model of sleep regulation. *Human Neurobiology*，1982，1（3）：195-204.
2. Chung S，Weber F，Zhong P，et al. Identification of preoptic sleep neurons using retrograde labeling and gene profiling. *Nature*，2017，545（7655）：477-481.
3. Cirelli C，Bushey D，Hill S，et al. Reduced sleep in drosophila shaker mutants. *Nature*，2005，434（7037）：1087-1092.
4. Funato H，Miyoshi C，Fujiyama T，et al. Forward-genetics analysis of sleep in randomly mutagenized mice. *Nature*，2016，539（7629）：378-383.
5. He Y，Jones CR，Fujiki N，et al. The transcriptional repressor DEC2 regulates sleep length in mammals. *Science*（New York，N.Y.），2009，325（5942）：866-870.
6. Huber R，Ghilardi MF，Massimini M，et al. Local sleep and learning. *Nature*，2004，430（6995）：78-81.
7. Kempf A，Song SM，Talbot CB，et al. A potassium channel β-subunit couples mitochondrial electron transport to sleep. *Nature*，2019，568（7751）：230-234.
8. Lu J，Sherman D，Devor M，et al. A putative flip-flop switch for control of REM sleep. *Nature*，2006，441（7093）：589-594.
9. Peng W，Wu Z，Song K，et al. Regulation of sleep homeostasis mediator adenosine by basal forebrain glutamatergic neurons. *Science*，2020，369（6508）：Eabb0556.
10. Pimentel D，Donlea JM，Talbot CB，et al. Operation of a Homeostatic Sleep Switch. *Nature*，2016，536（7616）：

333-337.

11. Porkka-Heiskanen T, Strecker RE, Thakkar M, et al. Adenosine: A mediator of the sleep-inducing effects of prolonged wakefulness. *Science* (New York, N.Y.), 1997, 276 (5316): 1265-1268.
12. Sherin JE, Shiromani PJ, Mccarley RW, et al. Activation of ventrolateral preoptic neurons during sleep. *Science* (New York, N.Y.), 1996, 271 (5246): 216-219.
13. Ren S, Wang Y, Yue F, et al. The paraventricular thalamus is a critical thalamic area for wakefulness. *Science*, 2018, 362 (6413): 429-434.
14. Wang Z, Ma J, Miyoshi C, et al. Quantitative phosphoproteomic analysis of the molecular substrates of sleep need. *Nature*, 2018, 558 (7710): 435-439.
15. Weber F, Chung S, Beier KT, et al. Control of REM sleep by ventral medulla GABAergic neurons. *Nature*, 2015, 526 (7573): 435-438.
16. Wilson MA, Mcnaughton BL. Reactivation of hippocampal ensemble memories during sleep. *Science* (New York, N.Y.), 1994, 265 (5172): 676-679.
17. Xie L, Kang H, Xu Q, et al. Sleep drives metabolite clearance from the adult brain. *Science* (New York, N.Y.), 2013, 342 (6156): 373-377.
18. Xu M, Chung S, Zhang S, et al. Basal forebrain circuit for sleep-wake Control. *Nature Neuroscience*, 2015, 18 (11): 1641-1647.

第6章 共情行为

陈 军 韩世辉

第一节 词源与概念

中文“共情”（empathy）一词是个心理学的概念，有过诸多演变，20世纪中叶著名美学家朱光潜在《西方美学史》（1963）第十八章“审美的移情说的主要代表”中第一次介绍了这个词的来历，但使用的是“移情”。后来该词被引入心理学，常与同情或共感（sympathy）之意混淆使用，衍生出通情、同感、共感、感情移入、神入、同理心等词汇，21世纪《心理学大词典》编委会把这个词统称为“共情”。通俗地讲，能够从别人的立场出发，感同身受地推己及人或能够从别人的角度看问题，换位思考；想象、猜测和解读他人行为过程（心理理论，theory of mind或mentalizing）；采纳别人的意见和观点的决策过程（视角采择，perspective-taking）等都是共情的不同表现形式。

如果从“同义”的角度去追溯，我国儒家先贤2000多年前就提出把“仁义礼智信”作为古代社会道德体系的基础。《孟子》公孙丑章句上第六节提到的“不忍人之心”指的就是“怜悯体恤别人的同情心”。

从西文词源上来讲，英文empathy一词是1909年Edward B. Titchener（1867—1927）从德文词Einfühlung翻译过来的，用古希腊文en（内在的）加empatheia（情绪、激情和爱）合成的。其实，德国哲学家Robert Vischer（1847—1933）于1873年创造了德文词Einfühlung用于美学，意思是自然美景投射到人的心灵而产生的折射反应（触景生情）。他认为物体的形象代表区发生在神经系统内部，当外观表现迫使人们下意识地把自己的精神状态转移到它的表面上来时，这些外观表现就把人们自身的代表区与“他们客观的代表区及其含义”关联起来，而Einfühlung一词恰当地表达了这个含义。而下意识模仿是一个动态过程，如自然美景撞击着人们的心灵，之所以引起注意、感动和喜爱是因为形状、光线和色彩刺激了人们内心深处而引起情感共鸣与共振（sympathetic and reactive motions），这就是所谓的美学共情。

德国学者Theodor Lipps（1851—1914）曾主持慕尼黑大学心理学系20年，主要从事美学和社会心理学研究，他被认为是同时代塑造美学共情（aesthetic empathy）和心理学共情（psychological empathy）概念的核心人物，他的著作对精神分析法的开创者Sigmund Freud（1856—1939）影响至深，确切地说，共情是精神分析法的理论内核。

由于Theodor Lipps把用于美学的Einfühlung一词成功地引入人际交往的社会心理学之中，并用它合理地解释了心理学中一直困扰人们的“如何理解别人？”的问题，因此开启了社会心理学研究之门。他认为知识包含三个方面（见Pigman，1995综述）：①物；②自我；③其他个体。获得这三方面知识有三个信息途径：①感知外界（sense perception）；②感知自己内心（inner perception）；③感知别人内心（Einfühlung）。他对Einfühlung

的释义，也包括三个方面：①一般的感知性共情（general apperceptive empathy），如对光线、节律等伸展性属性的认识；②心境共情（empathy of mood），如对色彩和音乐等的认识；③以经验为条件的感知性共情（empirically-conditioned apperceptive empathy），如看到或听到别人与自己经历相似的快乐或不幸而产生的感同身受的认识。

如何理解别人（他 / 她 / 他们）？ Theodor Lipps 认为被客体悲伤表情诱导出的动作冲动可以唤醒主体“我”在此时经历同样悲伤的情绪状态（洞察心灵深处），此时若主体曾经历过那种情绪状态并业已形成了自身的精神属性（mental property），而且又与“我”的自身没有冲突倾向时，那么这种倾向就意识到自身同样情绪状态的存在。这个过程受到两种本能所驱使：模仿本能和表达自己心智经历的本能。共情的形成就是模仿与表达自身经历同时工作的结果。当经历别人的情绪冲动与“我”自身没有冲突时，其结果就是正性的或同情的含义，即共情的含义；但如果有冲突，它代表的就是负性的或反共情（antipathetic 或 anti-empathy）的含义。在主体完全处于正性共情的情况下，去洞察别人内心深处的过程被客观化了，而客观化了的主体被投射到外部客体身上，处于共情态（心心相印、感同身受）。但如果主体走出共情或处于反共情的情况下，主客体就分离了，此时主体的意识就脱离了“客体”的存在，处于反共情态（貌合神离、背道而驰）。

美国心理学家 Carl Rogers（1902—1987）基于共情的概念提出了“以病人为中心的治疗”和“以学生为中心的教学”方法，在临床心理治疗师培养和实践中深受欢迎，其关于“共情度是提高和改善（医患或师生）关系的最重要的潜在的决定因素之一”的理念在现代医学和教学实践中都备受关注。

值得一提的是，共情概念的雏形始于君权神授的宗教和道德哲学，兴于社会科学（美学、精神分析和社会心理学）的实践和应用，最后归于自然科学范畴（共情神经科学）。在近百年的现代科学史中，由于“共情人类中心论”一直占据学界主流，动物共情研究遭到排斥，所以人与动物的比较研究或难以开展，或仅停留于行为观察的现象研究。进入 21 世纪之后，由于脑科学研究的迅猛发展，一方面推动了人脑影像学技术在人际社交（共情）研究中的应用，另一方面病毒转染分子特异表达神经元传入传出投射追踪技术、光遗传学、化学遗传学和基因工程化小鼠的完美结合推动了“生物-社会心理-脑-行为”新模型范式在动物社会行为研究中

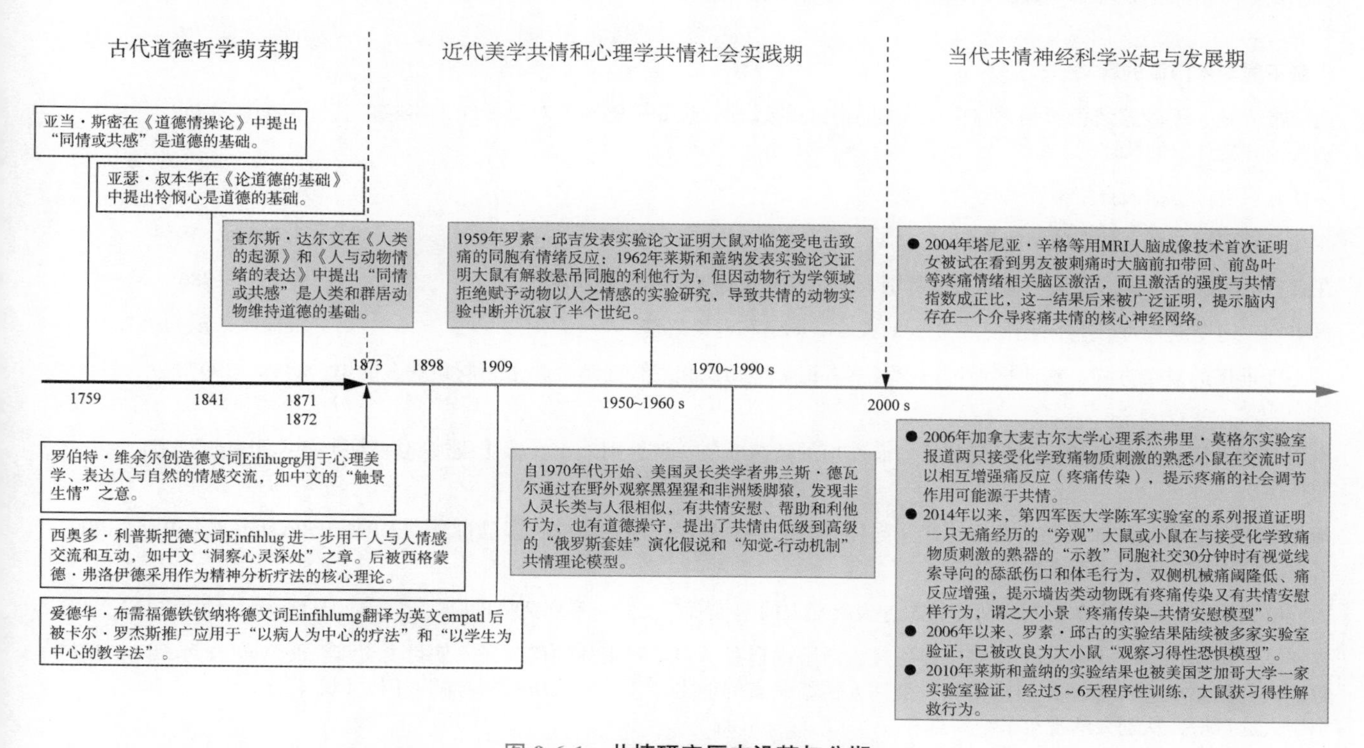

图 9-6-1　共情研究历史沿革与分期

按公元 1873 年德文词产生的先后可分为：①词源产生前期和②词源产生后期。而从共情科学历史唯物主义发展观来划分，则可分为三个时期：① 18—19 世纪古代道德哲学萌芽期；② 19—20 世纪近代美学共情和心理学共情社会实践期；③ 21 世纪当代共情神经科学兴起与发展期三个发展阶段（引自参考文献中的综述 1 和综述 3）

的应用，最终迎来了共情神经科学的兴起与发展。图 9-6-1 显示的是共情研究演化的时间线索，按公元 1873 年德文词产生的先后可分为：词源产生前期和词源产生后期。但从共情科学历史唯物主义发展观来划分，则可分为三个时期：18—19 世纪古代道德哲学萌芽期、19—20 世纪近代美学共情和心理学共情社会实践期和 21 世纪当代共情神经科学兴起与发展期（Chen，2018；陈军，2019）。表 9-6-1 显示的是共情概念因为历史上三个不同发展时期而衍生出的很多同义但表述不同的定义和释义（陈军，2019）。笔者基于词和概念的溯源研究以及当代动物共情研究的新进展，从生物进化的观点提出一个共情的新定义，即"共情是人类和其他社会性（群居）动物通过感受、识别、理解和想象客体情绪状态和行为表现的能力而产生的与亲社会互惠，利他和道德相关联的进化行为"（Chen，2018；陈军，2019）。这个新定义的含义明确了共情是人类和社会性（群居）动物的共同行为特征，强调了共情行为是"社会脑"的生物演化结果，涉及主体认识自己和认识他人的"人生观"形成过程，包括感觉、知觉、情绪、注意、运动模仿、学习记忆、想象、推理和决策的多个认知模块和情感模块的运行。

表 9-6-1 共情概念的多种释义

释义	来源
词典工具书中的释义	
通过想象别人的处境而分担其感受和经历的能力。	剑桥大辞典
在事先没有充分而清楚地交流感受、思想和经历的客观情况下，能清楚而敏锐地间接理解和体验别人过去或现在的感受、思想和经历。	韦伯斯特大字典
心理领悟或间接体验别人的感受、思想和处事态度，或对一个自然物或艺术作品等事物呈现出的想象、感受和态度。	Dictionary.com
分辨或理解别人的看法、经历和动机的能力，或领悟和分担别人情绪状态的能力。把自己的感受或思想投射到物品上，如艺术作品、小说和电影等。	自由大辞典
在一定参考框架下，理解和感受别人正在经历事物的能力，即换位思考或从别人角度看问题的能力。	维基百科
代表不同学术门派的释义	
能够准确地、带着感情色彩和意味去感知别人内心的过程，犹如被感知的对象一样去体验，但别丢掉"犹如"的状态。	Rogers，1959
一种有意去模仿他人自主神经系统状态的状态。	Ax，1964
相比自己更适合别人状态的情绪反应。	Hoffman，1984
在自省的状况下，试图不偏不倚地去理解别人的正性和负性（情绪）经历。	Wispé，1986
目击别人遭受痛苦时产生的能让人感受到的关心、同情和温柔之情。	Batson et al，1987
指心理推理的复杂方式，在此推理过程中观察、记忆、知识和理智被结合起来去洞察别人的思想和感受。	Ickes，1997
出于对别人情绪状态或状况的理解和感悟而产生的情绪反应，就像别人正在感受或被期待感受的一样。	Eisenberg，2000
指专心于感知客体目标状态而在主体产生同样状态的任何程序，而主体的状态较自身过去的情形更易应用到客体的状态或情况中去。	Preston & de Waal，2002
因能够感受、理解和分享别人的情绪状态，想象别人的期望而产生的一系列情绪反应。	Decety et al，2012
基于某种事实而表现出的某个程序，即通过激活脑内自我、神经和精神的代表区来使目击者理解别人的情绪状态和意图，如感受和分享别人情绪状态的能力，评价别人所处情况的原因，识别别人的身份，从别人的视角采纳观点等。	de Waal & Preston，2017
指人类和其他社会性（群居）动物通过感受、识别、理解和想象客体情绪状态和行为表现的能力而产生的与亲社会互惠，利他和道德相关联的进化行为。	Chen，2018；陈军，2019

注：引自参考文献中的综述 1

第二节　一般社会性行为和共情行为

人类的社会行为如打哈欠、挠痒痒、高兴、悲伤、痛苦与恐惧等都可以感染身边亲近的人，这些低级的社会行为传染或感染（转染）在动物中也很普遍。但自发的或下意识的低级社会行为传染受空间的限制，如果要使一个庞大的群体，如非洲大草原百万头的角马、数十万头的斑马、羚羊从坦桑尼亚的塞伦盖蒂保护区北上迁徙到肯尼亚的马赛马拉国家公园，跋涉3000多公里，途中要穿越和躲避狮子、豹子、财狼和鳄鱼的截杀，需要迁徙的动物群能够勇于牺牲、"扶老携幼"、步调一致地行动，这需要高度自觉的示范带头作用和群体模仿行为，即学术上所说的从众行为（conformity），中文的意思是符合、一致、遵从和依照。无论是动物还是人类，从低级的小群体的社会行为传染到高级的集群（兵团）步调一致听指挥的军事行动都需要一个基本的能力，就是能够感受、识别、理解示范者（或头领）的每个表情和动作的意图，然后群体模仿去行动，这个过程的基础就是共情。

共情被认为是亲社会、利他和道德相关联行为进化的基础。互惠利他是合作进化（evolution of cooperation）的基础，而互惠共生是合作进化的路径。通过野外观察可以了解人类合作的起源与进化（见 Müller and Mitani，2005）。与原始人类社会相似，黑猩猩也过群居生活，社群大小不等，通常由20～150个个体组成，群中又分为4～10只一组的小群，雄性为主（雌性11岁性成熟后永远离开社群），但社群不是稳固的，因为竞争时分时合。为了增强对进化压力的适应能力，猩族也懂得通过发展社会关系来缔结友谊和合作，如雄性猩族的头领为了维护霸主地位经常通过帮助理毛（allo-grooming，舔舐清理体毛的行为）、分享稀缺的肉食和结盟来达到目的。互惠合作与互惠共生（mutualism）可以促进结盟，结盟有利于统治者维护霸主地位以促进族群的稳定，结盟还有利于促进族群团结以保护领地免受外族侵略，结盟使统治者享有独占与雌性的交配权来提高繁殖的成功率和族群后代的强健生存力（见 Muller and Mitani，2005）。而血缘选择（kin selection）和族群选择（group selection）作为一种内驱力促进共情，因此共情是合作进化的基础。

Michael Tomasello（2018）提出了一个人类道德进化的互赖假说（interdependence hypothesis）。该假说认为人类的原始社会道德是因为合作的需求而产生的，合作有两个基本形式：①利他主义帮助（altruistic helping）；②互惠共生协作（mutualistic collaboration）。而道德是人类特有的合作方式，体现为两种形式：①因怜悯、关爱和仁慈而牺牲自我的动机去帮助别人（self-immolating motives），即共情道德（morality of empathy）；②因平等、公平和公正而达成的有利于个体双方互助的合作（cooperation for interacting individuals to benefit in a more balanced manner），即公平道德（morality of fairness）（见 Michael Tomasello，2018 综述）。Frans de Waal（2013）认为道德就是帮助（helping）或至少不伤害（not hurting）。道德提倡关心他人福祉，把社会利益置于自己利益之上。道德并不否定个人利益，但为了促进社会协作而限制追逐个人利益。归根结底共情是道德进化的关键。若追根溯源这一自然道德理论构想的实质其实是孔孟儒家道德思想体系的核心"仁義"（仁爱与公平）二字。由此看来，现代西方道德思想理论假说正在还原我国古代儒家道德思想体系的理论内核，虽相差2500年，但殊途同归。

共情是人类和社会性（群居）动物共有的特征，是一个族群防御另一个或多个族群入侵自己领地以谋求生存的基本能力，是文明社会中家庭、氏族、民族、宗教、社会生产单位（公司）、政党和国家形成的根据。社会心理学认为人的共情心的培育在自我认知能力（如性别角色、自我控制、认识自我、自尊自信）、人际沟通能力（如亲子依恋、师生关系、同伴同事关系）、情绪管理能力（如情绪识别、情绪表达、情绪理解、情绪调节）和社会适应能力（如生活自理、挫败应对、对付欺凌、化解冲突、合作分担）的培育和养成中都很重要，共情力就像一棵树的树根，而上述的四种能力就像树干，各种能力下的技巧是树枝。

Charles Darwin（1809—1882）认为同情心的产生是有条件的，即对于所有动物来说，同情只针对同社群的成员产生，只对那些熟悉的，或多或少深爱的同伴产生，即同情并不针对同族群的所有成员产生（Darwin，1879）。这一预见已被最近大小鼠疼痛共情行为实验所证实，多个实验室证实大小鼠的疼痛共情样行为多发生在熟悉的同伴之间，很少发生在陌生的同种（亚种）之间（Chen，2018）。虽然如此，达尔文也承认人类的同情心是复杂易变的，可以受到私心、经历和模仿等行为的影响（Darwin，1879）。这也解释了基于同情心和共情心的利他和道德行为为什么会受到很多因素的调节和影响，如宗教信仰、政治（等级）、经济地位、文化、族群、社会风俗习惯和社会（亲疏）关系等。人的疼痛共情实验结果显示被试观察本（种）族和他族人遭受疼痛刺激（针扎脸部）的视频时，共情相关脑区反应不同，对本种族的疼痛反应较强，对他族的疼痛反应较弱，提示共情受观察者与共情对象社会关系的显著影响（Han，2018）。

第三节 情绪共情和认知共情

共情按其功能可以被分为情绪或情感共情（emotional 或 affective empathy）和认知共情（cognitive empathy）两大类，名词解释见表 9-6-2。

Preston 和 de Waal（2002）提出一个共情行为进化的“俄罗斯套娃”模型，其底层核心行为包括运动模仿和情绪传染（如打哈欠传染、挠痒痒传染、疼痛传染、恐惧传染等）；核心外面一层包括担忧（焦虑）、同情、关心和安慰等；最外面一层包括换位思考、视角采择和有意图的帮助行为等（Preston and de Waal，2002），名词解释见表 9-6-2。一般认为情绪传染和运动模仿是低等级的情绪共情，而换位思考和视角采择等是高等级的认知共情，而脑内有编码和加工不同等级共情的相关脑区和功能连接网络，通过自下而上（bottom-up）和自上而下（top-down）调节的交互作用机制来发挥功效（图 9-6-2）。而共情担忧、同情关心和共情安慰等行为介于情绪共情和认知共情之间，在感性和理性的平衡中做出行动选择，如社会关系亲密的伙伴有需求则会因共情冲动而去帮助，但若遇社会关系疏远的陌生者有困难则会因共情压抑而无动于衷。同情属于认知共情的范畴，主体可以与目标客体情绪匹配，但不促使利他行动。人类的利他行为（altruistic behavior）包括多个层次：①利他性冲动（altruistic impulse），当看到同胞乞讨和求救时有自发性关心和帮助反应，这是基于情绪共情而不带任何个人意图的利他行为（empathy-based altruism），如见义勇为行为；②习得性利他行为（learned altruistic behavior），是基于学习和观察而获得的把对自己有利作为条件的帮助行为；③有个人意图的利他行为（intentional altruistic behavior），是利益驱动的利他行为，利他的目的是为求回报，是以私利为目的的利他行为（Preston and de Waal，2002）。

“俄罗斯套娃”模型可以部分地解释共情从低级到高级的自然演化规律，低等级共情行为在低等动物和高等动物（包括人类）都高度保守，是内核，但随着脑的进化，高等动物如人类和非人灵长类动物的认知水平发生突变，演化出了人类独特的换位思考和视角采择等心理理论机制（theory of mind 或 mentalizing）。

表 9-6-2 **常用的共情相关名词及解释**

名词	解释
认知共情 cognitive empathy	是一个自上而下（top-down）的认知程序，在这个程序中主体通过想象来认识目标客体是如何感受的，目标可以在场也可以不在场，目标的感受可以被直接观察到，也可以不被直接观察到，即一个可以脱离物理世界的心智过程。
情绪共情 affective empathy/emotional empathy	是一个自下而上（bottom-up）的情绪匹配程序，在这个程序中主体通过感知目标客体的情绪状态而被感染，然后去匹配或共感客体的情绪状态。
心理理论 theory of mind/mentalizing	一种主体把自己的心智状态归属于目标客体的能力，如知识、意图和信仰。
视角采择 perspective-taking	主体站在目标客体的立场或从目标客体的视角来感同身受和换位思考的能力，如能基于情绪匹配程序来理解别人的特殊状况和需求。

（续表）

名词	解释
有目的的帮助 targeted helping	主体基于认可目标客体的特殊需求或需要而帮助和照顾的行动。
情绪感染 emotional contagion	一个从目标客体到主体的情绪状态共振和匹配过程或结果。
关怀安慰行为 consolation behavior	一种主体对痛苦的目标客体施行的关心、照护和安慰的行为。
共情担忧或同情关心 empathic concern/sympathetic concern	主体关心和担忧别人的生存或生活状态，试图去改善不利的状态。
利他主义 altruism	主体向有求助、痛苦或不幸的目标客体无私地提供帮助和安慰的行为。
亲社会行为 prosocial behavior	自愿地附属于或融入社会组织，遵守社会秩序，乐意合作和为社会服务。
亲社会互惠 prosocial reciprocity/mutualistic symbiosis	是一种以互利互惠为目的，能从别人利益出发，自愿地为社会服务（如帮助、分担、捐赠、合作），遵守社会秩序和道德的社会行为。
运动模仿 motor imitation	主体对目标客体的运动、动作、姿势和表情的模仿。
情绪自控 emotion self-regulation	通过控制自身的情绪来提高适应反应能力，如反应延迟、从愤怒的情绪中平静下来或选择性注意。
知觉-行动机制	在感知目标客体的情绪状态时自发地激活主体脑内自身的人格代表区，这些代表区与目标客体、目标客体的情绪状态和状况相一致。
观念行动 ideomotor action	当主体看到目标客体的动作或行动而表现出来的行动，如当看到有人向你的头部打过来时你的手臂会像钟摆一样不自觉地去阻挡。
启示信息 affordance	目标客体心智的内在代表区，在感知到启示性信息时激活并产生某种动作或行动。
西蒙效应 simon effect	一种行为效应，当某种动作或行动与刺激物的空间位置关系一致时被易化，而不一致或受到阻力时变缓或抑制。
自下而上 bottom-up	在不需要清晰的认知程序和能力的情况下，主体基于所观察到的信息而驱动的一种神经或心智程序，如情绪共情中的运动模仿、情绪感染和心态匹配等。
自上而下 top-down	在清醒的认知程序下对间接信息进行充分的评估和思考的一种神经或心智程序，如认知共情中的换位思考、视角采择、理性判断和决策等。

注：译自参考文献中的综述6

第四节 人类共情的关联脑代表区

人脑是否存在特异的共情神经网络？各种脑影像技术在人类共情研究中的应用对这一问题给出肯定的答案。第一个有里程碑意义的研究是招募16对有配偶关系的人进行实验，在实验中用功能磁共振（fMRI）技术扫描大脑，比较女性被试“自己”接受痛刺激（直接感受）和观看配偶“他”接受痛刺激（间接感受）时所激活的脑区有何不同？结果发现，在观看“配偶”接受痛刺激时，观察者编码加工痛情绪的脑区前扣带回皮质（anterior cingulate cortex，ACC）前部特异性激活，而被试“自己”接受痛刺激时不仅编码加工痛情绪的脑区ACC被激活，编码加工疼痛强度的脑区躯体感觉皮质（S1/SⅡ区）也激活（Singer et al，2004）。另外与疼痛直接感受相比，疼痛间接感受还可以激活内侧前额叶皮质（medial prefrontal cortex，mPFC）、前岛叶皮质（anterior insula cortex，aIC）、小脑和视皮质等，提示疼痛共情有一个独特的脑网络。后续脑影像技术研究陆续发现ACC背侧、中扣带回皮质（MCC）前部和aIC等在很多共情体验（如疼痛、恶心、焦虑、味觉刺激）中均有特异性激活，提示脑内有一个共情他人负性情绪关联的共同神经环路（见Lamm et al，2011；Bernhardt and Singer，2012）。

情绪共情和认知共情是否分别由不同的神经网络所编码和加工？已知情绪共情是主体直接感受客体情绪状态而产生的与客体相类似的情绪反应，是一个由自下而上信息网络传递而产生的共情体验过程，即感他所感（The subject feels what the object feels）。认知共情是主体通过想象来激活情绪共情的代表区，通过自上而下信息网络编码与加工调控而产生的共情体验过程，即感同身受（The subject understands what the object feels）、换位思考和视角采择（perspective-taking）。图9-6-2显示的是情绪共情和认知共情相关联的脑区，包括生理状态、面部表情、身体语言、语义概念、关联记忆（de Waal and Preston，2017）。与情绪共情有关的脑区包括：ACC、SⅠ和SⅡ皮质、初级躯体运动皮质、颞极、丘脑、下丘脑和杏仁核等。而与认知共情有关的脑区包括：背外侧前额叶（dlPFC）、腹内侧前额叶（vmPFC）、顶小叶、颞顶结合部、颞上回和梭形回等。此外，还有情绪与认知共享脑区：MCC、补充运动皮质（supplementary motor area，SMA）、扣带运动区、aIC和颞下回等。

以上共情关联脑区在某些脑部损伤的病人也得到了进一步证实。有研究发现，左额下回皮质（inferior frontal gyrus，IFG，即Brodmann 44区）损伤的患者，其情绪共情评分较低，而认知共情评分与正常对照相比无显著差异；但vmPFC（Brodmann 10、11区）损伤的患者，其认知共情评分较低，而情绪共情的评分与正常对照相比无显著差异（Shamay-Tsoory et al，2009）。

Schurz等（2020）通过使用签名差分脑地图方法（signed differential mapping method，SDM4.31）、激活似然估计（activation likelihood estimation）和多水平核心密度分析（multilevel kernel density analysis）等方法，对85个关键词为共情（empathy）和103个关键词为心理理论（theory of mind）的脑影像研究进行荟萃分析，提出一个社会认知等级模型（hierarchical model of social cognition）（见Schurz et al，2021）。在这个研究中，心理理论测试主要使用以下6个任务：①错误信念（false belief）；②特征判断（trait judgments）；③策略游戏（strategic games）；④社会动漫（social animations）；⑤理性行动（rational actions）和⑥眼神读心（reading the

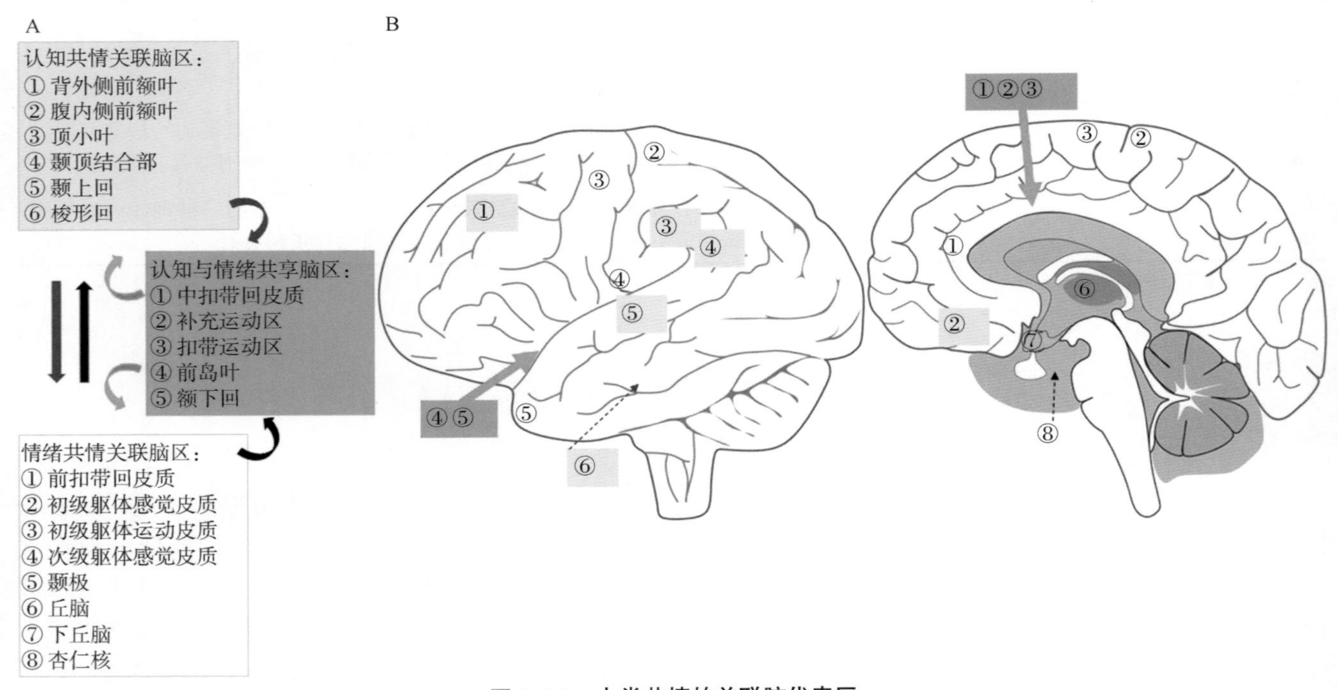

图9-6-2 人类共情的关联脑代表区

A. 认知共情关联脑区、情绪共情关联脑区和认知与情绪共享脑区，向下蓝色箭头表示自上而下（top-down）调节，而向上黑色箭头表示自下而上（bottom-up）传递，弧形箭头表示可能存在交互联系和调节；B. 认知共情关联脑区、情绪共情关联脑区和认知与情绪共享脑区在大脑皮质的解剖学定位，数字顺位与颜色与A中的颜色一致（引自参考文献中的综述6）

mind in the eyes）。共情测试主要使用以下5个任务：①观看以伤害部位疼痛为线索的视频（observing pain）；②观看以愤怒、恐惧负性情绪表情为线索的视频（observing emotion）；③通过观看以伤害部位疼痛或悲伤表情为线索的照片来分担负性情绪或疼痛（sharing emotions or pain）；④通过观看诉苦叙事或正负效价情绪插图来评估情绪境况（evaluating situated emotions）；⑤通过观看图片或卡通选择对情绪的判断（reasoning about emotions）。最后，通过聚类分析得出代表社会认知等级的三组神经认知程序：①认知主导程序，用于脱离外部物理世界时的“自我”认知过程；②认知与情感结合程序，用于认知与情感同步化过程。③情感主导程序，用于主体看到客体（别人）情绪变化时的体验过程。

认知相关脑区主要涵盖中线两侧皮质和颞顶叶皮质，中线两侧皮质包括ACC、mPFC、MCC和楔前叶，颞顶叶皮质包括右颞上回后部、右缘上回、左颞中回后部、下顶叶（inferior parietal lobe，IPL）等。这些脑区与默认模式网络（default mode network，DMN）高度重叠，提示脱离外部感官刺激（与物理世界去耦合）的“自我”认知是由DMN所编码与加工的。这些脑区的激活与Neurosynth（一种用Pearson相关系数解码自动生成术语与图像相似度的工具）解码的社交术语“心理理论”和非社交术语“默认”“自我相关”和“自传”等高度切合。

认知与情感结合的中间聚类相关脑区主要涵盖双侧颞叶，从颞上回后部到颞极前端。该聚类还包括认知聚类中的双侧颞顶叶和楔前叶，情感聚类中的左IC和IFG。这些脑区的激活与Neurosynth解码的聚类Ⅰ和聚类Ⅲ术语都有重复，高度支持了认知与情感结合的功能属性。

情感相关脑区主要涵盖右侧IFG、右侧IC、颞极、SⅠ/SⅡ、缘上回、SMA、MCC、枕叶和小脑等。这些脑区的激活与Neurosynth解码的社交术语“疼痛”“恐惧”“情感”“面孔”“自闭症”和非社交术语“文字”“声学”“语言”和“语义”高度切合。

以上研究提示，共情与心理理论不能等同，主体基于对客体情绪匹配而激活的情感相关脑代表区是情绪共情产生的脑结构基础，而联系认知与情感的相关脑代表区的功能才是认知共情产生的脑结构基础，就是说认知共情的产生必须有情绪共情作为内生的基本驱动力才能产生。反之，心理理论也可以在脱离社交的情况下发生（即DMN），而脱离社交或脱离物理世界的心理理论主要编码与加工“自我”，这个过程只启动认知相关脑区。这个结果高度支持笔者对共情的定义，共情行为是“社会脑”的生物演化结果（见表9-6-1最后一条）。

那么脑内是否有共情行为的神经化学基础？到目前为止，虽然还不完全清楚，但这却是学界最为关切的科学问题之一。神经肽催产素（oxytocin）被认为与亲社会行为密切相关，也是研究最深最广的激素之一（见Lee et al，2009）。因为催产素在孕妇生产时有促宫缩促分娩作用，产后有催乳作用，另外在母子依恋关系的建立、儿童结伴玩耍（自闭症的孩子主要是社交和语言障碍，被检出催产素或催产素受体基因突变）、交友、择偶和性勃起等活动时都非常重要，因此下丘脑室旁核/视上核-神经垂体轴可以被认为是社交轴。实验显示，鼻腔黏膜喷洒催产素可以通过嗅丝进入脑脊液作用到共情相关脑区，增强人的社交能力如疼痛共情、母子依恋、社会认知、面孔识别、群体内共情、诚信、协作、从众，抵御群外攻击等（Chen，2018）。

社会环境和遗传学研究发现，人格特质、亲子关系、教育和人际环境可以影响共情。此外，睾丸素可以减弱共情。催产素受体、多巴胺受体、五羟色胺转运蛋白（5-HTTLPR）和锌指蛋白（ZNF804A）等基因的多态性也会影响共情反应和共情能力的发展，因此共情可能受遗传-环境-内分泌-大脑多个层次多重因素调节。

第五节　镜像神经元

镜像神经元（mirror cell）是1990年代初由意大利帕尔马大学的一个研究组最初在猴子的腹侧运动前区（ventral premotor area，F5区）皮质偶然发现并记录到的，后来在顶内沟（intraparietal sulcus，IPS）和下顶叶（inferior parietal lobe，IPL）皮质也记录了类似的神经元。据说在1990年8月的一个傍晚，神经生理学家Giacomo Rizzolatti和他的两位同事（Vittorio Gallese和Leonardo Fogassi）刚刚结束在猕猴F5区记录运动神经元的电活动，正准备休息吃晚餐。当Vittorio Gallese从盘子里拿起一个葡萄干正准备吃的时候，突然听到扬声器里传出“啪啪啪……”连续放电的声音，而这个时候头上固定着事先置入金属丝微电极的猕猴正在看他抓葡萄干吃的动作。更令人吃惊的是，扬声器里“啪啪啪……”连续放电的声音也可以出现在猕猴自己动手去抓葡萄干吃时。这就是镜像神经元被无意间发现瞬间里所发生的故事。经过数年反复大量的记录和研究，该实验室把猴子在执行某个特定动作（执行动作）和当它观看别人执行类似动作（观看动作）的过程中放电增强的一类神经元定义为镜像神经元（图 9-6-3B；首篇报道见 Gallese et al，1996）。

猴镜像神经元在 F5 区约占 25%，其电生理学特性包括以下几个方面（见 Rizzolatti et al，2014 综述）：①是一类运动神经元，主要参与编码手和嘴的动作，在被试猴做手的动作（如抓住、放置、操作、双手互动和举起等）或做嘴部动作（如吃东西和口头交流时所做出的咬住、吸允、撅嘴、舔、砸吧嘴、说话姿态等）过程中放电增强，但有的神经元仅对一种动作有响应，还有的神经元对多种动作都有反应。②视-动镜像特征，如猴子在看到实验人员做上述动作时也放电增强。③在离开视线时可以理解和推测动作的目标和意图，如在确定镜像神经元的身份后，第一步让猴子观看实验者手抓放在台子上的物体的全过程（“手开始动”“手接触物体前”和“手接触并抓起物体”全程可见），第二步再让猴子观看这个过程，但在手接近目标物体前遮盖住手和目标物体（后半程不可见），结果第一步和第二步的放电时间完全一致，镜像神经元在没有看到手抓目标物体（离开视线）那一刻同样有反应（不脱离脑海）的现象提示这类神经元能够理解和推测手抓目标的意义和动作的意图。④在离开视线时可以通过听声音理解动作，如在确定镜像神经元的身份后，第一步让猴子观看捏碎花生、撕纸和木棍落地等动作并同时听这些动作发出的声音（视觉＋听觉），第二步让猴子离开视线但仅可以听到这些动作的声音（听觉），结果约有 13% 的镜像神经元既可以对某个动作的视听刺激有反应，也可以对某个动作的声音有反应，提示镜像神经元可以

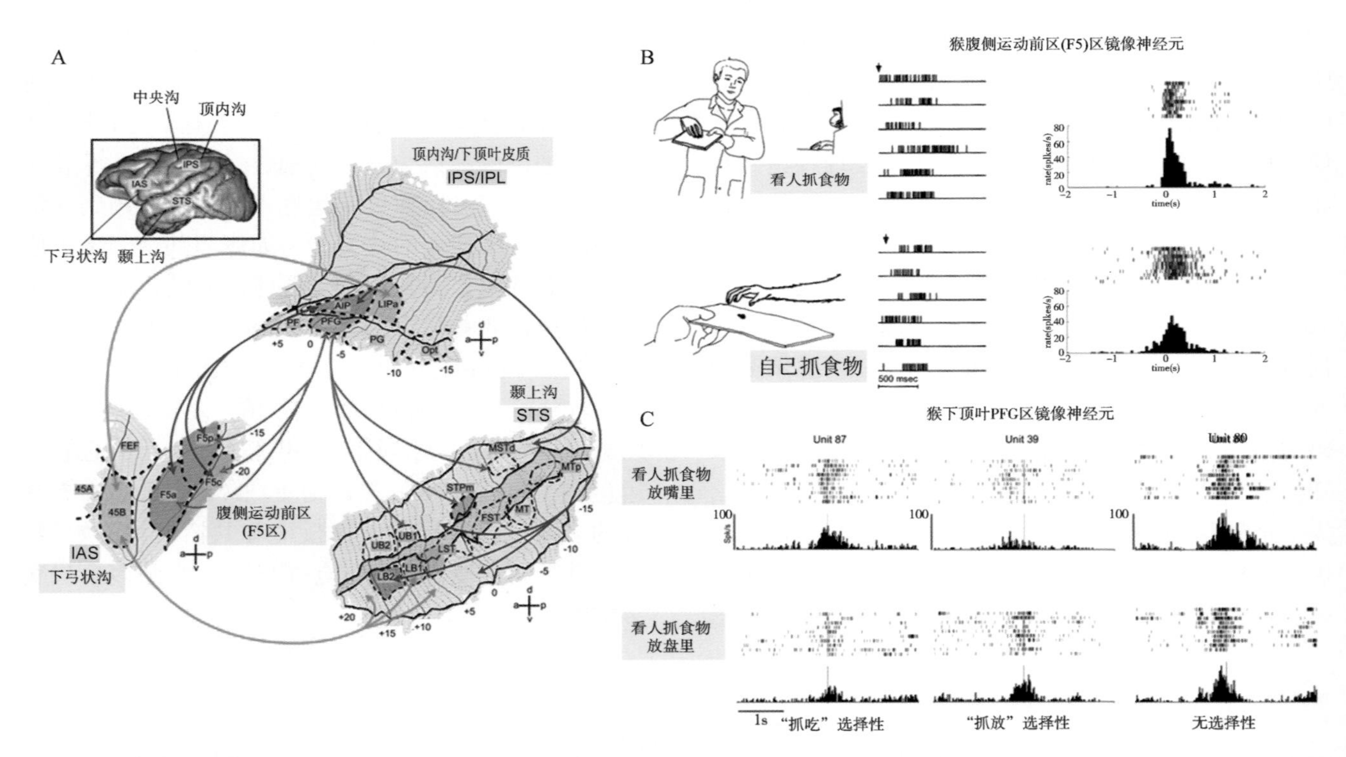

图 9-6-3 猴腹侧运动前区（F5 区）和下顶叶皮质 PFG 区镜像神经元及其与颞上沟岸堤皮质神经元构成的介导“观看抓动作”的神经环路

A. 颞上沟（STS）上下侧岸堤皮质神经元通过顶内沟（IPS）/ 下顶叶（IPL）皮质镜像神经元与 F5 区镜像神经元构成两条功能通路：其一是 STS 上侧岸堤皮质-下顶叶 IPL 的 PFG 皮质 -F5c 通路（红色）；另一条是 STS 下侧岸堤皮质-顶内沟的前部（AIP）皮质 -F5a/p 通路（蓝色）；**B.** 猴腹侧运动前区 F5 区皮质镜像神经元反应特性，这个神经元既在看实验人员抓食物时放电，也在自己抓食物时放电；**C.** 猴下顶叶 PFG 区镜像神经元反应特性，与 F5 区镜像神经元有区别的地方是，下顶叶镜像神经元在“看人抓食物放在嘴里吃”和“看人抓物体往容器里放”的反应有选择性，unit 87 对前者反应更强，unit 39 对后者反应更强，unit 80 对两者的反应无差异，提示下顶叶的镜像神经元不仅可以理解动作还可以理解目标的形状和性质（引自参考文献中的综述 14，经美国生理学会授权）

理解某个动作声音的意义，是动作声音的代表区。⑤可以理解视觉空间信息的含义，判断出自我空间（peripersonal space）和非我空间（extrapersonal space）的距离。⑥对主客观视角观察动作的反应有偏向性，在筛选出对录像显示的动作片段有反应的镜像神经元条件下，记录猴子观察录像中从不同视角（0° 代表自己主观视角，90° 和 180° 分别代表侧面和正面客观视角）“抓取香蕉”动作时镜像神经元的反应，结果 74% 的镜像神经元对视角有反应。⑦对所观察的动作的主观价值进行编码，如记录猴子在观察实验人员抓取食物或物体后有无奖赏情况下镜像神经元的反应，61% 或 46% 的镜像神经元倾向于在获得奖赏时放电。

在了解了镜像神经元的电生理学特性之后，针对动作、目标和意图，人们不禁要问镜像神经元到底编码什么？首先针对动作和目标设计了一个钳夹物的实验，这个实验范式包括两套动作和一个目标：①正向钳夹物时，需要手握紧钳体两侧向内用力（攥紧）使钳尖夹住目标物体；②反向钳夹物时，首先需要用手握紧钳体两侧向内用力（攥紧）使钳尖张开，然后再慢慢放开手使钳尖夹住目标物体。这两套动作包括有手的动作和钳子的动作，还有一个物体作为目标。记录的结果显示猴子无论看到用哪种钳子，也无论手做什么动作，只对钳子夹住目标起反应，提示 F5 镜像神经元是编码动作目标而不是动作本身。

那么对动作意图的理解和推测又是在哪里编码的呢？当看到一个短视频片段显示一个人手里拿个杯子，你可以很快判断出那个人是在喝茶还是在喝咖啡或是在喝酒，那么你的大脑是怎么判断出来的呢？很显然杯子的颜色大小形状、手拿杯子的方式、杯子周围的其他物品和场景的视觉线索、观察者的经历、经验等帮了大忙。Fogassi 等（2005）在猴子顶内沟（IPS）和下顶叶（IPL）中记录的镜像神经元具有编码目标导向动作（goal-directed action）和动作意图（intention of action）的特性。实验包括运动范式和视觉范式两个部分，前者训练猴子做两个动作，一个是抓食物放在嘴里吃（grasp to eat），另一个是抓物体放在容器里（grasp to place）；后一个范式是让猴子观看实验者抓食物放在嘴里吃或抓物体放在容器里的动作。这两套动作执行和动作观看训练成熟后，在 IPL 皮质做记录，结果发现有 2/3 的神经元对“抓吃”和“抓放”的动作和观看这两种动作都有反应，提示 IPS/IPL 中的镜像神经元编码动作意图。图 9-6-3C 显示猴子观看“抓吃”和“抓放”两个动作意图时，有些镜像神经元的反应有动作意图选择性，提示顶叶的某类镜像神经元可以理解某个动作的意图，分别编码“抓吃”和“抓放”动作的意图。比较研究 F5 和 IPL 中动作目标相关（action goal related，AGR）神经元的特点，发现 F5 中的 38% 和 IPL 中的 55% 运动神经元是 AGR 神经元，在 F5 中 60% 是“抓吃”选择性的，40% 是“抓放”选择性的；而在 IPL 中 79% 是“抓吃”选择性的，21% 是“抓放”选择性的，显然顶叶的 AGR 显著多于 F5 区。比较视觉范式下的结果，发现 F5 中的 66% 和 IPL 中的 64% 运动神经元是 AGR 神经元，在 F5 中 91% 是“看抓吃”选择性的，9% 是“看抓放”选择性的；而在 IPL 中 78% 是“看抓吃”选择性的，22% 是“看抓放”选择性的，提示额叶 F5 与顶叶 IPL 间构成了理解动作意图的神经环路。因为很多研究显示颞上沟（superior temporal sulcus，STS）皮质是编码加工物体身份和视动信息的重要中枢，猴子记录显示观看某种动作可以引起 STS 某些神经元放电，但这些神经元在实际做动作时没有反应，提示 STS 参与动作视觉信息编码加工，但不参与运动编码加工，所以 STS 中没有典型的镜像神经元。已知额叶 F5 区与颞叶 STS 之间没有直接的纤维联系，那么 STS 与 F5 是如何建立起联系的呢？研究显示猴 STS 上下侧岸堤皮质神经元通过顶叶 IPS/IPL 皮质镜像神经元与 F5 区镜像神经元构成两条理解动作意图的功能通路：其一是 STS 上侧岸堤皮质−下顶叶 PFG 皮质 -F5c 通路；另一条是 STS 下侧岸堤皮质−顶内沟前部（AIP）皮质 -F5a/p 通路（图 9-6-3A）。而顶叶 AIP 与负责编码运动决策（何时何种运动）、运动时序和运动学习记忆的吻侧运动前区（F6 区）和前额叶皮质有丰富纤维联系，共同组合成视动意图理解的神经网络。猴子运动代表区位于从中央沟前堤岸到上下弓状沟后的额叶皮质，包括 F1-F7 七个亚区，除了 F5 之外，只有 F1 和 F2 有镜像样（mirror-like）神经元，但它们不编码动作，只编码目标（如观看显示屏光标的视动反应）。

人脑结构由于高度进化与猴脑有很大区别，将视动任务与人脑影像学（fMRI、PET、MEG）、脑电图（EEG）和经颅磁刺激（TMS）等技术相结合研究表明，运动执行（动作）和观看目标导向的动作（如抓物）由额下回（IFG）尾部、腹侧运动前区和下顶叶构成顶−额神经环路（Rizzolatti et al，2014）。

动作观察（observation of action）在大脑有无躯体定位关系？观看用脚手嘴等做的及物动作在大脑右侧半球顶额神经环路有一定的躯体定位关系，但如观看显示由脚手嘴完成的四个动作（拖近、丢掉、抓起和推开）的视频片段，额顶叶没有按效应器脚手嘴排列的躯体定位关系，但有按效价聚类的动作定位（actotopy），如把目标带近主体的动作（如抓起和拖近）激活的部位在顶叶AIP腹侧，而把目标带离主体的动作（如推开和丢掉）激活的部位在顶叶AIP背侧。那么运动的经验经历等知识是否对人的镜像系统有影响？让人观看由三个种属（人、猴、狗）完成的两类动作视频，一类是咬的动作，另一类是口头交流动作（如说话、砸吧嘴、吠），同时做fMRI扫描。结果显示，三个种属咬的动作都可以激活左侧半球的IPL-IFG环路，但是三个种属口头交流动作激活的脑区不同，人说话激活Broca氏区，但狗吠却不激活，提示不同种属共有的运动知识可以利用脑内镜像系统来编码加工，但是非共有的口头交流动作不使用镜像系统编码加工。另一个实验也证实了运动经验知识与镜像系统密切相关，研究显示经典舞蹈师在看芭蕾舞视频时或巴西卡波埃拉（Capoeira）舞蹈师在看卡波埃拉舞视频时脑内镜像系统都强烈激活，但在看不熟悉的舞蹈视频时反应弱。反过来，某个舞蹈师学习另一种陌生舞蹈，每周采集一次fMRI脑影像，当学习到第五周已经熟练地掌握了新学习的舞蹈时，被试的顶额叶镜像系统被强烈地激活了，而且熟悉程度越高激活强度越大。这些实验提示人顶额叶镜像系统参与编码运动模仿学习。

那么镜像神经元是否编码加工共情行为？这个问题有很大争议。第一，从定义来看，共情是感受、识别、理解和分享（分担）别人情绪状态的能力及其相关行为，而镜像神经元是编码没有感情色彩的动作目标和动作意图的神经系统，按俄罗斯套娃模型的理论，低级的运动模仿可能由镜像神经系统编码加工，但低级的情绪传染和高级的共情关怀、换位思考和视角采择等不可能由镜像系统单独来完成。第二，从人脑影像学资料来看，情绪共情和认知共情涉及很广泛的脑网络（图9-6-2），而镜像系统只涉及编码视动信息的顶额叶皮质区域（图9-6-3）。第三，经典镜像神经元既编码运动又编码动作观察，而很多共情关联脑区没有运动属性的神经元。虽然ACC和aIC在负性情绪传染（如疼痛、恶心、呕吐和恐惧）时激活，最近也有报道提出在大鼠ACC记录到镜像样神经元活动，这类神经元在观察大鼠看到临近笼子内示教大鼠接受电击刺激时反应增强，提示与恐惧传染行为相关联，但因为ACC不参与编码运动，所以仍不算是真正意义上的镜像神经元。

第六节 动物共情反应性行为模型及其研究进展

Charles Darwin于1831—1836年随HMS Beagle号（“小猎犬号”）舰长Robert FitzRoy（1805—1865）远航，第一次目睹了火地岛印第安人的“野蛮”和种族的多样性，同时也第一次看到了被非人对待的奴隶，由此产生了基于同情的废奴主义思想。在完成《物种的起源》（1859）之后，为了寻找道德的起源，他花了10余年时间边观察边思索撰写出版了《人类的起源》（1871）和《人与动物情绪的表达》（1872）。

在《人类的起源》中（Darwin，1879），他试图用性选择理论（sexual selection）去解释种族多样性，提出同情是道德的基础，以此支持消除人类的不平等和不公平。他认为大多数动物都对彼此陷于痛苦或危险相互同情。他还认为，与人类和高级的社会性动物一样，低等的社会性（群居）动物也都有帮助同一社群成员的特殊本能，而这一特殊本能受互爱和同情所驱动（亲社会互惠）。由此可见，Charles Darwin是第一个提出动物也有同情心的自然博物学家和生物学家。

在《人与动物情绪的表达》中，他试图从人的表情和动物的行为表现上寻找情感从低等动物到人的生物进化根据（见Darwin，1890）。表情是一种肢体语言，在成年人与人的交流中可以强化口头语言的情感表达，在婴儿或语言障碍者可以替代口头语言，现在正是根据这一点常用表情评分表来评估婴幼儿的疼痛强度。尽管Charles Darwin在书中拿出很多证据证明动物是可以表达情感的，但直到20世纪90年代末学界还不太承认动物有“七情六欲”，更不承认动物有共情。

在 Charles Darwin 提出动物情绪表达之后的130多年时间里，由于关于动物是否有情感还没有达成共识，所以动物共情行为的研究资料很少或仅限于野外灵长类如黑猩猩、长臂猿和非洲矮脚猿等的观察研究（图 9-6-1）（Muller et al，2005；Preston et al，2002）。尽管如此，20 世纪 50 年代末和 60 年代初有两篇关于大鼠共情和利他协作的研究资料为后来研究低等哺乳动物的共情行为提供了有价值的参考（Church，1959；Rice and Gainer，1962）。研究的策略和方法是基于这样的考虑，即动物与人一样在遭受躯体折磨或伤痛时会发出尖叫（嘶叫），身体被束缚时会因不舒服而痉挛性地扭动身体以图挣扎逃脱。如果一只动物（主体）在没有任何奖赏性鼓励的条件下仅因在视觉或听觉上遭遇到另一只动物不舒服的痛苦行为表现而去关心或解救它，那么就可以认为这个主体动物有受共情冲动驱使的利他行为。

其中一个实验研究的设计是在间隔一英寸的两个相互透明的试验箱里各放入一只大白鼠，其中一只大鼠（观察者）可以用爪踩踏板自由获取食物，另一只大鼠（示教者）的笼子地板是不锈钢丝，用于电击刺激（Church，1959）。当观察大鼠目击到隔壁示教大鼠因接受电击刺激而发出不正常的尖叫和跳动时，压杆次数显著减少或为零，提示观察大鼠在目击到示教大鼠痛苦反应时中断了进食行为，作者解释大鼠有与人类相似的同情样或共情反应性行为。

另一个实验设计也是在两个间隔透明的试验箱，其中长的试验箱里设置一个灯光指示的长 7.62 cm 的按压杆，另一个短的试验箱里只放置一个可以通过隔壁按压杆来调节升降的悬吊装置（Rice et al，1962）。观察组 1 的大鼠通过条件电击刺激强迫训练学习按压杆技术（后又做消退处理），观察组 2 的大鼠不做按杆学习训练。示教组大鼠通过穿戴四肢不受限的紧身服被固定在升降的悬吊装置上，当悬吊装置升高离开地板时示教大鼠会因为不舒服而发出尖叫和扭动身体的痛苦反应，对照组是悬吊一个泡沫模型。结果显示，观察组 1 的大鼠在目击到示教鼠因悬空而痛苦挣扎时平均按压杆次数增加到 14.7 次，而在看到泡沫模型被悬吊升空时仅平均按 0.8 次，提示大鼠在目击到同伴遭受困难和痛苦时有解救样行为。但由于观察组 1 是受过按压杆强迫训练的动物，所以其解救行为有可能是学习适应性行为。为了证明解救行为不是习得的，观察组 2 大鼠没有经过训练，同样的测试显示观察组 2 在目击到示教鼠因悬空而痛苦挣扎时平均按压杆次数增加到 17.6 次，而在看到泡沫模型被悬吊升空时仅平均按 5.4 次，验证了以上结果。因为这种解救行为没有任何奖赏性条件，所以作者认为是利他行为。据考证，当时动物行为学领域拒绝一切赋予动物以人之情感的实验研究，学术期刊拒绝接受和发表这类实验论文，在提动物有共情或利他行为时要求加“引号”，导致共情的动物实验研究进入了长久的休眠期，沉寂了半个世纪无人问津（图 9-6-1）。

进入 21 世纪后，2006 年加拿大麦吉尔大学心理系 Jeffrey S. Mogil 实验室报道两只接受足底注射稀释甲醛液或腹腔注射乙酸而致痛的小鼠在社交时可以相互增强各自的痛反应，如关注注射侧的抬足舔足行为增多（痛反应增强）或扭体抽搐样行为增多，痛阈降低，提示小鼠有痛传染行为（Langford et al，2006）。但这种疼痛传染行为只在同笼饲养 2 周以上建立了熟悉社会关系的小鼠之间产生，在陌生小鼠之间不产生，提示熟悉的社会关系是小鼠建立共情反应的基本条件。但这个研究使用的实验范式是二元社交的两只小鼠均接受了疼痛刺激，彼此都有直接疼痛经历，无法区分间接疼痛经历，因此对于开展共情的神经机制研究没有模型价值。为了深入开展共情的神经机制研究，间接疼痛共情经历的模型范式至关重要，那么在大小鼠等实验动物能够建立这种模型范式吗？

第四军医大学唐都医院疼痛生物医学研究所陈军实验室针对这个问题开展了系列研究（陈军，2019；Chen，2018；Du et al，2020；Li et al，2018）。实验模型范式设计分两个步骤（图 9-6-4）：①第一阶段是在一定规格大小的试验箱（或饲养笼）里进行 30 min 二元社交（同性别），社交的一只动物作为无疼痛经历的“观察者”，社交前测试疼痛阈值；另一只动物作为“疼痛示教者”，在左足底接受注射 50 μl 0.4% 蜜蜂毒液（也可用 50 μl 5% 甲醛稀释液代替）后立即放入试验观察箱与观察者进行 30 分钟身体可以自由接触的社交活动，社交行为用摄像机录制用于线下定性和定量分析。②第二个阶段是在社交后立即对观察者进行痛阈评估，即用 von Frey 纤维测试“观察者”动物抬足缩足机械痛反应阈值或用辐射热刺激器照射足底测试抬足缩足热痛反应潜伏期，每间隔 5 min 测一次，时程持续 5 h（Du et al，2020；Li et al，2018；Yu et al，Bioprotocol，2019：e3266 实验方法）。

通过同性别社会关系熟悉的二元社交疼痛共情模型范式（图 9-6-4，见 Du et al，2020；Li et al，2018），可以观察到：①在 30 min 二元社交条件下，观察者对疼痛示教者左足疼痛部位频繁舔舐（allo-licking），之后伴有舔毛（allo-grooming）行为，这个行为在黑猩猩也常被观察到，被定义为共情关怀行为（empathic consolation）。时程记录显示观察者对疼痛示教者舔舐伤口和舔舐体毛行为发生于目标出现后 20 ～ 30 s，同样行为重复出现 20 余次，每次持续时间约 20 ～ 50 s（雌雄有差异），总时程持续 30 min 左右逐渐消失。与之形成显著对比的是，两只正常动物社交时，虽然也会偶有舔舐体毛行为，但不会有视觉线索导向的舔舐伤口行为，且时间短至数秒。一般社交行为如嗅嗲（mouth sniffing）和嗅尾根（tail sniffing）与正常对照相比无异常改变。已知正常大小鼠在同样社交环境下，除了短暂地嗅嗲和嗅尾根之后，就会花大量时间自清洗理毛（self-grooming）然后入睡，但在与疼痛示教者社交时，自清洗理毛时间显著减少，提示大小鼠在目击同伴痛苦时会牺牲自己清洗理毛和睡眠时间去舔舐同伴伤口和体毛，且伴有焦虑样行为，这就是共情担忧和共情关怀样行为。②社交后的疼痛敏感性测试显示，观察者双侧辐射热刺激潜伏期不变，但双侧机械刺激阈值显著降低，提示疼痛从一只有疼痛的动物（直接经历）通过社交传染到了另一只未经历过疼痛的动物（间接经历），即社交性疼痛传染行为（social contagious pain），社交性疼痛传染行为可以持续 4 ～ 5 h。③比较观察显示，大小鼠之间两种疼痛共情样行为无种系差异，大小鼠的雌雄虽有量的差异但无质的差异，熟悉的社会关系虽然是无疼痛经历观察者表达疼痛共情样行为的必要条件，但对于有相似疼痛经历的观察者即使是面对陌生的疼痛示教者也可以表达两种疼痛共情样行为。

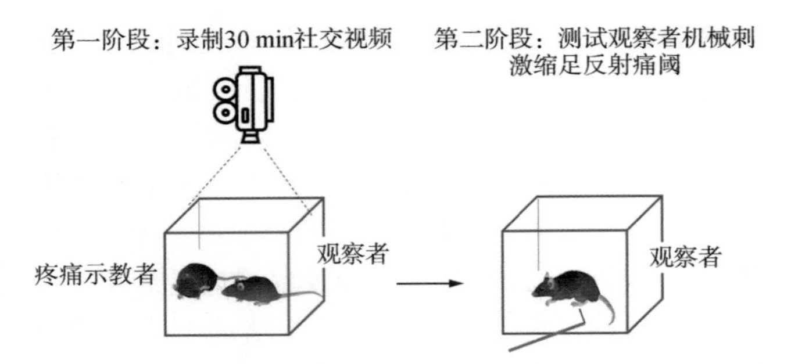

图 9-6-4　大小鼠二元社交疼痛共情模型范式

第一阶段疼痛示教者在左足底接受注射 50 μl 0.4% 蜜蜂毒液（也可用 50 μl 5% 甲醛稀释液代替）后立即放入试验观察箱与观察者进行 30 分钟社交（录制视频）；第二阶段在社交后立即开始对观察者进行机械疼痛阈值测试（指向足底的是 von Frey 纤维），每隔 5 min 测试一次，时间持续 5 h，最后对社交前后阈值比较分析（改编自参考文献中的原始文献 4 和原始文献 8）

基于“俄罗斯套娃模型”的分类，大小鼠既有低等级的社会行为传染，又有较高等级的共情关怀和共情担忧行为，这为研究共情等级行为的生物演化规律和解析共情的神经机制提供了一个有价值的动物模型和范式。实验证明损毁双内侧前额叶（包括 ACC、边缘前皮质和边缘下皮质）和蓝斑去甲肾上腺素神经元可以阻断大鼠疼痛传染样行为，但损毁双侧杏仁核和内嗅区则不能阻断大鼠疼痛传染样行为（Li et al，2014；Lu et al，2017）。最近有学者用光遗传学和化学遗传学等技术在二元社交疼痛共情模型范式下证明小鼠 ACC- 伏隔核通路参与介导小鼠疼痛传染样行为（Smith et al，2021）。还有学者报道 ACC 催产素受体参与介导观察者对遭受电击的示教者实施的舔舐体毛行为（Burkett et al，2016）。

在啮齿类，除了疼痛共情样行为，很多学者在 Russell Church 研究范式的基础上，结合经典的条件反射原理，通过对示教者实施声音条件刺激＋非条件电击刺激训练［和（或）消退］后，再回放声音条件刺激以引起示教者出现基于恐惧而反射性身体木僵行为（freezing）。在二元社交范式下，观察者在目击示教者出现恐惧反射性身体木僵行为时也会出现同样的身体木僵行为，这种行为被定义为恐惧传染或习得性恐惧（observational fear learning）（Chen，2018）。这是一种很低级的社会行为模仿动作，不需要建立熟悉的社会关系，有相似经历可以易化这个过程。实验证明小鼠 ACC、杏仁核和丘脑中线核团参与习得性恐惧传染的形成，但躯体感觉皮质和丘脑腹后外侧核等通路不参与习得性恐惧传染（Jeon et al，2010；Smith et al，2021）。

上述实验证明，与人类似，啮齿类动物既有疼痛共情样行为（包括疼痛传染和共情关怀样行为），还有习得性恐惧传染行为。比较啮齿类疼痛传染和恐惧传染两种低级共情行为，前者主要由 ACC- 伏隔核通路介导，而后者主要由 ACC- 杏仁核通路介导，提示不同情绪传染可能由不同神经环路编码与加工（Jeon et al，2010；Li et al，2014；Smith et al，2021）。

前述 Rice 和 Gainer（1962）曾观察到大鼠在目击被高空悬吊而陷于痛苦挣扎的同伴时主动去按压杠杆解救。2010 年美国芝加哥大学心理系 Ben-Ami

Bartal 等（2011）把一只大鼠（目标）束缚在一个透明的有机玻璃圆柱体（束缚器）内时，圆柱体一端有一个门，然后把另一只大鼠（主体）放入束缚器周围自由活动，训练时程为12天，每天训练25分钟，另外，空的或放入玩具鼠的束缚器作为对照。结果令人惊奇，每天自由活动的主体围绕着装有目标的束缚器不停地有目的地转，或用鼻子顶，或用头触碰，直到第五天，它成功地用头把侧门顶开，释放出被束缚的同伴，从视频播放出动物行为的表现来看，它们欢快地来回走动，互相拥抱，仿佛在庆祝胜利。在接下来的几天中，每天自由活动的大鼠都要先用头顶开门把目标从束缚器中释放出来，而且所需的时间越来越短。但是，当自由活动的大鼠在面对空束缚器或装有玩具鼠的束缚器时既不围着转，也没有试图打开门的动作，提示大鼠有基于共情的解救行为。解救实验显示：①雌性比雄性大鼠更易表达解救行为，且解救速度更快；②面对同种系雌雄两性时，对雌性解救速度更快；③同种系大鼠的解救行为不依赖熟悉的社会关系；④不同种系大鼠的解救行为依赖熟悉的社会关系。这个实验范式虽然很难复制，但可以证明通过训练低等哺乳动物可以获得基于共情的利他行为。

在第二节已介绍了黑猩猩等非人灵长类动物与人类很相似都有合作行为，那么低等哺乳动物有无合作行为呢？ Márquez 等（2015）把一对大鼠分别放在一对T型迷宫中，这个T型迷宫有一个起始位置，末端有两个可供进入的侧室，把两个T字迷宫相对应拼接起来，中间相隔有孔的透明有机玻璃板，那么在两个迷宫中的大鼠可以相互看到并可通过隔板自由交流。其中一侧T字迷宫的大鼠是决策者，它可以自由决定进入两个侧室中的任何一个，因为无论它进入哪个侧室都可以获得食物。而另一端T字迷宫中的大鼠是被动接受者，它虽然可以看到对面，但是否能够获得食物取决于决策者是否进入它能够获取食物的那一侧室中。假设决策者不考虑被动接收者是否有能够获取食物的机会，那么它可以随机地进入两个侧室，但如果它考虑到要给被动接收者提供获取食物的机会，那么就会选择进入到被动接收者能够获取到食物的那个侧室。实验结果显示，决策者总是主动地进入被动接受者能够获取到食物的一侧。那么决策者是如何决策的呢？实验证实决策者每次在选择方向时都事先通过观察被动接受者觅食的行为，被动接受者觅食的方向决定了决策者的方向。这个实验证明了啮齿类动物有协作意识，它们在觅食行为中有着令人吃惊的合作精神。

综上，虽然学界关于低等啮齿类动物是否有共情样行为的认识还存争议，但随着大小鼠共情实验研究的成果不断地从世界各地不同实验室汇聚而来，这个争议终究会被取证行动所取代。

第七节 总 结

共情神经科学（neuroscience of empathy）是近几年才被认同的一个重要的学科发展方向，虽然已有相当多的脑功能成像研究，但因缺乏介观和微观水平的研究基本处于起步阶段，所以未来可以结合现代神经科学的多种先进技术，在“生物-社会心理-脑-行为”的范式下去开展系统而深入的研究。实际上，2016年《科学》杂志公布了125个具有挑战性的科学问题，其中2个问题与共情神经科学密切相关：①人类合作行为如何发展？②大脑如何建立道德观念？结合共情研究的发展历史和最新研究成果，共情神经科学应着重解决以下几方面问题：①确立生物进化观点和“生物-社会心理-脑-行为”的研究范式在社会行为脑机制研究中的理论基础，然后在这个理论基础上研究制备人和动物共情实验模型、范式和评估方法。②从生物进化的角度找出动物与人共情发生发展的保守的物质基础（如遗传、内分泌物质、神经化学物质和特异分子信使等）和社会基础（如群体关系、社会环境等）。③从生物进化的角度揭示出动物与人共情发生发展的保守的脑核团，神经环路，细胞和分子机制。④解构共情的脑结构与功能连接图谱（功能与结构模块），解析神经环路，阐明共情行为驱动和调解的特异神经元（群）（功能与结构单元），阐明基因与分子基础（功能与结构要素）。⑤共情发育不良或障碍会影响社交功能，解析共情障碍与神经精神类疾病如自闭症、人格障碍、精神分裂症和抑郁症的可能的关系。

人或群居动物都生活在社会环境中，从出生到离世都离不开家庭和社会，这个过程是终身社交过程，也是认识他人（other-recognition）和认识自我（self-recognition）的过程。研究显示，认识他人（他是谁？）要比认识自我（我是谁？）更早些，如刚出生的婴儿可以通过气味识别妈妈获得关怀进而建立母子依恋关系（maternal relationship），之后是父子关系（paternal relationship）或亲子关系（parental relationship），再之后是兄弟姐妹关系和家族亲戚关系，家庭关系建立的是否和谐友善，基础是共情。儿童从上幼儿园开始就接触家庭以外的社会成员了，开始找小朋友玩，建立友谊，然后小学-中学-大学-恋爱结婚-工作，都需要基于共情去建立诚信、亲密、和谐、友爱和互助的朋友关系和新的家庭关系，这个过程需要理解力、想象力和同情力，需要建立基于共情的亲社会行为、利他主义思想和道德观念或伦理观念。综上所述，基于社交中产生的理解力和想象力而建立的共情是认识他人的基础，这方面实验研究已经证实除了哺乳动物，其他社会性动物如蚂蚁、鸽子等都有共情样行为。另外，跨物种（种属）之间也可以产生共情如人与宠物之间建立的依恋关系等。

在过去百年来的脑神经科学发展史里，从Santiago Ramón y Cajal创建神经元学说开始，科学家的大部分工作还只停留在脑如何认识物理世界的神经机制上，在视觉、躯体感觉、嗅觉、学习记忆和一些初级认知功能上已积累了丰富的知识，但在脑如何感同身受和换位思考的神经机制上知识贫乏。由此可以预见，在21世纪，随着共情神经科学的深入发展，人类有可能破解人类合作行为如何发展和大脑如何建立道德观念的科学难题。随着对共情发生机制的探索和知识的积累，人类最终才能够解答亲社会行为、利他主义和道德观念是如何在大脑建立起来的科学问题。

参考文献

综述

1. 陈军. 共情神经科学：探索亲社会行为、利他主义和道德的生物学基础. 学习与探索，2019，7：139-147.
2. Bernhardt BC，Singer T. The neural basis of empathy. *Annu Rev Neurosci*，2012，35：1-23.
3. Chen J. Empathy for distress in humans and rodents. *Neurosci Bull*，2018，34（1）：216-236.
4. Darwin C. *The descent of man*. 2nd edition. London：Penguin Group，1879.
5. Darwin C. *The expression of the emotions in man and animals*. 2nd edition. London：Penguin Group，1890.
6. de Waal FBM，Preston SD. Mammalian empathy：behavioural manifestations and neural basis. *Nat Rev Neurosci*，2017，18（8）：498-509.
7. Han S. Neurocognitive basis of racial ingroup bias in empathy. *Trend Cogn Sci*，2018，22（5）：400-421.
8. Lamm C，Decety J，Singer T. Meta-analytic evidence for common and distinct neural networks associated with directly experienced pain and empathy for pain. *Neuroimage*，2011，54（3）：2492-502.
9. Lee HJ，Macbeth AH，Pagani JH，et al. Oxytocin：The great facilitator of life. *Prog Neurobiol*，2009，88（2）：127-151.
10. Muller MN，Mitani JC. Conflict and cooperation in wild chimpanzees. *Advances in the study of behavior*，2005，35：275-331.
11. Pigman GW. Freud and the history of empathy. *Int J Psychoanal*，1995，76（Pt 2）：237-256.
12. Preston SD，de Waal FBM. Empathy：Its ultimate and proximate bases. *Behav Brain Sci*，2002，25（1）：1-72.
13. Tomasello M. *A natural history of human morality*. Cambridge：Harvard University Press，2018.
14. Rizzolatti G，Cattaneo L，Fabbri-Destro M，et al. Cortical mechanisms underlying the organization of goal-directed actions and mirror neuron-based action understanding. *Physiol Rev*，2014，94（2）：655-706.
15. Schurz M，Radua J，Tholen MG，et al. Toward a hierarchical model of social cognition：A neuroimaging meta-analysis and integrative review of empathy and theory of mind. *Psychol Bull*，2021，147（3）：293-327.

原始文献

1. Ben-Ami Bartal I，Decety J，Mason P. Empathy and pro-social behavior in rats. *Science*，2011，334（6061）：1427-1430.
2. Burkett JP，Andari E，Johnson ZV，et al. Oxytocin-dependent consolation behavior in rodents. *Science*，2016，351（6271）：375-378.
3. Church RM. Emotional reactions of rats to the pain of others. *J Comp Physiol Psychol*，1959，52（2）：132-134.
4. Du R，Luo WJ，Geng KW，et al. Empathic contagious pain and consolation in laboratory rodents：species and sex comparisons. *Neurosci Bull*，2020，36（6）：649-653.
5. Gallese V，Fadiga L，Fogassi L，et al. Action recognition in the premotor cortex. *Brain*，1996，119：593-609.
6. Jeon D，Kim S，Chetana M，et al. Observational fear learning involves affective pain system and Cav1.2 Ca^{2+} channels in ACC. *Nat Neurosci*，2010，13（4）：482-488.
7. Langford DJ，Crager SE，Shehzad Z，et al. Social modulation of pain as evidence for empathy in mice. *Science*，2006，312（5782）：1967-1970.
8. Li CL，Yu Y，He T，et al. Validating rat model of empathy for pain：effects of pain expressions in social partners. *Front Behav Neurosci*，2018，12：242.
9. Li Z，Lu YF，Li CL，et al. Social interaction with a cagemate in pain facilitates subsequent spinal nociception via activation

of the medial prefrontal cortex in rats. *Pain*, 2014, 155 (7): 1253-1261.

10. Lü YF, Yang Y, Li CL, et al. The locus coeruleus-norepinephrine system mediates empathy for pain through selective up-regulation of P2X3 receptor in dorsal root ganglia in rats. *Front Neural Circuits*, 2017, 11: 66.
11. Márquez C, Rennie SM, Costa DF, et al. Prosocial choice in rats depends on food-seeking behavior displayed by recipients. *CurrBiol*, 2015, 25 (13): 1736-1745.
12. Rice GE, Gainer P. "Altruism" in the albino rat. *J Comp Physiol Psychol*, 1962, 55: 123-125.
13. Shamay-Tsoory SG, Aharon-Peretz J, Perry D. Two systems for empathy: a double dissociation between emotional and cognitive empathy in inferior frontal gyrus versus ventromedial prefrontal lesions. *Brain*, 2009; 132: 617-627.
14. Singer T, Seymour B, O'Doherty J, et al. Empathy for pain involves the affective but not sensory components of pain. *Science*, 2004; 303 (5661): 1157-1162.
15. Smith ML, Asada N, Malenka RC. Anterior cingulate inputs to nucleus accumbens control the social transfer of pain and analgesia. *Science*, 2021, 371 (6525): 153-159.

第7章 语 言

王立平　丁 鼐

第一节　语言是人类特有功能

动物之间的交流形式多种多样，比如蜜蜂可以通过舞蹈分享食物来源，许多动物（从昆虫到两栖动物到鸟类和哺乳动物）都可以通过叫声表达求偶、恐吓等目的；猴子、狗等动物还可以通过肢体动作和面部表情表达情绪；在与人类交流的过程中，家犬等动物甚至能够听懂人类发出的一些指令。然而，这些动物之间，甚至动物与人之间的交流方式与人的语言交流存在本质不同。目前已知的动物间的交流方式都只能表达非常有限的几种信息，而人类语言的表达能力非常丰富，可以说出并理解“天上飞着两只红色的土豆”之类千奇百怪的语句。

语言是人类特有的结构化系统，能依附于语音，手势，和文字等多种载体行使其功能；但这种功能是由基因决定，还是靠后天习得呢？对这个问题的争论由来已久，行为学家 B. F. Skinner 认为语言是后天习得的操作性反应，他认为语言和普通的动物行为并没有本质区别，都是外部环境的施压所导致的结果。语言学家 Noam Chomsky 则对这一观点进行了批判，他认为语言习得是一种镌刻在人类基因里的天生的能力。Chomsky 指出，即使在同样的语言和生活环境下也只有人类婴儿可以习得语言，其他动物无法习得语言。根据这一现象，Chomsky 提出了原则与参数理论，他认为汉语、英语等各种人类语言的复杂程度是相似的，看似形态各异的语法规则背后蕴含着统一的规律（称为普遍语法）。这种普遍语法作为语言的基本原则是由人类基因所决定的，但是普遍语法只是一般性框架，这种框架决定了不同语言其内核的相似性；而汉语、英语之类的具体语言还包括一些具体参数，这些参数决定了不同语言之间的表现形式的差异性，它们是从语言环境中习得的，比如婴儿在汉语环境中就会习得汉语的参数，在英语环境中便会习得英语的参数；与之相对，由于其他动物不具备这种由基因编码的具有普遍语法的先天框架，因此无法快速习得人类语言。

遗传学研究发现 *FoxP2* 的单基因突变能够诱发语言障碍，存在 *FoxP2* 基因突变的家族人群表现为嘴部和面部运动障碍，语言表达能力受到限制，同时其语言理解和语法学习等方面也存在困难。然而，*FoxP2* 基因并非人类独有，其在脊椎动物中高度同源，其编码的转录因子广泛分布于包括皮质额下回、基底神经节的尾状核和小脑在内的多个与运动编码相关的脑区。当敲除小鼠 *FoxP2* 基因后，研究者发现小鼠主要表现为运动技能学习能力的缺失，这提示 *FoxP2* 基因可能更多地参与了调控运动学习通路的兴奋–抑制平衡（Fisher and Marcus，

2006)。目前仍然有大量研究在积极探索到底哪些基因可以调控语言功能，以及基因和环境分别如何影响语言学习。

人类的语言为什么可以表达丰富的信息呢？这是因为只有人类能够将记忆中的有限数量的词汇根据一定规则进行组合，形成数量无穷的，能够灵活表达信息的话语。比如“天”“飞”“土豆”之类的词都是存储在记忆中的基本内容，而这些词可以组成许多前所未闻，但又可以理解的语句。动物可以和人一样记住词汇，比如20世纪70年代，Herbert Terrace、Thomas Bever等开展的实验发现一只从小被手语家庭抱养的名叫Nim Chimpsky的黑猩猩，学会了上百个手语词汇。这项研究让黑猩猩学习手语而不是语音是因为黑猩猩很难模仿人类语音，但是可以很容易模仿人类的手势，而且语音、文字以及聋哑人使用的手语都是人类语言的表现形式，这些形式之间可以进行相互转化，具有同等的复杂程度和灵活表达信息的能力。既然黑猩猩学会了人类词语，他们是不是学会了语言呢？并不是，因为上面提到的这只黑猩猩始终没有能够讲出合乎人类语言语法的短句，它可以连续产出几个单词，但是单词的排列顺序非常不规范（如banana eat me Nim，banana me eat banana，banana me Nim me）。目前也没有证据表明其他动物可以产出合乎人类语法的语句。

既然语言功能如此特殊，人脑到底是如何习得语言，如何加工语言的呢？这方面的研究目前还远不完备，但是已经得出了许多重要结论，下面先简介语言学、心理语言学和语言习得的背景知识，然后介绍语言的神经加工。

第二节 语言研究理论基础

如果要研究语言的神经机制，首先要了解语言有哪些性质、特征以及语言行为有哪些性质、特征。因此，本节先对语言学一些基本理论和心理语言学基本知识进行介绍。语言研究源远流长，对于文字、音韵、修辞的研究从古至今从未中断，近代以来各种语言学学派更是层出不穷。系统地介绍语言学和心理语言学研究显然不是一个章节所能够完成的，这里仅针对与神经科学研究密切相关的部分内容进行简明扼要地介绍，更多内容可以参见相关教科书（Fromkin et al，2007；Pinker，2015；杨玉芳，2015）。

一、语言单元及其层级组织

（一）层级语言单元概述

人类语言的核心性质是能够灵活地把小的、简单的语言单元按照一定规则组合成大的、复杂的语言单元，而且这种组合可以在多个层次上发生，形成一系列大小不同、性质各异的单元。比如，在英语书写系统中，字母可以构成词，词可以构成句子，句子可以构成篇章。在汉语书写系统中，笔画构成字，字可以组词造句，句子可以构成篇章。每个英语单词或者汉字所对应的语音又可以通过音标或者拼音分解为音位、音节等单元。很显然，语言单元的划分不但可以有多个层级（比如字、词、句），而且可以根据不同的性质进行不同的单元划分（比如汉字书写中有笔画、偏旁这样的单元，而语音中有音位、音节这样的单元）。以下几个小节将引入一些关键的语言单元进行粗略地定义与介绍。

（二）音位、音节和韵律

语言包括音系（phonological）、语法（syntactic）、语义（semantic）三类主要特征，这三类特征分别描述语音的发音，词之间相互组合的规则以及语言的意义。本节介绍音系单元。能够区分两个词的最小语音单元是音位（phoneme），比如中文中“怕”和“大”是两个不同的音节，他们的区别在于声母不同，而这两个声母就是音位。世界上的语言有几千种，但是语言学研究发现这些语言的音位普遍分为两大类——辅音（consonant）：比如汉语拼音中的t，b，f，l和元音（vowel）：比如汉语拼音中的a，o，ou。辅音的发音过程中，声道闭塞或变窄，气流与发音器官摩擦，甚至被完全阻塞。元音的发音过程中，声带发生振动，发音器官不对气流形成阻碍，因而元音通常比辅音更为响亮。

从发声的角度，辅音可以通过发音部位（唇齿音、齿音等）、发音方式（爆破音、摩擦音、鼻音等）、声带是否振动（清辅音、浊辅音）这三个特征进行刻画。元音可以根据舌位（高低、前后）以及发音时嘴唇是否圆展进行刻画。这些发声特征称作区别性特征（distinctive feature），这些特征不同的音称为音素，一个音位可以包括多个音素。比如汉语拼音中 /b/ 和 /p/ 这两个音位在英语里并不做区分，都属于清音的范畴。根据区别性特征，国际语音学会（IPA）开发了一套完整的国际音标符号系统，用以记录和分析各种语言的语音。

音位可以组合成为音节（syllable），音节是语音中最容易辨别的音系单位。汉语中每个汉字对应一个音节，比如 / ā / 这个音节由一个元音构成，而 /kàn/ 这个音节在元音前后各有一个辅音。音节中通常含有一个元音，元音前后可能存在一个或多个辅音。汉语音节的结构比较简单，音节中元音前后一般最多存在一个辅音，但是英语等语言的音节中可以包含多个连续辅音，比如 strengths 就是一个较为复杂的音节。音位、音节等概念之外，汉语等声调语言中还包含声调（syllable）这一特征。声调语言中，声调和音位一样，可进行表意。例如，汉语中 /kàn/ 和 /kǎn/ 音节相同但是声调有别，它们表意不同，分别与不同的汉字对应。

音节可以进一步组合成为韵律词（prosodic word）、韵律短语（prosodic phrase）等更大的音系单元。这些更大的音系单元包含丰富的韵律信息，比如语调、重音等。语调（intonation）描述语句中的音调变化，比如陈述句一般伴随语调下降，疑问句一般伴随语调上升。语调也可以反映说话人的意图、情绪。重读（stress）是指语流中某个音节、词或短语的相对突显。通常，语句中的焦点信息会被重读，能够起到引导注意分配、辅助消除句子歧义的作用。

（三）语素与词

语言的功能是表意，而语言中承载意义的基本单元是语素与词。词（word）是语言中可以独立运用的最小语言单位，比如“小孩、喝、牛奶”等，而语素（morpheme）是语言中最小的有意义的单元。汉语中，大多数汉字都是语素，比如“小、孩、牛”等；少数汉字不构成语素，比如“蝴”字本身不表意，“蝴蝶”两个字构成一个语素。词可以由一个或多个语素构成，比如“牛奶”是两个语素构成的词，它的含义由“牛、奶”各自的含义组合而成。再比如，英语里面“teacups”中包含了三个语素“tea”“cup”和“-s”，其中词尾的 s 表复数，它也是意义的载体，因此也是一个语素。语素可以通过不同的方式构成词，比如“喊叫、青菜、地震、司机、提高”这几个词中，两个语素之间的关系分别是并列、偏正、主谓、述宾、述补关系。一般认为无论哪种语言，语素都是可以清晰定义的。对于英语等语言，由于书写系统在词的边界处加空格，所以词的边界也非常清晰。对于汉语等语言，词的边界并不清晰，比如“北京航空航天大学”是一个词还是几个词的组合？我们通常无法第一时间给出确切的回答。

一方面，词可以按照词性分为名词、动词、形容词、助词、介词等，其中名词、动词、形容词、副词、数词、量词一般称为实词；介词、助词、连词称为虚词。虚词一般不表示实在的意义（比如“的、吗”），而是表达语法关系。词性对于语法加工至关重要。

另一方面，单词的意义可以用语义特征来描述，这些特征被称为义素。通常用“＋”号来标识某个词汇具备某一语义特征，用“－”号来标识其不具备某一语义特征。例如，英语单词“girl”的特征可以描写为［＋ human，＋ female，－ adult］，即该单词具备“人类”和“女性”这两个语义特征，不具备“成年”这一语义特征。词汇之间存在复杂的依赖关系，常见关系包括同义、反义、上下义等。比如“水果 / 苹果”“生物 / 动物”，词语之间具有“包含”的关系，这种关系被称为上下义关系。

（四）语法及组合语义

语素与词是语言中的重要单元，但是人类语言更为核心的特征是能够把词组合成为短语、语句、篇章等更大的语言结构。语言中词的数量是有限的，但是短语、语句的数量是无限的——一方面，语句的长度可以不同；另一方面，有限的词排列组合而成的序列的数量也往往是天文数字。比如，如果某种语言只有 1000 个词汇，那么长度为 4 个词的序列就有 1 万亿个。语句的数量无限，所以可以非常灵活地表达思维。人脑是如何加工短语、语句的呢？这就是语法和组合语义所研究的内容。

语法是语言学中的一个重要概念，其研究历史悠久而又不断演变。提到语法，大多数人想到的是语言课程教授的语法，比如英语中“are”只能用于复数名词之后。这种语法往往是规定性的。现代语言学研究的语法与这种传统语法有很大区别，其主旨并不是指定语言的使用规范，而是描述语言的内在规律。比如，很多方言的发音和语序并不符合普通话规范，但是现代语言学并不认为这些方言的使用者不懂“语法”。恰恰相反，现代语言学认为所有能够使用方言正常交流的人都懂得这种方言的语法，只是方言语法与普通话语法不同。

现代语言学认为语法是一种内隐的知识，每一个掌握了某种特定语言的人，其大脑里都储存着这种语言的语法结构。比如，如果我们给一个从没学过语文的小孩说两句话：①一只火红的乌龟在天上喝茶；②在天上乌龟火红一只的喝茶。小孩可以听懂①这句话，但是听不懂②这句话——这是因为①这句话合乎汉语语法。同样，如果让一个语言功能正常的孩子看图说话，他可能会说出①这句话，但不会说出②这句话。这说明虽然小孩没有系统学习过语法，甚至不知道语法这个词，但他们知道词必须要按照一定的规则进行组合——这些规则就是语法规则。

语法理论多种多样，这里仅简略介绍其中一种最具影响力的理论——乔姆斯基提出的生成语法。乔姆斯基认为合乎语法的语句都是由一组数量有限的语法规则生成的。虽然人类使用语言的目的是为了传递语义，但是乔姆斯基认为语言研究的核心内容应该是语法（形式）而不是语义（内容）。这就类似我们通过手机进行通信，通信的目的是传递信息，但是通讯网络研究人员关注的并不是手机使用者具体想表达什么意思（内容），而是应该如何设计通信协议、如何构建通信网络（形式）。

乔姆斯基的语法理论在过去的几十年中不断发展，这里仅介绍其在20世纪50年代最初提出的生成语法理论。生成语法中的语法规则是一系列改写规则，比如一个语句可以改写为一个名词短语加一个动词短语（语句→名词短语＋动词短语），一个名词短语可以改写成一个形容词加一个名词（名词短语→形容词＋名词）。这些规则的迭代组合最终可以实现一个语句，而这一系列改写规则的应用产生了语句的树状语法结构。词语在组合过程中的作用和地位不同，比如“名词短语→形容词＋名词”这个规则中，形容词与名词的地位不同，形容词是修饰语，而名词是中心语；名词短语继承了中心语名词的词性，可以进一步和形容词组合成为更大的名词短语，也可以与动词短语组合成为语句。生成语法理论可以解释为什么有些表达存在歧义。比如，英语中的一个经典例子是“I saw the man with binoculars”，这句话有两种可能的语法结构，分别对应“我用望远镜看到了一个人”和“我看到了带着望远镜的人”这两种意义。汉语中这种歧义也很常见，比如“看望小明的朋友”可以是一个动词短语（某人去“看望小明的朋友”），也可以是一个名词短语（“看望小明的朋友”走了）。

语法研究关注的问题是词汇可以根据怎样的规则生成短语和语句，但是这些短语和语句又承载了怎样的意义信息呢？这就是组合语义学所研究的内容。组合语义学的理论也纷繁复杂，这里仅举例说明。比如，怎样描述“红色的苹果”的语义呢？它可以认为是世界上所有红色的东西（“红色”的词义）与世界上所有叫苹果的物体（“苹果”的词义）的交集。再比如“男孩踢球”中，“男孩”是动作的发出者，它的语义角色称为施事，“球”是动作的接受者，其语义角色称为受事。语义研究同时也可以讨论语句的逻辑意义——语言与真实世界中所指的关系，通常体现为句义是否为真值。如果语句陈述的命题与客观事实相符，命题为真，反之则命题为伪。

二、语言理解的行为特征和心理过程

前面一节对语言学基本概念进行了简单介绍。语言学研究语言本身，而心理语言学研究人的语言理解行为、语言产生行为及其心理过程。介绍语言行为的目的有两个：首先，研究语言神经机制的重要目的是理解怎样的神经活动产生了怎样的语言行为；其次，语言的行为表现是建立神经科学假设的源泉，比如语音感知的运动理论试图解释语言理解这种现象，但是其依据完全来自行为观察。对失语症的行为研究更是推动了对语言处理神经环路的理解。本节主要介绍正常人的语言理解行为，下一节介绍失语症研究。本节分为三部分，前两部分涉及与听觉、视觉两种输入模态相关的语言加工，第三部分简要简介词汇、语法、语义加工。

（一）语音感知

语音（speech）以声音作为载体来传递语言信息，所以语音理解的第一步是对语音声学特征进行编码。语音声学特征非常复杂，图9-7-1A中展示的是“今天天气真好”这句话的物理能量在不同时间、不同频率的分布，其中每一列是语音在某一时刻附近的频谱，每一行称为在某一频率附近的时域包络。

语音理解中的一个重要问题是如何从复杂多变的听觉特征中识别音位、音节等基本语音单元。然

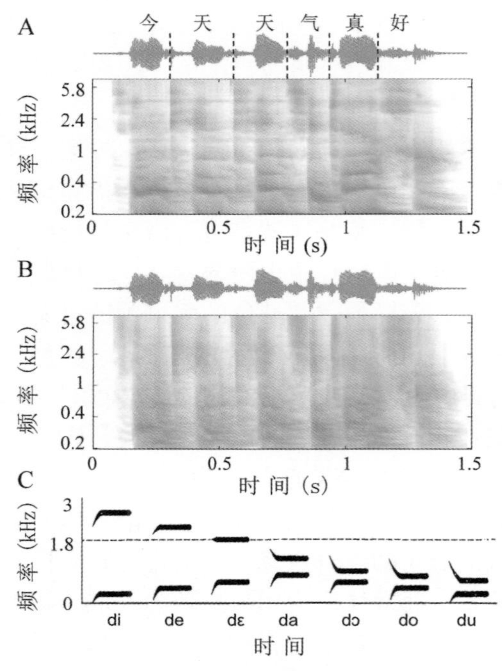

图 9-7-1 **语音的声学特征**

A. "今天天气真好"这句话的语音波形及其能量在时间和频率上的分布。语音中的音节用黑色虚线隔开。**B.** 经过8通道噪声编码器处理后的语音。**C.** /d/ 这个辅音所对应的声学特征严重依赖于后续元音

而，每个音位并不对应于固定不变的听觉特征，比如 /p/ 与 /b/ 之间的区别在于浊音起始时间（voice onset time，VOT）不同，如果VOT从小到大连续变化，VOT在约40 ms之内英语母语听者会听到 /p/，VOT在约40 ms以上英语母语会听到 /b/。因此，虽然VOT连续变化，听者所感知到的音位是范畴化的（categorical）。

20世纪60—70年代，美国科学家Alvin Liberman对这个问题进行了深入研究。Liberman发现，同一个音位所对应的声学特征可以非常多变，比如辅音 /d/ 所对应的声学特征严重依赖于后续元音，以至于无法找到与 /d/ 严格对应的声学特征（图9-7-1C）。基于这个发现，Liberman认为不可能根据声学特征实现音位识别，他认为大脑必须能够从声音中恢复出产生该声音的发声动作特征才能实现音位的准确识别——/d/ 对应的发声动作是相对固定的。而且，Liberman做出了一个神经科学假设，他认为识别声音发声特征是由大脑的运动皮质实现的。换而言之，Liberman认为语音识别并不是听觉皮质的功能，而是运动皮质的功能。这一假设被称为语音感知的运动理论（motor theory of speech perception），这一理论虽然争议甚大，但是影响深远。在神经影像技术出现之后，一些研究确实发现语音理解可以激活运动皮质，但是运动皮质激活在语音理解中的作用仍有争论，相关内容详见后文对语音理解双流模型的讨论。

20世纪90年代的研究进一步发现语音识别并不需要非常精确的频率信息，比如，人可以听懂图9-7-1B所示的语音，这段语音是经过8通道噪声声码器（noise vocoder）处理的——将语音分解为8个频段，每个频段提取时域包络（可以滤波到30 Hz以下），然后用包络调制相同频段的噪声。研究发现，经过4通道噪声声码器处理的语音已经初步可懂，16通道噪声声码器处理的语音已经接近完全可懂。这一现象说明少数几个频率的时域包络已经可以支持语音识别。正因为如此，人工耳蜗技术将几个频段的声音包络转化为电信号刺激听神经就可以较好地恢复聋人的语音识别能力。

语音理解中的另一个重要问题是如何在复杂环境下稳定地识别语音——人可以在市场、餐馆等非常嘈杂环境下实现语音交流。这种稳定的语音识别依赖于选择性注意（selective attention）。20世纪50年代，英国科学家Colin Cherry进行了一项经典研究，实验中听者的左耳和右耳分别听到不同的语篇。听者的任务是注意某一侧的语音并跟读，他们可以很好地完成任务，但是事后无法回忆出另一侧听到的内容。Nelson Cowan等的后续研究发现，即使在未注意的一侧呼喊听者的名字，也只有大约1/3的听者事后回忆说听到了自己的名字，而这些注意到自己名字的听者的工作记忆容量偏小。这些行为学研究表明注意可以影响语言加工，但是基于事后回忆的研究手段很难区分注意调节了语音特征的编码，还是影响了记忆；近期脑电图、脑磁图实验则更加直接地证实注意调节了对语音声学特征的编码。

（二）阅读

语音和文字都是语言的载体，由于载体不同，语音理解和阅读涉及的心理过程也不尽相同。相对于语音理解，阅读是一个更加主动的过程。语音理解过程中听者一般不能改变说话人的语速及话语顺序，但是阅读过程中读者可以很自由地把控阅读速度和阅读顺序，甚至可以跳过一些内容。语音理解是一个严格的顺序加工的过程，听者每一时刻只能听到当前时刻的语音；但是阅读过程中，读者的一次注视可以并行获得多个字词的信息。

读者的视野区域可以根据视敏度分为三个

区域，中央凹视区（约2°）、副中央凹视区（约10°）、边缘视区。位于中央凹视区的文字可以得到充分的加工，位于副中央凹视区的文字也可以得到一定程度的加工，对于副中央凹视区的加工一般称作预视效应（preview effect）。眼动研究表明，预视效应在中文和英语等西方拼音文字之间存在区别。对于西方文字，母语者可以通过预视获得词汇的形态、读音等低水平的词汇信息，而对语义信息的获取相对不稳定；对于中文，母语者则可以对预视信息进行稳定的语义加工。而且在中文阅读过程中，如果副中央凹的预视信息与上文不一致，读者的注视时间会延长，这说明预视信息可以影响阅读过程，而且读者可以即时整合上文与当前信息。

（三）词汇及语法分析的心理过程

语言理解是一个非常复杂的过程。一方面，语言中各层级单元的边界是模糊的，而且包含大量歧义。从图 9-7-1A 可以看出，在自然语音中词汇和短语的边界往往并没有明显的停顿，因此我们在听陌生语言时经常感觉说话人一口气讲很久，中间并不断句。而且词汇和短语的边界往往具有歧义，比如 Steven Pinker 曾经举的一个例子——/haɪdʒæk/ 既可以是“Hi Jack！（你好，杰克！）”，也可以是“hijack（劫机）”。另一方面，语言理解又是一个快速的过程，正常速度的语音每秒有 100 ～ 200 个词汇，但是每秒 300 个词汇的快速语音仍然基本可懂；成人的阅读速度也可以达到每分钟 200 ～ 300 个词汇，平均每个词的加工时间不到半秒。大脑为什么可以如此快地加工边界含糊不清，甚至包含歧义的语言呢？一般认为这得益于大脑对信息进行即时的、甚至是预测性的加工——在获取部分信息之后大脑就会立即启动加工，甚至对后续信息进行预测。

听觉词汇加工一般并不是在听到整个词汇之后才开始，当听到“He is our cap-”的时候，我们往往可以猜到最后一个单词是 captain。心理学实验也印证了听者对 captain 这个词的激活。实验证据显示，听到“He is our cap-”之后，如果屏幕上显示一个词，并且让听者判断这个词是不是一个真实的英文词汇（比如，ship 是一个词，但是 shap 不是），听者判断与 captain 相关的词汇（比如 ship）的速度加快——这说明听到“cap-”时，大脑中已经激活了 captain 的词义，并且激活了相关的词汇。而且，如果根据上文，“cap-”有多个可能性，比如 captain，capital 等，则与这些词相关的词汇都会得到一定程度的激活。大多数词汇识别模型认为，听到“cap-”之后，所有与上文一致的“cap-”开头的词汇都会激活，这些词汇中与后文信息不一致的会被抑制，以至于整个词汇听完之后只有正确的词汇仍然保持激活。

大脑可以并行激活多个可能的词汇，是不是也可以并行构建多个可能的语法结构呢？这方面仍有一定争议，一种理论认为语句理解过程中，大脑只会生成一种语法结构，如果后文证明这种语法结构是错的，那么需要重新进行分析。一个经典例子是，当读到“The horse race past the barn”时，我们认为“The horse”是句子的主语，“race past the barn”是句子的谓语；但是如果接下来又读到“fell”这个词的话，这个句子的主语就变成了“The horse race past the barn”，而谓语是“fell”。这个例子中，我们一开始对句子结构进行了一种分析，但是这种分析又要根据句子的末尾进行调整，这类句子称为花园幽径句（garden path sentences）。汉语中类似的例子也很多，比如“李老师研究鲁迅 | 的文章发表了”这句话，听到“|”之前的部分的时候一般认为“李老师”是主语，但是听完整句会发现“文章”才是主语。在处理花园幽径句时，我们可能会意识到我们对句子结构的加工进行了调整，但更多的时候这种调整是下意识的，而且另一种理论认为我们很可能像识别词汇一样，自动地并行构建了多个可能的句子结构，并根据下文对这些可能的结构进行选择。

第三节 婴幼儿的语言习得

既然语言如此复杂，人类是如何习得语言的呢？下文主要介绍婴幼儿的语言习得（Dehaene-Lambertz et al，2015）。儿童和成人也可以学习语言，但是研究表明语言学习具有敏感期。比如 Jacqueline Johnson 和 Elissa Newport 等的研究发现，对于三岁之后、青春期之前移民美国的汉语母语或韩语母语的儿童，到达美国的时间越晚，成年后掌握英语语法的水平就越差。对于青春期之后到达美国的人，最终掌握英语语法的水平都较低。

一、婴幼儿的语音感知

妊娠期末期，胎儿已经可以听到声音，并可以对声音做出响应。胎儿在子宫内只能听到低频声音，而语音中的低频成分主要包括节奏、音调等韵律信息。出生后，新生儿能够区分语音和非语音，并且对妈妈的语音表现出偏好；能够分辨韵律特征不同的语言，并且表现出对母语的偏好。实验发现，新生儿对音节这种语音单元敏感，能够分辨词汇中音节的个数。4 ～ 7 个月大的婴儿可以辨识语音中的情绪信息，可以对支持声或反对声表现出不同的行为反应。

前一节已经介绍，人对语音的感知是范畴化的——把可以连续变化的语音特征感知为离散的音位范畴，而且这种范畴化感知因语言而异。世界上音素的总数有上千种，而每种语言所区分的音位一般在 150 种以下。比如，汉语拼音中 /j/、/q/、/x/ 之类的音素在英语里并不存在，上文也提到汉语拼音中 /p/ 和 /b/ 这两个音英语中都属于清音的范畴（因此“北京”的旧译为 Peking）。六个月内的婴儿可以分辨人类语言中的各种音素（有人把这个年级的婴儿称为国际公民，因为他们具有区分各种语言中的音素的能力），然而周岁之后的婴儿分辨母语中不存在的音素的能力明显下降，但是分辨母语音素的能力增强。通常来讲，人在成年后只能很好地区分其母语中的音位，比如日语中不区分 /r/ 和 /l/ 这两种音素，因此成年的日语母语者即使经过训练也很难区分这两个音素（Kuhl，2004）。

二、词汇学习：从语音中发现词汇

人在讲话时往往并不会在词汇之间停顿，那么婴儿如何从话语中发现词这个单元呢？一个重要线索是语音中音节之间的转移概率（transition probability），即一个音节之后出现另一个音节的概率。比如“萝卜”是一个词，“吃萝卜”“拔萝卜”“买萝卜”都是可能听到的短语。听到这些短语之后可以发现“萝”这个音节之后出现“卜”的概率高（上述三个短语中“萝”后面出现“卜”的概率是 100%），但是“萝”之前出现“吃”的概率相对低（上述三个短语中的概率是 33%）。因此，“萝卜”比“吃萝”更可能是一个固定搭配，也就是词。Saffran，Newport，Aslin 等通过人工语言学习证实 8 个月大的婴儿确实可以根据音节之间的转移概率学习人工词汇（Saffran et al.，1996）（比如 bi-da-ku 这样的人为定义的词汇）。而且统计学习不需要词之间存在任何韵律线索（比如停顿，或者音节的声强、时长、音调变化等）。如图 9-7-2A 所示，在 2 分钟连续人工词汇的学习后，婴儿能够快速学习类似于 bi-da-ku 的词汇，因为 bi-da 和 da-ku 的转化概率为 1。重要的是，婴儿能够利用音节之间的转化概率，区分测试词汇中的完整词汇与部分词汇（例如 bi-da-pa）和非词汇（la-do-go）（图 9-7-2B）。有假设认为统计学习是习得词汇边界处韵律特征的有效方法——词边界处的特征因语言而异，比如有的语言中词的重音一般落在第一个音节，另一些语言中词的重音一般落在最后一个音节，因此词汇边界的韵律特征也是需要学习的，而不是完全由基因编码的。然而，统计学习是一种内隐学习，学习之

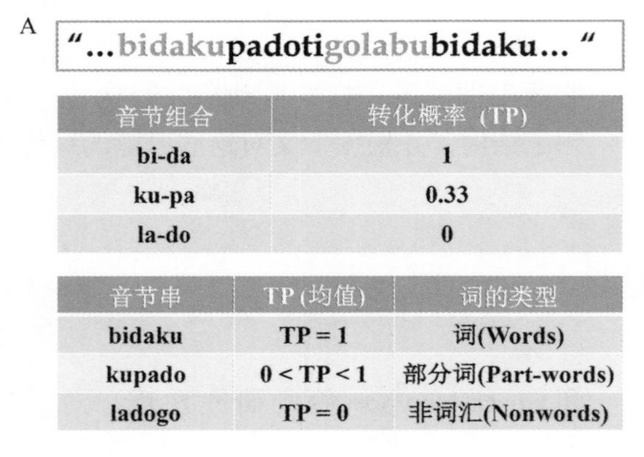
A

“…bidakupadotigolabubidaku…“

音节组合	转化概率（TP）
bi-da	1
ku-pa	0.33
la-do	0

音节串	TP（均值）	词的类型
bidaku	TP = 1	词(Words)
kupado	0 < TP < 1	部分词(Part-words)
ladogo	TP = 0	非词汇(Nonwords)

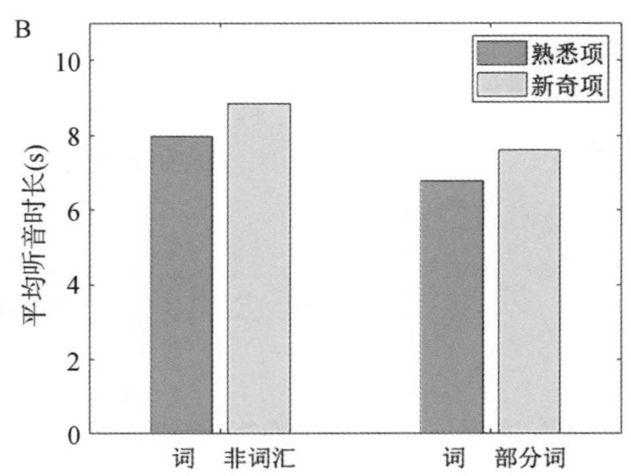

图 9-7-2 **统计学习实验材料和行为学结果**

A. 实验中的音节串实例。具体为：词、部分词、非词汇。**B.** 被试的平均听音时长。被试给予音节串的注视时间反映了词汇学习程度。婴儿注视播放熟悉词汇和新奇词汇的播音器的平均时间具有显著性差异。实验 1 为词和非词汇条件，实验 2 为词和部分词条件

后往往不能主观报告学会了哪些词，只是会觉得人工词听起来比较熟悉。而且统计学习是一个较慢的过程，无论是对婴儿还是成人，即使人工语言中只有4～6个词，经过20分钟的学习，也只是在统计意义上，比随机水平更多的人会认为人工词比其他音节组合听起来更加熟悉。

转移概率之外，婴儿也有其他线索可以学习词汇。比如，在很多文化中，成人会用较慢的语速、夸张的语调对婴儿讲话（称为儿童导向话语，child-directed speech），而且会更多的使用短句甚至单独的词。有证据表明，在这些文化中，5～6个月大的婴儿首先习得经常独立出现的词汇，而后从短的语音段落中分割并提取位于这些已知词汇单元前后位置的未知词汇。也就是说利用已经习得的词汇能够帮助辨别相邻的新词汇。研究表明儿童导向话语可以促进语言学习，但是并不是每种文化中成人都会专门与婴儿讲话，而各种文化中婴儿都可以学会语言。韵律也是婴儿习得词汇的重要线索，9个月大的婴儿对符合母语重音模式的词汇产生了明显的偏好，10个月大的婴儿可以利用重音等韵律线索从语句中分割词汇。

三、词汇学习：词义习得

词汇是语义的基本单元，所以婴儿不但需要从连续语音中习得词汇的语音形式（比如ping-guo这两个音节是一个固定组合），还需要把词汇的语音形式与语义联系到一起（比如苹果这种水果）。换而言之，婴儿需要把词这种抽象符号与其含义建立联系。这种联系也并非易事。比如哲学家蒯因曾经举过一个例子，如果一个语言学家来到非洲草原，听到一个土著人指着一只跑过去的白兔说“gavagai”，那么“gavagai”到底指什么呢？是“兔子”，还是“白色的长毛的动物的统称”，还是“猎物”，还是“跑了”，还是指兔子身体的一部分？这个例子说明精细地理解词汇语义并非易事。但是人类婴儿至少非常擅长粗略地映射词与其所指代对象之间的关系，而且几次接触就足以使婴儿掌握一个词汇。正是得力于这种快速的词汇学习，儿童在6岁左右就能够掌握上万个单词。婴儿将事物符号化的能力在出生后的半年内逐渐得到强化，2个月大的婴儿就能将任意的单音节发音与物体建立联系，3个月大的婴儿逐渐可以把发音更为复杂的多音节词映射到物体上，6个月大的婴儿则可以初步掌握部分词汇并将它们与事物类别（如人物身份、身体部位或是肢体动作等）对应。当然，建立词汇与感知觉信息之间的联系只是获取词义的一种方式，婴儿也可以通过词汇的上下文信息习得语义。比如失明的婴儿也能学会颜色词，以及“看”之类的动词的语义。

符号化学习中，人类婴儿可以在词汇及其指代的对象间建立等价联系，这与单向的联想学习不同。比如，孩子看到妈妈指着盘子说“盘子”之后，可以建立“盘子”这个语音符号与盘子这一物体之间的双向联系——孩子在听到妈妈要“盘子”之后可以理解妈妈想要的物体，而他看到了盘子这个物体时也可以用“盘子”这个词来描述它。虽然人类婴儿擅长快速的符号化双向学习，研究发现黑猩猩等动物则很难习得双向联系（Kojima，1984）。如果让动物习得双向联系往往需要从两个方向分别进行大量训练。

四、抽象规则的学习

词汇由相邻的音节构成的固定组合，但是语法关系则更加复杂。一方面，语法关系往往涉及非相邻的词汇。比如，英语中第三人称单数为主语时，谓语动词要加s；再比如英文中“either…or”，中文中“之所以……是因为”等词汇需要成对出现。这种非相邻的依存关系是如何习得的呢？Pena等研究了非相邻依存关系是否可以通过统计学习理论（statistical learning theory）习得，他们在连续的音节序列中嵌入了一些非相邻的统计规律（比如pu-li-ki，pu-fo-ki，pu-ra-ki这些音节组合中，pu与ki之间的转移概率为1，但是pu与ki被另一个音节隔开，所以并不相邻）。他们发现非邻近的依存关系很难单纯通过统计学习习得，即使成人也只有在韵律特征的辅助之下才能够习得非相邻音节间的统计规律。

另一方面，语法关系往往涉及更加抽象的规则，而婴儿也体现出了学习抽象规则的能力。比如，Marcus等发现7个月婴儿能够识别出人工词汇中的抽象规律。实验中，他们给婴儿呈现了大量le-di-le、wi-li-wi、ji-li-ji之类的音节的组合，这些音节组合中包含了一条抽象规律：第一个和第三个音节相同。随后他们又给婴儿呈现了一些新的音节组合，并发现婴儿对符合该规律的音节组合和不符合该规律的音节组合的响应不同（Marcus et al,

1999）。婴儿对抽象规律的学习还体现在其他多个方面。比如有研究表明 3 个月婴儿已经能够分辨数的大小，比如 4 只小鸡和 8 个樱桃的数量不同；9 ～ 11 月的婴儿已经开始明白顺序的关系，如第一、第二、第三等。这些符号体系中的抽象映射可能提示了人类大脑发育早期就可能已经存在具备抽象能力的神经网络系统。很多动物也具备识别数字大小和顺序的抽象规律能力，但大部分的研究均表明这些抽象能力的学习需要动物进行大量的训练才能习得。因此，婴儿快速、少样本的学习并泛化的能力可能意味着一种机制尚不清楚的，与其他动物不同的学习方法。

虽然婴儿具有很强的抽象规则学习能力，语法学习还是一个渐进的过程。一般而言，2 ～ 3 岁的儿童已经能使用很多句式，但是直到小学阶段才能完全掌握被动句等复杂的语法结构。婴儿对抽象语法规律的学习与词汇的学习是相辅相成的过程。一方面，在习得大量词汇之后，婴儿逐步形成了词性的概念，并在此基础之上发现一些语法规律（比如冠词与名词可以组合成为短语）。另一方面，在了解语法规则之后，即使婴儿不知道 blanket 这个词，在听到 the blanket 之后也可以推测 blanket 应当为名词。

五、婴幼儿的语言使用

对于已经基本掌握母语语言知识的绝大多数成年人而言，语言在日常生活中发挥的重要作用主要有两个，即指代和交流。其中“指代”是指构建语言和事物之间的双向联系，而“交流”侧重说明语言的沟通对象为人。全面地理解语言的功能是流畅地运用语言的第一步，幸运的是，婴儿在出生后的几个月内便掌握了语言在社会性运作中的意义所在。行为学实验证明，4 个月左右的婴儿已经明白可以通过话语提及事物，即便此时的他们仍不能够完全理解语言本身的含义，但他们已经可以意识到语言在本质上的象征性：相比于一段电话铃声等其他的声音刺激，此时的婴儿在语言刺激下更倾向于去寻找词汇的所指对象，也就是所谓的视觉参照物。大约在出生一年后，婴儿便可以通过直接针对他们所说的话语来获取概念性知识。

自出生后第 6 个月起，婴儿开始期待讲话的对象是人而不是物，确切地说，他们认为“只要存在语言，那么接收语言的对象应该是个活生生的人”。Martin 等的行为学实验表明，当婴儿目睹了一个听者在听到另一个说话者的语音指示后却没有遵循说话者的意愿去抓取物品时，婴儿会由于感到非常惊讶而显著地延长注视时间；但如果说话者只是简单地用咳嗽声替代语言，那么婴儿则不会感到吃惊。除此之外，当同时给予 6 ～ 8 个月大的婴儿语言刺激和具有高度吸引力的唱歌等自然行为刺激时，婴儿明显地在对话刺激下展现出了更大程度上的交流行为，如视觉接触、肢体动作以及其他同步的互动行为。此外，曾有学者认为语言是有意图的声音，但后来的无数事实却证明将这句话倒过来理解似乎更为合适：语言是有声音的意图。

六、语言习得的脑结构

为什么只有人类可以学会语言这种抽象的符号化系统呢？磁共振弥散成像研究表明，人类与猕猴在神经连接上的最大不同之处在于人类联合皮质的听觉区域与额叶之间存在着大量神经纤维的连接（Neubert et al，2014）。人类与猕猴在语音处理等方面的差异被认为是人类脑中联合皮质的扩张和额叶向其他脑区投射的增加所致，而这种物种间的差异性在人类个体的胎儿时期就已经出现（Dehaene-Lambertz et al，2002）。人类胎儿的大脑在妊娠期第 22 周后开始快速发育并保持两年之久——相比于其他物种来说，人类大脑在发育初期存在一个缓慢成熟的过程。在这段时间内，胎儿额叶的发育比其他脑区更为迅速，而与之相比，同为灵长类的大猩猩的大脑发育则主要集中在出生前。对于人类而言，在妊娠期结束前，从感知觉向更高级区域传达信息的前馈投射就已经连接并映射到了正确位置；相比而言，从高级脑区向低级脑区的反馈投射则是在婴儿出生后才得以蓬勃发生，并慢慢完成修剪。在额叶神经元投射到其他脑区的过程中，广泛的长距离连接促进了不同感知觉模态（如视觉、听觉等模态）之间的计算结果的整合。对于人类而言，这一耗时长久的成熟过程对于脑内连接的精细化以及区域性计算过程之间的信息交换起到了重要作用。简单来说，与其他动物相比，人类幼年时期的大脑存在一个已成熟的低级脑区与未成熟的高级脑区之间的广泛而密切的信息交换过程。

第四节 语言加工的神经基础

人的语言功能是由哪些脑网络中怎样的神经活动实现的呢？19世纪以来，人们已经用多种方法对这个问题展开了深入的研究。由于篇幅所限，这里仅针对一些经典案例进行讨论，首先介绍脑损伤研究，随后介绍现代认知神经科学研究，更多内容可以参见相关教科书（Kemmerer，2017）。

一、失语症与经典语言网络模型

最早的关于语言脑网络的研究来源于对失语症的研究，这些研究形成了经典的语言脑网络模型，这些模型至今仍对语言的认知神经科学研究起到重要的指导作用。

当部分脑区由于外伤或者病变受损时，人的语言功能会出现损伤，即产生失语症。十九世纪中叶，法国医生 Paul Broca 发现一位患者在脑损伤之后语言产出功能受损，只能说出 /tan/ 等几个少数音节。病人去世后，解剖发现病人大脑左侧额下回大面积损伤。后续研究发现了很多类似病例，并把这种失语症称为布洛卡失语症（Broca aphasia），他们所损伤的脑区被称作布洛卡区（Broca's area）。布洛卡失语症主要表现为语言产出功能严重受损，患者只能说出一些离散的单词，无法输出完整语句。布洛卡失语症对语言理解能力影响相对较小，患者对简单语句的理解不存在明显障碍，但对被动句等复杂语句的理解存在障碍。

布洛卡失语症发现之后，德国解剖学家 Carl Wernicke 又发现了另一种失语症，这种失语症称为韦尼克失语症（Wernicke aphasia）。Wernicke 发现左侧颞上回受损的患者无法理解他人的言语，但是可以流利地说出内容混杂、难以理解的话语。大脑左侧颞上回的受损区域被称为韦尼克区（Wernicke's area）。所以，布洛卡失语症主要表现为“听得懂、说不了”，而威尔尼克失语症则表现为“听不懂、说得了”。布洛卡失语症和威尔尼克失语症发现之后，Ludwig Lichtheim 又描述了传导性失语症（conduction aphasia）。传导性失语症主要是由于连接布洛卡区和威尔尼克区的白质纤维——弓状束的损伤所造成的。其临床表现为复述障碍，即患者可以理解言语也可以产生言语，但是无法重复出别人让他重复的词语（即使这个词语可以被自发说出）。基于这几种类型的失语症，Lichtheim 提出了一个语言功能的脑网络模型，这个模型主要包括布洛卡区、威尔尼克区以及连接两者的弓状束（图 9-7-3A）。

失语症对理解语言的神经机制发挥了至关重要的作用。首先，失语症研究告诉我们语言功能是由多个模块组成的，这些模块又由不同的脑区实现，所以特定脑区的损伤往往只影响特定的语言功能模块。其次，失语症提供了脑区与语言功能之间的因果性联系——因为某个脑区受损，所以某种语言功能受到影响。当然，失语症研究也具有明显的局限性。一方面，脑损伤可以揭示脑网络中的关键节点，但是不能揭示脑网络的全貌。更重要的是，脑损伤往往涉及多个脑区，很难精确定位语言处理的相关脑区。比如，Broca 发现的第一例布洛卡失语症患者的大脑一直保存至今，近年来通过磁共振扫描发现，这位患者的脑损伤范围非常大，不仅局限于一般意义上的布洛卡区，还包括额叶其他脑区、脑岛、基底核等部位。研究还发现布洛卡区的损伤并不一定影响语言产出，而出现布洛卡失语症症状的患者并不一定具有布洛卡区的脑损伤。实际上，虽然布洛卡区和威尔尼克区被认为是语言加工的核心脑区，但是这些脑区对应的解剖位置其实也不明确。

二、现代语言网络模型

功能磁共振等无损脑影像方法出现并被广泛应用于语言研究之后，人们对语言脑网络具有了更为全面的认识。脑电图、脑磁图等高时间分辨率的无损神经记录技术则推动了人们对语言加工时间进程的了解。下面首先概述语言理解、语言产出过程中哪些脑网络得到激活，然后再具体讨论不同脑区的功能差异。

语言加工涉及的脑网络非常复杂，其中包括与语言输入输出形式有关的脑区（语音理解涉及听觉系统，阅读理解涉及视觉系统，语言产出涉及运动

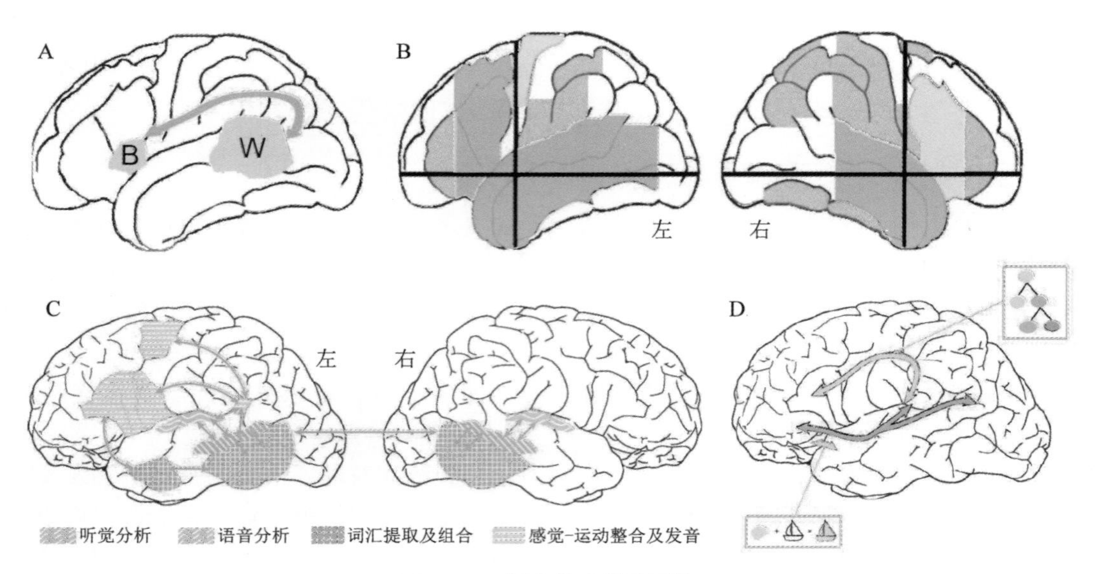

图 9-7-3 **语言处理的脑网络**

A. 布洛卡区（B）、威尔尼克区（W）及连接两者的弓状束。**B**. 语言理解脑网络的元分析。深蓝色代表各项研究中稳定激活的脑区，浅蓝色代表不稳定激活的脑区，灰色代表稳定地不激活的脑区。**C**. 语音词汇理解的双流模型，图中没有显示的还包括广泛分布于各个脑区的词汇语义系统。**D**. 左侧的颞叶前部负责简单的语义整合，比如整合名词短语中的修饰语与中心词；左侧额叶则参与更复杂的语法结构加工（**B**、**C**、**D** 分别改编自参考文献中的综述 6、综述 10、综述 11）

系统等），更包括执行核心语言功能（比如词汇通达、语法分析、语义理解）的脑区。元分析发现，处理语句、语篇加工一般会激活双侧颞叶和额叶（图 9-7-3B）。相对而言，简单语句的听觉理解对额叶的激活较弱，阅读理解的左侧偏侧化趋势更强（Hagoort et al，2014）。

语言网络中哪部分负责哪种类型的语言加工呢？这方面的研究还没有定论，一个较为主流的模型是 Gregory Hickok 与 David Poeppel 提出的双流模型（图 9-7-3C）。这个模型把听觉语言加工网络分为背侧和腹侧通路，腹侧通路主要实现语义信息提取，背侧通路主要实现听觉-运动整合（Hickok et al，2007）。双流模型的提出是为了解释一些传统模型所不能解释的现象。①仅仅左脑损伤一般不会导致患者听不懂词汇，双侧颞叶损伤才会导致病人完全听不懂词汇。这一现象说明语言功能不完全依赖左脑。②有些左脑顶叶、额叶损伤的病人丧失了识别、区分音位的能力（比如区分 /p/ 和 /b/），但是依然可以听懂词汇；反之，有些患者可以识别、区分音位，但是无法听懂词汇。这种音位加工与词汇识别的双分离现象说明即使听觉语言加工也包含多个处理通路。根据双流模型，腹侧通路涉及左右两个半球，可以实现词汇识别（提取词汇语义）；背侧通路涉及左半球，实现与听觉-运动整合相关的功能，比如区分音位。Hickok 与 Poeppel 的双流模型强调了听觉-运动整合的重要性，并把它当做背侧通路的主要功能。之所以强调听觉-运动整合的重要性是因为它在语言加工中起到重要作用。首先，从语言习得的角度，婴幼儿需要学习将听到的语音转化为发声器官的运动，这必然涉及听觉-运动整合。其次，从运动控制的角度，在言语产生过程中，人脑通过听觉反馈实时调整发音。这种反馈调节是下意识过程，但是非常重要，比如人如果戴着耳机唱歌就会跑调，这就是因为无法根据听觉反馈调节发音。

下面分五部分介绍不同类型语言信息的神经加工。前三部分涉及语言的输入输出系统，后两部分涉及核心语言系统。每一节尽量兼顾定位脑网络位置的神经影像学研究和分析语言加工时间进程的神经电生理研究。

（一）语音加工的神经基础

本节讨论对语音声学特征的编码，以及对音位及韵律特征的编码。声学特征主要有频率和时间两个维度，如前所述，与语音识别相关的主要是粗略的频谱信息和低频的时间包络。由于声音被耳蜗分解为不同频段，皮质下听觉核团和听觉皮质的大量神经元都具有频率选择性——每个神经元编码特定频带的信息。通过对频率选择性不同的神经元的激活强弱程度进行比较，可以提取语音的频谱信息。

语音的时间特征则反映为神经元活动随时间的变化——听觉皮质神经元可以较好地跟踪30 Hz以下的时域包络，这一频段的时域包络又恰好是语音识别的重要线索。人脑颞上回的多电极颅内脑电记录和雪貂等动物初级听觉皮质神经记录都可以解码出语音的时频特征。

编码语音的声学特征并不是人脑特有的功能，但是一般认为音位识别是人脑特有的功能。声学特征与音位特征联系紧密但也有区别，比如不同的人发出的同一个元音的声学性质可以不同，甚至不同情况下同一个人发出的同一个元音也可以有不同的声学性质。磁共振和颅内脑电研究都发现大脑颞上回的神经响应可以反映音位信息，脑电图的失匹配负波（MMN）也体现出对音位的敏感性。失匹配负波是潜伏期为100 ms左右的事件相关响应，说明音位的识别可以在100 ms之内完成。颅内脑电发现颞上回中的不同电极记录位点往往只对部分音位存在响应，比如一个位点只对前元音响应而另一个位点只对摩擦音响应，这说明颞上回的神经元可以编码音位类别（Mesgarani et al，2014）。在韵律特征编码方面，功能磁共振实验发现韵律加工更多依赖右侧颞上回；脑电图实验发现语音的韵律边界可以诱发潜伏期为400 ms左右的事件相关响应（称为闭合正偏移成分或CPS），而且音节、韵律词、韵律短语等不同层级韵律单元的边界可以分别诱发不同波形的CPS。CPS不但可以由正常语句中的韵律边界诱发，还可以由去除语法、语义信息而只包含韵律线索的声音诱发。

（二）字形加工的神经基础

文字加工涉及多个脑区，其中一个重要区域是位于左侧梭状回的视觉字形加工区（visual word form area，VWFA），该脑区对文字的响应强于对其他类别视觉刺激的响应（如面孔、建筑、动物、工具、数字等）。VWFA对文字的特异性响应不受字体、文字在视野中呈现的位置、语言种类等因素影响。VWFA损伤会引发阅读障碍，而文字学习会增强VWFA激活。

虽然众多研究证实了VWFA对文字的敏感性，但是这种敏感性的产生机制仍存在争议。形状假说认为，VWFA中的神经元对于视觉文字特有的形状信息敏感——文字拥有不同于其他视觉物体的线条形状及组合方式。连接假说则认为VWFA与加工高级语言信息的脑区存在紧密解剖连接，而高级脑区的反馈调节促进了VWFA对文字的加工，也导致了VWFA对于文字的敏感性。近期一些研究为连接假说提供了较强的证据。比如，研究发现学龄前儿童的大脑白质连接模式可以成功预测这些儿童在学习文字之后，脑内出现的与文字相对应的VWFA的位置。另一项研究发现，如果让成人把无意义的图形当做文字并学习其词性及读音，可以调节VWFA与高级语言加工脑区的激活及其间的功能连接；但是如果把同样的无意义图形当做物体，学习其材质及非视觉语义信息则不会对VWFA激活及功能连接造成相同的影响（Li et al，2020）。

在时间进程方面，文字会诱发潜伏期约为170 ms的事件相关响应成分（即N1/N170），文字诱发的N170主要体现在左侧枕颞区后部电极，其幅度强于其他视觉刺激（物体、符号串等）诱发的N170。N170波幅可以反映儿童对字形规律（正字法）的习得，比如研究表明7岁儿童很难区分汉字、伪字（符合正字法的笔画组合）和非字（不符合正字法的笔画组合），他们对汉字、伪字和非字产生了相同的N170；9岁儿童不再认为非字是汉字，非字诱发的N170波幅显著高于汉字和伪字；11岁儿童依然不能准确区分汉字和伪字，但是区分伪字的反应时更长，伪字诱发的N170波幅也显著高于汉字和非字（Zhao et al，2019）。

（三）语言产出的神经基础

语言产生和语言理解可以看作互逆的过程。语言产生是从语义出发，根据语法和词汇知识生成语句，再把相应的语音信息转化为发音器官的运动或者肢体运动。相对于语言理解，语言产生是更加主动的加工过程。语义概念经过多层级的转化才能形成语言输出，而大多数层级的转化都有多于一个的可能结果，比如可以用不同语法结构、不同词汇表达同样的意思。语言产生的主动性使得语言产生比语言理解更加难以研究。一方面，语言产出的内容难以控制；另一方面，语言产生伴随运动，而运动会干扰脑电、磁共振信号采集。

语言产出过程非常复杂，这里仅重点介绍其中的一个环节——语言产出过程的监控。在将语义转化为言语输出的复杂过程中，每个环节都可能产生错误。因此，大脑需要对言语产生过程进行实时监控，从而确保产出正确、流畅的言语。言语监控的神经环路还存在争议，有理论认为言语监控主要依赖言语感知或者言语产生通路；还有理论整合了语言系统和运动系统的作用，并提出内部预测与外部反馈相互作用模型。这些模型主要基于神经科学中内部前向模型（internal forward model）的概念，认为在言语产生前会产生一个关于发音动作的神经信号副本，而且即使在想象发音等情况下这个副本也会存在。模型认为大脑可以利用这个副本预测言语产生的运动及其结果，基于这种内部预测的言语监控可以比基于外部感觉反馈更加迅速、有效（Li et al，2020）。

（四）词汇加工的神经基础

词汇是语言中的核心单元，下面从词汇加工的电生理活动和脑网络两方面进行介绍。脑电图、脑磁图实验发现，听到或看到一个词会诱发一系列不同潜伏期的脑响应，其中包括早期的对视听觉刺激的基本响应，也包含词汇加工响应。一种与词汇加工密切相关的响应成分是潜伏期约为400 ms的事件相关响应，该响应称为N400（Kutas and Federmeier，2011）。N400的响应幅度与词频相关，相对于低频词，高频词诱发的N400更小。因为词频是词汇的重要特征，而且与词汇的语音、字形无关，所以N400对词频的敏感性说明其与词汇加工有关。大脑对词汇的加工并不是孤立的，如果一个词出现在语义相关的词汇之后，这个词（下文称为目标词）诱发的N400响应就会减弱。比如，当“苹果”出现在“橘子、香蕉”之后，它诱发的N400响应幅度较小；相反的，如果“苹果”出现在“课桌、黑板”之后，它诱发的N400响应幅度较大。与此类似，与“小明在吃苹果”这句话相比，“小明在教室里捡到了苹果”这句话中的“苹果”诱发的N400的幅度更大。一种观点认为N400幅度反映了词汇的可预测性——出现语义相关词汇之后，大脑已经激活了对目标词的响应，所以目标词出现之后，额外诱发的响应较小（图9-7-4A）。通过与fMRI实验结果比对，一般认为N400主要产生于左侧颞中回。

磁共振研究发现词汇加工涉及分布于大脑额叶、颞叶、顶叶的多个脑区，这些脑区的激活受到词性和语义特征的影响。比如，与名词相比，动词能更强地激活额叶中下回、颞叶中后部等脑区，而且近期研究发现广泛分布的脑区可分别组成动词和名词脑网络，而且这些网络的内部连接强度与词汇加工行为相关。左侧的颞叶前部（LATL）则在词汇语义加工中发挥重要作用（尤其是名词语义加工），近期研究发现颞极及背外侧LATL区域可以编码独立于感知觉经验的、来自语言的词汇语义（比如盲人对颜色等概念的语义知识），该脑区与感知觉运动皮质以及多通道经验整合脑网络（表征来自感知觉经验的语义信息）共同构成人脑中词汇语义表征的双重编码系统（Wang et al，2020）。

传统研究大多关注不同类别的词汇的神经编码存在哪些差异（比如名词、动词等不同词性的词

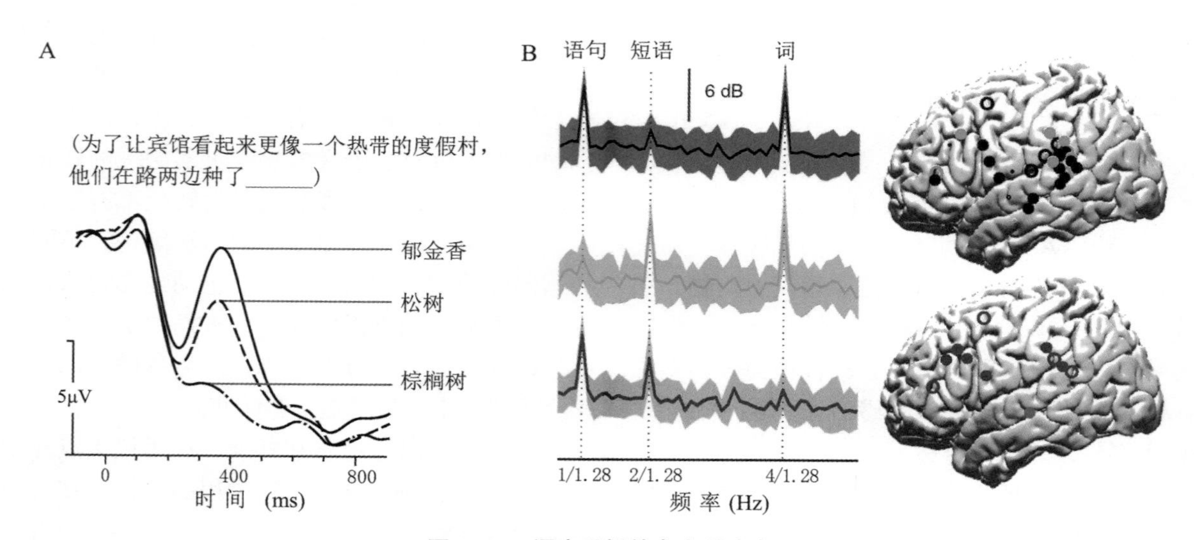

图 9-7-4 语言理解的电生理响应

A. 如果词汇与上文的语义不一致则会诱发脑电的N400响应。图中“棕榈树”是与上文最一致的词汇，“松树”和“郁金香”都与上文不一致，但是“松树”与“棕榈树”的语义特征更为相似（都是树木），因此“松树”诱发的N400比“郁金香”诱发的N400小。**B.** 颅内脑电信号可以跟踪词、短语、语句等多层级语言结构。实验按照恒定速率呈现词汇，每两个词汇构成一个短语，每两个短语构成一个语句（比如“小马过河”“绵羊吃草”）。黑色代表只跟踪语句不跟踪短语的颅内脑电电极的响应，蓝色代表只跟踪短语不跟踪语句的脑电响应，灰色代表跟踪短语或语句但不跟踪音节的脑电响应（**A**、**B** 分别改编自参考文献中的综述9和原始文献1）

汇，动物、工具等不同语义类别的词汇），但是近年来随着语义计算模型的完善，越来越多的研究不再对词汇类别进行人为划分，而是直接利用语义计算模型来刻画大脑的语义编码机制。语义的计算模型一般将词汇表征为向量，向量的每个维度既可以是一些基本的单词或者基本语义特征，也可以是通过机器学习得到的抽象特征。比如，一项研究用25个动词作为向量维度来表征具体名词，并发现可以通过少量具体名词的fMRI响应就可以估计每个动词维度的神经表征，进而用于预测其他具体名词的fMRI响应（Mitchell et al，2008）。另一项研究利用类似的方法研究了大脑对任意词汇的响应，该研究通过故事理解过程中的fMRI来分析大脑对大量词汇的响应，并发现大脑中分布非常广阔的脑网络均参与词汇语义加工（Huth et al，2016）。

（五）语法和组合语义加工的神经基础

基于词汇构建短语、语句的过程涉及语法和组合语义加工。汉语中很难严格区分语法和语义，但是在英语等西方语言中，语法、语义相对比较容易区分。比如“I eats an apple”这句话违反了语法规则（eats应为eat），但是没有语义错误。而且，英语中容易构建jabberwocky语料（符合语法但是无意义的话），比如“I'm blicking the quoem that you glospped”看起来是一句合乎语法的话，但是句子里所有的实词都是假词，因此没有意义。

左侧额叶（包括经典的布洛卡区）是负责语法加工的重要脑区。功能磁共振研究发现，所加工语句的语法复杂度增加时，左侧额叶的激活程度增加。要分离语法加工的脑区，一个看似简单的方法似乎是对比语句与随机词串激发的响应，但是这种方法其实复杂且并不稳定。大脑在加工随机词串的过程中同样会不断尝试将词整合成为更大的结构，而且随机词串中也可能存在一些能够组成更大结构的片段，因此比较语句与随机词串响应的结果较为复杂。此外，一些研究发现语句加工可以更强地激活左侧额叶、左侧颞叶，另一些研究则发现随机词串对左侧额叶的激活更强。这些不一致的结果可能是由实验材料、实验任务、输入模态等因素引起。

电生理研究发现，语音理解过程中，脑电图、脑磁图及颅内脑电活动呈现出与音节、词汇、短语、语句等不同层级语言单元同步的神经活动（图9-7-4B）。其中，与音节同步的响应主要是一种听觉响应，无论听者能否听懂测试语言，这种响应都存在。与词汇、短语、语句同步的响应则反映了大脑利用语言知识构建语言单元的过程，即使去除与这些语言单元相关的声学线索，只要听者能够听懂语言，就会产生与这些单元同步的响应（Ding et al，2016）。在缺乏声学线索的条件下，语法信息是驱动短语、语句响应的主要因素，但是关于短语、语句同步的响应仅代表语法加工，还是代表了语法加工所形成的短语、语句的其他信息（语音或语义信息），目前还没有定论。颅内脑电及脑磁图结果显示，与短语、语句同步的神经活动分布于大脑的双侧颞叶和额叶。

通过事件相关响应分析，研究发现基本的语义组合（比如“黑＋猫”这种偏正结构的语义组合）主要诱发LATL的响应，而且响应在中心词“猫”呈现之后的大约200～250 ms出现。这一现象非常稳定，在语音理解或者阅读过程中均有发现，也在英语、阿拉伯语等多种语言研究中发现。如何确定这种LATL响应是与语义组合相关，而不是与语法加工相关呢？一项研究控制了句法结构的复杂程度、并调整了语义复杂程度。比如，“tomato dish”和“vegetable soup”这两个短语的语法结构完全相同，但是语义组合存在差异——“tomato dish”中修饰语相对具体，中心语则相对宽泛，所以信息主要集中在第一个词；而“vegetable soup”则相反，信息主要集中在第二个词。研究发现这两类短语诱发的LATL响应幅度不同，说明LATL响应在句法结构相同的条件下也可以反映组合语义加工（Zhang and Pylkkänen 2015）。更加复杂的语义组合，比如论元结构整合，还涉及角回、腹内侧前额叶等区域（图9-7-3D）。相对于正常语句加工，传统的脑电图、脑磁图的研究更关注违反语法规则的词汇所诱发的事件相关响应。比如在英语、德语等西方语言的研究中，词性的违反可以诱发ELAN等潜伏期较短的事件相关响应，对花园幽径句的加工则可以诱发P600等潜伏期较长的事件相关响应（Friederici，2002）。

上述讨论主要针对短语和语句的加工，自然对话以及对篇章的理解则涉及更复杂的过程，比如根据上下文进行推理、分析语句之间的连贯性及其逻辑关系，根据篇章内容构建情景模型等。研究表明篇章理解不但涉及经典的语言加工网络，还涉及大脑的默认网络，推理、连贯性分析等操作也分别依赖不同的脑网络（Yang et al，2019）。

第五节 总 结

语言神经机制的研究是神经科学中的重要问题，而且也为神经科学的发展做出了重要贡献，比如失语症的研究是大脑中存在功能分区的最早的科学证据。而且，从失语症研究到近年的认知神经科学研究都发现语言并不是单一功能，而是多种功能的有机结合。比如听懂语言和产出语言所涉及不同的神经环路，甚至听懂不同类别的词汇、不同结构的语句也涉及不同的脑区，具有不同时间进程。但在取得阶段性结果的同时，由于技术手段和理论发展的限制，对于语言神经机制的研究也面临诸多挑战：一方面是技术手段的挑战，目前可用的无损人脑记录技术具有很强的局限性，比如脑电图的空间分辨率很低，功能磁共振的空间分辨率相对脑电图较高，但是也远远无法达到细胞水平的空间分辨率，而且时间分辨率很低。光遗传学、光学成像等近年来发展起来的先进神经记录技术目前只能应用于动物模型，而语言是人类特有的高级功能，至少现阶段无法通过动物模型来研究语言的核心功能，因此无法借力近年来神经记录技术的发展。

另一方面的挑战来自我们对语言本身认识的不足。很显然人类语言产出和理解过程中既涉及一些核心的语言功能，也包含一些通用的认知及感觉运动功能，但是核心语言功能具体包括哪些则缺乏明确的定义。比如，动物不能理解语言，但是一些动物的听觉皮质可以记录到编码语音声学特征甚至音位特征的神经元；动物也可以像人类婴儿一样进行统计学习，也可以通过大量训练来学习区分一些音节或者词汇，甚至可以学习一些复杂的序列特征（Wang et al，2015）。那么动物的语音编码、序列加工与人类语音理解之间的边界在哪里呢？以及对于语音特征编码之类人和动物都可以实现的功能，不同物种之间所采用的神经加工机制是否相同呢（Jiang et al，2018）？这些问题其实都还没有清晰的答案。而且，即使对于语法和语义之类较为公认的核心语言功能，由于语言过于复杂，语言学理论对于如何刻画语言中的语法语义特征也存在分歧，因此相对不容易对语法语义的精细加工机制进行严格、定量的研究。因此语言研究的发展同时还依赖于我们对于大脑基本认知功能的理解。

虽然面临诸多挑战，语言神经机制的研究依然在蓬勃发展，而且体现出了两个重要趋势：一个趋势是日益关注大脑加工自然语言的神经机制（包括自然对话等场景下的语言加工），另一个趋势是开始密切结合计算语言学模型。比如在研究词汇语义编码时，传统方法往往会选取少数几类词汇并分析这几类词汇所诱发的神经响应的差异；近期研究则可能会记录大脑对自然语篇的响应，然后结合计算语言学模型来分析模型中的关键参数诱发怎样的神经响应，进而构建模型来预测编码任意词汇语义信息的神经响应。类似的，在语法研究中也可以根据不同的语法理论来构建不同的计算语言学模型，并分析哪种模型可以更好地解释大脑加工自然语言时的神经响应。

综上，语言神经机制的研究中机遇与挑战并存，但是语言研究的意义是不言而喻的。首先，语言是人脑特有功能，也是使用频率极高的功能，如果不了解这种功能的神经机制很难说我们真正了解了人脑。其次，了解语言的神经机制对培养儿童及成人的语言能力，以及语言功能的康复具有重要意义。此外，人脑的语言机制也可以启发如何设计计算机语言处理算法。

致谢：张冰倩协助整理部分文献和图例。

参考文献

综述

1. Dehaene-Lambertz G，Dehaene S，Hertz-Pannier L. Functional neuroimaging of speech perception in infants. *Science*，2002，298（5600）：2013-2015.
2. Dehaene-Lambertz G，Spelke ES. The Infancy of the human brain. *Neuron*，2015，88（1）：93-109.
3. Fisher SE，Marcus GF. 2006. The eloquent ape：genes，brains and the evolution of language. *Nat Rev Genet*，7：9-20.
4. Fromkin V，Rodman R，Hyams N. 王大惟，等译 . 语言引论 . 北京：北京大学出版社，2017.
5. Friederici AD. Towards a neural basis of auditory sentence processing. *Trends in Cognitive Sciences*，2002，6（2）：78-84.
6. Goucha T，Zaccarella E，Friederici AD. A revival of Homo loquens as a builder of labeled structures：Neurocognitive considerations. *Neuroscience & Biobehavioral Reviews*，2017，81：213-224.

7. Kemmerer D，王穗苹，周晓林，等译 . 语言的认知神经科学 . 杭州：浙江教育出版社，2017.
8. Kuhl PK. Early language acquisition：cracking the speech code. *Nature Reviews Neuroscience*，2004，5（11）：831-843.
9. Kutas M，Federmeier KD. Thirty years and counting：finding meaning in the N400 component of the event-related brain potential（ERP）. *Annual Review of Psychology*，2011，62：621-647.
10. Hagoort P，Indefrey P. The neurobiology of language beyond single words. *Annual Review of Neuroscience*，2014，37（1）：347-362.
11. Hickok G，Poeppel D. The Cortical Organization of Speech Processing. *Neuroscience*，2007，8（5）：393-402.
12. Pinker S. 欧阳明亮译 . 语言本能 . 杭州：浙江人民出版社，2015.
13. 杨玉芳 . 心理语言学 . 北京：科学出版社，2015.

原始文献

1. Ding N，Melloni L，Zhang H，et al. Cortical tracking of hierarchical linguistic structures in connected speech. *Nature Neuroence*，2016，19（1）：158-164.
2. Huth AG，de Heer WA，Griffiths TL，et al. Natural speech reveals the semantic maps that tile human cerebral cortex. *Nature*，2016，532：453-458.
3. Jiang X，Long T，Cao W，et al. Production of supra-regular spatial sequences by macaque monkeys. *Curr Biol*，2018，28：1851-1859 e1854.
4. Kojima T. Generalization between productive use and receptive discrimination of names in an artificial visual language by a chimpanzee. *International Journal of Primatology*，1984，5：161-182.
5. Li M，Xu Y，Luo X，et al. Linguistic experience acquisition for novel stimuli selectively activates the neural network of the visual word form area. *Neuroimage*，2020，215：116838.
6. Li S，Zhu H，Tian X. Corollary discharge versus efference copy：Distinct neural signals in speech preparation differentially modulate auditory responses. *Cerebral Cortex*，2020，30（11）：5806-5820.
7. Marcus FG，Vijayan S，Rao B，et al. Rule Learning by Seven-Month-Old Infants. *Science*，1999，283（5398）：77-80.
8. Mesgarani N，Cheung C，Johnson K，et al. Phonetic feature encoding in human superior temporal gyrus. *Science*，2014，343：1006-1010.
9. Mitchell TM，Shinkareva SV，Carlson A，et al. Predicting human brain activity associated with the meanings of nouns. *Science*，2008，320：1191-1195.
10. Neubert FX，Mars RB，Thomas AG，et al. Comparison of human ventral frontal cortex areas for cognitive control and language with areas in monkey frontal cortex. *Neuron*，2014，81（3）：700-713.
11. Saffran JR，Aslin R，Newport EL. Statistical learning by 8-month-old infants. *Science*，1996，274（5294）：1926-1928.
12. Wang L，Uhrig L，Jarraya B，et al. Representation of numerical and sequential patterns in macaque and human brains. *Curr Biol*，2015，25：1966-1974.
13. Wang X，Men W，Gao J，et al. Two Forms of Knowledge Representations in the Human Brain. *Neuron*，2020，107（2）：383-393.e5.
14. Yang X，Li H，Lin N，et al. Uncovering cortical activations of discourse comprehension and their overlaps with common large-scale neural networks. *NeuroImage*，2019，203：1-17.
15. Zhao J，Maurer U，He S，et al. Development of neural specialization for print：Evidence for predictive coding in visual word recognition. *PLoS Biology*，2019，17（10）：e3000474.
16. Zhang L and Pylkkänen L. The interplay of composition and concept specificity in the left anterior temporal lobe：An MEG study. *NeuroImage*，2015，111：228-240.

第 8 章　意识科学

何　生　王立平

第一节　意识的本质与科学研究

意识的存在决定了人类生命的意义。意识问题被认为是 21 世纪要回答的一个最重要的科学问题。随着认知科学和神经科学的发展，意识问题这一最古老、最基本的哲学问题，可以开始被科学的实验研究。探索意识的功能机制及其神经基础，是当前认知神经科学领域所面临的巨大机遇与挑战。

意识的存在毋庸置疑。17 世纪法国博学家 René Descartes（笛卡尔）的名句“我思故我在”所表达的核心意思就是我们可以怀疑一切，但是我们能够确信的是我们有意识（思），从而保证了思维者（我）的存在。意识研究的一个困难是目前“意识”并无一个广为接受的科学的定义。尽管如此，意识的常识性定义则很容易理解。比如 UC Berkeley 的哲学家 J Searle（他提出“中国屋”的假想的概念广为人知）把意识定义为：从无梦的睡眠醒来之后，除非再次入睡或者进入无意识状态，否则在白天持续进行的自己的感觉或者觉察的状态。而另外一位研究意识的代表性学者 C Koch 则简单地把意识定义为主观“经验”（experience）。

哲学家 D Chalmers 提出对意识进行科学研究需要回答第一人称的所谓的困难问题（hard problem）和第三人称的所谓的容易问题（easy problem）（Chalmers，1996）。我们所做的神经科学研究大部分是针对第三人称的“容易问题”，也就是探索和理解我们的各种意识上的认知行为所对应的大脑中的神经过程（比如面孔识别的神经机制，显性记忆和隐形记忆的差别，等）。但是伴随我们的各种认知活动为什么有主观体验（subjective experience）以及主观体验是如何产生的，是“困难问题”。“容易问题”其实并不容易，但至少我们知道如何去研究。“困难问题”难的地方是说我们还没有找到研究这个问题的有效途径。近年来，Chalmers 又提出了研究意识困难问题的元认知问题，即我们为什么会问关于主观意识的困难问题。在这一章里，我们对意识不做哲学的讨论，而是从意识是大脑支持的认知现象这个基本出发点（Crick，1994），来描述和总结目前认知和神经科学对意识的了解。

意识成为科学的研究对象一定程度上要归功于像发现 DNA 双螺旋结构的 Francis Crick 这样的学者的影响。Crick 在 20 世纪 80 年代开始研究意识，特别是寻找意识的神经关联（Neuronal Correlates of Consciousness，NCC）（图 9-8-1），引领了意识科学研

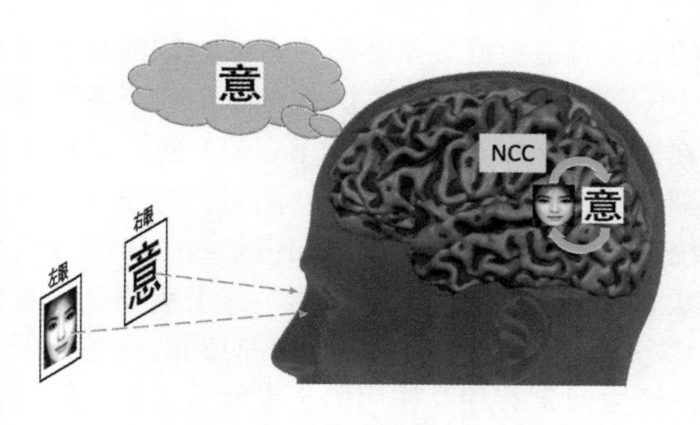

图 9-8-1　意识的神经对应示意
两个不同的视觉刺激分别呈现到左右眼对应的位置。尽管呈现的图形未变，但被试的知觉意识会在这两个图之间切换（双眼竞争现象）。这种情况下，大脑中如果有某些地方的神经活动也交替地表达左右眼的刺激图形，那么该神经活动就有可能是知觉意识的神经对应

究的潮流。意识的神经关联被定义为“足以满足任何一种特定意识感知的最小（基本）的神经机制”（Crick et al，2003）。如果我们把一个意识体验成为A，其最小神经对应称为B，那么可以认为B是A的充分和必要条件。本质上，关于NCC的研究仍属于Chalmers所说的“容易问题”。

研究意识的作用和机制对理解几乎所有的各种认知功能都有非常核心的重要性，例如在感知觉信息处理中背侧（Action）和腹侧（Perception）加工对意识的不同依赖性；注意和意识之间紧密而又相对独立的关系；显性记忆（意识上）和隐形记忆（意识下）的共同和不同特性；意识下对危险的自动反应（fight or flight）和意识上的情绪体验和表达；语言能力对意识表征的必要性；意识不同程度地参与D Kahneman所描述的思维决策中的快和慢两类过程。意识研究的核心也包括自我认知的神经基础以及我们是否有自由意志这样的问题，对这些问题的回答会进而决定我们对社会公平，道德评判和法律上的奖惩等一系列重要问题的态度。理解意识的机制对脑和精神疾病的诊疗有重要意义，因为脑疾病会导致不同的意识状态，精神疾病本质上是患者在意识表达上的问题。在人工智能飞速发展的时代，更是不可避免意识在人工智能系统里能否产生及有何作用的问题。

第二节　意识的理论

目前对意识的理解尚不完善，虽有多个描述意识的理论被提出，但并没有一个是被大家广为接受的。意识理论中影响较大的是意识的全局神经工作空间理论和意识的信息整合理论，简述如下。

意识的全局神经工作空间（Global Neuronal Workspace，GNW）是Dehaene等在1998年基于Baars等前人的工作（如：Global Workspace Theory）提出的（图9-8-2）（Baars，1993；Dehaene et al，1998）。这个理论着重强调四个核心概念：监督系统、串行处理系统、自上而下的环路形成的连贯的集合、用于信息共享的全局工作空间。监督系统认为当感觉或运动信息被大脑中的“执行注意”或“监督注意”系统表征，且与高级联合皮质相关联时，才能被意识到。同时，有意识的感知涉及一个能力处理有限的串行通道，一次只能处理一个对象，例如注意瞬脱（attentional blink）现象中我们大脑对第一个刺激的有意识处理使我们暂时无法有意识的感知它不久之后的刺激。当大脑有意识提取信息时（conscious access），信息需要表征在一个稳定的全局工作空间。GNW理论提出该“神经工作空间”是具有长程兴奋性轴突的皮质锥体细胞亚群，包括前额叶、扣带回和顶叶等脑区，以及相关的丘脑-皮质等环路；该工作空间连接着多个专用、自动和非意识处理器，例如感觉、运动和长时程记忆等模块（图9-8-2）。有意识的内容被假定是由一部分GNW神经元的持续活性编码，其余神经元的活动被抑制。

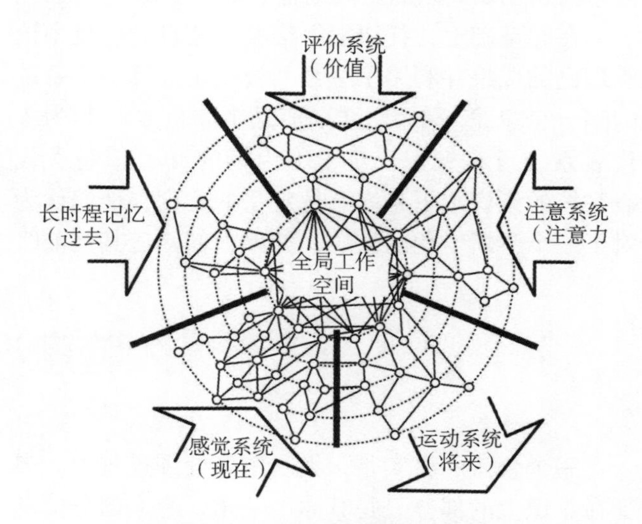

图 9-8-2　全局工作空间模型示意图
全局工作空间模型提出，感知、运动、注意、记忆和价值系统相互连接，形成一个更高层次的统一空间，信息在这里广泛共享，并传回给较低层次的处理器（修改自参考文献中的原始文献 1）

通过为数众多的神经元群体相互连接，GNW 神经元放大并维持特定的神经信息表征。GNW 神经元的长距离轴突把这个表征播送到大脑范围内的许多其他处理器。全局的广播使信息得到更有效的处理，可以灵活地被许多皮质处理器共享。Dehaene 和 Naccache（2001 年）假设“信息的全局可用性”即是我们的主观体验的有意识的状态。

整合信息理论（Integrated Information Theory，ITT）是朱利奥·托诺尼（Giulio Tononi）和其同事建立起来的一套关于意识的理论（Tononi et al，2016）。它借鉴了杰拉尔德·埃德尔曼（Gerald Edelman）的神经元群体选择理论（Theory of Neuronal Group Selection）中的再入（reentry）的概念（大致可以理解为神经元群体之间的相互投射），并进一步发展出了相对成熟和完整的体系。区别于“全局神经工作空间”从实验观察出发提出理论，整合信息理论则是从主观的体验本身出发，去找一些体验的属性。首先，体验是真实而内在的，与外界的刺激和观察者无关；它具有内部结构，在现象学上可以区分为不同的层级，例如读者体验到了一本蓝色的书，这个体验往下细分还有书，蓝色，其所在空间位置等层级更低的体验。其次，体验是独一无二的，每个人都可能体验到很多东西，但是当下体验到的只能是其中一部分的组合。再次，体验是统一的，不能还原成几个独立的体验的子集之和。最后，体验在内容及时空尺度上是确定的，例如色觉正常的人体验到的图书馆一定是有颜色而不是黑白的，同时此刻读者的体验里也不会多出一些不该有的东西，比如此刻的血流或者心跳。

在此基础上，托诺尼等借鉴了信息论、概率论等理论的成果并利用了一系列公式来计算一个系统的整合信息量（Φ）。这个值是个非负数，Φ 为零代表系统没有意识，对于不为零的 Φ，值越大代表系统的意识水平越高。从定量的角度，他们认为对于一个不断变化的系统，如果人们知道其当前时刻的状态就能更好地推测出它上一时刻的状态以及（而不是或）下一时刻的状态，那么这个系统是有内在因果力（intrinsic causal power）的，并且认为此刻的状态是具有信息量的。同时，对于一个由子系统构成的复杂系统，如果知道某些个子系统的当前状态，能够更好地帮助预测一些子系统上一时刻的状态，以及另一些子系统下一时刻的状态，那么子系统之间是有相互作用的，也就是大系统能整合子系统的信息。整合信息量（Φ）越高，反映一个系统具有越大的信息量以及对子系统的信息具有更强的整合能力，也就是拥有更强的内在因果力。

全局神经工作空间理论认为产生意识的关键点在于信息在脑中被传播的节点和是否进入全局神经工作空间，获得意识是一种全或无的现象；相比之下，整合信息理论认为意识产生的关键点在于信息是如何产生的，它不是一个全或无的过程，意识程度的高低取决于系统整合信息的能力。两种不同的理论对于 NCC 大脑表征区域也存在着“前后”争论：GNW 理论认为大脑前额叶是全局工作空间的主要脑区，而 ITT 理论则更加强调大脑的颞-顶叶是意识的中心区域。

除了上面描述的两个主要的意识理论，还有一些影响相对较小的意识理论，包括认知神经科学家 Graziano 提出的意识的注意模型理论（The Attention Schema Theory of Consciousness），将意识描述为大脑对其注意机制的一个模型；物理学家 Penrose 和麻醉医师 Hameroff 提出的意识的量子理论，将意识归因于神经细胞中微管内的量子计算，每一个客观坍缩（Orchestrated objective reduction，Orch OR）都对应着原始的意识；还有一系列的意识的高阶认知的理论（Higher-Order theories of Consciousness），一定程度上将意识描述为类似元认知的概念，核心是意识的体验对应大脑对其目前执行的一阶认知过程的某种形式的监督和表征。本质上，意识的注意模型理论也是意识的高阶认知理论的一种。

第三节 大脑意识下信息处理的能力

一个公认的事实是，大脑信息处理过程中，表征在意识上的部分只是其冰山一角，绝大部分信息处理是在意识下发生的。对于研究意识的本质而言，阐明大脑在意识下信息处理的能力能够帮助我们理解意识的核心功能：在没有意识参与的情况下，大脑还能做什么？如果在意识被剥夺之后，个体还能够做这种或者那种认知功能的话，那就说明大脑在执行这些认知功能时并不需要意识的参与。在这一节里，我们主要用视觉意识为例，讨论大脑在意识下信息加工的能力。

一、盲视

一个具有代表性意义的现象是盲视（blindsight）（Weiskrantz，1986）。盲视这个词由两个意义相反的字组成，是指一些患者在视觉皮质受损之后，在视野的“盲区”里，患者虽然报告说没有看见呈现的刺激，但行为上患者表现出可以利用视觉信息来做出正确的迫选反应或者眼或手的运动反应（指向或抓取盲区中的物体）。

20 世纪 70 年代英国科学家曾通过手术剥夺了一只名为 Helen 的猴子的初级视觉皮质。手术半年多到一年之后，Helen 在她的环境里面表现的是可以回避各种各样的障碍并可以抓取一些很小的物体（比如葡萄干），显示出她可以有效地处理和利用视觉信息。一个人如果缺失了初级视觉皮质，主观上是会变盲。当然在猴子上我们没有办法直接问她有没有主观的视觉意识，但因为人和猕猴的视觉系统的高度相似性，我们可以一定程度上推断 Helen 在利用视觉信息时，她主观上是“看不见”面前的物体的。

因卒中等原因造成视觉皮质损伤的病人为探查人类大脑在意识下对视觉信息的加工提供了一个很好的机会。牛津大学的 Weiskrantz 和同事做了一系列的研究，结果表明一些视觉皮质损伤的病人虽然报告看不见盲区中的视觉刺激，但却可以较为准确地通过迫选的方式报告视觉刺激的运动方向等特性，并可以眼动到刺激的位置，或将手形调整到合适的方向来抓取盲区中的棒状物。这些患者在完成基于视觉信息的任务时，主观上觉得自己是在猜。近年一个研究发现，一位老年患者双侧视觉皮质因卒中受损，患者自我报告看不见眼前的物体，但在医院走廊行走时却可以绕开摆放在地面上的障碍物。

在视觉皮质受损之后，视觉信息是如何从视网膜传到大脑中并被加工从而指导视觉行为的呢？目前的证据支持在视觉皮质受损后，如图 9-8-3 所示，视觉信息是经由上丘至丘脑枕而投射到大脑皮质，特别是大脑的背侧区域（Goodale and Westwood，2004）。这个模型隐含了大脑在腹侧和背侧通路的信息加工对意识有不同的依赖性这个观点。

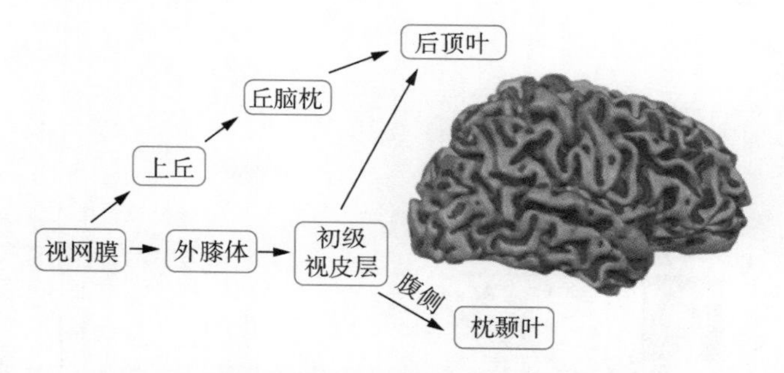

图 9-8-3　从视网膜到大脑皮质通路的简单示意图
这里强调了视网膜经上丘和丘脑枕投至顶叶的所谓“皮质下通路”，该通路相对独立于意识，被认为是支持了盲视功能的核心通路

二、调控视觉意识的心理物理方法

利用视觉（前、后）掩蔽（forward and/or backward masking）的方法，短暂呈现的视觉刺激可以被噪声掩盖而不能在意识上表征。很多心理学实验利用这一范式获得了大量的意识下信息加工的证据。但是视觉掩蔽的方法有一个局限，即被研究的刺激信息只能呈现非常短暂的时间，否则掩蔽的效果就很弱。在掩蔽状态下呈现的刺激可以被认为是因为低于知觉的阈值而未被意识到。

视觉拥挤效应（crowding）也被用来阻止视觉信息在意识上表征，而且视觉目标刺激可以较为长时间地呈现不被知觉到。拥挤效应主要发生在外周视野，指的是当在一个目标物体的邻近处呈现其他不相关的视觉干扰物时，观察者不能识别目标物体的各种特性。比如观察者因视觉拥挤效应而不能知觉到一个光栅的朝向，但实验显示该光栅仍然能够引起朝向选择性的适应，说明未被意识表征的刺激朝向特征能够在初级视觉皮质得到加工（He et al，1996）。这一类实验证据在 Crick 和 Koch 早年寻找视觉意识的神经对应（NCC）时，被用来支持初级视觉皮质不直接参与意识的表征，意识需要前额叶的参与这一观点。

我们的双眼通常是看到基本一致的图像，当给左右眼的相对应的位置上呈现非常不同的图像时，有正常双眼立体视觉的人会知觉到左右眼图像的交替，这就是双眼竞争现象。近 15 年来，利用双眼竞争的原理修改而成的连续闪烁眼间抑制（continuous flash suppression，CFS）克服了在掩蔽范式中刺激图像需要短暂呈现的局限，被很多研究者用来探索大脑意识下视觉信息加工的能力。如图 9-8-4 所示，这个方法也可以和脑成像手段结合，研究意识下视觉信息处理的神经机制。具体而言，就是利用立体镜或其他分眼呈现刺激的方法把感兴趣的刺激呈现给一只眼，同时在另外一只眼相对应的视网膜位置上呈现 10 Hz 动态的高反差的随机色块，这样会造成对有意义图像的眼间抑制，被抑制

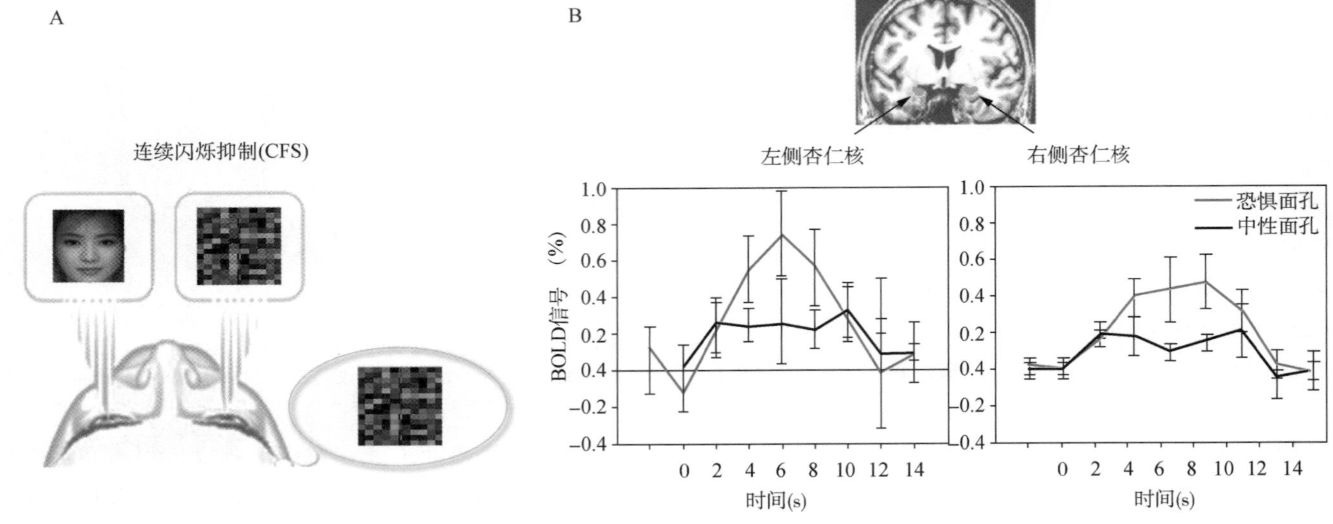

图 9-8-4 意识下视觉信息处理

A. 连续闪烁抑制是基于双眼竞争的原理，将高对比度动态视觉噪声呈现给一眼，可以抑制呈现到另一只眼中对应位置的图形。**B.** 利用 CFS 将面孔图在意识下呈现，fMRI 数据显示被试的杏仁核在意识下被面孔激活，而且对不可见的恐惧面孔的反应明显高于对中性面孔的反应

的刺激可以呈现数秒到数十秒而不被觉察到。

利用 CFS 范式的心理物理实验结果表明，相对于倒立面孔，被试对被抑制的意识下呈现的正立面孔更为敏感，并且对面孔表达的情绪信息也有一定的敏感性，特别是高兴和恐惧表情。结合 CFS 和功能磁共振成像（fMRI）以及脑电图（EEG），发现大脑颞上沟（superior temporal sulcus）附近的面孔敏感区和杏仁核对意识下呈现的恐惧表情有增强的反应（Jiang and He，2006）。另一项在正常被试上进行的 fMRI 实验表明了背侧皮质通路可以对意识下呈现的工具类图像（例如扳手）进行加工，支持了大脑背侧通路在意识下动作控制过程中的重要性。这在一定程度上复制了在盲视患者上观察到的结果。

三、注意和意识

注意和意识是紧密相联的过程和结果。简单来说，注意是一个选择机制，而意识则是对被选择到而深度加工的信息的表征。有一系列实验证据显示注意和意识之间的相对独立性。比如利用 CFS 将有意义的视觉刺激在意识下呈现于视野中的左侧或右侧，被试的注意会被吸引到这个“不可见”的视觉刺激所在位置（Jiang et al，2006）。也就是说，控制注意在视觉空间里分布的机制是可以受意识下信息调控的；反过来，也有实验表明，当被试的注意被最大可能地吸引到一个无关任务时，被试仍然可以在意识上知觉到极为快速呈现的图像序列中是否有目标刺激（Li et al，2002）。不过从这类实验中得出意识的产生不需要注意这样的结论有一个弱点，就是尽管被试的注意资源被一个无关任务占据，我们仍然很难有把握地说没有任何注意资源被分配到这些快速呈现的图像上。

与注意和意识的关系相关的研究还包括意识和注意对视觉刺激的不同作用。比如在双眼竞争中，行为学和脑成像研究显示注意而非视觉意识的重要性。双眼竞争本质上是我们大脑在面对左右眼信息有冲突时而采取的“策略”，即左右眼的信息交替进入意识。有意思的是，只有当被试的注意在竞争刺激上时，大脑才会“解决”这个冲突，产生知觉的切换。相反，当两眼刺激之间存在冲突但该冲突不能被意识上知觉到时，双眼竞争仍然会发生（Zou et al，2016）。脑成像实验还表明，在双眼竞争过程中，是否注意刺激可以调控初级视皮质 V1 的响应信号，但是是否意识到刺激则几乎不影响 V1 的神经信号（Watanabe et al，2011）。

因为注意选择对意识所起的重要的门控作用，一个有趣的现象是“非注意盲”（inattentional blindness），即在视野范围内但没有被注意到的信息常常不在意识上表征，所谓的视而不见。基于这个原理，心理学家设计出一些很让人惊讶的视频演示。比如当你看着两队人在传球并集中精力在数传球数时，一个假扮大猩猩的人打着雨伞横跨球场则没有被注意到，被“视而不见”。利用对注意的操作而影响视觉意识的方法还包括“注意瞬脱”（attention blink），当注意资源被一个任务占据时，短时间内（数百毫秒）有类似不应期的现象，在此时间内呈现的刺激常常进入不了意识。

另外在一些右侧颞顶叶脑损伤的患者中，因其颞顶注意神经网络受损，会出现“忽视”（neglect）现象，通常被忽视的是左侧视野或物体的左边部分。不论是心理学实验操作造成的“非注意盲”还是脑损伤导致的单侧忽视，一系列研究说明未被注意的信息虽不能进入意识，但这些未进入意识的信息仍然可以对后续呈现的刺激产生适应效应或加工易化效应，说明大脑还是对这些信息进行了处理，包括从简单的视觉特征（例如朝向）到面孔的情绪乃至个体特性。

总之，很多信息可以在意识下被加工，特别是和行动、危险、情绪相关的信息。同时很多初期的视觉特征加工也不依赖注意。我们环境里的重要信息在被我们意识到之前就可以引导我们的注意力。

第四节　意识的神经单元：以左右大脑半球为例

大脑中有很多功能模块，它们对不同的意识体验有着不一样的贡献，但我们尚不知道什么样的神经集群（单元）能够独立地支持意识的产生。我们的大脑分有左右半球，正常大脑的左右半球通过大量的神经纤维相连，其中最主要的连结是跨过两半球的由约 2 亿神经纤维组成的胼胝体。每时每刻有大量的神经信息经胼胝体在左右半球之间交流。20 世纪早中期针对难治型癫痫发展出切开胼胝体的手术治疗方法，临床上可以很大程度缓解癫痫患者的发作症状，而手术造成的“裂脑人”则提供了一个独特的机会来研究左右脑的分工和功能特性。R Sperry 也因其在裂脑人上的一系列工作获得了 1981 年的诺贝尔生理和医学奖。

Sperry 和 Gazzaniga 等在裂脑患者上开展的大量研究丰富了我们对左右半球功能的了解（Gazzaniga, 2015）。左右半球在物体（文字、面孔等）知觉能力、空间信息加工、情绪理解和表达等都有明显分工。对大部分人来说，左侧半球主导语言，右侧半球不能够通过语言和外界交流。视野与视觉皮质之间是对侧投射关系，即左视野信息投射到右侧视觉皮质，右视野信息投射到左侧视觉皮质，所以将刺激图像短暂呈现在单侧视野，从而得到只有对侧大脑获得所呈现信息的结果。这样操作的话，呈现在右视野的信息患者可以通过语言报告出来；呈现在左视野的信息只是传递到右半球，患者是不能用语言表达所得到的信息。如图 9-8-5 所示，有一些裂脑人的右半球可以控制左手把它得到的信息表达出来。有意思的是，裂脑人在右脑指挥下所做的行为，左脑似乎不知其起源。比如左视野呈现了“起立”这个词，右脑得到这个信息并导致患者站起，但你若问患者为何站起，患者（实际上是其左脑）可能会说“哦，我需要站起来舒展一下”这样的解释。类似这样的实验证据支持了左半球具有对行为的解释能力，哪怕这些行为是由右侧半球得到的信息来驱动的，而此时左半球的解释是编造的。左半球作为“解释器”也表现在其对右脑主导的情绪变化的解释上：若把令人非常不快的信息呈现给右半球，患者语言上会否认看到任何东西，但却会表达自己不高兴，而且可能会编出某个造成她不高兴的理由。这里的情况是左半球觉察到右半球导致的负面情绪反应但不知其因，尽管如此，左半球还是“编造”了一个原因来解释自己的情绪状态变化。

和左右半球是否有独立意识更为相关的现象是所谓的“异手症”或“外星人手症”（alien hand syndrome）。虽然“异手症“有多种表现，但在裂

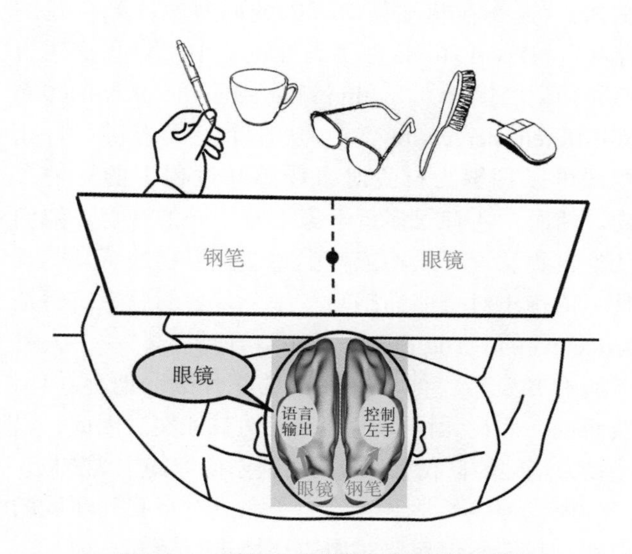

图 9-8-5　裂脑人中视觉意识的不对称性

因视觉通路的对侧投射关系，左右半脑分别接受到右左视野的信息。在裂脑患者上，因胼胝体被切断，分别投射到左右半脑的信息不能正常传递到另外一侧半脑。右视野的信息（戒指）进入左半球可以被患者用语言报告出来；左视野的信息（钥匙）进入右半球，患者虽无法用语言报告，但是右脑指挥的左手却可以仅通过触摸就能正确地从放在屏幕后的若干物体中选择相对应的物体

脑人上的可能出现的症状是左右手之间动作目的不一致性。比如患者早晨起来，右手去衣柜里拿一件衣服出来穿，但左手又把这个衣服放回去；或者是一只手要系纽扣但另外一只手却要解开纽扣。这些现象表明两个脑半球有各自的主张，很容易让人认为，在胼胝体被割开之后，左右半球各自有其意识。因为左半球的主导性和其语言功能，基本没有人怀疑裂脑人的左半球有意识；但不是所有人都愿意给右半球同样的“意识”地位。裂脑研究先驱Sperry坚信右脑意识的存在，“…基于大量不依赖语言的测验，我们知道弱势半球（指右半球）确实是一种自身具有感知，思考，记忆，推理，动机，和情绪的意识系统”（Sperry，1974）。

有一些动物物种（如鸭子、海豚、海狮），在睡觉的时候可以让一半的大脑休息，而另一半保持觉醒状态，表现出来可以观察到的是睡眠时睁一只眼闭一只眼。印第安纳州立大学的Rattenborg和同事们发现，如果是一排鸭子在睡眠，那么只是在两端的鸭子朝着外面的眼是睁开的。鸭子睡眠时的这个策略显然有它的进化意义。根据脑电图记录，控制睁开眼的半脑有清醒鸟的脑电波活动水平，而另一侧半脑则具有睡眠的脑电波特征。

无论是对裂脑人的实验研究还是对动物行为的观察，我们得到的结论是两个脑半球是有能力支持各自的意识状态的。如何理解左右半球可以有各自的意识，但是同时我们都明确地感觉到自己的完整的统一的意识状态呢？整合信息理论（IIT）的倡导者认为该理论可以很好地解释一个集成系统和其子系统中意识产生的关系。如本章第二节中所描述的，IIT认为体验是独一无二的，体验是统一的，体验本质上是这个系统的最大值 Φ_{max} 决定的。一个具有完整胼胝体的大脑整体包括了两个半球，此时大脑的左右半球构成一个系统，有一个共同的 Φ_{max}，所以是唯一的；当左右半球之间的连接被切断，此时左右半球各有其 Φ_{max}，并分别对应左右半球的意识。

第五节 自我意识

人类对“我”是谁，即自我意识（self-consciousness），的追问由来已久，但更多的是一种哲学思考。古希腊哲学家Aristotle曾提出自我意识依赖于感知，“人类在感知任何事物的同时感知到自我的存在”。David Hume在《人性论》中将自我描述为不同知觉的集合（“nothing but a bundle or collection of different perceptions”）。从这个意义上讲，自我意识可以理解为自我对事物感知过程中的一种产物。然而，还有很多哲学家秉持不同的观点，他们认为自我意识可以不依赖于对外界事物的感知尤其是不依赖于对身体的感知。一个著名的思想实验是Avicenna的“The Flying Man”。他提出“一个人剥夺所有知觉后，他唯一确定的是什么？他存在！”然而这一假设无法通过实验证伪或证实。因此，以感知为基础的自我意识成为了科学研究的主要方向。

现代神经科学认为，为了完成对自我和非我的识别，我们不仅需要对周边环境进行感知，而且需要对自我进行表征。在这个过程中，我们意识到自己的运动、精神活动和身体等。这种对自我的感知被定义为“自我意识”。伴随着技术的进步，磁共振成像（MRI）和脑磁图（MEG）等技术为研究自我意识的神经基础提供了新的途径。正如F. Crick在《惊人的假说》中所言，人类的全部意识不过是一群神经细胞及其分子的集体行为（Crick，1994）。如果承认自我意识同样起源于大脑神经活动这一基本假设，那么自我意识的知觉过程就是可观察的。从神经生理学角度，我们至少可以提出这样的研究假设：大脑在处理自我相关的信息和自我无关的信息时，存在不同的反应模式。虽然这样的方法学不能揭示自我意识的全部机制，但至少在理解自我意识的某些方面，如自我身体的编码，还是有益的。

一、对自我身体的认知

身体是自我的载体，自我通过身体与外界进行交互。除了视觉、听觉外，大脑通过独有的感觉信息感知自己的身体，包括触觉、本体感觉、温度觉和前庭信号等。在其他感觉系统（例如，视觉和听觉）的研究中，最常用的研究手段是通过操控外界物理刺激信号来观测相应的神经活动。但由于无法随意操控身体，因此身体认知难以被定量地研究。近二十年来，得益于橡皮手错觉（Rubber hand illusion，RHI）等心理学现象的发现，为自我身体认知的研究开启了全新的视角。

（一）自我身体认知的心理物理研究

20 世纪 90 年代末，Botvinick 和 Cohen 发现了一种可以改变身体主观拥有感（ownership）的橡皮手错觉现象（Botvinick and Cohen，1998）。在实验中（图 9-8-6），他们要求被试将一只手臂水平放置在桌面上，并用挡板遮挡，使被试在实验过程中无法看见自己的手。同时将模型假手（橡皮手）放置于被试挡板另一侧（视野内）。当实验主试用刷子同步刺激被试真手和模型假手相同部位 10 ～ 15 秒后，被试会产生假手好像变成了自己的手的错觉体验。橡皮手错觉主要可通过两种方式测量，一是通过主观问卷评分，询问被试是否感觉橡皮手是自己的手，二是通过测量被试汇报的手臂位置向假手方向偏移的程度——本体感觉偏移。

围绕 RHI 的大量研究总结发现，RHI 的形成也有严格的限制条件。从信息类型角度主要可以分为两个方面：①多感觉信息的物理属性，如真手和假手的空间位置，需保持一致；②视觉物体的生理属性需要和身体保持一致，例如将模型假手替换为类似大小的木块 RHI 也不会形成。这些行为现象提示，自我身体的认知不是简单的感觉信息加工过程，还与大脑先验的自上而下的调控作用有关。身体作为自我的主要载体，其认知过程也会影响许多

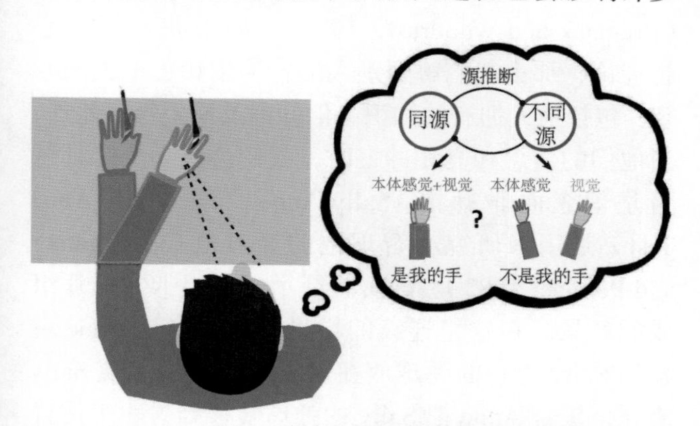

图 9-8-6　橡皮手错觉实验范式和因果推断过程
实验中，被试坐于桌前，左手平放在桌面上，上方由挡板遮挡，使被试无法看到自己的手（蓝色）。同时，在挡板上方放置一模型假手（黄色）。实验主试通过使用两把相同的刷子同步的刺激被试的左手和假手相同位置，约 10 ～ 15 秒后，大部分被试汇报觉得刷子产生的触觉刺激来自模型假手上被刷的部位，并且觉得模型假手好像变成了自己的手。在橡皮手错觉形成过程中，被试同步的接收到视觉和触觉信息，并不断对视觉和触觉信息的来源进行推断。当被试推断出两种信息来自同一来源，被试整合两种信息，对橡皮手拥有感错觉增强；反之，如果被试推断出两种信息来自不来源，被试则分离两种信息，减弱或失去对橡皮手的拥有感错觉

其他感觉和认知过程。比如 RHI 还会导致皮肤温度和皮肤电的改变，这种生理性的感知觉变化也从另一个侧面表明了 RHI 确实导致了被试对自己身体认知的改变。

（二）自我身体认知的理论模型

目前，自我身体认知的理论模型主要围绕如何解释橡皮手错觉形成等问题。在 Botvinick 等最初的工作中，他们认为橡皮手错觉来自视觉、触觉和本体感觉三者的整合（Botvinick and Cohen，1998）。然而，上一部分中我们提到的限制 RHI 形成的许多现象都无法根据多感觉整合理论给出合理的解释。根据 RHI 中的各种行为现象，Tsakiris 等在 2010 年进一步提出，橡皮手错觉的形成并不单纯取决于自下而上的感觉信息的整合，还受到大脑内部的身体图式（body schema）的调控。他将 RHI 错觉的形成条件总结为以下过程：①首先，大脑将接收到的视觉信息和身体内部模型进行比对，并判断视觉物体与身体图式的符合程度；②计算视觉信息和躯体感觉（触觉、本体感觉）信息间的差异，包括时间和空间上是否一致；③视觉和躯体感觉整合导致躯体感觉向假手方向偏移，大脑对于手臂空间位置的编码也发生偏移，并对假手产生拥有感。

虽然上述理论框架从概念上解释了 RHI 的认知过程，但没有给出如何在计算上实现这一感知过程。近期的一项研究提出，包含等级结构的贝叶斯因果推断模型（Bayesian causal inference model，BCIM）与上述自我身体认知理论具有非常类似的逻辑结构。根据 BCIM，可以将 RHI 中身体拥有感的变化重新描述为一个贝叶斯因果推断问题：来自假手的视觉信息和真手的本体感觉（触觉）信息是否具有相同的来源。两者来自相同来源的后验概率越大，视觉看到的手就越可能是自己的手，橡皮手错觉也就越强（Fang et al，2019）。

（三）自我身体认知的神经机制

最早关于身体认知的神经生理学证据来自脑损伤患者。卒中等导致的额叶和顶叶联合皮质损伤的患者会产生对侧肢体拥有感的紊乱。他们常表现为无法辨识受影响的身体部位，或否认这些身体部位属于自己（asomatognosia）。与初级感觉皮质损伤导致的躯体感觉障碍不同，额-顶叶损伤多与抽象的身体认知障碍有关。近年来，健康群体中的脑影像（fMRI）研究也证实，RHI 等身体错觉中自我身

体认知的改变主要与额-顶叶中的多感觉整合皮质有关。在这一类研究中，研究人员主要通过寻找错觉强度和大脑不同脑区激活程度的相关性，来搜索与身体认知相关的脑区。目前比较一致的发现是，RHI中手臂的拥有感主要和前运动皮质和顶内沟等皮质的激活有关。这些脑区大多都与多模态感觉信息的整合有关。其他脸部（enfacement illusion）和全身的错觉（out of body）研究中也发现了类似的激活区域（Blanke et al，2015）。

尽管上述这些研究粗略的勾勒出了自我身体认知相关的皮质网络，但对于更深层神经机制的研究仍有赖于模式动物的细胞电生理记录。由于无法获得动物的主观汇报，相关的动物电生理研究往往难以进行。在一项视觉-本体感觉任务的研究中，研究人员发现，猕猴顶内沟中编码手臂位置的神经元活动会受到视觉假手位置的调制。有趣的是，当把假手换成香蕉等身体无关物体后，这种视觉的调制作用随之消失（Graziano et al，2000）。然而，这项研究中一个关键的未解决的问题是我们无法得知猕猴主观上是否真的产生了对假手的拥有感。最近的一项研究利用虚拟现实的方式来呈现视觉假手，并通过测量指向运动任务中猕猴手臂与目标点的偏差（等价于本体感觉偏移），来衡量猕猴对视觉手臂拥有感。研究人员发现猕猴对视觉手臂的拥有感与前运动皮质中神经元的活动存在显著相关（Fang et al，2019）。

二、对自我概念的认知

上一部分中介绍的自我身体认知对于区分物理的自我和非我非常关键，但自我意识远不只是对身体的认知，自身独特的性格、情绪、个人经历、社会属性等多种抽象信息的表征组成了我们对自我概念的认知。

（一）自我面部认知

在自我意识研究中，对镜子中自我面孔的识别一直广受关注。不同于普通的脸部识别，自我面孔识别涉及非常不同的认知过程和神经活动。在许多具有高级认知功能的动物中，虽然它们同样具有脸部识别能力，但却无法区分镜子中自己的面孔和其他个体的面孔。早在1970年，Gallup就进行了一项著名的测试（Gallup，1970）。他让一群黑猩猩在放有镜子的房间里生活了10天，随后在麻醉状态下给每只黑猩猩的脸部涂上颜料标记。当它们醒来后，几乎每一只黑猩猩都在镜子前用毛巾擦拭脸部的颜色标记。而对于另一群没有在镜子前生活10天的黑猩猩，则没有一只表现出上述行为。Gallup认为，经过镜子训练的黑猩猩具有识别镜子中自己的能力。在相同方式的其他研究中，大猩猩和猕猴都没有表现出这类行为。不过，最近的一项研究发现，经过足够长期视觉和本体感觉联合训练，猕猴也能识别出镜子中自己的脸，甚至能够利用镜子观察自己身体的其他部位（Chang et al，2015）。虽然对于哪些动物能够识别镜子中的自己还存在争议，但自我面孔识别为研究自我认知的神经机制提供了一个有趣的途径。

自我面孔认知的人类心理物理实验所揭示的现象则更为丰富。在面孔识别任务中，被试对自我面孔识别的反应时要比他人面孔的短，无论他人的面孔是被试熟悉的还是陌生的。有研究发现，自我面孔的识别优势可能是因为自己的面孔引起了自我意识中与自我相关的积极属性，从而促进了对自我面孔的处理过程。可见，自我面孔认知并非普通的脸部识别，而是与更抽象的自我概念认知有关。

（二）心智理论

在自我意识的形成中，我们对他人的知觉同样扮演着重要的角色。心理学家用心智理论（Theory of mind）来描述我们推测他人心理状态的能力（Premack and Woodruff，1978）。如果我们拥有心智理论，那么我们解释别人的行为依赖于他人的心智：包括他人拥有的知识，信仰以及期望等。此外，当他们的信念和真相冲突时，我们会认为决定其行为是信念而非真相。Sally-Anne测试（Sally-Anne Test）是用来研究心智理论的经典范式（Wimmer and Perner，1983）。该实验展示了一组卡通图片组成的场景。在这组连续的场景中，首先是Anne观察到Sally把它的弹球放在篮子里，然后呈现Sally离开，接着Anne把Sally的弹球转移到另一个位置抽屉中，之后Sally回来。这里的问题是，Sally会到哪里去找弹球呢？这个任务是用来检测，被试是否了解Sally在考虑弹球的放置位置时是怎么想的。要正确回答这个问题，被试需要忽略自己关于弹球位置的真实信息（抽屉中），而站在Sally的角度上思考（弹球还在篮子里）。通过类似于Sally-Anne测试的方法，有研究发现15个月大的正常人类婴幼儿就已经拥有心智理论。

第六节　意识状态检测及临床应用

检测不同的意识状态是意识研究的必要方向：对于不同意识状态的比较研究能帮助我们更好地理解意识的神经生物学基础，意识状态检测亦有着广泛的临床需求。

一、意识的两维度理论

基于大量的实验证据和临床观察，研究者设定了意识的两个维度："内容"（content）和"水平"（level）（Bayne et al，2016）。通过在两维度上划分层级，可构建用于区分不同意识状态的二维坐标系（图 9-8-7）。其中，"内容"亦称"觉知（awareness）"，主要包括感知体验、当下思考等主观属性；而"水平"亦称"觉醒（wakefulness）"，在意识到的"内容"的程度上体现。狭义上通常可用"意识水平"指代"意识状态"。也有研究者认为，意识的水平和内容均是广义上的意识状态——水平是意识的"全局状态"，而内容是意识的"局部状态"。本节所讨论的意识状态检测泛指对意识的内容-水平二维坐标系中各意识情形的区分。

二、意识的不同状态

意识存在着多种不同的状态。表 9-8-1 对各种意识状态进行了简要汇总。清醒和睡眠是健康人体最常见的意识状态。睡眠不同阶段的意识状态也有差异。例如相较于深度睡眠，快速动眼睡眠常伴随清醒梦的发生，后者的意识内容显然更加丰富。病理性意识状态的种类较多，较为常见的有昏迷、脑死亡、意识障碍（disorders of consciousness，DOC）、闭锁综合征（locked-in syndrome，LIS）等。DOC 患者的意识状态可进一步区分为无反应觉醒综合征（unresponsive wakefulness syndrome，UWS）、微意识状态（minimally conscious state，MCS）等。此外，痴呆、梦游、癫痫的失神发作及部分精神疾病的发作状态也常被认为属于病理性意识状态。另外，部分药物可以作用于神经系统，造成健康人从正常意识状态下短暂脱离。由全身麻醉药物、镇静药物、致幻剂等带来的麻醉、镇静、解离、幻觉等状态较为常见。

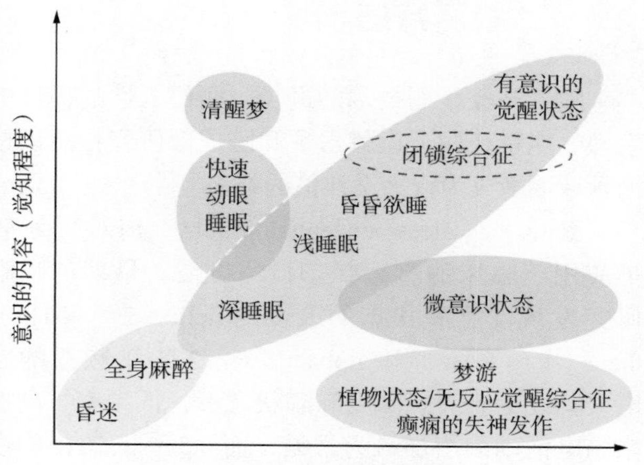

图 9-8-7　意识的两维度理论

意识常被认为包含"内容"和"水平"两个维度，可以用于区分不同的意识状态（修改自参考文献中的综述 10）

三、意识状态的临床行为学检测

意识状态的检测是意识研究临床转化的重要方向，对意识状态的正确识别能够帮助医生解决多种临床困境。如协助麻醉医生在全身麻醉中评估麻醉深度，协助神经重症医生识别认知-运动分离的无反应患者。临床医生和学者运用行为学评估、神经生理记录及脑成像技术，建立了一系列的意识状态检测方案。

虽然行为学评估在意识状态检测上有着不可避免的局限性，但因其简单方便，由广泛临床实践中总结而成的行为观察和标准化行为学评估量表仍在指导着临床实践。利用行为观察检测觉醒状态相对简单，主要依靠对患者睁眼状态的判断和对患者睡眠周期的认识。例如，当患者在非睡眠状态下能够维持较长时间的睁眼状态，说明患者的觉醒水平较高。对于非无反应性患者，可以通过对患者询问一些问题或给予一些感官刺激，依靠患者的主观汇报（self-report）来进行判断。而对于无反应患者，只能依靠外界刺激下患者微弱的言语或运动的反馈（如眼球追踪、眨眼）来进行观察。

当需要对患者意识状态进行定量检测时，则需

表 9-8-1 常见的几种意识状态

	意识状态	常见发生原因	特征
健康	清醒	睡眠-觉醒周期的正常调控	意识正常
	睡眠	睡眠-觉醒周期的正常调控	有正常的睡眠周期与节律
病理性	昏迷	大脑器质性损伤，常由外伤、卒中等诱发	完全意识丧失，无睁眼，无睡眠觉醒周期
	木僵	大脑器质性损伤，常与上行网状激活系统、半球损伤有关，中毒、代谢、感染、低体温等亦会诱发	无反应患者只有在强烈的重复性刺激下才能被唤醒反应，刺激消失即丧失反应
	脑死亡	大脑器质性损伤，造成包括脑干在内的全脑部功能的不可逆丧失	陷入不可逆的深度昏迷；无自主性活动，但脊髓反射仍可存在；脑电持续电静息
	意识障碍	大脑器质性损伤，为昏迷后常见状态	自主睁眼，睡眠-觉醒周期存在，可有简单或复杂反射，无功能性交流
	闭锁综合征	大脑器质性损伤	意识清楚，但无法通过语言、动作对外界刺激做出反应
	痴呆	大脑器质性损伤	进行性认知、智能障碍
	谵妄	其他器官疾病，如肝硬化等引起的电解质紊乱；感染、酒精或药物中毒	急性认知、精神状态改变
	短暂性完全遗忘综合征	脑血管病变	一过性逆行性遗忘为主的临床综合征
	梦游	大脑器质性改变或继发于精神状态变化	睡眠障碍
	癫痫的失神发作	癫痫	癫痫发作时短暂意识丧失
药物性	全身麻醉	丙泊酚、七氟烷、氯胺酮等	意识丧失，肌肉松弛，痛觉消失
	镇静	地西泮、咪达唑仑	小剂量缓解抑郁、焦虑 大剂量可引起睡眠、麻醉等无意识状态
	醉酒	乙醇中毒	过量摄入乙醇可致昏睡状态，极端情况可致昏迷
	幻觉	麦角酸二乙酰胺（LSD）等致幻剂诱发中枢神经系统兴奋	认知和情绪的改变，对自我和外界的认知出现偏差

要根据不同的场景选择对应的标准化行为学评估量表（Pisani and Ely，2006）。比如，拉姆齐镇静量表（Ramsay Sedation Scale，RSS）是临床麻醉中最常用的镇静量表之一。它依据行为学反应将患者的镇静程度分为了六类，从严重的焦躁反应到深度昏迷。对于可能无法配合的意识混乱的谵妄状态下患者，CAM-ICU（Confusion Assessment Method for the ICU）通过一系列判别认知能力的问题对患者的意识状态进行了区分。对于无反应患者，格拉斯哥昏迷评分（Glasgow Coma Scale）从睁眼、运动（反射）、语言三个不同的层面对昏迷严重程度进行了判断。昏迷恢复量表修订版（Coma Recovery Scale-Revised）是进行无反应患者意识状态评估的最常见行为学方案，从听觉、视觉、运动、言语反应、交流、觉醒度六个方面开展，在DOC患者诊疗中广受认可。

四、基于神经活动检测的意识状态检测方法

随着神经检测技术的进步，非侵入性的神经电生理、能量代谢、血氧水平和脑成像研究在意识检测领域逐渐成为行为学评估的补充。

脑电图（electroencephalography，EEG）是较早应用于临床的意识状态检测方法。早期的睡眠研究发现，意识状态的改变与delta（2～4 Hz），theta（4～8 Hz）和alpha（8～12 Hz）频段的脑电振幅改变有关。深度麻醉状态下，低频率、高振幅脑电活动的增加最为常见，而0.5～1.5 Hz的慢波饱和可能标志着麻醉状态下的意识丧失。此外，深度睡眠、深麻醉和UWS状态常伴随低频段能量升高和高频段能量降低，功率谱密度的斜率可用于区分不同意识状态的患者。

从脑功能检测角度出发，利用事件相关电位（event-related potential，ERP）研究意识状态成为了该领域的经典方法。例如利用听觉相关电位评估 DOC 患者意识状态，常用的测量指标包括感觉处理相关的 N100，与差异检测相关的失匹配负波（mismatch negativity，MMN），以及 P300 等脑电成分。基于 oddball 任务的 Local-Global 范式也是目前效果较好的意识水平检测范式之一，在睡眠研究和 DOC 患者上得到验证（Sitt et al，2014）。大脑的代谢水平和血流灌注是意识评估的另一项重要指标。基于正电子发射断层扫描（positron emission tomography，PET）技术的研究发现，DOC 患者的葡萄糖摄取总体下降，但 LIS 患者大脑的代谢水平和血流灌注与健康人无异。结合视听刺激任务的 PET 研究表明，意识受损患者在进行视、听觉任务时，其初级感觉功能大多得以保留，但前额叶、扣带回、顶叶等高级皮质的功能及与其他脑区的连接存在障碍。此外，基于 FMZ-PET 的神经递质研究表明，DOC 患者绝大部分皮质区域的苯二氮䓬受体结合位点严重减少，全脑 GABAA 受体结合率下降与意识水平相关，与 DOC 患者 3 个月后的意识恢复密切相关。功能磁共振成像（functional magnetic resonance imaging，fMRI）研究显示，DOC 患者的多处皮质间和皮质下功能连接中断，且中线结构（扣带回、前额叶）和丘脑的相关神经指标（度中心性、局部一致性和低频振幅等）显著改变。结合被动刺激和主动命令范式，可提高通过 fMRI 评估的 DOC 患者意识水平的特异性。图 9-8-8 展示了不同程度意识障碍患者与健康人的多模态神经成像对比结果（Gosseries et al，2014）。

近年来，人工智能技术在意识状态检测上得到运用。如，利用机器学习识别重症监护室内 DOC 患者语言指令下的脑电响应模式或语言加工能力，可用于判断 DOC 患者意识水平并进行康复预测（Claassen et al，2019；Gui et al，2020）。除在静息态和感觉刺激任务态下开展评估外，还可结合神经调控技术。基于意识需要结构完整的丘脑皮质复合体进行信息整合的理论，研究者设计出一种经颅磁刺激（transcranial magnetic stimulation，TMS）与高密度脑电图相结合的意识状态检测方法。基于 TMS 脉冲刺激后产生的复杂脑电波形，可提取能用来衡量大脑的信息分化和整合能力的扰动复杂度（Perturbational Complexity Index，PCI）指标，能较好地区分清醒、睡眠、麻醉被试，以及不同意识水平的 DOC 患者（Tononi et al，2016）。

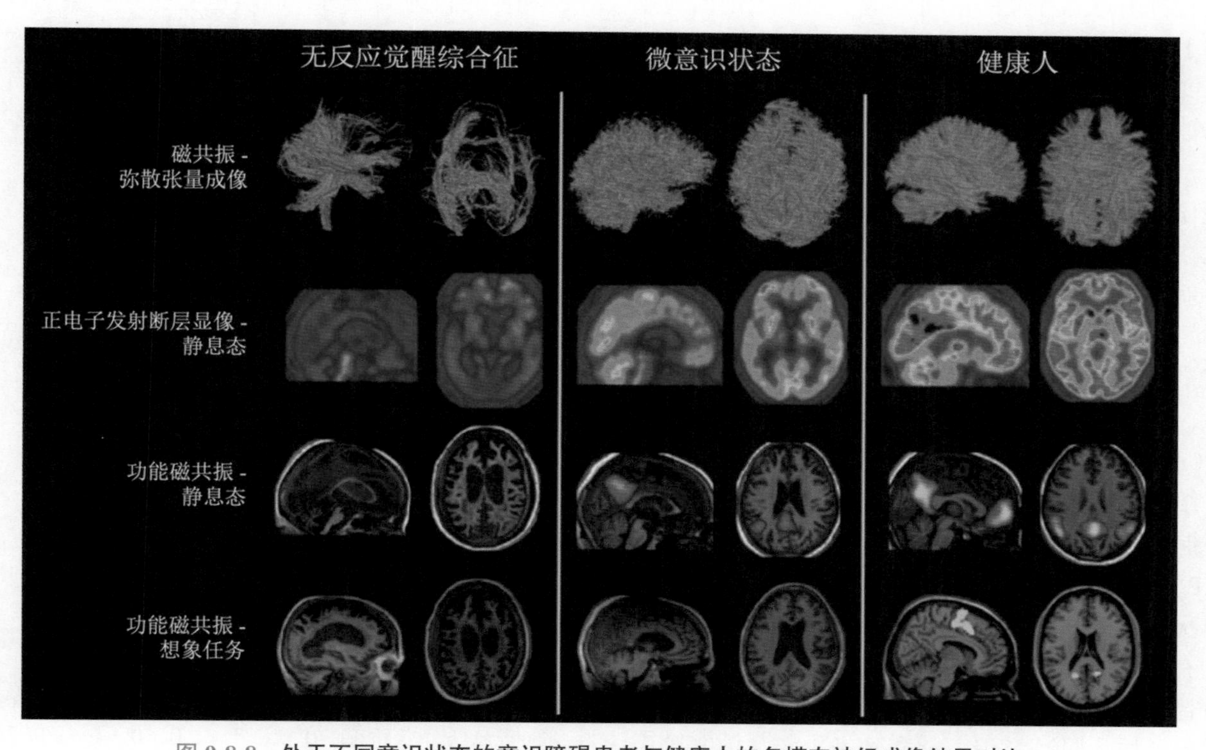

图 9-8-8 处于不同意识状态的意识障碍患者与健康人的多模态神经成像结果对比

结合弥散张量成像（显示主要神经纤维束）、正电子发射断层显像（显示代谢程度）、静息态（自发活动）和任务态（信息加工相关活动）功能磁共振的多模态神经成像结果显示，在无反应觉醒综合征、微意识状态和健康人等三类意识程度递增的被试间，其脑结构连接、代谢水平、磁共振激活水平也呈现递增关系（修改自参考文献中的综述 11）

第七节 意识与自由意志

意识的存在是我们认为自己有自由意志的必要条件。自由意志，即个体选择自己行为的能力，不可能独立于意识而存在。在我们的日常生活中充满了选择和决策。面对多种可能时，我们真的有“自由”的选择吗？多个世纪来，哲学家们对这个问题进行了严肃的讨论。笼统地说，这些哲学观点可以有（世界是或不是决定论的 x 自由意志存在或不存在）这样 2x2 的组合，产生“强决定论”（决定的世界，无自由意志），“相容论”（决定的世界，仍有自由意志），“自由论”（非决定的世界，有自由意志），“强不相容论”（非决定世界，无自由意志）。在决定论的世界观里，一个有代表性的科学假想概念是法国数学家 Laplace 在 19 世纪提出的超能智者，也称为拉普拉斯妖。本质上物理世界的事物变化是有规律可预测的，一个超能智者（拉普拉斯妖）知道世界上目前的所有粒子的状态，那么这个世界在此前后的状态都是可以通过物理公式推导而出。大脑是物质世界的一部分，所以在这个框架下没有自由意志存在的空间。这个强决定论的观点受到了近代科学发展的质疑，特别是量子力学在微观尺度下的不确定性动摇了决定论的物理基础。

神经科学在自由意志的讨论中也起了很大的作用。一个很有影响的实验是加州大学旧金山分校的生理学家 Libet 所做的脑电（EEG）实验。实验中被试在接上脑电监测的时候，自己确定什么时候想抬手就抬手，但是在有抬手念头的时候即注意当时的时间。如图 9-8-9A 所示，对比被试脑电记录，发现在早于被试自己觉得有抬手的念头时刻之前几百毫秒，在脑电信号里就可以检测到所谓的“准备电位”（readiness potential，RP）（Libet et al，1993）。这一结果曾经被认为是挑战自由意志的神经科学证据。但是对数据的深入分析告诉我们，Libet 记录到的 RP 是一个平均信号，实际上并非能直接预测被试单次抬手的早晚。更重要的是，有意识的行动总是会有丰富的无意识的神经活动的支持，这一点毫不奇怪。所以 Libet 的结果和被试是自己在做抬手决定不矛盾，只是意识上觉察到做决定之前其脑中已经产生和抬手相关的无意识神经信号。所以 Libet 的脑电实验结果虽产生了重大影响，但对自由意志的科学讨论并没有很大帮助。

跟随这个传统，Haynes 和同事们利用功能磁共振成像（fMRI），从额叶和顶叶区域的神经信号中解码出被试是否会左手按键还是右手按键，而且是利用在被试实际手动按键之前甚至近十秒时的脑活动数据就可以用来做此预测（Soon et al，2008），图 9-8-9B 示意了这一结果。自由意志在这个结果里碰见危险了吗？仔细考察这个实验里的预测成功率，发现预测能力只是略高于 50% 随机值。那么一个很大的可能是，在被试做出左或右手按键决定之前的数秒期间，其大脑有随机活动，而这些随机活动一定程度上影响了被试在后面的决定，统计上这种脑活动对决策有一点影响也不会让人惊讶。这个解释和对 Libet 的实验的解释是一致的。所以这些 EEG 和 fMRI 的测量结果仍然不能构成支持决定论的有力证据。

理解自由意志不仅是我们探索意识本质的重要部分，对自由意志的认识会深刻地影响个人对自己和他人行为的理解，同时也会引导社会对各种正常非正常行为，包括成瘾或犯罪行为，的态度和政策。在大部分人的心目中，强决定论（全无自由意志）和完全的自由论（绝对的自由意志）都不太容

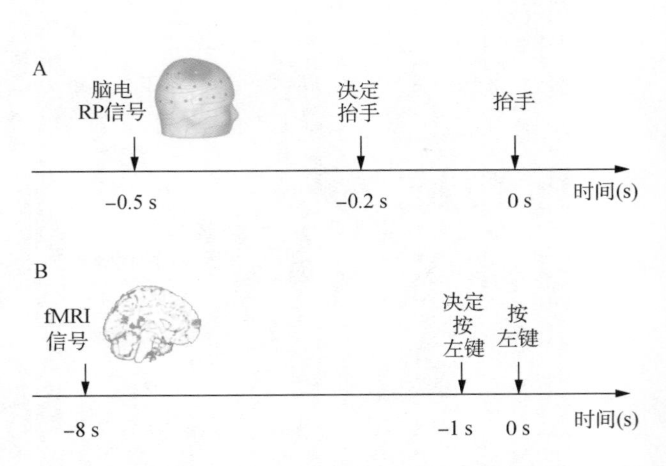

图 9-8-9 研究自由意志的经典脑电和功能磁共振实验的简单示意图

A. Libet 的实验显示，在被试自我意识到“决定抬手”的时间之前约 500 ms，脑电信号里的 RP 就已开始上升。**B.** Haynes 和同事们的实验显示，在被试自我认为做出决定按左键还是右键的时间之前 8 s，记录到的 fMRI 信号里就已经有可以预测被试将要按左键还是右键的信息

易被接受。那么真实的情况是我们有一定程度的自由意志吗？这一问题目前并无完整的科学答案。

斯坦福大学的Sapolsky在他的*Behave*：*the biology of humans at our best and worst*一书中表达的一个核心观点就是当我们做出一个行为时，这个行为实际上是受当前大脑的神经状态，几秒到几分钟之前的感知觉刺激，几小时到几天之前的激素状态，儿时的父母教养，发育过程中乃至胚胎阶段的环境，甚至几百到几百万年前祖先的进化压力等所有这些因素的影响（Sapolsky，2017）。从这个意义上来说，每个人在任何时刻做的行为并无真正意义上的自由选择，而是受到很多因素的决定。这些因素有些是能在意识上的表达的，但绝大部分是意识下的因素。虽然大部分人会同意我们的行为是很大程度上受意识下各种因素影响甚至控制的这一观点，但是仍然难以想象人类如何过着完全没有自由意志的生活。

第八节 总 结

亿万年的进化让我们拥有了大脑产生了意识。因为意识的存在，使得我们能够享受快乐，体验痛苦，从而真正地活着。物质的世界如何产生意识这一千古难题正因为科学和技术的发展而成为严肃的科学问题。虽然尚无一个广为接受的完整的意识理论，但现有的意识理论已经在帮助我们梳理意识的核心本质和重要性质，并凸显目前未能解决的问题。意识理论中，全局神经工作空间理论（GNW）强调了注意的重要性和意识的全局性；信息整合理论（IIT）从意识体验本身出发，描述意识的规律并提出基于信息整合和内在因果力的定量计算意识的方法。意识的注意模型理论和GNW一样也极为强调注意，把意识基本等同于大脑对注意的粗略描述。意识的量子模型有意思但含有过多未知因素。目前一个好的开始是不同意识理论的倡导者们能走到一起，共同设计实验来独立验证这些理论所做的预测。

我们不能被当前意识理论的不完整和局限性束缚，一个有成效的方法是研究意识在各种认知过程，包括知觉、注意、语言、记忆、情绪和决策等中的功能。也许我们永远也不会知道作为一个蝙蝠会有一个什么样的主观感觉，但随着我们对意识的功能作用了解的越来越清楚，意识的神秘光环会越来越小。

自我意识并非独立的认知过程，它与感觉、运动、记忆、社会认知等众多其他认知功能息息相关。无论是对自我身体的加工还是对自我概念的抽象编码，都涉及众多脑区的复杂计算。阐明自我意识加工过程中这些脑区的计算机制，不仅需要更精细的神经活动记录手段，同时也需要更完善的理论模型。未来建立更多的自我意识动物模型将为自我意识的研究提供更多新的途径。

意识的状态是多维度的，意识的评估也是多方面、多层次的。当前的评估手段以行为学为基础，以神经生理和影像技术为补充。将来，以多维度、多级别的认知功能测试范式结合多技术手段的多模态脑功能评估方案可能是意识状态检测研究发展的重要方向，有助于探明意识的神经生物学基础，为病理性意识状态的预后判断和康复治疗提供借鉴。

深刻理解意识，特别是自由意志，对我们每个人自己的生活态度，对他人的理解宽容，以及社会集体对个人行为的限定奖惩等都有极为重要的意义。在决定论和自由论一时未解之际，认知科学和神经科学可以继续努力提出对动物和人类各种行为的功能计算、系统环路、细胞基因分子的不同时间空间尺度的解释。如果我们真正理解了任何行为的所有驱动因素，包括意识上和意识下的，那么自由意志的问题就不再是问题了。

最后，由人类开发的类脑智能体是否可能最终拥有意识？通过本章内容的介绍我们可以发现，人类意识并非一个单一的认知功能，它涉及众多不同层次的信息加工和共享。有观点认为，目前的智能体仍然仅能处理类似人类大脑潜意识处理的计算。如何在人工智能体中实现“自己看到了什么”“对自己行为的信心和再判断”等“意识上”（conscious access）和“自我监控”（self-monitoring）的信息计算可能是在智能体中实现意识的关键（Dehaene et al，2017）。从认知神经科学角度找到人脑中实现意识功能的算法，或广义上的意识的神经关联，可为类脑智能体的研究提供重要的，也很可能是唯一的参考。神经科学与计算机科学、人工智能等领域的交叉也为意识的计算机制提供了新的验证途径，而基于计算模型的类脑智能体也为意识的研究提供了更为方便操纵和高效的研究模型。如同我们不知道一个蜜蜂在看到紫色花瓣时的主观体验一样，我们或许永远不知道人工智能系统是否有或者有什么样的“主观”意识，但是可以相信的是，随着我们对人类意识的功能和其计算机制的逐步深入了解，在人工智能系统中也可以实现意识的功能。

致谢：戴睿、桂鹏、藏迪和方文协助整理部分文献和图例。

参考文献

综述

1. Crick F，Koch C. A framework for consciousness. *Nat Neurosci*，2003，6（2）：119-126.
2. Chalmers DJ. Facing up to the problem of consciousness. *Toward a Science of Consciousness*，1996，5-28.
3. Crick F. The Astonishing hypothesis：the scientific search for the soul. New York：Charles Scribner's Sons，1994.
4. Baars BJ. *A cognitive theory of consciousness*. Cambridge University Press，1993.
5. Tononi G，Boly M，Massimini M，et al. Integrated information theory：from consciousness to its physical substrate. *Nature Reviews Neuroscience*，2016，17（7）：450-461.
6. Goodale MA，Westwood DA. An evolving view of duplex vision：separate but interacting cortical pathways for perception and action. *Current opinion in neurobiology*，2004，14（2）：203-211.
7. Gazzaniga MS. *Tales from both sides of the brain：A life in neuroscience*. Ecco/HarperCollins Publishers，2015.
8. Sperry RW. Lateral specialization in the surgically separated hemispheres. *The neurosciences third study program*，1974，5-19.
9. Premack D，Woodruff G. Does the chimpanzee have a theory of mind? *Behavioral and brain sciences*，1978，1：515-526.
10. Bayne T，Hohwy J，Owen AM. Are there levels of consciousness? *Trends in cognitive sciences*，2016，20（6）：405-413.
11. Gosseries O，Di H，Laureys S，et al. Measuring consciousness in severely damaged brains. *Annu Rev Neurosci*，2014，37：457-478.
12. Sapolsky RM. Behave：*The biology of humans at our best and worst*. Penguin，2017.
13. Dehaene S，Lau H，Kouider S. What is consciousness，and could machines have it? *Science*，2017，358（6362）：486-492.

原始文献

1. Dehaene S，Kerszberg M，Changeux JP. A neuronal model of a global workspace in effortful cognitive tasks. *Proceedings of the national Academy of Sciences*，1998，95（24）：14529-14534.
2. He S，Cavanagh P，Intriligator J. Attentional resolution and the locus of visual awareness. *Nature*，1996，383（6598）：334-337.
3. Jiang Y，He S. Cortical responses to invisible faces：dissociating subsystems for facial-information processing. *Current Biology*，2006，16（20）：2023-2029.
4. Jiang Y，Costello P，Fang F，et al. A gender-and sexual orientation-dependent spatial attentional effect of invisible images. *Proceedings of the national Academy of Sciences*，2006，103（45）：17048-17052.
5. Li FF，VanRullen R，Koch C，et al. Rapid natural scene categorization in the near absence of attention. *Proceedings of the national Academy of Sciences*，2002，99（14）：9596-9601.
6. Zou J，He S，Zhang P. Binocular rivalry from invisible patterns. *Proceedings of the national Academy of Sciences*，2016，113（30）：8408-8413.
7. Botvinick M，Cohen J. Rubber hands 'feel' touch that eyes see. *Nature*，1998，391（6669）：756.
8. Fang W，Li J，Qi G，et al. Statistical inference of body representation in the macaque brain. *Proc Natl Acad Sci USA*，2019，116（40）：20151-20157.
9. Graziano MSA，Cooke DF，Taylor CSR. Coding the location of the arm by sight. *Science*，2000，290（5497）：1782-1786.
10. Gallup GG. Chimpanzees：self-recognition. *Science*，1970，167（3914）：86-87.
11. Chang L，Fang Q，Zhang S，et al. Mirror-induced self-directed behaviors in rhesus monkeys after visual-somatosensory training. *Current Biology*，2015，25（2）：212-217.
12. Wimmer H，Perner J. Beliefs about beliefs：Representation and constraining function of wrong beliefs in young children's understanding of deception. *Cognition*，1983，13：103-128.
13. Pisani MA，Ely EW. Monitoring and treatment of pain，anxiety，and delirium in the ICU. *Clinical Critical Care Medicine*. 2006，51-59.
14. Sitt JD，King JR，El Karoui I，et al. Large scale screening of neural signatures of consciousness in patients in a vegetative or minimally conscious state. *Brain*，2014，137：2258-2270.
15. Gui P，Jiang Y，Zang D，et al. Assessing the depth of language processing in patients with disorders of consciousness. *Nature neuroscience*，2020，23（6）：1-10.
16. Libet B，Gleason CA，Wright EW，et al. Time of conscious intention to act in relation to onset of cerebral activity（readiness-potential）. *Neurophysiology of consciousness*. 1993：249-268.
17. Soon CS，Brass M，Heinze HJ，et al. Unconscious determinants of free decisions in the human brain. *Nature neuroscience*，2008，11（5）：543-545.

第9章 计算神经科学导论

汪小京

第一节 引 言

计算神经科学（computational neuroscience），又称作理论神经科学，这一新兴跨学科研究领域运用理论、数学建模型和大数据分析的方法研究脑的功能，近年来逐渐成熟（Sejnowski et al，1988；Abbott，2008；汪小京 等，2020a）。神经科学领域各种新实验技术的快速发展给我们带来了海量数据。但指数增长的实验数据，并不保证带来指数增长的知识。就像在物理学领域一样，只有当理论的发展与实验同步时，我们才能找到大脑运作的基本规律。因此侧重于理论和模型的计算神经科学与实验神经科学的互动，将会对认识大脑的工作机制起到十分关键的作用。大脑是一个异常复杂的动力学系统，具有多种在不同时空层次上的反馈机制，定量分析和计算模型上的深入解析是至关重要的。

因此，理论在神经科学中的作用，将来应该同等于理论在物理科学中扮演的先导角色。另外，当今人工智能的革命，与我们对大脑功能的理解紧密相关（Hassabis et al，2017）。就拿现在最热门的深度学习来说，其理论来源于几十年来人们实验上对灵长类的视觉系统的研究和建立数学模型的突破，加上网络学习训练方法的发展，产生了今天的深度学习框架。再加上近年来计算机（尤其是 GPU）和大数据应用的发展，才带来了深度学习的突飞猛进。大脑是一个"湿"的生物器官，而机器系统用的是"干"算法。从实验神经生物学到人工智能，需要用数学模型来建立一座桥梁，计算神经科学就是这座桥梁。跨越式的技术创新需要坚实的理论基础。没有牛顿力学，人类就不可能上月球。同样，未来的人工智能、机器人需要理论神经科学的发展。

神经生理学是生物学中最注重定量化研究的分支学科之一，有精确测量和对实验结果进行数学分析的悠久传统。现在，随着实验数据的累积，我们对脑神经系统不同层次上的"组成模块"（building blocks）（指基因、离子通道、神经元和突触）有了越来越深入的了解。在此基础上，我们就可以着手把各部分细节知识整合起来，从而跨层次地阐明脑的功能。在这方面，理论与计算模型提供十分有用的工具来综合知识、检验假设和发现脑科学的基本原理。值得一提的是，早年的计算神经科学的重点仅限于早期感觉系统，那是因为当时的实验手段对研究大脑的许多高级功能还束手无策。近年来，人们对认知功能的脑系统，尤其是前额叶皮质（prefrontal cortex，PFC）的研究才有了飞跃发展。我们现在知道，前额叶皮质是认知功能、灵活行为的关键脑基础（Miller and Cohen，2001；Wang，2013）。前额叶皮质损伤会引起严重的精神疾病，如精神分裂症和自闭症。因此，这一领域的新进展与计算机模型的结合将为我们提供更好的机会来阐明细胞和回路水平上的病理如何导致精神疾病中的认知障碍，这个方向的研究进展对催生精神病诊断、病理生理和治疗的新方法有非常大的潜力。作为基础神经科学和临床实践之间的接口，计算精神医学（Computational Psychiatry）出现的时机业已成熟（Montague et al，2012；Wang and Krystal，2014）。

由于以上原因，计算神经科学成为了美国的"脑计划"中的七大优先研究方向之一："严谨的理论，模型建造和统计分析，使我们对于复杂的，非线性的大脑功能有深入的了解，这是仅凭直觉无法做到的。为了推动理论和数据分析的发展，我们必须加强与来自多学科的实验科学家和理论科学家的合作，如统计学，物理学，数学，工程以及信息科学等。"（https://braininitiative.nih.gov/sites/default/files/pdfs/brain2025_508c.pdf）

实现中国脑计划的理解"一体（认知脑功能）、两翼（类脑智能、脑疾病）"三个目标，也需要发展计算神经科学。

建模型的途径有三种。

第一，构建定量描述实验数据的描述性模型。神经元脉冲序列的信号处理算法和随机过程模型属于此类（Rieke et al，1999），感觉神经元的线性滤波器模型及群体神经元编码和解码算法也属于此类。

第二，构建旨在功能水平上解释大脑工作过程的规范理论。例如，Horace Barlow 提出的为了解释早期感觉系统自适应行为的去相关理论，即神经系统通过减少刺激输入信息的冗余性从而更有效地编码感觉信息；而贝叶斯统计推断理论认为神经编码和感觉刺激的处理依赖于生物体对环境的先验知识，可以根据感知的先验概率分布进行信息的优化加工（Rao et al，2002）。

第三，构建基于神经科学的两大支柱：神经解剖学（细胞类型、连通结构）和神经生理学（从神经元和突触的生物物理学到涉及行为的群体神经元活动）的生物仿真模型。著名的例子包括 20 世纪 50 年代 Alan Hodgkin 和 Andrew Huxley 的关于动作电位的离子电流模型，以及 Wilfrid Rall 提出的神经树突树系的电缆模型（Koch，1999）。近年来，随着细胞神经生物学的发展，这种牢固地建立在已知大脑"硬件"基础上的模型已不局限于单个神经元，而发展到大规模神经元网络。这种网络的行为需要由统计物理和动力学系统理论来表述。这种分类当然不是绝对的。事实上，计算理论与仿真生物学模型正逐步成为一个统一的框架。

物理学家 Leo Kadanoff 喜欢把世界比作洋葱。他的意思是说，我们了解世界的进程，就像层层剥洋葱皮，从在某个层次上观察的现象，到在下一层次上发现其机制。神经科学有众多的研究层次，包括从分子、神经元、神经回路、脑系统，到心理学。跨层次的研究非常适合填补在网络水平上的功能研究与分子水平上的生物物理机制研究之间的空白，也促进了模型与严谨的实验研究之间的密切相互作用。本章讨论的例子主要反映了这一方面的观点。对于想要更加全面了解计算神经科学的读者，建议阅读 Dayan 和 Abbott（2001）编写的教科书及发表综述文献。

从结构上讲，神经回路是网络图，由一群被边连接的结点组成。在神经回路中，结点是神经细胞，边是突触连接。因为神经元和突触可被描述为电子器件，网络就等效于复杂的电路，可以在数学上用耦合非线性微分方程组（动力系统）来描述。要了解神经回路是如何工作的，我们需要知道两类信息：一是神经元与突触的内在特性，二是回路结构和网络连接的统计特征。在第二节，我们将先谈谈单个结点（神经元）和单独的连线（突触），举例说明即使单个神经元或单个突触也有能力完成计算任务。然后在第三节以同步振荡（synchronous oscillations）的研究作为例子，讨论如何研究耦合神经元网络。接下来，在第四节中我们将介绍"认知型"强循环连接（recurrent）网络模型，介绍能实现工作记忆（working memory）和抉择（decision making）等认知功能的神经环路。对单个神经元和突触进行讨论时，举的例子集中在感觉适应性（sensory adaptation），其概念上相当于计算外界输入信号的时间导数。而对循环连接网络的讨论则涉及工作记忆（working memory）和抉择（decision making）等认知功能，概念上可表述为对输入信号的时间整合。在现实中，一般不可能把某一种脑功能完全归结为单个突触或神经元的动态活动，或纯粹的网络现象。网络行为是细胞过程与突触动态活动相互作用的结果。第五节涉及多脑区的大尺度神经网络建模，第六节简单谈一下计算精神医学，这是较前沿的课题，希望引起读者的关注，并欢迎投入其跨学科的研究领域。

第二节　单个突触和神经元的适应性计算

为了有效地编码外界进入大脑的刺激，感觉神经元需要适应机体生活所在自然环境。一种简单而重要的适应形式就是减少信息冗余度，即减少输入信号在时间和空间的关联。当输入保持相对恒定时，我们的感官敏感度会随时间减弱。这个现象是由感觉神经元的“疲劳”所导致的，即它们的放电频率在不断衰减。处于脑信息处理不同阶段的神经元可能表现出对不同输入信号特征的适应性。比如在哺乳动物视觉系统中，视网膜具有对光强度的适应的能力，而关于对比度（物体相对于背景的光强度）和对刺激图像的适应则主要发生在初级视皮质。

一、短时程突触可塑性

神经元活动的适应性有两种可能来源：传入突触的短时程可塑性（short-term synaptic plasticity），或细胞膜的内秉性质。短时程突触可塑性指两个神经元间的突触传递效能不是固定的，而与突触前神经元的放电历史有关，可随时间减弱（图 9-9-1A 左）或增强（图 9-9-1A 右）。假设从一个神经元到另一个神经元的突触有 N 个神经递质囊泡，N 小于最大量 N_0（$N \leqslant N_0$）。当动作电位到达突触前轴突终末，每个递质囊泡以概率 $P_{\rm rel}$ 被释放，因此平均有 $P_{\rm rel}N$ 个囊泡被释放，每次释放后剩下立即可用的囊泡数由 N 减为（$N - P_{\rm rel}N$）$= f_{\rm D}N$（$f_{\rm D} = 1 - P_{\rm rel}$）。在相邻两次释放的时间间隔里，新的递质囊泡有机会“停靠”（dock），但需要一定的时间，因此 N 以指数函数的形式（时间常数 $\tau_{\rm D}$）恢复趋于 N_0。所以，当突触前神经元发出一个脉冲序列，对每一个脉冲的平均突触后电位正比于 $P_{\rm rel}N$，最初是 $P_{\rm rel}N_0$，但后来可能因 N 减少而变小，引起突触后电位的短时程（通常为数百毫秒）抑制（图 9-9-1A 左）。另外，$P_{\rm rel}$ 与递质释放装置的状态有关，会在一串动作电位作用下随着时间而增加，导致平均突触后电位呈现短时程增强（图 9-9-1A 右）。有趣的是，实验和理论研究都发现，具有短时程抑制的突触对动态的输入敏感，而对稳定状态的输入不敏感。这可以用一个简单的唯象模型来说明（Dayan and Abbott，2001）。假设 $D = N/N_0$，则平均突触后电位正比于 $P_{\rm rel}N = P_{\rm rel}N_0D$，每次释放后 D 减小为 $f_{\rm D}D$（$f_{\rm D} \leqslant 1$）。对可以用泊松（Poisson）过程描述的脉冲序列（放电频率为 r），D 变化的动力学方程近似地写成：

$$\frac{{\rm d}D}{{\rm d}t} = -(1 - f_{\rm D})rD + \frac{1 - D}{\tau_{\rm D}}$$

这个方程的稳定态由 ${\rm d}D/{\rm d}t = 0$ 给出，即：

$$D_{\rm ss} = \frac{1}{1 + (1 - f_{\rm D})r\tau_{\rm D}}$$

因此，当 r 大于 $1/[(1 - f_{\rm D})\tau_{\rm D}]$ 时，$D \approx 1/[(1 - f_{\rm D})r\tau_{\rm D}]$ 反比于 r。比如，$f_{\rm D} = 0.4$，$\tau_{\rm D} = 500$ ms，则 $1/[(1 - f_{\rm D})\tau_{\rm D}] = 1/0.3 \approx 3$ Hz。突触的传递率是 $r\,D$，即单位时间的递质释放量；当 r 大于 $1/[(1 - f_{\rm D})\tau_{\rm D}]$，它的稳态值变得与 r 无关。在新皮质神经元间突触进行的实验证实了模型预言（Abbott et al，1997，Tsodyks and Markram，1997）。功能上，这意味着突触后细胞的活动对处于稳态的突触前神经元活动不敏感。另外，对输入的突然变化，因为抑制的时间过程相对缓慢，突触仍可瞬态反应。图 9-9-1B 显示了突触传递率（$r\,D$）如何响应突触前神经元发电频率的阶梯样变化。正如模型所预言的，不管突触前的放电频率如何（分别是 25 Hz、100 Hz、10 Hz 和 40 Hz），$r\,D$ 的稳态很相似。当突触前的放电频率有一跃变（Δr）时，r 瞬态增加或减小到（$r + \Delta r$），而 D 仍是 $\sim 1/r$（r 为跃变前的放电频率）。因此，突触传递率 rD 变化约为 $\Delta r/r$，反映的是输入的相对变化，而不是变化的绝对值。这一特征在图 9-9-1B 中表示得很明显：从 25 Hz 变到 100 Hz 或从 10 Hz 变到 40 Hz，输入放电频率相对跃变为 $\Delta r/r = 3$，突触传递率 $r\,D$ 的瞬时变化都是相似的。此外，趋向稳态的衰减过程的时间常数为 $\tau_{\rm D}/[1 + (1 - f_{\rm D})r\tau_{\rm D}]$；$r$ 越大，它的值就越小。因此，从 10 Hz 变到 40 Hz 引起的变化比从 25 Hz 到 100 Hz 所引起的变化在时间上要长一些。所以，短时程抑制提供了一个产生适应的突触机制，即突触后神经元对输入变化起反应，而对恒定输入不敏感。

二、神经元的适应性

另外一种产生适应性的机制涉及单个神经元膜

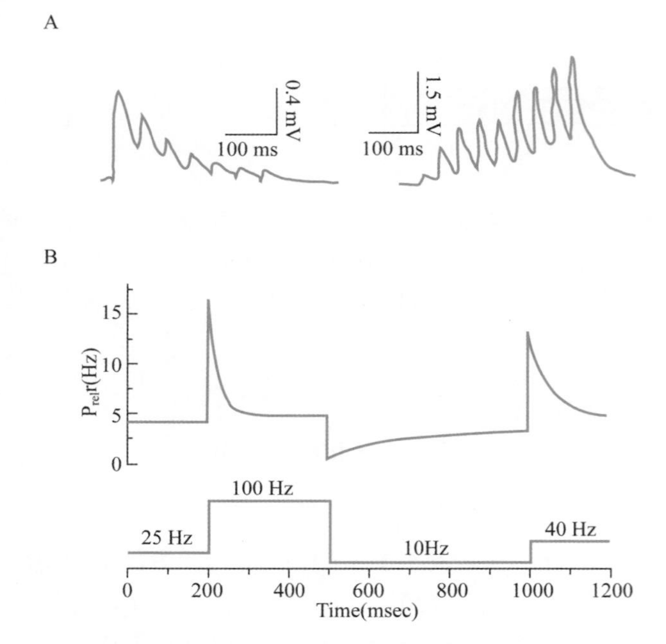

图 9-9-1 **A**. 皮质兴奋性突触的短时程可塑性。左图，大鼠躯体感觉皮质脑片第Ⅴ层两个锥体细胞间兴奋性突触的短时程抑制现象。这个实验中，突触前细胞被注入电流而诱发放电；图中显示的是用微电极记录到的突触后电位反应。右图，大鼠躯体感觉皮质第Ⅱ～Ⅲ层中锥体细胞对抑制性中间神经元的兴奋性突触的易化现象（图A引自 Markram H, Tsody KSM. Redistribution of synaptic efficacy between neocortical pyramidal neurons. Nature，1996，382：807-810.）。**B**. 具有短时程抑制的模拟突触的平均传递速率。突触前放电频率以一连串阶梯方式变化。模型的参数为 $f_D = 0.4, \tau_D = 500$ ms（改自参考文献中的综述 2）

特性的动态变化。视觉神经系统对对比度的适应是一个例子。当一个物体出现在我们眼前时，只有当它的对比度高于某一阈值时，我们的视觉系统才能从背景中检测到该物体。这一阈值能动态地适应自然环境。比如，长时间接受高对比度刺激后，阈值增大，视觉系统对低对比度的同样刺激物变得较不敏感。电生理物理学研究使我们开始对这一现象的细胞机理有所了解。人们发现，初级视皮质的神经元在高对比度视觉刺激下会延长膜电位的超极化，并且在细胞层次上导致兴奋性降低，与行为层次上视觉在适应后的敏感性持续降低同时发生。长时间（数秒）的超极化很大程度上是由视皮质神经元中 Na^+激活的 K^+电流（I_{KNa}）所介导的。在高对比度刺激下，持续的动作电位发放，使得 Na^+通过开放的 Na^+通道渐渐流进细胞。胞内 Na^+的累积最终激活 K^+通道，导致细胞膜的超极化和细胞反应性的降低。高对比度刺激结束后，Na^+可以通过 Na^+/K^+离子泵，缓慢地从胞内排出。这一神经元反应性恢复的过程的时间常数约为10秒。

上述的机制最近得到电生理实验证据和计算机仿真模拟结果的支持。构建的单个神经元模型包括快速钠电流（I_{Na}）、延迟整流钾电流（I_K）（这两种电流产生动作电位）、I_{KNa}、胞内 Na^+动力学（通过 I_{Na} 流进，通过钠/钾泵流出）（Wang et al，2003）。图9-9-2A 给出了这一模型的计算机模拟结果。在这个例子中，输入是一频率为 2 Hz 的正弦信号，模拟周期性视觉刺激，如移动光栅。输入信号幅度代表刺激的对比度。一开始的刺激幅度较低，神经元以一定的放电频率响应。在高幅度刺激下，模型神经元放电频率瞬态增加，然后衰减到低稳定态，这一过程与胞内 Na^+的累积和 I_{KNa} 的激活过程是平行

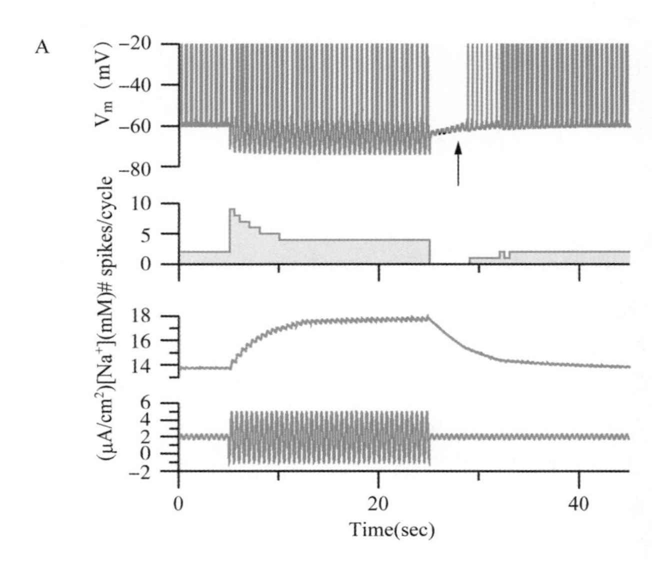

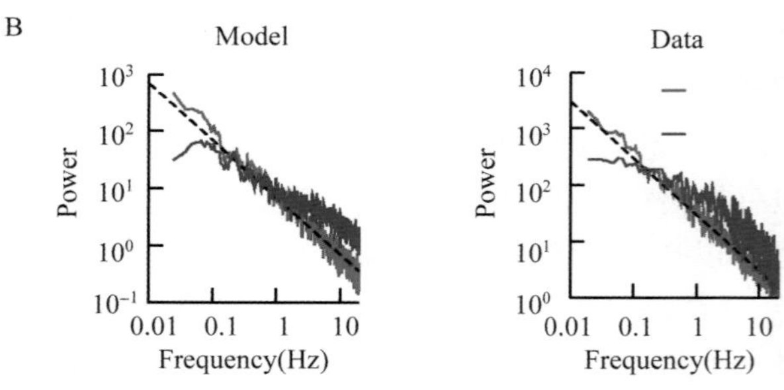

图 9-9-2 **单个神经元的适应性和去关联**

A. 模型神经元对正弦电流输入（其强度按低-高-低顺序变化）的响应。从上到下依次为膜电位、每个周期的动作电位数、细胞内 Na^+浓度和 2 Hz 的正弦信号（其幅度按从低到高再到低变化）。注入高幅度正弦电流之后，神经元模型有长达 10 s 的缓慢超极化（用箭头表示）。细胞内的 Na^+累积反映了在高对比度输入下，瞬时放电频率的适应过程，而 Na^+浓度的衰减是和第二个低对比度期的细胞缓慢超极化和恢复过程相关联的。**B**. 模型神经元（左图）和雪貂皮质脑片中视皮质神经元（右图）对满足 1/f 分布的随机输入信号的去关联。（改自 Wang XJ，Liu YH，Sanchez-Vives MV，Mc Cormick DA. Adaptation and temporal decorrelation by single neurons in the primary visual cortex. J Neurophysiol，2003，89：2707-2725.）

的。刺激从高幅度回到最初的低幅度后，膜电位超极化，因此神经元数秒内不能放电。不过，随着胞内的 Na^+ 浓度缓慢衰减回到基态，神经元渐渐重新回到初始的电活动水平。此例子说明，这一模型重现了在初级视皮质神经元所观察到的基本现象。

三、去关联

长期以来，人们假设神经元的适应性可以作为去关联的机制。比如，视觉世界在时间上有冗余，因此视网膜收到的光信号在不同时间点上有很强的关联。大脑去关联可减少输入信号的冗余，以实现高效率神经编码。如果 I_{KNa} 有助于适应，它是否也能参与输入去关联？具体来讲，人们发现，自然环境中，狭窄视野内的视场强度信号确实能呈现在所有时间尺度上的关联。这可用标度无关（scale-free）的功率谱来定量化，即随着频率 f 的降低，视场强度以 1/f 的方式增加（见图 9-9-2B 中的红色曲线）。这反映了在不断增加的时间尺度上的关联。相反地，完全无关联信号的功率谱是平谱，即功率在所有频率上是相同的（这是白噪声名称的由来）。一个具有适应性的神经元将对有 1/f 特性的输入如何响应？这个问题可通过计算机模拟来研究。当我们用具有 1/f 分布的随机信号作为驱动神经元的电流时，上述的神经元模型放电的长时程关联被抑制，因此输出信号的功率谱在低于 1 Hz 的频率处基本上是平谱（见图 9-9-2B 左侧蓝色曲线）。去关联的机制是由 I_{KNa} 介导的负反馈：更高的放电频率导致更大的 I_{KNa}，引起细胞膜电位超极化，作为一个反向信号抵消外界输入。去关联发生在 1 s 或更长的时间尺度上，因此白化 1 Hz 以下的功率。所以，这种单个神经元水平的机制能促进去关联功能。这一预测在雪貂皮质离体脑片实验中直接得到证实。当初级视皮质神经元接受满足 1/f 分布的随机信号后，其输出显示与上述模型相同的去关联（见图 9-9-2B 右侧曲线）。这一实验表明去关联确实能在皮质神经元中发生，单个神经元的动态活动可以完成对个体行为可能重要的计算；但这一机制是否能解释心理学层次上的适应性仍有待直接的证明。这个例子阐明了实验与建模的典型相互作用过程：模型是建立在实验发现的基础上的，而给出的预言要经过新实验的检验来证实。

以上介绍了单个突触、神经元的计算例子。长期可塑性是突触的另一个重要的性质，被认为是学习和记忆的生物基础。因篇幅有限，这里我们无法讨论其相关计算模型，有兴趣的读者请参考 Dayan 和 Abbott 编写的教科书。

第三节　耦合神经元与脑的节律

我们已经讨论了如何模拟单个突触和神经元，接下来要讨论的是神经元通过突触耦合实现的网络的计算功能。这是一个很大的课题，因为在大规模神经网络中，协同放电模式几乎有无穷多的类型。为具体起见，我们将集中讨论神经元的同步振荡：这种类型的群体神经元动态活动模式已有广泛的理论和实验研究。节律对某些神经功能显然是必需的，比如中枢模式发生器（central pattern generator）产生的运动。在哺乳动物的脑皮质内，人们观察到多种类型的同步节律，如安静睡眠中的自发纺锤形波（spindle rhythm），和被外界刺激激发的 γ（40 Hz）振荡。另一个显著的例子是动物在探索性运动和空间导航时，海马中的 θ 节律（8 Hz）。海马“位置细胞”（place cells）编码动物当前或随即到达的空间位置。当动物在某一位置细胞的感受野（place field）内移动时，细胞的放电脉冲的发放时间相对于 θ 周期（～ 8 Hz）有系统的相位变化。这表明动作电位发放的精确时间（相对于相干振荡）在信息编码和处理中起着作用。

神经网络节律通常出现在由数百或数千个神经元组成的相对局限的脑回路中。因此，对脑节律的神经机制的研究为阐明回路动态活动是如何从突触与细胞内秉特性和网络的相互作用中产生的提供了一个良好的途径。关于相干振荡的机制，通常有两类问题：第一，其频率是如何被决定的；是否有作为节律发生器的细胞，还是一种网络现象？第二，就像定时需要不同的钟表达到同步一样，脑节律需要神经元之间的同步。网络同步的突触机制是什么？我们将依次讨论这两个问题。

一、细胞节律发生器

中枢神经系统中的神经元具有大量不同类型的电压和钙门控离子通道，分布在树突和胞体膜上，能产生复杂的动态活动。一般来说，当强而快速的正反馈（产生膜电位的上升相）与较慢的负反馈（产生衰减相）相作用，单个神经元就能产生振荡。正反馈可通过激活电压门控 Na^+或（和）Ca^{2+}内向电流，而负反馈由内向电流的失活或外向 K^+电流的激活而产生。这两者的特别组合可使神经元具有节律发生器（pacemaker）的特征：在一个有限的频率范围内振荡。下面我们举 3 个这样的例子（图 9-9-3）。

安静睡眠中的纺锤波振荡起源于丘脑。Henrik Jahnsen 和 Rodolfo Llinas 发现丘脑-皮质投射细胞有两种放电模式：当静息膜电位去极化时，神经元强直地发放单个动作电位的序列；静息膜电位超极化时，神经元产生簇状（bursting）放电，可能表现为节律性放电（图 9-9-3A 上）。在安静睡眠期，丘脑神经元处于簇状放电模式，在整个丘脑-皮质系统产生纺锤波振荡（spindle wave）。簇状放电是由低阈值的电压门控 Ca^{2+}通道（I_T）（在超极化时去失活），以及超极化激活的阳离子通道（I_h）的活动产生的。图 9-9-3A 下解释了丘脑细胞模型簇状放电的机制。直观上讲，节律性簇状放电可以这样产生：超极化输入缓慢地激活 I_h 和去失活 I_T。I_T 的活动增加使膜电位去极化，触发快速反弹性簇状放电（rebound burst）（250 ～ 500 Hz）。随着 I_T 在膜电位去极化态下失活，簇状放电停止。这时神经元回归于超极化状态，引起又一轮的振荡周期开始。振荡的周期（约 100 ms）由 I_T 的失活时间常数与 I_h 的激活时间常数决定。当大脑觉醒时，神经调质（胆碱能的、去甲肾上腺素能的及其他）的输入增加，引起丘脑细胞从簇状到强直放电模式的转变。

γ（～ 40 Hz）节律常常在动物醒着和活动时被观察到。人们在新皮质一群被称为啁啾细胞（chattering cells）的神经元上发现内秉 γ 振荡（图 9-9-3B 上）。这些细胞重复簇状放电，频率在 γ 频带（振荡的周期约 25 ms），而簇内的放电频率为 300 ～ 500 Hz。组块模型（compartmental model）显示，啁啾细胞的快速节律簇状放电是由与 Ca^{2+}无关的离子机制产生的（图 9-9-3B 下）。相反，它依赖于树突上的电压门控 Na^+电流。在这一机制中，近胞体的动作电位逆向传播到树突，产生依赖于 Na^+的慢去极化，这反过来又在胞体诱发更多的动作电位。这种胞体与树突之间的来回“乒乓”作用是产生簇状放电的原因。去极化使一种较慢的 K^+电流激活，最终使簇状放电终止；而在超极化期，这种 K^+电流的去激活，导致了 Na^+电流的恢复及新

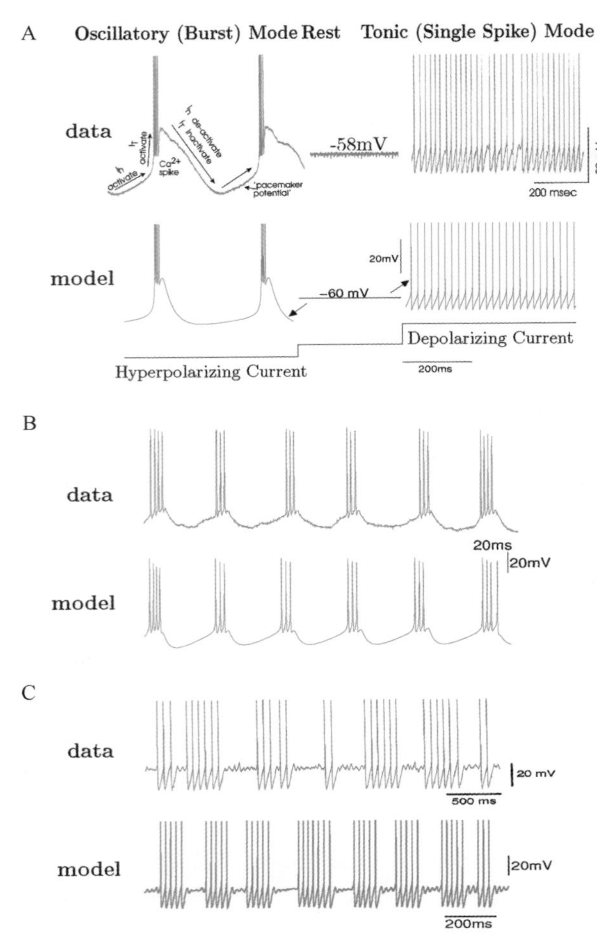

图 9-9-3 **单个节律发生器型神经元的振荡行为**

每张图给出实验数据和计算机模拟结果。**A.** 丘脑的中继神经元（relay cell）显示两种不同的放电模式：去极化时的强直放电和超极化时的簇状放电［从上到下分别改自 McCormick DA，Pape HC. Noradrenergic and serotonergic modulation of a hyperpolarization-activated cation current in thalamic relay neurones. J Physiol，1990，431：319-42. 和 Wang XJ. Multiple dynamical modes of thalamic relay neurons：rhythmic bursting and intermittent phase-locking. Neuroscience，1994，59（1）：21-31.］。**B.** 猫视皮质的啁啾细胞在 γ 频带的簇状放电［从上到下分别改自 Gray CM and McCormick DA. Chattering cells：Superficial pyramidal neurons contributing to the generation of synchronous oscillations in the visual cortex. Science，1996，274：109-113. 和 Wang XJ. Fast burst firing and short-term synaptic plasticity：a model of neocortical chattering neurons. Neuroscience，1999，89（2）：347-62.］。**C.** 猫内侧隔区的非胆碱能细胞（可认为是 GABA 能细胞）显示在 θ 频带的，连串放电与阈下膜电位振荡交替的节律［从上到下分别改自 Serafin M，Williams S，Khateb A，et al. Erratum：Rhythmic firing of medial septum non-cholinergic neurons. Neuroscience，1996，75：671-675. 和 Wang XJ. Pacemaker neurons for the theta rhythm and their synchronization in the septohippocampal reciprocal loop. J Neurophysiol，2002，87（2）：889-900. ］。计算机模拟中的振荡比实验数据中快（见不同的时间标度），因为实验数据是在 32℃下记录的，而模型中模拟的是体温温度（37℃）下结果。（本图改自 Wang XJ. Encyclopedia of Cognitive Science，MacMillan Reference Ltd.，2003，272-280.）

一轮簇状放电的开始。人们在皮质脑片实验中发现了支持这一机制的实验证据。不过，在活体中啁啾细胞是否确实起着 γ 振荡起搏器的作用仍不清楚。

海马及其周围的边缘结构中的 θ 节律被认为依赖来自内侧隔区（medial septum）（那里有类似节律发生器的神经放电）的输入通路。在内侧隔区主要有两类细胞，在 θ 节律发生中起着不同的作用：胆碱能细胞能缓慢地调节海马神经元的兴奋性，而 GABA 能细胞起着节律发生器的作用。新近的生理学结果表明，内侧隔区的非胆碱能细胞（可认为是 GABA 能细胞）显示 θ 频带的内源性振荡，其特点为 γ 频率阈下膜振荡和脉冲串在时间上相互嵌套，以 θ 节律重复（图 9-9-3C 上）。类似的膜振荡行为在大鼠嗅球的单个僧帽细胞中被观察到。基于这一电导的模型（图 9-9-3C 下）提示这样的内源性节律可以由一低阈值、缓慢失活的 K^+电流（I_{KS}）产生。细胞放电时，I_{KS} 在后超极化期间缓慢地去失活，当 I_{KS} 足够大时细胞结束放电。在细胞不放电时，I_{KS} 由于通道失活而缓慢减少，直到细胞充分恢复其兴奋性而重新开始放电。阈下振荡是由 Na^+电流和 I_{KS} 相互作用产生的。在这一范式中，θ 节律的周期性在很大程度上是由内侧隔区的 GABA 能细胞的 I_{KS} 控制的。这一机制假设还有待实验检验。

从以上的讨论中我们可以总结几点基本的规律。第一，同一个神经元能显示不同的动力学模式（如强直和簇状放电），这依赖于膜电压水平并受神经调质的控制。第二，至少有两类产生节律的离子机制：一类与 Na^+和 K^+电流的互作用有关，另一类与 Ca^{2+}电流有关。清醒脑中 γ 和 θ 节律可能与 Na^+和 K^+电流有关，而纺锤形波和 δ 睡眠节律依赖于 Ca^{2+}电流。第三，阈下振荡和重复簇状放电对神经元同步有不同的作用。阈下振荡使细胞对小幅度但精确定时信号有很强的敏感性（在膜振荡周期的波峰），可作为锁相和共振的信号载体。另外，簇状放电提供了可靠的信号，即使通过不可靠但短时程易化的突触，节律也可从一个细胞传到另一个细胞。

二、同步化的机制

任一神经回路，不管是丘脑、新皮质，还是海马，主要由两类细胞组成：兴奋性的投射神经元和抑制性的中间神经元。因此，通过化学突触，同步机制有三种可能的类型：兴奋性神经元之间的循环兴奋（recurrent excitation）、中间神经元间的相互抑制（mutual inhibition），通过兴奋神经元和抑制神经元环路的反馈抑制（feedback inhibition）。

（一）循环兴奋模型

兴奋性循环连接是历史上第一个通过详尽的实验和计算分析得到的同步化机制，源于下述现象的发现：抑制性突触的阻断可以导致皮质或海马网络完全的同步放电，像癫痫发作时一样。因为这种情况下抑制系统失效，同步自然被认为来源于兴奋性神经元之间的相互作用。直觉上，互相兴奋应该能使耦合的神经元同步化：如果在时间上先放电的神经元兴奋别的神经元和使它们的放电时间提前，一个网络就会同步发放。但是，对耦合神经元模型的计算机模拟发现，兴奋性突触常常使得突触后神经元的放电延迟，而不是提前；相互兴奋能否产生同步取决于组成神经元的内禀特性。正常情况下，大脑节律的同步一般不是由兴奋性突触单独产生的，而是强烈依赖于抑制性突触。

（二）中间神经元网络模型

计算研究发现，在中间神经元网络中，抑制性突触连接能使节律活动同步化（Wang and Rinzel 1992）。这一机制是建立在对抑制性突触电流的动态活动的认识之上的。如果神经元之间抑制性突触传递非常快，它们发放的动作电位会互相抑制，自然是非同步的。可是，若抑制性突触电流的上升较慢，衰减时间又长于膜的内秉恢复时间，则神经元有可能一起从抑制性突触电流引起的超极化状态恢复，同步发放动作电位。这个机制实现的同步节律的特点是，抑制性突触电流的衰减时间常数与震荡周期相当。比如，$GABA_B$ 受体介导的抑制的时间常数为 100 ～ 200 ms，原则上能支持低频（几赫兹）振荡同步。而 $GABA_A$ 受体介导的抑制的时间常数为 10 ms，相对于几个 Hz 的同步振荡是太快了，但对 40 Hz 振荡（周期约为 25 ms）则足够慢（图 9-9-4）。这一最初由理论上提出的同步机制，后来得到了实验的支持。比如，离体脑片的生理学研究表明，在海马中间神经元网络中（当 AMPA 和 NMDA 受体介导的兴奋性突触传递被阻断时），$GABA_A$ 受体介导的抑制能导致相干的 40 Hz 振荡。

（三）反馈抑制模型

神经网络振荡的又一机制是基于兴奋性和抑制性神经元群间的反馈作用。Walter Freeman 首先提出这一范式来解释在嗅球和皮质中观察到的 γ 振荡（40 Hz）振荡。根据这样一个机制，自发的 40 Hz

振荡依赖于AMPA受体介导的兴奋性和$GABA_A$受体介导的抑制性突触传递。其原理不依赖于单细胞的周期行为，而是锥体神经元和中间神经元的群体动态活动：像任何一个非线性动力系统，振荡很容易由强而快的正反馈（AMPA受体介导的兴奋性反馈）和较慢一点的负反馈（$GABA_A$受体介导的抑

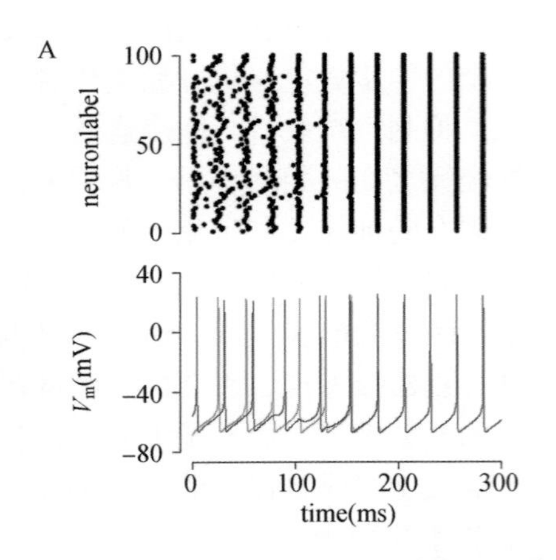

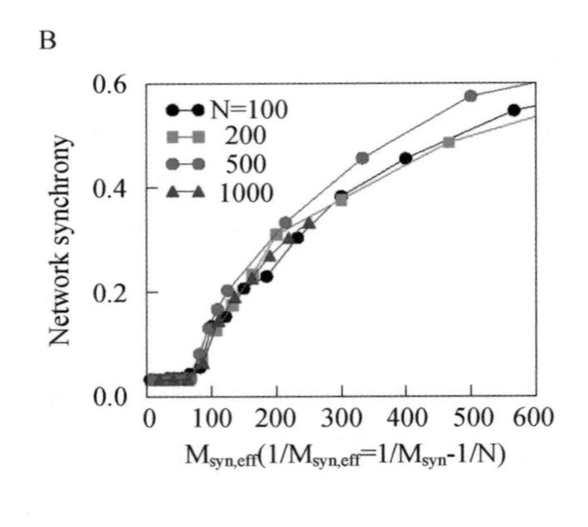

图 9-9-4 **耦合振子同步化的中间神经元网络模型**

A. 全连接规则网络中的同步。上图，散点图中的每一行代表网络中单个神经元的放电；下图，两个神经元的膜电位。神经元起初放电并不同步，但由于互抑制而迅速同步化。**B**. 随机网络的同步程度与（平均）每个细胞的突触连接数 M_{syn} 之间的关系。不同曲线对应不同网络大小（N = 100，200，500，1000）。当连接度高于一临界度时，同步化才发生；此连接度的阈值与网络大小无关［改编自 Wang XJ，Buzsáki G. Gamma oscillation by synaptic inhibition in a hippocampal interneuronal network model. J. Neurosci，1996，16（20）：6402-6413. 及 Buzsáki G，Geisler C，et al. Interneuron Diversity series：Circuit complexisty and axon wiring economy of cortlcal interheurons，Trend in Neurosci，2004，27：186-193.］

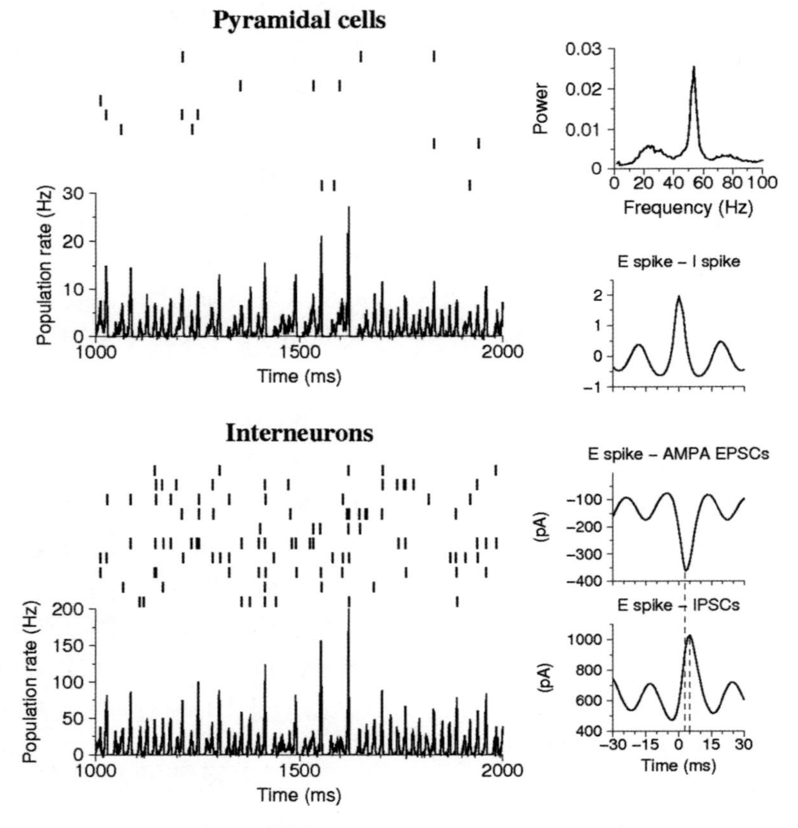

图 9-9-5 **不规则放电神经元同步振荡的反馈抑制模型**

模型中，由锥体细胞和中间神经元稀疏随机连接的网络呈现55 Hz的集体振荡（见群体放电频率（左图）和功率谱（右图自上第一迹线），而单个神经元则低频间隙性放电（锥体细胞和中间神经元的放电频率分别是2 Hz和10 Hz）。两个神经元群的发放完全同步（零位相）（见右边图第二条迹线）；而抑制性突触电流相对兴奋性突触电流有2 ms的滞后（见右边图第三、四迹线）［引自 Brunel N，Wang XJ. What determines the frequency of fast network oscillation with irregular neural discharge? I. Synaptic dynamics and excitation-inhibition balance. 2003，90（1）：415-430.］

制性反馈）相互作用而出现。模型研究证明，这个引起节律的机制甚至在具有大量突触噪声的随机连接的网络（random network）中也可实现。正如在图 9-9-5 中看到的，尽管神经元群作为一个整体，在 40 Hz 频带范围内振荡，但是单个神经元的放电十分随机，在时间上具有间隙性（intermittency）（中间神经元的放电率约为 10 Hz，而投射神经元约为 2 Hz）。这些特征与活体脑中神经元在 γ 节律时的放电活动相似（Brunel and Wang，2003）。

由此可见，通过中间神经元网络或 / 和通过兴奋性和抑制性神经元间的反馈实现相干的振荡，主要依赖抑制性突触。这种概念上从兴奋到抑制的转变，尽管有悖于直觉，却是基于生物物理建模工作的直接结果。如果单个神经元的放电如时钟般规则，耦合振子实现同步可应用于由节律发生器细胞驱动的节律；相反，如单个神经元受噪声驱动，显示随机的放电，相干振荡也可作为群体动态活动在网络的层次上出现。

同步节律只是神经元网络动态活动的一种形式，别的例子包括电活动以波的形式传播，非同步的随机行为，群发链（synfire chain，电活动在若干群神经元之间次递传播，每一群内的神经元同时发放，并使下一群完全激活），等等。这些网络的动力学特征可以用来实现哪些计算功能是计算神经科学需要研究的一个重要问题。下面将介绍由这些网络实现的认知功能。

第四节　“认知型”神经网络

神经信号处理可以前馈（feed-forward）方式进行，比如在哺乳动物的视觉系统中，光信号以串行的方式从视网膜、外侧膝状体、初级视皮质到高级视皮质。另外，在局域网络中，神经元通过循环连接而相互作用，其特征是通过反馈环（从神经元 A 到 B，再直接或通过其他神经元间接地回到 A）发生作用。解剖学结果表明，新皮质局部回路具有大量的循环连接突触。可是，要把网络的功能明确归因于前馈或反馈是很困难的。比如，在初级视皮质（纹状皮质）的第Ⅳ层（丘脑传入的输入层），神经元选择性地对光条的朝向（orientation）敏感，但它的突触前丘脑神经元则不具有这种选择性。实验和理论学家对朝向选择性是如何产生的这个问题进行了大量富有成效的研究，发现一个皮质细胞接收几千个突触输入，尽管其中只有不到 10% 来自丘脑（其余来自皮质），朝向选择性仍可能主要来自突触前馈输入机制，或是反馈机制，或是两者的配合而实现。而与初级感觉系统不同，认知过程没有被外部世界所“奴役”，所以我们的行为不是简单地对瞬态信息流的反射性反应，更多依赖于反馈机制。下面将重点介绍三类与认知相关的计算模型。

一、工作记忆和持续放电活动

大脑的认知功能之一是工作记忆，即在没有直接外刺激下，可“在线”维持、整合及处理信息。储存的信息可以是关于感觉刺激，用来指导未来动作、延迟的知觉决策或行为反应；也可以是从长期记忆中提取的信息（比如，当你在人群中找一朋友时，大脑可激活关于你朋友脸的记忆并用它来帮助视觉的寻找）。以猴为实验对象的神经生理学研究表明，工作记忆是以自我维持的持续性神经元电活动（self-sustained persistent neuronal activity）形式储存的。许多研究表明前额叶皮质（prefrontal cortex）对工作记忆非常重要，而其神经元普遍表现记忆相关的电活动（Goldman-Rakic，1995）。不过，自我维持的神经元电活动也在其他脑区被观察到，包括顶叶、颞下回和前运动（premotor）皮质等。持续放电活动显然不是由外部刺激直接驱动的，因此不能用信号前馈处理来解释。

此外，工作记忆过程中的自我维持放电活动可长达 10 秒，比神经元和突触的快速电信号的时间常数（数十毫秒）大几个数量级。因此，人们认为持续电活动是由循环连接网络实现的。回响（reverberation）这一概念可追溯到 20 世纪 30 年代 Rafael Lorente De Nó 的工作。在前额叶皮质背外侧区（dorsolateral prefrontal cortex）第Ⅱ～Ⅲ层，神经元之间存在特征性的水平突触连接，为回返性回路提供了解剖基础（Goldman-Rakic，1995）。这一想法在理论模型中得到准确阐述，即持续放电活动可描述为“动态吸引子”（dynamical attractors）（Amit，1995；Wang，2001）。从数学上讲，吸引子的概念并不难理解，它仅表示动力系统，如神经网络的稳定状态。因此，在工作记忆系统中，自发放电态（spontaneous state）和具有刺激选择性的记忆态（stimulus-selective memory states）被认为是代表不同但同时存在的吸引子，因此记忆状态可由短暂的输入触发和关闭。

图 9-9-6 解释了一个吸引子网络模型的生物物理机制。在物体工作记忆（object working memory）模型中，不同的神经元群对不同的刺激对象起反应。当一个神经元群内的兴奋性突触连接强度大于某一阈值时，持续放电活动以全或无的方式出现（图 9-9-6A ～ B）。低于阈值时，只有自发放电态；高于阈值时，自发放电对微扰仍是动力学稳定的，因为在低放电频率态，兴奋性被反馈性抑制有效地抵消了（图 9-9-6C）。但是，如果刺激在某一神经元群内激发起一瞬时的强烈放电活动，那么回响于这些神经元间的突触兴奋就会足够强，以至于驱动这群神经元离开自发放电态。更强的放电活动导致更强的循环性突触兴奋，因而能在刺激消失后维持其持续放电态。因此，这一网络能实现具有较高放

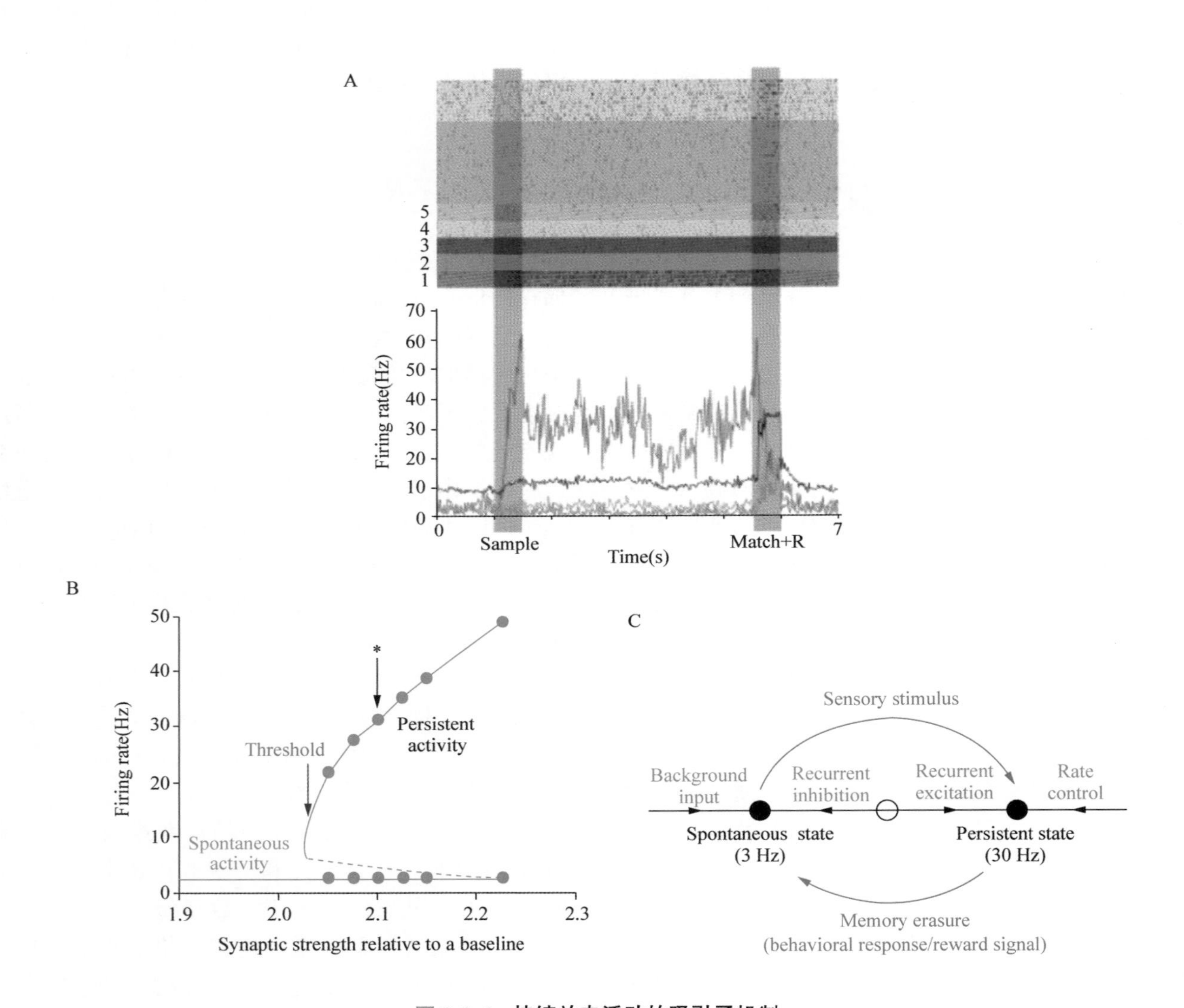

图 9-9-6 **持续放电活动的吸引子机制**

A. 延迟匹配（delayed match-to-sample）任务的客体工作记忆模型。不同兴奋性神经元群（标为 1 ～ 5）对外界刺激具有选择性反应。每一群的平均放电频率画在散点图（rastergram）下。抑制性神经元用黑色显示。在模型中，某个对象的刺激只在一个锥体细胞群（红色）激发起 30 Hz 的持续放电活动，直到延迟期结束及行为任务完成，工作记忆不再需要。这时，另一短暂的输入信号可使所有神经元产生瞬变性发放，从而停止延迟期的电活动。**B.** 网络电活动与循环性突触连接强度的关系。实线：自发放电态和持续放电记忆态。虚线：不稳定态。持续放电活动以全无或有方式出现，有一临界突触强度。"*" 标记相应于图（**A**）所用参数。**C.** 吸引子动力学的生物物理机制示意图。吸引子对微扰有稳定性：当微扰使网络达到一较低或较高放电状态，网络有某种恢复力回到吸引子态。本例中，自发放电态自下由背景输入，自上由抑制性突触反馈，而达到稳定。足够强的感觉刺激驱动神经元群离开自发放电态，刺激消失后，网络在记忆态，具有较高的持续放电频率。持续放电活动自下由兴奋性回荡，自上由各种负反馈机制，而达到稳定。最后，行为反应或奖赏信号使网络放电停止，消除记忆痕迹（引自 Wang XJ. Synaptic reverberation underlying mnemonic persistent activity. Trends in Neurosci，2001，24：455-463.）

电频率的持续放电活动（图9-9-6C）。工作记忆网络放电频率可通过负反馈控制而达到稳定，但其控制机制的生物物理基础仍有待确认。可能参与的机制包括单个神经元的外向离子流、反馈抑制、短时程突触抑制和突触在高频率下的饱和。

仿真的生物物理模型揭示了下列回路的特性：即能产生具有刺激选择性的持续放电活动。从非线性动力系统理论可知，如果负反馈比正反馈慢，具有强循环连接的网络容易不稳定。如果兴奋是由AMPA受体介导（通常比由$GABA_A$受体介导的抑制快2～3倍），该网络确实不稳定。正如我们在讨论同步节律时已经看到的，在兴奋-抑制环路中AMPA与$GABA_A$受体的相互作用自然导致快速的网络振荡。在工作记忆模型中，为产生持续放电活动需要大量的循环连接，这常常会导致过度振荡，对网络的稳定性有害。但如果兴奋性回响是慢过程，例如由NMDA受体介导（其时间常数为50～100 ms），那么工作记忆功能就是十分稳定的。因此，此模型预言NMDA受体在工作记忆中应该起重要的作用（Wang，2021）。

另外，大量的兴奋必须被抑制平衡和控制（Brunel and Wang，2001），因此持续放电活动对刺激信号的选择性的形成就十分依赖于抑制性突触网络。模型还定量地预言了GABA抑制性神经元的一些特征。在猴子做延迟眼动任务（delayed oculomotor task）的实验中，生理学家测量到的前额叶皮质抑制性神经元的放电活动，以及$GABA_A$受体拮抗剂损害前额叶神经元对输入的空间选择性的发现，都支持模型的结论。同时，记忆维持的一个关键方面是抗干扰：当与行为相关的信息在大脑内保持时，无关的感觉刺激不应进入工作记忆系统。我们发现，抑制性突触能使我们的模型系统抵抗干扰信息，多巴胺对循环性兴奋突触和抑制性突触的调节也能增强系统忽视干扰信息的能力（Brunel and Wang，2001）。

二、知觉决策

参与工作记忆的皮质区域，如前额叶和后顶叶，在其他认知功能，如决策、选择性注意和行为控制中也起着重要的作用。这意味着这些区域的回路组织具有一些必要的特性，能实现对信息的内部表征，以及认知过程中的动态计算。研究表明，最初用来描述工作记忆的网络模型也可用来描述抉择过程（Wang，2002）。图9-9-7给出了对视觉运动图像识别实验（Gold and Shadlen，2007）的计算机模拟结果。在二择一迫选任务（two-alternative forced choice task）中，猴子必须判断在图案中随机光点运动的方向（比如左或右），并通过眼动（saccade）来报告感知的方向。刺激图案中仅有一定百分比的光点沿相同的方向运动（这一比例称为运动强度），其他光点的运动方向是随机的。因此可通过改变运动强度（0～100%）来控制任务的难易程度。当猴子执行任务时，单细胞记录显示在后顶叶和前额叶的神经元的放电活动，与猴的选择而不是与刺激的运动方向相关联。比如，当运动强度很低（3.2%），光点运动方向为左，而猴的知觉判断是右时，选择性为右方向的细胞比选择性为左方向的细胞的放电活动要强。这一实验可用工作记忆模型来模拟。用同一模型描述工作记忆或决策实验的唯一区别是，在延迟反应任务中只有一个刺激对象存在，而在知觉识别任务中，有冲突的感觉刺激输入网络中相互竞争的不同的神经元群。图9-9-7A示意地说明两个神经元群组成的抉择网络（A＝左，B＝右）；输入的相对差别（$I_A - I_B$）/（$I_A + I_B$）可模拟视觉运动识别实验中的运动强度。图9-9-7B给出了运动强度为0（$I_A = I_B$）时的模型模拟结果。刺激加上后，两个竞争的神经元群的放电频率r_A和r_B先在数百毫秒内一起增加，然后开始分离：一个增加，另一个减少（在图中是r_A增加，r_B减少）。知觉判断是基于哪一个神经元群赢得竞争而做出的。因此，与猴生理学实验结果一致，抉择过程分两步进行：首先在时间上以分级的方式对感觉数据整合（在模型中这是依赖NMDA受体介导的缓慢回响过程）；然后，通过“赢者为王”（winner-take-all）的竞争机制（由抑制性突触实现），完成分类选择。

在零运动强度情形下，两个神经元群的输入是相同的，因此哪一群获胜是由噪声（即抉择回路中神经元的非规则放电）决定的。不同的试验中网络的选择是概率性的（50%）（图9-9-7C）。当运动强度非零（$I_A > I_B$）时，神经元的放电活动上升更快，变化的速度随着运动强度的增加而增加（Wang，2002）。换句话说，当刺激的证据更强时，网络以更快的速度整合感觉信号，从而更快地形成抉择。从网络模型得到的抉择正确率和运动强度的关系与猴的行为实验结果相似（图9-9-7D）。因此，模型能同时解释神经生理学和心理物理实验的结果。而对网络的基本要求仍是缓慢回响（用于时

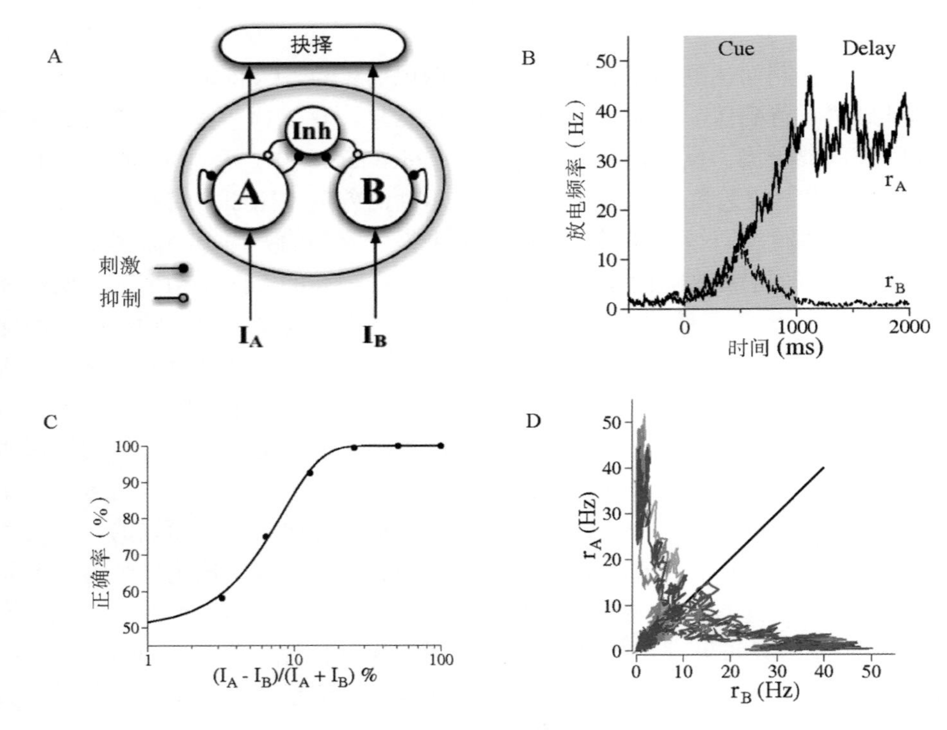

图 9-9-7 **二择一迫选任务的简单模型**

A. 模型示意图。两个锥体细胞群，每一群对随机光点移动的方向（A ＝左，B ＝右）起反应。每个群内的兴奋性交互连接维持其自激放电，两个群之间通过来自中间神经元的抑制反馈而实现竞争。**B.** 零运动强度的计算机模拟结果。群体放电频率 r_A 和 r_B 先一起增加，然后分离。**C.** "放电频率平面"上，r_A 与 r_B 在抉择过程中的关系。不同颜色的曲线表示不同的试验，显示抉择行为的概率特征。**D.** 抉择正确率和相对输入差的关系。刺激时间固定为 1 s（改编自参考文献中的原始文献 17）

间整合），并被抑制性突触平衡（用于"赢者为王"的竞争）。在模型中，缓慢兴奋依赖于 NMDA 受体。不过，单个神经元的缓慢电压门控或（和）钙门控内向离子通道也可能有助于这样的回响网络的动态活动。

三、时间整合

定性地讲，工作记忆需要神经元将瞬变输入脉冲转化为持续的放电活动，就像对刺激的时间积分。类似地，在知觉决策中，放电率随时间近似线性地持续上升，这一过程在概念上即为时间整合。但值得注意的是，一个真正的积分器（integrator）意味着，呈现瞬变信号后，持续放电活动的强度以分级方式随信号强度增加。图 9-9-7 所示则非如此：尽管刺激时神经元活动正比于输入强度，刺激消失后的放电频率是二进制的（代表两个分类选择中的一个），与输入运动强度无关。这类神经信号正是为完成抉择行为所需要的，也的确是在后顶叶神经元中观察到的情形（Gold and Shadlen，2007）。运用别的任务范式、分级（graded）（或参数型，parametric）持续放电活动在许多神经系统中被观察到，用来储存模拟量的短期记忆，如刺激对象的空间位置（Goldman-Rakic，1995）、动物头朝向（Taube and Bassett，2003），或眼凝视过程中的注视位置（Seung et al，2000）。

从近年来的研究中，我们已知有两种神经积分器的编码方案。在"频率编码"（rate code）中，每个神经元的持续放电频率随着被编码的特征线性变化。因此在"放电频率空间"里，不同神经元的发放频率将落在一条直线上。这导致了"线状吸引子"（line attractor）的理论概念（Seung et al，2000）。相反地，在"位置编码"（location code）中，神经元对被编码特征的选择性显示于高斯调谐曲线（Gaussian tuning curve），因此不同的神经元群参与储存某模拟量不同的值。换句话说，在频率编码中，刺激特征是由"神经元兴奋程度"来确定，而在位置编码中由"哪些神经元兴奋"来确定。数学上，理想的积分器可描述为 $dX/dt = I(t)$，其中 $I(t)$ 是输入信号，X 为神经元放电活动程度（频率编码），或网络活动的峰位置（位置编码）。

图 9-9-8 给出了神经积分器模型的一个例子，

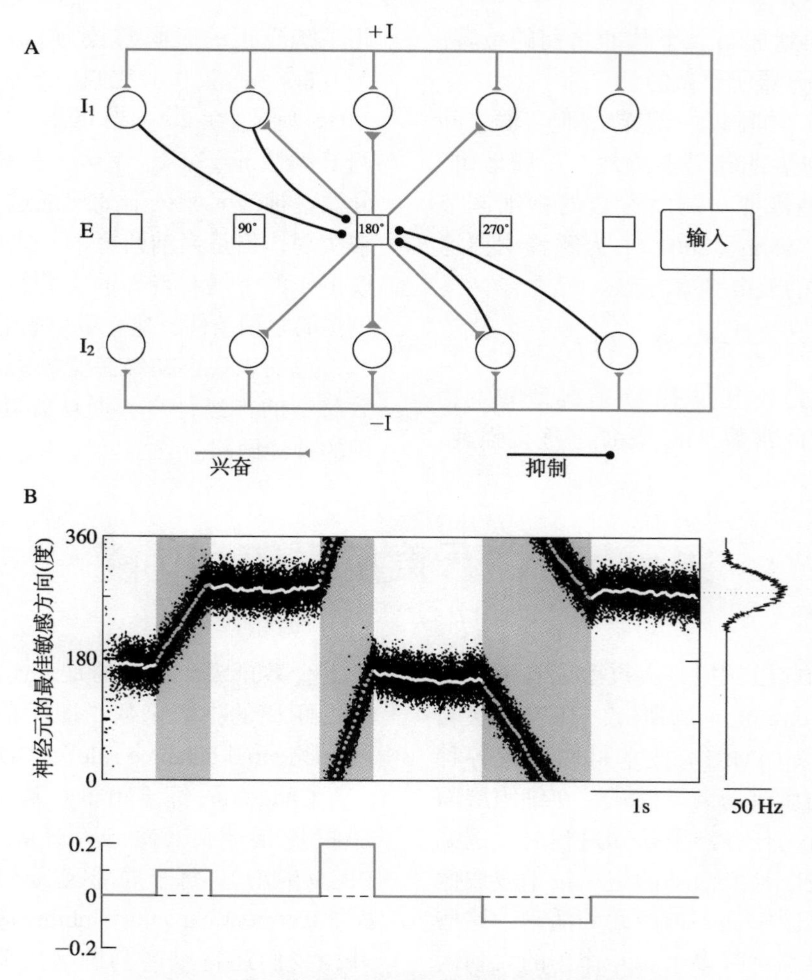

图 9-9-8　**通过尖峰状持续放电活动实现的时间整合**

A. 模型示意图。兴奋性神经网络对方向（0～360°）编码，其抑制性神经元的输入在没有速度信号时达到平衡。速度信号增加对一组抑制性神经元的输入（＋I），减小对另一组抑制性神经元的输入（－I），导致对兴奋性网络的抑制性输入的不对称。**B.** 网络对一连串阶梯输入（下图）反应的放电模式（上图）。网络中的神经元按其最佳敏感方向，沿 Y 轴排列，X 轴是时间。每个点代表一次放电。网络放电模式呈现尖峰状（上图右边曲线），峰位置编码方向的角度（散点图中的白线）。没有外界输入时，头朝向信息由持续放电活动维持。输入诱导的放电活动峰位置以正比于刺激强度的速度移动，从而实现对输入的时间积分。结果由宋鹏程提供［改编自 Song P，Wang XJ. Angular path integration by moving "hill of activity"：spiking neuron model without recurrent excitation of the head-direction system. J. Neurosci，25（4）：1002-1014.］

其中被编码的特征是由网络活动曲线的峰位置决定的。这一模型用来描述“头朝向”（head direction，HD）细胞（Song and Wang，2005）。HD 神经元是空间导航系统的一部分，编码动物头朝向的信息。当动物转头时，HD 细胞对由前庭输入的角速度信号进行时间积分，转变为角度位置信号；而当头方向固定时，位置信号在内部被维持。HD 细胞对头朝向的敏感性，服从高斯调谐曲线。有趣的是，已有的证据表明 HD 细胞所在的神经通路中，缺少局部的兴奋性细胞之间的反馈性突触连接。与此一致，图 9-9-8 中的模型表明，没有循环兴奋，交互抑制（cross-inhibition）可产生有方向选择性的尖峰状的持续放电活动，数学描述为钟形吸引子（bell-shaped attractor）。此外，该模型假设由两个抑制性“旋转细胞”（rotation cells）群可形成转移机制（图 9-9-8A）。当头的方向固定时，来自两个抑制性神经元群的输入互相平衡，因此兴奋性神经元群活动的峰位置维持不变（见图 9-9-8B 中输入脉冲间的时间段）。当转头时，角速度信号增加一个抑制性神经元群的放电，而减少另一个抑制性神经元群的放电。这种不对称的抑制性输入导致兴奋性神经元群电活动以正比于输入幅度（角速度）的速度变化（见图 9-9-8B 输入脉冲的时间段）。模型实现的计算非常接近积分运算。比如，当第二个输入脉冲强度相对于第一个输入脉冲加倍，电活动峰位置移动速度也加倍。此外，网络能对正向（第一和第二个脉冲）和负向（第三个脉冲）输入整合。第三个脉冲相对于第二个输入脉冲幅度减半而时间延长一倍，使电活动峰返回到加第二个脉冲之前的位置。这正符合一个理想积分器所要做的。

该模型假设了两个抑制性“旋转细胞”群之间的对称性，但其生物学基础仍不清楚。一般地讲，理想线状吸引子模型需要对网络参数的精细调节（Seung et al，2000；Wang，2001）。为解释明白这一点，可看如下简单的放电频率方程：

$$\frac{dr}{dt}=\frac{-r+w_{rec}r}{\tau}+I(t)$$

在此方程中，r是放电频率，τ是典型的生物物理（膜或突触）时间常数，w_{rec}是循环连接强度。此系统真正的时间常数为$\tau_{eff}=\tau/(1-w_{rec})$，比$\tau$大（如果$w_{rec}\neq 0$）。比如，若$\tau=100$ ms，$1-w_{rec}=0.05$，则$\tau_{eff}=2$ s。当$w_{rec}=1$（此条件需要精细地调节参数w_{rec}），$\tau_{eff}=\infty$，系统就是一个理想的积分器。神经元积分器如何通过可行的生物物理机制来实现，仍是当前研究的一个热点。该方向今后建模工作的进展有待新的实验给予更多的数据，提出更多的限制条件，建立更牢固的机制性基础。

总的来说，初级感觉处理看起来需要“时间导数”型的神经计算，而认知功能包括“时间积分”型的神经回路。

第五节　大尺度脑系统和功能

当今神经科学的前沿领域是大尺度大脑神经通路（large-scale brain circuits）的研究。在宏观层面上，功能磁共振成像（fMRI）技术可以测量各种行为状态下的大脑的血流动力学模式。在细胞层面上，当动物执行的行为任务涉及认知过程时，例如决策或工作记忆，现今神经活动的记录技术或成像技术可以监测多个脑区中众多神经元的活动。这些先进技术保障我们能够对跨多个相互作用的大脑区域进行的分布式计算（distributed computation）进行观测并了解其功能。为了开发大尺度脑系统的准确数学模型，近年来宏观、介观、微观脑连接组学（Connectomics）（Sporns，2009，Wang et al，2020b）提供了大脑网络连接（network connections）的定量描述。最近基于示踪的解剖研究已经给出了猕猴定量的中观尺度的大脑皮质连接矩阵（Markov et al，2014）。在猕猴皮质中，Henry Kennedy课题组进行的逆行示踪剂注射和标记神经元的分析（Markov et al，2014）揭示了脑区之间的连接模式是不对称的（即两个区域之间的连接不一定是双向的），这与弥散加权成像（diffuision-weighted imaging）所得到的对称的脑区连接模式形成了鲜明对比。此外，连接权重（connection weights）是不均匀的，跨越了五个数量级。重要的是，连接权重是两个脑区之间的距离的指数函数，即所谓的“指数距离规则”（exponential distance rule）（EDR）（图9-9-9A）。

Chaudhuri等（2015）基于介观脑区间有向加权连接矩阵（Markov et al，2014）进行了建模（图9-9-9B）。每个局部区域用循环兴奋抑制神经通路（recurrent excitatory-inhibitory circuits）刻画。此外，我们还将脑区与脑区之间的生物性质差别以“宏观梯度”（macroscopic gradients）的方式引入到了该模型中（Wang，2020）。有趣的是，这个模型自然地产生了时间尺度上的层级结构（hierarchy of timescales）：接近感官器官的脑区对输入的响应是短暂的和瞬时的［适于知觉处理（sensory processing）］，而顶叶后皮质（posterior parietal cortex）和前额叶皮质随时间推移累积输入信号并且呈现持续活动（适于抉择和工作记忆）（Chaudhuri et al，2015）。我们还对功能性的连接（functional connectivity）（通过测量配对的皮质区域的活动相关性）进行了模拟，发现连接模式极大地依赖于跨皮质区域的时间尺度的层次。时间尺度层级结构的理论预言已得到小鼠、猴、人上的实验证实。

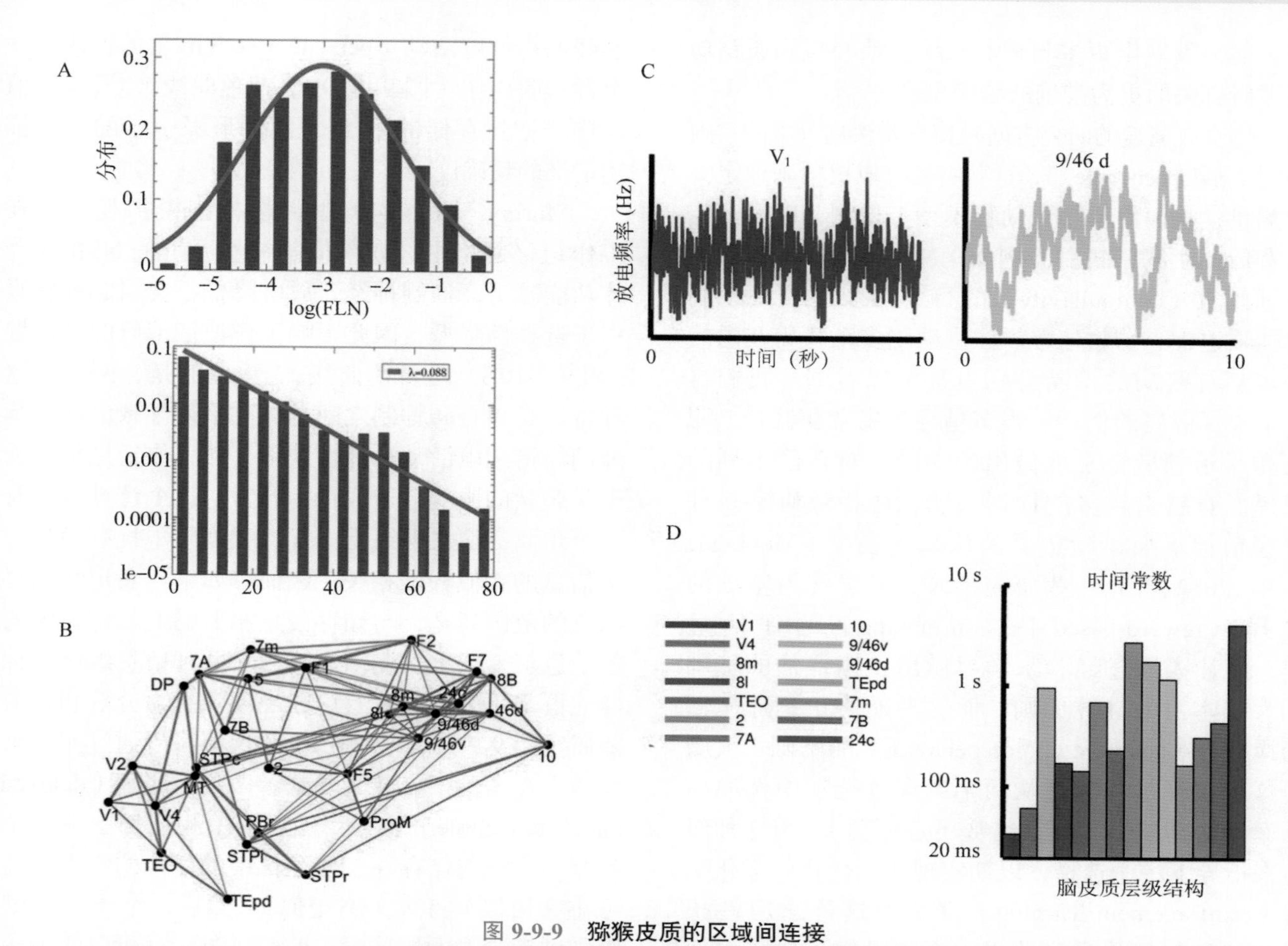

图 9-9-9　猕猴皮质的区域间连接

A. 将逆行示踪剂注射到（目标）区域中，将源区域和目标区域之间的连接的相对权重通过标记神经元的比例（fractional labeled neurons，FLN）来量化，标记神经元比例是源区域中标记神经元的数量除以标记神经元的总数。上图，FLNs 跨越五个数量级并且可以通过对数正态分布拟合。下图，在一对皮质区域之间的 FLN 是它们之间距离的指数函数，特征距离长度约为 11 mm（引自 Wang XJ，Kennedy H. Brain structure and dynamics across scales：ih search of rules. curr opin Neurobiol，2016，37：92-98.）。**B**. 大尺度猕猴皮质的动力学模型（29 个区域）。**C**. 初级视觉皮质 V1、前额叶皮质 9/46 区中神经随机电活动的时间变化特性。**D**. 神经活动显示了跨不同皮质区域（由颜色编码）的各种时间进程。每个区域的主要时间常数都相对于其在层级中的位置进行绘制，该图显示了时间常数的大范围分布，范围从几十毫秒到几秒

第六节　计算神经医学

众所周知，目前精神科的诊断模式和精神疾病的治疗缺乏可靠的生物学基础。大脑的复杂性对以确切病理机制为基础的精神病学研究来说，是一个非常艰巨的挑战。尽管近年来遗传学、分子和细胞神经科学的进步开始对一些精神疾病提供认知、情感和行为方面的病因线索，这些进展至今还未能为大多数精神疾病的系统诊断或药物治疗提供可靠的生物学基础。开发新的药物疗法治疗精神疾病的一个主要障碍是我们对脑神经通路如何产生行为的理解仍然是肤浅的。精神科医师普遍使用《精神疾病诊断和统计学手册》（*Diagnostic and Statistical Manual of Mental Disorders*，DSM）作为精神病诊断分类的依据，因其缺乏基于病因或病理生理学的可靠生物学基础而饱受批评。近年来，美国国立卫生研究院（National Institutes of Health，NIH）推出一个新的指导精神病学研究的框架，称为“研究领域规范”（Research Domain Criteria，RDoC）。其出发点不是精神病的诊断分类（例如是精神分裂症还是抑郁症），而是强调对不同精神疾病共有的行为障碍的认识（http://www.nimh.nih.gov/research-priorities/rdoc/index.shtml）。RDoC 计划旨在确定核心的认知、情感和社会功能障碍，然后跨不同层次（从分子、细胞、通路到功能）研究其大脑机制。计算模型恰恰能提供适宜的方法来定量探索贯穿于多层次的复杂系统。因此，将计算神经科学模拟手段并入转化神经科学（translational neuroscience）研究方案中，

有可能会发展出更多与神经系统和精神疾病通路功能障碍有关的更为准确的脑模型。

一个有前途的研究方向是搜索跨疾病分类的“内表型（endophenotype）”，这些特征可以更精确地定义和测量，从而更容易在动物模型上检测，以揭示疾病背后的生物学机制。例如，冲动性（impulsivity）与强迫性（compulsivity）的行为内表型在一系列包括强迫症、药物依赖、注意缺陷多动障碍在内的许多精神疾病的诊断类别里都可以看到。我们再举个抉择障碍的例子。很多精神病患者在社会、职业和娱乐领域重复地做出错误的、对自己不利的选择。有越来越多的证据表明，抉择障碍是一种贯穿精神疾病诊断边界的认知内表型（Montague et al，2012）。有一些研究涉及“以奖赏为基础的抉择”（reward-based decision making）的评估过程。能让人通过经验来学习做出正确评估的基础是大脑本身的计算原则，而这种能力正是适应性选择行为（adaptive choice behavior）的基础。大脑的这个抉择过程包括从两个或多个选项中选取一个、评估其结果（得到奖赏还是惩罚）、用这种经验来指导下一个选择，以期实现抉择优化。强化学习（reinforcement learning）理论为这种适应性抉择过程和与精神疾病造成的损伤提供了研究框架（Montague et al，2012）。

一、基于生物物理的神经网路模型：跨层次的理解

生物物理神经网络模型建立在定量神经生理学和解剖学基础上，适合于用来研究精神疾病的认知和行为障碍在分子、细胞和通路层次上的缺陷机制。精神分裂症中最明显的认知功能障碍之一是注意力涣散，工作记忆容易被与任务无关的刺激影响。前面已经谈到，工作记忆依赖于前额叶皮质，可以用简单的“延迟反应任务”（delayed response task）来测试。一个著名例子是“延迟响应动眼任务”（oculomotor delayed response task）：①受试者接受一个短暂（几百毫秒）的感官刺激（在屏幕上的一个视觉信号，定向角 θ）；②在几分钟的延迟期（delay period）中，受试者的大脑记住 θ 值（0～360°）；③受试者的眼必须准确地朝 θ 方向快速眼动（saccadic movement），眼扫视运动是否正确则取决于对 θ 值的工作记忆。在“空间工作记忆”脉冲神经元网络模型（图 9-9-10A）中，延迟期间的持续电活动（persistent activity）的模式是一个钟形吸引子（图 9-9-10B，蓝色曲线），其最大值对应于记忆存储的 θ 值，而钟形吸引子的宽度描述记忆的精确度。

Murray 等（2014）用数学模型模拟发现，在工作记忆网络中，如果抑制神经元上的 NMDA 受体功能减退，抑制神经元放电降低，会引起钟状吸引子选择性降低，因此影响工作记忆编码的准确性（图 9-9-10B，橙黄色曲线）。重要的是，网络的这种特征是兴奋和抑制之间总体的平衡导致的功。神经网络持续电活动选择性缺陷，使工作记忆更易受干扰刺激的影响，造成行为异常。这个计算模型有一个预测，记忆网络受干扰的程度与干扰刺激与记忆信息的相似程度相关。因而，如果代表记忆储存信息的范围越宽，与储存信息相似的但与记忆无关的信息就变成干扰刺激。因为对两种信息编码的神经元群是重叠的，就有可能导致注意力分散和行为障碍（图 9-9-10C，右图）。此预测可以通过实验来检验。在实验中，健康受试者做延迟匹配（delayed match-to-sample）任务。延迟期中我们加了一个干扰刺激，它与储存在工作记忆中的样本的空间距离可小（相似）可大（不相似）。然后，给予这些健康受试者少量的氯胺酮（前面讲过，这可以作为一个精神分裂症的药理模型），要求他们重复同样的任务。实验中观察到，氯胺酮只在干扰刺激和储存的信息相似的情况下增加错误行为率（图 9-9-10C，左图），与模型的预测相吻合。而且，可以用计算模型做概念验证（proof-of-principle），以探索药物研制的可行性。例如，我们的模型显示，如果对谷氨酸能或 GABA 能神经元进行调控，就能够恢复系统的兴奋-抑制平衡，进而扭转脱抑制诱导的注意力分散（图 9-9-10D）。因此，如果人们能开发新药来补偿脱抑制机制，有望帮助精神病患者恢复注意力涣散的缺陷。这个例子说明，建立在神经生物物理之上的模型，不仅可以用来发现行为障碍的脑神经机制，也可以帮助探索新的药物治疗方法。在该模型中，网络过滤干扰的能力由于抑制性神经元电活动水平的降低而削弱。从这个模型中得出的一个推测是：轻微脱抑制造成的认知行为缺陷可能并非由于记忆储存出了问题，而是由于在维持记忆时不能抵御与记忆无关的干扰刺激。在上述实验中观察到氯胺酮会减弱受试者对与记忆内容相似的刺激的抵御能力，正与模型的推测相符。

这个观察也建议这个脱抑制现象有可能是通过

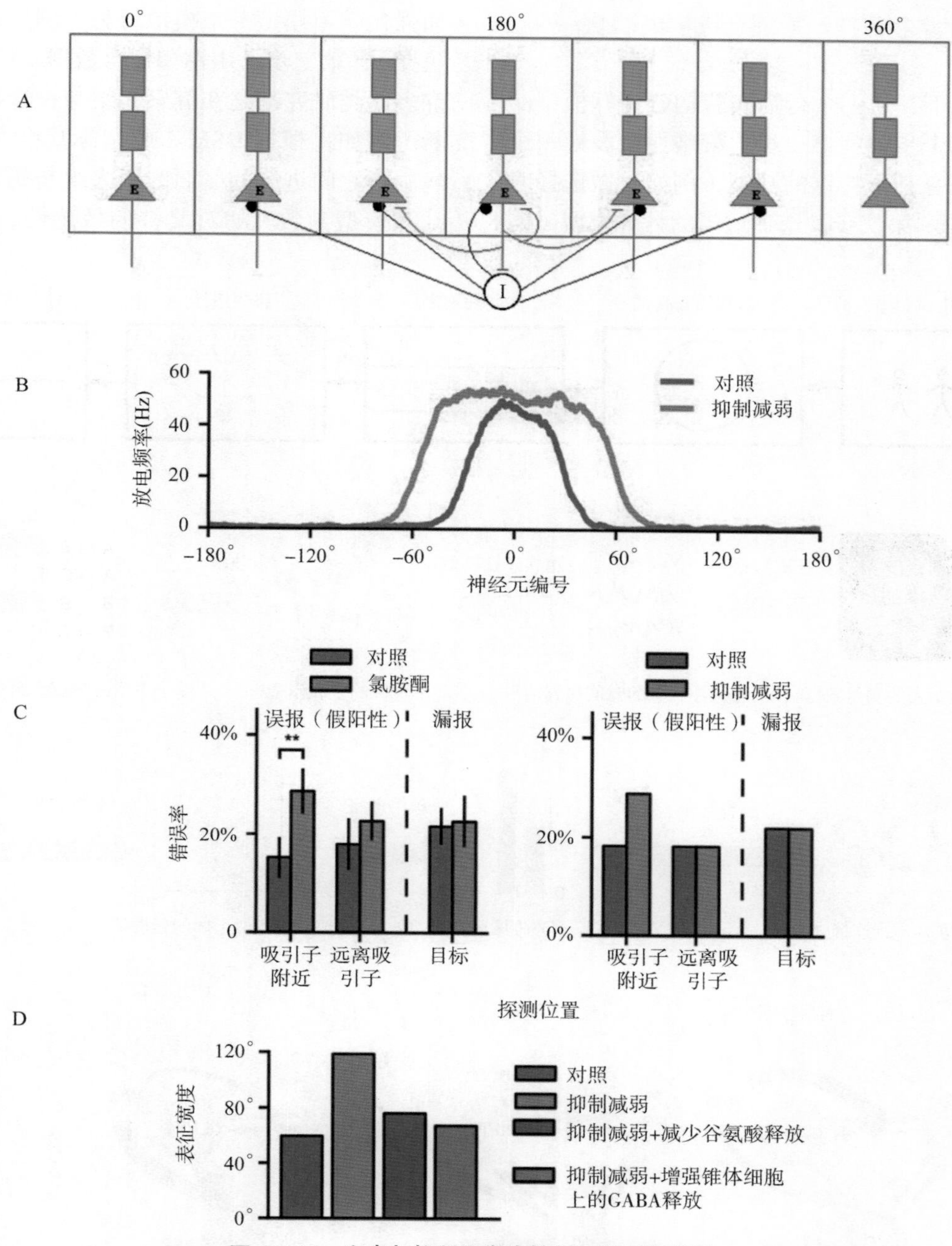

图 9-9-10 兴奋与抑制平衡失控与工作记忆障碍

A. 空间工作记忆的脉冲网络模型。**B.** 以钟形吸引子模型（蓝色）实现空间工作记忆储存。抑制神经元上的 NMDA 受体功能减退介导的脱抑制，引起钟形吸引子拓宽（橙色）、工作记忆编码准确度和抵抗干扰刺激的能力降低。**C.** 在人类行为实验（空间工作记忆）中验证理论预测。数学模型发现，并不是所有干扰刺激的作用都一样。与记忆储存信息越类似的干扰刺激，离钟形吸引子越近，越容易使注意力涣散。受试者在接受氯胺酮注射后（一种精神分裂症的药理学模型），在执行空间工作记忆任务时，仅有靠近记忆储存信息的干扰刺激才导致回答错误（左），该行为障碍与模型（右）所预测的一致。**D.** 模型显示，在假设药物治疗下，兴奋减少（紫色）或抑制增加（绿色）可以使补偿 E/I 平衡缺陷，恢复正常工作记忆行为。[改编自 John O. Murray. Alan Anticevic，Mark Gancsos，et al. Linking Microcircui Dysfunction to Cognitive Impairmant：Effect of Disinhibition Associated with Schizophrenia in a Cortical Working Memory Model Cerebral Cortex，24（4）：859-872.]

减少抑制性神经元上 NMDA 受体介导的电活动而造成的。在啮齿类动物中，快速施用氯胺酮也可导致抑制性神经元的电活动下降，从而使得在正常情况下受其抑制的锥体细胞的兴奋性增强。这些实验均对模型提出的推测提供了有力证据。此外，由于抑制性神经元关键性地参与 γ 振荡的产生，这些神经元的电活动减少也能解释为什么精神分裂症患者有异常 γ 同步振荡。

这些对工作记忆的研究显示出，如果以生物物理为基础的计算模拟与实验互动，可望在提出新假说以揭示精神疾病核心认知障碍的脑机制的创造性研究中发挥强有力的作用（Wang and Krystal，2014）。

二、大数据和计算模型辅助诊断

通常情况下，从一个行为实验构建计算模型的过程有如下几个步骤：第一步，策略性地设计一个认知任务来探究某个特定的功能（例如，做选择时有奖赏的学习）；第二步，选择适当的计算模型（例如强化学习模型）来模拟行为（例如，奖赏评估和抉择）；第三步，用模型拟合数据，估计模型参数。许多此类研究都是在健康人组与符合特定精神病诊断（例如，根据DSM-5或国际疾病分类标准）的病患组之间进行的。而健康人组与病患组之间某些计算模型参数（如对奖赏的敏感性、学习速率等）

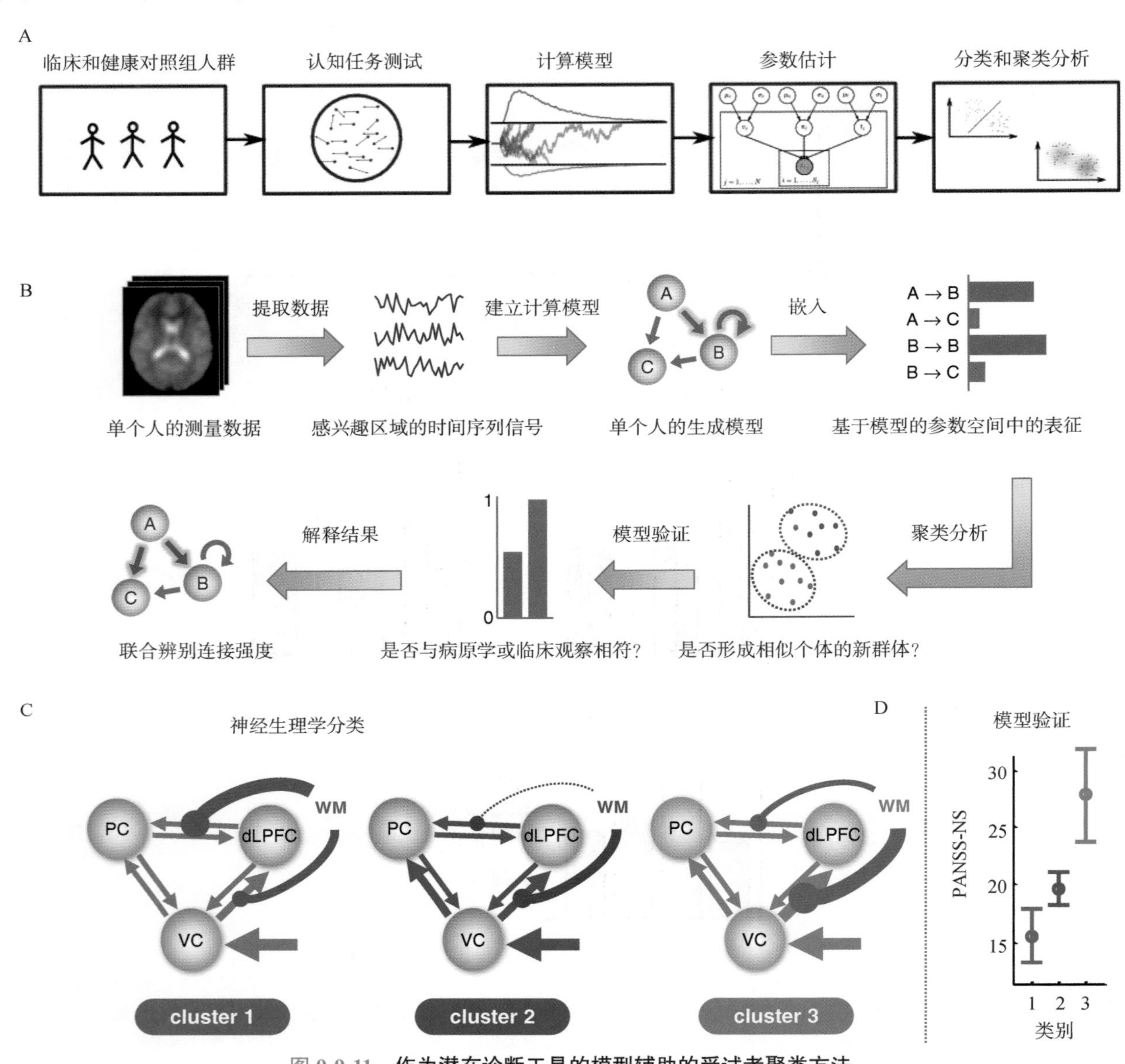

图 9-9-11 作为潜在诊断工具的模型辅助的受试者聚类方法

A. 计算精神医学四个层次的图示。模型辅助诊断的步骤包括：对临床（患者组）和非临床（健康对照组）人群都进行认知任务测试；为认知任务建立计算模型；通过拟合数据为每个受试者确定模型参数；根据得出的参数进行多维数据分析，发现临床和健康人群类和亚类，或者将模型参数和临床症状严重程度相关联。**B.** 基于脑功能成像（fMRI）数据的模型辅助聚类分析的步骤。①提取数据（extraction）：提取每个受试者相关功能脑区依赖血氧水平的BOLD（Blood-Oxygen-Level Dependent）信号。②建立计算模型（modeling）：根据每个受试者不同的信号时间序列采样选取计算模型参数，建立受试者特异的模型。③模型参数空间表征（embedding in the parameter space）：将受试者特异模型参数值在参数空间中表示出来。④聚类分析：（clustering analysis）将相近受试者特征类型聚入不同的组。⑤模型验证（validation）：验证模型是否与行为实验的临床表现相符。⑥解释结果（interpretation）：做出结论并提出新假设。（**C ~ D**）将精神分裂症患者工作记忆实验的脑功能成像数据用模拟分析聚类。**C.** 患者组的无监督聚类分析，采用高斯混合模型（Gaussian Mixture Model）与动态因果模型（dynamic causal modeling DCM）进行参数估计，产生的平均后验参数可以对模型中每个耦合和输入参数做出估计，在图中由相应箭头的粗细程度显示。**D.** 根据连接强度来聚类定义的三个亚类，其由阳性和阴性综合症量表（Positive and Negative Syndrome Scale PANSS）量化的临床症状得分也有所不同。［**A** 引自 Wiecki TV，Poland J，Frank MJ. Model-Based Cognitive Neuroscience Approaches to Computational Psychiatry：Clustering and Classification Clinical Psycological Science，2015，3（3）：378-399.；**B ~ D** 引自 Brodersen KH，Deserno L，Schlagenhaaf F，et al. Dissecting psychiatric spectrum disorders by generative embedding，Neuroimage Clin，2013，16（4）：98-111.］

的差异即用来作为定义病患组“异常”的基线。然而，计算精神医学的应用并不限于辅助诊断。它的优越性在于可以将认知过程与行为联系起来，从而有助于对多种疾病的共享机制的探索。例如，在决策的双系统平衡中，偏离“基于模型的系统”而倾向“无模型系统”的表象在许多疾病中都有，其中包括强迫症、暴食症、甲基苯丙胺嗜毒症等。

然而，临床诊断显然必须是为每一个具体的个体而做出的，因此要实现真正的计算模型辅助诊断，以上的研究模式应该增加第四步。这步的关键是，实验前先不根据症状将受试者分类为健康组和患者组，而是在从个体对象中提取模型参数值后，用复杂的统计分析算法（如聚类分析 clustering analysis）根据个人的模型参数值将受试者分组（图 9-9-11A）。这第四步是计算模型辅助诊断的关键，如果这种基于个人模型参数值的分类与受试者行为障碍的差别相吻合，则此方法可望用来辅助诊断，并揭示障碍的脑机制。Klaus Stephan 等曾采取类似的跨学科的方法，结合行为、脑功能成像和动态因果模型（dynamical causal modeling，DCM）来研究精神分裂症患者的工作记忆障碍（图 9-9-11B）。他们的关注点是视觉皮质、顶叶皮质和前额叶皮质之间的有效连接，因为已知这三个区域均参与视觉工作记忆。他们用 DCM 建模的方法分析以“精神疾病诊断和统计学手册”诊断为基础的患者的这三个皮质区域之间有效连接，通过 DCM 拟合脑成像数据，得出每个受试者的模型参数，然后对其进行无监督（unsupervised）聚类分析，发现了三个不同的患者亚类（图 9-9-11C）：前额叶皮质–顶叶皮质连接较强的一类；前额叶皮质–顶叶皮质连接较弱的一类；以及视觉皮质–前额叶皮质连接较强的一类。这些科学家在其研究中又添加了两个步骤，第五步，验证拟模产生的聚类是否与受试者的临床表现相符。而他们在研究中发现，三类受试者在行为上显示出不同程度的症状（图 9-9-11D）。第六步则是提出假说。他们认为在第五步中看到的行为异常可以归结为与特定脑区（视皮质–颞叶–前顶叶）的有效连接异常相关，从而提出了可以在未来研究中检验的新假说。与之相似的研究方法也被其他研究者应用到大脑行为控制的研究中。

这个领域的这些进展提示了是否可能使用脑成像数据（或数据模型），而不是症状作为诊断分类基础的研究策略。一个相关的思路是从“脑连接组”的角度看待精神疾病，即用计算科学分析基于脑成像功能的“脑连接组”数据可以提供一个“窗口”来研究与精神疾病有关的“脑连接组”病理。

接下来的问题是：这种方法是否有望产生能基于计算模型的参数将患者重新分组的新途径？这种方法是否会产生异于 DSM-5 的分类模式？这种分类模式能否有重复性并可以推而广之？能否提出研究病理和治疗的新方向？越来越多的研究表明，这种研究策略可能会帮助解决精神病学中缺乏生物标志物的难题，由此找到的生物标志物有可能具有与诊断和治疗相关的预测能力。

决定这个理论框架是否能成功的因素很多：包括受试者的大样本量、可靠的统计分析方法、计算模型的选择及对其深度的理解。随着大数据科学和计算模拟领域的蓬勃发展，一个可用于精神疾病研究的全新现代研究模式或许为期不远了。

第七节　总　结

计算神经科学已逐渐发展为一个成熟的学科。正如本章各种例子所显示的，与实验密切联系的理论模型，可用来研究不同的层次上（单个突触和细胞与网络）和不同类型（感觉处理与认知功能）的问题。本章讨论了从细胞机制到网络行为的各种模型，提出了“认知型”神经网络的概念。脑的生物物理仿真建模已经扩充到包含多个脑区的大尺度系统，并开始应用到精神医学，但这方面的理论仍然十分缺乏，很大的挑战之一是在不同的时空尺度上研究脑的计算功能及适应性功能。比如，学习和记忆涉及从毫秒到很多年的时间尺度。整合从分子到神经元和局部神经环路、到大尺度脑系统的复杂神经网络动态行为的研究成果，实现跨层次理解脑的认知功能，有待人们将新的实验技术与大数据处理和理论综合发展，以揭示神经科学的基本原理。

尤其值得一提的是，计算神经科学是脑研究和人工智能的重要桥梁。这两个领域的互相影响有很长的历史（Yang and Wang，2020）。深度神经网络就是建立在人们对灵长类视觉系统的理解之上的。这种纯前馈（无反馈）的系统，做某些工作很成功，但却是环境的“奴隶”，因为如果没有输入信息，系统就无任何活动，从这个意义上讲，它没有内在的“思想”或自己产生的行为。前额叶皮质在思想、自主的行为控制起十分重要的作用，因此我们对其的新理解和新数学模型，以及在认知型神经网络方面的新发现，会影响下一代类脑人工智能的发展。

致谢：作者感谢北京师范大学王大辉对此文的帮助。

参考文献

综述

1. Abbott LF. Theoretical neuroscience rising. *Neuron*，2008，60（3）：489-495.
2. Dayan P，Abbott LF. *Theoretical neuroscience*. MIT Press（Cambridge，CA），2001.
3. Koch C. *Biophysics of Computation：information processing in single neurons*. Oxford University Press（New York），1999.
4. Rieke F，Warland D，de Ruyter van Steveninick R，et al. *Spikes：exploring the neural code*. MIT Press（Cambridge，MA），1999.
5. Rao RPN，Olshausen BA，Lewicki MS（Eds.）*Probabilistic models of the brain*. MIT Press（Cambridge，MA），2002.
6. Sejnowski TJ，Koch C，Churchland PS. Computational neuroscience. *Science*，1988，241（4871）：1299-1306.
7. Sporns O. *Networks of the Brain*. MIT press，2010.
8. Wang XJ，Hu HL，Huang CC，et al. Computational Neuroscience：A frontier of the 21st century. *National Science Review*，2020a，7，1418-1422.
9. Wang XJ and Krystal J. Computational psychiatry. *Neuron*，2014，84（3），638-654.
10. Wang XJ，Pereira U，Rosa GP，et al. Brain connectomes come of age. *Curr. in Neurobiol*，2020b，65：152-161.

原始文献

1. Abbott LF，Varela JA，Sen K，et al. Synaptic depression and cortical gain control. *Science*，1997，275（5297）：220-224.
2. Amit DJ. The hebbian paradigm reintegrated：local reverberations as internal representation. *Behav Brain Sci*，1995，18：617-626.
3. Brunel N and Wang XJ. Effects of neuromodulation in a cortical network model of object working memory dominated by recurrent inhibition. *J Comput Neurosci*，2001，11（1）：63-85.
4. Chaudhuri R，Knoblauch K，Gariel MA，et al. A large-scale circuit mechanism for hierarchical dynamical processing in the primate cortex. *Neuron*，2015，88（2）：419-431.
5. Gold，JI and Shadlen MN. The neural basis of decision making. *Annual Review of Neuroscience*，2007，30：535-574.
6. Goldman-Rakic P. Cellular basis of working memory. *Neuron*，1995，14（3）：477-485.
7. Hassabis D，Kumaran D，Summerfield C，et al. Neuroscience-inspired artificial intelligence. *Neuron*，2017，95（2）：245-258.
8. Markov NT，Ercsey-Ravasz MM，Ribeiro Gomes AR，et al. A weighted and directed interareal connectivity matrix for macaque cerebral cortex. *Cereb. Cortex*，2014，24：17-36.
9. Miller EK and Cohen JD. An integrative theory of prefrontal cortex function. *Annual Review of Neuroscience*，2001，24，167-202.
10. Montague PR，Dolan RJ，Friston KJ，et al. Computational psychiatry. *Trends in cognitive sciences*，2012，16（1）：72-80.
11. Murray JD，Anticevic A，Gancsos M，et al. Linking microcircuit dysfunction to cognitive impairment：Effects of disinhibition associated with schizophrenia in a cortical working memory model. *Cerebral Cortex*，2014，24（4），859-872.
12. Seung HS，Lee DD，Reis BY，et al. Stability of the memory of eye position in a recurrent network of conductance-based model neurons. *Neuron*，2000，26（1）：259-271.
13. Song P and Wang XJ. Angular path integration by moving ‘hill of activity’：a spiking neuron model without recurrent excitation of the head-direction system. *J Neurosci*，2005，25（4）：1002-1014.
14. Taube JS and Bassett JP. Persistent neural activity in head direction cells. *Cereb Cortex*，2003，13（11）：1162-1172.
15. Tsodyks MV and Markram H. The neural code between neocortical pyramidal neurons depend on neurotransmitter release probability. *Proc Natl Acad Sci USA*，1997，94（2）：719-723.
16. Wang XJ. 50 years of mnemonic persistent activity：quo vadis. *Trends in Neurosci*，2021，44（11）：888-902.
17. Wang XJ. Probabilistic decision making by slow reverberation in neocortical circuits. *Neuron*，2002，36（5）：955-968.
18. Wang XJ. The prefrontal cortex as a quintessential“cognitive-type” neural circuit：working memory and decision-making. Principles of Frontal Lobe Function，Edited by DT Stuss and RT Knight，Second Edition，Cambridge University Press，2013，226-248.
19. Wang XJ. Macroscopic gradients of synaptic excitation and inhibition across the neocortex. *Nature Rev. Neurosci.*，2020，21（3）：169-178.
20. Yang GY and Wang XJ. Artificial neural networks for neuroscientists：a Primer. *Neuron*，2020，107（6）：1048-1070.

第10篇 脑重大疾病

贺 林

脑重大疾病严重危害人类生命健康，尤其是中枢神经系统脱髓鞘疾病、卒中、癫痫、神经遗传病、帕金森病、阿尔茨海默病、抑郁症、精神分裂症、药物依赖性与成瘾以及自闭症等，都是我国乃至全世界人口健康领域所面临的巨大挑战。由于脑重大疾病种类繁多，表型复杂，发病机制各有不同，多年来一直是神经科学和医学领域研究的重点和难点。在过去的十几年间，得益于各种“组学”手段和基因检测技术的快速发展，脑重大疾病的研究取得了突飞猛进的进展，极大地促进了此类疾病的临床诊断、干预、治疗和相关的遗传咨询。

但是目前我国仍拥有庞大的脑重大疾病的患者群体，进一步推动脑科学领域的研究对于探明疾病发生机制和研发诊治新手段具有重要意义。“中国脑科学计划”中对于脑重大疾病的研究也进行了重点部署，同时借助于大数据、人工智能等新科技，可以预见未来会产生更多具有国际影响力的原创性研究成果，为人类最终攻克大脑疾病、促进大脑健康奠定基础。

本篇将用10个章节对以上所列举的多种脑重大疾病的研究进展和动态进行较详细的阐述，期望为读者较全面地勾勒出该领域研究的概貌。

第 1 章 中枢神经系统脱髓鞘疾病

徐　雁　崔丽英

第一节　引　言

中枢神经系统（central nervous system，CNS）脱髓鞘疾病是以神经髓鞘破坏或脱失为主要特征的一大类疾病，脱髓鞘是其病理过程中最具代表性的表现，分为遗传性（髓鞘形成障碍性疾病）和获得性两大类。前者主要是由于遗传因素导致神经髓鞘磷脂代谢紊乱或形成异常所致，统称为脑白质营养不良，包括肾上腺脑白质营养不良、异染性脑白质营养不良、球样细胞脑白质营养不良和类纤维蛋白脑白质营养不良等。这类疾病在我国属于罕见病，多有家族史，临床表现多样，常有发育迟滞、智能减退、惊厥、瘫痪、肌张力改变、共济失调、视神经萎缩、眼球震颤和感音性耳聋等表现，确诊需要病理或酶学检查。

获得性 CNS 脱髓鞘疾病根据病因分为继发于其他疾病的脱髓鞘病和原发性免疫介导的炎性脱髓鞘病，后者又称为特发性炎性脱髓鞘病（idiopathic inflammatory demyelinating disease，IIDD）。继发于其他疾病的脱髓鞘病主要包括营养缺乏性疾病（如亚急性联合变性）、脑桥中央髓鞘溶解症、缺血缺氧性疾病（如一氧化碳中毒后迟发性白质脑病）、病毒感染引起的疾病（如麻疹病毒感染后导致的亚急性硬化性全脑炎和乳头多瘤空泡病毒引起的进行性多灶性白质脑病）、慢性酒精中毒性脱髓鞘病和放射性脱髓鞘病等。

IIDD是一大组病理上以炎症反应和髓鞘脱失为主要特点的自身免疫性疾病。早期主要包括多发性硬化（multiple sclerosis，MS）、同心圆性硬化（Balo病）和急性播散性脑脊髓炎（acute disseminated encephalomyelitis，ADEM）等。后期随着检测技术的发展以及对疾病发病机制的不断探讨，视神经脊髓炎谱系疾病（neuromyelitis optica spectrum disorder，NMOSD）和抗髓鞘少突胶质细胞糖蛋白免疫球蛋白G抗体（IgG against myelin oligodendrocyte glycoprotein，MOG-IgG）相关疾病（MOG-IgG associated disorders，MOGAD），相继从MS中脱离出来成为独立的疾病，具有各自不同的治疗和预后。这些疾病的发现体现了神经科学者在IIDD领域的不断努力，对这些疾病从无到有发展进程的了解，有助于后面各节针对各个疾病阐述的深入理解。

一、视神经脊髓炎谱系疾病

NMOSD既往又称为视神经脊髓炎（neuromyelitis optica，NMO）或Devic病，于1894年首次由Devic提出。传统NMO是指双侧视神经炎与脊髓炎同时或短期（发作间隔≤1个月）内相继发生的一种单时相疾病，长期以来一直被认为是MS的亚型。1999年Wingerchuk等回顾分析了71例NMO患者临床资料，发现除单项病程外，部分患者为复发型病程，且从临床到实验室、免疫学、影像学和病理学特点均与MS不同，从而对NMO作为MS亚型首次提出了质疑。同时，基于上述特点，Wingerchuk等制定了首个NMO诊断标准（表10-1-1）。

2004年，Lennon等在NMO患者血清中发现了一种针对星形胶质细胞足突上水通道蛋白4（aquaporin-4，AQP4）的特异性抗体，命名为NMO-IgG，因其靶抗原为AQP4，故亦称为（AQP4-IgG）。它的发现最终确立了NMO是不同于MS的独立疾病。由于NMO-IgG的发现以及随后越来越多的研究显示NMO患者早期即可出现颅内病灶，Wingerchuk等于2006年提出了NMO修订诊断标准（表10-1-2）。与1999年NMO诊断标准相比，该标准主要进行了以下2项修订：①纳入血清NMO-IgG作为一项支持条件；②允许患者首次发病时颅内存在非典型的MS病灶。

表10-1-1 1999年NMO诊断标准

1. 主要诊断条件：（1）视神经炎；（2）急性脊髓炎；（3）没有神经系统受累的其他症状和体征
2. 次要诊断条件：（1）疾病发作时脑MRI正常或无多发性硬化典型病灶；（2）脊髓病灶≥3个椎体节段；（3）脑脊液白细胞计数≥50×10^6/L或中性粒细胞计数≥5×10^6/L
3. 同时满足3个主要诊断条件和至少1个次要诊断条件；或2个次要诊断条件加上伴严重视力下降的双侧视神经炎或严重肢体无力的脊髓炎可确诊

表10-1-2 2006年NMO修订诊断标准

1. 必要条件：（1）视神经炎；（2）急性脊髓炎
2. 支持条件：（1）脊髓MRI在T2WI显示病灶范围≥3个椎体节段；（2）脑MRI病变不符合多发性硬化诊断标准；（3）血清NMO-IgG阳性
3. 同时具备全部必要条件和3项支持条件中≥2项即可诊断视神经脊髓炎

2007年，Wingerchuk等在总结归纳了一组发病机制与NMO类似的非特异性炎性脱髓鞘病后提出NMO谱系（NMO spectrum）概念，这一概念是以血清中存在NMO-IgG为标志。NMO谱系涵盖NMO和NMO相关疾病，后者主要包括：①NMO局限型：包括特发性单次或复发型长节段脊髓炎（MRI显示脊髓病灶≥3个椎体节段），以及复发性或双侧同时受累的视神经炎；②亚洲视神经脊髓型MS；③视神经炎或长节段脊髓炎伴发系统性自身免疫性疾病；④视神经炎或脊髓炎伴NMO典型的脑病变，如下丘脑、胼胝体、脑室旁或脑干等。

随后基于2006年NMO修订诊断标准以及围绕NMOSD开展的一系列研究显示，NMO和NMOSD在疾病的生物学特性和治疗策略方面无显著差异，且绝大部分NMO-IgG阳性的局限型NMOSD最终发展为NMO。因此，国际NMO诊断小组于2015年提出将NMO纳入并统称为NMOSD，并制订相应诊断标准，详见本章第三节。

二、抗髓鞘少突胶质细胞糖蛋白免疫球蛋白G抗体相关疾病

MOG是一种仅表达于CNS少突胶质细胞表面的糖蛋白，有多种同型异构体，可在不同种属的动物中诱导产生脱髓鞘性免疫反应。因此，抗MOG抗体一直被认为在IIDDs的发生发展中发挥重要作用，并有可能成为MS这一经典IIDD的诊断性生物学标志物。然而既往应用ELISA或Western blot 检测方法的研究发现不仅包括 MS 在内的多种 IIDD，甚至一些非 IIDD（如脑血管病）患者和健康人的血清和脑脊液中亦可检测到抗 MOG 抗体，提示该抗体可能存在致病性和非致病性两大类。直至最近，随着识别抗原空间表位从而能更好地区分出致病性抗体的检测方法——细胞法（cell-based assay，CBA）的出现以及在临床上的广泛应用，学者们得以针对抗 MOG 抗体在 IIDD 中的作用重新开展深入研究。首先，学者们发现应用 CBA 法检测出的抗 MOG 抗体在 IIDD 患者中的比例显著高于非 IIDD 患者和健康人。进而，学者们逐渐发现应用 CBA 法，尽管在部分 MS、AQP4-IgG 阴性 NMOSD 和 ADEM 患者血清中均可检测到抗 MOG 抗体，但这些抗 MOG 抗体阳性患者具有共同的临床特点，比如对激素治疗高度依赖等，且抗体滴度与病情的严重程度相关。进一步，临床病理学研究显示 MOG 抗体阳性患者具有独特的免疫病理改变，动物研究也证实该抗体具有致病性。上述证据提示用 CBA 法检测 MOG 抗体阳性脱髓鞘病是一种独立疾病。2018 年国际上一些专家组分别发布了《MOG 脑脊髓炎诊断和抗体检测专家共识》和《MOG-IgG 相关疾病的建议诊断标准》等共识，把 MOGAD 正式划分为一种新的独立疾病实体。2020 年我国神经免疫专家组撰写了《抗髓鞘少突胶质细胞糖蛋白免疫球蛋白 G 抗体相关疾病诊断和治疗中国专家共识》，正式把这类 MOG-IgG 阳性的 IIDD 命名为 MOGAD，有关其临床特点和诊疗详见本章第五节。

包括 MS、NMOSD、ADEM 和 MOGAD 在内的 IIDDs 是近年来中枢神经系统脱髓鞘病领域研究的热点，也是本章重点阐述内容。

第二节　多发性硬化

多发性硬化（multiple sclerosis，MS）是一种免疫介导的中枢神经系统慢性炎性脱髓鞘疾病，病变常累及脑室周围白质、视神经、脊髓、脑干和小脑，是除创伤外年轻人致残的最常见原因。主要临床特点为病灶的空间多发性（dissemination of lesions in space，DIS）和时间多发性（dissemination of lesions in time，DIT）。

一、流行病学

好发年龄 20 ～ 40 岁，偶尔也会早至出生后最初数年或晚至 60 岁以上。女性平均发病年龄早于男性。复发缓解型 MS（relapsing-remitting MS，RRMS）平均发病年龄为 25 ～ 29 岁，多数患者于 40 ～ 49 岁时转化为继发进展型 MS（secondary progressive MS，SPMS）。原发进展型 MS（primary progressive MS，PPMS）的平均发病年龄为 39 ～ 41 岁。MS 女性多见，男女患者比例为 1.4 ～ 2.3 : 1。但发病越晚男女比例越趋于平衡。

MS 的发病率和患病率存在地理差异，高患病率（＞ 30/10 万）地区包括北欧、美国、加拿大北部、澳大利亚南部和新西兰等，中患病率（5/10 万～ 30/10 万）地区包括南欧、美国南部和澳大利亚北部，低患病率（＜ 5/10 万）地区包括亚洲和南美洲。导致患病率地区差异的可能原因有：①种族差异　白种人（特别是北欧人）易感性最高，亚洲、非洲或美洲印第安人易感性最低。②纬度差异　热带地区少见，温带地区高发。③不同诊断标准和登记方法的差异。

MS 在中国属于罕见病，目前尚缺乏确切流行病学数据。一项基于我国住院患者的研究显示，中国 MS 的发病高峰年龄为 40 ～ 49 岁，女男患者比例为 2.02 : 1；在均衡年龄和性别等因素后整体人群发病率为 0.235/10 万人年，其中儿童发病率为 0.055/10 万人年，成人发病率为 0.288/10 万人年。

二、病因及发病机制

病因和发病机制至今不明，目前认为 MS 是遗传易感个体在外源性（如感染）、环境和行为等因素共同作用下诱发的 CNS 自身免疫反应。

（一）遗传因素

MS 不是单基因遗传病，但具有明显家族易感性。国外研究显示约 15% MS 患者至少有一个患病亲属；患者一级亲属患病风险较一般人群高 12 ～ 15 倍；同卵双胎患病风险为 20% ～ 39%，较其他兄弟姐妹（包含双卵双胎，3% ～ 5%）明显升高。

MS 遗传易感性可能受多数微效基因相互作用的影响，目前研究发现至少 200 种基因多态性与 MS 发病有关，主要包括人类白细胞相关抗原（human leukocyte antigen，HLA）基因、MBP 基因、T 细胞受体基因、免疫球蛋白重链基因、黏附分子基因和肿瘤坏死因子基因等。其中 HLA 基因位点位于主要组织相容复合体 MHC 区域，主要编码免疫相关抗原识别分子。

HLA Ⅰ类与Ⅱ类分子是 CD4 ＋与 CD8 ＋ T 淋巴细胞进行抗原识别的关键分子。固有免疫系统的细胞中表达的 HLA Ⅱ类的等位基因 *DRB1*1501*，*DRB1*0301* 和 *DRB1*1303* 与 MS 患病风险增加有关，而 HLA Ⅰ类等位基因 A2 与 MS 患病风险降低有关。此外，已有超过 100 种单核苷酸铵多态性（SNP）被报道与 MS 患病风险增加相关，其中大部分位于适应性免疫系统的基因位点中。尽管各个单独的 SNP 对 MS 易感性影响不大（OR 1.05 ～ 1.2），但每个 SNP 可对蛋白的表达产生重要影响。例如，肿瘤坏死因子（TNF）受体基因中的一个 MS 相关 SNP 会导致一种可溶性 TNFRSF1A（TNFR1）的表达并可阻断 TNF。截至目前最大的两项 GWAS 研究结果（international multiple sclerosis genetics consortium，IMSGC，2013，2011）显示，免疫系统是 MS 发病机制的重要部分，MS 患者约 1/3 基因结构与其他异质性免疫介导的炎症性疾病的基因有重叠，如炎症性肠病、类风湿性关节炎等。进一步的 MS 风险基因功能分析结果提示，免疫相关基因（如 T 辅助细胞激活、分化、增殖相关基因）存在过表达。已报道的与 MS 患病风险相关的基因位点，大多与 T 细胞亚群分化或调节 T 细胞功能（如 T 细胞细胞因子分泌）的重要基因相关。上述结果均强烈提示，免疫系统功能障碍导致的异常的淋巴细胞反应，可能是 MS 发病机制的重要因素。

（二）环境因素

尽管基因在 MS 的发病中具有重要影响，但同卵双胞胎的共患率仅有 15% ～ 25%，因此非基因的环境因素亦对疾病易感性有很大影响。环境因素可能会调节外周适应性免疫反应从而影响 MS 的患病风险。

1. 感染 主要是儿童时期的病毒感染，包括风疹、麻疹、水痘、流行性腮腺炎和 EB 病毒。此外，研究显示传染性单核细胞增多症患者罹患 MS 风险较普通人群升高。

2. 疫苗接种 国外有研究报道乙肝疫苗接种后可发生脱髓鞘事件，但儿童时期的疫苗接种（如风疹、麻疹和流行性腮腺炎疫苗）与 MS 风险无关。

3. 其他可控因素 近来，越来越多学者开始关注可控因素与 MS 的关系。国外研究显示吸烟是 MS 发生和疾病进展的危险因素，这可能与尼古丁可损伤 T 细胞介导的信号传导有关。饮食与 MS 发病的关系也一直被关注，早期研究显示摄入过多以动物脂肪为基础的高热卡饮食可诱发 MS。此外，MS 发病率随纬度增高而增加的趋势提示日照减少和维生素 D（vitamin D，VitD）缺乏可能会增加罹患 MS 的风险，这可能是由于低血清维生素 D 水平可能会调节 T 淋巴细胞亚群的分化，并使 MS 的患病风险增加。其他可能和 MS 发病相关的因素还包括儿童或青春期肥胖、精神紧张和口服避孕药等。

（三）免疫致病学说

在 MS 发病及疾病进展的过程中，固有免疫系统与适应性免疫系统均发挥着重要作用。髓鞘反应性 CD4 ＋ T 细胞在 MS 的发病机制中扮演着核心角色，此外组织损伤还与不同的 T 细胞、激活的巨噬细胞、和（或）抗体与补体相关。总体上来讲，针对 CNS 的周围免疫反应推动着疾病的早期发展，而 CNS 本身的免疫反应则主导着 MS 进展期疾病进程。

1. MS 的固有免疫反应 无论是 MS 的复发缓解期或是进展期，单核巨噬细胞（如小胶质细胞与巨噬细胞）均是 MS 病灶中的主要免疫细胞。这些细胞不仅可以与适应性免疫系统的细胞（如 T 细胞、B 细胞）相互作用，亦可直接介导神经组织炎症损伤。例如，吞噬细胞主要介导髓鞘损伤与清除，这是 MS 病灶的标志性特征，MS 病灶的活动性分级可依据吞噬细胞的髓鞘降解产物来进行。实际上吞噬细胞所带来的破坏并不仅仅局限于髓鞘，在损伤的轴索旁亦常常可见吞噬细胞聚集，且数量与 MS 病灶的急性轴索损伤是一致的。在活动性 MS 病灶中，活化的小胶质细胞和巨噬细胞是产生 MS 氧化应激损伤的主要来源。尽管吞噬细胞可以介导 MS 病灶形成过程中的组织破坏，有 CNS 损伤的动物模型研究表明，这些细胞同时也是组织修复机制中的重要组成部分。在疾病进展期，吞噬细胞对组织的破坏与修复作用可能与不同吞噬细胞的亚型或起源相关：一些起源于外周单核细胞的吞噬细胞表达前炎症因子和基质金属蛋白酶，它们在病灶形成过程中进入 CNS；而另一些吞噬细胞则来源于

CNS 局部活化的小胶质细胞。这两类细胞在活动性 MS 中是否具有相类似的功能尚不清楚，但在动物模型的研究中发现，不同起源的吞噬细胞在 CNS 炎症过程中的作用不同：单核细胞起源的吞噬细胞可能介导了脱髓鞘的发生，而小胶质细胞来源的吞噬细胞可能在清除细胞碎片中发挥作用，进而促进了组织的修复。

2. MS 的适应性免疫反应　适应性免疫反应在 MS 发病机制中发挥着举足轻重的作用。在 CNS 中，CD4 ＋ T 细胞识别的抗原是由 HLA Ⅱ类分子呈递的，该类分子分布于小胶质细胞、浸润 CNS 的巨噬细胞以及 B 细胞上，而 CD8 ＋ T 细胞识别的抗原是由 HLA Ⅰ类分子的呈递的，而该类分子广泛分布于包括少突胶质细胞、星形细胞、神经元等各类有核细胞上。研究表明，MS 病灶中可以分离得到 CD4 ＋ T 细胞与 CD8 ＋ T 细胞的重要片段，这提示抗原特异性 T 细胞反应在疾病发病过程中发挥重要作用。已有很多学者在研究多发性硬化髓鞘抗原（如 MBP、PRP）特异性外周 T 细胞的数量、亚群、细胞因子谱，但目前为止并未证实在 MS 患者与健康对照之间发现差异。然而，有研究表明，外周免疫系统中修饰后的髓鞘碱性蛋白肽段可增加外周髓鞘碱性蛋白特异性 T 细胞的数量，并与 MRI 证实的疾病活动性增加有关。此外，表达源于人 CD4 ＋或 CD8 ＋髓鞘特异性 T 细胞受体及 HLA 分子的转基因大鼠可被诱导发生 EAE。以上研究结果都表明，外周免疫系统中自身反应性 T 细胞的启动是 MS 可能的致病机制。

抗原特异性 T 细胞激活并分化为特异性 T 辅助细胞亚群，这一过程可能是在人肠道或呼吸系统相关的淋巴结内发生的，肠道微生物可能提供了 T 细胞分化的抗原及辅助信号，因此自身反应性 T 细胞被启动的微环境即为环境因素对多发性硬化免疫反应的影响相关研究提供了新的思路，这些研究可以帮助我们更好地探究不同生活方式（如吸烟、营养习惯）对患病风险的影响。

自 1942 年鞘内 IgG 合成（IgG1 与 IgG3 为主）的发现，人们开始关注体液免疫反应在 MS 发病机制中的作用，IgG 与靶表位的结合可激活补体级联反应并识别目标细胞并进行吞噬。MS 患者的病灶、脑膜及脑脊液中存在 B 细胞、浆母细胞、浆细胞，其中 CNS 的 B 细胞与浆细胞的存活有赖于胶质细胞产生的细胞因子。有关记忆 B 细胞、浆母细胞、浆细胞的 B 细胞受体池的研究通过基因测序及蛋白质组学的方法提示，至少部分 CSF 中的 IgG 是由同时在 CSF 与血中的 B 细胞克隆产生的。有关脑膜与 CSF 的 B 细胞与浆细胞的免疫组化与流式细胞法研究均揭示了这些细胞与疾病活动性、临床结局具有相关性，同样，临床孤立综合征的患者脑脊液中寡克隆区带的存在也提示向 MS 转化的风险显著增加，上述研究均提示 MS 中存在抗体介导的损伤，抗体与细胞表面结构结合，并激活下游补体，从而参与 MS 的发病过程，但 MS 发病中体液免疫针对的抗原尚不清楚。推测由于 MS 中免疫介导的损伤主要集中在少突胶质细胞与髓鞘，胶质细胞膜表面蛋白可能是抗体介导免疫反应的靶位。

3. MS 发病机制的两种假说

（1）外周起源假说：CNS 抗原特异性免疫激活是先起源于外周的，而后自体反应性免疫细胞迁徙进入 CNS 并诱导 MS 发病。该假说中 MS 发病机制分为以下几个重要步骤：①正常免疫耐受的打破：MS 患者的发病始于外周免疫耐受的打破，分子模拟机制是该过程的重要机制，推测外界病原体可能与髓鞘蛋白具有相似的氨基酸序列，病原体是在外周组织（如皮肤、肠道、肺）中被树突状细胞首先进行处理的，树突状细胞迁徙进入引流淋巴结，并将抗原呈递给 T 细胞并将其激活，产生抗自身髓鞘的免疫细胞克隆。此外，在引流淋巴结中，B 细胞亦可通过其受体将可溶性抗原获取并发挥抗原呈递细胞的作用。正常人 Treg 的功能与平衡是不利于 MS 发病的，这是由于 Tregs 在控制自体炎症 T 细胞方面发挥着重要作用并通过免疫抑制的机制诱导外周免疫耐受。但 MS 患者的 Treg 免疫抑制功能有缺陷，这可能是由于缺乏纯真 Treg 亚型（CD4 ＋ CD25 ＋ FoxP3 ＋ CD45RA ＋）而由扩增的记忆 Tregs（CD4 ＋ CD25 ＋ FoxP3 ＋ CD45RA）代偿，后者的免疫抑制活性较低。Treg 功能障碍会使外周 B 细胞耐受下降，导致外周血自身反应性 B 细胞克隆聚集。当 T 细胞内源性因子（共刺激分子、细胞因子受体、microRNA）与外源性因子（调节 T 细胞 Treg 功能障碍）共同作用将外周免疫耐受打破，将诱导 CD4 ＋ T 细胞反应失调，导致髓鞘反应性 Th1/Th17 细胞的活化、增殖，及自身反应性 B 细胞的扩增。②外周 CNS 抗原特异性免疫细胞穿过血脑屏障，进入 CNS 实质：上述 Th1、Th17、B 细胞、T 细胞突破血脑屏障进入 CNS，CD4 ＋ T 细胞到达血管周围间隙并释放细胞因子，产生一个炎症环境，募集包括单核 / 巨噬细胞、B 细胞、CD4 ＋

T细胞、CD8＋T细胞在内的更多免疫细胞浸润在CNS小静脉的血管周围间隙，形成血管周围呈套样改变的炎症病灶。白细胞分泌MMP-2、MMP-9并迁移离开血管周围间隙，穿过实质基底膜和并进入CNS实质。③ CNS的炎症反应与髓鞘、轴索损害：髓鞘反应性T细胞被CNS实质内的小胶质细胞、树突状细胞或B细胞激活，通过分泌一系列前炎症细胞因子或趋化因子，诱导CNS的炎症反应。CNS中Th1/Th17分泌的前炎症细胞因子激活巨噬细胞及小胶质细胞，并通过分泌可溶性前炎症细胞因子、活性氧自由基、活性氮自由基、谷氨酸等产物进一步介导脱髓鞘的发生和轴索损害。进入CNS的B细胞分化成为浆细胞，并在CNS局部产生以髓鞘与胶质细胞为靶点的抗体，进而通过吞噬与补体激活作用导致脱髓鞘的发生及相关结构的功能障碍。同时，抗体依赖的机制可影响包括MHC Ⅱ类依赖的抗原呈递细胞（antigen-presenting cell，APC）的功能与白介素6的产生等免疫反应，因此在B细胞的致病机制方面担当重要角色。此外，B细胞还可通过突破血脑屏障（blood-brain barrier，BBB）内皮细胞上的基质金属蛋白酶（MMP-9），及分泌作用于少突神经胶质的细胞毒分泌产物而发挥致病作用。治疗MS的CD20单克隆抗体可能是通过作用于清除前炎症CD20＋T细胞而发挥作用的。包括少突胶质细胞、神经元、星形胶质细胞在内的大多CNS细胞在炎症环境下表达MHC Ⅰ类分子，使其成为细胞毒CD8＋T细胞攻击的潜在靶位。此外，中性粒细胞可在前炎症分子的刺激下产生弹性蛋白酶、组织蛋白酶、活性氧自由基等并导致CNS损伤。表位扩展导致识别与初始诱导免疫活化表位不同的表位，并导致MS疾病的复发与进展。

（2）中枢（内源）起源假说：CNS内源抗原介导局部小胶质细胞的活化与免疫反应的扩大化，继而募集适应性免疫细胞与固有免疫细胞。在这一假说中，少突胶质细胞的功能缺陷（如基因突变）诱导自发的少突胶质细胞凋亡及小胶质细胞的活化。CNS起源的可溶性抗原引流入颈深部淋巴结，在此B细胞通过表面受体获取抗原并呈递给T细胞。引流淋巴结中活化的抗原特异性T细胞以CNS为靶点发生外周适应性免疫反应。一般认为CNS是缺乏这一适应性免疫反应的，已有研究报道发现这些细胞迁移至颈淋巴结的现象，亦有很多研究发现在CNS实质血管旁可见免疫细胞表达树突细胞表面的标志物（图10-1-1）。

4. MS进展期的免疫机制 MS的病程从早期复发缓解型发展至进展期，将发生一系列临床与病理学改变。疾病类型的改变与治疗反应的变化让人想到MS背后存在驱动复发缓解期与进展期病程进展的潜在发病机制。存在以下两种可能的机制。

（1）原发的神经变性驱动疾病进展：轴索-胶质单位的体内平衡被打破，进而触发进展的神经退行性变的疾病进程，而炎症只是组织变性的继发反应。有如下研究证据支持上述假设：首先，截至目前免疫调节或免疫抑制治疗并不能改变进展MS的病程。其次，这一疾病阶段的残疾进展是独立于起初病程的，并且与经典神经变性疾病持续进展退化的模式很相近。再次，来自脱髓鞘动物模型的研究结果提示，轴索-胶质交互作用功能障碍可导致进展性的轴索变性，上述轴索-胶质单位的平衡打破，可以源于原发轴索-胶质缺陷或继发于疾病早期的免疫介导损伤。

（2）局部炎症趋动疾病进展：组织病理学研究结果提示进展型MS患者CNS的炎症持续造成组织损伤，这一炎症过程仅局限于CNS局部，而与系统性免疫反应相脱离。这一阶段，炎症细胞的组成从局部T细胞、单核细胞等免疫细胞的聚集，发展成为更为广泛的包括小胶质细胞和B细胞等免疫细胞的激活，在很多进展型MS患者的脑膜可发现B细胞的炎症聚集证实了上述炎症演变过程。同样，进展型MS的脑膜与CSF中存在前炎症细胞因子，可诱导MS皮质病灶的形成，即软膜下脱髓鞘。当然，炎症与神经变性两者并非相互排斥的，而可能是共同作用的。逐渐增强的易感性与受损的轴索-胶质单元修复能力的下降，加重了CNS局部的炎症相关的损害。进展型MS中，慢性脱髓鞘的轴索需要额外的能量进行神经冲动的传导，而神经元的ATP生产却因线粒体的损伤而受到了影响，这一能量供需之间的矛盾可能使神经元及其轴索更易变性。

（四）多发性硬化的实验动物模型

多发性硬化的炎症反应相关机制的研究基于该疾病的动物模型，即实验性自身免疫性脑脊髓炎（EAE）大鼠模型。该模型的炎性脱髓鞘发生的机制主要与以下适应性免疫系统的淋巴细胞反应相关。

1. CD4＋T细胞EAE CD4＋T细胞作用于包括髓鞘碱性蛋白（myelin basic protein，MBP）、髓鞘少突胶质细胞糖蛋白（myelin oligodendrocyte glycoprotein，MOG）等髓鞘蛋白，及星型胶质细胞

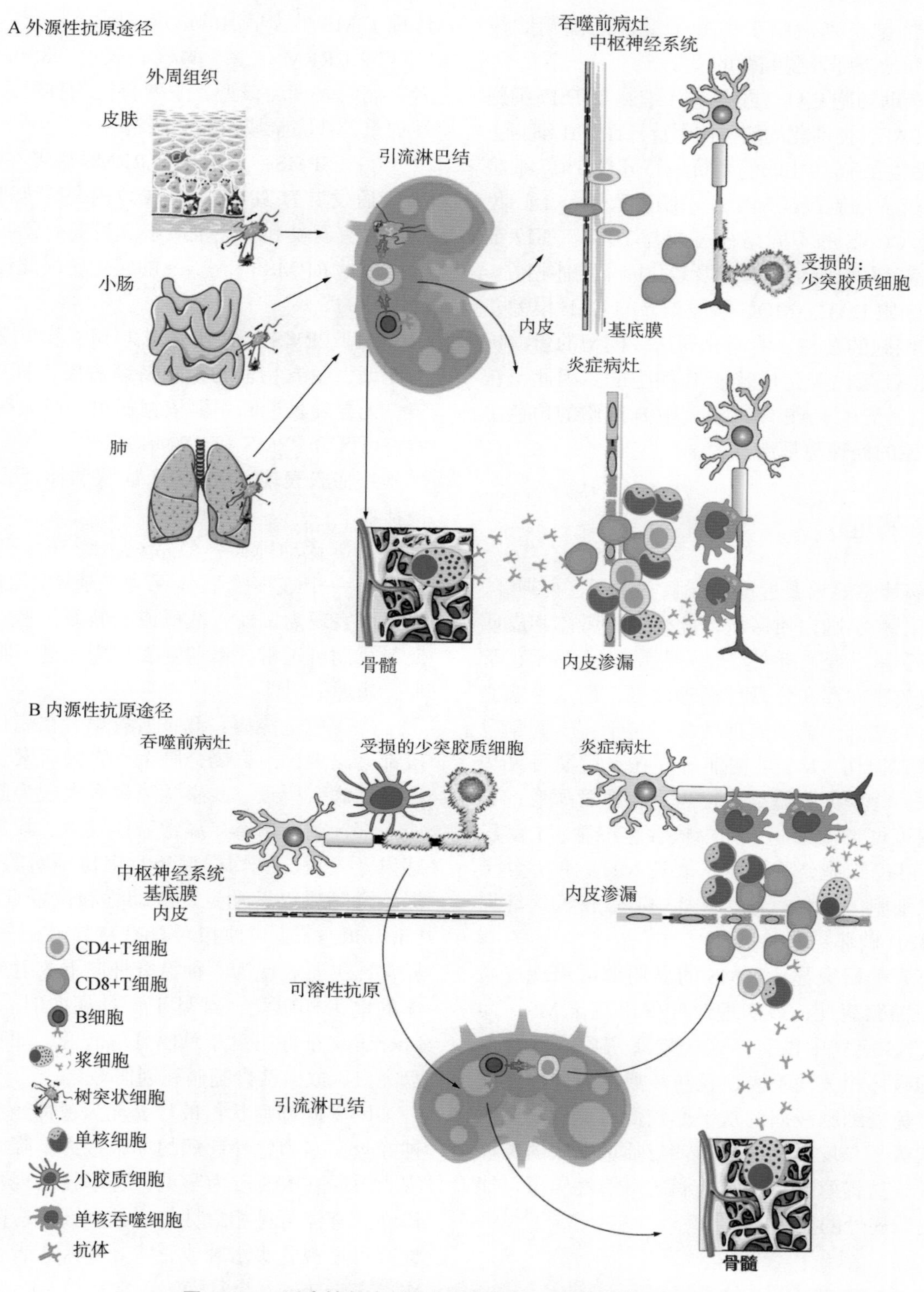

图 10-1-1　适应性免疫系统介导多发性硬化病灶的发展过程

A. 外源性抗原途径。**B.** 内源性抗原途径

内表达的 S100β 蛋白等，进而诱导 EAE 炎症脱髓鞘的发生。激活的 CNS 抗原特异性 CD4 + T 细胞是唯一可诱导实验性自身免疫性脑脊髓炎的免疫细胞。

2. CD8 + T 细胞 EAE　病灶中很少会找到 CD8 + T 细胞，然而可诱导 EAE 的髓鞘抗原中是存在 CD8 + T 细胞特异性 MHC Ⅰ限制性表位的，此外，MHC Ⅰ类限制性髓鞘肽段特异性 T 细胞转基因的小鼠可发生 CD8 + T 细胞依赖的严重的脑干、小脑炎性脱髓鞘，这些证据均提示 CD8 + T 细胞可能在 CNS 病灶行程中发挥着重要作用，当

CD8＋T细胞识别由脑Ⅰ类分子呈递的髓鞘肽段后，即可介导炎症及脱髓鞘的发生。

3. T辅助细胞EAE 虽然Th1细胞与Th17细胞均可诱导EAE，但活化的髓鞘抗原特异性Th1细胞主要诱导脊髓炎，而活化的髓鞘抗原特异性Th17细胞主要诱导炎症细胞浸润脑干、小脑及大脑。上述免疫细胞进入CNS的不同路径可能与Th1与Th17细胞上差异表达的特异性整合素及趋化因子受体相关。

4. B细胞EAE MOG肽段诱导的EAE模型并不需要B细胞的参与，然而介导这一模型的蛋白抗原（人MOG蛋白）是依赖于B细胞的。因此，在MOG蛋白诱导的EAE动物模型中B细胞的角色主要是与抗原的处理与呈递有关。

三、病理

MS病灶主要累及近皮质、脑室周围、视神经、脊髓、脑干和小脑白质区域，此外，胼胝体和皮质灰质亦可受累。近来研究发现一些MRI上显示正常的白质或灰质亦存在弥漫性病理改变，而这些病变是脑萎缩的基础。典型病理学特征包括：①髓鞘脱失。②轴索损伤：MS早期即可存在，后期可见华勒氏变性。③少突胶质细胞增生。④血管病变：小静脉周围可见炎性细胞（如单核吞噬细胞、T淋巴细胞、B淋巴细胞、浆细胞、表达MHC Ⅱ类分子的树突状细胞）浸润，急性病灶中心或慢性病灶周围可见BBB破坏。

近年来的研究显示，MS的早期即可出现皮质灰质的脱髓鞘病灶，该病理改变仅出现于MS，而在其他CNS疾病中没有。这类皮质灰质病灶与血脑屏障的破坏相关性不大，且与经典的急性白质病灶相比，免疫细胞浸润的水平亦较低。皮质灰质病灶沿着软膜下、皮质表面分布，与临近脑膜的炎症改变相关，这提示来自脑膜浸润的可溶性因子可能诱导了皮质病灶的发生。

四、临床症状和体征

1. 起病形式 以急性/亚急性起病多见，隐匿起病者少见。

2. 临床分型 根据病程可分为以下几种临床亚型：

（1）临床孤立综合征（clinically isolated syndrome，CIS）：MS的首次临床脱髓鞘事件，该概念的提出体现了MS早诊早治的诊疗原则。

（2）RRMS：MS的核心表型，85%～90%患者起病时表现为该型，主要特征为神经系统症状急性加重，伴完全或不完全缓解。

（3）SPMS：大约50% RRMS患者在起病10～20年后发展为SPMS，表现为残疾持续进展，无复发或伴有复发和不完全缓解。目前尚无明确前哨事件可提示RRMS向SPMS的转化，因此诊断通常是回顾性的。

（4）PPMS：约10%成人MS患者发病时表现为此型，主要特征为残疾持续进展，且持续至少1年，无复发，诊断主要依据病史，尚无明确实验室检查可区分PPMS和RRMS。

3. 临床表现 MS临床症状和体征多样，具体概括如下：

（1）运动障碍：最常见，约50%患者首发症状包括一个或多个肢体无力，通常下肢较上肢明显，可表现为偏瘫、截瘫或四肢瘫，多不对称。腱反射早期可正常，后期则表现为亢进。腹壁反射消失，病理征阳性。

（2）感觉障碍：几乎所有患者在病程的某一阶段都会出现，由脊髓丘脑束、脊髓后索和脊髓背根入髓处病变所致。浅感觉障碍多表现为肢体、躯干或面部针刺麻木感、异常肢体发冷、蚁走感、瘙痒感以及尖锐、烧灼样疼痛及定位不明的感觉异常。深感觉障碍以运动觉、振动觉和位置觉减退多见。Lhermitte征是一种相对具有特异性的短暂的感觉异常，主要表现为一种沿脊柱向下放射或放射至肢体的电击样感觉，常见于颈部屈曲时。除MS外，Lhermitte征亦可见于颈髓其他病变，如肿瘤、椎间盘突出、放射性脊髓病和创伤等。

（3）眼部症状：最常表现为视神经炎或球后视神经炎，多为急性起病的单眼视力下降。双眼同时视力下降在MS较为罕见，若单独出现常提示其他诊断。查体可见相对性传入性瞳孔反应障碍，眼底检查可见视乳头水肿或正常。90%患者视力急性发作后多于2～6个月恢复正常。约30%患者有眼肌麻痹和复视。双侧核间性眼肌麻痹常提示MS，由脑干内侧纵束病变所致，多表现为眼球水平运动异常，眼球不能或延迟内收，外展时有水平眼震。

（4）疲劳：MS的一种特征性表现，可见于59%～85%的患者，机制不明，目前认为与脑干和中脑的网状激活系统有关。患者主要表现为与活动量无关的疲倦感，并可因热和潮湿而加重。近期研究发现疲劳感可从疾病初期持续至整个病程，且与疾病的残疾程度相关。

（5）小脑症状：主要表现为构音不清和共济失调，体征可见眼球震颤、辨距不良、复杂运动分解、肌张力减退和反击征等。上肢重于下肢，头部和肢体有时可见意向性震颤。若在疾病早期出现，常提示患者预后不良。

（6）自主神经功能障碍：75% 患者存在膀胱功能障碍，表现为尿频、尿急、尿潴留和尿失禁。50% 患者有排便障碍，包括便秘、排泄不良和大便失禁等。此外，男性患者还可出现原发性或继发性性功能障碍。自主神经功能障碍的出现，常常提示患者有可能转为 SPMS。

（7）认知功能障碍：明确痴呆在 MS 是一种罕见表现，仅见于不超过 5% 的患者，但通过神经心理学评估可见 70% 患者存在某种程度的认知损害，主要体现于注意力、执行功能、抽象概念化、短期记忆、字词回忆和信息处理速度方面。

（8）精神症状：在 MS 患者中较常见，多表现为抑郁、焦虑、欣快、精神异常和惊恐发作等。

（9）发作性症状：是指持续时间短暂、可被特殊因素诱发的感觉或运动异常。如脑干病变可致阵发性复视、面部感觉异常、三叉神经痛、共济失调和构音障碍等。这类症状常对小剂量卡马西平治疗有效，多在数周或数月后缓解，一般不易复发。癫痫也是 MS 较常见的一种发作性症状，多为良性和短暂性的，抗癫痫药物治疗效果佳，甚至无需特殊处理。

（10）热敏现象（Uhthoff 现象）：指体温小幅升高可短暂性加重当前或已存在的症状和体征的现象，推测是由体温升高时中枢通路发生传导阻滞所致。

4. 临床评估

（1）复发率：MS 复发频率存在很大差异，平均每年复发 0.4 ～ 0.6 次。一般起病初期复发率较高，随后逐渐降低。临床上常用年复发率（annualized relapse rate，ARR）评估患者疾病活动程度。

（2）残疾进展：常用 Kurtzke 残疾状态量表（disability status scale，DSS）和扩展残疾状态量表（expanded disability status scale，EDSS）评估，一般用 0 ～ 10 的数字表示患者残疾状态，0 分表示检查结果和功能正常，10 分表示患者因 MS 死亡。

五、实验室检查

1. 腰椎穿刺　有助于 MS 诊断和鉴别诊断。

（1）常规检查：外观和压力多正常。白细胞计数正常或轻度增高，一般＜ 15×10^6/L，若＞ 50×10^6/L 需慎重除外其他疾病。白细胞分类以淋巴细胞为主，且多为 T 细胞。蛋白水平正常或轻度升高。

（2）寡克隆区带（oligoclonal band，OCB）：确诊 MS 的重要生物学标志物，传统的检测方法阳性率很低，国内报告 35.3% ～ 76.9% 不等。目前推荐等电聚焦电泳联合免疫印迹法，国外报告阳性率达到 95% 以上，国内有学者相关研究显示，应用新检测方法，OCB 在 MS 患者中的敏感度约为 91.7%，特异度为 89.8%。该方法可以同时检测血清和脑脊液标本，常见结果包括（图 10-1-2）：① 1 型：血和脑脊液中均无 OCB。② 2 型：血中无 OCB，脑脊液中有 OCB。③ 3 型：血和脑脊液中均有 OCB，但脑脊液条带比血多。④ 4 型：血与脑脊液中均有 OCB，且呈镜像分布。⑤ 5 型：血和脑脊液中存在单克隆条带。其中 2 和 3 型为特异性 OCB 阳性，多见于 MS，提示存在 CNS 鞘内合成。此外，3 型还可见于部分感染和自身免疫性疾病患者。

2. MRI 检查

（1）颅内病灶特点：主要表现为大小不一类圆形长 / 等 T1 长 T2 异常信号，多位于侧脑室前后角周围、胼胝体、半卵圆中心、脑干和小脑。病灶大多垂直于胼胝体排列，犹如从该区域放射而出，矢状位上将此表现称为 Dawson 手指征（图 10-1-3A）。“黑洞”是 MS 的另一特征性表现（图 10-1-3B）。多数 MS 病灶在 T1 上表现为等信号，但部分呈低信号或以“黑洞”形式出现，多见于幕上区域。持续性“黑洞”被认为是严重髓鞘脱失和轴索损伤的标志。脑萎缩亦可出现于疾病早期，常提示残疾程度进展。

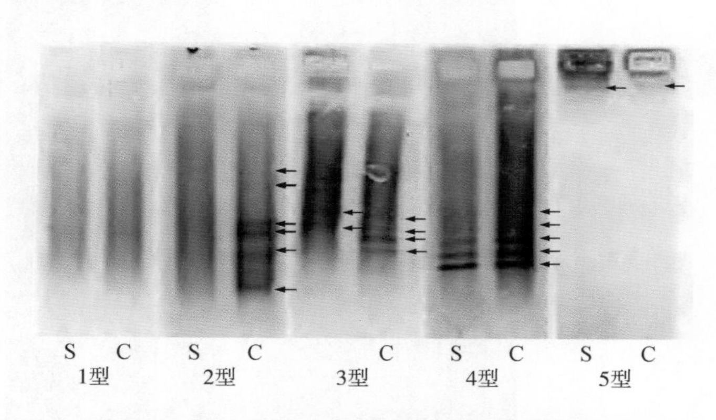

图 10-1-2　等电聚焦电泳联合免疫印迹法检测血清和脑脊液 OCB 结果分型

注：S：血清；C：脑脊液

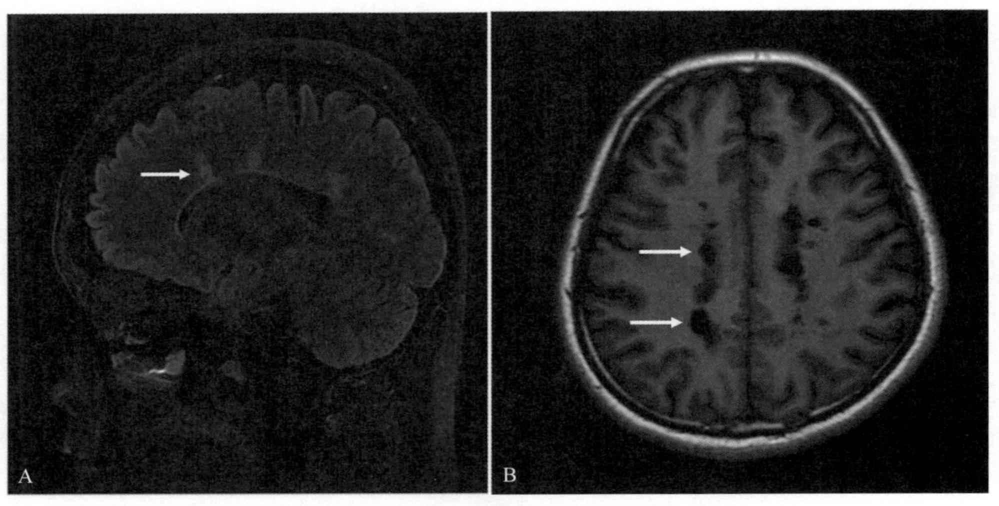

图 10-1-3　多发性硬化患者头 MRI 表现

A. 头 MRI 扫描 FLAIR 矢状位可见病灶垂直于侧脑室长轴排列，称为 Dawson 手指征。**B.** 头 MRI 扫描 T1 加权像轴位可见幕上侧脑室旁多发卵圆形低信号，即"黑洞"

（2）脊髓病灶特点：典型病变表现为病灶长轴 > 3 mm 但不超过 2 个椎体节段（图 10-1-4A），横断面上仅累及部分脊髓，极少或没有脊髓肿胀，病灶边界清楚且至少在两个位面可见（图 10-1-4B）。

（3）活动病灶特点：病灶边界欠清，可有钆增强，强化一般持续 30 ～ 40 天，最长可达 8 周。值得注意的是，持续强化病灶（ > 3 个月）需注意鉴别肿瘤等其他疾病（图 10-1-5A、5B）。

3. 电生理检查　主要包括视觉诱发电位（VEP）、脑干听觉诱发电位（BAEP）和体感诱发电位（SEP）等，50% ～ 90% MS 患者可有一项或多项异常。

六、诊断和鉴别诊断

1. 诊断原则　以客观病史和临床体征为基本依据，充分结合包括 MRI 和腰椎穿刺在内的各项辅助检查以寻找病变的时间多发和空间多发性，在除外其他疾病后方可确诊。在拟诊 MS 时，所有患者均须行头 MRI 检查。

2. 诊断标准　推荐使用 2017 年 McDonald 诊断标准，详见表 10-1-3 ～表 10-1-6。

如果患者满足 2017 年 McDonald 标准，并且临床表现没有更符合其他疾病诊断的解释，则诊断为 MS；如有因临床孤立综合征怀疑为 MS，但并不完全满足 2017 年 McDonald 标准，则诊断为可能的 MS；如果评估中出现了另一个可以更好解释临床表现的诊断，则排除 MS 诊断。a：不需要额外的检测来证明空间和时间的多发性。然而除非 MRI 不可用，否则所有考虑诊断为 MS 的患者均应该接受头 MRI 检查。此外，临床证据不足而 MRI 提示 MS，

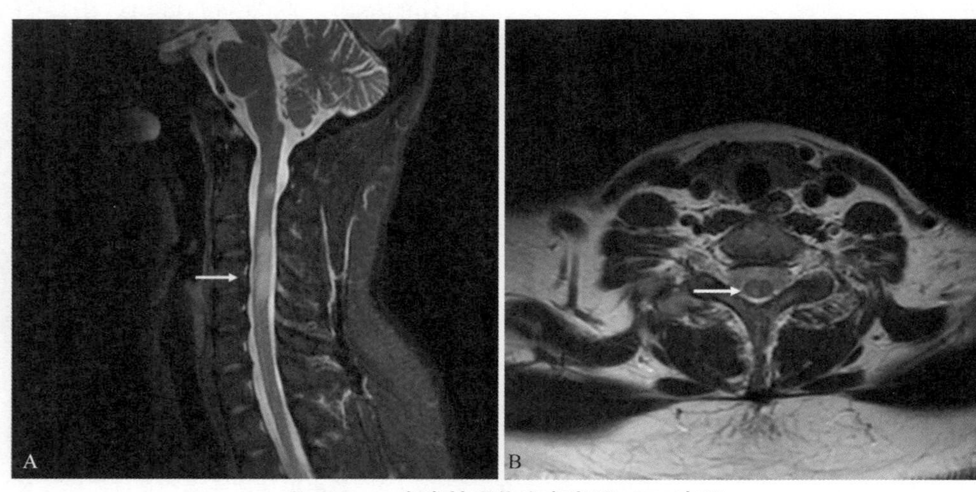

图 10-1-4　多发性硬化患者脊髓 MRI 表现

A. 颈髓 MRI 扫描 T2 加权像矢状位可见颈髓多发高信号病灶，长度不超过 2 个椎体节段。**B.** 颈脊髓 MRI 扫描 T2 加权像轴位可见横断面上病灶仅累及部分脊髓，呈偏心分布

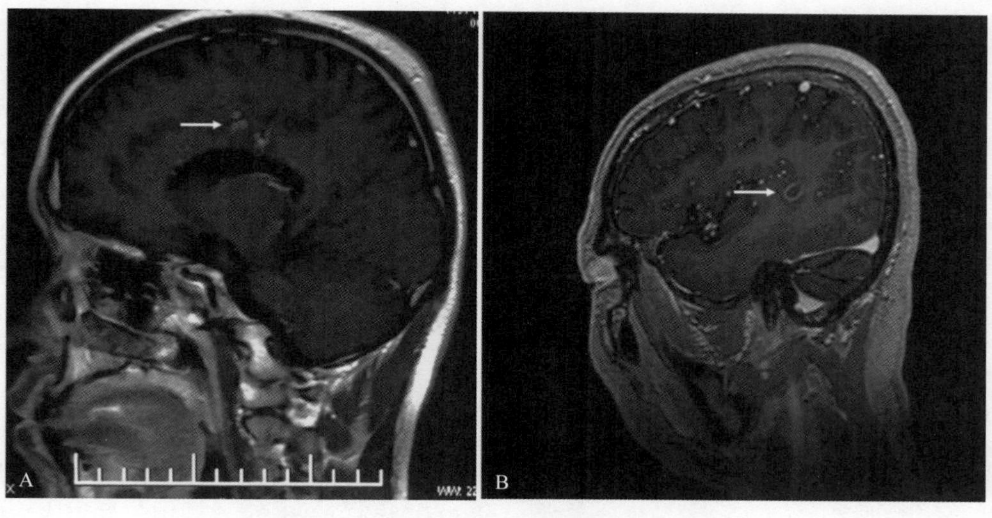

图 10-1-5　多发性硬化患者增强头 MRI 表现

A. 头增强 MRI 扫描 T1 加权像矢状位可见额叶病灶呈斑片状强化。**B.** 头增强 MRI 扫描 T1 加权像矢状位可见颞叶病灶呈开环状强化

表 10-1-3　2017 年 McDonald 多发性硬化诊断标准

临床表现	有客观临床证据的病灶数	诊断 MS 所需辅助指标
≥ 2 次临床发作；	≥ 2 个	无[a]
≥ 2 次临床发作；	1 个（并且有明确的历史证据证明以往的发作涉及特定解剖部位的一个病灶[b]）	无[a]
≥ 2 次临床发作；	1 个	通过不同 CNS 部位的临床发作或 MRI 检查证明了空间多发性
1 次临床发作；	≥ 2 个	通过额外的临床发作，或 MRI 检查证明了时间多发性，或具有脑脊液寡克隆带的证据[c]
1 次临床发作；	1 个	通过不同 CNS 部位的临床发作或 MRI 检查证明了空间多发性，并且通过额外的临床发作，或 MRI 检查证明了时间多发性或具有脑脊液寡克隆带的证据[c]
提示 MS 的隐匿的神经功能障碍进展（PPMS）疾病进展 1 年（回顾性或前瞻性确定）同时具有下列 3 项标准的 2 项： （1）脑病变的空间多发证据；MS 特征性的病变区域（脑室周围、皮质 / 近皮质或幕下）内≥ 1 个 T2 病变； （2）脊髓病变的空间多发证据：脊髓≥ 2 个 T2 病变； （3）脑脊液寡克隆区带阳性（等电聚焦电泳显示寡克隆区带）。		

注：CNS：中枢神经系统；MS：多发性硬化；PPMS：原发进展型 MS

表 10-1-4　2017 年 McDonald 多发性硬化诊断标准中 MRI 空间多发与时间多发

	MRI 特征
空间多发	在以下≥ 2 个 CNS 区域内有≥ 1 个具有 MS 特征的 T2 高信号病灶[a] 侧脑室旁、皮质 / 近皮质[b]、幕下脑区、脊髓
时间多发	任何时间同时出现钆增强与非钆增强病灶，或在任何时间的随访 MRI 中与基线 MRI 相比，出现新 T2 高信号病灶 / 钆增强病灶

注：与 2010 年 McDonald 标准不同，不需要区分症状性与非症状性 MRI 病灶。[b]：对于大于 50 岁或具有血管病危险因素的患者应寻找更多数目的侧脑室旁病灶，以提高诊断的准确性。

表现为典型临床孤立综合征以外表现或具有非典型特征的患者，应考虑脊髓 MRI 或脑脊液检查，如果完成影像学或其他检查（如脑脊液）且结果为阴性，则在做出 MS 诊断之前需要谨慎，并应考虑其他可能诊断。b：基于客观的 2 次发作的临床发现做出诊断是最保险的。在没有记录在案的客观神经系统发现的情况下，既往 1 次发作的合理历史证据可以包括具有症状的历史事件，以及先前炎性脱髓鞘发作的演变特征；但至少有一次发作必须得到客观结果的支持。在没有神经系统残余客观证据的情况下，诊断需要谨慎。c：尽管脑脊液特异性寡克隆区带阳性本身并未体现出时间多发性，但可以作为

表 10-1-5 多发性硬化鉴别诊断

疾病类别	疾病名称
其他炎性脱髓鞘病	NMOSD、ADEM、MOGAD、脊髓炎、脱髓鞘假瘤等
脑血管病	常染色体显性遗传病合并皮质下梗死和白质脑病（CADASIL）、多发腔隙性脑梗死、烟雾病、血管畸形等
感染性疾病	莱姆病、梅毒、脑囊虫、热带痉挛性截瘫、艾滋病、Whipple 病、进行性多灶性白质脑病等
结缔组织病	系统性红斑狼疮、白塞病、干燥综合征、系统性血管炎、原发性中枢神经系统血管炎等 肉芽肿性疾病结节病、Wegener 肉芽肿、淋巴瘤样肉芽肿等
肿瘤类疾病	胶质瘤病、淋巴瘤等
遗传代谢性疾病	肾上腺脑白质营养不良、异染性脑白质营养不良、线粒体脑肌病、维生素 B12 缺乏、叶酸缺乏等
功能性疾病	焦虑症等

这项表现的替代指标。

3. 鉴别诊断 需要与 MS 进行鉴别的疾病见表 10-1-5。

七、治疗

主要包括急性期治疗、缓解期治疗、对症治疗和康复治疗。本节重点阐述急性期和缓解期治疗。

1. 急性期治疗 主要治疗目标为减轻急性期症状、缩短病程、改善残疾程度和预防并发症。并非所有复发均需处理，有客观神经缺损证据的功能残疾症状，如视力下降、运动障碍和小脑 / 脑干症状等方需治疗。轻微感觉症状无需治疗，一般休息或对症处理后可缓解。

（1）糖皮质激素（简称激素）：急性期一线治疗药物。研究证实激素可促进发作期神经功能恢复，但延长用药对神经功能恢复无长期获益。治疗原则为大剂量、短疗程、冲击治疗。具体方法如下：①成人：甲泼尼龙，1 g/d，静脉滴注 3 ～ 4 h，共 3 ～ 5 d，如临床神经功能缺损明显恢复可直接停用。如临床神经功能缺损恢复不明显，可改为口服醋酸泼尼松或泼尼松龙 60 ～ 80 mg，每天 1 次，每 2 天减 5 ～ 10 mg，直至减停，原则上总疗程不超过 3 ～ 4 周。若在减量的过程中病情明确再次加重或出现新的体征和（或）出现新的 MRI 病变，可再次给予甲泼尼龙冲击治疗或改用二线治疗。②儿童：甲泼尼龙按体重 20 ～ 30 mg/kg/d，静脉滴注 3 ～ 4 h，共 5 天。症状完全缓解者，可直接停用，否则可继续给予口服醋酸泼尼松或泼尼松龙，1 mg/kg/d，每 2 天减 5 mg，直至停用。口服激素减量过程中，若出现新发症状，可再次甲泼尼龙冲击治疗或给予 1 个疗程静脉大剂量免疫球蛋白治疗（intravenous immunoglobulin，IVIg）。

（2）血浆置换：急性期二线治疗药物。急性重症或对激素治疗无效者可于起病 2 ～ 3 周内应用 5 ～ 7 天的血浆置换。

（3）IVIg：目前急性期使用 IVIg 缺乏有效证据，仅作为备选治疗方案，用于妊娠或哺乳期女性不能应用激素或对激素治疗无效的儿童。推荐用法为：0.4 g/kg/d，静脉滴注，连用 5 天，如果无效则不建议继续使用。如果有效但疗效不满意时，可继续每周用 1 天，连用 3 ～ 4 周。

2. 缓解期治疗 主要治疗目标为降低复发率、减少 MRI 病灶累积和延缓残疾进展。推荐使用疾病修正治疗（disease modifying treatment，DMT）药物，目前国际上已经获批上市的药物包括：①注射药物：β 干扰素（interferon β，IFNβ），醋酸格拉替雷（Glatiramer acetate）和奥法妥木单抗（ofatumumab）。②口服药物：特立氟胺（teriflunomide），芬戈莫德（fingolimod），西尼莫德（sinponimod），奥扎莫德（ozanimod），富马酸二甲酯（dimethyl fumarate）和克拉屈滨（cladribine）。③输注药物：那他珠单抗（natalizumab），奥瑞珠单抗（ocrelizumab），阿仑单抗（alemtuzumab）和米托蒽醌（mitoxantrone）。上述药物主要作用机制、适应证、疗效、用法用量、副作用和注意事项详见表 10-1-6。

八、预后

大量研究显示 MS 预后与发病年龄、性别、起病时单 / 多系统受累、首发症状、发病初期 2 ～ 5 年的复发次数、MRI 病灶部位与数目和脑脊液 OCB 有关。我国一项前瞻性队列研究显示 MS 患者自发病至 EDSS 6 平均为 22 年，且发病年龄 > 50 岁、首次发作恢复不完全和发病初期 2 年复发次数超过 2 次的患者更易进入残疾状态（EDSS 6），对于这类患者临床上应密切关注残疾进展，及时启用具有中枢抗炎和神经修复功能的药物，以有效延缓患者残疾进展提高其生活质量。

表 10-1-6　多发性硬化缓解期治疗药物

	作用机制 / 靶点	适应证	疗效	用法	副作用	注意事项
注射药物						
干扰素 β（IFNβ）	调节 T 细胞、B 细胞及细胞因子功能	CIS、RRMS、活跃 SPMS	与安慰剂相比，显著降低 ARR 和 MRI 新发 T2 病灶和强化病灶数目	1. IFNβ-1a：① 30 μg，肌内注射，qw；② 44 μg，皮下注射，每周 3 次 2. IFNβ-1b：0.25 mg，皮下注射，qod	注射部位皮肤反应，流感样症状，肝酶升高，白细胞减少，甲功异常和抑郁状态	中和抗体产生后可减低药物疗效
醋酸格拉替雷	诱导抑制性 T 辅助细胞、抑制细胞向 CNS 迁移	CIS、RRMS、活跃 SPMS	与安慰剂相比，显著降低 ARR、MRI 新发 / 增大 T2 病灶数目、T2 病灶体积和 T1 钆增强病灶数目	40 mg，皮下注射，每周 3 次；或 20 mg 皮下注射，qd	注射部位反应，短暂全身性注射后反应	
奥法妥木单抗	人源化抗 CD20 单克隆抗体，耗竭 B 细胞	CIS，RRMS，活跃 SPMS	与特立氟胺相比，显著降低 ARR 51% ～ 59%、3m-CDP 风险 34.4% 和 MRI 新发 / 增大 T2 病灶以及 T1 钆增强病灶数目	起始：20 mg，皮下注射，0、1、2 周。后续（4 周起）：20 mg，皮下注射，qm	注射部位反应，上呼吸道感染，头痛，免疫球蛋白降低	活动性乙型肝炎病毒感染者禁用
口服药物						
特立氟胺	抑制 DHODH，抑制快速增值的 T/B 细胞	CIS，RRMS，活跃 SPMS	与安慰剂相比，显著降低 ARR 31.5%、MRI T2 病灶容积及 T1 钆增强病灶数目和残疾进展患者比例 20.2%（14 mg）	7 或 14 mg，口服，qd	胃肠道症状，头发稀疏，肝酶升高和激活潜在结核感染	
芬戈莫德	S1P 受体调节剂，作用于 S1P1、3、4、5，阻碍淋巴细胞从淋巴结排出	CIS，RRMS，活跃 SPMS	与安慰剂相比，显著降低 ARR 55%、3m-CDP 风险 26.6% 和 MRI 新发 / 增大 T2 病灶及 T1 钆增强病灶数目和脑萎缩	0.5 mg，口服，qd	缓慢性心律失常，房室传导阻滞，疱疹感染，黄斑水肿，肝酶升高，淋巴细胞减少和 PML	需要进行首剂监测。用药前需查疱疹病毒抗体。
西尼莫德	S1P 受体调节剂，作用于 S1P1 和 5。阻碍淋巴细胞从淋巴结排出，中枢抗炎和神经修复	CIS，RRMS，SPMS	与安慰剂相比，显著降低 ARR 66%、3m-CDP 风　险 21%、MRI 新增 T2 病灶 /T1 钆增强病灶数目和脑萎缩	1. *CYP2C9*1/*3*、**2/*3* 基因型：5 日期间药物逐渐上调至 1 mg/d 并维持 2. *CYP2C9*1/*1*、**1/*2*、**2/*2* 基因型：6 日期间药物逐渐上调至 2 mg/d 并维持	头痛，高血压，肝酶升高，淋巴细胞减少，感染，黄斑水肿，缓慢性心律失常，肺功能下降	无心脏疾病患者无需首剂监测
奥扎莫德	S1P 受体调节剂	CIS，RRMS，活跃 SPMS	与 IFNβ 相比，显著降低 ARR 38% ～ 48.6% 和 MRI 新发 / 增大 T2 病灶及 T1 钆增强病灶数目	1 ～ 4 天：0.23 mg，口服，qd 5 ～ 7 天：0.46 mg，口服，qd 8 天～：0.92 mg，口服，qd	感染，肝酶升高，直立性低血压，背痛，高血压，缓慢性心律失常，心脏传导延迟和黄斑水肿	

（续表）

	作用机制 / 靶点	适应证	疗效	用法	副作用	注意事项
富马酸二甲酯	激活 Nrf2 转录因子	CIS，RRMS，活跃 SPMS	与安慰剂相比，显著降低 ARR 53%、残疾进展患者比例 38% 和 MRI 新发 / 增大 T2 病灶及 T1 钆增强病灶数目	1～6 天：120 mg，口服，bid；7 天～：240 mg，口服，bid	胃肠道症状，潮红，淋巴细胞减少，PML	
克拉屈滨	嘌呤核苷拮抗剂	RRMS，活跃 SPMS	与安慰剂相比，显著降低 ARR 57.6%、3m-CDP 风险和 MRI T2 病灶及 T1 钆增强病灶数目	口服 2 个疗程，相隔 4 周，1 年后重复，累积剂量 3.5 mg/kg	淋巴细胞减少，疱疹感染和致畸	
输注药物						
那他珠单抗	抗整合素 α-4 单克隆抗体	CIS，RRMS，活跃 SPMS	与安慰剂相比，显著降低 ARR 67%，延长 3m-CDP 时间，显著降低 MRI 新发 / 增大 T2 病灶及 T1 钆增强病灶数目	300 mg，静脉输注，q4w	输液反应，淋巴细胞减少，肝酶升高和 PML	需要监测 JC 病毒抗体
奥瑞珠单抗	人鼠嵌合抗 CD20 单克隆抗体，耗竭 B 细胞	CIS，RRMS，活跃 SPMS，PPMS	与 IFNβ 相比，显著降低 ARR 46%～47%、12m-CDP 风险 40% 和 MRI 新发 / 增大 T2 病灶及 T1 钆增强病灶数目	600 mg，静脉输注，q6m	输液反应，疱疹病毒感染和肿瘤风险	禁用于乙肝活动性感染患者
阿仑单抗	人源化抗 CD52 单克隆抗体	高度活动 RRMS	与 IFNβ 相比，无复发患者比例显著增加，持续残疾进展患者比例显著减少	第一年：12 mg，静脉输注，qd，共 5 天 第二年：12 mg，静脉输注，qd，共 3 天	输液反应，感染，自身免疫性疾病	治疗期间需进行疱疹病毒的预防治疗

注：ARR：平均年复发率；bid：1 天 2 次；DHODH：二氢乳清酸脱氢酶；3m-CDP：3 个月肯定残疾进展；12m-CDP：12 个月肯定残疾进展；qd：1 天 1 次；q4w：每 4 周 1 次；q6m：每 6 月 1 次。

第三节　视神经脊髓炎谱系疾病

视神经脊髓炎谱系疾病（neuromyelitis optica spectrum disorder，NMOSD）是一种主要累及视神经和脊髓的中枢神经系统自身免疫性疾病。

一、流行病学

NMOSD 属于罕见病，患病率具有种族、地域和性别差异。该病女性多见，女男患者比例可高达 9∶1。通常呈散发性，但亦有少量家族性病例报道。在种族方面，白种人患病率最低，＜1/100 000，东亚人略高，约为 3.5/100 000，黑人患病率最高，可达 10/100 000。一项基于我国住院患者的研究显示，中国 NMOSD 的发病高峰年龄为 45～65 岁，人群发病率为 0.445/10 万人年，女男患者比例为 4.71∶1；在均衡年龄和性别等因素后整体人群发病率为 0.278/10 万人年，其中儿童发病率为 0.075/10 万人年，成人发病率为 0.347/10 万人年。

二、病因及发病机制

确切病因不详，目前认为该病是外源性因素（如感染）和环境因素共同诱发 CNS 异常免疫应答所致。

（一）感染因素

尽管视 NMOSD 的发病与感染因素之间的相关性尚未被明确阐明，既往少量的病例报道研究表明感染因素可能诱发或加重存在遗传易感患者的病情。其中报道较多的为结核分枝杆菌（Tuberculosis，TB）、幽门螺杆菌（helicobacter pylori，HP）、肠道菌群和 EB 病毒等。

部分患者在被确诊之前被发现患有肺结核。此外，与健康对照相比，NMOSD 患者中结核分枝杆菌的感染率显著增高（79% *vs.* 14%）。TB 与 NMOSD 发病机制关联性的可能解释如下，AQP4 在人类呼吸道及肾集合系统的上皮细胞中亦有表达，分枝杆菌的水通道蛋白与人类 AQP4 存在相同表位，因此患肺结核或者肾结核患者体内的淋巴细胞在对分枝杆菌的识别和清除过程中对自身的 AQP4 更加敏感，当被激活的淋巴细胞进入 CNS 后会破坏已经建立的免疫耐受状态，最终导致星形胶质细胞的破坏。

日本学者研究发现与 AQP-IgG 阴性的 NMOSD 患者或者健康人相比，HP 感染在 AQP4-IgG 阳性的 NMOSD 患者人群中发病率更高，随后中国学者团队亦证实了这一发现。HP 导致 NMOSD 的确切机制尚不明，目前推测 HP 感染可以促使 T 细胞向辅助性 T 细胞 17（T helper cell 17，Th17）和 Th1 类型分化，同时提高细胞素或白介素（interleukin，IL）的水平；另外来自 HP 的细胞毒素 VacA 作用于肥大细胞，促进了肿瘤坏死因子（tumor necrosis factor，TNF）-α 等促炎因子的释放。CNS 外的炎症反应可导致血脑屏障紧密连接和脑血管基底层破坏，致使更多淋巴细胞和 AQP4 特异性抗体进入 CNS。然而，HP 与宿主间的分子模拟机制尚未被发现，因此尚需要更多研究进行进一步的机制探索。

近年来，有关 NMOSD 患者肠道菌群研究发现，患者肠道菌群中产气荚膜梭菌的含量较健康对照显著升高，而产气荚膜梭菌存在 AQP4 相似的抗原表位。另有发现 NMOSD 患者体内获得的大肠杆菌促进 CD4＋T 细胞增殖同时增加了 IL-6 和 IL-17 产生，前述证据表明肠道菌群中的不同细菌可能通过打破 Th17 和 T 调节细胞之间的平衡促进发病。

此外，有研究报道，NMOSD 患者中抗 EBV 早期抗原抗体（EA-IgG）的检出率和滴度较 MS 患者和健康人明显增高，且血清 EA-IgG 滴度与 AQP4-IgG 滴度正相关，推测 EBV 感染继发的促炎因素如 TNF-α、IL-6 可进一步加重 NMOSD 患者的病情。

（二）遗传因素

遗传因素证据有限，多数患者无家族史，尽管有同卵双胞胎同时患病的报道，但不能完全排除幼年成长等环境因素的影响。此外，我国学者研究发现部分 NMOSD 患者发病可能与 *Necl2*、白细胞介素 17 受体基因、*CD58*、*CD40*、*CYP7A1* 和 AQP4 基因有关。

（三）发病机制

1. AQP4-IgG 作用　AQP4 作为靶抗原，高度

聚集于脊髓灰质、中脑导水管周围、脑室周围和血脑屏障中的星形胶质细胞足突中，上述部位均为脱髓鞘病灶的好发部位。在NMOSD病变中，AQP4表达缺失与脱髓鞘的阶段无关。来自NMOSD患者急性期鞘内AQP-IgG的单克隆重组抗体可诱导大鼠产生NMOSD的特异性免疫病理改变，证实AQP4-IgG作为致病性抗体直接参与NMOSD的发病。特异性AQP4-IgG在CNS外，由成熟的B细胞产生，穿过血脑屏障后与位于星形胶质细胞足突上的AQP4结合，在补体参与下激活补体依赖（CDC，Complement-dependent cytotoxicity）和抗体依赖（ADCC，antibody-dependent cellular cytotoxicity）的细胞毒途径，进而造成星形胶质细胞坏死、炎症介质释放和炎症反应浸润，同时补体激活后形成的膜攻击复合物（membrane attack complex，MAC）与抗体激活的NK细胞等作用于星形胶质细胞周围的细胞，最终导致包括轴索和少突胶质细胞在内的灰白质损伤和髓鞘脱失。AQP4-IgG主要为IgG1并且可以激活补体、加速血脑屏障和星形胶质细胞膜的破坏，其在脑脊液中的检出率远低于血清，提示AQP-IgG主要来源于外周淋巴组织。既往有研究表明在复发前检测的血清抗体滴度与疾病活动度密切相关，然而AQP4-IgG不是星形胶质细胞病严重程度的绝对预测指标。CNS中AQP4蛋白超分子结构与骨骼肌等其他AQP4表达组织中的AQP4蛋白存在差异，这也是NMOSD易受累部位存在差异的原因。

2. 淋巴细胞作用 B细胞在NMOSD发生发展中通过参与抗原呈递和产生促炎因子/抗炎因子以及免疫球蛋白而发挥重要作用，具体如下：①活化的AQP4特异性B细胞通过细胞表面受体内化AQP4形式发挥抗原呈递作用，激活AQP4特异性T细胞；②AQP4特异性B细胞与促炎性CD4＋T细胞相互作用后分化为浆细胞，产生AQP4-IgG；③活化的AQP4特异性T细胞破坏血脑屏障，致使AQP4-IgG进入CNS；④B细胞分泌黏附分子极迟抗原-4（VLA-4），与IL-1等受体结合后，协同T细胞损伤神经胶质细胞，导致髓鞘脱失；⑤B细胞分泌淋巴毒素和TNF-α，促使T细胞向Th17分化，介导炎症反应。

3. 细胞因子作用 有关细胞因子在NMOSD发生发展中的作用，不同研究因纳入患者及疾病阶段各异而结论尚不一致。临床研究显示NMOSD患者脑脊液中IL-6水平升高，进一步体外研究显示用IL-6刺激外周血浆细胞可使AQP4-IgG分泌增加，将IL-6注射到小鼠蛛网膜下腔可导致CNS炎症、轴索变性以及髓鞘脱失，提示IL-6可能作为关键的促炎因子参与了NMOSD的发生发展。另有研究发现NMOSD患者中AQP4特异性T细胞以Th17为主，与Th17相关的细胞因子（如IL-21、IL-23和IL-17）水平升高，而Th1相关细胞因子水平降低。这类患者激素治疗反应通常不佳，预后较差。

（四）动物模型

早期动物模型证实了AQP4-IgG的致病性。目前绝大多数动物模型均为啮齿类动物被动注射AQP4-IgG或AQP4致敏性T细胞同时辅以促炎方法所建立，这类模型仅部分模拟了人类NMOSD的临床和病理特征，在对体液和细胞免疫机制研究方面存在一定偏倚。表10-1-7总结了目前已报道的部分动物模型。

三、病理

NMOSD病变主要累及视神经和脊髓，视神经损害多位于视神经和视交叉部位，偶累及视束，表现为髓鞘脱失伴轻度炎性细胞浸润。脑组织可见小范围斑点状髓鞘脱失、胶质细胞增生和血管周围淋巴细胞浸润。NMOSD的脊髓尸检病理可见非常严重的脊髓坏死性病变，而非不完全脱髓鞘病灶。病变可累及多个节段，大体观可见肿胀、软化和空洞形成。与MS不同，NMOSD的坏死和空洞通常同时累及灰质和白质。镜下观可见灰白质血管周围轻度炎性脱髓鞘至出血、坏死等不同程度改变，典型病灶位于脊髓中央，少突胶质细胞丢失明显，病灶内可见巨噬细胞、小胶质细胞及淋巴细胞浸润。

四、临床症状和体征

1. 发病年龄 中位发病年龄32～41岁，但儿童和老人亦可受累。

2. 病程 80%～90% NMOSD患者呈反复发作病程。

3. 临床表现 主要包括以下6大核心临床症候：①视神经炎；②急性脊髓炎：典型类型为长节段横贯性脊髓炎（longitudinal extensive transverse myelitis，LETM）；③延髓最后区综合征；④急性脑干综合征：病灶位于脑干及第四脑室周边；⑤急性间脑综合征：病变主要位于下丘脑；⑥大脑综合征：病灶主要位于大脑半球白质或胼胝体。

表 10-1-7　视神经脊髓炎谱系疾病动物模型

动物	模型	致病部位	浸润细胞类型	检测时间点	行为表型
Lewis 大鼠	EAE ＋ AQP4-IgG	脊髓	T 细胞、巨噬细胞	24 小时	无
Lewis 大鼠	EAE ＋ AQP4-IgG	脊髓	无	30 小时	无
Lewis 大鼠	EAE ＋ AQP4-IgG	脊髓	巨噬细胞、中性粒细胞	4 天	临床评分升高
Lewis 大鼠	T 细胞导入	脑、脊髓	T 细胞、巨噬细胞	24 小时	无
Lewis 大鼠	T 细胞导入	视神经、视网膜	T 细胞、巨噬细胞	5 天	无
Lewis 大鼠	T 细胞导入	脑、脊髓	T 细胞、巨噬细胞	7 天	尾部瘫痪
Lewis 大鼠	脑内注射	脑	中性粒细胞、巨噬细胞	5 天	无
Lewis 大鼠	腹膜腔内注射	脑	中性粒细胞、巨噬细胞	5 天	无
Lewis 大鼠	鞘内注射	脊髓	巨噬细胞	19 天	进行性运动不能
Lewis 大鼠	EAE	脊髓、脑干	中性粒细胞	2 天	无力
SD 大鼠	视神经鞘下注射	视神经、视网膜	CD11 $^{+}$细胞	7 ～ 14 天	无
SD 大鼠	视神经鞘下注射	视神经	CD68 $^{+}$细胞	7 天	视觉诱发电位降低以及瞳孔对光反射减弱
SD 大鼠	聚焦超声	脑、脊髓	CD45 ＋细胞	5 天	无
CD1 小鼠	脑内注射	脑、脊髓	嗜酸性粒细胞、中性粒细胞	3 天	无
CD1 小鼠	颅内注射	视神经	中性粒细胞、巨噬细胞	3 天	无
CD1 小鼠	静脉内注射	极后区	无	5 天	无
CD1 小鼠	体外脊髓培养	脊髓切片	中性粒细胞、巨噬细胞	7 天	无
C57/BL6 小鼠	T 细胞导入	脊髓、视神经、视网膜	T 细胞	2 天	截瘫
C57/BL6 小鼠	T 细胞导入	脑、脊髓、视神经	T 细胞	21 天	体重下降、后肢无力
C57/BL6 小鼠	EAE ＋ AQP4-IgG	脊髓、视神经	中性粒细胞、嗜酸性粒细胞	60 天	临床恶化
CD59 － / －小鼠	鞘内注射	脊髓	CD45 ＋细胞	2 天	后肢无力
大鼠	晶状体内注射	视网膜	CD45 ＋细胞	6 小时到 30 天	无
OFA 大鼠	脑室内注射	脑、脊髓、视神经	无	7 天	运动行为受损

注：EAE：experimental autoimmune encephamyelitis，试验性自身免疫性脑脊髓炎

4. 合并疾病　部分患者可合并其他自身免疫性疾病，如干燥综合征、系统性红斑狼疮、桥本氏甲状腺炎和重症肌无力等，血清亦常检出抗核抗体、抗 SSA/SSB 抗体和抗心磷脂抗体等。

五、实验室检查

1. 腰椎穿刺　脑脊液压力与外观多正常。细胞数轻度增加，以淋巴细胞为主，通常不超过 $500×10^6/L$，30% 患者急性期白细胞＞ $50×10^6/L$，以中性粒细胞为主，有时可见嗜酸性粒细胞。蛋白多明显增高，可大于 1 g/L，免疫球蛋白轻度增高，以 IgA 和 IgG 为主。蛋白电泳可见寡克隆区带，但阳性率＜ 20%，明显低于 MS。

2. 血清 AQP4-IgG　推荐采用特异度和灵敏度均较高的细胞转染免疫荧光法（cell based transfection immunofluorescence assay，CBA）或流式细胞法进行检测。我国一项研究显示应用 CBA 法检测血清 AQP4-IgG 诊断 NMOSD 的敏感性为 84.4%，特异性为 97.3%。酶联免疫吸附法（enzyme linked immunosorbent assay，ELISA）检测 AQP4-IgG 敏感性较好，但易存在假阳性结果。此外，免疫抑制治

疗后亦有假阴性情况出现。因此对于临床表现不典型且 ELISA 检测血清 AQP4-IgG 弱阳性患者，推荐采用 CBA 法复测或应用两种以上检测方法动态反复验证；对于临床表现典型而在免疫抑制治疗后应用 ELISA 法检测阴性患者，建议采用 CBA 法复测或下次复发治疗前复测。

3. 磁共振成像（Magnetic Resonance Imaging，MRI） NMOSD 的各组核心临床症候群均有典型 MRI 表现，详见表 10-1-8。

六、诊断和鉴别诊断

1. 诊断 推荐使用 2015 年 NMOSD 诊断标准，详见表 10-1-9。

表 10-1-8 视神经脊髓炎谱系疾病 MRI 特点

脊髓 MRI
急性期：
与急性横贯性脊髓炎相关的 LETM 病灶：
矢状位 T2 加权相（标准 T2WI、质子像或 STIR）高信号范围≥ 3 个椎体节段（图 10-1-6A）；
病灶多位于脊髓中央（70% 以上的病灶位于中央灰质内）（图 10-1-6B）
T1WI 序列可见钆增强病灶（图 10-1-6C）
可能被检出的其他特征性表现：
病灶向上延伸至脑干
脊髓增粗或肿胀
T2WI 序列高信号区对应 T1WI 低信号
慢性期：
纵向延伸的脊髓萎缩（萎缩病灶边界清楚，≥ 3 个椎体节段并终止于脊髓的特定的节段），受累的萎缩节段伴或不伴局灶或弥漫的 T2 信号改变（图 10-1-6D）
视神经 MRI
病灶较长（病灶延伸超过眼眶到视交叉长度的一半以上）以及累及视神经后部或视交叉的病灶
急性期：一侧或双侧视神经或视交叉 T2WI 高信号，视神经增粗、强化，部分伴视神经鞘强化（图 10-1-7）
慢性期：视神经萎缩，可见双轨征
脑部 MRI
极后区综合征：病灶累及延髓背侧，呈片状或线状 T2WI 高信号，可与上颈髓病变连续（图 10-1-8A）
急性脑干综合征：病灶位于脑干或小脑的第四脑室室管膜周围（图 10-1-8B）
急性间脑综合征：病灶累及丘脑下部、丘脑或第三脑室室管膜周围（图 10-1-8C）
大脑综合征：
一侧或双侧皮质下或深部白质大片融合病灶（图 10-1-9A）
弥散、混杂或水肿性胼胝体长病灶（≥ 1/2 胼胝体长度）（图 10-1-9B）
一侧或双侧累及内囊与大脑脚相邻部位的皮质脊髓束长病灶（图 10-1-9C）
伴钆增强的广泛室管膜周围脑病灶（图 10-1-9D）

2. 鉴别诊断 对于早期 NMOSD 或临床、影像特征不典型的病例，应该充分进行实验室及其他相关检查，注意与其他可能疾病相鉴别，并进行动态随访。在与其他疾病鉴别诊断过程中，NMOSD 诊断的红旗征（red flag）归纳详见表 10-1-10，需要注意的是该表中列举的部分不支持证据不一定完全能排除 NMOSD，部分 NMOSD 患者亦可出现这些罕见表现。

需要与 NMOSD 进行鉴别的疾病类型概括如下

（1）其他中枢神经系统炎性脱髓鞘疾病：MS、MOGAD 和 ADEM 等，详见相关章节。

（2）系统性自身免疫病：系统性红斑狼疮、白塞病、干燥综合征、结节病、系统性血管炎等。

（3）血管性疾病：缺血性视神经病、延髓梗死、脊髓硬脊膜动静脉瘘、脊髓血管畸形、亚急性坏死性脊髓病等。

（4）感染性疾病：结核、艾滋病、梅毒、布氏杆菌感染、热带痉挛性截瘫等。

（5）代谢中毒性疾病：中毒性视神经病、亚急性脊髓联合变性、肝性脊髓病、Wernicke 脑病、缺血缺氧性脑病等。

（6）遗传性疾病：Leber 视神经病、遗传性痉挛性截瘫、肾上腺脑白质营养不良等。

（7）肿瘤及副肿瘤相关疾病：淋巴瘤和副肿瘤综合征（脑衰蛋白反应性调节蛋白 -5 相关的视神经病或抗 Ma 相关间脑综合征、脊髓副肿瘤综合征）、胶质瘤、室管膜瘤等。

（8）其他：颅底畸形、脊髓压迫症等。

七、治疗

主要分为急性期治疗、缓解期治疗、对症治疗和康复治疗。鉴于急性期治疗药物与 MS 相似，本节将重点介绍缓解期治疗。

（1）萨特利珠单抗（satralizumab）：是一种人源化抗白细胞介素 6（interleukin 6，IL-6）受体的单克隆抗体，可降低与 IL-6 信号传导相关的炎症级联反应。推荐用法为：120 mg，皮下注射，每 2 周一次，共 3 次（0 周，2 周和 4 周），以后改为 120 mg，皮下注射，每 4 周一次。

（2）依库珠单抗（eculizumab）：是一种人源化抗补体 C5 的单克隆抗体，与 C5 结合后可抑制 C5b 诱导的膜攻击复合物形成。推荐用法为 900 mg，静

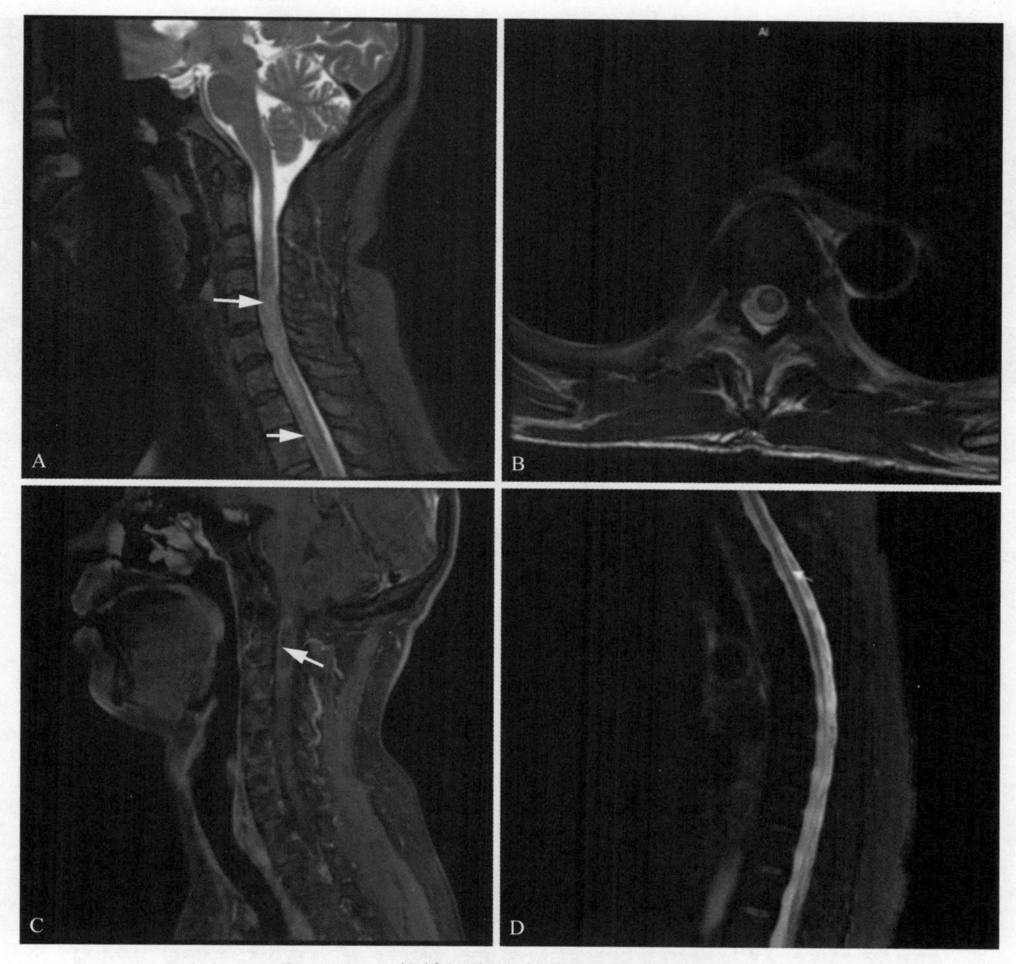

图 10-1-6　视神经脊髓炎谱系疾病脊髓 MRI

A. T2WI 序列颈髓内可见高信号，病变范围（箭头所示）大于 3 个椎体节段。**B**. 轴位图见病变位于脊髓中央。**C**. T1WI 序列颈髓内可见强化（箭头所示）。**D**. 慢性期胸髓弥漫性萎缩（箭头所示）

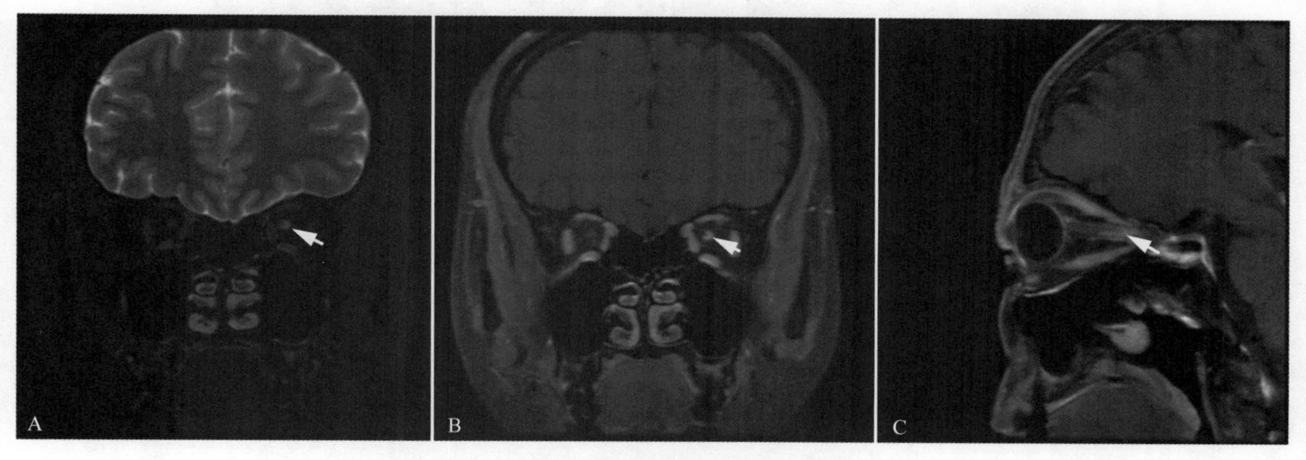

图 10-1-7　视神经脊髓炎谱系疾病视神经 MRI

A. T2WI 序列左侧视神经高信号（箭头所示）。**B**、**C**. T1WI 序列视神经可见强化（箭头所示）

脉滴注，每周 1 次，连续 4 周，第 5 周开始给予维持剂量 1200 mg，每 2 周 1 次。

（3）伊比利珠单抗（inebilizumab）：是一种人源化抗 CD19 的单克隆抗体，与 B 细胞表面的 CD19 抗原结合，可清除源于 B 细胞系的淋巴细胞。推荐用法为 300 mg，静脉输液，每 2 周 1 次，共 2 次（0 天和 15 天），以后改为 300 mg，静脉输液，每 6 月 1 次。

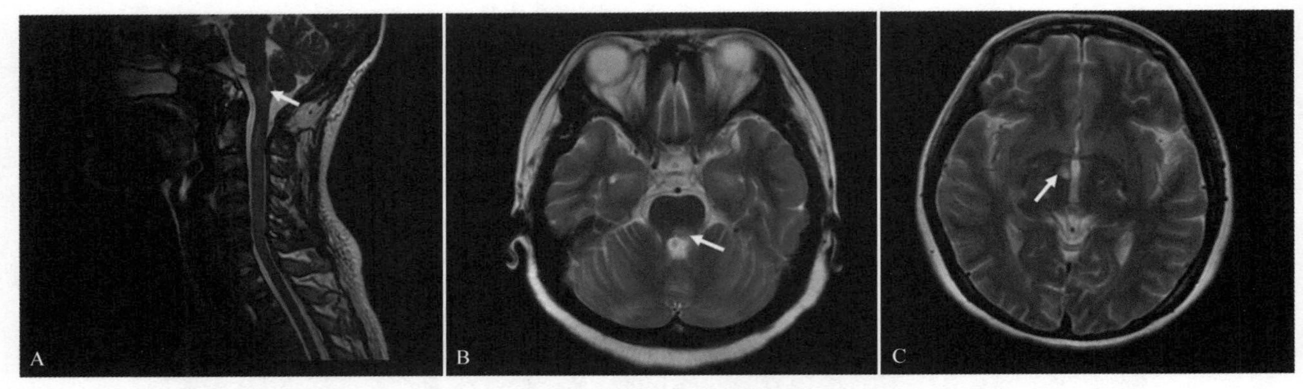

图 10-1-8 **视神经脊髓炎谱系疾病脑干 MRI**

A. T2WI 序列延髓最后区高信号（箭头所示）。**B.** T2WI 序列脑桥（四脑室旁）高信号（箭头所示）。**C.** T2WI 序列丘脑（三脑室周）高信号（箭头所示）

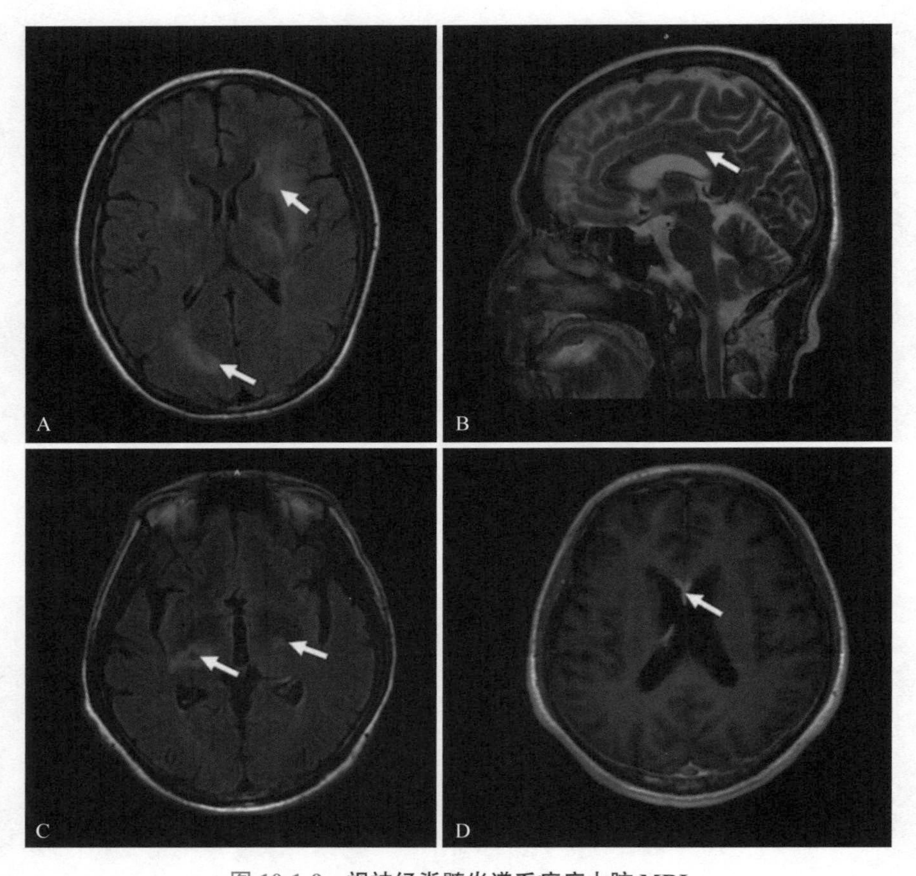

图 10-1-9 **视神经脊髓炎谱系疾病大脑 MRI**

A. FLAIR 序列深部白质大片高信号（箭头所示）。**B.** T2WI 序列胼胝体长高信号（箭头所示）。**C.** FLAIR 序列双侧内囊皮质脊髓束走形区高信号（右侧著，箭头所示）。**D.** T1WI 序列室管膜周增强病灶（箭头所示）

（4）利妥昔单抗（rituximab）：是一种人鼠嵌合抗 CD20 的单克隆抗体，可选择性清除 $CD20^+$ B 淋巴细胞，主要用于非霍奇金淋巴瘤的靶向治疗。推荐用法为 375 mg/m^2 体表面积，静脉滴注，每周 1 次，共 4 周；或者 1 g，静脉滴注，每两周 1 次，共 2 次；以后根据 $CD19^+$或 $CD27^+$ B 细胞计数决定是否重复使用。

（5）免疫抑制剂：常与小剂量激素联合应用，可增加免疫抑制疗效。①硫唑嘌呤（azathioprine，AZA）：国内外观察性研究均显示 AZA 可有效降低 NMOSD 患者复发。推荐剂量为 2 ～ 3 mg/kg/d，通常在开始服药 3 ～ 5 个月后起效。②吗替麦考酚酯（mycophenolate mofetil，MMF）：又称霉酚酸酯，其活性产物霉酚酸是一种高效、选择性、非竞争

表 10-1-9　2015 年成人视神经脊髓炎谱系疾病诊断标准

AQP4-IgG 阳性 NMOSD 诊断标准
1. 至少 1 项核心临床特征
2. 应用可靠的方法检测 AQP4-IgG 阳性（推荐 CBA 法）
3. 排除其他可能诊断
AQP4-IgG 阴性或未能检测 AQP4-IgG 的 NMOSD 诊断标准
1. 在 1 次或多次临床发作中，至少有 2 项核心临床特征，并符合以下所有的必要条件：①至少 1 项核心临床特征是视神经炎、急性 LETM 或延髓最后区综合征；②空间多发（2 项或更多不同的核心临床特征）；③满足 MRI 诊断附加条件（表 10-1-7）
2. 应用可靠的方法检测 AQP4-IgG 阴性或未能检测
3. 排除其他可能的诊断
核心临床特征
1. 视神经炎
2. 急性脊髓炎
3. 最后区综合征：其他原因不能解释的发作性呃逆或恶心、呕吐
4. 急性脑干综合征
5. 症状性发作性睡病、急性间脑临床综合征伴 NMOSD 典型的间脑 MRI 病灶
6. 症状性大脑综合征伴 NMOSD 典型的脑病变
AQP4-IgG 阴性或未能检测的 NMOSD MRI 附加条件
1. 急性视神经炎：①脑 MRI 正常或仅有非特异性白质改变，或②视神经 MRI 显示 T2 高信号病灶或 T1 加权增强，病灶超过 1/2 视神经长度或病变累及视交叉
2. 急性脊髓炎：脊髓 MRI 病灶≥ 3 个连续椎体节段，或者既往有急性脊髓炎病史的患者局灶性脊髓萎缩≥ 3 个连续椎体节段
3. 最后区综合征：延髓背侧或最后区病灶
4. 急性脑干综合征：脑干室管膜周围病灶

表 10-1-10　视神经脊髓炎谱系疾病诊断的红旗征（red flag）

临床或实验室表现
1. 进展性临床病程
2. 起病时间过短（如＜ 4 h）
3. 发病后持续恶化超过 4 周
4. 部分横贯性脊髓炎
5. 脑脊液寡克隆区带阳性
影像表现
1. 脑 MRI：病灶垂直于侧脑室（Dawson 手指征）；颞叶下部病变与侧脑室相连；近皮质病变累及皮质下 U 形纤维；病变持续强化（＞ 3 个月）
2. 脊髓 MRI：矢状位病变＜ 3 个椎体节段；横轴位病变主要位于脊髓周边白质（＞ 70%）；脊髓弥漫性不清晰 T2 信号改变

性、可逆性的次黄嘌呤单核苷酸脱氢酶抑制剂，可抑制鸟嘌呤核苷酸经典途径，对淋巴细胞具有高度选择作用。我国一项纳入 204 例 NMOSD 患者旨在比较 MMF、AZA 和环磷酰胺（cyclophosphamide，CTX）疗效和安全性的前瞻性队列研究显示，在疾病活动方面，三组药物均可显著降低患者年化复发率；在残疾进展方面，仅 AZA 和 MMF 治疗组患者 EDSS 评分显著降低；在安全性方面，MMF 治疗组因副作用停药风险最低。此外，MMF 在抑制 NMOSD 患者复发方面亦被国外多个观察性研究所证实。推荐剂量为 1 ～ 3 g/ 天，分 2 次口服。③甲氨蝶呤（methotrexate，MTX）：是一种叶酸还原酶抑制剂。推荐用法为 15 mg，口服，每周一次，注意同时补充叶酸。④环磷酰胺（CTX）：对降低年化复发率可能有效。推荐用法为 600 mg，静脉输注，每 2 周 1 次，总负荷剂量不超过 10 ～ 15 g。

八、预后

NMOSD 为高复发性疾病，90% 以上患者为多时相病程，约 60% 的患者在 1 年内复发，90% 的患者在 3 年内复发。

NMOSD 自然病程呈逐步恶化性，总体而言预后较 MS 差，疾病反复发作可致视觉、运动、感觉及膀胱功能障碍逐渐累积加重。大多数患者急性发作或复发后数日内神经功能恶化至最大程度，经历数周到数月恢复后多遗留明显后遗症。研究发现以下因素与预后不良相关：①发病 2 年内复发次数，②首次发作的严重程度，③发病年龄较大，④合并其他自身免疫性疾病或自身抗体阳性。但这些预后因素还需更大规模的前瞻性研究进一步验证。

NMOSD 死亡率较高，死因多为神经源性呼吸衰竭，由发生于颈髓病变延伸至脑干或者原发性脑干病变所致。国外部分队列研究显示 NMOSD 死亡率为 25% ～ 50%，但这些研究可能倾向性纳入了较为严重的病例，NMOSD 的诊治进展将有望降低死亡率。

AQP4-IgG 可能是预测病程和预后的一项指标，但目前结论尚未统一。对于反复发作视神经炎患者，回顾性研究显示 AQP4-IgG 阳性与视功能不良结局有关。一项纳入 29 例长节段脊髓病变患者的前瞻性研究显示，55% 的 AQP4-IgG 阳性患者在 1 年内复发，而抗体阴性患者均未复发。但另有研究发现抗体阴性和阳性 NMOSD 的复发率、严重程度和远期结局相似。不同研究未得出一致结论的部分原因在于抗体阴性 NMOSD 患者数量相对较少，另外不同研究 AQP4-IgG 检测方法的敏感性存在差异。

NMOSD在育龄期女性中亦不少见，但NMOSD与妊娠的关系仅有较少的回顾性数据。有研究显示，NMOSD患者自然流产风险增加，产后3～6个月患者年化复发率增加。此外，另有回顾性研究显示与孕前相比，生产或流产后3个月年复发率显著增加。与妊娠相关临床发作的独立危险因素包括：生产或流产的年龄、AQP4-IgG滴度以及孕期和产后治疗不当等。

第四节 急性播散性脑脊髓炎

急性播散性脑脊髓炎（acute disseminated encephalomyelitis，ADEM），又称为感染后脑脊髓炎，是一种急性、快速进展的CNS自身免疫性疾病。其典型特点为感染或疫苗接种后出现的脑和脊髓炎性脱髓鞘，有时视神经亦可受累。

一、发病机制

确切发病机制不详，目前ADEM被认为是遗传易感个体因环境刺激因素（如感染或疫苗接种）诱发的CNS炎性脱髓鞘性疾病。可能机制包括：①髓鞘自身抗原（如髓鞘碱性蛋白、髓鞘少突细胞蛋白和蛋白脂质蛋白等）与环境因素（如感染源病原体或疫苗等）因具有共同的抗原决定簇而发生交叉反应，在细胞免疫或抗体反应介导下导致CNS脱髓鞘改变。②感染或疫苗接种后产生的循环免疫复合物和炎症反应通过引发CNS血管通透性增加和充血而导致ADEM发生。具体过程包括CNS内血管壁单核细胞浸润，引发静脉周围水肿甚至出血，最终导致神经元周围髓鞘脱失、坏死和胶质增生。上述炎症反应和血管通透性增加亦被认为是导致血脑屏障破坏、抗原和免疫细胞进入CNS并诱发细胞免疫反应的机制。

二、临床症状和体征

ADEM属于罕见病，发病率约为每年0.8/10万。主要累及儿童和青少年，但成人和老人亦可发病。男性患者多见，男女患者之比约为1.3∶1。发病常具季节性，冬春两季高发。50%～75%患者病前数日至60天（平均26天）有前驱感染或疫苗接种史。前驱感染较疫苗接种更为常见，多为非特异性上呼吸道感染，但具体病原体至今不详。

典型ADEM表现为急性起病、快速进展的多灶性病变引起的神经系统症状，常早期即需住院治疗。常见的非特异性症状包括发热、头痛、乏力、不适、恶心和呕吐。一些症状和体征与年龄相关，儿童多表现为持续发热和头痛，成人患者则以感觉和运动障碍（截瘫或四肢瘫）为主。此外，20%～52%成人患者可有神志改变（即脑病），表现为易激惹、意识模糊、精神症状、嗜睡甚至昏迷。脑干受累表现也很常见，如构音不清和眼球运动障碍。其他可能的神经系统症状和体征还包括癫痫发作、脑膜刺激征、共济失调、失语、眼震、视神经炎、尿潴留、颅高压和锥体外系症状。

一些患者可同时合并周围神经系统受累。与单纯CNS受累患者相比，这类患者易复发，预后较差。

三、实验室检查

1. 腰椎穿刺 50%～80%患者可出现脑脊液检查异常，包括淋巴细胞增多（白细胞计数多＜100×10^6/L）和蛋白轻度升高（＜70 mg/dL）。此外，6%～65%患者寡克隆区带阳性。

2. 神经影像 首选MRI检查，典型病灶表现为T1等或低信号，T2高信号。病灶主要累及深部或皮质下白质，多呈双侧非对称性分布，边界不清。大脑病灶主要位于脑室周围、皮质或皮质下白质、半卵圆中心、基底节和丘脑（图10-1-10）。脑干、小脑和脊髓亦可受累，但不伴幕上病灶的单纯幕下病灶在ADEM中少见。少数患者MRI可正常或病灶滞后出现，有研究显示最长滞后时间可达发病后8周。尽管ADEM为单时项病程，但在一次扫描中增强或不增强病灶可同时存在。多数患者病灶可在18个月内消退，但仍有少数患者存在残余病灶。

3. 脑电图（electroencephalogram，EEG） 常表现为双侧慢波活动。EEG在ADEM诊断中的意义尚存争议，多数学者认为EEG结果不具特异性，但亦有部分学者认为在MRI和脑脊液结果正常情况下，局灶性慢波活动或癫痫样放电有助于提示CNS受累。

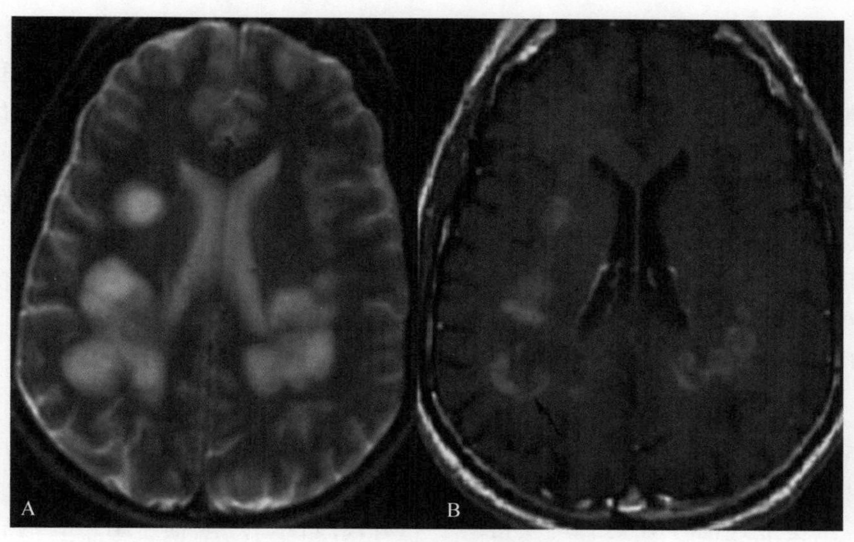

图 10-1-10　急性播散性脑脊髓炎头 MRI

A. 双侧半卵圆中心对称性大片 T2 高信号。**B**. 双侧半卵圆中心对称性钆增强病灶

四、诊断和鉴别诊断

1. 诊断　缺乏特异性诊断指标。根据感染或疫苗接种后急性起病的多灶性神经系统症状或体征，既往无神经功能缺损病史，结合 MRI、脑脊液和 EEG 异常发现，可作出临床诊断。

2. 鉴别诊断　主要需与 MS 的首次发作相鉴别，其他需要鉴别的疾病还包括感染性脑膜脑炎（如单纯疱疹病毒性脑炎）、神经系统结节病、血管炎、进行性多灶性白质脑病（progressive multifocal leukoencephalopathy，PML）和神经白塞病等。

（1）MS：ADEM 与 MS 的鉴别要点见表 10-1-11。

（2）单纯疱疹病毒性脑炎：单纯疱疹病毒性脑炎高热、抽搐多见，MRI 主要表现为颞叶和额叶片状长 T1 和长 T2 异常信号，脑脊液检查可见单纯疱疹病毒抗体滴度增高。ADEM 在前驱感染时虽可有发热表现，但高热相对少见，且神经系统症状多在热退后出现，抽搐也较单纯疱疹病毒性脑炎少见，MRI 主要表现为弥漫性长 T1、长 T2 异常信号，且以白质受损为主。

（3）进行性多灶性白质脑病：由 JC 病毒导致的脑部炎性脱髓鞘疾病，多亚急性起病，进展迅速，常在数月内出现严重残疾甚至死亡。脑脊液 PCR 检测 JC 病毒 DNA 有助于确诊。

表 10-1-11　急性播散性脑脊髓炎与多发性硬化的鉴别

临床特点	急性播散性脑脊髓炎	多发性硬化
好发年龄	儿童多见	20 ～ 40 岁
性别	无性别差异	女＞男
前驱感染或疫苗接种史	经常有	不一定有
脑病症状	常见	少见
病程	多数为单项病程	多项病程
MRI 的灰白质大片病灶	多见	少见
MRI 随访改变	病灶多在 18 个月内消失，偶有遗留病灶	有新病灶出现
CSF 白细胞增多	常见，但常＜ 100×10^6/L	少见，若有常＜ 50×10^6/L
CSF 寡克隆区带	多为一过性阳性或与血清呈镜像表现	多为阳性
对皮质激素治疗反应	非常好	很好

五、治疗

对于有发热、脑膜刺激征和急性脑病表现，且血或脑脊液有炎症证据的患者可先经验性给予阿昔洛韦治疗，并持续治疗至排除感染性病因为止。大剂量静脉糖皮质激素治疗是ADEM的首选治疗方法，可在发病时与阿昔洛韦和抗生素同时开始使用。糖皮质激素疗效不佳时可考虑应用血浆置换或免疫球蛋白冲击治疗。必要时可重复给药。

1. 糖皮质激素 推荐用法为甲泼尼龙1 g/d，静脉给药，连用3～5天，后续4～6周口服糖皮质激素逐渐减量至停用。非对照观察性研究显示大部分成人ADEM患者接受上述治疗方案后可获得明显的临床改善。儿童患者糖皮质激素用量根据千克体重计算，一般20～30 mg/kg/d，最大剂量不超过1000 mg/d。

2. 大剂量免疫球蛋白静脉滴注（IVIg） 糖皮质激素疗效不佳者，可使用IVIg，具体方法为0.4 g/kg/d，静脉给药，连用5天。

3. 血浆置换 用于糖皮质激素治疗失败的成人患者。推荐用法为每2日进行1次血浆置换，每次置换1～1.5倍血浆容量，共进行6次。

六、预后

ADEM多为单项病程，病程历时数周，预后与发病诱因和病情的严重程度有关，70%～90%的患者预后良好，感染后ADEM的病死率高达5%。若患者出现临床再发，需考虑有无MS可能，则预后欠佳。

第五节 抗髓鞘少突胶质细胞糖蛋白免疫球蛋白G抗体相关疾病

抗髓鞘少突胶质细胞糖蛋白免疫球蛋白G抗体（IgG against myelin oligodendrocyte glycoprotein，MOG-IgG）相关疾病（MOG-IgG associated disorders，MOGAD）是新近提出的一种免疫介导的CNS炎性脱髓鞘疾病，典型特点为感染或疫苗接种后出现广泛的中枢神经系统脱髓鞘。

一、发病机制

具体发病机制不详，目前认为与$CD4^+$T细胞和IgG1抗体有关。可能机制包括：①分子模拟假说 与MOG抗原具有共同抗原决定簇的外源性抗原致敏脑炎性T细胞后，激活MOG特异性B细胞并产生MOG-IgG。②MOG自身抗原暴露假说 感染或其他系统性因素导致血脑屏障破坏后，致使仅存在于CNS的MOG抗原渗漏到外周循环或外周循环的淋巴细胞进入CNS，从而启动机体针对MOG抗原的特异性免疫应答。

二、临床症状和体征

MOGAD儿童常见，但成人和老人亦可发病。男女发病比例约为1～2：1。该病常于感染或疫苗接种后4天～4周内发病，多急性或亚急性起病，病程可呈单相或多时相。临床表现多样，且症状具有年龄相关性，儿童患者以ADEM样表现多见，成人患者则多表现为视神经炎或脊髓炎。具体临床特点如下。

1. 视神经炎（optic neuritis，ON） ON是MOGAD最常见的临床表型，可见于54%～61%的患者，常双侧视神经同时受累，伴有视乳头水肿。急性期典型表现为伴有眼球转痛或眼眶痛的视力下降、视野缺损、色觉改变或对比敏感度下降等。MOGAD相关ON的视功能多预后良好，但复发率高，复发周期短。

2. 脊髓炎 可见于20%～30% MOGAD患者，多为长节段横惯性脊髓炎。国外研究报道胸髓和脊髓圆锥受累多见，常可遗留膀胱、直肠和性功能障碍。若横贯性脊髓炎患者运动功能恢复良好而膀胱直肠功能恢复不佳应考虑MOGAD可能。

3. 急性播散性脑脊髓炎（ADEM） ADEM是20岁以下MOGAD患者最常见的首发症状，国外研究显示60%的儿童ADEM患者MOG-IgG阳性。MOGAD相关ADEM与MOG-IgG阴性ADEM临床表现相似。

4. 脑膜脑炎 大约20% MOGAD患者有脑部症

状，12% 患者有脑膜受累表现。脑部症状除局灶性定位症状外，还常表现为意识障碍、认知障碍、行为改变和癫痫发作。脑膜受累表现则包括头痛、恶心、呕吐和脑膜刺激征等。

5. 脑干脑炎 见于 30% MOGAD 患者，可表现为眼肌麻痹、构音障碍、吞咽困难和共济失调等。

三、实验室检查

1. MOG-IgG 检测 为 MOGAD 的诊断性生物学标志物。国际推荐应用以细胞为基础的检测法（CBA）进行检测，且抗原必须使用人源 MOG 全长蛋白，并建议使用 Fc 特异性二抗，以避免与 IgM 和 IgA 抗体发生交叉反应。因 MOG-IgG 在外周产生，故血清是首选的检测样本，脑脊液检测仅提供补充信息。

2. 腰椎穿刺 有脑膜炎表现的 MOGAD 患者腰穿压力可升高。50% MOGAD 患者白细胞计数升高，5%～10% 患者可高至（100～300）$\times 10^6$/L。同样，约 50% 患者可有蛋白水平升高，10% 患者蛋白水平可高达 1 g/L。此外，约 15% 患者寡克隆区带阳性。

3. 神经影像 首选 MRI 检查。

（1）视神经：双侧视神经受累多见，病灶主要位于视神经前段，长度可超过视神经全长的 1/2，视神经周围结缔组织亦可受累，称为视神经周围炎。典型表现为视神经明显增粗，边缘模糊，可有明显的均匀强化。

（2）脑：病灶主要位于双侧侧脑室旁白质区，皮质、丘脑和海马病灶具有相对特异性，此外，胼胝体、内囊、脑干和小脑亦可受累。多数病灶呈现斑片状，较大病灶可类似于脱髓鞘假瘤样表现。脑病或有癫痫发作的患者有时可见软脑膜强化。

（3）脊髓：腰髓和脊髓圆锥病灶相对特异，病灶长度可长可短，轴位可见病灶位于脊髓中央或周边。

4. 眼科检查：

（1）眼底检查：MOGAD 相关 ON 患者急性可见视乳头或视盘水肿，缓解期可见视盘苍白或视神经萎缩。

（2）视野检查：MOGAD 相关 ON 患者急性期可出现视野缩小或缺失，重症或治疗不及时患者缓解期可遗留视野残余损伤。

（3）视觉诱发电位（VEP）：MOGAD 相关 ON 患者急性发作期 P100 波潜伏期延迟，振幅降低。

四、诊断和鉴别诊断

1. 诊断 目前尚无统一诊断标准，国内专家组参考国际 MOGAD 建议和诊断共识，结合国人 MOGAD 的研究结果，制定了我国 MOGAD 推荐诊断标准的，见表 10-1-12。

2. 鉴别诊断 主要需与 MS 和 NMOSD 相鉴别，详见表 10-1-13。此外，还需注意与神经结核、神经梅毒、脊髓亚急性联合变性、Leber 遗传性视神经病变、血管炎、神经白塞病、CNS 淋巴瘤、脑胶质瘤病、副肿瘤综合征等相鉴别。

五、治疗

（一）急性期治疗

目前缺乏随机对照临床试验研究证据，治疗推荐来自病例报道和小样本回顾性研究，或借助其他自身免疫性疾病治疗经验。

1. 糖皮质激素

（1）适应证：除外感染后首选糖皮质激素治疗。

（2）原则：大剂量冲击，缓慢阶梯减量，小剂量维持。

（3）方法：①成人：甲泼尼龙 1 g 静脉注射，每天 1 次，共 3～5 天。后续口服泼尼松 60 mg，每天 1 次，逐渐减量至 10～15 mg/ 天，长期维持 6～12 个月。②儿童：甲泼尼龙起始剂量依据 20～30 mg/kg/d 计算，具体阶梯方案参照成人。对于激素依赖患者，为预防激素减量过程中复发，可与免疫抑制剂联合使用。

2. 大剂量免疫球蛋白静脉滴注（IVIg）

（1）适应证：激素治疗效果不佳者，可试用 IVIg 治疗。

表 10-1-12 中国专家组推荐 MOGAD 诊断标准 [a]

符合以下所有标准
（1）临床有下列表现之一或组合：1）ON，包括慢性复发性炎性视神经病变；2）横贯性脊髓炎；3）脑炎或脑膜炎；4）脑干脑炎
（2）用人源全长 MOG 作为靶抗原的细胞法检测血清 MOG-IgG 阳性
（3）与 CNS 脱髓鞘相关的 MRI 或电生理（孤立性 ON 患者的 VEP）检查结果
（4）排除其他诊断

注：[a] 由于可能存在 MOG-IgG 短暂阳性或低 MOG-IgG 滴度的患者，因此对于存在非典型表现的患者，且在第 2 次采用不同细胞法检测后未确认 MOG-IgG 阳性的患者，应诊断为“可能 MOGAD”

表 10-1-13 **MOGAD 与 MS 和 NMOSD 的鉴别诊断**

	MOGAD	MS	AQP4-IgG 阳性 NMOSD
好发年龄	儿童多见	20～30 岁	20～40 岁
女：男	1～2：1	3：1	8～9：1
前驱感染或疫苗接种史	经常有	可有	不一定有
病程	单相型，复发型	复发缓解型或慢性进展型	单相型、复发型
临床表现	ON、脊髓炎、ADEM、脑膜脑炎、脑干脑炎	ON、脊髓炎、脑干或小脑症状、认知障碍和累及其他 MS 典型脑区的症状	ON、脊髓炎、极后区综合征、脑干综合征、嗜睡或急性间脑综合征、伴 NMOSD 典型脑部病灶的脑部症状
ON	双侧或单侧，很少累及视交叉，易反复发作	单侧多见	双侧或单侧，易累及视交叉、易反复发作
脑部 MRI	多发或单发白质病灶，斑片状，可伴有丘脑、海马、皮质 / 近皮质病灶，大病灶似脱髓鞘假瘤、可有软脑膜强化	多发白质病灶（脑室旁、皮质 / 近皮质、幕下），d ＞ 3 mm，卵圆形，黑洞，Dawson 手指征	无脑部病灶或病灶不符合 MS 特征
脊髓 MRI	长或短节段病灶，腰髓 / 圆锥病灶具有相对特异性	短节段偏心病灶	长节段（纵向延伸＞ 3 个椎体节段），中央
视神经 MRI	视神经前段长病灶（＞ 1/2 视神经全长）	短节段病灶	视交叉或视神经后段长病灶（＞ 1/2 视神经全长）
生物学标志物	血清 MOG-IgG 阳性	脑脊液寡克隆区带阳性	血清 AQP4-IgG 阳性
脑脊液白细胞增多	常见，可达（100～300）$\times10^6$/L	可见，但＜ 50$\times10^6$/L	常见，一般＞ 50$\times10^6$/L
治疗	激素依赖、免疫抑制剂	免疫调节剂	激素依赖、免疫抑制剂
预后	致残率低，发作后恢复较好，但少部分患者初次发作后可遗留后遗症	致残率高，与疾病进展有关	致残率高，与高复发率和发作时恢复不佳有关

（2）方法：0.4 g/kg/d，静脉注射，每天 1 次，连用 5 天。

3. 血浆置换

（1）适应证：激素和 IVIg 治疗失败后的选择。

（2）方法：每次置换血浆 1～2 L，共 5～7 次。

4. 抗生素或抗病毒治疗 对于免疫缺陷儿童或不能完全除外感染或合并系统感染的患者，必要时可使用抗生素或抗病毒治疗。

（二）缓解期治疗

目前尚缺乏随机对照临床试验研究，治疗推荐来自前瞻性研究、小样本回顾性研究、病例报道和其他自身免疫性疾病治疗经验。

1. 吗替麦考酚酯（mycophenolate mofetil，MMF） 一项入组 79 例 MOGAD 患者的前瞻性队列研究显示，中位随访 400 天后，与 25 例不治疗患者相比，54 例接受 MMF 治疗患者的年复发风险显著降低。推荐用法为 750 mg，口服，1 天 2 次。

2. 硫唑嘌呤（azathioprine，AZA） 与小剂量激素联合使用可能有效。推荐剂量为 2～3 mg/（kg · d）。

3. 利妥昔单抗 根据 AQP4-IgG 阳性 NMOSD 治疗经验，推测利妥昔单抗治疗 MOGAD 有效。推荐用法为按体表面积 375 mg/m^2 体表面积，第 1 天和第 15 天分别静脉注射，以后根据 B 淋巴细胞再募集情况重复上述治疗。但近期一项观察了 29 例 AQP4-IgG 阳性 NMOSD 和 16 例 MOGAD 患者的前瞻性研究显示，输注利妥昔单抗后出现复发的时间 MOGAD 患者明显短于 NMOSD 患者（2.6 个月 *vs*. 7.0 个月，$P < 0.001$），此外，MOGAD 患者中 CD27$^+$记忆 B 细胞＜ 0.05% 但仍有复发的患者比例明显高于 NMOSD 患者（80% *vs*. 13%，$P < 0.001$），提示利妥昔单抗治疗 MOGAD 可能疗效不佳。有关利妥昔单抗治疗 MOGAD 还需进一步大样本前瞻性研究验证。

六、预后

与 MS 和 AQP4-IgG 阳性 NMOSD 相比，MOGAD 通常预后良好，但若没有及时诊断和治疗，也会导致严重和持续的神经系统功能障碍。

参考文献

综述

1. Wingerchuk DM，Banwell B，Bennett JL，et al. International consensus diagnostic criteria for neuromyelitis optica spectrum disorder. *Neurology*，2015，85（2）：177-189.
2. 徐雁，王维治 . 视神经脊髓炎谱系疾病 2015 新诊断标准解读 . 中华神经科杂志，2016，49：499-501.
3. Giovannoni G. Disease-modifying treatments for early and advanced multiple sclerosis：a new treatment paradigm. *Curr Opin Neurol*，2018，31（3）：233-243.
4. Dobson R and Giovannoni G. Multiple sclerosis-a review. *Eur J Neurol*，2019，26（1）：27-40.
5. Rotstein D and Montalban X. Reaching an evidence-based prognosis for personalized treatment of multiple sclerosis. *Nat Rev Neurol*，2019，15（5）：287-300.
6. Peschl P，Bradl M，Höftberger R，et al. Myelin oligodendrocyte glycoprotein：deciphering a target in inflammatory demyelinating diseases. *Front Immunol*，2017，8：529.
7. 中国免疫学会神经免疫分会，邱伟，徐雁 . 抗髓鞘少突胶质细胞糖蛋白免疫球蛋白 G 抗体相关疾病诊断和治疗中国专家共识 . 中国神经免疫学和神经病学杂志，2020，27（2）：86-95.
8. Hor JY，Asgari N，Nakashima I，et al. Epidemiology of neuromyelitis optica spectrum disorder and its prevalence and incidence worldwide. *Front Neurol*，2020，11：501.
9. Wingerchuk DM，Banwell B，Bennett JL，et al. International consensus diagnostic criteria for neuromyelitis optica spectrum disorders. *Neurology*，2015，85（2）：177.
10. Mao-Draayer Y，Thiel S，Mills EA，et al. Neuromyelitis optica spectrum disorders and pregnancy：therapeutic considerations. *Nat Rev Neurol*，2020，16（3）：154-170.
11. Anilkumar AC，Foris LA，and Tadi P. *Acute disseminated encephalomyelitis*. In：StatPearls［Internet］. Treasure Island（FL）：StatPearls Publishing；2020 Jan.
12. Hegen H，Reindl M. Recent developments in MOG-IgG associated neurological disorders. *Ther Adv Neurol Disord*，2020，13：1756286420945135.

原始文献

1. Tian DC，Zhang C，Yuan M，et al. Incidence of multiple sclerosis in China：A nationwide hospital-based study. *Lancet Reg Health-West Pac*，2020，1：100010.
2. 徐雁，张遥，刘彩燕，等 . 等电聚焦电泳联合免疫印迹法检测寡克隆区带诊断神经系统炎性脱髓鞘疾病 . 中华神经科杂志，2011，44（7）：456-459.
3. Zhang Y，Xu Y，Xu T，et al. Prediction of long-term disability in Chinese patients with multiple sclerosis：A prospective cohort study. *Mult Scler Relat Disord*，2020，46：102461.
4. Thompson A，Banwell BL，Barkhof F，et al. Diagnosis of multiple sclerosis：2017 revisions of the McDonald criteria. *Lancet Neurol*，2018，17（2）：162-173.
5. 中国免疫学会神经免疫分会，中华医学会神经病学分会神经免疫学组 . 多发性硬化诊断和治疗中国专家共识（2018 版）. 中国神经免疫学和神经病学杂志，2018，25（6）：387-394.
6. Rae-Grant A，Day GS，Marrie RA，et al. Practice guideline recommendations summary：Disease-modifying therapies for adults with multiple sclerosis：Report of the Guideline Development，Dissemination，and Implementation Subcommittee of the American Academy of Neurology. *Neurology*，2018，90（17）：777-788.
7. Montalban X，Gold R，Thompson AJ，et al. ECTRIMS/EAN Guideline on the pharmacological treatment of people with multiple sclerosis. *Multiple Sclerosis Journal*，2018，24（2）：96-120.
8. Tian DC，Li Z，Yuan M，et al. Incidence of Neuromyelitis optica spectrum disorder（NMOSD）in China：a national population-based study. *Lancet Reg Health-West Pac*，2020，2：100021.
9. Xu Y，Li L，Ren HT，et al. Mutation of the cellular adhesion molecule NECL2 is associated with neuromyelitis optica spectrum disorder. *J Neurol Sci*，2018，388：133-138.
10. 徐雁，任海涛，李文涵，等 . 不同基质的间接免疫荧光法同时检测血清和脑脊液水通道蛋白 4 抗体在视神经脊髓炎诊断中的应用 . 中华神经科杂志，2014，47（10）：676-679.
11. Traboulsee A，Greenberg BM，Bennett J，et al. Safety and efficacy of satralizumab monotherapy in neuromyelitis optica spectrum disorder：a randomized，double-blind，multicentre，placebo-controlled phase 3 trial. *Lancet Neurol*，2020，19（5）：402-412.
12. Pittock SJ，Berthelte A，Fujihara K，et al. Eculizumab in aquaporin-4-positive neuromyelitis optica spectrum disorder. *N Engl J Med*，2019，381（7）：614-625.
13. Cree BAC，Bennett JL，Lim HJ，et al. Inebilizumab for the treatment of neuromyelitis optica spectrm disorder（N-NOmentum）：a double-blind，randomized placebo-controlled phase 2/3 trial. *Lancet*，2019，394（10206）：1352-1363.
14. Xu Y，Wang Q，Ren HT，et al. Comparison of efficacy and tolerability of azathioprine，mycophenolate mofetil，and cyclophosphamide among patients with neuromyelitis optica spectrum disorder：a prospective cohort study. *J Neurol Sci*，2016，370：224-228.

第2章　卒　中

王拥军

卒中（stroke），又称为卒中（apoplexy），是一种急性脑血管疾病，由于脑部血管突然破裂或因血管阻塞导致血液不能流入大脑而引起脑组织损伤的一组疾病，包括缺血性和出血性卒中。卒中是引起死亡和残疾的主要原因。根据全球疾病与创伤负担研究合作者联盟公布的1990—2019年全球疾病与创伤负担调查结果，全年龄段卒中疾病负担从1990年的第五位上升到2019年的第三位。发展中国家受卒中的影响较发达国家更为明显。以我国为例，2019年我国居民脑血管病死亡率为153.9/10万人，占总死亡的20.6%，仅次于肿瘤，是第二位的致死性原因。

第一节 卒中的病因

卒中是一个异质性疾病，通常包括了缺血性卒中、脑出血和蛛网膜下腔出血。不同类型的卒中病因有很大的差异，确定卒中的病因是制订二级预防策略的关键。

一、缺血性卒中的病因

缺血性卒中（ischemic stroke），又称脑梗死，是各种原因导致脑动脉血流中断，局部脑组织缺氧缺血性坏死，而出现相应神经功能缺损。缺血性卒中是脑血管病中最常见的一种类型，约占全部急性脑血管病的 70%。多种原因均可导致缺血性卒中。

1. 动脉粥样硬化 颈部或脑底大动脉粥样硬化是脑梗死是首要病因。动脉粥样硬化影响到大、中弹性肌动脉。在脑循环中，颈动脉主干起始部、颈部主干分叉上方的颈内动脉、颈内动脉海绵窦段、大脑中动脉起始部、椎动脉起始部和入颅处、基底动脉是好发部位。大、中动脉粥样硬化可通过以下机制发生：①动脉-动脉栓塞机制：易损斑块破裂，形成栓子随血液循环阻塞远端血管；②血流动力学机制：大、中动脉严重狭窄，导致远端脑组织供血不足，发生脑梗死；③闭塞穿支动脉，大、中动脉的粥样硬化斑块可以覆盖穿支动脉的开口部，使之狭窄或闭塞而发生脑梗死。

2. 心源性栓塞 这一类别包括多种可以产生心源性栓子的疾病引发的脑栓塞。常见的心源性栓子的高度、中度危险因素见下表（表 10-2-1）。

3. 小动脉硬化 在长期高血压状态下，颅内中小动脉中膜出现慢性病理改变，即脂质透明样变性、坏死，引起小动脉闭塞。主要发生在脑深部白质及脑干穿通动脉，引起的脑组织坏死直径通常小于 2 cm。

4. 其他原因 包括由其他明确原因引发的脑梗死。可分为：①血管因素：动脉炎、纤维肌发育不良、动脉夹层、烟雾病、偏头痛、静脉或静脉窦血栓形成等；②血液因素：血小板增高、红细胞增多症、镰状细胞病、白细胞增高症、高凝状态。

5. 隐源性或病因不明 不能归于以上类别的缺血性脑卒中。

表 10-2-1 常见的心源性栓子的高度、中度危险因素

高度危险的栓子来源	中度危险的栓子来源
机械心脏瓣膜	二尖瓣脱垂
二尖瓣狭窄伴心房颤动	二尖瓣环状钙化
心房颤动	二尖瓣狭窄不伴心房颤动
病态窦房结综合征	心房间隔缺损
4 周之内的心肌梗死	卵圆孔未闭
左心房或左心耳血栓	心房扑动
左心室血栓	单独出现的心房颤动
扩张型心肌病	生物心脏瓣膜
左心室区段性运动功能不良	非细菌性血栓性心内膜炎
左心房黏液瘤	充血性心力衰竭
感染性心内膜炎	左心室区段性运动功能减退
	4 周之后，6 个月之内的心肌梗死

二、脑出血病因

脑出血（intracerebral hemorrhage，ICH）是指自发性（非外伤性）脑实质内出血。脑出血的病因包括有：

1. 高血压 高血压是造成脑出血患者发病的重要危险因素和主要病因，高血压性脑出血约占所有脑出血的 60% ～ 70%。高血压性脑出血最常累及豆纹动脉，导致基底节出血。在长期高血压作用下，脑内小动脉可发生玻璃样变和纤维素样坏死，这些病变使脑动脉管壁内内膜受到损伤。在慢性高血压时，小动脉上还可间断地发生直径约 1 mm 的微动脉瘤。当血压骤然升高，微动脉瘤或纤维素样坏死的细小动脉直接破裂，引起脑出血。

2. 脑淀粉样血管病 脑淀粉样血管病（cerebral amyloid angiopathy，CAA）引起的脑出血约占自发性脑出血的 10% ～ 15%。CAA 是 β- 淀粉样蛋白（Aβ）在软脑膜和大脑皮质小动脉等血管内沉积为特征的一种脑血管病。CAA 患者脑血管沉积的淀粉样蛋白主要是 Aβ40，与阿尔茨海默病（AD）主要为 Aβ42 的沉积不同。最初 Aβ 少量沉积在血管中膜和外膜中，后逐渐积聚在血管壁各层中，甚至延伸到毛细血管及血管周围的脑实质。病变血管的平滑肌细胞结构破坏，纤维胶原减少，淀粉样物质、

Ⅳ型胶原和层粘连蛋白堆积，造成血管脆性增加，形成微动脉瘤形成和纤维蛋白样坏死，血管壁对血流和压力变化的反应能力变弱，引起脑出血。CAA 患者常出现反复出血，多累及脑叶，以顶枕叶最为广泛和严重；大脑深部结构，如白质、基底节、海马、脑干、脊髓、小脑等部位很少受累。

3. 血管结构病变 血管结构病变也是脑出血的重要病因之一，包含动静脉畸形、颅内动脉瘤、脑海绵状血管瘤、烟雾病等。脑动静脉畸形（arteriovenous malformation，AVM）是一种先天性局部脑血管发生学上的变异，脑动脉和脑静脉之间缺乏毛细血管，致使动脉与静脉直接相通，形成动静脉之间的短路，静脉内压力升高易引起脑出血。颅内动脉瘤（intracranial aneurysm）是由于先天异常或后天损伤等因素导致动脉管壁局部缺陷，在血流动力学负荷等因素作用下腔内压力增高，逐渐扩张形成的脑动脉管壁局限性异常膨出的瘤状突出。脑海绵状血管瘤（cerebral cavernous malformations，CCM）在结构上是由一堆小而异常、紧密相贴薄壁血管组成的海绵状异常血管团，血管间没有或极少有脑实质组织。烟雾病（Moyamoya's disease，MMD），又名“Moyamoya 病”，是由于颈内动脉末端及大脑前、中动脉起始部的进行性狭窄或闭塞，其远端形成颅内外广泛的侧支循环，表现为脑底部异常血管网络。

4. 药物使用 临床常用抗血小板聚集药物多为氯吡格雷及阿司匹林，抗凝药物为华法林等，此类药物的应用有效地减少了缺血性疾病的发生，但影响血小板活性或影响血栓形成，增加出血风险。

5. 系统性或其他疾病 颅内肿瘤在生长过程中，其血供丰富及多因素促成下可发生出血，常侵及周围组织，形成颅内血肿，与卒中发作相似，故又称为“瘤卒中”。血液系统疾病，包括白血病、淋巴瘤、多发性骨髓瘤、再生障碍性贫血、骨髓增生异常综合征、特发性血小板减少性紫癜等引起血小板数量降低或功能下降，凝血功能异常均引起出血。肝脏病变时，肝脏生成凝血因子功能障碍，引起凝血功能障碍，可以发生脑出血。

6. 不明原因 少数患者即使完善相关检查仍不能明确病因，可能是有些脑出血的病因机制尚未完全明确。

三、蛛网膜下腔出血病因

蛛网膜下腔出血（subarachnoid hemorrhage，SAH）是指脑底部或脑表面的病变血管破裂，血液直接流入蛛网膜下腔引起的一种临床综合征，又称为原发性蛛网膜下腔出血。蛛网膜下腔出血的病因有：

1. 颅内动脉瘤 约 80% 的蛛网膜下腔出血的原因是颅内囊状或浆果样动脉瘤破裂。囊状动脉瘤最常发生在 Willis 或其主要分支，尤其是在分叉处。Willis 分叉处动脉弹性板和中膜有缺陷，随着年龄增长缺陷通常更加明显，发展至变得像纸一样薄。囊状动脉瘤在儿童中很少发现，随着年龄增长而逐渐增加，这可能是因为先天性动脉壁受损，会随着时间推移发展成动脉瘤。破裂点通常位于动脉瘤的圆顶。

2. 动脉夹层 一般来说在颈动脉系统发生夹层的机会大于椎基底动脉系统，但是由动脉夹层所引起的蛛网膜下腔出血绝大多数发生于椎动脉。

3. 脑内动静脉畸形 脑凸面的蛛网膜下腔出血可以由脑表面的 AVM 引起的，但是只有不到 5%AVM 破裂的积血仅局限在蛛网膜下腔之中。

4. 非动脉瘤性中脑周围出血 这种蛛网膜下腔出血的危害性相对于动脉瘤性的来说要小，目前出血尚不十分清楚，据推测是中脑周围的小静脉破裂所致出血。通常情况下，出血的中心位于中脑或脑桥的前面，但是有些患者的血局限于四叠体池。

5. 其他 其他少见病因还有可卡因滥用、使用抗凝药物、链状细胞病、CNS 表面铁沉着症，以及无法确定病因的蛛网膜下腔出血。

第二节 卒中的病理学与病理生理学基础

脑是人体的重要器官，代谢活跃。尽管体积很小，但是脑组织消耗了全身 1/4 的能量供应。脑细胞的存活依赖于氧气和葡萄糖，与其他器官不同，葡萄糖是脑组织唯一的能量来源，葡萄糖和氧耗量占全身供给量的 20% ～ 25%。葡萄糖在脑细胞内被氧化为二氧化碳和水，这个代谢过程将 ADP 转化为 ATP。神经系统功能的实现依赖持续的 ATP 供应。在细胞有氧呼吸时，ATP 产生的效率更高，而细胞无氧呼吸时尽管仍可产生 ATP，但其产量明显下降，而且与之同时产生的乳酸会在细胞内堆积。

人脑每分钟需要大约 500 ml 氧气和 75 ～ 100 mg 葡萄糖，而每天共需要 125 g 葡萄糖，以维持其功能。

脑组织中几乎无葡萄糖和氧的储备，当脑血供中断导致脑缺氧时，2 分钟内脑电活动即停止，5 分钟后脑组织出现不可逆性损伤。因此足够的脑血液供应对保持正常的脑部功能极为重要。尽管脑是一个相对小的器官，仅占成人身体总重量的 2% 左右，但是静息时脑组织的供血大约为心排出量的 20%。正常的脑血流量（cerebral blood flow，CBF）通常为每分钟每 100 g 脑组织每分钟 50 ml，而脑氧代谢率（cerebral metabolic rate of oxygen，CMRO2）通常为每 100 g 脑组织每分钟 3.5 ml。脑血流量的分布不均匀，大脑皮质每分钟每 100 g 脑组织可达 77 ～ 138 ml，而脑白质仅为 14 ～ 25 ml。

脑组织可以根据神经元的活性调整局部的脑血流量。在脑血流量 CBF 降低时，脑组织通过提高对血流中氧气的摄取而维持一定的脑氧代谢率，同时维持脑血流相对恒定以保证脑组织的存活与功能：在血压在 50 ～ 150 mmHg 之间、CBF 降至每分钟每 100 g 脑组织 20 ～ 25 ml 以下之前，这种代偿可满足脑组织的氧供。脑组织的这种保持 CBF 相对恒定的能力通常被称为“自身调节”。脑血流量和脑灌注压成正比，与脑血管阻力成反比，用公式表示为：脑血流量＝（平均动脉压－颅内压）/ 脑血管阻力。除了这些因素，脑血流量调节还受到化学因素，如 O_2，CO_2 及血液和脑脊液的 pH 值，以及神经因素影响。

一、神经血管单元

2003 年亚裔美国科学家 Lo 等提出一个概念性框架—神经血管单元（neurovascular unit，NVU），由神经元-胶质细胞-血管构成，包括神经元、血脑屏障、小胶质细胞以及细胞外基质。作为神经功能的最小单位，神经血管单元将脑卒中的组织关联反应视为一个整体，各组分相互联系、相互作用，共同参与生理功能及病理状态。

神经元是脑组织的基本结构和功能单位，具有感受刺激和传导兴奋的功能。广义的血脑屏障由血管内皮细胞、星形胶质细胞足突、基底膜以及周细胞构成，形成维持神经元内环境稳定的屏障系统。血管内皮细胞通过紧密连接和相邻细胞的细胞骨架黏附连接形成血浆与脑组织之间亲水分子的渗透屏障。星形胶质细胞足突是血脑屏障的组成之一，并具有神经保护、免疫调节作用。周细胞作为血脑屏障的一部分，分布在微血管内皮细胞与基底膜之间，其对血管的发生和发展有重要作用。小胶质细胞相当于脑组织中的巨噬细胞，是大脑的第一道也是最主要的一道免疫防线。少突胶质细胞的主要作用是形成髓鞘结构，协助生物电信号的跳跃式高效传递，并维持和保护神经元正常功能，此外，少突胶质细胞能分泌一些神经营养因子和生长因子，促进神经元存活和轴突生长。细胞外基质作为神经血管单元的一部分，调节多种功能，包括细胞增殖、迁移、分化以及神经元突触的发生和成熟。缺血性脑卒中发生后，神经元由于缺血缺氧产生兴奋性毒性，过量的谷氨酸导致神经元变性。内皮细胞中肌动蛋白聚合被触发，细胞骨架改变，多种细胞分泌的 MMP-9 严重破坏血脑屏障，使紧密连接蛋白和黏附连接蛋白减少。小胶质细胞产生大量炎性物质，促进后续一系列病理生理级联反应，导致神经元大面积死亡。星形胶质细胞分泌神经营养因子、碱性成纤维细胞生长因子和血管生成素，刺激血管新生和内皮细胞增殖，修复损伤的血脑屏障；基底膜帮助细胞生长、分化和迁移，从而促进脑功能恢复；周细胞促进内皮细胞增生，使血管改建、稳定和成熟，从而修复血脑屏障，并释放神经营养因子保护神经。少突胶质细胞分泌胰岛素样生长因子 1 和胶质细胞源性神经营养因子等促进神经元存活和轴突生长；细胞外基质则作为外环境调节缺血性脑卒中后神经血管单元稳定。

二、缺血性卒中的病理生理机制

1. 血管闭塞的机制 动脉粥样硬化斑块和血管狭窄可从不同的途径引起脑缺血（图 10-2-1）。颅外或颅内大动脉的动脉粥样硬化斑块中含有脂质、平滑肌细胞、纤维、胶原组织、巨噬细胞以及其他炎性细胞。斑块内出血时，斑块体积会迅速增大。而当斑块达到一定体积并侵蚀血管壁时，动脉粥样硬化的进程会加速。管腔横截面积的缩小和斑块体积的增大改变了血管内血流的机械和物理特性，可导致区域性湍流或血流淤滞。血小板常黏附于斑块表面，血小板和血管内皮细胞分泌的化学介质可进一步促进血小板的聚集和黏附。ADP、肾上腺素和胶原均可促进血小板的聚集。活化的血小板释放 ADP 和花生四烯酸；在环氧合酶存在时，花生四烯酸被代谢为前列腺素内过氧化物；而后者可被血栓

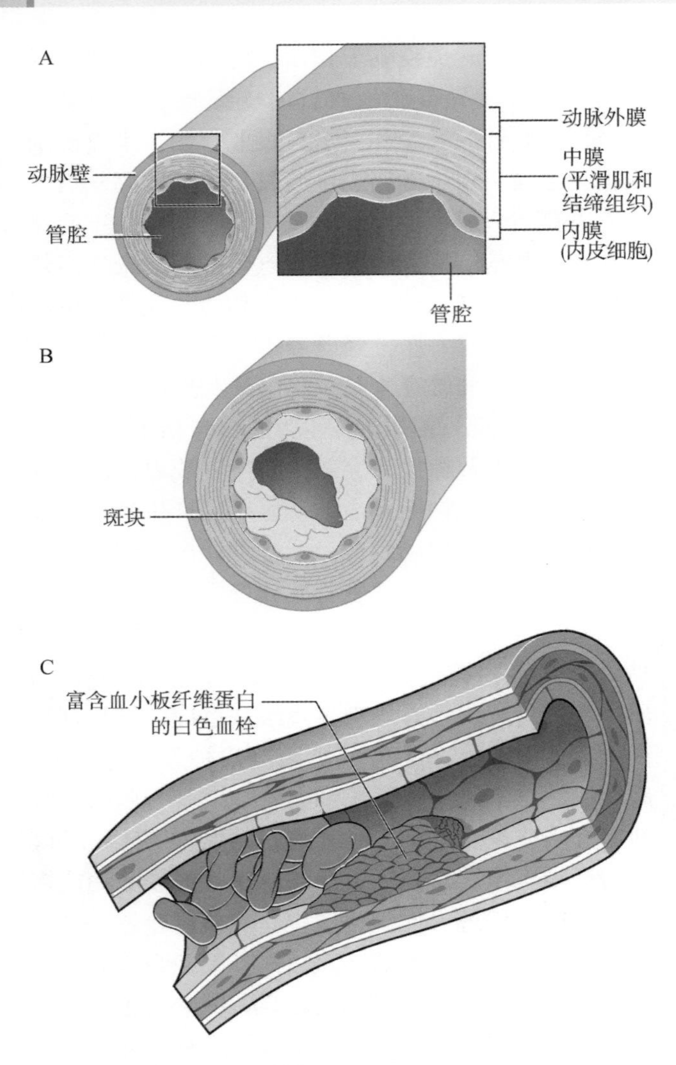

图 10-2-1 动脉粥样硬化斑块和血管狭窄所致脑缺血

A. 正常动脉管壁结构。**B.** 动脉粥样硬化斑块使管腔变窄。**C.** 白色和红色血栓阻塞动脉官腔

素合成酶转化为血栓素 A2（一种有效的血管收缩因子，并能够促进血小板的聚集及其化学介质的分泌）。与此同时，血管内皮可分泌前列环素（一种有效的血管舒张因子，并能够抑制血小板的聚集）。血栓素 A2、前列环素以及其他因子之间的平衡影响着血管的舒缩和血小板纤维蛋白凝块的形成。随着血小板的聚集和对斑块周围内皮的黏附，形成了血小板和纤维蛋白构成的白色血栓。粥样硬化斑块常会影响血管内皮细胞的排列。内皮细胞排列异常使细胞间形成缝隙，斑块内成分与血管管腔内成分发生接触，此时，组织因子（机体凝血系统的一种重要激活物）释放，凝血级联反应被激活，管腔中形成由红细胞和纤维蛋白构成的红色血栓。血小板分泌的同时还会激活丝氨酸蛋白酶，后者是凝血系统的重要组成部分，并可促进红色血栓的形成。在白色或红色血栓开始形成时，其结构比较松散，通常生长较快，并且容易发生栓塞。在血栓形成后1～2周内，血栓重组，其结构变得更加紧密，此时不容易发生脱落和栓塞。另外其他的物质，包括胆固醇结晶、钙化斑块碎片等均可成为动脉栓塞的栓子来源。

另一方面，内膜的进展性增厚可引起动脉狭窄甚至闭塞，导致远端血流减少，而血流减少或淤滞会进一步加速血栓形成。血栓主要分为三种：红色血栓：由红细胞和纤维蛋白构成，其形成不需血管壁异常或组织因子的释放，主要发生在血流缓慢区域。白色血栓：由血小板和纤维蛋白构成，通常在血管壁或内皮发生损伤，且在血流速度较快的部位产生。透明血栓：又称微血栓或纤维素性血栓，主要由纤维蛋白构成，发生于微循环毛细血管中。多数情况下，白色血栓首先形成，构成血栓的头部，红色血栓随后形成，组成血栓的尾部。机体凝血系统激活后，血液处于高凝状态，开始形成原位血栓；凝血级联反应的最后一步是将可溶的纤维蛋白原转变为不可溶的纤维蛋白多聚体；纤维蛋白的黏附性很强，可形成纤维蛋白网将血液中的成分（例如血小板和红细胞）凝集成血栓。当凝血酶原转化成凝血酶后，纤维蛋白原即被转化为纤维蛋白。凝血酶原可以两种方式激活：在外源性凝血系统中，组织或内皮损伤可释放组织因子，激活血小板以及血清中部分丝氨酸蛋白酶凝血因子（主要是因子Ⅴ和因子Ⅶ）。组织因子与因子Ⅴa形成复合物，将因子Ⅹ转化为因子Ⅹa，进一步激活凝血酶原酶复合物（由因子Ⅴa、钙离子、磷脂构成），该复合物可与因子Ⅹa一起将凝血酶原转化为凝血酶。凝血酶除了将纤维蛋白原转化为纤维蛋白以外，还促进血小板激活、聚集、黏附于受损的血管壁上，释放多种化学物质促进凝血系统的激活。内源性凝血系统是指存在于血液中以去活化状态存在的凝血因子，主要包括因子Ⅴ、Ⅷ（抗血友病球蛋白）、Ⅸ、Ⅹ、Ⅺ、Ⅻ。因子Ⅻ的激活可启动内源性凝血级联反应，多种凝血因子被次序激活。随后因子Ⅹ被激活为因子Ⅹa，将凝血酶原转化为凝血酶。在凝血过程中，抗凝因子，如抗凝血酶Ⅲ、蛋白C和蛋白S，也起着重要作用。任何一种抗凝因子的缺乏均可导致机体的高凝状态。机体的很多因素与血栓形成、溶解、清除以及栓子的洗脱有关。即使在无狭窄的正常动脉中，分叉处的血流情况也很复杂，涡流、湍流均很常见，并且在动脉的不同部位情况也有不同。随着管腔狭窄加剧，动脉中心的血流速度加快，同时血流分叉处涡流、湍流等变得更加明显，在残余管腔的远端，血流量下降。当管腔发生严重狭窄或完全闭塞时，血流量与血流速度均下降，导致局部脑灌注压下降。灌注压的下降使栓子清除能力下降，此时脑循环边缘区域的栓子清除能力下降更加明显。低灌注与血栓形成相互作用、相互促进，加速了脑梗死的进程。

2. 脑缺血对脑组织的影响 颅内血管急性堵塞会引起脑组织血流急剧下降。当CBF降至大约每分钟20 ml/100 g脑组织时，脑电活动即会受到影响。当CBF降至每分钟5 ml/100 g脑组织以下时，神经元会在短时间内死亡。缺血性损伤依赖于脑血流减少的严重程度与持续时间、侧支循环代偿，及特定脑组织对持续缺血的耐受能力。

当神经元缺血时，会引起一系列生化改变加速细胞的死亡：如钙超载会导致线粒体功能衰竭、氧气减少导致氧自由基的生成使细胞器内或细胞膜中的脂肪酸发生过氧化、葡萄糖发生无氧代谢导致乳酸堆积而引起酸中毒等等。同时，兴奋性神经递质（谷氨酸、门冬氨酸、红藻氨酸等）的活性在缺血脑组织中明显提高。高浓度的谷氨酸被释放到突触间隙后，过度激活突触后膜的谷氨酸受体，引起神经细胞内钙离子超载、NO生成增多等级联式毒性反应，即兴奋性毒性。脑组织在缺血缺氧状态下，钠、钾、钙离子的浓度改变、氧自由基的释放、酸中毒、兴奋性神经递质的释放等导致细胞损伤，进一步引起更多的生化改变来加重神经元损伤，如此循环往复引起恶性循环，导致神经元损伤程度不断加重甚至死亡。当达到某一个阈值时，即使缺血脑组织得到富含氧气和葡萄糖的血液的再灌注，其缺血性损伤已不可逆，发展为脑梗死。

颅内动脉闭塞引起的脑缺血，其供血区域内不同部位脑组织缺血程度不同。在闭塞血管供血区中心，血流量最低，CBF可能降至10 ml/（100 g · min）以下，缺血性损伤最严重，引起细胞坏死，这种损伤最严重的区域通常被称为“梗死核心”。而在该血管供血区边缘，由于侧支循环的代偿，CBF可能维持于10～20 ml/（100 g · min），血流量尽管低于正常，但尚可维持一定血流，此时可能发生脑细胞的电衰竭，但未引起永久性细胞损伤，通常被称为“缺血半暗带”。

3. 影响脑组织存活的因素 脑组织能否存活取决于许多因素：①侧支循环：侧支循环的变异取决于血管容量，Willis环类型，以及软脑膜血管。血流状态改变时，Willis环的血管会有动态变化。缺血区域侧支循环的丰富程度及容量可在很大程度上影响缺血性卒中预后。②全身循环状况：心力衰竭、低血容量以及血黏度增加均可降低CBF。决定血黏度的最重要两个因素是血细胞比容与纤维蛋白原浓度。血压升高可增加CBF（恶性血压增高除外）；低血压可明显降低脑血流量。低血容量也会减少侧支循环中的血流量。③血清学因素：血液是组织所需氧气和营养物质的携带者。当发生低氧血症时，由于脑内任何部位血液携带的氧气均少于正常氧气供应，因此脑组织损害显著。低血糖会增加细胞死亡的风险，而高血糖也会对缺血脑组织产生损伤。血清钙离子浓度升高可对脑组织产生损伤。④闭塞血管局部的变化：堵塞动脉管腔的血栓栓子可能随血流移动，导致更多的远端血管堵塞而引起缺血加重或新发缺血，也可能变成血栓碎片通过远端血管床被清除。血管管腔的突然堵塞可以引起反应性血管收缩或痉挛，这进一步加剧了剩余管腔的狭窄程度。血栓的形成可激活内源性纤溶系统和抗纤溶系统。血栓溶解、血栓移动以及血栓痉挛的解除均会促进缺血区域的再灌注。如果再灌注足够及时，则处于可逆性缺血性损伤的脑组织可能很快恢复正常。堵塞管腔的血栓可能沿管腔向其近端或远端进一步延长，从而堵塞潜在的侧支通路，引起更大范围的脑组织缺血甚至梗死。⑤微循环血管床内的阻力：CBF的绝大部分并非存在于脑底部或脑表面的大血管中，而是在小动脉、毛细血管和小静脉中，循环中血流阻力与血管直径负相关。一些疾病（如高血压或糖尿病等）可引起动脉或小动脉管壁增厚，导致这些小血管阻力增加。血黏度增加和毛细血管中广泛血栓形成会大大降低微循环中的血流量。缺血性损伤可能会使组织发生生化改变，从而导致血小板活化、红细胞聚集以及微循环血管的闭塞。即使在大动脉发生再灌注时，微血管床的闭塞状态仍持续存在，Ames将上述变化称为微血管床的“无复流”状态。⑥脑水肿和颅内压升高：脑水肿与颅内压的改变也会影响血管堵塞后脑组织的存活和患者的功能恢复。脑水肿主要有以下两种类型：①细胞毒性脑水肿：过多的水存在于细胞内；②血管源性水肿：细胞外间隙液体增多。由于发生细胞外水肿时脑组织切面常有液体渗出，因此通常称之为“湿性水肿”；而细胞内水肿（即细胞毒性水肿）通常被称为“干性水肿”。细胞毒性水肿是由能量衰竭引起的，此时离子与水分可通过细胞膜进入细胞内。血管源性水肿主要与决定流体静力压的相关因素有关，尤其是血压、CBF 的升高，以及渗透因素的改变等。当血脑屏障破坏，蛋白质与其他大分子物质进入脑组织的细胞外间隙中时，就会形成渗透压梯度，使水分进入细胞外间隙。由于脑部白质与灰质之间存在差异，白质结构相对更疏松，因此血管源性水肿通常在白质中更加明显。由细胞毒性水肿引起的脑组织肿胀意味着大量脑细胞的死亡或严重损伤，通常提示预后不良。相比之下，血管源性水肿并不一定代表神经元损伤，而且细胞外间隙中的水分可能逐渐转移或吸收。严重的水肿可能导致脑组织的广泛肿胀或脑内部分结构的移位（可能伴有压迫性损伤），甚至可能发生脑疝。颅内压的升高可降低 CBF，并可增加患者的死亡风险。当颅内压升高时，若颅内血液引流通路正常，则颅内静脉窦与引流静脉中的压力也会升高。此时，颅内静脉压与颅内压之间必然存在一定压差，以保证静脉回流。同时，为了保证组织灌注，动脉压必须高于静脉压。若颅内动脉或静脉发生堵塞，则脑血流会降低。当静脉系统发生堵塞时，静脉压会升高，此时静脉回流受阻，液体可能向脑组织倒灌而引起血管源性水肿。另外，升高的颅内压会对颅内血液循环系统造成额外的压力，甚至可能使血流量增加至超过组织存活所需的范围。脑水肿与颅内压升高可引起头痛、意识水平下降和呕吐。同时，颅内压的改变和可能继发的脑疝可以引起受累组织压力相关性损伤，并出现功能缺损症状或体征。

由大动脉堵塞引起的血循环异常只是暂时性的，通常最多可在 2 ～ 3 周内缓解。但是在发病后最初的 2 ～ 3 周内，任何系统变化（例如血容量下降、体位性血压下降或药源性血压下降等）均可引起症状的加重。在发病 3 周后，情况通常会稳定下来，脑组织死亡出现梗死灶或出现充足的侧支循环满足之前受累脑组织的血供；发病 2 ～ 3 周后，侧支循环建立，并且患者较少受到体位或循环系统的改变带来的影响。血栓不但会引起相应供血区的低灌注，而且还可能继续生长，并可能脱落或碎裂而栓塞远端动脉。而在发病 2 ～ 3 周后，血栓通常会达到相对稳定的状态，此时发生栓塞的可能性大大降低。许多研究发现，在急性缺血性卒中发病 2 周后，卒中继续进展的可能性很小。在血管堵塞后最初的数小时、数天或最初的几周内，关于缺血脑组织生存或死亡的问题可以看作是加重缺血的因素与机体保护缺血组织的生理机制之间的较量。

三、脑出血的病理生理机制

高血压性脑出血是最常见的脑出血病因。脑实质出血患者常在发病前即存在颅内小穿通动脉和微动脉的高血压性损伤。19 世纪 70 年代，Charcot 和 Bouchard 首次提出微动脉瘤样扩张的假说，认为高血压患者穿支动脉支配区出现微小动脉瘤样扩张，并且部分微小动脉瘤样扩张管壁薄弱，在动脉压力升高时易破裂。对于大多数患者，血压突然升高可以引起既往无血管损伤的小穿通动脉破裂，这些小血管中渗出的血液可对局部毛细血管或微动脉产生压迫效应，进一步引起更多的小血管破裂，就像滚雪球一样，导致血肿逐渐增大。当然，局部组织的压力则会限制出血范围的不断扩大。外伤、机体凝血功能异常、脑血管畸形等也可引起脑出血，并逐渐发展成与高血压性脑出血类似的形态。在脑出血发生后，血肿逐渐扩大在临床上表现为症状或体征的不断恶化，直到血肿达到稳定状态。此后，血肿可能逐渐向脑室系统以及蛛网膜下腔中引流。较大的出血量会导致颅内压升高，引流静脉窦内的静脉压也会成比例的升高。为了保证脑组织的灌注，动脉压必须升高到与静脉压之间产生一定的压差。因此，脑出血患者在发病后可能会出现血压急剧升高，并不一定代表患者发病前的血压水平，而可能仅仅是由脑出血本身引起的。尽管降低血压有助于限制血肿扩大，但升高的血压可维持未受到出血损伤脑组织的灌注。

脑出血患者在首发症状出现后 24 ～ 48 小时内常会出现病情加重，这种情况可能是血肿扩大导致，但更多是由出血周围脑组织水肿、出血对脑组织代谢的影响以及大量出血时导致脑内容物体积甚至脑疝引起的。脑出血后，除了脑组织本身的水肿，颅内还会增加血肿的额外体积，因此与脑缺血患者相比，脑出血患者颅内占位效应更常见。通常，大脑半球内的较大血肿可能压迫周围组织而导致中线移位，但并不一定出现脑疝。正常情况下，在密闭的颅腔中，脑组织被骨性结构（前、中、后颅窝）和硬脑膜（大脑镰和小脑幕）分隔于不同区域中，因此当出血后占位效应明显时，脑组织会从其原部位移位至相邻的其他区域中，我们称之为脑疝。

脑组织的移位也可能压迫或牵拉周围动脉而引起其供血范围内的脑梗死和继发出血。最常见的继发血管改变引起脑梗死的部位包括大脑后动脉经过小脑幕或颞叶内侧部分以及大脑前动脉邻近大脑镰部分。位于小脑幕缺口处的脑干上部变形移位可能引起脑干的继发出血，这种出血通常是由脑干穿支动脉的中央支或旁中央支受累引起，称为 Düret 出血（根据首先发现并描述这种出血的法国医生的名字命名）。

脑出血患者相应部位的脑室系统也可能受压。壳核和脑叶出血可能压迫 Monro 孔（室间孔）而引起对侧脑室扩张，丘脑出血可能堵塞或压迫第三脑室而引起双侧侧脑室积水，小脑出血可压迫第四脑室及中脑导水管引起第三脑室和侧脑室的梗阻性脑积水。

脑组织的移位、脑疝、继发脑梗死或出血、脑积水等均可引起脑出血患者症状和体征的恶化。

四、蛛网膜下腔出血的病理生理机制

原发性蛛网膜下腔出血最常见的原因为颅内动脉瘤破裂，少数病因为动静脉畸形、颅内动脉夹层等。当动脉瘤破裂导致血液流入蛛网膜下腔，颅内压（ICP）会急剧升高，此时必须维持或提高系统的血压与血容量，以保证脑组织的正常灌注。血管管壁破裂导致蛛网膜下腔出血后，有可能再次出血，每次出血均会使 CSF 中的血量进一步增多、ICP 进一步升高，严重威胁患者的生命。脑脊液中的血液成分及其分解产物对血管产生机械性或化学刺激，导致血管平滑肌细胞收缩，发生局灶性或广泛性的血管痉挛。血管痉挛的发生机制仍不完全清楚，可能涉及一氧化氮途径、内皮素途径等多种通路，与炎症反应、氧化应激、细胞凋亡等多种机制相关。血管痉挛通常在出血后 3 ～ 4 天内出现，7 ～ 10 天达高峰，14 ～ 21 天逐渐缓解。血管痉挛可以是无症状性的，但也可能引起脑缺血甚至进展为脑梗死。血管痉挛的程度通常与神经功能缺损程度成正比。除此之外，CSF 中红细胞及其降解产物可导致蛛网膜颗粒吸收障碍，导致脑脊液循环障碍，脑室内压力升高，脑室扩张，引起交通性脑积水。脑积水是蛛网膜下腔出血常见的严重并发症，急性脑积水可导致颅内压明显升高，严重危及生命；慢性脑积水导致脑组织长期受压、萎缩，可出现一系列神经功能缺损症状体征。

第三节 遗传病所致的卒中

尽管单基因遗传病所致的卒中在临床上少见，仍应引起高度重视。单基因遗传病是指由一对等位基因突变所导致的遗传性疾病。致病基因明确的遗传性卒中可分为缺血性和出血性两种类型（表 10-2-2）。主要表现为缺血性卒中的单基因遗传病包括伴有皮质下梗死和白质脑病的常染色体显性遗传性脑动脉病（cerebral autosomal dominant arteriopathy with subcortical infarcts and leukoencephalopath，CADASIL）、伴有皮质下梗死和白质脑病的常染色体隐性遗传性脑动脉病（cerebral autosomal recessive arteriopathy with subcortical infarcts and leukoencephalopathy，CARASIL）、伴卒中和白质脑病的组织蛋白酶 A 相关性动脉病（cathepsin A-related arteriopathy with strokes and leukoencephalopathy，CARASAL）、法布里病（Fabry 病）、常染色体显性遗传性视网膜脑血管病伴脑白质营养不良（Autosomal dominant retinal vasculopathy with cerebral leucodystrophy，AD-RVCL）、马方综合征（Marfan 综合征）、线粒体脑肌病伴高乳酸血症和卒中样发作（mitochondrial encephalomyopathy with lactic acidosis and stroke-like episodes，MELAS）等。主要表现为出血性卒中的单基因遗传病包括 *COL4A1* 或 *COL4A2* 相关血管病、遗传性脑淀粉样血管病等。神经科临床医生应该对此有所了解，对于有家族史、发病年龄早、有特殊伴发症状的卒中患者，需高度警惕单基因卒中的可能。

一、伴有皮质下梗死和白质脑病的常染色体显性遗传性脑动脉病

伴有皮质下梗死和白质脑病的常染色体显性遗传性脑动脉病（CADASIL）是由 *NOTCH3* 基因突变引起的较为罕见的遗传性小动脉疾病。*NOTCH3* 基因位于 19q12，编码一个由 2321 个氨基酸组成的跨膜受体。该基因含有 33 个外显子，突变集中于 2 ～ 24 号外显子，大约 95% 的患者为 3 ～ 6 号外显子的错义突变，尤以 4 号外显子率最高（高加索人群约 55.62%，亚洲人群 43.42%）。最近有报道认

表 10-2-2 致病基因明确的遗传性卒中

分型	代表性疾病	遗传方式	致病基因
缺血性卒中	CADASIL	AD	*NOTCG3*
	CARASIL	AR	*HTRA1*
	CARASAL	AD	*CTSA*
	Fabry 病	X-linked	*GLA*
	PADMAL	AD	*COL4A1*
	RVCL-S	AD	*TREX1*
	镰状细胞病	AR	*HBB*
	FOXC1 缺失相关血管病	AD	*FOXC1*
	腺苷脱氨酶 2 缺乏症（DADA2）	AR	*ADA2*（*CECR1*）
	弹性纤维假黄瘤	AR	*ABCC6*
	同型半胱氨酸尿症	AR	*CBS* ed
	Marfan 综合征	AD	*FBN1*
	Ⅳ型 Ehlers-Danlos 综合征	AD	*COL3 A1*
	MELAS	Maternal	Mitochondrial DNA
	遗传性出血性毛细血管扩张症	AD	*ENG* 或 *ALK1*
出血性卒中	*COL4A1* 或 *COL4A2* 相关血管病	AD 和 de novo	*COL4A1*，*COL4A2*
	遗传性脑淀粉样血管病变	AD	*APP*，*CST3*
	脑海绵状血管畸形	AD	*KRIT1*（*CCM1*），*MGC 4607*（*CCM2*），*PDCD 10*（*CCM3*）

AD：常染色体显性遗传，AR：常染色体隐性遗传，X-linked：X- 连锁遗传，Materal：母系遗传，de novo：新生突变

为，NOTCH3 表皮生长因子样重复域（EGFr）1-6 半胱氨酸变异比 7-34 半胱氨酸变异更容易较早地发生卒中，生存率更低。

CADASIL 多于中年（30 ～ 60 岁）发病，男女均可罹患。该病表型异质性较为突出，同一家系不同患者临床严重程度可存在很大差异。Markus 于 2002 年提出 CADASIL 的诊断标准：①发病情况，中年起病，常染色体显性遗传，无脑血管病危险因素；②临床表现：头痛、缺血性卒中反复发作、认知障碍或情感障碍等表现中的 1 项或多项；③头颅 MRI：大脑白质对称性高信号病灶、颞极和外囊受累明显，伴有皮质下腔隙性脑梗死灶；④病理检查：皮肤活检电镜下见颗粒状嗜锇性颗粒（granular osmiophilic material，GOM）沉积或 NOTCH3 蛋白免疫组化染色呈现阳性；⑤基因检查：*NOTCH3* 基因突变检测阳性。满足前 3 条加 4 或 5 为肯定诊断，满足前 3 条为可疑诊断，仅满足前 2 条为可能诊断。值得注意的是亚洲人伴有偏头痛的比例明显低于西方，有专家建议不应把偏头痛视为亚洲 CADASIL 患者的重要临床表现。

CADASIL 还注意应与多发性硬化、散发性小血管病（包括 Binswanger 病）、CARASIL、原发性神经系统血管炎、Fabry 病、MELAS 等疾病相鉴别。

CADASIL 诊断可通过皮肤活检和电子显微镜观察嗜锇颗粒物质（GOM）沉积来确定，但基因检测应为首选。临床上如有以下情况应积极进行 *NORTCH3* 基因检测：无法解释的卒中反复发作、尤其无高危因素者，家族性偏头痛发现较典型的 MRI 影像改变者，青壮年出现无法解释的记忆力下降、性格异常并发现较典型的 MRI 影像改变者。

目前该病以对症支持治疗为主。抗凝剂和血管造影剂可诱发脑血管意外，为用药禁忌。阿司匹林有可能增加颅内出血的风险，也不宜使用。近期英国有研究发现卒中常见危险因素如高血压、吸烟同样可以增加 CADASIL 患者出现卒中的风险，吸烟还可能与早发卒中相关。这一研究结果提示单基因遗传方式卒中患者也应注意控制血管事件危险因素。

二、伴有皮质下梗死和白质脑病的常染色体隐性遗传性脑动脉病

伴有皮质下梗死和白质脑病的常染色体隐性遗传性脑动脉病（CARASIL）迄今为止全球已报道了19个家系，约50例，涉及19种不同的突变位点，其中大部分来自日本。CARASIL是由*HTRA1*基因的双等位基因突变引起的。*HTRA1*基因编码HtrA色氨酸蛋白酶，可抑制转化生长因子β（TGF-β）信号转导系统。基因突变导致HtrA色氨酸蛋白酶抑制作用减弱、TGF-β信号系统调节异常是其发病的主要机制。Hara在日本人群发现A252T（G754A）、V297M（G889A）两个错义突变和R302X（C904T）无义突变导致酶活性降低，而R370X（C1108T）通过无义突变介导的mRNA降解使正常活性的酶表达量降至6%。Mendioroz则在第一个白人家系中发现了新的杂合突变G295R（G883A）。

CARASIL好发于男性，男女比例约为3：1，以早发缺血性卒中、血管性痴呆、早年脱发、严重的下背部疼痛、椎关节强直畸形或椎间盘脱出为特征。其他表现包括癫痫发作，精神疾病，假性球麻痹等。该疾病进展迅速，步态障碍以及严重的认知障碍可能在早期发生。颅脑MRI可表现为严重的白质高信号、腔隙性梗死和脑微出血。CARASIL患者早期也可出现白质高信号累及外囊及前颞叶，因此在影像上与CADASIL难以鉴别。

CARASIL患者尚未报到有效的治疗方案，主要是对症支持治疗及预防心血管危险因素。目前有研究认为其药物机制有两个方向：一为增加HTRA1活性；二为抑制TGF-β的活动。

三、伴卒中和白质脑病的组织蛋白酶A相关性动脉病

伴卒中和白质脑病的组织蛋白酶A相关性动脉病（CARASAL）是一种罕见的常染色体显性遗传性小血管疾病，由位于20q13.12的*CTSA*基因突变引起。迄今为止全球共报道了19例，其中14例患者均为973C＞T，13名患者来自荷兰的2个家系，另1名患者来自英国。

该疾病临床表现可表现为缺血性或出血性卒中，认知障碍、痴呆、头痛、偏头痛、眩晕、运动障碍包括极少的肌张力障碍、步态障碍或抑郁。一些患者有中枢神经系统异常表现：吞咽困难、口干、眼睛干燥、面部疼痛、肌肉痉挛、动脉高血压或糖尿病。颅脑MRI显示白质高信号累及脑干（锥体束、被盖束、脊髓小脑束）和皮质下白质U形纤维，也可累及灰质，包括丘脑、基底节和齿状核。广泛性白质脑病患者也可能无或轻度临床表现。

CARASAL患者可采取支持性治疗，一级或二级预防参照缺血性卒中的常规防治。

四、Fabry病

Fabry病又称弥漫性全身性血管角化瘤（angiokeratoma corporis diffusum），是α-半乳糖苷酶A（alpha-galacotosidase A，α-GLA）基因突变引起的一种X连锁溶酶体沉积性疾病，基因定位于Xq21.33～22。*GLA*基因变异大部分为错义突变和无义突变，致病突变使酶活性显著下降，导致神经酰胺三聚己糖苷（globotriaosylceramide，Gb3）在神经节细胞、心肌细胞、肾小球上皮细胞、血管内皮细胞及皮肤、眼部等组织器官沉积，受累细胞溶酶体肿大并可见嗜锇性板层状包涵体。

Fabry病多有阳性家族史。其临床特点是出现特有的皮肤角化瘤和进行性四肢剧烈疼痛，可见角膜和晶状体浑浊，疾病中后期逐步出现肾脏、脑、心脏等损害。Fabry病是早发卒中的常见原因之一，多在30～40岁发生，德国研究发现年轻男性不明原因卒中有4.9%确诊为Fabry病，但美国巴尔的摩地区的流调提示不明原因卒中仅有0.65%是Fabry病。该病出现卒中与Gb3在血管的沉积密切相关，可有大、小血管病变，后循环更易受累，有研究认为基底动脉直径增宽是早期诊断Fabry病的重要影像学指标。血浆或外周血白细胞α-半乳糖苷酶A活性下降可作为Fabry病诊断依据，但由于X染色体的随机失活，部分女性患者的酶活性正常，因此基因检测对于女性患者尤为重要。

目前针对Fabry病的治疗方案主要包括酶替代疗法（enzyme-replacement therapy，ERT）和伴侣疗法。静脉注射人工重组α-半乳糖苷酶A在欧美国家已开始用于Fabry病临床治疗，这种酶替代疗法虽能减少Gb3在体内组织沉积并能改善症状，但对卒中疗效仍有待进一步研究证实。最近有研究报道，用半乳糖苷酶β和ERT可以降低脑血管事件的发生率，后者提示卒卒中险大约降低了一半。但是上述报道来自观察性研究，还需更多随机对照研究证实。

五、伴有脑白质变性的常染色体显性遗传的视网膜血管病

伴有脑白质变性的常染色体显性遗传的视网膜血管病（AD-RVCL）是一种非常罕见的遗传性多器官小血管疾病，由 3p21.31 上编码 DNA 特异性 3′-5′ 核酸外切酶的 *TREX1* 基因突变引起。该基因 C 端移码突变导致核酸外切酶的核周定位发生改变因而无法发挥正常功能。

RVCL 具有较大的临床异质性，通常在中年起病，几乎所有患者表现为进行性视网膜血管病变。神经系统症状可表现为卒中、假瘤样表现，运动 / 感觉 / 小脑功能缺损，偏头痛，认知能力下降 / 痴呆，精神障碍，癫痫等。少数患者呈现多器官受累，包括雷诺现象，肝硬化和骨坏死，可出现蛋白尿、肾脏病甚至肾衰竭。

该疾病尚无具体的治疗方法。但类固醇和免疫抑制疗法已用于 RVCL 的治疗，仍需临床试验进行验证。RVCL 患者可考虑抗血小板二级预防，但仍需进一步研究证实。

六、弹力纤维性假黄瘤

弹性纤维性假黄瘤（pseudoxanthoma elasticum，PXE）也是一种可致卒中的遗传性结缔组织病，侵犯机体多个器官、系统，主要表现为皮肤松弛、黄橙色丘疹样皮损、视网膜血管状条纹及心脑血管损害，脑的大动脉及小血管均可受累；皮肤活检真皮中层可见弹性纤维变性，波纹状扭曲、断裂，呈深嗜碱性改变。本病发病率为 1/70 000 ～ 1/100 000，多为散发病例，遗传方式不一，90% 为常染色体隐性遗传，好发于年轻女性。PXE 致病基因定位于 16p13.1 的 *ABCC6* 基因，是三磷酸腺苷结合盒转运体基因家族成员之一，有 31 个外显子，24 和 28 号外显子是基因突变热区。尚无有效的病因治疗，限制维生素 D3 摄入可延缓病情进展。

七、同型胱氨酸尿症

同型胱氨酸尿症（homocystinuria）又称为假性马方综合征，属常染色体隐性遗传病。胱硫醚 β- 合酶（cystathionine beta-synthase，CBS）基因突变最常见，该基因突变又以 Ile278Thr 和 Gly307Ser 相对常见。同型胱氨酸尿症损害内皮细胞、促进血管平滑肌细胞增生，导致动脉粥样硬化及血栓形成。血栓栓塞是该病患者最常见的死亡原因之一。未经治疗的患者约有半数在 30 岁之前发生血栓事件，其中约 1/3 为脑血管病。儿童期卒中伴有精神发育迟缓，晶状体异位以及骨骼异常（类马方综合征样改变）应高度考虑该病。

该病特征性生化改变为同型胱氨酸尿和血浆同型半胱氨酸显著升高（＞ 100 μmol/L）。与普通人群脑血管病危险因素之一的高同型半胱氨酸血症不同的是，后者血浆同型半胱氨酸浓度为 15 ～ 100 μmol/L，与维生素 B6、B12 或者叶酸缺乏有关。

本病患者应限制含硫氨基酸的摄入。近一半患者对维生素 B6 有效。基因型-表型研究发现不同突变对维生素 B6 治疗效果存在明显差异，携带 Ala114Val 和 Ile278Thr 突变疗效好，而携带 Gly307Ser 则对维生素 B6 抵抗。

八、马方综合征

马方综合征（Marfan's syndrome，MFS）是一种可并发卒中的常染色体显性遗传结缔组织病，发病率为 1/10 000 ～ 1/5000，典型的临床表现包括大动脉动脉瘤、不成比例的长骨过度生长和晶状体脱位，是累及全身心、脑、骨骼及眼等多器官的致死性疾病。致病基因是位于 15q15 ～ q21.3 的微纤维蛋白 1（*FBN1*）基因，有 65 个外显子，编码一种位于细胞外基质的糖蛋白。基因突变后 FBN1 蛋白减少，微纤维合成不足，细胞骨架异常，导致多个系统病变。该基因已有 1000 多种突变，未发现突变热区，存在较高的遗传和表型异质性，即使同一家族的相同突变也可出现不同表型，因此突变筛查难度大，也不利于基因型-表型的分析。MFS 伴发卒中的具体机制不甚清楚，国外一项 513 例患者的回顾性分析提示可能跟心源性栓子有关，而与大动脉的扩张或破裂无关。

九、Ⅳ型 Ehlers-Danlos 综合征

Ehlers-Danlos 综合征（EDS）是一组遗传性结缔组织病，又称皮肤弹性过度综合征。EDS 有 10 型以上，Ⅳ型为血管型，致病基因是位于 2q24.3 ～ q31 的 *COL3A1* 基因，编码 α1 前胶原蛋白，三个 α1 前胶原蛋白分子的异源三聚体即为Ⅲ型胶原，是构成动脉管壁等多种弹性组织的重要成分。该

基因突变谱广，没有明确的突变热区。基因突变导致Ⅳ型 EDS 患者Ⅲ型胶原功能障碍、动脉管壁脆弱，极易出现颅内动脉瘤、自发性颅内大中动脉破裂，因此该病患者以出血性卒中多见。*COL3A1* 基因的无义突变比错义突变或剪接突变的临床表型温和，并发症出现年龄较迟、寿命也明显延长，可达七八十岁。Ⅳ型 EDS 有较高的遗传异质性和表型异质性，以常染色体显性遗传为主，男、女均可发病。皮肤弹性过度、反复血肿和关节松弛等三联征以及宽前额、宽眼距、宽鼻梁和先天性内眦赘皮的典型面容有助于 EDS 的临床诊断。体外培养成纤维细胞中发现异常Ⅲ型胶原可帮助明确诊断。由于全身血管脆性增加，该患者内脏器官出血、破裂的风险显著增加，一旦发生，病情凶险常可危及生命。本病目前无有效治疗措施，应注意防护、避免剧烈运动和创伤，对外科手术也应权衡利弊。

十、线粒体脑肌病伴高乳酸血症和卒中样发作

线粒体脑肌病伴高乳酸血症和卒中样发作（MELAS）是一种常见线粒体疾病，发病年龄多数小于 40 岁，男女均可发病。临床表现为卒中样发作、高乳酸血症、身材矮小、神经性耳聋、运动耐受下降、智力下降等组成的综合征，常合并其他类型线粒体疾病。卒中样发作是该病的标志性症状，可表现为突发性或复发性偏头痛、癫痫发作、失语、偏瘫、偏盲、皮质盲、意识障碍、认知障碍及精神行为异常等。影像学方面病灶好发于后脑（枕叶、顶叶或颞叶）、少数可累及额叶，分布范围超过血管供血范围，皮质受累为主、少数也可累及白质或基底节，病变呈动态变化，具有扩展性和迁移性等特点。肌肉活检染色可见破碎红纤维。

MELAS 主要是由于线粒体 DNA（mtDNA）突变导致线粒体呼吸链氧化磷酸化功能障碍，累及多组织供能障碍而发病。与核基因组的单基因病不同的是它不遵循孟德尔遗传定律，呈现母系遗传，且仅生殖细胞 mtDNA 突变可传给子代，体细胞突变出现散发病例。80% 的患者是由于亮氨酸 tRNA 基因的 A3243G 突变所致，另一个突变热区 T3271C 约占 10%，此外 T3291C、G13513A 等多种点突变及大片段的基因缺失和重复均可致病。mtDNA 突变存在“阈值效应”，机体是否发病取决于突变负荷即突变 mtDNA 所占的比例，负荷越大临床表现越严重；由于组织对能量的需求不同，组织间突变负荷阈值也存在差异，因此 MELAS 的遗传异质性和临床异质性均很高，临床易误诊、基因检测易漏诊。基因检测时需对多种组织进行定性及定量分析。尿沉渣、毛囊等组织 mtDNA 突变负荷较外周血高，对其进行检测可在一定程度上减少假阴性结果；除了突变热区筛查外，必要时可运用线粒体基因芯片等技术进行全长测序以提高突变检出率。不典型 MELAS 的诊断比较困难，肌肉活检和基因分析是确诊 MELAS 的主要依据。由于活检取材的局限性，病理检查常可能出现假阴性，因此基因分析的诊断价值尤为突出。

MELAS 的卒中样发作是一种代谢性卒中，不同于缺血性卒中，该病的治疗缺乏特效治疗，主要在急性期的对症支持治疗，包括辅酶 Q10、B 族维生素、二氯乙酸盐及 L- 酪氨酸等改善线粒体能量代谢，同时控制癫痫等对症治疗，此外还需注意避免应用影响线粒体呼吸链供能的药物，如苯巴比妥等。

十一、*COL4A1* 或 *COL4A2* 相关血管病

COL4A1/A2 综合征是由 *COL4A1* 和 *COL4A2* 基因突变引起的遗传性脑血管病，这些基因编码Ⅳ型胶原的 α1 和 α2 链，在第 13 号染色体（13q34）上有一个共同的基因座。

该疾病临床异质性大，神经系统症状受累主要表现为卒中（以脑出血为主），脑穿通畸形、癫痫、痴呆、智障、偏头痛、精神障碍、小儿偏瘫等。其他临床表现包括肾病如蛋白尿、血尿、肾功能不全，雷诺综合征，室上性心律失常和二尖瓣脱垂的发生概率较低。

临床上如有以下情况应进行 *COL4A1* 和 *COL4A2* 基因检测：至少在一级 / 二级亲属或发生早发脑桥梗死的患者中，对于原因不明的深部脑出血或原因不明的白质高信号或脑出血、脑穿孔、视网膜血管曲张、血尿、肾小球功能障碍、肾功能不全、肾囊肿、婴儿偏瘫、早期白内障、眼前段异常、多发性颅内动脉瘤、肌肉痉挛或肝囊肿。

鉴于脑出血的潜在风险，不建议 *COL4A1* 或 *COL4A2* 相关血管病患者使用抗血小板药或抗凝药以及接受静脉溶栓。应避免头部受伤或长时间进行高风险体育活动。

十二、遗传性脑淀粉样血管病

脑淀粉样血管病（cerebral amyloid angiopathy，CAA）是由Aβ沉积于皮质和软脑膜中小动脉血管壁的中膜和外膜引起的退行性血管疾病。目前报道的遗传性CAA主要包括：荷兰型遗传性脑出血伴淀粉样病、冰岛型遗传性脑出血伴淀粉样病和家族性淀粉样多发性神经病。荷兰型遗传性脑出血伴淀粉样病（HCHWA-D）是由位于21号染色体上的淀粉样前体蛋白（amyloid precursor protein，APP）基因密码子693处的单基因突变引起的常染色体显性遗传病。HCHWA-D与散发性CAA一样，其特点是反复发作的自发性脑出血和痴呆，但前者更严重。冰岛型遗传性脑出血伴淀粉样病（HCHWA-I）是由胱抑素C（*CST3*）基因突变引起，临床上约有50%的患者在20～30岁时出现致命的脑出血。家族性淀粉样多发性神经病（familial amyloid polyneuropathy，FAP）是由位于第18号染色体的甲状腺素转运蛋白（*TTR*）基因突变引起的罕见型常染色体显性遗传疾病。该疾病通常表现为多发性神经病，腕管综合征，自主神经功能不全，心肌病等。

CAA的临床异质性较大，可以表现为自发性脑叶出血、短暂性局灶性神经系统发作、进行性痴呆、CAA相关炎症，其中自发性脑叶出血最为常见，额顶颞枕叶均可受累。颅脑MRI中，GRE-T2*序列和SWI可有皮质或皮质下微出血及皮质浅表的含铁血黄素沉积，是诊断CAA的敏感指标。该疾病尚无针对性的治疗方案，抗血小板药物及抗凝药物会增加其脑出血风险，因此不推荐或禁止使用。

第四节 动物模型

由于卒中的病因多、病程长、阻塞部位多变、缺血程度及合并系统疾病的差异而导致临床变异性很大，临床研究人们已普遍认同系统评价有利于资料收集的完整，样本含量的增大及各种偏倚的减低，随机对照试验的系统评价被公认为是可靠程度最高的证据。而这些可变量可以在动物模型上得到严格控制，使得试验条件的均一性较好，试验结果相对稳定和可靠。但是，目前在动物实验领域系统评价的研究还很少。过去很多事例已显示，动物实验结果常常得不到临床试验的证明或被否定或被推翻。其原因有多种，但没有对已有的动物实验进行全面的系统评价，单个、零散的动物实验结果，难免会因机遇的作用或各种偏倚而容易对临床研究造成误导，最终导致研究资源的浪费。因此，在动物实验领域也可借鉴人体研究中系统评价的经验并结合自己的特点有所改进和创造，为动物实验在治疗性研究发展过程中发挥更好的作用进行探索，已成为目前进行临床前研究和转化的主要趋势。

为汇总目前临床前的动物模型研究现状，以及不同的动物模型特征，增强研究人员对动物模型的了解，本章节重点总结了归纳了目前常用的动物卒中模型。

一、缺血性动物模型

脑卒中分为的两大主要类型，即脑出血和脑缺血。而脑缺血的特征是血量过少而不能为某部分脑组织提供足量的氧和营养物质。在实际的临床观察中，约80%的脑卒中患者是由缺血性脑梗死所致为缺血性卒中，来自主要的脑动脉（最常见于大脑中动脉主干，MCA）或分支的血栓形成或栓塞。缺血性卒中其梗死区最初呈苍白色，数小时至数日内，脑灰质充血，伴血管充盈扩张并出现微小点状出血。阻塞大血管的栓子可在数分钟至数日内移动，溶解或者消散，再循环至梗死区可导致出血性梗死，并加重因脑屏障破坏导致的水肿。

动物缺血性卒中模型，能够提供缺血脑的血氧，血糖等物质的的代谢特征与脑留存功能特征，能够进一步帮助科研工作者和临床大夫认识缺血性脑损伤的病理机制，协助发展新的卒中治疗策略。缺血性卒中的核心治疗策略分为两个主要方面：溶栓和神经保护。目前，rt-PA（recombinant tissue plasminogen activator）是唯一获得FDA批准的急性缺血性卒中治疗药物，其溶栓治疗效能首先在临床前的动物模型上得到有效性和安全性验证，在2020年世界卒中大会上（international stroke conference，Los Angeles，California，2019）首次报道了神经保护剂 NA-1 的临床有效性。而促使该药物从实验室走向临床研究的重要一步是其在灵长类动物缺血模型中的有效性试验。

缺血性卒中模型根据闭塞血管不同分为全脑缺血模型和局灶性脑缺血模型。依据按缺血时间的长短可分为永久性缺血模型和再灌注性缺血模型。全脑缺血模型模拟的是临床上在心脏旁路手术或心搏骤停时大脑所受损伤。临床上缺血性卒中大部分由于大脑中动脉或其分支阻塞引起，所以局灶性脑缺血模型一般采用大脑中动脉阻断（middle cerebral artery occlusion，MCAO）方法。此类模型模拟的病理过程与临床卒中很相似。

局灶脑缺血模型 由于人类缺血性卒中大部分由大脑中动脉或其分支阻塞引起，啮齿类具有与人类相似的脑血管结构，采用大脑中动脉阻断（MCAO）方法用啮齿类动物制作的局灶性脑缺血模型与人类的脑梗死症状最为相似，因此被研究者广泛使用。

（1）线栓法（intraluminal suture MCAO model）：线栓法模型是最常用的缺血性卒中模型。其手术方式是采用颈部正中切口，分离出颈总动脉（common carotid artery，CCA）、颈外动脉（external carotid artery，ECA）和颈内动脉（internal carotid artery，ICA），将硅胶或多聚赖氨酸包被好的尼龙线由ECA（Longa 方法）或 CCA（Koizumi 方法）经 ICA 小心插入颅内并越过大脑中动脉（middle cerebral artery，MCA），到达大脑前动脉（anterior cerebral artery，ACA）起始部，阻断 MCA 血液供应制成 MCAO 动物模型。

（2）直接手术法（direct surgical MCAO model）：直接手术 MCAO 模型又称 Tamura 模型，其经典手术式为从鼠颞下部开颅，分离大脑中动脉（MCA），电凝或用手术丝线或微型小夹结扎 MCA 永久或暂时阻断 MCA，造成 MCA 供血区脑梗死。如阻断 MCA 起始部，可造成大脑皮质和基底核脑梗死；如阻断 MCA 远端接近嗅束的位置，可造成单纯大脑皮质梗死。Tamura 模型经过了进一步的改良，如阻断一侧 MCA 远端同时短时阻断同侧或双侧 CCA 可以造成一个较大的重复性良好的皮质梗死灶，显示了良好的梗死灶及周围半暗带。

（3）光化学法（photochemically induced thrombosis model or photothrombosis model）：光化学法的基本原理是光敏剂在全身注射后，特定波长光源在大脑皮质局部照射，通过化学反应导致局部血管内皮损伤、产生脑水肿和血小板微血栓，形成局灶性脑梗死。通过选择照射区域而确定皮质梗死灶位置。实验动物因创伤小、模型稳定性好且易于复制等优点得到了比较广泛的应用。

（4）血栓栓塞法（thromboembolic model）：Kudo 等于 1982 年首先报道了大鼠同源血凝块血栓栓塞卒中模型。其经典术式为：手术分离一侧颈总动脉（CCA）、颈外动脉（ECA）、颈内动脉（ICA），距 CCA 分叉处结扎 ECA，微动脉夹夹闭 CCA，切开 ECA，从切口处插入内装栓子与生理盐水配制成混悬液的导管，过 ICA 直至颅底，加压将栓子注入颅内，即可造成 ICA 系统，主要是 MCA 供血区的缺血性损害。为了提高血凝块安置的精确性和正确性，利用显微导管将自体栓子送入 MCA 的指定位置，并采用多普勒监测指导手术。结果发现有着更大的均一实质性的梗死灶。

（5）非血凝块，微球栓塞法（non-clot，microsphere model）：许多化合物和人工栓子材料曾经被注射入大鼠 CCA 或 ICA 诱导脑栓塞缺血模型。其中，微球诱导的微栓塞研究得最为广泛。微球注射诱导的缺血损伤的程度与严重性与栓子的数量相关，而且病灶的发展缓慢，注射 24 小时后病灶还在增加。另外一个特征是病灶发展的多灶性及不均匀性。

（6）内皮素诱导法（endothelin-induced MCAO model）：由血管内皮细胞产生的 ET-1（endothelin-1）是迄今为止发现的作用最强的内源性血管收缩活性物质。在中枢神经系统，ET-1 通过其强烈持久的缩血管作用使局部脑血流量减少促进脑梗死形成。采用 Tamura 手术方法，将 ET-1 直接应用于暴露的 MCA 导致可引起缺血性脑损伤的显著血流量减少。ET-1 微量注射于 MCA 管腔周围导致重复性良好的局灶性脑梗死模型。另外，将 ET-1 直接应用于大脑皮质诱导了新皮质的局灶脑梗死。该模型可用于恢复性药物研究的备选方法。

二、全脑缺血模型

全脑缺血模型模拟的是临床上在心脏旁路手术或心搏骤停时大脑所受损伤。短暂全脑缺血引起海马易损区域的选择性神经元损伤，是研究迟发行神经元损伤及凋亡机制的极佳模型。全脑缺血时脑损伤的发展时期较长，且全脑缺血模型一般都有再灌注过程，因此在缺血后给予的药物较可能阻止损伤的扩展并可随再灌血流进入损伤区发挥作用。

1. 两动脉阻断法（two-vessel occlusion model） 蒙古种沙土鼠（Monglian gerbils）由于没有联系颈内动脉系统和椎基底动脉系统的后交通动脉的解剖学特征，是制作全脑缺血模型的理想选择。沙土鼠由于脑动脉环缺少明显的后交通动脉，并有1/3以上缺前交通动脉或前交通动脉很细。因此，利用沙土鼠的这个独特的解剖特性，结扎双侧CCA5分钟即可造成全脑缺血模型。损伤区主要为海马锥体细胞，尤其是海马CA1区域。海马神经元损伤在缺血后2～3天时才明显，亦被称为迟发性神经元死亡（delayed neuronal death，DND）。

2. 两动脉阻断加降血压法（two-vessel occlusion + hypotension model） 分离、结扎或用动脉夹夹闭双侧CCA，同时静脉套管及全身肝素化后放血，降低血压并稳定于一定的程度。Sugawara等结扎大鼠双侧CCA缺血5～10分钟，并通过颈静脉抽血降低平均动脉血压为35 mmHg（股动脉插管测血压），即可造成全脑缺血模型。该模型使90%的海马CA1神经元发生了迟发性神经元死亡。神经元损伤恒定及动物死亡率低。同样的方法应用在C57BL/6小鼠也产生了类似的结果。

3. 三动脉阻断法（three-vessel occlusion model） 由Kameyama等建立，首先用电凝切断大鼠基底动脉，然后通过阻断与开放双侧CCA，实现全脑缺血再灌流模型。Yonekura等对此方法进行了改进，以微血管夹代替电凝阻断C57BL/6小鼠基底动脉，随后阻断双侧CCA，发现14分钟的全脑缺血及4天的再灌注诱导了较完全的海马CA1神经元损伤。

4. 四动脉阻断法（four-vessel occlusion model） Pulsinlti和Brierley于1979年首先建立了此方法。这种方法包括两种步骤：①第一天采用后正中切口，用小的单极电凝针电凝双侧椎动脉，造成永久性闭塞；②第二天采用前正中切口，夹闭双侧CCA，建立全脑缺血模型。结果显示：①20和30分钟全脑缺血导致了广泛的缺血性神经元损伤；②海马、纹状体和大脑皮质均有损伤。该模型成功的技术关键是椎动脉的阻断。Todd等在此基础上进行了改进，采用了钻透第一颈椎小孔的方法直视下直接烧灼椎动脉，成功率几乎为100%。也有学者将单极电凝针改为双极电凝针，并且用钢丝插入翼突孔间接烧灼椎动脉，改进后的方法更简单、实用、成功率高。

三、脑出血动物模型

出血性卒中占所有卒中的20%，其中15%为脑出血（intracerebral hemorrhage，ICH），5%为蛛网膜下腔出血（subarachnoid hemorrhage，SAH）。ICH第一年存活率有38%，许多存活者遗留不同程度的慢性残疾。造成预后较差的原因是：①直接的脑组织损伤；②血肿增长的占位效应（颅内压增高）；③血肿周围的缺血区。其主要的致死原因为脑出血后血肿扩大和脑水肿形成。ICH的迟发性损害可能与血肿破裂后的产物和炎症反应有关。

脑出血动物模型基本可分为以下几类：自体血注入脑出血模型、胶原酶诱导脑出血模型、植入填充物模拟脑出血模型、脑血管撕裂脑出血模型及遗传性自发脑出血模型。由于理想的脑出血模型应能有效地模拟出血肿的占位效应及血块释放物的毒性作用，目前常采用前两类。自体血注入脑出血模型是从实验动物的血液循环系统取血（常采用股动脉或颈动脉取血），然后注入脑内特定区域。胶原酶诱导脑出血模型是向脑内特定区域注入破坏血管壁的药物（如胶原酶），造成局部脑血管壁破裂，导致脑出血。

1. 自体血注入模型（autologous blood injection model）注血法方法 常用的有单次注血法和两次注血法模型。单次注血法方法：麻醉后的大鼠被固定于立体定向仪，头顶正中部切口暴露头颅，通过立体定向仪定位在囟门右侧制作头颅直径1 mm颅孔，并将从股动脉采取的50 μl新鲜血缓慢（5分钟）垂直注入大鼠右侧基底神经核。理论上血液可以注入任何脑区，然而血液注入大脑皮质经常伴随蛛网膜下腔出血。50 μl血液是最常用的体积，相当于人类30 ml的血肿。50 μl血液缓慢注射5分钟导致了重复性良好的颅内血肿。量多、较快的血液注射容易导致血液反流、较大的直接脑损伤甚至破入脑室和胼胝体。采用两次注射法可有效防止反流，提高成功率。即在大量注血之前，首先注射少量血液，凝固后将针道堵塞，第二次大量注血形成血肿后，针道反流将明显减轻。这种方法防止了退针时针道反流现象的发生，同样注血速度也是控制血肿重复性的关键，减慢注血速度可改善血肿形成的质量。这种模型血肿形成好，重复性较好，成功率高。在小鼠脑内进行两次注射法制作脑出血模型也得到相似的结果。

2. 胶原酶注入模型（bacterial collagenase

injection model） Rosenberg 等于 1990 年创造性地建立了胶原酶诱导脑出血模型，这一方法已被广为采用。具体胶原酶注射方法类似于注血法：通过立体定向仪向大鼠尾状核缓慢注入含 0.01 ～ 1 U 细菌胶原酶的生理盐水。本法制作的血肿大小与胶原酶的用量成正比，当注入 0.5 U 胶原酶时大鼠几乎都可以存活，出血点周围可见明显水肿。而胶原酶用量达 1.0 U 时，大鼠几乎全部于 24 小时内死于脑水肿和脑疝，因此 0.5 U 被选作常规应用剂量。最近，通过立体定向仪向大鼠脑桥注入胶原酶成功制作了原发性脑干出血动物模型，注射的胶原酶引起剂量依赖性升高的血肿体积、脑水肿、神经功能缺损和血脑屏障的破裂，而生理变量保持稳定。

3. 微气囊充胀模型（balloon inflation model）该模型的制作方法 将微球囊置于 25 号针内，经立体定向植入大鼠尾状核，随后在一定的压力下逐渐将球囊充胀到所需的容积并造成占位效应，充胀一定时间后去充胀。手术时可采用放射方法来确定气囊状态。这是一种纯机械的模型制作方法，当球囊充胀形成占位效应后又去充胀，类似于脑出血形成血肿后外科血肿清除的情况。该模型为研究自发性脑出血占位产生和继之清除后的病理生理变化过程、局部脑血流改变、颅内压力变化和对神经功能的影响提供了手段，可用来评价早期清除血肿后的神经功能改变。

然而，这种模型并未涉及出血和脑实质之间的重要关系，且由于无血管活性因子的作用，占位灶周围缺血性损伤明显轻于前两种模型，显然这种机械性损伤与实际脑出血病理生理和组织学改变相差甚远。尽管这种模型制作方法简单、易操作、重复性好且无注入自体血模型的针道反流，蛛网膜下腔出血等诸多弊端，但由于其与临床脱节太多，除用于脑出血血肿清除方面的研究外，现已很少使。

4. 脑血管撕裂模型（avulsion of cerebral blood vessels）方法 麻醉后的大鼠被固定于立体定向仪，头顶正中部切口暴露头颅，通过立体定向仪定位在右侧颅骨钻一长方形骨窗并暴露皮质血管。使用消毒的弯曲针头撕裂软脑膜和表面血管造成脑皮质出血及血肿形成。这是一种简单和不常用的皮质损害。由于该模型不仅造成皮质出血，有时伴有缺血性梗死形成，从而不同于其他模型。

5. 遗传性自发脑出血模型（genetic spontaneous model） 遗传方式获得的自发性高血压大鼠（stroke-prone spontaneously hypertensive rats）引起广泛的脑血管损害，主要为纤维素样坏死、透明样变性和血管壁过度增生或小血管壁增厚，出现与高血压病极为相似的血管、微血管病变。小动脉壁的纤维素样坏死导致脑出血，可伴有多发性腔隙性脑梗死。病灶周围可见脑水肿。由于人类的脑血管病多为混合型卒中，该模型更接近人类的真实状态。缺点是遗传局限性强、易变种或断种、难于饲养、价格昂贵、来源困难，尽管与临床脑出血的病理生理接近，但由于其遗传性血管损害所需时间的不确定性、病灶大小的易变性及模型的不可比性，使其应用大大受限。临床上遗传性淀粉样血管病模型（genetic amyloid angiopathy）相关性脑出血约占自发性脑出血的 10%。

四、蛛网膜下腔出血动物模型

5% 为蛛网膜下腔出血（subarachnoid hemorrhage, SAH）。SAH 是指各种原因引起的脑血管突然破裂，血液流至蛛网膜下腔的统称。当血管破裂血流入脑蛛网膜下腔后，颅腔内容物增加，压力增高，并继发脑血管痉挛。后者系因出血后血凝块和围绕血管壁的纤维素之牵引，血管壁平滑肌细胞间形成的神经肌肉接头产生广泛缺血性损害和水肿。SAH 危害极大，大约 40% 的 SAH 患者死于发病后 28 天。由于对患者进行临床研究受到多种因素的限制，为深入研究 SAH 病理生理机制，加强其基础研究，开发防治 SAH 的药物，建立适于实验室研究的稳定病理模型很有必要。

啮齿类 SAH 模型的建立方法可分为两大类：一类为血管穿刺法，包括血管内穿刺法如颈内动脉分叉穿破法和血管外穿刺法如基底动脉刺破法。另一类为脑池注血法，包括枕大池注血法和视交叉前池注血。

1. 颈内动脉分叉穿破法（ICA bifurcation perforation model）和基底动脉刺破法（basilar artery puncture model） 血管内穿刺法，即通过穿刺将颅内动脉刺破造成 SAH。颈内动脉分叉穿破法是在原有大鼠 MCAO 模型基础上的改进，不用开颅。其方法为：大鼠仰卧位，沿颈部中线暴露右颈总动脉分叉处。血管夹阻断颈外动脉，于血管夹近端剪开颈外动脉，插入 3-0 或 4-0 单股尼龙线进入颈内动脉，从颈总动脉分叉部开始，刺入 18 ～ 20 mm 后感觉阻力存在，继续插入约 3 mm，刺破大脑中动脉和大脑前动脉分叉处，停留穿刺线数分钟后撤出。

2. 基底动脉刺破法（basilar artery puncture model） 基底动脉刺破法是血管外穿刺，即开颅暴露基底动脉，穿刺动脉使血液流到动脉周围，造成蛛网膜下腔出血。其方法为：大鼠仰卧位，沿颈部中线分离颈部肌肉和颈总动脉并暴露斜坡部分。在正中线制作约 2 mm^2 骨窗并暴露硬脑膜和基底动脉。用立体定向装置将一根钨线通过硬脑膜和蛛网膜刺入基底动脉管腔。缓慢推出钨线造成 SAH。这种开颅抽线血管刺破法建立的动物模型能较好地模拟人类动脉瘤破裂所造成的 SAH，但其操作复杂，破坏性大，死亡率高，出血量及出血速度难以精确控制，目前已较少应用。

3. 枕大池注血法（cistern magna blood injection model） 即事先准备适量的自体血液，注射到枕大池蛛网膜下腔造成 SAH。为了克服枕大池单次注血法引起的脑血管痉挛不恒定的缺点，目前使用比较多的是大鼠枕大池二次注血法模型。方法为：大鼠首先仰卧位，手术显微镜下暴露一侧股动脉备用。然后改俯卧位，大鼠头低位 30°，取枕外隆凸以下约 2.0 cm 正中直切口并显露环枕筋膜，枕大池穿刺抽出脑脊液约 0.3 ml。股动脉抽取自体未抗凝动脉血 0.3 ml，在 2 分钟之内缓慢注入枕大池。注射结束后，生物蛋白胶封闭穿刺孔，保持头低位 20 分钟，使血液均匀分布于基底池。24 或 48 小时后同法抽取股动脉血 0.3 ml 注入枕大池，制成大鼠 SAH 动物模型。小鼠 SAH 枕大池注血法模型亦有报道，注血量为 50 ～ 60 μl。

4. 视交叉前池注血法（prechiasmatic cistern blood injection model） 枕大池注血法模型血液主要分布在颅后窝和脊髓蛛网膜下腔，与临床 SAH 血液分布不一致。由于临床上大约 90%SAH 发生于前循环动脉瘤，故视交叉前池注血法模型更能模拟临床上动脉瘤 SAH 的病理生理学状态，适合于 SAH 后病理学和病理生理学的研究，尤其是前循环动脉瘤性 SAH 的研究。方法：大鼠俯卧位，额部正中开颅，牙科钻头颅骨钻孔，采用立体定向仪在前囟前 7.5 mm，倾斜矢状面 30° 进针，10 mm 左右达到颅底（经解剖测量此长度恰好位于视交叉前 2.0 ～ 3.0 mm）。股动脉抽取动脉血并缓慢注射，注血量和时间为 0.2 ml 大于 12 秒、0.3 ml 大于 15 秒或 0.4 ml 大于 30 秒，注射结束后骨蜡封闭颅骨骨孔。

综上所述，卒中的动物模型利用了多种动物。在上述动物中，灵长类动物是人类的近亲，在组织结构，免疫，生理和代谢方面与人类高度近似，是医学和生物学研究以及药物实验不可替代的材料。灵长类动物作为卒中研究的重要模式动物，已经成为联系基础研究与临床转化研究不可替代的桥梁。目前在卒中的临床前试验领域，已经逐渐采用灵长类动物作为临床前研究的最后一道关卡。此建议也被 STAIR（stroke therapy academic industry roundtable）委员会所采纳。

第五节　卒中危险因素及一级预防

卒中的高发病率、高死亡率和高致残率给社会、家庭和患者带来沉重的负担。针对目前卒中诊疗的现状，减少卒中危害的最有效方法还是应重视和加强疾病发生前的一级预防。卒中危险因素包年龄、性别、种族、遗传因素和出生体重等不可干预的危险因素，也包括高血压、糖尿病、吸烟等可干预的危险因素，一级预防的重点是针对后者积极地进行早期干预，努力减少卒中的发生。主要的可干预的卒中危险因素包括：

1. 高血压 高血压是卒中最重要的危险因素。在控制其他危险因素后，收缩压每升高 10 mmHg（1 mmHg ＝ 0.133 kPa），卒中的相对发病危险增加 30%。除血压均值增高可引起卒卒中险增加外，个体血压的变异性也会导致其风险增加。

早期或轻度高血压患者应首先采用改变生活方式治疗，3 个月效果仍不佳者，应加用抗高血压药物治疗。中度以上高血压患者除应改进饮食习惯和不良生活方式外，应进行持续、合理的药物治疗。降压目标：普通高血压患者应将血压降至＜ 140/90 mmHg；伴糖尿病或蛋白尿肾病的高血压患者应进一步降低至 130/80 mmHg。65 ～ 79 岁老年人可根据具体情况降至＜ 150/90 mmHg，如能耐受，还应进一步降低至＜ 140/90 mmHg，≥ 80 岁的老人一般降至＜ 150/90 mmHg。若能有效降压，各类抗高血压药物均可使用，以降低卒卒中险。具体药物选择应基于患者特点和药物耐受性进行个体化治疗。

2. 吸烟 很多研究证据显示，吸烟是缺血性卒中重要且独立的危险因素。吸烟可使缺血性卒中的相对危险增加 90%，使蛛网膜下腔出血的危险增加近 2 倍。被动吸烟同样也是卒中的一个重要危险因素，被动吸烟的女性发生卒中的风险是不存在被动吸烟女性的 1.56 倍（95% CI：1.03 ～ 2.35），而且与被动吸烟的数量和持续时间存在剂量反应关系。

故应动员全社会参与控烟，在社区人群中采用综合性控烟措施对吸烟者进行干预，包括：心理辅导、尼古丁替代疗法、口服戒烟药物等。吸烟者应戒烟，不吸烟者也应避免被动吸烟。

3. 糖尿病 糖尿病是卒中的独立危险因素，糖尿病可使卒中的风险增加 1 倍以上，而大约 20% 的糖尿病患者最终将死于卒中。

脑血管病高危人群应定期检测血糖，必要时检测糖化血红蛋白或做糖耐量试验，及早识别糖尿病或糖尿病前期状态。糖尿病患者应改进生活方式，首先控制饮食，加强身体活动，必要时口服降糖药或采用胰岛素治疗。推荐一般糖尿病患者血糖控制目标值为糖化血红蛋白＜ 7.0%。

4. 心房颤动 心房颤动（atrial fibrillation，AF）患者的缺血性卒中发病风险比健康人高 4 ～ 5 倍。一项基于亚洲 8 个国家包含了 58 篇文章的荟萃分析得到 AF 的发病率为 5.38‰人年，AF 患者的缺血性卒中发病风险为每年 3%。

成年人应定期体检，早期发现心房颤动。确诊为心房颤动的患者，应积极找专科医师治疗。对年龄＞ 65 岁的患者，建议在初级医疗保健机构通过脉搏评估联合常规心电图检查进行房颤筛查；高危患者长时程心电监测可提高房颤检出率，但应结合经济状况考虑个体可接受的监测时长。应根据心房颤动患者绝对危险因素分层、出血风险评估、患者意愿以及当地医院是否可以进行必要的抗凝治疗监测（INR），决定进行适合的个体化抗栓治疗。对不适合长期抗凝治疗的房颤患者，在有条件的医疗机构可考虑行左心耳封堵术。

5. 其他心脏病 除心房颤动外，患有其他类型心脏病也可能增加卒中的风险，如急性心肌梗死、心衰、瓣膜病、无菌性血栓性心内膜炎、卵圆孔未闭、房间隔膨胀瘤等。

推荐成年人应定期体检，及时发现心脏疾病。疑有心脏病的患者，应积极找专科医师治疗；可根据患者的总体情况及可能存在的其他危险因素制定个体化的卒中或其他系统性栓塞预防方案。

6. 血脂异常 血脂异常与卒中发病之间存在明显相关性。亚太组织合作研究项目通过对 352 033 名受试者的研究发现，总胆固醇（TC）每升高 1 mmol/L，卒中的发病风险 25%。

采用健康的生活方式是血脂管理的首要步骤，其次应根据动脉粥样硬化性心血管疾病（arteriosclerotic cardiovascular disease，ASCVD）风险分层，决定是否启动药物调脂治疗和治疗强度，将降低 LDL-C 水平作为防控 ASCVD 危险的首要干预靶点。推荐他汀类药物作为首选药物，极高危者 LDL-C ＜ 1.8 mmol/L（70 mg/dl）；高危者 LDL-C ＜ 2.6 mmol/L（100 mg/dl）。LDL-C 基线值较高不能达标者，LDL-C 水平至少降低 50%。极高危患者 LDL-C 基线水平如果能达标，LDL-C 水平仍应降低 30% 左右。可以考虑在给予他汀类药物基础上联合使用依折麦布。对于不能耐受他汀治疗或他汀治疗未达标的患者，可考虑联合使用非他汀类降脂药物如纤维酸衍生物、烟酸、依折麦布或 PCSK9 抑制剂，但其降低卒卒中险的作用尚未得到充分证实。

7. 无症状颈动脉狭窄 颅外段颈内动脉或颈动脉球动脉粥样硬化性狭窄与卒卒中险增加相关。无症状颈动脉狭窄患者可服用他汀类药物和（或）阿司匹林，并筛查其他可治疗的卒中危险因素，进行合理的治疗并改变不健康的生活方式，如戒烟、健康饮食、适当的身体活动。

对无症状颈动脉狭窄患者（狭窄程度≥ 70%），在预期寿命大于 5 年的情况下，有条件的医院（围手术期卒中和死亡发生率＜ 3%）可考虑行颈动脉内膜剥脱术（CEA）或颈动脉支架治疗（CAS）。行 CEA 或 CAS 的患者，如无禁忌证，围手术期与手术后应给予抗血小板治疗。对无症状颈动脉狭窄程度＞ 50% 的患者，建议在有条件的医院定期进行超声筛查和随访，评估狭窄的进展和卒卒中险。

8. 饮食和营养 高钠摄入与卒中危险性增高相关，钾、鱼类摄入量增多与卒中危险性降低相关。水果蔬菜摄入多与卒卒中险之间存在显著负相关，相对于果蔬低摄入组，最高摄入组缺血性卒卒中险降低 31%（RR 0.69，95% CI：0.52 ～ 0.92）。地中海饮食有助于降低卒中发病风险降。

建议膳食种类应多样化，且能量和营养的摄入应合理；增加食用全谷、豆类、薯类、水果、蔬菜和低脂奶制品，减少饱和脂肪和反式脂肪酸的摄入。建议降低钠摄入量和增加钾摄入量，有益于降低血压，从而降低卒卒中险；推荐食盐摄入量≤ 6 g/天。具有心脑血管病危险因素者应控制每日膳食胆固醇摄入量。

9. 缺乏身体活动 增加规律的日常身体活动可降低卒卒中险，且不受性别或年龄的影响。健康成人每周应有3～4次、每次至少持续40分钟中等或以上强度的有氧运动（如快走、慢跑、骑自行车或其他有氧运动等）。日常工作以静坐为主的人群，建议每坐1小时进行短时（2～3分钟）身体活动。

10. 超重与肥胖 大量研究证据表明，卒中与肥胖之间存在等级正相关，且独立于年龄、生活方式或其他心血管危险因素。体重指数（body mass index，BMI）范围在25～50 kg/m^2时，BMI每增加5 kg/m^2，卒中发生率增加40%。超重和肥胖者可通过健康的生活方式、良好的饮食习惯、增加身体活动等措施减轻体重。减轻体重还可使血压下降，也可减少卒卒中险。

11. 代谢综合征 代谢综合征是卒中发病的危险因素。代谢综合征患者应积极对各个独立疾病（卒中危险因素）进行管理与治疗，包括生活方式的改变与药物治疗，以达到降低血压、调节血脂、控制血糖等目的。

12. 饮酒 大多数研究表明，饮酒和总的卒中及缺血性卒中的风险呈一种“J”形关系，而酒精摄入量与脑出血存在线性关系。建议饮酒者应尽可能减少酒精摄入量或戒酒。男性每日饮酒的酒精含量不应超过25 g，女性不超过12.5 g。但目前尚无充分证据表明少量饮酒可以预防脑血管病；不饮酒者不提倡用少量饮酒的方法预防心脑血管疾病。

其他可干预的卒中危险因素还包括：高同型半胱氨酸血症、口服避孕药、绝经后激素替代治疗、睡眠呼吸暂停、高凝状态、药物滥用（包括大麻、可卡因、安非他命等）、炎症与感染、偏头痛等。均有证据表现表明这些因素同卒卒中险增加相关，但控制这些因素是否可有效显著降低卒中发病风险，证据尚不够充分。

第六节 辅助检查

脑血管病的影像学检查包括很多检查技术，包括超声成像（ultrasound，US）、计算机体层成像（computed tomography，CT）、磁共振成像（magnetic resonance imaging，MRI）及数字减影血管造影（digital subtraction angiography，DSA）等技术都在脑血管病的评估中起到重要作用。近年来随着影像技术的发展，不仅对脑组织及颅颈血管结构影像的评价越来越精准，对相关功能的评价也能够提供更多更有价值的信息。结合脑组织和血管的综合评价可为脑卒中治疗和预防中的个体化评估提供影像依据。

一、CT检查

CT平扫（noncontrast CT，NCCT）在脑组织检查中应用广泛，是急性脑卒中的一线（first-line）影像检查方法。NCCT检查对急性期出血非常敏感，可准确检出脑实质出血（图10-2-2）和蛛网膜下腔

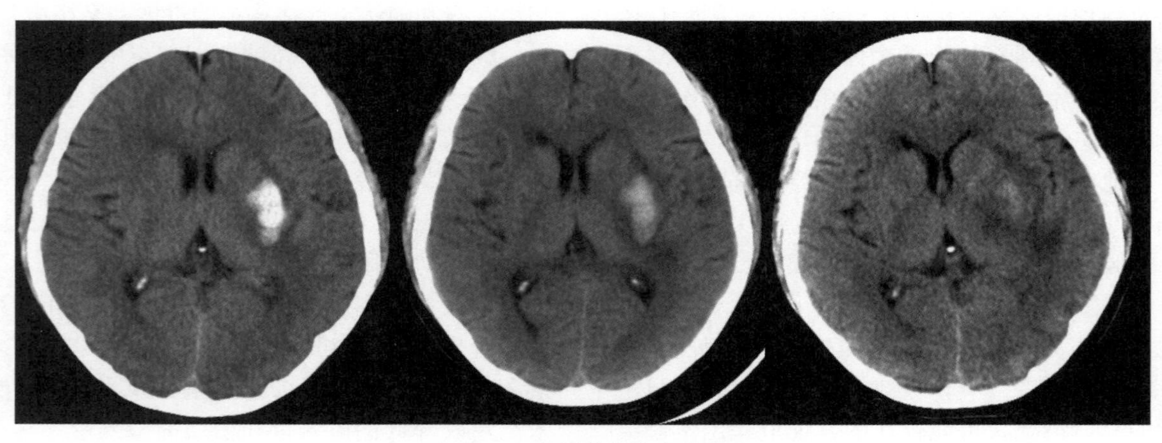

图10-2-2 左侧基底节区脑出血

左图显示急性期CT平扫图像，血肿显示为明显高密度，边界较清，周边轻度低密度水肿。中图显示5天后复查，病灶密度减低，边界稍模糊。右图为两周后复查，可见高密度病灶大部吸收，周边水肿明显

出血（subarachnoid hemorrhage，SAH）。

动脉致密征、岛带征、脑灰白质界限不清、脑沟裂变窄或闭塞是NCCT上提示早期脑梗死的重要征象（图10-2-3）。正常动脉的CT值大概为40～50 HU（housfield，CT值单位），动脉走行区出现条形高密度影被称为“动脉致密征”或“高密度动脉征”。高密度血管与健侧正常血管CT值之比＞1.2高度提示血栓形成。岛带征见于大脑中动脉（middle cerebral artery，MCA）严重狭窄或闭塞，指岛带区（包括脑岛、最外囊和屏状核）灰白质界面消失、模糊，脑岛皮质密度与外囊一致（图10-2-4）。大脑皮质脑沟裂消失或变窄，提示局部脑肿胀改变。临床观察NCCT图像时，缩窄窗宽（35～40 Hu）观察有助于发现缺血和正常区域的密度对比（图10-2-4）。在脑卒中的复查评估中，

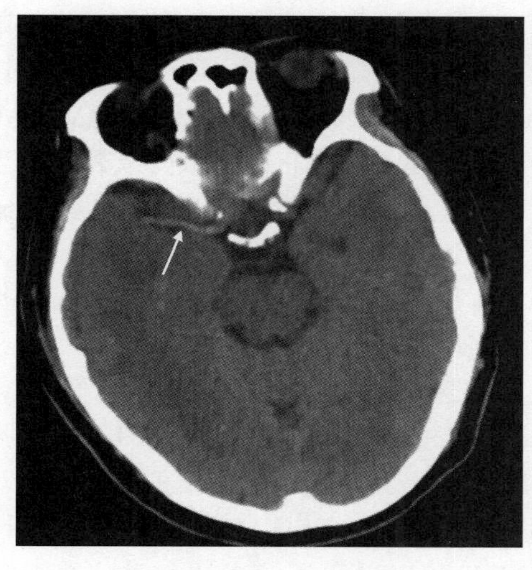

图10-2-3 早期脑梗死CT影像的动脉致密征

右侧大脑中动脉走行区可见高密度影（白箭），为大脑中动脉高密度征，提示局部血栓形成

NCCT有助于显示最终梗死灶，也能敏感地探测由动脉再灌注损伤而导致的出血转化（hemorrhagic transformation，HT）。

CT灌注成像（CT perfusion，CTP）是在静脉注射对比剂的同时，对脑组织进行连续动态扫描，以获得所选层面内每一像素的时间-密度曲线（time density curve，TDC）。根据此曲线进行不同的数学模型拟合转换，可获取局部脑血流流量（cerebral blood flow，CBF）、脑血流容量（cerebral blood volume，CBV）、平均通过时间（mean transit time，MTT）和达峰值时间（time to peak，TTP）等血流动力学参数。脑卒中缺血低灌注区域表现为局部CBF下降，CBV下降，MTT及TTP时间延长（图10-2-5）。

缺血半暗带是近年来缺血性脑卒中领域备受关注的一个概念，用于描述在梗死周边区潜在的可逆性缺血低灌注损伤区域。影像评估缺血半暗带可能帮助扩大治疗时间窗，使更多的患者从溶栓和（或）取栓治疗中获益。CT成像通过对缺血组织的不同灌注状态的显示，可应用多种不匹配模型对缺血半暗带进行评估：CBF-CBV、MTT-CTA原始图像、MTT-CTP静脉期原始图像、CTP动脉期原始图像-CTP静脉期原始图像等。近年来，Tmax开始应用于对缺血低灌注区域的评估。Tmax为对比剂注射后在局部脑组织达到残留功能达到最大值的时间，为检测低灌注和梗死核心的一项敏感时间参数。一般认为Tmax大于6秒为判定缺血半暗带区域的阈值。

头颈部CTA覆盖范围大，扫描速度快，能够在短时间内显示从主动脉弓至颅内的大动脉情况，

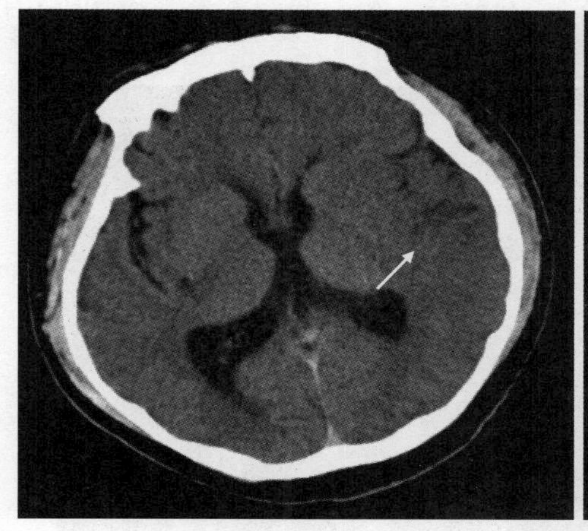

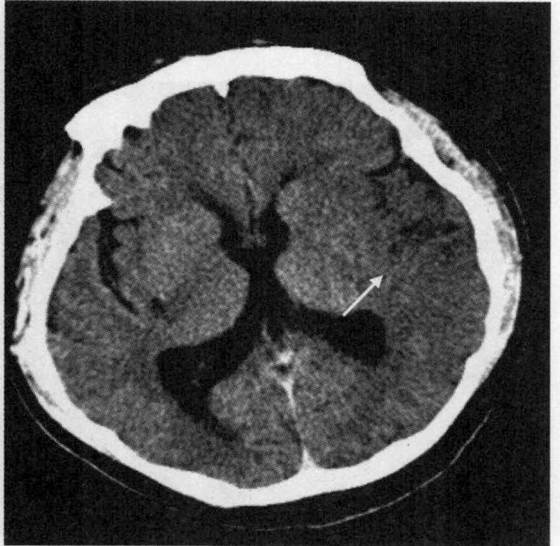

图10-2-4 早期脑梗死CT影像的岛带征

左图CT正常脑组织窗（窗宽：80 HU，窗位：40 HU）显示左侧脑岛、颞叶脑组织肿胀（白箭），脑沟裂变浅，脑岛及最外囊边界模糊（“岛带征”阳性）。右图CT窄窗宽观察（窗宽：35 HU，窗位：40 HU），左侧脑岛、颞叶可见片状稍低密度影（白箭）

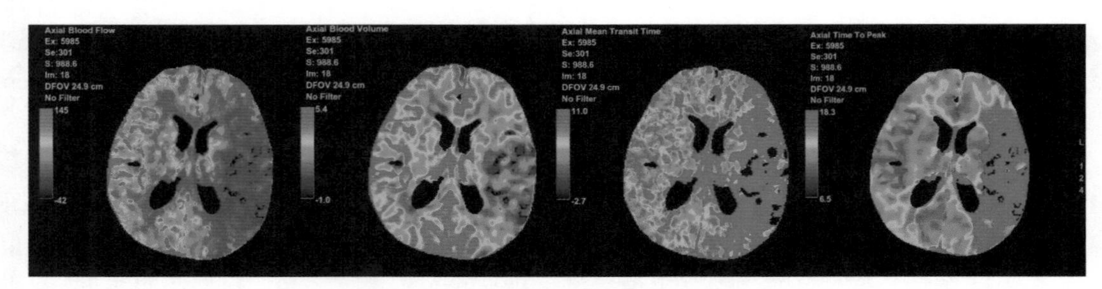

图 10-2-5 **一例脑缺血 CT 灌注图像**

从左至右分别为 CBF、CBV、MTT 及 TTP 伪彩图。图像显示左侧大脑中动脉供血区 CBF 减低，CBV 减低，MTT 及 TTP 延长，为缺血低灌注表现

已经成为颅颈部血管病变诊断及随访的重要影像检查手段。颅内 CTA 检查可清晰显示颅内 Willis 环结构及相关血管分支。CTA 可准确显示颅内动脉狭窄、中断或闭塞，表现为相应血管分支不连续，远端分支稀疏或明显变细（图 10-2-6）。在发现出血性卒中病变时，CTA 也是检出动脉瘤及血管畸形病变的可靠手段。对血管钙化的显示是 CT 检查一项明显的优势，可鉴别钙化及非钙化斑块。在 CTA 原始薄层图像上，可显示斑块溃疡及斑块表面破裂。CTA 检查的主要局限性是应用碘对比剂及存在辐射问题。如果血管壁存在致密广泛的管壁钙化，会影响对狭窄程度的判定。

二、MR 成像

MR 成像具备多序列、多参数成像、高软组织分辨率及对比度的特点，在脑梗死的早期诊断和评估中均发挥重要作用。急性缺血性脑卒中的 MRI 表现随发病时间的不同而有所变化。扩散加权成像（diffusion weighted imaging，DWI）是目前最敏感的探测超急性期脑梗死的影像技术，早在病变发生十几分钟后即可显示脑梗死局部的细胞毒性水肿。表现为 DWI 高 b 值图像上高信号，在表观弥散系数（apparent diffusion coefficient，ADC）图上显示相应区域信号强度下降（图 10-2-7）。此时 T2WI 及 FLAIR 序列均没有异常信号显示。由于 DWI 图像上含有 T2 信号权重，某些 T2WI 信号非常高的病灶可能在 DWI 图像上显示为高信号（T2 透过效应，T2 shine through effect），这时需要依靠对 ADC 图像的分析鉴别是否为真正的扩散受限表现。当脑梗死病灶进入急性期，T2WI 及 FLAIR 图像上显示为梗死区信号增高，提示该区域血脑屏障破坏，进入血管源性水肿阶段。脑梗死不同时期的病理基础及相应影像表现见表 10-2-3。

目前临床常用动态磁敏感增强成像（dynamic susceptibility contrast MRI，DSC-MRI）或动脉自旋标记（arterial spin labeling，ASL）成像技术对脑缺血低灌注进行评估。DSC-MRI 可半定量分析 CBF、CBV、MTT 和 TTP 等灌注参数，对脑组织灌注情况进行评估。缺血低灌注表现与 CTP 类似，显示受累脑组织局部 CBF 和 CBV 下降，MTT 和 TTP 明显延长。ASL 是一种不需应用外源性对比剂的无创

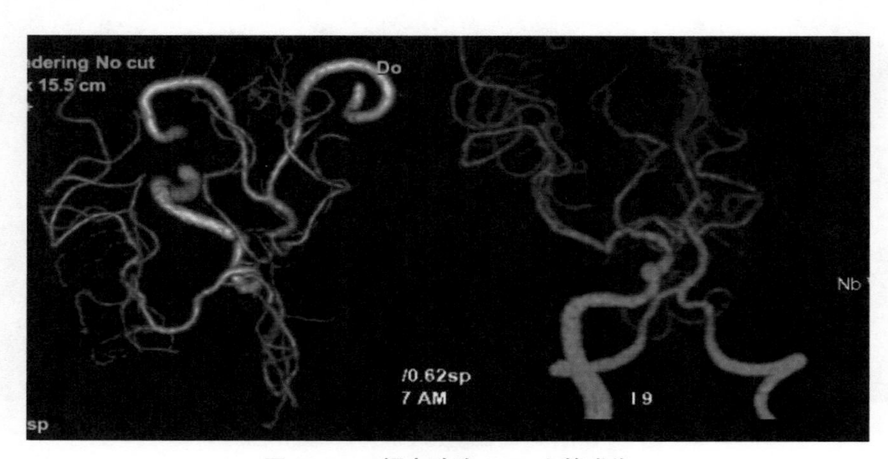

图 10-2-6 **颅内动脉 CTA 血管成像**

左图为 CTA VR 重建图像，右图为 MIP 重建图像，可见左侧颈内动脉及大脑中动脉闭塞未显示，远端分支未显影

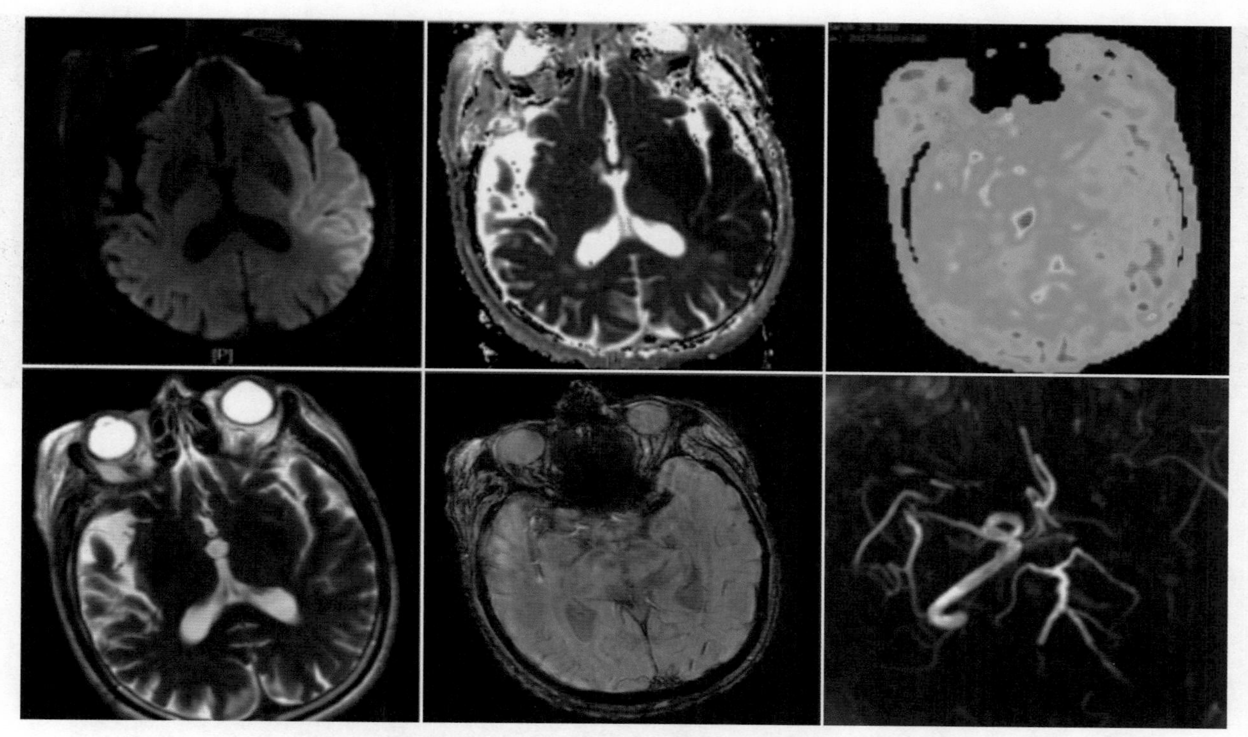

图 10-2-7 **左侧大脑中动脉分布区超急性期脑梗死 MR 检查图像**

DWI b = 1000 图像显示左颞岛叶大片状高信号，ADC 图相应区域信号减低，为扩散受限表现。ASL 灌注成像显示相应区域大片状缺血低灌注表现，与 DWI 图像比较无不匹配区。T2WI 未见明显异常信号，局部脑沟裂显示稍变浅。SWI 序列左侧大脑中动脉起始部可见明显条状低信号，提示血栓形成。MRA 显示左侧颈内动脉及大脑中动脉未显示

表 10-2-3 **脑梗死不同时期的病理基础及相应影像表现**

病变时期	超急性期＜ 6 小时	急性期 6 ～ 24 小时	亚急性期 1 天～ 2 周	慢性早期 2 周～ 1 个月	慢性晚期 1 ～ 3 个月
主要病理改变	**细胞毒性水肿**	**细胞毒性 / 血管源性水肿**	**细胞毒性 / 血管源性水肿**	**血管源性水肿**	**液化**
CT	—	⇩	⇩⇩	⇩⇩	⇩⇩⇩
DWI	⇧⇧	⇧⇧	⇧ —	⇩	⇩⇩
ADC	⇩⇩	⇩⇩	⇩ —	⇧	⇧⇧
T2WI/FLAIR	—	⇧	⇧⇧	⇧⇧	⇧⇧⇧

性灌注成像方法，仅能获取 CBF 灌注参数。与 O15 标记 PET 成像比较结果显示，其可对脑血流量定量评估的可重复性及准确性较好。另外，计算动脉血流从标记层面到成像层面的动脉通过时间（arterial transit time，ATT），可反映血管狭窄及侧支循环所致的血流速度下降。脑梗死缺血低灌注显示受累动脉供血区 CBF 的下降（图 10-2-8）。

传统的 MR 不匹配模型是应用 PWI 与 DWI 图像的差别评估缺血半暗带。PWI 异常低灌注区域大于 DWI 扩散受限区域，提示存在可逆性缺血半暗带组织，适合再灌注治疗。目前研究证据显示，对于醒后卒中患者（最后正常时间＞ 4.5 小时，且来院时间小于 4.5 小时），DWI 阳性但 FLAIR 阴性的患者，rtPA 静脉溶栓可以获益。

脑出血在 MR 上的信号随细胞膜的完整性及血红蛋白成分的不同而变化。急性期显示为 T2 低信号，T1 等或低信号；亚急性早期显示为 T1 高信号，T2 低信号；亚急性晚期可见典型的 T1 及 T2 均为高信号（图 10-2-9）；慢性期可见 T1 低信号，T2 高信号伴周边低信号的含铁血黄素沉积。对于亚急性期出血病变，MRI 较 CT 更为敏感。T2*GRE 序列及 SWI 序列对出血信号非常敏感，可显示脑内血肿及微出血病灶。SWI 序列还能显示血管内的血栓信号，表现为动脉走行区的明显低信号（图 10-2-7）。

MR 可通过多种技术实现血管成像和评估。颅颈部血管狭窄多应用三维时间飞跃法 MR 血管成像

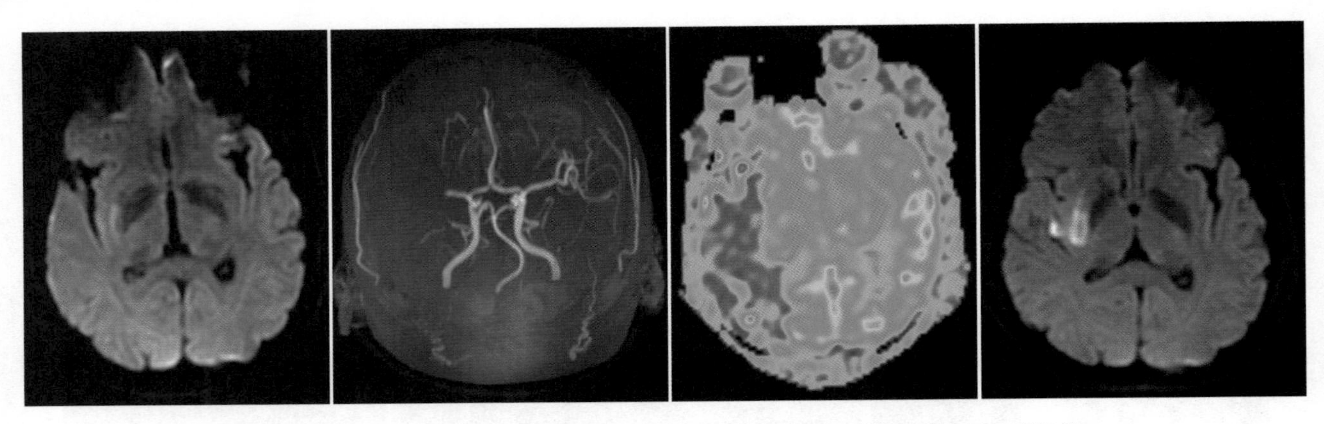

图 10-2-8 **一例右侧大脑中动脉分布区急性脑梗死的 MR 弥散–灌注不匹配图像**

DWI b = 1000 图像显示右侧基底节区外侧小片状扩散受限病灶，提示超急性期脑梗死，MRA 图像显示右侧大脑中动脉水平段近段闭塞，远端未显示。ASL 灌注成像显示右侧大脑中动脉供血区缺血低灌注表现。24 h 复查 DWI 显示右侧基底节区片状梗死灶

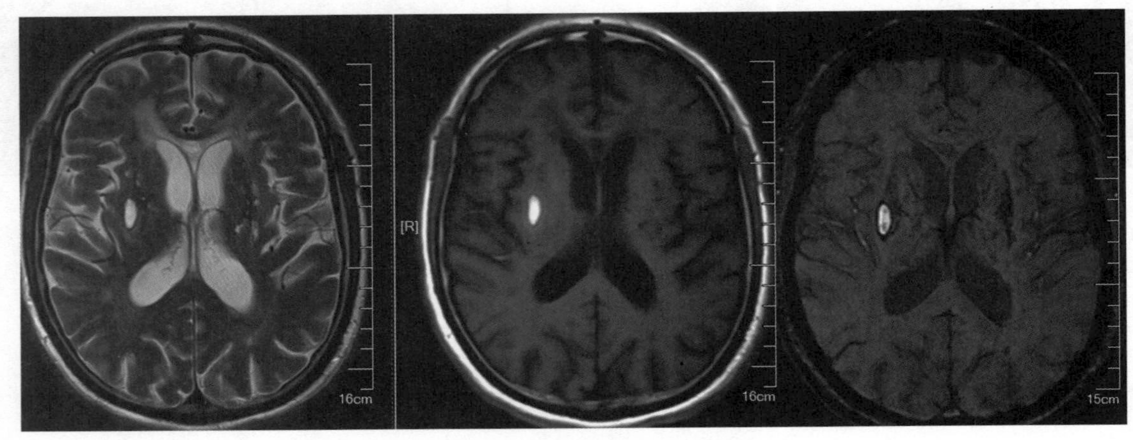

图 10-2-9 **右侧基底节区小片状出血灶**

显示为 T2 高信号，T1 高信号，为亚急性期表现，SWI 序列显示高信号

（3D time-of-flight MR angiography，3D TOF MRA）或对比增强 MR 血管成像（contrast enhanced MR angiography，CE MRA）检查。TOF MRA 不需引入对比剂，可清晰显示颅颈部各支大动脉的走行及形态。但受血流状态影响较大，在评价动脉狭窄时常见假阳性和夸大效应。CE MRA 需静脉高速团注对比剂，于对比剂在血管内达峰值时进行成像，可在短时间内显示从弓上至颅内的大动脉形态，对动脉狭窄的评估准确性和可靠性较高。

高分辨 MR 管壁成像基于黑血成像技术抑制血流信号，能够清晰地显示血管壁病变的形态及特征，已被证实是颅颈部血管病变的理想检查方法（图 10-2-10）。在颈动脉粥样硬化斑块的评估中，通过多对比序列分析，可准确判定及区分斑块内出血、脂质坏死、钙化、纤维成分等。在血管性病变的鉴别诊断和随访评估中也具有重要的应用价值。

三、超声检查

超声检查主要应用于颅颈部血管的评价。超声检查操作方便，价格低，无创，是临床颈动脉病变的重要筛查手段。超声检查图像时间分辨率和空间分辨率都较高，能够测量颈动脉内中膜厚度，对颈动脉斑块的形态大小及动脉狭窄情况显示比较准确。在此基础上还能提供血流动力学信息。钙化斑块表现为强回声伴后方声影，低回声或混合回声斑块一般被认为可能含有脂质坏死成分。US 也能显示斑块溃疡，对管腔内血栓形成尤其是活动性血栓显示较好。但不能鉴别斑块内出血。近年来发展起来的超声造影技术，可无创定量评价斑块内新生血管情况，在斑块的炎性反应评估方面具备独特优势。超微血管成像技术（superb microvascular imaging，SMI）是基于彩色多普勒原理基础上发展起来的一种高分辨血流成像技术，可显示管径 > 0.1 mm 的

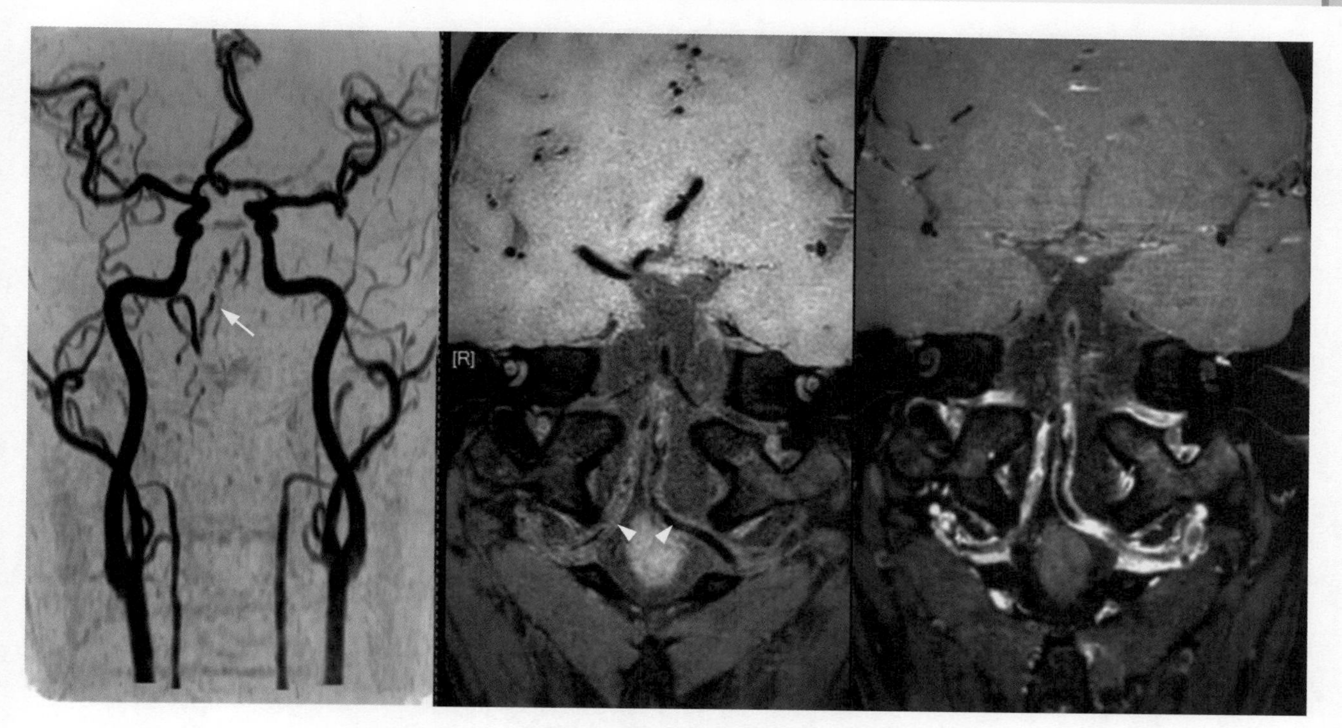

图 10-2-10　**一例椎基底动脉斑块的高分辨磁共振管壁图像**

头颈联合 TOF-MRA 图像显示左侧椎动脉 V4 段显示不清，右侧椎动脉 V4 段明显纤细伴不规则狭窄（白箭）。高分辨管壁成像显示双侧椎动脉颅内段多发不规则管壁增厚，呈 T1 等高信号（白箭头），增强扫描显示明显不均匀强化，符合动脉粥样硬化表现，提示不稳定斑块可能

低速微小血管，显示病灶内的小血管及低速血流效果较好，对于存在血管生成的疾病诊断、分级及严重程度评估方面具有一定价值。

颅内动脉检查可应用经颅多普勒（transcranial doppler，TCD）成像，通过测量血流速度，观察频谱及声谱的变化来判断血流动力学改变，间接评价动脉痉挛、狭窄、闭塞等血管病变。动脉狭窄的典型表现是狭窄部位血流速度明显增快并伴有杂音，可见节段性血流速度异常，狭窄近端血流速正常或相对减低，狭窄远端血流速减低。随狭窄程度增加，基线上下出现涡流、湍流及弧形或索条状对称分布的血管杂音所特有的高强度血流信号频谱，声频出现低调或高调粗糙杂音以及乐音性或机械样杂音。颅底大动脉闭塞时，主干血流信号消失，其他大动脉血流速度代偿性增快。TCD 检查结果与操作者技术相关，对深部及低速血流检测存在困难。TCD 仅能发现超过 50% 的狭窄，目前为止缺乏一致的判断狭窄程度的标准。通常作为临床筛查手段，发现可疑狭窄时进行 CTA 或 MRA 检查明确颅内动脉狭窄情况。

四、数字减影血管造影检查

数字减影血管造影（digital subtraction angiography，DSA）检查为血管检查的金标准，可对血管性疾病进行准确的诊断及评估。DSA 检查经入路动脉（多为股动脉）插管，至所检查动脉附近，注入对比剂前后进行成像，两帧不同时相的数字化图像经减影处理后消除背景及软组织成分，得到对比剂充盈的血管图像。减影方式包括：时间减影、能量减影、混合减影和体层减影等，其中最常用的方法是时间减影法（temporal subtraction method）。

通过 DSA 检查，能够准确地了解血管病变的数目、位置、大小、形态，以及与周围血管的关系。颅颈部 DSA 检查可对主要大血管（包括主动脉弓、颈动脉、椎动脉、颅内动脉、静脉系统）进行全时相（包括动脉期、毛细血管期、静脉期、静脉窦期）的动态观察，还可通过超选择造影对局部血管及血管分支进行显示。DSA 结合三维重建后处理技术可多角度更清晰地显示血管解剖及病变（图 10-2-11）。DSA 为有创检查，存在辐射和应用碘对比剂的问题。DSA 不能显示血管腔外结构，结合血管壁成像能够对血管病变进行更好的评估。

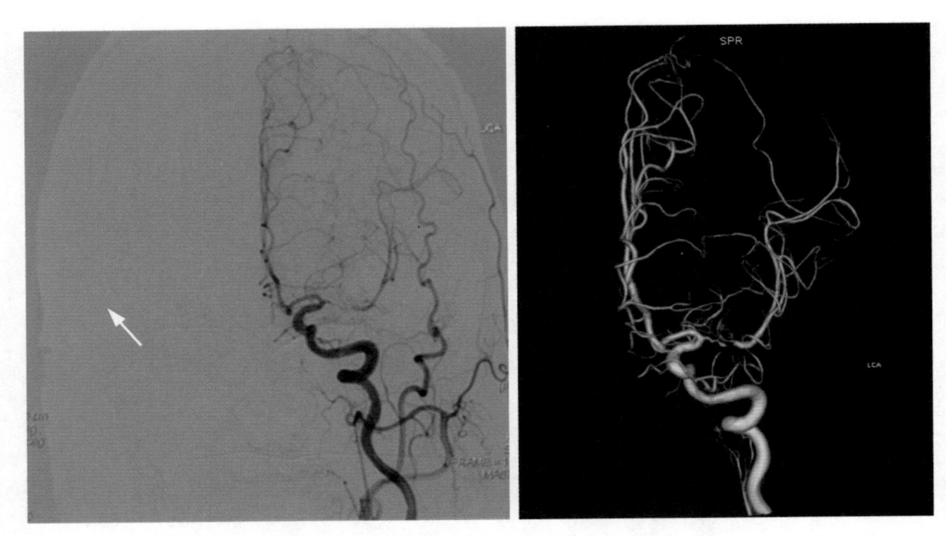

图 10-2-11 **一例左侧大脑中动脉狭窄的 DSA 图像**
DSA 图像显示左侧大脑中动脉水平段不规则重度狭窄（白箭头）。左图为动脉期图像；右图为 3D DSA 重建图像

第七节 临床表现

详细的病史和神经科检查可定位神经功能缺损的位置，如果该症状符合脑血管的供血范围，可基本确定该症状的责任病变。当病人表现为 TIA 且查体正常时，这一点尤为重要。因此，本章节主要描述了不同动脉供血区缺血的临床表现。

一、前循环卒中

可因血管本身的病变（例如动脉粥样硬化或夹层），或近端来源的栓子而血管闭塞。不同的颅内大血管闭塞可以导致不同的临床表现。

1. 大脑中动脉 大脑中动脉（MCA）近端或其主要分支的闭塞最主要的原因是栓塞（动脉-动脉、心脏或不明来源），而不是颅内动脉血栓形成。MCA 近端的动脉粥样硬化可能会导致远端栓塞。软脑膜血管的侧支代偿常可缓解 MCA 狭窄出现症状。

如果整个大脑中动脉在其起始处闭塞（既阻塞穿支又阻塞皮质支），而远端侧支有限，则患者的临床表现为对侧偏瘫、偏身感觉障碍和同侧偏盲，以及发病后 1 ～ 2 天出现同侧凝视。面瘫可以导致构音障碍。当优势半球受累时，患者可表现为完全性失语，当非优势半球受累时，可表现为病觉失认、结构性失用和忽视。

由于栓子阻塞单一血管分支引起的局灶性缺损症状，包括手或上肢单纯的无力（分支症状），或面部无力伴有非流利性失语（Broca 失语），伴或不伴肢体无力（视网膜盖综合征）。若同时出现感觉障碍、运动无力和非流利性失语的综合表现，提示栓子阻塞上干近端，并在额叶和顶叶皮质的大面积梗死。如果出现流利性失语（Wernicke 失语）但无肢体无力的表现，提示可能累及支配优势半球后部（颞叶皮质）的大脑中动脉下干。通常伴有对侧上 1/4 象限偏盲。偏侧忽视或空间失认但不伴有肢体无力通常提示非优势半球大脑中动脉下干受累。

豆纹动脉闭塞会导致内囊区域的小血管卒中（腔隙性脑梗死）。表现为病变对侧的纯运动性卒中或感觉运动性卒中。内囊膝部的缺血，随着缺血向内囊后部发展，先后导致面瘫、上肢无力、下肢无力；也可以表现为对侧手共济失调和构音障碍（笨拙手，构音障碍腔隙综合征），苍白球和壳核受累很少有临床症状，但有帕金森综合征和偏侧投掷征的报道。

2. 大脑前动脉 大脑前动脉（ACA）可分为两段，交通前段 A1 段（连接颈内动脉和前交通动脉）和交通后段 A2 段（前交通动脉远端血流）。A1 段发出数条深穿支供应内囊前肢、前穿质、杏仁核、下丘脑前部和尾状核头的下部。

ACA 近端闭塞的患者耐受较好，血流可通过前交通动脉与来自 MCA、PCA 的侧支动脉进行代偿。单纯 A2 段闭塞可导致对侧症状的出现。若患者双侧A2段均来源于同一大脑前动脉主干（A1段共干），闭塞可累及双侧大脑半球。患者可表现为显著的意志缺失（言语及运动反应延迟）、偏瘫或四肢轻瘫伴双侧锥体束征和尿失禁。

3. 脉络膜前动脉 该动脉来源于颈内动脉，供应内囊后肢和后外侧白质，闭塞的症状包括偏身感觉障碍（感觉减退）和同侧偏盲。但是，该部分的血液供应还来源于近端MCA深穿支、后交通动脉和脉络膜后动脉，可以出现轻微局灶性神经功能缺损的症状，患者通常恢复较快。

4. 颈内动脉 颈内动脉（ICA）闭塞的症状多种多样，若栓子从颈内动脉进入MCA，表现出的症状与MCA闭塞类似（见前文所述）。有时还可表现为皮质和深部白质的大面积脑梗死。若栓子堵塞颈内动脉末端ACA和MCA的起始处，患者可表现为意志缺失或木僵，并伴有偏瘫、偏身感觉障碍、失语或病觉缺失。若PCA起源于颈内动脉（称为胚胎性大脑后动脉），则ICA闭塞后还可以出现相应PCA供血区域的症状。

颈内动脉除了供血同侧大脑外，还发出眼动脉供应视神经和视网膜。约25%的症状性颈内动脉疾病患者可出现频繁发作的短暂性单眼盲（一过性黑矇）。患者通常主诉在视野出现水平阴影升起和落下。该类患者还可主诉患侧眼睛视物模糊，上半视野或下半视野缺损。大部分患者的症状持续数分钟。少数患者在TIA或脑梗死时出现眼动脉或视网膜中央动脉缺血或梗死。

二、后循环卒中

1. 椎动脉和小脑后下动脉 椎动脉右侧起始于无名动脉，左侧起源于左锁骨下动脉。椎动脉起始处狭窄或闭塞很少引起症状，若双侧椎动脉起始处出现动脉粥样硬化病变，引起椎基底动脉系统慢性血流降低，患者可出现低灌注性TIA，表现为头晕、眩晕或交叉瘫，此时也易形成血栓。椎动脉起始处近端的锁骨下动脉闭塞，会导致同侧椎动脉反向血流，同侧上肢活动时可能引起椎动脉的供血需求增加，产生后循环TIA，称为“锁骨下动脉盗血”。

虽然动脉粥样硬化很少累及椎动脉V2段和V3段，但这部分更容易出现夹层、肌纤维发育不良，或偶见椎间孔内骨刺压迫椎动脉产生症状。

椎动脉V4段闭塞或PICA闭塞可能引起延髓外侧缺血，出现眩晕、同侧小脑性共济失调、同侧面部和对侧肢体麻木、眼震、声音嘶哑、构音障碍、吞咽困难、同侧Horner征，称为“延髓背外侧综合征”或Wallenberg综合征。也有少部分患者表现为延髓内侧综合征，主要表现为锥体束征、对侧上下肢偏瘫，但无面瘫的表现。若内侧丘系与舌下神经纤维受累，可出现对侧关节位置觉的消失和同侧舌肌无力。

小脑梗死后伴水肿形成可导致患者出现突然的呼吸暂停，可能是由于后颅窝压力增高所致。步态不稳、头痛、头晕、恶心和呕吐可能是唯一的早期症状，出现这些表现时需提高警惕，下一步处理可能需要神经外科行减压术，术后通常预后较好。

2. 基底动脉 基底动脉的动脉粥样硬化常常发生在其近端，临床表现多样，主要取决于是否存在来源于后交通动脉的反向侧支血流。基底动脉近端供血分布区的TIA可能产生眩晕症状，患者通常描述为摇晃不稳、头晕目眩、站立不稳或头昏沉感，其他提示症状还包括复视，构音障得，面部或口周麻木和偏身感觉障碍。此外来自心脏或动脉内的栓子可能引起“基底动脉尖综合征”。

基底动脉分支的闭塞通常引起单侧的症状和体征，可累及运动，感觉和脑神经。某些基底动脉闭塞的患者，脑桥的腹侧部发生梗死，而被盖部保留，表现为闭锁综合征，即意识保留，出现四肢瘫和脑神经麻痹的症状和体征。连续出现的TIA症状、缓慢进展且症状波动的卒中多有较显著的意义，通常为椎动脉远端或基底动脉近端动脉粥样硬化血栓闭塞的先兆。

小脑前下动脉闭塞导致脑桥尾端外侧部梗死，其核心状主要包括：单侧耳聋，耳鸣，面肌无力、眩晕、恶心、呕吐、眼球震颤，小脑性共济失调，Horner征、共轭性侧向凝视麻痹，对侧偏身痛觉和温度觉丧失。闭塞位于动脉的起始段可能出现皮质脊髓束的体征。

小脑上动脉闭塞可导致严重的同侧小脑性共济失调，恶心，呕吐，构音障碍，以及对侧肢体、躯干和面部痛觉和温度觉消失。部分性耳聋、单侧上肢共济失调性震颤、Horner征、颚肌阵挛较为少见。

3. 大脑后动脉 PCA综合征通常由于基底动脉尖的动脉粥样硬化形成或栓子脱落引起的；此外，后循环症状也可由椎动脉的夹层病变或肌纤维发育不良导致。PCA闭塞通常可表现为两种临床综合征：

（1）P1综合征

梗死部位多位于同侧底丘脑、内侧丘脑和同侧大脑脚和中脑。可导致动眼神经麻痹和对侧共济失调（Claude's综合征），或动眼神经麻痹合并对策偏瘫（Weber's综合征）。共济失调主要由红核或齿状核-红核束损伤所致；偏瘫主要由大脑脚损伤导致。若底丘脑核受损，还可能会出现对侧偏身投掷运动。丘脑穿通动脉闭塞将出现双眼上视麻痹、嗜睡核眼球浮动。双侧PCA近端闭塞将导致的中脑和丘脑广泛梗死，临床表现为昏迷，无反应瞳孔，双侧锥体束征和去脑僵直。

供应丘脑穿通和丘脑膝状体动脉的闭塞将导致相对轻微的丘脑综合征。Déjérine-Roussy综合征的临床症状包括对侧偏身感觉消失，随后在出现疼痛，灼热或烧灼感。且感觉异常症状持久，对止痛药的反应较差。

（2）P2综合征

PCA远端闭塞将导致一侧颞枕叶梗死，常常出现对侧视野同向性偏盲，而中心视野不受影响，称黄斑回避（macular sparing）。也可出现象限盲，如距状裂以下舌回受损，则出现对侧同向性上象限盲，距状裂以上楔回受损，出现对侧同向性下象限盲。当仅有距状回损伤而视觉联络区保留，患者并非失明，但失去视觉辨别能力，可称为视觉失认。颞叶中部和海马受累可能会导致急性记忆功能障碍，尤其损伤发生在优势半球时；由于记忆功能多由双侧大脑半球共同维持，急性近记忆障碍多会逐渐好转。如果梗死部位位于优势半球，同时有胼胝体压部受累，患者会表现为失读症，但语言功能正常。即使没有胼胝体受累，患者也可能会出现对面容、物体、图形和颜色失去辨别能力，以及无法说出物体的名字，仅能指出它的用途，成为命名性失语。此外，PCA闭塞还可表现为大脑脚幻觉，表现出现颜色明亮的物体的场景等视幻觉症状。

双侧PCA闭塞导致双侧颞枕叶皮质梗死时，患者将出现皮质盲（双眼全盲，视物不见，但对光反射存在）。部分患者出现病觉缺失，对双眼全盲不自知，认为自己并不是看不见，甚至否认症状（Anton's综合征）。少数情况下，会出现周围视野缺损而中心视野保留的情况，称之为管道视野。双侧视觉联络区域损伤可导致Balint's综合征，又称皮质性注视麻痹，表现为眼球随意运动消失，眼动失调与视觉注意障碍，但保存自发性与反射性眼球运动，常伴言语困难、失写、意念运动性失用症状。

第八节 治 疗

卒中的诊疗应有时间就是大脑的概念，卒中患者的急救速度与预后相关。急诊医生需要尽可能的减少就诊-治疗时间（Door to Needle，DTN）。为了在急诊保证尽快的评估患者，筛选出合适的缺血性卒中患者进行再灌注治疗，应当在医院建立针对卒中病人绿色通知，以提高诊疗速度。

一、卒中的一般治疗

对于卒中的患者，一般治疗的原则是加强护理，对症治疗，预防并发症的发生，并对已发生的并发症进行恰当的治疗。卒中患者经常会有部分功能丧失，卒中急性期一般治疗的主要目标是：①保证生命体征平稳，这是最基础的治疗措施。②保证充足的营养支持，吞咽困难是急性卒中的常见并发症（37%～78%），是吸入性肺炎的危险因素，并与高死亡率和不良预后有关。应及早对卒中患者进行早期吞咽功能筛查，来识别预后不良的高危患者。并对存在吞咽困难的患者给予营养支持。③预防深静脉血栓，肺及泌尿系统并发症；防止褥疮的发生；预防关节的僵硬、疼痛或挛缩。

在急救后，卒中患者的治疗应尽可能在卒中单元内进行。卒中单元是指医院专门为卒中患者提供床位进行诊治的相对独立的区域，包括普通病床和重症监护病床。它是改善住院卒中患者的医疗模式、提高疗效的系统，卒中单元包括专业化的卒中医师、专业护士、物理治疗师、语言训练师、和社会工作者在内的多学科工作人员紧密合作，为卒中患者提供系统综合的规范化管理，包括药物治疗、肢体康复、语言训练、心理康复、健康教育等。卒中单元不是一种疗法，而是一种病房管理系统，其建立和运营需要基本的硬件和软件条件，并需要一套完备的支撑管理机制。卒中单元体现了以病人诊治模式和对病人的人文关怀，它把病人的功能预后以及病人和家属的满意度作为重要的临床目标，系统评价已证实卒中单元能明显降低卒中患者的致死和残疾率。

二、缺血性卒中的急性再灌注治疗

静脉溶栓和动脉取栓治疗是目前恢复脑血流的最重要措施。对于到达急诊的急性缺血性卒中患者，如果条件符合，通常先进行静脉溶栓，之后再进行动脉取栓。不过最新也有研究表明，对大动脉闭塞的病人，也可以直接进行动脉取栓。无论采取哪项措施，都应当尽快尽早进行，否则将严重影响治疗效果。

静脉溶栓最常用的药物是应用组织型纤溶酶原激活剂（recombinant tissue plasminogen activator，r-tPA）。自美国国立神经病和卒中研究所（National institute of neurological disorders and stroke，NINDS）研究首次证实符合急性缺血性卒中患者 r-tPA 溶栓是安全有效的，随后的一系列多中心随机对照、登记研究得到了进一步证实。随着研究的推进和指南的更新，r-tPA 溶栓静脉使用适应症有逐渐扩大，而禁忌证相对缩小趋势。目前静脉使用 tPA 的适应证：①有缺血性卒中导致的神经功能缺损症状；②症状出现＜ 4.5 h；③年龄≥ 18 岁；④患者或家属签署知情同意书。在综合考虑出血风险后可以溶栓治疗。除了 tPA 以外，静脉应用尿激酶及一些新型溶栓药的效果目前尚缺乏有力的证明，而由于出血的副作用，不推荐静脉应用链激酶溶栓治疗。

机械取栓是指采用血管内介入方法进行血栓摘除来达到血管再通的目的。机械取栓主要应用于发病后 6 h 内的急性前循环大血管闭塞性卒中的患者，不过 2017 年和 2018 年新的试验公布，经过严格评估后，机械取栓的时间穿可以扩大，最长可以到发病后 24 h 内。机械取栓应由多学科团队共同达成决定，至少包括一名血管神经病学医师和一名神经介入医师，在经验丰富的中心实施机械取栓。

三、缺血性卒中二级预防药物治疗

缺血性卒中后复发风险高，首次缺血性卒中或 TIA 后再发缺血性卒中的平均年风险为 3% ～ 4%，复发后患者的病死率及致残率明显增高。有效的二级预防是减少缺血性卒中复发和死亡的重要手段，起动二级预防的时间应该在住院期间。缺血性卒中的二级预防措施最主要包括降压治疗，降脂治疗和抗栓治疗。

高血压是卒中的独立危险因素，在控制其他危险因素后，收缩压每升高 10 mmHg（1 mmHg = 0.133 kPa），卒中发生的相对危险增加 49%；舒张压每升高 5 mmHg，卒中发生的相对危险增加 46%。在缺血性卒中或短暂性脑缺血发作后，既往未接受降压治疗的患者，发病数天后如果收缩压≥ 140 mmHg 或舒张压≥ 90 mmHg，应启动降压治疗。既往有高血压病史且长期接受降压药物治疗的患者，如果没有绝对禁忌，发病后数天应重新启动降压治疗；由于低血流动力学原因导致的卒中或 TIA 患者，应权衡降压速度与幅度对患者耐受性及血液动力学影响。

羟基 -3 甲基戊二酰辅酶 A 还原酶抑制剂即他汀类药物能明显降低低密度脂蛋白（low density lipoprotein cholesterol，LDL-C）的水平，有效降低缺血性卒中再发风险。对于非心源性缺血性卒中或 TIA 患者，无论是否伴有其他动脉粥样硬化证据，应当给予高强度他汀类药物长期治疗可以减少卒中和心血管事件的风险。当 LDL-C 下降≥ 50% 或 LDL-C ≤ 70 mg/dl（1.8 mmol/L）时，预防缺血性卒中的复发更有效。对于 LDL-C ≥ 100 mg/dl（2.6 mmol/L）的非心源性缺血性卒中或 TIA 患者，强化他汀类药物治疗以降低卒中和心血管事件；对于 LDL-C ＜ 100 mg/dl（2.6 mmol/L）的缺血性卒中 /TIA 患者，目前虽然尚缺乏证据，但也可以使用强化他汀类药物治疗。长期使用他汀类药物治疗总体上是安全的。在使用他汀类药物治疗期间，如果肝功能持续异常并排除其他影响因素，或出现肝功能异常相应的临床表现，应及时减药或停药观察（参考：肝酶超过 3 倍正常值上限，肌酶超过 5 倍正常值上限，应停药观察）；老年人或合并严重脏器功能不全的患者，应从低剂量开始。

抗栓药物包括抗血小板聚集药物和抗凝药物。抗血小板聚集药物最常用的是阿司匹林和氯吡格雷。除此之外，还有阿司匹林联合缓释双嘧达莫、西洛他唑等。阿司匹林可使环氧化酶丝氨酸位点乙酰化从而阻断催化位点与底物的结合，导致环氧化酶永久失活，血小板生成血栓素 A2 受到抑制，阻止血小板聚集和释放。胃肠道出血和胃炎是阿司匹林使用中重要的并发症，这些副作用的产生是剂量相关的。氯吡格雷是一种血小板腺苷二磷酸受体拮抗剂。氯吡格雷的安全性和阿司匹林相比只有细微的差别，氯吡格雷发生腹泻和皮疹较阿司匹林常见，但其他胃肠道症状和出血相对少见。阿司匹林联合缓释双嘧达莫使用，双嘧达莫抑制磷酸二酯酶，增强前列环素相关的血小板聚集抑制作用，此药在我国较少应用。西洛他唑抑制血小板及血管平滑肌内的环腺苷酸磷酸二酯酶活性，从而发挥血小板作用及血管扩张作用。另外，为增强抗血小板凝聚的作用，发病在24 h内具有卒中高复发风险的急性非心源性TIA或轻型缺血性卒中患者，或者发病30 d内伴有症状性颅内动脉严重狭窄（狭窄率70%～99%）的的缺血性卒中或TIA患者，可以联合使用阿司匹林与氯吡格雷。但是不推荐常规长期应用阿司匹林联合氯吡格雷抗血小板治疗，否则增加出血的风险。

抗凝治疗使用最久的是华法林，它是一种水溶性香豆素酸衍生物，经小肠吸收，与白蛋白结合在血液中运输，通过抑制维生素K的活性从而抑制凝血因子Ⅱ、Ⅶ、Ⅸ、Ⅹ的生物合成。由下列疾病引起的心源性栓塞可以考虑用抗凝治疗：心房颤动、超声心动图发现心脏血栓、心室壁瘤、急性心肌梗死、射血分数非常低、人工瓣膜修复。华法林的治疗目标INR值为2.5；范围2.0～3.0。华法林的代谢在不同个体间存在很大差异，且易受其他药物和食物的影响，因此使用华法林期间需要监测抗凝活性，保证安全性和有效性。除了华法林外，还有直接口服抗凝剂，直接口服抗凝剂主要靶点为凝因因子Ⅹa和凝血酶，包括有达比加群、利伐沙班、阿哌沙班和依度沙班。直接口服抗凝剂药物代谢预测性强，与食物和其他药物相互作用少。服用药物剂量固定，不需要定期采集血液监测调整药物用量。直接口服抗凝剂多数是经过肾脏排泄，所以有肾功能不全的患者需要调整用量。直接口服抗凝剂主要用于伴有心房颤动的缺血性卒中或TIA患者，与华法林相比，直接口服抗凝剂在预防栓塞性卒中方面有相同或更好效果，同时颅内出血发生率相同或略低。

四、颈动脉内膜剥脱术

动脉内膜剥脱术是通过直接手术恢复血管血流的方式。对于颈内动脉严重狭窄（70%～99%）的症状性颈动脉狭窄患者行内膜剥脱术较内科治疗效果好，手术不仅可以缓解狭窄，而且去除了动脉栓子的来源。对于颈内动脉中度狭窄（50%～69%）的症状性颈动脉狭窄患者也可以考虑内膜剥脱术，但实施前应当慎重选择患者，且应当在有经验的中心开展。颈动脉内膜剥脱术使颈动脉窦受累，颈动脉窦反射消失，术后易出现高血压，严重时引起脑水肿和脑出血。应该注意内膜剥脱术时机的选择，术后严密观察血压变化。

五、支架治疗

支架治疗是通过介入的方式，在狭窄的血管处放置支架恢复血管血流的方式。对于症状性颈动脉狭窄的患者，也可能考虑行球囊扩张联合支架术。目前的研究结果并未显示出颈动脉内膜剥脱术和介入治疗哪种方法效果更佳。通常来说，长的、光滑的病灶，尤其是伴随冠状动脉疾病的患者更适合介入治疗。而局部不规则溃疡斑块和高龄血管迂曲患者更适合颈动脉内膜剥脱术。

症状性颅外椎动脉粥样硬化狭窄患者，内科药物治疗无效时，可选择支架置入术作为内科药物治疗辅助技术手段。症状性颅内动脉粥样硬化性狭窄≥70%的缺血性卒中或TIA患者，在标准内科药物治疗无效的情况下，可选择血管内介入治疗作为内科药物治疗的辅助手段，但患者的选择应严格和慎重。介入治疗会增加症状性颅内动脉粥样硬化性狭窄患者近期卒卒中险，不能作为一线治疗。

六、动脉瘤的治疗

动脉瘤破裂是蛛网膜下腔出血的主要原因。对于蛛网膜下腔出血的病人，动脉瘤一旦明确，应当进行手术夹闭或血管内弹簧圈栓塞，以降低动脉瘤性蛛网膜下腔出血后再出血的发生率。包裹治疗的动脉瘤，以及不完全夹闭或弹簧圈栓塞治疗的动脉瘤，与完全闭塞的动脉瘤相比，出血风险增高，因此需要长期随访血管造影。无论何时，只要可能，建议完全闭塞动脉瘤。有破裂动脉瘤的患者，由经验丰富的脑血管外科和血管内治疗专家团队判定，技术上神经外科夹闭或血管内弹簧圈栓塞都可行的话，血管内弹簧圈栓塞更有益。然而，应当考虑患者和动脉瘤的个体特点，以决定动脉瘤修复的最佳手段，可能还需要在能提供这两种技术的医院处理。尽管以前的研究显示，蛛网膜下腔出血后早期手术与晚期手术相比，总的结局并无差异，但早期治疗减少蛛网膜下腔出血后再出血的风险，新方法有可能增加早期动脉瘤治疗的有效性。动脉瘤适宜早期治疗，适用于大多数情况。如做动脉瘤修复，判断再出血风险要考虑以下因素：最初出血的严重程度、入院时间、血压、性别、动脉瘤的特点、早期血管造影术、脑积水、脑室引流的存在。

未破裂颅内动脉瘤是否需要行夹闭或血管内弹簧圈栓塞治疗，应考虑多种因素。对于动脉瘤较大、形态不规则、位于前交通、后交通、大脑中动脉分叉、基底动脉顶端等容易破裂部位，合并有动眼神经麻痹、头痛等症状、有家族史者，更倾向于进行干预治疗。年龄较轻的患者，虽然年破裂率不高，但是考虑到生存期长，累计风险较高，也可以考虑积极手术治疗。而对于动脉瘤很小、形态规则且部位也不危险者，可定期随访观察动脉瘤的变化。

第九节 研究展望

近几十年来，脑血管病的研究呈现快速发展趋势，从流行病学、动物试验到队列研究等，卒中的理论日益得到丰富，也出现了许多有效的治疗手段，例如缺血性卒中的再灌注治疗、抗栓治疗、降脂治疗等都在近三十年来获得了强有力的证据，使卒中的死亡率和致残率明显降低。目前，卒中基础和临床研究仍然是全球研究热点，借助于既往经验的积累，以及新科技的应用，卒中的研究在各个方面都会有明显进展，以下列举4个较为典型的未来研究方向。

一、医疗质量控制

卒中的干预依赖于有效的组织化管理，例如缺血性卒中的静脉溶栓和动脉取栓需要多学科团队共同努力。如何高效运作团队、有效提高卒中医疗服务治疗的效率是是各国开展卒中诊疗的重点和难点。

全球代表性的卒中医疗质量改进项目是美国的“跟着指南走”（Get with the guidelines，GWTG）。GWTG是基于现状、自愿参加、观察性登记的持续医疗质量改进项目，面向住院的卒中和短暂性脑缺血患者。参与的美国医院占美国医院总数的1/3，经过培训的医院工作人员提取患者病历摘要，包括人口学信息、病史、首次CT表现、在院治疗和事件、出院治疗、治疗禁忌证、会诊、在院死亡、出院目的地等，对卒中医疗质量进行监测，达到不断提高医疗质量的目的。

我国的医院质量监测系统是国家卫生健康委员会搭建的强制性数据上报系统，要求全国三级公立医院上传所有住院患者病案首页数据。其内容主要包含住院患者的人口统计学信息、临床诊断编码、手术操作信息、费用及医院所属信息等642个变量。另外，中国卒中中心联盟是全国范围基于医院的，自愿参与的、综合干预和持续医疗质量改进项目，旨在为发展卒中中心、改善卒中医疗服务质量和临床结局提供一个专用平台。数据通过基于互联网的患者数据采集和管理系统，提取病例记录、编码、去标识并进行安全传输，以保护患者隐私，符合国家隐私规范。中国卒中中心联盟卒中患者住院数据包括：人口统计学资料、疾病史和既往用药、住院期间情况、发病时神经系统功能、住院期间用药和干预措施、再灌注策略、院内结局以及并发症等。通过持续不断的医疗质量控制，我国住院患者的死亡率和血管事件再发率有下降趋势。

二、大数据和精准医疗

随着医疗卫生信息化的不断发展和电子病历的广泛应用，医疗健康大数据得到飞速发展。随着基因组（表观基因组、外显子组）、蛋白组、转录组、代谢组、免疫组等多组学技术及高分辨影像技术的发展和广泛应用，生物学数据呈现井喷式增长，临床研究迅速进入了大数据时代。在临床诊疗方面，物联网和可穿戴设备的发展、心脑血管疾病新的生物标志物不断被发现、临床检测技术检测精度的不断提高和多模态高分辨医学影像技术的发展，表型组学、影像组学的研究也逐渐发展起来，为卒中精准医疗奠定了基础。精准医疗是利用个人的生物学（包括遗传）、医学、行为和环境信息，根据每位患者的基因组、精细临床表型，通过大数据分析方法，把不同的患者个体进行精细化分层，调整疾病的预防和治疗方法。通过大数据的分析，将可以更快地从分子生物学、生物化学、影像学等寻找卒中的病因、发病机制和诊断策略等，也可以探索出个性化的治疗方案。大数据是精准医学的基础，而大数据分析方法是卒中精准医学的重要工具之一。

三、人工智能

人工智能是计算机科学的一个分支，致力于让机器模拟人类思维，执行学习、推理等工作。深度学习属于人工智能的一种高级形式，其采用多层人工神经网络模拟人脑，经大数据训练后，通过改变网络中的输入权值以映射神经网络中输入与输出的关系，适用于解决无明显规则、难以用数学方法描述或需处理大量参数的问题。例如，缺血性卒中梗死灶面积的识别对判断病情变化或进展具有重要意义，早期识别还可用于急诊静脉溶栓和血管内机械取栓患者的筛选。有研究采用2个卷积神经网络的集合分割DWI不同大小的病灶以消除假阳性，该联合卷积神经网络方法识别小病变［＜37像素（pixel-size）］的DICE系数分值为0.61、大病变为0.83，提高了诊断效果。另外，深度学习也可以用于缺血性卒中早期筛查、血管闭塞识别、疗效评估和预后预测等，都显示了潜在而巨大的应用价值。通过深度学习，可以进一步提高缺血性卒中的诊断效率和治疗效果。

四、脑机接口

脑机接口是在人与外部设备间创建的直接信息连接通路，实现脑与设备的信息交换，为卒中病人提供了不移动地传递信息的可能。计算机可以检测卒中患者的心理活动，并提供实时反馈，辅助病人进行康复活动等。用于康复的脑机接口大体上可以包括两种设备：康复设备和帮助指导和制定干预的决策的设备。目前已经开发有不同的用脑电图信号进行康复活动的脑机接口，以促进卒中后的功能运动和认知恢复。例如，意大利多学科团队（神经内科、生物工程师和康复专家）成功地设计和实施了一种基于感觉运动节律的脑机接口，结合视觉反馈以支持亚急性卒中患者的手运动图像锻炼。此外，还有基于运动相关皮质电位结合功能性电刺激用于下肢运动康复的脑机接口系统，并证明了在慢性卒中患者中的疗效。另外，基于虚拟现实（VR）技术，多种感官可以相互调节，允许病人调节自己的大脑活动，更好地适应环境，提高康复效果。随着计算机技术的发展，脑机接口将成为患者康复或生活辅助的重要工具。

参考文献

综述

1. Wang YJ，Li ZX，Gu HQ，et al. China Stroke Statistics 2019：A Report From the National Center for Healthcare Quality Management in Neurological Diseases，China National Clinical Research Center for Neurological Diseases，the Chinese Stroke Association，National Center for Chronic and Non-communicable Disease Control and Prevention，Chinese Center for Disease Control and Prevention and Institute for Global Neuroscience and Stroke Collaborations. *Stroke Vasc Neurol*，2020，5（3）：211-239.
2. 中华医学会神经病学分会，中华医学会神经病学分会脑血管病学组．中国缺血性卒中和短暂性脑缺血发作二级预防指南2014. 中华神经科杂志．2015，48（4）：258-73.
3. 中华医学会神经病学分会，中华医学会神经病学分会脑血管病学组，中华医学会神经病学分会神经血管介入协作组．中国蛛网膜下腔出血诊治指南2019. 2019，52（12）：1006-21.
4. 中华医学会神经病学分会脑血管病学组，中国脑血管病一级预防指南2019. 中华神经科杂志，2019，52（9）：684-709.
5. 王群，王拥军．缺血性卒中模型选择及临床前实验设计，中国卒中杂志，2015：101-106.
6. 秦海强，张亚清，张婧等．人工智能在缺血性卒中诊断与治疗中的应用。中国现代神经疾病杂志，2021，21（1）：21-24.
7. Molinari M，Masciullo M. Stroke and potential benefits of brain-computer interface. *Handb Clin Neurol*，2020，168：25-32.
8. Markus HS，Hambley H. Neurology and the blood：haematological abnormalities in ischemic stroke. *J Neurol Neurosurg Psychiatry*，1998，64（2）：150-159.
9. Feinberg WM，Bruck DC，Ring ME，et al. Hemostatic markers in acute stroke. *Stroke*，1989，20（5）：592-297.
10. Li JJ，Wang YJ. Blood Biomarkers in Minor Stroke and Transient Ischemic Attack. *Neuroscience Bulletin*，2016. 32（5）：463-468.
11. Fan AP，Jahanian H，Holdsworth SJ，Zaharchuk G. Comparison of cerebral blood flow measurement with［15O］-water positron emission tomography and arterial spin labeling magnetic resonance imaging：A systematic review. *J Cereb Blood Flow Metab*，2016，36（5）：842-861.
12. Thomalla G，Boutitie F，Ma H，et al；Evaluation of unknown Onset Stroke thrombolysis trials（EOS）investigators. Intravenous alteplase for stroke with unknown time of onset guided by advanced imaging：systematic review and meta-analysis of individual patient data. *Lancet*，2020，396（10262）：1574-1584.

原始文献

1. Deinsberger W，Vogel J，Kuschinsky W，et al. Experimental intracerebral hemorrhage：description of a double injection model in rats. *Neurol Res*，1996，18（5）：475-477.

2. Zhu B, Pan Y, Jing J, et al. Neutrophil counts, neutrophil ratio, and new stroke in minor ischemic stroke or TIA. *Neurology*, 2018, 90 (12): e1870-e1878.
3. Levins SR, Salowich-Palm L, Sawaya K, et al. IgG anticardiolipin antibody titer Y40GPL and the risk of subsequent thrombo-occlusive events and death. A prospective cohort study. *Stroke*, 1997, 28 (9): 1660-1665.
4. Mair G, Boyd EV, Chappell FM, et al. Sensitivity and specificity of the hyperdense artery sign for arterial obstruction in acute ischemic stroke. *Stroke*, 2015, 46 (1): 102-107.
5. Rao VL, Mlynash M, Christensen S, et al. Collateral status contributes to differences between observed and predicted 24-h infarct volumes in DEFUSE 3. *J Cereb Blood Flow Metab*, 2020, 40 (10): 1966-1974.
6. Chalela JA, Kidwell CS, Nentwich LM, et al. Magnetic resonance imaging and computed tomography in emergency assessment of patients with suspected acute stroke: a prospective comparison. *Lancet*, 2007, 369 (9558): 293-298.

第3章 癫 痫

王玉平

第一节 癫痫发作分类研究及未来趋势

一、癫痫发作分类的现状

（一）ILAE 对癫痫发作分类的演变与现状

癫痫（epilepsy）是最常见的神经系统疾病之一，是由多种病因引起的慢性脑部疾病。需要明确的是，癫痫发作（seizure onset）和癫痫是不一样的；癫痫发作是一种症状，由于大脑神经元异常过度放电所造成的临床短暂症状，具有突发突止、短暂一过性、自限性等特点；而癫痫是指以脑神经元过度放电导致反复性、发作性和短暂性的中枢神经系统功能失常，以反复癫痫发作为共同特征的慢性脑部疾病状态。

癫痫发作的现代定义最早于1870年代由约翰·休格斯·杰克逊（John Hughlings Jackson）提出，他认为癫痫发作是“大脑灰质的偶然、突发和过度放电”。虽然100多年来癫痫的定义已经过历次变化，但这个最初的观点仍为各个定义的核心。与定义一样，癫痫发作的标准化分类可以为学术交流提供通用的国际术语，具有重要价值，而且一个理想的分类框架有助于对该学科知识进行科学的组织，为未来的基础研究和临床实践指明方向。因此，癫痫发作的分类是长久以来癫痫领域的重要话题。

癫痫发作的分类工作始于20世纪中叶，彼时脑电图已经进入了癫痫的临床和研究，“电-临床”方法被广为接受，癫痫学家们有一定的知识积累，也意识到需要对癫痫发作进行标准化的分类。亨利·加斯塔特（Henri Gastaut）领导专家组首次撰写了癫痫国际分类，并于1969年以国际抗癫痫联盟（International League Against Epilepsy，ILAE）的名义公开发表。在1969年的分类方案中，癫痫发作分为两个大类：部分性癫痫和全面性癫痫。分类方案从六个方面对不同的癫痫发作类型进行限定：临床表现、发作期脑电图、发作间期脑电图、解剖学、病因和年龄。

1981年，考虑到过去十余年对癫痫发作认识的深入，ILAE对癫痫发作分类进行了修订。1981年的分类方案删除了1969年分类中的解剖、年龄、病因维度，仅保留了临床表现及脑电图特征，因此也被称为“电-临床分类”。1981年分类也首次提出，根据意识保留与否，部分性发作可分为简单部分性发作和复杂部分性发作。这个分类方案至今仍是接受范围最为广泛的分类（表10-3-1）。

表 10-3-1　**癫痫发作分类（ILAE，1981）**

Ⅰ. 部分性发作
A. 简单部分性发作（无意识障碍）
• 运动症状的发作
• 躯体感觉性或特殊感觉症状的发作
• 有自主神经症状的发作
• 有精神症状的发作
B. 复杂部分性发作（伴意识障碍）
• 简单部分性发作起病，继而出现意识障碍
• 发作开始就有意识障碍
C. 部分性发作进展为继发全面性发作
• 简单部分性发作进展为至全面性发作
• 复杂部分性发作进展为全面性发作
• 简单部分性发作进展为复杂部分性发作然后继发全面性发作
Ⅱ. 全面性发作（惊厥性和非惊厥性）
A. 失神发作（典型及不典型失神发作）
B. 肌阵挛发作
C. 阵挛发作
D. 强直发作
E. 强直–阵挛发作
F. 失张力发作
Ⅲ. 不能分类的癫痫发作

此后 2001 年、2006 年、2010 年，ILAE 基于癫痫领域的知识更新，在原有的癫痫发作分类上进行了多次修订，但基本延续了 1981 年分类中的全面性 / 部分性癫痫发作的“二分法”分类框架。2017 年舍费尔（Scheffer）领导的 ILAE 分类和术语委员会推出了新的癫痫发作分类方案，这是继经典的 1981 年 ILAE 癫痫发作分类体系后的大幅度修改，融入了 35 年来癫痫领域的新进展及新认识，并结合了专家和临床医生的意见（图 10-3-1）。

（二）发作症状学分类法介绍

有关癫痫发作的分类除了前文中 ILAE 提出的电–临床分类方案，另一个是发作症状学分类（semiological seizure classification），其完全基于临床症状和体征，舍弃了对脑电图的依赖，强调使用高度凝练的症状学术语概括出每一个症状和体征，并依据时间演变顺序用箭头依次衔接，赋予每一个症状和体征以解剖定位、定侧的信息（致痫区），故常用于术前评估。

发作症状学分类最早于 1993 年由吕德尔斯（L 吕德尔斯）等人初步提出，并于 1998 年修订后定稿，此后经过 20 多年来在世界各地癫痫中心、尤其是在开展术前评估的癫痫中心中反复实践、验证，直至 2019 年进行了第二次修订。2019 年的症状学分类中还增加了对癫痫病因学和共患病的描述，从而将症状学、致痫区、病因学、共患病整合为一个“四维癫痫分类体系”（表 10-3-2）。

（三）癫痫持续状态的分类

对癫痫持续状态的首个详细的现代医学描述是伯恩维尔（Bourneville）在 1869 年提出的。当时，“癫痫持续状态”一词的使用仅限于现在所说的“强直–阵挛性癫痫持续状态”，直到脑电图出现后人们才意识到癫痫持续状态可以表现为多种形式。

癫痫持续状态的现代定义和分类可以追溯到 1962 年第 10 届马赛学术讨论会（第 10 届欧洲脑电

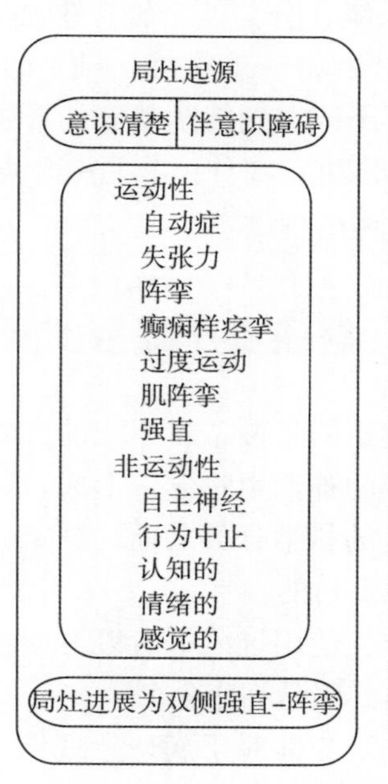

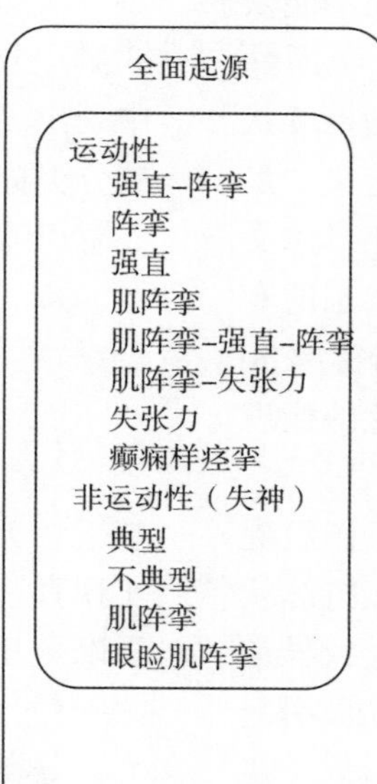

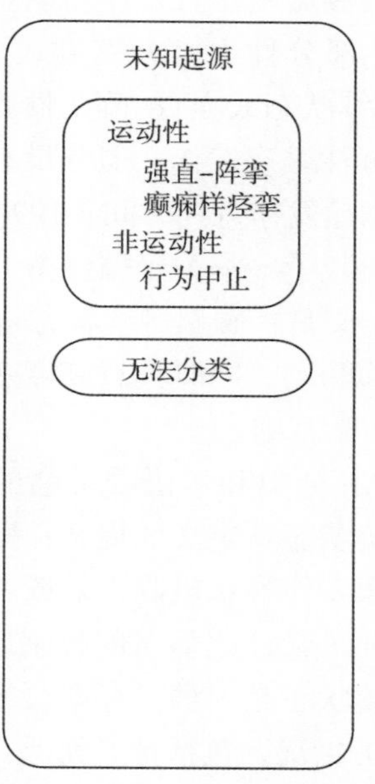

图 10-3-1　**癫痫发作分类（ILAE，2017）**

表 10-3-2 癫痫发作症状学分类（2019 年版）

<table>
<tr><td rowspan="15">发作性事件</td><td rowspan="9">癫痫发作</td><td rowspan="9"></td><td rowspan="6">发作症状学</td><td>先兆</td></tr>
<tr><td>自主神经发作</td></tr>
<tr><td>认知障碍发作</td></tr>
<tr><td>运动发作</td></tr>
<tr><td>特殊发作</td></tr>
<tr><td>无症状电发作</td></tr>
<tr><td>致痫区</td><td></td></tr>
<tr><td>病因</td><td></td></tr>
<tr><td>共患病</td><td></td></tr>
<tr><td rowspan="6">非癫痫发作</td><td rowspan="3">心因性</td><td>发作症状学</td><td></td></tr>
<tr><td>病因</td><td></td></tr>
<tr><td>共患病</td><td></td></tr>
<tr><td rowspan="3">器质性</td><td>发作症状学</td><td></td></tr>
<tr><td>病因</td><td></td></tr>
<tr><td>共患病</td><td></td></tr>
</table>

图会议），该会议完全致力于癫痫持续状态的研讨。加斯塔特（Gastaut）及其同事提出了一个定义，与拉丁文中原始术语“status”的含义一致：“癫痫持续状态是指当癫痫发作持续足够长的时间或经常重复发作足以成为固定和持久的状态”。虽然定义中没有详细规定持续时间，但 Gastaut 后来提议以 60 分钟来定义癫痫持续状态。1969 年的 ILAE 癫痫发作分类中纳入了癫痫持续状态，将其细分为三种类型：全面性癫痫持续状态，部分性癫痫持续状态和单侧性癫痫持续状态。在 1981 年的发作分类中，癫痫持续状态的定义被微调为“发作持续足够长的时间，或频繁发作且发作间期意识不能恢复”，分为三类：部分性（如杰克逊式）、全面性（如失神性癫痫持续状态或强直-阵挛性癫痫持续状态）及持续性部分性癫痫发作，但并没有定义“足够时长”的具体癫痫发作持续时间。1994 年肖尔文（Shorvon）主编出版了一本关于癫痫持续状态的专著，书中建议的定义是：癫痫持续状态是指持续 30 分钟或以上的癫痫活动，同时具有高度变化的病理生理、解剖和病因学基础。

2014 年，ILAE 分类和术语委员会的工作组提出了关于癫痫持续状态新定义的提案：癫痫持续状态是一种由于癫痫发作终止机制失效或者导致异常长时间发作（在时间点 t1 之后）的机制启动而引起的情况；癫痫持续状态是一种可存在长期后果（在时间点 t2 之后）的情况，包括神经元死亡、神经元损伤及神经元网络的改变，取决于癫痫发作的类型和持续时间。这个定义具有两个操作维度——癫痫发作持续的时间点（t1）和可能导致长期后果（t2）的时间点：操作维度 1 的时间点确定了应当考虑启动治疗的时间，而操作维度 2 的时间点确定了为预防长期后果而采取的治疗的积极程度。不同形式的癫痫持续状态在时间方面差异很大（表 10-3-3）。就惊厥性（强直-阵挛性）癫痫持续状态而言，两个时间点（t1 为 5 分钟，t2 为 30 分钟）都是基于动物实验和临床研究的证据，但大多数其他形式的癫痫持续状态都缺乏足够的试验证据，有待进一步研究确定。该报告中也提出了一个新的癫痫持续状态分类系统，分为 4 个轴：①症状学；②病因学；③脑电图相关；④年龄。轴 1 的分类（表 10-3-4）中列出了不同癫痫持续状态的形式，依据两个主要的分类标准进行细分：①主要运动症状的存在与否；②意识障碍的程度。

二、癫痫发作综合创新分类

分类指的是按条目组织的方式，科学的分类应基于相关的神经生物学以形成自然类别或实体。在实现真正的科学分类之前，制定分类标准必须服务于以下几个目的：

1. 分类使用统一语言以方便临床医师之间的交流，分类必须是临床分型。

2. 基于当前对于病理生理学、预后、病因、年龄的理解，分类应有助于改善患者的治疗。

表 10-3-3 癫痫持续状态的操作维度

SE 类型	操作维度 1 时间（t1），当癫痫发作时间延长致持续发作活动时	操作维度 2 时间（t2），当癫痫发作可能引起长期后果（包括神经元损伤、神经元死亡、神经元网络改变及功能缺陷）
强直-阵挛 SE	5 min	30 min
局灶性 SE 伴意识损害	10 min	＞60 min
失神癫痫持续状态	10～15 min[a]	未知

注：[a] 时间范围的证据目前有限，未来的数据可能带来改进

SE：status epilepticus，癫痫持续状态

t1 代表应当启动癫痫持续状态紧急治疗的时间，t2 代表预期可能造成长期后果的时间。

表 10-3-4 癫痫持续状态的分类（ILAE，2014，轴 1）

（A）具有显著运动症状
- A.1 抽搐性 SE（CSE，同义词：强直-阵挛 SE）
  - A.1.a. 全面性抽搐
  - A.1.b. 局灶起源进展为双侧抽搐性 SE
  - A.1.c. 局灶性或全面性未知
- A.2 肌阵挛 SE（显著痫性肌阵挛抽搐）
  - A.2.a. 伴昏迷
  - A.2.b. 不伴昏迷
- A.3 局灶运动性
  - A.3.a. 反复局灶运动性发作（Jackson 样）
  - A.3.b. 部分性持续状态（EPC）
  - A.3.c. 扭转性持续状态
  - A.3.d. 眼阵挛持续状态
  - A.3.e. 发作性麻痹（如局灶抑制性 SE）
- A.4 强直性 SE
- A.5 多动性 SE

（B）无显著运动症状（如非抽搐性 SE，NCSE）
- B.1 NCSE 伴昏迷（包括所谓的“细小”SE）
- B.2 NCSE 不伴昏迷
  - B.2.a. 全面性
    - B.2.a.a 典型失神持续状态
    - B.2.a.b 不典型失神持续状态
    - B.2.a.c 肌阵挛失神持续状态
  - B.2.b. 局灶性
    - B.2.b.a 不伴意识损害（持续性先兆伴自主神经、感觉、视觉、嗅觉、味觉、情感 / 精神 / 体验或嗅觉症状
    - B.2.b.b 失语持续状态
    - B.2.b.c 伴意识损害
  - B.2.c. 局灶性或全面性未知
    - B.2.c.a 自主神经性 SE

3. 分类应允许流行病学对预后及预防进行研究。

4. 分类应当指导基础研究来验证自然分类，这将反过来在未来形成真正科学分类的基础。

现有的癫痫发作以及癫痫持续状态的分类框架反映了制定分类当时对该领域的认知，随着基础研究、流行病学和临床研究方面的进展，研究者也在不断对现有的发作分类进行反思和创新。

（一）整合版癫痫分类

如前所述，在过去的几十年中，临床工作中使用的发作分类主要有两种：即 ILAE 发作和癫痫分类，与发作症状学分类（2019 年版也被称为“4D 癫痫发作分类”）。过去对这两种分类系统的争论主要集中在每种分类系统的缺点上，认为它们是不相容的。2020 年有研究者提议基于两种分类方法的一致性（均统一使用了 ILAE 术语、承认病因的重要性、纳入了共病维度等），考虑是否可能结合两种分类方法整合出一种最佳的分类方法，从而提出“整合版癫痫分类”。

在 ILAE 分类中，癫痫发作类型通常决定癫痫类型，两个维度并不独立。4D 癫痫发作分类是分层的，由 6 个不同的类别组成：先兆、自主神经发作、认知障碍发作、运动发作、特殊发作和无症状性脑电图发作，当对癫痫发作进行分类时，依次列出其症状成分，并用箭头串连，以表明（至少在理论上）放电在不同脑区的传播顺序。

基于两种分类方法的一致性和差异，研究者提出了融合的 ILAE/4D 分类最佳分类方案，即整合版癫痫分类，旨在建立一个简单易用的分类方法，从而满足所有癫痫从业者的需求，如癫痫专家、癫痫研究人员、神经外科医生和全科医生等。

该分类方法具体如下：

1. 标题 / 癫痫核心 定位（局灶性、全面性或未知）、病因（类别、混合型），来源：ILAE 分类系统。

2. 发作类型 癫痫发作症状学分类，允许描述癫痫发作症状学演变（用箭头串连）。如果意识受损，则添加 LOA 标识。来源：4D 分类系统＞ILAE 分类系统。

3. 癫痫类型 局灶性、全面性或未知。如果为局灶性癫痫，需尽可能准确或按需提供致痫区的位

置，如果可能的话在括号中添加癫痫综合征（如儿童良性局灶性癫痫）；如果为全面性癫痫，尽可能在括号中添加癫痫综合征；如果未知，则不补充任何内容。来源：ILAE 分类系统＝ 4D 分类系统。

4. 病因学　使用 ILAE 分类或其组合（例如遗传和代谢性），如果可能的话在括号中添加准确的病因（例如局灶性皮质发育不良 2B 型）。来源：ILAE 分类系统＝ 4D 分类系统。

5. 共病　列出所有相关的合并症及对诊疗有意义的其他特殊情况（例如，计划结婚，8 月龄时有热性惊厥等）。来源：ILAE 分类系统＝ 4D 分类系统。

（二）基于病因的分类

随着 MRI 扫描的技术进步以及更复杂的生化和基因筛选出现，对癫痫的潜在病因揭示已变得越来越具可能性。病因通常决定着预后、严重程度、对治疗的反应和其他临床特征，因此通过病因对癫痫进行分类引起了人们的兴趣。然而，出于多种原因，对癫痫进行归因并不容易，这限制了病因学分类方案的可行性。癫痫的病因通常是多因素，在大多数情况下是遗传、后天影响、诱发因素以及发育演变的综合结果。考虑到癫痫的多因素性质，将病因学视为“因果因素”而不是“病因”，并使用“比值比”统计来分配病因似乎更为合理。此外，癫痫发作的诱因也应在病因分类中加以重视。目前通过病因对癫痫分类尚属尝试阶段，未来有待更多的研究挖掘丰富我们对癫痫的认知。

第二节　癫痫发作神经电生理基础

一、癫痫发作的神经机制

为了理解癫痫发作、癫痫和癫痫发生的概念，我们将首先介绍大脑皮质的一些基本解剖和电生理特性，以及在细胞和细胞网络水平上决定神经活动水平的因素。然后讨论脑电图（electroencephalograph，EEG）的生理学基础。最后，介绍癫痫发作病灶内发生的异常生理活动的一些主要特征，并提出一些构成某些类型癫痫发作的机制。

（一）大脑皮质的神经生理学

大脑皮质包括两大类神经元。投射神经元（例如锥体神经元）是“投射”或发送信息给位于大脑较远区域的神经元。中间神经元通常被认为是影响附近神经元活动的局部回路神经元。大多数投射神经元在突触后神经元上形成兴奋性突触，而中间神经元在投射神经元或其他抑制性神经元上形成抑制性突触。当一个投射神经元在一个抑制性神经元上形成突触时，抑制性神经元又在投射细胞上形成突触，从而形成一个负反馈循环，就会发生周期性抑制。最近的研究表明，一些中间神经元似乎有相当广泛的轴突投射，而不是以前认为的局部的、局限的轴突结构。在某些情况下，这种中间神经元可能构成一个非常强的同步活动或者起搏器活动的神经元组群。

鉴于神经元兴奋性的基本机制是动作电位，超兴奋状态会导致兴奋性突触神经传递增加、抑制性神经传递减少、电压门控离子通道的改变，以及神经元内外离子浓度改变致膜去极化。当多个同步阈下兴奋性刺激发生时，也可导致超兴奋状态，允许它们在突触后神经元中进行时间累加。动作电位的产生是由于神经元膜的去极化，膜去极化沿轴突向下传播，诱导神经递质在轴突末端释放。动作电位以全或无的方式发生，这是由向内的净正离子通量引起的膜电位局部变化造成的。因此，膜电位随着配体门控通道的激活而变化，配体门控通道的电导通过与神经递质的结合而受到影响；或激活电压门控通道；或者细胞内离子改变。

神经递质是突触前神经末梢释放的物质，随后与配体的特定突触后受体结合。配体结合导致通道激活和离子进入或移出细胞。大脑中主要的兴奋性神经递质是谷氨酸。使用动物癫痫模型的实验研究表明，谷氨酸受体激动剂能诱发癫痫发作，而它们的拮抗剂能抑制癫痫发作活动。主要的抑制性神经递质 GABA。GABAA 受体激动剂如巴比妥类和苯二氮䓬类药物可抑制癫痫发作活动。某些 GABAB 受体激动剂，如巴氯芬，已被报道会加剧过度兴奋和癫痫发作。

（二）EEG 的生理学基础

脑电图是通过放置在头皮上的电极记录大脑皮质的电活动。脑电图测量靠近大脑表面的皮质神经元树突的电位。传入的兴奋信号在突触引起突触后电位产生的正电荷离子进入细胞。这就在突触附近的细胞外空间留下了一个相对的负电荷。突触处向内的电流（称为“汇”）沿着树突向下流动，最终在远离突触的位置穿过细胞膜向外流动（称为“源”）。向外流动的正电荷在细胞外空间留下相对的正电荷。在这一瞬间，在树突外面有一个偶极子，在树突的远端带有一个相对的负电荷，在靠近细胞体的地方带有一个正电荷。因此，放置在树突末端附近的细胞外电极检测负电位（图 10-3-2）。

放置在头皮上的电极不能探测到单个神经元内的电变化，因为：①电位幅值很小，②从细胞到头皮表面有相当远的距离。然而，大脑皮质的两种特性使我们能够记录大脑的电势。第一，锥体细胞都有相同的相对方向和极性。第二，许多细胞被同步激活。每个神经元产生的偶极子的总和在头皮上产生可检测到的电势。在实际操作中，20 个或更多的头皮电极被放置在头部的特定位置，可以同时从两个半球的皮质区域进行记录；每个电极可以检测脑回表面约 6 cm^2 皮质的同步活动。而脑电图很难检测到脑沟皮质的电位，因为在这个位置产生的皮质偶极子相互抵消。

（三）癫痫的病理生理学：抑制和兴奋平衡的改变

癫痫发作时发生的超同步放电可能开始于皮质的一个非常离散的区域，然后扩散到邻近区域。癫痫发作的开始有两个并发事件：①高频率的动作电位爆发；②神经元群体的超同步。来自足够数量的神经元的同步脉冲在脑电图中产生所谓的脉冲放电。癫痫发作通过局部皮质连接扩散到相邻区域，并通过关联通路（如胼胝体）扩散到更远处的区域。在完全激活的情况下，周围的神经元会通过多种机制进行招募。重复放电导致：细胞外 K^+的增加，减弱了向外的超极化 K^+电流，趋向于去极化邻近的神经元；突触前末端 Ca^{2+}的积累，导致神经递质释放增强；去极化诱导兴奋性 NMDA 亚型的激活，导致更多的 Ca^{2+}内流和神经元激活。

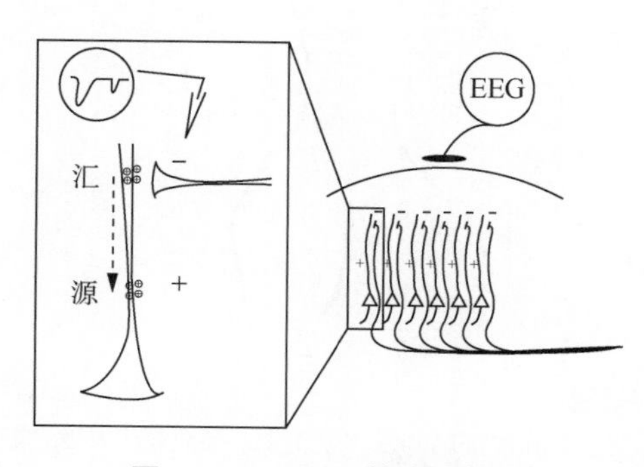

图 10-3-2　EEG 的生理基础

我们对中枢神经系统异常导致患者反复发作的认识仍然有限。重要的是要了解癫痫发作可以有许多不同的病理过程，破坏了兴奋和抑制之间的平衡。癫痫可由细胞外离子稳态被干扰、能量代谢改变、受体功能改变或递质摄取改变的过程引起。尽管在病因学上存在重大差异，但皮质神经元同步爆发的结果在表面上似乎具有相似的表型。癫痫表型可能更多的是由参与同步爆发的神经元网络的位置和功能而不是潜在的病理生理学所改变。

癫痫发作也可能同时出现于广泛的皮质区域，这种全身性癫痫发作的机制尚不确定。例如失神发作是一种广泛性发作，临床表现为短暂的凝视期与脑电图特征性的脉冲波复合波爆发。癫痫发作可能是由于通常在睡眠中由连接大脑皮质和丘脑的回路产生的振荡节律的异常而引起的。这种振荡涉及 GABAB 受体、丘脑内 Ca^{2+}通道和 K^+通道之间的相互作用。这些受体和通道的药理学调节可以诱发失神发作，有研究者推测认为，失神癫痫的遗传形式可能与该系统的基因突变有关。

临床观察表明，某些类型的癫痫是由特定事件引起的。例如，大约 50% 遭受严重头部损伤的患者会发展为癫痫。然而，在相当数量的患者中，癫痫发作在数月或数年内都不会在临床上变得明显。最初损伤后的“静默期”表明，在某些情况下，致痫过程涉及神经网络随时间的逐渐转变。在此期间发生的变化可能包括抑制性中间神经元（或驱动它们的兴奋性间神经元）出现迟发性坏死，或轴突突起的出现导致反射或回路的自我强化。在未来，由于获得性病变而有发展癫痫风险的患者可能会受益于“抗癫痫”化合物的治疗，这种化合物可以防止这些网络变化。

二、癫痫电诊断治疗学进展

脑电图是诊断癫痫过程中无可争议的综合征诊断的核心方法。在大多数条件（婴儿痉挛症、肌阵挛癫痫、特发性全面性癫痫、症状性全面性癫痫、颞叶癫痫、Landau-Kleffner 综合征、良性儿童焦癫痫和光敏及其他反射性癫痫）下，如果临床表现不确定，脑电图可证实这个临床诊断。

（一）常规脑电图在癫痫中的价值

1. 脑电图不应被低估的原因 在大多数病例的临床诊断通常需要脑电图的帮助才能建立正确的诊断，特别是当临床信息不充分或具有误导性时。癫痫发作和癫痫综合征的分类是基于临床-脑电图综合表现。即使是最有经验的癫痫病专家也很难在没有脑电图的情况下区分局灶性和全面性癫痫。

2. 脑电图不应被高估的原因 首先，脑电图可能在一些情况下过度敏感，如良性儿童发作易感综合征。在极少的情况下，头皮脑电图甚至无法检测到发作事件。其次，癫痫发作的频率与脑电图发作性“致痫性”放电不成正比。严重的“致痫性”脑电图可记录于不常发作或控制良好的临床癫痫患者，反之亦然。脑电图异常不能反映痫性疾病的严重程度，超过10%的正常人可能有非特异性脑电图异常，约1%的人可能有“癫痫样发作性活动”，但没有癫痫发作。

（二）神经调控治疗癫痫

癫痫的治疗仍然具有挑战性，30%～35%的病例对药物治疗无反应，称为医学难治性癫痫。对于那些癫痫发作只有单一灶点的患者，切除手术仍然是一种高效治疗方法。对于不适合手术切除的患者，神经调控是一种侵入性较小的治疗选择。以下内容，我们将简要概述几种神经调控治疗，包括迷走神经刺激（vegetative nervous system，VNS），和闭环脑电刺激（responsable nerve stimulatio，RNS）、深部脑刺激（deep brain stimulation，DBS）、经颅磁刺激（transcranial magnetic stimulation，TMS）、经颅直流电刺激（transcranial direct current stimulation，tDCS）和经颅超声刺激（transcranial focal ultrasound stimulation，tFUS）。

1. 迷走神经刺激（VNS） VNS的作用机制是多方面的。VNS直接的作用是，电刺激通过作用于孤束核调节丘脑皮质活动，导致脑节律的去同步化（图10-3-3）。接受VNS治疗的癫痫患者的脑脊液检测显示，NMDA水平降低而GABA水平升高，表明GABA介导的抑制性神经传递增强及天冬氨酸介导的兴奋性神经传递减弱也可能导致去同步化。有些研究者将VNS的作用归因于去甲肾上腺素能的蓝斑对梨状皮质的作用。长期研究显示，在植入VNS装置后5年，60%的患者癫痫发作有50%以上的减少。我国国家食品药品监督管理总局于2000年正式批准VNS用于治疗药物难治性癫痫。

2. 闭环脑电刺激 闭环脑电刺激，又称为反应性神经刺激（RNS）。RNS检测到异常活动会引起闭环系统中特定的电流脉冲传递至特定或全部电极，进而实现去极化阻断、突触抑制和病理网络调控（图10-3-3）。接受RNS治疗5年，65%接受颞叶内侧刺激的患者和70%接受新皮质刺激的患者癫痫发作减少50%以上。目前脑磁共振成像是RNS的禁忌检查。RNS装置也可以作为长期动态ECoG监测仪，它可以发现亚临床的癫痫发作、昼夜节律以及辅助药物的作用。

3. 深部脑电刺激（DBS） DBS的作用机制可以通过解剖连接来描述，即丘脑核作为边缘系统的核心中继站，与海马和新皮质的广泛区域紧密相连（图10-3-3）。在长期疗效研究中，接受DBS治疗5年，患者癫痫发作中位减少率是68%。目前已经在尝试将DBS用于几个其他部位以治疗癫痫，包括中央中核、尾状核、底丘脑核和小脑，也在尝试过

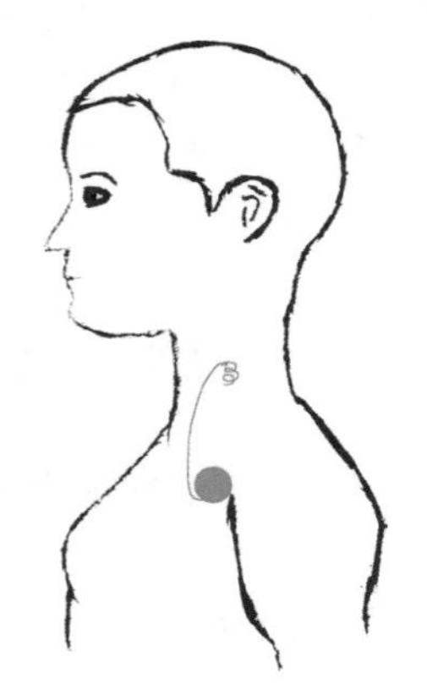
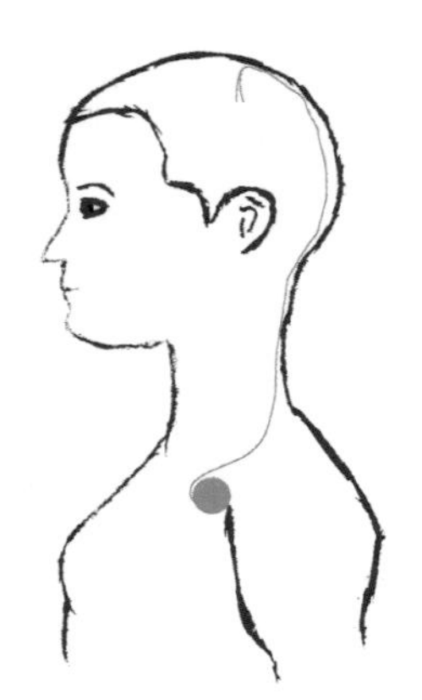
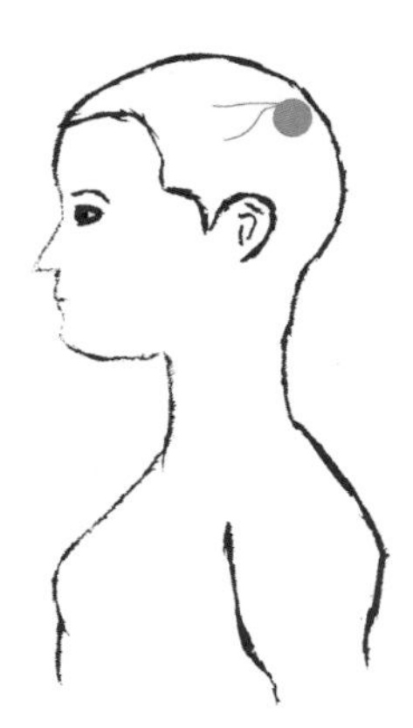

图10-3-3 神经调控刺激示意图

在迷走神经刺激（左）中，导线（蓝色）在颈部状环绕迷走神经，发生器植入胸部皮下。在深部脑刺激（中）中，导线置于丘脑前核、丘脑底核，发生器植入胸部皮下。在反应性神经刺激（右）中，导线位置不固定，刺激最多2个癫痫灶，发生器附于颅骨上

度刺激白质以及直接刺激杏仁核海马通路。

4. 经颅磁刺激（TMS） 在1980年代中期被发现，从一个简单的技术迅速发展为神经科学领域划时代的尖端技术，应用于不同研究、诊断和治疗。TMS是基于颅外应用时变磁场，磁场以无痛的方式穿透颅骨，不仅导致跨突触兴奋，而且抑制皮质的锥体神经元。最近采用高密度脑电图与TMS（TMS-EEG）的耦合技术为癫痫检测提供了新途径，这项技术首次以非侵入性的方式在皮质水平记录TMS神经反应，以及研究磁刺激调制脑区之间的功能连接。此外，重复经颅磁刺激（rTMS）通过修改刺激参数实现终止癫痫发作。因此，TMS治疗药物难治性癫痫的安全性得到显著提高。

5. 经颅直流电刺激（tDCS） tDCS是一种廉价、非侵入性、无痛和安全的大脑刺激形式。该技术包括使用1～2毫安之间的低直流电，通过头皮上的电极传送到大脑的目标区域。以这种方式进行的电刺激可以用来“刺激”或“抑制”靶区神经元的活动。在阳极刺激（正电极）处，附近的神经元受到刺激，而在阴极刺激（负电极）处，神经元的活动受到抑制。目前，tDCS的许多应用正在探索中。

6. 经颅超声刺激 超声波（US）是一种频率高于人类听觉范围（＞20 kHz）的机械压力波（声波），它能够作用于生物组织。由于US可以穿透颅骨以一种聚焦的方式进行无创调控，因此最近研究者们考虑将经颅超声刺激用于抑制癫痫发作活动。基于它的物理特性，如通过固体结构长距离传输的能力，包括骨骼和软组织，我们可以传播到组织通过脉冲或连续的波形，并能通过热和非热能影响生理功能。最近，研究者们将海马脑片暴露于0.75 MHz US下5～15分钟（时间平均强度；ITA，80 W/cm^2）发现US能显著降低CA1锥体神经元的诱发电位幅值。在海马的齿状回中，聚焦的US脉冲也被证明能增强和抑制电诱发场电位。利用离子敏感染料成像来监测海马神经元的离子电导，结果表明US能够通过刺激电压门控钠离子和Ca^{2+}通道活性来激发动作电位和触发突触传递。已有临床实践证据表明US刺激能有效控制癫痫活动，尤其是改善颞叶癫痫患者的生活质量。

除此之外，其他治疗癫痫的神经刺激技术正在研究中。三叉神经刺激作为另一种可能控制癫痫活动的神经调控方法正在被研究，它通过与多种深部脑神经核、丘脑和皮质网络的众多间接联系发挥作用。非侵入性迷走神经耳支刺激的临床试验显示，患者在接受治疗12个月后，与基线相比癫痫发作频率的减少具有统计学意义，情绪也得到改善，其临床意义需要进一步研究以证明其有效性。

总之，神经调控提供了一个令人兴奋的治疗癫痫患者的新途径，这些患者以前被认为不适合手术切除，而癫痫仍然难以治疗。虽然来自不同模式的功效还不完全清楚，效果可能是短期的，也可能是长期的，虽然在各种可用的技术之间没有直接的比较或头对头试验，但是每种技术都有其优缺点，因此使用哪种特定的神经调控模式应该由一个多学科团队决定，甚至使用多种技术结合来实现癫痫控制。

第三节　癫痫发生的遗传学基础

特发性全面性癫痫占所有癫痫患者30%以上，而这类癫痫几乎都由遗传决定，不受种族及性别的影响。近年来癫痫遗传学研究发展迅速，这既得益于新一代基因测序技术和各种细胞分子遗传学检测手段的发展与普及，也得益于功能学研究从病理生理学层面对致痫机制的解释。同时各种基因治疗手段的出现有助于对潜在治疗靶点的调控，从而达到精准医疗的效果。

一、癫痫发生的分子遗传学机制

首先，基因突变种类众多，根据其来源分为三类：种系突变，新发突变，体细胞突变。种系突变是父母已存在的突变通过生殖细胞形成受精卵的过程传递给子代。新生突变（de novo mutation）是指在父母的生殖细胞在减数分裂过程中发生并遗传给下一代的突变，这类突变在多种散发性疾病中扮演着重要的角色，它可以解释为什么部分癫痫患者携带突变，但是却没有家族史并且父母也没有相应突变型的现象。获得性（或体细胞）突变发生在子代受精卵分裂之后某个时间点，仅存在于发生突变的细胞及其分裂产生的细胞中。这种突变可能是由环境因素，或者由于DNA复制过程发生错误导致。近年来备受关注的嵌合突变（mosaic mutation）进一步解释了一部分获得性突变的产生。若在个体从胚胎发育到衰老的某个阶段，体细胞分裂时出现了突变，就产生了部分具有不同基因型的细胞群。变异的细胞群可局限在某组织中（如大脑），也可仅限于一个单细胞内。

基因突变根据影响的范围可分为大（染色体数目和结构异常、拷贝数变异）、中（＞ 50 bp 的外显子缺失或重复）、小（点突变或＜ 50 bp 的微插入 / 缺失）型变异，而癫痫相关的遗传缺陷可涉及各种类型。碱基水平的变异类型主要分为 3 大类：单核苷酸变异（single nucleotide variation，SNV）和插入缺失（insertion deletion，InDel）。SNV 即基因组中某个位置的单个碱基发生了变异，根据其对蛋白功能的影响又主要分为：错义突变、同义突变和无义突变。InDel 涉及一个或多个碱基对的插入和缺失，对蛋白质功能可能造成严重的影响。拷贝数变异（copy number variation，CNV）指由基因组重排而导致的，长度在 1 千个碱基（1 kb）以上的基因组大片段的拷贝数增加或减少，可涉及多个基因或一个基因的数个外显子区域。染色体水平的变异一般都是大型变异，分为染色体数目和结构异常。染色体数目异常又可以分为整倍性或非整倍性数目改变，或根据发生的部位可分为常染色体异常和性染色体异常。染色体结构的畸变主要包括缺失、重复、倒位、易位、环状染色体等。与癫痫相关的染色体水平变异将在之后内容中详述。

根据突变基因所编码蛋白质的功能分类，可总结为：

（一）离子通道基因相关癫痫

离子通道由膜蛋白构成。在神经元中参与膜电位的动态改变、通过对跨膜离子流动的门控来调节细胞稳态。由于这些功能与神经元的兴奋性息息相关，离子通道的功能障碍在癫痫的发生中起到关键作用。

1. 钠离子通道 电压门控钠离子通道由一个较大的形成孔道的 α 亚基和两个辅助性 β 亚基构成，它们对于动作电位的形成和传递以及神经元的兴奋性至关重要。α 亚基可以自主地介导离子流动，编码 $Na_{v1.1}$ 的 *SCN1A* 是癫痫中最常见的致病基因之一。*SCN1A* 编码的 $Na_{v1.1}$ 亚单位在中枢神经系统（尤其是大脑皮质、丘脑、海马、小脑）中高水平表达，亚细胞定位主要位于神经元的胞体和树突。携带 *SCN1A* 变异的患者癫痫表型差异巨大，对相应突变位点的分布也具有一定规律。在该癫痫谱系中最严重的 Dravet 综合征（婴儿期严重肌阵挛癫痫）常与造成 $Na_{v1.1}$ 离子通道区功能丧失（loss of function）的错义或破坏性突变有关，而表型较轻的 GEFS ＋等则通常与分布于离子通道外、功能改变较小的错义突变有关。*SCN1A* 敲除小鼠中钠通道电流密度在抑制性中间神经元中显著降低，而在兴奋性锥体神经元中无显著变化，这造成了抑制性神经元的活动减弱进而解释了 $Na_{v1.1}$ 的功能丧失是如何损害大脑对过度兴奋性的负性调节机制。编码辅助性 β 亚基的 *SCN1B* 基因也是癫痫相关基因，功能研究揭示该基因突变可通过干扰 β 亚基的通道门控调节作用造成钠通道整体的功能减退。

2. 钾离子通道 钾离子通道的作用是维持静息电位，并在动作电位产生之后通过介导钾离子外流的复极化过程来控制神经元的兴奋性。它的构成包括 4 个形成离子通道的 α 亚单位和一个调节性的 β 亚单位。在中枢神经系统中，电压门控钾离子通道是分布最广的钾通道家族，并且与癫痫发病密切相关。

KCNQ2 和 *KCNQ3* 分别编码 Kv7.2 和 Kv7.3 通道。Kv7 家族介导低阈值缓慢激活、非失活性的毒蕈碱型胆碱能电流。开放 Kv7.2 或 Kv7.2/Kv7.3 异聚体可抑制动作电位的产生，从而抑制神经元的兴奋活动。*KCNQ2* 和 *KCNQ3* 的突变都最先在良性家族性新生儿惊厥（benign familial neonatal seizure，BFNS）中被发现，后续另有几例在癫痫脑病中被报道。它们有的表现为功能丧失、也有的呈现功能增强或无显著变化。其中 213 位点的精氨酸的突变在两种癫痫亚型中皆有报道，但癫痫脑病相关的突变型较 BFNS 诱发出更显著的动力学改变，这显示了不同基因型-表型的关联性。表达 Kv7.2 功能丧失突变型的小鼠表现有自发性癫痫发作、行为的高度兴奋性以及大量海马区神经元兴奋性凋亡。

3. 钙离子通道 电压门控钙通道介导胞膜去极化后的内向钙离子电流，参与动作电位的发放和膜电位震荡，对神经元的兴奋性活动有多方面的影响。Ca_{v3} 通道家族在丘脑神经元中高度表达，传导低电压激活的 T 型（transient）钙离子电流并在昼夜节律形成中起关键作用。*CACNA1H* 编码 $Ca_{v3.2}$ 的 αα 亚单位，且该基因突变与儿童失神癫痫（childhood absence epilepsy，CAE）之间的关系已明确。R1584P 这一功能增强突变型被运用于遗传性失神癫痫大鼠模型（Strasbourg 大鼠）的构建。理论上，*CACNA1H* 的功能增强型突变能通过降低神经元反跳性去极化的阈值电位来增强兴奋发放的频率、进而使丘脑神经元过度激活，这也是失神癫痫形成机制的假说。

4. GABA 受体 γ 体氨基丁酸受体（γ-aminobutyric acid receptor，GABAR）是一类配体门控的氯离子通道。通过氯离子内流，GABAR 介导大脑中紧张性（tonic）和时相性（phasic）抑制的突触传递，引起神经元的超极化。GABRA1 编码的 α 亚单位对 GABA 介导的抑制性突触后电位的形成至关重要，在各种 IGE 家系中皆有发现。功能验证显示 *GABRA1* 相关的突变均显示功能丧失并伴有导致受体运输障碍。*GABRA1* 敲除的杂合体小鼠自发出现如同失神癫痫发作状态的脑电棘慢波发放。*GABRG2* 编码在受体运输、聚集、突触表达和离子通道动力学方面起重要作用的 γ 在亚单位。目前各种类型癫痫中已有近 30 种 *GABRG2* 突变被发现。功能验证证实这些突变导致受体离子通道功能丧失或部分丧失，通常还伴有 γ 能验亚单位蛋白在胞膜上表达的减少。与 *GABRA1* 相似，*GABRG2* 敲除的杂合体 DBA/2J 小鼠表现失神癫痫发作，而 *GABRG2* 的 Q390X 突变型敲入 C57 小鼠表现伴有自发性全面强直阵挛发作和癫痫猝死的更严重表型。

5. NMDA 受体 N- 甲基 -D- 天冬氨酸受体（N-methyl-D-aspartate receptors，NMDARs）是可由兴奋性神经递质谷氨酸 / 甘氨酸激活的配体门控阳离子通道，它在中枢神经系统中对突触可塑性起到重要作用，并介导突触的兴奋性传递。NMDAR 通常是由两个 GluN1 亚基和两个 GluN2（A-D）亚基组成。GRIN1（编码 GluN1 亚基）基因突变常在具有显著发育迟滞和智能障碍的患者中发现。GluN2 亚基中 *GRIN2A-D* 分别编码 GluN2A-D 亚基，与癫痫及精神疾病密切相关。*GRIN2A* 相关突变与癫痫失语谱系病（epilepsy-aphasia spectrum，EAS）有密切联系，这些病人通常还伴有 Rolandic 区（中央颞区）的棘波发放。数种局灶性癫痫和癫痫脑病的 *GRIN2A* 错义突变表现 NMDAR 功能增强，具体表现为激动剂效能增强和通道开放时间延长等可以引起过度兴奋性的改变。与之矛盾的是破坏性的 *GRIN2A* 突变亦在该谱系的各种癫痫表型中也有报道。

（二）脑发育基因相关癫痫

一些造成大脑整体或局部发育异常和结构畸形的基因也会引起癫痫发生。这种发育畸形的产生可能包括神经元的异常分化、分布迁移和大脑皮质的异常构建，它的部位可以是局灶、多灶乃至广泛的。造成结节性硬化的 *TSC1* 和 *TSC2* 基因突变会伴有较为严重的癫痫表型，另一部分虽然以特征性的大脑发育性畸形为特征但癫痫发作频率较低。

1. 原钙黏蛋白 19（protocadherin 19，PCDH19） *PCDH19* 突变多数局限于女性的，癫痫且伴智力低下（epilepsy and mental retardation limited to females，EFMR）的一类疾病。该病幼儿期起病且以热敏感的、药物难治的丛集性癫痫发作为特点，发作开始后出现认知障碍及自闭症特征。*PCDH19* 基因位于 Xp22.1 位点，携带变异的杂合子女性患病而半合子男性却往往不发病，因此既非显性也非隐形遗传。PCDH19 编码原钙黏蛋白 19，这一类蛋白质广泛分布于中枢神经系统，参与大脑发育阶段神经元连接的形成以及出生后早期选择性重塑突触连接。

2. 突触融合蛋白结合蛋白 1 基因（syntaxin 蛋白，STXBP1） 该蛋白分布于中枢神经系统，参与大脑发育。*STXBP1* 基因的新生突变首次在大田原综合征患儿中被发现，随后又被报道与多种癫痫性脑病（如 WEST 综合征、Lennox-Gastaut 综合征等）相关，突变的表型谱广泛。*STXBP1* 编码的高度保守蛋白在突触前囊泡与突触前膜的对接和融合过程中起重要作用。当 *STXBP1* 出现功能障碍时，突触囊泡的胞吐过程会受到严重的影响。同源基因 *STXBP1* 敲除的斑马鱼突变体出现了癫痫发作，其脑电背景类似于大田原综合征的爆发-抑制活动，提示 *STXBP1* 可能是该综合征的主要风险位点。从大田原综合征患儿获得诱导分化的前脑神经元中 *STXBP1* 的 mRNA 和蛋白质表达量均减少约 50%，提示了 *STXBP1* 相关脑病的机制可能是一个等位基因突变而另一个等位基因能正常表达所导致的单倍体剂量不足。

3. PI3K-Akt3-mTOR 信号通路相关基因 皮质发育畸形（malformation cortical development，MCD）是脑皮质神经元移行障碍或细胞增殖障碍所导致的一类疾病。已有研究发现哺乳动物雷帕霉素靶蛋白（mTOR）基因突变、磷脂酰肌醇 3- 激酶（PI3K）- 磷酸酶和张力蛋白同源物（PTEN）- 蛋白激酶 B（AKT）-TSC 相关基因突变等可对 mTOR 激活增强，均可能导致这一类畸形。PI3K-Akt3-mTOR 信号通路广泛存在于各种细胞中，发挥重要的抗凋亡、促生存作用，对细胞的生长增殖以及自噬起非常重要的调节作用。mTOR 通路的另一发病机制可能与其参与代谢型谷氨酸受体介导的突触可塑性调节有关。在敲除 PTEN 的小鼠中，mTOR 信号通路被激活导致的神经元过度兴奋和苔状纤维发芽可导致癫痫发生。因此高度活化的 mTOR 可能导致异常神经环路形成以及正常神经环路的破坏。

（三）染色体数目结构异常相关癫痫

染色体异常引起的典型症状多呈多系统的改变，如呈现面容畸形和多器官异常，常伴有认知障碍和行为异常。这是由于染色体重排、重复 / 缺失等突变往往会影响多个基因，癫痫通常只是伴随症状之一。

CNV 在基因组内广泛存在，其中微缺失 / 重复与多种癫痫的联系也在不断被发掘。15q13.3 微缺失综合征与智力障碍、发育迟缓和各种类型的癫痫发作有关。此外，这种染色体异常在 IGE 中也呈家族性或散发出现，其发生率约 1%。其他与 IGE 相关的 CNV 风险位点还包括 15q11.2、16p13.11 等，约有 3% 的 IGE 患者携带上述 3 个区域中一个区域的微缺失。

天使综合征（angelman syndrome，AS）是一种较为罕见的严重神经精神系统疾病，患者主要表现为发育迟缓、孤独症表现、癫痫等。其中癫痫的发生率高达 90%，通常 2 岁前起病并表现为全身性发作。该病与自身染色体 15q11 ～ q13 区段 *UBE3A* 基因的异常有关，它编码的蛋白称为 E6 相关蛋白（E6 associated protein，E6AP），主要定位表达在早期神经元。*UBE3A* 基因异常会使得患者海马、黑质区的泛素蛋白连接酶减少甚至消失，从而整体上影响患者的神经精神系统。印记中心（imprinting center，IC）缺陷导致 *UBE3A* 基因表达障碍是一种发病机制假说。UBE3A 基因在印记基因的调控下差异性表达，生理情况下脑组织中的母源 *UBE3A* 基因表达活跃而父源 *UBE3A* 基因相对沉默。通常来说，母源性染色体异常患儿的临床表现较印记基因缺陷型更为严重。

（四）能量代谢相关基因

1. SLC2A1 *SLC2A1* 编码葡萄糖转运体 1（glucose transporter type 1，GLUT1），该转运体在神经系统中主要表达于血脑屏障的内皮细胞以及星形胶质细胞，是唯一可转运葡萄糖通过血脑屏障的重要蛋白。*SLC2A1* 基因突变导致中枢神经系统能量供应异常，表现出婴儿耐药性癫痫、发育延迟、获得性小头畸形、混合型运动障碍等一系列临床症状。*SLC2A1* 基因突变为常染色体隐性遗传，大多数为杂合错义突变。GLUT1 缺乏提示我们启动生酮饮食这种以高脂肪、低碳水化合物为特点的配方饮食治疗手段，利用酮体替代葡萄糖提供能量。生酮饮食能够有效改善患者癫痫及运动障碍等症状，并且越早应用生酮饮食，患者预后越好。

2. ALDH7A1/PLPBP 吡哆醇依赖性癫痫（pyridoxine-dependent epilepsy，PDE）又称维生素 B6 依赖性癫痫，是一种常染色体隐性遗传性疾病。患者通常在新生儿期出现药物难治性癫痫发作，但可被大剂量吡哆醇控制。乙醛脱氢酶 7 家庭成员 A1 基因（*ALDH7A1*）被首先确定为 PDE 的致病基因，其编码产物参与体内赖氨酸的分解。直到近年另一种新的致病基因 *PLPBP* 才被确定，该基因编码的磷酸吡哆醛结合蛋白参与细胞内游离吡哆醇稳态调节。

（五）药物基因组学与抗癫痫药物治疗反应

药物基因组学通过研究人类基因组信息与药物效应之间的关系，解读药物作用个体化差异的原因。根据个体药物代谢酶、转运体、受体不同的基因型合理选择药物，可以减少或避免药物的毒副作用，以实现个体化用药。

抗癫痫药超敏反应综合征是一种特异质反应综合征，临床表现从轻型的斑丘疹到严重危及生命的 Stevens-Johnson 综合征等。该反应常由服用含苯环的芳香族 AEDs（卡马西平、奥卡西平等）引起，其发病与药物剂量无关，而与患者本身遗传易感性高度相关。随着药物基因组学研究的不断深入，已有研究证实在汉族人群和欧洲人群中，HLA-B*1502 和 HLA-A*3101 分别与卡马西平相关的超敏反应有关。

二、分子遗传学治疗的研究进展

基因治疗的目标是实现治疗性基因或“转基因”的持久表达。根据基因治疗的目的和效果可分为基因增补、动态突变修正、毒性表达产物清除等几个方面。根据所呈递遗传物质的种类可分为 DNA、反义寡核苷酸等。

基因治疗的设计有几个关键步骤。首先是确定致病基因或对疾病有逆转或修饰作用的靶点基因，这需要前期大量的基础研究探索和验证。其次转基因或其目的蛋白产物必须被递送到靶组织并稳定足量地表达，又不能干扰靶组织以及整个机体的功能完整性。基因载体的主要风险来自其诱变潜力和可能诱发的免疫排斥，即载体可能插入细胞 DNA 并破坏该 DNA 的功能元件。

（一）基因运输载体

许多病毒可做为基因载体携带治疗基因进入细胞，但它们往往难以透过血脑屏障进入大脑和脊髓，因此脑部基因治疗的常规手段是将载体通过立体定位手术直接注射入目标脑区。体内基因呈递大多使用重组腺相关病毒（adeno-associated virus，AAVs），该载体的诱变风险低因此相对安全。但它的关键局限性在于其所能稳定携带的核苷酸序列长度小于 5 kb，而癫痫治疗基因（如离子通道等）多远远超过这个长度。

能携带基因通过血脑屏障的非病毒载体有多种，其中最常用的是免疫脂质体。与病毒载体相比，非病毒载体的靶向性更高，便于大规模生产，以及在表达反义寡核苷酸等特殊外源基因片段时具有不可替代性。但他们的局限性在于较低的生物亲和度及表达效率。

（二）基因编辑 / 调控工具

1. 反义寡核苷酸（antisense oligonucleotides，AONs） 反义寡核苷酸为化学合成的单链核苷酸分子，与靶向基因序列互补。针对 SCN1A 变异导致的 Dravet 综合征患者的 AON 药物 STK-001 已经进入了临床 1/2a 期试验。STK-001 的治疗原理是与突变通道结合并诱发无义变异介导的 mRNA 降解，从而阻断该转录本的产生。STK-001 临床前期在小鼠模型上的效果显著，单次 STK-001 小鼠脑室内注射即可提高并持续维持小鼠体内正常 SCN1A 蛋白产量，减少癫痫发作的次数，改善抑制型神经元的放电状态等。

2. CRISPR/Cas9 等基因编辑技术 近年来，基于人工核酸内切酶介导的基因组编辑技术发展迅速。CRISPR/Cas9 是最早开发和最广泛使用的基因编辑技术。其中人工核酸酶可以精确靶向诱导双链 DNA 断裂（double strand break，DSB），当 DSB 产生之后，细胞内将启动修复机制。在同源序列 DNA 模板存在的情况下，细胞还会采取同源重组（homology-directed repair，HDR）的方式进行修复，可以实现特定位点的精确插入、缺失或者碱基置换。而能够激活或抑制细胞中基因 CRISPRa/CRISPRi 系统使得基因编辑不在局限于“一刀切”这一形式。CRISPRa 技术激活了 SCN1A 单倍体不足小鼠大脑中 SCN1A 编码蛋白的表达，使得该模型小鼠的癫痫发作显著减少。

3. 光遗传 / 化学遗传系统 光遗传学是指遗传学技术（重组 DNA 技术）与光学技术相结合的一种细胞生物学研究方法。该方法的原理是以特定波长的外源光线照射表达在哺乳动物细胞膜上的光敏蛋白，使细胞兴奋或抑制，进而调控靶细胞的生理状态，从而进一步实现对组织、器官及动物生理功能的精细调控。通过病毒载体可注射光敏蛋白基因至靶器官或组织，另一种表达方式则是直接构建转基因动物，比如在胆碱能神经元上特异表达 ChR2 的小鼠等。因为光遗传学技术可精确地针对靶细胞发挥兴奋和抑制作用，因此在控制癫痫起源和传播过程中可以发挥重要作用。若将癫痫探测或预测系统与光刺激装置整合成闭环光学控制系统，将会使光遗传学技术的治疗效果达到最优化。目前光遗传学技术在包括急性癫痫模型、皮质卒中后癫痫模型和慢性颞叶癫痫模型等多种不同动物模型中都显示了其作为抗癫痫治疗工具的潜能。

化学遗传学（Chemogenetics）技术利用化学小分子工具实现对目的细胞兴奋或抑制的调控。G 蛋白偶联受体（G protein-coupled receptors，GPCRs）是神经元中最大的一类信号转导分子，对神经元活性具有激发、抑制或其他调节作用。通过遗传学手段对 GPCRs 改造，使其只能被外源性特异的小分子化学药物结合并激活其下游信号通路。将该类改造后的受体表达于癫痫模型动物的脑组织中，模拟定期给予抗癫痫药物的方式给予特异性激活药物，可以避免抗癫痫药物潜在的系统性副作用。

三、展望

过去普遍认为点突变、CNV 是导致癫痫的基因常见变异，而随着新技术的应用、遗传筛查策略的完善加速了复杂遗传模式在临床中的发现。trio 基因检测策略促进了新发突变的发现，为近年来大量新癫痫相关基因的鉴定作出了主要贡献；体细胞突变检测是癫痫病因研究的另一重要手段，通过高深度外显子组测序从脑外组织（循环系统）发现低丰度的体细胞突变。对于多基因致病的复杂情况，GWAS 证明一些在基因组范围内常见变异的集合在疾病患者群体显著高于正常人，这些常见多态性位点的协同作用可能致病。癫痫遗传病因学的突破进一步推进了精准治疗。基因运输载体和调控工具最大限度保证了作用靶点的特异性，而光遗传学/化学遗传学技术在未来或许会替代药物成为全身副作用极小的干预措施，并联合癫痫放电的监测设备构成闭环干预系统。

第四节 免疫性癫痫进展及其基础研究

一、免疫性癫痫诊断治疗进展

（一）免疫性癫痫概念的确立

目前我国有近千万的癫痫患者，且每年以40万的患者数量增加，其中有近30%的患者对抗癫痫药物不敏感。随着对癫痫病因的研究深入，发现除了颅内感染、遗传代谢、颅内占位等常见病因外，自身免疫因素在癫痫疾病的发生发展过程中起着很大的作用。

自身免疫性癫痫概念的确立历经了约一个世纪的洗礼。早在100多年前，Delezenne C首先提出了癫痫可能与免疫相关的假说。至20世纪70年代，研究者们通过动物实验证实，免疫性抗体可引起癫痫的发生。自身免疫性癫痫（autoimmune epilepsy，AE）的概念于2002年被首次提出，并将其定义为由体内产生的免疫细胞或自身免疫学抗体，通过体内免疫学反应介导产生的癫痫。此后，在2014年有学者提出，对于检出抗神经元抗体且同时合并自身免疫性疾病或经免疫调节治疗后有效的癫痫患者均纳入为疑似AE病例。于2017年，国际抗癫痫联盟正式将免疫性病因列为癫痫的六大类病因之一，指出AE主要指一些特发性隐源性癫痫，病因可归于自身免疫介导的中枢神经系统炎症或者以癫痫作为核心症状的免疫性疾病。

（二）免疫性癫痫诊断进展

临床中有10%～30%的癫痫患者疑似为AE。其中，17.5%的癫痫患者同时患有自身免疫疾病，提示免疫炎症反应参与了系统性自身免疫疾病患者癫痫的发病。目前，AE的临床诊断主要分两类，即系统免疫性疾病合并癫痫发作和自身免疫相关性癫痫。前者包括狼疮脑病、桥本脑病、抗磷脂抗体综合征以及干燥综合征相关脑病等；后者为临床检测发现特异性神经元抗体阳性的特发性癫痫发作患者。特异性神经元抗体按照受攻击抗原分布位置的不同，又分为抗神经元细胞内抗原抗体和抗神经元表面抗原抗体。抗神经元细胞内抗原抗体包括Hu抗体、Ri抗体、Yo抗体、GAD-65抗体、Ma-2抗体、CRMP-5抗体等，目前认为该类抗体本身无致病性，其主要通过$CD4^{+}$/$CD8^{+}$ T细胞介导的细胞毒性反应产生致病作用。另一类抗体为抗神经元表面抗原抗体，包括NMDAR抗体，LGI-1抗体，CASPR2抗体，GABA-A/BR抗体、AMPA抗体、DPPX抗体、mGlur5抗体等，此类抗体被认为是自身致病性抗体，发病机制可能为改变靶抗原的数量或功能。

（三）免疫性癫痫疾病特点

AE患者的临床早期识别与及时治疗对改善患者预后意义重大，但目前并无统一的诊断标准。因此，为了更好的评估不明原因癫痫患者是否存在自身免疫性病因，Dubey等于2002年提出癫痫患者自身免疫性抗体阳性率评分（autoantibody prevalence in epilepsy score，APE score），该量表从多方面进行评估，是有效预测AE的临床模型，且认为APE评分≥4分预测神经自身抗体阳性的灵敏性和特异性分别为97.7%和77.9%。APE评分内容包括9项15分，分别为（前三项1分，余各2分）：①新出现的痫性发作或1～6周内精神症状迅速进展②精神行为异常③自主神经功能障碍④出现前驱病毒感染症状⑤面部运动障碍或面臂肌张力障碍⑥至少2种抗癫痫药物治疗癫痫控制欠佳⑦脑脊液呈炎症改变⑧头颅磁共振成像提示边缘叶脑炎特点⑨存在潜在恶性肿瘤。近年来随着研究的深入，APE2评分在APE的基础上进一步提高了对疾病的预测度。2020年我国学者在APE2评分的基础上加入了新的三项临床特征（认知功能障碍，言语障碍和意识水平下降），再次提升了疾病的预测水平。随着预测量表应运而生，为指导AE的诊断及免疫学治疗提供了新的依据。因此对怀疑AE的患者，及时完善血清及脑脊液检查、神经影像学检查，尤其是血清、脑脊液中自身抗体、抗神经元抗体的检测，最终结合病史、临床表现、脑电图、血清及脑脊液检验、神经影像学检查进行诊断。

（四）免疫性癫痫的治疗策略

AE对于传统的抗癫痫药物反应不佳，故临床上确诊或高度怀疑为AE的患者，须尽早给予免疫治疗。但关于该病的治疗目前尚无标准化方案，治疗手段主要包括一线治疗方法：大剂量甲强龙冲击治疗、免疫球蛋白冲击治疗或血浆置换。在症状严重以及一线药物治疗无效或效果不明显的患者中，须加用二线药物治疗。二线药物可选用利妥昔单抗或环磷酰胺等免疫抑制剂。大部分AE患者对免疫治疗有效，早期及时合理的应用免疫疗法，可改善患者预后。此外，2018年Dubey等就该类患者接受免疫治疗的疗效提出了预测治疗效果的模型，（response to immunotherapy in epilepsy score，RITE）评分，模型在APE的基础上，增加两个条件（临床症状出现6个月内接受免疫治疗和检测到神经元表面抗原），分别为2分，如RITE评分≥7分预测良好免疫治疗效果的灵敏度和特异度分别为87.5%和83.8%，此评分可协助判断诊疗效果。

二、癫痫免疫机制研究

（一）癫痫发生的免疫生物学机制

AE的免疫学致病机制尚不清楚，可能由血脑屏障（blood-brain barrier，BBB）的破坏、细胞因子含量的失衡、免疫功能的异常、癫痫与免疫炎性反应之间的相互作用等因素决定。首先，BBB的异常是影响癫痫发生的重要因素；其次，在细胞因子含量水平的失衡状态下，多种细胞因子参与癫痫发生发展的免疫病理过程，最主要包括IL-1β，IL-2，IL-6，IL-8以及TNF-α等细胞因子，其在癫痫患者体内显著的升高；而癫痫免疫功能异常，主要涉及脑内小胶质细胞、星形胶质细胞、血管内皮细胞和神经元等细胞成分的变化；在上述病理机制作用过程中，可观察到癫痫与免疫炎性反应之间具有一定的级联反应。

1. 癫痫发生中血脑屏障的破坏　癫痫发作可增加血脑屏障的通透性和诱发血脑屏障炎症反应。研究发现癫痫发作可引起血中白介素、肿瘤坏死因子、细胞因子以及相关粘附分子等高表达，其对血脑屏障均可产生不同程度的损害。血脑屏障通透性的增加和炎性反应也可诱发癫痫，一方面，血脑屏障通透性增加可引起血清白蛋白和相关炎性因子通过血脑屏障进入脑组织，诱发脑内炎症反应，引起胶质细胞的激活和增生，终而导致癫痫的发生。另一方面，血脑屏障炎症反应可影响重要神经递质的释放，同时引起神经元自身的功能障碍，引起神经元过度兴奋，进而显著降低癫痫的发作阈值，诱导癫痫发作，产生恶性循环。

2. 癫痫发生中免疫细胞的变化　癫痫发作引起的免疫紊乱可累及多种免疫细胞，显著表现在T细胞亚群失衡和NK细胞变化，如$CD3^+$、$CD4^+$细胞比例下降，$CD8^+$细胞比例增加，NK细胞活性下降，补体C4水平下降等。此外，癫痫免疫功能异常还涉及脑内细胞成分（脑内小胶质细胞和星形胶质细胞）的变化。小胶质细胞属于巨噬细胞，其功能对于维持中枢神经系统稳态至关重要。既往研究发现，癫痫发作后的海马CA1-4区出现大量小神经胶质细胞浸润。当小胶质细胞过度激活时，会释放过量炎症因子，引发神经毒性。此外，小胶质细胞还可通过激活Toll样受体（Toll-like receptor，TLR），与高迁移率族蛋白B1（high mobility group box 1 HMGB1）相互作用，引起癫痫发作，造成癫痫发作和炎症反应间的恶性循环，其可能是癫痫发生的重要机制。

3. 癫痫发生中细胞因子的变化　癫痫的发生与细胞因子的含量失衡密切相关，其参与癫痫发生的免疫病理过程，主要包括IL-1β、IL-2、IL-6、IL-8以及TNF-α等。IL-1β表达异常或分泌过量，被认为与自身免疫性疾病密切相关，IL-1β的表达量也与患者神经元的受损程度相关。癫痫患者中，IL-1β升高会刺激IL-6和TNF-α的合成与释放，从而促进癫痫的发病过程。此外，癫痫患者脑组织中可观察到IL-2、IL-6、IL-10及它们相应的受体表达量提高，并发现癫痫发病过程中细胞因子间存在着复杂的相互调节作用。

4. 癫痫与免疫炎症之间的关联机制　癫痫与免疫炎症反应相互促进。癫痫发作可导致脑内神经炎症的发生，这些炎性介质又可触发癫痫的加重和复发。癫痫的持续发作可触发大脑急性免疫炎症反应，反复自发性癫痫发作可以使脑内出现持续的慢性神经炎症反应。目前发现的促炎分子主要包括促炎症酶类（COX-2、NOS、NOX）、细胞因子（IL-1β、IL-6、TNF-α）和生长因子（TGF-β、BDNF）等，这些促炎症分子在癫痫发生过程中起重要作用。

（二）特异性神经元抗体免疫机制

特异性神经元抗体分为两类，包括抗神经元胞内抗原抗体和抗神经元表面抗原抗体。以下就几种常见的抗神经元表面抗原抗体加以论述。

1. NMDAR 抗体 Dalmau 等在 2007 年首次报道抗 NMDAR 脑炎。抗 NMDAR 脑炎在 AE 中最为常见，约占 80%，年轻女性多见，40% ～ 60% 合并卵巢畸胎瘤。NMDAR 是离子型谷氨酸受体的一种，为配体门控离子通道之一，多存在于海马、海马旁回等边缘系统，具有调控中枢神经系统突触传递、调节突触可塑性、参与学习和记忆等重要功能。该受体是由 NR1、NR2 及 NR3 三种亚基组合而成的异四聚体，其中 NR1 和 NR2 是哺乳动物构成功能性 NMDAR 的必备亚基。病理状态下，抗 NMDAR 癫痫的发病机制是由抗体介导的，抗 NMDAR 癫痫患者的血清或脑脊液中存在针对中枢神经系统 NMDAR-NR1 亚基的特异性 IgG 抗体。NMDAR 抗体主要由外周或鞘内的浆细胞合成，与肿瘤或前驱病毒感染有关。肿瘤组织异位表达 NMDAR，刺激机体产生攻击肿瘤组织的自身抗体，抗体透过血脑屏障，与大脑中的 NMDAR 发生交叉反应，造成中枢损伤，该抗体的附着、交联、与 NMDAR 结合，介导受体发生内化（由突触后膜表面转移到细胞膜内）和溶酶体发生降解，可逆性减少突触后膜表面受体的密度，从而导致 NMDAR 介导的电流降低，继发突触功能受损，致使谷氨酸水平升高。而谷氨酸的蓄积可能导致细胞内钙离子超载，产生毒性，致使神经元死亡，从而引发学习、记忆、癫痫发作及行为障碍。此外，抗 NMDAR 抗体阳性患者癫痫发作机制还可能与海马区淋巴细胞聚集、炎症反应有关。

2. 电压门控钾离子通道（VGKC）抗体 电压门控钾离子通道（VGKC）抗体主要包括抗 LGI1 抗体和抗 CASPR2 抗体。抗 VGKC 抗体靶抗原实际上是富含亮氨酸的 LGI1 和 CASPR2 抗原。VGKC 脑炎通常表现为短期记忆丧失、认知的变化及癫痫发作。这些抗体阳性的成年患者，通常伴有肿瘤。钾离子通道是分布最广、类型最多的一类离子通道，是体内可兴奋组织兴奋性调节的基础。钾离子通道破坏可引起神经元功能异常甚至细胞凋亡或坏死，从而导致癫痫的发生。抗电压门控钾离子通道抗体通过与郎飞结附近神经元细胞膜离子通道上多蛋白复合物结合，破坏钾离子通道。

癫痫发作是抗 LGI-1 脑炎最常见的首发症状，该病特征性表现为面–臂肌张力障碍样发作。此外，过度运动发作或立毛运动性发作的出现也高度提示患抗 LGI-1 脑炎的可能。睡眠障碍在电压门控性钾离子通道抗体疾病中很常见。就 LGI-1 抗体的致病机制而言，LGI-1 为突触前末梢释放的一种分泌型糖蛋白，高度表达于中枢神经系统的神经元，主要表达于海马和颞叶皮质，可经由调节 kv.1 通道、离子通道受体（AMPA 受体）对突触传递产生作用。LGI-1 能够通过桥接突触间隙的 ADAM22/23 分子，将突触前电压门控钾通道与突触后 AMPA 受体的功能偶联。目前认为 LGI-1 抗体特异性识别 LGI-1 的 N 末端亮氨酸重复序列（LRR）结构域，LRR 靶向单克隆抗体与 ADAM22/23 对接的 LGI-1 结合，并从细胞表面内化这两个复合物，进而诱导记忆损伤，同时内化的 LGI-1-ADAM22 复合物同时激活补体途径，这可能导致更长的临床病程。

CASPR2 抗体相关神经系统疾病主要为边缘叶脑炎或马方综合征，可表现为中枢、周围、自主神经系统的广泛受累。CASPR2 抗体与肿瘤的相关性已经得到了证实。约 19% 的抗 CASPR2 受体脑炎与肿瘤有关（如胸腺瘤、肺癌和结肠癌），其中胸腺瘤最为常见。CASPR2 抗体的免疫靶点被认为是 CASPR2 的氨基末端盘状结构或 γ 氨层粘连蛋白。作用于海马区抑制性中间神经元的抗体可能通过抑制 CASPR2 的功能或阻止蛋白间的相互作用而引起致病性。此外，CASPR2 与 CNTNAP1 一起，在对髓鞘神经纤维中神经冲动的盐分传导至关重要的功能不同域的形成中发挥作用。

3. γ- 氨基丁酸（GABA）抗体 GABA 受体包括 GABA 受体 A 型、GABA 受体 B 型。GABA 受体 A 型是一种配体门控离子通道，可调节快速抑制性突触传递，一旦减少可引发癫痫发作，甚至还会导致受体进一步减少，造成恶性循环。血清及脑脊液中抗 γ- 氨基丁酸 A 型受体抗体高表达常与伴发癫痫的脑炎或难治性癫痫持续状态有关。该抗体选择性抑制 γ- 氨基丁酸 A 型受体的开放，导致后者无法履行其抑制神经冲动信号传递的生理功能，从而促使癫痫发作。γ 氨基丁酸 B 受体由 GABA-B1 和 GABA-B2 两个亚单位组成，前者为主要功能单位，可作用于 K^+和 Ca^{2+}通道，产生突触前及突触后抑制，广泛分布于脑、脊髓，但以海马、丘脑、小脑表达为主。抗 GABA 受体 B 型脑炎患者中，自身抗体可结合 B1 亚基，减少抑制性递质含量，导致出现癫痫发作，且抗体与抗原结合，还可减少受体含量，引发癫痫持续状态。

4. AMPAR 抗体 AMPA 受体（Alpha-amino-3-

hydroxy-5-methyl-4-isoxazolepropionic acid receptor，AMPAR）是离子型谷氨酸受体，主要在快速兴奋性神经传递中，在突触可塑性、记忆功能和过程学习中发挥重要作用。从结构上看，AMPA受体是由GluA1-4亚单位（以前称为GluR1或GluR2）的组合设计的异四聚体。抗AMPAR的GluA1和GluA2亚单位胞外区的抗体与边缘脑炎、癫痫或共济失调等疾病有关。AMPA受体由4个亚基组成，主要存在于大脑中，特别是海马区域，其对于突触可塑性、记忆和学习较重要。谷氨酸受体1、2抗体的AMPA受体亚基可能导致脑炎。具体机制可能为抗体作用于细胞外谷氨酸受体1、2亚单位，引起受体抗体反应及受体内化，从而使突触AMPA受体簇可逆性减少而致病。抗AMPA受体抗体可经由促使AMPA受体内化，减少神经细胞表面AMPA受体，减弱抑制性突触的作用代偿性，改变神经元动作电位，促使神经元内在兴奋性提升，导致癫痫发作。

第五节 抗癫痫药物研究进展

一、第一代和第二代抗癫痫药的知识体系积累

癫痫的治疗以药物为主，目前所用的药物大多数只能通过改变兴奋/抑制平衡，以降低神经元网络的兴奋性，阻止高兴奋性的产生和传播，达到减少或防止发作的目的，而不能针对疾病的病理生理机制治疗癫痫，因此传统的“抗癫痫药”这一名词不能准确代表这类药物，本章将这些药物统一称为抗癫痫发作药（antiseizure drugs，ASDs）。

（一）第一代抗癫痫发作药

1857年，洛克爵士发现溴化钾具有抗惊厥和镇静作用，并开始用其治疗癫痫，从此开启了癫痫的化学药治疗历程。ASDs被分为三代，第一代ASDs从1857年到1986年进入市场，包括溴化钾、苯巴比妥和后续研发的苯妥英钠、扑米酮、乙琥胺、地西泮、卡马西平、丙戊酸、氯硝西泮、咪达唑仑、氯巴占和劳拉西泮（表10-3-5）。

1. 苯妥英钠 苯妥英钠是一种广谱ASD，对除失神发作外所有类型的癫痫（局灶性、全身性癫痫）有效。其主要作用机制是阻断电压依赖性钠通道。其药代动力学特征复杂，吸收缓慢且不可预测，90%与血浆蛋白结合，被肝微粒体细胞色素P450酶（cytochrome P450 proteins，CYP）代谢（主要是CYP2C9，小部分扩展到CYP2C19），这些代谢酶的基因多态性可以通过改变血清苯妥英钠水平来影响其临床反应。苯妥英钠诱导CYP450酶表达，因此具有较广泛的药物相互作用特征（降低被这些酶代谢的其他药物的血浆水平，包括卡马西平、华法林、口服避孕药和一些抗生素）。尽管苯妥英钠具有复杂的药代动力学特征，较多的不良反应，包括牙龈增生、多毛症、胎儿畸形、过敏反应以及致畸性等，但它疗效肯定，价格低廉，仍在临床中做为ASD使用。

苯妥英钠的鉴定被认为是抗癫痫药物开发的里程碑。首先，在苯妥英钠之前的溴化钾和苯巴比妥均为镇静剂，苯妥英钠于1908年由Heinrich Biltz合成，但当时未见其有镇静作用，因此没有被用于癫痫的治疗，直到1938年Merritt and Putnam使用戊四氮动物模型发现其可以减少癫痫发作，首次证明了无镇静作用的药物也可以用于癫痫治疗，其临床价值是“革命性的”。其次苯妥英钠开发所用到的动物模型为后续ASDs提供了筛选工具，并指引更多癫痫动物模型的开发，如最大电击诱导癫痫模

表10-3-5 第一代抗癫痫发作药

分类	药物名称	上市时间
第一代抗癫痫药	苯巴比妥（Phenobarbital）	1912
	苯妥英钠（Phenytoin）	1938
	扑米酮（Primidone）	1954
	乙琥胺（Ethosuximide）	1958
	地西泮（Diazepam）	1963
	卡马西平（Carbamazepine）	1965
	丙戊酸钠（Valpronic acid）	1967
	氯硝西泮（Clonazepam）	1968
	咪达唑仑（Midazolam）	1982
	氯巴占（Clobazam）	1984
	劳拉西泮（Lorazepan）	1985

型和化合物诱导癫痫模型。苯妥英钠的显著疗效也开启了结构相关化合物作为潜在药物的开发历程。

2. 丙戊酸钠 丙戊酸钠的抗癫痫特性最早于 1963 年被意外发现，现已成为一种公认的广谱 ASD，对多种类型的癫痫尤其是与多种癫痫类型相关的特发性和症状性全身性癫痫有效，也被认为是治疗脑肿瘤患者癫痫发作的一线选择，具有显著的生存益处。与卡马西平相似，丙戊酸钠对双相情感障碍也有效，并用于偏头痛预防。其抗癫痫活性的药理机制仍有待阐明。口服时生物利用高，与血浆蛋白高度结合。体重增加、脱发、肝毒性、胰腺炎、胃肠道症状、镇静和震颤是最常见的不良反应。

3. 卡马西平 卡马西平是治疗局灶性癫痫的一线药物，也用于神经病理性疼痛和双相情感障碍的治疗。卡马西平可引起多种不良反应，包括胃肠道不适、眩晕、再生障碍性贫血、低钠血症和过敏反应，可能增加先天性畸形的风险。

卡马西平、丙戊酸钠等和苯妥英钠相比，在化学结构上不同，在耐受性方面有所提升，但这些药物均有相互作用方面的问题，同时存在诸多剂量相关中枢神经系统（central nervous system，CNS）副作用、致畸性及其他不良反应。

对第一代 ASDs 的药理机制的研究发现，ASDs 主要通过调节神经元兴奋性相关离子通道以及与 GABA 神经传递相关的受体、转运体和酶发挥作用，推动了对癫痫病理机制认识的发展，也为后续新型 ASDs 的靶标提供了重要的依据。20 世纪 70 年代和 80 年代，ASDs 临床药理学研究蓬勃发展，开展了许多精心设计的随机对照试验，这些研究提高了对药物的药代动力学和药物相互作用特点以及它们与临床反应的关系、不同癫痫类型中 ASDs 活性谱、ASDs 的急性和慢性不良反应等的认识，并提供了有效性比较数据，以指导药物选择和使用。最终，这些研究帮助确立了抗癫痫药物治疗的基本原则，即根据个体特点调整药物选择和剂量，开始了治疗药物监测在剂量个体化方面的应用。此外，第一代 ASDs 提供了多种先导性的化合物结构参考，同时 ASDs 的临床前、临床试验方法学日趋成熟，这些丰富的知识积累，指导后续 ASDs 理性开发，即设计靶向癫痫发作关键机制的药物。

（二）第二代抗癫痫发作药

第二代 ASDs 开发的出发点主要是努力攻克传统药物（巴比妥类、苯二氮䓬类、卡马西平、苯妥英钠和丙戊酸等）的缺点，包括减少不良反应，优化不良药代动力学和药物相互作用特征，增强疗效，有效控制难治性癫痫发作（表 10-3-6）。

1. 拉莫三嗪 拉莫三嗪是广谱 ASD，对难治性部分性癫痫、失神性发作、全身性发作和 Lennox-Gastaut 综合征有显著疗效。口服生物利用度高，1 ～ 3 小时达到峰值浓度。拉莫三嗪无肝微粒体酶诱导活性，主要通过 UDP- 葡萄糖醛酸转移酶（UDP-glucuronosyl transferase，UGT）与葡萄糖醛酸结合进行代谢，因此，它的药物相互作用少，对其他 ASDs 的药代动力学影响不大。但由于 UGT 酶的遗传多态性对拉莫三嗪的血浆浓度有显著影响，因此患者之间的拉莫三嗪动力学差异很大。主要不良反应是恶心、头晕、皮疹等过敏反应。

2. 托吡酯 托吡酯是一种具有多种作用机制的强效药物，包括电压门控性钠通道阻断、通过 GABAA 受体增强 GABA 抑制、通过对谷氨酸受体 α 制氨基 -3- 羟基 -5- 甲基 -4- 异恶唑丙酸（a-amino-3-hydroxy-5-methyl-4-isoxazole-propionic acid，AMPA）亚型的拮抗作用增强 GABA 抑制，以及钙和钾通道的调节。托吡酯对局灶性和全身性强直阵挛和失神发作都有效，对偏头痛的预防也很有效，适用于癫痫和偏头痛并发的患者。对肝酶的诱导力低，通过肾脏排泄。有认知不良反应的报道，如注意力不集中、言语和语言问题，特别是找词困难，此外可能引起肾结石、体重减轻。

3. 左乙拉西坦 / 布伐拉西坦 左乙拉西坦和布伐拉西坦是吡拉西坦的类似物，是选择性结合突触

表 10-3-6 第二代抗癫痫发作药

分类	药物名称	上市时间
第二代抗癫痫药	氨己烯酸（Vigabatrin）	1989
	拉莫三嗪（Lamotrigine）	1990
	奥卡西平（Oxcarbazepine）	1990
	非氨酯（Felbamate）	1993
	加巴喷丁（Gabapentin）	1993
	托吡酯（Topiramate）	1995
	替加滨（Tiagabine）	1996
	左乙拉西坦（Levetiracetam）	1999
	司替戊醇（Stiripenol）	2001
	唑尼沙胺（Zonisamide）	2002
	普瑞巴林（Pregabalin）	2004
	卢非酰胺（Rufinamide）	2007

囊泡蛋白2A（synaptic vesicle protein 2A，SV2A）的有效药物。左乙拉西坦是一种有效且耐受性好的药物，用于局灶性和继发性全身强直阵挛性发作和失神发作。它对脑肿瘤相关的癫痫也有效，具有良好的药代动力学特征，口服后吸收迅速，生物利用度高，血浆蛋白结合率较低，可通过肾脏排泄。不经肝脏代谢，无明显的药物相互作用。有精神相关的不良反应报道，如抑郁和自杀行为，因此在有精神共病的患者中应谨慎使用。布伐拉西坦与SV2A蛋白的亲和力和差异结合增强，在实验模型中，布伐拉西坦对全面性和局灶性癫痫的效力比左乙拉西坦高10～30倍，对难治性部分性癫痫有效。布伐拉西坦在成人中最常见的不良反应主要与中枢神经系统有关，包括嗜睡、疲劳和头晕等。

4. 唑尼沙胺 唑尼沙胺是一种磺胺化合物，对局灶性和全身性癫痫有效，自1989年起在日本使用。其主要作用机制为阻断电压门控钠通道和T型钙电流，具有良好的口服生物利用度，不受食物摄入的影响，无酶诱导特性，药物相互作用不常见，血浆消除半衰期长。不良反应包括镇静、共济失调、头晕、恶心、疲劳、烦躁/易怒、体重减轻以及肾结石。

第二代ASDs研发在相互作用、疗效和安全性方面获得了丰富的成果。这些药物的引入扩大了癫痫综合征的治疗药物选择，改善了癫痫的治疗效果，尤其为特殊患者群体包括有生育需求的妇女、老年人、以及偏头痛、焦虑症、抑郁和神经病理性疼痛等共病的患者提高了治疗安全性和整体疗效。遗憾的是，第二代ASDs的控制发作的疗效并未明显优于传统药物，且基本不能降低药物难治性癫痫患者的比例，治疗效应研究仍然不完全，缺乏无偏见的比较疗效试验，特别是全身性癫痫和发作于婴儿期和幼儿期的癫痫，因此指导大多数癫痫综合征治疗药物选择的证据质量仍然不理想。

（三）癫痫的病理机制和药物靶标

癫痫发作本质是一组高兴奋性神经元的超同步、阵发性异常放电，源于神经元兴奋和抑制之间的失衡。神经元的兴奋性受到多种不同的因素调节，如神经递质、离子通道和受体、神经炎症、突触、基因和蛋白质表达的改变以及星形细胞调节等。随着第一代与第二代ASDs药物的开发，以及对癫痫病理机制研究的不断深入，癫痫治疗药物的作用靶标也在不断丰富（表10-3-7）。

1. 离子通道 电压门控离子通道，特别是钠、钙、钾和HCN通道在产生癫痫放电中起着关键作用，苯妥英钠、卡马西平、拉莫三嗪、非氨酯、托吡酯、奥卡西平、卢非酰胺、依司他滨和丙戊酸等通过使电压门控钠通道快速失活发挥作用，拉考沙胺调节电压门控钠通道慢失活。低电压激活（T型）钙通道调节丘脑皮质神经元的起搏器活动，并导致全身性失神发作，T型钙通道阻滞剂，如乙琥胺、唑尼沙胺和丙戊酸可阻止3 Hz波的同步放电，这是失神发作的脑电图特征。拉莫三嗪、加巴喷丁、托吡酯、左乙拉西坦和普瑞巴林对高压激活的钙通道（N型、P/Q型、L型、α、α林对亚单位）具有阻断作用，瑞替加宾是第一个被批准的作用于神经元钾通道的药物，通过延长通道开放时间来防止癫痫放电的发生。钾通道电导的增强也被认为是丙戊酸和托吡酯抗癫痫作用的潜在机制。超极化激活的环核苷酸门控（hyperpolarization-activated cyclic nucleotide-gated，HCN）通道与失神癫痫和颞叶癫痫的病理生理学有关，拉莫三嗪和加巴喷丁可上调皮质和丘脑神经元的Ih电流（一种由HCN通道介导的去极化电流），对全身性癫痫有效。

2. 神经递质 GABA作为脑内主要的抑制性神经递质，在癫痫的发生和治疗中具有非常重要的作用。GABA能抑制的减少或丢失增加兴奋性突触后电位的产生和同步爆发放电的可能性。多种传统ASDs的通过作用于GABAA受体、GABA合成、再摄取或降解来改变GABA的功能，进而抑制癫痫发作，苯巴比妥、苯二氮䓬类药物和加巴喷丁与GABAA受体复合物上的不同位点结合，托吡酯激活GABAA受体，替加滨减缓GABA摄取并延长其突触作用，氨己烯酸阻断细胞内GABA降解酶。

谷氨酸盐是主要的兴奋性氨基酸神经递质，通过配体门控阳离子通道、α氨氨基-3-羟基-5-甲基-4-异恶唑丙酸（AMPA）/kainate、N-甲基-D-天冬氨酸（NMDA）和代谢型受体发挥作用。NMDA、AMPA受体拮抗剂在癫痫动物模型均显示抗癫痫活性。托吡酯通过多种机制抑制兴奋性神经递质发挥抗癫痫作用，近来上市的吡仑帕奈通过抑制AMPA受体起效。

3. 神经免疫和炎症 炎症介质可能通过增强神经元的高兴奋性、神经毒性和改变血脑屏障的渗透性促进癫痫发作，目前的抗炎疗法，如促肾上腺皮质激素、血浆置换、皮质类固醇、单克隆抗体和免疫球蛋白，已被有限地用于治疗ASDs无反应的小儿癫痫、自身免疫性边缘脑炎和部分性癫痫。

表 10-3-7 抗癫痫发作药的作用靶标

药物 / 机制	调节电压门控离子通道			增强 GABA 能神经传递				抑制突触兴奋性			调节神经递质释放		其他	
	Na^+	Ca^{2+}	K^+	HCN	$GABA_A$R	GAT-1	GABA-T	GAD	NMDA-R	AMPK/Kainate-R	SV2A protein	α2δ protein	mTOR	LDH
苯妥英钠	★													
卡马西平	★													
奥卡西平	★													
艾司利卡西平	★													
拉考沙胺	★													
拉莫三嗪	★	★		★										
唑尼沙胺	★	★												
乙琥胺		★												
苯二氮䓬类					★									
氨己烯酸							★							
替加滨						★								
吡仑帕奈										★				
加巴喷丁		★		★								★		
普瑞巴林		★						★				★		
左乙拉西坦											★			
布瓦西坦											★			
丙戊酸钠	★	★	★					★	★					
非氨酯	★	★			★				★					
托吡酯	★	★	★		★					★				
苯巴比妥		★			★					★				
卢非酰胺	★													
森巴考特	★				★									
依维莫司													★	
司替戊醇					★									★

Na^+：电压门控钠离子通道；Ca2 ＋：电压门控钙离子通道（T、P、Q、N 和 L- 型）；K^+：电压门控钾离子通道；HCN：超极化激活环核苷酸门控通道；GABAA-R：GABA-A 型受体；GAT-1：GABA 转运体 -1；GABA-T：GABA 转氨酶；GAD：谷氨酸脱羧酶；NMDA：N- 甲基 -D- 天冬氨酸谷氨酸受体；AMPA/kainite-R：αα 氨基 -3- 羟基 -5- 甲基 -4- 异恶唑–丙酸 /kanite 谷氨酸受体；SV2A：突触囊泡蛋白 2A；α 触囊泡蛋白 inite-：电压门控钙通道的亚单位；mTOR：雷帕霉素的哺乳动物靶点；LDH：乳酸脱氢酶。

二、第三代抗癫痫发作药研究进展

（一）主要的第三代抗癫痫发作药

在第一代和第二代 ASDs 药物开发积累的丰富知识基础上，第三代 ASDs 研发进入新阶段，主要针对难治性癫痫和无有效药物的疾病类型，开发新靶点、新机制和“孤儿型”药物，同时以提高长期用药的便利性和降低毒副作用为目的。现有的第三代 ASDs 较之前的药物疗效增加有限，但耐受性有很大程度的提高，总体上具有不良反应较轻、耐受性更佳、药代动力学特性更优、药物相互作用更少以及更适合联合用药的优势（表 10-3-8）。

表 10-3-8 第三代抗癫痫发作药

分类	药物名称	上市时间
第三代抗癫痫药	拉考沙胺（Lacosamide）	2008
	醋酸艾司利卡西平（Eslicarbazepine acetate）	2010
	加巴喷丁酯（Gabapentin enacarbil）	2010
	瑞替加滨（Retigabine）	2012
	吡仑帕奈（Perampanel）	2012
	布瓦西坦（Brivaracetam）	2016
	依维莫司（Everolimus）	2018
	大麻二酚（cannabidiol）	2018
	森巴考特（Cenobamate）	2019

1. 拉考沙胺 拉考沙胺用于治疗成人、青少年和4岁以上癫痫儿童的部分性发作（有或无继发性全身症状）的单药治疗和辅助治疗，具有吸收快、口服生物利用度高、耐受性良好的优点，且血药浓度在不同个体间变异度小，代谢特性可预测，与其他药物（包括口服避孕药）相互作用少，因此，作为新诊断的癫痫患者的合适治疗选择。主要的副作用是头晕、视力异常、复视和共济失调。

2. 吡仑帕奈 吡仑帕奈是一种新型的AMPA型谷氨酸受体非竞争性选择性拮抗剂。在12岁以上癫痫患者中，被批准作为伴有或不伴有继发性发作的部分性癫痫以及原发性全身强直阵挛性发作的辅助治疗。吡仑帕奈吸收快速且完全，生物利用度为100%，通过CYP3A4酶在肝脏中广泛代谢，因此酶诱导性抗癫痫药可显著降低其浓度。不良反应如头晕、焦虑、嗜睡、疲劳、易怒、步态障碍、体重增加、构音障碍和快感情绪，这些都与血浆浓度的增加相关。

3. 鲁非那胺 鲁非那胺被欧洲药物管理局批准为孤儿抗癫痫药，用于4岁及以上患者Lennox-Gastaut综合征的辅助治疗，主要通过延长钠通道的失活来调节钠通道的活性。它在肝脏中广泛代谢，对CYP酶没有抑制作用，酶诱导ASDs能提高其清除率。鲁非那胺与其他钠通道阻滞剂有一致的剂量依赖性不良反应，如头晕、疲劳、恶心、呕吐、复视、共济失调，在一些病例研究中观察到偶有超敏反应。

4. 司替戊醇 司替戊醇另一种孤儿药，用于婴儿期严重肌阵挛性癫痫（Dravet综合征）患者的难治性强直阵挛性癫痫发作的治疗。司替戊醇通过作用于GABAA受体的巴比妥酸结合位点来调节GABA能功能，其另一个独特作用机制是抑制乳酸脱氢酶（lactate dehydrogenase，LDH）致ATP水平降低，ATP敏感钾通道开放，最终导致神经元超极化。口服给药后，司替戊醇吸收迅速，生物利用度为70%，并在肝脏代谢，在治疗浓度下，司替戊醇是CYP450酶的有效抑制剂，特别是CYP2C19、CYP3A4和CYP1A2，因此与其他药物具有广泛的药代动力学相互作用。最常见的副作用是嗜睡、共济失调和恶心。

5. 布瓦西坦 布瓦西坦在对已有抗癫痫药左乙拉西坦进行结构改造、优化筛选过程中发现，可与广泛分布于中枢神经元和内分泌细胞SV2A相结合，从而减少兴奋性神经递质释放和突触囊泡循环。2016年被美国FDA批准用于单药或联合用药治疗16岁以上患者的部分性癫痫发作。布瓦西坦口服吸收快而完全，主要代谢途径是经肝内外的酰胺酶水解为羧酸代谢物，次要途径是CYPC19，其代谢产物均无药理活性。在药物相互作用方面，布瓦西坦可抑制环氧化物水解酶，对CYP2C19亦有微弱抑制作用，利福平、卡马西平、苯巴比妥、苯妥英钠可降低布瓦西坦的血浆浓度，布瓦西坦也会增加苯妥英及卡马西平的代谢。常见的不良反应包括嗜睡、头晕、疲劳和恶心呕吐。

（二）癫痫治疗药物发展前景

随着我们对癫痫不同病因的分子机制、癫痫发生过程的了解不断深入，包括癫痫基因突变引起的分子缺陷的靶向性、自身免疫机制、神经胶质细胞与神经元相互作用、神经炎症以及脑-肠-微生物轴的功能障碍等，这些研究促进针对病因的癫痫动物模型的出现，未来针对癫痫的潜在原因和机制开发真正新颖的药物逐渐成为可能。同时，创新的试验设计和终点将推动潜在抗癫痫发作药物/疾病修饰药物的开发。

三、抗癫痫生成药

近年来在癫痫治疗中寻找潜在治疗靶点的研究取得了重要进展，多种信号途径（Wnt/癫痫治疗中寻找潜在、mTOR和锌信号）、酶（碳酸酐酶）、蛋白质（促红细胞生成素、补体系统）、离子通道如瞬时受体电位香草酸亚型1（transient receptor potential vanilloid 1，TRPV1）和受体（甘丙肽和褪黑素受体）被报道参与癫痫疾病的发生和进展。针对这些靶标的药物不仅可以作为控制癫痫发作的选择，且可能预防癫痫病的发生，成为潜在的抗癫痫生成药。以mTOR信号为例，研究表明过度激活的mTOR信号可能导致癫痫，应用结节性硬化综合征小鼠模型的研究表明，mTOR抑制剂雷帕霉素的早期治疗不仅能抑制mTOR的激活，还能延缓星形胶质细胞增生和海马锥体细胞的紊乱，防止癫痫的发展。FDA已批准雷帕霉素用于治疗巨大室管膜下或复杂室管膜下硬化的患者。雷帕霉素类似物依维莫司在治疗结节性硬化综合征相关癫痫方面有效，已成为首个获FDA批准专门用于治疗2岁及以上结节性硬化症相关部分性癫痫发作患者的药物。此外，TRPV1通道拮抗剂、拟肽药物、非肽激动剂或甘丙肽正性变构调节剂等也显示出抗惊厥、抗癫痫和神经保护作用，褪黑素和褪黑素能配体除了具有抗惊厥作用外，还具有抗氧化、抗兴奋性毒性和清除自由基的特性，针对自身免疫性脑炎相关癫痫的抗体可能通过直接对抗免疫炎症预防癫痫发生。虽然还需要进一步的研究来评估这些治疗干预措施的有效性以及如何安全地应用，但是这些领域的研究为癫痫的治疗带来了全新的方向。

参考文献

综述

1. Lüders H，Vaca GF，Akamatsu N，et al. Classification of paroxysmal events and the four-dimensional epilepsy classification system. *Epileptic Disord*，2019，21（1）：1-29.
2. Trinka E，Cock H，Hesdorffer D，et al. A definition and classification of status epilepticus-Report of the ILAE Task Force on Classification of Status Epilepticus. *Epilepsia*，2015，56（10）：1515-23.
3. Rosenow F，Akamatsu N，Bast T，et al. Could the 2017 ILAE and the four-dimensional epilepsy classifications be merged to a new "Integrated Epilepsy Classification"? *Seizure*，2020，78：31-37.
4. Panayiotopoulos CP. The epilepsies：seizures，syndromes and management. *Bladon Medical Publishing*，2005.
5. Bromfield EB，Cavazos JE，Sirven JI. An introduction to epilepsy. *West Hartford（CT）：American Epilepsy Society*，2006.
6. Wei F，Yan LM，Su T，et al. Ion channel genes and epilepsy：functional alteration，pathogenic potential，and mechanism of epilepsy. *Neurosci Bull*，2017，33（4）：455-477.
7. Buiting K，Williams C，Horsthemke B. Angelman syndrome-insights into a rare neurogenetic disorder. *Nat Rev Neurol*，2016，12（10）：584-593.
8. Mullen SA，Berkovic SF；ILAE genetics commission. Genetic generalized epilepsies. *Epilepsia*，2018，59（6）：1148-1153.
9. Henshall DC，Kobow K. Epigenetics and epilepsy. *Cold Spring Harb Perspect Med*，2015，5（12）：a022731.
10. High KA，Roncarolo MG. Gene therapy. *N Engl J Med*，2019，381（5）：455-464.
11. Drew L. Gene therapy targets epilepsy. *Nature*，2018，564（7735）：S10-S11.
12. Walker MC，Kullmann DM. Optogenetic and chemogenetic therapies for epilepsy. *Neuropharmacology*，2020，168：107751.
13. Kwan P，Schachter SC，Brodie MJ. Drug-resistant epilepsy. *N Engl J Med*，2011，365（10）：919-926.
14. Marchi N，Granata T，Janigro D. Inflammatory pathways of seizure disorders. *Trends Neurosci*，2014，37（2）：55-65.
15. Vezzani A，French J，Bartfai T，et al. The role of inflammation in epilepsy. *Nat Rev Neurol*，2011，7（1）：31-40.
16. Zavala-Tecuapetla C，Cuellar-Herrera M，Luna-Munguia H. Insights into potential targets for therapeutic intervention in epilepsy. *Int J Mol Sci*，2020，21（22），8573.
17. Perucca E，Brodie MJ，Kwan P，et al. 30 years of second-generation antiseizure medications：impact and future perspectives. *Lancet Neurol*，2020，19（6）：544-556.
18. Sankaraneni R，Lachhwani D. Antiepileptic drugs—a review. *Pediatr Ann*，2015，44（2）：e36-42.
19. Carcak N，Ozkara C. Seizures and antiepileptic drugs：from pathophysiology to clinical practice. *Curr Pharm Des*，2017，23（42）：6376-6388.
20. Odi R，Bibi D，Wager T，et al. A perspective on the physicochemical and biopharmaceutic properties of marketed antiseizure drugs-from phenobarbital to cenobamate and beyond. *Epilepsia*，2020，61（8）：1543-1552.

原始文献

1. Fisher RS，Cross JH，D'Souza C，et al. Instruction manual for the ILAE 2017 operational classification of seizure types. *Epilepsia*，2017，58（4）：531-542.
2. Kokkinos V，Sisterson ND，Wozny TA，et al. Association of closed-loop brain stimulation neurophysiological features with seizure control among patients with focal epilepsy. *JAMA Neurol*，2019，76（7）：800-808.
3. Epi4K Consortium；Epilepsy Phenome/Genome Project，Allen AS，et al. De novo mutations in epileptic encephalopathies. *Nature*，2013，501（7466）：217-221.
4. International League Against Epilepsy Consortium on Complex Epilepsies. Genome-wide mega-analysis identifies 16 loci and highlights diverse biological mechanisms in the common epilepsies. *Nat Commun*，2018，9（1）：5269.
5. Korotkov A，Broekaart DWM，Banchaewa L，et al. microRNA-132 is overexpressed in glia in temporal lobe epilepsy and reduces the expression of pro-epileptogenic factors in human cultured astrocytes. *Glia*，2020，68（1）：60-75.
6. Chen P，Lin JJ，Lu CS，et al. Carbamazepine-induced toxic

effects and HLA-B*1502 screening in Taiwan. *N Engl J Med*, 2011, 364 (12): 1126-1133.

7. Hlebokazov F, Dakukina T, Ihnatsenko S, et al. Treatment of refractory epilepsy patients with autologous mesenchymal stem cells reduces seizure frequency: An open label study. *Adv Med Sci*, 2017, 62 (2): 273-279.
8. Ong MS, Kohane IS, Cai T, et al. Population-level evidence for an autoimmune etiology of epilepsy. *JAMA Neurol*, 2014, 71 (5): 569-574.
9. Scheffer I, Berkovic S, Capovilla, G, et al. ILAE classification of the epilepsies: Position paper of the ILAE commission for classification and terminology. *Epilepsia*, 2017, 58 (4): 512-521.
10. Dubey D, Alqallaf A, Hays R, et al. Neurological autoantibody prevalence in epilepsy of unknown etiology. *JAMA Neurol*, 2017, 74 (4): 397-402.

第4章 神经遗传病

唐北沙

第一节　引　言

神经遗传病（neurogenetic diseases）是一类由遗传因素（如生殖细胞或受精卵内、体细胞内遗传物质）引起的遗传性疾病；病理以神经系统受损为主，临床以神经系统表现为主，可累及其他系统的疾病。神经遗传病临床异质性与遗传异质性明显，约占在线人类孟德尔遗传数据库（Online Mendelian Inheritance in Man，OMIM，https://omim.org/）中病种的1/3。随着分子遗传学理论与技术的发展，人们对神经系统遗传病发病机制及靶向治疗策略的认识越来越深入。

神经遗传病常见临床表现，根据神经系统受累部位不同包括：肌无力、肌萎缩、步态障碍、运动迟缓、舞蹈征、肌张力障碍、痉挛状态、共济失调、构音障碍、吞咽困难、精神发育迟滞、痴呆、癫痫等。遗传早现现象（genetic anticipation）是临床特点之一。多于新生儿期、婴儿期、儿童期、青少年期发病，也可见于成年期发病。相关实验室生化检查、神经电生理检查、神经影像学检查有助于诊断与鉴别诊断；病理学检查与基因检测是金标准。

神经遗传病可呈常染色体显性遗传（autosomal dominant inheritance，AD）、常染色体隐性遗传（autosomal recessive inheritance，AR）及X-连锁遗传（X-linked inheritance），还可呈线粒体遗传（mitochondrial inheritance）。神经遗传病分子发病机制，根据受累的相关基因功能涉及氧化应激障碍、泛素蛋白酶体障碍、酶蛋白代谢障碍、细胞电生理障碍、异常蛋白聚集、髓鞘功能障碍、RNA毒性作用（RNA toxicity）、重复相关非ATG翻译（RAN translation）等。OMIM（https://omim.org/），

Neuromuscular disease center（https://neuromuscular.wustl.edu），CliVar（https://www.ncbi.nlm.nih.gov/clinvar/），VarCards（http://varcards.biols.ac.cn/），Clinicaltrials（https://clinicaltrials.gov/）等数据库为神经遗传病基础与临床研究提供了巨大的信息资源。

第二节　进行性肌营养不良症

进行性肌营养不良症（progressive muscular dystrophy）是一组临床常见的遗传性肌肉变性疾病，以缓慢进行性加重的对称性肌无力和肌肉萎缩为特征，可累及肢体和头面部肌肉，少数可累及心肌，无感觉障碍。根据遗传方式、发病年龄、萎缩肌肉分布、有无肌肉假性肥大、病程及预后可以分为 9 种类型：假肥大性肌营养不良症（包括 Duchenne 型肌营养不良症与 Becker 型肌营养不良症）、面肩肱型肌营养不良症（facioscapulohumeral muscular dystrophy，FSHD）、肢带型肌营养不良症（limb-girdle muscular dystrophy，LGMD）、Emery-Dreifuss 肌营养不良症（Emery-Dreifuss muscular dystrophy，EDMD）、先天性肌营养不良症（congenital muscular dystrophy，CMD）、眼咽型肌营养不良症（oculopharyngeal muscular dystrophy，OPMD）、强直性肌营养不良症（myotonic muscular dystrophy 或 dystrophia myotonia，DM）、眼肌型肌营养不良症（Kiloh-Nevin 型）和远端型肌营养不良症（Gower 型）。

一、遗传学基础

（一）假肥大性肌营养不良症

假肥大性肌营养不良症是最常见的 X 连锁隐性遗传性肌肉变性疾病，活产婴儿发病率约为 30/100 000，主要表现为进行性对称性肌无力，根据其临床特点分为 Duchenne 型肌营养不良症（Duchenne muscular dystrophy，DMD；MIM：310200）与 Becker 型肌营养不良症（Becker muscular dystrophy，BMD；MIM：300376）。DMD 患者发病年龄早，病情进展速度快，常 30 岁前因呼吸系统并发症或心肌病死亡；BMD 患者发病年龄晚，病情进展速度慢，平均可存活至 45 岁。

DMD/BMD 由 *DMD* 基因突变致病，该基因位于 X 染色体，全长 2.4 Mb，是目前已知人类最大的基因，cDNA 长 14 kb，含 79 个外显子，编码抗肌萎缩蛋白（dystrophin），常见突变类型包括外显子缺失突变（占 65%）、重复突变（占 10%）、微小突变和点突变（占 25%），点突变有插入突变、无义突变、剪接位点突变和错义突变等。由于 *DMD* 基因最常见的病理突变为缺失或重复突变，目前首选的基因诊断方法是采用多重连接探针扩增技术（multiplex ligation-dependent probe amplification，MLPA）进行半定量的缺失或重复检测，对于 MLPA 检测结果阴性的病例，采用 Sanger 测序或新一代测序技术（*next* generation sequencing，NGS）对基因编码区进行变异分析，确定点突变或小的插入或缺失突变。

（二）其他较常见的进行性肌营养不良症

（1）FSHD：FSHD 呈常染色体显性遗传，分为 FSHD1 ～ 4 型。FSHD1 型（MIM：158900）致病基因定位在 4 号染色体（4q35），在此区域有一与 KpnI 酶切位点相关的 3.3 kb 重复片段或 D4Z4。正常人中该 3.3 kb/KpnI 片段重复约 10 ～ 150 次，而 FSHD 患者中通常少于 10 次，通过测定 3.3 kb/KpnI 片段重复的次数则可作出基因诊断。FSHD 患者 3.3 kb/KpnI 片段重复次数的减少并不直接引起基因的结构破坏，而是引起 4q35 区域内的基因转录抑制被减弱或消除，使其表达上调而致病。FSHD2 型（MIM：158901）致病基因为 *SMCHD1* 基因，FSHD3 型（MIM：619477）致病基因为 *LRIF1* 基因，FSHD4 型（MIM：619478）致病基因为 *DNMT3B* 基因。

（2）LGMD：LGMD 是一类具有高度遗传和临床异质性的常染色体遗传性肌病。根据遗传方式，常染色体显性遗传的称为 LGMD1，常染色体隐性遗传的称为 LGMD2。根据不同的致病基因，LGMD1 分为 LGMD1A（MIM：609200；*MYOT* 基因）、1B（MIM：181350；*LMNA* 基因）、1C（MIM：606072；*CAV3* 基因）、1D（MIM：601419；*DES* 基因）和 1E（MIM：603511；*DNAJB6* 基因）5 个亚型；LGMD2 分为 LGMD2A（MIM：253600；*CAPN3* 基因）、2B（MIM：253601；*DYSF* 基因）、2C（MIM：

253700；*SGCG*基因）、2D（MIM：608099；*SGCA*基因）、2E（MIM：604286；*SGCB*基因）、2F（MIM：601287；*SGCD*基因）、2G（MIM：601954；*TCAP*基因）、2H（MIM：254110；*TRIM32*基因）、2I（MIM：607155；*FKRP*基因）、2J（MIM：608807；*TTN*基因）10个亚型。90%的LGMD为常染色体隐性遗传，以LGMD2A最常见。LGMD的发病与肌膜蛋白和近膜蛋白的异常有关，其突变直接影响肌细胞膜上的抗肌萎缩蛋白-糖蛋白复合体的结构和功能。复合体内各蛋白之间紧密结合，互相关联，为连接膜内骨架蛋白和膜外基质以保持肌细胞膜的稳定性。任何一种蛋白的缺失均会影响到整个膜结构的稳定，导致肌细胞的坏死。

（3）OPMD（MIM：164300）：OPMD多 呈常染色体显性遗传，也可呈常染色体隐性遗传，其致病基因位于14号染色体，为多聚腺苷酸结合蛋白核1（polyadenylate-binding protein nuclear 1，PABPN1）。*PABPN1*基因编码的PABPN1蛋白存在于细胞核中，对mRNA起增加poly（A）的作用。OPMD发病与*PABPN1*基因1号外显子的GCG重复序列异常扩增突变有关，正常人GCG重复次数为6次，OPMD患者GCG重复次数可达8～13次。*PABPN1*基因编码异常的多聚丙氨酸链，在细胞核内异常折叠且易聚集，形成核内包涵体，导致肌细胞功能缺失而致病，重复次数与表型严重性呈正比。

（4）EDMD：EDMD1型（MIM：310300）呈X-连锁隐性遗传，致病基因为*EMD*基因，位于染色体Xq28，编码emerin蛋白；EDMD2型（MIM：181350）呈常染色体遗传，其致病基因为*LMNA*基因，位于染色体1q21～23，编码核纤层蛋白A/C（laminA/C）。这些编码蛋白主要位于骨骼肌、心肌、平滑肌核膜，EDMD基因异常可导致核膜稳定性受损，引起骨骼肌和心肌细胞的损害。

二、分子致病机制

1. 致病机制 Dystrophin蛋白是一种膜结构蛋白，主要位于骨骼肌和心肌细胞膜的质膜面，通过疏水相互作用与质膜发生作用。Dystrophin蛋白疏水肽段锚定在膜上，其他肽段留在细胞质内，通过其氨基末端和羧基末端结构域将肌肉纤维的细胞骨架连接到细胞外基质，以维持肌纤维的稳定性。

*DMD*基因突变会导致功能性Dystrophin蛋白缺失，使维持和稳定细胞骨架蛋白空间最主要的疏水作用力丧失，Dystrophin蛋白的构象发生改变，导致它不能与Dystrophin蛋白相关糖蛋白以及肌动蛋白结合，破坏肌膜结构的完整性，从而引起局灶性富含钙离子的细胞外液成分顺着膜缺陷内流入肌纤维，最终可能出现下列情况：①线粒体钙超载，导致ATP合成减少；②激活中性蛋白酶，后者能消化肌纤维以及细胞骨架蛋白；③增加前列腺素E_2介导的蛋白降解；④激活膜固的磷脂酶，使膜磷脂降解。Dystrophin蛋白功能障碍形成恶性循环，肌肉纤维完整性破坏，进而发生肌纤维坏死，最终表现为进行性肌营养不良。当Dystrophin蛋白疏水肽段的缺失，使该膜蛋白在细胞内稳定性差，继之引起肌细胞的代谢紊乱，临床表现为DMD；而未累及Dystrophin蛋白疏水肽段的主要区间，尽管也对Dystrophin蛋白的结构有一定影响，但不是关键区域，Dystrophin蛋白还具有一定的功能，临床表现为BMD。

2. 靶向分子治疗策略

（1）DMD基因治疗：①基因替代疗法：选择合适的载体将编码正常Dystrophin蛋白的基因转运到肌肉细胞中是一种基因替代疗法策略；载体的选择以及基于载体选择合适的转运基因片段是基因替代疗法的关键；目前，已研究出的主要有两个基因替换疗法：腺相关病毒（adeno-associated virus，AAV）及人工染色体（human artificial chromosome，HAC）；②外显子跳跃疗法（Exon hopping therapy）：外显子跳跃疗法的理论依据是：DMD一般是由发生于*DMD*基因中大的移码缺失导致的，如果阅读框通过细胞的RNA剪接机制纠正，则可以产生一种BMD样的抗肌萎缩蛋白，从而实现部分功能的恢复；外显子跳跃使用片段的修饰RNA或DNA，称为反义寡核苷酸（ASO），它与Dystrophin蛋白的mRNA前体中靶外显子的特定序列结合，从而恢复阅读框，产生具有部分功能的Dystrophin蛋白；目前主要有以下治疗方案：磷酸二酰胺吗啉低聚物（Phosphorodiamidate Morpholino Oligomer，PMO）、甲基硫代磷酸酯（2′-O-Methyl-Phosphorothioate，2′OMePS）和肽-PMO共轭结合化合物，如51外显子跳跃疗法，Eteplirsen（ClinicalTrials.gov Identifier：NCT00159250）；53外显子跳跃疗法，golodirsen（ClinicalTrials. gov Identifier：NCT02310906）和viltolarsen（ClinicalTrials. gov Identifier：NCT04337112）；45外显子跳跃疗法，casimersen（ClinicalTrials. gov Identifier：NCT02530905）；③终止密码子通读：大约 13% 的 DMD 患者是由无义突变引起的，与致病移码突变不同，阅读框不会被无义突变破坏；然而，翻译的过早停止仍然会导致非功能性 Dystrophin 蛋白的产生；一些与这些过早终止密码子结合的化合物可以迫使翻译机制将氨基酸整合到装配蛋白中，而不是停止翻译；通过高通量筛查，已经确定了一些具有终止密码子通读的功能的化合物，如小分子药物 Ataluren（ClinicalTrials.gov Identifier：NCT01557400），其能越过终止密码子，继续合成全长的、有功能的 Dystrophin 蛋白；④基因编辑：在 DNA 水平进行基因编辑能够更长期地纠正 DMD 患者的遗传表型缺陷；目前的研究已经表明，基因编辑技术可以在干细胞、体细胞及生殖细胞水平不同程度地纠正 *DMD* 基因遗传缺陷；由于 *DMD* 基因突变的多样性，单一设计的 CRISPR/Cas9 基因编辑方案不能有效纠正所有 *DMD* 基因遗传缺陷，未来的研究需要发现更高效特异的内切酶、设计更合适小向导 RNA（small guide RNA，sgRNA），提高基因编辑在体外、体内的安全性和有效性，加速其进入临床研究的进程。

（2）DMD 细胞治疗：①干细胞移植：干细胞移植是将含有正常 *DMD* 基因的干细胞直接导入患者体内，进而获得 Dystrophin 蛋白表达的治疗方法；在动物实验和临床试验中已检测到 Dystrophin 蛋白表达及肌力的增强；但干细胞移植易发生免疫排斥反应和出血等并发症，并且肌肉干细胞增殖能力有限，静脉给药后移植的干细胞不易被骨骼肌摄取，故临床上未广泛推广；②成肌细胞移植疗法：成肌细胞移植是将正常的成肌细胞直接注射到受损肌肉，以达到修复的目的；但是曾有研究发现成肌细胞会停留在离注射部位非常近的地方，治疗效果比较差，有待进一步研究。

第三节　腓骨肌萎缩症

腓骨肌萎缩症，又称为夏科–玛利–图斯病（Charcot-Marie-Tooth disease，CMT）、遗传性运动感觉性周围神经病（hereditary motor and sensory neuropathy，HMSN），是一组最常见的具有高度临床和遗传异质性的周围神经单基因遗传病，主要临床特征为慢性进行性四肢远端肌无力肌萎缩、末梢型感觉障碍、腱反射减退或消失和高弓足等骨骼畸形，患病率约为 40/100 000。1980 年，英国神经科学家 Harding 和 Thomas 以正中神经运动传导速度（median motor nerve conduction velocities，MNCVs）为依据，将 CMT 分为 CMT1 型（MNCVs 小于 38 m/s）和 CMT2 型（MNCVs 大于 38 m/s）并沿用至今。随着中间型 CMT（Intermediate CMT，ICMT）逐渐被认识，CMT 也可分为正中神经 MNCV ＜ 35 m/s 的 CMT1、正中神经 MNCV 在 35 ～ 45 m/s 的 ICMT 和 MNCV ≥ 45 m/s 的 CMT2 共三型。目前国际上学者们普遍认同将所有单纯周围神经遗传病（pure IPNs）归纳为广义范畴的 CMT，除上述运动和感觉神经受累的经典 CMT，还包括遗传压力易感性周围神经病（hereditary neuropathy with liability to pressure palsy，HNPP；MIM：162500），以运动神经受累为主的遗传性远端运动神经病（distal hereditary motor neuropathy，dHMN），以感觉和（或）自主神经受累为主的遗传性感觉神经病（hereditary sensory neuropathy，HSN）、遗传性自主神经病（hereditary autonomic neuropathy，HAN）和遗传性感觉和自主神经病（hereditary sensory autonomic neuropathy，HSAN）等。

一、遗传学基础

1. 分子遗传学　CMT 的遗传方式包括常染色体显性遗传（AD）、常染色体隐性遗传（AR）、X 连锁遗传（X-linked）和线粒体遗传，散发病例并不少见。基于不同致病基因，CMT 可进一步分为不同的基因型。

AD-CMT1 有 15 个致病基因被克隆，17p11.2 区包含 *PMP22* 基因在内的 1.5 Mb 正向串联重复突变导致的 CMT1A 型（MIM：118220），是 CMT 及 AD-CMT1 中最常见的基因型，分别约占 CMT 和 AD-CMT1 的 50% 和 70%。而 17p11.2 区杂合缺失突变是 HNPP 最常见的基因突变类型，占所有 HNPP 患者的 85% ～ 90%，少数 HNPP 患者则由 *PMP22* 基因其他类型的突变导致。

AR-CMT1（CMT4）有 25 个致病基因被克隆，*SH3TC2* 基因突变导致的 CMT4C 型（MIM：601596）最常见的基因型，占 AR-CMT1 的 46.7%。

AD-CMT2 有 37 个致病基因被克隆，*MFN2* 基因突变导致的CMT2A2型（MIM：609260）是最常见的CMT2基因型，约占CMT2的20%。

AR-CMT2有31个致病基因被克隆，*SORD*基因相关CMT2（MIM：618912）可能是AR-CMT2常见的基因型。

AD-ICMT有11个致病基因被克隆，AR-ICMT有5个致病基因被克隆；*MPZ*基因突变所致的ICMTD型（MIM：607791）为AD-ICMT中最常见的基因型，*PLEKHG5*基因突变导致的AR-ICMT1C型（MIM：615376）是AR-ICMT中最常见的基因型。

X连锁遗传CMT（CMTX）目前发现显性遗传基因型2个，隐性遗传基因型5个，共7个基因型，其中5个致病基因被克隆。约90%的CMTX为*GJB1*基因突变导致的CMT1X型（MIM：304040），CMT1X也是继CMT1A后第二常见的CMT基因型，占CMT的15%左右。

线粒体遗传的CMT目前有2个致病基因被克隆，分别为*MT-ATP6*基因和*mt-tRNA*^{Val}基因。

2. 基因诊断 在NGS出现之前，临床医师多根据CMT的临床表现、电生理特点和遗传方式，结合CMT不同基因型突变频率的高低选择相应基因进行分层分析方法。随着NGS技术的发展和广泛应用，使同时筛查全部已知CMT基因突变成为可能。对于MNCV＜35 m/s的患者应首选MLPA检测*PMP22*基因大片段重复/缺失，对于35＜MNCV＜45 m/s的患者，优先采用涵盖*GJB1*基因5′-UTR区的Sanger测序检测*GJB1*基因突变，对于以上测序结果阴性或MNCV＞45 m/s的患者，采用基因panel或NGS检测，基因panel包括了所有已知CMT致病基因及合并周围神经病变的遗传代谢性疾病致病基因。

二、分子致病机制

1. 致病机制 CMT具有高度的遗传异质性，迄今已有100多个致病基因被克隆（http://neuromuscular.wustl.edu/）。CMT的发病机制目前尚未阐明，可能机制包括：①髓鞘的结构和功能异常，如*PMP22*、*MPZ*、*GJB1*等基因突变；②轴索细胞骨架异常，如*NEFL*、*PLEKHG5*等基因突变；③线粒体功能异常，如*MFN2*、*GDAP1*等基因突变；④蛋白酶体功能异常，如*LRSAM1*等基因突变；⑤热休克蛋白相关的周围神经退行性变，如*HSPB1*等基因突变；⑥运动蛋白和轴突运输，如*HSPB1*等基因突变；⑦氨酰tRNA合成酶相关的周围神经退行性变，如*GARS*、*YARS*等基因突变；⑧囊泡、膜的转运代谢异常，如*SPTLC1*、*SPTLC2*等基因突变；⑨糖、鞘脂类代谢异常，如*SORD*、*SPTLC1*、*SPTLC2*等基因突变；⑩离子通道功能异常，如*C1ORF194*、*TRPV4*等基因突变。

2. 靶向分子治疗策略 目前尚无逆转CMT病程的治疗方法，最大限度发挥独立活动能力、提高生活质量和减少残疾的发生与发展为CMT治疗目标。主要包括康复理疗、外科矫形、药物对症和心理治疗等综合支持疗法，需要在多学科诊疗团队（multi-disciplinary team，MDT）的诊疗模式下完成。

CMT1A的靶向治疗药物可能通过作用于发病机制中关键环节维持施万细胞的正常新陈代谢（图10-4-1）。PXT3003是通过网络药理学方法筛选出的一种新型口服药，基于对抑制*PMP22*基因转录的多信号转导通路和对神经元保护作用的预测，用于治疗CMT1A。PXT3003选择3种药物的固定剂量比例组合，即GABA受体激动剂巴氯芬，阿片受体阻断剂纳曲酮和天然代谢物D-山梨醇。目前PTX3003已完成3期临床试验（ClinicalTrials.gov Identifier：NCT02579759），有望成为最早上市的CMT1A靶向药物。

*MFN2*基因参与调控线粒体融合，转运及线粒体自噬等。MFN2激动剂能使MFN2 Thr105Met小鼠坐骨神经内的线粒体运输正常化，有希望用于靶向治疗CMT2A。辅酶Q10作为线粒体呼吸链的重要组成，对维持线粒体正常功能至关重要，补充辅酶Q10可能对CMT2A患者有一定效果，但还需要进一步研究。

*GJB1/Cx32*基因突变可引起周围神经脱髓鞘改变，还可能引起钙离子-钙调素依赖性蛋白激酶Ⅱ（CAMK Ⅱ）过表达，进而影响少突胶质细胞成熟和中枢神经髓鞘形成。CAMK Ⅱ抑制剂和*Cx32*基因治疗可能是CMTX1的潜在治疗靶点。

*MPZ*基因突变可能引起内质网中异常蛋白质的堆积，诱发细胞凋亡。研究表明，在CMT1B小鼠模型中，姜黄素等抗氧化剂和Sephin1可以降低内质网应激，减少未折叠蛋白反应（UPR）的激活或延长UPR，可能用于治疗CMT1B。

此外，干细胞治疗、基因治疗、神经营养因子3（NT-3）、组蛋白去乙酰化酶6（histone deacetylases 6，HDAC6）抑制剂等其他方案对治疗CMT患者可能具有一定效果，但相关机制及治疗仍需要更多的实验证据支持。

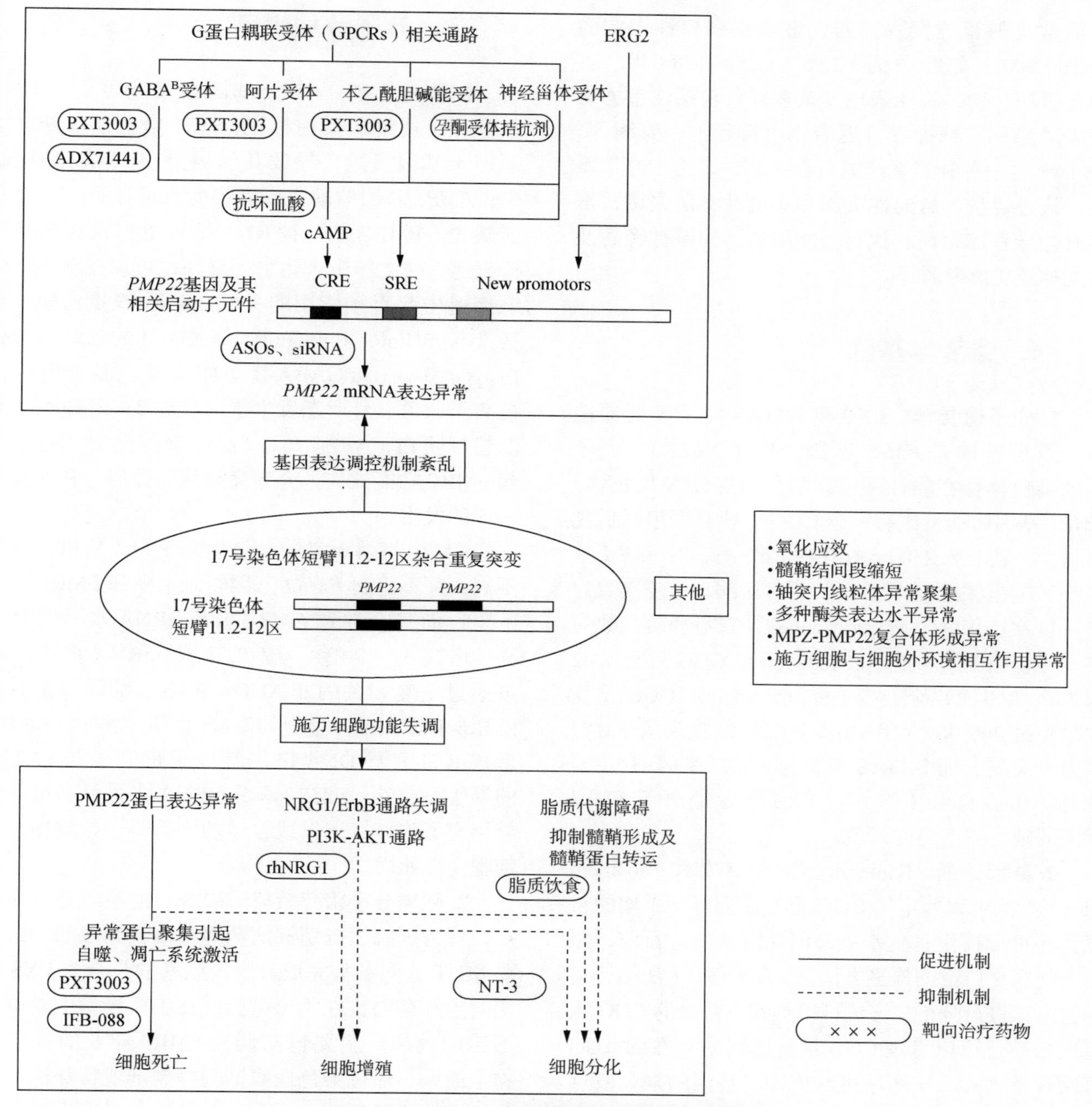

图 10-4-1　**CMT1A 可能发病机制及靶向治疗策略**

图注：EGR-2：早期生长反应蛋白 2（early growth response protein 2）；ADX71441：新型 GABA B 受体变构正调节剂；cAMP：环磷酸腺苷（cyclic adenosine monophosphate）；CRE：cAMP 反应元件（cAMP response element）；SRE：血清反应元件（serum response element）；NRG1：神经调节素 1（neuregulin1）；ErbB：NRG1 受体；PI3K：磷脂酰肌醇 -3- 激酶（phosphatidylinositol-3-kinase）；AKT：蛋白激酶 B（protein kinase B）；rhNRG1：重组人神经调节素 1（recombinant human neuregulin-1）；IFB-088：蛋白磷酸酶 1 调节因子亚基 15A 抑制剂；NT-3：神经营养因子 3（neurotrophins 3）

第四节　脆性 X 综合征和脆性 X 相关震颤–共济失调综合征

脆性 X 综合征（Fragile X syndrome，FXS；MIM：300624）和脆性 X 相关震颤–共济失调综合征（Fragile X associated tremor ataxia syndrome，FXTAS；MIM：300623）都是由脆性 X 智力低下基因 1（Fragile X mental retardation gene 1，*FMR1*）启动子区 CGG 三核苷酸重复序列异常扩增所致，但因 CGG 重复序列异常扩增次数不同，分子致病机制不同，而出现两种不同的临床表型。FXS 是一种神经发育性疾病，是最常见的智能发育障碍，患病率在男性中约为 20/100 000、女性中为（12.5 ～ 25）/100 000，多为儿童期起病，临床表现复杂多样，包括注意力缺陷多动障碍、精神发育迟滞、语言延迟、癫痫等。FXTAS 是一种神经系统退行性疾病，多为中老年发病，核心症状为意向性震颤和小脑性共济失调，常伴有帕金森综合征、执行功能障碍、周围神经病及自主神经功能障碍等。

一、遗传学基础

1. 分子遗传学 FXS 和 FXTAS 均呈 X 连锁遗传，致病基因是 *FMR1* 基因，位于 Xq27.3，因该区域染色体存在脆性部位，故称为脆性 X 染色体。*FMR1* 基因启动子区有一个 CGG 三核苷酸串联重复序列，在其上游 250 bp 处存在 CpG 岛。对 *FMR1* 基因 CGG 重复次数进行分类：正常区间，重复次数为 5 ～ 44 次；灰色区域（gray zone），CCG 重复次数为 45 ～ 54 次；前突变（premutation），CGG 重复次数为 55 ～ 200 次；全突变（full mutation），CGG 重复次数超过 200 次（见图 10-4-2）。FXS 患者为 *FMR1* 基因全突变，而 FXTAS 患者为 *FMR1* 基因前突变。此外，极少部分（约 1%）FXS 患者是由于 *FMR1* 基因的缺失或点突变所致。

2. 基因诊断 Southern 印记杂交技术（Southern Blot）检测可以鉴定出 CGG 重复序列异常扩增的长度，还可分析甲基化水平，但耗时费力。目前，国际上使用更广泛的检测方法是三引物 PCR 法结合毛细管电泳进行分析，该法可以得到更精确的 CGG 重复次数，还可以发现 CGG 重复序列中存在的 AGG 打断现象。Sanger 测序可对 *FMR1* 基因的缺失或点突变进行检测。

二、分子致病机制

1. 致病机制 *FMR1* 基因全突变可引起 DNA 甲基化，通过组蛋白标记修饰、染色质重塑，引起转录基因沉默，导致其编码蛋白 FMRP 功能缺失；*FMR1* 基因的缺失或点突变也可导致 FMRP 功能缺失。FMRP 是一种 RNA 结合蛋白，在全身广泛表达，在大脑中表达水平最高，可调控众多在突触传递中起直接作用的关键 mRNA 或蛋白质，包括参与 mGluR1 和 mGluR5 信号转导的二级信号蛋白、GABA-A 和 GABA-B 受体亚基、多个电压门控离子通道、骨形态发生蛋白受体 2（BMPR2）和淀粉样蛋白（APP）等。*FMR1* 基因全突变通过引起 FMRP 功能缺失，介导突触传递障碍，从而参与 FXS 的发生。

FMR1 基因前突变，与全突变的致病机制截然不同，并不引起 *FMR1* 基因转录沉默和 FMRP 水平下降，而只会导致 *FMR1* 基因 mRNA 水平明显增高（增高 5 ～ 8 倍）。*FMR1* 基因 mRNA 水平升高可通过重复相关的非 AUG（RAN）翻译产生有毒 FMRpolyG、RNA 螯合其他蛋白质形成核内包涵体、形成 R 环介导 DNA 损伤等分子机制参与 FXTAS 的发生。此外，*FMR1* 基因 mRNA 水平升高也可引起钙离子失调，继发线粒体功能障碍，导致神经元细胞变性死亡。

2. 靶向分子治疗策略 FXS 目前主要是对症治疗，行为训练、抗精神病药等可改善其症状，这需要 MDT 共同参与完成。令人欣喜的是众多 FXS 的靶向治疗药物正在临床试验或在小鼠模型中取得了不错的效果，主要包括调控 FMRP 涉及的神经生物学通路、通过染色质修饰酶抑制剂或特殊治疗性 RNAs 恢复表观遗传水平、定向基因编辑或基因替

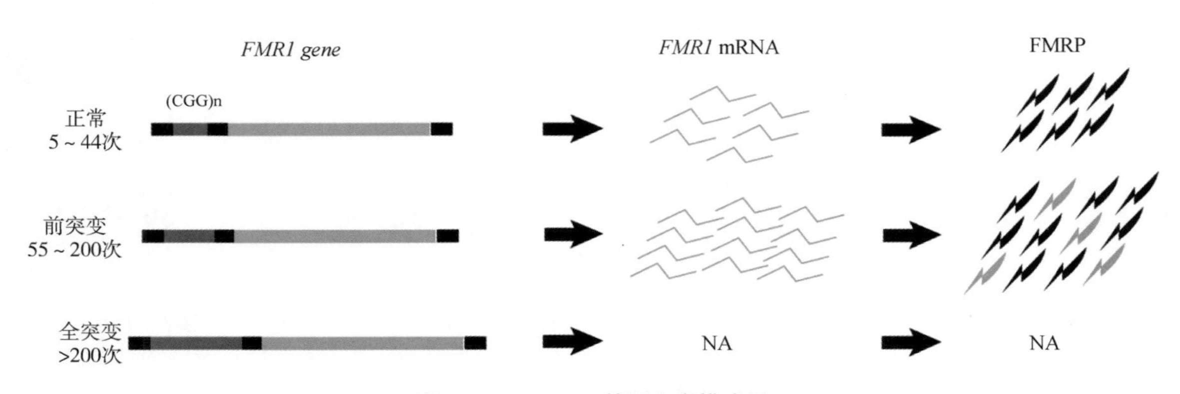

图 10-4-2 *FMR1* 基因突变模式图

图注：NA：无表达；（黑色图标）：FMRP；（灰色图标）：FMRpolyG

代来恢复 *FMR1* 基因表达等。

选择性 γ- 氨基丁酸 B 型受体激动剂阿巴洛芬（arbaclofen），目前已经完成了临床Ⅲ期试验，其作用机制是靶向调控与 FMRP 涉及的 GABA 信号通路，从而改善 FXS 患者的症状（ClinicalTrials.gov Identifier：NCT00788073）。

DNA 甲基转移酶抑制剂：5- 氮杂胞苷（5azaC）或 5- 氮杂脱氧胞苷（5azadC）可通过影响 DNA 甲基化和组蛋白修饰，从而使沉默的 *FMR1* 基因重新部分激活，FMRP 表达增加。有待临床试验评价。

在 *Fmr1* 基因敲除的小鼠模型中过表达 *FMR1* 基因的腺相关病毒，可以实现 FMRP 的表达，从而达到基因替代治疗目的。另外，在 iPSCs 细胞模型中利用 CRISPR/Cas9 基因编辑技术，可通过两种不同的基因编辑策略，实现重新激活沉默的 *FMR1* 基因的目的：通过特异性切除 *FMR1* 基因的整段 CGG 重复序列，使沉默的 *FMR1* 基因重新激活；利用包含催化失活的 Cas9（dCas9）和 Tet1（一种诱导胞嘧啶脱甲基的酶）的 dCas9-Tet1/SgRNA 编辑工具，逆转 CGG 重复序列所导致的高甲基化，实现基因的重新表达。

FXTAS 的治疗原则是保持健康的生活方式和支持对症治疗，以防止疾病的快速进展。目前有三种针对 FXTAS 的靶向治疗药物：胞磷胆碱（citicoline）（ClinicalTrials.gov Identifier：NCT02197104）、美金刚（memantine）（ClinicalTrials.gov Identifier：NCT00584948）、别孕烷醇酮（allopregnanolone）（ClinicalTrials.gov Identifier：NCT02603926）。胞磷胆碱可通过抑制磷脂酶 A2（PLA2）活性，从而抑制 CGG 重复序列诱导的细胞毒性作用。美金刚是 N- 甲基 -d- 天门冬氨酸（NMDA）的非竞争性拮抗剂，可通过抑制前突变所致的谷氨酸异常反应。别孕烷醇酮可通过抑制 caspase-3 蛋白表达、抑制线粒体通透性过渡孔等途径，抑制细胞凋亡。

第五节　脊髓小脑性共济失调

一、弗里德赖希共济失调

弗里德赖希共济失调（Friedreich's ataxia，FRDA；MIM：229300）是最常见的常染色体隐性遗传性共济失调，在欧洲、中东、南亚、北非等地区较常见，在中国较罕见，患病率为（2 ～ 4）/100 000。FRDA 典型临床症状为进行性共济失调、腱反射丧失、构音障碍，通常伴有肥厚型心肌病、糖尿病和骨骼异常；一般在 25 岁之前发病。FRDA 神经病理异常的主要部位是背根神经节、小脑齿状核、后柱、脊髓和外周神经的脊髓小脑束和皮质脊髓束。

（一）遗传学基础

FRDA 是 *Frataxin*（*FXN*）基因 1 号内含子区 GAA 三核苷酸重复序列异常扩增所致。*FXN* 基因正常状态：GAA 重复扩增次数为 5 ～ 33 次；前突变状态：GAA 重复扩增次数为 34 ～ 65 次；致病状态：GAA 重复扩增次数为 66 ～ 1300 次。

FRDA 的基因诊断是通过基因芯片结合新一代基因测序技术（NGS），检测 *FXN* 基因的双等位基因变异情况。约 96% 的 FRDA 患者在两个 *FXN* 等位基因的 1 号内含子区域同时存在 GAA 三核苷酸重复序列异常扩增；约 4% 的 FRDA 患者则是在一条 *FXN* 等位基因存在异常 GAA 三核苷酸重复序列异常扩增，在另一条 *FXN* 等位基因上存在点突变等致病性变异，即复合杂合的突变形式。第二个 *FXN* 等位基因的突变类型与疾病表型相关，含有功能缺失突变的患者症状更严重、发病年龄更早、视神经病变更常见。研究表明，*FXN* 基因 GAA 三核苷酸重复序列异常扩增在减数分裂和有丝分裂中都不稳定，当从母亲传给子代时，重复次数可以增加或减少，而从父亲传给子代时，重复次数通常会减少。此外，*FXN* 基因 GAA 三核苷酸重复序列异常扩增在心脏和胰腺等外周系统中的不稳定性大于中枢神经系统。

（二）分子致病机制

1. 致病机制

（1）*FXN* 基因转录缺陷和 FXN 蛋白缺乏：研究报道，FRDA 患者淋巴细胞中 *FXN* 基因转录和 FXN 蛋白水平只有正常人的 5% ～ 30%。*FXN* 基因 GAA 三核苷酸重复序列异常扩增导致的 *FXN* 基因转录缺陷是由多种机制引起，异常扩增的 GAA 重复序列导致体内 R-loop 结构的形成，并在 GAA 重复序列的上游延伸，介导各种调节过程（如抑制染色质的形成），如R-loop向*FXN*基因的启动子区扩散，可导致启动子沉默；GAA重复序列的上游还存在异常的DNA甲基化，影响*FXN*基因的转录和表达；此外，RNA聚合酶Ⅱ（pol Ⅱ）位于扩增的GAA重复序列的上游，将引起延伸阻断；这些机制共同导致了*FXN*基因的转录缺陷。

*FXN*基因编码FXN蛋白，这是一种线粒体基质中铁硫簇酶组装所需的蛋白质。FXN在背根神经节、脊髓、小脑齿状核、大脑皮质、胰腺、心脏、肝和骨骼肌中表达最高，这些高表达的部位也是FRDA的主要病理部位。铁硫簇酶是Krebs循环、DNA修复、线粒体呼吸复合体Ⅰ、Ⅱ和Ⅲ中蛋白质的辅因子。FXN生物学功能还参与铁代谢、运输、储存、血红素合成，线粒体生物发生，细胞凋亡的调节和细胞抗氧化。*FXN*基因转录减少引起FXN蛋白水平下降，导致线粒体呼吸复合体Ⅰ、Ⅱ和Ⅲ的含铁硫簇亚单位的缺乏，从而引起线粒体ATP产生的减少和功能障碍，也会引起铁代谢异常、异常氧化应激反应等。

（2）线粒体铁升高：研究报道，FRDA患者的成纤维细胞中的线粒体铁比正常对照高。影像学数据也显示，在FRDA的主要病理部位小脑的齿状核中有过量的铁，并且铁的水平随着疾病的进展而增加。在酵母中的研究表明，过量的线粒体铁是流出减少而不是流入增加的结果。在果蝇和小鼠模型中的研究表明，线粒体铁增加导致鞘脂合成增加，Pdk1和Mef2被激活，导致神经变性死亡。而降低铁毒性、肉豆蔻苷减少鞘脂以及抑制Pdk1和Mef2，都可以减轻神经变性死亡。同时，在FRDA患者的心脏中也发现了增加的鞘脂和PDK1，这些研究都提示铁、鞘脂、Pdk1/Mef2途径在FRDA发病机制中的作用。

（3）氧化应激：线粒体中的游离铁会产生活性氧，FRDA患者细胞中线粒体异常增加的铁会引起氧化应激。在纯合GAA扩增的FRDA转基因小鼠模型中，可发现中枢神经系统氧化蛋白和丙二醛水平增加，乌头酸酶水平降低，线粒体基质和胞质中活性氧生成增加，导致谷胱甘肽的耗竭和脂质的过度氧化。FXN缺失的果蝇模型中，出现神经胶质细胞脂质过氧化增加。

（4）炎症反应：在动物模型和FRDA患者组织中均发现存在异常的炎症反应。外周血转录组研究发现，与正常对照比较，FRDA患者的炎症性先天免疫反应的转录特征更加丰富。用粒细胞生态刺激因子（G-CSF）和干细胞因子（SCF）治疗FRDA小鼠模型可减轻炎症反应，抑制胶质增生，改善小鼠的运动协调能力。

2. 靶向分子治疗策略 对于FRDA的治疗，研究者们进行了大量的探索，包括基因编辑、激活转录因子、稳定FXN蛋白或蛋白替代疗法、改善线粒体功能和氧化应激相关药物、修饰FXN下游代谢通路相关药物、抗氧化剂、铁螯合剂和炎症调节剂等（见图10-4-3）。

提高*FXN*基因和（或）蛋白质水平被认为是最直接的治疗方法。目前，主要的靶向治疗策略包括基因组编辑去除扩增的GAA病理重复、基于反义寡核苷酸的方法防止R-loop的生成、合成转录因子（如Syn-TEF1）增强*FXN*基因座的转录。

合成脂质纳米颗粒递送人源*FXN*基因技术，具有克服与病毒递送系统相关的一些免疫学限制的潜力。通过鞘内注射注射到成年小鼠的脊髓中，这些颗粒可穿透血脑屏障，在背根神经节中可检测到人的FXN蛋白。

此外，改善线粒体功能、减轻氧化应激反应、阻止转录因子NRF2的下调或稳定NRF2的蛋白水平也有望用于FRAD的靶向治疗。用氘化亚油酸乙酯（RT001）治疗FRDA患者的一项Ⅱ期双盲安慰剂对照临床试验，发现它既安全又可耐受（ClinicalTrials.gov Identifier：NCT02445794），可恢复线粒体功能，从而改善患者的运动功能；Leriglitazone（MIN-102）（ClinicalTrials.gov Identifier：NCT03917225）是一种新型选择性PPARγ激动剂，能够改善线粒体功能，促进髓鞘再生，具有抗氧化、抗炎，改善脂质

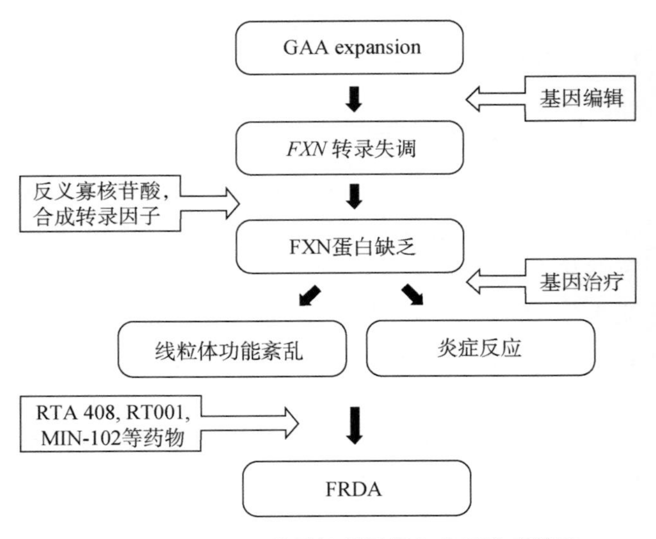

图10-4-3 **FRDA分子机制及靶向分子治疗策略**

代谢，并延缓神经功能障碍的发展。Omaveloxolone（RTA 408）是一种口服的 NRF2 激动剂，能抑制 NRF2 泛素化，保护从 FRDA 动物模型分离的神经元细胞或来自 FRDA 患者的皮肤成纤维细胞免受氧化应激。

二、多聚谷氨酰胺神经退行性疾病

多聚谷氨酰胺（polyglutamine，polyQ）神经退行性疾病是由 CAG 三核苷酸重复序列异常扩增突变导致的一类遗传性神经退行性疾病，因相关致病基因编码区 CAG 三核苷酸重复序列异常扩增可致编码 polyQ 重复序列而得名。polyQ 神经退行性疾病临床表现包括：共济失调、构音障碍、认知功能障碍、舞蹈征、癫痫等，多呈常染色体显性遗传；发病机制与 polyQ 蛋白产生的获得性毒性有关。polyQ 神经退行性疾病包括：脊髓小脑性共济失调（spinocerebellar ataxia，SCA）、齿状核红核苍白球丘脑下核萎缩（dentatorubral-pallidoluysian atrophy，DRPLA；MIM：125370）、亨廷顿病（Huntington disease，HD；MIM：143100）、脊髓延髓肌萎缩症（spino bulbar muscular atrophy，SBMA；MIM：313200）等 9 种神经系统遗传病。

（一）遗传学基础

1. 分子遗传学　polyQ 疾病中 SCAs 的遗传方式为常染色体显性遗传；根据致病基因的不同，SCAs 分为：SCA1/2/3/6/7/17 型；因为 DRPLA 患者与 SCA 患者具有相似的共济失调和小脑病变，所以 DRPLA 有时也被归类于 SCAs 等，SCA3（MIM：109150；*ATXN3* 基因）是我国最常见的 SCA 亚型（约占 45%），其次依次为 SCA2（MIM：183090；*ATXN2* 基因）、SCA1（MIM：164400；*ATXN1* 基因）、SCA6（MIM：183086；*CACNA1A* 基因）、SCA7（MIM：164500；*ATXN7* 基　因）、SCA17（MIM：607136；*TBP* 基因）和 DRPLA。

SCA3 也称为马查多·约瑟夫病（Machado-Joseph disease，MJD），致病基因为 *ATXN3* 基因，该基因位于染色体 14q32.12 区，编码一种去泛素化酶 Ataxin-3，参与蛋白质稳态维持、转录、细胞骨架调节等。在正常人群基因组中，*ATXN3* 基因 10 号外显子上 CAG 重复数为 12 ～ 44 次，而 SCA3 患者中重复次数超过 56 次；中间范围 CAG 重复次数的临床意义尚不明确。CAG 三核苷酸重复序列异常扩增所致其他 SCA 亚型见表 10-4-1。

SBMA 又被称为肯尼迪病（Kennedy disease），

表 10-4-1　多聚谷氨酰胺神经退行性疾病的基因分型

疾病名称	定位 / 基因	编码蛋白	重复位置	CAG 重复次数		
				正常	中间	致病
SCA1	6p22/*ATXN1*	Ataxin-1	8 号外显子	6 ～ 39	40	41 ～ 83
SCA2	12q24/*ATXN2*	Ataxin-2	1 号外显子	13 ～ 31	31 ～ 33	34 ～ 500
SCA3	14q32/*ATXN3*	Ataxin-3	10 号外显子	12 ～ 44	45 ～ 55	56 ～ 86
SCA6	19p13/*CACNA1A*	电压依赖性钙通道 α-1A 亚单位 $Ca_v2.1$	47 号外显子	＜ 18	19	20 ～ 33
SCA7	3p21/*ATXN7*	Ataxin-7	1 号外显子	4 ～ 19	28 ～ 33	34 ～ 460
SCA17	6q27/*TBP*	TATA 盒结合蛋白	3 号外显子	25 ～ 40	–	41 ～ 66
DRPLA	12p13/*ATN1*	Atrophin 1	5 号外显子	6 ～ 35	36 ～ 48	49 ～ 88
HD	4p16.3/*Huntingtin*	HTT	1 号外显子	6 ～ 34		49 ～ 84
SBMA	Xq11 ～ 12/*AR*	雄激素受体	1 号外显子	10 ～ 36		39 ～ 72

在polyQ疾病中唯一呈X-连锁隐性遗传。SBMA致病基因*AR*位于Xq11～12区域，编码雄激素受体（androgenreceptor），该蛋白在细胞质内与雄激素等类固醇激素结合后可以进入细胞核激活受激素调控的基因转录。正常人群中，*AR*基因1号外显子中的CAG重复次数为9～36次，而患者中重复次数为38～62次。

SCAs和SBMA这类疾病的严重程度，通常与CAG重复次数负相关，即重复次数越大，发病年龄越早、病情越严重；遗传早现现象是该类疾病的另一特征，这可能是由于扩增的重复序列在下一代体内倾向于增加重复数目，即表现为在连续数代中发病年龄逐代提前和病情逐代加重。

2. 基因诊断 SCAs具有高度的临床异质性，且不同亚型间具有相近的临床表型，因此仅根据临床症状、影像学表现等辅助检查进行分型和确诊非常困难，而SCAs各亚型致病基因及突变位点不同，运用分子遗传学检测手段可将其区分开来，目前基因诊断已经成为各SCAs分型和确诊的金标准。该类SCAs的基因诊断策略为，明确临床表型、家族史后，可以根据各亚型的临床特点优先选择单个基因进行CAG重复次数检测，如具有帕金森样表现的患者可优先筛选SCA2、SCA3，具有视网膜色素变性患者可优先筛查SCA7。SBMA的基因诊断是金标准，可通过PCR产物测序、毛细管电泳法、微芯片电泳等分子遗传学检测技术进行基因诊断。

（二）分子致病机制

1. 致病机制 目前，polyQ疾病的分子致病机制尚未阐明，现有研究证据表明这类疾病虽然致病基因不同，但具有一些共同的分子致病机制，主要包括：蛋白毒性、转录失调、离子通道紊乱和线粒体功能异常等（见图10-4-4）。

（1）蛋白毒性：病理扩增的polyQ导致致病基因编码蛋白错误折叠，并在细胞内形成包涵体或者聚集物，是这类疾病共同的特点。这些聚集物的形成，一方面影响蛋白的构像和功能，改变疾病蛋白与互作蛋白的相互作用关系，如在SCA2中，polyQ蛋白改变了Ataxin-2蛋白与一些关键蛋白或者复合物（比如PABP，TDP43，mTORC）的相互作用，从而干扰了神经元内RNA和蛋白质的平衡；在SCA3中，正常的Ataxin-3蛋白可允许C末端结构域的构象灵活性，从而促进与多种多聚泛素链和泛素化底物的结合，而polyQ扩增则干扰Ataxin-3

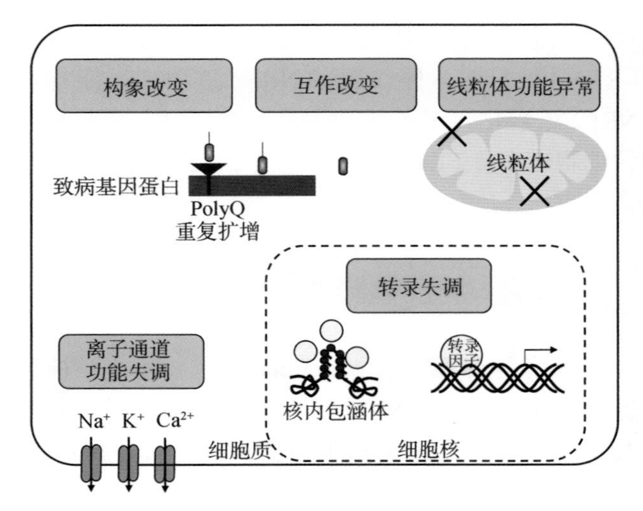

图10-4-4 **polyQ疾病常见共同分子致病机制**

蛋白与其正常结合分子的相互作用，从而对细胞产生毒性作用；在SCA17中，polyQ蛋白扩增使得TBP蛋白与SP1、TFIIB等蛋白的结合增强，与XBP1、MyoD等蛋白的结合减弱，从而影响下游细胞通路，引起浦肯野细胞死亡和肌肉功能异常；在SBMA中，病理性扩增的polyQ蛋白，影响AR蛋白螺旋结构的形成、改变其翻译后修饰、损伤其转录活性，从而影响多种与AR蛋白互作的蛋白，造成细胞毒性。

另一方面，蛋白聚集物的形成，可能导致体内负责错误折叠蛋白清除的蛋白质质量控制系统（泛素溶酶体途径、自噬途径）紊乱，这种情况在SCA3中更加明显，因为SCA3致病蛋白Ataxin-3蛋白本身是一种广泛表达的去泛素化酶，参与多种泛素依赖途径来维持蛋白质稳态，polyQ扩增改变了Ataxin-3蛋白与泛素链结合或裂解的能力，突变的Ataxin-3蛋白与泛素链接酶CHIP的结合更加紧密，降低了CHIP的水平，这种具有神经保护作用的E3水平的降低破坏了细胞中的蛋白稳态，与SCA3发病有关。

（2）转录失调：现有研究结果表明，polyQ疾病存在基因转录失调，且早在病理和行为表型出现前就已存在。在一项SCA3转基因小鼠模型中发现，早在运动障碍出现之前，基因转录失调就已经在多个脑区发生，其中最严重的脑区是脑干和纹状体，相对较轻的脑区是小脑和皮质；在SCA7中，Ataxin-7蛋白是两种不同的转录共激活复合物的组成部分，扩增的polyQ改变了Ataxin-7蛋白与转录因子Crx相互作用，抑制Crx的转录活性，从而导致光感受器相关的基因转录关闭，引起神经元变性，这可能是 SCA7 患者存在视力障碍、视网膜色素变性的原因；SCA17 转基因小鼠不同脑区的转录失调程度与小鼠的神经元损伤程度有关，小脑中浦肯野细胞丢失严重，转录失调也最严重，其次是纹状体，而皮质受到的影响最小。

（3）离子通道紊乱：运动协调涉及连接小脑、脑干和脊髓的复杂而高度调节的神经环路，小脑浦肯野神经元的信息输入和固有的自主放电受到各种配体门控通道和电压依赖性离子通道的调节。研究表明，离子通道功能障碍可参与 SCA 的发生。在 SCA1 转基因小鼠模型中，大电导钙激活 K +（BK）通道和 G 蛋白偶联的内向整流钾通道的表达和功能降低，使得浦肯野神经元膜兴奋性被破坏；在 SCA2 的 TXN2［127Q］转基因小鼠模型中，浦肯野神经元的放电频率伴随着 Kcnma1（编码 BK 通道）和 Kcnc3（编码电压门控钾通道 Kv3.3）转录的逐渐减少，呈渐进性降低；在 SCA3 的 TXN3［84Q］转基因小鼠模型中，Kv1 钾通道失活增加，引起浦肯野神经元放电尖峰的改变；在 SCA6-84Q 纯合敲入小鼠中，浦肯野神经元在疾病早期表现为棘突不规则性增加和放电频率降低。

IP3R1 主要位于内质网膜上，是胞内 IP3 门控的钙释放通道，影响钙离子的释放。SCA2 和 SCA3 的小鼠都表现出钙信号异常，突变型 Ataxin-2、Ataxin-3 蛋白与 IP3R1 相互作用，使得 IP3R1 对 IP3 敏感性增强，导致钙离子释放显著增加，最终引起浦肯野细胞的死亡。SCA17 的小鼠中，突变 TBP 下调 INPP5A 的转录，导致胞内 IP3 的增加引起 IP3/Ca2 +通路异常，最终导致浦肯野细胞死亡。

（4）线粒体功能异常：有报道，SCA3 患者和动物模型中都观察到线粒体形态改变和线粒体 DNA 的损伤。polyQ 扩增的 Ataxin-3 蛋白被认为通过降低抗氧化酶的活性来增加氧化应激，从而导致线粒体 DNA 损伤，也有研究认为 polyQ 扩展的 Ataxin-3 蛋白通过上调促凋亡蛋白 Bax 和下调 Bcl-xL 的表达激活线粒体凋亡途径。与正常 Ataxin-3 蛋白相比，polyQ 扩增的突变 Ataxin-3 蛋白异常结合线粒体蛋白，如 SDHB、NDUFA4 和 COA7 等，这些蛋白存在于呼吸链的复合体中，引起复合物Ⅱ的活性受损。

此外，SCA2 患者成纤维细胞线粒体氧化应激增加，线粒体呼吸链酶和线粒体形态改变，提示线粒体功能障碍和活性氧（ROS）可能与 SCA2 的发病有关。SCA1 转基因小鼠浦肯野细胞存在细胞色素 C 氧化酶（COX）的缺陷，而老年小鼠的氧化缺陷更为突出，其中 COX 缺陷型的浦肯野细胞占 30%。SCA7 患者来源的 iPSc 细胞和 SCA7 小鼠浦肯野神经元的分裂的线粒体数量增加、线粒体形态改变。

2. 靶向分子治疗策略 目前，polyQ 疾病尚无治愈的方法，临床上大部分治疗措施为对症治疗，以减轻症状、延缓病情进展，改善患者生活质量。

近年来，干细胞移植治疗已经成为当前研究的热点，可用于移植治疗的干细胞有胚胎干细胞、神经干细胞、间充质干细胞、诱导性多能干细胞等，其基本原理为诱导干细胞分化成神经细胞，替代或通过旁分泌作用营养受损神经细胞并改善神经传导；上述干细胞均可分化为神经细胞系，用于 SCAs 的干细胞移植治疗，但受限于伦理、免疫排斥、潜在致瘤性、来源有限、诱导和再分化效率低等原因，在临床试验上主要开展的是间充质干细胞移植治疗。目前，间充质干细胞移植治疗能部分改善 SCAs 的临床症状，但由于随访时间有限，仍需要进一步验证其安全性和有效性。

polyQ 疾病的基因治疗则方兴未艾，主要包括针对 RNA 的寡核苷酸疗法和针对 DNA 的 CRISPR/Cas9 基因编辑技术，来减少 polyQ 蛋白的形成。寡核苷酸疗法主要包括反义寡核苷酸（antisense oligonucleotide，ASO）、小干扰核糖核酸（small interfering RNA，siRNA）、微小核糖核酸（microRNA，miRNA）等。目前，已有 HD、SCA2、SCA3 的 ASO 新药处于临床试验阶段或临床前开发阶段，更多 polyQ 疾病的寡核苷酸疗法处于细胞或模型研究阶段。近年来热门的 CRISPR/Cas9 基因编辑技术，由于其有效性、安全性和灵活性而不断被探索，但使用 CRISPR/Cas9 技术来治疗 polyQ 疾病仍处于细胞和动物模型研究阶段。

三、其他多核苷酸重复神经退行性疾病

（一）伴神经病变和前庭反射消失的小脑性共济失调综合征

遗传性脊髓小脑性共济失调（SCAs）是最早被证实由多核苷酸重复扩增突变致病的疾病之一。从 20 世纪 90 年代发现第一个 SCA 亚型（SCA1）至今，已有十余种 SCA 亚型被证实与多核苷酸重复序列异常扩增突变有关。这些亚型的致病多核苷酸

重复序列异常扩增突变可位于基因编码区、UTR区或内含子区；重复单元可以为三核苷酸、五核苷酸或六核苷酸；重复次数可以达数十、上百甚至上千次。随着NGS技术的发展，尤其是近几年长读长测序技术（long-read sequencing，LRS）的兴起与应用，越来越多难以检出的多核苷酸重复序列异常扩增突变被发现与SCAs有关。其中，2019年，有研究者证实*RFC1*基因内含子区“AAGGG”多核苷酸重复序列异常扩增突变为伴神经病变和前庭反射消失的小脑性共济失调综合征（cerebellar ataxia，neuropathy and vestibular areflexia syndrome，CANVAS；MIM：614575）的致病变异，且该致病变异在患者中为纯合突变，是目前发现的罕见常染色体隐性遗传多核苷酸重复序列异常扩增突变疾病之一。

通过连锁分析及NGS技术分析，研究证实*RFC1*基因内含子区纯合“AAGGG”多核苷酸重复序列异常扩增突变为CANVAS的致病突变，重复次数范围在400～2000次，大多数重复次数在1000次左右，发病年龄与重复次数之间没有明显相关性。此外，在散发性晚发共济失调（LOCA）患者中也筛查到该突变，单体型分析显示，LOCA患者与CANVAS患者具有相同的单体型。此外，在*RFC1*基因的相同区域，还有几种非致病性五核苷酸扩增形式（（AAAAG）n，（AAAGG）n，（AAGAG）n及（AGAGG）n）被发现。国内学者研究发现中国人群中散发性成年起病型共济失调（sporadic adult-onset ataxia of unknown aetiology，SAOA）及多系统萎缩（multiple system atrophy，MSA）患者携带该“AAGGG”重复扩增突变，提出了“*RFC1*谱系疾病”的新概念。

基因诊断是确诊这类病的金标准。由于该病理重复次数巨大，属于超大片段长度重复扩增范围，可优先选择重复引物PCR（RP-PCR）技术进行基因诊断，其次还可以选择长片段PCR技术（long PCR）及Southern印记杂交技术（Southern blot）。

CANVAS多核苷酸重复扩增突变的致病机制目前尚不清楚。患者来源的组织细胞中*RFC1*基因mRNA和蛋白质的水平未发现明显异常，且对CANVAS患者的脑组织尸检标本进行检测，也未发现RFC1蛋白表达水平的改变。这说明该突变可能不是通过影响蛋白表达而发挥毒性作用，而可能通过其他途径（如RNA水平毒性作用等）致病。

（二）家族性皮质肌阵挛性震颤伴癫痫

随着NGS技术的发展，尤其是近几年LRS的兴起与应用，越来越多难以检出的多核苷酸重复序列异常扩增突变被发现与疾病有关。2018年，包括我国学者在内的多个研究团队证实“TTTCA”重复序列异常扩增突变与家族性皮质肌阵挛性震颤伴癫痫（familial cortical myoclonic tremor with epilepsy，FCMTE）有关。

FCMTE是一种呈孟德尔遗传的癫痫综合征，以成年期起病的皮质肌阵挛性震颤（cortical myoclonic tremor，CMT）与频率稀发的癫痫（epilepsy，EP）为主要临床表现。2018年，多个研究团队证实*SAMD12*基因内含子区“TTTCA”重复序列（参考基因组为（TTTTA）$_{3\sim11}$）异常扩增突变与FCMTE1（MIM：601068）有关。TTTCA重复序列异常扩增突变位于该基因第4号内含子，病理重复次数可达上百至数百次。2018年以来，根据FCMTE1亚型致病突变线索，陆续有学者克隆出其他FCMTE亚型致病基因，分别为FCMTE2（MIM：607876；*STARD7*基因）、FCMTE3（MIM：613608；*MARCH6*基因）、FCMTE4（MIM：615127；*YEATS2*基因）、FCMTE6（MIM：618074；*TNRC6A*基因）及FCMTE7（MIM：618075；*RAPGEF2*基因），各亚型致病突变均为内含子区TTTCA重复序列异常扩增突变。

到目前为止还未有该突变如何导致本病的机制研究报道。FCMTE患者尸检神经病理学结果显示皮质神经元及小脑浦肯野细胞核内均可检测到UUUCA重复序列异常扩增的RNA聚集体（RNA foci）。在患者来源组织细胞致病基因的编码蛋白质表达分析中，除FCMTE1亚型致病基因编码蛋白质SAMD12表达轻度下降外，其余亚型致病基因编码蛋白质表达均未发生异常改变，提示致病突变对编码蛋白质本身表达量可能影响不大，而TTTCA重复序列异常扩增突变介导的毒性可能发挥了关键致病作用。

基因诊断是确诊该类疾病的金标准。由于这种致病性多核苷酸重复序列异常扩增突变的病理重复次数巨大，属于超大片段长度重复扩展范围，可优先选择重复引物PCR（RP-PCR）技术进行基因诊断，其次还可以选择长片段PCR技术（long PCR）及Southern blot。

目前还未有针对这种五核苷酸重复序列异常扩增突变的靶向治疗研究。

第六节　肝豆状核变性

肝豆状核变性（hepatolenticular degeneration，HLD；MIM：277900）是铜转运蛋白ATP酶基因-*ATP7B*基因的致病突变引起的铜代谢异常的一种常染色体隐性遗传疾病。铜转运蛋白ATP酶的功能丧失导致铜排泄受损，随后铜在肝脏、脑和其他器官异常沉积，引起肝脏、神经系统等多器官、系统受累的临床表现。HLD的患病率因地域而异，在全世界范围内约为（2.5～3.3）/100 000。在特定种族群体中某些*ATP7B*基因突变的发生频率较高，故而患病率也相应较高。目前在*ATP7B*基因中已经发现超过900种致病性突变，其中最常见的是单核苷酸错义和无义突变，其次是插入或缺失以及剪接位点突变；不常见的*ATP7B*基因突变包括整个外显子缺失、启动子区域突变等。*ATP7B*基因的直接测序是目前最灵敏且广泛使用的检测方法，若同时进行生物化学检测可提高诊断的准确性。由于HLD的发病年龄和临床表现的显著异质性，它的诊断仍然具有挑战性。早期发现和治疗对于预防神经精神、肝脏病变和全身性残疾至关重要。

一、遗传学基础

1.分子遗传学　HLD是一种单基因常染色体隐性遗传疾病，是由*ATP7B*基因的纯合突变或复合杂合突变引起，该基因编码同名的跨膜铜转运P型ATP酶。目前，*ATP7B*基因是唯一已知可导致HLD的基因，其突变遍布于所有的外显子。*ATP7B*基因位于13q14.3上，含有21个外显子，基因总长度约为80 kb。由于HLD是常染色体隐性遗传疾病，*ATP7B*基因杂合突变携带者不会出现任何症状，该病通常不会连续出现在一个家族中；但如果*ATP7B*基因杂合突变携带者与HLD患者结合，其子女携带有*ATP7B*基因纯合突变或复合杂合突变而发病的机率为1/2，呈假性常染色体显性遗传。*ATP7B*基因存在热点突变，但不同人群之间差异很大，*ATP7B*基因c.3207C＞A（p.H1069Q）是中欧、东欧和北欧HLD患者的常见突变；*ATP7B*基因c.2081G＞T（p.R778L）、c.2975C＞T（p.P992L）和c.2804C＞T（p.T935M）是我国HLD患者的常见突变。

2.基因诊断　在有可疑神经系统表现的患者中，如果出现血浆铜蓝蛋白含量降低，并且存在角膜色素环（K-F环），HLD的诊断可基本确立。但是，因其受到其他肝脏疾病或者健康状况的影响，生化结果往往不够准确。而在肝病患者中，如果血浆铜蓝蛋白的水平正常，K-F环阴性并不能排除HLD。由于这些原因，目前HLD诊断的金标准是*ATP7B*基因的检测。

对于临床可疑的HLD患者或确诊患者亲属，可用PCR扩增*ATP7B*基因其侧翼10～20对碱基的所有编码外显子，然后对其进行直接测序。PCR扩增和测序最好能覆盖*ATP7B*基因的5′端启动子区域，这里包含了一个常见的小片段缺失的突变（c.-441_-427del）；NGS可快速有效地检测*ATP7B*基因突变。如果临床高度怀疑HLD，而常规测序未能发现或仅发现杂合突变，需考虑大片段基因重排或缺失突变的可能，可使用MLPA进行检测。

二、分子致病机制

1.致病机制　总的来说，ATP7B功能缺陷可导致肝细胞铜超载和肝脏病变。过多的非铜蓝蛋白结合铜释放到血液循环中导致其他组织，特别是大脑的病理性铜沉积，导致神经系统症状和精神障碍表现。铜有非常重要的生理功能，如：铜可作为各种酶的辅助因子，激活神经内分泌肽、合成和清除儿茶酚胺。人体膳食中铜的摄入量为1.5～2.5 mg/d。铜在胃和十二指肠被吸收，通过人铜转运蛋白1（hCTR1）被肠细胞摄取，并通过ATP7A蛋白在十二指肠上皮基底膜进入血液，继而通过门静脉循环转运到肝脏，在肝脏内进行调控和排泄。在肝细胞内，ATP7B蛋白在跨高尔基体网络或细胞质囊泡中发挥两种重要功能。在跨高尔基体网络中，ATP7B蛋白通过将六个铜分子包裹到血浆铜蓝蛋白中激活血浆铜蓝蛋白，然后将其分泌到血浆中。通常，日常饮食中吸收的铜超过人体所需，过量的铜可通过排泄到肝细胞胆汁中被排出，这一排泄过程受ATP7B蛋白的调控。细胞内铜浓度的增加导致氧化应激、自由基形成和线粒体功能障碍，这些综合效应可导致肝脏、脑和其他器官的细胞死亡。由于ATP7B蛋白在铜代谢中的多重作用，其功能缺陷最终导致铜沉积和HLD。ATP7B蛋白功能障碍导致的铜积累通常首先发生在肝脏，因此，肝损害通常是HLD的最早、最常见的表现。在HLD的初期，铜位于肝细胞的细胞质中，并与金属硫蛋白结合。随后，铜可沉积在肝细胞的溶酶体，并引起线粒体损伤，这会导致肝能量代谢受损、胆固醇相关基因的生物合成下调。慢性肝细胞损伤和细胞死亡最终导致肝炎和肝纤维化。如果未经治疗，肝细胞的铜沉积超负荷，摄取和吸收的铜不能被肝脏进一步隔离，不稳定的、非铜蓝蛋白结合铜在血液中增加，从饮食中吸收的铜和从肝细胞释放的铜将在脑、眼、肾等其他器官中逐渐沉积下来，引起相应的临床表现。

2. 靶向分子治疗策略 早期和终身治疗是HLD治疗的原则。药物治疗的核心是螯合过多的铜。治疗选择包括铜螯合剂（如青霉胺或曲恩汀）、锌盐或两者结合。螯合剂直接在血液和组织中结合铜并促进其排泄，在我国，HLD首选治疗是D-青霉胺，青霉胺能螯合血液循环的铜，然后从尿中排出；曲恩汀（Trientine）的单日剂量可用于HLD的维持治疗（ClinicalTrials.gov Identifier：NCT01472874）。而锌盐可以干扰铜的肠吸收。

HLD的基因或细胞治疗仍处在实验阶段。*ATP7B*基因在肝脏中表达最高，且肝在全身铜代谢中起着最重要的作用。因此，只要能将*ATP7B*基因特异性表达在肝，就可以起到治疗作用。在HLD小鼠模型的肝表达人源野生型*ATP7B*基因，发现其可降低小鼠肝铜含量，阻止肝组织病变。体细胞基因编辑（例如CRISPR/Cas9基因组编辑）是未来治疗HLD的方向，这种技术是通过纠正*ATP7B*基因突变从而恢复蛋白功能的治疗方法。最新研究也提示可以将诱导干细胞转化为功能肝细胞，从而替代异体肝移植。这种疗法一旦实现，可有效的避免肝源不足的问题，也无须终身免疫抑制以维持移植肝存活。

第七节 神经元核内包涵体病

神经元核内包涵体病（neuronal intranuclear inclusion disease，NIID；MIM：603472）是一种主要累及神经系统的罕见神经变性疾病，其病理特征为在全身多系统组织细胞中出现嗜酸性的核内包涵体。1968年首次在尸检中发现神经元和内脏细胞中出现嗜酸性的核内包涵体，1980年将该病命名为NIID。NIID临床表现具有高度异质性，可表现为缓慢进展的痴呆、帕金森样症状、震颤、小脑性共济失调、周围神经病等；也可以表现为发作性意识障碍、卒中样发作等。依据发病年龄，可将NIID分为婴幼儿型、青少年型和成年型。有家族性病例，呈AD遗传；也有散发病例。NIID患者皮肤组织细胞中可见嗜酸性的核内包涵体，颅脑MRI可见皮髓质交界区曲线样弥散加权成像（DWI）高信号（“绸带征”）。2019年我国和日本的研究团队分别报道*NOTCH2NLC*基因5′ UTR区GGC三核苷酸重复序列异常扩增与NIID相关。

一、遗传学基础

1. 分子遗传学 *NOTCH2NLC*基因位于1q21.1，是人类特异性基因*NOTCH2NL*基因的3个同源基因（*NOTCH2NLA*，*NOTCH2NLB*，*NOTCH2NLC*）之一。目前在中国、日本、马来西亚、新加坡等的NIID患者中均有*NOTCH2NLC*基因GGC三核苷酸重复序列异常扩增突变报道，在欧洲人群中该基因突变罕见。除典型的NIID外，在部分原发性震颤、肌萎缩侧索硬化症、帕金森综合征、多系统萎缩等神经变性病中也检测到*NOTCH2NLC*基因GGC三核苷酸重复序列异常扩增突变，基于此，有学者提出了“*NOTCH2NLC*基因相关疾病”这一概念。*NOTCH2NLC*基因GGC重复扩增次数或不同的重复扩增序列打断可能与NIID临床表型相关。研究发现临床表现为震颤的患者其发病年龄与NIID不同表型组（肌无力、痴呆、帕金森综合征）均有显著差异，震颤表型组*NOTCH2NLC*基因GGC重复扩增数明显低于NIID组，GGC异常重复纯度明显高于NIID组，而GGA打断明显少于NIID组等。

2. 基因诊断 对于临床疑似NIID和（或）具有NIID典型影像学特征的患者，可以采用NGS（如：长读长测序技术、重复引物PCR（repeat-primed PCR，RP-PCR）等来检测*NOTCH2NLC*基因5′ UTR区是否存在GGC重复序列异常扩增。正常成年人*NOTCH2NLC*基因GGC重复次数不超过40次，GGC

重复次数≥60次被认为具有致病性；GGC重复次数为41～59次是中间区域，可能是ALS、PDS等的风险因素。

二、分子致病机制

1. 致病机制 目前NIID的发病机制尚不十分清楚，其特征性的嗜酸性核内包涵体的形成机制亦不明确。NIID特征性的病理改变为脑内神经元丢失及神经细胞中出现嗜酸性核内包涵体。NIID患者脑内神经元丢失的部位和程度不尽相同。儿童起病的以小脑性共济失调为主要临床表现的NIID患者，病理可见小脑皮质及下橄榄核神经元丢失，小脑胶质细胞增生伴浦肯野细胞丢失。成年起病的NIID患者病理上可见纹状体、大脑与小脑皮质神经元的丢失。嗜酸性核内包涵体广泛分布于NIID患者中枢神经系统、周围神经系统及内脏器官组织细胞中。皮肤活检可见脂肪细胞、成纤维细胞及汗腺细胞内特征性的嗜酸性核内包涵体；电镜下该包涵体为粒状结构混以丝状物，无明确包膜结构；免疫组化显示NIID嗜酸性核内包涵体p62、泛素染色阳性。这些病理研究提示蛋白降解障碍或异常蛋白沉积可能与NIID发病相关。此外，研究报道NIID患者脑白质可见中重度的髓鞘丢失，这与NIID典型的影像学特征相符。*NOTCH2NLC*基因5′ UTR区GGC三核苷酸重复序列异常扩增形成的多聚甘氨酸（polyG）蛋白聚集物造成的蛋白毒性，可能导致NIID的发生。

2. 靶向分子治疗策略 由于NIID的发病机制目前尚不明确，对NIID病因治疗的研究有待探索。

第八节 肌萎缩侧索硬化

肌萎缩侧索硬化（amyotrophic lateral sclerosis，ALS）是一种常见的神经系统变性疾病，主要选择性累及上、下运动神经元，导致肌无力、肌萎缩与锥体束征的不同组合，多数患者3～5年后最终因呼吸肌麻痹而死亡。ALS具有很强的临床及遗传异质性，与额颞叶痴呆（frontotemporal dementia，FTD：MIM：600274）在临床和致病基因方面具有明显重叠，目前认为ALS与FTD属同一种临床病理谱。ALS的发病率为（1.5～2.7）/100 000，患病率为（2.7～7.4）/100 000。5%～15%的ALS患者为家族性（familial ALS，fALS），85%～95%为散发型（Sporadic ALS，sALS）。双生子研究发现ALS的遗传度约为61%，表明仍有其他潜在的ALS致病基因和复杂的遗传机制尚待发现。

一、遗传学基础

1. 分子遗传学 ALS常见的遗传方式包括常染色体显性遗传（AD）、常染色体隐性遗传（AR），X连锁遗传（X-linked）相对罕见。根据ALS相关致病基因被发现的顺序，ALS被分为ALS1-ALS26型，其中ALS3、4、6-14、17-25型呈AD遗传，ALS2、5、16型呈AR遗传，ALS1型可呈AD或AR遗传，ALS15型呈X连锁显性遗传；根据合并FTD临床症状，又分为FTD-ALS1-8型。仍有部分亚型虽已克隆致病基因，但并未进行明确分型（见表10-4-2）。

*SOD1*基因是1993年发现的ALS的第一个致病基因，2008年和2011年，*TARDBP*基因和*C9ORF72*基因相继被发现，在ALS遗传学研究中具有里程碑的意义。目前已发现40多个明确的ALS致病基因，常见的包括*SOD1*、*TARDBP*、*C9ORF72*、*ANG*、*FUS*、*OPTN*、*TBK1*、*KIF5A*及*SETX*等基因。

常染色体显性遗传ALS（AD-ALS）亚型目前已有近30个致病基因被克隆，*SOD1*基因为ALS1亚型的致病基因，约占fALS的14.8%～30.0%，是中国ALS患者中最常见的致病基因。其他常见的AD-ALS亚型致病基因包括：ALS6（*FUS*基因），占fALS的4%～5%；ALS10（*TARDBP*基因），占fALS的4%～5%；ALS12（*OPTN*基因），占fALS的2%～3%；ALS12（*VCP*基因），占fALS的1%～2%。

常染色体隐性遗传ALS（AR-ALS）亚型目前已有10余个致病基因被克隆，*Alsin*基因（ALS2）是被发现的第一个AR-ALS致病基因，其他的还包括：ALS5（*Spatacsin*基因）、ALS6（*FUS*基因）、ALS12（*OPTN*基因）、ALS16（*SIGMAR1*基因）

表 10-4-2 **ALS 相关致病基因**

亚型	基因	位置	遗传方式	MIM	亚型	基因	位置	遗传方式	MIM
ALS1	*SOD1*	21q22	AD/AR/S	147450	ALS24	*NEK1*	4q33	AD	604588
ALS2	*ALSIN*	2q33.1	AR	606352	ALS25	*KIF5A*	12q13.3	AD	602821
ALS3	WDR3*	18q21	AD	606640	ALS26	*TIA1*	2p13.3	AD	603518
ALS4	*SETX*	9q34.13	AD	608465	ALS	*DAO*	12q24	AD	603518
ALS5	*SPG11*	15q21.1	AR	610844	ALS	*GLE1*	9q34	AD	603518
ALS6	*FUS*	16p11.2	AD/S	137070	ALS	*SS18L1*	20q13	AD	603518
ALS7	/	20p13	AD	608031	ALS	*GLT8D1*	3p21	AD	603518
ALS8	*VAPB*	20q13	AD	605704	ALS	*ATP13A2*	1p36	AR	610513
ALS9	*ANG*	14q11.2	AD	105850	FTD-ALS1	*C9orf72*	9p21.3	AD/S	614260
ALS10	*TARDBP*	1p36.2	AD	605078	FTD-ALS2	*CHCHD10*	22q11	AD/S	615903
ALS11	*FIG4*	6q21	AD	609390	FTD-ALS3	*SQSTM1*	5q35	AD	601530
ALS12	*OPTN*	10p13	AD	602432	FTD-ALS4	*TBK1*	12q14.2	AD	604834
ALS13	Ataxin-2	12q24	AD	601517	FTD-ALS5	*CCNF*	16p13.3	AD	600227
ALS14	*VCP*	9p13	AD	601023	FTD-ALS6	*VCP*	9p13.3	AD	601023
ALS15	*UBQLN2*	Xp11	XD	300264	FTD-ALS7	*CHMP2B*	3p11.2	AD	609512
ALS16	*SIGMAR1*	9p13.3	AR	601978	FTD-ALS8	*CYLD*	16q12.1	AD	605018
ALS17	*CHMP2B*	3p11	AD	609512	ALS-FTD	*GRN*	17q21	AD	138945
ALS18	*PFN1*	17p13	AD	176610	ALS-FTD	*TIA1*	2p13	AD	603518
ALS19	*ERBB4*	2q34	AD	600543	ALS-FTD	*HTT*	4p16	AD	613004
ALS20	*hnRNPA1*	12q13	AD	164017	ALS-PD2	*DJ1*	1p36	AR	602533
ALS21	*MATR3*	5q31.2	AD	164015	ALS-Slow	*ERLIN1*	10q24	AR	611604
ALS22	*TUBA4A*	2q35	AD	191110	ALS-Slow	*CACNA1H*	16p13	AR	607904
ALS23	*ANXA11*	10q22.3	AD	602572	ALS ＋ Ataxia	*SYNE1*	6q25	AR	608441

注释：AD：autosomal dominant；AR：autosomal recessive；XD：X-link Dominant；S：sporadic　*：有待于进一步认证

及 ALS-PD2（*DJ1* 基因），ALS-Slow（*ERLIN1* 基因和 *CACNA1H* 基因），ALS ＋ Ataxia（*SYNE1* 基因）等不同亚型和综合征。其中 ALS2（*Alsin* 基因）和 ALS5（*Spatacsin* 基因）相对比较常见，约占所有 fALS 中的 1%。

FTD-ALS 亚型目前已有 11 个致病基因被克隆，包括 FTD-ALS1-8 型和三个未命名的 FTD-ALS 亚型（*GRN*、*TIA1*、*HTT* 基因）。*C9orf72* 基因是 FTD-ALS 亚型最常见的致病基因，其内含子内 GGGGCC 六核苷酸重复扩增可导致 ALS、FTD 或 FTD-ALS，*C9orf72* 基因异常扩增突变频率因地域和种族不同而有差异，在欧美国家比例较高，如在美国，占 fALS 的 40% ～ 50%，sALS 的 5% ～ 10%；但在亚洲比率较低，如在日本仅占 fALS 的 0 ～ 3.4%，sALS 的 0 ～ 0.4%；在中国大陆仅占 fALS 的 0 ～ 4.7%，sALS 的 0 ～ 0.3%。

X 连锁显性遗传 ALS 目前只发现一个亚型 ALS15（*UBQLN2* 基因），其频率不足 fALS 的 1%。

2. 基因诊断 对于有明确家族史和早发的 ALS 患者，建议进行基因检测。目前应用于 ALS 基因检测的方法主要包括 NGS 技术和重复引物 PCR（Repeat primer PCR，RP-PCR）等。建议首选 NGS 技术进行筛查，对于检测阴性的 ALS 患者可考虑 PCR 后毛细管凝胶电泳检测 ALS13 致病基因 *Ataxin-2* 的 CAG 三核苷酸重复序列异常扩增突变，RP-PCR 后毛细管凝胶电泳检测 *C9orf72* 基因的 GGGGCC 六核苷酸重复序列异常扩增突变。

二、分子致病机制

1. 致病机制 目前研究认为参与ALS致病主要的发病机制包括氧化应激、线粒体功能紊乱、谷氨酸兴奋性毒性、RNA功能异常、内稳态失衡、轴突转运功能紊乱、小胶质细胞活化、蛋白异常聚集、自身免疫紊乱、自噬和溶酶体功能紊乱等。

氧化应激：由于基因突变及其他因素的影响可导致氧自由基及相关氧化产物在组织间或细胞内聚积，从而对细胞产生毒性作用，如*SOD1*基因突变可导致氧自由基过度积累。在ALS患者血浆及脑脊液中还检测到氧化标志物水平增高，表明在ALS中存在着由氧化应激引起的组织损伤及细胞生物学功能改变。

线粒体功能紊乱：在ALS患者的肌细胞及神经元中均存在线粒体的功能障碍。*CHCHD10*基因在线粒体基因组稳定性、线粒体嵴完整性以及线粒体的融合过程起着关键作用，该基因突变蛋白的过表达可导致线粒体网络破碎，从而参与FTD-ALS的发病过程。

谷氨酸兴奋性毒性：谷氨酸是脑内重要的兴奋性神经递质。在ALS中，由于突触间隙的谷氨酸过多而导致运动神经元过度放电，相应地增加了钙流入，以及内质网和线粒体应激，导致突触后神经元及其周围组织的损伤。

RNA功能异常及内稳态失衡：多个ALS致病基因如*TARDBP*和*FUS*的编码蛋白均是DNA和RNA结合蛋白，功能涉及RNA加工过程的众多环节，包括转录调节、选择性剪接、mRNA转运，以及microRNA的加工处理。携带C9orf72重复扩增的患者中，大脑内全长的mRNA转录本表达水平下降。此外，*MATR3*、*SETX*、*ANG*、*hnRNPA2B1*和*hnRNPA1*等基因的部分突变也会影响RNA功能或稳态，参与了ALS的病理过程。

轴突转运功能紊乱：轴突的细胞骨架紊乱在ALS的发生和发展中发挥重要作用。轴突蛋白合成的缺乏，轴突转运的缺陷等在ALS的发病早期即被发现；在ALS小鼠中，与轴突转运相关的细胞骨架成分、线粒体和选定的膜界细胞器均有损伤。此外，*DCTN1*、*KIF5A*、*NEK1*、*PFN1*、*TUBA4A*、*VAPB*、*FIG4*和*CHMP2B*等基因突变均会影响细胞骨架的形成、轴突运输等过程，从而参与了ALS的发病。

小胶质细胞活化：在ALS患者的大脑和ALS动物模型中出现大量激活的小胶质细胞，其会释放大量的炎症因子，进而损害运动神经元。

蛋白异常聚集：ALS中最常见的错误折叠蛋白质聚积为胞浆内泛素阳性包涵体，并通过一种自我延续或类似朊蛋白的机制扩散。TDP-43、SOD1和FUS蛋白的初始错误折叠可能在某些条件下（如细胞应激）加剧。这些新的错误折叠的蛋白质反过来也能错误折叠它们的原生对应蛋白质，从而引发级联反应。

自身免疫紊乱：在ALS患者血浆中发现异常的单克隆免疫球蛋白条带，血清中IgA、IgG及IgE升高，T细胞数目和功能异常等。

自噬-溶酶体功能紊乱：ALS中蛋白质降解途径相关的基因突变将导致自噬-溶酶体途径的异常，如突变的*VCP*基因可能会通过影响细胞自噬导致TDP-43包涵体在受累细胞的细胞质内沉积而发挥作用。*SPG11*、*SQSTM1*、*Alsin*、*TBK1*等ALS致病基因也参与了自噬、溶酶体功能紊乱等过程，参与ALS发病。

2. 靶向治疗策略 ALS目前尚缺乏特效的治疗手段。药物治疗方面，主要应用的为抗兴奋性氨基酸毒性和抗氧化及清除自由基的药物，如利鲁唑、依达拉奉（MCI-186；ClinicalTrials.gov Identifier：NCT01492686）等。细胞治疗目前临床试验应用最广的细胞来源有间充质干细胞、神经干/祖细胞以及免疫系统细胞。多项细胞治疗已进行临床前研究及临床试验，大部分试验安全性良好（如ClinicalTrials.gov Identifier：NCT01363401），但该治疗方法依旧存在许多的限制，如未能确定理想的细胞来源、移植途径及剂量等。

基因治疗亦是ALS的研究热点，目前研究较多的是反义寡聚核苷酸（ASO）治疗。ASO是人工合成的单链小分子，可以与目标RNA结合，并且通过酶诱导清除、干扰RNA成熟或翻译过程等途径干扰基因的表达。但是ASO存在稳定性较低、脱靶效应和可能诱导免疫反应等缺点。ASO主要在*SOD-1*及*C9ORF72*基因突变的ALS患者中研究。目前ALS的基因治疗尚处于初步阶段，仅有少数ASO相关的基因治疗在早期临床试验阶段开展。

第九节 亨廷顿舞蹈病

亨廷顿病（Huntington's disease，HD；MIM：143100），又称亨廷顿舞蹈病（Huntington chorea）、慢性进行性舞蹈病（chronic progressive chorea）、遗传性舞蹈病（hereditary chorea），于1842年由Waters首次报道、1872年由George Huntington详细报道而得名。HD是进行性发展的神经变性疾病，呈常染色体显性遗传，由致病基因*IT15*中CAG三核苷酸重复序列异常扩增突变所致。由于CAG重复序列编码多聚谷氨酰胺（polyglutamine，polyQ）链，有学者提出polyQ疾病概念，HD是其中之一。HD主要累及基底节和大脑皮质，临床表现以舞蹈样动作、精神异常和痴呆为核心症状。

一、遗传学基础

1. 分子遗传学 1993年，研究发现并克隆了HD致病基因—*IT15*基因，定位于4p16.3，*IT15*基因编码约3144个氨基酸的亨廷顿蛋白（huntingtin，HTT）。HD由*IT15*基因的1号外显子（exon 1）上CAG三核苷酸重复序列异常扩增所致，突变导致HTT蛋白氨基末端第17位氨基酸残基开始出现一段重复异常扩增的polyQ序列。正常人*IT15*基因上CAG重复序列拷贝数小于36次，当*IT15*基因上CAG重复序列拷贝数介于28～35次之间时，虽然本人无发病风险，但是遗传不稳定性增加，后代患病风险增加。虽然HD为遗传性疾病，但约有10%的HD患者父母均为正常人，这一部分家族史阴性的HD患者通常由携带28～35次CAG重复序列拷贝数的父母遗传所致，尤以父系遗传更为常见。当CAG重复序列拷贝数异常扩增至36～39次时，突变基因不完全外显，即患者可能发病并表现出HD的症状，也可能不出现临床症状。若CAG重复序列拷贝数异常扩增大于39次，则携带该基因突变的患者一定会发病。HD为单基因遗传病，大多数情况下，父母仅有一方携带基因突变，子女遗传到此基因突变的概率为50%；极少数情况下，父母双方均携带基因突变，子女遗传概率则增至75%。HD患者的平均发病年龄为40岁左右，但自婴幼儿至90岁均可发病；发病年龄与CAG重复序列拷贝数呈负相关，即CAG重复序列拷贝数越高，发病年龄越小。HD和其他polyQ疾病一样，呈遗传早现现象，即发病年龄一代比一代早，症状一代比一代重，且父系遗传早现倾向更明显。

HD可见于各种族人群，但人群之间的患病率具有明显差异。欧美人群的患病率为（5～7）/100 000，而东亚人群患病率为（0.1～0.5）/100 000。某些地区HD的患病率异常高，如委内瑞拉的马拉开波湖地区，其患病率高达700/100 000。HD人群之间患病率的差异与*IT15*基因CAG重复序列拷贝数的差异有关。据统计，CAG重复序列拷贝数在欧洲人群中平均为18.4～18.7次，但在东亚人群中平均为17.5～17.7次。而这种拷贝数的差异是由于人群之间的*IT15*基因单倍体不同所致，如欧洲人群以突变风险高的单倍体A为主，而东亚人群以突变风险低的单倍体C为主。

2. 基因诊断 目前主要应用PCR扩增、毛细管电泳或Southern印迹杂交法配合DNA测序检测*IT15*基因的CAG重复序列拷贝数，为HD的诊断提供确切依据。

二、分子致病机制

1. 致病机制 尽管HD的致病基因已经被发现了近30年，但HD的发病机制至今仍未明确。目前提出的可能机制包括mHTT（mutant huntingtin）蛋白毒性片段形成、mHTT蛋白与其他蛋白质相互作用、核孔复合体紊乱、转录功能失调、线粒体功能异常、细胞凋亡激活等（见图10-4-5）。

（1）mHTT蛋白毒性片段形成：mHTT蛋白毒性片段形成是HD发病机制的经典假说。mHTT蛋白毒性片段主要通过caspase-3、caspase-6、钙蛋白酶、基质金属蛋白酶-10等蛋白酶裂解产生。mHTT蛋白中异常扩增的多聚谷氨酰胺结构可影响mHTT蛋白和其片段在多个位点的转录后修饰，进而影响其毒性。蛋白片段积累到启动细胞自主致病过程所需的浓度阈值，可能取决于mHTT蛋白表达水平、剪接错误的发生程度、特异性蛋白酶活性等。此外，翻译后修饰可以通过改变mHTT蛋白空

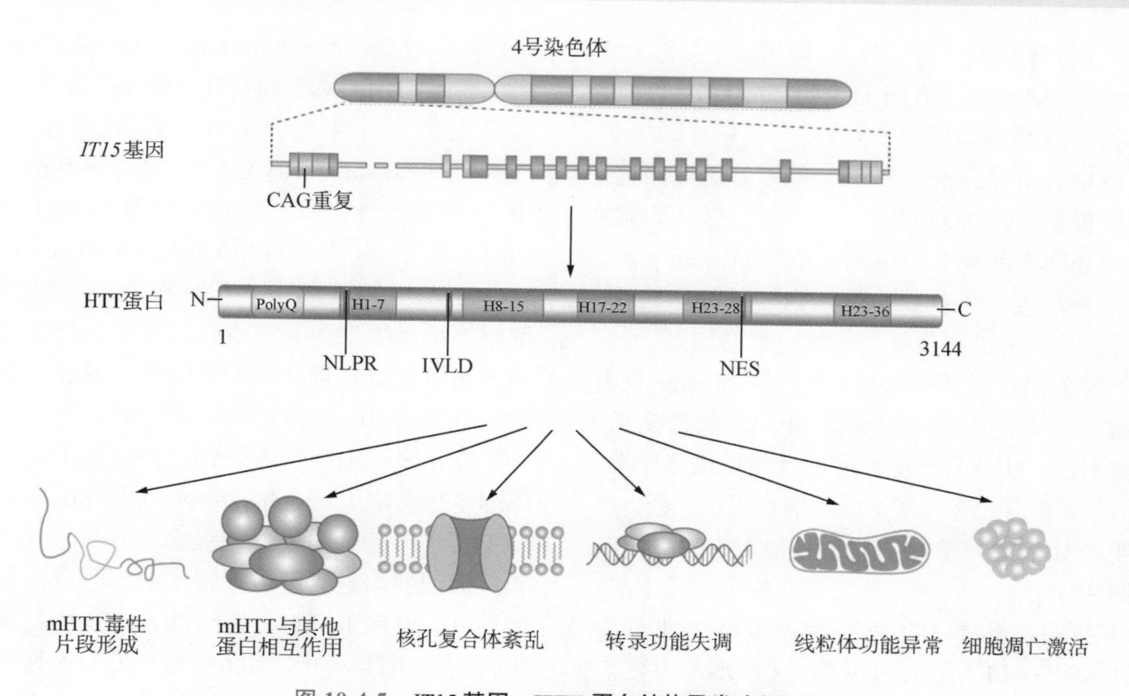

图 10-4-5　*IT15* 基因、HTT 蛋白结构及发病机制图

图注：H：Heat repeat 区域；IVLD 与 NLPR：氨基酸裂解序列；NES：核输出信号；PolyQ：多聚谷氨酰胺链

间构象、聚集倾向、细胞定位、清除等，影响其毒性。mHTT 蛋白片段异常聚集形成 NII，可分布于神经元核内、核外胞质以及轴突。NII 的形成在疾病发展过程中起保护作用还是毒性效应目前尚有争议，既往认为 NII 对神经元具有毒性效应，主要与蛋白酶体功能障碍、核内转移和聚集有关；但也有观点认为 NII 的形成具有保护作用。近期研究认为因 *IT15* 基因的 mRNA 错误剪接或 mHTT 蛋白裂解产生的、含有 1 号外显子蛋白序列的羧基端小片段具有神经毒性作用，这些羧基端小片段可能会通过干扰细胞转录和胞内信号传递、细胞内运输、突触功能、蛋白酶体功能、线粒体功能等发挥毒性作用。

（2）mHTT 蛋白与其他蛋白相互作用：mHTT 蛋白可与亨廷顿蛋白相关蛋白 1（Huntingtin-associated protein1，HAP1），亨廷顿蛋白相互作用蛋白 1（Huntingtin interacting protein 1，HIP1），亨廷顿蛋白相互作用蛋白 2（Huntingtin interacting protein 2，HIP2）、磷酸甘油醛脱氢酶（Glyceraldehyde-3-phosphate dehydrogenase，GAPDH）以及钙调蛋白等相互作用而致线粒体功能障碍和氧化应激反应，从而影响神经元正常功能。

（3）核孔复合体紊乱：核孔复合体（nuclear pore complex，NPC）是 RNA 与蛋白在核质之间转运的主要通道，由核孔蛋白（nucleoporins，NUP）构成。Ran 蛋白是一种关键的核转运蛋白，其在核内主要以 Ran-GTP 形式存在，在胞质内则通过 Ran-GAP1 转变为 Ran-GDP 形式，这种核质之间的浓度梯度，是核质转运的关键环节，其紊乱可导致细胞凋亡。近期研究发现，mHTT 蛋白相较于 wHTT 蛋白，对 Ran-GAP1 等具有更强的亲和力。在 HD 患者脑组织中发现，Ran-GAP1、NUP62、NUP88 等蛋白被隔离在 mHTT 蛋白聚集体中，进而导致核质之间的 Ran-GTP 与 Ran-GDP 浓度梯度紊乱，影响正常的核质转运功能。有研究表明，在 HD 动物模型中过表达 Ran-GAP1，可降低 mHTT 蛋白导致的细胞死亡，延缓神经退行性变的进程。因此，核孔复合体的紊乱可能是 HD 发病机制中的重要环节。

（4）转录功能失调：mHTT 蛋白可与多个转录因子及转录辅激活因子等形成复合物，如 cAMP 反应元件结合蛋白-连接蛋白（cyclic-AMP response element binding protein-binding protein，CREBBP，CBP）、核受体辅助抑制因子（nuclear receptor corepressor 1，NCoR1）、TATA 结合蛋白、抑制元素 1- 沉默转录因子（repressor element-1-silence transcription factor，REST）等，进而影响基因转录。此外，mHTT 蛋白可能还通过调节染色质来干预转录，如 mHTT 蛋白可与组蛋白乙酰转移酶异常作用，干扰组蛋白乙酰化和去乙酰化，导致染色体结构紧密折叠，从而抑制转录。

（5）线粒体功能异常：线粒体功能与衰老、神经退行性变密切相关。有研究表明，mHTT蛋白可通过多种途径引起线粒体功能障碍，包括导致电子传递链（electron transport chain，ETC）活性障碍、减少Ca^{2+}摄取、增加对Ca^{2+}诱导的线粒体通透性转换孔（mitochondrial permeability transition pore，mPTP）的敏感性、干扰线粒体蛋白转录等。同时，线粒体功能异常可进一步导致氧化应激增加。

（6）细胞凋亡激活：mHTT蛋白被caspase等蛋白酶裂解产生毒性片段，可激活caspase凋亡途径，引起细胞凋亡。此外氧化应激增加、能量代谢异常、钙离子信号紊乱等也参与了HD的细胞凋亡进程。

2. 靶向分子治疗策略 目前针对HD的治疗以对症支持治疗为主，尚无有效的疾病修饰治疗手段。目前处于研究阶段的HD修饰治疗策略主要分为DNA靶向策略与RNA靶向策略。以DNA为靶点的治疗策略，即基因编辑技术，主要包括锌指核酸酶技术（zinc-finger nucleases，ZFNs）、转录激活因子样效应物核酸酶（transcription activator-like effector nucleases，TALENs）和CRISPR/Cas9技术。以RNA为靶点的治疗策略，治疗手段主要有RNA干扰（RNA interference，RNAi）、反义寡核苷酸（ASO）、小分子化合物等，如ASO药物RO7234292治疗HD的Ⅲ期临床试验（ClinicalTrials.gov Identifier：NCT03761849）。此外，干细胞治疗，如间充质干细胞、神经干细胞等，也是潜在的治疗手段。但目前上述研究措施仍处于实验阶段，尚无应用于临床的、有效的HD疾病分子与细胞治疗手段。

近年来，中国学者开创性地提出了基于自噬小体绑定化合物（autophagosome tethering compounds，ATTEC）的药物研发原创概念，并通过化合物芯片和免标记斜入射光反射差技术的新型高通量药物筛选平台，发现了可特异性降低mHTT蛋白的小分子化合物，将其应用于HD细胞和果蝇模型中，发现可以显著降低mHTT蛋白的水平，这为HD的治疗带来了新的曙光。

第十节 线粒体脑肌病

线粒体病特指线粒体脱氧核糖核酸（mitochondrial DNA，mtDNA）或核脱氧核糖核酸（nuclear DNA，nDNA）缺陷引起线粒体的功能和结构异常，而导致呼吸链氧化磷酸化功能障碍为特点的一组遗传代谢性疾病，可累及多个器官系统，具有高度的遗传异质性和临床异质性，患病率大约为200/100 000（见表10-4-3、表10-4-4）。线粒体脑肌病（mitochondrial encephalomyopathy，ME）是一组以脑和肌肉受累为主的线粒体病，其肌肉损害主要表现为骨骼肌极度不能耐受疲劳，常可见眼外肌麻痹，神经系统主要表现有波动性脑病、癫痫、痴呆、偏头痛、卒中样发作、共济失调、痉挛性截瘫、视神经病变等，其他系统表现可有心脏传导阻滞、心肌病、糖尿病、假性肠梗阻和身材矮小等。ME包括：线粒体脑肌病伴高乳酸血症及卒中样发作（mitochondrial encephalomyopathy with lactic acidosis and stroke-like episodes，MELAS；MIM：540 000）、肌阵挛性癫痫伴破碎红纤维综合征（myoclonic epilepsy and ragged-red fiber disease，MERRF；MIM：545 000）、Kearns-Sayre综合征（Kearns-Sayre syndrome，KSS；MIM：530 000）、亚急性坏死性脑脊髓病或Leigh综合征（Leigh syndrome，MIM：256 000）、线粒体神经胃肠型脑肌病（mitochondrial neurogastrointestinal encephalopathy disease，MNGIE，MIM：603041）等。

一、遗传学基础

1. 分子遗传学 ME遗传方式有线粒体母系遗传、常染色体显性遗传、常染色体隐性遗传、X性连锁遗传。不同于经典的孟德尔遗传病，mtDNA呈独特的母系遗传，除常见点突变外，mtDNA大片段缺失与重排、拷贝数过高或过低都会引起不同程度的疾病表现。体细胞可同时含有两种类型的mtDNA：突变型和野生型；当突变型比例较低时一般不出现症状；当线粒体受到损伤，可导致突变型mtDNA的比例不断增加，超过一定的阈值后，才表现出来各种临床症状。

2. 基因诊断

（1）实验室生化检查：常规的检测包括血常规、肝功能、肌酶、乳酸和丙酮酸、酰基肉碱以及尿有机酸。如条件允许，建议检测脑脊液乳酸、丙酮酸、氨基酸和5-甲基四氢叶酸。血浆乳酸明显升高提示存在线粒体功能障碍，血乳酸/丙酮酸比值

表 10-4-3　线粒体病的遗传分类—核基因组缺陷导致的线粒体病

疾病		核基因突变
引起线粒体呼吸链障碍的核基因疾病	编码结构亚基的基因突变	Leigh 综合征伴复合体Ⅰ缺陷（*NDUFS1*，*NDUFS4*，*NDUFS7*，*NDUFS8*，*NDUFV1* 基因）
		Leigh 综合征伴复合体Ⅱ缺陷（*SDHA* 基因）
		脑白质营养不良伴复合体Ⅱ缺陷（*SDHAF1* 基因）
		心肌病 & 脑病（复合体Ⅰ缺陷）（*NDUFS2* 基因）
		视神经萎缩 & 共济失调（复合体Ⅱ缺陷）（*SDHA* 基因）
		低钾血症 & 乳酸血症（复合体Ⅲ缺陷）（*UQCRB* 基因）
	编码组装因子的基因突变	Leigh 综合征（*SURF1*，*LRPPRC* 基因）
		肝病 & 酮症酸中毒（*SCO1* 基因）
		心肌病 & 脑病（*SCO2* 基因）
		脑白质营养不良 & 肾小管病（*COX10* 基因）
		肥厚性心肌病（*COX15* 基因）
		脑病（伴复合体Ⅴ缺陷）（*ATPAF2* 基因）
		脑病、肝衰竭、肾小管病（伴复合体Ⅲ缺陷）（*BCS1L* 基因）
	编码翻译因子的基因突变	Leigh 综合征、肝衰竭 & 乳酸血症（*GFM1* 基因）
		肌病 & 铁粒幼细胞贫血（*PUS1* 基因）
		脑白质营养不良 & 多小脑回（*TUFM* 基因）
		乳酸血症、发育障碍 & 先天性畸形（*MRPS16* 基因）
		Leigh 综合征 & 视神经萎缩伴 COX 缺陷（*TACO1* 基因）
引起 mtDNA 缺失或耗竭的核基因疾病		常染色体慢性进行性眼外肌麻痹（*POLG*，*POLG2*，*TWNK*，*SLC25A4* 基因）
		Alpers-Huttenlocher 综合征（*POLG* 基因）
		线粒体神经胃肠型脑肌病（胸苷磷酸化酶缺乏症）（*TYMP* 基因）
		共济失调周围神经病综合征（*POLG*，*TWNK*，*OPA1* 基因）
		脑肌病 & 肝衰竭（*DGUOK* 基因）
		婴儿肌病 / 脊肌萎缩症（*TK2* 基因）
		肌张力减低、运动障碍和（或）Leigh 综合征伴甲基丙二酸血症（*SUCLA2* 基因）
		肌张力减低、脑病、肾小管疾病、乳酸血症（*RRM2B* 基因）
		可逆性肝病（*TRMU* 基因）
		线粒体脑肌病伴联合呼吸链缺陷（*AIF1* 基因）
		肌病伴白内障 & 伴联合呼吸链缺陷（*GFER* 基因）
其他疾病		辅酶 Q10 缺陷（*COQ2*，*COQ9*，*CABC1*，*ETFDH* 基因）
		心肌病 & 乳酸血症（线粒体磷酸载体缺陷症）（*SLC25A3* 基因）
		Barth 综合征（*TAZ* 基因）

表 10-4-4　线粒体病的遗传分类—线粒体基因组缺陷导致的线粒体病

	线粒体 DNA 突变
重组（缺失 & 重排）	KSS
	慢性进行性眼外肌瘫痪（chronic progressive external ophthalmoplegia，CPEO）
	糖尿病 & 耳聋
单个核苷酸突变	Leber 遗传性视神经病（LHON）（m.11778G > A，m.14484T > C，m.3460G > A）
	无力 / 共济失调 & 视网膜病 /Leigh 综合征（m.8993T > G，m.8993T > C）
tRNA 基因	MELAS（m.3243A > G，m.3271T > C，m.3251A > G）
	MERRF（m.8344A > G，m.8356T > C）
	CPEO（m.3243A > G，m.4274T > C）
	肌病（m.14709T > C，m.12320A > G）
	脑肌病（m.1606G > A，m.10010T > C）
	心肌病（m.3243A > G，m.4269A > G）
	糖尿病 & 耳聋（m.3243A > G，m.12258C > A）
	非综合征型感觉神经性耳聋（m.7445A > G）
rRNA 基因	氨基糖苷类诱导的非综合征耳聋（m.1555A > G）

在区分电子传递链（electron transport Chain，ETC）疾病和丙酮酸代谢紊乱方面是最可靠的。

（2）神经电生理检查：肌电图多数为肌源性改变，少数病例也可见神经源改变或两者兼有，偶见ME患者肌电图正常。各种诱发电位检查，对各种脑病综合征的病变部位也具有辅助诊断作用。心电图检查对合并有心脏病变的ME也具有重要辅助诊断意义。

（3）神经影像检查：如MRI的某些特征所见对ME的临床诊断具有重要作用。MELAS可见两侧半球后部即颞、顶、枕叶皮质多发卒中样异常信号，但其特点不按解剖血管分布，累及皮质和皮质下白质，可见皮质的层状异常信号。Leigh综合征可见为对称性侧基底节、丘脑、脑干等灰质核团损伤的异常信号。KSS则见散在的既见于灰质又见于白质的异常信号。

（4）神经病理检查：肌肉活检是ME的金标准，可检测组织特异性mtDNA或低异质性的mtDNA并进行定量分析。肌肉组织常规病理包括H&E染色、Gomori染色、SDH、NADH-TR染色、COX、SDH/COX双染。电镜可以观察线粒体内包涵体及异常显微结构。

（5）基因检测：ME由mtDNA突变或nDNA突变所致，可通过血液和其他组织进行DNA测序及组织异质性分析。NGS是mtDNA测序的最适宜方法，可首选用于线粒体基因组测序（如血液、尿液、组织），缺失或重排突变在某些患者中只能在肌肉、肝脏中检测到。mtDNA耗竭综合征具有高度的临床和遗传异质性，以受累组织mtDNA拷贝数显著下降为特征，通常由与mtDNA合成或复制相关的nDNA基因突变导致，少数情况下由线粒体片段的胎系缺失或重排突变所致，因此必须对受累组织mtDNA进行定量分析。ME的基因检测可通过血液和其他组织检测ME致病基因明确诊断。对于高度怀疑mtDNA基因突变ME而血液检测阴性者应对其他组织进行mtDNA评估，避免漏掉因组织特异性或血液低异质性的基因突变可能；对于已获取组织标本，怀疑mtDNA耗竭，应通过qPCR检测组织的mtDNA拷贝数。

二、分子致病机制

1. 致病机制 线粒体是真核细胞中重要的双层膜的细胞器，其主要功能是通过氧化磷酸化过程（oxidative phosphorylation，OXPHOS）产生细胞内大部分的三磷酸腺苷（ATP），提供细胞所需的能量。线粒体还参与细胞内生物化学分解和合成、细胞分化、信息传递及调控细胞生长和细胞凋亡。约100种不同的多肽与线粒体内膜相互作用组成呼吸链，大部分的亚基由核DNA编码合成，只有13种与呼吸链相关的亚基由线粒体DNA编码合成，包括*MT-ND1-6*基因和*MT-ND4L*基因编码复合体Ⅰ的7种亚基（MT-ND1-6和MT-ND4L），*MTCYB*基因编码复合体Ⅲ亚基，*MT-CO1*、*MT-CO2*和*MT-CO3*基因编码复合体Ⅳ的3种亚基（MT-CO1、MT-CO2和MT-CO3），*MT-ATP6*、*MT-ATP8*基因编码复合体V的2种亚基（ATPase6、ATPase8）。编码线粒体呼吸链相关蛋白的mtDNA或nDNA基因突变后，该氧化磷酸化通路受损、能量代谢障碍，影响细胞功能。能量需求高的神经细胞、骨骼肌细胞、心脏细胞等常含有大量线粒体，这些器官在ME常首先被累及，导致患者的临床表现常具有多系统损害特点。同一患者不同器官以及不同患者相同器官的细胞中，突变和非突变的mtDNA比例存在明显差异，从而导致患者不同器官受累程度不同以及临床表现的差异，ME的临床异质性大。

2. 靶向分子治疗策略 ME主要依靠对症、支持疗法，治疗的目标是减少致残，防治并发症，提供遗传咨询。

（1）L-精氨酸：研究表明，ME患者精氨酸浓度低，导致脑组织血流减少、卒中样发作，L-精氨酸作为一氧化氮（NO）前体可诱发血管舒张，改善乳酸血症，从而减少ME患者的卒中样发作频率及不良结局，改善肌无力及运动不耐受。

（2）维生素：辅酶Q10作为递电子体在氧化磷酸化过程影响ATP的生成，促进电子的主动转移和氧化磷酸化进程，生成ATP进而促进能量代谢，使有线粒体呼吸链障碍的ME患者受益。

（3）饮食疗法：生酮饮食在肝脏中通过线粒体脂肪酸β-氧化产生酮体（KD），代谢为乙酰辅酶A，供给三羧酸循环，成为大脑、心脏、和骨骼肌的能量替代。KD可控制ME癫痫，机制尚不明确，其通过类饥饿样反应增加OXPHOS过程，许多转录因子和辅助因子（包括AMPK，SIRT1和PGC-1α）的激活，增加线粒体生物合成。另外可通过饮食补充所缺成分治疗线粒体脂肪氧化障碍。

（4）运动疗法：耐力训练诱导过氧化物酶体增殖物激活受体γ（PPAR-γ）辅激活因子1α（PGC-

1α），从而有效诱导肌肉及大脑线粒体生物合成和增殖；激活 PGC-1β、磷酸腺苷依赖激酶（AMPK）、p38 丝裂原活化蛋白激酶（p38MAPK）和缺氧诱导因子（hfs），促进了线粒体代谢和分子重塑，增强肌肉力量；使内皮型一氧化氮合酶（eNOS）表达升高，一氧化氮（NO）产生增加，进而诱导骨骼肌和心肌线粒体生物合成和细胞葡萄糖摄取；肌肉卫星细胞处于休眠状态，ME 患者突变的 mtDNA 在卫星细胞中往往检测不到，运动刺激肌肉卫星细胞增殖并加入现存的肌肉组织，使肌肉 mtDNA 正常比例增加。

（5）mtDNA 缺陷 ME 的精准治疗：①胚胎植入前治疗：ME 患者 mtDNA 含有野生型和突变型两种，mtDNA 在原始生殖系的发展过程中分离不均匀，当卵母细胞成熟时，卵母细胞 mtDNA 异质性高，可利用植入前诊断技术、母系纺锤体移植技术、原核移植术阻断致病突变的母系传递；②个体化治疗：通过脂质体纳米载体如 Mito-Porter、脂质体样囊泡转染系统或 RNA 导入复合体，将核酸转入线粒体；异质性转变，即利用限制性酶、反义寡核苷酸、分子剪刀或 DddA 技术，选择性破坏突变 mtDNA，将异质性水平转移到临界病理阈值以下；异位基因表达是通过在细胞核中表达缺失的 mtDNA 编码蛋白来克服 mtDNA 突变，这种蛋白质可以被导入线粒体。

（6）nDNA 缺陷 ME 的精准治疗：①基因治疗：利用适当的腺病毒载体在重要的组织或器官（如肝脏）中表达突变基因或其他治疗基因的野生型；②肝移植法：该法已用来治疗 MNGIE，可降低患者血乳酸水平，改善神经功能，也尝试用于其他 ME；③细胞替代治疗：细胞疗法包括使用细胞或以细胞为基础的产品来取代死亡或缺陷细胞，以恢复受影响组织的功能，包括异体造血干细胞移植（AHSCT）和红细胞包裹的胸苷磷酸化酶。

参考文献

综述

1. Bandmann O，Weiss KH，Kaler SG. Wilson's disease and other neurological copper disorders.［J］. *Lancet Neurology*，2015，14（1）：103-113.
2. Bird TD. Charcot-Marie-Tooth（CMT）*Hereditary Neuropathy Overview*. 1998 Sep 28［updated 2020 May 14］. GeneReviews®［Internet］. Seattle（WA）：University of Washington，Seattle；1993-2021.
3. Chia R，Chiò，Adriano，Traynor BJ. Novel genes associated with amyotrophic lateral sclerosis：diagnostic and clinical implications. *The Lancet Neurology*，2018，17（1）：94-102.
4. Chinnery PF. *Mitochondrial Disorders Overview*. 2000 Jun 8［updated 2014 Aug 14］. GeneReviews®［Internet］. Seattle（WA）：University of Washington，Seattle；1993-2021.
5. Hagerman RJ，Berry-Kravis E，Hazlett HC，et al. Fragile X syndrome. *Nature Reviews Disease Primers*，2017，3：17065.
6. Klockgether T，Mariotti C，and Paulson HL. Spinocerebellar ataxia. *Nature Reviews Disease Primers*，2019，5（1）：24.
7. Mercuri E，Bönnemann CG，Muntoni F. Muscular dystrophies. *Lancet*，2019，394（10213）：2025-2038.
8. Michael A，Es V，Orla，et al. Amyotrophic lateral sclerosis. *Lancet*，2017，390（10107）：2084-2098.
9. Pipis M，Rossor AM，Laura M，et al. Next-generation sequencing in Charcot-Marie-Tooth disease：opportunities and challenges. *Nature Reviews Neurology*，2019，15（11）：644-656.
10. Shitik E M，Velmiskina A A，Dolskiy A A，et al. Reactivation of FMR1 gene expression is a promising strategy for fragile X syndrome therapy. *Gene therapy*，2020，27（6）：247-253.
11. Tabrizi SJ，Flower MD，Ross CA，et al. Huntington disease：new insights into molecular pathogenesis and therapeutic opportunities. *Nature Reviews Neurology*，2020（Pt 6）：1-18.
12. 唐北沙，曾胜 . 关注多核苷酸重复扩展突变相关的神经遗传病 . 中华神经科杂志，2020，53（03）：161-165.
13. Tetsuo，Ashizawa，Gülin，et al. Spinocerebellar ataxias：prospects and challenges for therapy development. *Nature Reviews Neurology*，2018，14（10）：590-605.
14. Verhaart I EC，Aartsma-Rus A. Therapeutic developments for Duchenne muscular dystrophy. *Nature reviews Neurology*，2019，15（7）：373-386.
15. Zhang S，Napierala M，Napierala JS. Therapeutic Prospects for Friedreich's Ataxia. *Trends in pharmacological science*，2019，40（4）：229-233.

原始文献

1. A novel gene containing a trinucleotide repeat that is expanded and unstable on Huntington's disease chromosomes. The Huntington's Disease Collaborative Research Group. *Cell*，1993，72（6）：971-983.
2. Cortese A，Zhu Y，Rebelo AP，et al. Author Correction：Biallelic mutations in SORD cause a common and potentially treatable hereditary neuropathy with implications for diabetes. *Nature Genetics*，2020，52（6）：1.
3. Cortese A，Simone R，Sullivan R，et al. Biallelic expansion of an intronic repeat in RFC1 is a common cause of late-onset ataxia. *Nature Genetics*，2019，51（4）：649-658.
4. Ishiura H，Shibata S，Yoshimura J，et al. Noncoding CGG repeat expansions in neuronal intranuclear inclusion disease，oculopharyngodistal myopathy and an overlapping disease.

Nature Genetics, 2019, 51 (8): 1222-32.
5. La Spada AR, Wilson EM, Lubahn DB, et al. Androgen receptor gene mutations in X-linked spinal and bulbar muscular atrophy. *Nature*, 1991, 352 (6330): 77-79.
6. Li Z, Wang C, Wang Z, et al. Allele-selective lowering of mutant HTT protein by HTT-LC3 linker compounds. *Nature*, 2019, 575 (7781): 203-209.
7. Liu Q, Cheng S, Yang H, et al. Loss of Hap1 selectively promotes striatal degeneration in Huntington disease mice. *Proceedings of the National Academy of Sciences*, 2020, 117 (33): 20265-20273.
8. Liu Q, Huang S, Yin P, et al. Cerebellum-enriched protein INPP5A contributes to selective neuropathology in mouse model of spinocerebellar ataxias type 17. *Nature Communications*, 2020, 11 (1): 1101.
9. Mazzara PG, Muggeo S, Luoni M, et al. Frataxin gene editing rescues Friedreich's ataxia pathology in dorsal root ganglia organoid-derived sensory neurons. *Nature Communications*, 2020, 11 (1): p. 4178.
10. Rosen DR. Mutations in Cu/Zn superoxide dismutase gene are associated with familial amyotrophic lateral sclerosis. *Nature*, 1993, 364 (6435): 362.
11. Sun QY, Xu Q, Tian Y, et al. Expansion of GGC repeat in the human-specific NOTCH2NLC gene is associated with essential tremor. *Brain: a journal of neurology*, 2020b, 143 (1): 222-33.
12. Takiyama Y, Nishizawa M, Tanaka H, et al. The gene for Machado-Joseph disease maps to human chromosome 14q. *Nature Genetics*, 1993, 4 (3): 300-304.
13. Tang B, Liu C, Shen L, et al. Frequency of SCA1, SCA2, SCA3/MJD, SCA6, SCA7, and DRPLA CAG trinucleotide repeat expansion in patients with hereditary spinocerebellar ataxia from Chinese kindreds. *Arch Neurol*, 2000, 57 (4): 540-544.
14. Tian Y, Wang JL, Huang W, et al. Expansion of human-specific GGC repeat in neuronal intranuclear inclusion disease-related disorders. *American journal of human genetics*, 2019, 105 (1): 166-76.
15. Yan S, Tu Z, Liu Z, et al. A huntingtin knockin pig model recapitulates features of selective neurodegeneration in Huntington's disease. *Cell*, 2018, 173 (4): 989-1002. e13.

第5章 帕金森病

王晓民　陈　彪　谢俊霞

200多年前，帕金森病（Parkinson's disease，PD）第一次被英国医生詹姆斯·帕金森（James Parkinson，1755—1824）正式描述。他在“关于震颤麻痹”（An Essay on the Shaking Palsy，1817）一文中报道了6例患者的典型症状：在最初阶段，患者手和足表现节律性震颤，特别在肢体处于静止状态时。随着时间的延长，患者变得越来越迟钝和僵硬，也可有启动方面（特别是从坐着的位置站起来）的困难，失去平衡和协调能力，肌肉会变得呆板起来，也可出现非运动症状，如多汗、抑郁和痴呆等。患病后5～15年，渐渐丧失活动能力。一般在60岁以后发病。长期以来人们也一直沿用“震颤麻痹”这一命名，但“震颤麻痹”的提法并不确切，因为患者并无麻痹或类似于卒中后的瘫痪，有些患者甚至没有震颤的表现。半个世纪后，才被神经病学之父——法国医生让-马丁·沙可（Jean-Martin Charcot，1825—1893）命名为帕金森病。为了纪念詹姆斯·帕金森博士，人们将他的生日4月11日定为“世界帕金森病日”。在这200年的历史长河中，PD的神秘面纱也正在逐步被揭开。

PD是一种多发生于老年期的、缓慢进展的神经系统退行性疾病，是继阿尔茨海默病（Alzheimer's disease，AD）之后第二大常见的神经系统退行性疾病。随着人口平均寿命延长和老龄化，PD的患病率呈明显上升势头，65岁以上老年人的PD患病率可以达到17‰而75岁以上老年人患病率可达4.0%。我国PD的发病率也约为17‰，大概有200多万PD患者。好发年龄在55岁以上。但年轻人也会有PD患者，40岁之前患病也称早发型PD，但比例较少，估计仅占约10%。

PD的发病机制目前公认是多种致病因素共同作用的结果，可能与衰老、遗传因素和接触某些毒素等环境因素有关。多种因素导致患者脑内多巴胺（dopamine，DA）能神经元变性缺失和路易小体（Lewy body，LB）形成（见图10-5-1），从而出现运动迟缓、静止性震颤、肌僵直和步态姿势平衡障碍等运动症状（motor symptoms），同时会伴有焦虑、抑郁、认知障碍、幻觉、睡眠障碍，还会出现便秘、大汗、排尿障碍和异常感觉障碍等非运动症状（non motor symptoms）。

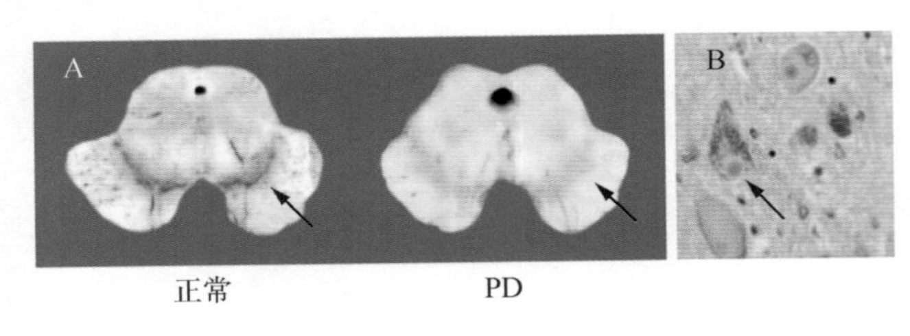

图 10-5-1 **帕金森病患者的病理改变**

A. "正常"表示正常人中脑黑质致密部呈黑色多巴胺神经元；"PD"表示帕金森病患者中脑黑质致密部黑色多巴胺神经元，由于其已坏死，黑色消失。**B.** 帕金森病患者脑内路易小体（LB）。（引自参考文献中的综述10）

PD不会对寿命造成直接影响和威胁，但患病后，通常会很痛苦，影响生活质量，由于合并症的出现而影响了患者的寿命，如患者的运动功能、抵抗力和营养不良，严重者可导致无法生活自理以及常年卧床而引起肺部和泌尿道感染等情况发生。

尽管人类认识PD已有200余年，但至今PD的病因和发病机制不完全明了，缺乏简单易行、明确的早期诊断方法，尚无治愈疾病的措施。了解对PD病理生理及诊断治疗学研究的进展，继续深入探讨，对揭示PD的发病机制，最后攻克PD这一顽疾至关重要。

第一节 帕金森病的病因学

过去200多年来，科学家们始终想回答PD是如何发生的。衰老是被公认的重要的PD发病危险因素，这是因为PD的发病率和患病率均随年龄的增加而成倍增加。1983年Langston医生发现神经毒素1-甲基-4苯基-1,2,3,6-四羟吡啶（1-methyl-4-phenyl-1,2,3,6-tetrahydropyridine，MPTP）可导致人和动物选择性的中脑黑质DA能神经元的丢失，并出现与PD相似的临床症状和病理表现，提示环境毒素的暴露可能是PD发病的危险因素。另外，约10%的PD患者有家族史，同时发病年龄较早，提示PD与遗传基因相关。1990年代至今，已发现了20多个基因的突变与家族PD相关，包括显性和隐性遗传模式，其中隐性遗传较多见。目前认为，PD是一种由多种遗传和环境危险因素共同作用，在老化影响下产生的一种复杂性、多器官疾病，是多因素作用的结果。而关于PD危险因素以及多因素之间关系的进一步研究，将为PD预防和治疗提供新的思路。

一、遗传学因素

1. α 突触核蛋白基因 1996年Duvoisin等在PD患者家系（意大利和希腊）中发现引发PD的第一个罹患基因，定位于第4号染色体q21～23的位置，突变基因称为α突触核蛋白（*α-synuclein*，*α-syn*），为常染色体显性遗传。此基因第209位的核苷酸发生了G-A错义突变，使其蛋白质第53位的丙氨酸（Ala）变成了苏氨酸（Thr）。免疫组织化学研究发现α突触核蛋白分布在PD患者脑内的LB内，表明它可能在PD发生中起着重要作用。研究显示α突触核蛋白不仅存在于LB内，它也是多系统萎缩（multiple system atrophy，MSA）胶质细胞胞质包涵体的重要组成部分。α突触核蛋白异常聚集可能与神经细胞变性死亡有密切关系，已被认定为PD的特异性病理标志物。

2. *PARKIN* 基因 1998年第二个与PD有关的基因在日本一个常染色体隐性遗传性早发型PD（autosomal recessive juvenile parkinsonism，ARJP）家族中发现，大约占家族性早发病例的50%，该致病基因在第6号染色体q25.2～q27，由2960个核苷酸构成，编码一个465个氨基酸的蛋白质，定名为PARKIN。PARKIN蛋白在泛素降解系统中发挥E3泛素蛋白连接酶的作用，并参与依赖泛素的蛋白降解过程；突变后导致蛋白酶介导的底物蛋白降解过程缺失，从而导致蛋白毒性聚集。已发现有上百种不同*PARKIN*基因缺失和点突变与早发性PD有关。东方人群中发生频率高，约占到早发性PD患者的三分之一。少部分显性遗传性家族性PD病人也携带*PARKIN*突变或缺失复合性杂合子。大部分*PARKIN*相关的疾病是常染色体隐性遗传，但基因的多态性也使个体易罹患PD。

3. *DJ-1* 基因 2003年在一个意大利和一个荷兰早发的PD家族中发现了*DJ-1*基因的突变，之后在多个国家的早发PD患者中发现，表现为常染色体隐性遗传。该基因杂合突变也可以与其他相关基因杂合突变形成复合杂合突变形式致病。脑中DJ-1

蛋白高度表达于神经元和胶质细胞中；在散发病例的LB以及与α-Synuclein聚集相关的其他病理包涵体中未发有DJ-1蛋白的分布。*DJ-1*编码ThiJ/PfpI/DJ-1超家族的蛋白，在泛素蛋白酶体系统、线粒体功能异常以及mRNA转录后修饰的调控中发挥着作用，其中线粒体功能异常以及mRNA转录后修饰的调控均与氧化应激有关，而泛素蛋白酶体系统主要与PD特征性病理结构LB的形成有关。

4. *PINK-1*基因　是在一个西西里岛大家族PD患者中发现，定位于染色体1p35～36，为常染色体隐性遗传性-青年型PD综合征的致病基因。其编码的蛋白PTEN-诱导的激酶1（PINK1）具有丝氨酸/苏氨酸激酶活性，含一个线粒体功能序列和一个高度保守的蛋白激酶结构域，因此认为是线粒体蛋白激酶，对维持线粒体正常功能起重要作用，在各种神经元细胞损失和死亡过程中起关键作用。

5. *LRRK2*基因　最初是在一个迟发性PD的日本大家族中发现的，呈常染色体显性遗传特征，伴有不完全外显的特征。在高加索地区的家族性迟发PD病例多与G2019R突变相关，呈家族性常染色体显性遗传，而东亚人群约占15%的散发PD患者多与G2385R和R1628P突变相关，并且临床表型与一般的散发性PD非常类似，被认为是散发性PD最常见的遗传易感因素。*LRRK2/dardarin*基因编码一个含有2527个氨基酸的蛋白质，包含富含亮氨酸的重复序列，与Ras相似的GTP酶小结构域、激酶结构域以及WD40结构域。目前还不知道*LRRK2/dardarin*突变如何导致PD的发生，而LRRK2可参与α突触核蛋白聚集与路易小体的产生。*LRRK2*突变可在PD患者脑中引起多种神经病理改变，包括：①没有LB的单纯的黑质系统退变，②与脑干LB相关的黑质系统退变，③与区域性LB相一致的广泛分布的LB，或者是④与tau蛋白病变相关的神经纤维缠结的出现。对于该基因编码底物或相关蛋白的研究将有助于对*LRRK2/dardarin*相关的PD发病机制的认识。

6. *ATP13A2*基因　定位于染色体1p36，最早在1994年被发现其突变可导致Kufor-Rakeb综合征，表现为常染色体隐性遗传。临床上除有较严重的PD症状外，常伴有肌振挛、肌张力障碍、核上性麻痹和认知障碍。*ATP13A2*突变后会导致溶酶体功能缺陷，进而引起α-Syn蛋白的累积与线粒体功能的障碍，从而导致神经元的死亡。

7. *PLA2G6*基因　定位于染色体22q13.1，最初被认为是婴幼儿神经性神经营养不良相关的基因，后来被证实也是常染色体隐性遗传的早发性PD的致病基因，其病理检查显示广泛的路易小体产生和过度磷酸化的tau蛋白累积。D331Y型纯合子突变为常见的突变型，80%青少年起病的人群会发展为不同程度的肌张力障碍、眼球运动异常以及早期对DA的明显效果。

8. *VPS35*基因　定位于染色体16q11.2，VPS35蛋白是编码高尔基复合体的关键蛋白，表现为常染色体显性遗传。近年来有报道VPS35可与动力相关蛋白I（DLP1）相互作用来调节DA能神经元线粒体的动态变化过程，该基因突变增强上述相互作用进而增加动力相关蛋白I的细胞内周转速率，细胞线粒体动力学平衡被打破，最终导致DA能神经元死亡。

9. *EIF4G1*基因　定位于染色体3q27.1，为晚发型PD相关的常染色体显性遗传基因。其致病机制尚未有明确报道，但可能协同VPS35参与线粒体分裂过程，并可通过VPS35的介导作用增加α突触核蛋白的错误折叠。

其他致病基因见表10-5-1。绝大部分与PD相关基因与能量代谢、自噬、氧化应激等功能相关。与PD相关的罹患基因的确认给PD的遗传致病学说提供了具体内涵。

二、环境和生活习惯因素

尽管过去三十年发现了许多可以导致PD的基因，但绝大部分PD患者缺乏家族史。迄今最大的一个利用双胞胎来研究遗传因素在PD发病中作用的流行病学调查用了近2万名双胞胎。最新追踪研究发现，遗传因素在全部PD患者发病中只起到30%的作用，50岁以后发病的PD病人中，同卵双生和异卵双生PD发病率基本相同。这表明，对绝大多数50岁以后发病的典型散发性PD而言，环境或生活习惯等因素可能起主要作用。环境毒素诱发PD一直是人们感兴趣的课题。1983年斯坦福大学的神经病理学家Langston发现，一些吸食了不纯的人工合成海洛因的青年人相继出现PD症状，经分析后确定这种海洛因中含有一种名为MPTP的物质是致病的元凶。MPTP本身不是有活性的神经毒素，它极易进入脑内，在脑胶质细胞单胺氧化酶B（monoamineoxidase B，MAO-B）的催化下形成有活性的MPP^{+}，后者被黑质DA神经元的特异

表 10-5-1 与 PD 相关的基因、位点、遗传方式及临床表型

位点	基因	染色体	遗传方式	临床表型
PARK1/4	*α-synuclein*	4q21	AD	PD，DLB
PARK2	*PARKIN*	6q25.2 ～ 27	AR	早发型 PD
PARK3	Unknown	2p13	AD	晚发型 PD
PARK5	*UCH-L1*	4p14	AD	晚发型 PD
PARK6	*PINK1*	1p36	AR	早发型 PD
PARK7	*DJ-1*	1p36	AR	早发型 PD
PARK8	*LRRK2*	12q12	AD	晚发型 PD
PARK9	*ATP13A2*	1p36	AR	早发型 PDS
PARK10	Unknown	1p32	Unknown	晚发型 PD
PARK11	*GIGYF2*	2q36 ～ 37	AD	晚发型 PD
PARK12	Unknown		Unknown	晚发型 PD
PARK13	*Omi/HTRA2*	2p12	AD	晚发型 PD
PARK14	*PLA2G6*	22q	AR	成人型肌张力障碍性 PDS
PARK15	*FBXO7*	22q	AR	早发型 PD
PARK16	Unknown	1q32	Unknown	晚发型 PD
PARK17	VPS*35*	16q11.1	AD	晚发型 PD
PARK18	*EIF4G1*	3q27.1	AD	晚发型 PD
PARK19	*DNAJC6*	1p31.3	AR	早发型 PD
PARK20	*SYNJ1*	21q22	AR	早发型 PD
PARK21	*DNAJC13*	3q21.3 ～ q22.2	AD	晚发型 PD
PARK22	*CHCHD2*	7p11.2	AD	晚发型 PD
PARK23	*VPS13C*	15q22.2	AR	早发型 PD

AD，常染色体显性遗传病；AR，常染色体隐性遗传病。

性 DA 转运体摄入胞内，堆积于线粒体，与复合物Ⅰ结合，抑制了氧化呼吸链，引起能量代谢障碍，最终导致 DA 神经元的死亡。这些研究结果强烈支持了外界环境因素诱发 PD 的假说。PD 也许是由于自然界中存在的类似于 MPTP 的物质所引起。MPTP 已普遍用于建立 PD 动物模型，并用于新药研发验证。

体内代谢过程中也可产生结构类似于 MPTP 的内源性毒性物质，如异奎啉（isoquinoline，IQs）及其衍生物。已有证据表明 IQs 类化合物可能是内源性致病因子。IQs 存在于体内，它经过 N- 甲基化和氧化可产生类似于 MPP^+结构的化合物。并且 IQs 类物质 Salsolino 的 N- 甲基产物可引起动物产生类似 PD 的行为和生化的改变，由此提出了内源性毒素学说，从而补充和发展了环境毒素学说。许多植物、食物、农药和杀虫剂中含有与 MPTP 类似的、可以造成 DA 能神经元死亡的物质。但这些发现只能解释部分病例的发病原因，不能解释多数同样接触这些毒性物质的人却未出现 PD 的事实。病人对 PD 的遗传易感性与 PD 发生也许与他们对毒素的敏感性有关。

Tanner 和陈彪教授在中国开展的流行病学研究发现 PD 的发生与曾经居住农村、参与农耕、使用农药、杀虫剂、除草剂、或饮用井水、工业环境暴露或工业化学毒品接触等有密切关系。除了以上因素外，脑外伤、一氧化碳中毒也被认为是 PD 发病的危险因素。另外，也发现了一些可能能够降低 PD 发病风险的因素，包括：吸烟、饮茶和咖啡的摄入以及高血尿酸水平。1920 年代西班牙流感病毒大流行后导致的病毒性脑炎患者出现继发性 PD 以及 2020 年出现的新冠肺炎病毒流行与 PD 的关系，均让人推测 PD 可能与病毒相关。

三、衰老因素

衰老本身在神经退行性病的发生发展过程中的作用机制尚不明确，探索衰老因素在 PD 中的作用至关重要。细胞衰老是一个以永久性衰老为特征的稳态生物过程，细胞周期停滞状态可导致再生能力下降、组织的分化潜能和功能改变和衰老细胞增多。PD 的病理生理学机制也存在于细胞衰老过程中，如：DNA 损伤、氧化应激、神经炎症和蛋白质稳态改变。氧化应激有助于加速衰老，影响神经发生、神经元分化、突触丧失和神经元退化。另一个重要特征是随着衰老，蛋白质稳定性发生改变，蛋白质错误折叠；同样，在 PD 中也存在错误折叠的蛋白质或蛋白质的异常聚集。了解这些相同的病理过程是如何相互影响，对了解和干预 PD 具有重要作用，也是今后的一个重要研究领域。

总之，任何单一的因素尚难以解释 PD 的发病。遗传因素在少数早发的 PD 患者中可能起一定作用。散发的、尤其在 50 岁以后发病的 PD 与环境和生活习惯因素以及衰老有关。病人体内与生俱来的线粒体和一些酶的缺陷使其对内外环境毒素具有高度的易感性，与 PD 的发生有直接的关系。年龄也是 PD 发生的重要因素之一。

第二节 帕金森病的病理学

经典的 PD 有两大病理特征：黑质 DA 能神经元变性丢失，残留的神经元内出现嗜酸性包涵体，即路易小体。最近十几年来 PD 病理方面最大的突破就是 Braak 分期。

PD 的明确病理学改变表现在黑质致密带投射至纹状体的 DA 能神经元大量死亡（图 57-1）。中脑其他 DA 能神经元也出现死亡，但范围不同。蓝斑的去甲肾上腺素能细胞和基底前脑区的胆碱能神经元亦可见死亡。用神经毒素 6- 羟多巴胺（6-hydroxydopamine，6-OHDA）破坏猴的双侧黑质致密带，可引起肌僵直和运动迟缓，但无震颤。PD 的神经元死亡在神经元胞质中伴随有 LB 出现，特别是在黑质致密带。LB 呈球形，直径 5 ～ 25 μm，电镜下可见在其周围有放射状排列的疏松的 7 ～ 25 nm 直径的纤维丝。用免疫组化分析 LB 的主要结构，发现了三种主要成分：α- 突触核蛋白（α-syn）、神经纤维丝蛋白和泛素蛋白。分析 LB 内细胞骨架和非细胞骨架蛋白发现了 4 种成分，分别为：LB 纤维丝，与 LB 形成相关的细胞应答蛋白，可调节 LB 纤维丝的酶如激酶和磷酸酶，以及参与包涵体形成的细胞溶性蛋白。由于无法从死后的 PD 病人中获得足够的纯 LB，尚难精确分析 LB 的生化组成。

α-syn 由 140 个氨基酸残基构成，其结构包括 3 部分，即 N- 端结构域、可变中央非 β 淀粉样成分（non-Aβ-component，NAC）结构域及 C- 端结构域，其确切的生物功能尚未完全清楚，但似乎涉及广泛的细胞过程，比如可作为磷脂酶 D2 抑制剂、参与 SNARE 复合物的形成等，在调节神经膜的稳定性、影响突触前膜信号传导和细胞膜转运中发挥作用。生理条件下单体 α-syn 呈天然展开，具有完整的 N- 末端结构域、中央 NAC 结构域和 C- 末端结构域，与细胞膜磷脂结合完成其生理功能。尸检分析和动物实验结果表明，寡聚体 α-syn 才是真正具有神经毒性，且已经证明寡聚体 α-syn 是形成 α-syn 原纤维的重要形式。研究认为寡聚体 α-syn 主要通过导致线粒体功能损伤、内质网作用缺陷、蛋白酶作用、胶质细胞炎性反应、细胞膜损伤、溶酶体功能缺陷及突触功能障碍等发挥神经毒性作用。最新的磁共振成像研究表明，在蛋白质折叠中扮演重要角色的分子伴侣蛋白（chaperone proteins），如 HSC70，和 HSP90 的家族成员等 6 种，能够识别 α-syn 上的一个经典区域，其中包括该蛋白的 N 端，以及 Tyr39 周围的序列。两者之间的结合能够阻碍 α-syn 进行积聚。α-syn 的异常积聚或错误折叠目前被认为是引起 DA 神经元死亡的主要原因，因而可以作为 PD 早期诊断的病理标志物。

Heiko Braak 医生是德国法兰克福大学（原约翰–沃尔福冈–歌德大学，Johann Wolfgang Goethe-Universität）临床神经解剖学研究所教授，他致力于 PD 患者大脑尸检病理十数年，根据 α-syn 在 PD 患者不同脑区核团出现的时间和空间分布的研究，描述了路易小体在整个中枢神经系统的解剖分布和传播，开始于迷走神经的背运动核，然后在脑干内上升，最终到达皮质。在 PD 患者的神经元，以及星形胶质细胞和少突胶质细胞中也发现了 a-syn。2003 年，布拉克正式提出了 PD 病理及分期新理论（Braak 分期）：他认为，PD 的病理改变并非始于黑质致密部，而是分为 6 个期。在第一期，一些患者会出现嗅觉的异常。到了第二期，延髓和脑桥被盖受到累及，包括尾状核、中缝核、蓝斑等出现病变，患者可能出现头痛、睡眠障碍、情感等方面的问题，这被称为运动前期 2。到了运动前期 3，中脑也开始受累，影响到杏仁核、黑质致密部等，患者的色觉、体温调节、认知等功能出现异常，还可能发生抑郁、背疼等。上述三期病变都发生在经典的 PD 运动症状出现之前，这就是为什么抑郁、睡眠障碍、便秘、嗅觉障碍等非运动症状在疾病很早期就会出现的原因。一直到了病理改变进入第 4 期，病变损害到丘脑，才会出现 PD 典型的静止性震颤、肌僵直、运动迟缓和姿势平衡障碍“四主症”。很多患者到这个时候才会求医，但病理改变已经不轻了。之后，第 5 期病变会累及新皮质，出现运动波动、频发疲劳等症状。而当第 6 期病变进一步损害到新皮质时，相应的就会出现错乱、视幻觉、痴呆、精神症状等表现（表 10-5-2）。

PD 病理及 Braak 分期新理论的提出，促进了人们对于 PD 的认识，极大的推动了对 PD 疾病预防、早期诊断、病理生理机制、神经保护等方方面面的研究的深入。

表 10-5-2 帕金森病病理的 Braak 分期（修改自参考文献中的原始文献 2）

Braak 分期	帕金森病病理
一期	周围自主神经系统、嗅觉系统（嗅球、前嗅核）、延髓（迷走神经背核、舌咽神经）
二期	一期＋脑桥（蓝斑、网状结构巨细胞部、中缝核下部）、脊髓灰质（特别是自主神经中枢）
三期	一、二期＋脑桥（脑桥核）、中脑（黑质致密部）、基底前脑（巨细胞核，包括 Meynert 基底核）、边缘系统（杏仁体的中央核）
四期	一、二、三期＋边缘系统（杏仁体基底外侧核和副皮质核、终纹间位核、腹侧屏状体）、丘脑（板内核）、颞叶皮质（前内侧颞叶中间皮质）、海马 CA2 区
五期	前四期＋高级感觉联合区新皮质＋前额叶
六期	前五期＋一级感觉联合区新皮质＋运动前区，可有初级运动皮质和初级感觉皮质的轻度受累

第三节 帕金森病的症状学

一、帕金森病的运动症状

（一）基底神经节结构与功能

基底神经节（基底节）是深藏在大脑皮质下围绕丘脑和下丘脑的一组神经细胞团，有 4 个主要的核团:（新）纹状体（striatum）、苍白球（globus pallidus，or pallidum）（俗称旧纹状体）、黑质（substantia nigra，SN）、丘脑底核（subthalamic nucleus，STN）。经由皮质-基底节-丘脑-皮质的神经回路参与运动的计划、启动和执行，掌握新的动作，运动的排序，对新刺激信号的运动反应等。基底节病损后，运动功能才出现严重的缺陷。

纹状体由尾核（caudate nucleus）和壳核（putamen）构成，主要接受两个部位的神经纤维传入：①皮质锥体神经元发出的皮质-纹状体谷氨酸能神经纤维；②黑质致密部（substantia nigra pars compacta，SNc）的 DA 能神经元的投射纤维。纹状体主要由 3 类神经元组成。90% ～ 95% 为中等大小的 γ- 氨基丁酸（GABA）能棘状神经元（spiny neuron）。它们是纹状体唯一的传出神经元，除运动和外周的刺激信号到来时，它们大部分处于静止状态。在哺乳类，中等大小的棘状神经元可分为两群，一类是投射到苍白球外侧部（external globus pallidus segment，GPe）表达脑啡肽（ENK）和神经降压素（neurotensin）的神经元；另一类是投射到苍白球内侧部（internal globus pallidus segment，GPi）和（或）黑质网状部（substantia nigra pars reticulata，SNr）表达 P 物质（SP）和强啡肽（DYN）。纹状体也含有两种局部抑制性中间神经元：大的胆碱能神经元（蜘蛛样神经元，spidery neurons），和含有生长激素抑制素（SS）、神经肽Y（neuropeptide Y，NPY）或一氧化氮合酶的小神经元。两种抑制性中间神经元具有广泛的轴突侧支联系，作用在于降低纹状体传出神经元的活性。尽管数量很少，但在调节大多数纹状体神经元的紧张性活动中发挥作用。

纹状体通过两个途径控制苍白球内侧部和（或）黑质网状部的传出活动（见图57-3）。包括：① GABA/SP能棘状神经元发出的单突触直接通路，② GABA/ENK能棘状神经元发出的多突触间接通路。直接通路从纹状体到苍白球内侧部（GPi）和（或）黑质网状部（SNr）；间接通路首先投射到苍白球外侧部（GPe），经丘脑底核（STN）至苍白球内侧部，也可由丘脑底核返回至苍白球外侧部。丘脑底核与苍白球外侧部的往返通路都以谷氨酸为递质。也有绕过丘脑底核的苍白球外侧部到达苍白球内侧部的通路。两种抑制性的蜘蛛样神经元可能主要投射至GABA/ENK能棘状神经元。丘脑-皮质通路则似乎主要调控直接通路中的纹状体GABA/SP能棘状神经元。

黑质致密部的DA能神经元发出黑质-纹状体投射纤维调控纹状体的两个主要传出通路：①作用于纹状体GABA/SP能神经元上的D1受体促进直接通路的传递；②作用于纹状体GABA/ENK能神经元上的D2受体抑制间接通路的传递。因此，纹状体内DA释放的总效应是减少基底节对丘脑的抑制而促进丘脑-皮质投射神经元的活动。

苍白球内侧部或黑质网状部神经元的高频自发放电，对丘脑内靶核具有紧张性抑制效应。当正常呈静息状态的直接通路接受皮质或丘脑的传入兴奋时，可导致丘脑神经元的脱抑制而促进运动。多数苍白球外侧部神经元呈高频自发放电，而对丘脑底核具有紧张性抑制效应。当GABA/ENK能纹状体神经元激活时，抑制苍白球外侧部而解除对丘脑底核的抑制，导致苍白球内侧部/黑质网状部的兴奋，增强基底节的抑制性传出，对运动起抑制作用。猴开始眼球扫视运动前，尾核的一组神经元发生棘状放电，一组黑质网状部神经元发生紧张性棘状放电，解除了对上丘内扫视神经元的抑制。在丘脑底核腹侧部分的一组视-眼动神经元，在动物试图抑制或中止扫视时被激活。因此，可将丘脑底核看作是一个抑制运动的结构。皮质可通过直接与丘脑底核的联系，或间接经由纹状体和苍白球外侧部而主动抑制运动。

（二）帕金森病运动症状的病理生理

基底节病变可产生功能障碍。它包括运动减少（hypokinesia）和运动过度（hyperkinesia）。如PD主要是造成运动减少的综合征，其特点是启动运动迟缓、随意运动的速度变慢（运动徐缓，bradykinesia）、肌僵直（rigidity），每秒出现4～5次静止性震颤（tremor）和姿势反射的障碍。与此相反，亨廷顿病（Huntington's disease，HD）是典型的运动过多型疾病，表现为舞蹈样动作、眼球运动异常、缓慢以及产生不规则的细的协调动作。

PD是被发现由单一神经递质缺乏而导致脑疾病的第一个例子。在20世纪50年代中期，瑞典学者卡尔森（Arvid Carlsson）发现，脑内的DA 80%存在于基底节（为此，他获得了2000年的诺贝尔生理学或医学奖）。继之Hornekiewicz发现，PD患者脑DA缺乏，其部位在纹状体，最严重的是壳核。在20世纪60年代早期，研究者认识到PD在很大程度上是由黑质致密部DA能神经元变性引起的。由于DA不易透过血脑屏障，因而1970年临床首次应用口服DA的前体——左旋多巴（levodopa，L-dopa）可有效地改善PD症状。其作用原理是，左旋多巴在体内通过多巴脱羧酶催化下脱羧转化为DA，以补充DA缺乏。

Langston发现MPTP可导致出现PD，为建立灵长类PD模型开辟了道路。MPTP可造成黑质致密部DA能神经元大量死亡，引起基底节间接通路中纹状体GABA/ENK能神经元活动增强而抑制苍白球外侧部的活动，丘脑底核脱抑制而促进苍白球内侧部和黑质网状部的活动，从而导致丘脑-皮质通路的更大抑制。运动皮质易化减弱，出现运动不能和运动徐缓。破坏丘脑底核可完全逆转动物的主要症状。立体定向手术破坏苍白球内侧部的运动部分可缓解PD的所有症状（图10-5-2）。目前研究认为，PD的运动症状是由于黑质-纹状体通路DA能神经元的广泛丢失，以及DA能、5-羟色胺能、肾上腺素能和胆碱能神经递质系统功能失衡有关。

二、帕金森病的非运动症状

在Braak病理分期的理论提出后，经过近20年的研究，医务工作者已经认识到PD患者一些非运动症状在运动症状出现的十几年前就悄悄来袭，因此，有潜力成为早期识别PD的临床标志物。

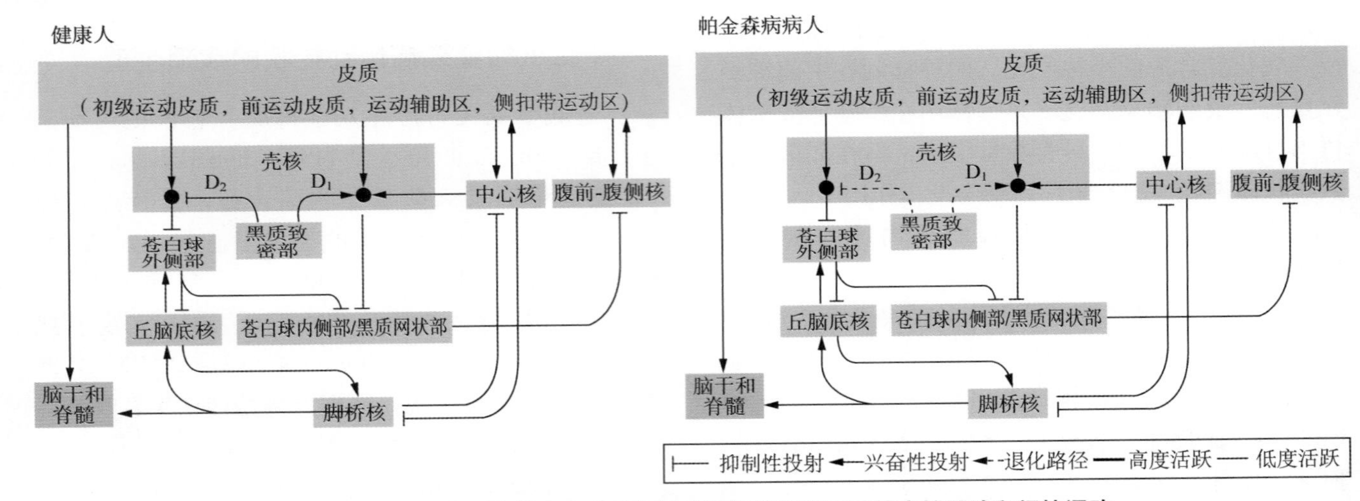

图 10-5-2 **健康人群和帕金森病患者基底神经节运动环路的直接通路和间接通路**

在健康状态下，黑质致密部（SNpc）多巴胺能神经元激活直接通路的表达 D1 多巴胺受体的纹状体投射神经元，并抑制间接通路表达 D2 多巴胺受体的纹状体投射神经元。当直接通路被皮质和黑质致密部激活，就会抑制苍白球内侧部（GPi）- 黑质网状部（SNpr）。当间接通路被皮质激活（并在较小程度上受到黑质致密部的抑制），它就会抑制苍白球外侧部（GPe），从而抑制丘脑底核（STN）和苍白球内侧部–黑质网状部。这些输入到苍白球内侧部–黑质网状部共同导致对丘脑的抑制的减少。由于丘脑可以激活运动皮质，因此，黑质致密部活动的增加会促进运动。然而，在 PD 状态下，黑质致密部的神经元变性会降低直接通路的激活和间接通路的抑制。这种纹状体失衡将导致丘脑底核介导的激活增加，苍白球外侧部介导的苍白球内侧部–黑质网状部抑制减少，这反过来又会对丘脑产生更强的抑制作用，从而导致运动皮质的活动降低。因此，黑质致密部输入到纹状体的损失导致运动的减少（修改自 Przedborski S. The two centry journey of Parkinson disease research. Nature Reviews Neuroscience，2017，18，251-259.）

PD 的非运动症状可出现于 PD 各期，包括运动症状前期。有证据证明，嗅觉丧失、快速动眼期睡眠行为障碍、便秘及抑郁常是 PD 的主要前驱症状，这与运动症状出现前的 Braak 分期受累的脑核团有关。在疾病的中晚期还会出现其他自主神经损害症状和精神病性症状。

PD 的非运动症状主要包括（图 10-5-3）：

（1）嗅觉障碍：嗅觉障碍可能是 PD 最早出现

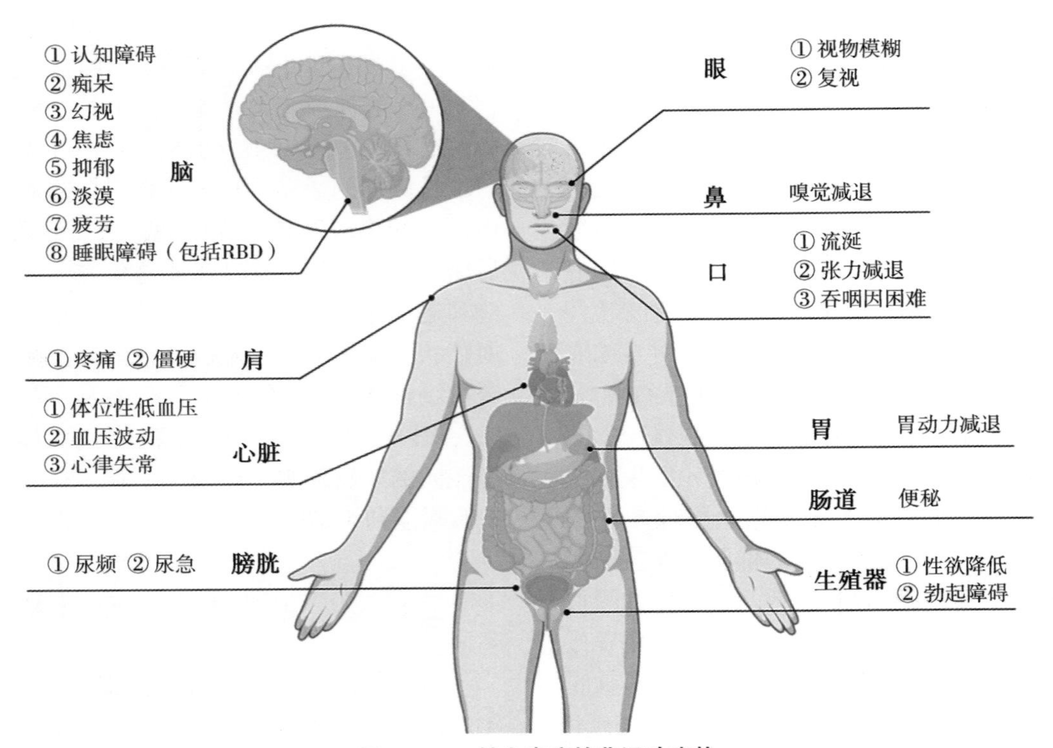

图 10-5-3 **帕金森病的非运动症状**

PD 的非运动症状可出现于 PD 各期。其中，嗅觉减退、便秘和快速动眼期睡眠行为障碍可能是 PD 的最早起表现，远早于运动症状出现。其他非运动症状还包括脑、眼、鼻、口、肩、心脏、胃、肠道、膀胱和生殖器等部位的症状

的症状。80%～90%的PD患者有嗅觉障碍。

（2）睡眠障碍：PD患者常伴有睡眠障碍，包括白天睡眠增多、失眠及快速眼动期睡眠行为障碍（rapid eye movement sleep behavior disorder，RBD）。有研究显示近半RBD患者多年后发展成为神经系统变性病包括PD。患者常做噩梦，并因此梦中喊叫，出现肢体挥舞而受伤或坠床。

（3）认知和精神行为障碍：PD早期可出现抑郁，焦虑，幻觉等神经心理改变，中晚期常出现认知损害甚至痴呆。有研究对PD患者随访15年，发现痴呆患病率达48%。

（4）自主神经功能紊乱：如便秘，体位性低血压，尿急、尿频、尿失禁和性功能障碍等症状。

（5）疼痛：非常常见，有的人是肌肉疼痛，有的人是关节疼痛，有的人是觉得就是背困，颈部僵硬这样的感觉。

（6）疲乏：不愿意与外界接触，不愿意走出去，不愿意参加一些活动。

第四节　帕金森病的发病机制

一、蛋白质稳态失衡与α-突触核蛋白的聚集与传播

错误折叠的蛋白质多聚体在脑部间扩散是许多神经退行性疾病的重要病理学标志，而细胞内吞蛋白多聚体或纤维样蛋白则是这种细胞间传递的关键环节。PD显著的病理特征是神经元中形成LB，这些LB的典型成分是对神经元具有毒性的错误折叠的α-syn。过去二十年，大量关于α-syn异常聚集的研究都集中在分析神经元中蛋白质的集聚和降解层面。然而，越来越多的证据表明，PD患者脑内的胶质细胞也存在α-syn免疫阳性聚集物，在尸检病人脑中，α-syn免疫阳性的包涵体出现在星形胶质细胞中的概率和出现在神经元中的概率类似。α-syn的集聚能诱发星形胶质细胞的线粒体损伤，在星形胶质细胞选择性过表达α-syn突变体可导致运动障碍。

越来越多的证据揭示了神经退行性疾病相关蛋白的朊病毒样特性，这些蛋白在大脑中传播致病。α-syn具有疯牛病致病蛋白朊蛋白的氨基酸序列中一个易于聚集的结构域，这个结构域改变使这些蛋白质易于发生错误折叠。后者会像朊病毒一样通过聚合产生淀粉样构像，使天然的α-syn单体转化为错误折叠的寡聚体中间产物并最终形成纤维状聚合体。成熟的纤维体又会碎片化形成新的α-syn前纤维体继续进行聚集，从而形成像种子一样的播散效应，并且这些α-syn错误折叠形成的寡聚体能在神经元之间以及神经元与胶质细胞中传播，促进病理性α-syn导致的神经病变在脑中扩散。美国NIH的叶博士团队综合应用遗传学，生物化学，结构模拟和超高分辨率荧光成像技术发现α-syn通过一条为带有正电荷的内吞底物量身定制的内吞途径进入细胞，这些底物通过正负电荷间的相互作用与细胞表面的硫酸乙酰肝素蛋白聚糖结合，在肌球蛋白-7B和肌动蛋白丝的帮助下形成内吞体进入细胞，可谓是全新的α-syn细胞内吞机制。

近来，丹麦奥胡斯大学医院核医学系的科学家综合应用PET和MRI技术检查了PD患者和高风险人群。根据α-syn聚集体的不同起源，PD可以分为脑优先型（脑源性传播，自上而下）和身体优先型（外周性传播，自下而上）两种。脑优先型PD：其α-syn最初出现在大脑中，然后扩散到周围的自主神经系统。他们发现，一些患者的损伤首先发生在大脑的DA系统，肠道和心脏再发生损伤。脑优先型PD前期可能相对没有症状，直到运动障碍出现后患者才被诊断出患有PD，但此时患者已经失去了一半以上的DA系统，这对疾病的早期治疗带来巨大的挑战。身体优先型：其病理起源于肠或周围的自主神经系统，然后扩散到脑。此类患者扫描显示其大脑和DA系统受损之前，肠道和心脏神经系统的损害已经发生。

二、自噬与溶酶体、线粒体，外泌体，蛋白酶体功能紊乱

自噬是一个吞噬自身细胞质蛋白或细胞器并使其包被进入囊泡，并与溶酶体融合形成自噬溶酶体，降解其所包裹的内容物的过程，借此实现细胞本身的代谢需要和某些细胞器的更新。近年来自噬在质控过程中的作用也受到越来越多的重视。

1. 自噬–溶酶体通路 自噬–溶酶体和泛素–蛋白酶体途径是降解清除受损的细胞器和蛋白聚合物（如 α-syn），维持细胞稳态的重要蛋白降解途径。在PD病人和动物模型的大脑中，均发现自噬–溶酶体功能障碍。PD相关基因*GBA1*，*LRRK2*和*ATP13A2*的缺失突变均导致溶酶体功能缺陷，并加剧 α-syn 的病理性聚集，同时，α-syn 的聚集又对溶酶体的降解造成损伤，其聚合物通过减少自噬体的清除，损伤了大自噬通路，导致自噬体和溶酶体融合失败损害自噬–溶酶体通路。因此，PD更像是一种溶酶体病。

2. 自噬–线粒体通路 当外界环境发生剧烈改变时，细胞内线粒体发生去极化，便会招募自噬小体，自噬小体被特异性的包裹进入溶酶体中最终清除受损线粒体。线粒体自噬在维持线粒体的稳定以及质量控制中具有重要作用。在PD黑质致密部发现明显的线粒体断裂和功能失调，包括糖酵解降低和线粒体呼吸链复合体Ⅰ活性下调。PD相关基因*PRKN*、*PINK1*、*DJ-1*等发生突变后会导致线粒体自噬紊乱，引发线粒体功能障碍导致PD发病。由于解剖及电生理特点，即拥有特长、无髓鞘轴突和大量的突触的中脑黑质DA能神经元，对线粒体功能异常更为敏感且更易受氧化应激的影响，加上DA能神经元依赖于特定亚型的钙离子通道来维持其自主起搏活动和DA代谢的高能需求，因此其显得尤为脆弱，而线粒体有氧呼吸产生的副产物ROS是危害DA能神经元的主要有毒物质。线粒体损伤介导的氧化应激会导致 α-syn 的氧化修饰增加，促进其聚集。聚集的 α-syn 干扰了维持线粒体动力学的关键蛋白（Miro，Opa1和Drp1）的功能，导致线粒体动力学的异常。而线粒体又是 α-syn 聚集后损伤的重要靶点之一。线粒体质量控制是保证线粒体持续正常发挥功能的重要机制，质控紊乱是导致线粒体功能障碍诱发PD的主要原因之一。正常情况下，这些功能失调的线粒体会通过依赖于PARK2-PINK1的质控机制而被清除。但是，如果*PARK2*和（或）*PINK1*基因突变，导致功能失调的线粒体沉积，最终导致神经元功能障碍和细胞死亡。

3. 自噬–外泌体通路 外泌体是指包含了复杂RNA和蛋白质的小膜泡（30～150 nm），其主要来源于细胞内溶酶体微粒内陷形成的多囊泡体，经多囊泡体外膜与细胞膜融合后释放到细胞外基质中，目前被视为特异性分泌的膜泡，参与细胞间通讯。含有 α-syn 的囊泡具有外泌体特性，α-syn 的分泌和传播可能与外泌体的释放有关。SH-SY5Y细胞过表达的外泌体中含有 α-syn，这些外泌体可以将 α-syn 转移至正常的SH-SY5Y细胞，而且这些含有 α-syn 的外泌体抑制PD脑中溶酶体功能。从而导致外泌体中 α-syn 释放增加，而这些蛋白向受体细胞扩散范围增加。有研究发现PD患者脑脊液中的外泌体以剂量依赖性方式诱导 α-syn 的寡聚化，在鉴定外泌体的 α-syn 寡聚体的过程中发现这些外泌体中 α-syn 寡聚体对邻近细胞的毒性比不含外泌体的 α-syn 寡聚体更大。此外，活化的外泌体可以增加细胞凋亡，这支持了外泌体可能介导神经变性的假说。神经胶质细胞对 α-syn 的吞噬作用究竟是通过清除 α-syn 聚集物使神经元受益，还是导致神经胶质细胞功能障碍，进而引发神经炎症或增加 α-syn 白向其他区域的扩散尚不清楚。

4. 泛素–蛋白酶体系统 在神经系统变性疾病中，泛素–蛋白酶体系统（ubiquitin-proteasome system，UPS）在降解错误折叠及聚集蛋白方面起着关键作用。UPS凭借泛素、泛素活化酶E1，泛素结合酶E2，泛素–蛋白连接酶E3，26 S蛋白酶体和泛素解离酶DUBs介导胞内特定蛋白的降解。泛素单体在ATP依赖的反应中由泛素活化酶（E1）激活。激活的泛素被传递给一种泛素结合酶（E2），然后通过ATP依赖的反应由一种泛素蛋白连接酶（E3）催化共价连接到靶蛋白上。上述反应重复进行，持续地将泛素分子加到靶蛋白上导致多聚泛素链的形成。多聚泛素化的蛋白质由26 S蛋白酶体识别并降解。Parkin具有泛素蛋白连接酶E3的功能，α-syn 突变可抑制UPS的活性。对散发PD患者尸检标本的研究发现，黑质中存在蛋白酶体活性的选择性损害及蛋白酶体亚单位表达的降低，而皮质及纹状体没有这种改变。UPS通过对发生变性、错误折叠、异常聚集以及翻译后损害的蛋白的降解发挥着重要的维持细胞稳态的作用。在某些有害的环境，如氧化应激、内质网应激和老化过程中可导致蛋白错误折叠（如 α-syn），致使细胞内发生损害蛋白的积聚。另外，蛋白质异常裂解、新合成蛋白翻译后修饰的改变、机体降解异常表达蛋白的能力减弱均可以引起异常蛋白的积聚。且在某些情况下，损害蛋白异常聚集超过了UPS的降解能力，可导致泛素化异常蛋白的积聚，进而导致神经元功能障碍或死亡。

三、神经炎症与胶质细胞功能紊乱

近来越来越多的证据表明，老年动物大脑神经胶质细胞呈显著激活状态，对病理刺激更加敏感。PD 患者的黑质和纹状体脑区，多种促炎因子的表达水平明显升高，患者脑脊液也有类似变化，尸检 PD 患者中脑可见激活的胶质细胞。小胶质细胞是大脑中数量最多、分布最丰富的免疫细胞，生理状态下监视大脑实质，吞噬细胞碎片等。在神经退变和衰老状态下，小胶质细胞失去稳态，向疾病表型转化，促炎因子释放增加，溶酶体功能障碍，吞噬功能增强以及脂代谢活跃。影像学研究显示，早在 PD 前驱期即临床运动障碍症状出现之前，脑中已有胶质细胞异常激活。激活的小胶质细胞能吞噬和降解异常的 α-syn 聚集体，同时，从 DA 能神经元释放到胞外的 α-syn 可以通过损伤相关分子模式（damage-associated molecular pattern，DAMP）激活小胶质细胞，引发脑内无菌性炎症，加剧神经元损伤。激活的小胶质细胞释放的促炎因子进一步激活星形胶质细胞使其活化成 A1 型星形胶质细胞，对神经元产生毒性作用，参与 PD 的病理过程。除了脑内的胶质细胞，外周的免疫细胞也参与 PD 的神经炎症和黑质 DA 能神经元退化的过程。PD 患者血液中 T 淋巴细胞亚群变化显著，中脑黑质区 $CD4^+$ 和 $CD8^+$ 的淋巴细胞增多。外周渗入的 T 细胞能够增强小胶质细胞的炎症反应，抑制其吞噬活性；而脑内小胶质细胞也可以进一步激活 T 细胞，二者共同作用，激活脑内免疫机制，促进 PD 进程。

四、脑-肠轴与帕金森病关系密切

一些证据显示，PD 患者除了大脑，胃，十二指肠和结肠等部位也有 α-syn 聚集，并可能在疾病进程的早期就开始发生。病理性的 α-syn 可通过相互连接的神经，从胃肠道经迷走神经扩散 / 传播到脑中，造成 PD 病理变化并引起 PD 相关的多种症状。最近的流行病学研究表明迷走神经切断术和阑尾切除术可以降低 PD 的发病风险。α-syn 沿肠-脑轴逆向传播在 PD 的发病进程中扮演十分重要的角色，但是 α-syn 的传播形式以及在脑和肠之间的传播机制尚不明确，需要进一步的研究来阐明。另外，肠道菌群失调可能是 PD 发生和发展的潜在因素。动物实验证实与接受来自健康人对照组的微生物群的小鼠相比，移植 PD 微生物群的小鼠表现出更强的运动功能障碍。PD 患者肠道菌群结构失衡，其中一个明显特征是调节产生短链脂肪酸（short-chain fatty acids，SCFA）的菌属丰度减少，另一个明显特征是条件致病菌的增加。PD 患者肠道菌群的数量，种类和分布等都发生了改变，肠道菌群的组成改变也与 PD 的前驱期的临床表现便秘，消化液分泌过多，吞咽困难等非运动症状密切相关。肠道菌群释放的代谢产物能激活小胶质细胞引起 PD 黑质神经元的丢失。有临床试验表明，对 PD 病人补充益生菌可以显著缓解 PD 的相关症状。

五、脑内铁沉积，多巴胺及 α-突触核蛋白在帕金森病中的相互作用

伴随着衰老，MRI 检测显示大脑皮质，苍白球，红核，视丘下核和黑质等脑区均有铁水平上升，但发病早期神经元缺失主要集中在黑质区，且 PD 患者尸检和活体脑检测均发现黑质区铁含量增高，磁共振成像显示 PD 患者脑内铁沉积早于临床症状发生，而且 PD 进程及其运动功能障碍均与铁水平相关。定量磁敏感检查显示，在特发性快速眼动睡眠行为障碍的双侧黑质出现明显铁沉积，提示异常的铁沉积可能是加速神经退行性疾病前驱期向临床期转化的重要原因。家族遗传性 PD、原发性 PD、SNCN、*LRRK2* 和 *PARKIN* 基因突变无论是否有 PD 症状，黑质铁均升高。

过多的铁沉积会导致线粒体功能障碍，氧化应激和铁依赖性的铁死亡。铁和 DA 之间的毒性组合是 PD 患者 DA 能神经元易感性的重要原因之一。DA 的分解产物 DOPAL 比羟自由基更有神经毒性，这可能解释了为什么脑铁聚集出现在神经化学特性截然不同的脑区，而不导致普遍的神经元缺失，因为铁 -DA 组合产生了比细胞线粒体呼吸作用更有害的化学环境。

铁超载可降低突触囊泡上的单胺囊泡转运蛋白 2 的表达，降低突触囊泡摄取 DA 的能力。而铁可促进 α-syn 的表达和异常聚集，从而增强了 α-syn 对突触囊泡功能的不利影响，增加胞质中游离 DA 水平，进而增加其毒性作用。而 α-syn 是铁还原酶，可促进 DA 能神经元的铁沉积。表达突变型 α-syn（A53T）的转基因小鼠黑质铁含量会随着年龄增加而增高。α-syn 转基因鼠黑质有激活的小胶质细胞并伴有脑脊液中促炎细胞因子 IFNγ 水平增

加。研究表明 α-syn 异常聚集引起小胶质细胞激活释放促炎因子 IL-1β，TNF-α 介导神经炎症，激活中脑黑质 DA 能神经元铁代谢相关蛋白的表达从而造成神经元内铁蓄积，而铁超载则进一步加剧小胶质细胞的激活。此外，聚集形式的 α-syn 以及小胶质细胞激活释放的 IL-1β 均可直接降低神经元的兴奋性，导致铁摄取增加。

以上提示，沉积的铁直接或协同聚集的 α-syn 导致 DA 代谢紊乱，诱发铁死亡，是 DA 能神经元退变死亡的重要因素。

六、多巴胺能神经元死亡的分子机制

中脑黑质 DA 能神经元选择性退变死亡导致纹状体 DA 释放减少或耗竭造成的运动功能障碍等是 PD 的主要病理特征。尽管数十年的 PD 细胞模型，整体动物模型和 PD 患者临床的大量机制研究已观察到 DA 神经元不同类型的细胞死亡方式，如细胞凋亡，自噬，铁死亡等，但以哪种类型的细胞死亡方式为主，以及多种细胞死亡方式之间在时空上的相互关系仍不清楚。

（1）细胞凋亡（apoptosis）：指为维持内环境稳定，由基因控制的细胞自主的有序的死亡。细胞凋亡与细胞坏死不同，细胞凋亡不是一件被动的过程，而是主动过程，它涉及一系列基因的激活、表达以及调控等的作用。细胞凋亡是 PD 患者黑质 DA 能神经元死亡的主要方式。这从 PD 患者尸检报告显示 DA 能神经元中 DNA 断裂和凋亡染色质变化，以及凋亡相关蛋白水平表达升高得到了证实。此外，在 PD 细胞模型中，抗凋亡蛋白（如 BCL-2）的过度表达可抑制 DA 能神经元死亡，Caspase 抑制剂可以挽救神经元的死亡进一步支持了这一观点。线粒体介导的凋亡被证实是 PD 细胞凋亡的主要途径。例如，许多机制包括线粒体 DNA 缺失、核 DNA 突变、活性氧过度积累等导致的线粒体功能障碍触发了 PD 的细胞凋亡。又如一些与线粒体功能相关的基因突变，包括 *Parkin*，*LRRK2*，*PINK1* 和 *DJ-1* 的突变，可导致常染色体遗传性 PD 的发生。

（2）自噬（autophagy）：PD 发生的病理基础是黑质-纹状体 DA 能神经元的减少或缺失以及不溶性 α-syn 聚集导致路易小体的形成。而 α-syn 可通过巨自噬（macroautophagy）、微自噬（microautophagy）和分子伴侣介导的自噬（chaperone-mediated autophagy，CMA）来降解清除。*SNCA*、*LRRK2*、*PINK1* 和 *Parkin* 等 PD 相关基因及其相关蛋白和通路都参与到自噬的过程中，由此可见，自噬与 PD 的发生发展有着紧密的联系。细胞自噬既能延缓 PD 的进程也能促进 PD 的发展。提高细胞的自噬水平能帮助 PD 患者降解清除脑内异常蓄积的毒性蛋白和受损的细胞器，延缓疾病的发展。但自噬过度激活会导致细胞启动Ⅱ型程序性死亡，这也是被认为神经元丢失的原因之一。

（3）铁死亡：铁死亡是 2012 年首次报道的一种铁依赖性的，以脂质过氧化物累积为特征的细胞死亡形式。①在细胞形态上，铁死亡与以前报道的任何一种细胞死亡形式均不同，它既不像凋亡那样的染色质聚集和边缘化，也不像坏死那样的细胞肿胀和脂膜破裂，更不像自噬那样的双层膜结构形成。在铁死亡过程中，ATP 合成和细胞核不受影响，但与正常细胞相比，铁死亡的细胞线粒体萎缩变小且膜密度增加，细胞凋亡、坏死、自噬抑制剂等均不能阻断铁死亡，但铁螯合剂，抗氧化剂等却可以阻断铁死亡。②在生化特征上，铁死亡主要表现为铁、氨基酸和脂质等的代谢紊乱而导致的铁离子聚集，还原型谷胱甘肽（reduced glutathione，GSH）耗竭和细胞膜脂质过氧化物累积等。③在分子机制上，虽然众多化合物诱导铁死亡的信号通路不同，但其上游信号通路最终都是通过直接或间接影响谷胱甘肽过氧化酶 4（Glutathione peroxidase，GPX4）的活性，故 GPX4 被普遍认为是一种重要的铁死亡调节因子。PD 患者尸检显示黑质区铁含量增加超过 30%，QSH 水平下降约 40%，脂质过氧化物明显升高，高度吻合铁死亡的生化特征。在 MPTP 模型小鼠，也发现了铁死亡现象。以上结果提示，铁死亡参与了黑质区 DA 神经元的退变过程。但是铁死亡在 PD 发病中的作用研究还非常少，PD 相关蛋白和基因等是否参与铁死亡仍待进一步研究。

目前的各种学说均难以圆满解释所有 PD 病例的病因及发病机制，实际上对于同一患者可能有多种机制参与，而各种因素之间又可以相互联系、相互影响，因此 PD 的发病可能是多个致病因素共同作用的结果（见图 10-5-4）。鉴于 PD 患者脑内的 DA 能神经元退变死亡过程涉及诸多因素，随着新技术的开发应用未来必将会发现新类型的细胞死亡方式，可以预测 DA 能神经元的退变死亡方式及机制远比已揭示的更为复杂。

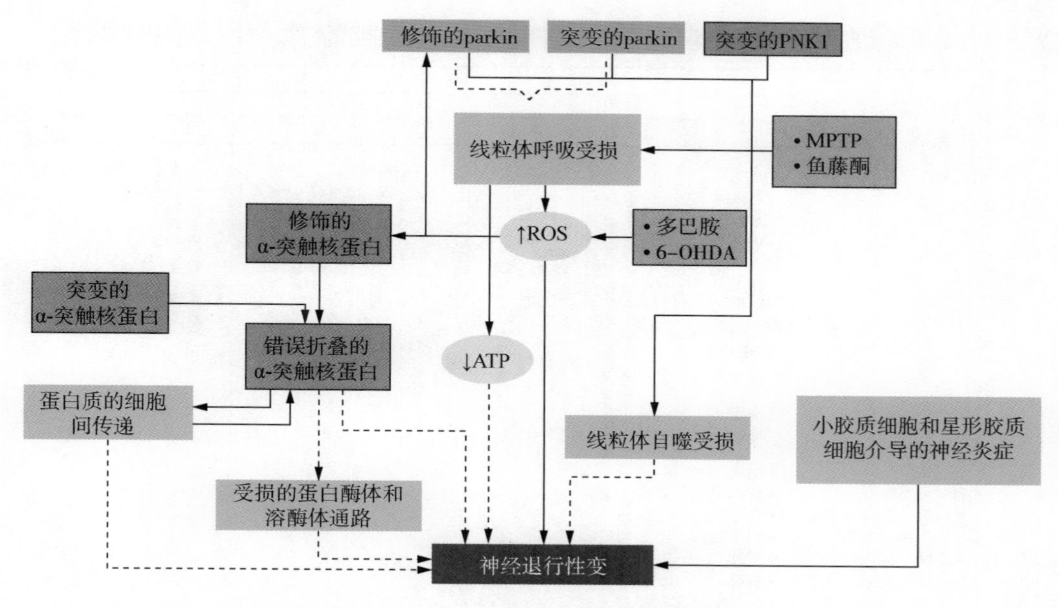

图 10-5-4　**帕金森病可能的发病机制**

实心箭头表示已确定的机制，而虚线箭头表示待验证的假设。蛋白质和细胞器（如线粒体）的结构与功能异常，可能是 PD 进程的关键决定因素。蛋白质异常可能是由蛋白质的错折叠引起的，如 α-syn。一旦错误折叠，蛋白质可能会过度激活泛素–蛋白酶体和溶酶体降解途径，从而阻碍核查和降解不需要的蛋白质的细胞内机制。蛋白质错误折叠可能是由基因突变或翻译后修饰引起的，例如活性氧（ROS）。容易错误折叠的蛋白，如 α-syn，能够在细胞间传播蛋白质错误折叠和疾病过程。其他蛋白的突变体或修饰蛋白，如 PARKIN 和 PINK1，会导致其生理功能的丢失。其中一种或两种蛋白质的功能缺陷会通过大自噬（有丝分裂）改变线粒体的更新，从而阻碍细胞检测和降解功能失调的线粒体的能力。这两种质量控制机制的改变可能导致不必要的蛋白和线粒体的积累，导致神经变性。有缺陷的 PARKIN 可以通过过氧化物酶体增殖物激活受体 -γ 共激活因子 -1α（PGC1α）间接影响线粒体呼吸，影响线粒体呼吸也是两种已知神经毒素的靶点：MPTP 和鱼藤酮。线粒体呼吸的缺陷可以增加 ROS 水平，减少 ATP 的产生，从而导致潜在的致病细胞氧化应激和能量危机。虽然这些细胞自主性分子改变发生在退化的神经元中，但邻近的胶质细胞，特别是星形胶质细胞和小胶质细胞，可能出现促炎表型，通过产生大量的细胞毒性分子，增强周围受损神经元的应激水平，从而促进退化（修改自 Przedborski S. The two centry journey of Parkinson disease research. Nature Reviews Neuroscience，2017，18，251-259.）

第五节　帕金森病的早期诊断学

PD 临床上以动作迟缓、静止性震颤、肌僵直、姿势平衡障碍等运动症状为主要表现，常伴有便秘、嗅觉减退、睡眠障碍、情感和认知障碍以及自主神经功能障碍等非运动症状。除此以外，病程上还具有缓慢起病和症状不对称性两个特点。最近 20 多年的研究证实 α-syn 在身体各器官的神经末梢，尤其是脑内神经元的异常聚集是导致 PD 患者神经元变性死亡和临床症状出现的原因，提示 PD 是一种多系统器官以 α-syn 聚集为病理特征的疾病。

Braak 的研究提示 PD 病理改变可能起源于外周的嗅球和肠道神经末梢，逐渐通过视神经通路和迷走神经通路向脑干传播，先后影响迷走神经背核、SNc 内的 DA 能神经元以及大脑半球皮质神经元，从而导致临床的运动和非运动症状发生，并形成特征性病理 LB；当纹状体中的 DA 含量减少超过正常含量的 80% 以上，临床上才出现相关运动症状而发病。由此，提出了 PD 的临床三阶段分期：临床前期、前驱期和临床期。在临床前期主要仅存在 α 突触核蛋白和 DA 神经元丢失的病理改变，缺乏临床症状；而前驱期存在部分非运动症状，主要包括便秘、嗅觉障碍、快速动眼期睡眠行为障碍（RBD）、焦虑抑郁、自主神经紊乱和其他躯体症状；当出现明确的运动症状，包括运动迟缓、静止性震颤或肌张力增高时，患者进入临床期（图 10-5-5）。因此，PD 的早期诊断应该包括其临床前驱期和临床早期患者。

至今，仍然依靠医生根据患者的临床症状来做出 PD 的临床诊断，尚缺乏客观的 PD 诊断标志物，即使按照最严格的诊断标准，其准确率也只有 90% 左右。尽管 α-syn 作为 PD 特征性的病理标志物，目前仍缺乏在患者生前可以利用的检测方法。根据 PD 的病理分期，可用于诊断 PD 的标志物包括 α-syn 聚集、DA 神经元完整性、非运动症状和运动症状。

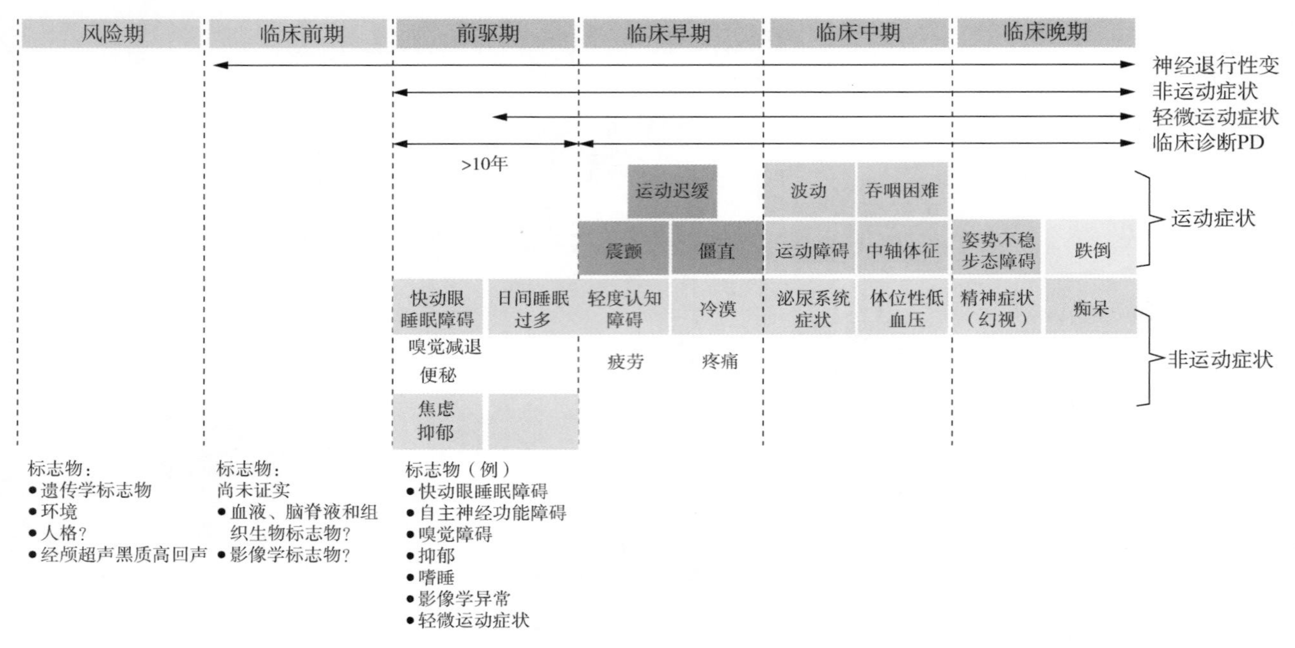

图 10-5-5 帕金森病疾病分期和症状

PD 诊断一般在出现运动症状（临床早期）以后，但临床前期和前驱期通常会持续几年至几十年，表现为特定的非运动症状（前驱期）。PD 进展性的损伤往往是非运动症状与逐渐加重的运动症状联合产生。这些运动症状还包括左旋多巴引起的运动并发症（临床中期）和对左旋多巴反应不良的运动障碍（临床晚期），如姿势不稳、步态障碍和吞咽困难等。PD 早期诊断，包括从临床前期到临床早期患者，组学标志物、影像学标志物和非运动症状检测等仍在不断研发中

一、组学标志物

分子生物学技术的发展，基于基因组学、转录组学、蛋白组学及代谢组学的疾病机制研究不断深入，为医学大数据提供了丰富的研究资源。“组学”是一种整体的、点面结合的研究思路，使得单方法，单组学的局限性得到完善，组学间的交叉互补可以使得复杂疾病如 PD 的诊断更加精准可靠。

（一）基因组学

基因组学主要研究是基因组 DNA，目前使用的方法包括一、二代测序，通过全基因组关联分析（Genome-wide Association Study，GWAS）在人类全基因组范围内寻找与疾病相关的变异和（或）单核苷酸多态性（single nucleotide polymorphism，SNP）。针对上述家族性 PD 相关基因突变的检测可以诊断 PD 患者，亦可通过 GWAS 研究发现与 PD 易感和对药物的疗效反应性差异相关的 SNP 位点。基因诊断已广泛用于临床。值得关注的是，这种基因早期诊断方法将会带来一些复杂的社会伦理和经济问题，如对于患者及其家庭成员的社会认可，以及可能的保险和就业方面的社会歧视等。因此，这种诊断方法还需得到更广泛的认同。

（二）转录组和蛋白组学

转录组学是从 RNA 的角度探讨基因在转录及转录后层面的表达情况。可以用芯片，也可以用测序的手段检测信使 RNA（messenger RNA，mRNA）、长链非编码 RNA（long noncoding RNA，lncRNA）、非编码小 RNA（sncRNA、miRNA）等。蛋白组学的基本研究方法为从生物样本中提取蛋白质，利用 2D 电泳、质谱、蛋白芯片等手段进行蛋白质的定性、定量及寻找差异蛋白。利用广泛存在于脑外组织的（结肠、皮肤、口唇黏膜、涎腺活检测）α- 突触核蛋白异常沉积可作为特异性生物标志物辅助诊断 PD 患者和正常老年人。利用相关的体液（脑脊液、血液、尿液）中的外泌体可以检测 α-突触核蛋白、磷酸化 α- 突触核蛋白等生物标志物。

（三）代谢组学

代谢组学是对新陈代谢过程中某一时间所有低分子量（＜1 000 000 道尔顿）代谢产物进行定性和定量的研究，以反映生物体对外界刺激或基因修饰所发生的变化的科学。这些代谢产物可包括内源性代谢产物、药物代谢物、环境化学物质、从肠道菌群产生的化学物质等。已有的结果提示 PD 患者

的氧化应激、兴奋性毒性物质、氨基酸代谢、多胺代谢、脂肪酸、微量元素、嘌呤代谢、左旋多巴代谢、咖啡因代谢均存在差异。但是到目前为止，尚没有一种，或者某几种代谢差异物的集合被证实可以作为PD诊断、进展、治疗、预后的生物标志物。

（四）微生物组学

除人体自身基因组外，以肠道内多达1000多种的共生微生物为主的基因信息构成了“微生物组”，也称“元基因组”。使用16S/19S rRNA基因测序检测粪便DNA提取物显示PD患者肠道菌群多样性下降，菌群组成差异：相比于正常样本，PD患者肠道微生物群中拟杆菌属和普雷沃菌科的丰度发生明显下降，肠杆菌科和幽门螺杆菌的丰度上升。低普雷沃菌科丰度鉴别PD与正常对照的敏感性高达86.1%，但特异性仅38.9%。动物模型显示，在无菌环境中培养的α-syn过表达小鼠仅发生极轻微运动缺陷和神经炎症，接受PD患者肠道菌群移植后症状明显加重。因此，PD微生物组作为生物标志物，在PD起病和异质性研究中可能存在重要作用。

二、影像学标志物

建立客观诊断标准对于确立诊断、评价疗效和疾病的进展有重要意义。当病人出现明显的运动症状时，绝大多数DA能神经元已经死亡，后续的治疗便相当棘手。因此建立早期诊断对于预防和控制本病尤为重要。DA能神经元末梢受刺激时，储存于突触前的囊泡释放DA到突触间隙并作用于突触后膜相应的受体。位于突触前膜的DAT也变活跃，并将DA重新摄取到突触前膜内。当DA能神经元丢失后，DAT和DA受体均会出现一系列的改变。借助脑成像技术显示纹状体内DAT和DA受体（主要是D2受体）的改变，可以反映PD病人DA能系统损伤程度，为PD的早期诊断提供参考。

（一）单光子发射计算机断层扫描

单光子发射计算机断层显像（single-photon emission computed tomography，SPECT）使用99mTc-TRODAT和^{123}I做为放射性标志物，主要的靶点包括多巴胺转运体等，可以显示黑质-纹状体系统的完整性。其中^{123}I-FP-CIT（DaTscan）已被美国FDA批准用于协助鉴别诊断PD和无黑质-纹状体系统受损的特发性震颤、肌张力障碍和继发性帕金森综合征。它们在脑内代谢稳定且具有较低的非特异性结合。比较β-CIT与FP-CIT与DAT的亲和速度发现，前者在注射24小时后出现特异性的结合而后者仅需3小时。用^{123}I-SPECT技术研究早期和晚期PD病人脑内DAT的变化，发现在早期PD患者的尾核区DAT变化与对照组无差别，但晚期PD患者在尾核区差别显著；在早期与晚期PD病人的壳核DAT均有所下降。这一发现与病理解剖证实的PD病人壳核内80%的DA下降而在尾核内仅仅有40%的DA下降相一致。据此可区分早、晚期PD病人或用于PD病的早期诊断。单光子发射计算机断层扫描由于费用低廉、普及率高，已经得到较为广泛的应用。其缺点是图像空间分辨率差，难以建立定量参数。

（二）正电子发射断层扫描技术

正电子发射断层扫描（positron emission tomography，PET）是目前活体研究黑质纹状体系统最好的方法，可在体显示脑内神经递质系统完整性、葡萄糖代谢活性、异常蛋白沉积及炎症情况。PET使用^{11}C、^{18}F进行标记，成像质量较SPECT更加清晰，可以进行尾状核、壳核和亚区的定量、半定量分析。对于DA能系统常用的显像剂包括使用^{11}C-CFT标记多巴胺转运体、^{18}F-DOPA标记芳香L-氨基酸脱羧酶、^{18}F-AV133等标记单胺囊泡转运体，能够早期显示纹状体DA能缺失，是PD临床诊断、临床分期的重要辅助依据。在PD患者中，早期DA能投射特征性受损：尾状核、壳核不对称摄取减低，并以壳核后部为著，随着时间的进展，神经退行性改变逐渐累及双侧，壳核摄取对称性减低，在中晚期患者，双侧尾状核也可明显受累；在多系统萎缩、进行性核上性麻痹的患者，脑DA能投射尾状核、壳核摄取则相对对称减低。研究表明，在PD临床诊断时黑质-纹状体投射已有70%出现功能受损，而上述显像剂均可在体较灵敏显示黑质-纹状体投射受损情况，对于早期诊断PD具有重大意义。

使用^{18}F-DG显像脑葡萄糖代谢情况也可以辅助鉴别PD与帕金森叠加综合征。与DA能显像不同，脑葡萄糖代谢示踪剂不具有PD相关的特异性，但研究显示不同运动障碍性疾病脑葡萄糖代谢受损脑区分布存在差异：PD患者基底节区存在高代谢，而多系统萎缩及进行性核上性麻痹患者脑基底节区均为低代谢，且进行性核上性麻痹患者额叶内侧、枕叶也存在低代谢，使用后处理方法则可以进一步获得PD相关模式（PDRP）用于鉴别诊断。此外，随着技术的发展，PET目前已可在体显像Aβ、tau等病理蛋白，对于PD痴呆、路易体痴呆、进行性核上性麻痹等的鉴别具有重要意义。但上述检查只能作为辅助诊断手段。由于黑质-纹状体DA能系统具有复杂的生理和病理特征，影响影像结果的因素众多。因此，对于异常图像的认定必须结合临床病人的具体情况进行综合分析，才能做出正确的诊断。

（三）磁共振成像

磁共振成像（magnetic resonance imaging，MRI）包括结构磁共振成像和功能磁共振成像，其中结构MRI已常规用于PD等神经科疾病的临床诊断鉴别诊断，可协助鉴别PD和常见帕金森叠加综合征，并对于血管性帕金森综合征有重要鉴别诊断意义。PD患者常规脑结构磁共振成像无特异性改变，可存在散在腔隙性梗塞灶、血管周围间隙等非特异性老年脑改变。定量分析研究显示PD患者基底节体积可较正常老年人轻度减少，但上述萎缩程度尚不足以影响视觉分析结果，且存在一定争议。多系统萎缩患者纹状体、脑桥、小脑广泛受累，其中壳核受累可见T2加权序列壳核外囊侧线样高信号，即“裂隙征”，可伴有壳核整体低信号；小脑联系纤维变性则导致T2加权序列脑桥横断位十字形高信号，即“十字征”，可伴有桥臂高信号及脑桥体积减小；小脑可见皮质、蚓部萎缩。需要注意的是，“十字征”非多系统萎缩患者独有，在脊髓小脑性共济失调患者也可出现。进行性核上性麻痹患者皮质、纹状体、中脑广泛受累，但皮质萎缩及纹状体萎缩无明显特异性，中脑受累可见中脑腹侧及被盖萎缩，于T1加权序列矢状位表现为“蜂鸟征”，横断位表现为“牵牛花征”。另外，研究表明，中脑/脑桥萎缩比可有效定量协助鉴别PD、多系统萎缩及进行性核上性麻痹。总体而言，结构MRI作为成熟的标志物已在临床上广泛应用于PD和帕金森综合征的鉴别诊断。

除常规结构MRI外，磁敏感加权成像（susceptibility-weighted imaging，SWI）、扩散张量成像（diffusion tensor imaging，DTI）、扩散加权成像（diffusion-weighted imaging，DWI）、磁共振波谱分析（magnetic resonance spectroscopy，MRS）、神经黑色素成像（neuromelanin-sensitive MRI，NM-MRI）及血氧水平依赖功能磁共振成像（blood oxygen level dependent functional magnetic resonance imaging，BOLD-fMRI）等多种技术均有潜力为PD的诊断鉴别诊断提供可靠的生物标志物，但现阶段上述技术均存在一定的不可获得性。SWI为较广泛开展的新序列，在SWI序列上，正常人中脑可见双侧黑质呈现燕尾状低信号，即“燕尾征”，而PD患者因黑质小体铁沉积、黑质萎缩等异常，可见燕尾征消失。使用NM-MRI则可早期发现PD患者黑质及蓝斑的体积改变，有助于早期诊断。

（四）黑质超声

使用经颅超声检测，在平行于眶耳线的轴位扫描平面上，黑质回声区域面积大于0.20 cm^{2}以上定义为黑质高回声。在已确诊的PD患者中经颅超声黑质高回声比例超过90%，但具体机制不清，可能与金属沉积、胶质细胞增生有关。

三、非运动症状检测

（一）快动眼睡眠期行为障碍

快动眼睡眠期行为障碍（RBD）特征为快动眼睡眠期肢体失张力现象异常消失，患者在睡眠中演绎梦境，表现为说梦话、尖叫、肢体活动等，常可伤及自身和同床者，确诊需使用多导睡眠图。有证据显示，伴RBD的PD患者具有进展迅速，早期出现痴呆症状的临床特点，病理上与脑内弥漫α-突触核蛋白沉积相关，同时是PD临床分期重要指示之一。多导睡眠图（Polysomnography，PSG）通过监测、脑电图、心电图、肌电图、眼动图、胸式和腹式呼吸张力图、鼻及口通气量、体位体动、血氧饱和度以及阴茎海绵体肌容积10余个通道的生理信号，可用于判断PD患者睡眠时相、是否存在睡眠障碍等。多导睡眠图检测是诊断PD重要临床症状快动眼行为障碍的金标准。

（二）嗅觉减退

嗅觉减退是PD特异性症状之一，在诊断时，90%的PD患者已有嗅觉减退，可与多系统萎缩、进行性核上性麻痹等PD综合征鉴别。国外研发的UPSIT（The University of Pennsylvania Smell Identification Test）或sniffing sticks以及我国自主研发的金海默嗅觉检测试剂盒均可用于嗅觉减退客观诊断指标。

（三）认知下降

认知下降是PD中晚期重要临床特征。有证据显示，早发型和晚发型PD患者虽然总体病程长度存在差异，但一旦出现认知下降，至临终的平均时间趋同，提示认知下降是PD预后的重要标志物。同时，PD痴呆患者存在脑内β淀粉样蛋白沉积是PD异质性的病理基础之一。

（四）其他

PD临床症状众多，其他常见临床症状尚包括体位性低血压、便秘、排尿障碍、性功能障碍等。

第六节　帕金森病的实验性动物模型的制备

建立与人类疾病特征相似的动物模型是研究人类疾病的重要手段和方法。迄今已有小鼠、大鼠、猴等动物的PD模型。其中大鼠模型由于可直接观察行为学改变、经济和易于操作等原因，成为应用最为广泛的实验研究模型。建立PD动物模型采用的方法主要有（见表10-5-3）：

（一）6-OHDA模型

6-OHDA由于分子结构与DA类似，被误作为递质重新摄入神经元内，通过形成羟自由基和抑制线粒体氧化呼吸链复合物Ⅰ和Ⅳ等机制选择性地造成DA神经元损伤。将不同剂量的6-OHDA定向注射于黑质周围和黑质-纹状体通路上，能够选择性地损毁黑质内的DA神经元，从而造成类似PD的动物模型。这一模型又可根据损伤程度不同分为完全损伤和部分损伤模型。完全损伤模型需将大剂量6-OHDA注射入黑质或黑质-纹状体投射通路即内侧前脑束（medial forebrain bundles，MFB）内，具有两个明显的特点：①神经元急性死亡，6-OHDA注入后15分钟即可检测到DA含量的下降，3～5天内绝大多数神经元死亡；②损伤严重，行为学测试表现为动物出现显著的旋转行为异常时，黑质内DA神经元的死亡已经超过90%。这种模型主要模拟临床晚期PD病人的特征，适用于进行细胞移植替代治疗的各种研究，而对于观察神经元的可塑性或再生作用，以及神经营养修复等方面不甚理想。部分损伤模型是将小剂量6-OHDA注射入黑质或纹状体中，减少6-OHDA的用量可相对保留较多的DA能神经元从而模拟中、早期PD病人的症状。主要适用于经各种措施治疗后神经功能修复程度的观察。

（二）MPTP模型

MPTP产生神经毒的原因是它在单胺氧化酶B（MAO-B）的作用下代谢成MPP^+，后者被DA能神经元所摄取后形成自由基，从而造成神经细胞死亡。从静脉或腹腔应用MPTP后，猴表现出两侧肢体姿势性震颤、肌僵直、运动减少等；经一侧颈内动脉注入MPTP后，猴表现对侧肢体的相同症状，同时产生可以定量的旋转运动，黑质神经细胞脱失、纹状体D2受体发生超敏，局部脑血流量减少等。用MPTP制备的猴PD动物模型与原发性PD的临床、病理、神经生化等特征十分相似，为现今公认的最佳PD动物模型。也可用于制备小鼠PD模型。

（三）机械损伤模型

机械损伤MFB可以造成黑质内的DA能神经元渐进性死亡，已经建立MFB轴突切断术（medial forebrain bundle axotomy）和中脑半切术（hemitransection of midbrain），尤以前者应用较多。MFB切断术损伤模型的建立需要在脑立体定位仪上精确定位后，用特制的Scouten电线刀深入UMFB所在的部位将其切断。此方法造模的优点是，黑质DA能神经元呈渐进性死亡，可以模拟PD病理变化的全过程，对于研究神经元的再生和PD的预防有意义。缺点是切断术后短时间内损伤程度不稳定，并且动物易死亡。

（四）利血平模型

利血平抑制去甲肾上腺素能神经元末梢的再摄取功能，使囊泡内贮存的DA及其他儿茶酚胺类递质耗竭。这类模型在一定程度上模拟了PD的临床表现和神经化学变化。但它存在明显的不足：①运动障碍在不同时间和不同个体之间变异性较大；②利血平同时引起了多种递质释放并且无法造成类似PD的病理改变。因此该模型的应用只限于探索

表 10-5-3 帕金森病的啮齿类与灵长类动物模型［修改自 Le W，Sayana P，Jankovic J. Animal models of Parkinson's Disease：A gateway to therapeutics? Neurotherapeutics，2014，11（1）：92-110.］

PD 动物模型	动物行为学表现	神经病理
小鼠或大鼠内侧前脑束（MFB）单侧或双侧立体定位注射 6-OHDA	单侧模型出现阿扑吗啡或者安非他命诱导的旋转行为。双侧模型出现旷场实验（locomotion）运动能力下降，爬杆（pole test）和转棒实验（Rotarod）表现降低	损伤侧黑质-纹状体投射区域出现严重的多巴胺（Dopamine，DA）神经元丢失和 DA 递质缺失。不出现包涵体
C57BL6 小鼠经腹腔或皮下注射 MPTP，灵长类动物经颈动脉或皮下注射 MPTP	旷场实验运动能力下降，爬杆和转棒实验表现降低；步长和悬挂实验（grid test）缩短；灵长类动物模型中可出现运动缓慢，肌僵直，震颤，运动障碍和刻板症	急性 MPTP 模型导致黑质-纹状体投射出现可逆的 DA 神经元损伤和 DA 递质缺失；慢性 MPTP 模型导致黑质-纹状体投射出现持续的 DA 神经元损伤和 DA 递质缺失；灵长类动物模型中偶尔出现包涵体
大鼠腹腔注射、静脉注射或口服鱼藤酮	旷场实验运动能力下降，转棒实验表现下降，步长减短	中脑和其他脑区出现广泛的神经退行性变；黑质 DA 神经元内出现路易小体样包涵体
啮齿类动物腹腔注射或口服百草枯＋代森锰	旷场实验运动能力下降，爬杆实验表现下降	黑质纹状体投射区出现中度的 DA 神经元丢失和 DA 递质缺失；其他脑区神经元也受到影响
小鼠或大鼠 MFB 立体定位注射乳胞素	旷场实验运动能力下降，爬杆和转棒实验表现下降	黑质 DA 神经元持续退行性变，蛋白酶体活性被强烈抑制，细胞凋亡，泛素复合物及 α-突触核蛋白阳性包涵体增多
自噬相关蛋白 7（*atg7*）基因敲除（KO）动物	旷场实验运动能力下降，震颤，体重减轻，宽底式共济失调步态	中枢神经系统，尤其是黑质 DA 神经元发生广泛的与年龄相关的神经退行性变，α-突触核蛋白积累，泛素化的蛋白聚集
野生型或 A30P，A53T-*Syn*，Y39C 转基因（Tg）动物	旷场实验运动能力轻微增强；转棒实验无影响；步长轻微减短	没有明显的黑质 DA 神经元丢失或纹状体 DA 递质缺失；老年动物中可见 α-突触核蛋白阳性颗粒
Parkin KO 或 Q311X Tg 动物	旷场实验运动能力、转棒、爬杆实验无影响，步长和步态实验无影响	没有明显的黑质 DA 神经元和纹状体 DA 递质缺失；无 α-synuclein 阳性颗粒
LRRK2 KO 或 G2019，*R1441G* Tg 动物	旷场实验运动能力下降。养育行为下降	黑质 DA 神经元和纹状体 DA 递质无缺失或轻微缺失；无明显 α-突触核蛋白阳性包涵体
PINK1 KO 动物	旷场实验运动能力下降，转棒实验无影响	黑质 DA 神经元和纹状体 DA 递质无缺失或轻微缺失；无明显 α-突触核蛋白阳性包涵体
DJ1 KO 动物	旷场实验运动能力下降，转棒实验无影响，步长缩短	黑质 DA 神经元和纹状体 DA 递质无缺失或轻微缺失；无明显 α-突触核蛋白阳性包涵体
Nurr1 KO 或条件 KO 动物	旷场实验运动能力下降，爬杆和转棒实验表现降低。悬挂实验脚步错误增加。养育行为下降	普通 KO 小鼠的黑质 DA 神经元和纹状体 DA 发育不全；条件 KO 小鼠黑质 DA 神经元和纹状体 DA 进行性丢失；无明显 α-突触核蛋白阳性包涵体
Pitx3-aphakia	旷场实验运动能力下降，爬杆和转棒实验表现下降	黑质 DA 神经元和纹状体 DA 进行性丢失；无明显 α-突触核蛋白阳性包涵体
Mito*park*	旷场实验中运动探索活动缓慢降低，可能出现震颤和强直	神经元内出现包涵体；黑质-纹状体 DA 神经元发生中等程度退行性变
VMAT2-缺陷小鼠	旷场实验运动能力下降，平衡木实验表现降低，步长缩短	黑质 DA 神经元和纹状体 DA 进行性丢失；α-突触核蛋白聚集，嗅觉损伤和抑郁
NF κ B/c-Rel-缺陷小鼠	旷场实验出现年龄依赖性的运动能力和步态障碍，运动迟缓和肌强直	黑质和纹状体中都出现纤化性 α-突触核蛋白和金属沉淀，小胶质细胞激活，轻微的黑质 DA 神经元退行性变

KO＝敲除（knockout）；Tg＝转基因（transgenesis）；VMAT2＝囊泡单胺类转运体 2（vesicular monoamine transporter 2）；NF κ B＝核因子 κ b（nuclear factor kappa b）

药物影响肌僵状态的实验中，对其他的运动症状的研究现已很少应用。

（五）病毒感染模型

应用日本脑炎病毒感染出生后13天的Fischer大鼠，12周后病理检查发现，大鼠脑区的某些病理改变类似PD的情况，受感染后动物表现出明显的运动减少，用左旋多巴后症状明显改善。这是第一个用病毒感染来建立的PD模型，尚待进一步验证。

（六）电解损毁模型

电解损毁猴一侧脑桥上部及中脑腹侧被盖区，以中断黑质纹状体DA能通路，产生对侧肢体姿势性震颤、运动减少，以及旋转运动。

（七）免疫炎症模型

将能够引起炎症反应的代表性物质——脂多糖LPS注射入黑质致密部，可引起黑质致密部DA能神经元的退变，并引起CD11b阳性的小胶质细胞数量增多，呈明显激活状态。黑质致密部DA能神经元数量减少，纹状体DA及其代谢物含量降低，同时黑质致密部小胶质细胞明显激活，这些改变至少可以持续21天。说明以LPS为工具药首先激活小胶质细胞，可以导致DA能神经元的继发性退变，并且一定剂量的LPS注射可造成明显的动物旋转行为异常。此模型适用于研究炎症反应在PD发病过程中的作用，以及干预炎症反应对DA能神经元的保护作用。

（八）鱼藤酮模型

鱼藤酮是一种杀虫剂，它是线粒体复合物Ⅰ的抑制剂，能够导致慢性、系统性的类似PD临床病理的黑质纹状体系统退行性病变，特异性地损伤DA能神经元。由于其造成的疾病过程与临床PD极为相似，因此鱼藤酮模型在近年的研究中受到关注。鱼藤酮可抑制线粒体组合物Ⅰ，从而导致细胞内的氧化损伤，在鱼藤酮制备的PD模型的黑质中已经发现受氧化反应损伤的脂类、DNA和蛋白。鱼藤酮模型已经在猴的PD模型中成功运用，其最大的缺陷是不易操作、费用昂贵和较大的个体差异性。

（九）百草枯模型

百草枯（paraquat，PQ），也叫克芜踪、对草快等，化学名称是1-1-二甲基-4-4-联吡啶阳离子盐，是一种快速灭生性除草剂，被广泛应用于农业生产。其结构与经典PD造模剂MPTP及其活性代谢产物MPP^+极为相似，具有与MPTP相似的神经毒性作用。百草枯可经口服或腹腔注射给小鼠或大鼠，制备PD模型，表现出具有典型行为学变化和大脑黑质纹状体DA能神经系统受损的形态学和生化与分子生物学的变化，是一种比较理想的啮齿类PD动物模型。

（十）基因干预模型

应用基因干预方法已经可以在小鼠、果蝇、线虫，甚至酵母中建立疾病模型，分析致病机制。应用基因制备模型的方法有两种：①转基因，即将疾病相关的基因表达于模型中，这些基因均在人类疾病发病过程中起主要作用，具有毒性功能。目前已在小鼠、果绳、线虫和酵母中建立了α-*syn*突变模型，来模拟家族性PD的发病。②病毒载体介导的基因过表达模型，目前应用较多的为重组腺相关病毒介导的α-*syn*基因过表达（rAAV-α-syn）。经典的PD模型如6-OHDA或MPTP模型主要模拟了黑质DA神经元损伤，很少出现病理性α-syn的沉积，这往往会导致在模型上显示出神经保护作用的药物进入临床试验后效果不理想。而rAAV-α-*syn*立体定位注射到大鼠或小鼠黑质后，既能观察到黑质DA神经元的进行性丢失，也能在相关脑区观察到α-Synuclein的病理性沉积。因此，该模型较好的模拟了PD的主要病理改变，为探索PD治疗提供了支持。③基因敲除：即去除与人类疾病基因同源的内源性基因的功能。例如：*Parkin*基因敲除小鼠、*Parkin*突变果蝇、*Parkin* RNA干涉果蝇、*DJ-1*基因敲除小鼠、*DJ-1* RNA干涉果蝇等基因干预模型。这些动物模型的建立可以帮助研究PD致病基因的正常功能、它们的基因联系，更为重要的是，可以指导基因修饰物的筛选，以发现其他参与疾病过程的新基因。另外，基因干预动物模型的建立还为检测体内治疗药物的疗效提供了很好的研究系统。

第七节 帕金森病的治疗学

PD的治疗目的包括以下三个方面：①症状性治疗：是指使PD相关症状减轻或者消失；②神经保护性治疗：是指延缓或阻止疾病的恶化；③预防性治疗：目前只能是预防和减少各种治疗的并发症，未来希望能够预防PD疾病本身的发生和发展。治疗方法主要包括药物、手术和康复治疗；而干细胞和基因等修复治疗以及人工智能设备的功能重建等手段代表了今后的发展方向。

一、药物治疗

（一）神经保护性治疗

1. 病因治疗 由于家族性PD相关基因和晚发型PD最常见的高危致病基因（包括*GBA*和*LRRK2*）的发现，已有一系列临床前和临床研究围绕这些基因开展。*GBA*基因突变影响葡萄糖脑苷脂酶活性，进而导致溶酶体系统功能受损，细胞内异常蛋白聚集，因此通过减少葡萄糖脑苷脂的产生，或增加葡萄糖脑苷脂酶均可能逆转PD致病过程。LRRK2酶活性的异常增高被认为导致PD的重要原因之一，目前已有3种LRRK2酶活性抑制剂已进入临床试验。使用免疫方法清除脑内α-syn的异常聚集可能有望延缓甚至逆转PD的疾病病程。目前已有2项α-syn抗体临床研究进入Ⅱ期，3项α-syn抗体临床研究进入Ⅰ期，已完成的Ⅰ期临床研究均未见明显临床不良事件发生。α-syn"疫苗"则通过分子模拟α-syn寡聚体，诱导B细胞产生相应抗体，从而延缓甚至预防α-syn的聚集。目前该方向开展有2项Ⅰ期临床研究。

2. 针对疾病过程 针对线粒体能量代谢障碍、氧化应激、炎症、自噬等病理过程进行干预也是延缓疾病进程的手段。可能延缓病程的药物包括MAO-B制剂、维生素E，辅酶Q10，肌酸、茶多酚、咖啡因、尼古丁、依拉地平、N-乙酰半胱氨酸、谷胱甘肽等。通过健康宣教增强运动锻炼、食用绿茶或咖啡或中药也可能有所获益。但这些方法是否能延缓疾病进展仍有待于临床试验证实。

（二）症状性治疗

1. 左旋多巴（L-dopa） PD患者DA神经递质耗竭是其PD生化和临床运动症状出现的关键。L-dopa已成为了治疗PD最经典的方法，直到现在也仍然被认为是PD治疗的"金标准"。通过联合应用外周多巴胺脱羧酶抑制剂（DDC-I）苄丝肼（美多芭）或卡比多巴（息宁）来减少L-dopa在外周的降解，更多地进入脑内而发挥作用。长期服用L-dopa后（3～5年）会出现疗效减退和剂末现象，各种"关期"副作用逐渐增多，主要包括：症状波动、运动障碍和精神症状。

2. 多巴胺受体激动剂 目前临床应用的DA受体激动剂可分为麦角类和非麦角类两大类。其可以直接作用于突触后膜上的DA受体，无需黑质DA能神经元合成酶系统，就能发挥DA样作用，并能对DA受体发挥较稳定的刺激作用，选择性作用于特定类型DA受体从而减少非特异效应。该类药物的优点在于：早期可以替代L-dopa、减少运动并发症和服用方便；但缺点在于少部分患者会出现精神方面的症状，如精神障碍、睡眠障碍等，当与L-dopa合用时，上述副作用更加明显；在用药中晚期，可能会引起体位性低血压；可能的副作用还包括水肿和心脏瓣膜纤维化以及冲动障碍。其在运动症状改善方面不如L-dopa。目前临床上有多种普通、缓释和贴剂的剂型，包括吡贝地尔（piribedil）、罗匹尼罗（ropinirole）、普拉克素（pramiperxole）等。用量在达到满意疗效后应维持剂量治疗。

3. 单胺氧化酶（monoamine oxidase B，MAO-B）抑制剂 其通过抑制MAO-B活性，抑制DA的降解，增加DA的合成和转运，而达到增加脑突触间隙中DA浓度，更好地发挥改善PD症状的作用。目前国内临床主要包括两种MAO-B不可逆性抑制剂，司来吉兰（selegiline）和雷沙吉兰（rasagiline）。临床研究证明它们与L-dopa合用能够改善运动不能、开关现象、症状波动、肌僵直以及步态障碍等运动症状。细胞和动物实验提示其可能具有延缓疾病进展的作用，但仍有待临床试验证实，可以推荐作为早期治疗药物。禁与抗抑郁药SSRI合用。

4.儿茶酚胺氧位甲基转移酶（COMT）抑制剂 该类药物可以抑制L-dopa转变为3-氧-甲基多巴（3-OMD），并能减少外周DA降解为3-甲氧基酪胺（3-MT），从而使L-dopa血药浓度稳定，更多地进入脑内发挥作用，对剂末现象和运动波动有较好的治疗作用。目前临床使用的主要是恩他卡朋（entacapone），每次服用100～200 mg，每日3次与L-dopa同时口服，可减少L-dopa用量35%左右。因发现极少患者出现严重肝毒性，故肝病为本药的禁忌证，同时用药期间要严密监测肝功能。

5.其他药物 主要包括抗胆碱能药和DA释放促进剂两种。抗胆碱能药安坦（Trihexyphenidyl，artane）能改善患者的震颤；DA释放促进剂金刚烷胺（Amantadine）具有促进DA释放，减少突触间隙DA再摄取，加强突触前DA的合成，延缓DA的代谢的作用，从而改善运动迟缓和肌僵直等症状。老年人使用需要注意其幻觉和认知减退的副作用。

6.症状性治疗的原则是 减轻和减少疾病相关的运动症状，避免和减少药物的副作用，如果可能尽量减缓和阻止疾病的进程。决定如何开始症状性治疗要基于以下因素：①年龄：如患者年龄较轻，则不要过早选择左旋多巴制剂，老年患者则尽量不要选择安坦和金刚烷胺，以避免出现相关副作用；②费用和获益比：应选择能够给患者带来最大治疗益处且价格较合适的药物；③既往的和目前的治疗方案：需要将患者既往的用药史和目前的用药情况及药物疗效结合考虑；④病情的严重程度和某些特殊的运动症状：根据是否合并有异动症、运动波动、开关现象的处理以及步态障碍、情感和认知症状等选择药物；⑤患者对运动症状恢复的期望值：如果患者完全不能耐受运动能力的减退，或者工作需要，则可早期或予以足量药物治疗；⑥是否有痴呆或认知功能障碍：此时不要选用安坦和金刚烷胺，并可考虑胆碱酯酶抑制药；⑦生活质量的水平：毕竟PD症状性治疗是要改善患者的生活质量，对于病情严重的患者，可以适当增加剂量，以期达到改善患者的生活质量的目的；⑧其他合并疾病或药物治疗：如PD伴抑郁的患者要慎用MAO-B抑制剂，避免其与SSRI抗抑郁药物合用引起的5-HT综合征。其次青光眼、前列腺肥大患者慎用安坦，降压药物的剂量调整等等。

二、外科治疗

进入20世纪90年代以来，以微电极定位、计算机控制为特点的新的立体定向损毁疗法在治疗晚期PD患者中取得了成功。这种建立在现代电生理学技术上，在细胞水平精确定位、定向手术治疗PD的技术，可以识别PD病人脑内核团细胞的特异性放电，故在细胞水平确定靶点，克服了个体在解剖和功能上的变异，使手术更加安全有效。苍白球不同的部位具有明显不同的放电特征，如在苍白球外侧部具有相对不规律的或短暂爆发式放电，而苍白球内侧部具有相对持续的高频放电。丘脑的VIM和及其周围结构也有明显不同的电生理特征。通过这些不同结构的辨认，可以来指导定位。其定位的精确性明显优于CT（计算机断层扫描）和MRI（磁共振成像系统）。并且克服了由于个体差异带来的偏差，为安全地实施这种手术提供了保证。

目前，PD的外科治疗方法主要包括：苍白球毁损术和脑深部电刺激术。正确把握适应证非常重要。外科治疗主要用于那些既往对药物治疗有效，目前药物治疗症状控制不好的PD患者。另外，需要明确的一点还在于外科治疗也仅是症状性治疗手段，只能改善患者的症状并不能阻止疾病的进程，同时外科手术后患者仍需服用药物治疗。另一方面，外科治疗后的确改善了患者关期的运动症状，使患者恢复到“开”期的状态，生活质量大大提高。目前手术的主要指征包括：①确诊为原发性PD；②经过全面和完整的药物（主要是左旋多巴制剂）治疗，有明确疗效，但疗效减退，出现症状波动或异动症等副作用；③病情为中或重度，H&Y分级三级或以上；④病人在术中能与医生良好合作；⑤没有明显的认知障碍、平衡障碍和步态障碍。但这种手术不适用于叠加综合征、PD伴有心脑血管疾病和痴呆者。

三、细胞治疗

PD主要是由于黑质DA能神经元变性死亡而致黑质-纹状体系统合成DA能力减退引起的，若能将合成和分泌DA的细胞移植入黑质-纹状体系统，替代已死亡的DA细胞，应该是较理想的治疗策略。

（一）DA能神经细胞移植

同种移植：1979年，第一例胚胎中脑移植治疗

PD模型大鼠获得成功，这种治疗方法可纠正动物的异常旋转行为。瑞典Lund大学的Björklund和美国South Florida大学的Freed等科学家在PD的细胞治疗上进行了大量、具有重要意义的研究，并逐渐在临床上推广应用。1989年以来，全世界大约有300多例PD患者接受了自然流产人胚胎的中脑细胞悬液移植治疗。1995年开始在临床上采用双盲实验，对40例PD患者进行了人胚胎中脑细胞悬液脑移植治疗。移植后的一年随访结果为：细胞移植可明显改善60岁以下患者的临床症状，在60岁以上患者中的治疗作用尚待确定。这一定程度上提示特异的靶细胞移植对于CNS退行性疾病的治疗具有重大的研究价值和临床应用前景。人胚胎中脑细胞悬液移植治疗PD虽然取得了突破性进展，并且第一个应用于临床治疗，研究也相当深入和普及，但仍存在着许多难以解决的问题。最突出的问题是供体细胞来源不足，如治疗1例PD患者需要6个胚胎组织，由于难以获得足够量的移植细胞，阻碍了细胞疗法在临床上的应用。这一缺陷促使人们去寻找新的细胞来源。移植细胞成活率低也是一个棘手问题。加入神经营养因子或自由基消除剂可以将移植的DA神经元成活率提高2～3倍，有助于减少应用人胎脑细胞的量。但同种移植由于来源有限且涉及诸多伦理问题，难以广泛实施。

（二）神经元前体细胞或神经干细胞的移植

替代DA能神经元的细胞中，神经干细胞最具潜力。如果能将干细胞分化成为用于移植的DA能神经元，或者能将体内的神经干细胞进行原位诱导，使其定点分化成为DA能神经元，也许是真正实现PD细胞治疗的突破，甚至取代目前所有的细胞移植疗法成为PD治疗的主要手段之一。

神经前体细胞和神经干细胞的概念尚无严格的界定。目前主要应用的是由①胚胎干细胞衍生而来神经干细胞，直接移植入脑或分化后成DA神经元后移植入脑；②自体血细胞先诱导形成iPS再转分化为DA神经元或直接分化为DA神经元。

随着胚胎期神经干细胞研究的逐渐成熟，人们开始思考成体哺乳动物CNS中是否也存在相似的细胞群体。现已证实，成体哺乳动物CNS中存在两个神经干细胞聚集区：位于侧脑室壁的脑室下层（subventricular zone，SVZ）和海马齿状回的颗粒细胞下层（subgranular zone，SGZ）。在黑质和纹状体以及一些非神经发生的部位如脊髓也发现成体神经干细胞的存在。在整个生命过程中，人脑的某些部位始终保持生成神经元和建立神经突触联系的能力。老年人脑内也存在神经前体细胞，并且仍具有分化成神经元的潜能。神经干细胞的这些特性使其能够为临床移植提供丰富的细胞来源奠定了基础。而对于神经系统退行性疾病来说，PD很可能成为干细胞研究的第一个受益者，因为PD的病理学基础和黑质-纹状体通路研究地较为透彻，而且其结构较其他神经部位简单，突触联系易于建立，将成为神经干细胞能够治愈的最佳靶疾病。因此，神经干细胞作为替代胚胎中脑细胞悬液进行细胞移植的方案，近年来在治疗PD的研究中备受关注。

目前对于啮齿类NSCs在治疗PD模型动物中的疗效已经进行了大量的实验研究，但却得出不同的结果，争论的焦点是：①神经干细胞在移植入成体脑内之前是否得要一定程度的体外诱导分化，是移植已经分化出神经元的细胞，还是原始的神经干细胞。一项研究发现未经体外诱导的神经干细胞移植后可以改善PD动物的异常行为，更多的结果则表明移植后的神经干细胞即使在宿主脑内很好地存活并分化形成DA能功能细胞，但却不能改善PD动物的异常行为。另有实验发现移植后的神经干细胞在成体动物脑内根本不能分化形成DA能神经元，甚至也不能完全进行神经元和胶质细胞的分化，大部分移植的细胞仍然保持原始的神经干细胞特性；只有那些经过体外向DA能神经元定向诱导的神经干细胞，进行移植后才能发挥治疗作用。这些截然相反的结论使人思考，神经干细胞移植并不是想象中的那样容易操作，许多因素导致了这种结论的不一致性，如移植后细胞在脑内的存活以及分化形成功能细胞-DA能神经元的比例等原因，均可影响移植疗效。②不同脑区来源的神经干细胞对PD治疗的不同疗效。将来源于中脑和纹状体的神经干细胞移植到PD模型大鼠的纹状体中，发现前者可以很好地分化出DA能神经元，而后者则不能。③脑内微环境参与移植细胞的存活和终末分化：损伤后的微环境更有利于神经干细胞的存活和成熟分化。④人源神经干细胞研究相对困难：对于人组织来源的，尤其是人中脑组织来源的神经干细胞在治疗PD模型动物中的研究，目前不仅观察了细胞移植后在脑内的存活和定向分化，并对 PD 动物的行为学改善也就是治疗效果进行观察研究，但是这方面的报道还是较少，这与人源神经干细胞培养和传代困难有关。

采用此类患者自体细胞治疗 PD 有广阔的应用前景。成体黑质和纹状体中发现神经干细胞的存在，为应用某些辅助方法原位诱导在体的神经干细胞增殖和分化提供了理论依据。

四、基因治疗

PD 基因治疗目前的策略主要有两个：①植入促进 DA 合成的酶基因来促进纹状体内 DA 的生成。如 *TH*、*GTP* 环氢酶 1 基因（可促进辅助因子四氢蝶啶的活性）和芳香族氨基酸脱羧酶（AADC）等。由于 TH 是 DA 合成的限速酶，因此 *TH* 基因为 PD 基因治疗的首选。②应用神经保护性营养因子基因阻止 DA 能神经元死亡或刺激受损的黑质纹状体系统的再生和功能恢复，其中 *GDNF* 为首选。虽然 *GDNF* 基因治疗在动物体内得到明确的治疗效果，但在临床研究和应用中，多年来的报道则比较矛盾，因此，*GDNF* 的临床应用需要进一步实践。此外，将上述两种策略相结合，以期达到防治兼备的目的。用腺相关病毒（adeno-associated viru，AAV）携带 *BDNF*，用逆转录病毒载体（retrovirus vector，RV）携带 *TH* 基因共感染正常新生大鼠的星型胶质细胞，然后将 TH-BDNF 双阳性的星型胶质细胞移植到 PD 模型大鼠的纹状体中，大鼠的旋转行为得到改善，与单独使用 TH 或 BDNF 相比，疗效显著增强。将人 *TH* 基因和 *GDNF* 分别装到腺病毒（Ad）或 AAV 载体上，包装成携带单基因的重组 Ad 或 AAV 病毒，注射到 PD 模型大鼠脑纹状体，收到良好治疗 PD 的效果。而将携带 *TH* 或 *GDNF* 的两种重组 Ad 病毒同时感染神经源性细胞系或注射到 PD 模型大鼠纹状体，效果均优于单一重组病毒。2001 年，基因治疗首次应用于临床 PD 病人的治疗中。应用腺病毒相关病毒（AVV）携带谷氨酸脱羧酶（Glutamic Acid Decarboxylase，GAD）基因 *GAD65* 和 *GAD67*，后两者在脑内催化合成抑制性神经递质 GABA，从而与 DA 系统恢复平衡状态。这一突破使人们对 PD 的基因治疗前景充满信心。

此外，脑室内注射反义寡核苷酸（antisense oligonucleotides，ASOs）可能从根本上抑制 *LRRK2* 基因的异常表达，并避免 LRRK2 酶抑制的外周副反应，目前有 1 项 I 期临床试验进行中。

第八节　帕金森病研究的展望

在 PD 发现后的两个多世纪以来，其神秘面纱被逐步揭开。近年涉及本病的致病基因的发现是 PD 遗传学研究的重大突破。还有多个罹患基因尚待确定。对于散发性的 PD，环境和衰老致病的因素不可忽视。环境因素和老化因素如何与遗传因素相互作用仍待于深入研究。

α-syn 是 PD 病理特征 LB 的主要成分，关于 LB 内其他的成分在家族性或散发的 PD 中是否也发生了突变并参与了 PD 的发生，尚需进一步明确。有关 α-syn 的代谢途径、致突变的原因以及它是如何引发 PD 等问题近年来已有了相当的进展。但仍需进一步阐明其导致 PD 的分子机制。探明在 PD 病人中损伤的 DA 能神经元中特异表达的基因，确定控制 PD 易感神经元分化的方法和研究细胞死亡的途径等，将为了解 PD 的发病机制提供重要线索。

PD 的动物模型对研究发病机制和发展治疗方法都很重要。最近研发的黑质和纹状体 DA 进行性丢失，并出现 αsyn 阳性包涵体的啮齿类或灵长类的转基因 PD 模型将有助于 PD 的遗传学、发病机制研究和诊治新技术、新方法的突破！

Braak 教授根据 α-syn 异常聚集的部位和发展过程制定了 PD 的病理分级，推动临床症状学的发展。PD 病人的诊疗起始时间已经开始由运动症状期提前到非运动症状期，为 PD 的干预赢得了时间。但真正的有效的实施取决于民众的健康知识的普及程度和社区的管理。

PD 早期诊断是防治 PD 的关键！由于 PD 的复杂性和异质性，目前单一的 PD 早期诊断标志物是难以奏效。因而建立包括遗传学、体液学、影像学和症状学等标志物的综合 PD 早诊智能系统势在必行，刻不容缓。

令人遗憾的是，至今为止我们还没有阻断PD进展、对因治疗的适宜药物和新方法，药物和新治疗技术的研发任务艰巨，中医药宝库可能是取得突破的途径之一。可喜的是神经调控技术（包括经颅磁刺激和深部超声刺激等）已经显示了潜在的治疗价值，可能是未来最有希望防治PD的疗法。基因治疗、干细胞治疗等多途径研究正在路上，为将来的PD治疗带来前景。

在现阶段，可以根据PD病人不同的行动障碍进行相应的康复或运动训练，如健走、太极拳、瑜伽、舞蹈、羽毛球、乒乓球等有氧运动、抗阻训练等，将会延缓疾病的进展。此外，要加强对PD病人的心理干预、照料护理，建立远程医疗、穿戴技术、智能手机和虚拟现实技术等相结合的监测和管理系统。最近，《中国帕金森病治疗指南（第四版）》发布，可以用于指导医务人员和PD病人的临床实践。

我们坚信，现代科技的不断发展，中国科技团队的不断成长，将给人们对PD的研究和防治带来新的希望，控制PD的曙光就在前面！

参考文献

综述

1. Pickrell AM，Youle RJ. The roles of PINK1，parkin，and mitochondrial fidelity in Parkinson's disease. *Neuron*，2015，85（2）：257-273.
2. Zucca FA，Segura-Aguilar J，Ferrari E，et al. Interactions of iron，dopamine and neuromelanin pathways in brain aging and Parkinson's disease. *Prog Neurobiol*，2017，155：96-119.
3. Duce JA，Wong BX，Durham H，et al. Post translational changes to α-synuclein control iron and dopamine trafficking; a concept for neuron vulnerability in Parkinson's disease. *Mol Neurodegener*，2017，12（1）：45.
4. Booth HDE，Hirst WD，Wade-Martins R. The role of astrocyte dysfunction in Parkinson's disease pathogenesis. *Trends Neurosci*，2017，40（6）：358-370.
5. Le W，Sayana P and Jankovic J. Animal models of Parkinson's disease：A gateway to therapeutics？. *Neurotherapeutics*，2014，11（1）：92-110.
6. Bartels T，De Schepper S，Hong S. Microglia modulate neurodegeneration in Alzheimer's and Parkinson's diseases. *Science*，2020，370（6512）：66-69.
7. Tang D，Kang R，Berghe TV，et al. The molecular machinery of regulated cell death. *Cell Res*，2019，29（5）：347-364.
8. Serge Przedborski. The two-century journey of Parkinson disease research. *Nature Reviews Neuroscience*，2017，18（4）：251-259.
9. Chen Z，Li G，Liu J.Autonomic dysfunction in Parkinson's disease：Implications for pathophysiology，diagnosis，and treatment. *Neurobiol Dis.*，2020，134：104700.
10. Youdim MB，Riederer P. Understanding Parkinson's disease.. *Sci Am*，1997，276（1）：52-59.

原始文献

1. 陈生弟，陈海波等. 中国帕金森病治疗指南（第四版）. 中华神经科杂志，2020，53（12）：973-986.
2. Braak H，Del Tredici K，Rüb U，et al. Staging of brain pathology related to sporadic Parkinson's disease. *Neurobiol Aging*，2003，24（2）：197-211.
3. Ko WKD，Bezard E. Experimental animal models of Parkinson's disease：A transition from assessing symptomatology to alpha-synuclein targeted disease modification. *Exp Neurol*，2017，98（Pt B）：172-179.
4. Erkkinen MG，Kim MO，Geschwind MD. Clinical Neurology and Epidemiology of the Major Neurodegenerative Diseases. *Cold Spring Harb Perspect Biol*，2018，10（4）：a033118.
5. Sampson TR，Debelius JW，Thron T，et al. Gut microbiota regulate motor deficits and neuroinflammation in a model of Parkinson's disease. *Cell*，2016，167（6）：1469-1480.
6. Bae EJ，Kim DK，Kim C，et al. LRRK2 kinase regulates α-synuclein propagation via RAB35 phosphorylation. *Nat Commun*，2018，9（1）：3465.
7. Agarwal D，Sandor C，Volpato V，et al. A single-cell atlas of the human substantia nigra reveals cell-specific pathways associated with neurological disorders. *Nat Commun*，2020，11（1）：4183.
8. Challis C，Hori A，Sampson TR，et al. Gut-seeded α-synuclein fibrils promote gut dysfunction and brain pathology specifically in aged mice. *Nat Neurosci*，2020，23（3）：327-336.
9. Wallen ZD，Appah M，Dean MN，et al. Characterizing dysbiosis of gut microbiome in PD：evidence for overabundance of opportunistic pathogens. *NPJ Parkinsons Dis*，2020，6：11.
10. Zhang Q，Xu Y，Lee J，et al. A myosin-7B-dependent endocytosis pathway mediates cellular entry of α-synuclein fibrils and polycation-bearing cargos. *Proc Natl Acad Sci USA*，2020，117（20）：10865-10875.
11. Sun J，Lai Z，Ma J，et al. Quantitative evaluation of iron content in idiopathic rapid eye movement sleep behavior disorder. *Mov Disord*，2020，35（3）：478-485.
12. Choi I，Zhang Y，Seegobin SP，et al. Microglia clear neuron-released α-synuclein via selective autophagy and prevent neurodegeneration. *Nat Commun*，2020，11（1）：1386.
13. Uchida Y，Kan H，Sakurai K，et al. Magnetic susceptibility associates with dopaminergic deficits and cognition in Parkinson's disease. *Mov Disord*，2020，35（8）：1396-1405.
14. Henderson MX，Sedor S，McGeary I，et al. Glucocerebrosidase activity modulates neuronal susceptibility to pathological α-synuclein insult. *Neuron*，2020，105（5）：822-836.
15. Guo M，Wang J，Zhao Y，et al. Microglial exosomes

facilitate α-synuclein transmission in Parkinson's disease. *Brain*，2020，143（5）：1476-1497.

16. Baizabal-Carvallo JF，Alonso-Juarez M.The Link between Gut Dysbiosis and Neuroinflammation in Parkinson's Disease. *Neuroscience*，2020，15；432：160-173.
17. Parkinson J. *An essay on shaking palsy*. London：Sherwood，Neeley & Jones，1817：1-67.
18. Langston JW，Ballard P，Tetrud JW，et al. Chronic Parkinsonism in humans due to a product of meperidine-analog synthesis. *Science*，1983，219（4587）：979-980.
19. Freed CR，Greene PE，Breeze RE，et al. Transplantation of embryonic dopamine neurons for severe Parkinson's disease. *N Engl J Med*，2001，334（10）：710-719.
20. Fricker J. Human neural stem cells on trial for Parkinson's disease. *Mol Med Today*，1999，5（4）：144.

第 6 章 阿尔茨海默病

王建枝　贾建平

第一节　引　言

阿尔茨海默病（Alzheimer's dsease，AD）是一种最常见的中、老年神经退行性疾病，1906 年由德国精神科医生 Alois Alzheimer 首次报道。随着人口老龄化，AD 的患病率呈急剧增高趋势。AD 的主要脑组织病理特征是神经细胞外 β 淀粉样（β-amyloid，Aβ）蛋白沉积形成的大量神经炎性斑（neuritic plaques，NP）、神经细胞内 Tau 蛋白过度磷酸化形成的大量神经原纤维缠结（neurofibrillary tangles，NFT），同时伴有显著突触损伤、神经元突起缺失、星形胶质细胞活化等，晚期出现弥漫性脑萎缩。AD 的主要临床表现是进行性记忆障碍，有些同时伴有失语、失用、失认、视空间能力损害，抽象思维和计算力损害、人格和行为改变等。

家族性 AD（占＜5%）多在 65 岁前发病，呈常染色体显性遗传，主要由 21 号染色体的淀粉样前体蛋白（amyloid precursor protein，APP），14 号染色体的早老素 1（presenilin 1，PS1）及 1 号染色体的 *PS2* 基因突变引起。携带 *APP* 和 *PS1* 基因突变的人群几乎 100% 发病，而携带 *PS2* 基因突变者罹患 AD 的概率约为 95%。散发性（＞90%）AD 的病因复杂，目前认为载脂蛋白 E（apolipoprotein E，ApoE）是最相关的风险基因。携带一个和两个 *APOEε4* 等位基因的人群罹患 AD 的风险分别约为正常人的 3.2 和 8 ～ 12 倍。此外，低教育程度、吸烟、女性雌激素水平降低、高血压、高血糖、高胆固醇、高同型半胱氨酸等也是导致 AD 的危险因素。

目前对 AD 发病机制研究的主流方向集中在 Aβ 和 Tau 两个方面。此外，ApoE 基因多态性、神经炎症和胶质细胞在 AD 中的作用也引起许多的关注。

由于对 AD 的发病机制尚未能阐明、缺乏能真实模拟 AD 病程、病理和行为改变的动物模型，故目前尚缺乏有效的早期诊治措施。本章重点介绍 AD 发病机制、动物模型、早期诊治策略方面的研究进展。

第二节　阿尔茨海默病的发病机制

AD 发病机制复杂，本节将重点介绍 Tau 蛋白异常、Aβ 毒性、*APOE* 基因多态性和神经炎症学说。

一、Tau 蛋白异常学说

Tau 蛋白是神经细胞中的主要微管结合蛋白（> 80%），其正常功能是促进微管组装，维持微管的稳定性。从正常成人脑中分离的 Tau 在变性聚丙烯酰胺凝胶电泳中至少有 6 种异构体，含 352 ～ 441 个氨基酸残基，表观分子量在 48 ～ 60 kD。这些异构体是位于 17 号染色体的单一基因 MAPT 转录物 mRNA 的不同剪接产物，包括 N- 末端含 0 个、1 个或 2 个插入序列（29 或 58 个氨基酸）的 0N-Tau、1N-Tau 和 2N-Tau，C- 末端微管结合区含 3 个或 4 个重复序列（31 ～ 32 个氨基酸）的 3R-Tau 和 4R-Tau（图 10-6-1）。胎脑中只表达 0N-3R-Tau，在上述变性胶电泳中 48 kD 处显带。Tau 白质分子中含有 84 个潜在磷酸化位点（79 个丝氨酸 / 苏氨酸、5 个酪氨酸），正常时每摩尔 Tau 蛋白中磷酸含量为 2 ～ 3 摩尔。

AD 患者脑中的 Tau 蛋白被异常过度磷酸化，每摩尔 Tau 中磷酸含量升至 5 ～ 9 摩尔或更高；在变性聚丙烯酰胺凝胶电泳中显三条带，表观分子量为 62 ～ 72 kD。用不同生化分离技术可将 AD 患者脑中的 Tau 蛋白分成三部分，即胞质正常 Tau 蛋白（C-Tau）、异常修饰易溶型 Tau 蛋白（AD P-Tau）和异常修饰并聚集为成对螺旋丝的 Tau 蛋白（PHF-Tau）。电镜下可见 PHF 以右手螺旋盘绕形成，直径为 22 ～ 24 nm，每 80 nm 处有一直径约为 10 nm 的狭窄区。Tau 蛋白异常不仅在 AD 发病中起重要作用，还参与其他 20 余种神经退行性疾病的发生和发展，这类由于 Tau 蛋白结构异常或基因突变而导致的疾病被统称为 Tau 病（Tauopathy）。在上述 20 余种 Tau 病中，除 17 号染色体连锁遗传性额颞叶痴呆（inherited frontotemporal dementia with Parkinsonism linked to chromosome 17，FTDP-17）是由 Tau 基因突变引起外，其余的 Tau 病均与其异常翻译后修饰有关。

AD 患者脑中的 Tau 蛋白被异常磷酸化、异常糖基化、糖化、泛素化、硝基化、乙酰化、苏木化和异常截断等。目前，对磷酸化的研究最为深入。

（一）Tau 蛋白过度磷酸化的机制

自从 Iqbal 小组在 1986 年首次报道异常磷酸化

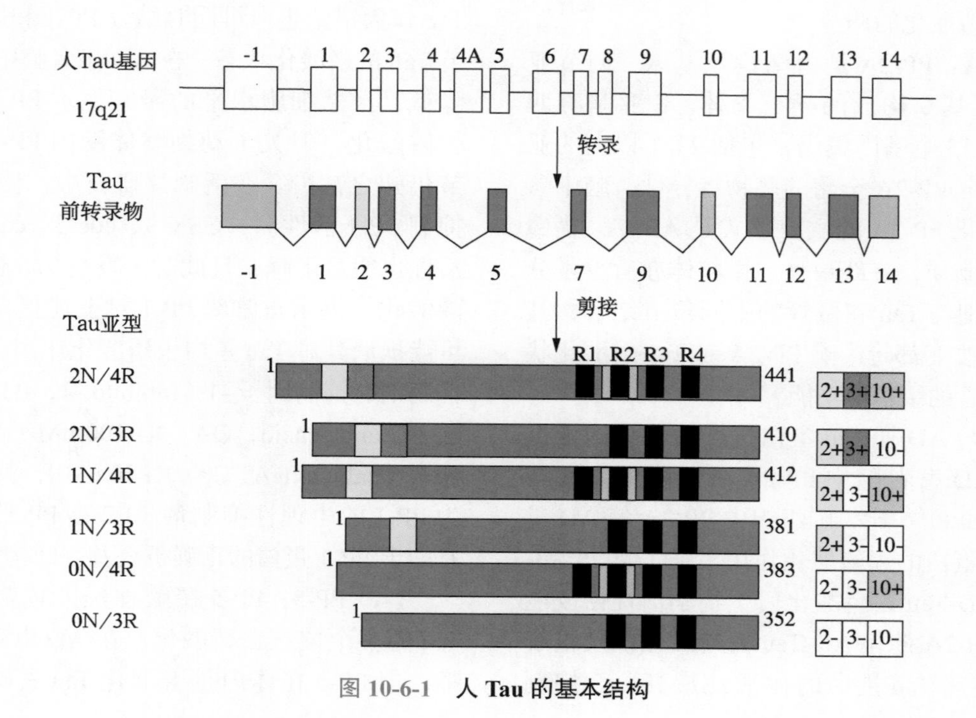

图 10-6-1　人 Tau 的基本结构

的Tau蛋白是AD患者脑神经元中PHF/NFT的主要成分以来，已经发现AD病人脑中非可溶性Tau蛋白中，有55个位点发生了磷酸化修饰。Tau蛋白的磷酸化受蛋白激酶和磷酸酯酶的双重调节，蛋白激酶使tau蛋白质磷酸化，磷酸酯酶使其去磷酸化。因此，蛋白激酶和磷酸酯酶系统调节失衡是导致Tau蛋白异常过度磷酸化的直接原因。

1. 蛋白磷酸酯酶在AD样Tau蛋白异常磷酸化中的作用 根据结构、组成、所催化底物的特异性、激活剂与抑制剂的不同，可将哺乳动物体内的丝/苏氨酸蛋白磷酸酯酶（protein phosphatases，PP）分为五类，即PP-1、PP-2A、PP-2B、PP-2C和PP-5，它们均存在于人脑中。用从AD患者脑中分离的异常磷酸化的Tau作底物，PP-1、PP-2A、PP-2B和PP-5均可使Tau的多个位点去磷酸化并不同程度地恢复其促微管组装活性，而PP-2C则无上述功能。用蛋白磷酸酯酶抑制剂处理培养细胞可导致Tau蛋白异常磷酸化、中间丝结构改变以及微管、神经元突触和树突丢失；在整体水平抑制磷酸酯酶也可引起Tau蛋白发生AD样过度磷酸化。PP-2A和PP-2B催化AD异常磷酸化Tau蛋白的去磷酸化活性可被Mn^{2+}和Mg^{2+}激活，其中Mn^{2+}的激活作用最强；Ca^{2+}/钙调素（Ca^{2+}/calmodulin）也可增高PP-2B使异常Tau蛋白去磷酸化的活性。这些资料对AD药物研究有一定参考价值。此外，PHF/NFT结构的空间位阻效应不利于蛋白磷酸酯酶对Tau蛋白的去磷酸化作用。下面介绍几种磷酸酯酶催化Tau去磷酸化的调节。

（1）PP-2A：PP-2A是由结构亚基A、调节亚基B和催化亚基C构成的异三聚体。B亚基有四个亚家族，由15个基因编码，包括23个以上的亚型。B亚基决定PP-2A全酶的底物特异性。脑中参与Tau去磷酸化PP-2A的主要形式是ABaC，集中分布于细胞的胞质，在线粒体、微粒体亦有少量分布。PP-2A分别与Tau和微管的不同位点结合，其中任一成分的改变都将影响PP-2A对Tau磷酸化状态的调节和微管的结构与功能。

PP-2A参与AD样Tau蛋白过度磷酸化的依据如下：①在AD患者脑中PP-2A活性降低。②与PP-1、PP-2B和PP-5比，脑组织中PP-2A使AD过度磷酸化Tau蛋白的去磷酸化作用最强（＞70%）。③PP-2A使AD-Tau去磷酸化后生物学活性恢复能力最强。④PP-2A催化AD-Tau去磷酸化以及松解缠结、释放游离Tau蛋白的比活性最高。⑤抑制PP-2A可引起Tau蛋白发生AD样过度磷酸化和细胞骨架的破坏，伴有大鼠空间学习记忆障碍。⑥在AD患者脑内，PP-2A的两种内源性抑制分子（I1PP2A和I2PP2A）异常定位于细胞质，与PP-2A以及神经元内异常磷酸化的Tau共定位；另一种内源性抑制分子CIP2A水平也增高，与PP-2A活性抑制和Tau过度磷酸化相关。

（2）PP-2B：PP-2B是脑中含量最高的钙调磷酸酶（calcineurin），主要分布于神经细胞的核周质和树突，是由一个可与钙调素（calmodulin，CaM）结合的61 kD的催化亚基C_A和一个能与Ca^{2+}结合的17 kD的调节亚基R_B构成的异二聚体；它有A_a和A_b两种异构体，在脑中主要以A_a形式存在。PP-2B的酶活性需C_A和R_B紧密结合，并依赖于Ca^{2+}-CaM的激活，Mn^{2+}和Ni^{2+}可增强该酶活性。从人脑纯化出的PP-2B可使AD异常磷酸化的Tau在多个位点去磷酸化。PP-2B基因敲除的小鼠海马苔藓神经元出现Tau蛋白的过度磷酸化，电镜显示其细胞骨架异常，同时伴有学习记忆障碍，推测PP-2B活性下降可能通过Tau异常磷酸化导致微管等细胞骨架结构和功能异常，进而引起小鼠学习记忆障碍。然而，也有研究显示PP-2B在AD患者脑中的活性增高而非下降。

（3）PP-1：PP-1是由催化亚基C和不同的调节亚基构成的复合体，在锥体神经元胞膜、胞质、及亚细胞器广泛表达，可能通过调节长时程抑制（long-term depression，LTD）参与学习记忆过程。Tau作为锚定蛋白可同时结合PP-1和微管，借此调节Tau的磷酸化状态。在AD患者脑中PP-1的活性降低，虽然细胞水平的研究显示PP-1参与Tau的去磷酸化，但关于动物整体脑内PP-1对Tau的调节仍知之甚少。在活脑片研究中，使用OA和CA抑制PP-1活性时，GSK-3、cdc-2、cdk-5等激酶的活性也明显下降，且此时未发现Tau蛋白发生过度磷酸化；提示正常时PP-1对上述蛋白激酶的激活可能抵消其对Tau蛋白去磷酸化作用。PP-1的主要抑制剂有抑制因子-1（inhibitor-1，I-1）、I-2、冈田酸（Okaidaicacid，OA，Ki 100 nM）和花萼海绵诱癌素（calyculin A，CA，Ki 50 nM），其中，I-1和I-2为PP-1的生理性抑制剂。I-2是PP-1的分子伴侣，有助于PP-1蛋白的正确折叠及空间构象的维持。

（4）PP-5：PP-5在脑神经元内高表达、可使Tau的多个位点去磷酸化、在AD患者脑中活性下降，但PP-5在体内是否催化Tau去磷酸化或是否在AD发病中起作用目前尚不清楚。

2. 蛋白激酶在AD样Tau蛋白异常磷酸化中的作用　与磷酸酯酶比，蛋白激酶种类更加繁多，调节机制更为复杂。多种蛋白激酶可催化Tau蛋白发生AD样过度磷酸化和聚集，并不同程度地影响Tau蛋白的生物学功能。根据蛋白激酶催化靶底物磷酸化反应的序列特点，可将丝氨酰/苏氨酰蛋白激酶分为两大类型：①脯氨酸依赖性蛋白激酶（proline-directed protein kinase，PDPK），这类酶催化底物磷酸化反应的序列特点是-X（S/T）P-（X：任一氨基酸，S：丝氨酸，T：苏氨酸，P：脯氨酸）。②非脯氨酸依赖性蛋白激酶（non-proline-directed protein kinase，non-PDPK）。在已知的AD Tau蛋白异常磷酸化位点中，约有半数为PDPK位点，另一半为非PDPK位点。能使Tau蛋白发生磷酸化的PDPK主要有：细胞外信号相关的蛋白激酶（extracellular signal related protein kinase，ERKs）、细胞分裂周期（cell division cycle，cdc）蛋白激酶-2、周期蛋白依赖性激酶-2（cyclin dependent kinase-2，cdk-2）、周期蛋白依赖性激酶-5（cyclin dependent kinase-5，cdk-5）和糖原合酶激酶-3（glycogen synthase kinase-3，GSK-3）。能使Tau蛋白发生磷酸化的非PDPK有：环磷酸腺苷依赖性蛋白激酶（cyclic-AMP-dependent protein kinase，PKA）、蛋白激酶C（protein kinase C，PKC）、钙/钙调素依赖性蛋白激酶Ⅱ（calcium/calmodulin dependent protein kinase Ⅱ，CaMKⅡ）、大鼠小脑源性钙/钙调素依赖性蛋白激酶（Grkinase）、酪蛋白激酶-1（casein kinase-1，CK-1）和CK-2。值得注意的是，上述激酶单独对Tau蛋白的磷酸化作用可能非常缓慢，若将Tau蛋白先分别用PKA、CK-1、PKC等非PDPK预保温，则可显著提高后续的PDPK（如GSK-3）催化Tau蛋白发生磷酸化的速率，从而显著增高Tau的磷酸化水平。说明Tau蛋白由PDPK催化的磷酸化反应，可能受非PDPK的正性调节作用，反之亦然。

3. Tau蛋白酪氨酸位点的磷酸化　全长Tau分子中有84个磷酸化位点，其中5个是酪氨酸位点，即Tyr18，Tyr29，Tyr197，Tyr319和Tyr394。其中，Tyr394是唯一在生理条件下可见的磷酸化位点，Tyr18，Tyr197和Tyr394的磷酸化可见于AD患者脑中。酪氨酸激酶c-Ab1可磷酸化Tau的Tyr394；Tau-管蛋白激酶（Tau-tubulin kinase，TTBK1）可磷酸化Tau的Tyr197；非受体酪氨酸蛋白激酶Src家族激酶（Src family kinase，SFK）和脾酪氨酸激酶（spleen tyrosine kinase，Syk）可磷酸化Tau的Tyr18。Fyn可结合Tau并使其Tyr18位点磷酸化；活化的Fyn通过与Tau结合而定位在兴奋性神经元的突触后、与NMDA受体和PSD-95相互作用，增强NMDA受体的兴奋性毒性。例如，Aβ可激活Fyn引起突触毒性由Tau蛋白介导，敲除Tau时Aβ的突触毒性消失。除Fyn外，c-Ab1也见于神经原纤维缠结中，并与Tau共定位；在缠结形成的早期阶段，神经元中c-Abl水平增高；Aβ处理的原代神经元中，c-Abl活性增高，而腹腔注射c-Abl抑制剂imatinib mesylate可挽救AD模型动物的认知损伤，但其作用是否通过Tau蛋白的酪氨酸磷酸化介导尚未确定。总之，Tau蛋白在酪氨酸位点的磷酸化可能是AD发病过程中的早期事件，而Fyn和c-Ab1在Tau相关的神经退变中起作用。

（二）Tau蛋白过度磷酸化使神经细胞逃逸急性凋亡的机制

基于过度磷酸化的Tau蛋白是AD患者退变神经元中NFT的主要成分、Tau蛋白过度磷酸化损伤微管结构和功能的实验结果，加上对神经退行性变性的本质认识不足，一些科学家习惯性地将神经退行性变性“neurodegenration”与细胞凋亡“apoptosis”混为一谈，并认为Tau蛋白过度磷酸化促进细胞凋亡。然而，最近的大量研究显示，Tau蛋白过度磷酸化不但不促进细胞凋亡，还可使细胞获得对抗急性凋亡的能力。Tau蛋白过度磷酸化抗凋亡的分子机制尚不完全清楚，可能涉及① Tau蛋白通过底物竞争机制保存β-联环素（β-catenin）：β-联环素是一种促生存转录因子，其降解受磷酸化调节；磷酸化的β-联环素在胞浆被蛋白酶体降解，而非磷酸化的β-联环素则进入细胞核内促进生存因子表达。Tau蛋白分子中含有80多个潜在的磷酸化位点，可与β-联环素竞争被蛋白激酶（如GSK-3β）磷酸化；当Tau蛋白水平升高时，β-联环素的磷酸化被抑制而入核增高，促进细胞生存。② Tau蛋白催化β-联环素乙酰化：Tau蛋白具有乙酰转移酶活性，可直接催化β-联环素N-49位赖氨酸乙酰化；乙酰化可抑制β-联环素的泛素化和磷酸化，进而抑制其在胞质中的降解过程；β-联环素在细胞质中聚集、入核，促进生存因子Bcl2和生存素（survivin）基因表达；最终使细胞对抗凋亡。这些也部分解释了在老化进程中，为何AD患者脑中的神经元处于促凋亡微环境，但不发生大量急性凋亡的事实。

Tau 蛋白过度磷酸化虽然可使细胞逃逸急性凋亡，但过度磷酸化的 Tau 蛋白若不能及时清除，在细胞内聚集则可引起神经细胞发生慢性退行性变性。因此，过度磷酸化的 Tau 蛋白在细胞内聚集可能是 Tau 蛋白从抗凋亡转向促退变的关键环节。

（三）神经细胞中 Tau 蛋白异常聚集的机制

对 Tau 蛋白发生异常聚集的原因和分子机制至今尚不清楚。从化学角度，单纯过度磷酸化一般不应该促进 Tau 蛋白聚集。在 AD 患者脑中，过度磷酸化的 Tau 蛋白还发生了糖基化、糖化、泛素化、乙酰化、硝基化、苏木化、截断等修饰，这些修饰的相互作用可改变 Tau 蛋白的聚集性质和生物学功能，从而在 AD 的发生或发展中发挥复杂的作用。下面简述 Tau 蛋白不同翻译后修饰在其聚集中的作用。

1. 过度磷酸化与苏木化相互促进导致 Tau 蛋白聚集 苏木（small ubiquitin-like modifier，SUMO）是一种小泛素样蛋白，可通过对底物蛋白进行可逆的类似泛素化的修饰，称为苏木化（sumoylation），从而调节蛋白的生物活性、亚细胞定位和稳定性。在 AD 病人和模型鼠脑中均检测到 SUMO-1 与聚集的磷酸化 Tau 蛋白共定位，且 AD 病人血浆中 SUMO-1 的水平也增高。体外研究也证实，Tau 蛋白 Lys340 可被苏木化，且苏木化与磷酸化有交互促进作用。Tau 蛋白的苏木化抑制其泛素化，导致其不能被蛋白酶体降解而聚集。用 Aβ 处理原代神经元可导致 Tau 蛋白苏木化和磷酸化水平均增高。

2. 过度磷酸化与乙酰化相互促进导致 Tau 蛋白聚集 从 AD 患者脑组织中纯化的可溶性磷酸化 Tau 蛋白分子中，已经检测到 19 个潜在乙酰化（acetylation）位点，其中有一些位点与泛素化位点重叠。泛素化更多发生在微管结合域的 R1-R3 区，而乙酰化的很多位点在 R4 区。此外，根据对多个 AD 病人脑样本中不同聚集程度的 Tau 翻译后修饰的质谱分析，泛素化和乙酰化均发生在 Tau 病变的晚期阶段（Braak 分期Ⅴ～Ⅵ），且与 Tau 的种子"Seeding"特性和聚集直接相关。但也有研究显示在 AD 病变早～中期，Tau 已经在某些位点如 Lys174 发生了乙酰化。在细胞实验中，组蛋白乙酰化酶 p300 可导致 Tau 乙酰化，而去乙酰化酶 SIRT1 使 Tau 蛋白去乙酰化。此外，Tau 蛋白本身也具有乙酰转移酶活性，可催化自身以及其他底物（如 β-联环素等）发生乙酰化。由于乙酰化和泛素化均发生在赖氨酸位点，Tau 蛋白乙酰化增加时，泛素化水平下降，导致其降解减少；同时，Tau 蛋白的乙酰化干扰其与微管的结合，并促进 Tau 聚集。AD 患者脑中 Tau 乙酰化和泛素化均增加，推测异常乙酰化的发生早于异常泛素化，乙酰化竞争赖氨酸位点，导致 Tau 不能被有效泛素化降解而聚集，Tau 聚集进一步引发机体的代偿性清除机制活化，导致更多位点的泛素化水平增高。

在 Tau 的聚集体中，微管结合域（MBD）聚集排列形成的 β 折叠构成了聚集体的核心。MBD 有 19 个赖氨酸位点，在正常生理条件下带正电荷，由于电荷排斥力的作用阻止 β 折叠生成。MBD 区域的丝氨酸、苏氨酸和酪氨酸的磷酸化、赖氨酸的乙酰化修饰，可能通过负电荷中和效应促进 β 折叠形成；同时，磷酸化也多发生在脯氨酸富集区域（proline-rich region，PRR），该区域的磷酸化也被认为可能通过分子空间结构上靠近 MBD 区，中和其上的正电荷，促进聚集体形成。

3. 异常聚集 Tau 蛋白泛素化水平升高的机制 泛素（ubiquitin）是一个由 76 个氨基酸组成的多肽，通过其 C 端甘氨酸与靶蛋白赖氨酸的 α- 或 ε-氨基结合促进靶蛋白的泛素化（ubiquitination）。正常情况下，靶蛋白与泛素结合后通过泛素蛋白酶小体（proteasome）途径被降解，即泛素化促进蛋白质降解。若泛素降解途径功能异常或被降解的蛋白质结构改变不易被泛素化，则导致靶蛋白降解障碍而在细胞中积聚形成包涵体（inclusion），引起细胞退行性变性。AD 患者脑中泛素含量明显增高，并主要存在于非可溶性 PHF/NFT 中；目前已经揭示的 Tau 蛋白发生泛素化的位点有 28 个，其中有 17 个位点的泛素化只存在于病理性非可溶性 Tau 蛋白中，且 16 个位于微管结合区域。AD 患者脑中 Tau 蛋白泛素化升高可能是其聚集的结果，而增高的 PHF-Tau 泛素化可能是机体试图试图降解清除异常聚集 Tau 蛋白的一种代偿反应。

泛素化与乙酰化和 SUMO 化互相竞争，与磷酸化的直接关系尚不明确。

4. 糖基化和糖化影响 Tau 蛋白磷酸化和聚集 糖基化（glycosylation）是指在特定糖基转移酶作用下，将糖基以共价键（N- 糖苷键或 O- 糖苷键）形式连接到蛋白质分子形成糖蛋白（glycoprotein）的过程。正常组织中蛋白质的糖基化作用是发生于内质网和高尔基体内的蛋白质合成过程的翻译中（如 N- 糖苷键）或翻译后（N- 糖苷键和 O- 糖苷键）修饰事件，该过程中所涉及的糖基转移酶常以膜结合形式存在。Tau 蛋白存在于胞质中，其糖基化修饰可能意味着某种类型的膜结构异常，从而使 Tau 蛋白与糖基转移酶有相互接触的机会。在 AD 患者发现有膜脂和膜流动性异常支持了上述假设。此外，已发现的三种与早老有关的蛋白质，PS1 和 PS2 以及 APP 均为膜蛋白，前两者被发现高表达于粗面内质网和高尔基体。所以，探索 Tau 蛋白的异常糖基化和膜蛋白（PS 和 APP）异常之间的关系，对阐明 AD 发病机制有重要意义。

在 AD 脑分离的 PHF-Tau/NFT 中，过度磷酸化的 Tau 蛋白同时被糖基化修饰，包括末端连接的甘露糖、唾液酸 α-（2-3）糖苷键末端连接的半乳糖、β- 半乳糖（1-3）-N- 乙酰半乳糖胺和 β- 半乳糖（1-4）-N- 乙酰半乳糖胺等，以 N- 糖基化修饰为主。将 PHF-Tau/NFT 与糖苷酶在 37℃保温再进行负染电子显微镜检查，发现样品中螺旋结构消失，形成更紧密、伸展束状的纤维丝结构；但单纯去糖基化不能恢复 Tau 的生物学活性，也不显著增加 Tau 蛋白从 PHF/NFT 结构中释放。然而，去糖基化后再用 PP-2A 去磷酸化可使 PHF/NFT 释放的 Tau 蛋白量比单纯去磷酸化所释放的 Tau 量显著增高。提示，AD 患者脑中 Tau 异常聚集至少在体外是可以逆转的；Tau 的过度磷酸化主要参与 PHF/NFT 的形成和稳定，而 Tau 的糖基化则主要与 PHF 螺旋丝结构的维持有关。

关于 Tau 蛋白 O- 糖基化与磷酸化之间的关系报道有些矛盾。例如，从 AD 患者脑样本中可见过度磷酸化的 Tau 蛋白被 O- 糖基化，但细胞水平研究中又发现 Tau 的 O- 糖基化与低水平磷酸化共存；在小鼠饥饿实验中，发现随着饥饿时间延长，糖基化水平降低的同时磷酸化水平呈正比例上升；提示 Tau 的 O- 糖基化抑制其磷酸化。据此，AD 脑内葡萄糖代谢障碍可能通过下调 O- 糖基化而导致 Tau 蛋白过度磷酸化，这也部分解释了脑糖代谢障碍与 AD 的关系。另一方面，过度磷酸化 Tau 蛋白的自聚性（self aggregation）可能使其在受累神经元中形成一个“发源点”，加上过度磷酸化引起的细胞内醛糖磷酸基浓度增高，因而使 Tau 蛋白更容易发生糖基化。可见，Tau 蛋白的过度磷酸化可能促进其异常糖基化。

此外，AD 患者脑中 Tau 蛋白也被异常糖化（glycation）。糖化是指蛋白质分子自身的 ε-NH3 与细胞内糖类物质的醛基经氧化形成 Shiff 碱，再经分子内重排而形成不溶性、抗酶解且不可逆的交联体（即晚期糖化终产物，advanced glycation end products，AGE）的过程。Tau 蛋白分子中赖氨酰残基约占其氨基酸总量 10%，所以富含 ε-NH3，亦极易形成 AGE。AGE 的形成可能促进了 PHF 转变成 NFT，导致神经细胞不可逆性损害。

5. Tau 蛋白的异常硝基化　在 AD 患者 NFT 和 Tau 包涵体中发现存在异常硝基化（nitration）的 Tau 蛋白，提示 Tau 的硝基化可能参与 AD 的病理过程。体外用过氧亚硝酸盐（peroxynitrite，ONOO-）处理 Tau 可导致 3- 硝基酪氨酸（3-nitrotyrosine，3-NT）免疫反应性，并以双酪氨酸键形成 SDS 和热稳定的寡聚体。这种 3-NT 修饰的 Tau 在 AD 脑内及脑脊液中异常增高。Tau 含有 5 个酪氨酸位点，分别是 Tyr18、Tyr29、Tyr197、Tyr310 和 Tyr394，体外使用过氧亚硝酸盐处理 Tau 时，发生硝基化的酪氨酸位点主要是 Tyr18 和 Tyr29，这些位点硝基化可抑制 Tau 蛋白聚集。采用特异性识别不同位点硝基化 Tau 蛋白的单克隆抗体去标记正常脑组织和 AD 病人脑中的 Tau，Tyr197 位点硝基化的 Tau 在正常人和 AD 病人脑中均存在，提示该位点的硝基化是一种正常生理性修饰；Tyr394 位点硝基化的 Tau 则只能在不可溶性 PHF-Tau 中检测到，Tyr29 位点硝基化的 Tau 可在来自 AD 病人的可溶性和不可溶性 Tau 中检测到，在正常人脑中不存在，提示这两个位点可能是疾病相关硝基化位点；Tyr18 位点硝基化的 Tau 更多的出现在 AD 患者脑中活化的星形胶质细胞，提示该位点的硝基化可能参与星形胶质细胞活化。关于不同位点的硝基化修饰在疾病发展进程中的具体作用和机制、Tyr 位点磷酸化与硝基化的关系，目前尚不清楚。

6. 异常截断促进 Tau 蛋白的磷酸化和聚集　Tau 蛋白的截断作用（truncation）是指 Tau 蛋白 N- 端或 C- 端被酶切割而使其分子变短的过程。已经明确可剪切 Tau 蛋白的酶有两类，一类是 Caspase 家族成员，另一类是天冬酰胺内肽酶（asparagine endopeptidase，AEP）。Caspase 是凋亡途径关键酶，在 AD 病人脑中，Caspase-2 和 -3 活性增高，但其在病人脑中诱导神经元凋亡中的作用尚不明确。体内外实验证实 Caspase-2，-3，-6 均可剪切 Tau 蛋白，剪切位点包括 Asp421，Asp418，Asp314，Asp13。剪切产生的 Tau 蛋白截断体通过不同机制对神经元产生毒性作用。例如：Caspase-3,-6剪切产生的Asp421位点截断的Tau可导致微管和细胞骨架损伤，细胞凋亡；Caspase-2剪切产生的Asp314位点截断的Tau可增加全长Tau蛋白在树突棘异常分布，损伤突触后膜谷氨酸受体的功能。AEP是溶酶体半胱氨酸蛋白酶，在酸性条件下活化，在天冬酰胺位点剪切肽链。在老化和AD患者脑中，AEP活性增高。在体外试验中，AEP在Asn255，Asn368位点剪切Tau蛋白，产生的Tau（1-368）和Tau（256-368）截断体，二者促微管组装能力下降，且对神经元具有毒性，可导致细胞凋亡。

上述不同截断体在AD患者脑中均升高且与NFT共定位；除Asp314位点截断体为抗聚集外，其他截断体的聚集能力增强，且促进正常Tau蛋白的聚集。Tau的截断（特别是C-端截断）可使蛋白构象发生改变，导致其脯氨酸富集区（proline rich region，PRR）更易与微管结合区（MBD）靠近，促进聚集形成。

为了更好地理解在AD进程中各种翻译后修饰之间的关系，最近有人应用定量质谱技术，通过分析对照者和不同Braak分期的AD脑组织中Tau不同位点翻译后修饰是否出现和出现频率，据此推测不同翻译后修饰的发生时间和可能作用。在Braak 0～Ⅰ期，Tau蛋白的部分位点磷酸化出现在PRR和C-末端区；在Braak Ⅲ～Ⅳ期，在这两个区域检测到更多的磷酸化位点；在Braak Ⅴ～Ⅵ期，除了磷酸化位点进一步增加，乙酰化、泛素化等翻译后修饰发生在MBD区域；在最严重的AD病人，Tau蛋白从N-到C-端，各种翻译后修饰都显著增加。因此，推测Tau蛋白在PRR和C-末端的磷酸化首先导致了Tau的电荷、构象变化，通过电荷中和作用促进了MBD区形成β折叠，成为缠结聚集的核心；Tau的聚集导致赖氨酸泛素化和乙酰化修饰增加，后者进一步中和MBD区域的正电荷，促进聚集；聚集体进一步激活细胞对蛋白聚集体的降解机制，使泛素化水平继续增加。同时，Tau的截断也增强了Tau的聚集性，有可能在早期起到启动聚集和促进病理性Tau传播的作用。

7. Tau基因突变促进其磷酸化和聚集 至今尚未在AD患者发现Tau基因突变。在FTDP-17中，已鉴定出50余种Tau基因突变，包括编码区（如外显子9、10、12、13）的错义突变、缺失突变、沉寂突变以及外显子10下游的内含子突变；这些突变分别在蛋白和RNA水平发挥作用，可降低Tau蛋白与微管的结合能力并促进Tau蛋白聚集、改变4R-Tau和3R-Tau比率从而导致脑内4R-Tau水平升高。与野生型Tau相比，FTDP-17突变的Tau蛋白更容易被过度磷酸化和聚集，细胞毒性作用更强。FTDP-17突变一方面可能通过改变Tau蛋白的构象使其成为脑内蛋白激酶的更好底物，故更易发生过度磷酸化，且在较低磷酸化水平时更易迅速地自我聚集。另一方面，由于PP-2A依赖结合于Tau基因的串联重复序列发挥作用，而Tau的几种基因突变则降低了Tau蛋白与PP-2A结合的能力，使突变的Tau蛋白更易发生过度磷酸化。

（四）Tau蛋白异常聚集导致神经细胞慢性退行性变的机制

1. Tau蛋白异常聚集损伤微管 Tau蛋白异常磷酸化对细胞的损伤作用体现在两个方面，一方面是Tau蛋白原有生物学功能丧失（loss of function），另一方面是异常聚集Tau蛋白的毒性作用（gain of toxic function）。正常Tau的生物学功能主要是与管蛋白结合组装成微管、与已经组装形成的微管结合以维持其稳定性。异常磷酸化的Tau蛋白上述生物学活性降低或丧失。研究已证实AD患者脑中可溶性Tau蛋白含量下降，而聚集的不可溶的Tau蛋白含量显著增高。磷酸化的Tau还可与管蛋白竞争与正常Tau结合或从已经形成的微管上夺取Tau蛋白、还可结合高分子量的微管相关蛋白-1（high molecular weight-MAP-1）和MAP-2，并从已形成的微管上夺取MAP，从而使微管解聚并最终崩溃。此外，Tau还可与肌动蛋白actin，Fyn和cSrc，组蛋白去乙酰化酶-6，载脂蛋白apoE等结合，影响相关的下游信号途径和细胞功能。

2. Tau蛋白异常聚集损伤突触 生理情况下Tau蛋白主要分布于轴突，过度磷酸化的Tau向胞体和树突聚集，在兴奋性神经元树突棘部位磷酸化Tau蛋白聚集引起突触退变。Tau蛋白聚集可通过复杂的机制活化转录因子STAT1，后者可直接与NMDA受体转录起始元件不同区域结合，抑制NMDA受体亚基的基因转录，从而损伤突触传递功能；Tau蛋白聚集还可介导酪氨酸蛋白激酶Fyn在突触后分布、导致NMDA受体磷酸化而失活。Tau敲除可在细胞和整体水平保护神经细胞免受多种致病因子如Aβ、脑缺血、癫痫的损伤作用。

此外，突触活性可导致Tau蛋白在突触部位的释放，磷酸化的Tau蛋白可作为“种子”，以朊蛋白样传播方式在下一级神经元进一步引起 Tau 蛋白的异常聚集，导致 Tau 病变向其他脑区扩散。根据经典的 Tau 病变的 Braak 分期，AD 患者脑中 NFT 首先出现在内嗅皮质的横内嗅区（trans-entorhinal region），然后扩散到海马以及颞叶皮质，最后到整个大脑皮质，也支持 Tau 病变通过突触连接进行传播。神经元释放的 Tau 蛋白以何种方式被邻近神经元摄取，尚在进一步研究中。

3. Tau 蛋白异常聚集损伤线粒体　线粒体是人体的发电站，线粒体损伤在老化和 AD 中发挥重要作用。随着细胞质中过度磷酸化的 Tau 蛋白聚集，可见线粒体向细胞核周聚集；同时，线粒体膜电位升高、产能功能障碍、自噬受阻。Tau 蛋白还扰乱线粒体的分裂–融合动态平衡，促进线粒体融合（Aβ 的作用是促进分裂），这一点也解释了为何 Tau 蛋白过度磷酸化的抗凋亡作用。

此外，细胞内 Tau 蛋白聚集还可引起胞内钙离子浓度超载、炎症反应、内质网应激、氧化和 DNA 损伤等，同时还可抑制蛋白酶体活性和细胞自噬过程。这些反应因果交替、恶性循环，不断加重在 Tau 蛋白聚集和细胞间传播，导致神经细胞慢性退行性变性。因此，适时靶向清除过度磷酸化的 Tau 蛋白或阻断 Tau 蛋白聚集，是值得尝试的针对病理机制（disease modify）AD 药物研发策略。

总之，在 AD 发生发展过程中，蛋白激酶和磷酸酯酶活性失调可导致 Tau 蛋白过度磷酸化；过度磷酸化的 Tau 蛋白可促进 β- 联环素乙酰化、降低其泛素化和磷酸化，异常修饰的 β- 联环素在胞质聚集、入核，增高生存因子（如 Bcl2，survivin 等）基因表达，导致细胞逃逸急性凋亡。此时若能及时阻止 Tau 继续过度磷酸化或 / 和清除过度磷酸化的 Tau 蛋白或清除有异常 Tau 的细胞，则可预防 Tau-相关神经退行性变。否则，过度磷酸化的 Tau 蛋白可能发生多种翻译后修饰，如糖基化、糖化、泛素化、乙酰化、硝基化、苏木化、截断等；这些修饰的不良后果之一是促进 Tau 蛋白在细胞内聚集，后者可引起轴突运输障碍，线粒体、突触功能损伤、抑制自噬或蛋白水解酶活性、促进异常 Tau 蛋白传播等等，如此形成因果交替、恶性循环，不断加重 Tau 蛋白聚集、传播和细胞损伤，最终导致神经细胞的慢性退行性变性。图 10-6-2 总结了 Tau 蛋白过度磷酸化使细胞逃逸急性凋亡以及过度磷酸化 Tau 蛋白异常聚集引起神经慢性退行性变性的机制。

二、Aβ 毒性学说

Aβ 是 AD 患者脑中的另一特征性病变老年斑（senile plaques，SP）的主要成分，是由其前体蛋白（amyloid precursor protein，APP）经 β- 和 γ- 分泌酶剪切产生的 39 ～ 43 个氨基酸残基组成的多肽。

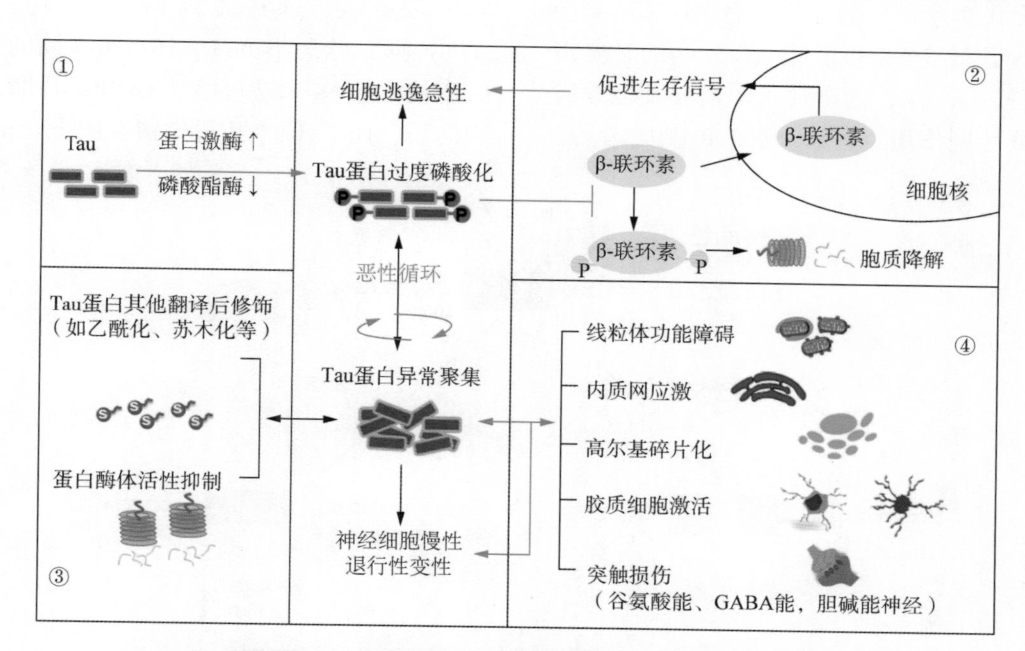

图 10-6-2　**Tau 蛋白过度磷酸化和异常聚集引起神经慢性退行性变性的机制**

①蛋白激酶和磷酸酯酶失衡导致 Tau 蛋白异常过度磷酸化；② Tau 过度磷酸化保存 β- 联环素使细胞逃逸急性凋亡；③过度磷酸化 Tau 蛋白的多重翻译后修饰促进其在细胞内聚集；④异常聚集的 Tau 蛋白损伤细胞的生物学功能。Tau 蛋白过度磷酸化和异常聚集因果交替，形成恶性循环，最终导致神经细胞的慢性退行性变性

（一）Aβ 毒性学说提出的依据

Aβ 毒性是 AD 发病机制研究中最早受到广泛关注的学说，也是 AD 药物研发的关注点。提出这一学说的依据归纳如下：① AD 病人脑中存在的淀粉样斑块的主要成分是 Aβ。②在体外培养和体内实验中，合成的 Aβ 多肽对海马和皮质的神经元都有毒性。③ APP 基因位于人类 21 号染色体长臂，在中年 21 三体（唐氏综合征）患者可见典型的 AD 样神经病理学改变和临床表征，但在一种罕见的唐氏综合征患者（21 号染色体 APP 基因为二倍体而不是三倍体）则不出现痴呆，且这类患者直到高龄死亡时脑内仍未发现 AD 样神经病理学改变。④家族性早老性痴呆患者携带 APP 基因突变或编码 γ-分泌酶催化亚基早老素的基因突变，可通过 APP 底物特性和剪切特征的改变，增加 Aβ 水平或提高 Aβ42/Aβ40 比值，导致痴呆早发且病程加速。⑤载脂蛋白 ApoE 的 *ε4* 等位基因是 AD 的遗传危险因子之一，*ε4* 纯合子能增加人脑的 Aβ 负荷。⑥含人类突变 *APP* 基因的转基因小鼠表现为胞外 Aβ 量随时间延长而增高，并发生类似于 AD 的神经病理和行为的改变。

尽管如此，对 Aβ 在 AD 发病中的作用仍有争议。主要原因是：① Aβ 水平或脑内淀粉斑的负荷与记忆和认知损伤的严重程度之间关联性不明确；②至今以 Aβ 代谢途径为靶点的药物在临床试验中均未取得预期疗效。Aβ 可能是 AD 发病的必要因素，但非充分因素。Aβ 的毒性可能需要其他致病分子的中介或协同作用。例如，在 Tau 基因敲除小鼠，Aβ 的毒性显著降低。尽管如此，中枢或外周组织或体液中 Aβ 含量改变能否作为 AD 早期诊断或预测的指标，值得通过更大的人群队列研究确认。

（二）Aβ 的生成和降解以及聚集机制

1. Aβ 的生成途径及其调节 Aβ 的前体蛋白 *APP* 基因（190 kbp）位于 21 号染色体长臂，至少由 18 个外显子组成。由于 *APP* 基因转录后的不同剪接，可产生至少 10 种不同的 mRNA 指导翻译含 365 ～ 770 个氨基酸残基的蛋白质异构体。在众多的 APP 异构体中，人脑主要表达 APP695（695 个氨基酸残基）和 APP770。其中，APP770 含一段由 57 个氨基酸残基组成的插入区—kunitz 型蛋白酶抑制剂（KPI）的同源域。APP 是 I 型跨膜蛋白，包括一条较长的细胞外 N 端和一条较短的细胞内 C 端节段，KPI 和某些糖基存在于长节段上。APP 通过轴浆转运向突触端移动并可与细胞外间质相互作用，以此参与神经元的可塑性；APP 还可能促进损伤组织的修复。

Aβ 由 APP 分子的跨膜区 N- 端 28 个氨基酸及其相邻的跨膜区 11 ～ 15 个氨基酸残基组成，其序列为 Asp-Ala-Glu-Phe-Arg-His-Asp-Ser-Gly-Tyr-Glu-Val-His-His-Gln-Lys-Leu-Val-Phe-Phe-Ala-Glu-Asp-Val-Gly-Ser-Asn-Lys-Gly-Ala-Ile-Ile-Gly-Leu-Met-Val-Gly-Gly-Val-Val-Ile-Ala-Thr。APP 主要通过分泌酶（secretase）途径裂解（图 10-6-3）。α- 途径由 α- 分泌酶水解 Aβ 的 Lys16-Leu17 间的肽键，产生一个较大的 N- 末端可溶性 sAPPα 片断，分泌到细胞间质，而 C- 段小片段则留在膜上。α- 分泌酶途

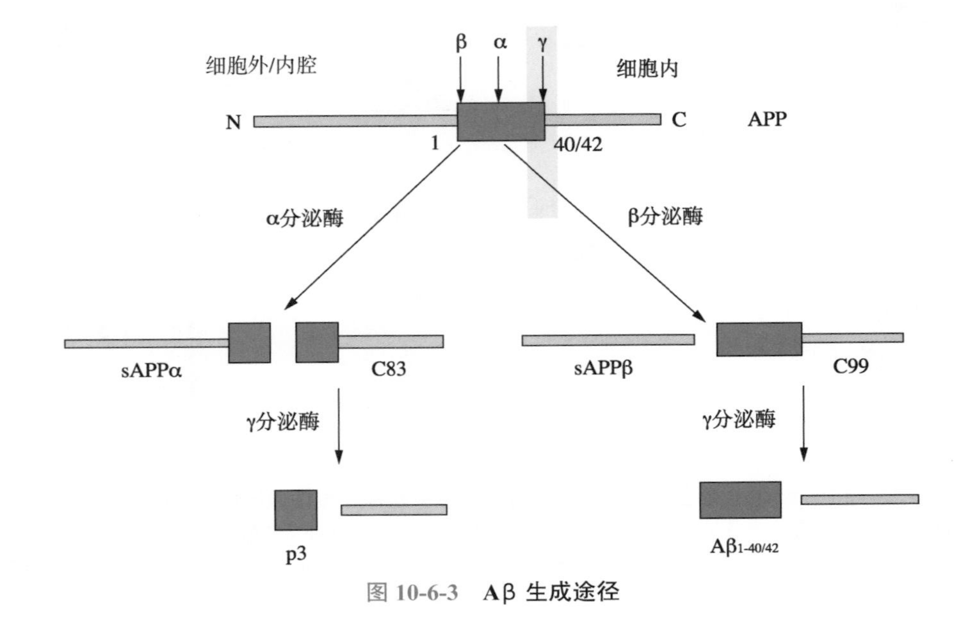

图 10-6-3 Aβ 生成途径

径不产生完整的 Aβ 分子，故又称为非 Aβ 源性途径。β- 和 γ- 分泌酶途径由 β 分泌酶水解 APP695 中的 Met-596 和 Asp-597 间的肽键，γ- 分泌酶水解 Aβ 的 39 ～ 43 位的任意肽键，产生分子长短不等的完整 Aβ 分子。由于 Aβ 的 C- 端最后几个氨基酸残基具有很强的疏水性，所以，C- 端越长越易聚合及沉积。

三种分泌酶发生作用的部位一直是学术界关注的问题。一般认为 α- 分泌酶对 APP 的剪切发生在细胞膜，β- 分泌酶（β-site APP cleaving enzyme-1，BACE1）对 APP 的切割主要发生在内吞体和溶酶体。APP 和 BACE1 均为Ⅰ型跨膜蛋白，表达后先插入细胞膜，然后随细胞膜发生内陷进入内吞体，内吞体进一步和初级溶酶体融合。内吞体和溶酶体内腔的酸性环境有利于 BACE1 发挥对 APP 切割作用。由于 BACE1 在脂筏富集，脂筏也是潜在的 Aβ 产生部位。此外，在细胞膜、内吞体 / 溶酶体中均存在有活性的 γ- 分泌酶。有研究发现 *SorCS1* 基因与 Aβ 的生成也有关系。

2. Aβ 的降解与清除机制　在生理条件下，产生的 Aβ 被及时降解清除。Aβ 清除途径有：①被胰岛素降解酶（insulin-degrading enzyme，IDE）、中性内肽酶（neprilysin）等降解。②被小胶质细胞吞噬清除。③与脂蛋白结合经由相关转运体如脂蛋白受体相关蛋白（lipoprotein receptor-related proteins，LRP receptors）、极低密度脂蛋白受体（VLDL-R）从脑组织转运到外周。此外，深睡眠时脑类淋巴清除系统活性增高，促进 Aβ 外排。在 AD 发生过程中，Aβ 的降解清除障碍可促进脑内 Aβ 的聚集和淀粉样变；睡眠障碍也可导致脑内清除减少而促进神经退变。

3. Aβ 过量产生和聚集的机制　在正常情况下，Aβ 的产生和降解清除保持平衡。下列因素可导致 Aβ 水平的升高：① *APP* 基因突变：在家族性 AD 患者，*APP* 和 γ- 分泌酶的催化亚基早老素基因多个位点的突变以及载脂蛋白 *APOEε4* 纯合基因表型均可导致 Aβ 的过量产生与聚集。在家族性 AD 患者已发现多个 *APP* 基因突变，这些突变直接影响 Aβ 的生成。如 Swedish 突变可改变 APP 结构，使其更容易被 BACE1 剪切；Artic 和 Dutch 突变位点在 Aβ 肽段，使其更容易聚集；Austrian，Iranian，French，German 等突变位于 APP 上 Aβ 所在位置的 C- 端，有利于更长片段的 Aβ 产生；Flemish 突变位于 APP 底物负调控 γ- 分泌酶区域，导致 γ- 分泌酶对 APP 的剪切活性增高。此外，APP 的翻译后修饰也影响其剪切。例如，APP 的 Thr668 位点磷酸化增加 APP 与 BACE1 的结合，使 APP 更容易被 BACE1 剪切。② Aβ 清除减弱：在 AD 患者老年斑中存在 α1ACT、nexin-I 等数种蛋白酶抑制剂，使 Aβ 不能被蛋白酶及时清除而形成不可逆沉淀。③异常翻译后修饰：如氧化、糖化、异构化和异常磷酸化均可影响 Aβ 生成、降解和沉积特性。④理化因素：铝、铁、锌、37℃老化以及酸性 pH（pH4-7）处理均可促进 Aβ 纤丝聚合。此外，神经元活性升高 Aβ 也促进 Aβ 的产生和释放。如颞叶癫痫的患者可早在 30 岁就出现脑内 Aβ 沉积；AD 患者脑中斑块沉积最多的部位是额叶、顶叶和后扣带回皮质，这些脑区均是神经元基础代谢活性最高的脑区。

（三）Aβ 的神经毒性作用

1. 导致过氧化损伤　AD 患者超氧化物歧化酶（superoxide dismutase，SOD）、脑葡萄糖 -6- 磷酸脱氢酶（glucose-6-phosphate dehydrogenase，G6PD）活性增高、谷氨酰胺合成酶（GS）活性降低、脂质过氧化物增多，表明自由基和过氧化损伤与 AD 关系密切。Aβ 导致神经细胞过氧化损伤的可能途径：①损伤生物膜：Aβ 可诱导产生自由基，从而引起广泛和严重的生物膜损害。Aβ 主要攻击生物膜脂质双层结构的磷脂多不饱和脂肪酸，使其＞C＝C＜双键与自由基反应，生成有细胞毒性的脂质自由基和脂质过氧化物。后者又可自动分解形成更多的自由基，作用于其他双键，产生新的脂质自由基，形成自由基链式反应。铁、铜等金属离子及其复合物可加速生物膜的破坏，使膜的流动性、通透性增加，组织水肿、坏死。Carulla 团队最近的研究发现，由 Aβ 组装的原子结构能够破坏神经细胞膜，让水和离子通过，改变细胞内的渗透压，从而导致细胞水肿死亡。②损伤线粒体：Aβ 可通过不同机制损伤线粒体，破坏细胞内钙离子稳态是其重要机制之一。Aβ 可在细胞膜双层脂质中形成允许 Ca^{2+}进出的通道，导致细胞内钙平衡失调，细胞内钙离子升高进一步增强氧化应激。例如，钙离子介导的磷脂酶活性增加可引起花生四烯酸水平增加，而这一反应的结果是产生氧自由基。线粒体内钙超载则导致线粒体膜电位降低以及超氧化物阴离子浓度增加。钙离子阻滞剂可以减轻 Aβ 的细胞毒性。③抑制星形胶质细胞：围绕在老年斑周围的反应性星形胶质细胞是 AD 病理改变的标志之一，星形胶质细胞对细胞外谷氨酸的摄入起重要作用。在培养的星形胶质细胞中，由 Aβ 诱导产生的自由基可抑制星形胶质细胞对谷氨酸的摄入。这种抑制作用将导致细胞外谷氨酸水平增高，引起神经元的兴奋性毒性。星形胶质细胞摄取谷氨酸的过程依赖 ATP，故当葡萄糖摄入或分解障碍时，谷氨酸的摄入即被阻断。④失活某些关键酶：蛋白质的氧化损害可使羰基含量增多，可能与组氨酸、脯氨酸、精氨酸、赖氨酸氧化作用有关。蛋白质中这些氨基酸的氧化改变将导致 GS、肌酸激酶（CK）等代谢反应关键酶失活。

2. 引起炎症反应 颅脑损伤、感染等是 AD 发病潜在的危险因素，与疾病关联度优于淀粉样斑块。用非类固醇抗炎药可延缓或预防 AD；在 AD 患者的老年斑内含有各种补体成分（包括 C1q、C4d、C3b、C3C、C3d 和 C5b-9）、急性期蛋白、激活的小胶质细胞等炎性标志物；在老年斑周围环绕着活化的小胶质细胞和星形胶质细胞；AD 脑组织中炎症小体活化的标志—剪切的 Caspase-1 水平显著增高。这些均提示 Aβ 毒性作用涉及炎性反应过程。在实验研究中，Aβ 刺激小胶质细胞产生过量补体 C3；Aβ 能和 C1q 结合激活非抗体依赖性经典补体通路；在过量产生 Aβ 的 APP/PS1 小鼠敲除炎症小体关键基因 *NLRP3* 可逆转动物的认知障碍。

3. 损伤突触功能 突触损伤是神经元变性死亡的早期事件。AD 患者脑的突触损伤早于 Aβ 沉积或淀粉样斑块的形成，*APP* V717F 转基因小鼠的学习能力缺损也早于淀粉斑的形成，并伴有海马 CA1 区突触传递、突触素（synaptophysi）和 MAP2（microtubule associated protein 2）免疫反应性减弱，这些均提示可溶性 Aβ 比沉积 Aβ 对突触的损伤作用更强。

可溶性 Aβ 是指脑组织提取物经高速离心后依然存在于水溶液中的 Aβ，常用 ELISA 技术进行检测。用 Western blot 检测 AD 患者大脑皮质、海马 CA1 和内嗅皮质区的可溶性成分时，发现 Aβ 以单体（4 kD）和寡聚体（约 8 kD 和 12 kD）形式存在。人工合成的 Aβ 源性可扩散配体（Aβ-derived diffusable ligand，ADDLs）是将合成的 Aβ42 置于冰冷的 Ham's F12 液中孵育而产生的直径约为 5 nm 的球状结构，这类 Aβ 在 SDS-PAGE 中的表观分子量分别为约 4、8、16 和 18 kD。低分子量的 ADDLs 更倾向定位于突触后、可能通过募集激活补体 C3、C1q 等诱导小胶质细胞对突触的吞噬，导致树突棘减少，突触损伤。Aβ 单体和寡聚体还可作用于突触部位的多种受体，导致突触功能损伤。此外，大剂量 Aβ 还可引起神经细胞凋亡。

（四）Aβ 发挥毒性作用的机制

1. 受体中介假说 Aβ 直接或间接作用的受体有：谷氨酸受体（AMPAR，NMDAR，mGluR5）、胆碱能受体 α7-nAcChR、胰岛素受体、神经营养因子受体 P75NTR、晚期糖化终末产物受体 RAGE、Ephrins 受体 EphB2 和 EphA4、朊蛋白 PrP（c）等。Aβ 可通过激活代谢型谷氨酸受体 mGluR5，活化蛋白激酶 p38-MAPK、JNK、Cdk5 等，导致 Tau 蛋白过度磷酸化和 LTP 损伤；Aβ 还可活化 NMDAR，通过钙离子介导的 PP2B 活化，促进活化 T 细胞核因子（nuclear factor of activated T-cells，NFATc4）的核内作用，导致树突棘丢失；Aβ 寡聚体还可通过上调 α7-nAcChR 而抑制 ERK2，进而抑制 CREB 磷酸化、下调 BDNF，引起 LTP 受损；Aβ 与 RAGE 和清道夫受体（scavenger receptor，SR）相互作用导致神经元退变和死亡。

2. 小胶质细胞中介假说 小胶质细胞中介假说的主要依据是：①海马纯神经元培养液中含 100 μM Aβ（约为正常生理量的 1000 倍）不引起神经元的损伤，即使从老年斑提取的 Aβ 也不对神经元起杀伤作用。而加入 100 nM Aβ 至含小胶质细胞的神经元培养体系时，则对神经元起明显杀伤作用。②外周血单核细胞与 Aβ 保温 3 天后洗除 Aβ，再与大鼠脑组织共培养可引起神经元死亡，而未受 Aβ 激活的单核细胞则无此作用。③有些正常老人的 Aβ 沉积斑块数目可与 AD 患者相似，但无神经元损害的表现。

3. 神经细胞轴浆转运障碍假说 APP 在神经细胞的内质网合成后，首先通过轴突被转运到突触末端，然后通过细胞内转运作用（transcytosis）运回到神经元胞体和树突。这一转运过程对维持 APP 的正常代谢起重要作用，并影响 Aβ 的生成。这一转运过程依赖 APP 和 PS 的相互作用。在家族性 AD 患者，无论是 APP 还是 PS 基因突变，都可影响 APP 和 PS 的相互作用，使 APP 转运障碍而产生过量 Aβ，后者又进一步妨碍 APP 的正常转运。在散发性 AD 患者，Aβ 总体水平没有明显升高，下列因素可能造成局部 Aβ 聚集而影响 APP 的转运：①自由基共价结合到 Aβ 分子形成局部的核或种子结晶，使之在胞内聚集并抑制其转运。②阳电荷蛋白如肝素硫酸蛋白聚糖可加快 Aβ 聚集。③血浆淀粉样蛋白成分 P 由相同的两个 5 聚体组成，每个分子具有 10 个 Aβ 结合位点，如果这种分子存在于胞内特定部位，则可导致胞内局部聚集高浓度 Aβ。

4. 内质网相关蛋白 -Aβ 复合物毒性假说 内质网相关结合蛋白（endoplasmic reticulum amyloid beta-peptide binding protein，ERAB）由 262 个氨基酸组成，主要存在于肝和心脏，在正常脑内的神经元呈低水平表达。在 AD 患者脑中，特别是 Aβ 沉积的邻近部位，ERAB 含量增加。ERAB 缺少信号肽和转膜序列，当与 Aβ42 结合后可引起 ERAB 的再分布，使之从内质网向浆膜转位，这一过程中形成的 ERAB-Aβ 复合物对神经元有毒性作用。Aβ42 和 ERAB 结合还可影响 APP 的转运，导致 APP、Tau、α-synuclin 等在内质网滞留而影响神经元的功能。图 10-6-4 总结了 Aβ 毒性学说。

三、早老素的致病学说

早老素包括 PS1（467 个氨基酸）和 PS2（488 个氨基酸），两者高度同源，均为含有 10 个疏水区的 8 次跨膜蛋白质，亲水的氨基端和羧基端位于细胞质中。PS 参与细胞内钙信号途径的调节，如调节 β- 连环素的稳定性、膜蛋白的运输和钙依赖性凋亡等。有 50% ～ 80% 家族性 AD 与 *PS1* 和 *PS2* 基因突变有关，PS 可通过调节 γ- 分泌酶对 APP 切割以及通过 Notch、Wnt 信号转导途径影响 Tau 的磷酸化而在 AD 中起作用。

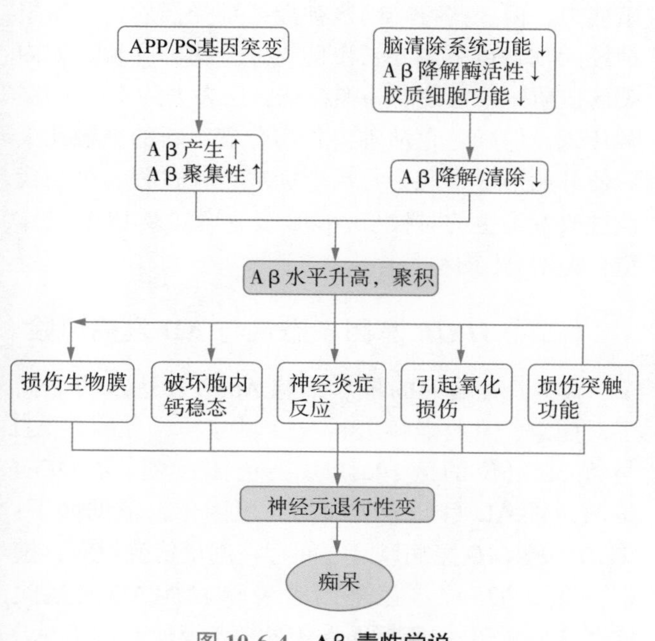

图 10-6-4 Aβ 毒性学说

（一）早老素与 Aβ 毒性

含 PS 基因突变的家族性 AD 患者血浆 Aβ 水平升高，并在脑中出现 Aβ 沉积，在体水平和细胞水平的实验也证实 PS 突变能促进 Aβ 生成，并以 Aβ42 增高为主。PS 影响 APP 的代谢的可能机制如下：

1. 早老素作为 γ- 分泌酶直接切割 APP γ- 分泌酶是一个由 PS、Nicastrin、APH-1 和 PEN-2 组成的复合物，各蛋白质组分在复合物的形成中发挥不同的作用。PS 是 γ- 分泌酶的活性中心，它首先被一种未知的 PS 酶切割成分子量为～ 20 kD 和～ 30 kD 的小片段，然后和其他蛋白质一起形成多聚体。Nicastrin 是分子量约为 130 kD 的完整膜蛋白，其成熟依赖于 PS 介导的由内质网到细胞膜的运输和糖基化；它也增加了 PS 的稳定性，并作为结合底物的受体，参与酶切反应。APH-1 是一种分子量为 30 kD 的多次跨膜蛋白质，它增加 PS 在复合物中的稳定性并抑制 γ- 分泌酶活性。PEN-2 则是一种分子量为 12 kD 的发夹样跨膜蛋白质，参与 PS 的切割而调节 γ- 分泌酶的活性。

在 PS 的第 6 和第 7 跨膜区上有两个保守的天冬氨酸位点，突变任一位点或者使用天冬氨酸蛋白酶抑制剂都会改变 PS 在两者间的环状结构而活性丧失，提示 PS 本身可能就是天冬氨酸依赖型的蛋白水解酶。使用 γ- 分泌酶的抑制剂可降低细胞内 Aβ 水平；Aβ 的类似物可通过竞争 γ- 分泌酶而减少 Aβ 的分泌，并提高 C99 和 C83 水平。

γ- 分泌酶对 APP 的剪切通常呈现贯序剪切的特点，即剪切首先发生在 Aβ1-49（最后产生 Aβ40）和 Aβ1-48（最后产生 Aβ42）处，即 ε- 剪切。然后从 C- 端到 N- 端，每次切掉 3 ～ 4 个氨基酸，最后产生 Aβ40 和 Aβ42，如图 10-6-5 所示。到目前为

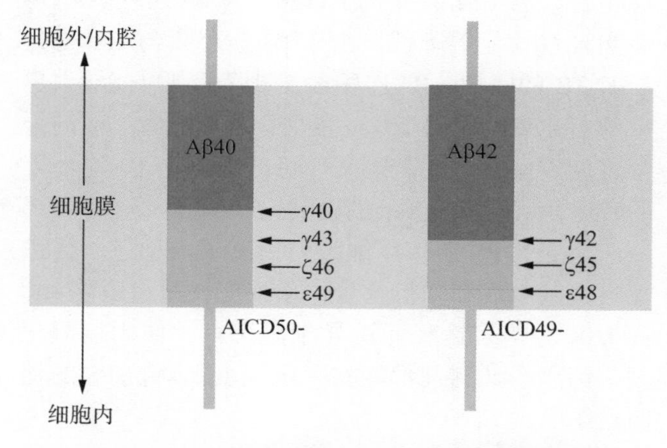

图 10-6-5 γ- 分泌酶对 APP 的 C- 端的贯序剪切

止已发现多个与AD高风险相关的*PS1*和*PS2*基因突变，不管其具体分子机制如何，几乎所有的突变最终都导致γ-分泌酶对Aβ49和Aβ48从C-端到N-端的剪切活性抑制，从而增加长片段Aβ的产生，Aβ42/Aβ40比值增高。长片段的Aβ具有高度自聚集特性，其种子特性强，更容易导致淀粉样病变。

除APP外，PS还能对其他蛋白质进行膜内γ-分泌酶样切割，如Notch及其配体Deltal和Jagged2、Nectin-1-α、CD44等。因此，在使用γ-分泌酶抑制剂或敲除*PS*基因时，这些底物的切割均会受到影响。

2. 早老素影响APP的细胞内转运 PS与已知的蛋白酶没有明显的序列同源性，但与囊泡转运蛋白Spe-4相似，且PS可到达细胞膜并将APP由细胞膜转运到内质网和囊泡丰富区。PS与多种参与细胞内转运的蛋白有相互结合，包括Rab11、RabGDI、PLD1、syntaxin 1A、syntaxin 5、X11α/β和Annexin A2。在*PS*缺陷或FAD的PS突变细胞中，含有APP的囊泡的顺向运输出现障碍；多种膜蛋白的转运和定位出现异常，包括APP，APLP1，APP-CTF，TrkB，N-Cadherin，ICAM5，NMDAR，transferrin receptor，tyrosinase，EGFR，integrin β1，LDLR，vATPase V0a1，EphB，LRP1和TREM2。PS可通过同时影响APP的内吞和转运促进Aβ生成增加，早老素PS1功能失常也可能影响内质网钙稳态、自噬通路及神经元内吞等。

（二）早老素参与Tau蛋白磷酸化

PS可能通过下述机制参与Tau蛋白的磷酸化：①PS1可直接与GSK-3β结合，增加GSK-3β的活性。②PS1与β-连环素形成复合物可增加后者的稳定性，含PS1突变的AD患者，β-连环素稳定性和含量均显著降低。由于β-连环素与Tau都是GSK-3β的底物，β-连环素含量降低则可能导致更多的GSK-3β作用于Tau蛋白，从而导致Tau的异常过度磷酸化。③PS1突变可改变胞内β-连环素的转运，从而影响Tau的磷酸化。

突变的PS还破坏细胞内钙离子内稳态、促进氧自由基生成和未折叠蛋白质反应，通过影响Akt和JAK等信号途径而诱导细胞凋亡；使用抗氧化剂、钙离子抑制剂都能在一定程度上对抗PS的促凋亡作用。

四、*APOE*基因多态性学说

（一）*APOE*的分型及作用

1. *APOE*的分型 载脂蛋白E由299个氨基酸残基组成，分子量约为34 kD。ApoE有3种亚型（ApoE2、ApoE3和ApoEε4），分别由3种等位基因（*ε2*、*ε3*和*ε4*）编码。不同亚型间的区别为：ApoE2的112和158位点的氨基酸分别为Cys和Cys，ApoE3为Cys和Arg，而ApoEε4则为Arg和Arg。ApoE的二级结构由α螺旋、β片层、β转角和不规则结构组成，不规则结构将ApoE分子分成2个相对独立的区域：与脂质结合的N-端及与LDL受体结合的C-端。中枢神经系统的ApoE主要由星形胶质细胞产生，其主要功能是参与脂质的转运与利用、神经元突起的生长。纯合*APOE*基因敲除小鼠的中枢神经元可见年龄依赖性树突内细胞骨架崩解、突触丧失。提示ApoE对中枢神经元结构的维持和重建起着无可替代的作用。

2. *APOE*的作用 脂质转运在神经损伤与修复中起重要作用。以周围神经损伤–再生过程为例，当神经元轴突被切断或严重压迫时，远端纤维呈现一系列典型的结构和功能变化，带有髓鞘的残余纤维崩解，鞘脂形成卵圆体，后成为富含胆固醇和磷脂的嗜苏丹小体。神经再生之初，损伤局部大量脂质聚集，间质中的巨噬细胞游走于损伤部位，合成和分泌ApoE，以捕捉脂质小体并储存于巨噬细胞中，其携带的脂质将用于轴索和髓鞘的再生。成熟的中枢神经元作为高度特化的细胞不再具备分裂增殖能力，但一些特殊脑区神经纤维受损后，未受损神经元轴突可被诱导长出侧支并分化为突触。如内嗅区皮质的损害使海马颗粒细胞层失去约60%的突触传入，但随着存活轴突长出分支，新的突触几天后便开始形成，几个月后会完成替代过程。这一代偿性改变发生的时程与ApoE表达增加及LDL受体结合力增高同步。

（二）*APOE*基因多态性与AD发病风险

AD患者脑内的星形细胞ApoE表达量明显高于对照组、且与老年斑和NFT共定位，家族性AD与ApoE定位的第19q13号染色体连锁。*APOEε4*是散发性AD目前最明确的易患因子，依据如下：①*APOEε4AD*患病风险之间存在剂量依赖效应：携带一条*APOEε4*等位基因者患迟发性AD的风险增高3～4倍；携带两条*APOEε4*等位基因者AD

患病风险增高8～12倍，同时发病年龄由84岁提前至75岁和65岁。② *APOE* 基因多态性分布的种族差异与AD发病率高低相吻合：对8个国家和地区的 *APOE* 三种常见等位基因的频率分布与这些区域AD发病进行比较，发现随着 *ε4* 频率增高，年龄调整后的AD发病率升高，而 *ε2* 和 *ε3* 则缺乏这种关系。③ *APOEε4* 频率升高对AD相对特异：迄今，在海绵状脑病（Creulzfeldt Jakob disease，CJD）、Down氏综合征、肌萎缩性侧索硬化症（amyotrophiclateralsclerosis，ALS）、亨廷顿病（Huntington disease，HD）、帕金森病等中枢神经退行性疾病均未见 *ε4* 频率升高；*ε4* 频率在路易体病增高、在血管性痴呆的频率各家报道不一；*ε4* 也是动脉粥样硬化的易感因素，且AD和血管性痴呆常合并发生。在欧美长寿老人中 *APOEε2* 的比例很高，几乎是成年人的2倍；结合AD患者 *ε2* 频率极低，提示 *ε2* 是一种保护因子，被称为长寿基因。

脑内ApoE受体至少有三种，即极低密度脂蛋白受体（very low density lipoprotein receptor，VLDL-R）、低密度脂蛋白受体（low density lipoprotein receptor，LDL-R）及低密度脂蛋白受体相关蛋白（low density lipoprotein receptor-related protein，LRP）。VLDL-R和LDL-R位于星形细胞膜上，而LRP则分布于神经元和活化的星形细胞。LRP在老年斑部位聚集，其基因上游的一段四核苷酸重复序列（TTTC）n在AD和正常人之间存在明显差异；ApoE和APP均可通过与LRP结合进入细胞内，故LRP分子结构改变可影响APP的摄取和代谢，导致Aβ过量产生。目前，*LDL-R* 和 *VLDL-R* 等位基因与AD的关系尚有争议。

（三）*APOE* 基因多态性与Aβ代谢

ApoEε4可通过影响Aβ生成、聚集、降解、清除，增加Aβ的毒性作用。

1. 促进Aβ及其寡聚体的生成　在人源性表达ApoEε4的诱导多能干细胞分化的神经元中，Aβ的产生和释放显著增高，但在表达ApoEε4的动物模型中却并未见APP表达和β-剪切的改变，原因不明。ApoEε4在Aβ聚集的初始阶段增强其种子特性，促进其聚集和沉积。在 *APP* 转基因小鼠，ApoEε4可与Aβ结合形成一种抗水解、抗变性的稳定复合物；在敲除ApoEε4后，刚果红显色的Aβ片层结构消失，而重新转入人ApoEε4基因后则使该鼠产生明显的类似老年斑的结构。对AD患者50 000多个突触的检测分析，发现携带ApoEε4患者的Aβ寡聚体水平较其余基因型水平增高，且Aβ寡聚体更多地定位于突触。Aβ寡聚体在突触部位的结合可导致小胶质细胞的募集和活化。因此，ApoEε4可能通过和Aβ寡聚体协同作用募集活化小胶质细胞，导致突触损伤。在ApoEε4降解过程中，其氨基端187位发生断裂，羧基端13 kD的小片段与Aβ结合，抑制Aβ纤维形成，使Aβ形成毒性更强的低聚物。

2. 阻碍Aβ的降解和清除　Aβ从脑中的清除依赖于ApoE的介导。ApoEε2和ApoEε3与Aβ形成复合物后通过与血脑屏障上的VLDL-R和LRP1结合而从脑中清除，而ApoEε4-Aβ复合物主要由VLDL-R途径清除；由于VLDL-R介导ApoE-Aβ复合物内化速率低于LRP1，故ApoEε4对Aβ清除效率低于ApoEε2和ApoEε3。

星形胶质细胞和小胶质细胞对Aβ的吞噬降解也受到APOE基因型的影响。与ApoEε3比，表达ApoEε4的星形胶质细胞对Aβ42的摄取能力降低。ApoE可促进小胶质细胞经由Neprilysin对Aβ的降解加速，而ApoEε4是三种ApoE中降解Aβ能力最低的。ApoE介导的胆固醇外排促进Aβ向溶酶体的转运，增加小胶质细胞对胞内Aβ的降解，该过程同样在ApoEε4表达细胞中受损。

与不表达ApoEε4者比，表达ApoEε4基因的AD患者Aβ降解酶Neprilysin（在脑实质和血管）和IDE（在海马）的表达显著降低，故对Aβ降解能力减弱。在ApoEε4基因型小鼠脑内注射Aβ40时，在类淋巴系统的动脉血管周隙可见大量Aβ沉积，提示ApoEε4可能阻塞血管周类淋巴系统对Aβ的外排通路。

（四）*APOE* 基因多态性与Tau病变

纯合子ApoE基因敲除小鼠4～8月龄时，电镜下便可见树突膜结构的空泡样变和微管的损伤，12月龄以后则呈进行性加剧；ApoE基因敲除小鼠中出现Tau蛋白过度磷酸化和聚集；提示ApoE是保持Tau的正常代谢以及微管结构完整和稳定的必要因素。关于不同ApoE基因型对Tau的影响，公认ApoEε4促进Tau蛋白磷酸化和聚集，也有报道ApoEε2在进行性核上性麻痹（Progressive supranuclear palsy，PSP）病人中与更严重的Tau病变相关。与其他ApoE基因型杂交小鼠相比，有人报道 Tau^{P301S} 与ApoEε4杂交小鼠出现更加严重的脑萎缩和神经炎症，也有报道 Tau^{P301L} 与 ApoE2 杂交鼠出现最严重的 Tau 病变和行为学损伤。而 ApoE2 是公认的可对抗淀粉样病变的保护性因子。

也有人认为，促进 NFT 形成的因素是 ApoEε3 或 ApoEε2 的缺失而不是 ApoEε4 的存在。其可能机制为：ApoEε3 或 ε2 与 Tau 结合可防止 Tau 被过度磷酸化，而 ApoEε4 因不与 Tau 结合致使裸露的 Tau 易被过度磷酸化。ApoE 与 Tau 的结合位点是半胱氨酸残基。ApoEε3 和 ε2 的半胱氨酸含量高于 ApoEε4，而 Tau 分子的微管结合区至少有一个为半胱氨酸残基，它的存在使 Tau 易于自发形成类似 PHF 的反向平行的双体结构，ApoEε3 或 ε2 借助其自身的半胱氨酸残基与 Tau 结合，从而阻止 Tau 的自身聚集。也有认为 ApoE 与 Tau 蛋白的过度磷酸化有关，且促进了 NFT 的形成。在表达 C- 末端切除的 ApoEε4（Δ272 ～ 299）的转基因小鼠脑内，过度磷酸化 Tau 蛋白的单体和多聚体在脑内聚集，其水平是同龄同窝正常小鼠的 6 ～ 11 倍，表明 C- 末端切除的 ApoEε4 片段在体内能促进 Tau 的异常修饰和聚集；同时，用 Gallyas 银染法和 AT8 抗体标记法在大脑皮质和海马神经元内还观察到了 PHFs 的聚集和胞浆细丝（直径为 15 ～ 20 nm）的形成。在细胞实验中，ApoEε4（Δ272 ～ 299）比 ApoE3（Δ272 ～ 299）更容易促进 NFT 包涵体类似物的形成；在大鼠脑中转染 ApoE，在海马等部位发现 ApoEε4（而非 ApoE3）的水解片段并以年龄依赖性方式促进 Tau 蛋白的过度磷酸化和聚集；在 AD 病人脑中也发现了这种 C- 端切除的 ApoEε4 片段的聚集，并且与 NFT 共定位，说明 C 端切除的 ApoEε4 片段不仅可引起 Tau 蛋白的过度磷酸化，还促使蛋白质的聚集并最终形成 NFT。

五、神经炎症学说

近年来，对神经炎症在 AD 发生发展中作用受到广泛关注。各种因素可通过不同机制引起慢性炎症反应，促进 AD 的发生发展。

（一）病原微生物感染与 AD

1. 提出依据 AD 可能由病原体感染引起的假说最初由 Oskar Fischer 博士在 1907 年提出，1991 年，在 AD 病人脑中检测到 1 型单纯疱疹病毒（HSV-1，也称为人类疱疹病毒 HHV-1）DNA，随后发现该病毒可提高 *APOE ε4* 等位基因携带者 AD 患病风险，为病原体感染假说提供了实验证据。最近的研究发现，疱疹病毒 HHV-1、2、3、5、6、7，丙型肝炎病毒（hepatitis C virus，HCV）、肺炎衣原体，螺旋体细菌，牙周菌，幽门螺杆菌，肠道微生物等也与 AD 有关，且抗疱疹药物可降低患痴呆症的风险。这些病原体可能通过三叉神经系统和口鼻途径或直接通过胃肠道透过血脑屏障和（或）脑-脑脊液屏障，病原体还可能分泌毒素通过循环系统进入大脑，引发炎症损伤和功能紊乱。

2. 病毒感染与 AD

（1）人类疱疹病毒

HHV-1 是一种常见的嗜神经病毒，约 80% 的人群存在抗 HHV-1 抗体。HHV-1 DNA 在老年人大脑中出现频率较高，但儿童和年轻人中出现频率很低，这可能与老年人免疫系统功能下降有关。AD 病人脑中的病毒 DNA 主要位于老年斑内；AD 患者脑脊液中抗 HHV-1 抗体滴度明显增高；老年人群抗 HHV-1 IgG 抗体阳性与 AD 发病显著相关、且抗 HHV-1 IgM 阳性是感染重新激活的标志。ApoEε4 可调节微生物感染的严重程度或易感性，促进 HHV-1 的神经系统感染。实验性 HHV-1 感染的神经细胞可出现 Tau 蛋白和 Aβ 聚集。在人类诱导神经干细胞（human-induced neural stem cell，hiNSC）分化发育的 3D 大脑模型中，HSV-1 感染能够在完全没有其他因素参与的条件下，诱导淀粉样蛋白沉积、神经胶质增生、神经炎症和神经功能损伤。

HHV-2 感染导致细胞中 Aβ 大量聚集和 Tau 蛋白过度磷酸化，抑制 APP 非淀粉样蛋白生成途径。流行病学调察显示暴露于弓形虫、巨细胞病毒或 HSV-2 与老年人群的认知减退有关。HHV-5（巨细胞病毒，CMV）血清阳性者认知下降和 AD 风险升高。CMV 特异性血清 IgG 抗体水平与 NFT 严重程度显著相关。HHV-6A 和 HHV-6B 是感染大多数人的双链 DNA 病毒，HHV-7 通常与 HHV-6A 和 HHV-6B 共同起作用。AD 患者外周血白细胞样本中 HHV-6 阳性率为 23%，而对照组为 4%；AD 大脑中 17% 为 HHV-6 阳性。与健康对照组相比，AD 患者多个脑区域的 HHV-6A 和 HHV-7 RNA 水平升高，并且与淀粉样斑块负荷、NFT 密度和痴呆程度相关。

（2）丙型肝炎病毒

HCV 感染是 AD 和血管性痴呆的独立危险因素。病毒可能通过全身和（或）大脑炎症引起间接神经毒性或直接感染大脑发挥毒性作用。HCV 具有跨血脑屏障能力，感染巨噬细胞 / 单核细胞后分泌大量 IL-6、TNF-α 等细胞因子，对脑组织产生毒性作用。丙型肝炎患者中，小胶质细胞的激活与脑代谢改变和 HCV 感染呈正相关。

3. 细菌感染与 AD

（1）螺旋体

螺旋体是一种革兰氏阴性螺旋菌，有内鞭毛，能侵入大脑并产生潜伏的、持续的感染。螺旋体是最嗜神经的细菌，可导致严重的脑血管病变、脑灌注不足和脑功能紊乱和痴呆。在部分 AD 患者的脑脊液、血液和脑组织中检测到了螺旋体菌体。

（2）肺炎衣原体

肺炎衣原体是一种呼吸道感染病原体，可感染各种类型的脑细胞，并且可存在于细胞内的包涵体中，抵抗免疫识别和溶酶体融合。在 AD 患者大脑中检测到肺炎衣原体特异性 DNA，并通过电子显微镜和免疫组织化学技术证实 AD 患者脑中存在肺炎衣原体。然而，由于 AD 的慢性病程，很难确定肺炎衣原体感染是直接导致 AD 还是通过外周炎症或影响呼吸功能间接促进 AD 病程。

（3）幽门螺杆菌

幽门螺杆菌是常见的胃部定植菌，全球有半数以上人口感染幽门螺杆菌。除了与胃溃疡和胃癌发生直接相关外，幽门螺杆菌感染还与 AD、动脉粥样硬化、高血压、脑缺血、脑卒中等密切相关。AD 患者血液和脑脊液中幽门螺杆菌特异性 IgG 水平显著升高。临床研究证实幽门螺杆菌阳性者的痴呆发病率远高于阴性者；实验研究中发现幽门螺杆菌的条件培养液可促进 Tau 蛋白过度磷酸化、Aβ42 过量产生。

（4）牙龈卟啉单胞菌

牙龈卟啉单胞菌是慢性牙周炎的主要病原体，可通过其 LPS 及牙龈蛋白酶损伤细胞。细菌及其分子（包膜蛋白、鞭毛蛋白、菌毛蛋白、肽聚糖、蛋白酶）以病原相关分子模式（pathogen-associated molecular patterns，PAMPs），与 TLR 受体作用导致促炎细胞因子分泌，引起血脑屏障破坏、神经细胞损伤。在 AD 和正常人大脑中均发现牙龈卟啉单胞菌，提示该细菌入脑后可能需要和其他因素协同作用才能促进 AD 发生。可见，牙周炎和牙龈炎是 AD 的高风险因素。

4. 真菌和弓形虫与 AD

（1）真菌

在 AD 患者的脑脊液、冷冻脑组织中可检测到真菌 DNA 或蛋白质，且存在不同的抗真菌抗体。利用针对真菌的特异性抗体，也发现 AD 患者的额外皮质、小脑半球、内嗅皮质 / 海马和脉络膜丛存在真菌感染。然而，真菌感染在 AD 中的作用尚不确定。

（2）弓形虫

流行病学研究显示 AD、多发性硬化和精神分裂症患者的嗅觉功能障碍与血清抗弓形虫 IgG 抗体水平的显著提高有关。实验研究发现弓形虫的慢性感染导致神经炎症。

5. 肠道微生物与 AD 在人类肠道存在细菌、病毒和真菌。在健康个体中，这些微生物在消化道形成微生物防御屏障，维持宿主健康。最近研究发现肠道微生物改变参与焦虑、抑郁、耐药性癫痫以及多种神经退行性疾病，如 AD。

通过对粪便细菌中 16sRNA 测序，发现 APP/PS1 小鼠和野生小鼠肠道菌群有显著区别；无菌 APP/PS1 小鼠脑内 Aβ 沉积比肠道正常菌群的 APP/PS1 小鼠明显减轻；当移植 APP/PS1 小鼠肠道菌群后 Aβ 病变加重，但移植野生小鼠的肠道菌群后大脑 Aβ 水平未明显升高。用来自 AD 病人和健康对照者粪便细菌分泌的外膜囊泡（outer membrane vesicles，OMVs）给健康小鼠尾静脉注射，8 周后可见注射来自 AD 病人的 OMVs 可导致血脑屏障通透性增高，脑内炎症因子水平增高，胶质细胞活化，Tau 蛋白过度磷酸化，动物出现认知损伤。可见，肠道微生物可能在 AD 样神经退行性变中发挥作用。肠道微生物可通过微生物-肠-脑轴、炎症等影响脑并导致脑功能障碍，相关研究正在引起广泛关注。

（二）小胶质细胞激活与 AD

AD 脑内老年斑周围围绕着活化的小胶质细胞。动态观察发现，小胶质细胞在新形成的 Aβ 斑块周围迅速募集，且小胶质细胞膜上表达多种可介导结合和吞噬 Aβ 的受体，如清道夫受体 A1、CD36、CD14、TLR2、TLR4、TLR6、TLR9 等，提示小胶质细胞在 Aβ 清除过程中发挥作用。然而，从 AD 模型小鼠脑内分离的小胶质细胞对 Aβ 的吞噬能力下降，可能是长期暴露于 Aβ 聚集环境损伤了小胶质细胞的吞噬功能。此外，在最近报道的大量 AD 风险基因中，*TREM2* 和 *CD33* 主要通过小胶质细胞起作用，二者的基因变异均可导致小胶质细胞对 Aβ 的摄取清除能力降低。肥胖也可通过外周炎症反应影响中枢小胶质细胞的功能。老化过程中血脑屏障功能降低，外周炎症因子可大量入脑活化小胶质细胞。

小胶质细胞在炎症的不同时期或不同因素刺激时有两种表型：M1型小胶质细胞释放促炎因子增加，吞噬能力降低；而M2型释放抗炎因子增加，吞噬能力增强。由于观察的脑区和所在疾病阶段不同、疾病模型不同等原因，小胶质细胞活化可表现出有利或有害作用。在正常个体，神经元损伤、蛋白质异常折叠或聚集等可活化小胶质细胞产生免疫炎症反应，吞噬清除受损神经元或异常蛋白后炎症消退，恢复局部稳态。在AD进程中，由于Aβ等病变不断累积，导致小胶质细胞持续活化，炎症无法消退。活化的小胶质细胞释放大量细胞因子，如TNF-α、IL-6、IL-1α、NO、C1q等，直接或通过诱导星形胶质细胞向A1毒性型转化而损伤神经元；活化的小胶质细胞可大量吞噬突触，导致学习记忆损伤；小胶质细胞功能紊乱还可导致BDNF释放减少，对神经元的营养作用降低。

（三）星形胶质细胞激活与AD

星形胶质细胞是人脑中数目最多的细胞群体，通过调节神经递质释放和再摄取、能量代谢、信号转导、离子缓冲、血流调控等对神经元起支持、营养、保护作用。在中枢神经系统损伤、炎症、脑缺血时，星形胶质细胞活化并参与抗损伤和组织修复。然而，也有研究显示星形胶质细胞的活化可导致神经元毒性和抑制轴突再生。通过纯化在体不同因素刺激后的星形胶质细胞并分析其基因表达谱，发现星形胶质细胞的活化有两种形式：A1型可由脂多糖（lipopolysaccharide，LPS）或神经损伤诱导，主要表达与经典补体途径相关的基因，吞噬能力和促神经元突触生长能力减弱，并产生神经毒性物质导致神经元死亡；A2型由缺血诱导，主要表达神经营养因子，具有损伤修复作用。

星形胶质细胞反应性活化是AD的早期事件，可发生在Aβ沉积之前。用Aβ寡聚体处理原代星形胶质细胞，或者在*APP/PS1*转基因小鼠脑内均可观察到星形胶质细胞活化标志物GFAP表达增加，细胞形态呈反应性活化改变。在AD患者前额叶和海马等易感脑区，发现表达补体C3等A1型标志分子的星形胶质细胞较正常对照显著增高，提示A1型星形胶质细胞活化。活化的星形胶质细胞也可释放细胞因子、白介素、NO等，加重炎症反应，对神经元产生损伤作用。同时，星形胶质细胞可内化并降解Aβ，该过程需要ApoE的参与。暴露于Aβ沉积物的星形胶质细胞上调细胞外Aβ降解酶如Neprilysin，IDE等的表达。此外，星形胶质细胞的足突是构成血脑屏障的重要组成部分，血管内皮细胞和星形胶质细胞足突之间的周隙是脑类淋巴循环的通道。特异性表达于星形胶质细胞的水通道蛋白4（aquaporin-4，AQP4）敲除可导致脑类淋巴清除障碍，同时Aβ沉积增加。因此，星形胶质细胞功能异常也可通过损伤类淋巴清除功能促进脑内代谢物清除障碍，促进蛋白异常聚集。

此外，NOX2、Toll样受体及NF-κB通路激活在AD中也起重要作用。

第三节　阿尔茨海默病实验模型及其特性

复制人类疾病的动物模型对疾病时失衡机制的探讨以及新药研发无可替代。目前已经报道的AD动物模型有百余种，包括小鼠、大鼠、非人灵长类模型等。其中，以小鼠模型应用最为广泛。AD小鼠模型的基本特征是在不同年龄出现不同类型和程度的认知功能损伤，同时伴有突触损伤、Aβ水平升高或淀粉样斑块沉积、Tau蛋白过度磷酸化和聚集、胶质细胞激活或增生等。虽然动物模型的使用对揭示疾病机制作出了重要贡献，但用于人类疾病的药物研发效果却不尽如人意。近年来，随着神经干细胞和细胞重编程技术的发展，科学家已试图利用来自AD病人的体细胞建立更能模拟人脑病变的细胞或类脑器官模型。

一、小鼠模型

（一）针对Aβ相关病变的AD模型

现有的AD小鼠模型主要针对在AD患者检测到的*APP*和*PS1*基因突变。根据AD小鼠所表达的突变基因类型，可大致分为如下几类：①表达各种突变*APP*基因，包括PDAPP（AβPPInd），TG2576（AβPPSwe），APP23（AβPPSwe），TASD-41（AβPPSwe，Lon），J20（AβPPSwe，Ind），TgCRND8（AβPPSwe，Ind）等。其中，以

瑞典突变（Swe，K670N/M671L）最常见，该突变靠近Aβ分子的N-端，可促进β切割；印第安纳（Ind，V717F）、伦敦（Lon，V717I）、佛罗里达（Flo，I716V）和伊比利亚突变（Ibe，I716F）靠近Aβ的C-端γ切割位点，可促进APP的γ剪切，产生毒性更强的长Aβ分子；荷兰（Dutch，Aβ E22Q），北极（Arc，Aβ E22G）和爱荷华突变（Aβ D23N）位于Aβ多肽内部，这些突变改变Aβ的氨基酸序列。②同时表达突变*APP*和*PS1*基因，如PSAPP（AβPPSwe/PS1M146L），2KI（AβPPSwe/PS1P264L），5XFAD（AβPPSwe，Lnd，Flo/PS1M146L，L286V）等。③同时表达突变*APP*、*PS1*和Tau基因，如3XTg AD（AβPPSwe/TauP301L/PS1M146V）。常见的*PS1*突变还有L166P和外显子9删除（dE9）。此外，还有AβPPSwe，Ind与*ApoE ε4*基因共转染、AβPPSwe与瘦素敲除（ob/ob）共同操控的小鼠模型，这类小鼠的主要胰岛素失敏小鼠模型等。

杂合PDAPP鼠于6～9个月出现硫黄素阳性的Aβ沉积和神经炎性斑。*APP/PS1*鼠在4月龄皮质出现淀粉样斑块沉积、胶质细胞活化，海马部位突触数目减少，在6月龄出现明显的空间学习记忆障碍，小鼠脑内的淀粉样病变在雌性病变程度高于雄性。5XFAD鼠一般在1.5月龄神经元内就出现Aβ42的聚集，2月龄出现淀粉样蛋白沉积和胶质细胞活化，随后出现突触丢失和神经元丢失，认知损伤。3XTg AD鼠在3～4月龄脑内出现淀粉样蛋白沉积，6月龄出现突触传递和LTP受损，12～15月龄海马出现过度磷酸化Tau蛋白的聚集。也有报道这种小鼠6月龄时脑内便出现了Tau蛋白磷酸化、神经炎症和认知功能降低。以上针对*APP/PS1*突变以及包括Tau突变的3XTg AD小鼠模型，在一定年龄阶段可出现不同程度的Tau病变，但无NFT形成。

此外，Aβ低聚体的大量积累可抑制海马的LTP，并损害小鼠的记忆。因此，也有采用脑室内或双侧海马直接注射Aβ寡聚体来复制AD样损伤。还可通过病毒载体转染、或与特异性Cre小鼠杂交，实现特定神经细胞的基因操控复制AD样动物模型。

（二）针对Tau相关病变的AD模型

目前在AD患者尚未发现Tau基因突变，AD病人的Tau病变主要由野生型Tau蛋白的不同翻译后修饰引起。例如，①转人类野生型全长Tau基因同时敲除内源性鼠Tau（PAC转基因x MAPT KO），该小鼠9月龄时出现非可溶性过度磷酸化Tau蛋白聚集、同时伴有时空依赖性、进行性突触损伤、行为障碍和神经元丢失。但是，该小鼠在传代过程中，其病理学和行为学表征不断减弱、且重复性变差，可能与基因复制下降“copy dropping”有关。②转人类野生型Tau3R0N异构体（huMAPT3R0N，鼠Prnp启动子，JAX 003741），该小鼠表达最短Tau蛋白异构体，出现年龄依赖性病理和行为改变。还有使用立体定位仪向动物脑内注射含不同Tau基因的病毒载体（常用AAV1，2，6，9或慢病毒），表达不同亚型Tau基因或其混合物、特定磷酸化位点突变的Tau、各种Tau截断体（如TauN368等）；或通过胚胎脑注射AAV1病毒载体实现全脑表达不同的Tau基因。还有通过提取AD病人脑组织的具有高度聚集特性的PHF-Tau蛋白，注射到野生型或Tau/*APP*转基因动物脑内模拟AD病变等。这些造模方法均可在不同年龄或表达后不同时间段引起AD样病理或/和行为学改变。

由于表达野生型Tau需要长时间方能引起AD样改变，而在FTDP-17中发现的Tau基因突变（如P301L和P301S）具有更强的神经毒性，可在更早期诱发AD样神经病理和认知损伤。因此，P301L和P301S是目前更广泛应用的Tau模型。例如，过表达P301L-Tau0N4R（rTg4510）纯合子小鼠在3～5月龄就出现空间记忆损伤，8月龄时出现突触和神经元丢失。过表达P301S-Tau1N4R小鼠（PS19）7月龄出现空间学习记忆障碍、8月龄可见NFT形成和胶质增生等。

虽然Tau敲除鼠在老龄阶段可能出现神经元内铁蓄积等病理改变，但部影响小鼠时发育和存活，提示Tau蛋白的功能可被代偿；这一特征为。采用Tau基因敲除鼠与其他AD转基因鼠杂交，在杂交鼠中移除Tau蛋白的作用，有助于明确Tau在AD发病中的作用以及研究其他致病因素是否依赖Tau导致AD样病变。已有研究结果证实Tau在介导Aβ的神经毒性中起关键作用。

常用的AD小鼠模型及其表征见表10-6-1。

这些转基因小鼠模型正在被广泛用于探讨AD神经退变机制、研发针对Aβ和tau聚集及其相关病理改变和行为异常的药物。关于AD动物模型更详细的信息可见http://www.alzforum.org/research-models。

表 10-6-1 几种常用的 AD 转基因小鼠模型

品名	突变	异构体	启动子	遗传背景	一般病变
PDAPP	$A\beta PP_{Ind}$	695 < 751.770	huPDGFβ	C57BL/6 x DBA/2	3 月龄开始出现认知损伤，伴细胞外 Ths- 阳性的 Aβ 沉积、神经炎斑、突触丢失、星形胶质细胞和小胶质细胞增生。刚果红染色可见淀粉样血管病变
Tg2576	$A\beta PP_{Swe}$	695	hPrP	C57BL/6 x SJL	9～10 月龄时可见 Aβ40 和 Aβ42/43 分别升高 5 倍和 14 倍；大脑皮质和海马周边区大量 Aβ 斑块，学习记忆损伤
APP23	$A\beta PP_{Swe}$	751	mThy1	C57BL/6J	6 月龄讨出现神经炎斑、营养不良的胆碱能纤维和胶质增生；AβPP 升高 7 倍；刚果红阳性老年斑和 p-tau 阳性
TASD-41	$A\beta PP_{Swe,\ Lon}$	751	mThy1	C57BL/6J	3～4 月龄出现淀粉样斑块、神经炎性和突触营养不良、tau 病理
J20	$A\beta PP_{Swe,\ Ind}$	695 < 751.770	huPDGFβ	C57BL/6 x DBA/2	高水平 Aβ42、淀粉样蛋白斑块、突触萎缩
TgCRND8	$A\beta PP_{Swe,\ Ind}$	695	hPrP	Hybrid C3H/He-C57BL/6	3 月龄出现高水平 Aβ42 和 Ths-Aβ 以及认知障碍、3 月龄后出现神经炎病理
PSAPP	$A\beta PP_{Swe}$ $PS1_{M146L}$	695	hPrP huPDGFβ	Tg2576 x C3H	高水平 Aβ42、纤维状 Aβ 沉积出现早于 Tg2576 小鼠
2xKI	$A\beta PP_{Swe}$ $PS1_{P264L}$	695	mAβPP mPS1	129 x Tg2576	3 月龄出现高水平 Aβ42 和 Ths-Aβ 以及认知障碍、3 月龄后出现神经炎病理
5xFAD	$A\beta PP_{Swe,\ Lnd,\ Flo}$ $PS1_{M146L,\ L286V}$	695	Thy1 Thy1	C57BL/6 x SJL	1.5 月龄细胞内 Aβ42 水平升高，2 月龄细胞外 Aβ 聚集和胶质增生、4 月龄突触萎缩、神经元丢失、认知损伤
3xTg-AD	$A\beta PP_{Swe}$ tau_{P301L} $PS1_{M146V}$	695 4R	Thy1，2 Thy1，2 mPS1	129X1/SvJ x 129S1/Sv	3～4 月龄细胞内 Aβ42 升高、突触功能障碍、认知损伤，6 月龄时细胞外 Aβ 沉积、12 月龄出现 tau 病理
TgCRND8 x apoEKI	$A\beta PP_{Swe,\ Ind}$apoE4	695	hPrP	TgCRND8 x C57BL/6J	与 TgCRND8，可见 IL-1 升高和 GFAP 反应，伴轻度节律紊乱
APP23 x OM	$A\beta PP_{Swe}$ Leptin *ob/ob*	751	mThy1	C57BL/6J x C57BL	1.5 月龄细胞内 Aβ 水平升高，2 月龄细胞外 Aβ 聚集和胶质增生，4 月龄突触萎缩、神经元丢失、认知损伤

h：仓鼠；hu：人类；m：小鼠

二、大鼠模型

目前的 AD 大鼠模型主要针对突变 APP，如①转 Swe 和 Lon 突变（APPK670N/M671L 和 V717F）hAPP 的大鼠模型（McGill-RThy1-APP），该模型在 3 月龄时出现空间记忆丧失、3～6 月龄出现工作记忆障碍、6 月龄时出现 Aβ 斑块，Tau 病理学、胶质增生、突触和神经元丢失。②转 hAPP（Swe）/hPSEN1（ΔE9）大鼠模型（TgF344-AD），该模型 16 月龄出现 Aβ 斑、Tau 病理、淀粉样血管病变、胶质增生和神经元丢失；15 月龄和 24 月龄时分别出现空间记忆和工作记忆障碍。③转 Swe 和 Lon 和 PS1 突变（APPK670N，M671L/V717F/PSEN1M146V）的大鼠模型（PSAPP），该模型 7 月龄时 LTP 下降、水迷宫检测表现异常、13 月龄时在海马、皮质、嗅球、丘脑、下丘脑等部位出现广泛斑块、胶质增生等，但直至 22 月龄尚未见突触素和 PSD95 的降低。

三、患者人源性细胞模型

基于 AD 动物模型的研究为揭示疾病的发病机制和药物研发提供了大量有价值的资料。然而，很多在动物模型上发现的机制在人体细胞中未能得到再现，一些在动物模型中非常有效的药物在临床研究中则表现不佳，其主要原因可能是人体和动物在细胞、组织和整体水平的神经体液调节存在差异。目前解决这一问题的努力主要有两个方向：①采用与人类最为相似的非人灵长类动物复制 AD 模型。由于灵长类动物价格昂贵、难以实现同系交配（indreed），故难以保障实验的重复性；AD 是老化相关疾病，病程长，应用灵长类动物的实验成本高。②利用人体胚胎干细胞体外诱导分化为神经细胞或类脑组织；或采用来自 AD 病人皮肤的成纤维细胞，利用重编程等技术诱导其产生干细胞特性，进一步分化为人神经细胞或类脑组织，复制 AD 模型。

例如，在人神经祖细胞系（neural progenitor cells，NPC）或人诱导多能干细胞分化的神经祖细胞（hiPSC-NPC），用病毒载体感染表达 AD 相关病变基因，在特制的 3D 培养皿中培养，将神经祖细胞诱导分化为成熟神经元和星形胶质细胞；若同时加入小胶质细胞共培养，可实现小胶质细胞向培养物中的迁移和侵入，获得 3D 类脑器官模型。这种 AD 模型能较好地模拟人脑中不同细胞类型之间的相互作用，还具备淀粉样病变、Tau 病变、神经炎症、突触损伤和神经元丢失。再例如，通过对来自家族性 AD 病人的成纤维细胞进行重编程，可使其转化为家族性 AD 诱导多能干细胞（FAD iPSC），再诱导其分化为成熟的皮质神经元，观察神经元的存活和细胞生物学特性；或者采用药物或其他方式进一步处理，研究 AD 的发病机制和筛选药物，此种细胞模型目前也正在逐步被广泛使用。

除上述基因操控模型外，还可通过脑内或外周注射有害物质复制 AD 模型。但这类模型的特异性和稳定性相对较差。

建立能真正模拟 AD 发生发展的实验模型是探讨 AD 新机制、研发新药物的基本条件，是目前该领域的热点课题。

第四节　阿尔茨海默病的诊断与治疗

一、AD 的诊断

应用最广泛的 AD 诊断标准是由美国国立神经病语言障碍卒中研究所和阿尔茨海默病及相关疾病学会（the National Institute of Neurological and Communicative Disorders and stroke and Alzheimer Disease and Related Disorders Associations，NINCDS-ADRDA）1984 年制定的，2011 年美国国立老化研究所和阿尔茨海默协会对此标准进行了修订，制定了 AD 不同阶段的诊断标准（NIA-AA），并推荐 AD 痴呆阶段和 MCI 期的诊断标准用于临床。

（一）AD 痴呆阶段的临床诊断标准

1. 很可能的 AD 痴呆

（1）核心临床标准：①符合痴呆诊断标准；②起病隐匿，症状在数月至数年中逐渐出现；③有明确的认知损害病史；④表现为遗忘综合征（学习和近记忆下降，伴 1 个或 1 个以上其他认知域损害）或者非遗忘综合征（语言、视空间或执行功能三者之一损害，伴 1 个或 1 个以上其他认知损害）。

（2）排除标准：①伴有与认知障碍发生或恶化相关的卒中史，或存在多发或广泛脑梗死，或存在严重的白质病变；②有路易体痴呆的核心症状；③有额颞叶痴呆的显著特征；④有原发性进行性失语的显著性特征；⑤有其他引起进行性记忆和认知功能损害的神经系统疾病，或非神经系统疾病，或药物过量或滥用证据。

（3）支持标准：①在以知情人提供和正规神经心理测验得到的信息为基础的评估中，发现进行性认知下降的证据；②找到致病基因（*APP*，*PS1* 或

PS2）突变的证据。

2. 可能的AD痴呆 有以下任一情况时，即可诊断。

（1）非典型过程：符合很可能的AD痴呆诊断标准中的第1条和第4条，但认知障碍突然发生，或病史不详，或认知进行性下降的客观证据不足。

（2）满足AD痴呆的所有核心临床标准，但具有以下证据：①伴有与认知障碍发生或恶化相关的卒中史，或存在多发或广泛脑梗死，或存在严重的白质病变；②有其他疾病引起的痴呆特征，或痴呆症状可用其他疾病和原因解释。

（二）AD源性MCI的临床诊断标准

1. 符合MCI的临床表现 ①患者主诉，或者知情者、医师发现的认知功能改变；②一个或多个认知领域受损的客观证据，尤其是记忆受损；③日常生活能力基本正常；④未达痴呆标准。

2. 发病机制符合AD的病理生理过程 ①排除血管性、创伤性、医源性引起的认知功能障碍；②有纵向随访发现认知功能持续下降的证据：③有与AD遗传因素相关的病史。

目前对AD的临床诊断还采用神经心理学检测、生物标志物和影像学检查以及基因检查等辅助手段。

（一）神经心理学检查

神经心理学是用脑的功能结构来解释心理现象或行为的科学。临床上通过利用各种标准化和数量化的神经心理测验方法来测定患者的记忆、智力、语言等，判断大脑功能损伤的程度、药物或手术治疗的效果，对疾病进行诊断和预后评估、制定康复计划。认知功能障碍是神经科重要的临床症状，认知功能的评估目前仍主要是依靠神经心理学检查，为临床诊治提供客观依据。通过对认知功能的评估能较全面地了解患者的认知状态、认知特征，对认知障碍和痴呆的诊断、亚型判断和病因分析有重要作用。

对AD认知能力的评估内容包括记忆功能、言语功能、定向力、应用能力、注意力、知觉（视、听、感知）和执行功能七个领域。临床常用的神经心理评估工具可分为：①大体评定量表，如简易精神状况检查量表（mini-mental state examination，MMSE）、蒙特利尔认知测验（Montreal cognitive assessment，MoCA）、AD认知功能评价量表（ADAS-cog）、长谷川痴呆量表（HDS）、Mattis痴呆量表、认知能力筛查量表（CASI）等；②分级量表，如临床痴呆评定量表（Clinical Dementia Rating，CDR）和总体衰退量表（GDS）；③精神行为评定量表，如汉密尔顿抑郁量表（HAMD）、神经精神问卷（NPI）；④用于鉴别的量表，Hachinski缺血量表。应指出的是，利用上述量表诊断AD时，必须结合临床表现和其他辅助检查结果，进行综合判断。

目前，MMSE、MoCA和CDR是最常用的神经心理检测量表。

（二）脑影像学检查

脑影像于2007年开始用于AD的辅助诊断，主要指标包括检测Aβ和Tau蛋白沉积的正电子发射断层显像（PET）、检测脑内葡萄糖代谢的PET（FDG PET）和检测脑结构改变的磁共振成像（MRI）。

11C-匹兹堡复合物B（11C-PIB）是最早用于检测Aβ的PET成像剂，显示AD患者额叶、顶叶及颞叶的Aβ沉积，该病理改变可出现在AD临床症状之前，提示可用于AD的早期诊断。Tau PET成像结果显示内侧颞叶、新皮质中的磷酸化Tau缠结的情况与AD临床认知损害程度高度相关。FDG PET以18F-FDG作为显像剂，显示AD患者双侧颞顶叶及后扣带回等脑区葡萄糖代谢下降、并与AD严重程度相关。结构磁共振显示AD患者相关脑区的皮质变薄，内嗅皮质、海马及后扣带回出现萎缩，皮质厚度下降等。此外，静息态功能磁共振、扩散张量成像等在AD诊断中的应用尚在研究中。

（三）生物标志物检查

2018年美国NIA-AA（美国国立老化研究院National Institute of Aging，NIA和AD协会Alzheimer Association，AA）将AD的生物标志物归类为淀粉样病理学A（amyloid pathology）、Tau病理学T（Tau pathology）和神经退行性病变N（neurodegeneration），根据ATN的状态定义AD并描述每个AD个体在疾病不同阶段的变化。其中Aβ标志物状态决定个体是否属于AD疾病谱，而Tau的变化则决定处于AD疾病谱的个体是否患有AD，神经变性或神经损伤标志物则与AD的疾病严重程度相关。

按照生物标志物在AD诊断中的作用可分为：①诊断标志物：主要包括脑脊液中Aβ42、总Tau蛋白和磷酸化Tau蛋白，使用Aβ标记配体的PET

检查，以及 APP、PSEN1、PSEN2 基因的致病突变。诊断标志物反映了 AD 内在的病理生理进程，但与疾病的严重程度不一定相关，可用于 AD 的早期诊断和确诊。②疾病进展标志物：主要包括脑结构 MRI 检查显示海马体积缩小或内侧颞叶萎缩、氟脱氧葡萄糖 PET 检查等，由于其特异性较差，在其他疾病如正常老化、路易体相关退行性疾病中也可以表现出萎缩改变，在 AD 早期阶段不一定存在，但能很好反映疾病进展程度，可以用于监测 AD 的病情进展情况。按照生物标志物的病理生理学意义可以分为：①反映 Aβ 沉积，包括脑脊液 Aβ42 水平和使用 Aβ 标记配体的 PET 成像；②反映 Tau 缠结，包括脑脊液磷酸化 Tau 水平和使用 Tau 标记配体的 PET 成像；③反映神经元损伤 / 神经退行性改变，包括脑脊液总 Tau 蛋白水平、结构 MRI、氟脱氧葡萄糖 PET 成像、SPECT 灌注成像等；④神经丝蛋白（AD7c-NTP）、神经丝轻链蛋白（NFL）、类视锥蛋白 1（VLP-1）、心型脂肪酸结合蛋白（hFABP）含量也与 AD 发生发展相关；胶质细胞炎症标志物、氧化应激反应标志物、miRNA 等也可作为标志物用于基础研究。

（四）基因检测

目前已确认 *APP*、*PS1* 和 *PS2* 基因为家族性 AD 的致病基因；*APOEε4* 为易感基因，与散发型 AD 关联。因此，对有明确家族史的病例或早发散发性病例，可进行上述基因检测以帮助诊断。

二、AD 的治疗和预后

目前尚缺乏能治愈 AD 的药物或措施。通过药物、非药物、支持和护理综合治疗，有望改善患者的生活质量，减轻和延缓 AD 进展。

（一）药物治疗

AD 的药物治疗包括改善认知功能和控制精神症状两个方面。

改善认知功能的药物：①乙酰胆碱脂酶抑制剂（（AChEI），主要用于轻～重度 AD 患者。脑内乙酰胆碱（acetylcholine，ACh）参与学习记忆，而 AD 患者胆碱能功能障碍导致 ACh 水平降低。乙酰胆碱脂酶抑制剂的代表药物包括多奈哌齐、卡巴拉汀、石杉碱甲等，可提高脑内 ACh 水平，加强突触传递而改善记忆功能；同时对精神症状有一定改善作用。② N- 甲基 -D- 天冬氨酸（N-methyl-D-aspartic acid，NMDA）受体拮抗剂，主要用于中、重度 AD 患者。NMDA 受体在学习记忆中发挥重要作用，而 AD 患者的 NMDA 受体功能障碍导致学习及记忆功能受损，同时伴有钙超载、细胞凋亡等兴奋性毒性。美金刚能拮抗 NMDA 受体，调节谷氨酸活性，对记忆和精神症状有一定改善作用。此外，临床也有使用脑代谢赋活剂如奥拉西坦等。

控制精神症状：很多患者在疾病的某一阶段出现精神症，如幻觉、妄想、抑郁、焦虑、激越、睡眠紊乱等，可给予抗抑郁药物和抗精神病药物，前者常用选择性 5-HT 再摄取抑制剂，如氟西汀、帕罗西汀、西酞普兰、舍曲林等，后者常用不典型抗精神病药，如利培酮、奥氮平、喹硫平等。这些药物的使用原则是：①低剂量起始；②缓慢增量；③增量间隔时间稍长；④尽量使用最小有效剂量；⑤治疗个体化；⑥注意药物间的相互作用。

值得一提的是，2019 年 11 月 2 日，中国国家药品监督管理局（cFDA）有条件批准了上海绿谷制药有限公司治疗 AD 的新药甘露特钠（也称九期一、GV-971）的上市申请，填补了该领域 17 年无新药上市的空白。该药以海洋褐藻提取物为原料获得的低分子酸性寡糖化合物，建议用于轻度至中度 AD 的临床治疗，其作用机制与脑–肠轴相关。cFDA 要求申请人上市后继续进行药理机制、长期安全性和有效性研究，完善寡糖的分析方法，按时提交有关试验数据。虽然存在居多不确定因素，这款中国原创新药正在为日益增多的 AD 患者提供一种新的治疗方案。

在甘露特钠获得 cFDA 有条件性上市申请后，美国 FDA 于 2021 年 6 月 7 日批准了由 Biogen 公司领衔研发、靶向 Aβ 的单抗药物 aducanumab，这是 2003 年以来第一个获得美国 FDA 批准的 AD 新药。由于 Biogen 在 2019 年的两项随机、双盲、安慰剂对照的三期临床试验结束后，已经宣布 aducanumab 无效并且近 40% 的受试者还出现了大脑肿胀疼痛等副作用，故 aducanumab 在获批上市后至今争议不断。然而，美国 FDA 称 aducanumab 获批上市不是依赖其疗效而是依赖其强大可靠的 Aβ 清除能力，后者有可能会带来临床益处。相信正在进行的大样本临床试验将确证 aducanumab 的临床疗效。

（二）非药物治疗

非药物治疗包括一系列综合性干预措施，如饮食调整（地中海饮食）、认知训练、体育锻炼、音乐治疗等，这些措施更易于被患者和家属接受，可能起到预防作用，或延缓患者日常生活能力减退，改善生活质量。

（三）支持治疗

重度患者自身生活能力严重减退，常导致营养不良、肺部感染、泌尿系感染，压疮等并发症，应加强支持和对症护理和治疗。

近来来，侵入性深部脑刺激、非侵入性经颅磁刺激、光疗法的研究受到关注。

AD病程为5～10年，少数患者可存活更长的时间，多死于肺部感染、泌尿系感染、压疮等并发症。

第五节 总 结

近20年来，得益于各国政府对人口老龄化所带来的社会问题的重视和神经科学的飞速发展，在AD风险基因鉴定、临床诊断、机制研究、模型建立等方面取得了长足的进步。基于来自大样本人脑组织的全转录组测序和生物信息学分析陆续揭示出多个AD风险基因，为寻找散发性AD的关键致病因子提供了重要信息；AD风险基因检测分析联合脑功能和病理成像，特别是针对Aβ和Tau的PET成像，为实现AD的早诊断和早干预提供了可能性。

神经科学研究方法的提升、材料的更新，增进了人们对AD病程中分子事件的认识。在AD的机制方面，以Aβ为核心的淀粉样病变学说依旧占主导地位，且认识到Aβ致病的时期可能远在老年斑形成之前，可溶性Aβ，尤其是Aβ寡聚体的毒性在疾病发展中扮演关键角色。神经炎症、胶质细胞的异常活化在介导Aβ毒性方面的作用得到了更多的关注。同时，Aβ清除障碍也是导致Aβ在脑内积聚的重要环节。近年来，随着Tau蛋白在AD发病中的关键介导作用得到确认，对Tau的研究受到更多关注，特别是Tau的非微管组装和稳定功能、Tau蛋白从存活神经元的释放而非死亡神经元的溃散、Tau蛋白异常翻译后修饰或切割Tau的“种子”特性、Tau病变在不同脑区的传播。*ApoE*作为目前已知的散发性AD最大的风险基因，其在神经元和胶质细胞之间的作用机制和信号途径正在逐步阐明。

在未来研究中，亟待建立更多的能真实模拟AD病程、病理和行为改变的非人灵长类、人源性细胞或类脑器官模型。通过探讨阐明糖、脂、胆固醇、核酸代谢异常及其与蛋白质聚集之间关系、炎症反应、内吞体和外泌体系统异常在AD发生发展中的作用，可能发现对AD诊断和治疗有指导价值的新机制。神经元是终末分化细胞，修复能力差，故针对临床以记忆问题为主诉的AD诊断和治疗可能为时已晚。因此，建立健康体检人群、高危风险人群（如2型糖尿病等）认知能力队列，通过横向筛查和纵向追踪研究发现外周标志并建立相应的检测技术，是实现AD早诊和早干预不可替代的途径；AD是复杂的慢性全身性疾病，针对不同亚型的AD诊断、针对疾病病理（disease-modifying）的多靶点药物研发、针对脑区和神经环路特异性操控（如脑深部电刺激、经颅磁刺激）、干细胞、基因编辑等新治疗方法值得关注和探索。此外，健康的生活方式、非药物干预方法的探索与早期预防和延缓疾病发病，可能达到真正降低发病率。

参考文献

综述

1. Brooks DJ，Hunot S，Joseph B，et al. Neuroinflammation in Alzheimer's disease. *Lancet Neurol*，2015，14（4）：388-405.
2. De Strooper B，Karran E. The cellular phase of Alzheimer's disease. *Cell*，2016，164（4）：603-615.
3. Haass C，Kaether C，Thinakaran G，et al. Trafficking and proteolytic processing of APP. *Cold Spring Harb Perspect Med*，2012，2（5）：a006270.
4. Iqbal K，Liu F，Gong CX. Tau and neurodegenerative disease：the story so far. *Nat Rev Neurol*，2016，12（1）：15-27.
5. 贾建平 . 神经病学 . 北京：人民卫生出版社，2018.
6. Nygaard HB. Targeting fyn kinase in Alzheimer's disease. *Biol Psychiatry*，2018，83（4）：369-376.
7. Oikawa N，Walter J. Presenilins and γ-Secretase in Membrane Proteostasis. *Cells*，2019，8（3）：209.
8. Rajendran L，Paolicelli RC. Microglia-mediated synapse loss in Alzheimer's disease. *J Neurosci*，2018，38（12）：2911-2919.
9. Selkoe DJ，Hardy J. The amyloid hypothesis of Alzheimer's disease at 25 years. *EMBO Mol Med*，2016，8（6）：595-

608.
10. Wang JZ，Liu F. Microtubule-associated protein Tau in development，degeneration and protection of neurons. *Prog Neurobiol*，2008，85（2）：148-175.
11. Wang JZ，Xia YY，Grundke-Iqbal I，et al. Abnormal hyperphosphorylation of Tau：sites，regulation，and molecular mechanism of neurofibrillary degeneration. *J Alzheimers Dis*，2013，33 Suppl 1：S123-39.
12. Yamazaki Y，Zhao N，Caulfield TR，et al. Apolipoprotein E and Alzheimer disease：pathobiology and targeting strategies. *Nat Rev Neurol*，2019，15（9）：501-518.

原始文献

1. Chui DH，Tanahashi H，Ozawa K，et al. Transgenic mice with Alzheimer presenilin 1 mutations show accelerated neurodegeneration without amyloid plaque formation. *Nat Med*，1999，5（5）：560-564.
2. Goate A，Chartier-Harlin MC，Mullan M，et al. Segregation of a missense mutation in the amyloid precursor protein gene with familial Alzheimer's disease. *Nature*，1991，349（6311）：704-706.
3. Grundke-Iqbal I，Iqbal K，Tung YC，et al. Abnormal phosphorylation of the microtubule-associated protein Tau（Tau）in Alzheimer cytoskeletal pathology. *Proc Natl Acad Sci U S A*，1986，83（13）：4913-4917.
4. He Z，Guo JL，McBride JD，et al. Amyloid-β plaques enhance Alzheimer's brain Tau-seeded pathologies by facilitating neuritic plaque Tau aggregation. *Nat Med*，2018，24（1）：29-38.
5. Ittner LM，Ke YD，Delerue F，et al. Dendritic function of Tau mediates amyloid-beta toxicity in Alzheimer's disease mouse models. *Cell*，2010，142（3）：387-397.
6. Liu F，Grundke-Iqbal I，Iqbal K，et al.Contributions of protein phosphatases PP1，PP2A，PP2B and PP5 to the regulation of Tau phosphorylation. *Eur J Neurosci*，2005，22（8）：1942-1950.
7. Luo HB，Xia YY，Shu XJ，et al. SUMOylation at K340 inhibits Tau degradation through deregulating its phosphorylation and ubiquitination. *Proc Natl Acad Sci U S A*，2014，111（46）：16586-16591.
8. Min SW，Chen X，Tracy TE，et al. Critical role of acetylation in Tau-mediated neurodegeneration and cognitive deficits. *Nat Med*，2015，21（10）：1154-1162.
9. Moore S，Evans LD，Andersson T，et al. APP metabolism regulates Tau proteostasis in human cerebral cortex neurons. *Cell Rep*，2015，11（5）：689-696.
10. Oddo S，Caccamo A，Shepherd JD，et al. Triple-transgenic model of Alzheimer's disease with plaques and tangles：intracellular Abeta and synaptic dysfunction. *Neuron*，2003，39（3）：409-421.
11. Park J，Wetzel I，Marriott I，et al. A 3D human triculture system modeling neurodegeneration and neuroinflammation in Alzheimer's disease. *Nat Neurosci*，2018，21（7）：941-951.
12. Saito T，Matsuba Y，Mihira N，et al. Single App knock-in mouse models of Alzheimer's disease. *Nat Neurosci*，2014，17（5）：661-663.
13. Shentu YP，Huo Y，Feng XL，et al. CIP2A causes Tau/APP phosphorylation，synaptopathy，and memory deficits in Alzheimer's disease. *Cell Rep*，2018，24（3）：713-723.
14. Wang JZ，Grundke-Iqbal I，Iqbal K. Glycosylation of microtubule-associated protein Tau：an abnormal posttranslational modification in Alzheimer's disease. *Nat Med*，1996，2（8）：871-875.
15. Wesseling H，Mair W，Kumar M，et al. Tau PTM profiles identify patient heterogeneity and stages of Alzheimer's disease. *Cell*，2020，183（6）：1699-1713.
16. Yan R，Bienkowski MJ，Shuck ME，et al. Membrane-anchored aspartyl protease with Alzheimer's disease beta-secretase activity. *Nature*，1999，402（6761）：533-537.
17. Zhang Z，Song M，Liu X，et al. Cleavage of Tau by asparagine endopeptidase mediates the neurofibrillary pathology in Alzheimer's disease. *Nat Med*，2014，20（11）：1254-1262.
18. Zhao X，Kotilinek LA，Smith B，et al. Caspase-2 cleavage of Tau reversibly impairs memory. *Nat Med*，2016，22（11）：1268-1276.
19. Jia L，Xu H，Chen S，et al. The APOE-ε4 exerts differential effects on familial and other subtypes of Alzheimer's disease. *Alzheimers Dement*，2020，16（12）：1613-1623.

第7章 抑郁症

师咏勇 徐一峰 贺 林

第一节 概述及流行病学简述

抑郁障碍是以情绪或心境低落为主要临床表现的一类常见精神障碍的总称。抑郁障碍可以伴有幻觉、妄想等精神病性症状，也可以伴有不同程度的认知和行为改变，一些患者存在自残和自杀行为。抑郁障碍通常为急性或亚急性起病，平均发病年龄为20～30岁，几乎每个年龄段的人都有可能患有抑郁障碍。患者中女性多于男性（约2∶1），且有阳性家族史的女性患者是男性的2倍。抑郁障碍单次发作至少持续2周，经常会反复发作，大多数发作可以缓解，有些可能残留症状或转为慢性，从而严重影响社会功能。情绪低落的症状也可见于多种精神障碍，通常也会伴随着某些躯体疾病共同出现（例如病毒性肝炎和一些神经系统疾病及感染性疾病）。在本节内容中，我们关注的既不是生活中正常的不快乐感觉，也不是伴随其他疾病的抑郁症状，而是以心境低落、兴趣减退、快感缺失为核心症状的抑郁障碍。

因为使用了不同的定义、诊断标准、流行病学的研究方法和调查工具，导致文献中不同国家和地区所报道的患病率各不相同，很难确定抑郁障碍的患病率。一项由国际精神疾病流行病学联盟（International Consortium in Psychiatric Epidemiology，ICPE）举行的研究，采用世界卫生组织-世界精神健康（World Health Organization-World Mental Health，WHO-WMH）复合式国际诊断访谈（Composite International Diagnostic Interview，CIDI）调查来自10个国家（北美洲、欧洲和亚洲）的37 000名成人，发现大多数国家的终身患病率在8%～12%，但不同国家或地区之间存在差异，其中，美国为16.9%，而日本仅为3%左右。据WHO（2012）年的统计，全世界约有3.5亿人患有抑郁障碍；在17个国家进行的精神卫生健康调查中发现，平均而言，每20人中就有1人曾患或目前患有抑郁障碍，抑郁障碍的年患病率为1.5%，终身患病率为3.1%，多达1/5的妇女在分娩后会出现产后抑郁的症状。这些流行病学研究结果进一步说明了社会文化因素对抑郁障碍的临床表现、诊断和研究方法存在潜在的影响。

20 世纪 80 年代以前，我国精神病学界对心境障碍的诊断概念相对狭隘，诊断率过低，并且分类存在分歧，特别是有关心境障碍的早期流行病学研究并未将单相抑郁和双相情感障碍区分开，各项研究报道的患病率和发病率数据差异很大，因此很难进行全面比较而得出结论。随着我国精神病学的发展和国际诊断标准的普及，我国临床精神病学界也对心境障碍的诊断概念有了新的认识。国内调查表明，抑郁障碍的患病率呈上升趋势。费立鹏等在国内 4 个省市进行的流行病学调查数据显示，心境障碍的月患病率为 6.1%，其中抑郁障碍为 2.06%，恶劣心境为 2.03%，尽管患病率高，但治疗率不足 10%。2013 年的荟萃分析数据显示，中国大陆抑郁障碍的现患率为 1.6%，年患病率为 2.3%，终身患病率为 3.3%。根据 2014 年《自然》杂志报道的全球抑郁障碍流行病学情况，中国的抑郁障碍患病率为 3.02%。黄悦勤等联合全国 40 余家精神专科医院和高校的专业人员开展的中国精神卫生调查（China Mental Health Survey，CMHS），覆盖了全国 31 个省市、自治区，共 32 552 人完成了调查。调查结果显示，我国抑郁障碍的加权终身患病率及加权 12 月患病率分别为 3.4% 和 2.1%。

第二节　病因与发病机制

一、生物化学

抑郁障碍的具体发病机制目前尚未完全明确，且病因极为复杂，涉及生物化学、遗传、神经内分泌、神经免疫、电生理、脑影像及心理社会因素等诸多方面。虽然经过多年的研究，对抑郁障碍的病理生理学的了解已经取得了相当大的进展，但目前并没有一个单一的模型可以解释抑郁障碍的所有方面。不同的患者可能会有不同的病因或者病理生理学基础，甚至对同一患者来说，在不同时间的发病也可能基于不同的原因或病理生理学基础。抑郁障碍神经生物化学系统上主要体现在神经递质与激素分泌异常。早在 20 世纪中叶，就观察到抗高血压药物利血平可以引发严重抑郁并减少人体中单胺类物质的含量，由此，引发了人们对于单胺类神经递质在抑郁障碍发病机制中的潜在作用的研究，称之为单胺假说。目前的研究表明，单胺类神经递质含量下降或功能不足是诱发抑郁障碍的重要影响因素，单胺类神经递质主要包括 5- 羟色胺（5-hydroxytryptamine，5-HT）、多巴胺（dopamine，DA）和去甲肾上腺素（norepinephrine，NE）。其中 5-HT 与抑郁障碍的相关研究最为深入，其在抑郁障碍的发生、发展及治疗过程中起到十分关键的作用。5-HT 有多个亚型，例如 5-HT1A，其受体为 5-HT1ARs。5-HT1ARs 是一种 G 蛋白偶联的代谢性受体，当 5-HT1ARs 被激活时，会抑制环腺苷酸单磷酸酯（cyclic adenosine monophosphate，cAMP）的水平，最终抑制神经元的活动。5-HT 自身受体的激活降低了中缝核神经元的放电率，通过负反馈机制导致 5-HT 的释放受到限制，抑制了神经元的兴奋。

最早成功治疗抑郁障碍的药物是单胺氧化酶抑制剂（monoamine oxidase inhibitors，MAOIs），这种药物最开始被用于治疗结核病，在 20 世纪 50 年代初，它被发现可以提升患者的情绪和刺激患者的活动。MAOIs 可以抑制单胺的氧化，最终导致整个大脑细胞外 5-HT、DA 和 NE 含量的增加。除了 MAOIs，还有同一时期发展起来的三环类药物（tricyclic antidepressants，TCAs）也被发现可以有效治疗抑郁，但 TCAs 促进单胺类激素神经传导的方式与 MAOIs 并不相同，它是通过阻断 5-HT 和 NE 的再摄取来增加单胺水平的。到 20 世纪 80 年代末，更具有药理学特异性的第二代抗抑郁药物被开发出来，如选择性 5- 羟色胺再摄取抑制剂（selective serotonin reuptake inhibitors，SSRIs），相较于前代抗抑郁药物，其副作用有所改善。SSRIs 能够抑制中缝核神经元对 5-HT 的再摄取，经过略缓慢的治疗过程提升大脑中的 5-HT 水平，第一代和第二代的抗抑郁药的疗效和作用都是基于单胺假说而开发应用的，然而，即使在同一患者中，该模型也不能解释重性抑郁发作时临床表现的显著差异，以及为什么一些患者对一种类型的抗抑郁药有反应，而另一些患者则不起作用。更重要的是，单胺假说并不能解释为什么抗抑郁药物要经过数周才能起作用。

此外，氨基酸类神经递质失调也可以导致抑郁障碍的发生。氨基酸类神经递质包括兴奋性氨基酸和抑制性氨基酸。在正常生理状态下，神经细胞间隙内存在的适量的兴奋性氨基酸介导神经元之间的兴奋传递，同时也存在适量的抑制性氨基酸，通过抑制兴奋性神经递质的释放而产生抑制效应。保持兴奋和抑制之间的平衡是大脑的一个基本功能，这也是信息处理和高级认知功能所必需的。谷氨酸是中枢神经系统主要的兴奋性神经递质，神经信息就主要由谷氨酸能神经元所发出的兴奋性信号所组成，这些兴奋性信号与 γ- 氨基丁酸能神经元间抑制相匹配。兴奋–抑制平衡背后的细胞成分变化可能会影响信息在大脑皮质微电路、大脑区域和神经网络中的检测和传播。有研究表明，急性应激事件使得谷氨酸与 N- 甲基 -D- 天冬氨酸（N-methyl-D-aspartic acid，NMDA）受体的持续接触，使受体过度持续活化，造成神经元萎缩。γ- 氨基丁酸（γ-aminobutyric acid，GABA）是大脑中主要的抑制性神经递质，在一些重性抑郁障碍患者的脑内和脑脊液中，检测到 GABA 的水平较低，但在症状有所缓解的患者中水平正常。而提高 GABA 的水平有明显的抗抑郁效果。抑郁障碍患者存在兴奋性与抑制性氨基酸失衡的情况，主要体现在兴奋性氨基酸含量过多，而抑制性氨基酸含量不足。

另外，还有研究表明 5-HT 和脑肠肽（脑内神经肽）与抑郁障碍的发病相关。又如固醇类水平失衡，腺苷及其受体相互作用改变以及雌激素和性激素的水平变化也会引发抑郁。总之，尽管目前对抑郁障碍的研究不可谓不深入，但抑郁障碍的生化机制十分复杂，就具体的神经生物学、生物化学变化机制尚远未探明彻底。

二、遗传因素

抑郁障碍已经被证明具有遗传风险，随着分子生物学技术的迅速发展，针对抑郁障碍患者开展的遗传分析，识别风险变异，可以帮助开发更有效的预防和治疗方案。

严重的抑郁障碍会适度遗传，研究表明，遗传和特别的环境因素对抑郁障碍的发生都有较大的影响。在对双胞胎研究分析中，遗传因素被认为解释了 37% 的变异，独特的环境解释了 83%。对抑郁障碍患者的近亲属进行研究，与那些没有被诊断为严重抑郁障碍的人的一级亲属相比，严重抑郁障碍患者的一级亲属罹患抑郁障碍的风险增加了 30% ～ 40%，血缘关系越近，患病率就越高。另外，同样的遗传因素是否会影响男性和女性患抑郁障碍的风险呢？研究表明，在同样的遗传因素作用下，抑郁障碍在不同的性别之间患病率有较明显差异，总体上女性的患病率较男性高，也发现了性别特异性遗传效应的明确证据。

目前最直观的是寻找抑郁障碍的易感基因，可以通过连锁研究和关联研究来帮助寻找易感基因。全基因组关联分析（genome-wide association study，GWAS）结合连锁广度和关联力的优势，已经鉴定了许多与抑郁障碍相关的易感性位点。最新的研究确定了 102 个相关位点。结果很明显，抑郁障碍是一种多基因变异的精神障碍，但每个位点起到的作用微小，对于抑郁障碍这种复杂疾病，过于分散的位点分析并没有能够得出有意义的结论。

早期很少有研究能够重复性发现相同的抑郁障碍易感基因变异位点，当越来越多的研究结果出现，针对抑郁障碍的发病机制并没有更加清晰，反而因为信息的冗余而让后续的研究无从下手。并且有些结果我们不仅需要考虑这一研究结果的可信度，还要考虑其负面的发现是否有意义，简单的来说，我们如何评估多项研究中的假阳性率和假阴性率？

抑郁障碍的大多数遗传变异是由于多个小效应位点起到的联合作用所造成的，可能是难以建立抑郁障碍遗传诊断主要原因。但目前，越来越多相同的位点被发现，GWAS 也能够开始成功地识别风险变异，并显示出了可复制的发现，这些发现或许能够开始为重度抑郁障碍的病理生理学研究提供新的信息。

在遗传上来说，精神分裂症、双相情感障碍、多动症等疾病的遗传风险高达 75% ～ 80%，抑郁障碍相比较来说遗传风险较低，但就过去的双胞胎和领养研究表明，抑郁障碍的遗传率在 35% ～ 40%，所以在发病机制的研究中遗传因素的影响依旧是不可缺少的一环。

尽管研究结果众多，但至今依旧未能找到非常确定的易感性位点，抑郁障碍的研究和基于单核苷酸多态性（single nucleotide ploymorphism，SNP）的遗传力测试也消除了抑郁障碍不具有遗传效力的可能性，不过这也为研究提供了另外的思路与可能性：不同的疾病可能表现出相似的症状，而被错误地识别为相同的疾病，即抑郁障碍的可能性，抑郁与焦虑就经常是共同产生的，许多抑郁患者都伴随有焦虑症状，或者可能有许多不同的途径导致相同的结果，如不同的环境所引发抑郁障碍的方式不同，这更多地取决于个人的遗传易感性。

总体上，目前关于抑郁障碍易感基因研究最新的进展中，根据其表达产物的功能分别属于 5-HT 信号通路、DA 信号通路、血管相关通路以及神经营养因子相关信号通路等。多数研究也侧重于已有的生物化学结果来开展探究，但除了目前已经进行了许多工作的针对 SNP 的研究，其他类型的基因变异形式也应该被纳入讨论，这些基因的变异形式除 SNP 之外，还有基因可变数目串联重复等（variable number of tandem repeats，VNTR）、拷贝数变异（copy number variation，CNV）、染色体结构变异（structural variation，SV）、罕见变异等。

另外，除了考虑亲代遗传，表观遗传机制也会引起应激事件刺激下的抑郁风险增加。广义上讲，表观遗传学是指不涉及 DNA 序列而影响基因表达和翻译的过程，表观遗传学的过程变化包括 DNA 甲基化、较小的非编码 RNA 如 microRNA 和组蛋白的修饰等。将风险基因的作用与表观遗传学的研究结果结合起来可以更好地发现抑郁障碍的遗传机制。

目前的遗传学研究繁多，但依旧没有有利的分子生物学证据能够证明某项成果，上一小节我们所提到的几种假说，例如单胺假说、皮质类固醇受体信号传导受损，还有近年来更新的包括神经营养素、成纤维细胞生长因子、GABA 能缺陷等，总体上，遗传学并不能支持任何一种假说优于另一种假说，就像是针对繁复的候选基因文献所进行谨慎的阅读和选择一样，我们也应该谨慎地对待迄今为止提出的任何生物学理论。

定量遗传学的研究还发现个人独特环境的实质性影响需要被着重看待，在精神病遗传学中，对环境因素的考虑常常被忽视，每个个体所处的环境都是不同且复杂的，这也许是没有办法在发病机制上得到一致结果的原因。环境因素也不能够被单独看待，除了与遗传因素进行简单的相加考虑之外，影响抑郁障碍病因的遗传和环境因素可能是互相影响并互相作用的，在应激性生活事件和抑郁障碍之间观察到的差异的三分之一可归因于基因-环境的相关性。并且许多候选基因的效应还会受到个体所在环境压力的影响，进而影响表达。因此，由于抑郁障碍发病原因中环境因素的特殊性，从分子遗传的角度也不可避免地着重考虑环境对于个体的影响，如此能够更方便地识别在遗传高危之外的环境高危个体。

也正是因为环境因素的作用，抑郁障碍的致病因素十分复杂。所以并不是所有具抑郁障碍家族患病史的人都会患上抑郁障碍，也不是所有患上抑郁障碍的患者都有抑郁障碍家族病史，遗传并不是抑郁障碍的唯一成因。

三、神经内分泌

神经系统和内分泌系统是机体两大最重要的调节系统，这两个系统之间存在着相互作用，形成神经系统和内分泌系统相互连接的网络，实现神经内分泌功能，参与机体许多重要功能的调节，具有重要生理意义。机体内部特化神经元可合成和分泌部分传递化学信息的神经激素，其种类繁多、含量甚微但分布广泛。随着神经内分泌学的深入发展，已知许多神经元具有神经内分泌功能，以传递化学信息，参与内分泌调节。

神经的内分泌物质是通过四种类型细胞通道进行传导的：

1. 直接通道 存在于同一类型细胞之间和两种有广泛物理接触的细胞之间，包括紧密连接、缝隙连接、桥粒和半桥粒。

2. 旁分泌通道 某些单一组织内细胞对细胞的信息传递是通过释放化学物质，经细胞外液扩散后作用于邻近细胞。

3. 内分泌通道（远距离分泌） 内分泌系统通过分泌的激素，经由循环系统（血液和组织液）运输至远隔部位的靶细胞，如垂体激素。

4. 神经系统通道 神经系统也主要是依赖化学物质进行信息传递，但不是通过血液流动进行信息传递的，而是通过神经末梢释放神经递质，作用于邻近靶细胞的突触上的特异性受体，突触分为电突触和化学突触。

神经激素的分泌与情绪调控有关，如肾上腺皮质功能亢进或低下，甲状腺功能亢进或减退，女性产后、绝经期后、妊娠期间等激素分泌发生一定变化时，均可引起机体出现情绪低落、意志减退、运动减少、语言减少、焦虑、失眠、紧张等，以促进或延缓抑郁障碍的发生及发展。研究表明，机体在受到一定程度的应激性刺激时，许多神经激素会分泌增加或减少，对于伴有机体特殊易感体质或对应激性刺激抵抗力很弱的人群就易诱发抑郁障碍。在神经内分泌功能出现障碍时，神经激素的分泌会增加或减少进而诱导机体出现抑郁障碍。可见，机体神经激素合成和分泌与抑郁障碍的发生及发展是密切相关的。

神经内分泌功能主要包括下丘脑–垂体–肾上腺（hypothalamic-pituitary-adrenal，HPA）轴、下丘脑–垂体–甲状腺（hypothalamus-pituitary-thyroid axis，HPT）轴、下丘脑–垂体–性腺（hypothalamic-pituitary-gonadal，HPG）轴。三大下丘脑–垂体–终末器官系统的功能失调就会引起抑郁症状。其中，HPA轴功能亢进与HPA轴负反馈调节障碍有关。Pariante等对此进行了相关研究，抑郁障碍患者促肾上腺皮质激素释放激素（corticotropin releasing hormone，CRH）过度分泌，使血液、脑脊液及代谢物中CRH增高，导致CRH受体下调，从而造成分泌过多的CRH失去了作用位点，致使CRH在体内恶性循环地持续升高，最终产生抑郁症状。此外相关研究发现抑郁障碍患者HPT轴同样存在功能失调，表现为促甲状腺激素（thyroid stimulating hormone，TSH）对促甲状腺激素释放激素（thyrotropin releasing hormone，TRH）的反馈不敏感，而并非甲状腺功能异常导致甲状腺激素的分泌不足。甲状腺功能与情绪密切相关，甲状腺功能减退可出现情绪低落等与抑郁障碍相似的症状。另外，抑郁障碍患者HPG轴的活性也是下降的。

抑郁障碍患者出现神经内分泌的异常主要是单胺类递质系统的功能异常。大量研究发现单胺类神经递质主要包括5-HT、NE及其受体等。然而单胺递质的功能失调难以解释全部抑郁障碍的发病机制，所以目前非单胺神经递质如氨基酸、神经肽、神经激肽（包括P物质，一种肽类神经递质，存在于脑和消化道，参与痛觉、运动、情绪等的形成过程）等在抑郁障碍中的作用逐渐受到关注。

激素分泌的改变也会引起抑郁障碍，包括雌激素、生长激素（growth hormone，GH）和褪黑激素的分泌节律改变。流行病学资料显示女性抑郁障碍的患病率约为男性的2倍，因此雌激素水平影响抑郁障碍发作的假说受到关注。Chhibber等研究发现雌激素受体缺失会抑制5-HT2A信号通路引发抑郁。季节性情感障碍与冬季日照时间的长短有关，光照会影响褪黑素浓度的变化，冬季日照时间缩短会延迟褪黑素的释放及回落，从而影响生物节律。同时，也会抑制肾上腺素和甲状腺素的合成，影响到人们的情绪和食欲。

除此之外，脂代谢异常也证明与抑郁障碍的发生相关。有研究发现抗抑郁中医方剂开心散可通过靶向脂代谢信号通路缓解抑郁症状；其他研究发现血清低密度胆固醇水平与抑郁障碍严重程度成正相关，而高密度脂蛋白与抑郁障碍负相关。

四、神经免疫

神经炎症是机体受损后，中枢或外周来源的促炎和抗炎细胞因子合成和释放失调引起的炎症反应。传统观念认为由于血脑屏障的存在，中枢神经系统通常被视为免疫豁免区；但这一观念逐渐改变，抑郁障碍患者在中枢神经系统内也可表现炎症介质水平增高。

目前越来越多的研究结果证明抑郁障碍中存在神经炎症的特征性改变，主要表现为小胶质细胞激活、星形胶质细胞激活、细胞因子水平改变等。

1. 小胶质细胞激活 这是神经炎症最主要的特征，其定义是小胶质细胞受到损伤、缺血等刺激后，从静息态转变为激活态的过程。小胶质细胞激活后形态和功能均会发生变化。在生理情况下，小胶质细胞激活后还释放营养因子和抑炎因子。但在持续应激或感染等病理状态下，小胶质细胞会被过度激活，此时会级联反应放大炎症过程，后者不仅导致脑内炎症因子水平增高，还导致神经元损伤和丢失。小胶质细胞激活与抑郁障碍的发生发展密切相关。首先，尸检研究发现抑郁障碍自杀患者的扣带回和前额叶存在活化的小胶质细胞。其次，动物应激模型结果发现急性和亚急性应激可诱导小胶质细胞激活；而慢性应激不仅会使小胶质细胞的数量、形态和功能发生改变，还能诱导啮齿类动物表现出体重减轻、快感缺失等抑郁样行为。最后，一些临床研究运用PET示踪剂来标记小胶质细胞激活的标志物，结果发现抑郁障碍患者脑区中存在激活的小胶质细胞。

2. 星形胶质细胞激活 与小胶质细胞激活相比，前者在神经炎症中的作用研究甚少。一般认为，星形胶质细胞受到感染、损伤等刺激后会表达胶质纤维酸性蛋白（glial fibrillary acidic protein，GFAP），是星形胶质细胞活化的表面标志物。按照不同的刺激源，活化的星形胶质细胞可分为两类：第1类是A1型，受小胶质细胞分泌的炎症因子刺激而形成，具有较强的神经毒性作用；第2类是A2型，在脑内缺血状态下激活，能上调神经营养因子，具有神经保护作用。多数尸检研究发现抑郁障碍患者前扣带回、额叶和杏仁核等脑区中的星形胶质细胞的数量减少，密度降低；Platas等证明抑郁障碍患者脑区中可能存在激活的星形胶质细胞。此外，脂多糖能刺激抑郁样小鼠模型脑区中的星形胶质细胞活化标志物GFAP表达增加，而通过氟柠檬酸抑制星形胶质细胞激活后可以减轻小鼠脑区中的炎症水平，从而改善小鼠的抑郁样行为。

3. 细胞因子改变 细胞因子是由机体免疫细胞和非免疫细胞经过适当刺激后分泌的低分子多肽。研究表明多种细胞因子的分泌与抑郁障碍相关。与抑郁障碍相关的细胞因子主要有如下几种。

（1）白介素：白介素（interleukin，IL）是由单核细胞及淋巴细胞等产生，且其可调控机体免疫功能、造血功能、炎症反应及细胞凋亡等。

研究表明，抑郁障碍常伴随多种细胞因子含量异常。如，IL-6可参与抑郁障碍的发生及发展，通过检测IL-6含量可评价抑郁障碍的病情程度；IL-6及IL-18等促炎因子可促进脑卒中后抑郁障碍的发生及发展；抑郁障碍患者血清IL-17及IL-21含量增高，可用来初步评价患者的治疗及预后；抑郁障碍动物模型出现脑IL-1β及IL-6含量上调，使用红景天可降低IL-18及IL-6含量，抑制核转录因子激活，上调单胺类神经递质活性，进而起到抗抑郁作用；IL-2、IL-4、IL-5、IL-10、IL-12及IL-13等是抑郁障碍的重要生物标志物，且其可有效地评价抑郁障碍的治疗水平。

（2）集落刺激因子：一般而言，集落刺激因子可促进机体造血干细胞分化为造血祖细胞或其他阶段的细胞，利于造血干细胞及造血祖细胞成熟，进而调控相关细胞因子的分泌，如粒细胞集落刺激因子、巨噬细胞集落刺激因子、粒细胞巨噬细胞集落刺激因子及多重集落刺激因子等。

在动物模型中，集落刺激因子可促进抑郁障碍动物模型中性粒细胞数量增加，增强大鼠的抗感染及吞噬其他异物能力，提高大鼠的免疫功能，进而改善抑郁障碍动物模型的症状和体征；粒细胞集落刺激因子可改善*APP/PSI*双转基因小鼠学习记忆水平，同时，其还可改善*APP/PSI*双转基因小鼠伴抑郁样行为。人类研究表明，粒细胞集落刺激因子对帕金森病合并抑郁障碍具有潜在的治疗作用。

（3）干扰素：干扰素（interferon，IFN）可干扰其他病毒的感染和复制，以保护自身免受其他病毒的侵扰，其由白细胞、成纤维细胞和活化T淋巴细胞所产生，其中白细胞产生IFN-α，成纤维细胞产生IFN-β，活化T淋巴细胞产生IFN-γ。一般而言，虽然IFN的种类不同，但均具有抗病毒、抗肿瘤、抗炎症、抗氧化、抗细胞凋亡和发挥免疫调节的作用。

临床使用IFN-α治疗慢性丙肝病毒感染病人后，易诱发该病人出现抑郁障碍，而停用IFN-α治疗慢性丙肝病毒感染病人，可适度减轻慢性丙肝病毒感染病人伴发抑郁障碍的相关症状，其机制是IFN-α参与色氨酸代谢，以干扰5-HT含量；慢性丙肝病毒感染病人长期使用IFN-β和利巴韦林治疗，也易诱发抑郁障碍。

（4）肿瘤坏死因子：肿瘤坏死因子（tumor necrosis factor，TNF）是一类可促进肿瘤组织坏死和炎症反应的细胞因子。研究表明，TNF可分为TNF-α和TNF-β两类，其中TNF-α由单核巨噬细胞产生，TNF-β由活化T细胞产生。TNF-α及TNF-β均可发挥杀伤肿瘤细胞、参与免疫调节、参与氧化应激、发热及炎症反应等作用。

研究表明，TNF-α可促进5-HT限速酶（如吲哚胺2、3-双加氧酶和3-羟基氨基酸氧化酶）表达上调，引起5-HT表达下调，进而诱导大鼠出现抑郁样行为；临床使用TNF受体拮抗剂可改善银屑病病人伴抑郁障碍的失眠、情绪低落、抑郁心境及意识减退等症状；TNF-α参与抑郁障碍的发生及发展，抑郁障碍病人接受抗抑郁药治疗后，血清TNF-α含量降低，预示TNF-α是抑郁障碍疗效评价的重要靶点。

（5）趋化因子改变：趋化因子是免疫系统和神经系统中的一组重要分子。在免疫系统中，趋化因子的主要功能是协调单核细胞、白细胞等免疫细胞迁移至炎症部位。例如，CC类趋化因子配体2（chemokine C-C motif ligand 2，CCL2）、CCL7、CCL8、CCL12、CCL13能协调促炎细胞迁移至炎症或损伤状态下的大脑内。在神经系统中，趋化因子还能参与协调神经炎症反应。神经元上的CX3C类趋化因子配体1（chemokine C-X3-C-motif ligand 1，CX3CL1）与小胶质细胞表面上的CX3C类趋化因子受体1（chemokine C-X3-C-motif receptor1，CX3CR1）的结合有助于保护小胶质细胞免于激活。

研究表明，相较于健康人，抑郁障碍病人血液单核细胞趋化因子含量明显增加，而血液中性粒细胞趋化因子含量改变不明显，提示评价抑郁障碍的治疗、预防及随访等需要检测单核细胞趋化因子含量；在小鼠模型中，抑郁小鼠各种趋化因子含量均出现不同程度上调。

五、电生理

近年来，通过电生理表现来诊断和研究抑郁障碍及其发病机制越来越受到人们的重视。根据电生理形成部位和原理的不同，抑郁障碍的电生理包括神经电、心电、皮电、胃电和眼电等，其中神经电是抑郁障碍电生理主要的研究重点和热点。

（一）神经电

也称为脑电，是通过大脑皮质记录的神经元活动的总和，对于不同疾病或者生理状态，脑电也会呈现不同的模式。抑郁障碍相关的脑电分析，在临床上主要分为脑电图、睡眠脑电图、脑电地形图、脑诱发电位等测试。大脑皮质神经元持续性、节律性的电位变化成为脑电信号。抑郁障碍患者的脑电图监测，主要测试抑郁障碍患者脑电信号的幅度和功率谱，研究发现抑郁障碍患者的 α 频段频率电位变化相比正常人明显降低。此外，抑郁障碍患者脑电信号前额叶活动特征，侧化现象等在治疗前后有明显变化，说明脑电信号与抑郁障碍病理基础存在一定联系。

睡眠脑电图又称多导睡眠图，主要关注抑郁障碍患者连续睡眠时长、觉醒次数、快速眼动睡眠等指标，通常情况下，抑郁障碍患者相比正常状态，表现出总睡眠时长减少，睡眠连续性被破坏，觉醒次数增多，快速眼动睡眠潜伏期缩短等睡眠障碍。

脑电地形图相比脑电图更有优势，可以对微弱的脑电活动信号进行时间和空间的定量分析，进行不失真的放大，然后处理数据并存储。相比正常状态，抑郁障碍患者的脑电地形图常呈现异常增高，比如 β 频率增高，或者是 α 频段频率对称改变，对于抑郁障碍的诊断有一定帮助。

脑诱发电位包括躯体感觉诱发电位、视觉诱发电位、脑干听觉诱发电位、运动诱发电位、事件相关电位等，通过监测脑诱发电位，我们可以测定脑电活动，了解脑功能状态。抑郁障碍患者通常伴有认识障碍，临床上脑诱发电位检查发现抑郁障碍患者的感知和记忆系统通常存在一定程度障碍，包括数字识别、领悟文字、词汇记忆和听声辨位等方面的能力下降。

（二）心电

研究发现心率变异性（心搏间隔时间的变化，heart rate variablity，HRV）可用于监测评价抑郁障碍，研究人员招募重度抑郁障碍患者和双相情感障碍患者进行心电图数据监测，数据表明与双相情感障碍患者相比，抑郁障碍患者窦性心率不齐和低频 HRV 的趋势显著升高，可以用来区分重度抑郁障碍和双相情感障碍。此外，有研究证实抑郁障碍患者 HRV 的参数总体标准差 SDNN 和差值均值平方 RMSSD 与正常人相比，均显著降低，但是目前尚不能单以心电监测结果作为诊断抑郁障碍的依据，需配合其他监测结果或者指标共同诊断。

（三）皮电

皮肤组织作为人体最大的器官，其上遍布毛孔汗腺，汗腺活动出现的电现象叫做皮肤电，简称皮电。皮电反应由植物性神经控制，因此机体受到外界刺激时，皮电反应比脑电和心电更快速敏感，变化更显著，因此皮电反应也被用来研究抑郁障碍患者电生理的应激反应。研究抑郁障碍患者和正常人皮电交感反应 SSR 发现，抑郁障碍患者的事件相关电位 P300 和 SSR 潜伏期延长，波幅降低，但是目前皮电交感反应和抑郁障碍病理联系还处于研究阶段，临床上需要结合其他指标诊断抑郁障碍。

（四）胃电

胃平滑肌的生物电活动可传导到体表，记录胃体表投影区的胃肌电信号而绘成的曲线图，称为胃电图。临床上，抑郁障碍患者常呈现出伴随性胃部不适，如消化不良、胃胀、腹痛、便秘等，因此通过监测患者胃电图诊断抑郁障碍成为可能。研究发现，抑郁障碍患者与正常人的胃电图相比，出现胃电节律过快，节律紊乱等现象，深入研究发现交感神经调节增强导致胃动力过速，并与抑郁障碍相关。

（五）眼电

眼电图是通过监测眼静电位随光适应改变而产生缓慢变化的一种视网膜功能检查方法。眼电图可以作为眼球活动的电学记录，而抑郁障碍与眼球活动也存在一定关联。通过对比闭眼眼电，发现抑郁障碍患者的眼电指标值处在精神分裂症患者和正常人之间，并且抑郁障碍患者的眼球活动有其自身的特点。与皮电和心电类似，眼电可以作为抑郁障碍电生理的辅助参考信息，随着后续研究的不断加深，其与抑郁障碍的关联也将更加清晰。

抑郁障碍的致病机制复杂，所涉及因素众多。抑郁障碍影响着患者多个器官和系统的生理状态，因此不同部位的电生理也会出现相关的变化。通过比较抑郁障碍患者和正常人的电生理改变可以为研究抑郁障碍提供不同角度的思路和依据。到目前为止，尚不能以单一电生理的改变来诊断抑郁障碍，但是可以联合多种电生理指标，以及临床表现，来甄别抑郁障碍类型与相似疾病诸如双相情感障碍等。

六、脑影像

随着对抑郁障碍认知的不断加深，越来越多的研究发现抑郁障碍患者的病情严重程度或认知障碍往往与特定脑区的结构损伤异常密切相关。因此，针对抑郁障碍的脑影像学发展迅速，通过对抑郁障碍患者脑影像的检测和分析，有助于我们对抑郁障碍患者脑区结构改变和异常进行总结归类，从而有助于抑郁障碍的诊断以及提供治疗的新思路和方案。目前，抑郁障碍相关的脑影像学大致上分为形态结构影像学和功能影像学，我们也将从形态和功能影像学两方面介绍抑郁障碍患者脑影像的特征。

（一）形态影像学

高分辨率的磁共振成像技术能够精确地显示脑部结构微小的变化，这也为研究抑郁障碍脑部结构变化和诊断提供了依据。近年来的研究证实抑郁障碍与脑部结构变化存在一定的联系，此外，抑郁障碍患者脑部结构异常是导致抑郁障碍的原因还是抑郁障碍造成的结果尚无法确定，随着后续研究的不断深入，二者之间的联系将逐渐明朗。大量研究发现，抑郁障碍患者的海马体积明显减小，且左侧海马减少更显著，左右海马体积缩小程度与抑郁障碍的病程相关，揭示海马体积缩小可能与慢性抑郁障碍的程度有关。但是海马体积缩小是引发抑郁障碍的危险因素还是抑郁障碍发生后的结果尚不明确。有研究发现，抑郁障碍高危组（有家族史）人群除了左侧海马萎缩，两侧海马的灰质密度都显著下降。在首发抑郁障碍患者中，海马体积缩小存在性别差异，男性首发抑郁障碍患者左侧海马萎缩现象更显著，女性患者没有明显变化。研究表明，抑郁障碍患者海马体萎缩可能从左侧海马开始，并且海马体积缩小存在性别差异。此外，有个别研究提出抑郁障碍患者的海马体积没有明显缩小，但是存在结构上的异常，双侧海马的尾部和头部的形状发生变化。因此，对于海马与抑郁障碍的具体关系还需进一步深入研究。

除了海马，脑部前额叶皮质（prefrontal cortex，PFC）也与语言、记忆等功能相关，针对重度抑郁障碍患者脑影像检测结果显示，整个 PFC 体积相比正常情况体积显著减小。此外，研究还发现抑郁障碍患者 PFC 的眶部，前额叶背部区域的灰质也显著减小。前额叶区域较为广泛，其不同分区对应着情感和情绪调节、记忆、语言和注意力等，抑郁障碍患者出现的记忆、语言陈述和情绪调节等功能障碍与脑部结构改变有密切联系。

研究发现抑郁障碍患者脑部杏仁核结构或功能的改变可能成为致病原因之一。杏仁核是脑区边缘系统的一部分，与情绪处理息息相关。抑郁障碍患者两侧杏仁核体积明显减小，而服用抗抑郁药物后，抑郁障碍患者杏仁核体积恢复正常。但是有报道发现早期抑郁障碍患者左侧杏仁核出现代偿性增大，呈现过度激活状态，并伴随情绪记忆障碍，右侧杏仁核则没有明显改变。到目前为止，对于杏仁核形态结构改变和抑郁障碍的关系尚没有统一结论。

前扣带回的结构改变也与抑郁障碍的发生存在一定的联系，前扣带回与运动控制、认知和情绪调整等功能相关。对抑郁障碍患者脑影像检查发现，与正常人相比，抑郁障碍患者双侧前扣带回体积明显缩小；而发作期抑郁障碍患者的萎缩程度比缓解期要更加显著，说明前扣带回结构改变与抑郁障碍的发生联系密切。

有研究证实抑郁障碍患者的纹状体结构异常，纹状体由尾状核、壳核和苍白球三部分组成，其中抑郁障碍患者双侧尾状核体积显著缩小，进一步研究发现尾状核前部减少显著，并且随抑郁障碍程度加深，尾状核萎缩程度也随之加深。与海马类似，纹状体体积缩小存在性别差异，在对女性抑郁障碍患者的研究中，虽然双侧纹状体减小，但是没有呈现与抑郁障碍严重程度正相关。

此外，丘脑的形态结构改变与抑郁障碍可能存在一定联系，但目前尚没有统一结论，仍需要进一步深入研究。

（二）功能影像学

功能影像学主要是应用断层扫描技术，用放射性核素标记的分子来检测脑部区域代谢的血流和代谢等，属于侵入性检测手段。应用放射性核素标记手段，研究发现抑郁障碍患者的前额叶背外侧皮质的脱氧葡萄糖代谢率降低，并且随抑郁障碍程度加深，代谢率降低愈显著，而患者治愈后，左额叶的代谢率恢复正常。另外有研究应用单光子发射计算机断层扫描（single-photon emission computerized tomography，SPECT），发现抑郁障碍患者全脑血流降低，其中额叶和顶叶等部位血流降低显著，患者症状改善后，左侧额叶血流恢复正常。

随着技术的发展，应用磁共振成像（magnetic resonance imaging，MRI）可检测特定脑区氧化血红蛋白和脱氧血红蛋白的比值，描绘脑部特定区域代谢和神经化学变化等，属于非侵入性检测方法。静息态功能磁共振成像（resting-state functional MRI，rs-fMRI）由于具备可重复性，操作简易和非侵入性等优势，成为近年来研究抑郁障碍的重要手段之一。rs-fMRI 技术研究抑郁障碍主要分为两大类，即局部脑区功能活动检测和跨脑区之间功能整合的相关检测。局部脑功能活动主要检测局部一致性（regional homogeneity，ReHo）和低频振幅（amplitude of low frequency fluctuation，ALFF）。研究发现，抑郁障碍患者与正常人相比，颞叶边缘结构的 ReHo 显著升高，而额叶、顶叶、尾状叶 ReHo 则显著降低，ReHo 可以反映局部脑区的神经元活动一致性，因此局部脑区的 ReHo 值变化可作为临床上评估抑郁障碍患者临床症状严重程度的脑功能指标。ALFF 算法是一种单一核磁共振信号源的研究，可反映局部脑区自发的神经活动，研究证实抑郁障碍患者右侧躯体感觉区、丘脑、颞叶和背外侧前额叶皮质中 ALFF 值与正常人相比显著升高，说明抑郁障碍患者上述脑区自发性神经活动比较活跃。静息态脑功能整合研究是将不同大脑区域或组织之间功能整合分析的方法，Michael 等对抑郁障碍患者进行 5 周的经颅磁刺激治疗，发现治疗后患者左侧背外侧前额叶皮质和纹状体之间的功能连接降低。电休克疗法是一种常用的治疗抑郁障碍的方法，研究证实经电休克治疗后，抑郁障碍患者右侧中央表浅杏仁核和左侧膝下前扣带回之间的功能连接分数降低，而杏仁核与左侧背外侧前额叶皮质的功能连接分数增加，上述跨脑区功能整合的改变可能与抑郁障碍症状整体改善有关。

抑郁障碍的功能影像学在临床上除了测定脑部糖代谢和血流，还可以进行抗抑郁药物的药理机制的研究等，对于抑郁障碍的病因探索有重要意义。

七、脑–肠轴与肠道微生物

脑–肠轴是大脑与胃肠道相互作用的双向调节轴，其包括中枢神经系统（central nervous system，CNS）、自主神经系统（autonomic nervous system，ANS）、肠道内神经系统（enteric nervous system，ENS）和 HPA 轴等结构，各部分功能相互协调。胃肠道既有感觉功能又有运动功能，被称“情绪的反应器”。因此胃肠道不适常伴有情绪的反应，而情绪的反映反过来可激活 CNS 相关部分的神经活动，同时将调控信息通过脑–肠轴下传至胃肠道，改变其动力和分泌功能，激活肠黏膜免疫，影响肠道黏膜屏障功能。抑郁障碍患者往往伴有胃肠道的不适。健康成年人的肠道内定殖着 1000 多种正常的微生物菌落，他们与宿主存在着共生关系。在生理状况下，肠道微生物不仅能够促进人体营养物质的消化吸收，对人体内分泌、代谢、免疫等生理功能的正常发挥也有重要影响。当肠道微生物的种类和数量受到宿主自身或外界环境变化影响时，会造成肠道菌群失调，诱发机体一系列变化，轻者出现肠道局部炎症性疾病，重者可发生全身性疾病，如糖尿病、帕金森病、焦虑症、阿尔茨海默病及抑郁障碍等。研究表明，肠道菌群可以通过自身及其代谢产物短链脂肪酸等影响机体，反过来机体也可以通过神经系统、免疫系统、内分泌系统等途经来控制和调节肠道菌群，来应对周围环境的改变，维持肠道菌群的动态平衡，这种调节机制就称为微生物–肠–脑轴。

肠道微生物与抑郁障碍相互作用机制主要包括：①单胺类神经递质失衡：肠道中细菌可促进肠道的内分泌细胞产生神经活性物质，并通过内分泌系统、自主神经等途径调节中枢神经系统。如肠道中的微生物可影响色氨酸的代谢，色氨酸是 5-HT 的前体，微生物通过激活吲哚胺 2,3- 双加氧酶使色氨酸通过犬尿氨酸途径而耗尽，导致 5-HT 数量降低从而引发抑郁症状。②炎症反应：胃肠道菌群紊乱时，各种失调的微生物引起了外周的免疫激活和炎症反应，各种炎性因子通过不同的途径进入中枢，并将炎症信号传入中枢，中枢胶质细胞激活，促进了抑郁障碍的发生。③ HPA 轴机制：肠道菌群通过改变海马体内 N- 甲基 -D- 天冬氨酸和 5-HT 受体的表达，影响海马体促肾上腺皮质激素的释放，导致 HPA 轴的功能改变，从而导致抑郁症的发生。④神经营养因子失衡机制：脑源性神经营养因子（brain-derived neurotrophic factor，BDNF）主要由脑内神经元合成，具有促进神经纤维生长、增加突触间联系、调节突触可塑性的功能。大脑中的海马区与人类的情绪有关，当肠道菌群改变时会引起海马区 BDNF 表达减少，引起皮质、海马神经元组成和功效的改变，导致抑郁障碍的发生。⑤交叉反应机制：肠道微生物产生的蛋白质中有一些与人体合成的神经肽等物质存在一定的相似性，这种分子相似性很可能是人体免疫系统产生针对神经肽的自身抗体，诱导抑郁障碍发生。

综上所述，抑郁障碍的发病与肠道菌群失调有着密切联系，通过植入益生菌可以有效的调节胃肠道微生态，激活体内免疫系统，增加脑内神经递质的释放，从而影响中枢神经系统功能，可能有助于改善患者的抑郁症状。

八、心理社会因素

抑郁障碍与身体、心理和社会功能的降低有关。在抑郁障碍的病情发展中，心理社会因素产生了较大的作用。生活事件在引发或加重抑郁障碍方面的潜在作用早已被认识到。疾病、经济困难、失业、亲人分离或去世等一系列成年人的应激性生活事件已经被证明与抑郁障碍密切相关，而儿童时期所遭受的虐待、忽视和遗弃等因素也在某种程度上与成年后面对应激性生活事件时患上严重抑郁障碍的易感性有关。

一般来说，社会支持网络在生活事件发生的过程中发挥着重要的作用。随着社会心理压力的增加，较高的社会关系质量可以缓解抑郁障碍状。在通常情况下，健康的正常人会通过寻求各种社会支持来缓解生活事件所带来的巨大压力。社会支持越好，应对方式越积极，对改善抑郁程度的效果也会更好。但是社会支持对不同人群的影响是不尽相同的。

有相关研究表明，对衰老有负面看法的人群比对衰老持有积极态度的人群似乎有更多的抑郁症状。同时在对衰老持有积极态度的人群，研究发现低水平的社会功能性支持会导致抑郁症状的减少，而高水平的支持会导致症状的增加。这可能是因为社会支持虽然在一定程度上增加了社会联系，分散了人对压力性事件的注意，但同时也可能引起人们对压力源的关注增加。在老年群体中，移民比同龄人有着更显著的抑郁症状，这可能与他们要适应新的文化，失去原有的社会联系以及可能遭受到的社会边缘化经历有关。

另外，有研究表明，社会环境和物理环境同样对抑郁障碍影响重大。环境干扰、社会安全性和社会凝聚力与抑郁严重程度有显著的间接关系。社会凝聚力和安全性增加会促进抑郁程度的降低，而环境干扰会增加抑郁的严重程度。例如，在荷兰的调查研究发现更高的城市化水平、更低的社会经济地位、更多的社会保障受益者、更多的移民、更高的空气污染水平、更少的绿化面积和社会安全与更高的抑郁障碍患病率相关。而在中国的研究分析表明，居住处的绿化程度以及接触绿化的难易程度与抑郁障碍状呈负相关，而这种相关性受到城市化、体育活动和（邻里）社会凝聚力的调节。同时体育锻炼和邻里社会凝聚力对抑郁障碍的影响因城市化水平的不同而不同。体育活动与抑郁之间的负关联在城市化程度较高的区域中最为明显，然而在城市化程度最低的地区，邻里社会凝聚力的保护作用非常低。

由于心理社会因素与抑郁障碍密切相关，对于抑郁障碍的干预治疗措施首先应侧重于社会环境，并应关注那些处于较差条件的人。同时大量研究表明心理治疗对于轻度的抑郁障碍有着很好的效果，在短期内可与抗抑郁药相媲美，而从长期来看则可能更有效。综合治疗比单独的心理治疗或药物治疗更有效，患者也更容易接受。

第三节　动物模型

像许多其他疾病一样，动物模型可以帮助研究人员了解抑郁障碍的病因和发病机制。此外，合适的动物模型也有助于寻找有效的治疗方法。因此，基因、表观遗传和环境诱导的动物模型已经被开发出来，这些模型复制了人类抑郁障碍的典型症状，以帮助研究人员更好地了解人类抑郁障碍。

需要注意的是在评估动物数据时，动物与人的许多生理和生化过程是不同的。因此评估动物数据时，研究人员需要知道动物模型中的病因和发病机制与人类疾病的病因和发病机制的接近程度，以及症状的测量是否足够可靠。

通常，动物模型必须满足三个基本值：表面有效性，即动物以类似于人类抑郁障碍的方式重现疾病表型；病因有效性，即动物的病理生理过程与导致人类患病的过程相似；以及预测有效性（药理学敏感性），即动物对有效治疗抑郁障碍的药物有反应。考虑到许多抑郁障碍的动物模型并不符合所有这些原则，因此需要对动物模型的要求进行修订，并引入额外的效度标准：同源效度、致病效度、机制效度、收敛效度、判别效度、内部效度和外部效度。研究人员通过应用不同的方法学方法，如应激因素或基因操作，建立成熟的抑郁症动物模型，可以用来探索遗传和分子致病机制。与人类疾病的其他动物模型的情况类似，似乎没有一个单一的动物模型可以用于抑郁障碍的所有研究目的。

一、早期生活应激产生的模型

早期生活应激在发育的关键时期，如产前、出生后早期和青春期，可能会对神经环路产生永久性的改变，并产生长期的负面后遗症。主要包括产前应激、母体分离和断奶后社会隔离应激。

怀孕期间的母亲压力可能会影响后代的神经发育，并可能导致成年后出现精神障碍，如焦虑和抑郁。应激激素、促肾上腺皮质激素释放激素、儿茶酚胺和糖皮质激素通过胎盘运输，到达并影响胎儿大脑。产前应激可以通过束缚、24小时光线干扰、睡眠剥夺或强迫游泳来产生，从而导致啮齿类动物出现抑郁样表型。

出生后早期是大脑发育的关键时期，在此期间大脑特别容易受到压力等有害事件的影响。因此，小鼠出生后早期的后代高度依赖母体护理，过早与母亲分离压力很大，会影响后代成年后的生物学和行为表型的发展。一般采用将啮齿动物幼崽每天与母亲分开3小时或者在笼子里限制筑巢和铺垫材料来塑造模型。通常情况下在雄性或雌性小鼠中，早期母体分离会导致学习和记忆障碍、抑郁和焦虑样行为。

啮齿动物断奶后的社会隔离（隔离饲养）是最常被研究的社会隔离应激源模型之一，它是青春期和成年后焦虑、抑郁和物质使用障碍的危险因素。在持续的社会隔离条件下饲养啮齿动物，剥夺它们社交游戏的机会，扰乱稳定的社会等级制度的建立，会导致影响各种精神障碍的行为变化，如抑郁障碍、双相情感障碍和精神分裂症。

二、成年期压力产生的模型

主要包括习得性无助模型、慢性轻度应激模型、反复约束压力模型、慢性社会挫败压力模型和社会不稳定压力模型。根据分类标准不同，还可以分为可引发抑郁障碍的脑部病变模型、药理模型和遗传模型。

习得性无助模型被认为是一个在结构和预测效度，以及认知和神经内分泌损伤方面，与抑郁症状有很好相似性的模型。在习得性无助模式中，动物首先在封闭的房间里接受脚部的几次电击。然后，受试者被放在另一个有栅格地板的房间里，接受轻微的电击，有可能逃脱。以前没有接触过不可避免的电击的啮齿动物通常能够迅速逃离电击，而习得性无助的动物往往无法避免电击。这表明有类似抑郁的表型。习得性无助模型被广泛应用于探索啮齿动物成年期施加的不可预测和不可控制的压力所产生的影响。

慢性轻度应激模型则是通过交替使用不同类型的轻度应激源来产生的。这类模型具有良好的表面有效性，病因有效性以及预测有效性。通常为了诱发慢性轻度应激，动物被暴露于各种长期的、不可避免的应激因素中三周，然后进行行为特征评估。动物表现出的慢性轻度应激反应最明显的特征是快感缺乏，表现为对蔗糖的摄入减少。

反复约束压力模型对抑郁障碍的模拟也具有良好的效果，并被广泛应用于临床前研究，以探索慢性心理情绪应激的影响。这类模型的塑造通常将动物放入一个有鼻孔的狭长圆柱形束缚带内，使其不能活动，每天2～8小时，连续21天，然后进行行为评估。暴露于反复约束压力中的啮齿动物在社会交往中表现出抑郁样的表型，快感减退，焦虑增加，空间学习能力受损。

慢性社会挫败压力模型基于居民-入侵者模式，在社会水平上模拟抑郁障碍的发病机制，这是因为反复的社会压力是触发人类抑郁障碍发展的最常见的病因。反复遭受攻击的压力的小鼠会对社会接触产生持久的厌恶。社会失败模型很好地符合动物模型的所有主要要求，表现出极好的病因、表面和预测有效性。然而，这种模式需要使用大量的动物，占用动物设施的大量空间。此外，社会失败压力带来了伦理上的担忧，包括实验老鼠（入侵者）由于侵略者的攻击而造成皮肤损伤的可能性，这有时也是将该模型排除在研究之外的原因。

此外，该模型主要针对雄性小鼠和特定品系。由于社会失败压力对雌性啮齿动物的适应性不强，因为它们的攻击性较弱，因此引入了雌性动物的社会不稳定压力模型。雌性啮齿动物的社会不稳定压力是通过改变笼子里的邻居成员，以及交替的社会隔离和拥挤阶段来调节的。社会不稳定模型扭曲了先前建立的社会网络，并迫使动物在每个拥挤阶段采用新的等级。经历这种模式的啮齿动物在野外、高架十字迷宫测试和社会互动测试中表现出焦虑和抑郁的表型，外周皮质酮水平升高，下丘脑糖皮质激素受体（glucocorticoid receptor，GR）表达升高。除了性别差异和较少的伦理关注外，该模型在很多方面都与男性慢性社会失败压力模型相似。

上述啮齿动物模型确实在一定程度上模仿了人类抑郁障碍的许多方面，但它们距离理想的动物模型还具有一定差距。非人灵长类动物的模型通常更接近人类的情况，因为这些动物表现出相似的症状，并且经常有相似的病因。事实上，在猴子身上开发的几种模型可能更符合人类疾病理想模型的概念。例如Hennessy等人研究发现，在雄性恒河猴中，社交隔离在几周内会导致高达90%的雄性恒河猴出现类似抑郁的姿势和行为。因此，使用猴子作为模仿人类抑郁障碍的模型似乎是有优势的。然而，由于为这类研究建立灵长类动物群体并不容易。因此同时使用几种啮齿动物模型可能会克服缺乏单一理想模型的问题。

第四节 临床表现

抑郁障碍的临床表现各不相同，可以细分为许多不同的形式。抑郁发作的临床表现可分为核心症状、心理症状与躯体症状三个方面。核心症状为情绪低落、兴趣减退、快感缺失，在核心症状的基础上常常还伴有其他认知、躯体以及行为表现。

一、核心症状

情感症状是抑郁的主要表现，包括自我感受到或他人可观察到的心境低落，高兴不起来，兴趣减退甚至丧失，无法体验快乐，甚至莫名其妙会出现悲伤。低落的心境几乎每天都存在，通常不会随着环境的变化而改善。一天之内可能会有典型的昼夜差异，例如，有些患者在早上起来时感到心境低落最为严重，而在傍晚开始好转。抑郁障碍的核心症状包括心境或情绪低落，兴趣减退以及快感缺失。

1. 心境低落 主要表现为自我感受到或他人可观察到的显著而持久的情感低落、抑郁和悲观情绪。患者常常诉说自己心情不好、不开心。可出现典型的抑郁面容，终日愁眉苦脸、忧心忡忡、郁郁寡欢、长吁短叹。

2. 兴趣减退 患者对各种以前喜爱的活动或事物兴趣下降或缺乏兴趣，任何事都提不起劲。典型的患者对任何事物都没有兴趣，离群索居，也不愿见人。

3. 快感缺失 患者失去了体验快乐的能力，并且无法从平日从事的活动中获得乐趣。即使做了自己以前喜欢的事情或工作，其目的也只是为了消磨时间。

二、心理症状群

抑郁发作还包含许多心理症状，可分为心理伴随症状（焦虑、自责自罪、精神病性症状、认知症状、自杀观念和行为等）和精神运动性症状（精神运动性迟滞或激越等）。有时这些体验比抑郁心境更为突出，可能掩盖抑郁心境而导致漏诊或误诊。

1. 焦虑 焦虑与抑郁常常共存，而且经常成为抑郁障碍的主要症状之一。患者可能会感到烦躁、担忧、紧张、胡思乱想，担心失控或发生意外等，有些患者可表现出易激惹、冲动，常常因过度担忧而无法集中注意力。可能伴有一些躯体症状，如胸闷、心慌、尿频、出汗等，躯体症状可以掩盖主观的焦虑体验，并成为主要的临床主诉。

2. 思维迟缓 患者表现为思维联想速度减慢，反应迟钝，思维受阻，难以思考问题，自觉“大脑就像生锈的机器”。决策能力下降，变得优柔寡断、犹豫不决，甚至对一些日常小事也难以做出决定。临床上可见主动言语减少，语速明显减慢，声音低沉，对答困难，严重的患者甚至无法与他人顺利沟通。

3. 认知症状 情感低落常会影响患者的认知功能，主要表现为近事记忆下降、注意力障碍，抽象思维能力差，学习困难，空间知觉、眼手协调及思维灵活性等能力减退。许多抑郁障碍患者会描述自己注意力不集中，容易分散，信息处理能力差，对自身和周围环境漠不关心。此外，认知扭曲或负性认知偏差也是认知障碍的主要特征之一，例如，对各种事物的悲观和消极解释，将周围的事物都看成是灰色的。患者会感到无用、无助和无望。这种症状常与自杀观念密切相关，在临床上应注意鉴别并提高警惕。

4. 自责自罪 在悲观失望的基础上，会产生自责自罪。患者会过分地贬低自己，并总是批判、否定自己。不再自信，对任何成功都持怀疑态度，认为只是巧合，自己毫无功劳。对自己既往的一些轻微过失或错误痛加责备，认为自己的一些行为让别人感到失望。认为自己患病给家庭和社会带来了沉重的负担。严重时患者会产生深深的内疚甚至罪恶感，认为自己罪孽深重，必须受到社会的惩罚，甚至达到了罪恶妄想的程度。

5. 自杀观念和行为 严重的抑郁障碍患者常常会有消极自杀的观念和行为。与死亡有关的念头反复在他们脑子里盘旋，觉得生活中的一切都没有意义，活着没有意思，甚至思考自杀的时间、地点和方式。抑郁障碍患者的自杀观念常常持续存在，在自杀观念的驱使下，他们认为“自己活在世上是多余的”“结束自己的生命是一种解脱”，部分患者会发展成自杀行为。患者所采取的自杀行为通常经过精心计划，难以防范，因此自杀行为是抑郁障碍最严重的、最危险的症状。临床工作者应对曾经有过自杀观念或自杀未遂的患者保持高度警惕，应反复提醒家属及其照料者将预防自杀作为一项长期任务，并认真做好自杀风险的评估和预防。最终会有10%～15%的抑郁障碍患者会因自杀而死亡，有些患者还会出现所谓“扩大性自杀”行为，因此，积极的治疗干预是非常必要的。

6. 精神运动性迟滞或激越 精神运动性迟滞患者表现为思维迟缓，在行为上表现为显著持久的抑制，行为迟缓、生活被动、懒散，常独坐一旁或整日卧床。不想做事，不想学习工作，不愿外出，不愿参加平常喜欢的活动。不愿与周围的人接触交往，常闭门独居、疏远亲友、回避社交。严重者不顾个人卫生，蓬头垢面、不修边幅，甚至发展为少语、少动、少食或不语、不动、不食，达亚木僵或木僵状态，成为“抑郁性木僵”，但仔细检查时，患者仍流露出痛苦抑郁情绪。精神运动性激越患者则与之相反，脑中反复思考一些没有目的的事情，思维内容无条理，大脑始终处于紧张状态。但由于无法专注于解决核心问题，因此思维效率下降，无法进行创造性思考。在行为上则表现为烦躁不安、紧张，有手指抓握、搓手顿足或踱来踱去等症状。有时无法控制自己的行为，但又不知道自己因何而烦躁。

7. 精神病性症状 严重的抑郁障碍患者可能会出现精神病性症状，如幻觉或妄想等，这些症状可以与抑郁心境协调或不协调。与心境协调的精神病性症状内容主要涉及丧失能力、患病、死亡、一无所有或应受到惩罚等，如罪恶妄想、无价值妄想、躯体疾病或灾难妄想、嘲弄性或谴责性的听幻觉等。而与心境不协调的精神病性症状则与上述主题无关，如被害妄想、没有情感背景的幻听等。

8. 自知力 许多抑郁障碍患者自知力完整，可以积极主动寻求治疗并描述自己的病情和症状。但严重的抑郁障碍患者自知力可能会不完整甚至缺乏。如有明显自杀倾向的患者自知力可能有所扭曲，缺乏对自己当前状态的正确认识，甚至完全失去寻求治疗的愿望。伴有精神病性症状的患者自知力不完整甚至完全丧失自知力的比例更高。

三、躯体症状群

躯体症状在抑郁障碍患者中并不少见，包括：睡眠、饮食、体重和行为活动表现等方面。此外，有些患者还存在疼痛、心动过速、口干和便秘等症状。一些国外学者也将这些躯体症状称为生物学症状。注意当患者的激越或迟滞症状非常明显时，患者可能不愿或无法描述许多其他的症状，并且具有认知功能障碍的患者可能也无法详细描述主观体验，这种情况下客观观察到的躯体症状对于诊断尤为重要。

1. 睡眠障碍 睡眠障碍是抑郁障碍最常见的症状之一，也是许多患者的主诉症状。表现为早段失眠（入睡困难）、中段失眠（睡眠轻浅、多梦）、末段失眠（早醒）、睡眠感缺失等。其中以入睡困难最为多见，一般比平时延时半小时以上；而早醒最具有典型特征，通常比平时早醒2～3小时，醒后不能再入睡。在非典型抑郁障碍患者中可以出现睡眠过多和贪睡的情况。

2. 饮食及体重障碍 主要表现为食欲下降和体重减轻。食欲减退的发生率约为70%。轻度患者表现为食不知味、没有胃口，但食物摄入不一定会明显减少，此时患者体重的改变在一段时间内可能并不明显。严重的患者完全丧失进食的欲望，对自己过去喜欢的食物也不感兴趣，甚至不愿提到吃饭。进食后感觉腹胀、胃部不适，体重明显下降，甚至出现营养不良。非典型抑郁障碍患者则会有食欲亢进和体重增加的情况。

3. 精力丧失 表现为无精打采、疲乏无力、懒惰，感到筋疲力尽、疲惫不堪、能力下降。患者感到自己整个人都垮了、散架了，常常抱怨"太累了"等。一些患者抱怨"腿上像灌了铅一样"，感觉非常沉重。

4. 抑郁情绪昼重夜轻 早晨起床后抑郁会加重，大约有50%的患者情绪低落呈现出这种波动变化。患者清晨一睁开眼睛时，就开始担心新的一天，无法自拔，有度日如年之感；到了下午和晚上则有所减轻。这种症状是"内源性抑郁"的典型表现之一。但与之相反，也有些心因性抑郁障碍患者的症状则可能在下午或晚上加重。

5. 性功能障碍 可以是性欲的减退乃至完全丧失或性功能障碍。有些患者勉强维持性行为，但无法从中获得快感。女性患者会出现月经紊乱、闭经等症状。

6. 其他非特异性躯体症状 抑郁障碍患者有时会以其他躯体症状作为主诉，这类非特异性症状包括头痛、脖子痛等躯体任何部位的疼痛，口干、出汗、视物模糊，心慌、胸闷、咽喉肿胀，恶心、呕吐、胃部烧灼感、胃肠胀气、消化不良，便秘、尿频、尿急等。

四、其他临床特征

除了出现上述主要症状外，抑郁障碍患者还可能具有某些特定的临床特征。根据DSM-5中的症状表述，可将抑郁发作进一步区分为以下不同的临床特征，为后续治疗方案的制订提供依据。

（一）内源性抑郁

在抑郁发作最严重的阶段会出现愉快感完全丧失，即便有愉快感也最多几分钟，对日常愉快事件刺激缺乏反应、症状晨重夜轻。同时伴有显著的精神运动性激越或迟滞、早醒、明显的厌食或体重减轻。应当指出的是，这类抑郁障碍患者通常在临床上更为严重，自杀风险很高，并且经常伴有精神病性症状，需要住院治疗。

（二）非典型抑郁

部分抑郁患者，没有典型抑郁障碍的入睡困难，而是睡眠增加或过度睡眠；没有食欲下降，而是食欲大增，甚至体重也增加；没有明显情绪低落或自觉精力不济，而有全身沉重、肢体如灌铅样感觉；对外界评价比较敏感，表现人际关系紧张。这种抑郁即为非典型抑郁，需要指出的是，"非典型"主要是与"内源性"相区别，并非是不常见或较少出现的一种抑郁亚型。重要的是，非典型抑郁与双相障碍之间可能存在同源的精神病理学特征，临床医生对于具有非典型抑郁特征的抑郁发作患者尤其需要注意鉴别双相障碍的可能。

（三）紧张症性抑郁

紧张综合征在抑郁障碍患者中有时会出现，必须至少满足以下两种表现：不动（有亚木僵或木僵的证据），极度激惹，极度抗拒，怪异的自主运动（有特殊姿势、刻板运动、做作或怪相证据），以及模仿言语或模仿动作等。因此，在临床中对于紧张症患者而言，需注意鉴别抑郁障碍和精神分裂症。

（四）混合性抑郁

抑郁心境状态背景下患者会出现激越、烦躁、易冲动等兴奋表现，满足躁狂或轻躁狂发作的症状学标准，如心境高涨、亢奋、自满、联想迅速、精力充沛、参加高风险的活动（例如，无节制的购物或盲目投资等）、睡眠需求减少以及虽然睡眠时间少但不感到疲倦等表现，但病程及症状标准不符合轻躁狂或躁狂发作的诊断标准或既往无双相障碍病史。混合性抑郁目前认为是双相障碍的发病危险因素之一，在治疗过程中应注意考虑双相障碍的治疗原则。

（五）季节性抑郁

季节性抑郁以季节性、反复发作的抑郁障碍为特征。季节性抑郁障碍患者比正常人对环境的季节性变化更加敏感，常常在秋季和冬季出现抑郁发作，而在第二年春季和夏季有所缓解。冬季型较夏季型多见，其发生常与光照的季节性减少有关，然后随着光照时间的季节性增加而缓解。与非季节性抑郁相比，季节性抑郁障碍患者的职业和认知功能损害较少，因而较少接受心理和药物治疗干预。大量临床研究结果提示，季节性抑郁障碍患者多数具有非典型特征，如食欲、体重的增加以及睡眠增多。

第五节 诊断与鉴别诊断

一、诊断

抑郁障碍所涵盖的范畴涉及较广，在不同的分类诊断体系中有所不同。国际疾病分类第11版（international classification of diseases 11th revision，ICD-11）中抑郁障碍包括：单次发作的抑郁障碍、复发性抑郁障碍、恶劣心境障碍、混合性抑郁焦虑障碍、其他特指的抑郁障碍、未特指的抑郁障碍。美国精神障碍诊断与统计手册第5版（diagnostic and statistical manual of mental disorders，fifth edition，DSM-5）中抑郁障碍包括：破坏性心境失调障碍、抑郁障碍、持续性抑郁障碍、经前期烦躁障碍、物质/药物所致的抑郁障碍、由于其他躯体疾病所致的抑郁障碍、其他特定的抑郁障碍等亚型。

（一）ICD-11诊断标准

基本（必备）特征：在每天的大多数时间存在至少五条以下特征性症状，持续至少2周。其中至少1条症状源自情感症状群。对症状存在与否的判断应参考其对个体重要功能的影响程度。

1. 情感性症状群 抑郁心境，源自患者的自我体验（如情绪低落、悲伤）或他人观察（如流泪、外表颓废）。儿童、青少年的抑郁心境可以表现为易激惹。

在活动中兴趣及愉快感明显减退，尤其是那些患者平时很喜欢的活动。愉快感减退也包括性欲减退。

2. 认知–行为症状群 面对任务时，集中注意和维持注意的能力下降，或明显的决断困难。

自我价值感低或过分的、不适切的内疚感，后者可表现为妄想。如内疚感或自责仅仅指向抑郁状态本身，则该症状不成立。

对将来感到无望。

反复想到死亡（不只是对死亡的恐惧）、反复的自杀意念（有或没有特定计划），或有自杀未遂的证据。

3. 自主神经系统症状群 显著的睡眠紊乱（入睡延迟，夜间醒来的频率增加，或早醒）或睡眠过多。

显著的食欲改变（减退或增加）或显著的体重改变（增加或下降）。

精神运动性激越或迟滞（可被他人觉察到，而不仅仅是主观感觉坐立不安或迟缓）。

精力减退，疲乏，或即使最低限度的活动也会出现明显的疲劳感。

情绪紊乱十分严重，导致患者个人、家庭、社会、学习、职业或其他重要领域的明显功能损害。或通过额外的努力才能维持功能。

这些症状不是其他疾病的表现（如脑肿瘤）。

这些症状并非源于中枢神经系统性物质或药物的作用（如苯二氮䓬类），包括戒断反应（例如，兴奋剂戒断）。

这些症状不能用居丧反应来解释。

（二）DSM-5的诊断标准

1. 在同样的2周时期内，出现5个或以上的下列症状，表现出与先前并且较既往有显著的功能变化，其中至少有一项是：①心境抑郁或②丧失兴趣或愉快感。

（1）几乎每天大部分时间都心境抑郁，即可以是主观的报告（如感到悲伤、空虚、无望），也可以是他人的观察（如表现流泪）（注：儿童和青少年，可能表现为心境易激惹）。

（2）几乎每天或每天的大部分时间，对于所有或几乎所有的活动兴趣或乐趣都明显减少（既可以是主观体验，也可以是观察所见）。

（3）在未节食的情况下体重明显减轻，或体重增加（如一个月内体重变化超过原体重的5%），或几乎每天食都减退或增加（注：儿童则可表现为未达到应增体重）。

（4）几乎每天都失眠或睡眠过多。

（5）几乎每天都精神运动性激越或迟滞（由他人观察所见，而不仅仅是主观体验到的坐立不安或迟钝）。

（6）几乎每天都疲劳或精力不足。

（7）几乎每天感到自己毫无价值，或过分的，不恰当的感到内疚（可达到妄想的程度），（并不仅仅是因为患病而自责或内疚）。

（8）几乎每天都存在思考或注意力集中的能力

减退或犹豫不决（既可以是主观的体验，也可以是他人的观察）。

（9）反复出现死亡的想法（而不仅仅是恐惧死亡），反复出现没有特定计划的自杀观念，或有某种自杀企图，或有某种实施自杀的特定计划。

2. 这些症状引起有临床意义的痛苦，或导致社会、职业或其他重要功能方面的损害。

3. 这些症状不能归因于某种物质的生理效应，或其他躯体疾病。

4. 这种重性抑郁发作的出现不能更好地用分裂情感性障碍、精神分裂症、精神分裂样障碍、妄想障碍，或其他特定和非特定精神分裂症谱系及其他精神病性障碍来解释。

5. 从无躁狂发作或轻躁狂发作。

二、鉴别诊断

（一）躯体疾病所致的抑郁

脑卒中、癫痫、甲状腺功能减退、多发性硬化、帕金森病等，可引起人体的神经系统生理功能的改变，从而导致抑郁。此外，患有高血压、冠心病、肿瘤等疾病的患者，在患病后也易同时伴发抑郁障碍。因此，该病的诊断应以病史、体格检查或实验室检查为基础，如果可以断定该器质性疾病与抑郁障碍的发生有关，则应诊断为躯体疾病所致的精神障碍（器质性精神障碍）。

（二）精神活性物质所致的抑郁

与精神活性物质所致的抑郁鉴别并不是很困难，只需要详细的询问病史，并且确定因果关系。如患者有酗酒或吸毒史，在戒断期间出现了抑郁障碍状，而以前并没有抑郁障碍的病史，就需要考虑为精神活性物质所致的精神障碍。

（三）精神分裂症

有部分精神分裂症患者伴有抑郁的症状，两者的主要区别是：精神分裂症以思维障碍和情感淡漠为原发症状，继而出现类似抑郁的症状；思维、情感和意志行为等精神活动是不协调的，常表现为言语零乱、思维不连贯、情感不协调、行为怪异等；病程迁延，缓解期常残留精神症状或人格的缺损。而抑郁障碍以情绪低落为原发症状；也可出现贫穷或自罪妄想等精神症状，但是由于情绪低落引起的，心境改善后，精神病性症状也随之缓解；抑郁障碍是发作性病程，间歇期基本正常。另外患者的病前性格、家族史、药物治疗的反应和预后等均有助于鉴别。

（四）双相情感障碍

双相情感障碍的特征是情感的不稳定性和转换性，在抑郁发作的基础上，有过躁狂或者轻躁狂的发作史。一些抑郁发作的患者无法提供明确的躁狂或者轻躁狂发作史，但是如果他们首次发病年龄早于 25 岁、有双相障碍家族史、伴精神病性症状、抑郁发作突然且发作次数在 5 次以上、心境不稳定、易激惹或激越、睡眠和体重增加等，要高度关注和定期随访评估躁狂发作的可能性，以及时修正诊断。

（五）焦虑障碍

抑郁障碍和焦虑障碍经常同时发生，焦虑障碍患者的情感表达以焦虑、脆弱为主，有明显的自主神经功能失调及运动性不安，自知力一般良好，求治心切；抑郁障碍以心境低落为主要表现，患者自我感觉差，觉得痛苦、厌倦、疲劳，躯体化症状较重的患者也可伴有疑病症状；临床工作中需要根据症状的主次及其出现的先后顺序来进行鉴别。

第六节　治疗与预后

一、治疗

（一）治疗原则

抑郁障碍的治疗应遵循以下原则。

1. 全病程治疗　一半以上的首发抑郁障碍患者会在发病后 2 年内会复发。为改善抑郁障碍患者的预后，减少复燃和复发，建议进行全病程治疗（急性期治疗、巩固期治疗和维持期治疗）。

（1）急性期治疗（8 ～ 12 周）：以控制症状为主，尽量达到临床痊愈，同时促进患者社会功能的恢复，提高患者的生活质量。

（2）巩固期治疗（4 ～ 9 个月）：以防止病情

复燃为主。治疗方案建议与急性期治疗保持一致，维持原药物种类、剂量和服用方法。

（3）维持期治疗：持续、规范的维持期治疗可以有效地减少复燃和复发，一般认为维持治疗2～3年，对于多次反复发作或是残留症状比较明显的患者建议长期维持治疗。维持治疗后，若患者病情稳定且无其他诱发因素可缓慢减药直至停止，一旦发现有病情反复的早期征象，应迅速恢复治疗。

2. 个体化合理用药 选择抗抑郁药物时应遵循个体化原则，需结合患者的年龄、性别、躯体情况、既往治疗史等因素，为患者选择合适的抗抑郁药物及剂量。

3. 量化评估 要定期对患者进行评估，不同时期，评估的侧重点不同。治疗前需综合评估患者的病情、躯体情况、社会功能以及社会家庭支持等，在治疗中应重点观察患者症状的变化情况及对药物的反应等。

4. 联合用药 一般不主张联合用药。联合用药常用于难治性患者，选择两种作用机制不同的抗抑郁药联合使用以增加疗效，但不主张联用两种以上抗抑郁药。此外，还可根据患者的具体情况考虑增效治疗，即联合锂盐、非典型抗精神病药等治疗。

（二）药物治疗

抗抑郁药物的种类。

1. 新型抗抑郁药物 ① SSRIs：代表药物为氟西汀、舍曲林、帕罗西汀、氟伏沙明、西酞普兰和艾司西酞普兰。②选择性5-羟色胺和去甲肾上腺素再摄取抑制剂（serotonin and norepinephrine reuptake inhibitors，SNRIs）：代表药物为文拉法辛和度洛西汀。剂量与SSRIs类似，高剂量时对DA摄取也有抑制作用。③去甲肾上腺素和特异性5-羟色胺能抗抑郁药（noradrenergic and specific serotonergic antidepressant，NaSSAs）：代表药物为米氮平，对抑郁障碍患者的食欲下降和睡眠紊乱症状改善明显，且较少引起性功能障碍。④去甲肾上腺素和多巴胺再摄取抑制剂（norepinephrine and dopamine reuptake inhibitors，NDRIs）：代表药物为安非他酮，对体重增加影响较小，甚至可减轻体重，还可用于戒烟治疗。但是，在伴有精神病性症状时，不宜使用安非他酮。⑤ 5-羟色胺受体拮抗剂/再摄取抑制剂（serotonin-2 receptor antagonists/reuptake inhibitors，SARIs）：代表药物为曲唑酮，具有较好的镇静作用，适用于伴有激越或者睡眠障碍的患者。⑥褪黑素MT_1/MT_2受体激动剂和$5\text{-}HT_{2c}$受体拮抗剂：代表药物为阿戈美拉汀，使用该药物治疗期间应定期监测肝功能。

2. 传统抗抑郁药物 三环类和四环类药物有阿米替林、氯米帕明、米帕明、多塞平和马普替林；单胺氧化酶抑制剂有吗氯贝胺等，由于其耐受性和安全性问题，作为二线用药。

3. 中草药 主要用于轻中度抑郁障碍的治疗。例如：圣约翰草提取物、疏肝解郁胶囊、巴戟天寡糖胶囊等。

4. 氯胺酮 具有快速抗抑郁效应，但氯胺酮本身作为一种致幻剂具有成瘾性。

（三）心理治疗

1. 支持性心理治疗 通过积极倾听，安慰、解释、指导进行健康教育，引导患者觉察自己的情绪，并鼓励表达，帮助患者正确认识和对待自身疾病，使患者能够积极主动配合治疗。

2. 认知行为治疗 通过帮助患者认识并矫正自身的错误信念，缓解症状、改善应对能力。常用的干预技术包括：识别自动性想法，识别认知错误和逻辑错误，建立合理的认知等。

3. 精神动力学治疗 在经典的弗洛伊德精神分析治疗方法上改良和发展形成，目前推荐用于治疗抑郁障碍的主要为短程疗法。

4. 人际心理治疗 帮助患者学会把情绪与人际交往联系起来，通过适当的人际关系调整和改善来减轻抑郁，提高患者的社会适应能力。

（四）物理治疗

1. 改良电休克（modified electric convulsive treatment，MECT）治疗 给予头部双颞侧适量的电流刺激，诱发癫痫放电，电刺激前通过静脉麻醉并注射适量肌肉松弛剂，可使抽搐发作不明显。能在较短时间内快速地控制自杀意念，从而降低患者自杀死亡率。治疗抑郁障碍时MECT的次数一般为8～12次。

2. 重复经颅磁刺激（transcranial magnetic stimulation，rTMS）治疗 机制可能是通过影响深部脑组织如基底核、纹状体、海马、丘脑和边缘叶等局部大脑皮质兴奋性和血流活动，改变脑内神经递质、细胞因子及神经营养因子而发挥作用。rTMS治疗后，少部分患者会出现头痛，但持续时间较短，多可自行缓解。

3. 迷走神经刺激（vagus nerve stimulation，VNS）治疗　迷走神经在解剖上同大脑中的情绪调节的区域存在联系，同时，临床上观察到接受 VNS 治疗的癫痫患者可有情绪改变，美国 FDA 已批准 VNS 作为抑郁障碍的辅助治疗手段。

4. 深部脑刺激（deep brain stimulation，DBS）治疗　将脉冲发生器植入脑内，通过释放弱脉冲刺激脑内相关核团，改善抑郁症状。目前 DBS 抗抑郁的确切机制尚不清楚。对于多种药物、心理和 ECT 治疗效果均较差的难治性抑郁障碍患者，可以考虑尝试 DBS 治疗。

二、预后

通常，抑郁发作的平均病程为 16 周（中位数为 24.3 周），大多数患者为中度到重度，这将严重影响他们的日常功能。抑郁发作的平均治愈时间为 20 周，若不接受治疗，病程通常会持续 6 个月或更长时间。经过抗抑郁治疗后，大部分患者的抑郁症状会得到缓解或明显改善，但仍会有约 15% 的患者不能达到临床治愈的标准，复发率约为 35%。在首次抑郁发作缓解后，约有一半的患者不再复发，但发作 3 次或以上而未接受维持治疗的患者复发的风险几乎为 100%。影响复发的因素主要有：抗抑郁药维持治疗的使用时间和剂量不足；慢性躯体疾病；社会适应不良；生活应激事件；缺乏家庭和社会支持；精神障碍阳性家族史等。

抑郁症状缓解后，患者的功能水平通常可以恢复到发病以前，但有 20% ～ 35% 的患者会有残留症状，从而影响职业能力或社会功能。如果患者持续存在抑郁症状，但不符合抑郁发作的诊断标准，则应视为部分缓解。抑郁障碍的残留症状会增加复燃和复发的风险，其中焦虑和躯体症状是抑郁障碍最为突出的残留症状。

参考文献

综述

1. HarrisonP，CowenP，BurnsT，et al. *Shorter Oxford Textbook of Psychiatry*（7th edn）.Oxford：Oxford University Press，2017：193-232.
2. 郝伟，陆林 . 精神病学 . 北京：人民卫生出版社，2018：105-119.
3. 陆林 . 沈渔邨精神病学（6 版）. 北京：人民卫生出版社，2018：380-422.
4. Malhi GS，Mann JJ. Depression. *Lancet*，2018；392（10161）：2299-2312.
5. Flint J，Kendler KS. The genetics of major depression. *Neuron*，2014，81（3）：484-503.
6. 李谨，汪水利，李云庆，张勇 . 抑郁症易感基因的研究进展 . 神经解剖学杂志，2017，33（01）：103-106.
7. Penner-Goeke S，Binder EB. Epigenetics and depression. *Dialogues Clin Neurosci*，2019，21（4）：397-405.
8. Oglodek E，Szota A，Just M，et al. The role of the neuroendocrine and immune systems in the pathogenesis of depression. *Pharmacol Rep*，2014，66（5）：776-81.
9. Pariante CM，Lightman SL. The HPA axis in major depression：classical theories and new developments. *Trends Neurosci*，2008，31（9）：464-8.
10. 张珊，赵静洁，李丽 . 免疫炎症与抑郁症 . 中华行为医学与脑科学杂志，2019. 7：660-665.
11. 陈秀文，杨荣骞，张磊，郭加成，吕瑞雪 . 抑郁症患者的自主神经异常与电生理表现 . 中国心理卫生杂志，2016，30（8）：635-640.
12. Becker M，Pinhasov A，Ornoy A. Animal models of depression：what can they teach us about the human disease? *Diagnostics*（*Basel*），2021，11（1）：123.

原始文献

1. Yirmiya R，Rimmerman N，Reshef R. Depression as a microglial disease. *Trends Neurosci*，2015，38（10）：637-658.
2. 许大剑，李跃华，赵翠萍，等 . 302 例抑郁症患者脑内神经递质变化规律研究 . 中国中医药信息杂志，2012. 19（4）：12-14.
3. Kidwell M，Ellenbroek BA. Heart and soul：heart rate variability and major depression. *Behav Pharmacol*，2018，29（2 and 3-Spec Issue）：152-164.
4. Sheline YI. 3D MRI studies of neuroanatomic changes in unipolar major depression：the role of stress and medical comorbidity. *Biol Psychiatry*，2000，48（8）：791-800.
5. Roberts H，van Lissa C，Helbich M. Perceived neighbourhood characteristics and depressive symptoms：potential mediators and the moderating role of employment status. *Social Science & Medicine*，2020：113533.
6. Liu Y，Wang R，Xiao Y，et al. Exploring the linkage between greenness exposure and depression among Chinese people：Mediating roles of physical activity，stress and social cohesion and moderating role of urbanicity. *Health & place*，2019，58：102168.

第8章 精神分裂症

贺 光 王继军 贺 林

第一节 精神分裂症的概述

一、疾病概述及发展史

精神分裂症（schizophrenia，SCZ）是一组病因未明的精神疾病，多起病于青壮年，常有感知、思维、情感、行为等多方面的障碍和精神活动的不协调，一般无意识障碍和明显的智能障碍，病程多迁延。由遗传、表观遗传、神经发育和环境风险等多个因素，以高复杂度、高异质性的方式触发。精神分裂症具有致残率高、社会破坏性大、终身患病、预后不佳的特点，严重影响社会稳定、经济发展、人口健康。

一个多世纪以来，精神分裂症被认为是一个区别于早发性痴呆的独特的疾病，其定义和边界在此期间经历了不断的变化。1899 年，德国精神病学家 Emil Kraepelin 综合了几种精神疾病的病征，如青春型痴呆、紧张症和偏执狂，提出了早发性痴呆（dementia praecox）的概念，而这些疾病现在被认为是精神分裂症的亚型。现在使用的“精神分裂症”—schizophrenia 这个词，是由瑞士精神病学家 Eugen Bleuler 在 1908 年提出的。他认为思维联想障碍、情感淡漠、矛盾意向和内向性是精神分裂症的特征性的基本（核心）症状，即“4A”症状；而幻觉和妄想被认为是附属症状其后，德国精神病学家 Kurt Schneider 列举了基于自我认知障碍的高度紊乱型错觉和幻觉等一系列症状，并将这些症状称为“首级症状”或称“一级症状”，将消极和认知症状视为“二级症状”。然而，精神分裂症一级症状的特异性一直受到质疑。

随着人们对精神分裂症更深入的了解，现在认为精神分裂症的临床特征包括阳性症状（如幻觉、妄想、思维紊乱和运动行为异常）、阴性症状（如情绪平淡或低落、语言贫乏、冷漠、缺乏快乐、退缩和缺乏社会性）和认知功能缺陷（如注意力、语言流畅性、工作记忆和执行功能方面的缺陷）三部分。阳性症状通常代表思维和知觉存在明显的异常，阴性症状则代表正常智力、情感功能和表达的减弱或缺失。阳性症状倾向于反复发作和缓解，阴性症状和认知障碍往往是慢性的，并与社会功能的长期影响有关。

流行病调查显示精神分裂症在全世界范围的患病率约为 1%，我国现患 1600 多万例。长期以来，精神分裂症在临床诊疗上存在很多问题，如诊断量表评估的客观性差异、病症多样化、复发率高、治疗效果个体差异大等。而且，精神分裂症的遗传学基础极为复杂，存在较强的遗传异质性。与其他常见疾病类似，精神分裂症的发生是遗传因素与环境因素共同作用的结果，涉及多个易感基因的共同作用，而表观遗传学机制和环境因素等都发挥了不同的作用。家系、双生子和寄养子的研究都表明遗传因素在精神分裂症的发生中具有重要作用，其遗传度为 60% ～ 85%。而且，科学家们也发现了许多与该病关联的易感性疾病风险基因。流行病学、发育遗传学和神经影像学等研究提出了精神分裂症的神经发育模型：精神病性症状是发病多年历程的最终结果；而精神分裂症的神经递质异常假说主要包括多巴胺和谷氨酸相关的信号通路紊乱等。

精神分裂症造成社会经济负担严重，现有诊疗手段有限。因此，精神分裂症的基础研究和遗传咨询对我国人口健康具有重大的科学价值和社会经济意义。寻找精神分裂症的易感基因，有助于进一步阐释精神分裂症的发病机制，有助于实现精神疾病的早期预防、诊断及治疗、预后效果的判断，并为精神疾病药物新靶点的发现提供依据。

二、临床表现

精神分裂症的临床表现复杂，目前研究者并不十分清楚如何将疾病的特征分成单个的表型，以及这些单个表型如何分别对应特定的症状集，并反映分子靶标的变化。精神分裂症表型在许多方面都是独特的，这也反映了精神分裂症的病理生理特点，如疾病症状、疾病认知和大脑激活模式的变化、死后脑组织的特点及精神分裂症的药理学特征等。

大样本精神分裂症的 meta 分析结果表明，精神分裂症疾病症状至少可以分成三类：阳性症状，包括幻觉、妄想、思维障碍；认知功能紊乱，特别是注意力、工作力和执行功能方面；阴性症状，包括情感淡漠、社会退缩及思维贫乏。一般多个症状簇会同时发生，一个症状簇会占主导，而症状簇之间可能会有交叉。这些症状簇是单一疾病的多种表现形式，还是每个簇各代表了一部分独立的疾病至今不明。

精神分裂症的阳性症状包括妄想（通常是不合理的，如被迫害）和幻觉（主要形式为幻听）；阴性症状指正常情绪反应或思维过程中存有的一些缺陷，如思维贫乏、情绪表达障碍、认知功能障碍、社会活动参与度降低，失去动力等。通常药物治疗对阳性症状比较有效，但对阴性症状则效果欠佳。精神分裂症患者通常还伴随有其他的精神问题，如焦虑抑郁症状或药物滥用。

精神分裂症一旦发病往往会伴随患者一生。首次发作通常发生在青春期晚期或成年早期，但在此之前通常有前驱期或处于高风险的精神状态。在发病后只有部分恢复或者恢复很差。大多数患者在疾病发生的前几年会有显著的社会心理功能退化，在最初退化的几年之后，疾病的发展进入平台期。在多数情况下，疾病前的认知和社会功能障碍可以追溯到数年前。

有研究提出了精神分裂症的阳性和阴性症状的理论时间线，首先是前驱期的阴性症状，然后开始恶化继发性阳性症状。首次发作前常有一段较长的前驱期（prodromal phase），表现为感知、思维、言语和行为等一系列亚临床症状。临床上阳性症状一般比较明显，而阴性症状则更不明显而容易被部分或完全忽视。然而，随着阳性症状得到控制，持久的主要的阴性症状则变得更加突出。最终，阴性症状可能再次恶化，继发于阳性症状的复发或药物治疗的不良反应，或二者兼有。

三、流行病学

既往报道认为精神分裂症在世界范围内的人群

患病率 1% 左右，患病年龄多在 15 ～ 30 岁，但考虑到环境因素的作用，不同国家或地区的患病率则不尽相同。根据美国精神卫生研究所对五个城市的流行病学报道，精神分裂症的 1 年现患率为 1%，终身患病率为 1% ～ 1.9%；而用同样的方法对香港社区进行调查，终身患病率则为 0.12% ～ 0.13%。根据 1982 年国内六大行政区 12 个单位的流行病学协作调查，我国精神分裂症终身患病率为 5.69‰，时点患病率则为 4.75‰。2019 年中国精神卫生调查数据显示，精神分裂症及其他精神病性障碍终身患病率为 6.1‰。

精神分裂症的病程因人而异，多表现为急性发作，数次发作后，病情可能会得到缓解。大约三分之一的患者可以恢复正常生活，其余三分之二的患者或者继续反复发作，交替出现轻微症状，或者频繁出现症状恶化，结果导致患者生活无法自理。精神分裂症患者通常不能独立地工作和生活，其失业率高达 80% ～ 90%。据报道，与健康人群的平均预期寿命相比，精神分裂症患者的预期寿命可能缩短 20%。精神分裂症患者的自杀风险也较高，据估计 4.9% 的精神分裂症患者会在其一生中至少尝试一次自杀，且不少是在发病前。此外，精神分裂症患者选择不健康生活方式更为常见，如持续的高吸烟率。而抗精神病药物也具有多种不良反应，最常见的是引发肥胖。这些都可能导致精神分裂症患者产生代谢综合征、糖尿病和心血管及呼吸系统疾病。

一些特定群体更易患上精神分裂症，各种可变的和不可变的危险因素会影响精神分裂症的发展。如荷兰和中国两项独立的大样本流行病学研究证实孕期饥荒事件导致成年后精神分裂症发病风险增加一倍。Meta 分析证明了妊娠并发症、胎儿生长异常以及分娩并发症都与精神分裂症的发病风险存在显著关联。此外，出生在冬末和春末的人患精神分裂症的比例更高，增加 7% ～ 10% 的比例。这可能是由于胎儿大脑在冬季更有可能暴露于母体呼吸道感染或母体营养不良，包括叶酸或维生素 D 缺乏。然而，目前研究者对这一现象还没有确定的解释。据推测，这些早期的危险因素会对大脑发育的神经连接产生影响。

生育年龄也与精神分裂症的患病率相关，年龄较大的男性生育的孩子患精神分裂症的概率高于年龄较小的男性。但这种风险是由心理因素还是生理因素导致的尚不清楚。例如，具有分裂型人格的男性更有可能晚婚，或者年龄较大的男性可能由于精原细胞的有丝分裂而隐藏了更多易感突变。目前的证据支持这样一种观点，即晚婚的父亲与分裂型人格之间的联系是这种效应的主要驱动因素。性别差异也体现在精神分裂症的患病率中。精神分裂症的发病高峰为青春期晚期至成年人早期，男性一般早于女性，且男性的患病率比女性高 1.5 倍，且在男性中更为严重。在所有患者中，约 40% 的男性和 23% 的女性在 19 岁之前就表现出了该病的症状。而且，男性易感群体往往比女性易感群体更早患上严重的精神分裂症，男性出现明显精神病症状的高峰年龄为 20 ～ 24 岁，而女性通常要晚 5 年或更长时间。同时，精神分裂症流行病学也发现，这种疾病在社会中普遍分布不均。如它在社会经济水平较低的群体中更为普遍；与本土出生的个体相比，移民人群的精神分裂症患病率更高等。

四、精神分裂症的诊断标准

精神分裂症的诊断几乎全部依赖于医生的主观判断，很难找到一种能够客观评价疾病的素质性指标。辅助性神经生化学、神经电生理学、功能影像学等检查手段，主要用于鉴别诊断，以排除其他疾病引起的类似于精神分裂症的症状。

临床医生对精神分裂症的诊断是根据患者的病史和精神状态进行的，目前没有相关的诊断仪器或生物标记可用。精神分裂症诊断时主要需要区别的是情感障碍（双相情感障碍和抑郁障碍）和其他密切相关的精神病性障碍如分裂情感性精神障碍（schizoaffective disorder）、精神分裂样障碍（schizophreniform disorder）、妄想性精神障碍、短暂性精神障碍、由酒精或其他物质诱发的精神障碍以及不明确的精神障碍。同时精神分裂症的鉴别诊断需要考虑疾病的持续时间、相关药物滥用的性质和模式、抑郁或躁狂的同时发生以及躯体疾病的存在情况。美国精神病学协会的诊断和统计手册（Diagnostic and Statistical Manual of Mental Disorders，DSM）和世界卫生组织的国际疾病分类手册（International Classification of Diseases，ICD）都为精神分裂症的临床诊断提供了可靠的参考。

目前常用的精神疾病诊断标准有下列几种：世界卫生组织的《疾病及有关保健问题的国际分类》1992 年第 10 次修订版（简称 ICD-10）诊断标准，美国精神病学会《精神疾病诊断和统计手册》1992 年版 DSM-Ⅳ诊断标准，美国精神病学会《精神疾病诊断和统计手册》2013 年版 DSM-5 诊断标准以及中国医学会精神科分会 2001 年出版的《中国精神障碍诊断与分类标准》第 3 版（CCMD-3）。

在精神分裂症诊断标准不断更新的过程中，如下三个主要方面都反映在所有版本的定义中：① Kraepelin 强调的缺乏兴趣 / 动力，疾病的慢性特征和不良后果；② Bleulerian 认为的首要和基本症状以及阴性症状；③ Schneiderian 强调的现实扭曲和阳性症状。然而，人们对这三个方面的相对重视程度随着时间的推移而有所不同。例如，精神分裂症的诊断已经经历了 DSM-Ⅰ、DSM-Ⅱ、DSM-Ⅲ、DSM-Ⅲ-R、DSM-Ⅳ、DSM-Ⅳ-TR、DSM-5 七个版本的精神疾病诊断与统计手册。Bleulerian 强调的阴性症状和人际关系的病理学定义在 DSM-Ⅰ和 DSM-Ⅱ中表现最为明显。DSM-Ⅲ则增加了疾病的慢性发展过程及功能不良症状，强调 Schneiderian 提出的一级症状，试图将精神分裂症定义为一个同质性更强的疾病。从 DSM-Ⅲ到 DSM-Ⅲ-R 再到 DSM-Ⅳ，精神分裂症的诊断标准有了适度的扩展，去除了发病年龄在 45 岁之前的条件。

DSM-Ⅳ对精神分裂症有很高的诊断稳定性，回顾性研究表明 80% ～ 90% 的接受了最初的精神分裂症诊断的患者，在之后 1 ～ 10 年的时间内保持初次的诊断结果。DSM-Ⅳ诊断标准按照所患疾病的类型、病因和疾病严重程度等，将精神分裂症分为单纯型、青春型、偏执型、紧张型和混合型 5 种类型。单纯型比较少见，多为青少年发病，通常发病缓慢，阴性症状为主，预后差；青春型常于青春期起病，发病较急，精神症状丰富易变，病程进展较快，预后较差；偏执型最常见，发病年龄在 30 岁之后，起病缓慢，行为和情感会受妄想幻觉的支配，预后较好；紧张型发病比较少见，青中年发病，起病较急，以木僵等紧张症状为主，病程发展较快，预后较好；混合型属于难以归类为上述任意 4 种类型的其他精神分裂症。

2013 年 DSM-5 在保留了 DSM-Ⅳ对精神分裂症诊断标准的核心基础上做了适度的修改，简化和整合了过去 20 年来积累的有关精神分裂症的最新进展。更重要的一点是 DMS-5 取消了 DSM-Ⅳ对精神分裂症的亚型分类。这是因为随着时间的推移，临床医生及科研工作者发现精神分裂症的亚型分类并不能对其异质性做出更好的解释，也并未带来更好的诊断稳定性及预后价值。

DSM-5 的诊断标准包括①符合至少 2 个以下症状且持续大于 1 个月的时间，包括妄想、幻觉、言语紊乱、明显紊乱或紧张症的行为，以及阴性症状（即情绪表达减少或动力缺乏）；②工作、人际关系和个人护理方面的功能水平显著下降；③疾病持续大于等于 6 个月的时长；④排除分裂情感性精神障碍和抑郁或双相情感障碍；⑤症状不能归因于药物的使用或躯体障碍；⑥如有孤独症（自闭症）谱系障碍的情况下，出现至少持续 1 个月的明显幻觉或妄想症状。

然而，以这种方式定义的临床综合征虽然有效地代表了具有明显潜在病因和发病机制的疾病实体，也在一定程度阻碍了精神分裂症的研究。诊断为精神分裂症的个体在主要症状、病程、对治疗的反应和治疗结果上异质性较高；可是将这种异质性分解为有效亚类的尝试也多次失败。因此，加强现有诊断方法的分类标准，使用多维方法对疾病进行诊断和分类更值得尝试。

第二节 精神分裂症治疗与预后

一、精神分裂症治疗原则

（一）全程治疗

抗精神病药物治疗，是治疗精神分裂症最有效和最基本手段。一旦确诊，就需要尽早实施有效的足剂量、足疗程的全程抗精神病药治疗。全程治疗包含急性期、巩固期和维持期的治疗目标和方法。

（二）首发精神分裂症的药物治疗

尽早接受药物治疗，通常疗效较好。治疗药物选择，以第二代抗精神病药为主，如利培酮、帕利哌酮、阿立哌唑、喹硫平、齐拉西酮、氨磺必利、奥氮平等，它们是治疗精神分裂症的一线药物。青少年患者，可以首先选择阿立哌唑、利培酮、氨磺必利、齐拉西酮。它们对阳性和阴性症状都有效，不良反应较轻，耐受性好。第一代抗精神病药氯丙嗪、氟哌啶醇、奋乃静等，不良反应较多，应该慎用。

（三）难治性患者的治疗

经过两种以上抗精神病药足剂量、足疗程治疗，临床症状仍缓解不明显，考虑属于药物难治性患者。针对药物难治性患者，可以选择氯氮平治疗、电抽搐治疗、或合并第一代抗精神病药物等。氯氮平是二线药物，应用时必须监测外周血白细胞减少、心血管反应等严重不良反应。

（四）慢性精神分裂症的药物治疗

该型病程迁延、症状未能完全控制，常残留阳性症状、情感症状包含抑郁自杀等。阴性症状和认知功能受损可能是主要临床表现，多伴有社会功能缺陷。治疗中注意：进一步控制症状，提高疗效，可以换药、加量、合并治疗；加强随访，随时掌握病情变化，以调整治疗；进行家庭教育，强化患者及家属对治疗的信心；加强社会功能训练。

二、抗精神病药物和药物治疗分期

抗精神病药物分为第一代抗精神病药和第二代抗精神病药。第一代抗精神病药，氯丙嗪、氟哌啶醇、奋乃静等，药理学机制主要是D2受体阻断剂，药物不良反应多见锥体外系副作用、过度镇静、体位性低血压和心动过速等。第二代抗精神病药，可以进一步分为：① 5-HT_{2A}/D_2受体拮抗剂，如利培酮、帕利哌酮和齐拉西酮；②多受体拮抗剂，如氯氮平、奥氮平和喹硫平；③多巴胺受体部分激动剂，如阿立哌唑；④选择性多巴胺D_2/D_3受体拮抗剂，如氨磺必利。第二代抗精神病药，耐受性好，安全性高，锥体外系副反应轻，但是它们对患者的代谢影响不容忽视，需要监测和及时处理。

精神分裂症的药物治疗分为急性期、巩固期和维持期三个连续阶段。

（一）急性治疗期

急性期治疗持续4～6周，治疗目标是尽快缓解患者的主要临床症状，包含阳性症状、阴性症状、激越兴奋、抑郁焦虑和认知功能减退，争取最佳预后，同时，预防自杀及防止伤害自身、或伤害他人的冲动行为。

（二）巩固治疗期

在急性期精神症状有效控制之后，患者进入一个相对稳定期，这时患者如果过早停药或遭遇应激，将面临临床症状复燃或波动危险，因此，此期治疗对患者预后非常重要，注意此期治疗剂量和急性期相同，持续4～6个月。

巩固期治疗目标是：防止已经缓解的症状复燃或波动；巩固疗效；控制和预防分裂症后抑郁和强迫症状，预防自杀；促进社会功能康复，为回归社会做准备；控制和预防长期用药带来的常见不良反应，如迟发性运动障碍、闭经、溢乳、体重增加、糖脂代谢异常和重要器官功能损害等。

（三）维持治疗期

在疾病相对缓解后进入第三期，维持期。此期治疗目的是预防和延缓精神症状复发，帮助患者改善其社会功能状态。维持期，可以适当调整药物治疗剂量，减量要慢，最低可以调整至急性期剂量的三分一到二分之一。维持期治疗，能显著降低患者的复发率，维持期服药治疗组的复发症状也比未服药组轻，症状复发会直接影响患者的工作和学习功能，降低复发有利于患者社会功能的维持。

维持期治疗疗程，应尽量增加维持治疗期，减少复发。复发患者，维持期不应该小于5年；特殊患者，如严重自杀企图、自伤和冲动伤人行为明显的患者，维持期应该适当延长。

三、精神分裂症的物理治疗

电抽搐治疗（electroconvulsive therapy，ECT）在20世纪30年代引入临床，实践证明有效。近年来，电抽搐治疗技术进行了改进，使用短暂麻醉和肌肉松弛剂，使其更加安全和易于接受，被称为改良电抽搐治疗（modified electroconvulsive therapy，MECT）。对伴有明显抑郁自杀企图或兴奋躁动、拒食、木僵或幻觉妄想的患者，或药物治疗效果不明显的患者，如果他们的心肺功能等健全，可以应用改良电抽搐治疗。

重复经颅磁刺激（repetitive transcranial magnetic stimulation，rTMS），基于电磁转换物理学现象，将电刺激脉冲引导至大脑皮质，以固定频率反复刺激从而影响患者的大脑皮质兴奋性。目前，正在尝试应用高频rTMS刺激前额叶来辅助治疗精神分裂症的阴性症状，低频rTMS刺激颞顶皮质来辅助治疗精神分裂症的幻听症状。

四、精神分裂症的心理治疗

心理治疗，在精神分裂症的临床治疗中的作用和地位，越来越被重视。精神分裂症的治疗是一个长期过程。医师应将患者视为整体，很好地协调心理社会治疗与药物治疗、功能康复、以及治疗环境的关系，并为可能的长期治疗提供持续关怀。

心理治疗，可以减少精神病性症状引起的不良后果，减少负性情绪的发生，促进患者积极主动地预防复发和提高社会功能。常用的心理治疗技术有：一般性集体与个别心理干预、认知行为治疗、家庭治疗、社会技能训练、职业康复训练、认知康复治疗、积极性社区治疗和多元化干预等。在药物治疗的基础上进行有效的心理社会干预，可以进一步改善精神分裂症的不良结局。目前，对精神分裂症患者倾向于实施多元化综合干预，这将是今后一段时间有关精神分裂症研究的重点。

五、精神分裂症的预后判断

精神分裂症在首次发病缓解后有不同病程变化，大概 15% 的患者可以获得临床痊愈和良好预后。大部分患者病程渐进发展，精神病性症状反复发作，逐渐出现人格改变，社会功能下降显著，临床上呈现不同程度的精神残疾状态。

有利于预后的因素是：起病年龄较晚，急性起病，伴有情感症状，病前人格正常，病前社交与适应能力良好，病情发作与社会心理应激关系密切，社会支持良好。女性预后一般好于男性。对预后不利的因素是：起病早，首次治疗前精神病发作持续时间长，阴性症状或认知缺陷明显，阳性家族遗传史。早发现、早诊断和全程治疗，是改善患者长期预后的最关键措施。

第三节　精神分裂症的特殊表型和体征

一、精神分裂症的认知变化

精神分裂症的核心症状之一是认知功能症状，因此对精神分裂症患者大脑活动进行评估，可监测到疾病的异常状态。虽然传统的解剖学和生化特征不能将精神分裂症患者的大脑与正常人的大脑区别开来，但一些心理和生理的检测可以将其明确区分。针对这些差别的任何强有力的生物学解释，都会帮助我们加深对精神疾病发病机制的理解。

精神分裂症患者在大多数神经心理学的测试中比正常人表现要差。这种现象部分是由精神分裂症的一些症状造成的（如缺乏动力或者分心），也有部分是患者早期发病的后果，以及漫长累积过程中造成的精神患者整体认知功能的不足所致。一些认知缺陷在患者中表现尤为明显，包括工作记忆损伤、注意力不足、语言能力下降、视觉学习能力下降、记忆力减退、处理信息速度下降、社会学习能力下降。

近来，精神分裂症的神经心理学特征也被用于定位该病的病理生理特点。例如，精神分裂症患者中，反复出现的数字的记忆能力缺损与患者海马功能的缺失一致。类似的还包括与额叶皮质有关的功能缺损（如语言的流利度、空间和模式识别能力），以及长期记忆的能力受损等。而且，精神分裂症患者在完成需要持续注意力或者警觉度的任务时往往表现较差，这些功能与患者前扣带回的功能相关。记忆力损伤包括外显记忆、语言记忆和工作记忆等，与海马的功能有关。由于保持信息“在线”是正常情况下人们利用刚刚发生的历史背景组织未来思路和行动的关键，患者工作记忆的缺损是其行为异常和功能恶化的一个原因。总之，精神分裂症的这些认知特征暗示了其皮质功能的整体失调。

除了认知功能，精神分裂症患者脑功能的其他方面也出现异常，包括一些瞬间行为的表型变化，其中包括眼睛的平视和扫视、前脉冲抑制（prepulse inhibition，PPI）和 P50 抑制率（P50 suppression ration）听觉诱发电位变化等。

瞬间行为是大脑应对外界信号的自发行为，有与之对应的神经解剖学基础，因此可以更直接地反映精神分裂症的神经病理。60% ～ 70% 的精神分裂症患者缺乏平稳追踪眼动的能力。他们不能描绘出平滑运动，部分表现出眼动轨迹的正弦波畸变或缺失。此外，患者的反向眼跳运动也表现出异常。PPI 是感觉门控功能的测量指标之一，是指惊吓反射中在一个较强的惊吓刺激（脉冲）之前给予较弱的刺激（即前脉冲刺激），来抑制随后引发的惊吓反射的现象。大部分精神分裂症患者及其一级亲属均易表现为PPI异常。通常以P50抑制率反映感觉门控作用的强弱。P50是一种电生理测量，使两种相同的听力刺激间隔500 ms，并分别测量它们引发的大脑电位变化。P50抑制比率小，表明抑制差，有感觉门控功能缺陷；P50抑制率比率大，说明抑制良好，感觉门控作用强。正常人会对第二个信号刺激的反应幅度减小，而80%的精神分裂症患者不表现出抑制或者只有很小的抑制。

二、精神分裂症的脑结构变化

神经影像技术的进步带来了一系列成像工具的发展，如功能磁共振成像（functional MRI，fMRI）、弥散张量成像（diffusion-tensor MRI，DTI）、计算机断层成像（computerized tomography，CT）和正电子发射断层扫描技术（positron emission tomography，PET），使得描述大脑活动的高分辨率图像得以建立。许多研究比较了精神分裂症患者和非精神分裂症患者各种皮质结构的平均体积，试图发现可以代表疾病状况的单个神经解剖图谱。但是，由于精神分裂症的异质性，这些研究并没有找到可以代表精神分裂症大脑结构的单个模型。脑结构中神经生物学的改变具有很强的个体性，没有一种结构缺陷是普遍存在于所有精神分裂症患者中的。不过，提取大多数患者共有的特征依旧可以用于分析导致精神分裂症功能缺损的原因。

MRI的有些研究表明，精神分裂症患者有内侧颞皮质（medial temporal cortical）体积减小（包括海马、杏仁核和海马旁回）的现象，这种变化与精神分裂症的幻觉有关。然而，这与精神分裂症患者脑结构变化的其他研究结果并不一致，如精神分裂症患者脑室体积增加及灰质体积的减少等。也有报道表明精神分裂症患者新皮质的体积减小。例如，在精神分裂症阴性症状患者中中间额叶皮质体积的减小等。不过，目前研究者依旧不清楚脑结构改变能在多大程度上反映任何内在的病理。

第四节 精神分裂症的发病机制假说

一、多巴胺假说

多巴胺（dopamine，DA）假说是最古老也是最完善的一种关于精神分裂症的假说。它起源于临床观察，后又从抗精神病的治疗中获得了实验验证，并在影像学研究中得到了更直接的检测。虽然这个假说依旧不能充分揭示精神分裂症的复杂性，但它还是在疾病的症状和治疗之间建立了直接的关系。

最早的精神分裂症的多巴胺假说提出多巴胺运输的异常活跃是发病的主要原因。例如，精神分裂症的阳性症状是由多巴胺D2受体的过度激活导致的，并得到了许多研究的支持。该假说并非把多巴胺的过度激活作为精神分裂症的唯一原因，而是把它看作可以导致精神分裂症突触功能障碍的众多原因之一。非典型抗精神病药物治疗的有效性可以给予佐证。例如，谷氨酸、5-羟色胺及N-甲基-D-天冬氨酸（N-methyl-D-aspartic acid receptor，NMDA）受体等其他分子也可能在精神分裂症的治疗中发挥作用。多巴胺假说的成立主要是基于以下发现：精神兴奋药物可以激活多巴胺受体；利血平作为一种精神安定剂是多巴胺的拮抗物；多巴胺在锥体外运动系统中发挥重要作用等。此外，精神分裂症患者如果使用极微小剂量（在正常人中不会诱发精神病症状）的类多巴胺分子，如哌甲酯（methylphenidate，MPH）后，有75%的患者的类精神病症状水平提高。因此，在精神分裂症患者中使用多巴胺类似物的药物或者提高患者大脑中多巴胺的活性都会加重精神分裂的病情，证明多巴胺在疾病发病机制中发挥了关键作用。另外，除了增强多巴胺活性的研究，一些降低其活性的研究进一步支持了多巴胺假说。例如，如果使用吩噻嗪类药物阻滞多巴胺与其D2受体的结合会导致精神分裂症阳性症状的减轻。

但是也有一些研究结果反对这种假说。神经影像学技术的进步实现了实时显示药物如何在大脑中发挥作用，这使研究者在精神分裂症患者中发现了不一致的结果：抑制多巴胺未必能达到治疗的目的。例如，受精神分裂症困扰达10～30年之久的患者，即使使用抗精神病药物阻断了超过90%的D2受体，症状依旧得不到缓解。

而且，尽管使用阿立哌唑阻断D2受体对60%～70%首发患者有效，但在慢性患者中缺乏这种反应，从而引发了研究者对多巴胺假说确切性的关注和思考。

总的来说，现在的研究结果需要对多巴胺假说进行修改，进一步解释许多研究结果的不一致性，这也反映了神经疾病的复杂性。虽然使用阻断多巴胺的神经松弛药物研究支持多巴胺假说，但这种药物的作用可能是由于神经系统受抑制，从而使症状只是看起来得到缓解，实际上药物并没有反转发病机制。此外，用兴奋剂诱导类精神疾病症状的内在机制还未得到清楚阐释。因为兴奋剂也会对除多巴胺之外的其他神经递质水平造成变化，所以将精神疾病的发展只归于多巴胺水平的变化是不合逻辑的。而且，多巴胺诱导患者行为的变化（如兴奋、压力、注意力和运动）的报道并不多见。因此将精神分裂症的精神病症状仅归咎于多巴胺的过度活跃已经无法得到现有数据的支持。

二、5- 羟色胺假说

治疗精神分裂症的传统药物主要是多巴胺受体的阻断剂，一类被称为氯氮平的非典型的神经安定药（neuroleptic）除外。这一类药物不仅参与抑制多巴胺受体（特别是 D4 受体），还抑制 5- 羟色胺受体，从而达到抗精神病的疗效。而且，典型和非典型抗精神病药物都对 5- 羟色胺受体有较高的亲和性。因此，神经递质 5- 羟色胺有可能参与精神分裂症阴性症状的发生。此外，吲哚胺和苯乙胺等许多致幻剂也作用于 5- 羟色胺受体，说明精神分裂症导致的幻觉行为也可能是通过与 5- 羟色胺（5-Hydroxyteyptamine，5-HT）相关的机制发挥作用的。

研究证明，机体应对 5- 羟色胺受体敏感度方面的变化与机体应对神经内分泌方面的挑战时具有一致反应。而且，精神分裂症患者表现出来的特定症状与 5- 羟色胺能系统中的一定变化存在一定的相关性。另外，以前用精神安定剂来治疗精神分裂症阴性症状或难治性精神分裂症，5- 羟色胺受体阻断剂在这方面的疗效要比精神安定剂好。此外，在人和动物的体内进行的包括非典型抗精神病药等各种各样的药物实验也证明了 5- 羟色胺在多巴胺能系统中的调节作用。

三、谷氨酸和 NMDA 受体假说

有不少研究说明精神分裂症症状与特定谷氨酸通路中离子型谷氨酸受体（NMDA）数量的降低有关，提示了谷氨酸在精神分裂症症状发生中的作用。另外，研究发现精神分裂症患者死后的脑组织中 NMDA 受体的水平较低；谷氨酸受体拮抗剂可以有效模拟精神分裂症症状（如认知功能损害），这些现象说明 NMDA 受体的活性不足会导致精神分裂症患者的病理情况。近来的研究指出谷氨酸可以通过抑制脑皮质多巴胺通路的活性从而影响精神分裂症阴性、情感和认知功能方面的症状。这可能是由于皮质–脑干投射区 NMDA 受体活性降低，从而去除了多巴胺激活作用。此外，NMDA 受体活性不足造成中脑边缘部位多巴胺能通路活性的增加，从而也会引起阳性症状，这也与以多巴胺水平失调为中心的多巴胺假说相一致。

四、神经发育假说

有研究将精神分裂症看作伴随患者一生的神经回路变化导致的一系列神经发育疾病。例如，孕期的头三个月所遭受的损伤会引发青少年时期神经网络的病理学变化。而且，与疾病进展一致的灰质及脑室体积的改变也支持这一观点。正常的皮质发育包括增殖、迁移、分支（arborization）及髓鞘形成（myelination）；其中前两个过程主要发生在出生前，后两个过程一直延续到出生后 20 年才完成。纵向神经影像学的研究指出，神经元分支（neuronal arbor）和髓磷脂沉积（myelin deposition）的共同作用是灰质体积逐渐降低的原因；而在这种整体降低之下是更复杂的机制变化。例如，人及非人的灵长动物大脑数据显示，处于青春期和早期成年期的精神疾病患者当出现发病前驱症状和精神疾病症状时，兴奋性突触的强度持续受到了抑制和减弱。而且，儿童患精神分裂症的历程包括抑制性通路细化程度的降低和兴奋性通路的过度削减，最终导致大脑皮质兴奋–抑制的不平衡。还有研究发现髓鞘化进程的降低会改变神经网络的连通性。虽然这些关于精神分裂症的神经发育机制都有相应研究数据支撑，但不能证明任何一个可能的机制就足以导致疾病症状。不过，对神经发育前驱症状的检测有其实际应用价值，可以用于精神疾病的早期预防和干预。

神经发育的作用也体现在精神分裂症患者的面部形态学特征中。早期大脑发育的畸形也能部分体现在面部畸形上。例如，可以用三维磁共振成像（3D MRI）形态分析技术研究精神分裂症患者与正常人的面部差异。往往精神分裂症患者的唇、嘴及下巴会比较靠后，看起来面部更窄；而且下颌骨变宽，上颚变短变宽，额头较低，脸中部和下部较长，嘴唇较厚，鼻子较小等。此外，大脑显著的异常，灰质体积的降低及脑室中脑脊液的增加都是头颅畸形的表现。

五、神经退行性假说

精神分裂症患者部分胚层区域会出现渐进性萎缩及后续神经元丧失功能的现象，精神分裂症通常被当作一种神经退行性疾病。精神分裂症神经退行性的理论指出，精神分裂症症状的进展源于特定脑区中由神经元死亡、树突的丧失及突触的破坏造成的神经元功能的不断丧失。神经元功能的逐渐丧失可以有多种原因：遗传编码的原因，在子宫中经历过感染、缺氧、营养不良或毒素，多巴胺调节或者谷氨酸的兴奋性毒剂调节；这些最终引发了精神分裂症的阳性形状，并随着神经元的死亡继而发展成阴性性状。兴奋毒性假说认为神经退行性是兴奋性神经递质谷氨酸的过度传递造成的。兴奋性毒性不仅存在于精神分裂症，也存在于各种各样的其他神经疾病中，如帕金森病、阿尔茨海默病、肌萎缩性脊髓侧索硬化症（amyotrophic lateral sclerosis，ALS），甚至在脑卒中疾病中也有。

第五节　精神分裂症的病因学研究

一、精神分裂症的遗传因素

精神分裂症的遗传倾向性是确定的。精神分裂症的遗传学基础复杂。家系、双生子和寄养子的研究都表明精神分裂症的发生受遗传因素的强大影响，遗传因素约占整体风险的 80%。精神分裂症病例大部分都是散发的，在整个人群中的患病率为 1%。但部分精神分裂症也具有家族性的特征，与患病的亲缘系数越接近，罹患精神分裂症的风险也越大。同卵双生子共患病的概率高达近 50%，异卵双生子的共患病概率只有 17%（同卵双生子的共患病概率是异卵双生子的 3 倍）；精神疾病患者的亲属患病概率是整个人群的 10 倍；寄养子的患病风险与他们遗传上的亲属情况有关，与收养亲属无关。这些也说明遗传因素是精神分裂症重要的调控因素，但并不是决定因素。此外，临床上的遗传评估可以发现与遗传状况相关的表型。例如，染色体 22q11 微缺失与精神分裂症、腭-心-面综合征（velo-cardio-facial syndrome，VCFS），以及焦虑抑郁、注意缺陷多动障碍（attention-deficit hyperactivity disorder，ADHD）、强迫症（obsessive-compulsive disorder）和孤独症谱系障碍（autism spectrum disorder，ASD）都有关联。

精神分裂症是一种多基因遗传病，即致病基因不止一种，在人群的整体层面上可能有成千上万的基因发挥作用。虽然对个体和人群所承受的遗传压力，以及遗传突变的数据和类型还不完全清楚，但基因组学的技术帮助我们阐述这一复杂多基因病的遗传机制。目前主流的观点是：多个基因上的不同变异位点与其他基因和环境风险因子一起发挥作用促成精神分裂症的发生。精神分裂症有三种主要的遗传模型：常见疾病-常见变异位点（common disease-common variant，CDCV）和常见疾病-罕见变异（common disease-rare variant，CDRV）致病模型，以及这两个模型的混合模型—罕见变异位点加常见变异位点及环境因素的修饰作用。

在全基因组范围，常见的单核苷酸多态性（single nucleotide polymorphism，SNP）位点的风险影响较小，比值比（odds ratio，OR）小于 1.5，罕见拷贝数变异（copy number variant，CNV）和罕见突变位点的影响要高很多，OR 值为 3 ～ 20。很可能，患病个体既有一个或少数几个高外显率的罕见位点也可能同时有几个低外显率的常见位点来修饰罕见位点的作用。这些遗传风险因素很可能集中在共同的神经生物通路上，从而导致精神分裂症的一系列症状，有学者提出许多不同基因上的突变会影响神经发育或功能，最终可以导致同样的临床表型；而同一基因上的各种突变会在不同的个体中导致不同的表型。

二、精神分裂症的非遗传因素

虽然精神分裂症的发病因素中遗传因素占了很大的比例，但并不一定导致疾病发生，因此非遗传因素也有重要作用。另外，遗传因素对精神分裂症的易感性也受到环境因素的强烈影响。从整体上来说，环境因素，如饥荒、压力、感染和城市化等与精神分裂症的患病率增高是相关的。很多流行病学研究和转基因动物的研究都清楚地证明了这一点。例如，母亲在妊娠期的 3 ～ 6 个月生病及产前分娩并发症也是精神分裂症的风险因子，冬天出生（夏季怀孕）也会增加患精神分裂症的风险。动物实验也表明精神分裂症的潜在易感基因发挥作用受环境的影响很大。例如，当 *DISC1* 基因突变鼠暴露到早期免疫激活的环境中后，会比未受到环境刺激的突变小鼠表现出更明显的行为层面和分子层面的障碍。又如，*IFITM3* 基因突变小鼠只有当受到母体免疫激活以后才表现出相应的从细胞到分子和行为方面上的表型。

环境因素既可能是疾病的保护因素也可能是风险因素。然而，环境因素对疾病的作用似乎并没有疾病特异性。例如，锻炼身体可以减缓阿尔茨海默病（Alzheimer disease）、帕金森病（Parkinson disease）、亨廷顿病（Huntington's disease）和许多其他脑疾病的发展。又如，出生前的免疫激活是精神分裂症和孤独症的易感因素。因此，大部分环境因素可以看作各种脑疾病通用的易感或保护因素。有一种假说是，疾病的特异性和表型症状是由遗传因素限制的：同样的环境损害可能没有任何作用或仅有微小的作用；当加上特定的遗传倾向之后，环境因素才会导致明显的行为学表型，这些表型可以用于临床诊断。近来，美国精神疾病基因组协会（Psychiatric Genomics Consortium）的交叉疾病研究小组（Cross Disorders Group）的研究显示，精神疾病之间有很大的遗传相关性，这在一定程度上证明了该假说。此研究主要表明，在多种精神疾病中存在共享的基因模块。而精神分裂症的全基因组关联研究（genome-wide association study，GWAS）研究找到了显著不同的疾病易感遗传组分，这说明特定疾病的易感性可能是个体基因组中各种遗传元件组合的结果。因此，同样的遗传元件，在不同的组合下，会导致不同的疾病。

第六节 精神疾病的研究方法和进展

精神分裂症在全世界范围的患病率约为 1%，给患者及家人和社会带来了巨大的心理负担和经济负担。与其他复杂疾病类似，精神疾病的发生也是复杂且多因素的，许多易感基因、表观遗传学、随机因素及环境因素都对疾病有贡献。家系的、双胞胎和寄养子的研究都表明遗传因素在精神疾病的发生中发挥着重大作用，占整体患病因素的 60% ～ 85%；寻找精神疾病的易感基因并不容易，目前研究者发现大量的易感风险基因与该精神疾病相关联，而我国也开展了大规模的精神疾病的分子遗传学研究，承担科技部一些关于精神疾病易感基因研究的工作，做出了卓越的贡献。

一、连锁分析和定位克隆

连锁分析是研究疾病和染色体标记共分离情况的一种方法。其原理主要来自美国遗传学家摩尔根发现的经典遗传学中基因的“连锁与交换定律”，即在减数分裂的四分体时期，同源染色体上的等位基因随着非姐妹染色单体的交换而发生交换，因而产生了基因的同源重组；当同一条染色体上两个位点靠得越近，染色体交叉的机会越少，产生重组的概率就越小，共同传递到子代的概率也越大，我们称这样的两位点是连锁的。反之，如果两位点距离越大，基因发生交换和重组的概率就越大。根据是否考虑具体遗传模式，连锁分析可以分为参数分析和非参数分析。参数连锁分析适用于遗传模式较为清晰的简单疾病，检测效力较高，能确定连锁程度；非参数连锁分析因为不需要预先假定遗传模式，所以对家系要求较低，更适用于复杂疾病的连锁分析。

连锁分析的研究发现了包含精神分裂症关联基因的染色体区段，而不是具有显著作用的一个或多个基因。荟萃分析及验证性的研究为如下染色体区域存在精神疾病的风险基因提供了充分的支持：包括染色体 8p 和 22q，以及 1q、2q、3p、3q、4q、5q、6p、6q、10p、10q、11q、13q、14p、15q、16q、17q、18q 和 20q 等。为了在这些染色体区域上发现真正的精神疾病的风险基因，后续需要投入大量的精力进行精细定位的工作。

二、精神分裂症基因组想研究

（一）精神分裂症遗传关联分析的研究进展

遗传的关联分析包括在与精神分裂症关联的连锁区域进行后续关联分析及假说驱动的候选基因的关联研究，其目的是为了分析这些基因是否真正与精神分裂症相关联。全基因组关联分析（GWAS）的原理与候选基因的关联分析类似，但它不是以假说为驱动的，而是具有发现性的；GWAS是通过在全基因组层面上开展大规模的遗传标记分型来寻找与复杂疾病相关的遗传因素的研究方法。

遗传关联分析通常是通过比较精神分裂症患者和健康对照中常见SNP的频率而进行的一类统计检验。到目前为止，总共发现有1000多个候选基因、9000多个SNP与精神分裂症存在关联（SEGene database）。然而，这些基因中的大多数依旧是假定的风险基因，因为并非所有的关联分析结果都能在其他研究中得到验证。尽管缺乏严谨的遗传学证据，体内和体外的功能试验已经证明了这些候选基因关联分析中的许多基因参与了精神分裂症的生物学机制，而且一些基因非常有可能是潜在的新药靶点。这些基因包括编码蛋白酶的*AKRT1*基因、编码烟碱型乙酰胆碱受体α7亚基（nicotinic acetylcholine receptor alpha 7 subunit）的*CHRNA7*基因、编码神经信号转导分子（neuronal signal transducer）的*DPYSL2*基因、编码受体酪氨酸激酶（receptor tyrosine kinase）的*ERBB4*基因、编码ERBB4酪氨酸激酶受体（receptor tyrosine kinase）的配体*NRG1*基因、编码代谢型谷氨酸受体（metabotropic glutamate receptor）的谷氨酸代谢受体3（glutamate metabotropic receptor 3，*GRM3*）基因、编码*c-Jun*氨基端激酶（c-Jun NH2-terminal kinase，JNK）信号通路蛋白激酶激酶（JNK signalling pathway protein kinase kinase） 的*MAP2K7*基因、编码环腺苷酸特异性磷酸二酯酶（cAMP-specific phosphodiesterase）的*PDE4*基因、MAPK激酶激酶（MAP kinase kinase kinase，MKKK）的*TNIK*基因等。

（二）精神分裂症全基因组关联分析

个体候选基因遗传位点的分析已经被全基因组关联分析（GWAS）取代。GWAS使用微阵列芯片的分型平台可以在全基因组内检测上百万个遗传位点（SNP）。与候选基因的关联研究类似，GWAS研究者也是要在精神分裂症患者群和不相关的健康对照中比较SNP的频率。研究者已经开展了不少关于精神分裂症的全基因组关联分析的研究，但是大部分研究中发现的SNP没有达到检测多位点所需要的严谨统计学意义（$P < 5.0 \times 10^{-8}$），因此没有为精神分裂症的遗传风险因子提供强有力的证据。然而，随着数据分析的进步和研究的优化，一些有前景的风险因子得以脱颖而出。这些方法包括多个不同研究的meta分析，发现阶段与验证阶段数据的合并，寻找与精神分裂症内表型的关联，将精神分裂症患者和症状与之重叠的其他疾病如双相情感障碍症（bipolar disorder）结合起来分析等。

最受支持的区域位于主要组织相容性复合体（major histocompatibility complex，MHC）上，在染色体6p22.1区域（Irish Schizophrenia Genomics Consortium and the Wellcome Trust Case Control Consortium 2）。但是基因组的这个区域包含许多免疫相关基因，而且关联信号来自于许多不同的SNP，对精神分裂症既有保护也有风险作用。2016年Nature杂志发表的一项关于精神分裂症的里程碑式的研究揭示出补体成分4基因（complement C4）在大脑发育和精神分裂症风险中发挥关键作用。

在找到特定的基因之前需要对这个区域进行更多的研究，决定是否可以作为精神分裂症的潜在药物靶点之前还需要功能验证试验。得到GWAS及后续验证试验支持的基因还包括参与细胞粘连的转录因子*ZNF804A*、编码神经转录因子的*TCF4*基因、编码与钙调蛋白（calmodulin，CaM）结合的突触后蛋白激酶的底物*NRGN*基因、编码将膜蛋白锚定到血影蛋白-肌动蛋白（spectrin-actin）细胞骨架上的锚蛋白*ANK3*基因、编码电压依赖的L型钙离子通道α亚基的*CACNA1C*基因、编码乙酰转移酶的*HHAT*基因、编码microRNA基因的*MIR137*基因，以及GWAS研究中发现的一些染色体区段，包括8p12与1q24.2、6p11.2以及1p21.3、2q32.3、8p23.2、8q21.3和10q24.32～q24.33等。

2014年精神基因组学联盟精神分裂症工作小组（Schizophrenia Working Group of the Psychiatric Genomics Consortium）将现有的精神分裂症GWAS样本进行整合，成功识别出108个与精神分裂症关联的基因变异位点，其中83个是新的发现。这其中包括多巴胺D2受体基因，与谷氨酸神经递质和突触可塑性相关的几个基因以及具有中枢免疫功能的基因。作者认为，这些结果分别为精神分裂症与多巴胺和精神分裂症与免疫失调之间的假设提供了有力的遗传支持。2019 年，来自上海交通大学师咏勇等的最新研究，通过对中国汉族人群的 GWAS 以及结合精神病学基因组联盟的欧洲样本数据的跨种族分析，发现了 30 个新的精神分裂症易感位点，其中 7 个是中国人群特有的，同时该研究表明在中国人群中常见变异对精神分裂症遗传风险的解释度约为 31.5%。

（三）精神分裂症 CNVs 分析

现在已经存在有力的证据表明，新生突变（de novo）或 CNVs，即主要由大于 1 kb 的重复或缺失组成的结构性基因组变异，可以赋予精神分裂症高风险性。22q11.2 的微缺失是第一个在精神分裂症中发现的新生的 CNV。自发现以来，22q11.2 微缺失与精神疾病之间显著的双向关系逐渐被确定：基于 DSM-IV 的诊断标准发现高达三分之一的青春期晚期或成年早期的 22q11.2 缺失携带者后来发展为精神分裂症或分裂情感性精神病患者；与之对应，研究表明 1% ～ 2% 的精神分裂症患者存在 22q11.2 微缺失。首个 CNV 病例 / 对照研究发现，与对照组中 5% 占比相比，15% 的病例和 20% 的早发病例出现了新的基因缺失和重复。

（四）细胞遗传学筛查

精神疾病患者基因组的结构变异并不是新现象，早在细胞遗传学的筛查中就已经发现少数患者及在一个大的患者家系中存在染色体异常现象，如平衡染色体易位（balanced chromosome translocation）。研究者已经在染色体的断裂点发现了少数有高外显率的风险基因如编码参与胚胎期和成人期神经发生过程的中心蛋白的 *DISC1*、编码神经形成转录因子蛋白的 *NPAS3*、编码 Kainite 型谷氨酸受体亚基的 *GRIK4*、编码跨膜转运体的 *ABCA13*、编码磷酸丝氨酸氨基转换酶的 *PSAT1* 以及 *PDE4B* 基因。这些基因中的 SNP 位点关联分析得到了阳性结果，因此进一步支持它们作为精神分裂症的风险因素，而且有些可以作为一些新药物的靶点。

三、深度重测序

精神分裂症的遗传结构非常复杂，其具有异质性、多基因性的疾病风险是由许多常见的微效变异和少见的、高外显率的且风险更大的罕见变异共同作用的。

基因组技术的快速发展将高通量的方法——新一代测序（next generation sequencing，NGS）带入人类基因组的深度重测序研究中。研究者可以在单个患者中开展候选基因、全基因组、全外显子组的测序来寻找与疾病相关的罕见单核苷酸位点变异或者 DNA 的插入、微缺失（inDel）、重复等染色质结构变异，而新生点突变同样对精神分裂症的发病风险起着重要作用。

全外显子组测序表明散发性精神分裂症的 de novo 单核苷酸位点变异（single nucleotide variant，SNV）比正常人多，而且一些患者携带了个体罕见的疾病特异性变异。另外，用传统的 Sanger 测序及 NGS 的方法对候选基因进行重测序，结果也发现精神疾病患者与健康对照相比在全基因组范围内有较多的罕见 SNV 和 inDel，包括著名的精神疾病易感基因 *DISC1* 以及编码微管囊泡转运子的 *KIF17* 基因，编码 NMDA 型谷氨酸受体的 *GRIN2A* 基因、*GRIN2B* 基因、*GRIN3A* 基因，编码中心体蛋白的 *PCM1* 基因，编码突触骨架蛋白的 *SHANK3* 基因等。这些基因中，有一些与精神分裂症相关的生物学功能关联。但是，要想确定这些罕见变异对基因表达及功能的作用，首先确定这些罕见变异位点是关键，提示深度重测序对精神疾病的研究具有深远影响。

四、表观遗传学

基因组表观遗传学的修饰是研究精神分裂症遗传机制的新兴领域，它可能会提示一些新的患病风险因素。表观遗传学主要是研究 DNA 上遗传的或者新的修饰，如由组蛋白乙酰化、甲基化、磷酸化导致的染色质的甲基化或构象变化。这些修饰通过促进或者抑制转录因子与调控区域的结合而发挥作用。甲基化主要发生在基因启动子区 CpG 岛的位置。通过比较精神分裂症患者和健康人的唾液样本和死后的脑样本，有少数研究发现了精神分裂症潜在的表观遗传学风险因子。例如，在编码 5- 羟色胺（5-HT）受体亚基的 *HTR2A* 基因启动子区域、在编码参与神经迁移过程的细胞外基质蛋白的 *RELN* 基因的启动子区域和在编码转录因子 *SOX10*（SRY-related HMG-box 10）基因的启动子区域都存在过度甲基化现象。而在另外一些基因的启动子区域也表现出甲基化不足的现象。例如，研究人员发现从精神分裂症患者死后的脑和唾液中发现 *COMT* 基因的启动子区域甲基化不足的现象；*COMT* 基因编码催化甲基从腺苷甲硫氨酸到儿茶酚胺转移的酶。从治疗的角度考虑，组蛋白去乙酰化酶抑制剂可以增强 DNA 去乙酰化酶的活性，因而可能具有新的治疗价值。近来一些研究在全基因组范围内对 CpG 岛的甲基化状态进行扫描，发现精神分裂症患者死后的脑组织中有大量基因存在甲基化不足或者过度甲基化的现象，其中一些基因参与了谷氨酸和 γ- 氨基丁酸（GABA）的信号通路。此外，研究者在精神分裂症患者中也发现了组蛋白修饰异常的现象。例如，在 *GAD1* 基因的启动子区发现了组蛋白 H3 赖氨酸残基的甲基化修饰，该基因编码 GABA 的合成酶）。而且，一些研究发现某些抗精神病药物可以改变组蛋白修饰。更有意思的是，这些与精神疾病相关的且表观遗传改变的基因往往参与谷氨酸、GABA 和多巴胺的信号通路中，而且这些基因中的 SNP 位点也与精神分裂症相关，如 *COMT*、*GAD1*、*RELN* 和 *HTR2A* 等基因。精神分裂症的表观遗传学研究还处在早期，目前发现的 DNA 修饰还有待进一步的证实，从而确定它们是致病因素本身还是一些致病的细胞反应的结果。此外，这些基因需要进一步的验证和功能试验来确定它们作为潜在药物靶点的能力。

五、差异表达分析

比较患精神分裂的和健康对照的死后人脑组织、动物组织及细胞培养物的蛋白质表达水平，可以为许多风险因素提供其致病的证据。不过我们依旧需要谨慎解读这些发现，因为 mRNA 和蛋白质水平的变化可能一些是原因，一些是结果。此外，我们还需要考虑一些混杂因素。例如，延迟处理可能会影响死后脑组织的分子稳定性及长期使用抗精神病药的不良反应。不过，这些研究已经帮助我们发现了精神分裂症风险因素的疾病相关作用，促进了我们对导致精神分裂症症状的生物学过程的理解。有些分析采用了一些传统的方法，如实时定量 PCR（real-time PCR）、原位杂交（in situ hybridization）、免疫组化或酶联免疫吸附测定（enzyme-linked immunosorbent assay，ELISA）。新技术的产生带来了更全面且更具发现性的差异表达分析方法，如用 DNA 微阵列芯片和 RNA 测序的方法（RNA sequencing，RNA-seq）来检测 RNA，以及用二维电泳和质谱分析法来检测蛋白质表达的技术。这些方法不仅为候选的精神分裂症风险基因提供了证据，还让研究者发现了许多新的受到差异调控的基因和蛋白质。通路分析表明这些分子集中在一些相关的信号和神经发育的通路上，将为新的治疗策略提供重要的思路。

六、系统生物学研究

精神分裂症的遗传学研究发现了与精神分裂症相关的大量风险基因和位点，它们的分子作用集中在各种各样的生物通路中，包括神经发育的通路和神经信号转导的通路，如谷氨酸能（glutamatergic）、多巴胺能（dopaminergic）、γ- 氨基丁酸能（GABAergic）、胆碱能（cholinergic）、血清素能（serotonergic）的信号转导。系统生物学的方法为这些基因参与精神分裂症病理过程提供了更多证据。这些方法包括用细胞培养和动物模型来研究基因功能，以及下游的表型作用对动物行为的影响，通过检测患者和动物模型的相关基因、蛋白质表达情况来分析病理过程，以及进行风险遗传位点与内表型的关联等。又如，将患者的成纤维细胞诱导成多能干细胞（induced pluripotent stem cell，iPSC）并重编程成神经细胞进行更多研究。功能实验是探究基因如何在疾病病理过程中发挥生物学作用的必经之路，也是寻找新药作用到基因网络和通路的充分条件。开发出有效的治疗策略，整合所有这些工具的数据是至关重要的。

（一）转录组学研究

转录组是全基因组上的基因在表达水平（mRNA）上的变化。许多研究材料是死后脑组织的 RNA 提取物或者激光分离的患者细胞及动物模型或者细胞培养物的 RNA，然后采用 DNA 微阵列的方法来分析。在不同脑区的不同类型细胞中都进行过基因表达变化的分析，如海马（hippocampus）、小脑（cerebellum）、杏仁核（amygdala）、丘脑（thalamus）和颞叶皮质（temporal cortex）。但是大部分研究都集中在前额皮质，此区域与认知功能有关，并发现与精神分裂症患者的精神失调有关。

在前额皮质区，突触可塑性（synaptic plasticity）、神经发育、神经传导、信号转导、髓鞘形成（myelination）、代谢、线粒体功能和免疫反应方面都存在基因表达。特别是发现谷氨酸能和 γ- 氨基丁酸能的信号通路得益于受体亚基基因的差异表达分析。

除了 DNA 微阵列芯片，新一代测序的方法如 RNA-seq 正在用于全转录组的分析。这种基因组学技术的提升可以提供从转录水平到可变剪接，以及序列变异位点的丰富信息，为开发新疗法提供了关键信息。

（二）蛋白质组学研究

蛋白质组是对蛋白质表达差异、转录后修饰和蛋白质之间相互作用进行高通量的整体分析的研究方法。对临床上脑样品的不同脑区进行蛋白质组的分析，发现疾病组与健康对照组相比，存在许多受到上调或下调的蛋白质。这些变化反映了遗传、环境因素及抗精神病药物之间复杂的相互作用。有许多关于精神分裂症蛋白质组学的研究，这些研究发现的蛋白质很少有重叠，且集中在一些功能通路上。例如，在背外侧前额叶皮质（dorsolateral prefrontal cortex）、前扣带皮质（anterior cingulate cortex）、胼胝体（corpus callosum）和岛叶皮质（insular cortex）都发现有蛋白质表达差异，这些蛋白质与代谢、细胞骨架结构、突触、氧化压力、少突胶质细胞（oligodendrocyte）功能、谷氨酸信号转导等过程有关。分析遗传改变的小鼠的蛋白质组及药物诱导的 NMDA 受体功能缺失的啮齿动物模型，证明了精神分裂症的一些风险因子。例如，在 MK-801 处理的大鼠丘脑（thalamus）、苯环己哌啶（一种麻醉药和致幻剂）处理的大鼠前额叶皮质都发现了 DPYSL2 蛋白的差异表达。DPYSL2 是被多次报道的差异表达蛋白之一。此外，蛋白质组学为使用精神分裂症患者的血液、尿液和血清研究潜在疾病的生物靶标提供了工具。

（三）代谢组学研究

代谢组学是用液相色谱–质谱联用（liquid chromatography mass spectrometry）技术和核磁共振（nuclear magnetic resonance）光谱技术来研究小分子代谢物的研究方法，如研究代谢中间产物、激素和其他信号分子。对精神分裂症患者和健康人的组织或者疾病模型进行代谢组学的比较能够将代谢组学的变化与疾病相关的酶的表达变化，以及基因或者蛋白质通路的变化联系起来。代谢物可以作为疾病的分子标记或者为精神分裂症提供新的治疗靶标。血脂水平的变化、葡萄糖利用率及氧化压力的变化受到广泛报道。

例如，在最近的血浆代谢组学的分析中，研究人员通过建立代谢物、酶、中间蛋白质产物和精神分裂症风险遗传因子的分子网络，发现了 13 个与精神分裂症候选基因有关的 5 种异常代谢产物。

七、脑影像分析及计算精神病学

影像遗传学是新的领域，综合了遗传学的分析和活的人脑组织结构异常的定量分析。精神分裂症患者脑结构异常的定量分析中，最常见的是患者海马区和侧脑室体积（lateral ventricular volume）异常。影像遗传学有助于发现可定量的临床表型的遗传基础，促进精神分裂症的药物发现。例如，可以确定药物靶标的作用，发现生物标记，以及基于个人的遗传基础来检测新的抗精神病药物对大脑结构和功能的影响。到目前为止，大部分研究都是小样本量的，但是候选风险因子的关联研究发现：在 *COMT*、*DISC1*、*ERBB4*、*GRM3*、*NRG1* 和 *ZNF804A* 基因上存在与脑形态关联的风险位点。需要对这些研究进行大样本量的验证，进一步探讨这些位点对大脑结构和功能的影响，一些研究也采用全基因组范围的方法。

八、iPSC 及类器官研究

精神分裂症的细胞和分子机制在很大程度上仍不清楚的一个关键原因是难以获得可用的组织样本及缺乏可以精确模拟精神分裂症的研究模型。

诱导多能干细胞（iPSC）技术的进步使得从患者体细胞到含有患者基因组的 iPSC 的重新编程成为可能。iPSC 具有分化为任何细胞或组织类型的潜能，包括神经元细胞和组织。大脑类器官（organoid）则可以用来研究特定的细胞类型，也可以模拟人脑的不同发育阶段，为精神分裂症发病早期的研究提供条件。

此外，利用 CRISPR-Cas9 基因组编辑工具对 iPSC 进行工程处理，可以产生反映精神分裂症特异突变位点的同源细胞系。有研究发现，来自精神分裂症患者的 iPSC 分化的神经祖细胞和神经细胞的神经连通性降低，突触蛋白减少。此外，在精神分裂症患者的 iPSC 模型中也检测到其他细胞表型的改变，如神经发育畸形、细胞命运决定畸形、电生理活动改变和神经元网络连接改变。基于 iPSC 建立精神分裂症建模的主要挑战是：我们对于细胞表型的发现与精神分裂症病程中涉及的生物学途径有何关联尚不明了，以及遗传和（或）环境风险因素是如何导致这些表型的也尚不清楚。

九、动物模型研究

精神疾病的动物模型是非常有价值的临床前研究手段，既可以进行侵入性监测性研究，又可以用来测试新的治疗方法。

由于多巴胺失调与中脑边缘多巴胺系统的功能亢进是精神分裂症发病机制的早期理论，第一个建立在安非他明药理基础上的动物模型即试图模仿这一特征。近年来，越来越多的证据支持谷氨酸系统功能障碍是精神分裂症的主要病理生理变化。因此，离子型谷氨酸受体NMDA的非竞争性拮抗剂氯胺酮或苯环己哌啶（N-1-phenycyclohexy-piperidine，PCP）可以导致健康受试者产生错觉和幻觉。与安非他明不同的是，PCP可以同时引发实验动物出现精神分裂症的阳性症状和阴性症状。

基于精神分裂症的高遗传度，也建立了相应的遗传模型。*DISC1*是最早发现与精神分裂症有关的基因之一，目前已经有7个导致*DISC1*功能丧失（或部分丧失）的转基因小鼠被用于精神分裂症研究，*DISC1*突变小鼠的一些病理和行为学表型也可以部分模拟精神分裂症表型。另一重要的精神分裂症易感基因*Nrg1*杂合子条件敲除鼠出现明显的精神分裂症样改变。精神分裂症相关蛋白dysbindin是精神分裂症中神经递质释放异常的分子靶点之一，*Dtnbp1*基因外显子2的一个自发性纯合缺失导致dysbindin蛋白表达不表达，利用这一特征制备的Dys－/－小鼠表现出许多与精神分裂症相关的病理特征。

此外，精神分裂症的动物模型还包括神经发育动物模型。关键妊娠期的神经发生中断、新生儿海马腹侧病变、啮齿动物断奶后的社会隔离和围产期母体免疫激活都被认为是可以模拟精神分裂症的多个诱因。每种动物模型都一定程度上对精神分裂症的研究有所帮助。然而，尽管动物模型有许多优点，其天花板也显而易见，即事实上精神分裂症的一些核心症状（如思维、语言学习和记忆）是人类独有的特征，这些是无法在小鼠身上真实模拟的。因此，精神分裂症的发病机制研究也需要借助可以直接反映患者自身病理特征的研究平台。

第七节 代表性精神分裂症易感基因

一、*DISC1*基因

精神分裂症断裂基因1（disrupted in schizophrenia 1，*DISC1*）基因是在一个拥有多名精神分裂症患者的苏格兰大家系中发现的，它处在平衡染色体易位的断裂点处（1q42.1；11q14.3）。虽然这种易位只在原始家系的精神分裂症患者中出现过，但是*DISC1*基因内部的其他常见和罕见遗传位点也表现出与精神疾病的关联。在过去十几年，*DISC1*成为了研究最多的基因。与所有候选基因一样，关于*DISC1*基因关联分析和测序的结果并不总能得到验证，但是从体外到体内分析的各种遗传、生化和功能试验的数据都大力支持*DISC1*作为精神分裂症的易感基因。*DISC1*基因编码大的多功能支架蛋白，参与调控胚胎及成体神经发生和大脑成熟的过程，包括神经元前体细胞的增殖、分化和迁移。许多与神经发育、细胞骨架、中心体和突触功能相关的突触蛋白与DISC1在特定的信号通路中有相互作用。而且，遗传关联研究还发现编码这些蛋白质的基因是精神分裂症的风险因子。DISC1功能缺陷的模式动物表现出一系列与精神分裂症相关的行为学变化。例如，其在用于检测感觉运动门控的前脉冲抑制（prepulse inhibition，PPI）实验和用于检测抑郁的强迫游泳实验中表现出功能缺陷现象。DISC1蛋白本身不太可能作为药物控制的靶标，但是对其进行转录后修饰来稳定这个蛋白质或许是可行途径。此外，调控DISC1信号通路也是另外一种可能的治疗策略。

二、*AKT*基因

受体丝氨酸/苏氨酸激酶（serine/threonine kinase，AKT）也被称为蛋白激酶B（protein kinase B，PKB），是磷脂酰肌醇-3激酶信号通路中的一个调控子，这个通路在癌症发生中发挥着重要作用。AKT 的刺激参与了细胞的存活路径，在许多细胞类型中，提高环腺苷酸水平的药物可以调控 AKT。在神经元细胞中 AKT 可以被离子型谷氨酸受体亚型 NMDA 受体和代谢型谷氨酸受体亚型 mGlu2/3 受体的下游信号途径激活。AKT 下游激酶—糖原合成酶激酶 -3β（glycogen synthase kinase 3β，GSK3β）的磷酸化和抑制可以调控 AKT。针对 *AKT1* 基因的 SNP 与精神分裂症的关联研究既有阳性结果也有阴性结果。而且，有研究报道 DISC1 与 GSK3β 直接相互作用，从而增强了这种关联的可能性。而 AKT1 功能损伤会导致 GSK3β 活性增强，因此 *DISC1* 基因突变会致病是与 AKT-GSK3β 通路参与疾病发生的现象相一致的。由于精神分裂症患者中 AKT 活性可能是受到抑制的，因此，研究者正在开发一系列选择性 GSK3β 抑制剂，以便应用到精神疾病的治疗中。

三、*ERBB4/NRG1* 基因

受体酪氨酸激酶（receptor protein tyrosine kinase，RPTKs）是受神经调节蛋白 1（neuregulin 1，*NRG1*）基因编码的 NRG1 激活的。NRG1 与（erb-b2 receptor tyrosine kinase 4，ERBB4）的结合引发了受体二聚化和酪氨酸残基的磷酸化，产生了蛋白质停泊位点并引起下游信号的级联反应，如 c-Jun 氨基末端激酶（c-Jun N-terminal Kinase，JNK）、细胞外调节蛋白激酶（extracellular signal-regulated kinase，ERK）和磷脂酰肌醇 -3- 激酶（phosphoinositide 3 kinase，PI3K）。NRG1 在神经发育过程中发挥多方面作用，如决定细胞命运、中间神经元迁移、形成髓鞘、招募受体和突触可塑性等方面。NRG1/ERBB4 信号通路参与了谷氨酸能、γ- 氨基丁酸能、多巴胺能等神经递质传递。而且，多种证据都支持 *NRG1* 和 *ERBB4* 是精神分裂症的易感基因。染色体连锁分析研究、常见单核苷酸多态性（single neucleotide polymorphism，SNP）及微卫星变异、*ERBB4* 罕见结构变异的关联研究都发现了 *NRG1* 与精神分裂症相关的阳性结果。但是后续的验证研究并非都是阳性的。关于 ERBB4/NRG1 蛋白水平的研究也有不少发现：NRG1 和 ERBB4 的 mRNA 和蛋白质在精神分裂症患者死后脑组织和正常人脑组织中存在差异表达；NRG1 mRNA 在海马区表达增加，其蛋白质水平在前额皮质表达增加；而 ERBB4 mRNA 和蛋白质在前额皮质表达量都增加了。遗传改变的小鼠实验有助于确定这些与精神分裂症相关基因的功能。研究者已经构建了 *Nrg1* 杂合突变鼠、*Nrg1* 异构体的杂合突变鼠、*Erbb4* 的杂合突变鼠及 NRG1/ERBB4 信号通路阻断的小鼠。利用这些鼠系，研究者可以从分子水平和行为水平研究这些蛋白质在精神分裂症相关脑区中的正常功能。此外，这些模型也反映了精神分裂症患者死后脑组织中 mRNA 和蛋白质水平的紊乱。

四、*CHRNA7* 基因

CHRNA7 基因编码尼古丁乙酰胆碱受体（nicotinic acetylcholine receptor，nAChR）的一个亚基，如作为中枢神经系统中 α- 金环蛇毒素的结合亚基（alpha-bungarotoxin-binding subunit），以五聚体形式形成 α-7 尼古丁乙酰胆碱受体（alpha-7 nAChR）。与乙酰胆碱的结合引发了受体亚基构型的变化，导致了瞬间的钠离子和钙离子流。这种受体既位于突触前又位于突触后，通常情况下在谷氨酸能神经元的末端，并促进谷氨酸的释放。研究发现染色体 15q13.3 区域的缺失与精神分裂症发病风险显著关联，该区域包含 *CHRNA7* 基因。*CHRNA7* 基因的常见变异位点与精神分裂症关联的研究既有阳性结果也有阴性结果。还有研究表明，*CHRNA7* 基因的单体型剂量不足会显著增加患精神分裂症的风险（OR ＝ 11.54，$P = 5.3\times10^{-4}$）。不过在这些遗传学证据之前，*CHRNA7* 基因就已经作为治疗的靶点了。精神分裂症患者普遍吸烟的现象从另一个角度暗示了患者在实验尼古丁进行自我治疗。α-7 尼古丁乙酰胆碱受体的拮抗剂能在一定情况下改善精神分裂症患者的认知能力；相应的动物模型实验表明该拮抗剂可以缓解疾病相关的认知损伤。

因此，临床和临床前的遗传学数据强有力地说明 α-7 尼古丁乙酰胆碱受体可以作为精神分裂症的治疗靶点。然而早期临床研究结果说明这样的药物对阳性症状几乎没有效果，对阴性和认知症状的一些患者有效。

结束语

在过去10年中，遗传学的研究方法经历了巨大的变革。随着高通量分型技术和计算方法的发展，复杂疾病的研究可以越来越顺利地开展。而且，包括新一代测序的新技术会加速复杂疾病的遗传发现。尽管精神分裂症的遗传学研究遇到挫折，但大规模的、系统性的合作平台会促进这个领域的发展。随着越来越多的研究关注疾病间的共享遗传贡献及通路中基因之间的相互作用，未来的发现或许会在更大范围和更深程度上对复杂疾病进行遗传领域的评估。最终，复杂疾病在遗传学方面研究的主要目标依然是发现大量会增加疾病易感性的风险因子，确定它们在疾病中的表现和内在病理中的作用，是为了阐明遗传通路，并基于此发现新的疗法，从而在个体基础上针对疾病进行预防和治疗。

迄今为止关于精神疾病和其他复杂疾病的证据表明，扩大样本量的全基因组关联研究（GWAS）将继续对识别更多的易感基因以及通过它们识别疾病相关的生物学通路起到至关重要的作用。这也将为精神分裂症的诊断和治疗方法提供理论基础。此外，精神病学基因组学联盟第三阶段研究计划也包括将对近14 000对双胞胎样本从9岁到24岁进行9种不同疾病的多基因风险值（polygenic risk score，PRS）分析，能够捕获更多与疾病相关的特异性变异子集，把众多微效变异的影响力聚集成多基因风险评分，将捕捉到成千上万个单核苷酸多态性的叠加效应，从而涵盖更多的可遗传变异。这不仅有助于对特定精神疾病的纵向和发育研究，也将有助于精神疾病的跨病种研究。众多研究报道精神分裂症不仅与分裂情感性障碍、抑郁障碍、注意缺陷与多动障碍（attention deficit and hyperactivity disorder，ADHD）、青少年焦虑障碍和创伤后应激障碍（post-traumatic stress disorder，PTSD）有共享遗传基础，同时也与一些特定表型存在关联，如认知障碍、感觉运动门控异常、工作记忆能力失调等。了解精神疾病间共享的遗传风险的程度和生物学意义对精神病学的分类学、药物开发和风险预测都具有重要意义。

值得一提的是，DSM-5诊断标准取消了对精神分裂症的亚型分类，希望通过遗传学、影像学以及其他的生物学检测手段来诊断精神分裂症，虽然目前对精神疾病的发病机制的理解还不足以使我们能够依赖生物学检测手段诊断精神疾病。但是，对精神疾病更深入的分子遗传机制的探索不仅有助于新的诊断系统的发展，也是开发有效治疗药物的可靠途径。新兴的诱导性多能干细胞（iPSC）细胞及基于iPSC的3D模型（类脑器官）能够更好地模拟患者的大脑组织结构和神经网络，为精神疾病的发病机制研究带来新的希望。

总之，精神疾病前期的遗传学研究和后期建立在易感基因基础上的分子机制研究已经取得了一定的成果。未来基于更大规模的样本、更具体的表型（跨病种）、更前沿的生物学技术的遗传学研究将有助于完善精神疾病背后的常见突变和罕见突变。而用来转化这些变异的传统的和新兴的疾病模型将有希望进一步揭示精神疾病的致病分子机制，从而有助于锁定更可靠的药物靶点，为众多精神疾病患者的客观精准诊疗提供支持。

参考文献

综述

1. Adegbola A，Bury LA，Fu C，et al. Concise review：induced pluripotent stem cell models for neuropsychiatric diseases. *Stem Cells Transl Med*，2017，6（12）：2062-2070.
2. Barrantes-Vidal N，Grant P，Kwapil TR. The role of schizotypy in the study of the etiology of schizophrenia spectrum disorders. *Schizophr Bull*，2015，41Suppl 2（Suppl 2）：S408-416.
3. Horwitz T，Lam K，Chen Y，et al. A decade in psychiatric GWAS research. *Mol Psychiatry*，2019，24（3）：378-389.
4. Kendler KS. What psychiatric genetics has taught us about the nature of psychiatric illness and what is left to learn. *Mol Psychiatry*，2013，18（10）：1058-1066.
5. Kim Y，Zerwas S，Trace SE，et al. Schizophrenia genetics：where next? *Schizophr Bull*，2011，37（3）：456-463.
6. Malhotra D，Sebat J. CNVs：harbingers of a rare variant revolution in psychiatric genetics. *Cell*，2012，148（6）：1223-1241.
7. Oertel-Knöchel V，Bittner RA，Knöchel C，et al. Discovery and development of integrative biological markers for schizophrenia. *Prog Neurobiol*，2011，95（4）：686-702.
8. Owen MJ，Sawa A，Mortensen PB. Schizophrenia. *Lancet*，2016，388（10039）：86-97.
9. Owen MJ. Implications of genetic findings for understanding schizophrenia. *Schizophr Bull*，2012，38（5）：904-907.
10. Rapoport JL，Giedd JN，Gogtay N. Neurodevelopmental

model of schizophrenia：update 2012. *Mol Psychiatry*，2012，17（12）：1228-1238.

11. Rees E，Owen MJ. Translating insights from neuropsychiatric genetics and genomics for precision psychiatry. *Genome Med*，2020，12（1）：43.
12. Singh S，Kumar A，Agarwal S，et al. Genetic insight of schizophrenia：past and future perspectives. *Gene*，2014，535（2）：97-100.
13. Sutcliffe G，Harneit A，Tost H，et al. Neuroimaging intermediate phenotypes of executive control dysfunction in schizophrenia. *Biol Psychiatry Cogn Neurosci Neuroimaging*，2016，1（3）：218-229.
14. Tang SX，Gur RE. Longitudinal perspectives on the psychosis spectrum in 22q11.2 deletion syndrome. *Am J Med Genet A*，2018，176（10）：2192-2202.
15. Wheeler AL，Voineskos AN. A review of structural neuroimaging in schizophrenia：from connectivity to connectomics. *Front Hum Neurosci*，2014，8：653.

原始文献

1. Allen NC，Bagade S，McQueen MB，et al. Systematic meta-analyses and field synopsis of genetic association studies in schizophrenia：the SzGene database. *Nature Genet*，2008，40（7）：827-834.
2. Andreasen NC. Symptoms，signs，and diagnosis of schizophrenia. *Lancet*，1995，346（8973）：477-481.
3. Brennand KJ，Simone A，Jou J，et al. Modelling schizophrenia using human induced pluripotent stem cells. *Nature*，2011，473（7346）：221-225.
4. Chubb JE，Bradshaw NJ，Soares DC，et al. The DISC locus in psychiatric illness. *Mol Psychiat*，2008，13（1）：36-64.
5. Fromer M，Pocklington AJ，Kavanagh DH，et al. De novo mutations in schizophrenia implicate synaptic networks. *Nature*，2014，506（7487）：179-184.
6. Kamitaki N，Sekar A，Handsaker RE，et al. Complement genes contribute sex-based vulnerability in diverse disorders. *Nature*，2020，582（7813）：577-581.
7. Li Z，Chen J，Yu H，et al. Genome-wide association analysis identifies 30 new susceptibility loci for schizophrenia. *Nat Genet*，2017，49（11）：1576-1583.
8. O'Donovan MC，Craddock N，Norton N，et al. Identification of loci associated with schizophrenia by genomewide association and follow-up. *Nature Genet*，2008，40（9）：1053-1055.
9. Pardiñas AF，Holmans P，Pocklington AJ，et al. Common schizophrenia alleles are enriched in mutation-intolerant genes and in regions under strong background selection. *Nat Genet*，2018，50（3）：381-389.
10. Sahoo T，Theisen A，Rosenfeld JA，et al. Copy number variants of schizophrenia susceptibility loci are associated with a spectrum of speech and developmental delays and behavior problems. *Genet. Med*，2011，13（10）：868-880.
11. Schizophrenia Working Group of the Psychiatric Genomics Consortium. Biological insights from 108 schizophrenia-associated genetic loci. *Nature*，2014，511（7510）：421-427.
12. Sekar A，Bialas AR，de Rivera H，et al. Schizophrenia risk from complex variation of complement component 4. *Nature*，2016，530（7589）：177-183.
13. St Clair D，Xu M，Wang P，et al. Rates of adult schizophrenia following prenatal exposure to the Chinese famine of 1959-1961. *JAMA*，2005，294（5）：557-562.
14. Tandon R，Gaebel W，Barch DM，et al. Definition and description of schizophrenia in the DSM-5. *Schizophr Res*，2013，150（1）：3-10.
15. Xu B，Ionita-Laza I，Roos JL，et al. De novo gene mutations highlight patterns of genetic and neural complexity in schizophrenia. *Nature Genet*，2012，44（12）：1365-1369.

第 9 章　药物依赖与成瘾

王菲菲　郑　平

药物依赖（drug dependence）是指机体长期摄入一些药物后对其所产生的生理和心理上的依赖，一旦停止使用就会引起机体强烈的不适和主观渴求。在临床上这类药物在镇痛和缓解不适的同时还能够产生强烈的愉快感，这一特性使这类药物具有很强的滥用潜力。随着药物的反复使用，个体中枢神经系统的结构和功能会发生一些适应性改变，导致对这类药物产生耐受、依赖，并且停药后容易产生复吸。此时，即使采取各种干预手段试图控制和摆脱对药物的依赖，但大部分药物滥用者仍然会发展成一种强迫性的用药状态——即成瘾（addiction）。因此，药物成瘾的本质是一种中枢神经系统发生适应性或可塑性（adaptability or plasticity）改变的慢性复发性脑疾病。

第一节　药物依赖的概念、分类及表现特征

一、药物依赖的有关概念

药物依赖可表现为躯体依赖性（physical dependence）和精神依赖性（psychic dependence）两个方面（表 10-9-1）。躯体依赖性亦称生理依赖（physiological dependence），是指反复使用依赖性药物后机体产生的一种“药物”适应状态。躯体依赖的表现特点是：一旦停药，用药者出现一系列难以忍受的躯体症状，称为戒断症状或戒断综合征（withdrawal syndrome，abstinence syndrome），为缓解这种戒断症状，个体就会不顾一切去寻求药物，滥用药物，此即所谓的觅药行为。精神依赖（psychic dependence）又称心理依赖（psychological dependence），它又可分为奖赏效应依赖和奖赏记忆依赖，奖赏效应依赖主要表现为：吸食药物时会产生超乎寻常的欣快感，个体为追求愉悦感而选择继续使用这类药物，主要发生在用药初期；奖赏记忆依赖主要表现为：在戒断很长时间后再次回到用药环境时，个体依然很容易产生对药物的渴求，导致复吸。大多数依赖性药物兼有躯体依赖和精神依赖，例如阿片类药物（吗啡，海洛因）等。少数依赖性药物（如致幻剂）仅有精神依赖而无躯体依

表 10-9-1 药物依赖有关的名词和概念

奖赏（reward）：指具有正性强化（positive reinforcement）作用或应该获取的刺激。人或动物对某种刺激的行为反应次数增加的效应称为强化效应（reinforcement）。正性强化和负性强化：正性强化指能满足渴求（趋利）的行为，负性强化指能逃避厌恶（避害）的行为。
药物滥用（drug abuse）：是指与医疗目的无关的反复使用有依赖性或依赖性潜力的药物，该行为会导致明显的恶性后果，例如不履行自身义务、为了使用该物质不顾其对身体的危害，甚至不惜触犯法律而持续用药等。
精神依赖（psychic dependence）或心理渴求（psychological craving）：用药者对再次体验药物作用的强烈欲望。渴求是导致强迫性用药和脱毒后复吸的主要原因，可长期甚至终生存在。
躯体依赖（physical dependence）：是指机体对依赖性药物的生理耐受，以及停用后出现的戒断症状症候群，亦称戒断综合征（withdrawal syndrome）。具体表现为突然停药或减量，或使用拮抗剂（如：海洛因成瘾时用纳洛酮）阻断药物的作用时所产生的一系列症状。戒断综合征也可由用药相关的线索所诱发（条件性戒断）。戒断综合征也是导致复吸的原因之一。
敏化（sensitization）：是指反复用药之后，机体对药效期待的增加；同时也指药物滥用者对药物及药物相关线索或应激刺激反应的敏感化（如使用精神兴奋剂后的运动活性增强）。敏化是导致渴求和复吸的原因之一。
复发 / 复吸（relapse）：指在经过一段戒断期后又恢复以前的觅药和用药行为。如再次使用依赖性药物（点燃）、与先前用药相关的线索（如与以往用药相关的人、地点或物品）、身体或心理应激（stress）都可能触发强烈的渴求而导致复吸。
点燃（priming）：指停用药物一段时间后再次使用小剂量依赖性药物，促使依赖者又回到以前的滥用状态。

赖，即停药后没有明显的戒断症状。躯体依赖通过治疗和干预相对容易戒除，但心理依赖很难完全消除。一个人可以对多种药物产生依赖。

药物成瘾（drug addiction）主要强调药物依赖者的强迫性觅药和用药行为。然而在很多研究报道和综述性文章中常可见到将药物滥用与药物成瘾这两个名词交替使用的情况。药物滥用（drug abuse）是指与医疗目的无关的反复大量使用有产生依赖性或依赖性潜力的药物。具体来说：①不论是药品类型，还是用药方式和地点都是不合理的；②没有医生指导而自我用药，这种自我用药超出了医疗范围和剂量标准；③使用者对该药不能自拔并有强迫性用药行为；④由于使用药物，而往往导致精神和身体危害、社会危害。这类药物往往具有两重性：一方面，它们具有独特的中枢作用，例如镇痛、镇静、催眠、抗焦虑等，若临床使用得当，的确能发挥重要的医疗价值；但另一方面，它们又容易产生依赖性，若使用和管理不当极有可能导致依赖或成瘾。

关于药物依赖的诊断，目前国内常用的诊断标准主要有：①中华医学会精神科学会制定的“中国精神疾病分类方案与诊断标准”第3版（CCMD-3）；②美国精神病学协会制定的精神障碍诊断和统计手册第5版（DSM-5）。认为反复使用某种精神活性物质，并至少满足下列2项即可被诊断为药物依赖：①有使用某种物质的强烈欲望；②对使用物质的开始和结束、或剂量的自控能力下降；③明知该物质有害，但仍然使用，主观希望停用或减少使用却总是失败；④对该物质的耐受性增强；⑤使用时体验到快感，或必须用同一物质才能消除停止使用后导致的戒断反应；⑥减少或停用后出现戒断症状；⑦使用该物质后会导致放弃其他活动或爱好。除此以外，社会功能受损也是评价药物依赖严重程度的重要标准。

二、依赖性药物的分类

根据国际禁毒公约及《中华人民共和国刑法》第357条规定，毒品包括鸦片、海洛因、甲基苯丙胺（冰毒）、吗啡、大麻、可卡因以及国家规定管制的其他能够使人形成药物依赖的麻醉药品和精神药品。依赖性药物主要分为三大类。

（一）麻醉药品（narcotic drugs）包括以下几类：

1. 阿片类（opioids） 包括天然来源的阿片（opium）及从中提取的有效成分如吗啡（morphine）、可待因（codeine）以及将有效成分加工所得的产品如海洛因（heroin），也包括类似阿片作用的人工合成品如哌替啶（pethidine）和美沙酮（methadone）等。

2. 可卡因类（cocaine） 包括可卡因碱（cocainebase）、盐酸可卡因（cocainehydrochloride）、古柯叶（coca leaf）、古柯糊（coca paste）等。

3. 大麻类（cannabis） 其有效成分是大麻酚。

4. 氯胺酮（katamine） 具有镇痛和增加剂量

引起麻醉作用的手性环己酮衍生物。

（二）精神药物（psychotropic substances）包括以下三类

1. 镇静催眠药及抗焦虑药（sedative，hypnotics and anxiolytics） 如巴比妥类（barbitur ates）和苯二氮䓬类（benzodiazepines）等。

2. 中枢兴奋剂（centralstimulants） 如苯丙胺类（amphetamines）、哌醋甲酯（methylphenidate）和咖啡因（caffeine）等。

3. 致幻剂（hallucinogens） 如麦角二乙胺（Lysergicaciddiethylamide，LSD）、麦司卡林（mescaline）和西洛西宾（psilocybine）等。

（三）其他

如酒精（alcohol）和烟草（tobacco），也包括挥发性有机溶剂（volatileorganicsolvents）。因此世界卫生组织和美国精神病学学会已用"物质依赖（substance abuse）"来取代"药物依赖"这一术语。

三、几类代表性药物的依赖性表现特征

（一）阿片类

阿片类药物可导致强烈的精神依赖与躯体依赖，几次用药就能形成精神依赖，即产生对药物的渴求（craving），表现出药物的正性强化效应（positive reinforcement）；反复用药后需加大用量方可满足机体需求，即产生药物耐受性。此时，如果中断用药，就会出现戒断症状。具体表现为在停药6～8 h后，患者开始出现最初的症状（虚弱感及不安），停药18～24 h后出现明显的戒断症状，包括：①精神及行为症状：烦躁不安、易怒、由困倦转为失眠；②躯体症状：呼吸困难、关节与肌肉疼痛、肌强直或无力，常伴有意向性震颤、斜视、脱水、体重减轻、发冷和体温升高等；③自主神经系统症状：频频呵欠、大汗淋漓和汗毛竖立；流涕、流泪、流涎；食欲不振、恶心、呕吐、腹泻和胃肠绞痛；心动过速、血压和血糖异常。整个过程一般持续7～10 d。若给予同类成瘾性药物（如海洛因戒断者用吗啡或美沙酮），上述戒断症状可很快缓解或者消失。由于阿片类药物使用者常常难以忍受戒断症状所带来的极端痛苦，不得不继续用药，表现出药物的负性强化效应（negative reinforcement）。因此，阿片依赖是一个恶性循环的过程，即伴随欣快感的药物使用——伴随负性情绪和躯体症状的戒断状态——对药物的强烈渴求进而导致复吸行为，药物成瘾者在无法获得药物时表现出强烈的负性情绪，被认为是戒断反应最重要的动机之一，也是不断滥用毒品的重要原因之一。

（二）可卡因类

可卡因对中枢神经系统产生兴奋作用，按其精神效应出现的先后可分为四期。①欣快期：表现为心情愉快、思维敏捷、情绪波动、失眠、性欲亢进和无食欲，可伴有阵发性暴力行为；②心情不佳期：情绪压抑伴有焦虑和性欲淡漠，具有攻击性倾向；③幻觉期：可产生多种幻觉（如视、触或听幻觉），但用药者尚能保持自我判断能力，知道所出现的幻觉不是真实情况；④精神病期：幻觉持续存在，用药者失去自我判断能力，将幻觉误以为真，产生与幻觉相关的异常行为。可卡因可导致用药者产生较强的精神依赖性，因而在人群中的滥用倾向（abuse liability）非常明显。曾经认为可卡因只会导致精神依赖性而无躯体依赖，但近来已证实，在长期大剂量滥用可卡因之后，亦能导致用药者产生躯体依赖，表现为断药后的疲乏、压抑、睡眠延长和饥饿感增加等。

（三）大麻

大麻类植物中最广泛被滥用的品种是印度大麻（cannabis sativa）。它的制品有许多名称，一般称大麻（marijuana）大麻的有效成分是大麻酚。它有多种异构体，最主要的是四氢大麻酚（Δ9 tetrahydrocannabinol，Δ9-THC）。大麻作用于中枢神经系统，可产生下列精神效应：一般剂量可产生欣快感，会导致短程记忆受损，视、听、触及味觉变得更加敏锐，对时间的感受发生异常（觉得时间过得很慢，实际几分钟却觉得已过了几小时），嗜眠、肌肉松弛和自发发笑；加大剂量可引起幻觉与妄想、思维混乱、焦虑与惊慌感；长期应用大剂量大麻使人表现出淡漠、呆滞、判断力与记忆损害，精神不集中，对生活和工作丧失兴趣。但是大麻二酚（CBD）具有治疗焦虑、癫痫的辅助作用，所以"大麻是否是毒品"在全球仍具争议（吸食大麻在大部分国家仍是违法，但在荷兰、捷克、以及美国的科罗拉多州和华盛顿州，可以在法律范围内吸食大麻）。

（四）镇静催眠药和抗焦虑药

巴比妥类和苯二氮䓬类等药物都会导致用药者产生精神依赖性和躯体依赖性，用药者可产生戒断综合征和用药渴求。断药后出现戒断症状，表现为不安、焦虑、失眠、震颤和深反射亢进，出现阵发性异常脑电图（高幅放电），以及恶心、呕吐、食欲不振及体位性低血压。严重者出现高热、惊厥和谵妄等症状。

（五）中枢兴奋剂

此类药物中被滥用最多的是苯丙胺类如甲基苯丙胺。其精神依赖性潜力极强，用药者欣快感明显，精神兴奋，体力与脑力增强，性欲亢进，对食物和睡眠的需求减低。大剂量用药会引起暴力行为和中毒性精神病，表现为视听幻觉，有时出现触幻觉，产生妄想类偏执狂想象和刻板行为。长期应用苯丙胺类可导致躯体依赖性，断药后的戒断症状表现为持久的睡眠、全身疲乏无力、精神萎靡、忧郁和过量饮食等。

（六）致幻剂

这类药物如麦角二乙胺（LSD）等会导致用药者产生精神依赖性，而躯体依赖性则不明显。用药后产生欣快效应，个体会产生幻觉和反常的感觉，如"听见"颜色或"看见"声音，或感觉时间过得很慢（与实际情况不符），知觉异常（如视物显小或视物显大，心境易变（忧郁变快乐，安全感变恐惧感）。长期服用也会出现药物耐受以致服用量不断增大。

（七）其他

如醉酒，在早期或小剂量的服用时，使中枢抑制功能减弱，个体表现出精神兴奋和多语等；随着血浆中酒精浓度的升高，出现记忆力和对环境意识的下降，语言开始变得含糊不清；最后由兴奋转为镇静，表现出运动障碍和共济失调。撤药综合征表现为癫痫突发样症状以及谵妄状态，是目前临床上亟待解决的问题。

第二节　影响药物滥用和药物依赖的因素

一、依赖性药物的物理化学性质

一种药物在体内发挥作用的机制不仅取决于它的药理学性质，还与药物的物理化学性质有关。水溶性药物可以通过注射进入体内；脂溶性药物可以通过血脑屏障进入脑组织；挥发性药物可以气态形式被吸入体内；耐热性药物可伴随吸烟从而进入体内。滥用者更喜欢那些能快速在脑内达到较高浓度的药物，比如他们更偏爱以烟吸方式而不是鼻吸方式摄入高纯度可卡因；更倾向使用氟硝安定而不是三唑苯二氮；更喜欢具有较短半衰期的、能引起强烈欣快感的海洛因而不是美沙酮。

二、个性特质与精神因素

个性特质和精神或心理状态也是影响药物成瘾的重要因素。易成瘾者性格多为不稳定型，表现为意志薄弱、优柔寡断、多愁善感、依赖他人、情绪易冲动、自制力差和易于焦虑或紧张。据调查显示，药物滥用者多有精神或心理失调问题，具有追求刺激、寻求解脱和猎奇等特点。根据对我国云南省 615 例药物滥用者的调查表明，因好奇模仿而首次吸毒者占 62.3%，追求时尚和享受者占 11.5%，因缓解疾病痛苦或心理创伤各占 10% 左右。通过对人群成瘾性物质使用特征以及精神症状等进行评估，回归分析表明甲基苯丙胺相关精神症状的风险因素包括甲基苯丙胺成瘾严重程度、童年创伤经历、小学期间注意缺陷 / 多动障碍表现和社会支持缺乏。而中介分析表明甲基苯丙胺成瘾严重程度、注意缺陷 / 多动障碍和社会支持情况在遗传因素对甲基苯丙胺相关精神症状的影响中起到了独立的间接作用。

三、遗传因素

遗传因素会影响机体的新陈代谢及其对药物的反应性。不同个体对不同的成瘾药物产生依赖的风险也不同。

（一）药物依赖的易感性基因

已有研究报道，μ 阿片受体基因 118 位（A118G）

的多态性变化会影响其与配体（特别是 β 内啡肽）结合的能力，提示该单核苷酸的多态性表型与阿片成瘾的易感性有关；海洛因成瘾易感性可能与用药者脑内 μ 阿片受体对药物的亲和力较高有关。细胞色素 P450 2D6、P450 2A6 基因也被证明与成瘾密切相关，研究表明 P450 2D6 基因缺失能阻止可待因转化为吗啡，显著降低可待因的滥用；细胞色素 P450 2A6 可促进尼古丁代谢，该基因发生功能缺失性突变可使尼古丁代谢减慢，导致吸烟量减少，不易发生依赖。乙醛脱氢酶突变基因编码一种活性较低的同工酶，该酶功能不足则造成酒精代谢产物乙醛的水平上升乙醛增多会使人产生厌恶的感觉，因此该基因的携带者滥用酒精的可能性极小。此外，多巴胺 D3 受体基因、编码△ FosB 的基因等都被发现与可卡因和吗啡成瘾密切相关。

除上述药物，大麻也是全球范围滥用最普遍的一种依赖性药物，尤其在美国。大麻滥用与依赖的遗传学研究中最值得提出的是 Lynskey 和 Kendler 两个研究组的发现。Lynskey 等对双胞胎大麻滥用和依赖者的研究显示，男性双胞胎对大麻的依赖主要取决于遗传因素，但女性双胞胎则不然。与此相反，Kendler 等证明在大量滥用大麻的女性双胞胎中，62% ～ 79% 对大麻的易感性来自于遗传因素。有关大麻依赖与大麻受体（CB1）基因变异之间的相关性研究也显示出相互矛盾的结果。因此这一命题仍有待进一步研究。

虽然不同成瘾物质作用机制存在很大不同，但他们也存在相同的奖赏通路和分子机制。有研究组通过对比 3296 例物质依赖者（521 例酒精依赖者、1026 例海洛因依赖者、1749 例甲基苯丙胺依赖者）和 2859 例健康对照，发现 *ANKS1B* rs2133896、*AGBL4* rs147247472 和 *CTNNA2* rs10196867 这三个新的位点可能是药物依赖者的风险基因。氨基脂肪酸水解酶是体内主要的一种内源性大麻素灭活酶，近年来有报道该基因单核苷酸多态性导致该酶功能降低能够使内源性大麻素功能活跃，从而导致酒精和某些成瘾药物的滥用机会增加。也有报道发现，多种依赖性物质的滥用或依赖均与多巴胺 D2 受体基因的突变有关。

（二）药物依赖的继代遗传机制

已有研究显示，压力、营养物质、药物暴露等经历会对自身及子代的行为表型及代谢水平产生影响。根据流行病学调查，药物成瘾具有家族聚集性的特性。有研究证明，父母都酗酒，则子女酗酒的可能性比其他人大很多。即使他们在出生时就被不嗜酒的父母收养并将其养育成人，他们仍更容易出现酗酒的恶习。采用模拟人类觅药行为的自给药模型进行成瘾继代遗传的相关研究，同样发现可卡因等成瘾药物暴露后，对子代行为学产生了很大影响：自主摄取可卡因后的雄鼠，虽然其子代中雌鼠对可卡因联合学习未发生变化，但子代雄鼠可卡因联合学习能力显著下降；而父代被动暴露于可卡因后，子代雌鼠存在学习缺陷，而子代雄鼠学习能力并未改变；此外，雌鼠未怀孕时进行被动可卡因暴露，其子代雄鼠对可卡因的敏感性增强。更重要的，有研究发现可卡因自主给药动机高的大鼠，其子代对可卡因的摄取动机依然较高，觅药动机得到遗传。这种可继代遗传的表型是后天获得的，依赖于亲代的药物经历或高觅药动机。

近几年的研究发现亲代的经历所产生的影响除了通过 DNA 序列的改变发生，还可以通过表观遗传学修饰介导，亲代经历不仅会对自身产生表观遗传水平上的影响，还可能对配子进行表观遗传修饰，并将表观遗传修饰的影响通过配子传递到子代，使子代基因表达受到表观遗传学调控，从而影响子代的行为表型和代谢能力。药物成瘾家族性遗传表现为非孟德尔遗传现象，对家族性药物成瘾者进行全基因组测序，发现家族性成瘾表型与染色体区域及等位基因的变异有关。已有的研究认为可卡因会通过影响配子发生对子代产生影响。人们对传递遗传物质的精子进行分析，发现可卡因自主给药后，大鼠睾丸的组蛋白 H3 乙酰化水平增高，输精管中 DNMT1 表达水平提高，精子的 *BDNF* 基因上组蛋白 H3 乙酰化水平增高进一步导致了 BDNF 表达增强。对可卡因摄取有高动机大鼠的精子进行分析，发现大鼠精子 DNA 的甲基化水平发生了明显变化，这些改变主要发生在神经发育相关的基因启动子区，且受到特定转录因子的调控。对子代相关脑区分析的结果显示，父代自主摄取可卡因后，子代雄鼠前额叶皮质中 BDNF 的表达水平增高，海马中 CRF 受体的表达水平增高，这可能与他们自身的可卡因摄药水平和焦虑情绪的变化相关；雌鼠暴露可卡因后，其子代雄鼠前额叶皮质中多巴胺 D1 受体表达增强，这可能与他们自身对可卡因的敏感性变化相关。这些结果提示，亲代药物依赖可能通过表观遗传学机制对后代的神经系统发育进行重构，使其具备较高的觅药动机。

总之，尽管大量研究提示遗传因素在药物依赖的形成和维持中有重要作用，但对其所涉及的某些或某一候选基因或是表观遗传的调控机制的仍处在探索阶段。个体对药物成瘾的易感性不仅与基因差异和环境因素相关，也与两者之间的相互作用有关。成瘾性药物会对机体产生表观遗传修饰，并且使配子中也会发生表观遗传学变化，但配子中的变化是独立由环境诱导发生还是由体细胞诱导发生并没有定论。不同的成瘾性物质对配子影响的机制可能是不同的，药物成瘾如何影响配子的发生以及发生了表观遗传变化的配子如何对子代产生影响，这些问题的解决对于解释药物成瘾的遗传效应现象是至关重要的。

第三节　依赖性药物的作用机制及其与成瘾的关系

一、拟神经递质作用

导致依赖性药物滥用与成瘾的根本原因是其直接或间接的拟神经递质作用（表 10-9-2）。

二、依赖性药物作用机制与成瘾的关系

依赖性药物一般可作用于两类膜受体：G 蛋白偶联受体和离子通道型受体。G 蛋白偶联受体（图 10-9-1）介导慢速突触转运：G 蛋白是由三个亚单位（α、β、γ）组成的三聚体。α 亚基是具有 GTP 酶活性的一个功能单位，可使 GTP 转变成 GDP；β 和 γ 亚基形成一个功能性二聚体，可与无活性的 α 亚基 GDP 结合。神经递质或药物与受体结合后，激活受体偶联的 G 蛋白，GTP 随即取代 α 亚基上的 GDP，使 G 蛋白进入活化状态，并使 α 亚基从三聚体蛋白上解离下来。α 亚基、βγ 二聚体都可激活或抑制腺苷酸环化酶、磷脂酶 C 的活性，从而形成第二信使，如 cAMP、cGMP、三磷酸肌醇和甘油二酯。此外，βγ 二聚体也可直接调控钙、钠、钾等离子通道。第二信使通过激活蛋白激酶，磷酸化离子通道而使之活化。蛋白激酶可产生药理学效应，使转录因子如 cAMP 反应元件结合蛋白（CREB）和 ΔFosB 发生改变。比如阿片类药物结合阿片受体可引起 cAMP 水平下调；苯丙胺和可卡因可通过促进多巴胺（dopamine，DA）、去甲肾上腺素和 5- 羟色胺的释放或阻断其重摄取，升高突触间隙的多巴胺、去甲肾上腺素和 5- 羟色胺水平，这些神经递质可分别作用于不同亚型的多巴胺、去甲肾上腺素和 5 羟色胺受体。离子通道型受体介导快速的突触转递：神经递质或药物与受体结合，使受体构型发生变化并打开离子通道，允许某些离子通过，于是引起膜的去极化或超极化，同时还可激活多种蛋白质。如胆碱能受体含有一个钠离子通道，尼古丁可与之结合并激活该受体。苯二氮、巴比妥盐和乙醇能激活 γ 氨基丁酸 A 型（γ-aminobutyric acid Type A receptors，GABAA）受体，使钠离子进入胞内；乙醇和苯环己哌啶可抑制 N 甲基 D 天冬氨酸（N-methyl-D-aspartic acid，NMDA）敏感的谷氨酸受体，使该受体的钙、钠离子通道发生变化。

表 10-9-2　几种常见依赖性药物的拟神经递质作用

药物	拟神经递质	药物的作用方式
阿片（吗啡海洛因等）	内啡肽	激活 μ 和 δ 阿片受体
精神兴奋剂（可卡因，苯丙胺等）	多巴胺	可卡因阻断 DA 转运体，使 DA 重摄取减少，苯丙胺与 DA 转运体结合进入细胞内，与胞内囊泡单胺转运体作用，促进 DA 释放
大麻	内源性大麻素	激活 CB1 和 CB2 受体
乙醇	γ- 氨基丁酸和谷氨酸	激活 GABAa 受体和抑制 NMDA 受体
氯胺酮	谷氨酸	NMDA 受体阻滞剂
尼古丁	乙酰胆碱	激活 $\alpha_2\beta_4$n 乙酰胆碱受体

（一）阿片类物质

吗啡、海洛因（二乙酰吗啡）等可迅速通过血脑屏障进入脑组织，激活特定的 G 蛋白偶联受体（μ、κ 和 δ 阿片受体）。其中 μ 受体主要介导阿片的欣快感效应。生理状态下，中脑腹侧背盖区（ventral tegmental area，VTA）的多巴胺（Dopamine，DA）能神经元的活动受到 γ- 氨基丁酸（γ-aminobutyric acid，

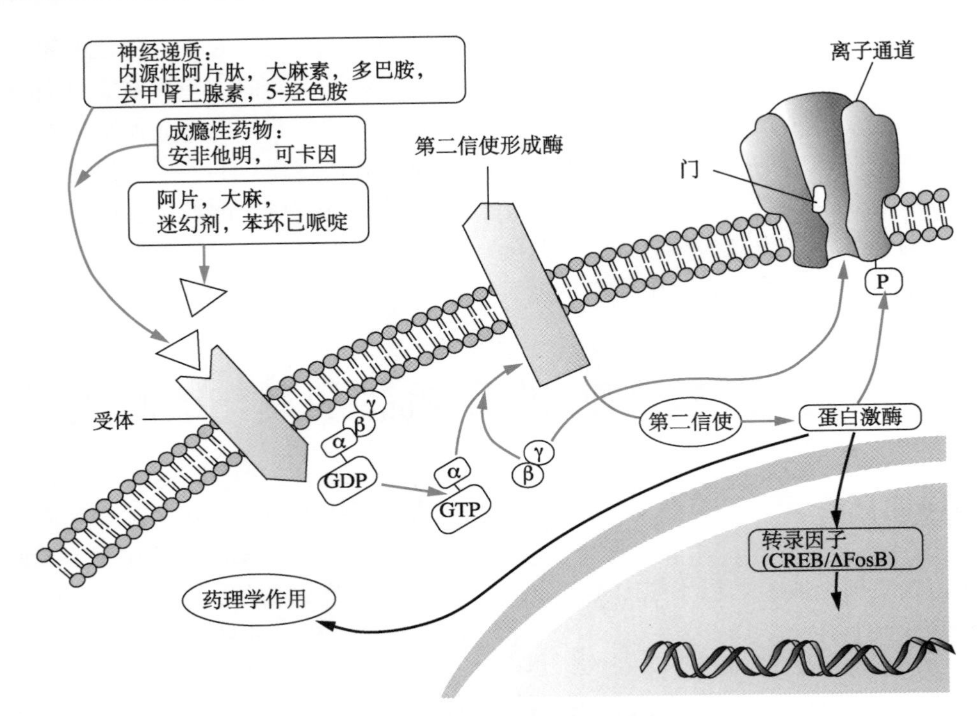

图 10-9-1　**可滥用药对 G 蛋白偶联受体的激活**

GABA）能神经元的紧张性抑制，当μ受体激动剂（吗啡等）使γ-氨基丁酸能神经元上的μ受体激活，便去除了 GABA 能神经元对多巴胺能神经元的紧张性抑制，引起多巴胺在伏核（nucleus accumbens，NAc）的释放增加，从而导致了奖赏效应的发生。有实验证明，μ受体基因敲除小鼠对阿片类药物不表现出奖赏行为反应，也不产生身体依赖。需要注意的是，阿片类药物短期使用具有欣快感，长时间的用药会导致耐受（需要增加药物剂量才能维持稳定的药物效应）和强烈的身体依赖，这时即使加大剂量，也难以体会到那种欣快感，留给患者的只能是对阿片欣快感的心理渴求、戒断症状、强迫性觅药用药行为，以及用药过量导致致命的呼吸抑制。

（二）可卡因和苯丙胺

可卡因和苯丙胺的作用机制主要是使伏核内突触间隙的多巴胺水平升高（表 10-9-2）。可卡因是多巴胺、去甲肾上腺素和 5-TH 重摄取转运蛋白的高效阻断剂。苯丙胺类药物的作用机制更复杂，可抑制转运蛋白对多巴胺、去甲肾上腺素和 5-TH 的摄取，同时又促进神经元胞质中的囊泡向突触释放单胺类神经递质。苯丙胺和甲基苯丙胺似乎对多巴胺和去甲肾上腺素转运蛋白的选择性更高，而亚甲二氧甲基苯丙胺（3,4 methylenedioxy-methamphetamine，MDMA，俗称“迷魂药”）和新型苯丙胺衍生物则对 5-TH 转运蛋白的结合力更强。短期使用这类中枢兴奋药能产生欣快感、提高警觉性，使人更长久地处于觉醒状态，增强注意力和运动活性。长期用药会使人变得易怒，攻击性增强，类似偏执狂的精神病症状。这些药物导致的戒断反应相对比较温和，主要表现为沮丧、萎靡不振等，但对药物的心理渴求却非常强烈。突然大量使用精神兴奋药会导致脑出血、体温过高和热休克，以及 5-TH 综合征、恐慌和精神症状。

（三）大麻类药物

G 蛋白偶联的大麻素受体 CB1（图 10-9-1）大量分布在基底神经节和大脑皮质，它与大麻类药物的滥用和成瘾相关。与其他神经递质不同，内源性大麻素在不少中枢神经突触作为逆行信号而发挥作用。它从突触后神经元释放出来，激活突触前神经元上的 CB1 受体而抑制其神经递质的释放。体内 CB1 受体的配体（anandamide，2 arachidonylgly cerolandnoladinether）明显比人工合成或从植物提取的大麻类药物的作用时间短。大麻叶和印度大麻都可以使人产生轻松和愉悦的感觉，但过量使用可损伤认知功能和机体运动能力，导致恐慌发作和精神错乱。有报道发现，大麻滥用者是精神分裂症的高发人群。大麻戒断症状也比较轻微，主要表现为坐立不安、易怒和失眠等。关于高剂量使用大麻类药物所造成的长期影响是非常复杂的问题，存在很多争议。已有证据表明长期使用大麻类药物会损害记忆，并导致大麻动机缺乏综合征（表现为没有精力和动力去从事工作），但其机制尚不清楚。

（四）其他成瘾性物质

酒精可以影响 5- 羟色胺（5-HT3）受体、尼古丁受体、γ 氨基丁酸 A 型受体（GABAA）和谷氨酸受体的 N 甲基 D 天冬氨酸（NMDA）等受体的活性。由于饮酒的欣快作用可被纳洛酮阻断，表明阿片受体也参与介导酒精依赖过程。有研究证明，急性酒精可阻断 δ 阿片受体，长期接触酒精可使 δ 和 μ 受体的密度升高。此外，尼古丁可与神经元上的乙酰胆碱受体结合。巴比妥酸盐和苯并二氮可与 GABAA 受体结合，并调节离子门控的 GABA A 受体（表 10-9-2）。苯环己哌啶和克他命作为 NMDA 受体（配体门控离子通道）的非竞争性拮抗剂可产生拟精神病作用。

第四节　药物成瘾的神经生物学机制研究进展

人们对药物成瘾机制的认识，经历了一个从身体依赖向精神依赖的转变过程。过去曾以身体依赖作为判断药物成瘾的标准，因此大部分研究集中于身体依赖和戒断症状。后来发现成瘾者在戒断症状消失很长时间后，复吸率仍然很高，提示身体依赖并非是成瘾者持续用药的主要原因。

关于药物成瘾机制先后出现过几个有代表性的理论。1987 年 Wise 和 Bozarth 首先提出了同向过程理论，认为药物成瘾是由于药物带来欣快感的正性强化作用所致。但该理论无法解释小剂量药物即使不能引起主观快感也会导致复吸的现象。于是 Koob 和 Bloom 在 1988 年提出了反向过程理论，认为奖赏是药物直接作用导致的短暂过程，易于消失。而厌恶是随着多次药物作用逐渐增强的过程，其消退是缓慢的。在药物存在的条件下，厌恶作用相对较弱，但是停药后为缓解戒断症状不适感，负性强化效应成为觅药行为的主要动机。但是反向过程理论也受到了质疑，因为经脱毒治疗后，虽厌恶效应已解除，但仍会发生复吸。于是 Robinson 等在 1993 年提出动机–敏化（incentive-sensitization）理论，认为随着药物的反复摄取，脑奖赏系统发生适应性改变，用药者对药物的行为反应一方面表现为耐受，另一方面又表现为增强，即敏化。敏化促进了停药后强迫性觅药及复吸行为的发生。此理论较好地解释了前两种理论所无法诠释的问题。到 20 世纪末（1998），Bechara 等又提出双动机系统（two-separate-motivatioanl-systems）理论，认为药物的奖赏效应在成瘾状态和非成瘾状态存在两种不同的作用机制。未产生身体依赖时，奖赏效应及厌恶效应主要由伏核–腹侧苍白球（ventral pallidum，VP）- 中脑脚桥被盖核（tegmental pedunculopontine nucleus，TPP）的 GABA 系统所介导。而出现身体依赖时，持续用药带来的奖赏效应及厌恶效应则主要由中脑腹侧被盖区（ventral tegmental area，VTA）- 伏核的多巴胺系统所介导。说明药物的强化效应及戒断后的厌恶效应在不同的阶段有着不同的神经基础。在用药过程中，不仅存在药物的急性强化效应和慢性强化效应，也存在急性和慢性戒断症状。

总之，上述任一理论均无法圆满地解释药物成瘾的机制，因此始终缺乏有效干预药物成瘾的方法。21 世纪以来，在上述研究进展的基础上，有关药物成瘾的神经生物学机制研究主要集中在成瘾性药物引起的脑内神经环路以及细胞与分子水平的适应性改变，与成瘾者反复发作的强迫性觅药和用药行为相关性的探讨。

一、药物成瘾与奖赏相关神经环路的适应性改变

（一）奖赏相关神经环路的适应性改变

奖赏相关神经环路是由多个脑区的多种递质能神经元及其投射而构成（图 10-9-2）。其中中脑边缘 DA 系统及其投射在其中发挥关键作用，涉及脑区主要包括中脑腹侧被盖区、伏核、杏仁核（amygdala，Amy）、海马（hippocampus，Hip）及前额叶皮质（prefrontalcortex，PFC）等。腹侧被盖区到伏核的 DA 能投射是目前公认编码依赖性药物奖赏效应的主要神经通路。该通路的生理学功能主要是维持人类或动物的基本生物性目的（如生存和

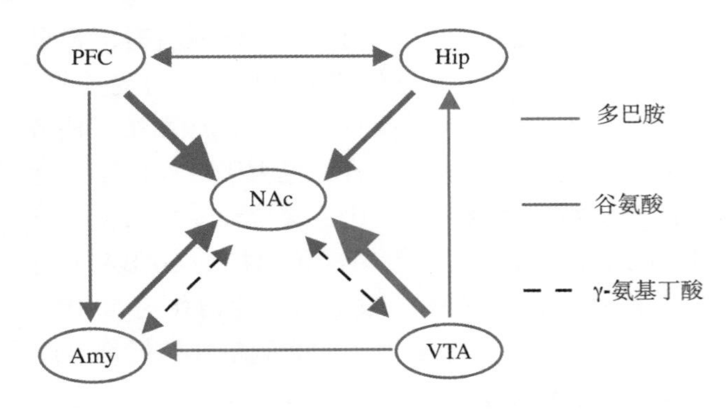

图 10-9-2 脑内奖赏相关神经环路（箭头粗细表示递质的相对量）

繁衍）。例如，当人或动物满足饥饿感或获得性高潮（即自然奖赏或生物奖赏）时，腹侧被盖区的多巴胺能神经元被活化，将多巴胺释放到伏核，伏核编码个体获得欣快感（奖赏），并产生再次体验这种快感的愿望。大多数依赖性药物能直接（如可卡因、苯丙胺）或间接（如阿片类）升高伏核内突触间隙的多巴胺水平，发挥奖赏效应。由此可见，中脑边缘多巴胺通路是脑内编码自然奖赏和依赖性药物奖赏信息的共同神经环路。两者的差异在于：①依赖性药物不仅能模拟自然奖赏刺激信号，而且能导致超量的多巴胺释放，与伏核神经元上的受体相结合，产生一种比满足饥饿感或性快感等自然奖赏更为强烈的愉悦感。②与自然奖赏不同，药物奖赏对机体内环境的稳态或繁殖后代不仅没有作用，反而损害机体健康。有实验表明，在用药初期，依赖性药物可模拟或伴装自然奖赏，但随着反复用药导致依赖形成后，脑内奖赏阈值不断升高，导致对自然奖赏的应答降低。

（二）学习、记忆神经环路的病理性改变

生理状态下，个体依赖于奖赏环路编码自然奖赏效应的同时，奖赏相关刺激以及伴随获得该刺激的线索（cues）、环境（contexts）以及机体的相应反应关联，形成关联性成瘾记忆。编码成瘾记忆主要涉及奖赏相关刺激的效价，以及药物相关线索成功触发机体行为反应后的一系列动作过程。奖赏相关的学习、记忆环路包含于奖赏环路，海马和杏仁核是其中重要的记忆枢纽。对药物滥用者来讲，当体验到药物带来的极度快感时，记忆枢纽会把这种强烈快感连同与之相关的事件（人、地点、物体或情绪）相关联并编码。大量研究提示，成瘾者强迫性用药的神经基础涉及长时程记忆神经环路的适应性改变，这些神经环路都接受来自中脑 DA 能神经元的输入（图 10-9-3）。

二、药物成瘾与行为敏化

联合学习机制在人类成瘾过程中的重要性主要基于这一现象：觅药行为（包括戒药之后的复吸）都发生在暴露于与以往用药相关的线索时，包括外源性感觉刺激（如人、用药的器具、用药物的地点等）和内源性感觉刺激（如身体感觉，包括戒断症状）。在自身给药动物模型中，小剂量药物即可点燃并促进复吸行为。并且人类和动物研究均表明，对药物相关线索的条件性反应如警觉、药物渴求（人类）或觅药（大鼠），在戒断症状和体征消失后仍可出现，形成的远期药物成瘾记忆可以持续很多年，甚至终身。因此，药物成瘾会造成正常奖赏相关学习、记忆环路的紊乱。

随着反复用药，个体会对成瘾性药物诱导的奖赏效应表现出耐受。但动物的运动活性、对用药相关线索刺激反应的敏感性反而增加，这种现象称为敏化。敏化最易出现在可卡因和安非他明等中枢兴奋性药物，也可见于阿片类及其他成瘾性药物。鉴于敏化的环境依赖性和存在的长时性，敏化已经被认为是药物成瘾的重要中枢机制。正如 Robinson 和 Berridge 的研究显示，与反复用药引起动物的运动敏化反应一样，成瘾者的用药渴求也会变得更为强烈。实际上动机敏化理论与联合学习理论一致，动机敏化依赖于联合学习记忆的神经机制，两者均强调药物相关线索可以诱发药物渴求。不同于动机敏化理论，联合学习理论认为 PFC 主要编码和评价药物相关的特定线索，而该线索诱发的个体觅药行为

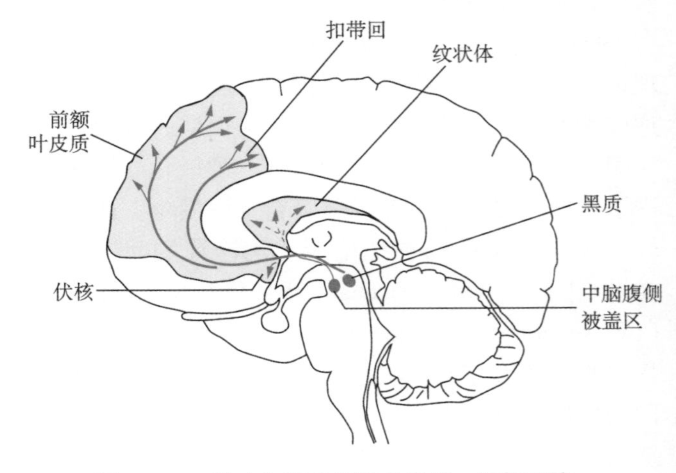

图 10-9-3 脑内与奖赏相关的学习、记忆通路

主要由背侧纹状体介导。值得注意的是，敏化不具有药物及其线索的特异性，它仅仅增加了药物和药物相关线索引起的DA释放，促进了联合学习基础上的药物与药物相关线索的巩固。

三、药物成瘾引起的主要神经递质改变

神经递质是实现神经环路功能的物质基础，在对成瘾机制的研究中，几乎所有的中枢神经递质都有不同程度的参与。鉴于常见的依赖性药物的拟神经递质作用，在此主要论述研究较多的多巴胺、阿片肽及谷氨酸等。

（一）多巴胺

所有成瘾性药物都依赖于中脑腹侧被盖区到伏核的多巴胺信号增强。这种假设一方面是基于对伏核细胞外多巴胺水平的直接检测，以及电刺激激活中脑VTA到伏核的轴突束或是通过光遗传学激活VTA多巴胺神经元，都可以促进行为强化。另一方面，多巴胺受体拮抗剂可以降低大鼠或灵长类动物由成瘾性药物引起的行为强化。通过微透析、快速扫描周期伏安法，或是荧光探针发现，投射到伏核的腹侧被盖区多巴胺神经元，是成瘾性药物的主要作用靶点。

根据组织学结构和纤维联系特点，伏核可分为壳部（shell）和核部（core）两部分。尽管以往的大量研究都集中于多巴胺，但是伏核内的多巴胺精确编码何种信息目前仍未完全确定。最初，多巴胺被认为是个体愉快（pleasure）的内在物质基础，但事实证明并非完全如此。因为对于阿片引起的愉快反应或对于阿片相关线索诱导动机反应来说，多巴胺都不是必要条件。有研究使用多巴胺拮抗剂或损毁腹侧被盖区的多巴胺能神经元，发现都不能阻止动物海洛因自我给药行为；同时动物还能学会阿片类药物的自我给药行为，而阿片类药物主要激活伏核神经元上的μ阿片受体，绕开了来自腹侧被盖区的多巴胺投射。大麻、酒精和尼古丁也可以部分通过非多巴胺能机制产生奖赏效应。另外，酪氨酸羟化酶（tyrosine hydroxylase，TH）基因失活的小鼠不仅保持对食物奖赏的喜悦反应，而且可以学习与该奖赏相关的线索。但是，在缺乏多巴胺的情况下，动物仅能表示出对某样东西的喜爱（liking），却不能利用该信息驱动其行为以获得之。如酪氨酸羟化酶基因敲除且缺乏多巴胺的小鼠，需要补充多巴胺（给予L-DOPA暂时恢复多巴胺）才能维持生存；给予咖啡因也可以驱动行为，保持小鼠的学习能力。有很多证据表明，多巴胺系统在灵长类动物奖赏相关学习中也起着主导作用。于是，研究人员猜测大脑可以评价和储存以往经历过的有关奖赏及其行为的信息，并利用这些记忆信息预期可能出现的奖赏或惩罚。动物会对实际获得的奖赏与预期奖赏进行比较，两者之间的差异就是“奖赏预期偏差”。多巴胺可以编码这种奖赏预期误差，帮助个体调整未来的行为使之获得更大奖赏。Schultz及其同事记录了经典条件反射训练的猴子腹侧被盖区脑区多巴胺能神经元的放电活动。实验中，给予一个信号刺激后一定时间，猴子可以得到一定量的甜味剂作为奖赏。此时猴子腹侧被盖区的多巴胺神经元呈现一种相对持续的紧张性放电（tonic firing），随之出现叠加于其上的相位性的放电（phasic firing），这种相位性放电的时程是由猴子先前获得奖赏的经验所决定的。如果不给猴子任何预期的信号就给予奖赏（果汁），也会诱发腹侧被盖区多巴胺能神经元短暂的相位性放电。当猴子经过训练学会了信号与奖赏之间的关系后（感觉信号出现后固定延迟时间内出现该奖赏），再给予果汁时，多巴胺神经元的放电并没有明显增加。可能的原因是没有奖赏预期偏差，即奖赏的出现与预期一致。当猴子掌握了相关线索与预期奖赏的关系，并能够正确地预期奖赏时，多巴胺能神经元的紧张性放电会出现在奖赏来临之前；如果某次出现这个线索时，而奖赏并未出现，那么在奖赏本该出现的时候，多巴胺能神经元的紧张性放电被抑制。综上，多巴胺能神经元的紧张性放电提示奖赏如预期一样出现，相位性放电提示正性奖赏预期偏差（比预期的好），而紧张性放电信号的中断提示负性预期偏差（比预期的差）。

最近Bayer和Glimcher发现，多巴胺神经元的平均放电率变化与正性奖赏预期偏差（结果比预期更好）相关；而当负性奖赏预期偏差出现时（结果比预期的差），多巴胺神经元的平均放电率是0 Hz。这些研究结果有利于解释成瘾药物奖赏效应超过自然奖赏的原因：由于成瘾药物可以增加突触间隙多巴胺，不管何时摄入成瘾药物，它都会给大脑留下一个印象——药物奖赏比预期的好。即使药物的主观效应跟不上药物相关线索预期的效应，药物的药理学作用引起的多巴胺释放也会让大脑认为这是一种正性奖赏预期偏差。因此，成瘾者会认为成瘾性

药物的奖赏作用总是高于其他一切自然奖赏，从而诱发觅药行为，增加药物使用，使脑内奖赏阈值不断升高，进而对其他自然奖赏的应答降低。

简言之，药物成瘾是药物滥用者对药物及其相关线索的体验，是反复、病态和过度学习的过程。之所以是病态的，是因为不管实际体验如何，多巴胺都会释放。由于自然奖赏和它们的预期刺激只能诱发多巴胺神经元短暂的相位性放电或中断放电，而成瘾药物（如苯丙胺）却可以长时间（几个小时）地增加突触间隙的多巴胺水平，以至于破坏多巴胺神经元所具有的正常紧张性和相位性放电，并放大和延长多巴胺的信号传递。然而，持续增高的多巴胺水平影响个体奖赏相关行为的机制仍不清楚。科学家认为，有必要采用正电子发射断层显像（positron emission tomography，PET）和功能性磁共振成像（functional magnetic resonance imaging，fMRI）等技术进一步对人类的多巴胺作用进行研究，但由于PET和fMRI技术存在时间精确性不高的缺点，如果将其与非人灵长类动物的侵入性电生理研究相结合，有望提高PET和fMRI技术的时间分辨率，深入探索药物成瘾的多巴胺机制。

（二）阿片肽

从20世纪70年代初以来，随着阿片受体及其内源性配体的结构和功能被揭示，阿片系统在镇痛、学习、记忆、情绪控制及奖赏中的作用得到了深入研究。20世纪70年代和90年代分别发现和克隆了μ、δ、κ 这三类主要的阿片受体。使用μ受体拮抗剂或者基因敲除μ阿片受体基因，都可以抑制阿片的奖赏效应或戒断症状，提示了内源性阿片系统在阿片类药物成瘾中的重要作用（表10-9-3）。

在腹侧被盖区和伏核脑区，脑啡肽和内啡肽及其受体激动剂都可诱导自身给药（self-administration，SA）和CPP行为。内源性阿片肽可以通过增加伏核的多巴胺水平介导奖赏效应。受体共定位技术发现，伏核的壳部同时存在μ、κ 和D1受体，向伏核壳部脑区注射μ受体激动剂可导致多巴胺能神经末梢多巴胺释放增多，并诱发CPP行为；脑区注射κ 受体激动剂则造成多巴胺释放减少，并导致条件性位置厌恶（conditioned place aversion，CPA）；脑区注射D1受体拮抗剂可以恢复上述行为，提示多巴胺系统参与介导了内源性阿片在药物成瘾中的作用。阿片肽能神经元在脑内分布广泛，端脑（包括伏核、腹侧苍白球、海马和杏仁核等）、间脑（包括弓状核、外侧下丘脑和丘脑等）和中脑（包括腹侧被盖区、黑质和蓝斑等）都有大量的内源性阿片肽能神经元及其轴突分布。阿片类物质通过作用于μ、κ、δ 等阿片受体，产生抗伤害反应和药物强化效应。已有大量的研究证明，应用阿片类药物可以引起内源性阿片肽的功能改变。以脑啡肽为例，大多数研究表明，应用阿片类药物可引起脑内脑啡肽及其mRNA水平降低。关于内源性阿片肽在阿片急性强化效应中的作用，Nieto等用微透析技术检测到，置于伴药侧的CPP大鼠伏核内的脑啡肽水平明显高于置于盐水侧的CPP大鼠，提示脑内阿片肽水平的增加与个体处于期待得到奖赏的状态有关。换言之，伏核内脑啡肽水平升高的意义可能与多巴胺相同，参与介导预期奖赏的神经信号。强啡肽在慢性阿片依赖中作用的研究较多，而在急性强化效应中的功能仍不清楚。有资料显示，向脊髓蛛网膜下腔注射κ 受体激动剂U50，488H能够显著缓解大鼠吗啡戒断症状（表10-9-4）；系统给予强啡肽类似物E2078能够削弱小鼠的吗啡CPP效应，提示上述抑制效应通过激活κ 受体起作用。系统或脑室注射选择性μ受体拮抗剂CTAP可诱导动物的条件位置厌恶，而注射选择性δ受体拮抗剂ICI174、864或naltrindole则无此效应，κ 受体拮抗剂Nor-BNI既不引起CPA也不诱导CPP，提示μ阿片受体的激活可以促进奖赏效应。

伏核内一定水平的多巴胺是维持阿片受体介导奖赏效应的基础。有研究表明，伏核内多巴胺的基础释放受控于μ和κ 受体。微透析检测发现，腹侧被盖区脑区内多巴胺神经元上的μ受体激活可以增加伏核内多巴胺释放；而伏核内多巴胺能神经元轴突末梢的κ 受体激活则抑制多巴胺的释放。因此，内源性阿片肽对生理状态下多巴胺基础水平的维持具有重要作用。近几年，通过细胞特异的基因调控方法，在环路水平对阿片受体成瘾相关的机制进行了更加深入的探索（表10-9-4）。实验发现前脑GABAergic神经元上的δ阿片受体参与调节

表10-9-3 阿片受体基因敲除小鼠的行为学测定

敲除基因	戒断综合征	自我给药	条件位置偏爱	镇痛作用
μ	−	−	−	−
δ	+	±	±	+
κ	−	±	+	+

表注：+促进；−抑制

表 10-9-4　多种基因突变小鼠研究阿片受体信号转导在成瘾中的功能

小鼠品系及病毒工具	蛋白表达	发现
Dlx5/6-Cre 介导的在前脑 GABAergic 神经元上条件性敲除 μ 阿片受体	受体敲除	对海洛因和食物自给药的动机增加；自发饮用酒精减少
Dlx5/6-Cre 介导的在前脑 GABAergic 神经元上条件性敲除 δ 阿片受体	受体敲除	焦虑下降；受体激动剂引起的活动性消除
DAT-Cre 介导的在多巴胺神经元上条件性敲除 κ 阿片受体	受体敲除	消除 κ 阿片受体激动剂（U69，593 和 U50，488）引起的 CPA；对可卡因的行为敏化上升
在 μ 阿片受体敲除的小鼠转入 Pdny-MOR 基因，在纹状体苍白球神经元中恢复 μ 阿片受体的表达。	受体过表达	吗啡奖赏得到重建，瑞芬太尼的自给药部分重建
κ 阿片受体-敲除的小鼠表达 DAT-Cre- 依赖的 κ 阿片受体病毒，使 κ 阿片受体在多巴胺神经元上的表达得到恢复	受体过表达	KOR 恢复表达重建 KOR 激动剂（U50，488）- 诱发的条件位置性厌恶
Cre 重组酶表达在产生 β- 内啡肽的神经元上	阿片肽过表达	未见用于成瘾研究
Cre 重组酶表达在产生前脑啡肽原的神经元上	阿片肽过表达	未见用于成瘾研究
Cre 重组酶表达在产生前强啡肽原的神经元上	阿片肽过表达	光遗传学激活伏核腹侧或背侧表达 Pdyn 的细胞分别产生厌恶或奖赏

δ 阿片受体激动剂引起的活动增强，却抑制多巴胺 D1 受体激动剂引起的活动上升，并介导焦虑。

（三）谷氨酸

谷氨酸是近年来药物成瘾机制研究中除多巴胺以外涉及最多的神经递质。研究内容主要集中在谷氨酸与多巴胺之间的相互作用，及其与成瘾维持和复发的相关性。大量证据表明，药物引起的欣快感及成瘾的启动需要伏核内多巴胺的释放，随着反复用药，前额叶皮质投射到伏核等脑区的谷氨酸能神经元逐渐参与其中，提示从腹侧被盖区到伏核及背侧纹状体、杏仁核、PFC 和海马等脑区的多巴胺能奖赏环路可以促进成瘾相关学习，以及关联性成瘾记忆的形成和维持；而从前额叶皮质到伏核、腹侧苍白球（ventral pallidum，VP）和杏仁核等核团的谷氨酸能投射（图 10-9-4），驱动药物相关线索、应激或药物本身诱发复吸行为的过程。

在药物成瘾过程中，谷氨酸直接或间接地调节多巴胺系统的功能。位于腹侧被盖区脑区的多巴胺神经元和位于伏核的多巴胺能神经末梢均接受来自 PFC、杏仁核和海马等皮质边缘结构的谷氨酸能投射支配。谷氨酸和多巴胺在腹侧被盖区和伏核内的相互作用非常复杂，总体表现为传入腹侧被盖区的谷氨酸提高了多巴胺能神经元胞体的兴奋性，促进伏核内多巴胺的释放；传入伏核的谷氨酸通过突触前机制也促进了多巴胺的释放。伏核脑区注射 AMPA 受体激动剂可以促进可卡因复吸，而注射 AMPA 受体拮抗剂则抑制复吸。故推测谷氨酸在伏核脑区促进多巴胺释放的效应可能主要由 AMPA 受体介导。Chiamulera 等证明，mGluR5 基因突变小鼠不表现出可卡因的运动敏化反应和自我给药行为；然而，该小鼠可以建立觅食的压杆行为。使用 mGluR5 拮抗剂 MPEP 重复上述实验并得到了相同的结果，提示多巴胺系统功能正常的 mGluR5 基因突变小鼠无法表现出可卡因的奖赏效应，可能是由非多巴胺系统依赖的谷氨酸系统功能障碍所致。另外，伏核核部微量注射 NM 多巴胺受体拮抗剂 AP-5，可以抑制通过压杆获得食物奖赏这一种操作

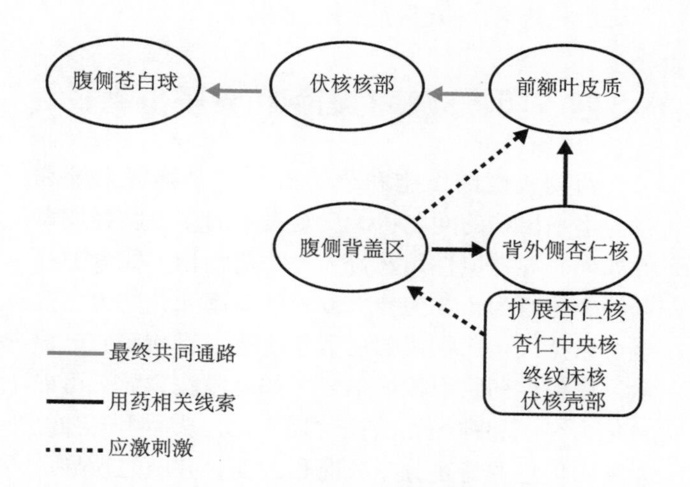

图 10-9-4　前额叶皮质-伏核-腹侧苍白球是应激、药物相关联线索或药物本身诱发觅药行为的环路

式条件反射，而不影响进食行为和压杆行为本身；若大鼠伏核核部同时注射低剂量D1受体拮抗剂SCH23390和NM多巴胺受体拮抗剂AP-5，更难建立上述操作式条件反射，提示伏核核部的谷氨酸与多巴胺的相互作用（NM多巴胺受体与D1受体的共激活）是建立主动操作式条件反射的基础。动物实验还表明，以谷氨酸为主要传出递质的脑区杏仁核和前额叶皮质参与了药物成瘾与复吸渴求与重建。例如，抑制Amy谷氨酸功能，可阻断线索诱导的可卡因复吸行为；抑制PFC中的谷氨酸水平可以降低小剂量可卡因点燃的复吸行为。可见，可卡因复吸涉及的主要神经递质是谷氨酸而非多巴胺。

需要指出的是，伏核脑区注射NM多巴胺受体拮抗剂AP-5可以促进可卡因复吸行为，而伏核内微量注射AMPA受体拮抗剂可以抑制复吸行为，提示伏核内AMPA受体与NM多巴胺受体在复吸中可能发挥了相反的作用，这一现象进一步肯定了伏核神经元功能的多样性。有学者认为，伏核内注射AMPA对复吸行为的促进作用可能与局部多巴胺释放量有关，但伏核内微量注射多巴胺拮抗剂并不能阻断AMPA的促进作用。化学损毁伏核或内侧PFC可以选择性阻断可卡因相关环境线索引起的运动敏化。这种条件性的行为敏化现象并没有伴随伏核细胞外多巴胺水平的升高。然而，值得注意的是，药物相关线索可立即诱发条件性行为敏化现象（即刻重建觅药行为），但之后至少1小时才会出现伏核谷氨酸水平的升高，提示谷氨酸升高与行为反应之间缺乏很好的时程关系。当然，也不能排除微透析技术的时间分辨率对结果的影响。因此，关于多巴胺与谷氨酸机制在成瘾过程中发挥的作用还没有一个清晰的结论，需进行更深入的探索。

四、药物成瘾的细胞和分子机制

药物成瘾的细胞和分子机制需要解释系统和行为水平出现的问题：①反复发生的多巴胺释放事件如何介导强迫性用药行为；②药物相关线索怎样调控个体行为；③为什么复吸的概率如此之大，甚至可以持续至药物戒除后数年之久。目前研究已提示，成瘾性药物引发的信号（如多巴胺释放）可以转化为突触和神经元的长时程变化，从而引起神经元编码信息的特定分子长时程改变，并随之诱导产生长时间的行为异常。

（一）细胞可塑性机制

突触可塑性是突触对所接受信息做出的功能和结构适应性变化的应答反应。我们可以将其粗略地分成突触效能（strength或weight）和突触结构重建的机制来讨论。长时程增强（long-term potentiation，LTP）和长时程抑制（long-term depression，LTD）在经验依赖性的突触可塑性变化（包括不同形式的学习和记忆）中起关键作用。神经元接收到一个增强或减弱的信号，可引起突触发生LTP或LTD，影响神经元某些基因和蛋白表达，造成神经环路的重组。有证据表明，成瘾性药物使用后，这两种机制可发生在腹侧被盖区的多巴胺神经元及其投射靶区，如伏核、杏仁核及前额叶皮质等。因此LTP和LTD是成瘾过程中药物引发神经环路功能异常的重要基础。

1. 中脑腹侧被盖区的突触可塑性 中脑腹侧被盖区多巴胺能神经元在药物成瘾相关行为启动和形成中发挥了重要作用。此处LTP的形成依赖于NMDARs，LTD则依赖于电压依赖性钙离子通道的激活。急性注射可卡因后，不仅引起动物运动敏化，还可在腹侧被盖区易化诱发LTP。向腹侧被盖区注射NMDARs拮抗剂可预防可卡因引起的运动敏化。注射可卡因24小时后，记录脑片上多巴胺能细胞的突触反应，用AMPA受体（AMPA glutamate receptors，AMPARs）与NMDARs介导的突触电流比率，表示可卡因和盐水处理动物的突触强度差异。结果显示，可卡因能显著增高AMPA/NMDA比率，并且这种突触效能改变可持续5～10天，不过反复给予可卡因也不会继续维持增强的AMPA、NMDA比率，提示腹侧被盖区内多巴胺神经元的LTP效应可能与可卡因的奖赏效应有关。如果确实如此，那么其他成瘾性药物也应该有类似反应。进一步的实验也证明，除可卡因外，在体给予苯丙胺、吗啡、尼古丁及乙醇等均可使腹侧被盖区多巴胺能神经元的AMPA/NMDA比率增高。相反，非成瘾性精神药物氟西汀和卡马西平则不会诱导产生这种突触效应改变。

应激也可引起断药后的成瘾者或自我给药训练后的动物复吸，同时应激也可诱发腹侧被盖区多巴胺能神经元产生LTP。另外，在GluR1亚基基因敲除的小鼠中，可卡因或应激均不会诱导腹侧被盖区脑区多巴胺神经元产生LTP。由此可见，成瘾性药物或应激事件诱导腹侧被盖区多巴胺能神经元产生LTP，主要依赖于谷氨酸受体，对药物的奖赏效应及成瘾均有重要的作用。

成瘾性药物或应激事件如何引发腹侧被盖区的 LTP 仍不清楚。有研究提示，安非他明可阻断腹侧被盖区的 LTD 和代谢性谷氨酸受体介导的抑制性突触后电位；相反，阿片类药物可使腹侧被盖区内抑制多巴胺神经元的 GABA 能中间神经元超极化，从而使多巴胺神经元去抑制。应激时促肾上腺皮质激素释放因子（corticotropin releasing factor，CRF）水平增高，可增强 NMDAR 介导的突触反应。这些细胞功能的改变最终促使腹侧被盖区多巴胺神经元活化，使 LTP 发生易化。成瘾性药物可诱导腹侧被盖区多巴胺神经元 LTP 的另一个可能机制是转录因子 CREB（cAMP 反应元件结合蛋白）的磷酸化，引起 AMPAR GluR1 亚基表达增高而触发 LTP。

成瘾性药物除诱导腹侧被盖区多巴胺神经元产生 LTP 外，也影响抑制性突触传递。生理状态下腹侧被盖区脑区的 D1 受体激活可增强突触前 GABA 释放，增强 GABAB 受体介导的多巴胺神经元抑制性突触后电位（inhibitory postsynaptic potential，IPSP）。在慢性可卡因或吗啡处理的动物中，腹侧被盖区脑区 D1 受体兴奋使 IPSP 减弱，引起腹侧被盖区中腺苷水平增加，减弱由代谢性谷氨酸受体介导的 IPSP，但不减弱兴奋性突触后电流。这些变化都使得腹侧被盖区多巴胺神经元更容易响应兴奋性传入并放电。

2. 伏核的突触可塑性　成瘾性药物对伏核内的神经细胞可塑性影响的研究远远少于腹侧被盖区。伏核内的主要细胞为中等多棘神经元，LTP 和 LTD 主要发生在这类神经元的兴奋性突触上。Thomas 等发现，慢性给予动物可卡因 5 天，然后停药 10 ～ 14 天，引起伏核壳部的 AMPA/NMDA 比值下降，LTD 幅度下降。这与在其他脑区中观察到的 LTD 相似。关于它产生的精确机制以及是否其他成瘾性药物也可导致相似的变化并不清楚。有实验显示，当伏核内 GluR1 过表达时，突触效能增加，诱导动物对可卡因的厌恶反应，促进可卡因觅药行为的消退；而减弱 AMPA 电流则产生相反的作用。说明可卡因诱导的 LTD 会增强可卡因引起的动机行为。事实上 Brebner 等在 2005 年已证明，阻断伏核的 LTD 发生，能预防安非他明诱导的行为敏化。

据文献报道，在药物成瘾状态下，伏核内的兴奋性传递可发生两种类型的适应性改变：一是促进突触前谷氨酸的释放；二是改变了突触后对谷氨酸的反应性。突触前谷氨酸释放的增加，主要是由于突触前 mGluR2/3 的抑制性降低。突触间隙以外的细胞外液中谷氨酸水平对维持 mGluR2/3 抑制谷氨酸的释放起重要作用。突触后对谷氨酸的反应性改变，与突触后受体相关蛋白如突触后致密体（postsynaptic density protein，PSD）95 和骨架蛋白的含量降低相关。比如缺乏 PSD95 的小鼠对可卡因的运动反应增强；突触后支架蛋白 Homer 可帮助谷氨酸受体及与之关联的信号蛋白在突触处聚集；丝状肌动蛋白（F-actin）为树突棘提供重要的支持。已有实验表明，*Homer2* 基因敲除的动物与慢性可卡因处理戒断后的动物有相似的分子和行为表现，如胱氨酸谷氨酸盐交换降低，谷氨酸释放增加，以及对可卡因的行为反应增强；用病毒转染技术恢复伏核的 *Homer2* 基因水平可扭转上述反应。同样，敲除 *PSD95* 基因也可以增强可卡因诱导的运动行为反应。

3. 记忆痕迹可塑性　药物成瘾记忆是一种关联性记忆（associative memory）。以奖赏为非条件刺激（unconditioned stimulus）、声音、灯光和环境线索为中性的条件性刺激（conditioned stimulus），将两者建立关联并进行记忆存储，以条件性刺激为线索能触发成瘾记忆的提取。近来的研究发现，食物和药物成瘾在脑内奖赏神经环路可塑性和分子基础的改变上具有高度相似性，提示对食物和药物等物质的成瘾本质上就是一种病理性记忆。该记忆受到食物和药物的正性奖赏以及戒断负性情绪的综合影响，具有持久和难以消退的特点。因此，研究奖赏相关记忆的神经生物学机制不仅具有重要的科学意义，对于理解成瘾性药物、食物等物质成瘾以及相关脑疾病的发病机制和治疗策略也具有重要的价值。

海马等记忆相关脑区的大量研究表明，记忆的基础是神经元突触可塑性的改变，即在外界信息刺激下诱发的记忆相关脑区内突触传递功能的长时程增强或长时程减弱，这也是信号传递功能可塑性的重要表现形式，同时反映了记忆存储和提取过程中所依赖的神经环路突触可塑性的改变，包括海马、前额叶皮质、嗅皮质和杏仁核等脑区内及各脑区之间的神经投射。众多研究提示奖赏脑区和记忆脑区内突触可塑性的改变和脑区间神经投射交互是奖赏相关记忆形成和提取的神经基础。过去的信号通路研究多以遗传学或药理学手段，以脑核团为单位观察奖赏相关记忆形成过程中脑区内信号通路的改变。在外界信息的刺激下，即早基因 *c-fos*、*Arc* 和 *zif268* 等在神经元内转录水平快速上调，可以作为神经元被激活的标志。将c-fos驱动tTA表达的转基因小鼠结合光/化学遗传学技术，首次成功标记了编码成瘾记忆的神经元集群，实现了对成瘾记忆的激活和抑制。科学家们发现可卡因成瘾记忆中的奖赏信息主要存储于伏核D1类型记忆痕迹神经元，记忆中的环境信息除了存储于腹侧海马，可能还存储于伏核记忆痕迹神经元及其下游相关神经环路。研究结果提示成瘾记忆可存储于腹侧海马至伏核的记忆痕迹神经元环路中，操控这些记忆痕迹神经元活性可以选择性地改变可卡因奖赏记忆，而记忆痕迹神经元之间突触联系的可塑性增强是成瘾记忆存储的基础。

（二）分子可塑性机制

目前研究认为，药物成瘾记忆还涉及基因及蛋白合成的改变。基因表达的上调或下调，或蛋白翻译水平的变化，可导致突触与神经环路的重建。

1. 突触和环路重塑的表观遗传机制 过去十年见证了染色质结构改变如何控制特定基因表达的重要进展。许多类型的表观遗传调控会影响包裹染色质中组蛋白构成的核小体内DNA双螺旋的可读性。在包括大脑在内的许多组织中，组蛋白修饰（例如，乙酰化、甲基化和磷酸化等）是表观遗传学调控机制的基础。DNA本身的甲基化，以及非编码RNA（non-coding RNA，ncRNA），例如microRNA（miRNA）和长链非编码RNA（long noncoding RNA，lncRNA），甚至染色质的三维结构也会受到动态调节。通过染色质“成环”，将基因组距离较远的区域紧密相连，调控基因表达。尽管在这过程中许多修饰是暂时的，但有些长期存在的修饰可能有助于持久的细胞可塑性变化。

越来越多的研究揭示了由可卡因或其他成瘾性药物引起的表观遗传改变。成瘾性药物引起的基因表达变化与组蛋白修饰、DNA甲基化和miRNA改变等相关。目前上述大部分研究工作集中在伏核，通过染色质免疫沉淀（Chromatin Immunoprecipitation，ChIP）及后续深度测序及相关方法已经检查了部分对表观遗传变化敏感的基因。例如，可卡因或吗啡可引起组蛋白乙酰化和甲基化，以及DNA甲基化，全基因组分析并定位伏核脑区中的相关位点，敲入或敲除上述位点，可以调控成瘾复吸行为（包括自我给药行为）。另外，可卡因长期戒断后，在伏核脑区发现中大量的基因启动子出现高度甲基化，但在线索诱导的觅药行为测试中甲基化程度降低；向伏核注射DNA甲基转移酶抑制剂可以降低复吸行为。操控组蛋白去乙酰化酶（histone deacetylase，HDAC）和组蛋白甲基转移酶（histonemethyl transferase，HMT）同样可以影响对可卡因的行为反应，但是似乎很大程度上取决于操纵的时间。除此以外，在可卡因或其他药物暴露，miRNA水平不一，有的上调，有的下调；并且，操控纹状体中miRNA表达水平也可以影响药物成瘾及复吸行为。

通常对表观遗传学领域的批评集中在染色质修饰只是反映基因表达的变化，不代表它们本身是这些变化的主要驱使因子。传统观点认为转录因子在基因表达中发挥了关键作用。成瘾性药物对转录因子的调节无疑对于转录调控至关重要，但是最近的证据直接确定了成瘾性药物和表观遗传调控的因果关系。特异性调控伏核脑区单一类型神经元内组蛋白修饰酶，可双向控制目标基因的表达，即增强组蛋白乙酰化可以促进该基因的表达，而增强抑制性组蛋白甲基化则发挥相反的作用。这些研究是神经表观遗传学领域的里程碑，因为他们证明了药物诱导的表观遗传修饰不只是被动的基因表达变化的旁观者，同样对转录调控有因果贡献。

2. 与成瘾有关的转录调控因子

（1）CREB是目前研究最多的学习记忆相关转录因子之一。CREB结合于某些基因启动区的CRE（cAMP response element，cAMP反应元件）位点上，可在蛋白激酶A、CaM激酶或生长因子相关激酶等作用下被磷酸化而激活。不同种属动物的长时程记忆均需CREB的活化。急、慢性给予中枢兴奋剂或阿片类药物，可激活奖赏相关脑区（腹侧被盖区、Amy和PFC等）的CREB；随着反复的药物处理，CREB的活性逐渐增强，并会持续更长时间，提示CREB在成瘾相关的学习记忆中具有重要作用。已知中枢兴奋剂（苯丙胺、可卡因等）可使伏核突触间隙的多巴胺含量增加，激活多巴胺D1受体可使CREB磷酸化；阿片类药物对伏核内CREB的作用也依赖于多巴胺，但具体机制尚不清楚。然而，不是所有成瘾性药物都能诱导伏核中的CREB活化，如尼古丁、乙醇可降低伏核区CREB的活性。也有实验表明，如果CREB在伏核中过表达，动物对可卡因或吗啡奖赏效应的敏感性反而降低；如果基因敲入mCREB（a dominant negative mutant），降低CREB活性，则产生相反的效应。利用CREB双转基因（bitransgenic mice）或局部基因敲除（partial genetic knockdown）小鼠的研究也得到了类似的结果。Cole RL 等报道，个体对成瘾性药物奖赏效应的降低与 CREB 介导的伏核内前强啡肽基因（prodynorphin mRNA，PPD mRNA）表达相关。PPD mRNA 编码强啡肽的生物合成，后者可作用于腹侧被盖区神经元上的 κ 阿片受体，抑制伏核的多巴胺释放（图 10-9-5）。腹侧被盖区脑区给予可卡因和吗啡可诱导该脑区 CREB 上调，但这种上调对药物敏感性的影响较复杂。激活腹侧被盖区喙侧亚区的 CREB 可促进个体对可卡因和阿片行为反应的敏感性；但是激活腹侧被盖区尾侧亚区的 CREB 则削弱了该敏感性。

蓝斑（locus coeruleus，LC）中 CREB 在药物成瘾中的作用研究较多。蓝斑是脑内主要的去甲肾上腺素能核团，主要调节动物的注意和警觉。在阿片类药物成瘾和戒断过程中，蓝斑内 CREB 活化主要依赖 cAMP 通路的上调。CREB 在杏仁核、前额叶皮质、终纹床核及其他药物成瘾相关脑区中的活性变化仍不清楚。

（2）ΔFosB 是 Fos 家族转录因子的主要成员。Fos 家族蛋白与 Jun 家族蛋白构成异构二聚体，与位于某些基因启动区的活化因子蛋白 1（activatorprotein 1，AP-1）位点相结合。Fos 蛋白由即刻早期基因编码，后者可被多种刺激迅速激活，但维持时间短暂。多种成瘾性药物的急性给药都可增加伏核和背侧纹状体内某些 Fos 和 Jun 家族成员的表达，并增加 AP-1 位点的结合活性。Fos 蛋白表达峰值发生在给药后 1 ～ 2 小时，8 ～ 12 小时恢复到正常水平。故推测 Fos 蛋白可能与急性药物暴露对突触功能的改变有关。反复给药后伏核和背侧纹状体中 Fos 家族蛋白表达减弱，但 AP-1 位点的结合活性则会持续到停药后数周。AP-1 这种持续的结合活性依赖于 ΔFosB 的长期表达，而 ΔFosB 的这种高度稳定性增长主要通过酪蛋白激酶Ⅱ（caseinkinase Ⅱ）将其磷酸化来介导。长时间暴露于可卡因、苯丙鞍、吗啡、尼古丁、乙醇、大麻素和苯环己哌啶等成瘾性药物均可诱导 ΔFosB 持续表达，所以 ΔFosB 被认为是药物成瘾长时程作用的一个分子开关。转基因小鼠的研究证明，选择性地诱导成年动物伏核和背侧纹状体中 ΔFosB 表达，可增加其对可卡因和吗啡奖赏效应的敏感化，也可增加动物的觅药行为。ΔFosB 在药物成瘾中的作用通过调节众多靶基因而实现，不过目前对这些靶基因的确认或鉴别刚刚开始。至今没有发现一种分子改变，能像成瘾药物所诱导的行为反应那样持久存在。ΔFosB 是已知持续时间最长的分子，但在撤药后 6 ～ 8 周也会恢复正常。可见，我们对于参与远期记忆的高度稳定的分子和细胞机制所知甚少。有人认为，之所以如此，一种可能性是突触重建现象比最初启动它们的分子事件（如 CREB 磷酸化和 ΔFosB 的诱导）更持久、更稳定；另一种可能是初始的分子事件可能触发了染色体结构更长期的变化，导致基因表达和突触结构发生更持久的改变，或者发生在转录后水平的蛋白修饰（如乙酰化、磷酸化、甲基化）以及 DNA 甲基化可能被长期激活或抑制。

成瘾性药物诱导的伏核神经元细胞信号通路的紊乱是由多巴胺等其他奖赏相关神经递质信号介导，导致基因表达异常。由此可以推测，最初的药物暴露使转录因子（CREB、急性 Fos 和 Jun 蛋白）迅速活化，随着反复给药使某些转录因子逐渐表达（CREB，ΔFosB）增加，然后依次引发特定靶基因的染色质重排，最终驱动稳定的细胞和行为可塑性改变，即成瘾状态。当然，要证实这个假设，必须寻找编码药物成瘾的特定转录因子、染色质重组机制和涉及的靶基因。

（3）转录因子调控的神经元特异性。CREB 激活发生在的伏核脑区 D1 和 D2 亚型的中等多棘

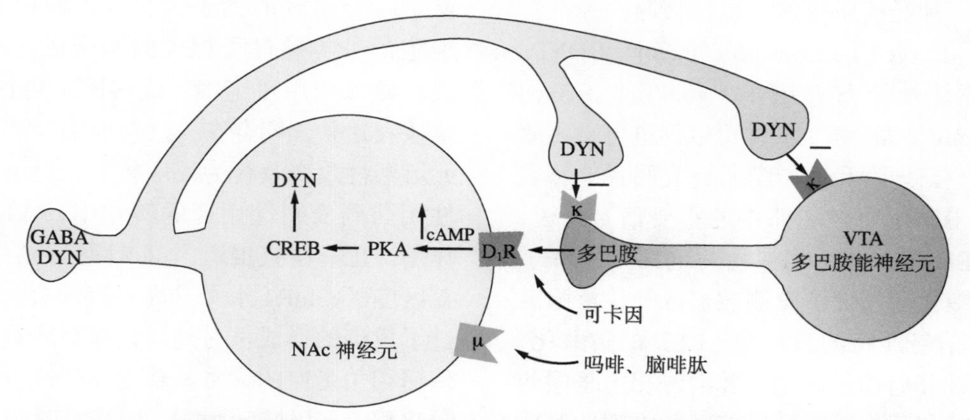

图 10-9-5　在成瘾性药物（可卡因、阿片类）作用下，多巴胺诱导伏核内 CREB 表达

神经元（Medium Spiny Neurons，MSNs）中，除了阿片以外的成瘾药物选择性激活D1-MSNs中的ΔFosB。CREB激活也有助于介导药物引起的伏核中突触可塑性变化，介导可卡因诱导GluN2B亚基受体及其相关的树突棘形态变化，上述过程对伏核中D1和D2亚型MSNs作用相同。相比之下，ΔFosB对这两类神经元产生相反的影响。在D1型MSNs中ΔFosB可以增强AMPA受体的功能，促进沉默突触的形成；而在D2型MSNs中ΔFosB可以降低AMPA受体功能，抑制沉默突触的形成。

全基因组研究已经检测了伏核中CREB和ΔFosB控制的靶基因范围，发现调控细胞兴奋性和突触功能的基因是它们的主要靶点。并且它们也参与调节表观遗传修饰的几种模式，包括组蛋白全乙酰化和甲基化修饰。CREB和ΔFosB只是众多与药物成瘾有关的转录因子中的两个。最近的转录组学研究显示，可卡因自身给药训练引起伏核和其他几个中脑边缘脑区中长期的基因表达变化——除了涉及CREB和ΔFosB，还有另外几个转录因子起了重要作用。在分子层面的研究发现，记忆的形成和提取均伴随相关脑区内信号通路的激活和基因表达的改变。而奖赏和记忆相关脑区内信号通路的激活、基因转录的变化和蛋白合成是神经网络重塑和奖赏相关记忆形成及提取的分子基础。以往的研究证明脑内多种受体系统参与了奖赏相关记忆的存储。例如，去甲肾上腺素（norepinephrine，NE）能促进Amy脑区GluR1的磷酸化并导致兴奋性谷氨酸传递增加，促进环境诱导的条件性恐惧记忆巩固；另外，在Amy脑区注射β-肾上腺素受体阻断剂propranolol能抑制吗啡成瘾记忆的再巩固。mPFC的多巴胺D3受体介导的信号通路激活参与可卡因条件性位置偏爱的形成和重建。而在中间前额叶皮质脑区注射μ阿片受体激动剂可以促进对蔗糖的摄取行为。除了神经递质受体系统，脑源性神经营养因子（brain derived neurotrophic factor，BDNF）和胶质细胞源性神经营养因子（glial cell derived neurotrophie factor，GDNF）同样可以促进可卡因成瘾记忆的形成。药理学和遗传学研究表明肾上腺素等神经递质和BDNF下游通路中的重要信号分子，如PKA和CREB等，也在奖赏相关记忆中发挥了重要作用。成瘾性药物促进腹侧被盖区和伏核脑区中cAMP/PKA信号通路的激活和CREB的磷酸化，从而促进CERB和启动子区结合并促进相关基因的转录。自然奖赏和药物奖赏导致的突触可塑性改变具有一些共同的分子基础，比如伏核脑区内D受体激活以及ΔFosB表达上调。

五、小结

概括上述对药物成瘾涉及的神经环路、神经递质及细胞和分子机制的研究进展，我们可初步做出如下小结：伏核内多巴胺的释放是成瘾性药物奖赏效应的发挥和成瘾启动的必要条件。随着反复用药，前额叶皮质及其投射到伏核的谷氨酸能投射被激活。这种多巴胺到谷氨酸的转换，提示成瘾形成过程的不同时段神经网络的不同部分先后发挥主导作用。同样，成瘾引起的细胞可塑性改变也按照这一时序依此发生。由此可将药物成瘾分成三个阶段：①药物急性作用期：用药者感受到药物奖赏效应。②从偶然或娱乐性用药到成瘾特征性用药的转换期：机体逐渐对药物奖赏作用产生耐受，控制用药的能力减弱，出现强迫性用药行为。③成瘾期：渴求用药成为成瘾者生命的第一需求。药物急性作用期——成瘾启动：药物的急性奖赏作用主要与药物引起的脑内奖赏环路中超生理剂量的多巴胺释放相关。同时，由此引起的一个典型细胞信号通路改变是通过D1受体使cAMP依赖的蛋白激酶（cyclic-AMP dependent protein kinase A，PKA）的激活，PKA诱导cAMP反应元件结合蛋白（CREB）磷酸化，以及即刻早期基因如*c-fos*表达。Fos和其他即刻早期基因的表达促进了急性用药所致的短期神经可塑性变化，可持续到给药后的几小时到几天。急性用药所引起的这些分子改变可发生在整个奖赏环路，并可触发成瘾先导的细胞事件，但是不介导持久的用药行为。用药方式转化期—成瘾维持：随着反复用药引起神经元功能发生累积性改变，并在停药数天或数周后这种改变才能被减弱。如ΔFosB就是一个很好的例子，它可以调控AMPA受体和细胞信号传导过程相关的酶合成。最近的研究发现，慢性使用可卡因（或吗啡）可诱导ΔFosB在伏核表达并长期存在，这与成瘾性药物引起的神经元可塑性改变及行为反应相关，提示从偶尔或娱乐性用药到成瘾性用药的转化中，ΔFosB起着重要作用。也有研究报道，可卡因撤药后可引起腹侧被盖区脑区GluR1水平升高并持续数天，这可能也促进了成瘾的形成。另外，在撤药后有多种与多巴胺传递相关蛋白的含量和功能发生改变，包括酪氨酸羟化酶、多巴胺转运体、RGS9 2和D2受体等，这些改变也可持续数天。成瘾期—药物滥用的最终结果：此时，成瘾者即使设法停止用药，但复发（复吸）的易感性仍可持续数年以上。复发易感性的基础与其伴随的细胞和分子可塑性持久的改变相关。有趣的是，像运动敏化和觅药行为一样，随着戒断时间的延长，相关蛋白的含量和功能变化也越来越显著。总之，药物成瘾的机制研究尽管有了明显进展，但由于成瘾动物模型的局限性，仍需要将活体清醒动物与人类脑影像技术相结合，方可对药物成瘾机制做进一步阐明。

第五节　药物成瘾的治疗

药物成瘾的治疗亦称戒毒。包括脱毒（消除戒断综合征）、康复（消除脱毒后的稽延症状）和回归社会（预防复吸）等多个环节，是一项从生物、心理和社会等多方面对成瘾复吸进行干预的系统工程。目前，国内外大多数戒毒机构仅能够做到成功脱毒，而对于消除患者脱毒后的稽延症状，尤其是对缓解成瘾药物的心理渴求（心瘾）和防止复吸，仍缺乏有效的措施。从医学和生物学的角度来讲，当前国内外主要采用的治疗药物成瘾的方法包括药物和非药物两类。

一、药物疗法

脱毒的目标药物可分为麻醉药物（美沙酮、阿片）和非麻醉药物（可乐宁、莨菪类、阿片受体拮抗剂、中草药等）两大类。

（一）作用于阿片受体的药物

1. 美沙酮（methadone）　这是一种人工合成的 μ 阿片受体激动剂，一次服用药效可维持 24 小时。临床应用时又分为美沙酮替代递减法和美沙酮维持疗法。所谓替代递减法是美沙酮单一用药，逐日递减，从初期每天 60 ～ 100 mg 逐天减量，两周内降至零。这种方法对部分人行之有效，但到最后阶段往往很难完全停药，因为随着美沙酮药量降低，渴求欲逐渐升高，患者对按计划停药的依从性很差，勉强停药后也极易复发。美沙酮维持疗法是指每天给予足量美沙酮（60 ～ 100 mg），根据每一患者的个体需要，确定一个维持量，不要求中途停药，而是按计划长期甚至终身服用。这种方法使体内吗啡受体全部饱和，因此患者不再产生渴求欲，可以正常工作，也减少了由于互用不清洁针具而感染艾滋病的机会。这是该法的成功之处。但由于美沙酮血药浓度保持恒定，患者得不到吸毒时的高潮和欣快感（后者必须在药物浓度急速上升时才出现）。因此有的美沙酮维持者仍旧会恢复吸食海洛因。

2. 丁丙诺啡（buprenorphine）脱毒法　丁丙诺啡是阿片受体的“激动拮抗剂”，小剂量使用时产生激动剂作用，用量过大时转为拮抗剂作用。因此自动限制了本药的无节制使用。具体剂量（初始剂量和递减剂量）根据患者吸毒历史和吸毒量进行调整。用药方法分舌下含片和肌内注射两种。舌下含片的优点是可以避免肝肠循环的损失。肌内注射法目前已不推荐用于脱毒。脱毒治疗周期为 10 ～ 14 天，若症状严重可延长治疗时间。不良反应有头晕、乏力、恶心和呕吐等，个别出现直立性晕厥，严重时有呼吸抑制现象。

3. 纳曲酮（natroxone）　是阿片受体的阻断剂，使海洛因或吗啡等阿片类药物不能引起欣快感，因而使患者停止了吸毒的念头。但由于服用纳曲酮期间会加重某些戒断症状或稽延症状（包括疼痛、抑郁和失眠等），影响了患者接受治疗的依从性。长效纳曲酮制剂，一次注射药效可维持一个月甚至一年。目前国内科学家还完成了纳曲酮抗甲基苯丙胺成瘾防复吸的临床前研究。该药已经提交 SFDA 申请临床研究批件，如获批，将对防甲基苯丙胺复吸药物的研究产生重大的推进作用。

（二）作用于多巴胺受体的药物

神经递质多巴胺通过对 D1 和 D2 类受体（D1R 和 D2R）的作用介导奖赏。越来越多的证据表明，中枢多巴胺能特别是通过 D2R 发挥作用的神经传递失调，是滥用精神兴奋剂和阿片类药物的关键原因。D2 类受体包括 D2、D3 和 D4 受体。多巴胺 D3 受体部分激动剂在戒断状态时可以作为激动剂降低负性强化效应，在体内多巴胺水平升高时可作为拮抗剂阻断条件性奖赏作用的发生，因此，它理论上是潜在的治疗药物成瘾的有效药物。我国军事医学科学院李锦教授实验室多年来的研究发现①以多巴胺 D3R 晶体结构为模板进行分子对接模拟，设计合成的新化学结构的 D3R 阻断剂 YQA14，是目前亲和力和 D3R/D2R 选择性最高的 D3R 阻断剂，在降低用药动机方面优于国际标杆药 SB277011A；已授权中国美国、日本和欧洲发明专利，国际竞争力较好，美国 NIH 药物滥用研究所与他们开展了合作；②在防复吸 IND 药物研究中完成了断金戒毒胶囊防海洛因成瘾复吸的临床前研究，在动物实验中证明该药具有防海洛因复吸作用，且本身无成瘾性，对海洛因成瘾患者脱毒有效率为 100%，明显减轻阿片成瘾者脱毒后出现的稽延症状及渴求，且三年防复吸有效率达 33%。目前该药正在开展 I 期临床研究。

（三）作用于其他神经递质系统的药物

阿片类药物能降低去甲肾上腺素，这种大脑神经递质在维持呼吸和意识觉醒中发挥重要作用。反复使用阿片类药物后，大脑能通过代偿性增加去甲肾上腺素的产生来维持正常功能，从而建立一个新的平衡点。当阿片类药物被移除或剂量显著减少时，脑内去甲肾上腺素水平的增加不再受到阿片类药物的影响，这会导致去甲肾上腺素水平激增，产生急性、痛苦的戒断症状。lofexidine（洛非西定）是一种口服片剂，这是一种选择性 α2- 肾上腺素受体激动剂，可降低去甲肾上腺素的释放。在临床试验中，与安慰剂相比，lofexidine 能显著降低阿片戒断患者所经历的药物戒断相关症状的严重程度。目前，lofexidine 正被开发用于缓解阿片类戒断症状，促进阿片类药物停药的完成，但存在较强的降血压的副作用。

我国宁波戒毒研究中心杨国栋教授实验室发现 AChM 受体拮抗剂东莨菪碱能减少猴的吗啡自身给药行为。他们应用东莨菪碱和氯丙嗪复合静脉麻醉方法对海洛因吸毒者施行脱毒，期间病人处于麻醉状态，可以免除脱毒期可能出现的痛苦。报告表明用该法脱毒后病人的心理渴求评分明显减少。北京安定医院姜佐宁教授发现应用 α2 受体激动剂可乐宁（苯胺咪唑啉）可以减少应激诱发的海洛因复吸行为。国外有人报道多巴胺受体拮抗剂或 GABA 受体激动剂在实验动物中能也能减轻海洛因心理渴求和复吸行为。需要指出的是，这些方法用于脱毒都有一定效果是无可质疑的，至于能否产生防复吸的效果，尚需进行较长期（6 ～ 12 个月）的系统观察加以验证。

二、非药物疗法

包括针刺和经皮穴位电刺激、颅脑手术进行神经核团损毁和心理矫正等疗法。

（一）针刺疗法

温祥来等（Wen and Cheung）在 1973 年首先报道针刺疗法可以治疗药物成瘾。他们在给一位准备接受神经外科手术的阿片成瘾者施行电针镇痛的过程中，发现电针刺激在镇痛的同时，能够消除该患者的戒断症状，随后他们在 40 位海洛因及阿片成瘾者中证实了这一结果。此后，西方国家逐渐接受针刺疗法治疗可卡因、阿片和尼古丁等药物成瘾，但主要使用耳针治疗。早期大部分工作肯定了针刺疗法的有效性，但近期一项大型调查得出阴性结果。这些工作都有一个同样的设计思路，即用美国针刺脱毒协会（National Acupuncture Detoxincation Association，NADA）指定的耳穴作为有效穴位，将非 NADA 指定的穴位作为无效部位，而且只是进针后留针，而不加捻针，也不加电刺激。应该指出，不同耳穴之间相距很近，真穴与“假穴”的确定是否有足够的科学根据？如果进针后加以捻转或加以电刺激是否能增强疗效？这些都还有很大的改进空间。

北京大学医学部韩济生教授实验室根据针刺或电针（electroacupuncture，EA）以及经皮穴位电刺激能够促进中枢释放内源性阿片肽的发现，用电针或经皮穴位电刺激治疗药物成瘾。他们研究发现无论针刺（手针）、电针（先将不锈钢针刺入穴位，然后在针柄上施加脉冲电刺激）或在穴位皮肤上施加电刺激均可引起镇痛作用。其机制主要是引起中枢神经系统释放类似吗啡的物质（统称内源性阿片肽），并进一步发现电针或韩氏穴位神经刺激仪（HANS）确能减轻戒断症状，而且高频（100 Hz）的效果高于低频（2 Hz）。应用条件性位置偏爱（CPP）大鼠实验证实，低频电针可以显著减低吗啡引起的 CPP，高频电针效果较差。还发现 HANS 可以降低海洛因吸毒者在完成脱毒后仍然存在的渴求欲，也是低频优于高频。在临床实践中，对海洛因成瘾者完成脱毒治疗后，用 HANS 疏密波治疗稽延戒断症状和防复吸，经海南、上海和北京等地多中心试验，对 500 余例海洛因成瘾脱毒者进行一年以上追踪观察，一年未复吸的成功率为 20% 以上，而未加韩氏仪干预者一年内 95% 以上恢复吸毒。

（二）非侵入性控脑技术

经颅磁刺激（transcranial magnetic stimulation，TMS）和经颅直流电刺激（transcranial direct current stimulation，tDCS）是近年来发展快速的两项非侵入性脑刺激技术。越来越多的研究表明，这两种非侵入性脑刺激技术，可以促进认知能力的提高，也可以为多种脑疾病的患者提供辅助治疗。TMS 是一种安全无侵入性的大脑功能调控技术，利用磁场来激活大脑的相应区域，从而对患者产生一定的治疗效果。在国际上，经颅磁刺激技术已被广泛应用于脑损伤后康复、失眠及其他精神疾病的治疗中。而 TMS 技术可以调节脑皮质局部或远处神经元的兴奋性，并且能通过影响神经递质的释放、相关基因的转录调控和突触可塑性来影响神经系统的功能，从源头改善成瘾者的大脑皮质兴奋性和神经可塑性。Johann 等研究发现高频重复的经颅磁刺激（repetitive transcranial magnetic stimulation，rTMS）刺激大脑的 DLPFC 皮质区域可以减少尼古丁渴求行为，从而降低尼古丁的渴求量和使用量。长期的吸烟会导致神经系统发生长期的神经适应性的改变，这种神经性改变可能与大脑边缘环路多巴胺的改变有关，引起谷氨酸神经递质和皮质兴奋性的改变。rTMS 刺激大脑可以增强大脑边缘环路多巴胺的释放和影响大脑神经的兴奋性，导致神经适应性的变化。Kahkonen 等人用 TMS 研究急性酒精摄入对健康受试者皮质兴奋性的影响。给予 9 名健康受试者左侧运动皮质 TMS 技术刺激后测量摄入酒精后皮质活性的变化，皮质活动由脑电图（electroencephalogram，EEG）记录。研究发现：酒精能增加右额叶区和左顶叶区 TMS 诱发电位，且对右前额叶区的影响最大，提示酒精可能影响前额叶和运动皮质功能的连接。同时，酒精还可以减少前额叶（PFC）脑区 TMS 的诱发反应，表明急性摄入酒精降低了前额叶皮质的兴奋性。

近年来，我国科学家在 TMS 治疗药物成瘾上取得了多项重要进展。他们利用成瘾动物模型，结合电生理记录与环路操纵，证明脑可塑变化在药物成瘾中的重要作用。进一步地利用非侵入脑刺激技术结合同步电生理记录，给成瘾患者进行系统的皮质可塑测量，进行精准脑功能研究；并利用神经调控靶向干预对药物成瘾患者进行脑功能综合康复。他们利用 TMS 技术，对吸毒多年的海洛因成瘾者进行了研究，成功降低了成瘾者对海洛因的渴求度。低频重复性经颅磁刺激对冰毒成瘾者冲动行为干预有效性，该神经调控方案降低了患者的冲动行为，恢复了他们的目标导向行为模式，且多次干预治疗的效果具有持续性。这些研究结果提示脑可塑性在药物成瘾中的重要作用，为通过靶向干预脑功能、调节脑可塑性治疗药物成瘾提供了依据。现有的神经调控技术还是基于主动设置刺激参数的方式来进行调节，如果未来能够引入深度学习等人工智能的方法，就有可能对人脑实现更为精确有效的刺激。但是，它也可能带来许多意想不到的后果，以及伦理问题。通过刺激的方式直接产生快感，也可能直接导致焦虑、抑郁，甚至暴力攻击行为。因此这样的控制需要政府、学术界和工业界一起思考相关的伦理风险，才能真正促进该技术的发展和应用。

（三）心理矫正疗法

北京大学陆林教授课题组利用记忆的再巩固和消退理论，开创了条件刺激（conditioned stimulus，CS）、非条件性刺激（un-conditioned stimulus，US）诱导的记忆再巩固干预消除成瘾记忆的行为范式。用条件性刺激将记忆唤起和记忆消退联合应用，即记忆唤起–消退心理学操纵模式，探索其对心理渴求和复吸的影响。在药物成瘾的动物以及海洛因吸毒者中，该研究发现在再巩固时间窗内进行消退训练均可以抹除毒品相关联的记忆，降低毒品相关线索诱发的心瘾，并且其作用效果可以持续很长时间。这一记忆操纵模式适用于不同药物成瘾记忆，说明这一记忆操纵模式可能对于毒品关联的记忆具有普遍作用效果。但是该范式只是针对某一 CS 相关联的记忆有效，不能消除所有的成瘾记忆，因此疗效有限。他们进一步根据非条件性刺激也可诱导记忆进入不稳定阶段这一理论基础，研究发现在 US 唤起记忆后进行消退训练能够抑制所有 CS 诱导的觅药行为的自发恢复和再现，表明这种范式可以更全面彻底的消除成瘾记忆，利用特异性的干扰肽抑制 AMPA 受体内吞过程可以阻断 US 唤起–消退训练模式对成瘾记忆的破坏作用。因此推测 US 诱导的唤起–消退模式对成瘾记忆的破坏是由于记忆再巩固过程与消退过程发生交叉反应，利用 US 使记忆进入不稳定阶段，同时消退过程重塑了记忆储存的分子信号网络，从而完全破坏原有记忆。相对于条件性刺激唤起–消退范式，非条件性刺激唤起–消退范式可有效消除远期药物成瘾记忆，降低药物点燃、自发恢复以及环境更新诱导的药物复吸。利用再巩固与消退的交叉作用，他们结合动物和人体研究还发现：①在不同的尼古丁成瘾记忆模型（条件性位置偏爱和自身给药模型）中，利用小剂量的尼古丁作为US唤起记忆后，系统给予临床用药—肾上腺素受体阻滞剂普萘洛尔，能够破坏尼古丁相关记忆；②训练动物使其同时形成尼古丁条件性位置偏爱记忆和操作性自身给药记忆，US唤起记忆后系统给予普萘洛尔，能够破坏所有CS相关联的自身给药和条件性位置偏爱记忆，表明这种范式可以更全面彻底地消除尼古丁成瘾记忆；③在吸烟者中，在US唤起前口服普萘洛尔可以破坏吸烟者的成瘾记忆并显著降低心理渴求。综上，我们推测利用US可使所有的尼古丁成瘾记忆进入不稳定阶段，同时给予普萘洛尔可破坏所有尼古丁相关联的记忆痕迹，降低吸烟者的心理渴求，表明该模式具有重要的临床应用价值。

参考文献

综述

1. 美国精神医学学会编著；张道龙等译.精神障碍诊断与统计手册（第五版）北京.北京大学医学出版社，2016：473-583.
2. 中华医学会精神科学会编著.CCMD-3中国精神疾病分类方案与诊断标准.济南：山东科学技术出版社，2001，43：54-55.
3. Badre D，Wagner AD. Selection，integration，and conflict monitoring：assessing the nature and generality of prefrontal cognitive control mechanisms. *Neuron*，2004，41（3）：473-487.
4. Baunez C，Dias C，Cador M，et al. The subthalamic nucleus exerts opposite control on cocaine and 'natural' rewards. *Nat Neurosci*，2005，8（4）：484-489.
5. Hyman SE，Malenka RC，Nestler EJ. Neural mechanisms of addiction：the role of reward related learning andmemory. *Annu Rev Neurosci*，2006，29：565-598.
6. Kalivas PW，Volkow ND. The neural basis of addiction：a pathology of motivation and choice. *Am J Psychiatry*，2005，162（8）：1403-1413.
7. Koob GF，LeMoal M. Drug addiction，dysregulation of rewardand allo stasis. *Neuropsychopharmacology*，2001，24（2）：97-129.
8. Schultz W. Behavioral the ories and the neurophysiology of reward. *Annu Rev Psychol*，2006，57：87-115.
9. Koob GF. The role of CRF and CRF-related peptides in the dark side of addiction. *Brain Res*，2010，1314：3-14.
10. Nestler EJ，Luscher C. The molecular basis of drug addiction：Linking epigenetic to synaptic and circuit mechanisms. *Neuron*，2019，102（1）：48-59.
11. Emmanuel D，Kieffer B. Opioid receptors：drivers to addiction? *Nat Rev Neurosci*，2018，19（8）：499-514.

原始文献

1. Badre D，Wagner AD：Selection，integration and conflict monitoring：assessing the nature and generality of prefrontal cognitive control mechanisms. *Neuron*，2004，41（3）：473-487.
2. Brebne RK，Wong TP，Liu L，et al. Nucleus accumbens long term depression and the expression of behavioral sensitization. *Science*，2005，310（5752）：1340-1343.
3. Capriles N，Rodaros D，Sorge RE，et al. A role for the prefrontal cortex in stress and cocaine induced reinstatement of cocaine seeking in rats. *Psychopharmacology*（*Berl*），2003，168（1-2）：66-74.
4. Dong Y，GreenT，Saal D，et al. CREB modulate sexcitability of nucleus accumbens neurons. *Nat Neurosci*，2006，9（4）：475-477.
5. Kelley AE，Schiltz CA：Accessories to addiction：G protein regulators play a key role in cocaine seeking and neuroplasticity. *Neuron*，2004，42（2）：181-183.
6. Ma YY，Chu NN，Guo CY，et al. NR2B containing NMDA receptoris Required for morphine but not stress induced reinstatement. *Exp Neurol*，2007，203（2）：309-319.
7. Montague PR，Hyman SE，Cohen JD. Computational roles for dopamine in behavioural control. *Nature*，2004，431（7010）：760-767.
8. Shi XD，Wang GB，Ma YY，et al. Repeated peripheral electrical stimulations suppress both morphine induced CPP and reinstatement of extinguished CPP in rats：accelerated expression of PPE and PPD mRNAin nucleus accumbens implicated. *Mol Brain Res*，2004，130（1-2）：124-133.
9. Xue YX，Chen YY，Zhang LB et al. Selective inhibition of amygdala neuronal ensembles encoding nicotine-associated memories inhibits nicotine preference and relapse. *Biol Psychiatry*，2017，82（11）：781-793.
10. Zhou YM，Zhu HW，Liu ZY，et al. A ventral CA1 to nucleus accumbens core engram circuit mediates conditioned place preference for cocaine. *Nat Neurosci*，2019，22（12）：1986-1999.
11. Zachariou V，Bolanos CA，Selley DE，et al. Anessential role for Delta FosB in the nucleus accumbens in Morphine action. *Nat Neurosci*，2006，9（2）：205-211.
12. Yuan JJ，Liu WJ，Liang QD，et al. Effect of low-frequency repetitive transcranial magnetic stimulation on impulse inhibition in abstinent patients with methamphetamine addiction a randomized clinical trial. *JAMA Network Open*，2020，3（3）：e200910.
13. Le QM，Yan B，Yu XC，et al. Drug seeking motivation in male rats determines susceptibility or resistance to cocaine seeking behaviour in offspring. *Nat Commun*，2017. 8：15527.
14. Sun Y，Chang SH，Liu Z，et al. Identification of novel risk loci with shared effects on alcoholism，heroin，and methamphetamine dependence. *Mol Psychiatry*，2019，26（4）：1152-1161.
15. Xue YX，Deng JH，Chen YY，et al. Effect of selective inhibition of reactivated nicotine-associated memories with propranolol on nicotine craving. *JAMA Psychiatry*，2017，74（3）：224-232.

第10章 孤独症谱系障碍

夏昆 张嵘 郭辉

孤独症谱系障碍（autism spectrum disorder，ASD）是一类具有高度表型和病因异质性的神经发育障碍。根据美国精神病学诊断手册第五版（The Diagnostic and Statistical Manual of Mental Disorders-Fifth Edition，DSM-5）的诊断标准，ASD具有两大核心症状：即“社会互动和沟通缺陷”和“有限、重复的行为与思维模式、兴趣或活动”。除核心症状外，ASD患者还普遍伴发其他精神或躯体疾病或症状。不同患者在核心症状的严重程度方面和共患疾病的表现方面可以差异很大，造成了ASD高度的临床表型异质性。

ASD目前已成为最常见的儿童精神障碍之一。近年来，由于诊断标准的修订、现代化进程带来的孕育及生存环境改变、民众对ASD认识的逐渐加强等原因，ASD的患病率在全球范围内急剧上升。世界卫生组织于2012年委托进行的一项流行病学研究估计，全球ASD的患病率约为1%。最近的一项针对发达国家的流行病学调查数据提示ASD的患病率在西方发达国家高达1.5%。根据我国最新的一项基于全国多中心的ASD流行病学调查研究的数据，ASD在中国的患病率约为0.7%，接近目前估计的全球ASD患病率。

近20年来，ASD的病因一直是全球科学家研究的热点。从最初的“冰箱妈妈”理论被否定，到后来报道“注射疫苗增加ASD风险”的论文被发现造假，现在研究者们普遍认为高度异质性的遗传因素在ASD病因中起到重要作用，遗传度可能高达52%～90%。但这个数字并不代表90%的ASD患者中都能够发现明确的遗传变异。ASD相关的遗传变异是复杂的，包括低风险的常见变异和相对高风险的罕见变异。ASD的遗传模式也是复杂的，包括主效基因模式和多基因模式。目前的研究表明，大概可以在10%～20%的ASD患者中发现高风险或致病的变异（主效基因）。随着研究的进展，这个数字可能会继续增加，这也为这类患者的病因解释和分子分型鉴定了基础。近年来，随着基因组学技术的快速发展，鉴定了大量ASD风险基因，特别是比较可信的高外显率基因。这些基因主要发挥基因表达调控和神经元交流等生物学功能。这些基因参与的生物学功能也提示了几条与ASD高度相关的分子通路，如mTOR信号通路、Wnt信号通路、突触发育和传递相关的信号通路、以及IGF-ERK信号通路等。除遗传因素外，多种环境因素也被认为可能通过与遗传因素相互作用等复杂的机制参与ASD的发病风险。

随着病因学研究的进展，ASD的神经生物学机制也逐渐被发现。早期皮质发育异常，突触功能异常，环路稳态失调以及神经炎症等目前被认为是ASD最可能相关的神经生物学机制。尽管累及的神经生物学事件、发育时间节点和分子通路较多，不同的基因或分子通路可能在发育过程中的相同事件和时间点起作用，因此相互联系。ASD动物模型和分子致病机制的研究也发现几种可能用于ASD干预或治疗的药物，如雷帕霉素（Rapamycin），胰岛素样生长因子-1（insulin-like growth factor 1，IGF1），mGluRs拮抗剂、GABAA和GABAB受体激动剂等。部分药物已在进行临床试验，为未来ASD患者的治疗提供了可能性。

本章将主要从ASD的临床表现和诊断、ASD的病因学和神经生物学机制、以及ASD的干预和治疗等方面进行阐述并对上述方面进行简要的展望。

第一节 临床表现和共患病

一、孤独症谱系障碍的概念和诊断标准的发展历史

（一）国际上的发展历史

自1943年Leo Kanner医生首次将童年孤独症作为临床实体进行描述以后，研究者们陆续发现了一系列与Kanner医生所描述的相近而又存在差异的亚群，并采用的不同的名称命名以示区别，如“儿童精神分裂症”“不典型儿童”“不典型孤独症”等。这些描述或定义在某种程度上补充了Kanner医生在早期关于童年孤独症描述的偏倚和局限，丰富了学术界对儿童孤独症临床表现的认识，并为后来提出于“孤独样障碍”与“广泛性发育障碍”的亚分类奠定了基础。

1967年——《国际疾病分类手册第8版》（International Classification of Diseases-8，ICD-8）：把儿童孤独症作为精神分裂症的一个亚类。

1978年——《国际疾病分类手册第9版》（International Classification of Diseases-9，ICD-9）：把儿童孤独症归为儿童期精神病。

1980年——《精神障碍诊断与统计手册第3版》（Diagnosticand Statistical Manual of Mental Disorders-Ⅲ，DSM-Ⅲ）：将儿童孤独症从精神病类别中分离出来，并视为一种广泛性发育障碍（pervasive developmental disorders，PDD）。其次，并对每一障碍提供一套可操作性的诊断标准。

1987年——《精神障碍诊断与统计手册第3版修订版》（Diagnosticand Statistical Manual of Mental Disorders Ⅲ-R，DSM-Ⅲ-R）：将精神发育迟滞、PDD、以及特殊发育障碍合并在一个新的分类系统之下统称为“发育障碍”。

1992年——《国际疾病分类手册第10版》（International Classification of Diseases-10，ICD-10）：首次采用了字母与数字的编码形式，很大程度上扩充了精神障碍分类的可能容量；与DSM-Ⅲ-R不同的是，它将精神发育迟滞单独归类，而将PDD与特殊发育障碍划分在“心理发育障碍”分类之下。与DSM-Ⅲ-R相比的优点是，将DSM-Ⅲ-R中包容过杂的“孤独样障碍”进行了亚分类，即F84.0童年孤独症，F84.1不典型孤独症，F84.2Rett综合征，F84.3其他类型如童年瓦解性障碍，F84.4多动障碍伴发精神发育迟滞与刻板动作，F84.5Asperger综合征，并且分别用具有鉴别意义的语言描述和定义了这些亚分类，而不像DSM-Ⅲ那样，仅以年龄为分水岭对孤独症与儿童起病的广泛发育障碍进行划分。

1994年——《精神障碍诊断与统计手册第4版》（Diagnosticand Statistical Manual of Mental Disorders Ⅳ，DSM-Ⅳ）：相较DSM-Ⅲ-R，其在PDD分类上摒弃了DSM-Ⅲ-R包罗过杂的做法，吸收并借鉴了ICD-10的优点，并且对每一亚分类的描述更为详尽并提供了可操作性的诊断标准，使得临床实用性进一步提高。

2013年——《精神障碍诊断与统计手册第5版》（Diagnosticand Statistical Manual of Mental Disorders，Fifth Edition，DSM-5）：和DSM-Ⅳ相比，主要进行了以下修订：①新手册中采用ASD取代广泛性发育障碍，取消原先在该类障碍中包括的典型孤独症、阿斯伯格综合症、儿童期瓦解性障碍以及待分类广泛性发育障碍的亚类，并移除原来的Rett综合征；②ASD的特征由第4版的社会交往障碍、语言（交流）障碍、限制性和（或）重复性行为三大类核心症状合并为第5版的两大类：即社会沟通和（或）社会交往障碍及限制性和（或）重复性行为，取消语言（交流）障碍这一大类；③将“ASD

的严重程度”，根据两类核心症状分为一级（需要帮助）、二级（需要高强度的帮助）、三级（需要非常高强度的帮助）；④在限制性和（或）重复性行为这一判断标准中，新增在感官方面“过多”或者“过低”的反应（包括疼痛、温度、声音、触感等）；⑤起病年龄放宽，由原来定义的 3 岁前起病，放宽到整个童年期。

（二）国内的发展历史

我国孤独症的临床研究起步较晚，1982 年南京脑科医院陶国泰医生在专业文献上报道了 4 例患者，在中国首次引进了孤独症的疾病概念。在诊断分类系统上，我国从《中国精神障碍分类与诊断标准第 2 版》（Chinese Classification and Diagnostic Criteria of Mental Disorders，CCMD-2）开始有了“儿童孤独症”的诊断，虽然归属于“儿童精神病”的分类名目下，但其后注明为广泛性发育障碍，并在 1995 年的 CCMD-2 修订版中开始将其明确归属于广泛性发育障碍性疾病。其后的 CCMD-3 沿用了这一分类，在诊断标准的选择和制订方面则直接借鉴了 ICD-10 和 DSM-Ⅳ的经验，接受其描述性定义，与国际诊断标准接轨。为进一步规范儿童孤独症诊疗康复行为，2010 年 7 月，中国卫生部印发了《儿童孤独症诊疗康复指南》，为本土化诊疗提出具体指导意见。2013 年，国家卫生和计划生育委员会组织国内儿童心理、发育领域资深专家经验制定“儿童心理行为发育问题预警征象筛查表”，并作为我国基层儿科儿童心理行为发育问题的早期筛查工具，用于 0 ～ 3 岁年龄范围婴幼儿的 ASD 预警征象筛查。2017 年，《中华儿科杂志》发表《孤独症谱系障碍儿童早期识别筛查和早期干预专家共识》。

二、孤独症谱系障碍的核心症状及共患病

（一）核心症状

如上文所述，依据最新的 DSM-5，以下 2 个方面是目前诊断 ASD 的核心症状：①社会互动和沟通的缺陷（以下简称为社会交往障碍）；②有限的、重复的行为与思维模式、兴趣或活动（以下简称为重复刻板行为）。

1. 社会交往障碍

（1）社会交往障碍的定义与表现

“社会交往”，或简称“社交”，指的是社会上人与人的交际往来，是人们运用一定的方式（工具）传递信息、交流思想，以达到某种目的的社会活动。ASD 在社交意识、社交沟通、社交互动、社交学习和社交关联五个维度均存在一定的障碍。社交意识方面，ASD 在面孔识别、情绪辨认、象征性手势理解、身体动作理解、语言和信念等方面均存在异常。在对语言的理解方面，ASD 对语言认知的概念把握处于一种“机械反射”的记忆状态，能够记住语言的表层概念，但不能将表层概念和语言的内涵相结合。在社交沟通维度上，ASD 的沟通技能（包括语言和非语言的）明显落后。在沟通内容方面，当要求物品（如要求某物或某个环境）时，ASD 儿童会使用语言提出要求和抗议，然而他们缺乏用语言获取信息、引发关注、发表评论和炫耀等的能力。ASD 的沟通主要为工具性质，而非交流性质。在社交互动维度上，ASD 存在社会性注意异常，如社会性趋向注意（social orienting）和互联注意（joint attention）的异常。ASD 也存在游戏技能异常。在社交学习维度上，ASD 婴幼儿比正常同龄人表现出更少的自发的模仿父母的行为，也不善于引发他人的模仿行为。在社交关联维度上，ASD 经常表现出独自玩耍，不与他人合作，不喜欢拥抱或其他接触行为。由于 ASD 具有社交意向、社会交往和互动等多方面障碍，因此 ASD 也很难与同龄人建立友谊。

（2）社会交往障碍的个体特异性

ASD 社会交往障碍的的核心症状可能存在不同的亚型。Lorna Wing 和 Judith Gould 基于临床所见的 ASD 儿童的不同临床表现，将 ASD 儿童分为 3 种类型：冷漠型、被动型、主动怪异型。简单而言，冷漠型在该文献中代表的是无论如何引导，都没有任何社交反馈；被动型为虽然无法发起社交活动，但在他人的带动或引导下，可以被动地参与社交活动；主动怪异型代表的是有社交欲望，但是不懂游戏规则，因此表现出令人难以接受的古怪行为。随后，Paul Castelloe 和 Geraldine Dawson 根据上述文献的描述编写了 ASD《行为发展问卷》（The Behavior Development Questionnaire，BDQ），也称为《温氏亚群问卷》（Wing Subgroups Questionnaire，WSQ），并对该问卷的信度和效度做了分析[1]，对这 3 种社交类型 ASD 儿童的分型提供了量化的依据。2016 年，我国韩济生 / 张嵘课题组的孟凡超与徐新杰从 Geraldine Dawson 教授处引入和汉化了 BDQ/WSQ 量表，并根据中国 ASD 患者

的特点进行相应的修正，形成了针对中国 ASD 人群更为有效和准确的北京孤独症分型量表（Beijing Autism Subtyping Questionnaire，BASQ），同时利用该量表证明了中国 ASD 儿童确实存在社交亚型。

2. 重复刻板行为

（1）重复刻板行为的定义与表现

在 1943 年，Kanner 首次报道的重复刻板行为是以高频率的重复习惯以及沉迷于相同的环境为特征。1944 年，Asperger 描述了 ASD 儿童兴趣狭隘，且表现出特定的重复动作。DSM-V 将重复刻板行为的特点归纳为四类：①刻板及重复的语言、动作或摆弄物品（如单一刻板的肢体动作、模仿性语言、重复使用某物品、或存在异常的语言）；②刻板地遵守某些习惯、仪式化的语言或非言语行为，或是无法接受改变（例如，仪式化行为、刻板习惯、反复提问、或容易因为细微改变而引发强烈的负面情绪）；③极其刻板和狭隘的兴趣，在程度和专注度上都表现出异常（如沉迷于物体、过分局限或固着的兴趣爱好）；④对感官刺激表现出过于敏感或过于迟钝，或是对环境中的某些感官刺激表现出异常兴趣（例如，无法辨别冷热痛觉、对特别的声音或材质反应异常、过度嗅或触摸某些物体、沉迷于光线或是旋转的物体）。其中第四点是 DSM-V 中相对于 DSM-IV 新增加的一类。

（2）类型

在 DSM-IV、ICD-10 和 DSM-5 的分类基础上，Cuccaro 将①重复动作行为和②感官刺激过度敏感或是对环境中某些感官刺激过度感兴趣归类为低水平重复刻板行为，将③仪式化行为和④狭隘的兴趣归类为高水平重复刻板行为。Cuccaro 等人（2003）对孤独症诊断访谈检查（Autism Diagnostic Interview-Revised，ADI-R）测量得到的重复刻板行为进行因素分析，发现存在两个因素，他们将之命名为：重复感觉动作行为（repetitive sensory-motor behaviors，RSM）和坚持同一性行为（insistence to sameness behaviors，IS）。RSM 包括手指及手部习惯性动作、复杂的身体动作、反复摆弄物件和对感官刺激的异常兴趣（即其他学者定义的低水平行为）；IS 包括强迫行为 / 仪式行为、难以适应规则改变和难以适应环境的变化。

（二）常见共患病

共患病（comorbidity）指同一个个体同时存在两种或多种疾病且相互难分主次、缺乏必然因果关系的疾病。2018 年，中华儿科杂志发表了《孤独症谱系障碍患儿常见共患问题的识别与处理原则》一文。ASD 的临床表型异质性除表现在核心症状外，还体现在多种不同的共患病或伴发症状，如神经发育相关障碍、精神障碍、躯体或功能性疾病等。对于患有 ASD 的学龄前儿童，最常见的共患病或症状有智力障碍，语言发育迟缓、运动发育问题、癫痫、睡眠以及进食困难等。在学龄儿童 ASD 中，多动症，焦虑症，强迫症，智力障碍，学习困难，易怒和破坏性行为变得更加明显。在青少年和成年 ASD 中，具有抑郁症状的个体所占比例变得更高，而其他问题通常仍然存在。与一般人群中的成年人相比，ASD 成年患者被诊断出患有多种身体健康状况（例如免疫状况，睡眠障碍）的比例也更高。此外，越来越多的证据提示，相比一般人群，ASD 的自残率和自杀率也显著升高。这些共患病或症状共同导致了 ASD 患者之间严重程度的差别。每种共患病的患病率随样本环境（如来自精神科患者、神经科患者或学校）和患者年龄、认知功能水平和来源地区等的不同可能会有很大差异。尽管目前尚没有任何一种药物可以有效改善 ASD 的核心症状，但许多这些共患病是可以干预和治疗的。因此鉴别这些共患病对 ASD 患者的临床管理非常重要。在 DSM-5 中也明确说明了可以对 ASD 进行共患病诊断。

1. 常见神经发育共患病 语言沟通和交流障碍（87% 的 3 岁 ASD 儿童伴有语言发育延迟），学业或学习困难（75% 的 9 岁 ASD 儿童伴有学业或学习困难）和认知功能障碍（15% ～ 65% 的 ASD 患者伴有智力障碍，智商低于 70）是 ASD 患者最为常见的神经发育障碍。很多 ASD 儿童在字母、词语、分类流畅性任务测试等明显差于正常组儿童。此外，头围异常，特别是大头围被认为是 ASD 患者的常见伴发症状。大头围也与 ASD 的神经元过度增殖假说相关。

2. 常见精神共患病 注意缺陷多动障碍（attention deficit and hyperactivity disorder，ADHD）是 ASD 最常见的共患症（28.2%）之一，特别是在学龄儿童。主要表现为过度活动，在不适合的场合手脚动作多，维持注意困难，很容易受环境影响，非常粗心，丢三落四，冲动行为，没有耐心等。ADHD 严重影响具有平均智力水平或伴有智力障碍的 ASD 儿童的预后。此外，各种不同形式的焦虑症（包括社交焦虑症，广泛性焦虑症，年龄较小的孩子的分离性焦虑症和恐惧症）也影响许多ASD儿童的预后。在口语流利的ASD患者中，焦虑症和抑郁症更为常见，这些症状在女孩青春期明显增加，在少数男孩中也有发生。情绪障碍，如烦躁、易怒和攻击性（包括从很小的孩子的身体攻击到成人患者的言语攻击）等在ASD患者中（25%）比其他发育障碍（例如特发性智力障碍）也更为普遍。控制情绪的抗精神病药物，如利培酮和阿立哌唑经常被用于缓解这些症状。

3. 其他常见共患病 据估计，约有三分之一的ASD患者并发癫痫，特别是ASD相关的综合征患者伴发癫痫的比例更高，如结节性硬化症（Tuberous Sclerosis Complex，TSC）、脆性X综合征（Fragile X Syndrome，FXS）等。ASD共患癫痫的年龄呈双峰分布，第一个高峰发生在5岁之前的婴幼儿期，另一个高峰是10岁以后的青春期。其中复杂部分性发作或继发性癫痫大发作的类型相对于原发性癫痫大发作更为常见。ASD伴癫痫发作的治疗与其他癫痫发作的治疗用药原则基本相同。

胃肠道功能紊乱是另外一个ASD患者普遍伴发的症状。最常见的胃肠道问题包括慢性便秘、腹痛伴或不伴腹泻，以及可能由便秘引起的大便失禁。其他相对不常见的胃肠道问题还包括胃食管反流、腹胀、双糖酶缺乏、胃肠道炎症以及肠道神经系统异常等。胃肠道功能紊乱会引起胃肠道微生物群的改变。还可能导致ASD患者对营养物质消化和吸收受到影响，出现营养不良或代谢方面的障碍。有研究发现部分患者肠道通透性增加（也称为肠漏），使毒性物质或过敏原更易透过肠道进入血液系统，再透过血脑屏障影响大脑发育或造成损害。益生菌，消化酶，好的饮食习惯均可用于改善胃肠道症状。

三、孤独症谱系障碍的诊断和筛查

（一）临床诊断

目前，ASD无客观生物标志物，主要基于患者的行为表现。由于ASD存在显著的临床表型异质性，而且不同患者之间的临床表现和严重程度可以差别很大，因此ASD的诊断存在较大的挑战，需要训练有素的临床医生对ASD核心特征（包括社会互动，交流以及限制性，重复性或感官行为等）进行准确的评估。

DSM-5中诊断ASD需满足以下A至E的五个标准，其中A和B阐明了ASD的核心症状：

A. 在多种环境中持续性地显示出社会沟通和社会交往的缺陷，包括在现在或过去有以下表现（所举的例子只是示范，并非穷举）：

1. 社交与情感的交互性的缺陷，包括：异常的社交行为模式、无法进行正常的你来我往的对话，到与他人分享兴趣爱好、情感、感受偏少，再到无法发起或回应社会交往等。

2. 社会交往中非言语的交流行为缺陷，包括：语言和非语言交流之间缺乏协调，到眼神交流和身体语言的异常、理解和使用手势的缺陷，再到完全缺乏面部表情和非言语交流等。

3. 发展、维持、和理解人际关系缺陷，包括：难以根据不同的社交场合调整行为，到难以一起玩假想性游戏、难以交朋友，再到对同龄人没有兴趣等。

B. 局限的、重复的行为、兴趣或活动，包括在现在或过去有以下表现的至少两项（所举的例子只是示范，并非穷举）：

1. 动作、对物体的使用、或说话有刻板或重复的行为（如刻板的简单动作，排列玩具或是翻东西，仿说，异常的用词等）。

2. 坚持同样的模式、僵化地遵守同样的做事顺序、或者语言或非语言行为有仪式化的模式（如很小的改变就造成极度难受、难以从做一件事过渡到做另一件事、僵化的思维方式、仪式化的打招呼方式、需要每天走同一条路或吃同样的食物）。

3. 非常局限的、执着的兴趣，且其强度或专注对象异乎寻常（如对不寻常的物品的强烈的依恋或专注、过分局限的或固执的兴趣）。

4. 对感官刺激反应过度或反应过低、或对环境中的某些感官刺激有不寻常的兴趣（比如：对疼痛或温度不敏感、排斥某些特定的声音或质地、过度地嗅或触摸物体、对光亮或运动有视觉上的痴迷）。

C. 这些症状一定是在发育早期就有显示（但是可能直到其社交需求超过了其有限的能力时才完全显示，也可能被后期学习到的技巧所掩盖）。

D. 这些症状带来了在社交、职业、或目前其他重要功能方面的临床上显著的障碍。

E. 这些症状不能用智力发育缺陷或整体发育迟缓更好地解释。智力缺陷和ASD常常并发，只有当其社会交流水平低于其整体发育水平时，才同时给出的ASD和智力缺陷两个诊断。

（二）常用评定量表

1. 诊断用量表 除了根据DSM-5的标准进行

临床诊断外，还有多种量表用于 ASD 的诊断或辅助诊断。目前，由于非常低的假阳性率和假阴性率，ADI-R 和孤独症诊断观察量表（Autism Diagnostic Observation Schedule，ADOS）在国际上被认为是用于 ASD 诊断的“黄金标准”。ADI-R 由 M.Rutter 等人在 ADI 的基础上修订，是一种定式检查而非量表。评估者要对受试者进行一系列结构化的问题访谈，共包括 93 个问题，访谈内容又包括 5 个部分：开放式问题，交流性问题，社交发展与游戏问题，重复刻板行为问题以及一般行为异常问题。ADOS 由 C.Lord 等人编制，是 4 个不同水平的半结构化测试单元，适用于 2 岁以上的任何年龄范围。整个测试过程为评估者与受试者的交流和游戏互动，评估者在这一过程中对受试者的行为进行社会交往、交流和刻板行为三方面的评估。此外，儿童孤独症评定量表（Childhood Autism Rating Scale，CARS）也经常被用于 ASD 的辅助诊断。CARS 由 E.Schopler 等人编制，是一个由专业人员操作的评定量表，根据父母和病史记录提供的信息、现场行为观察等进行评价。包括 15 种参数，具体为人际关系、模仿（词和动作）、情感反应、躯体运用能力、与非生命物体的关系、对环境变化的适应、视觉反应、听觉反应、近处感觉反应、焦虑反应、语言交流、非语言交流、活动水平、智力功能、总的印象。

2. 筛查用量表　早期发现和早期干预对 ASD 特别是高功能的 ASD 患者的预后非常重要。目前有多种量表可以用于 ASD 的早期筛查，主要包括克氏孤独症行为量表（Clancy Autism Behavior Scale，CABS）、婴幼儿孤独症量表（The Checklist for Autism in Toddlers，CHAT）、改良的婴幼儿孤独症量表（The Modified Checklist for Autism in Toddlers，M-CHAT）以及孤独症行为量表（Autism Behavior Checklist，ABC） 等。CABS 由 Clancy 编制，谢清芬等修订，汉化，共 14 个行为表现。该量表适用于 2 岁以上儿童，由家长或抚养人填写。CHAT 由 Baron-Cohen 等设计，适用于 18 月龄儿童。该量表由两部分组成，第一部分为家长填写部分，包括社交兴趣、运动发育、假想游戏、示指指向、玩具使用等 9 个问题，第二部分为医生观察部分，包括目光注视、指向性注意、搭积木等 5 个问题，所有问题回答均为“是”或“否”。M-CHAT 修改自 CHAT 量表，用于筛查 16 ～ 30 月龄儿童，共 23 项家长填写问题（前 9 项与 CHAT 第一部分问题相同），答案选项为“是”或“否”。ABC 由 Krug 于 1978 年编制，是国内外应用较为普遍的孤独症筛查量表，由父母或共同生活两周以上的人填写，操作简单方便。该量表包含 57 个条目，归为感觉（S）、交往（R）、躯体运动（B）、语言（L）、和生活自理（S）5 个因子，评定儿童这几方面是否异常。

第二节　病因学

遗传因素和环境因素均参与 ASD 的发病风险，其中遗传因素在 ASD 的发病中起到非常重要的作用已成为科学界的普遍共识。基于双生子和家族聚集性的流行病学研究显示，ASD 的遗传度为 52% ～ 90%。除了贡献遗传度的常见和罕见的遗传性的风险变异，部分 ASD 患者的遗传因素与高外显率的新发变异（患者携带，父母亲没有携带的变异）相关。虽然遗传因素在 ASD 病因中起到重要作用，但环境因素同样被认为与 ASD 的发病风险高度相关。目前有多个环境因素在不同研究中得到验证，这些环境因素以及环境因素与遗传因素的复杂交互作用对解释疾病的病因同样会起到举足轻重的作用。

一、遗传因素

ASD 的遗传结构非常复杂，相关的基因组变异累及包括编码区和非编码区的多种变异类型（如染色体结构变异，拷贝数变异，单核苷酸变异，小的插入缺失变异等）和不同的遗传方式（如传递自父母亲的变异和新发变异，显性遗传变异和隐性遗传变异）。基因组的不同变异对疾病风险的贡献大小不同。按照在人群中的等位基因频率，基因组变异可分为常见变异和罕见变异。一般而言，遗传变异的频率和变异对疾病或表型的贡献度成正比，高频率的常见变异的风险效应值（effect size）较低，因此对表型或疾病发病风险的贡献度较小；低频率的罕见变异对表型或疾病发病风险的贡献度较大[2]。基因组罕见变异和常见变异均与 ASD 发病风险相关。

（一）ASD 相关的罕见变异

早期对 ASD 遗传病因的认识主要来自罕见的 ASD 相关的单基因综合征（表 10-10-1），如 Rett 综合征（Rett syndrome），脆性 X 综合征（Fragile X syndrome，FXS），结节性硬化症（tuberous sclerosis complex，TSC）等。这些罕见综合征的致病基因单独都只能解释不足 1% ～ 2% 的 ASD 人群，累积起来也只能解释不足 5% 的 ASD 人群。早期的细胞遗传学研究在 ASD 患者中发现了罕见的异常核型，特别是染色体平衡异位和倒位等。通过对这些平衡异位或倒位染色体的断裂位点精细定位，发现了几个 ASD 高外显率的风险基因。近 15 年来，特别是自 2007 年以来，随着基因组学技术的发展，国内外的研究人员对 ASD 进行了许多大样本、高通量的遗传学分析，包括染色体微阵列芯片（chromosome microarray assay，CMA），目标捕获测序（targeted sequencing），全外显子组测序（whole-exome sequencing，WES），以及最近几年开展的全基因组测序（whole-genome sequencing，WGS）研究等。目前，基于罕见变异的研究已经发现超过 200 个高可信的 ASD 风险基因或拷贝数变异（https://gene.sfari.org/）。迄今为止，这些罕见的高外显率基因的发现主要来自于对患者基因组中新发变异的研究。

1. 染色体核型分析结合重测序鉴定高外显率致病基因　在高通量基因分型技术和基因组测序技术出现之前，ASD 的病因学研究主要基于细胞遗传学手段和第一代测序技术（Sanger 测序技术）。早期的细胞遗传学研究发现，极少数（≈ 1%）的 ASD 个体携带了可能与疾病相关的异常核型，如大片段的重复或缺失、染色体平衡异位和倒位、环状染色体等。这些罕见的异常核型，特别是平衡染色体异常，是早期鉴定 ASD 高外显率的风险基因的重要样本资源。通过对平衡异常核型断裂位点的精细定位和进一步的候选测序分析，鉴定了多个 ASD 高外显率风险基因，如 *NLGN3*、*NLGN4*、*SHANK3*、*CNTNAP2*、*NRXN1* 等。后期的大样本拷贝数变异研究和高通量测序研究中也进一步证实了这些基因与 ASD 发病风险的关系。这些基因在疾病发生中的外显率很高，因此这些基因和其他 ASD 相关综合征的致病基因成为早期构建 ASD 动物模型及进行神经生物学机制研究的主要目标基因。近年来，已经有多篇文章报道了这些基因的敲除小鼠模型，而且大多数的小鼠模型都表现出了一个或多个 ASD 样的行为学表型和相关的神经精神异常症状，如 *NLGN3*、*NRXN1*、*SHANK3*、*CNTNAP2* 以及经典的 ASD 综合征致病基因 *FMR1*、*MECP*、*TSC1/2* 等等。传统的细胞遗传学结合第二代测序技术进一步促进了 ASD 高外显率风险基因的发现。2012 年，一个国际多中心合作研究小组通过对携带新发平衡异位或倒位等异常核型的 ASD 及相关神经发育疾病患者的基因组进行靶向高通量测序，精确鉴定了这些染色体平衡异位或倒位的断裂位点。验证和新发现了多个 ASD 及相关神经发育疾病的高外显率基因，如 *CDKL5*、*CHD8*、*FOXP1*、*GRIN2B*、*MBD5*、*TCF4* 等。

2. ASD 相关的基因组拷贝数变异　染色体微芯片和高通量基因分型技术的发展和应用使得 ASD 相关的拷贝数变异研究取得很大进展。近 20 年发现了数十个和 ASD 相关的高风险拷贝数变异。对 ASD 拷贝数变异研究的第一篇代表性论文发表在 2007 年。通过分析 118 个 ASD 单患家系（未患

表 10-10-1　主要的几种 ASD 相关的罕见综合征

综合征名称	基因	该综合征患者被诊断为 ASD 的比例	ASD 患者携带该基因变异的比例
脆性 X 综合征	*FMR1*	男性：30% ～ 60%；女性：6%	1% ～ 2%
Rett 综合征	*MECP2*	61%（女性）	≈ 0.5%
MECP2 重复综合征	*MECP2*	＞ 90%（男性）	—
Angelman 综合征	*UBE3A*	0.34	1% ～ 2%
结节性硬化症	*TSC1/TSC2*	36% ～ 50%	≈ 1%
Phelan-McDermid 综合征	*SHANK3*	0.75	≈ 1%
Timothy 综合征	*CACNA1C*	60% ～ 80%	—
1 型神经纤维瘤病	*NF1*	0.18	—

ASD的父母亲生育的多个孩子中只有一个ASD患者）和47个多患家系（未患ASD的父母亲生育的多个孩子中有2个或以上的ASD患者）以及99个对照家系的基因组拷贝数变异，发现ASD患者携带的拷贝数变异显著高于未患病同胞对和对照家系样本，而且新发拷贝数变异更多发生在单患家系中。该研究同时发现了几个可能与ASD相关的拷贝数变异和相关基因。随后，多个研究小组进行了更大样本量的ASD全基因组拷贝数变异研究，发现了数十个与ASD发病风险相关的拷贝数变异，其中最为常见的为16p11.2缺失或重复、1q21.1缺失、15q11～13重复、7q11.23重复、2p16.3缺失等（表10-10-2）。目前，利用第二代全基因组测序技术可以在约20%的临床收集的ASD患者中发现可能与疾病相关的拷贝数变异，其中临床意义明确的拷贝数变异可以解释约13%的ASD患者。中国人群ASD家系中同样发现了15q11～13重复、2p16.3缺失（包括*NRXN1*）、22q3.33缺失（包括*SHANK3*）、*NLGN4X*以及*CNTN4*等多个与ASD相关的拷贝数变异，并且发现在中国人群ASD患者中，15q11～13拷贝数重复发生的频率可能高于欧美人群。但这一结果可能受到不同研究的患者入组标准差别的影响，需要在更大样本的研究中进一步验证。拷贝数变异往往累及几个至几十个基因，一般来说拷贝区间内有一个关键的基因对疾病核心表型起关键作用。然而其他基因也可能同时对患者表型谱有一定的贡献，特别是累及基因的较多的拷贝数变异，这也是部分ASD患者临床异质性的原因之一。

3. 基因组测序鉴定序列水平的罕见高风险变异及相关基因 基因组变异按照变异大小分类，最小的为序列水平的变异，主要包括单核苷酸变异和小的插入缺失变异。新一代高通量测序技术的发展使得在全基因组范围研究序列水平的变异成为可能。目前，绝大部分高可信的ASD高风险致病基因的发现主要是通过鉴定序列水平的新发变异发现的。由于这些变异极其罕见，在单个基因水平达到全基因组统计显著性需要非常大的样本量。近十年，随着研究样本的不断积累（超过6000个ASD家系，10 000个ASD患者），通过高通量基因组测序在序列变异水平已经鉴定超过100个ASD高可信的风险基因。2011年，华盛顿大学研究组对20个来自Simons Simplex Collection（SSC） 和The Study of Autism Genetics Exploration（SAGE）的ASD核心家系进行WES研究，在4个患者中发现了可能与ASD相关的新发突变，同时发现了几个ASD候选风险基因，开启了ASD的基因组测序时代。2012年，四个独立的研究小组对来自SSC和Autism

表10-10-2 部分与ASD高度相关的基因组拷贝数变异

染色体区带	基因组最小范围	最少基因数目	相关基因（仅列出少于3个基因区间的基因）	在ASD中的发生频率
1q21.1	chr1：146，467，203-147，801，691	13	—	0.0019（缺失：0.0002/重复：0.0017）
2p16.3	chr2：50，145，643-51，259，674	1	*NRXN1*	0.0017（缺失：0.00195/重复：0.0002）
3q29	chr3：195，747，398-196，191，434	7	—	0.00085（缺失：0.00085/）
7q11.23	chr7：72，773，570-74，144，177	22	—	0.0011（缺失：0.0002/重复：0.0009）
7q11.23	chr7：72，773，570-73，158，061	10	—	0.0013（缺失：0.0002/重复：0.0011）
7q11.23	chr7：73，978，801-74，144，177	2	*GTF2I*，*GTF2IRD1*	0.0013（缺失：0.0002/重复：0.0011）
15q11.2～13.1	chr15：23，683，783-28，446，765	13	—	0.0021（重复：0.0021）
15q12	chr15：26，971，834-27，548，820	3	*GABRA5*，*GABRB3*，*GABRG3*	0.0023（重复：0.0023）
15q13.2～13.3	chr15：30，943，512-32，515，849	7	—	0.001（缺失：0.0006/重复：0.0004）
16p11.2	chr16：29，655，864-30，195，048	27	—	0.0041（缺失：0.0026/重复：0.0015）
22q11.21	chr22：18，889，490-21，463，730	45	—	0.0017（缺失：0.00085/重复：0.00085）
22q13.33	chr22：51，123，505-51，174，548	1	*SHANK3*	0.00085（缺失：0.00085）

Sequencing Consortium（ASC）收集的近1000个ASD家系进行WES，发现，新发变异与ASD发病风险显著相关，并且随着患者父亲的生育年龄升高，新发突变发生的概率增加。该系列研究还发现，相比未患病同胞对，遗传自父母的罕见变异在ASD患者中发生率显更高。这4项研究同时鉴定了几个高可信的频发新发变异和相关基因。对44个在WES数据提示的候选高风险基因在更大样本（约2500例ASD患者）中进行靶向捕获测序，在6个基因中（*CHD8*、*DYRK1A*、*GRIN2B*、*TBR1*、*PTEN*、*TBL1XR1*）发现了频发的新发变异（同一个基因在多个患者中发现新发变异），能够解释约1%的ASD患者。该研究还发现*CHD8*和*DYRK1A*两个基因的变异与患者头围显著相关。携带CHD8变异的患者头围显著大于正常人群，而携带*DYRK1A*变异的患者头围显著小于正常人群，提示相同基因的致病突变可能导致相似临床表型的一类患者，这也为后期ASD的精准分子分型打下基础。2014年，两个多中心合作的研究团队（分别基于SSC和ASC的样本）同时发表了ASD更大规模WES研究结果（近4000个ASD家系），发现了40多个高风险致病基因。2020年，通过整合已发表的SSC和ASC的WES数据和新产生的ASC样本的WES数据（超过6000个ASD家系，10000多例ASD患者），发现了102个达到全基因组统计显著性的风险基因，这些基因主要参与基因表达调控、神经元交流以及细胞骨架等生物学过程（表10-10-3）。

目前完成的ASD大规模WES或WGS研究主要集中在欧美人群的样本。虽然中国人群尚未进行大规模基因组范围内的测序研究，来自中国的研究小组已经在3000多例中国人群ASD患者中完成了针对200多个ASD的高风险候选基因的目标基因靶向测序。该研究发现主要在欧美人群中发现的ASD高风险基因同样在中国人群ASD患者中被发现，同时鉴定了10余个新的ASD高风险基因。这一系列研究提供了高风险基因在中国人群ASD患者中的变异图谱。同时提示，在个别基因，如SCN2A的突变频率上，中国人群ASD患者和欧美人群ASD患者可能存在差异，虽然这一差异还需要再更大的样本中验证。

除了上述基于杂合变异（显性）的研究发现，隐性（纯合或复合杂合）变异在ASD的发病风险中也起到一定的作用，可以解释一小部分患者的遗传病因。某些基因的隐性变异显著增加了患病风险或直接导致了疾病的发生（单基因突变模式）。例如，有研究发现，ASD患者携带纯合或复合杂合的功能缺失型变异是其未患ASD的同胞对的2倍，这一结果在另外一批批独立的数据中也得到验证。利用近亲婚配家系，一个研究小组通过WES鉴定了几个隐性遗传的ASD及相关神经发育疾病的致病基因（*AMT*、*PEX7*、*SYNE1*、*VPS13B*、*PAH*、*POMGNT1*），这些变异主要为单基因致病模式。2019年Doa等人发现隐性突变约占ASD患者的的5%，在ASD患者中发现了已知神经发育疾病

表 10-10-3 **最大规模的WES测序发现的102个高可信ASD风险基因**

统计显著性	基因表达调控	神经元交流	细胞骨架	其他未分类
FWER ≤ 0.01	*ADNP*，*ANKRD11*，*ARID1B*，*ASH1L*，*CHD2*，*CHD8*，*CTNNB1*，*DEAF1*，*FOXP1*，*KDM6B*，*KMT5B*，*MED13L*，*POGZ*，*TLK2*	*ANK2*，*DSCAM*，*GRIN2B*，*PTEN*，*SCN2A*，*SHANK3*，*SLC6A1*，*SYNGAP1*	*DYRK1A*	*GIGYF1*
FDR ≤ 0.05	*ASXL3*，*BCL11A*，*CELF4*，*CREBBP*，*DNMT3A*，*EIF3G*，*FOXP2*，*IRF2BPL*，*KDM5B*，*KMT2C*，*LDB1*，*MBD5*，*MKX*，*MYT1L*，*NSD1*，*OHF2*，*PAX5*，*PHF12*，*PHF21A*，*PPP2R5D*，*RAI1*，*RFX3*，*RORB*，*SATB1*，*SETD5*，*SIN3A*，*SKI*，*SMARCC2*，*TBL1XR1*，*TBR1*，*TCF20*，*TCF4*，*TCF7L2*，*TRIP12*，*VEZF1*，*WAC*，*ZMYND8*	*AP2S1*，*CACNA1E*，*GABRB3*，*KCNQ3*，*NRXN1*，*PRR12*，*SHANK2*，*STXBP1*	*DPYSL2*，*DYNCH1*，*GFAP*，*MAP1A*，*SPAST*	*GNAI1*，*KIAA0232*，*SRPRA*，*TM9SF4*
FDR ≤ 0.1	*ELAVL3*，*HDLBP*，*KMT2E*，*NACC1*，*NCOA1*，*NR3C2*，*TRAF7*	*CACNA2D3*，*DIP2A*，*GABRB2*，*GRIA2*，*KCNMA1*，*LRRC4C*，*PPP1R9B*，*SCN1A*	*CORO1A*，*PTK7*，*TAOK1*	*HECTD4*，*NUP155*，*PPP5C*，*TEK*，*TRIM23*，*UBR1*

的隐性致病突变（*CA2*，*DDHD1*，*NSUN2*，*PAH*，*RARB*，*ROGDI*，*SLC1A1*，*USH2A*），同时提示 *FEV* 可能是新的 ASD 隐性致病基因。

4. 非编码区罕见变异与 ASD 发病风险的关系 近十年针对 ASD 罕见变异的研究主要集中在基因编码区。基因编码区只占整个基因组序列的 1% ～ 2%，绝大部分的基因组序列属于非编码区。而非编码区存在大量的非编码 RNA 序列以及基因调控元件，对基因表达调控和染色体结构维持等起到非常重要的作用。因此非编码区的变异也越来越多的被发现与人类的疾病相关。随着 ASD 全基因组测序数据的积累，罕见的非编码区变异与 ASD 发病风险的关系近两年得到高度关注。最近两篇针对大规模全基因组测序数据的研究发现非编码区新发变异与 ASD 发病风险相关。2018 年，An 等人通过对 1902 个 SSC 的 ASD 单患家系的 WGS 数据分析，发现基因启动子区新发突变显著增加了 ASD 发病风险。2019 年 Zhou 等人利用机器学习模型对 1790 个 SSC 的 ASD 单患家系的 WGS 数据进行分析，发现影响转录及转录后调控水平的非编码区变异显著增加 ASD 的发病风险。此外，串联重复序列最近被报道与 ASD 的发病风险和表型复杂性有关。2020 年，Trost 等人发现，在 ASD 患者中携带的串联重复序列变异（特别是在基因的外显子和剪接位点附近的变异）比未患病的同胞对更高。ASD 先证者串联重复扩增发生率为 23.3%，而未患同胞发生率为 20.7%，表明串联重复扩增对 ASD 风险的总体贡献约为 2.6%。此外，该研究还发现携带罕见串联重复序列的患者具有更低的智力和适应能力。2021 年，另外一个研究小组系统分析了 SSC 全基因组测序数据的新发串联重复。发现 ASD 患者的新发短串联重复变异比未患病同胞对更高，而且先证者中发现的短串联重复往往更大，这些新发的短串联重复变异在胎儿大脑调节区域富集，并且预测在进化上更为有害。

（二）ASD 相关的常见风险变异

如前文所述，基于罕见变异的 ASD 风险变异或基因的发现主要基于新发突变，然而这些新发变异对 ASD 的遗传度并没有贡献。具有加性效应的遗传下来的常见或罕见的基因组变异是 ASD 遗传度的基础。一项基于常见单核苷酸变异数据评估 ASD 遗传度的研究认为，常见风险变异在 ASD 发病风险中的作用可能高达 50%，提示 ASD 的发病风险可能在很大程度上与常见风险变异相关。

常见风险变异与复杂疾病或表型的关系主要依靠关联分析鉴定。在全基因组关联研究出现之前，ASD 的关联研究主要依靠功能候选策略，除几个候选基因，如 *MET*、*EN2* 和 *CNTNAP2* 等，绝大多数候选关联研究的结果无法被独立的研究样本验证。得益于全基因组基因分型技术的发展，全基因组关联研究（Genome-Wide Association Studies，GWAS）已经成为目前研究复杂疾病常见风险变异的成熟方法。目前为止，国内外已经发表了多项 ASD 的 GWAS（表 10-10-4）。2009 年，通过对 780 个 ASD 家系样本组和 8695 个病例–对照样本组分的全基因组关联分析，发现染色体 5p14.1 区域的 6 个 SNPs 与 ASD 显著相关。这 6 个 SNPs 位于一个介于神经黏附分子 *CDH9* 和 *CDH10* 之间约 100 kb 的连锁不平衡区间。与此同时，另外一个研究小组通过对 1372 个家系进行传递不平衡关联分析，发现位于染色体 5p15 区域的一个 SNP 与 ASD 可能相关，该 SNP 位于基因 *SEMA5A* 和 *TAS2R1* 之间。这两项研究是最早的 ASD 的 GWAS，同时也开启了 ASD 的 GWAS 研究时代。然而，后期的几个欧美人群的 GWAS 研究均未能验证这两项研究的结果，也未能进行相互验证。目前为止最大规模的 GWAS 分析了 45 000 多例样本（18 381 名 ASD 患者，27 969 例对照），鉴定出 5 个达到全基因组显著性的关联位点。通过整合另外 3 种被认为与 ASD 遗传病因显著相关的疾病 / 表型（精神分裂症，重度抑郁和受教育程度）的 GWAS 数据，鉴定了 7 个达到全基因组关联的连锁不平衡区间。该研究还发现不管从数量性状表型和质量性状表型的角度分析，ASD 均具有很强的遗传异质性，提示随着未来样本量的增加，GWAS 将会发现更多的常见风险变异及相关基因。

第一个基于中国人群 ASD 样本的 GWAS 研究发现了一个位于染色体 1p13.2 区域的连锁不平衡区间。单体型分析、表达定量性状位点分析以及基因差异表达分析提示，这个连锁不平衡区间内的几个基因（*TRIM33*、*CSDE1*、*NRAS*、*AMPD1*）可能与中国人群 ASD 患者的发病风险相关。值得注意的是该连锁不平衡区间内的候选基因 *CSDE1* 的罕见功能缺失型变异近期被发现会在很大程度上增加 ASD 的发病风险。这提示，同一个基因的常见变异和罕见变异均可能参与 ASD 的发病风险。无独有偶，在欧美人群 ASD 中发现的另外一个风险基因 *MACROD2* 的常见变异和新发拷贝数变异也都被认

表 10-10-4　基于欧美人群和中国人群 ASD 的主要 GWAS 研究发现

代表性 SNP	染色体位置	统计显著性	等位基因	单体型相关基因
欧美人群队列研究结果				
rs910805	Chr20：21248116	2.04×10^{-9}	A/G	*KIZ*，*XRN2*，*NKX2-2*，*NKX2-4*
rs10099100	Chr8：10576775	1.07×10^{-8}	C/G	*C8orf74*，*SOX7*，*PINX1*
rs201910565	Chr1：96561801	2.48×10^{-8}	A/AT	*LOC102723661*，*PTBP2*
rs71190156	Chr20：14836243	2.75×10^{-8}	GTTTTTTT/G	*MACROD2*
rs111931861	Chr7：104744219	3.53×10^{-8}	A/G	*KMT2E*，*SRPK2*
rs2388334	Chr6：98591622	3.34×10^{-12}	A/G	*MMS22L*，*POU3F2*
rs325506	Chr5：104012303	3.26×10^{-11}	C/G	*NUD12*
rs11787216	Chr8：142615222	1.99×10^{-9}	T/C	*MROH5*
rs1452075	Chr3：62481063	3.17×10^{-9}	T/C	*CADPS*
rs1620977	Chr1：72729142	6.66×10^{-9}	A/G	*NEGR1*
rs10149470	Chr14：104017953	8.52×10^{-9}	A/G	*MARK3*，*CKB*，*TRMT61A*，*BAG5*，*APOPT1*，*KLC1*，*XRCC3*
rs16854048	Chr4：42123728	1.29×10^{-8}	A/C	*SLC30A9*，*BEND4*，*TMEM33*，*DCAF4L1*
中国人群队列研究结果				
rs6537825	Chr1：114749804	3.26×10^{-8}	C/A	*AMPD1*，*NRAS*，*CSDE1*，*DENND2C*，*TRIM33*，*BCAS2*

为可能与 ASD 发病风险相关，虽然该基因的遗传学证据相对较弱。

二、遗传模式

目前已经发现大量的 ASD 风险基因及相关变异，阐明这些变异在患者个体水平参与疾病发病风险的遗传机制对 ASD 患者早期风险预测和临床分子诊断具有重要意义。目前关于 ASD 的遗传机制的认识主要有两种，即“主效基因遗传模式”和“多基因遗传模式”（图 10-10-1）。目前认为，部分 ASD 患者的致病模式为主效基因模式，部分为多基因模式。但是，这两种模式在 ASD 人群中的贡献程度或能够解释 ASD 人群的比例目前存在较大争议。此外，尽管目前认为主要存在这两种模式，但是不能排除两种模式在同一个 ASD 患者同时存在。在发育迟缓患者中携带高外显率变异（主效基因）的发育迟缓患者的多基因风险打分比不携带的个体显著升高，提示罕见的高外显率的变异和常见风险变异共同增加疾病的发生风险。ASD 中可能存在类似情况。另外，环境因素可能在两种模式中均起作用，特别是在多基因模式中通过与常见变异的相互作用参与疾病的发病风险。

（一）主效基因致病模式

ASD 的主效基因模式主要分为三种类型（图

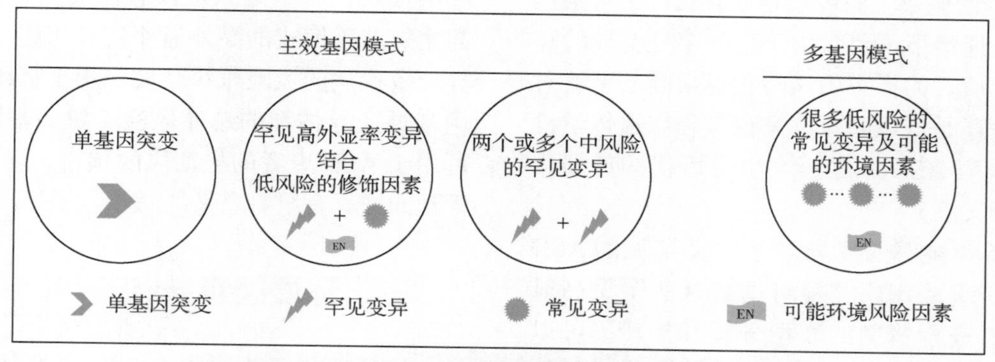

图 10-10-1　ASD 的主效基因遗传模式和多基因遗传模式

10-10-1）：①高外显率的罕见变异直接导致ASD的发生（单基因遗传模式）；②高外显率的罕见变异和其他风险因素（如常见低风险变异或环境因素等）共同导致ASD发生；③少数几个中度至高外显率的变异共同导致ASD的发生（寡基因遗传模式）。

第一种主效基因模式，即单基因遗传模式，主要为ASD相关的综合征，如表10-10-1中的*RTT*、*FXS*和*TSC*等。这些基因中的单个致病变异即可导致ASD或相关综合征表型。近年来通过WES或WGS手段发现的大量ASD高风险基因，特别是基于新发变异发现的基因，如*CHD8*、*DYRK1A*、*DSCAM*、*POGZ*等绝大部分可以归类为ASD的主效基因，因为这些基因的新发变异的外显率非常高。但因为目前没有对这些基因变异导致ASD风险的精确的外显率的评估，因此涉及这些基因变异的致病模式属于上述主效基因中的哪一种仍不明确。即使对于*CHD8*来说，目前发现的致病变异主要为新发变异，但是部分*CHD8*家系的致病变异传递自未患病或有轻微表型的父母。因此，*CHD8*或类似情况的基因可能累及第二种主效基因模式。其他风险基因，如*CNTNBP2*杂合功能缺失型变异的外显率相对较低，可能属于中等外显率变异类型，因此可能涉及第三种致病模式（寡基因模式）中的变异。在全基因组范围内针对罕见传递变异的研究可能会进一步验证寡基因模式假设。

主效基因模式对ASD家庭的遗传咨询和再患风险评估具有重要实践意义。可以将携带主效基因的ASD家庭分为两类：低风险家庭和高风险家庭。携带高外显率的新发变异的家庭可以被认为是低风险家庭。因为新发变异在人群中的发生概率非常低，因此这种低风险家庭的再患风险低。由于女性患病率比男性低，因此女孩再患的风险更低。如果在一个ASD家庭中主效基因变异传递自父亲或母亲，该家庭再患风险相对较高。携带变异的父亲或母亲会有50%的概率（假设杂合变异且位于常染色体）将变异传递给下一代。由于这些罕见变异的高外显率，生育后代的再患的风险相对很高。不管对于高风险家庭还是低风险家庭来说，临床遗传学检测和遗传咨询对ASD家庭再次生育后代的计划具有现实指导意义。

此外，高外显率的变异对于定义罕见的ASD分子亚型具有重要作用。针对携带这些罕见高风险变异的患者进行精确的表型分析和比较，可以对ASD这一高临床异质性的谱系障碍疾病进行精准分子分型。这些基因的罕见或新发变异有些可能导致相似的临床表型，如*CHD8*突变患者的大头围表型，但也有些导致的表型的异质性比较大，如*CSDE1*、*NCKAP1*、*TANC2*等。但不管哪一种情况，针对高风险基因的分子分型将对未来ASD的精准诊疗至关重要。

（二）多基因模式

流行病学的数据提示主效基因模式可能不是ASD人群的主要致病模式。如果大多数ASD患者的病因归因于新发突变（目前大部分主效基因变异主要为新发突变），那么亲属的患病风险会非常低。但是早期的双生子研究提示同卵双胞胎的ASD共患率是异卵双胞胎的两倍，而且家族聚集性研究也提示了亲属与患者共享很强的遗传风险变异成分（从亲代传递下来的变异）。这些数据均支持ASD的多基因风险模式。此外，新发突变对ASD风险的影响的估计主要来自单患家庭，这可能会增加新发突变的对疾病风险的贡献程度的估计。

多基因风险模式认为许多低风险的变异（主要为遗传的常见变异）共同作用导致ASD的发生（图10-10-1）。每个常见变异的影响很小，但累加起来（可能再加上某些环境因素的作用）会导致个体越过疾病发病风险的阈值而被诊断为ASD。利用单核苷酸多态性（single nucleotide polymorphism，SNP）数据进行ASD遗传度估计的研究发现，常见变异（次要等位基因频率＞0.05）或与这些常见变异存在连锁不平衡的变异可以解释大部分ASD的遗传度。尽管如此，如前文所述，目前发现的ASD相关的常见风险变异非常有限。最近发现的几个达到全基因组显著关联的位点也只能解释很小一部分的遗传度。由于ASD高度的表型和遗传异质性，当前的样本量和研究设计的统计检验效能可能还不足以发现更多的常见风险变异。因此，相比于主效基因模式，多基因风险模式需要更多的研究支持。与主效基因模式的高外显率变异相比，单个常见变异导致疾病的风险很小，无法用于临床诊断。但利用常见变异估计的总体风险（如多基因风险评分）可用于ASD患者的早期风险预警，对ASD的早期干预同样具有重要意义。

三、环境因素

虽然遗传风险因素在ASD的病因中起到重要

作用，但环境风险因素仍然值得重视。环境风险因素可能通过多种复杂的机制（如表观遗传调控，炎症和氧化应激等）参与 ASD 的发病风险。

目前有多种环境因素被报道与 ASD 发病风险可能相关。多项研究提示，父母亲尤其是父亲的生育年龄与 ASD 风险呈正相关。怀孕期间母亲的代谢状况、体重增加、高雄状态和高血压，以及可能与母体免疫激活相关的因素（例如，由于细菌或病毒感染而导致的母亲入院，或自身免疫性疾病的家族病史）等也被发现会增加 ASD 和发育迟缓的发病风险。产前服用抗癫痫药丙戊酸也可能会增加 ASD 的发病风险。孕前叶酸补充剂与降低 ASD 和发育障碍的风险有关，并具有明显的基因–环境相互作用。早产，低出生体重，小胎龄和大胎龄与 ASD 的发病风险增加相关，但这些因素与 ASD 发病是直接的因果关系还是只是危险因素的信号，目前尚不清楚。此外，怀孕期间暴露空气污染物和应激刺激因素也被报道可能与 ASD 的发病风险相关。但不同国家开展的研究在研究方法和结果上差异较大。

另外，某些早期被认为与 ASD 风险相关的环境因素，被最新的研究否定。这些环境风险因素的阴性结果同样需要重视。目前已经有明确证据表明 ASD 发病风险与疫苗接种无关。延长的分娩时间，剖宫产或辅助阴道分娩，胎膜早破和辅助生殖技术的使用等均被报道与 ASD 的发病风险无关。早期的研究提示抗抑郁药，包括选择性 5- 羟色胺再摄取抑制剂可能与 ASD 风险相关，但近期的多个研究均表明服用这些抗抑郁药与 ASD 发病风险没有相关性。

第三节　神经生物学机制

人类遗传学研究发现了很多 ASD 的风险基因，特别是具有高外显率的风险基因。这些基因的发现为建立 ASD 的动物模型，以及基于这些模型开展的神经生物学机制研究奠定了重要基础。已经有多个单基因突变的小鼠模型表现出 ASD 的核心表型，即社交障碍或重复刻板行为。这些动物模型研究为理解 ASD 的神经生物学和分子机制提供了重要的数据。除了动物模型，神经干细胞模型的研究也为理解 ASD 的发病机制提供了重要的数据。针对人类神经干细胞模型的研究表明，神经发生、细胞命运、神经元形态发生和突触功能异常与 ASD 的发病机制高度相关。针对某些神经干细胞模型的转录组学研究已经提示了可能与 ASD 发病机制相关的某些分子过程。

ASD 的神经病理学和模式生物研究已经发现多个 ASD 相关的神经生物学机制和相关的分子通路。目前认为与 ASD 最相关的分子通路为 mTOR 信号通路、Wnt 信号通路、突触发育和传递相关的信号通路以及 IGF-ERK 信号通路等。早期皮质发育异常、突触功能异常、环路稳态失调以及神经炎症等被认为是目前与 ASD 最相关的神经生物学机制。尽管 ASD 在遗传病因上具有高度异质性，不同的基因或分子通路可能在发育过程中相同的时间点和发育事件中起作用。此外，不同时间节点的神经生物学机制之间既有区别又相互联系，如早期的神经发生异常、细胞命运决定异常会引起后期突触功能和环路稳态的异常。此外，利用人诱导多能干细胞模型和小鼠模型开展的基础神经生物学和分子机制研究，已发现几种药物（包括胰岛素样生长因子 -1（IGF1）和罗斯科维汀（Roscovitine））可以挽救与 Rett 综合征，Timothy 综合征和 Phelan-McDermid 综合征相关的神经元功能异常和行为学表型。部分药物已经在进行相关的临床实验，为未来 ASD 患者的治疗提供了可能性。

一、异常的皮质发育

人类遗传学、神经病理学和动物模型研究均表明，皮质发育失调在 ASD 发病机制中具有重要作用，是 ASD 重要的神经病理学表型之一。

针对 ASD 患者的神经病理学研究已发现多个方面的皮质发育异常，包括神经元体积的减小、神经元数量的增加、细胞定位的异常，锥体神经元发育方向的错误，皮质分层异常，皮质白质减少和神经元树突异常等。另外一些小样本的研究发现 ASD 患者脑中存在比正常人更为狭窄和更为密集的皮质微柱（cortical minicolumns，皮质回路的基本处理单元）。在 ASD 患者中还观察到了缺乏特定层状标志物的皮质细胞斑块。此外，儿童期过度生长的头围被认为是 ASD 的广泛发育表型，这一表型对应的解剖学或细胞学原因目前尚不完全明确。

ASD 的模式生物研究已经明确了多个综合征

型ASD基因（包括*FMR1*、*TSC1/TSC2*、*PTEN*、*CNTNAP2*、*CHD7*等）在早期脑发育过程中参与的分子机制。其中有多个基因参与了一个共同的分子通路-雷帕霉素（mTOR）通路。mTOR通路调节细胞增殖，生长和神经元形态发生。参与mTOR信号通路的*PTEN*突变在小鼠和人类中均会引起大头畸形，与皮质发生缺陷的神经病理表型一致。除mTOR信号通路外，另一个与ASD高度相关的信号通路为Wnt通路。近年来发现的与ASD相关的基因显著富集在Wnt通路。Wnt通路调节多种神经发育相关的生物学事件，包括放射状神经胶质细胞的自我更新、神经元分化以及脑背腹分化之间的平衡等。在小鼠中，Wnt途径的紊乱会导致皮质神经发生的改变和ASD样的社交缺陷。许多通过新发突变发现的ASD风险基因，如*CHD8*、*TBR1*以及*BAF*和*MLL*复合物成分基因等，与经典Wnt信号通路的调控，染色质修饰和基因表达调控等高度相关。这些基因在人类胎儿脑的神经发生期间（受孕后4～24周）高度共表达，并在神经祖细胞和新生神经元中表达。TBR1在皮质深层神经元的产生中起作用，缺乏Tbr1的小鼠会发生胼胝体和丘脑皮质轴突投射受损。抑制人类神经祖细胞中CHD8的表达会导致调控神经元分化和轴突导向、Wnt信号通路的相关基因的表达下调。携带*CHD8*突变的患者普遍表现为大头畸形，这可能与CHD8调节Wnt信号通路相关。

二、突触功能异常和活性依赖的兴奋性/抑制性（E/I）失衡假说

人类遗传学，神经病理学以及小鼠模型研究均发现，突触发育异常和突触功能障碍是ASD发生的重要神经生物学机制之一。

遗传学研究发现，兴奋性和抑制性突触细胞黏附分子编码基因（如*NRXN1*、*NLGN3/4X*），兴奋性突触支架分子编码基因（如*SHANK1*～*3*），兴奋性谷氨酸能受体编码基因（如*GRIN2B*），和抑制性GABA能受体亚基编码基因，以及抑制性突触支架分子编码基因（如*GPHN*）的突变或拷贝数缺失等都与ASD发病风险有关。此外，神经递质释放因子（包括synaptotagmins和synapsins）的编码基因的突变也在ASD患者中被发现。

神经病理学研究发现，在ASD患者中存在神经元树突棘密度增加，突触抑制功能异常（例如皮质和海马中的GABAR减少），大脑皮质和小脑中谷氨酸脱羧酶（GAD1和GAD2）的表达异常以及中间神经元标志物下调等异常现象。

除神经病理学研究外，在多种ASD小鼠模型中均发现，谷氨酸能和GABA能传递受损可导致类似ASD的行为，这些行为异常可通过AMPA受体（AMPAR），NMDA受体（NMDAR）和GABAA受体（GABAAR）的调节剂进行缓解。同样，在源自*SHANK3*缺失患者的诱导神经元中发现，AMPAR和NMDAR介导的兴奋性突触传递缺陷。使用光遗传学刺激直接增加大脑内侧前额叶皮质（mPFC）中的E/I比会导致小鼠的社交互动受损。基于这些发现，科学家们提出了ASD的突触兴奋性/抑制性（E/I）平衡失调这一分子机制假说。

在神经元中，基因转录和蛋白质翻译受神经元活动的动态调节。活性依赖的转录和翻译也调节突触修剪和稳定性。有研究发现ASD个体的颞叶中树突棘密度增加。Mef2和Fmr1协同调节突触消减，而Mef2通过刺激Mef2靶标基因*Arc*的表达和在树突中的翻译从而在mGluR5介导的突触消除中起关键作用。在Tsc2小鼠中也发现了树突棘消减的缺陷，该缺陷可以通过用mTOR的抑制剂雷帕霉素进行恢复。许多已知与ASD相关的基因由MEF2A、MEF2C和SATB1等进行转录共调控，并通过FMRP进行翻译调控。这些数据均提示神经元活性依赖的基因调控是ASD的共同分子机制。由于ASD中活性依赖的转录和翻译异常会导致神经发育和功能的异常，因此科学家们又提出了“活性依赖的兴奋性/抑制性（E/I）平衡失调”这一ASD的共同分子机制假说。

目前有很多证据均支持这一假说，如多种活性依赖的转录因子或受其调控的靶标分子的突变或拷贝数异常与ASD相关，包括MeCP2、CACNA1C、MEF2C、TBR1（TBR1编码蛋白是依赖活性的Grin2b表达所需的产物）以及受MEF2调节的泛素蛋白连接酶UBE3A的异常印迹和微缺失或微重复等。对来自由*CACNA1C*突变导致的Timothy综合征患者的iPSC的研究发现，CACNA1C调节与突触功能有关的基因网络。此外，Mef2的靶标（如活性调节的细胞骨架相关蛋白Arc和脑源性神经营养因子BDNF）在突触传递和可塑性中均具有重要作用。IGF1可以挽救未经治疗的Mecp2和Shank3小鼠表现出的核心ASD表型，以及源自PMDS患者的iPSC中的突触缺陷，这一过程也被认为可能

是与活性相关的信号通路的交叉效应有关。其他 ASD 风险位点，包括 *FMR1* 内含子区 CGG 重复的动态突变和 15q11 ～ q13 拷贝数重复（该区间包含 FMRP 相互作用蛋白和翻译抑制因子胞质 FMR1 相互作用蛋白 CYFIP1）都指向了神经元翻译调控失调这一共同机制。与此一致的是，mTOR 通路相关的小鼠模型表现出的核心 ASD 行为可能是通过 Fmrp 调节 Nlgn2，Nrxn1 和 Shank3 造成的。此外，促代谢型谷氨酸受体（mGluR）的活性可以调节 FMRP 介导的翻译抑制，而 FMRP 则可调节 AMPAR 转运和 mGluR 介导的长时程抑制（long-term deression，LTD）。

三、环路稳态的失调

神经影像学和神经病理学研究发现，静止状态网络活动以及皮质内和皮质–纹状体回路中的宏观回路的连接在 ASD 患者中都发生了变化。ASD 小鼠模型的脑成像研究发现，顶颞叶、小脑皮质、额叶、下丘脑和纹状体是受影响最大的脑区。

小脑功能也与社交行为有关。特异性敲除小脑浦肯野细胞中 Tsc1 会引起小鼠核心 ASD 样行为，表明小脑功能障碍可导致小鼠 ASD 样社会缺陷。目前在多个 ASD 小鼠模型中发现了小脑依赖的学习缺陷。小脑回路中的发育损伤可能使 ASD 风险增加 36 倍，而成人小脑损伤并不会导致社交功能障碍，这表明小脑可能不是社交行为的直接神经相关因素。早期发育中的小脑损伤可能导致小脑相关靶标的长期缺陷造成的级联反应，从而导致了 ASD 中观察到的核心行为缺陷。尽管如此，小脑功能障碍在 ASD 核心行为中的功能证据仍有待进一步明确。

杏仁核在调节恐惧和社交行为中具有一定的作用，是另一个 ASD 个体可能受累的脑区。Tbr1 小鼠的杏仁核轴突投射和神经元活性均存在缺陷。此外，尽管 Tbr1 在深层神经元发生和皮质分层中起着明确的作用，将 NMDAR 的部分激动剂直接注入基底外侧杏仁核可恢复 Tbr1 小鼠的社会缺陷。

ASD 的另外一个核心表型是重复刻板行为。与社交行为相比，重复刻板行为的神经解剖学基础被研究的更为透彻。纹状体功能障碍是小鼠和人类重复性行为和运动常规学习（motor routine learning）的神经生物学基础。缺乏 Shank3b 的小鼠表现出纹状体功能障碍，包括纹状体肥大，以及伴重复性行为的皮质–纹状体的兴奋性突触传递减少。缺乏 Nlgn3 的小鼠表现出刻板运动行为，这一行为与伏核中表达 D1- 多巴胺受体的中等棘神经元（D1-expressing medium spiny neurons，D1-MSNs）的传递抑制有关。

四、神经元胶质细胞信号传导异常和神经炎症

在 ASD 患者的多个脑区发现激活的小胶质细胞和星形胶质细胞增多的现象。神经病理学和影像学研究发现 ASD 患者大脑的额叶，前额叶，扣带回，额窦和视觉皮质以及小脑中存在小胶质细胞的浸润和激活。在 ASD 患者的额叶，顶叶，扣带回和颞叶皮质以及小脑中也观察到星形胶质细胞增多。利用 ASD 患者死后脑组织进行的转录组研究发现，皮质中激活的小胶质细胞和星形胶质细胞中特异性表达基因上调。尽管如此，目前尚无研究发现小胶质细胞或星形胶质细胞特异性表达的基因与 ASD 的发病风险明确相关。转录组学和人类遗传学的证据提示这一过程很可能是 ASD 突触功能障碍的继发结果。有研究发现，敲低趋化因子受体 1（chemokine CX3C receptor 1，CX3CR1）会导致小胶质细胞减少，突触修剪缺陷以及 ASD 样的行为和神经功能连接缺陷。因此，ASD 患者的突触功能障碍也可能是由于由小胶质细胞和星形胶质细胞上调的恶性循环导致的突触修剪和神经可塑性稳态的失调引起的。

第四节 干预和治疗策略

一、行为干预手段

应用行为分析（applied behavior analysis，ABA）是一门致力于理解和改善人类行为的科学，强调系统应用行为学原理以及从中发展出的行为改变策略以改善人类行为，早期 ABA 主要用于心理学和教育学，目前已广泛应用于心理学、医学和健康学、教育学及企业管理等领域。当前 ASD 儿童的教育

与干预策略如回合式教学、关键反应训练、言语行为法及功能性行为分析等策略，都是基于 ABA 发展而来，以行为学原理为理论基础，都重视对 ASD 儿童外显行为和干预效果的观察和测量。

1961 年，Charles 和 DeMyer 开展了一项塑造和维持 ASD 儿童行为的研究，其实验条件包括一个提供食物和糖果的售货机、一个留声机、一个受训过的鸽子、一个万花筒以及一个弹球机，这些设备均通过钥匙或硬币来操作。Charles 运用强化相倚策略，展示了两种强化物计划表之间的效应，硬币发展为泛化的强化物，即二级强化物，并通过于刺激相关的强化物和非强化物的出现和消失来控制 ASD 儿童的表现。Charles 的实验证实了 ASD 儿童能通过系统教学习得新技能。

1968 年 Baer、Wolf 和 Risley 发表了《应用行为分析的当代议题》，指出 ABA 领域中的研究与实践标准，即 ABA 应该是应用的、行为的、分析的、技术的、概念系统化的、有效的以及其成果的类化性，这七项至今仍然是 ABA 最主要的标准。

Baer 等人指出，ABA 中“应用的”指的是，研究所选择的行为要基于其对人类和社会的重要性，其目的在于通过改善人类行为，以提高人类生活质量。ABA 中“行为的”关注的便是外显的可观察可测量可记录的行为。“分析的”意味着操作程序与实际的行为改变之间存在一个功能关系，即行为的改变是被所实施的干预导致，这也是 ABA 的目标所在。ABA 的技术性是指干预的操作程序明确和清晰，后面的研究者可以重复实施该程序。ABA 的概念系统化是指对于改变行为的干预程序或策略均须详细阐述其行为学原理，即说明是如何产生效果以及为何会产生效果。“有效的”是指具体的行为干预程序或策略确实能够改善人类的行为，而不仅仅局限于理论层面。“可泛化的”指的是在所改变的行为在除干预环境之外的其他环境也可持续出现，或这一行为还扩展到其他非干预的行为上，也能产生积极影响，那么这一行为改变就是“可泛化的”。

行为矫正疗法的理论基础可追溯到 20 世纪初期，其理论基础主要是经典性条件作用理论、操作性条件作用理论以及社会认知理论。行为改变的方法包括形成和增强行为的方法以及减弱和消退行为的方法。其中，形成和增强行为的方法包括强化、模仿、塑造和连锁，减弱和消退行为的方法包括惩罚、消退、区别强化及前事介入。

2014 年美国公布 ASD 研究领域最权威报告《孤独症谱系障碍儿童、青少年及成人循证实践报告》，其中指出应用于 ASD 儿童教育与干预的 27 项循证实践干预方法，其中由 ABA 发展而来的干预方法包括前因干预、区别强化、回合式教学法、消退、功能性行为评估、功能性沟通训练、示范、关键反应训练、提示、强化、反应中断、延迟以及自我管理等。目前，ABA 依然是 ASD 行为矫正的主流教学手段。

二、药物干预手段

自 1943 年 LeoKanner 医生首次报道 ASD 病例到现在已有近八十年的时间，大量学者对其病因和治疗方法进行了研究，但至今 ASD 的病因学和发病机制尚未完全阐明，尚无特效药物，尤其对于核心症状中的社会交往障碍缺乏有效药物。目前主要使用综合性治疗，以特殊教育和行为矫正方法为主，对于共患精神或者躯体症状者增加药物治疗，保证其训练效果并尽可能正常的生活。在 20 世纪 80 年代和 90 年代，传统抗精神病药（classical antipsychotic drugs）是最常用于 ASD 治疗的药物，研究发现这类药物可有效缓解 ASD 患者的多动、易怒和社会交往障碍，其主要药理机制是阻断中枢的多巴胺（dopamine，DA）D2 受体，最具代表性的是氟哌啶醇（haloperidol），多项研究表明氟哌啶醇可有效改善 ASD 患者的行为学症状，而对于其他传统抗精神病药的疗效，目前尚缺乏充足证据。近年来，越来越多的非典型抗精神病药（atypical antipsychotic drugs）用于 ASD 的治疗，主要包括利培酮（risperidone）、阿立哌唑（aripiprazole）、帕利哌酮（paliperidone）、奥氮平（olanzapine）等。2006 年 10 月份，美国食品与药物管理局（Food and Drug Administration，FDA）批准利培酮用于 ASD 患者（5 ～ 16 岁）的冲动、易怒，攻击等情绪不稳症状的治疗，利培酮具有良好的耐受性且不易出现锥体外系反应，除体重增加外，其他不良反应均较轻。利培酮是苯丙异噁唑衍生物，与 5-HT2 受体和 DAD2 受体亲和力较强。2009 年，阿立哌唑成为美国 FDA 批准用于治疗 ASD 的第二个药物。阿立哌唑为喹啉酮类衍生物，对 DAD2、D3 受体和 5-HT1A 受体有激动作用；而对 5-HT 2A 受体有拮抗作用。阿立哌唑可有效改善 ASD 儿童多动、刻板行为等行为症状，主要不良反应包括体重增加、镇静催眠和锥体外系反应。

三、其他干预手段

（一）催产素（oxytocin，OXT）和精氨酸后叶加压素（arginine-vasapressin，AVP）

OXT 和 AVP 均是由九个氨基酸构成的多肽，两者结构相似，仅有两个氨基酸的差别，主要在下丘脑的视上核（supraoptic nucleus，SON）和室旁核（paraventricular nucleus，PVN）合成，通过囊泡运输到腺垂体（垂体后叶）后入血发挥外周激素作用或投射到杏仁核、嗅球、伏隔核、腹侧苍白球、海马、下丘脑腹内侧核、终纹床核等发挥中枢促社交作用。通过外源途径人工补充 OXT 和 AVP，可促进社会交往，母性行为，提高信任及语言解析能力，在急性给药情况下尤其显著。然而长期慢性给药，则疗效报道不一，由于剂量、疗程、剂型等均会影响疗效，因此，OXT 和 AVP 的具体治疗方法仍是一种比较新的尝试，欣慰的是 OXT 对于正常人和 ASD 患者都不存在明显的不良反应。OXT 的给药方式简单且不良反应可能很少，若其作用靶点和确切疗效能够被研究者进一步明确的话，可能会在很大程度上有助于 ASD 的预防和治疗。

（二）针刺技术

1992 年，张遂康首次报道利用针刺治疗 12 例 ASD 患儿，选取百汇、神门、足三里、三阴交等穴位，以醒脑开窍、宁神定志为治则，按上述顺序每日或隔日针刺一次，留针半小时以上，连续针刺 50 次为一疗程。从治疗结果来看，4 名患者显效，功能基本恢复；4 例有效，主要症状减轻；余下 4 例无效。目前治疗 ASD 的针灸方法主要包括舌针、头针、靳三针（包含头针方法）、七星针、电针及自选穴位针灸疗法等。经皮穴位电刺激（transcutaneous electrical acupoint stimulation，TEAS）是从针刺疗法衍生出来的一种技术方法，用带有自黏性的皮肤电极代替针灸针，置于人体穴位表面的皮肤上，通过电流刺激穴位，也可达到治病的目的。研究显示 TEAS 可改善 ASD 儿童的感觉，社交，焦虑与挑食，并且与提升内源性 AVP 有关。

（三）神经心理干预手段

生物反馈（biofeedback）、神经反馈治疗（neurofeedback therapy）或脑电生物反馈治疗（electroencephalographic biofeedback Therapy，EEG Biofeedback Therapy），是指利用脑电生物反馈技术，提升个体对正常脑电模式的知觉，提升将异化的神经频率调节回正常的能力，并使行为表现得到改善。脑电生物反馈技术对 ASD 儿童产生有效干预的较为流行的一种假说认为，采取抑制 θ 波激活及增强 β 波激活的方案可以激活位于大脑额叶内侧的前扣带回皮质（anterior cingulate cortex，ACC），而 ACC 在调节大脑的认知与情绪加工过程中扮演着重要的角色。

（四）经颅直流电刺激（transcranial direct current stimulation，tDCS）

tDCS 是一种非侵入性的神经电刺激技术，通过电极将特定形式的低强度电流（－2～＋2 mA）输入特定脑区，达到调节大脑皮质神经电活动的目的。目前已有少量临床结果报道，证明 tDCS 对 ASD 整体病情程度，注意力和语言，有一定的帮助。

（五）经颅磁刺激技术（transcranial magnetic stimulation，TMS）

TMS 是一种利用脉冲磁场作用于中枢神经系统（主要是大脑皮质），改变皮质神经细胞的膜电位，使之产生感应电流，影响脑内代谢和神经电活动并引起一系列生理反应的磁刺激技术。目前，该技术已经被 FDA 批准应用在抑郁症等神经精神疾病中。皮质兴奋 / 抑制比的异常增高被认为与 ASD 对听觉、触觉和视觉等刺激过度敏感以及 ASD 患者伴随癫痫高发密切相关。解剖神经病理学最新研究指出，ASD 皮质存在的兴奋 / 抑制比异常以及皮质连接性失调可能与皮质内的微柱病变密切相关。皮质微柱是由一系列放射状锥体神经元阵列聚集而成的微小柱状结构。通常每个微柱内包含 80～100 个神经元。微柱结构垂直贯穿皮质，遍布于新皮质的各个区域。经过一系列低频重复经颅磁刺激治疗，皮质微柱“外围神经纤维网空间”内的抑制性双束细胞及其网络的电活动得到调节，皮质兴奋 / 抑制的平衡以及大范围皮质连接性得以恢复和提高。

第五节 总结和展望

一、病因学研究展望

近十年发现的大量 ASD 高风险致病基因对应的临床表型谱仍然是未知的，因此对这些基因变异相关临床表型的详细分析，对 ASD 的罕见分子亚型分类和特定基因型患者未来的精准诊疗具有重要意义，也是未来几年重要的研究方向之一。由于这些基于新发突变发现的 ASD 基因的外显率非常高，因此精确评估这些基因变异的外显率对遗传咨询特别是 ASD 家庭再患风险的评估至关重要，而精确评估这些基因的外显率未来需要非常大的样本队列的积累。

尽管目前的绝大部分研究主要是针对编码区序列的变异，但随着近年来全基因组测序技术，特别是三代测序技术的发展，对非编码区变异，包括更为复杂的变异类型等的研究将会成为 ASD 遗传学最重要的研究方向之一。而阐明非编码区变异与 ASD 发病风险的关系对进一步补充和完善 ASD 的遗传结构以及促进 ASD 早期风险预警手段的开发具有重要意义。

在常见遗传变异方面，GWAS 发现的风险变异位点较少，而且不同独立研究样本之间的结果难以重复验证。目前的 GWAS 研究都是基于单点的关联分析，而且没有考虑环境与基因以及不同基因或变异位点之间的交互作用，这很可能低估了常见变异在 ASD 发病中的作用。有研究利用复杂的多位点关联研究统计模型对常见变异进行整合分析，发现多位点累积增加了 ASD 的发病风险。此外，ASD 的临床表型和遗传病因异质性也可能是导致目前样本量的 GWAS 没有显著性进展的原因之一。基于临床亚表型的 GWAS 研究可能对常见风险变异和罕见风险变异的发现具有重要作用，但 ASD 的临床亚型分类本身也存在很大挑战。

环境风险因素的研究目前仍存在很多局限性，这些局限性的克服需要经过严格设计的，前瞻性的纵向队列研究来改善。前瞻性的纵向队列研究对进一步确定已知环境因素与 ASD 发病风险的关系、发现新的环境风险因素，以及基因与环境的交互作用在 ASD 发病风险中的作用均具有重要作用。

二、发病机制和治疗研究展望

虽然已经发现多个 ASD 病理生理学的分子通路或神经生物学机制，但是对这些机制的研究大多都处于比较粗泛的阶段，需要更加细致和深入的工作来发现可精准靶向的分子通路。活性依赖的 E/I 失衡目前被认为是一个重要的 ASD 分子机制，但 E/I 失衡是一个广泛的概念。除 ASD 外，癫痫，阿尔茨海默病和精神分裂症等多种脑疾病均被认为与 E/I 失衡相关。因此，由 E/I 失衡导致的 ASD 特定表型的病理生理机制仍然需要更加细致和深入的研究，如，ASD 动物模型中突触功能障碍的时空动态是否区别于其他疾病相关动物模型中的发现？是否存在介导 ASD 特异性行为表型的 E/I 不平衡的关键时期？或者 ASD 中 E/I 不平衡是不是存在于某些特定的神经环路等。E/I 失衡不仅是因为突触生理学的变化，也可能是由于导致抑制性和兴奋性细胞比例异常的细胞命运的改变造成的。因此早期发育异常可能对后期的突触功能产生影响，但早期神经发育异常与后期神经功能的异常的联系也不十分明确。此外，目前关于 E/I 失衡机制的研究主要是在动物模型中进行的，详细评估在 ASD 患者中 E/I 失衡发生的时间和在大脑中的具体位置对于进一步理解 E/I 失衡在 ASD 病理机制中的作用非常重要。

由 ASD 风险基因变异引起的突触动态变化如何导致在模式生物和 ASD 患者中观察到的特定行为学表型是未来研究的关键。即使是小的突触功能和时间点的变化，也可能会优先破坏介导社会行为的高阶脑区（包括额顶、额颞和额纹层回路）的连接。ASD 小鼠模型表现出的表型背后的神经环路尚不十分清楚。识别转录和翻译调控的时空动态以及相关的环路连接的变化，对于理解突触功能障碍与 ASD 的复杂行为特征的联系非常重要。由于人类的许多高级功能相关的脑区（例如额叶和颞叶）在进化过程中发生了很大变化，因此未来需要对与人类在进化上更为保守的模式生物的研究，如灵长类动物模型。非人灵长类动物模型近年已被用于 ASD 的单基因建模，由于进化上的保守性，这些模型可以更加真实的模拟人类复杂的行为和更高级的皮质功能。未来全面绘制非人灵长类动物模型发育回路形成的图谱，对于发现高级社会行为的神经基础至关重要。目前大多数的模式生物研究主要集中在综合征型 ASD 的致病基因。针对近年来在非综合征型 ASD 患者中发现的高风险致病基因的模式生物研究将会了解更为特异的 ASD 表型背后的神经生物学机制。最新关于连接组和光遗传学技术的进展也将有助于描述与 ASD 核心行为相关的功能性神经环路。

目前针对 ASD 的干预还主要限于行为学手段。在药物治疗方面，虽然几种药物可以改善 ASD 的共患症状（如抗精神病药物利培酮和阿立哌唑，可改善 ASD 相关的易怒症状），但没有任何一种审批的药物可以有效治疗 ASD 的核心症状。值得期待的是，有几种药物已经在小鼠模型中得到了很好的验证，有些正在用于综合征型 ASD 患者的临床试验。例如，使用雷帕霉素对 mTOR 信号通路进行药理抑制可以挽救蛋白质翻译障碍相关的模型小鼠（如 TSC、PTEN 综合征和 15q11 ～ 13 重复综合征）的生理、形态和行为缺陷表型。目前已有临床试验正在评估雷帕霉素及其类似物治疗 TSC 相关 ASD 患者神经功能障碍的有效性和安全性。此外，尽管临床转化的可行性仍然不确定，能够促进 BDNF 和 IGF1 水平的某些化合物已经被证明可以改善 Rett 综合征小鼠的神经表型。mGluRs 拮抗剂、GABAA 和 GABAB 受体激动剂、MMP9 阻遏剂等药物也已经被证明能够治疗在 FXS 的突变小鼠模型和核心表型。这些潜在的药物是否适用于非综合征型 ASD 患者的治疗也是未来需要继续探索的。基于基础研究开发非综合征型患者的治疗药物也将是未来研究的重要方向。

参考文献

综述

1. Lord C，Brugha TS，Charman T，et al. Autism spectrum disorder. *Nat Rev Dis Primers*，2020，6（1）：5.
2. Kim JY，Son MJ，Son CY，et al. Environmental risk factors and biomarkers for autism spectrum disorder：an umbrella review of the evidence. *Lancet Psychiatry*，2019，6（7）：590-600.
3. Lord C，Elsabbagh M，Baird G，et al. Autism spectrum disorder. *Lancet*，2018，392（10146）：508-520.
4. Vorstman JAS，Parr JR，Moreno-De-Luca D，et al. Autism genetics：opportunities and challenges for clinical translation. *Nat Rev Genet*，2017，18（6）：362-376.
5. Modabbernia A，Velthorst E，and Reichenberg A. Environmental risk factors for autism：an evidence-based review of systematic reviews and meta-analyses. *Mol Autism*，2017，8：13.
6. Sztainberg Y and Zoghbi HY. Lessons learned from studying syndromic autism spectrum disorders. *Nat Neurosci*，2016，19（11）：1408-1417.
7. de la Torre-Ubieta L，Won H，Stein JL，et al. Advancing the understanding of autism disease mechanisms through genetics. *Nat Med*，2016，22（4）：345-361.
8. Sahin M，Sur M. Genes，circuits，and precision therapies for autism and related neurodevelopmental disorders. *Science*，2015，350（6263）：aab3897.
9. Nelson SB，Valakh V. Excitatory/inhibitory balance and circuit homeostasis in autism spectrum disorders. *Neuron*，2015，87（4）：684-698.
10. Bourgeron T. From the genetic architecture to synaptic plasticity in autism spectrum disorder. *Nat Rev Neurosci*，2015，16（9）：551-563.
11. Ecker C，Bookheimer SY，Murphy DG. Neuroimaging in autism spectrum disorder：brain structure and function across the lifespan. *Lancet Neurol*，2015，14（11）：1121-1134.
12. Ronemus M，Iossifov I，Levy D，et al. The role of de novo mutations in the genetics of autism spectrum disorders. *Nat Rev Genet*，2014，15（2）：133-141.
13. Stoner R，Chow ML，Boyle MP，et al. Patches of disorganization in the neocortex of children with autism. *N Engl J Med*，2014，370（13）：1209-1219.
14. Lipton JO and Sahin M. The neurology of mTOR. *Neuron*，2014，84（2）：275-291.
15. Ebert DH and Greenberg ME. Activity-dependent neuronal signalling and autism spectrum disorder. *Nature*，2013，493（7432）：327-337.

原始文献

1. Mitra I，Huang B，Mousavi N，et al. Patterns of de novo tandem repeat mutations and their role in autism. *Nature*，2021，589（7841）：246-250.
2. Satterstrom FK，Kosmicki JA，Wang J，et al. Large-scale exome sequencing study implicates both developmental and functional changes in the neurobiology of autism. *Cell*，2020，180（3）：568-584 e523.
3. GroveJ，Ripke S，Als TD，et al. Identification of common genetic risk variants for autism spectrum disorder. *Nat Genet*，2019，51（3）：431-444.
4. GuoH，Wang T，Wu H，et al. Inherited and multiple de novo mutations in autism/developmental delay risk genes suggest a multifactorial model. *Mol Autism*，2018，9：64.
5. An JY，Lin K，Zhu L，et al. Genome-wide de novo risk score implicates promoter variation in autism spectrum disorder. *Science*，2018，362（6420）：eaat6576.
6. Guo H，Duyzend MH，Coe BP，et al. Genome sequencing identifies multiple deleterious variants in autism patients with more severe phenotypes. *Genet Med*，2019，21（7）：1611-1620.
7. DoanRN，Lim ET，De Rubeis S，et al. Recessive gene

disruptions in autism spectrum disorder. *Nat Genet*, 2019, 51（7）: 1092-1098.

8. WangT, Guo H, Xiong B, et al. De novo genic mutations among a Chinese autism spectrum disorder cohort. *Nat Commun*, 2016, 7: 13316.
9. Sanders SJ, He X, Willsey AJ, et al. Insights into Autism Spectrum Disorder Genomic Architecture and Biology from 71 Risk Loci. Neuron, 2015, 87（6）: 1215-1233.
10. GauglerT, Klei L, Sanders SJ, et al. Most genetic risk for autism resides with common variation. *Nat Genet*, 2014, 46（8）: 881-885.
11. Xia K, Guo H, Hu Z, et al. Common genetic variants on 1p13.2 associate with risk of autism. *Mol Psychiatry*, 2014, 19（11）: 1212-1219.
12. Suzuki K, Sugihara G, Ouchi Y, et al. Microglial activation in young adults with autism spectrum disorder. *JAMA Psychiatry*, 2013, 70（1）: 49-58.
13. Shcheglovitov A, Shcheglovitova O, Yazawa M, et al. SHANK3 and IGF1 restore synaptic deficits in neurons from 22q13 deletion syndrome patients. *Nature*, 2013, 503（7475）: 267-271.
14. Talkowski ME, Rosenfeld JA, BlumenthalI, et al. Sequencing chromosomal abnormalities reveals neurodevelopmental loci that confer risk across diagnostic boundaries. *Cell*, 2012, 149（3）: 525-537.
15. Sebat J, Lakshmi B, Malhotra D, et al. Strong association of de novo copy number mutations with autism. *Science*, 2007, 316（5823）: 445-449.
16. Castelloe P, and Dawson G. Subclassification of children with autism and pervasive developmental disorder: a questionnaire based on Wing's subgrouping scheme. *J Autism Dev Disord*, 1993, 23（2）, 229-241.
17. Manolio TA, Collins FS, Cox NJ, et al. Finding the missing heritability of complex diseases. *Nature*, 2009, 461（7265）, 747-753.

第 11 篇　神经调控

韩济生

神经调控是本书第 4 版新增篇之一。

研究神经系统的结构和功能，其重要目的之一就是有效地维护其功能健全，或从功能失常转为正常。用化学药物加以维护，属于神经药理学范畴；用物理学手段加以维护，属于神经调控范畴。

实施神经调控有两种途径：刺激的目标可以针对中枢神经系统（脑或脊髓）的特定部位（例如大脑皮质的运动区，或脊髓的背柱等等），称为中枢神经调控；如果把刺激施加在周围神经上，称为外周神经调控。

神经调控所用的能量可以多种多样。电刺激可用直流电，或脉冲电流。可以将电极置于大脑皮质硬膜外，例如常用的大脑皮质运动区刺激；或借助脑立体定位仪插入脑深部，称为深部电刺激（DBS）。可以将电极置于脊髓硬膜外称谓脊髓电刺激（SCS），或置于脊髓骶部神经丛称为骶丛刺激；可以将电极包绕在迷走神经干周围，称为迷走神经刺激（VNS），也可以刺激迷走神经一个分支所支配的表皮上（经皮迷走神经刺激）。也可以用磁刺激颅脑，称为经颅磁刺激（tCMS），未来肯定还会应用其他种类的能量，如微波聚焦到某一点或一个区发挥作用等。因此我们应该保持一个开放的姿态，接受和创造更多的新生事物。

从这种意义上看，也可以把针刺或电针看作是外周神经调控的一种。只是一般神经调控电极是永久放置在某一部位，而针刺和电针是使用时把针插入体内，用毕拔除而已。

据估算，目前神经调控产业已占据所有神经科技市场份额的 60% ～ 70%。几年之内全球神经调控的市场额度可能突破百亿美元。及时掌握其动态是神经科学发展中一个重要方面。

第 1 章　脑深部电刺激

李勇杰　乔　梁

脑深部电刺激（deep brain stimulation，DBS）是将外源性的电脉冲通过置入脑内特定区域（靶点）的电极给与电能刺激，设置频率、强度、脉宽和刺激模式的参数组合，调控该区域及其关联网络的神经活动，从而达到调节脑功能的目的。可植入性脑深部电刺激器是由刺激电极、电极延长线和电脉冲发生器组成的装置系统（图 11-1-1）。下文中有关 DBS 技术和 DBS 装置系统的论述在不同语境下使用时具有不同指向，不难区分。

商用 DBS 装置经过数十年研发，于 20 世纪末正式进入临床应用，已在原发性震颤（essential tremor，ET）、帕金森病（Parkinson's disease，PD）和肌张力障碍（dystonia，Dyst）等运动障碍病的治疗中取得了令人鼓舞的效果。DBS 这一神经调控技术（或称为脑功能重建性手术）不仅激发了神经科学工作者对其机制研究的极大兴趣，也鼓舞着临床工作者对其他脑功能紊乱导致的疾病持续进行应用探索，例如癫痫（epilepsy）、强迫症（obsessive-compulsive disorder，OCD）、抑郁症（depression）、顽固性疼痛和药物成瘾等。神经调控理念的拓展还促进了大脑之外神经系统功能调控的探索，如以脊髓电刺激（spinal cord stimulation，SCS）为代表的神经病理性疼痛治疗，以脑神经电刺激为代表的迷走神经电刺激（vagus nerve stimulation，VNS）控制癫痫发作，以脊神经电刺激为代表的周围神经病理性疼痛治疗等，其中不少已经逐渐成熟并成功的应用于临床实践。神经调控正在成为除药物和手术之外治疗神经系统疾病的重要手段。

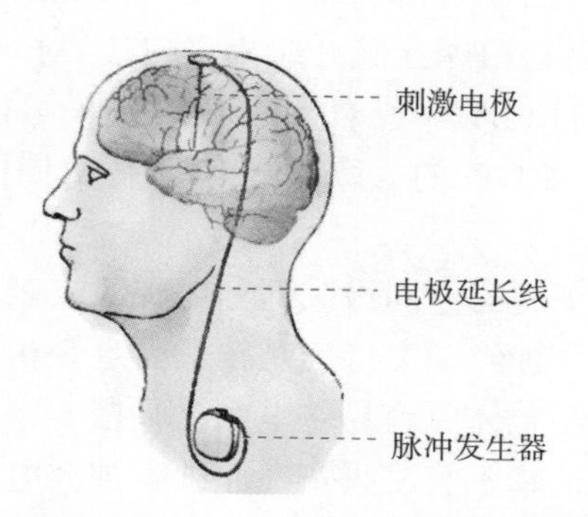

图 11-1-1　**脑深部电刺激（DBS）装置系统的组成**

本文将从临床常用的 DBS 靶点解剖和神经电刺激原理这一基础上展开，梳理关于 DBS 作用机制的研究成果，分项阐述 DBS 的临床应用，并对其发展方向和前景进行展望。

第一节 脑深部电刺激靶点的解剖与神经电刺激的基本原理

一、常用刺激靶点的解剖

由于 DBS 最常用于运动障碍病的治疗，探索 DBS 机制的研究多数都围绕运动障碍病手术的常用靶点：丘脑底核（subthalamic nucleus，STN）、苍白球（globus pallidus interna，GPi）和丘脑腹侧中间核（ventral intermediate nucleus of the thalamus，Vim）。以下将简述这三个靶点的解剖学特点。

（一）丘脑底核（STN）

STN 顾名思义位于丘脑底部，处于间脑和中脑的交界，在红核的头端外侧，是基底节的重要组成部分。从额叶大脑皮质（主要是运动相关区域）接受兴奋性谷氨酸能（GLU）输入，从苍白球外侧部（GPe）接受抑制性 GABA 能输入。丘脑的束旁核、脚桥核（PPN）和黑质致密部（SNc）也投射到 STN。STN 发送兴奋性谷氨酸能输出到 GPi 和黑质网状部（SNr）以及 GPe。STN 是人脑基底节间接通路的重要一环（图 11-1-2）。

（二）苍白球内侧部（GPi）

GPi 得名于尼氏（Nissl Stain）染色后表现出的苍白色外观。GP 被内侧髓板分为内侧部（GPi）与外侧部（GPe）两部分。GPi 接受来自 STN 的兴奋性谷氨酸能输入、来自纹状体和 GPe 的抑制性 GABA 能输入，以及来自 SNc 的多巴胺能输入（见图 11-1-2）。GPi 抑制性 GABA 能神经元投射至腹侧丘脑、丘脑板内核以及脚桥核。GPi 在啮齿类动物中的同源物是包埋于内囊的脚内核（entopeduncular nucleus）。和 GPe 相比，Gpi 具有相似的神经元胞体和树突形态，但不像 GPe 神经元那样具有广泛的局部轴突侧枝。

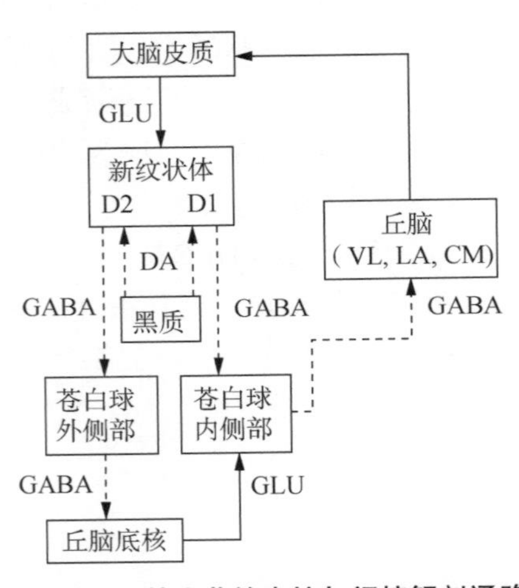

图 11-1-2 基底节的直接与间接解剖通路

（三）丘脑腹中间核（Vim）

Vim 位于丘脑腹后核（Vc）前方，内囊与 Vim 外侧和腹侧相邻。Vim 这一术语常见于 DBS 相关文献，而丘脑腹外侧核（VL）这一说法常用于生理学研究中。二者的区别在于：Vim 是丘脑内接收小脑信号的区域，而 VL 指丘脑接受 GPi 和小脑信号输入的区域，因此包含 Vim。Vim 从大脑皮质和小脑深部核团接受兴奋性谷氨酸能输入，并从丘脑的网状核接受抑制性 GABA 能输入。Vim 有谷氨酸能纤维投射到大脑运动皮质和纹状体。

二、神经电刺激的基本生理学

DBS 通过单极（阴极）或双极模式输出双相方波电脉冲。单极模式下，电刺激扩散比双极模式更为广泛。

神经电刺激不仅能影响电极附近的神经组织，还可能通过刺激周围经过的轴突从而影响远处的神经元。例如，STN 周围有未定带（zona incerta），GPi 周围有苍白球丘脑纤维束（包括豆核束及豆状核袢）。所以 STN- 或 GPi-DBS 的效果可能不只是刺激 STN 或 GPi 的表现，还包括刺激周围相关组织的作用。

神经细胞的不同组成部分对神经电刺激的反应性也不同。神经轴突特别是较大而且髓鞘化良好的轴突比神经胞体更容易被电刺激兴奋。距离神经刺激位点越远越不容易兴奋。此外，神经电刺激强度越大，刺激累及的区域可能越广。神经组织对电刺激的反应性特点见表 11-1-1。

在神经电刺激区域内能够引发动作电位的最小电流强度（理论上刺激持续时长可以无限）称为基强度（rheobase），而以两倍基强度刺激神经到生成

表 11-1-1　神经组织对电刺激反应性的基本生理学

序号	特征描述
1.	轴突比细胞体反应性好
2.	大轴突比小轴突反应性好
3.	髓鞘化强的轴突比髓鞘化弱的轴突反应性好
4.	神经对于阴极刺激比阳极刺激的反应性好
5.	高电流（阈值的 8 倍）能阻止动作电位
6.	神经电刺激的效果和刺激电极-神经距离相关
7.	平行于轴突的电流比垂直于轴突的电流更有可能引发神经兴奋

（此表改编自参考文献中的原始文献 5）

动作电位的时间称为时值（chronaxie）。为保持恒定的刺激效果，刺激强度如果减少，刺激持续时间（或脉宽）就需要增加。反之，刺激持续时间（或脉宽）如果减少，刺激强度必须增加。以上关系体现在下方的公式中：

$$I_{th} = I_{rh}（1 + \tau_{ad}/PW）$$

其中，I_{th} 是阈值电流，I_{rh} 是基强度，τ_{ad} 是时值，PW 是脉宽或持续时间。神经元不同部分具有不同的时值：大的有髓鞘轴突时值最短（30 ～ 200 μs）；较小轴突的时值较长（200 ～ 700 μs）；而无髓鞘轴突、树突和神经胞体具有明显增长的时值（～ 1 ～ 10 ms）。这表明较大的有髓鞘轴突更容易被电刺激激活。不同的神经组织的电阻率有所差异。白质的电阻率是灰质的 2 ～ 3 倍，而灰质的电阻率又是脑脊液的 4 ～ 6 倍。

基于以上原理，Nowak 和 Bullier 分析 DBS 在啮齿类动物脑灰质中激活的是神经轴突，而非细胞体。两位学者对神经元胞体应用 NMDA 阻滞剂，发现电刺激的反应只减少了 15% ～ 20%，这证实 DBS 主要激活的是有髓神经轴突。Holsheimer 等人进一步将研究拓展至临床，发现丘脑或 GPi 电刺激的时值（129 ～ 151 μs）位于大的有髓轴突的时值范围（30 ～ 200 μs），验证了丘脑和 GPi-DBS 临床疗效的生理基础主要是有髓轴突的兴奋。

刺激电极和所刺激的神经组织间的距离也影响刺激效果：随着二者距离增加，基强度和时值也增加。当电刺激的强度超过阈值 8 倍或更多，刺激反而能抑制所刺激组织的兴奋。所以，距离刺激电极最近的神经组织可能被抑制，距离过远的组织可能没有反应，而距离中等的神经组织被兴奋。当然，刺激效果也和具体的神经成分相关。例如，距离电极近的小的轴突可能被兴奋，而较大的轴突可能被抑制。此外，刺激电极相对轴突的方向也可能影响刺激效果，平行于轴突的电流更可能引发兴奋。

第二节　脑深部电刺激的作用机制

临床上 DBS 与脑深部核团毁损、神经抑制性药物（例如钠通道阻滞剂、$GABA_A$ 受体激动剂）应用在同样的神经解剖靶点可以产生相似的效果，所以容易自然认为 DBS 是通过抑制神经组织兴奋性而发挥作用。但基于本章第一节中神经电刺激的基本生理学，简单的应用抑制靶点组织神经兴奋来解释 DBS 的作用机制显然不够。迄今为止，DBS 的完整机制虽然尚未有定论，但已有如下解释。

一、脑深部电刺激对于神经元和细胞膜的直接作用

高频电刺激（high frequency stimulation，HFS）改变神经元细胞膜特性被认为是 DBS 的机制之一。在体外实验中，HFS 可以阻滞细胞膜上的电压门控钠离子和钙离子通道，从而降低神经元的兴奋性。通过短暂抑制电压门控钙离子通道，HFS 可以阻止神经元去极化。Beurrier 对大鼠 STN 切片的膜片钳实验显示，持续 1 分钟的 STN 双极 HFS（100 ～ 250 Hz）可以抑制 STN 神经元放电，这种抑制效果可在刺激结束后持续约 6 分钟。此外，应用谷氨酸和 GABA 受体阻滞剂或钙通道阻滞剂均不能影响 HFS 对神经元的抑制效果。Beurrier 由此推论 HFS 对神经元的抑制并非通过突触介导，而是直接影响细胞膜上的电压门控通道。

另一方面，大鼠脑切片实验显示 STN-HFS（> 100 Hz）可引起神经元去极化、早期快速放电，随后导致持续抑制。这种抑制现象是由于钠离子介导的动作电位受到阻滞所致。学者 Do 和 Bean 发现 STN 神经元自身放电节律性的机制是阈下电压状态下持续的钠电流，而 HFS（70 Hz）可以造成这种钠电流的慢失活，从而改变 STN 细胞的节律性。他

们进一步提出，这种刺激诱发的钠电流慢失活参与了DBS的作用机制。HFS还可升高细胞外钾离子水平，使神经元超极化从而兴奋性降低。这其中可能也有神经胶质细胞受到刺激的因素。

Anderson等人在鼠丘脑切片上进行细胞外微电极HFS实验，细胞内记录显示所有的细胞均表现出去极化及快速棘波放电，接下来一部分神经元快速复极化并停止放电，另一部分神经元持续放电。钠通道阻滞剂、钙通道阻滞剂和谷氨酸阻滞剂可以阻止细胞在HFS刺激后初期的去极化，然而$GABA_A$受体阻滞剂无效。学者由此认为，HFS引起的去极化是基于突触前释放谷氨酸以及突触后谷氨酸受体的激活。他们还进一步证实，升高刺激电压可以增加神经元兴奋的频率和概率。

在临床研究方面，Anderson等人对接受丘脑DBS的原发性震颤患者进行术中微电极记录，结果显示在电刺激能直接传播到的组织区域之外，有震颤相关的细胞电活动受到抑制。这表明电刺激可以产生功能性的去传入效应，并通过可逆性的突触抑制降低丘脑的震颤细胞兴奋性。

DBS的作用机制究竟是抑制还是兴奋神经元？体外大鼠脑片实验证实细胞外双极电刺激可以使STN兴奋性增高，之后有更长时间的抑制。学者Lee等人对麻醉的大鼠实施STN刺激（50 Hz，300 mA），发现STN神经元兴奋性在升高后有一段更长的抑制期。Boraud报告MPTP使恒河猴的GPi兴奋性增高，而这种升高可以被GPi-HFS逆转回基线水平。Beenazouz等发现STN-HFS可以使大鼠的STN和SNr兴奋性降低。Anderson为清醒的非PD模型的猴子实施GPi-HFS，结果显示在73个丘脑神经元中，有33个被抑制，7个被兴奋。

在PD患者中，STN的微电极HFS可使电极周围600微米以内的神经元放电频率减低。类似的，GPi的微电极HFS可以使GPi神经元兴奋性降低。然而另一些研究显示，HFS对于神经兴奋性的作用是可变的，有时可以兴奋受刺激区域。例如在上文介绍过的Benazzouz实验中，丘脑VL核的神经元兴奋性就有所升高。再如，STN-HFS也可以使麻醉大鼠的SNc多巴胺能神经元兴奋性提高。研究者认为STN-HFS可能是通过降低SNr对SNc的抑制从而使SNc兴奋。

在人类中，HFS的效果更显多变。在清醒的PD患者接受STN-DBS手术中，应用宏电极（macroelectrode）实施HFS可以使SNr放电减弱，而低频刺激对SNr神经活动没有影响。Garcia认为当HFS参数更接近临床DBS情况时，电刺激会兴奋STN神经元。在一项对14例PD患者的研究中，学者分析STN-HFS（～100 Hz）时的肌电反应，并没有观察到电刺激抑制神经兴奋性的证据。相反，STN-HFS可以兴奋较大直径的神经轴突从而减轻对侧震颤。与此相类似，一项针对6例PD患者的研究显示，STN-HFS后可以在头皮上记录到诱发电位，而刺激成分的短时值（50 ms）也提示激活的是有髓轴突。

目前尚不清楚体外实验对于认识DBS的临床作用机制有多大意义。动物实验中的电流密度比人体应用DBS的场景要高的多，动物脑片实验也缺乏类似人体中复杂的神经连接、自发神经活动以及神经病理特征。对于麻醉动物的实验结果也应该谨慎分析，因为其中的刺激参数不一定能精准模仿临床DBS的效果。麻醉药物还可能对实验结果有一定影响。此外，刺激在局部产生抑制外，还可能兴奋电极周边经过的传出纤维。例如，GPe的传出纤维经过STN再到SNr/GPi。

HFS的计算机模型显示阈下刺激可以通过激活抑制性突触前结构从而发挥抑制作用，而阈上刺激可以抑制神经元胞体，但兴奋传出纤维。应该注意的是，即使HFS本身有兴奋性作用，它可能激活的是（来自诸如丘脑网状核、壳核、GPe、GPi的）GABA能轴突，从而最终对STN、SNr、GPi或Vim产生抑制作用。

二、脑深部电刺激对神经传递的影响

对STN的电刺激可以影响谷氨酸和GABA神经传递。在麻醉大鼠试验中，Maurice证实STN-HFS可以减少大多数SNr神经元的放电，这种效应可以被GABA受体阻滞剂抑制。可见HFS是通过激活从纹状体或GPe投射到SNr的GABA能抑制性纤维起作用。

STN-HFS用于健康或偏侧帕金森病模型的大鼠时，使用足够的电流强度可导致对侧肢体出现异动症，这时可观察到同侧SNr的细胞外谷氨酸水平升高；当电流强度不足以引发异动症时，同侧SNr细胞外谷氨酸水平不变，但GABA水平上升。Windels报告大鼠STN-HFS可以导致SNr和GPi/脚内核的谷氨酸和GABA水平升高，表明电刺激使STN向SNr和GPi投射的谷氨酸能纤维兴奋，同时GABA能纤维也激活（很可能是间接通过GPe）。

MacKinnon 也证实人类 STN 电刺激可以激活邻近 STN 的苍白球–丘脑神经轴突。

此外，STN-HFS 可增加 GPi 的放电，而 GPi-HFS 可以改变丘脑的电活动。STN-HFS 之后，STN 及其下游结构 GPi 和 SNr 的谷氨酸释放都增加。这些都进一步支持神经传递在 DBS 机制中的作用。

鼠丘脑切片研究显示，HFS（125 ～ 200 Hz）使三磷酸腺苷（ATP）及其代谢产物腺苷的水平上升。丘脑内腺苷受体激动剂可抑制兴奋性神经传递，减少小鼠的震颤。腺苷 A1 受体缺失的小鼠接受阈下低强度刺激就可能出现癫痫发作，甚至没有刺激时就表现出不自主运动。这些都提示腺苷在 HFS 机制中的作用。另外，咖啡因作为一种腺苷受体拮抗剂可以加重震颤。

在 PD 患者中，在 GPi 神经元附近给与单个电脉冲就可以使其自发电活动暂停 15 ～ 25 ms。这被认为是由于临近 GPi 的电刺激使 GPe 或者纹状体投射到 GPi 的神经纤维释放 GABA，或者是由于局部的树突释放 GABA。在肌张力障碍患者中，GPi-DBS 使下游 Vop（丘脑腹嘴后核）的神经活动减弱，提示刺激诱发突触前的 GABA 能输入以及 GABA 能苍白球–丘脑投射。

DBS 同样可能影响多巴胺能系统。黑质–纹状体神经轴突紧邻背侧 STN，而刺激 STN 可以激活这些多巴胺能纤维，使得 STN 中的多巴胺释放增加。在大鼠中应用微透析技术证实 STN-HFS 可以增加多巴胺及其代谢产物的水平。Lee 等人在麻醉大鼠中同样发现，STN-HFS 可以增加纹状体内多巴胺含量。学者们推断 STN 电刺激可以兴奋黑质–纹状体多巴胺能纤维，从而使纹状体内多巴胺释放增加，这可能是 STN-DBS 治疗运动障碍病的机制之一。

另外，在 6- 羟基多巴胺帕金森大鼠模型中，持续应用左旋多巴产生异动症。在此基础上实施 STN-HFS 可使异动症恶化。而没有应用左旋多巴的情况下，单纯 STN-HFS 不会诱发异动症。这些说明 STN-HFS 可能影响多巴胺能神经传递，但并不直接增加细胞外多巴胺水平。

然而 DBS 的机制可能并非通过改变多巴胺能神经传递。Abosch 等人应用 ^{11}C- 雷氯必利（raclopride，多巴胺 D2 受体拮抗剂）对 5 例 STN-DBS 术后的 PD 患者进行 PET 研究，发现 DBS 刺激并未显著改变患者脑内多巴胺水平，但术后患者的 UPDRS（统一帕金森病评分量表）运动评分有进步。Hilker 采用同样的研究方法并得出了相似结果。这都表明 STN-DBS 的主要作用机制不是通过增加纹状体内的多巴胺释放。

DBS 是否会使神经递质持续释放从而导致递质耗竭呢？在大鼠脑片实验中，皮质下 HFS（125 Hz）可产生初级运动皮质的去极化以及其后较长的抑制期。这种抑制和 GABA 能神经传递无关，也不是因为动作电位阻滞所致，而是由于持续 HFS 导致兴奋性神经递质耗竭，从而降低兴奋性的突触电流。也有相反的研究结果认为：HFS 可以通过钙依赖机制重新补充囊泡内的递质储存。在一项鼠脑干切片的研究中，针对突触前末梢的 HFS（300 Hz）可以通过电压门控钙离子通道重新补充囊泡中的神经递质。所以，神经递质耗竭同样不太可能是 DBS 的作用机制。

DBS 的效果因刺激强度、脉宽和频率而异。从刺激强度而言，增加电流强度会扩大有效刺激范围，增加激活的轴突 / 神经元数量。然而最终产生的效果不能一概而论，因为刺激范围扩大后可能会累及其他核团或路过纤维，从而可能产生其他甚至相反的效果。在麻醉大鼠实验中，STN-HFS 在低强度时降低 SNr 兴奋性，但高强度时增加其兴奋性。因为低强度时的抑制作用可被 GABA 受体拮抗剂阻止，推测其机制为 GABA 的释放。在丘脑脑片实验中，较高的电流强度可增加 ATP 的释放，但刺激频率要在 125 ～ 200 Hz 的范围内。

脉宽对于 DBS 的效果同样重要。在 10 例 STN-DBS 术后的 PD 患者中，以刺激对侧的腕部僵直作为观察指标，研究发现：为保持稳定的刺激效果，在刺激频率恒定的前提下，当脉宽逐渐增加时刺激强度可以逐渐减小。类似的，对于特定的脉宽，当增加刺激频率时可减小刺激强度。不难推测，当使用较短的脉宽时，引发刺激对侧肢体异动症所需的电流强度要更高。

当刺激强度和脉宽保持不变时，刺激频率越大，其刺激结果更显著。学者们发现，在某些情况下刺激频率和临床效果或神经细胞反应呈线性关系。但当刺激频率超过 100 Hz 时，刺激效果可能完全不同。例如，通常观察到刺激频率上升到 80 ～ 100 Hz 时会到达阈值下限，而超过阈值上限（例如 200 Hz）后刺激效果会消失。另外，某些情况下低频刺激和高频刺激会导致相反的效果。在临床应用中，DBS 的使用频率通常为 100 ～ 200 Hz。在大鼠中，STN 电刺激超过 130 Hz 时可诱发最大程度的GPi和SNr谷氨酸释放，超过60 Hz时可以增加SNr的GABA释放。对大鼠STN进行低频（10 Hz）刺激可以诱发10 Hz的棘波，但是不能显著改变神经兴奋性；而高频（80～186 Hz）刺激可以完全抑制STN兴奋性，产生和刺激呈锁时关系（time-locked）的棘波爆发（spike bursts）。因为这些现象能够被钠离子和钙离子通道阻滞剂抑制，但不受谷氨酸或GABA受体拮抗剂影响，学者们推测STN-HFS通过直接作用于神经元细胞膜，而非通过神经传递发挥作用。电刺激引发的效果取决于所刺激神经组织的细胞膜和突触特性。

GPi与SNr的低频（5～50 Hz）单脉冲微刺激可以产生局部抑制，这种抑制作用通常未见于STN。这种低频刺激在丘脑可能激活局部的谷氨酸传入纤维，发生短时的兴奋反应。GPi与SNr的高频（200 Hz）单脉冲微刺激也能产生局部抑制。当HFS的脉宽增加，刺激引发的抑制可能减轻，这是因为GABA受体失敏。在PD患者中，STN微电极HFS可以引发早期抑制及随后的兴奋性反弹，之后是进一步抑制。这种延长的抑制效果是由于细胞超极化，可能和GPe释放的GABA有关。在丘脑中，HFS（100～333 Hz）也能抑制细胞放电，特别是在表现出自发性低阈值棘波（low threshold spike，LTS）放电活动的神经元中，这也可能和超极化有关。

在原发性震颤的患者中，90 Hz以上频率的丘脑刺激可以减轻震颤，100 Hz可能对震颤改善最为明显，100 Hz以上并未有额外的震颤改善效果，而60 Hz以下的震颤可能加重震颤。Kiss等人应用鼠丘脑切片实验，从20 Hz到200 Hz逐渐增加电刺激频率，观察到和人类Vim-DBS相似的结果。

三、脑深部电刺激对于神经元活动模式的影响

根据基底节的“率模型（rate model）”学说，帕金森病是由于丘脑、皮质和脑干运动环路中的神经元放电频率减少所致。率模型可能解释运动迟缓和肌僵直，但显然无法解释震颤。而且丘脑毁损并不会导致运动迟缓，GPi也不会导致异动症。所以运动障碍病的病理生理机制可能不只与频率有关，而是涉及到神经元活动模式的异常。

运动障碍病患者神经元活动模式的显著改变之一是STN、SNr和GPi的电震荡活动，特别是在β频段即15～30 Hz范围内的电震荡。此外，PD患者的基底节和皮质神经元表现出过度同步性。对PD有效的药物和外科治疗能够改变这些异常的神经放电模式。所以，DBS的机制可能和抑制爆发放电模式以及对病理性震荡活动去同步化有关。通过调节紊乱的神经电活动模式，DBS得以辅助运动控制趋向正常。

多巴胺可改变PD患者的震荡电活动：抑制β震荡，增强γ震荡。自主运动可导致20 Hz震荡活动的去同步化和75 Hz震荡活动的同步化。HFS被认为可以增加较高频率的震荡活动，这一点和多巴胺的作用类似。STN-DBS和左旋多巴可以减少初级感觉运动皮质和前运动皮质神经活动去同步化的潜伏期。在一项动物研究中，研究者给大鼠注射多巴胺D1和D2受体拮抗剂以模拟PD的多巴胺耗竭状态，发现大鼠呈现强制性昏厥（catalepsy）。而STN-HFS可以消除强制性昏厥状态以及异常的SNr放电活动。研究者由此推论，STN-DBS对PD的治疗效果是源于对基底节输出结构病理性放电活动的调节，从而恢复经纹状体和经丘脑底核通路的平衡。

Meissner在MPTP致帕金森病灵长类动物模型研究中发现STN-HFS可降低STN的震荡活动。另一项类似研究中，STN-HFS诱发出GPe和GPi神经元的兴奋反应，提示STN谷氨酸能纤维投射得以激活。与之伴随的是猴子肌僵直的改善和自主活动的增加。这些结果进一步证实DBS是通过调控病理性神经元兴奋模式而发挥作用。

DBS可以引起脑内广泛区域的血流和代谢改变。计算机模型研究表明STN-HFS可以使GPi放电规整化，从而恢复丘脑-皮质通路的反应性。在对一例肌张力障碍患者的研究中发现，Voa（丘脑腹嘴前核）中有低频率/高幅度放电以及高频率/低幅度放电两类神经细胞。而GPi-DBS可以减少第二类神经元中的放电频率并增加放电幅度。由于DBS只影响了一类Voa细胞的放电活动，所以难以将其作用归因于刺激激活的苍白球GABA能输出。作者由此总结GPi-DBS可以改变病理性的神经元放电模式。

在PD患者中，STN-DBS可使中脑、苍白球和丘脑的血流增加，而在双侧额叶、顶叶和颞叶皮质的血流减少。这些发现提示DBS增加了黑质-苍白球对于丘脑皮质投射的抑制。在一项临床研究中，STN或GPi-DBS术后的PD患者完成运动任务的同时接受PET检查。结果显示，治疗有效的STN-DBS伴随着辅助运动区、扣带回、额前背外侧皮质

的脑血流改变，而治疗有效的 GPi-DBS 不伴随显著脑血流改变。在另一项研究中，GPi-DBS 可以增加 PD 患者在同侧运动前区皮质的血流。这种改变和患者的症状（肌僵直和运动迟缓）改善相关联。此外有学者发现 GPi-DBS 患者在执行运动任务时左侧运动感觉皮质、VL 和对侧小脑都有血流增加。DBS 造成脑血流改变的机制尚不清楚，但这些证据显示 DBS 影响神经元活动模式的范围广泛，远超过刺激所在的局部区域。

Asanuma 等比较了 STN-DBS 和左旋多巴对 PD 患者脑葡萄糖代谢的影响。相对于左旋多巴，接受 STN-DBS 的患者有 STN 代谢增加和前额叶内侧代谢减低。Garcia 认为 STN-HFS 兼有兴奋和抑制两种效果：抑制病理性神经元放电活动的同时促进有益的 γ 频段的放电模式。左旋多巴同样被认为可以减少 β 频段震荡而代之以 70 Hz 以上的自发同步化放电。由此可见，STN-DBS 和左旋多巴的作用机制有共性，即调整 PD 的病理性神经活动。

Vim-DBS 可以通过丘脑皮质投射激活初级运动区，促进经颅磁刺激（TMS）产生运动诱发电位。Vim-DBS 还可以激活 TMS 诱发的抑制性小脑－丘脑－皮质投射。类似的是，丘脑前核（anterior nucleus of the thalamus，ANT）DBS 可以激活抑制性丘脑－皮质环路。

HFS 对神经环路的刺激效果和具体的刺激位置紧密相关。例如，一位 PD 患者接受了双侧 STN-DBS，左侧 DBS 使运动症状改善明显，但右侧 DBS 产生心境恶劣（dysphoria）的反应。这可能是因为双侧 DBS 电极位于 STN 的精细位置不同。如果刺激电极位于 STN 的边缘区，电刺激可能导致情绪改变等相关反应。

综上所述，DBS 的机制并不单一，其作用可能因所刺激的位置、组织、参数而异。DBS 并非简单的兴奋或抑制某个核团，其最终的净效果是兴奋、抑制、单突触及多突触作用的综合。DBS 通过调节神经系统疾患中的异常神经活动模式来发挥作用，例如抑制运动障碍病的异常同步化放电（震荡）。

第三节　脑深部电刺激与运动障碍病

运动障碍病（movement disorders，MDs）也常被称为锥体外系疾病（extrapyramidal disease），是表现为随意运动调节功能障碍的一组疾病，而感觉及小脑功能不受影响。MDs 的病理生理机制和基底节功能紊乱有关，可分为运动减少和运动过多两类。临床上常见的 MDs 包括帕金森病（PD），原发性震颤（essential tremor，ET），肌张力障碍（dystonia，dyst）等，来自作者团队 22 年工作的统计表明，这三种疾病在 MDs 手术治疗中的占比为 93.2%。脑深部电刺激（DBS）在 MDs 的应用主要集中在 PD、ET 和 dyst 三种疾病，因此本节将分为以下三部分具体阐释。

一、脑深部电刺激与帕金森病

（一）帕金森病概述

帕金森病（PD），旧称震颤麻痹，是一种常见的神经系统退行性病变。1817 年，英国医生 James Parkinson 首先对此病进行了详细描述，后来为纪念其贡献将此病以其姓氏命名。流行病学调查显示，PD 的发病率随着年龄增长而上升，在我国 65 岁以上人群中发病率约为 1.7%。

PD 的确切病因尚未明确，但大量研究提示遗传因素、环境因素、衰老等多种原因参与 PD 的发生发展过程。PD 突出的病理改变是中脑黑质多巴胺（dopamine，DA）能神经元的变性死亡、纹状体 DA 含量明显减少以及黑质残存神经元胞质内出现嗜酸性包涵体，即路易小体（Lewy body）。研究发现患者表现出 PD 的临床症状时，其脑内黑质多巴胺能神经元死亡已在一半以上，而纹状体 DA 含量减少已在 80% 以上。此外，PD 患者的非多巴胺能系统也有明显的受损，例如 Meynert 基底核的胆碱能神经元、蓝斑的去甲肾上腺素能神经元、脑干中缝核的 5- 羟色胺能神经元等。

PD 起病隐匿，进展较为缓慢。首发症状通常是一侧肢体的震颤或活动笨拙，随着时间逐渐进展并累及对侧。临床上主要表现为静止性震颤（resting tremor）、肌僵直（rigidity）、运动迟缓（bradykinesia）、姿势不稳（postural instability）及步态障碍（gait disturbance）。

多数PD患者以震颤为首发症状，起始于一侧上肢远端。静止时明显，而随意运动时减轻或停止。精神紧张时显著，入睡后消失。PD患者手部静止性震颤可在行走时加重。PD患者典型的静止性震颤频率为4～6 Hz，表现为“搓丸样”抖动，部分患者也可合并姿势性震颤。

肌僵直是指患者的肌张力明显并持续增高。当医生检查活动患者的肢体、颈部或躯干时可觉察到明显的阻力：当各方向运动均能体会到相似增高阻力时，感觉类似弯曲软铅管而称为“铅管样僵直”（lead-pipe rigidity）；当阻力增高合并有震颤时，感觉类似齿轮滑动而称为“齿轮样僵直”（cogwheel rigidity）。

运动迟缓指动作变慢、始动困难、主动运动丧失。患者的主动运动幅度减少，特别是在完成重复运动时显著。运动迟缓可累及不同部位和方面：累及面部时造成表情动作减少，瞬目减少，称面具脸（masked face）；累及言语时说话声音单调低沉、吐字欠清楚；累及写字时，书写变慢变小，称“小写征”（micrographia）；累及上肢时表现为洗漱、穿衣和其他精细动作笨拙困难；累及下肢时表现为行走不灵活，变慢拖步，步距变小，伴随摆臂减少；累及咽喉时可能容易呛咳、多流涎；累及躯干时可致翻身困难。

姿势不稳往往在PD的中晚期出现，表现为患者不易维持身体平衡。姿势反射可通过后拉试验来测试：检查者立于患者背后，嘱患者做好准备后向后牵拉其双肩。健康人能在后退一步之内恢复正常直立及平衡，而姿势反射消失的患者往往要后退多步甚至需他人搀扶才能直立。步态障碍表现为PD患者行走时越走越快，不易止步，称“慌张步态”（festinating gait）。晚期PD患者还可出现冻结步态，即行走时突然无法迈步，须停顿后才能再继续向前或无法再次启动步伐。

在以上运动症状之外，PD患者还可以表现出多种非运动症状。例如，嗅觉减退、便秘、抑郁、焦虑、睡眠障碍、自主神经功能障碍、认知障碍等。非运动症状和运动症状均直接关系到PD患者的生活质量，临床上需要医生全面考虑、对症治疗。

PD诊断主要依靠病史、症状及体征。患者的运动症状对左旋多巴药物治疗有反应则可进一步支持诊断。头颅CT或MRI无特征性改变。多巴胺转运蛋白PET成像可辅助诊断。

PD的治疗手段包括药物治疗、手术治疗、康复治疗和心理治疗。常用的药物包括复方左旋多巴、多巴胺受体激动剂、单胺氧化酶B抑制剂、儿茶酚-氧位-甲基转移酶（COMT）抑制剂、抗胆碱能药物、金刚烷胺等。药物的使用种类、时间、剂量及联合应用必须由专科医生指导。随着时间的延长，药效通常会逐渐减弱（wearing-off）或出现“开-关”现象（on-off phenomenon）。中晚期PD患者可能出现的运动并发症还包括异动症（dyskinesia），即身体某些部位（如头面部、四肢或躯干）出现不自主舞蹈样或肌张力障碍样动作。如果在左旋多巴血药浓度达高峰时出现，这种现象称为剂峰异动症。

PD的外科手术包括脑深部核团毁损术及脑深部电刺激术（DBS）。前者通过射频、聚焦超声等方式精准毁损脑内某些核团，从而达到减轻PD运动症状的效果。后者通过在脑内植入刺激电极，持续高频刺激脑深部核团，从而控制PD的运动症状。DBS相对于毁损术，具有可逆性、可调节性、可双侧手术等优势，已成为PD外科治疗的最主要方式。北京功能神经外科研究所李勇杰教授团队回顾性分析了该单位1998—2019年共5126位接受立体定向手术治疗的运动障碍病患者，结果显示在PD的手术治疗中，DBS占比已由2000年的1.6%上升到2019年的97.2%，而自2008年起DBS数量已持续超过毁损术。

（二）脑深部电刺激治疗帕金森病

DBS治疗PD的靶点主要包括STN与GPi（相关解剖请见本章第一节）。关于二者的适应证和疗效比较，国内外已有大量文献报道，其中包括一些随机双盲对照研究。例如，2010年Follet等学者在“新英格兰医学杂志”上发表多中心随机对照研究，比较双侧STN-和GPi-DBS患者在24个月的随访结果。结果显示两组在主要的随访指标及严重不良事件发生率方面均无明显差异，接受STN-DBS的患者服用多巴胺能药物的剂量比GPi-DBS患者低，视觉运动在STN-DBS术后患者中衰退更明显，抑郁水平在STN-DBS术后加重而在GPi-DBS术后减轻。研究得出结论，STN-与GPi-DBS对运动症状缓解程度接近，但选择靶点时应该参考非运动症状方面的影响。

2013年，Odekerken等人在“柳叶刀神经病学（Lancet Neurology）”杂志发表了比较STN-和GPi-DBS对晚期PD疗效的随机对照研究结果：两组在加权 ALDS（Academic Medical Center Linear Disability Scale）评分以及患者出现认知、情绪和行为副作用的比例方面均无显著差异；但是 STN-DBS 患者在术后关期运动症状改善（UPDRS 评估）、ALDS 平均分值变化、左旋多巴剂量减少方面比 GPi-DBS 患者更显著。研究者由此认为对于晚期 PD 患者，STN 可能是更适合的靶点。

2014 年，Williams 等学者在“运动障碍病（Movement Disorders）”杂志发表综述，总结 STN-DBS 的优势在于术后可能减药更多及较少需要更换电池（消耗电量更少），GPi-DBS 对于异动症控制效果更好、更容易调控以及术后调整药物的灵活性更大。如果在某些情况下只能选择单侧 DBS，GPi 比 STN 更有优势。作者总结 STN 和 GPi 作为 PD 患者接受 DBS 的两个主要靶点各有优势和局限，临床上需要结合患者的具体情况个体化选择。

将来 DBS 治疗 PD 还有诸多方面有待发展。第一：其他靶点的尝试。例如脚桥核（PPN）作为 DBS 靶点可能对于改善 PD 患者步态有益。第二，PD 患者非运动症状的改善。第三，DBS 设备的不断改进（微小化、闭环化、智能化等）。其中闭环化 DBS 的出现会使刺激更加有针对性，提高疗效的同时减少刺激相关副作用。

DBS 的并发症可以分为与刺激相关、与设备相关以及与手术相关三类。与刺激相关的并发症包括运动症状（对侧肢体肌肉或口角抽搐）、感觉症状（对侧感觉异常等）、眼球活动障碍、语言障碍、严重情绪或认知问题等；与设备相关的并发症包括设备排异、设备故障、电极断裂等；与手术治疗相关的并发症包括感染、颅内出血、癫痫发作、肺栓塞等。北京功能神经外科研究所总结了 1998—2019 年共 2244 例接受 DBS 术的运动障碍病患者，总体并发症发生率为 7.45%，其中绝大多数经保守治疗或手术可缓解或消除。综合国内外相关文献分析，DBS 是一项总体安全可靠的治疗方式。

二、脑深部电刺激与原发性震颤

（一）原发性震颤概述

原发性震颤（essential tremor，ET）又称特发性震颤，是一种最常见的运动障碍病。据统计，ET 在我国北京市 55 岁以上人群中的患病率约为 3.3%。ET 的患病率随着年龄而增加，尚无证据显示其发病率有明显种族或性别差异。

ET 的发病原因和机制尚不完全清楚，但诸多证据显示其与遗传显著相关。据研究，ET 患者的亲属比健康者的亲属患 ET 比例高 5 倍，且约有 60% 的 ET 患者有家族史，因此 ET 也被称为家族性震颤。目前已经证实的 ET 相关基因位点包括 ETM1、ETM2、ETM3 等。通常认为 ET 系常染色体显性遗传性病，但不能排除如线粒体遗传、伴性遗传、常染色体隐性遗传和非孟德尔遗传等其他遗传方式。此外，近年来研究提示 ET 也具有神经退行性病变特征。例如，在 ET 患者脑内可以发现路易斯小体、浦肯野细胞磷酸化以及小脑的退行性变。所以通常认为 ET 是遗传因素与环境因素共同作用的结果。

ET 患者临床表现为受累肌肉在自主运动时出现节律性（4 ～ 12 Hz）震颤，震颤部位通常在手和上肢，其次为颈部（表现为头抖），也可以波及眼睑、喉、舌、躯干和下肢。任何形式的身心压力或情绪激动、低血糖、咖啡因、锂盐等都可能使震颤症状加重，因此 ET 容易被认为是心理原因导致。多数患者的震颤症状在饮酒后可能减轻。

关于 ET 的发病年龄存在“双峰学说”，即 ET 常起病于青春期（成年早期）或年龄 ≥ 65 岁两个时期。如果患者有家族遗传史，起病常见于青年期。震颤的严重程度可能会随着病程延长而逐渐加重。

和 PD 不同，ET 患者的震颤通常不是静止性，而是运动性、姿位性及意向性，并且在震颤之外不伴有肌僵直、运动迟缓等其他运动症状。值得说明的是，临床上有些 ET 患者可以合并 PD，或者伴有肌张力障碍或良性肌束颤综合征等其他神经系统疾患。此外，ET 患者也可能伴有一些非运动症状。研究证实，有些 ET 患者可能存在多项认知功能障碍（尤以执行功能、注意力及记忆受损较为明显），这提示额叶可能参与 ET 的病理生理过程。逾半数的 ET 患者伴有抑郁，说明抑郁的神经机制也可能与 ET 发生相关。ET 患者还可以有嗅觉与听力障碍。总体而言，ET 对于患者生活质量的影响弱于 PD，故曾被称为“良性震颤”。部分 ET 患者症状明显并可造成其日常工作、生活、社交和情绪的严重干扰，需要接受药物甚至手术干预。

根据 1996 年美国国立卫生院（NIH）ET 研究小组提出的标准，震颤可以依严重程度分为 5 级：0 级：无震颤；1 级：轻微，震颤不易觉察；2 级：中度，震颤幅度 ＜ 2 cm，非致残；3 级：明显，震颤幅度在 2 ～ 4 cm，部分致残；4 级：严重，震颤幅度超过 4 cm，致残。

ET的诊断主要依据临床表现，而目前尚缺乏血清学、影像学或病理学上的特异性诊断指标。发病年龄、震颤性质和部位、进展速度、家族史以及是否有其他伴随症状等临床信息对诊断具有重要价值。根据2020年中华医学会神经病学分会帕金森病及运动障碍学组和中国医师协会神经内科医师分会帕金森病及运动障碍学组制定的诊断标准，ET的临床诊断需要同时满足以下3点：①双上肢动作性震颤，伴或不伴其他部位的震颤（如下肢、头部、口面部或声音）；②不伴有其他神经系统体征，如肌张力障碍、共济失调、帕金森综合征等；③病程超过3年。ET叠加是指除具有以上ET的震颤特征外，还具有不确定临床意义的其他神经系统体征，如串联步态障碍、可疑肌张力障碍性姿势、轻度记忆障碍等。

ET的排除标准包括：①增强的生理性震颤（如药源性、代谢性等）；②孤立的局灶性震颤（如孤立性声音震颤、孤立性头部震颤、特发性腭肌震颤等）；③孤立性任务或位置特异性震颤（如原发性书写痉挛、手或口任务特异性震颤、高尔夫球手等）；④震颤频率＞12 Hz的直立性震颤；⑤伴明显其他体征的震颤综合征（如肌张力障碍、震颤综合征、帕金森综合征、Holmes震颤、肌律（myorhythmia）等；⑥突然起病或病情呈阶梯式进展恶化。ET主要与以下疾病相鉴别：帕金森病、肝豆状核变性、脊髓小脑性共济失调、功能性震颤。

ET的治疗方式分为药物（口服药物及A型肉毒素）和手术。其治疗原则包括：①轻度的、不影响日常生活或引起心理困扰的1级震颤无需治疗，只需进行宣教和安慰；②2级震颤患者由于工作或社交需要，可选择事前半小时服药以短暂性减轻症状；③影响日常生活和工作的2～4级震颤患者，需要药物治疗；④药物难治性重症震颤患者可考虑手术治疗；⑤头部或声音震颤患者可选择A型肉毒毒素注射治疗。

具体而言，普萘洛尔、扑米酮是治疗ET的一线推荐药物（Ⅰ级推荐，A级证据），对于无法耐受普萘洛尔的患者可考虑将阿罗洛尔作为一线推荐药物（Ⅰ级推荐，B级证据）。

关于手术治疗，丘脑Vim核毁损术（thalamotoy）与Vim-DBS均可显著改善ET的震颤症状。Vim核最主要的毁损方式是通过温控射频，近年来出现的磁共振引导下聚焦超声（MR-guided focused ultrasound）提供了无须脑内穿刺的毁损新方法。Vim-DBS则可以改善双侧症状，具有可逆性和可调节性（详见下文）。

（二）脑深部电刺激治疗原发性震颤

Vim是DBS治疗ET最常选用的靶点，其解剖特点见本章第一节。ET是美国食品药品监督管理局（FDA）最早批准的DBS适应证。与丘脑Vim核毁损术相比，Vim-DBS在震颤控制方面效果相当，但其优势在于可以双侧手术，因此尤其适用于需要改善双侧肢体震颤或轴线部位（头、颈、声音）症状的患者。北京功能神经外科研究所的一项回顾性分析显示：双侧DBS对于ET患者双上肢的震颤改善满意（改善率在75%～90%），对于头部及声音震颤也有显著缓解。另外，DBS具有可逆性，神经功能受损的并发症较少。但与之相应的，DBS可能伴有植入性手术相关的并发症，例如感染、延长线断裂、电极移位等等。此外，DBS的脉冲发生器可能需要定期更换，其总体费用高于毁损术。

作者团队针对北京功能神经外科研究所1998—2019年共5126例运动障碍病手术的回顾性分析显示，2008年起，DBS植入手术历史性地在数量上超越毁损术，成为多种运动障碍病外科治疗的主导术式。但是，在治疗ET方面，毁损术的数量始终多于DBS。此外，尽管ET的发病率高于PD，ET患者的手术率明显低于PD。这可能主要和ET的致残性远低于PD有关，而手术对外观影响小及经济花费较少可能也是ET患者倾向于毁损术的因素之一。

关于Vim-DBS对于ET的治疗效果，一项多中心的研究表明：绝大多数病例（27/29）可以得到震颤改善及生活质量提高。Sydow等学者对19例接受Vim-DBS的ET患者进行了长达6年的随访，结果显示患者震颤的改善稳定，且DBS对姿势性震颤的疗效优于动作性震颤。然而也有部分学者提出：DBS的效果可能有耐受性。Barbe对23位ET患者的研究发现DBS术后的震颤评分较术前明显降低，但这种改善在术后10周已减弱。

关于ET的DBS手术，在Vim核靶点之外，有学者提出STN及丘脑底后区（post subthalamic area，PSA）和尾侧未定带（caudal part of the zona incerta nucleus，cZi）可以作为改震颤的替代靶点，对于控制ET患者的震颤同样有效果，其中包括头部和声音震颤。Hamel甚至认为，PSA比丘脑Vim核对于控制ET震颤更有效；Sandvik也提出PSA（包括zona incerta和radiation prelemniscalis）的高频电刺激对于 ET 的效果可能优于 Vim-DBS。在此基础上，Herzog 证实了丘脑底部区域（subthalamic area，注意不是丘脑底核）DBS 对于 ET 及多发性硬化的震颤治疗效果好于丘脑 VIM 核刺激，这提示小脑丘脑通路与震颤的相关性。2017 年，Fiechter 等人分析了 DBS 使用不同靶点治疗 ET 的研究结果，并进一步指出齿状核-红核-丘脑束（dentato-rubro-thalamic tract，DRTT）可能是刺激 PSA 控制震颤的神经解剖学基础。

原发性震颤脑深部电刺激术治疗中国专家共识对 Vim 和 PSA、cZI 治疗 ET 做了介绍，以上靶点均能有效改善原发性震颤症状，目前仍以 Vim 核团应用最为广泛。

三、脑深部电刺激与肌张力障碍

（一）肌张力障碍概述

肌张力障碍（dystonia，Dyst）是主动肌与拮抗肌收缩不协调或过度收缩引起的以肌张力异常的动作和姿势为特征的运动障碍综合征，具有不自主性和持续性的特点。国外流行病学调查显示，原发性 Dyst 的患病率约为 37/10 万。继发性肌张力障碍包含的具体病因不同，其患病率较难准确统计。

Dyst 有不同的分类体系（表 11-1-2）。依据病因可分为原发性和继发性。原发性肌张力障碍与遗传有关；继发性肌张力障碍包括一大组疾病，有的是遗传性疾病（如肝豆状核变性、亨廷顿舞蹈病、神经节苷脂病等），有的是由外源性因素（如围产期损伤、感染、神经安定药物等）引起。随着对 Dyst 病因的深入认知，这种分类系统因为概念欠清晰，有效性已逐渐下降。Dyst 按照累及的躯体范围可分为局灶型、节段型、多灶型、偏身型与全身型肌张力障碍。按照起病年龄，Dyst 可分为婴幼儿期（出生至 2 岁）、儿童期（3 ～ 12 岁）、青少年期（13 ～ 20 岁）、成年早期（21 ～ 40 岁）和成年晚期（＞ 40 岁）。此外，Dyst 还可以按照病程表现分为稳定性和进展性。

表 11-1-2　肌张力障碍的分类

划分依据	类别
病因	原发性、继发性
累及的躯体范围	局灶型、节段型、多灶型、偏身型、全身型
起病年龄	婴幼儿期、儿童期、青少年期、成年早期、成年晚期
病程	稳定性、进展性

诊断 Dyst 目前主要依靠临床表现和体征。其临床特点包括：肌肉收缩顶峰状态有短时持续而呈现特殊的姿势或表情；异常运动的方向及模式较为恒定；症状在随意运动时加重，可呈进行性发展；常因紧张、生气、疲劳而加重。

此外，Dyst 患者还可能存在一些特征性表现：①病程早期某种感觉刺激可能使症状意外改善，这种现象称为感觉诡计（sensory tricks）；②任务特异性，即患者在完成特定的动作时肌肉出现收缩，导致出现重复运动、异常姿势和表情。③镜像肌张力障碍（mirror dystonia），即患肢对侧执行任务时，可在患侧诱发出肌张力障碍的现象。④泛化（overflow），常在肌张力障碍性运动的高峰出现，在邻近的身体区域较正常运动范围扩大的肌肉兴奋；⑤零点（null point），指患者异常的肌张力障碍性姿势在不刻意主动纠正下充分展现时的身体位置，在此位置患者肌张力障碍性运动往往减轻；⑥肌张力障碍性震颤（dystonic tremor），指一种自发的节律性运动，常不恒定，由肌张力障碍性肌肉收缩导致，试图维持正常姿势时常加重。

确定 Dyst 诊断和分类后，可进一步通过基因检测和影像学检查以明确病因。单纯基因检测阳性而缺乏特征性临床表现不能诊断为 Dyst。有学者对 Dyst 的相关致病基因整理如下：单纯 Dyst 的致病基因包括 *TOR1A/DYT1*、*DYT2*、*TUBB4/DYT4*、*THAP1/DYT6*、*DYT7*、*DYT13*、*PRKRA/DYT16*、*DYT17*、*DYT21*、*CACNA1B/DYT23*、*ANO3/DYT24*、*GNAL/DYT25*、*COL6A3/DYT27* 等。复合性 Dyst（伴帕金森样症状或肌阵挛等）进一步分为持续性和发作性 Dyst，其中持续性 Dyst 的致病基因包括 *TAF1/DYT3*、*GCHI/SPR/TH/DYT5*、*SGCE/DYT11*、*ATP1A3/DYT12*、*DYT15*、*PRKRA/DYT16*、*KCTD17/DYT26* 等，发作性 *Dyst* 致病基因包括 *PNKD/DYT8*、*DYT9*、*PRRT2/DYT10*、*SLC2A1/DYT18*、*DYT19*、*DYT20* 等。

考虑其他遗传变性 Dyst 时，应行脊髓小脑共济失调（SCA）、脑组织铁沉积性神经变性（NBIA）、肝豆状核变性［HLD，亦称 Wilson 病（WD）］、亨廷顿病（HD）、家族性基底节钙化（FBGC，亦称 Fahr 病）、青少年型帕金森综合征（juvenile parkinsonism）等相关致病基因检测，包括 *ATXN2/SCA2*、*TBP/SCA17*、*ATXN3/SCA3*、*ATXN1/SCA1*、*CACNA1A/SCA6*、*FA2H*、*CP*、*PANK2/NBIA1*、

PLA2G6/NBIA2、*FTL/NBIA3*、*C19orf12/NBIA4*、*ATP13A2*、*ATP7B*、*HTT*、*SLC20A2*、*PDGFB*、*PDGFRB*、*XPR1*、*PARKIN*、*PINK*、*DJ-1* 等基因。

Dyst 的治疗包括药物（口服药物及注射肉毒素）及手术治疗。口服药物包括安坦、对抗多巴胺功能药物（例如氟哌啶醇、泰必利、氯丙嗪、丁苯那嗪等）、苯二氮䓬类、巴氯芬、卡马西平、左旋多巴（对多巴胺反应性肌张力障碍效果好）。肉毒素作用于胆碱能运动神经的末梢，干扰乙酰胆碱从运动神经末梢的释放。通过注射肉毒素可治疗 Dyst 导致的眼睑痉挛，口－下颌肌张力障碍，痉挛性斜颈以及书写痉挛和其他局限性肢体肌张力障碍等症状，是临床上较为常用的治疗手段。

手术治疗是依据苍白球－丘脑－皮质投射系统功能紊乱导致导致 Dyst 这一理论基础，临床手术方式包括脑深部核团毁损术（靶点主要是苍白球，也有少数选择丘脑）和 DBS（详见下文）。前者的优势在于对外观影响小、不需要更换脉冲发生器、经济花费少，而后者属于可逆性及可调节治疗。临床上需要结合 Dyst 的具体症状、部位、病因以及患者的个体情况分析选择。

（二）脑深部电刺激治疗肌张力障碍

Dyst 分类较多，表现多样，预后不尽相同。DBS 较多应用于保守治疗效果不佳、症状严重的原发性 Dyst，在某些继发性 Dyst 病例中也有应用。DBS 对 Dyst 的效果难以笼统论之，一般认为，早期起病且致残性相对较低的病例（特别是具有 *DYT1* 突变的病例）可能对 DBS 反应更好。GPi 是 DBS 治疗 Dyst 的主要靶点选择。依据 Burke-Fahn-Marsden（BFM）肌张力障碍量表评估，儿童期或青少年期起病的原发性 Dyst 在 GPi-DBS 术后可缓解至多 50% ～ 70%，成人期起病的头颈或迟发性肌张力障碍在 DBS 术后可能有 35% ～ 80% 的症状缓解，而多数继发性肌张力障碍对 DBS 反应差。DBS 术后 5 年的随访结果显示，全面性 Dyst 的 BFM 评分下降达 42% ～ 61%。几项独立研究显示，DBS 术后 Dyst 患者生活质量评分上升 24% ～ 51%。

Rodrigues 在综述中回顾分析了 DBS 治疗 Dyst 的两项随机对照研究（共 102 位患者），结论是 GPi-DBS 可以减轻中－重度颈部、节段性或全面性 Dyst 成年患者的症状，并且改善其功能，提高节段性和全面性 Dyst 患者的生活质量（以上均为低质量证据）。

除 GPi-DBS 之外，STN 作为靶点也得到公认。研究表明，两者对肌张力障碍的疗效类似，与 Gpi 相比较，STN 可能有以下三个优点：开机后可迅速改善症状、需要刺激参数较低从而可以延长电池寿命、症状改善效果更佳。但是目前此种研究尚少，并且仍缺乏大宗病例 STN 与 Gpi 疗效比较的研究。一般治疗 Dyst 的 GPi-DBS 和 STN-DBS 使用持续电刺激模式，但这种模式有局限性：首先，医生调整 DBS 参数有时不会即刻观察到 Dyst 患者的临床效果，可能需要数周甚至更久。未来如果出现治疗 Dyst 的反馈式 DBS 可能会提高调控效率，使刺激更有针对性。另外，双侧 DBS 之后可能出现多种神经刺激相关副反应，例如语言功能障碍（发音不清或不流利）、容易摔倒（可能和术前紧张的肌肉在术后得到松弛有关）、睁眼困难（可能术后延迟出现，可能通过调整药物或刺激参数改善）、帕金森综合征症状。将持续电刺激模式改为反馈式模式可能有助于减少刺激相关的神经副反应。目前，科学家正在试图从 GPi 和 STN 的局部场电位（local field potential，LFP）和肌电图（EMG）中寻找到 Dyst 的相关生物标志物，从而为未来实现适应性 DBS（adaptive DBS）奠定基础。

第四节　脑深部电刺激与其他功能性脑病

脑深部电刺激（DBS）自从 20 世纪末问世以来，已被广泛的应用于运动障碍病的治疗并获得了良好效果。与此同时，DBS 在其他功能性脑病的应用也在不断拓展和积极研究中。本节将按照疾病类别分别加以阐述。

一、脑深部电刺激与癫痫

癫痫是常见的神经系统慢性疾病，特征是具有两次或以上的无诱因的癫痫发作。癫痫发作是由于大脑神经元同步化过度兴奋造成。癫痫的患病率大约为 7‰。据估计，我国有近 1000 万癫痫患者，其中约 600 万病人每年仍有发作，而且每年还会出现 40 万新发病例。

药物是控制癫痫发作的首选治疗方式。临床上已有第一代、第二代和第三代抗癫痫药物 20 余种。抗癫痫药物的选择要根据癫痫发作类型及患者的具体情况（如性别、年龄、肝肾功能、认知功能、共病等）个体化分析，在控制发作与减少药物副作用方面尽量寻求平衡。约有三分之一的癫痫患者对两种或两种以上抗癫痫药物反应不佳，称为难治性（顽固性）癫痫。

难治性癫痫患者可以接受癫痫手术评估。如果通过无创或有创的检查手段和综合分析（结合症状学、脑电图及影像学）能够定位致痫灶，则可能实施致痫灶切除术。如果定位致痫灶困难、存在多个或双侧致痫灶、或致痫灶位于重要功能区而切除后可能有严重神经功能受损，则无法实施致痫灶切除术。神经调控和传统的姑息手术（如胼胝体部分切开术、软膜下横切）为不适合致痫灶切除术的难治性癫痫患者提供了替代治疗方案。

其中 DBS 治疗癫痫发作近年来取得了许多进展。2018 年美国 FDA 批准 DBS 临床应用于控制药物难治性局灶性癫痫发作。DBS 治疗癫痫的靶点通常选择为丘脑前核（anterior nucleus of the thalamus，ANT）。尽管最初 ANT-DBS 被认为适合颞叶癫痫，研究显示其对于其他类型的局灶性癫痫可能也有作用。

为研究 ANT-DBS 控制癫痫的疗效，一项多中心随机对照双盲研究（简称 SANTE 项目）纳入了共 110 例患者。结果显示 3 个月盲期后，刺激组的癫痫发作频率减少率比对照组高 29%；2 年随访时，患者的癫痫发作频率平均减少 56%，而有 54% 的患者癫痫发作减少率超过 50%；5 年随访时，83 例完成随访的患者平均癫痫发作评率减少了 69%，而 7 年随访的癫痫发作减少率为 75%。

首都医科大学宣武医院功能神经外科与神经内科合作研究了 ANT-DBS 的作用机制，电生理实验结果提示 ANT 的高频电刺激可以通过 Papez 通路对海马放电产生去同步化效应并调节癫痫网络的连接性，进而起到抑制癫痫发作的作用。

除 ANT 以外，还有其他靶点被尝试 DBS 以控制癫痫，包括海马、丘脑中央中核（centromedian nucleus of the thalamus，CMT）、小脑、伏隔核（nucleus accumbens）等。一般认为海马电刺激有利于控制颞叶内侧癫痫，CMT-DBS 可能较适合 Lennox-Gastaut 综合征和全面性癫痫发作。然而由于病例有限，上述靶点的治疗效果有待进一步证实。未来的研究方向包括患者适应证的进一步细化、电刺激参数的选择、以及闭环式刺激的应用等。

二、脑深部电刺激与慢性疼痛

2020 年国际疼痛研究学会（IASP）对疼痛（pain）的定义进行了更新完善。在新版的定义中，疼痛指一种与实际或潜在的组织损伤相关的不愉快的感觉和情绪情感体验，或与此相似的经历。疼痛有许多分类方法：按照病理学特征可以分为伤害感受性疼痛（nociceptive pain）和神经病理性疼痛（neuropathic pain）；按照疼痛持续时间和性质可以分为：急性疼痛和慢性疼痛；按机体部位分为：躯体痛和内脏痛；按刺激性质分为：机械性痛、温度性痛、化学性痛。关于神经病理性疼痛，1994 年 IASP 将其定义为“疼痛开始于或起源于外周或中枢神经系统的损伤或功能不良”。2001 年，该定义简化为“损伤或疾病侵袭到中枢神经系统或躯体感觉系统所导致的疼痛”。

在慢性疼痛的治疗方法中，神经外科提供了多种手段：在痛觉传导通路（周围神经背根-脊髓-丘脑-大脑皮质）上的不同节段施以毁损、止痛药或麻醉药、或者电刺激，从而达到抑制痛觉传递的作用。其中，DBS 因其具有微创、可逆和可调控性而具有特殊的应用价值。截至目前，DBS 已被尝试应用于多种病因的疼痛：脑卒中后疼痛、幻肢痛、面痛、臂丛神经撕脱后疼痛、背部手术失败综合征、丛集性头痛等。尝试的刺激区域包括丘脑的感觉部（腹后外侧及内侧，即 VPL/VPM）、中脑导水管周围灰质（PAG）/ 脑室旁灰质（PVG）、前扣带回。

迄今为止美国 FDA 尚未批准 DBS 治疗慢性疼痛，其相关应用仍属研究和探索性质。一般认为，DBS 可以通过外侧和内侧痛觉系统来抑制疼痛。外侧痛觉系统由脊髓丘脑束将痛觉信号从脊髓背角广动力神经元传递至丘脑外侧核群，再投递至大脑躯体感觉皮质；内侧痛觉系统从脊髓背角浅层痛觉特异性神经元发出，经由丘脑中线核群及板内核群特设到前扣带回和岛叶，相较于外侧痛觉系统要缓慢，被认为参与疼痛的情绪成分。

既往文献对于 DBS 治疗慢性疼痛的效果报道不尽相同，这有赖于将来进行更大样本双盲随机对照研究。未来的研究方向还包括：DBS 治疗疼痛的靶点探索、新的影像学技术包括纤维示踪技术在定位疼痛治疗靶点的应用、疼痛生物学标志物的研究以及闭环式 DBS 的开发等。

三、脑深部电刺激与精神类疾病

除神经科疾病外，DBS 也可用于常规治疗效果不佳的某些精神科疾病。但相对神经科疾病，精神类疾病接受 DBS 治疗的数量少得多，其研究进展也较缓慢。这可能和精神类疾病类别、表现和机制的复杂不单一性有关。美国 FDA 已批准 DBS 治疗强迫症（OCD），OCD 是 DBS 治疗最多的精神疾病。此外 DBS 还被尝试治疗情绪障碍、妥瑞综合征（Tourette's syndrome）、药物成瘾、厌食症、孤独症、精神分类和焦虑障碍。

2015 年 Alonso 等人发表了一项 DBS 治疗 OCD 的荟萃分析结果。该分析综合了 31 项研究共 116 位患者，其中 DBS 靶点包括内囊的腹侧 / 纹状体腹侧（VC/VS）、伏隔核（NAc）、丘脑底核（STN）、内囊前肢（ALIC）、丘脑下角（ITP）。从 16 项研究的数据得出 OCD 对于 DBS 的应答率（反应率）为 60%，"有应答"定义为用 Yale-Brown 强迫症量表（Y-BOCS）评估 OCD 症状减轻 30% ～ 35%，而 66 位患者 DBS 术后的 Y-BOCS 评分减少了 45.1%。五个靶点在应答率和 Y-BOCS 评分减少方面无明显差异。较晚发病的患者似乎应答率更高，Y-BOCS 评分减少更多。此外，研究并未发现其他 DBS 效果的相关因素。

OCD 的详细机制尚不明确，一般认为皮质-纹状体-丘脑-皮质通路（CSTC）的过度活跃参与了 OCD 的病理生理过程。其中有两方面的证据：其一，功能影像学检查提示 OCD 患者皮质和纹状体的功能连接增强；其二，OCD 患者在有效的 5- 羟色胺再摄取抑制剂（SRIs）治疗或认知行为治疗（CBT）后表现出皮质纹状体活动减弱。

DBS 治疗 OCD 的机制不仅涉及刺激位点的局部效应，还包括 DBS 对远隔部位和脑网络的调控作用。诸多研究证据提示，vALIC- 或 STN-DBS 可以促进额叶-纹状体通路高兴奋性的回调。此外，OCD 患者 CSTC 的过度活跃可能由低 5- 羟色胺水平导致，NAc-DBS 术后的 OCD 患者额叶 5- 羟色胺水平上升，提示 NAc-DBS 通过促进前额叶的 5- 羟色胺神经传递发挥作用。DBS 还有利于消退学习（extinction learning），提示 DBS 可能用于恐惧消退学习障碍有关的疾患，例如药物成瘾和创伤后应激障碍（PTSD）。最后，DBS 治疗 OCD 时还可改善感觉运动门控，而后者被认为和孤独症、精神分类症有关。展望未来，DBS 因其可逆性和可调节性之优势在精神类疾病的治疗方面有很大的发展潜力。

参考文献

综述

1. 李勇杰 . 功能神经外科学 . 北京：人民卫生出版社，2017：299-391.
2. 中华医学会神经外科学分会功能神经外科学组，中华医学会神经病学分会帕金森病及运动障碍学组，中国医师协会神经内科医师分会帕金森病及运动障碍学组，中国神经调控联盟，中国帕金森病脑深部电刺激疗法专家组 . 中国帕金森病脑深部电刺激疗法专家共识（第二版）. 中华神经外科杂志，2020，36（04）：325-337.
3. 中华医学会神经病学分会帕金森病及运动障碍学组，中国医师协会神经内科医师分会帕金森病及运动障碍学组，中华医学会神经外科分会神经生理学组，中国神经科学学会神经退行性疾病分会，中国神经调控联盟 . 原发性震颤脑深部电刺激术治疗中国专家共识 . 中华神经外科杂志，2021，37（12）：1189-1196.
4. 中华医学会神经病学分会帕金森病及运动障碍学组，中华医学会神经外科学分会功能神经外科学组，中国神经科学学会神经毒素分会，等 . 肌张力障碍治疗中国专家共识 . 中华神经外科杂志，2020，36：1096-1102.
5. Benabid AL，Benazzouz A，Pollak P. Mechanisms of deep brain stimulation. *Mov Disord*，2002，17 Suppl 3：S73-74.
6. Breit S，Schulz JB，Benabid AL. Deep brain stimulation. *Cell Tissue Res*，2004，318：275-288.
7. DeLong MR，Wichmann T. Circuits and circuit disorders of the basal ganglia. *Arch Neurol*，2007，64：20-24.
8. Dostrovsky JO，Lozano AM. Mechanisms of deep brain stimulation. *Mov Disord*，2002，3：S63-68.
9. Fahn S，Jankovic J，Hallett M. *Principles and practice of movement disorders*. 2nd ed. Elsevier，Philadelphia，2011：55-65.
10. Kringelbach ML，Jenkinson N，Owen SL，et al. Translational principles of deep brain stimulation. *Nat Rev Neurosci*，2007，8：623-635.
11. Lozano AM，Gildenberg PL，Tasker RR. *Textbook of stereotactic and functional neurosurgery*. 2nd ed. Springer-Verlag，Berlin，2009：1383-1399.
12. Lozano AM，Mahant N. Deep brain stimulation surgery for Parkinson's disease：mechanisms and consequences. *Parkinsonism Relat Disord*，2004，1：S49-57.
13. McIntyre CC，Savasta M，Walter BL，et al. How does deep brain stimulation work? Present understanding and future questions. *J Clin Neurophysiol*，2004，21：40-50.
14. Okun MS，Foote KD. Parkinson's disease DBS：what，when，who and why? The time has come to tailor DBS targets. *Expert Rev Neurother*，2010，10：1847-1857.

15. Parent A，Hazrati LN. Functional anatomy of the basal ganglia. I. The cortico-basal ganglia-thalamo-cortical loop. *Brain Res Brain Res Rev*，1995，20：91-127.
16. Parent A，Hazrati LN. Functional anatomy of the basal ganglia. II. The place of subthalamic nucleus and external pallidum in basal ganglia circuitry. *Brain Res Brain Res Rev*，1995，20：128-154.
17. Vitek JL. Mechanisms of deep brain stimulation：excitation or inhibition. *Mov Disord*，2002，17 Suppl 3：S69-72.

原始文献

1. Anderson TR，Hu B，Iremonger K，et al. Selective attenuation of afferent synaptic transmission as a mechanism of thalamic deep brain stimulation-induced tremor arrest. *J Neurosci*，2006，26：841-850.
2. Benabid AL，Pollak P，Gervason C，et al. Long-term suppression of tremor by chronic stimulation of the ventral intermediate thalamic nucleus. *Lancet*，1991，337：403-406.
3. Beurrier C，Bioulac B，Audin J，et al. High-frequency stimulation produces a transient blockade of voltage-gated currents in subthalamic neurons. *J Neurophysiol*，2001，85：1351-1356.
4. Boulet S，Lacombe E，Carcenac C，et al. Subthalamic stimulation-induced forelimb dyskinesias are linked to an increase in glutamate levels in the substantia nigra pars reticulata. *J Neurosci*，2006，26：10768-10776.
5. Follett KA，Weaver FM，Stern M，et al. Pallidal versus subthalamic deep-brain stimulation for Parkinson's disease. *N Engl J Med*，2010，362：2077-2091.
6. Garcia L，Audin J，D'Alessandro G，et al. Dual effect of high-frequency stimulation on subthalamic neuron activity. *J Neurosci*，2003，23：8743-8751.
7. Grill WM，Cantrell MB，Robertson MS. Antidromic propagation of action potentials in branched axons：implications for the mechanisms of action of deep brain stimulation. *J Comput Neurosci*，2008，24：81-93.
8. Holsheimer J，Demeulemeester H，Nuttin B，et al. Identification of the target neuronal elements in electrical deep brain stimulation. *Eur J Neurosci*，2000，12：4573-4577.
9. Lee KH，Roberts DW，Kim U. Effect of high-frequency stimulation of the subthalamic nucleus on subthalamic neurons：an intracellular study. *Stereotact Funct Neurosurg*，2003，80：32-36.
10. Li Y，Qiao L，Du T，et al. Movement disorders and their stereotactic surgical treatment：A retrospective study of 5126 patients at a single clinical center over 22 years. *Interdisciplinary Neurosurgery*：*Advanced Techniques and Case Management*，2022，27：101422.
11. MacKinnon CD，Webb RM，Silberstein P，et al. Stimulation through electrodes implanted near the subthalamic nucleus activates projections to motor areas of cerebral cortex in patients with Parkinson's disease. *Eur J Neurosci*，2005，21：1394-1402.
12. Nowak LG，Bullier J. Axons，but not cell bodies，are activated by electrical stimulation in cortical gray matter. I. Evidence from chronaxie measurements. *Exp Brain Res*，1998，118：477-488.
13. Odekerken VJ，Van Laar T，Staal MJ，et al. Subthalamic nucleus versus globus pallidus bilateral deep brain stimulation for advanced Parkinson's disease（NSTAPS study）：a randomised controlled trial. *Lancet Neurol*，2013，12：37-44.
14. Oueslati A，Sgambato-Faure V，Melon C，et al. High-frequency stimulation of the subthalamic nucleus potentiates L-DOPA-induced neurochemical changes in the striatum in a rat model of Parkinson's disease. *J Neurosci*，2007，27：2377-2386.
15. Ranck JB. Jr. Which elements are excited in electrical stimulation of mammalian central nervous system：A review. *Brain Res*，1975，98：417-440.

第2章 经颅磁刺激

王梦阳　栾国明

第一节　经颅磁刺激的发展历史及基本原理

经颅磁刺激（transcranial magnetic stimulation，TMS）是现代脑科学研究技术的重大发明之一，是一种无创性脑刺激方法，既不需接触患者，亦无电流透过头皮、颅骨，具有无痛、无损伤、操作简便、安全可靠等优点。从21世纪初至今，TMS技术已广泛应用于认知学科、精神病学、神经病学、神经康复学等领域多年，并取得了非凡的科研成果和临床经验。

一、经颅磁刺激的发展历史

TMS的基本概念形成已有一个多世纪的历史。James Clerk Maxwell电磁学定律早在19世纪60年代即问世，随后十年大脑活动的电学性质亦被揭示。1896年，Jacques-Arsène d'Arsonval发现时变磁场可诱发产生视幻觉。1965年，Bickford Fremming对兔、青蛙进行磁刺激，观察到了骨骼肌抽动，这是第一次现代模式的经颅磁刺激。然而，由于需要以微秒为单位的速度开启和关闭巨大电流，尝试无创性的脑电-磁刺激试验不断遭受挫折。1985年，Anthony Barker教授发明了首台现代模式TMS仪，并在英国谢菲尔德皇家哈拉姆郡医院进行了首次TMS人脑刺激，证实TMS刺激皮质运动区时可诱发出手部肌肉运动。

Barker最初的研究是基于单脉冲TMS，将单一刺激传递到特定的大脑区域。随着技术发展，现已允许设备在短时间内传递多个刺激，即重复TMS（repetitive TMS，rTMS）。rTMS可持久影响皮质兴奋性，故能够调节局部的皮质活动，因此被迅速应用于神经、精神系统疾病的治疗，并帅先用于抑郁症患者。

最初TMS配备非聚焦圆形线圈，随后电场聚焦8字形线圈问世。然而，线圈定位仍然仅基于头部的外部标志或通过试错进行，表明皮质解剖定位欠准确。引入TMS导航（navigated TMS，nTMS）打破了该局限性。1996年，Ilmoniemi和Grandori提出基于磁共振成像（magnetic resonance imaging，MRI）的nTMS。2013年，Benjamin Maurin团队在法国斯特拉斯堡ICube实验室成功研发出了世界上第一个辅助TMS线圈定位的协作机器人。

刺激线圈是整个TMS系统的中心元件。作为与受试者接触最密切的部件，其设计和结构对患者的安全至关重要。线圈决定了大脑内感应电流的分布，是刺激效率的决定因素。线圈的种类和功能也在不断丰富，除了圆形、8字和双8字线圈、V形线圈等，深部H形线圈的出现弥补了TMS刺激表浅的缺陷，冷却方式从风冷向液冷的发展延长了磁刺激的时间。

二、经颅磁刺激的基本原理

TMS 可触发人脑中的神经元发放动作电位，其原理为：当放置于头皮表面的线圈产生强烈、快速变化的强磁场时，根据法拉第定律，可在大脑内诱导产生电场。强磁场本身没有直接的生物学效应，完全由电场驱动的电流产生作用，在电导率边界（如细胞膜）积累电荷，使它们去极化或超极化。充分的去极化启动了在轴突内传递的同步动作电位，如同自然产生的动作电位，但顺行及逆行传递均可出现。TMS 的生理学效应主要是钠通道开放触发动作电位产生的结果，树突钙通道也可被 TMS 激活。

尽管 TMS 的直接作用浅表、局限，但亦可调节与被刺激区域有突触连接的皮质和皮质下结构。rTMS 可增强单脉冲 TMS 的局部和分布效应，间断的重复磁场能够诱导刺激范式结束后仍持续存在的神经生理学变化。

外部刺激线圈的设计影响大脑中电场的分布。圆形线圈会在线圈下方的一个环形区域中诱导产生最大的电流。8 字形线圈由两个重叠的圆形线圈组成，聚焦性强，圆圈交叉点下方的感应电流是周边的两倍。刺激区域取决于两个线圈的直径和刺激强度，但根据经验，常用的 8 cm 线圈刺激区域为 2 ～ 4 cm^2。双锥线圈和 H 线圈，可用于更深层结构的刺激，如半球间、腿部运动皮质或扣带回。然而，这些线圈刺激不能完全聚焦于深部，浅表结构的刺激强度仍高于深层结构，未来多通道线圈刺激可能会克服该限制。

第二节　经颅磁刺激在神经精神系统疾病治疗中的应用

TMS 的实施应按照标准操作流程进行，从而保障患者的治疗效果和安全性。根据 TMS 刺激脉冲不同，可分为单脉冲 TMS（single-pulse TMS，spTMS）、成对脉冲 TMS（paired-pulse TMS，ppTMS）、rTMS 三种刺激模式，前两种模式多用于电生理检查，而后者主要用于治疗。

一、经颅磁刺激治疗神经精神系统疾病的疗效

（一）处方的选择

首先应选择适合 rTMS 治疗的患者，具体疾病谱可参照欧洲 2014 年版 TMS 治疗指南。rTMS 治疗处方需个体化，包括以下几个主要方面：

1. 刺激部位、侧别　不同疾病的刺激部位不尽相同，精神类疾病多刺激前额叶背外侧，运动障碍疾病多刺激初级运动皮质（primary motor cortex，M1），而癫痫则需根据致痫区的部位来确定。需要强调的是，如侧别选择错误，即使部位合理，亦将导致疗效果不佳甚至病情恶化。刺激过程中，线圈的方向需保持最佳角度以获得最佳疗效。运动皮质的线圈定位根据（motor evoked potential，MEP）波幅选择朝向，而非运动皮质可采用近红外脑功能成像技术（functional near-infrared spectroscopy，fNIRS）协助确定最佳线圈方向。

2. 刺激频率、强度　高频率（＞ 1 Hz 或≥ 5 Hz）、高强度 rTMS 可产生兴奋性突触后电位总合，引起刺激部位神经兴奋，诱导长时程增强（long-term potentiation，LTP），而低频刺（≤ 1 Hz）激则相反，诱导长时程抑制（long-term depression，LTD），降低刺激部位兴奋性。TMS 主要通过双向调节大脑兴奋与抑制功能之间的平衡来治疗疾病，局部刺激经神经网络对其他部位的功能也能产生影响。同一疾病，刺激不同的侧别时，频率有所不同，如抑郁症，可选择左侧前额叶背外侧皮质（dorsal lateral prefrontal cortex，DLPFC）高频刺激，或右侧 DLPFC 低频刺激。

刺激强度的选择需根据患者的运动诱发电位阈值来确定。因为阈下刺激虽然可引起局部大脑皮质的抑制或易化，但不能产生在突触间传递的动作电位。治疗时，强度应逐渐升高，以避免不良反应的发生，当患者不能耐受时应降低强度至合理区间。

爆发刺激（theta burst stimulation，TBS）与常规 rTMS 的刺激序列不同，其增加了各种爆发式丛状刺激模式。每一个丛相当于常规 rTMS 的一个脉冲，多个丛刺激组合在一起相当于常规 rTMS 的一个串刺激。可通过更小的刺激强度和更短的刺激时间产生较常规 rTMS 更强的脑可塑性变化。TBS 包括两种模式，见图 11-2-1：①持续 theta 脉冲磁刺激（continuous TBS，cTBS）：每丛 3 个脉冲 /50 Hz，丛外频率 5 Hz，连续 200 丛，无间歇，连续 600 个脉冲，用时 40 秒。可产生长时程抑制（long-term

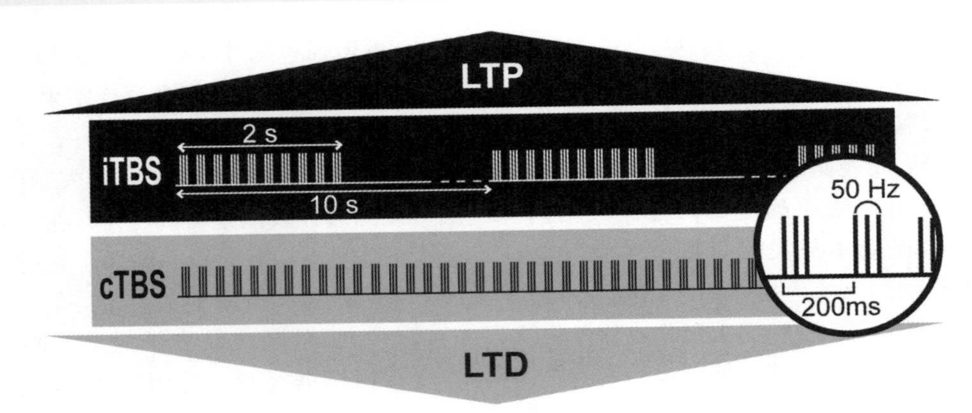

图 11-2-1 爆发刺激模式示意图

depression，LTD），能快速引起神经功能的抑制作用。②间歇 theta 脉冲磁刺激（intermittent TBS，iTBS）：每丛 3 个脉冲 /50 Hz，丛外频率 5 Hz，刺激 2 秒，间歇 8 秒，重复 20 次，共 200 个脉冲，用时 190 秒。iTBS 可诱发长时程增强（long-term potentiation，LTP），可诱导神经功能产生长时程兴奋性增加。

3. 刺激数量及疗程 每次磁刺激的串数、每日治疗次数、每个疗程总治疗次数、疗程间隔时间等也需个体化，原则为以相对少的时间获得最大疗效，且不增加副作用。对于常规 rTMS 治疗，每个部位的刺激串数常在 500 ～ 2000 串之间，每日 1 ～ 2 次治疗，每个疗程通常为 10 ～ 20 次治疗，疗程间隔 2 ～ 3 个月为宜。

（二）治疗方案及疗效

欧洲 2014 年首次推出了基于证据的 TMS 治疗指南，涉及疼痛、运动障碍、卒中、肌萎缩性侧索硬化、多发性硬化、癫痫、意识障碍、耳鸣、抑郁、焦虑症、强迫症、精神分裂症、成瘾及转换障碍等神经、精神系统疾病，根据相关研究的分类（Ⅰ～Ⅳ类）不同，给出证据级别推荐（A、B、C）。该指南在 2020 年进行了更新，见表 11-2-1，给予 A 级推荐（肯定有效）的治疗为：疼痛对侧 M1 区的高频 rTMS 刺激具有镇痛作用，左侧 DLPFC 背外侧的高频刺激具有抗抑郁作用。给予 B 级推荐（很可能有效）的治疗为：右侧 DLPFC 低频刺激抗抑郁，左侧 DLPFC 高频刺激治疗精神分裂症阴性症状，对侧 M1 低频刺激治疗慢性运动性卒中。rTMS 在多种适应证中疗效均达到 C 级（可能有效），包括：左侧颞顶部皮质低频刺激治疗耳鸣和幻听等。当前，如何优化 rTMS 方案和技术仍是一个问题。

在欧洲指南中没有给出证据级别的疾病，如多系统萎缩、脊髓小脑共济失调、肌张力障碍、抽动障碍、特发性震颤等运动障碍疾病，国内外文献虽然报道亦有效，但需要大样本研究进一步验证。异质性强的疾病，神经网络或环路有较大个体化差异，固定模式的刺激参数并非适合所有患者。笔者建议在治疗前除常规的 rMT 外，有必要应用 TMS 做进一步神经电生理检查，甚至 ppTMS（具体范式详见本章第三节），根据检测结果协助判断大脑皮质兴奋性、椎体系抑或椎体外系损害，合理选择刺激部位、频率、强度以及线圈方向。

（三）安全性

总体而言，rTMS 是一种耐受性良好的治疗，常见的副作用（如头痛或刺激部位局部疼痛）轻微。重度不良反应，例如癫痫发作、听力受损或躁狂，并不常见。某些人群，包括青少年、孕妇、老年人和带有金属 / 电子植入物的患者，在开具处方和监测疗程时需要特别注意。通过充分的评估和监测过程，rTMS 可以安全用于大部分患者。

二、经颅磁刺激治疗神经、精神系统疾病的机制

TMS 治疗神经及精神系统疾病的基本机制为改变神经细胞的兴奋水平，并进一步引发多种生理变化，主要包括：①改变突触可塑性；②改变脑血流量和葡萄糖代谢率；③影响脑组织神经递质的分泌（比如谷氨酸、γ- 氨基丁酸、5- 羟色胺、多巴胺等）；④刺激神经营养因子的分泌；⑤干扰大脑功能、诱发神经网络振荡。

（一）改变皮质兴奋与抑制水平

低强度 TMS 可激活与皮质、脊髓神经元有突

表 12-2-1　欧洲 2014 年版基于证据的 TMS 治疗指南

神经性疼痛	疼痛侧对侧 M1 的 HF-rTMS 具有明确镇痛疗效（A 级），而 LF-rTMS 很可能无效（B 级）
复杂性区域疼痛综合征Ⅰ型	疼痛侧对侧 M1 的 HF-rTMS 具有可能的镇痛疗效（C 级）
纤维肌痛	左侧 M1 的 HF-rTMS 很可能改善纤维肌痛患者的生活质量（B 级）
纤维肌痛	纤维肌痛患者左侧 DLPFC 的 HF-rTMS 很可能具有镇痛疗效（B 级）
帕金森病	双侧 M1 区 HF-rTMS 对帕金森病患者运动症状很可能有效（B 级）
帕金森病	PD 患者左侧 DLPFC 的 HF-rTMS 具有可能的抗抑郁疗效（B 级）
运动卒中	对侧 M1 的 LF-rTMS 在急性期后手部运动恢复中有明确疗效（A 级）
运动卒中	同侧 M1 的 HF-rTMS 在运动性卒中急性期后手部运动恢复中可能具有疗效（B 级）
运动卒中	对侧 M1 的 LF-rTMS 对脑卒中后失语症、慢性期手部运动恢复很可能具有疗效（C 级）
卒中后失语	右侧 IFG 的 LF-rTMS 在慢性期非流利性失语症恢复中很可能有效（B 级）
偏侧空间忽视	对侧左顶叶 cTBS 在卒中急性期后视觉空间偏侧忽视的恢复中可能有效（C 级）
多发性硬化	对下肢痉挛中受影响最严重的一侧（或双侧 M1）的 M1 下肢代表区行 iTBS 很可能有效（B 级）
癫痫	癫痫灶 LF-rTMS 具有可能的抗癫痫疗效（C 级）
阿尔茨海默病	多部位 rTMS-COG 改善阿尔茨海默病患者认知功能、记忆和语言水平可能有效，尤其在疾病的轻度 / 早期阶段（C 级）
耳鸣	左半球（或患耳对侧）听觉皮质 LF 的 rTMS 对治疗慢性耳鸣可能有效（C 级）
抑郁	使用 8 字形线圈或 H1 线圈对左侧 DLPFC 进行 HF-rTMS 对重度抑郁症具有明确的疗效（A 级）
抑郁	左侧 DLPFC 深部 HF-rTMS 对重度抑郁症具有明确的疗效（A 级）
抑郁	右侧 DLPFC 的 LF-rTMS 治疗对重度抑郁症可能有效（B 级）
抑郁	DLPFC 的右侧 LF-rTMS 和左侧 HF-rTMS 双侧刺激对重度抑郁症具有明确的疗效（B 级）
抑郁	DLPFC 的右侧 cTBS 和左侧 iTBS 的双侧刺激对重度单相抑郁症可能有效（B 级），而右侧单侧的 cTBS 可能无效（C 级）
抑郁	右侧 LF-rTMS 与左侧 HF-rTMS、双侧与单侧 DLPFC 的 rTMS、单独 rTMS 与联合抗抑郁药之间的抗抑郁疗效可能没有差异（C 级）
创伤后应激障碍	DLPFC 的 HF-rTMS 对创伤后应激障碍可能有效（B 级）
强迫症	右侧 DLPFC 的 LF-rTMS 对强迫症可能有效（C 级）
精神分裂症：幻听	左侧 TPC 的 LF-rTMS 治疗精神分裂症幻听可能有效（C 级）
精神分裂症：阴性症状	左侧 DLPFC 的 HF-rTMS 对精神分裂症阴性症状可能有效（C 级）
成瘾和渴求	左侧 DLPFC 的 HF-rTMS 对香烟渴求可能有效（C 级）

注：HF ＝高频（high frequency），LF ＝低频（low frequency），TPC ＝颞顶皮质（temporoparietal cortex）

触连接的神经元轴突；在较高强度刺激下，轴突可直接被刺激激活。高频刺激（≥ 5 Hz）具有增加皮质兴奋的作用，而低频刺激（≤ 1 Hz）可抑制皮质兴奋性。然而，该二分法并非完全令人满意，已证明高频和低频 rTMS 可能具有混合的兴奋和抑制作用。即使对运动皮质的效应具有特异性，刺激持续时间加倍也可逆转从抑制到兴奋的结局，反之亦然。“兴奋性”与“抑制性”的潜在机制也应视为相对的，“兴奋性”高频刺激后 MEP 增加实际为 γ-氨基丁酸（GABA）介导的皮质内抑制减少（抑制性被抑制）的结果，而不是直接增强运动皮质的兴奋性。相反，低频刺激增强抑制是因为延长了皮质脊髓静息期（经 GABAB 受体介导）。

事实上，各 TMS 范式对皮质兴奋性的抑制或增强作用并非同质，可能与调控不同的皮质环路有关。例如，低频 rTMS 可选择性抑制产生晚期Ⅰ-波回路的兴奋性，而 cTBS 可降低产生早期Ⅰ-波（I1）成分回路的兴奋性。对 MEP 而言，iTBS 的

"兴奋"效应与 cTBS 的"抑制"效应在个体间存在高度变异性，取决于 TMS 脉冲优先募集的中间神经元网络。在特定的刺激部位，不同的皮质中间神经元群在 TMS 刺激的不同时间段被激活。这可以解释为何 5 Hz 的 rTMS 刺激 M1 可以根据连续或间歇模式增加或降低皮质兴奋性。

刺激前基线皮质兴奋性水平是个体间和个体内 rTMS 效应变异的主要因素。例如，应用直流电刺激引起皮质兴奋性降低后再行低频 rTMS，"经典抑制性"可变为易化作用，而将皮质兴奋性调整到高于刺激前水平时，高频刺激的易化效应则被逆转。

（二）改变突触可塑性

根据目前理论，rTMS 的疗效主要由刺激频率和强度的特定组合决定，由于被刺激神经元周围离子平衡的变化，其兴奋性亦发生变化，这种变化表现为突触可塑性的改变。大多数研究人员认为，rTMS 的持久治疗作用与两种现象有关：LTP 和 LTD。

rTMS 的频率依赖性特征与诱导突触可塑性的关系仍然缺乏有力的证据。理想的实验需要直接在突触中记录磁刺激的电生理效应，但难以在人体实现。该效应是通过间接相关参数（如 MEP）的变化进行推断。NMDA 受体（NMDA-R）和钙离子内流在 LTP 和 LTD 的分子机制扮演重要角色，而调节兴奋性的方向和程度与决定于新形成的 AMPA 受体密度和分布。

NMDA 受体含有阳离子通道，在静息状态下可被镁离子阻断，但细胞膜去极化可消除该阻断，并使钙离子流入突触后神经元；这最终诱导产生 LTP。早期 LTP 涉及介质和离子活性再分布后的突触强度改变，持续 30 ～ 60 min。晚期 LTP 与基因表达和蛋白合成的变化相关，并可持续数小时、数天甚至数周。NMDA 受体的激活也参与 LTD，但方式不同。突触后钙离子浓度的快速上升会诱导 LTP，弱而缓慢的钙离子流动则诱导 LTD。

刺激强度对突触可塑性亦有影响，一项动物实验结果表明低强度 rTMS，仅 1 Hz 刺激可改变神经元形态，抑制神经突生长，而其他频率（包括 10 Hz、100 Hz、cTBS）均增加细胞内钙离子浓度，均诱导神经元细胞内储备的钙离子释放。但也有相反结果，如海马细胞培养物中，低强度刺激（1.14 T，1 Hz）导致树突状出芽和生长，并增加突触联系的密度；相比之下，高强度刺激（1.55 T，1 Hz）具有破坏性效应，导致树突和轴突数量减少、出现神经元病变和突触数量减少。

突触可塑性不是 rTMS 引起兴奋性变化的唯一潜在机制。其他被提出的机制包括离子通道、静息膜电位或阈值修饰后膜兴奋性的改变，静息状态下皮质兴奋性降低、皮质抑制破坏、脊髓兴奋性增加，以及点燃。阈下或阈上水平脉冲刺激导致神经兴奋性变化为时间依赖模式，依据轴突膜去极化和超极化水平而变化。

（三）改变脑血流及葡萄糖代谢

对抑郁患者进行左前额 rTMS 及脑单光子发射计算机断层扫描（single photon emission computed tomography，SPECT），结果显示：高频率（15 Hz）导致下额叶皮质、右额叶背内侧皮质、后扣带回和海马旁回局部脑血流量（regional cerebral blood flow，rCBF）相对增加，右眶额皮质和胼胝体下回以及左侧钩回 rCBF 减少，低频率（1 Hz）导致右前扣带回、双侧顶叶皮质、脑岛和左侧小脑的相对 rCBF 增加。高频 rTMS 导致左侧 DLPFC 皮质的平均相对 rCBF 总体增加，而低频 rTMS 则略微减少。上述情况提示 rTMS 的频率变化可能产生不同的神经生理学变化。

对健康被试的左侧 DLPFC 进行 1 Hz rTMS，可诱导右侧前额叶皮质、双侧前扣带回、基底神经节（L ＞ R）、下丘脑、中脑和小脑的葡萄糖代谢率化降低，在双侧颞后部和枕叶皮质中观察到葡萄糖代谢率增加。rTMS 的抗抑郁机制可能在于抑制左侧颞叶皮质和梭状回的高代谢，也可能通过增强前额叶内侧皮质和前扣带的功能而实现。边缘皮质的葡萄糖代谢失调可能是药物难治性抑郁潜在的机制。

（四）影响神经递质释放

对帕金森病（Parkinsons disease，PD）患者的功能神经影像学研究显示，rTMS 增加了同侧纹状体中内源性多巴胺的浓度。左侧 DLPFC 高频（10 Hz）rTMS 增加了 Brodmann 25/12 和 32 区以及 Brodmann 11 区（内侧眶额皮质）同侧多巴胺的释放。

暴露于 rTMS 后，额叶皮质和扣带皮质的 β-肾上腺受体数量减少，而腹内侧丘脑、杏仁核和顶叶皮质的 NMDA 受体数量增加。暴露于电磁辐射（60 Hz）5 天的大鼠大脑皮质、脑回和海马表现出高水平的一氧化氮（NO）和环磷酸鸟苷（cGMP），神经元数量和形态保持不变。基于这些证据，认为神经元 NO 合酶合成基因的表达增强可能是 TMS

作用的基础。

（五）刺激神经营养因子的分泌

已知脑源性神经营养因子（brain derived neurotrophic factor，BDNF）具有广泛的功能，包括增强 CNS 损伤后的神经元存活、神经发生、神经元的迁移和分化、树突和轴突的生长以及突触形成。最近的研究表明，TMS 产生的外部磁场可能影响血清和脑脊液中 BDNF 的含量，但有关 rTMS 治疗后血清 BDNF 水平的数据存在争议。许多研究发现 rTMS 可增加血清 BDNF 水平，但亦有阴性结果报道。有报道高频刺激增加血清 BDNF 水平和 BDNF 对 TrkB 受体的亲和力（如抑郁症），而低频 TMS 降低 BDNF 水平（如肌萎缩侧索硬化症）。但也有低频 rTMS 增加 BDNF 水平的证据，如 1 Hz 低强度 rTMS（110% 平均静息运动阈强度）增加了老年小鼠海马 BDNF、原肌球蛋白受体激酶 B 和 Fyn 的 mRNA 和蛋白水平，还上调海马突触素和生长相关蛋白 43 的 mRNA 和蛋白表达。总之，BDNF 信号传导可能在维持和调节老年小鼠海马经颅磁刺激诱导的结构突触可塑性中发挥重要作用，Fyn 可能在此调节过程中至关重要。

长期暴露于 rTMS 显著增加海马、顶叶和梨状皮质的 BDNF mRNA 水平。这些 rTMS 诱导的神经营养因子生成效应可以解释既往关于 rTMS 神经保护和神经可塑性获益的数据，如海马苔藓纤维的出芽增强。TMS 的抗抑郁作用也可归因于 rTMS 对 BDNF 产生影响。

低频 rTMS 能抑制颞叶癫痫大鼠的细胞凋亡，对癫痫所致的脑部损伤有修复作用。这种作用可能与促进 BDNF 和胆囊收缩素的表达有关。25 Hz rTMS 后，大鼠齿状回神经胶质细胞原纤维酸性蛋白 mRNA 含量升高。

在正常 C57/Bl6 小鼠中，使用复杂的仿生高频刺激进行 4 周的低强度 rTMS 改变了浦肯野细胞（PC）树突和脊柱形态；刺激结束后 4 周效应持续存在。与假刺激组相比，低强度 rTMS 诱导失攀援纤维支配的小脑半球发生神经再支配。高频刺激通过释放细胞内储备来增加细胞内钙含量。

（六）干扰大脑功能、诱发神经网络振荡

皮质振荡对可塑性–诱导方案在临床疗效和特定振荡网络在疾病病理生理学中的作用提供了重要视角。近年来 TMS 在大脑各区域诱发的振荡特征已得到明确定义。例如，在非运动区，引起枕叶区域的 α 和 γ 频带振荡、顶叶区域的 β 频带振荡、运动前皮质的 γ 和 α 频带振荡、额叶区域的快速 β 和 γ 频带振荡。

rTMS 可以与皮质回路中被刺激激活的自发振荡节律相互作用。可根据皮质振荡和刺激模式之间的相位锁定同步性，产生活动依赖性调节。已知脑疾病中，如帕金森症的病理生理学依赖于皮质和脑深部结构之间神经网络病理性节律的存在。调节该节律可成为一种有价值的治疗方法。

第三节　经颅磁刺激的应用前景

一、经颅磁刺激联合电生理检查

（一）TMS-EMG 技术

测量皮质神经生理学的传统方法为刺激初级运动皮质，在外周通过肌电图（electromyogram，EMG）测量 MEPs。该方法被用于发现健康和疾病状态下的神经生理学结果。作为皮质兴奋性的基本测量指标，静息运动阈值（resting motor threshold，rMT）定义为 10 次试验中至少 5 次产生 MEPs 所需的最小强度。其他范示中的刺激强度通常根据 rMT（阈下或阈上）确定。

中枢运动传导时间（central motor conduction time，CMCT）是从大脑皮质到脊髓前角运动神经细胞的传导时间，由皮质到靶肌的传导时间减去周围运动神经传导时间计算得出。由于其去除了脊髓到肌肉的传导时间，能更精确地反映从大脑皮质到脊髓前角的传导时间，对于锥体束损害的评价至关重要，比如对卒中严重程度及预后的评价。

在成对脉冲 TMS 中，条件刺激（conditioning stimulus，CS）可调节后续试验刺激（test stimulus，TS）诱发的 MEP。CS 对 TS 诱发的 MEP 的影响受刺激间歇时间（inter-stimulus interval，ISI）的影响，可表示为条件性和非条件性 MEP 振幅之间的比值。阈下 CS 和 1 ～ 5 ms 的 ISI 引起短间隔皮质内抑制

（short-interval intracortical inhibition，SICI），而较长的ISI（10～15 ms）产生 MEP 易化作用，即（intracortical facilitation，ICF）。在 TMS-EMG 文献中，SICI 方案与 $GABA_A$ 受体（GABA A receptor，$GABA_AR$）活性相关，而 ICF 产生的兴奋与 $GABA_AR$ 和 NMDA 受体（NMDA receptor，NMDAR）均相关，被认为反映了易化超过了 $GABA_A$ 介导的抑制引起的净效应。相反，当近阈值 CS 以约 1.5 ms 的间隔紧随 TS 后时，引起短间隔皮质内易化（short-interval intracortical facilitation，SICF）。

两次阈上刺激间隔 50～200 ms 时获得长间隔皮质内抑制（Long-interval intracortical inhibition，LICI），反映 $GABA_B$ 受体（GABA B receptor，$GABA_BR$）介导的神经传递。皮质静息期（cortical silent period，CSP）为皮质活动抑制的标志物，推测为 $GABA_BR$ 介导，在靶肌肉强直性收缩期内进行 TMS 脉冲获得，持续 100～300 ms。

半球间抑制（interhemispheric inhibition，IHI）也称为经胼胝体抑制（transcallosal inhibition，TCI），与 $GABA_B$ 相关，可被 $GABA_BR$ 拮抗剂破坏，包括初级运动皮质间抑制（M1-M1 IHI）和背侧运动前区（dorsal premotor cortex，PMd）- 初级运动皮质间抑制（PMd-M1 IHI）。CS 和 TS 间隔时间 8～40 ms。

上述部分 TMS-EMG 范式见图 11-2-2。

（二）TMS-EEG 技术

TMS 与脑电图（electroencephalogram，EEG）的联合始于 1989 年。1997 年，TMS 联合高分辨率 EEG 被首次证明不但可以测量 TMS 脉冲的初始应答，而且可以量化和描述随时域、空域及频域变化的激活范围。目前，TMS-EEG 已成为无创探测人类大脑环路的有力工具，允许评估兴奋性和连通性等多种皮质特性。在过去的十年中，这种技术已经应用于多种疾病的临床诊疗。

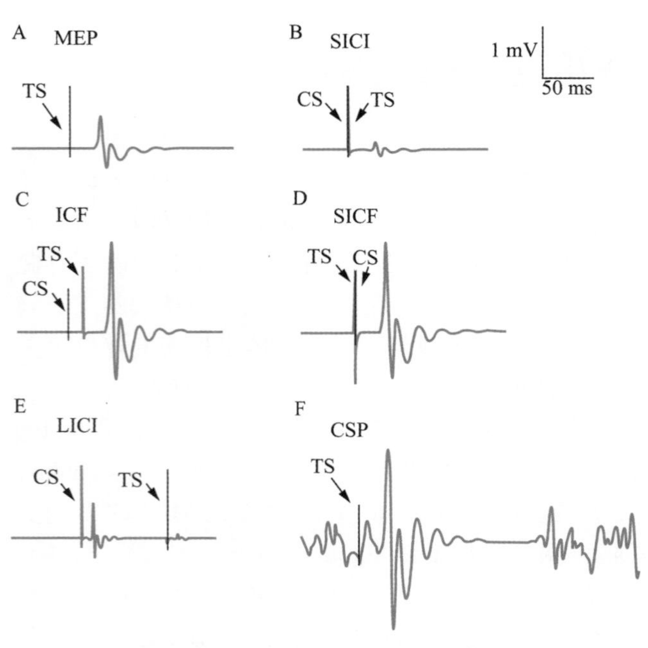

图 11-2-2 **TMS-EMG 范式示意图**

然而 TMS 至今仍主要用于大脑运动皮质的研究，这严重阻碍了 TMS-EEG 应用成果的推广和临床转化。众所周知，TMS-EMG 范式限于运动系统，MEP 不仅受大脑运动皮质机制的影响，亦受脊髓兴奋性和肌肉特性的影响。而联合 TMS 和 EEG 有助于研究大脑运动和非运动皮质功能状态，开发两者间相互作用的实验设计，包括在毫秒时间尺度上检查皮质-皮质的相互作用，正常及异常可塑性机制，兴奋及抑制机制间的相互作用。因此，TMS-EEG 极大扩展了 TMS-EMG 可获得的神经生理学信息，并能够探测几乎所有皮质和相关皮质网络的脑功能。

TMS-EEG 技术分两类：①皮质刺激的 TMS-EEG 技术：即 TMS 直接刺激大脑皮质，通过头皮 EEG 进行记录，记录的 EEG 信号主要为 TMS 诱发电位（TMS evoked potential，TEP）、皮质振荡，可以单脉冲刺激，也可以成对刺激。②感觉运动整合技术，即外周刺激与 TMS-EEG 结合的配对刺激技术。这些技术可以被用于健康人体的神经生理学研究，如：评价皮质抑制性和兴奋性、药理学研究、生理状态研究，还可以用于临床研究，具有巨大应用潜力。

1. TEP 技术 脉冲作用于皮质时，皮质下神经元出现锁时性去极化以及局部和远隔皮质网络的跨突触激活。该活动可通过放置在头皮上的 EEG 电极记录：突触电位总和产生在 EEG 信号中可见的一系列正向和负向偏转，称为 TMS 诱发电位 TEP。与 MEP 原理相同，TEP 是皮质反应性的测量指标；其波幅和潜伏期的变化反映了刺激区域皮质活性的变化。尽管 TEP 的精确来源仍有待确定，但认为其涉及大量皮质锥体神经元和中间神经元兴奋与抑制性突触后电位的时间及空间总和。

在皮质兴奋性的研究中，TEP 比 MEP 有优势。首先，TEP 在 M1 的阈下强度下是可测量的，这说明了该测量的灵敏性。其次，TEP 可以在局部和远隔离电极中被记录，有助于研究激活的跨皮质扩散。与 MEP 一致，TEP 对刺激强度、线圈方向以及大脑内诱发的电流方向敏感。TEP也对大脑状态敏感，如运动启动、警觉状态和刺激的皮质部位。此外，仅在刺激皮质的完整功能区后才会诱发TEP，这直接证明了TEP反映的是皮质活动，而非电或生理性伪差。TEP在个体的枕叶、顶叶、前运动区、运动区和前额叶区也具有高度重复性。

在M1区，TEP具有以下特征峰：N15、P30、N45、P55、N100、P180和N280。早期峰值（N15-P30）可能反映皮质兴奋性活动，而晚期峰值（N45-N100）与皮质抑制有关。与M1相比，DLPFC记录的TEP在P25、N40、P60、N100和P185处出现的峰值通常响应较小。其他非运动区的TEP特征没有DLPFC区明显。然而，现在已经确定，来自非运动区的TEP通常比M1区的振幅更低。

2. TMS诱发皮质振荡 皮质振荡研究主要集中于对TMS诱发的频域效应研究，因为TMS被认为与局部和远隔的皮质振荡相互作用。另外，TMS诱发的皮质振荡可用于研究**脑节律**的功能特异性，探测丘脑皮质回路。TMS-EEG可测量TMS脉冲直接诱发的频带活动，这被描述为振荡活动的瞬时相位校准，用于研究特定区域的自然频率或共振频率。另一方面，正进行的大脑振荡可能反映了短暂的大脑状态，这已被证明可决定TMS诱发的MEP振幅，例如，MEP振幅与TMS之前的β和γ活动相关。皮质振荡也为可塑性-诱发方案对健康受试者大脑活动的作用、临床人群特定治疗的影响以及特定振荡网络在临床疾病病理生理学中的作用提供了重要见解。近年来，TMS在不同大脑区域诱发的振荡特征已得到明确界定，例如：TMS在枕区引起α和γ振荡，顶区引起β振荡，前运动皮质引起β振荡和γ振荡，额区引起快β和γ振荡。

3. 感觉运动整合技术 感觉传入神经冲动抑制特定肌肉的运动反应，通常将非侵入性神经电刺激与TMS结合。TMS将磁脉冲递送至M1，后者通过突触使皮质脊髓神经元去极化，从而诱发在靶肌肉上记录的MEP。在TMS脉冲之前给予的非侵入性外周神经刺激可能会抑制或促进MEP，具体取决于神经与TMS脉冲之间的ISI。根据ISI的短和长，传入抑制存在两个时间依赖性阶段，称为短潜伏期传入抑制（short-latency afferent inhibition，SAI）和长潜伏期传入抑制（long-latency afferent inhibition，LAI）。SAI和LAI已被用作探测疾病中感觉运动功能和神经损伤后变化的工具，以促进我们对感觉运动控制的理解。SAI已被作为TMS-EEG结合外周刺激的方案，用于评价TEP与MEP的相关性。

4. TMS-EEG在健康人体神经生理学研究中的应用

（1）评估皮质抑制性和兴奋性的TMS方案

各种单脉冲和成对脉冲TMS-EMG技术能够评估M1的抑制和兴奋。这些方案也被用于TMS-EEG范式，并被扩展至M1以外，原理为：以EMG相关MEP振幅变化为指标的皮质内抑制或兴奋过程也可以通过TEP及TMS诱发的皮质振荡定量，包括4个方案，即LICI、CSP、SICI、ICF。另外，TMS-EEG结合外周刺激方案为短潜伏期传入抑制（short-latency afferent inhibition，SAI）。

1）LICI

Daskalakis及其同事首先证实，在M1和DLPFC行LICI，记录的皮质诱发EEG平均活动减少。他们发现，在CS后ISI为50～200 ms实施试TS诱发的平均EEG信号被显著抑制，并与在手部肌肉记录的MEP抑制呈强相关。研究TPE发现，M1区的LICI显著抑制P30、N45、N100和P180，但P70峰值增加；DLPFC区的LICI显著抑制N40、P60和N100。

2）CSP

由于依赖肌肉的激活，该测量范式限于M1区，但应用TMS-EEG评价皮质CSP的诱发反应时，发现CSP与EEG信号的几个方面相关，包括同侧M1区整体皮质诱发活动的波幅、M1区TEP的时程、N100和N280的波幅及局部和远隔区域δ至α频段的功率。这表明TEPs可以捕获CSP的电生理相关事件，且TMS-EEG可作为TMS-EMG的补充来研究长时程GABA能的抑制性。

3）SICI及ICF

TMS-EEG记录发现，单脉冲刺激与SICI的TEP振幅未见差异，而ICF与P30和N45振幅降低相关。SICI及ICF对M1的影响表现为对P30和P60的双向调节作用。具体而言，SICI降低了两种组分的幅度，而ICF则为放大作用，两种范式均导致N100增加。P60振幅的双向变化也可见于DLPFC。老年人（＞60岁）与年轻人（＜60岁）相比，SICI对N100的抑制作用及ICF对N45的增强作用均较小。这表明TMS-EEG成对脉冲范式对评估正常神经的老化过程较为敏感，有助于描述正常与病理性老化的特征。

4）SAI

SAI是指，应用正中神经电刺激联合TMS，在

M1 施加 TMS 之前的 20 ～ 25 ms，给予正中神经电刺激作为 CS，MEP 被抑制。M1 区的 SAI 主要与胆碱能和 $GABA_A$ 能神经回路相关。用 TMS-EEG 评估 M1 区的 SAI，发现 N100 波幅降低与 MEP 波幅降低相关，还可伴随 P60 波幅衰减和 β 频带事件相关谱扰动（event-related spectral perturbation，ERSP）的降低，但也有研究显示 N100 波幅增加与 MEP 波幅降低相关。在 DLPFC 区记录 SAI 时，当 ISI 为 N20 ＋ 4 ms，额叶的 TEP 功率可以被调节，表现为 P60 波幅降低和额区 N100 波幅增加。

5）小结

虽然成对脉冲的 TMS-EEG 评估方案刚起步，但应用过程中的皮质反应性电生理标志使研究者可以更深入地研究皮质的抑制 / 兴奋机制。这些范式与 TMS-EEG 的结合，使研究成对刺激对运动和非运动区皮质活动的作用成为可能。重要的是，该方法可绕过脊髓兴奋性（已知会影响 MEP 测量），直接评估皮质兴奋和抑制的机制。另一方面，还需要更多的研究去证实目前的发现，阐明 TMS-EEG 成对刺激与业已成熟的 TMS-EMG 成对刺激范式在多大程度上等效、互补或不同。

（2）TMS-EEG 在药理学研究中的应用

1）GABA 能活性的评价

Premoli 等比较了阿普唑仑（GABAAR 的 α1、α2、α3 和 α5 亚基）、唑吡坦（GABAAR 的 α1- 亚基）、地西泮（GABAAR 激动剂）和巴氯芬（GABABR 激动剂）对单脉冲刺激 TEPs 的影响。阿普唑仑、唑吡坦和地西泮增加对侧运动区 N45 的波幅，表明 GABAAR 亚单位 α1 活性对 N45 成分有贡献。与该结果一致，一种新型的突触外 α5-GABAAR 竞争型选择性拮抗剂，命名为 S44819，可降低 N45 波幅，表明 α5-GABAAR 介导的紧张性抑制亦对 N45 有贡献。

Premoli 等还发现了 N100 的双向调控，其中 GABAA 激动剂（阿普唑仑和地西泮）导致 N100 下降，GABABR 激动剂巴氯芬引起 N100 升高。GABA 能活性对人脑振荡活动的产生和介导至关重要，诱导振荡产生的早期同步化和晚期去同步化可能由不同的抑制机制介导。早期 α 频带同步化经 GABAAR 介导（唑吡坦、地西泮和阿普唑仑）增加，经 GABABR 介导（巴氯芬）降低，而 GABAAR 和 GABABR 的活性均增加晚期 β 频带去同步化，GABABR 激动剂（巴氯芬）增加晚期 α 频带去同步化。

Premoli 等还研究了 LICI 对 GABABR 和 GABAAR 介导皮质抑制的影响。研究显示，巴氯芬可增强 LICI 对 P180 的抑制作用，而地西泮可降低 P180 和 N100 的波幅。Salavati 等发现，巴氯芬可增强 DLPFC 区 LICI 的抑制作用。地西泮和巴氯芬对 M1 区 SICI 的作用结果显示双向调节，即摄入巴氯芬后 LICI 对 N100 的抑制作用增强，摄入地西泮后 N100 幅度降低。

2）其他药理学干预

除巴氯芬对 LICI 的作用外，卡巴拉汀可降低 LICI 对皮质诱发活动的抑制作用，表明其可能有助于减少异常升高的皮质抑制，左旋多巴增加 LICI 抑制的趋势不显著，而右美沙芬对 LICI 不具调节作用。左旋多巴和卡巴拉汀可增强成对关联刺激相关的皮质诱发活动，表明乙酰胆碱和多巴胺能调节剂均可增加 DLPFC 神经可塑性，而 NMDAR 拮抗剂右美沙芬可抑制成对关联刺激对 DLPFC 皮质诱发活动的增强作用。

两种最常用的抗癫痫药物拉莫三嗪和左乙拉西坦的分子机制不同，但均增加 N45 的波幅，并在系统水平抑制了 P180，这可以作为预测拉莫三嗪或左乙拉西坦单药治疗效果的标志物。

应用咪达唑仑诱导麻醉，早期 TEP 波幅增加，较长潜伏期（100 ms）TEP 的波幅降低，表明远距离皮质-皮质有效连接被破坏。TMS 诱发局部和整体的 EEG 反应复杂性低是丙泊酚（增强 GABA 神经传递）和氙气（增强 K ＋通道的电导率，NMDA 受体拮抗剂）的特征。另一方面，与生动的梦境体验相关的氯胺酮（NMDA 受体拮抗剂）产生与觉醒相似的复杂时间-空间 EEG 信号。这些结果表明，TMS 诱发的 EEG 反应对意识水平的变化高度敏感。

3）小结

尽管应用尚短，但药物 -TMS-EEG 已展示出很有前景的结果，并开辟了新的研究途径。一些研究深入分析了已知 TMS 范式（例如 LICI 和 SICI）的作用机制，并阐明所参与的神经递质活动，结果表明，对于 LICI 和 SICI 等抑制性指标，TMS-EEG 具有不同于 TMS-EMG 的敏感性。

（3）评估各种生理状态的神经生理学

在觉醒期，TMS 可诱导一种持续性反应，由反复的活动波构成，在高频（20 ～ 35 Hz）振荡后紧随慢（8 ～ 12 Hz）成分出现，持续至 300 ms。在 I 期睡眠，TMS 诱发的这种反应变得更强，但时程变短。随着进入非快速眼动期（non rapid eye movement，NREM），TMS诱发的脑反应发生显著变化，起始波的波幅加倍且持续时间更长，在此巨大波之后检测不到TMS的锁时活动。基于这些发现，提示在NREM期经胼胝体及远距离传递的效应连接中断。在快速眼动睡眠（rapid eye movement，REM）期，TMS诱发的脑反应与在觉醒期相似，前150 ms由一系列快速振荡组成。

应用咪达唑仑诱导麻醉与觉醒期TMS诱发的EEG反应相比，TMS诱发的大脑反应发生了显著变化，麻醉前后，作用于运动前区皮质（premotor cortex，PMC）的TMS脉冲诱发的EEG电活动由低波幅快活动变为高波幅低频活动，且在刺激后不久消失，因此皮质效应连接的破坏是咪达唑仑诱导麻醉的关键机制。

处于植物状态的患者，能睁眼、觉醒但无应答，TMS刺激诱发的脑反应类似于无意识、睡眠或麻醉状态下效应连接的破坏。相反，在微意识状态患者中，TMS可触发复杂的远隔皮质区激活。

综上所述，TMS-EEG可作为评价各种精神状态（如睡眠、觉醒、药物调控和植物状态）的神经生理学工具。

5. TMS-EEG的临床应用

（1）在精神系统疾病中的应用

在精神分裂症患者中，联合TMS-EEG刺激PMC，前100 ms内诱发的数个γ振荡出现延迟和波幅下降。包括PMC和感觉运动皮质在内的额中央区出现γ振荡波幅的衰减并非同步。此外，刺激PMC导致PMC和运动皮质之间信号扩散异常，可以解释为精神分裂症患者的额叶丘脑皮质环路紊乱。在精神分裂症、双相情感障碍患者及健康受试者中联合TMS-EEG测量LICI对振荡频率的作用，发现仅精神分裂症患者DLPFC区的特异性γ振荡抑制存在显著缺陷。γ振荡抑制缺陷可能代表了该疾病的候选内表型或生物标志物。

在情绪障碍中应用TMS-EEG，可以更好地了解不同抗抑郁治疗对神经功能的影响，并可能有助于确定对特定类型治疗有应答的患者。由于神经调控常被用于该类人群的临床治疗，因此TMS-EEG具有重要的临床应用价值，最终可能成为临床医疗设备的核心部分。未来的研究应侧重于比较不同神经调控治疗对TMS诱发活动的影响。

由于侵入性和非侵入性脑刺激技术均已被证明是治疗物质使用障碍（substance use disorders，SUD）较有前景的临床工具，应用TMS-EEG将更好地理解上述技术的神经效应。TMS诱发的TEP及振荡，可用于探索药物干预的潜力、监测随时间变化的脑可塑性、治疗的个体化及预测预后。TMS-EEG在孤独症谱系障碍（autism spectrum disorder，ASD）中的研究结果不一致，但近期研究显示TMS-EMG在探索ASD潜在的生理生物标志物方面——如皮质抑制性损伤，具有研究价值。对于注意缺陷多动障碍（attention deficit hyperactivity disorder，ADHD），TMS诱发的N100可作为ADHD运动–皮质抑制异常的标志物，可提供比MEP更多的信息。未来的研究应该关注DLPFC及认知抑制性任务，TMS-EEG将有助于揭示额区存在的抑制性缺陷。

（2）神经系统疾病

TMS-EEG的出现为癫痫研究开辟了新的途径。TMS可在癫痫患者中诱发出异常的EEG反应，包括癫痫样放电，对诊断和判断预后具有重大意义。在局灶性癫痫中，TMS-EEG能可靠识别致痫区，可提供与灰质异位存在特异性连接的皮质兴奋性证据。此外，被诱发出的异常TEP可用于癫痫的诊断，与目前可用的技术相比，灵敏度和特异性更高，并可预测抗癫痫药物治疗的应答性。rTMS-EEG可用来监测TMS刺激对癫痫样活动的影响，TMS对癫痫样放电的迅速消除作用可作为非侵入性或侵入性神经调控技术应答性的替代标志物。

在阿尔茨海默病（Alzheimer's disease，AD）和轻度认知功能障碍患者中进行的TMS-EEG研究数量有限且样本量较小，但应用该方法可更好地理解该神经退行性疾病中神经生理变化的演变，例如兴奋性和连接性的改变。最近关于新型非侵入性经颅脑刺激（non-invasive transcranial brain stimulation，NTBS）干预AD的研究——即应用楔前叶高频rTMS和DLPFC的成对关联刺激（paired-associative stimulation，PAS），已经明确证实TMS-EEG可作为NTBS诱导神经变化和神经可塑性的标志物。此外，TMS-EEG有助于阐明治疗AD药物对皮质兴奋性和连通性的药理学作用，如胆碱酯酶抑制剂。在AD患者中，传统TMS-EMG研究证实M1区与胆碱能活性相关的SAI发生了改变，而应用TMS-EEG研究前额叶SAI的变化，将获得更有意义的结果。

有关脑卒中的TMS-EEG研究很少，仅在小样本中进行。研究结果表明，TMS-EEG是治疗失语症的生物标志物，是脑卒中发生后M1产生可塑性变化的神经生理学指标。TMS-EEG 是比 TMS-EMG 及纵向监测神经功能变化更好的预后指标，但需要在更大的研究样本中证实。

TMS-EEG 在 PD 治疗，如：左旋多巴、脑深部电刺激（deep brain stimulation，DBS）、rTMS 以及 NTBS 技术潜在机制的研究方面潜力巨大。TMS-EMG 有助于理解 PD 患者的 M1 区异常，而 TMS-EEG 可提供有关神经生理学方面的进一步重要信息。TMS-EEG 亦可作为 PD 神经生理纵向变化的标志物，可揭示左旋多巴诱导运动障碍的潜在机制，可增加对认知障碍神经机制的理解，可探究 M1 以外的疾病相关皮质区域（如小脑）受累情况。

TMS-EEG 能够探测意识障碍状态下的丘脑皮质环路，在意识水平的评估中非常有效，并可能成为临床实践中的常规环节，但仍需技术简化和标准化。大样本研究有助于确定某些客观指标，如：扰动复杂性指数（perturbational complexity index，PCI）是否能作为诊断和预后可靠的标志物。此外，TMS-EEG 在亨廷顿病（Huntington’s disease，HD）和轻度创伤性脑损伤（Mild traumatic brain injury，mTBI）中也有较大应用潜力，但研究数量较少，还需进一步证实。

二、经颅磁刺激联合功能影像

（一）TMS-fMRI

同步 TMS- 功能磁共振成像（functional MRI，fMRI）的主要技术挑战包括：TMS 线圈产生的 MR 伪影和扫描仪中强大的静态磁场增加对线圈的作用力。TMS 脉冲产生的瞬时伪影非常强，但通常在 100 ms 内消退。为遏制 TMS 脉冲伪影，保护 MRI 头部线圈电子设备免受 TMS 脉冲引起的涡流干扰，建议将 TMS 线圈远离 MRI 头部线圈的表面。由于 MRI 扫描仪中的强大静态磁场，TMS 线圈中的电磁力增加至 2.5 倍，固需要使用特殊的机械强化 TMS 线圈。常规对称 8 字形线圈配置可以接受。在影像扫描中，TMS 的听力保护和噪声屏蔽比独立的 TMS 更为重要。为了确保准确的靶向性并减少振动，TMS 线圈必须用 MRI 兼容的支架固定。

（二）TMS-PET/SPECT

传统上，正电子发射计算机断层扫描（positron emission tomography，PET）用于脑活动血流量和葡萄糖代谢率的成像。因其能够通过对特定分子标记进行成像，例如多巴胺或无羟色胺及其受体，所以在未来，PET 可能发挥更重要的作用。由于 TMS 脉冲产生的磁场不与光子发射相互作用，因此在 PET 扫描仪中集成 TMS 的要求要小于同步 TMS-fMRI。与 TMS-fMRI 相比，脉冲不一定与扫描程序同步，为进行各种 rTMS 范示期间的在线成像提供了更多的灵活性。与 PET 相比，SPECT 的空间分辨率（1 cm）更低，扫描时间在 10 分钟至半小时之间。由于扫描时间较长，固 SPECT 与离线 TMS 配合使用。

（三）TMS-fNIRS

TMS 的血液动力学反应可以通过同步功能性近红外光谱技术（functional near-infrared spectroscopy，fNIRS）被显示。根据神经血管偶联原理，可以从血流动力学信号推断大脑中的神经活动。TMS-fNIRS 的优点包括：不存在 TMS 脉冲对光学信号的电磁干扰、时间分辨率优于 PET 和 fMRI、属于便携式小型成像设备、具有极佳的安全性。fNIRS 的主要缺点为：空间分辨率低（1 cm）和成像深度（浅表皮质）有限。除了这些特征，TMS 和 fNIRS 成功整合还需要考虑几个因素，应尽量减少头部 fNIRS 光学探头的厚度，以防止因线圈-皮质距离增加而导致 TMS 刺激强度降低。此外，与 TMS 线圈的机械接触和线圈的振动可能会干扰光学探针的位置，从而产生伪影。最后，TMS 不仅通过影响神经活动，还通过其他机制产生血液动力学变化，包括对脉管系统潜在的局部效应或整体唤醒效应。

三、导航及机器人引导下的经颅磁刺激

（一）nTMS 引导下的精准治疗

rTMS 治疗的精准定位并非均有必要，对于某些疾病，比如抑郁症，DLPFC 刺激对部位精准度要求不高。但对于癫痫、PD、疼痛等疾病，导航下精准的靶点刺激与根据脑电图 10-20 系统的粗略定位相比，疗效显著提高。粗略定位造成的手运动代表区定位误差可达 2 ～ 3 cm，因此推测某些患者 rTMS 疗效较差的部分原因与刺激部位欠准确有关。此外，在刺激过程中保持线圈定向稳定是使用导航系统的另一个原因。比如镇痛作用与在 M1 皮质浅层走行且与皮质表面平行、靠近中央沟的轴突激活有关。因此，为了 8 字形线圈优先刺激这些神

经纤维而产生镇痛作用，线圈的手柄必须保持前后方向，平行于纵裂。

（二）nTMS 引导下的皮质功能定位

1. 运动功能定位 美国 FDA 已批准影像引导下的 nTMS 用于术前运动皮质功能定位。MRI 扫描与预定的标记配准后，通过实时导航对皮质的特定区域直接激活，诱发相应的运动反应或 MEP。nTMS 确定的功能区与术中皮质电刺激比较，相关性在 2 ～ 6 mm 内，证明 nTMS 在定位初级运动皮质方面具有良好的准确性，可应用于手术计划和术中定位，从而保障安全、最大限度地切除运动区域内或附近的肿瘤。

基于功能性 nTMS 的 DTI 纤维追踪对锥体束的重建比标准解剖纤维束成像更可靠和准确。通过这种躯体感觉重建获得的解剖和功能细节能够对病变与部分运动纤维的空间关系进行术前初步评估，提高对肿瘤切除风险的预测。此外，基于 nTMS 的锥体束 DTI 纤维追踪可在术中作为直流电刺激定向和病变切除的指导。

2. 语言功能定位 nTMS 语言功能定位具有如下优点：①无创，可重复定位进行刺激；②结合影像学增加了靶点定位的精准度；③实时计算感应电场，定位线圈位置、线圈朝向及能量分布；④电生理实时同步监测及离线分析。nTMS 定位语言区的最敏感皮质在额下回、颞上回及缘上回，但诱发语言障碍的部位有明显的个体差异。在数据分析期间可对刺激部位设盲，因此能够对刺激效应进行无偏倚的离线分析。通过视频回放，更容易识别语义和语音性错语，还可于刺激后询问受试者 nTMS 诱导的体验和感觉。作业任务选择图片命名，该方法是利用 nTMS 进行语言功能测评最具有区分度的测评方法。

在健康受试者中进行语言评估时，nTMS 的空间分辨率可在脑回水平足够精确地评估与语言相关的皮质区域。但在患者中进行语言定位时，患者语言能力的差异可影响评估结果。虽然有国际指南可供参考，但 nTMS 的语言定位方案在各中心之间仍略有不同，妨碍了不同中心之间的结果比较。然而，刺激参数确实应个体化，如：刺激频率的调整有助于获得最佳的灵敏度，此外，刺激与呈现图片的时间为同步抑或延迟，前（67% 和 28%）、后语言区（92% 和 20%）的特异度变化幅度较大，特别是后语言区，而敏感度变化幅度很小（前：100% 和 100%；后：75% 和 70%）。

汇总当前文献，我们总结出 nTMS 定位语言功能区的理想参数如下：①测试之前认读图片 2 ～ 3 次；②图片呈现间隔：2500 ms；③图片呈现时间：700 ms；④刺激强度：同侧 rMT；⑤刺激频率及时长：5 Hz/5 个脉冲；⑥图片呈现与 TMS 触发时间：同步；⑦同一皮质区域至少非连续性重复 3 次。应用该参数，我们入选了 9 例耐药癫痫患者，均为右利手，以 Wada 试验结果作为语言优势侧检验的金标准，采用 Kappa 一致性检验评估 nTMS 的诊断价值。结果 nTMS 诱导双侧前语言区的语言功能障碍阳性率（85.7%）高于后语言区（57.1%）。左侧前、后语言区 nTMS 刺激与 Wada 试验结果高度一致。相反，右前、后语言转移部位刺激的一致性较低（Kappa 值 = 0.545，P = 0.171）。因此，nTMS 刺激左前、后语言区表现为阳性时，nTMS 与 Wada 试验同样准确，如仅观察到阴性表现时提示语言优势侧已转移至右侧。

（三）机器人辅助 TMS 系统

从工程学角度来看，机器人辅助 TMS 在准确性、可重复性方面优于手持式 TMS。从临床 / 神经科学的角度来看，刺激结果的稳定性和可比性更为重要。影响 TMS 治疗成功的因素很多，尚未完全了解，但关键因素是整个治疗过程中的刺激精度。由于头部运动，TMS 线圈的焦点可能在治疗期间产生位移。机器人 TMS 系统能跟踪和补偿头部运动位移，从而确保整个治疗过程的持续精准定位。

随着机器人辅助 TMS 的进一步发展，全自动 TMS 即将出现。将机器人辅助 TMS 与头皮表面电极记录结合时，可实现 rMT 估值的自动化热点搜索。一旦计算出 rMT，机器人将把线圈移动至计划的治疗靶点，设置刺激强度并开始刺激。力–扭矩–加速度传感器对自动化系统实时监测，并将确保其安全性。

四、经颅磁刺激在脑网络研究中的应用

双焦点 TMS 可用于精确研究皮质区域连接至 M1（空间分辨率约为 1 cm^2）的时间信息（毫秒量级），但仅限于运动系统，因为它依赖于可观察到的输出电位，例如运动诱发反应。相比之下，成像技术具有更好的空间分辨率，可探测 M1 以外的脑连接，但信息流方向的缺乏导致不能直接证明某些区域是否为执行给定任务所必需的，且 rCBF/BOLD 的改变与抑制或兴奋性神经网络的特定变化缺乏确定的关系（例如，抑制过程即可导致 BOLD 信号增加，亦可减少），所以不能区分信号变化为兴奋或是抑制性。

TMS 可与神经成像技术（如 fMRI 及 PET）以及 EEG 相结合，在功能成像研究中纳入因果关系，从而克服每种方法固有的局限性。TMS 可对特定皮质区域输入（即脉冲）或扰动，皮质间连接可通过神经成像或 EEG 进行可视化，其因果联系可用于探测“效应连接”。故而在 TMS 脉冲期可测量刺激部位及远隔脑区（皮质和皮质下）的神经元活动。同步 TMS-EEG 的时间分辨率高于 TMS-fMRI，而联合 TMS-fMRI 能够探测 EEG 无法识别的深部结构活动，如丘脑、基底节和小脑。

TMS 联合神经影像学的方法可以非同时（称为离线成像）或同时进行（称为在线或同步成像）。在离线方法中，首先应用 PET/fMRI 识别局部血流动力学具有显著变化且与任务相关的皮质区域，然后在同一任务执行过程中应用 TMS 扰动目标区域的神经活动。离线 TMS- 神经影像仅限于研究超出刺激期的延长期变化。通过该方式，可检测发生神经活动变化的给定区域是否亦为执行该任务所必需。相较而言，即时在线则需要 TMS-fMRI 同步应用，适于事件相关研究，可使用单脉冲或短脉冲 TMS（无延迟效应）。

TMS 联合神经影像、EEG 亦应用于临床领域，研究神经系统疾病脑连接的改变。TMS-EEG 显示，在 PD 患者中单侧丘脑腹外侧核手术损伤侧与完整侧相比，损伤侧 TMS 诱发的 β 振荡反应异常（减少）。联合应用 TMS-fMRI 显示抑郁症患者的脑连接存在异常，对于 DLPFC 的 TMS 反应性，参与情绪障碍的脑区活动更为突出。TMS-fMRI 亦被用于评估药物干预后脑网络中不同脑区之间由 TMS 诱导的活动变化。如拉莫三嗪可减少初级和次级运动区由 rTMS 诱导的 1 Hz 活动，但增加了与前额叶皮质（包括眶额和海马区）的连接。

参考文献

综述

1. Bortoletto M，Veniero D，Thut G，et al. The contribution of TMS-EEG coregistration in the exploration of the human cortical connectome. *Neurosci Biobehav Rev*，2015，49：114-124.
2. Caipa A，Alomar M，Bashir S. TMS as tool to investigate the effect of pharmacological medications on cortical plasticity. *Eur Rev Med Pharmacol Sci*，2018，22：844-852.
3. Chou YH，Ton That V，Sundman M. A systematic review and meta-analysis of rTMS effects on cognitive enhancement in mild cognitive impairment and Alzheimer's disease. *Neurobiol Aging*，2020，86：1-10.
4. Daskalakis ZJ，Farzan F，Radhu N，et al. Combined transcranial magnetic stimulation and electroencephalography：its past，present and future. *Brain Res*，2012，1463：93-107.
5. Holczer A，Németh VL，Vékony T，et al. Non-invasive brain stimulation in Alzheimer's disease and mild cognitive impairment-A state-of-the-art review on methodological characteristics and stimulation parameters. *Front Hum Neurosci*，2020，14：179.
6. Huang YZ，Sommer M，Thickbroom G，et al. Consensus：New methodologies for brain stimulation. *Brain Stimul*，2009，2：2-13.
7. Latorre A，Rocchi L，Berardelli A，et al. The use of transcranial magnetic stimulation as a treatment for movement disorders：A critical review. *Mov Disord*，2019，34：769-782.
8. Lefaucheur JP，Aleman A，Baeken C，et al. Evidence-based guidelines on the therapeutic use of repetitive transcranial magnetic stimulation（rTMS）：An update（2014-2018）. *Clin Neurophysiol*，2020，131：474-528.
9. Lefaucheur JP，André-Obadia N，Antal A，et al. Evidence-based guidelines on the therapeutic use of repetitive transcranial magnetic stimulation（rTMS）. *Clin Neurophysiol*，2014，125：2150-2206.
10. Pell GS，Roth Y，Zangen A. Modulation of cortical excitability induced by repetitive transcranial magnetic stimulation：influence of timing and geometrical parameters and underlying mechanisms. *Prog Neurobiol*，2011，93：59-98.
11. Rossi S，Antal A，Bestmann S，et al. Safety and recommendations for TMS use in healthy subjects and patient populations，with updates on training，ethical and regulatory issues：Expert Guidelines. *Clin Neurophysiol*，2020，24：S1388-2457（20）30514-9.
12. Rossini PM，Burke D，Chen R，et al. Non-invasive electrical and magnetic stimulation of the brain，spinal cord，roots and peripheral nerves：Basic principles and procedures for routine clinical and research application. An updated report from an I.F.C.N. Committee. *Clin Neurophysiol*，2015，126：1071-1107.
13. Silvennoinen K，Balestrini S，Rothwell JC，et al. Transcranial magnetic stimulation as a tool to understand genetic conditions associated with epilepsy. *Epilepsia*，2020，61：1818-1839.
14. Tsuboyama M，Kaye HL，Rotenberg A. Review of transcranial magnetic stimulation in epilepsy. *Clin Ther*，2020，42：1155-1168.
15. Valero-Cabré A，Amengual JL，Stengel C，et al. Transcranial

magnetic stimulation in basic and clinical neuroscience：A comprehensive review of fundamental principles and novel insights. *Neurosci Biobehav Rev*，2017，83：381-404.

原始文献

1. Babajani-Feremi A，Narayana S，Rezaie R，et al. Language mapping using high gamma electrocorticography，fMRI，and TMS versus electrocortical stimulation. *Clin Neurophysiol*，2016，127：1822-1836.
2. Badawy RA，Vogrin SJ，Lai A，et al. The cortical excitability profile of temporal lobe epilepsy. *Epilepsia*，2013，54：1942-1949.
3. Calvert GHM，McMackin R，Carson RG. Probing interhemispheric dorsal premotor-primary motor cortex interactions with threshold hunting transcranial magnetic stimulation. *Clin Neurophysiol*，2020，131：2551-2560.
4. Fox MD，Halko MA，Eldaief MC，et al. Measuring and manipulating brain connectivity with resting state functional connectivity magnetic resonance imaging（fcMRI）and transcranial magnetic stimulation（TMS）. *Neuroimage*，2012，62：2232-2243.
5. Gomez L，Cajko F，Hernandez-Garcia L，et al. Numerical analysis and design of single-source multicoil TMS for deep and focused brain stimulation. *IEEE Trans Biomed Eng*，2013，60：2771-2782.
6. Grehl S，Viola HM，Fuller-Carter PI，et al. Cellular and molecular changes to cortical neurons following low intensity repetitive magnetic stimulation at different frequencies. *Brain Stimul*，2015，8：114-123.
7. Kimbrell TA，Dunn RT，George MS，et al. Left prefrontal-repetitive transcranial magnetic stimulation（rTMS）and regional cerebral glucose metabolism in normal volunteers. *Psychiatry Res*，2002，115：101-113.
8. Krieg SM，Tarapore PE，Picht T，et al. Optimal timing of pulse onset for language mapping with navigated repetitive transcranial magnetic stimulation. *Neuroimage*，2014，100：219-236.
9. Shafi MM，Vernet M，Klooster D，et al. Physiological consequences of abnormal connectivity in a developmental epilepsy. *Ann Neurol*，2015，77：487-503.
10. Tarapore PE，Findlay AM，Honma SM，et al. Language mapping with navigated repetitive TMS：proof of technique and validation. *Neuroimage*，2013，82：260-272.
11. Valentin A，Arunachalam R，Mesquita-Rodrigues A，et al. Late EEG responses triggered by transcranial magnetic stimulation（TMS）in the evaluation of focal epilepsy. *Epilepsia*，2008，49：470-480.
12. Vitikainen AM，Salli E，Lioumis P，et al. Applicability of nTMS in locating the motor cortical representation areas in patients with epilepsy. *Acta Neurochir（Wien）*，2013，155：507-518.
13. Premoli I，Castellanos N，Rivolta D，et al. TMS-EEG signatures of GABAergic neurotransmission in the human cortex. *J Neurosci*，2014，34：5603-5612.
14. Daskalakis ZJ，Möller B，Christensen BK，et al. The effects of repetitive transcranial magnetic stimulation on cortical inhibition in healthy human subjects. *Exp Brain Res*，2006，174：403-412.

第 3 章 经颅直流电刺激

谢 青 王继先 姚小玲

第一节 经颅直流电刺激及其发展史

一、经颅直流电刺激的定义

经颅直流电刺激（transcranial direct current stimulation，tDCS）是一种无创性的脑电刺激技术，可以通过恒定、低强度直流电（1 ～ 2 mA）作用于脑部靶区从而调节大脑皮质神经元的活动。目前主要应用于康复医学科、神经精神科学领域相关疾病治疗，取得了不少有益的效果。

二、经颅直流电刺激发展史

在公元 43—48 年，罗马医生 Scribonius Largus 观察到将活的鱼雷鱼放在头痛患者的头皮上会引起突然的、短暂的昏迷并减轻疼痛。在 11 世纪后期，穆斯林医生 Ibn Sidah 建议在额骨上放鱼雷鱼来治疗癫痫病人。事实上，首次在实验中使用直流电刺激是在 Volta 和 Galvani 开发了第一个电池堆的实验之后才出现的。Volta 认识到，不同持续时间的电刺激可以引起不同的生理效应。在 1804 年，Giovanni Aldini 通过在头部施加电流，成功地治疗了忧郁症患者，并且他还采用现代科学方法，在尸体和刚被砍头不久的头颅上进行了初步实验，观察到刺激后面部肌肉出现收缩。在过去的两个世纪里，越来越多的研究者广泛地使用电流来治疗精神障碍。20 世纪 30 年代电休克疗法出现并开始用于患者的治疗，发现了可以通过强电刺激诱发癫痫活动。20 世纪 50 年代开始，这种脑刺激才在动物和人类身上开始进行系统的研究。一些动物研究直接将直流电应用于大脑皮质，Bindman、Purpura 和 McMurtry 等研究人员认为，比诱发动作电位所需电流要弱得多的直流电，能诱发自发性神经活动变化，这是直流电神经调节的特点。这一发现引导人们对 tDCS 神经调节作用的研究，期望缓解神经精神综合征。

第二节　经颅直流电刺激作用原理

一、对膜电位的作用

在离体生物学实验中，对于单个神经元，其在静息状态时的电位呈外正内负的特点，单极直流电阴极刺激神经元时，使细胞内正电荷向细胞外移动，造成跨膜电位减小，从而引起神经元去极化，产生兴奋作用；而单极直流电阳极刺激时，使细胞内负电荷向细胞外移动，造成跨膜电位增大，从而引起神经元超极化，产生抑制作用。在体实验中，通过测定运动诱发电位，发现阳极 tDCS 可以通过对神经元产生去极化作用从而增加运动皮质兴奋性，阴极 tDCS 则通过对神经元产生超极化作用降低运动皮质兴奋性。研究认为，直流电作用大脑皮质指定区域时，去极化和超级化量是相等的，如同一个锥体细胞的胞体和树突可发生相反的膜电位变化，胞体去极化的同时，树突可出现超极化，反之亦然。但在阳极 tDCS 作用下，由于树突发生超极化，但是胞体和轴突发生去极化，而轴丘始段是神经元产生动作电位的位置，所以轴丘始段去极化之后，整个细胞更容易放电，从而引起神经兴奋，而阴极刺激则相反。由于实验方式不同，体外、体内差异较大，造成实验结果不同，因此需要进一步深入研究 tDCS 的在体作用机制。

药理学研究表明，钠通道阻滞剂卡马西平和钙通道阻滞剂氟桂利嗪可以消除阳极 tDCS 产生的长期后效应和短期后效应，而 N- 甲基 -D- 天冬氨酸（N-methyl-D-aspartic acid，NMDA）受体拮抗剂右美沙芬对阳极和阴极 tDCS 产生的长期后效应均可以产生消除作用。该研究提示了 tDCS 通过调节钠通道和钙通道对膜电位极化产生作用。

也有研究者们认为，tDCS 的后效应可能是通过一些非突触机制共同改变神经膜功能而产生的。长时间的恒定电场，除了改变局部离子浓度外，还可以诱导跨膜蛋白电泳迁移，引起蛋白质的空间和构象变化，改变局部组织酸碱平衡。Stollberg 和 Fraser 的研究表明，在外加电场的作用下乙酰胆碱受体发生了迁移，这些证据支持跨膜蛋白或通道迁移的可能性。电解质溶液中弱酸解离所产生的 H^+ 和 OH^- 可通过诱导酸中毒或碱中毒来改变酸碱平衡，进而显著影响膜、受体和细胞功能。

二、对突触的作用

谷氨酸能神经元的钙依赖性突触可塑性被认为在 tDCS 促进神经可塑性机制中起着关键作用。NMDA 受体可以减弱阴极和阳极 tDCS 的后效应，与此同时，NMDA 受体可以通过信号编码（兴奋性突触传递）和诱导突触可塑性（导致突触强度的改变）两种方式发挥作用。此外，无论 tDCS 刺激极性如何，均可局部减少 γ- 氨基丁酸（γ-aminobutyric acid，GABA）的神经传递，也可能影响谷氨酸能神经元的可塑性。

有研究者在小鼠大脑 M1 区发现直流电刺激与重复的低频刺激（low frequency sitmulaition，LFS）突触激活偶合，并促进 BDNF 的分泌和 TrkB 的激活，从而诱导长时程突触增强。而 BDNF val66met 多态性部分影响活性依赖性 BDNF 分泌，从而损害人类和小鼠运动技能的获得。由于突触可塑性要求 M1 区 BDNF 分泌和 TrkB 激活，因此认为 tDCS 可能通过增强突触可塑性来改善运动技能学习。

三、对脑网络的作用

神经元网络对直流电场的响应比单个神经元更加敏感，tDCS 作用于 M1 区、前额叶皮质等的研究表明，tDCS 可干扰皮质和皮质下网络的功能连接同步性和振荡活动。

四、对脑血流的作用

有研究将 tDCS 作用于健康人的背外侧前额叶皮质（dorsolateral prefrontal cortex，DLPFC），发现在刺激期间，阳极 tDCS 引起与 DLPFC 紧密相连的脑区血流灌注增加，而阴极 tDCS 引起双侧丘脑、右侧额中回和颞叶内侧的血流灌注减少。尽管刺激期间和刺激后对皮质兴奋性的影响非常相似，但在这两个时间段，皮质灌注量变化明显不同，与刺激期间相比，刺激后皮质灌注量普遍减少。采用近红外光谱仪（near infrared spectrum instrument，NIRS）研究发现，tDCS 可以引起广泛的大脑血流灌注变化，这种变化不仅局限在电极下的区域，也会影响到大脑皮质的其他区域。

五、经颅直流电刺激的其他作用

研究发现阳极 tDCS 诱导的神经元兴奋会导致能量消耗，促进全身葡萄糖耐受，并降低神经激素轴的活性。因此，研究者认为 tDCS 不仅引起局部神经元的改变，而且可以影响由大脑调节的下游代谢系统。

tDCS 也可引起大脑中非神经元组织的变化，包括内皮细胞、淋巴细胞或胶质细胞等。另外，适当的电场会引起 β 淀粉样蛋白和其他病理蛋白质的构象发生改变，从而可能影响蛋白降解的敏感性。

此外，在缺血或能量衰竭的情况下，过度的膜去极化或轴突内 Na^{+}超载会导致 Ca^{2+}内流增加，tDCS 也可限制这种级联反应。总之，tDCS 可能影响中枢神经系统的多种病理过程，而不仅仅是神经元兴奋性的改变。

第三节 经颅直流电刺激治疗参数及操作

一、治疗参数

（一）电流极性

阳极 tDCS 通过对细胞膜产生去极化作用增加大脑皮质兴奋性，阴极 tDCS 则通过产生超极化作用降低大脑皮质兴奋性。不同疾病根据需要调整大脑皮质兴奋性的不同可以选择相应极性的电极作为靶电极。

（二）干预部位

基于计算机的人体模型研究中，分析了在健康人脑模型中改变表面电极位置对 tDCS 电流密度的影响。分析了以下电极分布：①阳极置于右侧 M1，阴极置于左侧眶上缘区域；②阳极置于右侧 M1，阴极置于左侧 M1；③阳极置于初级视觉皮质（V1），阴极置于顶点上方；④阳极置于 V1 上方，阴极置于左侧眶上缘区域；⑤阳极置于左侧 DLPFC 上方，阴极置于右侧眶上缘区域；⑥阳极置于右侧 DLPFC 上方，阴极置于左侧 DLPFC 上方。电极面积均为 5 cm×7 cm，电流大小均为 1 mA。发现阳极和阴极的最大皮质电流密度在 0.77 ～ 2.00 mA/cm^2 之间，最大值位于电极下方的组织内。最大皮质电流表面积在阳极处为 3.25 cm ～ 18.7 cm，阴极处为 3.06 cm ～ 16.8 cm。而对于“阳极置于右侧 DLPFC 上方，阴极置于左侧 DLPFC 上方”和“阳极置于初级视觉皮质（V1），阴极置于顶点上方”的电极组合，最大皮质电流的区域位于阴极和阳极电极片之间，这意味着阳极和阴极下的最大皮质电流表面密度没有明确的界限。

Nitsche 和 Paulus 通过将电流强度为 1 mA 的 tDCS 电极片放置在健康人头皮的不同部位（运动皮质-对侧前额，枕骨-运动皮质，枕骨-对侧前额，枕骨-运动皮质前区，运动皮质-对侧运动皮质，对侧前额-运动皮质后区），通过经颅磁刺激（transcranial magnetic stimulation，TMS）采集右侧小指外展肌的运动诱发电位（motor evoked potential，MEP）来测定运动皮质兴奋性改变，结果显示只有“运动皮质-对侧前额”组电极片的放置，才使运动皮质兴奋性具有显著的改善。提示电场与神经元结构的相互作用在直流电对神经元兴奋性的改变中起重要作用。

（三）电流强度

基于目前的人体试验数据显示，tDCS 的电流强度范围主要为 1 ～ 4 mA，较常见的为 1 ～ 2 mA，在此范围内受试者没有产生任何严重不良反应或不可逆的损伤。一项荟萃分析显示，tDCS 对于脑卒中后上肢运动功能的恢复，在电流密度、电荷密度上具有剂量依赖性。

tDCS 的后效应取决于电流强度和刺激持续时间。研究者采用电流强度为 1 mA 的 tDCS 刺激健康人，阳极置于运动皮质，阴极置于对侧前额，刺激持续时间为 1 ～ 5 min；另一个试验采用的电流强度在 0.2 ～ 1 mA 之间，刺激持续时间为 5 min，电极片的放置同前。结果显示，电流强度为 1 mA 的条件下刺激时间至少达到 3 min，或者 0.6 mA 的条件下刺激时间至少达到 5 min，才可以诱导出后效应。此外，无论是增加电流强度还是刺激持续时间，都会延长和加大后效应。

（四）电极片面积

采用MRI衍生的有限元人脑模型进行tDCS研究，tDCS的电流强度为1 mA，分别对面积为7 cm×7 cm、5 cm×7 cm、5 cm×5 cm和1 cm×1 cm的矩形电极片进行分析。在健康头部模型中，阳极置于M1上方，阴极置于对侧眶上缘，最大皮质电流密度在0.81～1.41 mA/cm^{2}之间。其中7 cm×7 cm电极方案的皮质电流密度最大。当电极的极性放置颠倒时，电流方向也发生180°颠倒。最大皮质电流密度的位置总是在电极区域内，基本上位于皮质运动区的上部。结果表明，当电极置于M1上方时，最大皮质电流表面积随电极面积的增加而增大。当电极置于对侧眶上缘上方时，最大皮质电流表面积在7 cm×7 cm、5 cm×7 cm和5 cm×5 cm电极方案之间没有太大变化（随着表面积的减小而略有减小），而1 cm×1 cm电极的最大皮质电流表面积仅减少到原来的1/4。

对于不同的电极尺寸，电流密度矢量分布遵循基本相同的过程和方向。在7 cm×7 cm和1 cm×1 cm电极方案之间观察到最大的差异，其中较大的电极表面积对应较少的焦点分布。电流密度的大小在整个组织中变化很大，并且电流密度在每个组织边界处出现阶梯式跳跃。最大电流密度值位于皮肤表面电极边缘附近。皮肤上的这些最大电流密度值仅限于小区域，不能反映皮肤上的平均电流密度值或沿皮肤的分流效应。研究中观察到平均最大皮肤电流密度随电极表面积的减小而增大，为了量化电流在皮肤上的分流情况，将平均最大皮肤电流密度除以最大皮质电流密度。与较大面积的电极相比，1 cm×1 cm电极的分流水平明显更高。1 cm×1 cm电极的分流水平范围在36.11～86.61，而较大面积电极的分流水平范围在8.7～14.5之间。

一项荟萃分析显示，tDCS对于脑卒中后上肢运动功能的改善程度与电极片面积呈负相关。目前临床研究中使用较多的标准tDCS电极片通常是5 cm×5 cm或5 cm×7 cm的矩形电极片。

（五）刺激持续时间

目前临床研究中采用的tDCS刺激持续时间最长为40 min，较常见的为5～30 min，且在电流强度小于4 mA的情况下，没有证据显示可产生不可逆的损伤。

tDCS的后效应与刺激持续时间之间的关系详见“（三）电流强度”。

二、操作方法

本操作方法主要针对传统双极tDCS。

（一）准备工作

1. 物品准备

（1）准备衬垫、绑带、接触介质（常见的为生理盐水）等物品；

（2）检查tDCS设备各组件，确保各组件无破损且处于正常运行状态；

（3）检查tDCS设备电量，确保电量充足。

2. 患者准备

（1）治疗前和患者或家属做好充分沟通，并且签署知情同意书；

（2）在治疗前，建议嘱咐患者洗澡、洗头，清洁治疗部位，如果治疗部位有油脂，应用医用酒精进行脱脂和清洁

（二）操作步骤

将衬垫浸泡适量生理盐水；根据不同的衬垫，将衬垫置于电极片下方或套在电极片外侧，进行固定；治疗前尽量拨开患者头发露出皮肤，以利于降低电极接触阻抗；将衬垫放置于患者治疗部位，并使用绑带进行固定；打开tDCS电源，设置刺激参数；治疗结束后关闭电源，再拆除治疗部位电极片；对电极片及衬垫进行清洗及消毒，确保下次正常使用。

三、注意事项

（1）整个治疗过程中，操作人员不应离开，患者如有不适（刺痛或出现电击反应等）、接触电阻变大或接触不良时，应立即停止治疗，请专业人员对电极片、电极线和刺激仪进行检测。

（2）在治疗的过程中应尽量保证电极不发生移位，避免造成灼伤。

（3）为防止灼伤患者，要根据电流强度和电极面积测算电流密度，确保不超过电流密度的安全范围。较大面积的电极通常能使患者治疗更舒适。使用带导电黏胶片的导电电极，在电极片下使用饱和

盐水浸泡的衬垫，均有助于避免电灼伤。

（4）电池电量不足时应及时充电。

（5）治疗前应与患者充分沟通，告知治疗时的反应，可能发生一些轻微的皮肤反应（如皮肤发痒、刺痛、被叮感等）、疲劳感、头痛、恶心等，如治疗结束后不缓解可以降低治疗强度、减少治疗时间或停止治疗。

（6）平时应做好对电极片、电极线和刺激仪、衬垫、绑带的维护，治疗前要再次检查。

（7）tDCS 设备不能和高频设备在同一个房间同时使用，以免受到高频电磁波的干扰发生危险或损坏设备。

第四节 经颅直流电刺激在神经精神疾病中的应用

tDCS 最初的研究主要集中在神经行为障碍方面，随着对 tDCS 研究的不断深入，其研究范围也愈加广泛，目前研究较多的临床疾病有疼痛、抑郁症、成瘾、帕金森病、脑卒中后运动障碍、失语、多发性硬化症、癫痫、意识障碍、阿尔茨海默病等。为了确定特定 tDCS 方案在特定治疗适应证中的疗效证据，一组受国际临床神经生理学联合会欧洲分会委托的欧洲专家，对 tDCS 的临床研究根据证据等级的高低进行分级（证据等级 A ～ C）并撰写了相应的循证指南（表 11-3-1）。

A 级推荐（“肯定有效或无效”）：尚未有证据对任何适应证提出 A 级建议。

B 级推荐（“很可能有效”）：(i) 纤维肌痛—阳极 tDCS 置于左侧 M1 区，阴极置于右眶上额叶；(ii) 非耐药性重度抑郁症—阳极 tDCS 置于左侧 DLPFC，阴极置于右眶上额叶；(iii) 成瘾性—阳极 tDCS 置于右侧 DLPFC，阴极置于左侧 DLPFC。

C 级推荐（“可能有效”）：脊髓损伤继发的慢性下肢神经性疼痛—阳极 tDCS 置于左侧 M1 区或疼痛对侧 M1 区，阴极置于阳极电极片放置脑区的对侧眶上额叶。

D 级推荐（“很可能无效”）：(i) 耳鸣—阳极 tDCS 置于左颞叶皮质，阴极置于右眶上额叶；(ii) 耐药性重度抑郁症—阳极置于左 DLPFC，阴极置于右眶上额叶。而 tDCS 的可能治疗效果是否具有临床意义，以及如何在治疗环境中最佳地实施 tDCS，仍有待阐明。

一、疼痛

tDCS 治疗疼痛的靶点通常是 M1 区、DLPFC 或偏头痛患者的 V1 区。在大多数研究中，阳极刺激应用于疼痛对侧半球的 M1 区（对于局灶性或单侧性疼痛）或优势（左）半球的 DLPFC（对于弥漫性疼痛，阴极常放置在对侧眶上缘）。在小部分研究中，M1 和 DLPFC 同时或先后被刺激，或阴极放置于预期皮质靶点上方的阳极位置，包括通过阴极刺激 V1 治疗偏头痛。

（一）纤维肌痛

有研究团队持续报道采用传统的“双极电极”或更聚焦的“多极电极”tDCS，将阳极置于左侧 M1 区或 DLPFC 具有明显镇痛效果。有不同的研究小组发现，与假刺激相比，左侧 M1 区的阳极 tDCS 刺激产生的镇痛效果更好。总的来说，这些研究报告了 tDCS 刺激结束后，疼痛强度平均减轻了 14% ～ 58%，这在干预结束后的 1 ～ 2 个月内仍然具有统计学意义。在肩部局灶性肌筋膜痛患者中，观察到 1 mA 阳极 tDCS 治疗 5 天后疼痛缓解持续时间不超过一周的短期效应。在纤维肌痛综合征患者的大多数 tDCS 研究中，疼痛缓解与生活质量的改善有关。因此，对于左侧 M1 区的阳极 tDCS 刺激在纤维肌痛患者中的镇痛作用提出 B 级推荐。然而，这种治疗方案引起的疼痛缓解强度的临床相关性仍存在争议。

（二）下肢痛

M1 区的阳极 tDCS 刺激在中枢或外周神经源性疼痛综合征中有镇痛作用，尤其是在下肢。对脊髓损伤继发的下肢神经源性疼痛患者，阳极 tDCS 置于疼痛部位的对侧脑区或左侧半球的镇痛效果，目前为 C 级推荐。对于 tDCS 的治疗参数推荐为电流强度 2 mA，电极尺寸 35 cm^2，刺激持续时间 20 min，疗程至少为 5 天。

另外，对于偏头痛、三叉神经痛、多发性硬化相关疼痛、肠易激综合征、颞下颌关节紊乱相关的

表 11-3-1 欧洲 2017 年基于证据的 tDCS 治疗指南

疾病	推荐等级
纤维肌痛	阳极置于左侧 M1 区很可能有效（B 级推荐）
脊髓损伤致	
下肢痛	阳极置于疼痛部位对侧 M1 区或左侧 DLPFC 可能有效（C 级推荐）
偏头痛	阴极置于 V1 区域，或阳极置于 M1 区（不能做出推荐）
非耐药性重度抑郁症	阴极置于右眶上额叶，阳极置于左侧 DLPFC 很可能有效（B 级推荐）
非耐药性重度抑郁症	阳极置于左侧 DLPFC，阴极置于右侧 DLPFC（不能做出推荐）
耐药性抑郁症	阴极置于右眶上额叶，阳极置于左侧 DLPFC（不能做出推荐）
耐药性抑郁症	阳极置于左侧 DLPFC，阴极置于右侧 DLPFC（不能做出推荐）
精神分裂症	阳极置于左侧 DLPFC，阴极置于左侧颞顶叶交界处（不能做出推荐）
精神分裂症	阳极置于左侧前额叶，阴极放于右侧前额叶（不能做出推荐）
精神分裂症	阳极置于左侧 DLPFC，阴极置于右侧眶上缘（不能做出推荐）
成瘾	阳极置于右侧 DLPFC，阴极置于左侧 DLPFC 很可能有效（B 级推荐）
PD 运动症状	阳极置于 M1，或置于小脑（不能做出推荐）
PD 非运动症状	阳极置于身体受损严重侧的对侧 DLPFC（不能做出推荐）
阿尔茨海默病	阳极置于左侧 DLPFC 改善认知（不能做出推荐）
阿尔茨海默病	阳极置于一侧半球的颞顶叶区，阴极置于脑外区域（不能做出推荐）
卒中后运动障碍	阳极置于同侧 M1 或 / 和阴极置于对侧 M1（不能做出推荐）
卒中后失语	阳极置于 Broca 和 Wernicke 区，或阴极置于 Broca 区的右侧同源区或在两个额下回或 DLPFC 使用双半球刺激（不能做出推荐）
MS 所致疲劳	双侧运动皮质、感觉皮质、左侧 DLPFC（不能做出推荐）
癫痫	阳极置于致痫灶（不能做出推荐）
意识障碍	阳极置于左侧 DLPFC（不能做出推荐）
耳鸣	阳极置于左颞顶叶皮质可能无效（B 级推荐）
耳鸣	阳极置于右侧 DLPFC，阴极 tDCS 置于左侧 DLPFC（不能做出推荐）

疼痛、慢性腰痛的 tDCS 治疗，该循证指南中并没有给出等级推荐。而对于偏头痛的治疗，在最新发表的荟萃分析中显示，采用 1 mA 或 2 mA 的 tDCS 连续治疗 4 周以上，阳极刺激的研究以 M1 区、DLFPC 为靶区，阴极刺激的研究以初级视觉皮质（Oz）为靶区，均可有效降低偏头痛的疼痛强度，由于该项分析仍存在异质性和小样本量的局限性，因此，仍需要多中心、大样本量研究进行验证。

二、精神心理疾病

（一）抑郁症

使用 tDCS 治疗抑郁症的理论基础是抑郁症患者对左、右背外侧和腹内侧前额叶皮质、杏仁核和海马体的功能和结构异常的认识。非侵入性脑刺激（non-invasive brain stimulation，NIBS）技术的目的是使两个 DLPFC 区域之间的神经元活动的半球间不平衡正常化。

tDCS 治疗抑郁症目前的方法是通过阳极刺激增强左侧 DLPFC 的神经活性和（或）通过阴极刺激降低右侧 DLPFC 的神经活性。tDCS 的神经影像学和计算机建模研究表明，tDCS 主要影响大脑深层结构，如杏仁核、海马体和膝下皮质。Fregni 等人首次描述了左侧 DLPFC 的阳极 tDCS 刺激具有抗抑郁作用，使用的研究方案是 20 min 的 1 mA 阳极 tDCS 刺激左侧 DLPFC，阴极刺激右侧眶上缘。而随后的研究支持使用阴极 tDCS 放置于右侧 DLPFC，使用更长刺激时间（30 min）以及更大电流强度（2 mA）。然而，仍然没有明确的证据表明增加刺激持续时间和电流强度必然会提高治疗效果和延长后效应。在SELECT-tDCS试验中，tDCS与盐酸舍曲林（50 mg/d）的联合应用优于单独的每种治疗或安慰剂，这表明tDCS与抗抑郁药物治疗存在促进作用。tDCS的作用可能通过对位于大脑深部结构的5-羟色胺能和去甲肾上腺素能神经元的药理学调节介导，尽管它们不直接接受tDCS产生的表面电流的影响。另外，5-羟色胺能可增强阳极tDCS的神经可塑性效应，从而产生协同效应。

鉴于目前的证据水平，对有药物或无药物治疗的非耐药性重度抑郁症患者，选择将阴极放置于右眶上额叶，阳极放置于左侧DLPFC，电流强度为2 mA，持续时间为20～30 min，每天治疗1次，至少治疗10次的方案作为B级推荐。然而，对耐药性抑郁症患者，该治疗方案不能做出推荐。对于阳极置于左侧DLPFC，阴极置于右侧DLPFC的治疗方案，由于独立研究数据证据不足，尚不列入推荐。

（二）药物滥用和成瘾

对酒精、可卡因、强效可卡因或吸烟成瘾的患者进行研究发现，将阳极tDCS放置于右侧半球（F4），阴极放置于左侧半球（F3），每天重复接受相同类型的tDCS治疗，无论是对生活质量还是对渴望得分的影响都表现出积极的效应。根据两个独立团队发布的四项阳性研究可以提出：双半球tDCS刺激DLPFC（右侧阳极＋左侧阴极）可减少各种类型成瘾患者的渴望（B级推荐）。

（三）精神分裂症

精神分裂症的药理学治疗和研究发展已经相对成熟，但大多数接受治疗的患者仍有致残症状，如听觉言语幻觉（auditory verbal hallucinations，AVH）和各种阴性症状（如意志消沉、精神性失语症、情绪退缩）。神经影像学和神经生理学研究表明，这些难治性症状可能与额颞叶连接性障碍有关。阴性症状和AVH与双侧DLPFC的大脑活动减弱有关，而在AVH患者中观察到左颞顶叶区域的过度活动。基于阳极tDCS刺激具有兴奋作用，阴极tDCS刺激具有抑制作用的概念，假设对精神分裂症患者采取阳极tDCS刺激左侧DLPFC，阴极刺激左侧颞顶叶交界处，可能减轻他们的阴性症状和AVH。同样地，将tDCS电极放置于双侧前额叶区域（左侧阳极和右侧阴极）可能减轻阴性症状。但由于研究的样本量较小，无法对tDCS的有效性做出推荐。

三、神经退行性疾病

（一）阿尔茨海默病

目前tDCS已被广泛应用于神经心理学研究，以影响健康人或各种神经精神疾病患者的认知和行为特征，如注意力、记忆力和工作记忆力、计算力、决策能力等。因此，人们对tDCS在调节认知障碍如阿尔茨海默病（AD）的心理过程方面的治疗潜力有很大的期望。

研究的主要靶区是左侧DLPFC，旨在通过阳极tDCS激活以改善认知能力。双侧颞顶叶区域也是tDCS改善认知的靶点，一般将阳极tDCS置于一侧半球的颞顶叶区，阴极置于脑外区域（三角肌）。但由于缺乏循证证据，无法对tDCS改善AD认知功能提出建议。

（二）帕金森病

在晚期帕金森病（PD）中，出现震颤、运动障碍、步态和姿势障碍、认知障碍和常规治疗难以克服的非运动症状给治疗带来了挑战。深部脑电刺激（DBS）的成功和对PD病理生理学的理解的进步，使人们对NIBS技术作为一种替代治疗手段产生了兴趣。PD运动症状的tDCS治疗方案包括：阳极tDCS置于运动和前额叶皮质、阳极tDCS置于M1区、阳极tDCS置于小脑，对步态改善有一定作用。PD非运动症状的tDCS治疗方案包括：阳极tDCS刺激左侧DLPFC、阳极tDCS刺激左侧颞顶叶皮质，可能对认知有一定作用。虽然目前的研究表明，这些方案对PD患者的运动和非运动症状有潜在的影响，但由于靶向区域或结果测量的异质性等原因，没有足够的证据表明其确切的效果。

四、脑卒中

（一）卒中后运动障碍

脑卒中后皮质刺激的基本原理是促进病灶周围和病灶对侧半球的同源区域的神经可塑性。功能性磁共振成像（functional magnetic resonance imaging，fMRI）研究显示，脑卒中后的前3天，病灶侧脑区的活动减少，而10天后，病灶周围和对侧半球同源区域的脑区活动增加。当运动功能改善时，健侧脑区的活动恢复到接近正常的水平，但当明显的临床损伤持续存在时，健侧脑区的活动处于持续增高状态。采用TMS测试时，运动阈值升高和MEP波幅降低表明，最初的同侧脑区活动减弱与同侧皮质脊髓兴奋性降低有关。这导致健侧皮质脊髓兴奋性的增加，这是由于从同侧M1到对侧M1的半球间抑制减弱，进而增加了从对侧M1到同侧M1的半球间抑制，并进一步降低了同侧皮质脊髓兴奋性。因此，tDCS治疗的目的是通过提高同侧M1兴奋性或降低对侧M1兴奋性，或双侧半球同时进行tDCS刺激调节兴奋性。

目前，大部分tDCS研究集中在手或上肢M1代表区，也有部分研究针对脑卒中后吞咽障碍或下肢运动功能障碍。然而，不同研究的刺激参数（tDCS电流强度、电极极性和持续时间）、疗程、随访时间以及结局评估方面存在一定差异。tDCS是否能够促进脑卒中后运动功能的恢复仍然需要在大型、多中心的随机对照试验中进行验证，包括多疗程和长期随访。根据目前的数据，只能确定预测tDCS疗效的一些趋势。tDCS与其他疗法如虚拟现实训练、作业疗法、机器人辅助训练或强制运动训练可以产生协同效应，使tDCS的效果达到有临床意义的水平。临床实践中的主要挑战之一是优化tDCS和康复疗法的组合方法，以产生最大的协同作用，即通过康复疗法的作用提高tDCS的疗效，反之亦然。在今后的实验设计中还应该考虑到刺激参数（部位、电流强度、持续时间）、卒中分期（急性期、急性期后、慢性期）、临床损害程度，更重要的是脑卒中病变部位和程度的影响。在临床研究中，需要对患者进行适当的选择，并在基线时仔细评估各种解剖功能参数。有一些研究纳入了严重的皮质卒中患者，这类患者不能对tDCS作出应答，治疗方案中也没有考虑到要根据卒中后脑的可塑性变化来设计刺激的位置和改变治疗方案。虽然目前不能对tDCS治疗卒中后运动障碍做出推荐，然而，随着临床应用的推广及各项研究的不断深入，在未来还是具有较大的临床应用前景。

（二）卒中后失语

一般来说，受损左半球的残存语言区域和完整右半球之间的大脑半球间竞争是tDCS语言治疗的基础。有研究者认为，特别是在左半球损伤患者中，对侧右半球同源区域可能处于异常高的激活状态，并可能对受脑卒中影响的半球产生抑制作用。因此，语言功能的改善可能是通过兴奋性（阳极）tDCS刺激增加左半球的输出，而通过抑制性（阴极）tDCS刺激减少来自完整右半球的抑制，或两者兼有。

在Broca和Wernicke区域使用阳极tDCS，在Broca区的右侧同源区使用阴极tDCS，或者在两个额下回使用双半球刺激，均报告了一些有益的结果。然而，证据水平不足以证实这些研究方案在脑卒中后失语症的康复中的疗效或治疗潜力。此外，这些tDCS治疗方案之间缺乏直接的比较。因此，需要进一步的研究来确定哪些刺激参数（如阳极或阴极、单半球或双半球刺激、刺激强度、刺激持续时间、刺激时间间隔等）可以最大限度地提高tDCS对言语和语言功能恢复的影响。大多数研究都是病例报告或者样本量较小，其中一些研究没有监测刺激期间和刺激后随着时间推移所获得的改善。需要大规模、多中心随机对照试验来验证这些结果，并评估不同的结果测量指标，例如日常交流能力的标准化测试。如果在较大样本量的失语症患者中证实了tDCS对脑卒中后失语症恢复的促进作用，则应该明确日常生活中使用的刺激参数，以及脑卒中后开始治疗的最佳时间、失语症的类型（非流利性、流利性，或两者兼有）以及伴随的言语和语言治疗。

五、其他疾病

（一）癫痫

癫痫是大脑神经元突发性异常放电，导致短暂的大脑功能障碍的一种慢性疾病，尽管NIBS技术旨在改变大脑皮质的兴奋性，但其在癫痫中的治疗作用尚不明确。一些研究发现，将阴极tDCS置于皮质发育不良所致的局灶性癫痫患者的致痫灶中，或置于最受影响脑区对侧的颞区（T3或T4），可降低癫痫灶的放电频率，临床发作次数也呈现下降的趋势。但由于研究的可比性较差，无法对tDCS治疗任何类型癫痫的潜在疗效提出建议。

（二）多发性硬化

对于多发性硬化（multiple sclerosis，MS），tDCS研究主要集中在MS所致疲劳。疲劳是MS患者中非常常见的症状，具有复杂的病理生理，混合了与疾病本身相关的病理改变以及各种可能使用到NIBS技术的共病。研究方案在不同的研究中差异很大，例如大脑皮质上的靶区，即双侧运动皮质、双侧感觉或感觉运动皮质或左侧DLPFC。tDCS在MS领域的研究较少，鉴于研究方法的异质性，以及结果的不一致，不能对tDCS治疗MS提出任何建议。

（三）意识障碍

意识障碍，如最小意识状态（minimally conscious state，MCS）和植物状态（vegetative state，VS），是极具挑战性的临床疾病状态。由于目前对意识障碍治疗的局限性，研究者们通过对意识障碍的患者采用tDCS治疗，期望获得具有临床意义的治疗方法。有研究将阳极tDCS放置于左侧DLPFC，阴极放置于右半球同源区域或右眶额皮质，可以使MCS患者获得一定程度临床上的改善，而对持续性VS和昏迷患者没有显著影响。在意识障碍患者中，特别是MCS患者，将tDCS置于左侧DLPFC的治疗方案已经显示出了有益的效果。然而，目前报告的数据是在小样本量中获得的，结局测量指标不同，包括临床或功能连接变量。因此，仍无法提出任何建议，尤其是关于治疗的电流强度、治疗次数和临床特征等。

（四）耳鸣

神经影像学显示耳鸣患者听觉皮质的振荡性大脑活动、连接和代谢存在异常。这些听觉皮质区域的变化导致了这样一个假设：通过刺激大脑来调节这些异常，可以治疗耳鸣。在最初的研究中，采用1 mA电流强度进行阳极tDCS刺激左颞叶皮质，对刺激后即刻和1 h内的耳鸣响度有显著影响，长期刺激也可减少患者的耳鸣。然而在随后的研究中，无论是同时将tDCS置于双侧颞叶皮质，还是单侧皮质，都得出了较多的阴性结果。根据重复的阴性结果，可以得出结论，有一定程度的证据（D级推荐）支持左颞顶叶皮质的阳极tDCS刺激可能对缓解慢性耳鸣无效。耳鸣的另一个tDCS刺激靶区是DLPFC，其缓解耳鸣的理论基础是基于神经影像学研究表明额叶参与了耳鸣的病理生理过程，并且研究也报告了tDCS刺激DLPFC在治疗严重抑郁症方面（耳鸣常见的合并症）的临床益处。但由于目前的研究仍处于初步阶段，因此无法针对tDCS作用于DLPFC的方案对减少慢性耳鸣患者的不适或响度方面的潜在效果提出建议。

总而言之，tDCS对耳鸣的影响并不直接，取决于所采用的方案，并且未在大型多中心随机对照研究中进行验证。

参考文献

综述

1. Bikson M，Grossman P，Thomas C，et al. Safety of transcranial direct current stimulation：Evidence based update 2016. *Brain Stimulation*，2016，9：641-661.
2. Lefaucheur JP，Antal A，Ayache SS，et al. Evidence-based guidelines on the therapeutic use of transcranial direct current stimulation（tDCS）. *Clinical Neurophysiology*，2017，128：56-92.
3. Nitsche MA，Müller-Dahlhaus F，Paulus W，et al. The pharmacology of neuroplasticity induced by non-invasive brain stimulation：building models for the clinical use of CNS active drugs. *The Journal of Physiology*，2012，590：4641-4662.
4. Cai GS，Xia Z，Carvet L，et al. A systematic review and meta-analysis on the efficacy of repeated transcranial direct current stimulation for migraine. *Journal of Pain Research*，2021，14：1171-1183.

原始文献

1. Binkofski F，Loebig M，Jauch-Chara K，et al. Brain energy consumption induced by electrical stimulation promotes systemic glucose uptake. *Biological Psychiatry*，2011，70：690-695.
2. Ruohonen J，Karhu J. tDCS possibly stimulates glial cells. *Clinical Neurophysiology*，2012，123：2006-2009.
3. Pelletier SJ，Lagacé M，St-Amour I，et al. The morphological and molecular changes of brain cells exposed to direct current electric field stimulation. *The International Journal of Neuropsychopharmacology*，2014，18：pyu090.
4. O'Connell NE，Wand BM. Transcranial direct current brain stimulation for chronic pain. *BMJ*，2015，350：h1774.
5. Kellaway P. The part played by electric fish in the early history of bioelectricity and electrotherapy. *Bulletin of the History of Medicine*，1946，20：112-137.
6. Bini L. Professor Bini's notes on the first electro-shock experiment. *Convulsive Therapy*，1995，11：260-261.
7. Bindman LJ，Lippold OC，Redfearn JW. Long-lasting changes in the level of the electrical activity of the cerebral cortex produced by polarizing currents. *Nature*，1962，196：584-585.
8. Jaffe LF. Electrophoresis along cell membranes. *Nature*，1977，265：600-602.
9. Gluckman BJ，Neel EJ，Netoff TI，et al. Electric field suppression of epileptiform activity in hippocampal slices. *Journal of Neurophysiology*，1996，76：4202-4205.
10. Rahman A，Reato D，Arlotti M，et al. Cellular effects of acute direct current stimulation：somatic and synaptic terminal effects. *The Journal of Physiology*，2013，591：2563-2578.
11. Kabakov AY，Muller PA，Pascual-Leone A，et al. Contribution of axonal orientation to pathway-dependent modulation of excitatory transmission by direct current stimulation in isolated rat hippocampus. *Journal of Neurophysiology*，

2012，107：1881-1889.

12. Stagg CJ，Lin RL，Mezue M，et al. Widespread modulation of cerebral perfusion induced during and after transcranial direct current stimulation applied to the left dorsolateral prefrontal cortex. *The Journal of Neuroscience*，2013，33：11425-1131.
13. Takai H，Tsubaki A，Sugawara K，et al. Effect of transcranial direct current stimulation over the primary motor cortex on cerebral blood flow：A time course study using near-infrared spectroscopy. *Advances in Experimental Medicine and Biology*，2016，876：335-341.
14. D'Angelo E，Rossi P. Integrated regulation of signal coding and plasticity by NMDA receptors at a central synapse. *Neural Plasticity*，1998，6：8-16.
15. Fritsch B，Reis J，Martinowich K，et al. Direct current stimulation promotes BDNF-dependent synaptic plasticity：Potential implications for motor learning. *Neuron*，2010，66：198-204.
16. Polanía R，Nitsche MA，Paulus W. Modulating functional connectivity patterns and topological functional organization of the human brain with transcranial direct current stimulation. *Human Brain Mapping*，2011，32：1236-1249.
17. Polanía R，Paulus W，Antal A，et al. Introducing graph theory to track for neuroplastic alterations in the resting human brain：a transcranial direct current stimulation study. *Neuroimage*，2011，54：2287-2296.
18. Polanía R，Paulus W，Nitsche MA. Modulating cortico-striatal and thalamo-cortical functional connectivity with transcranial direct current stimulation. *Human Brain Mapping*，2012，33：2499-2508.
19. Keeser D，Meindl T，Bor J，et al. Prefrontal transcranial direct current stimulation changes connectivity of resting-state networks during fMRI. *The Journal of Neuroscience*，2011，31：15284-15293.
20. Kurimori M，Shiozawa P，Bikson M，et al. Targeting negative symptoms in schizophrenia：results from a proof-of-concept trial assessing prefrontal anodic tDCS protocol. *Schizophrenia Research*，2015，166：362-363.
21. Pal N，Maire R，Stephan MA，et al. Transcranial direct current stimulation for the treatment of chronic tinnitus：A randomized controlled study. *Brain Stimulation*，2015，8：1101-1107.
22. Palm U，Schiller C，Fintescu Z et al. Transcranial direct current stimulation in treatment resistant depression：a randomized double-blind，placebo-controlled study. *Brain Stimulation*，2012，5：242-251.
23. Allman C，Amadi U，Winkler AM，et al. Ipsilesional anodal tDCS enhances the functional benefits of rehabilitation in patients after stroke. *Science Translational Medicine*，2016，8：330re1.
24. Dubois PE，Ossemann M，de Fays K，et al. Postoperative analgesic effect of transcranial direct current stimulation in lumbar spine surgery：a randomized control trial. *The Clinical Journal of Pain*，2013，29：696-701.
25. Ljubisavljevic M，Maxood K，Bjekic J，et al. Long-term effects of repeated prefrontal cortex transcranial direct current stimulation（tDCS）on food craving in normal and overweight young adults. *Brain Stimulation*，2016，9：826-833.

第 4 章　脊髓电刺激

李路明　樊碧发

第一节　脊髓电刺激的概述

1967 年，Shealy 医生首次将脊髓背柱电刺激治疗用于肺癌晚期胸腹痛患者，开创了脊髓电刺激（spinal cord stimulation，SCS）治疗的先河（图 11-4-1），自那时起，SCS 被誉为转化研究的典范。

目前，全球每年大约有 8 万例患者接受脊髓电刺激治疗，大部分为治疗慢性顽固性疼痛。

1965 年，Melzack 和 Wall 在《科学》杂志上发表了疼痛的“闸门控制理论”（图 11-4-2），描述了在疼痛通路中神经系统的兴奋性和抑制性神经元之间的关系，可简单描述为当粗神经纤维（L，如 Aβ 类神经纤维）激活时，会促进脊髓背角第Ⅱ板层胶状质中的抑制性中间神经元（IN）放电，进而抑制初级中枢传递细胞（T），“闸门”关闭，最终抑制细神经纤维（S，如 C 和 Aδ 类神经纤维）疼痛信号的上传。

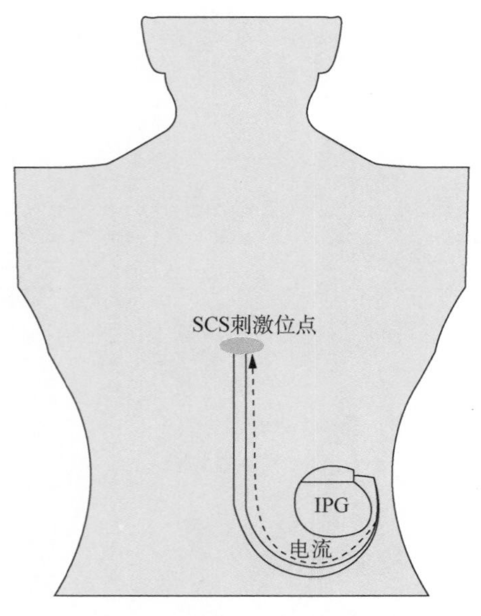

图 11-4-1　**脊髓电刺激疗法示意图**

受 Melzack 和 Wall 的“闸门控制理论”的启示，克利夫兰大学医院的 Norman Shealy 医生描述了使用电流来调节神经系统以改变对疼痛的感知。Shealy 开发了一种脊髓背柱刺激电极，对猫进行 50 Hz 电流刺激后，疼痛刺激被抑制；之后在人体试验中，对一名因癌性胸痛患者进行脊髓背柱的蛛网膜下腔刺激，疼痛症状得到缓解。在 1967 年，Shealy 首次

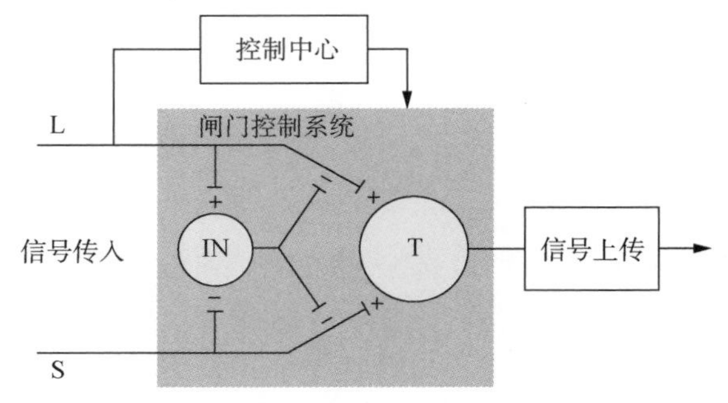

图 11-4-2　**疼痛的闸门控制理论简图**（改编自参考文献中的综述 5）

报道了脊髓电刺激治疗癌症晚期疼痛。

自 20 世纪 80 年代末 90 年代初以来，随着硬膜外脊髓电刺激技术的成熟，脊髓电刺激技术得到迅猛发展，其适应证也逐渐扩大，如治疗顽固性心绞痛和周围血管性疾病、慢性意识障碍等。近年来，随着植入电刺激设备的改进及对慢性疼痛感觉、情感、认知、社会等多维度认知的深入，脊髓电刺激的研究和应用日益增多，受到广泛关注。

1989 年，美国 FDA 批准脊髓电刺激用于治疗疼痛。2003 年 10 月，中日友好医院疼痛科用完全式植入脊髓电刺激系统治疗顽固性臂丛神经痛获得成功，开中国大陆脊髓电刺激技术之先河。

第二节　脊髓电刺激镇痛的机制

脊髓电刺激根据刺激频率的不同可分为传统 SCS（traditional or tonic SCS）、高频 SCS（大于 1000 Hz 的 SCS，包括 10 kHz 的 SCS）和簇状 SCS（burst SCS）；根据刺激部位的不同又可以分为脊髓刺激和背根神经节刺激（dorsal root ganglion stimulation，DRGS）。

由于刺激频率和刺激部位的不同，其作用机制存在差异，故分而述之。

一、传统 SCS 镇痛作用机制

脊髓电刺激镇痛的作用机制有很多，包括脊髓闸门控制理论、一些神经递质和调质的调节以及下行抑制和易化系统的调节等。

（一）脊髓闸门控制理论

感觉神经纤维根据直径大小、有无髓鞘可以分成无髓 C 纤维、薄髓 Aδ 纤维和有髓 Aβ 纤维。C 纤维和 Aδ 纤维传递痛觉信息，C 纤维传递慢痛信息（传导速度为 0.5 ～ 1 m/s），Aδ 纤维传递快痛信息（传导速度为 10 ～ 25 m/s），Aβ 纤维传递触、压和振动觉（传导速度为 25 ～ 70 m/s）。

腺苷与外周振动（Aβ 类神经纤维介导）产生的镇痛作用有关，伤害性刺激释放的 P 物质可增加外周振动刺激时内源性腺苷的抑制功能，这种作用可被 NK-1 受体拮抗剂所阻断。腺苷 A1 受体与 G 蛋白偶联，抑制 AC 活性导致 cAMP 减少。有研究表明，低剂量无镇痛作用的腺苷 A1 受体激动剂（R（－）-N6-（2-Phenylisopropyl）Adenosine，R-PIA）可以将 SCS 镇痛无效者转变为有效者，而其拮抗剂可以阻断 SCS 的镇痛作用。这提示 SCS 的镇痛作用机制可能是基于闸门控制理论（图 11-4-3）。

随着新方法和技术在神经科学领域的应用，闸门控制理论得到了进一步丰富和发展，逐渐认识到闸门控制理论并非简单的闸门开闭，脊髓背角像大脑中枢一样是一个复杂的感觉调控枢纽，由此可推测闸门控制理论需要复杂的神经化学机制的参与，即 SCS 镇痛机制可能有复杂的神经化学机制的参与。

（二）神经化学机制

内源性镇痛系统调控躯体感觉较为复杂，其中感觉神经元传递信息的神经递质有多种，如内源性阿片肽类（脑啡肽、内啡肽、强啡肽）、大麻类的大麻素（cannabinoid，CB）和单胺类（去甲肾上腺素（noradrenaline，NA）、5- 羟色胺（5-HT））等，它们通过激活相应受体发挥镇痛作用。传统 SCS 应用至今已有 50 多年历史，研究显示，兴奋性与抑制性神经递质、内源性阿片系统、大麻素系统均参与了传统 SCS 的镇痛作用调控。

1. 兴奋性与抑制性神经递质　谷氨酸（glutamate，Glu）是脑内主要的兴奋性神经递质，其离子型受体 NMDA 的阻断剂氯胺酮具有镇痛作用；乙酰胆碱（acetylcholine，ACh）是胆碱能神经的化学递质，ACh M_2 和 M_4 受体与 $G_{i/o}$ 蛋白偶联，抑制腺苷酸环化酶（AC）对神经元的活动，产生抑制性影响。SCS 通过阻断 NMDA 受体及增加 ACh 的释放作用于 M_2 和 M_4 受体发挥镇痛作用，但未见有报道谷氨酸参与 SCS 镇痛机制。

γ- 氨基丁酸（GABA）是中枢神经系统主要的抑制性神经递质，GABA 能神经元是重要的中间抑制性神经元，$GABA_B$ 受体主要通过 G 蛋白调节电压依赖型 Ca^{2+} 通道和内向整流型 K^+ 通道（Kir）。在突触前膜，$GABA_B$ 受体通过降低电压门控 Ca^{2+} 的内流来调节神经递质和神经肽的释放，起着类似调制的作用；在突触后膜，$GABA_B$ 受体主要与 Kir 相偶联，介导慢抑制性突触后电位。

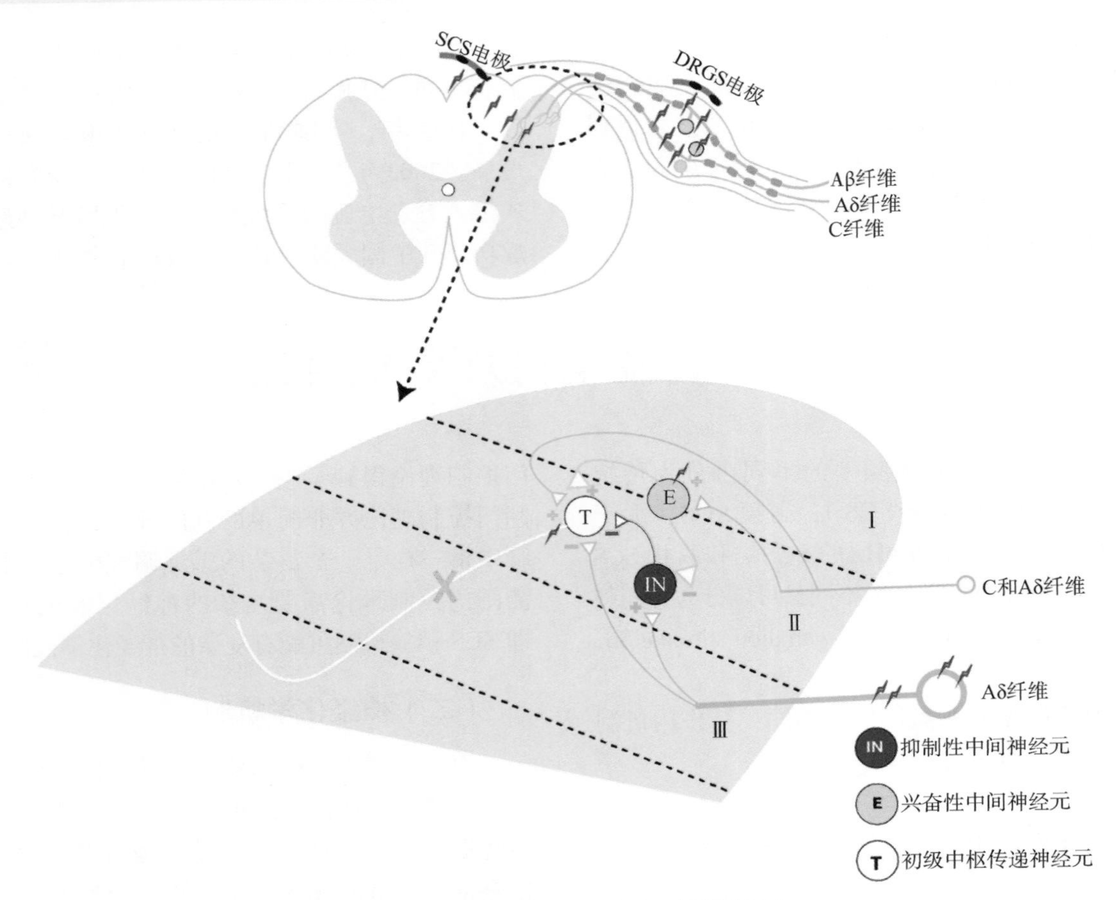

图 11-4-3 **SCS 和 DRGS 闸门控制理论图**

SCS 通过激活抑制性神经元释放 GABA 递质，进而作用于神经元的 $GABA_B$ 受体发挥镇痛作用。

2. 内源性阿片系统 内源性阿片系统是体内重要的镇痛调节系统，包括内源性阿片受体和内源性阿片肽。内源性阿片受体主要有 MOR（mu opioid receptor）、DOR（delta opioid receptor）、KOR（kappa opioid receptor）和 NOR（nociceptin opioid receptor）四类。内源性阿片肽主要有脑啡肽、内啡肽、强啡肽和内吗啡肽等系统。2008 年，Ding 等发现 SCS 可增加脊髓中的强啡肽（1-13）释放增加；1998 年，Tonelli 等发现在接受 SCS 治疗后镇痛作用较好的患者，脑脊液中的 β- 内啡肽的含量增加，提示内源性阿片系统参与了 SCS 镇痛作用调节。

3. 大麻素系统 1 型大麻素（cannabinoid type 1，CB_1）受体（CB1R）在 SG 兴奋性和抑制性的中间神经元中均有表达，其为突触前受体，激活后会抑制 GABA 和甘氨酸神经递质的释放。大麻素通过与阿片类物质相似的机制激活下行疼痛抑制通路，CB_1 受体影响神经元强啡肽的释放，CB_1 和 MORs 的异源二聚体会增加神经元的抗伤害作用，SCS 可能激活 CB_1 受体发挥镇痛作用。

（三）下行抑制和易化系统

应用大鼠脊髓背外侧束（dorsolateral funiculus，DLF）损伤模型，在损伤的脊髓节段前、后分别给予 SCS，发现两种 SCS 的镇痛作用均减弱，这提示，下行抑制系统和易化系统参与了 SCS 的镇痛作用机制。

SCS 可以使蓝斑中的神经元的放电反应率增加，但是关于 α_2 受体是否参与 SCS 的镇痛作用机制的调节尚有争论。有研究显示，在 PSNL 大鼠中，无镇痛作用剂量的 α_2- 肾上腺素受体激动剂（可乐定）与 SCS 联合应用，可以增加 SCS 的镇痛作用。

在 SCS 作用下，下行抑制系统和易化系统对脊髓的调控，可能是通过 GABA 能神经元（GABA-N）发挥作用的。

（四）中枢神经系统

SCS 发挥镇痛作用时，感觉皮质与边缘叶之间的功能连接减少，感觉皮质与默认模式网络功能连接增加。

短暂的域下 SCS 刺激，可以激活双侧丘脑，额回内侧、额下回、额中回和额上回，壳核，左屏状核，脑岛。短暂的域上刺激，可以激活双侧额上回、额中回、额下回，顶叶下部，中央前、后回，基底节，扣带回，屏状核，侧丘脑和脑岛；有研究显示，22例背部手术失败综合征（failed back surgery syndrome，FBSS）患者接受传统SCS治疗3个月后，额下回、楔前叶、小脑后叶和颞中回体积明显减小；颞下回、中央前回和额中回体积明显增加。此外，额上白质和顶叶白质体积显著增加，而运动前回/额中回白质体积显著减少。运动前回/额中回的白质体积与腿部疼痛缓解显著相关。这提示SCS能够诱导灰质和白质体积变化，慢性疼痛治疗后大脑改变具有可逆性。

SCS的镇痛作用可能有大脑中枢神经系统参与，其具体调控环路需进一步研究。

（五）神经生理学机制

SCS可以改变电刺激节段脊髓神经元及周围其他细胞的电化学特性。SCS抑制SNL大鼠脊髓背角WDR神经元自发的紧发条现象和刺激反应电流，50 Hz-SCS和1 kHz-SCS可以抑制脊髓背角第Ⅱ板层C纤维激发的兴奋性突触后电流（evoked excitatory postsynaptic currents，eEPSCs），SCS可以降低或缩短C纤维诱发的脊髓背角WDR神经元的LTP，SCS可以缓解中枢敏化。

（六）其他机制

SCS可以增加脊髓背部血容量，低频（20～40 Hz）刺激后脊髓血流动力学改变大于高频（200～500 Hz）刺激。脊髓血流动力学的神经血管偶联可能与脊髓神经环路有关（Tang SS et al，2020）。神经血管偶联（neurovascular couple，NVC）主要通过血管舒张起作用，即在需要增加血流的区域松弛血管以增加血流量。

SCS通过抑制脊髓背角小胶质细胞的活性，抑制SNI诱导的神经病理性痛（Shinoda M et al，2020）。SCS可以降低CCI大鼠脊髓中TLR4和NF-κB的表达。综上所述，传统SCS镇痛作用机制尚需进一步的探索和研究。

二、高频SCS镇痛作用机制

不同于传统SCS，高频SCS不能激活粗纤维神经元，从而避免了麻刺感（Arle JE et al，2020）。

高频SCS可以逆转SNI所致的脑脊液中谷氨酸水平和微小兴奋性突触后电流增加。对正常大鼠L2-L3节段给予不同频率SCS，在L6-S2节段记录WDR和高阈值脊髓背角神经元电信号，结果显示，与50 Hz-SCS和10 kHz-SCS相比，1 kHz-SCS能抑制更多脊髓神经元的伤害性感受反应，且作用时间更持久。高频SCS对神经系统的电活动影响可能与传统SCS不同，其镇痛作用的神经电生理学机制与传统SCS不同，但其具体的机制仍需进一步研究。

三、簇状SCS镇痛作用机制

2010年，De Ridder等首先提出簇状SCS，是指簇内500 Hz、簇间40 Hz的频率、被动平衡的刺激波形（图11-4-4）。主动平衡的波形与传统SCS的电刺激更接近。有研究显示，簇状SCS可以介导调控神经元的钙离子流，可以增加突触后对突触前动作电位的反应。与传统SCS相同，簇状SCS也可以抑制脊髓背角WDR神经元的放电。簇状SCS可以降低伤害性刺激诱发的脊髓背角神经元放电，而聚集性传统SCS可以增加伤害性刺激诱发的脊髓背角神经元放电。与传统SCS和高频SCS相比，簇状SCS可以降低大脑LEP信号，提示簇状SCS镇痛作用可能是通过抑制疼痛信号的上传。

簇状SCS可以激活前扣带回（anterior cingulate cortex，ACC），参与脊髓背角神经元的调控，通过脊髓-皮质-脊髓环路发挥镇痛作用

四、DRGS的镇痛作用机制

动物研究显示，DRGS可以阻断外周神经冲动传入中枢，缓解坐骨神经损伤大鼠的冷痛、机械痛、痛敏、关节炎性痛和糖尿病后神经病理性痛。对于传统SCS治疗难以覆盖足和腹股沟区域，DRGS是这些区域疼痛的理想治疗方法。此外，SCS需要根据不同体位调整刺激强度，而DRGS刺激强度相对稳定，不会因体位改变而需要调整刺激强度。

有研究显示，给予糖尿病痛大鼠30 min的DRGS，其脊髓背角神经元未能增加GABA的释放，这提示SCS和DRGS的镇痛作用原理可能不同（表11-4-1）。

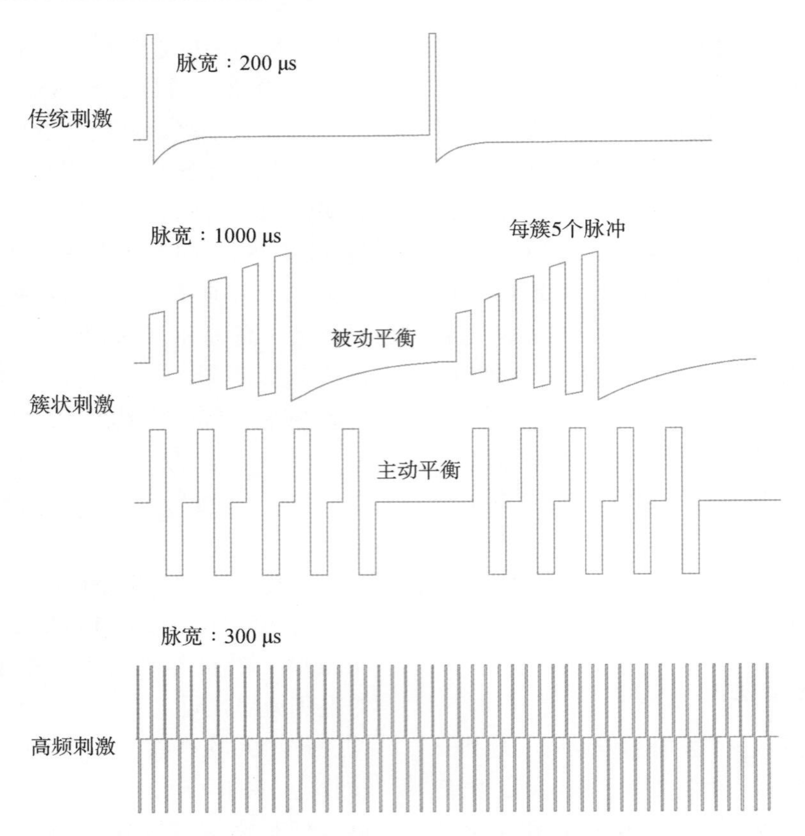

图 11-4-4 **传统刺激、高频刺激、簇状刺激波形对比**（改编自参考文献中的原始文献 5，6）

表 11-4-1 **SCS 镇痛作用原理对比**

	传统 SCS	高频 SCS	簇状 SCS	DRGS
疼痛类型	神经病理性痛（机械痛）、PDPN	神经病理性痛（机械痛）、PDPN	神经病理性痛（机械痛）、PDPN	神经病理性痛、PDPN、炎性痛
下行抑制系统	+			
薄束核	+	—	—	
WDR 神经元	抑制	抑制	抑制	
小胶质细胞活性	+?			
Windup	抑制	—		
LTP	抑制			
神经递质	腺苷、ACh、CB、5-HT、NE？、GABA、强啡肽、其他阿片肽?	Glu	GABA？	

注：+：激活；—：无作用；？：尚有争议；空白：未见相关报道

第三节 脊髓电刺激技术

一、SCS 技术与装置介绍

目前国际上可以提供上市销售的脊髓刺激产品只有美国的几家公司，其中进入国内的有两家公司，国产化产品也已经完成临床研究，预计很快获得批准。典型植入式脊髓刺激系统组成如图 11-4-5 所示（以国产脊髓刺激器为例），主要包括植入体内的脉冲发生器、电极和延伸导线，以及体外配合使用的医生程控仪、患者程控仪、患者充电器等配套设备，还包括一些必要的手术工具。系统植入部

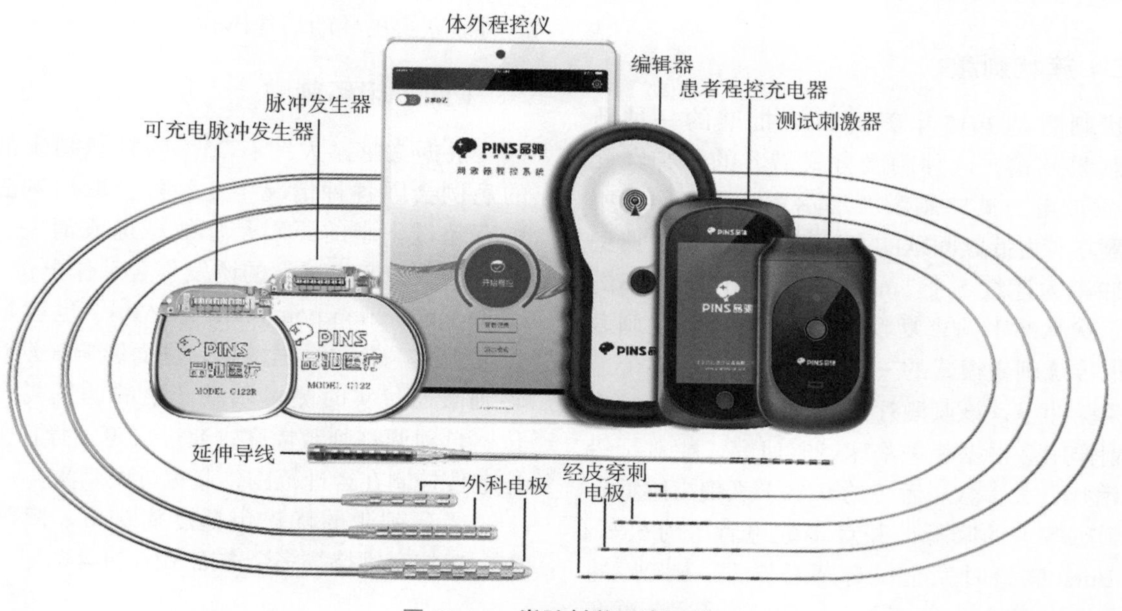

图 11-4-5　脊髓刺激系统组成

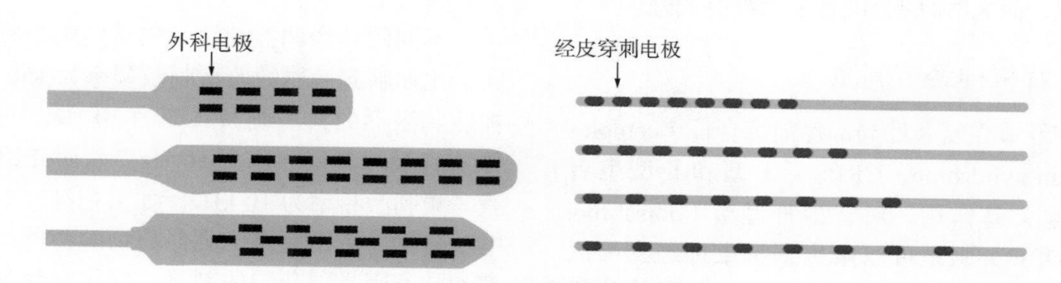

图 11-4-6　脊髓刺激电极刺激端

分通过医生手术完全植入人体内部，电极一般植入在脊柱椎管内硬膜外腔，脉冲发生器一般植入在臀部外上方皮下。刺激电极经皮下隧道直接或者通过延伸导线与脉冲发生器相连。脉冲发生器发出的参数可调的电脉冲，通过电极传送到脊髓节段对其进行电刺激。医生可以通过医生程控仪进行刺激参数调整，患者使用患者程控仪在医生允许的范围内进行刺激参数调节。目前植入电极主要有两大类：经皮穿刺电极和外科电极，经皮穿刺电极一般为圆柱形，通过经皮穿刺方式植入椎管内，外科电极一般为平板形，通过外科手术方式植入椎管内。

二、脊髓刺激技术进展

美国 FDA 在 1984 年批准了首个治疗疼痛的脊髓刺激设备，但在很长一段时间内脊髓刺激新技术进展缓慢。随着近年来提供脊髓刺激设备厂家的增加和市场的不断扩大，在提高治疗效果、改善副作用和禁忌证、简化手术过程等临床各方面需求的导向下，脊髓刺激产品新技术更新换代比较快，现就最近的一些新技术进展介绍如下。

（一）高频刺激

传统脊髓刺激的刺激频率范围在 1200 Hz 以下，典型刺激频率为 50 Hz 左右，在传统刺激方式下，是以一种“麻刺感”代替了疼痛感。2015 年美国 FDA 批准了一种具有高频刺激方法的脊髓刺激器，典型的刺激频率为 10 kHz，刺激波形为双向主动电荷平衡，如图 11-4-4。根据其临床试验研究，高频刺激消除了传统刺激产生的“麻刺感”，即减少了刺激产生的副作用，同时对腰背部和腿部疼痛的改善效果比传统刺激有明显的提升，3 个月观察对腰背部疼痛治疗患者有效率达 84.5%，而传统刺激对应的患者有效率仅 43.8%。对比 24 个月的治疗结果，高频刺激治疗背部疼痛患者有效率为 76.5%，而传统刺激有效率为 49.3%。高频刺激的主要劣势在于刺激器功耗较大，必须使用可充电电池，而且相比传统可充电刺激器，需要更频繁地对刺激器进行充电。

（二）簇状刺激

簇状刺激是 2015 年美国 FDA 批准的一种新的脊髓刺激方式。这种刺激方式借鉴的是神经元 Burst 自发放电方式，刺激波形示意如图 11-4-4 所示，刺激方式为低频间歇的高频簇状脉冲串，典型簇状脉冲串为连续 5 个 1 ms 脉宽、500 Hz 频率的脉冲，簇状脉冲串的重复频率为 40 Hz。簇状刺激相当于把传统刺激模式的一个刺激脉冲变为多个连续的高频脉冲串，该刺激疗法同样可以减少刺激麻刺感的副作用。根据相关临床试验研究，相对于传统 SCS 治疗，大多数患者（约 91%）表现出感觉异常（麻刺感等）的降低，并且多数患者（约 65%）在使用 Burst 刺激时完全没有感觉异常。68.2% 的受试者更喜欢簇状刺激，只有 23.9% 的受试者更喜欢传统刺激，而 8.0% 的受试者表示没有偏爱。

（三）背根神经节刺激

背根神经节在复杂性局部疼痛综合征（complex regional pain syndrome，CRPS）Ⅰ型和Ⅱ型患者的疼痛中起关键作用。对背根神经节（dorsal root ganglion，DRG）刺激可以聚焦到特定神经支配区域。电极放置位置如图 11-4-6，通过硬膜外腔经 DRG 所在的椎间孔，放置多触点 DRGS 电极。根据 2017 年发表在 Pain 上的研究，刺激 DRG 较脊髓节段刺激能更有效地缓解疼痛，且没有麻刺感，患者可以获得更佳的治疗体验。

（四）闭环刺激

根据文献，大约有 25% 的脊髓刺激治疗疼痛的病例会因各种情况中止治疗，取出刺激器，其中有超过一半的原因是疗效减退或消失。常规非闭环刺激会产生过大的诱发复合动作电位（evoked compound action potential，ECAP），也就是会产生过度刺激，导致脊髓敏化，进而影响长期疗效。闭环刺激通过实时测量刺激产生的诱发复合动作电位，自动调整刺激幅度，通过设定治疗窗使诱发动作电位控制在合理范围，避免过度刺激。

闭环刺激的优势包括疼痛缓解、睡眠质量改善、治疗窗维持等多个方面（图 11-4-7）。

（五）变频刺激

不同的神经调控疗法，典型的刺激频率一般不同，比如脑起搏器的典型刺激频率为 150 Hz，迷走神经刺激器的典型刺激频率为 30 Hz，而脊髓刺激传统刺激的典型频率为 50 Hz，前面介绍的脊髓刺激高频刺激频率为 10 kHz。如果把神经电刺激比作电子药物，刺激频率则类似药物的种类，而刺激幅度和脉宽则类似药物的剂量。变频脊髓刺激预计会进一步提高疼痛的治疗效果，韩济生院士关于 2 Hz 和 100 Hz 电针镇痛的研究，是变频刺激方法的有力理论支持。变频刺激可以有多重形式，典型的是

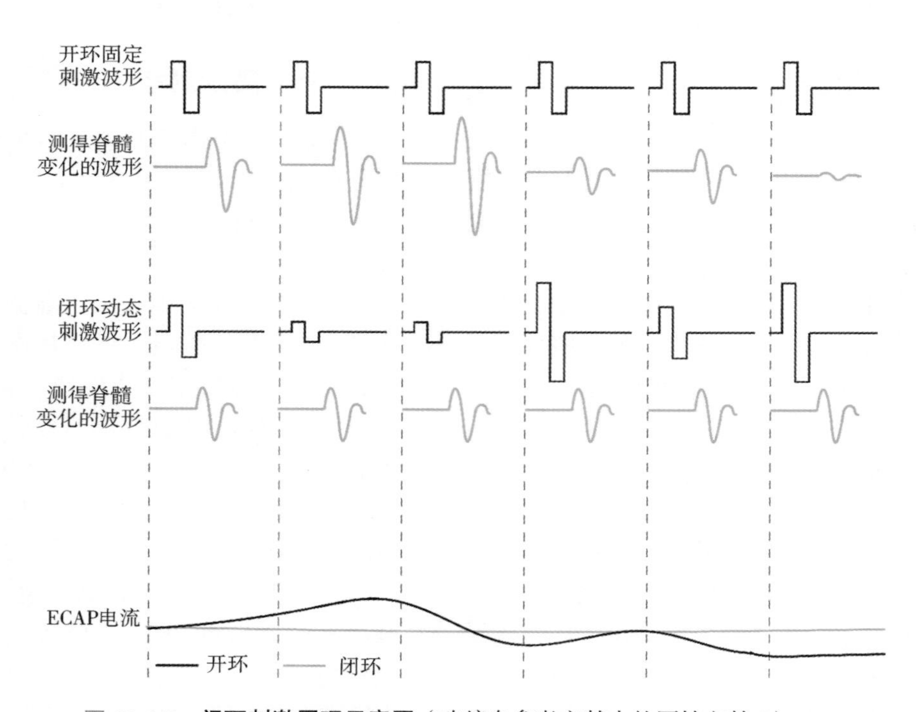

图 11-4-7 **闭环刺激原理示意图**（改编自参考文献中的原始文献 7）

不同的刺激频率持续不同的刺激时间，高低频交替刺激。国外提供高频刺激器的公司推出的新的刺激方式本质上也是变频刺激的一种形式，如图 11-4-8 所示。

（六）超高频刺激

2013 年台湾大学研究人员研究用不同波形的 500 kHz 左右的超高频脉冲间歇刺激控制疼痛，主要特点是刺激很短时间（典型 5 min），保持较长时间的疼痛控制（图 11-4-9）。该方法还有待进一步临床试验研究。

（七）远程程控

根据临床情况，适时调整刺激参数是神经调控技术的一项重要工作内容。脊髓刺激器功能复杂，有很多刺激方式和参数组合，而且刺激效果往往会随着时间的推移而产生变化，需要通过体外程控方式，选择不同的刺激功能及刺激参数，使治疗效果达到最优。为此，患者在手术后可能需要多次往返医院进行参数调整。品驰公司的国产脊髓刺激产品开发了远程程控功能，提供了一种患者不必到医院就能够实现参数调整的手段，具有非常重要的价值。

品驰公司远程程控的原理是通过网络，实现医生对患者体内的脉冲发生器进行异地操控的。远程程控系统的整体技术框架如图 11-4-10 所示，包括患者客户端（含患者程控仪和患者客户端软件）、医生客户端及软件、远程服务器。

实现远程程控，患者不需要再购买额外的设备，只需要安装患者客户端软件，医生要对患者体内的脉冲发生器进行远程程控时，患者端需要用患者程控仪辅助进行，运行患者客户端软件后，操作患者程控仪点击“远程程控”一栏进入远程程控界面，与医生客户端建立连接后，便可进行远程程控相关操作。患者程控仪上的远程程控操作界面如图 11-4-11 所示。

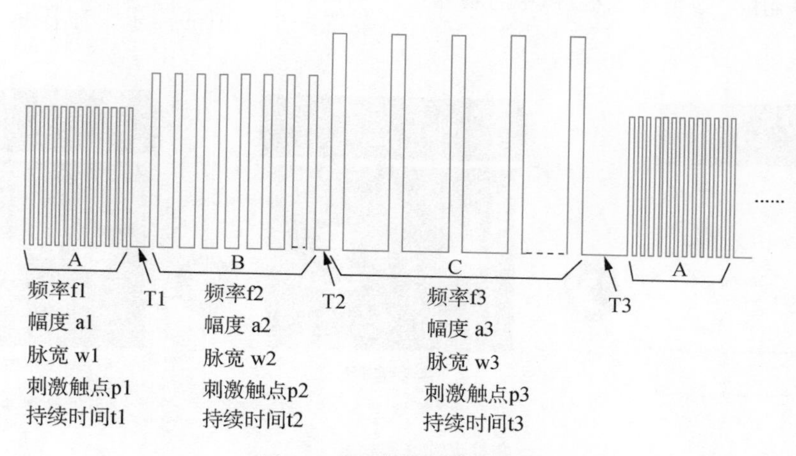

图 11-4-8　变频刺激示意图

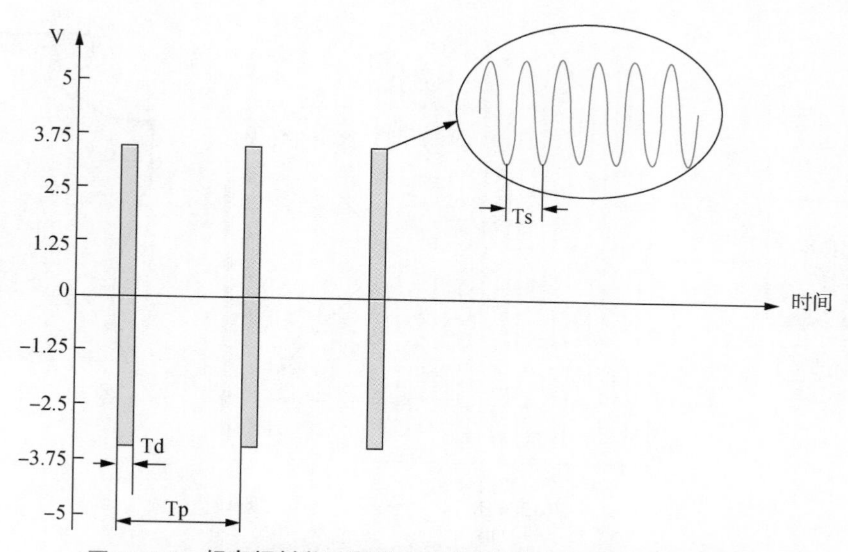

图 11-4-9　超高频刺激示意图（改编自参考文献中的原始文献 8）

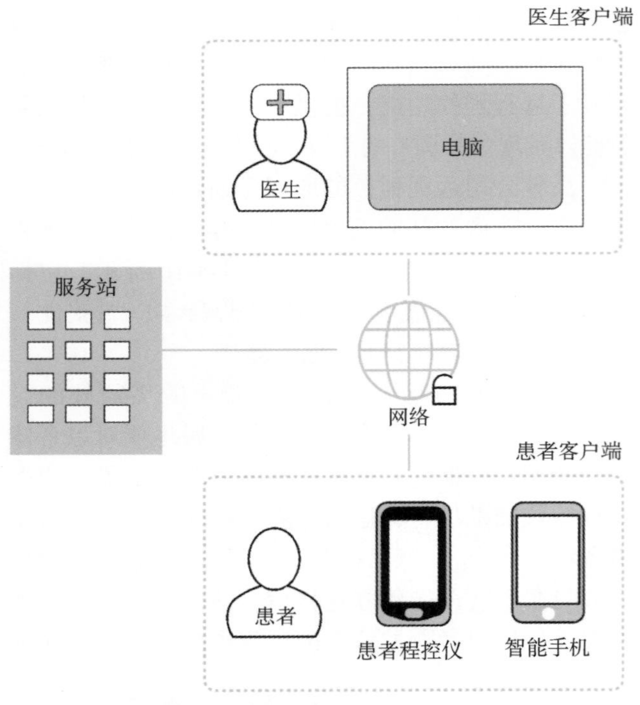

图 11-4-10 **远程程控系统组成**（改编自参考文献中的原始文献 9）

（八）不同靶点多路刺激（differential target multiplexed，DTM）

胶质细胞是脊髓中的电响应细胞，与神经元数目比例超过 12∶1，当神经元与胶质细胞相互作用不同步时，就会发生慢性疼痛。因此 DTM 刺激采用了一种可同时调节神经元和神经胶质细胞的新型机制，通过影响神经元与胶质细胞的相互作用而更有效地抑制疼痛。动物研究显示 DTM 波形与单独的低频或高频相比，疼痛改善具有统计学意义（Vallejo R et al，2020）。文献中 DTM 刺激示意如图 11-4-12 所示，利用频率在 20 ～ 1200 Hz 范围内且最大脉宽为 500 μs 的多路电荷平衡脉冲信号，以通过分布在导线的四个触点上的 50 Hz（150 μs 脉宽）和 1200 Hz（50 μs 脉宽）频率的分量提供刺激。

（九）供电式、小型化

由于植入人体使用，小型化是植入有源医疗装置一个永恒的需求，体积越小，手术创伤和患者

图 11-4-11 **患者程控仪辅助远程程控界面**

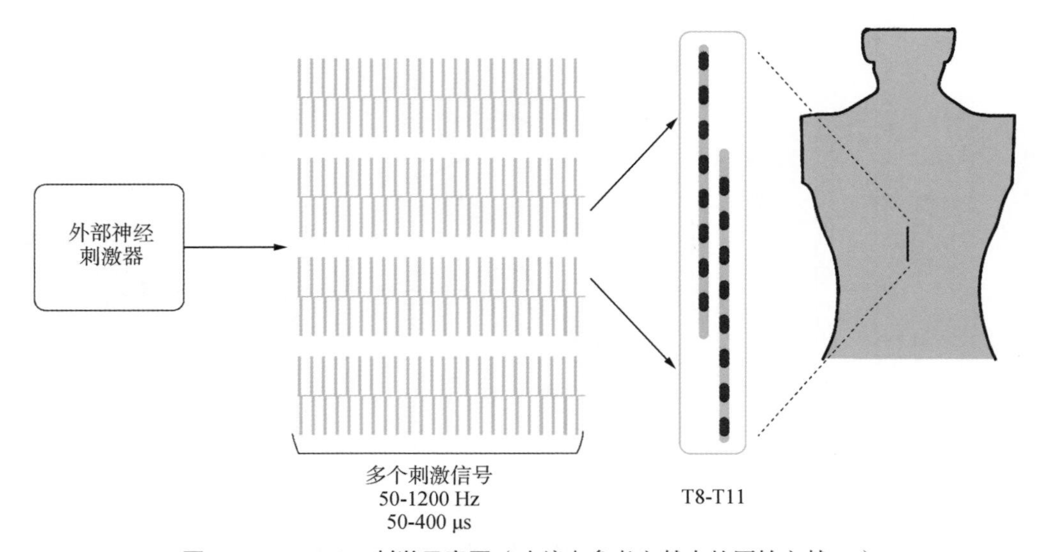

图 11-4-12 **DTM 刺激示意图**（改编自参考文献中的原始文献 11）

舒适度都会有改善。传统的脊髓刺激器，无论可充电或者非充电型号，包含的电池占了相当大的体积，为了进一步小型化，多种类型的无电池脊髓刺激器被开发出来，FDA 已经批准的两种体外供电式小型化脊髓刺激器，其中 Nalu Medical，Inc. 的产品为陶瓷外壳封装的一个微型化脊髓刺激器（详见 http://nalumed.com/），Stimwave LLC 的产品为刺激电路和接收线圈直接封装在刺激电极的尾部（详见 https://stimwavefreedom.com/freedom-therapy/freedom-scs）。由于没有电池，植入人体后刺激时需要体外穿戴设备实时传送能量和控制刺激。优点是植入手术微创，尤其第二种只有一个电极，不需要植入脉冲发生器，只靠穿刺操作就能完成手术。缺点是使用不方便，目前还不是主流应用。

三、国产植入式脊髓刺激器

2016 年，国家科技部组织的“十三五”国家重点研发计划，正式立项委托品驰公司牵头组织研发自主知识产权的国产植入式脊髓刺激器。目前已完成产品研制，并且已由国家卫健委中日友好医院牵头完成临床试验研究。国产脊髓刺激系统包括两种型号脉冲发生器（可充电和非充电）、4 种型号穿刺电极、3 种型号外科电极、延伸导线、测试刺激器、患者程控充电器、医生程控仪、远程程控软件等。

各种产品性能对比如表 11-4-2。

国产脊髓刺激器具有电压和电流输出两种刺激模式，而进口产品只有其中一种；具有常规刺激、高频刺激、变频刺激等多种刺激模式，提供更多的疗法选择；电池零伏保护技术，允许电池过放电；近、远距离双通信方式，更加灵活可靠；支持远程程控，方便患者，减少患者长途跋涉。

（一）常规刺激＋高频刺激＋变频刺激多种刺激模式

2015 年以前，所有脊髓刺激器的刺激频率都不超过 1200 Hz，典型的刺激频率为几十 Hz，称为常规刺激。2015 年 nevro 公司产品上市，其产品支持高频刺激，最高刺激频率 10 kHz，并通过临床实验证实 10 kHz 频率刺激在治疗效果和降低副作用方面均有一定优势。品驰公司可充电产品同时支持常规刺激、高频刺激以及变频刺激，非充电产品支持常规刺激和变频刺激，可以提供更多的治疗选择，覆盖更广泛的疼痛症状。其中变频刺激为品驰公司独创刺激方式，可以根据设定，刺激频率自动变化，可以实现高低频组合刺激。根据韩济生院士电针镇痛的文献，不同频率刺激会产生不同的内源性阿片肽物质，这种变频疏密波刺激方式将会对疼痛控制

表 11-4-2　脊髓刺激器性能对比表

型号	品驰公司 G122R	Medtronic 公司 RestoreSensor	St. Jude 公司 Eon mini
程序组数	1 ～ 16	1 ～ 8	1 ～ 24
幅度（电压模式）	0 ～ 10 V	0 ～ 10.5 V	无电压模式
幅度（电流模式）	0 ～ 25 mA	无电流模式	0 ～ 25.5 mA
脉宽	20 ～ 1000 μs	60 ～ 1000 μs	50 ～ 500 μs
频率	2 ～ 10 000 Hz	2 ～ 1200 Hz	2 ～ 1200 Hz
高频刺激功能	有	无	无
电极触点及极性	外壳＋ 16 触点，单极、双极、多极	16 触点，双极、多极	外壳＋ 16 触点，单极、双极、多极
循环刺激模式	连续、循环		
变频刺激功能	有	无	无
定时刺激	有	无	未知
自适应刺激	有	有	无
远距离通信	支持	不支持	不支持
远程程控	支持	不支持	不支持
电池零伏保护技术	有	无	无
使用寿命	大于 10 年	9 年	10 年

注：各功能性能参数均来自各公司的公开资料。

有更好的临床效果。

（二）创新的脉冲发生器软件升级

随着基础研究和临床研究的持续进步，医生对疾病机制和治疗的认识也越来越深入，今后也许会出现越来越多的新型刺激模式、功能和算法，比如调频功能、包络刺激功能，这需要新的脉冲发生器软件和产品升级，品驰公司的脊髓刺激脉冲发生器具有的软件无线升级功能，可方便地进行软件无线升级，利用此功能，患者在无需二次手术的情况下就能够享受到产品功能更新换代所带来的益处，从而获得更好的治疗效果。

脊髓刺激脉冲发生器软件的无线升级工作需要专业工程师进行。无线升级功能通过医生程控仪硬件平台来实现，利用在平板电脑上运行的专用无线升级控制软件，并通过程控仪与脊髓刺激脉冲发生器进行数据交互来实现脊髓刺激脉冲发生器软件的无线升级。

（三）安全方便、功能强大的医生程控仪及近、远距离双通信

脉冲发生器的程控，通信安全是首要的，品驰公司的脊髓刺激脉冲发生器具有近场耦合和射频远距离通信双通信功能，兼顾安全性与方便性，不需要程控时射频通信模块关闭，保证安全性，需要程控时用近场耦合通信方式启动射频通信模块，实现远距离便捷程控，尤其在手术中测试时避免了无菌操作的限制。

医生程控仪由平板电脑和编程器组成，编程器和脉冲发生器之间实现安全可靠的近场耦合通信，平板电脑和脉冲发生器之间实现射频通信。医生程控仪的平板电脑，大屏幕触摸操作，方便可靠，内置功能强大的智能操作系统，能够根据临床需求增加功能，例如拍摄、存储患者程控前后的视频，录入用药信息等，多方位采集临床数据。医生程控仪软件支持在线升级，只需将平板电脑连接互联网即可方便实现软件的快速升级，用户可以更方便地获取最新的产品功能。

（四）方便患者的远程程控

前文技术进展部分已经介绍，脊髓刺激器功能很多，需要通过体外程控选择不同的刺激功能及刺激参数，要使治疗效果达到最优，患者在手术后可能需要多次往返医院进行参数调整。品驰公司的脊髓刺激产品支持远程程控功能，远程程控功能提供了一种实现患者不必到医院就能够实现参数调整的手段，可减少患者往返医院的次数，不仅保障了程控的及时、充分，提升疗效，而且降低了患者的时间和经济负担，具有重要的临床价值和经济效益、社会效益。

第四节 脊髓电刺激的临床应用

一、患者选择

脊髓电刺激临床适应证的不断扩展，在很大程度上归功于设备和技术的不断改进以及临床医生的持续探索。脊髓电刺激适应证包括腰背部手术失败综合征（FBSS），复杂性区域疼痛综合征（complex regional pain syndrome，CRPS）Ⅰ型和Ⅱ型，慢性腰痛和腰腿痛（chronic back and leg pain，CBLP），周围神经损伤性疼痛，颈（腰）椎神经根病等以及血管疾病，如顽固性心绞痛、缺血性疼痛以及与其他周围血管疾病相关的疼痛等（表 11-4-3）。

作者认为，如果电极植入前有手术史，则术后至植入的时间越短，治疗效果越好；另外，相比于有手术史的患者而言，无手术史的患者通常治疗效果更好。脊髓电刺激设备和技术的不断改进，大大改善了脊髓电刺激的治疗效果（表 11-4-4），如多阵列片状电极、高频（10 kHz）刺激、簇状（Burst）刺激以及背根神经节刺激等为临床提供了更多的选择，增加了治疗的成功率，减少了阿片类药物的使用以及额外的开放手术。

有研究认为 SCS 最有效的适应证是交感神经相关性疼痛，成功率接近 70%。1989 年，Meglio 等人报道了 SCS 对血管病变性疼痛、腰背痛和带状疱疹后遗神经痛最有效。2002 年，North 等人报道了 SCS 能缓解高达 60% 的蛛网膜炎患者的疼痛，在 FBSS 中的成功率高达 88%，优于腰背部再次手术。作者认为，SCS 在治疗 FBSS、CRPS、缺血性疼痛以及顽固性心绞痛方面有优势。

表 11-4-3　脊髓电刺激成功的可能性（疼痛改善大于 50%）

高可能性	中可能性	低可能性
背部手术失败综合征	内脏痛	会阴痛或肛门直肠痛
复杂性区域疼痛综合征Ⅰ型和Ⅱ型	多发性硬化症引起神经疼痛	脊髓横断后疼痛
慢性下背痛和腰腿痛	癌症相关的疼痛症状，如放射神经炎、化疗引起的神经病变	中枢性/脑卒中后疼痛
周围神经病变	脊髓损伤后疼痛	无神经损伤的癌痛
慢性神经根性疼痛	截肢后疼痛（残肢痛成分大于幻肢痛）	伤害性疼痛
顽固性心绞痛	神经根性撕脱伤	
缺血性疼痛		
周围血管性疾病		

表 11-4-4　新技术产生的效果变化

新技术	疾病状态的影响
10 kHz 刺激	中轴性背痛、对异常感觉不耐受或传统低频刺激无效的患者
Burst 刺激	中轴性背痛、对异常感觉不耐受或传统低频刺激无效的患者
背根神经节脊髓刺激	扩展范围：幻肢痛、胸壁痛、腹股沟痛、足痛
MRI 兼容性	需要进行 MRI 扫描的患者

随着对神经-内分泌机制研究的深入，SCS 逐渐展现其扩张血管、改善微循环、改善内脏功能的前景。SCS 治疗血管源性疼痛有效的证据在逐渐增加，且许多研究表明，接受 SCS 治疗后患者的疼痛症状显著缓解，而且肢体存活率更高。以糖尿病肢体动脉闭塞症、下肢动脉硬化闭塞症为主的下肢缺血性疾病发病率逐年增加，国外研究已经证实了 SCS 在下肢缺血性疾病中的有效性。近年来，国内开展的临床研究也肯定了 SCS 对下肢缺血性疾病减轻疼痛和改善微循环的作用。脊髓刺激有效率较低的疾病有脊髓损伤性疼痛、脑卒中后疼痛、脊髓炎疼痛等，以及脊髓横断后疼痛、原发性骨痛、肿瘤组织侵犯引起的癌痛等。这些疼痛并非 SCS 的禁忌证，通过第一阶段的体验性治疗，如能获得 50% 以上的综合治疗效果，则可考虑植入刺激系统（表 11-4-5）。

表 11-4-5　创新电极植入位置

疾病类型	电极位置
盆腔痛	高位胸段（T6～7），脊髓圆锥以上
椎间盘源性痛	背根神经节，多阵列片状电极置于 T8-9，T8-T10 的 10 kHz、Burst 刺激
带状疱疹后遗神经痛	背根神经节，相应水平的背柱
中轴下腰痛	背根神经节，多阵列片状电极置于 T8-9，T8-T10 的 10 kHz、Burst 刺激
幻肢痛	背根神经节
腹股沟痛	位于 T12/L1 的背根神经节

二、手术方式选择

脊髓电刺激有两种术式，即经皮穿刺入路植入柱状刺激电极和经椎板间隙入路植入片状刺激电极。经皮穿刺植入柱状电极因创伤小被广泛应用，但对于因硬膜外粘连等电极植入困难的患者，或者经皮穿刺放置的电极容易出现移位的患者，则推荐进行外科片状电极植入。

传统脊髓电刺激术中需要患者配合进行电极的定位，包括刺激所诱发的感觉范围节段以及刺激的偏侧性。对于部分患者难以进行长时间配合，有人尝试选择全麻手术来进行 SCS 电极的植入。术中用神经电生理检测的方式来对电极的准确位置进行判断。目前多使用体感诱发电位（somatosensory-evoked potential，SSEP）（Balzer JR et al，2011）来进行电极侧别的定位，用复合运动动作电位（compound motor action potential，CMAP）（Air EL et al，2012）来进行脊髓节段及侧别的定位。

三、其他适应证

近年来 SCS 作为神经调控技术的主要治疗方式，得到了快速的发展。长期昏迷的促醒治疗是国内外治疗的难题，SCS 在治疗意识障碍方面受到了重视。虽然 SCS 的具体促醒机制并不是十分明确，并且也缺乏大规模和多中心的临床疗效研究，但是随着对大脑功能的深入探索和技术的发展，将使昏迷促醒成为一种可能。

近年来有临床报道显示，SCS 对截瘫后下肢运动功能障碍具有一定的治疗效果，将其应用于脊髓损伤患者康复治疗中，可帮助瘫痪患者恢复行走。

2018 年,《新英格兰医学》和《自然医学》杂志报道了（Angeli CA et al，2018；Gill ML et al，2018）部分瘫痪患者经过 SCS 和物理治疗后，在抓住助行器或在其他帮助下可保持平衡；在这种技术的帮助下，患者正在凭借自己的力量进行有意识地站立和行走。尽管并非所有脊髓损伤的患者都会有同样的反应，但这是一个前景光明的方法。其实，SCS 被 FDA 批准用于治疗神经损伤引起的疼痛，国内外已经得到了广泛的临床应用，现在将其应用于瘫痪患者，这对患者和医学界来说是里程碑式的进步，值得进一步开展研究。

对 SCS 在治疗 PD 步态障碍方面的研究比较晚，有报道显示，SCS 治疗晚期 PD 患者的轴向症状，包括腰痛、步态障碍和姿势异常，结果表明电刺激治疗后患者的疼痛、步态、姿势异常均有明显改善。张宇清等人报道了（Zhang YQ et al，2020）SCS 应用于帕金森叠加综合征步态障碍的治疗，结果显示，该患者接受 SCS 治疗后，下肢疼痛症状以及步态障碍显著改善。李殿友等人报道了（Lai YJ et al，2020）SCS 治疗 PD-DBS 术后腰部疼痛以及步态障碍，该患者 SCS 术后 2 个月因电极位置移位，导致疼痛症状复发，但是步态障碍仍然有改善，后更换外科电极后疼痛症状得到改善。由此，作者认为，SCS 本身可以改善 PD 步态障碍，而不仅仅是改善疼痛以后的伴发效果。自 2010 年至今，SCS 治疗 PD 步态障碍的临床研究报道大多为案例报道，存在样本量较小、随访时间短、刺激参数不同等问题，并且对无疼痛的步态障碍效果不一致，而对伴有疼痛的步态障碍多有效。SCS 是否建议作为治疗 PD 的替代疗法，其临床应用值得进一步研究探索。

总结

脊髓电刺激是医工转化研究的典范，跨越近 60 年的历史，仍旧是无数慢性顽固性疼痛的“终极疗法”之一。近年来，随着技术的进步，硬件逐步向着小型化、智能化、网络化发展，刺激模式的更新也在逐步拓展着不同疼痛适应证的边界。关于疼痛以外适应证的研究仍处于探索阶段，我们需要规范的临床证据来进一步推动脊髓电刺激的临床应用。

参考文献

综述

1. 韩济生．疼痛学．北京：北京大学医学出版社，2014：6-77.
2. 韩济生．神经科学．3 版．北京：北京大学医学出版社，2009：283-453.
3. Sdrulla AD，Guan Y，Raja SN. Spinal cord stimulation：clinical efficacy and potential mechanisms. *Pain Practice*，2018，18：1048-1067.
4. Joosten EA，Franken G. Spinal cord stimulation in chronic neuropathic pain：mechanisms of action，new locations，new paradigms. *Pain*，2020，161 Suppl 1：S104-S113.
5. Duan B，Cheng LZ，Ma QF. Spinal circuits transmitting mechanical pain and itch. *Neurosci Bull*，2018，34：186-193.
6. Chakravarthy K，Malayil R，Kirketeig T，et al. Burst spinal cord stimulation：a systematic review and pooled analysis of real-world evidence and outcomes data. *Pain Med*，2019，20：S47-S57.
7. Esposito MF，Malayil R，Hanes M，et al. Unique characteristics of the dorsal root ganglion as a target for neuromodulation. *Pain Med*，2019，20：S23-S30.

原始文献

1. Groote SD，Goudman L，Schuerbeek PV，et al. Effects of spinal cord stimulation on voxel-based brain morphometry in patients with failed back surgery syndrome. *Clin Neurophysiol*，2020，131：2578-2587.
2. Tang SS，Cuellar CA，Song PF，et al. Changes in spinal cord hemodynamics reflect modulation of spinal network with different parameters of epidural stimulation. *Neuroimage*，2020，221：117-183.
3. Shinoda M，Fujita S，Sugawara S，et al. Suppression of superficial microglial activation by spinal cord stimulation attenuates neuropathic pain following sciatic nerve injury in rats. *Int J Mol Sci*，2020，21：2390-2409.
4. Arle JE，Mei LZ，Carlson KW. Fiber threshold accommodation as a mechanism of burst and high-frequency spinal cord stimulation. *Neuromodulation*，2020，23：582-593.
5. Kapural L，Yu C，Doust MW，et al. Novel 10-kHz high-frequency therapy（HF10 Therapy）is superior to traditional low-frequency spinal cord stimulation for the treatment of chronic back and leg pain：the SENZA-RCT randomized controlled trial. *Anesthesiology*，2015，123：851-860.
6. Ahmed S，Yearwood T，Ridder DD，et al. Burst and high frequency stimulation：underlying mechanism of action. *Expert Rev Med Devices*，2018，15：61-70.
7. Levy R，Deer TR，Poree L，et al. Multicenter，randomized，double-blind study protocol using human spinal cord recording comparing safety，efficacy，and neurophysiological responses between patients being treated with evoked compound action potential-controlled closed-loop spinal cord stimulation or open-loop spinal cord stimulation（the evoke study）. *Neuromodulation*，2019，22：317-326.
8. 林威佐，吕国祥．电刺激装置及电刺激信号产生方法，中国发明专利，2017，申请号：201910604838.4.
9. Lu Y，Xie D，Zhang XL，et al. Management of intractable pain in patients with implanted spinal cord stimulation devices during the COVID-19 pandemic using a remote and wireless

programming system. *Front Neurosci*，2020，14：594-696.

10. Vallejo R，Kelley CA，Gupta A，et al. Modulation of neuroglial interactions using differential target multiplexed spinal cord stimulation in an animal model of neuropathic pain. *Mol Pain*，2020，16：1-13.
11. Fishman MA，Calodney A，Kim P，et al. Prospective, multicenter feasibility study to evaluate differential target multiplexed spinal cord stimulation programming in subjects with chronic intractable back pain with or without leg pain. *Pain Pract*，2020，20：761-768.
12. Balzer JR，Tomycz ND，Crammond DJ，et al. Localization of cervical and cervicomedullary stimulation leads for pain treatment using median nerve somatosensory evoked potential collision testing. *J Neurosurg*，2011，114：200-205.
13. Air EL，Toczyl GR，Mandybur GT. Electrophysiologic monitoring for placement of laminectomy leads for spinal cord stimulation under general anesthesia. *Neuromodulation*，2012，15：573-579.
14. Angeli CA，Boakye M，Morton RA，et al. Recovery of over-ground walking after chronic motor complete spinal cord injury. *N Engl J Med*，2018，379：1244-1250.
15. Gill ML，Grahn PJ，Calvert JS，et al. Neuromodulation of lumbosacral spinal networks enables independent stepping after complete paraplegia. *Nat Med*，2018，24：1677-1682.
16. Zhang YQ，Song TB，Zhuang P，et al. Spinal cord stimulation improves freezing of gait in a patient with multiple system atrophy with predominant parkinsonism. *Brain Stimul*，2020，13：653-654.
17. Lai YJ，Pan YX，Wang LB，et al. Spinal cord stimulation with surgical lead improves pain and gait in parkinson's disease after a dislocation of percutaneous lead：a case report. *Stereotact Funct Neurosurg*，2020，98：104-109.

第 5 章 迷走神经刺激

李天富　朱　兵　栾国明

第一节　迷走神经刺激的发展历史

迷走神经（vagus nerve）是第 10 对脑神经，自延髓至腹部解剖行程最长的脑神经，分布最广，含有感觉、运动和副交感神经纤维，其中 80% 是传入神经纤维，20% 是传出神经纤维。迷走神经是自主神经系统的重要组成部分，在调节代谢平衡系统中起重要作用。迷走神经刺激（vagus nerve stimulation，VNS）是利用植入神经控制辅助系统（neuro-cybernetic prosthesis，NCP）治疗药物难治性癫痫的一项新技术，通过对左侧迷走神经干进行间断电刺激，刺激电流经迷走神经传递到大脑，抑制神经元异常同步化电活动网络，影响脑内神经递质系统和脑内微环境，诱导和增强大脑可塑性，进而抑制癫痫发作，改善情绪和认知。VNS 具有不开颅、对脑组织和神经功能无损伤、手术风险低、微创、手术并发症少、刺激可逆可控等优势。

癫痫是一种常见的临床综合征，具有自发性、反复性发作临床特征，通常在儿童、青少年发病，多数为慢性迁延病程，并具有易复发、易致残的特点。我国癫痫患病率为 0.7%，癫痫患者人数近千万，其中药物难治性癫痫患者占 30% ～ 35%，大约 300 万。难治性癫痫反复发作造成患者脑神经元损害，导致记忆力下降，智能和精神障碍乃至痴呆，严重损害患者的身心健康。目前致痫灶精确定位并外科手术切除是治疗药物难治性癫痫的主要方法。但临床上有超过 50% 的难治性癫痫患者由于致痫灶弥散或术前评估不能精确定位，或致痫灶位于功能区使切除手术具有脑功能受损的风险而不宜手术，以及不愿意接受开颅手术治疗的难治性癫痫患者，均适合 VNS 治疗。

美国科学家 Zabara 于 1985 年利用戊四氮诱导狗癫痫发作模型，间歇性重复刺激颈部迷走神经可以抑制癫痫发作，首次提出刺激迷走神经能够抑制癫痫发作。1988 年，美国 Cyberonics 公司成功研发了 VNS 装置，由北卡罗来纳州维克森林大学 Penry 和 Dean 医生首次开展临床试验，将迷走神经刺激器植入患者体内用于治疗癫痫。此后 10 年共开展了 5 个大的 VNS 治疗癫痫的临床试验项目 E01-E05。这些临床研究对 454 名难治性癫痫患者的 VNS 进行了开放性、长期疗效、安全性和耐受性的研究。结果发现，长期使用迷走神经刺激疗法可使患者癫痫发作率明显降低。1997 年迷走神经刺激术通过了美国食品药品监督管理局（food and drug administration，FDA）认证，批准了 VNS 作为对大于 12 岁的局灶性难治性癫痫患者的辅助抗癫痫药物治疗，以降低患者癫痫发作的频率。2017 年美国 FDA 批准了 VNS 治疗药物难治性癫痫适应证为4岁以上的局灶性难治性癫痫患者。我国国家食品药品监督管理总局在2000年7月3日正式批准VNS用于治疗药物难治性癫痫。2013年美国神经学会将VNS治疗癫痫的适应证从成人或青少年难治性癫痫扩展至儿童癫痫、Lennox-Gastuat（LGS）综合征、成人癫痫伴抑郁症。截至2016年全球共有近12万例癫痫患者接受进口VNS手术治疗。2014年清华大学神经调控技术国家工程实验室开展了植入式VNS系统的研发工作，成人型VNS系统于2016年6月获得我国国家食品药品监督管理总局批准，获得注册证并正式上市。截至2018年10月，国内近1400例癫痫患者植入国产VNS系统。目前我国已有超过140家医院开展了VNS治疗，超过4000例癫痫患者接受VNS治疗。目前迷走神经刺激术被国际公认为是药物难治性癫痫的有效治疗手段之一。

第二节　迷走神经刺激与药物难治性癫痫

一、迷走神经刺激治疗癫痫的疗效

（一）如何选择适合VNS的患者

1. 适应证（需满足以下2项）

（1）符合药物难治性癫痫诊断标准；

（2）未发现可治疗的癫痫病因，或针对病因治疗失败。可治疗的病因包括：经过合理术前评估适合进行外科手术治疗的结构性病因；药物或特殊饮食治疗可控制癫痫发作的代谢性病因（例如维生素B6治疗吡哆醇依赖性癫痫，生酮饮食治疗Ⅰ型葡萄糖转运体缺陷所致癫痫）；通过免疫性治疗可控制癫痫发作的免疫性病因等。

2. 禁忌证（以下任一项）

（1）双侧迷走神经损伤或切断史；

（2）植入部位存在局部感染；

（3）特异性排异体质，不能耐受异物植入；

（4）全身一般情况差不能耐受手术；

（5）植入部位需微波或短波热疗、严重心脏传导阻滞、严重消化系统疾病、快速进展性神经系统疾病（例如快速进展的危及生命的遗传代谢性疾病）、阻塞性睡眠呼吸暂停为相对禁忌。

3. 需要考虑的其他因素

（1）年龄相关的癫痫综合征：对于某些具有自限性特点的婴幼儿期及儿童期癫痫综合征，例如儿童良性癫痫伴中央颞区棘波变异型、Doose综合征等，如患儿年龄已经接近预期的自限年龄，一般不建议VNS；

（2）家庭因素：需要考虑患者家庭对于癫痫预后及VNS疗法是否充分理解，以及患者家庭经济因素等；

（3）婴幼儿患者：虽然目前说明书推荐的年龄下限为4岁，但一些临床研究证实了VNS在低龄儿童中应用的安全性。目前尚无年龄下限推荐，但对于1岁以下的药物难治性癫痫婴儿患者，需要在充分评估病因学、癫痫预后以及其他可能的治疗方法基础上，谨慎权衡；

（4）精神疾病共病：VNS对抑郁有一定疗效，难治性癫痫共患抑郁的患者可以考虑VNS；

（5）预测疗效的标志物：目前尚缺乏能在VNS植入前预测其疗效的公认指标。有研究表明患者的心率变异性指标以及基于多模态的脑网络连接度可能与疗效相关。

（二）VNS治疗药物难治性癫痫患者的疗效

1. 癫痫发作疗效　VNS抑制癫痫疗效确切。VNS植入术后持续刺激治疗1～2年，6%～10%的药物难治性癫痫患者完全无发作，50%～60%的患者发作频率减少50%以上，30%的患者完全无效。随着治疗时间的延长，癫痫的控制率上升。一项347例儿童及青少年患者的回顾性队列研究表明，12岁以下儿童6、12、24个月的有效率分别为36%、43%和50%，无发作率分别为7.0%、7.8%和11.3%。除降低发作频率外，VNS还可能减轻癫痫发作的严重程度和缩短发作持续时间。

2. 癫痫共患病的疗效及其他获益　药物难治性癫痫患者多伴有不同程度的共患病，癫痫共患病分为精神性和认知性两方面。抑郁是癫痫患者常见的精神共患病，VNS可能通过缓解患者的抑郁情绪而改善癫痫患者的共患抑郁症状，研究提示VNS可使抑郁评分改善25%～35%，焦虑评分改善35%，情绪评分改善25%。对于癫痫共患抑郁患者，可推荐使用 VNS 疗法。在一项队列研究中发现，VNS 治疗可以降低癫痫猝死（sudden unexpected death in epilepsy，SUDEP）发生率，接受 VNS 治疗的患者，SUDEP 率由 5.5‰下降至 2 年后的 1.7‰。另外，VNS 能够改善癫痫患者认知共患病，一项大样本研究通过医生调查问卷进行患者生活质量调研，结果提示 VNS 植入 1 年以上的患者 58% ～ 63% 警觉度改善，43% ～ 49% 患者情绪改善，38% ～ 45% 患者语言沟通改善，29% ～ 39% 学校及职业成就提高，29% ～ 39% 记忆改善。

3. VNS 的不良反应 VNS 植入和治疗总体而言是安全的，临床可能遇到以下不良反应：与 VNS 设备植入手术相关的不良反应包括 VNS 植入部位感染；与设备相关的不良反应包括电极导线断裂、脉冲发生器故障、以及脉冲发生器与电极的连接不当等，发生率约为 3%，应根据不同原因采用相应的处理措施；与刺激相关的不良反应包括 VNS 治疗时可因电流刺激引起一过性声音嘶哑、咳嗽、睡眠呼吸暂停等，通常能耐受，并随着时间推移而减轻。

二、迷走神经刺激治疗癫痫的机制

VNS 控制癫痫发作效果可观，但其作用机制仍未明确。迄今为止，关于 VNS 治疗药物难治性癫痫机制研究主要包括脑血流改变，脑电图去同步化和脑功能性连接，神经元活动改变，神经递质改变，免疫调节及抗神经炎性调节等。

（一）脑血流改变

正电子发射断层扫描（positron-emission tomography，PET）研究发现，VNS 降低了双侧海马，杏仁核、扣带回的血流量，增加了下丘脑，小脑下半球等区域的血流量。VNS 治疗的难治性癫痫患者双侧丘脑区域脑血量增加与癫痫发作频率减少具有相关性。

（二）脑电图去同步化和脑功能性连接

研究表明 VNS 改善癫痫发作的同时脑电图（electroencephalogram，EEG）产生去同步化，并且 VNS 诱发的皮质发作性 EEG 去同步化和癫痫发作频率降低之间具有相关性，这种相关性可能与癫痫发作间期脑功能性连接的改变（主要在边缘系统）有关，提示 VNS 诱导 EEG 去同步化机制的抗癫痫作用。随着脑成像技术和算法的进步，“连接组学”及“神经网络”应运而生，已在脑干中枢与皮质下、皮质区域之间发现了“迷走传入网络”（如丘脑皮质连接、小脑回路、边缘系统等），这些网络可能是 VNS 抗癫痫作用的基础。

（三）神经元活动改变

动物实验研究发现，VNS 能够提高致痫灶神经元的发作阈值，同时降低海马兴奋性突触后电位的波幅，抑制兴奋性突触传递效能，进而减少癫痫发作。这些神经元活动及兴奋性的改变可能是 VNS 抗惊厥作用的神经生理机制。在颞叶癫痫动物模型中，锥体神经元丢失和苔藓纤维发芽形成的异常回路参与了癫痫产生，VNS 能诱导海马内细胞增殖，增加神经元树突分支复杂性；同时 VNS 能够改变海马及杏仁核神经元活动，并通过突触后密度蛋白质组的子集来调控兴奋性突触，提示兴奋性突触的神经元活动改变可能参与 VNS 抑制癫痫的作用机制。

（四）神经递质改变

迷走神经内脏传入纤维是迷走神经的主要组成部分，通过孤束核（nucleus of solitary tract，NTS）广泛投射到中枢神经系统。VNS 抗癫痫的潜在作用机制是增加 NTS 内抑制性 γ- 氨基丁酸（γ-aminobutyric acid，GABA）突触传递减少兴奋性谷氨酸突触传递，降低了癫痫的易感性。蓝斑（locus coeruleus，LC）是脑内去甲肾上腺素聚集区域，脑内去甲肾上腺素可抑制癫痫回路的发生，具有抗癫痫及脑保护作用，局灶性边缘性癫痫发作后，去甲肾上腺素的丢失会增加脑神经元损害，NTS 投射纤维至 LC 进而调节前脑（包括丘脑、岛叶、杏仁核和下丘脑）去甲肾上腺素水平。VNS 可激活 LC 中兴奋性 α_1- 肾上腺素能受体来增强去甲肾上腺素神经元的放电活性，增强 5- 羟色胺神经元的放电活性和神经元活化水平，相同的结果也在中缝核中被发现，LC 及中缝核等区域内去甲肾上腺素的改变可影响海马内的突触活动，进而参与 VNS 抗癫痫过程。

（五）免疫调节及抗神经炎性调节

迷走神经是免疫系统与大脑沟通的重要结构。炎症过程在神经元和胶质细胞中可通过多个特定途径参与癫痫产生，抗炎作用在一定程度上对癫痫的抑制和预后有积极作用。颅内和外周免疫细胞产生的炎性细胞因子参与癫痫发作以及癫痫产生过程。

刺激免疫细胞表达的 toll 样受体可诱导促炎性细胞因子（白细胞介素 -1β、白细胞介素 -6 和肿瘤坏死因子 -α）增加。目前已在迷走神经传出通路中发现了“胆碱能抗炎通路”的存在，对免疫功能和抗惊厥具有重要作用。VNS 能够降低难治性癫痫患者外周血中神经毒性因子水平，提高保护性因子水平，使免疫系统再平衡；VNS 还可激活难治性癫痫患者的下丘脑-垂体-肾上腺轴，改变外周血单个核细胞诱导的细胞因子含量，提示免疫调节及抗神经炎性调节在 VNS 抗癫痫中发挥重要作用。

第三节　迷走神经刺激与顽固性抑郁

抑郁症是导致全球疾病负担的重要原因，全球超过 3.5 亿人受到抑郁困扰。流行病学调查表明，重度抑郁症（major depressive disorder，MDD）的发病率正在增长，终身患病率近 30%，年患病率为 9%。服用抗抑郁药物是治疗抑郁症的主要手段。虽然目前还没有明确的顽固性抑郁症（treatment resistant depression，TRD）的定义，但普遍将 TRD 定义为抑郁发作期间至少服用两种抗抑郁药，且每种药物均为足量足疗程使用后临床症状仍未缓解的抑郁症。抑郁症的序贯治疗研究表明，有 32% ～ 41% 的抑郁症患者在四次抗抑郁药物试验后未能达到抑郁缓解，导致个体出现症状性和功能性受损，表现出明显的 TRD。因此，临床上迫切需要其他安全有效的治疗方法，迷走神经刺激就是其中非常有发展前景的治疗手段。

一、迷走神经刺激治疗抑郁的疗效

2005 年，根据两项大型临床试验的结果，在至少有四项抗抑郁药的临床试验失败的情况下，美国 FDA 批准了 VNS 治疗抑郁症。

（一）VNS 治疗抑郁症的早期发展

VNS 于 1997 年首次获得 FDA 批准，用于治疗难治性癫痫。早期研究报道了 11 例药物难治性复杂部分性癫痫患者植入 VNS，这些患者患有轻度抑郁症。然后将这些患者随机分配至低强度或高强度 VNS 刺激组。3 个月和 6 个月后进行抑郁评分，显示两组患者抑郁程度均改善。而且抑郁评分降低与 VNS 抗癫痫发作的疗效无关。

（二）VNS 治疗抑郁症的疗效

VNS 样本量最大且最长期的 TRD 观察研究，比较了 TRD 注册中心接受 VNS 植入和常规治疗（treatment as usual，TAU）患者的 5 年预后。795 名患者中有 494 例接受了 VNS 植入，有 301 例采用 TAU。超过 97% 患者至少接受了六种抗抑郁药治疗失败。在基线水平，VNS 患者的抑郁严重程度比 TAU 对照组略高。也就是说，与 TAU 组相比，他们的抑郁量表评分更高，治疗失败的次数更多，过去接受电休克治疗的可能性更高。结果表明，VNS 组临床疗效优于 TAU 组，包括 5 年累积有效率（分别为 67.6% 和 40.9%，$P < 0.001$）明显更高，且缓解率更高（分别为 43.3% 和 25.7%，$P < 0.001$）。

TRD 对电休克的反应失败通常被认为是不良的预后指标。这项研究中对患者抑郁严重程度进行了明确的选择，VNS 组中 58.7% 的患者和 TAU 组中 36.2% 的患者先前曾接受过电休克治疗。结果显示，对电休克有应答史的患中，VNS 组 5 年累积有效率显著高于 TAU 组。电休克无反应者中也观察到相似的疗效。

（三）VNS 副作用和安全性

VNS 具有较好的安全性和耐受性。VNS 治疗抑郁的手术并发症和治疗癫痫类似，存在声音嘶哑、咳嗽、感染等风险。

在 TRD 研究中，VNS 和 TAU 组的自杀意念均有所减少，而在三个量表中，VNS 组有两个在统计学上有更大的改善。VNS 组的全因死亡率和自杀率明显低于 TAU 组。

（四）小结

TRD 是公众健康关注的焦点，需要一个有效且长期的治疗手段，VNS 是电刺激治疗中一个非常具有发展前景的方式，是治疗精神性疾病的新技术。应用 VNS 治疗抑郁的临床研究取得了令人鼓舞的效果，但还需进一步规范 VNS 对抑郁症的治疗。

二、迷走神经刺激治疗抑郁的机制

自 2005 年以来，VNS 就开始被用于治疗难治性抑郁，但其确切的作用机制仍不完全清楚。

（一）VNS 治疗抑郁的神经解剖学及生理学基础

迷走神经是 12 对脑神经的第 10 对，是体内最长的脑神经。它有一个广泛的神经网络，起始于脑干，通过颈静脉孔，向下延伸分布在整个胸腔、腹腔和盆腔，对内脏进行神经支配。迷走神经向除肾上腺外的所有器官提供运动副交感神经纤维，包括传入躯体感觉、特殊感觉（味觉）、内脏感觉和传出内脏运动和躯体运动纤维，它负责诸如心率、胃肠蠕动、出汗、语言和保持喉部张开呼吸等各种任务。迷走神经从这些器官、外耳和部分脑膜接收感觉输入，表明它参与了中枢的调节。颈部迷走神经纤维约 80% 为传入纤维，传递来自头部、颈部、胸部和腹部的感觉信息。这些纤维的大部分传入细胞的胞体位于节状神经节，主要投射到脑干的 NTS。通过 NTS 的中继，将这些信息传向大脑广泛区域从而调节边缘系统和高级皮质功能。来自 NTS 的纤维主要向上游投射到臂旁核，但也投射到其他各种髓质和桥核、小脑核和导水管周围灰质。VNS 刺激可通过导水管周围灰质区投射到髓质和脑桥中缝核（脑干 5- 羟色胺能核团主要表达部位）以及脑桥 LC（脑干去甲肾上腺素能核团主要表达部位）。这些上游的单胺类投射可能在 VNS 的情绪调节方面至关重要。在动物研究中，慢性 VNS 刺激导致这些核团静息状态自主放电增加传入的迷走神经信息通过几个多突触通路进一步向上游传递到丘脑和大脑。最常用的通路是从 NTS 投射到臂旁核；然而，一些 NTS 纤维可绕过 NTS，直接进入情绪调节和重度抑郁有关的关键区域即下丘脑、丘脑、伏隔核、杏仁核和终纹。此外，脑桥臂旁核作为脑干自主神经和味觉信息的“中继中心”，其投射到情绪障碍相关的上游区域，包括杏仁核（中央和基底外侧核）、下丘脑和皮质区域（包括前岛叶、侧前额叶皮质、边缘下皮质和其他皮质区域）。岛叶皮质提供更多与前皮质区域的通信，如腹外侧和眶前额叶皮质，并间接与内侧前额叶皮质联系，这些区域在 VNS 前后经历了严重的急、慢性变化，并对确定哪些抑郁症患者对 VNS 治疗有效有至关重要的作用。

（二）VNS 治疗抑郁症的脑影像学机制

在过去的 15 ～ 20 年中，使用 PET、单光子发射计算机断层扫描（single-photon emission computed tomography，SPECT）或功能磁共振成像（functional magnetic resonance imaging，fMRI）研究了 VNS 对大脑活动的影响。最早研究 VNS 对 TRD 患者大脑的影响是血氧水平依赖（blood oxygen level-dependent，BOLD）fMRI 研究。接受急性 VNS 治疗的 TRD 患者进行 fMRI 实时图像扫描，结果发现了多个与抑郁症相关的区域，包括双侧眶额皮质、顶枕皮质、下丘脑、左侧颞皮质和杏仁核。其他研究也观察了不同 VNS 电参数对局部脑激活和失活的影响。通过使用 BOLD-fMRI，确定较高频率（20 Hz）而非较低频率（5 Hz）的急性 VNS 可以引起区域性激活（下丘脑、额极、眶额皮质和左苍白球）。随后的 BOLD fMRI 研究也发现，脉宽改变会影响区域性激活。较高的脉冲宽度（250 μs 和 500 μs），而非较低的脉冲宽度（130 μs）导致腹侧前额叶皮质和背外侧前额叶皮质激活显著增强，这些区域在 VNS 抗抑郁作用中起关键作用。在 12 例难治性抑郁症患者的 SPECT 研究中，VNS 治疗 4 周后，发现边缘系统和相关区域的局部血流减少，特别是海马体、杏仁核、膝下和腹侧前扣带回、后眶额皮质和前下颞叶；VNS 治疗 4 周后边缘系统和相关区域的局部血流减少而额中回血流增加。在一项为期 3 个月、双盲、安慰剂对照的串联交叉 VNS/fMRI 研究中，进行了为期 20 个月的开放随访，证实了内–前额叶 / 边缘性失活逐渐增加。VNS 导致右侧的内侧前额叶皮质、前扣带回、左侧颞前极和右侧体感皮质的 fMRI 信号降低，而右侧颞上回信号增强。利用 PET 分析慢性（超过一年）VNS 治疗后代谢的变化，发现腹内侧前额叶皮质的局部脑血流降低。

（三）VNS 治疗抑郁症的单胺能机制

过去 50 年的抑郁症研究一直以单胺能假说为主导。该假说的主要假设是抑郁症是由中枢单胺功能受损引起。这些神经递质会影响与情绪控制相关的多种大脑功能，如睡眠，动机和娱乐。抑郁症的关键致病机制是突触后受体受损和（或）亚细胞信使活性降低，导致单胺活性降低。几乎所有目前可用的能逆转抑郁症状的抗抑郁药都基于增强单胺类神经递质，主要是去甲肾上腺素能和（或）5- 羟色胺能系统。大多数抗抑郁药会通过：①再摄取抑制，

②抑制突触前自身受体的拮抗作用或③抑制单胺氧化酶增加突触间隙中去甲肾上腺素和（或）5-羟色胺的浓度。

传入迷走神经与脑干有神经解剖学联系，脑干区分别是去甲肾上腺素和5-羟色胺的主要大脑中枢。动物研究表明VNS增强了对情绪调节至关重要的大脑区域（如前额叶皮质、杏仁核和海马）的去甲肾上腺素能和5-羟色胺能神经传递。研究表明，VNS治疗后，皮质、海马体和内侧前额叶皮质的去甲肾上腺素浓度增加。持续VNS不仅能增加LC中去甲肾上腺素能神经元的放电频率，而且还能抑制GABA能中间神经元对去甲肾上腺素能神经元的抑制作用，导致去甲肾上腺素释放量进一步增加。持续VNS（治疗14天）后就能增强中缝核5-羟色胺能放电，VNS增强5-羟色胺能的作用是通过抑制去甲肾上腺素能神经元来实现的，提示该疗法对5-羟色胺能神经元的影响是通过去甲肾上腺素能途径间接介导的。

VNS对耐药抑郁症患者治疗有效，提示其抗抑郁作用机制与传统药物治疗不同。VNS增加LC和中缝核神经元自身的基线放电率。5-羟色胺能和去甲肾上腺素能自身受体在长期的VNS治疗中不会像抗抑郁药一样脱敏，这进一步支持了VNS具有独特作用机制。

（四）VNS对抑郁症神经可塑性的影响

VNS还与神经可塑性或神经元出生、存活、迁移和突触形成等多种机制有关。越来越多的证据表明，VNS的神经可塑性作用可能解释了单胺类急性增加与数周至数月后VNS抗抑郁作用之间的治疗滞后效应。海马的齿状回出现了神经发生或祖细胞分化成功能齐全的神经元。短期和长期VNS都会增加海马神经元的树突长度和复杂性。其他动物研究表明，VNS可增加神经祖细胞的增殖，VNS诱导的祖细胞增殖与认知恢复效应相关。此外，VNS可能通过表达脑源性神经营养因子和碱性成纤维细胞生长因子来影响细胞存活和分化。而成纤维细胞生长因子可以减少情绪障碍，抗抑郁药可上调成纤维细胞生长因子。

（五）VNS治疗抑郁症的抗炎机制

VNS通过同时作用于大脑和自主系统抗炎症效应在精神病学领域备受关注。在过去的二十年中，许多研究表明，压力、炎症/免疫系统失调和各种精神疾病之间存在明显的相关性。众所周知，内外压力会激活下丘脑–垂体–肾上腺轴（hypothalamic-pituitary-adrenal axis，HPA轴），最终刺激肾上腺皮质释放糖皮质激素。“糖皮质激素受体抗性”导致的HPA轴的过度驱动，损害了皮质醇反馈抑制机制，可能是建立在免疫系统活化改变和随后的“外周和中枢炎症”状态的基础上的。在许多精神疾病，包括抑郁症和精神分裂症中，血浆和脑脊液中促炎因子的浓度升高，急性期蛋白、趋化因子和细胞黏附分子的增加。此外，抑郁症和精神分裂症患者的小胶质细胞（大脑的固有免疫细胞）活化失调。在抑郁症和精神分裂症中发现的迷走神经活动减少也可能是造成HPA轴过度驱动以及周围和中枢炎症的原因，从而参与了疾病发展和进展的过程。

低迷走神经张力与应对压力和消极情绪的能力下降以及皮质醇和促炎性细胞因子水平的增加有关，并且被认为是精神疾病的生物标志物。迷走神经张力低与治疗抵抗有关，因此表明VNS可能发挥有益的作用效果。VNS对慢性患者通常是安全的，耐受性好，不会导致免疫抑制，并且可以与其他疗法包括靶向阻断炎症通路的药物和（或）抗抑郁药联合使用。

（六）神经营养因子在VNS治疗抑郁症中的作用

神经递质、细胞因子和生长因子在外周和脑内介导迷走神经的中枢效应，促进了VNS治疗抑郁的效果。在生长因子中，神经营养因子、神经生长因子（nerve growth factor，NGF）和脑源性神经营养因子（brain derived neurotrophic factor，BDNF）在脑内稳态、可塑性和神经发生中起重要作用，它们调节迷走神经功能，并受VNS的影响。

VNS会导致脑内NGF和BDNF表达变化，不同刺激方案和参数之间有一定差异。植入VNS装置以30 Hz连续循环激活30 h（开机30 s/关机5 min），发现海马和皮质中的BDNF mRNA升高，而海马中的NGF mRNA降低。急性刺激左颈迷走神经后，引起海马和下丘脑NGF的增加，BDNF在海马区减少，在下丘脑和皮质中增加。

总之，VNS可能从三个方面影响大脑神经营养因子水平：①NGF和BDNF合成与释放的活性依赖调节；②神经营养因子依赖性的可塑性和神经发生；③神经营养调节神经免疫和内分泌轴。

（七）小结

近 20 年来，VNS 治疗抑郁症患者（尤其是 TRD）的研究越来越多。多种功能性脑成像技术，如 fMRI，PET 和 SPECT，已经确定了 TRD 与 VNS 相关的急性和慢性（超过数月）局部区域性脑部改变。涉及的区域包括腹侧和背外侧前额叶皮质，额下回，前岛叶皮质，额叶和后眶皮质，前扣带回和脑干 VTA。其他研究表明基线前岛叶和眶额皮质的代谢活动可能预测 VNS 的疗效。动物研究进一步表明，VNS 增强了对情绪调节至关重要的大脑区域（例如前额叶皮质，杏仁核和海马体）的去甲肾上腺素能和血清素能神经传递，也可能增强神经可塑性。

第四节　迷走神经刺激在其他疾病的应用研究

一、迷走神经刺激治疗疼痛

长期以来，慢性疼痛（chronic pain，CP）是一备受关注的公共健康问题，影响着世界范围内约 20% 的人群，且 15% ～ 20% 的门诊病人都有慢性疼痛。通常，持续或复发时间 3 ～ 6 个月或以上的疼痛被定义为慢性疼痛。由于慢性疼痛的持续时间超过正常恢复时间，它失去了一般生理伤害性感受的警示作用。在国际疾病分类（international classification of disease，ICD-11）中，慢性疼痛被具体划分为以下 7 大类：①慢性原发性疼痛；②慢性癌性疼痛；③慢性术后痛和创伤后疼痛；④慢性神经病理性疼痛；⑤慢性头部和颌面部疼痛；⑥慢性内脏疼痛；⑦慢性骨骼肌疼痛。持续性的疼痛不但会导致患者的食欲、睡眠质量和工作能力下降，还会增加各类情感障碍如抑郁、焦虑等的发病率。毋庸置疑，慢性疼痛给社会和家庭带来了巨大的疾病负担，已日益受到科研和临床领域的关注。

1991 年首次尝试研究经皮迷走神经刺激（transcutaneous vagus nerve stimulation，tVNS）对疼痛阈值的影响，18 例参与者在三个不同的耳廓部位接受 2.3 Hz，15 min 的低频爆发刺激的试验性研究。18 位参与者中有 10 位疼痛阈值增加。即使关闭了刺激设备，三名参与者也产生了长时间的镇痛效果。

从植入了 VNS 装置的患者身上收集的临床数据中也产生了这种止痛效果。测量患者的疼痛阈值以及 VNS 对头痛的效果，证实了植入的 VNS 具有镇痛作用。

（一）迷走神经刺激对偏头痛的疗效

颈部 tVNS 和耳屏 tVNS 均可减少偏头痛患者发作的频率，降低了发作的严重程度以及由此造成的残疾。非侵入性 VNS 的机制及其对偏头痛的作用还不明确。非侵入性迷走神经刺激的治疗机制可能是由于丘脑的激活，丘脑负责信息处理和皮质活动的调节。在偏头痛患者的功能磁共振成像研究表明，丘脑皮质活动性下降，因此刺激迷走神经可能有助于抵消这种下降。另外，迷走神经刺激可能会抑制伤害性三叉神经元，从而产生止痛作用。

（二）小结

当前，已有许多非侵入性或侵入性装置对周围或中枢神经系统的各种神经进行刺激以用于疼痛治疗。在某些情况下，VNS 被证明是调节中枢神经系统的有效方法，可有效减少疼痛。但是作用机制尚不清楚，结果的可靠性有待证实。该技术安全、方便且副作用较小。需要更严格的系统研究来探索刺激参数、刺激部位和电极类型对大脑激活和临床疗效的影响。

二、迷走神经刺激在脑卒中康复中的应用

脑卒中俗称“卒中”，是一种急性脑血管疾病，包括缺血性和出血性卒中，具有高发病率、高致残及致死率等特点。随着我国人口老龄化程度逐渐加重，脑卒中发病率逐年增高，随之带来的肢体运动障碍、吞咽困难、言语不利、情绪障碍等后遗症已严重降低卒中患者的生活质量，并给社会和家庭带来沉重经济负担。目前，虽然有多种脑卒中康复治疗措施，但脑卒中患者的预后及功能恢复仍不够理想，我们迫切需要探索新的治疗方法进一步改善脑卒中患者的功能障碍。有研究表明，VNS 结合康复训练可有效改善脑卒中患者运动、认知、心理等功能的恢复。

（一）迷走神经刺激在脑卒中康复训练中的应用

脑卒中后，肢体运动功能障碍为影响患者生活质量的最主要因素。而在卒中后运动功能障碍中，上肢功能障碍约占 60%，严重限制了患者的日常生活及操作能力。因此，脑卒中康复研究的一个重要目标即为促进患者上肢功能的恢复，提高上肢在日常生活中的参与度。研究发现，VNS 对卒中后上肢功能康复治疗存在一定帮助，以下将对此进行介绍。

1. 迷走神经刺激治疗脑卒中后运动功能障碍 VNS 在缺血或出血性脑卒中后运动功能障碍的康复中均有促进作用。VNS 对脑缺血大鼠卒中后前肢力量恢复的研究发现，相比单纯的肢体康复训练，脑缺血后 VNS 配合康复训练可以显著提高脑卒中大鼠受累前肢的力量恢复，而且这种力量恢复在 VNS 刺激停止一周后仍持续存在，表明了 VNS 对卒中后肢体康复的疗效呈可持续性。此外，康复训练的疗效受训练时机及卒中患者的年龄所限，卒中后开始康复训练的时间越晚、卒中患者年龄越大，康复训练的效果越不显著。实验研究发现，VNS 对卒中后肢体康复的疗效受上述因素影响较小。对于慢性缺血性卒中的大鼠，在卒中发病后 7 周予 VNS 联合肢体康复治疗，疗效基本等同于卒中后急性期给予 VNS。此外，18 月龄以上的卒中后大鼠从 VNS 治疗中的获益也与幼龄大鼠获益没有明显差别。在卒中后康复训练中，由于病人的时间及经济条件限制，康复训练不可能涵盖卒中患者生活中所需的全部运动类型，如果能使单一的运动训练效果泛化至其他相似但未经特殊训练的运动任务中，将更高效、经济地提升病人的康复效果。在 2018 年的一项动物实验中，实验大鼠均先接受同等强度及时间的前肢旋后任务训练，随后对其进行运动皮质的缺血性损伤手术。术后一周大鼠随机分为 2 组，一组接受 VNS 治疗联合前肢旋后康复训练，一组接受无 VNS 的单纯前肢旋后康复训练。结果表明，与单纯康复训练组相比，VNS 联合康复训练组在治疗后 6 周内的前肢旋后功能显著改善。此外，在未经训练的等长牵拉任务中，VNS 联合康复训练组的前肢力量也明显增强。这表明，VNS 不仅有助于促进肢体康复，还有助于康复训练动作的泛化，在进行某一单一运动训练时，其他与之类似的运动也能得到有效提升。同时，该实验还对训练前后的皮质突触活性进行评估，发现 VNS 联合康复训练组中感觉运动皮质神经元较单纯康复训练组明显增加，下行运动传导通路的突触连接增强，表明 VNS 还可促进下行运动传导通路的重塑。VNS 不仅促进缺血性脑卒中运动功能的恢复，而且还能改善脑出血后的运动功能。VNS 联合康复训练与单纯康复训练相比，前者能更好地促进脑出血大鼠受累前肢运动功能的恢复，且这种康复治疗呈可持续性。

近几年 VNS 在脑卒中康复训练中的应用也开始进入了临床研究阶段。2016 年的一项临床研究中，20 例存在中度至重度上肢无力的慢性缺血性脑卒中患者分为 2 组，对照组只进行上肢康复训练，试验组除了行同等任务的上肢康复训练外，还进行左颈部植入式 VNS 配合康复训练治疗，治疗时间为 6 周。结果发现，试验组受累上肢的运动功能改善程度较对照组明显增高，且实验中受试者均未出现明显的副作用。但此次研究尚存在一定局限性，对照组未进行 VNS 刺激器的植入，且未对受试者长期的康复治疗效果进行评估。针对以上缺陷，2018 年有学者设计了另一项随机、全盲临床研究，研究共纳入 17 名受试者，实验组及对照组均行 VNS 植入手术。实验中，两组患者均接受了 6 周的 VNS 参与的临床治疗、1 个月的居家无 VNS 单纯肢体康复训练及 2 个月的居家 VNS 联合康复训练治疗。试验过程中，凡涉及 VNS 联合治疗，两组患者 VNS 均开机，电流设置为实验组 0.8 mA，对照组 0 mA。结果发现，无论是在 6 周 VNS 参与的临床治疗后，还是在后续 3 个月的综合治疗，与单独康复治疗相比，实验组上肢运动障碍的恢复程度均显著高于对照组。3 个月结束后的运动评估提示，VNS 使上肢运动康复效果增加了一倍以上，且对照组的肢体恢复程度并未达到临床认为康复治疗有效的标准。该研究提示，单纯的康复训练无法使病人得到足够的康复效果，结合 VNS 治疗将大大提高卒中后肢体康复的改善程度。此外，该研究还证实，VNS 联合康复训练治疗对肢体康复的疗效呈长期、稳定性。

上述研究中，有少数患者出现了一过性声带麻痹、吞咽困难、轻微恶心、味觉障碍等副作用，但都随着实验进行而逐渐恢复，且并未遗留严重后遗症。这些发现提示我们，VNS 联合康复训练治疗卒中后运动障碍的方案是相对安全的，并且效果良好、易于调控，有望成为新型的卒中后运动障碍治疗策略。此外，经左耳皮肤 VNS 对脑卒中患者的上肢运动功能也有明显的改善，同时在实验过程中，患者心率、血压无明显变化，且极少出现不良反应。因此，相对于植入式 VNS，经皮耳 VNS 更为安全，且创伤较小。

2. 迷走神经刺激治疗脑卒中后认知损伤、心理障碍等问题 除运动障碍外，VNS 对卒中后认知受损、心理障碍等也有一定的治疗效果。认知功能损伤在卒中患者中并不罕见，部分临床研究已经为 VNS 改善患者记忆能力的作用提供了相关证据，短时的 VNS 结合认知康复训练可以促进卒中后神经系统的可塑性，同时改善认知功能障碍。这些发现表明，将迷走神经刺激与认知康复训练相结合，可能是一种潜在的治疗卒中后认知障碍的干预手段。目前还缺少较大人群的临床随机对照研究。因此，VNS 对卒中后人群的认知功能改善是否有长期、稳定的效应仍待进一步探索。此外，VNS 对于卒中后抑郁、焦虑、失眠等心理障碍也有一定的干预效果。

（二）迷走神经刺激改善脑卒中康复训练效果的机制

目前对于 VNS 改善脑卒中康复训练作用的机制尚不清楚，可能涉及多种分子和神经调控机制，如减少兴奋性氨基酸、增加抑制性氨基酸、提高中枢神经系统可塑性、减轻脑水肿以及减缓缺血介导的炎症反应等，目前研究较多的作用机制为抑制炎症反应及提高中枢神经系统可塑性，下面将对这两个机制分别进行介绍。

1. 迷走神经刺激抑制炎症反应 炎症反应为脑损伤的重要机制之一。脑细胞受损后，促炎细胞因子如肿瘤坏死因子 -α（tumor necrosis factor-α，TNF-α）、白细胞介素 -6（interleukin-6，IL-6）可诱导炎症反应，促进其他炎症介质的分泌，加重神经元损伤。大量研究显示，迷走神经能够调节中枢神经系统和免疫系统之间的联系，一定程度抑制炎症反应。曾有学者发现，电刺激动物迷走神经可引起迷走神经相关核团及下丘脑核团的神经兴奋，使血清及组织中的多种促炎因子水平下降，同时诱导体内相关抗炎因子的释放增长，从而对重要脏器和外周的局部炎症反应起到明显的抑制作用。反之，迷走神经切断术将导致动物的炎症反应更敏感。事实上，在中枢神经系统和免疫系统之间存在一种神经免疫调节通路，被称为胆碱能抗炎途径。该通路主要由迷走神经和神经递质乙酰胆碱介导，具有减少促炎因子的释放、抑制炎症反应的作用。该通道主要通过位于巨噬细胞上的 α7- 烟碱乙酰胆碱受体起作用。相关研究表明，在中枢神经系统中，VNS 可能通过激活小胶质细胞表达的 α7- 烟碱乙酰胆碱受体来降低促炎因子的水平，从而减轻脑内炎症反应，减少细胞凋亡。同时，刺激迷走神经可使 LC 释放去甲肾上腺素，后者可以抑制某些趋化因子和细胞黏附分子的表达，也具有一定的抗炎效果。

2. 迷走神经刺激提高中枢神经系统可塑性 中枢神经系统的功能及结构重塑是脑损伤后运动障碍改善的基础。基底核内的胆碱能神经元和 LC 内的去甲肾上腺素能神经元是上行性神经调节系统的一部分，该系统将信号由下至上扩散投射到皮质的广泛区域，在唤醒、记忆及注意等行为和认知过程中起重要作用，为中枢神经系统重塑过程中的关键部位。迷走神经将信号投射至 NTS，而 NTS 与上行性神经调节系统的相关核团又存在密切的联系。因此，迷走神经与认知、行为等功能的重塑密切相关。研究表明，刺激迷走神经可激活中枢神经系统内去甲肾上腺素及乙酰胆碱的释放，加快脑卒中后大脑皮质的重塑，提高患者的学习及记忆能力。除此之外，基底前脑的胆碱能系统是运动皮质重组的关键底物，胆碱能直接作用于运动皮质，促进局部运动皮质重塑，从而调节运动功能。VNS 可激活基底前脑胆碱能回路，通过上述机制增强患者的运动功能。除了可促进神经递质释放外，VNS 还可通过增加神经营养因子的表达加快中枢神经系统重塑。VNS 可促进 BDNF 和碱性成纤维细胞生长因子（basic fibroblast growth factor，BFGF）在大脑皮质中的表达，促进神经再生及运动皮质结构重组，从而改善患者的运动功能。VNS 诱导的神经系统可塑性正在被开发用于治疗多种疾病，包括耳鸣和卒中。

三、迷走神经刺激治疗阿尔茨海默病

阿尔茨海默病（Alzheimer's disease，AD）作为最常见的痴呆类型，以进行性记忆力减退和认知障碍为主要特征。在过去的 50 年间，AD 已成为神经科学和神经生理学领域最大的挑战之一。细胞外 β 淀粉样蛋白沉积和细胞内 tau 蛋白过度磷酸化是其主要的病理学特征。随着病情进展，与记忆功能密切相关的大脑结构，如 NTS、LC 以及 HPC 等发生退行性改变，继之出现海马萎缩、脑室扩大等变化。在 AD 的病理生理机制中，LC 萎缩导致颞叶内侧结构的去甲肾上腺素丢失，启动炎症反应和 β 淀粉样蛋白沉积，进而导致神经元的死亡。上述特征与认知功能障碍密切相关，然而，AD 的治疗手段有限，至今尚无特效方案。虽然口服药物可减轻认知功能障碍、延缓记忆力减退，但是对于大多数病例而言，药物干预的效果仍然不够理想且无法持续。

迷走神经作为人体最长的脑神经，可对全身多个器官产生广泛的影响。LC 核和 NTS 作为迷走神经传入纤维的重要中继站，在不同水平向参与记忆存储功能的脑区投射，例如参与情绪记忆的杏仁核、形成陈述性记忆和空间记忆的海马结构（hippocampal formation，HPC）等。多项研究表明 VNS 可调节记忆存储、改善认知功能。边缘系统，尤其是 HPC，对于陈述性记忆至关重要。内嗅皮质（entorhinal cortex，EC）直接或间接地将携带记忆信息的电刺激信号输入至 HPC 的 CA1、CA3 以及齿状回（dentate gyrus，DG），而后 CA1 将信息输出至海马下托（subiculum）并发出轴突向 EC 投射，此为记忆形成的关键神经环路。HPC 内的另一条记忆微环路则依赖于锥体细胞的活动。锥体细胞将兴奋性刺激信息传递给 CA3 区的抑制性中间神经元篮状细胞（basket cells），篮状细胞兴奋后可发出抑制性反馈信息阻止 HPC 兴奋。HPC 将兴奋性信号和抑制性信号整合后投射至前额叶、EC、乳头体等部位，完成记忆信息的传递。在整个过程中，HPC 接受多巴胺能、5- 羟色胺、胆碱能、γ- 氨基丁酸能以及去甲肾上腺素能等多种神经递质的调控。

VNS 可改善认知功能，但相关机制尚不明确，推测可能与多种神经递质水平的调节有关。VNS 影响去甲肾上腺素、多巴胺、5- 羟色胺等多种神经递质，这些递质或可作用于 HPC，促进记忆提取。另外，VNS 可通过增加 HPC 以及前脑内的去甲肾上腺素水平，促进齿状回的长时程增强（long-term potentiation，LTP），巩固记忆内容。影像学层面也提供了相关证据，VNS 术后复查功能磁共振（functional magnetic resonance imaging，fMRI），监测到脑干、丘脑以及边缘系统的血流信号改变，提示 VNS 可调节上述结构的血流代谢。

相关研究显示，VNS 术后 3 个月和 6 个月患者的认知功能较术前均有所提高，而且术后 6 个月的改善更明显。VNS 术后 1 年复查，大多数 AD 患者的认知功能改善或无明显下降，生活质量相关指标保持相对稳定，长期耐受性良好。另外，VNS 术后 1 年时 AD 患者脑脊液 tau 蛋白下降，提示 VNS 对于 AD 患者的轴突变性过程存在一定的抑制作用。然而，与之存在矛盾的是，tau 蛋白磷酸化增加，提示 VNS 在减轻轴突变性的同时，可能不影响 tau 蛋白的磷酸化过程。但是这一结论仍存在疑问，需进一步验证。

四、迷走神经刺激治疗肥胖

世界卫生组织对超重和肥胖的定义是可损害健康的异常或过量的脂肪累积。体重指数（body mass index，BMI）通常用于对成人进行超重和肥胖分类。其定义为按公斤计算的体重除以按米计算的身高的平方（kg/m^2）。身体质量指数等于或大于 25 时为超重；身体质量指数等于或大于 30 时为肥胖。

身体质量指数升高是罹患非传染性疾病的重大风险因素，如：心血管疾病（主要是心脏病和卒中）、糖尿病、肌肉骨骼疾患以及某些癌症（包括子宫内膜、乳腺、卵巢、前列腺、肝、胆囊、肾和结肠）等。随着身体质量指数的升高，非传染性疾病的患病风险也随之提高。儿童期肥胖会使成年期肥胖、早逝和残疾出现的概率更大。

导致肥胖的原因有很多，其根本原因是摄入与消耗能量之间的不平衡。全球范围而言，富含脂肪和糖的高能量食品摄入持续增加、越来越多的以久坐为主的工作形式、交通方式的变化以及城市化加剧，均使缺少体力活动问题加重，成为肥胖的重要原因。近期的研究表明，肥胖的发生发展过程中，迷走神经传导通路也发挥着重要作用。

（一）迷走神经参与进食的反馈作用

研究发现，迷走神经传入纤维在膳食量的控制方面提供负反馈信号。其中，机械压力敏感的迷走神经传入末端对食物体积膨胀做出反应，而化学敏感的迷走神经传入末端则对营养类型和数量做出反应，从而抑制进食量。通过注射到结节神经节的顺行示踪剂研究发现，胃主要参与因机械感觉膨胀导致的停餐反应，胃的负反馈效应也主要依赖于摄入食物的体积，而与摄入食物的种类关系不大。小肠近端迷走神经传入末端主要在化学敏感性诱导的饱腹感产生过程中发挥作用。

胃的迷走神经传入末端主要分布于绒毛内靠近固有层的位置，能够对胃内分泌细胞释放的激素及时做出反应。胃内参与食欲控制的激素主要有胃饥饿素和瘦素。胃饥饿素在胃中缺乏营养时释放，通过抑制来自肠道的负面反馈来促进进食行为。食物摄入可诱发瘦素的释放，瘦素则可以增加迷走神经传入神经元对胆囊收缩素（cholecystokinin，CCK）

和黏膜接触的敏感性来调节进食。

肠内分泌细胞能够感知肠腔内的营养物质，并向固有层释放激素，进而激活迷走神经传入末端。研究发现，将营养物质直接注入十二指肠能引起迷走神经传入纤维的激活，目前，已有包括 CCK 在内的 33 种胃肠激素被证实在消化、吸收和（或）饱腹感中发挥作用。

迷走神经传入神经元（vagal afferent neurons，VANs）不仅仅是一个简单的向大脑传递胃肠信息的系统，还可以整合各种营养信息。进食过程中，随着胃扩张和营养素吸收，VANs 表达抗食欲受体和神经肽，比如 CCK、瘦素，下调促食欲表型，从而缩短进食时间，减少进食量。禁食状态下，抗食欲蛋白表达减少，而促食欲蛋白表达则增加，比如饥饿素、大麻素，从而延长进食时间，增加进食量。

（二）肥胖发生过程中迷走神经信号通路紊乱

在大鼠的基础研究中发现，进食后，在迷走神经传入信号整合的第一个中心部位 NTS 的中央区和尾侧，肥胖大鼠的即刻早期反应蛋白 c-Fos 表达显著低于瘦鼠，表明肥胖与迷走神经传入信号的减少有关。小鼠的研究中，在应激负荷、胃肠道激素增加时，肥胖小鼠迷走神经传入刺激减少，表明其对胃扩张和饱腹性激素的敏感性均降低。临床研究也有报道，肥胖患者肠道营养物质的饱足效应降低，且迷走神经传入和迷走神经传出的生物物理特性在饮食诱导的肥胖中受损，兴奋性普遍降低，激发动作电位的能力下降。此外，有证据表明，VANs 在肥胖发生的早期就产生瘦素抵抗，进而导致暴食。所以，肥胖发生的过程中总是伴随着 VANs 对周围信号敏感性下降。

VANs 的信号通路破坏足以导致过度进食和体重增加。缺乏瘦素受体的 VANs 选择性敲除小鼠模型与野生型小鼠相比体重增加了 10% ～ 15%，增重效果与喂食高脂肪食物后出现瘦素抵抗相似。因此，迷走神经传入信号不仅与即时进食控制有关，还参与了能量稳态的长期调控，导致进食量和持续时间长期增加，从而导致肥胖发生。

长期摄入高热量饮食会导致机械和神经化学可塑性下降，饱腹的感受器和神经肽在餐后表达减弱，而促食欲的感受器和神经肽则保持结构性表达。增加外周的促食欲信号敏感性、减少抗食欲信号向大脑传递，都是导致过度进食和肥胖的重要因素，VANs 神经化学可塑性降低也可能是肥胖发生的重要机制。

（三）迷走神经刺激治疗肥胖

迷走神经刺激用于治疗难治性抑郁症和难治性癫痫的研究显示，饮食偏好的改变经常改变他们的饮食行为，进而导致患者的体重改变。越来越多的证据表明调节迷走神经可以安全地用于治疗肥胖症，且副作用轻微。目前存在两种迷走神经调控方法：一种是使用低频电流刺激迷走神经，从而活化迷走神经信号；另一种是利用高频电流的迷走神经阻断法。

1. 迷走神经刺激治疗肥胖 最初动物模型研究表明，在慢性迷走神经刺激期间，动物体重减轻。大型动物模型临床前研究发现，慢性迷走神经刺激可以使成年肥胖猪的摄食减少、体重减轻、对甜食的渴求感下降等。VNS 治疗癫痫和抑郁症患者过程中，也可以观察到类似效应，而且这种效应与体重指数呈相关性。此外，还可以观察到患者的能量消耗增加。双侧迷走神经刺激比单侧刺激更有效。

目前，迷走神经刺激治疗肥胖的临床前期研究结果尚未在临床得到证实，其机制尚不完全明确。可能的机制：①迷走神经受到刺激时 NTS 中 c-Fos 表达的增加，提高 VANs 对周围信号的敏感性；②刺激迷走神经可以减少大量营养素的分解，从而减少吸收；③迷走神经刺激调节了循环中的激素水平，如瘦素水平降低，多功能内分泌因子 Nesfatin-1 水平升高。迷走神经刺激治疗肥胖的临床前期研究结果尚未在人类身上得到证实，其具体机制有待进一步研究。

2. 迷走神经阻滞治疗肥胖 间断性迷走神经阻滞是将电极放置在食管胃交界附近的迷走神经前、后干上，并在皮下植入神经调节器，通过高频电流来阻断迷走神经。一项大规模的随机、双盲对照临床试验证实，迷走神经阻滞（vagal blockade，VBLOC）治疗 1 年后，治疗组和对照组的多余体重减少百分比分别为 24.4% 和 15.9%；继续随访 6 个月后，手术组仍然维持减重效果，而对照组有 40% 发生复胖。随后，VBLOC 在 2015 年被 FDA 批准用于治疗中重度肥胖，每天至少 12 h 阻断迷走神经信号就可以显著降低肥胖患者的体重，而且这种效应至少可以维持 2 年。

在显著减轻肥胖患者体重的同时，VBLOC 还被证实可以改善血糖，包括糖化血红蛋白和空腹血糖均下降，12 个月 VBLOC 治疗可以维持血糖控制超过 24 个月。VBLOC 能显著减轻肥胖患者体重，但其减重机制尚未阐明。VBLOC 植入后，总热量摄入迅速减少，并保持至少 2 年。使用视觉模拟量表问卷来评估饥饿感和食欲，结果发现 VBLOC 增加了饱腹感，减少了饥饿感。VBLOC 既可以影响迷走神经传入信号导致脑电图改变，也可以减少胰腺分泌和胃收缩。还有研究者认为，VBLOC 减少摄食、减轻体重的主要机制，可能是抑制了肥胖患者的 VANs 促食欲神经信号通路。

迷走神经刺激已经成为治疗肥胖的重要靶点和发展方向，开发选择性靶向腹腔迷走神经的药物可能会对治疗肥胖症做出贡献，未来期待着迷走神经刺激治疗肥胖症疗效的进一步提高及以对其作用机制更加深入明确的研究。

第五节　经皮耳迷走神经刺激

人们早就注意到分布在耳廓的迷走神经耳支具有躯体—内脏联系性质，刺激外耳道或耳甲区可引起耳–心反射、耳–肺反射等类似于副交感紧张的效应，如耳内异物刺激或耳鼻喉科用耳窥镜，或冲洗耳道有时会引起咳嗽，心率减慢、血压下降，严重者甚至出现心脏停搏等反应。针灸学也常采用刺激耳部穴位治疗与此相关的一些疾病，包括癫痫和抑郁症。

经典解剖学认为支配外耳的迷走神经耳支为一般躯体感觉传入性质的纤维，其纤维投射到三叉神经脊束核，但可能含有副交感传入纤维的存在。采用神经示踪技术，在大鼠耳甲区注射神经束路荧光示踪剂霍乱毒素亚单位 B（cholera toxin subunit B，CTB），在荧光显微镜下，CTB 标记在同侧 NTS 尾部，三叉神经脊束核背内侧，以及楔形核外侧部和 C2 ～ C3 背角。耳甲 -NTS 的神经纤维投射为耳–迷走联系奠定了形态学基础。在耳甲区电刺激，同样观察到 c-Fos 蛋白在 NTS 的表达。

在人类，迷走神经耳支主要分布在耳甲腔和耳甲艇（图 11-5-1），无创性迷走神经刺激（non-invasive vagus nerve stimulation）逐渐引起人们关注，最常见的为经皮耳迷走神经刺激（transcutaneous auricular vagal nerve stimulation，taVNS）和经皮颈部迷走神经刺激（transcutaneous cervical vagal nerve stimulation）。在健康受试者经耳甲区刺激能记录到一个清晰的、可重复的、可能起源于脑干迷走核的迷走体感诱发电位。影像学资料也为 taVNS 影响脑功能提供了证据。健康受试者的 fMRI 研究表明 taVNS 刺激引起边缘脑区（包括杏仁核、海马和后扣带回）以及 NTS 区域的 BOLD 信号降低，岛叶、中央前回、丘脑活动增强。表明 taVNS 的脑激活形式与侵入性的 VNS 有明显的相同之处。相对于侵入式迷走神经刺激术，taVNS 是一种廉价、安全和便携式的神经刺激形式，taVNS 刺激电极安放的位置就是耳甲区。

一、经皮耳迷走神经刺激治疗癫痫的机制与疗效

在戊四氮造成的大鼠急性癫痫样发作模型的实验研究表明，麻醉状态下 NTS 神经元放电频率降低，随着细胞放电频率的降低或停止，同时伴随 EEG 的高幅癫痫波，而且两者的变化有明确的时间对应关系，即在 NTS 神经元放电频率降低时，EEG 出现高幅尖波；当神经元放电频率增加时，EEG 癫痫波振幅降低或消失。说明当 NTS 细胞放电频率减少时，动物癫痫发作；当 NTS 细胞放电频率增多时，则可以抑制癫痫的发作（图 11-5-2）。这种同

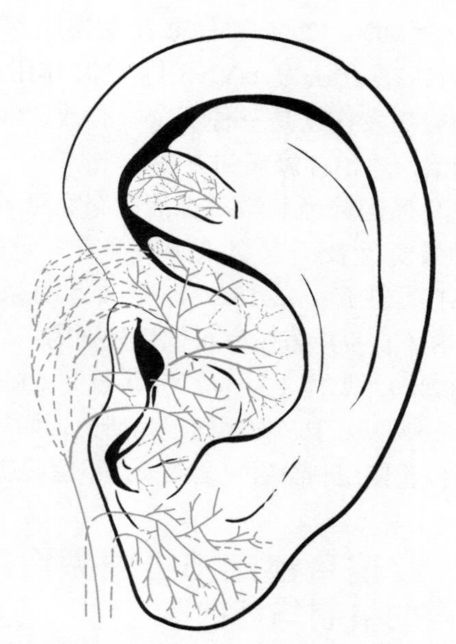

图 11-5-1　耳迷走神经在耳廓的分布区（蓝色），经耳迷走神经刺激电极安置在耳甲区

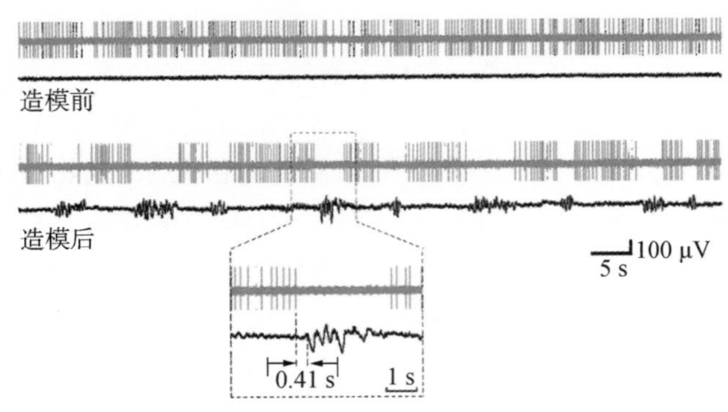

图 11-5-2 **癫痫大鼠 NTS 神经元放电频率图**

造模前，NTS 神经元放电频率（蓝色）和 EEG（黑色）；造模后，癫痫大鼠 NTS 神经元放电抑制时，脑电图癫痫波增加。下图为局部放大，可见癫痫波与 NTS 神经元活动的关系；癫痫波常出现在 NTS 神经元放电停止后，NTS 神经元放电出现又可抑制癫痫波的发生

步变化在造模后 1 ～ 3 min 之内开始出现，呈节律性变化。

经皮耳迷走神经刺激后，癫痫样发作大鼠 NTS 神经元放电频率增加，脑电图癫痫波的发作潜伏期、发作持续时间、发作强度都大大降低。在 NTS 延髓投影表面皮肤采用 U 形管冷冻至 4℃的方法可以减弱或阻断 taVNS 对癫痫波的抑制作用，提示 NTS 神经元功能的完整对 taVNS 发挥抗癫痫效应有重要作用。

在 2012 年，Stefan 等首先进行了小样本临床研究，证实 taVNS 治疗药物抵抗性癫痫的有效性。此后，在十数家单位分别报告的 400 多例药物抵抗性癫痫临床研究中，根据 Engel 疗效标准，采用 taVNS（20 ～ 30 Hz）治疗 8 ～ 24 周的治疗后，10% ～ 15% 的患者癫痫停止发作，5% 左右癫痫发作减少≥ 90%，25% 左右患者发作频率减少了 50% ～ 89%。据此认为，taVNS 与 VNS 作用相类似，能够抑制癫痫发作，是一种安全、有效、经济和广泛适用的治疗难治性癫痫的方法。

经皮耳迷走神经刺激对难治性癫痫患者生活质量、精神警觉性及语言交流能力都有一定的改善。在纳入 51 项研究、共 1322 名受试者的系统中显示，taVNS 不良反应发生率很低，分别为：局部皮肤刺激（18.2%）、头痛（3.6%）和鼻咽炎（1.7%），仅极少数（2.6%）由于副作用而退出研究，而这些副作用均可在停止使用刺激后完全消失，不留后遗症。

二、经皮耳迷走神经刺激治疗抑郁的机制与疗效

在孤养和不可预知性应激刺激制备的抑郁模型大鼠，观察到 taVNS 可抑制造模后大鼠应激导致的旷场实验总分、水平运动得分、垂直运动得分降低，同时具有降低模型大鼠升高的血浆皮质醇和促肾上腺皮质激素的作用，表明 taVNS 对模型大鼠的抑郁状态可起到一定的调节和干预作用。

2013 年，taVNS 治疗抑郁症进入临床，首次小样本研究证实 taVNS 抗抑郁的有效性（均在抗抑郁药物治疗基础上进行）。2016 年进行了较大规模（160 例，均不服用抗抑郁药物）轻中度抑郁症的非随机对照临床试验，治疗 4 周后，taVNS 组抑郁症患者的症状明显改善并持续到 12 周。荟萃分析也初步表明 taVNS 疗法可有效改善抑郁症状。taVNS 对人体基本无不良反应。

目前对 taVNS 抗抑郁效应的机制研究相对较少，主要可归类为两方面：①功能性磁共振成像研究表明 taVNS 对脑默认网络、杏仁核-背外侧前额叶网络产生了明显的调制效应，且与抑郁症状改善相关；左侧脑岛叶在首次组块实时 taVNS 刺激时的激活程度，以及首次连续刺激下的下丘脑-前扣带回功能连接强度能预测 taVNS 抗抑郁疗效的优劣，可成为潜在性神经影像学标识。②慢性应激动物实验研究表明 taVNS 可显著改善慢性不可预知性温和应激模型大鼠的抑郁样行为，且该抗抑郁样行为效应与下丘脑-垂体-肾上腺轴功能及海马内 Raf/ERK/RSK/CREB 信号通路有关。

三、经皮耳迷走神经刺激的临床应用前景

1. 心功能不全 已有临床试验证实迷走神经刺激术可改善慢性心衰患者的左心室射血分数，生活质量及 6 min 步行实验，减少死亡或急性心衰事件；但这些试验同时发现迷走神经刺激术在治疗心衰时有较高的不良反应及严重不良反应发生率。taVNS 对心血管自主神经系统的影响是经过中枢整合的，而有创的迷走神经刺激术直接向心脏不对称侧传递电信号，从这个角度看，taVNS 对心脏疾病的治疗更安全。目前有小样本研究已提示 taVNS 也可改善健康人自发性心脏压力反射敏感性，以及心血管系统自主神经反应能力。

2. 神经系统 ①耳鸣：听觉中枢神经元异常放电，神经元可塑性异常的改变，严重者可出现神经性耳聋。应用脑磁图证实 taVNS 可影响耳鸣患者听觉中枢神经元活动，改善耳鸣严重程度及情绪；干

预期为6月的另一项研究也证实了taVNS治疗神经性耳鸣的安全性及有效性。②三叉神经痛、偏头痛及丛集性头痛：三叉神经自主反射在这类原发性头痛起重要作用，刺激迷走神经可调制此反射功能。taVNS已被批准用于急性偏头痛、丛集性头痛的补充治疗；小样本的研究显示taVNS能明显降低慢性偏头痛的发作频率。③其他神经系统疾病：对taVNS适宜疾病的探索，目前已扩大到自闭症谱系疾病，如失眠、慢性意识障碍、慢性疼痛等神经精神系统疾病。

3. 其他疾病　迷走神经传出活动增强，可调节褪黑激素分泌，还可通过调节中枢血清素及其受体水平抑制糖尿病性神经病变的发展；taVNS可促进胰岛素分泌，降低患者空腹、2 h血糖及糖化血红蛋白，对血糖水平不稳、2型糖尿病有辅助治疗作用。

参考文献

综述

1. 张建国，张凯，孟凡刚．迷走神经刺激术，人民卫生出版社，北京：2019．
2. 中国抗癫痫协会神经调控专业委员会，中国医师协会神经调控专业委员会，中华医学会神经外科分会神经生理学组．迷走神经刺激疗法治疗药物难治性癫痫的中国专家共识．癫痫杂志，2021，7（3）：191-196．
3. 袁媛，姜长青，陈玥，等．神经调控技术的发展与展望．生命科学仪器，2018，16：20-28．
4. Morris GL，Gloss D，Buchhalter J，et al. Evidence-based guideline update：Vagus nerve stimulation for the treatment of epilepsy：Report of the Guideline Development Subcommittee of the American Academy of Neurology. *Neurology*，2013，81：1453-1459.
5. Elliott RE，Morsi A，Kalhorn SP，et al. Vagus nerve stimulation in 436 consecutive patients with treatment-resistant epilepsy：long-term outcomes and predictors of response. *Epilepsy Behav*，2011，20：57-63.
6. Annegers JF，Coan SP，Hauser WA，et al. Epilepsy，vagal nerve stimulation by the NCP system，all-cause mortality，and sudden，unexpected，unexplained death. *Epilepsia*，2000，41：549-553.
7. Muthiah N，Zhang J，Remick M，et al. Efficacy of vagus nerve stimulation for drug-resistant epilepsy in children age six and younger. *Epilepsy Behav*，2020，112：107373.
8. Englot DJ，Hassnain KH，Rolston JD，et al. Quality-of-life metrics with vagus nerve stimulation for epilepsy from provider survey data. *Epilepsy Behav*，2017，66：4-9.
9. Toffa DH，Touma L，El Meskine T，et al. Learnings from 30 years of reported efficacy and safety of vagus nerve stimulation（VNS）for epilepsy treatment：A critical review. *Seizure*，2020，83：104-123.
10. Liu HY，Yang Z，Meng FG，et al. Preoperative heart rate variability as predictors of vagus nerve stimulation outcome in patients with drug-resistant epilepsy. *Sci Rep*，2018，8：3856.
11. Hachem LD，Wong SM，Ibrahim GM. The vagus afferent network：emerging role in translational connectomics. *Neurosurg Focus*，2018，45：E2.
12. Pamela R，Angela I，Francesca P，et al. Vagus nerve stimulation and Neurotrophins：a biological psychiatric perspective. *Neurosci Biobehav Rev*，2020，113：338-353.
13. Conway CR，Xiong W. The mechanism of action of vagus nerve stimulation in treatment-resistant depression：current conceptualizations. *Psychiatr Clin North Am*，2018，41：395-407.
14. Buell EP，Loerwald KW，Engineer CT，et al. Cortical map plasticity as a function of vagus nerve stimulation rate. *Brain Stimul*，2018，11：1218-1224.
15. Broncel A，Bocian R，Kłos-Wojtczak P，et al. Vagal nerve stimulation as a promising tool in the improvement of cognitive disorders. *Brain Res Bull*，2020，155：37-47.
16. Redgrave J，Day D，Leung H，et al. Safety and tolerability of Transcutaneous Vagus Nerve stimulation in humans；a systematic review. *Brain Stimul*，2018，11：1225-1238.

原始文献

1. Alexander GM，Huang YZ，Soderblom EJ，et al. Vagal nerve stimulation modifies neuronal activity and the proteome of excitatory synapses of amygdala/piriform cortex. *J Neurochem*，2017，140：629-644.
2. Goadsby PJ，Coo I de，Silver N，et al. Non-invasive vagus nerve stimulation for the acute treatment of episodic and chronic cluster headache：A randomized，double-blind，sham-controlled ACT2 study. *Cephalalgia*，2018，38：959-969.
3. Barbanti P，Grazzi L，Egeo G，et al. Non-invasive vagus nerve stimulation for acute treatment of highfrequency and chronic migraine：An open-label study. *J Headache Pain*，2015，16：61.
4. Dawson J，Pierce D，Dixit A，et al. Safety，feasibility，and efficacy of vagus nerve stimulation paired with upper-limb rehabilitation after ischemic stroke. *Stroke*，2016，47：143-150.
5. Khodaparast N，Hays SA，Sloan AM，et al. Vagus nerve stimulation during rehabilitative training improves forelimb strength following ischemic stroke. *Neurobiol Dis*，2013，60：80-88.
6. Meyers EC，Solorzano BR，James J，et al. Vagus nerve stimulation enhances stable plasticity and generalization of stroke recovery. *Stroke*，2018，49：710-717.
7. Sun L，Peräkylä J，Holm K，et al. Vagus nerve stimulation improves working memory performance. *J clin exp neuropsyc*，2017，39：954-964.
8. Kimberley TJ，Pierce D，Prudente CN，et al. Vagus nerve stimulation paired with upper limb rehabilitation after chronic stroke. *Stroke*，2018，49：2789-2792.
9. Merrill CA，Jonsson MA，Minthon L，et al. Vagus nerve

stimulation in patients with Alzheimer's disease: Additional follow-up results of a pilot study through 1 year. *J Clin Psychiatry*, 2006, 67: 1171-1178.

10. He W, Jing XH, Zhu B, et al. The auriculo-vagal afferent pathway and its role in seizure suppression in rats. *BMC Neurosci*, 2013, 14: 85.
11. Hein E, Nowak M, Kiess O, et al. Auricular transcutaneous electrical nerve stimulation in depressed patients: A randomized controlled pilot study. *J Neural Transm* (*Vienna*), 2013, 120: 821-827.
12. Fang J, Rong P, Hong Y, et al. Transcutaneous vagus nerve stimulation modulates default mode network in major depressive disorder. *Biol Psychiatry.*, 2016, 79: 266-273.
13. Rong P, Liu J, Wang L, et al. Effect of transcutaneous auricular vagus nerve stimulation on major depressive disorder: A nonrandomized controlled pilot study. *J Affect Disord*, 2016, 195: 172-179.
14. Stefan H, Kreiselmeyer G, Kerling F, et al. Transcutaneous vagus nerve stimulation (t-VNS) in pharmacoresistant epilepsies: A proof of concept trial. *Epilepsia*, 2012, 53: e115-118.

第 6 章　针刺疗法

韩济生　崔彩莲

第一节　针刺镇痛

针灸疗法在我国历史悠久。根据1973年在湖南长沙发现的马王堆汉墓出土文物，春秋战国时代（公元前6世纪至公元前2世纪）已有《足臂十一脉灸经》《阴阳十一脉灸经》等有关“灸”的著作。说明中国应用针灸已有2500多年历史。当时灸法的使用多于针法。东晋葛洪《肘后备急方》和唐代孙思邈所撰《备急千金要方》中，均有关于虫蛇咬伤用灸法止痛的记载。秦汉之际产生的《内经》中针法和灸法并重，不仅可用针灸治疗已发生的疼痛性疾病，根据《灵枢・周痹》中提到“痛虽已止，必刺其处，勿令复起”，说明已经开始有应用针灸来“防痛”的概念或其萌芽。宋代之后，尤其是明清时期，对针灸治疗和预防创伤性疼痛有进一步的认识。

1950年代后期，上海、西安等地有一部分医师将针刺技术应用于外科手术，试图不用或少用麻醉药实施外科手术，称之为针刺麻醉（针麻），引起医学界的广泛兴趣。全国许多医院进行仿效，20世纪70年代达到高潮，全国几乎所有医院都开展针麻。进入20世纪80年代，临床应用针麻逐渐减少。实际上，针刺用于麻醉的临床实践逐渐减少，但用于治疗急性或慢性痛则日趋增加。

针刺麻醉的临床实践客观上推动了大量基础研究工作者对针刺镇痛原理的研究。从1970年开始的几十年间，针刺镇痛有关的研究论文逐年增加。1997年美国国立卫生研究院（NIH）举办“针刺疗法听证会”，肯定了针刺镇痛的有效性和科学性，国内和国际上加大了对相关科研资助，促使针刺镇痛研究在全球广泛开展。其中最基本的发现之一是针刺可以激活中枢神经系统吗啡样肽类物质及其他内源性镇痛因子的合成和释放。与此同时，一位香港医师偶然发现针刺可以减轻海洛因依赖者的戒断症状，使针刺疗法延伸到治疗阿片类药物依赖。

针刺疗法的应用范围很广，本章拟重点介绍两个方面，一是镇痛，二是干预药物依赖。

一、针刺镇痛现象

（一）人体观察

1. 针刺引起正常人痛阈变化　针刺麻醉手术是在手术台上进行的，其镇痛作用无法在实验室精确复制，为了研究针刺镇痛现象，1965年北京医学院韩济生团队邀请正常人测定其对伤害刺激的感觉是否能被针刺所抑制或减轻。该研究招募了66名医学生为受试者，用皮肤电极钾离子透入法引起被试者痛感。应用逐渐增强的直流电强度测定皮肤痛阈值，观察针刺是否能使痛阈升高。将无关电极（阴极）贴在一侧小腿肚上，将直径5 mm的蘸有饱和KCl溶液的电极（阳极）放置于测痛点上，令阳极直流电强度线性上升，每秒升高0.1 mA，以被试感到明确疼痛时的电流值为其基础痛阈值。用此法测得人体皮肤痛阈值一般在1 mA左右。测痛点选在额部（在针刺穴位的同侧）、胸部（左、右）、腹部（左、右）、下肢（左、右）及背部（同侧）共8个点。针刺穴位选在右侧合谷穴（手背第2掌骨中点内侧缘）。请有经验的针灸师在该穴位做平补平泻的运作（提、插、捻转），持续50 min。每10 min在全身8个点测痛一次。结果表明，随着针刺时间延长，痛阈逐渐升高，在针刺40～50 min时达到最高，较基础痛阈提高80%左右。将针拔出后，被试的痛阈逐渐降低，在拔针30 min左右接近针刺前水平。鉴于拔针后的痛阈下降曲线符合指数曲线，可计算得痛阈恢复半衰期为16 min左右（图11-6-1）。

这项实验结果一方面确认了针刺具有提高痛阈的作用。可以假设，此时若给予伤害性刺激，被试的疼痛感受会明显减轻。另一方面，这一曲线也表明，针刺一个穴位，痛阈值只升高了一倍左右，表明此时痛觉只是减轻，而非完全消失。

还有一个现象值得注意，即从针刺镇痛的空间分布规律来说，针刺一个穴位，引起全身8个测痛点痛阈的同步升高，拔针后则同步降低。说明针刺的镇痛作用是全身性的，而不是仅限于合谷穴所在的大肠经（始于手部，止于胸部）沿线。为了证明这一现象的普遍性，研究者选用了膝关节附近的足三里穴和其他经络上的穴位重复这一试验，得出的镇痛曲线与针刺合谷的结果高度吻合。换言之，就针刺产生的即时镇痛作用而言，其有效镇痛区可能不是局限的，也不是完全循经分布，而是广泛的。

2. 对“针麻镇痛”现象的初步理解 从大量针刺麻醉临床实践提示：①需要在手术前30 min就开始扎针和运针，才能使切开皮肤时痛觉减轻，这一时期被称为“诱导”期。图11-6-1中8条曲线恰好显示：需要至少30 min诱导，才能充分发挥镇痛效果，两者完全吻合。②对于大多数人来说，针麻手术切开皮肤并非完全无痛，只是痛觉减轻至可以忍受而已。③图11-6-1显示的是皮肤痛阈的变化，对于手术中牵拉内脏引起的内脏痛并未观察。④本实验仅反映刺激一个穴位所产生的效果，研究者曾经同时刺激多个穴位，镇痛效果有进一步提高，但不能成倍提高。因此针麻初期临床采用4肢各用10个穴位（全身40个穴位）轮流刺激看来是没有必要的，只要针刺少数几个穴位，就可以达到显著的镇痛效果。

3. 穴位深部注射局麻药可以阻断针刺镇痛作用 针刺一个穴位可使被试的痛阈升高。这种作用是通过什么机制来实现的？鉴于“经络”的组织结构尚未得到确认，最简单的设想是通过神经起作用。为验证这一设想，将局麻药普鲁卡因注入合谷穴位的深部，阻断该处的神经传导功能，观察是否可以防止针刺该穴位的镇痛作用。结果表明，把2%普鲁卡因注入合谷穴处的皮下组织，并不能阻断针刺的镇痛作用。只有将局麻药注入与针刺的针尖端同样的深度，即达到肌肉、肌腱水平，针刺镇痛效果就被完全阻断。显然，针刺主要是通过肌肉、肌腱深部的传入神经向中枢神经系统传递信息而发挥其镇痛作用的。

4. 偏瘫和截瘫患者的患侧穴位进行针刺不产生镇痛效果 为了进一步证明针刺镇痛是依赖于神经系统的，研究者在神经系统病变的患者重复了针刺镇痛试验。截瘫患者的下肢膝关节以下感觉完全缺失，针刺其足三里便不产生全身镇痛效果。针刺偏瘫患者的患侧穴位，同样完全无效。再次表明，针刺信息需要通过传入神经系统到达中枢，才能发挥镇痛作用。

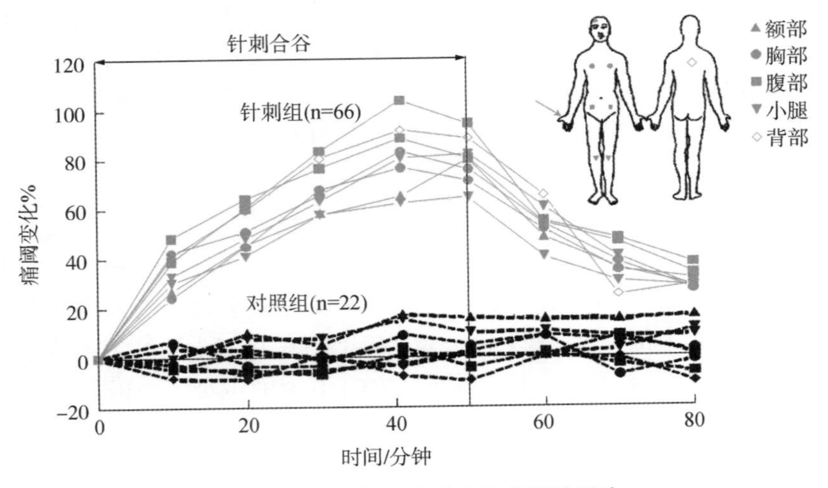

图11-6-1 针刺谷穴对人体痛阈的影响

5. 电针的镇痛作用与手捻针的作用基本一致　既然针刺是通过刺激传入神经将信息传至中枢神经系统尔产生镇痛效果，那么将脉冲电流发生器（电针仪）连接到针灸针进行刺激，预期应达到同样效果。为了验证这个假设，将两根针分别插入同侧合谷和足三里穴，将针柄与电针仪的两个输出端分别相连，施加每秒 10 次（10 Hz）的方波脉冲电刺激 30 分钟。结果表明，电针刺激所得到的镇痛曲线与手针的结果几乎完全重合。

由上述人体试验的结果可见：在神经健全的条件下，电刺激穴位可以代替手针刺激发挥镇痛效果；阻断或损伤神经后，手针和电针刺激穴位均不能产生镇痛效果。尽管目前“经络”的实质尚未得到确认，但可以肯定的是“神经”是针刺“经络”和“穴位”发挥镇痛作用不可或缺的重要组成部分。

神经通过电冲动的形式传递信息，两个神经元之间借助化学物质传递信息。因此，电生理方法和神经化学方法成为研究针刺镇痛原理的两种重要手段。

（二）动物实验

针刺镇痛是人类特有的现象，还是动物界共有的现象？对此，不同实验室曾用不同种类动物，包括小鼠、大鼠、猫、猴等常用实验动物，甚至马、牛等大动物都观察到针刺可以提高痛阈的现象。关于针刺镇痛原理研究是否能用动物实验加以模拟，学术界有不同看法。①有人认为电针试验中，往往需要把动物固定或部分制动，这会引起一定程度的应激（stress），而应激本身就可提高痛阈。因此，如在动物自由活动的条件下进行针刺实验，应该更具说服力。②关于镇痛所需电针刺激的强度，一般家兔实验只要 1 mA 的电流即可引起镇痛，而大鼠则需要 2 ～ 3 mA 电流才能引起镇痛效果。已知 3 mA 的电流会激活一部分 Aδ 神经纤维或少量 C 纤维兴奋，产生伤害感受，并进入一定程度的“应激状态”，此时的镇痛效应可能一部分属于“应激镇痛”或“以痛致痛”范畴。临床上，手针可引起酸、麻、胀、重等“得气”感，而不会产生明确的痛感。由此，动物实验应避免过强的电流来制备针刺镇痛模型，否则不能排除“应激镇痛”或“以痛致痛”的成分。③一般认为，针刺所刺激的神经纤维属于肌肉或肌腱附近比较细的有髓鞘（Aβ 和 Aδ）纤维，至于专门传递伤害信息的无髓鞘的 C 纤维，即使有所涉及，也不是引起镇痛作用的主要成分，因为针刺毕竟不是通过强烈的“以痛制痛”途径实现的。韩济生团队（1987）应用辣椒素阻断 C 纤维传导后，发现弥漫性伤害抑制性控制（DNIC）现象消失，而针刺镇痛不受影响。④动物是否有经络仍有待证明。目前针刺镇痛的动物实验，只能用比较解剖学的方法来模拟“穴位”的位置，描述为“相当于”人体的某一穴位。⑤为什么在 10% ～ 20% 实验动物中针刺没有明显的镇痛作用（针刺镇痛弱效或无效）？实际上，人体实验也并非每一个人针刺都有效。这一问题将在后文讨论。

二、针刺镇痛机制探讨

（一）经络学说

中医学认为，经络是运行气血、联络脏腑和体表及全身各部的通道，是人体功能的调控系统。这一系统中，大者为经脉，其分支为络脉。经络学说是针灸疗法的理论基础，从针灸要诀中“宁失其穴、毋失其经”的论述即可得知。由于经络实质迄今未明，如果要首先阐明经络实质才能进行针刺原理研究，必将推延研究的进展。为此多数研究者认为，有关科研设计应尊重而不拘泥于经络学说，针刺部位的选定可以根据经络取穴原则，也可对比神经机制来确定，根据所得结果，判定何种理论可以更好地解释镇痛现象。本文主要从已知的神经的角度讨论针刺镇痛原理，没有涉及结缔组织、血管、淋巴或迄今未知的结构。

（二）电生理研究（包括神经形态学研究）

1. 针刺信息在中枢的传递　1960 年代晚期，上海生理研究所张香桐教授团队（张香桐，1973）率先用电生理方法对针刺镇痛原理进行研究。家兔和大鼠两种动物在轻度麻醉或用肌松剂制动的条件下，向颅内的丘脑插入玻璃微电极。用金属镊子钳夹动物尾部产生伤害性刺激，观察脑内发生放电反应的神经核团，以及神经细胞的种类。经过反复实验，发现丘脑内两个核团存在特异性痛感受神经元，即位于第三脑室旁的丘脑束旁核（Pf），和中央外侧核（CL）。伤害刺激经过 20 ～ 800 ms 的潜伏期，可引起大鼠丘脑上述两核团单细胞串状放电，其特点是①重复给予同样刺激不产生耐受现象，②静脉注射 1 mg 吗啡即可抑制该放电。以此作为动物产生“痛觉”的客观指标，进一步检测针刺产生的何种传入信号能减弱或消除疼痛诱发的神经元放电。结果表明，在动物身体任何部位给予比较温和的针刺，均可减弱痛刺激诱发的神经元放电；但极强的针刺反而增加痛诱发的放电。进一步研究发现，任何一种非伤害刺激均有一定的镇痛作用，而用力挤压其跟腱的近肌肉端，对痛信号的抑制最为有效。在人体，挤压跟腱可以引起酸、麻、胀、重等类似针刺得气的感觉。结论是针刺传入中枢的非伤害信号（类似对跟腱的压力刺激）与伤害刺激传入的痛信号在丘脑水平相互作用，削弱了痛感受，认为这是针刺镇痛的主要原理之一。该研究论文发表于 1973 年 3 月出版的英文版“中国科学杂志”。此后，类似的结果在许多实验室得到验证。

2. 针刺信息在外周的传递 以往文献有关手捻针在单纤维或单单位记录传入神经冲动的报道，包括 Aβ、Aδ 和 C 纤维传入的描述。比较一致的观点是中等刺激强度的运针（平补平泻），其冲动传入主要通过 Aβ 和 Aδ 纤维传导，只有大幅度运针的强刺激才激活 C 纤维。对于运针时每秒捻转的次数和捻转角度的定量研究则鲜有详细报道。北京大学韩济生团队霍然等（Huo et al，2020）就此进行了研究。轻度乌拉坦麻醉大鼠，在相当于足三里部位插针，深度为 3 mm 至 7 mm。针柄与上海中医药大学研制的人工模拟运针仪相连，进行机械操作。机械运针次数分别为每秒 1、2、3 次，旋转角度分别为 90、180、360 度。同时，在坐骨神经背根记录单单位传入放电。结果表明运针（推动旋转）一次，在 Aβ 和 Aδ 纤维可记录到 7 ～ 8 个（均值 7.88）诱发传入脉冲。在插入深度不变的条件下，每次运针诱发约 8 次放电基本恒定，该数值与毫针每秒旋转的次数（1 ～ 3 次）和旋动角度（90° ～ 360°）无关。当针柄旋转返回时，一般不诱发传入脉冲，只有约 20% 的机会可产生另一串传入脉冲。根据两个传入脉冲之间的间隔时间，可以计算出传入脉冲的频率，中位数为 89.77 Hz，接近 100 Hz 整数。即使仅留针而不运针期间，也会有偶发放电，中位数接近整数 2。因此，电针采用 2 Hz 和 100 Hz 交替的疏密波，可以较好地模拟手捻针的基本传入频率。这一发现，为模拟手捻针的电刺激参数奠定了科学基础。

3. 针刺和伤害性刺激向中枢神经系统的传递 已知针刺的信号主要由有髓的粗纤维传入中枢，而手术切口的伤害性信号主要由无髓的细纤维传递。针刺的信息（酸、麻、胀、重等“得气”感）可抑制手术创伤引起的疼痛，这符合 Wall 和 Melzack 的“闸门控制”理论，可以解释针刺穴位与疼痛发生部位在同一脊髓节段方可发挥镇痛作用，但难以解释针刺上肢的合谷穴或下肢的足三里穴，可以引起全身性镇痛的客观事实。

神经介导针刺镇痛机制的研究中，电生理方法发挥了重要作用。赵志奇教授 2008 年撰写的一篇综述中列举了针刺镇痛中发挥重要作用的神经通路和核团，认为来自痛区的传入信息与来自针刺部位的传入信息在中枢神经系统不同水平相互作用的结果，其中中缝大核（nucleus raphe magnus），中脑导水管周围灰质（PAG），蓝斑（locus caeruleus）、弓状核（arcuate nucleus）、视上核（preoptic nucleus）、僵核（habenula nucleus）、伏核（nucleus accumbens）、尾核（caudate nucleus）、隔区（septum）、杏仁核（amygdala）等脑区发挥重要作用。上述各核团大都参与疼痛下行抑制系统。

（三）神经化学研究

研究针刺镇痛现象发生发展的资料说明，针刺镇痛通常是一个缓慢起效、又缓慢消失的过程，符合“针刺引起神经系统中产生一些化学物质，逐渐积累而发挥镇痛效果”的假说。事实上，北京医学院韩济生等（1974）曾经做过脑脊液交叉灌流实验：给家兔一侧后肢足三里穴针刺或在跟腱上节律性施压，在引起镇痛效果的同时，从其侧脑室抽取脑脊液转输给另一只未接受刺激的家兔侧脑室，也能使后者痛阈升高。该结果提示针刺调动了脑内某种具有镇痛作用的物质释放而发挥镇痛作用（参见图 11-6-2）。

深入研究还发现，脑脊液中参与镇痛的物质种类繁多（Han and Terenius，1982）。有的是分子量 1000 左右的小分子，属于经典神经递质，例如 5-羟色胺（5-HT）、去甲肾上腺素（NA）、乙酰胆碱胆（ACh）等；有的是属于分子量较大的肽类物质，称为“神经肽”，包括阿片肽（Opioid peptides），如脑啡肽（Enk）、内啡肽（End）、强啡肽（Dyn）；还有一些肽类物质具有抗阿片的作用，称为“抗阿片肽”，如八肽胆囊收缩素（CCK-8）、血管紧张素Ⅱ（Ag Ⅱ）等。针刺调动这些物质在体内的消长，决定了针刺镇痛的效能和强弱。用药理学方法降低或提高这些物质在神经系统中的含量，或改变相关受体的敏感性，或用分子生物学方法上调或下调相关基因表达水平，以及选择性插入或敲除某一基因，均可人为地改变针刺镇痛的效能。下表展示比

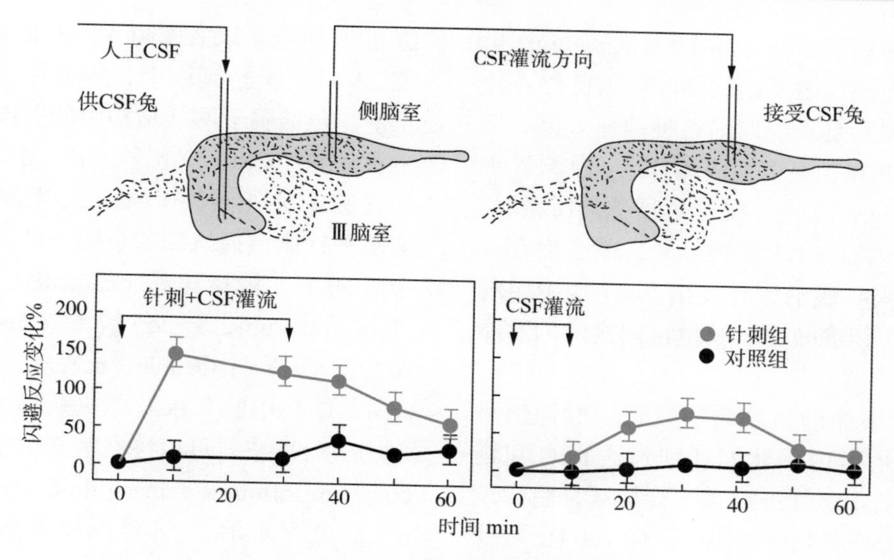

图 11-6-2 家兔脑室灌流图

较明确参与针刺镇痛的有关化学物质，及其主要作用部位。

由表 11-6-1 可见，介导针刺镇痛主要有三种阿片肽：内啡肽（End），脑啡肽（Enk）和强啡肽（Dyn）；两种单胺类物质：5- 羟色胺（5-HT）和去甲肾上腺素（NA）。另一方面，有两种抗阿片肽：CCK-8 和血管紧张素Ⅱ，对吗啡镇痛起对抗作用。

但实际情况远较此更为复杂。例如，①阿片肽中除此三种外，尚有内吗啡肽（Endomorphin-1），是一种选择性作用于阿片类 μ 受体的四肽，参与 2 Hz 电针镇痛。②同一种物质在中枢不同部位（在该表中用括号显示）可能发挥相反的作用，例如强啡肽只在脊髓有镇痛作用，在脑内无镇痛作用；孤啡肽和 NA 在脊髓起镇痛作用，在脑内反而有对抗针刺镇痛的作用。③ GABA 在僵核内发挥抑制作用，由于僵核有对抗针刺镇痛的效果，因此抑制僵核在客观上加强了针刺镇痛。④ Somatostatin、Neurotencin 和 P 物质在脑内都能引起阿片肽的释放，从而加强针刺镇痛。⑤对抗针刺镇痛的还有多巴胺（作用于 D1 受体）和谷氨酸（作用于 NMDA 和 AMPA 受体），以及与炎症有关的白介素（作用于 IL1 受体）等因子，对针刺治疗神经病理性疼痛和炎症痛具有对抗作用。特别是激活脊髓的胶质细胞能显著加强神经病理性疼痛和炎症痛，削弱针刺镇痛效果。

为了探讨各个神经核团之间的纤维联系，可以

表 11-6-1 中枢神经系统中可能参与针刺镇痛信息传递的物质

促进针刺镇痛的物质及作用部位	对抗针刺镇痛的物质及作用部位
脑啡肽 Enk（δ 受体激动剂）（脑＋脊髓）	八肽胆囊收缩素（CCK-8）（脑＋脊髓）
内啡肽 End（μ 受体激动剂）（脑＋脊髓）	血管紧张素Ⅱ（Ag Ⅱ）
强啡肽 Dyn（κ 受体激动剂）（脊髓）	
孤啡肽 OFQ（孤儿阿片受体激动剂）（脊髓）	孤啡肽 OFQ（脑）
去甲肾上腺素（NA）（脊髓）	去甲肾上腺素（NA）（脑）
5- 羟色胺（5-HT）（脑＋脊髓）	多巴胺（DA）
GABA（僵核）	谷氨酸（AMPA，NMDA）
Somatostatin（释放阿片肽）	IL-1
Neurotensin（释放阿片肽）	ACTH（脑）
P 物质（SP）（脑内释放脑啡肽）	脊髓胶质细胞产物（脊髓）
Arginin vasopressin（室旁核）	
腺苷 Adenocin（针刺局部作用）	

用微量注射某种激动剂激活某一个核团，如能产生镇痛作用，可以在该核团发出的神经投射的终点注射某种拮抗剂，观察是否能取消这种镇痛效果。例如，在 PAG 注射吗啡，可引起痛阈升高。如果这种镇痛效果能被伏核内注射 5-HT 受体拮抗剂所减弱，就可以推测 PAG 内有 5-HT 能神经元，其表面存在阿片受体，能被吗啡激活，并发出 5-HT 能神经纤维到达伏核，产生镇痛效果。其他核团之间的功能关系可依此类推。

对 2 Hz 电针镇痛的机制研究发现，电针信号先到达弓状核，通过内啡肽能纤维到达 PAG 和延脑，再通过下行脑啡肽能纤维，下行抑制脊髓背角细胞，削弱其感受伤害刺激的能力；而 100 Hz 电针信号可能先到达臂旁核，再激活 PAG 和延脑，通过下行强啡肽能纤维抑制背角细胞的伤害感受能力。确有证据表明，弓状核神经元容易被低频电信号激活，而臂旁核神经元则易于被高频信号激活。

图 11-6-3 是综合以往研究资料提出的针刺镇痛基本原理的示意图（图 11-6-3）。①伤害性刺激通过初级传入神经的细纤维（Aδ 和 C 类）传向脊髓背角的第 1 层和第 5 层，经腹外侧束上传至丘脑，包括中央外侧核（CL）和束旁核（PF），再到达大脑皮质，从而引起痛感。②针刺信息通过初级传入神经（以 Aβ 和 Aδ 纤维为主），经腹外侧束（VLF）上传到脑干、间脑和边缘叶的痛觉调制系统，包括脑干网状结构中的巨细胞核，上达丘脑中央中核（CM）。③丘脑中央中核（CM）对邻近的丘脑中央外侧核（CL）发挥抑制作用，成为丘脑水平针刺镇痛机制的重要一环。④大脑皮质下多个核团中，包括尾核（caudate）、杏仁核（amy）、隔区（septum，Sp）、伏核（nucleus accumbens，AC）、缰核（habenula，habe）、弓状核（arcuate，arcu）等与中脑导水管中央灰质（PAG）之间连接成为一个网络，可以称之为"中脑边缘系统镇痛回路"（mesolimbic pain modulatory circuitry，图 11-6-3 蓝色圈所示）。⑤该网络下达中缝背核（raphe dorsalis，RD）、中缝大核（raphe magnus，RM）、蓝斑（locus coeruleus，LC）、Al 区等，再经背外侧束（dorsolateral fasciculus）构成下行抑制系统，将下行抑制信息转达至脊髓，削弱脊髓背角的伤害感受敏感性。⑥关于大脑皮质在针刺镇痛中的作用，尚无定论。在动物实验中，去除大脑皮质后仍能观察到针刺镇痛现象，但显然不能据此弱化人类大脑在针刺镇痛中的作用。实际上，在人类一侧内囊发生出血时，对侧针刺的针感消失，针刺的镇痛效果也随之消失，提示大脑皮质在人体针刺镇痛中起着

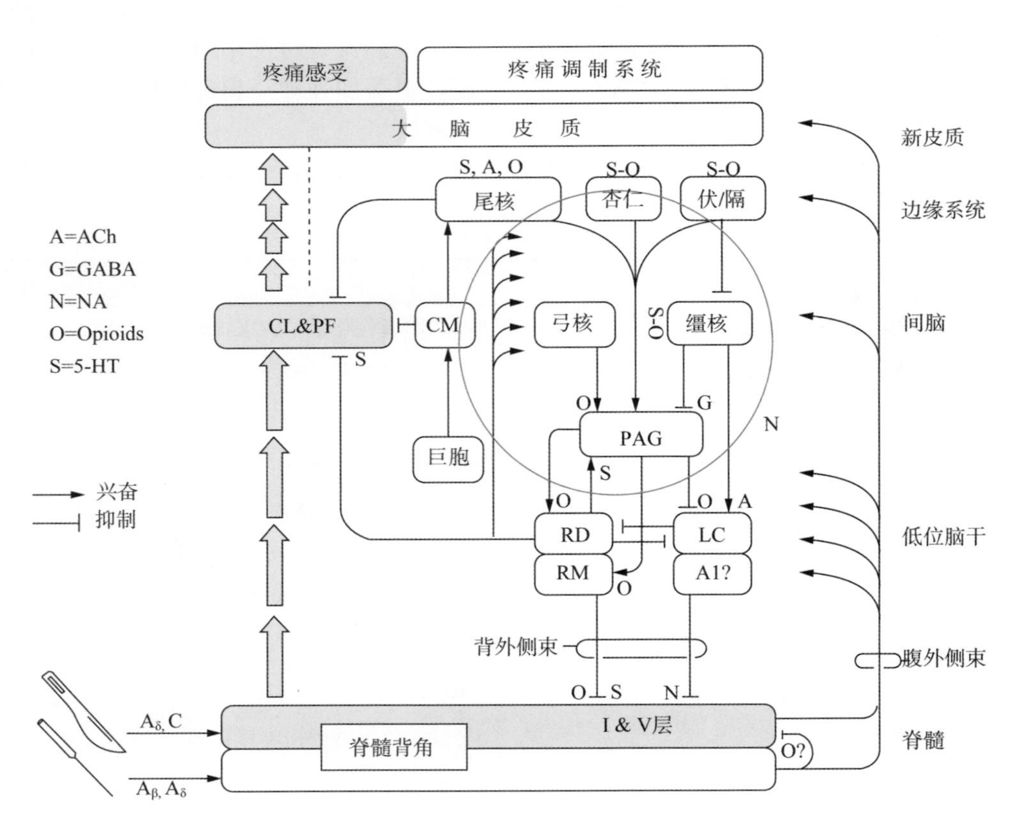

图 11-6-3 针刺镇痛有关核团及神经通路假想图

重要作用。

通过微量注射各种受体拮抗剂或激动剂的方法，初步阐明了多核团具体发挥作用的神经递质，包括乙酰胆碱（ACh），GABA，去甲肾上腺素（NA），5-羟色胺（5-HT）和阿片肽（opioid peptides）等，这些神经化学物质对针刺镇痛分别发挥促进或抑制作用（图11-6-3）。这一图解主要根据电生理实验资料，和脑内微量注射各种受体激动剂、拮抗剂和特异抗体所得的神经化学有关结果，也得到了形态学实验结果的支持（李云庆，2000）。

值得注意的是，Goldman等（2010）认为，针刺的局部可以释放出腺苷及其磷酸化物质，激活了A1受体，发挥镇痛作用。在A1受体基因敲除的大鼠，针刺镇痛效果显著减弱，而抑制腺苷降解酶的活性则可提高针刺镇痛效果，提示针刺镇痛可能也有外周机制参与。

（四）针刺镇痛的功能磁共振成像研究

痛觉是一种主观感觉，迄今为止研究针刺镇痛原理主要采用行为学方法，缺乏客观指标。为了无创地研究人体脑活动，可以借助功能磁共振成像（fMRI）技术，观察某一脑区瞬间耗氧量（毛细血管动脉端和静脉端氧含量之差，简称BOLD信号）的增加或减少，来推断该脑区活动的增强或减弱。既往有关针刺镇痛的fMRI报道发现，包括伏核、杏仁核、脑岛皮质、体感Ⅰ区、体感Ⅱ区、丘脑、前额叶皮质等脑区可被针刺激活。

韩济生教授团队依据电针镇痛具有显著的电针频率特异性的特点，检测了同一穴位上施加不同频率的电针刺激，是否激活的脑区不同。结果表明，相同穴位的低频（2 Hz）电针与高频（100 Hz）电针所激活的脑区既有差别，又有重合之处（Zhang WT et al，2003）。

（1）低频电针镇痛相关脑区包括躯体运动区和辅助运动区。临床上已有工作证明电刺激运动区对某些慢性疼痛有治疗作用。此外，低频电针产生镇痛作用时，双侧海马均表现活性下降，提示海马活性与电针镇痛效果可能呈负相关。

（2）高频电针镇痛相关脑区包括对侧Broka 40区、同侧24区、同侧伏核和脑桥均呈现正相关；而在对侧杏仁核则为负相关。

（3）低频与高频电针共用的脑区（重合区）包括：①对侧丘脑，②双侧大脑皮质第二感觉区和脑岛（这两者在脑影像中难以严格区分），③扣带前回的尾侧。特别令人注目的是，在9个被试者中，针刺镇痛效果（痛阈升高程度）与上述脑区BOLD信号增强程度均呈现显著的正相关。

总体而言，用功能磁共振成像研究针刺镇痛原理仍存在一定的困难。主要难点在于，该方法目前显影的原理是基于瞬时的脑细胞氧利用率，而针刺镇痛是一个逐渐显现的神经化学过程。

三、针刺镇痛原理研究中几个重要问题的探讨

如上所述，手捻针或电针引起的传入信息，实际上是多种频率电信号的混合物。这一种不确定性，使外周传入信息与中枢神经化学物质变化的精确相关性难以确认。故此，对电针刺激的参数有必要进行细致研究和限定。

（一）针刺条件的选定

正如药物治疗要选定剂量和给药方法一样，临床上使用针刺疗法也需要设定一些必要的条件。

1. 针刺的穴位个数　在机制研究中，为减少变量数，通常刺激单个穴位，观察其效果。但临床上习惯于采用多个穴位针刺以加强疗效。甚至有人认为，一次针刺治疗要用9个穴位才属于高标准，这是基础和临床研究一个显著的差异。一项关于针刺治疗骨关节炎确定针刺“剂量”问题的文献荟萃分析中，作者认为采用1～2个穴位的治疗效果显著低于8个穴位的疗效。

2. 针刺深度　针尖一般需要深达肌肉、肌腱水平。浅刺手法仅达皮下2～3 mm，常被用来作为针刺治疗的对照组。然而，韩国和日本的针刺疗法认为应用浅刺也有显著疗效。

3. 单次针刺的时长　不锈钢针插入穴位后，要进行提、插、捻转等操作，一般运针15～30秒，使病人产生酸、麻、胀、重等感觉，称为“得气”感。然后或立即拔针，或留针15～30分钟，留针期间一般给予间断捻针，以达到加强刺激的目的。

4. 针刺的频度　在中国可以做到每天1次，或1周5次，西方国家一般为每周1～2次。

5. 针刺的疗程及其治疗次数　针刺疗法的一个疗程一般为2～4周，延续观察可达16～24周。

（二）电针参数的设定

用于电针的脉冲电刺激通常为矩形波，包含至

少三个成分：频率、波宽、强度。

1. 频率 电针刺激可以在初级传入神经纤维中产生诱发电位，将电针脉冲的信号传入中枢神经系统，转而激活下行镇痛系统。神经组织能忠实地（1∶1）反映电刺激的脉冲频率，这一能力随神经纤维粗细而异。神经纤维的反应具有不应期，大鼠的 Aβ 纤维能传导的最高频率不超过 240 Hz，Aδ 纤维最高不超过 180 Hz，C 纤维不超过 5 Hz。电针频率超过该限度，或电针刺激的时程超过 30 分钟，神经纤维就难以 1 对 1 地予以反应（Huo et al, 2021）。

2. 波宽 神经纤维所能接受的脉冲波宽在 0.1 ～ 1.0 ms（毫秒）范围，波宽超过 1 ms 的脉冲电流，不属于对神经组织的适宜刺激。

3. 强度 电针电脉冲的强度范围在 0.1 ～ 2.0 mA。刺激太弱不起作用，刺激过强有产生伤害的危险。

以上三个指标之间又存在着紧密的相互联系。例如，同样是波宽 0.5 ms、强度 1 mA 的脉冲电刺激，在应用 2 Hz 的频率时病人感到舒适；如频率调高到 100 Hz，就感到刺激过强，难以忍受，必须将 100 Hz 刺激脉冲的波宽缩小为 0.2 ms 左右才能舒适地接受。所以频率、波宽、强度这三个参数必须合并考虑。其中，又以频率为关键因素。刺激频率可以是固定不变的，例如每秒 2 次（2 Hz）或每秒 100 次（100 Hz）；也可以是有变化的，例如 2 Hz 与 100 Hz 交替进行，称为“疏密波”。

（三）电针引起中枢阿片肽释放的频率特异性

不同频率的电针（EA）可以引起中枢神经系统不同种类的神经递质和神经肽的生成和释放。例如，2 Hz 的低频刺激可以激活中枢神经系统中的 5-羟色胺（5-HT）、去甲肾上腺素（NA）等单胺类物质，以及内啡肽（End）、脑啡肽（Enk）、内吗啡肽（EM1）等阿片肽的生成和释放；100 Hz 的高频刺激可以激活脊髓强啡肽（Dyn）的生成和释放。2 Hz 与 100 Hz 交替的疏密波刺激，则使上述多种阿片肽共同释放，发挥协同镇痛作用。这些研究，一是为探讨中枢特定的化学物质在特定的区域发挥何种生理功能，二是要探明什么频率和强度的电刺激可以选择性引起某一区域特定化学物质的生成和释放，最终为临床应用提供依据。如果药物处方至少要包括药物名称、剂量和用法，那么针刺疗法的处方至少应该包括插针的部位（穴位）、深度和手法；如用电针，应该说明电刺激的频率、波宽和强度；每次刺激的持续时间，每周使用的次数（或称“频度”），否则就不能认为是规范的针刺疗法，上述参数不同程度上适用于手捻针、电针以及经皮穴位电刺激（transcutaneous electric acupoint stimulation，TEAS）。

2 Hz 和 100 Hz 电针分别引起脑啡肽和强啡肽释放，是一种全或无机制，抑或是渐变的机制？换言之，频率介于 2 Hz 和 100 Hz 的电刺激是否也有此作用？韩济生团队（1992）给大鼠脊髓蛛网膜下腔分别注射脑啡肽抗血清或强啡肽抗血清，然后以指数级别分别给予大鼠 2、4、8、16、32、64 和 128 Hz 的电针刺激，观察其镇痛效果。结果表明，脑啡肽抗体可以显著降低 2 Hz 电针的镇痛效果，对 100 Hz 电针镇痛无影响；强啡肽抗体可以显著降低 100 Hz 电针的镇痛效果，对 2 Hz 电针镇痛无影响。两条回归线呈现交叉之势，交叉点在 16 ～ 32 Hz 附近（图 11-6-4）。说明低频刺激和高频刺激引起不同阿片肽的释放是一个渐变过程，中间频率的电针可以分别引起脑啡肽和强啡肽的不同程度的释放。

从以上实验结果中至少可以得出四点与临床应用有关的启发：①对于一个未见前人报道的疾病，先要分别试验 2 Hz 和 100 Hz 何者更有效。②如果两者均有效，可以用 2 Hz 和 100 Hz 交替的疏密波，使两类阿片肽有重叠作用的机会，取得最好效果。③用疏密波时，要选择好两种频率分别持续的时间，就镇痛而言，已经有研究证明，每种频率持续 3 秒进行交替（2 Hz 持续 3 秒，转为 100 Hz 持续 3 秒，如此反复）可获得到最佳镇痛效果。④如果有两对电极（例如一对是合谷 / 内关，一对是足三里 /

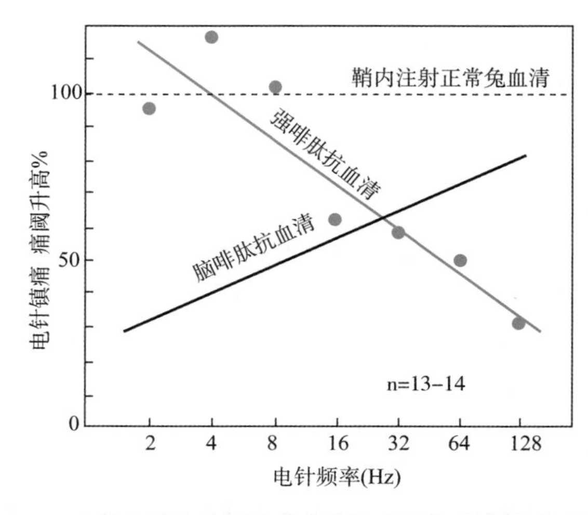

图 11-6-4 **脊髓鞘内注射脑啡肽抗体或强啡肽抗体对不同频率电针镇痛的影响**

三阴交）同时刺激，这两对输出电极必须来自一台仪器的两导同步输出，否则其效果难以预测。

（四）针刺镇痛存在个体差异性

实验证明，施加同样的针刺手法或电针参数，有的个体痛阈可以升高 1 倍以上，而有的升高不到 20%（可忽略不计）。这种个体差异在人体、大鼠和小鼠均明确存在，并可重复出现（至少在几天之内保持恒定）。万有等（2001）用 10 个品系的小鼠进行 2 Hz 和 100 Hz 电针镇痛效果的对比，发现 B10 小鼠电针镇痛作用最佳，SM 小鼠最差，无论用 2 Hz 或 100 Hz 电针均得到同样效果，提示小鼠镇痛的优劣确实与遗传因素有关。但根据实验结果计算 2 Hz 和 00 Hz 两种电针镇痛的狭义遗传指数分别仅为 0.37 和 0.16，属于中等和低等度，说明针刺镇痛效果的优劣不完全决定于遗传因素。

按照生理规律，体内往往存在互相拮抗的正、反两方面力量，以保持系统的相对稳定和平衡。例如一个个体血压的高低，由交感神经系统和副交感神经系统相互制约保持平衡。同理设想：脑内既然有阿片肽类物质发挥镇痛作用，是否会也有“抗阿片物质”来制衡呢？为此韩济生团队（1979）挑选出针刺镇痛无效的动物，检测其脑内是否有某种“抗阿片物质”存在。研究结果发现：正如吗啡耐受（反复注射吗啡使其镇痛作用逐渐减弱）一样，如果 3 ～ 6 小时内连续不断地给予电针有效（镇痛）的动物电针刺激，其镇痛效果也会逐渐减弱，产生“电针耐受”。韩济生团队（1982）推测这可能与多次电针引起阿片物质大量分泌，导致其对立面“抗阿片肽”加快生成，发挥制衡作用，尽管当时对于设想中的“抗阿片物质”是否存在并无确切证据。

为了验证上述推测，韩济生团队（1979）后续实验取针刺镇痛无效的大鼠，或多次电针引起“耐受”的大鼠的全脑组织制成匀浆，根据分子量大小不同，通过分子筛分离各种组分，分别检测其是否有抗阿片成分存在。结果表明，在大鼠脑匀浆的分子量 1000 左右的组分具有明显的抗阿片成分。采用放射受体分析、抑制小鼠输精管收缩、豚鼠回肠收缩生物测定、脑室注射抑制吗啡镇痛整体实验等多种方法证明存在有抗阿片成分。

进一步研究发现：给大鼠 15 Hz 电针刺激，连续 6 个小时，发现其镇痛效果逐渐降低，直至完全消失。与此同时，脑内 CCK-8 含量则与时俱增。此时，向大鼠脑室注射 CCK-8 抗体，去除脑内 CCK-8 的作用，已消失的电针镇痛效果则重新出现。提示长时间电针引起阿片肽大量释放，导致其对抗物质 CCK-8 加速生成，可能是针刺镇痛耐受的重要原因。

关于 CCK-8 抗阿片作用的分子机制，万有及其团队（Yang et al，2018）从分子生物学角度进行了研究，认为是 μ 阿片受体被阿片类激动剂激活以后，与同一细胞膜上的 CCKB 受体结合形成二聚体，从而降低了 μ 阿片受体与与其激动剂的亲和力所致（图 11-6-5）。

可以将激活阿片肽引起的镇痛作用与激活 CCK 引起的抗阿片效应视为中枢神经系统调控个体痛敏感性的两股重要力量，保持痛敏感水平的动态平衡。降低痛敏感性的物质除了阿片肽还有其他神经递质，如中枢 5- 羟色胺、脊髓中的去甲肾上腺素等；提高痛敏感性的物质除了 CCK-8 还有其他抗

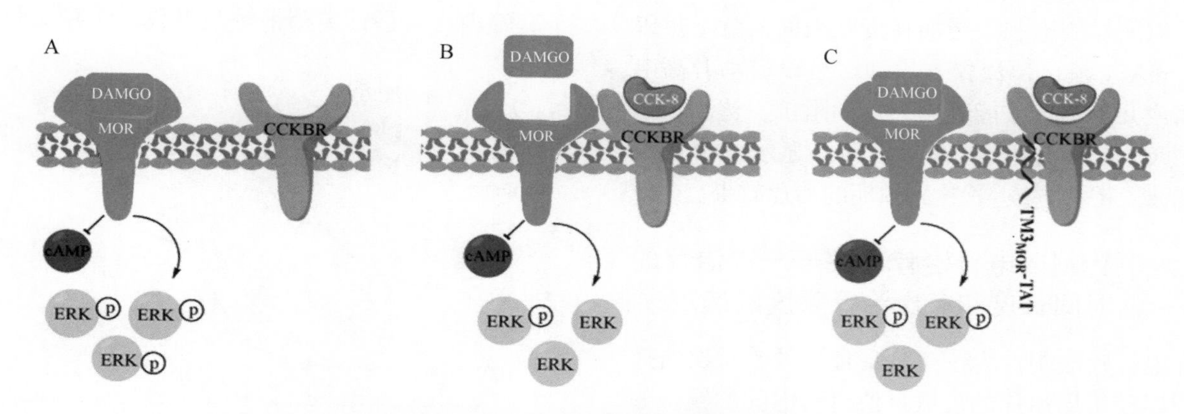

图 11-6-5　CCK 抗阿片作用的分子机制

a. 用 μ 阿片受体激动剂 DAMGO 激活阿片受体，可以记录到受体后 cAMP 被抑制以及 ERK 被磷酸化的程度。**b.** 当 CCK 与其受体结合时，CCKB 受体向阿片受体靠拢，形成二聚体，使阿片受体与配体的结合力降低，相应的受体后变化也减弱。**c.** 在阿片受体的第三穿模部分插入人工组合的 TAT 阻止其与 μ 阿片受体组成二聚体，则 CCK 的抗阿片作用显著减弱

阿片物质，如痛敏素（nociceptin）、血管紧张素Ⅱ（Ag Ⅱ）等。对每一个个体而言，这些复杂因素的组合，使个体痛敏感性保持在一个相对稳定的“常态”。可以设想，如果有简便的测定中枢神经系统神经化学物质的手段，对于一个 CCK-8 功能低下、阿片肽功能旺盛的个体，使用针刺镇痛显然是一个有利的选择。

（五）穴位上施加电刺激的不同方式

如上所述，不论手针或电针，都要将针插入分布在 14 条经络上的“穴位”点，定向达到一定深度，进行提、插、捻转等机械刺激，达到刺激穴位下神经组织的效果。如果把两个带有自粘性的电极放置于穴位皮肤表面，使电流透过表皮刺激穴位下的神经达到镇痛，可称其谓“经皮穴位电刺激”（transcutaneous electric acupoint stimulation，TEAS）。此法简化了针刺疗法的操作程序，有利于在医师指导下患者居家进行治疗，大幅度节约时间和医疗成本。从技术层面上看，经皮神经电刺激（transcutaneous electrical nerve stimulation，TENS）与经皮穴位电刺激（TEAS）极为相似，但从医学指导思想上考虑，TEAS 应该具有更多中国传统医学的内涵，因此不能将其等同于 TENS。

神经组织在电流的作用下才能去极化，产生动作电位。将电流施加于皮肤表面，由于皮肤角质层导电性很差（阻抗大），需要较高的电压才能通过。而且，皮肤电阻经常发生变化，因此一般的电针仪（通常属于“恒压”输出仪器）难以达到 TEAS 的要求，必需用“恒流”输出仪器才能保证电流达到预定的数值。举例来说，电针仪发出 1 V 的电刺激加在刺入穴位的电针手柄上，一般可以产生 1 mA 电流。但同样的电刺激施加在皮肤表面，就不足以产生 1 mA 电流。恒流仪器启动时可以自动升高电压几倍或几十倍，才能克服表皮的阻抗，达到预定电流值（以 mA 计算），在示波器上显示一个标准的矩形波（俗称方波），达到预期的治疗效果。

（六）针刺或电针治疗中关于一次治疗的时间长度和多次治疗频度的选定

在电针疗法中，为了达到最佳疗效，每次治疗的时程以及每周治疗的次数是值得考虑的问题。如前所述，刺激时间过长（例如同样参数的电刺激持续几个小时），其镇痛作用会产生“耐受”，一般情况下，不建议超过半个小时的治疗时间。因此电针仪应该设立一个计时装置，每次起动时开始计时，达到预定治疗时间后自动关机，一般设定为 30 min。

关于每周治疗次数，可以是每周 5 次（周末休息），或每周 3 次（隔日 1 次）。有人做过文献评述，发现选用每周一次针刺治疗者一般疗效较差，不宜推荐。大鼠实验中发现，针刺一次，4 小时后即可促进脑啡肽基因表达（前脑啡肽信使 RNA 含量升高），48 小时达高峰，其后逐渐降低。如在 48 小时再进行一次电针，有可能进一步促进其基因表达，使疗效增强（图 11-6-6）。这是一个原则性建议，并非必须。

（七）针刺治疗对照组的设计

基于患者对医师的高度信任，医师施加于患者的任何一种治疗方法都包含着给患者一种心理暗示，认为“这应该是对患者有益的最佳选择”。这种心理影响是无所不在的。实际上科学试验已经证明，给患者注射吗啡，所产生的疗效中也有三分之一是心理暗示产生的。针刺疗法中肯定包含着暗示作用。从临床上考虑，完全没有必要特意排除某种疗法的心理效应。但从科学意义上，要确定一种疗法的本身的效果时，有必要排除心理暗示作用。

常用的穴位对照组，是在目标穴位的旁开 1 ～ 2 cm 取一个点进针，认为它已经偏离经络线上的穴位，可以作为标准穴位的“无效对照点”。实际上多数学者认为，针刺的穴位不是一个物理意义上的“点”，而是体表皮肤的一个特定的区域，因此所谓旁开 1 ～ 2 cm 进针，很可能仍然刺入了该穴的有效区域内。另一种常用的对照实验，是使用一种具有套筒的针具（Streitberger 针，1998）。表面上看是将针具弹压进入了皮肤，实际上针具缩入了套管内，只是针尖稍稍触及皮肤，而并未刺人皮

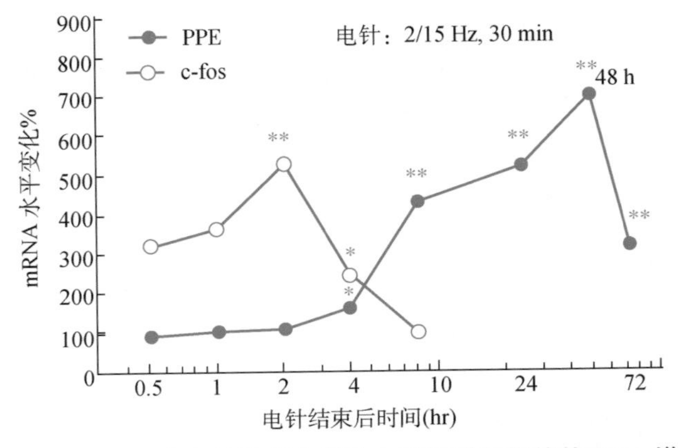

图 11-6-6 一次电针引起大鼠脑内前脑啡肽原信使 RNA 增高的时间过程

肤。但即使是针尖接触皮肤，这也是一种真实的刺激，必然有其生理效应，而绝非等同于无刺激。特别是施加多根假针时，其产生的生理效应决不能予以忽视。有的文献在对照实验中使用的假针多达 10 枚，这种情况下，要假设这 10 根针刺到皮肤表面是完全“无效”的，很难令人信服。

韩济生团队通过大量临床实践，发现了一种特殊的对照方法，简述如下：有些疾病（例如患不孕症的妇女）2 Hz 有效而 100 Hz 无效；另一种情况是，脊髓受到损伤导致下肢肌肉痉挛的患者，100 Hz 有治疗效果而 2 Hz 无效。在这种情况下，应用无效频率的那一组自然而然成为一个非常理想的“对照组”，因为无论是接受 2 Hz 或 100 Hz 刺激的两组患者，都感受到了真正的电刺激，产生完全相同的心理效应。而结果是，只有一种频率真正有效，另一频率无效，这就充分说明，该有效针刺或电针必然是通过一些特定的生理机制才发挥治疗效果，而不是单纯的心理作用所致。

还有一种方法可以作为对照，是将电针或 TEAS 刺激的强度降低到原有值的三分之一（例如 TEAS 强度由 6 毫安降为 2 毫安，刚能感觉到），刺激时间也减少到原有值的三分之一（刺激 10 秒，停止 20 秒），从而将刺激量降为正常值的九分之一。这也是一种非常严格而且可以定量的“最小刺激”方法。

四、针刺镇痛临床应用

针刺疗法是一种“非药物疗法”，但带有一定的“侵入性”。相对于当前医学界把药物疗法和手术疗法视作为主流治疗方法，针刺是一种非药物、非手术疗法，被认为属于“辅助和替代疗法”（complementary and alternative medicine，CAM）行列。以下举两例作为针刺防治急性痛或慢性痛的代表。

（一）“针刺麻醉”

“针刺麻醉”曾流行于 20 世纪 60 ～ 70 年代，认为可以用针刺来代替麻醉药品（完全不用麻醉药或减少麻醉药品使用量），达到麻醉效果。其后的研究确认了应用针刺可以减少麻醉药用量，但不能完全代替麻醉药。有人建议把“针刺麻醉”的名称改为“针刺辅助麻醉”，或“针药结合麻醉”。也有人（袁伟、王强）考虑到针刺可以应用于术前、术中和术后，建议称之为“围手术期医学”。鉴于手术全程可以长达几个小时，手捻针或电针对于手术操作者有诸多不便，多数医院改用 TEAS，大多采用 2 Hz/100 Hz 交替的疏密波，可以模拟手捻针，达到同样的效果。

1. 术前　手术前 30 分钟开始针刺，称为“诱导期”。人体实验证明，针刺的镇痛效果是逐渐出现的，大约在开始后 30 分钟才能达到峰值。此外，适量提前针刺还有降低病人对手术的焦虑和应激反应的效果。

2. 术中　可以间断应用电针刺激，直到手术接近结束时再恢复应用。据已有报道，术中麻醉药物的用量可以减少 10% ～ 30%。手术期间心血管和呼吸功能趋于平稳，应激激素水平较低。也有报道可使心脏手术后 ICU 停留时间减少，切除肺叶手术中人工呼吸机使用时间缩短，炎症反应减弱；具有提高颅脑手术患者脑保护的功能，升高其血浆内皮素及降钙素基因相关肽，同时降低白介素 IL-6 介导的炎症反应。

3. 术后　留置气管插管时间缩短，恢复记忆时程缩短：伤口痛减轻，和恶心呕吐的发生减少，降低焦虑 / 抑郁的发生率；显著减轻心脏手术后引起心肌缺血再灌注导致的认知障碍。加速胃肠手术后肠恢复蠕动，加速自主排尿功能的恢复。如果能在可携带式 TEAS 治疗仪上设定术后即刻、术后 3 h 和术后 6 h 各应用 1 次 TEAS（每次 30 min），对促进术后恢复的效果可能更为明显。

4. 适合应用“针麻”的特定手术　经过半个世纪的实践，至今为止仅有几项手术可以充分体现针麻的优势。其中包括①在体外循环开胸心脏手术中的应用。据上海曙光医院周嘉等 2011 年在国际心脏病杂志报告：100 例患者手术前 3 天进行腹式呼吸训练，手术前 15 ～ 20 min 在双侧中府、列缺两穴进针，手术中不进行气管插管（插管备而不用），在阿片药物和轻度静脉麻醉下做开胸心脏手术。采用同等数量手术在常规气管插管下进行作为对照。两组比较，针药结合组的阿片类药物用量显著减少，术后肺部感染显著减少，术后监护室停留时间显著缩短，医疗费用大幅降低。此外还有②北京天坛医院和上海市红十字会医院的针麻开颅手术，③北京中国中医科学院西苑医院的针麻甲状腺瘤摘除手术仍在继续进行。

（二）针刺治疗慢性痛症

按照中医惯例，针刺治疗任何疾病，包括痛症，必须按照个例情况加以辨证施治，分别对待。但按照现代循证医学原则，每种疾病的治疗方案应该有一个基本规范。近 10 年来，关于针刺治疗慢性痛，已有不少高质量论文发表。现举出三例加以介绍。

1. 针刺预防偏头痛复发 中国成都中医药大学梁繁荣团队（2017）美国医学会会刊（JAMA）内科子刊上发表论文，将 249 例偏头痛病人随机均分为三组：①循经针刺组，②非经针刺组，③等待组。所谓等待组是在诊断明确后等待数周，再予以免费治疗。针刺组每次治疗先插入不锈钢针灸针提插捻转产生得气感，然后连接到电针仪，输出 2 Hz 和 100 Hz 交替（每种频率持续 3 秒）的矩形脉冲（疏密波），调节强度到病人感到舒适为度，持续 30 分钟。每周电针治疗 5 次，连续治疗 4 周（共 20 次）。停止治疗后继续观察疗效到 24 周。疗效指标主要为每周偏头痛发作次数。结果表明，与不治疗组（待诊）相比，非经组发作次数略有减少，但差异无统计意义；经穴组在第 4 周时发作次数已显著减少，差别有非常显著的统计意义，疗效持续到 24 周未见减弱。

2. 针刺治疗慢性稳定性心绞痛 梁繁荣团队（2019）在上述同一刊物上发表另一篇文章：针刺治疗慢性稳定性心绞痛的随机临床研究。404 位经常发生心绞痛（平均每周 12 ～ 14 次）的病人均分为 4 组：①经穴组，在双侧的心包经 PC6 和心经 HT5 两个穴位进针，并得气；用 2 Hz 与 100 Hz 交替的疎密波刺激；强度以患者感到舒适为度；②非经穴组，在肺经 LU9 和 LU6 进针，并得气；③假针刺组，在预先确定的非经、非穴部位进针，不寻求得气。每周治疗 3 次，共 4 周（12 次），④等待（不治疗）组不予治疗，16 周后给以免费治疗。各组观察到 16 周。记录每周心绞痛发生次数及其持续时间。结果表明，经穴组在第 4 周发病次数显著降低，并继续下降，在 16 周时下降至 6 次以下。降低幅度显著大于非经穴组和假针刺组。结果见图 11-6-7。

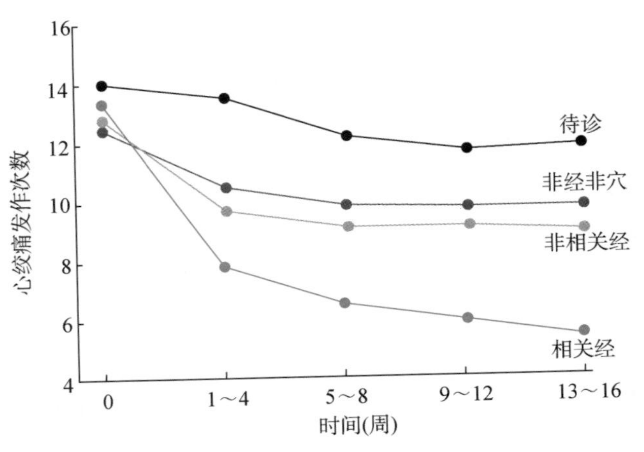

图 11-6-7 针刺治疗慢性稳定性心绞痛的随机临床研究

3. 针刺治疗膝部骨关节痛 北京中医药大学刘存志团队（2020）在国际骨关节炎杂志发表文章，比较电针、手针和模拟针刺三种方法治疗膝部骨关节炎的随机对照研究。480 名患者均分为三组，分别给以①经穴电针（2 Hz 与 100 Hz 交替的疏忽密波），②经穴手捻针，或③非经穴浅针。前两组均有得气感，后一组不追求得气。每周治疗 3 次，持续 8 周。观察到 26 周。以痛觉减轻、功能改善程度为指标，发现第 4 周和第 8 周时电针组疗效显著高于模拟组，手针组差异未达显著水平；治疗 16 周和 26 周时，手针组与电针组疗效均高于模拟组，有统计学显著性。电针疗效略高于手针，但两者之间未见显著差异。

值得注意的是刘红香等用免疫佐剂注入大鼠踝关节引起单侧关节炎模型上发现，在双腿相当于足三里部位及小腿对侧部位放置两个皮肤电极，施加经皮电刺激加以治疗。发现采用高频（100 Hz）、弱刺激（1 ～ 2 mA 的弱电流），大间隔（每周治疗一次），可以显著减弱伤害性缩腿反应。如用 2 ～ 3 mA 的强刺激，每周治疗 5 次，效果反而不佳。并发现疗效与脊髓灌流液中 P 物质含量降低密切相关。这些动物实验资料是否具有临床参考价值，非常值得加以研究。

Science 杂志于 2021 年 10 月刊登“电针驱动迷走-肾上腺轴的神经解剖学机制”一文，引起了针灸学术界的广泛关注和讨论。该研究在前期工作的基础上，证实 PROKR2^{Cre} 神经元在躯体不同部位和层次的差异性分布，是低强度电针刺激足三里穴，经过“迷走-肾上腺轴”产生抗炎效应的关键。该研究成果是针灸学科与神经-免疫交叉学科相互碰撞融合的代表作，对未来针灸科研模式的变革和针灸科研成果的转化具有重要的指导意义。

在结束本节时必须指出，针刺疗法在中国有几千年历史，其内涵十分丰富。本文所讨论的主要是基于最近半个世纪所得的资料和从神经科学方面研究所得的理解。有些问题，例如经络分布及循经取穴的原理，关于“左病右取”“上病下取”等临床经验所依托的根据，目前所知甚少。期待着中西医结合的深入研究，能逐渐揭开针灸医学的真相，更好地造福于民；甚至由此更深刻地理解针刺激活神经调节的规律，甚至更深入地探求生命活动的奥秘。

第二节 针刺干预药物成瘾

药物成瘾（俗称吸毒）是一种具有复杂神经生物学基础的慢性生物-心理-社会疾病，涉及脑奖赏、动机和记忆等相关的神经环路和神经递质，其特征是成瘾者一旦减少药量或停药就会出现戒断症状和高复发倾向。药物成瘾的治疗（亦称戒毒），主要包括脱毒（消除戒断综合征）、康复（消除脱毒后的稽延症状）和回归社会（预防复吸）等多个环节。目前，国际上流行的治疗药物成瘾的方法是以美沙酮维持治疗（methadone maintenance treatment，MMT）为代表的药物替代疗法。美沙酮是一种长效阿片受体激动剂，可替代被滥用药物来满足成瘾者的身心需求，从而缓解其戒断症状和心理渴求。然而，MMT并不能减轻或消除成瘾药物对吸毒者身体和心理及其相关的中枢神经系统的损害，最终只能以小毒代大毒的状态而需终身服用。

近半个世纪以来，随着针刺（acupuncture）镇痛疗法的广泛应用，逐渐被用于药物成瘾的干预。这方面的研究进展大致分为三个主要阶段：第一阶段，开始于1972年香港神经外科温医生偶然发现体穴和耳穴的电针（electrical acupuncture，EA）可缓解阿片成瘾患者的戒断症状；第二阶段是继温医生后，国内外学者采用耳针、体针、EA或经皮穴位电刺激（transcutaneous electrical acupoint stimulation，TEAS）干预可卡因、海洛因、酒精等精神活性物质成瘾者的戒断症状和心理渴求的临床观察；第三阶段是基于针刺可激发中枢神经系统释放内源性阿片肽的发现，开始研究针刺缓解药物戒断症状和心理渴求的可能机制。

一、发展历史

1. 偶然发现 1972年，香港光华医院神经外科温祥来（Hsiang-Lai Wen）医生收治了一名50岁的男性药物成瘾患者，计划实施扣带回切开术治疗。手术用针刺麻醉替代头皮下局部麻醉，在患者右侧上肢的合谷、后溪、郄门和四渎穴施四针，右侧外耳的脑干和神门穴施两针，并将针刺针与电刺激器连通，接受30 min的EA。意外的是EA刺激不到30 min，患者自述戒断症状已经完全缓解，故手术被取消。之后，温医师及其同事就这一发现进行了后续临床验证，证明针刺能够缓解阿片戒断症状。该发现于1973年发表在《亚洲医学杂志》。

2. 美国针刺脱毒协会的针刺脱毒方案及其推广 1974年，温医生的针刺方法被纽约布朗克斯区的林肯康复中心用于药物成瘾的治疗。该中心的临床观察有两点改变：一是不用体穴，只取外耳的肾、肝、肺、神门和交感5个穴位；二是放弃电刺激，理由是认为电刺激似乎没有增加疗效。1985年，该中心主任Smith博士倡导成立了国家针刺脱毒协会（the National Acupuncture Detoxification Association，NADA）。耳针5穴被定为NADA方案（NADA protocol），并以此进行针刺脱毒专业人员（acupuncture detoxification specialists，ADS）培训。NADA针刺脱毒（acudetox）疗法的初期结果显示，acudetox能提高患者治疗保持率和依从性，缩短了达到尿液药物检测阴性所需的时间等，故NADA疗法被作为一种操作简单、低成本、安全性好的干预多种药物成瘾的辅助手段被推广。

1990年代，NADA方案治疗可卡因成瘾的几项研究结果好坏参半。与假针对照组相比，一些研究报告获得阳性结果；另一些为阴性（两组无显著差异）。尽管这些结果的不确定性对其使用与推广有所影响，但NADA的从业人员依然对此充满信心。1996年，美国国立卫生研究院（NIH）药物滥用治疗中心出版了“酒精和其他药物脱毒”治疗议定书的修订版，对针刺用于阿片脱毒给予支持。1997年NIH出版的《针刺》一书指出：“一些其他的情况，如成瘾，针刺可能是一种辅助治疗或可接受的替代疗法”。

至21世纪初，NADA方案的使用已扩展到英国、加拿大、墨西哥及菲律宾等国家和地区。NADA疗法的干预范围也从可卡因、阿片类药物扩展到酒精、尼古丁等其他精神活性物质成瘾。另外，人们还发现NADA疗法除了可以改善药物滥用相关的情绪和睡眠障碍，也有助于缓解创伤后应激障碍患者的精神压力。在2001年美国世贸中心遭受恐怖袭击后，曼哈顿的国家红十字会资助开设的“减压诊所”10天内提供了1000次的针刺治疗，一直持续到 2007 年。

近十年在 NADA 方案的基础上，有人将耳针和体针相结合，有的也加上了电刺激。总之，尽管 NADA 疗法的结果不一致，甚至相互矛盾，但被作为一种干预药物成瘾的辅助疗法被一直沿用至今。

3. 中国的针刺干预药物成瘾的研究 继香港温医生的发现之后，针刺疗法干预药物成瘾引起了更多相关专业人员的关注。20 世纪 80 年代末到 90 年代，正值中国改革开放的大潮兴起与发展，随之出现的阿片类物质滥用与成瘾逐渐成为严重的公共健康和社会问题。当时干预阿片类物质成瘾的方法，除了阿片受体激动剂（如美沙酮），阿片受体的激动-拮抗剂（如丁丙诺啡），阿片受体长效拮抗剂（如纳曲酮），以及非麻醉类药物可乐宁，莨菪类和中草药等外，针刺疗法也开始用于阿片成瘾的治疗。

与 NADA 方案不同，中国的专业人员大多采用体穴针刺，而不是耳穴；针刺方式除了手针，还有 EA 和 TEAS 都用于缓解阿片成瘾者的戒断症状；还有针药结合疗法，包括针刺联合美沙酮或丁丙诺啡，针刺联合中草药等方法，也用于缓解药物戒断症状。与此同时，针刺镇痛机制的研究启发了人们探讨针刺干预阿片成瘾机制的思路。于是，药物依赖的动物模型也被广泛用于实验室研究，采用针刺，EA 和 TEAS 的参数（包括刺激强度、频率等）也开始逐渐标准化。

与 NADA 疗法使用的范围类似，手针、EA 和 TEAS 在中国也用于治疗酒精，尼古丁等物质成瘾的干预。最近几年，随着苯丙胺类（如冰毒）药物在中国的流行，针刺也开始被用于甲基苯丙胺成瘾的干预。

二、临床观察

1. 可卡因成瘾 针刺干预可卡因成瘾的临床研究多个国家均有报道，美欧国家的报道多于中国。究其原因，一是与美国 NADA 方案的制定和推广相关，二是美欧国家的可卡因成瘾人数远超过中国。NADA 疗法的初期结果提示，针刺干预可以加速可卡因患者脱毒的时间，提高了患者的治疗保持率。成瘾者脱毒后再次要求脱毒的比率有所下降，似乎可降低脱毒后的复发风险。进一步的临床研究显示不一致的结果，优劣参半。然而，大部分研究都提示针刺可减轻药物成瘾相关的抑郁和焦虑，失眠及疼痛等症状。

开始，Konefal 等观察了 NADA 疗法对自愿和强制脱毒的可卡因依赖者的脱毒作用。结果显示，常规护理加耳针组比单纯护理对照组患者尿液的可卡因转阴所需时间缩短、脱失率降低。接着，Shwartz 等人报道了从 1993 年 1 月至 1994 年 9 月来自波士顿公共资助脱毒计划的一项回顾性队列研究，纳入的 8011 例患者脱毒后 6 个月内要求再次脱毒的人数显著低于对照组，认为 NADA 疗法有降低复发风险的可能。

随后，耶鲁医学院对 NADA 疗法进行了随机对照研究。82 位接受美沙酮治疗的可卡因成瘾患者，随机分为①耳针组（采用 NADA 方案除肾穴以外的四个耳穴），②插针对照组（耳缘或耳轮皮下插四针）和③放松对照组（接受带有舒缓音乐的自然景色的声、视频刺激）三个组。每周 5 次耳针或相应对照处理，持续 8 周。评估疗效的主要指标是每周 3 次可卡因尿检，患者的依从性和治疗的安全性。结果显示 52 名患者完成了实验，其中耳针组 13 人，插针对照组 17 人，放松对照组 22 人。尿检显示，耳针组的患者治疗过程中使用可卡因的比例显著低于其他两组；于治疗的最后一周，接受 NADA 耳针的患者可卡因尿检三次阴性率（54%），明显高于插针对照组（24%）和放松对照组（9%）。

在此基础上，该团队的一项大规模多中心的研究纳入了 620 名来自全美 6 个治疗中心的可卡因成瘾患者。被试的分组、处理及结果评估指标同前。然而，研究结果与上述明显不同：无论是总体上，还是 6 个中心中的任何一个；无论是在 8 周的观察过程中，还是在治疗结束后的 3 个月或 6 个月的随访中，三组之间均无显著差异。其中，最后一周的尿检显示，针刺、假针和放松组患者分别有 24%、31% 和 29% 的被试尿检可卡因阴性。总之，这一项大规模随机对照临床试验得到了阴性结果。

后来，Berman 等人报道了瑞典监狱自报药物滥用在押的人员接受 NADA 疗法与假针刺的干预结果。参与者被随机分为 NADA 疗法组（$n = 82$）或假针刺组（$n = 76$），在监狱安全的室内环境中 4 周内接受 14 次针刺治疗。结果表明，NADA 组尿检阳性 27%，模拟对照组 0%。两组均无明显不良反应。值得注意的是，患者对 NADA 治疗的信心随着时间的推移而增加，而假针刺治疗的信心则下降。

另外，Meade 等人（2010）在一家私立精神病医院，观察了 2/100 Hz TEAS 对丁丙诺啡-纳洛酮脱毒的阿片成瘾者的干预作用。48 例参与者被随机分TEAS组和假TEAS组，在合谷和内关穴分别给予8～15 mA和1 mA TEAS，每天一次，30 min/次，持续3～4天。结果显示，两组患者出院后2周使用精神活性药物的人数比值为（35% *vs*. 77%）；另外，TEAS组患者疼痛的改善比对照组更显著。

2. 阿片类药物成瘾 与可卡因滥用流行的区域相比，阿片类药物滥用人群更多分布在东亚国家。加之，针刺疗法乃中国传统医学宝库之瑰宝，故20世纪90年代以来，中国在针刺干预阿片成瘾的研究方面做了大量工作。然而值得指出的是，美国的阿片类药物滥用21世纪初出现上升，尤其在2000—2010年阿片镇痛剂滥用致死亡人数明显增加。因此，针刺疗法干预阿片类药物成瘾被更多国家和地区所关注。

比较中美两国针刺干预阿片类药物成瘾的疗法可见：①中国的临床观察多采用体穴的EA或TEAS，联合用药除美沙酮、丁丙诺啡外，也用中草药；美国则主要用耳穴的手针，联合用药以美沙酮为主，也有丁丙诺啡或纳曲酮。②对照组的采用，中国多用插针不通电和仅贴电极片不通电或微小强度电刺激分别作为EA和TEAS的对照；美国则多用放松、放松加音乐，或假针刺作为NADA疗法的对照。③评价针刺疗效的指标，两国大致相同。躯体症状与体征主要包括：心悸、寒战，心率过速，恶心、呕吐、腹泻，体重丢失，尿液药物检测等；精神症状与体征主要包括：强烈渴求再次用药，情绪障碍［易怒、焦虑和（或）抑郁］，睡眠障碍［失眠和（或）嗜睡］等；④其他指标也基本相同：主要有治疗保持率，经济花费，以及安全性与毒副作用。

（1）手针

手针包括耳穴手针和体穴手针。耳穴手针即NADA方案为主，该方案在美欧使用时间长，地区广。NADA干预阿片类物质成瘾的疗效尚不能定论。正如哈佛医学院Baker等（2016）对NADA耳针脱毒疗法用于阿片类物质戒断所作的回顾性综述所报道的，NADA疗法尽管有利于提高患者治疗保留率，间接促进患者的康复过程。但是，尚缺乏直接证据证明其能够有效地减轻急性阿片戒断症状，以及再次用药的心理渴求。

Montazeri等人（2002）观察了体穴手针对纳洛酮诱发的阿片戒断症状的影响。40名成年男性阿片成瘾者被随机分为针刺组和对照组，分别给予手针或不针刺连续3天，继而用纳洛酮诱发其戒断症状并评价。结果显示，针刺组的总评分较对照明显降低。该结果提示，体穴手针可减轻阿片急性脱毒戒断症状。因此，他们建议将这种非药物治疗方法纳入阿片的快速脱毒计划。

温等（2005）对来自3家戒毒机构的220例自愿脱毒的海洛因成瘾者给予体穴手针干预。患者被随机分为针刺组（111例）和盐酸洛非西定对照组（109例）；针刺部位主要包括合谷、足三里、内关、外关，每天1次，连续10天。结果表明，第1至3天内两组患者的戒断症状评分均有显著减轻，4天后针刺组患者的戒断症状、失眠、焦虑评分均显著低于对照组。

（2）电针

一般认为，EA相比手针具有刺激参数（强度，频率等）相对更易量化、减少了施针者手法之间的差异。当然，这一点与中医针灸学的针刺手法的辨证施治，因人因征而施的强、弱、补、泻等个体化刺法之间的关系尚需认真探讨，在此不再赘述。

穆等（2005）观察了EA对海洛因成瘾者稽延性戒断症状的影响。5 Hz EA刺激夹脊穴，每次20 min，隔日一次，持续4～8周。结果表明，EA显著改善了患者的焦虑和抑郁情绪。宗等人（2009）也报道，选取双侧内关、神门、足三里和三阴交，给予3～5 Hz EA，每次20分钟，一周5次共3周，显著改善了海洛因成瘾患者的入睡困难、易醒等睡眠障碍。另外，穆等（2010）还报道了5 Hz EA抑制阿片戒断者心理渴求的作用，发现EA治疗结束后6个月内，再次用药（即复发）率（82.9%）较对照组（93.1%）也明显降低。

这些研究提示，EA能改善阿片戒断者的情绪和睡眠障碍，缓解其心理渴求，从而可降低复发风险。

（3）TEAS

1）TEAS抑制海洛因瘾患者急性戒断期的心动过速（图11-6-8）。心动过速是阿片成瘾者停药后急性反应之一，一般平均心率为109次/分种左右。用两对皮肤电极，一对贴于手背侧合谷穴和掌侧的劳宫穴构成电刺激环路；另一对置于前臂内侧的内关和外侧的外关构成另一刺激环路；采用“疏密波（dense-dispersion，DD）”刺激（即2 Hz刺激与100 Hz刺激交替进行，分别持续3秒）。该刺激模式已被证明可促使中枢神经系统释放四种阿片肽，产生较大的内源性阿片肽能效应（见本章第一节）。对照组（假TEAS组）电极片放置同TEAS组，只是电极片与电路被断开。TEAS可在5～10分钟使患者心动过速得到缓解，30 分钟后心率平均降至 90 次 / 分钟，该作用可持续 20 分钟，之后又恢复到治疗前的水平。可见，单次 TEAS 抑制心动过速的作用是显著的，但持续时间不长。

该方法连续给予 10 天，每天 TEAS 处理前后用心电图机记录患者的心率变化。结果表明：第一天治疗前后两组心率的差异具有即刻效应；连续治疗 4 天，TEAS 组心率可回归正常水平；假 TEAS 对照组，8 天后降至接近正常水平（100 次 / 分）。整个观察期内每天治疗前测得的心率下降幅度具有累加效应（图 11-6-8）。

这些结果提示，TEAS 单次治疗对患者心动过速具有即时效应，多次治疗具有累加效应。TEAS 抑制海洛因成瘾者戒断初期的心动过速的疗效参数依次为 DD ＞ 100 Hz ＞ 2 Hz。

2）TEAS 可减少海洛因脱毒药物的用量（图 11-6-9）。为了相对量化地评价 TEAS 缓解阿片急性戒断综合征的作用，28 名海洛因成瘾患者随机分为两组，分别接受单独丁丙诺啡和 TEAS 加丁丙诺啡治疗。TEAS（每次 30 min）组于戒断第 1 至 5 天每天给予 3 次，第 6 至 10 天每天 2 次，之后每天 1 次，共计 14 天。其间，两组均以患者感到痛苦难忍时，允许给予丁丙诺啡补充治疗。结果表明（图 11-6-9 A），TEAS 组丁丙诺啡的总用量为单独丁丙诺啡组的 8.3%，提示 14 天 TEAS 干预至少可使丁丙诺啡用量减少 90%。另一项类似的观察用单独美沙酮脱毒作为对照，TEAS（2/100 Hz）加美沙酮作为实验组。结果（图 11-6-9 B）表明，TEAS 组美沙酮总用量为对照组的 25%，即 TEAS 干预使两周脱毒期美沙酮用量可减少 75%。纵然本研究的样本量较少，也为 TEAS 作为一种阿片类药物脱毒的手段提供了依据。

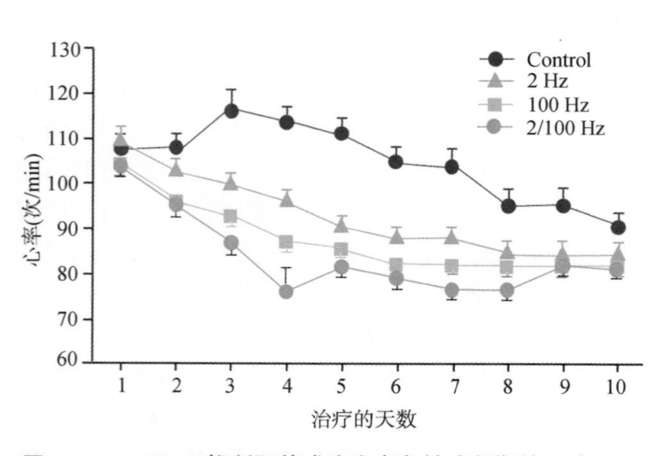

图 11-6-8 TEAS 抑制阿片成瘾患者急性戒断期的心动过速

3）TEAS 抑制海洛因脱毒后患者的心理渴求。王等人（2003）招募已完成脱毒治疗的海洛因成瘾患者 117 人，用视觉模拟尺（visual analog scale，VAS）测得其平均心理渴求评分大于 20；将患者随机分为 4 组，其中三个组分别接受 2 Hz、100 Hz 或 2/100 Hz TEAS 治疗，对照组的 TEAS 电极片放置同治疗组，接受最小强度刺激（即阈刺激 5 分钟，然后关掉电源）。每天一次，每次 30 分钟，持续 10 天。结果（图 11-6-10）显示：与对照组相比，2 Hz 和 2/100 Hz 组的 VAS 评分显著下降，100 Hz 组的 VAS 下降不显著性。该结果提示低频 TEAS 抑制脱毒后海洛因患者的心理渴求效应优于高频 TEAS。

在此基础上，韩济生教授团队研发了一款便携式 TEAS 治疗仪（命名为 HANS）。将便携式 TEAS 发放给完成海洛因脱毒后回归社会的患者，由工作

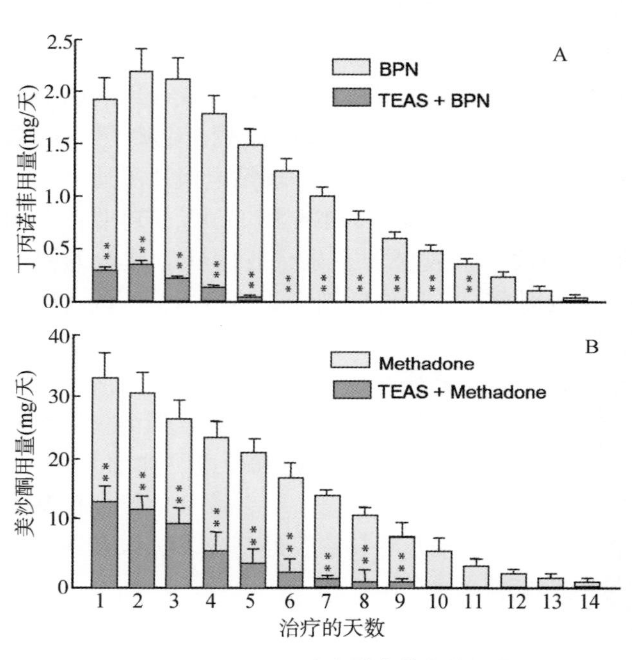

图 11-6-9 TEAS 减少脱毒药物的用量

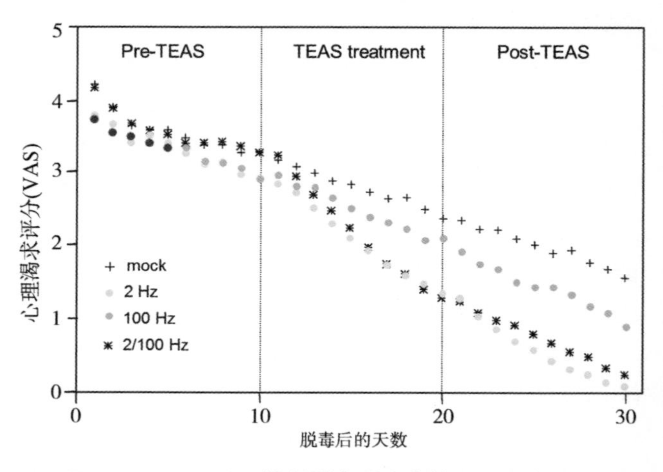

图 11-6-10 TEAS 抑制脱毒后患者的心理渴求评分

人员教会使用方法。当患者渴望用药时随时使用TEAS 治疗。接着，观察了脱毒后患者自用 HANS 对其一年复发风险的影响。判断未复吸的指标为：①每月尿液药物检测阴性；②纳洛酮测试阴性（连续 12 个月尿检呈阴性者接受纳洛酮测试，即皮下注射 0.4 毫克纳洛酮两次，间隔 15 分钟），以确认其未用药。首先观察了 56 例自愿戒毒康复中心（海南）的脱毒后患者的复发率。结果表明，脱毒结束后第 12 个月的复发率为 84%。其后，类似的研究来自上海地区的强制戒毒中心。164 例完成脱毒后 3 个月的患者，接受 HANS 自我干预 12 个月，评价复吸的指标同上。结果显示，完成项目后有 53 例尿检阴性、纳洛酮测试阴性，判断为"未复吸"（32.3%）；35 例尿检阳性，判断为复吸；76 例脱失，视为复吸；即总复发率为 67.7%）。

上述临床观察初步证明，TEAS 干预可降低脱毒后患者的复发风险，1 年复吸率为 70% ～ 80%。相比以往资料，脱毒后 6 个月和 1 年复发率分别为 94% 和 98%。显然，TEAS 可作为缓解阿片类药物戒断症状，降低复发风险的极具希望的非药物手段。

3. 苯丙胺类药物成瘾 苯丙胺类药物属中枢兴奋剂，最常被滥用的是甲基苯丙胺（俗称冰毒），近年已成为中国排名第一位的滥用药物。随着苯丙胺类药物滥用的流行，也开始有针刺干预甲基苯丙胺成瘾的报道。

梁等人（2014）比较了体穴 EA 和耳穴手针对 90 例男性甲基苯丙胺成瘾者戒断症状的影响。成瘾者随机分为电针组、耳针组和对照组，每组 30 例。电针组取双侧内关、神门、足三里、三阴交及夹脊；耳针组取单侧交感、神门、肺、肝；每周治疗 3 次，持续 4 周；对照组不予任何处理。分别于治疗前和治疗过程的每周，观察和记录各组患者戒断症状评分、焦虑和抑郁量表评分。结果显示：与对照组或治疗前相比，电针组和耳针组患者的戒断症状总评分，以及焦虑和抑郁评分都在治疗的 2 周后显著下降；而且，电针组的疗效优于耳针组。另外，胡等人（2018）也使用上述体穴 EA 方法，对 64 例甲基苯丙胺成瘾患者的戒断症状进行了干预，验证了上述研究结果。

三、可能的机制

随着业界对药物成瘾的替代疗法的关注和尝试，阐明针刺干预药物成瘾的神经生物学基础也显得越来越重要。鉴于方法学的可行性与局限性，针刺干预药物成瘾机制的研究主要借助于动物模型。

1. 可卡因成瘾 针刺（包括手针和 EA）干预可卡因成瘾机制的研究报道甚少。任等人（2003）曾报道，在大鼠双侧后肢的足三里和三阴交给予 100 Hz EA 30 分钟，能有效抑制大鼠可卡因诱导的条件位置偏爱（conditioned place preference，CPP），但 2 Hz EA 则不能。如果预先给大鼠注射较大剂量（10 mg/kg），而非小剂量（1 mg/kg）纳洛酮，100 Hz EA 的作用被阻断。已知小剂量（如 1 mg/kg）的纳洛酮能阻断 μ- 和部分 δ- 阿片受体，而欲阻断 κ- 阿片受体所需要的纳洛酮剂量约为阻断 μ- 或 δ- 阿片受体的 10 ～ 13 倍。可见，100 Hz EA 抑制可卡因诱导的 CPP 的作用可能是由 κ- 阿片受体介导。由于介导可卡因滥用强化作用的主要相关脑区为纹状体腹侧的伏核（nucleus accumbens，NAc），进一步的实验中观察到，向 NAc 区微量注射纳洛酮阻断了 100 Hz EA 的作用，说明 100 Hz EA 抑制可卡因 CPP 的作用主要由伏核内 κ- 阿片受体介导。

最近金等人（2018）发现，针刺神门穴能显著抑制可卡因诱导的大鼠自我给药（self-administration，SA）行为的重建。与此同时，针刺也降低了可卡因 SA 大鼠腹侧盖区（ventral tegmental area，VTA）的 GABA 能神经元活性和伏核内多巴胺的释放。如预先在 VTA 区微量灌注选择性 $GABA_B$ 受体拮抗剂，可阻断针刺抑制大鼠 SA 行为重建的作用。该结果提示，针刺可能通过激活可卡因 SA 大鼠 VTA 内 GABA 神经元、促进 NAc 内 DA 的释放，从而抑制大鼠可卡因觅药行为。

2. 阿片类药物成瘾

（1）针刺抑制阿片躯体依赖的机制。这方面的研究工作主要利用慢性吗啡依赖动物模型评价 EA 缓解戒断综合征的效应。

1）单次 EA 的即时效应

用递增剂量吗啡连续注射 5 天诱导大鼠吗啡成瘾模型，继而注射阿片受体拮抗剂纳洛酮诱发大鼠的吗啡戒断症状。如果 EA 的作用是促使内源性阿片肽（脑啡肽和脑内啡肽）的释放，补充或替代部分吗啡而改善戒断症状，则 2 Hz EA 对戒断综合征的抑制效果应优于 100 Hz。令人惊讶的是，结果显示 2 Hz 的 EA 使 5 种症状中的 2 种（Han JS and Zhang RL，1993）有下降趋势，而 100 Hz 的 EA 对 5 种戒断症状都产生了显著的抑制作用。换言之，100 Hz EA 对戒断综合征的抑制效应优于 2 Hz EA。

文献调查得知，强啡肽（dynorphin，Dyn）可通过激活 κ - 阿片受体抑制海洛因和吗啡依赖者的戒断综合征，主要作用部位在脊髓水平；纳洛酮催促的阿片戒断症状能被脊髓鞘内给予 κ - 阿片受体激动剂 U-50488 抑制，κ - 阿片受体拮抗剂 Nor-BNI 则导致戒断症状加重。这些研究提示，100 Hz EA 诱导的内源性 κ 受体激动剂最有可能是 Dyn，在脊髓水平对吗啡戒断症状发挥抑制作用。这一推测被吴等（1999）的后续实验证明，100 Hz EA 在抑制大鼠吗啡戒断症状的同时，升高了大鼠脊髓蛛网膜下腔灌流液中 Dyn 的水平。

2）多次 EA 的累加效应

临床和实验室研究均证明，阿片类药物依赖戒断后 24 小时给予多次 EA 比单次 EA 能够更有效地抑制阿片戒断综合征。有关这一效应的可能机制主要有以下研究报道。

王等人（2011）观察了 Dyn 和 κ - 阿片受体在 100 Hz EA 抑制动物吗啡戒断症状的累加效应。结果显示，吗啡戒断后 12 ～ 24 小时内，多次 100 Hz EA 对大鼠吗啡戒断症状的抑制作用明显优于单次 EA，这种效果可维持至 EA 结束后一周。同时还发现，随着吗啡戒断大鼠脊髓（L4-5）、中脑导水管周围灰质（PAG）和下丘脑的前强啡肽原（PPD）mRNA 水平显著下降，p-CREB 水平显著升高。多次 100 Hz EA 处理可以逆转上述区域 PPD mRNA 的下降和 p-CREB 的上调。该结果提示，多次 100 Hz EA 抑制吗啡戒断症状具有累加效应，其原理可能与脊髓、PAG 和下丘脑水平强啡肽合成的加速以及 p-CREB 的下调有关。

VTA 区的多巴胺能神经元已被证明是药物成瘾发生和发展的主要神经细胞成分，慢性吸食吗啡可引起 VTA 多巴胺神经元形态和功能异常，参与阿片戒断反应。初等人（2008 和 2009）探查了 100 Hz EA 对吗啡成瘾诱发的 VTA 区多巴胺神经元形态和功能损伤的干预作用。发现慢性吗啡依赖大鼠 VTA 区的多巴胺神经元出现胞体萎缩、突起变短、线粒体肿胀等形态学损伤。静脉注射 1 mg 吗啡不能诱导多巴胺神经元放电增加，表明其对吗啡发生了耐受。因为生理状态下 1 mg 吗啡即可诱导大鼠 VTA 区 DA 神经元放电率明显增加。给予多次 100 Hz EA 刺激，不仅抑制了大鼠吗啡戒断症状，而且上调了 VTA 区 BDNF 的水平，使慢性吗啡引起的多巴胺神经元的形态学损伤逐渐恢复，表现在小剂量（1 mg）吗啡诱导 DA 神经元放电率增加的能力趋于正常化（胡等人，2009）。

这部分研究提示，100 Hz EA 缓解阿片戒断症状的作用，除了内源性 Dyn 的参与，还与 VTA 区 BDNF 的参与有关。

（2）针刺抑制阿片精神依赖的机制。这方面的研究工作主要采用吗啡诱导的 CPP 模型，模拟动物对精神活性药物的心理渴求行为，来评价 EA 的作用。

成瘾是一种慢性、复发性脑疾病，即使脱毒后数月或数年，复发率依然很高。据不同来源的数据显示脱毒后的复发率可达 95% ～ 99%。因此，治疗药物成瘾的最终目标并不是单纯脱毒（即消除戒断综合征），而是抑制或消除脱毒后再次用药的心理渴求（即精神或心理依赖）。CPP 可部分反映动物对再次体验药物效应的需求行为，即用动物在伴药箱与非伴药箱停留时间之比，作为“渴求”程度的指数。

王等人（2000）观察了 2 Hz。100 Hz 或 2/100 Hz EA 对大鼠吗啡 CPP 的影响。结果表明，与束缚加插针不电组或单纯束缚组相比，2 Hz 和 2/100 Hz 的 EA 对大鼠吗啡 CPP 有明显的抑制效应，而 100 Hz 的 EA 则无此效应；而且，2 Hz EA 的抑制效应可被 1 mg/kg 的纳洛酮完全翻转。显然，主要是 EA 的低频成分参与其中，提示 2 Hz EA 抑制动物对吗啡“渴求”的效应主要由 μ 和 δ 受体所介导。

有趣的是，史等人（2003，2004）的后续研究发现单次 100 Hz EA 不能抑制动物吗啡 CPP，而多次 100 Hz EA（每天 1 次，连续 3 天）则对吗啡 CPP 表达有抑制作用。这种作用可以被 δ- 和 κ - 阿片受体拮抗剂阻断，但 μ- 阿片受体拮抗剂不能阻断。不仅如此，多次 2 Hz 和 100 Hz EA 还能抑制动物吗啡 CPP 的重建，说明 EA 抑制吗啡 CPP 效应，不仅取决于 EA 的频率（2 Hz 优于 100 Hz），而且依赖于 EA 的次数（5 次＞ 3 次＞ 1 次）。进一步检测吗啡 CPP 大鼠伏核内 PPE mRNA 和 PPD mRNA 水平发现，2 Hz EA 和 100 Hz 电针可分别上调吗啡 CPP 大鼠伏核内 PPE mRNA 和 PPD mNRA 水平，提示多次电针的累加作用可能与其上调伏核内 PPE mRNA 和 PPD mRNA 表达有关。

梁等人（2010）进一步发现：单次 2 Hz EA 可使吗啡 CPP 大鼠伏核灌流液中脑啡肽含量显著增加，连续三次 EA，该效果更显著。μ- 阿片受体拮抗剂 CTAP 或 δ- 阿片受体拮抗剂 NTI 均可剂量依赖性逆转 2 Hz EA 对吗啡 CPP 的抑制作用，但 κ -

阿片受体拮抗剂 Nor-BNI- 则无此作用。该研究结果提示，2 Hz EA 对吗啡 CPP 的抑制作用与其加速伏核内脑啡肽的释放相关，主要由 μ- 和 δ- 阿片受体，而非 κ- 阿片受体所介导。

基于阿片类药物与脑内多巴胺系统的密切关系，麻等人（2008）检测了 VTA-NAc 多巴胺系统在 EA 抑制吗啡 CPP 中作用。结果证明，吗啡 CPP 大鼠伏核内多巴胺含量显著增加，当吗啡 CPP 被 2 Hz EA 抑制后，NAc 内多巴胺及其代谢物 DOPAC 和 HVA 含量降至对照水平。该研究提示，中脑边缘多巴胺系统在 EA 抑制大鼠精神依赖的机制中也发挥了重要作用。

3. 甲基苯丙胺成瘾　甲基苯丙胺（methamphetamine，METH）的中枢兴奋性能诱发啮齿类动物的行为敏化和类似于情绪高涨的行为。前者通常表现为觅药动机和运动活动增强，后者则出现高频（50 kHz）超声波发声增多。尽管少有针刺干预 METH 成瘾机制的报道，但近来已有人用 METH 诱导的行为敏化、高频超声波发声，以及脑组织局部温度变化等作为检测指标，开始探索针刺干预 METH 成瘾的可能机制。

Ho 等人（2017）发现，100 Hz EA 刺激筑宾穴和太冲穴能够显著抑制 HETH 诱导的啮齿类动物行为敏化和 CPP 表达。该作用与 EA 下调伏核内 DA 及其代谢物的含量，以及酪氨酸羟化酶水平相关。Kim 等人（2019）报道，2 Hz 手针神门穴能抑制 HETH 诱导的大鼠运动敏化、高频超声波发声。针刺组大鼠伏核内多巴胺释放减少，伏核组织温度降低；如伏核内给予代谢型谷氨酸受体 mGlu2/3 的拮抗剂可部分阻断针刺的作用。该工作提示，针刺神门穴可通过激活伏核内 mGluR2/3 受体、降低细胞外多巴胺释放和代谢活性，从而抑制 METH 诱导的运动敏化和异常情感状态。

本节简要回顾了近半个世纪以来，针刺作为一种新兴的干预药物成瘾的方法，在国内外的研究进展与现状。与药物干预不同，如美沙酮维持治疗旨在用美沙酮长期替代被滥用药物，而针刺（包括手针、EA 和 TEAS）则试图调动内源性阿片肽、多巴胺等药物成瘾涉及的多种神经递质系统，促进机体、特别是中枢神经系统内稳态（Homeostasis）的恢复，而逐渐摆脱成瘾药物。显然，从技术角度来看，仍有相当大的改进空间，还需要更多的证据证明其有效性。诚然，药物成瘾是一种具有复杂神经生物学基础的慢性生物–心理–社会疾病，干预药物成瘾必然需要多学科、多领域结合的系统工程，而针刺疗法可以作为其中之一发挥作用。

参考文献

综述

1. Zhao ZQ. Neural mechanisms underlying acupuncture analgesia. *Prog Neurobiol*，2008，85：355-375.
2. Han JS. Acupuncture：Neuropeptide release produced by electrical stimulation of different frequencies. *Trends Neurosc*，2003，26：17-22.
3. Xia Y，Cao XD，Wu GC，et al.（Eds.）. Acupuncture Therapy for Neurological Diseases：A Neurological View. *Beijing*：*Tsinghua University Press*，2010.
4. Lu Z，Dong H，Wang Q，et al. Perspective acupuncture modulation：more than anesthesia. *Anesthesiology*，2015，115：183-193.
5. 李云庆 . 中脑边缘镇痛环路 . 中国疼痛医学杂志 . 2000，6：105-108.
6. Han JS，Ho YS. Global trends and performances of acupuncture research. *Neurosc Biobehav Rev*，2011，35：680-687.
7. NIH Consensus Conference：Acupuncture. *JAMA*，1998，280：1518-24.
8. Treatment Episode Data Set（TEDS）：National Admissions to Substance Abuse Treatment Services. Rockville，MD：Department of Health and Human Services，Substance Abuse and Mental Health Services Administration，Office of Applied Studies：1994-1999.
9. Stuyt EB，Voyles CA. The National Acupuncture Detoxification Association protocol，auricular acupuncture to support patients with substance abuse and behavioral health disorders：current perspectives. *Substance abuse and rehabilitation*，2016，7：169-180.
10. Fan AY，Miller DW，Bolash B，et al. Acupuncture's role in solving the opioid epidemic：evidence，cost-effectiveness，and care availability for acupuncture as a primary，non-pharmacologic method for pain relief and management-white paper 2017. *J Integr Med*，2017，15（06）：411-425.
11. Han JS，Cui CL. Chapter 49 *Acupuncture*. In：Ruiz P，et al（eds.）Substance abuse-a comprehensive text book，5th ed. Wolters Kluwer / Lippincott Williams and Wilkins，2011，pp 466-476.
12. White A. Trials of acupuncture for drug dependence：a recommendation for hypotheses based on the literature. *Acupuncture Med*，2013；31：297-304.
13. Cui CL，Wu LZ，Li YJ. Acupuncture for the treatment of drug addiction. *Int Rev Neurobiol*，2013，111：235-256.

专著论文

1. 北京医学院针麻原理研究组。针刺人体某些穴位对皮肤痛阈的影响。中华医学杂志，1973（3）：152-157.
2. 张香桐 . 针刺镇痛的神经生理学基础 . 中国科学，1978，465-475.
3. Huo R，Han SP，Liu FY，et al. Responses of primary afferent fibers to acupuncture-like peripheral stimulation

at different frequencies: characterization by Single-Unit Recording in Rats. *Neurosc Bull*, 2020, 36: 907-918.

4. Goldman N, Chen M, Fujita T, et al. Adenosine A1 receptors mediate local anti-nociceptive effects of acupuncture. *Nat Neurosci*, 2010, 13: 883-888.
5. Yang Y, Li Q, He QH, et al. Heteromerization of μ-opioid receptor and cholecystokinin B receptor through the third transmembrane domain of the μ-opioid receptor contributes to the anti-opioid effects of cholecystokinin octapeptide. *Exp Mol Med*, 2018, 50: 1-16.
6. Zhang WT, Jin Z, Luo F, et al. Evidence from brain imaging with fMRI supporting functional specificity of acupoints in humans. *Neurosc Lett*, 2004, 354: 50-53.
7. Zhao L, Chen J, Li Y, et al. The long-term effect of acupuncture for migraine prophylaxis: A randomized clinical trial. *JAMA Intern Med*, 2016, 177: 508-515.
8. Zhou J, Chi H, Chen TO, et al. Acupuncture anaesthesia for open heart surgery in contemporary China. *Cardiology*, 2011, 150: 12-16.
9. Han JS, Zhang RL. Suppression of morphine abstinence syndrome by body electroacupuncture of different frequencies in rats. *Drug and Alcohol Dependence*, 1993, 31 (2): 169-175.
10. Han JS, Wu LZ, Cui CL. Heroin addicts treated with transcutaneous electrical nerve stimulation of identified frequencies. *Regulatory Peptides*, 1994, 54: 115-116.
11. Wu LZ, Cui CL, Tian JB, et al. Suppression of morphine withdrawal by electroacupuncture in rats: dynorphin and κ-opioid receptor implicated. *Brain Research*, 1999, 851: 290-296.
12. Shi XD, Ren W, Wang GB, et al. Brain opioid receptors are involved in mediating peripheral electric stimulation-induced inhibition of morphine conditioned place preference in rats. *Brain Research*, 2003, 981: 23-29.
13. Liang J, Ping XJ, Li YJ, et al. Morphine induced conditioned place preference in rats is inhibited by electroacupuncture at 2 Hz: Role of enkephalin in the nucleus accumbens. *Neuropharmacology*, 2010, 58 (1), 233-240.
14. Meade CS, Lukas SE, McDonald LJ, et al. A randomized trial of transcutaneous electric acupoint stimulation as adjunctive treatment for opioid detoxification. *Journal of Substance Abuse Treatment*, 2010, 38 (1): 12-21.
15. Jin W, Kim MS, Jang EY, et al. Acupuncture reduces relapse to cocaine-seeking behavior via activation of GABA neurons in the ventral tegmental area. *Addiction Biology*, 2018, 23 (1): 165-181.
16. Liang Y, Xu B, Zhang XC, et al. Comparative study on effects between electroacupuncture and auricular acupuncture for methamphetamine withdrawal syndrome. *Zhongguo Zhen Jiu*, 2014, 34 (3): 219-224.
17. Kim NJ, Ryu Y, Lee BH, et al. Acupuncture inhibition of methamphetamine-induced behaviors, dopamine release and hyperthermia in the nucleus accumbens: mediation of group II mGluR. *Addiction Biology*, 2019, 24 (2): 206-217.

第 12 篇　类脑智能

吴朝晖

通过模仿人脑的处理机制建立接近（乃至超越）人类智能的机器，一直是人们的一个朴素理念。而在现代计算机发展初期以及人工智能发展过程中，“模仿大脑”的线索一直或隐或现地贯穿其中，起着重要作用。冯·诺依曼 1945 年撰写的著名研究报告表明，大脑神经系统是其所提出的冯·诺依曼计算机体系结构的重要参照。艾伦·图灵早在 1948 年也提出了一套用类神经元作为基本单元建造现代计算机的方案。

虽然近年来，以神经网络为基本模型发展起来的深度学习，为人工智能带来了新的突破，但深度神经网络只是借鉴了神经元间的部分拓扑结构，还属于仿脑的初级阶段。大脑的结构和功能机制中尚有大量信息没有被挖掘，蕴涵着巨大的可能性。随着神经科学对人脑认识的更加深入与持续积累，脑科学与人工智能研究已经越走越近，两者互相借鉴与融合，有望推动新一轮智能技术革命。

类脑智能将探索智能的本源，并以此为基础构建具有生物脑工作模式与优势的类脑智能系统。从脑认知到类脑智能系统的实现，需要建立类脑智能的理论基础并解决软硬件层面的一系列关键技术问题。本篇将围绕这一主题，通过类脑模型与算法、类脑器件与芯片、类脑计算系统、及脑机混合智能四章内容来呈现和展望这个领域的发展。在这个全新的研究体系中，类脑模型与算法是类脑芯片及计算系统设计的理论基础，是类脑智能的重要组成部分，决定了软硬件各设计层面的需求问题；类脑器件与芯片是实现高性能、大规模类脑计算系统的硬件基础，新兴的纳米器件是突破类脑智能系统发展瓶颈的关键技术；类脑计算系统及脑机智能系统则是类脑智能的两种实现载体。通过这一篇章的有限介绍，希望对感兴趣的读者有所裨益。

第1章 类脑模型与算法

徐　波　黄铁军　唐华锦

第一节　引　言

类脑计算是借鉴大脑神经元、连接结构及信息处理的新型计算模式，脑科学、神经科学、人工智能、芯片等领域交叉汇聚，有望孕育出人工智能理论方法、实现底层芯片技术突破。其主要内容包括：研究类脑神经网络模型和算法理论，力图解开生物高效计算奥秘，启发突破大数据依赖的深度学习性能瓶颈；研究多脑区模拟和类脑计算架构，有望突破冯·诺伊曼架构因存算分离而带来的存储墙、功耗墙等瓶颈。类脑计算作为一个充满颠覆性技术的新兴领域，正处于蓬勃发展阶段，也是“脑科学和类脑研究”（中国脑科学计划）的核心研究内容之一。

一、神经元模型介绍

神经元是大脑中基本的信息处理单元，神经科学已经从分子和电生理层面对神经元细胞的工作机制进行了深度的研究。基于神经元的工作机制，人们用不同的数学模型模拟神经元细胞活动与信息处理过程，并将其广泛地应用在类脑计算与计算神经科学等研究中。脉冲神经元模型充分模拟了生物的电兴奋、非线性动力学等特性，因此非常适合处理与时间相关的动态信息。

具体来说，神经元模型大致分为仿生学模型和行为学模型两大类。前一种通过复杂的数学微分方程去详细描述生物神经元的电生理学过程。后一种主要采用比较简化的数学模型去刻画神经元的脉冲动力学现象。其中比较经典的神经元模型主要有：Leaky Integrate-and-Fire（LIF）模型，Izhikevich 模型，Hodgkin-Huxley（HH）模型等。通常，模型的生物可信度越高，求解模型所需要的计算复杂度也越高，如图 12-1-1 所示。HH 模型基于对乌贼的大脑神经元实验观察而建立，是一类经典的仿生学模型，也是迄今为止最详细和最复杂的神经元模型。

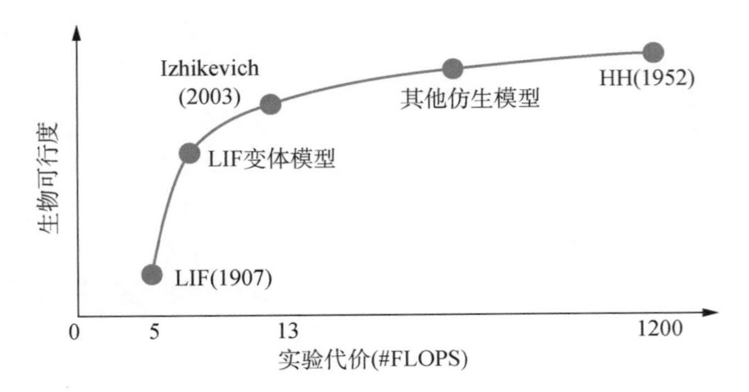

图 12-1-1 **神经元动力学模型比较**

然而，由于计算成本过高，这类模型不太适合大型生物网络的计算模拟。Izhikevich 模型是兼顾行为学和仿生学的模型，通过在动态方程中选择不同的参数值可以模拟不同类型的神经元，然而其方程仍然相对复杂。LIF 神经元模型相比 Izhikevich 模型，既保持了脉冲神经元的基本动态特性，又降低了运算复杂性。因此，LIF 模型成为在神经形态领域，计算神经科学家们广泛采用的标准神经元模型之一。

多房室神经元模型（multi-compartment neuron model）是一种仿生学模型，详细描述了神经元树突的复杂几何形态和生物物理特性。具体来说，多房室神经元模型将神经元胞体以及树突的几何形态划分为空间上连续的分割区域，每个离散的区域为单独的房室，通常采用微分方程的方式描述内部的电生理活动，而房室之间通过电缆理论（cable theory）建模。生物神经学给一些重要脑区内的典型神经元搭建了对应的多房室模型，如海马体 CA1 神经元、皮质锥体神经元、浦肯野细胞、基底核的中型多棘神经元等。多房室模型的特点在于其极高的生物仿真程度。一方面，多房室模型具有远超 HH 模型的计算复杂度。另一方面，多房室模型能细致地描述树突的形态、离子通道、神经递质受体等如何影响神经元的脉冲输出，尽可能捕捉神经元的复杂电生理活动。因此，多房室模型通常用来建模复杂的树突非线性计算，研究单个神经元的生理机制。现有研究通常将多房室模型视为生物神经元的替代，在其上进行生物实验中无法做到的电生理实验。为了克服极高复杂度带来的问题，部分简化的树突多房室模型在神经元的功能特性和计算效率之间进行了折衷，仅用少量房室来建模复杂的树突形态。目前，多房室模型是生物神经学领域普遍采用的高仿真性神经元模型，能详细建模神经元复杂形态和电生理学特性，但由于其高计算复杂度而尚未被广泛引入神经建模领域中。

二、突触模型介绍

以上我们讨论了单个神经元模型，为了构建类脑神经网络模型，我们需要介绍实现神经元间信号传递的突触模型。神经系统神经元间存在两种不同类型的信号传递模式，分别是由脉冲激发、多种化学递质辅助信息传递的化学突触，以及由神经元间膜电势差驱动并直接通过细胞间隙传导的电突触。化学突触由于具有更加丰富的非线性信息处理能力而被更多的类脑计算模型所选择。然而，为了更准确的模拟神经系统的信息处理和动力学过程，一些类脑计算模型也会严格根据生物合理性来挑选突触模型，如秀丽线虫（C. elegans）神经系统中既存在化学突触也存在大量电突触。下面分别对这两种突触模型进行详细描述。

（一）化学突触模型

化学突触是大脑皮质中神经元间传递信号的主要方式，化学突触信号传递主要包括以下几个步骤：脉冲沿轴突向后传递并在突触前部终止，进入称为突触终端的区域。动作电位会激活囊泡将它们的递质释放到突触间隙，传递到突触后神经元并与各种受体结合，使一些感受器打开通道，从而引起突触后神经元膜电位变化。突触传递的化学递质不同将会引起突触后神经元不同受体的响应，从而引发不同的膜电位动态变化。具体的化学信息传递过程非常复杂，类脑计算研究通常对其进行适度简化，只保留其核心的动力学机制。典型的化学突触模型又可以分为电导模型、电流模型和脉冲响应模型。电导模型是比较符合神经生理机制的动力学模型，通过电导与电势差乘积计算：

$$I_{syn}(t)=g(t)(V_{post}-V_{rec})$$

其中，V_{post} 是突触后神经元膜电势，V_{rec} 是突触反转电势，其与突触激活的离子通道高度相关，$g(t)$ 突触电导方程，在多次脉冲输入下该方程可以表示为基于输入脉冲时刻的 α 核函数叠加的形式：

$$g(t)=\bar{g}\sum_{k}\alpha(t-t_k)$$

其中，$\bar{g}$ 是突触恒定电导，用来表示突触连接强度，常见的 α 核函数有一阶的指数衰减形式：

$$\alpha(t)=\frac{1}{\tau}e^{-t/\tau}$$

以及二阶的指数衰减形式：

$$\alpha(t)=\frac{\tau_d\tau_r}{\tau_d-\tau_r}(e^{-t/\tau_d}-e^{-t/\tau_r})$$

电流模型在电导模型的基础上进行简化，忽略了电势差变化的影响，将突触恒定电导与电势差用一个固定的突触权值 w 代表，电流模型可以表示为如下 α 核函数叠加的形式：

$$I_{syn}(t)=w\sum_{k}\alpha(t-t_k)$$

脉冲响应模型则在此基础上进一步简化，只是在脉冲到达突触后神经元时在突触后神经元膜电压上累加固定的突触权值 w。此类简化的突触模型完全忽略了突触电流的动力学过程，一般只在基于简单神经元模型模拟大规模神经网络时比较常用。

（二）电突触模型

大量神经元通过细胞膜紧密接触形成缝隙连接（gap junction），离子可以直接根据相邻膜电势差形成电流。虽然两类突触最终都是作用于神经元膜电压上，但是化学突触只会对脉冲产生固定模式的单向传递信息，而电突触则会连续地进行双向信息交换。电突触可以通过以下公式建模：

$$I_{gap}=g_{gap}(V_{post}-V_{pre})$$

其中 g_{gap} 是电突触电导，V_{post} 和 V_{pre} 分别为突触后和突触前神经元的膜电势。

三、神经编码介绍

大脑处理信息的第一步是将感知到的外界信息，如视、听信号，转换为脉冲信号，这一过程称之为脉冲编码（spike coding）。在光、声音、味觉、嗅觉和触觉等外部感官信息的刺激下，大脑中的感知神经元集群协同工作，通过发放不同时间-空间模式的脉冲序列进行响应。这种脉冲序列作为信息表达的主要载体，是脉冲编码的主要研究对象。在空间属性上，脉冲模式实际由多个神经脉冲序列组成，分别具有不同的响应特性。这种性质也通常被称为集群编码（population coding）。在时间属性上，脉冲的精确发放时间或者在单位时间内的放电频率都能够编码丰富的信息，下面分别对这两种编码方式进行详细描述。

（一）频率编码

神经科学实验发现感知神经元的脉冲频率与外界刺激强度呈正相关关系。后续众多实验在不同神经元中都观测到类似的性质，因此发展出了被广泛接受的频率编码假说，即认为信息可以由神经元的放电率（firing rate）表达。对于放电率则存在多种定义，可以是一段时间内脉冲数量的平均值、多次重复实验中脉冲数量的平均值或者多个神经元脉冲数量的平均值。频率编码表示方式简单，适用于刺激恒定或缓慢变化且不需要生物体快速响应情况下的信息编码，在过去的几十年里得到了广泛应用。但其忽略了脉冲序列中发放时间所包含的信息，因此不能准确地表征快速变化的神经信息。

（二）时间编码

在生物行为实验研究中发现生物对刺激的响应时间很短，视网膜、外侧膝状核（LGN）、视觉皮质以及许多其他感知系统中的神经元被观察到以毫秒级精确地响应刺激。这些神经生理学结果表明，依赖于长时间窗口内的神经元放电频率去表达神经信息的频率编码可能无法满足生物体对外界刺激进行快速行为响应的需求，有效的信息处理更可能是基于脉冲的精确发放时间实现，而非基于脉冲的放电频率。相比于频率编码，时间编码包含的信息密度更高。然而，其对噪声也更加敏感。常见的时间编码方法有时滞编码（latency coding）、等级排序编码（rank order coding）、相位编码（phase coding），三种编码形式如图 12-1-2 所示，分别详细介绍如下。

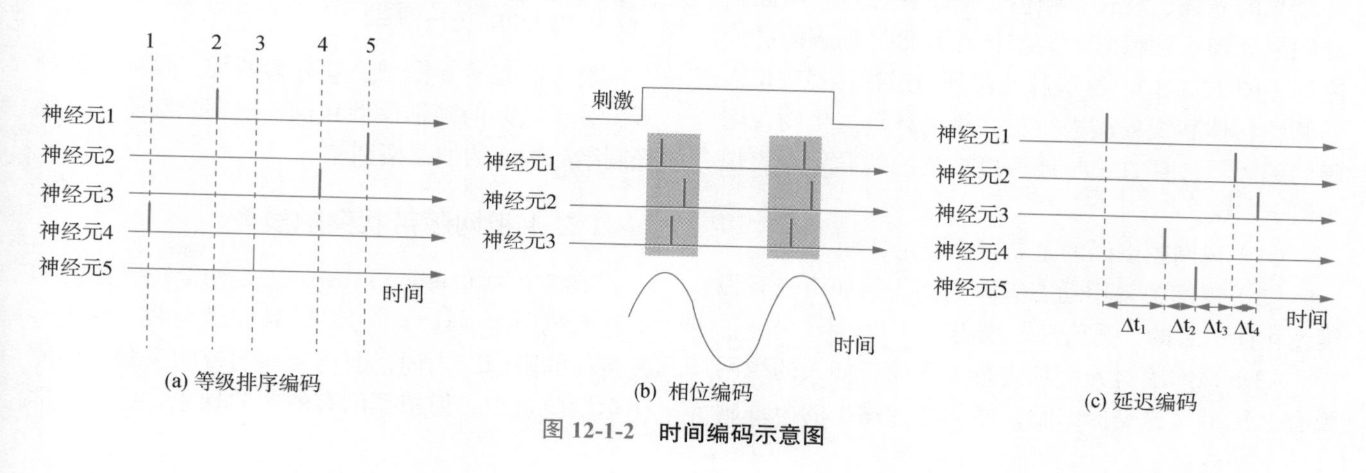

图 12-1-2　**时间编码示意图**

时滞编码将信息编码在神经元对于刺激的响应时间里，时滞可以理解为神经元相对刺激开始时延迟发放脉冲的时间，通常由刺激的强弱决定，输入的刺激越强，脉冲的时滞越小，即神经元发放脉冲的时间越早。**等级排序编码**同样利用脉冲发放时间表达刺激强度。排序编码忽略了精确的放电时间，只要求根据刺激强弱规范放电顺序，刺激越强，排序越靠前。在**相位编码**中，脉冲时间是相对于周期信号的参考时间点。依据每个神经元都包含阈下膜电位震荡（sub-threshold membrane potential oscillation）所对应的相位信息，神经元的脉冲序列可通过相对于背景振荡的特定相位来编码信息。

四、神经网络模型介绍

人类的大脑由大约860亿个神经元构成，神经元连接形成的庞大网络是大脑实现各种感知、学习、记忆、决策等认知功能的结构基础。人工神经网络（artificial neural network，ANN）是一种通过连接主义（另外还有符号主义、行为主义）来模拟大脑的计算模型，在理论和实际应用方面已经取得了巨大的成功。然而，大脑中信息的传递与处理是依靠脉冲来完成，因此，更加具有生物合理性的脉冲神经网络（spiking neural network，SNN）成为神经系统精确模拟、类脑计算等研究的重要工具。SNN最大化利用了ANN的已有科研基础，并同时兼顾生物合理性和运算高效性。在运算精度方面，SNN逐渐取得了接近ANN的精度表现，同时在计算能耗方面，SNN相对ANN取得了多个数量级的性能提升。

大脑具有高度模块化的脑区和功能核团，各个模块展现出复杂的小世界、无标度、自组织等结构特性，不同脑区的特异性功能和其内在的网络拓扑高度相关，如视觉感知皮质中背侧和腹侧通路的层级前馈连接，如记忆海马体组织的三突触回路、循环连接等。神经系统的网络结构特性对大脑活动和功能的影响是神经科学理论研究的重要课题，也产生了很多重要的理论研究成果（Bassett DS and Sporns O，2017）。通过借鉴大脑多个脑区和功能核团神经网络的结构特性，以SNN为主的类脑计算在脑模拟、类脑芯片、脑机接口等方面都取得了重要进展。

第二节 类脑视觉模型

视觉系统是神经系统的重要组成部分。它高效处理复杂多变的可见光刺激，挖掘其中重要的信息，是人类智能行为的基础。过去几十年，视觉神经领域的生物实验研究和建模启发了诸如感知机、卷积神经网络（convolutional neural network，CNN）等里程碑式的人工智能技术。如何将已有的生物视觉理解抽象为类脑计算模型是视觉仿真建模成功的关键。

视网膜是生物视觉系统中信息处理的第一步：环境光的光强、波长、颜色等信息在经过视网膜神经网络处理后被编码为大脑神经元更易理解的脉冲序列（图12-1-3）。这些脉冲序列通过视神经被送入外侧膝状体和视皮质进行更高级的计算。生物视网膜的编码、计算方式与计算机视觉的差异主要表现为以下三点：

（1）视网膜编码的是光流而不是“帧”。

（2）视网膜采用动态编码机制，例如由光亮强度变化而引起的“适应性”编码。

（3）视网膜对光信息进行了压缩，如人的视网膜有上亿个光感受器细胞，然而脉冲输出的节细胞只有上百万个。

一、视网膜特殊生物过程编码

相较于中央神经系统神经元，视网膜神经元为了能处理环境中的连续视觉刺激进化出了独特的生物功能。已有的光转导模型和视网膜带状突触模型则对该项能力进行了较好的模拟（图12-1-4）。

（一）光转导模型

现有的光转导模型主要分为两类，描述光转导所需分子通路的精细模型和仅描述感光细胞在接收光刺激后响应的抽象模型。

（二）视网膜带状突触模型

带状突触（ribbon synapse）是初级视觉系统和听觉系统中传递连续信号的特殊化学突触。由于实验条件的限制，人们目前仍未探明带状突触的具体化学反应过程，但根据已有的实验现象，已经有学

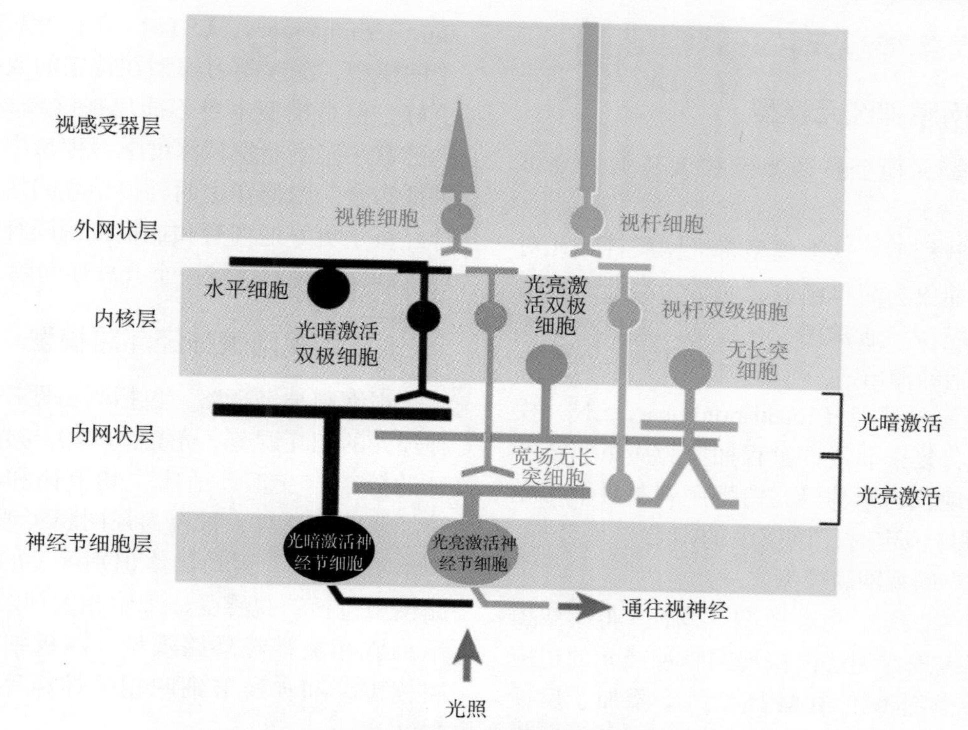

图 12-1-3　**视网膜神经元及连接模式图**

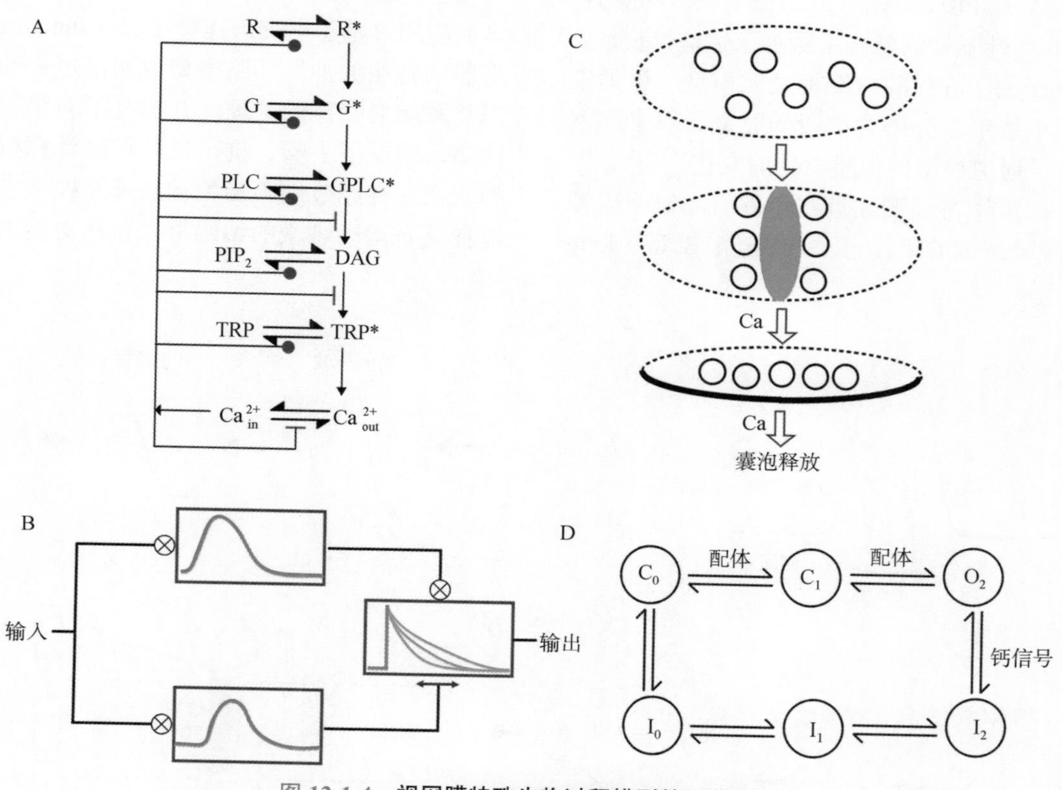

图 12-1-4　**视网膜特殊生物过程模型的经典案例**

（**A**）精细光转导模型。（**B**）抽象光转导模型。（**C**）双极细胞带状突触模型。（**D**）mGluR6 受体模型

者提出了一些抽象模型，如用简单的函数解释双极细胞带状突触对光强和光对比度的编码（Oesch NW and Diamond JS，2011），展示出了带状突触的适应性功能。除了上述两类模型外，视网膜的生物过程模型还有特殊神经递质受体模型，如一种只在视网膜双极细胞上表达的 mGluR6 等。

二、视网膜神经元和环路模型

（一）视网膜神经元模型

视网膜神经元模型按照复杂程度从低到高可分为（图 12-1-5）：

（1）单函数模型。这类模型将视网膜神经元对光信号的处理抽象为简单函数，通常为高斯滤波器或者高斯差分模型。通常用于在跨脑区建模中，模拟视网膜节细胞的输出。

（2）线性-非线性（linear-nonlinear，LN）模型。这类模型将复杂非线性过程抽象为简单非线性函数。实验发现，当给神经元白噪声刺激且平均光强和对比度保持稳定时，该模型的拟合效果较好，是目前使用最广的视网膜模型之一。

（3）线性-非线性改进模型。线性-非线性模型的不足主要表现在无法模拟视网膜神经元的适应性。一些改进模型（如 GLM 模型等）添加了反馈函数来拟合适应性现象，另一些模型［如 LNK 模型（Ozuysal Y and Baccus SA，2012）、LNR 模型］则在线性-非线性不变的基础上添加了适应性模块。

（4）基于 HH 方程的精细神经元模型。该类模型将神经元根据形态分解为多段的腔室，每个腔室里有多种离子通道模型模拟膜电位的变化。

此外，深度学习模型在近些年被引入视网膜神经元建模领域，如 CNN、长短时记忆模型（long short-term memory，LSTM）等。相较于基于生物理论的模型，深度学习模型在特定的数据上拟合效果更好，但是模型本身不能用来解释具体生物过程。现已有一些实验发现深度学习模型中的特征与生物特征吻合。如何在这两种模型之间搭建桥梁、帮助神经科学更好地理解和捕捉视网膜神经元的信息处理机制，仍是本领域一个开放性问题。

（二）视网膜神经环路模型

视网膜神经环路，包括兴奋性神经元与抑制性神经元的相互调节、光亮（ON）与光暗（OFF）信息的分离与交汇、适应生物节律和环境光变化的神经通路激活等，被视为视网膜实现高级计算功能（如动态编码、运动物体识别等）的基础。经典环路模型包括：视感受器细胞相关神经环路模型，水平细胞相关神经环路模型，双极细胞相关神经环路模型，和神经节细胞相关神经环路模型等（图 12-1-6）。

生物启发的环路模型在计算机领域也有越来越多的应用。基于电突触连结（Gap Junction）的视感受器细胞相关神经环路模型说明该过程能增强生物视觉系统对噪声的处理，并提升了对错误输入的容错率，启发了去噪、抗干扰等传统计算机视觉领域的研究。神经节细胞相关神经环路模型主要被用在解释其对运动刺激的编码上，包括对运动方向的选

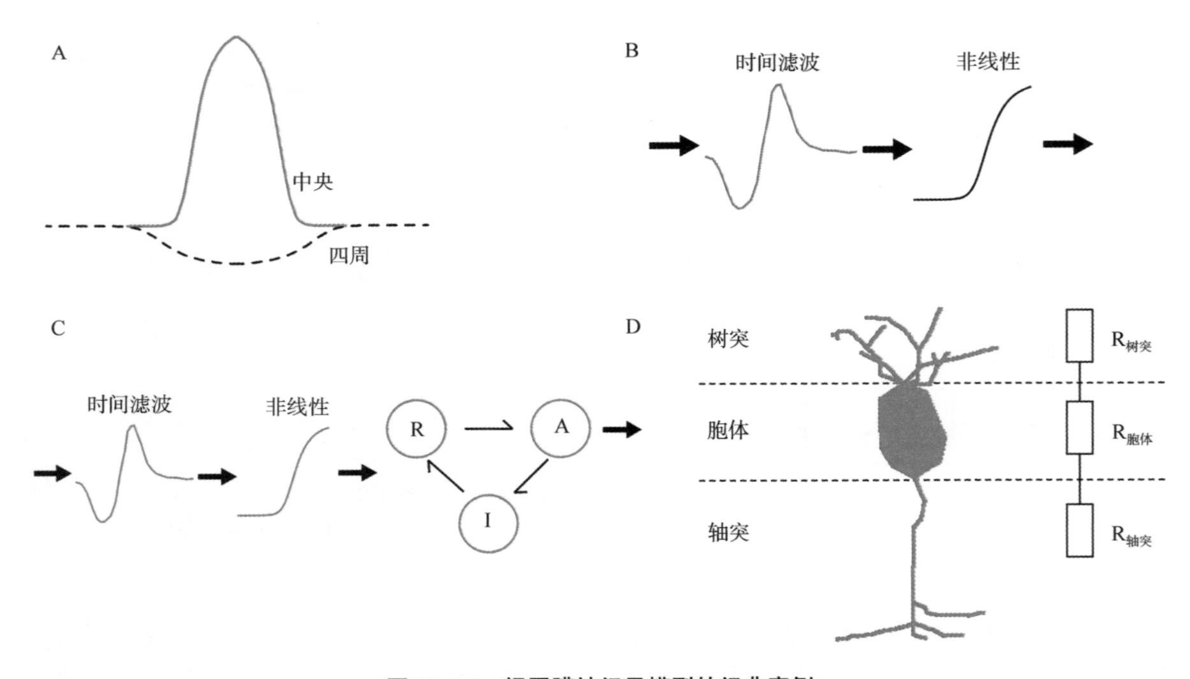

图 12-1-5 视网膜神经元模型的经典案例

（A）高斯差分模型。（B）线性-非线性模型。（C）线性-非线性-动力学（LNK）模型。（D）多腔室模型

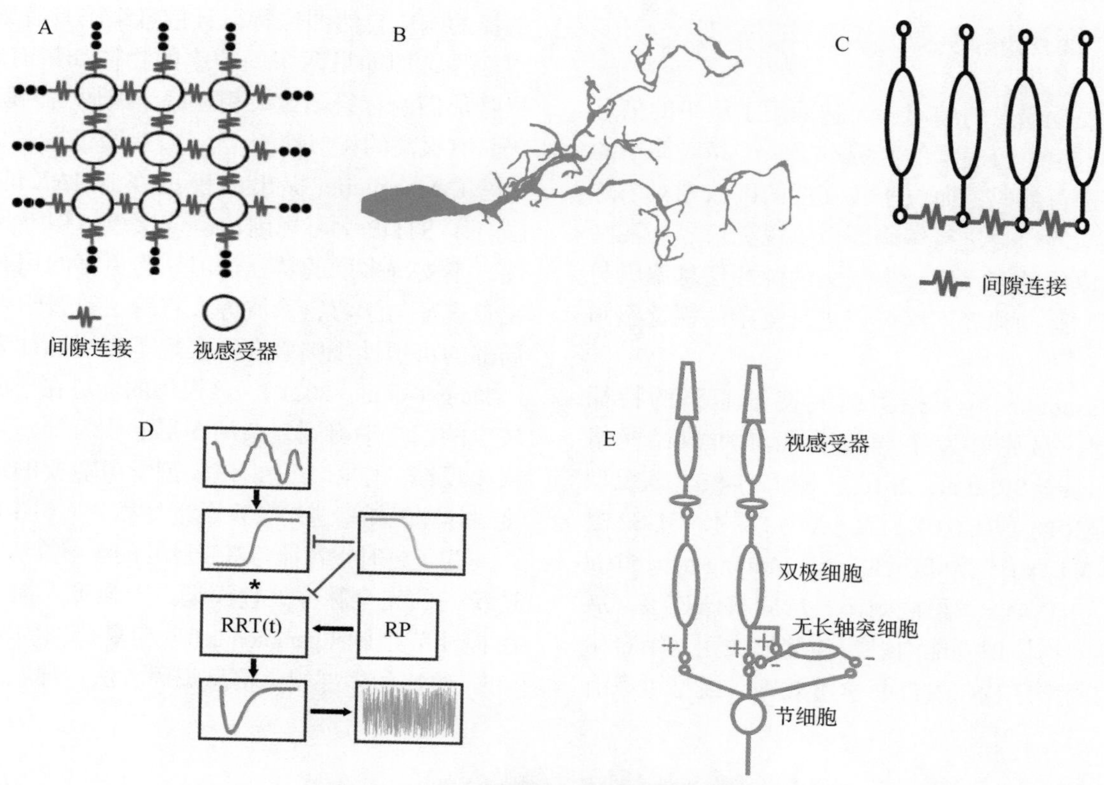

图 12-1-6　**视网膜神经环路模型的经典案例**

（**A**）视感受器细胞的电突触网络模型。（**B**）水平细胞对视锥细胞的抑制调控模型。（**C**）双极细胞的电突触网络模型。（**D**）A Ⅱ类无长轴突细胞的视觉通路调控模型。（**E**）方向选择性神经细胞的功能性网络模型

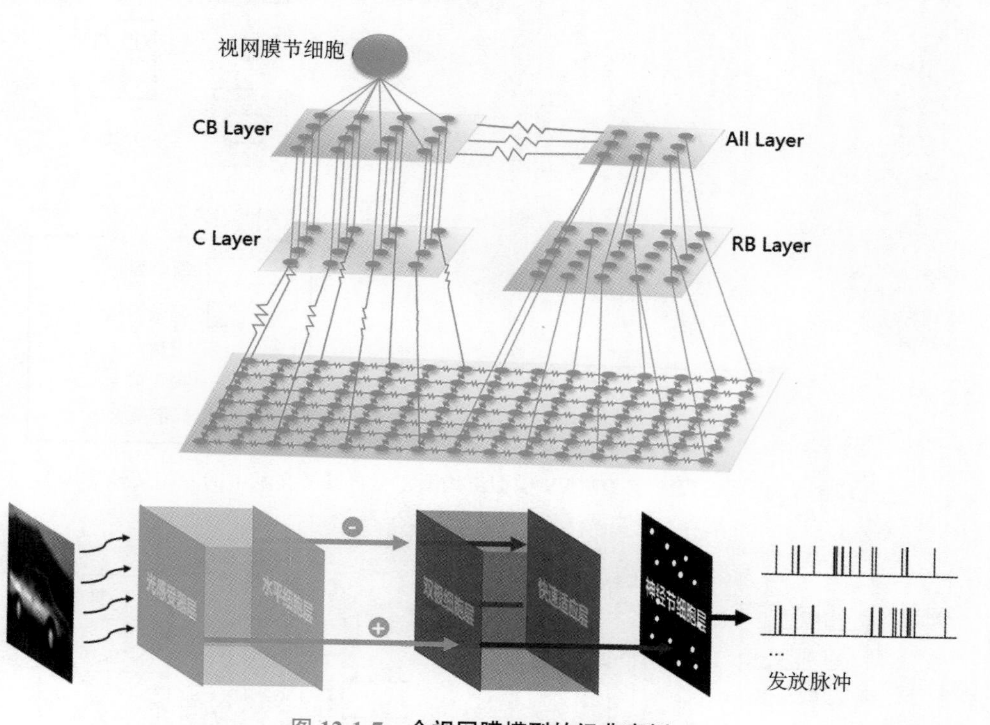

图 12-1-7　**全视网膜模型的经典案例**

（**A**）神经元分层排列互联模型。（**B**）抽象数学模型

择性编码、运动物体的出现和速度编码、动态预测编码等（Kim JS et al，2014）。

另外有模型尝试模拟完整的视网膜功能，将多种视网膜神经元排成整列相互连接，或者直接用抽象函数代替一种视网膜神经元的功能从而能灵活处理计算机视觉的图像或视频信息。

三、视觉通路表征编码与学习

对于视觉信息的编码，大脑采用了层级的信息处理模式，位于较底层的区域对于一些相对简单的刺激特征进行编码，而位于较高层的区域则对于这些简单特征的组合进行编码。借鉴视觉信号从视网膜到视觉皮质的多尺度、多层级的脉冲信息编码与学习机制，脉冲神经网络可以进行复杂的视觉感知处理。

T. Masquelier 等人模拟腹侧视觉通路的特征提取过程，最先开发了异步前馈脉冲神经网络（Kheradpisheh SR et al，2016）（图 12-1-8）。该模型采用 HMAX 的（S1-C1-S2-C2）层级结构，C1-S2 之间通过脉冲时间依赖可塑性（spike-timing-dependent plasticity，STDP）学习规则调整层间权值连接，展现了鲁棒的物体识别能力。实验结果表明，结合生物启发的网络结构与 STDP 学习规则，模型可以有选择的响应自然图像特征且信息编码具有某种物体不变性，即如果两张图片中的物体如果有相似性，尽管他们的背景图像大相径庭，编码后的脉冲模式仍具有极高的相似性。

T. Masquelier 提出的模型在 HMAX 的基础上融合了 STDP 学习规则，但该层级结构不具有扩展性，不支持多层的特征学习。为更好的用脉冲进行视觉表征与学习，徐波等人将跨层监督学习方法和局部的可塑性规则融合，实现了多层脉冲表示学习（Zhang T et al，2021）。该模型的优势在于能够使用较少的图片学习到复杂的图形卷积特征，且对于全误差反馈的学习方法，该模型学习需要的运算复杂度、计算能耗、迭代次数等都大大减少（图 12-1-9）。

为了将时空特征与基于脉冲的学习算法结合，构造统一的完全脉冲处理模型。于强等人提出了一个由神经节细胞（ganglion cell）和复杂细胞（complex cell）组成的多层视觉信息编码方法，神经节细胞采

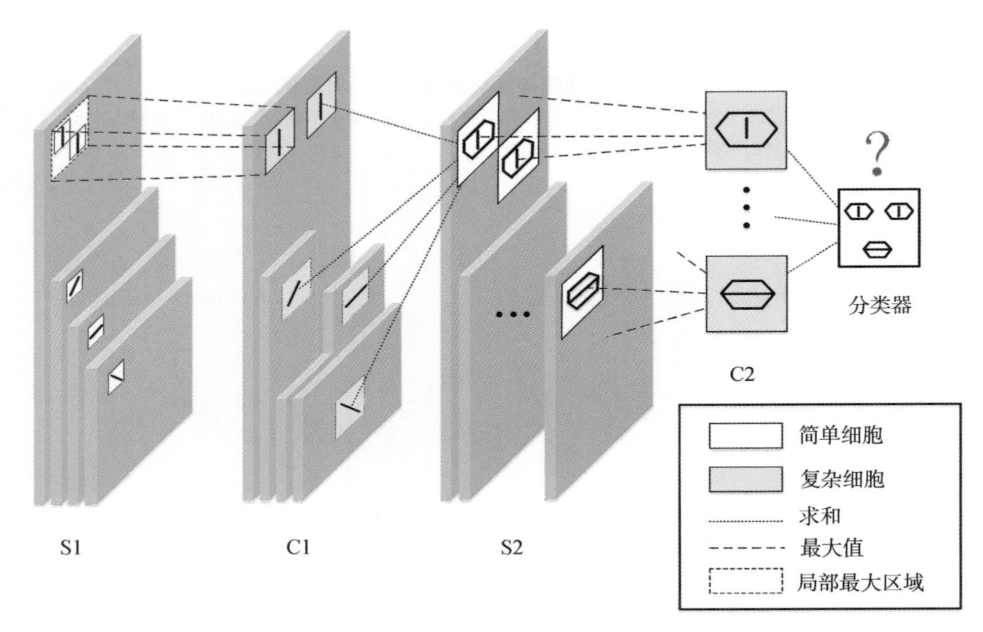

图 12-1-8 **基于 STDP 的 HMAX 模型结构图**（引自参考文献中的原始文献 5）

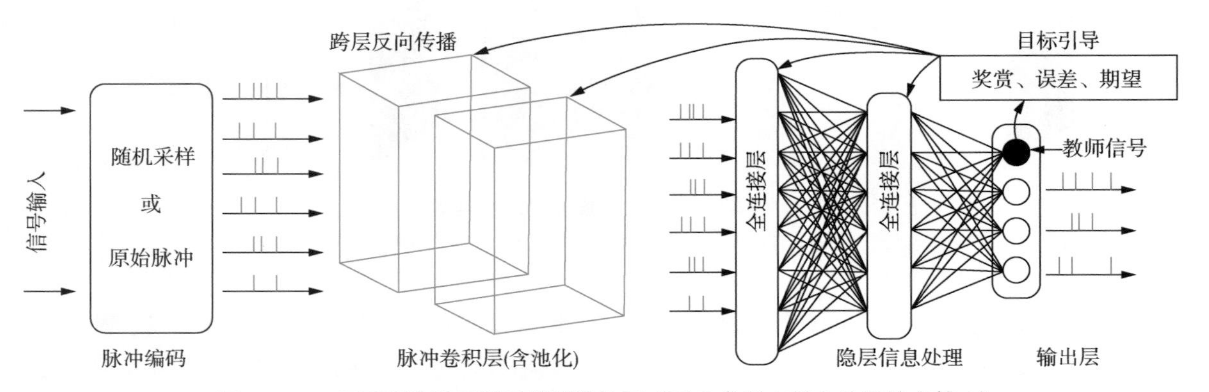

图 12-1-9 **多层脉冲表示学习模型结构图**（引自参考文献中的原始文献 6）

用高斯差分滤波从外部视觉刺激中提取细节，而复杂细胞对其感受野内的神经节细胞的信息进行非线性、最大池化等操作，以产生视觉上的对比反向不变性、尺度不变性和位置不变性，最后依据细胞活跃程度发放脉冲，从而实现从视觉信息到时空脉冲模式的编码。解决了现有编码方法产生的信息冗余和辨识度差等问题。郑雅菁等人提出了一种新的编码方法来改进特征不变性的表示，并展示了脉冲编码与学习统一的系统模型（Zhang Y et al，2018）。该模型利用 T. Masquelier 提出的无监督学习方法来获得图像特征，然后将图像特征编码为脉冲序列，使用 PSD 算法进行学习分类，模型结构如图 12-1-10 所示。

从生物可塑性学习的角度，Mozafari 等人（2019）提出了基于多巴胺奖励调节的 STDP 学习规则（Reward-modulated STDP，R-STDP），以进一步优化深层脉冲神经网络的编码与学习。实验表明，R-STDP 可以有效地用来训练深层的脉冲卷积神经网络，实现自然图像中的目标识别，而无需使用外部分类器。R-STDP 还有助于提取不同视觉特征的差异性，增强了神经元的选择性，并在线学习外部刺激的快速变化。

四、动态视觉表征编码与学习

神经科学家发现，视网膜利用脉冲以 1 KHz 的时间精度编码处理光强信息。受此启发，科学家们设计了基于事件的动态视觉传感器来模拟视网膜对光信号的动态脉冲响应机制。事件传感器单独测量每个像素的亮度变化，并在变化超过阈值时生成事件流。事件采用地址事件表示（address-event representation，AER），包含时间、位置和亮度变化的极性，描述事件何时、何地以及如何触发。这种异步工作机制为事件摄像机带来了优异特性，如低功耗、高动态范围（140 db）和高时间分辨率（μs）等，使得事件摄像机能在许多视觉任务中大展拳脚。此外，事件摄像机输出的是事件流而非图像帧，因而传统只针对图像数据的计算机视觉方法无法适用，需要建立一套新的类脑视觉信息处理理论和方法。

最近，一系列基于事件的特征提取器被提出用来探索事件流的空间或时间动态特征的编码。基于手工设计的 Gabor 滤波器具有固有的边缘方向选择性（预定义的方向权重），是描述动态空间特征的有力工具，因而涌现了许多事件驱动的视觉皮质前馈分类模型，通常包含两个基本操作：一组事件驱动的 Gabor 滤波器提取定向特征，以及一个时间上的最大池化来获得更多抽象的特征。Zhao 等人（2015）使用了单脉冲特征表示和基于学习的分类器，而 Orchard 等人使用了多脉冲特征表示和统计分类器。然而，无论单脉冲还是统计的方法都丢失了部分时间信息，导致事件流的时间信息处理不一致。为了进一步探索时间特征，Xiao 结合了以上两种方法的优点，提出了多脉冲特征表示和基于事件学习的分类器。Liu 等人对 Gabor 滤波器提取的特征进行多尺度融合，并采用无监督学习算法实现分类。虽然这些基于 Gabor 滤波器的方法可以通过获取准确的方向特征来提高分类的准确性，但事件流中丰富的时间信息往往被忽略。此外，由于缺乏特征学习过程，模型性能极度依赖于参数的选择，如 Gabor 滤波器的方向和尺度设置。因此，这种手工设置可能会导致计算冗余、适应性差等，即无法根

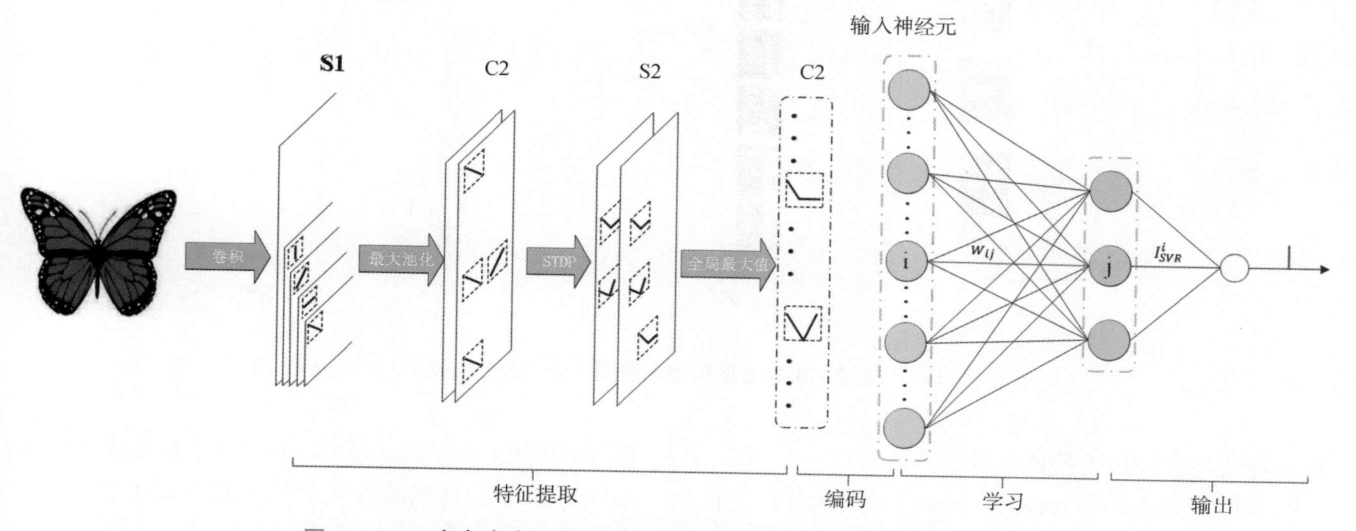

图 12-1-10　**完全脉冲处理模型结构图**（引自参考文献中的原始文献 7）

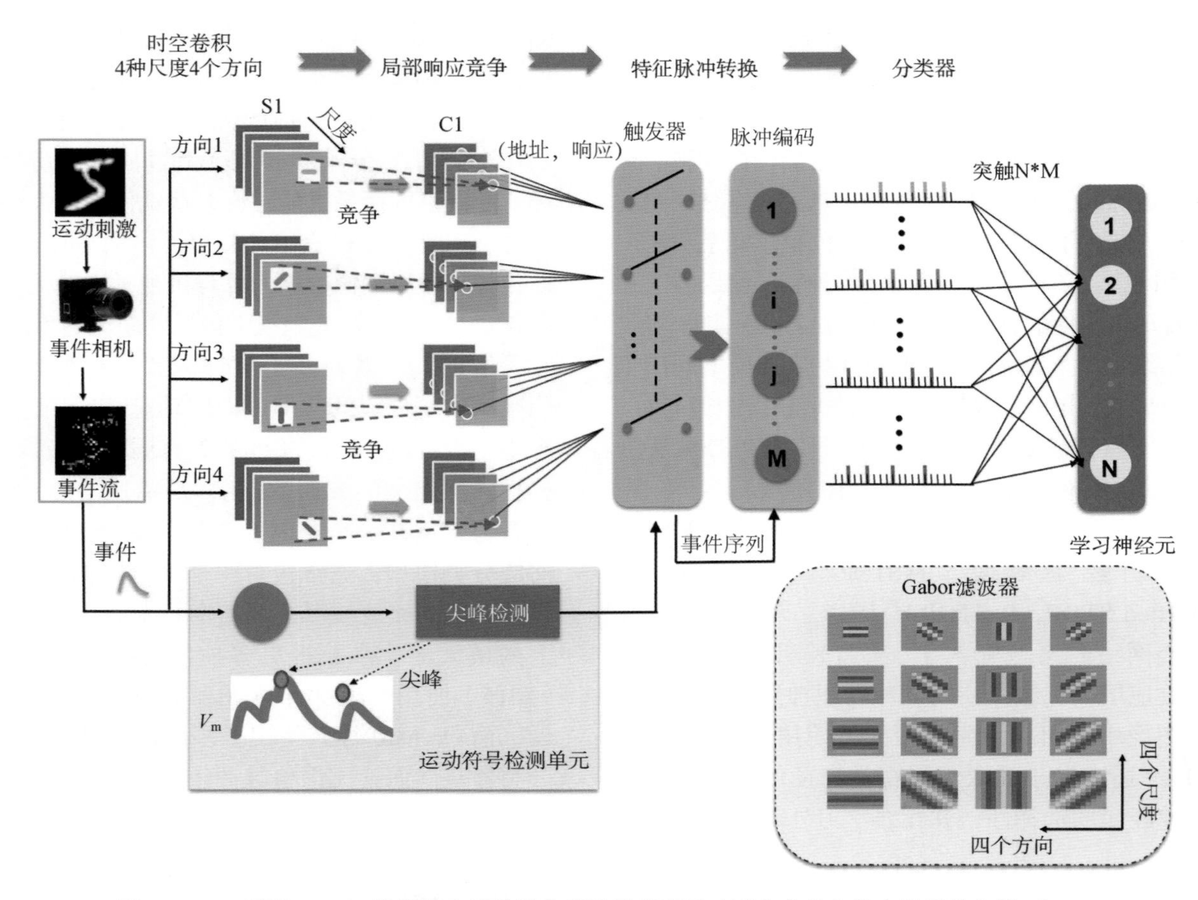

图 12-1-11 **基于 Gabor 的视觉皮质前馈分类模型示意图**（引自参考文献中的原始文献 9）

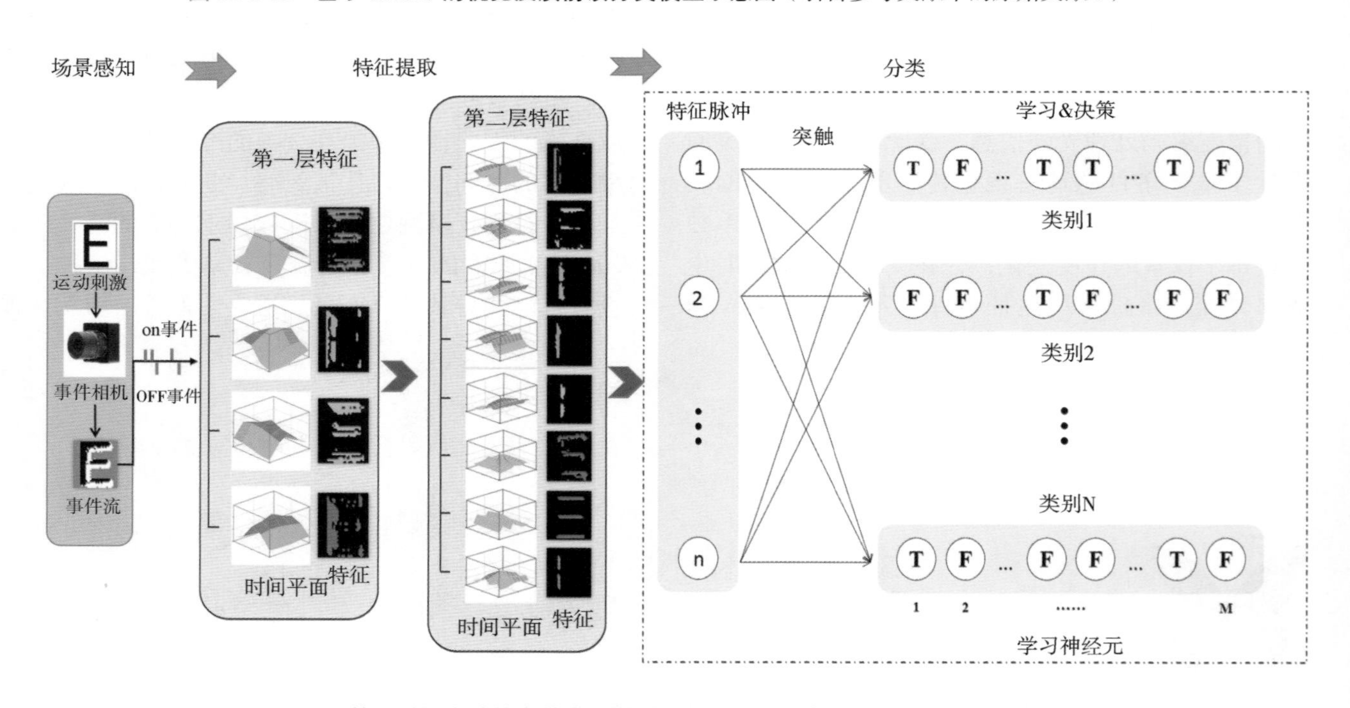

图 12-1-12 **基于时间衰减的事件表面模型示意图**（引自参考文献中的原始文献 10）

据环境变化进行自主特征选择。

事件表面（event-based surface，ES）描述了当前事件与之前在空间邻域中观察到的事件的关联，通常是基于时间（time surface,TS）或基于事件索引（index surface，IS）的衰减函数来建模，如图 12-1-12 所示。这种表面可以通过无监督学习方法进一步聚类来描述不同的时空特征。Lagorce 等人（2017）首先提出了一种基于时间衰减的事件表面模型（HOTS），它采用层次结构，且只使用最后一个时间戳来计算时间表面，因此它对噪声很敏感，有可能给噪声事件分配较大的权重。为了缓解噪声敏感性，Sironi 等人提出了平均时间表面的直方图（HATS），它使用多个过去的事件来归一化时间曲面，从而削弱了噪声的权重。考虑到事件速率和物体速度之间的近似比例关系，一些研究表明，使用事件指数来计算事件表面（index surface）可能会对目标速度变化提供更大的鲁棒性。

基于以上两类事件流的高效特征编码与学习，脉冲神经网络在动态视觉场景的视觉理解相关任务中表现出显著优势，例如运动估计、光流估计、立体视觉、角速度回归、SLAM、无人机控制与自动驾驶等。

第三节　类脑听觉模型

声音是由环境中的事件所产生的，因此它携带着大量有关我们周围环境的信息。当你在街上行走时，你可以仅通过听到的声音来检测到正在行驶的车辆并定位其大致位置。当你通过电话与陌生人进行交谈时，你可以轻松地推断出说话者的年龄、性别和情绪状态。当你去参加鸡尾酒会时，你可以自发地过滤环境中所出现的干扰噪声，从而轻松地与朋友进行交谈。人类之所以可以轻而易举地实现上述功能，是由于其出色的听觉系统。如何借鉴听觉系统的工作机理从而提升现有智能音频处理系统的效能，是当下类脑计算的研究热点和难点。类脑智能音频处理技术通过研究声音信号在大脑听觉系统中的表示及处理过程，从而指导设计高效的机器算法及系统来自动地处理音频信号。

声音信号在听觉系统中通过几个独立且连续的区域进行处理。近年来，受听觉系统的启发，逐步形成了类脑听觉信息处理框架，包含音频信号处理、神经编码、基于脉冲网络的听觉处理等部分。其中，受听觉外周（耳、听神经）生理学研究的启发，研究人员提出了多种具有不同计算复杂度的模型来描述音频信号处理和电脉冲形成的过程。这些模型的效能已成功地通过心理物理数据进行了验证。自听觉外周向上，声音信号沿着听神经进入听觉中枢，其中神经元展现出复杂的调谐性质，它们在声音信号处理过程中所担任的作用依旧是听觉神经科学中的研究难点。尽管如此，研究人员结合计算神经学和机器学习的知识，提出了许多基于脉冲神经网络的类脑听觉信息处理模型及系统，并成功应用在语音识别、环境声音分类、关键词检测、说话人验证和声源定位等场景中。

一、听觉的神经通路

听觉通路主要包括听觉外周和听觉中枢两部分构成。听觉外周主要由外耳、中耳和内耳构成。声音从外界环境传送至大脑的过程中，听觉外周的三个部分起到不同作用，主要完成声音采集、声能转换以及频率分解等功能。听觉中枢主要由耳蜗核（cochlear nucleus）、上橄榄核（superior olivary nucleus）、下丘（inferior colliculus）、内侧膝状体（medial geniculate nucleus，MGN）和初级听皮质（primary auditory cortex）构成。听觉中枢对声音有加工和分析的作用，主要包括感知声音的音色、音调、音强、判断方位等功能。

具体地，耳蜗核是听觉中枢的最底层。来自听觉外周的所有传入神经均会聚在耳蜗核。耳蜗核内的神经加工是听觉中枢对听觉信息加工的第一步。上橄榄核位于脑桥被盖部的腹侧，参与双耳声信号的加工和声音的空间定位，在听觉形成中起重要作用。下丘位于中脑下部背侧，主要由下丘核及周边的薄层灰质（gray matter）构成。下丘核是听觉传导通路上的重要中继站，在声源定位、时域、频率和声音强度分析中均起着重要的作用。内侧膝状体是指丘脑枕后下方的小丘，接收下丘传来的听觉信号，经中继后投射到颞叶的初级听觉皮质。

声音信号在初级听觉皮质进行更复杂的加工，可以解决比较复杂的听觉任务，如说话人辨别、语音理解和识别等。虽然人们早已认识到初级听觉皮质对听觉感知各方面的重要贡献，但我们对其功能背后的加工机制只有一个初步的了解。想要完整描述听觉皮质是如何工作的还需要考虑如何融合其他感知模态的输入，同时也要考虑认知因素，如注意力和记忆，对听觉皮质神经元的影响等。

在听觉神经通路中，听觉脉冲编码是关键的一环。相较于视觉编码，听觉编码需要将一维的时变声波信号转换为由多个脉冲序列联合表征的脉冲模式，以此保留声音信号中丰富的时频信息。已有的听觉脉冲编码方法主要分为两个大类，分别是听觉图像编码（auditory image coding）和耳蜗模型编码（cochlea-like coding）。

二、听觉脉冲编码

听觉脉冲编码旨在从听觉图谱，如频谱图局部峰值、自适应时频感受野（spectro temporal receptive field，STRF）等中提取特定的声学特征，并将其映射成脉冲模式。

Dennis 等从生物的角度出发，提出了一个基于局部频谱特征的声音识别系统（LSF-SNN 系统）（2013）。该系统使用一个简单的搜索局部时间–频率最大的关键点方法，通过稀疏准则来剔除无意义的频谱图局部峰值，将得到的一系列关键点进行时间编码。通过自组织映射神经网络（self-organizing maps，SOM），寻找最好匹配单元对输入的关键点进行映射，从而形成一个时空脉冲模式来表达基本的声音信息（图 12-1-13）。实验表明，该系统能大大提高噪声条件下的声音识别精度和鲁棒性。一系列基于局部时间–频率最大的关键点搜索的算法相继提出。Xiao（ICCSSP，2016）等人用简单的映射替代复杂的 SOM，加快了计算速度的同时，保持较好的声音识别精度和鲁棒性。Qian 等（SSCI，2019）将关键点检测和果蝇哈希表征方法相结合，可以有效解决钢琴多音高估计问题。Yao 等（IJCNN，2019）考虑不同频率通道中关键点的能量幅值表示，提出了分布式的关键点编码方法，具有较强的环境鲁棒性。Yu 等（2021）从关键点编码的稀疏性与多脉冲学习的角度，进一步优化语音识别系统，解决了环境声音识别的问题。不同于基于关键点搜索的方法，Wu 等（2018）提出基于生物可塑性的语音识别框架，直接对频谱图进行时滞编码，并采用 SOM 进行特征提取，在语音数字识别任务中展现了优异的性能。

听觉图像编码具有一定的简易性，它们直接利用成熟的听觉图像技术提取声音的时频特征，并将其映射为对应的脉冲模式，然而这种需要仔细分析和设计的特征提取方法难以表达真实的神经听觉通路机制，并且其自上而下的黑盒设计模式难以借鉴神经听觉编码的特性，因此产生的脉冲编码对构造模拟高级听觉神经机制的脉冲神经网络通路的贡献有限。此外，听觉图像通常是将时间分辨率极高的声音信号，转换为时间粒度极大的基于帧的表达模式，这种表达模式减弱了对于细节声音信号的表达，因此听觉图像编码方法对于时域上的细节声学结构存在模糊或扭曲的问题。

三、耳蜗模型编码

与听觉图像编码相反，耳蜗模型编码以自下而上的角度进行设计，它们根据人耳蜗模型的物理结构以及生化机制最大程度上仿真了耳蜗将外界声波转换为脉冲模式的过程，它能最大程度的模拟人耳对声音特征的脉冲表达机制，从而促进后端脉冲神经网络模型的效果提升。Thorpe（2005）提出了一种高效的耳蜗听觉脉冲编码模型（图 12-1-14），这种方法通过一组中心频率在 20 ～ 8000 Hz 上呈指数等距分布的 Gammatone 核函数作为字典对声音信号进行稀疏表示，研究表明，这组核函数能够高效模拟听觉神经纤维的滤波性质，将声音信号分解为

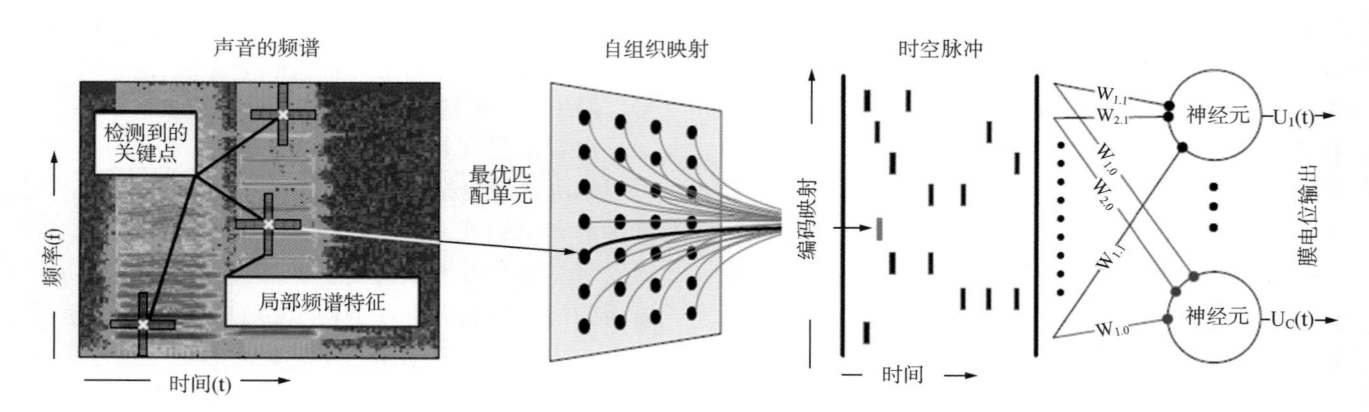

图 12-1-13　**基于局部频谱特征的声音识别系统**

离散且具有时序特性的时频特征，并将其映射为一个脉冲模式。这一编码方法的优点在于将一维且密集的乐音信号扩展为高维且稀疏的脉冲模式，同时极大程度地保留了信号的主要信息，这使得脉冲神经网络能够充分地学习到声音中所包含的音色、频率等特征，达到良好的声音识别效果。这种方法具备两种主要特性。首先是时间敏感性，区别于传统的基于时间块的声音特征提取技术，这种编码方法能够提取到具有精确时间信息的声音特征，这一特性使得经过编码后的声音信号具有极高的保真度，并且十分契合需要精确脉冲作为输入的脉冲神经网络。其次是高效性，这种方法利用非线性的信号分解方法，将声音分解为若干个具有不同系数和不同时间点的核函数的组合，能够最大化保留原始信号的信息，并最小化其所需要的计算资源，降低能耗。

该方法采用的数学模型表达如下：

$$x(t)=\sum_{i} s_i\phi_{m_i}(t-\tau_i)+\varepsilon(t)$$

其中 $x(t)$ 为声音信号，$\phi_{m_i}\in\Phi$，并且 $\Phi=\{\phi_1(t)\cdots\phi_M(t)\}$ 是 Gammatone 核函数集合，τ_i 和 s_i 分别为核函数实例的时间位置和强度系数。$\varepsilon(t)$ 为噪声信号，噪声信号越小，说明编码方式越高效。在这里，τ_i，s_i 和 m_i 可通过匹配追踪算法进行估计，并可根据它们将输入声音信号 $x(t)$ 表达为脉冲模式。然而，这种模型由于包含了多种耳蜗的子结构模型，因此计算过程过于复杂，且包含过多参数，因此在实际编码过程中具有复杂、计算时间过长等缺点。

基于事件的硅耳蜗将基底膜生物物理学建模为大量耦合的滤波器级，然后在时序域中进行整流和异步量化，输出包含稀疏的数字地址事件流。Liu 等人（2010）在地址事件表示（address-event representation，AER）的硅耳蜗基础上，考虑了左耳和右耳对应声道之间的匹配，提出了双耳硅耳蜗神经形态传感器，该传感器可用于空间听觉和听觉场景分析，实现语音关键字识别、实时说话者识别、语音信号重构、声源定位、唇语识别等重要的语音理解任务（图 12-1-15）。

基于非对称谐振器级联（cascade of asymmetric resonators，CAR）的耳蜗模型使用级联滤波器组来模拟耳蜗基底膜（basilar membrane，BM）对声音的响应，以更快的处理速度表征了大多数生物耳蜗特征。Andre 等（TCS，2019）最新研究表明可以在 FPGA 上部署 CAR 耳蜗模型，并用生物合理的 LIF 神经元进行脉冲生成，可以实现对各种强度级别的声音和真实信号的有效脉冲编码。

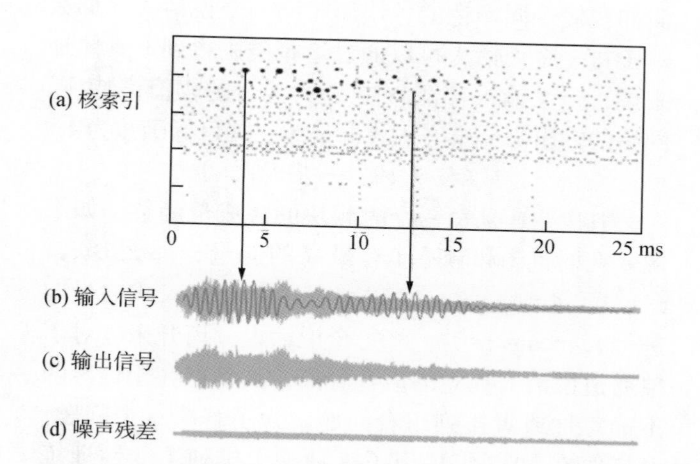

图 12-1-14 耳蜗听觉脉冲编码算法示意图（引自参考文献中的原始文献 13）

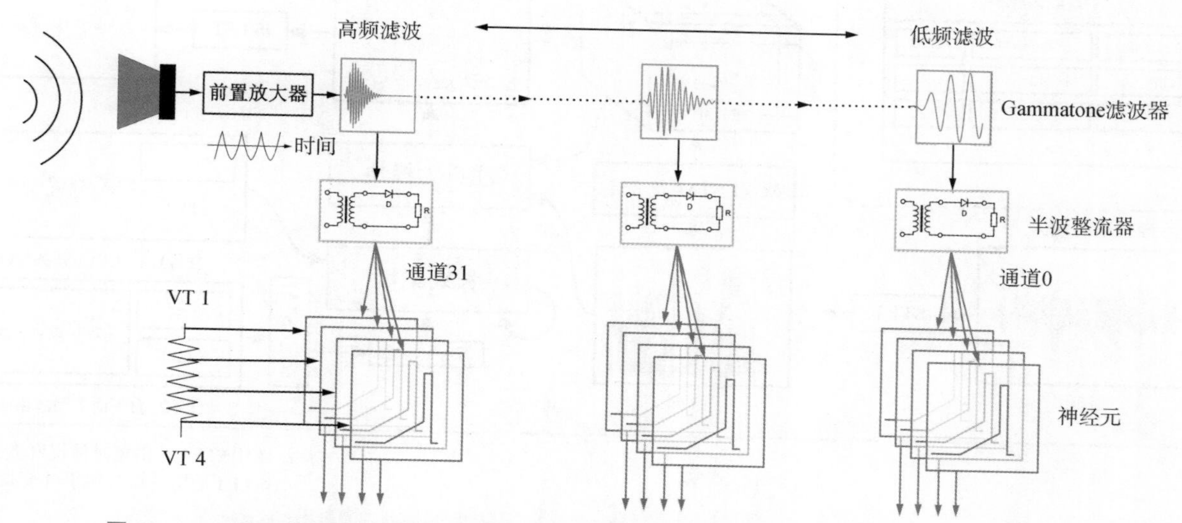

图 12-1-15 基于事件的双耳硅耳蜗神经形态传感器示意图（引自参考文献中的原始文献 14）

四、鸡尾酒会问题与模型

在同时有多个说话人说话时，如想象一个鸡尾酒会场景，人类可以将注意力集中到他感兴趣的声音上因此自然过滤掉其他声音，然而这个“能力”对于机器来说实现起来相当困难，这种现象被称为鸡尾酒会问题。对于鸡尾酒会问题的研究已经持续了很长的时间。传统的方法包括计算声学场景分析（CASA）、非负矩阵分解（NMF）以及维纳滤波等方法，但是这些方法取得的效果十分有限。

基于神经网络的方法解决鸡尾酒问题在最近几年得到了广泛的研究。在2016年Hershey等提出了一种说话人无关的语音分离方法称为深度聚类（DPCL）。跟监督的回归框架不同，他们把分离问题作为分隔问题。更加详细地说，他们假设对于混合语音的每一个时频（T-F）块只属于一个说话人。假如我们令同颜色的色块属于同一个说话人，那么对于每一个说话人可以通过谱聚类来得到。具体地来说，定义输入特征|Y|，即为混合的幅值谱特征。网络的输出为一个嵌入式向量V。其目标函数为：

$$J = \| VV^{\mathrm{T}} - BB^{\mathrm{T}} \|_{\mathrm{F}}^{2}$$

其中，B是每一个时频块的源成员函数。如果源c在时间t和频率f有最高的能量，那么Bt, f, c = 1，否则为零。在测试阶段，对嵌入式向量V进行K-means聚类，将每个说话人分离开来。对于单通道说话人独立的语音分离，其难点在于输出的不确定性或者排列组合问题。为了解决这个问题，俞栋等在2017年提出了一种基于排列不变性训练的方法（PIT）。PIT处理语音分离作为一个多类回归问题，它提供了一个排列组合的集合而不是一个固定顺序的列表。在训练阶段，PIT解决排列组合问题是通过选择一个最小均方误差（MSE）的排列作为目标函数，定义如下：

$$J = \min\left(\frac{1}{F \cdot T \cdot S}\left\| |\widetilde{X}_{S'}| - |X_{S'}| \right\|\right) \quad S' \in permu\,(S)$$

其中，*permu*（*S*）是1，2，⋯，*S*说话人的排列组合。

2018年，Xu等（2020）面向鸡尾酒会问题将自上而下任务导向型听觉注意和自下而上刺激驱动型听觉注意整合到一个统一的框架中，提出基于注意和记忆的听觉注意模型。这里，自上而下任务导向型听觉注意是由主观目的导向的，比如在酒会中与朋友进行聊天，我们会有意识选择性地倾听自己所熟知朋友的声音，而忽略其他人的声音。自下而上刺激驱动型听觉注意是由显著音来驱动地，比如在酒会中忽然有人喊我们的名字，或者身边有玻璃杯打碎的声音时，我们会被当前场景下显著的声音所吸引而去关注该声音事件。

ASAM的计算模型如图12-1-16所示，模型设置了一个长期记忆模块来存储说话人的声纹特征，并在模型参数学习过程中对该记忆的各个元素进行更新和提取的操作。该长期记忆模块类似人脑记忆模型中的长时记忆单元，由多个槽组成，每个槽用以存放并更新学习到的说话人声纹特征。

在自上而下任务导向型任务中，根据给定已知说话人的身份标签，从长期记忆中提取声纹特征进

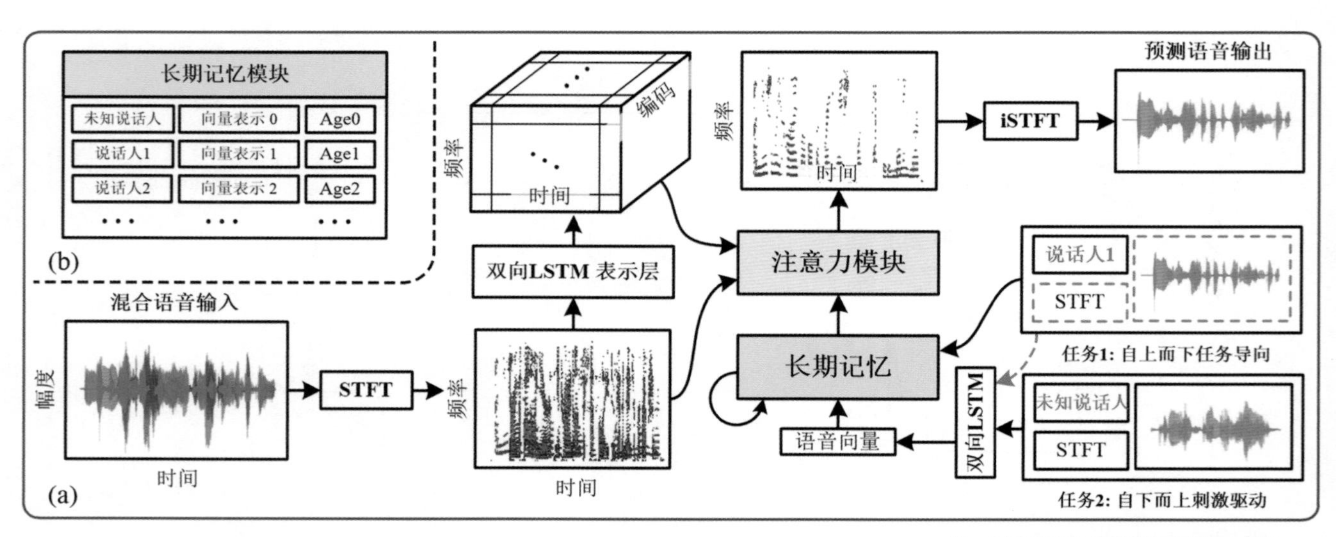

图12-1-16 **ASAM系统的结构框图**（引自参考文献中的原始文献15）

行注意力计算。而在自下而上刺激驱动型任务中，根据给定的显著音片段，通过双向 LSTM 提取声纹特征进行注意力计算。注意力计算的公式如下：

$$\alpha_{t,f}=\text{sigmod}\left(g^{T}\cdot\tanh\left(W\cdot v+U\cdot h_{t,f}\right)\right)$$

其中，$v\in\mathbb{R}^{d\times1}$ 是声纹特征，$h_{t,f}\in\mathbb{R}^{d\times1}$ 是时频单元 $X_{t,f}$ 的 d 维向量表示，$g\in\mathbb{R}^{d\times1}$，$W\in\mathbb{R}^{d\times d}$ 和 $U\in\mathbb{R}^{d\times d}$ 是可学习参数。则给定目标语音语谱 S 时，模型的目标函数是：

$$J=\sum_{t,f}\left\|S_{t,f}-X_{t,f}\times\alpha_{t,f}\right\|_2^2$$

第四节　类脑神经网络学习算法

类脑神经网络模型的目标，是通过深度借鉴生物的多尺度科学发现，从脑启发而非脑模拟的思路出发，构造出具有强可解释性、强泛化性、高性能、低能耗的新一代人工智能模型。

一、无监督学习规则

无监督学习是指将网络输入作为唯一的信息来源，通过输入的数据空间自动地学习样本的特征。神经科学对无监督学习有重要的启发作用。其中，Hebb 和 STDP 学习规则是在神经科学发现的基础上提出的，且适用于无监督学习的两个最常见的例子。

（一）Hebb 学习规则

1949 年，Donald Hebb 提出了 Hebb 假设，该假设大体意思是说，如果两个神经元总是同时放电，那他们之间的联系就会越来越紧密。这一假设解释了大脑在学习过程中的神经元可塑性，最终变为人类对神经网络建模的一个重要依据，影响了人工神经网络在联想、模糊聚类方面的发展。这一理论后来被称为 Hebb 学习规则，学习规则是由突触前和突触后神经元所决定，最简单的形式可以表示为：

$$\tau_{w}\frac{d\mathbf{w}}{dt}=v\cdot\mathbf{u}$$

其中，$\mathbf{w}$ 为突触权值，v 为突触后神经元放电率，$\mathbf{u}$ 为突触前神经元放电率。基于 Hebb 规则发展出多种变种，这些规则一般使突触权值表征突触前神经元与突触后神经元活动的相关性，从而可以解释神经元感受野和特征图谱等生理现象。

（二）STDP 学习规则

STDP（spike-timing-dependent plasticity）最初是由脑科学研究领域的学者们对大量生物实验总结后所提出的学习规则，在神经形态计算领域被广泛应用。STDP 是一种基于脉冲时间信息而进行学习的规则，基本的权值更新规则如下：

$$\Delta\omega_{ij}=\begin{cases}A^{+}\cdot\exp\left(-\dfrac{\Delta t}{t^{+}}\right), & \Delta t\leqslant 0\\ -A^{-}\cdot\exp\left(-\dfrac{\Delta t}{t^{-}}\right), & \Delta t>0\end{cases}$$

其中，Δt 表示突触前脉冲和突触后脉冲的时间差，A^{+}，A^{-}，t^{+}，t^{-} 分别是学习率和时间常数参数。如果突触前脉冲先于突触后脉冲，就会发生长时程增强（long-term potentiation，LTP），当发放顺序调换时，就会发生长时程抑制（long-term depression，LTD）。上述公式只是一个最简单的 STDP 规则。实际应用中可能会采用动力学等更为复杂的变体形式，可以对不同的时空模式进行学习。无论哪种 STDP 规则，基本上都是一种局部学习规则，即每个突触权重的修改只和它相邻两端的脉冲信息有关，并不需要全局的状态信息。

（三）结构设计规则

实验结果发现，特异性的 Motif 类型和特定的网络功能高度相关，如前馈 Motif 的结构类型和信息抽取功能高度相关，又如循环 Motif 广泛存在于学习和记忆巩固的海马 CA3 区等。采用 Motif 指导 SNN 的网络结构构建，将可以最大限度的将生物的网络特性基础迁移到人工网络中，方便研究各类网络的异同和对生物智能计算的本质贡献。

多点最小 Motif 网络可以作为基本的网络结构单元展开重点分析，该方法也是解析复杂网络系统功能的常用手段。以三点 Motif 为例，当不考虑节点类型时，不同基元 Motif 的组合为有限的 13 类。对于完成具体功能的复杂网络，在不同尺度上展现出的 Motif 分布往往具有较强的一致性和稳定性。而对于功能特异性类型网络，相互之间的 Motif 分布具有较大的差异。不同物种的环路差异也非常明显，如鼠脑、猴脑等。进一步的，通过结合优化理论方法，还可以探究网络对于智能信息处理的优势和限制等，如有向-无向连接图、多类型神经节点对网络的影响等。

（四）多可塑性融合规则

生物网络自身优化依靠的是不同尺度的生物可塑性（Zenke F et al，2021）。常用的可塑性方法包括STDP、短时突触可塑性（short-term plasticity，STP）、神经元侧抑制、Dale准则、兴奋-抑制神经元平衡、树突棘动态生长消亡、生物自组织反向误差传播、目标传播、奖赏传播，及其上述准则的不同变体等。通过将这些受生物现象启发的学习规则加入到脉冲网络学习框架中来，力图使其具有类人认知水平的多模态信息处理能力、低能耗运算能力、鲁棒认知能力等。

微观尺度可塑性，重点描述发生在单个神经元或者单个突触位点上的学习特性。神经元结构和突触结构会随着自身的放电活动情况的不同而发生微观尺度的神经可塑性变化，这些变化是非监督的，因此网络习得的是一种数据内部信息关联的稳态表征。介观尺度的可塑性多表现在微环路级别，描述的是多个突触、多个神经元之间的相互关系。宏观尺度的可塑性，表现在功能依赖的特异性脑区环路建立、多脑区结构复用、功能协同、自上至下的信度分配等。

二、浅层网络监督学习算法

通过外部给定的监督信号指导特定网络功能的学习是生物体常见的学习机制，神经拟态计算领域通过将监督信号引入到具有生物合理性的突触可塑性算法中，提出了众多的浅层网络监督学习算法。本节将对其中比较典型的算法进行介绍。

（一）监督Hebb算法

有监督Hebb算法可能是最直接的以生物相似性的方式实施的有监督脉冲算法，在训练过程中，神经元通过改变权值将输出钳制到目标信号，突触权值的学习规则表示为：

$$\Delta \mathbf{w} = \eta \cdot \mathbf{x} \cdot (y_{teacher} - y)$$

其中，η表示学习率，$\mathbf{x}$表示输入序列，y表示实际输出，$y_{teacher}$表示目标输出。

（二）Tempotron算法

德国学者Gütig等人在2006年提出了Tempotron算法，通过最小化阈值与实际膜电压之间的电位差从而达到优化突触权值的目的。这是一种基于梯度下降法的学习规则，基于放电时刻的突触后电位调整权值。该算法仅有两种输出结果：发放或不发放脉冲。当神经元没能在目标时刻发放脉冲，则对权值加入正向误差的调整；反之，如果神经元在非目标时刻错误的发放了脉冲，则对权值加入负向误差的调整，该算法权值调整方式可表示为：

$$\Delta w_i = \begin{cases} \lambda_+ \sum_{t_i^j < t_{max}} K(t_{max} - t_i^j), & \text{正向误差} \\ -\lambda_- \sum_{t_i^j < t_{max}} K(t_{max} - t_i^j), & \text{负向误差} \\ 0, & \text{其他情况} \end{cases}$$

其中，$K(t_{max} - t_i^j)$表示当膜电压取得最大值时的膜电压，λ_+与λ_-是一个表示学习率的常数。Tempotron算法使突触后神经元接收来自不同突触前神经元的脉冲，这些脉冲都对突触后神经元产生不同程度的刺激或抑制，从而决定该神经元是否发放脉冲。

（三）FORCE算法

Abbott等人在2009年提出了一种基于随机网络生成的混沌活动，通过网络活动一阶误差学习得到连续活动轨迹的监督学习算法（first-order reduced and controlled error，FORCE）。该算法由隐层液体状态机和读出神经元构成，将读出神经元的活动轨迹与目标轨迹对比产生误差，并将误差反馈回生成网络构成闭环。该算法通过放电率表示神经元活动，并基于最小二乘法对权值进行学习，可以实现长时间、复杂活动轨迹的拟合。

（四）ReSuMe算法

Ponulak和Kasinski在2010年提出了一种可对脉冲序列的复杂时空模式进行学习的远程监督方法（remote supervised method，ReSuMe）。该算法具有在线处理能力、最优解稳定特性和每个突触独立学习的能力。该算法是采用STDP窗口和Anti-STDP学习窗口来完成训练。根据突触前和突触后脉冲之间的时间间隔和误差信号，来更新突触权重。ReSuMe算法中突触权值随时间变化的学习规则表示为：

$$\Delta w_i(t) = [S_d(t) - S_o(t)] \left[a_d + \int_0^{\infty} a_{di}(s) S_i(t-s)\right]$$

其中$S_i(t)$和$S_o(t)$分别表示突触前输入脉冲序列和突触后输出脉冲序列，$S_d(t)$表示神经元的目标输出脉冲序列；参数 a_d 表示 Non-Hebb 项，用于加速训练过程的收敛；积分核函数 $a_{di}(s)$ 定义了脉冲时间相关性所决定的突触可塑性，是脉冲序列模式的学习的 Hebb 项。对于兴奋性突触，参数 a_d 取正值，学习窗口 $a_{di}(s)$ 表示为 STDP 规则；对于抑制性突触，参数 a_d 取负值，$a_{di}(s)$ 表示为 Anti-STDP 规则。

（五）Chronotron 算法

Florian 等人在 2012 年提出了 Chronotron 算法（CHRON），由于该算法可以将基于维克多·普拉普远距离（VPD）的误差函数降低到最小，CHRON 被认为是一种具有更强理论依据的监督学习算法。CHRON 算法制定了两个学习规则，分别是 E-learning 和 I-learning。E-learning 特别针对使用精确时间输出脉冲序列对脉冲模式进行分类的任务。这种学习规则试图按照梯度下降法将目标和实际输出脉冲序列之间的距离最小化。相较而言，I-learning 更具有生物可信度，但是这样的可信度是以牺牲网络容量为代价而得到的。

（六）PSD 算法

余强等人在 2013 年提出了 PSD（precise-spike-driven）监督学习算法。将传统的 Widrow-Hoff 规则应用于脉冲神经网络时给出了不同的具有启发式的解释。该算法通过核函数转换为卷积信号，突触权值的调整根据目标输出脉冲与实际输出脉冲的 Van Rossum 度量误差来判断。在实验中，作者将 PSD 算法应用于光学字符识别，以及更加复杂的手写数字的识别，都取得了很好的模式分类效果。

（七）类液体状态机算法

目前发现的生物可塑性大多是自组织、无监督的。在这些方面的研究可以追溯到液体状态机，隐层状态机主要进行高维度的时空信息编码，或者利用可塑性来实现自组织的部分权重优化，只在输出层进行弱监督式的权重读出学习。脉冲网络的前几层主要起到稳定信息内部表征的作用，可以是层级或者环状的液体状态机，且可塑性变化和具体的任务目标无关；输出层的突触可塑性变化更多的和具体任务关联。对于不同的任务类型，存在从宏观到微观、从输出到输入的反向信息调节，且将在不同的时间尺度发挥作用。这种特殊的监督-非监督优化分离的模式，使得网络具有学习速度快、训练代价小、时空信息融合充分、硬件实现容易等特点。

（八）自组织反向传播算法

目前人工神经网络中被广泛使用的反向传播算法采用全局优化策略，这种端到端的学习方法性能卓越，但同时会带来能量消耗大和缺乏灵活性等问题。通过借助生物网络中发现的一类新型自组织反向传播机制（self-backpropagation，SBP），可以自组织地完成前一层网络权重的学习，且可以结合短时突触可塑性、膜电位平衡（homeo-static membrane potential）等，形成更强大的 SNN 组合学习方法。SBP 是一类介观尺度的特殊生物可塑性机制，该机制同时在 SNN 和 ANN 中获得了广泛的组合优化优势，对进一步深入探索类脑局部计算具有很大启示性。生物智能计算的本质，很可能就是将多类具有自组织能力的微观、介观等可塑性机制灵活地融合起来，结合遗传演化赋予的最优网络结构，实现高效率的网络学习。SBP 可以进一步引导生物和人工网络的深度融合，最终实现能效比高、可解释性强、灵活度高的新一代人工智能模型。

三、深层网络监督学习算法

相对于在单层 SNN 领域的大量的研究工作，多层 SNN 的学习算法研究仍比较缺乏。主要原因是 STDP 机制的前向传播的单一性和神经脉冲的不连续性，给多层 SNN 的监督学习算法的构造带来很大的挑战。本节我们将对典型的多层脉冲神经网络展开讨论。

（一）SpikeProp 算法

Bohte 等人在 2002 年首先提出了基于误差反传的多层 SNN 学习算法 SpikeProp（Bohte SM et al，2002）。该算法的目标是学习一组脉冲发放时间，为了克服神经元内部状态变量由于脉冲发放而导致的不连续性，算法将突触后神经元脉冲放电时刻附近动力学线性化，并以突触后神经元膜电压作为媒介反传输入脉冲和突触权值对突触后神经元放电的影响：

$$\frac{\partial E}{\partial w_{ij}^{k}}=\frac{\partial E}{\partial t_i}(t_j^{out})\frac{\partial t_i}{\partial w_{ij}^{k}}(t_j^{out})=\frac{\partial E}{\partial t_i}(t_j^{out})\frac{\partial t_i}{\partial V_j}(t_j^{out})\frac{\partial V_j}{\partial w_{ij}^{k}}(t_j^{out})$$

其中，t_i 是突触前神经元脉冲时刻，t_j^{out} 是突触后神经元脉冲时刻，V_j 是突触后神经元膜电压。

SpikeProp 利用首脉冲编码（time-to-first-spike）编码方案，通过将模拟值与早或晚激发脉冲放电关联起来，可以实现拟合和分类等任务。但是经典的 SpikeProp 算法要求一个神经元发放一个脉冲后不允许再次发放，因此具有一定的局限性。SpikeProp 算法不断地被研究改进，例如，McKennoch 等人提出了收敛速度更快的 RProp 和 QuickProp 算法；Booij 和 Nguyen 等人提出了 Multi-SpikeProp 算法，在输入层和隐层允许神经元发放多个脉冲，但是在输出层每个神经元仅允许发放单个脉冲；后续改进通过将 Multi-SpikeProp 算法与不同编码机制结合，可以实现中间层及输出层多个脉冲放电形式下的学习。

（二）代理梯度算法

通过设计脉冲放电时刻膜电压的替代梯度函数是克服脉冲神经网络误差反传时脉冲发放时刻不可导（此处类似冲激函数，因此导数为无穷大）的另一类解决方法。其中比较典型的算法有 Shi 等人在 2018 年提出的 STBP 算法，Shretha 等人在 2018 年提出的 SLAYER 算法以及 Tang 等人在 2019 年提出的 STCA 算法等。此类算法的基本思想是将神经元计算公式转换为离散的逐步迭代形式，通过随时间反传（BPTT）的方式在神经元内部传递误差；再通过代理梯度将突触后神经元膜电压的误差在脉冲时刻附近传递到突触前神经元。此类算法与现有深度学习计算框架比较符合，因此可以采用成熟的技术和平台进行加速训练，因此近些年得到了广泛的应用。

（三）目标和奖赏传播算法

通过结合动力学脉冲神经单元和代理梯度方法，可以实现深层 SNN 网络学习，特别采用人工内部环路等效出类似 LIF 神经元动态工作机制的方法，搭建了从 ANN 到 SNN 的桥梁。进一步的，该算法支持从神经元、网络微环路到脑区环路等的多尺度结构动力学建模，将生物发现的环路特性融合到脉冲网络的信息编码、记忆维持、功能决策中，如图 12-1-17 所示。

此外，一些改进的人工反向传播方法，力图剥离反向传播过程中的生物不合理部分，如对梯度计算各个环节处处可微分、梯度求导矩阵要和前馈矩阵对称、误差只能从网络输出层逐层反向传递到输入层等（Zhang T et al，2021）。通过结合类似目标传播、反馈校准、奖赏传播等机制到 SNN 的学习中来，为探索生物合理的高效优化新方法给出了可能的新思路。

（四）浅层学习算法的多层扩展算法

典型的多层扩展算法包括多层 ReSuMe 算法和多层 STDP 算法等。由于 ReSuMe 算法具有良好的性能，然而标准模式却只适用于单层的神经网络

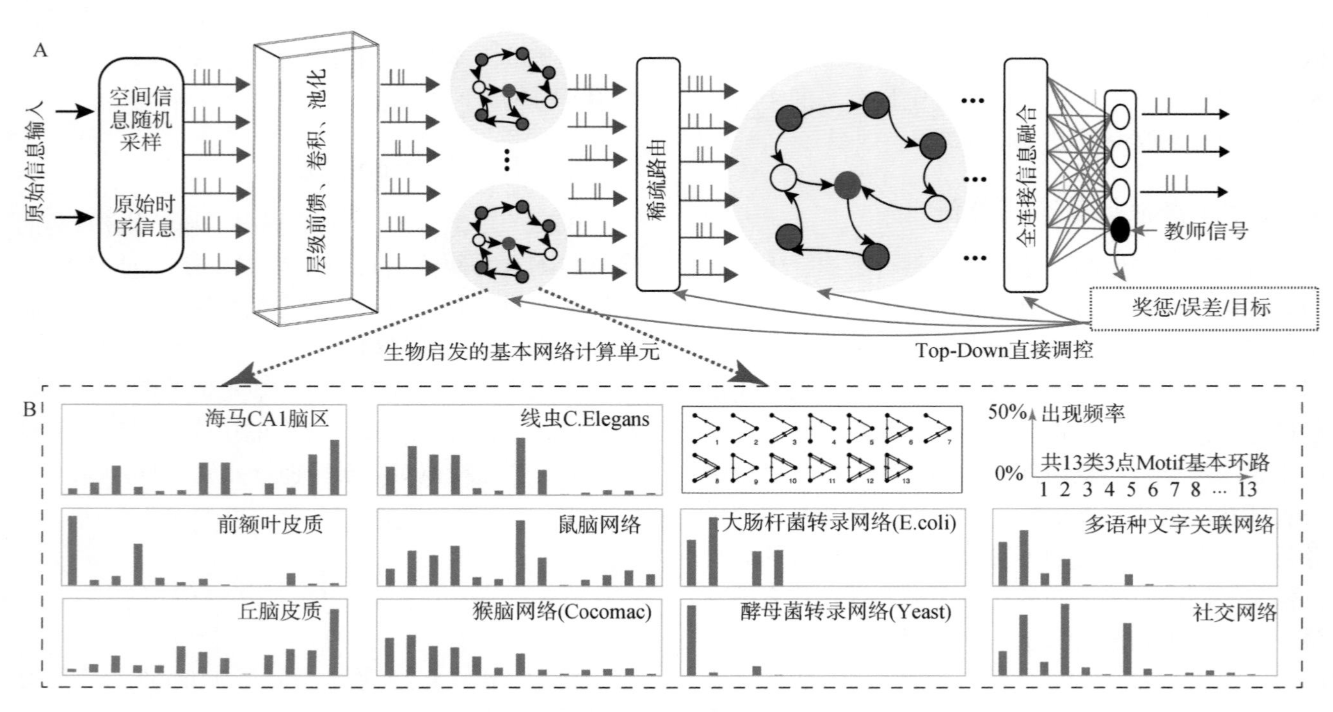

图 12-1-17 **基于生物结构启发的脉冲神经网络**

学习，因此大量改进 ReSuMe 算法相继涌现。对于 ReSuMe 算法扩展重要的工作是 Multi-ReSuMe，即多层前馈脉冲神经网络，通过假定输入和输出脉冲的激发率是线性关系实现误差的多层反传。此外，Taherkhani 等人还提出了 DL-ReSuMe 和 Multi-DL-ReSuMe 学习算法，其通过增加学习时延应用于多个神经元的学习。基于 STDP 的多层学习算法方面，SWAT（synaptic weight association training）算法将 BCM（bienenstock-cooper-munro）学习规则与 STDP 机制相结合来驱动学习并实现了收敛。Mozafari 等人提出奖励调节的 STDP 学习规则（reward-modulated STDP，R-STDP），以全局的奖励信号优化深层脉冲神经网络的编码与学习。此外，另一类 STDP 的多层学习算法是基于统计学规律设计实现的多层学习。例如，Pfister 等人研究通过目标脉冲分布和模型分布之间的 KL 散度（kullback-leibler divergence）求解最小上限，利用 Voltage-triplet STDP 规则实现脉冲序列的时空模式学习；进一步利用极大似然函数引发期望的输出脉冲模型进行扩展，实现在大量脉冲活动下与误差反传等价的性质。

（五）从深度到脉冲的模型转换算法

将人工深度神经网络预先通过 BP 训练，然后转化为脉冲神经网络，也是一种高效的 SNN 实现方法，这些方法在 DNN 训练阶段将权值限制到 0 附近的极小范围内，使得 SNN 转化后的 LIF 信息编码可以处于激活函数的近似线性空间内，转换后通过统计神经元的放电频率来计算网络输出状态，进而计算较为准确的输出误差。这类方法基本可以达到在收敛速度和正确率上和人工 BP 可比较，然而却对揭示生物启发计算，以及提高对脉冲神经网络内部状态的可解释性等帮助甚微。对生物计算的理解和对传统指标最优性能的提升，正是目前脉冲网络研究的正反两面。

第五节　类脑认知计算模型

一、海马体认知记忆

学习和记忆是生物体实现复杂认知过程的基础。随着神经科学的发展，人们将认知心理学与神经科学相结合，发现海马体是实现记忆的关键结构，并提出了许多基于海马体的认知记忆模型。

（一）海马体记忆功能的生理基础

三突触回路是海马记忆功能的主要回路之一。内侧颞叶皮质收集感觉信息，从内嗅皮质的 2、3 层通过穿通纤维与海马体齿状回的颗粒细胞形成第一个突触；然后经过苔状纤维投射到 CA3 锥体神经元形成第二个突触；再通过谢氏侧支与 CA1 锥体神经元形成第三个突触；最后经过下托返回内嗅皮质第 5 层。神经信息通过突触前神经元向突触后神经元发放脉冲来传递。突触可塑性描述了神经元之间突触强度的变化，长时程增强是记忆形成的基础，长时程抑制起调节作用。目前生物实验发现的主要是 Hebb 可塑性和脉冲时间依赖可塑性。

（二）海马体认知记忆模型

受到海马体生理结构和功能的启发，研究者们提出了许多基于海马体的认知记忆模型。Rolls 提出了基于海马体网络结构的情景记忆计算理论，实现了时间顺序记忆。Tan 等基于 STDP 规则建立海马 CA3 双网络模型实现了序列记忆。Zhang 等采用前馈网络和 Hopfield 网络模拟齿状回和 CA3 实现了联想记忆（Zhang T et al，2016）。DeepMind 从振子和序列的角度模拟了海马的情景记忆功能。Tang 等基于神经元群体时间编码及 STDP 规则，提出脉冲响应层级时空记忆模型，模拟了联想记忆和情景记忆功能。图 12-1-18 为该模型架构，输入层模拟齿

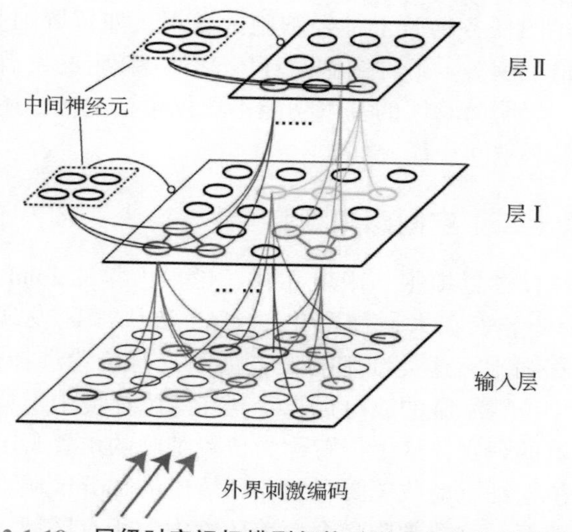

图 12-1-18　**层级时空记忆模型架构**（引自参考文献中的原始文献 20）

状回，接收外界刺激，层Ⅰ和层Ⅱ分别模拟CA3和CA1实现自联想记忆和情景记忆。该模型可以很好地从神经元角度观察记忆的生成和回想。

（三）海马体认知记忆模型的应用

情景记忆模型在视、听觉刺激序列上应用广泛。然而仿海马体模型不仅可以记忆存储，还可以实现预测功能。通过对事物进行概念抽象和信息重组，结合海马的空间表示功能，生成预测性结构图，实现一般任务的推理。例如Tolman-Eichenbaum Machine将海马的“认知地图”与内嗅皮质表征的空间和事件特征相结合，通过事件的关联结构推理当前位置，并对下一个事件进行预测。

（四）海马认知记忆模型的发展方向

诺贝尔奖得主Moser认为记忆由导航功能演化而来，因此记忆模型满足导航对大记忆容量的需求。此外一些高级功能对记忆的稳定性和鲁棒性有较高要求，该方面仍需研究人员进一步探索。

二、空间感知

（一）概述

1940年代，美国资深行为心理学家Tolman曾指出，动物大脑能够创建一种表示外部环境的内部地图，以确定自身在环境中的行走路线，并首次称其为认知地图。近年来认知地图理论在神经生理实验中得到了验证，通过对海马及其周围区域细胞特殊放电模式的研究，揭示了动物大脑的空间认知和导航的机制。实验结果的积累促成了参与大脑定位与建图任务的若干神经细胞的发现，如位置细胞、网格细胞等。每种细胞对环境表现出特定的发放模式，表明海马区的基本功能不仅仅包括记忆，还有导航和空间表征。

（二）空间感知细胞

1. 位置细胞 1970年代，伦敦大学的John O’Keefe等人在大鼠海马中的CA3和CA1区发现了位置细胞，这类细胞的放电活动具有位置选择性。每个位置细胞的放电标志着其在熟悉环境中对特定位置的识别，这个位置称为位置细胞的位置野。一个位置细胞的位置野只覆盖环境中的部分区域，成千上万的位置细胞将会覆盖环境中的所有区域，进而形成该区域的认知地图。

2. 网格细胞 网格细胞是在位置细胞发现大约30年后由挪威科学家Edvard I. Moser和May Britt Moser发现的。其位于海马体附近的内嗅皮质中，放电呈现周期性。每个细胞的多个放电野构成了清晰的六边形网格形状，进而形成覆盖整个活动环境的网状结构。

不同于位置细胞，网格细胞并不代表特定的位置，相反，它们组成一个不受位置影响的独立坐标系。规则的放电模式可用于衡量大鼠在环境中的位移距离和方向，为大脑认知地图提供度量。因此，网格细胞也常被称为大脑中的GPS。

（三）仿生导航模型及应用

人类或动物具有在环境中自由导航的能力，赋予机器人这种能力是一项具有挑战性的任务，需要集成避障、路径规划以及实时定位与建图等方法。然而，经典方法不能保证机器人在高度动态环境中稳健地运行，类脑的机器人建图和导航方法受到人们越来越多的关注。现阶段基于鼠脑海马体空间认知的机器人导航研究主要分为两类，一类是基于鼠脑海马体神经行为学的机器人实时定位与建图（simultaneous localization and mapping，SLAM）；另一类是基于海马体空间细胞的认知机制，构建神经网络模型，用于移动机器人自主导航。

1. 海马体神经行为学启发的导航模型 2010年，澳洲昆士兰科技大学Michael Milford等人提出一种基于海马体的实时定位与建图RatSLAM算法。它通过位姿细胞模型，局部场景以及经历地图这三个关键组件来模拟老鼠的空间编码行为（见图12-1-19）。

该算法被证明可以在大型复杂环境中实时定位与建图。如建图方面，Milforld等成功利用RatSLAM和视觉传感器对大范围的郊区进行建图。在导航方面，田博等人利用RGB-D改进RatSLAM算法使得其可以在高度相似的办公环境内进行导航（Milford M et al，2010）。

2. 基于海马空间感知细胞的认知导航模型

1）基于网格细胞和位置细胞的gSLAM模型

2015年，唐华锦教授团队提出了一种基于网格细胞和位置细胞的gSLAM模型，利用该模型在机器人上实现了认知地图的构建。相比之前的方法（神经网络、位置细胞模型等），gSLAM更具生物仿真性。该模型系统架构如图12-1-20所示，主要包含以下四部分：

①用自身运动信息中的原始里程计信息生成网

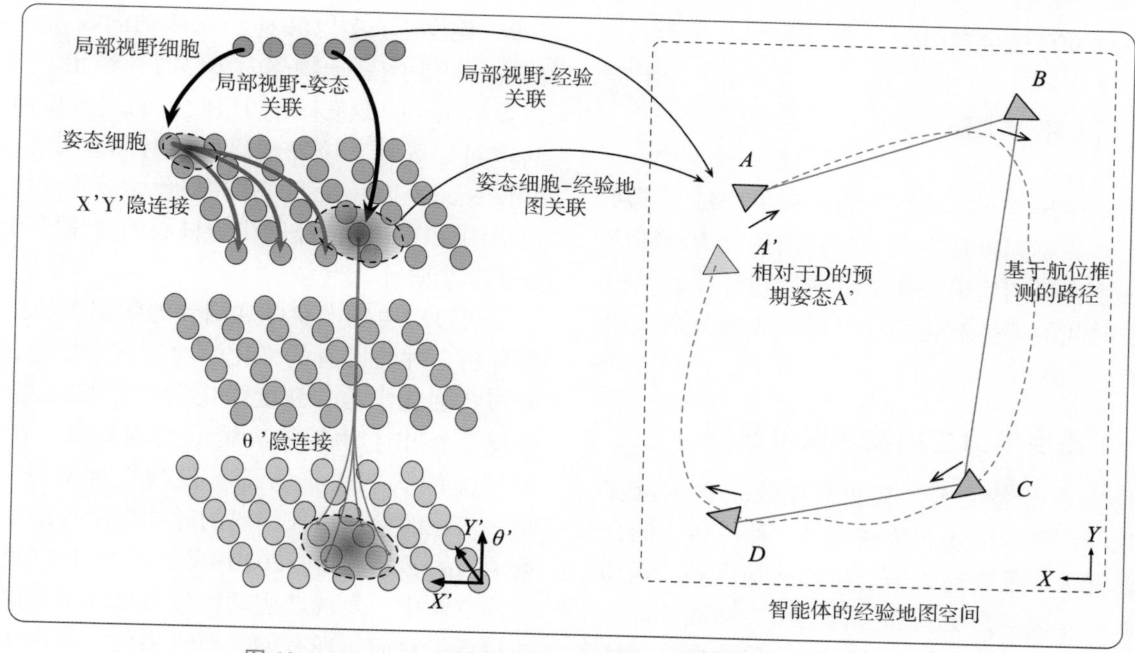

图 12-1-19　**RatSLAM 系统**（引自参考文献中的原始文献 21）

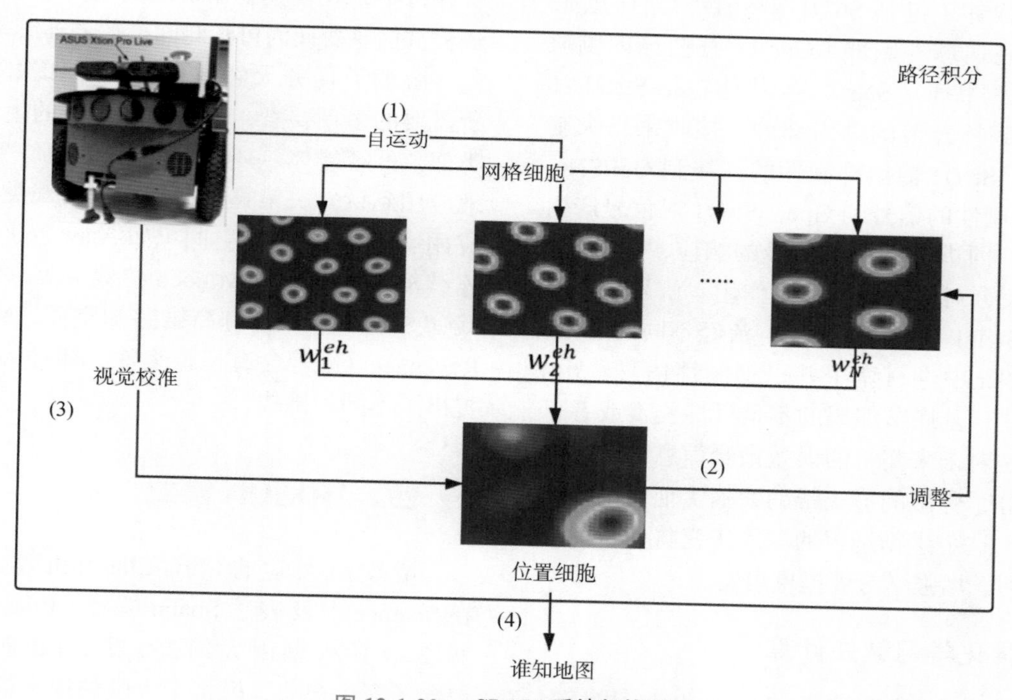

图 12-1-20　**gSLAM 系统架构图**

格细胞的活动。

②用 Hebb 学习规则调整突触强度。

③用视觉信息纠正路径积分过程中的累积误差，并在检测到闭环时重置网格细胞活动。

④更新认知地图。

2）基于向量的导航系统

2018 年，DeepMind 团队试图将网格细胞引入到人工智能导航体中，利用深度学习模型，来仿真位置和网格细胞。具体来说：

①用 CNN 处理图像，识别当前的空间位置。

②用 Grid LSTM 来估算当前的状态。

③用神经网络 g 再加工估算出的当前状态，得到类似于位置细胞和网格细胞的隐节点。

④将当前的位置、运动方向以及目标的位置，作为第二个 LSTM 模型的输入，确定导航决策。

随着类脑研究的深入，人类对空间认知功能的认识将会不断加深，未来会有更加高保真和准确的空间认知理论及神经网络模型被提出，并应用到机器人 SLAM 和导航过程中。

三、认知决策

生物体在与复杂环境交互的过程中，每一步决策都有可能威胁到自身安全。如何预估行为对环境产生的一系列复杂后果，如奖赏或惩罚等，是生物体通过长时间的遗传演化后，慢慢形成的复杂认知决策技能。

（一）基底节为主的奖赏误差预测

生物发现已经证实，基底节接收来自大脑皮质、感觉器官等的输入和传感信号，然后传递给丘脑等中转脑区，最终这些信息将到达脑皮质、运动相关脑区，完成信息更新和行为输出。基底节的主要脑区包括：黑质致密部（SNc）、中脑腹侧被盖区（VTA）、纹状体（包括 StrD1 和 StrD2）、丘脑底核（STN）、苍白球外侧部（Gpe）、苍白球内侧核（Gpi）、黑质网状部（SNr）。纹状体包括 StrD1 和 StrD2，是基底神经节的输入部分，接收来自大脑皮质的输入。StrD1 输出抑制性的连接到 Gpi/SNr，StrD2 输出抑制性的信号到 Gpe。StrD1 对信号产生兴奋性作用，即进一步加强信号的响应，而 StrD2 的作用则相反，对信号产生抑制作用。信号进入基底节后，由 StrD1 和 StrD2 开始，流经不同的通路，最终在 Gpi/SNr 中进行竞争并以抑制性信号输出。值得关注的是，基底节编码的不是目标奖赏或者目标期望，而是对未来奖赏的误差预测信息，然后通过多巴胺小分子弥散的形式帮助大脑实现复杂认知学习和决策。这个生物过程的深入研究将为智能决策、强化学习、增强学习等提供启发。

（二）强化学习认知计算

生物实验支持基底神经节在强化学习过程、前额叶在高维信息编码方面发挥作用。Sejnowski 1996 年提出了多巴胺神经元活动的收益预测误差假说，认为哺乳动物体内多巴胺神经元（位于腹侧被盖区），可以将未来期望收益的误差传递到大脑的多目标区域。该发现启发了时间差分（temporal difference）学习方法，并在强化学习算法中得到广泛应用。以脉冲神经网络为核心的强化学习算法还处于起步阶段。

通过对生物实验中观测到的状态、动作、奖赏等分析，并与已有的强化学习领域中成熟的 Q 表、分布式强化学习、深度强化学习等方法进行对比，凝练总结出生物智能决策的处理特点。在强化学习相关的状态表征方面，发现群体表征、高维、时序依赖的信息输入编码的脉冲表示有助于网络决策（Cheng X et al，2020），如图 12-1-21 所示。在动作空间中，发现最优动作分布呈现出多高斯分布的特点，对应于现有的分布式强化学习算法。在奖赏保持中，发现生物系统通过动力学环路计算将稀疏奖赏信息变换为可长时间维持的连续奖赏信息。

游戏类任务天然地包含了认知决策模拟过程所需要的多项要素，且和生物个体的生存环境高度类似，即智能体、环境、行为和奖励，因此被广泛地应用到认知决策算法验证中。游戏类的决策博弈应用含有连续动作空间（如 Atair 2600 游戏）、非连续动作空间（如 Mujoco 游戏）等，特异性的游戏如 StarCraft 等含有高维感知空间，Montezuma's Revenge、Go 等含有稀疏奖赏，都对认知决策模型提出了不同的挑战。

四、Spaun 模型

滑铁卢大学的 Chris Eliasmith 等人于 2012 年在 Science 上发表了 Spaun 模型（Eliasmith C et al，2012），该模型由大约 250 万个 LIF 神经元构成，包含了多个模块，模拟了大脑的视觉信号处理、工作记忆、奖励、决策、运动控制等功能，可以实

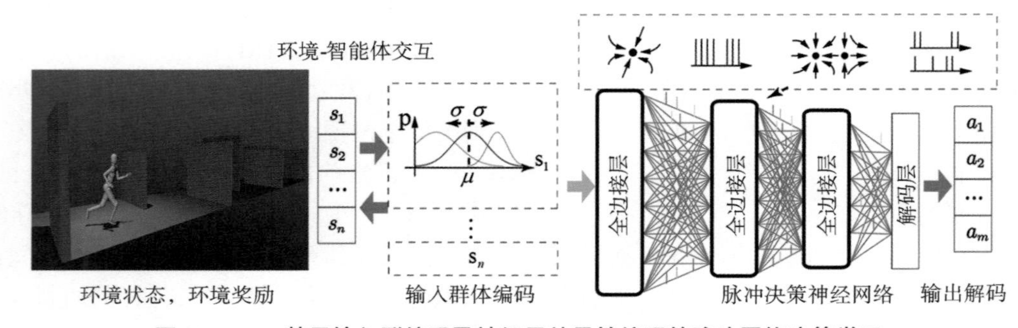

图 12-1-21 基于输入群编码及神经元特异性编码的脉冲网络决策学习

现由图片序列输入控制模拟机械臂作画从而完成多项复杂的行为任务，如对于手写体数字的识别、序列记忆、运算、简单序列推理等。Spaun 的构建是基于该作者等人提出的“语义指针架构”（semantic pointer architecture，SPA）和“神经工程框架”（neural engineering framework，NEF），通过 SPA 实现信息的神经元表征，通过 NEF 实现对神经元表征的运算，从而将特定函数映射到 LIF 神经元网络上，在确定了各模块的功能函数后就能将整个复杂的函数网络用一个完整的 LIF 神经元网络来实现（图 12-1-22）。

五、全脑连接组认知模型

2014 年，Chaudhuri 等人基于猕猴的 29 个脑区的连接组数据，首次构建了全脑模型（图 12-1-23（A））。研究者通过观察脑区之间前馈和反馈连接的比例为每个脑区计算出了在全脑中的等级顺序，感觉相关皮质等级最低，高级中枢等级更高，之后在每个脑区分别用一个兴奋性和一个抑制性神经元模型代表该脑区的兴奋性和抑制性神经元群体，神经元模型在各个脑区中基本保持一致，但兴奋性神经元接收兴奋输入的强度在高等脑区中更强。通过在初级视觉皮质 V1 区域输入刺激后发现，当该信号逐级传递到高级脑区如 24c 区域时，信号强度逐渐衰减，同时时间常数明显增大（图 12-1-23（B）），说明了不同脑区由于其自身属性（如对兴奋性输入的接收强度）不同，可以对同一刺激表现出不同的响应模式。

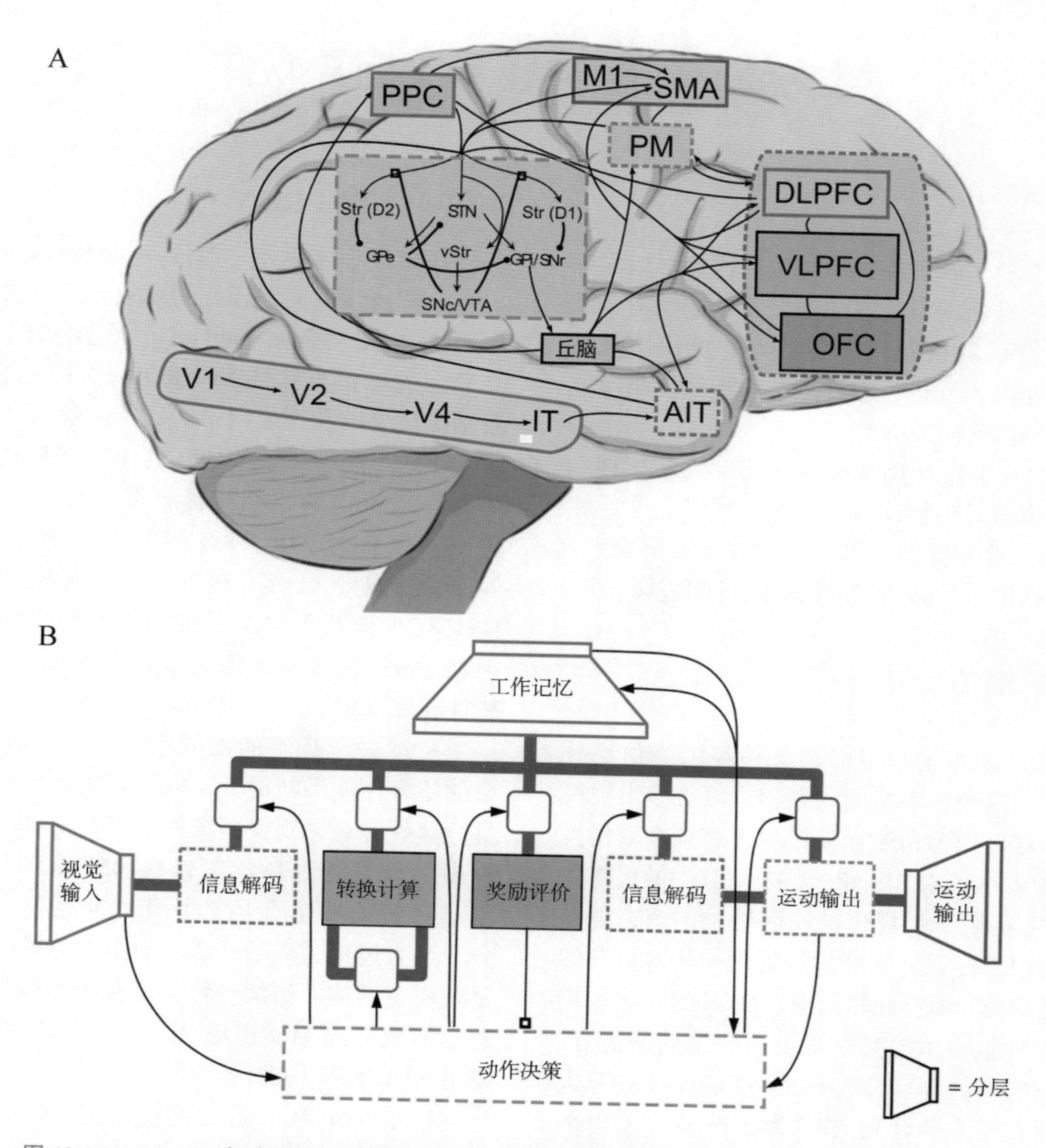

图 12-1-22　**Spaun 各功能模块架构以及与大脑脑区功能的对应**（引自参考文献中的原始文献 23）

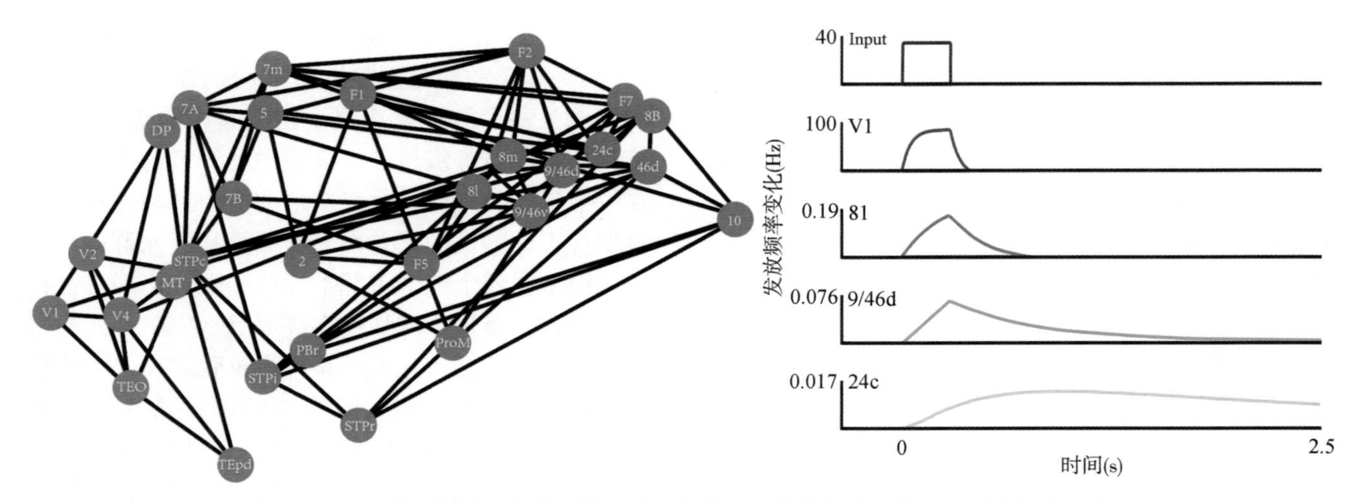

图 12-1-23 **基于猴脑连组数据的全脑认知模型**（引自参考文献中的原始文献 24）
（**A**）模型所模拟的 29 个脑区连接图；（**B**）对 V1 区输入刺激后不同脑区展现出层级递进的响应时间常数

第六节 生物神经系统仿真软件

正如费曼所言，“我不能构造出来，我就不能理解”，理解一个复杂系统的前提是把它构造出来，无论是思想实验、软件仿真还是实物模拟。以大脑为中枢的生物神经网络是已知的最复杂的动力学系统，理解它背后的机制，需要强大的模拟仿真系统，构建、操纵、分析、理解复杂的神经网络及其背后的信号和信息加工机制。

20 世纪 80 年代计算神经科学萌芽之际，神经网络模拟仿真软件就同步发展起来。本节先介绍常用仿真软件，特别是最常用的 NEURON，然后介绍我国在高精度生物神经系统仿真软件的进展。

一、常用仿真软件

NEURON 是应用最多的精细神经网络仿真软件，但存在计算效率不高的问题，难以支撑大规模神经网络仿真。作为精度和规模的折衷，多款仿真软件陆续出现，GENESIS 和 NEST 是其中的优秀代表。NEST 主要用于大规模神经网络的仿真，注重大规模网络中神经元之间的信号处理与传递机制的仿真，但是神经元模型比较简单。GENESIS 主要用于更精细的细胞模型尤其是复杂树突结构的仿真，支持多房室模型，但应用广度和 NEURON 有较大差距。欧洲人类大脑计划 HBP 为了提高 NEURON 的计算效率，开发了 CoreNEURON。

（一）NEURON

1984 年，米歇尔·海因斯（Michael Hines）提出了一种复杂树突神经元的高效计算方法，被称为海因斯方法（Hines' method），在此基础上逐渐建立和发展了仿真软件 NEURON 软件，主要用于细胞精细模型以及神经网络的建模。起初，NEURON 对 COBA 模型细胞膜附近电压、多种离子通道、离子在细胞内的累积与释放都进行了非常精确的仿真，使得 NEURON 逐渐为人们所知。20 世纪 90 年代初期，已经有相当一部分实验室开始使用 NEURON 进行包含上千细胞神经网络的仿真。海因斯 1993 年加入耶鲁大学，至今专事 NEURON 软件开发维护。

在过去十几年的发展中，NEURON 对复杂网络的仿真性能不断提升，能够利用计算机集群等大量运算资源对大规模精细网络进行仿真，使得越来越多的计算神经科学工作在 NEURON 平台展开。NEURON 能够仿真几乎所有的神经生物现象，从分子动力过程、离子通道、简单的点神经元到具有复杂树突结构的精细神经元。在神经科学领域最大的模型数据库 ModelDB 当中，约 80% 的神经模型是用 NEURON 构建的。

使用 NEURON 进行建模的主要是神经元多房室模型（Bower JM and Beeman D，1998）。所谓多房室，是指将神经元复杂的树突、轴突、胞体结构分解成多个小的称为房室的计算单元进行建模，由此得到神经元的精细模型。各个房室类似电缆互相连接，传递神经元中的电信号。

NEURON 有自己的建模语言且相对比较直观，可以非常方便地对模型中的微分方程进行表示，适用于模拟具有复杂几何结构和丰富离子通道的神经元和它们所组成的神经网络。在进行神经元和网络的数值模拟时，用户只需考虑神经元的几何形状参数，生物物理参数以及神经元之间的连接关系等信息，不需要考虑背后的数值求解方法。

模型通过使用基于 hoc 的解释语言编程实现。hoc 很好的简化了生物神经元和网络的表示任务，用户可使用 NMODL 语言来编写新的函数和生物机制，通过编译 NMODL 语言编写的代码并动态链接来扩展 NEURON。NEURON 提供了一个方便的图形用户界面（GUI）来构建和使用模型，并且可以和 hoc 一同使用。

NEURON 属于专业领域仿真软件。与通用仿真软件不同，专业领域仿真软件要确保提高概念控制（conceptual control）以及利用描述模型方程的特殊结构来优化计算方式，从而确保计算的鲁棒性、准确性和计算效率。

在对模型进行仿真计算时，NEURON 使用了几种特定的算法，以保证计算的鲁棒性、准确性以及计算效率。为了提升计算效率，NEURON 使用了一种专门针对多房室神经元模型设计的算法。在仿真计算过程中，可以选择使用时间驱动的仿真（计算时基于后向欧拉算法和 Crank-Nicholson 算法）或者事件驱动的仿真（计算时基于 CVODES 和 IDA）。在神经元模型组成的网路计算过程中，NEURON 使用了一种基于离散事件的方法，效率比与连续系统模拟相比高出多个数量级。NEURON 很好地支持了各种类型的仿真，使用的模型可以是 COBA 神经元模型的任意组合，也可以是具有解析解的人工脉冲细胞。使用合适的积分方法，NEURON 对 COBA 神经网络的仿真精度可以达到二阶。

（二）GENESIS

GENESIS（GEneral NEural SImulation System）的开发始于 1988 年的加州理工，是第一个能进行精细神经元仿真的软件。GENESIS 的总体目标是构建通用的生物仿真系统，能仿真基于真实解剖电生理数据搭建的神经元、神经环路和神经网络模型。至今，GENESIS 的应用范围从生化分子反应到单神经元复杂模型乃至系统水平的大神经网络模型。

由于强调模型的“真实性”，GENESIS 并没有在系统内集成简单的神经元模型（如 IF 模型），而是仿真实际的细胞形态，并采用类 H-H 方程和多房室理论精细仿真细胞的复杂电生理特性。在计算上，GENESIS 采用了和 NEURON 类似的算法。

相较于 NEURON 针对模型和运行给出了不同的语言接口（Hoc、mod），GENESIS 只有一种通用的高级脚本语言（SLI），同时完成模型解释和运行控制。并且，GENESIS 的编译器提供了预先编译功能，能在运行时实时修改仿真代码而不牺牲仿真速度。

具体在仿真上，GENESIS 提供了大量不同的模型仿真钙分布、钙依赖的电阻和突触可塑性。同时，GENESIS 提供了多种输入的仿真（脉冲刺激、电流 / 电压嵌入等）和测量方式（脉冲平率、相关性直方图等）。

经过三十年发展，GENESIS 实现了分布式运行版本，并在原有脚本语言之外，提供了 Python 及与其他程序交互的通用接口。在运行大规模网络仿真和超精细复杂神经元模型时，PGENESIS（Parallel GENESIS）是 GENESIS 的面向并行运行需求的扩展，能在支持 MPI/PVM 的集群和超级计算机上并行运行。GENESIS 2 提供了 Python 使用接口，并且从 GENESIS 3 开始，该软件成为一个名为 Neurospaces 的更大开发项目的一部分。神经仿真环境 MOOSE（multiscale object-oriented simulation environment）以 GENESIS 为基础，并直接对接了 GENESIS 的 Python 接口，方便与 NEURON 等其他仿真软件的交互和其他科学计算软件的搭配使用。另外，MUSIC、STEPS 等跨平台仿真系统也已支持 GENESIS。

（三）NEST

NEST（neural simulation tool）是一个用来仿真由点神经元或少量房室结构神经元的大型异构网络软件，最初由 Markus Diesmann 和 Marc-Oliver Gewaltig 开发，现由 NEST Initiative 开发和维护（Plesser HE et al，2013）。

NEST 中的模型更关注神经系统的动态、大小和结构，而不是神经元内部的复杂形态和生物物理属性。用户创建一个或多个神经元并且通过突触连接它们，形成神经网络系统。NEST 擅长构建大型脉冲神经网络，如可以在同一个网络中连接不同形式的神经元模型。不同的突触模型实现了不同的突触机制，如 STDP 和 STP 等。NEST 将模拟结果输出到文件，因此用户可通过如 Matlab、Mathematica 或 Python 等工具来进行数据分析。

尽管 NEST 使用了离散的事件框架，它并未使用全局事件驱动的更新。NEST 的更新算法可通过神经网络的硬件实现（如 FPGA 等）来实现。

（四）CoreNEURON：NEURON 的优化加速

CoreNEURON 由欧洲人类大脑计划（HBP）内部的开发小组和 NEURON 原作者 Hines 基于 NEURON 共同开发（Kumbher P et al，2019）。CoreNEURON 采用 NEURON 的计算内核，对内存管理进行了优化，更适合构建超大规模且精细的神经网络。

CoreNEURON 读入经 NEURON 生成的神经网络模型中间文件，然后再专门计算仿真结果。CoreNEURON 在保证仿真结果和 NEURON 一致的条件下，针对 NEURON 仿真计算中的内存占用和计算速度进行了优化，目标是以最小的内存占用和最佳性能来模拟大规模精细神经网络，在极端网络规模下也能提供足够的可扩展性，并且在多种高性能计算平台上可移植、可扩展。

为实现上述目标，CoreNEURON 主要进行了以下几方面的优化：优化数据结构以减小内存占用，通过 OpenACC 与 CUDA 进行 GPU 加速，使用优化的 MPI（Message Passing Interface）/OpenMP 混合架构保证可扩展性，代码简化。

在内存优化方面，CoreNEURON 采用了优化的数据结构，单个神经元模型的存储空间降到了约 2 MB。另外，NEURON 在多进程环境下每个进程都存储大量的全局信息，CoreNEURON 对这部分做了精简，每个进程只记录该进程局部相关的信息。整体上，CoreNEURON 的内存占用只有 NEURON 的 1/8 至 1/6。

在并行加速方面，NEURON 仿真神经元采用舱室模型，其中各神经元的各舱室上有大量计算都是相互独立的，具有很强的并行性。为最优化内核性能，CoreNEURON 还采用了 AoS/SoA 与合并存储访问等技术，在实际性能测试中，相比 8 核 Intel 至强处理器，K20X 显卡在多种神经网络离子通道计算上均取得了 4 至 8 倍的加速比提升。

虽然 CoreNEURON 支持在 GPU 上进行仿真，然而目前只支持单卡，因此在进行大规模网络仿真时仍然受到规模和计算效率的限制。

（五）其他仿真软件

仿真软件名称	使用特点
CARLsim	GPU 加速的大规模脉冲神经网络仿真
Brian	时钟驱动的脉冲网络仿真，可通过公式的形式灵活定义网络模型
GeNN	在英伟达 CUDA GPU 硬件平台上实现的神经网络模型仿真软件库
NCS	第一个支持实时神经机器人应用的仿真软件
Nengo	大规模脉冲神经网络仿真，支持图形化界面和脚本交互
PCSIM	大规模脉冲点神经元网络的分布式仿真
BindsNet	基于 PyTorch 实现的模拟仿真平台，支持机器学习与强化学习任务

二、生命加速器 LifeAccelerator

如前文所述，目前大部分基于 GPU 的仿真平台如 CARLsim、NCS 等只支持点神经元模型的仿真。有限的支持多房室模型仿真的平台较少或只支持单卡计算（如 CoreNEURON）。针对这两个问题，北京大学数字视频编解码技术国家工程实验室团队在 CoreNEURON 的基础上开发了支持多 GPU 的仿真平台生命加速器（lifeaccelerator）。从 2015 年开始，项目团队开始分析 NEURON 的核心算法，并且把 GPU 平台作为优化的重心，同时兼顾算法和 GPU 硬件的优势，大幅提升了 LifeAccelerator 的计算效率，同时增加可视化交互功能，为神经科学家和新型人工智能研究提供高精度、高效率、低成本、易使用的神经网络建模仿真和可视化分析软硬件系统标准套件，将精细神经网络研究从高端实验室扩展到一般实验室，推动这一学科方向发展。

LifeAccelerator 平台支持多进程并行，每个进程在一个 GPU 上运行，负责若干细胞的仿真。进程之间通过 MPI 进行通信。经测试，该多 GPU 平台与 NEURON 具有相同的仿真精确度，仿真结果完全一致。在计算效率上，在仿真大规模神经网络时（如 31 000 个锥体细胞，共 26 009 000 个舱室，细胞之间随机产生 39 990 000 个连接），16 个 NVIDIA Tesla K80 GPU 上的计算时间和 20 个天河二号节点（480 个 CPU 核）的计算时间相当，比 CoreNEURON 效率高出近一个数量级。

2020 年开始，北京智源人工智能研究院将高精度、大规模生命模拟作为重点研究方向，已在 GPU 集群平台上支持高效计算和模拟仿真。

【致谢】感谢杜凯（北京大学）、洪朝飞（之江实验室）、张铁林（中国科学院自动化研究所）等老师参与本章节内容的编写、修改和校准等工作。

参考文献

综述

1. Gerstner W，Kistler WM. *Spiking neuron models：Single neurons，populations，plasticity*. Cambridge University Press，2002.
2. Dayan P，Abbott LF. *Theoretical neuroscience：Computational and mathematical modeling of neural systems*. The MIT Press，2005
3. Ponulak F，Kasinski A. Introduction to spiking neural networks：Information processing，learning and applications. *Acta Neurobiologiae Experimentalis*，2011，71（4）：409-433.
4. 张铁林，徐波．脉冲神经网络研究现状及展望．计算机学报，2020：在线发表．

原始文献

1. Bassett DS，Sporns O. Network neuroscience. *Nature Neuroscience*，2017，20（3）：353-364.
2. Oesch NW，Diamond JS. Ribbon synapses compute temporal contrast and encode luminance in retinal rod bipolar cells. *Nature Neuroscience*，2011，14（12）：1555-1561.
3. Ozuysal Y，Baccus SA. Linking the computational structure of variance adaptation to biophysical mechanisms. *Neuron*，2012，73（5）：1002-1015.
4. Kim JS，Greene MJ，Zlateski A，et al. Space-time wiring specificity supports direction selectivity in the retina. *Nature*，2014，509（7500）：331-336.
5. Kheradpisheh SR，Ganjtabesh M，Masquelier T. Bio-inspired unsupervised learning of visual features leads to robust invariant object recognition. *Neurocomputing*，2016，205：382-392.
6. Zhang T，Jia S，Cheng X，et al. Tuning convolutional spiking neural network with biologically plausible reward propagation. *IEEE Trans Neural Netw Learn Syst*，2021.
7. Zheng Y，Li S，Yan R，et al. Sparse temporal encoding of visual features for robust object recognition by spiking neurons. *IEEE Trans Neural Netw Learn Syst*，2018，29（12）：5823-5833.
8. Mozafari M，Ganjtabesh M，Nowzari-Dalini A，et al. Bio-inspired digit recognition using reward-modulated spike-timing-dependent plasticity in deep convolutional networks. *Pattern Recognition*，2019，94：87-95.
9. Zhao B，Ding RX，Chen SS，et al. Feedforward categorization on aer motion events using cortex-like features in a spiking neural network. *IEEE Transactions on Neural Networks and Learning Systems*，2015，26（9）：1963-1978.
10. Lagorce X，Orchard G，Galluppi F，et al. Hots：A hierarchy of event-based time-surfaces for pattern recognition. *IEEE Trans Pattern Anal Mach Intell*，2017，39（7）：1346-1359.
11. Dennis J，Qiang Y，Tang HJ，et al. Temporal coding of local spectrogram features for robust sound recognition. *2013 Ieee International Conference on Acoustics，Speech and Signal Processing（Icassp）*，2013：803-807.
12. Yu Q，Yao Y，Wang L，et al. Robust environmental sound recognition with sparse key-point encoding and efficient multispike learning. *IEEE Trans Neural Netw Learn Syst*，2021，32（2）：625-638.
13. Smith E，Lewicki MS. Efficient coding of time-relative structure using spikes. *Neural Computation*，2005，17（1）：19-45.
14. Liu SC，Van Schaik A，Minch BA，et al. Event-based 64-channel binaural silicon cochlea with q enhancement mechanisms. *2010 Ieee International Symposium on Circuits and Systems*，2010：2027-2030.
15. Xu JM，Shi J，Liu GC，et al. Modeling attention and memory for auditory selection in a cocktail party environment. *Thirty-Second Aaai Conference on Artificial Intelligence*，2018：2564-2571.
16. Zenke F，Bohte SM，Clopath C，et al. Visualizing a joint future of neuroscience and neuromorphic engineering. *Neuron*，2021，109（4）：571-575.
17. Bohte SM，Kok JN，La Poutre H. Error-backpropagation in temporally encoded networks of spiking neurons. *Neurocomputing*，2002，48（1）：17-37.
18. Cheng X，Hao Y，Xu J，et al. Lisnn：Improving spiking neural networks with lateral interactions for robust object recognition. *Proceedings of The International Joint Conference on Artificial Intelligence. Online*，2020，1519-1525.
19. Zhang T，Zeng Y，Zhao D，et al. Hmsnn：Hippocampus inspired memory spiking neural network. *Proceedings of The IEEE International Conference on Systems，Man，and Cybernetics. Budapest，Hungary*，2016，002301-002306.
20. Hu J，Tang H，Tan KC，et al. How the brain formulates memory：A spatio-temporal model research frontier. *IEEE Computational Intelligence Magazine*，2016，11（2）：56-68.
21. Milford M，Wyeth G. Persistent navigation and mapping using a biologically inspired slam system. *International Journal of Robotics Research*，2010，29（9）：1131-1153.
22. Cheng X，Zhang T，Jia S，et al. Finite meta-dynamic neurons in spiking neural networks for spatio-temporal learning. *arXiv*，2020，cs.NE/2010.03140.
23. Eliasmith C，Stewart TC，Choo X，et al. A large-scale model of the functioning brain. *Science*，2012，338（6111）：1202-1205.
24. Chaudhuri R，Knoblauch K，Gariel MA，et al. A large-scale circuit mechanism for hierarchical dynamical processing in the primate cortex. *Neuron*，2015，88（2）：419-431.
25. Plesser HE，Diesmann M，Gewaltig MO，et al. *Nest：The neural simulation tool*. Encyclopedia of computational neuroscience. New York，NY；Springer New York. 2013.
26. Kumbhar P，Hines M，Fouriaux J，et al. Coreneuron：An optimized compute engine for the neuron simulator. *Frontiers in Neuroinformatics*，2019，13：63.

第2章 类脑器件与芯片

施路平　刘　琦

第一节　引　言

类脑计算是借鉴人脑存储处理信息的方式，面向人工通用智能发展的新型计算技术，是“脑科学和类脑研究”（中国脑科学计划）核心研究内容之一，被国际半导体协会认定为后摩尔时代两个最有前途性新计算技术之一（另一是量子计算）。类脑计算系统是基于神经形态工程打破“冯·诺依曼”架构束缚、适于实时处理非结构化信息、具有学习能力的超低功耗新型计算系统。

类脑芯片（neuromorphic chip），是借鉴人脑处理信息的基本原理，面向类脑智能而发展的新型信息处理芯片，可分为类脑计算和类脑感知芯片。类脑计算芯片是借鉴脑科学基本原理，面向人工通用智能发展的非冯诺依曼新型信息处理芯片，是类脑计算系统的基石。有别于提供专有算法的加速平台，类脑计算芯片旨在像脑一样以低功耗、高并行、高效率、通用、强鲁棒和智能地处理各种复杂非结构化信息。类脑感知芯片是借鉴生物感知基本原理实现信息感知的新型芯片，作为类脑计算芯片的信号输入器件，类脑感知芯片为类脑计算芯片提供高灵敏、精确、高速的感知信息，有效地保障类脑计算芯片正确地进行学习、记忆、识别、认知和决策等智能化处理。

类脑计算（brain-inspired computing）作为一个新兴领域和颠覆性技术，处于蓬勃发展阶段，其基础理论和核心技术正处于快速发展阶段。类脑芯片目前没有公认的技术方案和研究路线图，全球的研究团队分别从架构、模型、集成电路、器件、编解码、信号处理、设计、制程、集成、测试和软件等方面探索类脑芯片的解决方案。类脑芯片架构是基础，由于大脑信息编码具有时空融合特性，国内外主要类脑芯片均采用时空融合架构，支持具有高度时空复杂性的脉冲神经网络算法模型。按数据表达分类，目前类脑计算芯片架构分为数字型、模拟型和数模混合型架构。利用超大规模集成电路来实现神经网络模型，用于构建类脑的感知和计算系统，是由 Carver A. Mead 等人在 20 世纪 80 年代末提出的。以类脑计算方案与传统冯诺依曼架构背离程度为标准，可将方案从上到下大致分为程序级、架构级、电路级和器件级等层次。据此，几个主流方案中英国曼彻斯特大学的 SpiNNaker 是程序级的代表，IBM 的 TrueNorth、Intel 的 Loihi、清华大学的 Tianjic 和浙江大学的达尔文是架构级的代表，德国海德堡大学的 BrainScaleS 是电路级的代表，美国斯坦福大学的 Neurogrid 是器件工作状态级的代表。

除了基于硅技术的类脑芯片外，还有基于新型纳米器件的类脑芯片，例如忆阻器，包含 RRAM、STT-MRAM、PRAM、FeFET 等。这种芯片直接利用特定的器件结构来模拟生物神经元、突触的电特性，集成度更高，是非常有潜力的类脑芯片方案。但是目前大规模神经形态器件制造工艺相对不成熟，一致性和重现性都较差，现在还没有与基于硅技术的类脑芯片规模相当的芯片。但是新型的神经形态器件和与之相适应的计算架构、模型和算法相结合无疑会给类脑计算芯片和系统的发展开辟新的道路，提供巨大的有前途的发展空间。

类脑芯片的研究核心是要借鉴哪些脑科学原则，如何在类脑芯片中表达、存储、计算和传输信息，如何用芯片和软件协同设计去控制、调度和管理信息。目前主要采用的核心技术包括存算一体、事件驱动、高度并行、异步、稀疏编码和异构融合等。

如今窄人工智能发展碰到问题，例如小或者脏数据、不确定性、新问题或不完整的知识、动态、多体系多模态复杂系统，解决的最好方案之一是发展人工通用智能，类脑芯片是人工通用智能的基石，特别适合实时高效解决不确定、复杂环境下的问题，人工通用智能可以赋能各行各业，全面推动工业、农业、医疗、金融以及国防等各行业的飞速发展。

第二节　人工突触

一、突触结构与学习规则

如前面章节所述，在人的大脑中一般有 10^{11} 个神经元。两个神经元之间相互接触并借以传递信息的部分被称之为突触，而每个神经元有 1000 ～ 10 000 个突触与之相连，因此突触的总数量为 10^{14} ～ 10^{15} 个。突触由突触前膜、突触间隙和突触后膜三部分组成。神经元之间突触的连接效率被称为突触强度，在人造突触中也被称为突触权值。在生物系统中，突触一般分为电突触和化学突触。电突触的数量较少且具有双向传递特性，可以将突触前膜的电脉冲信号直接以电耦合的方式传递到突触后膜。在人工神经突触研究中，信号传递是通过电学信号的相互转化实现的，其传递效率可以进行动态的调整使得突触的强度发生改变，这种变化能力又被称为突触可塑性。正因为突触具有这种可塑性特性，使得其在大脑的学习、记忆和信息处理过程中起着至关重要的作用。通过传统的硅技术或新型纳米器件实现具有突触可塑性功能的人造突触正是实现类脑芯片的一个重要目标。

按照突触强度发生改变的持续时间长短，突触可塑性又可以分为长时程可塑性和短时程可塑性。在生物神经系统中长时程可塑性一般可以持续几个小时甚至更长的时间，是生物体实现学习和记忆功能的基础。根据突触强度的变化方向，长时程可塑性还可以被分为长时程增强（long-term potentiation，LTP）和长时程抑制（long-term depression，LTD）。因此，通常突触的长时程可塑性具有连续的双向调节特性。在人造神经网络中，突触连接前后神经元，突触连接的强度也被称为权值。理想情况下，突触权值可以实现双向连续调节。此外，生物系统中突触还具有脉冲时间依赖可塑性（spike-timing-dependent plasticity STDP），是对长时程可塑性在脉冲时间顺序影响方面的补充：突触强度变化的幅度和方向由突触前、后神经元神经活动发生的相对时间决定。当突触前神经元产生的动作电位早于后神经元动作电位时，突触强度会增强，即发生 LTP 过程，时间差越小突触强度变化越明显；相反地，若突触前神经元产生的动作电位晚于后神经元动作电位时，突触强度会减弱，即发生 LTD 过程，同样时间差越小突触强度变化越明显。由于 STDP 学习规则具有较强的计算能力和生物合理性，具有 STDP 功能的人造突触被广泛应用于类脑芯片的训练和学习过程之中。

与长时程可塑性相对应，在生物神经系统中仅仅持续几毫秒到几分钟量级突触强度变化的突触强度调节称为短时程可塑性。根据突触强度调节的方向，短时程可塑性也分为短时程增强（short-term-potentiation，STP）和短时程减弱（short-term-depression，STD）。相比之下，突触短时程可塑性（STP）的计算功能目前还远远没有被充分认识。直观理解，在计算过程中，神经元之间的突触强度随着外部输入的过程而改变，那么神经元的反应就有了编码外部输入在时间域上统计特性的可能，从而可以帮助神经系统提取外部输入在时间域的信息；这一点是固定权重的人工神经网络不能实现的。而STP在几十到几千毫秒之间的动态变化过程正是日常生活中大脑需要执行的诸多计算任务的时间窗口，如语音识别、运动控制、工作记忆等，因此，STP为大脑实现这些高级认识功能提供了可能的神经基础。

二、基于硅技术的人工突触

（一）数字型人工突触

在类脑芯片和神经网络的发展中，最常见的人工突触就是具有长时程可塑性的人工突触，这种突触可以被简单的理解为一个非易失的可编程电阻器。从20世纪50年代开始，已经可以利用多种基于硅技术的存储器来实现可编程电阻器从而模拟人工突触，例如动态随机存储器（DRAM），静态随机存储器（SRAM）等。

DRAM也是电脑中常用的内存，一般由一晶体管一电容（1T1C）的存储单元组成（图12-2-1A）。它主要利用电容内存储电荷的多寡来实现数据的存储。基于DRAM的人工突触权重的读取过程常伴随着电容器的放电，因此需要频繁的刷新。一个1T1C单元一般只能存储1位数据，而类脑芯片中希望能实现多值的突触权重，因此为了实现多位精度的人工突触，常常需要多个DRAM存储单元以及额外的电路和解码器。

与DRAM相比，SRAM不需要频繁刷新，具有更快的传输速度，它通常由6个晶体管构成来存储“0”或“1”（图12-2-1B），也被应用于实现人工突触。但是SRAM面积大，集成度较低，很难实现大容量突触阵列。此外由于SRAM的易失特性，需要将突触权重存储到其他存储器中并从中读取，

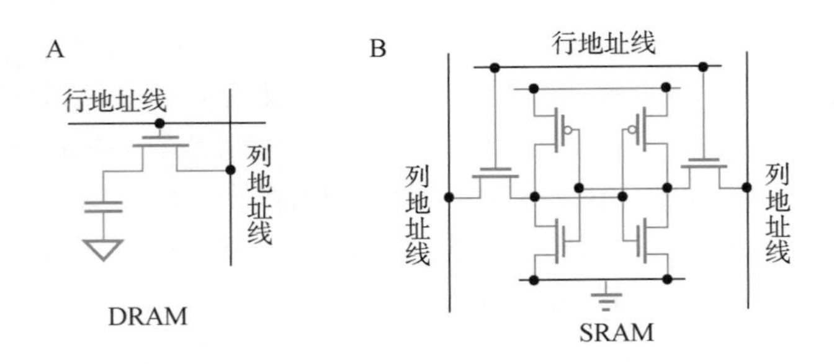

图 12-2-1 数字型人工突触单元电路原理图
A. DRAM的电路结构原理图，包括一个场效应管和一个电容器。B. 由6个场效应管构成的SRAM的电路结构原理图

增加了额外的功耗和面积开销。另外，数字型突触并不擅长实现突触的短时程动力学特性，需要数据的频繁存储和传输，严重影响了数字型类脑芯片的工作效率。

（二）模拟型人工突触

如前面所述，在数字型人工突触中，突触的模拟权值用多个DRAM或SRAM存储的浮点数进行表示，利用数字系统仿真实现脉冲神经网络。纯数字方式在工程技术路径上是有效的，但程式化的实现方式也让该类型的类脑芯片缺乏了内在的神经动力学特性。为更直接的实现神经突触的动力学机制，另一种方案是利用亚阈值模拟电路实现突触的长时程和短时程可塑性行为。图12-2-2给出了2011年美国麻省理工学院的Guy等人利用模拟电路实现人工突触的电路原理图。该电路设计了一系列偏置在亚阈值区域的电路模块用于模拟AMPA快响应通道和NMDA慢响应通道。两个通道模块的输出电流被发送到膜节点电路，该电路在没有刺激的情况下可以让膜电位 V_{MEM} 保持在静息电位 V_{REST} 状态。当需要对单个突触前刺激做出响应时，兴奋性电流 I_{AMPA} 和 I_{NMDA} 对膜电容器（C_{MEM}）充电，导致 V_{MEM} 产生兴奋性突触后电位，该电位会以由时间常数 $\tau_{MEM}=C_{MEM}/g_{leak}$ 确定的速率向 V_{REST} 衰退。重要的是，几个离散的AMPA通道并行携带兴奋性突触后电流，每个通道由一个二元控制变量 C_n（其中 $n=1, 2, \cdots, n$）选通，该变量可以确定特定的AMPA通道是否激活。因此，激活的AMPA通道的数量用来编码突触的权重，实现突触可塑性的功能。通过操作可塑性模块，该电路可以实现生物突触的STDP和脉冲频率依赖可塑性（spike-rate-dependent plasticity，SRDP）学习规则。在系统应用上，瑞士苏黎世联邦理工学院的ROLLS芯片中突触单元的实现也采用了模拟电路的方式。

由以上可以看出，经过多年发展，基于CMOS器件的人工突触已经相对成熟，但是电路的复杂程度也是显而易见的。随着类脑芯片的规模不断增大，所需人工突触的数量也随之增加。并且近年来晶体管在尺寸微缩方面已经接近其物理极限，集成密度难以进一步提升。这种人工突触在面积和能耗等方面已经越来越越难以满足大规模神经网络的需求，基于传统CMOS技术开发类脑芯片的技术路线难以达到人脑规模和能效比。因此发展基于新型纳米器件的人工突触已经迫在眉睫。

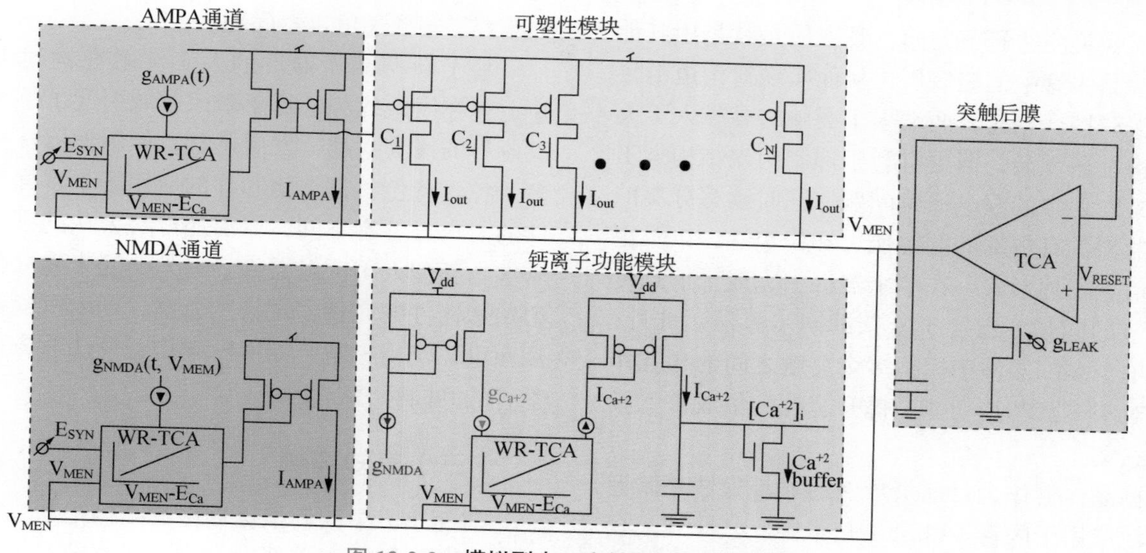

图 12-2-2　**模拟型人工突触单元电路原理图**

三、基于新型纳米器件的人工突触

近年来，一些新型纳米器件的出现，为设计实现高集成密度、高仿生的突触器件提供了变革性的技术路线。目前已经有大量的基于新原理器件包括：RRAM、PRAM、MRAM、铁电晶体管（ferroelectric field effect transistor，FeFET）、浮栅晶体管（floating gate field effect transistor，FG-FET）以及离子晶体管的人工突触。按照器件的结构，可以把这些基于新型纳米器件的人工突触分为两端结构的人工突触和多端结构的人工突触。

（一）两端结构人工突触

两端器件具有结构简单，集成度高的优点（图 12-2-3A）。目前较常见的两端新型器件主要有 RRAM，PRAM，MRAM 等。基于这些器件的人工突触其本质是利用器件的非易失可调电导模拟突触权重的变化过程，但其转变机制和电学特性都各有不同。

RRAM 器件的主要转变机制是内部导电细丝的形成和断裂，除此之外，还有一些其他的转变机制，例如界面层变化、空间电荷俘获等。正因为其具有丰富的电阻转变机制，基于 RRAM 器件的人工突触已经实现了多种生物突触功能的模拟，包括长时程可塑性、短时程可塑性、脉冲时间依赖可塑性等。PRAM 器件通常是利用相变材料在不同晶化程度下电导状态的不同来表征存储状态的变化。PRAM 技术发展较早也比较成熟，通常利用其非易失特性实现对突触长时程可塑性的模拟。无论是 RRAM 还是 PRAM 器件都存在一些非理想参数，例如器件的离散性较大、器件电导在不同电压大小下的非线性以及在连续脉冲编程下的非线性和非对称性等。这些非理想参数是影响神经网络性能的重要原因，也是目前基于新型纳米器件构建类脑芯片的重要挑战。MRAM 通常由两个铁磁层中间夹一个超薄（1 ～ 2 nm）的绝缘层构成，通过磁致阻变效应改变器件的电导，其耐久性好、波动性小、转变速度快和转变能耗低，但是一般只能实现两个态的转变，在模拟人工突触连续电导转变方面存在巨大的挑战。因此基于 MRAM 的大部分人工突触尚在性能研究、单器件测试这一阶段，还没有实现硬件系统的演示。

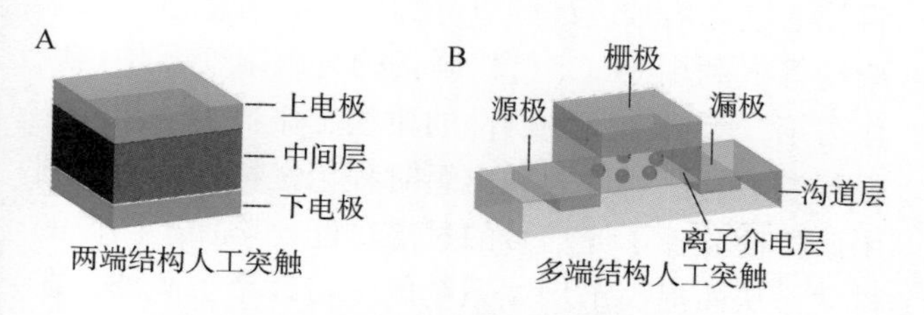

图 12-2-3　**新型人工突触器件结构示意图**

A. 两端结构人工突触器件结构原理图，包括上电极和下电极两个端口，两个电极之间夹持功能层。**B.** 基于离子晶体管的多端结构人工突触器件结构原理图，包括栅极、源极、漏极三个输入或输出端口

（二）多端结构人工突触

除了两端结构的人工突触以外，多端结构的人工突触也逐渐受到相关科研工作者的重视。典型的多端器件就是晶体管，电流在源漏电极之间传递，而通过栅极上的电压控制源漏之间导电沟道的电导。借鉴晶体管的结构，多端结构的新型纳米器件，例如 FeFET，离子晶体管等，是近年来实现人

工突触广受关注的研究方向，其本质是就是用其他材料代替晶体管中的栅氧层，从而实现对沟道电导的非易失调控。相比于两端人工突触，多端人工突触的结构稍显复杂，但更有利于抑制两端结构人工突触交叉阵列中的漏电通路问题。同时读写分离的结构使器件具有更好的调控能力和稳定性，以及更灵活的信息处理形式。在单个器件中完成了信息传递和调节的同步，省去了复杂的同步算法。此外，可以在单个多端器件中模拟多个突触之间的相互作用，这对于丰富芯片功能、提升芯片的集成密度具有重要意义。

浮栅晶体管作为目前最成熟的非易失性存储器件被广泛应用于闪存（Flash）技术中。其原理是在传统晶体管的栅氧层中加入一个浮栅层，在编程过程中电子会通过热注入或隧穿效应注入浮栅中，由于浮栅是电隔离的，所以即使在去除电压之后，到达栅极的电子也会被保留，导致晶体管的阈值电压发生改变，从而使器件的沟道电导发生非易失性转变。这一类器件技术成熟，可靠性高，但是这种器件的操作电压大，且转变速率慢，已经不太适用于新型低功耗类脑芯片的发展。

FeFET 是通过将铁电材料代替晶体管中传统的栅氧材料，利用铁电材料极化状态受电场调控翻转的特性来调控沟道电导。FeFET 是一种被广泛研究的非易失性存储器，其转变速度快，转变能耗低且可靠性较高。但是传统的铁电材料较厚，结构复杂，制备工艺与 COMS 工艺不兼容，难以集成，因此不适合用来实现大规模集成的人造突触。近年来 HfO_2 基铁电的发现为 FeFET 的尺寸微缩和集成问题提供了有效的解决方案，有望实现基于 FeFET 人造突触的新型类脑芯片。

离子晶体管也是一种新型多端器件，采用含有可动离子（如（如 H^+，Li^+等）的电解质材料代替传统的栅氧层（图 12-2-3B）。在外加电场的作用下，电解质材料中的离子发生移动，在较小的电刺激下依靠电容效应诱导沟道中载流子浓度发生变化，实现对沟道电导的易失性调节，而在较大的电刺激下可动离子可以通过电化学反应由电解质注入到沟道中，产生离子掺杂作用，实现对沟道电导的调控。这种基于离子移动的电导转变方式与生物突触的离子动力学过程十分相似，而且能够模拟包括短时程突触可塑性和长时程突触可塑性等多个生物特性。目前基于离子晶体管的人工突触具有能耗低，稳定性好等优势，但也存在与标准 CMOS 工艺不兼容，转变速度慢等问题。

基于新型纳米器件的人工突触在构建类脑芯片上存在巨大优势，近年来该领域引起了学术界和工业界的极大兴趣，发展迅猛。但新型器件种类繁多，各具特色，且类脑芯片的应用场景多样，对器件的需求也各有不同，目前还没有公认的满足通用需求的新型人工突触器件。另外，还未建立基于新型纳米器件的完备实现技术方案，尚未有成熟的芯片面世，仍需材料、器件、架构、算法等方面专家学者的共同努力。

（三）感知突触

前面小节中我们根据器件的结构把新型突触器件分为了两端和三端两大类型。通常情况下，其接收的激励信号为电压或电流信号，在电信号刺激下器件的电导发生暂态或稳态变化，从而模拟生物突触的短时程或长时程可塑性特性，支持电信号的预处理以及系统的学习和记忆相关功能。近期研究表明，通过特殊的材料设计，上述突触器件还可以直接响应光信号的刺激，称为光突触或者感知突触。感知突触的构建使得信号可以直接在感知端进行预处理，降低后期数据处理的冗余度，从而提升计算的效率。此外，赋予感知突触不同的权值，还可以实现感算一体或感存算一体化的应用。

近年来，已有大量工作报道了感知突触的功能，常见于一些光响应金属氧化物以及二维半导体材料中。根据调制信号的不同，这里我们将感知突触分为两大类，一类是电信号调制光信号响应的光感知突触；另一类是全光调制的光感知突触。顾名思义，第一类感知突触指的是器件状态固定时，器件对于光信号的响应度不变，但是该响应度可以通过电信号进行调制。该类型的突触器件常见于光响应度可调的光电探测器中，构成的阵列被证明可以实现感算一体化的功能，提高视觉图像信息的处理效率。相对而言，第二类突触器件的光响应度可以直接通过光信号进行调节。2019 年，香港理工大学柴扬等人利用 MoO_x 材料制备的光电阻变器件可以作为第二类感知突触器件的典型工作代表。在弱光强刺激下，该器件表现出短时程记忆特性，作者利用该特性验证了光信号的过滤功能，增加了图像的衬度，从而提高了后续系统的学习效率。此外，在强光强刺激下，该突触器件还可以存储光信号，模拟光信号调制的长时程可塑性机制，支持感存一体化功能的实现。

第三节　人工神经元

一、神经元结构与模型

在前面小节中我们讲述了突触的相关功能和硬件实现方案，本小节将从生物神经元的工作机制出发，论述当前的神经元模型并分别探讨基于传统硅技术和基于新型纳米器件的神经元电路的实现原理及方案。

当生物系统实现相关功能时，神经元和突触是密不可分的，需要两者的相互配合。神经元接收整合来自突触前神经元的动作电位信号并在达到阈值条件时产生动作电位向其他神经元传输。生物体中信号以离散的动作电位进行信息传输是实现高效计算的重要原因。简单来讲，神经元的核心功能是对输入的信号进行时空整合并产生动作电位信号。一个典型的神经元电路包括树突（输入）、胞体（膜电位积分）和轴突（输出）。后神经元的树突与胞体一起接收和整合前神经元的兴奋或抑制信号，提高膜电位。一旦膜电位超过阈值，轴丘就会通过电压门控离子通道的开启或关闭产生一个“全或无”动作电位（AP）。AP 的“全有或无”特性使生物神经元发挥信号增益功能，保证 AP 在深度网络中的传输。放电后，膜电位在不应期内恢复到静止状态，为下一个放电事件做准备。轴突末梢（前神经元）和树突末梢（后神经元）形成突触，其强度（突触权重）决定了从前神经元传递到后神经元的信号强度。

为了在电路上或者数学上描述神经元产生动作电位的过程，研究人员相继提出了各种各样的神经元模型。在电路实现和算法应用方面，漏电积分激发（LIF）神经元模型和 Hodgkin-Huxley（H-H）模型为常用的两个模型，下面将主要针对这两个神经元模型进行介绍。图 12-2-4A 给出了 H-H 神经元的电路模型原理图，该模型是一种生物物理模型，由 A. L. Hodgkin 和 A. F. Huxley 于 19 世纪 50 年代提出。在该模型中分别用两个可变电阻（R_{Na} 和 R_K）表示生物神经元的 Na^+和 K^+通道，电容器表示生物膜，另外用一个固定电阻 R_L 表示生物膜的漏电通道。其中 R_{Na} 和 R_K 的开启电压不同，该神经元电路工作时对电容器充电使得膜内电位上升，R_{Na} 先打开，R_K 后打开，根据两个通道打开顺序的不同使得膜内电位变化，产生动作电位。H-H 模型可以实现生物神经元的 23 种发放模式。相比于 H-H 模型，LIF 神经元模型相对来说比较简单，如图 12-2-4B 所示。该模型是一种行为现象模型，其目标是使用简单的数学抽象捕捉神经元的输入–输出行为。它使用电容器作为生物膜对输入信号进行积分，R_L 作为漏电回路的电阻，阈值开关（或者可变电阻）作为离子通道。LIF 神经元工作时，对电容器充电同时伴随着 R_L 的漏电，当电容器上的电压达到一定值（膜电位的阈值）时，阈值开关打开，膜电位降低至 u_{rest}（静息膜电位）。该神经元电路并不能实现生物神经元的 23 种模式，但由于其数学公式比较简单，计算量比较小，因而是脉冲神经网络算法验证中常用的神经元模型。

二、基于硅技术的人工神经元

（一）数字型人工神经元

得益于当前数字计算机的发展，利用数字逻辑门和寄存器模拟实现神经元的功能是当前工程实现类脑芯片的主要方式，例如在 IBM 的 TrueNorth 以及 Intel 的 Loihi 以及浙江大学的达尔文等芯片中的神经元都是采用了这种实现方案。如图 12-2-5A 所示，在最简单的全数字神经元电路实现中，轴突和树突分别作为字线和位线，存储器位于字线和位线之间用于存储权值实现突触的功能，计数器和比较器模拟胞体实现积分和比较的功能。电路工作时，每次从一个存储单元（突触）中读出一个 1，由传入的脉冲（轴突）触发，计数器就会增加（树突）。

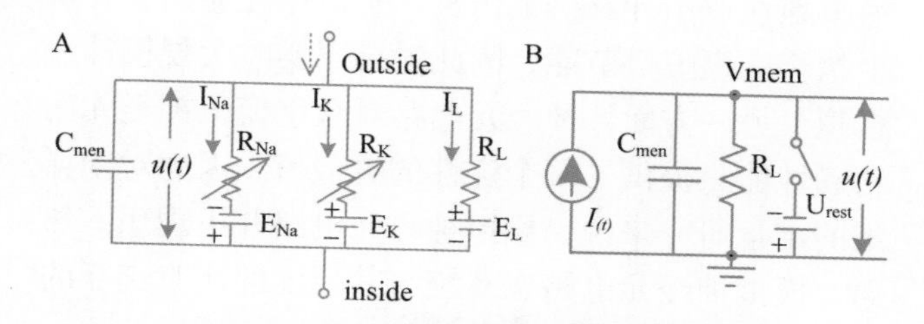

图 12-2-4　常用神经元模型电路结构原理图

A. H-H 神经元模型电路结构原理图；**B**. LIF 神经元模型电路结构原理图

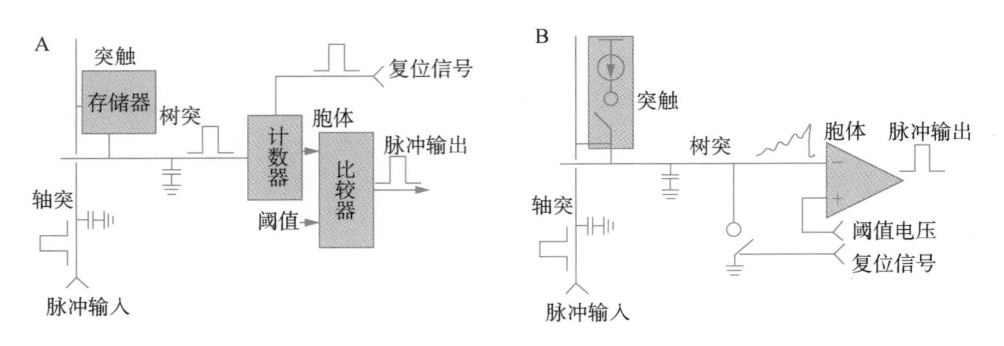

图 12-2-5 基于硅技术的人工神经元电路原理图
A. 数字型人工神经元电路原理图；B. 模拟型人工神经元电路原理图

计数器的输出与数字存储的阈值进行比较（soma），超过阈值时触发脉冲，然后计数器复位，循环重新开始。

（二）模拟型人工神经元

数字电路和模拟器对于探索神经网络的定量行为是方便和实用的。然而，它们并不适用于实现实时行为系统，或对神经系统进行细致的大规模模拟。即使是迄今为止最大的超级计算系统，在模拟多个皮质区域时也无法获得实时性能，而且不足以囊括不同的神经元特性细节。利用并行图形处理单元（GPU）或现场可编程门阵列（FPGA）的定制数字系统可能在适当的时候提供这样的功能，但尚不清楚这样的系统是否能够接近它们在中枢神经系统中模拟的神经元和突触的密度、能量效率和灵活性。我们知道大脑在工作时是以模拟的方式运行，这与传统计算系统中的数字原理有着根本的不同，由此引发了神经形态工程领域的研究（Mead，1989）。模拟型人工神经元是一种模拟/数字超大规模集成（VLSI）电路，模拟真实神经元和导体的电生理行为。使用模拟型神经元的神经系统可以实时运行，并且网络的速度与神经元的数量或它们的耦合无关。模拟型神经元提供了一种媒介，在这种媒介中，神经元网络可以直接在硬件中模拟，而不是简单地在通用计算机上仿真。它们比在通用计算机上执行的模拟更节能，因此适合于实时大规模神经模拟。另一方面，神经元电路对数字模拟神经元的精确性能只提供了一个定性的近似值。因此对于详细的定量研究来说，模拟神经元电路并不理想。然而，模拟神经元电路在系统与其环境的实时交互的问题时展现出独特的优势。

图 12-2-5B 给出了斯坦福大学 Neurogrid 芯片中的一种最简单的全模拟的积分发射神经元电路。轴突、突触、树突和胞体分别由一根导线、一个开关电流源、另一根导线和一个比较器模拟实现。开关电流源的偏置电压决定了突触的权重，它以模拟或数字的方式进行存储；对于数字型的突触实现则需要一个额外的数模转换器。当前神经元的脉冲信号到来时，突触电流在电容器上进行积分，电容器上的电位达到一定的阈值时，比较器输出高电平。同时，一个复位脉冲 Reset 将比较器的输入端置地，同时对电容器放电，电容器复位然后重新开始准备下一次的放电。这时比较器的输出端变为低电平，整体表现为输出一个脉冲信号。若在该电路上实现漏电积分的神经元特性，通常在积分电容器与比较器的正向输入端口之间引入一个泄露通道，该通道可以采用偏置的晶体管并接地实现。

三、基于新型纳米器件的人工神经元

从上述基于硅技术的神经元电路可以看出，由于传统硅器件缺乏内在的神经动力学特性，其构成的神经元结构复杂，在高密度上存在巨大挑战。因此，利用具有神经动力学特性的新型器件，例如 RRAM，PRAM，FeFET 等，构建更高效的神经元电路受到科研工作者的广泛关注。当前，新型神经元电路的实现主要基于 LIF 神经元模型和 H-H 神经元模型，下面将从这两种模型出发阐述神经元电路的实现方案。

（一）（Leaky）Integrate-and-Fire 型神经元

由于 LIF 神经元电路的实现相对比较简单，已报道了较多的研究工作。在 LIF 神经元电路中，电容器作为积分单元，易失性阈值转变忆阻器作为阈值开关同时作为漏电通道，如图 12-2-6A 所示。图 12-2-6B 给出了所用器件的直流特性，可以看到具

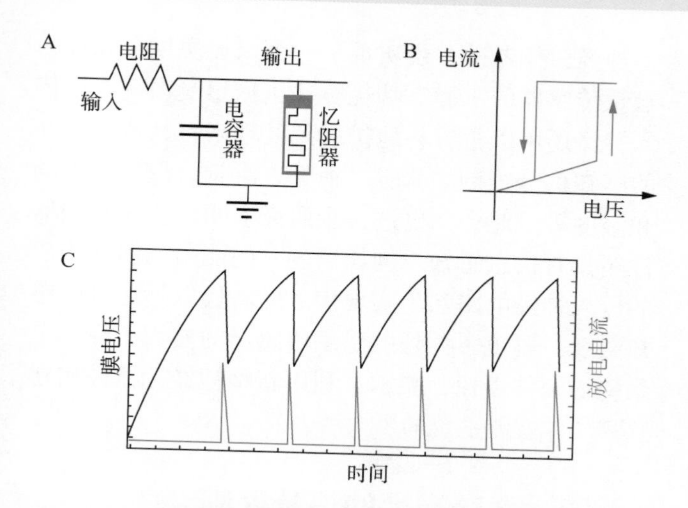

图 12-2-6　基于易失性阈值转变忆阻器的 LIF 神经元电路原理图及放电特性

A. 基于易失性阈值转变忆阻器的 LIF 神经元电路；B. 易失性阈值转变忆阻器的 I-V 曲线；C. LIF 神经元的漏电积分发射特性：电容器膜电位电压的变化以及放电过程中流过器件的电流变化

有易失性阈值转变的特性。该神经元电路的工作原理如下，连续的电流脉冲输入对电容器进行充电，完成积分功能，电容器上的电压升高。当电容器上的电压达到器件的阈值时，器件转变为低阻态，然后电容器通过忆阻器回路进行放电，电容器上的电压迅速降低，完成放电过程，如图 12-2-6C 所示。器件初始态为高阻态，当电容器上的电压达到阈值电压时器件变为低阻态，这时流过器件的电流迅速增加，形成电流尖峰信号。随着电容器放电，电容器上的电压不足以保持器件的低阻态，器件自发回到高阻态，从而可以为下一次的放电做准备。需要指出的是，在脉冲输入的过程中，电容器也会通过忆阻器回路漏电，因此，整个过程是漏电积分发射的过程。

基于此工作原理，阿贡国家实验室纳米材料中心的 J. Lin 等人、圣母大学的 M. Jerry 等人以及中国科学院微电子研究所的 X. Zhang 等人先后利用易失性阈值转变忆阻器实现了 LIF 神经元电路的设计。特别的，X. Zhang 等人进一步利用该类型的神经元电路搭建了脉冲神经网络系统并进行了硬件的验证。此外，还有许多基于不同结构的易失性阈值转变器件的研究工作报道了 LIF 神经元电路的相关特性。除了利用这种易失性阈值转变忆阻器以外，英国埃克塞特大学 R. A. Cobley 等人利用非易失性忆阻器 SET 过程中的阈值转变特性作为电阻开关并辅助以 RESET 操作，也实现了 LIF 神经元电路功能的验证。所述神经元电路中积分功能是由电容器实现的，忆阻器通常是作为阈值开关使用。前面我们提到忆阻器在实现生物突触功能仿生的过程中可以表现出连续脉冲刺激下电导的积累，该特性也可以看成是器件电导的积分过程。因此可以用来实现神经元中电容器的积分功能，构建无电容器的神经元电路，从而实现更加紧凑的神经元电路。2016 年，IBM 的 T. Tuma 等人利用相变忆阻器实现了这样一个无电容的神经元电路。在该工作中，神经元的膜电位由相变器件的相结构表示。器件初始态为非晶态（高阻态），上电极接收整合后的前神经元的输入信号，在该信号的刺激下器件的相结构逐渐晶化，器件电导逐渐增加，当电导增加到所设定的阈值时，触发脉冲发生模块产生脉冲输出同时反馈给突触，并根据 STDP 学习规则调整突触的权值。当器件的电导达到阈值触发输出脉冲后，外围 RESET 电路会将器件复位到初始的低电导状态以进行下一次的积分发射操作。此外，由于器件相结构的变化具有随机性，因而神经元电路发射的频率也具有随机性。T. Tuma 等人进一步利用该随机性验证了生物神经网络中的族群编码功能并实现了时序信号的检测。

在上述电路的实现过程中，由于器件具有非易失特性，通常需要额外的 RESET 电路在每一次放电后将器件复位，这在一定程度上增加了外围电路的复杂度。考虑利用易失性的器件实现神经元电路的设计是一种有效的解决方案。2018 年，美国马萨诸塞大学杨建华教授课题组利用离子扩散型忆阻器进行了神经元电路的仿生工作。在该工作中，由于器件具有阈值转变特性，不需要额外的阈值比较电路，另外器件的易失特性也省略了 RESET 电路的设计。器件的初始态为高阻态，在脉冲输入下器件进行积分，当积分脉冲的数目足够多时器件导通，响应电流突然增大，对应发射行为。神经元每次放电结束一段时间后再次输入脉冲刺激又会进行新的积分发射过程，这说明器件自发恢复到了初始高阻态。另外在输入脉冲间隔内，器件的积分效果也会有一定程度的泄露，因此，实现的是漏电积分发射的神经元功能。基于该神经元，他们进一步验证了全忆阻的脉冲神经网络并实现了非监督学习，为构建全忆阻类脑芯片提供了可能。

（二）Hodgkin-Huxley 型神经元

除了实现 LIF 神经元电路以外，基于忆阻器的 H-H 神经元电路是实现新型神经元的另一个重要途径。H-H神经元电路的实现通常要求器件具有易失性阈值转变特性。目前，基于忆阻器实现H-H神经元电路的工作主要有两个，一个是2013年HP实验室的工作，另一个是2018年HRL实验室的工作。在HP实验室的工作中，M. D. Pickett等人利用两个易失性阈值转变忆阻器分别作为Na^+离子通道和K^+离子通道，然后辅助以简单的电阻耦合实现了神经元的阈值放电、全或无动作电位、无衰减传输、不应期以及周期放电、震颤放电和快速放电神经元行为。为了进一步实现更多的神经元放电模式，2018年，HRL实验室的W. Yi等人利用易失性阈值转变忆阻器作为离子沟道，并调整了电路的实现方式，模拟了生物神经元中的23种放电模式，该工作为利用忆阻器基神经元构建功能完备的人工大脑提供了可能。

除了以上工作外，基于铁电材料、磁材料等实现的无电容神经元电路也相继有报道。需要指出的是，利用忆阻器实现神经元有利于构建紧凑的神经形态机器，然而该领域的研究刚刚起步，神经元的功能还比较单一，尚未达到系统级的应用，需要国内外相关学者的共同努力。

（三）神经元的应用分类

广义上，生物系统中用于信号接收和传输的细胞单元都可以称为神经元。狭义上，根据生物神经系统的工作阶段，神经元大致又分为感觉神经元、皮质神经元和运动神经元。从应用层面讲，在大多数神经网络计算中，神经元模拟的是大脑皮质中的皮质神经元，输入神经网络中的信号是已经经过感觉神经元加工和预处理后的脉冲信号。在生物系统中，感受器和传入神经共同组成感受神经元部分，传入神经实现感受器感知的模拟信号到动作电位的转换。在硬件实现上，如果将传感器感知到的信号用于后续神经网络进行处理，通常也需要一个信号转换模块将该模拟信号转换为脉冲信号，该模块充当传入神经的功能。因此，传感器和该人工传入神经模块实现感受神经元的相关功能。

近期研究表明，基于新型纳米器件的神经元也可以在感知端实现传入神经的功能，将感知端的模拟信号转换为频率信号以进一步用于后续神经网络处理。2020年，Zhang X等人基于易失性阈值转变忆阻器首次验证了一种人工脉冲传入神经电路作为传感器与脉冲神经网络的紧凑接口，系统研究了传入神经放电频率与外界刺激强度的关系。利用该传入神经，作者进一步实现了一个以无源压电元件为触觉传感器的零静态功耗脉冲机械感受系统。该传入神经还可以很容易地扩展到处理来自其他传感器的感知信号，例如味觉、视觉、听觉、温度、磁场和湿度等。此外，更进一步研究表明，构建新型器件还具有信息感知（例如温度）的能力，因此构建的传入神经电路除了实现信号的转换以外还可以感知温度，避免了额外的温度传感器的使用，降低了系统的硬件损耗，展示了利用新型神经元器件构建感算一体智能系统的巨大潜力。

四、类脑芯片的设计原则

（一）类脑计算完备性理论

类脑计算的发展需要如脑科学、计算机科学、微电子科学、材料与物理科学等的学科交叉协同配合发展。而类脑计算作为新兴学科，各学科之间的分层与解耦并没有形成统一的规范，这在一定程度上阻碍了类脑计算的发展。

回顾传统计算机系统的发展历史，我们可以总结出一个构建新的计算系统方法论，即将计算系统要支持的范围抽象总结为一个完备性约定，并利用此完备性约定实现系统层次的解耦。进一步地，总结丰富该计算系统具有的范式，并利用该范式实现系统各层的高效协同。

以传统计算机为例，首先是解耦：图灵完备性为整个计算机层次的软件与硬件划定了一个范围，提供了一种保证。即软件可以是任何图灵机支持的算法。硬件是图灵完备的，即可以运行任何在图灵机上运行的算法（可以模拟图灵机）。图灵完备像是软件与硬件之间的一种“协议”，只要大家都满足这个协议，就可以分别独立发展，不受对方的约束。

其次是统一：图灵机的执行模型赋予了计算机层次一些统一的范式，不论是上层的软件还是底层的硬件。而冯诺依曼架构的提出进一步的丰富了该范式，使得其编程语言，硬件大部分都潜在的遵守该范式。这个范式进一步地丰富了完备性协议的内容，使得软硬件可以在统一规范下描述，从而保证了各层之间的协同发展。

传统计算机就是在图灵完备的技术上，构建三层系统层次，包括硬件层、软件层（编程语言与应用层）以及连接二者的编译层。基于这一系统层次，传统计算机的软件与硬件可以灵活自由发展，逐渐形成了我们现有的繁荣的计算机生态。

所以受此启发，清华大学的研究人员引入了类脑完备的概念。定义：针对任意给定误差 $\epsilon \geqslant 0$ 和任意图灵可计算函数 $f(x)$，如果一个计算系统可以实现函数 $F(x)$ 使得 $\| F(x) - f(x) \| \leqslant \epsilon$ 对所有合法的输入 x 均成立，那么该计算系统是类脑计算完备的。

该定义放松了图灵完备的定义，以此可以实现如下三点：

1. 软件的编程灵活性 软件的设计可以是图灵完备的，即可以脱离硬件的约束，灵活发展。

2. 硬件的高效性 硬件只需做到类脑完备，不需要做到图灵完备，其只需完成类脑完备性提出的最低要求，并将其余精力放到性能上。

3. 编译过程的可行性 编译过程可以做到将“图灵完备的”软件部署到“类脑完备的”硬件上。在这个过程中也产生了传统编译过程没有的优化空间。

类脑完备性并不旨在计算理论相关的讨论或者定义一个系统是否是类脑的，最根本的，类脑完备性可以作为一种类脑各层次解耦的基础，在此基础上可以像传统计算机那样构建类脑系统层次，如图12-7。在各层次解耦的前期下，各层次可以利用自己的专业知识做到高效发展。

类脑完备性的定义给出了一种我们看待类脑计算的视角的转变，类脑完备性的定义强调通用逼近，这里面主要有两个含义：

通用：在通用计算中，通用表示一个系统可以做到任何单带图灵机可以做到的事情。一般将图灵机所能支持的计算，作为计算的全集。所以通用逼近中，也是指对于这个全集中的计算，都可以进行逼近。

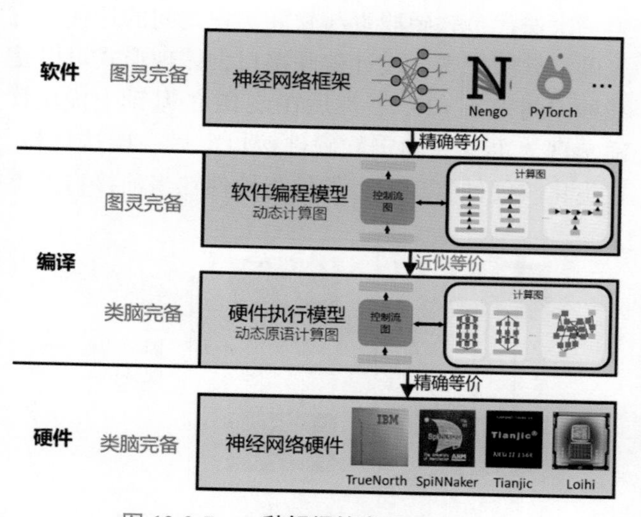

图 12-2-7 一种解耦的类脑系统层次

逼近：逼近指相比于精确计算，可以有一个误差 ϵ。通用计算要求系统必须拥有模拟图灵机的能力。注重计算完成的过程，而通用逼近更注重结果，如查找表无法做到通用计算，但可以做到通用逼近。

类脑完备转换我们理解计算的角度，即从准确到近似，从对过程的关注转变为对结果的关注。对于计算过程的忽略可以使我们无需关注硬件实现的完整逻辑，而是保证硬件拥有可以近似实现的功能。即解放硬件设计中存在的大量逻辑负担的潜力，将部分复杂性交给模糊本身，从而提高用硬件设计的上限。另一方面，近似的完备性保证可以使得硬件设计放弃需要保证算法逻辑完整运行的额外代价，进一步提高硬件效率，扩展整个系统可优化权衡的空间。

类脑完备性无法定义一个系统是否是类脑的，但以类脑完备性为锚点，我们可以丰富类脑计算的范式，即以下四大特点：高度并行、存算一体、事件触发、近似计算，提供具有类脑特点的算力服务。

（二）软硬协同设计

软硬协同设计是发展类脑计算的一个重要方法，软硬协同设计一般指当软件与硬件同时发展时，软件和硬件可以同时优化，以达到某个系统性的目标。软硬协同设计的最初做法是使用一套统一的语言描述硬件和软件，在统一的描述下，实现统一的优化。在类脑芯片以及与其类似的神经网络加速器领域，软硬协同设计被大规模的应用，且其含义得到了不断的扩展。有时协同的双方也会分的更细，比如叫算法-硬件协同设计。一般来说，软硬协同设计的目标旨在优化软件与硬件设计，提高系统整体的性能，这个过程中也伴随着软硬件的协同验证。

软硬协同设计对于类脑计算的发展的意义主要体现。

1. 软硬协同设计可以将一个领域特定架构不断优化到极致。

2. 类脑计算领域属于较为新兴的领域，没有完善的软硬件解决方案，所以软硬协同设计对于早期软硬件架构的探索尤为重要。

3. 对于类脑芯片这样拥有复杂设计探索空间的硬件，软硬协同设计有助于帮助我们更科学地找到合理的设计。

软硬协同设计在不同语境下有不同的含义。对

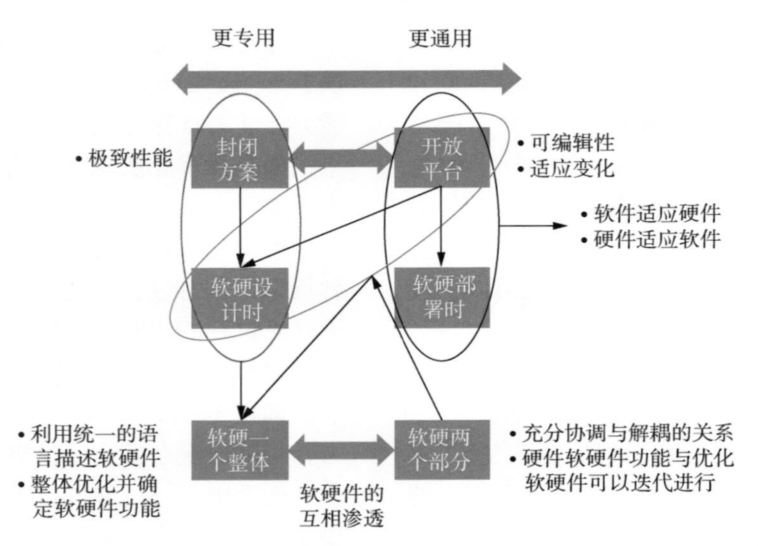

图 12-2-8 软硬件协同设计的分类与不同分类的关联

于一般的计算系统，可以分为面向某个解决方案的专用系统，以及面向开放生态的平台式系统。对于前者，一般会从算法到硬件提供一整套的解决方案。对后者，则期望在一个较为开放的平台上形成一个繁荣的生态，该生态会支持不同的（且往往是设计阶段无法穷举的）算法或硬件。所以其在追求性能的同时，往往也要追求一定的可编程性与可移植性，以适应算法与硬件的变化。

软硬之间的交互也会发生在不同的时间段，简单的分类是，软硬件设计时和软硬件部署时。

软硬件部署时的软硬交互又可以分为软件适应硬件与硬件适应软件。软件适应硬件的代表性工作包括神经网络的量化、剪枝、压缩等。另外一类重要的工作是用一种编程模型抽象描述硬件环境，然后将算法用该编程模型描述出来。代表性的工作为TrueNorth的编程模型：Corelet。硬件的底层细节通过Corelet暴露给软件，软件需要以Corelet的形式呈现以满足硬件的约束。

硬件适应软件的思想基本出现在了大部分类脑芯片的设计中。比如类脑芯片中普遍采用采用地址事件表示（address event representation，AER）的路由方式，该路由方式考虑了脉冲神经网络中的脉冲发放特点（Li Y et al，2020）。

真正意义的软硬件协同发生在软硬件都在设计阶段时，其核心在于软硬设计的迭代，其目的可以总结为如下两点：划分软硬件职责、优化软硬件实现。

我们可以大致把软硬协同的做法分为两类，一类是将软硬件看作一个整个去优化，另一类是将软硬件看作两个部分，且两个部分互相迭代优化。图12-2-8展示了不同语境、不同分类下的软硬件协同设计的方法。

第一类尽可能用统一的语言描述软件与硬件，然后针对特定目标优化软硬整体。如Google的EfficientNet-EdgeTPU工作，其利用AutoML技术处理TPU所适用的网络结构，且可以根据网络的设计迭代。这一类做法可以达到传统流程很难达到的极致性能，得到一个针对具体问题的局部最优解。但其缺点在于，软硬件的解耦被打破，软件与硬件都会涉及对方的很多细节，极致的软硬协同事实上限制了软硬的进一步发展。所以该方法更适用于面向某个解决方案的专用系统。

另一类做法是将软硬件看作两个部分，且两个部分相互迭代优化。这一类做法试图平衡软硬之间的解耦与协同。比如图12-2-9展示的两层迭代法。第一次迭代是软硬职责与软硬实现之间的迭代。首先确定软硬职责，设计软硬接口，体现形式可以是某种中间表示（IR），然后在该IR的基础上优化软硬实现，再重新确定软硬件接口。另一层迭代是，在优化软硬件实现时，软件与硬件在当前接口下不

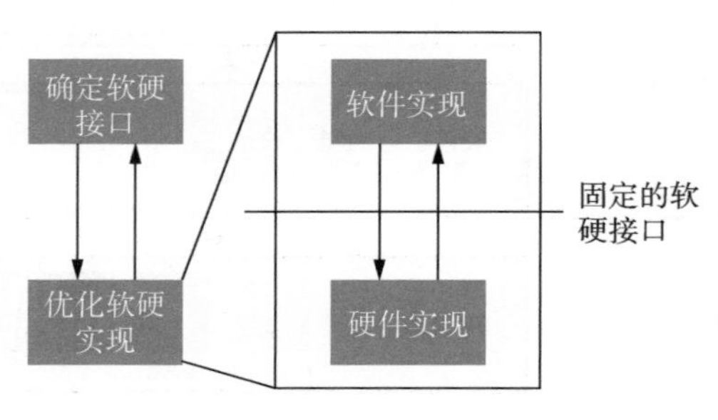

图 12-2-9 软硬协同设计的两层迭代法

断给对方反馈，对方依据此反馈优化实现。

类脑计算作为下一代潜在的革命性计算架构，应考虑向通用性适度靠近，并试图创建繁荣的类脑生态。因此，类脑计算系统可以更多的考虑解耦与协同的平衡，以类脑计算范式（如高度并行、事件触发、存算一体、近似计算等）丰富软硬件的共识，并以此作为协同的基础。

（三）类脑计算芯片发展路径

利用超大规模集成电路来实现神经网络模型，构建类脑感知和计算系统，是由 Carver A. Mead 等人在 20 世纪 80 年代末提出的。从不同的角度出发，目前的类脑计算芯片可以分为不同的类别。例如，从所支持的计算模型角度，可分以人工神经网络为主的加速器芯片（利用空间复杂性）、以脉冲神经网络为主的神经形态计算芯片（利用时空复杂性）、跨范式的异构融合类脑计算芯片（同时利用空间复杂性和时空复杂性）等；从数据表达角度，可分为数字电路和数模混合电路两种类型（纯模拟电路难以大规模扩展）；从与传统计算架构的背离程度而言，除以冯 · 诺依曼架构为主的人工神经网络加速芯片外，其他芯片可从上到下大致分为程序级、架构级、电路级和器件级四个层次。按照支持模型和数据表达角度的分类方式比较简单，直接从运行模型和电路技术即可判别，因此这里重点阐述上述第三种分类方式。

程序级的类脑计算芯片，不采用传统串行的、精确的编程范式，而是采用大量并行的、事件驱动的、运行时容错的编程范式。基于通用处理器架构，在软件的支持下模拟具有复杂可塑性机制的神经网络。英国曼彻斯特大学的 SpiNNaker 是程序级的代表。SpiNNaker 是冯 · 诺依曼架构的类脑并行分布式扩展，每块芯片依旧呈现典型的冯 · 诺依曼特性，如存储与计算分立、存储并执行程序等，但由许多芯片构成的网络则呈现大量并行、事件驱动、各芯片独立存储等脑架构特性。

架构级的类脑计算芯片，不采用传统的冯 · 诺依曼架构，而采用定制的数字电路来实现适度的存储与计算融合，以缓解内存墙效应，提高系统运行效率。IBM 的 TrueNorth、Intel 的 Loihi、清华大学的 Tianiic 和浙江大学的达尔文是架构级的代表。这四款芯片在整体架构层面都很相似，但在设计目标和实现方式上有不同的侧重点，TrueNorth 和达尔文以脉冲神经网络的推理过程为主、Loihi 以脉冲神经网络的学习过程为主、Tianjic 则以跨范式融合网络模型的推理过程为主。四款芯片都由众核组成单芯片，进而由芯片阵列通过二维网格路由拓扑组成板级系统和更大规模的类脑计算平台。其与程序级类脑计算芯片的最大区别在于，每块芯片不再采用通用处理器核与片外存储器，而是采用定制的专用核架构与片上 SRAM 存储器，实现一定程度的存储与计算融合从而提升运行效率。

电路级的类脑计算芯片，不采用完备的数字逻辑电路，而是采用模拟电路来实现描述神经元电特性的微分方程，发挥模拟电路时间连续、取值连续、集成度高、功耗小的优点。德国海德堡大学的 BrainScaleS 是电路级的代表。BrainScaleS 利用定制模拟神经元，采用超阈值模拟电特性进行神经元动力学仿真的同时获得很小的时间常数，可以实现比真实生物大脑快 1000 ～ 10 000 倍的运行速度；神经元间采用数字板搭载 FPGA 进行路由通信。

器件级的类脑计算芯片，不采用 CMOS 器件或器件的常规工作状态，而是采用定制的器件或器件的特殊工作状态模拟神经结构，以获得最大化的模型精细程度、集成度和模拟规模。除采用新器件（如忆阻器等）的类脑计算芯片外，美国斯坦福大学的 Neurogrid 是器件级的代表。Neurogrid 利用模拟神经元芯片，通过树形数字路由网络连接构成网络。神经元芯片利用硅晶体管的亚阈值模拟电特性实时仿真神经元离子通道的动力学行为，包括轴突电路、胞体电路、不应期与钙钾离子电路、突触电路等。通过利用动力学系统的方法能够把各种神经元模型（如 Hodgkin-Huxley）映射到模拟电路中。

值得注意的是，上述四个层次中，由上而下模拟生物神经结构的层次越来越低，越往下层越接近生物真实，但越难以与通用处理器进行通信。

五、类脑计算芯片核心技术

（一）人工神经网络专用加速芯片

人工神经网络加速芯片是类脑计算芯片的一个专用子集，主要用于处理人工神经网络模型，其诞生是为解决通用处理器执行人工神经网络模型效率低的问题。人工神经网络也可以沿用上述类脑计算芯片的分类方式：从数据表达角度可以分为数字电路和数模混合电路两种类型；而从背离冯 · 诺依曼架构的程度而言，大多数人工神经网络加速芯片都采用冯 · 诺依曼架构，也存在少数芯片可归为架构级（如英国的Graphcore、以色列的Habana、阿里巴巴平头哥的含光等）和器件级（如忆阻器、SRAM/DRAM/Flash变体等新型存储器件技术）。事实上，在人工神经网络加速芯片领域，更流行的分类方式是从性能优化角度进行区分的，大致可以分为纯硬件优化设计和软硬件协同优化设计两大类。

早期可支持大规模人工神经网络的加速芯片大多属于纯硬件优化类型，典型的代表有中科院计算所的DianNao系列和寒武纪系列、麻省理工学院的Eyeriss、谷歌的TPU、清华大学的Thinker等。硬件优化的手段主要通过设计并行度高的计算单元、本地性好的缓存体系、提升数据的片上复用率以降低外存带宽需求等。例如，DaDianNao将权重存储单元分布至各个计算单元块内部以获得较高的存储本地性，降低长距离数据读取的延迟。Eyeriss、TPU和Thinker都设计了一个由处理单元（processing element，PE）构成的脉动阵列（systolic array），可高效执行神经网络的主要操作—矩阵乘法，并设计由外存、全局缓存和PE内局部缓存构成的存储体系提高数据访问效率，典型架构如图12-2-10所示。

人工神经网络加速芯片的运行模型主要以卷积神经网络为主，该模型的卷积操作具有大量的数据可复用特性，由此衍生出几种典型的数据复用架构，包括权重复用、输入复用、输出复用、按行复用等，如图12-2-11所示。这里以Thinker采用的输出复用为例讲解脉动阵列工作原理。输出部分和（psum：partial sum）缓存在每个PE中保持不移动，而输入激活值和和权重参数沿PE阵列的行方向和列方向顺序输入并在PE间传递，psum在PE每次

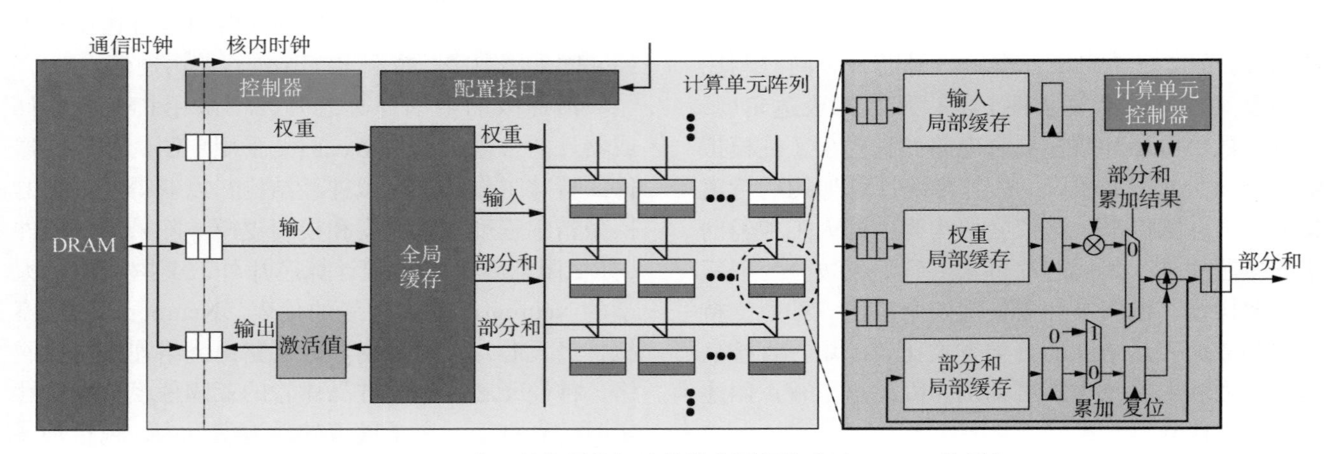

图12-2-10 人工神经网络加速芯片典型架构（以Eyeriss为例）

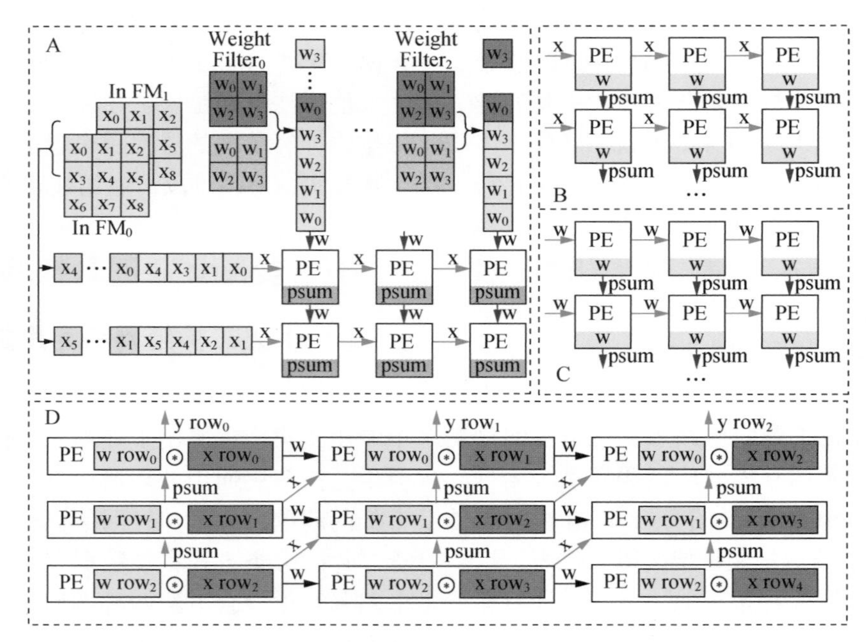

图12-2-11 人工神经网络加速芯片各种数据复用类型

A. 输出复用；B. 权重复用；C. 输入复用；D. 按行复用

计算出新的输入和权重乘积时就地累加更新。整个过程中，每个 PE 行复用相同输入，而每个 PE 列则复用相同权重。可见，数据复用提升了数据的片上复用率，从而可以有效降低对外存带宽的需求，提升运行性能并降低功耗。

上述架构仍然属于冯·诺依曼架构，值得注意的是，存在少数人工神经网络加速芯片也在架构级和器件级打破冯·诺依曼架构。例如 Graphcore、Habana、和含光则借鉴了支持脉冲神经网络模型的神经形态芯片，采用了众核去中心化架构的设计思路来支持人工神经网络芯片的运行。

和冯·诺依曼架构芯片相同的是，架构级人工神经网络加速芯片仍然使用数字电路进行计算—每个矩阵向量乘法操作都会被拆分成许多乘加操作，然后逐时钟周期运行。器件级的人工神经网络芯片则主要是指采用存算一体的新器件来取代传统由乘加器和局部缓存构成的 PE 阵列计算单元（图 12-2-12）。存算一体架构芯片实现的技术路径很多，从器件角度可以分为基于新兴非易失性存储器和基于传统存储器等，从电路实现方法角度可以分为电流域、电荷域等。总体而言，由于制造上的困难，这类加速芯片尚处于原型研究阶段，还未被广泛应用。

新兴的非易失性存储器技术被广泛用于器件级加速芯片。例如，美国加州大学圣芭芭拉分校的 PRIME 使用阻变存储器（RRAM）；美国犹他大学基于电阻式存储器设计了卷积神经网络加速芯片架构 ISAAC；惠普公司提出了基于忆阻器的 PUMA 加速芯片，并设计了专用的指令集架构和模拟器，使其具有良好的可编程性。无论是 PRIME、ISAAC 还是 PUMA 都只能在离线训练网络模型后加速其推理过程，而 IBM 公司将非易失性的相变存储器和传统易失性存储器件结合，设计了可以用于训练和推理的加速芯片。

上述采用非易失性存储器技术的加速芯片都使用了交叉开关（crossbar）电路（图 12-2-12 右下），在模拟域中实现矩阵向量乘法操作：crossbar 中的每一列都遵循 $I_j = \sum_i V_i G_{ij}$，其中 I_j 是第 j 列的输出电流，V_i 是第行的输入电压，而 G_{ij} 是交叉点（i, j）处器件的电导率。神经网络的矩阵向量乘法运算中的权重被预先存储为电导 G，而电压 V 和电流 I 则分别是运算的输入和输出。这一计算架构与图 12-2-11 中的权重复用架构非常相似；但在模拟域中，完成一个矩阵向量乘法只需要一个时钟周期，计算速度极快。然而，为了实现模拟计算电路与数据通信等数字电路的衔接，器件级加速芯片中通常需要数模转换器和模数转换器，这又会造成额外的开销；另外，上述的计算电路不能高效地支持矩阵向量乘法以外的标量或向量操作，因此需要额外的 PE 以支持完整的神经网络模型。

除了基于新兴非易失性存储器件，也有研究者修改传统存储器，如静态随机存储器（SRAM）、动态随机存储器（DRAM）和闪存（Flash）等，用于支持神经网络的存算一体式计算，例如密歇根大学的 Neural Cache、加州大学圣芭芭拉分校的 SCOPE 等。

纯硬件优化目前遇到了优化空间枯竭和性能瓶颈的问题，催生了近年来软硬件协同优化的人工神经网络加速芯片设计。这类设计首先在软件层面对模型进行压缩，然后在硬件层面进行设计优化以高

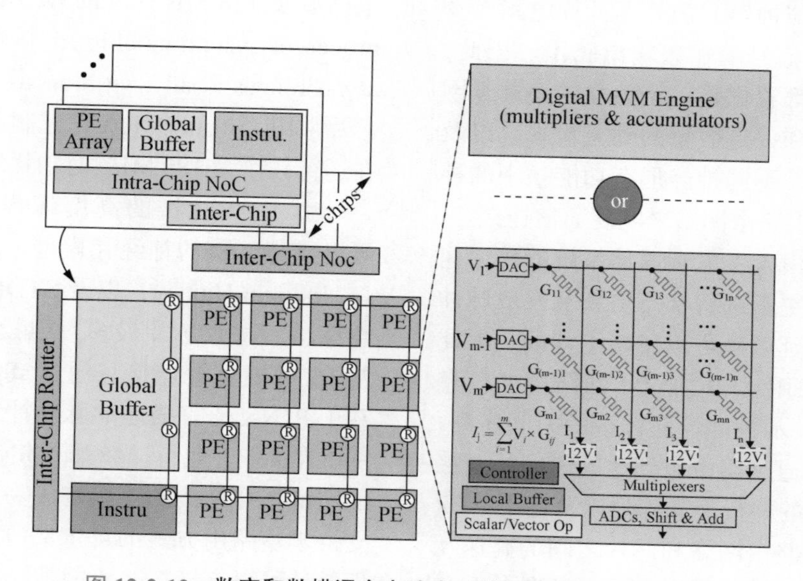

图 12-2-12　数字和数模混合电路人工神经网络加速芯片架构

效地支持压缩后的模型运行。

目前神经网络模型压缩的方法大致以四类为主：训练紧凑模型、张量分解、数据低精度量化、网络稀疏化。训练紧凑模型是指在模型学习过程中构造存储空间和计算量开销较小的模型。张量分解是指将模型中大尺寸张量分解为一系列小尺寸张量，从而降低存储空间和计算量，硬件设计过程中需要增加对张量维度重排一类操作的支持。数据低精度量化是指将模型数据类型从高精度浮点数离散化为低精度定点数，从而降低数据存储空间和单个计算操作的代价。网络稀疏化是指将模型计算图中的节点或边进行裁剪，从而减少数据存储空间和计算量。上述模型压缩方法还能够被联合使用。除主流基于冯·诺依曼架构的加速芯片外，软硬件协同优化设计的方法还被应用到了器件级加速芯片的设计中，如基于数据低精度化和网络稀疏化技术的忆阻器加速芯片设计。

（二）神经形态计算芯片

神经形态计算芯片是借鉴人脑信息处理的机制，采用分布式存算一体结构来解决冯诺依曼架构中的存储访问瓶颈问题并结合脉冲神经网络事件触发的工作机制，构建新型高效的智能计算平台和架构。

在基本结构上，多数神经形态芯片均采用片上互联网络将多个神经形态功能核互连起来的众核架构实现可扩展的神经网络连接关系。每个神经形态功能核的主要由模拟突触连接的或者逻辑上的交叉阵列（crossbar）连接构成，是主要的存储单元。除此以外，还有用于模拟神经元的外围计算电路以及同于接收和传递轴突信号的输入输出路由。因此，每个神经形态功能核都看作是一个独立的小神经网络，包含一组神经元和一定数量的轴突输入，以及二者之间的突触连接。不同神经形态功能核中的神经元通过时分复用片上路由网络来实现通信连接。

在通信协议上，由于考虑到通信系统的传递速率远高于脉冲神经元更新进行状态更新和发放脉冲的频率，因此其通信延迟是可以忽略不计的，因此神经形态芯片中均采用AER协议。网络中的信息流在AER协议下被表示为神经元标识的时间序列，脉冲发放的时间信息通过路由包到达的时间所直接表示。通过功能核内的并行交叉阵列以及基于AER协议的功能核之间的路由网络和芯片之间的高速互联接口，可以实现大规模的任意神经元互联关系和扩展。

在实现方式上，功能核之间的通信基本都是通过数据电路的方式实现，而功能核自身可以通过模拟数字混合、纯数字或者非易失存储器的方式实现。

Carver Mead教授1989年在*Analog VLSI and Neural Systems*一书中提出用专用电路实现脉冲神经网络的“类脑神经形态工程”概念之后，神经形态芯片的发展可以分为侧重脑仿真模拟和侧重高效智能计算两个方向。

在早期的神经形态芯片研究中，神经形态芯片的研究的更侧重搭建可以支撑脑科学研究的大规模的脉冲神经网络仿真平台，主要有搭建低功耗的脉冲神经网络超级计算平台以及延续Carver Mead教授的大规模数模混合电路系统两种方法。前者的代表性工作为英国曼彻斯特大学Steve Furber牵头研发SpiNNaker平台，后者的代表性工作有海德堡大学Karlheinz Meier领导开发的BrainScaleS系统和斯坦福大学Kwabena Boahen教授领导开发的NeuroGrid平台。

作为欧盟“脑计划”（human brain project，HBP）的一部分，SpiNNaker旨在建立实时仿真大规模脉冲神经网络的大规模并行类脑计算平台，从而支持10亿神经元和1万亿突触连接规模的连接。它采用了类似超级计算机的构建思路，通过多个层级的通信互联将经过特殊优化的ARM9处理器内核连接起来，并运行具有事件触发的消息处理机制的神经元仿真程序，在没有脉冲事件到来时处理器处理低功耗状态。每个SpiNNaker芯片是一个包括18个定点的ARM968 E-S处理器核、一个定制的路由接口电路以及128 MB片外的DRAM的MPSoc（multi-processor system on chip），并采用GALS（globally asynchronous locally synchronous）的时序同步机制。芯片采用130 nm CMOS工艺制造，尺寸为102 mm^2，在运行频率为180 MHz时功耗约为1 W。

由于ARM核的高度编程灵活性，SpiNNaker可以支持丰富的神经元模型，包括LIF、Izhikevich与Hodgkin-Huxley，以及STDP等常用的突触可塑性算法。每个芯片最多可以模拟16 K的神经元以及16 M的突触连接。通过sPyNNaker软件，可以基于PyNN语言描述的脉冲神经网络解析并部署在SpiNNaker上运行。48颗SpiNNaker芯片通过六边形网状拓扑结构的连接构成一块计算主板，并采用支持丰富路由方式的自定义协议进行通信。每个主板总计可以支持768 K的神经元以及768 M的突触连接，消耗的功耗为 784 W。

BrainScaleS 是欧盟“脑计划”中的另一个神经形态计算平台项目。它是一个混合模拟-数字晶圆级的神经形态硬件系统，可以在内部高效的传递大量神经元信息模拟量。由于采用了过阈值模拟电路来实现神经元，因此其相对于生物神经元具有 10^3 ～ 10^5 的运行加速比。在模型上 BrainScaleS 支持自适应指数 IF（AdEx LIF）模型，可以通过参数化的设置支持不同的发放模式。每个晶圆上包含 352 个 180 nm 的 HiCANN 芯片（high input count analog neural network chip）。其突触为 4bit 的数字权重，在功能上支持 STDP 和短期抑制两种突触可塑性。芯片之间在由 FPGA 和 DNC（digital network chip）组成的数字板的辅助下实现路由通信，通过时间戳编码神经元精确发放时时间的 32b 数据包进行信息传递。每个芯片集成了 256×2 的神经元阵列以及两块 256×16 的突触阵列，单个神经元最多支持 14 000 个突触输入，功耗为 1.3 W。整个晶圆可以支持 40 M 的突触连接以及 180 k 的神经元，功耗为 500 W。同 SpiNNaker 一样，BrainScaleS 也支持用户统计 PyNN 编程接口设计在硬件要上进行仿真的脉冲神经网络。

不同于 BrainScaleS，NeuroGrid 中采用传统的亚阈值模拟-数字混合电路来实时条件下来实现大规模的神经网络模型。其中膜电位积累、阈值发放、可塑性等重要的突触和神经元动力学特性均通过亚阈值状态下的场效应晶体管来模拟。NeuroGrid 包括构成树形网络的 16 个 NeuroCore，每个 NeuroCore 基于 180 nm 工艺制造，每个芯片的大小为 12×14 mm^2，包含一个 256×256 的神经元阵列。核内神经元之间通过复用共享突触电路，且由于其被设计成一个线性的积分滤波器，因此在同一个时间多个脉冲可以直接进行叠加输入。基于异步多播的树形数字路由网络，阵列中每个神经元的输出可以传送到多个目的地，其数量受路由表的大小和访问时间约束。同时，为了增加神经元的扇出，每个神经元也通过模仿突触间隙连接的电阻网络与其邻近的神经元直接相连。基于以上所述方法，一个 NeuroGrid 电路板可以通过本地直接连接和路由网络，实现多达 100 万的神经元和约十亿的突触连接，系统总功耗约为 3 W。整个系统由一块母板和一块子板构成，母板基于模拟电路完成神经元动力学计算，而子板基于数字电路负责神经元间的路由通信。NeuroGrid 使用 Neural Engineering Framework（NEF）开发框架通过脉冲神经元构建神经网络逼近开发者指定的功能，完成应用功能到神经网络的映射。

可以看到，采用数模混合电路的 BrainScaleS 和 NeuroGrid 虽然可以低功耗的神经元行为的模拟，但是硬件系统中均需要额外的复杂数字子系统板来辅助实现神经元之间的通信交互，这在一定程度上限制了它们用于实际场景中解决具体问题的能力。

2014 年 IBM 发布的 TureNorth 芯片是美国国防部高级研究计划署（DARPA）启动的 SyNAPSE（systems of neuromorphic adaptive plastic scalable electronics）项目的阶段性成果。

TureNorth 基于 28 nm 数字工艺，采用同步与异步混合设计实现。整个架构由包含在一个二维路由网络中的 4096 个内核构成，每个内核包含 256 个基于神经元以及 256×256 个可配置的突触连接，以及异步的解码、编码以及路由电路。因此一个在一个芯片上可以实现 100 万个神经元，2.56 亿个突触。神经元动力学在芯片中被一个 1 k 的同步时钟离散称 1 ms 的工作节拍，因而其神经元采用的是离散后的复杂 LIF 模型，而通过多个神经元及其连接的配置，可以模拟多种生物神经元的脉冲现象。其突触连接权重由存储在定制 SRAM 中的 3 值数据表示连接强度以及神经元参数中的连接强度具体值表示。同时通过每个内核内部的权重存储实现物理上的互联关系以及通过可配置的二维路由网络来实现内核间的互联，具有很高的灵活性和可扩展性。

Corelet 编程环境用于将网络参数从软件训练映射到 TrueNorth 处理器。得益于事件驱动的定制设计、内存和处理单元在每个内核中的共定位，以及低泄漏硅 CMOS 技术的使用，TrueNorth 可以每秒执行 460 亿次突触操作（SOP），每瓦特实时操作 26 pJ。它的功率密度为 20 mw/cm^2，比典型的 CPU 小三个数量级。

Loihi 是 Intel 于 2018 年开发的一款神经形态学习芯片。该多核芯片支持轴突和突触延迟、神经元脉冲-阈值自适应和基于脉冲计时和奖赏调制的可编程突触学习规则的实现。该芯片有 128 个神经核心，每个核心有 1024 个脉冲神经元和 2 MB 的 SRAM 来存储核心内所有神经元的连接、配置和动态状态。该芯片还包括 3 个嵌入式 X86 处理器，以及在 SRAM 中实现的 16 MB 的突触内存，支持 1 ～ 9 位的权重。因此，它支持大约 13 万个神经元和 1.3 亿个突触。脉冲信号通过异步片上网络在芯片核心之间使用路由包进行传输，并允许通过分层寻址连接到4096个片上核心和多达16 384个芯片。

为了解决将网络连接到生物级别的问题（即，1000个扇出），Loihi支持多种功能，包括功能核到功能核的多播和基于群体的层次连接。芯片中的功能核可以使用微代码编程来实现多种形式的神经形态学习规则，例如成对STDP、三重态STDP、某些强化学习协议以及其他依赖于脉冲速率和脉冲定时的规则。在正常的操作条件下，Loihi提供300亿次sop，每次突触操作消耗约15 pJ。Nengo神经模拟器的Python包允许用户在不访问硬件的情况下研究Loihi上脉冲网络的实现。

浙江大学研制的神经形态计算芯片系列——“达尔文”Ⅰ代、Ⅱ代是两款数字电路实现的神经形态处理器芯片。达尔文Ⅰ代采用了时分复用技术在8个物理神经元上实现了2048个逻辑神经元，以牺牲一定运算性能的代价换取较小的芯片面积，较低的成本与功耗，作为一个初步神经拟态类脑芯片研究原型，它的目标应用是为资源受限和低功耗的小型系统提供智能算法的硬件加速。

达尔文2代神经形态计算芯片采用高带宽的片上网络架构，集成了576个内核，每个内核支持256个神经元，神经元总数规模达15万，神经元突触超过1千万，具有低功耗、高可扩展的特点。该芯片设计提出了核内神经突触共享机制，核内每个逻辑神经元共享配置信息和计算资源，动态共享突触资源，大幅提高了神经网络结构的灵活性，极大地简化了用户在应用开发过程中神经网络拓扑结构设计的复杂度。神经元模型在离散LIF模型的基础上进行优化，增加了多种Leak、reset模式，还加入了偏置和随机性，以支持更加复杂的应用场景。此外还采用步进电压分组唤醒机制和细粒度功耗管理机制来进一步降低功耗。各神经元核呈24×24 2D网格状分布，采用片上网络（NoC）进行层次化通信，其中8×8的核心构成一个块，3×3的块再组成一个芯片，整体架构如图12-2-13所示。

达尔文2采用全局异步局部同步的通信方式，块内采用同步通信，块间采用异步通信。芯片间采用了异步通讯接口，支持往4个方向扩展，四芯片级联能达到60万神经元规模。采用基于事件驱动工作机制和层次化功耗管理机制，并自主定义了一套高稳定性的芯片间神经脉冲事件异步通信协议，支持多片芯片的级联，支持用户构建千万级神经元类脑计算系统。芯片采用SMIC 55 nm CMOS低功耗工艺制造，面积为12.5×12.5 mm^2。

（三）双脑驱动异构融合类脑计算芯片

目前主流人工智能有很大局限性，而可以赋能各行各业的人工通用智能是发展方向。目前主要有计算机科学和神经科学驱动两大技术路线，将两者优势融合被公认为发展人工通用智能最佳研究方向。由于两种范式在信息表征、计算方法和编码上的不同，现有硬件平台无法同时有效支持两种计算，极大阻碍了其发展。清华大学类脑计算研究中心进一步借鉴脑科学的基本原理，提出了符合脑科学基本规律的新型类脑计算架构——异构融合的天机类脑计算芯片架构，如图12-2-14（Wang Z et al,

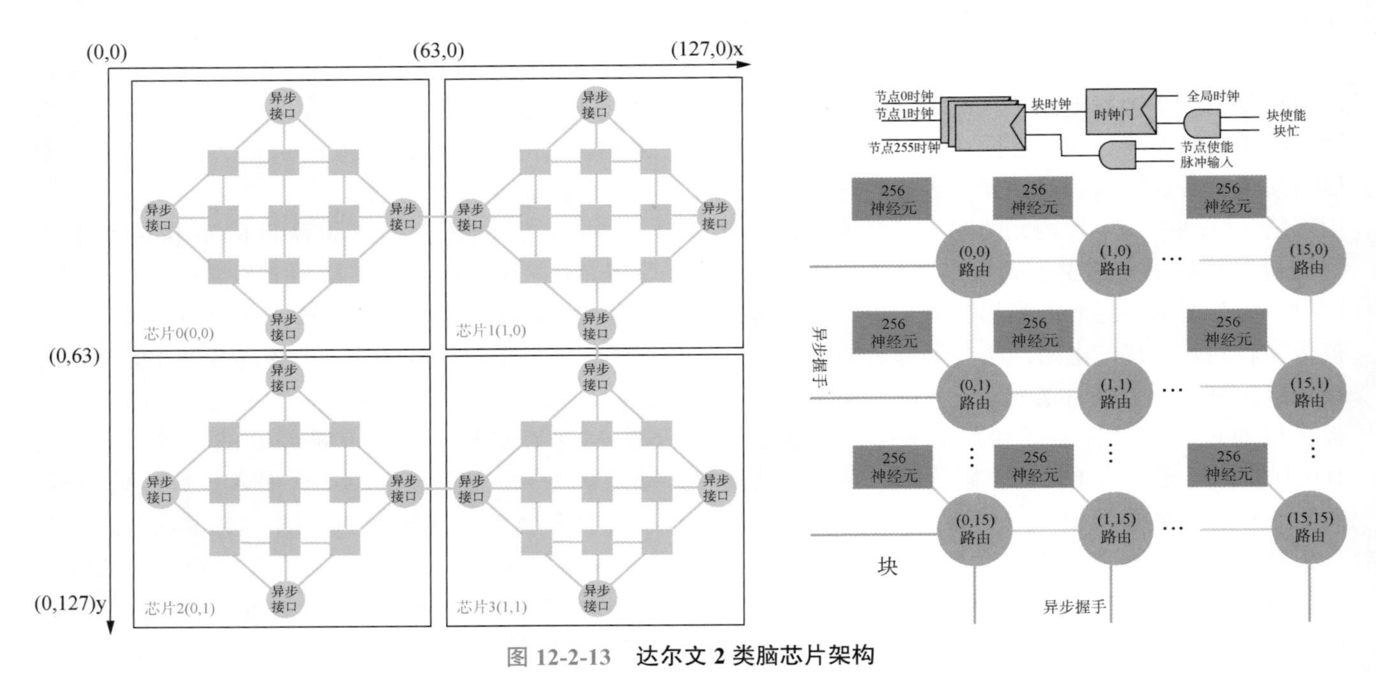

图12-2-13 达尔文2类脑芯片架构

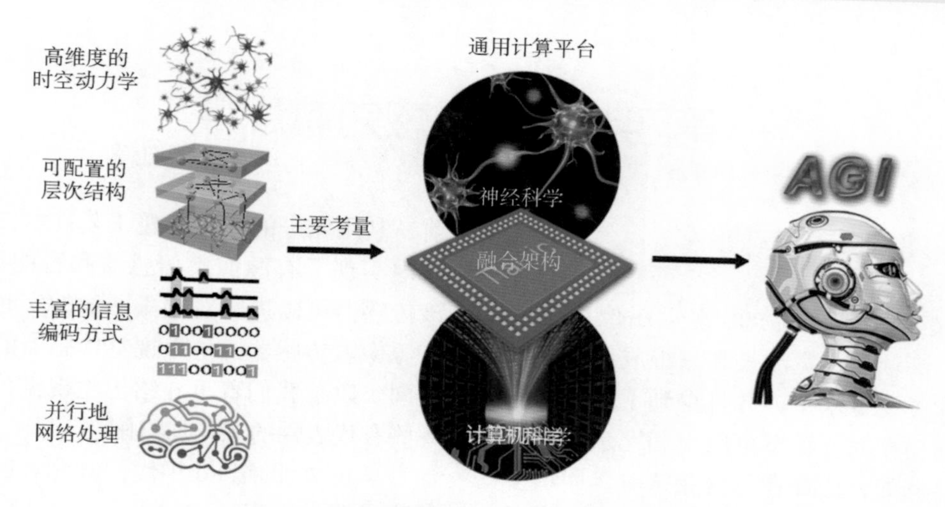

图 12-2-14　**异构融合类脑计算天机芯片架构**

2020；Qiao N et al，2015），研制了世界首款异构融合“天机芯”类脑计算芯片，既同时支持计算机科学和神经科学驱动的算法，例如，人工神经网络和脉冲神经网络，引入空间和时空复杂性，发挥它们各自的优势，还支持两者的异构建模，以及大多数神经计算模型，为人工通用智能的发展提供了一个全新、有力的计算平台。

天机芯片以多模态通用神经计算功能核为基本单元，单个芯片由 156 个通用功能核组成，采用极易扩展的 2D-mesh 众核互联结构。芯片采用 UMC 28 nm 工艺制造，单核包含 256 个神经元，单核面积＜ 0.078 mm^2，在 14 mm^2 硅片上集成了＞ 1000 万精度可变的突触。在实现 SNN 类脑计算的同时，亦能够为各种典型 ANN 运算提供峰值达到 1.3 TOPS 算力。

通用功能核能够同时兼容 ANN 和 SNN 的三个关键设计是：①可独立配置的轴突和胞体。轴突和胞体可以分别配置进入不同的模式（ANN 或 SNN），轴突根据其模式配置接受 ANN 或 SNN 输入，胞体根据其模式配置产生 ANN 或 SNN 输出，从而实现 ANN 和 SNN 的转换、混合建模。②树突计算共享。尽管 ANN 和 SNN 具有不同的计算方式，树突模块同时兼容对 SNN 输入信号的积分计算和对 ANN 输入信号的乘累加计算。③统一的路由结构。通用功能核之间的数据交换使用统一格式传输的路由数据包。胞体单元可以通过配置将输出打包为 SNN 或 ANN 数据包，并且轴突接受后可根据配置以 SNN 或 ANN 格式将其解码。

天机芯片具有网络模型层面的通用性，既支持单独的 ANN 或 SNN 网络，还支持两种网络的混合建模，这体现在两个粒度层面。在粗粒度层面，由于天机 Ⅱ 的 156 个通用功能核可以分别被单独配置，故可以一部分通用功能核可中构建 ANN 网络，在另外一部分通用功能核可中构建 SNN 网络，两者并行运行互不影响。在细粒度层面，单个通用功能核可也可以工作在混合模式下，即 ANN 输入 SNN 输出、SNN 输入 ANN 输出，从而完成信息的混合编码与转换。在该应用场景下，只需初始配置每个通用功能核可中轴突和胞体的工作模式即可，无须在网络执行计算中进行任何模式切换，混合模式下的信号编码和转换由 UFC 内部逻辑完成，无需额外的信号转换电路（Rachmutha G et al，2011）。

清华团队还提出了一个环境交互迭代发展 AGI 的思路，基于天机芯片利用类脑自动行驶自行车建立一个异构可扩展人工通用智能开发演示平台（Ohno T et al，2011）。利用一块天机芯片展示了自行车的自平衡、目标探测跟踪、自动避障和过障、语音理解控制、自主决策等功能。该成果研究成果为学术界提供了一个发展人工通用智能的平台和思路，将促进人工通用智能研究，从而赋能各行各业。

第四节 类脑感知芯片

一、类脑感知仿生原则

传统感知技术，例如 CMOS 视觉图像传感器成像的分辨率、高帧率、宽波长和三维成像等部分性能已超越了人类视觉水平，并且得到了广泛的应用。但是，面临功耗大、动态范围小和冗余数据量大的瓶颈问题。例如，蜜蜂在觅食花蜜时，展示了出色的视觉、嗅觉、导航、运动控制和社交智能，利用不到 100 万个神经元，消耗了不到一毫瓦的能量来实现这一性能，远低于现有电子产品。与当前的神经元模拟或自主机器人相比，这种性能在任务处理能力和功率效率方面要高出多个数量级，因此亟待研究模仿自然感知机制的类脑感知芯片。

大脑的各种感知、认知和行为功能是在大脑空间中自组织的高度本地化的处理，并且通过异步消息传递形成庞大的神经元并行相互连接。尽管我们尚未完全掌握以如此低的能耗实现智能行为的自然原理，但神经科学在描述大脑的组件，连接体系结构和计算过程方面取得了实质性进展。所有这些都与当前技术明显不同。在过去的二十年中，神经形态工程师努力应用这些原理在集成电路和系统中的实现。挑战与机遇在于实现一种将神经系统的组织原理与电子设备卓越的信号采集、处理与存储相结合。

基于事件的神经形态传感器是该研究领域的长期愿望，即建立用于构建神经形态电子系统的最新技术，以使用异步的基于事件的通信来感知、信息交互算和学习。本节介绍神经形态传感器芯片的基本原理，并且包含了现有事件驱动的神经形态感知芯片研究的最新进展。

二、人工视网膜——仿视觉芯片

视觉图像传感器芯片包括有源像素传感器（active pixel sensor）和仿生视觉传感器。有源像素传感器采用 CMOS 技术，一般追求高分辨率和高图像质量，同时具有低动态范围和低帧率的特点。有源像素传感器也在朝多功能集成化和智能化的方向发展，以期成为实时处理图像信息的视觉处理器。目前，利用先进的三维堆叠工艺技术，索尼在单传感器内实现了有源像素传感器和智能处理器的集成，该传感器可以进行对拍摄图像的实时处理。相比于有源像素传感器，仿生视觉传感器的设计思想有所不同。以下我们着重介绍仿生视觉传感器，并选择一些有代表性的工作加以阐述。

早在 20 世纪 80 年代，研究者们就开始仿生视觉传感器的探索。1992 年，加州理工学院 Mead 和 Mahowald 报导了第一个受人类视网膜原理启发的基于 AER（address-event representation system）的仿生视觉传感器，模拟视网膜上视锥细胞、水平细胞以及双极细胞的生物功能，及神经元的脉冲发放，赋予每个像素坐标位置，以脉冲形式输出，后续处理电路按照坐标及接收编码的时间还原事件，实现了事件的异步读出。从此开启基于 AER 的仿生视觉传感器的研究。代表性技术包括：

动态视觉感受器（dynamic vision sensor，DVS）：2008 年，苏黎世联邦理工学院（ETH）开发出名为动态视觉传感器（DVS）的传感器芯片，该传感器对亮度变化呈对数性响应，当外界光强的变化超过某一阈值后，传感器发出一个事件。传感器产生的数据由事件的地址（对应像素位置）和事件的性质（变亮还是变暗）等组成。该传感器不对每个神经单元产生的事件进行单独的数据处理，而是将同类的事件数据放到同一个通道，按照时间顺序异步输出，延迟很低，因此擅长捕捉高速运动。但缺点是局限性，只能获取光照的强度变化，对于其他的深度、边缘、对比、颜色等特征信息没有办法读取和分析，因此无法获取包含自然纹理的精细图像。几年来，国内外工业界也在持续对 DVS 技术关注，如三星（Samsung）发布了多款 DVS 芯片，索尼（Sony）和 Prophesee 联合发布了高分辨率 DVS 传感器，国内的芯仑科技也发布了高分辨率低延迟的 DVS 传感器。

基于异步时间的图像传感器（asynchronous time-based image sensor，ATIS）：特点是高动态范围。不同于 DVS 只输出事件的像素地址和事件性质，ATIS 不仅能输出上述信息，还能输出发生事件的像素的灰度值。其传感像素由两个子像素组成，一个是 DVS 像素结构，其产生的事件输出触发另一子像素基于时间的强度读取。由于强度的测量是以光电二极管电压在两个电平之间积分的时间为依据的，避免了失配和噪声影响。缺点是像素尺寸大（比 DVS 大约两倍，并且每次测量使用单独的光电二极管），在低强度下，需要长测量时间（～几百毫秒）。

DAVIS（dynamic and active pixel vision sensor）：是 DVS 和传统 APS 的结合体，同时输出事件流和灰度信息。其像素也分为两个子像素，一个用于监测光照变化的事件，另一个如 APS 进行同步曝光。不同于 ATIS 的两个子像素有各自的感光器，DAVIS 两个子像素共用一个感光器，因此，像素面积更小。但缺点是，由于采用 APS，获取的灰度图有时间和空间冗余性，不适于高动态范围应用。

我国视觉图像传感器的研究开发起步较晚，15 年前才有大学、研究机构和企业开始从事视觉图像传感器的研究和产品开发，总体的学术研究水平未能到达国际先进水平，中科院长春光机所的图像传感器分辨率最高达到 1 亿 5 千万像素；中科院半导体研究所（以下简称半导体所）研制的视觉图像传感器最高帧率达到每秒 1 千帧，其可感知的波长范围可以从紫外到太赫兹波长。同时，半导体所的视觉图像传感器的智能化达到初级水平，与国际水平相当。

国内在 DVS 等仿生视觉感知技术方面也有一些优秀的研究工作。北京大学黄铁军团队开展灵长类视网膜和初级视皮质解析仿真研究，实现了灵长类视网膜中央凹神经细胞和神经环路的精细建模，并提出模拟视网膜机理的脉冲编码模型。2018 年，该团队发展出仿视网膜。仿视网膜芯片发放频率高达 40 kHz，超过人眼数百倍，能够“看清”高速旋转叶片的文字。工业界中，芯仑科技首席科学家陈守顺博士提出了从前端传感器端来解决机器视觉图像处理痛点的解决方案。运用芯仑光电的 DVS，由光强产生的动态像素流以纳秒级的反应速度实时输出，并且直接在芯片上完成光流（optical flow）和一系列预运算（pre-processing），从而大大提高整个机器视觉系统敏锐捕捉和响应物理世界的能力。

三、人工耳蜗——听觉传感芯片

耳蜗（cochlea）是内耳的一个核心结构，它是外周听觉系统的重要组成部分，连接着耳蜗神经。耳蜗的核心部分为柯蒂氏器，是听觉传导器官，负责将来自中耳的声音信号转换为相应的神经电信号，交送脑的中枢听觉系统接受进一步处理，最终实现人的听觉。

近些年来，耳蜗一直是神经科学研究的对象。引起人们兴趣的主要原因是其巨大的动态范围（大约 120 dB）及其适应各种收听环境的能力。二十多年来，研究人员一直在构建，改进和研究硅耳蜗。建造硅耳蜗的挑战和吸引力在于遵循生物耳蜗基本原理的复杂信号处理系统的设计和实现。随着低成本模拟超大规模集成电路（VLSI）技术的引入以及能够通过实时操作实现相对复杂的信号处理系统的希望，里昂和米德（1988）生产了第一批硅耳蜗。

所有硅耳蜗使用许多滤波器或谐振器使基底膜离散化，这些滤波器或谐振器的基频（从基极到顶点）呈指数下降。通常根据耳蜗滤波器元件之间的耦合细节以及耳蜗滤波器的增益和频率选择性是否动态适应输入强度的变化来对硅耳蜗进行分类。基于耳蜗元件之间的耦合，硅耳蜗可分为 1D 或 2D。一维硅耳蜗可模拟基底膜从基底到顶点的纵向波传播，而二维硅耳蜗可模拟沿基底膜以及通过耳蜗导管内流体的波传播，同时考虑了纵向和垂直波传播。基底膜的具有纵向位置的特性的系统性变化，例如刚度和宽度，通常通过耳蜗过滤器元件的参数的系统性变化来建模。还应注意，还有许多其他类型的硅耳蜗不能被视为 1D 或 2D，而是两者的组合。

耳蜗滤波器元件的品质因数（Q）是其频率选择性的量度；它被定义为最大增益一半（即最大增益以下 6 dB）的滤波器带宽除以该最大增益出现的频率。当耳蜗滤波器元件的增益和（或）品质因数根据输入强度动态变化时，硅耳蜗被归类为有源，本质上是在低强度下增加增益和频率调谐，而在高强度下减小增益和频率调谐。这种活跃的行为基本上模拟了外耳单元的行为，而外耳单元的行为被认为与哺乳动物耳蜗中基底膜敏感性的增加有关。外耳单元对远低于基底膜部分特征频率的频率影响不大，但在特征频率附近具有显着的增益，尤其是在低输入电平时。

理想情况下，硅耳蜗具有的功能越多，结果应与生物学的结果越接近。但是，由于更多的功能通常需要更高的实现复杂度和成本，因此，通常仅将硅耳蜗设计为具有特定应用所需的那些功能。硅耳蜗的应用包括语音处理，声音本地化和声音场景分析，仅举几例。实时测试硅耳蜗可以使研究人员隔离模型的各个组成部分，并更好地了解它们的工作原理。在这方面，在硅耳蜗的设计中使用现实的生物学模型很重要。

尽管进行了 20 年的研究，但尚未开发出与实际生物耳蜗的功率消耗，频率范围，输入动态范围或抗噪能力相匹配的硅耳蜗。

参考文献

1. Wang Z，Wu H，Burr GW，et al. Resistive switching materials for information processing. *Nature Reviews Materials*，2020，5：173-195.
2. Qiao N，Mostafa H，Corradi F，et al. A reconfigurable on-line learning spiking neuromorphic processor comprising 256 neurons and 128k synapses. *Front Neurosci*，2015，9：141.
3. Rachmutha G，Shouval HZ，Bear MF，et al. A biophysically-based neuromorphic model of spike rate-and timing-dependent plasticity. *PNAS*，2011，108：E1233-E1274.
4. Ohno T，Hasegawa T，Tsuruoka T，et al. Short-term plasticity and long-term potentiation mimicked in single inorganic synapses. *Nat Mater*，2011，10：591-595.
5. Li Y，Lu J，Shang D，et al. Oxide-based electrolyte-gated transistors for spatiotemporal information processing. *Adv Mater*，2020，32：e2003018.
6. Izhikevich EM. Which model to use for cortical spiking neurons? *IEEE T on Neural Networ*，2004，15：1063-1070.
7. Mead C. Neuromorphic electronic systems. *Proceedings of the IEEE*，1990，78：1629-1636.
8. Lin J，Annadi A，Sonde S，et al. Low-voltage artificial neuron using feedback engineered insulator-to-metal-transition devices. *2016 IEEE International Electron Devices Meeting*（*IEDM*），2016，34.5.1-34.5.4.
9. Cobley RA，Hayat H，Wright CD. A self-resetting spiking phase-change neuron. *Nanotechnology*，2018，29：195202.
10. Tuma T，Pantazi A，Le Gallo M，et al. Stochastic phase-change neurons. *Nat Nanotechnol*，2016，11：693-699.
11. Wang Z，Joshi S，Savel'ev S，et al. Fully memristive neural networks for pattern classification with unsupervised learning. *Nat Electron*，2018，1：137-145.
12. Yi W，Tsang KK，Lam SK，et al. Biological plausibility and stochasticity in scalable VO_2 active memristor neurons. *Nat Commun*，2018，9：4661.
13. Zhang X，Wang W，Liu Q，et al. An artificial neuron based on a threshold switching memristor. *IEEE Electron Device Lett*，2018，39：308-311.
14. Zhou F，Zhou Z，Chen J，et al. Optoelectronic resistive random access memory for neuromorphic vision sensors. *Nat. Nanotechnol*. 2019，14：776-782.
15. Zhang X，Zhuo Y，Luo Q，et al. An artificial spiking afferent nerve based on Mott memristors for neurorobotics. *Nat. Commun*，2020，11，51.
16. Zhang B，Shi L，Song S，"Creating more intelligent robots through brain-inspired computing"，special supplement：Brain-inspired intelligent robotics：The intersection of robotics and neuroscience sciences，*Science*，2016，354（6318）：1445.
17. Jing P，Deng L，Song S，et al. "Towards artificial general intelligence with hybrid Tianjic chip architecture." *Nature*，2019，572（7767）：106-111.
18. Zhang Y，et al. "A system hierarchy for brain-inspired computing." *Nature*，2020，586（7829）：378-384.
19. Furber，Steve B，Francesco Galluppi，et al. "The SpiNNaker project." *Proceedings of the IEEE 102*，2014，5：652-665.
20. Merolla PA，Arthur JV，Alvarez-Icaza R，et al. "A million spiking-neuron integrated circuit with a scalable communication network and interface." *Science*，2014，345（6197）：668-673.
21. Mike D，Srinivasa N，Lin TH，et al. "Loihi：A neuromorphic manycore processor with on-chip learning." IEEE Micro，2018，38（1）：82-99.
22. De M，Shen J，Gu Z，et al. Darwin：A neuromorphic hardware co-processor based on spiking neural networks. *Journal of Systems Architecture*，2017，77：43-51.
23. Ben Varkey B，Gao P，McQuinn E，et al. Neurogrid：A mixed-analog-digital multichip system for large-scale neural simulations. *Proceedings of the IEEE*，2014，102（5）：699-716.
24. Chen YH，Tushar K，Joel SE，et al. Eyeriss：An energy-efficient reconfigurable accelerator for deep convolutional neural networks. *IEEE Journal of solid-state circuits*，2016，52（1）：127-138.
25. Norman PJ，Young C，Patil N，et al. In-datacenter performance analysis of a tensor processing unit. *In Proceedings of the 44th annual international symposium on computer architecture*，2017：1-12.
26. Yin S，Peng O，Tang S，et al. A high energy efficient reconfigurable hybrid neural network processor for deep learning applications. *IEEE Journal of Solid-State Circuits*，2017，53（4）：968-982.
27. Ambrogio S，Naraganan P，Tsai H，et al. Equivalent-accuracy accelerated neural-network training using analogue memory. *Nature*，2018，558（7708）：60-67.
28. Eckert C，Wang X，Wang J，et al. Neural Cache：Bit-Serial In-Cache Acceleration of Deep Neural Networks. *2018 ACM/IEEE 45th Annual International Symposium on Computer Architecture*（*ISCA*），2018：383-396.
29. Lichtsteiner P，Posch C，and Delbruck T. A 128x128 120 dB 15 us latency asynchronous temporal contrast vision sensor. *IEEE journal of solid-state circuits 43.2*，2008：566-576.
30. Brändli C，Berner R，Yang M，et al. "A 240×180 130 db 3 μs latency global shutter spatiotemporal vision sensor." *IEEE Journal of Solid-State Circuits 49.10*，2014：2333-2341.

第3章 类脑计算系统

潘 纲 王 蕾 马 德

第一节 引 言

类脑计算系统（brain-inspired computing system）是以类脑计算芯片作为核心运算器件，融合必要的感知传感器件、系统电源功耗管理单元、数据通讯设备等硬件设施，配套专用的开发工具和管理软件，承载类脑计算应用的一种智能化计算平台。随着学界和产业界的不断关注和持续投入，已有多种类脑计算系统陆续发布并投入使用，在脑科学研究、智能信息处理等方面初步展现出了低功耗高性能的独特优势。

对于类脑计算系统的组成原理和方法，目前学界和产业界虽然没有达成标准统一的认识，但纵观现有类脑计算系统，努力的方向是一致的：从硬件结构角度来看，系统追求类脑芯片内部以及全系统的大规模集成，以实现数量丰富的神经元和神经突触资源；从应用角度来看，系统通过抽象硬件的细节构造基础软件库，进一步建立编程开发环境和操作系统，从而简化编程方式。未来，类脑计算系统从硬件的组成形式、互连结构、软件编程范式等多个方面必将逐步实现标准化，从而促进类脑计算生态更加快速和良性的发展。

第二节 类脑计算系统结构

类脑计算系统架构以神经突触核为节点，按照特定的拓扑结构组织起来，构成类脑计算机。系统架构直接影响着计算机的通信能力和可扩展性，不同于传统计算架构注重内存与中央处理器的通信，类脑计算系统具备存算一体的特点，因此更注重神经元的大规模并行工作和脉冲事件的高效传输。

一、系统架构类型

目前主流的类脑计算系统架构可以分三种类型：

树状结构（tree）、网状结构（mesh）和混合结构。

（一）树状结构

树状结构是一种分层结构，各节点根据一定的层次关系连接而成，任意两节点之间不产生回路，每条通路都支持双向传输，从父节点不断产生分支来连接到更低一级的子节点。树状结构实现比较简单，因此传输延迟比较低，但是由于其连接通路较少，带宽受限。因此树状结构常常用于对延迟比较敏感的速度导向类脑计算系统。比如斯坦福大学的Neurogrid采用如图12-3-1所示二叉树的层次结构（Benjamin BV et al，2014），其中每个Neurocore芯片做为一个节点（如芯片1）连接到一个父节点（芯片0）和两个子节点（芯片3和芯片4）。此外，树状结构很适合路由进行多播，信息首先点对点传递到目标节点之上的节点，再在需要的时候向下广播至所有目标节点。

树状结构具有易扩展、故障隔离较容易的优点，扩展只需方便地增加分支，出现故障则隔离相应分支。一种常见的改进的树状层次化架构是高层次节点只用作通信不作计算，从而使得容错隔离和扩展变得更加方便。海德堡大学的BrainScaleS采用了该架构（Scholze S et al，2012），如图12-3-2所示，BrainScaleS中越低层级的通讯延时越小，带宽越大。

DYNAPs也采用了层次化结构（Moradi S et al，2018），通过分层异步路由器（R1、R2、R3）负责各层级的流量平衡，同一层级可以共享路由表，降低存储资源的需求，增加网络连接的灵活性。

（二）网状结构

网状结构是各节点之间相互连接，不存在层次关系，且每个节点至少与其他两个节点相连。比如最常见的二维网格结构，每个节点通过东南西北四个方向与邻近节点相连。由于网状结构有更多的连接通路，在吞吐量上具有很大的优势。但其结构较为复杂，实现难度高。且复杂的连接方式导致了复杂的路由规则，还需要考虑死锁和阻塞的问题，对传输延迟有一定影响。网状结构另一个优势是强大的扩展能力和容错机制，部分链路损坏可以选择其他路径。比如SpiNNaker，采用如图12-3-3所示的二维环形网状结构（Furber SB et al，2012），每个节点有6条连接通路与其他节点通信。该架构充分体现了网状结构的优势，单节点的通信速度超过0.8 MB/s，设计规模达到100万节点，且其路由支持应急机制，可以绕过故障或者阻塞的链路。

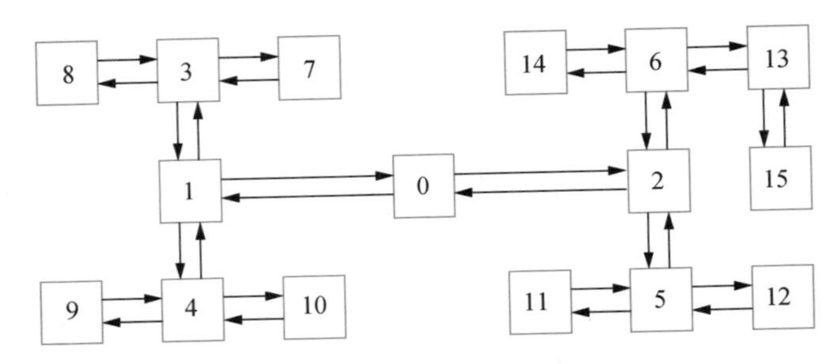

图12-3-1 **Neurogrid通信架构**

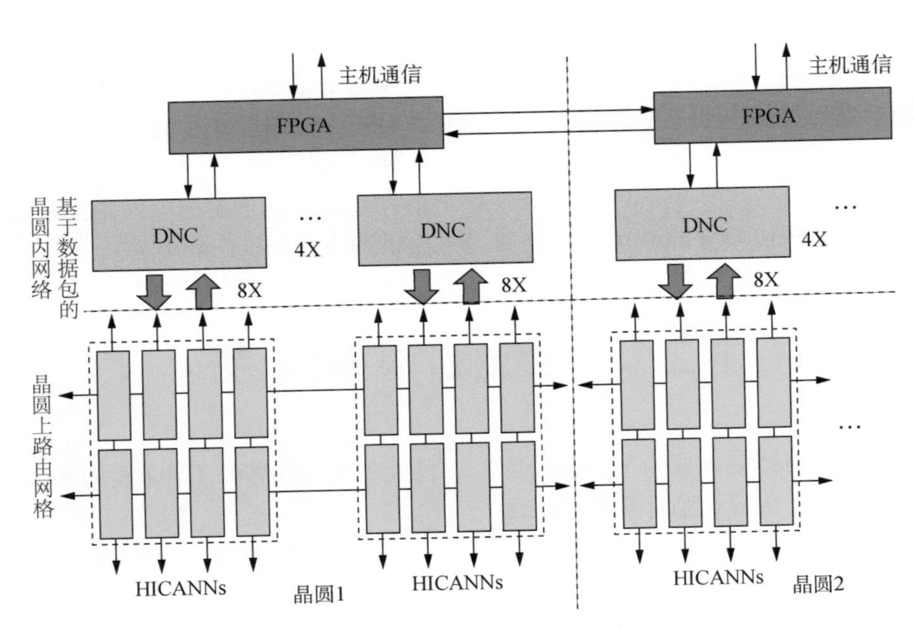

图12-3-2 **BrainScaleS通信架构**

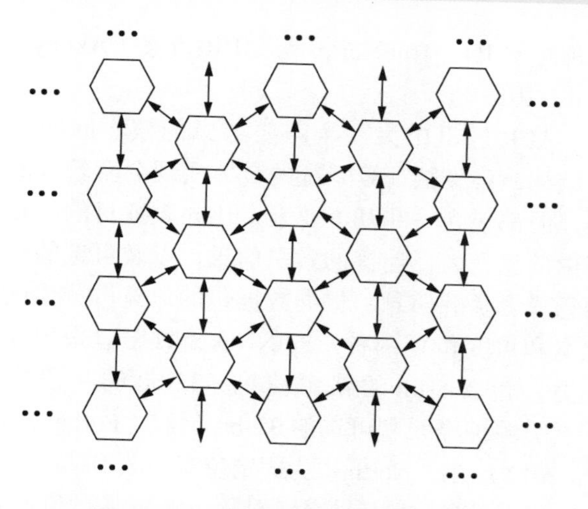

图 12-3-3　SpiNNaker 二维环形网格

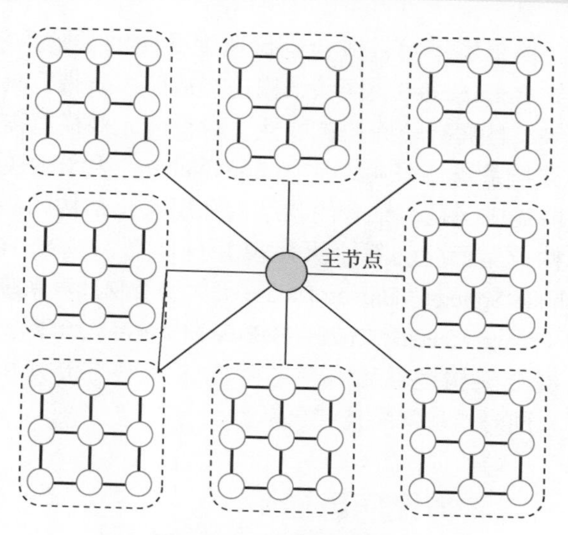

图 12-3-4　星网混合结构

（三）混合结构

混合结构是使用任何两种或多种网络拓扑结构之组合，结合多种架构的优势。主流的有结合星型结构和网状结构混合的“星网混合结构”，如图 12-3-4 所示，将多个高带宽的网状结构作为子节点，直接与作为中心节点的主机通信，适合大规模的并行计算，但是其网络规模受限于子节点的规模，各子节点之间的通信较为困难。比如 Intel 的 Pohoiki Springs 系统，芯片在 Nahuku 扩展板的两侧以 4x4 网格状组织构成子节点，24 块 Nahuku 板卡先通过 FPGA 转化通信协议，再通过以太网直接与主机通信（Yang YS et al，2020）。

树状结构和网状结构混合的“树网混合结构”也常用于构建类脑计算系统。以树状层次化结构为基础构建，在低层次采用网状结构，利用了神经拟态计算神经元局部通信较多，跨区域通信较少区域性特点，在保证链路吞吐量的同时兼顾了跨区域通信的延迟。可以在网状结构规模不够大时采用该架构实现大规模类脑计算。浙江大学的 Darwin Mouse 类脑计算机采用了此种混合架构，第一级为采用高速片间接口连接的类脑芯片矩阵阵列结构组织，第二级为各级联芯片之间通过 FPGA 进行通信，第三级为各 FPGA 通过以太网与主机通信，如图 12-3-5 所示。

总体来看，各种方案都有其优点和缺点，现有的类脑计算系统也根据各自的需要作出了取舍。树状结构及其衍生的层次化结构实现简单，延迟较

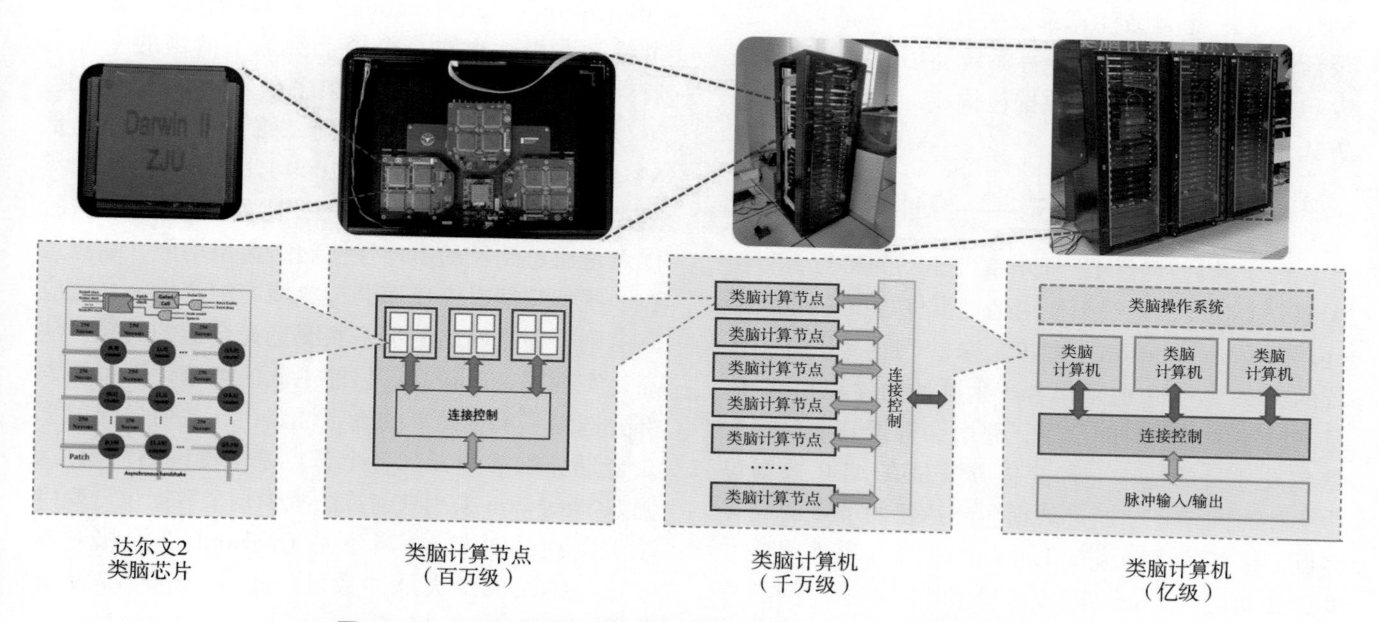

图 12-3-5　浙江大学类脑计算机“Darwin Mouse”的树网混合结构

低，但带宽不足，适合运行速度导向的类脑系统，比如BrainScaleS。网状结构连接通路多，带宽具有优势，且具有较好的扩展性，对神经元规模有需求的类脑系统会采用，比如SpiNNaker。为了解决大规模集成问题，结合网状结构和层次化结构的混合结构应运而生，适合大规模并行计算，被NS16e、Pohoiki Springs、Darwin Mouse等大型类脑计算系统采用（Yang YS et al，2020；DeBole MV et al，2019）。另外混合架构也被用在单芯片内，以平衡带宽和延迟，同时增加网络连接灵活性。

二、神经信息通讯

传统计算的通信方式非常注重内存到CPU之间的高带宽，由于CPU处理速度远超内存的吞吐量，存储墙问题凸显，目前主要采用层次化的存储器架构去解决这个问题。而类脑计算则完全不同，其具有存算一体的特点，且通信信息的载体是脉冲事件，而不是具体数值。传统的集群机器和高性能计算机的通讯主要是为了大数据包而设计的，而类脑计算系统的通信则更倾向于规模化的小信息包。生物神经网络中每个相连的神经元间信号传输都通过实际的物理链路，而集成电路的实现中通过物理连接来达到生物实际规模级的连接数是不可行的。由于生物网络实际脉冲激发频率远低于集成电路的工作频率，因此可以通过时分复用技术将大量脉冲事件压缩到同一通信链路中，通过各种通信方案和路由方法构建虚拟连接来模拟生物神经系统中庞大的连接。因此类脑计算系统中拓扑连接的可配置、灵活性至关重要，类脑计算系统通信方案的实现主要包括两个方面：一是数据包构成，二是数据路由方式。

（一）通讯基本单元——脉冲数据包

由于脉冲神经网络异步事件驱动的特点，目前大部分类脑计算系统都使用地址事件协议（address-event representation，AER）来编码脉冲事件。传统的AER数据包通常包含产生脉冲的神经元ID信息和脉冲生成的时间信息，路由会根据其信息将数据包发往目的地。一种简化方案是在AER数据包中去掉时间信息，通过数据包到达目的节点的时间判断。浙江大学研发的Darwin2芯片就是采用该方案，并通过一根全局同步信号来控制算法时间。另一种方案是用目标神经元ID或者路由信息来代替源神经元ID，TrueNorth是采用该方案（Akopyan F et al，2015）。

AER通讯中另一个需要考虑的核心问题就是包结构，各类脑计算系统的具体实现会有较大的不同，但都包含一些基本要素，比如表征目的节点的路由信息，表征连接的索引信息，以及可选的时间信息或者负载信息。根据数据包的位宽可分为固定位宽和可变位宽两种。SpiNNaker数据包采用固定位宽，包含8-bit的路由信息、32-bit的字段集用于索引源神经元和可选的32-bit负载（Furber SB et al，2012）。TrueNorth也为固定位宽，由18-bit坐标、4-bit延迟信息、8-bit轴突索引及2-bit的调试位构成。Darwin2则由8-bit的路由信息、8bit的神经元索引及8-bit的负载构成。BrainScaleS也采用固定位宽，但是基于通讯层次不同位宽不同（Scholze S et al，2012）。可变位宽的传输效率更高，但是硬件实现相对复杂。Neurogrid采用可变包长度实现，其包结构是一个12-bit字的序列，由路由、地址、可变负载及尾字构成，其中尾字代表该包结束（Benjamin BV et al，2014）。

（二）传输路径规划——数据路由方式

路由方案的优劣很大程度影响着类脑计算系统的通讯效率，路由算法通常可以分为三种类型，确定性（deterministic）路由、无关（oblivious）路由和自适应（adaptive）路由。确定性路由路径由起点和终点决定，而与当前网络状态无关，优点是实现简单。其中使用最多的就是维度顺序路由（dimension-ordered routing），即数据包一次只在一个维上路由。当在一个维上到达了恰当的坐标之后，才按由低维到高维的顺序在另外的维上路由，可以有效避免死锁，对应到二维网格环境中就是XY路由（Zhang W et al，2009）。无关路由在选择路径时不考虑当前网络状态，比如随机选择路径，优点是通过路径的多样性使网络流量均衡，缺点是在一些特殊情况中反而会造成堵塞的产生。自适应路由则会根据网络的拥塞状况选择合适的路径，缺点是实现复杂度较高。目前主流的类脑计算系统大部分选用了实现简单的确定性路由，并通过映射算法合理分配神经元到各个节点来平衡网络的流量。例如TrueNorth采用映射算法减少每个数据包需要传输的距离，图12-3-6所示是TrueNorth不同映射方案下各链路的最大脉冲数量。此外，SpiNNaker采用PACMAN（PArtition and Configuration MANager）

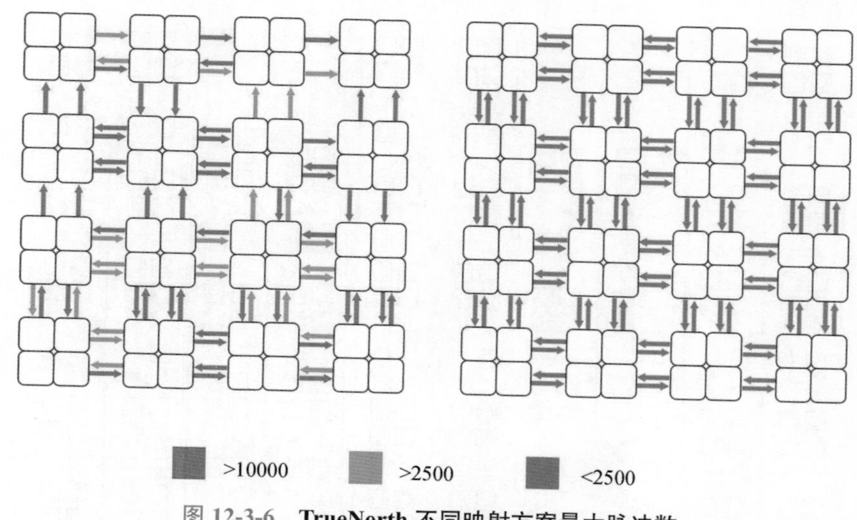

图 12-3-6 **TrueNorth 不同映射方案最大脉冲数**

进行网络的分区、布局、放置。

根据路由信息的位置可以将路由方案分为源路由和目的路由，在源路由方案中，发出脉冲的神经元并不知道目的信息，具体的路由信息保存在路由表中，SpiNNaker，BrainScaleS 等都是采用该方案。而目的路由则是根据目的信息进行路由，目的信息保存在源节点中，被编码进了脉冲数据包里，不需要额外存储路由表，TrueNorth、Loihi、Darwin2 都是采用该方案（Akopyan F et al，2015；Davies M et al，2018）。此外路由过程中根据目标节点的数量又可以分为单播（点对点）和多播（组播）如图 12-3-7 所示，单播即信息的接收和传递只在两个节点之间进行，多播则是一个包可以传输到多个目的节点。支持多播的路由会有较高的扇出，如果采用单播的方式来实现多播，则由多少个目标节点就要进行多少次传输，效率相对较低。

源路由的优势在于容易实现多播，只需要控制路由根据自己的路由表进行包复制即可。如图 12-3-8 所示为 SpiNNaker 的多播通信，芯片 1 的发送核心（红色核心）将脉冲数据包发往其本地路由器

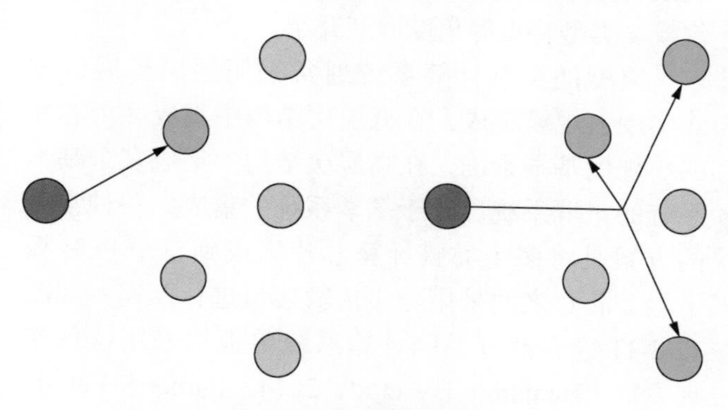

图 12-3-7 **单播和多播**

（红色圆形），然后将其传递到芯片 3 和 4 上的三个目标核心。路径上的第一个路由器可以使用默认路由直接通过数据包。芯片 2 上的路由器则会制作两个副本，每个目标路由器一个。最后，目标路由器将副本发送到各自的目的核中。目的路由的优势则是不需要额外存储路由表，但是其实现多播代价比较大。如图 12-3-9 所示 TrueNorth 实现连接到多个轴突，由于 TrueNorth 是基于点对点连接，每个脉冲只能从一个神经元传到另一个轴突，通过该轴突连接至所有其他神经元。但是如果神经元想要连接到多个轴突，就只能让神经元在同一核心内复制。图中核 1 的神经元通过复制连接到核 2 核 3 的三个轴突。

还有一种思路是结合源路由和目的路由进行多播，既能一定程度上通过目的路由节约存储资源，又能通过源路由减少通信量。一般采用如图 12-3-10 所示的两步策略，第一步源节点通过点对点的目的路由连接到中间节点，源节点存储该中间节点的地址，将源节点的标签编码到脉冲数据包中，发往中间节点。第二步采用源路由进行多播，中间节点将标签信息广播到附近的节点（包含目的节点），每个节点根据标签判断是否与源节点连接，完成多播。DYNAPs 采用了该方案（Moradi S et al，2018），其 R1、R2、R3 路由都可以作为中间节点，实现对一个核、一个簇、甚至一块芯片的多播，非常灵活。

三、硬件系统实现

生物大脑往往具备数以亿计或更大数量的神经元，通过复杂的网络结构展现独特的功能，单个类脑计算芯片的神经元与突触资源有限，需要综合利

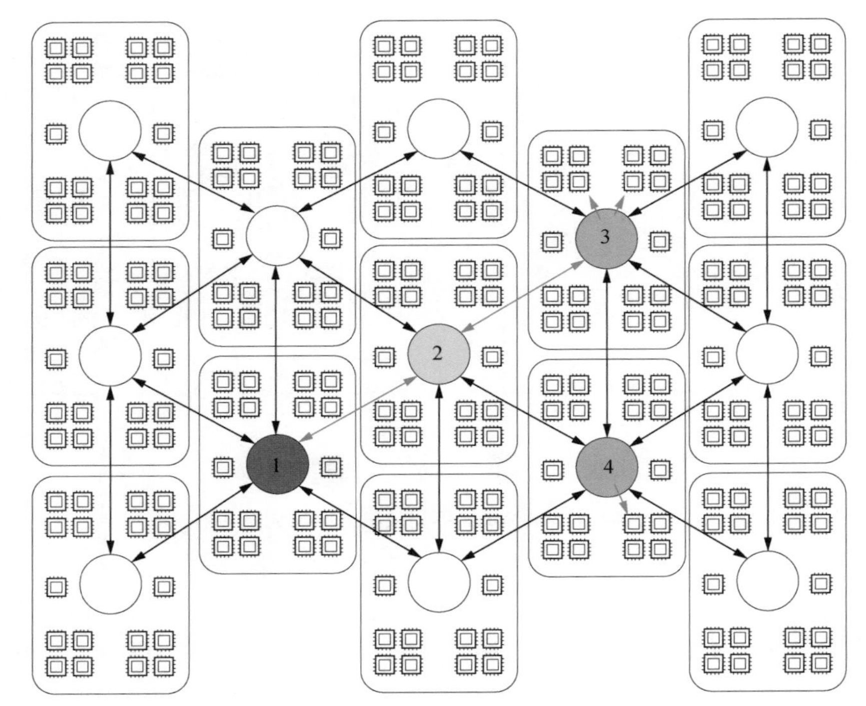

图 12-3-8 **SpiNNaker 多播通信**

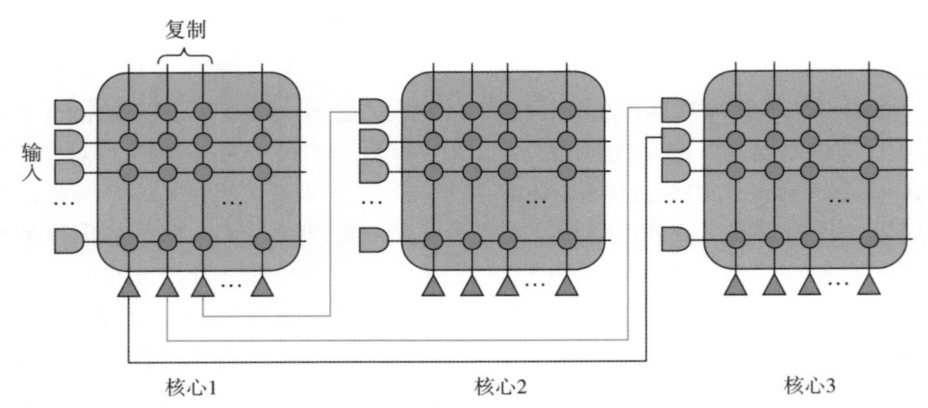

图 12-3-9 **TrueNorth 单播通信**

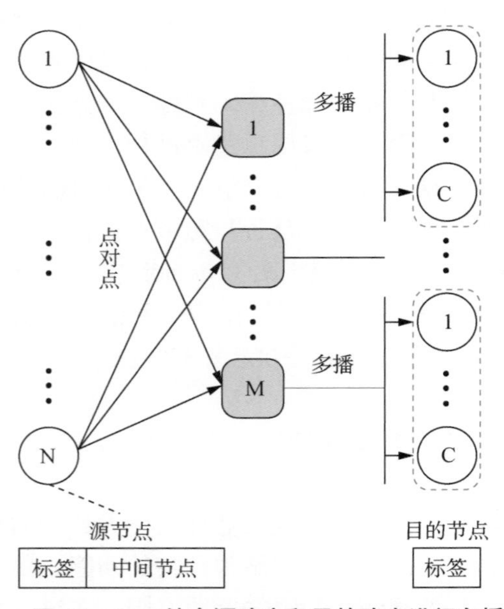

图 12-3-10 **结合源路由和目的路由进行多播**

用各种扩展手段将类脑芯片进行集成构建具备大规模类脑计算资源的硬件系统。作为承载类脑计算应用运行的实体，不同的硬件集成方案直接影响应用最终的运行效率和能耗。本节重点关注类脑计算系统硬件集成方案的物理实现，从硬件组成的层次、规模、类型特点等角度展开介绍。

典型的类脑计算系统通常采用逐层扩展的方式实现大规模集成，在低层次结构中集成多个芯片的小规模基本系统，在高层次结构中集成多个基本系统的集群系统。对于基本系统的集成，一种常见的方案是将多个类脑计算芯片集成到单个 PCB 板卡上，芯片之间采用异步传输接口进行互连，如图 12-3-11 绝大部分类脑计算系统单板均采用这种实现方案（Benjamin BV et al，2014；Furber SB et al，2012；Yang YS et al，2020；Neckar A et al，2018）。

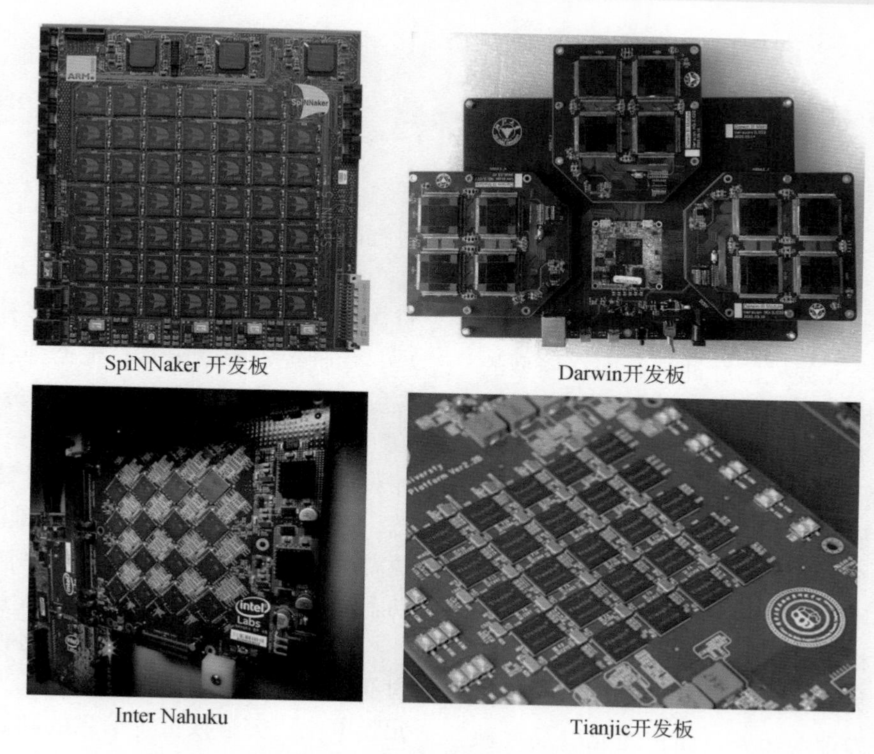

图 12-3-11 类脑计算系统单板连接图

晶圆级的集成是目前研究较热的集成方式，BrainScaleS-1 系统创新性的在 8 英寸晶圆上了集成了 18 万神经元和 4 千万突触，构建了单一晶圆（wafer）的基础系统，其结构如图 12-3-12 所示。这种特殊结构对于输入输出接口和系统供电提出了更大的要求，为此 BrainScaleS-1 提供了一块额外的系统 PCB 板负责处理这些问题。

对于高层次大规模系统的集成，通常采用网络、PCIE 等标准接口实现基础设备之间以及基础设备与其他设备的通讯连接。这里其他设备是指用于系统管理与用户交互的主机设备，用于数据转发的交换设备，用于信息采集的传感设备，以及用于存储的磁盘阵列等多种专用设备。由于绝大部分专用类脑计算芯片的超低功耗特性，其自身并没有高速通信接口模块，通常采用 FPGA 的灵活可编程特点实现数据桥接，在芯片外部 PCB 板卡上将芯片数据转换成标准的以太网、PCIE 等接口协议：基于 TrueNorth 的 NS16e，基于 Loihi 的 Nahuku，基于 Darwin 的 Darwin Mouse，以及 BrainScal-1 均采用不同型号的 FPGA 作为转接设备。

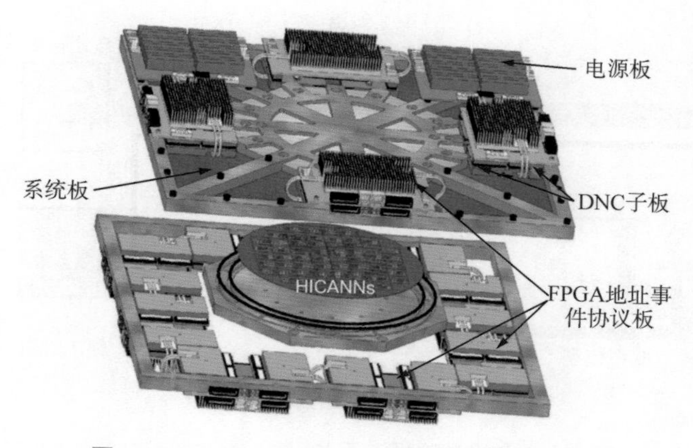

图 12-3-12 BrainScaleS-1 单一晶圆基础系统

总体来看，典型的类脑计算系统集成方案相对统一，均是通过在基础系统上实现多芯片集成并利用标准通信接口实现系统集群扩展，工作方式是由管理主机负责部署神经网络、管理系统资源并提供数据源，各个基础系统协调处理后最终将结果反馈给管理主机。随着类脑计算领域的不断投入与发展，系统集成度和基础系统间的交互方式可能发生改变，创新性的方案正在不断涌现：由于芯片制造过程中必定存在良率缺陷，结合传统 PCB 方案和新型的 3D 封装技术，将经过切割、筛选的良品裸片及其他无源器件封装到单个晶圆衬底上形成可靠的晶圆级芯片，构建大规模类脑计算基础系统。另一方面，数据源有望直接由类脑传感器输入，比如近年来逐渐流行的 DVS 摄像头，以脉冲事件作为输出，可以直接与目标类脑计算系统通讯，实现任务一体化的感知、决策和执行。

第三节 类脑计算系统软件

一、系统软件需求

随着由神经拟态计算芯片组成的类脑计算机的出现，使得亿级神经元规模的脉冲神经网络模型的运行成为可能。但模型规模的增大以及类脑计算机资源的扩大也使得类脑计算机多任务并行处理与调度、神经拟态计算资源管理以及超大规模模型开发调试等问题日益凸显。传统的计算机系统软件主要用于控制和管理整个计算机的软硬件资源，组织调度其工作任务，为用户和其他软件提供便捷的交互接口和运行环境。相较于传统计算机系统软件中任务和资源的概念，我们将类脑计算机之上运行的脉冲神经网络模型称为神经任务，而神经元以及突触等则被称为神经资源。因此，类脑计算机系统软件是一种面向神经任务运行和神经资源管理的定制化软件系统。从硬件角度来看，其实现了底层神经拟态计算资源的封装和屏蔽，并将其抽象为类脑神经资源进行统一的管理和调度，支持上层神经任务的运行；从软件角度来看，类脑计算机系统软件为神经任务动态分配神经资源，提供多神经任务并行处理、调度等运行环境，同时提供神经资源内部信息接口和控制脉冲发放过程，为用户开发神经任务提供调试手段。

类脑计算机系统软件具有以下几个典型特征：

（1）神经拟态计算资源的抽象与封装：将神经元和突触等资源进行统一的抽象，通过虚实神经资源重映射，实现脉冲神经网络模型运行过程和开发过程的去耦合；

（2）多神经任务并行处理与调度：满足神经资源约束条件的基础上，支持多神经任务的并行处理，当神经资源受限时，根据神经任务优先级进行调度，优先满足高优先级神经任务的运行需求；

（3）神经资源调度与管理：根据不同神经任务对神经资源的需求以及类脑计算机当前的资源状态，进行动态任务迁移，最大化地满足神经任务的资源需求。通过弹性伸缩和负载均衡等对神经资源进行动态调配，使得系统的功耗和性能达到最优状态；

（4）神经任务调试支持：将神经拟态计算芯片内部访问接口进行标准化封装，支持用户进行神经元膜电位、突触权重等信息的动态读取和脉冲发放控制，实现对神经任务运行过程的跟踪和调试。

二、IBM TrueNorth 类脑计算系统软件

为了充分发挥 TrueNorth 芯片在脉冲神经网络计算领域的潜力，IBM 提出了一个端到端的类脑计算系统软件（Sawada J et al，2016），用于描述、训练、构建、模拟和部署面向 TrueNorth 芯片的脉冲神经网络。如图 12-3-13 所示：

IBM 类脑计算系统软件支持应用程序的运行时和设计两个流程，并且通过标准化的数据预处理和脉冲编解码 C ++应用接口库，实现了运行时工作流程的跨平台运行能力。TrueNorth 应用程序的运

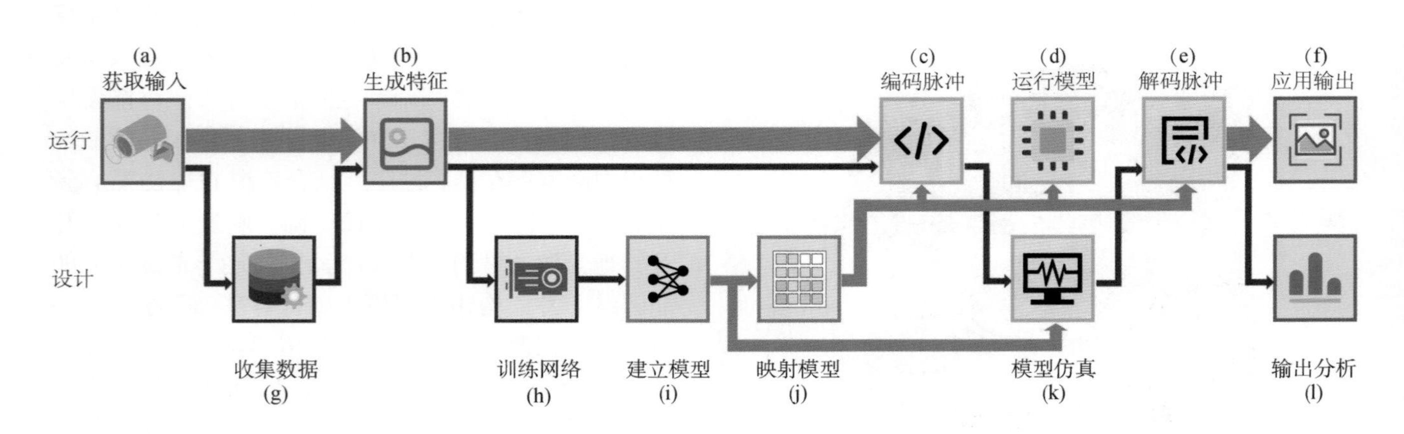

图 12-3-13 **TrueNorth 应用程序运行时流程（上）和设计流程（下）**

行时流程分为六个阶段：首先，从某个来源获取输入数据流（图 12-3-13（a）），该数据可以是从磁盘读取的文件，常规传感器的数据帧，甚至是神经形态传感器直接生成的脉冲信号。接着，对输入数据进行整形、裁剪、滤波等预处理（图 12-3-13（b）），并生成更专用的特征。然后，将这些生成的特征编码为脉冲流（图 12-3-13（c））输入到 TrueNorth 芯片中，后者根据脉冲神经网络模型处理输入脉冲（12-3-13（d））。处理完成后，TrueNorth 产生了一个输出脉冲流，接着，将其解码（图 12-3-13（e））为语义上有意义的信号后发送到应用程序输出工具（图 12-3-13（f））以进行可视化显示或其他操作。

TrueNorth 应用程序的设计工作流程（图 12-3-13（g）～（l））使用层次化抽象来降低底层 TrueNorth 硬件形态的差异对开发人员带来的影响。整个 TrueNorth 芯片的配置都存储在神经网络模型文件中，该文件由基于 MATLAB 实现的 Corelet 编程环境（CPE）自动生成，其构成了硬件抽象的第一层。CPE 支持的应用程序设计流程分为两个阶段：①训练阶段（图 12-3-13（g）～（h）），该阶段使用标准的深度学习技术来训练一组受 TrueNorth 硬件约束的网络权重参数；②构建阶段（图 12-3-13（i）～（k）），该阶段使用 Corelet 根据网络权重参数自动编译神经网络模型，然后使用 Compass 模拟器对其进行模拟评估，最后通过配置工具将网络模型配置到 TrueNorth 物理硬件上进行运行。

IBM 类脑计算系统软件实现了软件语言、工具、库、环境和离线训练算法的无缝集成，支持用户能够基于 TrueNorth 开发和部署广泛的应用程序。

三、达尔文类脑操作系统 DarwinOS

达尔文类脑操作系统是浙江大学自研的用于支撑运行其亿级神经元类脑计算机“Darwin Mouse”的类脑基础软件平台。其利用了“Darwin Mouse”的基于混合计算架构的分布式体系结构，即逻辑部分由传统冯诺依曼架构的 ARM 芯片执行，神经拟态计算任务则由达尔文类脑芯片完成。达尔文类脑操作系统为用户提供了神经资源透明访问和多神经任务并行执行的能力，自下而上分为四层，如图 12-3-14 所示：

（1）运行支持层：提供实时微型基础内核，具有任务管理、文件管理、通信管理等功能，为整个系统提供基础运行时环境。

（2）资源管理层：将神经元和突触资源进行抽象和管理，实现状态管理、神经任务迁移、弹性伸缩以及负载均衡等功能，为上层提供资源管理和调度服务。

（3）类脑功能层：针对类脑边缘计算和大脑仿真等应用，提供脉冲输入输出编解码、神经任务调度以及 SNN 模型库等神经任务运行时环境。

（4）外部访问层：解决类脑计算机的外部交互问题，主要提供系统状态访问接口、神经任务数据交互接口以及神经任务调试接口。

（一）运行支持层

达尔文类脑操作系统在对数据传输延时和处理响应的实时性上有较高的要求，因此采用了实时微型内核作为支持层的运行内核。在语音和图像识别等应用中，数据通常以流的形式输入到类脑计算机

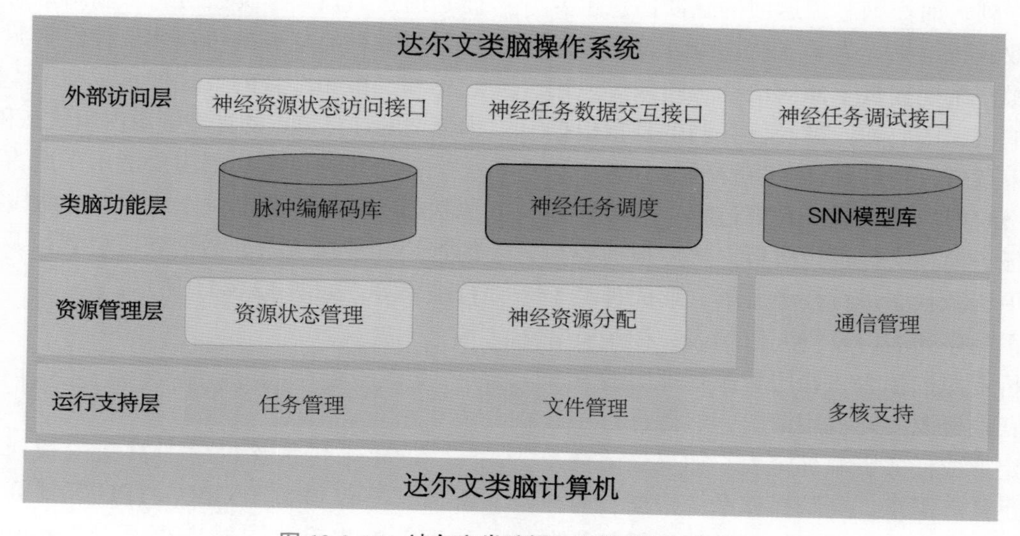

图 12-3-14　达尔文类脑操作系统的层次架构

中，类脑计算机需要实时响应而不能被其他任务所阻塞，因此这类处理任务就会被赋予最高优先级，可以抢占其他低优先级任务，而资源状态管理和文件传输等任务由于对实时性要求不高则被赋予较低优先级。达尔文类脑计算机各个类脑计算节点间采用千兆以太网进行连接，运行支持层采用了开源的LwIP协议来实现以太网通信功能。基于LwIP协议实现了轻量级的可靠协议层-RDP，RDP赋予不同类型的数据包不同的优先级，如脉冲数据等优先级高的数据包能够优先发送，增强了系统的实时通讯能力。

（二）类脑资源管理层

达尔文类脑计算机硬件资源主要包括神经元、突触等神经资源，类脑操作系统通过资源管理层实现了神经资源的状态管理和调度。通过资源状态管理，一方面为外部用户提供类脑计算机整体的资源情况和系统健康状况，另一方面为神经资源调度提供约束条件。神经资源调度则主要根据不同的神经任务对资源的需求以及当前类脑计算机的资源状态情况，进行动态的任务迁移，以最大化地满足神经任务的资源需求。同时，通过弹性伸缩和负载均衡等对类脑资源进行合理的调配，使得系统的功耗和计算性能达到最优状态。

（三）类脑功能层

类脑功能层为神经任务提供了脉冲输入输出编解码、神经任务调度以及SNN模型库等神经任务运行时环境。由于脉冲神经网络中神经元之间通过离散脉冲的形式进行信息的传递和处理，因此气味、图像、语音等输入数据，需要将其每个实数值编码成脉冲序列，而类脑芯片返回的脉冲信息也要进行解码获取运行结果。为了支持边缘计算等应用场景，类脑操作系统提供了面向语音、图像等应用的脉冲输入输出编解码库。神经任务调度是指根据神经资源约束条件，将神经任务进行任务分解、资源分配、网络映射以及装载等动态过程。神经任务分解将神经任务模型文件进行解析，然后根据类脑资源管理层中资源状态进行任务分解，形成神经子任务处理关系的序列表以及资源依赖表；神经资源分配通过解析资源依赖表，调用资源管理层的资源状态管理来获取资源实际占用情况，然后进行任务和资源的绑定形成任务资源绑定表。如果当前神经资源无法满足任务需求，类脑操作系统根据当前神经任务的优先级和系统中正在运行的神经任务优先级的高低进行调度，以满足优先级较高神经任务的计算需求。动态网络映射根据任务资源绑定表，类脑功能层将分解后的神经子任务网络映射到不同的类脑计算节点、芯片组或者芯片形成子任务映射文件以及子任务脉冲数据路由表。神经网络装载将当前计算节点分配到的神经网络子任务映射文件装载到类脑芯片或芯片组中，再根据子任务脉冲数据路由表获取前一级子任务的脉冲数据送入类脑芯片进行运算，并将运行结果返回给下一级子任务所在的计算节点。SNN模型库则包括已经训练好的面向语音、图像、气味等识别应用的脉冲神经网络模型，结合对应的脉冲编解码库，使得类脑操作系统能够支持实时语音、图像以及气味识别等边缘场景应用，而无需依赖外部的处理器进行辅助处理。

（四）外部访问层

达尔文类脑操作系统不提供直接的图形化用户交互界面，而是通过外部访问层提供状态访问、数据交互以及调试等接口供用户调用。用户通过系统状态访问接口获取神经资源的占用、空闲以及休眠等状态以及计算节点中芯片和芯片组的状态信息。而通过调用神经任务数据交互接口则实现了神经网络模型和脉冲编解码文件的写入和读取功能，在神经任务运行过程中，用户通过该接口实现了与神经任务的输入输出数据交互。神经任务调试接口为用户提供了神经任务运行过程中神经元的膜电位获取、执行过程调试等功能。

（五）可视化界面

达尔文类脑操作系统不提供直接的图形化界面而是通过HTTP协议在用户终端浏览器上实现了神经资源和神经任务的可视化。神经资源可视化采用三维和二维相结合的方式展示了整个类脑计算机和局部类脑计算节点的神经资源占用状态和健康状况。

神经任务可视化则主要展示了所占用的神经资源状态、神经元膜电位发放和趋势曲线、SNN模型的神经元连接关系、激活脑区位置以及神经任务运行结果等，如图12-3-15所示：

四、其他类脑系统支撑软件

近年来传统深度学习算法的快速发展，可以看出其不仅得益于GPU、TPU等计算硬件的出现和性能的提升，同时也离不开Tensorflow、Caffe、

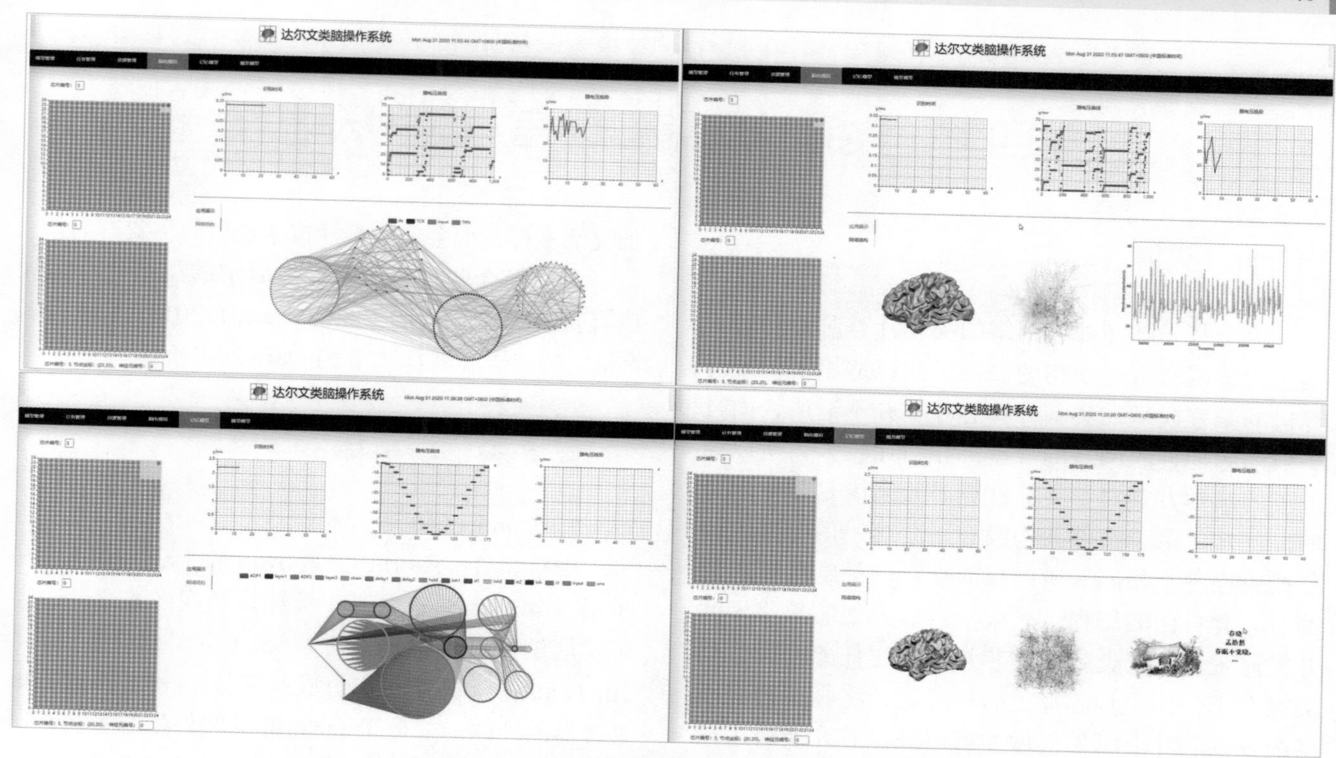

图 12-3-15　达尔文类脑操作系统的神经任务可视化

Pytorch、Keras 等开源开发平台的支持（Abadi M et al，2016），由此可见软件生态系统对于新型计算系统发展的重要性。

目前，随着各种类脑计算芯片和系统的相继问世，其相关的编程开发方法和工具也陆续出现。德国海德堡大学研发的 BrainScaleS 将整个软件开发和运行环境称为 BrainScaleS OS（Müller E et al，2003）。BrainScaleS OS 采用 PyNN 建立神经网络模型，同时为用户提供了基于 Python 的应用编程接口，而运行于可塑性处理单元之上的软件实现了突触阵列并行访问等功能。BrainScaleS OS 采用基于 Linux 的作业调度器来管理用户对神经拟态计算资源的需求，支持不同用户分时和分片的利用计算资源。英国曼彻斯特大学为 SpiNNaker 系统提供的软件系统主要包括 SpiNNaker 系统上运行的软件程序以及软件工具链[13]。其中由于 SpiNNaker 所采用的 ARM 处理器性能有限，无法运行嵌入式 Linux 等操作系统，因此采用运行时库的方式为控制管理程序以及应用程序提供运行时环境、应用功能库以及通讯接口驱动。英特尔的 Loihi 开发工具链提供了基于 Python 的 API、编译器、软件模拟器和 FPGA 仿真器（Lin CK et al，2018）。同时采用基于 x86 内核上的运行时库实现了 Loihi 芯片的管理并控制其脉冲数据的输入输出。典型类脑计算软件系统对比如表 12-3-1 所示：

综上所述以及从表 12-3-1 对比可以看出，目前各个类脑计算系统在对神经拟态芯片的运行支持上都只从运行时库或者传统操作系统（如 TrueNorth 采用了 Linux 系统，SpiNNaker 采用实时操作系统）的角度来考虑，缺乏从神经任务调度、神经资源管理、多任务并发运行等方面来设计专用的类脑操作系统。因此我们提出了面向神经拟态计算的专用操作系统 -DarwinOS，为类脑计算机的边缘计算应用、大脑仿真应用等提供全面支持。

表 12-3-1　典型类脑计算软件系统

软件系统名称	研发单位	基础运行支持	神经任务调度	神经资源管理	多用户访问
BrainScaleS OS	海德堡大学	Linux	×	√	√
SpiNNTools	曼彻斯特大学	运行时库	×	√	√
TrueNorth	IBM	Linux	×	√	×
Loihi	Intel	运行时库	×	√	×
DarwinOS	浙江大学	运行支持层	√	√	√

第四节 类脑计算编程语言与应用开发

一、概述

由于基于脉冲神经网络的类脑计算芯片有着不同于传统冯诺依曼架构的设计，所以适用于传统计算机的编程模型在类脑计算芯片上并不适用，而且一般的脉冲神经网络的规模都相对比较大，所以纯人工的编程方式对于类脑计算芯片来说是非常困难的。此外，由于硬件架构没有一个统一的标准，硬件约束也各不相同，所以目前现存的类脑计算芯片都有一套自己的编程工具或平台以方便芯片应用的开发过程。对于类脑计算芯片的编程任务来说，其关键在于分配类脑芯片上的神经元，将脉冲神经网络配置到芯片上时如何做才可以满足芯片实时运行的同时功耗尽可能小，是学术界和工业界正在共同探索的研究课题。

当前存在的面向类脑芯片的编程语言，都是专为类脑芯片设计，可以显著降低类脑算法的开发门槛，同时实现了对硬件底层的封装，方便用户使用芯片进行算法研究和应用开发。但是该语言面向的用户有较大的局限性，有必要进一步扩展这类语言的特性，使其成为更贴近广大应用开发者使用习惯的高级语言，提高语言的安全性，同时增加语言的兼容能力，使其运行更为高效、开发更为便捷、阅读更为清晰，成为类脑计算领域的通用开发语言，使更多研究者参与到这个领域当中。

类脑计算芯片为高度并行、存算一体的非冯诺依曼架构。如何发挥架构的高并行性能优势已成为研究的重要目标，一方面可以在编程语言中加入了并行描述范式，增加语言对硬件资源的调度能力。另一方面，如何设计支持高并行，增加对并行资源的配置优化，满足动态分配的调度方法，使得研发人员在软件层面可以对芯片资源进行调度，使用更加灵活多样，也会成为编译技术发展的重要方向。

下面简介两种目前正在发展中的类脑计算编程语言：IBM 的 Corelet（Amir A et al，2013；Esser SK et al，2013）和浙江大学的 DarwinMDL。

二、类脑编程语言

1）Corelet 语言

IBM 的 TrueNorth（Akopyan F et al，2015）发布于 2014 年，是首个基于脉冲神经网络的“自适应可扩展塑性电子神经形态系统”（SyNAPSE）芯片。TrueNorth 整个系统可以分成两部分：一是 TrueNorth 处理器的硬件，二是 TrueNorth 的软件生态系统。

TrueNorth 提出了一种端到端的软件生态系统，包括神经网络的定义，构建和推理。编程范式包括三个部分：一是 Corelet 语言，用于表示神经突触核心网络，采用面向对象设计思想，如图 12-3-16 所示，该语言使用神经元类、核类进行网络的搭建，形成一个封装了除输入输出外的所有详细信息的 Corelet，并采用连接器将各个 Corelet 组装成一个网络，避免了开发者直接面对底层硬件，为了适应 TrueNorth 芯片大规模并行计算的特点，Corelet 采用分而治之的思想，多个 Corelet 对象可以组成一个大的 Corelet，实现具有一定功能的模块，进一步的，多个复合的 Corelet 可以组装成一个完整的网络。二是一个可自定义的 Corelet 标准库，开发者可以采用现有的 Corelet 完成网络构建，也可以创建新的 Corelet，并添加到标准库中，以便下次直接取用，同时，新建的 Corelet 可以采用面向对象的继承思想，在原有 Corelet 的基础上开发自己的特性；三是，团队为 Corelet 语言制定一个端到端的开发环境，方便用户的使用。

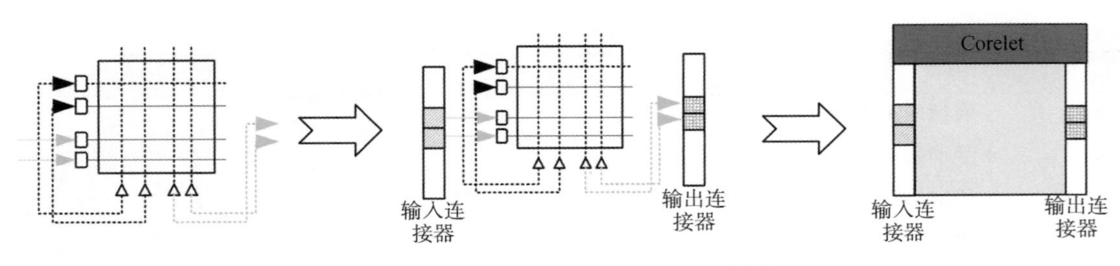

图 12-3-16 **TrueNorth Corelet 示意图**

IBM从使用Corelet开始在一年以内就开发出了超过100个基本corelet单元，并且由于Corelet的可扩展特性，它包含的基本单元数量也会不断增加。Corelet还可以输出一个网络模型文件用于专门给TrueNorth做仿真的Compass模拟器（Preissl R et al，2012）。

TrueNorth使用面向对象的开发语言Corelet来避免开发者直接面对硬件，同时，支持开发者使用层次化递进的方式来进行脉冲神经网络应用的设计与开发，但是开发者仍然需要考虑到相关的硬件约束，并且TrueNorth并不支持在线学习，仅能支持神经网络的前向推理。

2）DarwinMDL语言

DarwinMDL语言是面向达尔文类脑计算芯片（Ma D et al，2017），针对脉冲神经网络（SNN）的统一描述语言，旨在规范SNN网络模型的统一描述，便于用户进行类脑应用程序开发。DarwinMDL语言关键词定义具有高度的神经学相关性，然后通过语法规则将上述基本元素进行组合、拼接，完成一个脉冲神经网络的搭建。在关键词和语法规则的定义中，我们会引入硬件约束。达尔文类脑计算芯片的硬件约束主要体现在神经元模型的局限和网络连接规模的限制。因此，在神经元模型定义时，便直接对模型的选择进行限定，在网络连接定义时，对规模进行初步评估，在软件层面上预先完成硬件约束过程。DarwinMDL对于基础神经科学研究人员来说，无需过多的计算机编程知识便可直接进行达尔文应用程序的阅读和开发。对于SNN算法研究人员来说，无需关心底层实现细节，可在软件层面上完成硬件约束。

DarwinMDL采用Json形式，小驼峰命名法，主要面向SNN应用开发者，描述对象为训练好的SNN网络模型。我们将神经元模型参数、突触属性参数、网络参数等直接定义为语言关键词，关键词具有神经元特性，对SNN应用开发者友好，简洁明了。文法规则采用扩展巴科斯范式（EBNF），EBNF作为基本巴科斯范式（BNF）的一种扩展，为描述编程语言的上下文无关文法，EBNF相对于BNF的扩展，使得EBNF更适用于语法定义和解析器解析。我们先针对简单SNN网络模型案例实现了初步的语言定义，包括关键字及文法规则。然后使用该语言定义对其他SNN网络模型进行描述，过程中进一步修改语言定义，最终满足语言的基本完备性。

为进一步提高语言的交互性，增加用户在编辑DarwinMDL语言时的可视化操作，我们实现了DarwinMDL语言的网络模型可视化功能。将DarwinMDL描述的网络模型通过图形实时展示，直观检查模型内部结构正确性，并降低用户关于DarwinMDL语言的编辑错误、语法错误，提高用户使用体验。相反，亦提供通过拖拽图形、连接等操作得到的网络模型架构图到DarwinMDL语言的转化，降低复杂模型的构建的实现难度。

语言解析将编写好的DarwinMDL语言转换为中间代码语法树，用于后续的硬件对接。语言解析的流程类似于传统编译器的前端，需要经过三个阶段：词法分析、语法分析和语义分析。词法分析扫描识别单词，对照关键字，并建立对应的符号表；语法分析根据DarwinMDL语言的文法规则识别对应的语法范畴；语义分析则对整体的网络模型结构进行检查。此外，每个阶段都会有对应的错误检查与处理。

在实际脉冲神经网络的搭建中，层与层之间定义的先后顺序，以及单个层中各个神经元属性定义的先后顺序，都有可能产生变化。此外，有的参数属性可以省略选用默认值。语言分析需要对语义的解析进行优化，根据上下文关系得到正确的层级顺序，并将属性值放置至对应属性键中，完成语义的匹配，便于后续硬件对接工作。

用户在面向亿级神经元达尔文类脑计算机开发时，由于缺乏足够的硬件知识储备，对硬件约束没有充分的认知，因此为了使用户能够快速搭建出符合硬件约束的脉冲神经网络，便捷地进行应用开发，浙大研究团队提出了面向类脑计算的DarwinMDL编程语言及其配套的编译器。如图12-3-17所示为Darwin类脑计算编译器的整体架构图，该编译器自顶而下被分为三个部分：DarwinMDL类脑计算编程语言是最顶层部分，对底层硬件细节进行了良好的封装，能够快速完成网络的搭建与约束调整；在完成网络构建后，经过编译器对语言的解析，产生中间代码语法树；最后，根据语言解析的结果，我们需要完成模型映射过程，将软件算法模型转换为硬件执行模型，完成软硬件对接，生成硬件配置文件。至此，达尔文编译器完成了高层次编程语言到低层次硬件执行文件的整个流程。

三、应用开发工具

接下来，我们着重介绍来自于Intel的Loihi编

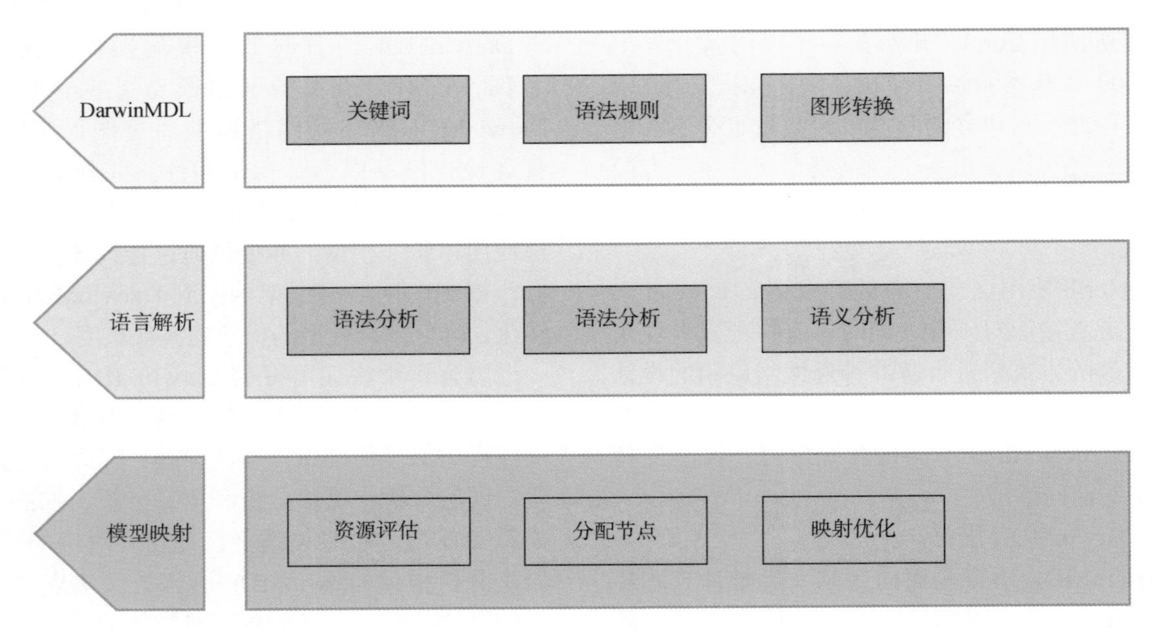

图 12-3-17 **达尔文编译器架构图**

译工具和浙大团队的 Darwin 映射器。

1）Loihi 编译工具（Lin CK et al，2018）

Loihi 由 Intel 在 2017 年发布，共有 128 个计算核，每个核支持 1024 个神经元，整个芯片共有超过 13 万个神经元和 1.3 亿个突触。Intel 为 Loihi 的应用开发提供了一套编程工具链（Lin CK et al，2018），包括基于 Python 的脉冲神经网络定义的 API、编译器和构建运行脉冲神经网络的运行库，其架构如图 12-3-18 所示。在对 Loihi 编程的时候，通过其 API 构建网络，然后指定训练算法，再对输入进行编码，之后就可以开始训练，并且在训练的时候可以对网络进行局部参数调整。在运行网络之前，先要将训练好的网络配置到硬件上，Loihi 的编译器会用贪心算法，以用尽量少的核为原则进行网络映射。Intel 还为 Loihi 提供了 FPGA 和纯软件的模拟器，其 Python 的 API 生成的二进制文件也可以用于它们来进行仿真测试。

Loihi 具有一个完整的开发工具链，包括脉冲神经网络的模拟、在线训练等开发流程，但是整个

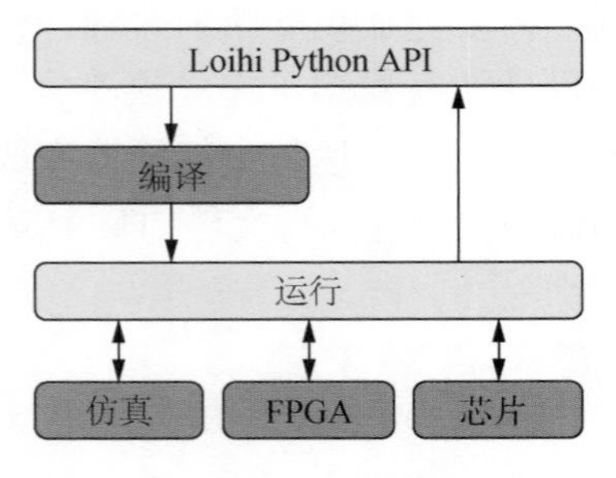

图 12-3-18 **Loihi 编程工具链**

芯片的规模较小，对较大的应用来说需要使用芯片阵列完成，同样的，在开发过程中也需要考虑到其的硬件约束。

2）Darwin 映射器

Darwin 网络映射是指在保持网络结构和网络行为一致的条件下，将层次化的脉冲神经网络在以节点为单位的达尔文芯片上实现的能力。在网络映射的过程中，主要需要考虑的是硬件资源约束以及网络运行的实时性。达尔文芯片的工作流程如下：根据网络的输入，对每一个逻辑神经元进行电压计算，若电压超过阈值电压，则向与之相连的神经元发送脉冲信息。可以看出，网络运行的时间消耗主要在计算和数据传递上，而这两者相对比，计算所需的时间要比数据传输少得多。也就是说，计算总能够实时完成，整个网络的实时性主要依赖于数据传输的快慢，并且，网络消耗的能量与数据传输的距离正比，也就是说，网络每一层之间的节点距离要尽可能近。

网络模型映射主要分为两步完成。第一步为模糊计算，判断硬件平台的资源总数能否满足网络映射需要的神经元数量和突触数量。若资源总数能够满足网络需求，则可以进行第二步的精确计算，精确计算将为每个神经元分配具体的坐标和地址，并最终产生映射信息。网络映射算法流程图如图 12-3-19 所示。输入脉冲神经网络之后，首先进行资源评估，计算该网络所需要的资源总量，其中 neuroni 表示网络第 i 层的神经元数量，L 是网络总层数，

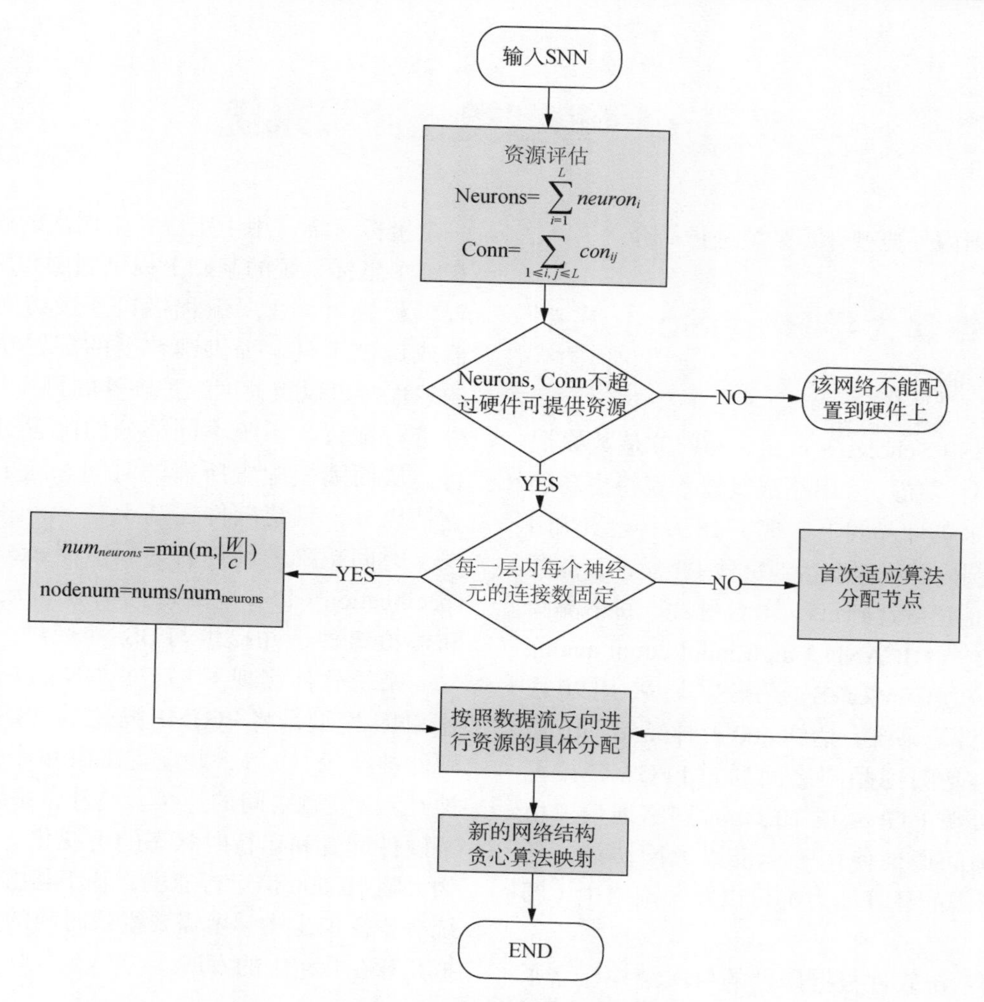

图 12-3-19　**Darwin 映射算法流程**

Neurons 就是这个脉冲神经网络需要的总的神经元数量，conij 是网络第 i 层和第 j 层之间的连接数量，Conn 表示脉冲神经网络需要的总的连接数。计算所得的 Neurons 与 Conn 不超过硬件可提供资源，则可进行下一步计算；反之，该网络不能配置到硬件上。

根据脉冲神经网络的连接是否有规律将它分成了两个类型，一种是在每一层内每个神经元的连接数都是一个固定值，如全连接、一对一连接以及类似于卷积神经网络结构的那些脉冲神经网络；另一种是同一层内每个神经元的连接数可能是不一样的，例如经过某些优化如剪枝操作得到的一些脉冲神经网络。对于第一种类型的脉冲神经网络，直接按神经元顺序来进行分配，每个节点允许有 w 条权重和 m 个神经元，则每个节点可以分配的某一层神经元数量最多是 numneurons，其中 c 是神经网络的这一层的每个神经元的连接数量；然后可以求出当前层总共需要某个类型节点的数量为 nodenum，其中 numsl 是这一层的神经元总数量。对于第二种类型的脉冲神经网络，由于其每一层内的神经元的连接数可能各不相同，为了用最少的节点将其配置好，我们采用类似装箱问题的算法进行分配节点。先按照连接数对神经元进行排序，然后再使用首次适应算法来计算总的需要的神经元数量。这里的每个箱子都是一个节点，并且需要同时放入一个神经元和它对应的连接数，当其中神经元被放满之后或者放不下另一个完整的神经元的连接之后这个箱子就装满了。得到具体资源分配估计后，按照数据流反向进行资源的具体分配，最后将一个脉冲神经网络转换成为一个规模更小的并且每个节点恰好需要一个芯片的节点的资源新网络。将得到的新的网络结构来对网络映射进行优化，利用贪心的算法来初始化映射，得到一个可行的映射方案，并且也相当于在功耗上进行了一定的贪心处理，然后用启发式搜索的方式以功耗为目标对映射方案进行优化。

第五节 典型类脑计算系统

本节针对国内外典型计算系统进行简介。

一、海德堡大学 BrainScaleS-1 系统

BrainScaleS（Scholze S et al，2012）是数模混合神经拟态硬件系统，采用晶圆级技术获得更高的连接密度，在 8 英寸晶圆上实现了 18 万神经元和 4 千万突触，晶圆内总线速度达到每秒 1 T 脉冲，晶圆间的分布式通信速度达到每秒 10 G 脉冲。每个晶圆上包含了 352 个 HICANN（high input count analog neural network）。BrainScaleS-1（BSS-1）采用 20 块晶圆构成类脑计算系统，达到 400 万神经元、10 亿突触的规模。晶圆到晶圆之间通过 FPGA 转接至 OTS 交换机实现 1 Gbps 或 10 Gbps 网络通信。由于晶圆到晶圆间通信使用了标准以太网协议，任何控制系统所需的计算能力都可以并入网络中（图 12-3-20）。

BSS-1 的系统软件根据硬件的层次结构建立了一个坐标系统，用于定位各个层次的硬件组件，并在这个坐标系统的基础上提供底层和应用层两套配置编程接口。底层编程接口直接访问硬件、模拟器或调试工具，提供细粒度的配置功能；应用层的编程接口以粗粒度维护硬件的目标状态，并对硬件进行配置。系统不同部分的配置过程可并行运行，从而缩短配置所需的时间。除了为硬件提供支持以外，系统软件还基于 C ++和 System C 实现了时间精确的硬件行为模拟器 executable system specification（ESS）。ESS 同时模拟硬件中的数字和模拟组件，并提供与 BSS-1 硬件一致的配置接口。系统软件实现了基于 PyNN 的 PyHMF 用于描述 SNN 模型，将 PyHMF 描述的 SNN 模型映射到硬件神经元 / 突触，并配置路由和片上总线来建立神经元 / 突触之间的连接。此外，系统软件还实现了硬件配置和运行时状态的可视化。BSS-1 具备生物大脑 10 000 倍运行速度，基于其组建大脑规模系统有望模拟生物学上需要很长时间的实验，例如模拟儿童在几年中的发展。

图 12-3-20 **BrainScaleS-1 系统**

二、IBM 的 TrueNorth NS16e/NS16e-4 系统

2014 年 IBM 推出了 TrueNorth（Akopyan F et al，2015）芯片二代，基于三星 28 纳米工艺，是目前单芯片神经元规模和突触规模最大的类脑芯片，支持 100 万神经元和 2.5 亿神经突触，其典型应用功耗只有 65 mw，能效比远超当今的通用计算机（图 12-3-21）。2016 年 IBM 和劳伦斯 · 利物莫国家实验室（LLNL）联合开发了 NS16e（DeBole MV et al，2019）系统，该硬件系统将 16 个 TrueNorth 芯片集成到同一块 PCB 电路板上的 4×4 阵列中，具备 1600 万神经元和 20 亿神经突触资源。2017 年 IBM 和空军研究实验室（AFRL）联合开发了可扩展的 NS16e-4（DeBole MV et al，2019）系统，该硬件系统基于 4 块 NS16e 开发板，通过标准的 PCIe 接口互连组成类脑计算集群，神经元数量达到 6400 万个，突触数量达到 160 亿，规模在过去几年里每年增长 800%。

针对上述硬件系统，IBM 还建立了 Compass 模拟器、Corelet 编程范式。Compass 模拟器是一种多线程、大规模并行化、高可扩展的功能性软件模拟器，利用硬件的架构特性作为约束条件，可以准确预测硬件的性能，帮助开发人员快速尝试不同的模型和参数，从中找出优化的方案。Corelet 编程范式包括一个名为 Corelet 的 TrueNorth 程序的抽象，它表征了神经突触核心网络，封装了除外部输入输出以外的所有细节；一种面向对象的 Corelet 语言，用于创建、组合和分解 Corelet；一个不断扩大的可重用的 Corelet 库，程序员可以从中组成新的 Corelet；以及一个端到端的与 Compass 模拟器集成的编程环境，可以支持从设计、开发、调试到部署的所有方面。IBM 已经为 TrueNorth 设计并实现了 100 多个核心算法，这一事实突显了新的编程范式的实用性。实时目标识别等应用程序已经以非常低的功耗在上述系统中得到了演示。

三、Intel 的 Pohoiki Springs

Loihi（Davies M et al，2018）神经拟态芯片，采用 Intel 14 nm 工艺，单芯片支持 13 万神经元，1.28 亿突触，神经元模型采用基于 CUBA 的 LIF 模型变种，能够支持更多算法。Loihi 的核心优势在于其可编程的在线学习引擎，通过独创的微指令编码学习规则，支持 STDP 等多种学习算法。Pohoiki Springs（Yang YS et al，2020）是一个规模非常大的系统，由 24 个 Nahuku 板组织成 3 列，总共 768 个 Loihi 芯片，具备 1 亿神经元和 1000 亿神经突触。每个 Nahuku 板上集成了 32 颗 Loihi 芯片。每一列都拥有一块 FPGA 板卡作为桥接，与 Loihi 的专用通信接口进行数据 I/O 交互。FPGA 板上的 ARM CPU 还可以负责分配 Nahuku 卡的硬件资源，同时利用网络与系统中的 X86 主机进行通信，该 X86 主机负责注入源数据并解析运算结果。同时系统中还集成了一种嵌入式以太网交换机，将所有内部以太网通信合并到

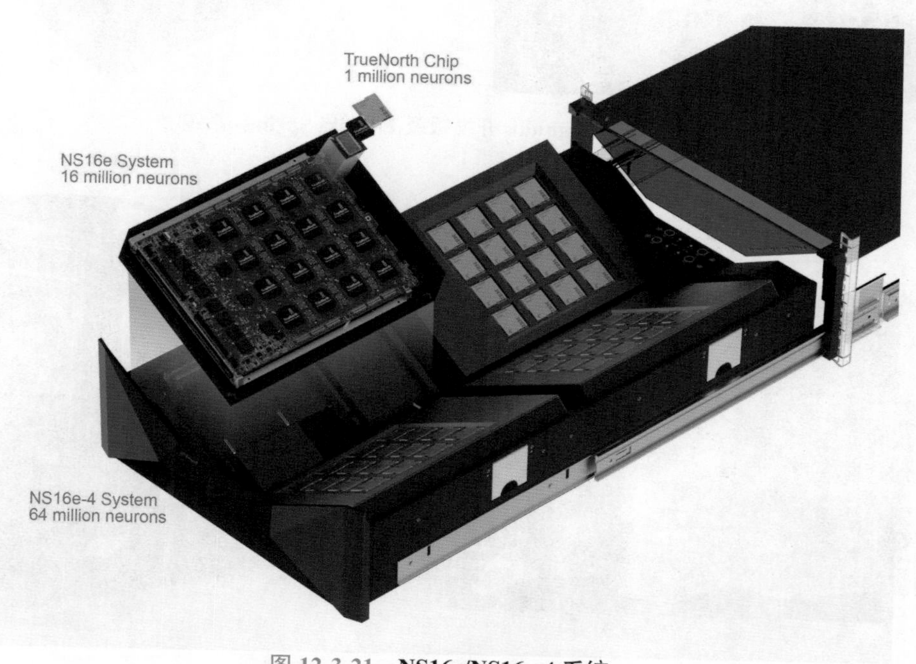

图 12-3-21　**NS16e/NS16e-4 系统**

机箱后部的一个接口中（图 12-3-22）。

配合 Loihi 一起使用的完整工具链包含 Python API（Lin CK et al，2018），与现有的框架（PyNN 等）类似，便于编程人员使用。Loihi 在小样本学习方面展现出了独特的能力，其通过单一样本的气味学习，便可以获得较高的准确率，而且不会破坏它对先前所学气味的记忆。与之形成鲜明对比的是，传统的深度学习解决方案，要达到与 Loihi 一样灵敏的“嗅觉”，每类气味都需要 3000 倍以上的训练样本。

四、浙江大学的类脑计算机 Darwin Mouse

Darwin Mouse 是由浙江大学联合之江实验室研发完成，它基于浙江大学自主研发的达尔文 2 代类脑计算芯片，Darwin 2 代类脑计算芯片使用 55 nm CMOS 低功耗工艺制造，支持 15 万神经元、1 亿突触。它在离散时间 LIF 模型的基础上进行优化，增加了多种 Leak、reset 模式，还加入了偏置和随机性，以支持更加复杂的应用场景。整个类脑系统如图 12-3-23 所示，它集成了 792 个芯片，能够支持 1.2 亿脉冲神经元、720 亿神经突触，规模相当于小鼠大脑神经元数量（不同生物的神经元数量如图 3 所示），典型运行功耗 350 ～ 500 W，是目前国际上神经元规模最大的类脑计算机。团队还研制了专门面向类脑计算机的操作系统——达尔文类脑操作系统（DarwinOS）以及应用开发工具链（DarwinKit）。

为实现类脑计算机的大规模、高并行、低功耗特点，Darwin Mouse 在体系架构和运行机制两个方面取得了突破。在体系架构方面采用易扩展、可重构的层次化架构：首先，以达尔文 2 类脑芯片为最小节点，按树型结构逐层扩大规模集成，采用树状层次化架构来搭建整个类脑计算机。其次，针对应用特点从多粒度实现神经网络连接可重构，以十万级、百万级、千万级不同粒度神经元规模为单位，构建神经元间的互连通道；最后，从多个不同层次灵活进行类脑资源扩展，使得类脑计算机资源可以灵活配置。在运行机制方面，采用多项技术保证大

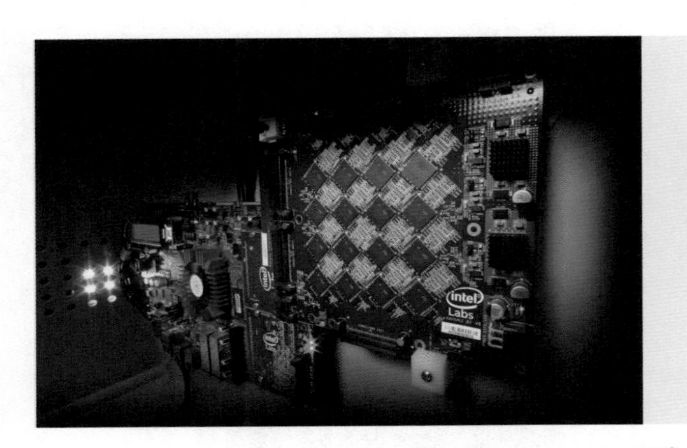

图 12-3-22 **Nahuku 开发板及 Pohoiki Springs 系统**

图 12-3-23 **Darwin Mouse 类脑计算机**

规模类脑计算资源的协同运行与鲁棒性：首先，高效实现多层次神经元间脉冲的路由与通讯，保证类脑应用通讯的实时性；其次，实现基于异步事件驱动工作机制下类脑计算资源间的同步，使得同一任务所在的类脑计算资源能够协同工作；最后，高效的类脑计算资源容错机制保证失效的神经元能够被快速替换，从而保证类脑计算机的鲁棒性。

目前基于 Darwin Mouse 类脑计算机已经实现多个不同类型任务的处理，如抗洪抢险场景下多机器人的协同控制，涉及语音识别、目标检测、路径规划等多项智能任务的同时处理以及机器人间的协同；借鉴海马体的记忆模型仿真，采用脉冲神经网络实现音乐、诗词的记忆功能；作为脑机接口的处理中心，通过分析脑电信号实现意念打字等。

五、清华大学的天机类脑集成系统

天机芯系列类脑计算芯片是一种基于多模态功能核的分布、并行、异步众核架构。每个功能核可以容纳≥ 256 个神经元，每个神经元支持≥ 256 个扇入。2D-mesh 功能核阵列具有唯序和多播功能，能够更好的利用分布并发特性。Tianjic Ⅱ（Pei J et al，2019）型芯片包含 1000 万突触，156 个功能核，采用 28 nm 制程的 MPW 流片工艺，硅片面积 14.4 mm^2，封装面积 10 mm^2×10 mm^2，功能核采用存算一体结构，根据神经元结构及人工神经网络的特性，分为树突计算单元、胞体计算单元以及轴突处理（路由收发）单元。树突计算单元可以实现张量计算和突触动力学计算，胞体计算单元可以实现非线性计算和富模型神经元膜电位处理，路由单元则可以兼容收发 ANN、SNN 的路由包，每个单元均可以独立按 ANN、SNN 的模式，因此各种模态的功能核可以无缝的组合成混合神经网络 HNN（图 12-3-24）。

天机阵列板采用 5x5 的 2D-mesh 芯片阵列，由 25 块芯片构成一个 100 万神经元的阵列板，如图 2a 所示。并将 4 个阵列板集成到一个机箱内，集成为一个包含 100 芯片的类脑计算节点。用 FPGA 搭建 PCIE 到天机芯片阵列的协议桥片。图 2b 是双天机类脑计算节点的计算集群系统，该系统包含 200 片 Tianjic Ⅱ神经形态类脑计算芯片。该系统在大规模并行网络的冗余处理实验验证中，测试了异步并行运行 5 类（SNN、CNN、CANN、MLP、SLTM）人工神经网络，可以对 36 路标清视像头的数据进行步、并行实时数据处理。实测功能核的并发计算周期≤ 30 μs，系统有效峰值算力≥ 34 TSOPs，事件吞吐率≥ 748 M 事件 / 秒。

六、曼彻斯特大学的 SpiNNaker 系统

SpiNNaker（Furber SB et al，2012）单芯片集成了 18 个 ARM968 核，采用 130-nm 工艺实现，其中 16 个核用于模拟神经元，每个核可以模拟 1 K 的神经元，1 个核用于管理，1 个核用于故障备份。一个 SpiNNaker 板卡包含 48 颗上述芯片，整个系统采用 216 颗芯片 100 万 ARM 核来模拟神经元，整体约 10 亿神经元，达到人脑规模的百分之一。由于 SpiNNaker 采用 ARM 处理器实现，其芯片内部集成了以太网 M Ⅱ控制器，同时还提供了通过内存控制器访问的 128 MB SDRAM，可以非常方便的与其他板卡或主机平台进行数据通信，构建集群系统。SpiNNaker 系统的优势在于采用通用处理器模拟神经元，其神经元模型没有限制，神经元连接灵活性高，且一个核心支持最高每秒一千万个连接。主要劣势在于没有利用类脑计算低功耗的特点，功

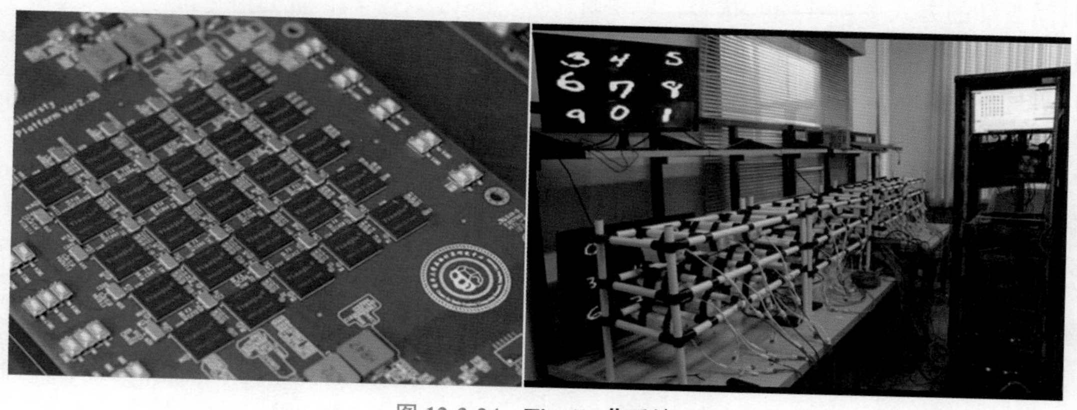

图 12-3-24　Tianjic Ⅱ系统

图 12-3-25 **SpiNNaker 系统**

耗超过 100 kW。

配套 SpiNNaker 的系统软件由核心软件（SpiNNaker Core Software）、SpiNNTools 工具链和 SNN 建模软件 SPyNNaker 组成。核心软件包括应用运行时核心（SpiNNaker Application Runtime Kernel，SARK）和监控程序（SpiNNaker Control And Monitor Program，SCAMP）。SARK 抽象底层硬件，向上层应用提供 DMA、网络和通信功能，并通过 SpiNNaker1 API 实现一个基于事件的操作系统。SCAMP 在系统启动时对各个处理器核进行测试，屏蔽出现故障的处理器核，探测系统中处理器网络的拓扑结构，并构造各个芯片的路由表。此外，在系统运行时，SCAMP 从各个芯片的内存中读取数据并将其发送给上位机。SpiNNTools 工具链控制应用在 SpiNNaker 计算机上的运行。SpiNNTools 工具链根据应用需求请求计算资源，将应用映射到硬件上，为各个芯片生成配置，并控制应用的运行过程。SpiNNaker 用 PyNN 描述 SNN 模型，在 SpiNNTools、核心软件和 SpiNNaker 硬件的基础上模拟 SNN 的运行过程。SPyNNaker 采用混合模拟方法，以时间驱动的方式更新神经元状态，以事件驱动的方式更新突触状态。该神经元状态更新框架十分灵活，可模拟多种标准神经元模型，并为用户定制神经元模型提供支持。

SpiNNaker 是目前世界上采用非专用类脑芯片实现的规模最大的类脑计算机，其主要用于神经科学的研究。

参考文献

原始文献

1. Benjamin BV，Gao P，McQuinn E，et al. Neurogrid：A mixed-analog-digital multichip system for large-scale neural simulations. *Proceedings of the IEEE*，2014，102（5）：699-716.
2. Scholze S，Eisenreich H，Höppner S，et al. A 32 GBit/s communication SoC for a waferscale neuromorphic system. *Integration*，2012，45（1）：61-75.
3. Moradi S，Ning Q，Stefanini F，et al. A Scalable multicore architecture with heterogeneous memory structures for dynamic neuromorphic asynchronous processors（DYNAPs）. *IEEE Transactions on Biomedical Circuits and Systems*，2018，12（99）：106-122.
4. Furber SB，Lester DR，Plana LA，et al. Overview of the spinnaker system architecture. *IEEE Transactions on Computers*，2012，62（12）：2454-2467.
5. Yang YS，Kim Y. Recent trend of neuromorphic computing hardware：Intel's neuromorphic system perspective//*2020 International SoC Design Conference（ISOCC）. IEEE*，2020：218-219.
6. Akopyan F，Sawada J，Cassidy A，et al. Truenorth：Design and tool flow of a 65 mw 1 million neuron programmable neurosynaptic chip. *IEEE transactions on computer-aided design of integrated circuits and systems*，2015，34（10）：1537-1557.
7. DeBole MV，Taba B，Amir A，et al. TrueNorth：Accelerating from zero to 64 million neurons in 10 years. *Computer*，2019，52（5）：20-29.
8. Zhang W，Hou L，Wang J，et al. Comparison research between xy and odd-even routing algorithm of a 2-dimension 3x3 mesh topology network-on-chip//*2009 WRI Global Congress on Intelligent Systems. IEEE*，2009，3：329-333.
9. Davies M，Srinivasa N，Lin TH，et al. Loihi：A neuromorphic manycore processor with on-chip learning. *Ieee Micro*，2018，38（1）：82-99.
10. Sawada J，Akopyan F，Cassidy AS，et al. TrueNorth ecosystem for brain-inspired computing：Scalable systems，software，and applications.Proceedings of the International Conference for High Performance Computing，Networking，Storage and Analysis. *IEEE*，2016.

11. Abadi M，Barham P，Chen J，et al. Tensorflow：A system for large-scale machine learning. *12thUSENIX Symposium on Operating Systems Design and Implementation（OSDI 16）*，2016：265-283.
12. Müller E，Mauch C，Spilger P，et al. Extending BrainScaleS OS for BrainScaleS-2. *arXiv preprint arXiv*，2020，2003.13750.
13. Rowley AGD，Brenninkmeijer C，Davidson S，et al. SpiNNTools：The Execution Engine for the SpiNNaker Platform. *Frontiers in Neuroscience*，2019：13.
14. Lin CK，Wild A，Chinya GN，et al. Programming spiking neural networks on Intel's Loihi. *Computer*，2018，51（3）：52-61.
15. Amir A，Datta P，Risk WP，et al. Cognitive computing programming paradigm：A Corelet Language for composing networks of neurosynaptic cores.// *International Joint Conference on Neural Networks*. 2013.
16. Esser S K，Andreopoulos A，Appuswamy R，et al. Cognitive computing systems：Algorithms and applications for networks of neurosynaptic cores// *International Joint Conference on Neural Networks. IEEE*，2013.
17. Preissl R，Wong TM，Datta P，et al. Compass：A scalable simulator for an architecture for cognitive computing，in Proceedings of the International Conference on High Performance Computing，Networking，Storage and Analysis. *IEEE Computer Society Press*，2012，p. 54.
18. Ma D，Shen J，Gu Z，et al. Darwin：A neuromorphic hardware co-processor based on spiking neural networks. *Journal of Systems Architecture*，2017：S1383762117300231.
19. Pei J，Deng L，Song S，et al. Towards artificial general intelligence with hybrid Tianjic chip architecture. *Nature*，2019，572（7767）：106-111.
20. Neckar A，Fok S，Benjamin BV，et al. Braindrop：A mixed-signal neuromorphic architecture with a dynamical systems-based programming model. *Proceedings of the IEEE*，2018，107（1）：144-164.

第 4 章 脑机智能

王跃明　吴朝晖　李远清

脑机智能（cyborg intelligence）是从脑出发，借鉴人脑的信息处理方式构建虚拟脑，进而借助脑机接口实现生物脑、虚拟脑、机器智能等融合乃至一体化，形成“人造超级大脑”（Schmidt EM，1980）。脑机智能系统的实现与发展均与脑机接口（Brain-computer Interface，BCI）紧密关联。脑机接口的核心思想是借助脑信号，实现脑和外部设备（如计算机、机器人）的直接通信与交互。根据获取脑信号方式的不同，脑机接口可以大致分为侵入式与非侵入式两大类。20 世纪 60 年代末，美国 NIH（National Institute of Health）的神经控制实验室利用猕猴皮质神经元信号控制光标的移动，可以被视为侵入式脑机接口的第一个原型系统（Schmidt EM，1980）。1973 年，加州理工大学洛杉矶分校的 Jacques Vidal 首次提出脑机接口的概念，认为脑机接口是“利用大脑信号进行人机对话”和“作为控制计算机或假体设备等外部设备的一种技术”（Vidal J，1973）。1977 年，Vidal 开发了基于视觉事件相关电位（event-related potentials，ERPs）的非侵入式脑机接口系统，通过注视视觉刺激的不同位置实现对 4 种控制指令的选择。此后，侵入式和非侵入式脑机接口沿着各自的路径快速发展。伴随着微丝电极（microwire）阵列的发明，研究人员可以在清醒动物的脑内实现长时间稳定的多通道神经电信号采集。利用这项技术，John Chapin 在 1999 年发表了侵入式脑机接口的先驱性工作（Chapin JK et al，1999）：经过训练的大鼠可以只利用脑内神经元峰电位信号实时意念控制压杆来获得水的奖励。一年以后，杜克大学 Nicolelis 等也在非人灵长类动物上完成了类似的工作，并提升到了三维运动控制。2006 年，美国布朗大学的 John Donoghue 第一次报道了在人类志愿者身上开展的侵入式脑机接口实验（Leigh RH et al，2006）：控制光标的二维运动。在随后的十五年内，人们实现了光标自由移动、多维度机械臂控制、自身肢体控制等多类侵入式脑机接口示范验证。在非侵入式脑机接口方面，Farwell 和 Donchin 于 1988 年开发了 P300 字符打字机（Farwell LA et al，1988）。1991 年，奥地利格拉茨技术大学的 Gert Pfurtscheller 团队首先发现运动想象 ERD/ERS（Event-related Desychronization/Sychronization）现象，并开发了基于运动想象的脑机接口（Pfurtscheller G，1992）。1992 年，美国 Sutter 教授首次将 SSVEP（Steady-state Visual Evoked Potential）应用于脑机接口系统中，利用视觉诱发电位在一个 8×8 视觉键盘上识别用户的注视目标（Sutter EE，1992）。清华大学高上凯、高小榕团队在 SSVEP 脑机接口方面做出了很多开创性的贡献。1999 年，德国图宾根大学的 Birbaumer 等利用慢皮质电位（slow cortical potentials）幅度变化控制光标一维运动，实现了文字拼写（Birbaumer N，1999）。近年来，相关研究者提出了融合多种模态脑信号或者多种脑活动模式的混合脑机接口（Hybrid BCI）或多模态脑机接口（Multimodal BCI）。2010 年，Pfurtscheller 教授等人提出了基于 ERD/ERS 与 SSVEP 的混合脑机接口系统并应用于手部矫形训练；同年，华南理工大学李远清等首次提出基于运动想象与 P300 的多模态脑机接口系统，实现了二维光标控制，并进一步用于轮椅控制等（Li Y et al，2010）。近年来，脑机接口的发展出现了新的趋势，对大脑的干预调节受到了更多的关注。2014 年前后，浙江大学吴朝晖等提出了脑机智能系统的概念，并给出了相关设计思想，建立了原理性样机（Wu Z et al，2014）。脑机智能系统融合生物脑智能与机器脑智能，实现了一种新的智能形态，可以看成是脑机接口发展的一个新阶段。本章将从概念、信息交互、模型与实现原则等方面探讨如何构建脑机智能，从而超越生物或者机器脑智能本身。

第一节　脑机智能的概念

脑机智能旨在通过脑机融合或虚拟脑实现智能计算，形成新型智能形态（Cyborg Intelligence）（Schmidt EM，1980；Chapin JK et al，1999）。近半个多世纪的人工智能研究表明，智能机器在存储、计算、搜索等方面具有人类无法比拟的优势，如在围棋人机大赛中谷歌的 Alpha Go 以 4∶1 战胜世界冠军李世石，实现了史无前例的突破。然而机器在推理、归纳、学习等高级认知方面还难以匹敌人类智能。承载着生物智能的大脑是在漫长的自然进化过程中形成的最精密最复杂的器官，是人意识存在的物质基础，其智能程度远超现有机器脑智能。机器脑智能和生物脑智能从不同切入点研究智能问题，相互影响、相互促进，两者逐渐汇聚融合，为探索更强的智能带来了新的可能（Wu Z et al，2014）。脑机智能以生物脑智能和机器脑智能的深度交叉融合及增强为主要目标，通过在不同层级上相互连接，建立兼具机器脑在信息整合、搜索、计算方面的能力和生物脑在环境感知、记忆、推理、学习方面能力的新型智能系统。比传统重在模仿行为的生物机器人或仿生学更进一步的是，脑机智能系统是一个既包含生物体又有人工智能电子组件的双向闭环有机系统，实现系统的行为、感知、认知等诸多能力的增强。

脑机智能实现了生物脑智能与机器脑智能在不同层次、不同方式、不同功能、以及不同信息耦合层面的交互融合。如图 12-4-1 所示：①从层次角度看，层次化是脑机智能最显著的特点之一，我们可以将生物脑智能体系和机器脑智能体系粗略地分成紧密联系的感知层、认知层和行为层；②从混合方式看，脑机智能系统可采用增强、替代、补偿三种不同方式，其中增强指融合生物脑智能和机器脑智能体后实现某种功能的提升，替代指用生物 / 机器的某些功能单元替换机器 / 生物的对应单元，补偿指针对生物 / 机器脑智能体的某项弱点，采用机器 / 生物部件补偿并提高较弱的能力；③从功能增强角度来看，脑机智能可以分为感知增强脑机智能、认知增强脑机智能、以及行为增强脑机智能，三种系统分别实现感知、认知及行为层面的能力增进；④从信息耦合紧密程度看，脑机智能可分为穿戴人机协同智能、脑机融合智能以及人（脑）机一体化智能。穿戴人机协同智能通过穿戴非植入式器件，实现机器脑智能体与生物脑智能体的信息感知、交互与整合，但两者之间的耦合程度较低；脑机融合智能从植入器件的方式实现融合，两者不仅仅是简单的信息整合，还包括多层级的信息交互和反馈，形成有机的脑机智能系统；脑机一体化的脑机智能是深度的信息、功能、器件与组织的融合，系统呈现一体化态势；⑤从类脑智能的角度来看，脑机智能是类脑智能的重要实现方式。类脑智能是受脑启

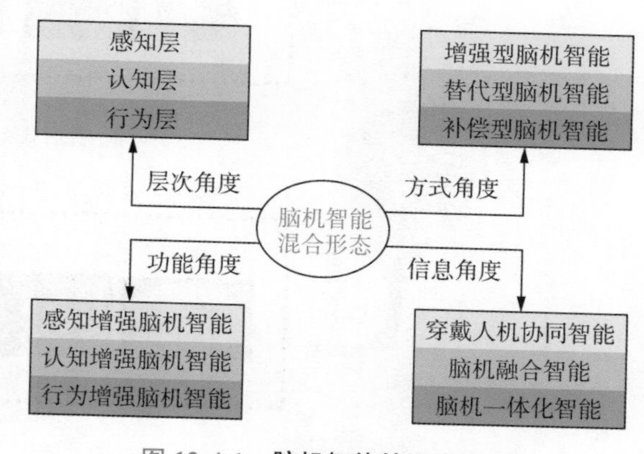

图 12-4-1　**脑机智能的混合形态**

发的以计算建模为实现手段的机器智能，是人工智能的高级阶段。脑机智能系统一方面包含脑智能模块，具备脑智能成分，另一方面机器智能模块可以按类脑智能的原则或者目标进行构建，而且交互融合的过程中，机器脑智能模块可以向生物脑智能模块学习，演化得更加类脑。

第二节 脑机智能中的信息交互

脑机智能的实现依赖于大脑和机器之间的信息交互。如图12-4-2所示，信息交互包含两个方向，一是从脑到机：将脑信息“读出来”；二是从机到脑：将外部信息或指令“写进去”。两者之间的纽带是脑信号编解码技术，通过计算方法将“读出来”的脑信号解析成可理解的意图（如运动、语音）、信息（如视觉、听觉）或状态（如疲劳）信号，再根据任务决策将外部信息写入大脑，实现脑机之间的智能互联。

一、脑到机：脑信号获取

从生物大脑读出的信号包括功能性磁共振成像（functional magnetic resonance imaging，fMRI）、头皮脑电（electroencephalograph，EEG）、脑磁图（magnetoencephalography，MEG）、局部场电位（local Field Potential，LFP）、光学成像和锋电位信号（Spikes）等。图12-4-3显示了几种常用脑信号的时间-空间分辨率。fMRI、EEG、MEG是非侵入式信号，其空间分辨率比较低；LFP、脑部光学成像和Spikes是侵入式信号，空间分辨率较高。从时间分辨率的角度，fMRI和光学成像反映一段时间信号的平均值，时间分辨率较低，比如fMRI的时间分辨率通常在秒级；电生理信号和脑磁图信号的时间分辨率较高，LFP和MEG的时间分辨率能够达到毫秒级，尤其锋电位信号可以表达单个神经元的发放状况，时间-空间分辨率均很高。

（一）脑电生理信号

脑电生理信号是脑机智能系统中最常用的信号类型，从信号采集角度，可分为侵入式、非侵入式、半侵入式三类；常用的侵入式脑电信号包括神经元锋电位、局部场电位，半侵入式如皮质脑电，非侵入式如头皮脑电（见图12-4-4）。

神经元锋电位：神经元锋电位能够记录单个神经元动作电位发放，通常采用植入大脑的微电极阵列进行信号采集。脑机信息交互中，常用的神经元锋电位信号包括单个神经元活动信号（single-unit activity）和多单元混合信号（multi-unit activity）两类，前者以单个神经元为单位，需要进行锋电位分

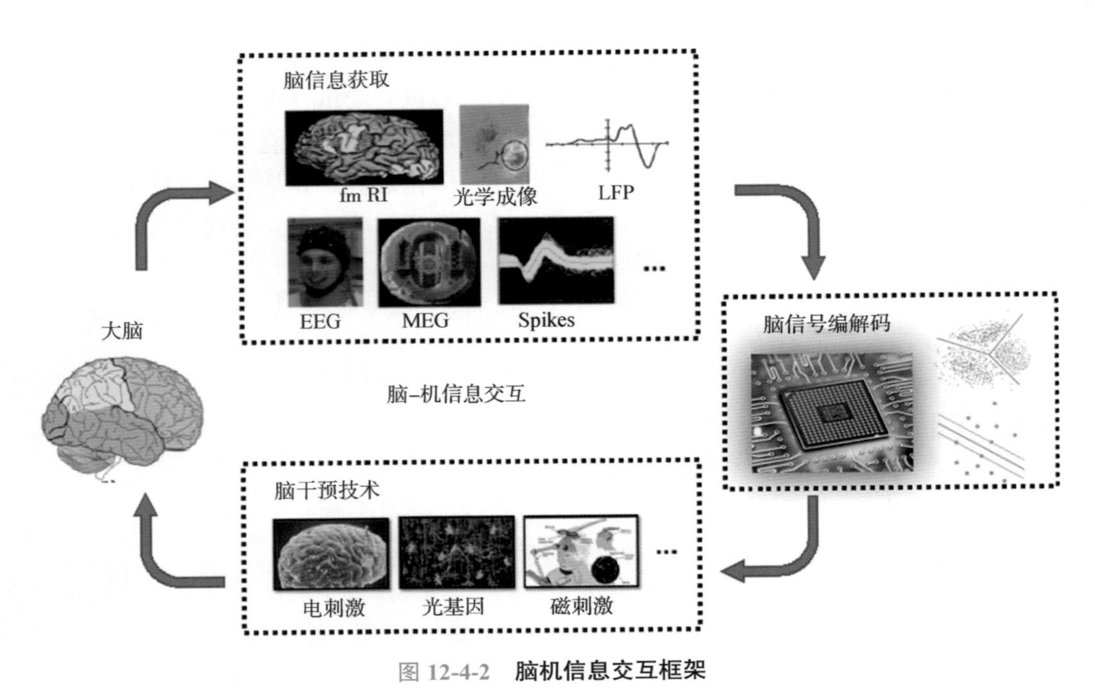

图12-4-2 **脑机信息交互框架**

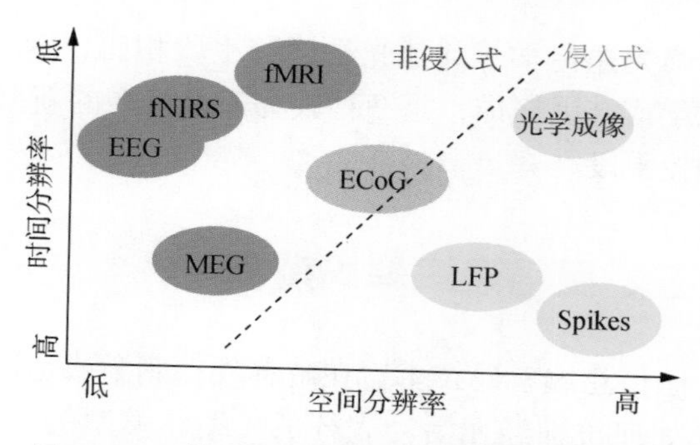

图 12-4-3　**常见脑信号的时间−空间分辨率对比**

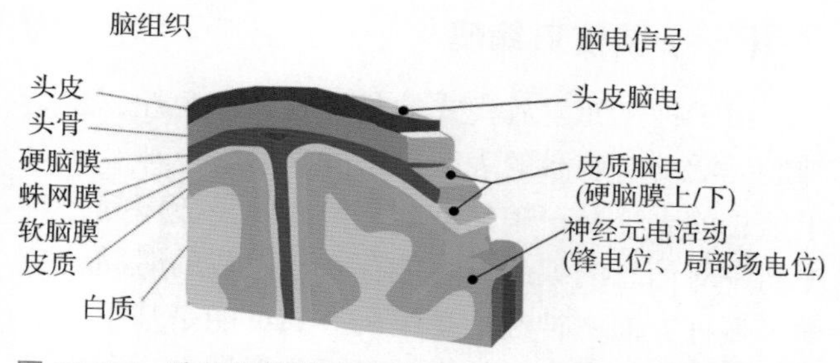

图 12-4-4　**脑机智能的脑电信号**（引自参考文献中的原始文献 11）

类（spike sorting），后者一般是以通道为单位的神经元放电信号的混合。

局部场电位：局部场电位信号同样通过植入大脑的电极采集，其信号来自局部细胞集群，是电极周围细胞产生的突触后电位的叠加。相比于神经元锋电位，局部场电位具有更高的稳定性和长期可用性。

皮质脑电：皮质脑电图信号（ECoG）是通过放置在大脑皮质表面的电极记录的颅内神经信号。与单个微电极或多电极阵列不同，ECoG 电极能够记录神经元集群活动引起的电位变化。ECoG 电极本身不侵入大脑内，但比非侵入式技术（例如 EEG）更接近放电源头，因此有更高的空间分辨率、更宽的带宽、更高的振幅。

头皮脑电：EEG 是一种非侵入式的脑电活动监测技术，通过将电极放置于头皮处，记录脑内活动产生的电压波动。相比于侵入式采集方法，EEG 具有方便、安全的优势，因而被广泛使用。

（二）脑血流与血氧成像

功能性磁共振成像：fMRI 是一种非侵入式成像技术，通过检测血氧和血流量的变化来反映大脑的神经活动。当某个大脑区域活跃时，会消耗更多的氧气，因此该区域的血流量增加。fMRI 已被用于认知神经科学、临床精神病学 / 心理学和术前规划等研究领域，并越来越多地被用作疾病的生物标志物、监测治疗或研究药理效果等。

功能性近红外光谱：功能性近红外光谱（Functional Near-infrared Spectroscopy，fNIRS）是一种非侵入性的神经成像技术，利用携氧血红蛋白对近红外光吸收的原理绘制大脑皮质的功能成像。fNIRS 技术具有相对低成本、便携式、可无线使用等优势，相较于 fMRI 技术易受到扫描环境限制，fNIRS 即使在日常生活中也可以使用，不易受运动伪迹的影响。

（三）其他常见脑信号

脑磁图：MEG 是一种非侵入式的功能性神经成像技术，通过放置在头部周围的超导传感器来测量与大脑活动相关的磁场。MEG 的显著优点是高时间分辨率，可以提供精确到亚毫秒级的大脑活动。与 EEG 相比，MEG 信号具有更精确的空间分辨率。与 fMRI 相比，MEG 信号直接来自神经元电活动，且 MEG 操作噪声较小，可以记录睡眠中的大脑活动。

钙成像技术：钙离子作为一种重要的神经元胞内信号分子，其浓度可以反映神经元膜电位的变化。钙成像技术利用特殊的荧光染料或者钙离子指示剂将神经元钙离子浓度通过荧光强度表现出来，用来观察神经元活性。双光子荧光显微镜能够在进行活体成像时实现高分辨率和高信噪比。

二、机到脑：反馈与干预技术

多种不同类型的反馈与干预技术，包括自然感官刺激（视觉、听觉、触觉等）、电刺激、光基因技术（optogenetics）、磁刺激等可用来实现对大脑的信息输入和功能调控。

（一）自然神经反馈技术

自然感官刺激（视觉、听觉、触觉和嗅觉等）是最直观、最常用的神经反馈方式。脑机智能系统中的机器输出信息可以直接转化为视觉、听觉等感官刺激“输入”给大脑，让用户能够根据反馈的信息调节脑活动，从而完成特定的任务或减弱疾病相关的脑活动特征。持续准确的自然感官刺激能够使用户有针对性地调整自身的大脑功能，从而提高脑机交互系统的性能。自然神经反馈技术可以与虚拟现实（virtual reality，VR）/ 增强现实（augmented reality，AR）等技术结合，用于运动功能障碍患者

（如卒中、帕金森等）的康复训练、多动症患者专注度提升等。

（二）经颅电 / 磁刺激

经颅电刺激（transcranial electrical stimulation，TES）/ 经颅磁刺激（transcranial magnetic stimulation，TMS）是非侵入式的脑功能调控技术。TES 利用头皮表面电极产生的毫安级低强度电流刺激大脑，而 TMS 利用磁线圈产生短暂的高强度磁场穿透颅骨，将特定电磁信息作用于大脑局部区域，调节皮质神经元的活动和代谢。经颅电 / 磁刺激技术广泛应用于临床研究中，包含脑损伤的康复、情绪调节、神经障碍、增强认知、急性和慢性疼痛缓解等领域。

（三）皮质内微刺激技术

皮质内微刺激技术（intracortical microstimulation，ICMS）是一种直接将微量电流输入大脑内进行调控的神经刺激方式。相比于 TES/TMS，ICMS 更精确、更有针对性。不同的刺激参数，如电流强度、频率、脉冲宽度、持续时间等将会对刺激区域产生特定影响。ICMS 普遍应用于大脑皮质代表区定位、癫痫灶点定位、感觉反馈等领域，已经成为研究大脑神经回路功能的重要工具，也是脑机接口的重要组成部分。例如，ICMS 可以直接刺激感觉皮质产生触觉感觉，为被试对象提供自然感觉的反馈，增强脑机智能系统的控制能力。

（四）光基因技术

光基因技术通过将特定光感基因转入神经元中进行离子通道表达。不同光感离子通道在不同波长光照刺激下会分别对阳离子和阴离子通道产生选择性开发，造成神经元膜电位变化，兴奋或抑制神经元活动。鉴于高时空分辨率和精准调控的特点，光基因技术在 21 世纪迎来了飞速的发展，在脑机智能交互系统中，光基因技术能够实现对记忆等感认知功能及运动功能的调控，以及癫痫等脑疾病的干预。

（五）红外神经刺激技术

红外神经刺激技术（infrared neural stimulation，INS）是一种直接的神经元光刺激方法，利用短暂的近红外光脉冲使神经元膜去极化产生动作电位。近红外光可直接作用于不同类型的神经细胞，实现对神经活动的激活或抑制。与 ICMS 相比，INS 具有高空间分辨率的优势，可以实现单个功能柱的激活；与光遗传学等其他光学调控手段相比，INS 无需化学或基因修饰，是一种较为安全可逆的新型神经调控手段。

三、脑信息编解码技术

脑信息编解码技术旨在解释外在刺激或运动信息是如何被神经元活动表征的（编码模型），从而通过大脑活动对刺激进行解析和预测（解码）。

（一）脑信息编码

由于神经元发放模式的复杂性和多变性，建立神经元活动对刺激的表征模型并非易事。神经元对于信息的表征是一串复杂的离散时间发放序列，而序列中对信息的编码有可能存在于发放的时间、频率等多种方面。神经信息编码方式可能是基于单个神经元，也可能基于特定神经元集群活动，即集成编码。通常来说，由于神经元固有动态特性的存在，基于单个神经元的信息编码稳定性差，而采用一组神经元进行编码具有更高的稳定性和准确性（表 12-4-1）。

运动编码 Georgopoulos 等最早发现大脑皮质运动区神经元对手臂运动方向具有调谐关系[13]。神经元的放电频率会随运动方向的改变而产生有序变化：在某个偏好方向上的放电最为密集，随着运动方向的偏离，放电频率逐步降低（图 12-4-5A）。

表 12-4-1 **神经元集群的生理学原则（引自［12］）**

原则	解释
分布性编码	对任一行为参数的表征分布在大脑多个区域
单个神经元表征能力不足	对于给定参数，单个神经元的编码能力有限
多任务	单个神经元包含表征多种行为参数的信息
群体效应原则	需要一定数量的神经元群体以保证信息表征能力稳定在较高质量
简并原则	同样的行为可以通过不同的神经元组合进行表征
可塑性	神经集群方程严格依赖适应新任务的可塑性调节能力
神经发放的节能原则	神经元集群的总体发放率保持恒定
上下文相关原则	探测到的神经集群响应随刺激的上下文关系变化而变化

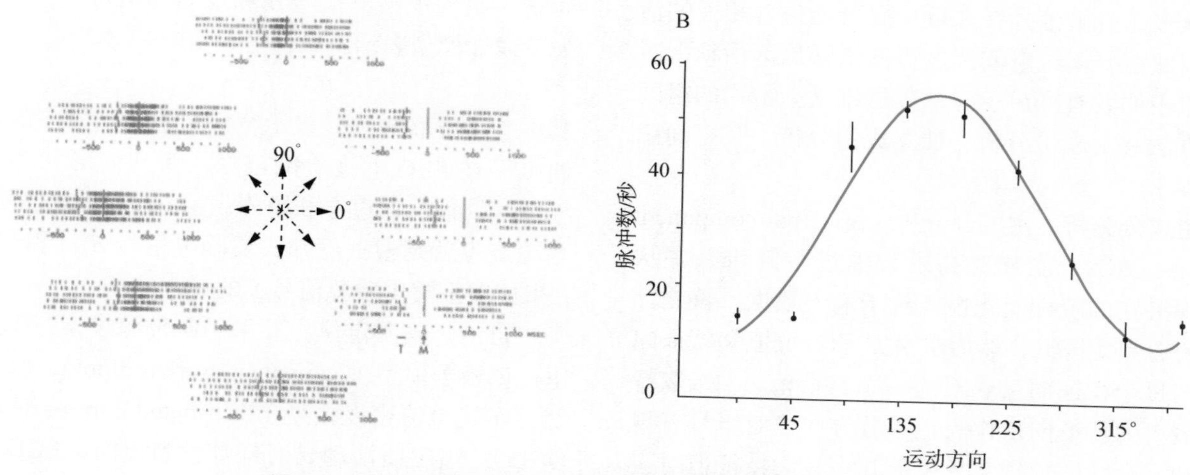

图 12-4-5　运动皮质单个神经元的方向调谐曲线（引自［13］）

以运动方向为横轴，放电频率为纵轴，可以得到一条钟型调谐曲线（图 12-4-5B）。基于调谐曲线的运动编码模型是侵入式运动脑机接口解码的重要基础。

刺激范式编码　人们可以通过设计不同的刺激范式，影响脑内信息表达，从而实现脑信息编码。以视觉刺激为例，常见的视觉刺激属性有亮度、颜色及闪烁频率等，不同属性的视觉刺激会诱发不同特性的视觉诱发电位。刺激序列的产生方式不同（调制方式不同），得到的视觉诱发电位也不相同。一般可将视觉诱发电位的刺激范式分为时间编码调制、频率编码调制、伪随机编码调制等。对于时间编码调制范式，不同目标闪烁时刻不同。通过时间上的划分，可将各个目标的视觉诱发电位区分开，实现目标识别。在 P300 脑机接口中则通过随机闪烁的视觉刺激诱发 P300 电位来实现，其中闪烁刺激的时间序列就是一种时间编码。对于频率编码调制，不同频率的刺激能诱发出不同频率的 SSVEP，通过分析诱发电位的频率成份判别出当前注视的目标。对于伪随机编码调制方式，可采用二进制伪随机序列调制各个目标，不同的伪随机序列诱发出不同特征的 SSVEP。

（二）脑信息解码

脑信息解码涉及的技术包括神经信号时域、频域、空域特征提取，以及基于机器学习方法的分类等。

频域 / 时频分析方法　脑电信号中的场电位信号是神经元电生理活动在大脑皮质或头皮表面的总体反映。外界刺激或大脑的认知活动会在脑电的相关频段有所体现，例如中央额区的 Theta 节律（4 ～ 7.5 Hz）反映了大脑的思维活动（如问题的思考和解决），枕区的 Alpha 节律（8 ～ 13 Hz）指示了视皮质状态。因而通过频域分析或结合时域信息的时频分析方法，可以提取、分析脑电信号中的有效信息。

傅里叶变换　傅里叶变换是最为经典的信号处理方法之一，其本质是一种线性积分变换。它将时间域与频率域联系起来，可以得到时域信号的频域表示。对于连续时间信号 $x(t)$，若 $x(t)$ 在时间维度上可积分，即：

$$\int_{-\infty}^{\infty} |x(t)|^2 dt < \infty$$

那么，$x(t)$ 的傅里叶变换存在，且其计算式为：

$$X(j\omega) = \frac{1}{T}\int_{-\infty}^{\infty} x(t)\, e^{-j\omega t} dt$$

其反变换为：

$$X(t) = \frac{1}{2\pi}\int_{-\infty}^{\infty} X(j\omega)\, e^{-j\omega t} d\omega$$

对于脑电数字信号，其在时域和频域上都呈离散的形式，因而常采用离散傅里叶变换（Discrete Fourier Transform，DFT），将信号的时域采样变换为其 DFT 的频域采样。

小波变换　傅里叶变换的不足之处在于，无法同时包含时域和频域信息，一旦将时域信号进行了傅里叶变换得到频域信号后，就完全失去了时域信息。与傅里叶变换不同，小波变换可以同时含有时域和频域信息。小波变换具有多分辨率（多尺度）、相对带宽（中心频率与带宽之比）恒定的优点，因此适当地选择基本小波尺度，可使小波在时频域都具有表征信号局部特征的能力。

空域分析方法　由于记录脑信号的电极 / 通道

数量众多，且脑信号在邻近位置可能包含相似的活动，因此需要通过空间滤波方法增强局部活动、减轻通道中的共有噪声、降低数据维度。常用的空间滤波方法有主成份分析、独立成份分析、共空间滤波器等。

主成分分析。主成分分析（principal component analysis，PCA）能够对高维数据进行降维，并从中发现潜在的统计变化性。对于输入数据，首先计算其协方差矩阵 C，然后求解 C 的特征值和特征向量，则每个特征向量 e_i 对应一个特征值 λ_i，选取特征值最大的特征向量作为主成分方向。对于具有规律性和冗余性的数据集，少数几个较大特征值对应的特征向量包含了大部分数据信息，因而能够得到低维子空间的数据表示。PCA 被广泛运用到 EEG 数据分析中，如提取 P300、运动想象等数据特征，以及神经元锋电位解码中的神经元信号降维等。

独立成分分析。独立成分分析（independent component analysis，ICA）假设信号源统计独立，并通过线性变换把数据或者信号分离为统计独立的非高斯信号源的线性组合。对一组观测量 x，

$$x = My$$

其中 M 是未知的混合矩阵，y 表示隐含的独立源向量。ICA 通过求解混矩阵 W，让估计的源向量 a 的分量统计独立，达到恢复隐含源的目的：

$$a = Wx$$

相较于 PCA，ICA 估计的源向量维数可以大于输入信号的维数，且矩阵 W 的行向量不需要满足正交性，因此运用场景更宽泛。独立成分分析能够从 EEG 信号中分离出 P300 信号，也可以用于去除眼电伪迹。

共空间模式。共空间模式（common spatial pattern，CSP）是一种对两分类任务下的空域滤波特征提取算法，能够从多通道的脑信号数据里面提取出每一类的空间分布成分。算法的基本原理是：利用矩阵的对角化，找到一组最优空间滤波器进行投影，使得两类信号的方差值差异最大化，从而得到具有较高区分度的特征向量。CSP 在运动想象信号中能有效地提取空域特征，使两类数据有更强的可分性。作为 CSP 的扩展，FBCSP（filter bank common spatial pattern）先把信号分成不同频段，再提取 CSP 特征，从而得到更好的分类效果。

脑源定位分析。脑源定位（brain source localization）是一种根据多通道 EEG 信号反向推演皮质神经活动发源点，并绘制皮质神经活动图的方法。对于一组头皮脑电信号 B 和皮质源信号 S，可以用如下线性模型表示：

$$B = LS + \varepsilon$$

其中 L 是导联矩阵，表示特定位置特定方向的单位偶极子在 EEG 电极上的记录，头几何形状和组织导电性的信息通过导联矩阵表示，ε 表示观测噪声。脑源定位就是根据已知头皮脑电信号 B、导联矩阵 L 来反向推演皮质源信号 S 的过程。

目前，脑源定位主要采用两种源模型：①等效电流偶极子模型（equivalent current dipole，ECD）；②分布式电流密度模型（distributed current density，DCD）。当皮质活动具有局灶性特点时，ECD 模型才可能得到有意义的生理学结果，而对于弥散源，ECD 模型有着先天的缺陷。DCD 模型近似脑的生理物理学组织和椎体细胞分布，是目前较主流的脑源定位模型。脑源定位分析一方面能够提供准确的病灶定位信息以指导神经外科手术，另一方面是神经科学中研究人类高级认知功能的重要手段。

时域分析方法 时域分析方法旨在分析脑信号的时序特征和时变特性，也是脑信息解码中常用的方法。

集群向量法。集群向量法（population vector algorithm，PVA）（Geogopoulos AP et al，1986）是神经元集群解码方面最早最经典的算法之一。考虑到运动功能是由神经元集群而不是单个神经元提供的，Georgopoulos 等人希望利用神经元集群的信号来解码运动的多种属性。对于每一个不同的神经元，都存在一个特定的运动向量 C，可以使得该神经元在这个方向上活动最强烈，这一方向被称作神经元的“偏好方向”。在计算得到每个神经元的偏好方向后，PVA 使用某一时刻经调谐后的神经元产生的信息，计算该时刻的运动方向。PVA 解码的前提假设是记录的神经元的偏好方向是均匀分布的，因此要求记录尽可能多的神经元。在神经元偏好方向部分缺失的情况下可以通过最优线性估计方法解决，提高解码性能。

卡尔曼滤波。卡尔曼滤波器由状态方程和观测方程组成，基本思想是使用观测变量实时修正由动力学方程预测得到的状态变量，其前提假设是动态概率和测量概率都是线性高斯模型。以运动脑机接口为例，需要通过神经信号解码运动信号，此时前者为观测变量 y_t，后者为状态变量 x_t。更具体的，在运动解码过程中，通常对位置信息进行一阶差分得到速度信息，再对速度信息进行一阶差分得到加

速度信息，将位置、速度、加速度拼接在一起作为运动状态。

$$x_t = Ax_{t-1} + n_t$$
$$y_t = Hx_t + m_t$$

式中，n_t 和 m_t 都表示均值为零的高斯噪声过程，它们的协方差矩阵分别是 Q 和 R。基于上式可以在每个时刻输入神经信号 y_t 递归估计状态信号 x_t。

粒子滤波。卡尔曼滤波的局限在于要求符合线性高斯系统的状态方程和观察方程，对于非线性或者非高斯问题无法求解。而粒子滤波基于蒙特卡洛采样，可以应用于非线性非高斯的过程。粒子滤波的基本思想为，每一时刻状态值的后验概率密度函数可以通过一组采样（即粒子）进行估计，当粒子数量巨大时，根据蒙特卡洛理论，该估计等价于后验概率密度函数。粒子滤波器适用于丰富的方程和噪声模型，在运动控制、闭环调控等任务中较为常用。

多变量模式分析方法 机器学习方法能够学习从脑信号到信息或指令的映射关系，包括监督学习、无监督学习模型。近年来兴起的深度神经网络模型，提供了全新的“端到端”的学习方法，可以自动地学习和优化数据中的特征，在脑信息解码中取得了优异的性能。

线性回归。线性回归是统计学中利用线性模型对一个或者多个自变量与因变量之间的关系进行建模的一种分析方法，一般通过最小二乘法进行参数估计。它速度快且易于计算，是侵入式脑信息解码中的常用方法。

支持向量机。支持向量机是在分类与回归分析中分析数据的监督式学习模型算法，适用于二分类问题，能够学习一个使得定义在特征空间上的间隔最大化的线性分类器。给定数据集 $D = \{(x_1, y_1), (x_2, y_2), \cdots, (x_n, y_n)\}$，$y_i \in \{-1, +1\}$，分类学习最基本的想法是在样本空间中找到一个划分超平面，将不同类别的样本分开。划分超平面可用如下线性方差描述

$$w^T x + b = 0$$

其中，$w = (w_1, w_2, \cdots, w_n)$ 是法向量，决定了超平面的方向，b 为位移项，决定了超平面与原点之间的距离。支持向量机通过寻找能够最大化间隔的划分超平面，获得最优分类性能。支持向量机是分类任务中较为易用且行之有效的方法，在脑信息解码中最常用的核是高斯或径向基核函数。

集成分类器。集成学习器通过将多个学习器进行结合，常可获得比单一学习器优越的泛化性能。集成学习方法通常训练多个不同的分类器，然后采用某种方式（如投票、加权平均）综合各分类器的输出。常用的集成学习方法包括 Bagging、Boosting、随机森林等。在脑机信息解码中，集成分类器是行之有效的能够提升分类性能的方法。

稀疏表示。稀疏表示方法近年被广泛用于脑信号分析中，包括特征选择和分类。通过稀疏表示可以得到一个稀疏权重向量，该向量的每一个分量对应于脑数据高维特征向量的某维特征，权重的绝对值大小衡量所对应特征的重要性，基于此可实现特征选择。基于稀疏表示的分类方法（sparse representation-based classification，SRC）假设基矩阵 A 由对应两个类的两个分量子矩阵组成，即 $A = [A_1|A_2]$，两个子矩阵相互一致性定义如下：$MC(A_1, A_2) = \max\{|<a_{1,i}, a_{2,j}>| : i = 1, 2, \cdots, N_1, j = 1, 2, \cdots, N_2\}$，其中 $a_{1,i}$ 是 A_1 的第 i 列，$a_{2,j}$ 是 A_2 的第 j 列，N_1 和 N_2 分别是 A_1 和 A_2 的列的总数，两个向量的内积由 $<\cdot, \cdot>$ 表示。当 MC 值小，即基矩阵不相关时，同一个类的测试数据向量可以主要由基矩阵中的同一类的列来表示。因此，基于稀疏系数对应两个子矩阵的分布特性可以实现分类。

深度神经网络。深度神经网络包括多层感知机、卷积神经网络、递归神经网络等模型。深度神经网络具有强大的非线性建模能力，同时能够基于数据自动学习有效特征，对噪声具有良好的鲁棒性。

多层感知机包含输入层、多个隐含层以及输出层，层与层之间的神经元全连接。传统多层感知机神经网络训练算法是反向传播。传统多层感知机在层数较多时训练难度大，在深度学习的理论指导下，通过逐层训练的方式可以有效进行深度多层感知机训练，提升了其非线性数据建模能力。

卷积神经网络（convolutional neural network，CNN）是一种深层前馈型神经网络，最早在 1989 年 LeCun 等就提出了最初的 CNN 模型，并在之后不断被完善并被广泛应用在图像识别领域。卷积神经网络通常包含卷积层、降采样层、全连接层与输出层，卷积层和降采样层可以有多个。其中，卷积层是特征提取的关键：它包含多个卷积核，每个卷积核都能与输入图像进行卷积运算，运算结果对应区域内图像的一种特征，用多个卷积核分别对图像进行卷积即可提取不同种类的特征。此外，CNN 具有稀疏连接和权值共享特性，极大地减少神经网络参数数目并起到正则化作用。

递归神经网络（recurrent neural network，RNN）能够对序列型数据进行建模，其特点在于在建模时保留序列上下文的信息，所以RNN隐含节点中存在反馈环，即当前时刻的隐含节点值不仅与当前节点的输入有关，也与前一时刻的隐含节点值有关。递归神经网络可以有不同的输入输出形式，比如单输入单输出、多输入单输出、多输入多输出等，可以适用于不同的序列建模任务。

脑电信号具有明显的非线性和非平稳等特性，而深度神经网络在信号的特征学习和特征分类方面具有优势，深度学习方法已被应用于EEG信号中如P300、运动想象任务的分类。近年来，基于深度神经网络，人们实现了诸如ECoG语音解码、神经元锋电位视觉解码等突破性进展。

第三节 脑机智能的计算模型与实现机制

一、脑机智能的计算模型

在脑机智能的计算模型中，生物脑智能体与机器脑智能体在计算的分层结构上可以找到对应的关系，从而构成相互印证的脑机智能计算框架。如图12-4-6所示，左侧生物脑智能体可分为感知、记忆、意图、情感、注意、中心决策及行为等层次模块。右侧机器脑智能体可分为感知、目标、知识库、任务规划及执行等层次模块。中间部分是信息的交互、计算、融合框架，包含与生物脑智能体交互的神经编解码器、五个信息交互层（神经元层、神经元集群层、神经环路层、神经网络层、脑区/全脑信号等）、以及与机器脑智能体交互的信息拾取器和调配器。

从生物脑智能体一侧看，来自不同层次的生物脑信息经神经解码器解析成不同尺度的标准信息包，分别对应于神经元级、神经集群（功能柱）级、神经环路级、以及神经网络级等尺度。不同尺度的信息包经过相应的融合层级，与来自机器脑智能的信息融合，形成融合信息包。融合信息包可分别向生物脑智能体和机器脑智能体传输。从机器脑智能体一侧看，不同层次的信息经信息拾取器输入

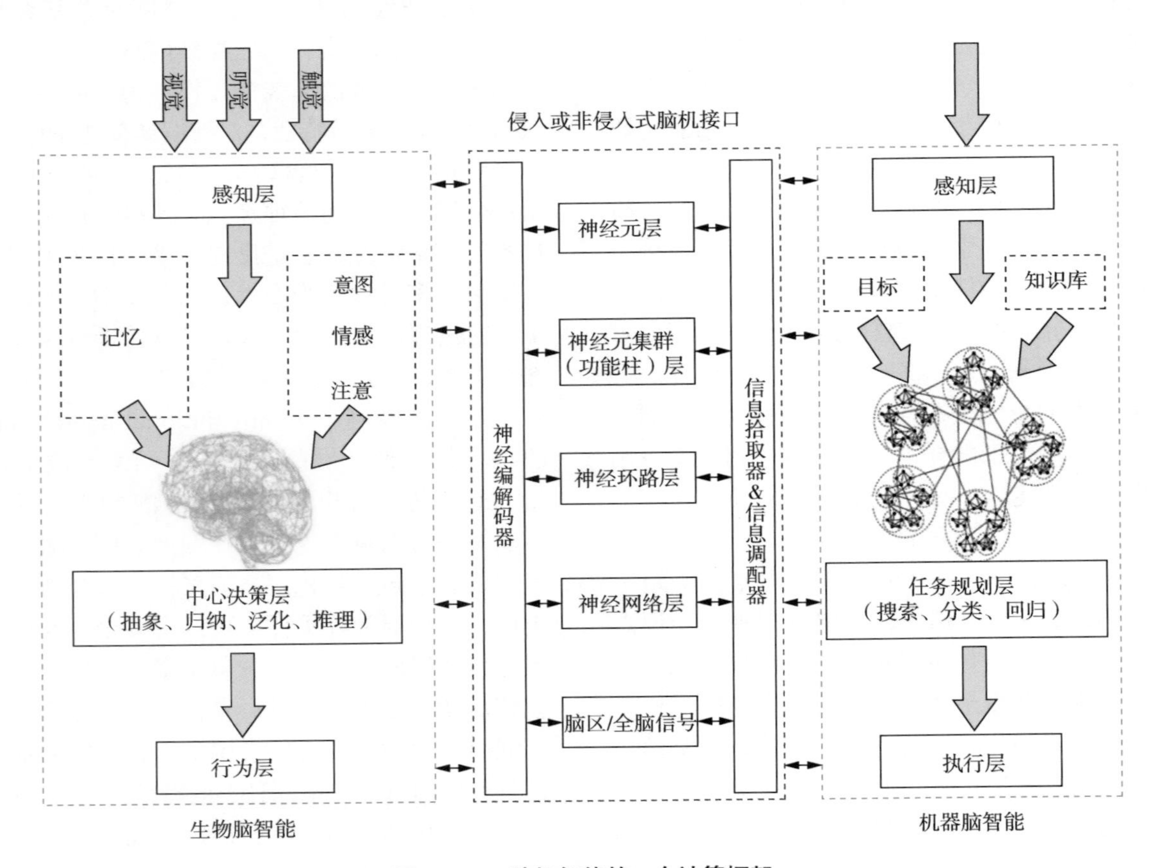

图12-4-6 脑机智能的一个计算框架

到中间不同层次的交互单元，与来自生物脑智能体进行信息交互后分别向两边传输，实现多层次、多粒度的脑机智能信息计算模型，其中相关术语定义如下：

神经解码器：神经解码器接受神经信号作为信息输入，经神经计算后转化为数值信息。依赖于不同的采集方式，神经信号可以是神经元级的锋电位信号、神经元集群（功能柱）级的局部场电位信号、神经环路级的光学成像信号、或者表示多个神经环路交互的神经网络级信号等，采用不同粒度的解码方法，可以实现四个层次的信息解码。另外，神经解码器还可以通过脑机智能计算架构的四个不同层次向机器脑智能端传递及融合；

神经编码器：神经编码器接受外界或机器信息数值作为输入，经神经计算编码转化为生物脑智能体可以识别的信息。来自机器脑智能端的数据通过信息拾取器从机器脑智能体不同层级提取信息，进一步将信息划分成对应神经元层、神经元集群层、神经环路层、以及神经网络层的信息包。该信息包可以传向计算架构的相应四层，实现信息向生物脑智能体的传递与融合；

信息拾取器：信息拾取器作为机器脑智能端的功能单元，主要完成两个功能：一是从机器脑智能体不同层次、不同粒度提取感知、认知及行为信息数据，向脑机智能计算架构传递和融合；二是从机器脑智能体提取的信息进行层级划分，分割成对应于计算架构不同层次的信息包，以便与生物脑智能体的相应层次进行信息融合；

信息调配器：信息调配器也是机器脑智能端的功能单元，包含两个功能：一是将来自生物脑智能端的信息或生物-机器融合信息传递给机器脑智能端；二是负责决定机器脑智能端的信息流向，即将不同层级、不同粒度的信息调配到机器脑智能体对应的功能区域；

二、侵入式脑机智能系统的实现机制

结合脑机智能信息回路和计算模型，可以勾画出脑机智能计算的实现机制。在机器脑智能体一侧，人工神经网络是机器脑智能层次体系实现的有力工具，如图 12-4-7 右侧所示，人工神经网络的低级若干层可对应于生物脑智能体的不同感知层。人工神经网络向上逐步扩展到任务规划层，形成多个子功能网络群，对应于不同的高级认知功能，如搜索、分类、回归等。在人工神经网络的感知层和规划层的子功能网络群都可以具有与生物脑智能体进行信息交互的结点。

在生物脑智能体一侧，生物的基本感觉体系如视觉、听觉、触觉均可以在脑内找到不同对应的功能区，通过记录不同功能感觉区的神经信号，感觉信息经解码后与低层神经网络连接，实现感知信息的读取。同样，外部感知觉信息经机器编码转换后，可采用电刺激、光刺激、磁刺激等技术向大脑的感知层实现信息输入，实现生物-机器脑智能体在感知信息上的交互作用。

针对更为高级的生物-机器脑智能体认知信息交互过程，生物大脑皮质是层次化分布的，从感知区的功能柱获取刺激后，信息在认知体系呈上下传递，如图 12-4-7 左侧所示。借助侵入式电生理信号获取技术，如锋电位、局部场电位、ECoG 等，也可以实现对生物脑智能体认知信息的读取。认知信息经解码后可输入机器脑智能层次体系的高层神经网络，尤其是子功能网络群，实现高层信息的读取；子功能网络群的必要信息同样可用光、电、磁技术向大脑高级认知层输入信息。

三、非侵入式脑机智能系统的实现机制

非侵入式脑机智能系统的框架可参考图 12-4-8，人脑智能和机器智能可通过非侵入式脑机接口融合，实现脑机混合智能。人脑通过感知、记忆，形成认知，从而产生高级行为。机器智能可以根据环境感知信息和知识库，进行动态任务规划，执行相应的任务。通过脑机接口，人脑智能和机器智能可以在某个层面（感知 / 认知 / 行为）或多个层面进行融合，实现优势互补。

当人通过脑机接口与智能系统进行交互时，将会根据自身感知、记忆和行为需求，通过脑机接口向智能系统传递任务。一旦智能系统接收到任务后，首先通过知识库对任务进行解析；然后根据环境感知信息和知识库进行任务规划；最后执行相应的控制操作。在智能系统执行任务的过程中，人脑在必要时可直接通过脑机接口参与决策和控制。

如图 12-4-8 所示，脑机接口包括信号采集、信号分析与解码、控制执行和反馈等环节。我们也可在其中一个或多个环节中融入机器智能，实现脑机智能系统。例如，人脑可通过脑机接口选择一个目

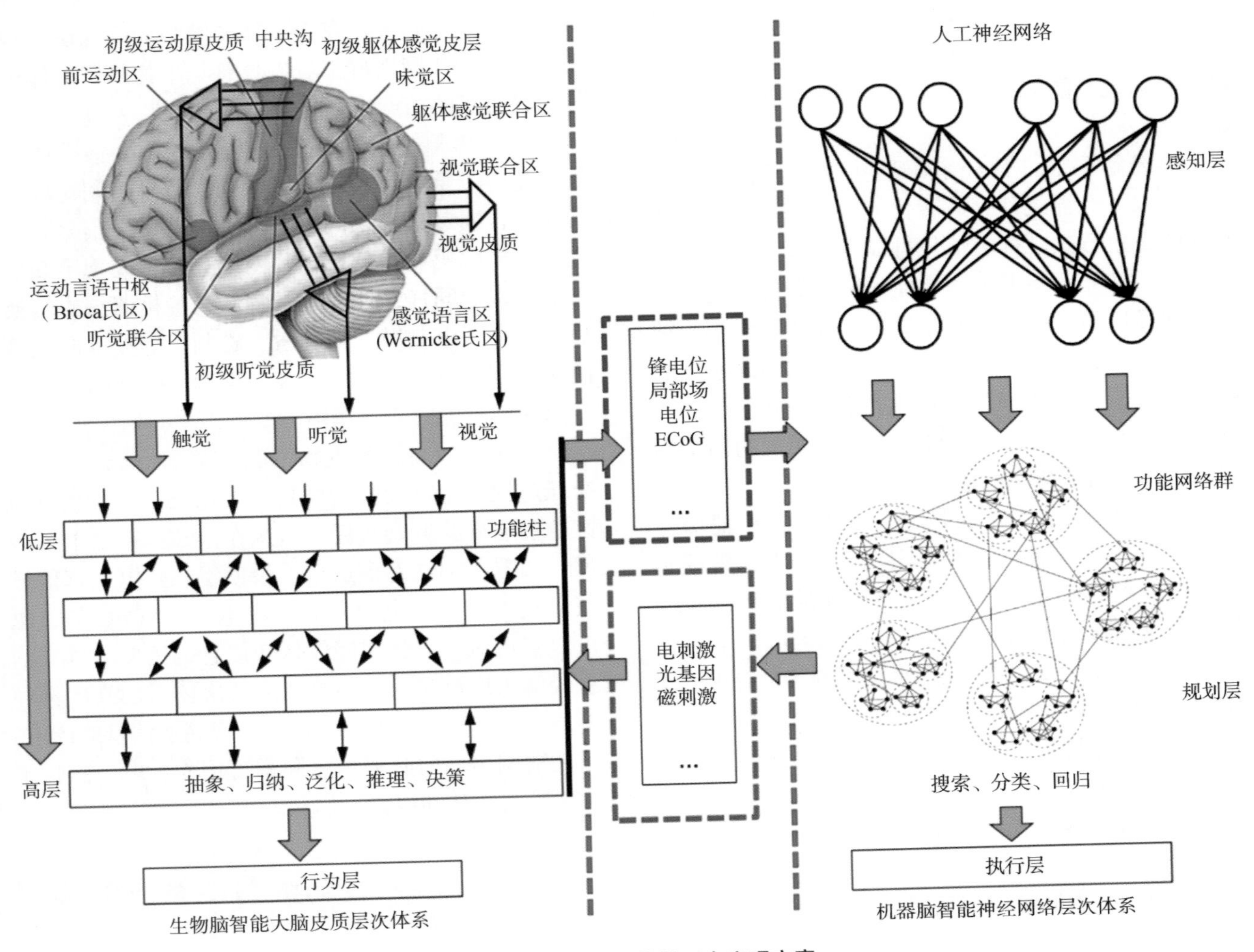

图 12-4-7 **脑机智能的一个实现方案**

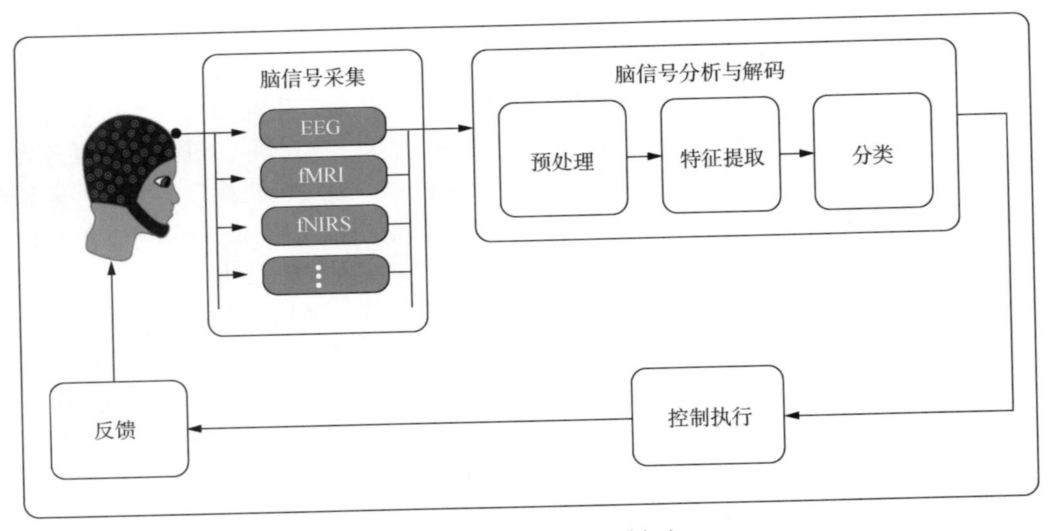

图 12-4-8 **脑机接口系统框架**

标，输送给智能机械臂，机械臂再通过机器视觉感知环境，匹配知识库确定目标，自动规划轨迹并抓取目标。又如，我们可在脑机接口反馈环节中加入游戏，基于 VR/AR 实现智能反馈，加强对大脑调节作用，实现脑机智能系统。

四、脑机智能系统面临的挑战

随着信息技术、神经科学、材料科学等的快速发展，计算嵌入到生物体、并与之无缝融合，将成为未来计算技术的一个重要发展趋势。脑机智能即在此背景下探索生物脑智能与机器脑智能的深度协作与融合，有望开拓形成一种非常重要的新型智能形态。

脑机智能系统具有非常广阔的应用前景：①脑机智能的发展有望催生出更为有效的运动辅助康复设备，为失能人士提高生活自理能力带来新的希望，例如，融入脑机智能的新一代神经智能假肢有望为使用者提供更为灵活的运动控制能力、提升使用感受；②有望为神经、精神疾病患者提供全新的治疗手段与治疗设备，例如严重抑郁患者的情绪改善与治疗、帕金森患者的自适应运动控制、难治性癫痫的实时检测与调控、植物人微状态意识的检测与促醒等；③有望为正常人的感知、认知能力增强带来可行的途径，例如，听视嗅等各种感官能力的增强、学习记忆能力的增强、行动能力的增强等；④有望为安全与救灾搜索等提供重要技术装备与技术支撑，例如各类行为可控的生物机器人来替代人类进行救援活动，脑机一体化的可穿戴外骨骼系统提供增强的运动能力以及人机融合操控的无人系统等。

作为一个新兴的研究方向，脑机智能近年来无论在理论上还是技术上都取得了显著的进步，但是也还有很多方面亟待进一步研究与探索。在未来，脑机智能的快速发展和应用仍面临以下多种关键挑战。

（1）认知能力的增强方法：现有的脑机智能系统多用于运动能力增强与感知能力增强，在认知能力的增强方面仍面临很多困难，较少见到能够有效增强或改善认知能力的典型案例。由于我们对认知的基础神经原理与机制相对了解较少，高级认知的过程也更加复杂，如何充分利用当前认知神经机制方面的研究成果实现脑机智能系统对认知能力的增强是一个巨大挑战；

（2）脑机互适应学习方法：可塑性变化是生物智能体神经系统的一个重要特性，也是生物智能体能够学习和适应的基础保障。尽管当前机器智能体的算法也能够具有一定的学习更新能力，但由于生物智能体脑可塑性与机器智能体算法更新的学习方式之间存在差异，使得两者的学习能力无法直接融合。如何让生物智能体与机器智能体在系统层面实现实时的相互学习与相互适应，达到更高层次的脑机融合，是真正实现脑机智能一体化的重要趋势；

（3）神经环路与网络的层间交互：在脑机智能系统的层次化计算框架中，目前针对神经元到神经集群、再到神经环路的机理相对清楚，但从神经环路到大的神经网络涉及更广泛的神经区域，过程极为复杂，目前仍处于摸索的阶段。因此两层之间的交互方式与具体技术方案也有待重点攻克；

（4）脑疾病干预治疗：神经调控是脑疾病干预治疗的重要手段，而且应用范围愈来愈广阔。现在的神经调控方法几乎都是由外界向大脑的单向输入，使得大脑处于被动状态，取得的干预效果仍不够理想。构建双向闭环脑机智能系统实现脑疾病的干预治疗是未来的发展趋势。相关技术的研发和应用还面临诸多挑战，特别是在脑智能和机器智能的有机融合，对大脑的有效干预方法，有效的神经反馈及康复训练范式设计、相关脑机制探索等方面仍需要深入的研究。

（5）生物相容性电子器件：要真正实现脑机一体化，需要将各类的电子器件真正的融合到生物体内。然而，针对外来的器件或异物，生物体自身天然的排异生理特性会使得植入的物体被逐步的包裹，并最终导致器件难以长时间保持与生物系统的畅通连接。因此，设计更为良好的生物相容性电子材料与器件，是构建真正实用的脑机一体化脑机智能系统的关键所在。

第四节　标志性侵入式脑机智能系统

基于“生物与机器的智能之间存在层次对应关系”的假设，我们进一步提出脑机智能的层次化概念框架（图 12-4-9）。生物体智能处理体系可以分为意图层、决策层、感知与行为层，类似的机器脑智能体系也可以分为目标层、任务规划层、感知与执行层。在两者之间，同层内的功能可以相互混合调用，上下层之间的功能也可以混合调用，形成混合感知、混合计算、混合执行等多层次多尺度的智

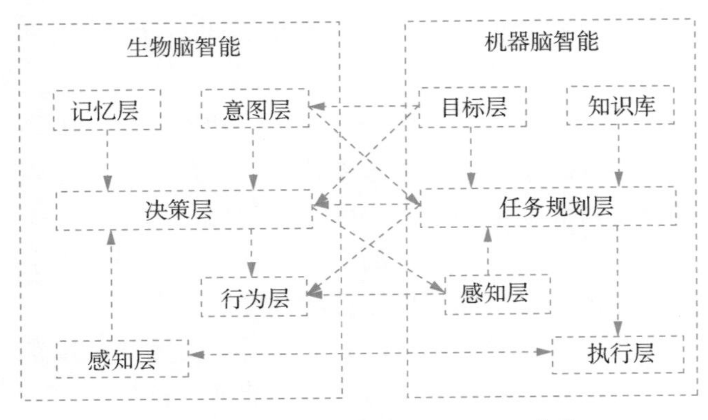

图 12-4-9 **脑机智能三层体系结构**[10]

能融合（Wu Z et al，2014）。基于上述概念框架，脑机智能系统研究均可以找到相对应的层次结构。根据不同的大脑功能机制，我们将分别从感知增强、认知增强、行为增强以及双向闭环调控的脑机智能系统等多个角度举例标志性应用。

一、行为增强的脑机智能系统

行为增强的脑机智能系统旨在重建、增强或修复损伤或丧失的行为功能。大脑运动皮质区神经元活动能够编码躯体的不同运动属性，如方向、速度等。Georgopoulos 等人最早发现运动皮质单个神经元锋电位的发放率与广泛的运动方向之间存在调谐关系（Georgopoulos AP et al，1986）。利用这一原理，我们可以获取大脑行为层的运动意图，输出到机器端的任务规划层，通过融合生物端的运动意图和机器端的控制优化，最终输出到机器端执行层，从而建立脑控机械臂、外骨骼等行为增强的脑机智能系统（图 12-4-10）。更进一步，借助机器脑智能体中的传感器和神经微电刺激技术，可以将机械臂的触觉、力度等感觉信息传回生物脑智能体的感知层，在大脑端进行感知和决策的融合，建立控制闭环。

2012 年 Nature 报道了对高位截瘫病人的初级运动皮质神经信号进行解析，实现控制机械手自主喝咖啡的工作（图 12-4-11）（Leigh RH et al，2012）；2013 年匹兹堡大学研究人员也开展了类似的工作，实现了智能机械手更高维度的控制。近年来，行为增强的脑机智能研究发展迅速，在脑信息解读方面，用于运动控制的脑信号不断扩展。加州理工研究人员发现后顶叶皮质（posterior parietal cortex，PPC）的神经信号也能解码运动信息实现机械臂控制（Andersen RA，2019）；法国科学家采用 ECoG 成功实现瘫痪病人外骨骼操控，完成缓慢的行走与暂停。2020 年 1 月，浙江大学完成国内第一例基于运动皮质的侵入式脑机接口临床转化研究，利用脑机智能系统架构实现了临床志愿者脑控机械臂完成喝水、进食和握手等动作。

伴随着行为增强脑机智能系统的发展，新型脑机智能交互方式层出不穷，利用神经编解码器将大脑的运动意念进一步输出到肌肉或外周神经刺激器，实现瘫痪病人手臂自主运动，体现了脑到机、机到脑的闭环融合过程（Ajiboye AB et al，2017）。

语言作为人类特有的沟通方式，能实现更高效、更精准的信息传递，语言脑机接口是近两年来脑机接口技术的新方向和重要趋势。建立脑机接口，控制虚拟键盘进行文本输入（通俗称之为“意念打字”），或直接从颅内脑电合成语音、识别单词和语句、或转化为手写文字，将有助于恢复或增强失语者的沟通交互能力，具有很大的研究和应用潜力。

典型“意念打字”通过脑控电脑光标实现键盘打字输入，美国斯坦福大学研究团队提出了基于隐马尔可夫模型的序列模型解码方法，通过运动皮质神经元锋电位信号解码，获得了约 40 字符 / 分钟的最优性能。解放军总医院与清华大学合作，利用癫痫患者植入的颅内脑电获取颞中回后部脑区的电

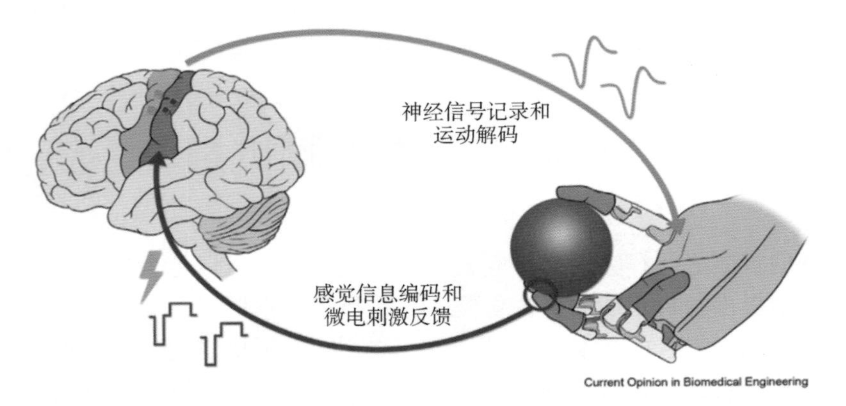

图 12-4-10 **基于脑机智能的运动控制框架图**（引自参考文献中的原始文献 15）

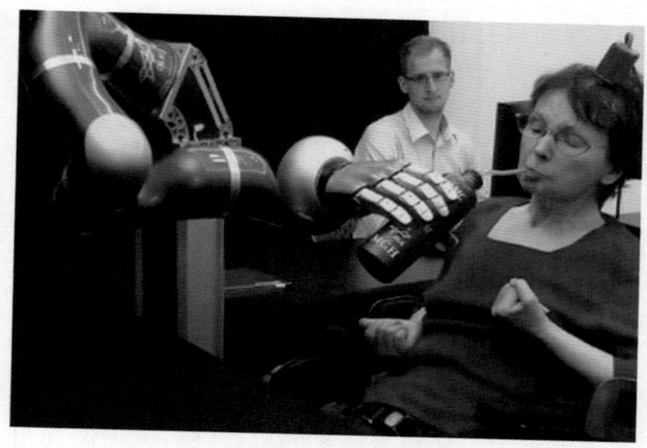

图 12-4-11　高位截瘫志愿者依靠运动皮质神经信号解析实现控制机械手喝咖啡[16]

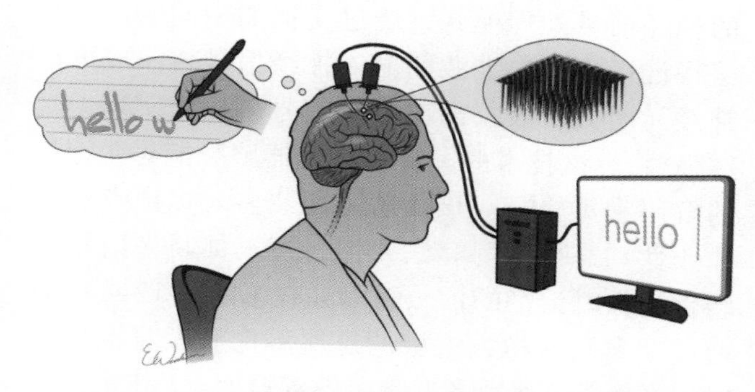

图 12-4-12　基于书写想象脑机接口的“意念打字”系统[31]

信号，进行“意念”汉化打字，具有较高的准确性和较快的打字速度。最新研究表明还可以通过对大脑运动皮质或语言区的信号解析，实现对语言的解读。2019 年，加州大学研究人员通过双向长短时记忆网络模型实现了基于脑信号的语言解码，将志愿者说话时的皮质脑电信号经由发音器官运动特征间接解码为具有人耳识别度的语音（Guy HW et al，2020）。书写脑机接口则通过脑信号解码书写意图并转换为文字输出，有望实现快速脑机通信。2021 年，斯坦福大学研究团队通过侵入式脑机接口解码临床志愿者手部书写运动，基于深度学习解码算法实时翻译成文本，获得在线字母输入速度 90 字符 / 分钟、正确率 94.1% 的突破性成果（图 12-4-12）。

二、感知增强的脑机智能系统

生物体在进化过程中形成了对光、声、气味等外界信息及对于自身体表感觉和本体感觉的感知能力，在环境信息的处理上表现出远胜机器的智能行为。同时机器脑智能体可以利用不同的传感器实现对特定环境信息更为精准的感知。通过将生物脑智能体的感知层、行为层与机器脑智能体的任务规划层相互融合调用，我们可以利用机器脑智能体的感知能力实现对生物脑智能体自身感知能力不足的弥补。这一方面最为典型的示范性案例是感知增强的大鼠机器人智能系统。研究发现，对于生物智能体特定脑区的刺激可以有效诱发动物行为的改变，如对内侧前脑束的刺激可以激活大鼠的探索行为，而对于初级感觉皮质的刺激可以实现转向行为的控制。通过将机器脑智能体感知的外界环境信息转换为生物脑智能体特定脑区的不同电刺激参数，可以实现两者的智能融合，提升整体系统的感知边界。在上述技术原理的支持下，目前已经实现了多种类型的感知功能增强生物机器人。杜克大学的 Thomson 等通过将大鼠头部红外传感器获取的红外信号转化为对大鼠脑内奖赏核团的电刺激，使得大鼠可以感知到周边环境中的红外信号分布，并快速找到目标位置（Thomson EE et al，2013）。浙江大学的研究组利用大鼠身上的摄像头和收音设备，结合计算机视觉理解和计算机语音识别，建立了听视觉增强的脑机智能原型系统（图 12-4-13）（Wang Y et al，2014）。该系统将不同的图像和声音信息转换为行为控制决策信号，引导大鼠产生不同的环境探索行为（左转、直行、右转），继而实现对特定目标的搜寻和追踪。

近年来，皮质微电刺激方法也被用来实现对瘫痪志愿者感觉的重建工作。通过感觉皮质的精准电刺激，人类被试可以汇报出电刺激产生的皮肤或者本体感觉。美国匹兹堡大学 Andrew Schwartz 团队在 2016 年利用初级感觉皮质内的阵列电极放电诱发出志愿者手部区域的皮肤感觉。研究发现初级感觉皮质不同部位接受微电刺激对应于手掌不同

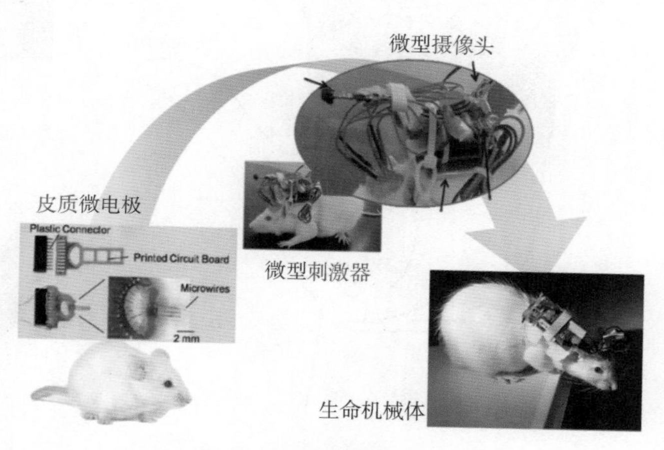

图 12-4-13　视听觉增强大鼠机器人

部位的感觉结构（图 12-4-14）（Sharlene NF et al，2016）。加州理工学院的 Richard Andersen 团队也利用类似的方法进行了皮肤感觉和本体感诱发的探索。借助不同频率和幅值的电流刺激，被试可以明显区分不同身体部位以及不同的感受模态（皮肤感受及本体感）（Berger TW et al，2018）。上述研究证明了感觉皮质微电刺激可以实现对皮肤感觉与本体感觉的编码和重建，为实现脑机接口的感觉反馈，提高脑机接口的系统性能以及人机融合提供了重要的技术手段。

此外，微电刺激技术亦带动了视觉假体（人工视网膜）的发展。通过植入视网膜电极阵列刺激视神经，将图像信号转换为电刺激信号，从而实现"视觉"的重现。如图 12-4-15 所示，以 Argus Ⅱ视觉假体为例，摄像头将外界环境中的信息转换为图像，图像处理单元捕获图像中的关键信息，最后通过刺激器件对电极阵列的相关位置进行刺激，实现关键信息的视觉重现。据 2017 年的 Eye 杂志综述报道，在多中心的临床实验中，Argus Ⅱ（Second Sight Medical Products，CA，USA）和 Alpha-IMS（Retina Implant AG，Germany）视觉假体均表出被试的视觉功能得到了增强，且具有可接受的安全性。2020 年人工视网膜技术取得重大突破，一种称为 EC-EYE 的人工视网膜新设计方法，通过在半球形氧化铝膜上排布高密度钙钛矿纳米线阵列来模拟人类视网膜上的光感受器，其背面连接的液态金属线用来模拟人类视网膜后的神经纤维。传感器密度远高于人眼光感受器的密度，可完成更高精度的成像，该技术为视觉假体的性能增强奠定了重要基础。

三、认知增强的脑机智能系统

利用脑机智能体系实现对更高级认知功能，如学习、记忆的操作一直是科学研究的热点。通过建立认知增强的脑机智能系统，科学家已经初步测试了对于记忆功能修复的可行性。美国南加州大学的团队开发了海马假体（hippocampal memory prosthesis）设备，通过模仿长时记忆形成过程中的神经信号处理模式，绕过受损的中间脑区，直接将记忆环路内上游的输入神经信号转换成下游神经元激活所需要的电刺激信号，从而实现记忆增强[24]。该技术的关键在于机器脑智能对于记忆的解码和重输入。该团队采用"多入多出点过程非线性动态模型"算法来拟合海马体将短时记忆转化为长时记忆的信号编码方式（如图 12-4-16）。通过在海马区植入电极的志愿癫痫病人身上进行的记忆任务，研究者发现志愿者短期 / 工作记忆任务的表现提升了 37%，对于长期记忆的表现也有显著提高。这一概念验证性实验表明认知增强的脑机智能系统可用于促进记忆编码，为进一步破

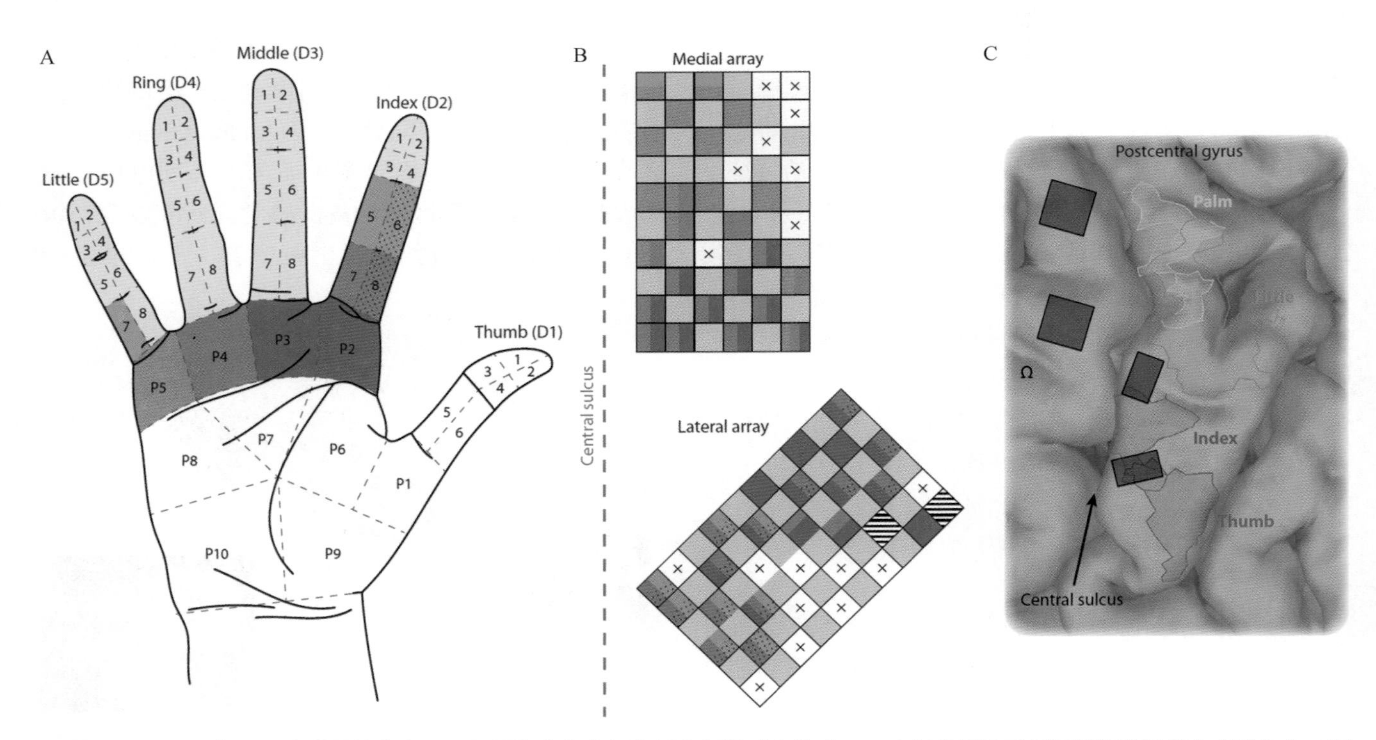

图 12-4-14 **A. 手部不同感受区的分布；B. 不同部位与电极位置之间的对应关系；C. 电极位置及手部区域的脑区分布（引自［22］）**

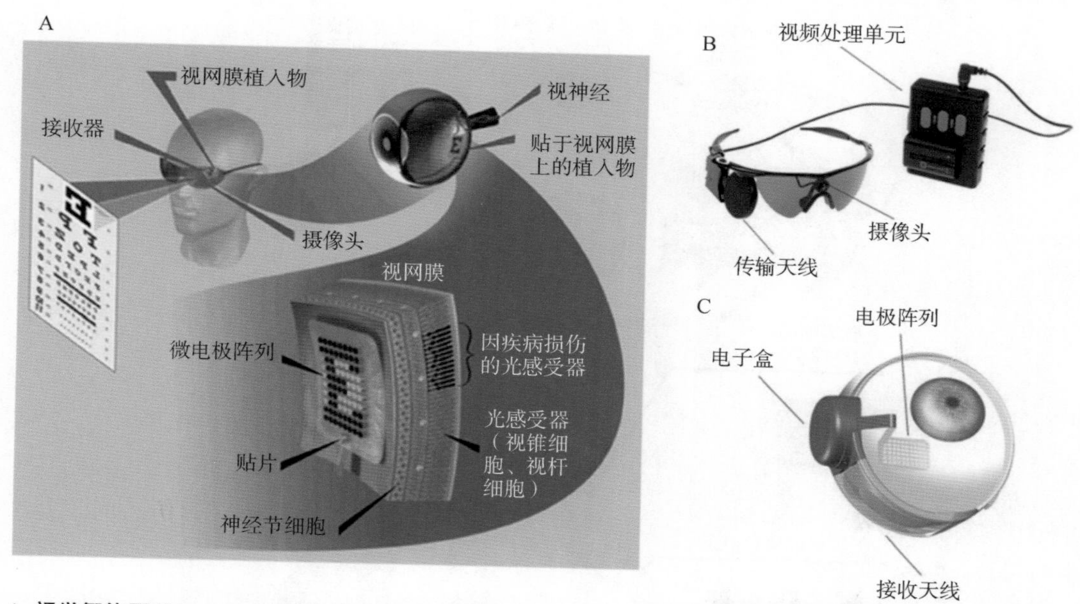

图 12-4-15 A. 视觉假体原理；B. Argus Ⅱ视觉假体图像处理设备；C. Argus Ⅱ视觉假体刺激电极及信息接收装置（参考文献中的原始文献 32）

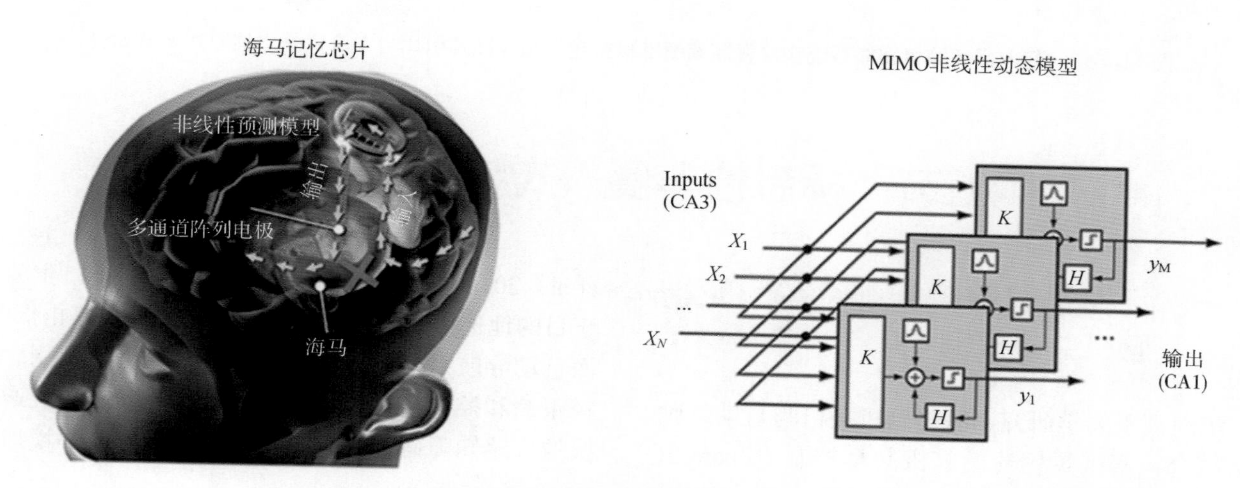

图 12-4-16 **海马记忆芯片和记忆假体计算基础 MIMO 模型**（图片改自参考文献中的原始文献 24）

译记忆形成的机制打下了基础。

四、双向闭环脑机智能系统

通过将运动神经信号解码运动意图和经编码的电刺激技术相结合，可以构建起双向闭环的脑机智能系统。2016 年，瑞士洛桑联邦理工 Courtine 教授带领的团队利用双向闭环脑机智能系统让脊髓损伤的猴子再次恢复了自主行走的能力（Marco C et al, 2016）。在该项研究中，研究人员首先在健康猴子的运动皮质和骶部脊髓分别植入了犹他电极和皮质电极，记录猴子在正常行走时运动皮质和骶部脊髓的放电特征（图 12-4-17）。通过解码算法，运动皮质的放电信息被用来和脊髓的放电特征进行匹配。研究人员随后切断了埋置电极上方的脊髓，使得猴子的下肢出现瘫痪。在后续实验中，猴子运动皮质解码得到的行走意图被与脊髓皮质电极的放电直接相联系，构建了一套闭环脑机智能系统。在该系统帮助下，原本瘫痪的猴子迅速恢复了一定的行走能力。经过一段时间的训练，瘫痪的猴子逐步恢复了正常的行走姿势，即使在关闭了双向闭环系统后，猴子仍可以一定程度上保持行走的能力。这项研究证明了双向闭环的脑机智能系统可以使得受损的中枢神经部分重新恢复功能，为脑机接口在瘫痪病人身上的使用打开了一扇窗口。

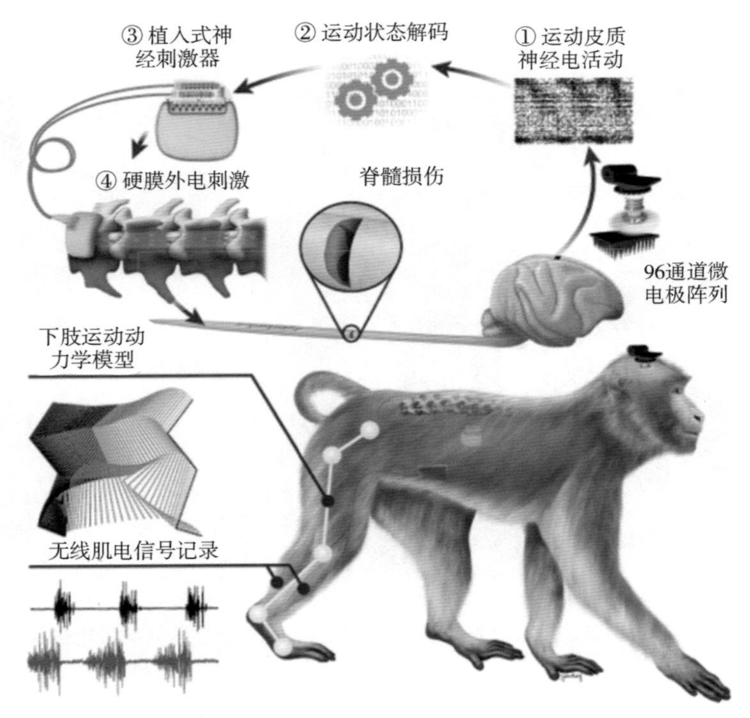

图 12-4-17 **双向闭环脑机智能系统恢复脊髓离断猕猴行走能力**（图片引用自参考文献中的原始文献25）

第五节 标志性非侵入式脑机智能系统

一、行为增强脑机智能系统：轮椅脑机共享控制

华南理工大学研究团队将脑机接口与自动驾驶技术结合，实现了轮椅的脑机共享控制（Zhang R et al，2016）。如图12-4-18所示，脑机接口主要用于目的地选择和向行驶过程中的轮椅发送停止指令；而自动导航系统主要进行环境感知、路径规划、路径跟踪和控制执行。具体来讲，自动导航系统通过摄像头感知障碍物，并结合知识库存储的环境地图

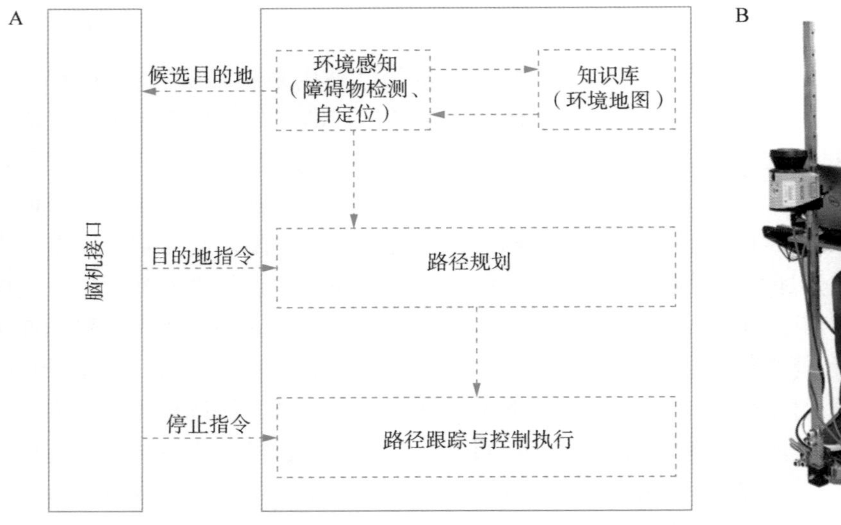

图 12-4-18 **轮椅脑机共享控制系统**
A. 系统框架；B. 轮椅脑机系统实物图

信息，产生候选目的地，发送给脑机接口系统，供使用者进行选择；自动导航系统通过激光雷达感知的距离信息，结合地图信息实现对轮椅的自定位。一旦使用者通过基于 P300 或运动想象的脑机接口选择目的地后，自动导航系统将根据所选目的地、障碍物信息和轮椅当前位置进行路径规划；随后，自动导航系统通过 PID 控制算法对规划的路径进行跟踪，并发送相应的控制指令驾驶轮椅达到目的地。在轮椅行驶的过程中，使用者也可以根据需要向轮椅发送停止指令。通过脑机接口与自动驾驶系统的结合，有效减轻了使用者的控制负担，确保了驾驶的安全性和舒适性，实现了脑控与自动导航技术的优势互补，及人脑智能和机器智能的融合。

瑞士联邦理工学院洛桑分校 Millán 团队将基于运动想象的脑机接口与自动驾驶技术结合，建立了另外一种轮椅脑机共享控制系统（Carlson T et al，2013）。在该系统中，自动驾驶系统通过摄像头感知轮椅周围的环境，生成局部障碍物栅格地图；一旦使用者通过脑机接口发送左转或右转的指令，自动导航系统将根据当前的障碍物信息和使用者的左转 / 右转意图，确定一条安全的行驶路径，驾驶轮椅沿着安全路径行驶；使用者可以通过多次控制，最终驾驶轮椅到达目的地。

二、行为增强脑机智能系统：机械臂 / 机器人脑机融合控制

人脑通过脑机接口与机器人 / 机械臂交互融合，可实现脑机混合智能。清华大学团队开发了一种基于增强现实（AR）的脑机接口智能机械臂系统（如图 12-4-19）（Chen X et al，2020）。该系统包含基于 AR 的脑机接口模块、计算机视觉模块和机械臂模块。用户通过脑机接口模块确定要抓取的物体和颜色，并发送给机械臂模块；而计算机视觉模块通过深度摄像头来感知工作区中待选物体的颜色和位置，并结合知识库中目标区的位置信息，确定目标位置的坐标，再将物体的坐标和颜色等信息发送给机器臂模块；机械臂模块则结合前两个模块的信息，确定选择的物体和起始坐标，再对物体抓取进行规划并执行。该系统通过人与机器指令的融合，使控制效果更平滑，在减轻用户负担的同时提高了系统的稳定性。

针对脑卒中患者的运动功能辅助与康复，研究人员开发了一系列脑-机器人脑机智能系统。新

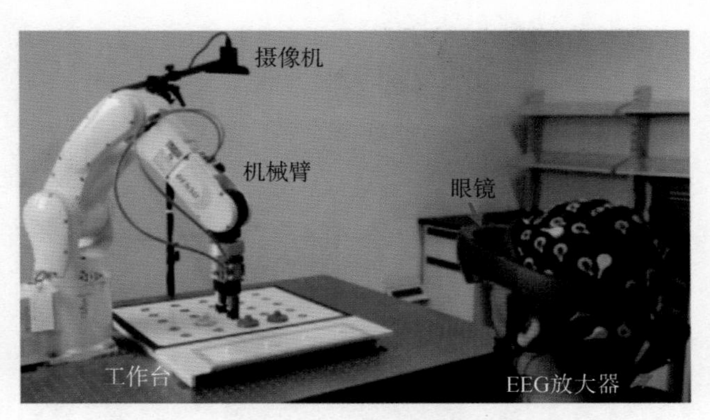

图 12-4-19　**基于 AR 的脑机接口智能机械臂**[28]

加坡南洋理工大学团队研发了基于脑机接口的康复机器人（Willet FR et al，2021）。该系统中的脑机接口模块识别用户的运动想象任务后，输出指令给康复机器人，康复机器人然后带动手臂进行康复运动；执行结果将反馈给用户，让用户进行脑电信号的调整。美国杜克大学团队开发了基于脑机接口的下肢外骨骼系统，并在 2014 年巴西世界杯上成功应用于首场比赛的开球。该系统的外骨骼装置首先稳住用户身体，并诱导机械腿进行前后运动；当用户发现脚和足球接近时想象用脚去踢，而脑机接口模块通过脑信号识别用户意图后给外骨骼装置发送指令，然后外骨骼装置的机械腿带动用户的腿将“球”勾起向上抛出，从而完成踢球行为。

三、认知增强脑机智能系统：面向小儿多动症患者的反馈训练

美国陶森大学和韩国祥明大学研究团队将脑机接口和运动传感技术结合，开发了一款用于分析和治疗小儿多动症的游戏训练系统（Wang G et al，2012）。该系统基于童话故事的互动叙述方法，实时采集儿童的脑信号，计算他们的注意力和冥想值，从而控制游戏的进度或游戏中角色的行为。在游戏过程中，通过运动传感器捕捉儿童的动作，并在实验仪表盘中显示数据。如图 12-4-20 所示，玩家可以通过响应阅读任务、注意力和运动行为请求来与游戏进行交流，当玩家在某个时间框架内过度移动或注意力水平显著下降时，游戏会故意延迟讲故事，或者限制故事角色的动作。结果显示，通过游戏系统的注意力训练有助于孩子提高大声朗读和短篇阅读理解技能，从而实现对小儿多动症的有效干预。

印度拉迈亚理工学院研究团队结合脑机接口

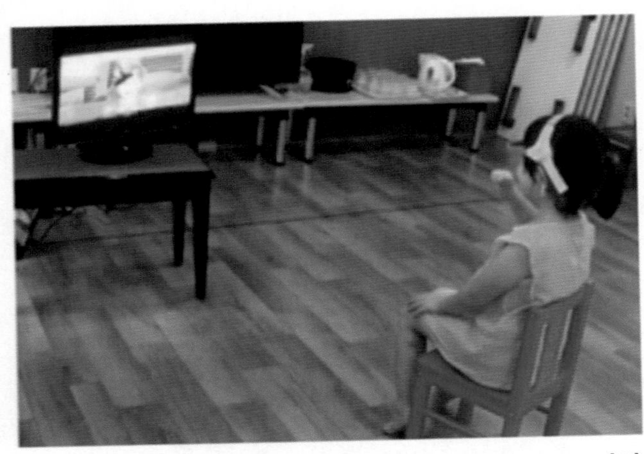

图 12-4-20 面向小儿多动症患者的脑机接口游戏训练系统[30]

技术和 AR 技术，设计了一个带有神经反馈的心灵遥感游戏。在该系统中，脑机接口主要用于采集脑电信号，并提取出 θ 和 β 特征，并计算他们的能量比率，从而控制充气气球的大小或勺子的弯曲程度。游戏部分则通过 AR 智能环境提供虚拟游戏界面，产生更加真实的体验感。人们通过脑机接口技术实时监测儿童的注意力，同时结合游戏提供的 AR 神经反馈，可以实现小儿多动症的有效干预。

【致谢】感谢许科帝（浙江大学）、祁玉（浙江大学）、姚林（浙江大学）等老师参与本章节内容的编写、修改和校准等工作。

参考文献

综述

1. Wu Z，Pan G，Principe JC，et al. Cyborg intelligence：Towards bio-machine intelligent systems. *IEEE Intelligent Systems*，2014，29（6）：2-4.
2. Lebedev MA，Nicolelis M. Brain-machine interfaces：From basic science to neuroprostheses and neurorehabilitation. *Physiological Reviews*，2017，97（2）：767.
3. Andersen RA. The intention machine. *Scientific American*，2019，320：25-29.

原文文献

1. Schmidt EM. Single neuron recording from motor cortex as a possible source of signals for control of external devices. *Annals of Biomedical Engineering*，1980，8（4-6）：339-349.
2. Vidal JJ. Toward direct brain-computer communication. *Annual Review of Biophysics and Bioengineering*，1973，2（1）：157.
3. Chapin JK，Moxon KA，Markowitz RS，et al. Real-time control of a robot arm using simultaneously recorded neurons in the motor cortex. *Nat Neurosci*，1999，2：664-670.
4. Hochberg LR，Serruya MD，Friehs GM，et al. Neuronal ensemble control of prosthetic devices by a human with tetraplegia. *Nature*，2006，442：164-171.
5. Farwell LA and Donchin E. Talking off the top of your head：toward a mental prosthesis utilizing event-related brain potentials. *Electroencephalography and clinical Neurophysiology*，1988，70（6）：510-523.
6. Pfurtscheller G. Event-related synchronization（ERS）：an electrophysiological correlate of cortical areas at rest. *Electroencephalography and clinical neurophysiology*，1992，83（1）：62-69.
7. Sutter EE. The brain response interface：communication through visually-induced electrical brain responses. *Journal of Microcomputer Applications*，1992，15（1）：31-45.
8. Birbaumer N. Slow cortical potentials：plasticity，operant control，and behavioral effects. *The Neuroscientist*，1999，5（2）：74-78.
9. Li Y，Long J，Yu T，et al. An EEG-based BCI system for 2-D cursor control by combining Mu/Beta rhythm and P300 potential. *IEEE Transactions on Biomedical Engineering*，2010，57（10）：2495-2505.
10. Wu Z，Pan G，Principe JC，et al. Cyborg intelligence：Towards bio-machine intelligent systems. *IEEE Intelligent Systems*，2014，29（6）：2-4.
11. Leuthardt EC，Schalk G，Roland J，et al. Evolution of brain-computer interfaces：going beyond classic motor physiology. *Neurosurgical Focus*，2009，27：E4.
12. Lebedev MA，Nicolelis M. Brain-machine interfaces：from basic science to neuroprostheses and neurorehabilitation. *Physiological Reviews*，2017，97（2）：767.
13. Georgopoulos AP，Kalaska JF，Caminiti R，et al. On the relations between the direction of two-dimensional arm movements and cell discharge in primate motor cortex. *Journal of Neuroscience*，1982，2（11）：1527-1537.
14. Georgopoulos AP，Schwartz AB，Kettner RE. Neuronal population coding of movement direction. *Science*，1986，233：1416-1419.
15. Collinger JL，Gaunt RA，Schwartz AB. Progress towards restoring upper limb movement and sensation through intracortical brain-computer interfaces. *Current Opinion in Biomedical Engineering*，2018，8：84-92.
16. Hochberg LR，Bacher D，Jarosiewicz B，et al. Donoghue Reach and grasp by people with tetraplegia using a neurally controlled robotic arm. *Nature*，2012，485：372-375.
17. Andersen RA. The intention machine. *Scientific American*，2019，320：25-29.
18. Ajiboye AB，Willett FR，Young DR，et al. Restoration of reaching and grasping movements through brain-controlled muscle stimulation in a person with tetraplegia：a proof-of-concept demonstration. *Lancet*，2017，389：1821-1830.
19. Wilson GH，Stavisky SD，Willett FR，et al. Decoding spoken English from intracortical electrode arrays in dorsal precentral gyrus. *Journal of Neural Engineering*，2020，17：066007.
20. Thomson EE，Carra R，Nicolelis MA. Perceiving invisible

light through a somatosensory cortical prosthesis. *Nature Communications*，2013，4：1-7.

21. Wang Y，Lu M，Wu Z，et al. A visual cue-guided rat cyborg for automatic navigation. *IEEE Computational Intelligence*，2014，10：42-52.
22. Flesher SN，Collinger JL，Foldes ST，et al. Intracortical microstimulation of human somatosensory cortex，*Sci. Transl. Med.*，2016，8（361）：1-11.
23. Berger TW，Hampson RE，Song D，et al. Proprioceptive and cutaneous sensations in humans elicited by intracortical microstimulation. Elife，2018，7：1-11.
24. Berger TW，Hampson RE，Song D，et al. A cortical neural prosthesis for restoring and enhancing memory. *J. Neural Eng*，2011，8：046017.
25. Capogrosso M，Milekovic T，Borton D，et al. A brain-spine interface alleviating gait deficits after spinal cord injury in primates. *Nature*，2016，539（7628）：284-288.
26. Zhang R，Li Y，Yan Y，et al. Control of a wheelchair in a indoor environment based on a brain computer interface and automated navigation. *IEEE Transactions on Neural Systems and Rehabilitation Engineering*，2016，24（1）：128-139.
27. Carlson T and Millan JDR. Brain-controlled wheelchairs：A robotic architecture. *IEEE Robotics and Automation magazine*，2013，20（1）：65-73.
28. Chen X，Huang X，Wang Y，et al. Combination of augmented reality based brain-computer interface and computer vision for high-level control of a robotic arm. *IEEE Transactions on Neural Systems and Rehabilitation Engineering*，2020，28（12）：3140-3147.
29. Willett FR，Avansino DT，Hochberg LR，et al. High-performance brain-to-text communication via handwriting. *Nature*，2021，593：249-254.
30. Wang G，Greenberg RJ. *Epiretinal Prosthesis*. In：Bhushan B.（eds）Encyclopedia of Nanotechnology. Springer，Dordrecht. 2012.

索 引

A

B

C

D

E

F

G

H

J

K

L

M

N

P

Q

R

S

T

W

X

Y

Z